# 생명과학

제12판

# 생명과학

## 지구의 생명

TERESA AUDESIRK
UNIVERSITY OF COLORADO DENVER

GERALD AUDESIRK
UNIVERSITY OF COLORADO DENVER

BRUCE E. BYERS
UNIVERSITY OF MASSACHUSETTS AMHERST

생명과학교재편찬회 역

탐 구 당

**BIOLOGY: Life on Earth With Physiology**
**[TWELFTH Edition]**
AUDESIRK, GERALD;
AUDESIRK, TERESA;
BYERS, BRUCE E.

Authorized translation from the English language edition, entitled BIOLOGY: LIFE ON EARTH WITH PHYSIOLOGY, LOOSE-LEAF, 12th Edition by AUDESIRK, GERALD; AUDESIRK, TERESA; BYERS, BRUCE E., published by Pearson Education, Inc, Copyright © 2020

# 저자 소개

**TERRY AND GERRY AUDESIRK**는 뉴저지 주에서 자랐고, 그곳에서 대학생 때 만났습니다. 1970년에 결혼을 한 후에, 캘리포니아로 이사하여, 테리는 남부 캘리포니아 대학에서 해양생태학 박사학위를 취득하였고, 게리는 캘리포니아 공과대학에서 신경생물학 박사학위를 취득하였습니다. 그들은 워싱턴 대학 해양 연구소의 박사 과정을 끝낸 학생으로서 바다의 연체동물을 모델 시스템으로 이용하여 행동의 신경 기부에 관해 함께 연구하였습니다.

그들은 현재 덴버에 있는 콜로라도 대학의 생물학 명예 교수입니다. 이 대학에서 그들은 1982년부터 2006년까지 기초 생물학과 신경생물학을 가르쳤습니다. 주로 국립 보건원에서 자금을 댄 그들의 연구에서 그들은 뉴런이 낮은 정도의 환경오염으로 손상되고 에스트로겐에 의해 보호되는 메커니즘을 조사하였습니다.

테리와 게리는 많은 보존 단체의 오랜 회원이며 자연과 야외에 대한 깊은 감사를 공유합니다. 그들은 록키산맥에서 하이킹을 즐기고, Steamboat Springs 외곽에 있는 집 근처에서 산책과 승마를 즐기고 커뮤니티 합창단에서 노래를 부릅니다. 생물학에서 새로운 발견의 놀랍고 끝없는 흐름을 따라가는 것은 그들에게 계속되는 매혹과 자극의 원천을 제공합니다. 그들은 딸 Heather가 교사가 되어 화학에 대한 그녀의 사랑으로 새로운 세대의 학생들에게 영감을 주고 있다는 사실에 기뻐합니다.

*With love to Jack, Lori, and Heather and in loving memory of Eve and Joe.*

— T. A. & G. A.

*In memory of Bob Byers, a biologist at heart.*

— B. E. B.

**BRUCE E. BYERS**는 서부 매사추세츠의 언덕으로 옮겨온 중서부 사람으로서 애머스트, 매사추세츠 대학의 생물학과 교수입니다. 그는 1993년 이후 매사추세츠 대학(이곳에서 그는 박사 학위를 받았다) 교수진의 멤버입니다. 브루스는 진화, 조류학 및 동물 행동에 대한 과정을 가르치고 새 발성의 기능과 진화에 대한 연구를 수행합니다.

**책 표지에 대하여** 녹색 바다거북(*Chelonia mydas*)이 카리브해의 해초 바닥 위에서 수영합니다. 녹색 바다거북은 전 세계의 열대 및 아열대 해역에서 발견되며 성인은 주로 조류와 해양식물을 먹습니다. 미성숙한 녹색 바다거북은 더 잡식성을 가지고 있으며 연체동물, 해파리 및 기타 무척추동물을 섭취합니다. 다른 바다거북 종과 마찬가지로 녹색 바다거북은 먹이를 먹는 곳에서 짝짓기 지역으로 먼 거리를 이동합니다. 짝짓기 후 암컷은 물에서 모래 해변으로 나와 알을 묻습니다. 몇 달 후 알이 부화하고 부화된 거북이가 바다로 돌아갑니다. 국제자연보전연맹(International Union for Conservation of Nature)은 녹색 바다거북을 멸종위기에 처한 것으로 분류합니다. 많은 거북이가 어망에 얽히면 익사하고, 많은 곳에서 바다거북과 알을 식량으로 수확합니다. 바다거북 둥지 해변의 주택개발은 추가적인 위협을 가합니다.

# 간단 목차

# 상세 목차

UNIT 1

## 세포의 생명 17

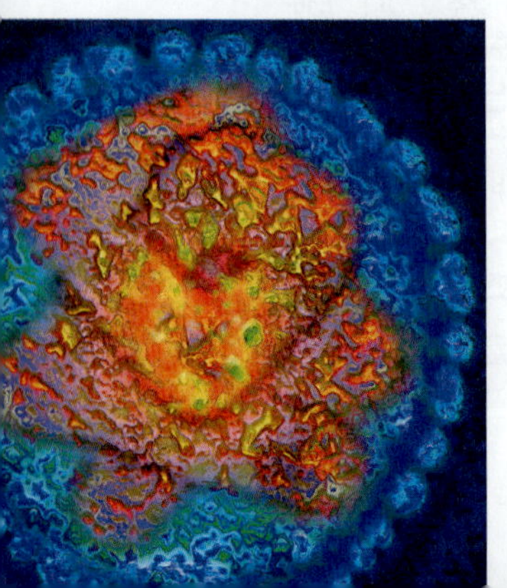

# UNIT 6

## 식물의 형태와 생리학 781

# Case Studies

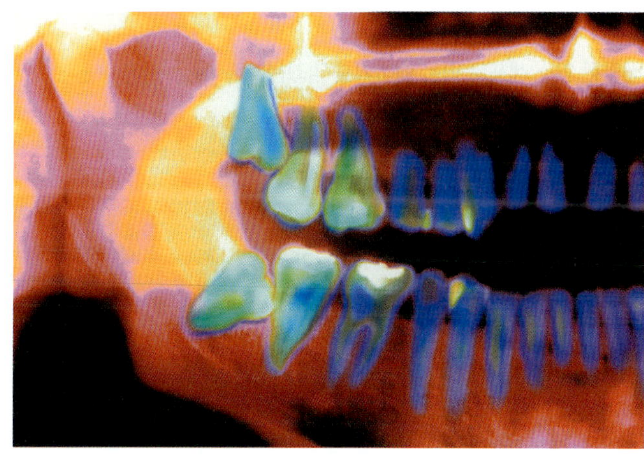

# Essays

## Earth Watch



## Health Watch



## Doing Science

# Have You Ever Wondered...

# Preface

## 과학적 소양에 대한 사례

기후변화, 식량 및 산림 대 바이오 연료, 생명공학, 의학의 줄기세포, 잠재적 유행성 독감 전염병, 북극곰 및 팬더의 곤경, 인류 인구 증가 및 지속 가능성: 이들은 매우 현실적이고 긴급하며 상호 관련되어있으며 점점 더 인간 사회를 위협하는 우려들 중 일부일 뿐이다. 우리는 손끝으로 인터넷을 통해 풍부한 정보-엄청난 양의 잘못된 정보까지도-를 얻을 수 있다. 과학적으로 지식 있는 학생들이 인류의 미래에 더 중요한 적이 없었다. 교육자로서, 우리는 이 엄청난 도전 앞에 겸허함을 느낀다. 저자로서 우리는 <생명과학(제12판)-지구의 생명>이 생물학에 입문하는 학생에게 이 과목을 이해하는 데 도움이 될 것으로 기대한다.

과학적 소양은 새로운 정보가 통합될 수 있는 견고하고 정확한 인지적 틀을 제공하는 사실적 지식의 기반을 필요로 합니다. 그러나 더 중요한 것은 잘못된 정보의 늪으로부터 풍부한 데이터를 분리할 수 있는 정신적 도구를 제공한다는 것이다. 과학적으로 지식 있는 시민은 사실을 평가하고 개인 생활과 정치 분야에 대한 정보에 입각해서 더 나은 선택을 할 수 있다.

**이 <생명과학(제12판): 지구의 생명>은 아래와 같은 우리의 전통을 이어간다:**

- 강사가 학생들에게 과학적 소양을 육성시키는 방식으로 생물학적 정보를 제공하도록 돕는다.
- 자연 세계에 대한 경이감을 가진 학생들에게 영감을 불어넣고 탐구태도를 키우며 과학을 통해 얻은 지식에 대해 감사를 갖도록 한다.
- 급변하는 세계에서 학생들이 미래의 역할에 대해 배우고 있는 것의 중요성을 인식하도록 돕는다.

## 생명과학: 지구의 생명, 제12판은

### . . . 분명하고 균일하게 조직되었다

학생들에게 공부의 방향성을 제시함으로써 각 장을 탐색할 수 있도록 도와준다. 이 조직의 중요한 목표는 생물학을 독립 주제의 개론이 아닌 밀접하게 상호 연관된 개념의 계층 구조로 제시하는 것이다.

- 주요 섹션은 학생들이 따라야 할 자료에 대해 생각하도록 자극하는 광범위한 질문으로 소개된다; 소제목은 특정 내용을 요약한 진술이다.
- 각 전공 섹션은 앞 단락의 핵심 개념과 내용을 학생들에게 상기시키는 "Check Your Learning"이라는 질문으로 끝난다.
- "Case Study Continued" 부분은 학생들이 다음에 배울 내용을 예상하는데 도움이 되는 질문을 파악해보도록 하면서 끝을 맺는다.

### . . . 학생들을 끌어들이고 동기를 부여한다

학생에게 과학적 소양을 강제로 부여할 수는 없다. 필요한 정보와 기술 습득에 적극적으로 참여해야 한다. 이를 달성하기 위한 영감을 얻기 위해서는 먼저 생명과학이 자신의 삶에 관한 것임을 인식해야 한다. 예를 들어, 우리는 식이요법과 체중, 암 및 요통에 관한 정보를 포함함으로써 학생들이 자신의 신체가 어떻게 기능하는지에 대한 기본적인 이해와 인식을 얻도록 돕는다.

우리는 이 텍스트를 사용하는 학생들이 보다 세심한 눈으로 세상을 보게 되기를 간절히 바란다. 예를 들어 숲, 들판, 연못을 일상생활의 평범한 모습이 아닌 다양한 생활양식으로 가득 찬 생생하고 상호 연결된 생태계로 인식하는 것이다. 우리가 직무를 수행했다면 학생들은 인류가 자연계에서 어떻게 개입했는지 살펴보는 데 필요한 관심, 통찰력 및 정보를 얻을 수 있다. 그들이 "이 활동이 지속가능한가?"라는 질문을 하고 새로운 지식과 비판적 사고 기술을 사용하여 답을 찾으면 미래 에 대해 우리는 낙관할 수 있을 것이다.

이러한 목표를 뒷받침하기 위해 제12판에서는 생명과학을 보다 매력적이고 접근성 있게 만드는 기능을 업데이트 하였다.

- **Case Studies** 각 장은 오늘날의 세계에서 새롭게 떠오르는 주제를 강조하는 "Case Studies"로 시작한다. "불안정한 원자가 방출되다"(2장), "인체의 새로운 구조들"(4장) 및 "저녁 만찬의 불청객"(20장)를 포함한 Case Studies는 뉴스 이벤트, 개인적인 흥미 거리, 또는 특히 매혹적인 생물학적 토픽을 바탕으로 하고 있다. "Case Study Continued" 부분은 장 전체에 걸쳐있는 주제를 구성하고 있으며, "Case Study Revisited"는 장을 완료한 후 장의 단원에 비추어 주제를 더욱 탐색하는 내용이다.
- **박스 에세이(Boxed Essays)** 세 가지 범주의 에세이가 본문을 활기차게 만든다. "Earth Watch"는 환경 문제를 해결하기 위해 탐구한다. "Health Watch"는 중요하거나 흥미로운 의학 주제를 다룬다. "Doing Science"의 에세이는 과학 지식이 어떻게 획득되는지 설명하고 있다.
- **"Have You Ever Wondered" 질문** 이러한 인기 있는 연재 글은 현실 세계에서 생명과학의 응용을 보여주면서 일반적이고 흥미 있는 질문을 계속해서 분명하게 설명한다.
- **장 끝 문제** 각 장을 끝내는 문제는 학생들이 다양한 선택 형식의 자료 - 선택형 문제, 빈칸 채우기 및 에세이 - 를 사용하

여 배운 것을 연구하고 테스트할 수 있다. 선택형 및 빈칸 채우기 문제에 대한 답은 책의 뒷면에 있다. 책의 에세이 질문에 대한 답변이나 힌트는 MasteringBiology에 있다.

### . . .비판적 사고를 장려한다

본문 전체를 통해 우리는 학생들이 과학적 정보와 개념에 대해 비판적으로 사고하는 능력을 개발하고 향상할 수 있도록 돕는 것을 목표로 설정하였다. 비판적 사고를 촉진하려는 본문은 다음과 같은 측면들이 있다.

- **Essays 및 그림 설명의 두 가지 질문 유형**

  각 장에서 학생들은 내용에 대해 비판적으로 생각하도록 장려하기 위해 고안된 여러 개의 질문에 직면하게 된다. "비판적 사고"의 질문들은 문제를 해결하는 것, 과학적 결과에 대해 생각하는 것, 혹은 가설을 평가하는 것에 초점을 맞추고 있다. "생각해보기"의 질문은 학생들이 유효한 과학적 정보에 기반을 두어 의견을 제시하거나 혹은 한 문제에 대해 논쟁을 제기하거나 혹은 반대 의견을 제기하도록 유도한다. "생각해보기"의 질문들에 대한 답안은 책의 뒷부분에 포함되어 있다: "생각해보기"의 질문에 대한 힌트는 Mastering Biology에 포함되어 있다.

- **교실에서 토론을 위한 심층 질문**

  새롭게 추가된 "Think Deeper"의 몇 개 질문들은 강의자 리소스 영역에서 접할 수 있는데 보다 광범위한 사고와 분석을 필요로 하는 추가적인 관련된 질문들을 제기함으로써 "비판적 사고"에 있는 질문을 이어서 확장하였다.

- **장의 끝에 있는 생각하기 질문**

  각 장의 끝부분의 내용은 학생들이 이 장에서 습득한 지식을 새로운 문제에 적용하도록 도전하게 만드는 질문들인 "개념의 적용"으로 끝난다.

- **"Doing Science" Essays**

  이 에세이들은 과학자들이 수행하는 일의 과정을 강조하면서 방법적인 측면에서 과학의 과정을 설명한다. 에세이는 흥미로운 기술과 데이터를 강조하면서 실험의 세부 사항을 설명하고 있다. 이것들은 "질문은 무엇인가?", "증거는 어떻게 수집되었는가?", "무엇을 배웠는가?"라는 제목의 세션들을 이용하여 질문의 과정을 강조하는 내용으로 구성되어 있다. "Doing Science"의 에세이들은 "비판적 사고" 혹은 "생각해보기"의 질문들로 끝을 내면서 학생들이 데이터를 분석하거나 혹은 이 에세이에서 제시된 주제들에 생각해보도록 권장하고 있다.

- **"Earth Watch" Essays에 있는 데이터**

  학생들은 그래프와 표의 형태로 이루어진 실제의 과학적인 데이터의 예를 접하게 된다. 에세이에는 학생들이 데이터를 해석하는 도전을 권장하기 위해 "비판적 사고"의 질문들을 함께 제시하고 있는데 이는 과학이 전달되는 방식에 대한 이해가 증진되도록 육성하기 위한 것이다.

### . . . 포괄적인 개인 학습이 가능하다

제12판 「생명과학: 지구의 생명」은 최신 자료로 업데이트되고 혁신적이며, 강의를 위한 교육 텍스트와, 동시에 학생들을 위한 학습 도구를 제공하는 완전한 학습 패키지이다.

## 감사의 글

『생명과학: 지구의 생명』은 Pearson의 매우 우수한 팀에 의해 기획되어 제12판을 출판하게 되었다. 포트폴리오 관리책임자인 Beth Wilbur는 온화함, 능력 그리고 일류 리더십으로 기업을 계속 이끌어 오고 있다. 학문과정 포트폴리오 관리자 Cady Owens, 콘텐츠 개발 책임자인 Ginnie Simione Jutson 및 콘텐츠 제작자 Anastasia Slesareva가 이러한 복잡하고 다양한 측면의 노력들을 조정해나갔다. Ginnie와 Cady는 본문의 호소력과 도달 범위를 더욱 확장시키기 위한 수정 계획을 개발하기 위해 우리와 함께 훌륭한 일을 수행했다. 또한 우리는 Cady가 본문에 대한 열정과 함께 본문에 필요한 광범위한 보조 자료들을 전국의 교육자들과 공유하기 위해 아주 넓은 지역을 방문했던 것에 감사를 표한다. SPi Global의 콘텐츠 제작자인 Mary Tindle은 모든 과정을 수행하면서 일정에 잘 맞추는 놀라운 작업을 수행했다. 선임 개발 편집자인 Jennifer Angel은 원고의 모든 단어와 그림을 주의깊게 검토하여 문장을 명확하게 보완하였으며 충분하게 정보를 제공할 수 있도록 그림을 만들었으며 전체적인 구조가 논리적으로 전개되도록 확인해 주었다. 또한 Jennifer는 페이지 레이아웃이 매력적이고 효과적으로 보이도록 열심히 노력했다. 구체적이며 사려깊은 제안에 대한 그녀의 주의력에 특별히 감사를 표한다. 우리의 뛰어난 카피 에디터인 Lucy Mullins는 본문과 예술적 측면을 개선하였으며 우리가 간과했던 오류를 포착해 주었다. 이 책에서는 Kristin Piljay가 기술과 끈기로 이끌어낸 훌륭한 수많은 새로운 사진이 돋보인다. Matthew Perry는 우리가 선택한 사진이 사용될 수 있도록 적절한 허가를 획득했는지를 확인하는 일을 담당하였다.

프로젝트 관리자 Stephanie Marquez의 감독 하에서 우리의 예술 지침을 해독하고 또한 인내를 갖고 이미 제시되었던 사진들을 조정해 준 Imagineeringart.com, Inc.에게 감사를 표한다. 우리는 아름답게 다시 디자인된 본문과 유쾌하게 표현된 새 표지를 제작해준 Jeff Puda와 디자인 책임자 Mark Ong에게 큰 빚을 졌다.

제품 마케팅 책임자인 Allison Rona에게 완제품이 우리 책상에 도착하도록 확실하게 제작해 준 것에 감사를 표한다. 제조 구매자 역할로서 Stacey Weinberger의 전문 지식은 우리에게 큰 도움이 되었다. 보조물에도 본문 자체만큼이나 중요한 노력이 기울여졌다. 이 본문과 함께 제공되는 뛰어난 Mastering Biology 웹 사이트를 개발한 Robert Johnson과 Ashley Gordon에게도 감사를 전한다.

우리는 Pearson 팀과 함께 일하게 되어 매우 행운이다. 이 『생명과학: 지구의 생명』의 제12판에는 그들의 뛰어난 능력과 헌신이 반영되어 있다.

마지막으로, 지난 수 년 동안 정확성과 명확성을 위해 본문을 확인하고 또 다시 확인한 전국의 400명 이상의 교수진에게 감사드린다. 지난 두 판(11판과 12판)의 출판에 관여한 검토자들이 다음에 열거되어 있다.

감사를 전한다.

TERRY AUDESIRK, GERRY AUDESIRK, AND BRUCE BYERS

## Twelfth Edition Reviewers

Dana Almengor
*Lenoir Community College*
Erin Baumgartner
*Western Oregon University*
Molly Baxter
*Southeastern Community College*
Joel Bergh
*Texas State San Marcos*
Carol Chaffee
*Cal State University Fullerton*
Reggie Cobb
*Nash Community College*
Karen Dunbar
*Ivy Tech Community College*
Cindy Malone
*Cal State University Northridge*
Melissa Meador
*Arkansas State University Beebe*
Pam Oliver
*Coffeyville Community College*
Justin Rosemier
*Lakeland Community College*
Mike Vieth
*Quinnipiac University*
Alan Wasmoen
*Metropolitan Community College*
Taek You
*Campbell University*

## Eleventh Edition Reviewers

Aekam Barot
*Lake Michigan College*
Mark Belk
*Brigham Young University*
Karen Bledsoe
*Western Oregon University*
Christine Bozarth
*Northern Virginia Community College*
Britt Canada
*Western Texas College*
Reggie Cobb
*Nash Community College*
Rachel Davenport
*Texas State University, San Marcos*
Diane Day
*Clayton State University*
Lewis Deaton
*University of Louisiana at Lafayette*
Peter Ekechukwu
*Horry-Georgetown Technical College*
Janet Gaston
*Troy University*
Mijitaba Hamissou
*Jacksonville State University*
Karen Hanson
*Carroll Community College*
Brian Ingram
*Jacksonville State University*
Karen Kendall-Fite
*Columbia State Community College*
Neil Kirkpatrick
*Moraine Valley Community College*
Damaris-Lois Lang
*Hostos Community College*
Tiffany McFalls-Smith
*Elizabethtown Community and Technical College*
Mark Meade
*Jacksonville State University*
Samantha Parks
*Georgia State University*
Indiren Pillay
*Georgia College*
John Plunket
*Horry-Georgetown Technical College*
Cameron Russell
*Tidewater Community College*
Roger Sauterer
*Jacksonville State University*
Terry Sellers
*Spartanburg Methodist College*
David Serrano
*Broward College*
Philip Snider
*Gadsden State Community College*
Judy Staveley
*Carroll Community College*
Katelynn Woodhams
*Lake Michigan College*
Min Zhong
*Auburn University*
Deborah Zies
*University of Mary Washington*

# 역자서문

최근 전 세계 모든 인류가 매일 관심 있게 보는 뉴스가 바로 COVID-19 바이러스 소식이다. 국내 확진자수를 비롯하여 특히 자신이 거주하고 있는 지역의 확진자수와 감염경로를 매우 관심 있게 지켜보고 있다. 특히 백신의 종류로서 mRNA 백신과 단백질 백신 등이 있으며 임상실험의 진행 정도와 제약기업의 백신 효율에 대해 세계 모든 사람들이 관심을 갖게 되었다. 최근 이처럼 생명과학에 대해 전 세계인이 집중적으로 공부하게 된 경우는 인간 역사에서 아마도 처음일 것이다.

최근 더욱 잦아지는 신종 감염병의 대확산과 함께 전 지구적 차원에서 일어나고 있는 기후변화는 인류의 미래를 더욱 위협하는 요소가 되고 있다. 또한 인간의 수명이 길어지면서 건강한 삶에 대한 사회적 요구가 급격하게 증가하고 있다. 우리 인류가 향후 맞이하게 될 포스트 코로나 시대에는 점차 생명과학에 대한 기초 연구를 비롯하여 산업적, 의학적 활용이 크게 늘어날 것으로 예상된다. 특히 그동안 새로운 백신 개발에 평균 10년 정도가 소요되었지만 이번 COVID-19 백신 개발은 1년밖에 걸리지 않은 상황에서 보듯이 새로운 방식인 유전자(mRNA와 DNA) 백신의 개념이 대두되면서 생명과학에 상당한 혁신이 전개될 것으로 예상된다.

생명과학 분야의 혁신은 예상되던 일이다. 1953년 왓슨과 크릭에 의해 DNA의 이중나선 구조가 밝혀진 이후 지난 약 70년간 분자 수준의 연구는 생명과학의 모든 분야에서 심화되고 있으며 생명현상의 이해도를 넓혀가면서 통합적으로 해석되고 있어 산업적이며 의학적인 차원에서 활용 범위가 더욱 확대되고 있다. 특히 유전체(genome), 전사체(transcriptome), 단백질체(proteome), 대사체(metabolome) 등의 연구 결과를 기반으로 생명현상을 전체 시스템 차원에서 통합적으로 이해하는 단계로 발전하고 있다. 이러한 발전은 생명과학을 통해 생물체의 기존의 기능을 모듈화하고 조합하여 설계함으로써 새로운 생물학적 기능을 가진 생명체를 인간이 제조할 수도 있게 되었다. 이제 우리는 외부에서 도입시킨 유전자를 갖고 있는 인공세포도 만들 수 있으며, 유전자 편집을 통해 척박한 기후 환경에서도 생존할 수 있는 생물체를 제작할 수 있으며, 선천성 유전질환 치료와 난치병 치료도 점차 정복되어 가고 있다.

인류의 문제 해결을 위해 급속도로 발전하고 있는 생명과학은 점차 종합 학문적인 성격을 띠고 있으며 생명과학 지식은 이제 일반인에게도 친숙한 내용이 되었다. 따라서 생명과학의 다양한 분야에 대해 기본적인 원리와 개념 및 최신의 연구 동향을 학습하고 생명과학을 이용하는 산업적, 의학적 활용 및 사회와 관련된 정보를 학생들에게 제공하는 생명과학 입문서가 더욱 필요하게 되었다. 『생명과학: 지구의 생명(12판)』은 생명과학의 광범위한 분야에서 가장 최근에 사회에서 주목을 받고 있는 이슈까지 다루고 있을 정도로 신속하게 전체 내용을 보강하면서 최신의 학문적인 추세까지 알 수 있도록 다양한 정보를 제공하고 있으며 균형적이며 현대적인 시각에서 잘 저술된 교재로서 학생들의 과학적인 역량 증진에 크게 기여할 수 있을 것으로 판단되어 번역하게 되었다.

『생명과학: 지구의 생명(12판)』은 생명과학의 거의 전 분야를 다루고 있는데 총 6부, 46장으로 구성되어 있다. 1부에서는 세포를 이루고 있는 원자와 분자 및 생체 분자들을 비롯하여 세포의 구조와 기능을 다루고 있으며 세포의 생명현상을 유지하는데 필요한 에너지 흐름으로서 광합성과 세포호흡을 설명하고 있다. 2부에서는 유전과 관련된 내용으로 세포 분열을 비롯하여 유전물질인 DNA의 구조 및 유전자 발현 및 조절을 설명하고 있으며 생명공학의 최신 이용 분야 및 윤리적 이슈 등 다양한 내용을 소개하고 있다. 3부에서는 생명체의 진화와 다양성을 중심으로 진화의 원리와 진화 현상을 비롯하여 종의 기원과 분화 및 계통분류학적 관점에서 생명체의 다양성을 설명하고 있다. 4부에서는 동물 행태를 비롯하여 생태계 구성 요소의 순환과 다양성 및 상호작용에 대하여 설명하고 있으며 최근 중요한 이슈인 지구의 종 다양성 보전과 생태계 보호의 중요성에 대하여 다루고 있다. 5부에서는 동물의 형태와 생리현상에 대하여 기능별로 나뉜 기관계를 체계적으로 설명하고 있으며, 6부에서는 식물의 형태, 생식과 발달 및 환경에 대한 반응에 대하여 설명하고 있다.

특히 독자들에게 흥미와 최신 정보를 제공하고 생명과학에 대한 합리적인 사고력과 가치관 형성에 기여하기 위해 "생각해보기", "비판적 사고"를 비롯하여 "Case Study", "Essays", "Have You Ever Wondered" 등의 다양한 특별 세션을 통해 일상생활 및 사회적 주요 이슈들을 학습하게 한다.

본 교재는 생명과학의 거의 모든 영역을 다루고 있음을 고려하여 오랫동안 연구와 강의를 해 오신 대학 교수님들을 모셔서 각 전공 분야별로 나누어 번역하였다. 참여교수님들께서 충실하게 번역하기 위해 정성을 다해 주신 노고에 고마움을 전한다. 번역서에 오류가 없도록 철저하게 검토와 교정 작업을 거치면서 완벽하기 위해 노력하였으나 혹시 미흡한 점이 있다면 독자 여러분들의 지적과 조언을 부탁드린다. 이 번역서를 통해서 생명과학을 보다 쉽게 이해하고 학습하여 지적 소양을 갖추기를 희망하며 또한 일부 독자들은 학문에 정진하여 훌륭한 학자로 성장하기를 바란다. 이 번역서가 출판되기까지 번역과 출판 업무에 온 정성을 다해 진행해주신 홍정수 사장님과 편집부의 노고에 감사드린다.

2021년 1월 역자 대표 박기영

# 1 지구상의 생명에 대한 소개

서아프리카의 한 연구원이 에볼라 바이러스 검사를 하기 위해 박쥐를 포획한다.

CASE STUDY

## 생명의 경계

2013년 말에 2살 에밀 우아무노(Emile Ouamouno)는 궁극적으로 수천 명의 사람을 죽일 질병 발생이 첫 번째 희생자가 되었다. 에밀은 서아프리카 기니의 작은 마을에 살면서 에볼라 바이러스에 감염되었다. 마을 근처의 아주 크고 속이 빈 나무에 사는 박쥐와 접촉했을 가능성이 크다. 감염은 순식간에 에밀을 사망에 이르게 했다. 에밀의 어머니, 누이, 할머니도 그가 사망한 지 몇 주 만에 에볼라로 사망했다. 에밀과 그의 가족으로부터 병이 전염된 다른 마을 사람들도 그들이 죽기 전에 근처의 정착촌으로 바이러스를 운반했다. 그렇게 에볼라 바이러스 전파가 시작되어 2016년 중반에 전염병이 진정될 때까지 2만 8000명 이상이 병을 앓아 11,300명이 사망했다.

에볼라의 피해자는 열, 두통, 관절 및 근육통, 복통, 구토, 혈액성 설사 및 장기 부전을 포함한 증상을 겪는다. 내부 출혈은 신체의 거의 모든 개구부에서 출혈이 생기는 희생자를 남길 수 있다. 사망은 일반적으로 증상이 시작된 후 7~16일 이내에 발생한다. 에볼라는 감염된 사람의 체액과 접촉하여 전염되므로 간병인과 장의사들은 자신을 보호하기 위해 "방호복(moon suits)"을 착용한다. 에볼라에 대한 치료법은 없다. 하지만 최근의 전염병 유행으로 효과적인 백신 개발을 위한 성공적인 노력에 박차를 가하고 있으므로 미래의 에볼라 발생이 예방될 수 있다는 희망을 높이고 있다.

에볼라는 바이러스에 의한 많은 질병 중 하나이다. 천연두와 소아마비 같은 일부 바이러스성 질병은 많이 근절되었지만, 일반 감기와 독감(flu)과 같은 다른 질병은 계속 우리를 비참하게 만든다. 아마도 가장 위험한 것이 갑자기 나타나는 위험한 바이러스성 질병일 것이다. 에이즈는 1981년까지 알려지지 않았고, 1975년에 에볼라가 나타났으며, 1967년 마르부르크 바이러스 병이 처음으로 나타났다. 독감 바이러스의 새로운 변종이 정기적으로 출현한다. 이전에 알려지지 않은 변종 중 일부는 치명적인 전염병을 일으켰다.

인간을 감염시키는 바이러스가 우리에게 특별한 관심거리이지만, 바이러스는 다른 모든 형태의 생명체들도 감염시킨다. 바이러스는 그들이 감염시키는 생명체와 공통점이 있다. 예로, 그들은 번식하고 진화한다. 그러나 이러한 생명체와 유사한 특성에도 불구하고, 과학자들은 바이러스가 살아있는 생명체인 것에 동의하지 않는다. 동의하지 않는 이유가 당신을 놀라게 할 수 있을 것이다. 생명에 대해 보편적으로 인정되는 과학적 정의에 해당되지 않기 때문이다. 아무튼, 생명이란 무엇인가?

## 주요내용



## 1.1 생명이란 무엇인가?

**생물학(biology)**은 생명의 연구이다. 그렇지만 생명이란 무엇인가? 이 간단한 질문에 대한 간단한 대답은 없다. 우리 각자는 어떤 것이 살아있다는 말의 의미에 대해 직관적인 이해를 하고 있지만, 살아있는 것과 살아있지 않은 것을 깔끔하게 구분하는 정확한 과학적 정의를 고안하는 것은 불가능한 것으로 판명되었다. 생명의 사전적 정의는 일반적으로 "성질"이 무엇인지에 대해 충분한 설명 없이 "살아있는 생명체를 무기체와 죽은 생명체로부터 구별하는 성질"과 같은 문구로 대체된다.

우리는 정확한 정의를 가지고 있지 않기 때문에 일련의 특징을 설명하여 조각조각 생명에 대한 정의를 완성해야 한다. 모든 생물 또는 **생명체(organisms)**는 종합하여 생명을 정의하는 뚜렷한 특성을 공유한다.

- 생명체는 조직화된 복잡성을 능동적으로 유지한다.
- 생명체는 에너지와 물질을 획득하고 사용한다.
- 생명체는 자극을 감지하고 반응한다.
- 생명체는 성장한다.
- 생명체는 번식한다.
- 생명체는 진화한다.

무생물은 이러한 속성 중 일부를 가질 수 있지만, 오직 생물만 모든 것을 가진다. 다음 부분에서 생명의 특성을 소개한다.

### 생명체는 조직화된 복잡성을 능동적으로 유지한다

무생물과 비교해서 생물은 매우 복잡하고 조직화되어 있다. 식탁용 소금의 무생물 결정은 정확한 방식으로 배열된 단 두 가지 화학 원소인 나트륨과 염소로 구성되어 있다. 소금 결정은 조직화되어 있지만 단순하다. 무생물인 해양의 물은 자연적으로 발생하는 모든 원소의 원자를 포함하지만, 이들 원자는 무작위로 분포되어 있다. 대양은 복잡하지만 조직화되어 있지 않다. 대조적으로, 가장 단순한 생명체조차도 생명의 기본 단위인 세포를 형성하기 위해 수천 개의 특정 조합으로 서로 연결된 수십 개의 서로 다른 원소의 원자를 포함한다(**그림 1-1**). 세포는 복잡하고 조직화되어 있다. 각 세포는 **원형질막(plasma membrane)**이라 불리는 얇은 시트로 둘러싸인 매우 다양한 구조와 화학물질이 들어있다.

세포는 진핵세포와 원핵세포의 두 가지 주요 그룹으로 분류된다. **진핵(eukaryotic)**세포는 다양한 소기관을 포함하는데, 이들은 큰 분자의 합성, 음식 분자의 소화 또는 에너지 획득과 같은 기능을 수행하는 구조(종종 막으로 둘러싸여 있음)이다. "진핵(eukaryotic)"이라는 용어는 "진짜 핵(true nucleus)"을 의미하는 그리스 단어에서 유래한 것이다. 이름에서 알 수 있듯이 세포의

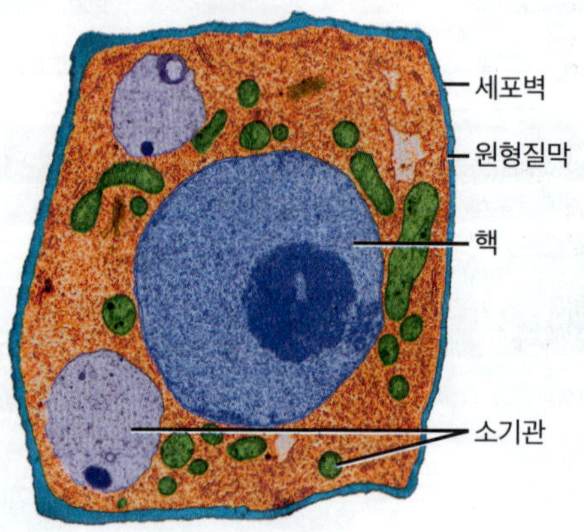


▲ **그림 1-1 세포는 생명의 가장 작은 단위이다** 인위적으로 채색된 식물세포(진핵세포)의 현미경 사진은 식물세포를 둘러싸는 지지 세포벽(파란색)을 보여준다. 세포벽 내에서, 원형질막(모든 세포에서 발견됨)은 어떤 물질이 들어오고 나갈 것인지 제어한다. 세포는 또한 액체 환경(주황색) 내에 현탁된 핵을 포함하여 몇 가지 유형의 전문화된 소기관을 포함한다.

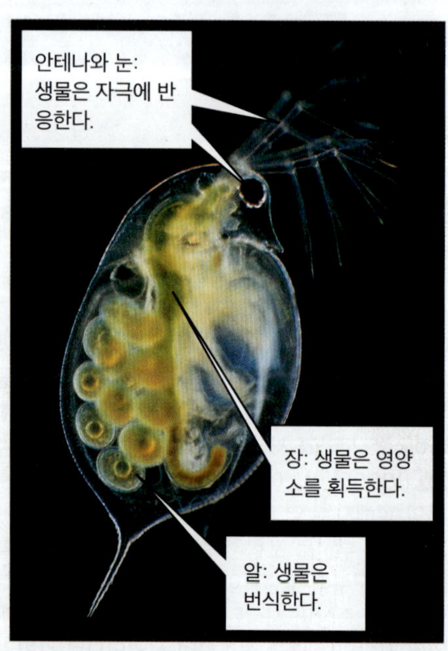


▲ **그림 1-2 생명의 속성** 진화는 이 물벼룩이 자극에 반응하고 영양분을 획득하며 성장하고 번식할 수 있도록 하는 적응을 만들어냈다.

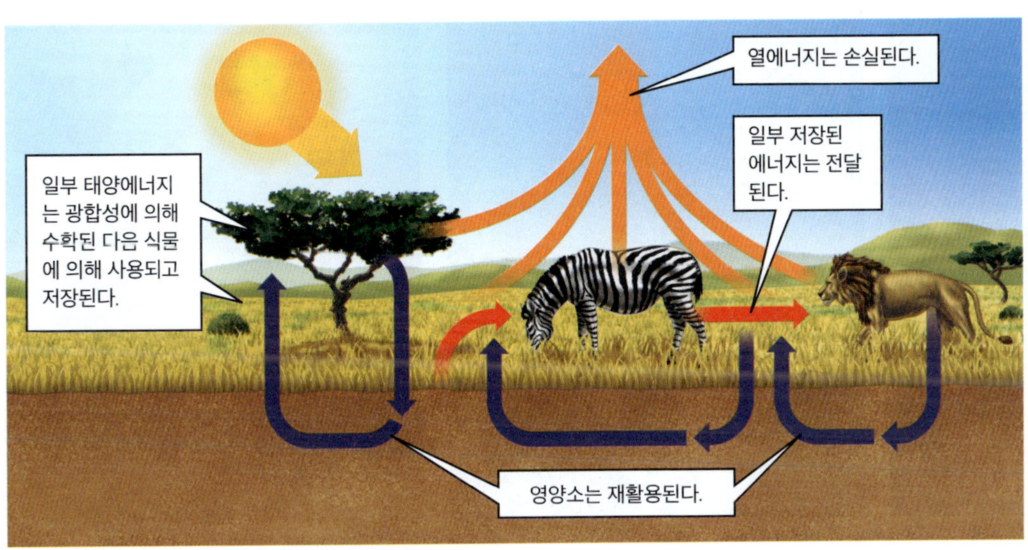


◀ **그림 1-3 에너지 흐름과 무생물 영양소의 재활용**

**비판적 사고** 육류와 햄버거 빵에 저장된 에너지의 원천을 설명하고, 에너지 원천에서 두 가지 식품으로 에너지가 어떻게 공급되는지 설명하시오.

DNA를 포함하는 막으로 둘러싸인 소기관인 **핵(nucleus)**은 진핵세포의 눈에 띄는 특징이다(그림 1-1 참조). **원핵(prokaryotic)**세포는 진핵세포보다 단순하다. 그들은 막으로 둘러싸인 소기관이 없다. "핵 전에"를 의미하는 그들의 이름과 같이, 원핵세포의 DNA는 핵 안에 갇혀 있지 않다. 원핵세포를 가지는 모든 생명체는 **단세포(unicellular)** 생물이다. 진핵세포를 가지는 생명체는 **그림 1-2**의 물벼룩과 같은 단세포 또는 **다세포(multicellular)** 생물일 수 있다.

## 생명체는 에너지와 물질을 획득하고 사용한다

에너지를 사용하여 유지하지 않으면 조직화와 복잡성이 무너지는 경향이 있다. 조직화된 복잡성의 절정을 대표하는 생물은 스스로를 유지하기 위하여 지속해서 에너지를 사용한다. 생명을 유지하는 거의 모든 에너지는 햇빛에서 온다. 일부 생명체는 **광합성(photosynthesis)**이라고 하는 과정을 통해 태양에너지를 직접 포착한다. 광합성 생명체(식물과 다수의 단세포 생명체)는 자체 사용을 위해 태양에너지를 포착하고 저장한다. 이러한 생명체가 비광합성 생명체에 의해 소비될 때, 이 저장된 에너지는 소비자도 힘을 가지게 한다. 따라서 에너지는 태양에서 광합성 생명체, 다른 모든 형태의 생명체까지 일방통행 경로로 흐른다(**그림 1-3**). 그러나 일부 에너지는 한 생명체에서 다른 생명체로의 전달 과정에서 열로 손실되어 각 전달에 사용 가능한 에너지는 점차 줄어든다.

◀ **그림 1-4 생명체는 비교적 일정한 내부 조건을 유지한다.** 땀과 병에서 나오는 물에 의한 증발 냉각은 이 운동선수가 격렬한 운동을 하는 동안 체온을 유지하도록 도와준다.

생명체가 얻는 에너지는 아주 특이적인 내부 조건을 유지하기 위해 지속적으로 소비된다. 생명 유지에 필요한 한계 내에서 내부 환경을 유지하는 생명체의 능력을 **항상성(homeostasis)**이라고 한다. 항상성을 유지하기 위해 세포막은 지속해서 특정 물질을 퍼 나른다. 생명체는 세포에서 생명 유지 반응이 일어날 수 있도록 좁은 온도 범위를 유지하기 위해 생리학 및 행동학적 메커니즘을 사용한다(**그림 1-4**).

생명체는 공기, 물, 토양 및 기타 생명체로부터 몸을 구성하는 물질(예: 미네랄, 물 그리고 기타 간단한 화학적 구성 요소)을 얻는다. 생명은 물질을 생성하거나 파괴하지 않기 때문에 물질은 생명체와 주변 환경 사이에서 지속해서 교환되고 재활용된다(그

▲ **그림 1-5 빛을 향한 구부림** 식물은 빛을 인식하고 종종 빛을 향하여 구부러져 생존에 필요한 에너지를 공급한다.

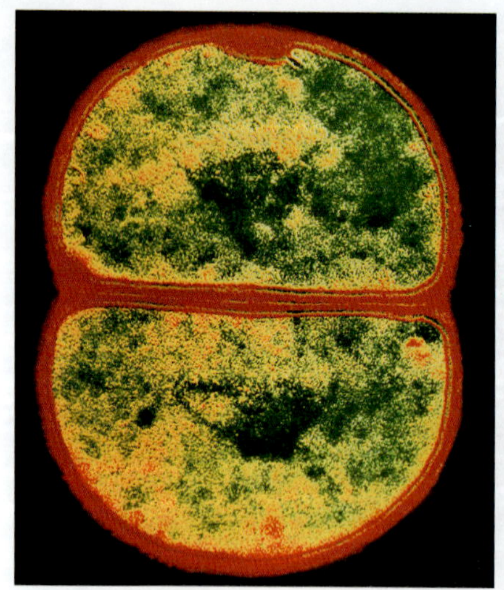
(a) 분열 중인 연쇄상 구균

(b) 씨를 생산하는 민들레

(c) 새끼와 함께 있는 팬더

▲ 그림 1-6 생명체는 번식한다.

림 1-3 참조).

## 생명체는 자극을 감지하고 반응한다

에너지와 영양소를 얻으려면 생명체는 자신의 환경에서 자극을 감지하고 반응해야 한다. 동물은 전문화된 세포를 사용하여 외부 및 내부 환경에서 빛, 온도, 소리, 중력, 접촉, 화학물질과 기타 여러 자극을 감지한다. 예를 들어, 뇌가 저혈당(내부 자극)과 음식 냄새(외부 자극)를 모두 감지하면 식사를 기대하면서 입에서 군침이 돌거나 침이 흐르게(응답) 된다. 식물, 진균 그리고 단세포 생명체는 그들의 요구를 충족시키기에 효과적인 메커니즘을 사용하여 자극에 반응한다 (그림 1-5).

## 생명체는 성장한다

삶의 어느 시점에 모든 생명체는 성장한다. 그림 1-2의 물벼룩은 몸에서 볼 수 있는 알 중 하나의 크기보다 훨씬 작았다. 세균과 같은 단세포 생명체는 원래 크기의 약 두 배로 자라기 전에 반으로 나누어진다. 동물과 식물은 세포분열을 통해 신체의 세포수를 증가시킴으로써 그리고 일부 경우에는 동물의 근육과 지방세포 및 식물의 음식 저장 세포에서 발생하는 개별 세포의 크기를 증가시킴으로써 성장한다. 다세포 생명체에서, 성장은 생명체가 점점 복잡해지는 발달을 동반할 수 있다. 예를 들어, 수정란은 많은 복잡한 구조를 가진 성체로 발달한다.

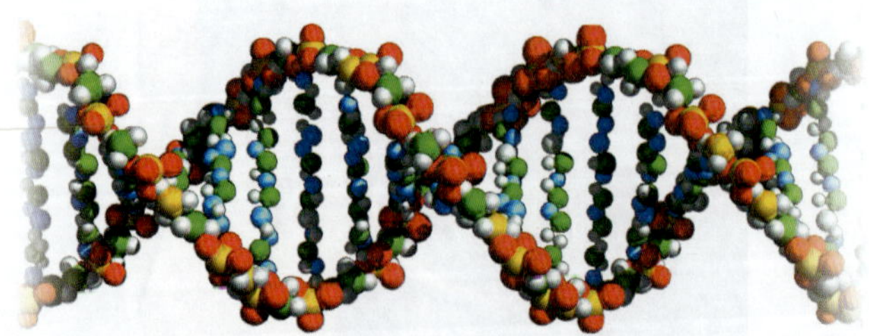
▲ 그림 1-7 DNA DNA 구조의 공동 발견자인 James Watson은 DNA를 "이렇게 아름다운 구조는 반드시 존재해야만 했다."라고 표현하였다.

## 생명체는 번식한다

생명체는 다양한 방식으로 번식한다(그림 1-6). 예를 들어, 반으로 나뉘거나 씨앗을 생산하거나 새끼를 낳음으로써 번식한다. 최종 결과는 항상 동일하다. 부모와 같은 유형의 생명체의 새로운 개체. 생명체가 번식하면 자손은 부모의 특성을 물려받는다. 이들 특징을 생산하기 위한 지침은 **디옥시리보핵산(deoxyribonucleic acid DNA)** 분자에 담겨 있으며, 이는 모든 세포에 존재하며 자손에게 전달된다(그림 1-7). **유전자(gene)**라고 불리는 DNA의 특정 부분은 유전의 기본 단위이다. 요리법이 케이크를 굽는 지침을 제공하는 것처럼 각 세포에 포함된 완전한 유전자 세트는 생명체를 구축하고 유지하기 위한 자세한 지침을 제공한다.

## 생명체는 진화한다

모든 살아있는 생명체는 하나의 고대 공통 조상의 후손이다. 오늘날의 다양한 생명의 형태는 **진화(evolution)**라고 알려진 변형과 함께 다음 세대로 이어지는 과정을 거쳐 발생했다. 모든 개체군이 진화하고(개체군: 같은 영역에 서식하는 같은 유형의 생명체 그룹) 모든 생물학적 구조와 과정은 진화를 통해 일어났다. 생물학자 테오도시우스 도브잔스키(Theodosius Dobzhansky)의 어록에 따르면, "진화의 관점을 제외한 생물학은 아무런 의미가 없다."

### CHECK YOUR LEARNING

- 생명을 정의하는 특성을 설명할 수 있는가?

CASE STUDY CONTINUED

## 생명의 경계

바이러스는 살아있는가? 바이러스는 에너지나 물질을 얻거나 사용하지 않고 스스로를 유지하거나 자라지 않는다. 따라서 바이러스는 생명의 기준을 충족하지 않는다. 그러나 그들은 생명과 유사한 특성을 가진다. 예를 들어, 바이러스는 세포 표면상의 특정 단백질의 존재에 반응하여 세포에 결합함으로써 자극에 반응한다. 또한, 바이러스는 세포 내부에 바이러스 유전 물질을 방출하고, 감염된 세포가 자체 에너지 공급 장치와 생화학 체계를 사용하여 많은 바이러스 구성 성분을 생산하도록 유도하고, 숙주세포에서 나오는 새로운 바이러스로 조립된다. 바이러스도 종종 빠르게 진화한다. 바이러스와 생명체에서 진화는 어떻게 이루어질까?

## 1.2 진화란 무엇인가?

진화의 과학적 이론은 모든 생명체가 공통 조상과 관련이 있으며 시간이 지남에 따라 변했다는 것을 말한다. 이 이론은 1800년대 중반 영국 박물학자 찰스 다윈(Charles Darwin)과 앨프리드 러셀 월리스(Alfred Russel Wallace)에 의해 체계화되었다. 이후로 이 이론은 화석, 지질학, 유전학, 분자생물학, 생화학 등의 수많은 증거에 의해 뒷받침되었다. 진화는 삶의 엄청난 다양성을 설명할 뿐만 아니라, 다른 유형의 생명체들 사이의 현저한 유사성을 설명한다. 예를 들어, 사람들은 침팬지와 많은 특징을 공유하며, 우리의 DNA 서열은 침팬지와 거의 같다. 유사점은 사람과 침팬지가 공통 조상의 후손이라는 강력한 증거를 제공한다. 차이(**그림 1-8**)는 침팬지와 인간의 진화 경로가 분기된 이후의 변화를 반영한다.

▲ **그림 1-8** **침팬지와 사람은 밀접한 관계이다.**

### 자연선택은 진화를 유발한다

진화가 일어나는 가장 중요한 과정은 **자연선택(natural selection)**이다. 자연선택은 개체군에 각기 다른 개체의 특성이 다양하기 때문에 발생한다. 일부 개체는 특성이 없는 다른 개체보다 더 성공적으로 생존하고 번식할 수 있는 특성이 있다. 이러한 유리한 특성을 가진 개인은 그 특성을 상속받는 자손의 수가 더 많은 경향이 있다. 유리한 특성과 이를 코딩하는 유전자는 인구 집단에서 더 흔해진다.

예를 들어, 자연선택이 비버 이빨의 진화에 어떻게 영향을 미쳤는지 고려해 보자. 비버 집단에서 치아 크기는 다르다. 왜냐하면, 과거의 돌연변이로 인해 다른 비버는 치아 크기에 영향을 미치는 다른 버전의 유전자를 가질 수 있기 때문이다. **돌연변이(mutations)**는 DNA 복사 오류 또는 DNA 손상으로 인한 유전자의 변화이다. 더 큰 이빨에 대한 유전자를 가진 과거의 비버는 나무를 더 효율적으로 씹어 버리고, 더 큰 댐과 집을 만들며, "일반적인" 비버보다 더 많은 껍질을 먹을 수 있었을 것이다. 이 큰 이빨 비버는 작은 이빨 친척보다 더 많은 음식과 더 나은 대피소를 얻었으므로 더 많은 자손을 키웠다. 자손은 더 큰 이빨에 대한 부모의 유전자를 물려받았다. 시간이 지남에 따라 덜 성공적이고 작은 이가 있는 비버는 점점 더 줄어들었다. 여러 세대가 지나면서 모든 비버는 큰 이빨을 가지게 되었다.

### 자연선택은 적응으로 귀결된다

자연선택을 통해 발생하는 구조, 생리적 과정 또는 행동을 **적응(adaptation)**이라고 한다. 적응은 생명체가 특정 환경에서 생존하고 번식하도록 도와준다. 무리, 민첩한 사슴의 다리, 독수리의 넓은 날개, 레드우드 나무의 거대한 줄기와 같은 다른 생명체에서 우리가 너무 감탄하는 대부분 특징은 적응이다. 적응은 생명체가 포식자를 피하고, 먹이를 포획하거나, 햇빛에 도달하거나, 생존과 번식을 보장하는 다른 업적을 달성하도록 도와준다. 오늘날 생명체에서 발견되는 거대한 적응은 무작위 돌연변이에 작용하는 자연선택 때문에 만들어졌다.

### 진화는 새로운 종을 만들 수 있다

자연선택은 적응의 원인이 되지만, 생명이 어떻게 많은 종류의 생명체를 포함하도록 다양화되었는지를 설명할 수는 없다. 사슴, 독수리, 레드우드, 사람 및 지구의 다양한 서식 동물들은 모두 수십억 년 전에 나타난 최초의 단일 세포 생명체에서 어떻게 발생하였을까? 다양화의 진화 과정은 개체군이 갈라질 때 시작된다. 예를 들어, 격렬한 폭풍은 본토에서 근해 섬으로 개체군의 일부 구성원을 운반한다. 본토의 개체군과 새로 도착한 섬의 개

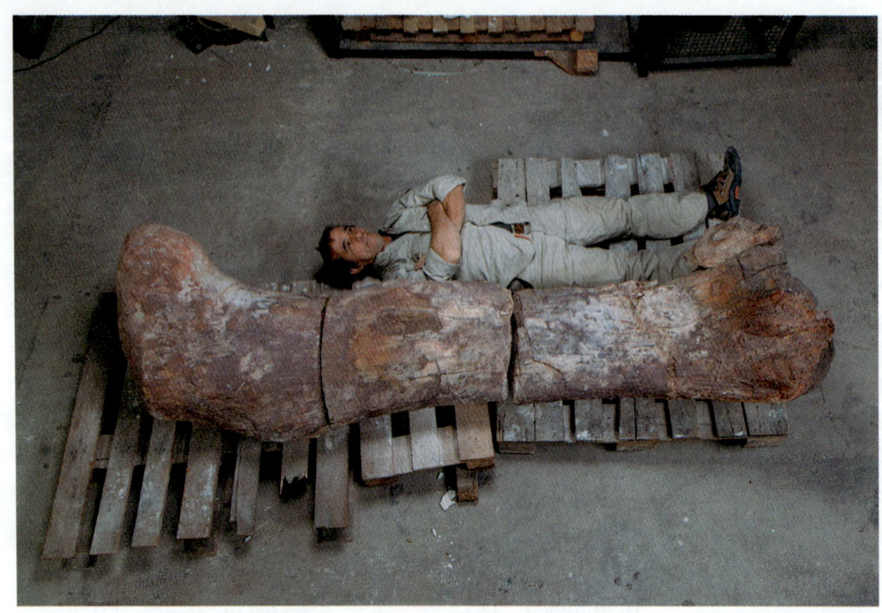

◀ **그림 1-9 새로 발견된 공룡인** Titanosaurus의 화석 약 6천 6백만 년 전에 공룡의 멸종에 대해 가장 널리 받아들여진 가설은 그들의 환경을 신속하고 근본적으로 변화시킨 거대한 운석 충돌이다. 9억 9천만 년 전의 것으로 추정되는 이 넓적다리뼈는 약 130 피트(40 미터)의 추정 길이와 약 176,000 파운드(80 미터톤)의 무게를 가진 거대 초식동물의 것이다.

**비판적 사고** 가장 큰 공룡은 식물을 먹는 초식동물이었다. **그림 1-3**에 근거하여 이유를 제시할 수 있는가?

체군은 처음에 같은 **종(species**: 상호교배가 가능한 같은 유형의 생명체)의 개체로 구성된다. 그러나 섬의 환경이 본토의 환경과 다른 경우 자연선택은 본토와는 다른 섬에서의 적응을 선호한다. 이 차이는 결국 두 집단이 더는 상호교배가 불가능한 정도로 커질 수 있다. 그 시점에 새로운 종이 진화했을 것이다.

### 멸종은 종을 제거한다

생명체가 오늘날 생존하는 데 도움이 되는 것이 미래에는 불리하게 작용할 수 있다. 지구 기후변화와 같이 환경이 변하면 적응하는 특성도 변할 것이다. 예를 들어, 온도가 상승하는 지역에서, 임의의 돌연변이가 생명체가 더 따뜻한 기후에서 생존하고 번식하도록 돕는다면, 돌연변이는 자연선택으로 선호될 것이고 새로운 세대마다 개체에서 더 일반적으로 될 것이다.

적응성이 있는 돌연변이가 발생하지 않으면, 변화하는 환경이 종을 **멸종(extinction)**시킬 수 있다. 공룡은 1억 년 동안 번성했지만 변화하는 환경에 적응하지 못했기 때문에 멸종되었다(**그림 1-9**). 최근 수십 년 동안 화석 연료를 태우거나 열대림을 농지로 개조하는 등의 인간 활동으로 인해 환경 변화 속도가 급격히 빨라져 멸종률이 급격히 증가했다.

**CHECK YOUR LEARNING**

- 어떻게 자연의 과정이 필연적으로 자연선택에 의한 진화로 이어지는 것을 설명할 수 있는가?
- 돌연변이가 무엇이고 진화에서의 역할을 설명할 수 있는가?
- 종들이 어떻게 발생하고 어떻게 멸종되는지 설명할 수 있는가?

**CASE STUDY CONTINUED**

**생명의 경계**

바이러스의, 생명과 유사한 특성 중 하나는 진화할 수 있는 능력이다. 바이러스는 자연선택으로 진화하여 더욱 치명적이거나 쉽게 전염되거나 새로운 숙주를 감염시킬 수 있다. 에볼라, HIV 그리고 독감을 포함한 많은 바이러스의 유전물질은 매우 비효율적으로 복사되어 평균 동물 세포보다 약 1,000배 높은 돌연변이율을 초래한다. 이 높은 돌연변이율의 한 가지 결과는 바이러스가 빠르게 진화하여 면역 체계와 항바이러스 약물에 저항할 수 있는 적응을 빠르게 획득한다는 것이다. 빠른 바이러스 진화는 매년 독감 예방접종을 새로 해야 하는 이유와 HIV가 이 치료에 사용되는 약물에 내성을 가지게 되는 이유를 설명한다. 항바이러스 약물에 노출된 집단에서 자연선택은 필연적으로 약물에 내성을 가지는 돌연변이를 포함한 바이러스를 선호하기 때문에, HIV 환자에게는 3가지 또는 4가지 다른 약물의 "혼합 처방"이 제공된다. 거의 불가능하지만, 바이러스는 여러 다른 내성 돌연변이를 가진 경우에만 모든 약물에 내성이 있을 수 있다.

## 1.3 과학자들은 생명을 어떻게 연구하는가?

생물학이라는 과학은 여러 가지 다른 분야의 탐구를 포괄한다. 사실, 생물학은 한 분야가 아니라 생명의 놀라운 복잡성으로 연결된 학문 분야이다.

### 생명은 다양한 수준에서 연구될 수 있다

생물학자들은 종종 살아있는 세상을 일련의 조직화 수준으로 보고 있으며, 각 수준은 그 위에 있는 것의 구성 요소를 제공한다(**그림 1-10**). 가장 낮은 수준의 조직화에는 원자가 있다. **원자**

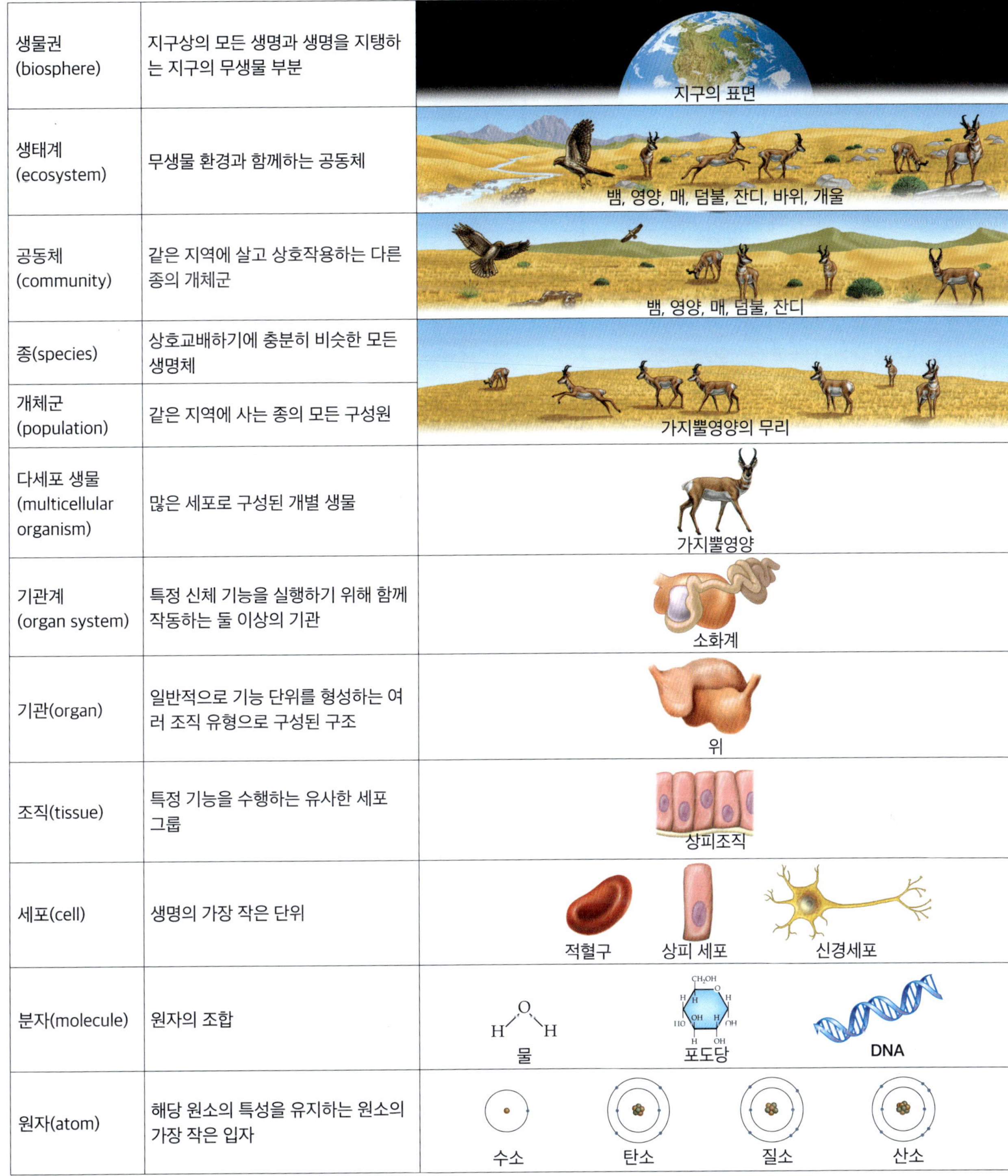

| 수준 | 정의 | 예 |
|---|---|---|
| 생물권 (biosphere) | 지구상의 모든 생명과 생명을 지탱하는 지구의 무생물 부분 | 지구의 표면 |
| 생태계 (ecosystem) | 무생물 환경과 함께하는 공동체 | 뱀, 영양, 매, 덤불, 잔디, 바위, 개울 |
| 공동체 (community) | 같은 지역에 살고 상호작용하는 다른 종의 개체군 | 뱀, 영양, 매, 덤불, 잔디 |
| 종(species) | 상호교배하기에 충분히 비슷한 모든 생명체 | 가지뿔영양의 무리 |
| 개체군 (population) | 같은 지역에 사는 종의 모든 구성원 | |
| 다세포 생물 (multicellular organism) | 많은 세포로 구성된 개별 생물 | 가지뿔영양 |
| 기관계 (organ system) | 특정 신체 기능을 실행하기 위해 함께 작동하는 둘 이상의 기관 | 소화계 |
| 기관(organ) | 일반적으로 기능 단위를 형성하는 여러 조직 유형으로 구성된 구조 | 위 |
| 조직(tissue) | 특정 기능을 수행하는 유사한 세포 그룹 | 상피조직 |
| 세포(cell) | 생명의 가장 작은 단위 | 적혈구, 상피 세포, 신경세포 |
| 분자(molecule) | 원자의 조합 | 물, 포도당, DNA |
| 원자(atom) | 해당 원소의 특성을 유지하는 원소의 가장 작은 입자 | 수소, 탄소, 질소, 산소 |

▲ **그림 1-10 생물학적 조직화 수준** 각 수준은 한 단계 위 수준에 대한 구성 요소를 제공하며, 상위 수준은 아래 수준의 상호작용에서 발생하는 새로운 속성을 가진다.

**비판적 사고** 광합성이 태양에너지를 저장 에너지로 변환하는 방법을 조사하는 데 가장 적합한 조직화 수준은 무엇인가?

**(atom)**는 원소의 모든 특성을 유지하는 원소의 가장 작은 입자이다(원소는 분해되거나 더 간단한 물질로 전환될 수 없는 물질이다). 예를 들어, 금 조각의 가능한 가장 작은 단위는 개별 금 원자이다. 원자는 결합하여 **분자(molecule)**를 형성할 수 있다. 예를 들어, 하나의 산소 원자는 2개의 수소 원자와 결합하여 물 분자를 형성할 수 있다. 탄소 원자를 포함하는 복잡한 생물학적 분

자는 생명의 기본 단위인 **세포(cell)**의 구성 요소를 형성한다. 다세포 생명체에서, 유사한 유형의 세포는 결합하여 위장을 형성하는 상피조직과 같은 **조직(tissue)**을 형성할 수 있다. 다른 유형의 조직은 전체적으로 위와 같은 **기관(organ)**이라고 불리는 기능적 단위를 형성하기 위해 결합합니다. 특정 신체 기능을 수행하기 위해 함께 작동하는 두 개 이상의 기관을 그룹화하는 것을 **기관계(organ system)**라고 한다. 예를 들어 위는 소화 시스템의 일부이다. 다중의 기관계가 다세포 생명체 내에서 함께 작동한다. 정의된 지역에 사는 같은 종의 생명체가 **개체군(population)**을 형성한다. 상호교배하기에 충분히 유사한 생명체의 모든 개체군의 모음은 종을 형성합니다. 한 지역에 살고 상호작용하는 다른 종은 **공동체(community)**를 구성한다. 지역 사회와 주변 환경은 **생태계(ecosystem)**를 구성한다. 마지막으로 지구상의 모든 생태계가 함께 **생물권(biosphere)**을 구성한다.

실험을 설계할 때 생물학자가 선택하는 첫 번째 선택 중 하나는 문제를 연구할 적절한 조직화 수준이다. 이 결정은 일반적으로 답변할 질문을 기반으로 한다. 예를 들어 개구리가 개굴개굴하는 소리를 내는 방법을 알고 싶다면 개구리 몸 안의 장기를 연구해야 한다. 개구리 세포나 개구리 공동체에 초점을 맞춘다면 개구리가 어떻게 개굴개굴하는 소리를 내는가에 대한 대답은 불가능할 것이다. 반면에, 지구 기후변화가 전 세계의 개구리 수를 줄이는지 알고 싶다면 개구리 장기를 연구하는 것이 좋지 않을 것이다. 이 질문에 대답하려면 개구리 개체군을 연구해야 한다. 과학자들에게 당면한 문제에 가장 적합한 조직화 수준을 인식하고 선택하는 것은 중요하다.

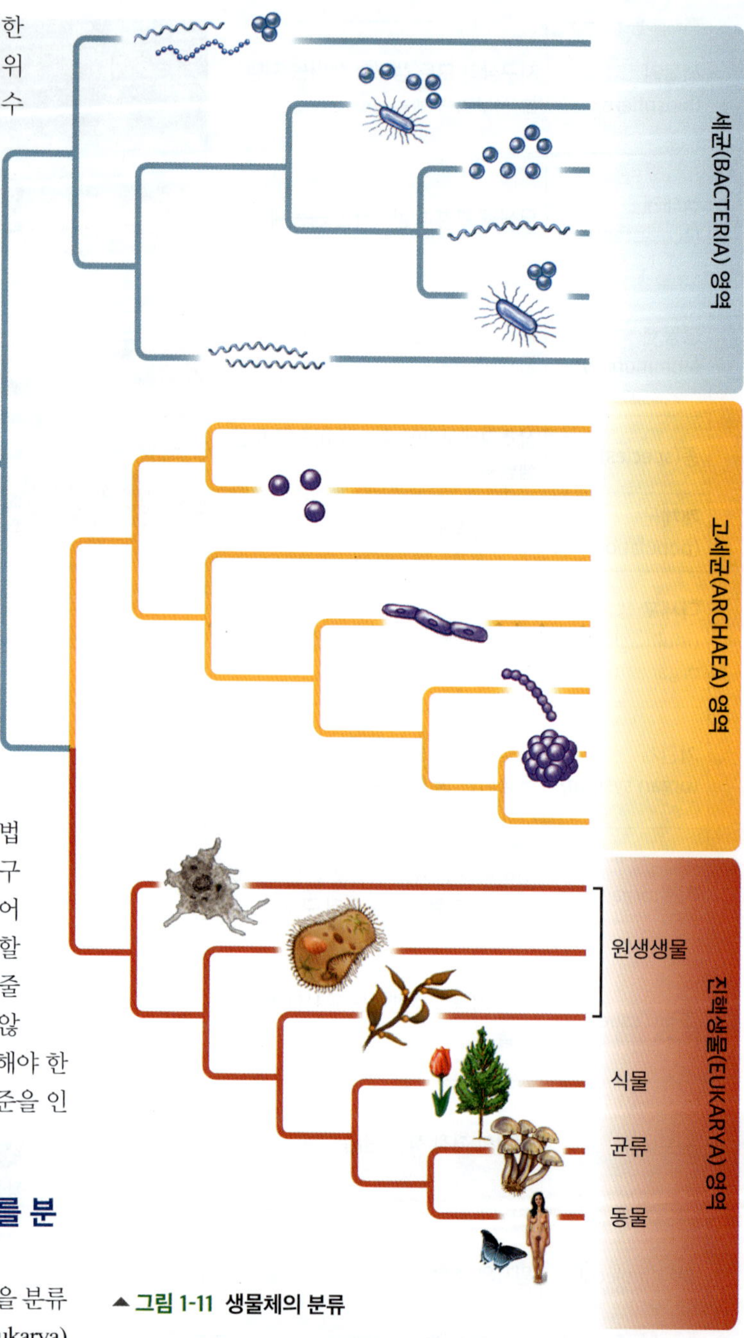


▲ **그림 1-11 생물체의 분류**

## 생물학자들은 진화적 유연관계에 따라 생명체를 분류한다

과학자들은 진화적 관련성에 기초하여 지구의 다양한 종을 분류하여 세균(Bacteria), 고세균(Archaea) 그리고 진핵생물(Eukarya)의 세 가지 주요 **영역(domain)**으로 구분한다(**그림 1-11**).

### 세포 구조가 세균, 고세균 그리고 진핵생물을 구별하게 한다

3개의 영역에 포함된 생명체들은 그들 세포의 특성에 의해 구별될 수 있다. 세균과 고세균의 모든 종은 원핵세포이고 단세포이지만 일부는 느슨하게 조직화된 가닥, 판막 또는 박막을 형성한다. 두 영역 사이에 매우 먼 진화 관계를 유지하면서, 세균 세포와 고세균 세포는 구조와 화학적 조성이 상당히 다르다. 진핵생물은 하나 이상의 진핵세포로 구성된다. 이 영역은 곰팡이, 식물, 동물 그리고 총체적으로 원생생물로 알려진 다양한 생명체가 포함된다. 대부분 원생생물은 단세포이지만 모든 식물과 동물과 거의 모든 곰팡이는 다세포이다. 그들의 삶은 수많은 특화된 세포들 사이의 친밀한 소통과 협력에 달려 있다. Unit 3에서 생명의 놀라운 다양성과 그것이 어떻게 진화했는지에 대해 더 자세히 배울 것이다.

### 생물학자들은 생명체의 이름을 짓기 위해 이명법을 사용한다

각 형태의 생명체에 고유한 과학적 이름을 제공하기 위해 생물학자들은 속(밀접하게 관련된 종의 그룹)과 종으로 구성된 **이명법(binomial system, 문자 그대로** "두 개의 이름")을 사용한다. 속

이름은 대문자이며 두 이름은 모두 기울임 꼴이며 라틴어 또는 그리스어 단어를 기반으로 한다. 그림 1-2의 동물은"물벼룩"이라는 일반적인 이름을 가지고 있지만 많은 종류의 물벼룩이 있으며 이를 연구하는 사람들에게 정확해야 한다. 따라서 이 물벼룩은 과학적 이름인 *Daphnia longispina*로 주어졌으며, *Daphnia* 속(많은 유사한 물벼룩이 포함되어 있음)과 *longispina* 종(긴 척추를 가리키며 그림 1-2에서 볼 수 있음)에 배치되었다. 사람들은 *Homo sapiens*로 분류된다. 우리는 우리 속의 유일한 생존 구성원이다.

### CHECK YOUR LEARNING

- 생물학적 조직화의 수준을 설명할 수 있는가?
- 과학자들이 다양한 형태의 생명체를 분류하고 명명하는 방법을 설명할 수 있는가?
- 생명체의 세 가지 분류 사이의 차이점을 설명할 수 있는가?

## 1.4 과학이란 무엇인가?

**과학(science)**은 관찰과 실험을 통한 물리적 우주의 모든 양상에 관한 체계적인 탐구로 정의될 수 있다.

### 과학은 일반적인 기본 원칙에 기반한다

세 가지 기본 원칙이 과학적 탐구의 기초를 제공한다. 첫 번째는 모든 사건이 자연적인 원인으로 추적될 수 있다는 것이다. 고대에는 초자연적인 힘이 자연적인 사건의 원인이라고 믿는 것이 일반적이었다. 예를 들어, 고대 그리스인들은 번개가 제우스 신에 의해 던져진 무기이며 간질 발작은 신들이 방문한 결과라고 믿었다. 오늘날 우리는 과학적 연구를 통해 번개가 대규모 전기 방전이며 간질이 통제되지 않은 신경세포의 교란으로 인한 뇌 장애라는 것을 알고 있다. 과학은 우리가 아직 이해하지 못하는 현상의 원인을 발견하려는 끊임없는 탐구이다.

과학의 두 번째 원칙은 자연의 법칙이 시간이나 거리에 따라 변하지 않는다는 것이다. 예를 들어, 만유인력의 법칙은 오늘도 100억 년 전과 같으며 우리 우주의 모든 곳에 적용된다.

세 번째 원칙은 과학적 발견이 "가치 중립"이라는 것이다. 과학은 이상적인 형태로 주관적 가치에 영향을 받지 않는 사실을 우리에게 제공한다. 과학적 자료는 어떤 신념 체계와도 독립적이다. 예를 들어, 과학은 사람의 난자가 수정될 때 발생하는 사건을 객관적으로 설명할 수 있지만, 수정란이 개인(인격체)인지 아닌지에 대한 주관적인 가치 기반 질문에 대답할 수는 없다.

### 과학적 방법은 과학적 탐구의 중요한 수단이다

삼라만상을 배우기 위해 생물학을 포함한 많은 학문 분야의 과학자들은 **과학적 방법(scientific method)**을 사용한다. 이 방법은 관찰, 질문, 가설, 예측, 실험 및 결론의 6가지 연관된 요소로 구성된다. 과학적 탐구는 현상의 **관찰(observation)**로 시작된다. 관찰은 무엇을 관찰했는지에 대한 **질문(question)**으로 이어진다. 이전 조사를 신중하게 연구하고 생각하며 종종 동료들과 대화를 나눈 후 연구자는 가설을 세운다. **가설(hypothesis)**은 관찰에 대한 제안된 설명이고 질문에 대한 답변이다. 유용한 가설은 **예측(prediction)**으로 이어져야 하며, 예측은 가설이 올바른지 조사 후에 예상되는 결과이다. 예측은 신중하게 설계된 추가 관측 또는 **실험(experiments)**이라고 하는 신중하게 제어된 조작으로 조사된다. 실험은 가설을 뒷받침하거나 반박하는 결과를 만들어 과학자가 가설이 유효한지 아닌지에 대한 **결론(conclusion)**에 도달할 수 있도록 한다. 결론이 유효하기 위해서는 실험과 결과가 최초의 연구원뿐만 아니라 다른 연구자들에 의해 반복될 수 있어야 한다.

우리는 일상생활에서 덜 형식적인 과학적 방법을 사용한다. 예를 들어, 중요한 약속에 늦어서 자동차로 달려가서 시동 키를 돌리고 자동차가 시동이 걸리지 않는 것을 관찰한다고 가정해보자. "왜 차가 시동이 걸리지 않는가?"라는 당신의 질문은 가설로 이어진다. 배터리가 방전되었다. 이 가설은 점프-시동이 문제를 해결할 것이라는 예측으로 이어진다. 당신은 룸메이트의 자동차 배터리에서 자신의 점퍼 케이블을 연결하여 실험해 본다. 실험 결과 자동차가 즉시 시동이 걸리고 죽은 자동차 배터리에 대한 가설이 뒷받침되었다는 결론을 얻는다.

### 실험은 대조군을 포함한다

많은 실험에서 단일 요인 또는 **변수(variable)**가 관측된 현상의 원인이라는 가설을 조사한다. 이러한 가설에 대한 가장 효과적인 테스트는 일반적으로 단일 변수만 조작하는 실험이다. 그러나 대부분의 실험에서 조작이 실수로 하나 이상의 요소를 변경하지 않았는지 확인하기가 어렵다. 예를 들어, 자동차 배터리 실험에서 자동차의 점프-시동은 배터리를 충전하는 것과 함께 배터리 단자에서 배터리의 전원 공급을 방해하던 약간의 부식을 제거하여 배터리가 실제로 완전히 충전되었을 수 있다. 눈에 띄지 않는 변수의 영향을 막기 위해 실험에는 일반적으로 변수가 변경되지 않은 실험 부분인 **대조군(control)**도 포함된다. 그런 다음 대조 조건의 결과를 실험 조건의 결과와 비교할 수 있다(10페이지의 "Doing Science: 대조 실험은 신뢰할 수 있는 데이터를 제공한다." 참조). 실제 실험에서 과학자들은 수행하는 모든 조작의 가능한 모든 효과를 제어하려고 시도해야 하므로 종종 하나 이상의 대조군이 필요하다.

### 실험이 항상 가능한 것은 아니다

잘 설계된 실험은 일반적으로 가설을 조사하는 가장 확실한 방법이지만 생물학은 실험 조사에 적합하지 않은 많은 가설을 포함한다. 예를 들어, 진화 생물학자들은 종종 과거의 사건에 관한 질문을 한다. 예를 들어, 오늘날 새들의 조상이 공룡이라는 가설을 생각해보자. 이 가정된 조상들은 물론 오래전에 멸종했으며 수백만 년 전에 어떻게 진화했는지를 보여 줄 수 있는 실험은 없다. 그럼에도 불구하고, 이 질문을 연구하는 생물학자들은 조사

## Doing Science 대조 실험은 신뢰할 수 있는 데이터를 제공한다

이탈리아의 의사 프란체스코 레디(Francesco Redi, 1626-1697)의 고전적인 실험은 과학적 방법을 훌륭하게 증명하고 모든 사건이 자연적인 원인으로 추적될 수 있다는 과학적 원리를 설명하는 데 도움이 된다. 레디는 상한 고기에 구더기(파리 유충)가 나타나는 이유를 조사했다. 레디가 살았던 시대에는 냉장이 알려지지 않아서 고기를 외부에 노출된 곳에 보관했다. 그 당시 많은 사람은 고기에 구더기가 등장하는 것이 무생물로부터 생명체가 출현하는 **자연 발생**(spontaneous generation)의 증거라고 믿었다.

레디는 신선한 고기 주위에 파리가 몰려들고 며칠 동안 내버려 둔 고기에 구더기가 나타나는 것을 관찰했다. 이 관찰에 기초하여, 그는 파리의 존재와 구더기의 출현 사이에 관련이 있는지에 대한 의문을 제기했다. 그는 검증 가능한 가설을 세웠다: 파리가 구더기를 만든다. 이것은 고기에 파리가 날아드는 것을 막으면 구더기가 나타나지 않을 것이라는 예측으로 이어졌다. 그의 실험에서, 레디는 고기에 파리가 접근하는 한 가지 변수를 테스트하고자 했다. 따라서 그는 깨끗한 두 병에 비슷한 고기 조각을 넣었다. 그는 한 병을 마개가 없이 열어 놓고(대조군 병), 다른 병을 거즈로 덮어 파리(실험용 병)를 막았다. 그는 다른 모든 조건(예: 병의 종류, 고기의 종류 및 온도)을 같게 유지하기 위해 최선을 다했다. 며칠 후, 그는 마개가 없이 열려있던 병의 고기에서 구더기를 보았지만, 거즈로 덮은 병의 고기에서는 아무것도 보지 못했습니다. 레디는 그의 가설이 정확하고 구더기가 살아있지 않은 고기가 아닌 파리에 의해 생산된다고 결론지었다(**그림 E1-1**). 이 실험과 다른 통제된 실험을 통해서만 자연 발생에 대한 오래된 신념을 잠재울 수 있었다.

300년이 지난 지금도 과학자들은 여전히 통제된 실험을 수행한다. 과부새(widowbirds)의 긴 꼬리를 조사한 말트 앤더슨(Malte Andersson)의 실험을 고려해보라. 앤더슨은 암컷이 아닌 수컷 과부새가 매우 긴 꼬리를 가지고 있으며 아프리카 초원을 가로질러 날아다니는 것을 관찰하였다. 앤더슨은 "왜 수컷 새는 긴 꼬리를 가지고 있는가?"라고 질문을 했다. 그의 가설은 암컷이 꼬리가 긴 수컷과 짝짓기를 선호하고 그래서 이 수컷은 꼬리가 긴 유전자를 물려받는 자손이 더 많다는 것이다. 앤더슨은 그의 가설이 사실이라면, 꼬리가 인위적으로 짧아진 수컷의 영역보다 인공적으로 길쭉한 꼬리를 가진 수컷의 영역에 둥지를 짓는 암컷이 더 많을 것으로 예측했다. 이 예측을 조사하기 위해 그는 수컷을 잡아 꼬리를 원래 길이의 약 절반으로 자르고 풀어 놓았다(실험군 1). 그는 다른 그룹의 수컷을 잡아서 첫 번째 그룹에서 제거한 꼬리 깃털에 붙여서 매우 긴 꼬리를 만든다(실험군 2). 그런 다음 대조군 1에서 꼬리 깃털을 자르고 다시 제자리에 붙였다(새를 잡아서 깃털을 조작하는 효과를 제어하기 위해). 대조군 2에서 그는 단순히 잡히고 다루는 스트레스로 인한 행동 변화를 제어하기 위해 수컷 새를 잡고 다시 풀어주었다.

나중에 앤더슨은 몇 마리의 암컷이 각

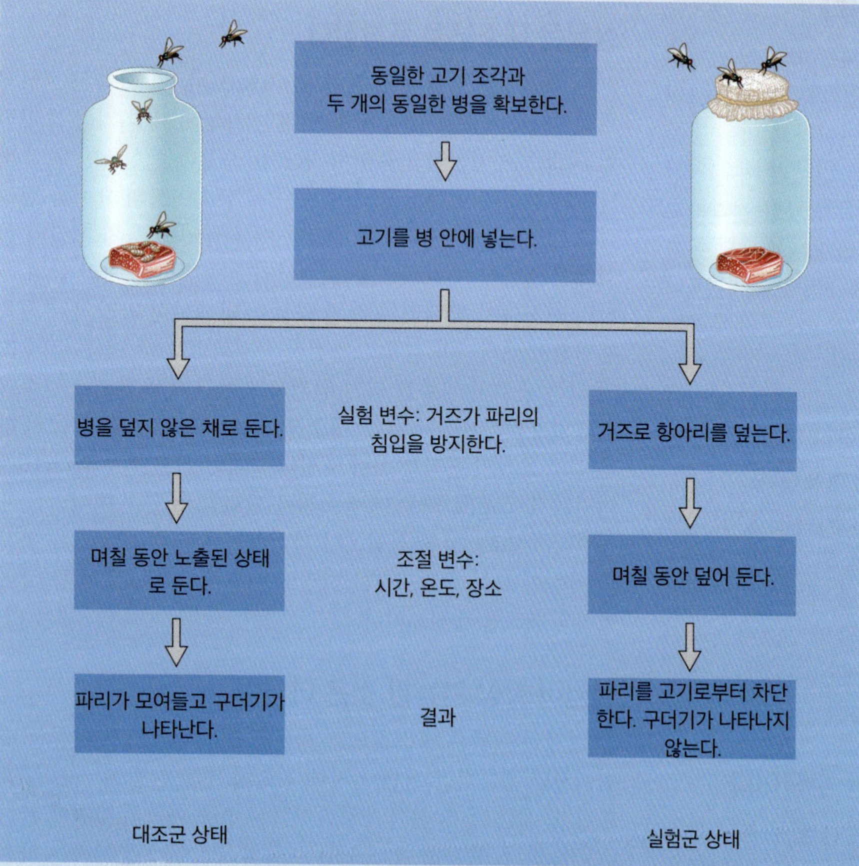


◀**그림 E1-1 프란체스코 레디의 실험은 과학적 방법을 보여 준다.**

수컷과 교배했는지를 알아보기 위해 암컷이 각 수컷의 영토에 튼 둥지의 수를 세었다. 그는 꼬리가 길쭉한 수컷의 영토에 가장 둥지가 많았고 꼬리가 짧아진 수컷의 영토에 둥지 수가 가장 적었으며, 대조 수컷(보통 길이의 꼬리를 가짐, 아예 손을 데지 않거나 자른 후 다시 붙임)이 중간 수를 가졌다는 것을 발견했다(**그림 E1-2**). 앤더슨은 그의 결과가 암컷 과부새가 긴꼬리 수컷과 짝짓기를 선호한다는 가설을 지지한다고 결론 지었다.

레디와 앤더슨의 실험과 같은 통제된 실험이 과학적 증거의 황금 기준이지만, 과학적 연구에 항상 여기에 설명된 모든 요소가 포함되는 것은 아니다. 예를 들어, 연구 프로젝트의 초기 단계는 특정 가설이나 예측 없이 수행된 탐색적 관찰로 구성될 수 있다. 고생물학(화석 연구)과 같은 일부 과학 분야에서는 실험조차 불가능하다. 이 본문의 뒷부분에 나오는 "Doing Science" 상자에서 과학적 조사의 예를 살펴보면 과학적 방법의 다양한 변형을 볼 수 있다. 그러나 대부분 예는 과학적인 질문("질문은 무엇인가?"라는 소제목으로 표시됨), 증거 수집에 사용된 방법("증거는 어떻게 수집되었는가?") 그리고 결과와 결론("무엇을 배웠는가?")이 주로 나온다.

**비판적 사고** 레디의 실험은 파리가 구더기를 생산한다는 것을 설득력 있게 보여 주었는가? 구더기의 출처를 확인하는 데 어떤 종류의 후속 실험이 도움이 되는가?

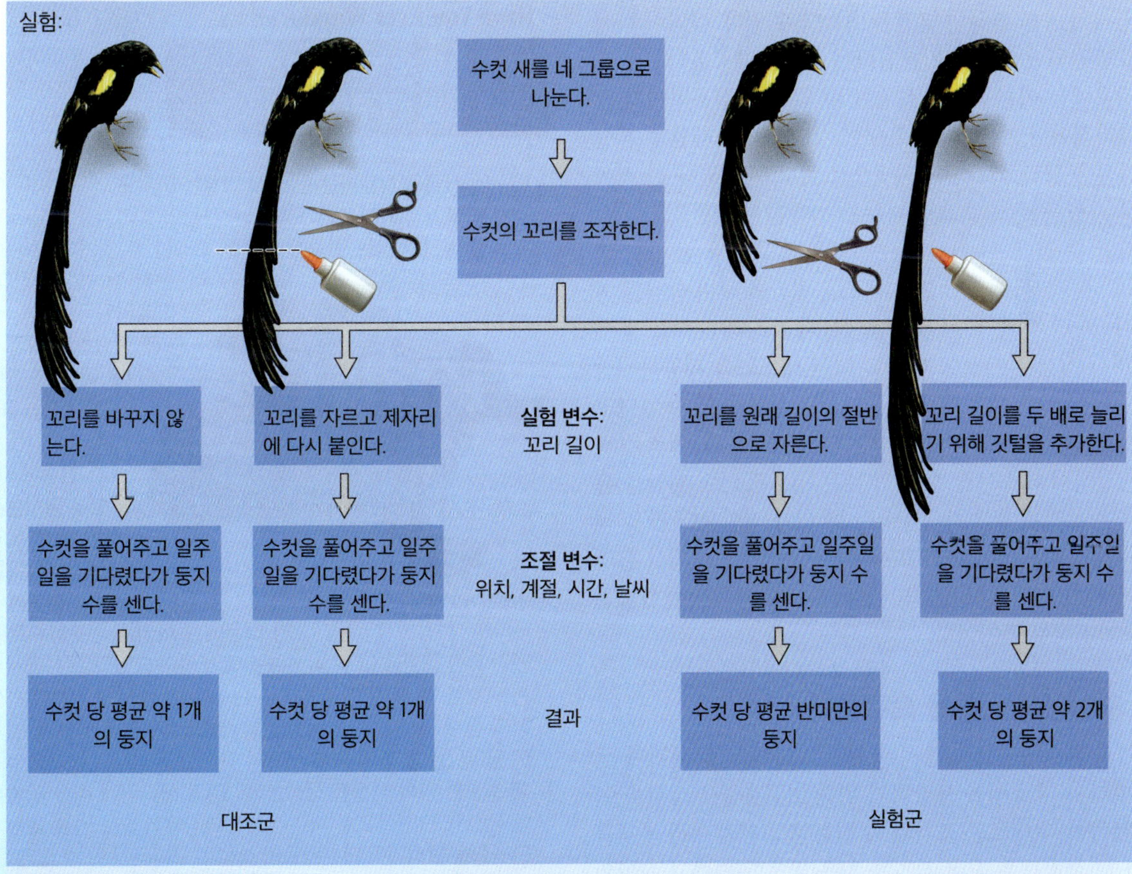


▲ **그림 E1-2 말트 앤더슨의 실험**

▲ **그림 1-12 과학자들은 과학 회의에서 결과를 공유한다** 포스터는 과학자들이 연구 결과를 발표하고 토론하기 위해 모일 때 결과를 요약하는 데 종종 사용된다.

가능한 예측을 만들기 위한 그들의 가설을 사용하여 과학적 방법의 다른 부분을 적용한다. 예를 들어, 공룡이 조류의 조상이라면 깃털을 가진 공룡 화석의 발견을 예측할 수 있다. 이러한 화석이 실제로 발견되어 가설을 뒷받침하는 증거를 제공한다.

어떤 경우에는 이론적으로 실험할 수 있지만, 실용적이지 않거나 비윤리적이다. 예를 들어 흡연이 사람들에게 폐암을 유발한다는 가설을 생각해보라. 원칙적으로, 우리는 흡연을 한 적이 없는 많은 사람을 두 그룹으로 나누는 실험을 수행함으로써 가설을 조사할 수 있다. 한 그룹의 구성원은 매일 담배 한 갑을 피워야 하고, 다른 그룹의 구성원은 대조군 역할을 하며 담배를 피울 수 없다. 20 년 후, 우리는 각 그룹에서 폐암 사례의 수를 셀 수 있다. 이러한 실험은 가설에 대한 강력한 테스트를 제공하지만 말할 것도 없이 매우 비윤리적이다. 그러나 실험을 할 수 없다고 해서 과학적 방법을 포기해야 한다는 의미는 아니다. 예측을 신중하게 관찰하여 테스트할 수 있기 때문이다. 흡연이 폐암을 유발하는 경우 무작위 흡연자 집단이 비흡연자 집단보다 많은 폐암 희생자가 포함되어야 한다고 예측한다. 많은 연구에서 흡연과 폐암 사이의 연관성이 발견되었다. 흡연이 암을 유발한다는 가설을 뒷받침하는 증거이다.

## 과학은 재현성과 소통을 요구한다

실험 결과가 유효하면 실험을 수행할 때마다 동일한 결과가 산출된다. 따라서, 유효성을 보장하기 위해 연구자들은 실험을 여러 번 반복하여 각 대조군 조건과 각 실험군 조건의 여러 복제를 설정한다. 과학자들은 실험 결과를 처음 발견한 연구자들 이외의 다른 연구자들에 의해 복제되었을 때 실험적인 결과에 대해 가장 확신한다.

최상의 실험조차도 소통을하지 않으면 쓸모가 없다(**그림 1-12**). 좋은 과학자들은 결과를 발표하고 다른 방법으로 실험을 반복하고 구축할 수 있도록 방법을 자세히 설명한다.

## 과학 이론은 철저히 테스트되었다

과학자들은 "이론"이라는 단어를 일상적인 사용법과 다른 방식으로 사용한다. 만약 왓슨 박사가 "이 파울 행위의 가해자에 관한 이론이 있습니까?"라고 셜록 홈즈에게 물었다면 과학적인 용어로 그는 홈즈에게 가설, 즉 불완전한 증거를 제공하는 단서를 기반으로 제안된 설명을 요구한 것이다. 대조적으로 **과학 이론(scientific theory)**은 광범위하고 재현 가능한 관측과 실험을 통해 개발된 중요한 자연 현상에 대한 일반적이고 신뢰할 수 있는 설명이다. 간단히 말해서, 과학 이론은 과학적 탐구에 의해 결코 반증되지 않는 자연 연구에서 파생된 기본 원칙인 **자연의 법칙(natural law)**으로 가장 잘 설명된다. 예를 들어, 원자 이론(모든 물질이 원자로 구성되어 있음)과 중력 이론(물체

**Have You Ever Wondered ...**

### 과학자들은 왜 모호한 생명체를 연구하는가?

일부 사람들은 모호하거나 무의미해 보이는 연구에 자금을 제공하려는 정부의 의지에 의아해하고 있다. 이러한 연구에 자금을 지원하는 한 가지 이유는 아무도 연구 아이디어가 어디로 도달할지 말할 수 없으며 과학자들이 호기심을 따를 수 있게함으로써 예기치 않은 귀중한 결과를 초래할 수 있기 때문이다. 초파리, 온천 박테리아, 바다 젤리, 아메리카독도마뱀, 우엉 등의 중요하지 않은 생명체에 대한 연구는 사람들의 삶을 향상시켰다. 초파리는 유전자가 형질에 어떤 영향을 미치는지 연구하기 위해 100년 이상 사용되었다. 그들의 유전자는 우리의 유전자와 충분히 유사하기 때문에 초파리를 연구함으로써 많은 인간 유전 질환을 더 잘 이해하는 데 도움이 되었다. 온천에서 발견되는 모호한 박테리아에 대한 연구는 DNA를 빠르게 복사하는 실험 과정의 필수 구성 요소 단백질을 밝혀냈다. 이 발견 덕분에, 범죄 현장에 남아있는 몇 가지 피부 세포의 DNA는 용의자의 DNA와 비교하기에 충분한 양의 샘플을 생성할 수 있다. 해파리에 대한 과학적 연구는 유전자, 단백질 또는 바이러스에 부착되어 빛을 낼 수 있는 형광성 단백질을 밝혀내어 연구원들이 활성을 모니터링 할 수 있게 했다. 아메리카독도마뱀의 독성 타액에서 발견된 단백질은 이제 당뇨병 환자가 보다 일정한 혈당 수준을 유지하도록 돕는 약물로 사용된다. 그리고 버(금속 절단 부위의 끝말림)의 현미경 검사는 무엇으로 이어졌는가? 벨크로(찍찍이)에 대한 영감.

아메리카독도마뱀

가 서로를 끌어 당기는 이론)과 같은 과학적 이론은 물리학의 기본이다. 마찬가지로, 모든 살아있는 생명체는 세포로 구성되는 **세포 이론(cell theory)**과 진화 이론은 생물학 연구의 기초이다.

과학자들은 과학적 이론 조차도 잠재적으로 반증되거나 위조될 수 있기 때문에 기본 원칙을 "사실"이 아니라 "이론"으로 묘사한다. 과학적 이론이 유효하지 않다는 강력한 증거가 나오면 그 이론을 수정하거나 폐기해야 한다. 새로운 과학적 증거에 비추어 기본 원칙을 수정해야 할 필요성에 대한 현대적인 예는 감염성 단백질인 프리온의 발견이다(3장 참조). 1980년대 초 이전에 알려진 모든 감염성 질병 인자는 유전 물질의 지시를 사용하여 복제되었다. 1982년에 신경학자 스탠리 프루시너(Stanley Prusiner)는 스크래피(뇌 퇴행을 유발하는 전염성 양)가 실제로 단백질에 의해 유발되고 전염되며 유전물질이 없다는 증거를 발표했다. 감염성 단백질은 과학에 알려지지 않았으며, 프루시너의 결과는 광범위한 회의론에 부딪쳤다. 단백질만으로도 전염병 인자의 역할을 할 수 있다는 것을 과학계 대부분에 확신시키기 위해 거의 20년의 추가 연구가 필요했다. 프리온은 이제 광우병과 두 가지 치명적인 인간 두뇌 장애를 일으키는 것으로 알려져 있다. 프루시너는 그의 선구적인 업적으로 노벨 생리의학상을 수상했다. 축적된 과학적 증거에 기초하여 프리온이 전염성 단백질로 작용할 수 있다는 결론을 받아들임으로써 과학자들은 과학적 과정의 완전성을 유지하면서 질병이 어떻게 발생할 수 있는지에 대한 이해를 넓혔다. 지속적인 과학적 탐구는 과학적 이론을 지속적으로 테스트한다.

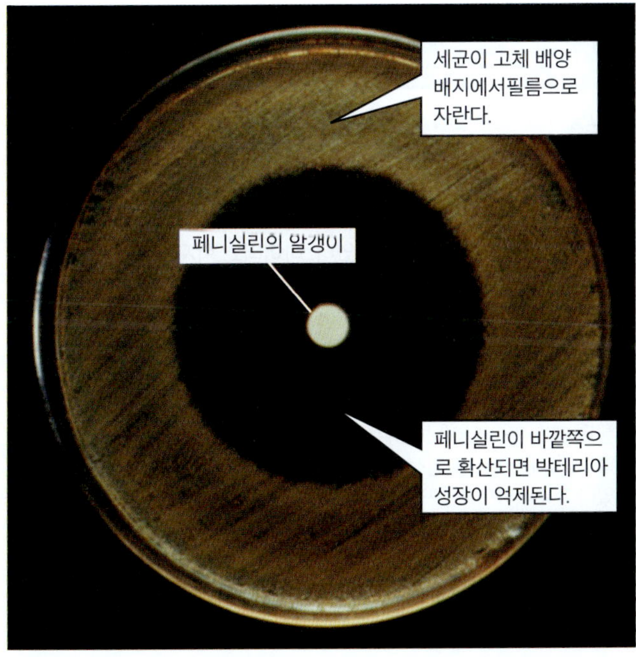


▲ **그림 1-13 페니실린이 박테리아를 죽인다** 알렉산더 플레밍은 페니실리움 곰팡이의 콜로니 주변에서 비슷한 박테리아 성장 억제를 관찰했다.

▲ **그림 1-14 루피너스 꽃의 적응** 생명을 이해하면 사람들이 그들 발에 있는 작은 경이로움을 인식하는 데 도움이 된다(삽입). 루피너스 꽃은 먹이를 먹는 벌의 복부에 꽃가루가 쌓이게 한다.

## 과학은 인간의 노력이다

과학자들은 인류에게 공통된 자부심, 두려움 및 야망에 의해 움직이는 사람들이다. 사고, 운이 좋은 추측, 다른 과학자와의 경쟁, 물론 개별 과학자의 지적 호기심은 모두 과학 발전에 기여한다. 실수 조차도 역할을 할 수 있다. 실제 사례를 생각해보자. 미생물 학자들은 종종 순수 배양, 즉 다른 박테리아와 곰팡이에 의한 오염이 없는 멸균되고 뚜껑이 덮힌 접시에서 자라는 단일 유형의 박테리아를 연구한다. 오염의 첫 징후에, 일반적으로 엉성한 기술에 대한 중얼 거림으로 배양 접시를 폐기한다. 그러나 1920년대 후반 스코틀랜드의 세균학자 알렉산더 플레밍(Alexander Fleming)은 망친 세균 배양을 역사상 가장 위대한 의학 발전 중 하나로 바꿨다.

플레밍의 배양 중 하나가 페니실리움이라는 곰팡이(곰팡이 유형)로 오염되었다. 그러나 플레밍은 접시를 버리는 대신 곰팡이 근처에서 박테리아가 자라지 않는 것을 관찰했다(**그림 1-13**). "왜 이 부위에서 박테리아가 자라지 않을까?" 플레밍은 페니실리움이 박테리아를 죽이는 물질을 방출한다는 가설을 세웠으며 곰팡이가 자라난 용액에 이 물질이 포함되어 박테리아를 죽일 것이라고 예측했다. 이 가설을 테스트하기 위해 플레밍은 실험을 수행했다. 그는 액체 영양 배지에 페니실리움을 키운 후 곰팡이를 걸러내고 곰팡이가 없는 배지를 순수한 박테리아 배양 접시에 부었다. 물론 액체 속에 있는 무언가가 박테리아를 죽였고, 결과는 그의 가설을 뒷받침했다. 이것은(그리고 그의 결과를 확인한 더 많은 실험으로) 페니실리움이 박테리아를 죽이는 물질을 분비한다는 결론에 도달했다. 이 곰팡이 추출물에 대한 추가 연구 결과 최초의 항생제인 페니실린이 생산되었다.

플레밍의 실험은 과학적 방법의 전형적인 예이지만, 실수, 우연한 관찰과 탐구에 대한 호기심 없이는 결코 일어나지 않았을 것이다. 결과가 수백만의 생명을 구했다. 프랑스 미생물학자 루이스 파스퇴르(Louis Pasteur)가 한 말처럼 "기회는 준비된 마음을 좋아한다."

## 생물학은 생명을 조명한다

어떤 사람들은 과학이 생명에 대한 냉담한 임상적 견해를 장려하고 자연계에 대한 과학적 설명이 우리에게 경이로움과 경외감을 앗아간다고 생각한다. 더 이상 진실에서 멀어질 수는 없다. 생물학적 지식은 자연의 위엄에 대한 우리의 인식을 심화시킬 뿐이다.

루피너스 꽃을 자세히 보자. 두 개의 하부 꽃잎은 수컷과 암컷 생식 부위를 둘러싸는 관을 형성한다(**그림 1-14**). 어린 꽃에서, 이 튜브에 벌의 무게는 꽃가루 알갱이(정자를 운반하는)를 튜브에서 벌의 복부로 옮겨가게 한다. 수정 준비가 된 루피너스 꽃에서 암컷 부분이 자라고 튜브 끝을 통해 노출된다. 꽃가루가 묻은 꿀벌이 방문하면 암컷 기관에 꽃가루가 쌓여 루피너스는 다음 세대의 씨앗을 생산할 수 있다.

이러한 통찰력이 루피너스에 대한 우리의 감사를 방해하는가? 그것과는 거리가 멀다. 이 생명체들은 함께 진화했기 때문에 벌과 꽃의 얽힌 형태와 기능을 보고 이해하는 데 즐거움이 더해진다. 루피너스의 수분 메커니즘을 배우고 나서 이 책의 저자 중 두 명이 야생 루피너스 옆에 웅크리고 앉았다. 지나가는 한 노인이 멈춰서 무엇을 보고 있는지 물었다. 그 둘은 꿀벌이 루피너스의 꽃잎에 착륙했을 때 무슨 일이 있었는지 설명을 하였고 그 노인은 관심을 가지고 들었고, 즉시 꿀벌이 먹이를 먹고 있는 루피너스의 또 다른 지역을 관찰했다. 또한 그는 이해와 함께 스며드는 감사와 경이감을 느꼈다.

이 본문을 통해 우리는 생물학이 암기해야 할 또 다른 사실이 아니라는 것을 전달하려고 노력한다. 그것은 자신과 주변의 삶을 이해하는 경로이다. 생물학은 완성된 연구가 아니라 진행중인 탐험이라는 것을 인식하는 것이 중요하다. TV쇼 M*A*S*H에서 "Hawkeye"를 연기한 것으로 가장 잘 알려진 앨런 알다(Alan Alda)는 다음과 같이 말했다. "자연의 모든 문이 열리면 100개의 새 문이 보인다."

### CHECK YOUR LEARNING

- 과학의 기본 원리를 설명할 수 있는가?
- 과학적 방법을 설명할 수 있는가?
- 생물학적 연구에서 왜 통제가 중요한지를 설명할 수 있는가?
- 왜 기본 과학 원리가 이론이라고 불리는지 설명할 수 있는가?

CASE STUDY REVISITED

## 생명의 경계

바이러스가 살아있는 생명체가 아니면 무엇인가? 바이러스 자체는 가장 복잡한 세포보다 훨씬 단순한 비활성 입자이다. 천연두를 유발하는 바이러스와 같은 가장 간단한 바이러스(**그림 1-15**)는 소량의 유전물질을 둘러싼 단백질 외피로 구성된다. 복잡하지 않은 바이러스 구조로 인해 연구자들은 기성 화학 물질과 바이러스 유전자 물질에 포함된 지침을 사용하여 실험실에서 바이러스를 합성할 수 있었다. 합성되는 최초의 바이러스는 작고 간단한 소아마비 바이러스였다. 이 업적은 Stony Brook 대학의 엑카드 위머(Eckard Wimmer)와 동료들에 의해 2002년에 이루어졌으며, 그는 "화학 폴리오 바이러스의 시험관 합성"이라는 제목의 작업을 수행했다.

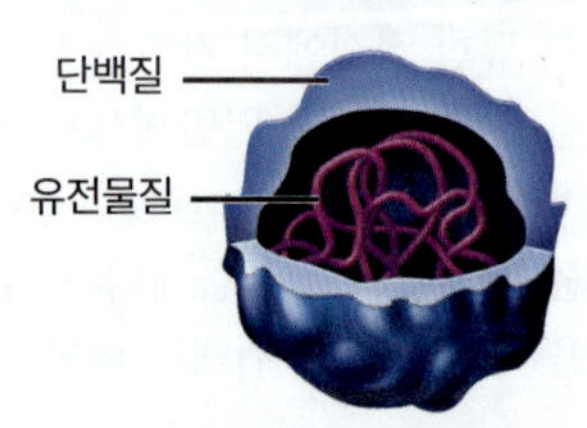


▲ **그림 1-15 천연두 바이러스**

이 연구원들은 실험실에서 생명을 창출했는가? 몇몇 과학자들은 "그렇다"고 말하면서 생식과 진화 능력으로 삶을 정의한다. 위머 자신은 바이러스를 세포 외부의 비생물 상태와 내부의 살아있는 상태 사이에서 전환하는 실체로 설명한다. 대부분의 과학자들은 바이러스가 살아있지 않고 이 본문에 제시된 생명의 정의를 뒷받침한다고 동의하지만 논쟁은 계속되고 있다. 바이러스 학자 루이스 빌라리얼(Luis Villarreal)은 "바이러스는 생명과 비활성 물질의 경계를 둘러싸고 있는 기생물이다."라고 말한다.

**생각해보기** 위머와 동료들이 소아마비 바이러스를 합성했다고 발표했을 때 논란이 일어났다. 일부 사람들은 새로 개발된 방법을 사용하여 테러리스트가 치명적이고 전염성이 강한 바이러스를 합성할 수 있다고 우려했다. 연구원들은 바이러스가 기본적으로 실험실에서 합성될 수 있는 화학 물질임을 입증하기 위해 단지 현재의 지식과 기술을 적용하고 있다고 응답했다. 과학자들이 전염병을 일으킬 수 있는 바이러스나 다른 물질을 합성해야 한다고 생각하는가? 그러한 연구를 금지하는 의미는 무엇인가?

# CHAPTER REVIEW

*비판적 사고와 생각해보기, 선택형문제, 빈칸채우기 질문에 대한 답은 이 책의 뒷부분에 있는 정답란에서 볼 수 있다.*

## 핵심개념의 요약

### 1.1 생명이란 무엇인가?

살아있는 생명체는 조직화된 복잡성을 적극적으로 유지하고 자극에 대한 인식과 반응, 성장, 번식 및 진화를한다. 생명체는 또한 물질과 에너지를 획득하고 사용한다. 물질은 다른 생명체 또는 비생물 환경에서 얻어서 반복적으로 재활용된다. 에너지는 다른 모든 생명체에 에너지를 공급하는 광합성 생명체에 의해 햇빛으로부터 지속적으로 포획되어야 한다.

### 1.2 진화란 무엇인가?

진화는 현대 생명체가 초기 생명체의 변화와 함께 내려온 과학적 이론이다. 진화는 (1) 개체군 구성원들 사이의 유전적 차이; (2) 자손에 의한 이러한 차이의 유전; (3) 생명체 환경에 가장 적합한 특성을 가진 개체에게 유리한 자연선택.

### 1.3 과학자들은 어떻게 생명을 연구하는가?

과학자들은 조직화 수준의 계층 구조를 규명하는데, 각 계층은 아래에 있는 것보다 더 포함한다(그림 1-10 참조). 생물 학자들은 생명체를 고세균, 세균 그리고 진핵생물의 세 가지 영역으로 분류한다. 고세균과 세균의 구성원은 단일 원핵세포로 구성되어 있지만 근본적인 구조와 화학적 차이로 구별된다. 진핵생물의 구성원은 하나 이상의 진핵세포로 구성된다. 생명체에는 특정 속 내에서 고유한 종으로 식별되는 과학적 이름이 지정된다.

### 1.4 과학이란 무엇인가?

과학은 세 가지 원칙에 기초한다. (1) 모든 사건은 조사할 수 있는 자연적 원인으로 추적될 수 있다. (2) 자연의 법칙은 변하지 않는다. (3) 과학적 연구 결과는 데이터를 보고함에 있어 정직성을 제외하고는 가치와 무관하다. 생물학에 대한 지식은 과학적 방법을 통해 얻어지며, 관찰은 가설로 이어지는 질문으로 이어진다. 가설은 예측을 생성한 다음 제어된 실험 또는 정밀한 관찰로 테스트된다. 반복 가능해야하는 실험 결과는 가설을 뒷받침하거나 반박하는 결론을 도출한다. 과학 이론은 광범위하고 재현 가능한 실험과 관찰을 통해 개발된 자연 현상에 대한 일반적인 설명이다.

## 개념을 통한 이해

### 선택형 문제

1. 진화는
   a. 신념
   b. 과학 이론
   c. 가설
   d. 현대에서는 결코 관찰되지 않는다.
2. 다음 중 과학에 대해 바르게 설명하지 않는 것은 무엇인가?
   a. 과학은 모든 사건이 자연적인 원인으로 추적될 수 있다는 전제에 기초한다.
   b. 중요한 과학은 우연한 관찰에 근거할 수 있다.
   c. 가설은 기본적으로 엉뚱한 추측이다.
   d. 과학적 이론은 반증될 수 있다.
3. 자연선택에 관한 다음 중 옳지 않은 것은 무엇인가?
   a. 자연선택은 모든 환경에서 동일한 특성을 선호한다.
   b. 자연선택은 적응을 만들어낸다.
   c. 자연선택은 유전되는 특성에만 영향을 미친다.
   d. 자연선택은 돌연변이로 인한 변이에 작용한다.
4. 바이러스는
   a. 핵에 갇힌 DNA를 가진다.
   b. 살아있는 생명체에 비해 상대적으로 드물다.
   c. 진화하지 않는다.
   d. 번식하려면 숙주 세포가 필요하다.
5. 다음 중 어느 것이 맞는가?
   a. 세포핵의 존재가 세균을 고세균과 구별한다.
   b. 모든 세포는 원형질막으로 둘러싸여 있다.
   c. 진핵생물의 모든 구성원은 다세포이다.
   d. 바이러스는 가장 간단한 세포이다.

### 빈칸 채우기

1. 생명체는 ________에 응답한다. 생명체는 환경으로부터 ________과(와) ________을 획득하고 사용한다. 생명체는 구조가 ________과(와) ________인 세포로 구성된다. 생명체의 개체군은 시간이 지남에 따라 ________이 된다.
2. 해당 원소의 모든 특성을 유지하는 원소의 가장 작은 입자는 ________이다. 생명의 가장 작은 단위는 ________이다. 다세포 생명체 내에서 특정 유형의 세포가 결합하여 ________를 형성한다. ________는 정의된 영역 내에서 종의 모든 구성원으로 구성된다. ________는 같은 지역 내에서 상호작용하는 모든 인구로 구성된다. ________는 공동체와 비생물 환경으로 구성되어 있다.
3. ________는 광범위하고 재현 가능한 테스트와 관찰에 의해 뒷받침되는 자연 현상에 대한 일반적인 설명이다. 반대로, ________는 관찰된 사건에 대한 제안된 설명이다. 생명에 관한 구체적인 질문에 답하기 위해 생물 학자들은 ________라는 일반적인 과정을 사용한다.
4. 생명체가 왜 그렇게 유사하고 다양한지를 설명하는 중요한 과학적 이론은 ________이론이다. 이 이론은 생명의 다양성이 주로 ________과정을 통해 시작된 것으로 설명한다.
5. 생명체 몸의 구조와 작동을 안내하는 분자를 (완전한 용어) ________라고 하며, ________로 약칭한다. 이 큰 분자는 특정 지시 사항을 가진 개별 영역이 포함되어 있다. 이 영역을 ________라고 한다.

## 복습 문제

1. 모든 형태의 생명에서 어떤 속성이 공유되는가?
2. 생명체는 왜 에너지를 요구하는가? 에너지는 어디에서 오는가?
3. 진화를 정의하고 자연선택 과정을 설명하라.
4. 삶의 세 가지 영역은 무엇인가?
5. 원핵세포와 진핵세포의 차이점은 무엇인가? 어느 도메인에서 각각 발견되는가?
6. 과학적 탐구의 기본 원리는 무엇인가?
7. 과학 이론과 가설의 차이점은 무엇인가? 과학자들이 기본 과학 원리를 "사실"이 아니라 "이론"이라고 언급하는 이유는 무엇인가?
8. 레디는 개방된 병에서 어떤 요인들을 통제했는가? 앤더슨은 어떤 요인들을 통제했는가?
9. 과학적 방법의 단계를 각 단계에 대한 간단한 설명과 함께 나열하라.

## 개념의 적용

1. 어떤 사람들이 어떤 오해로 인해 진화론을 "단지 이론"으로 기각하게 되는가?
2. 바이러스가 생명체가 되려면 이 교과서의 생명에 대한 정의를 어떻게 변경해야 하는가? 프리온이 살아있는 것으로 간주 되려면?
3. 페니실린을 발견한 알렉산더 플레밍의 실험을 검토하시오. 플레밍이 페니실리움 배양액에서 박테리아 판에 여과된 배지를 적용한 실험에 적절한 대조군은 무엇인가?
4. 현상에 대한 자신의 이해가 그 현상에 대한 감사를 높이는 사례를 설명하시오.
5. 자동차 시동을 거는 것을 돕기위해 과학적 방법을 사용하여 할 때, 점프 시동이 작동하지 않으면 다음에 어떤 가설을 테스트하겠는가?통제된 실험은 신뢰할 수 있는 데이터를 제공한다.

"세상은 작은 생명체로 이루어진
점묘파의 풍경화같이 반짝입니다."
—린 마굴리스

# UNIT 1
# 세포의 생명

단일세포는 *Dendrocometes* (빨판을 가진 적충류) 속의 이 담수 원생생물처럼 복잡하고 독립적일 수 있다. 둥근 부착 부분으로 세포는 담수어나 갑각류의 아가미에 단단히 붙어 있을 수 있다. 미세한 뿔을 닮은 촉수는 물이 자신 위로 지나갈 때 먹이를 잡는다.

# 2 원자, 분자 그리고 생명

일본 후쿠시마 원전의 폭발 후 모습

CASE STUDY

## 불안정한 원자가 방출되다

2011년 3월 11일, 리히터 척도 9.0의 대규모 지진이 일본의 북쪽 연안에서 일어났다. 지진이 일어난 직후, 쓰나미가 일본의 동쪽 연안에 있는 후쿠시마 다이치 원자력 발전소를 강타했다. 파도는 46피트까지 치솟았고 발전소 시설이 침수 되었으며, 중앙전력 공급이 끊어지고 비상전력발전기의 고장으로 냉각 시스템이 제대로 작동하지 못했다.

후쿠시마 원전에 있는 6개의 원자로의 코어는 우라늄 연료 알갱이들로 가득 찬 연료봉들과 금속관들로 구성되어 있다. 코어에서 일어나는 핵반응은 물을 증기로 변환하여 전기 생성 터빈을 구동하는 열을 생성한다. 각 코어는 두 개의 두꺼운 철제 격납 관들로 둘러싸여 있다. 물이 계속적으로 관 주위에서 펌핑하면서 안쪽에서 일어나는 핵반응으로 발생하는 강력한 열을 식힌다. 후쿠시마 다이치 원자력 발전소의 전력 공급이 끊어지면서 냉각시스템이 작동하지 않게 되어 코어의 온도가 상승하기 시작했다. 관계자들은 엔진을 식히기 위해 필사적인 노력으로 바닷물을 격납관 안으로 집어넣었다. 하지만 그들의 노력은 실패로 돌아갔다. 코어의 온도는 1,800˚F(약 1,000℃)를 넘을 정도로 올라갔으며 지르코늄 합금관이 녹아내려 관 안쪽에서 방사성 연료가 방출되었다. 열로 인해 관에 금이 가고 물과 증기가 빠져나왔다. 증기는 녹은 지르코늄과 반응하여 수소가스를 발생시켰다. 수증기와 수소가스의 압력이 증가하면서, 바깥쪽의 격납관 또한 파열의 위기에 놓였다. 파열을 막기 위해, 발전소 관계자들은 녹아내린 연료봉에서 나온 방사성 원소들을 함유하고 있는 가스를 대기로 분출시켰다. 뜨거운 수소가스가 대기 중의 산소와 만나게되고 이 둘의 폭발적인 결합은 격납관들이 자리 잡은 건물 일부분을 파괴시켰다(위 사진 참조). 이 재난의 여파로 발전소에서 12마일이내에 살고 있는 수십만 명의 사람들이 주거지에서 퇴거당했으며, 6년 이상이나 주거지로 돌아올 수 없었다. 심지어 오늘날까지 녹아내린 코어에서는 계속해서 오염된 물이 만들어지고 있다. 왜 사람들은 방사능 기체가 대기로 방출되었을 때 집에서 대피해야 했을까? 방사능 원소의 원자는 방사능을 가지고 있지 않은 원소와 어떻게 다른 것일까?

## 주요내용

**2.1** 원자란 무엇인가?

**2.2** 원자들은 어떻게 상호작용하여 분자를 형성하는가?

**2.3** 물이 생명에 중요한 이유는 무엇인가?

## 2.1 원자란 무엇인가?

만약 연필로 "원자"라고 쓴다면, 종이에 쓰인 글자는 탄소로 만들어진다. 이 탄소를 탄소의 가장 작은 단위(개별의 탄소원자들)가 남을 때까지 좀 더 작은 입자들로 나눈다고 상상해보자. 이 탄소 원자는 매우 작아서 1억 개를 한 줄로 늘어놓아도 0.4인치(1cm) 정도이다.

### 원자는 원소의 기본적인 구조 단위이다

탄소는 **원소(element)**의 일종으로 원소란 더 간단한 물질로 나누어질 수 없고, 일반적인 **화학반응(chemical reaction**, 원자 사이의 결합을 끊거나 만드는 과정)으로 다른 물질로 변화시킬 수 없는 물질이다. 원소는 단독으로 또는 다른 원소와 함께 물질을 만든다. **원자(atom)**는 원소의 가장 작은 단위로써 각각의 원자는 각 원소의 모든 화학적 성질을 가지고 있다. 자연계에는 92가지의 원자들이 있으며 각 원소들은 약어, 원자기호를 가진다. 대부분의 원소들은 생물권에서 적은 양이 존재하고 비교적 적은 수만이 지구의 생명체에 필수적이다. 표 2-1은 생물체에게 가장 흔한 원소들을 나타낸 것이다.

**표 2-1 생물체의 공통 원소들**

| 원소 | 원자 번호[1] | 질량수[2] | 인체에 존재하는 무게비(%) |
|---|---|---|---|
| 산소 (O) | 8 | 16 | 65 |
| 탄소 (C) | 6 | 12 | 18.5 |
| 수소 (H) | 1 | 1 | 9.5 |
| 질소 (N) | 7 | 14 | 3.0 |
| 칼슘 (Ca) | 20 | 40 | 1.5 |
| 인 (P) | 15 | 31 | 1.0 |
| 칼륨 (K) | 19 | 39 | 0.35 |
| 황 (S) | 16 | 32 | 0.25 |
| 나트륨 (Na) | 11 | 23 | 0.15 |
| 염소 (Cl) | 17 | 35 | 0.15 |
| 마그네슘 (Mg) | 12 | 24 | 0.05 |
| 철 (Fe) | 26 | 56 | 흔적 |
| 불소 (F) | 9 | 19 | 흔적 |
| 아연 (Zn) | 30 | 65 | 흔적 |

[1]원자번호 : 원자핵에 있는 양성자의 수
[2]질량수 : 양성자와 중성자의 전체 수

**표 2-2 아원자 입자의 질량과 전하**

| 아원자 입자 | 질량 (원자량 단위) | 전하 |
|---|---|---|
| 중성자 (*n*) | 1 | 0 |
| 양성자($p^+$) | 1 | +1 |
| 전자($e^-$) | 0.00055 | -1 |

### 원자는 더 작은 입자들로 이루어져 있다

원자들은 전하를 띠지 않는 **중성자(neutron)**, 양전하를 띤 **양성자(proton)**, 음전하를 띠는 **전자(electron)** 같은 아원자 입자들로 구성되어있다. 원자 전체는 양전하를 띠는 양성자와 음전하를 띠는 전자를 같은 양으로 가지고 있기 때문에 전기적으로 전하를 띠지 않거나 중성이다.

아원자 입자의 질량은 원자량 단위(*atomic mass units*)로 측정된다. 표 2-2에서 볼 수 있듯이 각각의 양성자와 중성자는 질량 단위 1을 가지는 반면에 전자의 질량은 큰 입자에 비해 무시할만한 양이다. 핵에 있는 양성자와 중성자의 전체 수가 원자의 **질량수(mass number)**가 된다. 원자의 중심에 함께 있는 양성자와 중성자 집단은 **원자핵(atomic nucleus)**을 형성한다. 그림 2-1의 가장 단순한 원자인 수소와 헬륨에서 볼 수 있듯이, 매우 작은 전자는 계속적으로 빠르게 3차원 공간에서 핵 주변에서 크게 움직인다. 원자 구조의 궤도 모델(*orbital model*)은 원자를 쉽게 볼 수 있

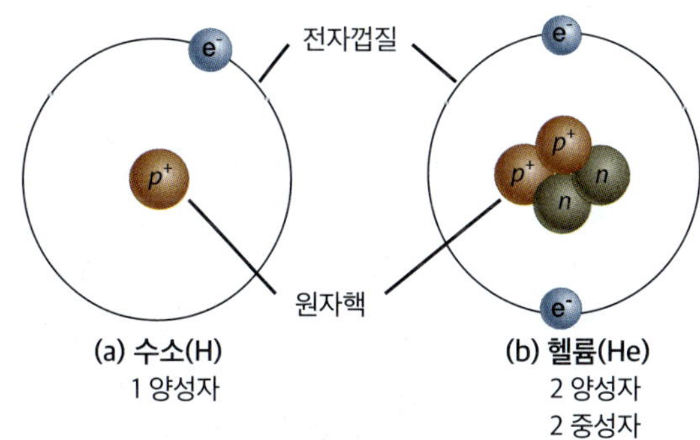


▲ **그림 2-1 원자 모델** **(a)** 수소(중성자가 없는 유일한 원자)와 **(b)** 헬륨의 오비탈 모델. 이 단순화 된 모델에서 전자(옅은 파란색)는 소형 행성으로 표현되며 양성자와 중성자를 포함하는 핵 주위를 회전한다.

**비판적 사고** 수소와 헬륨의 질량수는?

도록 매우 간단하게 그린 것이다. 원자들은 결코 스케일로 그려지지 않는다. 만약 원자가 그렇다면 그리고 만약 이 점 •이 핵이라면, 전자들은 옆 방 어딘가에 있을 것이다 – 약 30피트 정도로 떨어져서

## 원소는 원자번호에 따라 결정된다

다른 원소들과 구별되는 각 원소들의 특징이 각 원소의 핵에서의 양성자 수인 **원자번호(atomic number)**이다. 예를 들면 수소 원자는 하나의 양성자를 가지고 모든 탄소 원자는 6개, 산소 원자는 8개를 갖기 때문에 각각의 원자번호는 1, 6, 8 이다. **주기율표(periodic table)**에는 원자번호에 따른 전자들(가로)과 그들의 일반적인 화학적 특징이 정리되어 있다(세로).

## 동위원소는 서로 다른 수의 중성자를 가진 원소의 원자이다

원소의 모든 원자들이 같은 양성자 수를 가지지만 원소의 다른 원자들은 다른 중성자 수를 가질 수 있다. 서로 다른 수의 중성자를 가지는 동일한 원소의 원자들을 **동위원소(isotope)**라 부른다. 동위원소는 다른 질량수를 갖는다. 각 동위원소는 위에 쓴 원자 기호 앞에 첨자로 표시된다.

### 일부 동위원소들은 방사성이다

대부분의 동위원소들은 안정화되어 있는데 이는 핵이 자발적으로 변화하지 않는다는 것이다. 하지만 몇몇은 **방사성(radioactive)**을 띤다. 즉, 핵이 자발적으로 분해 또는 붕괴된다. 방사성 붕괴는 에너지를 방출하고, 아원자 입자 또한 방출한다. 방사성 핵의 붕괴는 한 원소를 다른 원소로 전환할 수 있다. 예를 들면 거의 모든 탄소는 $^{12}C$로 안정하다. 하지만 탄소 14($^{14}C$; 6개 양성자 + 8개 중성자)인 방사성 동위원소는 대기 반응에 의해 계속적으로 생성된다. 방사성 $^{14}C$ 분자가 분해될 때 에너지가 방출되고 중성자가 양성자로 전환되어 안정한 질소원자($^{14}N$; 7 양성자+7 중성자)를 만든다

### 방사성 동위원소는 과학 연구와 의학에 매우 중요하다.

과학자들은 종종 방사성 동위원소를 이용한다, 예를 들어 고고학자들이 유물의 나이를 추정할 수 있는데 이는 유기체가 죽은 후, $^{14}C$는 일정한 비율로 분해되어 $^{14}C/^{12}C$의 비율이 줄어들게 되는 것을 알고 있기 때문이다. 그 비율을 측정한 결과, 과학자들은 약 50,000년까지 살아있는 미라, 고대의 나무, 해골, 나무나 뼈로만 들어진 도구 등과 같은 유물의 나이를 측정할 수 있다.

실험실 연구에 따르면, 과학자들은 종종 방사성 동위원소를 생물체의 분자내에 삽입한다. 방사능이 표지된 분자들은 쉽게 위치를 알 수 있고 움직임을 추적할 수 있다. 예를 들면 방사능 표지 DNA와 단백질 실험들로 과학자들에게 DNA가 세포의 유전 물질이라는 결론을 도출하였다(12장에서 설명). 현대의학 또한 방사능 동위원소를 활용하고 있다. 예를 들어 방사선 치료는 암을 치료하는 데 자주 사용된다. 방사성 동위원소는 혈액으로 들어가거나 암과 가까운 신체에 이식될 수 있다. 또한 방사선은 외부 기기로 종양에 직접 조사될 수 있다. 방사선은 DNA에 손상을 유발하기 때문에, 급속도로 분열하는 암세포(분열을 위해서는 온전한 DNA를 필요로 하는)가 특히 방사선에 취약하다. 암세포를 죽이는 방사선은 또한 건강한 세포의 DNA에 돌연변이를 일으킨다. 이러한 돌연변이는 다시 암이 재발할 확률을 증가시키지만 대부분의 환자들은 이러한 위험을 감수할 가치가 있다고 생각한다.

**CASE STUDY CONTINUED**

## 불안정한 원자가 방출되다

방사능에 노출되면 암이 유발될 수 있기 때문에 일본 정부는 후쿠시마 원자력 발전소의 재난으로 방사능에 노출된 수백 수천의 어린이를 대상으로 주기적으로 암 발생을 조사하고 있다. 다행히도 최근 조사에 따르면 암 발생의 증가와는 연관이 없는 것으로 나타났다.

하지만 붕괴 몇 년 후, 후쿠시마 원자력 발전소의 엔지니어들은 원격제어로봇을 이용하여 매우 강력하여 한 시간 동안 노출된 사람은 수개월 내에 사망할 수 있는 방사선 핫스팟을 발견하였다. 왜 이렇게 빨리 죽는가? 매우 높은 농도의 방사선은 DNA의 손상을 가져오고 다른 생물학적 분자들의 상태가 매우 나빠져 세포가 더 이상 기능을 할 수 없게 된다. 피부세포가 파괴된다. 위와 장 내 세포들이 파괴되고 구역질과 구토를 유발한다. 백혈구와 혈소판을 만드는 골수가 파괴된다. 백혈구세포의 손실은 감염을 잘 일어나게 하고 혈액응고에 주요한 혈소판의 손실은 내부 출혈을 유발한다.

다행히도 후쿠시마 재난에서 방출된 것과 같은 방사성 원소는 자연계에서는 매우 드물다. 왜 대부부의 원소들은 안정하게 유지되는가?

## 전자는 원자 사이에 상호작용을 담당한다

원자에서 핵과 전자는 상호보완적인 역할을 수행한다. 핵(방사능이 아니면)은 안정성을 제공한다. 일반적인 화학반응 동안 변하지 않고 남아 있다. 이에 비해 전자는 매우 다이나믹하다. 전자는 에너지를 잡고 있거나 방출한다. 그리고 나중에 설명하겠지만 원자들을 연결하여 분자를 만드는 결합을 형성한다.

### 전자는 에너지 증가의 껍질을 차지하고 있다

전자는 핵 주위 3차 구조의 복합적인 지역인 **전자껍질(electron shells)**을 차지하고 있나. 태양 주위를 회전하는 행성들처럼 전자가 있는 전자껍질은 핵 주위를 둘러싸고 있는, 점점 더 커지는 일련의 고리로 간단히 표현된다(**그림 2-2**). 각각의 껍질은 특정한

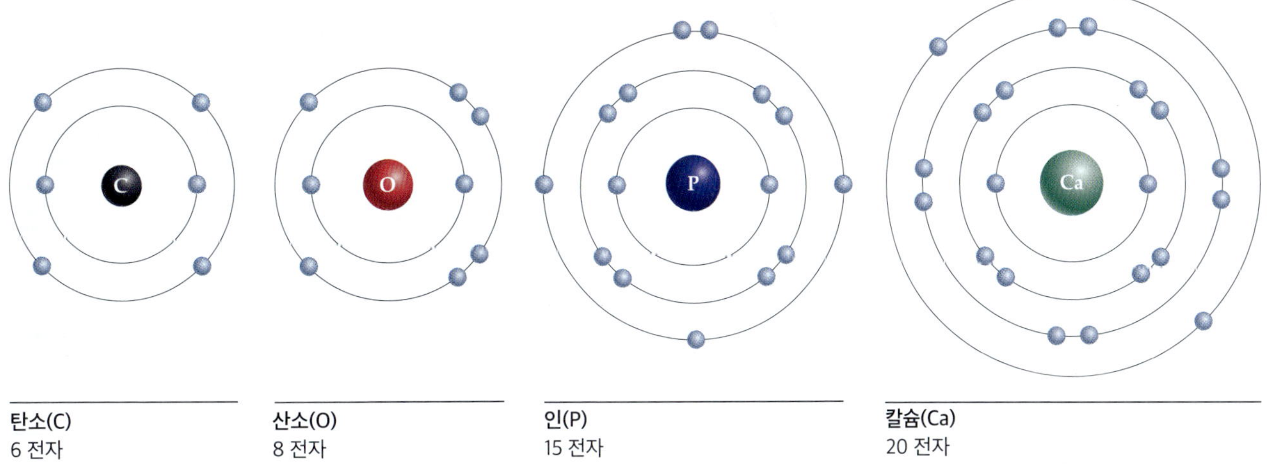


▲ **그림 2-2 원자의 전자껍질** 생물학적으로 중요한 대부분의 원자는 둘 이상의 전자껍질을 가지고 있다. 핵에 가장 가까운 껍질은 2개 전자를 채울 수 있고, 다음 3개의 껍질은 각각 8개의 전자를 채울 수 있다.

**비판적 사고** 채워지지 않은 바깥 전자껍질을 가진 원자가 서로 반응하는 이유는 무엇인가?

에너지와 연관되어 있으며 핵으로부터 멀어질수록 전자껍질을 차지하고 있는 전자의 에너지 양이 커진다.

### 전자들은 에너지를 획득할 수 있고 방출할 수도 있다

원자가 에너지를 흡수하게 되면, 이 에너지에 의해 전자는 낮은 에너지 준위를 갖는 전자껍질에서 높은 에너지 준위를 갖는 전자껍질로 도약한다. 그 이후 곧 전자는 자발적으로 빛과 같은 에너지를 방출하면서 본래의 전자껍질로 되돌아온다(**그림 2-3**). 우리는 일상적으로 전자가 에너지를 획득하고 방출하는 성질을 백열전구의 스위치를 켜면서 이용하고 있다. 비록 빠르게 쓸모없이 되어버렸지만 백열전구는 전자의 성질을 가장 쉽게 이해시킨다. 전기는 매우 얇은 전선을 통해 흐르며 그것은 100와트 전구에서 약 4,500°F(약 2,500℃)의 열을 발생시킨다. 이 열에너지는 전선 내 전자를 보다 높은 에너지 전자껍질로 끌어올린다. 전자가 본래의 전자껍질로 되돌아오면서, 전자가 방출한 에너지의 일부는 빛으로 방출된다. 불행히도 백열전구의 전선에 의해 흡수된 에너지의 약 90%는 빛보다는 열로 다시 방출되기 때문에 비효율적인 광원이다.

### 원자번호가 증가하게 되면 전자들도 핵으로부터 멀리 떨어진 껍질을 채운다

각각의 전자껍질은 특정한 수의 전자들을 수용한다. 핵에 가장

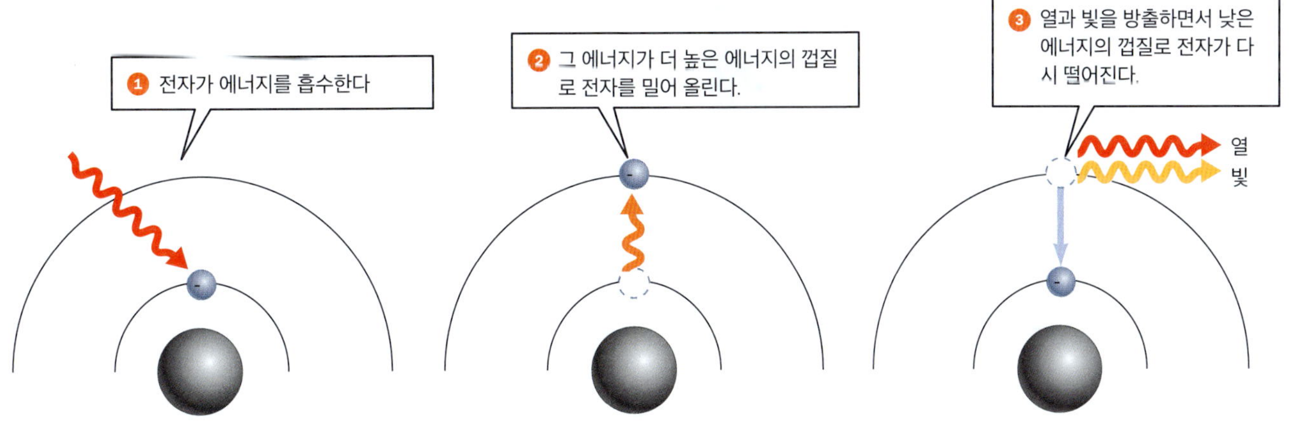


▲ **그림 2-3 에너지의 획득과 방출**

**비판적 사고** 캠프파이어의 석탄이 빛을 내게하는 원인은 무엇인가?

# Doing Science 방사선 의학

방사성 동위원소는 연구자들과 의사들이 많이 사용하는 이미징 기술에 중요한 역할을 한다. 이러한 이미징 기술의 하나가 양전자 방출 단층 촬영(positron emission tomography, PET)이다. PET 스캔을 위해서 방사선 동위원소로 표지된 포도당을 환자의 혈관에 주입한다. 이 표지 분자는 신체에서 에너지를 위해 더 많은 포도당을 필요로 하는 대사 작용이 활발한 곳으로 이동하게 된다. 동위원소가 축적 된 곳을 발견하기 위해 동위원소가 붕괴될 때 방출되는 에너지 입자 (양전자)에 반응하는 검출기 링을 통해 환자의 신체가 움직인다. 그런 다음 강력한 컴퓨터는 이 데이터를 사용하여 붕괴가 발생한 위치를 정확하게 계산하고 검출기 링을 통과하는 신체의 각 "슬라이스" 내에서 붕괴 빈도를 색깔로 표시한 맵을 생성한다(**그림 E2-1a**). PET 스캔은 의학적 진단에 사용된다. PET 스캔은 암 종양의 위치와 크기를 밝히거나 알츠하이머 병이 있는지 여부를 판단하는 데 도움이 된다. 하지만 의사들이 PET 스캔이 자신들의 진단 능력을 향상시킬 것이라고 어떻게 확신할 수 있을까?

### 질문은 무엇인가?

PET 뇌 스캔은 알츠하이머병을 감지하여 인지 기능 저하의 다른 원인과 구별 할 수 있는가? 의사가 이 진단 절차를 널리 활용하기 전에 우선 유용성이 설득력 있고 반복적으로 입증되어야 한다. 이러한 연구 조사의 한 예에서, 연구자들은 PET 스캔이 알츠하이머 병 환자를 식별하는 데 의사의 검사보다 더 효과적인지 물었다.

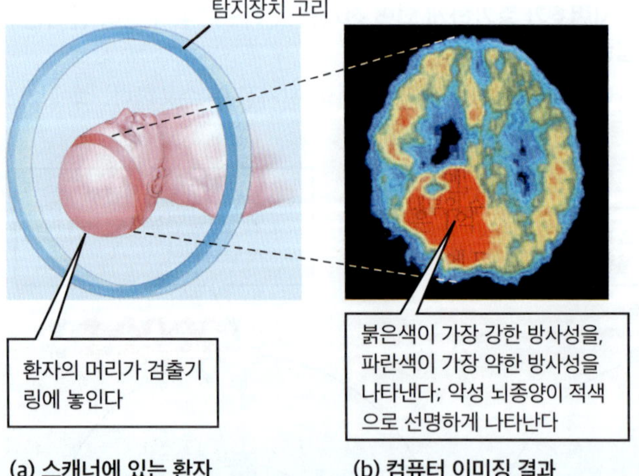


(a) 스캐너에 있는 환자 (b) 컴퓨터 이미징 결과

▲ **그림 E2-1 양전자 방사 단층 촬영(PET)**

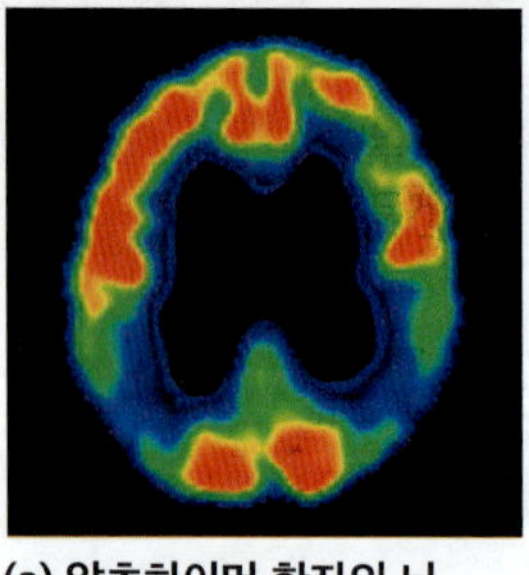

(a) 알츠하이머 환자의 뇌

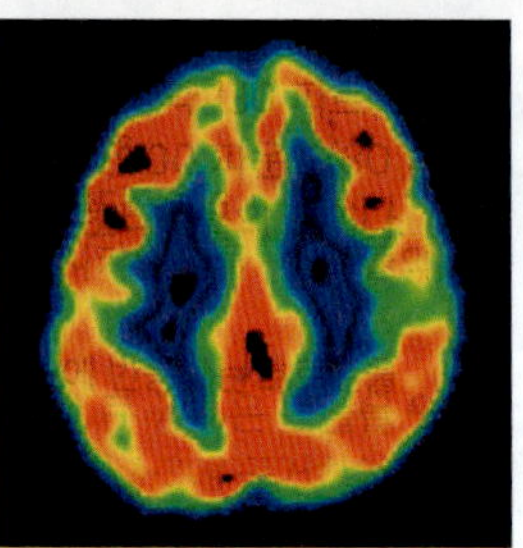

(b) 건강한 뇌

▲ **그림 E2-2 PET이 뇌 기능의 차이를 보여준다** 뇌 활동은 무지개 색으로 구분되며 빨간색은 가장 높은 활동을 나타내고 파란색은 가장 낮은 활동을 나타낸다. 검은 부분은 액체로 채워져 있는 부분이다.

### 증거는 어떻게 수집 되었는가?

이 질문에 답하기 위해, 연구자들은 의료 팀에 의해 검사를 받은 45명을 시험 후 몇 개월 동안 PET 스캔을 하였으며, 몇 년 뒤 사망 후 부검을 하였다. 초기 진단에서 환자의 약 절반은 알츠하이머 진단을 받았으며 나머지 절반은 알츠하이머가 없는 것으로 판단되었다. 연구자들은 부검 결과(높은 신뢰성에 기반한 알츠하이머 진단을 확인)를 의료팀의 초기 진단과 PET 스캔을 기반으로 한 새로운 진단과 비교하였다. 연구자들은 PET 스캔을 분석하는 진단 전문가들이 부검의 결과를 알지 못하도록 주의를 기울였다.

### 무엇을 배웠는가?

알츠하이머 진단 연구 결과에 따르면 PET 검사는 의사의 검사보다 알츠하이머 진단을 정확하게 할 가능성이 더 높다. 이 결과는 PET 스캔의 노력과 비용이 알츠하이머 병 환자에게 가치가 있음을 시사한다. 후속 PET 스캔 연구는 질병의 초기 단계에서 나타나는 뇌 활동의 미묘한 변화를 감지하였으며 이런 조기 발견이 효과적인 치료법 개발에 도움이 될 것이라는 희망을 높였다. 알츠하이머 환자의 뇌는 건강한 사람의 뇌보다 활동성이 매우 떨어지므로 PET 스캔은 알츠하이머 환자를 진단하는 데 효과적이다(**그림 E2-2**). 반면, 암세포의 뇌종양은 빠른 세포분열이 다량의 당을 사용하기 때문에 PET 스캔에서 높은 활동의 "핫스팟"으로 나타난다(**그림 E2-1b**). 의학적인 사용 이외에도 사람이 수학 문제를 해결하거나 과거의 사건을 회상하는 것과 같은 특정 정신적인 일들을 수행할 때 어떤 뇌 영역이 활성화되는지를 연구하는데 이용되기도 한다.

**비판적 사고** 뇌 활동을 낮추는 것 외에도, 그림 E2-2의 이미지에서 알 수 있듯이 알츠하이머 환자의 뇌에서 어떤 다른 문제가 발생했나?

가까운 전자껍질은 두 개의 전자만을 수용할 수 있으며 그 다음으로 먼 전자껍질은 8개또는 그 이상의 전자를 수용할 수 있다. 전자들은 항상 핵에서 가장 가까운 전자껍질을 먼저 채우고 에너지 준위가 높은 전자껍질을 채운다. 핵에 많은 양성자들이 있는 원소들은 이 양성자들과 균형을 맞추기 위해 더 많은 전자들을 필요로 한다. 그렇기 때문에 전자들은 핵에서 멀리 떨어진 전자껍질까지 차지하게 된다. 가능하면 안정되게 핵에서 가까운 위치를 유지하며 다음으로 가까운 전자껍질을 채운다. 예를 들어, 헬륨(He)의 전자 두 개는 첫 번째 전자껍질을 채운다(그림 2-1b 참조). 그러므로 여섯 개의 전자를 갖는 탄소 원자(C)는 첫 번째 껍질에 두 개, 두 번째 껍질에 네 개의 전자를 채우게 될 것이다(그림 2-2 참조).

### CHACK YOUR LEARNING

- 원소, 원자를 정의할 수 있는가?
- 원자를 만드는 아원자 입자의 이름과 아원자를 설명할 수 있는가?
- 원자번호와 질량수를 설명할 수 있는가?
- 방사능의 이점과 그 위험성에 대해 설명할 수 있는가?
- 전자껍질을 설명할 수 있는가?

## 2.2 원자들은 어떻게 상호작용하여 분자를 형성하는가?

대부분 우리 일상생활에서 마주하는 대부분의 물질은 **분자(molecule)**를 형성하기 위해 연결된 원자들로 구성되어 있다. 간단한 예는 산소 기체($O_2$ 2개의 산소 원자) 또는 물($H_2O$; 2개의 수소 원자와 하나의 산소 원자)이다. 어떻게, 왜 분자를 형성하는 것일까?

### 원자는 최외각껍질의 빈 곳을 채우며 분자를 형성한다

일부 원소의 원자에서 전자는 양성자와의 균형을 맞추기 위해 하나 또는 그 이상의 전자껍질을 채운다. 가장 멀리 있는 전자껍질이 완전히 채워진 원자는 다른 원자와 반응하지 않을 것이다. 이러한 원자(예를 들어 그림 2-1b의 헬륨)는 매우 안정하고, 이것은 비활성으로 표현된다. 대부분의 원소의 원자에서 전자는 안쪽 전자껍질은 채워져 있지만 가장 바깥쪽 전자껍질은 완전히 채워져 있지 않다. 최외각 전자껍질이 부분적으로 채워져 있는 원자는 다른 원자들과 즉각 반응한다. 이러한 원자(예를 들면 그림 2-1a 수소)는 반응성으로 표현된다.

채워지지 않은 바깥 전자껍질을 가지고 있는 원자와 분자들 중, 반응성이 있어 다른 분자들을 쪼개는 일부를 **지유라디칼(free radical)**이라고 부른다. 자유라디칼은 세포가 이용할 수 있는 에너지를 만드는 반응에 의해 많이 생성된다. 이러한 반응은 생명유지에 필수적이지만, 자유라디칼의 생성에 의해 노화나 궁극적으로는 사멸등 세포에 손상을 가져올 수 있다. 25쪽에 있는 "Health Watch: 자유라디칼-친구인가 적인가?"에서 좀 더 배워보기로 하자.

### 분자에서 화학적 결합이 원자들을 붙들고 있다

반응성 원자들은 분자 상태에서 원자들을 함께 잡아주는 인력인 **화학적 결합(chemical bonds)**을 형성한다. 원자가 안정성을 획득하기 위해 전자를 획득하거나, 잃거나 또는 공유할 때 결합이 형성된다. 이온결합, 공유결합 그리고 수소결합(표 2-3)의 세 가지 주요 결합이 있다.

### 이온결합은 이온 간에 형성된다

같은 수의 양성자와 전자를 가지게 되기 때문에 전자의 전체적인 전기적 전하는 중성이다. 그러나 전기적 중성은 전자를 가능한 안정적으로 만드는데 필수적인 것은 아니다. 예를 들어, 최외각 전자껍질이 거의 비어있는 원자는 바깥쪽 전자껍질을 비우기 위해 전자를 잃어 버림으로써 양전하를 띄게 되고 더 안정화 된다. 반대로, 가장 바깥쪽의 껍질이 거의 차 있는 원자는 전자를 얻어 전자껍질을 완전히 채움으로써 음전하를 띠게 되고 더 안정화 된다. 원자가 전자를 하나(또는 수개)의 전자를 얻거나 잃음으로서 안정화 되고 전체적으로 양전하 또는 음전하를 띠게 되며, 이것을 **이온(ion)**이라고 한다. 서로 반대되는 전하를 가지는 이온은 서로를

**표 2-3 생물 분자에서 일반적인 결합유형**

| 유형 | 상호작용 유형 | 예 |
|---|---|---|
| **이온결합** | 하나의 전자가 원자들 사이로 이동하여 양이온과 음이온을 만들고 그 이온들은 서로를 끌어당긴다. | 소금의 나트륨($Na^+$) 이온과 염소($Cl^-$) 이온 사이에서 일어난다. |
| **공유결합** | 전자를 공유 | |
| *비극성* | 동등하게 공유 | 수소($H_2$) 기체에서 두 개의 수소 원자 사이에서 일어난다 |
| *극성* | 비동등하게 공유 | 물 분자($H_2O$)에서 수소와 산소 원자 사이에서 일어난다 |
| **수소결합** | H가 O나 N과 결합하는 극성 분자들 사이에서 인력이 생긴다. 극성 분자에서 약하게 양전하를 띠는 H가 이웃하는 극성 분자의 약하게 음전하를 띠는 O나 N을 끌어당김 | 물 분자 사이에서 일어난다; 약하게 양전하를 띠는 수소 원자가 이웃하는 극성 분자의 약하게 음전하를 띠는 산소 원자를 끌어당김 |

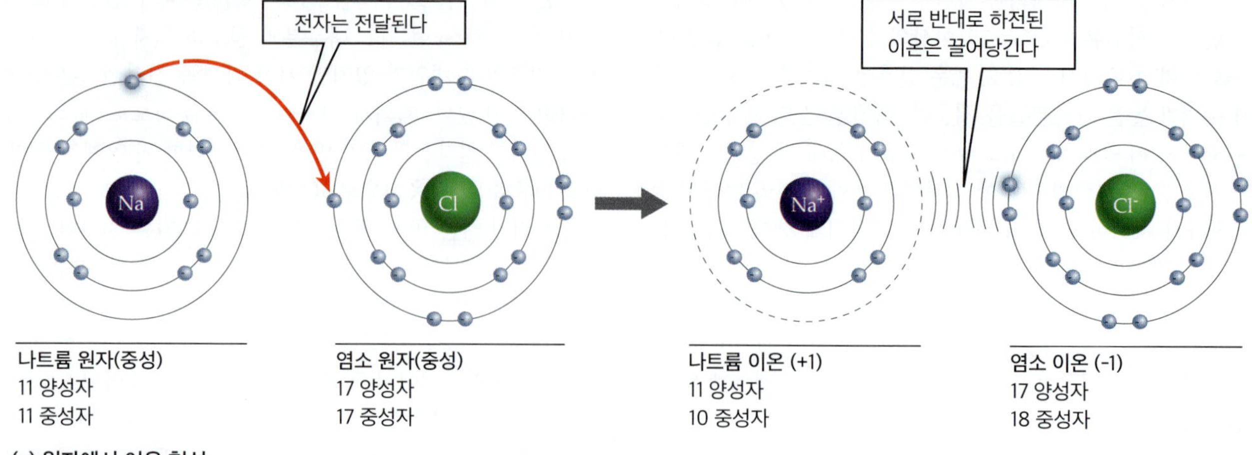


(a) 원자에서 이온 형성

(b) 이온 분자: NaCl

◀ **그림 2-4 이온과 이온결합** **(a)** 나트륨이 전자를 잃고 염소가 전자를 얻으면 안정한 이온이 만들어진다 **(b)** 나 테이블 소금의 입방 결정에서 나트륨과 염소 이온이 서로 뭉쳐있다.

당기는 힘이 있고, 양전하 이온과 음전하 이온 사이의 전기적 인력은 **이온결합(ionic bonds)**을 형성한다. 예를 들면 소금 그릇의 하얀 결정은 이온결합으로 연결된 나트륨과 염소 이온이다. 나트륨(Na)은 최외각 전자껍질에 하나의 전자만 가지고 있으며, 이 전자를 잃어야 안정해지고 $Na^+$가 된다. 염소(Cl)는 여덟 개의 전자를 채울수 있는 최외각 전자껍지에 일곱 개의 전자를 가지고 있으며 전자를 얻어야 안정한 $Cl^-$가 되고(**그림 2-4a**), N의 반복적이고 정렬된 결정을 형성하게 된다(**그림 2-4b**). 이후에 설명하는 소금이 물에 용해되었을 때 일어나는 것처럼, 물은 이온을 끌어들여 이온결합을 파괴한다.

두 원자 모두 바깥쪽 전자 껍질을 채우지 않았다.
공유하고 있는 전자들이 각 핵 근처에서 동등한 시간을 보낸다.
H
H
H
H
수소 원자(반응)
수소 원자(반응)
수소 분자(더 안정)

▲ **그림 2-5 비극성 공유결합** 2개의 수소 원자가 각각의 전자를 균등하게 공유하여 하나의 비공유 결합을 형성하면 수소 분자가 만들어진다

## 공유결합은 전자를 공유하면서 형성된다

최외각 전자껍질이 부분적으로 차 있는 원자들은 전자 하나를 공유하면서 두 원자의 최외각 전자껍질을 채우는 **공유결합(covalent bonds)**을 형성하면서 안정화 된다(**그림 2-5**). 예를 들면, 두 개의 수소 원자가 한 개의 전자를 공유하면서 전자껍질에 두 개의 전자를 가지고 있는 것처럼 되어 더욱 안정화 된다는 것이다. 이러한 공유결합은 수소 가스($H_2$)를 형성하게 된다. 단백질, 당, 지방과 같은 대부분의 생물학적 분자들의 원자들은 공유결합에 의해 연결되어 있다(**표 2-4**).

**표 2-4** 생물 분자에 존재하는 원자의 결합과 전자

| 원자 | 최외각 전자껍질의 수용 능력 | 최외각 전자껍질의 전자수 | 공유결합 수 |
|---|---|---|---|
| 수소 (H) | 2 | 1 | 1 |
| 탄소 (C) | 8 | 4 | 4 |
| 질소 (N) | 8 | 5 | 3 |
| 산소 (O) | 8 | 6 | 2 |
| 황 (S) | 8 | 6 | 2 |

## Health WATCH 자유라디칼-친구인가 적인가?

다 채워져 있지 않는 최외각 전자껍질은 반응성을 띠게 되고 이 반응성은 만약에 채워져 있지 않은 껍질이 균등하지 못한 전자 수를 가지게 되면 더욱 더 증가하게 된다.

외부 껍질에 짝을 이루지 않은 전자를 가진 원자를 자유라디칼이라고 한다. 자유라디칼은 다른 분자와 활발하게 반응하여 전자를 포착하거나 방출하여 짝을 이루지 않은 전자가 없도록 보다 안정적인 상태를 만든다. 이러한 반응은 단백질과 DNA를 포함한 중요한 생물학적 분자에 손상을 줄 수 있다.

우리 몸은 세포 에너지를 생성하는 반응의 부산물로서 자유라디칼을 지속적으로 생성한다. 자유라디칼은 또한 우리 세포가 태양광의 자외선(UV), X-선, 방사성 동위원소 및 환경의 독성 화학 물질에 의해 충격을 받을 때도 만들어진다. 우리 몸은 자유라디칼과 반응하여 해를 끼치지 않는 분자인 항산화제를 생성하여 자유라디칼에 대항한다. 우리는 또한 이러한 항산화제를 많은 식물 유래 식품의 섭취로 얻는다.

그러나 자유라디칼이 이에 대항하는 신체의 능력보다 많으면, **산화적 스트레스(Oxidative stress)**가 세포를 손상시킬 수 있다. 산화적 스트레스는 심혈관 질환, 천식과 같은 폐 질환 및 일부 암, 알츠하이머 등의 신경 질환을 초래한다. 가장 눈에 띄는 노화의 징후-회색 머리카락과 주름진 피부-는 산화 스트레스의 결과이다. 젊은 성인에게도 주름을 유발하는 산화 스트레스의 대부분은 태양의 자외선에 노출되어 발생한다(**그림 E2-3**).

항산화제를 함유하고 있는 과일과 채소를 많이 포함한 식단이 심혈관질환과 일부 암의 발병률을 낮춘다는 강력한 증거들이 있다. 결과적으로 일부 사람들은 비타민 C와 E 및 베타 카로틴과 같은 항산화 보충제를 섭취하면 건강에 지름길을 제공할 수 있다고 결론지었다. 그러나 많은 그룹의 사람들을 대상으로 한 연구에 따르면 그러한 보충제를 복용해도 건강상의 이점이 없으며 베타 카로틴 및 비타민 E 보충제가 건강에 악영향을 미칠 수 있다고 한다. 어떻게 이럴 수 있을까? 진화 과정에서 유기체는 지속적으로 자유라디칼에 노출되어 왔으며 유기체는 이를 건설적으로 사용하거나 비활성화하는 방법으로 진화해 왔다. 자유라디칼은 혈압 조절, 상처 치유 및 질병 유발 미생물에 대한 방어에 관여한다. 많은 증거들이 건강에 자유라디칼과 산화 방지제의 균형이 필요하며 보조제에 들어있는 고농도의 순수 항산화제가 이런 섬세한 균형을 깨뜨릴 수 있다는 것을 보여준다. 과일과 채소에는 일반적으로 보충제에서 발견되는 것보다 훨씬 낮은 수준의 천연 항산화제가 포함되어 있으므로 과일과 채소의 식단에서(보충제를 사용해야하는 의학적 상태가 아닌 한) 항산화제를 섭취하는 것이 가장 좋은 방법이다.

어떤 과일과 야채를 먹어야할까? 다크 초콜릿도 여기에 포함된다고 생각하는가? 초콜릿을 과일과 채소 카테고리에 넣는 것은 다소 과할 수도 있지만, 초콜릿은 카카오 나무의 열매에서 발견되는 씨앗인 코코아 빈으로 만들어진다. 다크 초콜릿은 카카오 식물에서 생산되는 플라보놀(*flavonol*)이라 불리는 항산화제가 풍부하다. 사실이라고 하기엔 너무 좋은 것으로 보이지만, 통제된 연구에서 다크 초콜릿(**그림 E2-4**)의 소비가 고혈압과 심혈관 질환의 위험요소에 긍정적인 영향을 미친다는 것이 보고되었다. 인간을 대상으로 한 대규모의 연구에서도 초콜릿의 높은 소비량과 뇌졸중 및 심장 마비를 포함한 심혈관 질환의 감소 사이의 상관관계를 발견했다(이 상관관계는 암시적인 증거를 제공하지만 결정적이지는 않다). 플라보놀은 녹차, 크랜베리, 사과, 양파, 케일 및 기타 식물성 식품에서도 발견된다.

**비판적 사고** 신체 검사에서, 주로 앉아서 생활하는 토마스는 위험하리만큼 높은 고혈압에 대해 경고 받았다. 초콜릿이 심혈관 건강에 좋다는 것을 읽은 후 그는 즉시 6 온스 다크 초콜릿 바를 비축하고 매일 규칙적인 식단에 추가하기로 결정했다. 그의 다음 정기 신체 검사 결과를 예측하고 건강 유지에 좋은 조언을 하시오.

◀ **그림 E2-3 자유라디칼 손상** UV 방사선 및 기타 요인으로 인한 자유라디칼은 피부에 탄력을 부여하여 주름을 유발하는 단백질 손상을 유발한다.

▲ **그림 E2-4 초콜릿** 초콜릿은 남아메리카 원산의 나무에서 자라는 꼬투리(삽입구)에서 발견되는 카카오 빈에서 나온다.

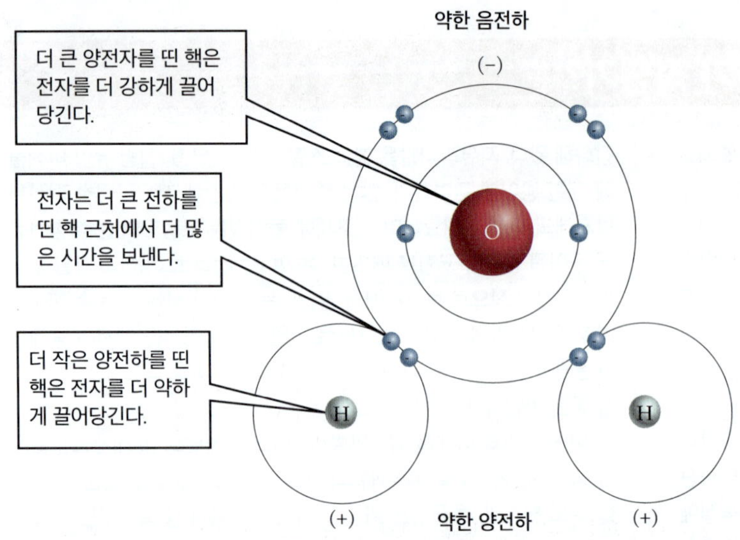


▲ 그림 2-6 **극성 공유결합** 산소는 바깥 껍질을 채우기 위해 두 개의 전자가 필요하므로 두 개의 수소 원자와 공유결합을 형성하여 물을 생성한다. 산소 원자는 수소 원자보다 전자에 더 큰 힘을 끌어당겨 산소 근처에서는 약한 음전하를 두 개의 수소 근처에서 약한 양전하를 생성한다.

## 공유결합은 비극성 또는 극성분자를 만든다

공유결합을 하고 있는 원자가 전자를 동등하게 혹은 거의 동등하게 공유하고 있다면 분자 어디에도 전하가 없는 **비극성 공유결합(nonpolar covalent bond)**이 일어난다. 같은 원자 사이의 공유결합은 모두 비극성이다. 예를 들면 $H_2$의 두 개의 핵은 동일하기 때문에 분자 내 전자는 각각의 핵에서 똑같은 시간을 머문다. 따라서 분자의 어느 쪽 극도 전하를 띠지 않는다. 산소 가스($O_2$)와 질소 가스($N_2$)의 공유결합도 비극성이다. 어떤 경우에는 서로 다른 원소의 원자들 사이에 공유결합 또한 비극성일 경우가 있다. 이산화탄소($CO_2$)와 기름과 지방과 같은 특정 생물학적 분자의 공유결합의 경우를 예로 들 수 있다(3장 참고).

만일 공유결합 내 한 원자의 핵이 가능 원자의 핵보다 전자를 강하게 끌어 당기면, 전자를 균등하지 않게 공유하게 되어 **극성 공유결합(polar covalent bonds)**을 형성하게 된다. 이러한 결합을 가지는 분자를 극성 분자라고 한다. 비록 극성 분자들은 전체적으로는 중성을 띠지만 극에 전하를 가지고 있다. 물($H_2O$)의 경우, 각 수소 원자들은 산소 원자와 하나의 전자를 공유하고 있다(**그림 2-6**). 산소 핵이 수소의 핵보다 전자를 강하게 끌어 당기기 때문에 물 분자의 산소 원자는 약하게 음전하를 수소 원자는 약하게 양전하를 띠게 된다.

## 수소결합은 특정 극성 분자들 간의 인력이다

당, 단백질 그리고 핵산과 같은 생물학적 분자들은 종종 수소와 산소 혹은 수소와 질소 사이에서 많은 극성 공유결합을 갖는다. 이런 경우에 수소는 약간 양전하를 띠고 산소 혹은 질소는 약간 음전하를 띠게 된다. 알고 있듯이, 서로 반대 전하 사이에는 인력이 작용한다. **수소결합(hydrogen bond)**은 한 분자의 약한 양전하 부위와 다른 분자의 약한 음전하 부위 사이 일어나는 인력이다. 물 분자 사이의 수소결합은 약하게 연결된 끊임없이 변화하는 결합의 형태로 분자들을 연결한다. 이러한 수소결합이 생명에 필수적인 물의 독특한 성질을 만들어 준다.

**CHACK YOUR LEARNING**

- 무엇이 원자를 반응하게 하는지 설명할 수 있는가?
- 분자와 화학적 결합을 정의할 수 있는가?
- 이온결합, 공유결합, 수소결합을 설명하고 예를 제시할 수 있는가?

## 2.3 물이 생명에 중요한 이유는 무엇인가?

자연주의자 로렌 에이슬리(Loren Eiseley)는 "지구상에 마법이 있다면 이는 물에 있다"라고 말하였다. 무엇이 물을 이처럼 특별하게 만드는가?

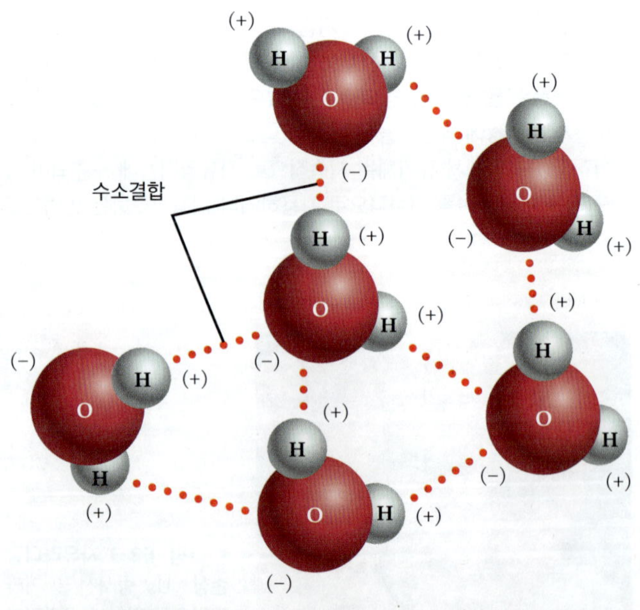


▲ 그림 2-7 **물의 수소결합** 물 분자의 반대 극에 약간의 전하(괄호로 표시)가 있는 경우, 물 분자의 산소와 수소 원자 사이에 수소결합(점선)이 생성된다. 각 물 분자는 최대 4 개의 수소결합을 형성할 수 있다. 액체 물에서 이러한 결합은 계속해서 끊어지면서 새로운 결합이 형성된다.

(a) 응집력과 부착력

(b) 응집력이 표면장력을 일으킨다

(c) 모세관 현상

▲ 그림 2-8 물 분자는 응집성 및 부착성을 가진다 (a) 응집성은 물이 물방울을 형성하게 한다; 부착성은 물을 거미줄 실크에 붙어 있도록 한다. (b) 소금쟁이는 수면을 가로 질러 이동할 때 표면장력을 사용한다. (c) 응집성과 부착성은 함께 작용하며, 전하를 띠는 표면 사이에서 좁은 공간으로 물을 끌어들이는 모세관 현상에 작용한다.

## 물 분자는 서로 끌어당긴다

물의 독특한 특성들의 많은 것은 물 분자를 서로 연결하는 수소결합에 기인한다. 이러한 수소결합에 의해 물 분자는 서로 뭉치게 하는 **응집성(cohesion)**을 가진다. 응집성은 물이 방울을 형성하게 한다(그림 2-8a). 응집력은 물의 표면이 파괴되는 것을 막는 **표면장력(surface tension)**을 만든다. 표면장력은 표면의 물 분자가 다른 분자보다 강하게 그리고 위의 공기 분자보다 아래 물 분자가 강하게 끌어당기기 때문에 발생한다. 표면장력은 유리잔에 물이 넘치기 전에 물이 유리잔 가장자리 위쪽에 머무르도록 해주고 물 곤충이 연못 표면을 지지할 수 있도록 해준다(그림 2-8b).

수소결합이 물 분자가 다른 물질에 잘 달라붙는 **부착성(adhesion)**에 중요한 역할을 한다. 물 분자는 유리, 나무, 종이나 거미줄의 실크 등의 전하를 띤 부위를 가지고 있는 분자로 이루어진 물질에 잘 부착한다(그림 2-8a). 부착성이 물 분자를 표면에 끌어당기고, 응집성은 물 분자를 더 많이 끌어올리는 것을 **모세관 현상(capillary action)**이라고 한다. 이런 모세관현상동안 물은 페이퍼타월의 셀룰로오스 섬유 사이와 같은 매우 좁은 공간을 자발적으로 움직인다(그림 2-8c).

물의 부착과 응집력은 육상식물에서 매우 중요하다. 심지어 300피트 이상의 삼나무에서도 식물의 뿌리에서 식물의 잎까지 물이 흡수될 수 있도록 한다. 식물의 뿌리, 줄기 그리고 잎은 물로 채워진 관으로 연결되어 있다. 물 분자가 식물의 잎에서 지속적으로 증발함에 따라 증발하는 분자는 사슬이 위로 끌리는 것처럼 물 분자를 잎 표면으로 끌어 당긴다. 물 분자를 연결하는 수소결합은 아래로 끌어당기는 중력보다 강하기 때문에 물 사슬은 끊어지지 않는다. 게다가 물 분자는 매우 좁은 셀룰로오스로 구성된 관의 벽에 붙는다. 이러한 특징이 식물의 뿌리에 서 잎으로 물수송에 기여하는 모세관현상을 일으킨다. 물의 응집성과 부착성이 없으면 커다란 육상식물은 존재하지 못할 것이고 지구상의 생명체도 달라졌을 것이다.

물 분자가 수소결합에 의해 다룬 분자를 끌어당기는데 어떻게 물은 자유롭게 흐를수 있는가? 물 분자 내의 수소결합은 마치 한 파트에서 다른 파트너로 옮겨가면서 손을 놓았다가 새로운 파트너와 다시 손을 거는 스퀘어댄스처럼 계속해서 끊어지고 만들어진다. 수소결합의 이러한 다이내믹한 변화가 물을 흐르게 한다.

## 물은 많은 다른 분자들과 상호작용을 한다

물은 다른 물질의 원자나 분자를 둘러싸서 분산시키는 매우 좋은 **용매(solvent)**이다. 이러한 현상을 물질이 분산되어 용해되었다고 한다. 하나 혹은 그 이상 용해된 물질을 가지고 있는 용매를 **용액(solution)**이라고 한다. 물 분자의 양극과 음극은 다른 극성 분자나 이온의 전하를 끌어당기므로 매우 좋은 용매로 작용한

**Have You Ever Wondered ...**

**배치기 다이빙을 하면 왜 그렇게 아픈가?**

배치기 다이빙을 하면 물 분자 사이의 응집력을 직접 경험할 수 있다. 물 분자들을 연결하는 수소결합으로 물 표면이 깨지는 것을 방지한다. 당신 배로 넓은 면적의 물 분자를 갑자기 갈라놓으려고 하면 약간 아플 수 있다. 비극성의 식물성 오일 수영장에서 배치기 다이빙을 하면 얼마나 아플 것이라 생각하는가? 식물성 오일로 채워진 깊은 수영장에서 떠다니거나 수영을 할 수 있겠는가?

▲ **그림 2-9 용매로서의 물** 소금 결정이 물에 떨어질 때, 물 분자의 양전하 극이 $Cl^-$를 향하고, 음전하 극이 $Na^+$를 향하도록 하여 물이 나트륨과 염소 이온을 둘러싼다. 주변의 물 분자가 서로 분리되어 소금 결정이 용해됨에 따라 이온이 분산된다.

**비판적 사고** 비공유 액체(기름과 같은)에 소금결정을 떨어뜨리면 녹을지 설명하시오.

◀ **그림 2-10 기름과 물은 섞이지 않는다** 물에 부어진 노란 기름은 표면으로 올라갈 때 별개의 방울로 남아 있다. 물보다 밀도가 낮기 때문에 기름이 뜬다.

**비판적 사고** 오일 코팅 표면의 물방울이 깨끗한 유리 표면의 물방울과 어떻게 다른지 예측하시오.

다. 예를 들어 소금 결정은 양전하를 띠는 나트륨 이온과 음전하를 띠고 있는 염소 이온 사이의 이온결합으로 이루어져 있다(**그림 2-4b**). 만약 소금 결정을 물에 떨어뜨리면, 물 분자의 양전하를 띤 수소 쪽은 음전하를 띤 염소 이온에 이끌려 이를 둘러싸고, 물 분자의 음전하를 띤 산소 쪽은 양전하를 띤 나트륨 이온을 둘러싼다. 나트륨과 염소 이온이 물 분자들에 의하여 둘러싸여 이온들 간의 상호작용이 일어날 수 없게 되면, 소금 결정에서 이온들이 점차 떨어져 나와 물에 흩어지게 된다 — 즉, 소금이 녹는다(**그림 2-9**).

물의 양극과 음극은 극성 분자의 반대 전하 영역으로 각각이 끌리게 되기 때문에 물은 극성 분자들을 녹인다. 이온과 극성 분자들은 물 분자에 대하여 전기적 인력을 가지므로 **친수성**(**hydrophilic** 그리스어 "물을 좋아하는")을 가진다고 한다.

산소와 이산화탄소와 같은 기체는 비극성이지만 물에 녹는다. 왜일까? 이 분자들은 매우 작아서 물 분자들을 연결하는 수소결합을 끊지 않고 물 분자 사이의 공간에 들어간다. 산소를 녹이는 물의 특성이 물고기와 다른 수생 생명체가 살아갈 수 있도록 한다. 기름이나 지방 같은 커다란 비극성 분자들은 **소수성**(**hydrophobic** 그리스어 "물을 무서워하는")이고 물에 녹지 않는다. 그럼에도 물은 이런 분자들에도 중요한 영향을 미친다. 이들 비극성 분자들과 함께 달라붙음으로써, 물 분자는 소수성 분자들을 배제시킨다. 예를 들어, 비극성의 기름 분자는 다른 분자들과 수소결합을 하고 있는 물 분자에 둘러싸여 기름분자들끼리 방울을 형성한다(**그림 2-10**)

## 물은 온도 변화의 영향을 완화시킨다

극성인 물 분자(그림 2-7 참조) 사이의 수소결합은 물의 온도 변화를 완화시킨다.

### 물을 가열하는데 많은 에너지가 필요하다

어떤 물질 1g을 1℃ 가열하는데 필요한 에너지를 **비열**(**specific heat**)이라고 한다. 물은 다른 일반적인 물질보다 매우 높은 비열을 가진다. 이러한 높은 비열로, 물은 온도 변화를 완화시킨다. 순간적인 과열없이 뜨거운 태양 아래 뜨거운 모래 위에 앉아 있을 수 있는 것은 우리의 몸이 60% 이상이 체온이 변하기 전에 상당량의 열을 흡수할 수 있는 물로 이루어져 있기 때문이다. 왜 물의 비열은 높은 것일까? 절대온도 영도(−459°F or −273℃)이상 온도에서는 모든 분자들이 항상 움직이고 있다. 만일 에너지가 물질에 더해지면 분자들은 더 빨리 움직이고, 물질은 더 따뜻해진다. 하지만 물이 있는 경우, 분자들이 더 빨리 움직이려면 가해지는 에너지가 먼저 물 분자의 수소결합을 끊어야 한다. 많은 양의 열에너지가 이 결합을 끊는 데 사용되어지기 때문에 상대적으로 적은 에너지가 물 온도를 올리는데 사용될 수밖에 없다. 반면에 수소결합이 부족한 물질의 경우, 더해지는 에너지와 비례하여 온도가 올라간다. 예를 들면, 주어진 에너지의 양만큼 화강암(수소결합이 부족한)의 온도는 올라가며 이는 같은 무게의 물에 비해 5배 이상이다.

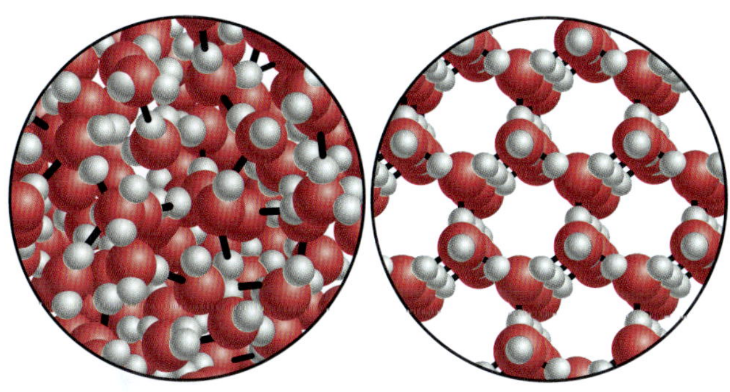

▲ 그림 2-11 액체 물(왼쪽)과 얼음(오른쪽)

**비판적 사고** 이 구조가 왜 얼음이 뜨는 이유를 설명하는가?

### 물이 증발하는 데 많은 에너지가 필요하다

물의 높은 비열이 따뜻한 곳에서 체온이 올라가는 속도를 늦추어 주는 반면 물의 다른 특성은 과한 열을 식혀 우리 몸을 돕는다. 더운 곳에서 체온을 유지하기 위해서 물질이 증발(액체에서 증기로 변하는)하는 데 필요한 열량인, 물의 높은 **기화열(heat of vaporization)**을 이용한다. 물 분자들이 빨리 움직여서 공기 중으로 빠져나가 기화하기 위해서는 물 분자들을 연결하고 있는 수소결합을 끊을 수 있는 충분한 에너지가 흡수되어야 한다. 따라서 우리가 땀을 흘리면, 땀 속의 물이 증발하면서 많은 양의 체온을 흡수하여 가장 빠르게 움직이는 분자를 증발시키면서 우리를 시원하게 해준다.

**CASE STUDY CONTINUED**

### 불안정한 원자가 방출되다

높은 비열의 물은 원자력 발전소에 이상적인 냉각수이다. 알코올과 같은 비극성 액체와 비교하여 물의 온도를 높이려면 많은 열이 필요하다. 후쿠시마 발전소를 강타한 쓰나미로 인해 연료봉의 물 순환을 유지시키는 펌프를 가동하는 전원 공급이 중단되었다. 과잉의 열을 흡수하기에 충분한 물이 없어 연료봉 주위의 금속관이 녹아내렸다.

## 물은 특이한 고체를 형성한다: 얼음

고체의 물 또한 매우 특이하다. 대부분의 액체들은 고체화가 되면 밀도가 높아지는 반면에 얼음은 특이하게도 액체 상태의 물보다 밀도가 낮다. 물이 얼게 되면, 각각의 분자는 4개의 다른 물 분자들과 함께 수소결합을 형성하여 열린 육각형 구조를 만든다(그림 2-11). 이런 배열은 물 분자가 액체 상태 때보다 평균 거리를 더 멀어지게 해서 얼음이 액체의 물보다 밀도가 낮아지게 한다.

이러한 물의 특성은 수중 생물체의 분포에 매우 중요하다. 겨울에 연못이나 호수가 얼기 시작할 때 얼음은 표면에 떠서 나머지 물이 어는 것을 지연시키는 절연층으로 작용한다. 이러한 절연 효과로 물고기를 포함한 다른 수중 동물들이 얼음 아래 물속에서 생존할 수 있다(그림 2-12). 만약 얼음이 가라앉는다면, 세계의 많은 연못과 호수의 물이 바닥에서부터 얼기 시작할 것이고 대부분의 생물들은 모두 죽게 될 것이다.

▲ 그림 2-12 **얼음은 물에 뜬다** 떠 다니는 얼음은 그 아래의 물을 절연시켜 몸의 물이 얼어 고체로 되지 않도록 보호하고 시베리아의 Lacke Baikal에 있는 이 민물 물개와 같은 수생 생물이 그 아래에서 생존할 수 있도록 한다.

## 수용액은 산성, 중성, 또는 염기성이 될 수 있다

어떤 순간 소량의 물 분자($H_2O$)가 수산화 이온($OH^-$)과 수소 이온($H^+$)으로 나뉠 것이다(그림 2-13). 순수한 물은 같은 농도의 수산화 이온과 수소 이온을 가진다. 하지만 $OH^-$ 와 $H^+$를 방출하는 물질이 물에 녹으면 용액은 이제 더 이상 같은 농도의 $OH^-$ 와 $H^+$를 갖지 않는다.

만약 용액의 $H^+$의 농도가 $OH^-$의 농도보다 높으면 그 용액은 **산성(acidic)**이다. **산(acid)**은 물에 녹을 때 수소 이온의 농도를 증가시키는 물질이다. 예를 들어, hydrochloric acid(HCl)에 순수한 물을 넣으면, HCl 분자들은 거의 다 $H^+$와 $Cl^-$로 분리되어 결

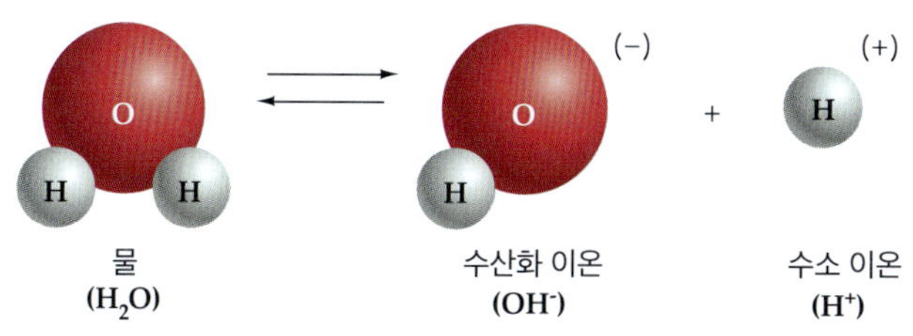


▲ 그림 2-13 **일부 물은 항상 이온화된다**

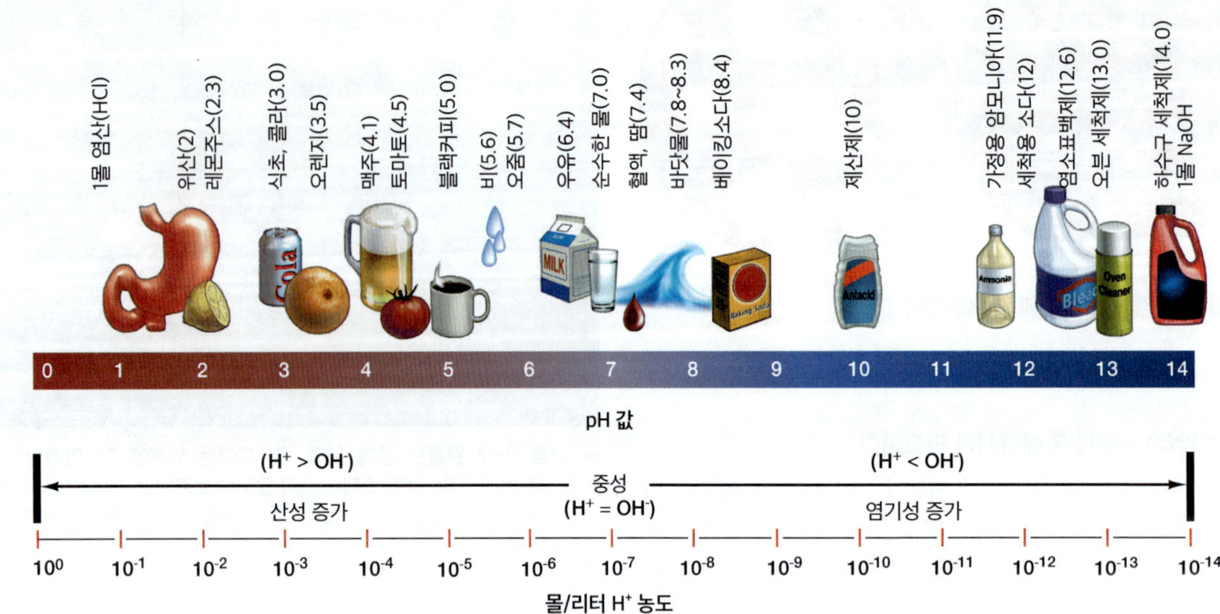


▲ **그림 2-14 pH 수치** pH 수치는 용액의 수소 이온의 농도를 반영한다. pH(상위 수치; 0~14)는 $H^+$ 농도의 음의 로그(하위 수치)입니다. 스케일의 각 단위는 10배 변화를 나타낸다. 예를 들어 레몬 주스는 오렌지 주스보다 약 10 배 더 산성이다.

과적으로 $H^+$의 농도가 $OH^-$의 농도보다 높아지게 되어 용액은 산성이 된다. 산성의 물질-레몬주스(시트르산을 함유하고 있는) 나 식초(아세트산, 빙초산)-은 과도한 $H^+$에 혀의 신맛 수용체가 반응하기 때문에 신맛이다.

만약 수산화 이온의 농도가 수소 이온의 농도보다 높으면 용액은 **염기성(basic)**이다. **염기(base)**는 물에 녹았을 때 수산화 이온의 농도를 증가시키는 물질이다. 예를 들어 수산화나트륨(NaOH)에 물을 첨가하면 NaOH 분자는 $Na^+$와 $OH^-$로 분리되어 용액은 염기성이 된다. 염기는 많은 세정 용액에 이용되며 또한 텀스와 같이 위에서 과도하게 분비되는 염산이 원인이 되어 발생하는 속쓰림을 중화시키기 위한 제산제로 사용되기도 한다.

**pH 수치(pH scale)**는 용액이 얼마나 산성인지 혹은 염기성인지를 측정한다(**그림 2-14**). pH 수치의 측정값은 0-14까지를 기준으로 측정한다. $H^+$과 $OH^-$의 농도가 같은 순수한 물은 중성의 pH 7이다. 산성은 7 이하의 pH를 가지고 염기는 7 이상의 pH를 가진다. pH 수치의 각 단위는 수소 이온의 농도가 10배씩 차이난다. 따라서 pH 3인 탄산음료는 순수한 물(pH 7)보다 수소 이온이 10,000배 더 있는 것이다.

**완충제(buffer)**는 $H^+$ 농도의 작은 변화에 반응하여 $H^+$를 받아들이거나 방출함으로써 용액의 pH를 일정하게 유지시키는 용액이다. 과도한 $H^+$ 존재하면, 완충제는 $H^+$과 결합하여 $H^+$ 농도를 낮춘다. 과도한 $OH^-$ 가 존재하면, 완충제는 $OH^-$와 결합하여 $H_2O$를 형성하도록 $H^+$를 방출한다. 완충제는 생명체가 항상성을 유지하는데 매우 중요한 역할을 한다. 예를 들어 세포에서 일어나는 수많은 화학반응이 pH를 변화시킴에도 불구하고 여러 완충제가 인간과 다른 포유류에서 체액의 pH를 약 염기성(pH 7.4)으로 유지한다.

인간을 비롯한 포유류에서는 체액의 pH를 약염기(pH 7.4 정도)로 유지한다. 만약 혈액이 7.0보다 산성이거나 8.0보다 염기성이라면, 여러분을 죽음에 이를 수 있다. 아주 작은 pH의 변화도 생물학적 분자에 큰 변화를 일으킬 수 있다.

### CHECK YOUR LEARNING

- 물의 특별한 특성에 대하여 그리고 이러한 특성이 생명에 얼마나 중요한지를 설명할 수 있는가?
- 어떻게 극성 공유결합과 수소결합이 물의 특별한 특성에 어떻게 기여하는지 설명할 수 있는가?
- pH의 개념과 산과 염기 그리고 완충제가 용액에 어떻게 영향을 미치는 지를 설명할 수 있는가?

CASE STUDY REVISITED

## 불안정한 원자가 방출되다

원자력 발전소에서 열을 발생시키는 연쇄반응은 방사성 우라늄 원자가 중성자를 방출함으로써 시작된다. 이 중성자들은 다른 우라늄 원자들을 공격해서 쪼개서 에너지와 더 많은 자가 연쇄반응을 반복하는 중성자를 방출하게 한다.

쓰나미가 후쿠시마 원전을 강타하였을 때, 중성자 흡수 막대가 즉시 연료 주변으로 낮아져 연쇄반응이 중지되었다. 그러나 우라늄이 붕괴됨으로써 자발적으로 붕괴하고 열을 발생시키는 방사성 동위원소를 추가적으로 발생시켰다. 발생한 열은 동위원소를 주변 환경으로 방출하는 비참한 결과를 초래하였다. 특히 방사성 요오드는 우려되는 동위원소 중의 하나이다.

요오드는 음식과 물로 몸에 들어가서 갑상선에 농축된다. 요오드는 갑상선에서 호르몬을 합성한다. 불행하게도, 갑상선은 방사성 요오드와 비방사성 요오드를 구별할 수 없다. 방사성 요오드에 노출 된 어린이는 갑상선 암에 걸릴 위험이 높으며 이는 방사선 요오드에 노출된 후 수십 년 후에 발생할 수 있다. 이들을 보호하기 위해 일본 당국은 요오드 알약을 폭발한 원자로 주위의 아이들에게 나누어 주었다. 이 비방사선 요오드가 갑상선의 요오드 양을 포화시켜 방사성 요오드를 흡수하지 못하게 한다. 언젠가 후쿠시마의 방사성 낙진이 건강에 어떤 영향을 미쳤는지가 나타날 것이다.

**생각해보기** 후쿠시마의 재난은 원자력 발전소의 안전점검을 재검토하게 했으며 전 세계 사람들이 핵의 위험성에 대해, 또한 수천 년 동안 남아 있는 방사능 폐기물을 어떻게 버릴 것인가에 대해서도 생각하게 하였다. 어떻게 대부분의 에너지를 얻는 원자력의 안전성과 화석연료의 안전성을 비교하고 평가할 수 있을까? 어떻게 우리가 진도 9의 지진 또는 지속적으로 이산화탄소를 방출하는 방사성 폐기물, 화석연료의 사용으로 야기되는 지구온난화의 위해성 등을 비교할 수 있겠는가? 바람이나 태양 에너지를 포함한 제3의 대체 에너지는 어떠한가? 현재 세계는 매우 적은 양의 에너지를 이 대체 에너지원으로 얻고 있다. 이에 대해 변화가 필요한가? 만약 그렇다면 어떻게 바꿀 수 있을까?

# CHAPTER REVIEW

*비판적 사고와 생각해보기, 선택형문제, 빈칸채우기 질문에 대한 답은 이 책의 뒷부분에 있는 정답란에서 볼 수 있다.*

## 핵심개념의 요약

### 2.1 원자란 무엇인가?

원소는 일반적인 화학반응으로는 더 이상 쪼개어지거나 다른 물질로 전환될 수 없는 물질이다. 원소의 가장 작은 입자가 양성의 전하를 띄는 양성자, 전하를 띠지 않는 중성자, 그리고 음성의 전하를 띠는 전자로 구성된 원자이다. 한 원소의 모든 원자들은 동일한 특정수의 양성자를 가진다. 중성자와 양성자는 원자핵을 형성한다. 전자는 전자껍질이라고 불리는 특정 공간에서 핵 주의를 맴돈다. 핵에서 더 먼 거리에 있는 전자껍질에 있는 전자일수록 더 큰 에너지를 가지고 있다. 각 전자껍질은 최대로 채울 수 있는 일정한 수의 전자를 가진다. 원자는 최외각 전자껍질이 다 채워져 있을 때 제일 안정하다. 동위원소는 같은 원소의 다른 중성자 수를 가진 원자이다. 몇몇 동위원소는 방사성을 띤다. 이들의 핵은 자발적으로 깨지게 되어 새로운 원소를 형성하고 에너지와 종종 아원자를 방출한다.

### 2.2 원자들은 어떻게 상호작용하여 분자들을 형성하는가?

원자는 바깥쪽 전자껍질을 채우거나 비우면 안정성을 획득하며, 화학반응 동안 전자를 획득, 소실, 공유하면서 이루어진다. 이는 분자를 만들기 위해 원자를 연결하는 화학반응인 인력을 만든다.

화학결합에는 이온결합, 공유결합, 수소결합의 세 가지 결합이 있다. 전자를 잃거나 얻는 원자들은 이온이라 부른다. 이온결합은 결정의 형태로 이온들을 붙잡고 있는 양전하를 띠는 이온과 음전하를 띠는 이온들간의 전기적 인력이다. 공유결합은 전자를 공유하여 바깥쪽 전자껍질이 채워질 때 형성된다. 비극성 공유결합에서는 두 원자들이 전자를 균등하게 공유한다. 극성 공유결합에서는 한 원자가 다른 원자보다 전자를 더 강하게 끌어당겨서 분자에 약하게 양전하를 띠는 극과 음전하를 띠는 극을 만든다. 극성 공유결합에는 약하게 한 극성 분자의 양전하를 띠는 부위와 다른 극성 분자의 약하게 음전하를 띠는 부위간의 인력인 수소결합이 형성될 수 있다.

### 2.3 물이 생명에 중요한 이유는 무엇인가?

물의 독특한 특성이 우리가 알고 있는 생명의 진화를 가능하게 했다. 물은 극성이며 극성의 물질과 이온을 녹인다. 물은 지방과 같은 비극성 물질들로 하여금 덩어리를 형성하도록 밀쳐낸다. 물 분자는 수소결합을 통하여 서로 응집하여 표면장력을 만든다. 일부 동물에서 물이 가지는 높은 비열과 높은 증기열은 외부의 온도 변화에 대응하여 상대적으로 안정한 체온을 유지하는 기능을 한다. 물은 언 상태가 액체 상태 때보다 밀도가 작다는 특이한 특성이 있다.

순수한 물은 동일한 숫자의 $H^+$와 $OH^-$(pH 7)를 가지고 있으나, 용해된 물질이 산성($H^+ > OH^-$) 혹은 염기성($OH^- > H^+$)으로 만들 수 있다. 완충제는 일정한 pH를 유지하도록 도와준다.

# 개념을 통한 이해

## 선택형 문제

**1.** 다음 중 어느 것이 옳지 않은가?
  a. 원소는 원자 수에 의해 정의된다.
  b. 92개의 원소가 자연적으로 만들어진다.
  c. 원자는 아원자입자로 구성되었다.
  d. 전자껍질은 핵에서 가까울수록 에너지가 증가한다.

**2.** 원소의 질량수는 무엇과 같은가?
  a. 원자의 양성자와 중성자의 질량
  b. 원자의 중성자 질량
  c. 원자의 양성자 질량
  d. 원자수

**3.** 방사성 동위원소는 무엇인가?
  a. 다른 양성자 수를 가진 같은 원소의 원자들
  b. 방사성 원소
  c. 안정화된 원소
  d. 다른 중성자 수를 가진 같은 원소의 원자들

**4.** 분자란?
  a. 항상 서로 다른 원소들과 결합되어 있다.
  b. 극성이거나 비극성이다.
  c. 수소결합에 의해 전체적으로 유지된다.
  d. 수소결합에 의해 유지될 수는 없다.

**5.** 공유결합이란?
  a. 얼음에서 물 분자들이 연결되는 것이다.
  b. 비극성 분자에만 만들어진다.
  c. 식탁의 소금에 있는 나트륨과 염소의 결합이다.
  d. 물 분자에서 수소와 산소간의 결합이다.

## 빈칸 채우기

**1.** 원자는 양전하를 가진 ________와 전하가 없는 ________로 구성된 원자핵으로 구성되어 있다. 핵 주위를 도는 ________는 ________라 부르는 일정한 공간 속에 있다.

**2.** 전자를 잃거나 얻는 원자들은 ________이라고 한다. 원자가 전자를 잃으면 ________ 전하를 띤다. 반대전하를 띤 원자끼리 끌어당겨 ________결합을 만든다.

**3.** 같은 원소의 원자로서 핵의 중성자 수가 서로 다른 것을 ________라 부른다. 이런 일부 원자는 자연적으로 분해되고 이러 관정에서 종종 다른 ________이 된다.

**4.** 최외각 전자껍질이 완전히 채워졌거나 비워져 있는 원자는 ________이다. 최외각 전자껍질에 부분적으로 전자가 채워진 원자는 ________이다. 공유결합은 원자가 바깥 전자껍질을 채우는 전자를 ________ 할 때 형성된다.

**5.** 물은 부분적으로 음전하와 양전하를 띠고 있기 때문에 ________이라고 한다. 이 성질이 물 분자가 ________ 결합을 하게 한다. 물 분자 사이의 결합은 물에게 표면장력을 만드는 ________을 만든다.

## 복습문제

**1.** 표 2-1에 의하면 얼마나 많은 중성자들이 산소, 수소, 질소에 존재하는가?

**2.** 원자와 화합물을 구분하고 양성자, 중성자, 전자를 구별하라.

**3.** 공유결합과 이온결합을 비교하고 대조하라.

**4.** 극성 공유결합이 어떻게 수소결합을 형성하는지를 설명하고 예를 들라.

**5.** 물이 온도를 거의 올리지 않고 많은 열량을 흡수할 수 있는 이유는 무엇인가? 이런 성질을 무엇이라고 하는가?

**6.** 물이 어떻게 소금을 용해하는지 설명하라.

**7.** pH 수치, 산, 염기, 완충제를 정의하라. 수소 이온이나 수산화 이온이 용액에 첨가될 때 어떻게 완충제가 pH 변화를 감소시키는가? 왜 이런 현상이 생명체에서 중요한가?

# 개념의 적용

**1.** 계면활성제는 물에서 지방과 기름을 분산시켜서 씻겨나가게 한다. 비누나 세제가 가지고 있어야하는 일반적인 화학구조(예를 들어 극성 혹은 비극성 부분)는 무엇이며 이유는 무엇인가?

**2.** 사람들이 “이건 열이 아니고 습도이다”라고 말할 때 의미하는 바는 무엇인가? 높은 습도가 더운 날씨를 더 견디기 힘들게 만드는 이유는 무엇인가?

**3.** 여러분은 이제 화강암으로 만들어진 “위스키 스톤”을 구매할 수 있다. 냉동실에 넣고 아이스 큐브 대신 음료를 식히기 위해 사용한다. 위스키 스톤이 같은 냉동고에서 나온 동일한 무게의 아이스 큐브보다 더 효과적으로 음료는 차갑게 만들 것인가? 여러분의 답을 설명하라.

친구는 친구를 먹지 않는다. Scrapie에 감염된 양의 유해에 존재한 단백질을 포함한 사료를 먹인 소에게 광우병이 나타났다.

# 3 생물학적 분자들

**CASE STUDY**

## 난해한 단백질

"있잖아, 리사! 아무래도 내 몸이 좀 이상해진 것 같아." Charlene Singh은 그녀의 여동생에게 말했다. 쾌활하고 장학생인 22살의 그녀는 기억력 감퇴와 감정 기복을 경험하기 시작했다. 이후 3년 동안 그녀의 증상은 더 악화되었다. 손이 떨리고 의지와는 상관없이 사람들을 물어뜯고 때리다가 마침내 걸을 수도, 음식을 삼킬 수도 없게 되었다. 결국, Charlene은 미국 내 거주자 중에서 인간형 광우병에 의한 첫 사망자가 되었는데, 그녀는 아마도 10여 년 전 영국에서 살았을 때에 이 병에 감염된 것으로 보인다.

보건 당국은 1990년대 중반에 이르러서야 광우병, 즉 소 해면 뇌병증(bovine spongiform encephalitis, BSE)이 감염된 소고기를 먹은 사람에게 전염될 수 있다는 사실을 알게 되었다. 비록 수백만 명이 오염된 고기를 먹었지만 전 세계적으로 250명 미만의 사람이 인간형 BSE, 즉 변형 Creutzfeldt-Jacob disease(vCJD)에 걸렸다. 그러나 감염된 사람들에게 있어 이 병은 예외 없이 치명적이었으며, 그들의 뇌는 미세한 구멍들이 뚫려서 스펀지와 같은 모양으로 되었다.

광우병은 어디에서 왔을까? 양들에게 나타나는 스크래피(scrapie)라고 불리는 질병에서 이 병이 유래되었다는 가설이 있는데 이는 스크래피와 BSE 증상이 동일하기 때문이다. 감염된 양들은 털을 긁는 경향이 있기 때문에 이러한 이름이 붙게 되었다. 스크래피에 걸린 양의 뇌는 스펀지처럼 변하며 체중 감소, 자세 불안정 및 신경질적이고 폭력적인 행동이 나타난다. 아마 1980년대 초반에 변형된 스크래피가 소에게 전염되었을 것으로 추측하는데, 이 당시 소의 사료에는 양의 신체 부위가 종종 포함되었고, 그 중 일부 양이 스크래피를 겪고 있었을 것이다. BSE가 처음 영국 소에서 확인된 지 2년 후인, 1988년에 양을 비롯한 소와 염소의 신체 부위를 소의 사료로 사용하는 것이 금지되었다.

1996년에는 영국의 소고기 수출이 일시적으로 금지되었는데, BSE가 감염된 고기를 먹은 사람들에게 전염될 수 있다는 것이 밝혀진 이후였다. 그 당시 예방조치로 영국은 450만 마리 이상의 소를 살처분하여 소각하였다-이는 소와 영국 농부 둘 다에게 큰 비극이었다.

광우병은 특히 과학자들에게 대단히 흥미로운 대상인데, 이는 다른 전염병과는 달리 미생물이나 바이러스에 의해 발병되지 않는다는 점 때문이다. 1980년대 초반에 Stanley Prusiner 연구원은 단백질이 스크래피의 원인이며, 이 단백질이 다른 동물들에게 질병을 전파할 수 있다는 증거를 제시하였다. 그는 이 감염성 단백질을 프리온(prion)이라 명명하였다.

단백질은 무엇이며 DNA나 RNA와 어떻게 다를까? 단백질이 어떻게 다른 생물에 감염되고 그 수가 늘어나서 치명적인 질병을 일으킬까? 아직도 BSE와 vCJD는 위협적인가?

## 주요내용



## 3.1 탄소는 왜 생물학적 분자에게 중요한가?

식료품점의 '유기농' 표시된 과일과 채소는 합성비료나 살충제를 사용하지 않고 재배되었음을 의미한다. 하지만 화학에서 '**유기(organic)**'라는 단어는 탄소와 산소, 수소를 포함하는 분자를 나타내는 용어이다. 많은 유기분자가 유기체에 의해 합성되기 때문에 그렇게 불리고 있다. 이와 대조적으로 **무기(inorganic)**분자에는 탄소 원자가 없다(예를 들어 물과 소금). 지구의 암석과 금속 퇴적물을 구성하는 무기분자는 유기분자에 비하여 훨씬 덜 다양하고 일반적으로 구조가 매우 단순하다.

생명체의 특징 중 하나는 매우 다양한 '**생물학적 분자(biological molecule)**'들을 가지고 있다는 것이며 생물에 의해 만들어지는 모든 분자로 정의할 수 있다. 거의 모든 생물학적 분자가 탄소 원자에 기반을 둔 유기물이다. 생물학적 분자들은 상당히 복잡한 방식으로 서로 상호작용하며 이러한 상호작용 때문의 분자들의 구조와 화학적 특성이 변한다. 이처럼 정교하게 조절되는 변화들이 세포로 하여금 영양분을 얻고 이용하거나 노폐물을 제거하고 운동하고 생장하며 생식하는 능력을 갖게 한다. 이와 같이 모든 조화로운 화학적 활성은 아마도 탄소 원자의 다용도성에 의한 것이다.

### 탄소의 결합 성질이 유기분자들의 복잡성을 설명하는 핵심이다

2장에서 설명하였듯이 최외각 전자껍질에 전자가 일부분 채워진 원자는 다른 원자와 반응하여 전자껍질을 채워 안정화되며 공유결합을 형성한다. 이때 바깥 껍질의 빈자리 개수에 따라 두 원자는 2개, 4개, 또는 6개의 전자를 공유하여 단일, 이중, 혹은 삼중 공유결합을 형성한다(**그림 3-1**). 생물학적 분자에 있어 가장 흔한 4종류의 원자들의 결합 형태가 **그림 3-2**에 그려져 있다. 공유결합은 원자 기호 사이에 실선으로 표시되어 있다. 여러 결합 형태를 갖는 탄소 원자는 생물학적 분자의 다양성을 부여하고 이는 지구의 생명체 존재를 가능케 한다. 탄소 원자는 8개의 전자를 수용할 수 있는 최외각 전자껍질에 4개의 전자를 갖고 있

메탄
O=C=O
이산화탄소
N≡C−H
시안화수소

▲ **그림 3-1 탄소 원자에 의한 공유결합** 탄소는 외각 전자껍질을 채우기 위해 4개의 공유결합을 형성해야만 비로소 안정화된다. 단일, 이중, 또는 삼중 공유결합 형성이 가능하며 그 예로서는 메탄($CH_4$), 이산화탄소($CO_2$), 시안화수소(HCN) 등이 있다.

**비판적 사고** 이들 분자 중 어느 쪽이 극성인가? (2장을 다시 참조할 필요가 있다.)

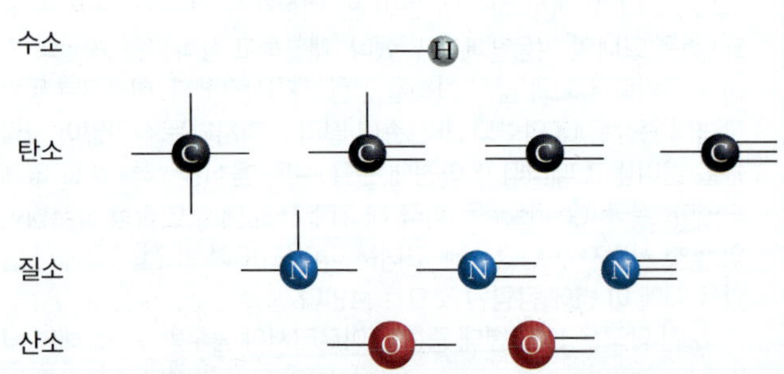


▲ **그림 3-2 결합 방식** 생물학적 분자 내에서 가장 일반적인 4개 원자들의 결합 방식. 각각의 선은 공유결합을 나타낸다.

어 쉽게 탄소 원자들끼리 단일 혹은 이중 결합을 이루거나 최대 4개의 탄소 또는 다른 원자와 결합할 수 있다(그림 3-1 참조). 유기 분자들이 가질 수 있는 복잡한 형태에 의해 부가적인 다양성이 나타난다.

### 작용기는 유기분자의 탄소 골격에 부착되어 있다

'**작용기(functional group)**'는 유기분자의 탄소 골격에 붙은 원자 또는 원자 집단이다. 생물학적 분자의 작용기는 분자로 하여금 독특한 성질을 부여하며 다른 분자와 반응하는 경향을 나타낸다. 일반적으로 작용기는 탄소 골격보다 덜 안정적이며 쉽게 화학반응에 참여한다. 표 3-1에 생물학적 분자에서 중요한 7종류의 작용기가 설명되어 있다.

#### CHECK YOUR LEARNING

- 유기분자의 정의는 무엇이며 왜 탄소가 생명체에서 그토록 중요한지 설명할 수 있는가?
- 왜 생물학적 분자에 있어 작용기가 중요한지 설명할 수 있는가?
- 7개의 작용기의 이름과 특성을 말할 수 있는가?

## 3.2 거대한 생물학적 분자들은 어떻게 합성될까?

이론적으로 복잡한 분자는 원자들을 하나씩 결합시켜 만들 수도 있지만, 생명체라는 기계는 작은 분자 구성단위를 미리 조립하여 이들을 서로 엮음으로써 훨씬 효율적으로 작동한다. 이는 여러 차량을 연결시켜 기차를 만드는 것과 같이 작은 유기분자들(예를 들면 당이나 아미노산)이 연결되어 긴 분자(예를 들면 녹말이나 단백질)가 만들어진다. 개개의 구성단위를 '**단량체(monomer**, 그리스어로 mono는 하나를 의미)'라 하며, 단량체들이 연결된 것은 '**중합체(polymer**, 또는 고분자로 번역, 그리스어로 poly는 다수를 의미)'라 불린다.

### 생물학적 중합체는 물을 제거하여 합성되며 물을 첨가하여 분해된다

거대한 생물학적 분자의 구성단위들은 일반적으로 '**탈수축합(dehydration synthesis)**'이라는 화학반응으로 연결되며 이는 문자 그대로 "물을 제거하여 서로 붙이다"를 의미한다. 탈수축합에

**표 3-1 생물학적 분자에 있어 중요한 작용기**

| 작용기 | 구조 | 특성 | 해당 물질 |
|---|---|---|---|
| 수산화기 | —O—H | 극성; 탈수와 가수분해 반응에 참여한다.; 수소결합 형성 | 당, 다당류, 핵산, 알코올, 일부 아미노산, 스테로이드 |
| 카보닐기 | C=O | 극성; 분자의 일부를 친수성으로 만든다(수용성). | 당(직선 형태), 스테로이드 호르몬, 펩타이드와 단백질, 일부 비타민 |
| 카복실기<br>(이온화 형태) | —C(=O)O⁻ | 극성 및 산성; 음전하를 띤 산소는 수소 이온($H^+$)과 결합해, 카복실산(—COOH)을 형성할 수 있다. 펩타이드 결합에 참여한다. | 아미노산, 지방산, 카복실산<br>(아세트산과 구연산과 같은) |
| 아미노기 | —N(H)H | 극성 및 염기성; 세 번째 수소 이온과의 결합으로 이온화될 수 있다. 펩타이드 결합에 참여한다. | 아미노산, 핵산, 일부 호르몬 |
| 설프히드릴기 | —S—H | 비극성; 단백질에서 이황화 결합에 참여한다. | 시스테인(아미노산), 많은 단백질 |
| 인산기<br>(이온화 형태) | —O—P(O)(O⁻)—O⁻ | 극성 및 산성; 핵산에서 뉴클레오타이드를 연결한다. ATP의 고에너지 결합을 형성한다(세포 내에서는 이온화 형태로 존재한다). | 인지질, 뉴클레오타이드, 핵산 |
| 메틸기 | —C(H)(H)H | 비극성; DNA의 뉴클레오타이드에 붙기도 한다(메틸화). 유전자 발현을 변화시킨다. | 스테로이드, DNA의 메틸화된 뉴클레오타이드 |

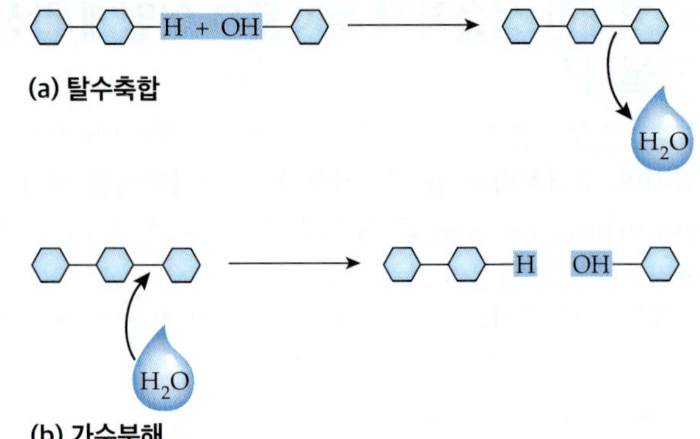


▲ **그림 3-3 탈수축합과 가수분해** (a) 생물학적 중합체(고분자)는 극성 작용기로부터 물 분자를 제거하는 반응을 통한 단위체 구성단위의 연결로 형성된다. (b) 이러한 중합체는 물 분자 첨가에 의해 끊어져 구성단위체로 다시 전환된다.

서는 한 구성단위에서 수소 이온($H^+$)이 제거되고, 다른 구성단위에서는 수산화 이온($OH^-$)이 제거되어 두 구성단위의 최외각 전자껍질에 빈자리가 생긴다. 이 빈자리는 두 구성단위가 전자들을 공유함으로써 공유결합을 형성할 때 채워진다. **그림 3-3a**와 같이 수소 이온과 수산화 이온은 결합하여 물 분자($H_2O$)가 된다.

거대한 생물학적 분자를 구성단위로 분해하는 역반응은 **가수분해(hydrolysis**, 그리스어로 *hydro*는 물, *lysis*는 '떼어 놓다'를 의미)라고 한다. 가수분해는 물의 수소 이온을 한 구성단위에, 수산화 이온을 다른 구성단위에 제공하여 하나의 분자를 원래의 구성단위들로 분해한다(**그림 3-3b**). 가수분해는 음식물의 분해에 중요한 반응이다. 예를 들어, 우리의 침과 소장의 효소들은 포도당 분자들의 연결 형태인 녹말을 그 구성단위인 포도당으로 가수분해되는 것을 촉진시켜 체내로 흡수되도록 한다. 생물학적 분자들은 매우 다양하지만, 대부분이 탄수화물, 단백질, 핵산 및 지질과 같은 4가지 범주 중 하나에 속한다(**표 3-2**).

### CHECK YOUR LEARNING

- 생물학적 중합체의 이름과 이들을 만들고 분해하는 반응을 말할 수 있는가?

**표 3-2 생물학적 분자의 4가지 주요한 종류**

| 이름과 일반적인 구조 | 유형 | 예 | 대표적인 기능 |
|---|---|---|---|
| **탄수화물**: 주로 탄소, 수소, 산소 등으로 구성된 분자이며 $(CH_2O)_n$의 화학식으로 표시된다. 이때, n은 분자 골격에 있는 탄소 수이다.<br>**구성단위**: 단당류 | **단당류**: 단순한 당 | 포도당, 과당 | 식물에서 단기 에너지 저장 |
| | **이당류**: 단당류 2개가 연결 | 설탕 | |
| | **다당류**: 단당류들의 중합체 | 전분, 글리코겐<br>셀룰로오스, 키틴 | 각각 식물과 동물에서 장기 에너지 저장<br>각각 식물과 절지동물에서 구조적 지지체 |
| **단백질**: 아미노산들이 연결된 하나 이상의 사슬. 4단계의 구조를 가진다.<br>**구성단위**: 아미노산 | **펩타이드**: 아미노산의 짧은 사슬 | 인슐린, 옥사이토신 | 각각 혈당과 생식에 관여하는 호르몬 |
| | **폴리펩타이드**: 아미노산의 긴 사슬(고분자) | 헤모글로빈<br>케라틴 | 산소 운반<br>머리카락의 구조적 성분 |
| **핵산**: 뉴클레오타이드의 중합체로 구성된 분자. 뉴클레오타이드는 5탄당, 질소를 함유한 염기, 인산기로 구성된다.<br>**구성단위**: 뉴클레오타이드 | **데옥시리보핵산(DNA)**: 당이 데옥시리보오스인 뉴클레오타이드의 중합체 | DNA | 유전 정보를 암호화한다. |
| | **리보핵산(RNA)**: 당이 리보오스인 뉴클레오타이드의 중합체 | mRNA<br>tRNA<br>rRNA | DNA의 뉴클레오타이드 서열을 기초로 단백질 합성을 위해 함께 일한다. |
| **지질**: 비극성(소수성)영역을 포함하는 다양한 형태의 분자로 물에 용해되지 않는다.<br>**구성단위**: 일률적인 구성단위는 없으며 중합체(고분자)도 아니다. | **지방, 기름, 밀랍**: 하나 이상의 지방산을 포함하며 지방산은 카복실산 작용기로 끝나는 탄소 원자에 소수성 탄소 사슬이 붙은 형태이다. | 동물성 지방, 식물성 기름<br>밀랍 | 각각 동물과 식물에서 장기 에너지 저장<br>벌집의 구조적 성분 |
| | **인지질**: 2개의 지방산(소수성)과 2개의 친수성 작용기를 포함하는데, 이 중 하나는 인산이다. | 레시틴(lecithin) | 세포막의 구조적 성분 |
| | **스테로이드**: 탄소로 이루어진 4개의 고리를 포함하며 각각의 고리는 서로 다른 작용기가 붙는다. | 콜레스테롤<br>테스토스테론, 에스트로겐 | 세포막의 구성성분<br>각각 남성과 여성 호르몬 |

## 3.3 탄수화물이란 무엇인가?

**탄수화물(carbohydrate)** 분자들은 대략 1:2:1 비율의 탄소, 수소 및 산소로 이루어져 있다. 이 비율로부터 탄수화물의 어원이 문자 그대로 "탄소+물"(C+$H_2O$)이라는 것을 알 수 있다. 모든 탄수화물은 작고 물에 용해되는 **당(sugar)**이거나 아니면 녹말과 같은 당 중합체이다. 만일 한 탄수화물이 한 개의 당 분자만으로 이루어져 있다면 이를 **단당류(monosaccharide**, 그리스어로 *mono*는 한 개, *saccharium*은 당을 의미)라고 부른다. 두 개의 단당류 분자가 연결되면 **이당류(disaccharide)**가 된다. 수많은 단당류의 중합체를 **다당류(polysaccharide)**라고 한다.

▼ **그림 3-4 물에서 당(sugar)의 용해** 당 분자의 극성 수산기가 인접한 물 분자와 수소결합을 형성함으로써 물에 녹는다.

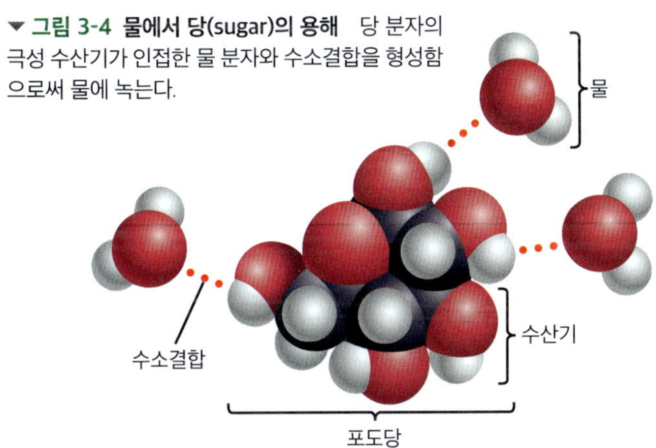


### 단당류는 구조가 서로 약간씩 다르다

단당류는 3개에서 7개의 탄소 골격을 가진다. 대부분의 이러한 탄소 원자는 수소(—H)와 수산기(—OH)가 결합되어 있으며, 따라서 탄수화물의 화학식은 대개 $(CH_2O)_n$의 화학식으로 표시된다. 이 때 $n$은 골격 내의 탄소 개수이다. 단당류 분자는 친수성이며 이는 수산화 작용기가 극성이며 극성의 물 분자들과 수소결합을 형성하기 때문이다(**그림 3-4**). 단당류가 세포 내에서와 같이 물에 용해될 때, 그 탄소 골격은 보통 고리 형태를 띤다. 마찬가지로, 다당류를 구성하는 각각의 단량체(monomer)도 고리 모양이다.

**포도당(glucose)**은 생물체에서 가장 흔한 단당류이며 세포의 주 에너지 공급원이다. 포도당은 여섯 개의 탄소를 가지며 따라서 그 화학식은 $C_6H_{12}O_6$이다. 포도당의 화학구조를 표현하는 여러 방식이 그림 3-4와 **그림 3-5**에 그려져 있다. 고리 혹은 연쇄 구조에서 아무런 표시가 없는 연결지점에 탄소 원자가 있다는 것을 명심하라.

많은 생물들은 포도당과 화학식은 같으나 구조가 약간 다른 단당류들을 합성한다. 예로 어떤 식물은 과당(*fructose*, 라틴어로 *fruct*는 과일을 의미) 형태로 에너지를 저장하는데, 과일, 주스, 벌꿀 및 옥수수 시럽 등을 통해 우리는 과당을 섭취한다. 갈락토오스는 포유류가 분비하는 젖에 들어 있으며 이는 새끼에게 에너지 공급원이 된다(**그림 3-6**). 세포가 과당과 락토오스를 에너지원으로 사용하려면 이들이 먼저 포도당으로 전환되어야 한다.

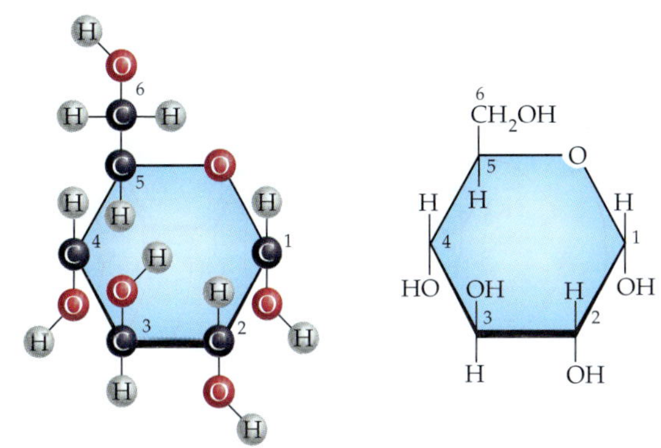


▲ **그림 3-5 화학 구조의 묘사** (좌측)포도당($C_6H_{12}O_6$) 분자의 각 원자를 공과 막대기(ball-and stick) 모형으로 나타낼 수 있다. (우측)좌측 그림을 간단히 나타낸 것으로 특별히 표시하지 않은 연결 부위는 탄소 원자이다. 참고로 탄소 원자를 숫자로 표시하고 있다. 포도당의 공간 채움 모형(space-filling model)은 **그림 3-4**에 나타나 있다.

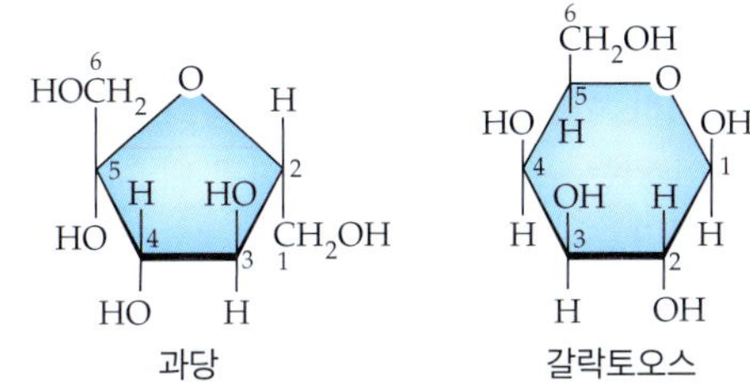


▲ **그림 3-6 일종의 6개 탄소로 구성된 단당류**

다른 흔한 단당류인 리보오스(ribose)와 데옥시리보오스(deoxyribose)는 다섯 개의 탄소를 가진다(RNA와 DNA와 같은 핵산에 각각 존재함). **그림 3-7**을 보면 데옥시리보오스는 리보오스에 비해 산소 원자 하나가 적은데, 이는 리보오스의 한 수산기가 수소 원자로 대체되었기 때문이다.

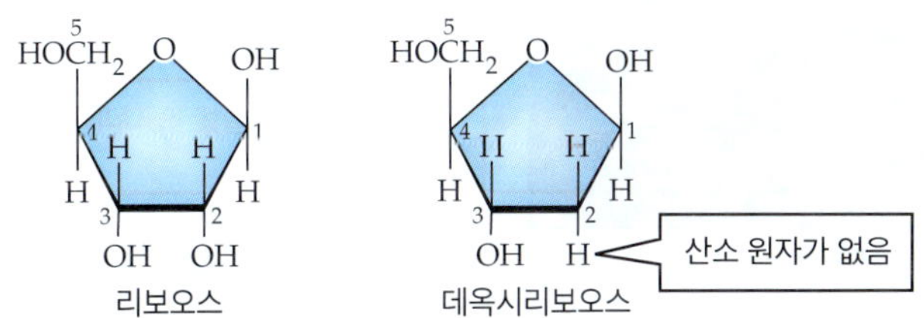


▲ **그림 3-7 일종의 5개 탄소로 구성된 단당류**

### 이당류는 탈수축합으로 연결된 두 개의 단당류로 구성되어 있다

2개의 단당류는 탈수축합에 의해 연결돼 이당류를 형성할 수 있다(**그림 3-8**). 이당류는 식물에서 단기적으로 에너지를 저장하는 데 종종 사용된다. 에너지가 필요할 때 이당류는 가수분해를 통해 그 구성단위인 단당류로 분해되며(그림 3-3 참조) 필요 시,

포도당 과당 설탕

탈수합성

$CH_2OH$ $HOCH_2$ $H_2O$

▲ **그림 3-8 이당류의 합성** 설탕(sucrose)은 포도당과 과당으로부터 각각 수소와 수산화기가 제거되는 탈수(dehydration) 반응으로 합성된다. 이러한 반응을 통해 2개의 단당류 고리가 산소 원자를 중심으로 한 단일결합으로 연결된다.

**비판적 사고** 이 분자의 가수분해를 기술하라.

포도당으로 전환된 후, 더욱 분해되어 에너지를 방출한다.

아침 식사로 토스트와 함께 크림과 설탕을 탄 커피를 먹었다고 가정해보자. 이때 커피에 설탕(포도당과 과당으로 구성)을 넣어 저어주고, 유당(포도당과 갈락토오스로 구성)이 함유된 크림을 첨가한 것이다. 이당류인 맥아당(두 개의 포도당으로 구성)은 토스트에 들어 있는 귀리의 녹말을 소화관 내 효소들이 가수분해할 때 생성된다.

## 다당류는 단당류가 연쇄적으로 연결된 형태이다

대부분의 다당류는 체온에서 물에 녹지 않는다. 그 이유는 단당류가 서로 연결되면서 물 분자가 빠지는 탈수축합 과정에서 당의 극성 수산기를 잃어버리기 때문이다(그림 3-8 참조). 비록 다당류의 용해도가 낮지만 적절한 조건에서 가수분해가 일어날 수 있다. 예를 들어 베이글을 한 입 물고 그것을 약 1분 이상 씹으면 단맛이 점점 더해진다. 그 이유는 침 속의 효소가 베이글의 **녹말(starch)**을 그 구성단위인 포도당 분자로 가수분해 시키는데, 침 속에서 녹은 포도당이 단맛에 반응하는 혀의 수용체를 자극하기 때문이다. 다당류는 흔히 생명체 내에서 에너지 저장 물질로 작용한다. 예를 들어, 녹말(**그림 3-9**)은 대략 50만 개의 포도당 구성단위가 가지(branch)가 있는 형태로 연결돼 있으며 많은 식물체 내에서 에너지를 저장하는 역할을 담당한다. 사람이나 동물에서의 에너지 저장 물질인 **글리코겐(glycogen)** 역시 포도당의 중합체이지만 녹말보다 훨씬 많은 분기점(가지)을 가진다. 글리코겐은 주로 간과 근육에 저장되어 있다.

다당류는 또한 구조물의 재료로 사용된다. 가장 중요한 구조 다당류 중 하나가 **셀룰로오스(cellulose)**이며 식물 세포벽의 주된 성분이다. 또한, 폭신하고 흰 목화송이, 그리고 나무줄기 건조중량의 절반이 셀룰로오스로 구성되어 있다(**그림 3-10**). 과학자들은 식물이 매년 약 1조 톤의 셀룰로오스를 합성한다고 추정하고 있으며, 이는 지구상에서 가장 풍부한 유기분자이다.

셀룰로오스도 녹말처럼 포도당의 중합체이나, 그림 3-9c와 그림 3-10d를 비교하면 녹말과는 달리 셀룰로오스의 포도당 분자

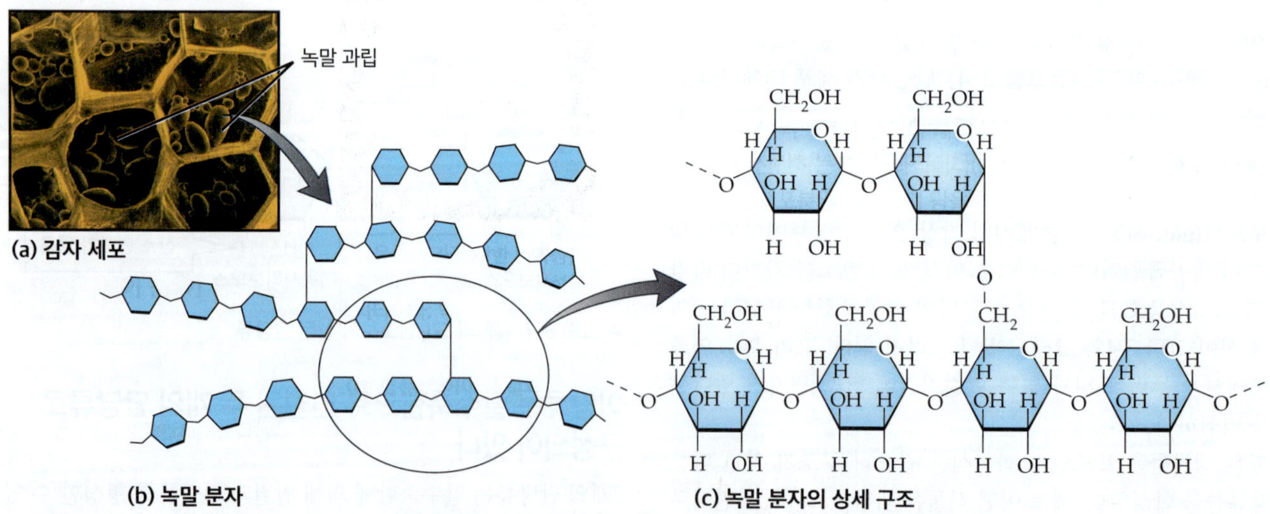


▲ **그림 3-9 전분의 구조와 기능** **(a)** 감자 세포 내 녹말 입자는 에너지를 저장하며 봄에 감자가 새로운 식물체로 성장하도록 한다. **(b)** 하나의 녹말 분자 단면. 전분은 약 50만개의 포도당 구성단위가 분기 사슬(branched chain) 형태로 구성돼 있다. **(c)** 그림 (b)에서 원으로 표시한 전분 분자의 구체적인 구조. 개별 포도당 구성단위 사이의 연결 형태를 셀룰로오스의 경우와 비교해 보라(**그림 3-10**).

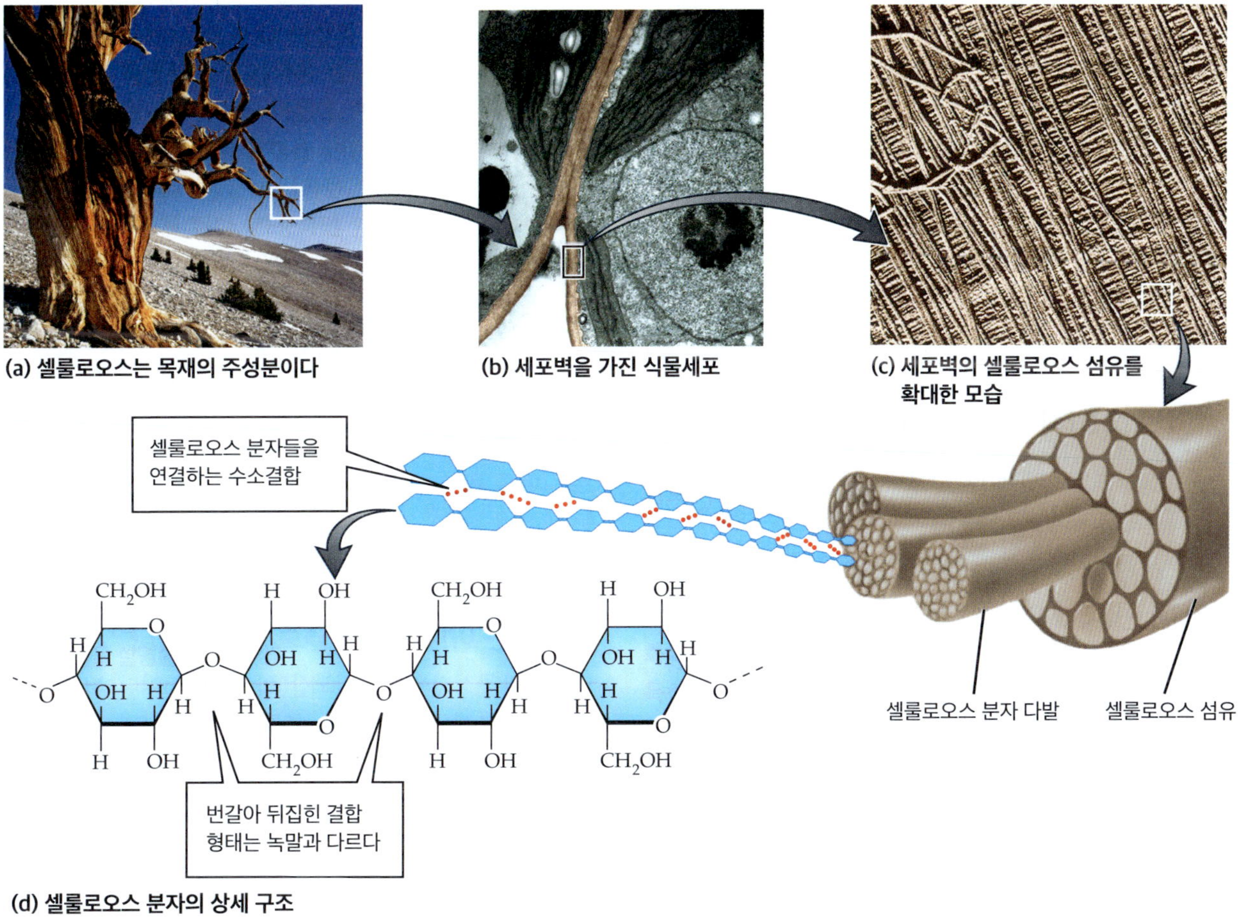

(a) 셀룰로오스는 목재의 주성분이다

(b) 세포벽을 가진 식물세포

(c) 세포벽의 셀룰로오스 섬유를 확대한 모습

셀룰로오스 분자들을 연결하는 수소결합

셀룰로오스 분자 다발

셀룰로오스 섬유

번갈아 뒤집힌 결합 형태는 녹말과 다르다

(d) 셀룰로오스 분자의 상세 구조

▲ **그림 3-10 셀룰로오스의 구조와 기능** **(a)** 3,000년 된 소나무 목재의 구성성분은 주로 셀룰로오스이다. **(b)** 셀룰로오스는 각 식물세포를 둘러싸는 세포벽을 형성한다. **(c)** 식물 세포벽은 종종 서로 직각 형태로 층을 이룬 셀룰로오스 섬유질로 구성돼 있어, 양 방향으로의 찢어짐을 방지한다.

들이 번갈아 뒤집혀 있다는 것을 알 수 있다. 비록 대부분 동물들은 녹말을 쉽게 소화시킬 수 있지만, 어떠한 척추동물도 셀룰로오스 내 포도당 사이의 결합을 소화시킬 수는 없다. 소와 토끼와 같은 일부 척추동물들은 셀룰로오스를 소화시킬 수 있는 미생물을 소화관에 지니고 있어 미생물이 배출하는 포도당을 이용한다. 사람의 몸 안에서 셀룰로오스는 아무런 영양을 제공하지 않은 채 그대로 소화관을 통과하지만, 섬유소로서 소화에 도움을 준다.

곤충, 갑각류 및 거미류의 겉껍질(외골격)을 구성하는 **키틴(chitin)** 역시 구조적 역할을 담당하는 또 다른 다당류이다. 키틴은 또한 버섯을 비롯한 많은 진균류의 세포벽을 강화시키기도 한다. 포도당에 질소를 함유한 작용기가 붙은 것을 제외한다면

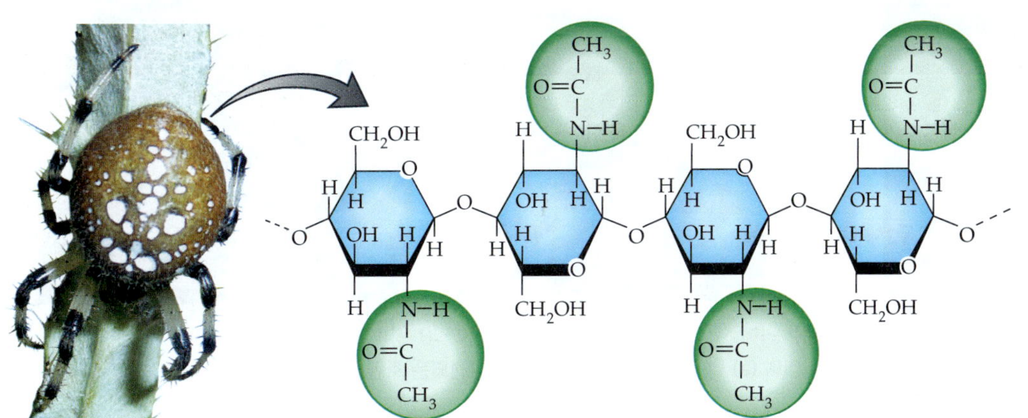

◀ **그림 3-11 키틴의 구조와 기능** 키틴은 셀룰로오스와 동일한 포도당 배열을 가지고 있으나, 그 포도당 구성단위에 원래의 수산기 하나를 대체한 질소-함유 작용기가 있다. 키틴은 대부분의 곰팡이뿐만 아니라 절지동물(거미와 같은 곤충, 게 및 관련 갑각류 등)의 몸 표면을 단단하게 만든다.

키틴은 셀룰로오스와 비슷하다(**그림 3-11**).

또한, 탄수화물은 보다 큰 분자들의 일부가 될 수 있다. 예를 들면, 각각의 세포를 둘러싸는 세포막에는 많은 단백질 분자들이 박혀 있으며 이 단백질에 탄수화물이 붙을 수 있다. 핵산(이후에 논의됨) 역시 당 분자를 가지고 있다.

### CHECK YOUR LEARNING

- 주된 탄수화물 종류를 말할 수 있는가?
- 각 유형의 탄수화물의 예를 말하고 어떻게 생명체가 이들을 이용하는지 설명할 수 있는가?

## 3.4 단백질이란 무엇인가?

녹말과 같이 **단백질(protein)**은 간단한 구성단위를 연결하여 만들어진 생물학적 고분자이다. 과학자들은 우리 몸 안에 25만에서 100만 종류의 단백질이 존재한다고 추정하고 있다(**표 3-3**). 이들 중 일부는 특정 화학반응을 촉매하는 단백질인 **효소(enzyme)**이다. 구조 단백질도 있는데 그 예인 케라틴(*keratin*)은 머리카락, 뿔, 손톱, 비늘 및 깃털 등을 구성한다(**그림 3-12**). 달걀

| 표 3-3 | 단백질의 기능 |
|---|---|
| 기능 | 예 |
| 구조 담당 | 케라틴(머리카락, 손톱, 비늘, 깃털, 뿔 등을 형성한다); 실크(거미줄, 곤충의 고치 등을 형성한다) |
| 운동 | 액틴과 미오신(근육세포에서 발견되며 수축을 일으킨다) |
| 방어 | 항체(혈액에서 발견되며 병원체에 대항한다. 일부는 독을 중화시킨다); 독(독을 가진 동물에서 발견되며 포식자를 물리치거나 먹이를 무력화한다) |
| 저장 | 알부민(달걀 흰자의 경우, 배아에 영양을 공급한다) |
| 신호 전달 | 인슐린(췌장에서 분비되며 세포 내로의 포도당 흡수를 촉진시킨다) |
| 반응 촉매 | 아밀라아제(침과 소장에서 발견되며 탄수화물을 소화시킨다) |

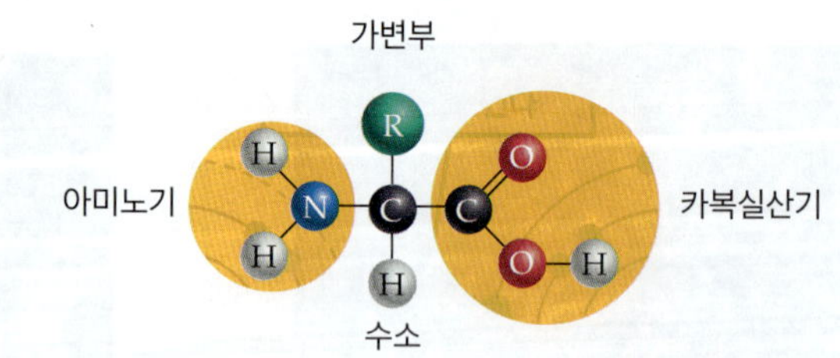


▲ **그림 3-13 아미노산의 구조**

흰자의 알부민이나 우유의 카세인 단백질 등의 영양 단백질은 성장기 동물에게 영양분을 공급한다. 헤모글로빈 단백질은 혈액 내에서 산소를 운반하며, 액틴과 미오신은 동물체가 움직일 수 있도록 근육 내에 존재하는 단백질이다. 이외에도 단백질은 호르몬(예를 들어, 인슐린과 성장 호르몬), 항체(질병과 감염을 막는 데 도움을 줌), 그리고 일부는 독(이를테면 방울뱀의 독) 형태로 존재한다.

### 단백질은 아미노산 사슬로 만들어진다

단백질의 구성단위는 **아미노산(amino acid)**이다. 20종류의 아미노산이 생물체의 단백질에 공통적으로 존재하며 이들 모두는 동일한 기본 구조를 가진다. 중앙의 탄소 원자는 수소 원자, 질소를 함유하는 아미노기(—$NH_2$), 카복실산기(—COOH) 및 "R"기가 연결되어 있고 "R"기는 아미노산마다 화학구조가 다르다(**그림 3-13**). R기에 따라 아미노산의 성질이 달라진다(**그림 3-14**). 어떤 아미노산은 친수성이어서 물에 잘 녹는데 이는 R기가 극성이기 때문이다. 또 다른 아미노산은 물에 녹지 않는 비극성의 R기를 가지고 있어 소수성을 띤다. 시스테인 아미노산은 독특하게도 황을 포함하는 R기를 가지고 있어 다른 시스테인 분자의 황과 함께 **이황화 결합(disulfide bonds)**을 형성할 수 있다. 후에 언급하겠지만, 이러한 이황화 결합은 단백질에서 중요한 역할을 담당한다.

다당류와 같이, 단백질도 탈수축합 반응을 통해 만들어진다.

(a) 머리카락

(b) 뿔

(c) 실크

▲ **그림 3-12 구조 단백질들** 케라틴은 흔한 구조 단백질이며 (a) 털, (b) 뿔, (c) 깃털 등에서 발견되는 주된 단백질이다.

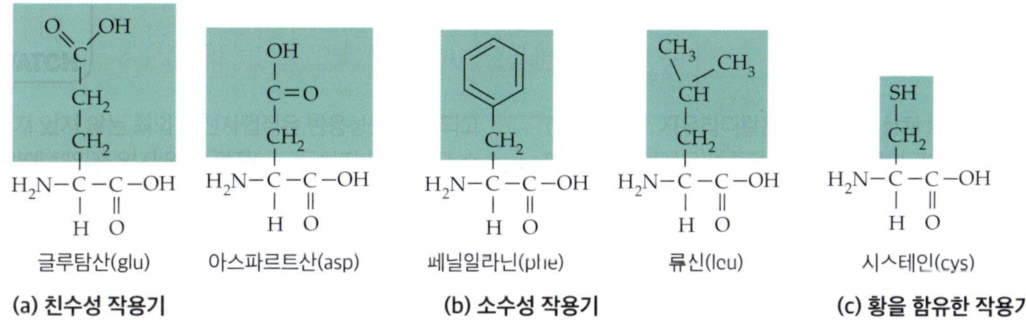


▲ **그림 3-14 다양한 아미노산** 서로 다른 구조의 R 작용기 때문에 다양한 아미노산이 존재하며 R기는 (a) 친수성이거나 (b) 소수성이다. (c) 시스테인의 R기는 황을 가지고 있어 다른 시스테인의 황과 함께 공유결합을 형성할 수 있다.

**비판적 사고** 나머지 아미노산을 찾아보고 그 구조에 기초하여 소수성 작용기를 가진 다른 3개의 아미노산을 확인하라.

한 아미노산에 있는 아미노기의 질소가 다른 아미노산에 있는 카복실산기의 탄소에 단일 공유결합으로 연결되고 이 과정에서 한 개의 물 분자가 방출된다(**그림 3-15**). 이 과정을 통해 **펩타이드 결합(peptide bond)**이 형성된다. 두 개의 아미노산으로 만들어진 사슬을 **펩타이드(peptide)**라 부르며 상대적으로 길이(50여 개까지의 아미노산)가 짧은 아미노산 사슬도 펩타이드로 불린다. 이 펩타이드에 아미노산이 한 개 씩 연결되어 긴 사슬의 폴리펩타이드(*polypeptide*)가 만들어진다. 폴리펩타이드 사슬의 길이는 아미노산 수천 개에 이를 수 있다. 하나의 단백질은 한 개 이상의 폴리펩타이드 사슬로 구성 되어 있다.

## 단백질은 4단계의 구조를 가질 수 있다

폴리펩타이드 사슬 내 아미노산들 사이의 상호작용으로 인해 뒤틀림, 접힘 및 내부결합이 발생하여 단백질은 3차원 구조를 갖게 된다. 단백질 구조는 4단계 즉, 1차, 2차, 3차, 그리고 4차까지 가능하다(**그림 3-16**). 단백질을 구성하는 아미노산 서열이 바로 단백질의 **1차 구조(primary structure)**이며 아미노산 서열은 세포 DNA의 유전 정보로 결정된다(그림 3-16a 참조).

단백질의 **2차 구조(secondary structure)**는 폴리펩타이드 아미노산 서열들 사이의 수소결합의 결과로 접힌 모양을 말한다. 이러한 수소결합은 R기 사이가 아닌, 전기적으로 약간 음성인 특정 아미노산의 카보닐기(C=O)와 전기적으로 약간 양성인 다른 아미노산의 N—H기 사이에 만들어진다(표 3-1의 카보닐기 참조). 이러한 수소결합이 매 4번째 아마노산마다 형성되면, 용수철 모양의 **나선(helix)** 구조가 만들어진다(그림 3-16b 참조). **병풍구조(pleated sheet)**는 흔히 발견되는 또 다른 2차 구조인데, 폴리펩타이드 사슬이 반복적으로 접히고 수소결합에 의해 사슬들

**CASE STUDY CONTINUED**

### 난해한 단백질

광우병을 일으키는 감염성 프리온은 체내에 존재하는 프리온이 비정상적으로 접혀진(folded) 형태이다. 정상 프리온 단백질의 2차 구조는 나선형이지만 감염성 프리온은 병풍 구조로 접혀져 있다. 이 병풍 구조는 매우 안정하여 정상 프리온을 분해할 수 있는 효소의 영향을 받지 않는다. 그 결과, 감염성 프리온은 뇌에 축적되어 조직을 파괴한다.

나선과 병풍 구조는 단백질의 대표적인 2차 구조이다. 단백질의 3차와 4차 구조는 어떤 모습일까?

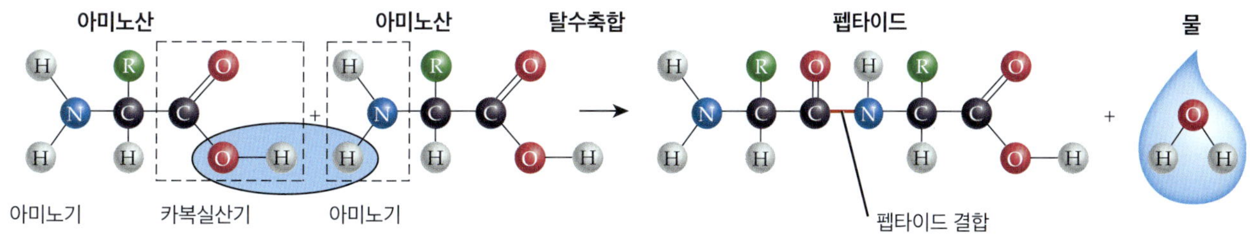


▲ **그림 3-15 단백질 합성** 탈수 반응으로 첫번째 아미노산의 카복실산기 탄소와 두 번째 아미노산의 아미노기 질소 사이에 펩타이드 결합이 형성된다.

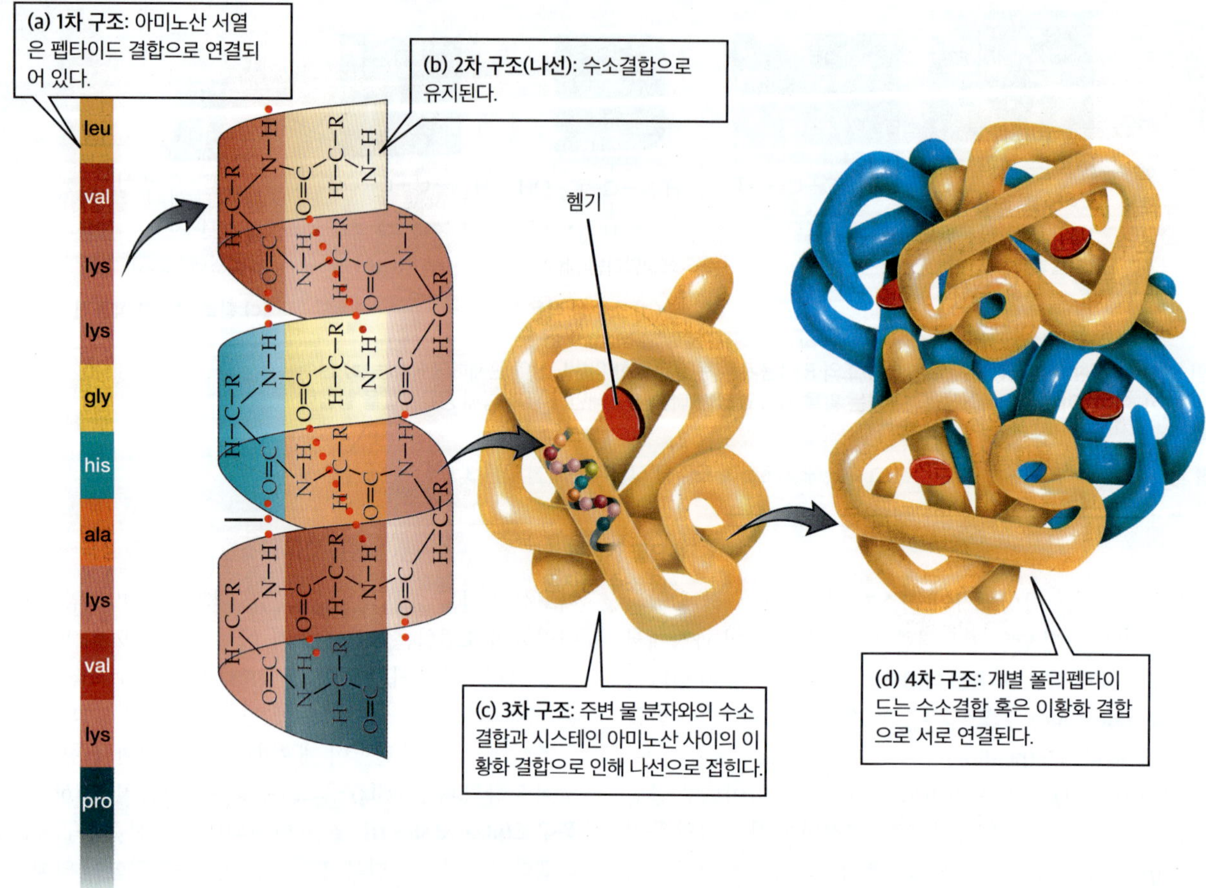


▲ **그림 3-16 4단계 단백질 구조** 헤모글로빈은 산소-운반 단백질로 적혈구 내에 존재한다. 그림의 빨간 디스크 모양은 산소와 결합하는 철-함유 헴(heme)기를 나타낸다.

**비판적 사고** 왜 많은 단백질들은 강한 열에 의해 기능을 상실하는가?

이 묶일 때 만들어진다(**그림 3-17**).

또한, 각 단백질이 꼬이면서 **3차 구조(tertiary structure)**가 만들어지는데 이 때 단백질의 1차와 2차 구조 그리고 주변 환경에 의해 결정된다. 예를 들어, 세포 내부와 같이 물이 많은 환경에 놓인 단백질은 친수성 아미노산을 물에 노출시키고 소수성 아미노산을 단백질 내부로 더 깊게 숨기면서 대략적으로 구 형태(*spherical shape*)로 접힌다. 이러한 수용성의 구형 단백질에는 헤모글로빈, 효소, 달걀의 알부민 등이 있다. 또한, 길고 얇은 줄 모양의 3차 구조를 갖는 섬유성 단백질(*fibrous protein*)은 많은 소수성 아미노산을 포함하며 물에 녹지 않는다. 체내에서 광범위하게 발견되는 섬유성 단백질 중의 하나가 케라틴이다. 케라틴의 3차 구조는 두 개의 나선 가닥이 이황화 결합으로 서로 붙잡고 있으며 이 결합은 각각의 나선형 폴리펩타이드에 있는 시스테인 사이에 형성된 것이다. 이황화 결합이 많을수록 케라틴은 더 단단해진다. 예를 들어, 손톱의 케라틴은 머리카락의 케라틴보다 더 많은 시스테인과 이황화 결합을 가지고 있다.

단백질 구조의 4번째 단계인 **4차 구조(quaternary structure)**는 두 개 이상의 폴리펩타이드가 수소결합, 이황화 결합 및 아미노산 사이의 반대 전하에 의한 인력으로 연결된 형태이다. 예를 들어, 헤모글로빈은 수소결합으로 네 개의 폴리펩타이드가 서로 연결되어 있다(그림 3-16d 참조). 4개의 각 폴리펩타이드는 철을 함유하는 영역, 즉 헴기가 있어 한 개의 산소 분자와 결합할 수 있다.

## 단백질의 기능은 단백질의 구조에 의해 결정된다

단백질의 구조는 그 생물학적 기능과 밀접한 연관성이 있다. 예를 들어, 효소는 (6장에서 언급하겠지만) 특정 분자와만 상호작용할 수 있는 형태를 가진다. 마찬가지로, 헤모글로빈은 특정 R기를 지닌 아미노산들이 산소와 결합하는 헴기를 형성하도록 정확한 위치에 자리 잡고 있는 구조이다. 일반적으로 친수성 혹은 소수성 R기와 물 환경과의 상호작용은 단백질의 접힘뿐만 아니라 결합할 분자를 결정한다. 그 결과, 친수성 아미노산이 소수성 아미노산으로 바뀌는 하나의 돌연변이라도 단백질의 기능에 심각한 영향을 미칠 수 있다. 예를 들어, 헤모글로빈에 이러한 돌연

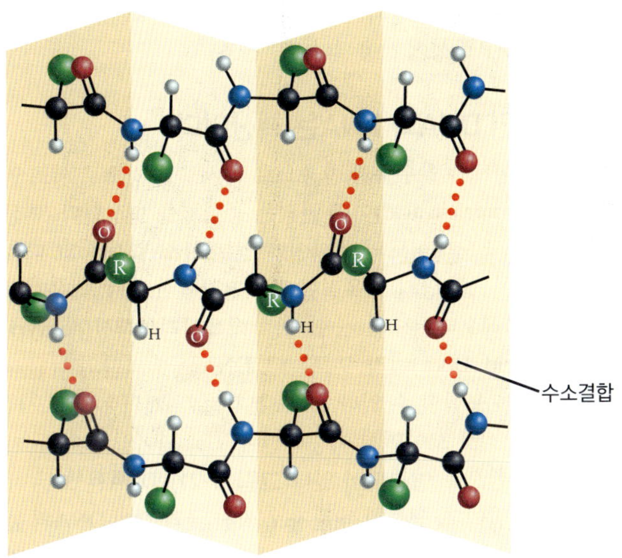


▲ **그림 3-17 병풍 구조와 실크 단백질의 구조** 병풍 구조에서 단일 폴리펩타이드 사슬은 반복적으로 접힌 형태를 가진다(그림에서 이러한 접힘으로 형성된 루프는 표시되지 않았다). 이웃하고 있는 접힌 폴리펩타이드와는 수소결합으로 연결돼 있다. R기(녹색)는 반복적으로 병풍 구조의 위와 아래를 향하고 있다.

변이가 생기면 유전질환인 낫형 적혈구 빈혈증을 일으킨다(11장에서 설명).

단백질이 1차 구조는 유지한 채, 정상적인 3차 구조가 파괴되면 **변성되었다(denatured)**고 말한다. 예를 들어, 달걀의 흰자는 알부민 단백질로 구성되어 있으며 보통 투명하고 유동성이 있다. 그러나 달걀을 프라이팬에서 가열하면 열에 의해 수소결합이 끊어지고 알부민의 2차, 3차 구조가 파괴되어 불투명한 흰색 고체로 변한다(**그림 3-18**). 머리카락의 케라틴은 펌 과정에서 변성된다. 박테리아와 바이러스는 그 구성 단백질들이 열이나 자외선에 의해 변성되면 파괴될 수 있다. 높은 농도의 염이나 산성 용액에 의해서도 단백질이 변성될 수 있다. 예를 들어, 높은 농도의 염과 산성 소금물의 환경이 박테리아의 단백질을 변성시킴으로 인해 오이 피클의 변질을 막을 수 있다.

▲ **그림 3-18 열에 의한 알부민 단백질의 변형**

**Have You Ever Wondered ...**

## 왜 파마는 (일시적으로) 영구적인가?

당신의 머리카락이 자연적으로 직모 혹은 곱슬머리인 것은 당신의 모낭과 그 모낭이 만드는 머리카락 모양에 의해 결정된다. 직모의 모낭 단면은 둥글지만 곱슬머리의 모낭 단면은 상대적으로 평평하다. 하지만 유전자가 운명이 될 수 없다! 비록 당신의 모낭이 둥글더라도, 케라틴의 2차 구조를 화학적으로 바꿈으로써 곱슬머리를 만들 수 있다.

머리카락은 케라틴 단백질 가닥의 묶음이 모여 또 다시 묶음 형태로 구성되어 있다. 케라틴의 용수철 같은 나선형 2차 구조는 수소결합으로 만들어지며 극성의 물 분자에 의해 쉽게 그 구조가 무너진다. 만일 직모를 물에 적신 후, 롤러(curler)에 감고 물기를 제거하면 롤러에 의한 뒤틀림 때문에 케라틴 분자의 다른 곳에서 새로운 수소결합이 생성될 것이다. 하지만 비가 오면(혹은 습도가 높으면), 수소결합에 의한 이 곱슬머리는 사라지는데 이는 수분이 수소결합을 파괴하고 머리카락을 처음 직모 상태로 돌려놓기 때문이다.

파마머리는 어떻게 만들어지는가? 케라틴은 많은 시스테인 아미노산을 가지고 있고 파마를 통해 시스테인 사이의 강한 이황화 결합 자리가 변한다. 먼저, 인접한 케라틴 분자 사이에 있는 자연적인 이황화 결합을 끊을 수 있는 용액으로 머리카락을 적신다. 그런 다음, 롤러로 머리카락을 감은 후에 이황화 결합을 다시 만들 수 있는 용액을 머리카락에 뿌린다. 새로운 지점에 이황화 결합이 만들어지면서 이 강한 결합이 곱슬머리 형태를 장기간 유지시킨다. 머리카락이 새롭게 자라나기 전까지 유전적인 직모가 인공적인 곱슬머리로 바뀐다.

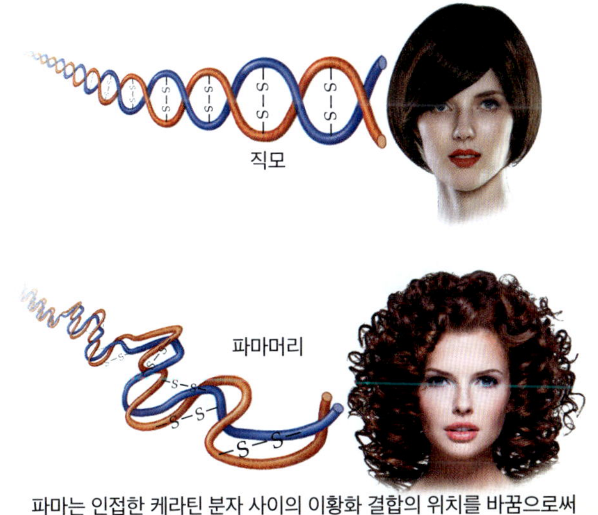


파마는 인접한 케라틴 분자 사이의 이황화 결합의 위치를 바꿈으로써 직모를 곱슬머리로 만든다.

**CHECK YOUR LEARNING**

- 단백질 구성단위를 말할 수 있는가? 단백질은 어떻게 합성되는가?
- 4단계의 단백질 구조를 설명할 수 있는가? 왜 단백질의 3차원 구조는 중요한가?
- 단백질의 몇 가지 기능을 열거하고 각각의 기능을 수행하는 단백질의 예를 들 수 있는가?
- 단백질이 변성될 때 어떤 일이 발생하는지 설명할 수 있는가?

## 3.5 뉴클레오타이드와 핵산이란 무엇인가?

**뉴클레오타이드(nucleotide)**를 구성하는 세 요소로 5탄당, 인산기, 질소를 함유하는 **염기(base)**가 있다. 5탄당의 종류로는 리보오스 혹은 데옥시리보오스 가운데 하나다(그림 3-7 참조). 염기는 탄소 및 질소 원자가 단일 고리(티민, 사이토신, 우라실과 같은 염기) 혹은 이중 고리(아데닌과 구아닌과 같은 염기) 내에서 서로 연결된 형태이다. 아데닌 염기를 가진 데옥시리보오스 뉴클레오타이드가 **그림 3-19**에 그려져 있다. 뉴클레오타이드는 에너지 운반 분자, 세포 내 전령 분자, 혹은 유전 정보를 내포한 핵산이라 불리는 긴 중합체(고분자)의 구성단위로 사용된다.

### 일부 뉴클레오타이드는 에너지 운반체로 작용한다

**아데노신 3인산(Adenosine triphosphate, ATP)**은 3개의 인산기와 아데닌 염기를 가진 리보오스 뉴클레오타이드이다(**그림 3-20**). ATP는 당 분자의 분해처럼 세포 내 에너지가 방출되는 반응을 통해 만들어진다. ATP는 인산기 사이의 결합 부위에 에너지를 저장하고 마지막 인산기가 떨어져 나갈 때 에너지가 방출된다. 이 에너지는 아미노산이 연결되어 단백질이 만들어지는 반응과 같이 에너지를 요구하는 반응에 이용된다.

그 밖의 뉴클레오타이드는 에너지를 고에너지 전자 형태로 전달하는 전자 운반자(*electron carrier*)로 알려져 있다. 이러한 뉴클레오타이드에 의해 운반되는 에너지와 전자는 세포 내에서 당이 분해될 때, ATP 합성에 사용된다(8장 참조).

### 유전물질인 DNA와 RNA는 핵산이다

뉴클레오타이드는 탈수축합 반응으로 긴 사슬 모양으로 서로 연결되어 **핵산(nucleic acid)**이라 불리는 중합체를 형성한다. 핵산에서 한 뉴클레오타이드의 인산기에 있는 산소 원자는 그 다음 뉴클레오타이드의 당과 공유결합으로 연결되어 있다. 데옥시리보오스 뉴클레오타이드의 중합체는 **데옥시리보핵산(deoxyribonucleic acid, DNA)**이라 부르는데, DNA는 수백만의 뉴클레오타이드들을 포함할 수 있다. DNA 분자는 두 개의 뉴클레오타이드 가닥이 서로 꼬이면서 이중나선 구조로 되어있고 이 두 가닥은 수소결합으로 연결되어 있다(**그림 3-21**). DNA는 모든 세포의 유전물질이다. 생물학적 문자로 써진 글과 같이 DNA의 뉴클레오타이드 서열은 각 생명체가 단백질을 만드는 데 필요한 유전 정보를 기록하고 있다. 단일 가닥의 리보오스 뉴클레오타

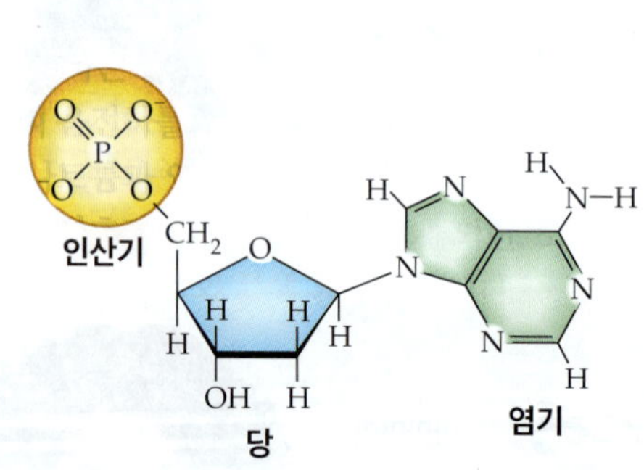


▲ 그림 3-19 데옥시리보오스 뉴클레오타이드 구조

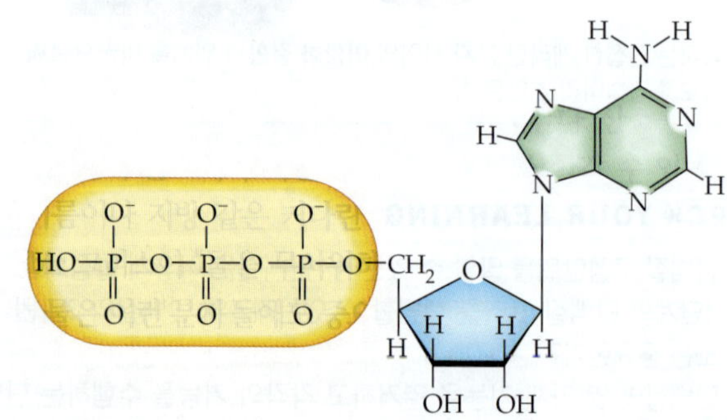

▲ 그림 3-20 에너지 전달 물질인 아데노신 3인산의 구조

▶ 그림 3-21 데옥시리보핵산 꼬인 사다리 형태과 같이, DNA의 이중나선 구조는 서로 소용돌이 모양의 뉴클레오타이드 사슬에 의해 형성되며 두 사슬의 뉴클레오타이드 염기 사이에 수소결합으로 연결된다. A는 아데닌, C는 사이토신, T는 티민, G는 구아닌 염기를 의미한다.

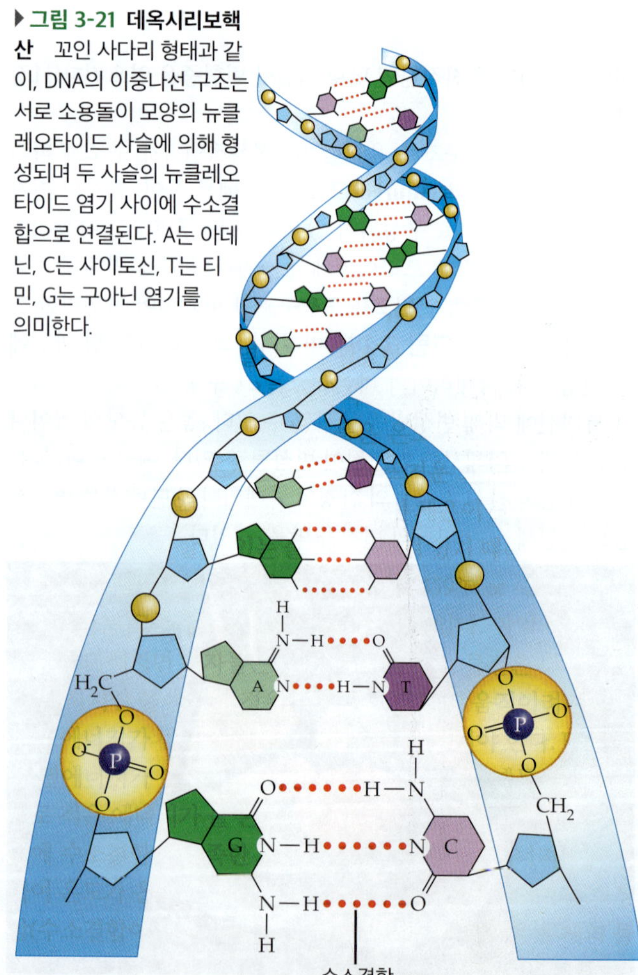

이드 중합체를 **리보핵산(ribonucleic acid, RNA)**이라 부르며, DNA 내 암호화된 정보가 전사된 RNA를 통하여 단백질이 합성된다(11장과 12장 참조).

### CHECK YOUR LEARNING

- 뉴클레오타이드의 일반적 구조를 말할 수 있는가?
- 뉴클레오타이드의 3가지 서로 다른 기능을 열거할 수 있는가?
- 어떻게 뉴클레오타이드가 합성되는지 설명할 수 있는가?
- 핵산의 2가지 예와 그것들의 기능을 말할 수 있는가?

CASE STUDY CONTINUED

### 난해한 단백질

질병을 유발하는 모든 미생물은 더 많은 세포를 만들기 위해 DNA를 설계도로 사용하며, 바이러스는 자신의 증식을 위해 DNA 혹은 RNA 가운데 한 종류를 설계도로 사용한다. 프리온을 발견하기 전에는 유전물질(DNA나 RNA)이 없는 감염원은 알려지지 않았다. 과학자들은 유전물질 없이 프리온 단백질이 스스로 증식할 수 있다는 가설에 매우 회의적이었으나, 반복된 연구 결과 프리온에서는 핵산이 전혀 발견되지 않았다.

유전물질이 없는 것 이외에도 프리온은 다른 모든 감염원들이 갖고 있는 다른 요소 또한 없다. 바로 주변을 둘러싸는 막(membrane)이다. 어떤 종류의 분자가 막 구성에 관여하고 있을까?

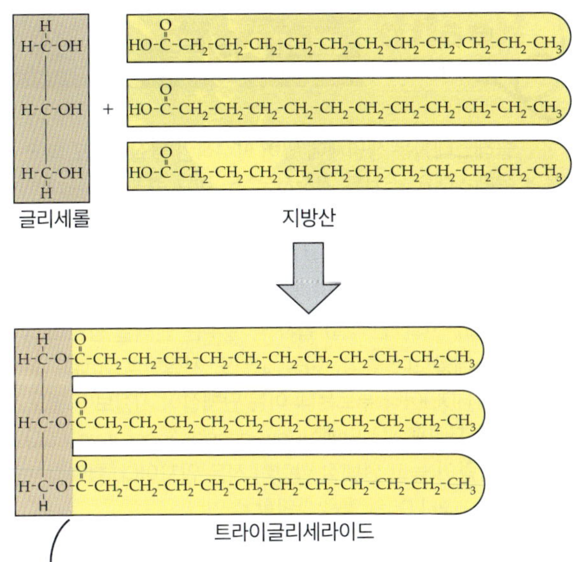


▲ **그림 3-22 트라이글리세라이드의 합성** 탈수축합에 의해 하나의 글리세롤에 3개의 지방산이 연결돼 1개의 트라이글리세라이드와 3개의 물 분자가 형성된다.

**비판적 사고** 어떤 종류의 반응이 이 분자를 분해할 수 있는가?

## 3.6 지질이란 무엇인가?

**지질(lipids)**은 거의 수소와 탄소만으로 구성되어 있으며, 다양한 형태의 비극성 탄소-탄소, 또는 탄소-수소결합을 가지는 분자이다. 이로 인하여 지질은 물에 녹지 않는, 소수성을 갖는다. 탄수화물, 단백질, 핵산과는 달리 지질은 단량체 구성단위가 서로 연결된 중합체로 이루어진 것이 아니다. 지질은 에너지 저장 물질, 식물의 방수 표면, 세포막의 주성분, 혹은 호르몬으로 사용된다. 이러한 지질은 주로 (1)기름, 지방 및 밀랍, (2)인지질, (3)스테로이드 등의 세 개 그룹으로 나뉜다.

### 기름, 지방 및 밀랍은 탄소, 수소, 산소만으로 이루어진 지질이다

기름, 지방 및 밀랍은 오직 탄소, 수소, 산소로만 구성되어 있다. 그리고 한 개 이상의 **지방산(fatty acid)**을 포함하고 있으며 이 지방산은 탄소와 수소로 이루어진 긴 사슬인데 한 쪽 끝에 한 개의 카복실산기(—COOH)가 붙어 있다.

**지방(fat)**과 **기름(oil)**은 세 개의 지방산 분자가 세 개의 탄소를 포함하는 글리세롤(glycerol) 한 분자와 탈수축합으로 만들어진다(**그림 3-22**). 이런 구조를 가진 지방과 기름을 트라이글리세라이드(triglyceride)라고 부른다. 지방과 기름은 주로 에너지 저장 물질로 쓰이는데, 탄수화물이나 단백질에 비하여 그램(g)당

(a) 동면하기 전에 지방을 저장한다

(b) 아보카도 과육에 기름이 풍부하다

◀ **그림 3-23 에너지 저장** (a)회색곰은 지방을 저장하며 이것은 동면을 준비할 때, 에너지를 공급하며 단열 효과를 나타낸다. 단일 곰이 탄수화물로 동일한 양의 에너지를 저장한다면 아마 걸을 수도 없을 것이다. **(b)**기름기 많은 아보카도 과육은 원래 씨앗을 삼켜서 그대로 배설할 수 있는(따라서 씨앗을 퍼트리는) 거대한 포유동물(대략 10,000년 전에 멸종한 땅나무늘보와 같은)을 유인하기 위해 진화했을 가능성이 높다.

## 콜레스테롤, 트랜스지방, 그리고 심장

콜레스테롤은 생명체에 있어 필수적인 물질인데도 왜 의사는 환자의 콜레스테롤 수치를 걱정하는 것일까? 콜레스테롤에 위험한 무언가가 있다는 것인가?

콜레스테롤 분자는 물에 녹지 않지만, 친수성 인지질과 단백질로 둘러싸인 미세 입자 형태로 혈관을 통해 이동한다. 이러한 지질단백질(lipoprotein, 지질+단백질) 입자 중 일부는 단백질 함량이 상대적으로 콜레스테롤보다 높다: 이를 고밀도 지질단백질(high-density lipoprotein. HDL)이라 부르는데 이는 단백질이 지질보다 밀도가 크기 때문이다. 저밀도 지질단백질(*low-density lipoprotein, LDL*)은 콜레스테롤 함량이 높고 단백질 함량이 적은 입자이다. 혈액검사를 통해 체내의 HDL과 LDL의 양을 확인할 수 있다.

HDL, LDL의 수치를 아는 것이 왜 중요한가? HDL 수준이 높으면 심장병과 뇌졸중 위험이 낮지만, 높은 LDL 수준은 심혈관질환 위험 요인이 되기 때문이다. LDL은 콜레스테롤을 동맥 혈관 벽에 축적시키며 이는 지방 축적 형태인 플라크(plaque) 생성으로 이어진다(**그림 E3-1**). 이후 플라크 주변에 혈액 응고가 생길 수 있다. 이 응고물이 떨어져 나와 심장 혹은 뇌에 혈액을 공급하는 동맥을 막으면 심장마비 혹은 뇌졸중을 일으킬 수 있다. 유해한 LDL과 달리, HDL 입자는 동맥 혈관 벽에 축적된 플라크로부터 콜레스테롤을 흡수하고 이를 간으로 운송한다. 간에서 콜레스테롤은 담즙으로 전환되며 이 담즙은 소장으로 분비되어 지방 소화를 돕는다.

달걀노른자, 소시지, 베이컨, 전지우유, 버터와 같은 음식에 포함된 콜레스테롤은 체내 콜레스테롤의 15-20%를 차지한다. 대부분의 콜레스테롤은 체내에서 합성되지만 그 생성량은 음식에 의해 영향을 받을 수 있다. 유제품이나 붉은 육류에 들어있는 포화지방은 간을 자극해 LDL 콜레스테롤을 대량으로 만들어낸다. 하지만 불포화지방이 풍부한 음식(생선, 견과류 및 식물성 기름에 있는)은 콜레스테롤 수치를 낮추고 심장병 위험이 줄어드는 것과 연관성이 있다. 생활 습관도 중요한데, 운동은 HDL 콜레스테롤 수준을 높이이지만 비만과 흡연은 LDL 콜레스테롤 수준을 높인다.

가장 나쁜 지방인 **트랜스지방(trans fat)**은 인위적으로 기름에 수소 원자를 첨가함으로써 꺾임 구조를 갖는 지방산 꼬리를 직선형으로 바꾸어 기름을 상온에서 고체 상태로 만든 것이다. 트랜스지방(경화유라고도 불린다)은 매우 안정하기 때문에 마가린, 쿠키, 크래커, 튀긴 음식의 유통기한을 늘리고 풍미를 유지시킨다. 트랜스지방은 HDL을 감소시키는 동시에 LDL 수치를 증가시켜, 이를 섭취한 사람은 심장 질환 위험도가 높아진다. 다행히 FDA는 최근에 '일반적으로 안전하다고 인식되는 식품(generally recognized as safe, GRAS)'이 아니라고 선언하였으며, 2018년 현재 제조사와 소매업자는 트랜스지방이 포함된 식품을 더 이상 판매할 수 없다.

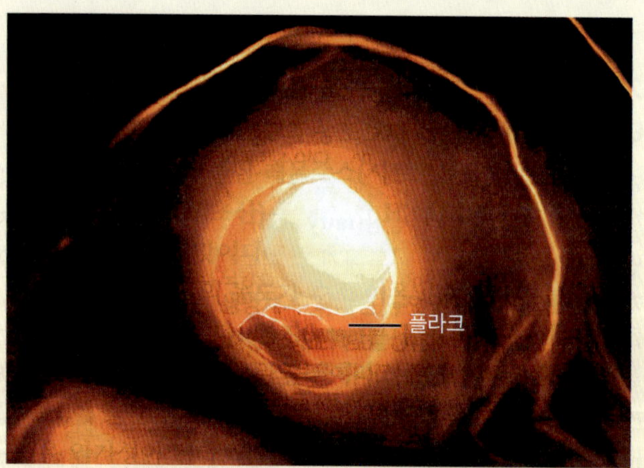


▲ **그림 E3-1 플라크** 플라크 퇴적물(잔물결 구조)이 경동맥을 부분적으로 막는다.

**비판적 사고** 55세의 비만 여성이 운동 중 경미한 가슴 통증에 관해 담당 의사와 상의하고 있다. 의사의 예비 진단에 관해 설명하고, 문진 리스트를 만들어라. 또한, 의사가 검사해야 할 테스트 항목과 환자에 대한 조언을 기술해 보라.

두 배 이상의 에너지를 저장한다. 지방(버터나 라드 같은)은 주로 동물의 몸에서 만들어지는 반면, 기름(옥수수, 카놀라, 콩, 아보카도에 있음)은 주로 식물에 의해 생산된다(**그림 3-23**).

상온에서 지방이 고체인 반면 기름이 액체로 존재하는 것은 지방산의 구조적 차이로 인한 것이다. 실제로, 지방의 지방산을 구성하는 탄소들은 모두 단일결합으로 연결되어 있고, 결합할 수 있는 최대 개수의 수소를 포함하고 있어 이 지방산은 **포화되었다(saturated)**고 말한다. 포화 지방산의 사슬이 직선형이고 지방 분자들이 서로 가깝게 모여 있기 때문에 상온에서 고체 상태로 존재한다(**그림 3-24a**). 그러나 기름의 경우, 지방산의 탄소

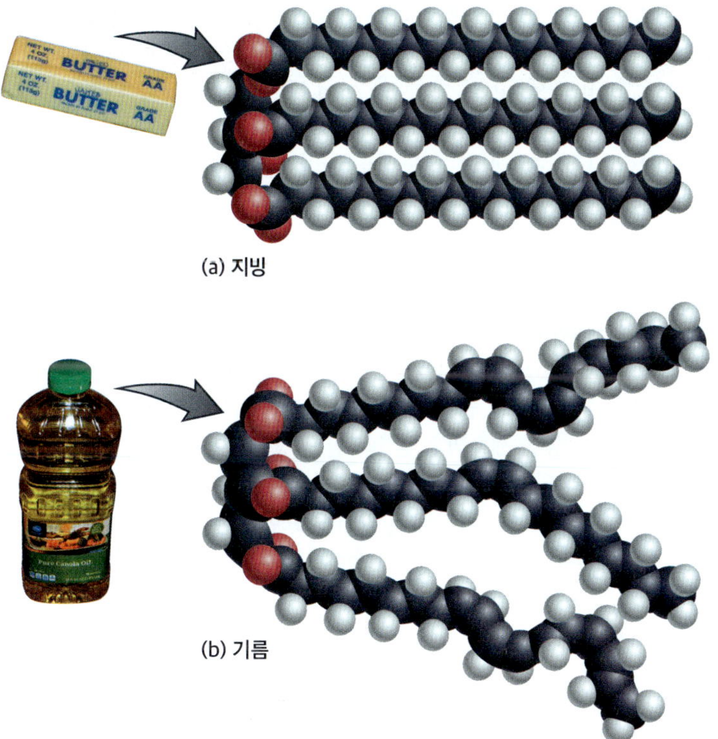


▲ **그림 3-24 지방과 기름** (a) 지방은 지방산 꼬리에 직쇄 형태의 탄소 원자들을 가진다. (b) 기름의 지방산 꼬리는 사슬 내 일부 탄소 원자들 사이에 이중결합을 가지고 있어 꺾임이 나타난다. 기름은 이러한 꺾인 형태의 꼬리가 분자들 사이의 거리를 떨어뜨리기 때문에 상온에서 액체 상태로 존재한다.

일부가 이중결합으로 연결되어 있으며 이 부위에서 꺾임(kink)이 생겨 기름 분자들로 하여금 서로 가까이 모이지 못하도록 한다(**그림 3-24b**). 기름의 지방산은 이중결합으로 인해 최대로 가능한 수소보다 적은 수의 수소를 포함하고 있어 **불포화되었다(unsaturated)**고 말한다. **수소화(hydrogenation)**의 상업적 공정-이중결합을 끊고 탄소에 수소를 첨가하는 과정-을 통해 액체 상태 기름을 고체 상태로 전환시킬 수 있지만, 이는 건강에 악영향을 미칠 수 있다(Health Watch: "콜레스테롤, 트랜스지방, 그리고 심장" 참조).

▲ **그림 3-25 밀랍** 밀랍은 고도로 포화된 지질이며 상온에서 고체 상태이다. 꿀벌은 밀랍으로 육각형의 벌집을 만든다.

**밀랍(wax)**은 화학적으로 지방과 유사하지만 사람을 비롯한 대부분 동물은 이를 분해하는 효소를 갖고 있지 않다. 밀랍은 고도로 포화되어 있어 실외 온도에서 고체 상태로 존재한다. 밀랍은 육상식물의 잎과 줄기 표면의 방수층으로 사용되고 깃털 표면에 분비된 밀랍을 통해 새들은 물을 털어낼 수 있다. 꿀벌은 밀랍을 이용하여 정교한 벌집을 만들고 여기에 꿀을 저장하며 알을 낳는다(**그림 3-25**).

## 인지질은 수용성 "머리"와 비수용성 "꼬리"로 구성되어 있다

모든 세포는 몇 가지 유형의 **인지질(phospholipid)**을 포함하는 원형질막으로 둘러싸여 있다. 인지질은 기름과 비슷하지만, 세 개의 지방산 가운데 하나가 인산기로 치환되어 있다. 그 인산기

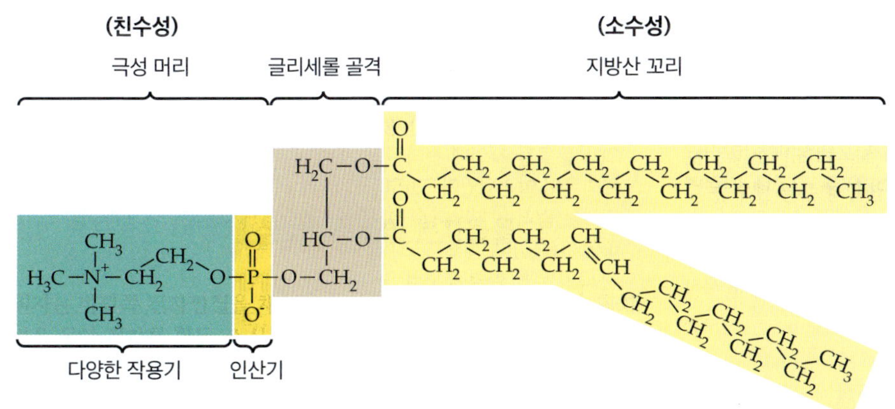


◀ **그림 3-26 인지질** 인지질은 3개의 탄소골격을 가진 글리세롤에 2개의 소수성 지방산 꼬리가 연결된 형태이다. 글리세롤의 3번째 탄소는 인산기와 여기에 연결된 다양한 작용기(보통 질소를 포함)로 구성된 극성의 머리(좌측)가 위치한다. 인산기는 음전하를 띠며 질소를 함유한 작용기는 양전하를 가지고 있어 머리 부분은 친수성을 나타낸다.

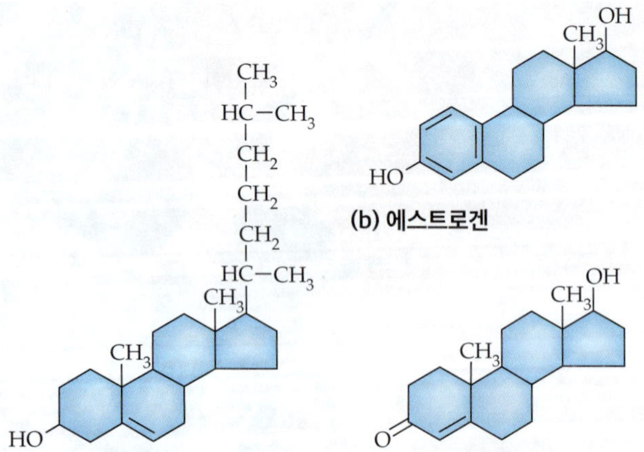

(a) 콜레스테롤

(b) 에스트로겐

(c) 테스토스테론

▲ 그림 3-27 스테로이드 모든 스테로이드는 4개의 서로 붙은 탄소 고리를 포함하는 비극성 분자 구조를 가진다. 스테로이드의 기능적 차이는 이러한 고리에 붙은 작용기의 차이에서 기인한다. (a) 콜레스테롤의 구조이며 다른 스테로이드들이 콜레스테롤로부터 합성된다. (b) 여성호르몬의 일종인 에스트로겐(에스트라디올) (c) 남성호르몬의 일종인 테스토스테론 성 호르몬 사이의 구조적 유사성에 주목하라.

**비판적 사고** 왜 스테로이드 호르몬은 세포의 막들을 투과하여 그 영향을 나타낼 수 있는가?

에는 일반적으로 질소를 함유하는 극성 작용기가 붙어 있다(**그림 3-26**). 인지질의 양쪽 말단 성질은 완전히 다르다. 한쪽 말단은 두 개의 비극성 지방산인 "꼬리"이며 물에 녹지 않는다. 다른 말단은 인산기-질소가 있는 "머리"로써, 극성이고 물에 녹는다. 인지질의 극성 머리와 비극성 꼬리 사이의 이러한 차이는 세포막의 구조와 기능에 결정적이다(5장 참조).

## 스테로이드는 4개의 탄소 고리를 가지고 있다

**스테로이드(steroid)**는 4개의 탄소 고리로 구성되어 있다. **그림 3-27**에서 보듯이, 이 고리들은 한 개 이상의 측면을 공유하고 있고 여러 작용기들이 돌출되어 있다. 스테로이드의 한 종류인 콜레스테롤은 동물 세포막의 필수적인 구성성분이다. 콜레스테롤은 인간 두뇌의 약 2%를 차지하며, 지질이 풍부한 막이 뇌 신경세포의 절연 효과를 나타냄에 있어 중요한 성분이다. 콜레스테롤은 또한 다른 스테로이드의 합성에 사용하는데 여성 성호르몬인 에스트로겐과 남성 성호르몬인 테스토스테론을 그 예로 들 수 있다. 그러나 "Health Watch: 콜레스테롤, 트랜스지방, 그리고 심장"에서 언급한 바와 같이 해로운 형태의 콜레스테롤이 많아지면 심혈관 질환을 겪을 수 있다.

### CHECK YOUR LEARNING

- 지방과 기름의 구조와 합성을 비교하고 차이를 설명할 수 있는가?
- 지방, 기름, 밀랍의 기능을 말할 수 있는가?
- 왜 콜레스테롤이 체내에서 중요한지 2가지 예를 들 수 있는가?

CASE STUDY REVISITED

## 난해한 단백질

Stanley Prusiner와 그의 동료들은 세포막에 존재하는 정상적인 PrPc 단백질의 잘못 접혀진 형태를 지칭하기 위해 "프리온"이라는 용어를 만들었다. 그럼 프리온이 어떻게 자신을 복제할 수 있는가? 프리온은 나선형의 정상 PrPc 단백질과 상호작용하여 감염성 형태의 병풍 구조로 강제로 변형시킨다. 새롭게 프리온으로 변한 단백질은 계속하여 다른 정상 PrPc 단백질을 변형시킴으로써 이 연쇄반응은 계속 확대된다. Charlene Singh의 경우와 같이 이 연쇄반응은 천천히 일어나기 때문에, 첫 감염 이후 질병 증상이 나타나기까지 10년 이상이 소요될 수 있다. 다행히 vCJD와 BSE는 전 세계적으로 거의 박멸돼 가고 있다. 하지만 PrPc 유전자에서 드물게 변이가 발생하여, 프리온에 노출되지 않은 소가 BSE에 걸릴 수 있다는 증거가 있다.

프리온이 vCJD의 병원체로 알려지면서 정상 프리온의 역할에 대한 관심이 높아지고 있다. 프리온은 체내 여러 세포의 막에서 발견되며 상대적으로 뇌에서 더 많이 발견된다. 예비 연구 결과에 따르면 PrPc 단백질은 다양한 기능을 가지고 있는데, 산화적 스트레스(oxidative stress)로부터 세포를 보호하고 뉴런의 성장에 기여할 뿐 아니라 동물의 학습과정에서 나타나는 뉴런 사이의 새로운 연결을 유지하는 데 도움을 준다.

Prusiner 박사는 프리온 연구로 1997년에 노벨상을 수상했을 때, 어떻게 프리온이 vCJD을 유발하는가에 대한 계속된 연구가 다른 퇴행성신경질환에 대한 이해로 이어질 수 있다고 예측하였다. 과학자들은 이제 알츠하이머병, 파킨슨병, 근위축성 측색경화증(amyotrophic lateral sclerosis, ALS) 혹은 루게릭병과 같은 질병이 잘못 접혀진 단백질이 신경계로 전파 및 축적되어 발생한다는 가설을 탐구하고 있다.

**생각해보기** 적어도 미국의 20개 주에 서식하는 사슴과 엘크(elk)에게서 만성 소모성 질환(chronic wasting disease, CWD)이라 불리는 장애가 발생한다. 스크래피와 BSE와 같이 CWD도 프리온에 의해 발생하는 치명적인 뇌 질환이다. 이 병은 침, 오줌, 배설물 등의 접촉에 의해 동물들 사이에 전파된다. 또한, CWD에 걸린 사슴의 근육에서 프리온이 발견되었다. 그러나 CWD가 사람이나 가축에게 전파될 수 있다는 증거는 없다. 당신이 만일 CWD가 발병한 지역 내 사냥꾼이라면, 사슴이나 엘크의 고기를 먹겠는가? 먹을 것인지 안 먹을 것인지 그 이유를 설명해 보라.

# CHAPTER REVIEW

*비판적 사고와 생각해보기, 선택형문제, 빈칸채우기 질문에 대한 답은 이 책의 뒷부분에 있는 정답란에서 볼 수 있다.*

## 핵심개념의 요약

### 3.1 탄소는 왜 생물학적 분자에서 중요한가?

유기분자는 탄소 골격을 가지고 있다. 탄소는 최대 4개의 다른 원자와 결합할 수 있어 매우 다양한 유기분자가 존재한다. 이러한 유기분자는 분지된 사슬, 나선, 병풍 및 고리 구조와 같은 복잡한 모양을 가질 수 있다. 또한 작용기가 붙음에 따라 생물학적 분자의 다양성은 더욱 커진다(표 3-1 참조).

### 3.2 거대한 생물학적 분자들은 어떻게 합성될까?

대부분의 거대한 생물학적 분자는 그 구성단위인 단량체들이 탈수축합 반응으로 연결되어 만들어진 중합체이다. 가수분해 반응은 이중합체를 분해시킬 수 있다. 가장 중요한 유기분자들은 4개의 범주로 나뉘진다: 탄수화물, 단백질, 그리고 뉴클레오타이드/핵산, 지질(표 3-2 참조).

### 3.3 탄수화물이란 무엇인가?

탄수화물에는 당, 녹말, 키틴, 그리고 셀룰로오스가 있다. 단당류와 이당류를 포함하는 당은 임시적인 에너지 저장과 다른 분자의 합성에 사용된다. 녹말과 글리코겐은 각각 식물과 동물에서 더 장기적인 에너지 저장으로 사용되는 다당류이다. 셀룰로오스는 식물의 세포벽을 만들고, 키틴은 많은 무척추동물의 외골격이나 진균류의 세포벽을 강화하는 역할을 한다.

### 3.4 단백질이란 무엇인가?

단백질은 한 개 이상의 아미노산 사슬, 즉 폴리펩타이드이며 4단계의 구조를 가질 수 있다. 1차 구조는 아미노산 서열이고 2차 구조는 나선 혹은 병풍 형태이다. 2차 구조가 더욱 접혀져서 3차 구조가 만들어진다. 2개 이상의 폴리펩타이드가 연결되어 4차 구조가 된다. 일부 단백질 혹은 단백질의 특정 부분은 안정된 2차 혹은 3차 구조를 갖지 않고 무질서하다. 단백질의 기능은 그 구조는 물론 아미노산들의 주변과 상호작용 형태, 그리고 아미노산 사이의 상호작용에 의해 결정된다. 여러 단백질의 기능과 예를 표 3-3에서 확인할 수 있다.

### 3.5 뉴클레오타이드와 핵산이란 무엇인가?

뉴클레오타이드는 인산기, 5탄당(리보오스 혹은 데옥시리보오스), 그리고 질소를 함유하는 염기로 구성되어 있다. 단일 뉴클레오타이드로 만들어진 분자에는 에너지 운반자인 ATP와 전령 분자(cAMP)가 있다. 핵산은 뉴클레오타이드의 사슬이다. DNA는 유전적 설계도를 가지고 있고, RNA는 DNA로부터 만들어지며 단백질 합성을 이끌어낸다.

### 3.6 지질이란 무엇인가?

지질은 비극성이며 불수용성 분자이다. 기름, 지방, 밀랍, 인지질 모두 지방산을 가지고 있는데 이 지방산은 탄소와 수소 원자로 이루어진 사슬이며 말단에 카복실산기가 있다. 스테로이드에는 탄소 원자로 만들어진 4개의 고리가 서로 연결되어 있고 일부 탄소에 작용기가 붙어 있다. 지질은 에너지 저장(기름과 지방), 동식물의 방수 표피(밀랍), 세포막들의 주성분(인지질과 콜레스테롤), 그리고 호르몬(스테로이드)으로 사용된다.

## 개념을 통한 이해

### 선택형 문제

**1.** 극성 분자는
 a. 지질에 녹는다.
 b. 소수성을 갖는다.
 c. 공유결합을 형성한다.
 d. 이온결합을 형성한다.

**2.** 서로 짝이 맞는 것은?
 a. 단당류-설탕
 b. 다당류-엿당
 c. 이당류-젖당
 d. 이당류-글리코겐

**3.** 다음 설명에서 틀린 것은?
 a. 녹말이 분해될 때 물이 형성된다.
 b. 키틴은 셀룰로오스와 마찬가지로 포도당으로 연결되어 있다.
 c. 펩타이드 결합은 단백질의 1차 구조를 결정한다.
 d. 이황화 결합은 공유결합으로 만들어진다.

**4.** 다음 중 반복되는 구성단위로 구성된 것이 아닌 것은?
 a. 녹말
 b. 단백질
 c. 핵산
 d. 지질

**5.** 다음 설명에서 틀린 것은?
 a. 탄수화물은 질량에 대한 에너지 저장 측면에서 가장 효율이 높은 분자이다.
 b. 구조가 무질서한 단백질은 주로 친수성 아미노산을 가지고 있다.
 c. 핵산은 에너지 운반 분자로 사용될 수 있다.
 d. 강산 혹은 고농도의 염 용액은 단백질을 변성시킬 수 있다.

### 빈칸 채우기

**1.** 구성단위가 사슬 형태로 연결된 유기분자에서 각 구성단위를 ______(이)라 부르며, 이 사슬을 ______(이)라 부른다. 당 분자가 긴 사슬로 이어진 탄수화물을 ______(이)라 부른다. 이 사슬을 반응으로 분해시킬 수 있다. 포도당이 긴 사슬로 연결된

탄수화물의 3가지 종류에는 __________, __________, 그리고 이 __________(가) 있다.

2. 다음 빈 칸에 가장 많이 관련된 결합 명칭을 써라: 많은 단백질의 나선 구조를 유지한다: __________; 폴리펩타이드 사슬을 연결하고 단백질을 굽힌다: __________와; DNA 이중나선의 두 가닥을 연결한다: __________; 아미노산들을 연결하여 단백질의 1차 구조를 만든다: __________. 기름의 지방산에 있는 탄소의 사슬에 있어 꺾임을 유발한다: __________

3. 단백질은 __________(이)라 불리는 반응을 통하여 만들어지며 이 반응에서 __________을(를) 방출한다. 단백질의 구성단위는 __________이다. 단백질에 있어 그 구성단위의 서열을 단백질의 __________ 구조라 부른다. 전형적인 단백질의 2차 구조에는 __________와(과) __________이(가) 있다. 단백질의 2차 이상의 구조가 파괴되었을 때 이 단백질은 __________되었다고 말한다.

4. 뉴클레오타이드는 __________, __________, 그리고 __________(으)로 구성되어 있다. 에너지 운반자의 기능을 하는 뉴클레오타이드는 __________(이)다. 데옥시리보오스 뉴클레오타이드의 4가지 염기에는 __________, __________와(과) __________(이)다. 두 가지 중요한 핵산에는 __________와(과) __________(이)가 있다. 핵산에서 뉴클레오타이드들을 연결시키는 작용기는 __________이다.

5. 다음 빈 칸에 들어갈 알맞은 형태의 지질을 써라: 불포화상태이며 상온에서 액체인 지질: __________; 꿀벌이 벌집 재료로 사용한다: __________; 동물에서 에너지 저장 물질로 사용된다: __________; 성호르몬은 이것으로부터 합성된다: __________; 이것의 LDL 형태가 심장 질환을 일으킬 수 있다: __________; 머리 부분이 극성이며 여러 세포 막들의 주성분이다: __________.

## 복습문제

1. "유기"라는 용어는 화학자에게 무엇을 의미할까?
2. 생물학적 분자에 있어 4가지 범주를 열거하고 각 범주에 대한 한 개의 예를 제시하라.
3. 생물에 있어 뉴클레오타이드의 역할은 무엇인가?
4. 지방과 기름은 얼마나 비슷한가? 어떤 차이로 인해 지방과 기름이 상온에서 고체 혹은 액체로 존재하는지에 대해 설명하라.
5. 탈수축합과 가수분해 반응을 비교하여 기술하라. 각 화학반응에 의해 만들어지는 물질을 예로 들고, 예로 든 물질에서 각 반응을 기술하라.
6. 아미노산으로 만들어지는 단백질의 합성 과정을 기술하라. 그리고 단백질의 1차 , 2차, 3차, 그리고 4차 구조를 기술하라.
7. 자연에서 어디서 셀룰로오스를 찾을 수 있는가? 또한 키틴은 어디서 찾을 수 있는가? 어떤 점에서 이 두 중합체가 비슷하며 혹은 다른가?

## 개념의 적용

1. 인지질의 구조에 기초하여 물에서 인지질이 어떤 형태로 자기들끼리 모이는지 그려보고 설명해 보라.
2. 지방과 탄수화물이 각각 물과 상호작용하는 방식을 비교하라. 이러한 상호작용이 왜 지방으로 하여금 단위 질량당 더 많은 에너지를 저장할 수 있도록 하는지 설명하라.
3. 만약 다른 우주에서 사람들이 셀룰로오스를 분해시킬 수 있다면 이는 사람들의 삶에 어떤 영향을 미칠까?

# 4 세포 구조와 기능

이식할 준비가 된 인공적인 방광

CASE STUDY

## 인체의 새로운 구조들

Luke Massella가 10실일 때, 그는 메우 심각한 건강 위기에 직면하였다. 선천적 결함으로부터의 합병증은 Luke가 제 기능을 하지 못하는 방광을 가지게 하였고, 그의 기능장애 방광은 그의 신장에 손상을 입히고 있었다.

어떤 종류의 개입 없이는 Luke의 신장은 나빠질 것이고, 잠정적으로 치명적인 결과를 가질 것 이다. Luke의 건강이 급격하게 나빠짐에 따라, 그는 그의 방광을 새것으로 교체하는 실험적인 수술을 받게 된다. 하지만, 시체로부터 받은 새로운 방광은 자연적인 기관이 아니었다. 대신에, Luke를 위해 생물공학에 의해 만들어진 새로운 방광은 실험실에서 자랐다.

Luke의 생물공학적 방광은 그의 자가 세포로부터 만들어졌다. Dr. Anthony Atala에 의해 이끌어지는 팀은 Luke의 요로에서 아주 작은 조직 조각을 채취하였다. 과학자들은 세포가 증식하도록 하였고 그리고 나서 그 결과로 초래된 세포가 생분해성이며 주로 콜라겐 단백질로 만들어진 방광 모양의 틀에 퍼지도록 유도하였다.

바깥쪽에 근육세포의 얇은 막이 있고, 안쪽에 상피세포의 얇은 막을 가진 그 틀은 온도 제어가 되는 "생물반응장치(bioreactor)" 안에서 영양 액체 배지에 넣어졌고, 생물반응장치는 더 나아가 세포 증식은 궁극적으로 완벽한 방광을 이루도록 해준다.

인공적인 방광이 준비가 되었을 때, 외과의사들은 그것을 Luke의 손상된 기관과 교체하였다. 그의 선구적인 수술 후 몇 년 동안, Luke는 계속해서 그의 고등학교 레슬링 팀 주장을 하였고, 대학을 졸업하고, 그리고 그의 직업을 시작하였다.

그동안에 전 세계의 수많은 다른 실험실의 과학자들과 함께 Dr. Atala와 그의 팀은 조직과 기관이 수리 또는 교체가 필요한 사람들을 돕기 위해 생물공학적 조직과 기관을 생산하는 목표를 향해 더 발전하였다. 생물공학적 인간 기관은 생명의 근본적인 단위인 세포들을 조작하는 확장된 능력을 보여준다. 어떤 구조들이 세포를 이루는가?

인간 또는 동물세포와 관련된 어떤 새로운 생물공학적 기술이 개발 및 테스트 되고 있는가?

## 주요내용



## 4.1 세포설이란 무엇인가?

1600년대에 세포의 발견은 세포의 중요성을 이해하는 첫 단계였다.

1838년에 독일의 식물학자 Mattias Schleiden은 세포와 세포로부터 만들어진 물질이 식물의 기본 구조를 이루고, 식물의 성장은 새로운 세포들이 추가되어 이루어진다는 결론을 내렸다. 1839년에 독일의 생물학자 Theodor Schwann(Schleiden의 친구이자 공동연구자)은 동물세포에 대해서도 비슷한 결론을 도출했다. 슐라이덴과 슈반의 업적은 생명의 기본 단위인 세포에 대한 통일된 이론을 발표한 것이다. 1855년에 독일의 내과의사인 Rudolf Virchow가 모든 세포는 이전에 존재하던 세포로부터 만들어진다는 결론을 내림으로써 **세포설(cell theory)**-생물학의 기본 개념-이 완성되었다.

세포설은 다음과 같은 3가지 원리로 이루어진다.

1. 모든 생명체는 하나 또는 그 이상의 세포들로 이루어진다.
2. 가장 작은 생명체는 단세포이며, 세포는 다세포 생명체의 기능적인 단위이다.
3. 모든 세포는 그 이전에 존재했던 세포로부터 만들어진다.

**CHECK YOUR LEARNING**

- 세포설의 역사적 발달을 추적할 수 있는가?
- 세포설의 세 가지 원리를 열거할 수 있는가?

## 4.2 과학자들은 어떻게 세포를 시각화하는가?

세포가 생명의 기초를 형성하지만, 세포는 너무 작아서 사람들은 그것이 실제로 보여지기 전 까지 세포의 존재를 깨닫지 못했다. 1665년에 영국의 과학자이자 발명가인 Robert Hooke는 그의

(a) 로버트 후크의 현미경과 그가 그린 코르크 세포



(b) 루벤훅의 광학현미경

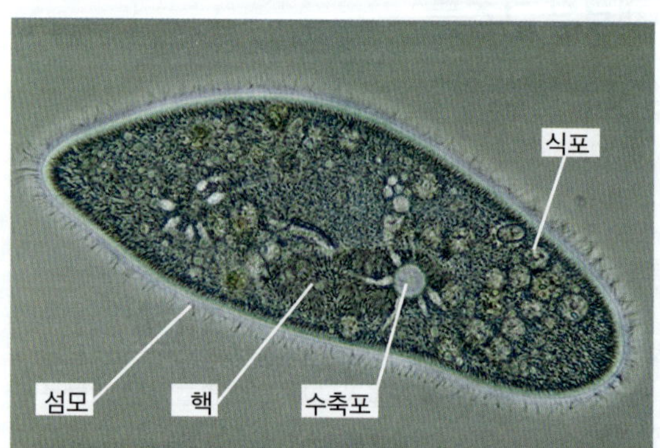


(c) 현대 광학현미경 사진(짚신벌레)

▲ **그림 4-1 광학현미경의 어제와 오늘** **(a)** 로버트 후크가 코르크 세포벽을 관찰한 그의 현미경 **(b)** 루벤훅과 동시대 사람인 후크는 우수한 이미지를 제공하는 현미경을 만들었다. **(c)** 현대 광학현미경은 보이는 광학현미경 사진처럼 살아있는 짚신벌레 단세포의 세포안의 구조까지 볼 수 있다.

원시적인 광학현미경으로 "엄청난 얇은 코르크 조각"을 겨냥하였고 "많은 작은 상자들"을 보았으며 그는 훌륭한 기술로 그림을 그렸다(**그림 4-1a**). Hooke는 그 상자들을 "세포"라고 불렀다. 왜냐하면 그것들은 수도원에 있는 수도사들이 사용하는 작은 방(소위 세포)과 유사하다고 생각했기 때문이다. 코르크는 코르크 나무의 마른 바깥 껍질이고 현재 우리는 후크가 관찰한 것은 모든 식물세포를 둘러싸고 있는 죽어있는 세포벽이라는 것을 안다. 후크는 살아있는 코르크나무와 다른 식물들에서 "세포들은 즙으로 가득 차 있다"라고 기술하였다.

## 광학현미경은 살아있는 세포를 관찰 할 수 있다

1670년대에 네덜란드의 현미경학자인 Anton van Leeuwenhoek은 자신의 간단한 현미경을 만들었고(**그림 4-1b**) 이전에는 알려지지 않은 살아있는 세계를 관찰하였다. 하지만 Hooke는 van Leeuwenhoek의 현미경이 Hooke의 현미경보다 원시적인 외관, 선명한 이미지와 높은 확대율을 제공하는 우수한 렌즈 때문에 "눈에 거칠다"라고 묘사했다.

van Leeuwenhoek의 빗물, 연못물 및 우물물에 있는 무수한 "미세한 동물들"(대부분이 단세포 생물)의 묘사는 놀라움을 안겨줬다. 몇 년 후, 그는 혈구세포, 정자세포, 그리고 진딧물 및 벼룩의 알을 포함한 다양한 크기의 미세한 시료들을 관찰하였다.

van Leeuwenhoek의 치아에서 긁어낸 플라크를 관찰함으로써, van Leeuwenhoek는 세포 덩어리를 관찰하였고 우리는 지금 그것을 박테리아로 알고 있다. 입속의 이러한 미세한 미생물로 불안해진 van Leeuwenhoek는 그것들을 식초와 뜨거운 커피로 죽이려고 노력했지만 거의 성공하지 못했다.

초기 현미경학자의 선구적인 노력으로 인해 생물학자, 물리학자 및 기술자들은 세포 및 구성요소들을 볼 수 있는 다양한 진보된 현미경을 개발하기 위해 협력하였다.

광학현미경은 시료를 관통하거나 표면에 반사된 빛을 꺾고 초점을 맞추고 통과시키기 위해 유리나 석영으로 만든 렌즈를 사용한다. 광학현미경의 해상력(최상의 조건에서 구분할 수 있는 가장 작은 구조)은 일반적으로 약 200나노미터이다 (그림 4-3 참조).

광학현미경은 대부분의 원핵세포, 진핵세포 안의 몇몇 구조 그리고 유영하는 짚신벌레와 같이 살아있는 세포를 관찰하는데 유용하다(**그림 4-1c**). 최근에 연구자들은 레이저와 형광분자를 이용하여 살아있는 세포 안의 매우 작은 구조들을 분석할 수 있는 이미지를 제공하는 "높은 해상도"의 다양한 광학현미경을 개발했다.

## 전자현미경은 높은 해상도를 제공한다

빛을 사용하여 렌즈에 의해 초점을 맞추는 것 대신에, 전자현미경은(**그림 4-2**) 전자빔을 사용하여 자기장에 의해 초점을 맞춘다. 투과전자현미경은 얇은 시료에 전자가 통과하기 때문에 세포의 내부구조를 상세히 관찰할 수 있다. 현재 몇몇의 투과전자현미경은 0.05 나노미터만큼의 작은 구조도 관찰할 수 있으며, 또한 과학자들이 DNA같은 분자나 심지어 개별적인 탄소 원자까지도 관찰할 수 있게 해준다. 주사전자현미경은 건조하고 단

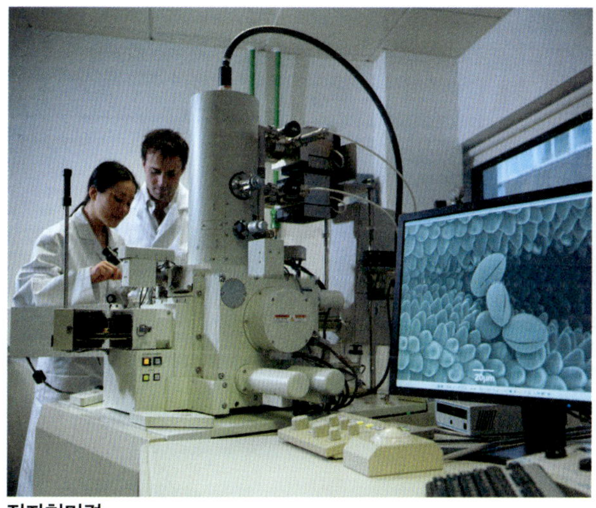

전자현미경

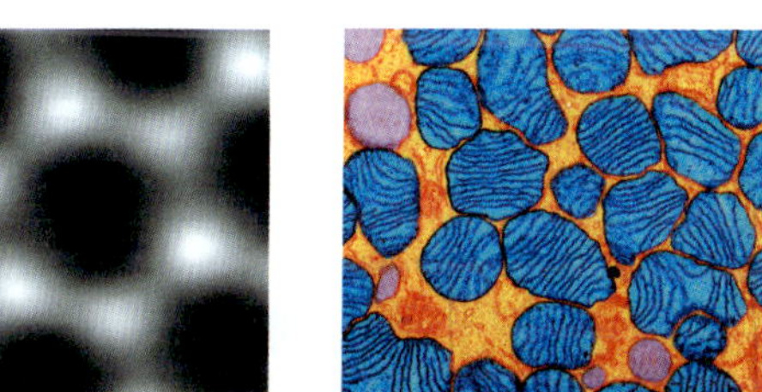

탄소 원자의 TEM

미토콘드리아의 TEM

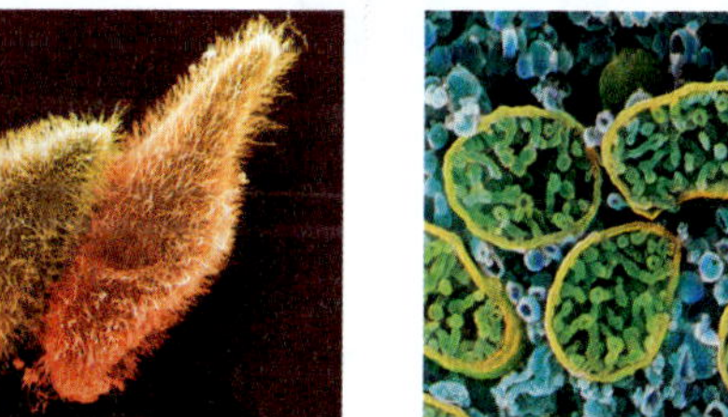

두 짚신벌레의 SEM

미토콘드리아의 SEM

▲ **그림 4-2 전자현미경 관찰** 오늘날의 많은 전자현미경은 투과전자현미경 사진(TEMs)과 주사전자현미경 사진(SEMs)을 제공한다. 꽃가루 알갱이의 SEM 이미지는 전자현미경의 스크린에서 볼 수 있다. 전자현미경 사진에서(SEMs 또는 TEMs) 모든 색깔은 인위적으로 추가되었다.

**비판적 사고** 그림 4-1의 현미경사진을 그림 4-2의 사진과 비교하라. 이 사진들에 근거하여 현미경상의 구조를 시각화하는데 있어 각 현미경사진(형광, TEM 그리고 SEM)의 이점은 무엇인가?

단한 시료나 금과 같은 금속으로 박막 도금된 시료의 표면을 전자가 튕겨 나오도록 한다. 최대 1.5 나노미터의 해상력으로 주사전자현미경은 작은 곤충부터 시작하여 세포와 세포 구성요소까지의 다양한 범위의 구조를 3차원으로 자세하게 관찰할 수 있다.

### CHECK YOUR LEARNING

- 광학현미경과 전자현미경이 어떻게 다른지 설명할 수 있는가?
- 투과전자현미경과 주사전자현미경 사이의 차이점을 설명할 수 있는가?

## 4.3 세포의 기본적인 특성은 무엇인가?

살아있는 모든 것은 세포로 구성되어있고, 그것은 두 가지 종류로 나누어진다 : **원핵생물(prokaryotic)**과 **진핵생물(eukaryotic).** 진핵생물 세포에는, 막으로 둘러싸인 **핵(nucleus)** 안에 유전 물질이 포함되어있으나, 원핵생물의 세포는 그렇지 않다. 생명의 가장 단순한 형태인 세균과 고세균의 단세포는 원핵세포이다. 진핵세포는 더욱 복잡하며 동물, 식물, 균류, 그리고 원생생물의 몸을 이루고 있다.

### 세포는 작다

거의 모든 세포의 크기는 직경이 약 1~100 μm(μm; 1m의 백만 분의 1) 정도이다(**그림 4-3**). 왜 대부분의 세포는 그렇게 작은가? 그 이유는 세포는 확산을 통해 외부와 영양분과 노폐물을 교환하기 때문이다(5장 참조). 확산-액체에 녹아있는 분자들이 움직이는데 중요한 과정-은 상대적으로 느리며, 필요한 물질이 접근할 수 있고 노폐물 제거 능력이 이루어지기 위해 세포의 모든 부분은 외부 환경과 가깝게 유지되어야 한다. 그러므로 세포는 작은 직경을 가져야한다.

### 모든 세포들은 공통적인 특징을 갖고 있다

모든 세포들은 약 35억 년 전의 조상으로부터 생겨났다. 공통 조상의 결과로 모든 세포들은 중요한 특징을 공유하고 있다.

#### 원형질막은 세포를 둘러싸고 있으며, 주변 환경과 세포 간의 상호작용을 조정한다

각 세포는 **원형질막(plasma membrane)**이라고 하는 아주 얇은 막에 의해 둘러싸여져 있다(**그림 4-4**). 원형질막은 인지질 이중층 그리고 이중층에 파묻힌 단백질들로 구성된다. 세포막의 성분인 인지질과 단백질은 매우 다른 역할을 한다. 인지질 이중층은 세포를 환경과 분리시켜 세포 안과 밖의 물질의 농도 차가 효과적으로 유지되도록 한다. 반면에 인지질에 있는 단백질들은 세포와 환경 간의 교류를 수월하게 해준다. 예를 들면, 통로단백질은 특정한 분자나 이온이 세포 안 혹은 밖으로 지날 수 있게 해준다(그림 4-4 참조). 막에 박혀있는 다른 단백질들은 호르몬 혹은 신경전달물질과 같은 전령 분자들이 결합하는 수용체단백질로써 역할을 하며, 메시지에 대한 세포의 반응을 개시한다.

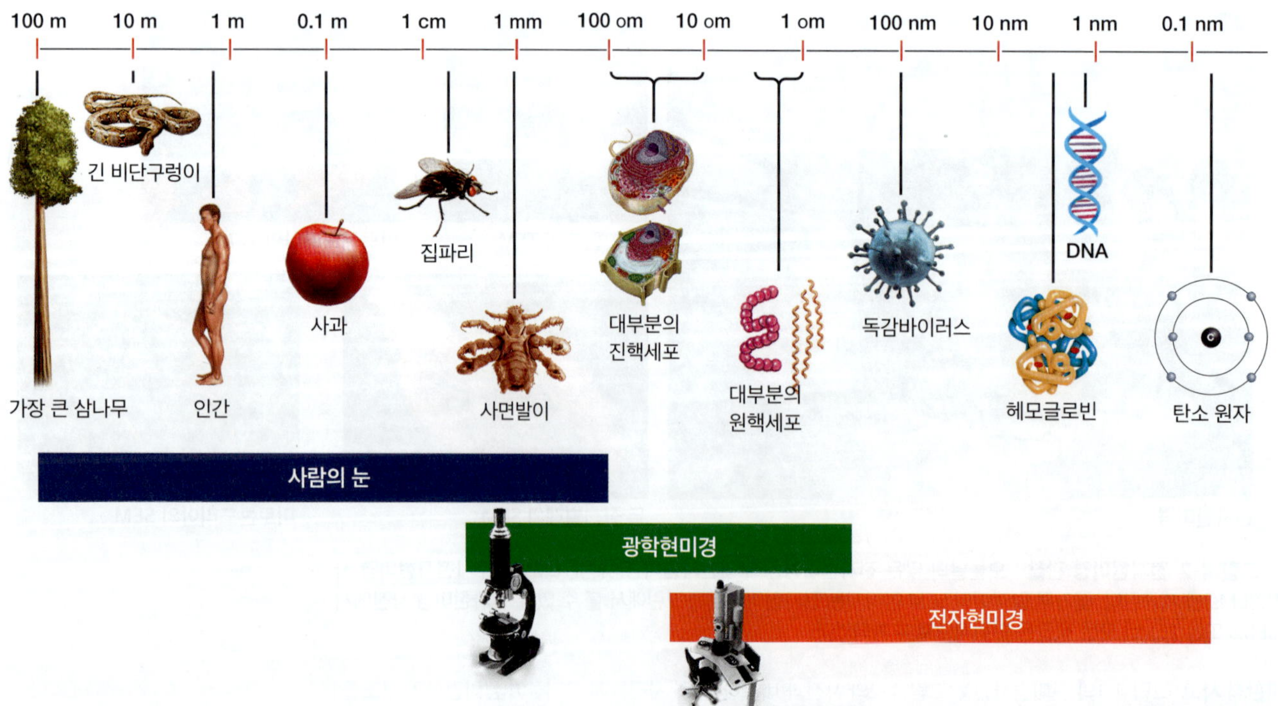


▲ **그림 4-3 크기 비교** 약 100미터 (가장 키가 큰 삼나무)에서 수 나노미터(nm; 많은 큰 분자들의 직경)에 이르까지 생물학에서 사용되는 치수를 표시하였다.

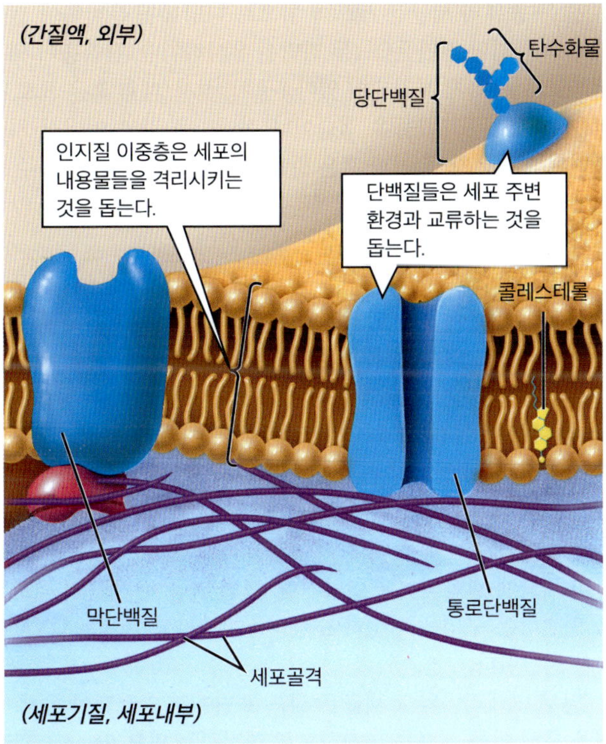

(간질액, 외부)
탄수화물
당단백질
인지질 이중층은 세포의 내용물들을 격리시키는 것을 돕는다.
단백질들은 세포 주변 환경과 교류하는 것을 돕는다.
콜레스테롤
막단백질
통로단백질
세포골격
(세포기질, 세포내부)

▲ **그림 4-4 원형질막** 원형질막은 다양한 단백질을 지지하는 인지질의 이중층으로 세포를 둘러싸고 있다. 이 막은 세포골격에 의해 지지된다.

### 모든 세포는 세포질을 갖고 있다

**세포질(cytoplasm)**은 DNA가 들어있는 핵을 제외한 원형질막 안쪽에 있는 모든 유동 물질과 구조물들을 말한다(그림 4-6와 4-7 참조). 세포질의 용액 부분을 **세포기질(cytosol)**이라 하며, 여기에는 물, 염, 그리고 단백질, 지질, 탄수화물, 당, 아미노산, 뉴클레오타이드와 같은 여러 가지 유기분자들이 들어있다. 대부분의 세포의 대사 활동들-생명을 유지하는 생화학 반응들-은 세포질에서 일어난다.

**세포골격(cytoskeleton)**은 세포질 내 다양한 단백질 필라멘트로 이루어져 있다. 이 필라멘트들은 세포내에서 구조들을 지지하고 운송하며 세포들이 이동하고 모양을 바꿀 수 있게 한다(9장 참조).

### 모든 세포는 DNA를 유전적 설명서로, 세포 구성을 안내하기 위해서 사용한다

모든 세포의 유전 물질은 유전자라고 불리는 물려받은 설명서를 암호화하고 있는 **디옥시리보핵산(deoxyribonucleic acid, DNA)**으로 구성되어 있다.

유전자는 새로운 세포를 만들고 세포의 모든 구성요소들을 표시하는 설명서를 가지고 있다(12장 참조). DNA 유전자는 **리보핵산(ribonucleic acid, RNA)**으로 전사된다. RNA는 DNA와 화학적으로 유사하고 유전자 설계도에 근거하여 단백질 합성을 돕는다.

단백질은 리보솜 RNA라고 불리는 특수한 형태의 RNA로 구성된 세포의 "작업대", **리보솜(ribosomes)**에서 만들어진다.

**CHECK YOUR LEARNING**

- 모든 세포가 공유하는 구조와 특징을 설명할 수 있는가?
- 원핵세포와 진핵세포를 구별할 수 있는가?
- 왜 세포가 작은지 설명할 수 있는가?

**CASE STUDY CONTINUED**

### 인체의 새로운 구조들

왜 Luke Massella의 인공 방광이 과학적 돌파구로 여겨지는가? 첫 번째 이유는 새로운 몸의 부분을 자라게 하는데 환자 자신의 세포를 이용하였기 때문에 그의 면역체계가 그 세포들을 거부하지 않는 듯 하였다. 몸에 존재하는 세포의 원형질막에는 개인마다 독특한 당단백질 분자들을 지니고 있다. 구별되어지는 당단백질들은 인간의 면역체계가 그 혹은 그녀의 고유한 "자신의" 세포로 인식하게 한다. 하지만 다른 사람의 세포는 (일란성 쌍둥이를 제외) 다른 당단백질을 지니고 있다. 그래서 다른 사람에게서부터 한 사람에게 이식된 한 장기의 세포는 면역 체계에 의해 이질적인 것으로 인식되고 공격받을 것이고 그것은 장기 거부를 일으킬 수 있다. 장기 거부를 막기 위해, 이식받을 환자의 면역체계를 억제하는 약을 무조건 먹어야하는데, 이는 일반적으로 면역체계가 표적하여 제거하는 암과 감염에 대한 취약성이 증가한다. 생물공학적 장기 이식은 환자 자신의 세포로 만들어졌기 때문에 이러한 문제를 피할 수 있다. 환자의 면역 억제를 일으키는 세포는 대개 원핵세포이다. 이러한 단순한 세포에게 무슨 특징이 있는 것인가?

## 4.4 원핵세포의 중요한 특징은 무엇인가?

대부분의 원핵세포들은 상대적으로 단순한 내부구조를 가지고 있으며 일반적으로 직경이 5㎛ 이하로 매우 작다(대조적으로, 대부분의 진핵세포들은 직경이 10-100㎛). 원핵생물은 진핵세포의 가장 주요한 특징인 내막으로 둘러싸인 복잡한 구조가 없다.

원핵생물은 단일세포(단일 원핵세포로 구성된)이며 두 생물 영역을 구성하고 있다: 고세균과 세균. 많은 고세균이 온천이나 소의 위장과 같은 극한의 환경에서 서식한다. 하지만 고세균들은 또한 토양이나 해양과 같은 친숙한 위치에서도 발견된다. 이번 장에서, 우리는 원핵세포를 대표하는 것으로서 잘 알려진 세균에 대해 초점을 맞춘다(**그림 4-5**).

### 원핵세포는 특수화된 세포질 구조를 가지고 있다

전형적인 원핵세포의 세포질은 몇 가지 특수한 구조를 포함하고 있다. **핵양체(nucleoid,** "핵 같은"이라는 뜻; 그림 4-5a 참조)라고 불리는 독특한 부분은 필수 유전정보를 가진 DNA의 긴 나선가닥으로 구성된 단일 원형 염색체를 포함하고 있다. 진핵세포의 핵과는 달리, 핵양체는 막에 의해 세포질로부터 분리되지 않는다. 핵양체 안의 DNA뿐만 아니라, 대부분의 원핵세포는 또한 **플라스미드(plasmids)**라는 작은 고리 형태의 DNA를 가지고 있다.

플라스미드는 대개 세포에게 특별한 능력을 부여하는 유전자를 지니고 있다. 예를 들어, 몇몇 질병을 유발하는 세균은 항생제를 비활성화시키는 단백질을 암호화하는 플라스미드를 가지고 있다. 세균의 세포질은 단백질이 합성되는 곳인 리보솜뿐만 아니라 글리코겐과 같이 고에너지 분자들을 저장하고 있는 식포를 포함하고 있다. 원핵생물은 또한 세포분열에 작용하고 세포의 모양을 조절하는데 돕는 역할을 하는 광범위의 세포골격을 가지고 있다.

## 원핵세포는 특수화된 표면 구조를 갖고 있다

거의 모든 원핵세포들은 세포가 그 주위에 분비한 단단한 코팅인 **세포벽(cell wall)**에 의해 둘러싸여 있는데 세포벽이 세포를 보호하고 막대형, 나선형, 구형과 같은 세포의 모양을 유지해준다(그림 4-5 a,b,c 참조). 세균의 세포벽은 아미노기를 갖는 당 사슬과 짧은 펩타이드로 이루어진 독특한 분자인 펩티도글리칸으로 구성된다.

많은 종류의 세균은 세포벽 밖으로 다당류를 분비하여 캡슐과 점액층 피막을 만든다. (두 피막은 유사하지만, 점액층이 세포에 다소 느슨하게 부착되어 있다.) 충치, 설사, 폐렴 혹은 요로 감염을 일으키는 세균들은 캡슐이나 점액층을 갖고 있어서 치아 표면이나 작은창자, 허파 혹은 방광의 내벽 같은 특별한 숙주 조직에 잘 부착한다. 캡슐과 점액층은 닦지 않은 치아나 씻지 않은 변기에 세균이 막을 형성할 수 있도록 한다.

**선모(pili**; 단수 pilus는 "털"을 의미함)는 많은 세균의 세포벽에 돌출되어 있는 표면 단백질이다(그림 4-5a 참조). 선모에는 부착 선모와 성 선모 두 종류가 있다. 짧고 개수가 많은 부착 선모는 캡슐 및 점액층과 함께 작용하여 세균이 구조물에 부착되도록 한다. 예를 들어 (패혈증 인두염, 피부감염, 폐렴, 독성쇼크증후군을 유발하는) 연쇄상구균 세균은 선모를 이용하여 환자를 감염시킨다. 많은 세균들은 성 선모를 만드는데 부착 선모보다 길이가 길며 개수는 매우 적다. 세균의 성 선모는 옆에 있는 같은 종류의 세균에 결합되어 끌어당긴다. 그런 다음 두 세균의 세포질을 연결하는 구멍을 형성하여 플라스미드라고 부르는 DNA 조각을 전달한다.

일부 박테리아와 고세균은 세포 표면에서 연장되어 유체 환경을 통해 이들 세포를 추진하도록 회전하는 **편모(flagella**; 단수 flagellum은 "채찍"을 의미함)를 보유한다(그림 4-5a 참조). 원핵

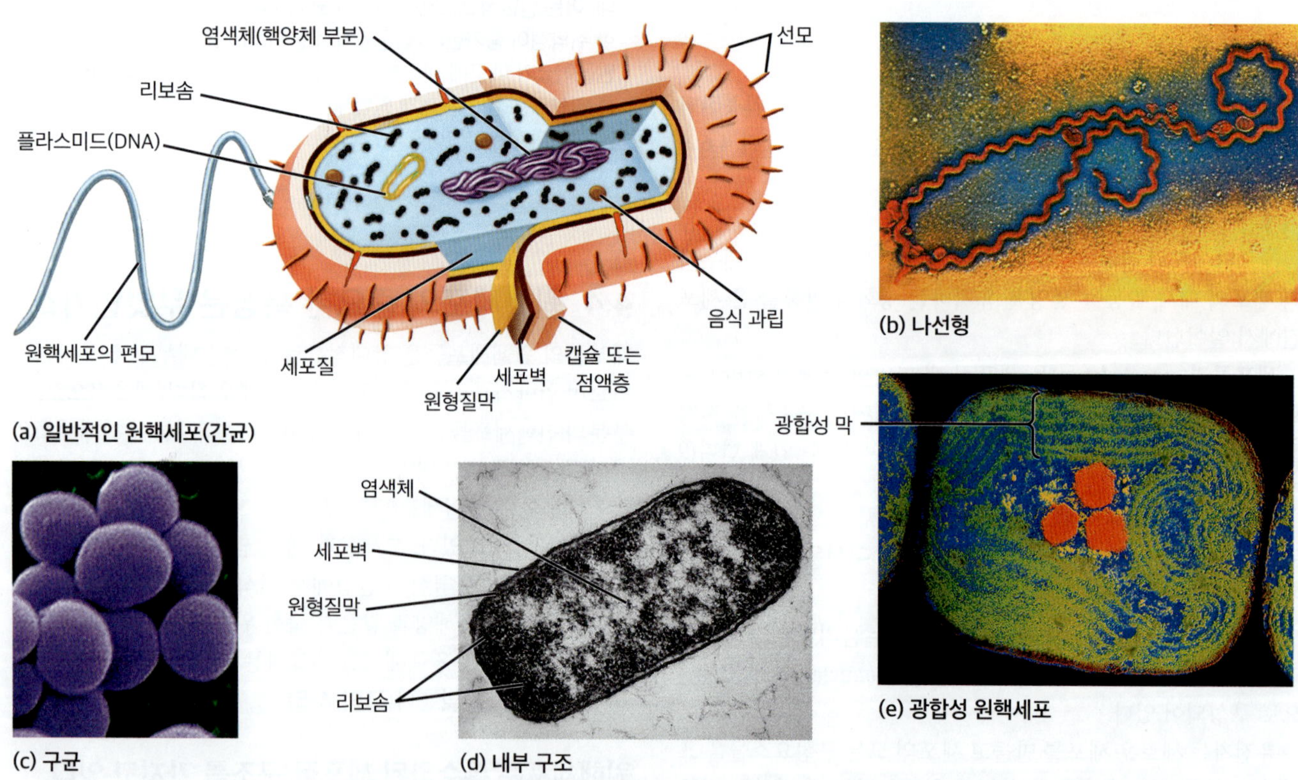


▲ **그림 4-5 원핵세포** 원핵세포는 (a) 막대 모양의 간균, (b) 나선형의 나선균, (c) 구형의 구균과 같이 다양한 모양을 하고 있다. 내부 구조가 투과전자현미경 사진에서 관찰된다(d와 e). 광합성을 하는 광합성 세균은 내부 막을 갖고 있다(e).

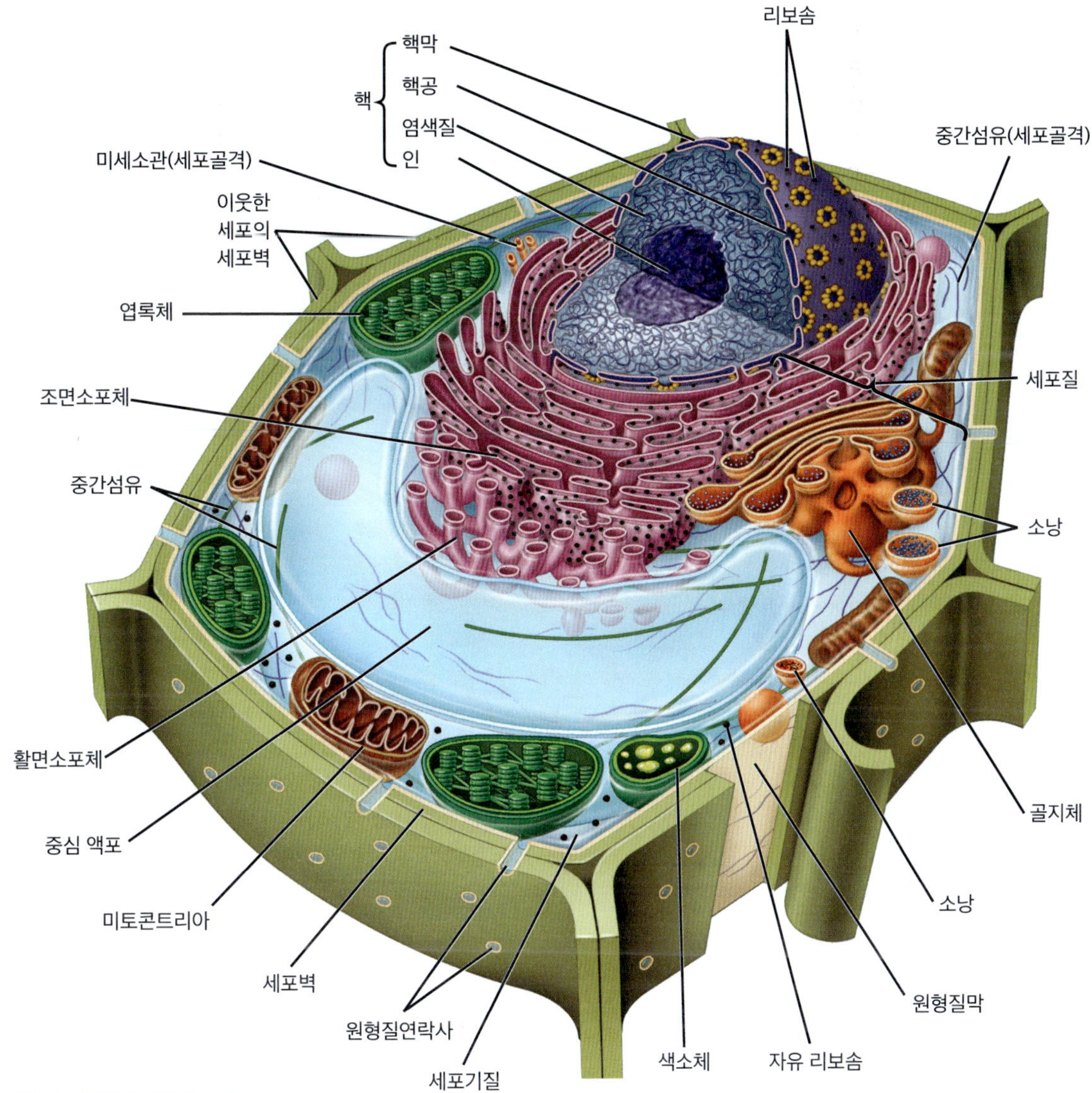


▲ **그림 4-6 일반적인 식물세포**

세포의 편모는 장의 뒷부분에서 설명하는 진핵세포의 편모와는 다르다.

### CHECK YOUR LEARNING

- 원핵세포의 주요 특징의 구조와 기능을 설명할 수 있는가?
- 세균의 세포질 및 표면 특징을 서술하고 기능을 설명할 수 있는가?

## 4.5 진핵세포의 중요한 특징은 무엇인가?

진핵세포는 동물, 식물, 원생생물 그리고 균류와 같은 다양한 유기체의 몸을 구성하고 있다. 상상만큼 이러한 세포들은 매우 다양하다. 단세포 원생생물의 몸을 형성하는 세포는 독립적인 삶에 필요한 모든 활동을 수행할 수 있다. 대조적으로, 다세포생물의 몸은 서로 다른 기능들을 수행하는 특수화된 다양한 진핵세포들로 구성되어 있다. 여기서는 식물세포와 동물세포에 대해서 중점적으로 설명할 것이다.

원핵세포와는 달리, 진핵세포는 특정 기능을 담당하는 막으로 둘러싸인 **세포소기관(organelle,** "작은 기관")을 포함하고 있다. 세포소기관은 진핵세포의 복잡성에 기여한다. **그림 4-6**은 일반적인 식물세포를 보여주고, **그림 4-7**은 각각 고유한 구조를 가진 일반적인 동물세포를 보여준다. 식물세포는 동물세포에는 없는 세포벽, 중심액포, 색소체(엽록체 포함) 등의 구조물을 갖고 있으며, 동물세포는 대부분의 식물세포에는 없는 중심립, 리소좀, 섬모 및 편모 등의 구조물을 갖고 있다. **표 4-1**은 식물, 동물 및 원핵세포의 주요 특징들을 요약해 놓았다.

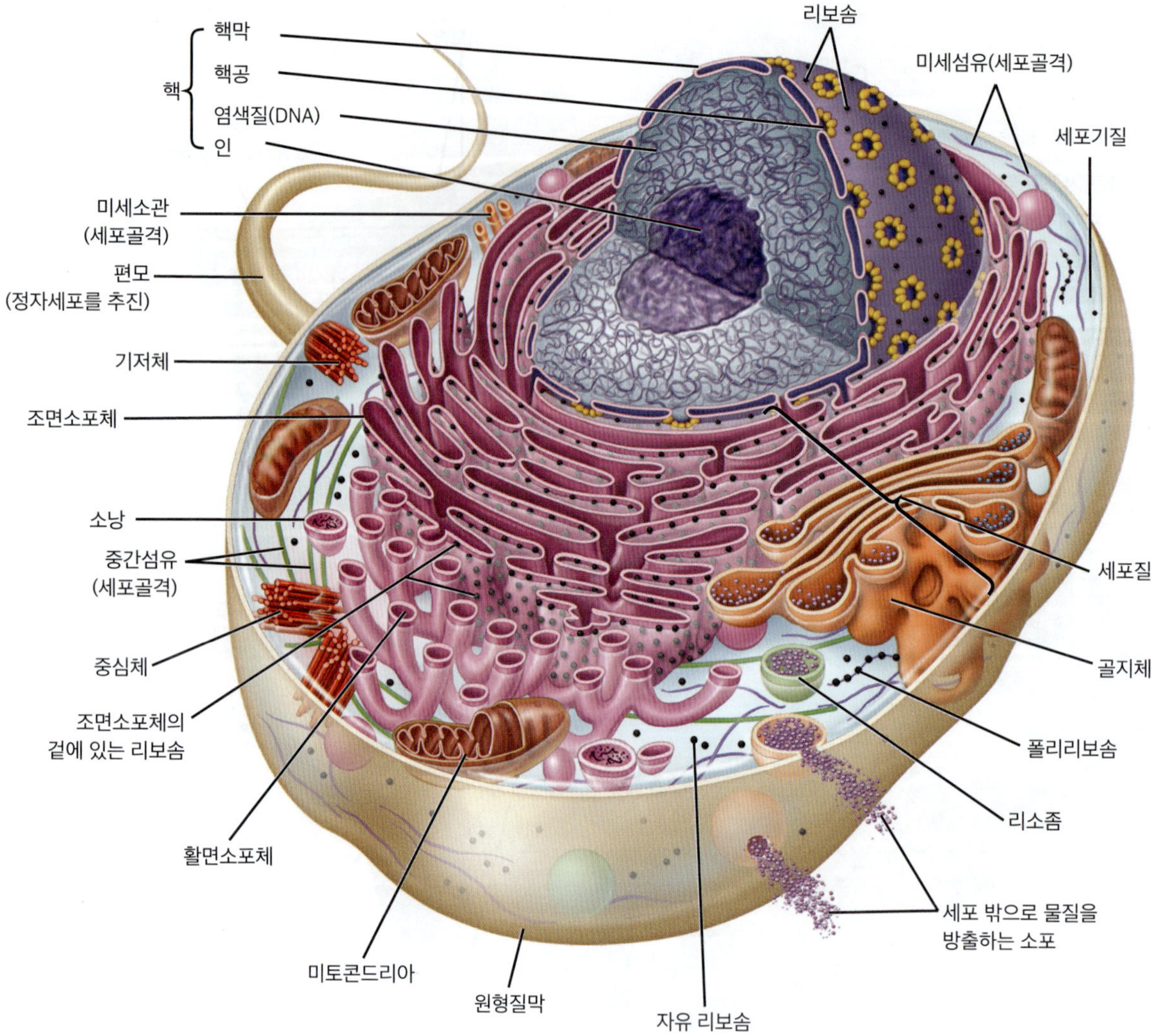

핵
핵막
핵공
염색질(DNA)
인
리보솜
미세섬유(세포골격)
세포기질
미세소관
(세포골격)
편모
(정자세포를 추진)
기저체
조면소포체
소낭
중간섬유
(세포골격)
중심체
조면소포체의
겉에 있는 리보솜
활면소포체
미토콘드리아
원형질막
자유 리보솜
세포질
골지체
폴리리보솜
리소좀
세포 밖으로 물질을
방출하는 소포

▲ **그림 4-7 일반적인 동물세포**

## 동물과 식물세포를 둘러싸는 세포외구조

약 두 분자의 두께이며 한결같이 점성이 있는 오일을 가지고 있는 원형질막은 보강 구조가 존재하지 않는다면 아마 찢어질 것이다. 동물세포의 보강 구조는 세포가 분비하는 복잡한 **세포외기질(extracellular matrix, ECM)**이다. 세포외기질은 단백질에 의해 함께 연결된 다당류로 구성된 겔에 묻혀있는 다수의 지지단백질과 부착단백질을 포함한다(**그림 4-8**). 구조적 지지뿐만 아니라, 세포외기질은 세포 생존 및 성장을 촉진시키는 성장인자라고 불리는 단백질과 같은 생화학적 지지체를 제공한다. 세포외기질은 인접한 세포들을 부착하고, 세포 사이에서 분자 신호를 전달하며, 발생 과정 동안 세포가 이동하고 세포 분화할 때(특정 유형의 세포가 됨) 세포를 안내한다. 그것은 조직 내에 세포를 고정시키고 조직 내에서 지지 틀을 제공하며, 예를 들어 딱딱한 세포외기질이 뼈와 연골을 위한 비계를 형성한다.

(간질액, 외부)
지지단백질
세포외기질
부착단백질
겔 형성 물질

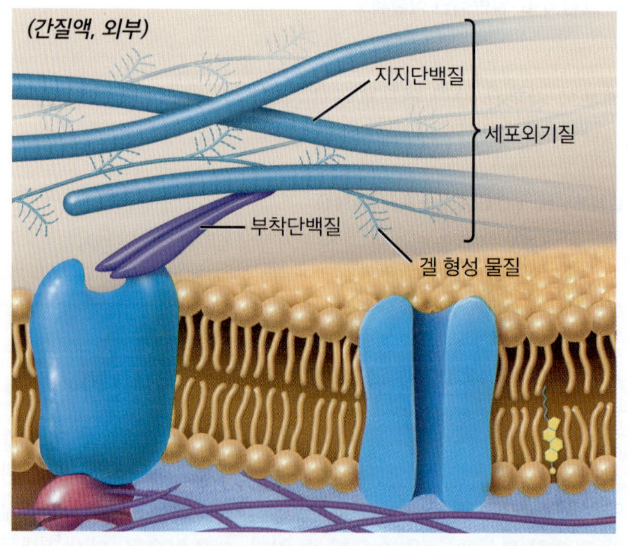

▲ **그림 4-8 세포외기질** 세포외 단백질들은 다양한 기능을 수행한다.

**표 4-1** 세포 구조의 기능과 분포

| 구조 | 기능 | 원핵생물 | 진핵생물: 식물 | 진핵생물: 동물 |
|---|---|---|---|---|
| **세포 표면** | | | | |
| 세포외기질 | 세포 주변에서 생화학물질과 구조적 지지를 제공한다. | 없다 | 있다 | 있다 |
| 섬모 | 유체 속에서 세포를 움직이게 하거나 또는 세포 표면으로 유체가 지나가도록 한다. | 없다 | 없다(대부분) | 있다 |
| 편모 | 유체 속에서 세포를 움직이게 한다. | 있다[1] | 없다(대부분) | 있다 |
| 원형질막 | 환경으로부터 세포를 격리하고, 세포 안팎으로 물질 이동을 조절하며, 다른 세포와의 교류를 가능하게 한다. | 있다 | 있다 | 있다 |
| **유전물질의 구성** | | | | |
| 유전물질 | 세포 구성과 세포 활성에 필요한 정보를 코드화한다. | DNA | DNA | DNA |
| 염색체 | DNA를 폼하고 있고 DNA의 이용을 조절한다. | 단일, 원형 | 다수, 선형 | 다수, 선형 |
| 핵[2] | 염색체와 인을 포함하고 있다. | 없다 | 있다 | 있다 |
| 핵막 | 핵을 둘러싸고 있으며, 핵 안팎으로의 물질 이동을 조절한다. | 없다 | 있다 | 있다 |
| 인 | 리보솜 합성 | 없다 | 있다 | 있다 |
| **세포질의 구조** | | | | |
| 리보솜 | 단백질 합성 장소를 제공한다. | 있다 | 있다 | 있다 |
| 미토콘드리아[2] | 호기적 대사에 의해 에너지를 생산한다. | 없다 | 있다 | 있다 |
| 엽록체[2] | 광합성을 수행한다. | 없다 | 있다 | 없다 |
| 소포체[2] | 막의 구성성분인 단백질, 지질 합성 | 없다 | 있다 | 있다 |
| 골지체[2] | 단백질과 지질의 변형, 선별 및 포장 | 없다 | 있다 | 있다 |
| 리소좀[2] | 소화 효소를 지니고 있으며, 음식물과 못쓰게 된 소기관을 분해한다. | 없다 | 없다(대부분) | 있다 |
| 색소체[2] | 음식물과 색소를 저장한다. | 없다 | 있다 | 없다 |
| 중심 액포[2] | 물과 노폐물을 지니고 있으며, 세포를 지지하는 팽압을 조절한다. | 없다 | 있다 | 없다 |
| 소낭과 액포[2] | 분비물을 수송하고, 식세포작용에 의해 얻은 음식물을 지닌다. | 없다 | 있다 | 있다 |
| 세포골격 | 세포를 지지하고 형태를 유지하며, 세포 요소들을 이동시키고 고정한다. | 있다 | 있다 | 있다 |
| 중심체 | 섬모와 편모의 기저체를 생산한다. | 있다 | 있다(대부분) | 있다 |

[1]일부 원핵생물은 미세소관은 없고 진핵세포 편모와 다른 방법으로 움직이는 편모를 갖고 있다.
[2]막으로 둘러싸인 세포소기관들로 진핵세포에만 있다.

**CASE STUDY** **CONTINUED**

## 인체의 새로운 구조들

Luke Massena의 대체 방광과 같은 중공장기를 키우는 것 외에도 생명공학자들은 근육을 키우고 있다. 과거에는, 근육의 재생 능력이 제한되어 있고 부상 후 형성되는 흉터 조직이 근육 기능을 방해하기 때문에, 주요 근육 손상은 절단과 인공 팔이나 다리를 의미하였을 것이다. 그러나 Stephen Badylak과 동료들은 세포외기질을 사용하여 근육이 치유되고 재생될 수 있도록 하는 방법을 개발하고 있다.

28세의 Marine Ron Strang은 아프가니스탄의 급조폭발물에 의해 대퇴사두근이 거의 찢어진 후에 Badylak이 개발한 새로운 바이오인공 근육 치료에 자원했다. 치료는 돼지 방광의 세포외기질을 이용했다. 먼저, 돼지 조직으로부터 모든 세포를 제거하고(대체 근육이 거부반응을 일으키지 않도록) 오직 세포외기질만 남도록 했다. Badylak의 팀은 Strang의 허벅지 근육으로부터 흉터 조직을 잘라내고 그 공간을 돼지 기질로 대체했다. 그 부위에서, 세포외기질은 비계 단백질과 성장 인자 모두를 공급했고 근육 줄기세포를 그 위치로 모여들게 했다. 그 치료는 큰 변혁을 일으켰다. 6개월 후, 돼지 기질은 분해되어 건강한 인간 조직으로 대체되었다. Strang은 절뚝거림에서 벗어나 하이킹과 자전거 타기까지 나아갔다.

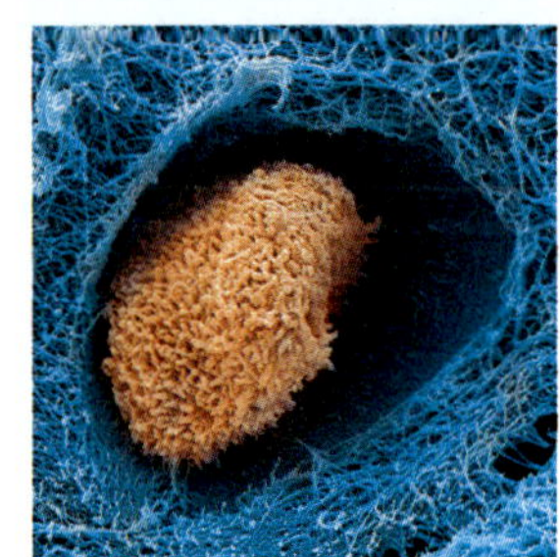
ECM(blue) 인간 연골세포 주위의 세포외기질(파란색)

Strang의 치료는 부분적으로 작용했는데, 세포외기질은 세포가 특정한 방식으로 반응하도록 하는 성장 인자를 포함하고 있기 때문이다. 어떤 세포 구조가 이러한 반응을 지시하고 일어나게 하는가?

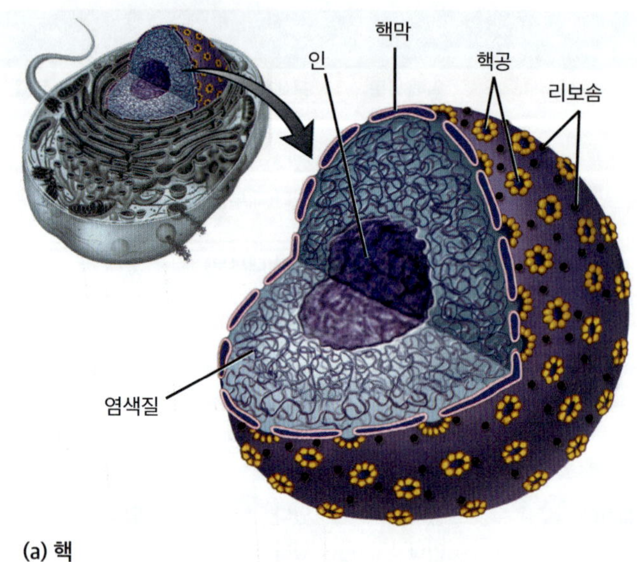


(a) 핵

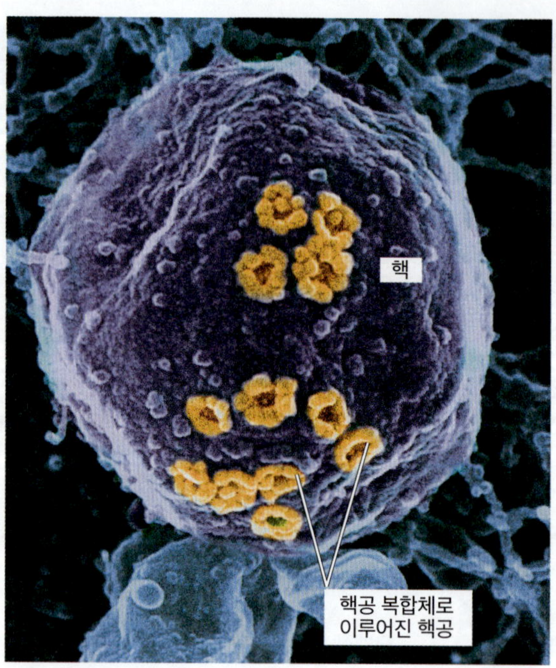


(b) 효모세포의 핵

▲ **그림 4-9 핵** **(a)** 핵은 두 겹의 막으로 둘러싸여 있으며 막에 구멍이 분포되어 있다. **(b)** 효모세포 핵의 주사전자현미경 사진

식물세포의 경우, 세포외기질은 주로 중첩된 셀룰로오스 섬유로 구성된 세포벽이다. 식물세포벽은 각 세포를 보호하고 지지하며 인접한 세포를 서로 부착한다. 세포벽은 다공성이며 산소, 이산화탄소 및 물(용존 물질 포함)을 통과시킨다.

## 핵은 진핵세포의 중앙통제소이다

진핵세포의 DNA는 막으로 둘러싸인 핵 안에 들어있다. DNA에는 세포를 만들고 생명 유지와 번식에 필요한 수많은 화학반응들을 수행하기 위한 모든 정보들이 저장되어 있다. 진핵세포 DNA의 지시 사항 중 일부만이 주어진 시간에만 사용되는데, 그 부분은 세포의 발생 단계, 환경 및 다양한 세포 유형으로 구성된 신체의 기능에 의존적이다. 핵은 핵막, 염색질, 그리고 인의 세 가지 주요 부분을 가지고 있다(**그림 4-9**).

### 핵막은 물질들을 선택적으로 교환시킨다

핵은 단백질로 구성된 핵공들에 의해서 관통되어 있는 두 겹의 막으로 된 **핵막(nuclear envelope)**에 의해 세포의 다른 부분들과 격리되어 있다. 물, 이온, 그리고 작은 분자들은 핵공을 통해 자유롭게 이동할 수 있으나, 큰 분자들-특히, 단백질, 리보솜 소단위체, 그리고 RNA-은 특수한 문지기 단백질에 의해 출입이 조절된다(그림 4-9 참조). 리보솜은 외부의 핵막에 달려있으며, 이와 같은 외막은 다음에 설명할 조면소포체의 막과 연결되어 있다.

### 염색질은 단백질이 결합된 DNA 가닥으로 구성된다

핵은 광학현미경 관찰에서 사용하는 염색약으로 진하게 염색되기 때문에 초창기에 핵을 관찰하면서 핵물질을 **염색질(chromatin**, "채색된 물질"이란 뜻)이라고 부르게 되었다. 이후에 생물학자들은 염색질이 DNA 분자와 단백질로 이루어진 염색체(**chromosome**, "채색된 물체"이란 뜻)로 이루어졌다는 것을 알게 되었다. 세포가 분열하지 않는 동안 염색체는 아주 가느다랗고 매우 긴 가닥으로 풀어지기 때문에 광학현미경으로 염색체들을 구별하여 관찰할 수 없다. 세포분열 동안에는 풀어졌던 염색체들이 응축되기 때문에 광학현미경으로 쉽게 관찰할 수 있다(**그림 4-10**).

염색체의 DNA에는 단백질과 리보솜의 합성에 대한 설계도를 제공하는 뉴클레오타이드 서열을 가진 유전자가 포함된다. DNA는 핵 안에 국한되지만 단백질은 세포질에서 합성되기 때

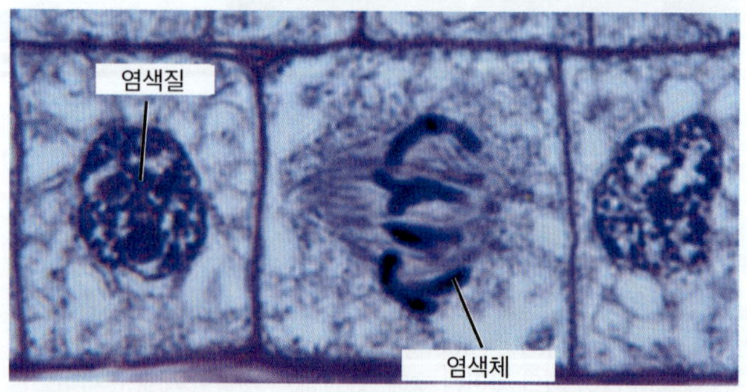


▲ **그림 4-10 염색체** 양파 뿌리의 선단부에서 분열 중인 세포(중앙)의 광학현미경 사진에서 보이는 염색체. 염색질은 인접한 세포에서 관찰된다.

**비판적 사고** 분열 중인 세포질의 염색질에서 왜 염색체가 응축되는가?

문에 단백질에 대한 유전적 암호의 사본은 핵에서 세포질로 옮겨져야 한다. 이를 달성하기 위해 유전자 정보는 DNA에서 전령 RNA (*mRNA*) 분자로 전사된다. 그런 다음 mRNA는 핵공을 통해 세포기질로 이동한다. 세포기질에서 mRNA의 뉴클레오타이드 서열은 리보솜에서 발생하는 단백질 합성을 지시하는데 사용된다. (단백질 합성은 13장에 설명.)

### 인은 리보솜을 합성하는 장소이다

핵은 적어도 한 개의 **인**(**nucleolus**, 복수형은 *nucleoli*, 그림 4-9 참조)을 갖고 있다. 인은 리보솜이 합성되는 장소이다. 인은 리보솜 RNA(*rRNA*)를 만드는 유전자를 포함하고 있는 염색체, rRNA, 단백질들, 그리고 합성 단계가 다른 리보솜들로 이루어져 있다.

rRNA와 단백질로 구성된 리보솜은 단백질을 합성하는 일종의 작업대로 사용된다. 목수의 작업대가 여러 종류의 물건을 제작하는 데 사용되는 것처럼 리보솜은 결합되는 mRNA의 종류에 따라 수많은 종류의 단백질을 합성하는 데 사용된다. 세포의 전자현미경 사진에서 리보솜은 진한 과립으로 보이는데 이들은 세포질에 분산되어 있거나 핵막과 소포체의 막 표면에 결합되어 있다. 일부 리보솜들은 세포질에 존재하는 mRNA 가닥에 연속적으로 결합된 폴리리보솜(*polyribosome*)을 형성한다(**그림 4-11**).

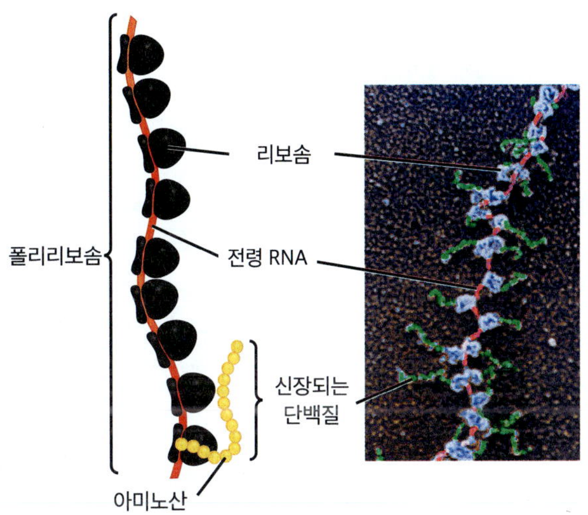


▲ **그림 4-11 폴리리보솜** 리보솜들이 mRNA 가닥에 결합되어 폴리리보솜을 형성한다. 투과전자현미경 사진(오른쪽)에서 보이는 것처럼 각각의 리보솜에서 동시에 단백질을 합성하고 있으며, 이것은 리보솜에서 돌출된 가닥 형태로 보인다.

## 미토콘드리아는 음식 분자들로부터 에너지를 추출하며, 엽록체는 태양 에너지를 포획한다

세포는 생존, 성장 및 번식을 위해 에너지가 필요하다. 미토콘드리아는 세포에 필요한 에너지를 만드는 일에 핵심적인 역할을 수행하는 세포소기관이다. 햇빛으로부터 에너지를 포획할 수 있는 진핵생물은 엽록체를 가지며, 에너지를 포획하는 화학 반응은 이곳에서 일어난다.

### 미토콘드리아는 음식 분자에 저장된 에너지를 사용하여 ATP를 생산한다

모든 진핵세포는 세포의 발전소라 불리는 **미토콘드리아**(**mitochondria**, 단수는 mitochondrion)가 있는데, 미토콘드리아는 음식 분자에서 에너지를 추출하여 ATP의 고에너지 결합에 저장한다.

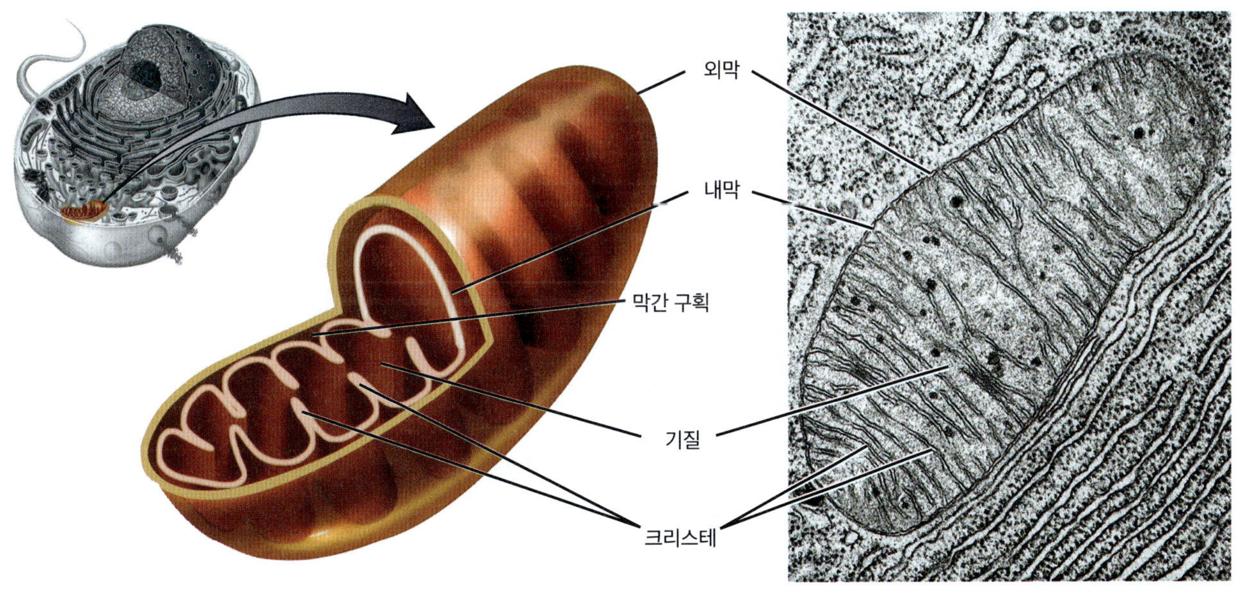


▲ **그림 4-12 그림 4-12 미토콘드리아** (왼쪽) 미토콘드리아는 두 개의 액상 구획을 둘러싸고 있다. 내막은 고도로 접힌 크리스테 구조를 형성한다. (오른쪽) 투과전자현미경에서 관찰되는 미토콘드리아 구조들.

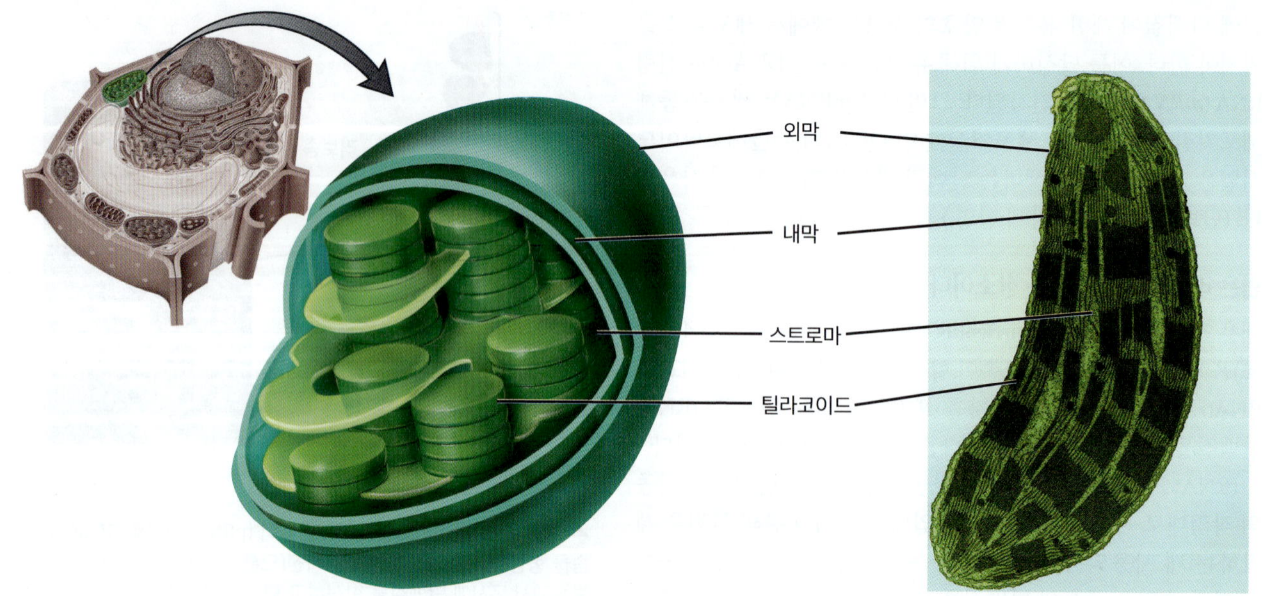


▲ **그림 4-13 엽록체는 복잡한 색소체이다** (왼쪽) 엽록체는 유체의 스트로마를 이중 막으로 둘러싸고 있는 구조로 되어있다. (오른쪽) 엽록체 구조를 보여주는 투과전자현미경 사진.

미토콘드리아는 한 쌍의 세포막을 가지고 있다(**그림 4-12**). 외막은 매끄럽지만 내막은 심하게 접혀있는 크리스테(cristae, 단수는 crista, "마루, 꼭대기"를 의미) 구조를 형성하고 있다. 미토콘드리아의 막은 두 부분의 액체로 채워진 공간을 둘러싸고 있다: (1) 두 개의 막 사이에 막간 구획(*intermembrane compartment*)이 있으며, (2) 기질(*matrix*)이 내막 안의 공간을 채우고 있다. 음식 분자를 분해하는 일부 반응은 기질의 유체에서 일어난다. 나머지 반응은 크리스테 막에 붙어있는 효소들에 의해 이루어진다(에너지의 생산에 있어서 미토콘드리아의 역할은 8장 참조).

### 엽록체는 광합성이 일어나는 장소이다

식물세포와 일부 원생생물의 세포는 **엽록체(chloroplasts)**를 가지고 있다. 엽록체는 광합성이 일어나는 세포소기관이다. 광합성은 햇빛으로부터 포획된 에너지를 당 분자에 저장하는 과정이다. 미토콘드리아처럼 엽록체도 이중 막으로 둘러싸여 있다(**그림 4-13**). 엽록체의 내막은 스트로마(*stroma*)라고 불리는 유체를 에워싸고 있다. 스트로마 내에는 서로 연결된 속이 빈 막 주머니들이 쌓여있다. 각각의 막 주머니를 틸라코이드(*thylakoid*)라고 부른다.

틸라코이드 막에는 색소 분자인 **엽록소(chlorophyll**, 식물이 초록색을 띠게 한다)가 들어있다. 광합성 중에 엽록소는 태양의 빛에너지를 포획하여 틸라코이드 막에 위치한 다른 분자에게 전달한다. 이들 분자들은 에너지를 ATP와 다른 에너지 운반체에 전달한다. 에너지 운반체는 스트로마로 확산된 후, 이산화탄소와 물을 사용하여 당을 합성하는 데 필요한 에너지로 사용된다. 이렇게 합성된 당은 에너지로 저장되고 이 에너지는 지구상의 거의 모든 생명체를 작동시키는 주요 에너지원이 된다.

### 미토콘드리아와 엽록체는 원핵생물로부터 유래되었다

미토콘드리아와 엽록체는 한때 독립적으로 살았던 고대 원핵생물 종의 후손이다. 널리 받아들여지는 **내부공생설(endosymbiont hypothesis**, 18장 참조)에 따르면, 미토콘드리아와 엽록체는 박테리아로부터 진화되었다. 약 17억 년 전에 어떤 원핵생물이 다른 원핵생물 안에 들어가 내부공생(*symbiosis*은 그리스어로 "안에서 함께 사는 것"을 의미)을 했다. 이 가설은 미토콘드리아와 엽록체를 둘러싸는 이중 막의 기원을 설명해준다. 외막은 원래의 숙주세포에서 유래되었고 내막은 먹힌 세포로부터 유래되었다고 여겨진다. 원핵생물로부터 유래된 이 세포소기관들은 몇 가지 공통된 특징이 있다. 미토콘드리아와 엽록체는 대략적으로 크기가 세균(직경이 1~5 μm)과 비슷하고 모두 ATP를 합성하는데 필요한 (독립적인 세포가 되기 위해 요구되는) 효소들을 갖고 있다. 또한 모두 DNA와 리보솜을 갖고 있는데, 이들은 진핵세포의 DNA와 리보솜보다 원핵세포의 DNA와 리보솜과 더 유사하다.

## 식물의 색소체는 저장에 사용된다

엽록체는 고도로 특수화된 **색소체(plastid)**로서 색소 또는 음식 분자의 합성과 저장을 담당하는 이중 막으로 둘러싸인 소기관이다. 색소체는 식물과 광합성을 하는 원생생물에서만 발견된다(**그림 4-14**). 모든 색소체는 원핵세포에서 유래된 것으로 생각된다. 일부 저장 색소체는 익은 과일과 꽃잎의 노란색, 오렌지색, 빨간색을 나타내는 색소들을 저장한다. 다년생 식물은 성장 기간에 생산한 음식을 주로 녹말 과립 형태로 색소체에 저장한다. 예를 들어 감자 세포에는 다음 봄철 성장을 위해 녹말로 채워진 색소체가 가득 차있다(그림 4-14, 오른쪽 상단 참조).

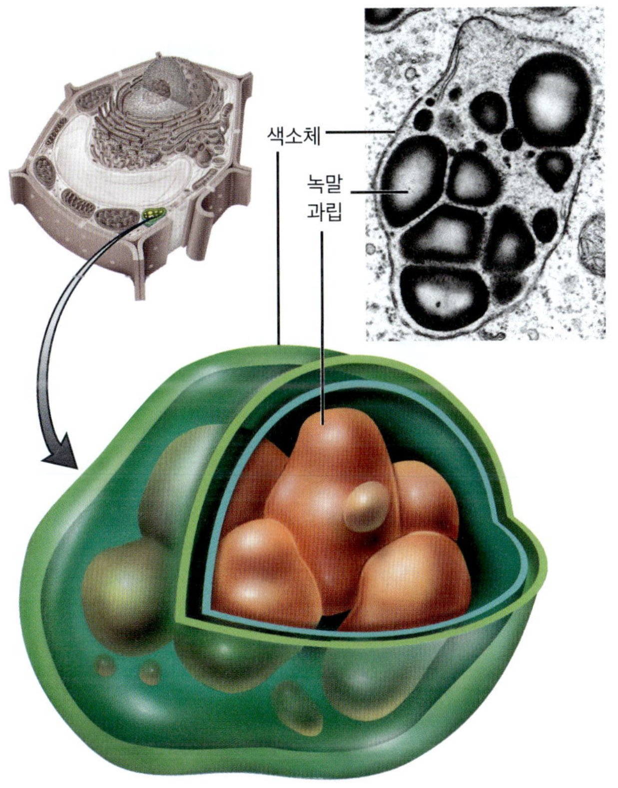


▲ **그림 4-14 단순한 저장 색소체** 색소체는 이중의 외막으로 둘러싸여 있다. 오른쪽 상단의 투과전자현미경 사진은 감자 색소체가 녹말을 저장하는 것을 보여준다.

## 세포골격은 세포의 모양을 유지하고, 지지하며, 움직이게 한다

세포골격은 세포질 전체에 퍼져 있는 단백질 섬유들로 이루어진 동적 네트워크 구조이다(그림 4-15). 세포골격 단백질은 세 종류의 주요 형태가 있다; 가는 **미세섬유**(**microfilament**, 액틴 단백질로 구성됨), 중간 크기의 **중간섬유**(**intermediate filaments**, 다양한 단백질로 구성됨), 그리고 굵은 **미세소관**(**microtubule**, 튜불린 단백질로 구성됨)이다. 세포골격 단백질은 여러 가지 중요한 기능을 담당한다.

- ***지지와 연결***: 동물세포에서 중간섬유의 골격은 세포를 지지하며 세포 사이를 연결하고 세포와 세포외기질을 연결한다. 원형질막 내부에 집중된 미세섬유의 배열은 추가적인 지지를 제공할 뿐만 아니라 주변 세포외기질도 연결한다.
- ***모양***: 세포골격 단백질은 세포 모양을 유지하는데 필요하다. 세포골격 단백질은 ATP로부터 방출되는 에너지를 이용하여 단백질 길이를 바꾸거나(소단위를 추가하거나 제거함으로써) 서로 미끄러지듯 밀어내면서 세포의 모양을 변경할 수 있다.
- ***이동***: 많은 동물세포에서 이동은 미세소관과 미세섬유가 한쪽 끝에서 소단위체를 추가하고 다른 끝에서 소단위체를 방출함으로써 확장될 때 일어날 수 있다. 세포골격 단백질은 운동단백질(*motor proteins*)과 관련되어 있다. 운동단백질은 이동을 위해 ATP에 저장된 에너지를 사용한다. 예를 들면, 운동단백질은 미세섬유와 미세소관을 "철로"로 이용하여 세

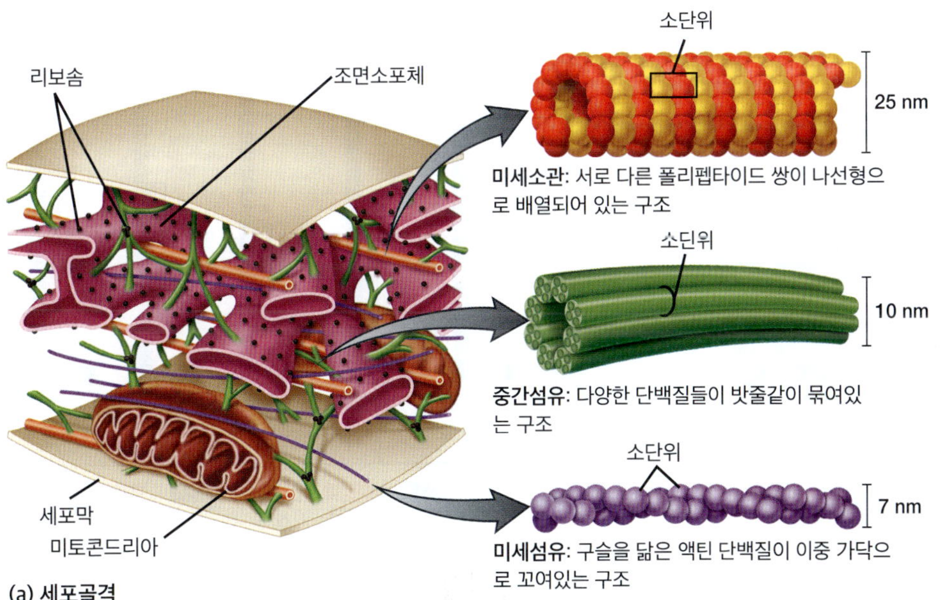


▲ **그림 4-15 진핵세포의 세포골격** (a) 진핵세포의 세포골격은 단백질로 이루어진 구조로서 미세섬유, 중간섬유, 미세소관 3 종류가 있다. (b) 형광염색을 처리한 세포의 광학현미경 사진에서 핵뿐만 아니라 미세소관과 미세섬유를 관찰할 수 있다.

## 배양한 암소 세포로 만든 햄버거를 먹겠는가?

종잇장처럼 얇고 노르스름한 분홍색의 암소 근육 줄기세포 스트립 20,000개와 실험실에서 배양한 지방 세포, 비트 색소, 계란 분말, 빵가루, 소금 약간을 섞으면 무엇을 얻게 될까? 이 희귀한 재료들은 세계 최초로 실험실에서 배양된 햄버거를 만들어낸다(**그림 E4-1**). 이를 만들기 위해 암소 근육 줄기세포를 영양 배지에 배양한다. 세포를 가느다란 겔 스트립에 뿌리고 전기 펄스로 반복적으로 자극한다. 이로 인해 액틴 기반의 섬유들이 수축되고 마치 운동 할 때 근육이 팽창(bulk up)하듯이 세포들의 부피가 커진다. 마지막으로 이것을 다른 재료들과 섞는다. 결과적으로 20,000개의 세포로 구성된 인공 햄버거를 생산하기 위해 약 425,000달러의 비용이 들었고, 그 맛은 패스트푸드 애호가들에게는 다소 부족한 것으로 판명되었다. 다른 식품 과학자 그룹은 닭고기를 실험실에서 배양하였는데 이것은 맛이 좋고 파운드 당 9,000달러의 비용으로 생산이 가능하다고 보고되었다. 그럼에도 불구하고 실험실에서 배양한 고기는 여전히 희귀하고 매우 비싸다. 그래서 요점은 무엇인가?

전 세계적으로 육류에 대한 수요가 증가하고 있다(**그림 E4-2**). 이렇게 증가되는 수요의 부분적인 원인으로는 인구의 증가뿐만 아니라 개발도상국, 특히 중국 사람들의 소득 증대와 육류 섭취에 대한 욕구 증가를 들 수 있다. UN 식량농업기구는 세계 육류 생산량이 2050년에는 5억 톤에 이를 것으로 추정하고 있다(2018년에 약 3억 6천만 톤에 비해).

육류에 대한 수요 증가를 충족시키기 위해, 우리는 지구의 자연 생태계를 파괴하고 기후를 변화시키고 있다. 방목 및 가축을 위한 식량 재배는 이미 지구 총 토지의 약 30%를 필요로 하며(인간의 직접적인 소비를 위해 작물을 재배하는데 약 6%가 사용되는데 비해), 육류 생산은 인위적으로 발생하는 온실가스 배출의 약 18%를 차지한다. 소는 육류를 생산하는 가축들 사이에서 환경에 가장 큰 영향을 미친다. 육우를 기르는 것은 닭고기나 돼지고기를 사육하는 것보다 단백질 파운드 당 약 3배의 땅이 더 요구된다. 쇠고기 생산량의 증가는 소 방목지 건설로 인한 열대우림 파괴를 초래한다.

▲ **그림 E4-1 미래의 햄버거는 실험실에서 배양될 것인가?**

분명히 육류에 대한 수요가 꾸준히 증가하기 때문에 육류 생산에 대한 현재 방침은 지속될 수 없다. 과학자들은 "시험관 쇠고기"를 배양하면서 그들의 기술이 개선되고 규모가 증대되면, 이를 통한 환경 개선효과로 인해 육류 생산이 지속 가능하게 될 것이라고 주장한다. 만약 실험실에서 생산된 육류가 농장 및 목장에서 생산된 육류를 대체한다면, 육류 생산은 99% 더 적은 토지를 사용하면서 온실가스 배출 및 용수 사용량을 크게 감소시킬 것이다.

**비판적 사고** 그림 E4-2의 그래프를 분석한 결과, 중국의 1인당 육류 소비량이 미국의 절반 정도 수준에 해당되는 해는 언제인가? 1973년에서 2013년 사이에 전 세계적으로 총 육류 소비량이 대략 몇 파운드 증가하였는가?(참고: 1973년에 지구의 인구는 약 39억 2천만 명이며 2013년에는 약 72억 1천만 명이다.)

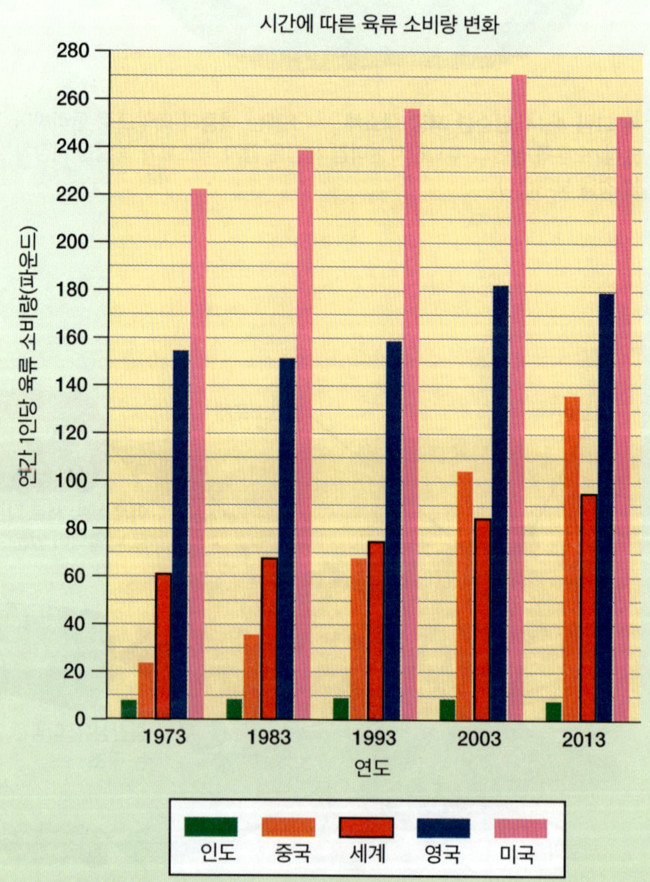


▲ **그림 E4-2 특정 국가의 육류 소비 변화**

출처: FAOSTAT(Food and Agricultural Organization of the United Nations, UN 식량농업기구), 식량 공급

포 내에서 세포소기관을 이동시킨다. 또한 운동단백질은 액틴 미세섬유가 서로를 미끄러지듯 밀어낼 수 있게 한다. 이것은 근육세포의 수축 동안 발생한다. 과학자들이 인간의 대체 식량 자원으로 활용하기 위해 실험실에서 근육 단백질을 성장시키려고 시도하는 과정에서 발견했던 것처럼 근육세포는 크기를 증가시키기 위해 수축해야만 한다. 64쪽에 나와 있는 "Earth Watch: 배양한 암소 세포로 만든 햄버거를 먹겠는가?"에서 더 알아보자.

- ***세포분열***: 세포분열 동안 미세소관은 염색체의 이동을 안내하고, 동물세포의 미세섬유는 분열하고 있는 세포를 옥죄어 두 개의 딸세포로 분리한다(세포분열에 대해선 9장에서 설명).

## 진핵세포의 세포질에는 막으로 이루어진 내막계가 있다

모든 진핵세포들의 세포질에는 막으로 이루어진 칸막이들이 있는데 이들은 느슨하게 연결되어 있다. 이러한 구조 전체를 **내막계(endomembrane system)**라고 부른다. 내막계는 내부의 분자들을 주위의 세포기질로부터 분리시켜 생화학 과정들이 질서정연하게 진행되도록 해준다. 내막계는 다양한 분자들이 합성되거나 분해될 때, 또는 세포 내에서 수송되거나 세포 바깥으로 방출될 때 이들을 둘러싸고 있다. 내막계는 핵막(앞에 설명한)과 소낭, 소포체, 골지체, 리소좀 등으로 구성된다.

### 소낭은 내막계와 원형질막에서 떨어져 나온다

**소낭(vesicle)**은 내막계와 원형질막으로부터 돋아난 일시적인 작은 주머니로 생체 분자들을 세포 도처에 수송하는 기능을 한다. 원형질막은 확장되어 세포 밖의 물질들을 둘러싸고 세포 안으로 삼키듯이 융합되어 소낭을 형성한다. 이러한 과정을 내세포작용(*endocytosis*, 그리스어로 *endo*는 "내부"를 의미)이라고 한다. 목적지에서 소낭은 내막 구획에 융합되어 내용물을 구획 안으로 방출한다. 소낭은 또한 원형질막과 융합함으로써 내용물을 세포 바깥으로 내보내는데 이 과정을 외세포작용(exocytosis, 그리스어로 exo는 "외부"를 의미함)이라고 한다.

소낭은 미세소관의 궤적을 따라 움직이는 운동단백질에 의해 세포 내에서 운반된다. 소낭은 어떻게 목적지로 갈 수 있는가? 소낭의 막에 있는 난백질은 특정 아미노산 서열을 가지고 있다. 이것은 소낭과 그 내용물이 전달될 목적지를 제공하는 "우편물 라벨" 역할을 한다. 막단백질과 세포에서 내보낸 단백질은 조면소포체에서 합성된다.

### 소포체는 세포질에서 막으로 둘러싸인 통로를 만든다

**소포체(endoplasmic reticulum, ER)**는 세포기질 전체에 서로 연결되어 있는 주머니와 관으로 형성된 미로 구조의 관상막이다(reticulum은 "network(망)"을 의미하며, endoplasmic은 "세포질 안"을 의미함). 소포체는 일반적으로 적어도 전체 세포막의 50%를 차지한다(**그림 4-16**). 이 소기관의 중요한 기능은 생체 분자의 합성, 변형 및 수송이다. 또한 소포체는 내막계에 분포되는 새로운 막을 생산한다. 소포체는 조면(거친 면)과 활면(매끈한 면)을 가지고 있으며, 이들은 서로 연속적인 구조물로 되어있다.

#### 조면소포체

조면소포체는 핵의 외막으로부터 뻗어져 나와 있고(그림 4-7 참조), 바깥 표면에는 리보솜들이 결합되어 있어서 전자현미경 사진에서 거칠거칠한 모습으로 보인다. 이 리보솜들은 단백질 합성을 위한 중요한 장소이다. 소포체의 리보솜에서 단백질이 합성되면 몇몇 단백질들은 소포체 막으로 삽입된다. 이 단백질들은 소포체 막에 남아있거나 소포체에서 생겨나는 소낭 막의 일

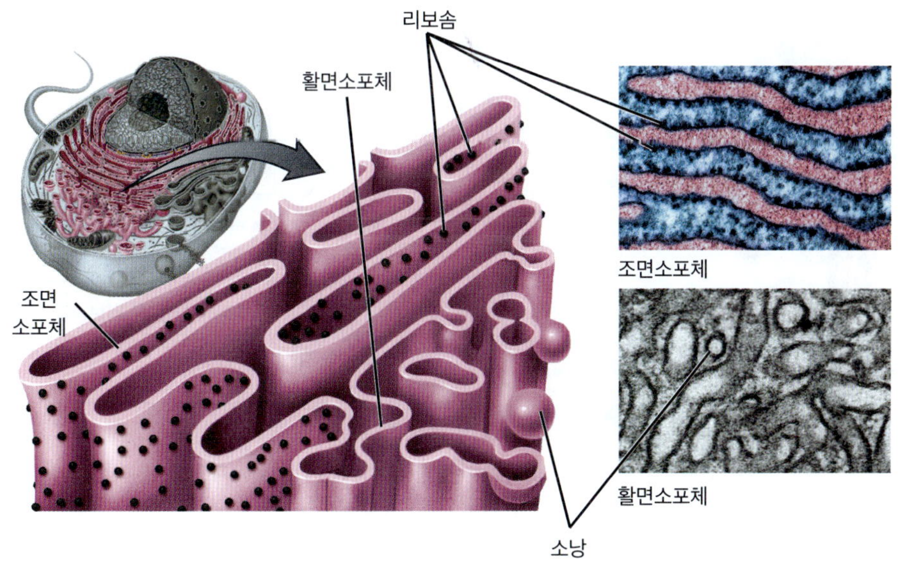


(a) 소포체는 거칠거나 부드럽다.

(b) 조면소포체와 활면소포체

◀**그림 4-16 소포체** **(a)** 조면소포체의 막에 결합되어 있는 리보솜(검은색으로 표시). 조면소포체는 핵의 외막과 연결되어 있다. 활면소포체는 조면소포체보다 납작하지 않으며 원통형이고 조면소포체와 연결되어 있다. **(b)** 조면소포체와 활면소포체의 투과전자현미경 사진.

부가 된다. 소포체의 리보솜에서 합성된 다른 단백질들은 세포 밖으로 분비되거나 세포 내에 사용되도록 예정되어 있다. 이 단백질들은 소포체 내부로 들어와서 화학적으로 변형되거나 접히며, 마지막으로 소포체 막에 포장되어 소낭의 형태로 소포체로부터 떨어져 나와 골지체로 옮겨진다. 방출을 위해 조면소포체가 만든 단백질은 세포 유형에 따라 다르다. 이 단백질에는 효소, 감염과 싸우는 항체, 세포외기질을 형성하는 단백질 등이 있다. 세포에 남아 있는 단백질에는 리소좀 내의 소화효소(후에 설명) 및 원형질막단백질 등이 있다.

### 활면소포체

리보솜이 없는 활면소포체는 세포막 인지질의 합성에 관여한다. 특정 세포에서는 활면소포체가 특수화되어 있다. 예를 들면, 활면소포체는 스테로이드계 성호르몬을 합성하는 척추동물의 생식기관 세포에 풍부하다. 근육세포의 활면소포체는 칼슘 이온을 저장하는 데에 특화되어 있어, 근육수축에 중추적인 역할을 한다. 간세포의 활면소포체 막에는 다양한 효소들이 함입되어 있다. 이 효소들의 일부는 저장된 글리코겐을 포도당으로 전환시켜 에너지를 공급하는 데 관여한다. 또 다른 효소들은 지질단백질의 지질 부분의 합성을 촉진한다. 마지막으로 간세포의 활면소포체 내 다른 효소들은 암모니아 같은 대사성 폐기물, 알코올 같은 약물, 특정 살충제 같은 독을 분해한다.

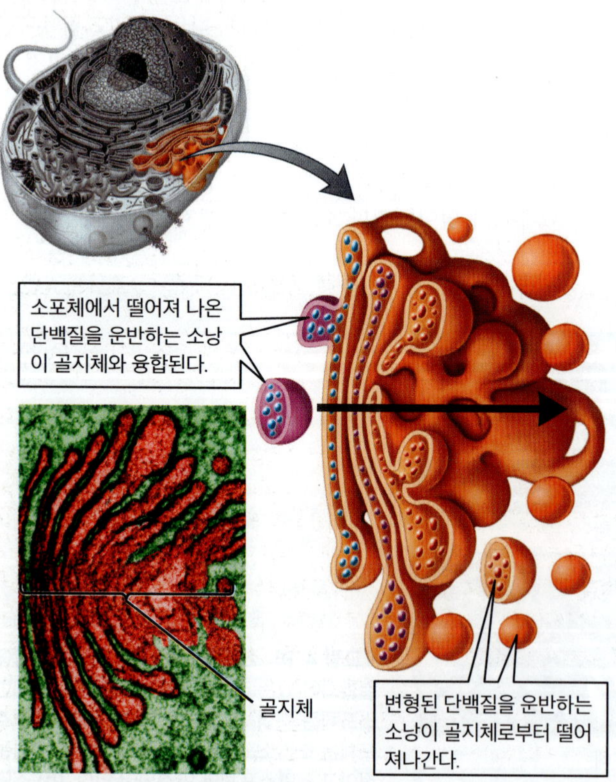


▲ **그림 4-17 골지체** 검은색 화살표는 물질들이 변형되고 선별되는 동안 골지체를 통한 물질의 이동 방향을 나타낸다. 소포체 반대쪽에 위치한 골지체에서 소낭이 떨어져 나온다.

### 골지체는 중요한 분자들을 변형시키고, 분류하고, 포장한다

1898년에 발견된 **골지체(Golgi apparatus, 또는 Golgi)**는 이탈리아 내과의사이며 세포생물학자인 Camillo Golgi의 이름에서 유래하였다. 이것은 납작하고 서로 연결된 주머니들이 차곡차곡 쌓여있는 모양의 특수화된 막 구조이다(**그림 4-17**). 골지체 구획은 포장되어 배출될 생산품을 최종 점검하는 공장의 공정실과 같다. 조면소포체로부터 떨어져 나온 소낭은 골지체의 한 면과 융합되어 골지체로 소낭의 막이 첨가되고 소낭 속의 내용물을 골지체 안으로 비워 낸다. 골지체 구획 안에서는 조면소포체에서 합성된 단백질들이 좀 더 변형된다. 최종적으로 골지체의 "배송" 쪽에서 소낭이 출아되어 떨어져 나와 완제품들을 세포 안에서 사용하거나 세포 밖으로 배출하기 위하여 멀리 운반하게 된다.

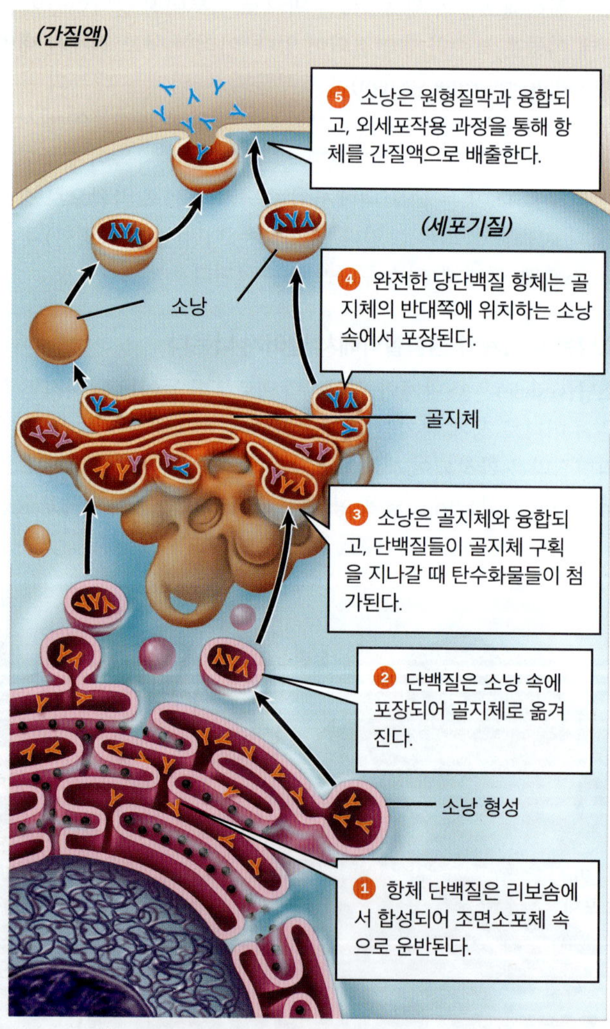


▲ **그림 4-18 내막계를 통하여 단백질이 만들어지고 방출된다** 단백질 합성과 방출 과정의 예로서 항체 형성 과정

**비판적 사고** 세포와 관련된 모든 막이 근본적으로 유사한 구성성분을 가지는 것이 왜 유리한가?

### 내막계는 분비 단백질들을 합성, 변형 및 이송시킨다

내막계를 구성하는 소기관들이 어떻게 함께 일을 하는지를 이해하기 위해서 항체의 생산과 분비과정을 살펴보기로 하자(**그림 4-18**). 백혈구 세포에 의해 생산되는 항체들은 외부 침입자(예를 들어 질병을 일으키는 세균)와 결합하여 그들을 파괴하는 것을 돕는다. 항체 단백질은 조면소포체에 있는 리보솜에서 합성되어 소포체 내관으로 배출되며 ❶, 소포체 막에서 만들어진 소낭에 저장된다. 이들 소낭은 골지체로 이동하여 ❷, 골지체 막과의 융합을 통해 항체를 내부로 방출시킨다. 골지체 내에서 항체에 탄수화물이 결합되고(당단백질로 변형) ❸, 골지체 막에서 만들어진 소낭에 다시 포장된다 ❹. 완성된 항체를 담은 소낭은 원형질막으로 이동하여 융합과정을 통해 외세포작용로 항체를 세포 밖으로 방출한다 ❺. 이후 항체는 감염체로부터 몸을 방어하기 위해 혈류 속으로 들어간다.

### 리소좀은 세포의 소화기관 역할을 한다

**리소좀(lysosome)**은 하나의 단백질부터 세균과 같은 미생물에 이르기까지 다양한 크기의 음식물을 소화하는 막에 결합된 주머니이다(**그림 4-19**). 리소좀은 수십 종류의 효소를 담고 있다. 이 효소들은 가수분해를 이용하여 탄수화물, 지질, 단백질 및 핵산을 포함한 거의 모든 거대 생체분자를 분해한다. 리소좀의 효소가 효과적으로 기능하기 위해서는 산성 환경을 필요로 하기 때문에 효소가 만들어지는 소포체 구획에 존재하는 약 pH 7.2에서는 거의 기능을 하지 못한다 ❶. 리소좀의 효소는 소포체에서 만들어져서 소낭의 형태로 골지체로 수송된다 ❷. 골지체에서 탄수화물 "우편물 라벨"은 효소와 결합하고 ❸, 이 라벨은 리소좀으로 수송할 특정 골지체 소낭으로 효소를 보내는 역할을 한다 ❹. 리소좀 막은 에너지를 소비하여 수소 이온을 내부로 보내어 효소가 최적으로 활성화할 수 있는 산성 환경(약 pH 5)을 만든다.

많은 종류의 동물세포와 원생생물은 세포 밖의 입자들을 내세포작용 과정으로 "먹는다." 즉, 세포 바로 밖에 있는 입자를 둘러싸는 것이다 ❺. 음식물을 둘러싼 원형질막은 세포기질 안으로 떨어져서 **식포(food vacuole)**라 불리는 큰 소낭을 형성한다. 이러한 식포들은 리소좀과 융합되고 ❻, 리소좀의 효소들은 음식물을 아미노산, 단당류 및 지방산 같은 작은 분자로 소화시킨다. 리소좀들은 또한 기능이 멈추었거나 결함이 있는 소기관들을 소화시켜 구성 분자로 분해한다. 분해된 모든 작은 분자들은 리소좀 막을 통해 세포기질로 방출되어 세포의 대사과정에 사용된다.

## 액포는 수분조절, 저장, 그리고 지지와 같은 많은 기능을 수행한다

식포와 같은 일부 액포들은 임시적인 구조물이다. 그러나 다른 액포는 세포가 살아있는 동안 지속된다. 다음 절에서 식물세포와 일부 담수 원생생물에 있는 영구적인 액포에 대해서 알아보도록 한다.

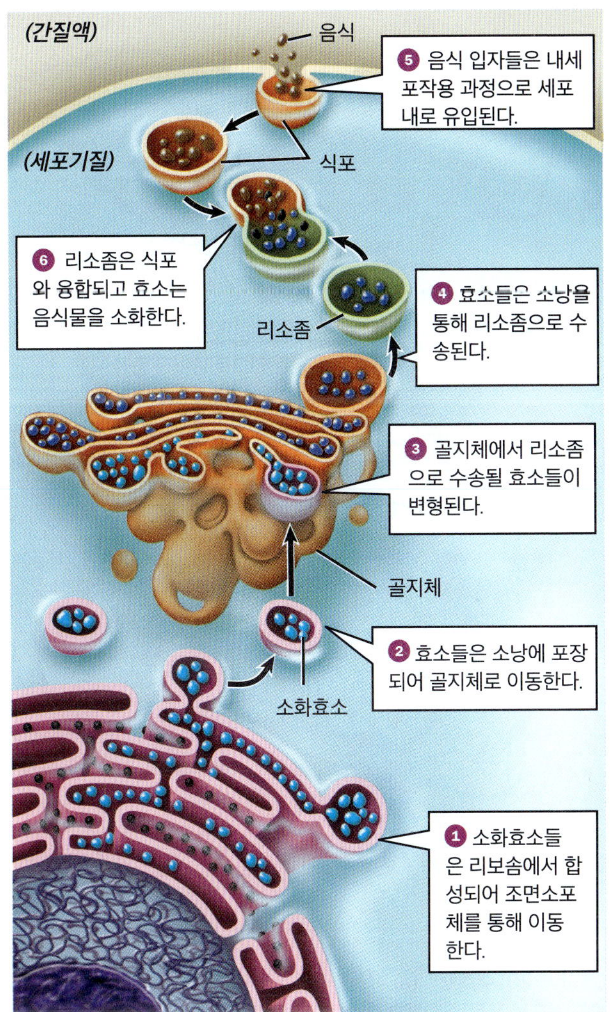


▲ **그림 4-19 내막계를 통한 리소좀과 식포의 형성**

**비판적 사고** 리소좀 효소들이 pH 7.2에서 불활성화 되는 것이 왜 중요한가?

### 담수 원생생물들은 수축포를 가지고 있다

아메바(*Amoeba*)와 짚신벌레 같은 담수 원생생물들은 수집관, 중심 저장소, 그리고 원형질막의 작은 구멍과 연결된 관으로 구성된 **수축포(contractile vacuole)**를 갖고 있다(**그림 4-20**). 담수는 원생생물의 원형질막을 통해 계속해서 수축포 안으로 새어들어온다. 이렇게 지속적으로 물이 유입됨에도 불구하고 왜 연약한 유기체는 터지지 않는가? 짚신벌레는 세포의 에너지를 사용하여 세포기질에서 수집관으로 물을 끌어들인다. 그런 다음 이 물은 중심 저장소로 배수된다. 저장소가 가득차면 수축포가 수축되어 원형질막에 있는 작은 구멍을 통해 밖으로 물을 뿜어낸다.

### 식물세포들은 중심 액포를 가지고 있다

거대한 **중심 액포(central vacuole)**는 대다수 식물세포 체적의 3/4이나 그 이상을 차지하고 있고(그림 4-6 참조) 몇 가지 기능을

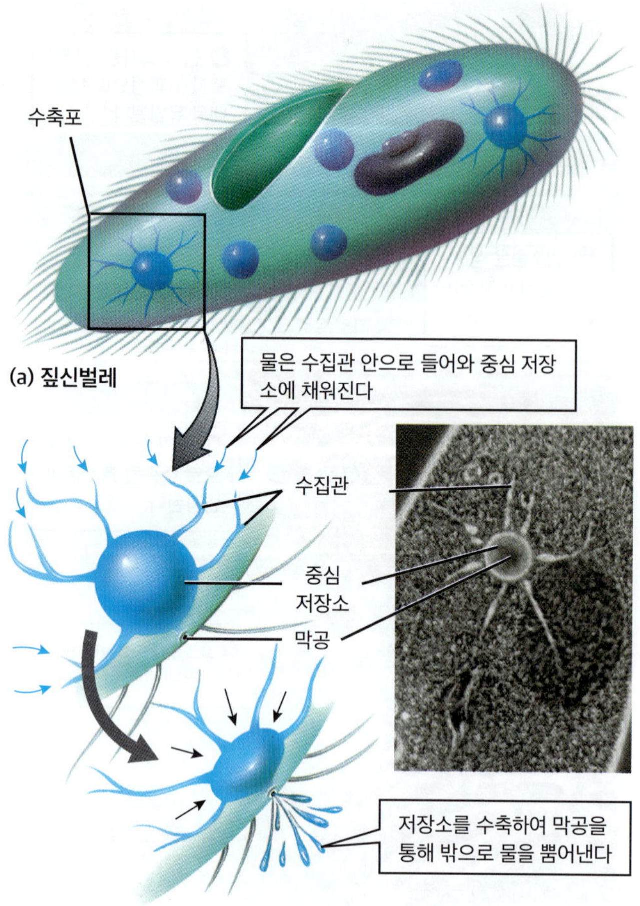


▲ **그림 4-20 수축포** (a) 짚신벌레는 담수 연못과 호수에 서식한다. (b) (왼쪽) 액포는 물을 수집하고 배출한다. (오른쪽) 형광염료를 사용하여 광학현미경으로 관찰한 수축포.

갖고 있다. 중심 액포는 세포기질에 있는 노폐물이나 독소를 저장한다. 일부 식물은 저장된 독소로 동물이 식물의 잎을 마구잡이식으로 먹는 것을 차단한다. 또한 액포는 세포가 당장에 필요로 하지 않는 당이나 아미노산을 저장해 두기도 한다. 그리고 중심 액포의 막은 세포기질의 이온 양을 조절한다. 중심 액포에 저장되어 있는 색소는 많은 꽃의 색을 띠게 한다.

또한 중심 액포는 식물세포를 지지해준다. 용해된 물질은 삼투를 통해 액포 내로 물이 들어오게 한다. 액포 내에 물이 들어와 형성된 팽압(*turgor pressure*)이라고 하는 수압은 세포질의 용액 부분을 상당한 힘으로 세포벽 쪽으로 밀어낸다. 세포벽은 일반적으로 유연하기 때문에 세포 내의 팽압은 세포의 전체적인 모양과 견고성을 결정지어 준다. 그러므로 팽압은 식물의 목질화되지 않은 부분에서 지지 작용을 하게 된다.

## 섬모와 편모는 유체에서 세포를 이동시키거나 세포 주변의 유체를 흐르게 한다

**섬모**(**cilia**, 단수는 **cilium**, "속눈썹"이라는 의미)와 편모는 세포 표면의 원형질막에 싸여 밖으로 돌출된 채찍 형태의 움직이는 구조물이다. (여기에서는 진핵생물의 섬모와 편모를 설명한다. 원핵생물의 편모 구조는 진핵생물의 편모 구조와 다르다; 섬모는 원핵생물에 존재하지 않는다.) 진핵생물의 섬모와 편모는 세포골격인 미세소관을 통해 내부를 지지하고 움직인다. 각 섬모와 편모는 융합되지 않은 미세소관 1쌍을 둘러싸는 9개의 융합된 미세소관 쌍으로 된 고리를 이루고 있다(**그림 4-21**). 섬모와 편모는 거의 끊임없이 너울거리는데 이것은 작은 팔처럼 뻗어 있고 인접하고 있는 미세소관 쌍들에 연결된 운동단백질에 의해서 구동된다(그림 4-21a 참조). 이러한 단백질 팔들은 ATP 에너지를 사용하여 하나의 미세소관이 인접한 다른 미세소관을 미끄러지듯이 밀어내는데, 이로 인해 섬모나 편모가 구부러진다.

일반적으로 섬모는 편모보다 길이는 짧으나 수는 더 많다. 섬모들은 보트의 노에 의해서 생기는 힘과 비슷한 힘을 주변의 액체에서 생성하기 위해 일제히 너울거린다. 반면에 편모는 모터보트의 프로펠러처럼 작동하는데, 유체 속에서 세포가 추진하기 위해 나선형 운동으로 회전한다. 편모가 있는 세포는 보통 하나 혹은 두 개의 편모를 가진다.

짚신벌레와 같이 작은 원생생물들은 섬모 또는 편모를 사용하여 물에서 유영한다. 반면, 동물은 세포 표면 위로 유체를 이동시키기 위해 섬모를 사용한다. 굴의 아가미(섬모가 양분과 산소가 풍부한 물을 순환시킴), 척추동물의 암컷 생식관(섬모가 난자를 자궁으로 이동시킴), 대부분의 육상 척추동물의 기도(섬모가 먼지나 미생물이 포함된 점액을 밖으로 내보냄, 그림 4-21b 참조)와 같은 다양한 기관에는 섬모세포들이 분포되어 있다. 거의 모든 동물의 정자세포는 편모를 사용하여 움직인다(그림 4-21c 참조).

**Have You Ever Wondered ...**

### 인체는 얼마나 많은 세포들로 이루어져 있는가?

우리 몸에 얼마나 많은 세포들이 존재할까? 과학자들의 최대 추정치에 따르면, 약 30조 개이다. 신체 내 30조 개의 인간 세포는 마이크로바이옴(microbiome, 인체 내 미생물 생태계)이라 불리는 집단에 존재하는 원핵세포의 수와 거의 비슷하다(또는 아마도 약간 더 많다). 우리 몸은 약 1/2파운드(200그램)의 세균과 고세균이 포함된 집단의 숙주이다. 이 유기체 집단은 입에서 항문까지 코, 피부, 질, 및 소화관에 서식하면서 다양한 역할을 담당한다(우리 몸에는 인간 세포보다 10배나 더 많은 원핵세포들이 존재한다는 내용을 다른 곳에서 볼 수 있지만, 이 오래된 추정치는 마이크로바이옴에 관한 최신 데이터와 일치하지 않는다).

**CHECK YOUR LEARNING**

- 세포소기관의 정의를 설명할 수 있는가?
- 동물세포에는 있으나 식물세포에 없는 세포소기관은 무엇인가? 식물세포에는 있으나 동물세포에 없는 세포소기관은 무엇인가?
- 진핵세포의 중요한 세포소기관들의 구조와 기능을 설명할 수 있는가?

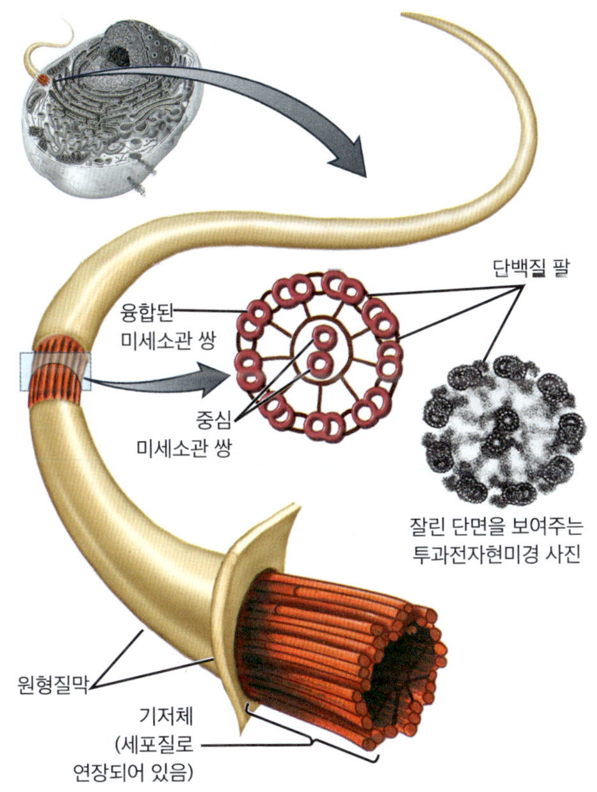


(a) 섬모와 편모의 내부구조

(b) 섬모

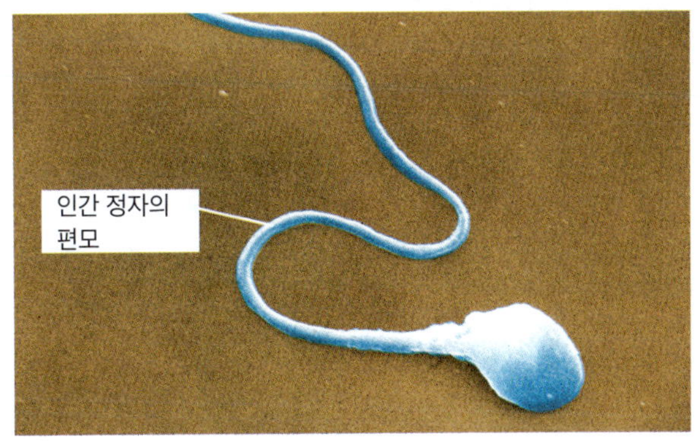


(c) 편모

▲ **그림 4-21 섬모와 편모** (a) 섬모와 편모는 기저체에서 생산되는 미세소관으로 채워져 있다. (b) 이 주사전자현미경 상의 섬모는 기관을 따라 줄지어져 있으면서 불순물을 제거한다. (c) 이 주사전자현미경 상의 인간 정자세포는 난자를 향해 이동할 때 편모를 사용한다.

**비판적 사고** 만약 기관의 내벽에 섬모 대신 편모가 분포하고 있다면 무슨 문제가 발생할까?

CASE STUDY REVISITED

## 인체의 새로운 장기

세포가 세포외기질과 상호 작용하는 방법을 제시한 최신의 연구 정보는 복잡한 생체공학적 장기를 만드는 토대를 마련했다. 현재 과학자들은 세포외기질이 이들을 분비하는 세포와 역동적인 관계에 있다는 것을 알게 되었다. 각각의 세포는 각자 필요로 하는 고유의 기질을 분비한다. 장기의 기질을 세포에서 따로 분리시키더라도 고유한 줄기세포를 유인하고 본래 장기의 기능을 가지는 세포로 분화되도록 자극하는 분자적 신호를 유지한다. 이러한 사실로부터 돼지와 같은 동물의 장기에 있는 세포외기질이 인간 장기의 성장을 위한 토대가 될 것이라는 희망을 가지게 되었다. 이 시나리오에서, 기질을 온전히 남겨둔 채 세포만 제거한 동물 장기에 이식이 필요한 사람으로부터 채취한 줄기세포를 접종한다.

과학자들은 이식을 위한 인공 장기를 만들기에 앞서 여러 가지 문제점을 해결해야 한다. 예를 들면, 간과 같이 복잡한 장기를 만들기 위해서 과학자들은 장기 세포뿐만 아니라 그것의 생명과 기능을 유지하기 위한 광범위한 혈관 네트워크를 생산하는 줄기세포를 유도해야 한다. 최근 이 문제를 해결하기 위한 노력의 일환으로 과학자들은 동물의 간에 혈액을 통해 세제용액을 관류시켰다. 이 과정은 간세포와 혈관세포들을 모두 씻어내지만, 세포외기질 내에 존재하는 혈관 네트워크의 3차원적인 공간은 온전히 남겨둔다. 그런 다음 연구자들이 미성숙한 인간 간세포와 혈관세포를 혈관에 주입한 결과 혈관 네트워크를 통해 주입된 세포들이 퍼져나갔다. 영양분이 채워진 생물반응기에서 1주일이 지난 후에, 인간의 혈관세포가 혈관 통로 안에 내벽을 형성하고, 나머지 부분에는 간세포가 증식했다. 아직 이 1인치 지름의 간 유사 조직이 완전한 기능을 수행하는 인공 간이 되는 과정의 한 단계일뿐이지만, 생명공학 연구의 급속한 발전은 향후 수십 년 안에 인공 신체 장기가 사람들이 더 장수하고 건강한 삶을 영위하는데 도움이 될 것임을 전망하고 있다.

**생각해보기** 생체공학적 장기는 기증자 이식에 비해 어떠한 이점이 있나? 만약에 당신의 장기가 손상되었고, 생체공학적 장기가 임상실험이 시작되었다면, 당신은 피실험자에 자원할 것인가? 그 이유는 무엇인가?

# CHAPTER REVIEW

*비판적 사고와 생각해보기, 선택형문제, 빈칸채우기 질문에 대한 답은 이 책의 뒷부분에 있는 정답란에서 볼 수 있다.*

## 핵심개념의 요약

### 4.1 세포설이란 무엇인가?

세포설의 원리는 다음과 같다. 모든 살아있는 생명체는 하나 이상의 세포로 구성되어 있으며, 가장 작은 생명체는 단일세포이고, 세포는 다세포 생물의 기능적 단위이다. 그리고 모든 세포는 그 전에 존재하고 있는 세포로부터 나온다.

### 4.2 과학자들은 어떻게 세포를 시각화하는가?

1700년대 현미경이 발명될 때까지 과학자들은 세포의 존재를 알지 못했다. 현재 과학자들은 가시광선을 집중시키는 렌즈를 사용한 광학현미경과 전자선을 집중시키는 자석을 사용한 전자현미경을 통해 세포를 관찰한다. 전자현미경은 광학현미경보다 더욱 작은 구조를 관찰할 수 있다.

### 4.3 세포의 기본적인 속성은 무엇인가?

세포들은 확산에 의해 주변 환경과 물질들을 교환해야하기 때문에 크기가 제한되어 있다. 확산은 느리게 일어나기 때문에 세포의 내부가 원형질막으로부터 멀지 않아야 한다. 모든 세포들은 원형질막으로 둘러싸여 있으며, 원형질막은 세포와 주변 환경 사이의 물질교환을 조절한다. 모든 세포는 유전적 설계도로 DNA를 사용하고, DNA 설계도에 따라 단백질 합성을 돕도록 RNA를 사용한다. 본질적으로 다른 두 종류의 세포가 있다. 원핵세포는 막으로 된 세포소기관을 갖고 있지 않다. 진핵세포는 일반적으로 원핵세포보다 크며, 핵을 포함한 다양한 세포소기관을 갖고 있다. 원핵세포와 진핵세포의 비교는 표 4-1을 참조하라.

### 4.4 원핵세포의 중요한 특징은 무엇인가?

고세균 영역과 세균 영역에 속하는 모든 생물은 단세포 및 원핵세포이다. 원핵세포는 일반적으로 진핵세포보다 크기가 작고 막으로 된 세포소기관이 없는 단순한 내부구조를 가지고 있다. 일부 원핵생물은 편모를 갖고 있다. 대부분의 세균은 펩티도글리칸으로 이루어진 세포벽으로 둘러싸여 있다. 질병을 일으키는 세균을 포함한 일부 세균은 외부 캡슐이나 점액층 또는 부착 선모라고 불리는 단백질 가닥을 사용하여 표면에 부착한다. 성 선모는 플라스미드를 전달하기 위해서 다른 세균을 끌어당긴다. 플라스미드는 항생제 저항성 같은 특성을 부여하는 작은 고리형의 DNA이다. 대부분 세균의 DNA는 하나의 염색체로 핵양체 부위에 있다. 세균의 세포질은 리보솜과 세포골격을 포함하고 있다. 광합성 세균에는 광합성 반응이 일어나는 내막이 있다.

### 4.5 진핵세포의 중요한 특징은 무엇인가?

진핵세포는 세포소기관이라고 불리는 막으로 둘러싸인 구조물들을 갖고 있으며, 일부 세포소기관은 식물세포와 동물세포에 따라 차이가 있다(표 4-1 참조). 두 세포들 모두 세포외기질을 분비한다. 동물세포의 세포외기질은 구조적인 역할과 생화학적 반응을 도와주는 단백질과 다당류로 구성된다. 식물세포의 세포외기질은 주로 셀룰로오스로 구성되며, 단단하고 다공성 구조물인 세포벽을 형성한다.

진핵생물의 유전물질(DNA)은 핵 안에 있으며, 핵은 두 겹의 막으로 된 핵막으로 둘러싸여 있다. 핵막에 있는 구멍은 핵과 세포질 사이의 분자들의 이동을 조절한다. 유전물질은 염색체라고 불리는 가닥 안에 잘 정돈되어 있으며, 염색체는 DNA와 단백질로 이루어져 있다. 핵 안에 있는 인은 리보솜 합성 장소이다. rRNA와 단백질로 이루어진 리보솜은 세포질에 있는 단백질 합성 장소이다.

모든 진핵세포들은 미토콘드리아를 갖고 있으며, 이것은 음식에서 에너지를 추출하여, 고에너지 상태인 ATP에 저장한다. 식물세포와 광합성 원생생물은 색소체를 갖고 있다. 엽록체는 색소체에 포함되며 광합성을 통해 태양 에너지를 포획하여 당 분자에 저장한다. 다른 색소체들은 색소나 녹말을 저장한다. 내부공생설은 미토콘드리아와 엽록체(다른 플라스미드와 마찬가지로)가 모두 원핵세포로부터 기원한다고 설명한다. 진핵세포는 세포 내에 단백질 섬유로 된 세포골격을 가지고 있다. 세포골격은 세포소기관들을 수송하고 고정시킨다. 동물세포에서 세포골격은 세포의 형태를 잡아주고 세포분열을 돕고 특정 세포를 이동시킨다.

진핵세포의 내막계는 핵막, 소포체(ER), 골지체, 리소좀 그리고 소낭들로 구성된다. 소포체는 일련의 막들이 상호 연결된 구획이며, 새로운 막을 합성하는 주요 장소이다. 조면소포체는 핵의 외막과 연결되어 있으며 단백질 합성이 일어나는 리보솜을 갖고 있다. 합성된 단백질은 소포체 안에서 변형되고 접히고 수송된다. 리보솜이 없는 활면소포체는 스테로이드 호르몬과 같은 지질을 만들고, 약물과 대사 노폐물을 해독하고, 칼슘을 저장한다. 골지체는 일련의 납작한 막 주머니로 구성된다. 골지체는 조면소포체에서 합성된 물질들을 가공하고 변형시킨다. 골지체에서 변형된 물질들은 세포의 다른 장소로 수송되기 위해 선별되어 소낭 안에 포장된다. 리소좀들은 소화효소를 담고 있는 특수화된 막 주머니이다. 리소좀은 식포와 융합한 후 음식 분자를 분해한다. 리소좀은 또한 손상된 세포소기관을 분해한다. 일부 담수 원생생물은 과량의 물을 모아서 내보내는 수축포를 갖고 있다. 식물은 세포를 지지해주고 영양분, 색소, 노폐물 및 독성물질을 저장하는 중심 액포를 갖고 있다. 일부 진핵세포들은 원형질막이 신장되어 있는 섬모 혹은 편모를 갖고 있다. 이것은 특정한 패턴으로 배열된 미세소관으로 이루어져 있다. 이러한 구조물들은 주변의 액체를 이동시키든지 또는 액체 속에서 세포를 이동시킨다.

## 개념을 통한 이해

### 선택형 문제

**1.** 다음 중 원핵세포에서만 발견되는 것은 무엇인가?
  a. 플라스미드
  b. 세포골격
  c. 미토콘드리아
  d. 리보솜

2. 다음 중 세포골격의 기능이 아닌 것은 무엇인가?
   a. 세포소기관 수송
   b. 세포외부 지지
   c. 세포 이동
   d. 세포 형태 유지
3. 다음 중 틀린 것은 무엇인가?
   a. 섬모와 편모는 유체를 통해 세포를 이동시킬 수 있다.
   b. 섬모와 편모는 미세섬유에 의해 지지되고 움직인다.
   c. 섬모는 편모보다 더 짧고 많다.
   d. 편모는 인간의 정자를 움직인다.
4. 다음 중 리보솜이 없는 곳은 어디인가?
   a. 핵막 위
   b. 세포질
   c. mRNA 위
   d. 조면소포체 안쪽
5. 다음 중 틀린 것은 무엇인가?
   a. 광합성은 색소체에서 일어난다.
   b. 엽록체는 음식 저장 분자로부터 에너지를 추출한다.
   c. 미토콘드리아는 원핵세포로부터 기원된 것이다.
   d. 식물 세포벽은 세포외기질의 한 종류이다.

## 빈칸 채우기

1. 원형질막을 구성하는 중요한 두 가지 분자는 ________과 ________이다. 어떤 종류의 분자가 다음의 각 기능을 담당하는가? 환경과의 분리: ________; 다른 세포와의 상호작용: ________.
2. 세 가지 세포골격은 ________, ________, ________이다. 이 들 중 섬모를 지지하는 것은? ________. 세포소기관을 수송하는 것은? ________. 근육을 수축시키는 것은? ________. 세포의 구조를 지탱해주는 것은? ________.
3. 다음의 설명에 해당되는 용어를 적어라. 세포의 "작업대": ________; 표면이 거칠거나 매끄러운 두 가지 형태가 있음: ________; 리보솜의 생성 장소: ________; 납작한 막 주머니가 쌓인 층상구조: ________; 식물세포의 가장 바깥층: ________; 단백질 합성을 위해 핵에서 세포질로 설계도를 전달: ________.
4. 항체 단백질은 ________에 결합되어 있는 리보솜에서 합성된다. 항체 단백질은 ________이라고 하는 막 주머니에 포장되어서 ________로 이동된다. 여기서 어떤 종류의 분자가 단백질에 추가되는가? ________. 항체가 완성되면 소포에 포장되고 소포는 ________과 융합된다.
5. 다음의 설명에 해당되는 용어를 적어라. 세포의 "발전소": ________; 태양 에너지의 포획: ________; 동물세포의 바깥 구조물: ________; DNA가 들어있는 원핵세포의 부위: ________; 세포 주위의 유체를 이동시키는 구조: ________; 세포기질과 세포소기관들로 구성된 것: ________.
6. 원핵세포에서 진화되었다고 믿어지는 두 종류의 세포소기관은 ________와 ________이다. 이 가설의 근거는 둘 다 ________개의 막을 갖고 있으며, ________을 합성하는 효소 그룹을 갖고 있고, 그들의 ________이 원핵세포의 것과 유사하다는 것이다.
7. 박테리아의 어느 구조가 펩티도글리칸으로 구성되었는가? ________. 원핵세포의 어느 구조가 진핵세포의 핵과 유사한 기능을 하는가? ________. 항생제 저항성 같은 특성을 세균에게 부여하는 작은 DNA를 무엇이라고 부르는가? ________. 세균 세포를 끌어당기고 DNA를 전달하는 기능을 하는 세균의 구조가 무엇인가? ________.

## 복습문제

1. 세포설의 세 가지 원리는 무엇인가?
2. 식물세포와 동물세포에 공통으로 존재하는 세포소기관들은 무엇인가? 식물세포나 동물세포에 없는 세포소기관은 무엇인가?
3. 진핵세포의 세포골격에 해당하는 단백질들의 이름은 무엇인가; 각각의 상대적인 크기와 주요 기능을 서술하라.
4. 핵막, 염색질, 염색체, DNA 그리고 인을 포함하고 있는 핵과 각 구성성분의 기능에 대해 설명하라.
5. 미토콘드리아와 엽록체의 기능은 무엇인가? 왜 과학자들은 이러한 세포소기관들이 원핵세포에서 유래하였다고 믿고 있는가? 무슨 가설이라고 부르는가?
6. 리보솜의 기능은 무엇인가? 세포내 어디에서 발견되나? 리보솜은 진핵세포에만 있는가?
7. 조면소포체와 활면소포체 및 골지체의 구조와 기능 그리고, 어떻게 이들이 함께 작용하는지에 대해 서술하라.
8. 리소좀은 어떻게 형성되는가? 그들의 기능은 무엇인가?
9. 진핵세포의 섬모와 편모의 구조를 그려보아라. 편모와 섬모는 어떻게 움직이고 어떤 결과를 보이는가?
10. 진핵세포의 구조물과 이름과 기능은 같으나 분자 조성이 다른 세균 세포의 구조물을 열거하라.

# 개념의 적용

1. 만일 근육조직의 표본들을 세계적인 마라톤 선수와 오랫동안 앉아 있는 사람의 다리에서 얻었다면, 어느 근육조직 표본이 더 높은 밀도로 미토콘드리아를 가지고 있다고 생각하는가? 왜 그렇게 생각하는가?
2. 동물세포에서 세포골격 기능 중의 하나가 세포의 외형을 부여하는 것이다. 식물세포는 원형질막을 둘러싼 아주 딱딱한 세포벽을 가지고 있다. 이러한 사실은 식물세포에서는 세포골격이 필요 없다는 것을 의미하는가?
3. 큰 구형의 세포들이 직면하는 문제점은 무엇인가? 매우 큰 세포들이 살아가려면 어떤 적응을 해야 하는가?

# 5 세포막의 구조와 기능

공격을 준비하고 있는 방울뱀

CASE STUDY

## 치명적인 뱀독

열세 살의 Justin Schwartz는 요세미티 국립공원 근처로 여름 캠프를 가서 3주 동안 머무르면서 즐길 계획이었으나, 7킬로미터 정도 하이킹을 하면서 햇빛이 드는 어떤 바위에 이르러 손을 가볍게 올려놓은 뒤로 완전히 달라졌다. 갑자기 왼쪽 손바닥에 찔리는 것과 같은 통증이 느껴졌다. Justin이 뻗은 팔에 위협을 느낀 1.5미터 정도 크기의 방울뱀이 경고도 없이 물어 버렸다. 캠프 동료들이 경고음을 내며 땅속으로 미끄러져 들어가는 뱀을 보았으나 Justin은 손바닥이 부어오면서 통증이 시작되는 손에 집중하였다. 그는 갑자기 힘이 빠지면서 어지러움을 느꼈다. 인솔자와 캠프 동료들이 4시간에 걸쳐 병원으로 옮기는 동안 그의 팔을 따라 발생하는 탈색이 번져 나갔고, 팔이 터져나가는 것과 같은 고통을 느꼈다.

헬리콥터가 병원으로 이송한 후 혼수상태에 빠졌으며, 다음날 캘리포니아 대학의 데이비스 의료센터에서 의식을 회복했다. 여기서 한 달 이상을 보내면서 10번의 수술을 받았다. 수술로 부어오른 팔에 가해지는 막대한 압력을 줄이고, 죽은 근육조직을 제거하였으며, 손과 팔에 일어난 심각한 손상부위를 회복시키는 장기치료를 시작하였다.

Diane Kiehl의 시련은 그녀의 가족과 함께하는 일상적인 기념일 행사에 참석하기 위해 전날 밤 욕실 바닥에 던져 놓은 청바지를 끌어당겨 입으면서 시작되었다. 오른쪽 허벅지를 찌르는 통증을 느끼자 쥐고 있던 옷을 놓고 확인한 결과 긴 다리를 가진 거미가 걸어 나오는 짜증나는 광경을 목격하였다. 캔사스 시골마을의 오래된 집에 살고 있는 Diane이 자라면서 익숙하게 보았던 대부분의 거미들은 해를 끼치지 않으나 갈색은둔거미는 예외였다. 두 개의 작은 구멍으로 된 상처는 다음날 상처부위에 광범위하게 가려운 발진이 생기기 전까지는 짜증나게 하는 단순한 것처럼 보였다. 삼 일이 되면서 허벅지를 칼로 관통하는 것과 같은 간헐적인 통증이 밀려왔다. 의사는 그녀에게 진통제와 부기를 경감시켜주는 스테로이드 및 거미의 입 부분에 의해 감염된 박테리아와 싸우도록 항생제를 주었다. 그 후로 10일 동안 커지는 발진에서 오는 통증의 악몽에 시달렸고, 상처는 응고된 혈병의 아래에서 흘러나오는 분비물의 수포로 덮였다. 상처가 아무는 데에는 4개월이 걸렸다. 심지어 1년 후에도 남아있는 큰 상처의 흔적에서 때때로 통증이 느껴졌다. 방울뱀과 갈색은둔거미의 독이 어떻게 혈관을 약화시키고, 피부와 조직을 해체시켰으며, 때때로 전신에 걸쳐 작용하여 수명을 단축시키는 증상을 나타낼 수 있을까? 독이 세포막에 무슨 일을 한 것일까?

## 주요내용

**5.1** 세포막의 구조는 기능과 어떠한 관련이 있는가?

**5.2** 용액에서 분자를 움직이게 하는 물리적 작용은 무엇인가?

**5.3** 물질은 어떻게 막을 가로질러 이동하는가?

## 5.1 세포막의 구조는 기능과 어떠한 관련이 있는가?

진핵세포 내에 있는 소기관들뿐만 아니라 모든 세포들은 막으로 둘러싸여 있다. 세포의 모든 막들은 같은 기본구조를 가지고 있다: 단백질이 인지질 이중층에 떠다니고 있다(**그림 5-1**). 막의 단백질과 인지질의 구조는 환경과 세포의 변화요구에 반응하여 역동적으로 변한다.

세포막은 몇 가지의 중요한 기능들을 수행한다.

- 세포의 구성체들을 주위를 싸고 있는 간질액으로 부터 격리시키고 또한 막으로 둘러싸인 세포소기관들을 주위의 세포질로부터 분리시킨다.
- 세포와 간질액 사이 또는 막으로 둘러싸인 소기관과 세포질액 사이에 일어나는 물질의 교환을 조절한다.
- 다세포 생물체의 세포들 사이의 소통을 가능하게 한다.
- 세포들 사이의 접촉과 세포 내부에서의 접촉 부위를 생성한다.
- 많은 생화학 반응들을 조절한다.

이러한 기능들은 서로 얇게 쌓인 10,000개의 세포막이 한 장의 종이 두께보다도 얇은 구조가 갖는 중대한 작업이다.

### 막은 단백질이 지질층 내에서 움직이는 유동모자이크이다

1972년에 S. J. Singer와 G. L. Nicolson은 **유동모자이크 모델 (fluid mosaic model)**을 제안했는데, 이는 우리가 막 구조와 기능

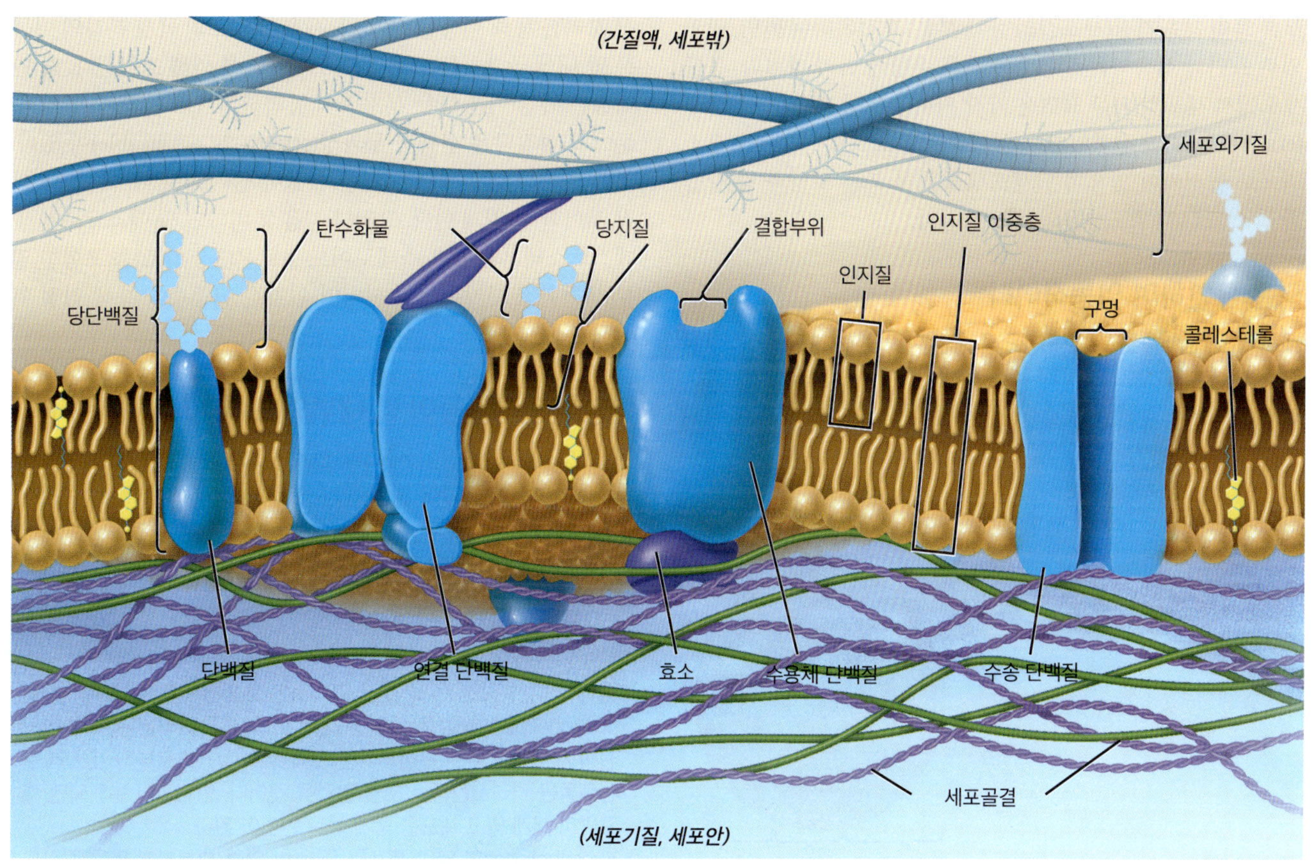


▲ **그림 5-1 원형질막** 원형질막은 콜레스테롤 분자가 산재되어 있고 단백질 (파란색)이 들어있는 인지질 이중층 구조이다. 막 단백질은 효소뿐만 아니라 인지, 연결, 수용체 및 수송 단백질을 포함한다. 탄수화물이 부착된 당단백질과 당지질도 다수 존재한다.

에 대해 이해를 하기 위한 기본적인 개념이다. **유체(fluid)**는 분자가 서로 지나갈 수 있는 물질이다; 가스, 액체 그리고 세포막이 여기에 포함된다. 모자이크(*mosaic*)는 시멘트와 같은 모르타르(mortar)에 있는 깨진 타일 조각과 같은 작은 색 조각으로 만들어진 모자이크 작품과 유사하다는 의미이다. 고배율로 관찰된 막은 거칠고 끊임없이 변화하는 타일 모자이크처럼 보인다. 인지질 이중층은 모자이크를 위해 두껍지만 여전히 액체인 "모르타르(mortar)"을 형성하고 다양한 단백질은 인지질층 내에서 이동할 수 있는 내장된 "타일(tiles)"이다(그림 5-1 참조).

## 인지질 이중층 용액은 세포 구성체의 격리를 돕는다

**그림 5-2**에서 보여주듯이 인지질은 두 가지의 매우 다른 부분으로 구성되어 있다: 극성의 친수성 머리(물과 접촉하는)와 비극성이고 소수성인(물이 붙지 않는) 한 쌍의 지방산 꼬리로 구성되어 있다. 물속에서 인지질은 자발적으로 **인지질 이중층(phospholipid bilayer)**이라는 이중층으로 배열된다. 물과 친수성 인지질 머리 사이의 수소결합은 친수성 머리가 물을 향하게 하는 반면, 소수성 인지질 꼬리는 이중층 내에서 함께 모인다. 인지질 이중층 배열은 또한 물이 모든 세포막의 양면에서 존재하기 때문에 막에서 발생한다. 모든 세포에서, 원형질막의 내부 표면은 대부분 물인 세포기질(세포질의 유체 부분)과 접촉하는 반면, 막의 외부 표면과 접촉하는 수용액은 세포 유형에 따라 다르다. 동물세포에서 세포의 외부 표면은 약간 짜며 수분이 많은 **간질액(interstitial fluid)**과 접해있다. 식물세포는 물로 포화된 셀룰로오스 벽으로 둘러싸여 있으며 단세포생물은 물 또는 토양과 같은 습한 장소 또는 다세포생물의 내부에 산다.

## 막은 유연하며 역동적이다

세포막의 구성체들은 연속적으로 움직이고 있다. 이러한 움직임을 이해하기 위해서는 절대영도(-273℃) 이상에서는 원자, 분자, 이온들은 연속적이고 무작위적으로 움직인다는 것을 아는 것이 중요하다. 온도가 증가하면 운동은 증가한다: 생명을 유지하는 온도에서 이러한 물질들은 더욱 빠르게 움직인다. 막에 있는 인지질 분자들 사이에는 화학결합이 없어서 체온의 범주에서 연속적이고 무작위적인 운동은 분자들을 자유롭게 이동하게 한다. 다만 막의 이중층 사이에서 뒤집는 이동은 드물게 일어난다.

이중층의 유연성은 막의 기능을 나타내는 데 결정적인 역할을 한다. 만약 원형질막이 딱딱했다면 여러분이 움직이면 세포들은 깨지고 열려서 죽게 되었을 것이다. 막의 이러한 유동적인 성질은 또한 다른 막과 합쳐지는 것을 허용한다. 예로 골지체에서 나온 소낭은 원형질막과 합쳐지면서 내용물을 세포 밖으로 내보낸다(4장 참조). 유연성을 유지하기 위해 대부분의 막은 실온에 있는 올리브기름과 유사한 정도를 계속 유지한다. 그러나 올리브기름을 냉장고에 넣으면 고체로 되어 버리는데 생물체를 차갑게 하면 막에 무슨 일이 일어나는가? 해답을 찾으려면 "Health Watch: 막의 유동성, 인지질, 손가락 파괴"를 보라.

## 인지질 이중층은 대부분의 분자의 통과를 차단한다

염, 아미노산 및 당을 포함하여 세포가 사용하는 대부분의 분자는 친수성이다. 이들 분자는 극성이고 수용성이기 때문에 인지질 이중층의 주요 구성성분중 하나인 비극성이며 소수성 지방산 꼬리를 통해 이동할 수 없다. 세포 내외로의 극성 분자의 이동은 막 내에 존재하는 단백질의 모자이크에 의해 조절된다. 막 단백질은 특정 이온 또는 분자만이 통과하거나 투과할 수 있기 때문에 원형질막은 **선택적 투과성(selectively permeable)**이 있다. 선택적 투과성은 세포가 어떤 물질이 들어오고 나가는지를 더 잘 제어할 수 있게 한다. 그러나 지용성 비타민 및 에스트로겐 및 테스토스테론과 같은 스테로이드 호르몬(3장 참조)을 포함한 일부 생물학적 분자는 소수성이며 인지질 이중층을 통해 직접 확산될 수 있다.

## 다양한 단백질들이 막 내부의 모자이크를 만든다

수천 가지의 단백질이 세포막 인지질 이중층의 내부에 박혀 있거나 표면에 부착되어 있다. 많은 막 단백질은 외막 표면으로부

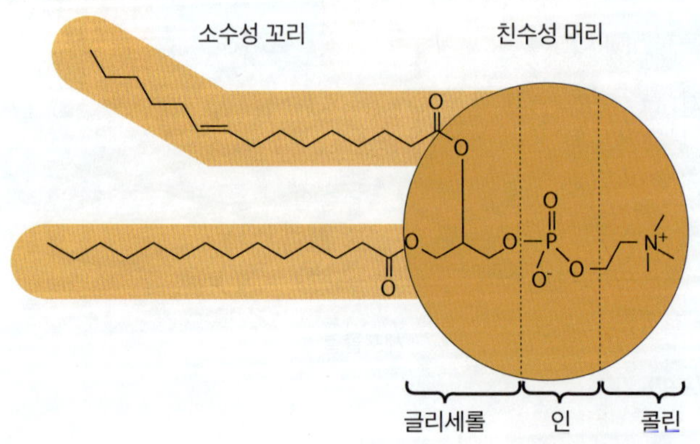


▲ **그림 5-2 인지질** 포스파티딜콜린(여기에서 보듯이)은 세포막에 풍부하게 존재한다. 지방산 꼬리중 하나의 이중결합은 꼬리가 구부러지게 한다.

**CASE STUDY CONTINUED**

**치명적인 뱀독**

뱀과 거미가 가진 독의 가장 파괴적인 효과는 인지질을 파괴하는 phospholipase를 갖고 있기 때문에 나타난다. 여러분은 이제 인지질이 세포막의 주된 구성체라는 것과 주위 환경으로부터 세포의 구성체들을 격리시킨다는 것을 알았을 것이다. 인지질이 분해되면 세포막이 새게 되고 세포를 죽게 하는 원인이 된다.

Phospholipase의 양이 세포를 죽게 할 만큼 충분하지 않을 지라도 뱀독은 또한 단백질을 분해하는 효소를 가지고 있다. 막 단백질들은 무슨 기능을 하는가?

## Health WATCH 막의 유동성, 인지질, 손가락 파괴

세포막은 막에 박혀있는 단백질의 기능을 위해서 최적의 유동성을 유지할 필요가 있다. 온도는 막의 유동성에 매우 중요한 인자이다. 온도가 올라가면 막의 인지질 분자들은 상하좌우 운동으로 주위를 맹렬하게 움직이며 분자들 간의 거리가 더욱 멀어진 상태를 유지한다. 온도가 내려가면 인지질 분자들이 서로 강하게 묶이는 상태가 되면서 막은 딱딱한 상태가 된다.

많은 생명체들은 체온을 일정하게 유지하지 못해서 계절적인 변화에 맞서서 적절한 막의 유동성을 유지할 수 있는 메커니즘을 가지고 있어야 한다. 식물, 물고기, 개구리, 뱀, 포유동물 등을 연구하는 과학자들의 연구에서 이들 생물체들은 세포막의 조성을 변화시킬 수 있다는 것을 발견하였다. 온도가 떨어지면 그들의 막에 더 많은 불포화 지방산을 가지고 있는 인지질을 집어넣는다. 온도가 올라가면 개체는 포화 인지질을 저장한다. 왜? 막의 인지질에 있는 포화 지방산과 불포화 지방산 꼬리의 상대적인 함량이 주어진 온도에서 막의 유동성에 어떻게 큰 영향을 주는가? 포화된 지방산(이중결합의 탄소를 갖지 않은)은 곧게 뻗어있고 서로 강하게 함께 묶일 수 있어서 상대적으로 딱딱한 막이 된다. 불포화 지방산은 하나 또는 그 이상의 이중결합 탄소를 가지고 있으며 각각은 꼬리에 꼬이는 구조를 도입하게 된다(그림 5-2 참조). 이러한 구조는 인지질이 서로 더욱 멀어지게 만들어 막이 더욱 유동적이게 만든다(**그림 E5-1**). 인지질에 있는 지방산을 조정하는 것은 계절적으로 온도가 변하는 동안 막의 적절한 유동성을 유지하는 데 도움을 준다.

그러나 만약 여러분이 차가운 것을 잡았을 때는 막이 그들의 인지질을 조정할 시간을 갖지 못한다. 만약 중심온도가 갑자기 떨어지면 신체는 손과 발로 가는 혈액의 흐름을 감소시켜서 심장과 뇌와 같은 중요한 생명 기관을 위해 온기를 보전할 것이다. 손이 차가워지면서 여러분은 손가락을 조절하기 힘들어지게 되고 접촉 감각이 줄어들 것이다(**그림 E5-2**). 무슨 일이 일어난 걸까?

냉각으로 인해 신경은 더 천천히 근육을 조절하고, 더 천천히 신경 자극을 감각기관에 전달한다. 과학자들은 왜 이런 일이 일어나는지 정확히 알지 못한다. 하지만 추위에 막이 경직됨에 따라 신경 자극 전달에 관여하는 이온 통로를 가진 단백질의 기능이 방해 받는다는 가설을 뒷받침하는 증거가 있다. 손이 심하게 차가워지면(그러나 감각이 없을 정도로 조직이 얼지 않았다면), "냉각 통증"으로 괴로움을 느낄 것이다. 그 통증은 실제로 손을 움직일 수 없고 촉감을 잃었을 지라도 지속될 것이다.

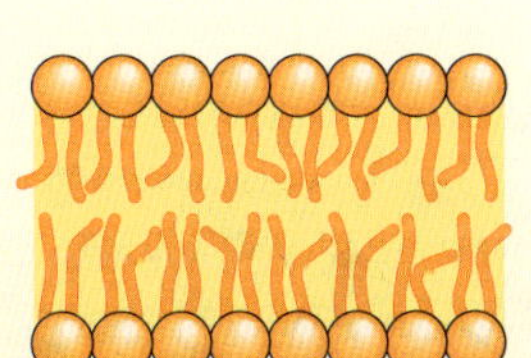


▲ **그림 E5-1 인지질 꼬리의 구부러짐은 막 유동성을 증가시킨다.**

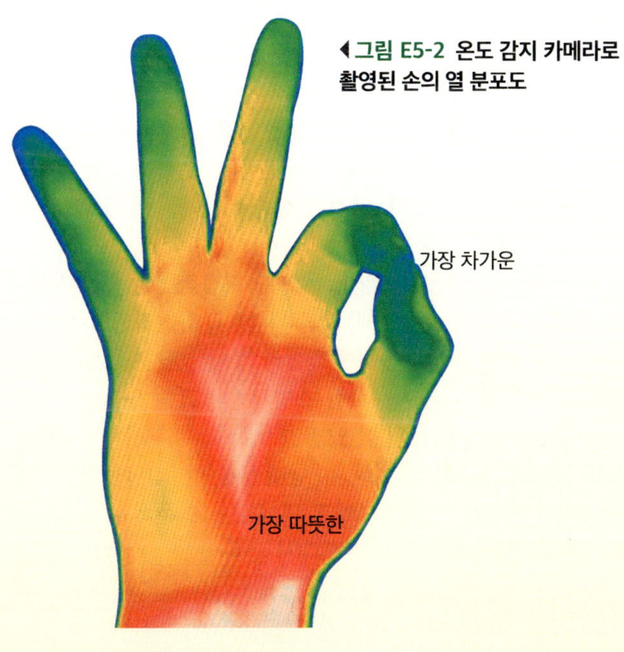


◀ **그림 E5-2 온도 감지 카메라로 촬영된 손의 열 분포도**

**비판적 사고** 연구원들은 최근 통증을 유발하는 피부 신경세포에서 이온을 전달하는 능력이 실제로 추위에 의해 향상되어 신경세포를 더욱 활동적으로 만드는 이온 통로를 발견했다. 왜 이러한 수용체가 진화했는지 설명하는 가설을 설정해보라.

터 돌출된 탄수화물 그룹을 가지고 있다(그림5-1 참조). 이러한 단백질들을 **당단백질(glycoprotin**: glyco는 달다는 그리스어로 탄수화물의 당 부위를 나타냄)이라 부른다. 막의 단백질들은 그들의 기능적인 면에 근거하여 주로 다섯 가지의 그룹으로 나뉜다: 효소, 인지 단백질, 수용체 단백질, 연결 단백질, 수송 단백질

### 효소

생물학적 분자를 쪼개거나 합성하는 화학반응을 촉매하는 단백질을 **효소(enzymes)**라 부른다(6장 참조). 세포막과 관련이 있는 다양한 단백질들이 원형질막과 여러 소기관에서 다른 기능을 수행하고 있다. 예로 ATP 합성에 관련된 효소들은 미토콘드리아

의 내막에 박혀있다. 원형질막의 효소들은 동물세포 사이의 공간을 채우고 있으면서 지지기능을 하는 세포외기질의 합성을 돕는다. 소장의 표면에 있는 세포들의 원형질막 효소들은 단백질과 탄수화물 같은 영양성분이 세포내로 흡수될 때 이들을 분해시킨다.

## 인지 단백질

**인지 단백질(Recognition proteins)**은 인지하는 표지로 역할을 하는 당단백질이다. 각각의 개별 생명체들은 "자신"의 세포로 인지하는 특유의 당단백질을 가지고 있다. 면역세포들은 자신의 세포는 무시하지만 박테리아와 같이 그들의 막에 다른 인지 단백질을 가진 침입자 세포들을 공격한다. 장기이식이 성공하기 위해서는 수혜자의 면역계에 의해 장기가 공격받지 않도록 공여자의 가장 중요한 인지 단백질이 수혜자의 것과 일치해야 한다.

## 수용체 단백질

대부분의 세포들은 원형질막을 관통하고 있는 여러 가지 형태의 **수용체 단백질(receptor proteins)**을 가지고 있다(이들 중 일부는 당단백질이다.). 각 수용체 단백질은 신경전달물질(신경세포의 전달물질)이나 특별한 호르몬과 같은 신호 분자에 대한 특별한 결합부위를 가지고 있다. 적절한 신호 분자가 수용체 단백질에 결합하면 수용체 단백질은 활성화된다.

일부 경우에, 수용체 단백질은 또한 직접적인 수용체 작용이라 불리는 과정에서 수송체로서 작용한다. 직접적인 수용체 작용에서, 신호 분자는 수용체에 결합하고, 이 결합은 즉시 같은 수용체 단백질 내의 이온 통로를 개방시킨다(**그림 5-3a**). 이러한 직접적인 수용체 작용의 잘 알려진 예는 골격근(신체를 움직이는)의 막에 있는 단백질이다. 이 단백질에 신경전달물질인 아세틸콜린이 결합하면 같은 단백질 내에 있는 이온 통로가 열려서 이온의 흐름이 허용되고 이는 다시 근육세포의 수축을 촉진한다. 다른 수용체 단백질들은 간접적인 활동을 통하여 효과를 이끌어 낸다. 신경전달물질이나 호르몬과 같은 신호 분자가 결합하면 수용체 단백질의 구조와 생화학적 활성이 변화된다. 이 변화는 세포 내에서 일련의 반응을 시작하여 효과를 생성한다(예: 많은 이온 통로를 여는 등, **그림 5-3b**). 대부분의 신경전달물질과 호르몬들은 이러한 방식으로 작용을 한다.

## 연결 단백질

다양한 그룹의 **연결 단백질(connection proteins)**이 다양한 방식으로 세포막을 고정하고 있다. 어떤 연결 단백질들은 세포골격과 원형질막을 연결하여 세포의 형태 유지를 돕는다. 원형질막을 관통하고 있는 다른 연결 단백질들은 세포 외부의 기질과 세포 내부의 세포골격을 연결시켜서 조직 안에 세포가 고정되도록 돕는다(그림 5-1 참조). 연결 단백질들은 또한 이웃하는 세포들을 서로 결합시킨다.

## 수송 단백질

**수송 단백질(Transport proteins)**은 인지질 이중층에 걸쳐있고, 막을 횡단하는 친수성 분자들의 이동을 조절한다. 어떤 수송 단백질들은 구멍(통로)을 만들어 특정 물질의 막 통과를 허용하기 위해 열거나 닫을 수 있다. 다른 수송 단백질들은 물질과 결합하여 막을 통과하도록 안내하며 때로는 세포의 에너지를 사용한다. 수송 단백질은 이 단원의 후반부에 기술하였다.

### CHECK YOUR LEARNING

- 세포막의 구성성분, 구조 그리고 기능에 대해 설명할 수 있는가?
- 세포막의 유동모자이크 모델에 대해 그려보고 서술할 수 있는가?
- 세포막의 다른 구성성분이 세포막 기능에 어떻게 기여하는지 설명할 수 있는가?

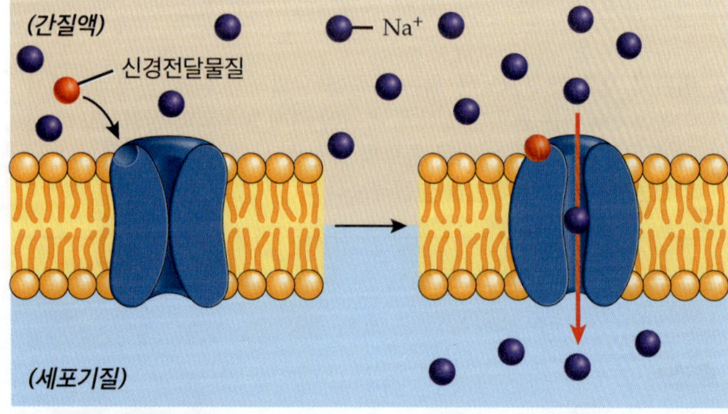


(a) 직접 수용체 작용

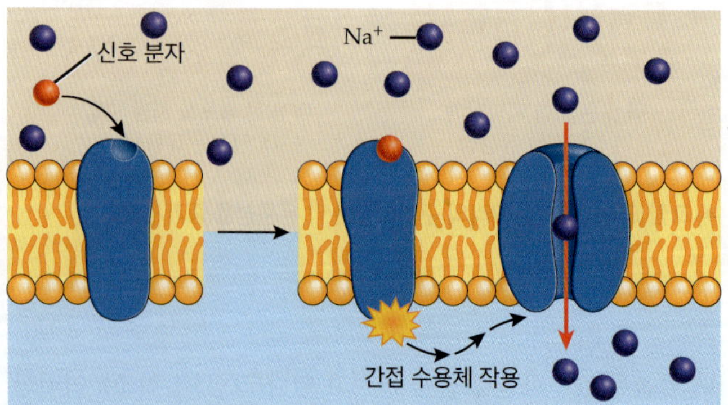


(a) 신호 분자

▲ **그림 5-3 수용체 단백질의 활성화** (a)신경전달물질은 막 통로 단백질의 수용체 부위에 결합하여 채널이 열리고 이온의 흐름을 야기한다. (b)신호 분자 (예: 호르몬 또는 신경 전달 물질)는 막 수용체에 결합하여 세포 내부의 일련의 반응을 자극하고 이를 통해 통로 단백질이 열린다.

**CASE STUDY CONTINUED**

## 치명적인 뱀독

대부분의 뱀독은 끔찍한 독소 칵테일이다. 인지질을 분해하는 것에 더하여 어떤 방울뱀의 독에는 결합해서 아세틸콜린에 대한 수용체의 활성을 저해하는 독소를 포함하고 있다. 심장세포에서의 아세틸콜린 직용 지해는 심장박동수를 증가시키며, 이는 다시 신체에 독이 빠르게 퍼지게 한다. 아시아에 서식하는 크레이트뱀(Krait snake)이 생산하는 단백질은 근육세포에 있는 아세틸콜린의 막 통로수용체에 결합하여 직접적으로 작용한다. 단백질이 한번 결합하면 단단히 부착되어 남아있어서 아세틸콜린의 결합을 방해한다. 이러한 것은 근육의 수축을 방해한다: 크레이트뱀에 물려 치료를 받지 않은 사람들 중에는 종종 호흡을 조절하는 골격근육의 마비로 죽는 사람이 있다.

막을 횡단하여 이동하는 물질의 능력은 호흡과 심장의 박동률을 결정하는데 중요할 뿐만 아니라 살아있는 상태를 유지하는 다른 모든 관점에서도 중요하다. 단백질이 어떻게 막을 통과하는 물질의 이동을 조절할 수 있는가?

## 5.2 용액에서 분자를 움직이게 하는 물리적 작용은 무엇인가?

물질이 막을 통해 어떻게 전달되는지 살펴보기 전에 막 수송에서 중요한 역할을 하는 두 가지 물리적 과정인 확산과 삼투를 살펴보자. 이들 과정이 어떻게 일어나는지에 대한 이해를 돕고자 몇 가지 배경지식에 대한 정의와 함께 공부를 시작해보자:

- **용질(solute)**은 용질을 용해시킬 수 있는 (개개의 원자, 분자, 이온 상태로 분산되는) 용액(보통 액체)인 **용매(solvent)**에 용해되는 물질이다. 물은 세포의 모든 화학적인 반응이 진행되는 곳으로 매우 다양한 용질들을 녹일 수 있어서 때때로 "광범위 용매"라고 부른다.
- **농도(concentration)**는 주어진 부피의 용매에 존재하는 용질의 양이다.
- **기울기(gradient)**는 이웃한 두 지역 사이의 온도, 압력, 전기적 전하나 특정 물질의 농도와 같은 어떤 특성의 차이이다. 농도구배를 만드는 데에는 에너지가 필요하다. 농도구배를 유지시키기 위한 에너지의 공급이 없거나 분리시키는 불투과성의 경계가 없으면 시간이 경과함에 따라 줄어든다.

### 용액에 있는 분자들은 농도구배에 따라 확산하다

원자, 분자, 이온들은 무작위적이고 연속적으로 움직인다는 것을 상기해보라. 시간이 지나면 용매의 무작위적인 운동은 전체적으로 분자들의 농도가 높은 곳에서 낮은 곳으로 이동하는 결과를 나타내는데 이러한 과정을 **확산(diffusion)**이라 부른다. 농도구배의 기울기가 클수록 확산은 더욱 빠르게 일어난다. 만약 이러한 확산을 막는 인자(전하, 압력의 차이, 물리적인 장벽과 같은)가 없다면 분자들의 무작위적 운동은 물질이 용액에 고르게 분산될 때까지 계속될 것이다. 고농도 영역에서 저농도 영역으로 이동하는 분자는 농도구배를 "아래로" 이동시키는 것으로 표현할 수 있다. 확산의 활동을 관찰하기 위해 컵에 담긴 물에 식용색소 한 방울을 넣었다(**그림 5-4** ①). 무작위 운동은 염료 분자들을 염료 방울의 내부와 바깥 둘 다의 방향으로 끌고 간다. 그러나 전체적인 결과는 염료는 물로 이동하고 물은 염료로 이동하여 그들의 상대적인 농도구배를 낮추게 된다②. 염료의 순수한 이동은 물속에 균일하게 분산될 때까지 계속될 것이다③. 만약 여러분이 뜨거운 물과 찬물에 있는 염료의 확산을 비교한다면 열이 분자의 이동을 빠르게 하기 때문에 확산의 속도가 증가하는 것을 보게 될 것이다.

### 요약: 확산의 원리

- 확산은 높은 농도에서 낮은 농도로 농도구배를 낮추는 분자의 순수한 운동이다.
- 농도구배의 차이가 클수록 확산의 속도는 빨라진다.
- 온도가 높으면 높을수록 확산의 속도는 더 빨라진다.
- 만약 다른 방해하는 과정이 없다면 확산은 용액 전체에 농도가 같아질 때까지 계속되며, 농도구배가 없어질 때까지 계속된다.

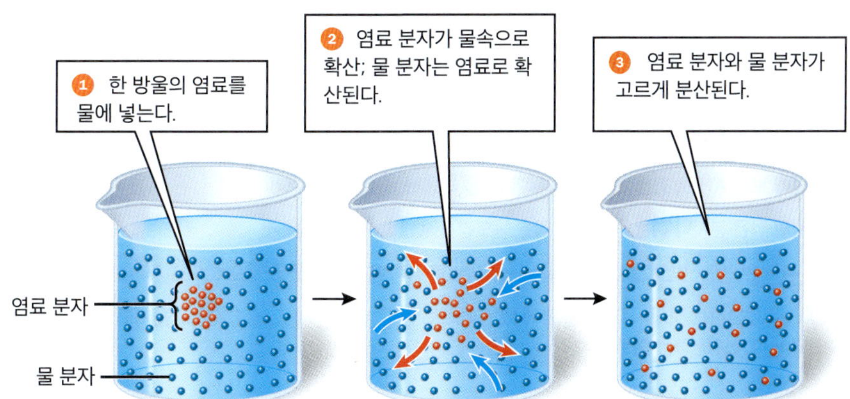


◀**그림 5-4** 물에서 염료의 확산

### 삼투는 선택적 투과성 막을 가로질러 물이 확산되는 현상이다

**삼투(osmosis)**는 농도, 압력, 또는 온도의 경사에 반응하여 선택적 투과성 막을 횡단하는 물의 이동이다. 여기서 우리는 물의 농도가 높은 지역에서 낮은 지역으로 가는 삼투에 집중할 것이다.

"물의 높은 농도" 또는 "물의 낮은 농도가 의미하는 것은 무엇일까? 용질을 포함하고 있지 않은 물이 가장 높은 물의 농도를 가지며, 더 많은 물 분자가 물을 통과시키는 막과 충돌하게 되고 통과하게 되는 원인이 된다. 주어진 부피 내에 있는 물 분자가 어떤 용질로 대체되면 물의 농도는 감소한다. 물에 용질을 추가하면 주어진 양의 용액에서 일부 물 분자와의 약한 결합을 형성하게 되어 선택적 투과성 막을 가로질러 움직일 수 있는 자유로운 물 분자가 줄어든다(물 농도가 낮아진다). 따라서 용질의 농도가 높을수록 물의 농도는 낮아진다. 삼투(다른 형태의 확산과 마찬가지로)는 물 농도가 높은 용액(용질 농도가 낮은 용액)에서 물 농도가 낮은 용액(용질 농도가 높은 용액)으로 물 분자를 이동시킨다. 예를 들어, 물은 설탕이 덜 용해된 용액에서 더 많은 설탕이 용해 된 용액으로 삼투에 의해 이동할 것이다.

동일한 농도의 용질을 가지고 있는 용액(물의 농도가 동일한 용액)을 **등장액(isotonic,** *iso*는 서로 같음을 의미함)이라 한다. 물이 투과할 수 있는 막에 의해 등장액이 분리되어 있으면 물은 두 방향으로 동일하게 움직이므로 순수한 물의 이동은 없다. 용질의 농도가 다른 두 용액을 비교하였을 때, 용질의 농도가 더 높은 용액을 낮은 농도의 용액에 대한 **고장액(hypertonic,** *hyper* 더 큰 것을 의미함)이라 한다. 더욱 희석된 용액을 **저장액(hypotonic,** *hypo* 낮음을 의미함)이라 한다. 물이 통과할 수 있는 막을 통과하는 물의 이동은 저장액에서 고장액으로 이동하는 경향이 있다. 이러한 이동은 막의 양쪽에 있는 물의 농도가 같아질 때까지 계속될 것이다.

### 요약: 삼투현상의 원리

- 삼투는 선택적으로 물을 투과할 수 있는 막을 통한 물의 이동이다.
- 물 분자의 농도가 높은 곳에서 낮은 곳으로 자유로운 물 분자의 이동은 농도구배를 낮춘다.
- 용질이라 부르는 용해된 물질은 용액 내의 자유로운 물 분자의 농도를 감소시킨다.
- 두 가지 용액을 비교하였을 때, 용질의 농도가 더 높은 것은 고장액이고, 용질의 농도가 더 낮은 것은 저장액이다.

**CHECK YOUR LEARNING**

- 확산의 과정을 설명할 수 있는가?
- 삼투의 과정을 설명할 수 있는가?

## 5.3 물질은 어떻게 막을 가로질러 이동하는가?

세포의 원형질막은 물질이 두 가지의 다른 방식으로 통과하여 이동하는 것을 허용하고 있다: 수동수송과 에너지-요구성 운반(표 5-1). **수동수송(passive transport)**은 세포막을 가로질러 농도구배를 떨어뜨리는 확산을 수반하는 반면 **에너지-요구성 운반(energy-requiring transport)**은 세포가 막을 가로질러 물질을 이동시키기 위해 에너지의 소비를 소비해야 한다. 에너지-요구성 운반은 농도구배에 반하여 물질을 운반하거나 세포 안과 밖으로 입자나 용액 방울을 이동시킬 때에 일어난다.

### 수동수송은 단순 확산, 촉진 확산, 삼투현상을 포함한다

물질은 확산 물질에 투과성 있는 막을 횡단하여 나타난다. 많은 분자들은 세포질과 간질액 사이의 농도 차이에 의해 발생하는 확산에 의해 원형질막을 가로질러 이동한다.

#### 어떤 분자는 단순 확산에 의해 막을 통과한다

어떤 분자들은 세포막의 인지질 이중층을 통하여 직접적으로 확산하며, 이러한 과정을 **단순 확산(simple diffusion)**이라 한다

| 표 5-1 | 막을 횡단하는 운반 |
|---|---|
| **수동수송** | **막을 횡단하는 물질의 확산은 농도, 압력 또는 전하의 경사를 줄인다; 에너지를 요구하지 않고 진행한다.** |
| 단순 확산 | 물과 용해된 기체의 확산 또는 지질 용해성 물질이 막의 인지질 이중층을 통과하여 확산한다. |
| 촉진 확산 | 물과 이온이나 지질 용해성 물질이 통로나 수송 단백질을 이용하여 막을 통과하는 확산 |
| 삼투 | 유리수의 농도가 높은 곳에서 유리수의 농도가 낮은 곳으로 선택적 투과막을 통과하는 물의 확산 |
| **에너지-요구성 운반** | **막을 통과하는 물질의 운반에 보통 ATP로 공급되는 세포의 에너지를 이용하는 것** |
| 능동수송 | 막을 관통하고 있는 단백질이 작은 분자나 이온을 그들의 작은 농도경사에 반하여 운반하는 것 |
| 내세포운동 | 용액, 특정 분자나 입자를 세포 안으로 운반하는 것; 물질을 원형질막으로 감싸서 낭을 만들고 세포 안으로 들여오는 운반 |
| 외세포운동 | 입자나 큰 분자를 세포 밖으로 운반하는 것; 물질을 세포 안에 있는 막으로 된 낭에 넣어 세포 표면 쪽으로 옮기고 원형질막과 융합시켜서 물질이 밖으로 확산되어 나가도록 하는 이동 |

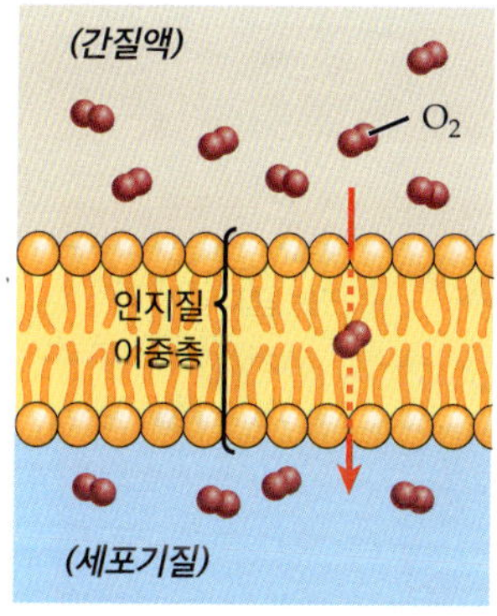


(a) 인지질 이중층을 통한 단순 확산

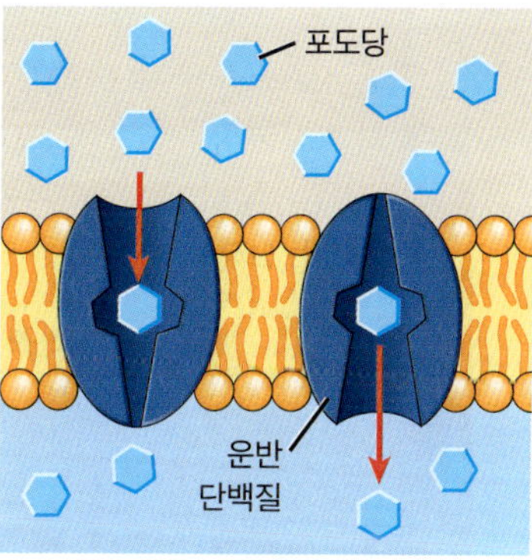


(b) 운반 단백질을 통한 촉진 확산

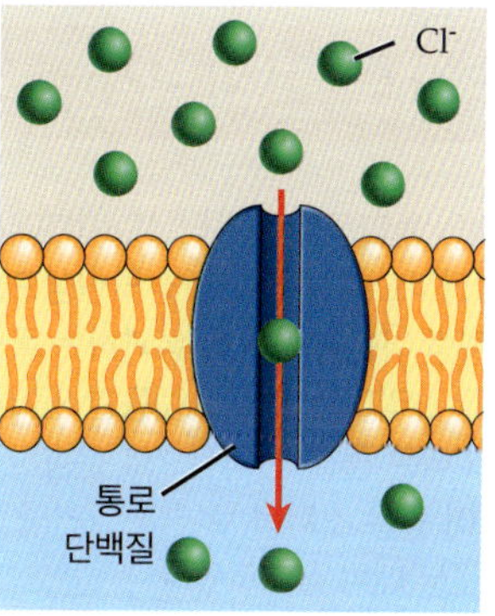


(c) 통로 단백질을 통한 촉진 확산

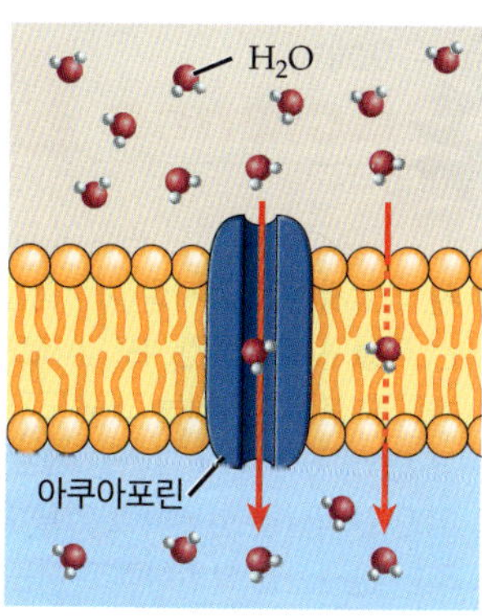


(d) 아쿠아포린 또는 인지질 이중층을 통한 삼투

▲ **그림 5-5 원형질막을 통한 확산의 형태** (a) 크기가 작은, 전하를 띠고 있지 않은 또는 지용성 분자는 인지질 이중층을 통해 직접 확산된다. 여기서 산소 분자는 농도구배(빨간색 화살표)로 확산된다. (b) 운반 단백질은 포도당과 같은 특정 분자에 대한 결합 부위를 갖는다. 결합은 운반 단백질의 형태를 변화시키고 막을 가로질러 농도구배가 낮은 쪽으로 이동시킨다. (c) 특정 통로 단백질을 통한 촉진 확산은 염소와 같은 이온이 막을 가로 지르도록 한다. (d) 삼투는 물의 확산이다. 물 분자는 간단한 확산에 의해 인지질 이중층을 통과할 수 있거나, 아쿠아포린을 통한 확산을 촉진함으로써 훨씬 더 빠르게 이동한다.

(**그림 5-5a**). 물, 산소, 이산화탄소와 같은 전하를 갖지 않으면서 매우 작은 분자들뿐만 아니라 알코올, 어떤 비타민, 스테로이드 호르몬과 같은 지용성 분자들은 단순 확산에 의해 세포막을 통과할 수 있다.

단순 확산의 속도는 농도구배가 심할수록, 온도가 높을수록, 분자의 크기가 작을수록, 지질에 대한 용해도가 높을수록 빨라진다. 극성분자인 물 또한 단순 확산으로 세포막을 통과할 수 있다. 극성인 물이 어떻게 소수성(물을 싫어한다는 뜻)의 인지질 이중층을 직접적으로 통과하여 확산할 수 있을까? 물 분자는 아주 작아서 인지질의 꼬리부분으로 소량이 흩어져 들어갈 수 있으며, 물 분자의 무작위 운동에 의해 막을 통과하여 운반된다. 물 분자의 인지질 이중층을 통한 단순 확산 속도는 상대적으로 느리기 때문에 많은 세포 형태들은 물에 대한 특별한 수송 단백질을 갖고 있다.

### 어떤 분자들은 막의 수송 단백질을 이용하는 촉진 확산에 의해 막을 통과한다

세포막의 인지질 이중층은 많은 분자에 불투과성을 보인다. 예를 들면, 세포막의 인지질 이중층은 당과 같이 크기가 크고 지질의 용해성이 없는 대부분의 극성물질들에 대해 매우 불투과성을 갖는다. $K^+$, $Na^+$, $Cl^-$, $Ca^{2+}$과 같은 이온들은 비록 크기가 작을지라도 그들이 갖고 있는 전하로 인해 극성인 물 분자들이 주위에 함께 모여서 만들어진 집합체가 인지질 이중층을 직접적으로 통과하기에는 너무 크기 때문에 배척된다. 그래서 이온과 극성분자들은 세포막을 통과하여 이동하기 위해 특별한 수송 단백질을 사용해야 하는데 이러한 과정을 **촉진 확산(facilitated diffusion)**이라 한다. 두 가지 형태의 단백질이 촉진 확산을 가능하게 한다: 운반 단백질과 통로 단백질.

**운반 단백질(carrier protein)**은 세포막에 걸쳐 있고 당이나 작은 단백질과 같은 특별한 분자나 어떤 이온이 약하게 결합할 수 있는 부위를 가지고 있다. 이온이나 분자의 이러한 결합은 운반 단백질의 형태 변화를 가져와 결합한 분자로 하여금 막을 가로질러 이동하게 한다. 예로 원형질막에 있는 포도당의 운반 단백질은 당이 간질액에서 세포 안으로 확산되도록 하여 세포가 필요할 때마다 계속해서 포도당을 사용할 수 있게 한다(**그림 5-5b**).

**통로 단백질(channel protein)**은 세포막을 통과하는 구멍을 만든다. 예로 들어, 미토콘드리아와 엽록체의 세포막은 다양한 수용성 분자들의 통과를 허용하는 통로들을 가지고 있다. 대조적으로, 이온 통로 단백질(이온 통로)은 매우 선택적이며 신경전달 물질이 그들의 수용체에 결합하는 것과 같은 특별한 자극에 의해 열리기 전까지 잠긴 상태로 남아 있다(**그림 5-5c**). 이온 통로 단백질은 내부 직경이 통과할 수 있는 이온의 크기를 제한하고 또한 기공을 형성하는 특정 아미노산이 약한 전하를 가지고 있어 특정 이온을 끌어당길 수 있는 반면 다른 이온을 배척시키기 때문에 매우 선택적입니다. 예를 들어, $Na^+$ 통로 단백질 내부의 약한 음전하가 $Na^+$를 끌어들이지만 $Cl^-$는 정전기적 반발력에 의해 배척된다.

많은 세포는 물 분자에 선택적인 **아쿠아포린(aquaporins** 문자 그대로 "물 구멍")이라고 부르는 특수한 통로 단백질을 가지고 있다(**그림 5-5d**). 아쿠아포린에 대해 더 많은 것을 배우려면 "Doing Science: 아쿠아포린의 발견"을 보라.

# Doing Science 아쿠아포린의 발견

때로는 우연한 관찰이 과학적인 돌파구를 만든다. 1980년대까지 과학자들은 인지질 이중층을 직접적으로 통과하는 삼투현상으로는 적혈구세포와 간세포의 세포막처럼 어떤 세포막을 통과하는 물의 속도를 설명하기에는 그 속도가 너무 느리다는 것을 오랫동안 인지하고 있었다. 따라서 그러한 세포들의 막은 물을 선택적으로 운송하는 어떤 단백질을 함유하고 있을 확률이 높은 것처럼 보였다. 그러나 그러한 단백질을 확인하려고 하는 시도는 매번 실패하였다.

### 질문은 무엇인가?

1980년대 중반에 피터 아그레는 적혈구세포에 있는 당단백질의 구조를 결정하기 위한 시도를 하고 있었다. 그는 당단백질을 분리하였지만 난자려지지 않은 많은 양의 단백질과 함께 당단백질이 오염된다는 것을 난자았다. 미지의 단백질에 호기심을 가진 Agre와 공동 연구자들은 그 단백질이 물 수송에 관련된 것인지 의심하였다. 동일한 단백질이 간세포에서도 존재한다는 것을 발견했을 때 그들의 관심은 커졌다.

### 증거는 어떻게 수집되었는가?

미지의 단백질이 막을 통과하는 물의 운반을 돕는다는 그들의 가설을 실험하기 위해 아그레의 연구팀은 물을 거의 투과시키지 않는 막을 가진 개구리 난자세포를 사용하여 실험을 진행하였다. Agre의 연구팀은 만약 이 단백질이 물의 통로였다면 난자세포에 미지의 단백질을 삽입한 다음 저장액에 두면 부풀게 할 것이라고 예상을 하였다. 연구자들은 동정되지 않은 미지의 단백질에 대한 정보를 가진 mRNA를 개구리의 난자에 주입하였다. 난자는 단백질을 합성하였고 난자의 원형질막에 삽입하였다. 대조군의 난자에는 동일한 양의 물을 주입하였다.

### 무엇을 배웠는가?

삼일 후에 난자들을 저장액에 넣기 전까지도 대조군 난자들과 실험 난자들은 동일한 상태를 나타내었다. 저장액에 넣은 대조군의 난자는 약간 부풀어 오른 반면에 단백질이 삽입된 난자는 빠르게 부풀고 터졌다(**그림 E5-3**). 더욱더 진행한 연구에서 이 통로 단백질을 통해서는 오로지 물 분자만이 통과하여 이동하는 것으로 나타냈다. Agre는 그가 적혈구세포에서 분리한 단백질이 물의 통로였다고 결론을 내리고 "아쿠아포린"이라 명명하였다. 수십억 개의 물 분자가 매초 일렬로 아쿠아포린을 통과하여 이동할 수 있다. 반면 큰 분자와 작은 하전된 양이온 분자(수소 이온과 같은)는 제외시킨다.

현재는 많은 아류 형태의 아쿠아포린 단백질이 밝혀졌고, 이 물 수송 경로들은 조사했던 모든 생물체에서 발견되었다. 예로 식물세포의 중심액포의 원형질막에는 아쿠아포린이 풍부하여 물을 이용할 수 있을 때 빠르게 채울 수 있게 한다(그림 5-7 참조). 신장의 세포는 신체가 탈수되었을 때 그들의 원형질막에 아쿠아포린을 삽입하여 물을 필요한 만큼 보존한다. 아쿠아포린은 또한 뇌의 부종과, 녹내장, 암 등을 포함한 많은 병적인 상태와 연관되어 있음을 보여주고 있다: 연구자들은 이러한 통로를 통한 물의 이동을 중계하거나 억제하는 이러한 질병에 대한 약물 개발을 연구하고 있다.

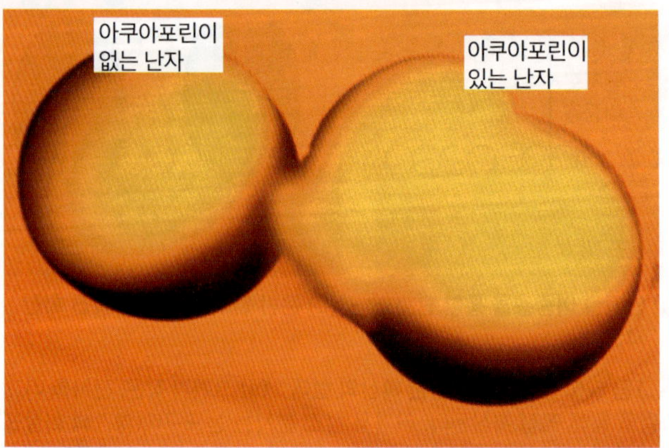


**(a) 개구리 난자**

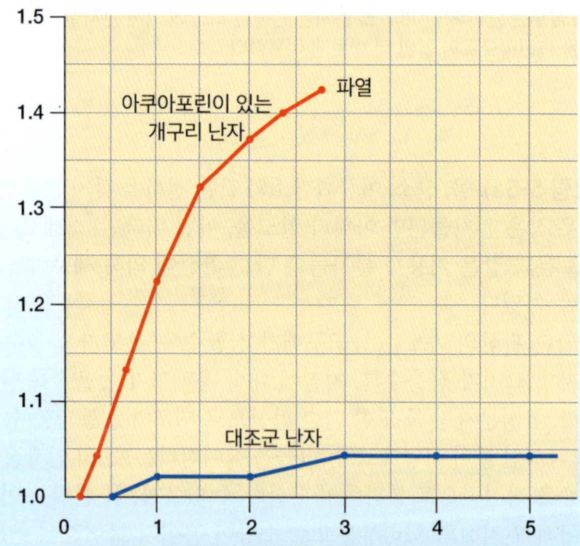


**(b) 저장액에서 난자의 부풀어 오름(swelling)의 비교**

▲ **그림 E5-3 아쿠아포린에 대한 연구** **(a)** 저장액에 담근 후 아쿠아포린이 원형질막에 삽입된 오른쪽의 개구리 난자. 왼쪽의 정상적인 개구리 난자는 약간 부풀어 오른다. **(b)** 정상 조건에서 저장액으로 옮겨졌을 경우 개구리 난자의 평균 부피는 파열될 때까지 급격히 증가한 반면, 대조군의 난자는 매우 약간 부풀었다 (상대 부피 1은 옮기기 직전의 난자 크기).

피터 아그레는 그의 발견에 대한 공로로 2003년에 노벨화학상을 받았다. 그는 노벨상 연설에서 오늘날의 과학 발전의 근본은 통찰력이라고 말했다: "과학에서는 한 가지의 어려운 문제를 풀기 위해 모든 이용 가능한 자원을 활용해야 합니다. 우리의 가장 강력한 자원의 하나는 우리 동료들의 통찰력입니다." 공동연구, 주의 깊은 관찰, 끈기, 그리고 그가 겸손하게 작은 것으로 표현한 "맹목적인 행운으로 난자려진 과학적 접근법"의 결과로 아그레와 그의 팀은 물에 대한 독특한 수송 단백질을 발견하였다.

**비판적 사고** 저장액에 담그는 대신 아쿠아포린이 있거나 없는 난자들을 농축 염류용액에 담그면 어떻게 되었을까? 추론을 설명하라.

### 원형질막을 경계로 한 삼투현상은 세포가 살아가는 데 중요한 역할을 한다

원형질막을 건너는 삼투현상은 식물체의 뿌리에서 물을 흡수하고, 소장에서 음식물로부터 물을 흡수하며, 신장에서 물을 혈액으로 재흡수하는 것과 같은 많은 생물학적 과정에 결정적인 역할을 하고 있다.

동물에서 세포를 싸고 있는 간질액과 세포질의 용액은 등장액이다. 특정 용질의 농도가 세포의 내부와 외부 둘 다에서 같은 것이 거의 없을지라도 세포 밖과 내부의 물과 용질의 전체 농도는 동일하다. 결과적으로 물이 동물세포로 들어오거나 나가는 전체적인 경향은 없는 것이다. 깨지기 쉬운 세포와 세포 주위를 싸고 있는 간질액 사이에 등장액의 상태를 유지하는 것이 중요하다는 것을 시연해 보기 위하여 용질의 농도가 다른 용액에 세포를 넣고 관찰한 것을 **그림 5-6**에 묘사하였다. 적혈구세포는 원형질막에 아쿠아포린을 풍부하게 가지고 있어서 물이 잘 투과할 수 있다. 등장액의 염 농도 용액에 있으면, 세포는 정상의 크기를 유지한다. 그러나 만약 혈구세포의 세포질보다 높은 염 농도의 고장액에 넣으면 물은 삼투에 의해 세포에서 빠져나가 세포가 쭈그러들게 된다. 대조적으로 저장액의 염 농도 용액에 넣으면 세포 안으로 물이 확산되어 들어와 부풀게 된다(실제로는 터진다).

**Have You Ever Wondered ...**

**왜 박테리아는 여러분이 항생제를 먹었을 때 죽는가?**

페니실린과 연관된 항생제들은 새롭게 만들어지는 세포에서 세포벽의 합성을 방해함으로써 침입한 박테리아와 싸운다. 정상적인 조건 하에서 박테리아는 주위보다 고장액인 내부 환경을 유지하기 위해 능동수송을 사용한다. 이러한 것은 식물세포에서와 같이 박테리아의 세포질이 세포벽에 대응하는 팽압을 만들어 유지하게 한다. 이러한 견고한 벽이 없다면 박테리아의 고장액인 세포질이 삼투로 인해 부풀게 되고 약한 원형질막은 터져버린다.

우리는 다행이도 침입하는 박테리아와 싸우는 데 도움을 주는 항생제인 약을 가지고 있으나 불행하게도 박테리아의 진화가 빨라서 항생제에 저항하는 균주가 나타난다. 항생제에 대한 저항성은 여러 가지의 다른 적응의 결과로 나타난 것이다. 이러한 것에는 박테리아 효소가 항생제를 분해하고, 박테리아의 막이 항생제가 들어오는 것을 막으며, 막에 있는 펌프가 항생제를 밖으로 내보내는 메커니즘 등을 포함하고 있다. 결과로 병원에서는 현재 거의 모든 항생제에 내성을 가지면서 심각한 감염을 일으키는 어떤 박테리아와 싸우고 있다.

거의 모든 살아있는 식물세포는 삼투를 통해 유입되는 물에 의해 지지된다. 대부분의 식물세포에는 아쿠아포린이 풍부한 막

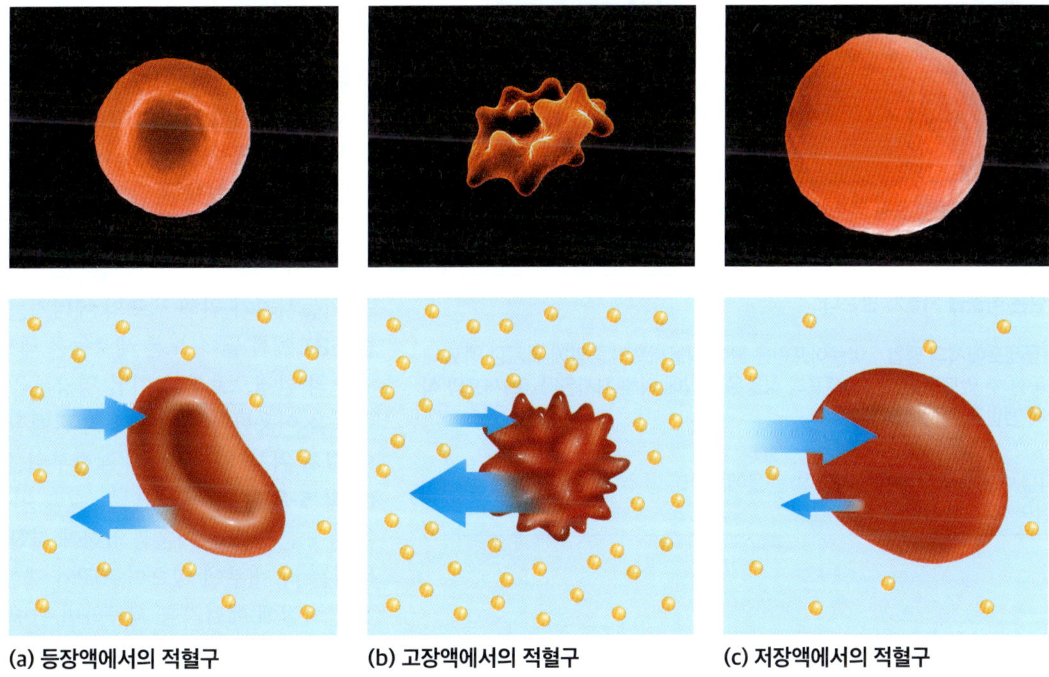

(a) 등장액에서의 적혈구 (b) 고장액에서의 적혈구 (c) 저장액에서의 적혈구

▲ **그림 5-6 적혈구에 대한 삼투의 영향** 적혈구의 원형질막은 아쿠아포린이 풍부하여 물이 농도구배를 따라 쉽게 유입 또는 유출된다. **(a)** 등장액에 놓인 세포는 정상적인 보조개 모양을 유지한다. **(b)** 고장액의 세포는 유입되는 물보다 더 많은 물이 빠져 나감에 따라 쭈그러진다. **(c)** 저장액의 세포는 부풀어 오른다.

**비판적 사고** 한 학생이 증류수를 혈액 시료에 부어 넣었다. 이후에, 그녀는 현미경으로 혈액을 관찰했지만 혈액세포를 전혀 보지 못했다. 어떻게 된 것인가?

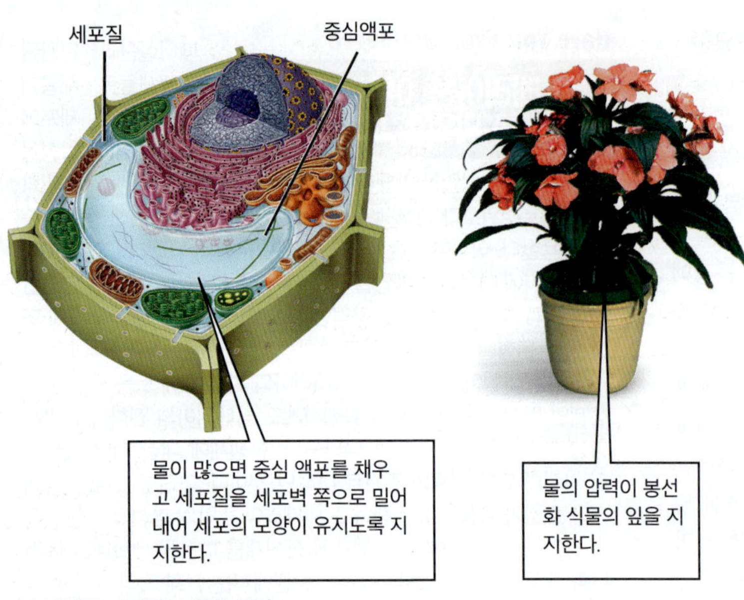


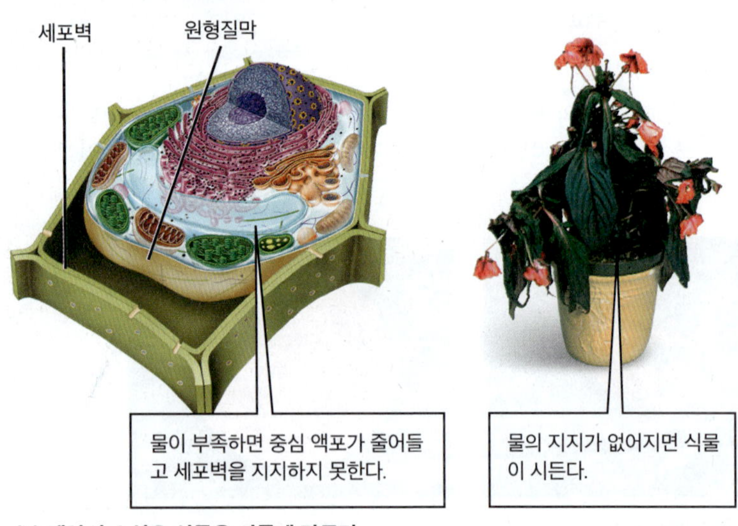


▲ **그림 5-7 식물세포에서의 팽압** 아쿠아포린은 물이 식물세포의 중앙에 위치한 액포 내외로 빠르게 이동할 수 있도록 한다. **(a)**세포와 식물은 팽압에 의해 지지된다. **(b)**세포와 식물은 탈수로 인해 팽압과 지지력을 잃는다.

**비판적 사고** 식물세포가 용질을 함유하지 않은 물에 넣어두면 결국 세포가 실제적으로 터질 것인가? 설명하시오.

으로 둘러싸인 커다란 중심 액포가 존재한다. 액포에 용해되어 저장된 물질은 그 내용물을 주변의 세포질보다 고장액으로 만드는데, 이것은 일반적으로 다시 세포질을 세포가 담겨있는 간질액보다 고장액으로 만든다. 따라서 물은 세포벽을 통과하여 세포질로 흐른 다음 삼투에 의해 액포로 이동하는 흐름을 만든다. 이러한 과정은 **팽압(turgor pressor)**을 발생시킨다. 팽압은 세포를 부풀려서 원형질막 안의 세포질에 힘을 가하여 세포벽에 전달한다(**그림 5-7a**). 만약 여러분이 집안에 있는 식물에 물을 주는 것을 잊어버렸다면 세포질과 액포의 물은 손실될 것이며 세포가 쭈그러들어서 세포벽으로부터 멀어지는 원인이 된다. 풍선이 새는 것과 같이 세포들이 팽압을 잃어버려서 시들게 된다(**그림 5-7b**). 이제 여러분은 왜 생필품 가게에서 엽채류에 물을 뿌리는지 알았을 것이다: 중심 액포를 채워서 신선하고 생기 있게 보이기 위함이다.

## 에너지-요구성 운반은 능동수송, 세포내 섭취작용, 세포외유출을 포함한다

많은 세포 활동은 에너지를 필요로 하는 수송에 의존한다. 능동수송, 세포내 섭취작용, 세포외유출은 농도구배를 유지하고, 음식을 취하며, 노폐물을 배출하고, (다세포 생물체에서) 다른 세포와 소통을 하는데 중요하다.

### 세포는 능동수송을 이용하여 농도구배를 유지한다

세포는 농도구배를 구축하고 이를 특수한 환경 하에서 농도구배를 낮추면서 ATP를 생성하고 자극에 반응한다. 예를 들어, 다양한 이온의 농도구배는 미토콘드리아와 엽록체에서 ATP를 형성하는 에너지를 제공하고(7장과 8장 참조), 신경세포의 전기신호의 힘이 되어 근육의 수축을 이끌어 낸다. 그러나 농도구배는 자발적으로 형성될 수 없으며 원형질막을 통한 **능동수송(active transport)**이 필요하다.

능동수송을 하는 동안 막 단백질들은 원형질막을 경계로 한 농도구배에 거슬러서 즉 낮은 농도의 영역에서 높은 농도의 영역으로 이온이나 분자들을 이동시키기 위해 세포의 에너지를 사용한다(**그림5-8**). 예를 들어, 모든 세포들은 세포질보다 낮은 농도의 환경으로부터 어떤 영양분을 얻는데 능동수송을 이용한다. 능동수송의 단백질들은 막의 폭에 걸쳐 위치하고 두 개의 결합부위를 가지고 있다(**그림 5-8**). 이들 중 하나는 칼슘 이온($Ca^{2+}$)과 같은 특정 분자 또는 이온과 약하게 결합한다. 두 번째 부위는 막 내부에 있으며 ATP와 결합한다①. ATP가 단백질에 에너지를 제공하면 단백질에 구조 변화가 일어나면서 막을 횡단하여 칼슘 이온을 이동시킨다②. 능동수송을 위한 에너지는 ATP에 있는 세 개의 인산기 중에서 마지막에 연결된 고에너지 결합을 끊으면서 나온다. 인산기를 잃으면서 저장된 에너지가 방출되며 ATP는 ADP(adenosine diphosphate 아데노신 2인산) + 자유 인산으로 된다③. 능동수송 단백질은 물을 퍼 올려서 저장탱크로 가져가는 펌프질과 같아서 종종 펌프라 부르며, 이들은 농도구배에 거슬러서 이온이나 분자들을

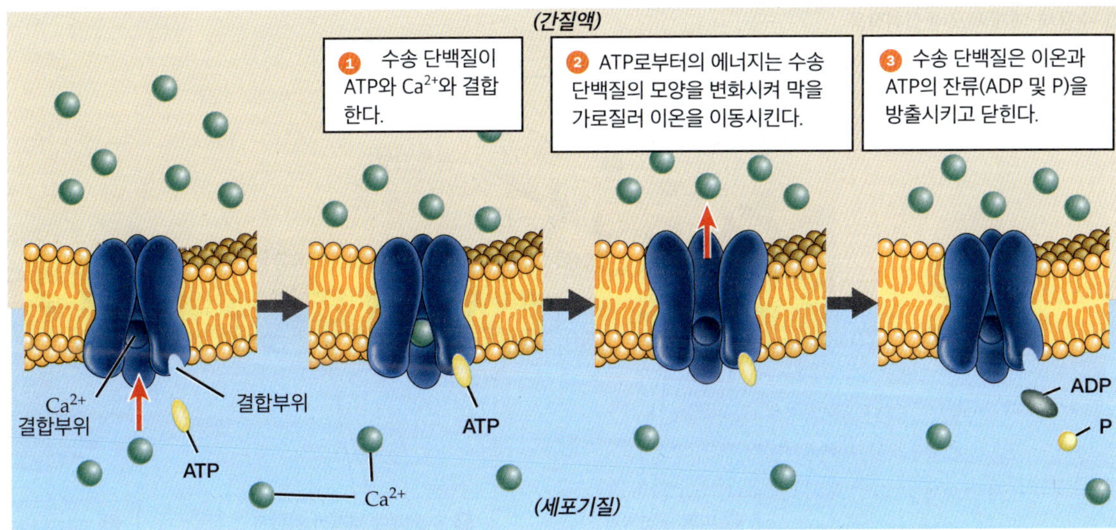


▲ **그림 5-8 능동수송** 세포 에너지는 농도구배에 역행하여 원형질막을 가로질러 분자를 이동시키는데 사용된다. 능동수송 단백질은 ATP 결합 부위와 칼슘 이온과 같은 수송되는 기질에 대한 결합 부위를 갖는다. ATP가 에너지를 방출하면 세 번째 인산기가 손실되고 ADP와 자유 인산기로 된다.

**비판적 사고** 세포가 막을 가로질러 물을 이동시키기 위해 능동수송을 사용하는가? 설명하라.

오르막으로 이동시키기 위해 에너지를 사용한다.

### 세포내 섭취작용(Endocytosis)은 세포가 입자나 용액을 삼키게 한다

세포는 외부환경으로부터 막을 직접 통과하기에는 크기가 너무 큰 물질을 획득해야할 필요가 있다. 이러한 물질은 원형질막으로 감싸서 소낭의 안에 넣어 세포 내부로 운반한다. 이러한 에너지 요구과정을 세포내 **섭취작용**(**endocytosis**: 그리스어 *endo*로 "세포 안으로")이라 부른다. 여기서 우리는 크기와 물질을 얻는 형태 및 방법에 기초하여 세포내 섭취작용의 세 가지 형태를 기술한다: 음세포작용, 수용체-매개 세포내 섭취작용, 식세포작용.

**음세포작용**(**pinocytosis**: *pino*, 세포가 마시는 것, **그림 5-9**)에서 원형질막은 세포외액을 감싸서 안쪽으로 움푹 들이간 다음 작은 소낭의 형태가 되어 세포질로 떨어져 나간다❶. 음세포작용은 막의 움푹 들어간 부위 안에 포함하고 있는 간질액을 세포 안으로 운반한다❷. 이러한 과정에서 세포는 세포외액과 같은 동일한 농도의 물질을 얻는다❸.

세포는 원형질막을 통한 확산이나 통로를 통하여 이동할 수 없는 특정 물질이나 물질의 복합체를 선택적으로 받아들이기 위해 **수용체-매개 세포내 섭취작용**(**receptor-mediated endocytosis**)을 이용한다(**그림 5-10**). 수용체-매개 세포내 섭취작용은 코팅된 구덩이(*coated pit*)라 부르는 짙어진 함몰 부위에서 발생한다. 피복 물질은 구덩이를 만드는 데 도움을 주는 원형질막의 표면에 있는 단백질들로 구성되어 있다. 피복 구덩이에는 특정 물질에 대한 수용체 단백질이 원형질막으로부터 돌출되어 있어 수

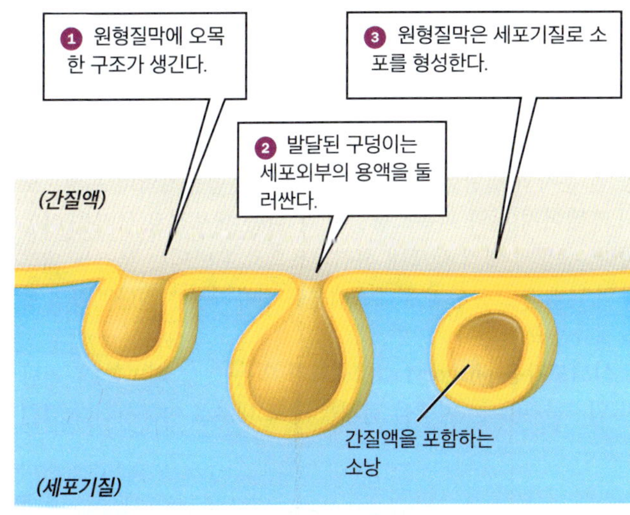


(a) 음세포작용

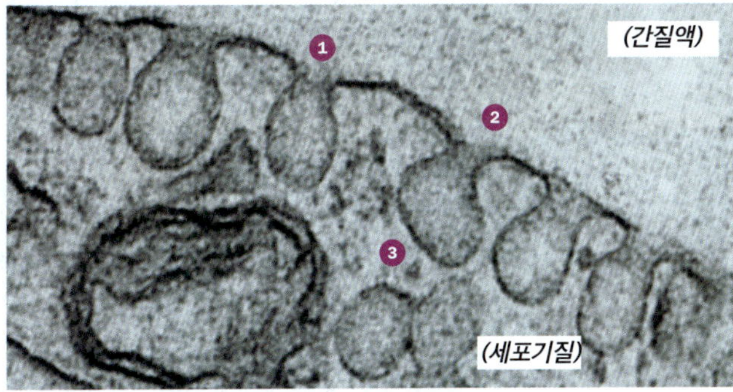


(b) 편모세포 분열의 전자현미경 사진

▲ **그림 5-9 음세포작용**

▶ **그림 5-10 수용체-매개 세포내 섭취작용**

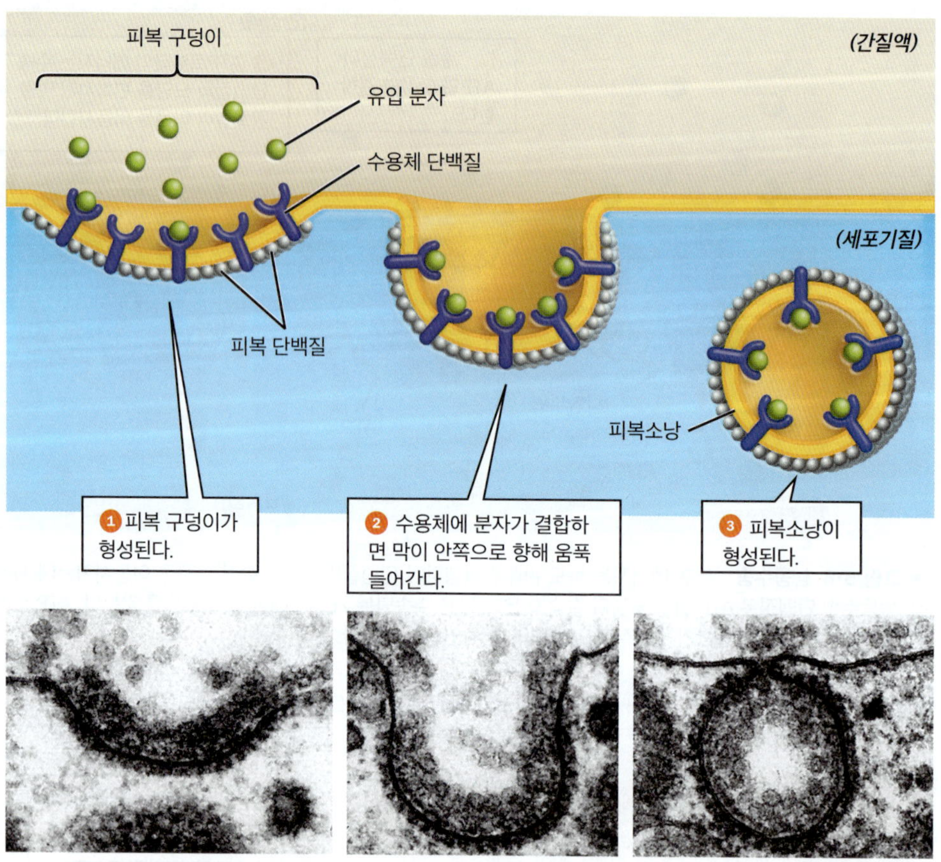


송 될 분자와 결합한다. 그런 다음 짙어진 함몰지역이 포켓으로 되고 떨어져 나와 피복소낭을 만든 다음 세포질로 물질을 이동한다. 수용체-매개 세포내 섭취작용으로 운반되는 분자는 대부분의 단백질 호르몬과 콜레스테롤을 함유하는 지질단백질의 복합체들을 포함한다.

**식세포작용**(**phagocytosis**: 세포가 먹는 것을 의미함)은 커다란 입자를-때로는 미생물 전체를-세포 내부로 이동시킨다(**그림 5-11a**). 예를 들어, 약탈적인 원생동물인 아메바(*Amoeba*)가 짚신벌레를 감지했을 때 원형질막을 확장시켜서 위족(pseudopods)을 만든다(그리스어로 *pseudo*는 가짜, *pod*는 발을 나타냄. **그림 5-11b**). 위족은 먹이 주위에서 융합되면서 감싸서 **식포**(**food vacuole**)라 부르는 소낭으로 만들어 내부로 가져간다. 식포는 리소좀(4장에서 설명함)과 합쳐지고 먹이는 소화가 될 것이다. 백혈구세포는 침입하는 박테리아를 삼키고 파괴하기 위해 식세포

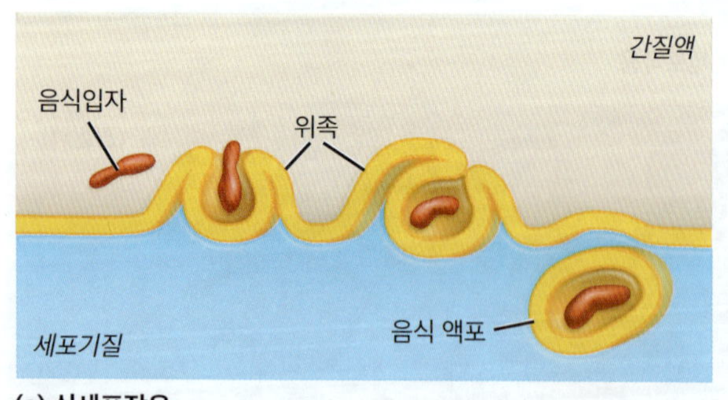


(a) 식세포작용

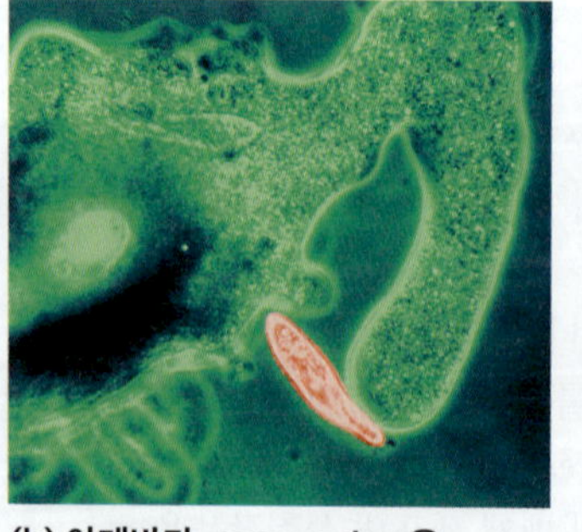

(b) 아메바가 *paramecium*을 삼킨다.

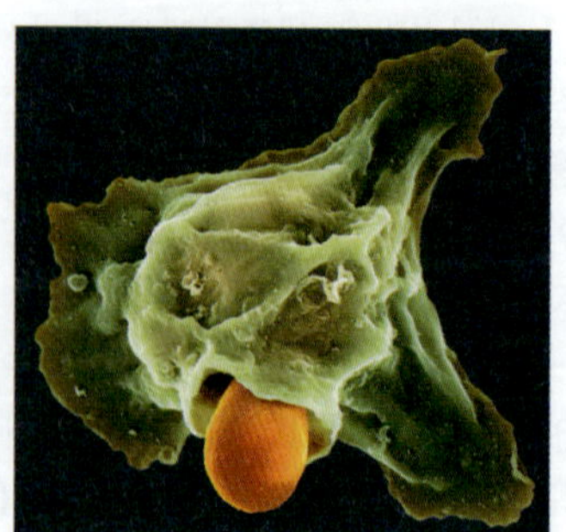

(c) 백혈구가 질병을 유발하는 곰팡이 세포를 삼킨다.

▲ **그림 5-11 식세포작용** (a) 식세포작용의 메커니즘 (b) 아메바가 영양분을 섭취를 위해 식세포작용을 이용한다. (c) 백혈구가 질병을 유발하는 미생물을 삼키기 위해 식세포작용을 한다.

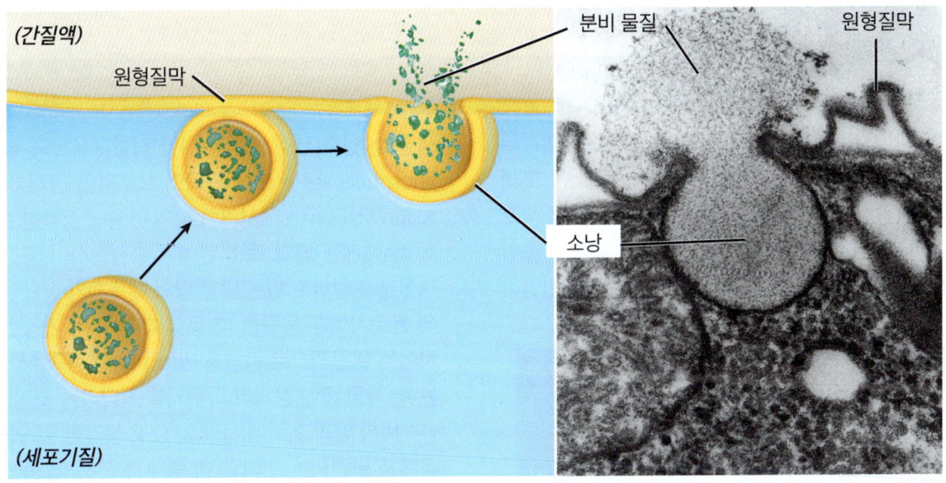


▲ **그림 5-12 세포외유출** 세포외유출은 기능적으로 세포내 섭취작용의 반대 메커니즘이다. 세포 내부에서 소낭으로 둘러싸인 물질은 세포 표면으로 운반된다. 그 다음 소낭은 원형질막과 융합하여 그 내용물을 세포외액으로 분비된다.

**비판적 사고** 세포외유출은 세포 밖으로 물질이 확산되는 작용과 어떻게 다른가?

작용을 이용하고 소화시켜 침입한 박테리아를 파괴하는데 이러한 한편의 드라마 같은 일이 여러분의 몸 안에서는 연속적으로 일어난다(**그림 5-11c**).

### 세포외유출(Exocytosis)은 물질을 세포 밖으로 이동시킨다

세포는 또한 소화되지 않는 입자를 버리거나 세포외액으로 효소, 호르몬 또는 항체와 같은 물질을 분비하기 위해 **세포외유출**(**exocytosis**: *exo* 그리스어로 바깥)이라 부르는 과정을 운용하기 위해 에너지를 사용한다(**그림 5-12**). 세포외유출을 하는 동안에 막으로 둘러싸인 소낭은 안에 물질을 싣고 세포 표면 쪽으로 이동하고, 여기서 세포의 원형질막과 소낭의 막이 융합한다. 그런 다음 소낭이 내용물이 세포 바깥쪽으로 흘러서 확산되어 퍼진다.

## 막을 통과하는 물질의 교환은 세포의 크기와 형태에 영향을 준다

세포는 왜 그렇게 작을까? 세포는 영양분을 획득하고 폐기물을 제거하기 위해 느린 확산 과정에 의존하므로 주위의 용액으로부터 너무 멀어서 떨어지지 않을 정도로 충분히 작아야 한다.

세포가 구형에 가깝다고 가정하면 직경이 커질수록 가장 안쪽의 내용물은 원형질막으로부터 가장 멀어진다. 직경이 20센티미터(8.5인치)인 가상의 거대 세포에서 원형질막을 가로질러 들어가는 산소 분자는 막에 도달하여 방출되는데 비슷한 시간이 걸린다. 실제 세포는 필요한 분자를 획득하고 바람직하지 않는 분자를 방출하는데 오랫동안 기다릴 수 없다. 일반적으로 세포 크기가 증가함에 따라 세포질 (모든 대사반응이 일어나는 곳)의 양은 표면적(영양분과 폐기물이 교환되어야만 하는 곳)보다 더 빠르게 증가한다(**그림 5-13**). 이러한 제약이 대부분의 세포 크기를 제한한다. 그러나 신경 및 근육세포와 같은 일부 세포는 부피에 대한 표면적의 비를 상대적으로 높게 유지하기위한 극도로 길어진 형태로 인해 상대적으로 클 수 있다.

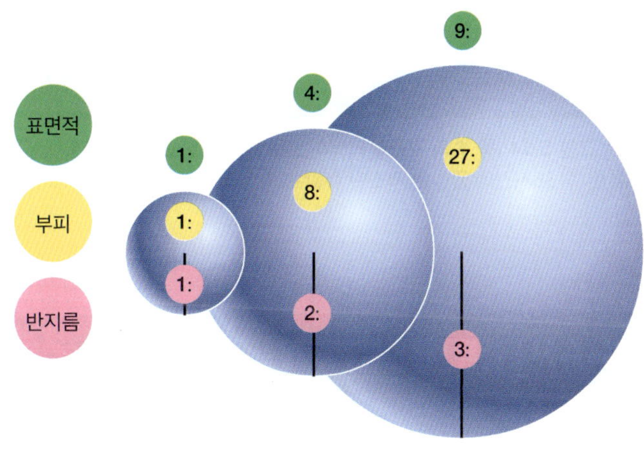


▲ **그림 5-13 표면적과 부피의 관계** 구의 반지름이 3배 증가하면 부피는 27배 증가하지만 표면적은 9배 증가한다.

### CHECK YOUR LEARNING

- 단순 확산, 촉직 확산 그리고 삼투에 대해 설명할 수 있는가?
- 능동수송, 세포내 섭취작용, 세포외유출에 대해 서술할 수 있는가?
- 막을 가로질러 발생하는 물질교환의 필요성이 어떻게 세포 크기와 모양에 영향을 미치는지 설명할 수 있는가?

CASE STUDY CONTINUED

## 치명적인 뱀독

방울뱀과 거미의 독인 "마녀의 술"에는 물린 조직의 주위를 파괴하는 phospholipase를 포함하고 있다(**그림 5-15**). Phospholipase가 모세혈관세포의 막을 공격하면 얇은 혈관이 파괴되어 상처 주위의 조직으로 혈액이 방출된다. 심한 경우에는 모세혈관 손상으로 내부 출혈이 야기될 수 있다. 방울뱀의 독은 적혈구의 막을 공격함으로써 빈혈이 생길 수 있다(산소 운반을 위한 적혈구세포의 부족으로). 방울뱀의 phospholipase는 또한 근육의 세포막을 공격한다; 이러한 공격은 Justin Schwartzs에서처럼 팔의 근육에 심각한 손상을 준다.

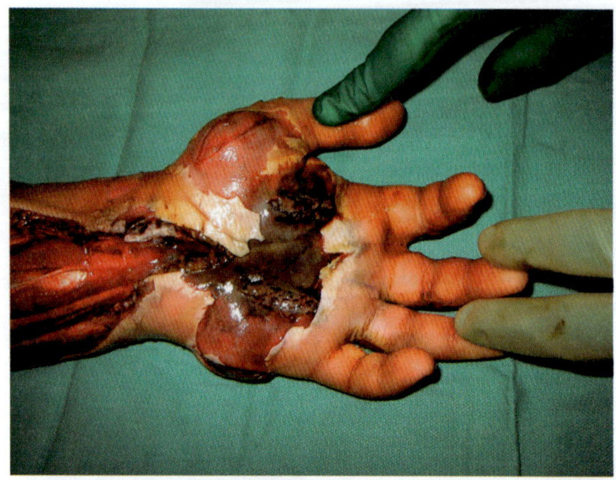

▲ **그림 5-14 독 속의 포스폴리페이스가 세포를 파괴한다** 방울뱀에 물린 후 36시간에 관찰된 저스틴 슈왈츠의 손

Justin에게는 뱀의 독소 단백질에 결합하여 중화시키는 특수한 단백질을 포함하고 있는 많은 양의 해독제가 필요하다. 불행하게도 갈색 은둔거미에 물렸을 때 독에 대한 이용 가능한 해독제가 없어서 치료는 일반적으로 감염을 막아주고, 통증과 부기를 줄여주며 때로는 수 개월 동안 상처가 아물기를 기다리는 것이다.

비록 뱀과 거미에 물린 것 모두 심각한 결과를 가져올지라도 미국에서 발견되는 거미와 뱀 중에서 단지 몇 종만이 사람에게 위험하다. 최상의 방어는 여러분의 주변에서 독을 가진 동물들과 그들이 시간을 보내기 좋아하는 장소에 대해 배우는 것이다. 만약 여러분이 이러한 곳에서 활동을 해야 한다면 방호복을 입어야 하고 장소에 이르기 전에 주의 깊게 살펴야 한다. 지식은 뱀과 거미와 함께 살면서 물리는 것을 피하여 우리의 세포막을 온전하게 유지시키는 데 도움을 줄 수 있다.

**비판적 사고** 포스폴리페이스는 동물의 소화관 및 뱀독에서 발견된다. 소화작용에서 포스폴리페이스의 역할이 독에서의 역할과 어떻게 다른지에 대한 가설을 설정해보라.

# CHAPTER REVIEW

*비판적 사고와 생각해보기, 선택형문제, 빈칸채우기 질문에 대한 답은 이 책의 뒷부분에 있는 정답란에서 볼 수 있다.*

## 핵심개념의 요약

### 5.1 세포막의 구조는 그 기능과 어떠한 관련이 있는가?

세포막은 종종 유동 모자이크로 설명되는 다양한 단백질이 내장된 인지질 이중층으로 구성되어 있다. 원형질막은 외부 환경으로부터 세포질을 분리하고, 세포 내외부로의 물질의 흐름을 조절하고, 세포들 사이의 통신을 가능하게 하고, 세포 내외로의 부착을 허용하며, 많은 생화학적 반응을 조절한다. 막 단백질에는 5가지 주요 유형이 있다 : (1) 화학반응을 촉진하는 효소; (2) 세포를 표식 하는 인지 단백질; (3) 막을 통한 대부분의 수용성 물질의 이동을 조절하는 수송 단백질; (4) 분자와 결합하여 세포 내에서 여러 반응을 유발하는 수용체 단백질; (5) 원형질막을 세포골격 및 세포외기질에 고정시키거나 세포를 서로 결합시키는 연결 단백질.

### 5.2 용액에서 분자를 움직이게 하는 물리적 작용은 무엇인가?

확산은 고농도 영역에서 저농도 영역으로 물질이 이동하는 현상이다. 삼투는 인지질 이중층 또는 아쿠아포린을 통해 선택적 투과성을 가진 막을 가로질러 농도구배 아래로 이동하는 물의 확산이다.

### 5.3 물질은 어떻게 막을 가로질러 이동하는가?

단순 확산 과정에서, 물, 용해된 가스 및 지용성 분자는 인지질 이중층을 통해 확산된다. 촉진 확산이 일어나는 동안, 운반 단백질 또는 통로 단백질은 물과 수용성 분자가 세포 에너지를 소비하지 않고 막의 농도구배를 가로질러 막을 가로 지르도록 한다.

에너지를 필요로 하는 수송은 운반체 단백질이 세포 에너지(ATP)를 사용하여 농도구배에 역행하여 원형질막을 가로지르는 분자의 이동을 유도하는 능동수송을 포함한다. 간질액, 큰 분자 및 음식 입자는 음세포작용(pinocytosis), 수용체-매개 세포내 섭취작용(receptor-mediated endocytosis) 및 식세포작용(phagosytosis)을 포함한 세포내 섭취작용(endocytosis)에 의해 들어온다. 물질의 분비와 미립자 세포 폐기물의 배출은 세포외유출에 의해 이루어진다. 세포는 주로 원형질막을 통한 확산의 느린 과정에 의해 세포질과 외부 환경 사이에서 물질을 교환한다. 이것은 세포의 일부가 원형질막으로부터 너무 멀어서 떨어지지 않게 세포의 직경을 제한한다.

# 개념을 통한 이해

## 선택형 문제

1. 동물세포는 무슨 용액에 의해 둘려 싸여져 있는가? 이러한 용액은 세포기질과 어떠한 상태인가?
   a. 인지질, 등장액
   b. 혈장, 고장액
   c. 간질액, 등장액
   d. 간질액, 저장액
2. 아래의 물질 중 단순확산을 통해 세포 안으로 들어올 수 없는 물질은?
   a. 물
   b. 설탕
   c. 에스트로겐
   d. 산소
3. 아래에 제시된 세포 메커니즘 중에서 당단백질의 중요한 역할에 해당되는 표현을 고르시오.
   a. 호르몬과의 결합
   b. 면역시스템에 의한 세포인지
   c. 이온 통로 형성
   d. 막을 통한 능동수송
4. 확산은
   a. 항상 촉진적이다.
   b. 능동수송에 의해 발생한다.
   c. 온도가 올라가면 증가한다.
   d. 아쿠아포린을 필요로 한다.
5. 아래의 설명 중 세포내 섭취작용(endocytosis)의 설명으로 맞지 않은 것은?
   a. 수동수송의 형태이다.
   b. 음세포작용을 포함한다.
   c. 코팅된 구덩이(coated pits) 형태로 발생한다.
   d. 아메바가 짚신벌레(paramecium) 섭취에 이용한다.

## 빈칸 채우기

1. 막은 ________의 이중층으로 구성되어있다. 이중층 내에 존하는 단백질의 5가지 주요 범주에는 ________, ________, ________, ________ 그리고 ________ 단백질이 포함된다.
2. 일부 물질에는 투과되지만 다른 물질에는 투과되지 않는 막을 ________이라 한다. 막을 통해 물질의 농도구배를 따라 이동하는 현상을 ________이라 부른다. 물이 이동한다고 할 때 이 과정을 ________라고 부른다. 물의 이동에 특이적으로 작용하는 통로를 ________이라 부른다. 농도구배에 역행하여 막을 통한 물질의 이동을 ________이라 부른다.
3. 촉진 확산은 ________단백질 또는 ________단백질을 포함한다. 인지질 이중층을 통한 직접적인 확산을 ________확산이라 부르며 이 과정을 통해 이동하는 분자는 ________에 반드시 녹아야 하거나 크기가 매우 작거나 또는 전하를 띠지 않아야 한다.
4. 각 분자 뒤에 원형질막을 통과하는 과정을 가장 구체적으로 설명하는 두 단 어로된 용어를 배치하십시오. 이산화탄소(carbon dioxide): ________; 에틸 알콜(ethyl alcohol): ________; 나트륨 이온(a sodium ion):________; 포도당(glucose): ________.
5. 액체나 입자가 세포 밖으로 운반되는 일반적인 과정은 ________라고 한다. 이 과정은 에너지가 요구되는가? ________. 배출된 물질이 막으로 둘러싸인 낭으로 세포 내로 운반되는 과정을 ________이라 부른다.

## 복습문제

1. 원형질막의 구조를 설명하고 도표로 나타내시오. 원형질막에 존재하는 분자의 두 가지 주요 종류가 무엇이며 각각의 일반적인 기능은 무엇인가?
2. 10개의 인지질 분자가 물속에 놓였을 경우 가정되는 구조를 스케치하라. 그들이 왜 이런 식으로 자신들을 배열하는지 설명하라.
3. 원형질막에서 일반적으로 발견되는 5가지 종류의 단백질은 무엇이며 각각의 기능은 무엇인가?
4. 확산과 삼투를 정의하라. 삼투가 식물 잎을 굳게 유지하는데 어떻게 도움이 되는지 설명하라. 식물세포 내부의 수압에 대한 용어는 무엇인가?
5. 저장액(hypotonic), 고장액(hypertonic) 및 등장액(isotonic)을 정의하라. 이 세 가지 유형의 용액에 들어가 있는 동물세포의 운명은 어떻게 될까?
6. 세포에서 다음과 같은 유형의 운반 과정을 설명하라 : 단순 확산, 촉진 확산, 능동수송, 음세포작용, 수용체 매개 세포내 섭취작용, 식세포작용 및 세포외유출.
7. 물의 촉진 확산을 용이하게 해주는 단백질의 이름을 지정하시오. 이 단백질의 기능을 입증한 실험은 무엇인가?
8. 물과 포도당은 투과하지만 자당은 통과하지 않는 막에 의해 두 구획(A와 B)으로 나뉜 포도당 용액 용기를 상상해보시오. 구획 A에 일부 자당을 첨가하면 구획 B의 내용이 어떻게 변할까? 설명하라.

# 개념의 적용

1. 세포마다 세포막이 다르다. 예를 들어, 짚신벌레(Paramecium)의 원형질막은 인간 적혈구의 원형질막의 투과성에 약 1%에 불과하다. 왜 그런지 가설을 세우시오. 짚신벌레는 원형질막에 아쿠아포린을 가지고 있을 가능성이 있는가? 답을 설명하라.
2. 인지질 분자 10개가 식물성 기름 속에 완전히 잠긴 상태로 놓였을 경우 이들의 구성을 예측하고 스케치하라. 당신의 예측을 설명하라.

# 6

# 생명현상을 위한 세포에서의 에너지 흐름

뉴욕 마라톤 대회 참가자들은 그들의 몸에 저장한 에너지를 운동에너지와 열로 전환한다. 그들의 쿵쾅거리며 달리는 발걸음이 Verrazano Narrows Bridge를 흔들리게 한다.

CASE STUDY

## 에너지의 방출

뉴욕 마라톤을 상상해보면, 그 대회에서는 세계의 여러 나라에서 참가한 50,000명이 훨씬 넘는 사람들이 26.2마일(42.195킬로미터)을 달린다. 마라톤 경주에서 인체의 끈기와 인내 그리고 에너지를 사용하는 인체의 능력을 증명한다. 평균적으로, 각 주자는 결승선에 도달하기 위해서 약 3,000칼로리를 소비한다. 마라톤을 완주하고 나면, 선수들은 뜨거워진 몸을 물로 식히고 축하의 식사로 에너지를 보충한다.

마라톤 경주를 위한 훈련은 수개월이 걸리며, 특히 장거리 달리기에 익숙하지 않은 사람에게는 훈련이 매우 힘들다. 훈련은 중요한 생리적 변화들을 유발하여 인체가 경주에 필요한 엄청난 양의 에너지를 소비할 수 있도록 만들어준다. 근육세포의 미토콘드리아 개수가 증가하여 포도당을 대사하는 세포의 능력이 향상된다. 근육세포는 또한 포도당의 중합체인 글리코겐을 저장하는 능력이 증가된다. 근육 주위에 모세혈관들이 증가하여 근육세포의 미토콘드리아가 포도당을 분해하는데 필요한 여분의 산소를 원활하게 공급해준다.

정확하게 에너지는 무엇인가? 자동차와 비행기의 엔진이 에너지의 사용을 통제하는 원리와 똑같은 방법으로 우리의 몸도 에너지를 사용하는가? 왜 우리 몸이 열을 발생하며, 그리고 왜 공부하거나 TV를 시청할 때보다 운동할 때 더 많은 열을 발산하는가?

## 주요내용



## 6.1 에너지는 무엇인가?

**에너지(energy)**는 일을 하는 능력이다. 다시 말하면, **일(work)**은 물체가 움직이도록 물체에 주는 에너지의 전달이다. 마라톤 선수들이 일을 하는 것은 분명하다. 왜냐하면, 그들의 가슴은 들썩거리며, 그들의 팔은 상하로 움직이고, 그들의 다리는 활보하여 그들의 몸이 계속하여 앞으로 달리도록 한다. 이와 같은 근육의 일은 분자의 결합에 있는 이용할 수 있는 에너지에 의해서 작동한다. 이러한 에너지를 공급하는 포도당, 글리코겐 및 지방 분자들은 마라톤 선수 몸의 세포에 저장되어 있다. 세포 안에서 ATP와 같은 특수한 분자가 에너지를 방출하는 반응으로부터 에너지를 받아서 잠시 저장하였다가 근육수축과 같은 에너지를 필요로 하는 반응에 에너지를 전달한다.

에너지에는 두 가지 기본적인 종류인 위치에너지와 운동에너지가 있으며, 각 종류의 에너지는 여러 가지 형태로 존재한다. **위치에너지(potential energy)**는 저장된 에너지이다. 위치에너지는 압축된 용수철이나 당겨진 활에 저장된 탄성에너지와 댐 안에 가둔 물이나 하강하기 직전의 롤러코스터(그림 6-1)에 저장된 중력에너지를 포함한다. 그리고 위치에너지는 **화학에너지(chemical energy)**도 포함하는데, 예를 들어 전화기를 작동시키는 건전지, 마라톤 선수에게 힘을 공급해주는 생물분자, 자동차에 동력을 공급하는 화석 연료에 저장된 에너지이다. **운동에너지(kinetic energy)**는 움직임과 관련된 에너지이다. 운동에너지는 복사에너지(예를 들면, 빛, X선 및 전자기 복사의 다른 형태), 열에너지(분자나 원자의 운동), 전기에너지(전기; 전하를 띤 입자의 흐름)를 포함한다. 운동에너지는 또한 급락하는 롤러코스터나 달리는 마라톤 선수 같은 큰 물체의 모든 운동도 포함한다.

조건이 충족될 때, 위치에너지는 운동에너지로 전환될 수 있으며, 그 역도 가능하다. 예를 들어, 롤러코스터가 꼭대기로부터 아래로 내려올 때에 롤러코스터의 중력의 위치에너지가 이동의 운동에너지로 전환된다. 롤러코스터가 다음번의 꼭대기로 올라갈 때에는 롤러코스터의 운동에너지가 다시 위치에너지로 전환된다. 분자 수준에서, 광합성 과정 동안에 빛의 운동에너지는 포획되어 화학결합의 위치에너지로 전환된다(7장 참조). 마라톤 선수의 근육세포가 포도당을 분해할 때에 화학결합의 위치에너지는 이동의 운동에너지와 열로 전환된다.

▲ 그림 6-1 **위치에너지의 운동에너지로의 전환** 롤러코스터 차량이 아래로 급락하는 동안 중력 위치에너지가 운동에너지로 전환된다.

**비판적 사고** 높은 지점에서 하강한 차량을 다시 끌어올리는 전동기가 없는 롤러코스터를 설계할 수 있는가? 설명해 보라.

### 열역학 법칙은 에너지의 기본적 특성을 설명한다

에너지의 흐름과 변화를 더 이해하기 위해서는 에너지의 특성에 대해서 알아야 한다. 열역학 법칙은 에너지의 몇몇 특성을 설명한다.

#### 에너지는 창조되거나 파괴되지 않는다

**열역학 제1법칙(first law of thermodynamics)**은 에너지가 통상적인 과정에 의해 창조되거나 파괴될 수 없음을 나타낸다(핵반응은 예외이다). 이것은 질량이나 에너지가 들어오거나 나갈 수

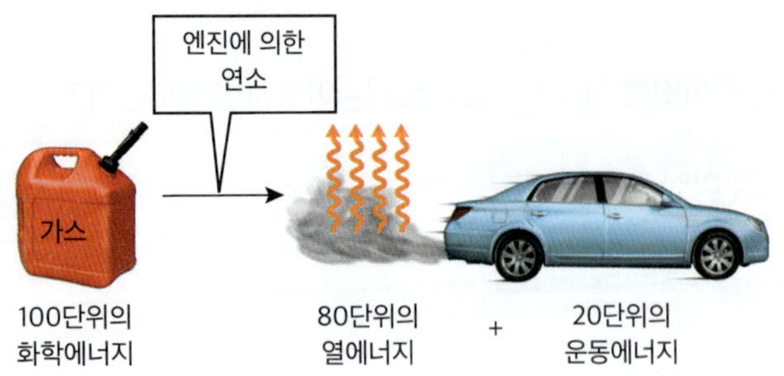


▲ **그림 6-2 모든 에너지는 전환될 때 유용한 에너지가 손실된다.**

없는 공간인 **고립계(isolated system)**에서는 모든 과정의 전과 후의 에너지 총합은 변하지 않음을 의미한다. 따라서 열역학 제1법칙을 흔히 **에너지 보존의 법칙(law of conservation of energy)**이라고 한다.

에너지 보존의 법칙을 예를 들어 설명하기 위해 휘발유차를 생각해보자. 시동을 걸기 전에는 자동차에 있는 모든 에너지는 연료의 화학결합에 저장되어 있는 위치에너지이다. 운전하는 동안에, 연료의 위치에너지의 20%만 움직임을 위한 운동에너지로 전환된다. 그런데 에너지가 창조되거나 파괴되지 않으니까 80%의 에너지는 어떻게 될까? 연료가 연소되면 엔진, 배기 시스템 그리고 자동차 주위의 공기를 가열하기도 하고, 타이어의 마찰은 도로를 가열한다. 그러므로 제1법칙에서 지적한대로, 에너지의 형태는 비록 바뀔지라도 총에너지의 양은 변하지 않고 일정하다 – 20%는 운동에너지로 전환되고, 80%는 열로 전환됨(그림 6-2).

### 에너지 전환은 유용한 에너지의 양을 감소시킨다

**열역학 제2법칙(second law of thermodynamics)**은 에너지가 어떤 형태에서 다른 형태로 전환될 때 유용한(사용할 수 있는) 에너지의 양이 감소한다는 것을 나타낸다. 다시 말하면, (핵반응이 아닌) 모든 통상적인 과정은 에너지를 보다 유용한 형태에서 보다 덜 유용한 형태로 전환한다. 자동차 예에서, 연소는 유용한 화학에너지를 덜 유용한 열로 전환하고, 열은 다만 자동차, 공기, 도로에 있는 분자의 무작위 운동을 증가시킨다.

이제 사람의 몸을 생각해보자. 달리기를 하거나 책을 읽는 동안, 당신의 몸에서 음식물을 "연소하여" 음식물의 분자에 저장된 화학에너지를 방출한다. 일부 에너지는 열로 방출되고, 방출되는 열은 우리의 몸을 따뜻하게 하고 사방으로 퍼진다. 열로 방출된 에너지는 근육을 수축시키거나 뇌세포가 단어를 해석하는 것을 돕는데 사용할 수 없다. 열역학 제2법칙은 신체에서 일어나는 모든 에너지 전환 과정은 100%의 효율을 갖지 않는다는 것을 알려준다. 일부 에너지는 거의 모든 경우에 열의 형태로 주위로 소실되며 유용한 활동을 하는데 사용할 수 없다.

▲ **그림 6-3 방 안의 엔트로피**

### 무질서는 증가하는 경향이 있다

열역학 제2법칙은 또한 물질의 구조에 관하여 설명한다. 유용한 에너지는 복잡한 분자의 결합에 저장되는 것과 같이 고도로 정돈된 물질에 저장되는 경향이 있다. 그 결과, 고립계 내에서 에너지를 사용할 때마다 복잡한 분자가 단순한 분자로 분해되면서 구조 질서의 전반적인 손실이 일어난다. 복잡성과 질서 및 유용한 에너지의 손실이 일어나는 경향을 **엔트로피(entropy)**라고 부른다. 엔트로피의 영향은 일상생활의 활동에서도 뚜렷하게 나타난다: 더러운 접시들이 쌓이고, 옷가지들이 어수선하게 널리고, 침대는 헝클어지고, 책과 신문이 쌓인다(그림 6-3). 이러한 무작위와 무질서는 에너지가 요구되는 설거지나 정리정돈 노력을 통해 에너지를 투입해야만 원래로 되돌릴 수 있다.

분자적 수준에서 작용하는 엔트로피를 살펴본다. 예를 들어 포도당을 연소하면 무슨 일이 일어나는가?:

$$\underset{\text{포도당}}{C_6H_{12}O_6} + \underset{\text{산소}}{6\,O_2} \longrightarrow \underset{\text{이산화탄소}}{6\,CO_2} + \underset{\text{물}}{6\,H_2O} + \text{열에너지}$$

**CASE STUDY | CONTINUED**

## 에너지의 방출

자동차의 엔진과 마찬가지로, 마라톤 선수의 근육은 화학에너지를 운동으로 전환하는 효율이 20% 정도 밖에 되지 않는다. 80%에 해당하는 대부분의 에너지는 열로 소실되고 그것에 의해서 선수의 몸이 과열될 수 있다. 땀에 있는 물이 증발하면서 많은 양의 열을 흡수하기 때문에 땀을 흘리면 몸의 과열을 막아준다. 땀으로 흠뻑 젖은 마라톤 선수는 많은 연료를 연소하고 있지만 컴퓨터 앞에 앉아있거나 강의를 청강하는 땀을 흘리지 않는 활동을 하는 동안에도 우리는 살아있기 위해서 에너지를 계속 사용하고 있다. 이러한 에너지는 어디로부터 오는가?

연소반응에 의해서 원자의 수와 유형은 변하지 않으나 복잡한 포도당 분자가 산소와 결합하여 단순한 생성물 분자들(이산화탄소와 물)로 분해될 때 전체 분자의 개수는 증가함을 알 수 있다. 방출된 열에너지는 생성물 분자들이 무작위로 더 빠르게 움직이게 한다. 엔트로피를 거스르기 위해서는 예를 들어, 이산화탄소와 물로부터 포도당을 합성하기 위해서는 에너지가 외부 원천으로부터, 궁극적으로는 대양으로부터 시스템에 유입되어야 한다. 미국 예일대학교의 저명한 과학자인 허친슨(G. Evelyn Hutchinson)은 "무질서는 우주에 퍼져있는데, 오로지 생명체만 그것에 대항하여 싸우고 있다"고 주장함으로써 엔트로피와 열역학 제2법칙에 대한 기준을 설득력 있게 설명하였다.

## 생명체는 태양에너지를 이용하여 생명을 유지한다

열역학 제2법칙이 맞는다면, 도대체 생명체가 어떻게 살아갈 수 있는지 놀랍고 궁금하다. 만약 세포 안에서 일어나는 화학반응을 포함한 모든 화학반응은 유용한(사용할 수 있는) 에너지의 양을 감소시키며 물질은 무작위와 무질서가 증가하는 경향이 있다면, 생명체는 고도로 조직화된 생명체의 복잡성을 어떻게 유지할 수 있을까? 유용한 에너지는 어디에서 오는 것이고, 폐기물인 열은 어디로 가는 것일까? 이에 대한 답은 세포와 생명체 및 지구 자체는 고립계가 아니고 모두 약 1억 5천만㎞ 떨어져 있는 태양에서 일어나는 핵반응에서 방출되는 태양에너지를 받는다는 사실에 있다.

생명체는 복잡한 분자를 합성하고 그들의 복잡하고 정교한 몸을 유지하기 위하여 끊임없이 유입되는 햇빛을 이용하여 "무질서에 대항하고" 있다. 모든 태양에너지는 식물과 해조류와 같은 광합성 생물을 통해서 생물권으로 들어온다. 광합성의 화학방정식은 다음과 같다:

$$6\,CO_2 + 6\,H_2O + \text{빛에너지} \longrightarrow C_6H_{12}O_6 + 6\,O_2$$

광합성은 포도당을 분해하는 반응과 반대 과정이라는 것을 주목하라; 빛에너지는 포도당의 화학결합에 포획되어 저장된다. 따라서 생명체를 특징짓는 고도로 조직화된(그러므로 저-엔트로피) 체계는 열역학 제2법칙을 위배하지 않는다; 이러한 체계는 태양으로부터 오는 유용한 에너지를 끊임없이 유입함으로써 유지된다. 따라서 여러분이 책상을 정리하고 침대를 정리할 때, 여러분의 근육은 원래 광합성으로 포획한 태양에너지를 (간접적으로) 사용한다.

### CHECK YOUR LEARNING

- 에너지와 일을 정의하라.
- 위치에너지와 운동에너지를 정의하고 각각의 예를 세 가지씩 답하라.
- 열역학 제1법칙과 제2법칙을 서술하고 설명하라.

## 6.2 화학반응 동안 에너지는 어떻게 전환되는가?

**화학반응(chemical reaction)**은 화학결합을 형성하거나 분해하는 과정이다. 화학반응은 화합물인 **반응물(reactant)**을 반응물이 갖고 있는 원자의 종류와 수를 똑같이 갖고 있는 **생성물(product)**이라는 다른 화합물로 전환한다. 생성물이 처음의 반응물보다 적은 에너지를 갖는 즉, 열이 방출되는 반응을 **발열반응(exergonic reaction)**이라고 한다(그림 6-4a). 생성물이 반응물보다 더 많은 에너지를 갖는 즉, 에너지의 순 유입을 필요로 하는 반응을 **흡열반응(endergonic reaction)**이라고 한다. 흡열반응은 외부의 공급원으로부터 에너지의 유입을 필요로 한다(그림 6-4b).

## 발열반응은 에너지를 방출한다

요리사라면 누구나 겪어보았듯이 당은 연소될 수 있다. 당이 연소될 때 당은 산소와 결합하여 이산화탄소와 물을 만들면서 열을 발생한다. 생명체 내부에서 당은 전체적으로 같은 연소반응을 진행하지만 반응 동안 방출되는 에너지의 일부는 ATP에 화학에너지로 저장된다(나머지는 열로 방출된다). 반응물 분자들(포도당과 산소)에 들어있는 전체 에너지는 생성물 분자들(이산화탄소와 물)에 들어있는 전체 에너지보다 훨씬 크기 때문에 당의 연소는 발열반응이다. 언덕 위에 있는 바위가 언덕 밑으로 저

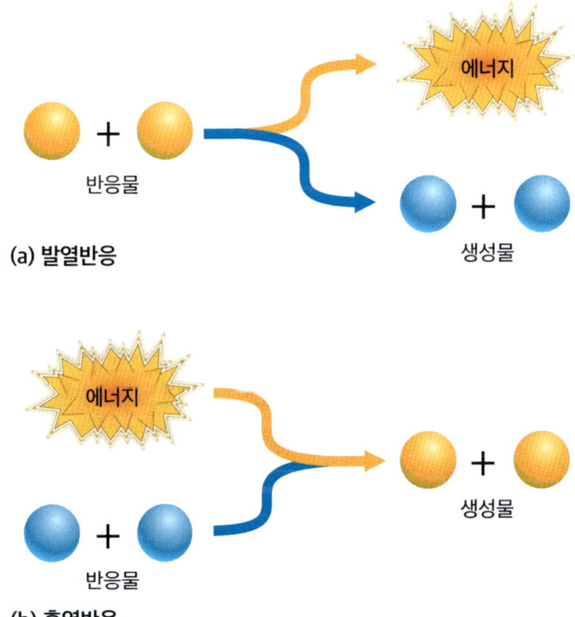


▲ **그림 6-4 발열반응과 흡열반응** **(a)** 발열반응에서의 생성물은 반응물보다 더 적은 에너지를 갖고 있다. **(b)** 흡열반응에서의 생성물은 반응물보다 더 많은 에너지를 갖고 있다.

**비판적 사고** 포도당의 분해는 흡열반응인가 발열반응인가? 광합성은 흡열반응인가 발열반응인가?

절로 굴러 내려가는 것처럼 발열반응을 고에너지 상태에서 저에너지 상태로 내려가는 반응이라고 생각하면 이해가 될 것이다.

## 흡열반응은 에너지의 순 유입을 필요로 한다

생명체에서 일어나는 많은 반응은 흡열반응으로 에너지의 순 유입을 필요로 하고, 반응물보다 더 많은 에너지를 갖는 생성물을 생산한다. 큰 생물분자의 합성은 흡열반응이다. 예를 들면, 근육세포에 들어있는 단백질은 서로 결합하여 단백질을 합성하는 아미노산들보다 더 많은 에너지를 갖는다. 생명체는 어떻게 흡열반응을 작동시킬까? 생명체는 광합성 동안에 포획한 태양에너지를 사용하여 합성한 고-에너지 분자를 사용한다. 바위를 언덕 위로 밀어 올릴 때 노력이 필요하듯이 흡열반응은 에너지의 순 유입이 필요하기 때문에 흡열반응을 "오르막" 반응이라고 생각할 수 있다.

## 모든 화학반응은 시작하기 위해서 활성화에너지가 필요하다

모든 화학반응이 시작되려면 **활성화에너지(activation energy)**가 필요하다(**그림 6-5a**). 언덕 위에 놓여 있는 바위를 생각해보자; 바위를 아래로 굴리기 위해 밀지 않는다면 바위는 계속 그 자리에 머물러 있을 것이다. 구르는 바위처럼 많은 화학반응은 반응이 시작되도록 충분한 활성화에너지가 공급되면 자발적으로 반응이 지속된다. 이러한 현상을 캠프파이어에서 나무를 태우거나 마시멜로에 불이 붙을 때(**그림 6-5b**) 볼 수 있다. 불꽃의 에너지가 공급되어 마시멜로에 들어있는 당이 대기의 산소와 결합하여 불이 붙으면 마시멜로는 자발적으로 연소한다.

왜 활성화에너지가 화학반응에 필요할까? 음전하를 가진 전자들이 모든 원자들을 둘러싸고 있다(2장 참조). 음전하들은 서로 밀어내고 원자들을 분리하여 유지하려는 경향이 있다. 활성화에너지는 이러한 반발력을 극복하는 데 필요하고, 원자들이 반응하기에 충분할 정도로 가깝게 만들어 새로운 화학결합을 형성하게 한다.

활성화에너지는 움직이는 분자들의 운동에너지에 의해 공급될 수 있다. 원자들과 분자들은 끊임없이 움직인다. 원자들과 분자들이 매우 빠르게 움직인다면 반응성이 큰 분자들이 충돌하여 그들의 전자각이 서로 합쳐져서 반응할 수 있다. 온도가 상승하면 분자들이 더 빨리 움직이기 때문에 대부분의 화학반응은 고온에서 더 잘 일어난다; 이러한 현상이 불꽃의 열이 마시멜로에 불을 붙일 수 있는 이유이다.

### CHECK YOUR LEARNING

- 화학반응에 의해서 에너지가 어떻게 포획되거나 방출되는가를 설명하라.
- 발열반응과 흡열반응을 설명하고 각각의 예를 들라.
- 활성화에너지를 설명하라.

### CASE STUDY CONTINUED
### 에너지의 방출

마라톤 선수는 달리는 데 필요한 많은 에너지를 근육과 간에 저장한 글리코겐으로부터 공급받는다. 글리코겐은 포도당 분자로 구성된 길고 가지가 있는 사슬 구조이다. 에너지가 필요할 때, 글리코겐 사슬로부터 떨어져 나온 포도당 분자가 이산화탄소와 물로 분해된다. 이와 같은 발열반응은 근육수축을 일으키는 화학에너지를 생성한다. 마라톤 선수들이 적당한 양의 산소를 근육에 공급하기 위해 빠르게 숨을 쉴 때, 발열반응에서 생성된 이산화탄소는 몸 밖으로 나간다. 선수가 경주 동안에 마시는 물 뿐만 아니라 발열반응에서 생성된 물은 몸을 식히는 땀으로 배출된다.

근육과 다른 세포에 들어있는 포도당 분자는 분해될 때 점화되지는 않으며 연소되는 것도 아니다. 그렇다면 세포는 어떻게 활성화에너지를 공급하며, 어떻게 화학에너지의 방출을 조절하여 일을 하는 데 필요한 에너지를 공급하는가?

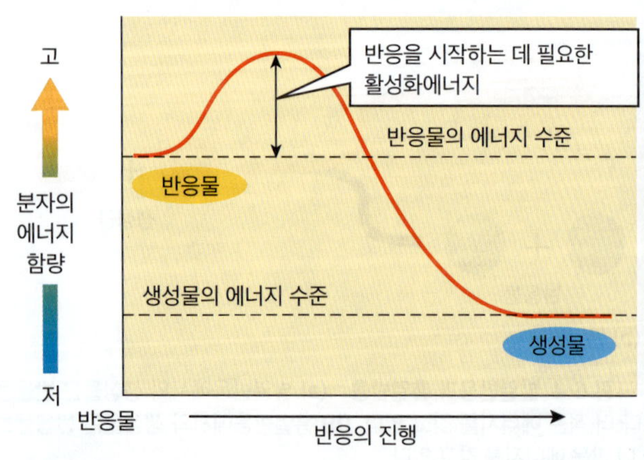


(a) 발열반응

(b) 불꽃은 마시멜로에 있는 당에 불을 붙인다.

▲ **그림 6-5 발열반응에서의 활성화에너지** (a) 활성화 장벽을 넘으면 에너지의 순 방출이 이어날 것이다. (b) 설탕의 연소에서 방출된 열은 반응이 자발적으로 지속되도록 할 것이다.

## 6.3 세포 안에서 에너지는 어떻게 전달되는가?

대부분의 생명체는 포도당의 발열반응으로 공급되는 화학에너지에 의해서 동력을 얻는다. 그러나 에너지를 사용하기 위해서는 먼저 포도당에 저장된 화학에너지가 ATP와 같은 에너지 운반체 분자로 전달되어야 한다. **에너지 운반체 분자(energy-carrier molecule)**는 발열반응에서 합성되는 고-에너지 분자인데, 발열반응에서 방출되는 화학에너지 일부를 포획하여 잠시 저장한다. 재충전 가능한 손전등이 전기에너지를 저장하고 있다가 빛으로 방출하는 것처럼 에너지 운반체 분자는 발열반응에서 에너지를 충전했다가 나중에 에너지를 방출하여 흡열반응을 추진한다. 에너지 운반체 분자는 재충전될 수 있는데, 이에 대해서는 다음에 서술한다. 에너지 운반체 분자는 세포 안에서만 에너지를 포획하고 전달한다; 이것들은 세포막을 통해서 에너지를 운반하지 못하고, 장시간의 에너지 저장용으로도 이용되지 않는다.

## ATP와 전자운반체가 세포 안에서 에너지를 전달한다

당과 지방의 분해 같은 세포에서 일어나는 많은 발열반응은 ATP를 생산한다. ATP는 몸에 있는 가장 흔한 에너지 운반체 분자이다. ATP(아데노신 3인산)는 질소를 포함한 염기인 아데닌과 당인 리보오스와 세 개의 인산기로 구성된 뉴클레오타이드이다. ATP는 발열반응에서 나오는 에너지를 사용하여 무기인산($HPO_4^{2-}$, $P_i$로도 표시)과 ADP(아데노신 2인산)를 결합하는 흡열반응(**그림 6-6a**)에 의해서 생성된다.

ATP는 세포 안에서 확산되어 흡열반응이 일어나는 곳에 에너지를 전달한다. ATP가 분해되면서 에너지가 방출되고 ADP와 $P_i$가 재생성된다(**그림 6-6b**). 세포 안에서 ATP 분자의 수명은 매우 짧다; 각 분자는 매일 약 1,400번 순환된다. 마라톤 선수는 1분에 약 0.45kg의 ATP 분자를 소비하므로 ATP가 즉시 순환되지 않는다면 마라톤 경주를 할 수 없다. ATP가 세포 안에 들어있는 유일한 에너지 운반체 분자는 아니다. 포도당 분해와 같은 발열반응에서는 에너지의 일부를 전자에 전달한다. 이와 같은 에너지가 높은 전자는 수소 이온($H^+$; 세포의 세포기질에 존재)과 함께 **전자운반체(electron carrier)**라고 부르는 분자에 의해서 포획된다. 이러한 전자와 수소 이온을 함유한 전자운반체는 고-에너지 전자를 다른 분자에 전달하는데, 이런 분자는 ATP를 생산하는 경로에 종종 포함되어 있다. NADH(니코틴아마이드 아데닌 다이뉴클레오타이드)와 $FADH_2$(플라빈 아데닌 다이뉴클레오타이드)는 가장 많은 전자운반체이다. 전자운반체에 대해서는 7장과 8장에서 보다 자세하게 배운다.

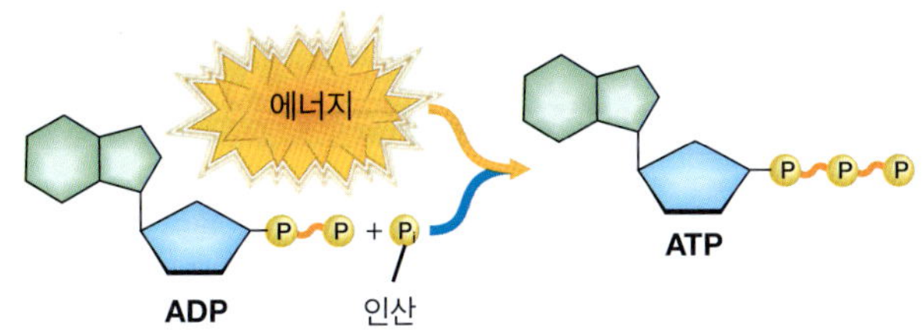


(a) ATP 합성: 에너지는 ATP에 저장된다

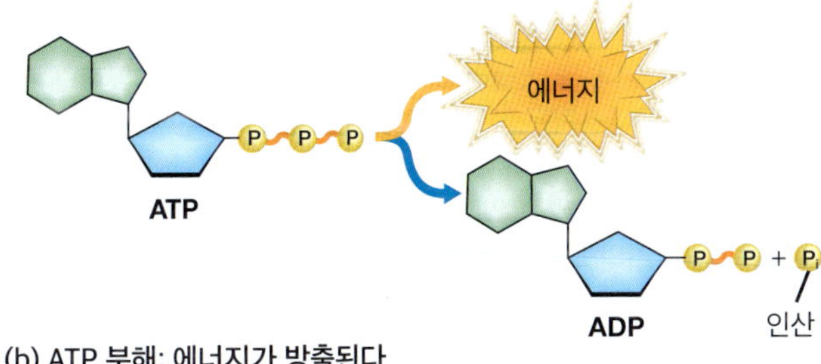


(b) ATP 분해: 에너지가 방출된다

▲ **그림 6-6 ADP와 ATP의 상호전환** **(a)** 인산기($P_i$)가 아데노신 2인산(ADP)에 결합되어 아데노신 3인산(ATP)이 형성될 때 에너지가 포획된다. **(b)** ATP가 ADP와 $P_i$로 분해될 때 세포의 작용을 수행하는 에너지가 방출된다.

## 연관반응은 발열반응과 흡열반응을 연결한다

**연관반응(coupled reaction)**에서, 발열반응은 중재자로서 ATP 또는 전자운반체를 사용하여 흡열반응(**그림 6-7**)을 추진하기 위해 필요한 에너지를 공급한다. 예를 들어, 광합성 동안에 식물은 햇빛(태양 심부의 발열반응으로부터 비롯된)을 이용하여 저-에너지 반응물로부터 고-에너지 포도당 분자를 합성하는 흡열반

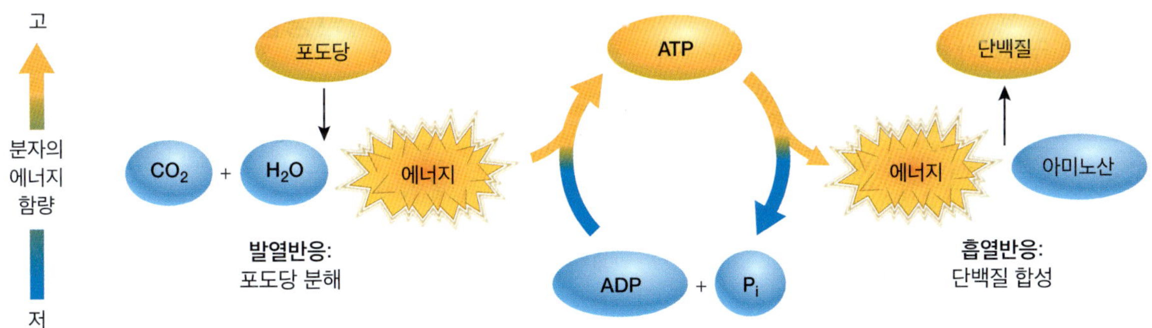


▲ **그림 6-7 세포 안에서 일어나는 연관반응** 포도당의 분해 같은 발열반응은 ADP와 $P_i$로부터 ATP를 합성하는 흡열반응을 추진한다. 세포 안에서 ATP 분자는 단백질 합성 같은 흡열반응을 추진하기 위해 에너지가 필요한 곳에 자신의 화학에너지를 전달한다.

**비판적 사고** 왜 연관반응 전체는 발열반응인가?

## Earth WATCH 효소 대 플라스틱

세계 곳곳에는 플라스틱이 넘쳐 난다. 플라스틱을 널리 사용하기 시작한 이후 70여 년 동안 전 세계는 180억 톤의 플라스틱을 생산하였다. 대부분의 플라스틱 종류는 석유제품으로 만든다; 플라스틱 분자는 수만 개의 탄소 원자와 수소 원자로 구성되며, 거기에 산소 원자, 질소 원자, 황 원자 혹은 염소 원자가 어느 정도 첨가된다. 플라스틱은 매우 느리게 분해되므로 사실상 지금까지 생산한 모든 플라스틱은 아직 남아 있다. 일부 플라스틱은 아직 계속 사용하고 있지만 거의 140억 톤의 플라스틱은 폐기물이다. 폐기물의 일부(9%)는 재활용되고 일부(12%)는 소각된다. 그렇지만 나머지는 폐기되어 쓰레기 매립지와 자연환경에 버려져 있다. 오늘날, 플라스틱 쓰레기는 모든 바다를 포함하여 거의 모든 곳에서 발견된다(**그림 E6-1**). 플라스틱 쓰레기에서 배어나오는 폐기물 플라스틱과 화학물질은 야생동물과 인간에게 심각한 위험을 주고 있다. 그러한 문제는 더 악화될 것이다; 현재의 상태가 계속되면 2050년에는 430억 톤의 플라스틱 폐기물이 더 축적될 것이다.

플라스틱 폐기물 문제의 해결책을 찾는 것은 엄청난 도전이지만 예상하지 않은 효소에서 도움을 받을 수 있다. 최근에, 연구자들은 많이 사용하는 플라스틱 종류인 PET를 분해하는 박테리아를 발견하였다. 그들은 박테리아가 전에는 몰랐던 두 가지 효소를 사용하여 PET를 완전히 분해하여 물질대사를 하는 것을 알아냈다. 다른 연구 그룹은 벌집나방 애벌레가 장바구니를 비롯하여 여러 가지 물건을 만드는데 사용하는 플라스틱 종류인 폴리에틸렌을 섭취하여 분해하는 것을 발견하였다. 애벌레가 먹이로 밀랍을 섭취하는데 밀랍을 소화시키는 효소가 플라스틱도 분해하는 것 같다. 그렇지만 연구자들은 플라스틱을 소화하는 애벌레의 효소를 아직 찾아내지는 못했다.

플라스틱을 먹는 생물이 플라스틱 폐기물을 줄이는데 도움이 될 수 있을까? 애벌레 무리의 대량 방사는 가능해 보이지 않으나 플라스틱을 먹는 박테리아를 필요한 곳에 접종하는 것은 앞으로 실현 가능성이 있다. 그렇지만 자연환경에 생물을 광범위하게 방출함으로 일어나는 생태적 결과를 예측하기가 어렵기 때문에 광범위한 부가적인 연구 후에야 이러한 접근을 심각하게 고려해 볼 수 있을 것이다. 플라스틱을 먹는 생물이 사용하는 효소를 분리하여 합성하고, 대량으로 플라스틱 폐기물을 분해하거나 재생하는 과정을 개발하는데 효소를 사용하는 계획은 가능해 보이는 또 다른 접근이다. 자연의 플라스틱 소비자가 인간이 만든 쓰레기의 맹공격을 해결하는 방법을 알아내는데 도움을 줄 것이다.

▲ **그림 E6-1 어느 곳에나 있는 플라스틱** 남태평양에 있는 헨더슨 섬의 해변이 플라스틱 쓰레기로 덮여 있다. 헨더슨 섬은 무인도이며 가장 가까운 대륙까지는 3,500마일(5,600킬로미터)로 지구상에서 가장 외진 장소 중의 하나이다.

**생각해보기** 플라스틱 폐기물을 줄이고자 하는 희망으로 일부 마을과 도시에서는 플라스틱 장바구니의 사용을 금지하고 있다. 그리고 몇몇 지역에서는 플라스틱 병에 담은 물의 판매를 금지하고 있다. 이러한 법이 좋다고 생각하는가? 좋은 이유는 혹은 좋지 않은 이유는?

응을 추진한다. 거의 모든 생명체는 흡열반응(예: 아미노산으로부터 단백질의 합성)을 추진하기 위하여 발열반응(예: 포도당의 분해)에서 방출되는 에너지를 사용한다. 에너지는 전환될 때마다 일부 에너지를 잃기 때문에, 연관반응에서 발열반응에 의해 방출되는 에너지는 흡열반응을 추진하는데 필요한 에너지보다 항상 많아야 한다. 그러므로 연관반응은 전체적으로 발열반응이다.

### CHECK YOUR LEARNING

- 세포 안에 들어있는 두 가지 중요한 에너지-운반체를 답하고 설명하라.
- 연관반응을 설명하라.

## 6.4 효소는 생화학반응을 어떻게 촉진하는가?

일반적으로 반응이 일어날 가능성은 그 반응의 활성화에너지에 의해서 결정된다. 물에 설탕이 녹는 반응은 낮은 활성화에너지를 갖고 있으며 체온(약 37°C)에서는 더 빠르게 진행한다. 반면에, 산소가 존재하는 37°C에서 설탕을 수십 년 동안 보관해도 변하지 않는다. 왜 그럴까? 설탕과 산소가 결합하여 이산화탄소와 물을 생성하는 반응은 높은 활성화에너지를 갖기 때문이다. 그럼에도 불구하고 설탕은 살아있는 세포의 가장 중요한 에너지원이다. 만약 설탕 분자가 세포 안에서 저절로 분해되지 않으면 어떻게 설탕의 에너지가 방출될까? 촉매의 도움이 필요하다. **촉매(catalyst)**는 반응의 활성화에너지를 낮추는 물질이다.

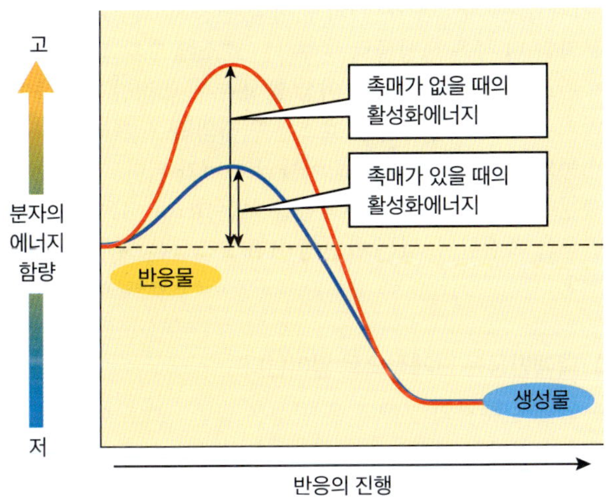


▲ **그림 6-8 촉매는 활성화에너지를 낮춘다** 동일한 온도에서 촉매가 있으면 반응이 훨씬 더 잘 진행된다.

**비판적 사고** 효소 촉매는 체온에서 흡열반응이 자발적으로 일어나도록 할 수 있는가? 설명해 보시오.

## 촉매는 반응을 시작하는데 필요한 에너지를 낮춘다

촉매(catalyst)는 반응의 활성화에너지를 낮춰서 반응 속도를 빠르게 한다(**그림 6-8**). 예를 들면, 자동차 배기 시스템의 촉매변환장치의 금속촉매가 배기가스의 일산화탄소가 대기의 산소와 빠르게 결합하도록 하여 이산화탄소가 생성된다. 만약 촉매변환장치를 사용하지 않으면 휘발유의 불완전연소에 의해서 생성되는 독성의 일산화탄소의 양이 위험한 수준에 도달한다.

## 효소는 생물 촉매이다

대부분의 무기물 촉매는 여러 종류의 화학반응 속도를 높인다. 그러나 세포 안에서 종류를 구별하지 않고 동시에 많은 종류의 반응 속도를 높이는 것은 세포에 거의 확실하게 치명적이다. 대신에, 세포는 **효소(enzyme)**라고 하는 고도로 특이성을 갖는 생물 촉매를 사용한다. 거의 모든 효소는 단백질이다. 대부분의 효소는 특정한 분자가 관여하는 한 종류 또는 몇 종류의 화학반응만을 촉진하며, 특정한 분자와 매우 유사한 분자라도 변화시키지 않는다(플라스틱 분자의 분해에 촉매로 작용하는 효소는 자연환경에 버려진 플라스틱의 양을 줄이는데 도움이 될텐데 이에 대해서 "Earth Watch: 효소 대 플라스틱"에서 탐구해보도록 한다).

발열반응과 흡열반응 모두 효소에 의해 촉진된다. 예를 들어, ADP와 $P_i$로부터의 ATP 합성은 ATP 합성효소(ATP synthase)에 의해 촉진된다. 흡열반응을 추진하는 ATP의 분해는 다른 효소인 ATP 가수분해효소(ATPase)에 의해 촉진된다. 효소들의 이름을 보면 효소의 명칭은 일관적이지 않다. 어떤 경우에는 효소의 작용에 "ase" 어미를 붙이고(ATP synthase), 다른 경우에는 효소가 작용하는 분자에 "ase"를 붙인다(ATPase). 뿐만 아니라 어떤 효소들은 "ase"를 붙이지 않는다(pepsin).

### 효소의 구조 때문에 효소는 특정 반응을 촉진시킨다

모든 단백질의 기능처럼 효소의 기능은 그것의 구조에 의해 결정된다(3장 참조). 효소의 특유한 형태는 그 효소를 구성하는 아미노산들의 서열과 아미노산 사슬이 성밀하게 비틀리고 접히는 방법에 의해서 결정된다. 효소의 3차 구조가 다른 분자들의 방향을 바꾸고 구조를 비틀고 변경함으로써 그 분자들이 반응하도록 하는데 효소의 구조는 변하지 않는다.

효소는 **기질(substrate)**이라고 부르는 반응물 분자가 들어갈 수 있는 **활성 부위(active site)**라고 하는 공간을 갖고 있다. 활성 부위를 형성하는 아미노산들의 전하뿐만 아니라 활성 부위의 형태가 활성 부위로 들어오는 분자를 결정한다. 예를 들어, 아밀라아제 효소를 생각해보자. 아밀라아제는 녹말 분자를 분해하는 가수분해반응을 촉진하지만 셀룰로오스 분자의 분해에 촉매 작용을 하지 않는다. 녹말 분자와 셀룰로오스 분자는 모두 포도당 분자의 사슬로 구성되어 있다. 왜 그럴까? 녹말을 구성하는 포도당 분자들의 결합 방법은 녹말의 포도당 사슬이 아밀라아제의 활성 부위에 잘 들어가도록 하지만 셀룰로오스를 구성하는 포도당의 결합 방법은 그렇지 않기 때문이다.

효소는 반응을 어떻게 촉진할까? **그림 6-9**는 두 개의 기질 분자가 결합하여 하나의 생성물을 형성하는 과정을 보여주고 있

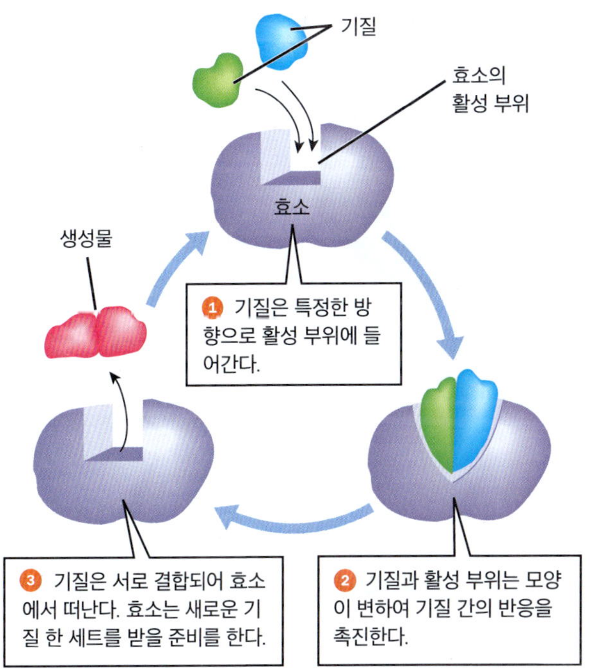


▲ **그림 6-9 효소-기질 상호작용의 순환** 위의 그림은 두 개의 반응물 기질 분자가 결합하여 한 개의 생성물을 형성하는 것을 보여준다. 효소는 또한 한 개의 기질을 두 개의 생성물 분자로의 분해를 촉진할 수 있다.

다. 활성 부위의 형태와 전하가 기질들이 특정한 방향으로만 효소에 들어갈 수 있게 한다❶. 적합한 기질이 활성 부위에 들어갈 때, 활성 부위를 구성하는 특정한 아미노산들과 기질의 특정부위 사이에 약한 화학결합이 형성되면서 기질과 활성 부위의 형태가 모두 약간 변한다❷. 이러한 형태 변화로 기질 분자의 원래 결합이 뒤틀림으로써 쉽게 결합이 끊어진다. 기질의 선택성, 기질의 방향성, 일시적인 결합, 그리고 기존 결합의 뒤틀림이 조합되어 특정한 효소가 촉매 작용하는 특이적 화학반응을 촉진한다. 이와 같은 과정은 두 개의 분자를 반응시키는 효소나 하나의 분자를 더 작은 생성물로 분해하는 효소에 모두 적용된다. 반응이 완료되면, 생성물은 더 이상 활성 부위에 적합하게 들어맞지 않기 때문에 배출된다❸. 효소는 원래의 구조 형태로 되돌아가서 동일한 기질들을 다시 받아들일 준비가 된다. 기질 분자들이 충분한 경우, 빠르게 촉매작용을 하는 효소는 1초에 수만 번의 반응을 촉진할 수 있는 반면에 어떤 효소들은 매우 느리게 작용한다.

**Have You Ever Wondered ...**

**만약 식물이 밤에 빛날 수 있다면?**

반딧불이의 거의 마술 같은 불빛을 본 적은 있겠지만, 식물도 생명공학 기술로 밤에 빛날 수 있다는 것을 알고 있는가? 반딧불이의 자연적인 불빛은 형광물질인 루시페린에서 나온다. 루시페린은 루시퍼레이스(발광효소)의 기질이다. 루시퍼레이스는 ATP의 에너지를 사용하여 전자들을 들뜨게 하여 잠시 고-에너지 전자각에 있도록 하는 루시페린을 변형하는 반응을 촉진한다. 전자들이 원래 있던 전자각으로 되돌아갈 때 초과 에너지가 빛으로 방출된다.

식물은 자연적으로 빛나지 않지만, 미국 MIT의 연구자들이 생물발광을 일으키는 물냉이 식물을 만들었다. 빛나는 식물을 만들기 위해서 연구자들은 먼저 실리카 혹은 중합체로 감기바이러스보다 훨씬 작은 나노입자를 만들었다. 일부 나노입자에는 루시페린이 들어있고 일부 나노입자에는 루시퍼레이스가 들어있게 만들었다. 그들은 이러한 입자들을 물냉이 식물 속에 주입하였다. 루시퍼레이스가 들어있는 입자는 잎 세포의 세포벽을 통과하여 세포 안으로 들어가도록 만들었으며, 반면에 루시페린이 들어있는 입자는 잎 세포의 세포외 공간에 남아있도록 만들었다. 서서히, 세포 밖에 있는 입자에서 루시페린이 방출되어 세포 안으로 들어가서 루시퍼레이스 효소와 반응한다. 결과는 조작된 식물이 약 3시간 30분 동안 빛났다. 연구자들은 최종적으로 계속해서 빛나는 식물을 개발하려고 한다. 훗날, 우리는 발광하는 나무들도 볼 수 있을 것이다.

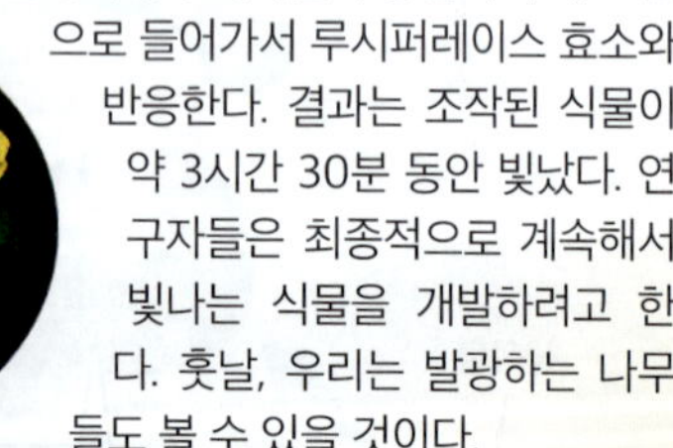

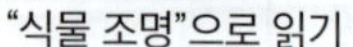

"식물 조명"으로 읽기

### 효소-촉매반응은 단계적으로 일어난다

세포 안에서 분자의 분해 혹은 합성은 일반적으로 여러 단계로 일어나며 각각의 단계는 다른 효소에 의해서 촉매 작용을 받는다. 각각의 효소는 담당하는 특정 반응의 활성화에너지를 낮추어서 반응이 체온에서 쉽게 일어나도록 한다. 절벽을 기어오르는 것보다 같은 높이까지 연결된 계단으로 걸어서 올라가는 것이 더 쉽다는 것을 생각해 보라. 이와 비슷하게 일련의 "계단 단계" 반응은 높은 활성화에너지 장벽을 극복하여-적은 양의 활성화에너지가 필요한 각 계단 단계 반응은 활성화에너지를 낮추는 효소에 의해서 촉진됨-전체 반응이 체온에서 진행되게 한다.

## 효소가 대사 경로에서 기능을 수행한다

세포의 **물질대사(metabolism)**는 세포에서 일어나는 모든 화학반응의 총합이다. 포도당을 분해하여 이산화탄소와 물을 만드는 반응을 포함한 많은 반응은 **대사 경로(metabolic pathway)**라고 부르는 일련의 반응들과 연결되어 있다(**그림 6-10**). 대사 경로의 최초 반응물 분자는 효소의 작용으로 약간 다른 중간산물 분자로 전환되며, 생성된 중간산물은 다른 효소에 의해서 변형되어 두 번째 중간산물로 전환되고 같은 과정이 반복되어 최종 생성물이 생산된다. 예를 들면, 광합성(7장 참조)은 포도당의 분해(8장 참조)와 마찬가지로 대사 경로이다. 서로 다른 대사 경로에서 종종 동일한 분자를 사용한다; 결과적으로 세포에서 진행하는 수천 개에 이르는 모든 대사 경로는 서로 연결되어 있다.

**CHECK YOUR LEARNING**

- 촉매가 어떻게 활성화에너지를 낮추는지 설명하라.
- 효소가 어떻게 생물 촉매로 작용하는지 설명하라.

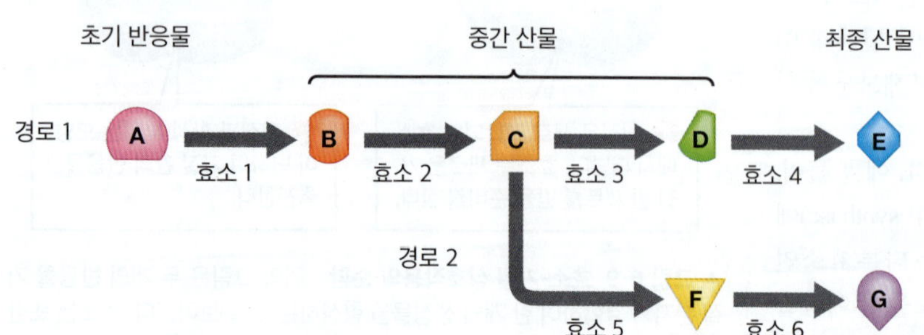


◀ **그림 6-10 단순화한 대사 경로** 최초의 반응물 분자(A)는 일련의 반응을 거치는데 각 반응은 특이적인 효소에 의해 촉진된다. 대사 경로에서 각 반응의 생성물은 다음 반응의 반응물이다. 대사 경로들은 주로 서로 연결되어서 어떤 경로의 특정 단계의 생성물(경로 1의 C)이 다른 경로의 효소의 기질(경로 2의 효소 5)로도 종종 사용된다.

## Health WATCH 특정 효소의 결핍이 유당분해효소결핍증의 원인

여러분이 아이스크림과 피자를 좋아한다면, 이것들을 먹지 않는 삶은 매우 어려울 것이다. 그런데 세계 인구의 많은 사람들이 유제품을 함유한 음식을 즐길 수 없다. 비록 어린 아이들은 정상적으로 락테이스(유당분해효소: 유당을 분해하는 효소)를 만들지만, 3천만에서 5천만 명의 미국인을 포함하여 세계 인구의 약 65%는 어린 시절이 지나면 이 효소를 거의 만들지 못하는데, 이러한 증상을 유당분해효소결핍증이라고 한다. 최악의 사례로는, 유당분해효소결핍증을 갖고 있는 사람들은 유제품을 먹고 나서 복통, 속이 부글거림, 메스꺼움, 설사 등을 겪는다(**그림 E6-2**).

성인이 되면 왜 영양분이 많은 음식물을 소화하는데 필요한 효소의 합성이 중단되는 것일까? 인류의 초기 선조들 중에서 유아기 후에 유당을 소화하는 능력을 잃은 사람들이 유리한 자연선택에 있었다. 초기 인류는 가축을 키우지 않았었기 때문에 젖떼기 후에는 우유를 마실 수 없었다. 우유를 마시지 않는데 에너지를 소비하여 사용하지 않을 효소를 만드는 것은 분리한 것이었다. 결과적으로, 인간은 젖떼기 후에는 락테이스 유전자의 전사를 멈추게 하는 조절 메커니즘을 발달시켰다. 인류 초기에는 유리했던 이러한 적응이 대부분의 현대인에게서 지속되고 있다. 유당분해효소결핍증은 동아시아, 서아프리카 및 미국 원주민의 후손에게서 특히 우세하다.

왜 유당효소결핍증이 전 세계 사람들에게 보편적이지 않을까? 지금으로부터 10,000년 전부터 6,000년 전 사이에 북유럽과 중동아시아에 살았던 일부 사람들에게 평생 유당을 소화시킬 수 있는 돌연변이들이 생겼다. 돌연변이들을 얻은 사람들은 가축으로부터 고기뿐만 아니라 우유도 섭취할 수 있어서 농경사회 사람들에게는 더 좋은 영양을 공급하였기 때문에 이러한 돌연변이들은 유리하여서 점차적으로 물려 내려갔다. 오늘날 그들의 후손은 계속해서 우유, 아이스크림, 엑스트라치즈피자를 즐긴다.

▲ **그림 E6-2 모험적인 행동?** 대부분의 성인들은 우유를 마실 때 속이 불편한 것을 감수해야 한다.

**비판적 사고** 8살 된 입양아가 우유를 마신 후에 설사와 위경련을 일으켜서 부모는 아이를 소화과 병원에 데리고 갔다. 소화과 의사는 원인이 무엇이라고 추측할까? 만약 검사 결과가 그의 추측을 확인해 주면 의사는 문제를 해결하기 위해 어떤 방법들을 제안할까? 이러한 증상들을 일으키지 않는 유제품은 있을까? 그러한 유제품은 왜 증상들을 일으키지 않을까?

## 6.5 효소는 어떻게 조절되는가?

시험관에서 일어나는 효소에 의한 촉매반응의 속도는 주로 효소의 농도와 기질의 농도에 의존한다. 일반적으로, 효소의 농도나 기질의 농도(혹은 모두의 농도)의 증가는 두 종류의 분자(효소를 기질)들이 만나는 기회를 촉진하기 때문에 반응 속도가 증가하는 것이다. 그렇지만 살아있는 세포에서는 반응 속도는 단순하게 효소와 기질의 농도에만 의존하여 결정되지 않는다. 세포는 훨씬 복잡한 방법으로 반응 속도를 조절한다.

### 세포는 효소의 합성과 효소의 활성을 통제하여 물질대사 경로를 조절한다

세포는 반응물(효소의 기질)의 양이 크게 변하여도 최종 생성물의 양을 좁은 범위에서 유지해야 한다. 예를 들어, 식사 후에 포도당 분자가 혈류로 밀려들어올 때, 그것들을 모두 한꺼번에 대사하여 세포가 필요한 것보다 훨씬 많은 ATP를 생산하는 것은 바람직하지 않다. 대신에, 나중에 사용하기 위해 많은 포도당 분자가 글리코겐이나 지방으로 저장된다. 그리고 더 효과적이기 위해서 세포에서의 대사 반응들이 정확하게 조절되어야 한다; 반응들은 적절한 시간에 일어나야만 하고 적당한 속도로 진행되어야만 한다. 세포는 세포가 생산하는 효소의 종류, 효소의 양 및 효소의 활성 수준을 통제하여 물질대사 경로를 조절한다.

### 효소를 암호화하는 유전자의 전사가 시작되거나 멈춘다

세포가 효소를 조절하는 아주 효과적인 방법은 세포의 변화하는 요구에 따라 특정한 효소를 암호화하는 유전자의 전사를 진행시키거나 멈추게 하는 것이다. 이용할 수 있는 기질이 더욱 많아지면 유전자 조절로 인하여 효소가 다량으로 합성된다. 효소의 농도가 높아지면 기질 분자가 효소와 더 잘 만날 수 있게 되어 반응이 일어나는 속도를 높인다. 예를 들어, 탄수화물이 많은 음식을 섭취하여 소화된 포도당이 혈류로 들어가면 포도당을 분해하는 대사 경로의 첫째 단계를 촉진하는 효소를 암호화하는 유전자가 많은 체세포에서 최종적으로 전사되도록 하는 반응이 포도당에 의해서 활성화된다. 첫 번째 효소의 유전자가 전사되면 세포가 더 많은 양의 효소를 합성하여 포도당 물질대사가 증가한다. 생물의 일생 동안 특정한 시기에만 합성되는 효소들도 있는데, 한 가지 예가 "Heath Watch: 특정 효소의 결핍이 유당분해효소결핍증의 원인"에 소개되어 있다.

## 일부 효소는 불활성 형태로 합성된다

일부 효소는 합성되어 불활성 상태로 있다가 효소가 필요한 곳에서의 조건에서만 활성화된다. 예를 들면, 단백질 소화효소인 펩신은 합성되었을 때에는 활성 부위가 숨겨져 있어서 효소를 생산하는 세포가 소화되어 죽는 것을 방지한다. 불활성 펩신은 위 속의 산성 조건에서는 구조가 변형되어 활성 부위가 노출되어 섭취한 단백질의 분해를 촉진하게 된다.

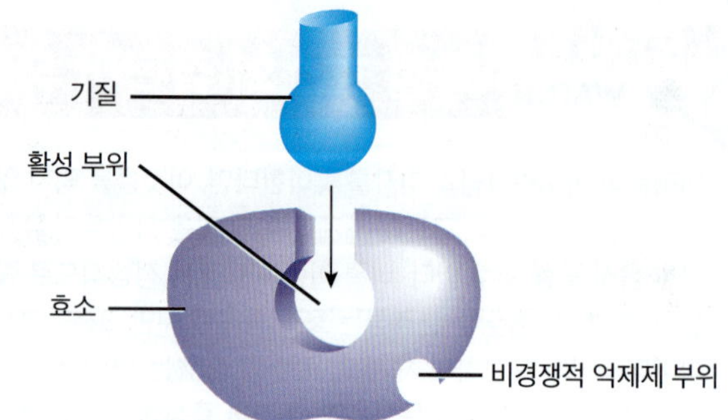


(a) 효소에 결합하는 기질



(b) 경쟁적 억제

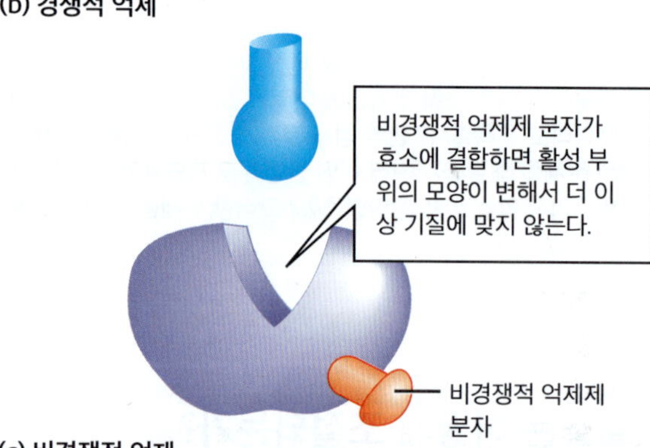


(c) 비경쟁적 억제

▲ **그림 6-11 경쟁적 억제와 비경쟁적 억제** **(a)** 정상적인 기질은 효소의 활성 부위에 정확히 맞는다. **(b)** 경쟁적 억제에서는 기질과 비슷한 경쟁적 억제제 분자가 활성 부위에 들어가서 막는다. **(c)** 비경쟁적 억제에서는 억제제 분자가 효소의 다른 부분에 결합하면 활성 부위가 변형되어 효소의 기질이 더 이상 들어맞지 않게 된다.

## 효소 활성은 경쟁적 억제 또는 비경쟁적 억제에 의해서 통제될 수 있다

대사 경로를 조절하기 위해 활성화 상태에 있는 효소를 억제할 수 있는 두 가지 다른 방법은 경쟁적 억제와 비경쟁적 억제이다. 경쟁적 억제와 비경쟁적 억제에서 억제제 분자는 효소에 일시적으로 결합한다. 억제제 분자의 농도가 높을수록 억제제 분자가 효소에 더 잘 결합한다.

**경쟁적 억제(competitive inhibition)**에서는 효소의 활성 부위에 결합할 수 있는 효소의 정상 기질이 아닌 물질이 활성 부위를 차지하기 위해서 직접적으로 기질과 경쟁한다(**그림 6-11a, b**). 일반적으로 경쟁적 억제제 분자는 기질의 활성 부위를 차지하는 구조와 유사한 구조를 갖고 있다.

**비경쟁적 억제(noncompetitive inhibition)**에서는 억제제 분자는 효소의 활성 부위 이외의 부분에 결합한다. 그러한 결합으로 말미암아 활성 부위의 형태가 변하여 기질이 결합하지 못하게 되고, 효소는 반응을 촉진할 수 없다(**그림 6-11c**).

# 독약, 의약품 및 환경조건은 효소 활성에 영향을 준다

효소에 작용하는 독약과 의약품은 일반적으로 경쟁적으로 또는 비경쟁적으로 효소를 억제한다. 더욱이 환경조건은 효소를 변성시켜서 효소의 기능에 필수적인 3차원 구조를 일그러뜨린다.

## 일부 독약과 의약품은 효소의 경쟁적 또는 비경쟁적 억제제이다

일부 독약은 경쟁적으로 효소를 억제한다. 예를 들어, 사린 같은 신경 가스와 말라티온 같은 살충제는 아세틸콜린(근육을 작동시키기 위해 신경세포가 분비하는 물질)의 분해를 촉매하는 아세틸콜린 가수분해효소의 활성 부위에 결합한다. 결과적으로, 아세틸콜린이 축적되어 근육을 과도하게 자극함으로써 마비를 유발한다. 피해자는 호흡을 할 수 없기 때문에 죽게 된다. 일부 독약은 효소의 비경쟁적 억제제이다. 예를 들면, 청산가리(KCN)는 ATP 생성에 매우 중요한 효소를 비경쟁적으로 억제하여 빠른 죽음을 유발한다.

많은 의약품은 경쟁적으로 효소를 억제함으로써 작용을 나타낸다. 예를 들어, 항생물질인 페니실린은 박테리아의 세포벽 합성에 필요한 효소를 경쟁적으로 억제함으로써 박테리아를 죽인다. 아스피린과 이부프로펜(Advil)은 부기, 통증, 발열을 일으키는 분자들의 합성을 촉진하는 효소의 경쟁적 억제제이다. 혈중 콜레스테롤 수준을 낮춰주는 스타틴 의약품(예: Lipitor)은 콜레스테롤 합성 경로의 효소와 경쟁적으로 억제한다. 많은 항암제는 암세포의 세포분열 동안 DNA를 복제하는데 필요한 여러 종류의 효소들 중 한 가지 이상을 방해하여 암세포의 증식을 막는다. 불행하게도, 이러한 항암제들은 빠르게 분열하는 모낭의 세포들과 소화관의 내벽세포들의 생장도 방해한다. 이러한 영향으로 항암 화학요법은 탈모와 메스꺼움을 일으키는 원인이 된다.

## 효소의 활성은 환경의 영향을 받는다

효소의 복잡한 3차원 구조는 환경조건에 민감하다. 단백질의 3차원 구조 결정에 중요한 수소결합(3장 참조)은 적정 pH와 온도 및 염 조건 등을 포함하는 좁은 범위의 조건에서만 안정하다. 따

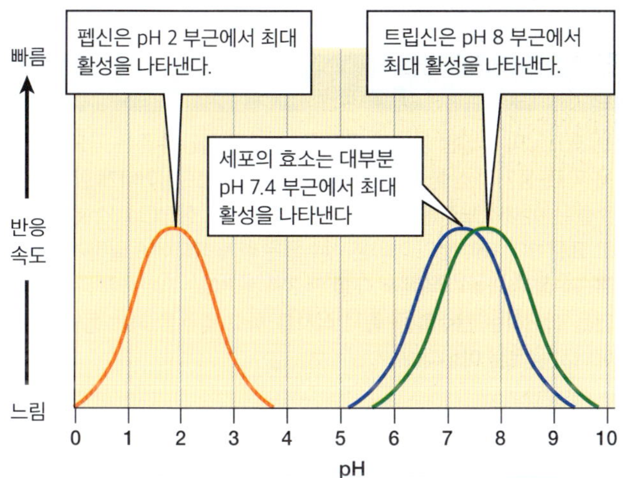


(a) pH가 효소 활성에 미치는 영향

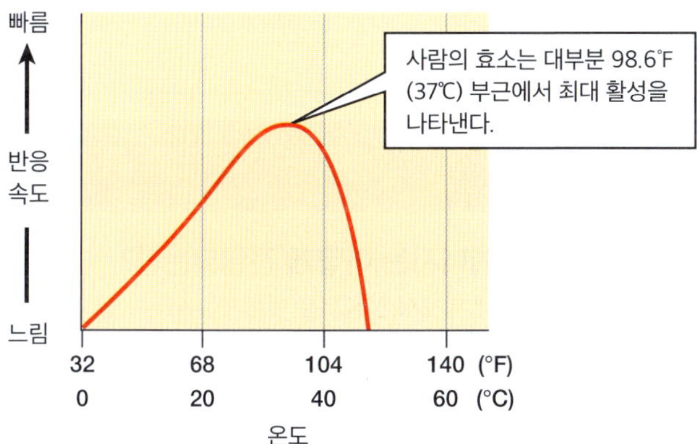


(b) 온도가 효소 활성에 미치는 영향

▲ **그림 6-12 사람의 효소는 좁은 범위의 pH와 온도에서 최대로 기능한다** **(a)** 위로 분비되는 소화효소 펩신은 산성 pH에서 최대로 작용한다. 소장으로 분비되는 트립신은 염기성 pH에서 최대로 작용한다. 세포의 대부분의 효소는 혈액, 간질액과 세포기질의 pH(약 7.4)에서 최대로 작용한다. **(b)** 사람의 대부분의 효소는 사람의 체온에서 최대 활성을 나타낸다.

라서 대부분의 효소는 좁은 범위의 조건에서만 최적으로 기능한다. 조건이 적정 범위에서 벗어나면 효소는 **변성되는데(denatured)**, 효소의 변성은 효소의 정상적인 작용에 필요한 3차원 구조를 상실함을 의미한다.

인체에서, 세포의 효소는 일반적으로 세포 안과 세포 주변에서 유지되는 pH 7.4 부근에서 가장 잘 작용한다(**그림 6-12a**). 이러한 효소는 산성 pH 상태에서는 수소 이온이 효소를 구성하는 아미노산에 첨가되어 아미노산의 전하가 변화되고, 결과적으로 효소의 형태가 변화되어 기능이 감소된다. 그런데 인체의 소화관에서 작용하는 효소들은 세포 안에서 유지되는 pH 범위를 벗어나서 기능한다. 예를 들어, 단백질 소화효소인 펩신은 위 속의 산성 조건(pH 2 정도)을 필요로 한다. 반면에, 염기성 조건이 우세한 소장에 있는 단백질 소화효소인 트립신은 pH 8 근처에서 최대로 작용한다.

효소가 촉진하는 반응은 낮은 온도에서 느려지고 적당히 높은 온도에서는 빨라진다(**그림 6-12b**). 왜 그럴까? 분자 운동은 온도가 상승하면 증가하고 온도가 내려가면 감소하는 것을 상기해 보자. 분자의 운동 속도는 결과적으로 분자들이 효소의 활성부위와 얼마나 잘 만날 수 있는지에 영향을 미친다. 몸이 차가워지면 사람의 대사반응은 급격하게 느려질 수 있다. 호수의 얼음 속에 빠진 소년이 구출되기까지 20분간 물속에 잠겨있었던 실제 사례를 생각해 보자. 정상적인 체온에서 산소의 공급 없이 약 4분이 경과하면 ATP가 부족하여 뇌가 죽는다. 그러나 다행스럽게도 얼음물로 인하여 소년의 체온이 낮아지고 이에 따라 대사 속도가 느려지면서 산소요구량이 급격히 감소되었기 때문에 구출된 소년은 회복되었다.

반면에, 온도가 너무 올라가면 단백질의 형태를 결정하는 수소결합이 격렬한 분자운동에 의하여 끊어져서 단백질이 변성된다. 달걀흰자 단백질의 모양과 질감이 요리에 의해서 완전히 바뀌는 것을 생각해 보자. 달걀을 부치는 온도보다 훨씬 낮은 온도도 효소가 적절하게 기능하기에는 여전히 뜨겁다. 과도한 열은 치명적일 수 있다. 미국에서는 매년 여름에 어린이들이 태양에 의해서 과열된 자동차 안에 방치되어 목숨을 잃고 있다.

염 농도도 효소의 활성에 영향을 준다. 염은 이온들로 해리되고 이온들은 효소를 구성하는 아미노산들과 결합한다. 과다한 염은 효소의 3차원 구조를 변형시켜 효소의 활성을 파괴한다. 예를 들어, 소금 용액은 (식품을 상하게 할 수 있는) 박테리아와 곰팡이가 자라고 번식하게 해주는 효소-촉매반응들을 늦출 수 있다. 냉장고가 개발되기 전에, 흔히 고농도의 소금 용액을 사용하여 육류를 저장하였다; 베이컨 또는 염장 돼지고기를 생각해보라. 오이피클은 높은 염분과 산성 조건이 조합된 식초-소금 용액에서 매우 잘 보존된다(**그림 6-13**).

### CHECK YOUR LEARNING

- 세포들은 대사 반응들의 진행 속도를 어떻게 조절하는지 서술하라.
- 독약, 의약품 및 환경조건이 어떻게 효소의 활성에 영향을 주는가를 설명하고 각각의 예를 말하라.

▲ **그림 6-13 보존** 식초 소금물에 절인 오이피클은 수개월 동안 먹을 수 있다.

CASE STUDY REVISITED

## 에너지의 방출

마라톤 경주 동안, 선수는 약 34,000 걸음을 달릴 수 있도록 근육에 충분한 ATP를 공급하기 위하여 매우 많은 양의 포도당을 연소한다. 사람은 포도당 분자를 글리코겐의 길고 분지된 사슬로 연결하여 저장한다. 글리코겐은 근육과 간에 가장 풍부하게 들어있다. 성인은 일반적으로 100그램의 글리코겐을 간에, 그리고 280그램의 글리코겐을 근육에 저장한다. 고도로 훈련한 장거리 선수는 평균 사람보다 글리코겐을 그들의 간에 50% 이상 더 저장하고 그들의 근육에는 두 배 이상 저장한다.

글리코겐 저장은 마라톤 선수에게 매우 중요하다. 마라톤 경주 동안, 선수는 보통 약 90분을 달리면 몸에 저장된 글리코겐을 필연적으로 완전히 소모한다. 글리코겐이 소모되면 몸에서는 지방이 포도당으로 전환되기 시작한다. 이러한 전환은 아주 느린 과정이라서 근육과 뇌는 포도당이 결핍된 상태에 있게 된다. 낮은 혈당 수준은 극도의 근육 피로, 동기의 상실, 그리고 때때로 환각까지도 일어나게 한다. 선수들은 이때의 느낌을 "한계 상태" 혹은 "봉크 현상(bonking)"이라고 표현한다. 대부분의 마라톤 선수들은 한계 상태에 도달하기 전에 결승선을 통과하기 위해서 대회 전 3일 동안에는 많은 양의 녹말과 당을 섭취하는 탄수화물-축적 식사를 하고 경주를 하는 동안에는 에너지 음료를 마신다.

**비판적 사고** y-축은 효소의 활성(효소에 의해서 촉진되는 반응 속도)을 x-축은 온도(0°C부터 50°C 범위)를 나타내는 그래프에 글리코겐 합성 대사 경로에 관여하는 효소의 활성을 예측하여 선으로 그리거나 서술하라. 예측을 설명하라.

# CHAPTER REVIEW

*비판적 사고와 생각해보기, 선택형문제, 빈칸채우기 질문에 대한 답은 이 책의 뒷부분에 있는 정답란에서 볼 수 있다.*

## 핵심개념의 요약

### 6.1 에너지는 무엇인가?

에너지는 일을 하는 능력이다. 위치에너지는 저장된 에너지이고 운동에너지는 움직임과 관련된 에너지이다. 위치에너지와 운동에너지는 서로 전환될 수 있다. 열역학 제1법칙은 고립계에서 에너지의 형태는 변할 수 있지만 총 에너지의 양은 일정하다고 설명한다. 열역학 제2법칙은 모든 에너지의 사용은 유용한 에너지의 양을 감소시키고 엔트로피(무질서 혹은 열과 같은 덜 유용한 에너지의 형태)는 증가시킨다고 설명한다. 고도로 조직화된 저-엔트로피계인 생명체는 태양으로부터 유용한 에너지를 끊임없이 유입하기 때문에 열역학 제2법칙을 위반하지 않는다.

### 6.2 화학반응 동안 에너지는 어떻게 전환되는가?

모든 화학반응은 화학결합의 형성과 분해를 포함한다. 발열반응에서 반응물 분자는 생성물 분자보다 더 많은 에너지를 갖고 있으므로 전체 반응은 에너지를 방출한다. 흡열반응에서 반응물은 생성물보다 더 적은 에너지를 갖고 있으므로 흡열반응은 에너지의 순 유입이 필요하다. 발열반응은 자발적으로 일어날 수 있지만 반응물 사이의 전기적 반발력을 극복하기 위해서 모든 반응은 처음에 활성화에너지의 유입을 필요로 한다. 발열반응에서 방출되는 에너지가 ATP에 저장되고, ATP는 흡열반응을 추진하기 때문에 발열반응과 흡열반응은 연관되어 있다.

### 6.3 세포 안에서 에너지는 어떻게 전달되는가?

세포 안에서 화학반응에 의해서 방출되는 에너지는 ATP와 전자운반체인 NADH와 $FADH_2$와 같은 불안정한 에너지-운반체 분자에 의해서 포획되고 전달된다. 이와 같은 분자들은 세포의 서로 다른 장소에서 일어나는 발열반응과 흡열반응을 연결해주는 주요 도구이다.

### 6.4 효소는 생화학반응을 어떻게 촉진하는가?

효소는 활성화에너지를 낮추어 생화학반응이 일어나도록 하는 생물촉매로 작용하는 단백질이다. 효소는 보통 한 가지 혹은 몇 가지 특정한 반응을 촉진한다. 반응물은 효소의 활성 부위에 일시적으로 결합되어 반응을 시작하는데 필요한 활성화에너지를 낮춘다. 세포는 효소의 합성과 사용을 조절하여 반응들을 통제한다. 효소들은 포도당 같은 에너지가 풍부한 분자를 일련의 여러 단계를 통하여 분해함으로써 서서히 방출되는 에너지를 흡열반응에 사용하는 ATP에 저장할 수 있다. 세포의 물질대사는 물질대사 경로라고 부르는 일련의 복잡하게 서로 연결된 반응들을 포함한다.

### 6.5 효소는 어떻게 조절되는가?

세포의 반응들은 각각 특정한 효소들에 의해서 촉진된다. 세포는 효소들의 양과 활성을 효소의 합성 속도를 바꾸거나 불활성 효소를 활성화시키거나 혹은 경쟁적 억제와 비경쟁적 억제를 통하여 정교하게 조절한다. 많은 독물과 의약품은 효소의 억제제로 작용한다. 온도, pH 및 염농도 등을 포함한 환경조건들은 효소의 3차원 구조를 변형하거나 유지함으로써 효소의 기능을 촉진하거나 억제할 수 있다.

# 개념을 통한 이해

## 선택형 문제

**1.** 다음 중 옳은 것은?
a. 효소는 활성화에너지 요건들을 증가시킨다.
b. 발열반응이 시작되기 위해서는 활성화에너지가 필요하다.
c. 열은 활성화에너지를 제공할 수 없다.
d. 위산은 펩신을 비활성화 상태로 만든다.

**2.** 다음 중 발열반응이 아닌 것은?
a. 광합성
b. 태양에서 일어나는 핵반응
c. ATP → ADP + $P_i$
d. 포도당의 분해

**3.** 다음 중 옳은 것은?
a. ATP는 장기적인 에너지 저장 분자이다.
b. ATP는 한 세포에서 다른 세포로 에너지를 운반할 수 있다.
c. ATP는 세포에서 포도당의 분해를 억제한다.
d. ATP는 발열반응에 의해서 생산된다.

**4.** 연관반응은
a. 전체적으로 흡열반응이다.
b. ATP를 합성하고 분해한다.
c. 동일한 효소에 의해 촉진된다.
d. 생성물보다 더 많은 에너지를 갖는 반응물을 만든다.

**5.** 효소는
a. 반응속도를 증가시킨다.
b. 넓은 범위의 온도와 pH에서 활성을 갖는다.
c. 매우 특이성이 없는 기질과 결합한다.
d. 촉매작용 동안 소모된다.

## 빈칸 채우기

**1.** 열역학 제1법칙에 따르면, 에너지는 ________ 되거나 ________ 될 수 없다. 에너지는 움직임과 관련된 ________ 에너지와 저장된 ________ 에너지라는 두 종류로 크게 나눈다.

**2.** 열역학 제2법칙에 따르면, 에너지가 형태를 바꿀 때 일부는 항상 덜 ________ 형태로 전환된다. 이러한 경향을 ________(이)라고 한다.

**3.** 일단 시작되면 어떤 반응은 에너지를 방출하는데, 이것을 ________ 반응이라고 한다. 다른 경우에는 에너지의 순 유입이 필요한데, 이것을 ________ 반응이라고 한다. 일단 시작되면 계속하여 자발적으로 일어나는 반응은 ________ 반응이다. 단순한 분자들로부터 복잡한 생물 분자를 형성하는 반응은 ________ 반응이다.

**4.** 약어 ATP는 ________(을)를 나타낸다. 이 분자는 세포에서 ________ 와(과) ________(으)로부터 합성된다. 이 합성은 ________ 의 유입이 필요한데, 그것은 일시적으로 ATP에 저장된다.

**5.** 효소는 무슨 종류의 생물 분자인가? ________. 효소는 세포에서 ________(을)를 낮추는 생물 ________(으)로 작용하여 반응을 촉진한다. 각 효소는 특정한 생물 분자가 결합하는 ________(을)를 갖고 있다.

**6.** 일부 독약과 의약품은 효소를 ________ 함으로써 작용한다. 의약품이 효소의 기질과 유사한 경우, 그것은 ________ 억제제로 작용한다.

## 복습문제

1. 생물이 열역학 제2법칙에 위배되지 않는 이유를 설명하라. 지구의 거의 모든 생명체를 위한 궁극적인 에너지의 원천은 무엇인가?

**2.** 위치에너지와 운동에너지를 정의하고 각각에 대한 두 가지 예를 제시하라. 한 형태의 에너지가 다른 형태로 어떻게 전환될 수 있는가를 설명하라. 이러한 전환 동안 일부 에너지를 잃는가? 만약 그렇다면, 그것은 어떤 형태인가?

**3.** 물질대사를 정의하고 반응들이 어떻게 서로 연결될 수 있는지를 설명하라.

**4.** 활성화에너지는 무엇인가? 촉매는 활성화에너지에 어떻게 영향을 미치는가? 촉매는 반응속도에 어떻게 영향을 주는가?

**5.** 세포에서 포도당이 분해되는 것과 성냥으로 포도당에 불을 붙이는 것을 비교하라. 각각의 경우에서 활성화에너지의 원천은 무엇인가?

**6.** 효소의 경쟁적 억제와 비경쟁적 억제의 방법을 비교하라.

**7.** 효소의 구조와 기능을 서술하라. 효소의 활성은 어떻게 조절되는가?

# 개념의 적용

**1.** 당신이 진공청소기로 청소하면서 친구에게 전기에너지를 사용하여 저-엔트로피 상태를 만들고 있다고 멋있게 얘기했다. 그러자 친구는 너는 태양에서 증가된 엔트로피를 이용하고 있다고 말하였다. 두 사람의 대화를 설명하라.

**2.** "진화론에 따르면 시간이 지나감에 따라서 생물의 복잡성은 증가한다. 그렇지만 복잡성의 증가는 열역학 제2법칙에 위배된다. 그러므로 진화는 불가능하다." 이것에 대하여 반박해보라.

**3.** 곰은 자신이 잡아먹는 물고기의 몸에 들어있는 모든 에너지를 사용할 수 있는가? 설명하라. 그리고 설명에 근거하여 숲속에 (무게로) 포식 동물이 더 많을지 먹이 동물이 더 많을지를 예측하고 그 이유를 설명하라.

# 7 태양에너지 획득: 광합성

거대한 소행성이 티라노사우루스 트라케라톱스 및 백악기의 다른 공룡들의 행성 지배를 끝냈을 것이다.

CASE STUDY

## 공룡은 햇빛이 부족해 죽었나?

약 6천600만 년 전 백악기(Cretaceous period)가 끝나갈 무렵, 지구상의 생명체들은 비극적인 일격을 당했다. 굉장한 대량 멸종이 지구를 휩쓸고 지나가 적어도 종의 70%가 멸종하였다. 1억 6천만 년의 걸친 공룡의 군림도 갑작스럽게 끝났다. 지구가 백악기 말 멸종 이전 수준에 이르는 종 다양성을 회복하기 위해서는 수백만 년이 걸렸다.

무엇이 그런 광대한 참화를 일으켜 공룡이 없어지게 만들었을까? 1980년, 과학자들의 한 팀은 '거대한 한 소행성이 떨어져 백악기를 갑자기 참혹하게 끝냈다'라는 당시 꽤 논란거리가 되었던 한 가설을 제시하였다: 물리학자인 루이스 앨버레즈(Louis Alvarez)와 지질학자인 그의 아들 월터 앨버레즈(Walter Alvarez), 핵 화학자 헬렌 미첼(Helen Mitchel) 및 프랭크 아사로(Frank Asaro) 같은 과학자들은 6천6백만 년 전에 퇴적된 엷은 진흙층에서 찾아낸 증거를 바탕으로 이런 가설을 제안하였는데, 세계 여러 장소에서 이 같은 지역을 발견하였다. "K-T 경계층(boundary layer)"이라고 알려진 이러한 퇴적층은 은백색의 금속인 이리듐(iridium)을 특이하게도 보통 지각층에서 나타나는 양의 30~160배나 높게 함유하고 있다.

이리듐은 지구에서는 매우 희귀하나 어떤 소행성에서는 풍부하다. 그러므로 앨비레즈와 그의 동료들은 6천6백만 년 된 이리듐이 풍부한 진흙층은 커다란 소행성이 지구에 충돌하였다고 설명해 줄 가능성이 아주 높다는 결론을 내렸다.

이리듐으로 지구를 덮을 정도의 소행성이라면 얼마나 클까? 앨버레즈 팀은 지구로 돌진하는 이 우주 바위가 적어도 지름이 6마일(10km)은 되었을 것이라 계산하였다. 지구에 충돌할 때 그 충격은 히로시마와 나가사키에 투하된 원자폭탄 80억 개에 상당하는 에너지를 방출하였다. 이 소행성의 충격은 한 줄기의 가루가 된 바위들을 날렸는데, 어떤 것들은 달보다도 더 멀리 날아갔다. 대부분의 잔해는 지구로 다시 떨어질 때 타버렸고, 불 소낙비처럼 지구로 떨어져 지구 표면의 많은 산불을 일으켰다. 먼지와 그을음이 덮여 햇빛을 가리고, 타는 열기는 지구를 둘러싸고 있는 냉각의 어둠까지 날아갔다.

소행성의 충격은 왜 그렇게 많은 종을 사라지게 했을까? 화재 폭풍이 몰아친 수개월 동안 가장 큰 피해 효과의 하나는 지구상에서 가장 중요한 생화학적 과정의 하나인 광합성을 어둠이 막은 것이다. 광합성 과정에서는 무슨 일이 일어나나? 무엇이 이 과정을 그렇게 중요하게 만들길래 지구 생물 다양성의 많은 것을 사라지게 한 것인가?

## 주요내용

**7.1** 광합성은 무엇인가?

**7.2** 명반응: 어떻게 빛에너지는 화학 에너지로 변환되나?

**7.3** 캘빈회로(Calvin cycle): 어떻게 화학에너지는 당 분자들에 저장되나?

# 7.1 광합성은 무엇인가?

대략 35억 년 전, 일부 세균은 빛에너지를 이용할 수 있는 능력을 진화시켰다. 즉 빛에너지가 포획되어 당 분자의 결합에 화학에너지로 저장되는 과정인 **광합성(photosynthesis)**을 갖게 된 것이다(**그림 7-1**). 광합성의 진화로 우리가 알고 있는 생명이 가능해졌다. 이 놀라운 과정은 생명을 위한 원료를 제공하며, 광합성 생물에 의해 합성된 에너지가 풍부한 분자들은 궁극적으로 모든 다른 생물들을 먹여 살리게 되었다. 호수와 바다에서는 광합성이 주로 광합성 세균과 원생생물에 의해, 육지에서는 대부분 식물에 의해 수행된다. 모든 광합성 생물에서는 기본적으로 유사한 반응들이 일어나는데, 여기서는 가장 친숙한 광합성 생물인 식물을 중심으로 살펴볼 것이다.

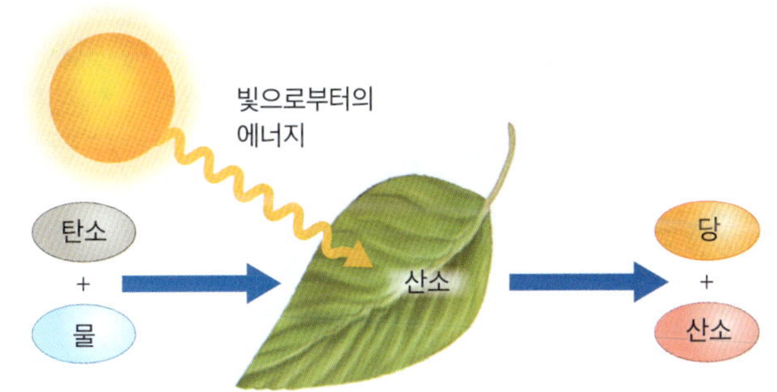


▲ **그림 7-1 광합성의 개요**

## 엽록체(Chloroplast)와 잎은 광합성을 위한 적응 형태

광합성은 이중의 외막이 액체인 **스트로마(stroma)**를 싸고 있는 소기관인 **엽록체(chloroplast)**에서 일어난다. 스트로마에는 **틸라코이드(thylakoid)**라 부르는 서로 연결된 막으로 싸인 주머니(sac)들이 담겨있다. 각 주머니는 틸라코이드 공간(lumen)이라 부르는 액체가 차 있는 부위를 싸고 있다.

식물의 잎은 광합성의 요구에 맞도록 아주 잘 적응되어 있다. 잎은 편평한 모양으로 태양을 향해 많은 표면적을 노출하며, 엷어서 햇빛이 침투하여 엽록체까지 도달하게 해준다. 잎 내부에는 일괄하여 **엽육(mesophyll**, 그리스어로 meso는 middle)이라 부르는 세포층이 존재한다. 엽육세포는 잎 엽록체의 대부분을 함유하며; 각 세포는 40~50개의 엽록체를 함유한다. 잎 중앙에 엽육세포는 느슨하게 배열되어 있어서 세포 주위로 공기가 순환되고 축축한 막을 통해 $CO_2$와 $O_2$가 교환되게 해준다. 공기는 열리고 닫힐 수 있는 **기공(stomata**, 단수는 stoma)이라 부르는 구멍을 통해 들어온다(**그림 7-2**). 관다발(vascula bundle)은 잎의 잎맥을 형성하며 물과 무기물을 잎 세포에 공급하고 광합성이 일어나는 동안 형성된 당 분자를 식물의 다른 부위로 운반한다. 잎의 위와 아래의 표면은 모두 **표피(epidermis)**를 형성하는 투명한 세포층으로 구성되어 있으며, 표피는 잎의 내부를 보호하는 한편 빛 침투를 가능하게 해준다. 표피의 바깥 표면은 투명하고 잎으로부터 물의 증발을 막아주는 왁스의 방수 덮개인 **각피(cuticle)**로 덮여있다. 잎의 구조를 **그림 7-3**에 나타냈다.

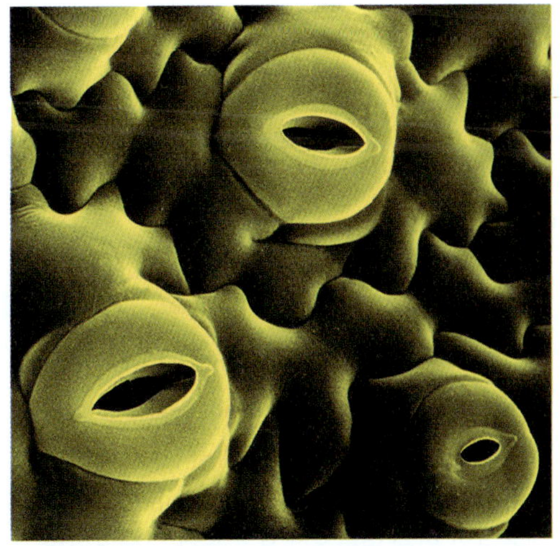

(a) 기공 열림

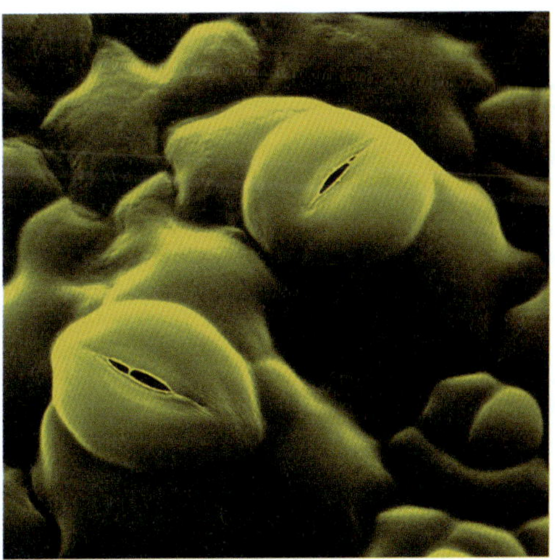

(b) 기공 닫힘

◀ **그림 7-2 기공** **(a)** 열린 기공은 $CO_2$가 확산해 들어오고 $O_2$가 확산해 나가게 해준다. **(b)** 닫힌 기공은 증발로 인한 물 손실을 감소시켜 주지만 $CO_2$가 들어오고 $O_2$가 나가는 것을 막는다.

▲ **그림 7-3 광합성 구조** (a) 광합성은 주로 잎에서 일어난다. (b) 잎의 해부구조. (c) 한 엽육세포를 광학현미경으로 본 구조로 엽록체들로 채워져 있다. (d) 한 엽록체를 전자현미경으로 본 구조로, 광합성이 일어나는 스트로마와 틸라코이드를 보여준다. (e) 한 엽록체를 그린 모습

## 광합성은 명반응과 캘빈회로로 구성

간단한 분자인 이산화탄소와 물을 재료로 시작해 광합성은 햇빛의 에너지를 포도당의 결합에 저장된 화학에너지로 전환하고 산소를 부산물로 방출한다(**그림 7-4**). 광합성의 전체 반응식은 다음과 같다:

$$6\,CO_2 + 6\,H_2O + \text{빛에너지} \rightarrow C_6H_{12}O_6\,(\text{당}) + 6\,O_2$$

이 간단한 반응식에는 광합성이 실제로 각기 다른 효소에 의해 촉매 되는 아주 많은 개별적인 반응들을 포함하고 있다는 사실이 숨겨져 있다. 이 반응들은 두 개의 구별되는 단계인 빛-의존성 반응과 캘빈회로에서 일어난다. 두 단계는 각기 엽록체의 다른 장소에서 일어나지만 에너지 운반 분자들에 의해 서로 연결되어 있다.

**명반응(Light reaction**, photosynthesis에서 "photo" 부분)에서는 엽록체 틸라코이드 막에 존재하는 엽록소(chlorophyll)와 다른 분자들이 햇빛 에너지를 획득하여 화학에너지로 전환한다. 이 화학에너지는 에너지-운반 분자인 ATP(adenosine triphosphate)와 **NADPH(nicotinamide adenine dinucleotide phosphate)**에 저장된다. 물은 분해되고, 산소는 부산물로서 방출된다.

**캘빈회로(Calvin cycle**, photosynthesis에서 "synthesis" 부분)의 반응들은 당을 제조하기 위해 명반응에서 획득한 빛에너지를 사

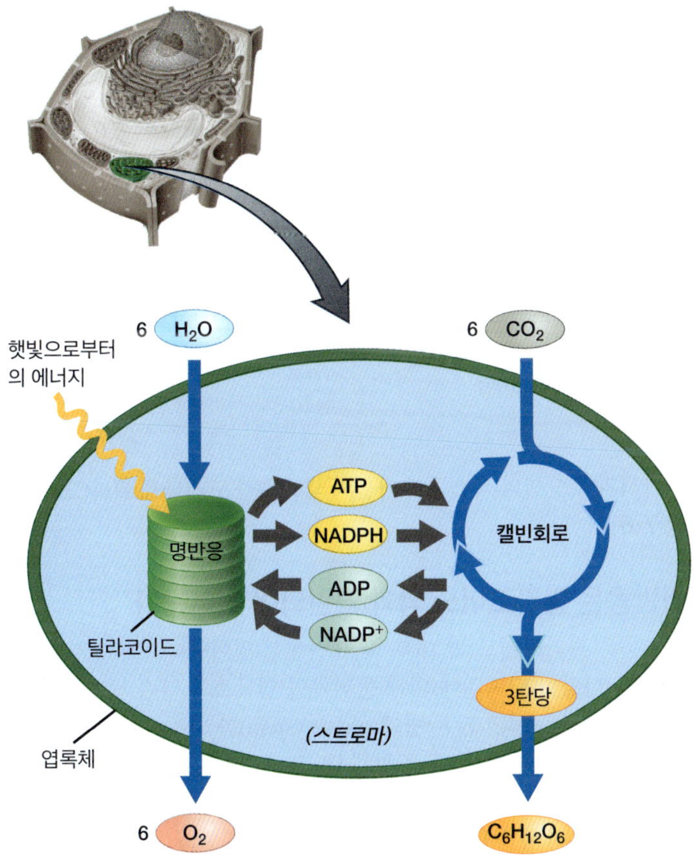


▲ 그림 7-4 **명반응과 캘빈회로 사이에 관계** 광합성의 재료인 $H_2O$와 $CO_2$가 다른 단계에서 투입되어 엽록체의 다른 부위들에서 사용됨을 주목하자. 광합성에 의해서 방출된 $O_2$는 $H_2O$에서 유래하였고, 당 합성에 사용된 탄소는 $CO_2$로부터 얻어졌다. (이후 그림들에서 이 그림의 더 작은 버전을 살펴보자)

용한다. 캘빈회로가 일어나는 동안에 틸라코이드를 둘러싸고 있는 스트로마의 효소들은 $CO_2$와 ATP 및 NADPH의 화학에너지를 사용해 3탄당을 만들며, 3탄당은 포도당을 만드는 데 사용된다.

그림 7-4는 명반응과 캘빈회로가 일어나는 위치를 나타내며 두 과정의 상호의존성을 보여준다. 다음 장에서는 광합성의 각 단계를 살펴보기로 한다.

**CHECK YOUR LEARNING**

- 광합성이 왜 중요한지 설명할 수 있는가?
- 잎과 엽록체를 그리고 어떻게 이 구조들이 광합성에서 기능을 갖는지 설명할 수 있는가?
- 광합성의 기본 등식을 적고 설명할 수 있는가?
- 명반응과 캘빈회로의 주요 반응을 요약하고 이들 두 과정 사이에 관계를 설명할 수 있는가?

**CASE STUDY CONTINUED**

## 공룡은 햇빛이 부족해 죽었나?

K-T 멸종 사건이 일어나기 20억 년 이상 전에, 바다를 채웠던 광합성 생물은 치명적인 기체였던 $O_2$를 상당한 양으로 방출하기에 충분해지게 되었다. 원래는 산소가 없었던 대기에 산소 축적은 급격하게 지구의 환경을 변화시켰다. 이 "위대한 산화 사건(Great Oxygenation event)"은 그 당시 지구에 살던 단세포 생물들(다세포 생물은 아직 진화하지 않았다) 사이에 대량 멸종을 촉발했다. 다행스럽게도 일부 생물은 멸종을 피하였으며, 우연히 발생한 무작위 돌연변이들의 조합으로 일부는 산소 노출에도 살아남았을 뿐만 아니라 산소를 사용할 수 있는 이점도 갖게 되었다. 이들 생물이 거의 모든 형태의 생명에 조상이 되었는데, 여기에는 후에 육지로 침투하여 무게가 12톤인 트리케라톱스(Triceratops)를 포함하는 거대 초식동물의 먹이가 되었다.

어떤 화학반응이 식물이 태양에너지를 획득해 화학결합에 저장하고 그 과정 중 산소를 방출하도록 만들었을까?

## 7.2 명반응: 어떻게 빛에너지는 화학에너지로 전환되나?

명반응을 일어나게 만드는 분자들은 빛-포획 색소와 효소들을 포함하며 틸라코이드 막 속에 존재한다. 여러분은 이 단원을 읽을 때 틸라코이드 막과 이를 둘러싸는 공간들이 어떻게 명반응이 일어나도록 만드는지 주목해보자.

### 빛은 엽록체에 있는 색소들에 의해 포획된다

태양은 광대한 스펙트럼의 **전자기 복사(electromagnetic radiation)**에 걸친 에너지를 방출한다. 전자기 스펙트럼(electromagnetic spectrum)은 짧은 파장의 감마선(gamma rays)로부터 자외선, 가시광선, 적외선 및 매우 긴 파장의 전파(radio waves)에 이른다(**그림 7-5**). 빛과 모든 다른 전자기파는 **광자(photons)**라 부르는 개별적인 에너지의 패킷(packet)들로 이루어져 있다. 한 광자의 에너지는 그 파장의 길이에 따라 다른데, 감마선과 X-선은 에너지가 매우 높으나 마이크로파와 전파 같은 긴 파장의 광자들은 더 낮은 에너지를 갖는다. 가시광선은 엽록소(chlorophyll) 같은 생물학적인 색소 분자들(pigment molecules, 빛-흡수 분자들)을 변화시키기 충분하지만, DNA와 같은 중요한 분자들의 결합을 끊기에는 충분하지 못한 에너지의 파장들로 구성된다(아주 적절한 양의 에너지를 갖는 이들 파장은 눈에 있는 색소들을 자극하여 사물을 볼 수 있게 해주기도 한다).

한 특정한 파장의 빛이 잎과 같은 물체에 떨어지면, 다음 세 가지 중 하나가 일어난다: 빛이 반사(튕겨 나옴), 투과(통과) 또는

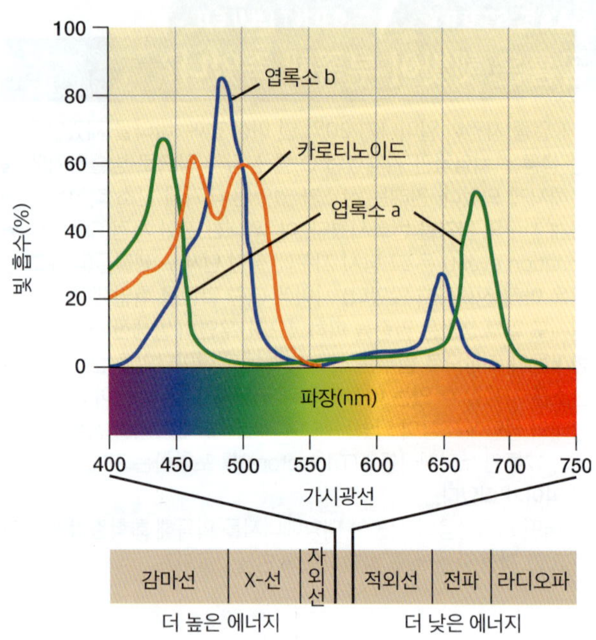


▲ **그림 7-5 빛과 엽록체 색소들** 우리가 보는 무지개 색깔은 전자기 스펙트럼의 작은 일부이다. 엽록소 a와 b(각각 녹색과 청색 곡선)는 보라색, 청색 및 적색 빛을 강하게 흡수하고 녹색 또는 황녹색은 반사하여 우리 눈에 보이게 한다. 카로티노이드(주황색 곡선)는 청색과 녹색 파장을 흡수한다.

**비판적 사고** 여러분이 백색광을 쪼인 식물의 잎에서 광합성이 일어나며 생산되는 산소를 계속해서 조사하고 있다고 상상해보자. 전구 앞에 오직 (a) 적색, (b) 적외선 및 (c) 녹색 빛만 잎까지 통과시키는 필터를 놓았다면, 어떻게 및 왜 산소 생산이 변화할까?

흡수(포획됨). 반사되거나 투과한 빛은 관찰자에 눈에 도달하게 되며 이러한 파장들이 물체의 색깔로서 보인다. 흡수된 빛에너지는 광합성과 같은 생물학적인 과정들을 추진할 수 있다.

엽록체는 다른 파장의 빛을 흡수하는 다양한 색소 분자들을 함유한다. **엽록소 a(Chlorophyll *a*)**는 엽록체에 있는 핵심의 빛-포획 색소 분자로서 보라색, 청색 및 적색을 강하게 흡수하나 녹색을 반사하여 식물의 잎이 녹색을 띠게 만든다(그림 7-5 참조). 엽록체는 또한 일괄하여 **부속 색소(accessary pigment)**라 부르는 다른 분자들을 함유하는데, 부가적으로 파장의 빛에너지를 흡수해 엽록소 a로 전달한다. 부속 색소들에는 엽록소 b가 포함되는데, 황-녹색의 빛을 반사하고 엽록소 a가 흡수하지 못한 일부 청색과 적-주황색 파장의 빛을 흡수하는 엽록소의 한 유형이다. **카로티노이드(Carotenoids)**는 청색과 녹색의 빛을 흡수하며 대부분 노란색과 주황색을 띠는 부속 색소이다(그림 7-5 참조). 잎에 함유된 카로티노이드의 색깔은 대개 더욱 풍부한 녹색의 엽록소에 의해 가려져 있다. 온대 지역에서는 가을에 잎이 죽기 시작하는데, 엽록소가 카로티노이드보다 먼저 파괴되어 선명한 노란색과 주황색의 색소들이 가을의 색깔로서 드러나게 된다(그림 7-6).

**Have You Ever Wondered ...**

**다른 행성에서는 무슨 색깔의 식물이 존재할까?**

생물학자인 낸시 키앙(Nancy Kiang)과 그녀의 동료들은 외계의 식물 색깔에 대한 한 가설을 설정했다. 은하계에서 가장 풍부한 유형인 M-형(M-type)의 별들은 우리의 태양보다 더욱 붉고 어두운 빛을 방출한다. M-형 별의 주위를 도는 지구-유사 행성에서 광합성 생물이 진화한다면, 식물은 충분한 에너지를 얻기 위해 모든 가시광선의 빛을 흡수해야 하는 색소들을 가져야 할 것이다. 이러한 색소들은 우리 눈에 거의 빛을 반사하지 않을 것이므로 외계 광합성 생물들은 검은색이 되어 인간 눈에는 으스스한 풍경이 펼쳐질 것이다.

## 명반응은 틸라코이드 막과 연관되어 일어난다

명반응은 틸라코이드 막 내부 및 표면에서 일어난다. 틸라코이드 막은 다양한 단백질에 의해 둘러싸인 엽록소와 부속 색소들의 한 무리로 구성된 많은 **광계(photosystem)**를 가진다. 반응에서는 두 가지 유형의 광계 즉 광계 I과 광계 II가 함께 일어난다. 광계는 발견된 순서에 따라 이름이 붙여졌으나, 명반응은 광계 II에서 시작하여 광계 I로 진행된다.

각 광계에는 틸라코이드 막에 내재 된 일련의 전자-전달체 분자들로 구성되는 **전자전달계(electron transport chain, ETC)**가 인접해 있다. 전자들은 명반응에 있어서 다음 경로를 통해 이동한다: 광계 II → 전자전달계 → 광계 I → 전자전달계 → NADPH (그림 7-7).

여러분은 명반응을 일종의 아케이드 핀볼 게임이라 생각할 수도 있다: 에너지(햇빛)는 게임자가 손잡이를 끌어당겼다가 풀어

▲ **그림 7-6 엽록소 손실은 카로티노이드 색소들을 드러나게 한다** 겨울이 다가오면서 단풍나무 잎의 엽록소는 분해되며 노란색과 주황색의 카로티노이드 색소들이 드러난다.

줄 때 투입된다. 에너지는 스프링으로 추진되는 피스톤(엽록소 분자)으로부터 공(전자)으로 전달되며, 볼이 위(더 높은 에너지 수준)로 치솟는다. 볼이 아래로 다시 내려올 때, 방출되는 에너지는 바퀴를 돌리고(ATP를 형성하고) 종을 울릴 수 있다(NADPH를 형성). 이러한 전반전적인 체계를 염두에 두고 명반응에서 연속적으로 일어나는 반응들을 좀 더 상세하게 살펴보자.

### 광계 II와 전자전달계는 빛에너지를 포획하고, 수소 이온 기울기를 만들며 물을 분해한다

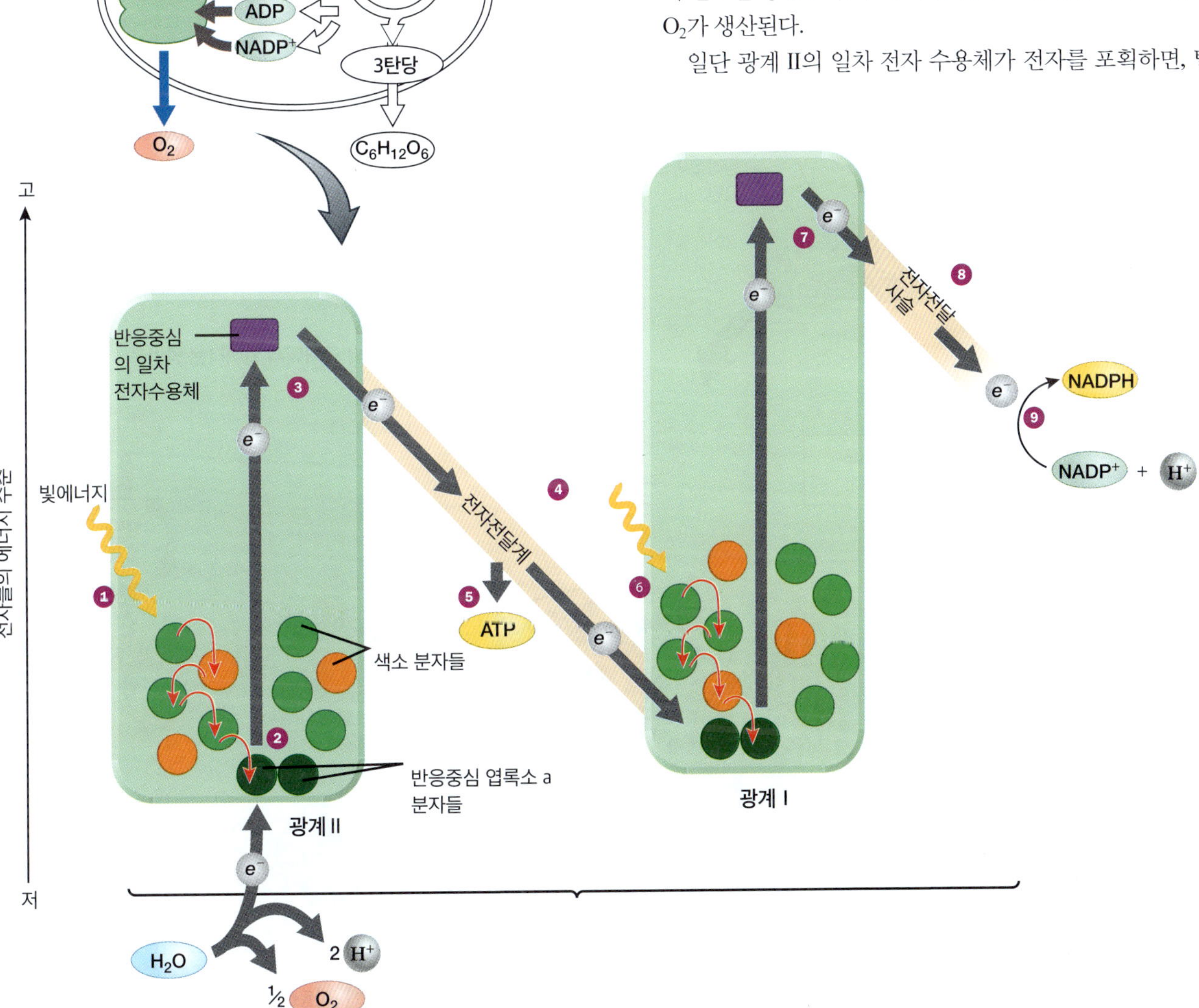


▲ 그림 7-7 **광합성의 에너지 전달과 명반응** 명반응은 틸라코이드 막의 내부 및 부근에서 일어난다. 수직축은 관련된 분자들의 상대적인 에너지 수준을 나타낸다.

다음 내용을 읽을 때 그림 7-7에서 순서대로 표기한 단계들을 참조해보자. 명반응은 빛의 광자들이 광계 I에 무리를 이룬 색소 분자들에 의해 흡수되면서 시작한다❶. 빛으로부터 온 에너지는 한 색소 분자로부터 다음 색소 분자로 전달되면서 광계 II 반응중심으로 집중된다❷. 각 광계의 **반응중심(reaction center)**은 한 쌍의 엽록소 a 분자들과 한 단백질 복합체에 내재 된 일차 전자 수용체(primary electron acceptor) 분자로 구성되어 있다. 빛에너지가 반응중심에 노달하면, 반응 중심 엽록소의 하나로부터 한 전자를 일차 전자 수용체로 부양시켜, 이 수용체가 에너지가 높아진 전자를 포획한다❸.

광합성이 계속되기 위해서는 광계 II의 반응중심 엽록소로부터 부양되어 나간 전자들이 대체(보충)되어야 한다. 대체할 전자들은 물에서 얻는다(❷를 보자). 물 분자들은 광계 II에 결부된 한 효소에 의해 분해되어 반응중심 엽록소 분자에서 손실된 전자들을 보충하기 위한 전자들을 방출한다. 물 분해는 또한 수소 이온과 산소를 방출한다. 두 개의 물 분자가 분해될 때마다 한 분자의 $O_2$가 생산된다.

일단 광계 II의 일차 전자 수용체가 전자를 포획하면, 틸라코이드 막에 있는 인접한 전자전달계의 첫 번째 분자로 그 전자를 전달한다❹. 이 전자는 이제 한 전자-운반체 분자에서 다음 분자로 이동되며 에너지를 잃는다. 이렇게 잃어버리는 에너지 일부는 틸라코이드 막을 가로질러 틸라코이드 공간으로 수소 이온($H^+$)을 이동시키기 위해 이용되어, ATP를 만들기 위한 $H^+$ 기울기 형성에 기여한다(❺; 이 내용은 곧 다룰 것). 최종적으로 에너지가 고갈된 전자들은 전자전달계를 떠나 광계 I의 반응중심으로 들어간다.

### 광계 I과 전자전달계는 NADPH를 만든다.

한편 빛은 광계 I의 색소 분자들에 의해서도 흡수된다. 흡수된 빛에너지는 반응중심에 있는 엽록소 a 분자로 전달된다❻. 여기서, 빛에너지는 한 전자의 에너지를 높여주며, 이 전자는 광계 I의 첫 번째 전자수용체에 의해 흡수된다❼. (이렇게 에너지가 높아진 전자는 광계 II와 연관된 전자전달계로부터 온 에너지가 없는 전자에 의해 즉각적으로 대체된다.) 광계 I의 첫 번째 전자수용체로부터, 에너지가 높아진 전자는 틸라코이드 막에 있는 광계 I 인근의 두 번째 전자전달계로 전달된다❽. 여기서 최종 전자 운반체는 NADPH 합성의 촉매 작용을 하는 한 효소이다. NADPH를 형성하는 반응은 스트로마에 용해되어있는 $NADP^+$와 $H^+$을 전자전달계로부터 온 두 개의 에너지가 높은 전자들과 결합시킨다❾.

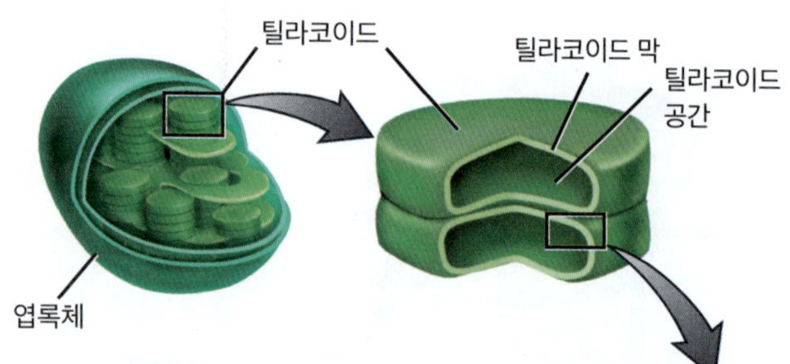


### 수소 이온 기울기는 화학삼투작용(chemiosmosis)에 의해 ATP를 형성한다

광계 I의 명반응은 ATP 합성을 유도하는 $H^+$ 기울기를 창출한다. 한 개의 에너지가 높아진 전자가 광계 II와 연관된 전자전달계를 따라 이동하면서 단계적으로 에너지를 방출한다. 이렇게 방출된 에너지 일부는 $H^+$ 이온을 틸라코이드 막을 가로질러 틸라코이드 공간으로 이동시키기 위해 사용된다(**그림 7-8**, ❶). 이렇게 되면, $H^+$ 농도가 틸라코이드 공간❷은 높고 주위를 둘러싸는 스트로마는 낮게 만들어진다. 다음으로 화학삼투작용의 과정에서, $H^+$이 틸라코이드 막에 산재 되어있는 **ATP 합성효소(ATP synthase)**라 불리는 단백질의 통로를 통해 농도 기울기를 따라 높은 농도의 공간으로부터 낮은 농도의 스트로마로 돌아온다. ATP 합성효소는 스트로마에 용해되어있는 ADP와 무기인산 이온(그림 7-8에서 $P_i$)으로부터 ATP 합성반응을 촉매한다❸. 한 분자의 ATP를 합성하기 위해 ATP 합성효소를 통해 대략 3개의 $H^+$이 통과한다.

$H^+$ 농도 기울기는 수력발전소 댐의 물이 에너지를 저장하듯 잠재에너지를 저장한다. 수력발전소에서 물을 방출하면, 아래 통로로 터빈을 통해 내려간다. 마찬가지로 틸라코이드 공간에

◀ **그림 7-8** 틸라코이드 막 내부와 근처에서 일어나는 명반응

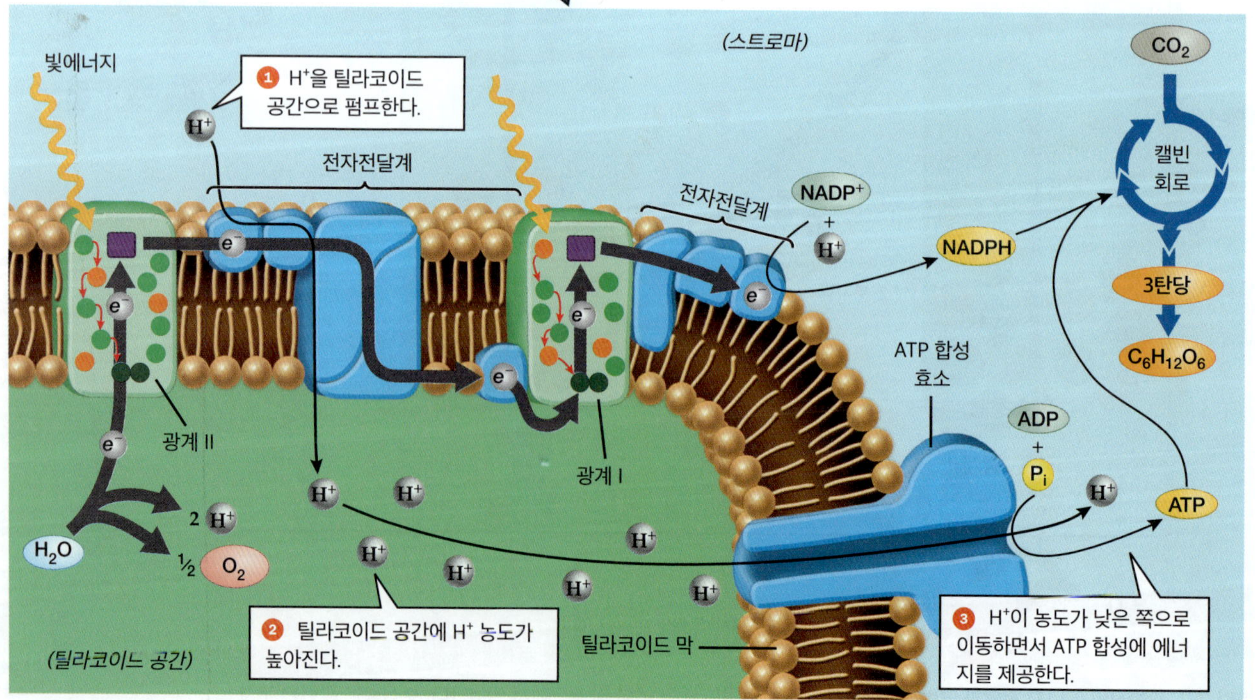

있는 수소 이온들은 ATP 합성효소 통로를 통해 통과한다. 수력 발전소에서는 터빈이 이동하는 물의 에너지를 전기에너지로 변환한다. 유사한 형태로, ATP 합성효소는 $H^+$ 이동으로 방출된 에너지를 ATP의 결합들에 저장된 화학에너지로 변환시킨다.

### 요약 : 명반응

- 광계 II의 엽록소와 카로티노이드 색소들이 빛을 흡수해 반응 중심 엽록소 a 분자의 한 전자의 에너지를 높여 방출시킨다. 에너지가 높아진 전자는 일차 전자수용체 분자에 의해 포획된다.
- 전자는 일차 전자수용체로부터 인접한 ETC로 전달되어 분자와 분자 사이를 이동하며 전달 때마다 에너지를 방출한다. 방출된 일부 에너지는 틸라코이드 막에 걸친 수소 이온 기울기 형성에 사용된다. 이러한 기울기는 화학삼투작용에 의한 ATP 합성 추진에 사용된다.
- 광계 I과 연관된 효소들은 물을 분해한다. 이 과정은 반응중심 엽록소에서 방출된 전자들을 대체하기 위한 전자들을 방출하고, ATP 생산을 위한 $H^+$ 농도 기울기를 증진해 주는 $H^+$을 공급하며 $O_2$를 방출한다.
- 광계 I의 엽록소와 카로티노이드 색소들은 빛을 흡수해 반응 중심 엽록소 a의 전자들의 에너지를 높여 일차 전자수용체 분자로 방출한다. 방출된 전자는 광계 II와 연관된 ETC로부터 오는 에너지-결핍 전자로 대체된다.
- 에너지가 높아진 전자는 일차 전자수용체로부터 인접한 ETC로 전달되어, 분자들 사이를 이동하며 에너지를 방출한다.
- 이러한 두 번째 ETC에서 최종 분자는 에너지-운반체인 NADPH를 합성하는 한 효소이다.
- 명반응의 전반적인 생산물은 에너지 운반체인 ATP와 NAD PH이며 $O_2$가 부산물로 방출된다.

**CASE STUDY CONTINUED**

### 공룡은 햇빛 부족으로 죽었나?

백악기에 형성된 호박(amber)에 갇힌 공기 방울은 그 당시 대기의 산소 함량이 오늘날의 21%에 비해 대략 35%로 구성되어 있었음을 밝혀준다. 거대한 소행성이 지구에 떨어진 후 이렇게 높았던 산소는 충격으로 불에 타는 잔재물들이 지구로 다시 떨어지면서 일어난 불을 더욱 확대하였다.

지구 육상 식생의 많은 부분이 불로 소실되었을 것이며, 살아남은 많은 육지 식물이 지구가 먼지와 재로 뒤덮여 시작된 차갑고 어두운 "지구 겨울"에 직면했을 것이다. 최초의 강타로부터 살아남은 대부분 식물-섭취 동물, 특히 매일 수백 파운드의 식물이 필요했던 12톤의 트리케라톱스와 같은 거대 동물들은 굶주리게 되었다. 초식 동물에 의존했던 포식자 티라노사우러스(Tyrannosaurus)는 그 후 곧 사라졌다.

어떤 반응들로 인해 식물은 자신뿐만 아니라 대부분의 다른 생물들이 의존하는 고-에너지분자들을 저장하는가?

**CHECK YOUR LEARNING**

- 엽록체에 있는 빛-포획 분자들을 열거하고 그 기능들을 설명할 수 있는가?
- 틸라코이드 막 내 분자들을 도표로 나타내고 서술하며, 어떻게 이 분자들이 빛에너지를 포획해 전달할 수 있는지 설명할 수 있는가?
- 어떻게 ATP와 NADPH가 만들어지는지 설명할 수 있는가?

## 7.3 캘빈회로: 어떻게 화학에너지는 당 분자들에 저장되나?

우리의 세포들은 에너지를 얻기 위해 당의 연소가 필요하나 주위로부터 탄소 원자들을 포획(또는 고정)해 필요한 당 분자들을 만들지는 못한다. 그러나 광합성은 이런 묘기를 부릴 수 있다. 광합성 과정에서 명반응이 일어나는 동안 획득하였던 햇빛의 에너지에 의해 추진되는 캘빈회로의 반응들에서 탄소가 대기 $CO_2$로부터 포획된다.

### 캘빈회로는 이산화탄소를 포획한다

캘빈회로는 틸라코이드를 둘러싸는 액체인 스트로마에서 일어난다. 여기에서 명반응 동안 합성된 ATP와 NADPH는 $CO_2$로부터 3-탄당인 glyceraldehyde-3-phosphate(G3P)를 합성하도록 에너지를 공급한다. 이 대사경로를 "회로(cycle)"로 묘사하는 이유는 같은 5-탄당 분자인 ribulose bisphosphate(RuBP)로 시작하고 끝나기 때문이다.

간단하게 나타나기 위해, 여기서는 3개의 RuBP 분자로 시작하고 끝나는 회로를 예로 들고자 한다. 회로가 한 번 돌 때마다 세 분자의 $CO_2$가 포획되어 최종 산물로 한 분자의 단당류인 G3P가 생산된다. 캘빈회로는 세 부분으로 나누어 설명하면 가장 잘 이해할 수 있다: (1) 탄소 고정, (2) G3P 합성 및 (3) 회로를 계속하게 해주는 RuBP 재생 (**그림 7-9**).

탄소 고정이 일어나는 동안에, $CO_2$로부터 온 탄소가 유기분자들에 결합한다. 루비스코(rubisco) 효소는 세 개의 $CO_2$ 분자들과 세 개의 5-탄당 RuBP 분자들의 결합을 촉매하며, 이로써 여섯 개의 phosphoglyceric acid(PGA, 일종의 3-탄당 분자) 분자들이 생산된다❶.

3-탄당 G3P의 합성은 명반응에서 만들어진 ATP와 NADPH가 제공하는 에너지를 사용하는 일련의 반응들을 통해 일어난다. 이 반응들이 일어나는 동안 여섯 개의 3-탄당 PGA 분자들이 재배열되어 여섯 개의 3-탄당 G3P 분자들이 형성된다❷.

여섯 개의 G3P 분자 중 다섯 개는 명반응에서 생산된 ATP를 사용해 세 개의 5-탄당 RuBP 분자들의 재생에 사용한다❸. 남은 한 개의 G3P 분자는 캘빈회로를 떠난다❹.

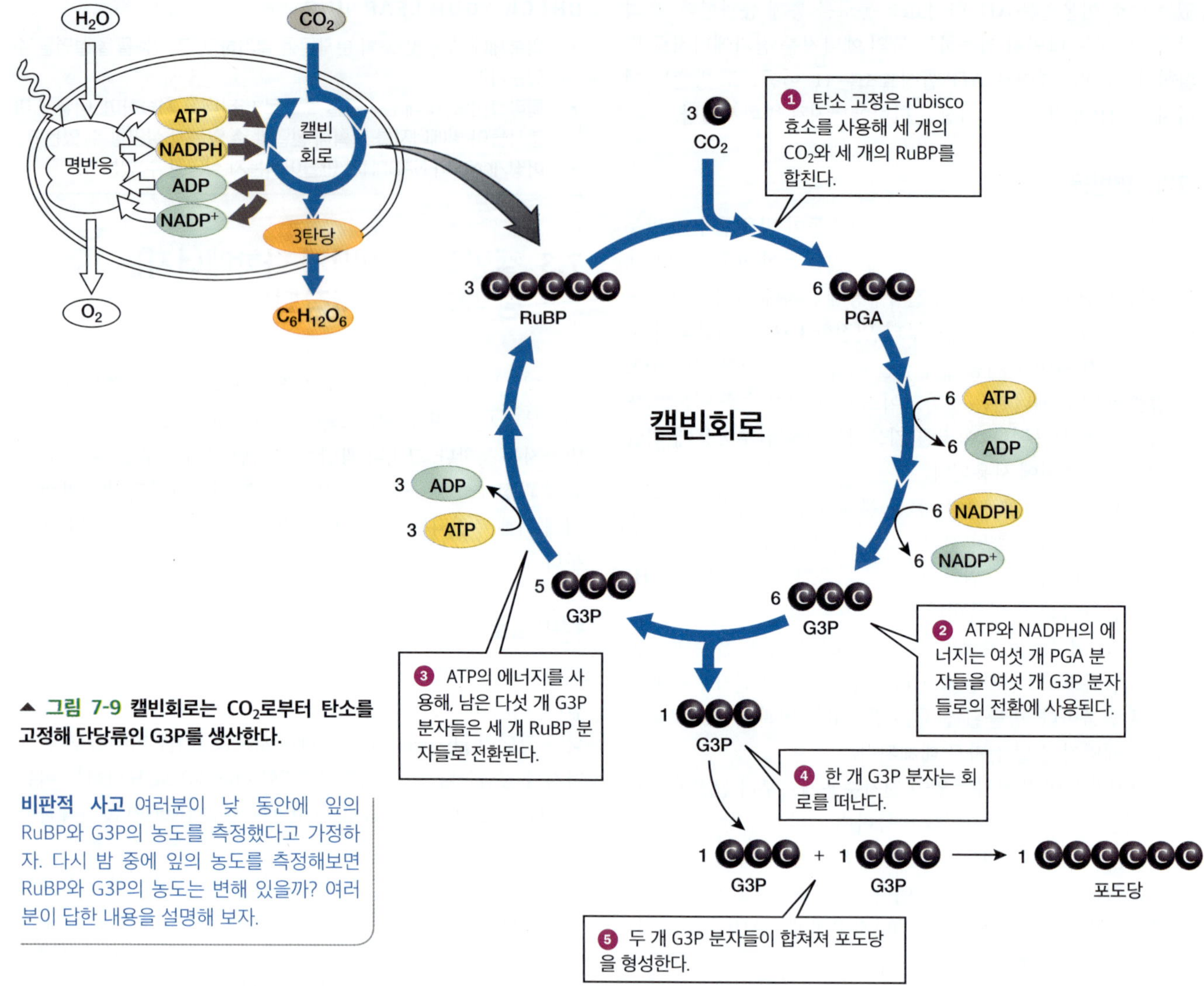


▲ **그림 7-9 캘빈회로는 $CO_2$로부터 탄소를 고정해 단당류인 G3P를 생산한다.**

**비판적 사고** 여러분이 낮 동안에 잎의 RuBP와 G3P의 농도를 측정했다고 가정하자. 다시 밤 중에 잎의 농도를 측정해보면 RuBP와 G3P의 농도는 변해 있을까? 여러분이 답한 내용을 설명해 보자.

## 캘빈회로에서 고정된 참조 탄소는 포도당 합성에 사용된다

캘빈회로 밖에서 일어나는 반응들에서는, 두 개의 3-탄당 G3P 분자들이 합쳐져 한 개의 6-탄당 포도당 분자를 형성할 수 있다(그림 7-9 ❺ 참조). 포도당은 분해되어 생물이 필요로 하는 에너지를 공급한다. 포도당은 또한 이당류인 설탕이나 중합체인 전분과 같은 저장 분자들을 합성하거나 식물 세포벽의 주성분인 중합체 셀룰로오스를 합성하는데 사용될 수 있다. 부가적으로, 일부 식물들은 저장을 위해 포도당을 지질로 변환하기도 한다.

광합성의 저장 생산물들은 지구의 그 수가 증가하고 있는 에너지에 굶주린 인간 개체군이 화석연료에 대한 대체물로 눈독을 들이고 있다. 이러한 "바이오연료(biofuels)"는 대기에 $CO_2$ (지구 기후변화를 일으키는 온실가스의 하나)를 부가적으로 방출하지 않을 잠재적 이점을 가지지만, 과연 그 약속에 부응할 수 있을까? 이 의문에 대해 "Earth Watch: 바이오연료-정말 이익이 될까?"에서 탐구해 보도록 하자.

### 요약 : 캘빈회로

캘빈회로는 세 단계로 나눌 수 있다:

1. ***탄소 고정***: 세 개의 RuBP가 세 개의 $CO_2$를 획득해 여섯 개의 PGA를 형성
2. ***G3P 합성***: (명반응에서 만들어진) ATP와 NADPH의 에너지로 추진되는 일련의 반응들로 여섯 개의 G3P를 생산한다. 한 개 G3P는 회로를 떠나 포도당 형성에 사용될 수 있다.
3. ***RuBP 재생***: 세 개 RuBP 분자들이 ATP의 에너지를 사용해 남은 다섯 개 G3P로부터 만들어져 회로가 계속되게 해준다.

엽록체 밖의 별개의 과정에서, 캘빈회로에서 생산된 두 개의 G3P 분자들이 합쳐져 포도당이 형성된다.

### CHECK YOUR LEARNING

- 캘빈회로의 기능과 어디에서 일어나는지 설명할 수 있는가?
- 캘빈회로의 세 단계와 회로에 어떤 분자들이 유입되며 각 단계에서 형성된 분자들은 무엇인지 열거할 수 있는가?
- 캘빈회로에서 만들어진 단당류 G3P의 운명을 설명할 수 있는가?

# 바이오연료 – 정말 이익이 될까?

여러분이 자동차를 운전하고 난방기를 켜며 책상 램프의 스위치를 켤 때, 실제로는 선사시대 광합성 생물들에 의해 붙잡혔던 햇빛의 에너지를 놓아주는 것이다. 수억 년 동안, 저장된 태양에너지와 고대 대기의 $CO_2$로부터 획득한 탄소를 지닌 이 생물들의 신체는 열과 압력에 의해 석탄, 원유 및 천연가스로 변환해 왔다. 인간의 간섭이 없었다면 이 화석연료들은 땅속 깊은 곳에 갇힌 채 그대로 유지되었을 것이다.

지구 기후변화에 한 가지 주요한 요인은 증가하는 인간 개체군에 의한 화석연료의 연소 증가이다. 이러한 연소는 $CO_2$를 대기로 방출하며 부가된 이산화탄소는 우주로 발산되어야 할 열을 붙잡는다. 1800년대 중반에 산업혁명 동안 화석연료를 사용하기 시작한 이래 인간은 대기 $CO_2$ 농도를 약 38%까지 증가시켜 왔다. 그 결과, 지구는 더욱 더워지고 있으며, 많은 전문가는 더욱 뜨거운 미래의 기후가 우리 자신을 포함하는 지구 생물들에게 막대한 스트레스를 가할 것이라 걱정한다(29장을 보자).

$CO_2$ 방출 및 수입된 원유에 대한 의존을 줄이기 위해 많은 정부는 특히 에탄올(ethanol)과 바이오디젤(biodiesel) 같은 바이오연료 사용을 지원하고 촉진하고 있다. 에탄올은 사탕수수나 옥수수와 같은 당이 풍부한 식물들을 알코올 생산을 위해 발효시켜 만든다(발효는 8장에 서술되어 있다). 바이오디젤 연료는 주로 콩, 캐놀라, 야자나무와 같은 식물에서 얻은 기름으로 만든다. 바이오디젤에 저장된 탄소는 광합성을 통해 현재의 대기에서 제거된 것이므로 이들을 연소시킨다는 것은 최근 대기에 존재했었던 $CO_2$를 단순히 복구시키는 것처럼 보인다. 이것으로 지구 기후변화에 대한 해결이 될까?

식량 작물에서 얻은 연료를 태워 얻는 환경 및 사회적 혜택들은 뜨거운 논쟁거리이다. 미국 옥수수 농작물의 35% 이상이 가축이나 인간의 식량보다는 자동차의 연료로 사용된다. 에탄올 생산을 위한 옥수수의 사용 증가는 옥수수 가격을 급격하게 상승시켰다(**그림 E7-1**). 최근에 와서 옥수수 가격이 진정되긴 하였지만, 더욱 높은 식품 비용이 에탄올 생산의 장기적인 효과로 남을 것 같다. 또 다른 관심사는 옥수수를 재배하고 에탄올로 전환하는 일에는 많은 양의 화석연료가 사용되므로 휘발유를 연소시키는 대신에 옥수수 에탄올을 사용하여 얻는 이익을 상쇄시킬 수 있다는 점이다.

식품 농작물을 대체 연료원으로 사용함에 따른 환경 희생도 막대하다. 예를 들면, 오랑우탄, 수마트라 호랑이, 구름표범의 서식지인 인도네시아의 무성한 열대우림은 바이오연료 생산을 위한 야자나무의 재배면적을 늘리기 위해 파괴되고 있는데; 숲의 2500만 에이커(미국 켄터기주의 면적) 이상이 이미 파괴되었으며, 부가적으로 매년 200만 에이커가 파괴된다(**그림 E7-2**). 브라질에서는, 우림의 많은 면적이 바이오연료 생산을 위한 콩 농장으로 대체되고 있다. 아이러니하게도, 농업을 위해 이러한 숲을 제거하는 일은 대기 $CO_2$를 증가시키고 있는데, 그 이유는 우림이 이를 대체하는 농작물보다 더 많은 탄소를 붙잡을 수 있기 때문이다.

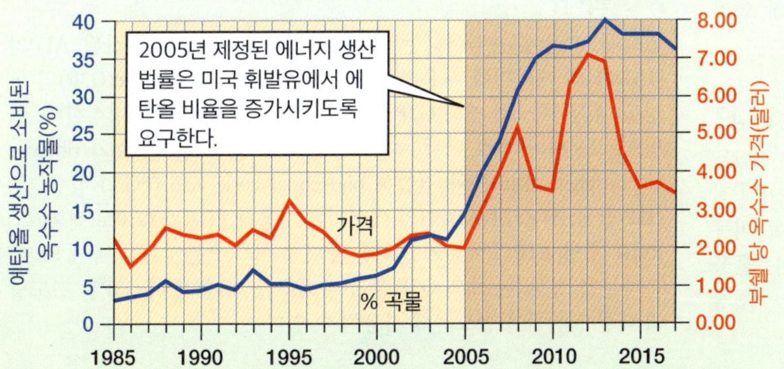


▲ 그림 E7-1 **옥수수 가격은 옥수수 에탄올을 휘발유에 첨가하도록 요구되면서 급격하게 상승했다. 2005년 제정된 에너지 생산법률은 미국 휘발유에서 에탄올 비율을 증가시키도록 요구한다.**

▲ 그림 E7-2 **제거된 열대우림** 이 항공사진은 이전에 우거져서 희귀한 수마트라 호랑이, 코끼리, 사자, 오랑우탄 및 다양한 조류들의 서식지였던 열대우림이 제거된 후에 모습이다. 숲이 제거된 지역은 바이오연료 생산을 위한 야자유 농장이 될 것이다. 멸종위기종인 오랑우탄(사진에서 보이는 동물)은 숲이 사라져 서식지를 잃게 될 때, 인간 거주지에 더욱 가까워지게 되면서 종종 죽임을 당한다.

바이오연료들은 농작물로부터 생산되지 않거나 지구의 줄어드는 우림을 파괴하지 않는다면 훨씬 적게 환경 및 사회적 충격을 줄 것이다. 조류(Algae)는 대체 생물로 큰 가능성을 보여준다. 일부 조류는 에탄올로 발효될 수 있는 전분을 생산하며; 다른 조류들은 바이오디젤로 사용될 수 있는 기름을 생산한다. 현미경으로나 볼 수 있는 이 작은 광합성 생물의 일부는 단위면적(에이커)당 콩의 60배와 야자나무의 5배나 더 많은 기름을 생산할 수 있다. 연구자들은 또한 셀룰로오스를 그 구성원인 당으로 분해하려 시도하고 있는데, 이렇게 되면 옥수수 줄기나 목재 칩 또는 풀로부터 에탄올을 생산할 수 있다.

최근에 상업적인 규모의 셀룰로오스 생물정유소(biorefinery)들이 미국에서 열었는데 장기적인 성공은 불확실한 상태이다. 오늘날 광범위하게 사용되는 대부분의 바이오연료의 이익이 환경적인 희생을 정당화하지는 못할지라도, 광합성에 의해 획득된 에너지를 이용하기 위한 더 좋은 기술을 개발하면 이러한 등식은 변할 것이라는 희망은 있다.

**비판적 사고** 옥수수와 같은 농작물의 당보다 셀룰로오스로부터 에탄올을 생산해서 얻는 이익은 무엇인가?

CASE STUDY REVISITED

## 공룡은 햇빛 부족으로 죽었나?

한 소행성이 실제로 공룡의 천하를 끝냈나? 앨버레즈(Alvarez)의 가설은 처음에는 회의론에 부딪혔다. 만약 이런 재앙이 일어났다면, 그 소행성이 떨어진 구덩이는 어디에 있는가? 1991년, 과학자들은 마침내 멕시코 유카탄반도에 있는 칙술룹(Chicxulub)의 해안 근처에서 그 분화구를 발견하게 된다. 직경이 100마일이 넘고 깊이가 10마일로 추산되는 이 분화구는 충돌 이후 6천600만 년 동안 쌓인 파편과 퇴적암으로 차 있었다. 위성사진으로 보면 바다와 빽빽한 식생이 대부분의 남아있는 흔적을 덮고 있었다. 칙술룹 분화구의 최종적인 확인은 바위 중심부 표본, 특이한 중력 유형 및 희미한 표면 특징들에 근거하여 이루어졌다.

일부 고생물학자들은 공룡(현대 새의 조상이 되는 공룡을 제외하고)이 적응할 수 없었던 더욱 점진적인 기후변화가 원인이 된 기존 스트레스에 소행성의 충돌이 부가된 것에 지나지 않았다고 주장한다. 이런 점진적인 변화는 백악기 말에 일어난 것으로 알려진 장기적이며 강한 화산 활동이 원인이 되었을 수도 있다. 화산들은 그을음, 재 및 기후를 변화시키는 가스를 분출하여, 뿜어내므로 격렬한 화산 활동이 식물 성장을 위한 조건들을 매우 나쁘게 만들 수 있었을 것이다.

최근 41명의 연구자로 구성된 한 전문가 집단이 Science 저널에 한 리뷰 논문을 게재하면서 소행성 충돌에 대한 대체 가설(점진적인 화산 활동 가설)이 타격을 입었다. 이 논문은 K-T 멸종 사건을 다루는 고생물학자, 지질화학자, 지질물리학자, 기후학자 및 퇴적 전문가들이 과거 20년 동안 수행한 연구를 분석하였다. 결론: 육지와 바다의 생태계는 아주 빠르게 파괴되었으며, 이는 앨버레즈 그룹이 30년 더 일찍 최초로 제안했던 소행성 충돌 가설을 압도적으로 증명해준다.

**생각해보기** K-T 멸종 사건은 화석기록에서 나타난 다섯 번의 대량 멸종 중 가장 최근 것이다. 모든 멸종 사건의 궁극적인 원인은 시간의 척도에서 종들이 적응할 수 없을 만큼 너무 빠르게 일어나는 거대한 환경 변화이다.

오늘날, 인간은 환경에 막대한 영향을 주고 있다. 지구 육지의 대략 절반을 변형시켰으며, 과거 자연적인 지구온난화보다 적어도 10배 빠른 속도로 지구의 기후를 변화시키고 있다. 이러한 인간의 영향으로 인한 결과, 지구는 현재 여섯 번째의 대량 멸종이 진행 중이다. 현재의 멸종 속도는 인간 활동이 없었던 때에 비해 100~1,000배 빠른 것으로 추산된다.

인류의 영향은 집단적이지만, 인간 개체군은 개체들로 이루어져 있다. 인간을 지탱해주는 지구를 우리가 유지할 수 있게 도움을 주는 것은 어떤 지구 정책의 변화와 개인적인 선택들일까?

# CHAPTER REVIEW

*비판적 사고와 생각해보기, 선택형문제, 빈칸채우기 질문에 대한 답은 이 책의 뒷부분에 있는 정답란에서 볼 수 있다.*

## 핵심개념의 요약

### 7.1 광합성은 무엇인가?

광합성은 햇빛의 에너지를 포획하여 무기 분자들인 이산화탄소와 물을 고에너지의 당 분자로 전환하기 위해 사용하고 산소를 부산물로 방출하는 과정이다. 식물에서는 광합성이 엽록체에서 일어나는데, 일련의 두 주요 반응 순서: 명반응과 캘빈회로를 사용한다.

### 7.2 명반응: 빛에너지는 어떻게 화학에너지로 전환되나?

명반응은 엽록체의 틸라코이드에서 일어난다. 빛은 광계 I과 II에 있는 엽록소 분자가 함유한 전자들의 에너지를 높인다. 에너지가 높아진 전자들은 일차 전자수용체로 부양되고 이후 인접한 전자전달계로 이동한다. 전자들이 첫 번째 ETC를 이동하며 잃는 에너지는 수소 이온들을 틸라코이드 공간으로 펌프하여 틸라코이드 막에 걸친 $H^+$ 기울기를 창출하기 위해 사용된다. 수소 이온들은 막에 있는 ATP 합성효소를 통해 농도 기울기가 낮은 쪽으로 흘러 이동하며 화학삼투작용에 의해 ATP 합성을 추진한다. 두 개의 전자들이 두 번째 ETC를 통과할 때마다 에너지-운반체인 NADPH 한 분자가 $NADP^+$와 $H^+$들로부터 형성된다. 광계 II에서 잃은 전자들은 물이 분해되어 방출된 전자들로 보충되며, 이 과정 또한 $H^+$와 $O_2$를 방출한다. 광계 I에서 잃는 에너지가 높아진 전자들은 광계 II에서 오는 에너지가 감소한 전자들에 의해 대체된다.

### 7.3 캘빈회로: 어떻게 화학에너지는 당 분자들에 저장되나?

엽록체 기질에서 일어나는 캘빈회로는 명반응에서 생산된 ATP와 NADPH의 에너지를 사용하여 glyceraldehyde-3-phosphate(G3P)의 합성을 추진한다. 두 개의 G3P 분자들이 합쳐져 포도당을 형성한다. 캘빈회로는 세 단계로 나뉘는데: (1) 탄소 고정: 이산화탄소가 ribulose bisphosphate (RuBP)와 결합해 phosphoglyceric acid (PGA) 형성. (2) G3P 합성: ATP와 NADPH의 에너지를 사용해 PGA가 G3P로 전환. (3) RuBP 재생: ATP의 에너지를 사용해 다섯 개 G3P 분자들로 세 개 RuBP 분자들을 형성. 한 개의 G3P 분자는 회로를 떠난다; 이 G3P는 포도당과 다른 분자들을 만드는데 사용될 수 있다.

## 개념을 통한 이해

### 선택형 문제

1. 다음 중 맞는 것은?
   a. 광합성은 대기에 산소가 거의 없는 상태에서 진화했다.
   b. 광합성은 식물에서만 일어난다.
   c. 산소는 광합성을 위해 필요하다.
   d. 이산화탄소는 광합성을 위해 필요하다.
2. 캘빈회로는
   a. 빛이 있어야만 일어난다.
   b. 탄소가 포획되는 광합성 과정의 일부이다.
   c. ATP와 NADPH를 생산한다.
   d. 틸라코이드에서 일어난다.
3. 다음 중 맞는 것은?
   a. 엽록체들은 주로 잎 엽육세포에 존재한다.
   b. 엽록체의 외막과 내막 사이에 지역을 틸라코이드 공간이라 부른다.
   c. 잎 중앙에 엽육세포들은 조밀하게 배열되어 있다.
   d. 잎의 관다발을 통해 $CO_2$와 $O_2$가 순환된다.
4. 카로티노이드들은
   a. 엽록소 a와 b를 포함한다.
   b. 부속 색소들로서 역할을 한다.
   c. 온대 기후에서 가을에 생산된다.
   d. 대개 노란색과 주황색의 빛을 흡수한다.
5. 다음 중 틀린 것은?
   a. 광계 II는 물을 분해한다.
   b. 광계 II는 빛으로부터 직접 에너지를 포획한다.
   c. 반응중심은 엽록소 a 분자들을 함유한다.
   d. 광계 I은 $O_2$를 발생시킨다.

### 빈칸 채우기

1. 식물의 잎은 ________(이)라 불리는 구멍을 함유하는데, 이 구멍을 통해 ________(은)는 방출하고 ________는 흡수한다. 광합성은 ________라 불리는 소기관에서 일어나며 대부분 식물 잎의 ________ 세포 내에 집중되어 있다.
2. 엽록소 a는 세 가지 색깔 ________, ________ 및 ________에 상당하는 빛의 파장을 흡수한다. 엽록소는 무슨 색깔을 반사할까? ________ 노란색과 주황색을 반사하는 부속 색소는 엽록체의 ________막에 모여있는 ________다.
3. 광합성의 첫 단계가 일어나는 동안, 빛은 포획되어 ________에 있는 엽록소 a 분자들로 집중된다. 에너지가 높아진 전자는 이제 ________(으)로 전달된다. 여기서부터 전자는 ________(이)라 불리는 일련의 분자들을 통해 이동한다. 이러한 전달이 일어나며 잃는 에너지는 ________의 기울기를 창출하는데 사용한다. ATP를 생산하기 위해 이러한 기울기를 사용하는 과정을 ________(이)라 부른다.
4. 광합성의 부산물로 생산된 산소는 ________에서 유래하며, 포도당을 만드는데 사용된 탄소는 ________에서 유래한다. 대기의 탄소를 포획하는 생화학적 경로를 ________(이)라 한다. 탄소를 획득하는 과정을 ________(이)라 부른다.
5. 명반응은 에너지-운반체 분자인 ________와 ________를 만드는데, 이 분자들은 이후 ________ 회로에서 사용된다. 탄소 고정은 이산화탄소와 5개 탄소 분자인 ________(을)를 합친다. 두 개의 ________ 분자들을 합쳐 6탄당인 ________을(를) 만들 수 있다.

### 복습문제

1. 광합성이 멈춘다면 생물에게 무슨 일이 일어날지 설명하시오, 왜 그런 일이 일어날까?
2. 광합성 반응식을 적고 설명하라.
3. 잎 해부구조를 간단히 그리고 각 부위에 명칭을 부쳐라. 잎의 구조가 어떻게 광합성을 지지하는지 설명하라.
4. 엽록체를 간단히 그리고 각 부위에 명칭을 부쳐라. 엽록체의 각 부위가 어떻게 광합성을 지지하는지 설명하라.
5. 엽록체에서, 햇빛으로부터 ATP로 어떻게 에너지가 흐르는지 화학삼투작용의 설명을 포함하여 추적하라.
6. 캘빈회로의 반응들을 요약하라. 캘빈회로는 어디에서 일어나나? 무슨 분자가 고정되나?
   회로의 생산물은 무엇인가? 캘빈회로를 추진하는 에너지는 어디에서 얻는가? 무슨 분자가 재생되는가?

## 개념의 적용

1. 식물 1은 정상의 이산화탄소와 방사성 산소 원자를 함유하는 물을, 식물 2는 정상 물과 방사성 산소를 함유하는 이산화탄소를 공급하는 실험을 수행한다고 가정하자. 각 식물이 광합성을 수행하도록 하고 생산된 산소와 당의 방사성을 조사하였다. 어떤 식물이 방사성의 당 또는 방사능 산소 가스를 생산할 것으로 기대되나? 답한 이유도 설명하라.
2. 활발하게 광합성을 수행하는 식물에서, 여러분이 틸라코이드 막에 의해 둘러싸인 공간의 pH를 측정한다면, 산성, 염기성 또는 중성일 것으로 예측하는가? 답한 이유도 설명하라.
3. 여러분이 광합성이 더욱 효율적으로 일어나도록 돕기 위해 부속 색소들을 한 식물 엽록체에 첨가한다고 가정하자. 새로운 색소들은 어떤 파장의 빛을 흡수하는가? 여러분이 첨가한 새로운 색소의 색깔을 말해보라. 이러한 일은 유전공학자들에게 유용한 프로젝트가 될까? 그 이유를 설명해 보라.

# 8 에너지획득: 해당과정과 세포호흡

리차드 3세는 보즈워스 전투에서 사망하였다. 500년 이상이 지난 후에 연구자들은 그의 유골을 발굴했다.

CASE STUDY

## 왕의 발굴

"말을 가져와라! 말을! 말 한 필을 가져오면 내 왕국이라도 주겠다!" 세익스피어 원작의 리차드 3세(King Richard III)에서 리차드 3세가 보즈워스(Bosworth) 전투에서 그의 말이 죽은 뒤 짧게 외친 대사이다. 32살의 이 독재자는 1485년 영국의 레스터(Leicester)에서의 전투에서 사망하였다. 그의 재위 기간은 2년뿐이었으며, 그의 짧은 인생은 정치적 암투와 음모로 가득하였다. 현재 미토콘드리아의 DNA 덕택으로 그의 유골이 확인되었고 또한 그의 외모에 대한 대략적 모습뿐만 아니라 전투의 마지막 순간의 세부적 내용도 알게 되었다. 예를 들면, 비록 그는 세익스피어가 묘사한 대로 곱사등은 아니었지만 그의 골격은 심한 척추 기형인 것으로 판명되었다.

리차드 3세가 최후의 순간에 실제로 그렇게 외쳤는지는 아무도 모르지만 그의 부상이 대단히 참혹했다는 것은 알고 있다. 그의 머리에 있는 8개의 부상 중에는 그의 두개골을 뚫고 뇌를 관통한 칼로 인한 부상과 두개골을 도끼 같은 무기로 내리찍은 상당히 훼손된 부위가 있었다. 그의 갈비뼈와 골반의 상처는 패배한 왕이 죽은 후에도 추가적인 훼손이 있었음을 나타내고 있다. 프란체스코 수도사들은 분명히 급하게 그의 시신을 Greyfriars 교회에 매장했을 것이다 - 관도 없이 벗겨진 채로 그리고 그의 몸에 비해 너무 작고 얕은 무덤에 묻었다.

그가 죽고 수십 년이 지난 후에 교회는 무너졌고 그 곳에는 새로운 건물이 세워졌으며, 이윽고 왕의 매장지는 잊혀졌다. 역사학자와 고고학자들이(무선 지표-투과 레이더의 도움으로) 수차례의 발굴을 시행한 몇 년 전까지 매장지의 위치는 미스터리로 남아 있었다. 그들이 발굴한 증거를 근거로 연구자들은 교회의 잔해가 레스터 주차장 아래에 있을 것 같다고 추정하였다. 이러한 흥미로운 가정에도 불구하고 전문가들은 리차드 3세의 유골이 거기서 발견될 가능성은 매우 희박하다고 여전히 믿고 있었다. 그래서 연구자들이 전투의 부상으로 손상된 골격과 심하게 굴곡된 척추를 발견하고 발굴했을 때 참관자들은 충격에 휩싸였다.

레스터 대학교의 유전학자 Turi King이 주도한 철저한 연구로 왕의 시체가 거의 확실하다고 판명되었다. 유골의 치아 중 한 개에서 추출한 DNA를 분석하여 결정적 증거를 얻었다. 추출한 DNA는 미토콘드리아의 DNA로 이는 미토콘드리아 안에 작은 환상의 고리로 존재한다.

미토콘드리아는 진핵생물의 신체에 있는 모든 세포에서 에너지를 제공한다. 이 복잡한 소기관은 보즈워스 전투의 군인과 군마의 근육에 힘을 제공하지만 동시에 그들의 치아가 생명력을 유지하도록 하는 지루한 일도 한다. 미토콘드리아가 어떻게 작용할까? 미토콘드리아의 기능이 차단되면 왜 수 초 이내에 우리는 죽기 시작할까? 그리고 미토콘드리아는 왜 자신의 DNA를 갖고 있을까?

## 주요내용



## 8.1 세포가 에너지를 획득하는 방법

세포는 생명 유지에 필수적인 수많은 대사반응들을 수행하기 위해 지속적인 에너지 공급을 필요로 한다. 이 장에서 에너지-저장 물질, 특히 포도당에서 ATP와 같은 에너지-수송분자들에게 에너지를 전달하는 세포 반응들에 대하여 설명하겠다.

### 광합성은 세포 에너지의 근원이다

지구에 존재하는 생명체가 이용하는 에너지의 거의 대부분은 햇빛에서 유래한다. 태양에너지는 식물 및 기타 광합성 생물들에 의한 광합성으로 포획되고 당류와 다른 유기물의 화학결합으로 저장된다(7장 참조). 광합성 생물을 포함한 거의 모든 생물들은 광합성으로 합성된 분자들을 분해하고 방출된 에너지의 일부를 ATP로 획득한다. 대부분의 세포는 ATP를 생산하기 위해 다양한 종류의 유기물을 사용하지만 이 장에서는 포도당($C_6H_{12}O_6$)의 분해에 초점을 두겠는데, 그 이유는 모든 세포들이 에너지원으로 포도당을 사용할 수 있기 때문이다. **그림 8-1**에 광합성과 포도당 분해의 상호관계가 나타나 있다.

포도당의 완전 분해과정의 화학식은 광합성으로 포도당을 생성하는 과정의 역과정이다. 광합성의 산물은 포도당 분해과정의 반응물이며, 반대로 포도당 분해의 산물은 광합성의 반응물이다. 그러나 두 반응에 포함된 에너지의 형태는 다르다. 광합성 중에 포획된 빛에너지는 포도당이 분해되는 동안에 화학에너지인 ATP로 저장되며, 두 반응 모두에서 일부 에너지는 열로 손실된다.

광합성(Photosynthesis):

$$6\,CO_2 + 6\,H_2O + \text{빛에너지} \rightarrow C_6H_{12}O_6 + 6\,O_2$$

포도당의 완전 분해(Complete Glucose Breakdown) :

$$C_6H_{12}O_6 + 6\,O_2 \rightarrow 6\,CO_2 + 6\,H_2O + \text{ATP 화학에너지}$$

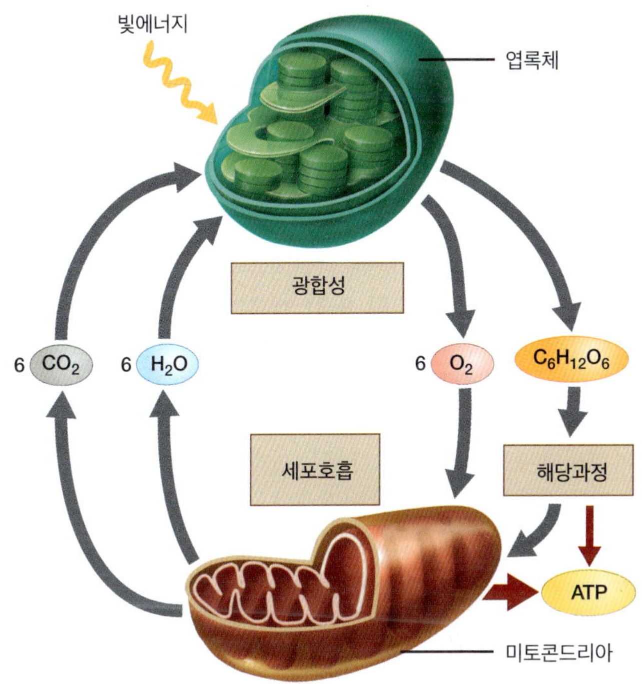

(a) 상호보완적인 과정

(b) 단세포 녹조류

▲ **그림 8-1 광합성과 포도당 분해과정의 상호관계** (a) 각 과정의 산물은 다른 과정에서 사용된다. (b) 녹조류와 같은 광합성 생물의 세포는 포도당을 생산하는 엽록체와 포도당을 분해하는 미토콘드리아를 모두 지니고 있다.

### 모든 세포는 포도당을 에너지원으로 이용할 수 있다

포도당의 분해는 두 개의 주요 과정 즉 해당과정(glycolysis)으로 시작해서 유용할 산소가 존재하면 세포호흡(cellular respiration)으로 이어지는 과정을 통해 일어난다. 포도당 분해는 세포기질에서 적은 양의 ATP를 생산하면서 진행되는 해당과정으로 시작된다. 그런 다음에 해당과정의 최종 산물은 미토콘드리아에서 세포호흡의 과정으로 더욱 분해되는데 이때 매우 많은 양의 에너지가 ATP로 된다(**그림 8-2**, **표 8-1**). 세포호흡 동안에 세포는 산소(광합성 생물에서 근원된)를 사용하고 광합성의 원료 물질이었던 물과 이산화탄소를 생산한다.

### CHECK YOUR LEARNING

- 광합성과 포도당의 분해가 서로 어떻게 연관되어 있는지를 화학반응식을 이용하여 설명하라.
- 산소가 있을 때와 없을 때의 포도당 분해과정을 간단히 설명하라.

## 8.2 포도당 분해의 시작 - 해당과정

**해당과정**(**glycolysis**, 그리스어로 "*glyco*"는 "당"을 "*lysis*"는 "분해한다"라는 뜻)으로 6탄소 분자인 포도당은 2분자의 피루브산으로 분해된다. 해당과정이 시작되려면 우선 ATP로부터 에너지의 투자가 필요하다. 에너지 투자 단계(energy investment stage)로 해당과정이 진행된 다음에 에너지 수확 단계(energy harvesting stage)가 일어난다(**그림 8-3**). 에너지 투자 단계를 구성하는 일련의 반응들 동안에 2분자의 각 ATP가 포도당에게 인산기와 에너지를 제공하여 "활성화된" 분자인 과당 이인산(fructose bisphosphate)을 생성한다. 과당 이인산은 ATP로부터 얻은 잉여의 에너지 때문에 포도당보다 매우 쉽게 분해된다.

다음 단계인 에너지 수확 단계에서 과당 이인산은 3탄소 분자

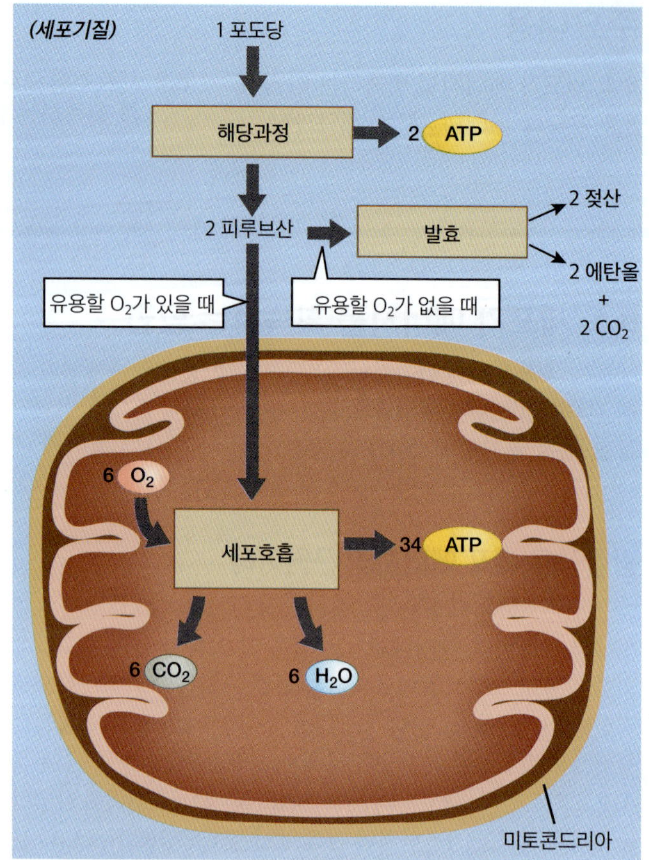


▲ **그림 8-2 포도당 분해과정의 요약**

| 표 8-1 | 포도당 분해의 요약 | | |
|---|---|---|---|
| **포도당 분해의 요약** | **전자전달체** | **ATP 순생성량** | **수행 위치** |
| 해당과정 | 2 NADH에 에너지 포획 | 2 ATP | 세포기질 |
| 세포호흡 1단계 : 아세틸 CoA 형성과 크렙스 회로 | 8 NADH와 2 $FADH_2$에 에너지 포획 | 2 ATP | 미토콘드리아 기질 |
| 세포호흡 2단계 : 전자전달계와 화학삼투작용 | 10 NADH와 2 $FADH_2$에서 에너지 방출 | 32 ATP | 미토콘드리아 내막과 막간 구획 |
| 발효 | 2 $NAD^+$ 재생 | 0 ATP | 세포기질 |
| 총 | 0 NADH와 0 $FADH_2$ | 36 ATP | 세포기질과 미토콘드리아 |

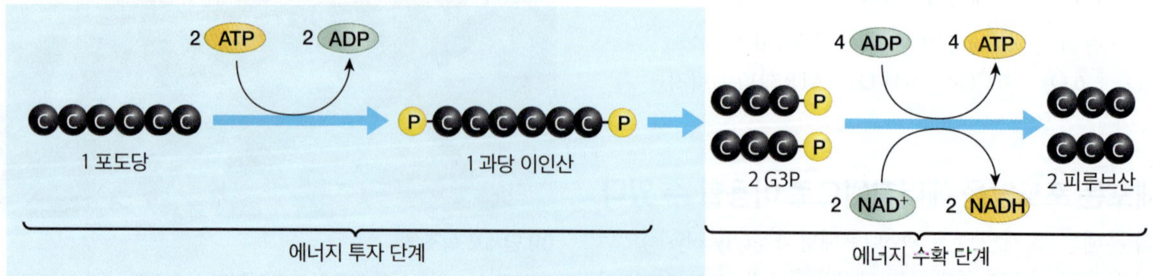


▲ **그림 8-3 해당과정의 필수 과정** 에너지 투자 단계에서 2ATP의 에너지가 포도당을 과당 이인산으로 전환시키는 데 사용되며, 그런 다음 이 화합물은 2분자의 G3P로 분해된다. 에너지 수확 단계에서 2분자의 G3P는 에너지가 4ATP와 2NADH로 수확되는 일련의 반응을 수행한다.(탄소골격만 그림에 나타냈다)

**비판적 사고** ATP와 NADH로 생성되는 순에너지는 얼마인가?

인 글리세르알데히드 3-인산(glyceraldehyde-3-phosphate) 또는 G3P 2분자로 분해된다. 그런 다음, 각 G3P는 일련의 반응들을 수행하여 피루브산(pyruvate)으로 전환된다. 이러한 반응들 동안에 에너지는 2개의 고에너지 전자와 1개의 수소 이온($H^+$)이 전자수용체인 **$NAD^+$(nicotinamide adenine dinucleotide)**에 부가되어 전자전달체인 **NADH**를 생성하면서 저장된다. 각 포도당 분자가 분해되는 동안에 2분자의 NADH가 생성된다. 추가적인 에너지가 ATP로 수확되는데, 포도당 1분자가 분해될 때 마다 4분자의 ATP가 생성된다. 그러나 2분자의 ATP가 에너지 투자 단계에서 과당 이인산을 생성하는 데 소비되었기 때문에 해당과정 동안에 포도당 1분자 당 획득된 총 ATP는 단지 2분자이다.

**CHECK YOUR LEARNING**

- 해당과정의 에너지 투자 단계와 에너지 수확 단계를 설명할 수 있는가?
- 포도당 분해과정에서 생산되는 두 종류의 고에너지 분자에 대해 설명할 수 있는가?

## 8.3 세포호흡으로 포도당에서 에너지를 획득하는 방법

산소를 유용할 수 있으면 대부분의 생물에서 소위 **세포호흡(cellular respiration)**이라고 하는 포도당 분해의 두 번째 단계가 해당과정에 이어서 진행된다. 세포호흡을 통해 해당과정에서 생성된 2분자의 피루브산은 6분자의 이산화탄소와 6분자의 물로 분해된다. 이 과정 동안에 2분자의 피루브산에서 유래한 화학에너지는 34 ATP를 생성하는 데 사용된다.

원핵세포에서는 세포호흡이 세포기질과 원형질막에서 진행된다. 여기서는 진핵세포의 세포호흡에 초점을 두는데, 진핵세포에서 세포호흡 과정은 때때로 "세포 내 발전소"라고 하는 소기관인 **미토콘드리아(mitochondria)**에서 일어난다. 미토콘드리아는 2개의 막을 가지고 있다. 내막(inner membrane)은 유동성의 **기질(matrix)**을 함유하고 있는 중심 부분을 둘러싸고 있고, **외막(outer membrane)**은 2개의 막 사이에 **막간 구획(intermembrane space)**을 형성시키면서 이 소기관 전체를 둘러싸고 있다(그림 8-4).

다음 절에서 세포호흡의 두 가지 주요 과정을 설명하겠다. 첫째, 아세틸 CoA의 형성과 크렙스 회로를 통한 아세틸 CoA의 분해를, 둘째, 전자전달계를 통한 전자의 운반과 화학삼투작용에 의한 ATP의 생성에 대하여 설명하겠다.

### 세포호흡의 1단계: 아세틸 CoA의 형성과 크렙스 회로를 통한 분해

해당과정의 최종산물인 피루브산은 세포기질에서 생성된다. 세포호흡이 일어나기 전에 피루브산은 세포기질에서 다공성의 미토콘드리아 외막을 통해 확산된 다음, 미토콘드리아 내막을 통해 능동수송 되어 세포호흡이 시작되는 곳인 미토콘드리아 기질로 운반된다.

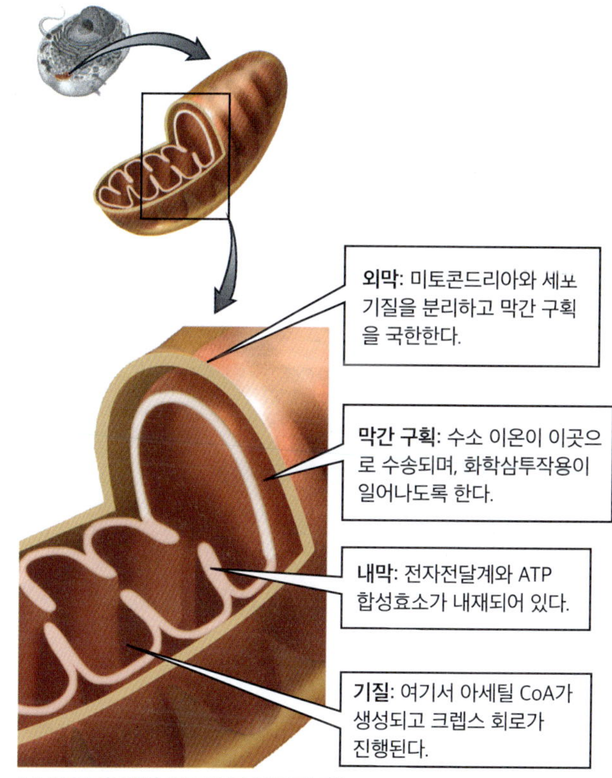


(a) 미토콘드리아 구조와 각 구조의 기능

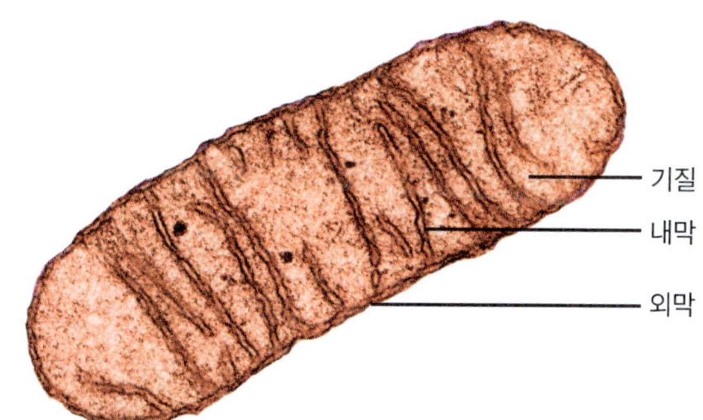


(b) 미토콘드리아의 TEM 사진

▲ 그림 8-4 미토콘드리아

세포호흡 1단계 동안에 미토콘드리아 기질에서 두 종류의 반응들 즉, 아세틸 CoA(acetyl-CoA)의 생성과 크렙스 회로가 진행된다(그림 8-5). 아세틸 CoA는 2탄소 작용기(아세틸기)에 조효소 A(coenzyme A, CoA)가 결합된 분자이다. 아세틸 CoA를 생성하기 위하여 해당과정의 산물인 피루브산은 분해되어 $CO_2$를 방출하면서 아세틸기를 생성한다. 아세틸기는 CoA와 반응하여 아세틸-CoA를 형성한다. 이 반응에서 에너지가 발생하고 이 에너지는 2개의 고에너지 전자와 1개의 수소 이온을 $NAD^+$에 전달하여 NADH를 생성하면서 저장된다.

다음 종류의 반응들은 이 반응들을 밝혀 1953년 노벨상을 수

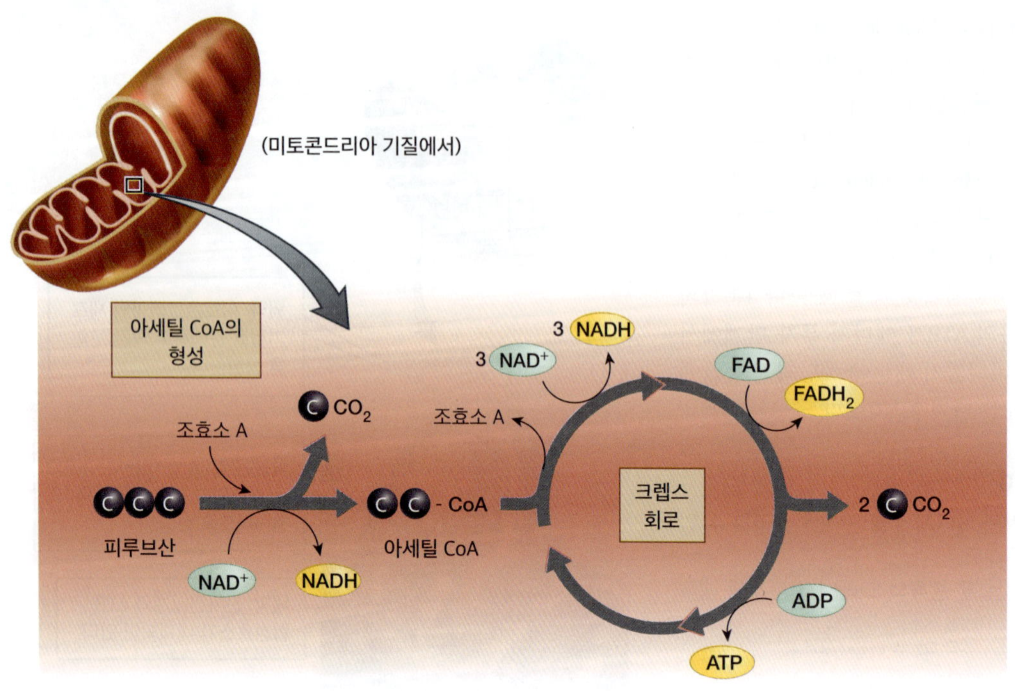


◀ **그림 8-5 미토콘드리아 기질에서의 반응들: 아세틸 CoA의 형성과 크렙스 회로**

상한 생화학자인 한스 크렙스(Hans Krebs)의 이름을 붙여 **크렙스 회로(Krebs cycle)**라고 한다. 이 대사과정을 회로라고 하는 이유는 이 과정의 최초 반응 기질인 옥살로아세트산(oxaloacetate)이 지속적으로 재생되기 때문이다.

크렙스 회로가 매번 수행되는 동안에 아세틸 CoA로 유입된 2개의 탄소원자는 에너지를 생성하면서 이산화탄소로 방출된다. 이 에너지의 일부는 고에너지 전자전달체로 약간은 ATP에 포획된다.

아세트산의 분해는 아세틸 CoA가 4-탄소 화합물인 옥살로아세트산과 결합하면서 시작되는데, 이때 6-탄소 화합물인 시트르산(citrate)이 형성되고 촉매인 CoA는 방출된다. CoA는 이러한 반응들에서 영구히 변하지 않고 수없이 재사용된다. 크렙스 회로가 진행되면서 미토콘드리아 기질의 효소들은 아세틸기를 분해하여 2분자의 $CO_2$를 방출하고 회로의 지속을 위해 옥살로아세트산을 재생성한다. 당신의 체내에서 세포들은 1단계 동안에 $CO_2$를 생성하여 혈액으로 확산시키고 허파로 $CO_2$를 수송한다. 이 때문에 흡기하는 공기 속보다 배기하는 공기 속에 더 많은 $CO_2$가 들어 있는 것이다.

크렙스 회로가 진행되는 동안에 화학에너지는 에너지-수송 분자에 포획된다. 아세틸 CoA에서 각 아세틸기가 분해되면서 1분자의 ATP와 3분자의 NADH가 생성된다. 또한 1분자의 **플라빈 아데닌 다이뉴클레오타이드(flavin adenine dinucleotide, $FADH_2$)**도 생성되는데, 이는 NADH와 유사한 고에너지 전자전달체이다. 전자수용체 FAD는 에너지를 품은 2개의 전자와 2개의 $H^+$를 받아들여 $FADH_2$를 형성한다. 각 포도당은 해당과정 동안에 2 분자의 피루브산을 생성하고 이들이 크렙스 회로로 들어간다는 것을 기억하라. 즉, 크렙스 회로를 수행할 때 포도당 1분자 당 생성되는 에너지 수송 분자는 피루브산 1분자에서 생성되는 숫자의 2배이다

## 세포호흡 2단계: 전자전달계를 통한 고에너지 전자의 수송과 화학삼투작용에 의한 ATP 생성

1단계의 결과로 세포는 포도당 1분자로부터 단지 4 ATP 만을 획득했을 뿐이다(해당과정에서 2 ATP와 크렙스 회로에서 2 ATP). 그러나 세포는 각 포도당 분자에서 많은 고에너지 전자들을 총 10 NADH와 2 $FADH_2$로 포획했다.

세포호흡의 2단계에서 이 전자전달체들은 각각 2개의 고에너지 전자들을 전자-수송 분자들이 연속해서 배열되어 있는 **전자전달계(electron transport chain, ETC)**에 제공하는데, 미토콘드리아 내막에는 많은 수의 전자전달계가 존재한다(**그림 8-6**). 그런 다음 전자가 고갈된 전자전달체는 해당과정과 크렙스 회로에서 전자를 다시 채우는 데 이용된다.

### 전자전달계는 단계별로 에너지를 방출한다

미토콘드리아 막의 전자전달계는 엽록체의 틸라코이드막에 있는 전자전달계와 기능이 같다(7장 참조). 고에너지 전자는 전자전달계를 따라 한 분자에서 다른 분자로 전달되며, 각 단계에서 적은 양의 에너지를 방출한다. 이러한 단계들에서 생성된 에너지는(비록 일부 에너지는 열로 손실되지만) $H^+$를 미토콘드리아 기질에서 내막을 가로질러 막간 구획으로 수송하기에 충분한 양이다. 이온 수송의 결과로 막간 구획에는 높은 농도의 $H^+$가, 기질에는 낮은 농도의 $H^+$가 있는 $H^+$의 농도 기울기(concentration

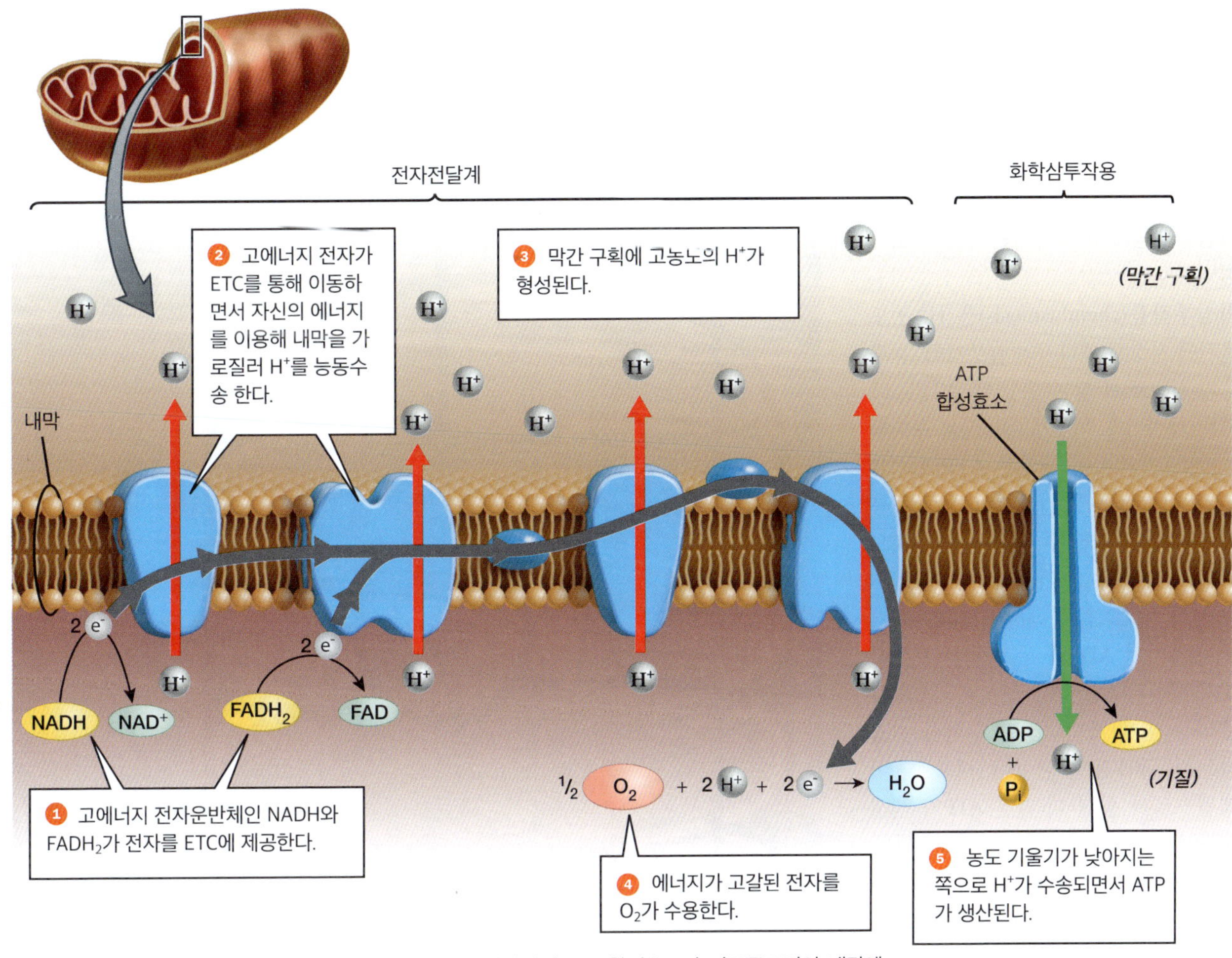


▲ **그림 8-6 전자전달계와 화학삼투작용** 많은 수의 전자전달계와 ATP 합성효소가 미토콘드리아 내막에 파묻혀 있다.

**비판적 사고** 산소가 없다면 ATP 생성율은 얼마나 영향을 받을까?

gradient)가 형성된다(그림 8-6 참조). $H^+$의 농도 기울기를 형성하기 위해 에너지를 사용하는 것은 축전기를 충전하는 것에 상응한다. 이러한 $H^+$ 축전기는 다음에서 설명할 화학삼투작용을 통해 ATP를 생성하는 데 사용된다.

**Have You Ever Wondered ...**

**청산가리(cyanide)가 왜 치명적인가?**

청산가리는 옛날에 미궁에 빠진 살인 사건에서 자주 확인되었던 독약으로 불행한 희생자들은 거의 즉사하였다. 청산가리는 전자전달계의 최종 단백질에 반응하여 전자전달계를 차단함으로써 치사 효과를 발휘하는데, 이 단백질은 에너지-고갈 전자들이 산소와 결합하는 데 관여한다. 전자전달계에서 수송된 전자들이 산소까지 전달되지 않으면, 이 전자들은 ETC를 차단하는 마개의 역할을 한다. 이로 인해 새로운 고에너지 전자가 전자전달계에 유입될 수 없으면, 막을 가로지르는 추가적인 수소 이온의 수송이 이루어질 수 없어 화학삼투작용에 의한 ATP 합성은 바로 멈추게 된다. 모든 세포에서의 에너지 요구량은 매우 크기 때문에 청산가리로 인해 세포호흡이 중단되면 몇 분 이내에 사람은 사망할 수 있다.

### 산소는 최종 전자수용체이다

최종적으로 전자전달계의 마지막 단계에서 에너지가 고갈된 전자는 전자수용체로 작용하는 산소에 전달된다. 에너지가 고갈된 전자와 산소 및 수소 이온이 결합하여 물이 형성된다. 전자전달계를 통해 2개의 전자가 전달될 때마다 1분자의 물이 생성된다(그림 8-6 참고).

전자를 수용할 산소가 없다면 전자전달계는 전자로 채워져 있게 되고 NADH와 $FADH_2$로부터 전자를 획득할 수 없다. 전자가 전자전달계를 통해 전달될 수 없다면, $H^+$는 내막을 가로질러 수송되지 않는다. 결국 $H^+$ 농도 기울기는 빠르게 소멸되고 화학 삼투작용에 의한 ATP 합성도 멈추게 된다. ATP로부터의 에너지 요구량이 높기 때문에 대부분의 진핵세포는 전자를 수용할 산소가 안정되게 공급되지 않으면 수 분 이내에 죽는다. 당신의 신체는 숨쉬기를 통해 허파로 들어온 산소를 혈류를 통해 모든 세포에 수송한다. 세포호흡 때문에 흡기하는 공기 속보다 배기하는 공기 속에 더 적은 산소가 들어 있는 것이다.

### 화학삼투작용으로 에너지는 ATP로 포획된다

**화학삼투작용(chemiosmosis)**은 $H^+$ 농도 기울기에 저장된 에너지의 일부가 $H^+$ 농도 기울기 감소로 $H^+$를 수송할 때 ATP로 포획되는 과정이다. 어떻게 에너지를 포획할까? 미토콘드리아의 내막은 ATP 합성효소(ATP synthase)의 일부분인 통로를 통해서만 $H^+$를 투과할 수 있다. 막간 구획으로부터 기질로 수소 이온이 이러한 ATP를 합성하는 효소를 통해서 유입되면서 기질에 존재하던 ADP와 무기인산으로부터 ATP가 생성된다.

우리는 이제 해당과정만 수행하는 것보다는 해당과정에 뒤이어 세포호흡이 진행됨으로써 훨씬 더 많은 ATP가 생성된다는 것을 알았다. **그림 8-7**과 **표 8-1**에 진핵세포에서 산소가 존재할 때, 1분자의 포도당이 분해되는 과정과 각 단계에서 생성되는 에너지, 그리고 그 단계가 진행되는 위치가 요약되어 있다. 요약하면 해당과정 동안에 2 ATP가 형성되고 크렙스 회로 동안에 부가적으로 2 ATP가 더 생성되며, 화학삼투작용으로 추가적으로 32 ATP가 생성되면서 포도당 1분자 당 총 36 ATP가 생성된다.

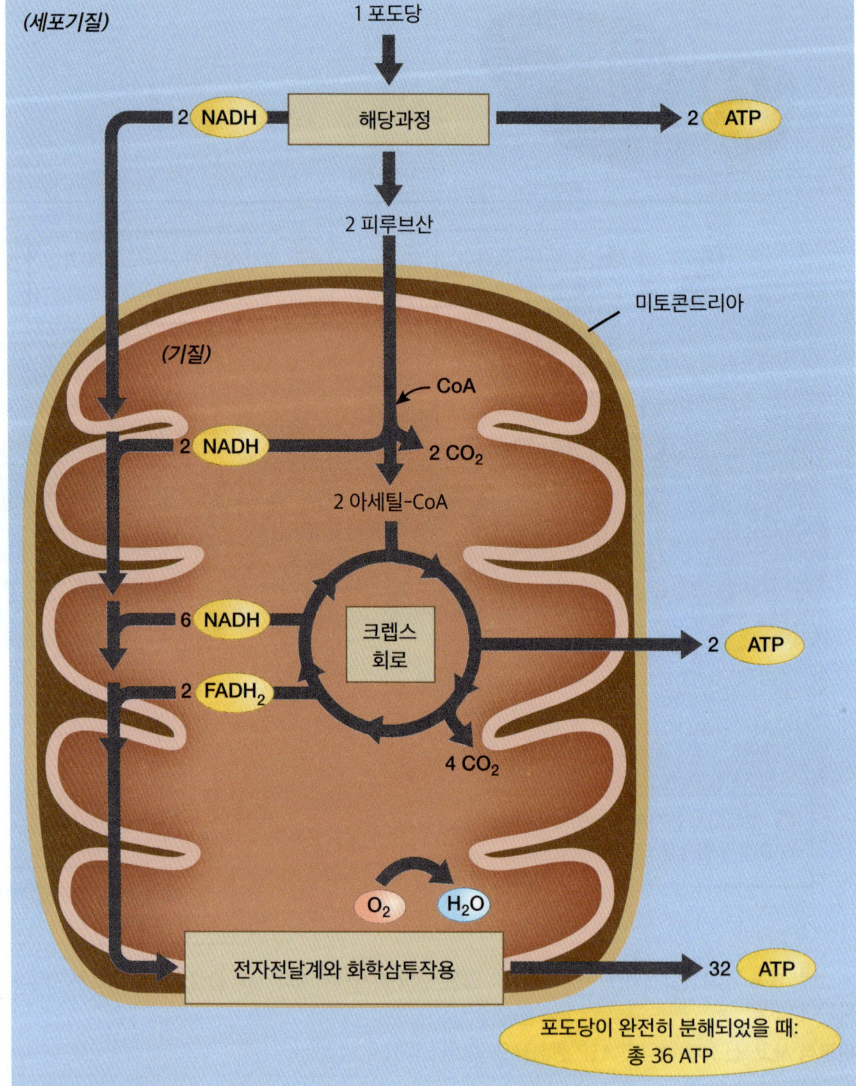


▶ **그림 8-7 해당과정과 세포호흡으로 획득되는 ATP들의 요약** 세포호흡에서 가장 많은 ATP가 생성된다. 거의 모든 ATP는 NADH와 $FADH_2$에서 제공된 고에너지 전자로부터 생성된다. 전자들이 전자전달계를 따라 수송되면서 $H^+$ 농도 기울기가 형성되고 이로 인해 화학삼투작용이 일어난다.

**CASE STUDY CONTINUED**

## 왕의 발굴

리차드 3세의 유골을 동정하는 데 사용한 독특한 분자인 미토콘드리아 DNA(mtDNA)는 인간의 신체에 결정적인 기능을 제공한다. 인간의 mtDNA에는(약 20,000개의 유전자가 있는 핵에 비교해서) 단지 37개의 유전자만 있지만 이들은 필수적인 유전자들이다. 예를 들면 13개의 미토콘드리아 유전자는 전자전달계와 화학삼투작용을 수행하는 효소들의 성분을 암호화하고 있다. 이 유전자들의 일부는 NADH와 $FADH_2$가 고에너지 전자를 전자전달계에 방출하는 효소를 암호화하고 있다. 다른 mtDNA 유전자는 전자전달계의 마지막 효소의 유전자이며, 이 효소는 에너지-고갈 전자가 산소와 수소 이온과 결합하여 물을 생성하도록 해준다. mtDNA의 또 다른 일부 유전자는 미토콘드리아 내막의 ATP 합성효소의 일부분을 암호화하고 있다. 만약 mtDNA가 사라진다면 세포호흡은 끼익 소리를 내며 멈출 것이다.

우리는 NADH와 $FADH_2$가 포도당에서 기원한 고에너지 전자를 어떻게 수송하는지를 알고 있다. 이러한 전자전달체가 음식물의 다른 분자에서도 고에너지 전자를 얻을 수 있을까?

### 세포호흡은 다양한 식품들로부터 에너지를 추출할 수 있다

인간을 포함한 동물들은 전분(포도당이 길게 연결된 다당류) 또는 설탕(포도당과 과당이 결합한 이당류)의 형태로 포도당을 획득한다. 인간은 지방과 단백질을 소비하면서도 에너지를 획득한다. 인간은 포도당 이외의 물질들을 대사과정들을 통해 세포호흡에 이용되는 다양한 대사중간물질들로 생성할 수 있기 때문에 지방과 단백질을 이용할 수 있다. 이러한 대사중간물질들은 다양한 단계에서 세포호흡으로 들어오고 ATP를 생성하면서 분해

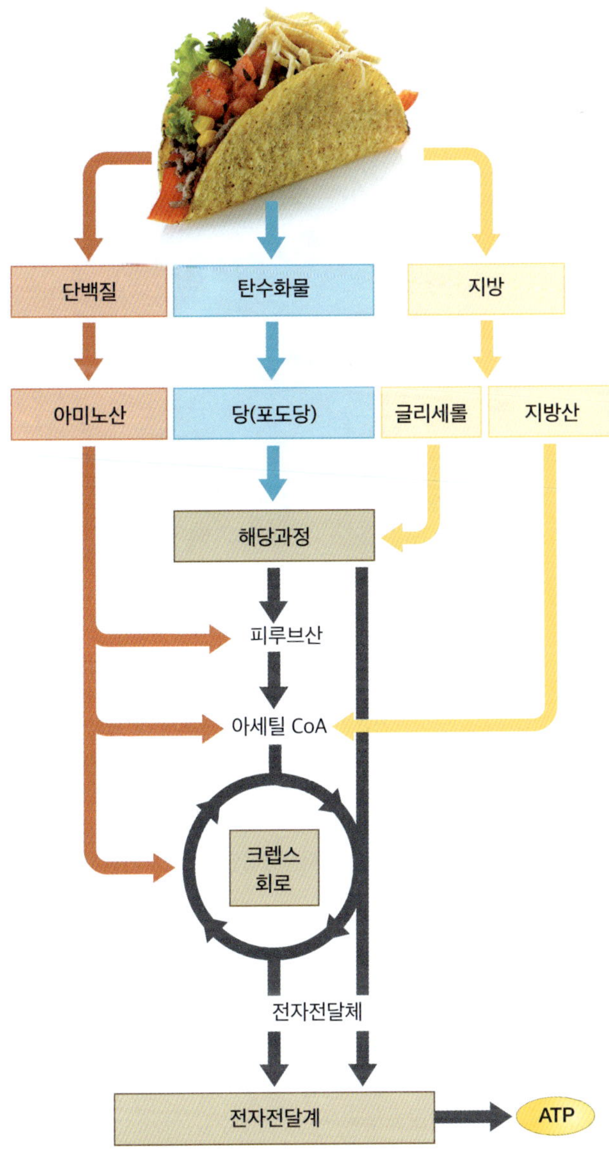


▲ 그림 8-8 **단백질, 탄수화물, 지방의 분해와 ATP 생산**

된다(**그림 8-8**). 예를 들면, 단백질의 20가지 아미노산 중 일부는 피루브산으로 바로 전환될 수 있으며, 나머지 아미노산들은 복잡한 경로를 통해 크렙스 회로의 분자들로 전환될 수 있다. 지방에 저장된 에너지가 방출되기 위해서는 긴 지방산 꼬리(각 지방 분자들의 주요 구성성분; 3장 참조)는 CoA에 결합하여 2탄소 절편으로 분해되면서 아세틸-CoA를 형성하고, 이 아세틸-CoA는 크렙스 회로로 유입된다.

과량의 설탕과 전분이 포함된 식이를 한 경우에 포도당 분해과정의 잉여 대사중간산물은 지방으로 전환될 수 있다. 이 내용은 "Health Watch: 어떻게 당의 섭취로 지방을 얻을 수 있을까?"에 설명되어 있다.

### CHECK YOUR LEARNING

- 세포호흡의 주요 두 단계를 간단히 설명할 수 있는가?
- 화학삼투작용으로 어떻게 ATP가 생성되는가?
- 세포호흡에서 산소는 어떤 역할을 하는가?

## 8.4 산소가 결여되었을 때 발효가 해당과정을 지속하게 하는 방법

해당과정은 사실상 지구의 모든 생물들이 수행하는 과정으로 모든 생화학적 경로의 가장 조상적인 경로 중 하나로 제안되고 있다. **유산소(aerobic)** 조건, 즉 산소가 유용하면 일반적으로 해당과정에 이어 세포호흡이 진행된다. 그러나 과학자들은 광합성과정이 나타나서 대기 중에 산소가 풍부해지기 전인 **무산소(anaerobic**, 산소가 없는) 조건에서 가장 초기의 생물이 출현했을 것이라 결론지었다. 오늘날 많은 미생물들이 동물(사람 포함)의 위 및 창자 그리고 토양, 늪 또는 습지의 내부와 같은 산소가 희박하거나 없는 서식처에서 여전히 번성하고 있다.

### 발효는 무산소 조건에서 진행된다

혐기성 생물은 ATP 생산을 **발효(fermentation)**에 의존한다. 발효에서는 해당과정에서 생성된 피루브산이 대사과정으로 들어오며, 현대의 혐기성 생물은 이런 피루브산을 젖산 또는 에탄올과 $CO_2$로 전환한다. 일부 미생물들은 세포호흡을 수행하는 효소들이 결여되어 전적으로 발효에 의존한다. 어떤 미생물들은 산소가 없을 때에는 발효를 이용하지만, 산소를 이용할 수 있을 때에는 더 효과적인 세포호흡을 수행하도록 전환한다.

### 발효로 젖산 또는 알코올과 이산화탄소가 생성된다

**젖산 발효(lactate fermentation)**는 피루브산을 젖산으로 전환하는데, 이는 많은 미생물에서 진행되지만 척추동물에서도 일어나는데 특히 격렬한 근육 활동이 있는 경우에 그렇다. 근육이 매우 격렬하게 수축하여 혈액이 세포호흡을 위한 산소를 적절하게 공급할 수 없을 경우에 근육은 일시적으로 해당과정과 젖산발효를 이용하여 ATP를 생산한다. 이 과정으로 NADH의 전자와 수소 이온이 피루브산을 젖산으로 전환하는 데 사용되면서 $NAD^+$가 재생된다(**그림 8-9**). 당신이 활발한 운동을 하는 동안에 당신 근육의 화끈거림(burning)을 느꼈다면 이는 아마도 근육에서 피루브산이 젖산으로 발효되고 있다는 것이다. 세포호흡과 비교했을 때, 해당과정 이후에 발효가 진행되면 일정량의 ATP를 생산하는 데 더 많은 포도당이 사용된다. 하지만 비록 발효가 세포호흡보

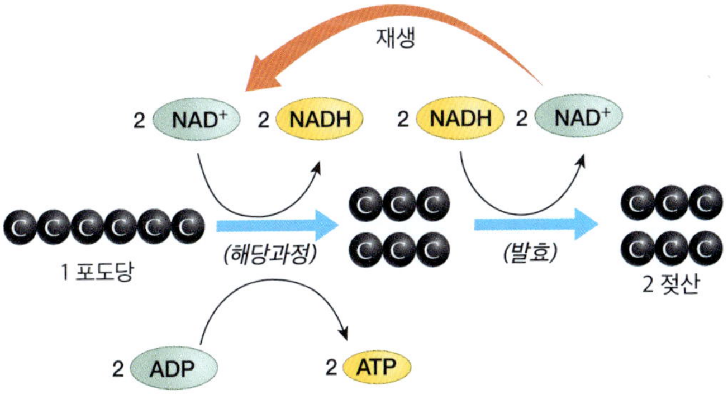


▲ 그림 8-9 **해당과정 이후에 진행되는 젖산 발효**

## Health WATCH 어떻게 당의 섭취로 지방을 얻을 수 있을까?

진화적 관점에 따르면, 음식이 풍부할 경우에도 과식하는 것이 고도로 적응된 행동 방식이다. 기근이 일상적이었던 30만 년의 인류 역사에 따르면, 음식을 먹을 기회가 있을 때마다 섭식을 하는 것은 기근에 대항하는 효과적인 대응이었다. 그러나 많은 사람들이 고칼로리의 음식을 항상 접할 수 있는 현재에는 비만이 건강상의 문제를 증가시키고 있다. 왜 우리는 지방을 축적할까? 지방 1g은 탄수화물 1g에 저장된 에너지의 2배를 저장하기 때문에 최소 무게에 에너지를 저장하는 것은 사냥을 위해 또는 포식자를 피하기 위해 빠르게 움직일 필요가 있는 선사시대 조상들에게 중요했다.

당과 다른 탄수화물을 섭취하여 지방을 획득하는 것은 동물에서 일상적인 일이다. 어떻게 당에서 지방을 만들까? 포도당이 크렙스 회로를 통해 분해되는 동안 아세틸 CoA가 형성된다. 잉여의 아세틸 CoA 분자는 지방산을 합성하는 원료로 사용되며, 지방산은 서로 연결되어 지방을 형성한다(**그림 E8-1**). 빵, 감자 또는 파스타 속의 전분은 포도당이 길게 결합된 분자이기에 전분의 과식이 지방을 어떻게 형성하는가도 알 수 있다.

당보다 지방을 저장하는 것이 왜 이로운가를 이해하기 위해 빨간목 벌새(ruby-throated hummingbird)를 살펴보자. 이 새의 체중은 여름이 시작될 때 3-4g(5센트 동전은 5g)이다. 늦여름 동안에 이 벌새는 게걸스럽게 꽃의 꿀을 섭취하여 체중의 거의 2배를 지방으로 축적한다. 이러한 지방에 저장된 에너지는 벌새가 미국 동부에서 멕시코만을 거쳐 겨울을 보낼 멕시코 또는 중앙아메리카로 이동하는 데 사용된다. 벌새가 지방 대신에 당으로 에너지를 저장했다면 너무 무거워서 날지 못했을 것이다.

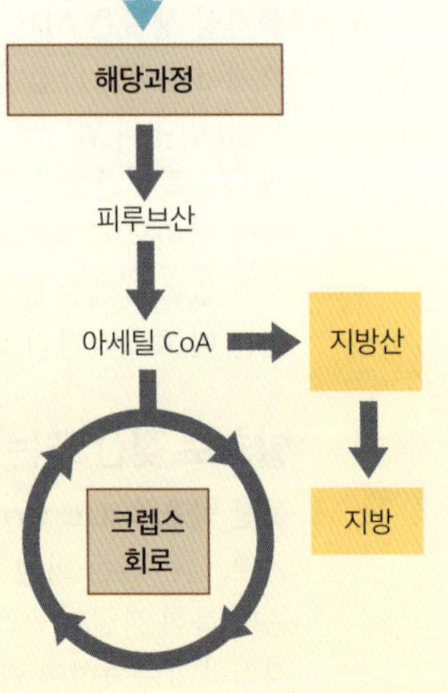


▲ **그림 E8-1 당이 지방으로 전환되는 방법**

**비판적 사고** 45세의 비만 남성인 콜린(Colin)이 그의 담당 의사인 당신에게 와서 수개월 동안의 무지방(fat-free) 다이어트에도 체중의 감소가 없다고 불평을 하고 있다. 콜린의 체중 문제에 대해 어떤 가정을 할 수 있을까? 당신의 가정을 증명하려면 당신은 콜린에게 어떤 질문을 해야 할까?

다 훨씬 비효율적임에도 불구하고 이는 훨씬 빠르게 ATP를 생산한다. 신속하게 생산된 ATP는 결승점을 향한 마지막 짧은 순간의 질주에 사용될 수 있다(**그림 8-10**). 또한 발효로 빠르게 생산된 ATP는 싸움, 도망, 또는 포식을 위한 에너지로도 공급될 수 있는데, 이러한 능력을 조금이라도 더 지속할 수 있는지가 사느냐 죽느냐를 결정지을 수 있다.

일부 세균과 모든 효모형 곰팡이(단세포 곰팡이)를 포함하는 많은 종류의 미생물들이 무산소 조건에서 **알코올 발효(alcoholic fermentation)**를 수행한다. 알코올 발효 동안에 피루브산은 에탄올과 $CO_2$로 전환된다. 젖산발효와 마찬가지로 이 과정에서 NADH는 $NAD^+$로 전환되고, 이 $NAD^+$는 해당과정 동안에 고에너지 전자를 수용하는 데 이용된다(**그림 8-11**).

▲ **그림 8-10 근육 활동 중의 젖산 발효**

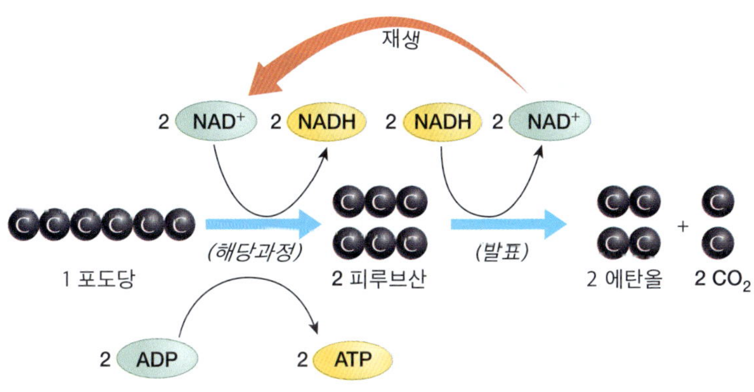


▲ **그림 8-11 해당과정 이후에 진행되는 알코올 발효**

**비판적 사고** 세포가 해당과정 이후에 젖산 또는 알코올의 생산이 방해받는다면 어떤 일이 발생할까?

▲ **그림 8-12 발효 식품의 몇 가지 예**

## 발효는 인간의 음식에 오랫동안 이용된 중요한 수단이었다

시인 Omar Khayyam(1048-1122)은 지상 낙원에 대한 자신의 생각을 "한 병의 포도주와 한 조각의 빵 그리고 내 곁에 있는 당신"이라고 묘사하였다(**그림 8-12**). Khayyam의 낙원의 요소 중 적어도 와인과 빵은 발효에 크게 의존한다.

역사적 증거에 따르면 대략 7,000년 전에 포도주와 맥주를 생산하는 데 효모를 사용했다고 한다. 효모(단세포 곰팡이)는 기회주의적이어서 산소를 이용할 수 있을 때에는 세포호흡을 하지만 산소가 고갈되면 알코올 발효(알코올과 $CO_2$를 생산)로 전환한다. 맥주 또는 포도주를 만들 경우 으깬 곡물(맥주) 또는 포도(포도주)의 당이 특정 효모 균주에 의해 발효된다. 발효는 외부 공기의 유입은 막지만(세포호흡이 일어날 수 없도록) $CO_2$의 배출은 가능하도록 하는(통의 폭발을 방지) 밸브가 장착된 통에서 수행한다. 맥주와 샴페인의 특징적인 거품(fizz)은 병을 밀봉한 후에 이산화탄소가 포획되도록 발효를 지속시킨 결과로 생긴다.

포도주와 맥주의 생산에서의 역할 외에도 발효는 제빵에서 부풀어 오름에도 중요하다. 제빵 과정의초기에 효모의 효소들은 밀가루에 있는 전분을 포도당으로 분해한다. 효모는 빠르게 생장하며 분열하면서 $CO_2$를 방출하는데, 처음에는 세포호흡으로, 빵 반죽을 만들 때 사용한 물에 용해된 $O_2$가 고갈된 후에는 알코올 발효로 $CO_2$를 방출한다. $CO_2$가 포획되고 반죽이 치대지면 빵 반죽은 탄력 있고 질기게 되며, 오븐에서 구워지는 동안 부풀어 오른다. 알코올은 빵을 굽는 과정에서 증발된다.

다양한 미생물들이 에너지를 생산하기 위해 해당과정 후에 주로 젖산 발효를 이용한다. 이들 중에는 우유를 요구르트, 산패유(sour cream) 또는 치즈로 전환하는 데 사용하는 젖산균(유산균, lactic acid bacteria)도 포함된다. 이들은 먼저 젖당(유당 : 이당류)을 포도당과 갈락토오스로 분해한다. 그런 다음 이 단당류들은 해당과정에 이은 젖산 발효를 통해 젖산으로 전환된다. 젖산은 우유의 단백질을 변성하여 3차원 구조를 변화시켜 반고체 상태의 산패유와 요구르트를 만든다. 모든 산과 마찬가지로 젖산도 음식에 신맛과 고유의 풍미를 부가해준다. 젖산균은 치즈 생산 과정에서 우유의 응고 개시에도 사용된다. 또한 내염성 세균(salt-tolerant bacteria)에 의한 젖산 발효는 오이나 양배추에 있는 당을 젖산으로 전환시킨다. 이 결과로 오이 피클과 절인 양배추 김치(sauerkraut)가 얻어진다.

**CASE STUDY CONTINUED**

### 왕의 발굴

리차드 3세의 음식에는 다량의 탄수화물이 있었다. 이를 어떻게 알았을까? 연구자들은 치아와 뼈의 동위원소량을 측정하여 인간이 소비한 음식물의 종류를 확인할 수 있다. 서로 다른 음식에는 특정 원소의 동위원소들이 특정 비율로 포함되어 있고, 그 음식을 섭취한 인간의 뼈와 치아에도 이 비율이 유지된다. 연구자들은 리차드 3세의 생활 방식에 대한 정보를 얻기 위해 이런 동위원소를 분석했다. 그의 뼈에 있는 산소 동위원소 비율을 근거로 리차드 3세의 마지막 몇 년 동안의 수분 섭취의 대략 1/4은 포도주 성분으로 알려지고 있다. 물론 왕에게 어울렸던 이 음료는 알코올 발효로 생산되었다. 과거와 현재에 발효로 만들어지는 다른 중요한 것에는 무엇이 있을까?

**CHECK YOUR LEARNING**

- 발효의 역할과 발효가 일어나는 조건에 대해 설명할 수 있는가?
- 두 종류의 발효를 비교하여 설명할 수 있는가?
- 인간이 유용하는 발효의 예를 몇 가지 제시할 수 있는가?

CASE STUDY REVISITED

## 왕의 발굴

리차드 3세의 유골과 유골에 함유된 mtDNA는 그를 확인시켜 주었는데, 그 이유는 mtDNA가 고대 유적의 유전학적 상호관계를 추적하는 데 있어서 독특한 가치가 있기 때문이다. 사람의 mtDNA는 배발생 과정 중 모친 난자의 세포질에 있는 미토콘드리아에서 유래한다; 정자의 미토콘드리아는 수정될 때 난자에 들어가지 않는다. 결과적으로 mtDNA는 모친에서 자녀로 중단되지 않고 직접 전달되어 가계의 모계 쪽으로 수천 세대에 걸쳐 전달될 수 있다.

천년 이상 동안 무해한 돌연변이가 기능적인 단백질을 암호화하지 않는 mtDNA의 특정 구역에 축적되었다. 조상의 돌연변이는 새로운 돌연변이로 비암호화 구역에 서서히 첨가되면서 유지된다. 과학자들은 이 구역들의 염기서열을 확인할 수 있으며, 더 새로운(그래서 더 희귀하고 덜 확산된) 돌연변이를 근거로 인간을 별개의 소그룹으로 나눌 수 있다. 각 소그룹은 한 여성을 조상으로 기원하였으며, 그녀의 돌연변이된 mtDNA는 후손들에게 전달되었다. 그녀의 후손들은 원래 특정 지리적 영역에서 집단을 이루었다. 그리고 심지어 오늘날에도 각 소그룹의 독특한 mtDNA 특징은 그 지역에 공통적으로 남아있다. 결론적으로 특정 돌연변이를 지닌 생존한 사람들은 mtDNA에 있는 공통된 유전적 특징을 이용하여 조상을 추적할 수 있으며 돌연변이가 최초로 출현한 특정 지역도 추적할 수 있다.

현대 기술로 레스터 주차장의 유골처럼 심각하게 부패된 유물에서조차도 mtDNA를 회수할 수 있다. Turi King은 유골의 mtDNA의 염기서열을 분석하였고 이 염기서열이 비교적 드문 것으로 영국에서는 불과 1~2%만 있다는 것을 알았다.

그러는 동안에 계보학자들은 리차드 3세의 모친인 Cecily Neville의 모계 후손 중 살아있는 두 사람을 확인하였다. 한 사람은 익명이고 다른 사람은 캐나다 태생 목수로 런던에서 살고 있는 Michael Ibsen이다(**그림 8-13**). 5 세기 동안에 Cecily Neville로부터 Michael Ibsen까지 18세대 후손이 이어졌고 그들의 미토콘드리아 DNA는 변화하지 않았으며, 그 서열은 유골의 서열과 일치하였다. Grayfriars 교회에 있는 골격, 골격의 기형, 전투에 의한 부상 그리고 가장 중요한 것은 유일하게 알려진 후손의 mtDNA와의 놀라운 일치로 인해 레스터 대학의 선도 고고학자들은 " 아무리 의심을 해봐도 2012년 9월에 Grayfriars에서 발굴한 사람은 리차드 3세가 분명하다." 라고 발표했다.

▲ **그림 8-13 Michael Ibsen은 뺨 세포를 Turi King에게 제공했고, 그녀는 그 세포를 사용하여 미토콘드리아 DNA의 염기서열을 확인했다.**

**비판적 사고** Jeremy는 빠르게 오랜 시간 걷는데 항상 어려움을 겪는다. 그는 결혼 바로 직전에 유전학적 검사를 통해 이 문제가 미토콘드리아 DNA(mtDNA)의 돌연변이가 원인이었다는 것을 알았다. 그는 장차 자신의 딸에게 이 잘못된 유전자가 유전될지를 염려해야할까? 아들한테는 또 어떨까?

# CHAPTER REVIEW

*비판적 사고와 생각해보기, 선택형문제, 빈칸채우기 질문에 대한 답은 이 책의 뒷부분에 있는 정답란에서 볼 수 있다.*

## 핵심개념의 요약

### 8.1 세포가 에너지를 획득하는 방법

거의 모든 생물들의 궁극적인 에너지원은 햇빛이며, 이는 광합성 동안에 포획되어 포도당 같은 분자들에 저장된다. 세포는 포도당을 분해하면서 화학에너지를 생산하고 이때 방출되는 에너지의 일부를 ATP로 획득한다. 세포기질에서 포도당이 분해되는 해당과정 동안에 포도당은 피루브산과 2 ATP 그리고 고에너지 전자전달체인 NADH 2분자가 생성된다. 산소를 사용할 수 있을 때, 피루브산은 미토콘드리아에서 세포호흡을 통해 분해되는데, 이 때 추가적으로 34 ATP가 생성된다.

### 8.2 포도당 분해의 시작 - 해당과정

그림 8-3과 표 8-1에 해당과정이 요약되어 있다. 해당과정의 에너지 투자 단계 동안에 포도당은 2분자의 ATP에서 에너지를 품은 인산기를 제공받아 과당 이인산이 되면서 활성화된다. 그런 다음 에너지 수확 단계 동안에 연속된 반응들에 의하여 과당 이인산은 2분자의 피루브산으로 분해된다. 해당과정의 결과 2ATP와 2NADH의 순에너지가 생산된다.

### 8.3 포도당에서 세포호흡으로 에너지를 획득하는 방법

산소를 요구하는 세포호흡의 과정은 그림 8-5, 8-6 및 표 8-1에 요약되어 있다. 세포호흡의 첫 단계는 미토콘드리아 기질에서 진행된다. 해당과정의 산물인 피루브산은 $CO_2$가 방출되고 NADH가 생성되면서 아세틸 CoA로 전환된다. 그런 다음 아세틸 CoA는 크렙스 회로로 들어가고 ATP와 NADH 그리고 $FADH_2$도 생성되며 $CO_2$가 방출된다. 해당과정으로 유입된 각 포도당은 세포호흡의 첫 단계에서 2ATP와 8NADH 및 $2FADH_2$를 생성한다.

세포호흡의 2단계 동안에 세포호흡 1단계에서 생성된 NADH와 $FADH_2$는 미토콘드리아 내막 내에 있는 전자전달계(ETC)에 고에너지 전자들을 전달한다. 전자들은 ETC를 따라 전달되며, 전자들이 방출한 에너지는 내막을 가로질러 기질에서 막간 구획으로 수소 이온을 수송하는 데 사용되고 이로 인해 수소 이온의 농도 기울기가 형성된다. 전자전달계의 마지막 단계에서 에너지가 고갈된 전자는 수소 이온 및 산소와 결합하면서 물을 형성한다. 화학삼투작용 동안에 수소 이온의 농도 기울기에 저장된 에너지는 수소 이온을 ATP 합성효소로 작용하는 내막의 통로를 통해 확산시키면서 ATP를 생성하는 데 사용된다.

포도당 1분자가 해당과정에 이어 세포호흡으로 완전히 분해되면 해당과정에서 2ATP 크렙스 회로에서 2ATP가 생산되고 화학삼투작용으로 32ATP가 생성되어 총 36ATP가 생성된다.

## 8.4 산소가 결여되었을 때 발효가 해당과정을 지속하게 하는 방법

해당과정은 포도당을 피루브산으로 분해하면서 $NAD^+$를 NADH를 생성하는 데 사용한다. 해당과정이 계속되기 위해서는 $NAD^+$는 지속적으로 재순환되어야 한다. 무산소 조건에서 NADH는 고에너지 전자를 전자전달계에 방출할 수 없는데, 그 이유는 전자를 수용할 산소가 없기 때문이다. 대신에 발효로 피루브산을 젖산으로(젖산 발효를 통해) 또는 에탄올과 $CO_2$로(알코올 발효를 통해) 전환하면서 NADH를 $NAD^+$로 재생함으로써 해당과정은 지속될 수 있다. 인간은 맥주, 포도주, 치즈, 양배추 김치, 피클 등을 생산하기 위해 미생물에 의해 수행되는 발효를 이용한다.

# 개념을 통한 이해

### 선택형 문제

1. 포도당 1분자에 대한 설명 중 옳은 것은?
   a. 발효로 2ATP를 생산한다.
   b. 해당과정 후에 발효가 진행되면서 총 4ATP를 생산한다.
   c. 에탄올은 해당과정의 한 가지 최종 산물이다.
   d. 광합성의 전체 방정식은 산소 조건에서의 포도당 분해의 역과정이나.
2. 포도당이 분해되는 과정 중 대부분의 ATP 생산은 ________에서 일어난다.
   a. 화학삼투작용
   b. 해당과정
   c. 크렙스 회로
   d. 발효
3. ATP 합성효소는 ________에 위치하고 있다.
   a. 세포기질
   b. 미토콘드리아 내막
   c. 막간 구획
   d. 미토콘드리아 기질
4. 발효는 ________.
   a. NADH를 재생한다.
   b. 산소가 결여됐을 때 세포호흡으로 이끌어진다.
   c. 해당과정 후에 추가적인 ATP를 생성한다.
   d. 기질로 피루브산을 사용한다.
5. 미토콘드리아의 막간 구획에 형성되는 것은?
   a. ATP
   b. 고농도의 $H^+$
   c. NADH와 $FADH_2$
   d. 아세틸 CoA

### 빈칸 채우기

1. 산소가 존재할 때 포도당의 완전 분해는 ________와(과) ________의 주요 두 단계로 진행된다. 첫 단계는 세포의 ________에서 진행되며, 두 번째 단계는 ________(이)라고 하는 세포내 소기관에서 수행된다. 산소가 존재하는 상태를 ________(이)라고 한다.
2. 산소가 존재하지 않는 상태를 ________(이)라고 한다. 산소가 존재하지 않을 때, 일부 미생물들은 단지 ________분자의 ATP를 생산하는 ________을(를) 사용하여 포도당을 분해한다. 이 과정에 뒤이어 ________가 진행되는데, 이 과정에서 더 이상의 ATP는 생성되지 않지만 계속적인 포도당의 분해에 이용될 ________가 재생된다.
3. 빵 반죽과 알코올성 음료에 있는 효모는 ________와(과) ________을(를)생성하는 발효를 수행한다. 근육은 ________ 발효로 한계적 상황까지 활동한다. 미생물들이 요구르트, 산패유, 절인 양배추 김치를 생산할 때 수행하는 발효는 ________이다.
4. 세포호흡에서 전자전달계가 수행되는 동안에 $H^+$가 미토콘드리아에서 ________(으)로 내보내져서 $H^+$의 ________가 형성된다. 세포호흡 동안의 ATP 생성은 ________(이)라고 하는 과정으로 진행되는데, 이 과정 동안에 ATP는 $H^+$가 ________ 내에 있는 통로를 가로질러 이동하면서 이루어진다.
5. 세포호흡 과정 중에 있는 순환 과정을 ________ 회로라고 한다. 이 회로로 유입되는 분자는 ________이다. 포도당 1분자가 이 회로를 수행할 때 몇 분자의 ATP 분자가 생성될까? ________. 이 회로 동안에 생성되는 고에너지 전자전달체는 무엇일까? ________와(과) ________

### 복습 문제

1. 산소가 존재할 때 포도당이 분해되는 전체 과정의 반응식을 서술하고 광합성의 전체 반응식과 비교하라. 또한 각 반응식의 에너지 요소는 어떻게 차이가 있는지를 설명하라.
2. 미토콘드리아의 그림을 그리고 각 부위의 명칭을 기입하며 각 구조의 기능에 대해 설명하라.
3. 다음에 제시된 과정들은 포도당의 분해와 에너지 수확 과정에서 무슨 역할을 하는가? 해당과정, 세포호흡, 화학삼투작용, 발효, 전자수용체 $NAD^+$와 FAD
4. 해당과정의 주요 두 단계의 개요를 설명하라. 포도당 1분자가 해당과정을 수행할 때 몇 분자의 ATP가 생성되는가? 또한 해당과정은 세포의 어디에서 진행되는가?
5. 해당과정의 최종 산물은 무엇인가? 이 산물의 탄소는 세포호흡의 1단계에서 어떻게 사용되는가? 크렙스 회로에서 발생하는 대부분의 에너지는 어떤 형태로 포획되는가?
6. 전자전달계와 화학삼투작용의 과정을 설명하라.
7. 세포호흡이 진행되기 위해서 산소가 필요한 이유는 무엇인가?
8. 엽록체(7장 참조)와 미토콘드리아의 구조를 비교하고, 구조의 유사

성을 기능의 유사성과 관련지어 설명하라.

## 개념의 적용

1. 일부 세균은 산소 호흡(호기성 호흡, aerobic respiration)을 수행하며, 다른 종류의 세균은 발효를 수행한다. 산소가 풍부한 환경에서 어떤 종류가 경쟁적 우위에 있겠는가? 또한 산소-부족 환경에는 어떠하겠는가?
2. 호수에 살고 있는 많은 미생물들은 에너지를 생성하기 위해 세포호흡을 이용한다. 정화되지 않은 많은 양의 하수가 호수나 강에 유입되면, 비록 하수 자체가 물고기에 독성을 나타내지 않더라도 전형적으로 물고기의 떼죽음이 일어난다. 무엇이 물고기를 죽게 한 것인가? 처리되지 않은 하수가 작은 연못에 우연히 유입되었다면 어떤 방법으로 물고기의 죽음을 감소시킬 것인가?
3. 굶주린 세포에서 모든 ATP가 고갈되어 모두 ADP와 Pi로 전환된 가상의 상황을 생각하라. 이 상황에서 세포를 포도당이 함유된 용액에 넣을 경우 세포가 살아날 수 있을까? 포도당 분해과정에 대한 내용을 근거로 이 질문에 대해 답하라.
4. 호수 바닥의 침전물 표면에서 살고 있는 일부 세균들은 ATP를 생성하기 위해 해당과정과 발효, 또는 세포호흡을 이용할 수 있다. 여름철에는 호수의 물은 거의 순환하지 않는다. 여름에 호수 바닥의 물에서는 무슨 일이 생길지 예상하여 설명하라. 또한 그러한 상태에서 세균의 에너지 생성량은 어떤 영향을 받을지를 설명하라.

"현재까지 알려진
자연의 가장 큰 하나의 성취는
확실히 DNA 분자의
발명이다"
—LEWIS THOMAS
UNIT 2
유전
부모와 후손의 놀라운 유사성은 유전에
기초한다. 이 과정은 한 세대에서 다음 세대로
이어지는 주목할 만한 충실성을 나타내지만,
새로운 기능과 구조가 나타날 수 있도록
허용하는 가끔씩 발생하는 실수가 동반된다.

# 9 세포 생식

어깨와 팔꿈치 상처에 대한 줄기세포 치료 후 건강해진 바톨로 콜론은 다시 속구를 던지고 있다.

CASE STUDY

## 몸이여, 그대를 치료하라

시속 95마일의 강속구를 던지는 바톨로 콜론은 2005년 아메리칸 리그에서 최우수 투수로 사이 영 상을 수상하면서 그의 경기 기록에서 전성기를 구가하였다. 그러나 그렇게 엄청난 속도로 던지는 일은 통행료를 지불해야 했는데, 콜론이 수상 받던 해의 끝 무렵에 그의 팔이 다치게 되었다. 콜론은 어깨와 팔꿈치의 인대와 힘줄이 손상되어 그 후 4년 동안 주로 벤치에 앉아 있어야 했다. 왜 콜론의 팔은 그 시간 동안 낫지 않았을까?

콜론이 다쳤던 인대와 힘줄은 힘과 유연성을 제공하는 배열로 구조화되는 단백질들로 주로 구성된다. 만일 콜론이 예전에 했던 것처럼 빠르게 던져야 했다면, 그의 몸은 상처난 조직들을 정확한 유형의 새로운 단백질로 정확한 방법으로 구조화하여 재건해야 할 필요가 있다. 몸이 그것을 할 수 있을까? 맞다. 몸의 치유 과정은 최종적으로 인대와 힘줄을 회복하여 원래의 크기와 세기, 그리고 유연성을 회복하도록 한다. 그러나 불행히도 이 과정은 느리고 항상 완벽히 성공적이기만 한 것은 아니다. 콜론의 경우는 이 과정이 잘 작동하지 않았다.

2010년 봄에 콜론은 치유 과정을 가속화하기 위해 새로운 치료를 시도하였다. 의료진들은 콜론의 골수와 지방에서 간엽 줄기세포를 채취하여 그의 어깨와 팔꿈치에 주사하였다. 간엽 줄기세포는 올바른 자극을 받으면 증식하여 연골, 인대, 힘줄, 뼈, 또는 다른 조직들을 만드는 특화된 세포들의 집단을 형성한다. 줄기세포가 콜론의 상처받은 인대와 힘줄을 회복해 줄 거라는 희망을 가지고 수술이 진행되었다. 콜론 자신의 세포가 사용되었으므로 조직 거부 반응의 위험은 없었다.

2010년 말경, 콜론은 푸에르토리칸 동계 리그에서 다시 투구하였다. 한편으로는 뉴욕 양키즈 팀에서 좋은 투수를 찾고 있었는데 콜론은 메이저 리그에서 재기하는 모습을 보여주고자 하였다. 양키즈는 콜론이 최고의 모습으로 복귀하지 못할 것을 우려했으나 계약서에 서명하였다. 그 도박은 보상받았다: 2011년 콜론의 트레이드 마크인 강속구는 다시 한번 타자들을 혼란에 빠뜨리며 양키즈가 리그에서 우승하도록 기여했다. 그 후, 콜론은 아슬레틱스, 메츠, 브레이브스, 그리고 트윈즈에서 투구하였다. 그는 2016년에 올스타팀을 만들고, 2018년에도 강한 투구를 보여주고 있다. 콜론의 경력이 다시 부활되면서 줄기세포 치료는 심각한 팔 부상을 갖는 메이저 리그 투수들 사이에서 점차 유행하게 되었다.

바톨로 콜론의 회복된 어깨에서 새로 자란 조직의 세포들은 예전의 상처난 조직의 세포들과 정확히 동일한 유전자를 갖는다. 세포가 분열할 때 왜 후손 세포들은 그들이 생겨났던 원래의 세포들과 유전적으로 동일할까?

## 주요내용



## 9.1 세포분열의 기능들은 무엇인가?

"모든 세포는 세포로부터 만들어진다." 1800년대 중반 독일의 의사인 루돌프 비르초프가 처음 언급한 이 견해는 모든 살아 있는 유기체들에게서 세포생식의 큰 중요성을 강조한다. 세포는 부모세포가 두 개의 **딸세포(daughter cell)**를 생산하는 과정인 **세포분열(cell division)**에 의해 생식한다.

### 세포분열 동안 유전 물질이 복제된다

전형적인 세포분열에서 각각의 딸세포는 부모세포의 유전적 정보와 동일한 유전적 정보의 완전한 한 세트와 세포질의 반절을 받게 된다. 살아있는 모든 세포의 유전 정보는 **데옥시리보핵산(deoxyribonucleic acid, DNA)**에 포함된다. DNA는 더 작은 소단위체인 **뉴클레오타이드(nucleotide)**로 구성된 중합체이다(그림 9-1a; 3장 참조). 모든 세포에서 DNA는 **염색체(chromosome)**로 포장된다. 염색체의 DNA는 두 개의 긴 뉴클레오타이드 가닥으로 구성되는데 그 두 가닥은 코르크 스크류처럼 나선형으로 서로 꼬여 있다. 이 구조를 **이중나선(double helix)**이라 한다(그림 9-1b). 각 염색체는 DNA 이중나선과, DNA의 삼차원 구조를 구성하고 그 이용을 조절하는 단백질들을 포함한다. **유전자(gene)**라고 하는 유전의 단위는 염색체의 DNA의 단편들로서, 그 길이는 수백에서 수천 뉴클레오타이드이다. 매우 긴 문장에서 알파벳의 글자들처럼 유전자에서 뉴클레오타이드의 특이적인 서열들은 세포의 단백질들을 만드는 지시서의 글자들인 것이다.

### 세포분열은 다세포 유기체의 성장, 발생 및 회복에 필요하다

하나의 수정란으로부터 성장하고 발생하는 동안 세포분열은 당신의 몸에 있는 모든 세포들을 만들어왔다. 이러한 성장과 발생은 여러 번의 **유사세포분열(mitotic cell division)**의 결과로 각 분열은 부모세포와 유전적으로 동일한 딸세포를 만든다. 당신이 성인의 크기에 도달한 지금도 유사세포분열은 필수적인데, 위산과 소화 효소에 의해 분해되는 당신의 소화관세포나 옷에 의

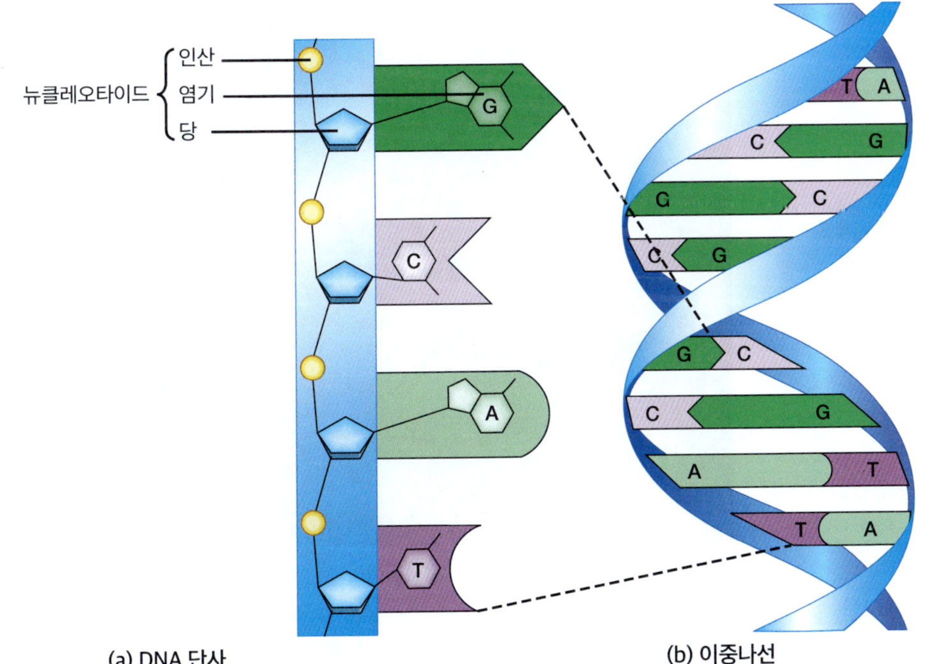


◀ 그림 9-1 DNA의 구조 (a) 뉴클레오타이드는 인산, 당, 그리고 4종류의 염기(아데닌(A), 구아닌(G), 티미(T), 또는 사이토신(C)) 중의 하나로 구성된다. DNA 단일가닥은 한 뉴클레오타이드의 인산과 다른 뉴클레오타이드의 당 사이의 결합에 의해 연결된 뉴클레오타이드의 긴 사슬이다. (b) 두 DNA 가닥은 서로 꼬여 이중나선을 형성한다.

해 문질러져서 떨어져 나간 피부세포들처럼 일상생활에서 죽어 나가는 세포들을 유사세포분열이 교체한다. 바톨로 콜론이 수천 번 강속구를 던져서 생긴 손상과 같은 상처들을 회복하는 데도 유사세포분열이 필요하다.

세포분열에 의해 형성된 딸세포는 **세포주기(cell cycle)**라 불리는 반복적인 패턴으로 성장하고 분열한다. 많은 딸세포들은 **분화하여(differentiate)** 특수한 기능들을 위해 특화되는데 예를 들면 근육세포처럼 수축하거나, 백혈구세포처럼 감염과 싸운다. 대부분의 다세포 유기체들은 분열하고 분화할 수 있는 능력에 기초해서 세 가지 범주의 세포를 가지고 있다:

- ***줄기세포*** 수정란의 초기 몇 회의 세포분열에 의해 형성된 대부분의 세포들이나, 성체의 어떤 세포들은 **줄기세포(stem cell)**이다(그림 9-2a). 줄기세포들은 두 가지 중요한 특징들을 갖는데 하나는 자기갱신이고 또 하나는 분화능이다. 자기갱신(*self-renewal*)은 줄기세포가 분열할 수 있는 능력을 유지하는 것으로 어떤 경우에는 줄기세포가 유기체의 전체 생활주기 동안 분열할 수 있는 능력을 가지기도 한다. 분화능(potency)은 분열하는 줄기세포가 여러 특화된 세포 유형으로 분화할 수 있는 딸세포를 만드는 것을 의미한다. 초기 배의 어떤 줄기세포들은 몸 전체의 특화된 세포 유형의 어느 것이나 만들 수 있다. 성인의 줄기세포는 보통 더 제한적이어서 오직 몇 종류의 세포 유형으로만 분화할 수 있다.

  식물도 분열조직세포(*meristem cell*)라는 줄기세포들을 갖고 있다. 뿌리, 줄기 그리고 가지의 성장점들은 분열조직세포의 무리들을 종종 포함한다(그림 9-2b). 딸세포의 일부가 분열하고 분화하여 식물체의 다양한 구조를 만든다.

- ***분열할 수 있는 분화된 세포들*** 몇몇 분화된 세포들도 분열할 수 있으나 그들의 딸세포들은 전형적으로 하나나 두 가지 정도의 세포 유형으로만 분화될 수 있다. 예를 들면 당신의 간의 어떤 부분이 심각하게 손상되었다면, 분화된 간세포들이 잃어버린 간 조직을 대체하기 위해 분열을 시작한다. 이들의 딸세포들은 오직 더 많은 간세포로만 된다. 이와 유사하게, 식물의 뿌리로부터 물과 영양분을 위로 전달하는 목질부 조직이 손상되면, 그 조직내 어떤 분화된 세포들이 새로운 목질부 세포를 형성하여 손상을 회복하기 위해 분열한다.

- ***영구적으로 분화된 세포*** 어떤 세포들은 분화되고 다시는 분열하지 않는다. 예를 들면 인간의 적혈구세포가 분화하면서 세포핵과 분열할 수 있는 능력을 잃는다. 당신의 심장세포의 대부분과 피부의 제일 바깥층에 있는 세포들도 분열할 수 없다. 이와 유사하게 거의 대부분의 뇌세포도 영구히 분화되어 분열할 수 없어서 심각한 뇌 손상은 치유되지 못한다.

## 세포분열은 유성생식과 무성생식에 요구된다

생식에는 유성생식 또는 무성생식의 세포분열이 요구된다. **유성생식(sexual reproduction)**은 후손이 두 성체의 **배우자(gamete**, 정자와 난자)의 융합에 의해 만들어질 때 나타난다. 배우자를 만들기 위해, 성체의 생식계에 있는 세포들은 10장에서 설명할 감수세포분열이라 부르는 특별한 형태의 세포분열을 거치게 된다.

정자가 난자를 수정하지 않고, 한쪽 부모로부터만 자손이 만

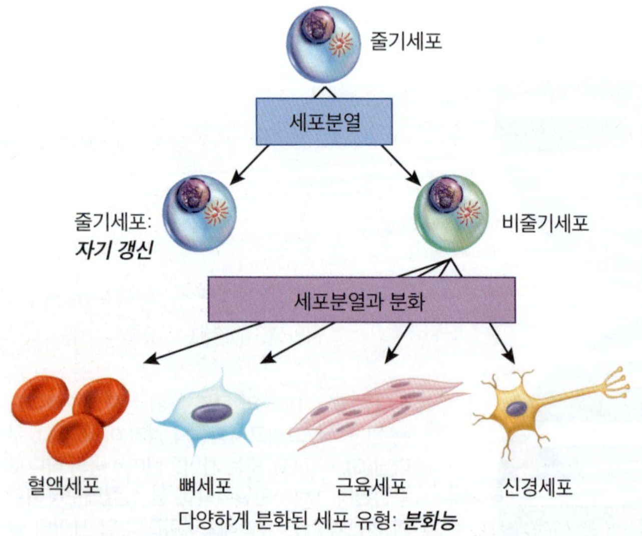


(a) 자기 갱신과 분화능

(b) 식물의 성장 말단은 줄기세포를 포함한다

▲ **그림 9-2 줄기세포** (a) 줄기세포가 분열할 때, 하나의 딸세포는 줄기세포로 남는다(자기 갱신, 왼쪽). 다른 딸세포는 몇 번 분열할 수 있으나 결국 특별한 세포 유형으로 분화한다(분화능, 동물의 경우 아래쪽). (b) 성장이 일어나는 식물의 줄기와 뿌리의 끝은 자가 갱신하는 분화능이 있는 줄기세포(분열조직세포)를 포함한다.

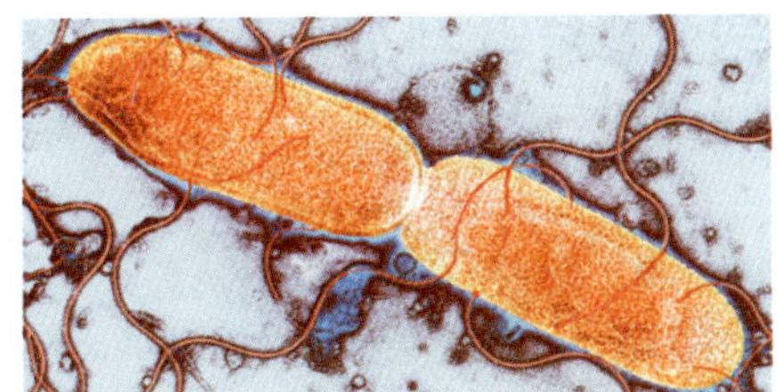

(a) 분열하는 박테리아

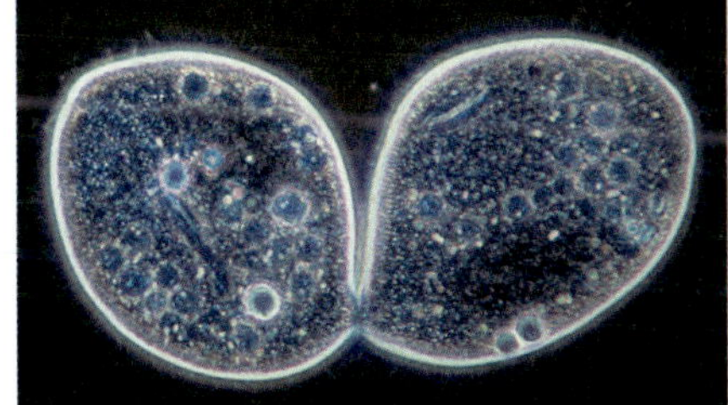

(b) 짚신벌레의 세포분열

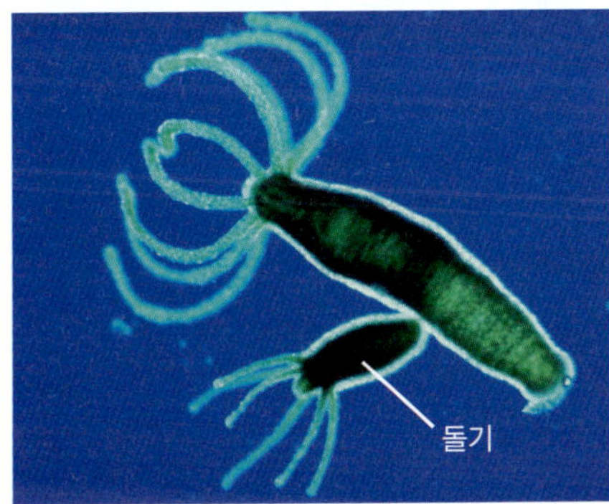


(c) 히드라는 출아법에 의해 무성적으로 생식한다

(d) 사시나무 숲은 종종 무성생식에 의해 생산된 유전적으로 동일한 나무들로 구성된다

▲ **그림 9-3 세포분열은 무성생식을 가능하게 한다** **(a)** 여기에 보인 박테리아와 같은 원핵세포는 둘로 분열하여 무성적으로 생식한다. **(b)** 담수 원생동물인 짚신벌레(*Paramecium*)와 같은 단세포 진핵 미생물에서, 세포분열은 두 개의 새로운 독립적인 생물체를 생산한다. **(c)** 바다 말미잘의 담수성 친척뻘인 히드라(*Hydra*)는 자신의 가장자리에 자신의 작은 복사체인 돌기(bud)를 성장시킨다. 완전히 발달되면 돌기는 떨어져 나와 독립적인 삶을 시작한다. **(d)** 사시나무 숲의 나무들은 대부분의 경우 유전적으로 동일하다. 여기서, 가을의 색깔 및 낙엽의 시점에 의해, 각각의 숲내에서는 유전적으로 동일하나 세 개의 숲들 사이에는 유전적으로 차이가 있음을 보이고 있다.

들어지는 생식 현상을 **무성생식(asexual reproduction)**이라고 한다. 무성생식은 부모와 유전적으로 동일한 후손을 생산하는데 생산된 후손들 또한 유전적으로 동일하다. 무성생식은 생명의 여러 영역에서 다양한 방법으로 성취된다. 박테리아(**그림 9-3a**)와 고세균은 원핵생물 분열(9.2절 참조)이라 불리는 세포분열 유형에 의해 무성적으로 생식한다. 짚신벌레(**그림 9-3b**)와 같은 많은 단세포 진핵 유기체는 유사세포분열을 통해 무성적으로 생식한다. 어떤 다세포 진핵생물들은 유사세포분열을 사용한 무성생식과 그 이후 딸세포의 분화에 의해 유전적으로 동일하면서 작은 성체의 축소판을 만들어서 번식한다. 예를 들면, 히드라(*Hydra*)는 출아법에 의해 생식하는데, 그 몸에서 돌기(bud)라 불리는 작은 복제물을 성장시킨다(**그림 9-3c**). 그 싹은 최종적으로 부모로부터 분리되어 새로운 개체를 만든다.

많은 식물과 곰팡이는 무성 및 유성적으로 생식한다. 예를 들면, 빵 반죽의 곰팡이(효모) 세포는 무성생식으로 증식하여, 반죽을 부풀게 하는 이산화탄소를 생성하며 그 세포의 수가 급격히 증가한다. 식물의 경우, 사시나무 숲은 한 부모 나무의 뿌리에서 성장한 싹으로부터 무성적으로 발생한다(**그림 9-3d**). 비록 그 숲이 분리된 나무들의 집단으로 보이지만 그들은 공통의 뿌리로 연결된 다수의 몸통을 갖는 한 개체인 경우가 많다. 한편 사시나무는 유성생식에 의해 생산된 씨에 의해서도 생식하기도 한다.

### CHECK YOUR LEARNING

- 다세포 유기체에서 발견되는 세포 유형들이, 분열하고 분화할 수 있는 능력의 측면에서 어떻게 구별될 수 있는지를 기술할 수 있는가?
- 단세포와 다세포 진핵유기체에서 세포분열의 기능들을 기술할 수 있는가?

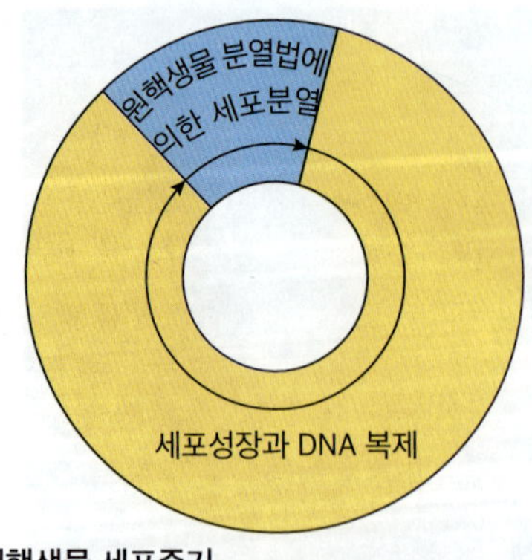


(a) 원핵생물 세포주기

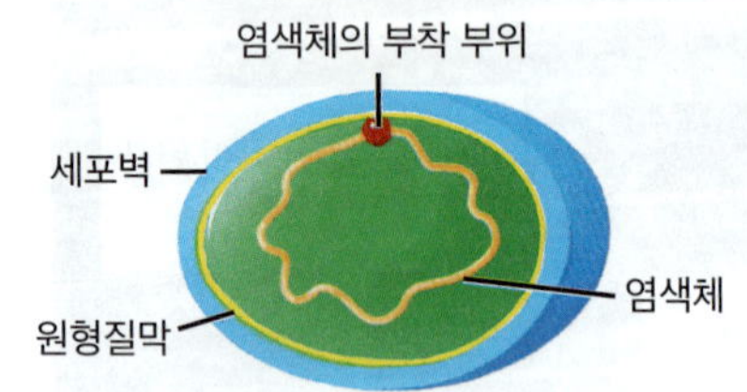


❶ 원핵생물 염색체는 원형의 DNA 이중나선으로 한 점에서 원형질막에 부착된다.

❷ DNA가 복제되어 생긴 두 염색체는 인접한 점에서 원형질막에 부착된다.

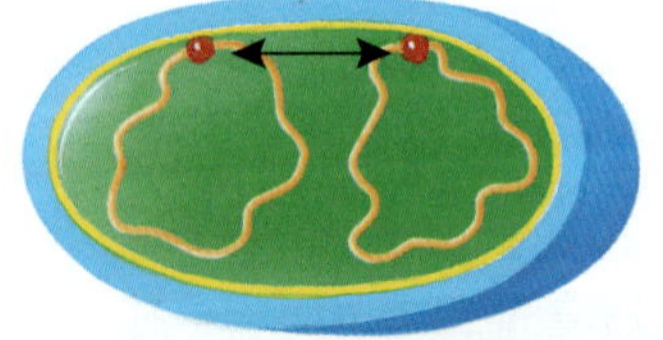

❸ 새로운 원형질막이 부착점들 사이에 추가되어 두 염색체를 더 멀어지도록 한다.

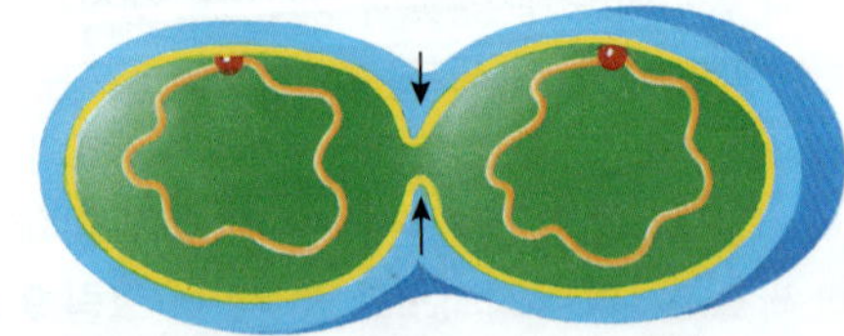

❹ 원형질막이 세포의 중간에서 안쪽으로 성장한다.

❺ 부모세포는 두 딸세포로 분열한다.

(b) 원핵생물 분열

◀ **그림 9-4 원핵생물의 세포주기** (a) 원핵생물의 세포주기는 성장과 DNA 복제 및 이후의 원핵생물 분열로 구성된다. (b) 원핵생물 분열의 과정.

## 9.2 원핵생물의 세포주기 동안 어떤 일들이 일어나는가?

원핵세포의 세포주기는 세포가 그 DNA를 복제하는 상대적으로 긴 성장 기간과, 그 이후 **원핵생물 분열(prokaryotic fission, 그림 9-4a)**에 의한 세포분열로 구성된다. 원핵생물 분열은 종종 "이분법"으로도 불린다. 그러나, 많은 생물학자들은 원핵생물과 단세포 진핵생물의 분열을 이분법이라는 용어로 혼용한다. 혼동을 피하기 위해 우리는 원핵생물 분열이라는 용어를 쓰기로 한다.

**그림 9-4b**는 원핵생물 분열의 과정을 보여준다. 원핵세포의 DNA는 하나의 원형 염색체에 포함되어 있다. 원핵세포 염색체는 막으로 둘러싸인 핵 안에 있지 않다(4장 참조). 그 대신, 원핵세포의 염색체는 세포의 원형질막의 안쪽에 부착되어 있다❶. 원핵생물 세포주기의 성장기간 동안 DNA는 복제되어, 두 개의 동일한 염색체를 생성하고, 두 염색체는 원형질막의 인접한, 그러나 분리된 지점들에 부착된다❷. 세포가 성장하면서 염색체가 부착된 두 지점들 사이에 새로운 원형질막이 첨가됨에 따라 두 지점이 서로 멀어지게 된다❸. 세포의 크기가 대략 두 배가 되면 세포 중앙 부근의 원형질막은 두 DNA 부착지점들 사이 안으로 성장한다❹. 세포의 적도를 따라 원형질막이 융합되면 각각 하나의 염색체를 갖는 두 딸세포를 만든다❺. DNA 복제는 동일한 두 개의 DNA 분자를 만들어내기 때문에, 두 딸세포는 유전적으로 서로 동일하며, 딸세포를 만든 모세포와도 동일하다.

### CHECK YOUR LEARNING

- 원핵생물 세포주기와, 원핵생물 분열의 주요 사건들을 기술할 수 있는가?

## 9.3 진핵생물 염색체의 DNA는 어떻게 구조화되는가?

진핵생물 염색체는 원핵생물 염색체와 몇 가지 측면에서 다르다. 진핵생물 염색체는 막으로 둘러싸인 핵에 위치하여 세포질로부터 분리되어 있고, 원핵생물 염색체가 원형임에 비해 선형이다. 진핵생물 염색체는 원핵생물 염색체보다 많은 단백질을 갖고 있으며, 그 단백질의 종류는 매우 다르다. 마지막으로, 진핵생물 염색체는 원핵생물 염색체보다 보통 훨씬 많은 DNA를 포함한다. 예를 들어 인간 염색체는 전형적인 원핵세포 염색체 보다 10~50배 정도 많은 DNA를 포함한다. 인간 세포 한개의 염색체 DNA가 완전히 풀려서 이어지면 그 길이는 1.8미터가 된다. 진핵생물의 염색체 수는 극도로 다양하다 — 수컷 잭점퍼개미 세

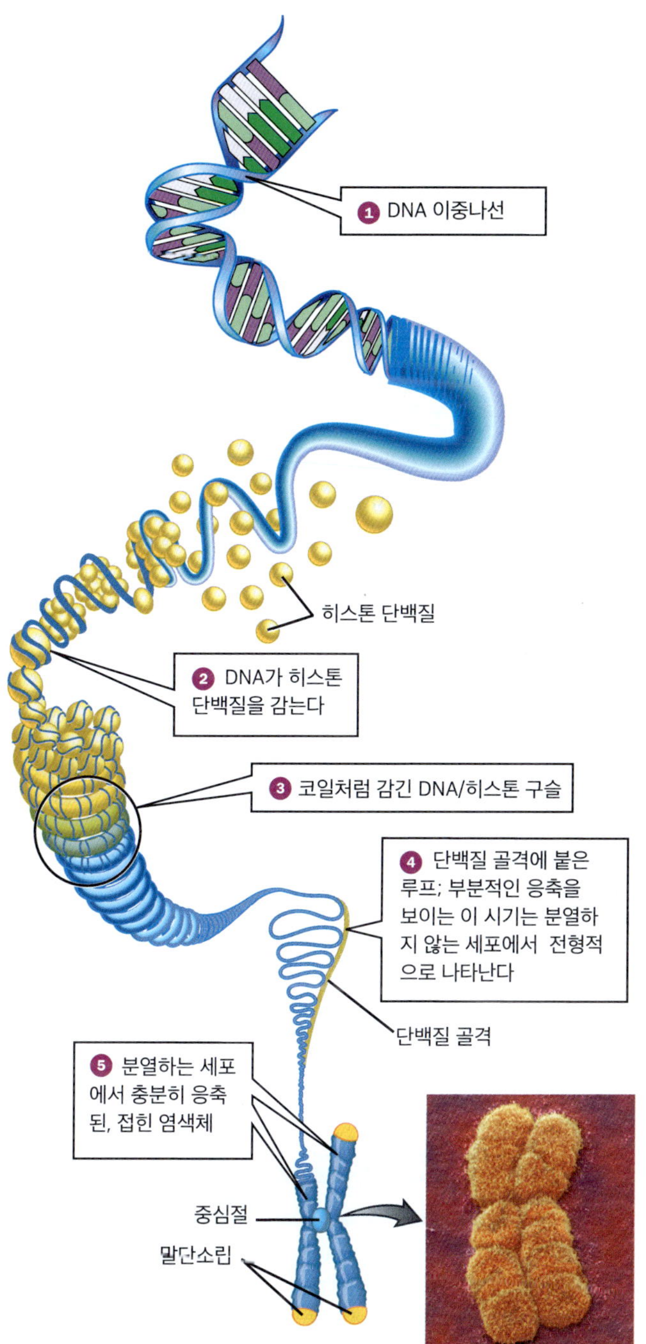


▲ **그림 9-5 염색체의 구조** 진핵세포의 염색체의 단백질들은 DNA를 감고, 코일처럼 만들고, 접어서 조밀한 구조로 만든다. 염색체의 말단은 말단소립에 의해 보호된다. 중심절은 유사세포분열 동안 염색체를 움직이는 미세소관의 부착 부위이다. (삽입도) 전자현미경 사진에서 보이는 솜털 같은 끝부분은 응축된 염색체의 루프들이다.

포의 염색체는 가장 작은 한 개이나, 대부분의 동물들은 수십 개를 가지며, 어떤 식물들은 1200개 이상의 염색체를 갖는다!

진핵생물 세포분열의 복잡한 사건들은 주로 염색체를 복제하고, 다수의 긴 염색체들을 분배하는 문제에 대한 진화적인 해결 방안인 것이다. 진핵생물 세포분열을 이해하기 위해, 진핵생물 염색체의 구조에 대해 더 세밀하게 관찰해보기로 하자.

### 진핵생물 염색체는 단백질들이 결합된 직선형의 이중나선 DNA로 구성되어 있다

이러한 엄청난 양의 DNA를 단지 몇 마이크로미터의 직경을 갖는 핵 속에 꼭 끼워 넣는 것은 간단한 일이 아니다. 진핵세포는 이 문제를 단백질 지지체 주위로 DNA를 감아서 그 길이를 크게 감소시킴으로써 해결하고 있다(**그림 9-5**). 한 세포의 일생의 대부분 동안 각 염색체의 DNA는 히스톤(*histone*)이라 불리는 단백질 덩어리를 감고 있다❶, ❷. 이러한 DNA/히스톤 구슬을 다른 단백질들이 더 감아서 스프링 또는 슬링키 장난감 모양의 코일이 된다❸. 이 코일은 단백질 "골격"에 루프 모양으로 붙어서 세포의 대부분의 생애 동안 유지된다. 이러한 감기, 코일 만들기, 루프 만들기는 DNA를 원래의 이완된 길이의 약 1000분의 1 정도로 응축한다❹. 그러나 이 정도의 어마어마한 압축으로도 염색체가 분류되어 세포분열 동안 딸핵으로 이동하기에는 아직 너무 길다. 세포분열이 시작되면서, 단백질들이 각 염색체를 더 감아서 10배 정도 더 수축시킨다❺. 그 결과 염색체의 길이는 1인치의 2000분의 1보다 작은 약 4마이크로미터 길이의 응축된 구조로 된다.

각 염색체는 그 구조와 기능에 중요한 특수한 부위를 갖고 있는데 그 부위는 두 개의 말단소립과 하나의 중심절이다. **말단소립(telomere)**은 그리스어로 "끝 부분"을 의미하며 염색체의 각 말단에 위치한 보호 모자이다(그림 9-5 참조). 말단소립이 없으면 염색체의 끝에 위치한 유전자는 DNA 복제 동안 없어질 것이다. 우리가 앞으로 살펴볼 것처럼 **중심절(centromere)**은 두 가지 주요 기능을 갖는다: (1) 중심절은 DNA 복제 이후 두 개의 DNA 이중나선을 임시적으로 잡고 있으며, (2) 중심절은 세포분열 동안 염색체를 움직이는 미세소관이 붙는 자리이다.

**CHECK YOUR LEARNING**

- 진핵생물 염색체의 구조를 기술할 수 있는가?
- 말단소립과 중심절의 기능들을 기술할 수 있는가?

## 9.4 진핵생물의 세포주기 동안 어떤 일이 일어나는가?

진핵생물 세포주기에서, 새로 만들어진 세포들은 일반적으로 주위 환경으로부터 영양분을 획득하고, 더 많은 세포질과 세포 소기관을 합성한 후 더 크게 성장한다. 새로 만들어진 세포들의 일부는 분화한 후 결코 다시는 분열하지 않는다. 그러나 다른 세포들은 분열하여, 그 결과 만들어진 딸세포는 또 다른 세포주기로 들어가 다시 분열한다. 일반적으로, 또 하나의 세포주기로 들어가게 하는 화학적 신호를 받을 때만 세포들이 분열한다(9.6절 참조).

## 진핵생물의 세포주기는 간기와 유사세포분열로 구성된다

진핵생물의 세포주기는 간기와 유사세포분열이라는 두 개의 주요 단계로 나누어진다(**그림 9-6**).

### 간기 동안 세포는 크기가 커지는 성장을 하고 DNA를 복제하며 간혹 분화한다

대부분의 진핵세포들은 세포분열 사이의 기간인 **간기(interphase)** 동안 시간의 대부분을 소모한다. 간기는 세 개의 작은 단계로 나누어지는데 $G_1$기(첫 번째 성장기 및 DNA 합성에서 첫 번째 갭), S기(DNA 합성이 일어남), $G_2$기(두 번째 성장기 및 DNA 합성에서 두 번째 갭)이다.

새로 만들어진 딸세포는 간기의 한 부분인 $G_1$기로 들어가서 다음의 세 가지 활동들 중 하나 이상을 수행한다. 첫째는 거의 대부분의 세포가 그 크기에 있어 성장한다. 둘째, 세포는 간혹 특별한 기능을 수행하기 위해 분화하면서 새로운 구조나 생화학적 경로를 발생시킨다. 예를 들어 신경세포들은 축삭이라 불리는 긴 돌기들을 성장시켜서 다른 세포들과의 연결을 가능하게 하지만, 간세포의 경우는 담즙이나 혈액응고 인자, 그리고 많은 독성물질들을 해독하는 효소들을 분비한다. 셋째, 세포는 세포가 분열할 것인지 말 것인지를 결정하는 내부와 외부의 신호에 반응한다.

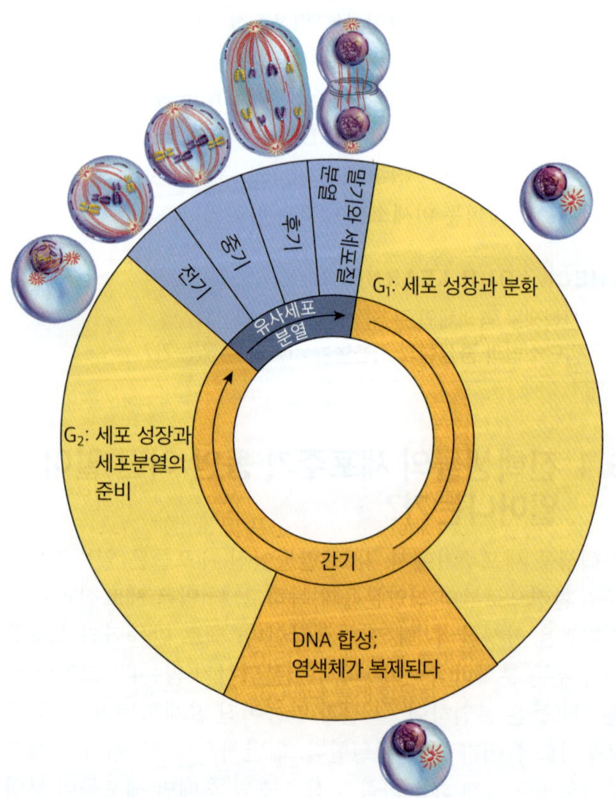


▲ **그림 9-6 진핵생물의 세포주기** 진핵생물의 세포주기는 간기와 유사세포분열로 구성된다

만일 세포가 분열하도록 자극받으면, 세포는 각 염색체의 DNA의 정확한 복사본을 만드는 과정이 포함되는 염색체 복제를 수행해야 한다. 염색체가 복제되는 것은 S기에 일어난다. 염색체가 복제된 후 세포는 $G_2$기로 진행하는데 이 기간에 세포는 조금 더 성장하고 세포분열에 필요한 단백질을 합성한다.

간세포와 같은 대부분의 분화된 세포들은 분화상태에서 분열상태로 되돌아 갈 수도 있으나 심장근육세포나 신경세포들은 $G_1$기에 머물러서 다시 분열하지 않는다.

### 유사세포분열은 핵분열과 세포질분열로 구성된다

유사세포분열(mitotic cell division)은 유사분열과 세포질분열로 구성된다. **유사분열(mitosis)**은 핵의 분열이다. "mitosis"라는 단어는 그리스어의 "실"에서 유래하는데 유사분열의 초기 단계에서 염색체들은 응축되어 짧아져서, 광학현미경으로 보면 실 같은 구조로 보인다. 유사분열은 두 딸핵을 만드는데 각각은 부모핵에 존재하는 염색체의 한 복사체를 갖게 된다. **세포질분열(cytokinesis)**은 "세포 움직임"을 의미하는 그리스어에서 유래한 것으로서 세포질의 분열을 뜻한다. 세포질분열은 세포질의 반절과 세포소기관(미토콘드리아, 리보솜, 그리고 골지체)들의 반절, 그리고 새로 형성된 핵 중 하나를 두 딸세포의 하나에 분배한다. 그러므로 유사세포분열은 두 딸세포를 형성하는데, 이들은 서로, 그리고 부모세포와 물리적으로 유사하고 유전적으로 서로 동일하다.

**CHECK YOUR LEARNING**

- 진핵생물 세포주기의 사건들을 기술할 수 있는가?
- 유사세포분열과 유사분열의 차이를 설명할 수 있는가?

**CASE STUDY CONTINUED**

### 몸이여, 그대를 치료하라

인대와 힘줄은 제한된 자가 회복능을 가지고 있다. 이들은 미약하게 혈액을 공급받으며, 콜라겐이나 엘라스틴 같은 유연성과 힘을 제공하는 단백질을 생산하는 특수화된 세포들을 소수만 포함하고 있다. 바톨로 콜론의 경우, 그의 어깨와 팔꿈치에 주입된 줄기세포가 세포주기를 빠르게 진행하여 그의 인대와 힘줄을 재생하는 특수화된 딸세포의 큰 집단을 형성하리라는 희망을 갖고 치료가 시작되었다. 어떻게 딸세포가 유사세포분열에 의해 콜론의 팔을 회복하는데 필요한 모든 단백질들을 암호화하는 유전자를 포함하는 염색체 전부의 정확한 복사체를 갖도록 할 수 있을까?

## 9.5 유사세포분열은 어떻게 유전적으로 동일한 딸세포를 만드는가?

세포의 모든 염색체들(**그림 9-7a**)은 유사세포분열이 시작되기 전에, 간기의 S기 동안 복제된다. 결과적으로 **복제된 염색체**

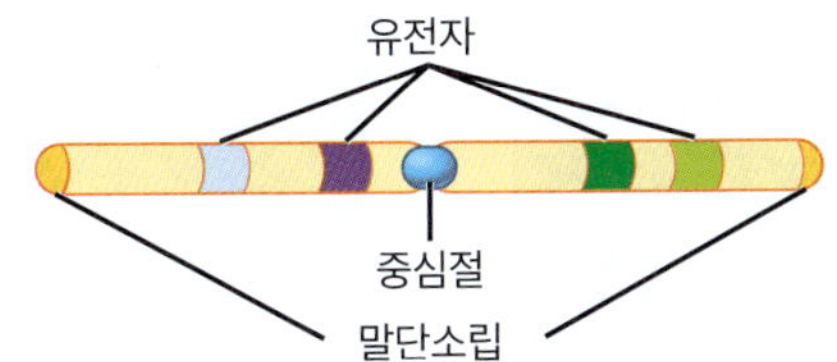

(a) DNA 복제 전의 진핵세포 염색체(하나의 DNA 이중나선)

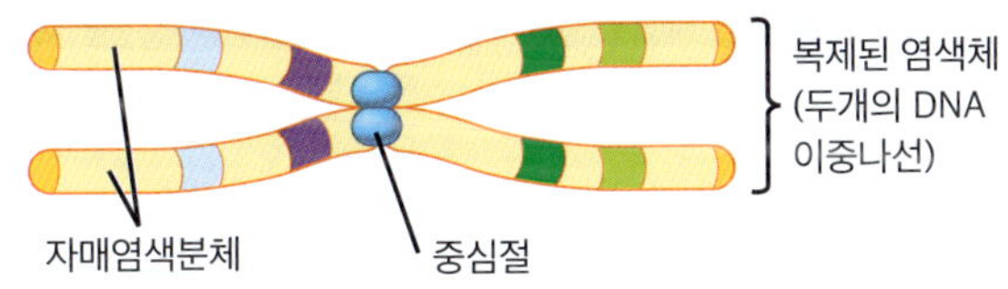

(b) DNA 복제 후의 진핵세포 염색체

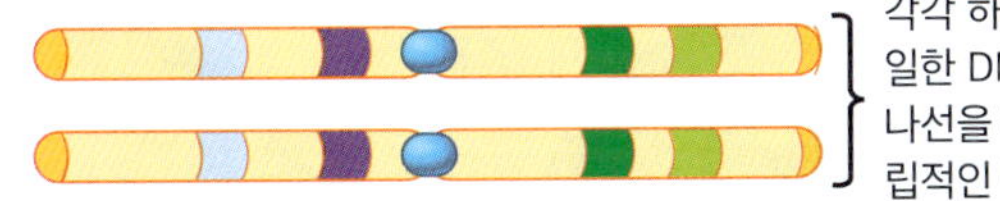

(c) 분리된 자매염색분체는 독립적인 염색체가 된다.

▲ **그림 9-7 세포분열 동안 진핵세포 염색체** (a) DNA 복제 전. (b) 복제 후, 두 자매염색분체는 중심절에서 서로 붙어있다. (c) 자매염색분체는 세포분열 동안 분리되어, 두 개의 독립적이며 일반적으로 동일한 염색체로 된다.

**(duplicated chromosome)**는 중심절에 부착된 **자매염색분체(sister chromatid)**, 즉 두 개의 동일한 DNA 이중나선으로 구성된다(**그림 9-7b**). 유사세포분열 동안, 두 자매염색분체는 분리되어 각각은 독립적인 염색체로서 두 개의 딸세포에 배달된다(**그림 9-7c**).

염색체의 모양과 행동에 기초하여 생물학자들은 편의상 유사분열을 4개의 단계인 (1)전기, (2)중기, (3)후기, (4)말기로 나눈다(**그림 9-8**). 그러나 이런 단계들은 실제로 별개의 사건들은 아니다. 오히려 이런 단계들은 각 단계가 다음 단계로 점차 바뀌는 연속체를 형성한다.

## 전기에서 방추사가 형성되고 핵막은 분해되며 응축된 염색체는 방추사 미세소관에 의해 붙잡힌다

유사분열의 첫 번째 단계는 **전기(prophase**, 그리스어로 "전 단계, the stage before"라는 의미)라고 불린다. 전기에서는 4가지 주요 사건들이 일어난다: (1)복제된 염색체가 응축되고 인이 소실된다. (2)방추사 미세소관이 형성된다. (3)핵막이 분해된다. 그리고 (4)방추사 미세소관의 일부가 염색체를 포획한다(**그림 9-8b, c**).

### 미세소관이 방추사를 형성한다

복제된 염색체가 응축되면서 **방추사(spindle)**가 형성되기 시작한다. 방추사는 **방추사 미세소관(spindle microtubules)**으로 불리는 미세소관들로 구성된다(그림 9-8c 참조). 동물세포에서 방추사 미세소관은 미세소관을 갖고 있는 한 쌍의 **중심립(centriole)**이 자리 잡고 있는 한 부위으로부터 기원한다. 비록 식물, 곰팡이, 많은 조류(algae)의 세포들은 중심립을 갖고 있지 않지만, 유사분열 동안 기능을 갖는 방추사를 형성하는데, 이러한 사실은 중심립이 방추사의 형성에 요구되지는 않음을 보여준다.

동물세포에서는 중심립의 새로운 한 쌍이 이미 존재하고 있던 쌍 근처에서 간기에 형성된다. 전기 동안 중심립 쌍은 핵의 반대쪽 측면으로 이동한다(그림 9-8b 참조). 각 중심립 쌍 주위의 세포질 부위는 **방추사 극(spindle pole)**이라 불리며 방추사 미세소관의 형성을 조절한다. 이 미세소관들은 핵을 향해 안으로 뻗어오고 원형질막을 향해 밖으로 뻗어간다(그림 9-8c 참조). 이것을 도식화하려면 세포를 지구와 같은 구형으로 그려보라. 방추사 극은 남극 및 북극과 유사하며, 방추사 미세소관은 경도에 해당된다. 지구에서처럼 세포의 적도는 극 사이의 반절에 해당되는 중간을 자른다. 한 쌍의 중심립이 각 방추사 극에 위치하므로, 각 딸세포는 세포가 분열할 때 한 쌍의 중심립을 받게 된다.

### 핵막이 분해되고 염색체가 방추사에 붙는다

방추사 미세소관들이 형성되면서, 핵막은 붕괴되고 복제된 염색체가 방출된다. 각 자매염색분체는 중심절에 위치한 단백질을 포함하고 있는 구조인 **동원체(kinetochore)**를 갖는다. 두 염색분체의 동원체들은 등을 맞대고 서로 반대방향을 보는 형태로 배열된다. 한 자매염색분체의 동원체는 방추사 미세소관의 말단에 결합하여 세포의 한쪽 극으로 유도하고, 반면에 다른 염색분체의 동원체는 방추사 미세소관에 결합하여 세포의 반대쪽 극으로 유도한다(그림 9-8c 참조). 따라서 전기의 끝에서는 복제된 염색체의 두 동원체가 방추사 미세소관에 붙어서 세포의 반대 극으로 유도한다. 동원체에 부착된 방추사 미세소관은 동원체 미세소관(*kinetochore microtubule*)이라 부르며, 이들은 동원체에 부착되지 않은 극성 미세소관(*polar microtubule*)과 구별되는데 후자의 역할은 나중에 설명할 것이다.

## 중기에는 염색체들이 세포의 적도판에 배열한다

**중기(metaphase**, "middle stage") 동안 각 염색체는 세포의 적도판에 정렬되는데 이 때 두 동원체는 각각 세포의 반대편 극 쪽을 향하고 있다(**그림 9-8d**). 이러한 분자적인 "줄다리기" 과정 동안 미세소관들은 길어지거나 또는 짧아지면서 각 동원체가 각각의 극 쪽을 향하게 한다.

## 후기에는 자매염색분체들이 분리되어 세포의 반대 극 쪽으로 끌려간다

**후기(anaphase)**의 초기(**그림 9-8e**)에는 자매염색분체들이 분리되어 독립적인 딸염색체들이 된다. 이 분리 과정 후은 각 동원체는 그 염색체를 극 쪽으로 움직이게 하며, 동시에 부착된 미세소관

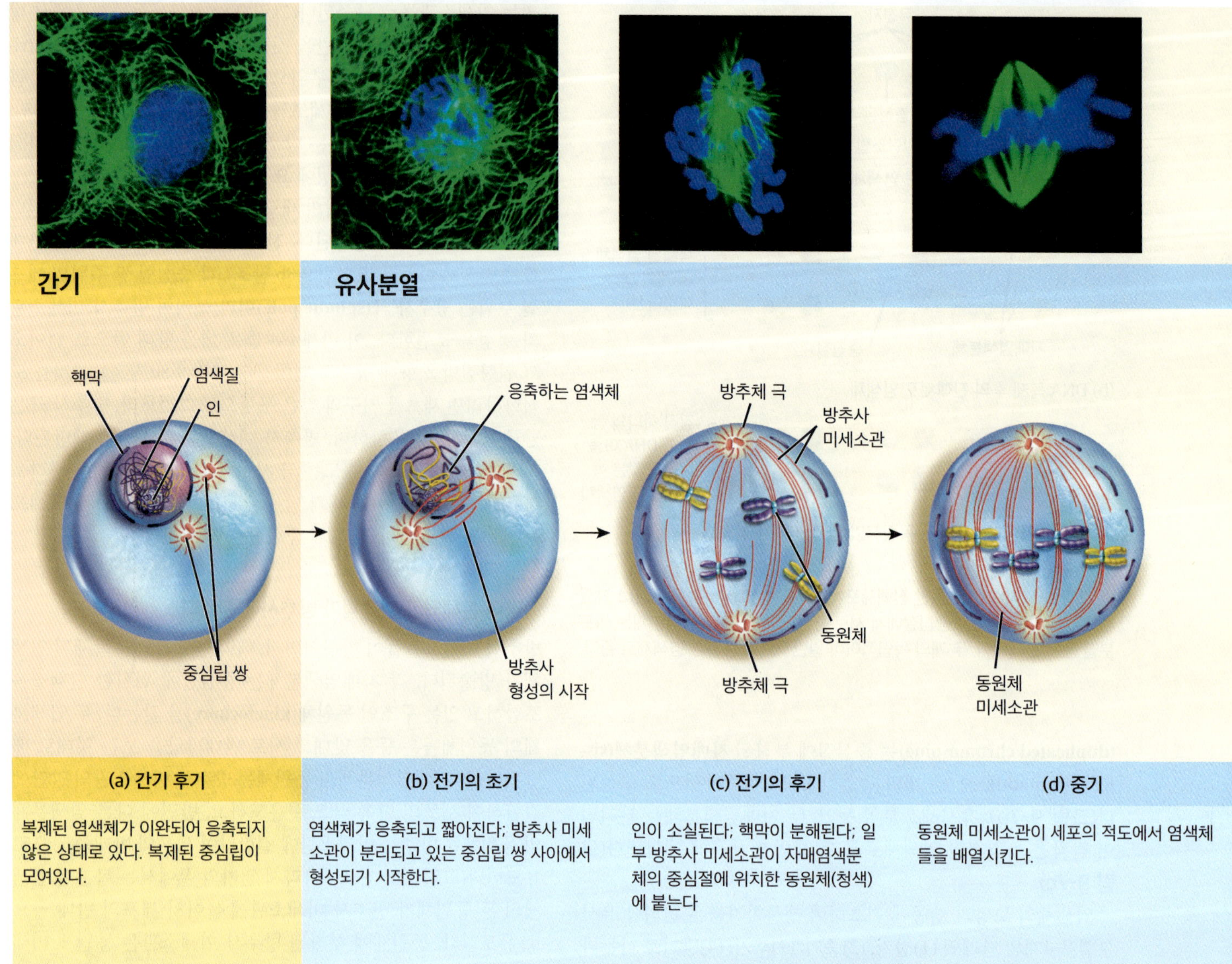


▲ **그림 9-8 동물세포에서의 유사세포분열**

**비판적 사고** 후기에 한 세트의 자매염색분체가 분리되지 않는다면 어떤 결과가 초래될까?

의 끝부분을 해체하여 짧아지게 한다(미세소관이 갉아 먹히는 것처럼 보이기 때문에 이 메커니즘을 "팩맨(Pac-Man) 운동"이라 부른다). 부모염색체의 하나로부터 유래한 두 딸염색체 중의 하나가 세포의 각 극을 향하여 이동한다. 딸염색체들은 부모염색체의 동일한 복사체들이기 때문에, 세포의 반대극에 형성되는 각 염색체 집단은 부모세포 속에 들어있던 각 염색체의 하나의 복사체를 갖는다.

딸염색체들이 극을 향해 움직이기 시작하는 것과 거의 동시에, 각각의 극에서 뻗어 나온 극성 미세소관들의 자유로운 말단들은 적도판에 중첩된 곳에서 서로 붙게 된다. 이들 극성 미세소관들은 동시에 길어져서 서로 밀어내고, 결과적으로 세포의 극들을 멀어지게 한다(그림 9-8e 참조).

## 말기에는 핵막이 염색체의 두 집단 주위에 형성된다

염색체들이 극에 도달하면 **말기**(**telophase**, "end stage")가 시작된다(**그림 9-8f**). 방추사 미세소관들이 붕괴되고, 핵막이 각 염색체 집단 주위에 형성된다. 염색체들은 풀어진 상태로 되돌아가고, 인이 다시 형성되기 시작한다. 세포질분열은 말기 동안에 일어나면서 각각의 딸핵이 자신의 딸세포 속으로 분리되게 한다(**그림 9-8g**).

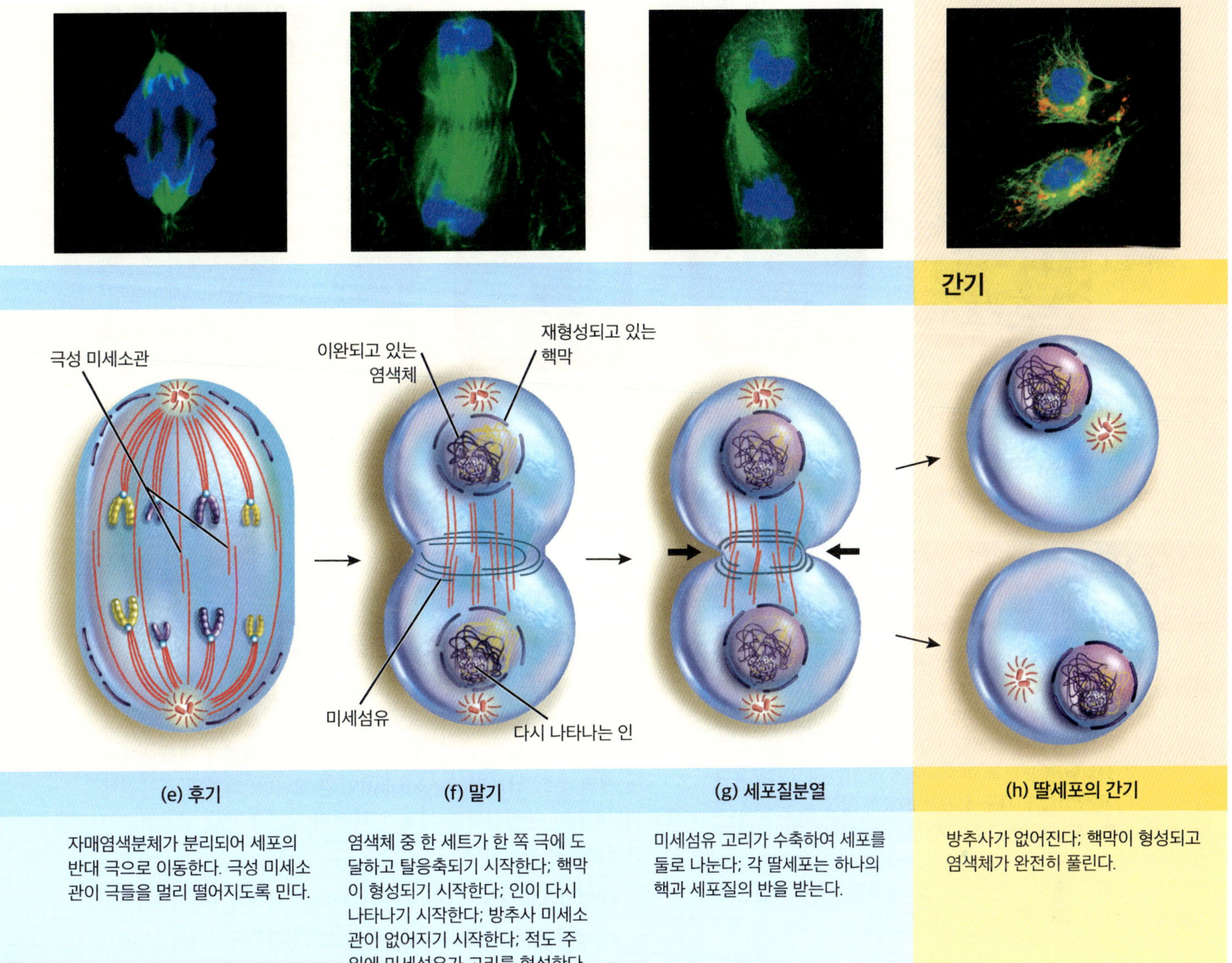


**(e) 후기**

자매염색분체가 분리되어 세포의 반대 극으로 이동한다. 극성 미세소관이 극들을 멀리 떨어지도록 민다.

**(f) 말기**

염색체 중 한 세트가 한 쪽 극에 도달하고 탈응축되기 시작한다; 핵막이 형성되기 시작한다; 인이 다시 나타나기 시작한다; 방추사 미세소관이 없어지기 시작한다; 적도 주위에 미세섬유가 고리를 형성한다.

**(g) 세포질분열**

미세섬유 고리가 수축하여 세포를 둘로 나눈다; 각 딸세포는 하나의 핵과 세포질의 반을 받는다.

**(h) 딸세포의 간기**

방추사가 없어진다; 핵막이 형성되고 염색체가 완전히 풀린다.

## 세포질분열에서는 세포질이 두 딸세포 사이에서 나뉜다

세포질분열은 식물과 동물세포에서 상당히 다르다. 동물세포에서는, 원형질막에 부착된 미세섬유들이 보통 후기의 나중 시간 또는 말기의 이른 시간에 세포의 적도 근처에서 하나의 고리로 조립된다(그림 9-8f 참조). 이 고리는 수축하여 세포의 적도를 조이는데, 이것은 마치 허리를 조이게 하는 바지 끈을 잡아당기는 것과 매우 유사하다(그림 9-8g 참조). 결과적으로 "허리"를 완전하게 조이면 세포질이 두 개의 새로운 딸세포 속으로 나뉘게 된다(**그림 9-8h**).

식물에서의 세포질분열은 매우 다르다. 아마 식물세포의 견고한 세포벽이 허리를 좁혀서 한 세포를 둘로 나누는 것을 불가능하게 만들기 때문이다. 대신에 골지체에서 출아되어 나온 탄수화물로 채워진 소낭들이 두 핵들 사이의 적도를 따라 늘어선다(**그림 9-9**). 소낭들이 융합하여 세포판(cell plate)이라고 부르는 구조를 형성한다. 충분한 소낭들이 융합되면 세포판의 가장자리들은 세포의 둘레 지역의 본래의 원형질막과 융합된다. 세포판의 두 면은 두 딸 세포 사이의 새로운 원형질막이 된다. 소낭들 속에 담겨 있던 탄수화물은 새로운 세포벽의 출발점으로 원형질막들 사이에 남게 된다.

### CHECK YOUR LEARNING

- 유사세포분열의 단계들을 설명하라.
- 유사세포분열의 일반적인 결과물은 무엇인가?
- 식물과 동물세포에서 세포질분열은 어떻게 다른가?

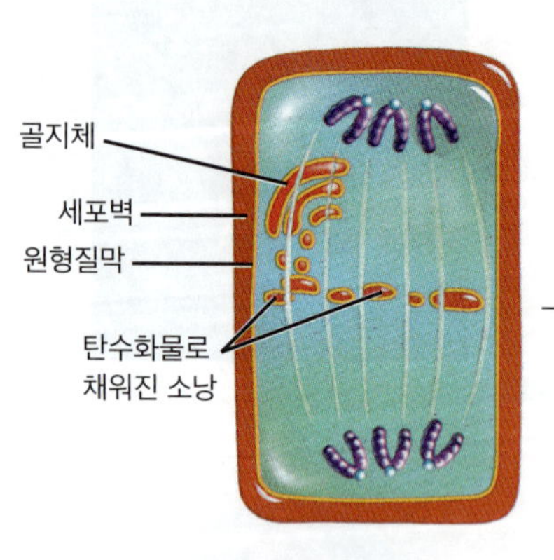


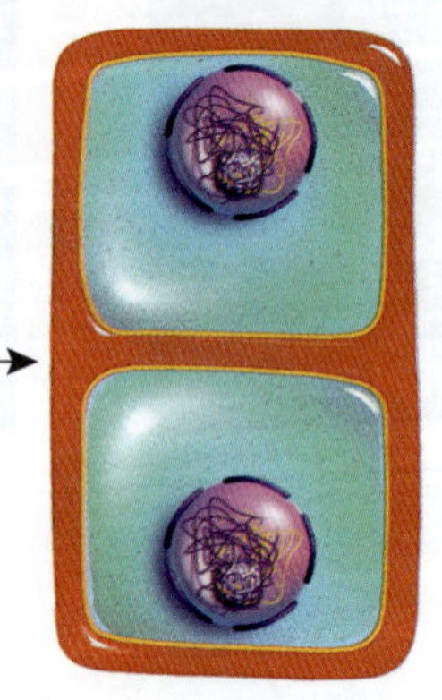


① 탄수화물로 채워진 소낭이 골지체에서 출아하여 세포의 적도로 이동한다

② 소낭들이 융합하여 딸세포들 사이에 새로운 세포벽(적색)과 원형질막(황색)을 형성한다

③ 딸세포의 완전한 분리

▲ **그림 9-9 식물세포에서의 세포질분열**

**CASE STUDY CONTINUED**

## 몸이여, 그대를 치료하라

정확한 유사세포분열은 바톨로 콜론의 팔처럼 상처난 조직의 회복에 필수적이다. 간기 동안의 DNA 합성이 모든 유전자들을 정확히 복사하지 않거나, 유사세포분열에 의해 딸세포가 임의적인 염색체 수와 염색체 유형을 받게된다고 생각해보라. 그 경우 어떤 딸세포들은 상처받은 조직을 회복하는데 필요한 여러 세포유형을 만드는데 필요한 유전자들을 가지고 있지 않게 될 것이다. 다른 딸세포들은 세포분열이 조절되지 않는 암세포를 유발하는 유전적 변화를 가지게 될 것이다. 암세포들에서는 세포주기가 조절을 벗어나게 되나, 정상 조건에서는 세포분열이 정확히 조절된다. 어떻게 몸은 세포주기를 조절하는 것일까?

## 9.6 세포주기는 어떻게 조절되는가?

세포분열은 다양한 분자들의 배열에 의해 조절되는데, 이들 분자의 전부가 확인되고 연구된 상태는 아직 아니다. 그럼에도 불구하고, 몇 가지 일반적인 원칙은 대부분의 진핵세포의 세포주기 조절에 적용된다.

**Have You Ever Wondered ...**

### 왜 개는 자신의 몸에 난 상처를 핥는가?

개는 인간을 포함한 다른 포유동물과 마찬가지로 그들의 침샘에서 효소들, 항박테리아 화합물들, 그리고 성장인자들을 분비한다. 개가 상처를 핥는 것은 상처 부위에 들어갈 수 있는 오염물질들을 깨끗이 닦고 들어온 박테리아의 일부를 죽일 뿐 아니라, 동시에 성장인자들을 남긴다. 성장인자들은 사이클린의 합성을 가속화하여 피부를 재생하는 세포의 분열을 자극함으로써 상처를 보다 빨리 낫게 한다.

### 특정 효소들의 활성에 의해 세포주기가 진행된다

발생과정 중이나 상처 후 또는 정상적인 마모를 보충하기 위해 몸의 다양한 세포들은 **성장인자(growth factor)**라고 하는 호르몬 유사물질을 방출한다. 대부분의 성장인자들은 사이클린이라는 단백질의 합성을 조절하여 세포분열을 자극한다. "사이클린"이라는 이름은 이 단백질들이 세포주기를 지배하는 것을 도와주기 때문에 선택되었다. 사이클린은 사이클린-의존성 인산화효소(cyclin-dependent kinase, 약어로 Cdk)라고 하는 효소들의 활성을 조절한다. 특별한 사이클린과 여기에 결합하는 Cdk가 DNA 복제, 염색체 응축, 핵막의 분해, 방추사 형성, 자매염색분체의 분리 등의 서로 다른 세포주기 단계를 자극한다.

### 검문점은 세포주기의 진행을 조절한다

조절되지 않은 세포분열은 위험할 수 있다. 만일 세포가 세포주기의 조절을 파괴하는 돌연변이를 가지면, 그 딸세포는 암세포로 변할 수 있다. 이러한 가능성을 방지하기 위해 진핵세포에는 세 개의 주요 **검문점(checkpoint)**이 존재한다. 각각의 검문점에서, 세포의 단백질들은 세포가 특정의 세포주기를 성공적으로 마쳤는지를 결정한다:

- ***$G_1$에서 S로***: 세포의 DNA는 결함이 없고 복제하기에 적절한가?
- ***$G_2$에서 유사분열로***: DNA가 완전하고 정확하게 복제되었는가?
- ***중기에서 후기로***: 염색체들이 방추사에 부착되고 적도판에 적절하게 배열되어 있는가?

검문점 단백질들은 일반적으로 사이클린의 생산이나 사이클린 의존성 인산화효소의 활성, 또는 이 두 가지 모두를 조절하여 세포주기의 한 단계로부터 다음 단계로 진행하는 과정을 조절한다. 대부분의 경우 예를 들어 돌연변이된 DNA나 잘못 배열된 염색체들에 의해 검문점 단백질들이 활성화되면, 이 단백질들은 결함이 회복될 때까지 세포주기를 멈춘다. 결함이 회복되지 않으면 결함 있는 세포들은 자기 스스로 파괴되거나 면역계에 의해 살해된다. 검문점 조절이 제대로 작동되지 않으면 그 결과 암이 되기도 하는데 이 부분은 "Health watch: 암-세포주기의 검문점에 있는 정지신호를 무시하고 달리기"에서 살펴보기로 한다.

**CHECK YOUR LEARNING**

- 진핵세포의 세포주기를 조절하는 성장인자, 사이클린, 그리고 사이클린 의존성 인산화효소 사이의 상호작용을 설명할 수 있는가?
- 결손있는 딸세포를 만들지 않도록 어떻게 세포가 방어하는가?

## Health WATCH 암-세포주기의 검문점에 있는 정지 신호를 무시하고 달리기

암은 통제받지 않고 증식하며 신체의 다른 부분을 침투할 수 있는 세포들의 집단이다. 대부분의 암의 근본적인 원인은 **돌연변이(mutation)** 또는 DNA 손상이다. 대부분의 경우 돌연변이는 DNA를 회복하는 효소에 의해 신속히 고쳐진다. 그러나 만일 돌연변이가 고쳐지지 않으면, 돌연변이를 포함한 세포는 보통 분열과 증식에 실패하는데, 왜냐하면 세포주기의 검문점들이 돌연변이와 같은 문제가 발생한 세포들의 분열을 방지하기 때문이다. 그러나 간혹 이 과정을 피한 돌연변이 세포들이 검문점을 벗어나서 조절되지 않은 방식으로 증식하여 암을 형성한다.

### 성장인자에 대한 반응

많은 암세포들은 집합적으로 종양유전자(문자그대로 "암을 일으키는 유전자")라고 하는 돌연변이를 갖는다. 돌연변이된 종양유전자들은 많은 경우 성장인자들의 생산이나 이들에 대한 반응에 영향을 줌으로써, 조절되지 않은 세포분열을 촉진한다. 대부분의 세포들은 성장인자들에 의해 자극받을 때만 분열한다. 그러나 돌연변이된 종양유전자를 갖는 세포들은 성장인자 수용체를 과도하게 생산하거나, 성장인자 없이도 영구히 활성화되는 수용체들을 생산한다(**그림 E9-1**). 또는, 종양유전자의 돌연변이는 성장인자 없이도 사이클린을 높은 속도로 합성하게 한다. 그 결과: 활성화된 Cdk와 세포분열을 자극하는 다른 분자들을 비정상적으로 많이 공급하게 된다. 정지신호에 접근할 때 브레이크 대신 악셀레이터를 밟는 운전사처럼 이러한 돌연변이를 갖는 세포는 검문점을 불쑥 통과해서 조절 없이 증식한다.

### 검문점 정지 신호를 무시하기

그러나 세포는 검문점 정지 신호를 강화하기 위한 방법들을 가지고 있다. 모든 세포들은 종양억제단백질(tumor suppressor)이라고 집합적으로 부르는 많은 단백질들을 가지고 있다. 이 단백질들은 조절되지 않은 세포분열을 저해하고 돌연변이 DNA를 갖는 딸세포의 생산을 차단한다. 예를 들면 p53이라 부르는 종양억제단백질은 세포 DNA의 온전성을 모니터링한다. 정상적인 DNA를 갖는 건강한 세포는 p53이 거의 없다. 그러나 상해받은 DNA를 갖는 세포에서 p53 수준은 급속히 증가한다. p53 단백질은 세포에서 Cdk를 저해하고 DNA 합성을 방해하는 반응들을 활성화하여 $G_1$과 S기 사이의 검문소에서 세포주기를 멈춘다. p53 단백질은 또한 DNA 회복 단백질들의 합성을 자극한다. DNA가 회복되면 p53 수준은 감소되고, Cdk는 활성화되며 세포는 S기로 들어간다. DNA가 회복될 수 없으면, p53은 세포괴사(apoptosis)라 불리는 특별한 형태의 세포 사멸을 시작하게 하는데, 이 과정에서 세포는 자신의 DNA를 잘라내고 효과적으로 자살하게 된다. 따라서 경찰이 간혹 범죄자가 도로 블록을 경주하듯이 달리는 것을 막기 위해 타이어를 구멍내는 띠를 설치하는 것처럼 p53은 검문점을 강화하는 역할을 한다. 위험한 돌연변이를 갖는 대부분의 세포들은 $G_1$에서 S로 가는 검문점을 통과하지 못하고 세포주기를 지속할 수 없게 된다.

그러나 만일 p53 단백질을 암호화하는 유전자에 돌연변이가 발생하여 결함있는 p53이 만들어지면 어떻게 될까? 이렇게 되면 세포의 DNA가 손상되어도 세포는 $G_1$에서 S 검문점을 뛰어 넘게 된다. 따라서, 유방암, 폐암, 뇌암, 췌장암, 방광암, 위암, 그리고 대장암등 다양한 암의 반 이상이 p53 유전자에 돌연변이를 갖는 것은 놀랄 일이 아니다.

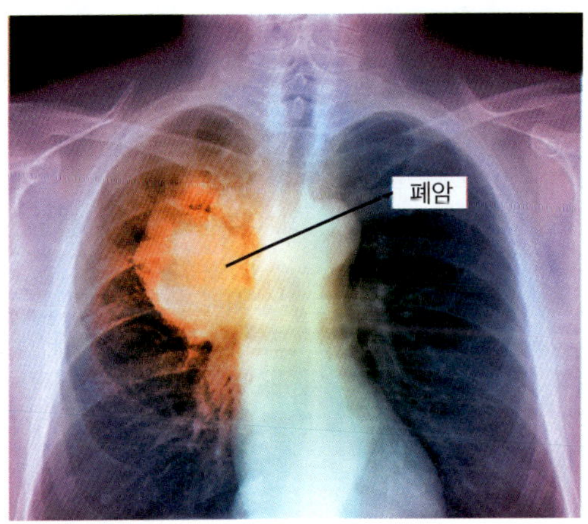


▲ **그림 E9-1 진행된 폐암의 X선 사진** 비흡연 여성과 남성에서 40-50%의 폐암은 너무 많은 상피세포 성장인자 수용체에 의해, 또는 EGF가 없는 상황에서도 활동하는 돌연변이 수용체에 의해 유발된다.

### 돌연변이 세포로부터 전이된 암으로

우리 모두는 아마도 종양유전자들이나 종양억제유전자들의 부류 중 하나 또는 두가지 모두에 돌연변이를 갖는 세포를 몇 개는 가지고 있을 것이다. 보통 이 유전자 가족들에 대한 단일한 돌연변이는 세포를 정상보다 더 빨리 증식하게 하여 양성 종양(*benign tumor*)-주위와 독립적으로 분열하여 뚜렷한 덩어리를 형성하는 세포들의 집단-을 형성한다. 점, 모반, 사마귀의 어떤 유형은 양성 종양이다. "양성"이란 말의 의미는 그 종양이 적어도 아직은 암적이지 않다는 것을 의미한다. 이들은 서서히 자라며 신체의 다른 부위에 퍼져서 전이(metastasis)되지 않는다. 어떤 양성 종양은 시간이 지나면 암적이거나 악성으로 변할 수도 있다. 악성 종양(*malignant tumor*)은 급속히 자라며 종종 전이되는 세포 덩어리이다.

일반적으로 종양세포들은 시간이 지나면서 돌연변이를 축적하므로, 악성종양의 전이는 몇 가지 단계에서 일어난다. 어떤 돌연변이는 암의 혈관의 성장을 촉진하여 암세포들에 영양을 공급함으로써 종양이 더 크게 자라도록 돕는다. 다른 돌연변이들은 어떤 세포들을 떨어져 나오게 하여 혈관을 침투하여 몸에 퍼지도록 한다. 전형적으로, 양성 종양의 단순한 성장으로부터 혈관 성장, 주위 세포와의 부착성 상실, 그리고 최종적으로 전이로 진행하기 위해 여러 돌연변이가 요구된다. 암이 전이되고 종양이 몸의 여러 곳에서 자라면 암은 극도로 치료하기 어려워진다.

**비판적 사고** 어제 다니엘이 체육관에서 농구하고 샤워할 때 한 친구가 "네 등에 있는 큰 갈색 점이 항상 있었니?"라고 물었다. 거울을 통해 다니엘은 크고 암갈색의 불규칙적인 점을 보았다. 그는 건강 센터의 의사에게 검진받았다. 그 의사는 "이것은 아마도 큰 점으로 보이는데, 확실히 하기 위해 생체 검사를 해야 합니다"라고 말했다. 병리학 실험실에서는 악성 종양과 일반적인 점의 어떤 유전적인 차이를 발견할 것으로 예상하는가?

CASE STUDY REVISITED

## 몸이여, 그대를 치료하라

바톨로 콜론의 전설은 동화가 현실이 되는 것처럼 들린다. 상처난 늙은 투수가 줄기세포 치료를 받고 스타의 반열에 복귀한다. 그러나 줄기세포 치료가 정말 콜론을 도왔을까? 진실은 아무도 모른다. 콜론과 같은 개인의 놀라운 결과들에 대한 몇 개의 보고가 있지만, 치료를 받지 않았어도 어떻게든 나았을지도 모른다. 또는 줄기세포 치료가 잘 작동하는 상처를 콜론이 가졌었고, 대부분의 다른 사람들은 그다지 행운이 없었을지도 모른다.

인간에 대한 줄기세포 치료는 임상 사례가 매우 적다. 골수에서 채취한 줄기세포는 혈액 및 면역 세포의 어떤 암의 치료에 일상적으로 사용되나, 다른 줄기세포 치료의 임상시험은 이제 막 시작하는 단계이다. 연구자들은 줄기세포 치료가 효과적이라고 확신하지만 가능한 적용 범위는 아직 숨 막히는 수준으로 관절 상처, 다발성경화증, 파킨슨병, 근위축성 측색경화증(ALS 또는 루게릭병), 그리고 몇 유형의 색맹정도에 머물러 있다.

**비판적 사고** 최근 노화와 연관된 색맹을 치료하기 위한 줄기세포의 효과를 테스트하는 임상시험이 중지되었는데, 그 이유는 줄기세포가 주입된 환자의 눈의 망막세포에서 돌연변이가 발견되었기 때문이다. 이 발견에 연구자들이 왜 관심을 갖을 것이라 생각하는가?

# CHAPTER REVIEW

*비판적 사고와 생각해보기, 선택형문제, 빈칸채우기 질문에 대한 답은 이 책의 뒷부분에 있는 정답란에서 볼 수 있다.*

## 핵심개념의 요약

### 9.1 세포분열의 기능들은 무엇인가?

다세포 진핵유기체의 성장과 그 유기체의 생애 동안 죽는 세포들의 교체는 세포분열과 딸세포의 분화를 통해 일어난다. 무성생식도 세포분열을 통해 일어난다.

### 9.2 원핵생물의 세포주기 동안 어떤 일들이 일어나는가?

원핵생물은 하나의 원형 염색체를 갖는다. 원핵세포의 세포주기는 성장, DNA 복제, 그리고 원핵생물 분열에 의한 세포분열로 구성된다. 그 결과 생긴 두 딸세포는 서로, 그리고 부모세포와, 유전적으로 동일하다.

### 9.3 진핵생물 염색체의 DNA는 어떻게 구조화되는가?

진핵생물의 각 염색체는 하나의 이중나선 DNA와 이 DNA를 구조화하는 단백질들로 구성되어 있다. 유전자는 염색체의 특별한 위치에서 발견되는 DNA의 부분이다. 세포분열 동안 염색체들은 복제되고, 짧고 굵은 구조로 응축된다.

### 9.4 진핵생물의 세포주기 동안 어떤 일이 일어나는가?

진핵생물의 세포주기는 간기와 유사세포분열로 구성되어 있다. 간기 동안 세포는 성장하고 자신의 염색체들을 복제한다. 간기는 $G_1$(성장기 1), S(DNA 합성), 그리고 $G_2$(성장기 2)로 나뉘어 진다. $G_1$기 동안 많은 세포들은 특수한 기능을 수행하기 위해 분화한다. 어떤 분화된 세포는 분열 상태로 다시 들어갈 수 있으나 다른 세포들은 유기체의 일생 동안 분화된 상태로 머물러서 다시 분열하지 않는다.

### 9.5 유사세포분열은 어떻게 유전적으로 동일한 딸세포를 만드는가?

한 세포의 염색체는 유사세포분열이 일어나기 전에 간기에서 복제된다. 복제된 염색체는 유사세포분열의 초기단계에서 동원체에서 서로 부착된 상태로 남아있는 두 개의 동일한 자매염색분체를 구성된다. 유사분열(핵분열)은 4 단계로 구성되며, 일반적으로 마지막 단계인 세포질분열이 뒤따라 일어난다(그림 9-8 참조).

- ***전기***: 염색체들이 응축되고 동원체들이 이 시기에 형성되는 동원체 미세소관들에 부착된다.
- ***중기*** : 동원체 미세소관이 염색체를 세포의 적도를 향해 이동시킨다.
- ***후기*** : 복제된 각 염색체의 두 염색분체들이 분리되어 독립적인 염색체가 된다. 동원체 미세소관들이 염색체를 세포의 반대 극으로 움직인다. 동시에 양극의 미세소관들이 세포를 늘어나도록 한다.
- ***말기*** : 염색체들이 탈응축되고, 핵막이 새로운 딸핵 주위에서 재형성된다.
- ***세포질분열*** : 세포질분열은 보통 말기의 끝에서 일어나고, 세포질을 대략 동일하게 반씩 나눈다. 이렇게 나누어진 세포질에는 하나의 핵이 포함되어 있다. 동물세포에서는 미세섬유로 된 하나의 고리가 적도를 따라 원형질막을 조인다. 식물세포에서는 골지체에 의해 생성된 소낭들의 융합에 의해 새로운 원형질막이 적도를 따라 형성된다.

### 9.6 세포주기는 어떻게 조절되는가?

많은 단백질들, 특히 사이클린과 사이클린-의존성 인산화효소(Cdk)들의 복잡한 상호작용들에 의해 세포주기가 진행된다. 세 곳의 주요 검문점인 $G_1$과 S 사이, $G_2$와 유사분열 사이, 그리고 중기와 후기사이에서 세포주기의 진행이 조절된다. 이러한 검문점들은 DNA가 온전하고 정확히 복제되었는지 그리고 염색체가 세포가 분열하기 전에 유사분열을 위해 정확히 배열되었는지를 점검한다.

# 개념을 통한 이해

## 선택형 문제

**1.** 유기체의 일생 동안 분열할 수 있고, 몇가지 다른 세포 유형으로 성숙할 수 있는 딸세포를 만들어 낼 수 있는 세포는
   a. 암세포
   b. 분화된 세포
   c. 줄기세포
   d. 배우자

**2.** 세포의 염색체가 적도에 정렬하는 때는
   a. 전기
   b. 중기
   c. 후기
   d. 말기

**3.** 염색체가 방추사에 처음 붙는 때는
   a. 전기
   b. 중기
   c. 후기
   d. 말기

**4.** 원핵생물 분열이 진핵세포분열과 어떻게 다른가?
   a. 원핵세포는 염색체를 갖지 않는다.
   b. 딸세포들은 유전적으로 부모세포와 동일하지 않다.
   c. 원핵세포분열은 DNA 복제를 필요로 하지 않는다.
   d. 원핵세포는 세포분열 동안 방추사를 형성하지 않는다.

**5.** 유사세포분열에 대한 설명 중 틀린 것은?
   a. 딸세포들이 유전적으로 동일하다.
   b. 염색체들이 세포의 반대쪽 극으로 이동한다.
   c. 유사세포분열은 무성생식에서 요구된다.
   d. 유사세포분열은 박테리아가 분열하는 메커니즘이다.

## 빈칸 채우기

1. 모든 살아있는 유기체의 유전물질은 염색체에 포함된 ________ 이다.
2. 원핵세포는 ________라는 과정을 통해 분열한다.
3. 신핵세포 유기체의 성장과 발생은 ________ 세포분열과 이 과정에 의해 만들어지는 딸세포의 ________에 의해 일어난나. 다세포 진핵세포의 ________ 세포는 유기체의 일생 동안 분열할 수 있는 능력을 가지고, 그들의 딸세포는 여러 유형의 세포들로 분화할 수 있다.
4. 진핵세포는 ________라고 불리는 호르몬 유사 물질에 의해 분열이 자극된다. ________이 세포주기의 진행을 감시한다. 돌연변이가 일어났을 때 통제되지 않은 세포분열을 종종 허용하는 두 범주의 유전자들은 ________과 ________이다.
5. 유사분열의 4단계는 ________, ________, ________, 그리고 ________이다. 두 개의 세포로 세포질이 분열되는 것은 ________라 부르는데 보통 ________기에서 일어난다.
   유전자는 염색체의 일부로서, 염색체의 특별한 위치, 즉 ________에서 발견된다. 유전자의 다른 형태는 ________라고 한다.
6. 염색체는 ________라 불리는 구조에서 방추사 미세소관에 붙는다. ________미세소관이라고 불리우는 방추사 미세소관은 염색체에 결합하지 않으나 세포의 적도를 따라 중첩되는 자유로운 말단을 갖는다. 이들 미세소관들은 세포의 양 극을 분리되게 한다.

## 복습문제

1. 진핵생물의 세포주기를 그림으로 나타내고 설명하여라. 다양한 단계들의 이름을 적고, 간단히 그 단계마다 일어나는 사건들에 대해 설명하여라.
2. 유사분열과 세포질분열의 정의를 내려 보아라.
3. 유사분열의 단계들을 그림으로 나타내어라. 유사분열이 어떻게 각 딸세포가 염색체의 완전한 한 세트를 받는 것을 보장할 수 있는가?
4. 다음의 용어들에 대한 정의를 내려 보아라: 중심절, 말단소립, 동원체, 염색분체, 방추사
5. 동물과 식물세포의 세포질분열 과정을 설명하고 비교하여라.
6. 세포주기는 어떻게 조절되는가? 세포주기가 진행되는데 조절이 필수적인 이유는?
7. 원핵생물 세포주기를 그림으로 나타내고 설명하라.

# 개념의 적용

1. 인간 성인의 중앙 신경계에 존재하는 대부분의 신경세포와 심장 근육세포는 분열하지 않는다. 반면에 소장벽의 세포는 자주 분열한다. 이러한 차이점을 신경계와 심장세포의 손상(심장마비나 중풍처럼)이 위험한 이유와 관련하여 설명하라.
2. 암세포는 조절이 상실된 채로 분열한다. 암에 대한 화학치료법과 방사선 치료법의 부작용은 머리카락이 빠지는 것과 장세포벽의 상실로 인한 구역질이다. 이러한 치료법이 어떻게 작용하는 것인지 추측할 수 있겠는가? 개선된 암 치료법에서는 어떠한 것들을 추구해야 할까?

# 10 감수분열: 유성생식의 근거

기딩스(Giddings) 가족의 눈에 띄는 다양성은 감수분열 때문이다.

CASE STUDY

## 다양성은 집안 내력이다

테스(Tess)와 크리스(Chris) 기딩스의 네 아이들은 모두 다르게 생겼다. 맏이인 제이콥(Jacob)은 엄마 테스를 닮아 푸른 눈이지만, 갈색의 곱슬머리에 피부색은 올리브색이다. 둘째인 사반나(Savannah)는 제이콥하고 비슷하지만, 머리칼이 덜 진한 색이다. 셋째인, 아미아(Amiah)는 매우 흰 피부에 엷은 갈색의 직모를 가졌다. 막내인 지온(Zion)은 아빠인 크리스를 닮아서 거무스름한 피부에 까만 곱슬머리와 갈색 눈을 가졌다. 기딩스 가족은 눈에 띄게 다양하다.

테스와 크리스 조차도 종종 아이들의 다양한 외모가 이해할 수 없어서 당황스럽다. 실제로 셋째인 아미아가 태어났을 때는 아기가 저혈당 증세를 보여 전문의 치료를 긴급하게 받아야 했었다. 너무나 긴급하게 치료받으러 가는 바람에 병원에서는 아미아의 손목에 표식 손목 띠를 붙일 틈도 없었다. 한동안 치료 후 아미아가 부모에게 돌아왔을 때는 모두들 아미아의 피부가 너무나 하얀색이어서 다들 깜짝 놀랐다. 부모는 어쩔 수 없는 질문을 할 수 밖에 없었다: 다른 아이와 실수로 바뀌진 것이 아닌가요? 혹시나 해서 기딩스 부부는 DNA 테스트를 하기로 했다. 결과는 물론 테스와 크리스가 아미아의 친부모임을 보여주었다. 몇 년 뒤에 지온이 태어났을 때 크리스는 크게 소리를 지를 수밖에 없었다. “맙소사, 애가 흑인이야!” 그 말에 놀란 조산원은 이렇게 대답했다, “애 아빠인 당신이 흑인이잖아요”

호기심에 가득찬 낯선 사람들이 물어보고 언급하는 것에 가끔씩 지치기도 하지만, 테스와 크리스는 이렇게 다양한 아이들을 가진 것이 뿌듯하다. 테스는 말합니다. “아이들은 우리에게 큰 기쁨이고, 우리는 더할 나위 없이 행복합니다.” “아이들 모두가 조금씩 다른 것은 정말 멋진 일입니다.” 크리스의 말에 따르면, “우리 가족은 초콜릿 상자와 같아요-다크 초콜릿, 브라운 초콜릿, 화이트 초콜릿.”

어떻게 한 부부에서 이렇게 다양한 가족 구성원이 나오게 되었을까? 이번 장에서는, 유성생식이 다양한 방식으로 부모로부터 받은 유전적 특성들을 합해 정말 다르게 생긴 자손들을 생산할 수 있음을 보게 될 것이다. 어떻게 유성생식이 유전적 다양성을 초래하는가?

## 주요내용



## 10.1 유성생식은 어떻게 유전적 변이를 만들어낼까?

생물종의 개체들은 서로 다른 경향이 있다. 예를 들면, 너희 반 애들 중에 몇 명은 키가 크고 금발 생머리이고 다른 애들은 키가 작으면서 검은 곱슬머리인데 또 다른 애들은 키가 크고 갈색 생머리일 것이다. 이런 용모의 차이는 대부분 유전자의 다양성 때문에 발생된다. 10장에서는 유전적 변이를 초래하는 과정을 살펴볼 것이다. 이러한 과정을 보다 잘 이해하기 위해, 우선 어떻게 유전정보가 저장되어 있고, 구성되어 있는지를 간략하게 검토해야 한다.

### 유전정보는 염색체에 들어있고 진핵생물의 염색체는 보통 쌍으로 존재한다

모든 생물은 유전정보를 염색체 속의 디옥시리보핵산(deoxyribonucleic acid)인 DNA 분자에 암호화해 놓았다. 이 장에서는 진핵생물의 염색체에 초점을 맞추고자 한다. 개별 진핵세포의 완전한 염색체 세트는 그 세포의 **핵형(karyotype)**이라고 한다(그림 10-1).

대부분의 진핵세포 생물체에서 핵형은 염색체의 쌍들로 구성된다. 인간은 세포마다 23쌍, 총 46개의 염색체를 가진다. 쌍을 만드는 두 염색체를 그리스어로 "동일한 것을 말하다"라는 의미의 **상동염색체(homologous chromosomes 또는 homologues)**라고 부른다. 이름에서 알 수 있듯이, 상동의 쌍에 있는 두 염색체에는 동일한 유전자들이 들어있다. 상동염색체 쌍을 가지고 있는 세포를 "두 배"라는 의미의 **이배체(diploid)**로 부른다. 각각의 쌍에서 상동염색체 하나는 엄마로부터 유전되므로 모계 상동염색체라 하고, 다른 상동염색체는 아버지로부터 유전되므로 부계 상동염색체라 한다.

### 어떤 세포에서는 염색체가 쌍을 이루고 있지 않다

세포가 상동염색체 쌍의 하나만 가지는 경우를 **반수체(haploid)**라고 한다. 10.2절에서 보겠지만, 이배체 생물체에서 생산되는

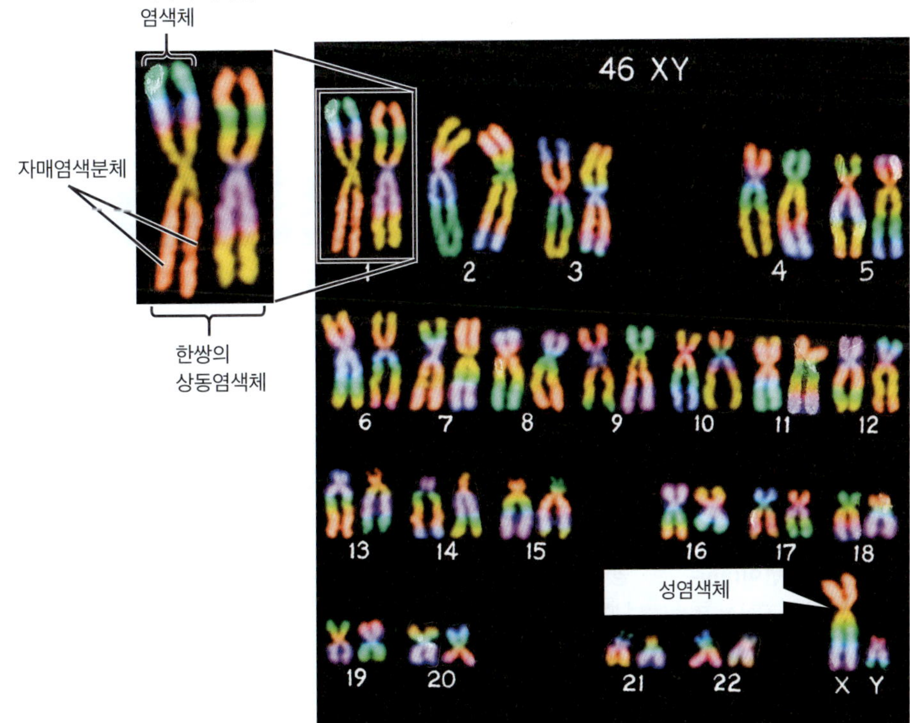


**그림 10-1 인간 남성의 핵형** 핵형을 보여주기 위해, 한 세포 속에 들어있는 복제되고 응축되어진 염색체들 전체 세트를 염색하고 사진 촬영했다. 각 염색체의 사진들을 오려내어 크기가 큰 것부터 작은 것 순으로 배열하였다. 염색체쌍은 대개 크기가 비슷하고 유사한 유전물질을 갖는다. 염색체 1번부터 22번까지는 상염색체; 각각의 상염색체 쌍(상동염색체)내의 염색체 크기는 비슷하다. X와 Y 염색체는 성염색체; 두 개는 크기가 다르다. 이것이 여성의 핵형이라면, Y 염색체는 안 보이고 2개의 X 염색체만 있었을 것이다.

생식세포는 각 상동염색체 쌍을 구성하는 두 개 중 하나만 가지게 되므로 반수체가 된다. 어떤 생물체에서는 비생식세포가 반수체인 경우도 있다. 예를 들면, 대다수의 곰팡이는 대부분의 생활사를 반수체 세포로 지낸다.

일부 생물체들은 각 세포마다 상동염색체를 2개보다 더 많이 가지기도 하며 이러한 경우를 **다배체(polyploid)**라고 한다. 예를 들면, 많은 식물들은 다배체인데, 한 세포당 각 상동염색체의 사본 수가 4개(4배체), 6개(6배체), 또는 그 이상이다.

특정 생물종 내에서 다른 종류로 구분되는 염색체의 수를 반수체 수라고 부르며 n으로 표기한다. 사람은 23개의 다른 종류의 염색체를 갖고 있기 때문에 n=23이다. 이배체 세포들은 2n 염색체를 갖고 있다.

### 일부 염색체는 성염색체다

많은 생물체는 두 가지 종류의 염색체: 상염색체와 성염색체를 가진다. **상염색체(autosome)**는 양성의 이배체 세포에서 발견되고 거의 동일한 DNA 서열을 가지는 염색체 쌍이다. 인간은 22쌍의 상염색체를 갖는다. 상염색체에 외에 동물들과 일부 식물들은 개별적 암수를 결정짓는 한 쌍의 **성염색체(sex chromosome)**를 가진다. 인간을 포함한 포유동물에서는 개인별 핵형에 두 개의 **X 염색체(X chromosome**, 여성의 경우) 혹은 한 개의 X와 한 개의 **Y 염색체(Y chromosome**, 남성의 경우)를 포함하고 있다. X와 Y 염색체는 크기와 유전적 조성이 매우 다르다(그림 10-1 참조).

### 유전자는 여러 가지 변종이 있을 수 있다

하나하나의 진핵생물 염색체에는 수십 개에서 수천 개의 유전자가 들어있다. **유전자(gene)**는 염색체상의 특정 위치에서 발견되는 뉴클레오타이드 서열이며, 기능적 분자(대부분은 단백질)를 만드는데 필요한 정보를 암호화하고 있다. 유전자는 부모로부터 자손에게 전달되는 유전의 기본 단위이다.

한 종의 개체들을 전반적으로 비교해보면, 유전자의 뉴클레오타이드 서열이 매우 비슷한 경우가 다양한 사례로 확인되지만 일반적으로 뉴클레오타이드 서열이 동일한 것은 아니다. 유전자의 약간 다른 형을 **대립유전자(allele)**라고 한다. 주어진 종들의 모든 개별적인 생물체를 조사할 수 있다고 한다면 각각의 유전자의 수십 수백 개 대립유전자를 발견할 수 있을 것이다. 개체 내에서 한 쌍의 상동염색체는 어떤 유전자는 같은 대립유전자를 어떤 유전자는 다른 대립유전자를 가질 수도 있다(**그림 10-2**).

## 유전적 변이는 돌연변이에 의해 생긴다

대립유전자는 어디서 생겨났을까? 대립유전자는 **돌연변이(mutations)**라고 하는 DNA 변화의 결과이며, 돌연변이는 DNA 복제 과정에서의 실수로 인해 발생하기도 하고 DNA를 손상시키는 자외선이나 화학물질 같은 환경적 요인에 의해서 발생되기도 한다. 유전자에 돌연변이가 발생하면 새로운 대립유전자가 생기게 된다. 생식세포를 만드는 세포에서 돌연변이가 생겨 새로운 대립유전자가 우연히 만들어지게 되면, 이 대립유전자는 다음 세대로 대대로 전달되어 종 내의 수많은 개체에 퍼질 수도 있다.

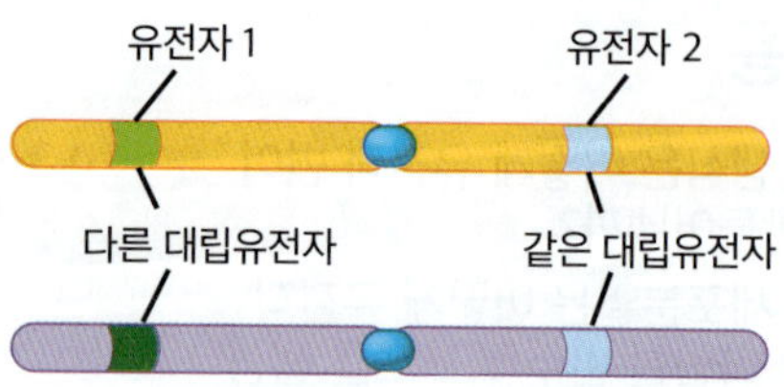


▲ **그림 10-2 상동염색체는 일반적으로 완벽하게 동일하지는 않다** 두 상동염색체는 같은 위치에 같은 유전자를 갖는다. 상동염색체는 어떤 유전자는 다른 대립유전자(왼쪽)를, 또 다른 유전자는 같은 대립유전자(오른쪽)를 가질 수도 있다.

## 유성생식은 개체들간의 유전적 차이를 만들어낸다

생물체가 생식하는 다양한 방법은 두 가지 범주로 나눈다: 무성생식과 유성생식. 무성생식은 유사세포분열(체세포분열)로 부모와 유전적으로 동일한 자손을 생산하며 돌연변이로 인해 어쩌다 달라지는 것 외에는 자손들끼리도 똑같은 개체를 만들게 된다. **유성생식(sexual reproduction)**은 **배우자(gametes)**라고 하는 반수체 생식세포를 두 양친으로부터 전달받아 융합되기 때문에 양친과 다를 뿐만 아니라 각기 다른 개개의 자손들을 만들어 낸다. 이러한 양친과 자손 간의 유전적 차이를 가져오므로, 유성생식은 집단 속에서 다양한 대립유전자 조합을 증가시키는 경향이 있다.

### CHECK YOUR LEARNING

- 상동염색체, 상염색체, 성염색체 용어를 정의할 수 있는가?
- 이배체, 반수체, 다배체 세포들의 차이점을 설명할 수 있는가?
- 유전자, 돌연변이, 대립유전자 간의 관계를 설명할 수 있는가?

**CASE STUDY** **CONTINUED**

## 다양성은 집안 내력이다

기딩스 가족의 아이들에서 보인 유전적 다양성은 수천 년 전에 발생한 돌연변이에서 시작된 것이다. 모발색: 우리의 먼 선조들은 모두 검은 머리를 가지고 있었을 것이고, 모발색은 여러 다른 염색체상에 위치한 다수의 유전자에 의해 조절되었다. 테스의 금발머리를 만들어 낸 대립유전자는 이런 유전자들이 돌연변이 되면서 유래되었다. 테스는 아마도 모발색에 관련된 모든 유전자 중에서 '옅은색 모발' 대립유전자만 물려받았고, 상동염색체 모두에 똑같은 옅은색 모발 대립유전자를 가진다. 반면에, 크리스는 최소한 몇몇 유전자들이 짙은색 모발 대립유전자와 옅은색 모발 대립유전자를 모두 물려받아서, 상동염색체에 다른 대립유전자가 있는 것이다. 짙은색 모발 대립유전자는 옅은색 모발 대립유전자의 효과를 덮어버린다. 그래서 크리스는 검은 머리를 가지는 것이다. 대립유전자의 어떤 조합이 테스의 난자와 크리스의 정자에 들어있게 되어서, 다양한 아이들을 낳도록 융합되었을까?

## 10.2 감수세포분열은 어떻게 유전적으로 다양한 반수체 세포를 생성하는가?

유성생식은 유전적으로 다양한 자손을 두 단계의 과정을 통해 만들어낸다(**그림 10-3**). 첫 단계는, 반수체 배우자가 만들어진다. 배우자 생산은 **감수세포분열(meiotic cell division)**로 시작되는데, 이배체 세포가 각각의 상동염색체 쌍의 한쪽 부분만 포함하는 반수체 딸세포로 된다❶. 반수체 세포 또는 유사세포분열로 만들어진 자손들은 배우자가 된다(동물에서는 정자나 난자). 두 번째 단계는, 두 배우자의 결합인 수정이다. 반수체 난자와 반수체 정자의 융합으로 이배체인 **접합자(zygote)**가 형성되는데 이것은 성장함에 따라 유사세포분열을 하고 이배체 자손을 만들게 된다❷.

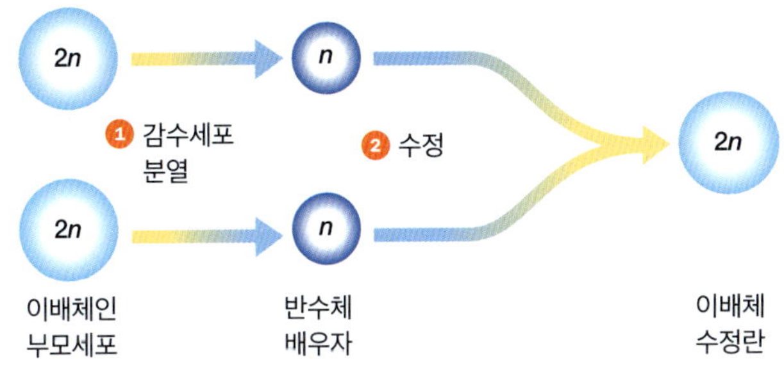


▲ **그림 10-3 감수세포분열은 유성생식을 위해 필수적이다** 유성생식에서는 부모의 이배체 생식세포(2n)가 반수체 세포(n)를 형성하기 위해 감수분열을 겪는다. 동물에서는 이러한 세포들이 배우자(정자 혹은 난자)가 된다. 난자와 정자가 수정하게 되면 그 결과물인 접합자는 다시 이배체(2n)가 된다.

### 이배체 세포의 감수분열은 네 개의 반수체 딸세포를 생성한다

감수세포분열은 감수분열과 세포질분열로 구성된다. **감수분열(meiosis)**은 이배체 핵을 두 번 나누어서 4개의 반수체 핵을 만드는 핵분열이다. 세포질분열에서 4개의 핵을 각각 별개의 세포로 포장하게 된다.

감수분열 과정의 두 번의 핵분열은 감수분열 I과 감수분열 II로 구분한다. 감수분열이 시작되기 전에는 부모세포의 DNA가 복제되어서 각각의 염색체는 복제된 자매염색분체로 구성된다(**그림 10-4** ❶). **감수분열 I (meiosis I)**은 상동염색체 쌍을 분리시켜, 분리된 각 상동염색체를 두 개의 딸핵에 나누어준다; 각각의 딸핵은 하나의 상동염색체를 받게된다❷. 두 개의 딸핵은 반수체이지만, 각 염색체는 아직 두 개의 염색분체로 구성된 상태이다. **감수분열(meiosis II)**는 염색분체를 독립된 염색체로 분리시켜서 각 염색체를 각각의 딸핵 속으로 나누어 넣게 된다❸. 각 딸핵은 각 염색체의 단일 복사본만 갖게 된다. 전반적으로 각각

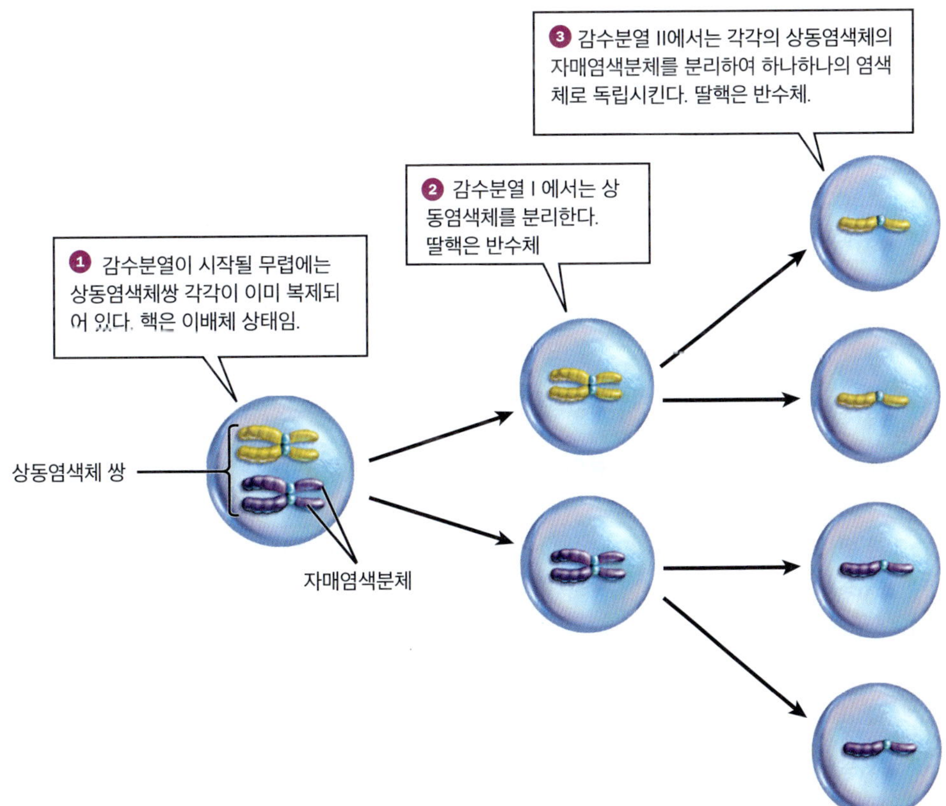


◀ **그림 10-4 감수분열은 염색체의 수를 반으로 나눈다** 이 그림은 간단하게 한 쌍의 상동염색체만 보여준다(모계 쪽 염색체는 보라색; 부계 쪽 염색체는 노란색).

## 감수분열 I

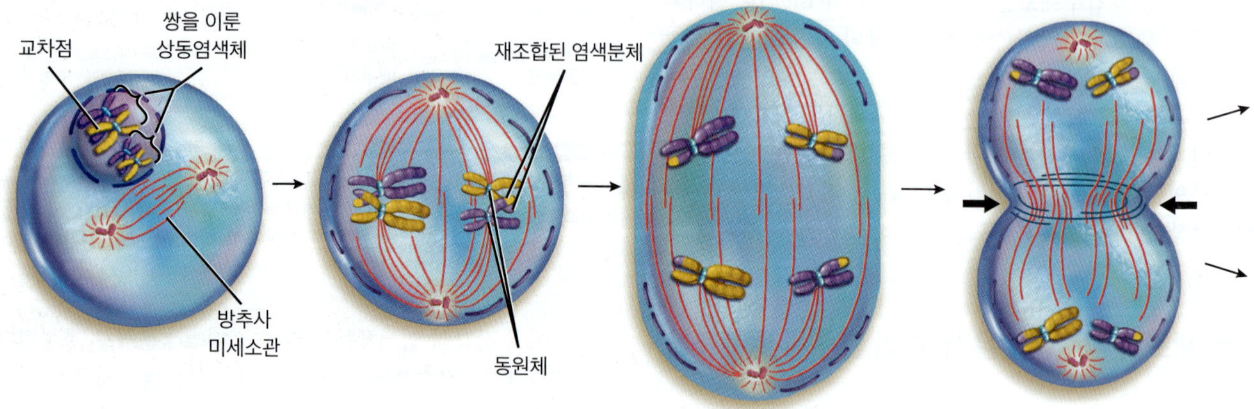


| (a) 전기 I | (b) 중기 I | (c) 후기 I | (d) 말기 I |
|---|---|---|---|
| 복제된 염색체가 응축된다. 상동염색체가 쌍을 이루고, 상동염색체의 염색분체가 교차에 의해 부분들을 교환하면서 서로 꼬이는 교차 부위들이 생긴다. 핵막은 분해되고 방추사 미세소관이 형성된다. | 쌍을 이룬 상동염색체가 세포의 적도판에 배열된다. 쌍을 이뤘던 상동염색체는 하나씩 각각 세포의 양극을 향하고 동원체(파란색 부분)에 방추사 미세소관이 부착된다. | 상동염색체 쌍은 분리 되어서 각각 세포의 양극으로 이동한다. 자매염색분체는 분리되지 않는다. | 방추사 미세소관이 없어진다. 두 집단의 염색체가 형성되고, 각 집단은 상동염색체 각 쌍의 한 구성원만 포함한다. 따라서 딸핵은 반수체이다. 세포질분열이 이 시기에 흔히 일어난다. 감수분열 I 과 감수분열 II 사이에는 간기가 없다. |

▲ **그림 10-5 감수세포분열** 감수세포분열에서는 이배체 세포의 상동염색체들이 분리되어 4개의 반수체 딸세포를 생성한다. 이 그림에서는 간단하게 두 쌍의 상동염색체만 보여준다. 사람에서는 23쌍의 상동염색체가 이런 복잡한 과정에 참여한다.

**비판적 사고** 감수분열 후기 I 에서 상동염색체쌍 하나가 분리되지 않으면 결과적으로 배우자와 자손에게 미치는 영향은 무엇일까요?

의 부모핵으로부터 4개의 반수체 딸핵이 만들어진다-감수분열 I 에서 두 개로, 감수분열 II 의 과정을 통해 한 번 더 분열.

감수분열의 단계들은 체세포분열에서의 대략 동등한 단계가 갖는 이름에 상응하는 이름을 갖고 있으며, 감수분열에서 일어나는 두 번의 핵분열을 구별하기 위해 I 또는 II 를 뒤에 붙인다.

### 감수분열 I 은 상동염색체를 두 개의 반수체 딸핵 속으로 분리시킨다

감수분열 I 이 시작될 때, 부모세포의 염색체는 이미 간기에 복제된 상태이고 각 염색체의 자매염색분체들은 중심절에서 서로 부착된 상태로 존재한다.

#### 전기 I 동안 상동염색체는 쌍을 이루고 DNA를 교환한다

전기 I 동안, 복제된 상동염색체는 나란히 정렬하여 염색분체 DNA의 일부분을 교환한다(**그림 10-5a, 그림 10-6**). 이러한 과정은 단백질들이 모계와 부계 상동염색체에 함께 결합하면서 시작되고 상동염색체들은 전체 길이를 따라 정확히 배열된다. 그 후 효소들은 양쪽 상동염색체들의 DNA를 절단하고 다시 접합시키는데, 종종 모계 쪽 상동염색체의 염색분체와 부계 쪽 상동염색체의 염색분체가 교환된다. 그 후 결합 단백질들과 효소들

## 감수분열 II

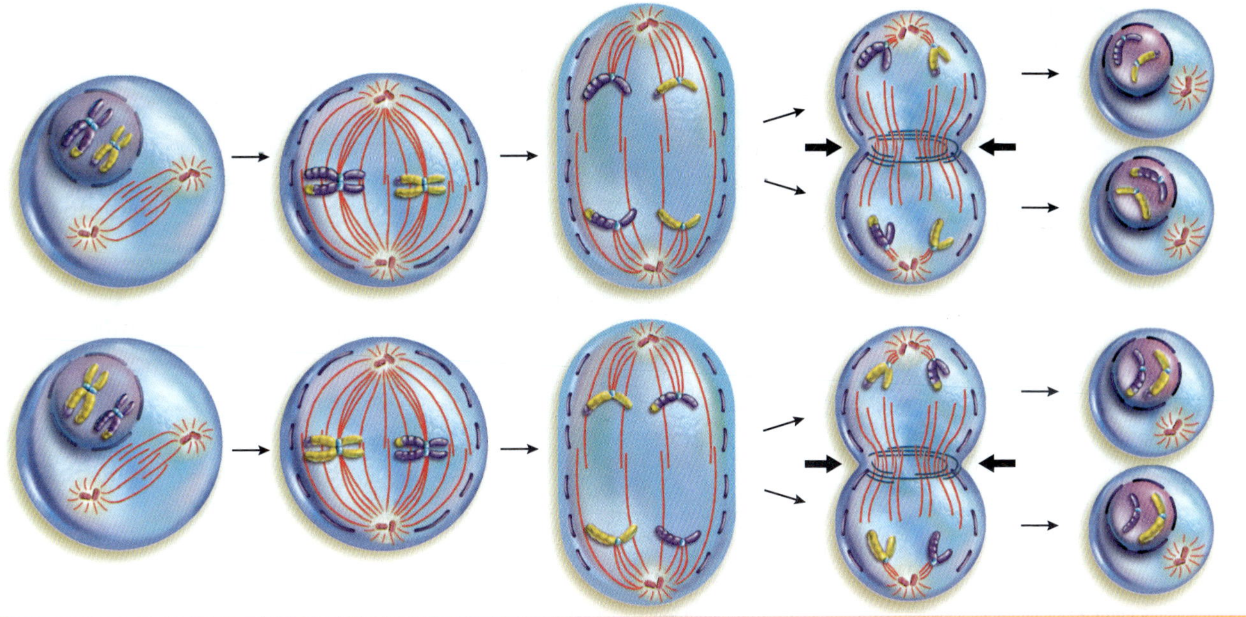

**(e) 전기 II**
방추사 미세소관이 재형성되고 자매염색분체에 부착한다.

**(f) 중기 II**
염색체가 적도를 따라 배열되고 각 염색체의 자매염색분체의 동원체에는 각각 반대쪽 극으로 이어진 미세소관이 부착된다.

**(g) 후기 II**
염색분체가 독립적인 딸 염색체로 분리되고, 이전에 염색분체였던 딸 염색체는 각각의 극으로 이동한다.

**(h) 말기 II**
염색체가 반대 극으로 이동 완료된다. 핵막이 재형성되고 염색체가 다시 탈응축된다 (여기서는 안 보임).

**(i) 네 개의 반수체 세포**
세포질분열에 의해 4개의 반수체 세포가 생기는데, 각각은 상동염색체 각 쌍 중 한 구성원을 갖는다 (여기서 응축된 상태로 보여짐).

은 떨어져 나가고 **교차점들(chiasmata**, 단수는 chiasma; 그리스어의 "교차하다"에서 유래)을 남겨 놓는데, 이 부위에서 모계와 부계 염색체의 염색분체 유전물질을 교환하게 된다(그림 10-6 참조). 교차점에서 모계와 부계 염색체들 사이의 상호 DNA 교환을 **교차(crossing over)**라고 부른다.

체세포분열의 전기에서처럼 전기 I 동안에는 방추사 미세소관들이 핵의 바깥쪽에 모여지기 시작한다. 전기 I 이 거의 끝날 때가 되면, 핵 막은 붕괴되고 방추사 미세소관들이 핵으로 침투하여 동원체에 부착되면서 염색체를 포획한다.

### 중기 I 동안 상동염색체 쌍들이 세포의 적도에 배열한다

중기 I 동안 동원체와 방추사 미세소관들 사이의 상호작용으로 쌍을 이룬 상동염색체들이 세포의 적도로 이동된다(**그림 10-5b**). 개개의 복제된 각 염색체들이 적도를 따라 배열하는 체세포분열의 중기와는 달리, 감수분열의 중기 I 에서는 복제된 염색체들의 상동염색체 쌍이 교차점에서 결합된 채로 적도를 따라 배열된다. 한 상동염색체 쌍의 어느 염색체가 어떤 극으로 향할 것인지는 무작위적으로 결정된다 - 어떤 상동염색체 쌍에서는 모계 쪽 염색체가 "북쪽"을 향하고, 다른 염색체 쌍에서는 "남쪽"을 향할 수도 있다. 이런 무작위성은 교차에 의해서 생기는 유전자 재조합과 함께 감수분열에 의해 생성되는 반수체 세포들의 유전적 다양성의 원인이 된다.

### 후기 I 동안 상동염색체들이 분리된다

감수분열 I 의 후기는 체세포분열의 후기와는 상당히 다르다. 체세포분열의 후기에는 개개의 복제된 상동염색체의 자매염색분체가 분리되어 서로 반대 극으로 이동한다. 이와 대조적으로 감수분열의 후기 I 에서는 자매염색분체가 서로 결합된 채로 유

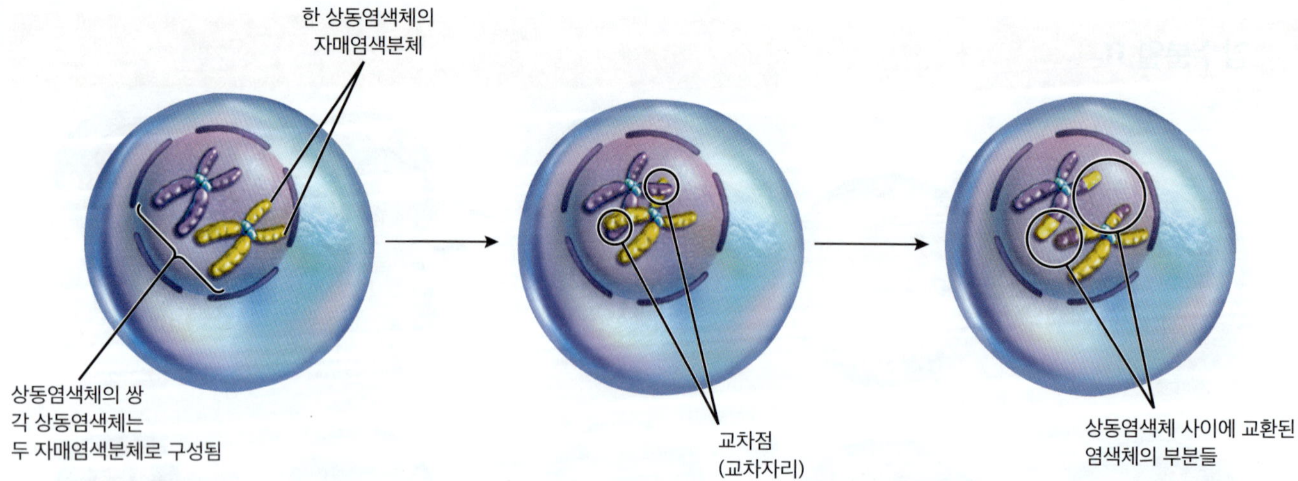


▲ **그림 10-6 교차** 교차점에서 부계와 모계 상동염색체 DNA가 교환된다.

**비판적 사고** 두 개의 비상동염색체 사이에서 교차가 일어난다고 한다면, 배우자와 자손에게 미치는 유전적 결과는 무엇일까?

지되어 같은 극으로 이동한다. 그러나 각각의 상동염색체 쌍의 두 상동염색체는 분리되어 반대쪽 극으로 이동한다(**그림 10-5c**). 그러므로 후기 I 의 끝 무렵에는, 양극에 밀집된 염색체가 각 쌍의 상동염색체에서 한 쪽만 온 것이 된다. 양극의 집단들은 반수체 염색체(각각의 염색체는 여전히 복제된 상태이고 아직 동원체에 자매염색분체가 부착된 형태이기는 하지만)로 구성된다.

### 말기 I 동안에는 복제된 염색체들의 두 반수체 집단들이 형성된다

감수분열의 말기 I 은 체세포분열의 말기와 비슷하다. 말기 I 에서 방추사 미세소관들은 사라지고 세포질분열이 보통 일어난다(**그림 10-5d**). 핵막이 다시 형성된다. 말기 I 은 일반적으로 극히 짧거나 또는 사이에 있는 간기가 없이 즉시 감수분열 II 로 이어진다. 염색체는 감수분열 I 과 II 사이에 복제되지 않는다.

## 감수분열 II 는 자매염색분체를 네 개의 딸핵 속으로 분리시킨다

감수분열 II 동안, 복제된 각 염색체의 자매염색분체들은 사실상 체세포분열과 동일한 과정에 의해 반수체 세포로 분리된다. 전기 II 에서 방추사 미세소관들이 다시 형성되고(**그림 10-5e**) 복제된 각 염색체들의 자매염색분체에 있는 동원체는 세포의 반대극으로 뻗어있는 방추사 미세소관들과 부착한다. 중기 II 동안에는, 복제된 염색체들이 세포의 적도에 나란히 배열된다(**그림 10-5f**). 후기 II 동안에는 자매염색분체들이 분리되어 반대극으로 끌려간다(**그림 10-5g**). 말기 II 와 세포질분열에 의해, 핵막이 재형성되고, 염색체는 풀어진 상태가 되며, 세포질이 나누어지면서 감수분열 II 를 마무리하게 된다(**그림 10-5h**). 감수분열 I 에서 만들어진 두 딸세포가 감수분열 II 를 거치면서, 본래 이배체 부모세포로부터 총 4개의 반수체 세포가 만들어지게 된다(**그림 10-5i**).

**표 10-1**에서 유사세포분열과 감수세포분열을 비교해보자.

**CHECK YOUR LEARNING**

- 감수세포분열의 과정과 결과를 서술할 수 있는가?
- 교차의 결과를 설명할 수 있는가?

**CASE STUDY** **CONTINUED**

## 다양성은 집안 내력이다

테스와 크리스 기딩스가 난자와 정자를 각각 생산했을 때 감수분열로 그들의 상동염색체는 분리되었다. 테스는 모발색을 결정 짓는데 관여하는 모든 유전자를 오로지 '옅은색 모발' 대립유전자만 가지지만, 크리스는 짙은색과 옅은색 모발 모두에 대한 대립유전자를 갖는다고 가정해보자. 테스의 난소에서 형성되는 모든 난자는 오로지 옅은색 모발 대립유전자만을 가질 것이다. 하지만 크리스의 정자에서는 훨씬 더 복잡한 결과가 생긴다. 크리스의 정자 일부는 짙은색 모발 대립유전자와 옅은색 모발 대립유전자를 가질 수 있다. 다른 정자는 완전히 다른 조합의 짙고 연한 모발 대립유전자를 가질 것이며, 어떤 정자는 모두 옅은색 모발 대립유전자를 어떤 정자는 모두 짙은 모발 대립유전자를 가지기도 할 것이다. 결과적으로, 테스의 난자에 수정되는 특정 정자에 포함된 대립유전자에 따라 결국 부계와 모계 대립유전자 조합이 되어서 기딩스 가족 아이들의 옅은색, 중간색, 짙은색 모발 색깔을 결정하게 된다. 그러나 배우자 형성과 결합의 과정이 기딩스 가족 아이들에서 보여진 다양한 특성의 전체적인 범위를 다 설명해줄 수 있을까?

| 표 10-1 | 동물세포에서 유사세포분열과 감수세포분열의 비교 | |
|---|---|---|
| 특성 | 유사세포분열 | 감수세포분열 |
| 발생하는 세포 | 체세포 | 배우자 형성 세포 |
| 최종염색체 수 | 이배체-2$n$; 각 유형의 염색체의 두 복사체(상동염색체 쌍) | 반수체-1$n$; 각 상동염색체 쌍의 한 구성원 |
| 딸세포의 수 | 2개, 부모세포 및 각각에게 동일 | 4개, 교차로 인해 재조합된 염색체를 포함 |
| DNA 복제당 세포분열의 수 | 한 번 | 두 번 |
| 동물에서의 기능 | 발생, 성장, 수선, 조직의 유지; 무성생식 | 유성생식을 위한 배우자 생성 |

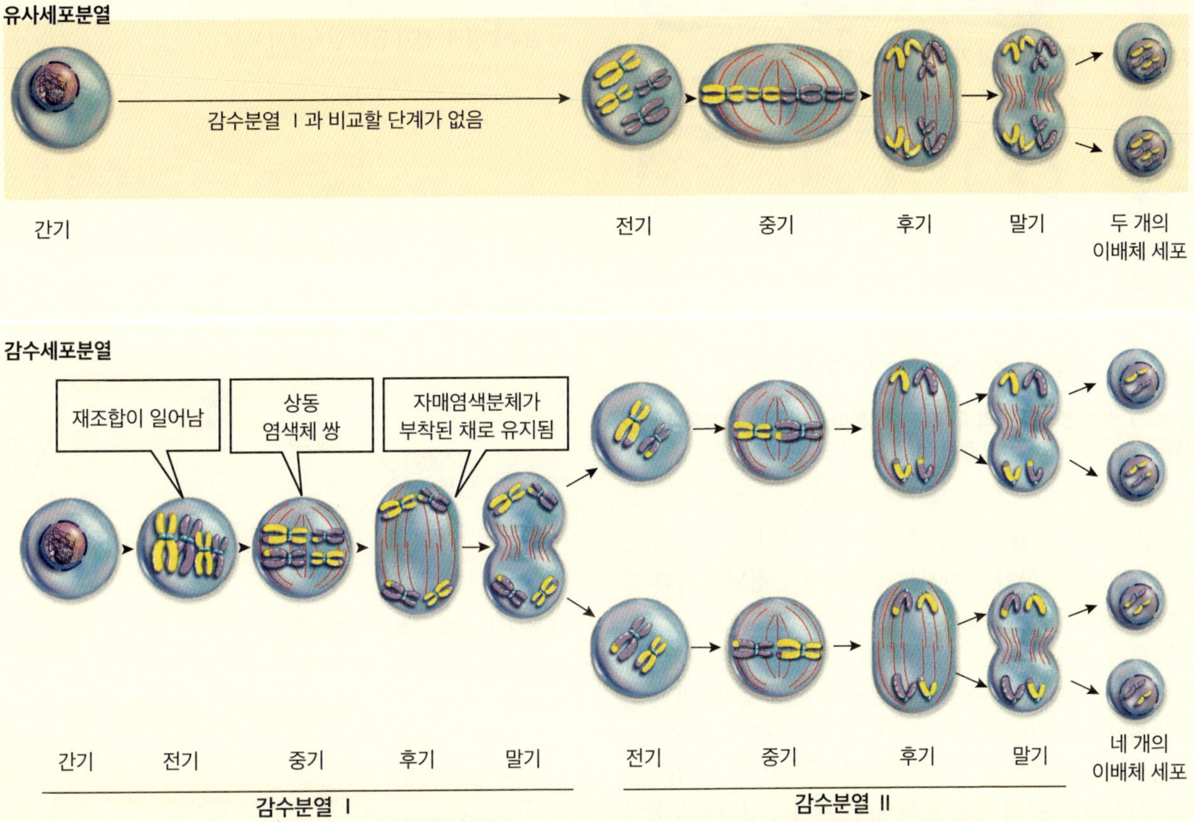

비교할 만한 단계들을 이 도표에서 배열하였다. 유사분열과 감수분열 모두에서 염색체는 간기에 복제된다. 감수분열 Ⅰ에서 보이는 상동염색체의 쌍 형성, 교차점의 형성, 연색체의 부분적 교환, 반수체 딸핵을 형성하기 위한 상동염색체의 분리는 유사분열에서 찾아볼 수 없다. 그러나 감수분열 Ⅱ는 실제로 반수체 세포에서의 유사분열과 동일하다.

## 10.3 감수분열과 배우자의 결합이 어떻게 유전적으로 다양한 자손을 만들어내는가?

돌연변이는 새로운 대립유전자의 근본적인 원천이다. 그래서 돌연변이는 한 집단에 존재하는 대립유전자 다양성의 원인이 된다. 그러나 왜 집단 속의 개인이 그렇게나 많이 다른 대립유전자 조합을 가지는지는 설명하기가 어렵다. 유전적 다양성의 이런 측면은 거의 전적으로 감수분열과 유성생식의 결과인 것이다.

### 상동염색체를 뒤섞어 새로운 염색체들의 조합을 만들어낸다

한 가지 주요한 유전적 다양성의 원천은 감수분열 Ⅰ에서 딸핵으로 모계와 부계의 상동염색체를 무작위로 분배하는 것이다. 중기 Ⅰ에서 쌍을 이룬 상동염색체들이 세포의 적도에 배열되는 것을 기억하라. 각 상동염색체 쌍에서 모계 염색체가 한 극을 향하

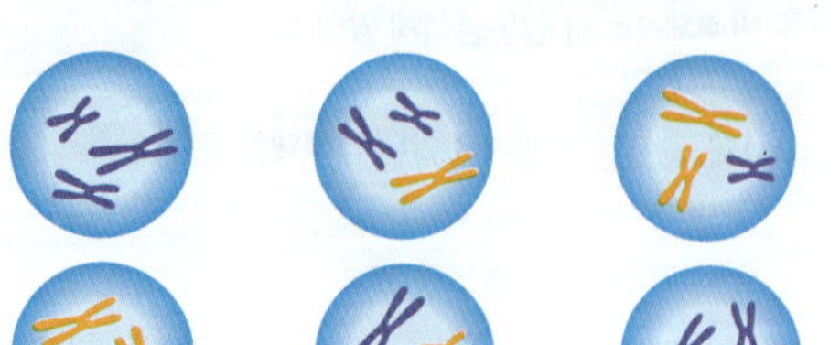
(a) 감수분열 I의 중기에서 네 가지 가능한 염색체 배열

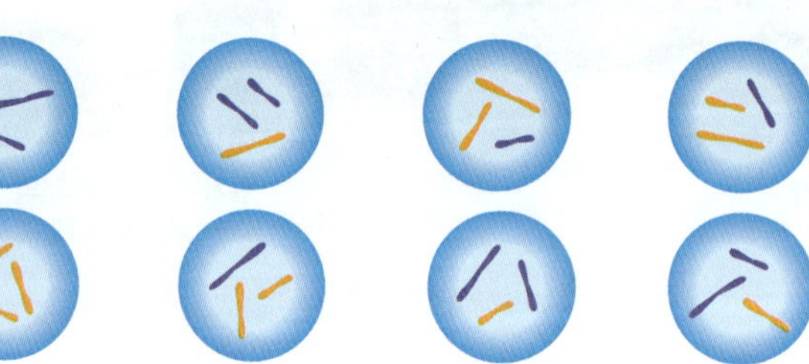
(b) 감수분열 I 이후 염색체의 가능한 8가지 유형

(c) 감수분열 II 이후 배우자의 가능한 8가지 유형

▲ **그림 10-7 상동염색체 쌍의 무작위적인 분리로 유전적 다양성이 생긴다** 명확하게 하기 위해 염색체들은 대, 중, 소의 크기로 묘사했다.

고, 부계 염색체는 그 반대 극을 향하게 된다. 하지만, 이 때 어느 염색체가 어느 극을 향할 것인지는 무작위로 결정되고 다른 염색체 쌍의 상동염색체들의 방향성에 의해 영향받지 않는다.

딸핵으로의 무작위적인 상동염색체 분배가 어떻게 배우자의 유전적 다양성에 기여하는지를 분명히 하기 위해, 세 쌍의 상동염색체($n$=3, 2$n$=6)를 가진 모기의 감수분열을 생각해보자. 중기 I 에서 염색체들은 4가지의 형태로 배열될 수 있다(**그림 10-7a**). 그러므로 후기 I 에는 딸핵에서 8가지의 염색체 조합이 가능해지고($2^3$=8; **그림 10-7b**), 모기는 8개의 다른 염색체 조합을 갖는 배우자들을 생성할 수 있다(**그림 10-7c**). 사람의 경우에는, 감수분열로 23쌍의 상동염색체를 무작위로 뒤섞어서 이론적으로 8백만($2^{23}$) 이상의 모계와 부계 염색체 조합을 갖는 배우자들을 생성할 수 있다.

## 교차는 새로운 유전자 조합을 갖는 염색체를 생성한다

한 쌍의 상동염색체에 참여하는 두 개의 염색체에는 일부 유전자가 다른 대립유전자로 들어있을 수 있다는 점을 기억해라(그림 10-2 참조). 교차는 **유전자 재조합**(**recombination**: 부모의 어느 쪽과도 다른 대립유전자들의 조합을 갖는 염색체의 형성)을 창출한다(**그림 10-8**). 염색체는 매우 길어서—사람의 염색체는 5천만에서 2억 5천만 뉴클레오타이드 길이—염색체를 따라 교차가 얼마든지 아무 곳에서나 일어날 수 있다. 그러므로 단 한 사람

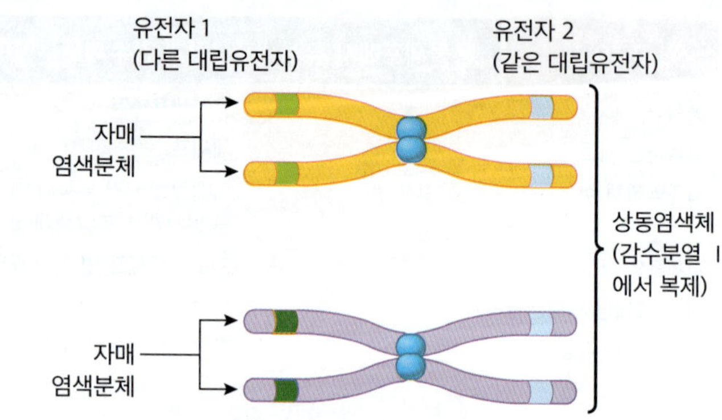

(a) 감수분열 I 전기 동안 염색체의 복제

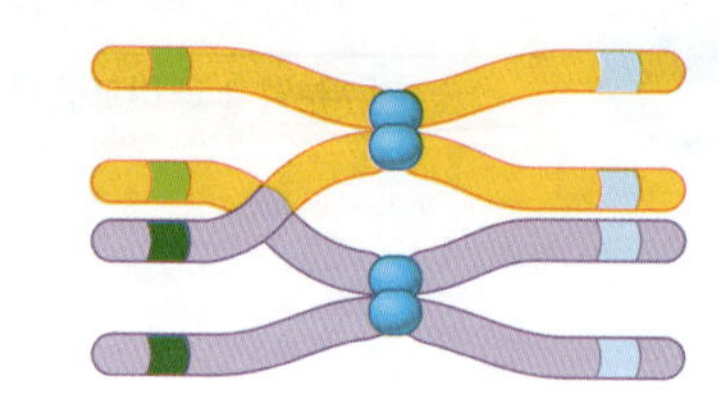
(b) 전기 I 동안 교차

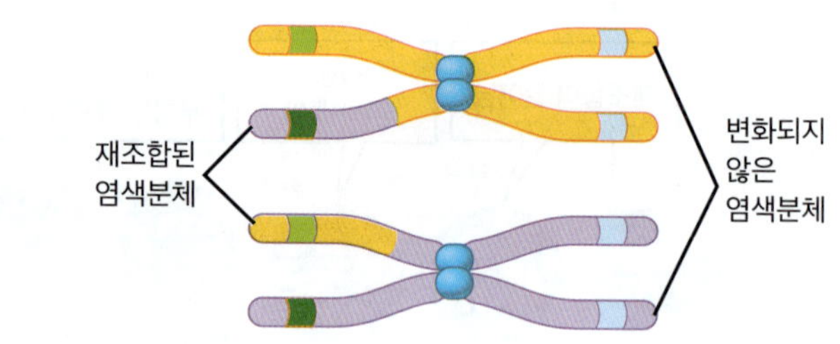

(c) 후기 I 동안 상동염색체의 분리

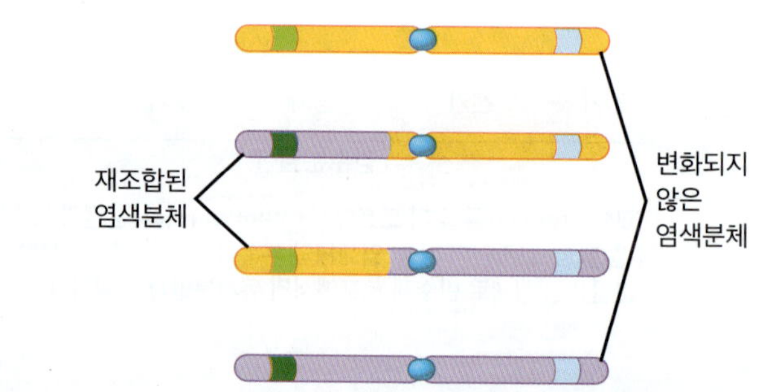

(d) 감수분열 II 이후에 재조합된 염색체와 변화되지 않은 염색체

▲ **그림 10-8 교차는 상동염색체 상의 대립유전자를 재조합한다** **(a)** 감수분열 I 의 전기 동안, 복제된 상동염색체가 쌍을 이룬다. **(b)** 두 개의 상동염색체가 교차에 의해 DNA를 교환한다. **(c)** 감수분열 I 의 후기 동안 상동염색체가 분리될 때 각 상동염색체의 한 개의 염색분체는 다른 상동염색체 염색분체의 DNA 조각을 갖게 된다. **(d)** 감수분열 II 후에는, 두 개의 염색체는 변화되지 않은 상태로 있게 되고 두 개는 재조합된 염색체가 된다. 재조합된 염색체는 원래 부모의 염색체에 없는 대립유선자의 배열을 갖게 된다.

에서도 배우자 생산이 엄청나게 많은 수의 유전적으로 독특한, 재조합 염색체를 만들어낼 수 있다.

## 배우자들의 융합은 자손에게 유전적 변이를 더 첨가하는 것이다

수정 시, 독특한 대립유전자들의 조합을 갖고 있는 두 배우자가 융합하여 이배체 접합자를 형성한다. 교차를 무시한다고 하더라도, 이미 살펴보았듯이 각 개인은 약 800만 개의 다른 염색체 조합을 가진 배우자를 생성할 수 있다. 그러므로 여러분의 부모님이 당신과 유전적으로 완전히 똑같은 다른 자식을 만들 확률은 1/8,000,000 × 1/8,000,000 또는 약 64조 중의 하나인 확률이다! 교차에 의해서 생기는 거의 무한대의 다양성을 감안하면, 당신과 똑같은 사람(일란성 쌍둥이가 아닌 한)은 과거에도 없었고, 미래에도 없을 것이라고 확신을 갖고 말할 수 있다.

### CHECK YOUR LEARNING

- 어떻게 감수분열과 유성생식이 집단 속에서 유전적 변이를 발생시키는지 설명할 수 있는가?

**CASE STUDY CONTINUED**

### 다양성은 집안 내력이다

테스 기딩스는 모발색, 피부색, 눈 색깔에 영향을 주는 많은 유전자들의 대립유전자로 "옅은색" 대립유전자를 가진 난자를 생산했을 것이지만, 크리스는 다양한 옅은색, 진한색 대립유전자로 이루어진 정자를 생산한 것으로 보인다. 아이들의 다양한 색은 크리스의 정자 내의 유전자가 주로 결정지은 것이다. 교차와 상동염색체의 분리가 색깔 유전자의 매우 다양한 대립유전자 조합을 가진 성사를 만들어낸 것이다.

## 10.4 감수분열 중의 오류가 어떻게 인간 유전병의 원인이 되는가?

감수세포분열의 과정에서 종종 차질이 생기면서 배우자가 정상보다 너무 많거나 적은 염색체를 갖게 된다. 감수분열에서의 이

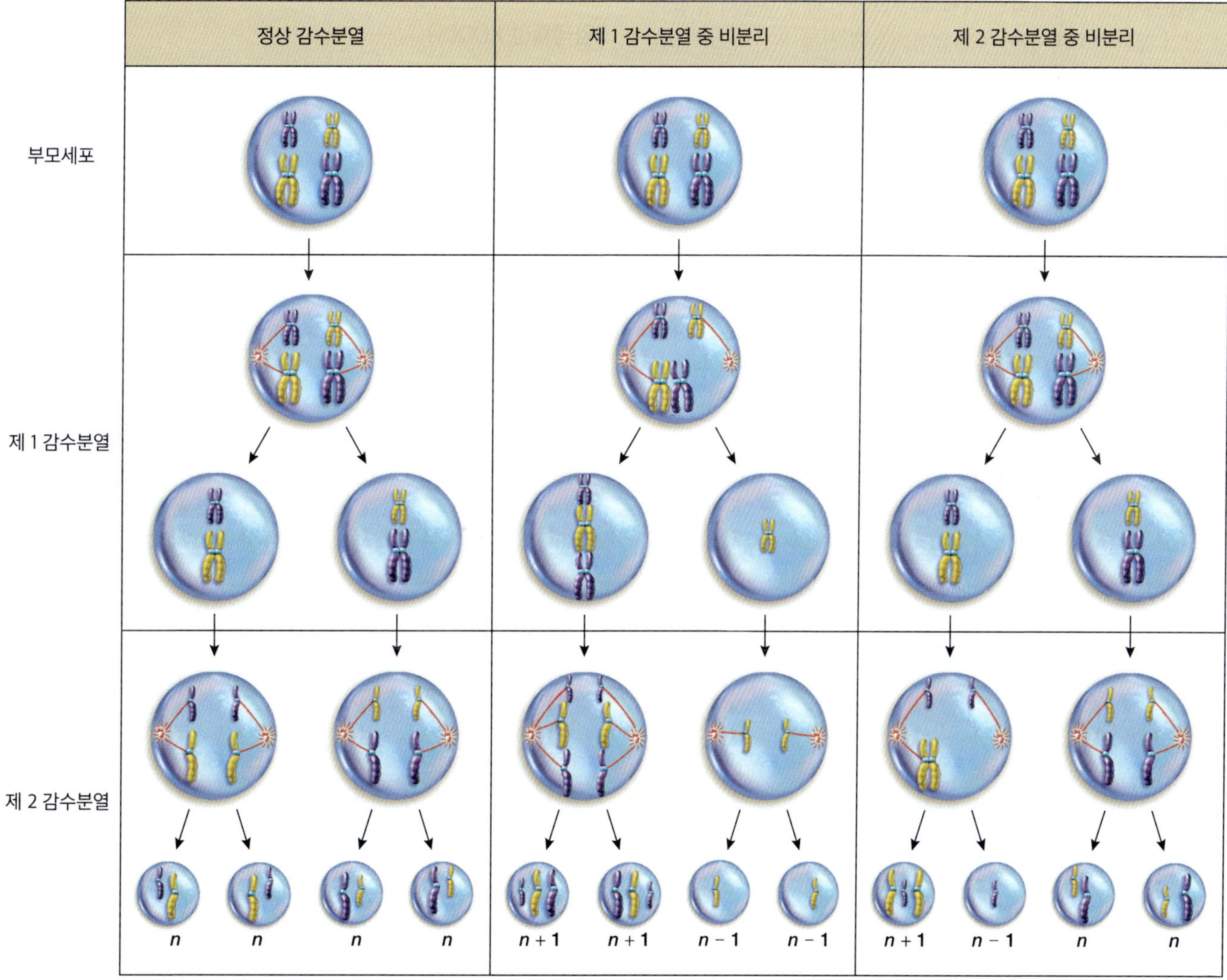


▲ **그림 10-9 감수분열 기간 동안의 비분리** 비분리는 감수분열 I 또는 감수분열 II 기간 동안 일어날 수 있으며, 결과적으로 배우자는 너무 많거나($n$+1) 또는 너무 적은($n$-1)수의 염색체를 갖는다.

| 표 10-2 | 감수분열 중 성염색체 비분리의 영향 | | |
|---|---|---|---|
| **부계 비분리** | | | |
| **결손 정자의 성염색체** | **정상 난자의 성염색체** | **자손의 성염색체** | **자손의 형질** |
| O (없음) | X | XO | 여자-터너 증후군 |
| XX | X | XXX | 여자-삼염색체성 X |
| XY | X | XXY | 남자-클라인펠터 증후군 |
| YY | X | XYY | 남자-야콥 증후군 |
| **모계 비분리** | | | |
| **정상 정자의 성염색체** | **결손 난자의 성염색체** | **자손의 성염색체** | **자손의 형질** |
| X | O (없음) | XO | 여자-터너 증후군 |
| Y | O (없음) | YO | 초기 배아 때 죽음 |
| X | XX | XXX | 여자-삼염색체성 X |
| Y | XX | XXY | 남자-클라인펠터 증후군 |

러한 오류를 **비분리(nondisjunction)**라고 하며 이러한 현상은 배우자의 염색체 수에 영향을 미칠 수 있다(**그림 10-9**).

사람에서는, 비정상적인 염색체 수를 가진 배우자들의 융합으로 생긴 배아의 대부분이 자연유산되는데 전체 유산의 20~50%가 여기에 해당된다. 그러나 비정상인 염색체 수를 가진 배아의 일부는 살아남아서 태어나고 생명을 유지하는 경우가 있다. 부모의 나이가 많을수록 배아가 비정상적인 염색체 수를 가질 확률이 높아진다.

## 어떤 질병들은 성염색체 수의 이상으로 생긴다

사람과 기타 포유동물들에서는 각각의 배우자가 정상적으로는 한 개의 성염색체를 가진다. 정상적인 난자는 X 염색체를 가지며, 정상 정자는 X 또는 Y 염색체 중 하나를 가진다. 성염색체의 비분리는 성염색체가 없든지 2개의 성염색체를 갖든지 하는 비정상적인 배우자를 생산한다. 난자가 2개의 성염색체를 가지면 XX; 정자가 2개의 성염색체를 가지면 XX, YY 또는 XY일 것이다. 성염색체가 없는 배우자는 “O”로 표기한다.

정상 배우자가 이러한 결함 있는 정자나 난자하고 융합하면 결과물인 배아는 비정상인 성염색체 수를 갖게 된다(**표 10-2**). 생존하는 배아에서 가장 흔한 비정상 유전자형은 XO, XXX, XXY 그리고 XYY이다.

### 터너 증후군(XO)

여자아기 2,500명당 1명꼴로 한 개의 X 염색체를 가지고 태어나는데, 이러한 상태를 **터너 증후군**(**Turner syndrome**, “하나의 X 염색체를 가진다”는 의미로 1염색체성 X라고도 불린다)이라고 한다. 터너 증후군 여아의 난소는 보통 출생 전에 퇴화되어 있기 때문에 터너 증후군 여아들은 성장하면서 사춘기를 겪지 않는다. 에스트로겐을 처방해 주면 가슴이 커지는 등의 2차 성징 발육이 촉진될 수 있다. 그러나 대부분의 터너 증후군 여성들은 난소 기능 상실이어서 난자 생산을 못하기 때문에 호르몬 치료를 해도 임신은 불가능하다. 터너 증후군 여성들은 심혈관계 질환, 신장병, 청력 상실의 위험성 증가 등을 경험하게 된다.

### 3염색체성 X(XXX)

약 1,000명의 여성 중 한 명은 3개의 X 염색체를 갖는데, 이런 상태를 **3염색체성 X(trisomy X)** 또는 3중 X라 한다. 이런 여자들의 대부분은 키가 크고 높은 빈도의 학습장애를 보이는 것 외에는 XX 여성들과 별다른 차이점이 없다. 터너 증후군 여성들과는 다르게 대부분의 3염색체성 X를 가진 여성들은 생식능력이 있다. 이들은 거의 항상 정상적인 성염색체(XX 또는 XY)를 갖는 아이들을 낳는데, 그래서 어떤 알 수 없는 메커니즘이 감수분열 동안에 작용하여 여분의 X 염색체가 난자에 들어가지 않도록 하는 것이 틀림없다.

### 클라인펠터 증후군(XXY)

약 500~1,000명의 남성 중 한 명은 두 개의 X 염색체와 한 개의 Y 염색체를 갖고 태어난다. **클라인펠터 증후군(Klinefelter syndrome)** 남자들은 보통 작은 크기의 고환을 가지고 있기 때문에, XY 남자들이 전형적으로 고환에서 테스토스테론을 만들어내는 것과 비교해서 테스토스테론을 많이 만들지를 못한다. 사춘기가 되면 XXY 남성 중 일부는 유방 성숙, 넓어진 엉덩이, 빈약한 수염 같은 혼재된 2차 성징을 발현한다. 클라인펠터 증후군 남자는 정자수가 적기 때문에 불임일지도 모른다; 클라인펠터 증후군은 보통 질환 남성과 그의 여성 배우자가 불임 때문에 병원을 찾아와 진단 받으면서 비로소 알게 된다.

### 야콥 증후군(XYY)

남자 1,000명당 한 명꼴로 한 개의 X 염색체와 두 개의 Y 염색체를 가지고 태어난다. Y 염색체는 활성 유전자를 몇 개만 가지므로, Y 염색체를 한 개 더 가지는 **야콥 증후군(Jacob syndrome)** 남자들 대부분은 기능적으로나 외모적으로 큰 변화가 없다. 야

**Have You Ever Wondered ...**

**왜 노새는 불임일까?**

노새는 암컷 말과 수컷 당나귀 사이의 이종교배 잡종이다. 많은 이종교배 동물처럼 노새는 생식능력이 없다. 노새는 염색체 수가 홀수여서 독자생존이 가능한 배우자를 생산할 수가 없다. 말은 64개의 염색체($n$=32)를 가지고 당나귀는 62개($n$=31)를 가지므로, 노새는 총 63개의 염색체를 가진다. 감수분열 I 동안에 상동염색체 쌍들이 배열될 때 염색체 한 개는 파트너가 없어서 쌍을 이룰 수가 없다. 게다가 다수의 말 염색체가 당나귀 염색체와 상동적이지 않아서 노새 염색체 대다수는 상동염색체로 잘 어울리지를 못한다. 그 결과로 정상적인 감수분열 메커니즘은 실패하고, 노새의 배우자는 말과 당나귀 염색체를 거의 무작위로 섞어서 전달받게 된다. 중요한 유전자들이 거의 항상 빠져버린다는 것이고, 그래서 노새가 다른 노새나 말, 당나귀 등과 짝짓기를 해봐야 수정란이 발달될 수가 없다. 그러나 매우 드물게 노새가 번식을 한다: 암컷 노새가 전혀 당나귀 염색체는 없이 전부 말 염색체만 가진 난자를 만들어냈고 수컷 당나귀와의 사이에서 새끼를 낳았다는 한 건의 보고가 있다. 적절하게, 새끼는 매우 드물다는 뜻의 블루문(Blue Moon)으로 이름 지어졌다.

콥 증후군 남자들은 생식능력이 있다. XYY 남성들에서 보이는 가장 흔한 영향은 키가 평균보다 큰 경향을 가진다는 점이다.

## 어떤 질병들은 상염색체 수의 이상에 의하여 생긴다

상염색체의 비분리는 상염색체 하나가 빠지거나 또는 두 개의 상염색체를 가지는 정자나 난자를 생산한다. 각 상염색체 한 개씩만 갖는 정상 배우자와의 융합은, 영향을 받은 상염색체 한 개 또는 세 개를 가진 배아를 만들게 된다. 어느 상염색체이든 한 개만 가진 배아는 거의 항상 발생 초기 단계에 유산되어 버리므로, 여성은 자신이 임신했었다는 사실을 전혀 알지 못한다. 상염색체가 세 개(3염색체성, trisomy)인 배아도 보통은 자연 유산된다. 그러나 염색체 13번, 18번 또는 21번이 3염색체성인 배아의 극히 일부는 생존해서 출생이 된다. 21번 염색체가 3염색체성인 경우에는 성인이 될 때까지도 생존할 수 있다.

### 21번 3염색체성(다운 증후군)

21번 염색체를 한 개 더 가지는 상태를 **21번 3염색체성(trisomy 21)** 또는 **다운 증후군(Down syndrome)**이라고 한다. 다운 증후군 아이들은 몇 가지 특별한 신체적 특징이 있는데 약한 근력과 혀와 조화를 이루지 못하기 때문에 부분적으로 벌려 있는 작은 입, 특이한 모양의 눈 등이 그것이다(**그림 10-10**). 더욱 심각한 문제로는 다양한 수준의 정신 지체, 감염성 질환에 대한 약한 저항력, 심장 결함 등이 포함된다. 21번 3염색체성은 출생 전에 태아세포 염색체 검사로 진단할 수 있고, 덜 정확하긴 하지만 태아의 생화학적 검사나 초음파 검사로도 알 수 있다(14장의 "Health Watch: 태아의 유전 검사" 참조).

다운 증후군은 700명 출산 중 1명꼴로 발생하지만 이러한 발생 빈도는 부모 특히 엄마의 나이에 따라 많이 달라진다. 20세 산모가 낳은 아이의 0.05% 정도가 다운 증후군을 가지는 반면에, 산모의 나이가 45세를 넘어서면 3% 이상으로 증가한다. 정자의 비분리는 다운 증후군의 경우 10% 정도의 원인에 해당하며, 아버지의 나이가 증가해도 다운 증후군 발생 비율이 그다지 늘어나는 것은 아니다.

**CHECK YOUR LEARNING**

- 어떻게 비분리로 인해 자손이 너무 많거나 너무 적은 수의 염색체를 갖게 되는지를 설명할 수 있는가?
- 비분리 때문에 생기는 인간의 유전질환 몇 가지를 서술할 수 있는가?

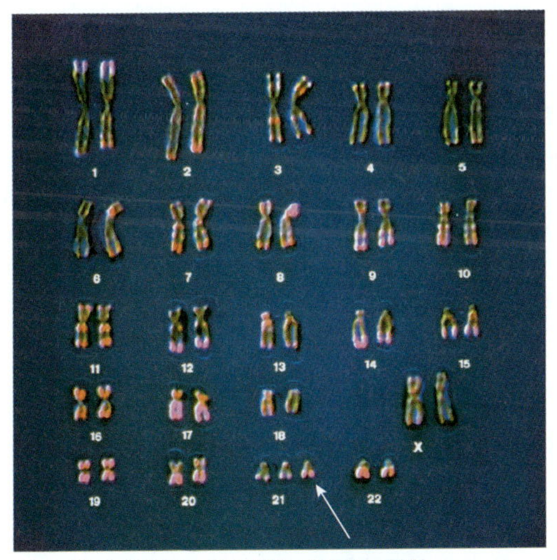


(a) 21번 염색체가 3개인 것을 보여주는 핵형

(b) 다운 증후군 여동생(오른쪽)과 정상인 언니

▲ **그림 10-10 21번 3염색체성 또는 다운 증후군** **(a)** 다운 증후군 아이의 핵형은 21번 염색체가 세 개임을 보여준다(화살표). **(b)** 다운 증후군은 거의 항상 비분리가 원인이며 집안 내력으로 유전되는 경우는 거의 없다.

CASE STUDY REVISITED

## 다양성은 집안 내력이다

많은 이들이 기딩스 가족 아이들의 다양성에 몹시 놀란다. 하지만, 기초생물학에서는 어떻게 그런 다양성이 발생할 수 있는지 쉽게 설명이 된다. 첫째는, 대부분의 유전자들은 많은 대립유전자를 가진다는 것이고; 두 번째는, 감수세포분열로 상동염색체가-그리고 상동염색체가 실어서 전달하는 대립유전자가-난자와 정자로 분리되어 간다는 것이고; 세 번째는, 정자와 난자가 무작위로 합쳐진다는 것이다. 그러나 감수분열과 유성생식이 어떻게 다양한 피부색을 초래하는지에 대한 솔직한 설명은 연관된 질문을 하게 한다: 왜 인간의 피부색은 가지각색인가?

진화생물학자들은 자연 선택이 다른 환경에서 다른 피부색을 가지게 한 것이라고 가설을 세운다. 특히 지리적 다양성에 따른 일조량의 차이에 반응하여 피부색이 진화했다. 인간 건강의 측면에서 보면, 햇빛은 장점과 단점 모두 될 수 있다. 햇빛의 자외선은 비타민 D 합성을 촉진하지만, 비타민 B9(엽산)을 분해시킨다; 두 가지 비타민 모두 인간 건강에 필수적이다. 짙은색 피부가 가진 색소는 자외선을 흡수하면서 엽산의 파괴를 최소화하지만, 비타민 D 합성은 줄여준다. 초기 인류가 살았던 적도 지역에서는 햇빛이 너무 강렬해서 짙은색 피부를 가진 사람도 충분한 양의 비타민 D를 만들게 하는데, 자연 선택에 의한 짙은색 피부는 엽산의 고갈을 막아준다. 결국, 일부 인간들은 북유럽으로 이주했는데, 북유럽은 햇빛이 훨씬 약해서 엽산의 파괴는 최소화하지만 짙은 피부색 사람들은 충분한 양의 비타민 D를 만들 수가 없다. 그래서 유럽 사람들은 자연 선택으로 옅은 피부색을 가지게 된 것이다. 이런 역사의 결과로 조상이 적도 지역에서 살았던 사람들은 짙은 피부색소 대립유전자가 가장 빈번하게 발현되고, 조상이 북유럽에 거주했던 사람들은 옅은 피부색소 대립유전자가 지배적이다.

**비판적 사고** 햇빛의 자외선은 피부암을 일으키는데, 옅은색 피부를 가진 사람들이 훨씬 더 취약하다. 적도 지역에서는 피부암의 위험성이 옅은색 피부를 가진 사람들을 도태시켰을까?

# CHAPTER REVIEW

*비판적 사고와 생각해보기, 선택형문제, 빈칸채우기 질문에 대한 답은 이 책의 뒷부분에 있는 정답란에서 볼 수 있다.*

## 핵심개념의 요약

### 10.1 유성생식은 어떻게 유전적 변이를 만들어낼까?

진핵세포는 전형적으로 상동염색체라고 하는 염색체 쌍들을 가진다. 상동염색체에는 같은 유전자들이 들어 있지만, 대개는 유전자들의 뉴클레오타이드 서열이 완전히 똑같지는 않고 비슷하다. 이렇게 약간씩 차이 있는 뉴클레오타이드 서열을 가진 유전자들을 대립유전자라고 한다. 상동염색체 쌍을 갖고 있는 세포를 이배체라고 한다. 세포가 각각의 염색체를 하나씩만 가지는 경우는 반수체라고 한다. 각각의 염색체를 3개 이상 가지는 세포는 다배체라고 한다.

### 10.2 감수세포분열은 어떻게 유전적으로 다양한 반수체 세포를 생성하는가?

감수세포분열(감수분열과 곧바로 이어지는 세포질분열)은 상동염색체 쌍을 분리하여 하나의 상동염색체만을 갖는 반수체 세포를 생성한다. 감수분열 전의 간기 동안에 염색체들은 복제된다. 그런 다음 세포는 두 번의 특수화된 세포분열-감수분열 I 과 감수분열 II-을 겪게 되고 4개의 반수체 딸세포를 생성한다(그림 10-5 참조).

#### 감수분열 I

전기 I 동안, 두 개의 염색분체들로 구성된 각각의 복제된 상동염색체들이 쌍을 이루어 교차에 의해 DNA를 교환한다. 중기 I 동안, 상동염색체들은 쌍을 이루어 함께 세포의 적도로 이동하고, 상동염색체는 하나씩 각각 세포의 반대극을 향하게 된다. 상동염색체들은 후기 I 에서 분리되고, 두 딸핵이 말기 I 에서 형성된다. 세포질분열은 보통 말기 I 에 일어난다. 각각의 딸핵은 상동염색체 쌍에서 한 염색체만을 받게 되므로 반수체가 된다. 각각의 염색체의 자매염색분체들은 감수분열 I 의 기간 내내 서로 부착된 상태로 남아 있는다.

#### 감수분열 II

감수분열 II 는 반수체 세포에서의 체세포 분열과 유사하다. 복제된 염색체들은 중기 II 동안 세포의 적도로 이동한다. 후기 II 동안 각 염색체의 두 염색분체들은 분리되어 세포의 반대극으로 이동한다. 이와 같은 두 번째 분열은 4개의 반수체 딸핵을 생성한다. 세포질분열은 정상적으로는 말기 II 동안 혹은 그 직후에 일어나, 4개의 반수체 세포를 생성한다.

### 10.3 감수분열과 배우자의 결합이 어떻게 유전적으로 다양한 자손을 만들어내는가?

감수분열 I 동안에, 모계와 부계의 상동염색체들을 무작위로 섞음으로써 새로운 염색체 조합을 탄생시킬 수 있다. 교차는 하나의 염색체 상에서 전에는 결코 일어난 적이 없었을 대립유전자들의 조합을 갖는 염색체들을 탄생시킨다. 상동염색체의 분리와 교차 때문에 한 부모는 완전히 동일한 배우자들을 결코 생성하지 않는다. 그렇게 유전적으로 독특한 두 배우자의 융합에 의해 유전적 다양성이 자손에게 더욱 추가되게 된다.

### 10.4 감수분열 중의 오류가 어떻게 인간 유전병의 원인이 되는가?

감수분열 중의 오류는 비정상적인 수의 성염색체나 상염색체를 갖는 배우자를 만들 수 있다. 성염색체 수가 비정상적인 많은 사람들은 구별되는 신체적 특징을 갖게 되고, 그 중 일부는 생식력이 떨어져서 자식을 낳기가 어렵다. 상염색체 수에 이상이 있으면 대개는 임신 초기에 자연 유산이 된다; 드문 경우에, 태아가 살아남아서 출생될 수는 있지만 지적 결함 또는 신체적 결함이 항상 생긴다. 아버지 나이보다는 엄마의 나이가 증가함에 따라 비정상적인 염색체 수를 가진 배우자를 생산할 가능성이 높아진다.

# 개념을 통한 이해

## 선택형 문제

1. 남성과 여성 모두에서 볼 수 있고, 모든 세포에서 볼 수 있는 염색체 쌍은?
   a. 성염색체
   b. 상염색체
   c. 다배체
   d. 염색분체
2. 개개의 상동염색체를 3개 또는 그 이상의 사본으로 가진 세포를 무엇이라고 하는가?
   a. 배우자
   b. 반수체
   c. 3염색체성 X
   d. 다배체
3. 교차 중에는?
   a. 상동염색체의 염색분체에서 DNA가 교환된다.
   b. 평균보다 높은 빈도로 돌연변이가 일어난다.
   c. 비상동염색체의 염색분체에서 DNA가 교환된다.
   d. 비분리가 일어난다.
4. 다음 중 유전적 다양성에 기여하지 않는 것은?
   a. 정확한 DNA복제
   b. 교차
   c. 감수분열 중기 I 동안에 상동염색체의 무작위적인 배열
   d. 정자와 난자의 결합
5. 감수분열의 어느 단계에서 반수체 핵이 처음 형성되는가?
   a. 중기 I
   b. 말기 I
   c. 중기 II
   d. 말기 II

## 빈칸 채우기

1. 감수세포분열은 각각의 이배체 부모세포로부터 반수체 딸세포(몇 개를) ________ 만든다. 동물에서는 감수세포분열로 생성된 반수체 딸세포는 ________가 된다.
2. 감수분열 I 의 ________동안, 쌍을 이룬 상동염색체는 ________라 불리는 구조를 형성한다. 이러한 구조는 무슨 일이 일어나는 장소가 되는가? ________
3. ________의 ________ 동안에, 자매염색분체는 서로 결합한 채로 유지되며 상동염색체는 분리된다. 자매염색분체는 ________의 ________ 동안에 떨어져서 분리된다.
4. 유성생식 동안 자손의 유전적 다양성을 촉진하는 3가지 과정은 ________, ________, 그리고 ________이다.
5. 한 개의 X 염색체만 가진 여성은 ________ 증후군이다. 이런 여성들은 보통 사춘기를 ________ (겪는다/겪지 않는다). 그리고 아이를 낳을 수 ________ (있다/없다). 일반적으로 ________ 증후군을 가진 남성은 2차 성징이 축소되어 있다. 이러한 남자들의 성염색체는 ________이다(X와 Y 염색체 수를 기록하라).

## 복습문제

1. 감수분열의 사건들을 그림으로 나타내어라. 어느 단계에서 상동염색체가 분리되는가?
2. 교차를 설명하라. 감수분열의 어느 단계에서 이런 현상이 일어나는가? 교차점의 두 가지 기능을 말해 보라.
3. 유사분열과 감수분열은 어떤 면에서 유사한가? 어떤 면에서 차이점이 있는가?
4. 감수분열이 어떻게 유전적 다양성을 제공하는지 설명하라. 한 동물이 반수체 두 개를 가진다고 한다면(성염색체가 없고), 유전적으로 다른 배우자가 얼마나 많이 생성될 수 있는가?(교차가 없는 것으로 가정하라.) 반수체가 5개라면 어떻게 될까?
5. 비분리에 대해서 정의하고, 성염색체와 상염색체의 비분리로 인해 야기되는 흔한 증후군들을 서술하라.

# 개념의 적용

1. 많은 식물들은 유성생식이나 무성생식을 할 수 있다. 예를 들면, 딸기는 뿌리와 새로운 개체를 형성하는 주자(runners)라고도 하는 수평 줄기를 뻗어 보내면서 무성생식을 할 수 있다. 또한, 딸기는 꽃을 피우고, 열매와 씨를 만들면서 유성생식을 할 수도 있다. 야생식물에서 두 가지 유형의 생식 방법이 가지는 장점과 단점을 설명하라. 주자(runners)와 씨가 자신들을 발견할 수 있을 만한 환경의 중요한 측면을 포함해서 토론하라.

# 11

# 유전의 양식

CASE STUDY

## 경기장에서의 돌연사

플로 하이만은 키 183cm에 우아하고 탄탄한 몸을 가진 당대 최고의 배구선수였다. 그녀는 1984년 올림픽 때 미국 배구팀에게 은메달을 안겨주었고 이후 프로팀에 입단했다. 1986년에 31세의 나이에 호흡곤란으로 경기 출전을 포기하고 선수석에서 구경만 하다가 결국 사망하였다. 이렇게 젊고 건강한 사람에게 어떻게 이런 일이 일어날 수 있었을까?

하이만은 마르판 증후군(Marfan syndrome)이라는 희귀 유전병을 가지고 있었다. 마르판 증후군을 가진 사람들은 키가 크고 날씬하며 팔, 다리가 길고 유연하며 손발이 크다. 일부 마르판 증후군을 가진 사람들은 이러한 특징 때문에 부와 명성을 얻기도 했다. 그러나 불행하게도 마르판 증후군은 생명을 앗아가기도 한다.

하이만은 심장으로부터 몸 전체에 혈액을 운반하는 거대 동맥인 대동맥의 파열로 사망하였다. 왜 하이만의 대동맥이 파열되었으며 큰 키와 큰 손이 연약한 대동맥과 무슨 공통점을 가지고 있었을까? 마르판 증후군은 결합조직의 필수 구성성분인 피브릴린(Fibrillin)이라는 단백질을 암호화하는 유전인자의 돌연변이로 생기는 병이다. 정상 피브릴린은 긴 섬유 형태로 뼈에 근육을 붙이는 힘줄, 관절에서 뼈를 서로 이어주는 인대, 그리고 동맥의 벽에 힘을 제공한다. 또한 피브릴린은 뼈, 연골, 인대, 그리고 힘줄을 포함하는 연결조직을 만드는 세포들의 특정 성장인자를 억제시켜 세포분열이 과도하게 일어나지 않도록 한다. 결함이 있는 피브릴린은 이러한 성장인자를 억제시키지 못하므로 그 결과 마르판 증후군을 가진 사람들은 팔, 다리, 손, 발이 비정상적으로 길어지게 되는 것이다. 결함이 있는 피브릴린 분자와 과도한 성장인자의 작용으로 뼈, 연골, 동맥벽 등이 약해지게 된다.

인간을 포함한 이배체 생물은 각각의 유전자가 쌍으로 이루어져 있는데 유전자 각각은 상동염색체상에 존재한다. 이중 한쪽의 피브릴린 유전자가 결손되면 마르판 증후군이 일어난다. 이러한 사실은 우리에게 마르판 증후군의 유전에 대해 무엇을 알려주는가? 모든 유전병들은 한쪽 유전자의 이상만으로 생길 수 있는가? 이를 이해하기 위하여 우리는 과거로 돌아가 그레고리 멘델의 정원을 방문해 보아야만 한다.

올림픽 배구 은메달리스트인 플로 하이만(Flo Hyman)은 선수생활 절정기에 마르판 증후군으로 사망했다.

## 주요내용



## 11.1 유전의 물리적 기초는 무엇인가?

**유전(inheritance)**이란 개체들의 형질들이 자손에게 전달되는 과정이다. 이 장에서 우리의 논의는 반수체 배우자의 결합을 통해 유성생식을 하는 대부분의 동, 식물을 포함한 이배체 개체에 국한되어 있다. 유전의 물리적 기초가 되는 것에 대해 간략하게 살펴보며 유전에 대한 여정을 시작하고자 한다.

### 유전자는 염색체상의 특정 부위에 있는 뉴클레오타이드의 서열이다

염색체는 다양한 단백질들이 밀집되어 있는 한 분자의 이중나선 DNA로 이루어져 있다(그림 9-1과 9-5 참조). 유전의 단위인 **유전자(genes)**는 수백에서 수천 개의 뉴클레오타이드로 되어 있는 DNA 조각들이며 이들은 단백질, 세포, 그리고 생물 전체를 만드는 데 필요한 정보를 암호화한다. 유전자는 염색체의 부분이다. 염색체상에서 유전자의 물리적 위치를 **유전자자리(locus,** 복수는 loci; **그림 11-1**)라고 한다.

이배체 개체의 염색체는 쌍으로 이루어져 있으며 이 염색체 쌍을 상동염색체라고 한다. 한 쌍의 상동염색체는 동일한 위치에 동일한 유전자가 놓여있다. 그러나 특정 유전자의 뉴클레오타이드 서열은 같은 종 내에서도 개체들마다 다르고 심지어 동일 개체에서 두 상동염색체 사이에서도 다소 다르다. 하나의 유전자의 서로 다른 버전을 **대립유전자(alleles)**라고 한다(그림 11-1 참조).

### 돌연변이는 대립유전자의 근원이다

유전자는 왜 다중의 대립유전자를 가지는가? 모든 대립유전자는 원래 한 유전자의 DNA 뉴클레오타이드 서열의 변화인 **돌연변이(mutation)**로 생겨난다. 만일 정자나 난자가 될 세포에서 돌연변이가 일어나면 이는 부모에서 자손으로 전달될 수 있다. 새로운 버전의 유전자를 가진 자손은 그것을 자신의 자손에게 물려줄 수도 있고 그래서 대를 이어 물려줄 수도 있다. 그러므로 대부분의 대립유전자는 그 조상의 생식세포에서 돌연변이로 처음 생겨나 자손 대대로 유전되어 온 것이다.

### 한 개체의 두 대립유전자는 같을 수도 있고 다를 수도 있다

이배체 개체는 상동염색체 쌍을 가지며 각각은 동일한 유전자자리를 가지고 있기 때문에 한 개체는 각 유전자를 두 개씩 갖게 된다. 만일 상동염색체 양쪽이 어느 일정한 유전자자리에서 동일한 대립유전자를 가졌다면, 그 유전자자리에서 그 개체는 **동형접합성(homozygous)**이라 한다("동형접합성"은 그리스어의 "동일한 쌍"이라는 말에서 유래함). 그림 11-1에 나타낸 염색체들은 두 개의 유전자자리에서 동형접합성이다. 만일 이 두 상동염색체가 주어진 유전자자리에서 서로 다른 대립유전자라면, 그 개체는 그 유전자자리에서 **이형접합성(heterozygous** "다른 쌍")이다. 그림 11-1의 염색체들은 한 유전자자리에서 이형접합성이다.

**CHECK YOUR LEARNING**

- 염색체, DNA, 유전자, 돌연변이, 대립유전자 사이의 관계를 서술할 수 있는가?
- 생물체가 하나의 유전자에 대해 이형접합이거나 동형접합이라는 것이 무엇을 의미하는지 설명할 수 있는가?

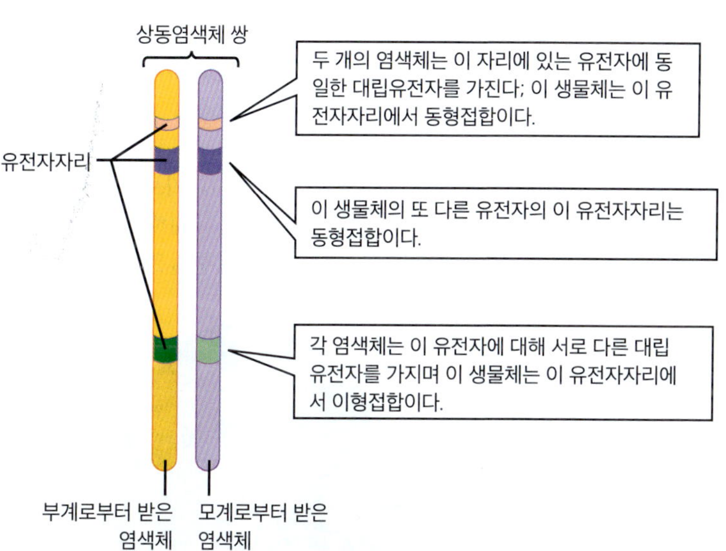


▲ **그림 11-1 유전자, 대립유전자, 그리고 염색체 사이의 관계** 각각의 상동염색체는 동일한 유전자 쌍을 가진다. 각 유전자는 그 염색체상의 동일한 위치, 즉 유전자자리에 위치한다. 같은 유전자자리에서 뉴클레오타이드 서열의 차이가 유전자의 서로 다른 대립유전자를 만들어낸다. 이배체 생물체는 각 유전자에 대해 각각의 상동염색체에 하나씩, 모두 두 개의 대립유전자를 가진다. 두 개의 상동염색체상의 대립유전자는 같을 수도 있고 다를 수도 있다.

## 11.2 유전의 법칙은 어떻게 발견되었는가?

1800년대 중반, 오스트리아 수도승 그레고리 멘델(**그림 11-2**)은 실험을 통해 많은 중요한 유전법칙을 발견했다. 비록 멘델이 DNA, 염색체, 감수분열이 알려지기 이전에 연구를 수행했지만, 그의 연구결과로 유전자와 대립유전자 그리고 이것들이 유성생식 동안 어떻게 유전이 되는가에 대한 아주 중요한 사실들을 밝혔다.

### 올바른 길 : 멘델의 성공 비결

멘델은 그의 연구를 위해 완두콩을 선택하였다(**그림 11-3**). 이 종은 같은 꽃에 자성과 웅성의 생식 구조를 가지고 있다. 수술이라는 꽃의 숫생식기관은 정자를 포함하고 있는 꽃가루를 생산한다. 심피라고 불리는 암생식기관에는 난소가 있다. 완두콩의 꽃잎은 두 생식기관을 모두 감싸고 있어서 다른 꽃의 꽃가루가 들어가는 것을 막는다. 따라서 완두 꽃의 난자는 같은 꽃의 꽃가루에서 유래한 정자에 의해서만 수정된다. 각 개체의 정자가 자신의 난자와 수정될 때 이 과정을 **자가수정(self-fertilization)**이라고 한다.

멘델은 종종 다른 두 완두 식물을 짝지어서 그들의 자손이 어떤 특징을 물려받는지 알고 싶었기 때문에 자가수정은 항상 멘델의 목표에 걸림돌이 될 수밖에 없었다. 원하는 교배를 수행하기 위해 꽃잎을 벌리고 수술을 제거하여 자가수정을 막았다. 그런 다음 심피의 끈적거리는 암술머리에 다른 식물의 꽃가루를 털어 넣어주었다. 한 개체의 정자가 다른 개체의 난자와 수정될 때 이 과정을 **타가수정(cross-fertilization)**이라고 한다. 만약 교배를 하는 부모들이 적어도 하나의 유전적으로 결정된 형질이 다르다면 그 자손은 **잡종(hybrid)**이다.

멘델의 실험 설계는 단순하지만 현명했다. 초기의 과학자들은 일반적으로 개체들 사이에 약간 다르게 나타나는 형질을 포함하여 개체 전체의 모든 특징들을 한꺼번에 고려하여 유전연구를 하려고 애썼다. 당연히 연구자들은 새로운 사실을 알아내기보다는 갈팡질팡하였다. 하지만 멘델은 한 번에 하나의 형질에 대해 연구하였고 흰색 꽃과 보라색 꽃처럼 뚜렷한 특징을 가진 형질을 대상으로 하였다.

그의 실험에서 멘델은 각각의 형질을 가진 자손의 수를 계산하면서 몇 세대 동안 이러한 형질들의 유전을 살펴보았다. 멘델에 의한 이러한 숫자들의 분석으로 유전의 기본 양식이 명백해졌다. 오늘날, 실험 결과의 정량화와 통계 분석의 적용은 모든 생물학 연구에 필수도구이다. 그러나, 멘델의 시대에서 수치 분석은 가히 혁신이었다.

▶ **그림 11-2 그레고리 멘델(Gregor Mendel)** 이 초상화는 그의 선구적인 유전학 실험을 마친 후인 약 1888년의 모습이다.

▲ **그림 11-3 식용완두 식물의 꽃** 완전한 완두꽃(왼쪽)에서 하부 꽃잎이 생식기관인 수술(웅성)과 심피(자성)을 감싸고 있다. 평상시 꽃가루는 밖에서 들어와 수정되지 않는다. 그래서 완두꽃은 자가수분 다시 말해 자가수정을 한다. 만일 꽃이 열려 있다면(오른쪽) 인공적으로 타가수분이 가능하다.

**CHECK YOUR LEARNING**

- 자가수정과 타가수정을 구별할 수 있는가?
- 멘델의 실험 설계의 중요한 특징들을 설명할 수 있는가?

## 11.3 단일 형질은 어떻게 유전되는가?

오늘날에도 유전의 기본 원칙을 배우는 가장 좋은 방법 중 하나는 멘델의 실험 결과를 검토하는 것이다.

첫 실험에서 멘델은 꽃 색과 같은 단일 형질에 대해 순종인 여러 완두 식물들을 타가수정했다. (**순종(true-breeding)** 개체들은 자가수정으로 생산된 모든 자손들에서 동일한 형질을 가진다.) 이러한 실험 중 하나로 멘델은 순종의 흰색 꽃의 식물을 역시 순종의 보라색 꽃을 갖는 식물에 타가수정하였다. 이렇게 시작한 처음 식물을 부모 세대라고 하고 문자로 P라고 표시하였다. 멘델은 자손의 형질을 결정하기 위하여 잡종 씨앗을 보관하였다가 이듬해에 심었다.

멘델은 잡종 씨앗을 심었고 그는 제1세대 자손("first filial" 또는 $F_1$ 세대) 모두가 보라색 꽃을 피운다는 것을 발견했다(**그림 11-4**). 흰색은 어떻게 되었는가? $F_1$ 잡종의 꽃은 순종 부모 세대와 같은 보라색이었다. 순종의 흰색 꽃은 $F_1$ 자손 세대에서는 사라지는 것처럼 보였다.

멘델은 $F_1$ 세대의 꽃을 자가수정하고 그래서 얻어진 종자를 다음 해 봄에 다시 심었다. 제 2세대($F_2$)에서 705개 식물이 보라색이었고 224개 식물은 흰색으로 나타났다. 이 숫자는 약 3/4이 보라색, 1/4이 흰색으로 비율로 나타내면 보라색과 흰색은 대략 3:1이었다(**그림 11-5**). 이러한 결과로 미루어 보아 흰색을 나타내는

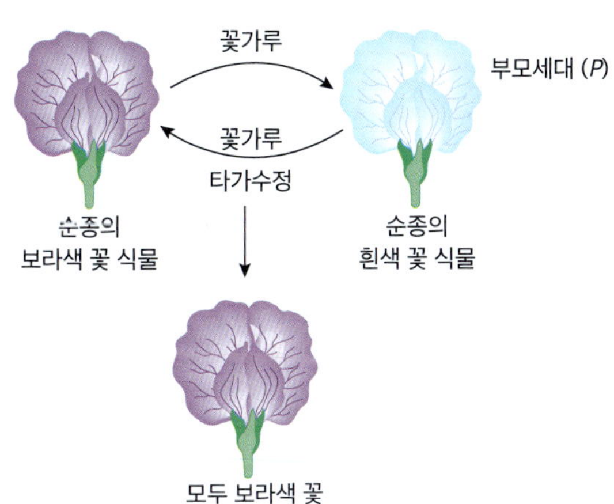


▲ **그림 11-4 흰색꽃과 보라색 꽃의 교배** 자손 모두 보라색 꽃을 가졌다.

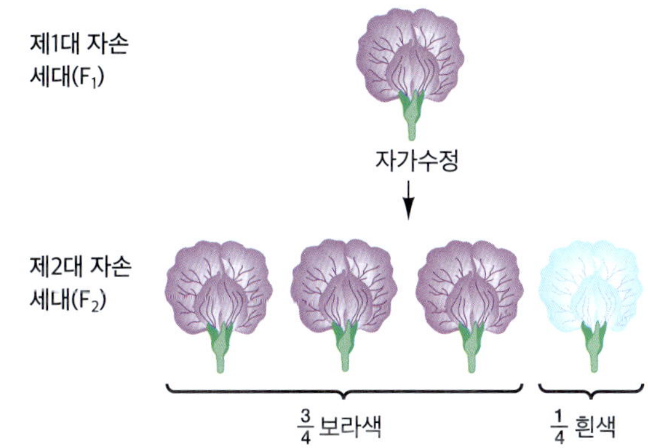


▲ **그림 11-5 보라색 꽃의 $F_1$ 완두 식물의 자가수정** 자손의 3/4은 보라색 꽃을, 1/4은 흰색 꽃을 생산한다.

능력은 $F_1$에서 사라져 버린 것이 아니고 단지 "숨어 있었다"는 것을 의미한다.

멘델은 $F_2$의 식물을 자가수정하여 또 다시 제3세대 ($F_3$)를 만들었다. 그는 여기서 흰색 꽃의 모든 $F_2$ 식물은 흰색 꽃의 자손을 생산하는 순종이라는 것을 발견하였다. 반면에 보라색 꽃의 $F_2$ 식물의 자가수정에서는 자손은 두 가지 유형으로 나타났다. 자손의 약 1/3은 보라색의 순종이었고 나머지 2/3는 다음 세대에 보라색이나 흰색 꽃의 자손을 3:1의 비율로 생산하는 잡종이었다. 따라서 $F_2$의 세대에서는 1/4이 순종의 흰색 꽃의 식물이고 1/4 은 순종의 보라색 꽃의 식물이며, 1/2은 잡종의 보라색 꽃의 식물이었다.

## 상동염색체상의 우성과 열성 대립유전자의 유전 양식은 멘델의 교배실험의 결과를 설명한다

멘델의 실험 결과에 유전자와 상동염색체에 대한 현재의 지식을 보충하여 단일 형질의 유전에 대해 다음과 같은 다섯 가지의 가설을 만들 수 있다.

- 각 형질들은 유전자라 불리는 한 쌍의 분리된 물리적 단위에 의하여 결정된다. 각 개체는 각 유전자에 대하여 두 개의 대립유전자를 갖는데 이들은 상동염색체 각각에 한 개씩 존재한다.
- 상동염색체 쌍이 감수분열 과정에서 서로 분리되면, 대립유전자도 나눠진다. 이러한 현상이 멘델의 **분리의 법칙(law of segregation)**이다. 따라서 각 배우자는 한 쌍의 대립유전자 중에 오직 하나만 받게 된다. 정자가 난자와 수정할 때, 그 결과 자손은 부계로부터 하나의 대립유전자를, 모계로부터 또 다른 하나의 대립유전자를 받는다.
- 상동염색체는 감수분열 동안 무작위로 나누어지기 때문에 배우자 내로 들어가는 대립유전자의 분포는 무작위로 이루어진다.
- 순종 개체는 어느 주어진 유전자에 대하여 동일한 대립유전자를 두 개 갖고 있으므로 그 유전자에 대해 동형접합성이다. 동형접합성의 개체에서 형성된 모든 배우자는 그 유전자에 대해 동일한 대립유전자를 갖는다(**그림 11-6a**). 잡종 개체는 어느 주어진 유전자에 대하여 두 개의 서로 다른 대립유전자를 가지므로 그 유전자에 대해 이형접합성이다. 이형접합성의 개체의 생식세포 중 반은 그 유전자에 대하여 한 쪽 대립유전자를 갖고 있고, 또 다른 반은 다른 쪽 대립유전자를 갖고 있다(**그림 11-6b**).

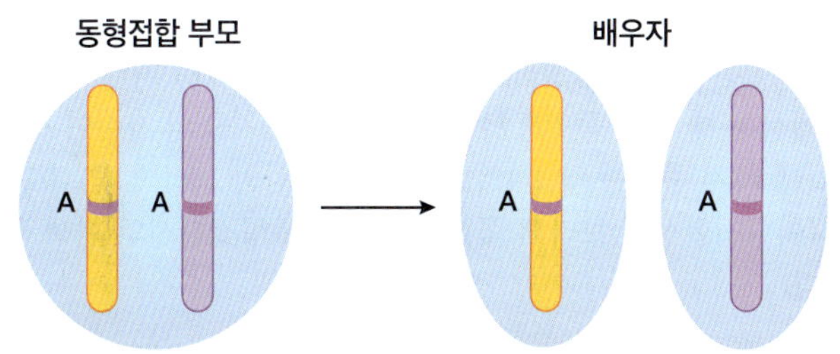


(a) 동형접합 부모에 의해 생산된 배우자

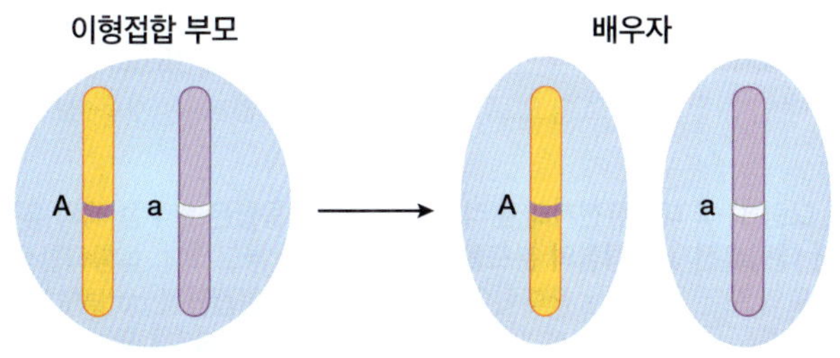


(b) 이형접합 부모에 의해 생산된 배우자

▲ **그림 11-6 배우자에서 대립유전자의 분포** (a) 동형접합성 개체에 의해 생산된 모든 배우자는 동일한 대립유전자를 가진다. (b) 이형접합성 개체에 의해 생산된 배우자의 반은 서로 다른 대립유전자를 가진다.

• 두 개의 서로 다른 대립유전자가 한 개체에 존재한다면 하나의 **우성(dominant)** 대립유전자는 다른 하나의 열성 대립유전자의 발현을 억제할 것이다. 그러나 **열성(recessive)** 대립유전자는 여전히 존재하고 있다.

이러한 가설이 어떻게 꽃의 색에 대한 멘델의 실험 결과를 설명하는가를 살펴보자(**그림 11-7**). 실험에서 서로 다른 대립유전자의 표시를 알파벳으로 나타낼 것이다. 보라색 꽃에 대한 대립유전자는 우성으로 대문자 *P*, 흰색 꽃에 대한 대립유전자는 열성으로 소문자 *p*로 표기하자. 동형접합성의 보라색 꽃을 가진 식물은 보라색 꽃에 대해 두 개의 대립유전자(*PP*)를 갖는다.

멘델이 실험을 순종의 보라색 꽃 식물과 순종의 흰색 꽃 식물의 교배로 시작한 것을 기억하라. 보라색 꽃에 대해 순종인 식물은 동형접합성의 두 개의 대립유전자(*PP*)를 가지고 있어서 생성되는 모든 배우자는 *P* 대립유전자를 가진다. 흰색 꽃을 가지도록 순종 재배된 식물 역시 두 개의 대립유전자(*pp*)를 갖는 동형접합성으로 생성되는  배우자 모두는 *p* 대립유전자를 갖게 된다(**그림 11-7a**). 그러므로, *P*를 갖는 정자가 *p*를 갖는 난자와 수정하든지 p를 가진 정자가 *P*를 가진 난자와 수정하여 타가수분으로 $F_1$ 자손이 생긴다면 어느 경우나 $F_1$자손은 *Pp*이며 *P*는 *p*에 대하여 우성이기 때문에 모든 자손은 보라색이다(**그림 11-7b**).

멘델은 이형접합 $F_1$ 식물들을 자가수정하여 $F_2$ 세대를 얻었다. 이형접합성의 *Pp* 식물에 의하여 생산되는 각 배우자가 *P* 대립유전자나 *p* 대립유전자를 받을 수 있는 확률은 동일하다. 즉 이형접합 식물은 동일한 수의 *P*와 *p*를 갖는 정자와 동일한 수의 *P*와 *p*를 갖는 난자를 생산한다. 만일 *Pp* 식물이 자가수정되면 각각의 대립유전자를 가진 정자가 각각의 대립유전자를 가진 난자와 수정할 수 있는 기회가 동일하게 주어진다(**그림 11-7c**). 따라서 $F_2$ 세대에서는 세 가지 즉 *PP*, *Pp* 그리고 *pp* 유전자형의 자손이 생긴다. 세 가지 종류는 약 1/4의 *PP*(동형접합성의 보라색 꽃), 1/2의 *Pp*(이형접합성의 보라색 꽃)와 1/4의 *pp*(동형접합성의 흰색 꽃)이다.

## 관찰 가능한 형질들이 항상 근본적인 대립유전자들을 드러내지는 않는다

멘델의 발견은 겉으로 비슷하게 보이는 두 식물이 실제로는 다른 대립유전자의 조합으로 되어있을 수도 있다는 것을 보여준

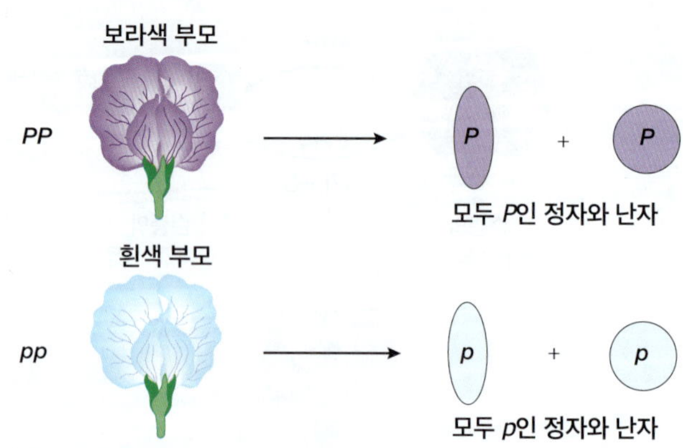

(a) 동형접합 부모에 의해 생산된 배우자

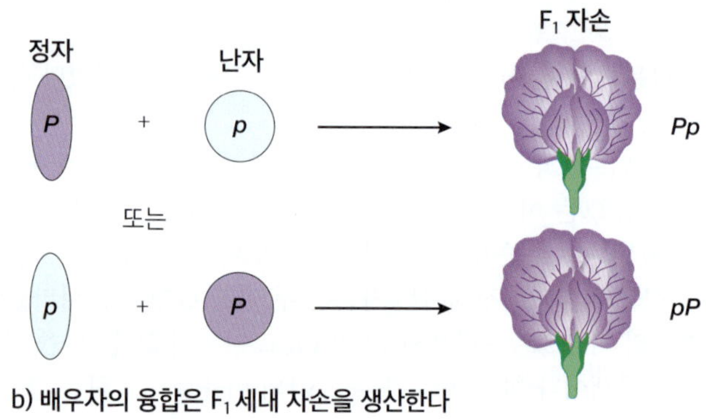

b) 배우자의 융합은 $F_1$ 세대 자손을 생산한다

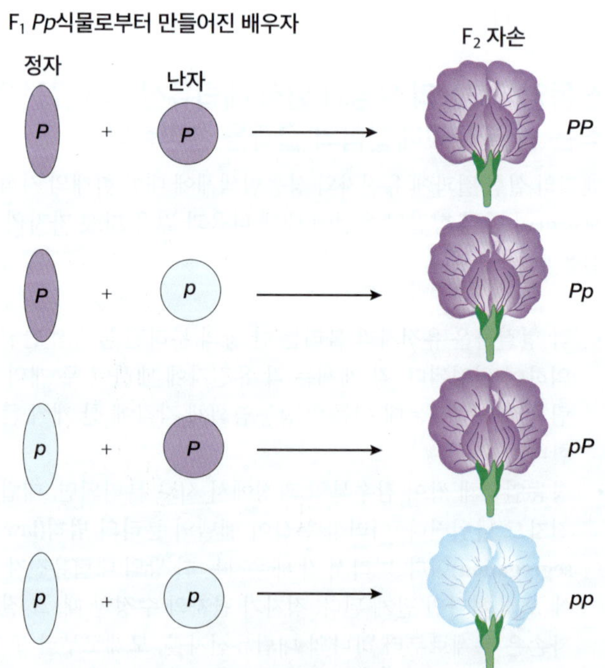

(c) $F_1$세대로부터 얻어진 배우자의 융합으로 $F_2$ 자손을 생산한다

▶ **그림 11-7 대립유전자의 분리와 배우자들의 융합은 완두콩 색의 유전에서 대립유전자와 형질의 분포를 예측한다** **(a)** 부모세대: 동형접합성 *PP* 부모의 모든 배우자는 *P* 대립유전자를 가지고 동형접합성 *pp* 부모의 모든 배우자는 *p* 대립유전자를 가진다. **(b)** $F_1$ 세대: *P* 대립유전자를 가진 배우자와 *p* 대립유전자를 가진 배우자의 융합은 *Pp* 자손을 생산한다.(*Pp*와 *pP*는 같은 유전자형이다). **(c)** $F_2$ 세대: 이형접합 *Pp* 부모의 배우자의 절반은 *P* 대립유전자를 가지며 절반은 *p* 대립유전자를 가진다. 이들 배우자의 융합으로 *PP*, *Pp*, *pp* 자손이 생산된다.

다. 즉 같은 표현형을 가진 개체라도 다른 유전자형을 가질지도 모른다. 개체의 표현형은 외형, 행동, 기타 관찰되는 특징을 포함한 개체의 형질들로 구성된다. 개체의 **유전자형(genotype)**은 가지고 있는 대립유전자의 조합(예컨대 *PP* 또는 *pp*)으로 구성된다. 지금까지 본 바와 같이 *PP*나 *Pp* 유전자형을 갖는 식물은 **표현형(phenotype)**으로는 보라색 꽃을 나타낸다. 멘델이 재배한 완두콩 $F_2$ 세대는 세 종류의 유전자형(1/4 *PP*, 1/2 *Pp* 그리고 1/4 *pp*)이 있지만 표현형은 단지 두 가지(3/4 보라색과 1/4 흰색)만 나타난다.

## "유전학적 기록"을 통해 자손의 유전자형과 표현형을 예측할 수 있다

**퍼네트 사각형법(Punnett square method)**은 1900년대 초기 유명한 유전학자 R. C. Punnett에 의하여 이름 지어졌는데 자손의 유전자형과 표현형을 나타내는 데 편리한 방법이다. **그림 11-8a**는 하나의 형질에 대해 이형접합성인 두 개체를 교배시켰을 때 나오는 자손의 예상 비율을 결정하기 위하여 퍼네트 사각형을

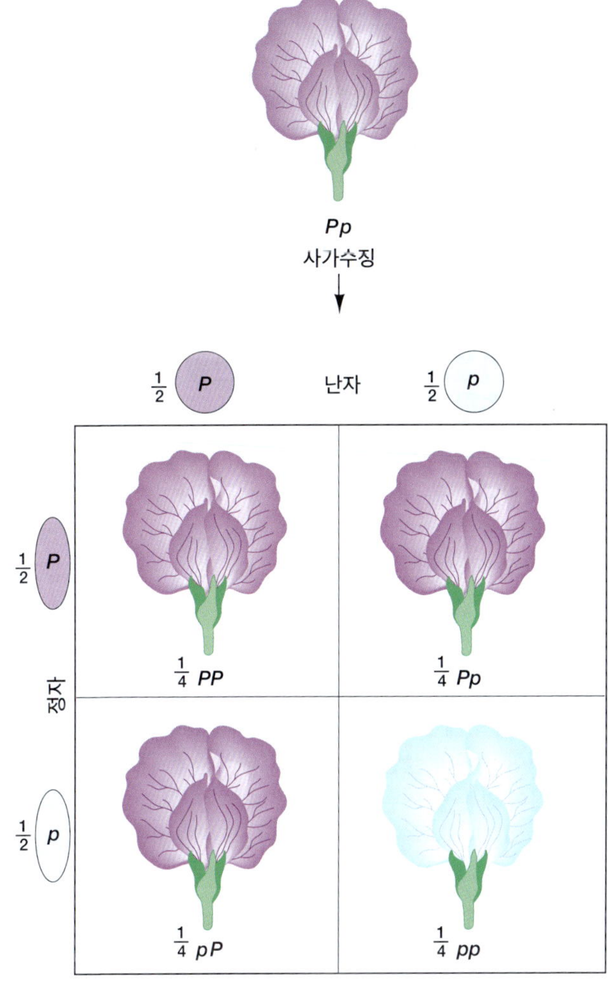


(a) 단일 형질 교배의 퍼네트 사각형법

| 정자 | | 난자 | | 자손의 유전자형 | 유전자형의 비율 (1:2:1) | 표현형의 비율 |
|---|---|---|---|---|---|---|
| 1/2 *P* | * | 1/2 *P* | = | 1/4 *PP* | 1/4 *PP* | 3/4 |
| 1/2 *P* | * | 1/2 *p* | = | 1/4 *Pp* | 1/2 *Pp* | |
| 1/2 *p* | * | 1/2 *P* | = | 1/4 *pP* | | |
| 1/2 *p* | * | 1/2 *p* | = | 1/4 *pp* | 1/4 *pp* | 1/4 |

(b) 단일 형질 교배의 자손 결정에 확률을 사용

**▸ 그림 11-8 단일 형질 교배에 의해 생긴 결과 결정하기**

**(a)** 퍼네트 사각형법은 여러분이 어떤 교배에서의 유전자형과 표현형을 예측할 수 있게 해준다; 여기에서 우리는 꽃 색이라는 단일 형질을 이형접합성으로 가지고 있는 완두 식물 사이의 교배에 이 방법을 이용해 본다.

1. 서로 다른 대립유전자에 문자를 부여한다; 우성에는 대문자를, 열성에는 소문자를 이용한다.
2. 암,수 부모로부터 생성되는 유전적으로 서로 다른 모든 배우자의 유형을 결정한다.
3. 퍼네트 사각형을 그린다. 가로와 세로에 각각 난자와 정자의 가능한 유전자형을 모두 표시한다.(각각의 유전자형을 분수로도 표시한다.)
4. 가로에 있는 난자의 유전자형과 세로에 있는 정자의 유전자형이 결합된 자손의 유전자형을 사각형 안에 써 넣는다(가로 위쪽의 난자의 분수를 세로 앞쪽의 정자의 분수에 곱한다).
5. 각각의 유전자형을 갖는 자손의 수를 센다. *Pp*는 *pP*와 같은 유전자형임을 주의하라.
6. 각 자손의 유전자형 수를 자손 전체 수의 분수로 전환한다. 이 실험에서 네 가지 수정 중에 오직 하나만이 *pp* 유전자형으로 생산된다. 따라서 이 교배 실험에서 생산된 자손의 1/4은 흰색으로 예측할 수 있다. 표현형의 분수들을 결정하기 위하여 유전자형의 분수를 더하면 표현형이 된다. 예를 들면 보라색 꽃은 1/4 *PP* + 1/4 *Pp* + 1/4 *pP* 유전자형을 만들게 되므로, 즉 총 자손의 3/4이 보라색 꽃이 된다.

**(b)** 확률도 단일 형질 교배의 결과를 예측하는 데 사용될 수 있다. 각 유전자형의 난자와 정자의 분수를 결정하여 이 분수를 함께 곱하여 각 유전자형을 가진 자손의 확률을 계산한다. 만일 두 개의 유전자형이 같은 표현형을 보였다면(예, *Pp*와 *pP*), 각 유전자형의 분수를 합하여 표현형 분수를 결정한다.

**비판적 사고** 만일 여러분이 이형접합성 *Pp* 식물을 열성의 동형접합성 *pp* 식물과 교배시킨다면 자손의 비율을 어떻게 예측하겠는가? 이것은 *PP* X *pp* 교배의 자손과 어떻게 다른가? 다음 내용으로 넘어가기 전에 이에 대한 답을 구해보자.

사용하는 방법을 보여주고 있다. **그림 11-8b**는 각 유형의 정자와 각 유형의 난자가 수정될 확률을 이용하여 자손의 비율을 계산하는 방법을 보여준다.

유전학적 기록법을 실제 실험에 사용하면, 정확히 예상한 대로의 비율로 자손들에게 나타나지는 않는다는 것을 기억해야 한다. 예를 들면 매번 임신할 때마다 아들과 딸이 태어날 확률은 서로 동일하다. 그러나 두 아이를 가지고 있는 모든 가정이 한 명은 아들이고 또 다른 한 명이 딸은 아니다. 1:1의 비율은 여러 가족에서 관찰되는 아이들의 성비의 평균이다.

## 멘델의 가설은 새로운 형태의 단일 형질 교배의 출현을 예측할 때 사용될 수 있다

여러분은 멘델이 과학적인 방법을 사용하였다는 것을 알게 되었을 것이다: 그는 관찰을 하고 그것에 준하여 가설을 세웠다. 그러나 멘델의 가설이 이후에 계속된 실험의 결과도 정확하게 예측했을까? 이형접합성의 $F_1$ 식물이 하나의 보라색 대립유전자와 하나의 흰색 대립유전자를 가졌다는 가설(즉, *Pp* 유전자형을 가졌다면)을 멘델은 이 *Pp* 식물을 동형 열성 흰색 식물(*pp*)과 타가수정시켜 그 결과를 예측했다: 동일한 수의 *Pp*(보라색)와 *pp*(흰색)의 자손을 예측하였고 실제로 그러하였다.

이러한 종류의 실험은 가축과 재배식물 품종들에서 우수한 우성형질이 자손들 모두에게 전해질지 혹은 일부에게만 유전될지를 알고자 할 때 유용하게 이용된다. 우성 표현형(이 경우는 보라색 꽃)이지만 유전자형은 알지 못하는 개체와 열성인 동형접합성 개체(흰 꽃)와의 타가수정을 **검정교배(test cross)**라고 하는데, 이는 우성 표현형을 가진 개체가 동형접합성인지 이형접합성인지를 알고자 할 때 실시하는 방법이다(**그림 11-9**). 만일, 동형 열성 접합자(*pp*)와 교배하였을 때, 표현형적으로 모두 우성 자손이 나온다면 우성의 동형접합성(*PP*)일 것이고 반면에 우성과 열성 표현형이 1:1의 비율로 나온다면 이형접합성(*Pp*)일 것이다.

### CHECK YOUR LEARNING

- 우성과 열성 두 개의 대립유전자를 가지는 유전자에 의해 조절되는 단일 형질의 유전 양식을 서술할 수 있는가?
- 유전자형과 표현형을 구별할 수 있는가?
- 두 개의 대립유전자의 다양한 조합을 가지는 부모로부터 생기는 자손들 각각의 유전자형과 표현형을 계산할 수 있는가?

**CASE STUDY CONTINUED**

### 경기장에서의 돌연사

많은 특징들이 단순한 멘델리아식으로 유전된다. 예를 들어 마르판 증후군은 우성형질로 유전되는데, 이는 결함이 있는 피브릴린 대립유전자가 장애를 일으키기에 충분하다는 것을 의미한다. 플로 하이먼은 그녀의 아버지로부터 결함이 있는 대립유전자를 물려받았다. 멘델이 발견한 유전의 패턴도 우리가 여러 가지 특성을 한꺼번에 고려할 때 적용되는 것일까?

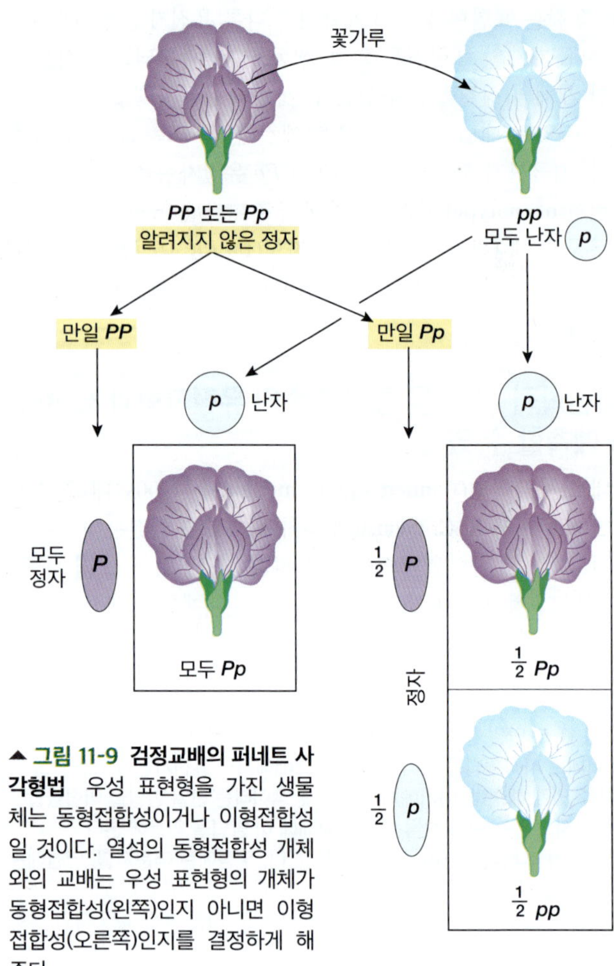


▲ **그림 11-9 검정교배의 퍼네트 사각형법** 우성 표현형을 가진 생물체는 동형접합성이거나 이형접합성일 것이다. 열성의 동형접합성 개체와의 교배는 우성 표현형의 개체가 동형접합성(왼쪽)인지 아니면 이형접합성(오른쪽)인지를 결정하게 해준다.

## 11.4 복합 형질은 어떻게 유전되는가?

어떻게 단일 형질이 유전되는지를 알고 난 다음으로 멘델은 복합 형질 유전으로 눈을 돌렸다. 다음 일련의 실험에서 그는 다시 식용 완두콩을 사용했고 두 가지 선택 가능한 표현형을 보이는 형질을 연구하였다(**그림 11-10**).

▲ **그림 11-10 멘델이 사용했던 형질들 중 두 가지** 완두콩 색은 노랗거나 녹색이고 모양은 매끈하거나 주름진 모양이다.

## 멘델은 더 복잡한 교배로 그의 실험을 확장했다

그는 씨의 색(황색이나 녹색)이나 씨의 모양(매끄럽거나 주름지거나)처럼 서로 다른 두 가지 형질을 가진 서로 다른 식물을 타가수정시켰다 . 이런 형질을 갖는 식물들의 이전의 교배에서 멘델은 이미 씨 모양의 유전자에서는 매끄러운 대립유전자(*S*)가 주름진 대립유전자(*s*)에 대하여 우성이며 또한 씨의 색 유전자에서는 노란색 대립유전자(*Y*)가 녹색 대립유전자(*y*)에 대하여 우성임을 밝혔다. 그는 매끄럽고 노란색의 씨(*SSYY*)를 생산하는 순종식물을 주름지고 녹색인 씨(*ssyy*)를 생산하는 순종식물과 교배하였다. *SSYY* 식물은 *SY* 배우자만 생산하고 *ssyy* 식물은 *sy* 배우자만 생산하므로 이 교배로 생산된 모든 씨는 매끄럽고 노란색 표현형을 보이는 이형접합성인 *SsYy* 유전자형이다.

멘델은 이형접합성인 $F_1$ 식물을 자가수정시켜 $F_2$ 세대에서 매끄럽고 노란색의 씨를 315개, 주름지고 노란색의 씨는 101개, 매끄럽고 녹색의 씨는 108개 그리고 주름지고 녹색의 씨는 32개를 얻었는데 그 비율은 9:3:3:1이었다. 두 개의 형질에 대하여 이형접합성인 다른 식물들의 교배에서 생산되는 자손의 표현형도 역시 9:3:3:1의 비율로 나타났다.

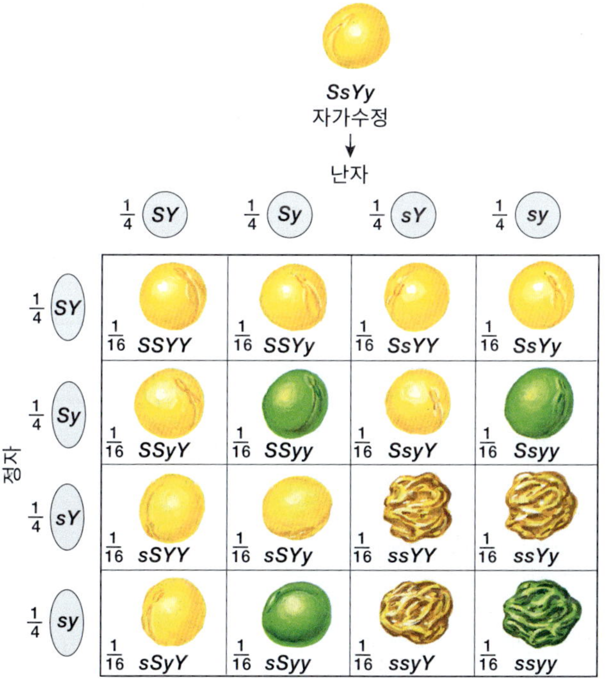


(a) 두 가지 형질의 교배에 대한 퍼네트 사각형법

| 씨 모양 | | 씨 색깔 | | 표현형의 비율 (9:3:3:1) |
|---|---|---|---|---|
| $\frac{3}{4}$ 매끄러운 것 | × | $\frac{3}{4}$ 노란색 | = | $\frac{9}{16}$ 매끄럽고 노란색 |
| $\frac{3}{4}$ 매끄러운 것 | × | $\frac{1}{4}$ 녹색 | = | $\frac{3}{16}$ 매끄럽고 녹색 |
| $\frac{1}{4}$ 주름진 것 | × | $\frac{3}{4}$ 노란색 | = | $\frac{3}{16}$ 주름지고 노란색 |
| $\frac{1}{4}$ 주름진 것 | × | $\frac{1}{4}$ 녹색 | = | $\frac{1}{16}$ 주름지고 녹색 |

(b) 두 가지 형질의 교배에 대한 자손을 결정하는 데 확률법을 사용

## 멘델은 형질이 독립적으로 유전된다고 가정하였다

멘델은 $F_2$세대의 씨에서 관찰된 9:3:3:1의 비가 씨의 색과 씨의 모양에 대한 유전자가 배우자 형성 기간에 서로 영향을 주지 않고 독립적으로 유전된다면 예측되는 결과라는 것을 깨달았다. 이들 형질이 각각 독립적으로 유전된다는 것이 사실이라면 각 형질에 대하여 $F_2$ 세대에서는 3/4이 노란색이고 3/4은 매끈한 씨의 모양일 것이다. 즉, 우리가 씨의 색깔만 보고 모양을 무시한다면, 우성의 노란색과 열성의 녹색은 우리가 예측한 3:1의 비율로 나타나야만 한다. 마찬가지로 씨의 모양만 보고 색깔을 무시한다면, 우성의 매끄러운 모양과 열성의 주름진 모양도 3:1의 비율로 나타나야 한다. 이 결과가 바로 멘델의 실험에서 나타났던 것이다. 그는 매끄럽고 주름진 씨들 중에서 416개는 노란색이고 140개는 녹색이라는 즉 약 3:1의 비율이라는 것을 알아냈다. 마찬가지로, 노랑과 녹색의 씨들 중에서 423개는 매끈하고 133개는 주름진 모양이었는데 그 비율 역시 3:1 이었다. **그림 11-11**은 퍼네트 사각형이나 확률계산 법이 두 개의 형질에 대한 이형접합성 개체들 간의 교배로 생성된 자손의 유전자형과 표현형의 비율을 예측하는 데 사용될 수 있다는 것을 보여준다.

두 개 이상의 형질이 독립적으로 유전하는 현상을 **독립분배의 법칙(law of independent assortment)**이라고 한다. 이는 하나의 형질을 조절하는 유전자의 대립유전자가 다른 형질들을 조절하는 유전자들의 대립유전자와는 독립적으로 배우자에 분배되어 진다는 것을 설명한다. 이 독립의 물리적 근거는 감수분열에서 찾을 수 있다. 감수분열 중기 I 시기에 쌍을 이룬 상동염색체들이 적도판에 일렬로 배열하고 있을 때 어떤 상동염색체가 어느 극으로 향할지는 무작위적이고 한 쌍의 상동염색체의 진로는 다른 쌍

◀**그림 11-11 두 가지 형질에 대해 이형접합성인 부모들 사이의 교배에 대한 유전자형과 표현형의 예측** 완두 씨에서 노란색(*Y*)은 녹색(*y*)에 대해 우성이며 매끄러운 것(*S*)은 주름진 것(*s*)에 대해 우성이다. **(a)** 이 교배에서, 두 가지 형질에 이형접합성인 개체를 자가수정시킨다. 두 개의 독립적인 유전자를 포함하는 교배에서 만들어지는 배우자는 두 유전자의 대립유전자의 가능한 조합을 모두 가진다 - *SY, Sy, sY, sy.* 배우자의 조합을 그림 11-8에서 설명한 것처럼 퍼네트 사각형의 가로, 세로에 적고, 자손을 계산하라. 퍼네트 사각형법은 형질 조합의 빈도(9/16 매끄럽고 노란색, 3/16 매끄럽고 녹색, 3/16 주름지고 노란색, 1/16 주름지고 녹색)와 개체 형질의 빈도(3/4 노란색, 1/4 녹색, 3/4 매끄러운 모양, 1/4 주름진 모양)를 예측할 수 있음을 주목하라. **(b)** 두 개의 독립적인 사건이 함께 일어날 확률은 각각의 독립적 확률을 곱한 결과이다. 예를 들어 두 개의 동전을 던져서 둘 다 앞면이 나올 확률을 구하려면 각각의 앞면이 나올 독립 확률을 곱하면 된다(1/2 X 1/2 = 1/4). 씨의 모양은 씨의 색과 서로 독립적이다. 따라서 각 형질의 유전자형 또는 표현형의 독립적인 확률의 곱이 각 형질에 대한 자손의 조합된 유전자형과 표현형에 대한 빈도를 나타낸다. 이 빈도는 퍼네트 사각형법에서 산출된 것과 동일하다.

**비판적 사고** 매끄럽고 노란색의 씨를 가진 식물의 유전자형을 주름지고 녹색의 씨를 가진 식물과의 검정교배를 통해 알 수 있는가? 여러분의 답을 설명해 보아라.

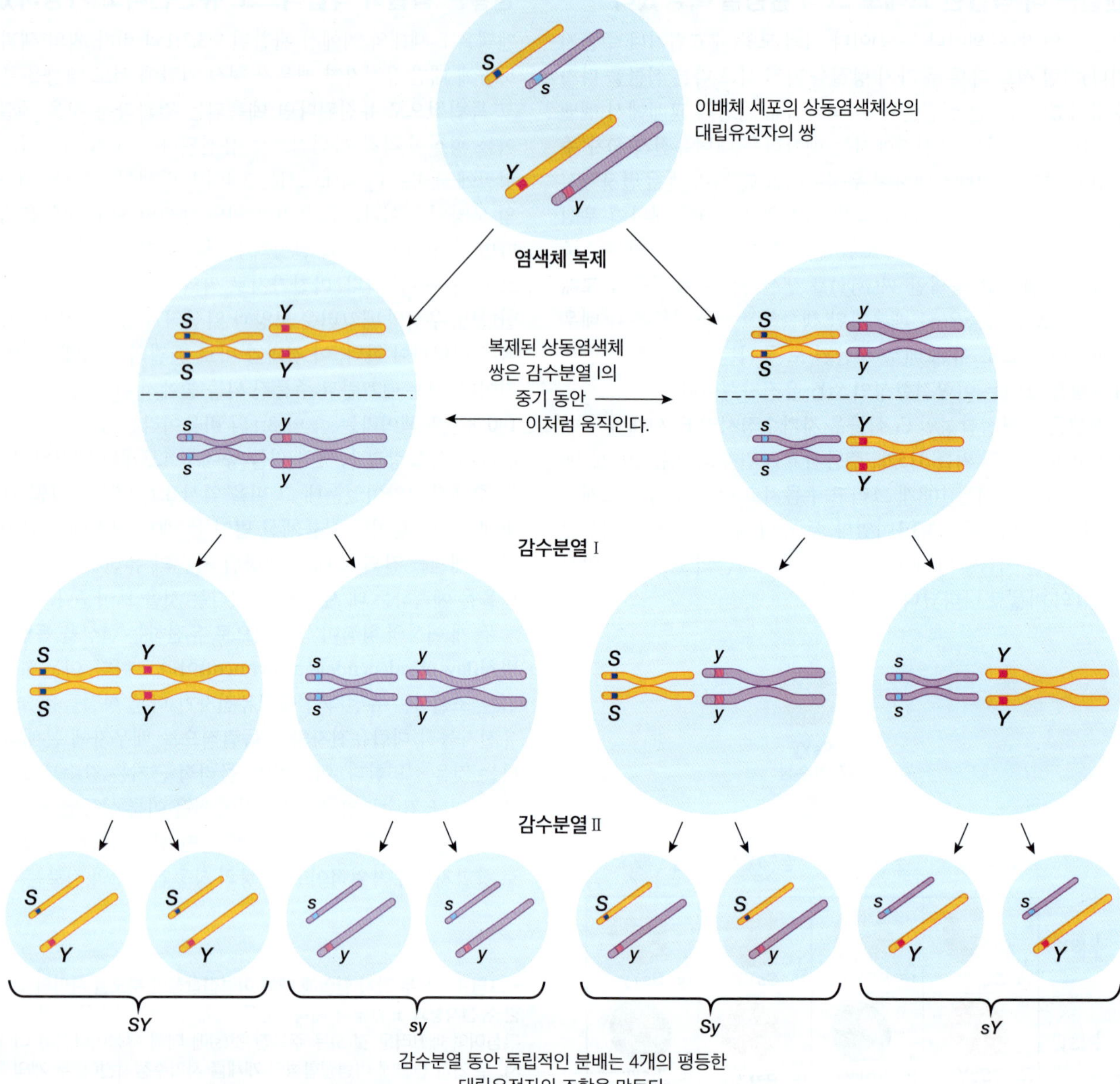


▲ **그림 11-12 대립유전자의 독립분배** 감수분열시 염색체의 이동은 그림에서 보여주는 것처럼 두 개의 서로 다른 유전자에 대한 대립유전자의 독립분배를 일으킨다. 대립유전자들의 각 조합은 동등하게 일어나기 때문에 예측되는 배우자의 빈도는 1/4 *SY*, 1/4 *sy*, 1/4 *Sy*, 1/4 *sY*으로 만들어진다.

**비판적 사고** 만일 씨의 색깔 유전자와 씨 모양 유전자가 서로 다른 염색체가 아닌 같은 염색체상에 있다면 대립유전자의 분배는 독립적이겠는가? 그렇다면, 혹은 그렇지 않다면 그 이유는 무엇인가?

의 상동염색체의 진로에는 아무런 영향을 미치지 않는다. 따라서 후기 I 시기에 상동염색체가 서로 분리될 때, 다른 염색체상의 유전자의 대립유전자는 서로 독립적으로 배분 또는 "분배" 된다(**그림 11-12**).

**CHECK YOUR LEARNING**

- 각각의 형질이 우성과 열성의 대립유전자를 가진 유전자에 의해 조절이 된다면, 동시에 일어나는 두 형질의 유전 양식을 서술할 수 있는가?
- 독립분배의 법칙을 설명할 수 있는가?
- 두 개의 유전자가 독립적으로 분배된다고 가정할 때, 각각의 유전자의 대립유전자에 대한 다양한 조합을 가지는 생물체의 교배를 통해 생산될 자손의 유전자형과 표현형의 빈도를 계산할 수 있는가?

## 11.5 멘델의 유전법칙은 모든 형질에 적용되는가?

우리는 이제까지 유전의 양식을 논하는 데 있어서 각 형질은 완전하게 한 개의 유전자에 의하여 조절되고, 각 유전자에는 두 가지 가능한 대립유전자가 있으며, 그 중 한 대립유전자는 다른 대립유전자에 대해서 완전한 우성인 것으로 가정했다. 그러나 모든 형질은 보다 복잡하고 미묘한 방법으로 영향을 미친다는 것도 알아야 한다.

### 불완전우성에서 이형접합자의 표현형은 동형접합자의 표현형들 사이의 중간형을 나타낸다

하나의 대립유전자가 다른 대립유전자에 대하여 완전히 우성이라면 하나의 우성 대립유전자를 가진 이형접합성은 두 개의 우성 대립유전자를 가진 동형접합성과 똑같은 표현형을 보인다(그림 11-8과 11-9 참조). 하지만 어떤 경우에는 이형접합자의 표현형이 **불완전우성(incomplete dominance)**이라는 유전 양식으로 두 동형접합자 표현형의 중간형이 나타난다. 예를 들어, 황금색 팔로미노는 가장 예쁜 색을 가진 말 중에 하나로 알려져 있다. 팔로미노는 우리가 체스넛($C_1$) 그리고 크레멜로($C_2$)라고 부르는 두 개의 불완전우성 대립유전자에 대해 이형접합이다. 밤색 털의 말은 $C_1$ 대립유전자에 대해 동형접합성이고 옅은 우윳빛 털의 크레멜로는 $C_2$ 대립유전자에 대해 동형접합성이다. 팔로미노는 이형접합($C_1C_2$)이므로 순종이 아니다. 팔로미노 사이의 교배를 통해 1/4 체스넛($C_1C_1$), 1/2 팔로미노($C_1C_2$), 그리고 1/4 크레멜로($C_2C_2$)의 확률로 체스넛, 팔로미노, 또는 크레멜로 망아지 모두가 태어날 수 있다(**그림 11-13**).

### 단일 유전자가 복대립유전자를 가질 수도 있다

한 개체는 기껏해야 하나의 유전자에 대해 두 개의 대립유전자를 가지지만(각각의 상동염색체에 하나씩 가짐), 한 종에 속하는 모든 구성원의 유전자를 조사하다 보면 일부 유전자가 수십 혹은 수백 개의 대립유전자를 가진다는 것을 확인할 수 있을 것이다. 연구자들은 CFTR과 같은 유전자에서 약 2000개의 대립유전자를 발견하였다. 이 유전자는 일부 대립유전자가 유전적 장애인 낭포성 섬유증과 관련이 있기 때문에 면밀히 연구되어 왔다(11.8절 참조).

인간의 혈액형은 단일 유전자에 대한 복대립유전자의 좋은 예이다. 혈액형 A형, B형, AB형 그리고 O형은 단일 유전자의 3가지 다른 대립유전자의 결과로 생긴다(*A*, *B* 그리고 *o*라고 표시한다). 이 유전자는 적혈구의 표면에 돌출된 당단백질의 말단에 당 분자를 부착시키는 일을 하는 효소를 암호화한다. 대립유전자 A와 B는 당단백질에 서로 다른 당을 첨가하는 효소를 암호화한다. 대립유전자 o는 기능이 없는 효소를 생산하여 어떤 당 분자도 부착하지 못한다.

한 개인은 다음과 같은 6 가지의 유전자형 중 하나를 갖게 된다: *AA*, *BB*, *AB*, *Ao*, *Bo* 또는 *oo*. 대립유전자 *A*와 *B*는 *o*에 대하여 우성이므로, *AA* 또는 *Ao* 유전자형의 사람은 오로지 A 당단백질만을 만들어 A 혈액형이 된다. *BB*와 *Bo* 유전자형의 사람은 오직 B 당단백질만을 합성하기 때문에 B 혈액형이다. 동형접합자 열성 *oo*를 갖는 사람은 두 가지 당단백질 모두가 없으며 O형의 혈액을 갖게 된다. AB 혈액형을 가진 사람은 양쪽의 효소가 다 있기 때문에 적혈구의 원형질막에는 A와 B의 당단백질을 다 가지고 있다. 이형접합자가 동형접합자의 양쪽 표현형을 발현할 때(이 경우, A와 B 당단백질 모두), 이러한 유전의 양식을 **공동 우성**

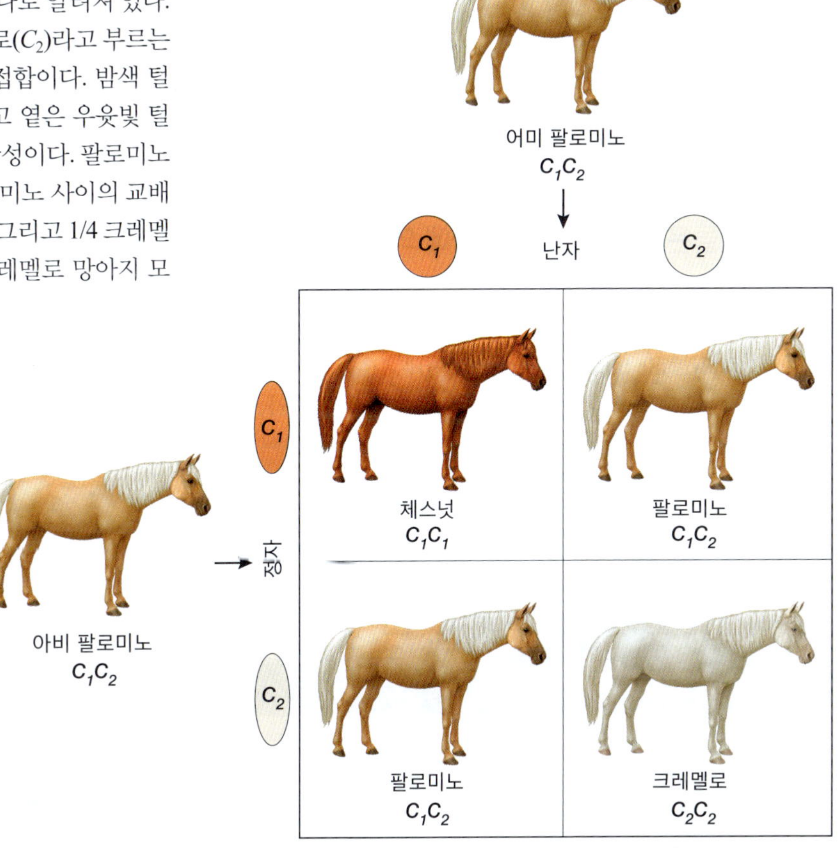


▲ **그림 11-13 불완전 우성** 말의 팔로미노 털색의 유전은 불완전우성의 예이다. 팔로미노는 하나의 체스넛 대립유전자($C_1$)와 하나의 크레멜로 대립유전자($C_2$)를 가진 이형접합체이다. 팔로미노들의 교배로 태어난 망아지들은 대략 1/4 체스넛: 1/2 팔로미노: 1/4 크레멜로 비율로 체스넛, 팔로미노, 혹은 크레멜로 털색을 가질수 있다.

**비판적 사고** 팔로미노 망아지만 낳을 수 있는 교배조합은 무엇일까?

▲ 그림 11-14 **인간의 피부색** 다원 유전과 다양한 양의 햇빛 노출은 피부색을 점진적으로 변화시킨다.

**(codominance)**이라고 한다.

## 단일 유전자는 대체로 여러 표현형 효과를 갖는다

보통 단일 유전자가 여러 표현형 효과를 가질 수도 있는데, 이것을 **다면발현(pleiotropy)**이라고 한다. 예로, 실험용 쥐의 한 유전자에 하나의 돌연변이가 일어나면 누드 쥐가 만들어진다. 누드 쥐는 털이 없는 것뿐만 아니라 흉선 결핍, 사실상 면역반응 결핍, 그리고 암컷의 경우 기능을 하는 유선이 발달되지 않아 새끼들에게 수유를 할 수 없다. 또 다른 다면발현의 예로, 특정 털 색에 우성 대립유전자로 인해 완전히 흰색인 고양이들에서 일반적으로 푸른 눈과 귀가 들리지 않는 표현형이 함께 나타났다.

## 많은 형질들은 여러 개의 유전자에 의하여 영향을 받는다

많은 형질들은 두 개 이상의 유전자에 의해 영향을 받는데 이를 **다원 유전(polygenic inheritance)**이라고 한다. 우리가 생각하는 바와 같이, 단일 형질을 나타내는 데 관여하는 유전자 수가 많을수록 표현형의 수는 많아지며 그 표현형들의 차이는 미세해진다. 예를 들어, 인간의 피부색은 적어도 10개의 서로 다른 유전자들에 의해 영향을 받는다(그림 11-14). 일부 유전자들은 아주 큰 영향을 미친다: 한 가지 특정 유전자의 열성 대립유전자에 동형접합성인 사람은 피부, 눈, 그리고 털에 색소가 결핍되어 있다. 다른 피부색 유전자들은 약간 어둡거나 혹은 밝은 피부색을 나타나게 하는 다양한 대립유전자를 가지고 있어서 큰 영향을 미치지는 않는다. 적어도 400개 이상의 유전자들이 인간의 키 높이에 관여한다. 키 높이의 다양성이 뚜렷한 증가 없이 지속된다는 것은 그리 놀라운 것이 아니다.

## 환경은 유전자 발현에 영향을 준다

개체의 표현형은 오직 유전자형에 의해서만 결정되는 것은 아니다. 그 개체의 주변 환경도 유전자형의 효과와 마찬가지로 표현형에 많은 영향을 끼친다. 환경이 유전자에 영향을 주는 적절한 예는 샴고양이의 털색이다. 모든 샴고양이들은 연한 털색을 가지고 태어나지만 출생 후 몇 주 안에 귀, 코, 꼬리 그리고 다리는 검은색으로 바뀐다(그림 11-15). 샴고양이의 유전자들 중 하나는 검은색 털을 만들어내는 효소를 암호화한다. 이 효소는 고양

**CASE STUDY CONTINUED**

### 경기장에서의 돌연사

마르판 증후군에서는 피브릴린을 만드는 단일 대립유전자의 결함으로 큰 키와 긴 팔다리, 큰 손발, 연약한 대동맥벽, 한 쪽 혹은 양쪽 눈에서 종종 비정상적인 수정체의 위치 등이 나타나는데 이는 다면발현의 적절한 예이다. 하지만, 증상의 형태와 심각한 정도는 다양하게 나타나는데, 심지어 같은 결함 피브릴린 대립유전자를 가지고 있는 가족들 사이에서도 다르게 나타난다. 이러한 다양성은 환경적 요인 혹은 다른 유전자들의 작용이 마르판 표현형에 영향을 미칠 수 있다는 것을 의미한다. 다른 형질들은 환경과 개인이 물려받은 다른 유전자의 대립유전자에 의해 어떻게 영향을 받을까?

▲ 그림11-15 **표현형에 미치는 환경의 영향** 샴고양이의 검은 털색의 분포는 유전자형과 환경과의 상호작용으로 특이한 표현형을 나타낸다. 갓 태어난 어린 샴고양이 새끼는 몸 전체가 연한 털색을 가진다. 샴고양이 성체는 검은색 털에 대한 대립유전자가 체온이 비교적 낮은 부위(코, 귀, 발, 꼬리)에서만 발현된다.

**Have You Ever Wondered ...**

**왜 개들은 크기가 그렇게 다를까?**

개들은 크기가 큰 그레이트데인, 아일랜드 울프하운드부터 아주 작은 종에 속하는 치와와, 포메라니안까지 다른 포유류보다도 그 크기가 매우 다양하다. 연구자들은 개 품종들에서 대부분의 크기 차이의 원인이 되는 6 개의 유전자를 동정하였다. 작은 견종들은 이 유전자들 대부분의 "소형(small)" 대립유전자에 대해 보통 동형접합성이다. 대부분의 몸집이 큰 그레이트데인과 아일랜드 울프하운드는 6개 유전자 모두 "대형(large)" 대립유전자에 대해 동형접합성이다. 중간 크기의 개들은 대략 절반의 유전자들에 대해 이형접합성인 경우가 많다. 이러한 양식은 각각 유전자의 두 개 이상의 대립유전자들 사이에 불완전우성과 함께 다원 유전이 개의 크기를 조절한다는 것을 의미한다.

개가 늑대에서 진화하였지만 늑대는 크기 유전자의 어떠한 소형 대립유전자를 가지고 있지 않다. 왜 늑대가 아닌 개들만이 소형 대립유전자를 가지고 있을까? "소형" 대립유전자는 아마도 무작위적 돌연변이의 결과로 두 종에 나타났을 것이다. 그러나 늑대들에게서 소형 대립유전자가 생겨났을 때, 그들은 자연선택에 의해 재빨리 제거되었을 것이다. - 야생에서 치와와 크기의 늑대의 운명을 상상해보라. 반면, 개에서의 소형 대립유전자는 작은 개를 선호한 인간들이 선택적으로 작은 개들끼리 교배시켜 종을 보존하였다. 이들 초기의 개 사육자들이 크기 유전자의 소형 대립유전자의 보호를 가능하게 했다.

이 몸의 모든 곳의 색소 세포에서 합성된다. 그러면 왜 샴고양이는 몸 전체가 완전한 검은색이 아닐까? 검은색을 만들어내는 효소가 34℃(93℉) 이상에서는 불활성화되기 때문이다. 어미 자궁 속의 어린 새끼는 몸 전체가 따뜻하기 때문에 갓 태어난 새끼는 몸 전체가 연한 털색을 갖는다. 태어난 후에 귀, 코, 다리, 꼬리는 나머지 몸 온도보다 더 차갑기 때문에 그 부위만 검은 색소가 생산된다. 대부분의 표현형에 영향을 주는 환경적 요인들은 샴고양이 털색에 미치는 온도의 영향보다 더 복잡하고 미묘하다. 예를 들어, 인간의 신장은 영양섭취에 큰 영향을 받는데, 이는 개인마다 꽤 큰 차이를 만든다. 이러한 환경적 요인이 신장의 복잡한 다원 유전 양식과 결부가 되면 개인의 신장은 연속적으로 다양할 뿐만 아니라 시간이 지나면서 평균 신장의 엄청난 변화를 야기한다. 많은 나라에서 지난 150년 동안, 많은 사람들이 향상된 영양 섭취를 통해 그들의 최대 유전적 잠재력을 달성함에 따라 평균 신장이 약 4인치 가량 증가하였다.

**CHECK YOUR LEARNING**

- 불완전우성, 공동우성, 그리고 복대립유전자를 나타내는 형질들의 유전 양식을 서술할 수 있는가?
- 어떻게 다원 유전과 환경영향이 많은 표현형에서 서로 조합해서 거의 연속적인 변화를 만들어 내는지를 설명할 수 있는가?

## 11.6 같은 염색체상에 존재하는 유전자들은 어떻게 유전되는가?

각각의 염색체는 많은 유전자를 가지고 있으며 심지어 큰 염색체에는 수천 개에 이르는 유전자들이 있다. 염색체당 복수의 여러 유전자들이 존재한다는 것은 유전에 중요한 결과를 가져온다.

### 같은 염색체상에 존재하는 유전자들은 함께 유전하려는 경향이 있다

감수분열 I 과정 동안 염색체들은 생식세포로 독립적으로 분배되므로 서로 다른 염색체상에 위치한 유전자들 역시 독립적으로 분배된다. 그러나 그와는 반대로 같은 염색체상에 존재하는 유전자들은 독립적으로 분배되지 않는다. 대신에 함께 유전되려 하므로 이러한 현상을 **유전자 연관(gene linkage)**이라고 한다. 최초의 연관된 유전자 쌍의 하나는 멘델이 실험 재료로 썼던 완두콩과는 다른 스위트 완두콩에서 발견되었다. 스위트 완두콩은 꽃 색(보라와 빨강)의 유전자와 꽃가루 모양(둥근 것과 긴 것)의 유전자가 같은 염색체상에 존재하기 때문에(그림 11-16) 이들 유전자의 대립유전자들은 감수분열 동안 함께 배우자로 분배되며 그 결과 함께 유전된다.

보라색 꽃과 긴 꽃가루를 가진 이형접합성인 스위트 완두콩을

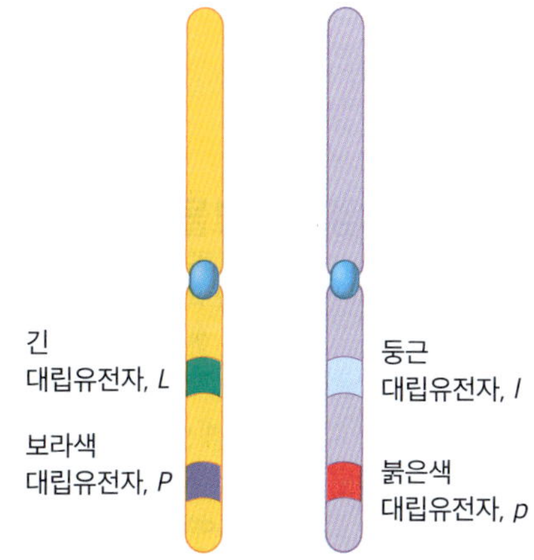


▲ **그림 11-16 스위트 완두콩의 상동염색체상에 연관된 유전자들** 꽃 색과 꽃가루 모양을 결정하는 유전자는 같은 염색체상에 있으므로 함께 유전되는 경향이 있다. 꽃 색 유전자는 *P*와 *p* 대립유전자(보라색 꽃이 붉은색 꽃에 대해 우성)를 가지고 꽃가루 모양 유전자는 *L*과 *l* 대립유전자(긴 것이 둥근 것에 우성)를 가진다.

생각해보자. 꽃 색 유전자의 보라색 우성 대립유전자와 꽃가루 모양 유전자의 긴 우성 대립유전자는 하나의 상동염색체상에 위치하고(그림 11-16 왼쪽 참조) 꽃 색 유전자의 붉은색 열성 대립유전자와 꽃가루 모양 유전자의 둥근 열성 대립유전자는 다른 상동염색체상에 위치한다고 가정하자(그림 11-16 오른쪽 참조). 따라서 이러한 스위트완두콩에 의하여 생산되는 배우자는 보라색 꽃과 긴 꽃가루의 대립유전자들을 갖든지 붉은색 꽃과 둥근 꽃가루의 대립유인자들을 갖게 된다. 이러한 유전의 양식은 독립분배의 법칙을 따르지 않는다. 왜냐하면 꽃 색과 꽃가루의 모양에 대한 각 대립유전자들은 감수분열 과정 동안 서로 독립적으로 분리되지 않고 함께 있으려는 경향이 있기 때문이다.

## 교차는 연관된 대립유전자의 새로운 조합을 만든다

비록 같은 염색체상의 유전자들이 함께 움직이는 경향을 보이지만 이들 유전자들이 항상 함께 있는 것은 아니다. 그림 11-16에서 같은 염색체를 가진 두 개의 스위트완두콩을 타가수정시키면, 자손 모두가 긴 꽃가루를 가진 보라색 꽃으로 나타나든가 또는 둥근 꽃가루를 가진 붉은색의 꽃이 관찰될 것으로 기대된다(퍼네트 사각형법을 이용하여 예측해 보라). 하지만 실제로는 종종 꽃 색의 유전자와 꽃가루 모양의 유전자가 연관되어 있지 않은 것처럼, 몇 개의 보라색 꽃과 둥근 꽃가루를 가진 자손과 붉은색 꽃과 긴 꽃가루를 가진 자손이 발견되곤 한다. 어떻게 해서 이런 현상이 일어날까?

감수분열 전기 I 시기에 때때로 상동염색체는 염색체의 일부를 서로 교환하는데 이것을 교차(crossing over)라 한다(10장, 그림 10-8 참조). 대부분의 염색체에서 적어도 각 상동염색체 쌍 사이에 한 번의 교환이 감수분열 시기에 일어난다. 교차 동안에 DNA의 분절의 교환이 상동염색체상에 위치한 유전자의 대립유전자들의 새로운 조합인 **유전적 재조합(genetic recombination)**이다. 그 후 상동염색체가 후기 I 시기에 분리될 때, 반수체 딸세포는 부모세포가 가진 염색체와는 다른 조합의 대립유전자를 가진 염색체를 갖게 될 것이다.

## 두 유전자간의 연관 정도는 그들 사이의 거리에 따라 달라진다

염색체에 있는 두 개의 유전자가 함께 유전될 가능성은 그들이 얼마나 떨어져 있느냐에 달려 있다. 그 이유를 보려면 한 쌍의 상동염색체를 두 개의 긴 끈으로 생각해보자. 각각의 끈의 한쪽 끝에는 빨간색 줄무늬가 있고, 빨간색 줄무늬와 아주 가까운 곳에 파란색 줄무늬가 있으며, 반대쪽 끝에는 노란색 줄무늬가 있다. 이 끈을 바닥에 던져 하나의 끈이 다른 끈 위에 올라가게 되면, 이 끈들은 거의 매번 노란색과 파란색 줄무늬 사이에서 교차되지만, 빨간색과 파란색 사이에서의 교차는 거의 일어나지 않을 것이다. 마찬가지로, 염색체상에 인접해 있는 두 개의 유전자는 서로 강하게 연관되어 있으며, 교차에 의해 분리되는 일은 거의 없다. 그러나 만일 두 유전자들이 멀리 떨어져 있다면 교차는 너무 자주 일어나서 마치 다른 염색체상에 존재하는 것 같이 느껴져 독립적으로 분배되는 것처럼 보인다.

그레고리 멘델이 독립분배의 법칙을 발견했을 때 그는 현명하고 주의 깊은 사람일 뿐만 아니라 운도 좋았다. 그가 연구했던 모든 형질들은 네 개의 서로 다른 염색체상의 유전자들에 의하여 조절되며 같은 염색체상에 있던 유전자들도 충분히 멀리 떨어져 있었기 때문에 독립된 분배 현상을 관찰했던 것이다.

### CHECK YOUR LEARNING

- 하나의 염색체에 존재하는 유전자들에 의해 조절되는 형질은 다른 염색체들에 존재하는 유전자들에 의해 조절되는 형질과 유전의 양식에 있어서 어떻게 다른지를 서술할 수 있는가?

## 11.7 성과 성 연관 형질들은 어떻게 유전되는가?

많은 동물에서 성 결정은 **성염색체(sex chromosomes)**라는 특별한 염색체 한 쌍에 의해 결정된다. 포유류에서 자성은 **X 염색체(X chromosome)**라고 하는 두 개의 동일한 성염색체를 가지며 웅성은 X 염색체 하나와 **Y 염색체(Y chromosome)** 하나를 갖고 있다. 크기와 유전적 조성에서의 큰 차이에도 불구하고, X와 Y

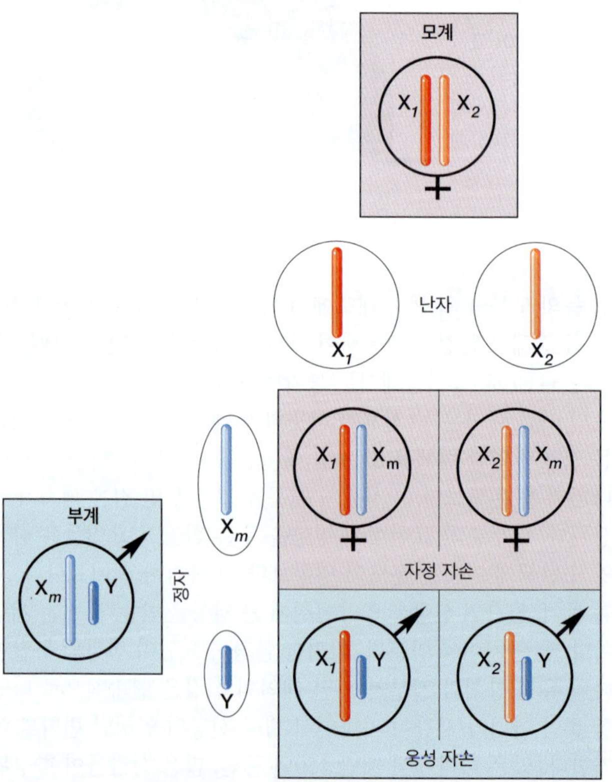


▲ **그림 11-17 포유동물의 성 결정** 웅성 자손은 부계로부터 Y 염색체를, 자성 자손은 부계의 X 염색체를 받는다($X_m$으로 표시). 자성과 웅성의 자손은 모계로부터 X 염색체($X_1$ 또는 $X_2$)를 받는다.

염색체는 서로 상동염색체처럼 행동한다(다른 상동염색체와는 달리 감수분열동안 교차하지 않는다). 웅성(XY)에서 정자가 형성되는 동안 성염색체는 분리되고 각 정자는 X나 Y 염색체 중 어느 것이든 받게 된다. 자성(XX)에서 난자가 형성되는 동안에도 성염색체 역시 분리되고 모든 난자는 하나의 X 염색체만 받는다. 그래서 만일 난자가 Y를 갖는 정자와 수정하면 자손은 웅성이 되고 난자가 X를 갖는 정자와 수정하면 자성의 자손이 된다(**그림 11-17**).

## 성 연관 유전자들은 X 염색체나 Y 염색체에서만 발견된다

성염색체상에만 존재하는 유전자를 **성과 연관되었다(sex linked)**라고 한다. 포유류의 Y 염색체에는 유전자가 비교적 적다. 사람의 Y 염색체에는 수십여 개의 유전자가 있고 대부분은 남성의 생식에 중요한 역할을 한다. 가장 잘 알려져 있는 Y-연관 유전자가 SRY라고 부르는 성 결정 유전자이다. 배아기 동안 SRY는 웅성 발달 경로 전체에서 작용한다.

Y 염색체는 작은 반면에, 사람의 X 염색체에는 1,000개 이상의 유전자가 있는데 X 염색체의 대부분에 대응하는 Y 염색체 부분은 없다. X 염색체의 대부분의 유전자가 색상시력, 혈액 응고 능력, 그리고 근육에서 특수한 구조 단백질의 존재와 같이 양쪽 성 모두에서 중요한 형질들을 결정한다. 자성은 두 개의 X 염색체를 가지고 있기 때문에 X 염색체상의 유전자가 동형접합성이거나 이형접합성 어느 것도 가능하며, 대립유전자들 사이에서 우성과 열성 관계가 발현될 것이다. 반면에 웅성에서는 자성에서 우성이든 열성이든 상관없이 단일 X 염색체상에 존재하는 모든 대립유전자가 완전히 발현된다.

## 성 연관 형질의 유전 양식은 자성과 웅성이 다르다

적녹 색상시력 결핍증과 같은 성 연관 형질에 대해 살펴보자(**그림 11-18**). 색상시력 결핍은 X 염색체상에 있는 두 개의 유전자 중 어느 쪽이든 열성 대립유전자에 의해 야기된다. 이 유전자의 정상 우성 대립유전자(둘 다 *N*이라고 하자)는 눈의 원추세포라는 색상시력세포의 한 벌은 적색에 가장 민감하고 또 다른 원추세포 한 벌은 녹색에 가장 민감한 단백질을 암호화한다. 이들 유전자들에 결함이 있는 몇몇 열성 대립유전자(모두 *n*이라고 하자)가 있다. 일부 심각한 결함의 대립유전자는 두 벌의 원추세포

(a) 정상 색상시력 (왼쪽); 적녹 색상시력 결핍 (오른쪽)

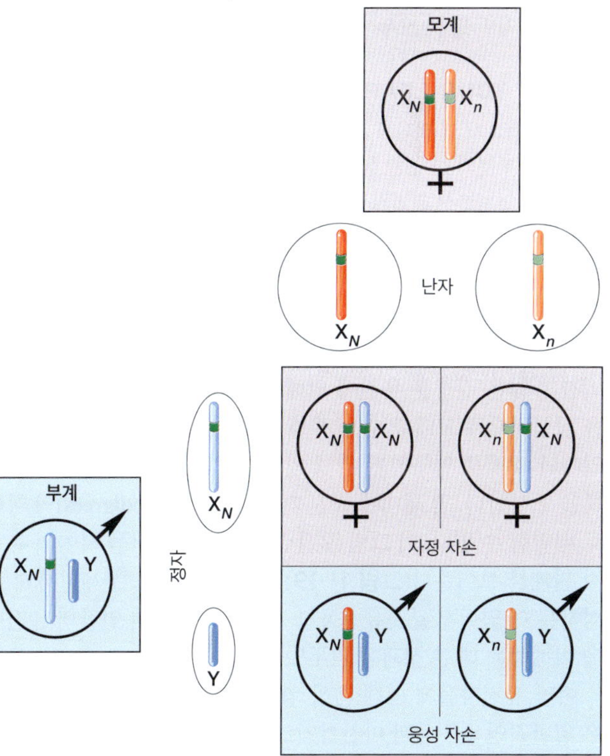


(b) 정상 색상시력을 가진 남성($X_NY$)과 색맹 이형접합성 여성($X_NX_n$)으로부터 예측되는 아이들

▶ **그림 11-18 적녹 색상시력 결핍의 성 연관 유전** **(a)** 이 사진들은 적녹 색상시력 결핍을 가진 사람의 눈으로 보면 세상이 어떻게 보이는지를 정상의 색상시력을 가진 사람들에게 보여준다. **(b)** 퍼네트 사각형법은 이형접합성의 여성($X_NX_n$)이 아들에게 색상 결핍이 어떻게 유전되는지를 보여준다.

**비판적 사고** 만약 색맹의 어머니와 정상 색상시력의 아버지 사이에 딸이 있다면 그녀가 색맹일 확률은 얼마인가? 만약 아들을 두고 있다면 아들이 색맹일 확률은? 여러분의 답을 설명하라.

모두가 적색과 녹색에 똑같이 민감한 단백질을 암호화한다. 그러므로 이런 영향을 받은 사람은 적색과 녹색을 구별하지 못하는 적녹 색맹이다. 하지만 좀 더 흔히 발견되는 완만한 결함 대립유전자들은 정상적인 적색과 녹색 원추세포 정도는 아니지만 적색과 녹색에 다르게 반응하는 원추세포를 만들어낸다. 이러한 완만한 결함 대립유전자를 가진 남자는 색상시력 결핍이다: 소방차는 여전히 적색으로 보이고 잔디는 여전히 녹색으로 보이지만, 많은 "붉은 빛을 띠는" 혹은 "푸른 빛을 띠는" 색들은 서로 구별할 수 없다(**그림 11-18a**).

색상시력 결핍은 어떻게 유전되는가? 한 남성의 유전자형은 $X_NY$ 또는 $X_nY$ 로 표시할 수 있는데 X 염색체상의 색상시력 대립유전자로 N 또는 *n*를 가지며 Y 염색체상에는 해당 유전자가 없다. 그는 X 염색체상에 N 대립유전자를 가지면 정상으로, *n* 대립유전자를 가지면 색맹이 된다. 여성의 유전자형은 $X_NX_N$, $X_NX_n$, $X_nX_n$ 이 있고 $X_NX_N$ 이나 $X_NX_n$ 유전자형을 갖는 여성은 정상 색상시력이다. $X_nX_n$ 유전자형일때만 색맹이 되는데 여성의 경우 0.5%가 이 유전자형을 가지고 있다. 대부분의 여성(약 93%)은 $X_NX_N$ 인 우성 동형접합성이다.

색맹인 남성($X_nY$)은 딸에게만 결함 있는 *n* 대립유전자를 물려주는데 이는 딸만 X 염색체를 물려받기 때문이다. 그러나 딸들은 보통 정상 색상시력을 가지는데 이는 정상의 동형접합 $X_NX_N$를 가지고 있는 어머니로부터 정상인 N 대립유전자만을 물려받기 때문이다. 이형접합성인 어머니($X_NX_n$)와 정상 색상시력의 아버지($X_NY$) 사이에서 태어난 아이들 중 아들의 반은 색상시력 결핍($X_nY$) 이지만 딸은 모두 정상이다(**그림 11-18b**).

**CHECK YOUR LEARNING**

- 포유류에서 왜 정자가 자식의 성을 결정하는지를 설명할 수 있는가?
- 왜 대부분의 성 연관 형질들이 X염색체에 존재하는 유전자들에 의해 조절되는지 설명할 수 있는가?
- 성 연관 형질들의 유전 양식을 서술할 수 있는가?

## 11.8 인간의 유전병은 어떻게 유전되는가?

인간의 많은 질병은 유전에 의해 다양하게 영향을 받는다. 인간을 실험적으로 교배할 수 없기 때문에 인류유전학자들은 과거에 일어난 교배를 연구하기 위해 의학적, 역사적 그리고 가족의 기록을 조사한다. 몇 세대에 걸친 기록은 **가계도(pedigrees)**의 형태로 배열할 수 있다. 이 그림은 관련된 개개의 일가들 사이의 유전적 관계를 보여준다(**그림 11-19**). 인간의 가계도를 세밀하게 분석하는 데 있어서 분자유전공학 기술을 결합시켜 인간의 유전병을 이해하는 데 큰 성과를 거두었다.

여러 유전자들에 의해 흔히 영향을 받는 신장과 피부색과 같은 일반적인 형질들과 마찬가지로 복잡한 환경적인 요인들과 상호작용하는 다수의 유전자들은 파킨슨병과 알츠하이머병, 암 그리고 정신분열증과 같은 건강문제를 일으키기 쉽다. 그러나, 낫형 적혈구 빈혈증, 혈우병, 근육위축증, 마르판 증후군, 낭포성 섬유증 등의 일부 질환은 단일 유전자의 결함으로 발병한다. 여기서 우리는 이러한 단일 유전 장애에 초점을 맞출 것이다.

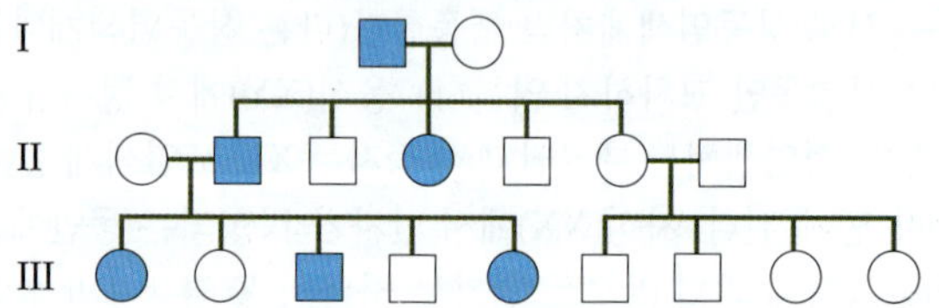


(a) 우성 형질의 가계도

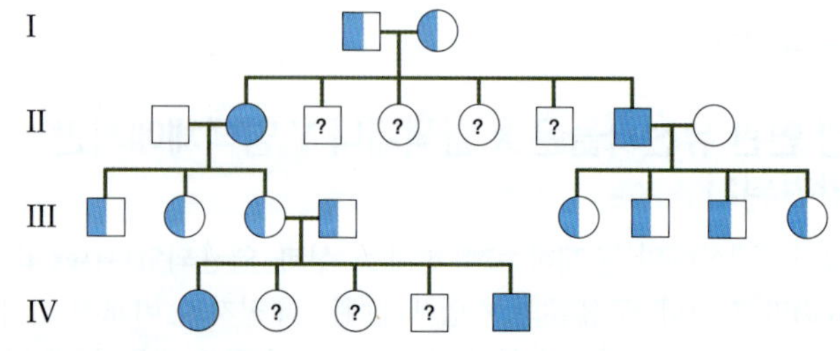


(b) 열성 형질의 가계도

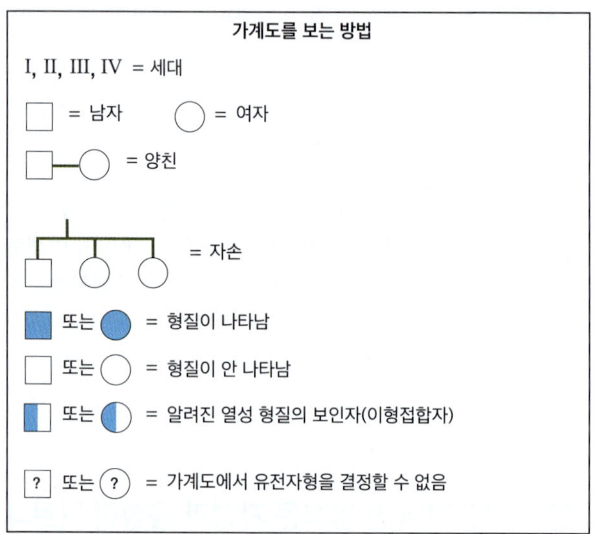


▲ **그림 11-19 가계도** **(a)** 우성 형질을 나타내는 가계도. 우성 형질을 보이는 자손은 적어도 양친 중 어느 한 분이 그러한 우성 형질을 가지고 있어야만 한다는 것을 주목하자. **(b)** 열성 형질을 나타내는 가계도. 어떤 사람이 열성 형질을 보인다면 열성의 동형접합성임이 틀림없다. 만일 양친이 그러한 형질을 보이지 않는다면 양친은 모두 이형접합성(보인자)이다. 보인자거나 우성의 동형접합성일 수도 있는 자손에 대해서는 유전자형을 결정할 수 없다는 점을 주목하라.

### 인간의 일부 유전병은 열성 대립유전자에 의하여 발생한다

어떤 유전적 장애는 필수 단백질을 정상적으로 암호화한 유전자에 대한 결함이 있는 두 개의 사본을 물려받은 사람에게서만 발생한다. 이 경우 하나의 정상 대립유전자는 정상 기능을 하는 단백질을 충분히 만들어낼 수 있어서 하나의 결함 대립유전자와 하나의 정상 대립유전자를 물려받은 사람은 두 개의 정상 대립유전자를 물려받은 사람과 동일한 표현형을 갖는다. 즉, 결함 있는 대립유전자는 열성이고 정상의 대립유전자는 우성이다.

유전적 장애에서 **보인자(carrier)**란 하나의 정상 우성 대립유전자와 결함 있는 열성 대립유전자를 각각 갖는 이형접합자이다. 보인자는 표현형적으로는 건강하지만 남녀 모두 열성 대립유전자를 후대 자손으로 물려준다. 십중팔구 우리 모두는 동형접합자일 경우 심각한 유전질환을 일으킬 수 있는 일부 열성 대립유전자를 갖고 있다. 우리가 아이를 낳을 때마다, 50:50의 비율로 결함 있는 대립유전자를 물려준다. 다행히도 이는 일반적으로 해가 되지는 않는다. 왜냐하면 혈연관계가 아닌 남녀는 보통 다른 유전자들에 대해 결함 있는 대립유전자를 가질 것이고, 그들의 자녀들은 오로지 같은 유전자의 결함 대립유전자에 대해 동형접합일 경우에만 유전질환을 가지게 될 것이기 때문이다. 그럼에도 불구하고 어떤 사람들은 같은 유전자의 두 개의 결함 유전자를 물려받는다. 부모가 친척 관계라면(예를 들어 사촌) 이런 일이 일어날 가능성은 더 높아진다.

#### 낫형 적혈구 빈혈증은 헤모글로빈 합성에 대한 결함 대립유전자에 의해 발병한다

**낫형 적혈구 빈혈증(sickle-cell anemia)**은 그 명칭에서 알수 있듯이 혈액 속의 산소를 운반하는 적혈구세포와 그 안에서 발견되는 단백질인 헤모글로빈 결함으로 빈혈을 유발하는 유전 질환이다. 낫형 적혈구 빈혈증은 헤모글로빈 합성에 관련된 결함 있는 대립유전자에 의해 발생하며 장애는 결함있는 대립유전자의 두 사본을 물려받은 사람들에게서 나타난다.

낫형 적혈구 빈혈증을 가진 사람이 운동을 하거나 고도가 높은 곳으로 이동하면, 혈액 속의 산소 농도가 떨어지게 되고 적혈구세포 안의 헤모글로빈 분자가 서로 엉켜서 응집한다. 이 덩어리가 적혈구세포를 정상적인 유연하고 원반 모양(**그림 11-20a**)에서 뻣뻣하고 길쭉한 낫 모양(**그림 11-20b**)으로 만들게 된다. 낫형 적혈구는 약해서 쉽게 손상을 입는다. 빈혈증은 낫형 적혈구가 정상 적혈구의 수명보다 일찍 파괴되기 때문이다. 모세혈관을 이동하는 낫형 세포들은 정상 적혈구세포보다 이동이 자유롭지 못해서 응집하여 혈전을 일으킨다. 혈전 아래에 있는 조직들은 충분한 산소를 받지 못하고 만일 뇌혈관이 막히면 마비성 뇌졸중이 나타날 수도 있다.

낫형 세포 대립유전자에 대해 이형접합성인 사람은 반은 정상이고 반은 비정상인 헤모글로빈을 갖고 있지만 보통 적은 수로 낫형 적혈구를 가지므로 이 병 때문에 심각한 영향을 받는 것은 아니다. 그러나 아주 격렬한 운동을 할 경우 일부 이형접합자는 생명이 위험할 정도의 증상을 경험할 수도 있다.

### 인간의 일부 유전 질환은 우성 대립유전자에 의해 발생한다

어떤 심각한 유전병은 우성 대립유전자에 의하여 발병한다. 이러한 질병을 얻는 데는 하나의 결함 있는 우성 대립유전자로 충분하므로 우성 유전 질환을 물려받은 사람의 부모 중 적어도 한 명은 반드시 유전병을 가지고 있다. 아주 드문 경우로 유전질환을 일으키는 우성 대립유전자가 여러 세대를 거쳐 유전된 것이 아니라, 정상 부모의 정자 혹은 난자에서 돌연변이가 일어나 생기기도 하는데 이 경우에는 양친 어느 쪽도 이 병을 가지고 있지 않다.

어떻게 결함 있는 대립유전자가 정상 기능을 하는 대립유전자에 대해 우성으로 작용하는가? 일부 결함의 우성 대립유전자는 정상적인 단백질의 기능을 방해하는 비정상적인 단백질을 생성한다. 다른 우성 대립유전자는 과잉활동을 하고 우리 몸에서 부적절한 시기와 장소에서 기능을 수행하는 단백질을 만들 수 있다.

#### 헌팅턴병은 뇌의 특정 부위에 있는 세포를 죽이는 결함 단백질 때문에 발생한다

독성이 있는 단백질이 일으키는 대표적인 질환이 **헌팅턴병(Huntington disease)**이다. 이 질환은 뇌 일부의 기능이 천천히 소실되는 진행성 질병으로 결국 통합 기능이 상실되어 운동 기능 상실과 인격 상실, 죽음에 이르게 되는 우성의 유전성 질환이다. 헌틴턴병의 증상은 전형적으로 30~50세까지는 나타나지 않는다. 그러므로 우성 헌팅턴 대립유전자를 가진 많은 사람들이 최초로 증상이 나타나 고통을 받기 전에 이미 자녀들에게 대립유전자를 물려준다. 유전학자들은 1993년에 헌팅턴 유전자를 분리하였고 몇 년 후에 이 유전자의 단백질 산물을 확인하였다.

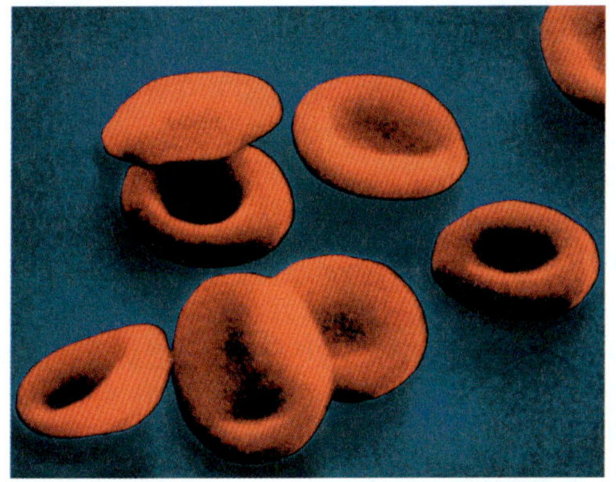
(a) 정상 적혈구 세포

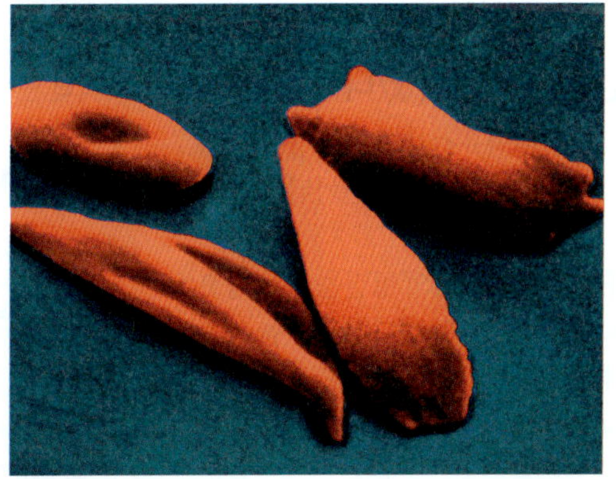
(b) 낫형 적혈구 세포

◀ **그림 11-20 낫형 적혈구 빈혈증** **(a)** 정상 적혈구는 중심이 들어간 원반 모양이다. **(b)** 혈액 내 산소가 감소하면 낫형 적혈구 빈혈증에 걸린 사람의 적혈구는 낫 모양으로 가늘고 길게 휘어진 모양이 된다.

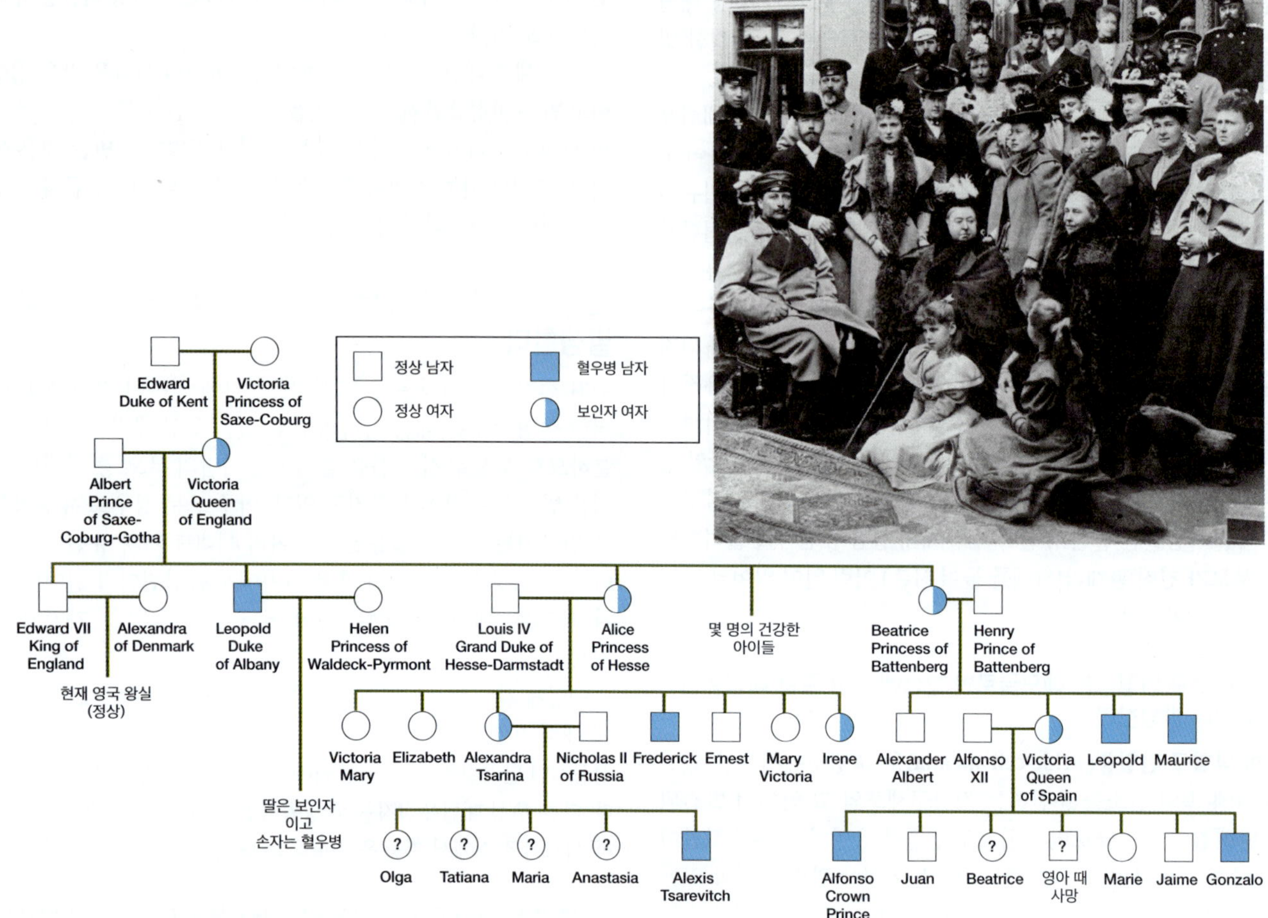


▲ **그림 11-21 유럽 왕족들 사이의 혈우병** 영국의 빅토리아 여왕(여왕은 중앙 전방에 지팡이를 들고 앉아 있다. 1885년 모습)으로부터 성 연관된 혈우병이 그녀의 자손에게, 또 그녀의 아이들이 다른 유럽 국가의 왕가와 서로 혼인했기 때문에 유럽의 여러 왕족에게 유전되었음을 보여주는 아주 유명한 유전적 가계도. 빅토리아의 조상은 혈우병이 없기 때문에 혈우병의 대립유전자는 빅토리아 자신이거나 양친 중의 어느 쪽인가에서 돌연변이가 일어났음(혹은 어머니쪽의 간통의 결과)에 틀림없다.

**비판적 사고** 이 가계도에서 빅토리아의 남편인 알버트가 혈우병의 근원일 가능성은 왜 없는가?

정상적인 헌팅턴 단백질은 뇌세포에서 유전자 전사, 세포골격의 기능, 그리고 세포소기관의 이동에 영향을 준다. 돌연변이 헌팅턴 단백질은 세포 내에서 독성 조각 물질로 잘려져서 결국 세포를 죽인다.

## 인간의 일부 유전병은 성과 연관되어 있다

11.7절에서 배웠듯이 X 연관 열성 대립유전자는 표현형이 남성에게 훨씬 더 자주 나타나며 일반적으로 세대를 건너뛰는 독특한 유전 양식을 가지고 있다.

가장 보편적으로 질환을 가진 남자는 그들의 형질을, 표현형으로는 정상이나 보인자인 딸에게 넘겨주며, 딸은 나시 질환을 가진 아들을 낳을 수 있다. X 염색체 유전자의 열성 대립유전자에 의해 발생하는 가장 익숙한 유전적 결함은 적녹 색상시력 결핍, 혈우병, 그리고 근육위축증이다.

**혈우병(Hemophilia)**은 X 염색체상의 열성 대립유전자에 의해 발병하는데, 혈액 응고에 필요한 단백질 중 하나가 결핍되기 때문에 일어난다. 혈우병을 가진 사람은 쉽게 타박상을 일으키며 작은 상처에도 과량의 출혈을 일으킨다. 혈우병은 가끔 혈액 손실로 빈혈증을 일으킨다. 혈액 응고 인자를 보충하는 현대 치료법 이전에도 몇몇 혈우병 남자는 살아남아서 그들의 결함 대립유전자를 딸에게 넘겨주고 딸은 다시 아들에게 그 대립유전자를 물려줄 수 있었다(**그림 11-21**).

### CHECK YOUR LEARNING

- 한 형질의 유전 양식을 결정하기 위해서 가계도를 이용할 수 있는가?
- 왜 일부 유전 질환이 우성 혹은 열성인지 각각에 대한 예를 들어 서술할 수 있는가?
- 왜 성 연관 열성 질환은 주로 남성에게 영향을 주고 세대를 건너뛰는 경향이 있는지 설명할 수 있는가?

## 근육위축증

무거운 것을 들거나, 당기는 일을 하거나, 자전거를 타고 가파른 언덕을 오를 때, 근육에 상당한 부담을 준다. 어떻게 근육은 이 엄청난 힘을 감당할 수 있을까? 수축된 근육은 근육세포를 결합하는 매우 긴 단백질인 디스트로핀 덕분에 온전하게 남아 있을 수 있다.

불행하게도 약 3500명의 남자 아이들 중 1명은 결함을 가진 디스트로핀을 만들어 **근육위축증(muscular dystrophy)**에 걸리게 된다. 근육위축증이란 말 그대로의 "근육의 퇴화"를 의미한다. 디스트로핀의 기능 결함은 통상적인 근육 수축이 일어날 때 근육세포들이 찢어져서 죽게 되고, 지방이나 결합조직으로 대체된다(**그림 E11-1**). 일반적으로 20대 초반에 심장이나 호흡곤란으로 사망하게 된다.

여자아이들이 근육위축증에 걸리게 될 가능성은 거의 없는데 그 이유는 디스트로핀 유전자가 X 염색체상에 있고 근육위축증 대립유전자가 열성 유전을 하기 때문이다. 남자아이들은 만일 그의 한 개 있는 X 염색체상에 결함 있는 디스트로핀 대립유전자를 갖게 되면 근육위축증이 되지만 여자아이들은 두 개의 X 염색체를 가지므로 두 개 모두에 결함이 있을 때만 질병에 걸리게 된다. 하지만 여자아이에게서 이런 일은 절대 일어나지 않는다. 여자아이는 어머니로부터 하나의 X 염색체를, 아버지로부터 또 하나의 X 염색체를 받게 되는데 이 둘 중 어머니로부터만 결함 있는 디스트로핀 대립유전자를 물려받게 된다. 듀켄 근육위축증을 가진 남자아이는 일찍 무력하게 되거나 사망하게 되어 거의 자손을 낳을 수 없기 때문이다.

병의 진행을 늦추거나, 생명을 연장하고 질병에 걸린 소년들을 좀 더 편하게 해주기 위한 수많은 처치가 필요함에도 불구하고 지금은 치료법이 없다. 개선된 치료법은 현재 임상실험 중인 약품에서 나올 수도 있는데 이는 자연적으로 근육 단백질인 유트로핀의 합성을 자극하여 부분적으로 디스트로핀을 대체할 수 있도록 하는 것이다. 연구자들은 CRISPR-Cas9으로 알려진 새로운 분자 도구들의 발명으로 좀 더 쉽고 정확하게 유전자 편집을 기반으로 한 치료에 높은 기대감을 가지고 있다. 원칙적으로 CRISPR-Cas9은 결함 있는 디스트로핀 유전자를 수리하는 데 사용되어 환자의 세포에 생긴 장애를 효과적으로 치료할 수 있을 것이다.

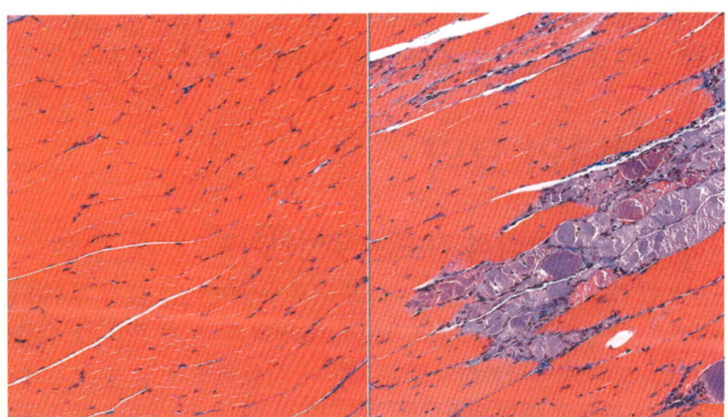

▲ **그림 E11-1 근육위축증의 증상** 왼쪽 현미경 사진은 세포 사이의 공간이 거의 없는 정상 근육을 보여준다. 위축증 근육(오른쪽)은 좀 더 적은 수의 더욱더 비정상적인 근육세포를 가지고 있으며, 세포들 사이의 공간은 지방과 결합조직으로 채워져 있다.

**비판적 사고** 한 어머니가 자신의 어린 아들이 듀켄 근육위축증을 앓고 있다는 것을 알게 되자 큰 충격에 빠졌다. DNA 검사를 통해 자신이 결함 디스트로핀 대립유전자를 가진 보인자라는 것을 발견하였다. 그녀가 아이를 한 명 더 가진다면, 이 두 번째 아이가 질환을 가질 가능성은 얼마인가? 이 여성에게는 두 명의 자매가 있는데, 그들 역시 보인자일 가능성은 얼마인가?

CASE STUDY REVISITED

## 경기장에서의 돌연사

마르판 증후군으로 플로 하이만이 사망했지만, 제 때 발견했다면 죽음을 피할 수도 있었다. 2014년 베일러 대학의 농구 스타 이사야 오스틴(**그림 11-22**)은 2학년을 마치고 프로선수로 전향하기로 결심했다. 미국프로농구협회(NBA)가 신인 선수 선발에 앞서 모든 선수들을 대상으로 철저한 건강 검진을 실시하고 있다는 것이 오스틴에게는 행운이었다. NBA 전문 의료진은 오스틴이 마르판 증후군을 가지고 있다고 진단했으며, 그의 대동맥은 확장되어 있고 대동맥의 벽도 아마 약할 것이라고 진단했다. 오스틴이 프로 전향 건강검진을 받지 않고 계속해서 대학에서 농구를 했다면 아마도 플로 하이만과 같은 운명을 겪었을 것이다.

NBA의 의사들은 오스틴에게 영구적으로 기권하라고 충고했다. 왜냐하면 운동은 대동맥에 너무 많은 스트레스를 주어 피열되게 할 수 있기 때문이다. 그러나 그가 드래프트를 선언한 지 3년 후, 오스틴은 그의 심장병 의사가 그를 뛰게 허락했다고 발표했다. 얼마 후, 오스틴은 세르비아의 프로팀과 계약하면서 코트로 돌아왔다. 이사야 오스틴은 "농구는 나에게 많은 기쁨을 가져다 주기 때문에 프로로 뛰는 것은 감수할 만한 가치가 있는 위험"이라고 말한다.

**생각해보기** 마르판 증후군을 가진 예비 부모의 난자나 정자에 존재하는 결함 대립유전자는 머지않아 고칠 수 있게 될 것이고 따라서 자손이 결함을 물려받지 않도록 할 수도 있을 것이다. 이런 경우 정자나 난자(혹은 배아)의 유전자 변형이 허용되어야 한다고 생각하는가? 왜 그렇게 생각하는가, 혹은 왜 그러면 안된다고 생각하는가?

◀ **그림 11-22 이사야 오스틴의 덩크**

# CHAPTER REVIEW

*비판적 사고와 생각해보기, 선택형문제, 빈칸채우기 질문에 대한 답은 이 책의 뒷부분에 있는 정답란에서 볼 수 있다.*

## 핵심개념의 요약

### 11.1 유전의 물리적 기초는 무엇인가?

유전의 단위는 유전자인데, 유전자란 염색체상의 어떤 특정 부위(loci, 유전자자리)에 있는 DNA의 조각이다. 유전자는 두 개 혹은 그 이상의 대안적인 형태인 대립유전자로 존재한다. 상동염색체 두 개 모두 주어진 자리에 동일한 대립유전자를 가질 때 이 생물체는 그 유전자에 대해 동형접합성이다. 두 개의 상동염색체가 주어진 유전자자리에서 서로 다른 대립유전자를 가질 경우 그 생물체는 그 유전자에 대하여 이형접합성이라 한다.

### 11.2 유전의 법칙은 어떻게 발견되었는가?

그레고리 멘델은 DNA, 유전자, 염색체 그리고 감수분열 등이 발견되기 전 1800년대 중반 유전의 많은 원리를 알게 되었다. 그는 적절한 실험 주제를 선택했고 주의 깊게 실험을 설계했으며 여러 세대 동안 자손을 추적하고 그 결과를 통계적으로 분석하였다.

### 11.3 단일 형질은 어떻게 유전되는가?

형질은 꽃 색깔이나 혈액형과 같이 관찰 또는 측정할 수 있는 생물의 표현형의 상태이다. 각 부모는 자손에게 각 유전자의 한 벌의 대립유전자만을 제공한다. 그래서 자손은 모든 유전자에 대해 한 벌의 대립유전자를 유전 받는다. 자손에서 대립유전자의 조합은 자손의 표현형을 결정한다. 우성 대립유전자는 열성 대립유전자를 봉쇄하고 봉쇄된 열성 대립유전자는 표현형적으로는 우성이나 유전자형은 다르다. 두 개의 우성 대립유전자(우성의 동형접합성)를 갖는 개체는 한 개는 우성, 또 한 개는 열성 대립유전자(이형접합성)를 갖는 개체와 동일한 표현형을 보인다. 각 대립유전자는 감수분열 시 무작위적으로 분배되므로 우리는 어떤 특정 형질에 대해 퍼네트 사각형법이나 확률을 이용하여 자손의 상대비를 예측할 수 있다.

### 11.4 복합 형질은 어떻게 유전되는가?

만일 두 개의 형질에 대한 유전자들이 서로 다른 염색체상에 존재한다면 그들은 독립적으로 정자와 난자에 따로 따로 분배되어 들어갈 것이다. 즉, 배우자로 전달되는 한 유전자의 대립유전자의 분배는 다른 유전자의 대립유전자의 분배에 영향을 미치지 않는다. 그리하여 서로 다른 염색체상에 있는 두 개의 유전자자리에서 서로 이형접합성인 두 개체가 결합되면 9가지의 서로 다른 유전자형을 갖는 자손을 생산할 수 있다. 전형적인 우성과 열성 대립유전자에 대해서, 이들의 자손은 오직 네 개의 서로 다른 표현형을 보일 것이다.

### 11.5 멘델의 유전법칙은 모든 형질에 적용되는가?

모든 유전이 단순한 우성-열성 양식을 따르는 것은 아니다. 불완전우성에서, 이형접합자는 두 가지의 동형접합자 표현형 사이의 중간 표현형을 갖는다. 어떤 종에서 많은 개체들의 유전자를 조사하면 많은 유전자들이 두 개 이상의 대립유전자를 가지는 것을 알 수 있다. 공동 우성은 한 유전자의 두 대립유전자가 관찰되는 표현형에 독립적으로 기여할 때 발생한다. 다면발현은 한 유전자가 생물체의 표현형의 관점에서 서로 연관성이 없어 보이는 여러 표현형에 영향을 미칠 때 발생한다. 다원 유전에서는 여러 개의 서로 다른 유전자들이 특정 표현형에 영향을 준다. 환경은 사실상 모든 형질의 표현형 발현에 영향을 끼친다.

### 11.6 같은 염색체상에 존재하는 유전자들은 어떻게 유전되는가?

같은 염색체 상에 위치한 유전자들은 함께 유전되려고 하는 경향이 있다. 그러나 감수분열 동안 교차로 인해 염색체상의 대립유전자에 재조합이 일부 발생하게 되어 이전에 함께 유전되었던 대립유전자가 분리될 수도 있다. 유전자자리 사이의 교차는 염색체상에 유전자가 멀리 떨어져 있을수록 더 자주 일어난다.

### 11.7 성과 성 연관 형질들은 어떻게 유전되는가?

많은 동물에서 성 결정은 X와 Y로 표시한 성염색체에 의하여 결정된다. 포유류에서 자성은 두 개의 X 염색체를 가지고 있다. 웅성은 하나의 X 염색체와 하나의 Y 염색체를 가지고 있다. 웅성의 정자는 한 개의 X 염색체 또는 한 개의 Y 염색체를 가지는 반면 자성의 난자는 두 개의 X 염색체를 갖는다. 그러므로 성은 난자와 수정되는 정자의 성염색체에 의해 결정된다.

성 연관 유전자들이란 X 또는 Y 염색체상에서 발견되는 유전자들을 말한다. 포유류에서 Y염색체는 X 염색체보다 훨씬 적은 수의 유전자를 가지고 있어서 대부분의 성 연관 유전자들은 X 염색체에서 발견된다. 웅성은 X 염색체상의 유전자들을 한 개씩만 갖기 때문에 X 염색체상의 열성 형질들은 웅성에서 표현형적으로 발현되기 쉽다.

### 11.8 인간의 유전병은 어떻게 유전되는가?

분자유전학 기술과 가계도 분석법은 인간 형질의 유전 양상을 결정하는 데 이용된다. 일부 유전 질환들은 열성 형질로 유전된다. 따라서 오직 열성의 동형접합성인 사람만이 병의 증상을 보인다. 이형접합자를 보인자라고 부르는데 이들은 하나의 열성 대립유전자를 가지고는 있지만 형질이 나타나지는 않는다. 일부 질환들은 불완전우성 형질로 유전된다. 단지 하나의 결함 대립유전자를 가진 이형접합자는 질환의 일부 증상을 나타내는 반면 결함 대립유전자에 대해 동형접합성인 사람은 좀 더 심각한 질환을 가지게 된다. 다른 질환들은 단순 우성 형질로 유전된다. 그런 경우에는 하나의 우성 대립유전자만으로도 병의 증상을 일으키기에 충분하다. 인간의 일부 유전 질환은 성 연관 유전이다.

# 개념을 통한 이해

## 선택형 문제

1. 염색체상의 유전자의 물리적 위치를 그 유전자의 ________라 한다. 한 유전자의 약간의 차이를 보이는 서로 다른 형태를 ________라고 부른다.
   a. 자리; 대립유전자
   b. 자리; 다원 유전
   c. 키아스마; 대립유전자
   d. 형질; 잡종
2. 한 생물체가 한 유전자에 대해 두 개의 서로 다른 대립유전자(대립인자 *A*와 대립유전자 *a*로 부른다)를 가진다면,
   a. 표현형은 이 유전자에 대해 동일한 두 개의 대립유전자를 가진 생물체와 똑같을 것이다.
   b. 모든 배우자는 *A* 대립유전자와 *a* 대립유전자 모두 가질 것이다.
   c. 그 유전자에 대해 동형접합성이다.
   d. 그 유전자에 대해 이형접합성이다.
3. 독립의 법칙이 의미하는 것은
   a. 같은 염색체상의 두 유전자는 함께 유전되는 경향이 있다.
   b. 대립유전자는 감수분열이 끝난 후에 생식세포로 분류된다.
   c. 한 유전자의 특정 대립유전자가 같은 생식세포의 다른 유전자의 대립유전자를 결정하지는 않는다.
   d. 상동염색체는 감수분열 동안에 서로 분리되지 않는다.
4. 하나의 유전자가 포유류의 X 염색체상에 존재한다면,
   a. 이 유전자는 자성에서만 발현된다.
   b. 이 유전자는 웅성에서만 발현된다.
   c. 이 유전자는 성 연관 되어 있으며 자성에서 열성 형질을 나타낼 가능성이 높다.
   d. 이 유전자는 성 연관 되어 있으며 웅성에서 열성 형질을 나타낼 가능성이 높다.
5. 검정교배는 무엇을 결정하는 데 사용되는가?
   a. 표현형적으로 우성 형질을 가진 생물체의 유전자형
   b. 표현형적으로 열성 형질을 가진 생물체의 유전자형
   c. 한 유전자에 대해 다면발현 효과를 보이는 생물체의 유전자형
   d. 형질이 다원 유전으로 유전되는지의 유무

## 빈칸 채우기

1. 어떤 개체를 *Rr* 로 표시하면 *Rr*은 그 개체의 ________이며 반면 빨강색은 그의 ________이다. 이 개체는 이 색깔 유전자에 대하여 ________(동형접합성/이형접합성) 일 것이다.
2. 여러 개 형질의 유전은 형질을 조절하는 유전자의 위치에 의존한다. 만일 유전자가 다른 염색체상에 있다면 그 형질은 ________(한꺼번에/독자적으로) 유전된다. 만일 유전자가 단일 염색체상에 서로 가깝게 놓여 있다면 그 형질은 ________(한꺼번에/독자 적으로) 유전되려는 경향이 있다. 동일한 염색체상에 놓인 유전자들을 ________되어 있다고 한다.
3. 포유류에서 웅성은 ________(XX/XY/YY) 성염색체를 가지고 있고 자성은 ________(XX/XY/YY) 성염색체를 갖는다. 자손의 성은 ________(정자/난자)에 있는 염색체에 의해 결정된다.
4. 한 개의 성염색체상에만 있고 다른 염색체에는 존재하지 않는 유전자들을 ________라고 한다.
5. 이형접합자의 표현형이 두 개의 동형접합자들의 표현형의 중간형을 보일 때 이러한 유전 양식을 ________이라 한다. 만일 이형 접합자의 표현형이 양쪽 동형접합자 모두의 표현형을 나타낼 때 (중간형이 아니라 두 형질을 함께) 이를 ________이라 한다. ________에서는 보통 표현형에 비슷한 효과를 갖는 많은 유전자들이 형질의 유전을 조절한다.

## 복습문제

1. 다음 용어들을 정의해 보라: 유전자, 대립유전자, 우성, 열성, 순종, 동형접합성, 이형접합성, 타가수정과 자가수정.
2. 동일한 염색체상에 위치한 유전자는 왜 연관되었다고 하는지 설명하고, 간혹 감수분열 동안에 연관된 유전자의 대립유전자가 왜 분리되는지도 설명하라.
3. 다원 유전(polygenic inheritance)을 정의하고 왜 다원 유전이 부모들이 자신들과 특별히 다른 피부색을 가진 자손을 낳는지 설명하라.
4. 성 연관(sex linkage)이란 무엇이며 포유류에서 어느 성이 성 연관 열성 형질을 가장 잘 발현할 것 같은가?
5. 표현형과 유전자형의 차이점은 무엇인가? 여러분이 생물의 표현형을 알면 항상 유전자형을 결정할 수 있게 되는가? 표현형으로 우성인 개체의 유전자형을 결정하기 위하여 어떤 종류의 실험을 실시할 수 있는가?
6. 그림 11-19의 (a) 가계도에서 개체들이 나타내는 형질이 동형접합성이라고 생각하는가? 아니면 이형접합성이라고 생각하는가? 그 가계도에서 어떻게 설명할 수 있는가?

# 개념의 적용

1. 유전자(*gene*)라는 용어는 보다 일반적으로 사용되는데 대립유전자(*allele*)와 유전자(*gene*)라는 용어를 비교해 보라.
2. 모든 종들의 유전자가 단지 두 개의 대립유전자를 우성과 열성으로 가지는 우주가 있다고 상상해보자. 모든 형질은 단지 두 가지의 표현형만 가지게 될까? 특정 유전자에 대해 우성인 종들의 모든 구성원은 정확히 같은 표현형을 가지게 될까? 답에 대한 이유를 설명해 보라.

## 유전학 문제

1. 특정 소의 털 색이 붉은 색(동형접합성의 $R_1R_1$)일 수도 있고 흰색(동형접합성의 $R_2R_2$), 또는 밤 색(붉은색과 흰색의 혼합, 이형접합성의 $R_1R_2$)일 수 있다.

a. 붉은색 털을 가진 황소가 흰색의 암소와 교배하면 자손의 유전자형과 표현형은 무엇일까?

b. (a) 문제에서 얻어진 자손 중 황소가 흰색의 암소와 교배하면 얻어지는 자손의 유전자형과 표현형은 무엇인가? 이들은 어떤 비율로 얻어지는가?

**2.** 식용 완두 식물에서, 큰 키(*T*)가 작은 키(*t*)보다 우성이고, 녹색 꼬투리 (*G*)가 노랑 꼬투리(*g*)보다 우성이다. 아래와 같은 교배의 경우 생산되는 배우자와 자손의 유형을 적어보라.

a. *TtGg* × *TtGg*

b. *TtGg* × *TTGG*

c. *TtGg* × *Ttgg*

**3.** 토마토에서, 둥근 모양(*R*)은 긴 모양(*r*)보다 우성이고 매끄러운 것(*S*)은 솜털이 있는 것(*s*)보다 우성이다. 순종의 둥글고 매끄러운 토마토(*RRSS*)와 순종의 길고 솜털로 덮인 토마토(*rrss*)를 교배시키면 $F_1$ 자손은 모두 둥글고 매끄러운 것(*RrSs*)들이 얻어진다. 이들 $F_1$ 식물들을 번식시켜 아래와 같이 $F_2$ 자손을 얻었다.

둥글고 매끄러운 것: 43개

길고 솜털로 덮인 것: 13개

껍질의 형태와 과일 모양에 대한 유전자들은 같은 염색체상에 있는가? 아니면 다른 염색체상에 있는가? 답에 대한 이유를 설명하라.

**4.** 질문 3의 토마토에서 $F_1$자손 (*RrSs*)을 열성 동형접합성 (*rrss*) 개체와 교배시켜 다음과 같은 자손을 얻었다.

둥글고 매끄러운 것: 583　　길고 솜털로 덮인 것: 602

둥글고 솜털로 덮인 것: 21　　길고 매끄러운 것: 16

표현형의 이러한 분포에 대한 가장 적합한 설명은 무엇인가?

**5.** 사람의 머리카락 색은 두 개의 유전자의 상호 작용에 의해 나타난다. 갈색 머리나 금발 모두에 동일한 색소인 멜라닌이 존재한다. 그러나 갈색은 금발보다 그 양이 더 많다. 갈색(*B*)은 금발(*b*)보다 우성이다. 두 번째 유전자 중 우성(*M*)형은 멜라닌을 합성하게 하며 열성형(*m*)은 멜라닌 합성을 방해한다. 동형접합 열성(*mm*)은 백색이다. 아래 문제에서와 같은 부모들이 낳게 되는 아이들의 기대되는 표현형 비율은 얼마인가?

a. *BBMM* × *BbMm*

b. *BbMm* × *BbMm*

c. *BbMm* × *bbmm*

# 12 DNA: 유전 물질

황소를 놀라운 헐크로 만드는 것은 무엇인가? DNA의 작은 변화가 모든 차이를 만든다.

CASE STUDY

## 근육, 돌연변이, 그리고 마이오스타틴

이 황소는 철분을 펌핑한 것이 아니라, 벨지안 블루(Belgian Blue)라는 황소다. 모든 벨지안 블루는 크고 불룩한 근육을 가지고 있어 일반 황소와 비교했을 때 보디빌더처럼 보인다. 벨지안 블루는 마이오스타틴(myostatin)이라는 단백질을 암호화하는 유전자의 비정상적인 버전을 가지고 있기 때문에 일반 소보다 더 많고 큰 근육세포를 가지고 있다. 벨지안 블루는 마이오스타틴 유전자의 DNA에 변화 또는 돌연변이가 있어 대부분의 다른 소의 DNA와 마이오스타틴 유전자가 약간 다르다. 결과적으로 벨지안 블루는 결함이 있는 마이오스타틴을 생산한다. 결함이 있는 마이오스타틴이 비정상적으로 큰 근육을 유발하는 이유는 무엇인가? 마이오스타틴의 정상적인 기능은 근육 발달에 브레이크를 장착하는 것이기 때문이다. 포유류가 정상적으로 발달하면 세포는 여러 번 분열되지만 결국 분열을 멈추고 특정 기능에 특화된다. 예를 들어, 발달 중인 포유동물의 일부 세포는 근육을 형성할 운명이다. 정상적인 마이오스타틴은 이러한 근육 전세포의 증식을 늦추고 결국 중단한다. 마이오스타틴은 또한 근육세포의 궁극적인 크기를 조절한다. 벨지안 블루에는 기능성 마이오스타틴이 없기 때문에 근육 전 세포가 정상보다 더 많이 증식하고 근육으로 발달함에 따라 세포가 더 커진다. 결과: 두드러지게 울퉁불퉁한 소.

DNA는 근육 크기와 같은 특성에 대한 지시 사항을 어떻게 암호화하는가? 이 지침은 세대마다 어떻게 전달되는가? 그리고 왜 지침이 때때로 바뀌는가?

## 주요내용

12.1 DNA는 어떤 구조일까?
12.2 DNA는 유전정보를 어떻게 암호화하는가?
12.3 DNA 복제는 세포분열 동안 어떻게 유전정보의 정확한 복사를 가능하게 하는가?
12.4 돌연변이는 무엇이며, 어떻게 발생하는가?

## 12.1 DNA는 어떤 구조일까?

1950년대 초, 과학자들은 DNA가 유전 분자라는 확실한 증거를 밝혀냈다(180 쪽의 "Doing Science: 유전 분자의 발견" 참조). 유전자가 DNA로 되어있다는 것을 알아도 유전에 대한 핵심 의문에 답할 수 있는 것은 아니다. DNA는 어떻게 유전정보를 암호화할 수 있을까? 유전정보가 딸세포에 전달될 수 있도록 복제는 어떻게 일어날까? DNA의 기능과 복제에 관한 비밀은 DNA 분자의 3차 구조로부터 발견되었다.

### DNA는 4가지 종류의 뉴클레오타이드로 구성되어 있다

DNA는 **뉴클레오타이드(nucleotide)**로 구성되어 있다. 각각의 뉴클레오타이드는 세 가지 부위로 이루어져: 인산기, 데옥시리보스라고 불리는 당, 그리고 질소를 함유하는 네 종류의 염기(base) 중 하나로 되어 있다. DNA에서 발견되는 염기는 **아데닌(adenine, A)**, **구아닌(guanine, G)**, **티민(thymine, T)**, **사이토신(cytosine, C)**이다(그림 12-1). 아데닌과 구아닌은 탄소와 질소 원소로 이루어진 5각과 6각의 구조가 연결된 형태를 취하며, 6각 구조의 서로 다른 위치에 부착된 상이한 작용기에 의해 구별된다. 티민과 사이토신은 탄소와 질소로 이루어진 하나의 6각 구조물이며 상이한 작용기가 서로 다른 위치에 부착되어 있다.

### DNA는 두 개의 뉴클레오타이드 사슬로 이루어진 이중나선이다

1940년대 후반 몇몇의 과학자들이 DNA의 구조를 밝히기 위한 연구를 시작하였다. 영국의 과학자 Rosalind Franklin과 Maurice Wilkins은 DNA 분자 구조 연구에 X-선 회절을 사용하였다(그림 12-2). 비록 X-선 회절 패턴이 분자의 직접적인 모양을 제공하지 않았지만, 분자의 모양과 구조에 대한 중요한 정보를 제공하였다. Franklin과 Wilkins는 실험을 통해 몇 가지 추론을 만들었다. 첫째, DNA 분자는 폭이 2나노미터(20억분의 1미터)의 얇고 긴 분자이다. 둘째, DNA는 나선 계단처럼 꼬인 나선형이다. 셋째, DNA는 두 가닥의 뉴클레오타이드가 서로 꼬인 이중나선이다. 넷째, DNA는 반복되는 소단위로 구성되어있다. 그리고 다섯째, 인산은 나선구조의 외부에 위치한다.

Franklin과 Wilkins는 시간이 충분했다면 DNA의 정확한 구조를 추론했을 것이다. 그러나 두 젊은 과학자인 James Watson과

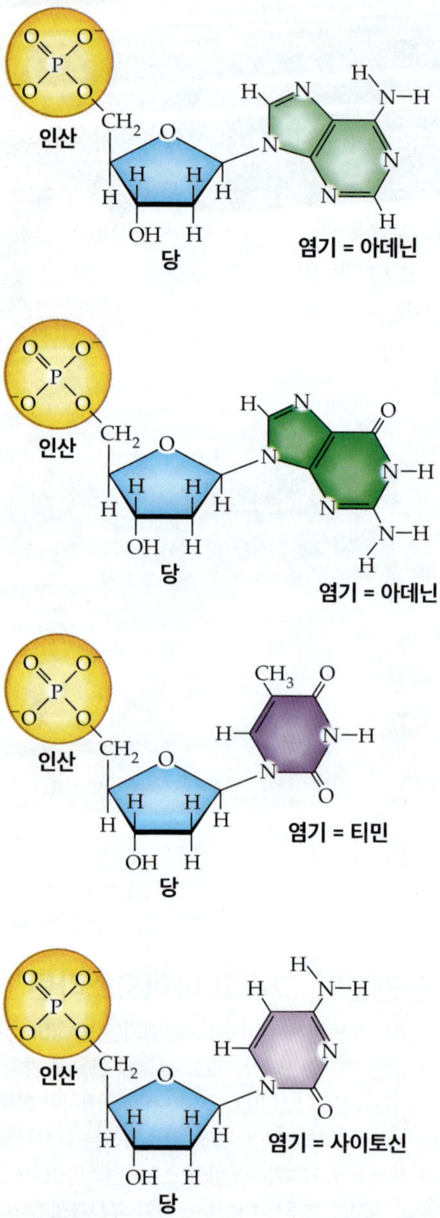


▲ 그림 12-1 DNA 뉴클레오타이드

Francis Crick이 밝혀내게 되었다(그림 12-3). Wilkins는 X-선 회절 데이터를 그들과 공유하였고, 그 결과 DNA 분자의 모양과 총합적 크기를 알게 되었다. 복잡한 유기 분자가 어떻게 결합되어 있는지에 대한 이해와 "중요한 생물학적 물질이 쌍으로 되어 있

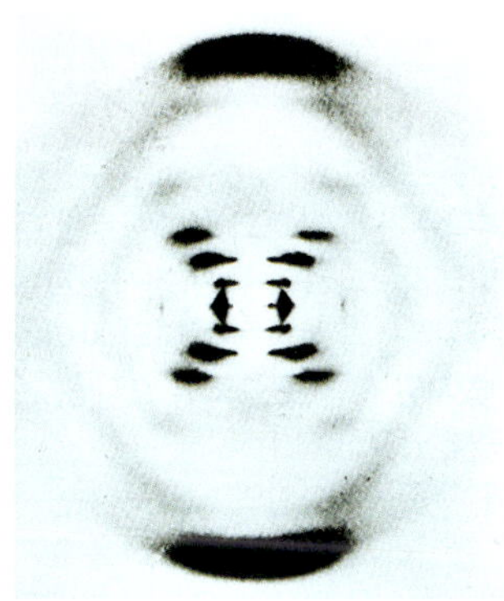

(a) DNA의 X-선 회절 이미지

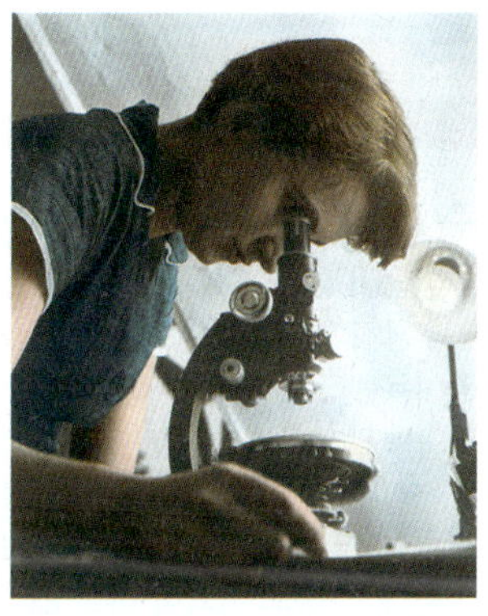

(b) 연구하고 있는 Rosalind Franklin

▲ **그림 12-2 DNA 구조 발견을 위한 토대 마련** **(a)** X-선 회절 이미지에서 검은 점의 교차 패턴은 DNA와 같은 나선형 분자의 특징이다. 패턴의 다양한 각도의 측정으로 DNA 나선의 직경을 알 수 있다. **(b)** X-선 영상은 Rosalind Franklin이 Maurice Wilkins와 공동으로 제작했다.

▲ **그림 12-3 DNA 구조** 모델을 보는 왓슨(왼쪽)과 크릭(오른쪽)

다"는 통찰에 의해, 왓슨과 크릭은 DNA 구조에 대한 구체적 분자 모델을 제공하였다.

왓슨과 크릭은 DNA 한 가닥(strand)은 많은 뉴클레오타이드 단위체로 이루어진 중합체라고 제안하였다. 뉴클레오타이드에 있는 인산기는 다음 뉴클레오타이드의 당에 결합하여 공유결합으로 연결된 당과 인산이 반복되는 **당-인산 골격(sugar-phosphate backbone)**을 만든다는 것이다(**그림 12-4**). 뉴클레오타이드의 염기는 이 당-인산 골격에 부착된다.

단일 DNA 한 가닥의 모든 뉴클레오타이드들은 같은 방향으로 배열되어 있다. 그러므로 DNA 가닥의 양 말단은 서로 달라 한 쪽 끝은 자유로운 당 잔기, 다른 쪽은 자유로운 인산기가 존재한다(**그림 12-4a**). 야간에 일방통행 혼잡도로에 길게 늘어서 있는

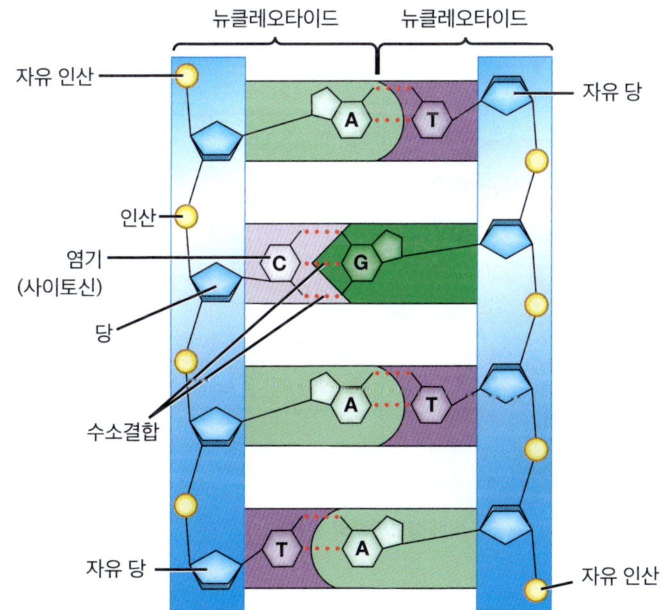

(a) 수소결합은 DNA 내 상보적 염기쌍을 형성한다.

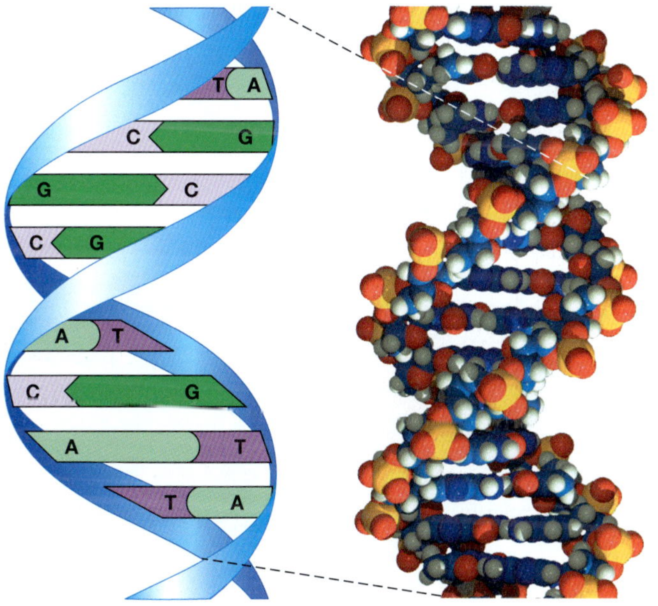


(b) 두 DNA 가닥은 이중나선을 형성한다.

(c) DNA 이중나선의 입체 모델

▲ **그림 12-4 DNA 구조의 왓슨-크릭 모델** **(a)** 상보적 염기쌍 사이의 수소결합으로 두 가닥의 DNA가 함께 유지된다. 구아닌과 사이토신은 세 개의 수소결합으로 연결되어 있고, 아데닌과 티민은 두 개의 수소결합으로 연결되어 있다. 각 가닥은 한 쪽 끝의 말단에 자유 인산기를 가지고 다른 반대 쪽 끝에 자유 당 분자를 가지고 있으며, 두 가닥은 서로 반대 방향을 향하고 있다. **(b)** DNA 가닥은 꼬인 사다리처럼 서로 감기어 이중나선을 형성하며, 당-인산 골격은 수직으로, 상보적 염기쌍들은 수평의 계단처럼 나타난다. **(c)** DNA구조의 입체모델(공간-채움 모델: space-filling model)

**비판적 사고** A-T 염기쌍 또는 C-G 염기쌍 중 어느 것이 더 분리되기 어렵다고 생각하는가?

## Doing Science 유전 분자의 발견

1900년대 초 과학자들은 유전되는 형질이 유전자라고 불리는 단위체에 운반되고, 이 유전자가 염색체의 일부라는 것을 알게 되었다. 그러나 유전자를 구성하는 분자의 정체는 Alfred Hershey와 Martha Chase가 수행한 명석한 실험을 수행한 1952년 전까지는 확실하게 알려지지 않았다.

### 질문은 무엇인가?

Hershey와 Chase는 실험을 계획할 때, 다른 이전의 연구에서 염색체가 단백질과 DNA로만 구성되어 있음을 알았다. 따라서 이 분자들 중 어느 한 분자는 유전의 분자여야 한다. 그러나 어느 것일까?

### 증거는 어떻게 수집되었는가?

Hershey와 Chase는 박테리오파지(약식 "파지")라고 불리는 박테리아를 감염시키는 바이러스를 연구했다(**그림 E12-1**). 파지가 박테리아를 만나면 박테리아 세포벽에 부착하여 박테리아에 유전 물질을 주입한다❶. 파지의 외피는 바깥쪽에 남아 있다. 박테리아는 파지 유전자와 자신의 유전자와 구별할 수 없으므로 파지 유전자를 "해독되고" 그 정보를 사용하여 더 많은 파지가 생산된다❷. 마지막으로 박테리아가 터트려지고 새로운 파지가 방출된다❸.

대부분의 파지는 화학적으로 매우 단순하게 DNA와 단백질로만 구성되어 있다. DNA 또는 단백질이 박테리오파지의 유전 분자인지를 추론하기 위해 Hershey와 Chase는 두 분자의 화학적 조성의 차이를 이용했다. DNA에는 인이 포함되어 있지만 황은 포함되어 있지 않고, 단백질에는 황이 있지만 인은 포함되어 있지 않다.

실험을 수행하기 위해 Hershey와 Chase는 파지의 배양액에 방사성 인을 넣어, 이를 이용하여 DNA를 합성하게 하여 파지 DNA를 표지했다. 그들은 파지의 다른 배양액에는 방사성 황을 사용하여 단백질을 합성하도록 하여 파지 단백질을 표지화시켰다(**그림 E12-2** ❶). 박테리아는 이들 두 종류의 표지된 파지 배양액 중 하나에 의해 감염되었다❷. 이어서, 박테리아를 믹서기에서 회전시켜 파지의 외피를 박테리아로부터 떼어내고❸ 원심 분리하여 파지의 외피를 박테리아로부터 분리시켰다❹.

▼ **그림 E12-1 박테리오파지** **(a)** 많은 박테리오파지는 유전 물질을 함유한 머리, 박테리아의 표면에 부착되는 꼬리 섬유, 그리고 자신의 유전 물질을 세균 안으로 주입시킬 수 있는 정교한 구조를 가지고 있다 **(b)** 박테리오파지는 박테리아 내부에서 번식한다.

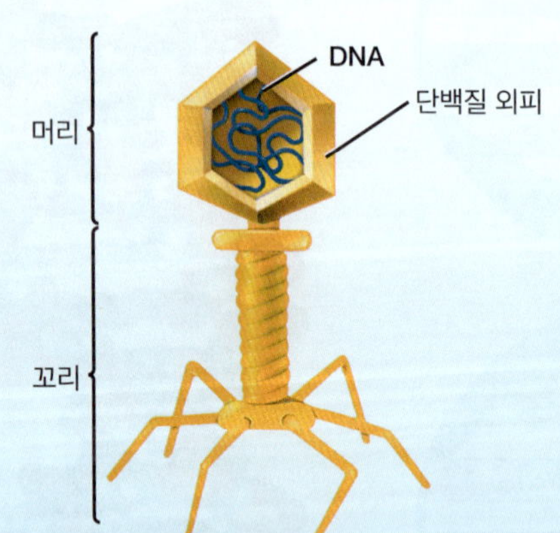


(a) 박테리오파지의 구조, 머리, 꼬리, DNA, 단백질 외피

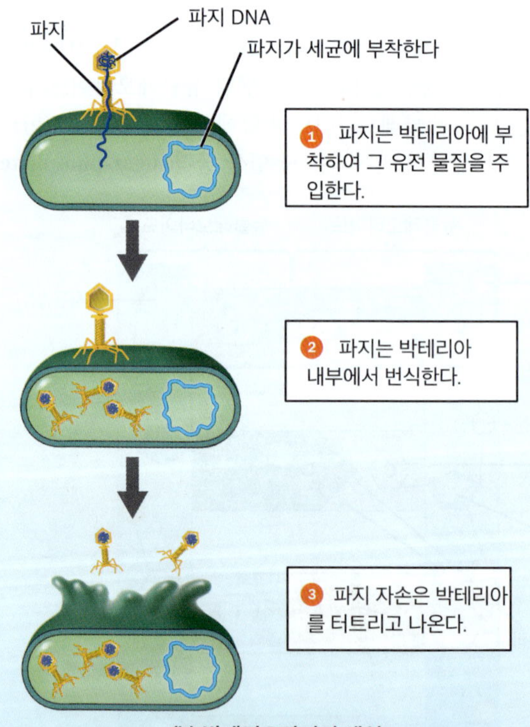


(b) 박테리오파지의 생식

자동차들이 모두 앞쪽은 전조등(인산기)이며, 후미등(당)은 모두 뒤쪽으로 향하는 모양과 같다. 만일 차들이 더 빽빽이 몰리면 앞쪽의 보행자는 첫차의 전조등만 볼 것이며(자유 인산기), 뒤쪽의 보행자는 마지막 차의 후미등(자유 당)만 보게 될 것이다.

## 상보적 염기 사이의 수소결합은 이중나선의 두 가닥 DNA를 연결한다

왓슨과 크릭의 결정적인 통찰력은 생물체에 존재하는 염색체 내의 DNA는 동일하지는 않으나 유사한 뉴클레오타이드 모듈이 사다리처럼 조립된 두 가닥의 사슬로 되어 있다는 것이다. 두 가닥의 당-인산 골격(Sugar-phosphate backbone)은 DNA 사다리의 "수직" 부분을 형성한다. 각 사슬의 돌출된 염기들은 수소결합에 의해 서로 붙어 사다리의 "계단(가로대)"을 형성한다(그림 12-4a 참조). X-선 데이터를 기억해보면, DNA 분자는 일정한 폭으로 되어 있다. 그러나 염기의 크기는 다르다. 아데닌과 구아닌은 각각 두 개의 연결된 고리구조를 갖기 때문에 크기가 크다. 티민과

### 무엇을 배웠는가?

Hershey와 Chase는 박테리아가 방사성으로 표지된 단백질을 가진 파지에 감염되면, 그 결과 파지 외피는 방사성을 띠지만 박테리아는 그렇지 않다는 것을 발견했다. 박테리아가 방사성 DNA를 가진 파지에 감염된 경우에는 박테리아는 방사성을 나타내지만 파지 외피는 그렇지 않았다❺. 따라서 파지에 의해 박테리아로 주입된 물질은 단백질이 아닌 DNA이었다. 더욱이 단백질 외피가 제거된 후에도 감염된 박테리아에서는 새로운 파지를 만들어 내게 되어, 외피에 있는 단백질이 아니라 주입된 DNA가 유전 물질임을 보여 주었다. 제임스 왓슨은 이 실험이 "DNA가 주요 유전 물질이라는 강력한 새로운 증거"를 제공했다고 말했다.

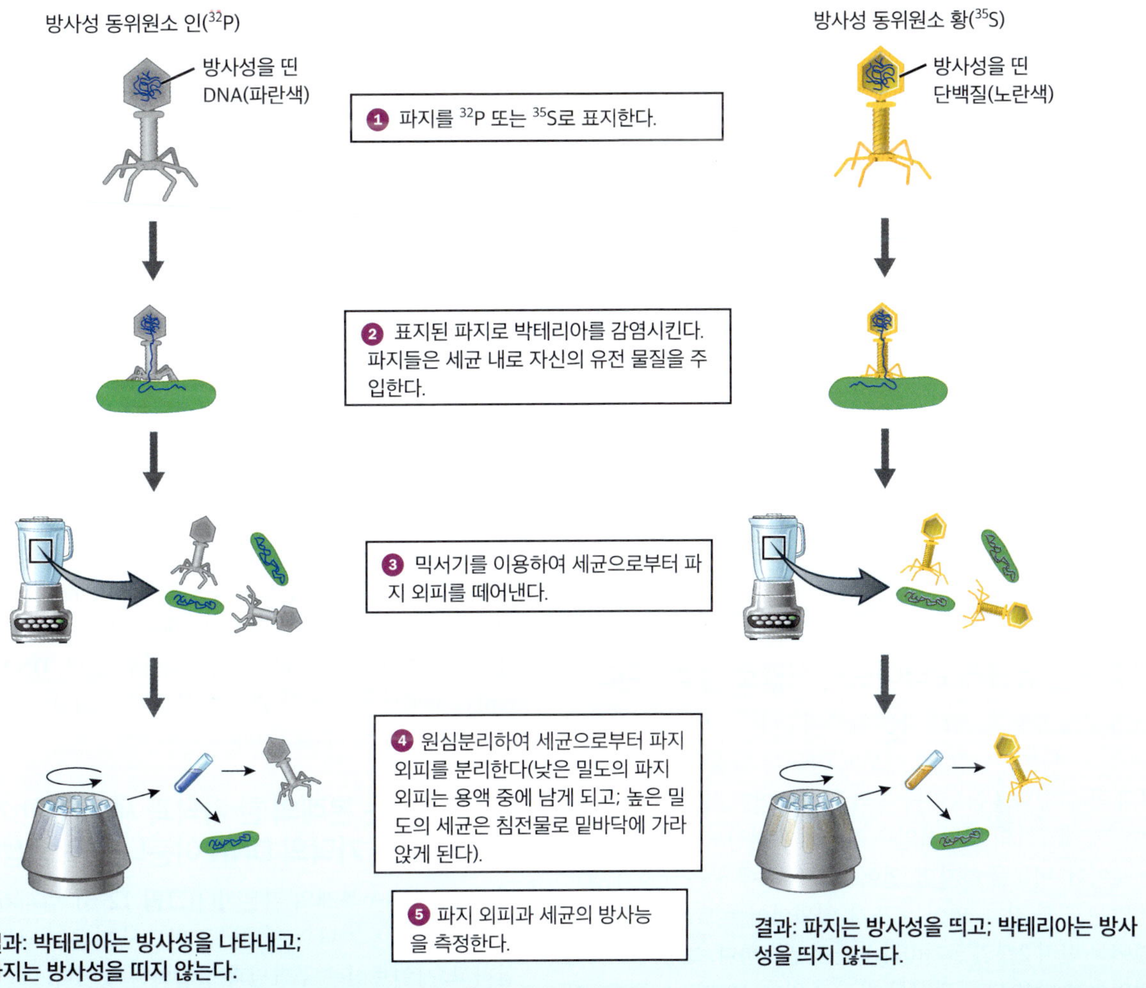


▲ **그림 E12-2 Hershey-Chase 실험** 박테리오파지의 DNA 또는 단백질을 방사성 동위원소로 표지시키고, Hershey와 Chase는 파지의 유전 물질이 DNA인지(실험의 왼쪽) 아니면 단백질인지(오른쪽) 조사하였다.

**비판적 사고** 만약 바이러스의 유전 물질이 진핵생물 염색체와 동일한 구조를 가지고 있었다면 Hershey-Chase 실험이 성공했을까? 성공했다면 혹은 하지 않았다면 그 이유는 무엇인가?

사이토신은 각각 한 개의 고리구조를 가져 작은 크기이다. 만약 작은 염기 하나와 큰 염기 하나가 사다리의 계단 부분을 이루고 있다면 DNA 사다리의 넓이는 일정할 수 있을 것이다.

어떠한 염기쌍이 함께 연결되어 계단을 형성할까? 아데닌은 오직 티민과 수소결합을 형성하고, 구아닌은 오직 사이토신과 수소결합을 형성한다. 이러한 A-T, G-C 결합 염기쌍을 **상보적 염기쌍(complementary base pairs)**이라 한다. DNA 이중나선의 계단 부분에 있는 모든 염기는 서로 상보적이다. 그러므로 한 DNA 가닥의 염기서열을 안다면 다른 가닥의 염기서열을 말할 수 있다. 예를 들면, 한 가닥이 A-T-T-C-C이면 다른 가닥의 염기는 T-A-A-G-G가 되어야 한다.

X-선 데이터에서 보여준 것 같이 DNA 사다리는 직선형이 아니다. 즉, 두 가닥이 서로를 감싸고 있는 **이중나선(double helix)** 구조인 것이다. 마치 회전계단처럼 길쭉하게 꼬인 것과 같은 사다리 모양이다(**그림 12-4b**). 게다가 DNA 이중나선의 두 가닥은 서로 반대 방향으로 역평행으로 되어 있다. 그림 12-4a에서 왼

쪽 DNA 가닥은 위쪽에 인산기가 있고 아래쪽에 당이 있는데 비하여, 오른쪽 DNA 가닥은 그 반대로 되어 있다. 교통체증이 일어난 2차선 고속도로를 다시 한 번 생각해 보자. 육교에 있는 보행자는 한 차선에서는 전조등만을, 다른 차선에서는 후미등만을 보게 될 것이다.

왓슨과 크릭의 발견은 과학사에서 중요한 분기점을 이루는 순간이었다. 1953년 3월 7일, 영국의 케임브리지 Eagle Pub에서 크릭은 붐비는 점심시간에 "우리는 생명의 비밀을 발견했다"고 소리쳤다. 이 외침은 사실과 그리 다르지 않았다. 이중나선의 발견은 유전학, 진화생물학 및 의학에 이르기까지 모든 생물학 분야에 혁명을 가져왔다. 그 혁명은 오늘날까지 지속되고 있다.

**CHECK YOUR LEARNING**

- DNA에서 발견된 4개의 뉴클레오타이드의 이름을 말하고 비교할 수 있는가?
- DNA 가닥의 3차원 구조와 구성 요소를 설명할 수 있는가?

## 12.2 DNA는 유전정보를 어떻게 암호화하는가?

그림 12-4의 DNA 구조를 다시 살펴보자. 하나의 생명체가 가지는 많은 특성들을 생각해 보라. 새의 깃털 색, 부리의 모양과 크기, 둥지를 만드는 능력, 그들의 노래, 이 모든 것이 어떻게 단지 네 개의 다른 뉴클레오타이드만을 갖는 분자에 의해 결정될까?

### 유전정보는 뉴클레오타이드의 서열로 암호화된다

DNA의 코딩 방법은 서로 다른 뉴클레오타이드의 수에 의존하지 않고 그 서열에 의존하기 때문에 DNA는 엄청난 양의 정보를 인코딩 할 수 있다. DNA 가닥 속의 염기는 어떤 식으로든 배열이 가능하고, 제각각의 염기서열은 각각의 유전정보를 암호화하고 있는 것이다. 비교를 하자면, 언어를 만드는 데 많은 글자가 필요하지 않는 것과 같다. 영어는 26개, 하와이어는 오직 12개, 컴퓨터 언어는 단지 2개의 글자(0과 1)만이 필요하다. 그럼에도 각각의 언어는 수많은 다른 단어를 가지고 있다. 10개의 뉴클레오타이드 길이의 DNA 가닥을 합성할 때, 단지 4개의 염기로써 수백만 가지의 가능한 서열을 만들 수 있다.

생명체의 완전한 **DNA 서열(genome; 유전체)**은 수백만 또는 수십억 개의 뉴클레오타이드가 포함되어 있기 때문에 엄청난 양의 정보를 암호화할 수 있다. 가능한 인간 게놈 서열의 수는 우주의 원자 수보다 훨씬 크다. 13장에서 서술되어 있는 것 같이, 대부분 유전자의 DNA 염기서열이 단백질을 생산하는 데 필요한 정보를 암호화한다. "leaf"과 "flea"라는 단어가 동일한 문자를 포함하지만 다른 순서이면 다른 의미를 갖는 것처럼 DNA 서열이 다르면 다른 단백질을 암호화한다.

**CHECK YOUR LEARNING**

- DNA가 어떻게 유전정보를 암호화하고 있는지를 설명할 수 있는가?

**CASE STUDY CONTINUED**

**근육, 돌연변이, 그리고 마이오스타틴**

유전자의 뉴클레오타이드 서열은 유전자가 암호화하고 있는 단백질의 기능을 결정한다. 대부분의 소 품종의 마이오스타틴 유전자는 근육 크기를 제한하는 정상적인 마이오스타틴 단백질을 암호화하는 뉴클레오타이드 서열을 갖는다. 그러나 벨지안 블루 소에서는 마이오스타틴 유전자는 완전히 기능이 없는 단백질을 암호화하는 상이한 뉴클레오타이드 서열을 갖는다. 결과적으로 벨지안 블루의 근육은 거대해지게 된다. 기능이 없는 마이오스타틴 유전자는 벨지안 블루의 몸 전체의 모든 세포에 존재한다. 왜 그럴까? 동물의 몸은 반복되는 세포분열에 의해 자라기 때문에, 분열 전에 항상 원래의 뉴클레오타이드 서열의 정확한 복사본을 만드는 과정에 의해 그 DNA가 복제된다. 어떻게 세포는 DNA를 정확하게 복제할까?

## 12.3 DNA 복제는 세포분열 동안 어떻게 유전정보의 정확한 복사를 가능하게 하는가?

몸 전체를 구성하고 있는 거의 모든 세포는 수정란에 있었던 것과 동일한 유전적 정보를 가지고 있다. 체세포분열에 의하여 세포가 늘어날 때 각각의 딸세포는 모세포의 유전정보와 거의 똑같은 유전정보를 갖는다. 따라서 세포분열 초기에 모세포는 두 개의 정확한 DNA 복사본을 합성해야만 한다. **DNA 복제(DNA replication)**라고 알려진 과정을 통하여 이러한 두 개의 똑같은 이중나선 구조가 만들어진다.

### DNA 복제는 본래의 한 가닥과 새로운 한 가닥으로 이루어진 두 가닥의 DNA 이중나선을 생성한다

염기쌍은 DNA 복제의 기본이다(**그림 12-5**). 염기가 쌍을 이루는 원칙은 한쪽 가닥의 아데닌은 반드시 다른 가닥의 티민과 결합하고, 사이토신은 구아닌과 결합하는 것이다. 그러므로 한 가닥의 염기서열은 다른 가닥을 복제하는 데 필요한 모든 정보를 포함하고 있다. 복제에는 세포질에서 합성되어 핵 속으로 들어온 자유 **뉴클레오타이드(free nucleotide**, 아직 DNA 가닥의 일부분이 아닌 상태)가 필요하다. 복제를 위한 다른 필수 성분으로는 ❶ 부모 DNA 이중나선을 풀어주고, 새로운 DNA 가닥을 합성하는 여러 가지의 효소들이다.

복제의 첫 번째 단계에서 효소는 부모 DNA 이중나선을 풀어주어 두 가닥의 염기는 더 이상 서로 쌍을 이루지 않게 된다 ❷. 둘째로, DNA 중합효소라고 불리는 효소가 분리된 부모 DNA 가닥을 따라 움직이면서 상보적인 자유 뉴클레오다이드를 붙여 나간다 ❸. 예를 들어, DNA 중합효소는 부모 가닥의 노출된 아데닌에 자유 티민으로 쌍을 맞춘다. DNA 중합효소는 이 뉴클레오타이드들을 서로 연결시킴으로써 한 부모 DNA 가닥에 상보적인 새로운 가닥을 포함한 두 가닥의 새로운 DNA 가닥을 형

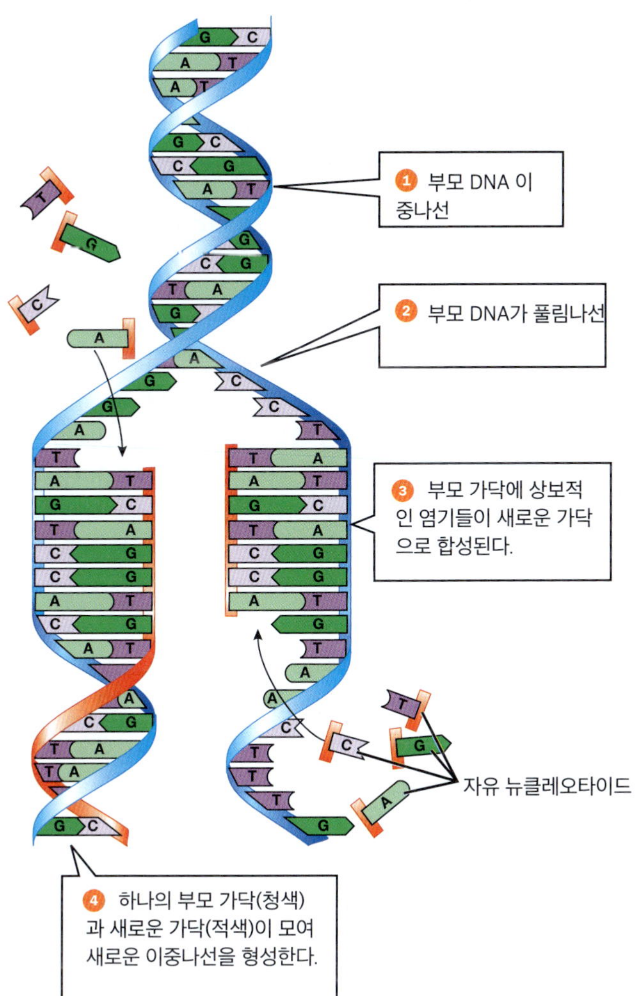


▲ **그림 12-5 DNA 복제의 기본 과정** 복제과정에서 부모 DNA 이중나선 두 가닥이 서로 풀어진다. 각 가닥에 상보적인 자유 뉴클레오타이드들이 결합하여 새로운 딸 가닥을 합성한다. 각 부모 DNA 가닥과 그 딸 DNA 가닥이 하나씩 모여 새로운 이중나선을 형성한다.

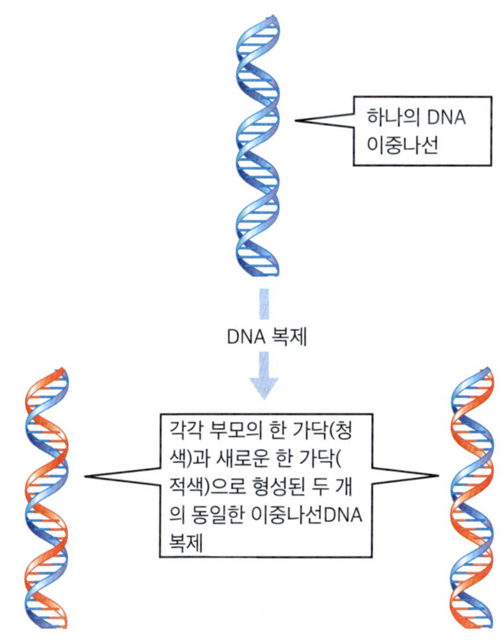


▲ **그림 12-6 DNA의 반보존적 복제**

성한다. 복제가 완료되었을 때, 하나의 부모 가닥은 새로이 합성된 상보적인 딸 DNA 가닥과 서로 감기어 새로운 이중나선을 형성한다④.

이중나선의 복제로 두 개의 이중나선을 생성되는데, 각 이중나선의 한 가닥은 부모 DNA를, 다른 한 가닥은 새로이 합성된 가닥을 포함한다(**그림 12-6**). 따라서 복제 과정은 각각의 복제된 이중나선에서 부모의 한 가닥은 보존되고, 거기에 새로이 한 가닥이 생성되므로 이 과정을 **반보존적 복제(semiconservative replication)**라고 부른다(semi는 “half”을 의미함). 만일 실수가 없다면 새로이 합성된 두 개의 DNA 이중나선 염기서열은 원래의 부모 DNA 이중나선 염기서열과 동일하며, 새로운 두 이중나선도 서로 동일하다.

## CHECK YOUR LEARNING

- DNA 복제 과정을 이에 관련된 효소의 기능을 포함하여 설명할 수 있는가?
- DNA 복제를 왜 “반보존적”이라고 하는지 설명할 수 있는가?

CASE STUDY CONTINUED

## 근육, 돌연변이, 그리고 마이오스타틴

“이중 근육(Double-muscled)” 소는 1800년대 초에 주어진 양의 사료로 더 많은 고기를 생산할 수 있는 소의 잠재력에 감명을 받은 농업가들에 의해 처음 보고되었다. 1700년대 후반 또는 1800년대 초반의 어떤 시점에서 벨지안 블루 조상의 생식세포의 마이오스타틴 유전자에 뉴클레오타이드 서열이 바뀌는 돌연변이가 발생하였을 것이다. DNA 복제가 아주 정확하다면, 그러한 돌연변이는 어떻게 일어나는 것일까?

## 12.4 돌연변이는 무엇이며, 어떻게 발생하는가?

세포분열이나 생명체가 번식함에 따라 DNA 염기서열은 매우 정확하게 보존되지만, 염기서열의 변화는 때때로 일어난다.

### 정확한 복제, 교정, DNA 회복 과정은 거의 완벽한 DNA를 만들어낸다

DNA 복제 중 오류비율은 매우 낮다. DNA 중합효소는 만에서 백만 염기쌍 당 한 번 정도로 잘못된 염기를 결합시킨다. 이렇게 매우 낮은 오류비율은 딸 가닥을 합성하는 도중이나 합성 후에 딸 가닥을 교정하는 DNA 회복효소(DNA repair enzyme)에 의해 훨씬 더 감소된다. 예를 들면, 어떤 형태의 DNA 중합효소는 염기쌍을 형성할 때 생기는 오류를 인식한다. 이러한 유형의 DNA 중합효소는 일시 정지하고, 오류를 회복한 다음 더 많은 DNA 합성을 계속한다. 복제의 낮은 오류비율과 효과적인 복구 메커니즘의 결과, 완성된 DNA 가닥은 1억에서 100억 염기쌍 당 하나 정도의 실수가 나타난다.

### 독성 화학물질, 방사능, 또는 DNA 복제 시 생기는 오류는 돌연변이를 일으킬 것이다

이렇게 놀라운 정확성에도 불구하고, 인간을 포함한 다른 어떤 생명체일지라도 오류 없는 완벽한 DNA를 가질 수는 없다. 때때로 정상적인 DNA 복제 과정 동안에 만들어진 오류가 회복되지 않은 상태로 남아있게 된다. 독성 화학물질(예를 들면 담배연기의 성분), 어떤 종류의 방사선(햇볕에 있는 자외선과 같은) 등에 의해 DNA는 상해를 입기도 한다. 회복효소에 의해 고쳐지지 않은 염기서열의 변화는 **돌연변이(mutation)**로 남게 된다.

### 돌연변이 발생 범위는 단일 뉴클레오타이드 쌍의 변화에서부터 염색체의 커다란 조각의 이동까지 다양하다

단일 염기쌍을 다른 염기쌍으로 변경시키는 돌연변이를 **치환 돌연변이(substitution mutation)**라고 한다(그림 12-7a). 일반적으로 복제 시 염기쌍이 잘못되면, 회복효소가 오류를 인식하여 잘못된 뉴클레오타이드를 잘라내고 올바른 상보적인 염기를 가진 뉴클레오타이드로 대체한다. 그러나 가끔 이 효소는 잘못된 딸 가닥의 뉴클레오타이드 대신에 부모 가닥의 뉴클레오타이드를 교체하기도 한다. 이로 인해 만들어지는 염기쌍은 상보적이기는 하지만 본래의 염기쌍과 다르다; 치환 돌연변이가 발생한 것이다. 반면, 돌연변이는 염기쌍의 첨가 또는 제거를 초래할 수도 있다. **삽입 돌연변이(insertion mutation)**는 하나 이상의 염기쌍이 DNA 이중나선에 삽입될 때 발생한다(그림 12-7b). **결실 돌연변이(deletion mutation)**는 하나 이상의 염기쌍이 이중나선으로부터 제거될 때 발생한다(그림 12-7c).

일부 돌연변이는 염색체의 재배열을 초래한다. 단일 염기쌍에서부터 거대 DNA 단편에 이르기까지 염색체 조각들은 때때

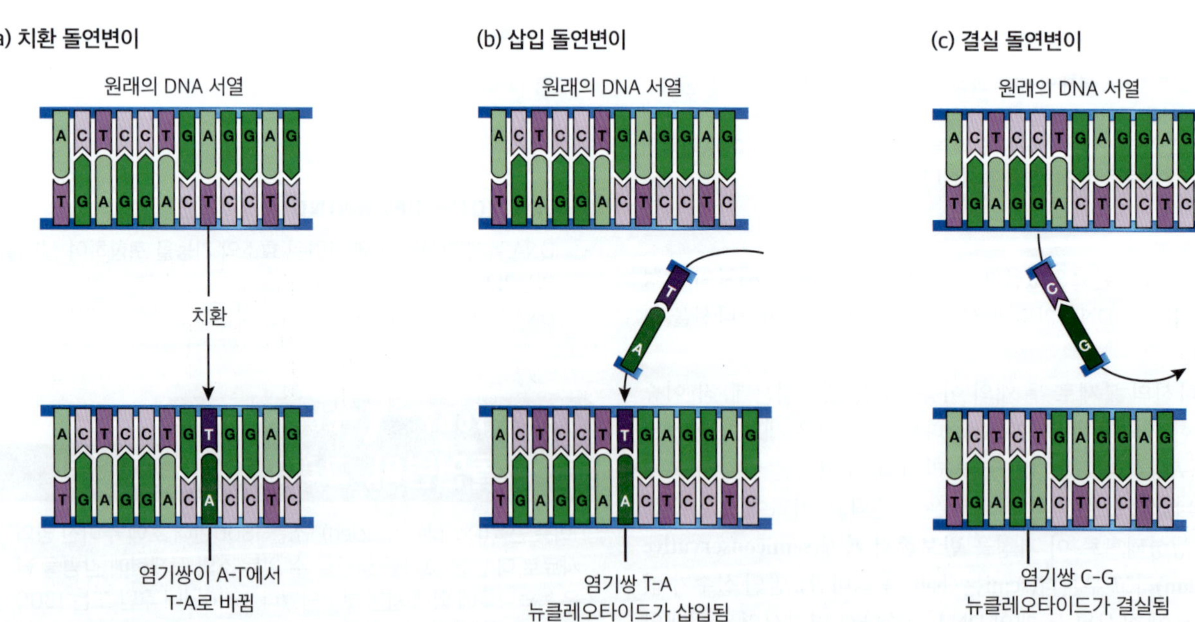


▲ **그림 12-7 하나 또는 몇 쌍의 뉴클레오타이드를 포함하는 돌연변이** (a) 치환 돌연변이. (b) 삽입 돌연변이. (c) 결실 돌연변이. 원래의 DNA 염기는 옅은색 바탕에 검은 글자로 표시하였다. 돌연변이는 짙은색 바탕에 흰색 글자로 표시하였다.

(a) 역위 돌연변이

원래의 DNA 서열

끊어짐

DNA 조각이
거꾸로 들어감.

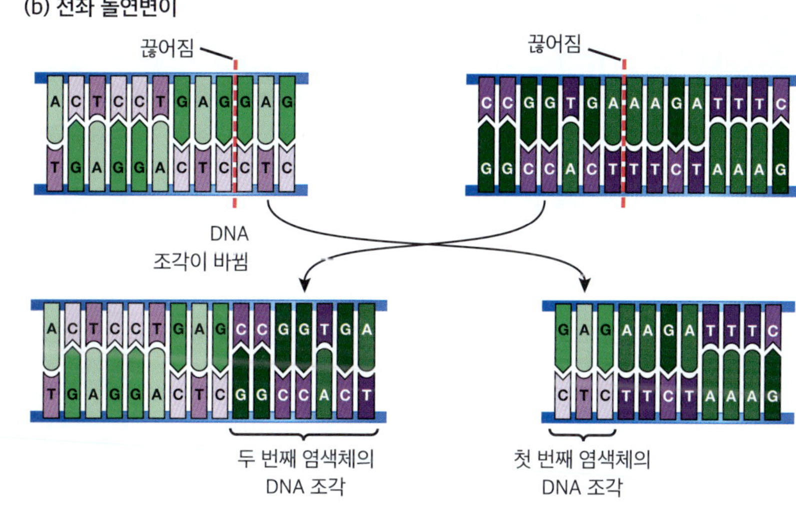


◀ **그림 12-8 염색체 조각이 재배열되는 돌연변이** **(a)** 역위 돌연변이 **(b)** 서로 다른 두 염색체 사이의 DNA 조각이 전좌. **(a)**의 경우, 원래 DNA 염기는 옅은색 바탕에 검은 글자로 표시; 돌연변이는 짙은색 바탕에 흰 글자로 표시. **(b)**의 경우, 한 쪽 염색체의 DNA 염기는 옅은색 바탕에 검은 글자로 표시. 두 번째 염색체의 DNA 염기는 짙은색 바탕에 표시.

로 재배열된다. **역위(inversion)**는 DNA 조각이 염색체로부터 잘려져 나와, 회전을 한 후에 빈자리를 다시 채움으로써 일어난다(**그림 12-8a**). 마지막으로 **전좌(translocation)**는 보통 큰 DNA 단편이 한 염색체로부터 제거된 후, 다른 염색체에 붙게 되어 나타난다(**그림 12-8b**).

지환, 삽입, 결실, 역위 및 전좌를 통해 돌연변이를 지닌 DNA도 여전히 상보적인 염기쌍을 갖는다는 것을 주목해야 한다. 결과적으로, 돌연변이를 지닌 DNA는 다음의 세포분열 동안 정확하게 복제될 수 있으며, 이를 통해 돌연변이가 지속되게 된다. 돌연변이는 염색체의 영구적인 부분으로 남게 되어 모든 세포의 다음 세대로 유전된다.

단어의 글자를 무작위로 변경하면 단어가 무의미해질 가능성이 있기 때문에 대부분의 경우 돌연변이의 결과는 해롭다. 그럼에도 불구하고, 돌연변이는 생명체에 영향을 미치지 않거나 매우 드물게는 유익할 수도 있다. 생명체에 유익한 돌연변이는 자연선택에 의해 선호될 것이며, 지구 생명체 진화의 기초가 된다. 다세포 생명체에서 돌연변이는 다음 세대로 DNA가 전달되는 생식세포에서 발생하는 경우에만 진화에 영향을 줄 수 있다.

### CHECK YOUR LEARNING

- 돌연변이란 무엇이며 어떻게 발생하는지 설명할 수 있는가?
- 왜 돌연변이는 드물게 나타나는지 설명할 수 있는가?
- 다양한 유형의 돌연변이를 설명할 수 있는가?

### Have You Ever Wondered ...

**얼마나 많은 유전자가 운동 능력에 영향을 미치는가?**

인정하자-누구도 올림픽 챔피언인 Katie Ledecky처럼 수영할 수는 없다. 그녀의 환상적인 능력은 얼마나 유전적인 것일까? 몇 가지 유전자가 운동 수행에 중요한 기여를 하는 것으로 알려져 있다. 예를 들어, 마이오스타틴 유전자의 어떤 대립유전자는 강도와 속도를 향상시킬 수 있다. 근육 섬유 단백질에 대한 유전자의 어떤 대립유전자는 증가된 지구력과 관련이 있다. 그러나 운동 수행에 영향을 미치는 대부분의 개별 유전자의 영향은 미미하다. 최소한 240개의 유전자가 인간의 운동 수행에 기여하고 있어, Ledecky와 같은 훌륭한 운동선수들은 "유전자 복권"에 당첨되었고, 각각의 대립유전자는 실력을 조금 향상시킬 수 있지만, 탁월한 운동 능력을 더해줄 수 있는 많은 대립유전자들을 물려 받았을 것이다.

CASE STUDY REVISITED

## 근육, 돌연변이, 그리고 마이오스타틴

벨지안 블루 소는 그들의 마이오스타틴 유전자에 결실 돌연변이를 가진 동형접합성이다. 결과적으로, 그들의 세포는 불완전한 비기능적 마이오스타틴 단백질을 합성한다. "이중 근육" 소의 또 다른 품종인 피에몬테스(Piedmontese)는 마이오스타틴 유전자에 치환 돌연변이를 갖고 있다. 비록 완전한 길이의 마이오스타틴 단백질은 합성되지만 정상적인 3차원 구조로 접히지 않아 완전히 비활성화되어 있기 때문에 피에몬테스는 본질적으로 벨기에 블루와 같은 표현형을 갖는다. 다른 동물들도 마이오스타틴 유전자에 돌연변이가 발생할 수 있다. 예를 들어,"bully" whippet 개는 벨지안 블루 소에서 발견된 것과 다른 결실 돌연변이를 가져 짧고 비기능적인 마이오스타틴을 만들게 되어 근육 크기가 크게 증가한다(**그림 12-9**).

인간 역시 마이오스타틴을 생산한다. 몇몇 사람들은 한쪽 또는 양쪽 부모로부터 결함이 있는 마이오스타틴 대립유전자를 물려받아 마이오스타틴 관련 근육 비대라고 하는 매우 드문 상태를 나타낸다. 마이오스타틴의 기능적인 대립유전자와 결함이 있는 대립유전자는 상호 불완전한 우성이다. 결함이 있는 대립유전자의 동형접합체는 기능적 대립유전자의 동형접합성인 사람보다 훨씬 큰 근육 부피 및 강도를 갖는다; 이형접합체는 근육 크기 및 강도에 있어 중간 정도의 증가를 갖는다.

마이오스타틴 돌연변이는 DNA의 언어의 중요한 특징을 나타낸다: 유전자의 뉴클레오타이드는 올바르게 정렬되어야만 기능을 할 수 있는 단백질이 생성된다. 이와 대조적으로, 수많은 가능한 실수 중 하나라도 생기게 된다면 쓸모없는 단백질을 만들게 될 것이다.

▲ **그림 12-9 마이오스타틴 돌연변이가 일어난 개** 벨지안 블루 소처럼, "bully" Whippet 개는 기능을 하지 않는 마이오스타틴을 가지고 있어 과대한 근육을 가지고 있다.

**비판적 사고** 힘이 있는 "bully" 대립형질에 대한 동형접합체인 휘핏 개는 근육은 풍부하지만, 어깨와 허벅지에 쥐가 나는 경우가 많으며, 빨리 달리지 못한다. 정상 동형접합자인 Whippet 개는 마른 체형이고 아주 빨라서 때로는 경주하기에 충분히 빠르다. 그러나 성공적인 레이싱 Whippet 개의 대부분은 중간 근육과 놀라운 속도의 이형접합체이다. Whippet 개가 먹이를 쫓는 야생견이라면 자연선택이 결함이 있는 마이오스타틴 대립형질의 유전에 어떻게 작용할 것이라고 생각하는가? 답을 설명해보라.

# CHAPTER REVIEW

*비판적 사고와 생각해보기, 선택형문제, 빈칸채우기 질문에 대한 답은 이 책의 뒷부분에 있는 정답란에서 볼 수 있다.*

## 핵심개념의 요약

### 12.1 DNA는 어떤 구조일까?

DNA의 구조는 James Watson과 Francis Crick에 의해 발견되었다. DNA는 긴 가닥으로 연결된 뉴클레오타이드로 구성된다. 각각의 뉴클레오타이드는 인산기, 5-탄소당 데옥시리보스 및 질소를 함유하는 염기로 구성된다. DNA에는 아데닌, 구아닌, 티민 및 사이토신의 네 가지 유형의 염기가 있다. 하나의 뉴클레오타이드의 당은 다음 뉴클레오타이드의 인산염에 연결되어 각 가닥에 대한 당-인산 골격을 형성한다. 염기는 이 골격에 부착되어 있다.

두 뉴클레오타이드 가닥은 서로 감겨서 꼬인 줄사다리와 같은 이중나선을 형성한다. 당-인산 골격은 사다리의 옆을 이룬다. 각 가닥의 염기들은 나선의 중앙에서 쌍을 이루며 수소결합으로 연결되고 사다리의 가로 계단을 형성한다. 오직 상보적인 염기쌍만이 나선구조에서 함께 결합된다: 아데닌은 티민과, 그리고 구아닌은 사이토신과 결합된다.

### 12.2 DNA는 유전정보를 어떻게 암호화하는가?

유전정보는 DNA 분자 내의 염기 순서에 의하여 뉴클레오타이드의 서열 안에 암호화되어 있다. 언어가 소수의 문자들만으로도 문자의 순서와 수를 다양하게 하여 수천 개의 단어와 복잡한 문장을 만들 수 있는 것처럼 DNA도 여러 다른 유전자들에서 뉴클레오타이드의 서열과 수를 다양하게 만들어 많은 양의 정보를 암호화한다. 일반적으로 DNA 분자는 수백만의 뉴클레오타이드로 되어있기 때문에 그것의 염기서열에 엄청난 양의 정보를 암호화할 수 있다.

### 12.3 DNA 복제는 세포분열 동안 어떻게 유전정보의 정확한 복사를 가능하게 하는가?

세포분열이 일어나는 동안, 부모세포의 모든 유전정보가 각 딸세포에게 전달되기 위하여 반드시 DNA 복제가 이루어져야 한다. DNA 복제 과정은 우선 DNA 나선분리효소에 의하여 부모세포의 두 DNA 가닥이 풀려야 한다. DNA 중합효소는 풀어진 각 DNA 가닥에 부착된다. 자유 뉴클레오타이드는 부모 가닥의 상보적인 염기와 수소결합을 형성하고, DNA 중합효소는 새로운 DNA 가닥을 형성하기 위해 뉴클레오타이드를 연결시킨다. 새로이 형성된 DNA 이중나선은 하나의 부모 DNA 가닥과 이에 상보적으로 형성된 새로운 가닥으로 구성되기 때문에 DNA 복제는 반보존적이다. 그러므로 새로이 형성된 두 DNA 이중나선은 모세포 DNA 이중나선과 동일하게 복제된다.

### 12.4 돌연변이는 무엇이며, 어떻게 발생하는가?

돌연변이는 DNA 내 염기서열의 변화이다. DNA 중합효소와 회복효소들이 DNA 교정을 통하여 복제과정 동안에 일어나는 잘못을 최소화하기는 하지만 실수는 일어나기 마련이다. 또 다른 염기변화는 방사선이나 화학물질에 의한 손상의 결과로 일어나기도 한다. 돌연변이에는 치환, 삽입, 결실, 역위, 전좌가 있다. 대부분의 돌연변이는 유해하기도 하고 별다른 영향이 없지만, 일부는 유익하며 이것은 자연선택에 유리하기도 하다.

## 개념을 통한 이해

### 선택형 문제

1. 부모 DNA 가닥이 염기서열 A-T-T-G-C-A-C-T를 가진다면, DNA 중합효소는 다음 중 어떠한 염기서열을 가진 새로운 가닥을 합성하겠는가?
   a. A-T-T-G-C-A-C-T
   b. T-A-A-C-G-T-G-A
   c. C-G-G-T-A-C-A-G
   d. 새로운 가닥의 염기서열은 주어진 정보로는 결정할 수 없다.
2. DNA 복제의 결과로 나타나는 것은 무엇인가?
   a. 딸 이중나선은 하나의 원래 DNA 가닥과 하나의 새로운 DNA 가닥으로 구성된다.
   b. 하나의 딸 이중나선은 두 개의 원래 DNA 가닥으로 구성되고, 다른 딸 이중나선은 두 개의 새로운 DNA 가닥으로 구성된다.
   c. 생성된 각 DNA 가닥은 원래 DNA 가닥 중 하나의 일부와 새로운 DNA 가닥의 일부로 구성된다.
   d. 생성된 딸 DNA 가닥은 부모 DNA 가닥에 존재하지 않는 뉴클레오타이드 서열을 포함한다.
3. 삽입 돌연변이는 이때 발생한다.
   a. 뉴클레오타이드가 다른 뉴클레오타이드로 교체된다.
   b. 하나 또는 그 이상의 뉴클레오타이드 쌍이 DNA 서열의 중간에 첨가된다.
   c. 하나 또는 그 이상의 뉴클레오타이드가 DNA 서열의 중간에서 제거된다.
   d. DNA 조각이 하나의 염색체로부터 제거되어 다른 염색체에 붙는다.
4. DNA 이중나선의 "가로대"는 이것으로 구성된다.
   a. 어떤 염기의 조합
   b. 어떤 하나의 이중 고리 염기와 하나의 단일 고리 염기의 조합
   c. 이중 고리 염기의 특이적인 조합
   d. 단일 고리와 이중 고리 염기의 특이적인 조합
5. DNA 이중나선의 "가로대"는 이것에 의해 서로 연결된다.
   a. 이온결합
   b. 수소결합
   c. 공유결합
   d. 나선의 바깥쪽에서 그들을 함께 미는 골격의 힘

### 빈칸 채우기

1. DNA는 ________(이)라는 기본 단위로 구성되어 있다. 각각의 기본 단위는 ________, ________, 그리고 ________의 세 부분으로 구성된다.
2. DNA 소단위는 한 뉴클레오타이드의 ________과 다음 뉴클레오타이드의 ________ 사이의 결합으로 연결된다. 염색체에서 두 DNA 중합체는 ________(이)라고 불리는 구조로 서로 감겨져 있다.
3. DNA에서 "염기쌍 법칙"은 아데닌은 ________과 쌍을 이루고, 구아닌은 ________과 쌍을 이룬다. DNA에서 쌍을 이루는 염기들은 ________(이)라고 부른다.
4. DNA가 복제될 때, 두 개의 새로운 DNA 이중나선이 만들어지는데, 각각 부모 가닥 하나와 새로 생긴 딸 가닥 하나로 구성된다. 이러한 이유로 DNA 복제는 ________이라 부른다.
5. DNA 복제에서 딸 DNA 가닥은 ________ 효소에 의해 합성된다. 딸 가닥은 생성되어지는 가닥에 ________를 첨가함으로써 구축된다.
6. 때로는 DNA 복제 중에 실수가 발생한다. 실수가 수정되지 않으면, 이러한 실수를 ________(이)라고 한다. 단일 뉴클레오타이드에 변화가 생긴 것을 ________(이)라고 한다.

### 복습문제

1. DNA가 박테리오파지의 유전 물질임을 보여주는 실험적 증거를 기술하라.
2. 뉴클레오타이드의 기본 구조를 그려라. 네 가지 뉴클레오타이드에서 어느 부분이 동일하고, 어느 부분이 다른가?
3. DNA의 구조를 기술하라. 그 구조에서 염기, 당, 인산기는 어디에 위치하는가? 어느 염기들이 서로 상보적인가? DNA 이중나선 구조에서 어떻게 서로 붙어있는가?
4. DNA 분자에 정보는 어떻게 암호화되는가?
5. DNA 복제 과정을 기술하라.
6. 돌연변이는 어떻게 발생되는가? 돌연변이의 주요한 형태를 기술하라.

## 개념의 적용

1. 난백질은 여전히 20개의 다른 아미노산의 조합으로 구성되어있지만, 지구에서처럼 4가지 뉴클레오타이드가 아니라 다른 우주에서는 DNA가 6가지의 뉴클레오타이드로 구성되어 있다고 하자. 그 우주에 있는 생물체는 지구생명체보다 더 많은 유전정보 또는 더 많은 유전자가 있을 것이라고 생각하는가? 지구상의 전형적인 유전자의 길이와 같을지, 짧을지, 아니면 더 길지를 예측할 수 있는가? 답을 설명해보자.
2. 유전정보는 DNA의 뉴클레오타이드 서열 내에 암호화된다. 이중나선 중 한 가닥의 뉴클레오타이드 서열에 헤모글로빈 분자를 합성하는데 필요한 정보가 암호화되어 있다고 가정하자. 이중나선의 또 다른 한 가닥의 뉴클레오타이드 서열도 유용한 정보를 암호화한다고 생각하는가? 그 이유는 무엇인가? DNA가 이중가닥이라고 생각하는 이유는 무엇인가?

# 13

# 유전자 발현과 조절

그녀의 오빠인 Luke가 그린 초상화에 보여지는 Alice Martineau는 "사람들이 이 음악을 들을 때 내가 어쩌다 우연히 병에 걸린 싱어송라이터라는 것을 깨닫기를…" 희망했다.

CASE STUDY

## 낭포성 섬유증

만약 당신이 Alice Martineau을 그녀의 음악을 통해서만 알고 있다면, 그녀가 대형 음반사와 계약을 맺은 젊고 재능 있는 싱어송라이터로, 원하는 모든 것을 가졌다고 생각할 것이다. 그러나 전세계 약 70,000명의 다른 사람들과 마찬가지로 Martineau는 치명적인 유전질환인 낭포성 섬유증(Cystic Fibrosis)을 앓고 있었다. 낭포성 섬유증은 수명을 단축시키는데, 최근인 1950년대에도 낭포성 섬유증을 앓고 있는 대부분의 사람들은 4세 또는 5세에 사망했다. 치료법이 개선된 현재에도 낭포성 섬유증 환자의 평균 수명은 단지 35-40년에 불과하다. Alice Martineau는 데뷔 앨범 발매 후 1년이 채 안되어 30세에 사망했다. 질병에도 불구하고 그녀가 어떻게 자신의 천직을 추구했는지에 대한 이야기는 그녀의 일생을 기반으로 한 소설, ***내일을 위한 노래(Song for Tomorrow)***에서 이야기되고 있다.

낭포성 섬유증 막전도조절자(CFTR)라는 매우 중요한 단백질을 암호화하는 유전자에 결함이 있는 대립유전자를 동형으로 갖는 사람들에게서 낭포성 섬유증이 발생한다. 이 단백질은 신체의 여러 부분에서 발견되지만 아마도 가장 중요한 역할은 폐의 기도를 따라 분포한 세포에 있다. 일반적으로 CFTR 단백질의 기능은 기도가 박테리아와 먼지를 잡는 얇고 수분이 많은 점액으로 덮여 있게 하는 것이다. 박테리아가 함유된 점액질은 기도세포의 섬모에 의해 폐에서 쓸려 나간다. 그러나 낭포성 섬유증 환자는 결함이 있는 CFTR 단백질을 생성하여, 섬모가 두꺼운 점액을 폐 밖으로 내보낼 수 없게 된다. 결과적으로 기도가 막히고 점액에서 빅테리아가 번식하여 만성 폐 감염을 야기한다. 이 장에서 유전자의 정보가 단백질로 번역되는 과정을 살펴볼 것이다. 이러한 정보의 변화(돌연변이)가 어떻게 CFTR과 같은 단백질의 구조와 기능을 변형시키는가?

## 주요내용



## 13.1 DNA에 있는 정보가 어떻게 세포 안에서 사용되는가?

정보 자체는 아무 것도 할 수 없다. 예를 들어, 레시피는 케이크를 굽는데 필요한 모든 정보를 제공할 수 있지만, 그 정보가 제빵사에 의한 행동으로 변환되지 않으면 케이크는 만들어지지 않을 것이다. 마찬가지로, 모든 세포의 분자 레시피인 DNA의 뉴클레오타이드 서열에는 엄청난 양의 정보가 포함되어 있지만 DNA는 자체적으로 어떠한 행동도 수행할 수 없다. 그렇다면 DNA가 어떻게 당신이 검거나 밝은 머리카락을 가지게 하는지, 또는 폐 기능이 정상인지 낭포성 섬유증을 가지게 하는지를 결정하게 되는가?

### DNA는 RNA 중간체를 통하여 단백질 합성에 대한 정보를 제공한다

DNA는 모든 세포의 유전물질이지만 단백질은 세포의 "분자 일꾼"이다. 단백질효소는 세포의 화학반응을 촉매한다. 또한 단백질은 세포골격, 세포막의 이온 통로와 같은 많은 세포 구조를 형성한다. 따라서 세포를 만들고 조절하기 위해서는 정보가 DNA에서 단백질로 흘러가야만 한다. DNA는 **리보핵산(ribonucleic acid)** 또는 **RNA**라는 중간 분자를 통해 단백질 합성을 지시한다.

RNA는 구조적으로 DNA와 유사하지만 세 가지 측면에서 다르다. (1) DNA에서 발견되는 데옥시리보오스 당 대신, RNA의 골격은 리보오스(RNA의 "R") 당을 갖는다; (2) RNA는 일반적으로 이중가닥이 아니라 단일가닥이다. 그리고 (3) RNA는 티민 염기 대신 우라실 염기를 함유하는 뉴클레오타이드를 갖는다(**표 13-1**). DNA는 단백질 합성에서 역할을 하는 세 가지 유형의 RNA, 전령 RNA(messenger RNA), 운반 RNA(transfer RNA, tRNA) 그리고 리보솜 RNA(ribosomal RNA)를 합성하기 위한 정보를 암호화한다(**그림 13-1**).

#### 전령 RNA(mRNA)는 단백질 합성을 위한 암호를 DNA에서 리보솜으로 운반한다

진핵세포 핵의 DNA에 암호화된 정보를 도서관에 저장된 귀중한 문서라고 가정한다면, **전령 RNA(messenger RNA, mRNA)**는 일종의 정보의 분자 복사물로 볼 수 있다(**그림 13-1a**). 전령 RNA는 복사된 정보를 핵에서 세포질로 운반하여 단백질 합성을 지시하는 데 사용한다.

**표 13-1** DNA와 RNA의 비교

| | DNA | RNA | |
|---|---|---|---|
| 가닥 | 두기닥 | 한가닥 | |
| 당 | 디옥시리보오스 | 리보오스 | |
| 염기 종류 | 아데닌(A), 티민(T)<br>사이토신(C), 구아닌(G) | 아데닌(A), 우라실(U)<br>사이토신(C), 구아닌(G) | |
| 염기쌍 | DNA-DNA | RNA-DNA | RNA-RNA |
| | A-T | A-T | A-U |
| | T-A | U-A | U-A |
| | C-G | C-G | C-G |
| | G-C | G-C | G-C |
| 기능 | 유전자를 포함한다: 대부분의 유전자의 염기서열은 단백질의 아미노산 서열을 지정한다. | 전령 RNA(mRNA): 단백질을 암호화하는 유전자의 유전암호를 DNA에서 리보솜으로 운반한다.<br>운반 RNA(tRNA): 아미노산을 리보솜으로 운반한다.<br>리보솜 RNA(rRNA): 단백질과 결합하여 리보솜을 만든다. 리보솜은 아미노산을 연결하여 단백질을 만드는 구조이다.<br>비암호 RNA: DNA나 RNA에 결합하여 전사나 번역을 조절한다. | |

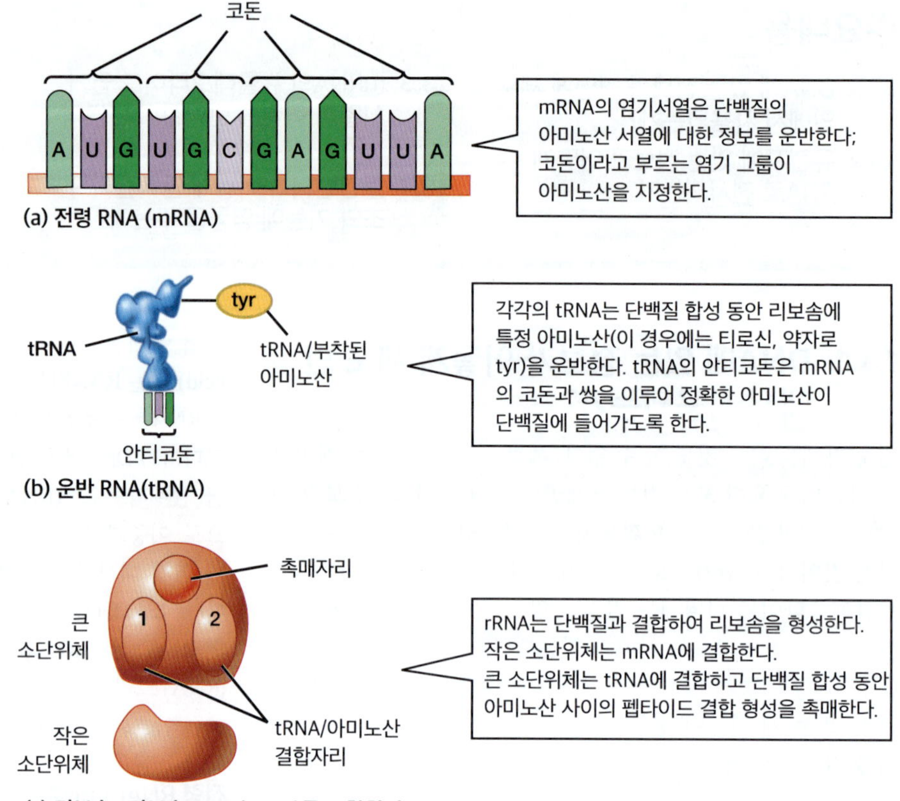


▶ **그림 13-1 세포는 단백질 합성에 필요한 중요한 세가지 종류의 RNA를 합성한다.**

(a) 전령 RNA (mRNA)

(b) 운반 RNA(tRNA)

(c) 리보솜 : 리보솜 RNA (rRNA)를 포함한다

### 운반 RNA(tRNA)는 리보솜으로 아미노산을 운반한다

**운반 RNA(transfer RNA, tRNA)**는 단백질을 합성하는 세포 구조인 **리보솜(ribosome)**으로 아미노산을 운반한다. 운반 RNA는 다양한 종류가 있는데, 이들 각각은 단백질에 사용되는 20개의 상이한 아미노산 중 하나에 결합한다(**그림 13-1b**). 운반 RNA 분자는 부착된 아미노산을 리보솜으로 운반하며, 여기서 아미노산은 연결되어 단백질을 형성한다.

### 리보솜 RNA와 단백질은 리보솜을 형성한다

리보솜은 **리보솜 RNA(ribosomal RNA, rRNA)**와 수십 개의 단백질로 이루어져 있다. 각각의 리보솜은 2개의 소단위체로 구성되는데, 하나는 작고 하나는 크다(**그림 13-1c**). 작은 소단위체는 mRNA, tRNA, 그리고 리보솜을 조립하고 단백질 합성을 시작하는데 필수적인 몇몇 단백질이 결합하는 부위를 갖는다. 큰 소단위체는 2개의 tRNA 분자에 대한 결합자리 그리고 아미노산 사이의 펩타이드 결합의 형성을 촉매하는 부위를 가지고 있다. 단백질 합성 동안, 두 개의 소단위체는 함께 모여서 둘 사이에 mRNA 분자를 잡고 있다.

## 개관: 유전정보는 RNA로 전사되고 단백질로 번역된다

DNA의 정보는 *전사*와 *번역*이라는 두 단계에서 단백질의 합성을 지시하는 데 사용된다 (**그림 13-2** 및 **표 13-2**).

❶ **전사(transcription)**에서 유전자의 DNA에 포함된 정보는 mRNA로 복사된다. 진핵세포에서 전사는 핵에서 일어난다.

**표 13-2 전사와 번역**

| 과정 | 과정을 위한 정보 | 생산물 | 과정에 연관된 주요 효소나 구조 | 요구되는 염기쌍의 종류 |
|---|---|---|---|---|
| 전사 (RNA의 합성) | 하나의 DNA 가닥의 부위 | 하나의 RNA 분자 (즉 mRNA, tRNA, rRNA) | RNA 중합효소 | RNA와 DNA, RNA 분자가 합성될 때 RNA 염기와 DNA 염기가 쌍을 형성 |
| 번역 (단백질의 합성) | mRNA | 하나의 단백질 분자 | 리보솜 (tRNA도 필요) | mRNA와 tRNA: mRNA의 코돈과 tRNA의 안티코돈이 염기쌍을 형성 |

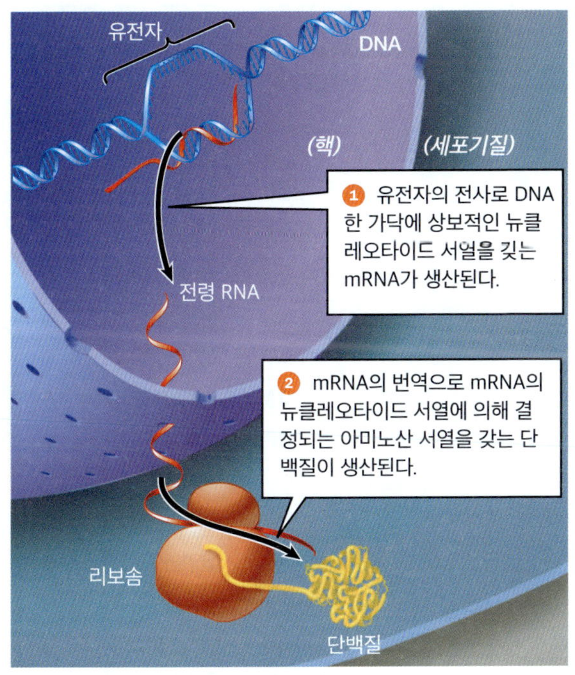


▲ **그림 13-2 유전자 정보는 DNA에서 RNA를 거쳐 단백질로 전달된다**
전사는 핵에서 일어나고 번역은 세포질에서 일어난다.

2 **번역(translation)**되는 동안 mRNA 뉴클레오타이드 서열이 해독되고 이 정보는 단백질의 아미노산 서열로 변환된다. 진핵세포에서 번역은 세포질의 리보솜에서 일어난다.

전사와 번역을 혼동하기 쉽다. 이 둘의 차이점을 기억할 수 있도록 일상 영어에서 두 용어의 의미를 고려해 보자. 일상적으로 사용할 때 "전사한다"는 것은 일반적으로 동일한 언어로 무언가의 사본을 만드는 것을 의미한다. 예를 들어 미국 법정에서 구두 증언은 문서 사본으로 전사되며, 증언과 전사된 문서본은 모두 영어로 되어 있다. 생명과학에서 전사는 뉴클레오타이드에서 발견되는 염기라는 공통 언어를 사용하여 DNA에서 RNA로 정보를 복사하는 과정이다. 이와는 내조적으로, "번역하다"의 일상적인 의미는 단어를 한 언어에서 다른 언어로 변환하는 것이다. 생명과학에서 번역은 RNA의 "뉴클레오타이드 언어"에서 단백질의 "아미노산 언어"로 정보를 변환하는 것을 의미한다.

## 유전암호는 아미노산을 지정하기 위해 3개의 염기를 사용한다

전사와 번역에 대해 자세히 살펴보기 전에, 유전학자들이 어떻게 **유전암호(genetic code)** – DNA와 mRNA의 뉴클레오타이드 서열이 어떻게 단백질의 아미노산 서열로 변환되는지를 규정하는 규칙 – 를 해독했는지 그 방법을 살펴보자.

DNA와 RNA 뉴클레오타이드는 각각 4개의 다른 염기를 가지고 있지만(표 13-1 참조), 단백질은 20개의 다른 아미노산으로 구성되어 있다. 따라서 하나의 염기는 하나의 아미노산으로 직접 번역될 수 없다. 두 개의 염기서열이 하나의 아미노산을 암호화하는 경우, 16개의 조합이 가능할 것이다(4개의 가능한 첫 번째 염기 각각은 4개의 가능한 두 번째 염기와 짝을 이룬다. 또는 $4 \times 4 = 16$). 여전히 20개의 아미노산을 암호화하기에는 충분하지 않다. 그러나 3개의 염기서열은 64개의 가능한 조합이 있다($4 \times 4 \times 4 = 64$). 이러한 추론을 사용하여 물리학자 George Gamow는 1954년 mRNA의 3개 염기로 이루어진 **유전암호**(코돈, **codon**)라고 불리는 세트가 아미노산을 지정한다고 가정했다. 1961년 Francis Crick과 3명의 동료가 이 가설이 옳음을 증명하였다.

유전암호(코돈)를 해독하기 위해 Marshall Nirenberg와 Heinrich Matthaei는 박테리아를 파쇄하여, mRNA를 첨가하면 단백질을 합성할 수 있는 세포질 혼합물을 제조했다. 이 혼합물에 실험실에서 제조하여 뉴클레오타이드 서열을 알고 있는 mRNA를 첨가한 후 합성된 단백질을 분석하였다. 예를 들어, 그들은 우라실(UUUUUU....)로만 구성된 mRNA 가닥이 페닐알라닌 아미노산만으로 구성된 단백질을 합성하도록 지시한다는 것을 발견했다. 그러므로 삼염기 UUU는 페닐알라닌으로 번역되는 유전암호이어야 한다. 유전자 암호는 mRNA를 사용하여 해독되었기 때문에, 일반적으로 각 아미노산을 암호화하는 mRNA(DNA가 아닌)의 3개 염기로 이루어진 용어로 표기된다(표 13-3).

## 특정 코돈은 번역을 시작하고 중단한다

어떻게 세포는 단백질에 대한 유전암호가 어디서 시작하고 멈추는지를 인식하는가? 번역은 항상 **개시코돈(start codon)**으로 알려진 AUG 코돈에서 시작한다. AUG는 또한 메티오닌 아미노산을 암호화하기 때문에, 모든 단백질은 원래 메티오닌으로 시작하지만, 메티오닌은 단백질이 합성된 후에 제거될 수 있다. mRNA에서 첫 번째 AUG 코돈만이 개시코돈으로서 작용하고, mRNA 내부에 추가로 나타나는 AUG 코돈은 단순히 메티오닌을 암호화한다. UAG, UAA 그리고 UGA 3가지 코돈은 **종결코돈(stop codon)**이며 아무런 아미노산도 암호화하지 않는다. 리보솜이 종결코돈을 만나면 새로 합성된 단백질과 mRNA 모두를 방출한다.

세포는 각각의 코돈이 시작되는 위치를 어떻게 인식하는가? 실제로 특별한 메커니즘이 필요하지는 않다. 코돈 "단어" 사이의 "띄어쓰기"는 불필요하다. 그 이유를 이해하기 위해 영어가 3문자 단어만 사용한다면 무슨 일이 일어날지 생각해 보자. 읽기 시작하는 위치를 알고 있으면, 단어 사이에 공백이 없어도 THEDOGSAWTHECAT와 같은 문장을 완벽하게 이해할 수 있다. 유사하게, 단백질 암호화 서열의 시작은 개시코돈에 의해 지정되고 모든 코돈은 3개의 염기로 구성되기 때문에 mRNA 서열은 코돈 사이의 경계를 나타내는 표지가 없어도 판독이 가능하다.

유전암호에는 3개의 종결코돈이 있기 때문에, 61개의 3염기

**표 13-3 유전암호 (mRNA의 코돈)**

| 첫 번째 염기 | 두 번째 염기 U | | 두 번째 염기 C | | 두 번째 염기 A | | 두 번째 염기 G | | 세 번째 염기 |
|---|---|---|---|---|---|---|---|---|---|
| U | UUU | 페닐알라닌(Phe) | UCU | 세린(Ser) | UAU | 티로신(Tyr) | UGU | 시스테인(Cys) | U |
| | UUC | 페닐알라닌 | UCC | 세린 | UAC | 티로신 | UGC | 시스테인 | C |
| | UUA | 루이신(Leu) | UCA | 세린 | UAA | 종결 | UGA | 종결 | A |
| | UUG | 루이신 | UCG | 세린 | UAG | 종결 | UGG | 트립토판(Trp) | G |
| C | CUU | 루이신 | CCU | 프롤린 (Pro) | CAU | 히스티딘(His) | CGU | 알기닌(Arg) | U |
| | CUC | 루이신 | CCC | 프롤린 | CAC | 히스티딘 | CGC | 알기닌 | C |
| | CUA | 루이신 | CCA | 프롤린 | CAA | 글루탐산(Gln) | CGA | 알기닌 | A |
| | CUG | 루이신 | CCG | 프롤린 | CAG | 글루탐산 | CGG | 알기닌 | G |
| A | AUU | 이소루이신(ile) | ACU | 트레오닌 (Thr) | AAU | 아스파라긴(Asp) | AGU | 세린(Ser) | U |
| | AUC | 이소루이신 | ACC | 트레오닌 | AAC | 아스파라긴 | AGC | 세린 | C |
| | AUA | 이소루이신 | ACA | 트레오닌 | AAA | 리신(Lys) | AGA | 알기닌(Arg) | A |
| | AUG | 메타오닌(Met) 개시 | ACG | 트레오닌 | AAG | 리신 | AGG | 알기닌 | G |
| G | GUU | 발린(Val) | GCU | 알라닌 (Ala) | GAU | 아스파르트 (Asp) | GGU | 글리신(Gly) | U |
| | GUC | 발린 | GCC | 알라닌 | GAC | 아스파르트산 | GGC | 글리신 | C |
| | GUA | 발린 | GCA | 알라닌 | GAA | 글루탐산 (Glu) | GGA | 글리신 | A |
| | GUG | 발린 | GCG | 알라닌 | GAG | 글루탐산 | GGG | 글리신 | G |

쌍이 단지 20개의 아미노산을 지정한다. 그러므로 다른 몇 개의 코돈이 동일한 아미노산을 암호화할 수 있음이 밝혀졌다. 예를 들어, 6개의 코돈 (UUA, UUG, CUU, CUC, CUA 및 CUG)은 루이신을 암호화한다(표 13-3 참조). 그러나, 종결코돈 이외의 61개의 코돈 각각은 단지 하나의 아미노산만을 지정한다.

### CHECK YOUR LEARNING

- 단백질 합성에서 역할을 하는 세 가지 종류의 RNA를 이야기하고, 각각의 역할을 설명할 수 있는가?
- 어떻게 정보가 DNA와 RNA에 암호화되고, 이 정보가 DNA에서 RNA로 단백질로 전달되는지 설명할 수 있는가?
- "전사"와 "번역"이라는 용어가 그들이 관여하는 과정에 적합한 용어인 이유를 설명할 수 있는가?

## 13.2 유전자에 있는 정보는 어떻게 RNA로 전사되는가?

전사(**그림 13-3**)는 (1) 개시 (2) 신장 그리고 (3) 종결의 3 단계로 구성된다. 3 단계는 대부분의 유전자의 세 가지 주요 부분에 대응된다. (1) 전사가 시작되는, 유전자의 시작 위치의 **프로모터(promoter)** 부위 (2) RNA 가닥의 신장이 일어나는 유전자의 "본체" 부위 (3) 전사가 중지되는 과정을 설정하는 유전자 끝의 종결 신호.

### 전사는 RNA 중합효소가 유전자의 프로모터에 결합할 때 시작된다

**RNA중합효소(RNA polymerase)**는 RNA의 합성을 촉매한다. 각 유전자의 개시점 근처에는 유전자의 **프로모터(promoter)**를 구성하는 DNA 서열이 있다. RNA 중합효소가 유전자의 프로모터에 결합하면 유전자의 개시점 부분에서 DNA 이중나선이 풀리고 전사가 시작된다(그림 13-3 ❶).

### 신장에 의해 성장하는 RNA 가닥이 생성된다

프로모터에 결합한 후, RNA 중합효소는 **주형가닥(template strand)**이라 불리는 DNA 가닥 중 하나를 따라 이동하면서 DNA 주형에 상보적인 뉴클레오타이드를 갖는 단일가닥의 RNA를 합성한다❷. DNA와 RNA 사이의 염기쌍은 RNA의 우라실이 DNA의 아데닌과 쌍을 이룬다는 점을 제외하면 두 가닥의 DNA의 염기쌍과 동일하다(표 13-1 참조).

성장하는 RNA 사슬에 약 10개의 뉴클레오타이드가 첨가된 후, RNA의 첫 번째 뉴클레오타이드는 DNA 주형가닥과 분리된다. 이 분리로 두 개의 DNA 가닥이 이중나선으로 다시 감기게 된다❸. RNA 분자가 계속 늘어나면서 한쪽 끝은 DNA에서 떨어지고 다른 쪽 끝은 RNA 중합효소에 의해 DNA 주형가닥에 계속 붙어있게 된다. 때때로, 다수의 RNA 중합효소가 주형가닥에 차례로 붙어서 연속으로 여러 번 유전자를 전사한다(**그림 13-4**).

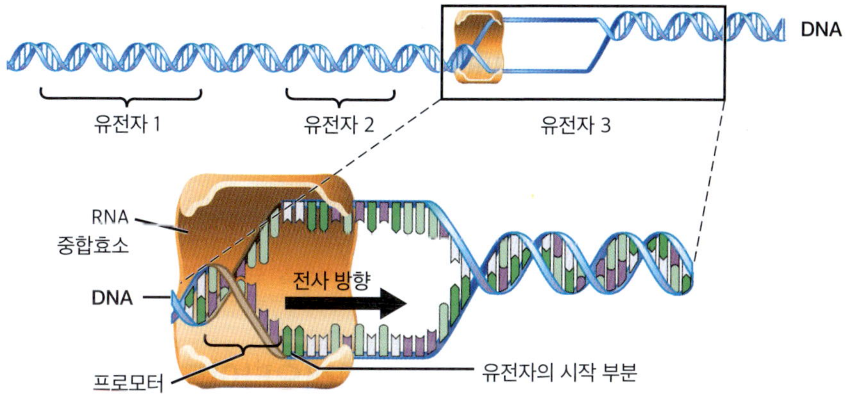


❶ **개시**: RNA 중합효소는 유전자의 시작 부근에서 DNA의 프로모터 부위에 결합하고, 프로모터 근처의 이중나선을 풀어준다.

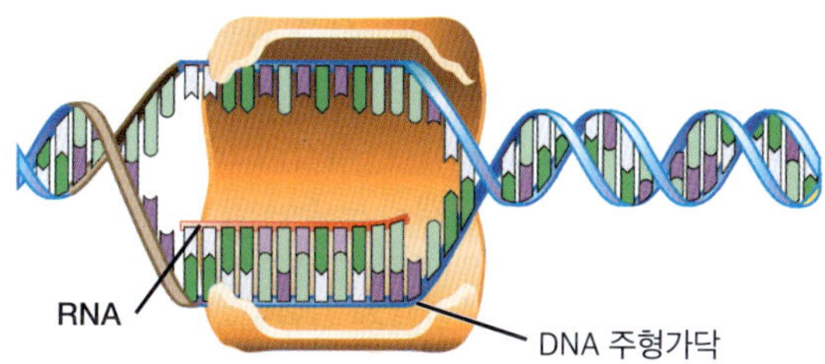


❷ **신장**: RNA 중합효소가 DNA의 주형가닥(파란색)을 따라 이동하며, DNA 이중나선을 풀고 RNA 분자에 리보오스 뉴클레오타이드의 첨가를 촉매하여 RNA(빨간색)를 합성한다. RNA의 뉴클레오타이드는 DNA의 주형가닥에 상보적이다.

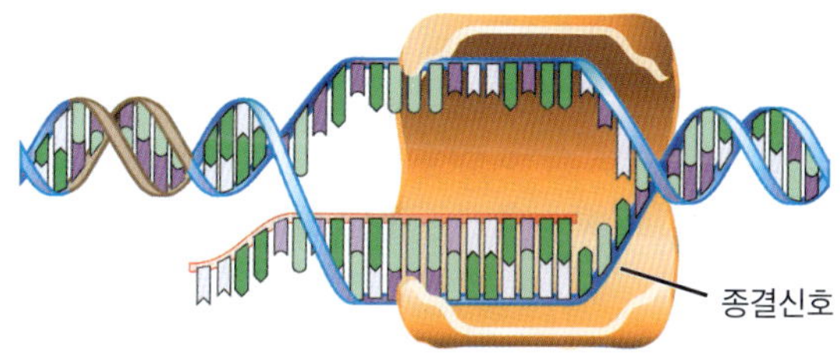


❸ **종결**: 유전자의 끝부분에서, RNA 중합효소는 종결신호라는 DNA 서열을 만나며, 이 서열은 RNA의 상보적 서열로 전사된다. 이 RNA 서열에는 RNA 분자를 방출하는 효소가 결합하고, RNA 중합효소가 DNA로부터 분리되게 한다.

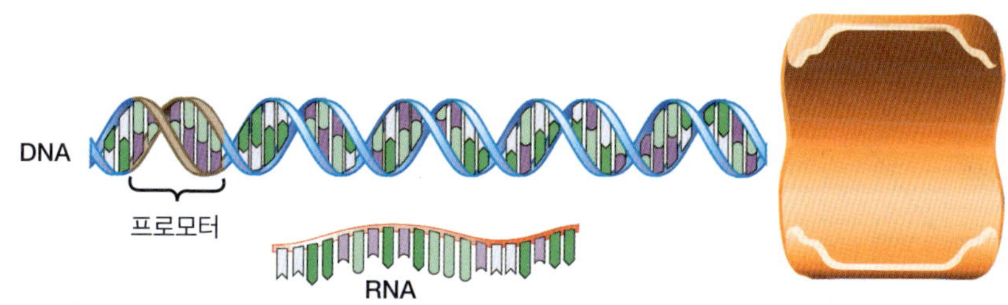


❹ **전사의 결과**: 종결 후 DNA는 다시 이중나선으로 완전히 되감긴다. RNA 분자는 번역을 위해 핵에서 세포질로 자유롭게 이동할 수 있으며, RNA 중합효소는 다른 유전자로 이동하여 (또는 동일한 유전자의 처음으로 다시 이동하여) 전사를 다시 시작한다.

▲ **그림 13-3 전사는 DNA의 유전정보로부터 RNA를 합성하는 것이다** 유전자의 이중나선을 구성하는 DNA 가닥 중 하나는 DNA 가닥 염기에 상보적인 염기를 갖는 RNA 분자를 합성하기 위한 주형으로 작용한다.

## 종결신호가 전사된 후 전사가 중지된다

RNA 중합효소는 유전자의 주형가닥을 따라 계속 이동하여, 결국 종결신호(*termination signal*)라 불리는 DNA 서열에 도달한다. 이 종결서열에는 성장하는 가닥에 특정 효소를 끌어 당기는 RNA 서열이 암호화되어 있다. 효소들은 완성된 RNA 분자를 절단하여 RNA 중합효소로부터 분리한다. 그 후 RNA 중합효소가 DNA에서 분리된다(그림 13-3 ❹).

## 진핵생물에서 전구체 mRNA는 완성된 mRNA가 되기 위해 가공된다

종결이 전사의 마지막 단계이지만, 대부분 유형의 RNA 분자는 기능을 수행하기 전에 변형되어야 한다. 이러한 변형이 일어나기 전의 mRNA 가닥을 전구체 mRNA(precursor mRNA)라고 한다. 대부분의 진핵생물 유전자는 "유전자 내"를 의미하는 **인트론(intron)**이라고 불리는 서열을 2개 이상 포함하는데 이 부분은 단백질의 어떤 부분도 암호화하지 않는다. RNA가 번역되기 전에 인트론은 제거되어야만 한다(**그림 13-5**). 인트론이 제거됨에 따라, 유전자의 나머지 암호화된 부위 – 단백질로 발현(expression)되기 때문에 **엑손(exon)**이라 불린다 – 는 서로 연결되어야 하는데 이 과정을 스플라이싱(*splicing*)이라 한다. 인간의 일반적인 유전자는 8개 또는 9개의 엑손을 포함한다.

왜 진핵생물 유전자는 인트론과 엑손을 가지는가? 이 유전자 구조의 하나의 장점은 세포가 엑손을 다른 방식으로 스플라이싱함으로써 단일 유전자로부터 여러 가지 다른 단백질을 생산할 수 있다는 것이다. 예를 들어, *CT/CGRP*라는 유전자는 갑상선과 뇌에서 모두 전사된다. 갑상선에서 하나의 스플라이싱 배열에 의해 혈액의 칼슘 농도를 조절하는 데 도움이 되는 호르몬인 칼시토닌이 합성된다. 뇌에서는 상이한 스플라이싱 배열에 의해 신경전달물질(신경세포 사이의 소통을

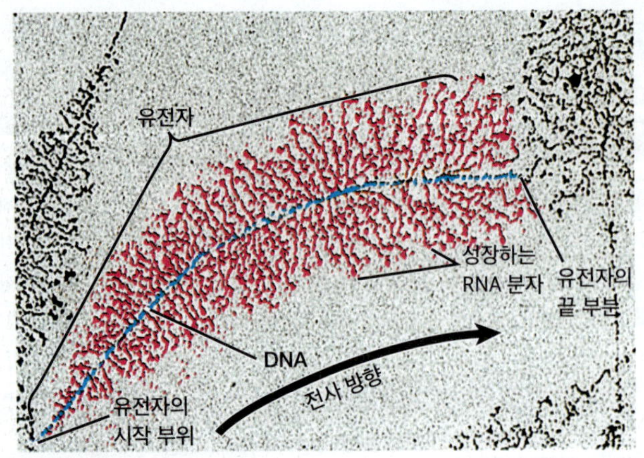


▲ **그림 13-4 RNA 전사가 일어나고 있는 상태** 색이 칠해진 전자현미경 사진의 나무와 같은 구조에서 중앙의 "몸통" 부위는 DNA이고 "가지"는 RNA 분자이다. 일련의 RNA 중합효소(여기서는 너무 작아 보이지 않음)가 DNA를 따라 이동하고 있으며, 각 효소는 RNA 가닥을 합성한다. 왼쪽의 유전자 시작 부분의 짧은 RNA 분자는 막 합성되기 시작한 것이고, 오른쪽의 긴 RNA 분자는 거의 완성된 단계이다.

**비판적 사고** 왜 하나의 유전자에서 이렇게 많은 mRNA 분자가 전사되는가?

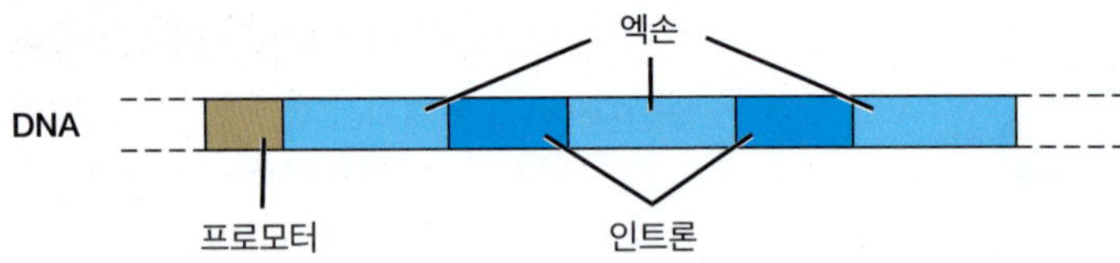


(a) 진핵세포의 유전자 구조

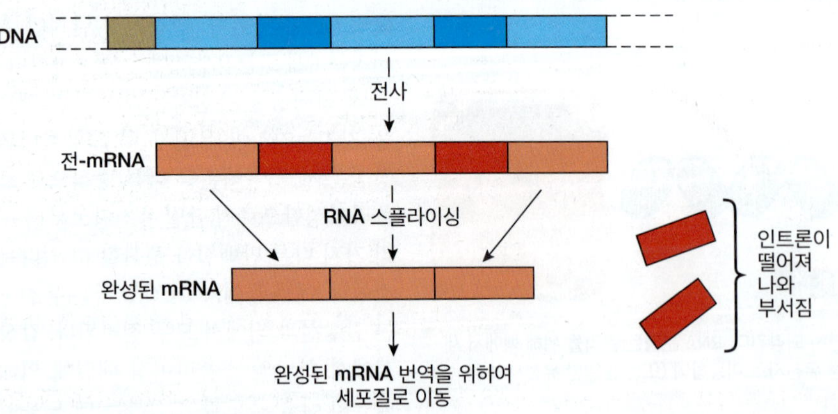


(b) 진핵세포에서 RNA 합성 및 변형

▲ **13-5 진핵생물 세포에서 전령 RNA 합성** (a) 진핵생물 유전자는 단백질의 아미노산 서열을 암호화하는 엑손(옅은 청색)과 그렇지 않은 인트론(진청색)으로 구성된다. (b) 진핵세포는 mRNA(적색)를 여러 단계로 합성한다.

위한 물질)로 사용되는 단백질이 합성된다.

**CHECK YOUR LEARNING**

- 전사 과정을 설명하고, DNA, RNA 중합효소 그리고 RNA 뉴클레오타이드가 RNA 가닥을 생산하기 위해 어떻게 상호작용하는지를 설명할 수 있는가?
- DNA와 RNA 사이의 염기쌍이 두 가닥의 DNA 사이의 염기쌍과 어떻게 다른지 설명할 수 있는가?
- RNA의 전사 후 변형의 예를 설명할 수 있는가?

## 13.3 mRNA의 뉴클레오타이드 염기서열은 어떻게 단백질로 번역되는가?

mRNA의 코돈을 단백질로 번역하는 것은 tRNA와 리보솜의 역할이다. tRNA가 아미노산을 리보솜으로 운반하고, tRNA 분자는 다양한 종류가 있으며, 각각의 종류는 특정 아미노산이 부착된다는 것을 상기해라. 각각의 tRNA 분자는 **안티코돈(anticodon)**이라 불리는 3개의 노출된 염기 그룹을 가지고 있다. 안티코돈의 3염기서열은 각각의 유형의 tRNA에 특이적이며, 각 서열은 mRNA의 특정 코돈에 상보적이다.

### 번역 과정에서 mRNA, tRNA 그리고 리보솜은 단백질 합성을 위해 상호작용한다

전사와 같이, 번역은 (1) 개시(initiation) (2) 신장(elongation) 그리고 (3) 종결(termination) (**그림 13-6**)의 3 단계를 갖는다.

#### 개시: tRNA와 mRNA가 리보솜에 결합한다

번역이 시작될 때, 리보솜 작은 소단위체, 개시(메티오닌) tRNA 그리고 몇몇 다른 단백질로 구성된 "개시전 복합체(preinitiation complex)"는 mRNA 분자에 결합한다❶. 개시전 복합체는 메티오닌 tRNA의 UAC 안티코돈과 염기쌍을 형성하는 개시코돈(AUG)을 찾을 때까지 mRNA를 따라 이동한다❷. 리보솜 큰 소단위체가 작은 소단위체에 부착되어 두 소단위체 사이에 mRNA가 끼게 된다. 큰 소단위체의 첫번째 tRNA 결합자리에는 메티오닌 tRNA가 위치하고, 두 번째 비어있는 tRNA 결합자리는 mRNA 분자의 두 번째 코돈이 정렬된다❸. 이제 리보솜은 mRNA를 번역할 준비가 되었다.

#### 신장: 아미노산은 성장하는 단백질 사슬에 한 번에 하나씩 추가된다

다음으로, mRNA의 두 번째 코돈과 상보적인 안티코돈을 갖는 두 번째 tRNA가 큰 소

## 개시:

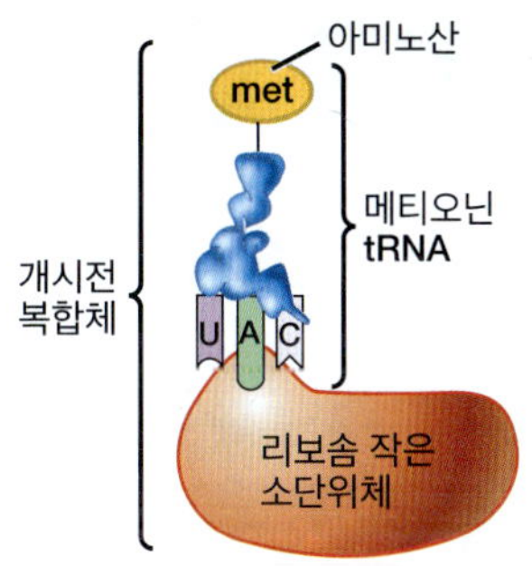


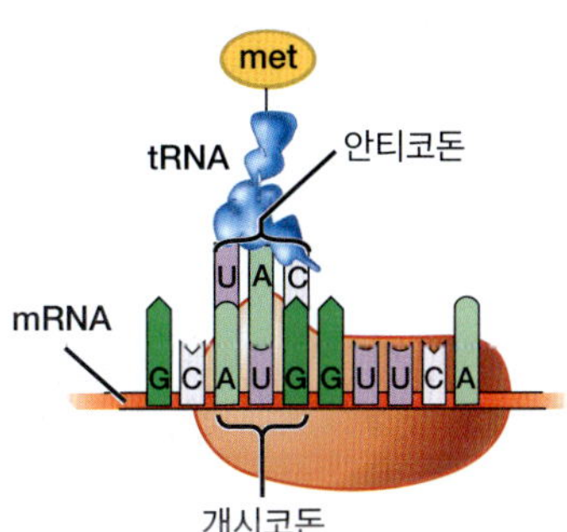


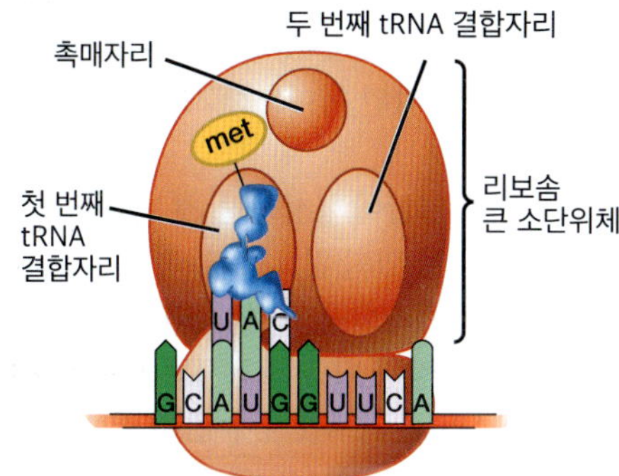


❶ 메티오닌 아미노산이 부착된 tRNA가 리보솜 작은 소단위체에 결합하여 개시전 복합체(preinitiation complex)를 형성한다.

❷ 개시전 복합체는 mRNA 분자에 결합한다. 메티오닌(met) tRNA의 안티코돈 염기쌍(UAC)은 mRNA의 개시코돈(AUG)과 쌍을 이룬다.

❸ 리보솜 큰 소단위체는 작은 소단위체에 결합한다. 메티오닌 tRNA는 큰 소단위체의 첫 번째 tRNA 부위에 결합한다.

## 신장:

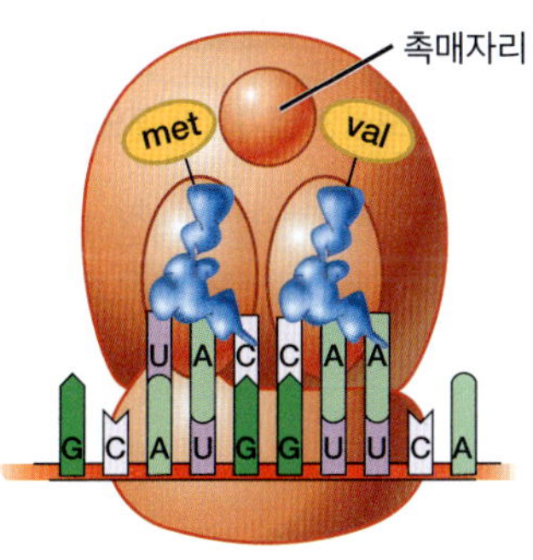


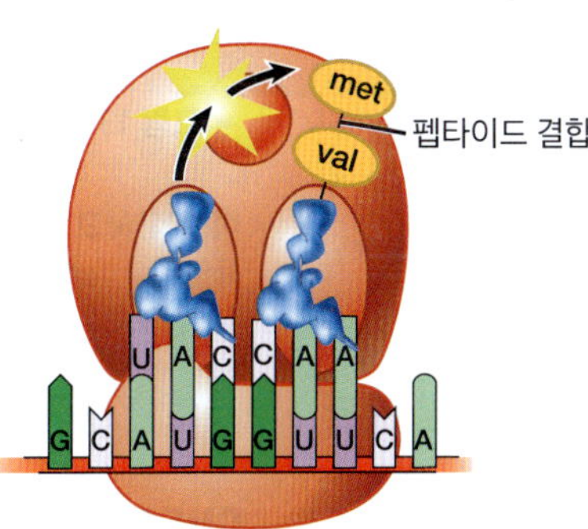


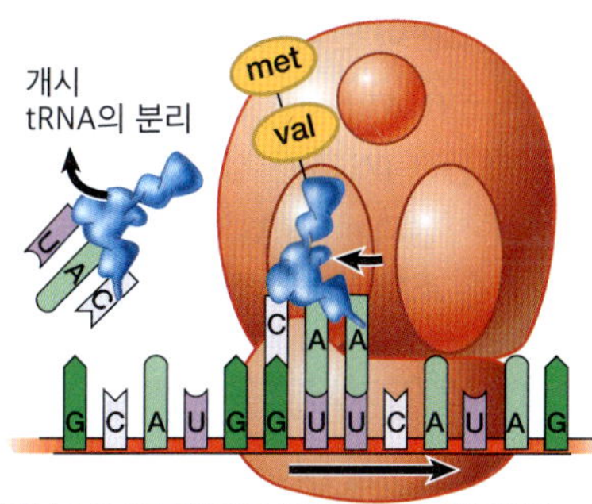


❹ mRNA의 두 번째 코돈(GUU) 염기쌍은 발린(val) 아미노산을 가지는 두 번째 tRNA의 안티코돈(CAA)과 쌍을 이룬다. 이 tRNA는 큰 소단위체의 두 번째 tRNA 자리에 결합한다.

❺ 큰 소단위체의 촉매자리가 메티오닌과 발린 아미노산을 연결하는 펩타이드 결합의 형성을 촉매한다. 두 개의 아미노산은 이제 두 번째 결합자리의 tRNA에 부착된다.

❻ "빈" tRNA가 방출되고 리보솜이 mRNA를 따라 오른쪽으로 하나의 코돈만큼 아래로 이동한다. 2 개의 아미노산이 부착된 tRNA는 이제 첫 번째 tRNA 결합자리에 위치하게 되고, 두 번째 tRNA 결합자리는 비게 된다.

## 종결:

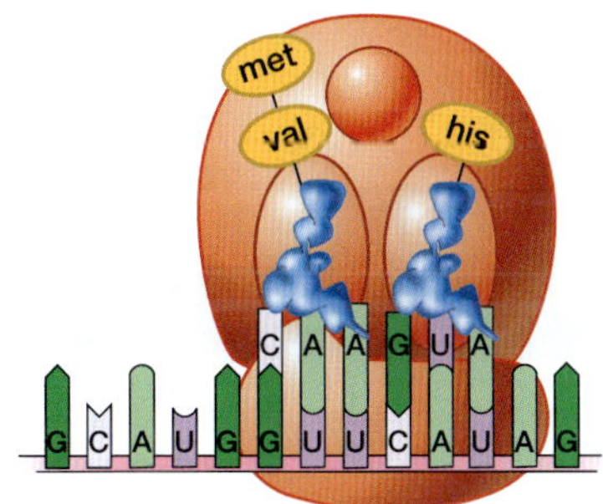


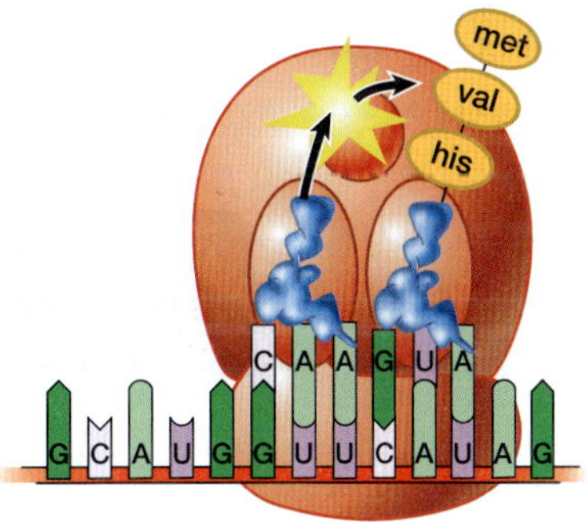


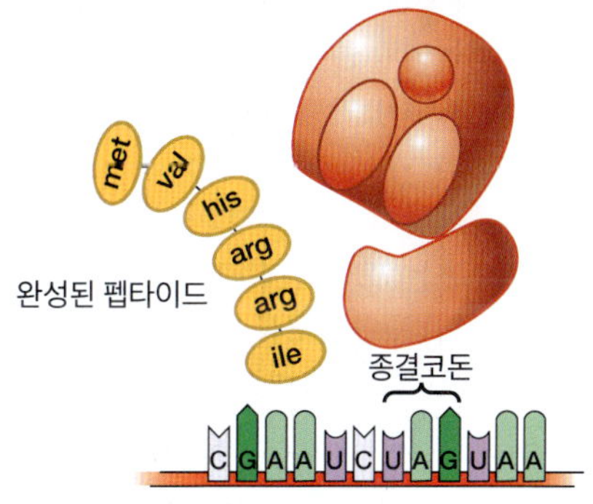


❼ mRNA의 세 번째 코돈(CAU)이 히스티딘(his) 아미노산을 운반하는 tRNA의 안티코돈(GUA)과 염기쌍을 이룬다. 이 tRNA는 큰 소단위체의 두 번째 tRNA 결합자리로 들어간다.

❽ 촉매자리가 발린과 히스티딘 사이에 펩타이드 결합을 형성하고, 펩타이드는 두 번째 결합자리에서 tRNA에 부착되어 있다. 첫 번째 부위의 tRNA가 떠나고, 리보솜은 mRNA에서 한 코돈만큼 움직인다.

❾ 이 과정은 종결코돈에 도달할 때까지 반복된다. mRNA와 완성된 펩타이드는 리보솜에서 방출되고 소단위체는 서로 분리된다.

▲ **그림 13-6 번역은 단백질 합성 과정이다** 번역은 mRNA의 염기서열을 단백질의 아미노산 서열로 해독한다.

단위체에 있는 두 개의 tRNA 결합자리 중 두 번째 부위로 이동한다❹. 큰 소단위체의 촉매자리의 리보솜 RNA가 첫 번째 아미노산(메티오닌)과 tRNA사이의 결합을 끊고, 메티오닌과 두 번째 tRNA에 부착된 아미노산 사이에 펩타이드 결합을 형성하게 한다❺.

펩타이드 결합이 형성되면, 첫 번째 tRNA에는 더 이상 아미노산이 부착되어 있지 않으며, 두 번째 tRNA는 두 개의 아미노산으로 이루어진 사슬을 가지게 된다. 리보솜은 빈 tRNA를 방출하고 mRNA 분자의 다음 코돈으로 이동한다❻. 아미노산 사슬을 가진 tRNA 또한 리보솜의 두 번째 결합자리에서 첫 번째 결합자리로 이동한다. mRNA의 세 번째 코돈에 상보적인 안티코돈을 갖는 새로운 tRNA가 비어있는 두 번째 부위에 결합한다❼. 촉매자리는 이제 세 번째 아미노산을 성장하는 단백질 사슬에 결합시킨다❽. 빈 tRNA는 리보솜을 떠나고, 리보솜은 mRNA의 다음 코돈으로 이동하고, 이 과정은 한 번에 하나의 코돈씩 반복된다.

### 종결: 종결코돈이 번역의 끝을 알린다

리보솜이 mRNA의 종결코돈에 도달하면 단백질 합성이 중단된다. 종결코돈은 tRNA와 결합하지 않는다. 대신, 리보솜은 완성된 단백질 사슬과 mRNA를 방출한다❾. 그 후 리보솜은 큰 소단위체와 작은 소단위체로 해체된다.

## 요약: DNA 염기서열을 단백질의 아미노산 서열로 해독

진핵세포가 어떻게 DNA의 유전정보를 해독하고 이 정보를 이용하여 단백질을 합성하는지 요약해 보자(**그림 13-7**).

❶ tRNA와 rRNA 유전자 같은 예외를 제외하고는 각각의 유전자는 단백질의 아미노산 서열을 암호화한다. 유전자의 DNA는 mRNA로 전사되는 주형가닥과 전사되지 않은 상보가닥으로 구성된다.

❷ 핵에서 전사에 의해 주형가닥에 상보적인 RNA 분자가 만들어진다. 이 RNA 분자는 스플라이싱을 거쳐 번역될 최종 mRNA가 된다. 코돈이라 불리는 mRNA의 삼염기서열은 번역의 시작(개시코돈, AUG), 아미노산 또는 번역의 정지(종결코돈)를 지정한다.

❸ 한편, 세포질의 효소는 특정 아미노산을 각 tRNA에 부착시킨다. 각 tRNA는 또한 안티코돈(anticodon)이라는 삼염기서열을 가지고 있다. 안티코돈 서열은 각 tRNA 분자에 의해 운반되는 특정 아미노산과 대응된다.

❹ mRNA는 핵에서 세포질의 리보솜으로 이동한다. 운반 RNA는 그들에 부착된 아미노산을 리보솜으로 운반한다. 그곳에서, tRNA의 안티코돈 염기는 mRNA 코돈의 상보적 염기에 결합한다. 리보솜 RNA(rRNA)는 아미노산을 연결하는 펩타이드 결합의 형성을 촉진하여, mRNA의 염기서열에 의해 지정된 아미노산 서열로 이루어진 단백질이 형성되게 한다. 종결코돈에 도달하면, 완성된 단백질이 리보솜으로부터 방출된다.

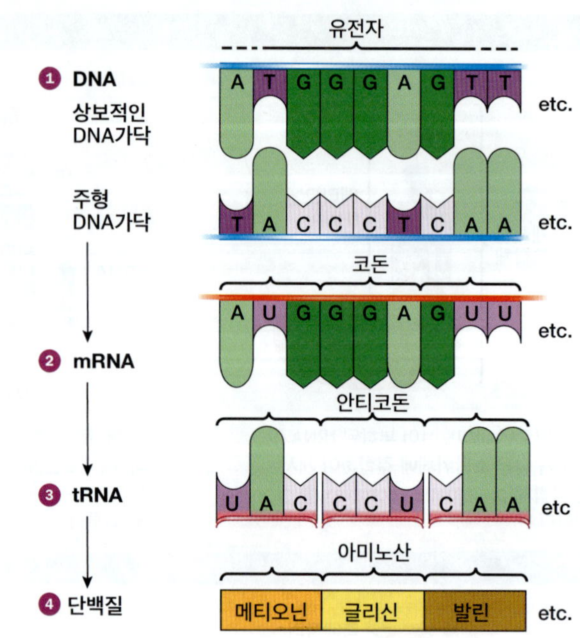


▲ **그림 13-7 유전자 정보를 해독하려면 상보적인 염기쌍이 필요하다**

**비판적 사고** 두 번째 단계에 표시된 mRNA의 서열을 살펴보아라. 만약 돌연변이에 의해 서열에 나타난 모든 구아닌 염기가 우라실로 변경할 경우, 번역되는 펩타이드는 표시된 것과 어떻게 다른가?

**CHECK YOUR LEARNING**

- 안티코돈이 무엇인지 설명할 수 있는가?
- 단백질 합성에서 리보솜의 역할을 설명할 수 있는가?
- 리보솜, rRNA, mRNA 그리고 tRNA가 펩타이드를 합성하기 위해 상호작용하는 방법을 설명하여 번역 과정을 묘사할 수 있는가?
- DNA 서열의 정보가 단백질의 합성을 지시하는 단계들을 요약할 수 있는가?

**CASE STUDY CONTINUED**

### 낭포성 섬유증

CFTR 유전자의 다양한 돌연변이 중 일부는 올바르게 스플라이싱된 mRNA 분자가 전혀 생성되지 않아 심각한 낭포성 섬유증을 유발한다. 유전자의 다른 돌연변이는 스플라이싱 기구를 "혼란"시켜서 정확하거나 부정확한 mRNA 분자가 모두 만들어진다. 결함이 있는 CFTR 유전자를 만드는 많은 돌연변이는 유전자의 엑손에서 하나 또는 몇 개의 코돈의 변화가 관여한다. 엑손의 DNA 서열의 상대적으로 작은 변화가 어떻게 CFTR과 같은 단백질이 기능을 못하게 할 수 있는가?

## 13.4 돌연변이가 어떻게 단백질의 구조와 기능에 영향을 주는가?

DNA 복제 중 실수, 햇빛의 자외선, 담배 연기의 화학 물질 그리고 기타 여러 가지 환경 요인은 DNA 염기서열이 변형되는 돌연변이를 일으킬 수 있다. 생명체의 구조와 기능에 미치는 결과는 돌연변이가 돌연변이된 유전자에 의해 암호화된 단백질에 어떻게 영향을 주는가에 달려있다.

### 돌연변이의 영향은 그것이 mRNA의 코돈을 어떻게 변화시키는가에 달려있다

단백질 구조에 영향을 줄 수 있는 돌연변이 유형에는 **치환(substitution)**, **결실(deletion)** 그리고 **삽입(insertion)**이 있다(그림 12-7 참조). 단백질 구조 및 기능에 중대한 변화를 일으킬 가능성은 서로 다른 유형의 돌연변이에 따라 상당히 차이가 있다.

#### 치환

**치환 돌연변이(substitution mutation)**에서는 DNA의 단일 염기쌍이 변화된다. 단백질을 암호화하는 유전자 내의 치환은 네 가지 중 하나의 결과가 나타날 수 있다(**그림 13-8**). 예를 들어, 신체 조직에 산소를 운반하도록 도와주는 적혈구의 헤모글로빈의 소단위인 베타-글로빈 단백질을 암호화하는 유전자에서 치환 돌연변이가 일어날 때의 네 가지 결과를 생각해보자.

- ***단백질의 아미노산 서열은 변하지 않을 수 있다.*** 대부분의 아미노산은 몇 개의 다른 코돈에 의해 암호화되기 때문에 일부 치환 돌연변이는 단백질을 변화시키지 않는다. 글루탐산을 지정하는 베타-글로빈 mRNA의 6번째 코돈인 GAG를 보자. 치환 돌연변이가 이 코돈을 GAG에서 GAA로 변경하더라도 새로운 코돈은 여전히 글루탐산을 암호화한다. DNA 서열이 다르더라도 돌연변이된 유전자로부터 합성되는 단백질은 동일하다.
- ***아미노산 서열은 변경될 수 있지만, 단백질 기능은 근본적으로 변경되지 않을 수 있다.*** 많은 단백질은 정확한 아미노산 서열이 상대적으로 중요하지 않은 부위를 갖는다. 예를 들어, 베타-글로빈 단백질 바깥쪽의 아미노산은 이 단백질이 적혈구 세포질에 잘 용해되도록 친수성이어야 한다. 그러나 정확하게 어떤 친수성 아미노산이 외부에 위치하는지는 크게 중요하지 않다. 그러므로, 베타-글로빈 mRNA의 6번째 코돈이 GAG에서 CAG로 변경되는 치환 돌연변이는 글루탐산(친수성)을 글루타민(또한 친수성)으로 바꾸는데, 이것은 베타-글로빈이 정상적으로 작용하는 능력에 영향을 미치지 않는다.

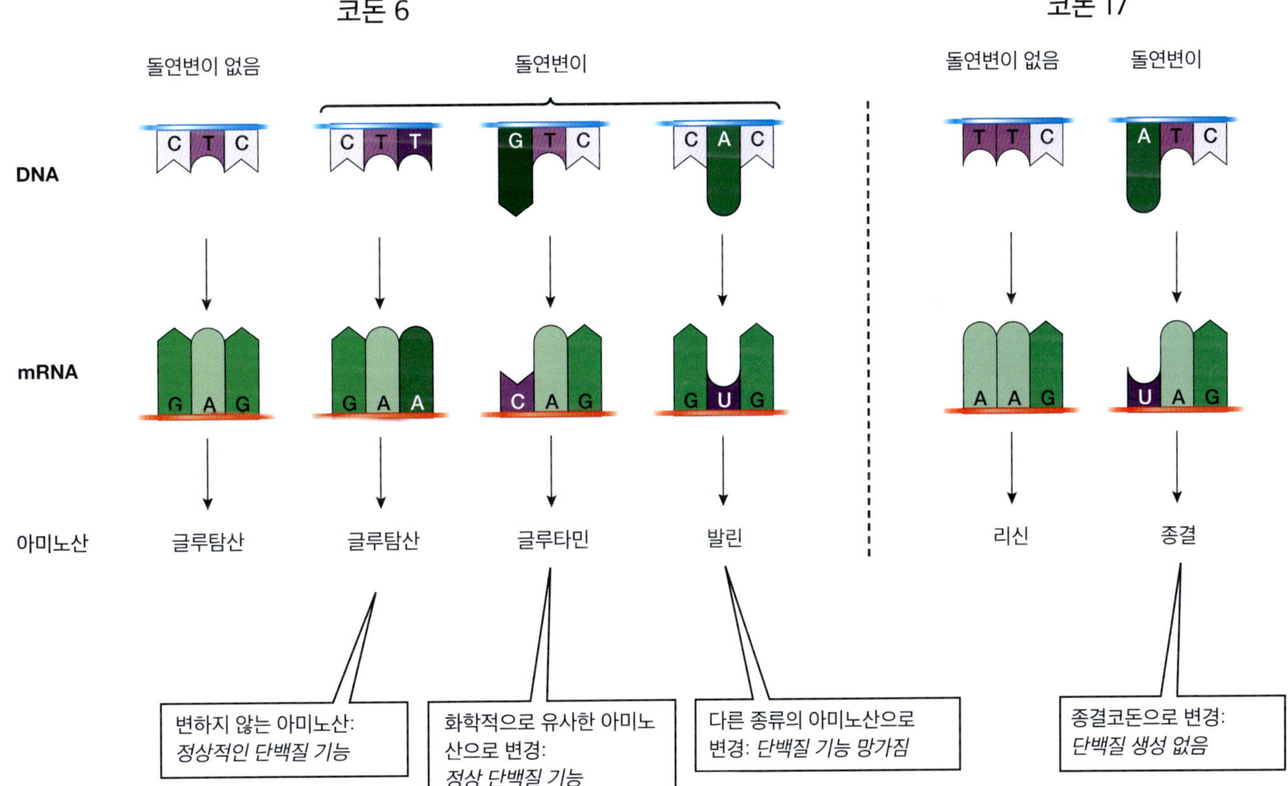


▲ **그림 13-8 치환 돌연변이는 단백질 기능에 네 종류의 영향을 줄 수 있다** 여기에 표시된 예는 인간 베타-글로빈 유전자의 6번째와 17번째 코돈의 돌연변이에 대한 것이다.

- ***변경된 아미노산 서열에 의해 단백질 기능이 변화할 수 있다.*** 베타-글로빈 mRNA의 6번째 코돈이 GAG에서 GUG로 변경되는 치환 돌연변이는 글루탐산(친수성)을 발린(소수성)으로 교체한다. 이 치환은 베타-글로빈이 제대로 기능하지 못하게 하고, 유전질환인 겸상적혈구 빈혈을 유발한다 (11 장 참조).
- ***조기에 생기는 종결코돈에 의해 단백질 기능이 파괴될 수 있다.*** 베타-글로빈 mRNA의 17번째 코돈인 AAG는 리신을 지정한다. 코돈을 AAG에서 UAG로 변화시키는 치환 돌연변이는 리신코돈을 종결코돈으로 변화시킨다. 이 조기 종결코돈은 단백질이 완성되기 전에 베타-글로빈 mRNA의 번역을 중지시켜 단백질은 기능을 못하게 된다. 두 부모에게서 이 돌연변이를 물려받은 사람은 베타-지중해빈혈증(beta-thalassemia)이라는 상태가 되며, 수혈을 통해 치료하지 않으면 치명적일 수 있다.

### 결실과 삽입

**결실 돌연변이(deletion mutation)**는 하나 이상의 염기쌍이 유전자로부터 제거된 것이다. **삽입 돌연변이(insertion mutation)**는 하나 이상의 염기쌍이 유전자에 삽입된 것이다. 하나 또는 두 쌍의 뉴클레오타이드가 결실되거나 삽입되면, 일반적으로 단백질 기능은 완전히 망가진다. 그 이유를 이해하려면, 3 글자 단어로 구성된 문장을 생각해 보자: THE DOG SAW THE CAT SIT AND THE FOX RUN. 여기서 한 글자를 삭제하거나 삽입하면 뒤쪽 단어가 모두 변경된다 예를 들어 첫 번째 E를 삭제했지만 여전히 3 글자로 된 단어가 필요한 경우 문장의 모든 단어가 변경된다. THD OGS AWT HEC ATS ITA NDT HEF OXR UN. 같은 방식으로 뉴클레오타이드가 1개나 2개 또는 3의 배수가 아닌 숫자로 삭제되거나 삽입되면 삭제 또는 삽입된 뒤쪽의 모든 코돈이 변경된다. 이러한 돌연변이를 함유하는 mRNA로부터 합성된 단백질의 대부분의 아미노산은 달라지고 단백질은 기능을 못할 것이다.

3개의 염기쌍 그룹이 결실되거나 삽입된 돌연변이는 일반적으로 하나 또는 두 개의 코돈만 변하기 때문에 생성된 단백질에는 작은 변화만 초래된다. 앞의 예를 들었던 문장으로 돌아가서 OGS를 삭제한다고 가정해 보자. 문장은 THE DAW THE CAT SIT AND THE FOX RUN이 되어 대부분 원본과 변함이 없다. 마찬가지로, 원래 단어 중 하나의 중간에 FAT와 같은 새로운 3글자 단어를 추가할 경우, THE DOG SAF ATW THE CAT SIT AND THE FOX RUN과 같이 대부분의 단어는 동일하게 유지된다. 하나의 아미노산을 변화시키는 치환 돌연변이와 같이, 3염기 결실 또는 삽입에 의해 야기된 아미노산 서열의 작은 변화는 단백질 기능에 큰 영향을 줄 수도 있고 그렇지 않을 수도 있다.

**CHECK YOUR LEARNING**

- 세 가지 다른 유형의 돌연변이를 기술할 수 있는가?
- 각 유형의 돌연변이가 단백질 기능에 미치는 영향을 기술하고 설명할 수 있는가?

**CASE STUDY CONTINUED**

**낭포성 섬유증**

CFTR 유전자에는 1,900가지가 넘는 결함 대립유전자(defective allele)가 있다. 가장 흔한 것은 하나의 코돈인 3개의 뉴클레오타이드가 제거된 결실 돌연변이이다. 이 코돈이 없어지면 CFTR 단백질에서 중요한 아미노산이 제거되어, 세포에서 빠르게 분해되는 이상한 모양의 단백질이 생성된다. 다른 일반적인 CFTR의 결함 대립유전자는 mRNA의 중간에 종결코돈이 생성되는 치환이 일어나 CFTR 단백질의 번역이 도중에 종료된다. 치환 돌연변이에 의한 또 다른 대립유전자는 전체 단백질을 생산할 수는 있지만, 아미노산의 변화로 정상적인 기능을 수행할 수 없다. 일부 CFTR 대립유전자는 기능을 하는 단백질을 생성할 수 있지만 그럼에도 불구하고 낭포성 섬유증을 유발한다. 어떻게 그럴 수 있을까? 이 대립유전자는 단백질 생산 시기와 생산 빈도에 영향을 미친다. 유전자가 전사 그리고 번역의 시기와 속도에 어떻게 영향을 미칠 수 있는가?

## 13.5 유전자의 발현이 어떻게 조절되는가?

인간의 전체 게놈은 약 20,000개의 유전자를 포함한다. 모든 세포의 핵에는 이들 유전자 전부가 존재하지만, 특정 세포에서는 단지 특정 유전자만이 발현(*express*) – 전사 그리고 단백질을 암호화하는 유전자는 번역 – 된다. 일부 유전자는 모든 세포에서 발현되는데, 모든 세포가 살아가는데 필수적인 단백질 또는 RNA 분자를 암호화하기 때문이다. 예를 들어, 모든 세포는 단백질을 합성해야 하므로 tRNA, rRNA 그리고 리보솜 단백질의 유전자를 전사한다. 다른 유전자는 특정 유형의 세포에서만, 특정 조건에서만 또는 생명체가 살아가는 특정 시간에만 발현된다. 예를 들어, 당신의 몸의 모든 세포에 젖 단백질인 카세인을 암호화하는 유전자가 있지만, 이 유전자는 특정 유방세포에서만, 여성에서만, 모유 수유 기간에만 발현된다.

**Have You Ever Wondered ...**

**타박상은 왜 색깔이 변하는가?**

타박상은 일반적으로 자주색에서 녹색, 황색으로 진행된다. 이 순서는 유전자 발현 조절의 가시적 증거이다. 의자에 정강이가 부딪히면 혈관이 터지고 적혈구가 누출되어 헤모글로빈이 터져 나온다. 헤모글로빈과 철을 함유한 헴기는 산소가 없는 상태에서는 짙은 청자색이므로 새로 생긴 타박상은 자주색이다. 분해되지 않으면 간, 신장, 뇌 및 혈관에 독성이 있기 때문에, 헴은 헴 산소화효소(heme oxygenase) 유전자의 전사를 자극한다. 헴 산소화효소는 헴을 녹색인 빌리베르딘(biliverdin)으로 전환시키는 효소이다. 다음으로, 유전자가 항상 발현되기 때문에 늘 존재하는 또 다른 효소가 빌리베르딘을 노란색인 빌리루빈(bilirubin)으로 변환시킨다. 빌리루빈이 간으로 이동하면서 담즙으로 분비되고 결국 타박상은 사라진다.

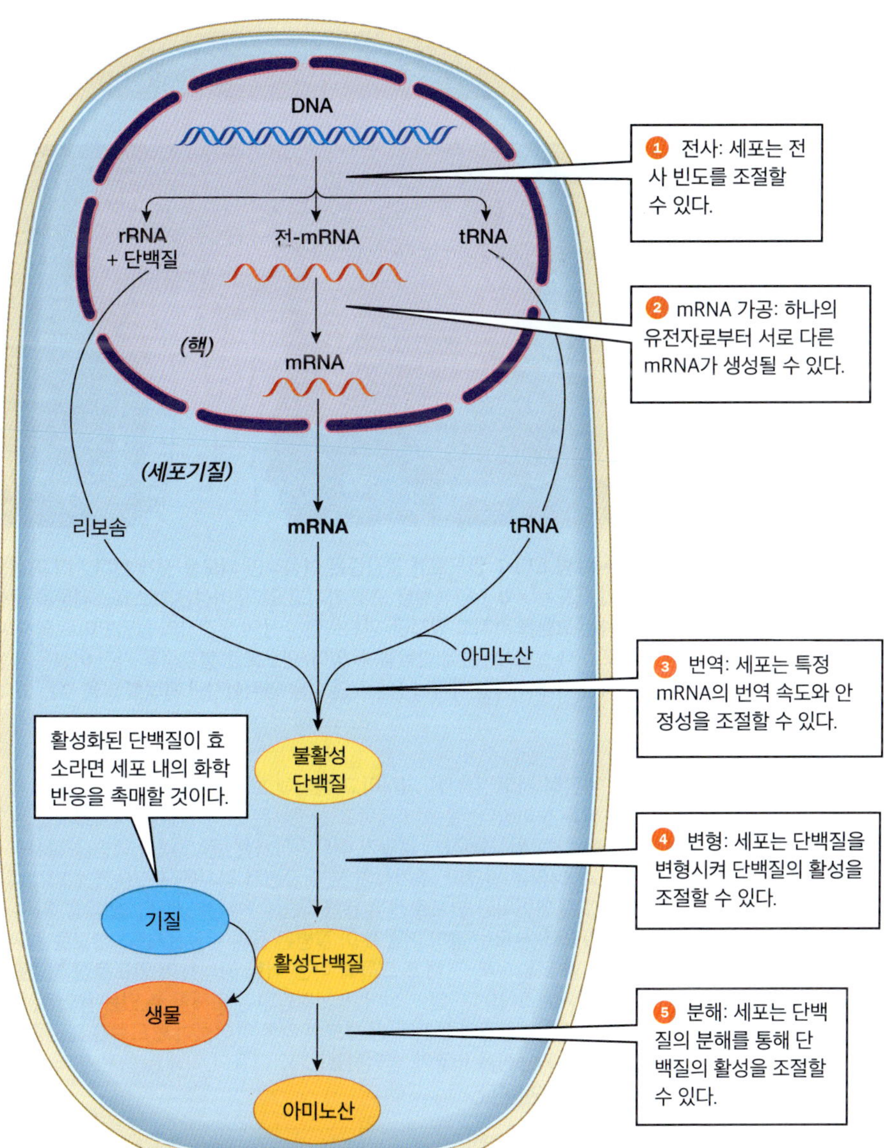


◀ **그림 13-9 진핵세포에서 유전정보 흐름의 개요** 특정 유전자의 발현은 아래의 모든 단계에서, 또는 일부 단계에서만 조절될 수 있다.

## 진핵생물에서 유전자의 발현은 많은 단계에서 조절된다

진핵세포에서 유전자 발현은 DNA의 전사로 시작하여 특정 기능을 수행하는 단백질로 마무리되는 여러 단계의 과정이다. 유전자 발현의 조절은 이들 단계 중 어느 단계에서도 일어날 수 있다(**그림 13-9**).

1. 세포는 유전자가 얼마나 자주 전사되는지를 조절할 수 있다. 특정 유전자의 전사 속도는 생명체마다 다르고, 특정 생명체의 세포 유형마다 다르다. 또한 생명체의 삶의 과정의 여러 단계에서 특정 세포 종류에 따라 다르기도 하고, 처한 환경 조건에 따라 세포 또는 생명체 내에서 다르게 나타난다.
2. 하나의 유전자에서 다른 mRNA와 단백질이 생성될 수 있다. 전구체 mRNA가 어떻게 스플라이싱되어, 단백질로 번역될 완성된 mRNA가 만들어지는지에 따라 단일 유전자에서 하나 이상의 단백질을 생성할 수 있다.
3. 세포는 mRNA의 안정성과 번역을 조절할 수 있다. 일부 mRNA는 오래 지속되면서 여러 번 단백질로 번역되는 반면 다른 mRNA는 분해되기 전에 몇 번만 번역된다. 또한, 세포는 특정 mRNA의 번역을 선택적으로 차단하거나 특정 mRNA만을 목표로 하여 분해할 수 있다.
4. 세포는 활성을 조절하기 위해 단백질을 변형시킬 수 있다. 많은 단백질 특히 효소는 기능을 변화시키기 위해 번역 후에 변형될 수 있다. 이러한 변형은 일시적일 수도 가역적일 수도 있으며, 이에 따라 단백질의 기능이 순간적으로 조절될 수 있다. 예를 들어, 세포 원형질막의 일부 이온 통로는 인산염이 통로 단백질에 첨가될 때 열리고 인산염이 제거될 때 닫힌다. 다른 변형은 영구적일 수 있는데, 예를 들어 효소

## Health WATCH 안드로겐 불감증

일반적으로 여성은 14세가 되기 전쯤 언젠가 사춘기를 맞게 된다. 가슴이 부풀고, 엉덩이가 넓어지며 월경을 시작한다. 그러나 드문 경우지만 특정 여성은 몇 년이 지나도 월경을 하지 않는다. 의사가 염색체 검사를 수행해 보면, 결과가 소녀의 성염색체가 XY(보통 남성에서 발견되는 조합)인 경우가 있다. 그녀가 월경을 시작하지 않은 이유는 난소와 자궁이 없고, 대신 복강 내부에 미성숙한 고환이 있기 때문이다. 더군다나, 그녀의 혈액 내에는 그 나이 대부분의 소녀들에서 발견되는 것과 거의 동일한 농도의 안드로겐(테스토스테론과 같은 남성 성호르몬)이 순환하고 있다. 실제로, 안드로겐은 그녀의 발달 초기부터 몸에 존재했다. 그러나, 그녀의 세포가 이 호르몬에 반응할 수 없는데, 이 상태를 안드로겐 불감증이라고 부른다.

안드로겐 불감증 또는 다른 남성 성발달 장애는 안드로겐 수용체로 알려진 단백질을 암호화하는 유전자의 400개의 열성 대립유전자에 의해 발생할 수 있다. 전형적인 남성에서, 안드로겐은 수용체 단백질에 결합하여 음경 그리고 체강 외부의 주머니로 내려가는 고환과 같은 남성의 특징을 만드는데 도움이 되는 여러 유전자의 전사를 자극한다. 그러나 이러한 특징은 안드로겐 불감증인 사람에게는 발생하지 않는다. 수용체 단백질에 대한 대립유전자가 조기 종결코돈을 암호화하는 돌연변이를 가지고 있어서, 안드로겐 수용체의 기능이 완전히 없어지기 때문이다.

안드로겐 수용체 유전자는 X 염색체에 있다. 유전적으로 XY인 사람은 안드로겐 수용체에 대한 단일 대립유전자를 물려받는다. 이 대립유전자가 비기능적 안드로겐 수용체 단백질을 암호화하는 경우, 그 사람의 세포는 테스토스테론에 반응할 수 없으며 남성의 특성을 발달시키지 않는다. 여러 측면에서 여성으로의 발달이 사람의 기본 옵션이다. 기능을 갖는 안드로겐 수용체가 없으면 신체가 여성 특성을 발달시킨다. 따라서, 단지 하나의 유전자의 뉴클레오타이드 서열을 변화시키는 돌연변이가 기능을 하지 않는 한가지 종류의 단백질의 생성을 야기하여, 유전적으로 XY이지만 여성인 사람이 된다(**그림 E13-1**).

▲ **그림 E13-1 안드로겐 불감증은 여성적인 외모를 갖게 한다** 이 여성들의 세포는 X와 Y 염색체를 모두 가지고 있다. 여성은 테스토스테론을 생성하는 고환을 가지고 있지만, 안드로겐 수용체 유전자의 돌연변이로 인해 세포가 테스토스테론에 반응할 수 없다. 안드로겐 불감증을 가진 여성은 정상적인 기대 수명을 가지며 정상적인 삶을 영위하지만 자녀를 낳을 수는 없다.

**비판적 사고** 자신을 의사라고 생각해 보라. 어머니, 아버지, 딸이 당신을 찾아왔다. 딸은 16세이고 친구들은 모두 월경을 시작했지만 딸은 아직 월경을 하지 않았기 때문이다. 당신은 그녀의 핵형을 검사하고 XY임을 알았다. 추가적인 분자 유전자 검사에서 그녀가 X 염색체에 돌연변이된 안드로겐 수용체 대립유전자를 가지고 있음을 알 수 있었다. 부모는 딸이 어떻게 이 질병을 물려 받았는지, 왜 부모들은 유전병이 없는지, 그리고 그들의 다른 어린 자녀들이 안드로겐 불감증을 가지고 있는지 알고 싶어한다. 일반인이 이해할 수 있는 용어로, 안드로겐 불감증의 유전과 이 부모의 다른 아이들이 안드로겐 불감증을 가질 가능성을 어떻게 설명하겠는가? 그들의 이해를 돕기 위해 도표를 이용하여라.

가 비활성 형태에서 활성 형태로 전환되기도 한다.

5 세포는 단백질이 분해되는 속도를 조절할 수 있다. 단백질 분해를 억제하거나 가속화함으로써 세포는 함유하는 특정 단백질의 양을 신속하게 조절할 수 있다.

다음으로, 세포가 전사와 번역을 조절하는 몇 가지 메커니즘에 대해 살펴보자.

### 유전자 프로모터에 결합하는 조절 단백질이 전사 속도를 변화시킨다

사실상 모든 유전자의 프로모터 영역은 반응 요소(*response elements*)로 알려진 몇 개의 서열을 포함하고 있다. 이 부위는 변화하는 조건에 세포가 반응할 수 있게 하기 때문에 이렇게 이름 지어졌다. **전사 인자(transcription factor)**라 불리는 단백질이 반응 요소에 결합하여 프로모터에 RNA 중합효소의 결합을 촉진하거나 또는 억제한다. 결과적으로 그 유전자의 전사를 촉진하거나 억제할 수 있다. 많은 경우, 전사 인자는 유전자 전사에 영향을 주기 전에 활성화되어야 한다. 예를 들어, 새의 알 흰자의 주요 단백질인 알부민의 전사를 촉진하는 조류의 전사 인자는 에스트로겐 호르몬에 의해 활성화된다. 조류가 번식하지 않고 에스트로겐 수준이 낮은 겨울에는 알부민 유전자가 전사되지 않는다. 번식기에는 암컷 새의 난소가 에스트로겐을 분비하며, 이 에스트로겐은 수란관의 세포로 들어가 전사 인자에 결합한다. 에스트로겐과 전사 인자의 복합체는 알부민 유전자의 프로모터에 있는 에스트로겐 반응 요소에 결합하여, RNA 중합효소가 프로모터에 더 쉽게 결합하게 만들고 mRNA 전사가 시작된다. mRNA는 번역되어 알을 생산하기 위해 다량의 알부민을 만든다. 유사

## Health WATCH 후성유전학의 이상한 세계

유전자 발현을 조절하는 대부분의 메커니즘은 몇 초에서 며칠까지의 기간 동안만 작동한 후 사라진다. 그러나 후생유전적 조절은 종종 생명체의 전 생애 동안 남아있다. 예를 들어, 인슐린 유전자의 프로모터에 메틸기가 첨가되면 메틸기가 제거되지 않는 한, 그리고 메틸기가 제거될 때까지 전사가 중단된다. 초기 배아에서 모든 세포는 메틸화되어 발현되지 않는 인슐린 유전자를 가지고 있다. 이후의 발달 단계에서, 췌장의 인슐린 분비 세포가 될 세포에서 인슐린 유전자의 메틸기가 선택적으로 제거된다. 신체의 다른 세포는 메틸화되어 발현되지 않는 인슐린 유전자를 유지한다.

생쥐의 털 색깔은 후성유전적 유전자 발현 조절의 다른 예를 보여준다(**그림 E13-2**). 특정 종류의 생쥐에서, 한배에서 태어나 유전적으로 동일한 새끼들이 노랑에서 갈색까지 다양한 털 색을 가질 수 있다. 색깔은 단일 유전자의 메틸화에 의해 조절된다. 메틸화된 정도가 많을수록 유전자의 발현이 적어지고 털은 점점 갈색이 된다. 이 유전자가 거의 메틸화되지 않은 생쥐는 유전자 발현이 높고 노란 털을 가진다(그리고 그들은 또한 비만이 된다). 임신한 생쥐에게 메티오닌, 엽산, 콩 단백질 그리고 비타민 $B_{12}$가 많은 음식을 먹이면 DNA 메틸화가 증가하고 모두 갈색이며 비만에 걸리지 않는 새끼가 태어난다. 이러한 결과는 부모가 겪은 경험으로 인한 후성유전적 변화가 자손에게 전달될 수 있음을 보여주는가?

대부분의 경우, DNA상의 메틸화 양상은 감수분열 또는 생식세포 발달 동안 지워져서 후성유전적 변화가 세대에서 세대로 전달되지 않는다. 그러나 예외가 있다. 메틸기가 정자 또는 난자의 특정 유전자에 첨가될 수 있어서 결과적으로 유전자 각인(genomic imprinting)이 되며, 부모 중 한 명은 메틸화된 상태의 유전자를 전해준다. 이 경우, 부모 중 다른 사람에게 물려받은 유전자만 발현된다. 예를 들어, 염색체 15의 결실 돌연변이로 인한 드문 유전병인 엔젤만 증후군(Angelman syndrome)은 어머니에게서 물려받는다. 아버지의 유전자는 정자에서 메틸화되어(즉 발현이 안되게 됨) 어머니의 돌연변이를 상쇄할 수 없다. 후성유전적 변화가 여러 세대 동안 지속된다는 것이 박테리아, 원생생물, 곰팡이, 식물 및 동물에서 발견되었다. 이러한 발견은 흥미로운 질문으로 이어진다. 사람에서도 부모의 삶의 경험이나 환경으로 인한 후성유전적 변화가 자손에게 전달될 수 있는가?

지금은 대답이 "아마도"인 것 같다. 인간의 여러 세대에 걸친 후성유전적 유전에 대한 증거는 주로 "자연적인 실험"에서 비롯된다. 일부 주요 사건은 상당히 많은 수의 사람들에게 영향을 미쳤다. 예를 들어, 제2차 세계 대전 후 1944년부터 1945년까지 네덜란드 기근 시기에 임신된 아버지를 가진 사람들은 좀더 풍족한 시기에 임신이 된 아버지(따라서 아버지가 태아 발달 중에 영양 실조를 겪지 않음)를 가진 사람들보다 비만일 가능성이 높다. 영국의 또 다른 연구에 따르면 남성이 매우 이른 나이(11세 이전)에 담배를 피기 시작하면 아들이 과체중일 경향이 있는 것으로 나타났다. 이러한 결과는 흥미롭지만 어떤 유전자가 관여했는지, 또는 이러한 관찰된 차이를 DNA의 후성유전적 메틸화가 유발하는지의 여부는 아무도 모른다.

▲ **그림 E13-2 후성유전적 차이는 유전적으로 동일한 생쥐의 표현형의 차이를 유발할 수 있다** 노란색의 비만 생쥐는 갈색의 마른 생쥐보다 털 색깔을 조절하는 유전자에 훨씬 더 적은 메틸기를 가진다.

**비판적 사고** 제2형 당뇨병 환자의 경우, 췌장이 충분한 인슐린을 분비하지 않는다. 만일 당신이 그러한 사람들의 인슐린 유전자와 그 프로모터의 후성유전적 조절을 분석할 수 있다면 무엇을 발견할 것을 기대할 수 있을까? 만약 당신이 유전자에 후성유전적 조절을 추가하거나 제거할 수 있는 치료법을 고안했다면, 이러한 제2형 당뇨병 환자의 인슐린 분비를 정상화하기 위해 무엇을 시도하겠는가?

하게, 스테로이드 호르몬에 의한 유전자 전사의 활성화가 인간을 포함한 다른 동물에서 일어난다. 발달 과정 중 호르몬에 의한 전사 조절의 중요성은 성 호르몬에 대한 수용체가 기능하지 않는 유전적 결함으로 설명된다 ("Health WATCH : 안드로겐 불감증" 참조).

### 후성유전적인 조절이 유전자 전사와 번역을 조절한다

**후성유전학**(**epigenetics** "유전학에 추가하여"라는 뜻을 갖는다)이란 DNA 염기서열의 변화 없이 유전자의 발현과 기능을 변화시키는 과정에 대해 연구하는 것이다. 일반적으로, 유전자 발현의 후성유전적 조절은 (1) DNA의 변형 (2) 염색체 단백질의 변형, 또는 (3) 총체적으로 비암호화 RNA(*noncoding RNA*)로 알려진 특정 종류의 RNA 분자의 작용을 포함한다. "Health Watch: 후성유전학의 이상한 세계"에서 살펴볼 수 있는 것과 같이 일부 후성유전적 변형은 한 세대에서 다음 세대로 전해질 수 있다.

### DNA의 변형은 전사를 억제할 수 있다

세포의 특정 효소는 DNA의 특정 위치에 있는 사이토신 염기에 메틸기($-CH_3$)를 첨가한다. 이를 메틸화라고 한다. 유전자 또는 그 프로모터가 메틸화된 사이토신을 많이 가지고 있는 경우, 이 유전자는 일반적으로 mRNA로 전사되지 않으며 이 유전정보는 단백질을 만드는데 이용되지 않는다.

### 염색체 단백질의 변형은 전사를 촉진시킬 수 있다

진핵생물 염색체에서 DNA는 히스톤(*histone*)이라는 단백질로 만들어진 "실패"에 감겨 있다(9장 참조). DNA가 단단히 감겨져 있을 때, RNA 중합효소는 유전자의 프로모터에 접근할 수 없으므로 전사는 느리게 진행되거나 아예 일어나지 않는다. 그러나, 아세틸기(–$COCH_3$)가 히스톤에 첨가되면, DNA는 부분적으로 풀리고, RNA 중합효소가 프로모터에 더 잘 접근하여 유전자 전사가 더 쉽게 일어난다.

### 비암호화 RNA가 전사를 조절할 수도 있다

일부 DNA는 유전자 발현을 조절하는 데 도움이 되는 다양한 유형의 비암호화 RNA로 전사된다. 일부 비암호화 RNA는 RNA 중합효소가 특정 유전자 프로모터에 결합하는 것을 억제하여 전사를 차단한다. 다른 비암호화 RNA는 DNA 또는 히스톤의 후성유전적 변화를 자극하거나 억제하고, 연관된 특정 변형에 따라 전사가 촉진되거나 억제된다.

### 비암호화 RNA가 번역을 조절할 수도 있다

세포에서 합성되는 특정 단백질의 양은 생산된 mRNA가 실제로 얼마나 많이 번역되는지에 달려 있다. 번역은 RNA 간섭에 의해 조절될 수도 있는데, 이때 비암호화 RNA는 번역을 방해하는 매우 짧은 가닥으로 절단된다. 일부 경우에, 이들 짧은 가닥이 상보적 mRNA의 특정 부위와 염기쌍을 형성하여, 번역될 수 없는 짧은 영역의 이중 가닥 RNA를 형성한다. 다른 경우에, 비암호화 RNA가 효소와 결합하여 상보적 mRNA를 절단하여 번역을 방지한다.

#### CHECK YOUR LEARNING

- 유전자 발현을 정의할 수 있는가?
- DNA에서 단백질 활성까지 경로의 각 단계에서 세포가 유전자 발현을 조절할 수 있는 일반적인 과정을 설명할 수 있는가?
- 전사 인자가 무슨 일을 하는지를 설명하고, 어떻게 이 일을 수행하는지 설명할 수 있는가?
- 유전자 발현에 대한 후성유전적 조절을 설명할 수 있는가?

CASE STUDY REVISITED

## 낭포성 섬유증

*CFTR* 유전자의 결함 대립유전자 모두는 기능을 갖는 *CFTR* 대립유전자에 대해 열성이다. 하나의 정상적인 *CFTR* 대립유전자와 하나의 결함이 있는 대립유전자를 가진 이형접합인 사람은 폐에서 정상적이고 묽은 분비물을 생성하는 정상 기능을 가지는 *CFTR* 단백질을 충분하게 만들어낸다. 그들은 낭포성 섬유증이 발병하지 않는다. 그러나 결함이 있는 두 개의 대립유전자를 가진 사람은 제대로 작동하지 않는 단백질만이 생성되어 질병이 일어난다.

낭포성 섬유증과 같은 유전질환은 감염된 박테리아 또는 바이러스를 죽임으로써 치료하는 것과 같은 방식으로는 "치료"될 수 없다. 많은 유전질환의 경우 치료는 주로 증상 완화를 위한 노력이 전부이다. 낭포성 섬유증의 경우, 그러한 치료에는 항생제, 기도를 열어주는 약, 폐의 두꺼운 분비물을 느슨하게 해주기 위한 물리 치료가 포함된다.

낭포성 섬유증이 있는 사람이 겪게 되는 증상의 중증 정도는 돌연변이 대립유전자가 얼마나 결함이 있는가에 달려 있다. 예를 들어, 철인 3종 경기 선수인 캐나다인 Lisa Bentley는 비교적 가벼운 낭포성 섬유증 환자이다(**그림 13-10**). 그럼에도 불구하고 9 시간 동안의 철인 3종 경기 후 그녀는 염분 농도가 높은 많은 양의 땀을 흘린다.

왜일까? *CFTR* 단백질의 역할 중 하나는 땀에서 염분의 재흡수를 촉진하고 염분을 혈액으로 다시 보내는 것이다. 낭포성 섬유증인 사람은 염분의 재흡수가 잘 안되고, 운동 중에 생명을 위협할 정도의 염분을 잃을 수 있다. 따라서 Bentley에게는 경기 중 체내에 적정한 수준의 염분을 공급하는 것이 쉽지 않은 일이 된다. 그럼에도 불구하고 Bentley는 호주 철인 3종 경기 5회 연속을 포함하여 11번의 경기에서 우승했다. Bentley는 그녀의 식단, 특히 염분 섭취를 신중하게 조절한다. 격렬한 운동은 폐를 깨끗이 하는데 도움이 된다.

▲ **그림 13-10 종종 철의 여왕이라고 불리는 Lisa Bentley가 또 한번 3종경기에서 우승하였다**

**생각해보기** 낭포성 섬유증 사례의 약 5%는 완전한 길이의 CFTR 단백질이 합성되지만 정상적으로 기능하지 않는 치환 돌연변이로부터 발생한다. 2012년 미국 식품의약청(U.S. Food and Drug Administration)은 이러한 형태의 낭포성 섬유증을 치료하기 위해 ivacaftor라는 약물을 승인했다. 오늘날 ivacaftor를 이용한 치료 비용은 연간 $300,000 이상이다. 금전적인 측면에서 당신은 이러한 고비용 치료가 어떻게 이루어져야 한다고 생각하는가 : 환자, 보험회사, 아니면 정부가 비용을 부담해야 하는가?

# CHAPTER REVIEW

*비판적 사고와 생각해보기, 선택형문제, 빈칸채우기 질문에 대한 답은 이 책의 뒷부분에 있는 정답란에서 볼 수 있다.*

## 핵심개념의 요약

### 13.1 DNA에 있는 정보가 어떻게 세포 안에서 사용되는가?

유전자는 RNA로 전사될 수 있고 또한 대부분이 단백질로 번역될 수 있는 DNA의 부위이다. 전사는 번역에 필요한 세 가지 유형의 RNA: mRNA, tRNA 그리고 rRNA를 생산한다. 전령 RNA(mRNA)는 핵에서 세포질로 유전자의 유전정보를 전달하며, 리보솜은 이 정보를 사용하여 단백질을 합성한다. 많은 다른 종류의 tRNA가 존재한다. 각각의 tRNA는 특정 아미노산과 결합하여 이것을 단백질에 끼워넣기 위해 리보솜으로 운반한다. 리보솜은 rRNA와 단백질로 구성되며, 큰 소단위체와 작은 소단위체를 이룬다. mRNA의 유전암호는 코돈으로 구성되는데, 코돈은 번역의 시작(개시코돈), 단백질 사슬의 아미노산, 그리고 단백질 합성의 끝(종결코돈)을 지정하는 3개의 염기들로 이루어져 있다.

### 13.2 유전자에 있는 정보가 어떻게 RNA로 전사되는가?

세포가 유전자 산물을 필요로 할 때, RNA 중합효소가 유전자의 프로모터 영역에 결합하여 RNA 가닥을 합성한다. 이 RNA는 유전자의 DNA 이중나선의 주형가닥에 상보적이다. 유전자가 mRNA로 전사된 후, 일반적으로 mRNA 분자는 번역 전에 인트론을 제거하는 것과 같은 변형을 거치게 된다.

### 13.3 mRNA의 뉴클레오타이드 염기서열은 어떻게 단백질로 번역되는가?

진핵생물에서 mRNA는 핵으로부터 세포질로 유전정보를 전달하며, 리보솜은 이 정보를 사용하여 단백질을 합성한다. 2개의 리보솜 소단위체는 mRNA 분자의 개시코돈에 함께 모여 완전한 단백질 합성 조립체를 형성한다. 운반 RNA는 tRNA의 안티코돈과 mRNA의 코돈 사이의 염기쌍에 따라, 합성되는 단백질에 첨가하기 위해 리보솜에 적절한 아미노산을 전달한다. 각각 아미노산을 보유하는 2개의 tRNA가 리보솜에 동시에 결합하고, 큰 소단위체의 rRNA는 아미노산 사이의 펩타이드 결합의 형성을 촉매한다. 각각의 새로운 아미노산이 부착됨에 따라, 하나의 tRNA가 분리되고, 리보솜은 하나의 코돈만큼 이동한다. 이후 mRNA에 의해 지정된 다음 아미노산을 보유하는 다른 tRNA가 결합한다. 신장하는 단백질에 아미노산을 첨가하는 것은 종결코돈에 도달할 때까지 계속되고, 종결코돈에서 리보솜이 분리되고 mRNA와 새로 형성된 단백질 둘 모두가 방출된다.

### 13.4 돌연변이가 어떻게 단백질의 구조와 기능에 영향을 주는가?

돌연변이는 유전자의 뉴클레오타이드 서열이 변화하는 것이다. 돌연변이는 복제 중 염기쌍 짝짓기의 실수, 화학물질 그리고 방사선과 같은 환경적 요인에 의해 발생할 수 있다. 일반적인 유형의 돌연변이에는 치환, 결실 그리고 삽입이 포함된다. 돌연변이가 단백질 기능에 미치는 영향은 다양하다. 일부 돌연변이는 원래 코돈과 동일한 또는 매우 유사한 아미노산을 특정하는 코돈을 생성한다. 이 경우 단백질 기능은 일반적으로 심각하게 변하지 않는다. 다른 돌연변이는 기능적으로 상이한 아미노산 또는 종결코돈을 암호화할 수 있다. 이러한 돌연변이는 단백질 기능을 파괴할 수 있다.

### 13.5 유전자의 발현은 어떻게 조절되는가?

특정 세포 내에서는 특정 유전자만 발현된다. 유전자의 발현은 유전자가 전사되고, 또한 대부분의 유전자는 번역되고, 생성된 RNA 또는 단백질은 세포 내에서 어떤 역할을 수행하는 것이 필요하다. 특정 시간에 세포에서 어떤 유전자가 발현되는 지는 세포의 기능, 생명체의 발달 단계 그리고 환경에 의해 결정된다. 유전자 발현은 유전자에서 단백질 활성까지의 경로의 다양한 단계에서 다양한 메커니즘에 의해 조절된다. 진핵생물에서 특정 유전자로부터 전사되는 mRNA의 양은 종종 프로모터 근처의 히스톤이나 DNA에 결합하는 전사 인자를 통해 조절된다. 히스톤에 아세틸기를 첨가하는 전사 인자는 유전자 전사를 촉진시키는 반면, DNA에 메틸기를 첨가하는 전사 인자는 유전자 전사를 억제한다. 비암호화 RNA는 전사를 억제하거나 mRNA 분해를 가속화시킬 수 있다. mRNA로부터 번역되는 단백질의 양은 mRNA에 결합하여 번역을 억제하는 짧은 가닥의 비암호화 RNA에 의해 조절될 수 있다. 일단 합성된 일부 단백질은, 기능을 하게 하거나 멈추게 하는 화학적 변형에 의해 조절될 수 있다.

## 개념을 통한 이해

### 선택형 문제

**1.** 단백질 합성에 사용될 수 있도록 DNA의 유전정보를 핵에서 세포질로 운반하는 분자는
   a. 리보솜 RNA
   b. 전령 RNA
   c. 운반 RNA
   d. 비암호화 RNA

**2.** 다음 중 RNA에 대해 사실이 아닌 것은 무엇인가?
   a. 티민 염기를 포함한다.
   b. 리보오스 당을 포함한다.
   c. 아데닌 염기를 포함한다.
   d. DNA에서 전사된다.

**3.** 종결코돈은
   a. 리보솜에 단백질 합성의 끝을 알린다.
   b. 메티오닌 아미노산에 대한 암호이다
   c. RNA의 합성을 종료하는 신호이다
   d. 엑손과 인트론 사이의 경계를 표시한다.

**4.** DNA의 주형가닥이 ATTCGTAG이면
   a. 상보적인 DNA 가닥은 UAAGCAUC이다.
   b. 이 서열로부터 전사되는 RNA의 염기서열은 AUUCGUAG이다.
   c. 이 서열로부터 전사되는 RNA의 염기서열은 UAAGCAUC이다.

d. 이 DNA 부분에는 4개의 코돈 정보를 포함한다.

5. 유전자 발현의 후성유전적 변화는
   a. DNA 서열의 변화를 포함한다.
   b. 항상 유전자 발현을 촉진한다.
   c. 유사세포분열 후 DNA로부터 지워진다.
   d. 때때로 세대에서 세대로 전달될 수 있다.

## 빈칸 채우기

1. DNA의 정보로부터 RNA를 합성하는 것을 ________(이)라고 한다. mRNA의 정보로부터 단백질을 합성하는 것을 ________(이)라고 한다. 세포에서 단백질을 합성하는 곳은 어느 구조인가? ________
2. 단백질 합성에 필수적인 세 가지 유형의 RNA는 ________, ________ 그리고 ________이다. 번역을 방해할 수 있는 또 다른 유형의 RNA를 ________(이)라고 한다.
3. 유전암호는 단일 아미노산을 암호화하기 위해 ________ (몇개의) 염기를 사용한다. mRNA의 이 염기서열을 ________(이)라고 한다. tRNA에 있는 상보적 염기서열을 ________(이)라고 한다.
4. ________ 효소가 DNA에 있는 정보로부터 RNA를 합성한다. 유전자에서 ________ 가닥이라고 불리는 오직 하나의 DNA 가닥만이 전사된다. 유전자의 전사를 개시하기 위해, 이 효소는 유전자의 시작 부분에 위치한 DNA의 특정 염기서열에 결합한다. 이 DNA 서열을 ________(이)라고 한다. 이 효소가 유전자의 끝의 ________(이)라는 DNA 서열을 만나면 전사가 종료된다.
5. 번역은 mRNA의 ________코돈에서 시작하여 ________코돈에 도달할 때까지 계속된다. 각각의 아미노산은 ________에 의해 리보솜으로 운반된다. 이 아미노산은 ________ 결합에 의해 단백질에 연결된다.
6. 하나의 뉴클레오타이드가 다른 뉴클레오타이드로 교체되는 경우를 ________ 돌연변이라고 한다. ________ 돌연변이는 하나 이상의 뉴클레오타이드가 유전자 중간에 추가되는 경우 발생한다. ________ 돌연변이는 하나 이상의 뉴클레오타이드가 유전자 중간에서 제거될 때 생긴다.

## 복습 문제

1. RNA는 DNA와 어떻게 다른가?
2. 단백질 합성에 필수적인 세 가지 유형의 RNA는 무엇인가? 각각의 기능은 무엇인가?
3. 유전암호, 코돈, 안티코돈의 용어를 정의하라. DNA의 염기, mRNA의 코돈 그리고 tRNA의 안티코돈 사이의 관계는 무엇인가?
4. 진핵생물에서 어떻게 유전자로부터 mRNA가 합성되는가?
5. 단백질 합성을 그림으로 그리고 설명하라.
6. 상보적인 염기쌍이 전사와 번역에 어떻게 관여하는지 설명하라.
7. 유전자 발현 조절의 주요 메커니즘을 설명하라.
8. 돌연변이를 정의하시오. 치환 돌연변이가 단백질 서열 및 기능에 미치는 네 가지 가능한 다른 결과를 설명하라.

# 개념의 적용

1. 진핵생물 세포에서 번역될 준비가 된 mRNA 분자를 mRNA가 전사된 DNA (유전자) 부분과 비교할 때, 유전자가 더 길까, mRNA가 더 길까, 아니면 둘이 동일한 크기를 갖는가? 답을 하고 이유를 설명하라.
2. 낭포성 섬유증을 유발하는 CFTR 결함 대립유전자에 의해 나타나는 결과의 심각한 정도는 매우 다양하다. 어떤 것은 완전히 기능을 하지 않는 단백질을 생산하는 반면, 다른 것들은 기능을 할 수는 있지만 정상적인 단백질만큼 효율적이지 않은 단백질을 생산한다. 낭포성 섬유증을 앓고 있는 많은 사람들은 이형접합이다. 그들은 다른 결함이 있는 두 개의 CFTR 대립유전자를 가지고 있다. 낭포성 섬유증 증상의 중증도는 이형접합체의 대립유전자 조합에 따라 어떻게 달라질 수 있는가? 더 나은 기능을 하는 대립유전자만큼 일까? 아니면 가장 안 좋은 기능을 하는 대립유전자만큼 나쁠까? 중간 정도의 결과를 보이는가? 그 이유는 무엇인가?

# 14 생명공학

오늘은 내 최고의 생일날이다. 어떤 날과도 비교할 수 없다. Thomas Haynesworth가 그의 46번째 생일에 감옥에서 석방되었다. 맨 왼쪽은 그의 누이 Sandra, 그리고 Sandra와 Thomas 사이에 중부대서양 무죄 프로젝트의 변호사 Shawn Armbrust가 있다.

CASE STUDY

## 유죄 또는 무죄?

Thomas Haynesworth는 자신이 저지르지 않은 범죄로 교도소에서 악몽 같은 삶을 27년간 보냈다. 그의 시련은 1984년 초, 버지니아주 리치몬드의 동쪽 지역에서 5명의 여성이 성폭행 당한 사건이 발생한 이후로 시작되었다. 그때 18살이었던 Haynesworth는 식료품 가게로 걸어가고 있었고 그는 성폭행 희생자 중 한명에게 목격되었다. 그녀는 그를 자신을 성폭행한 범인으로 확인하였고, 다른 4명의 여성도 연이어 그를 지목하였다. Haynesworth는 즉시 성폭행과 강도 및 납치 미수죄로 유죄 판결을 받았다.

그러나 그가 수감된 후로도 성폭행은 계속 일어났다. 4월부터 12월 사이에 12명의 다른 여성들이 한 명의 젊은 흑인 남성에게 성폭행을 당했다. 결국 12월 말에 경찰은 Leon Davis를 체포하였고, 성폭행 사건은 더 이상 일어나지 않았다. Davis는 종신형을 선고 받았다. 비록 Davis의 범죄 행위가 Haynesworth의 범행과 매우 유사했지만 누구도 Haynesworth 사건을 재조사하지 않았다. 수년이 지난 2005년에 당시 주지사 Mark Warner는 수천건의 사건 파일에 남아있는 생물학적 증거에 대해 재조사를 명령했고 결국, 2009년에 Haynesworth 파일 중 하나에 보관되어 있던 DNA를 검사하게 되었다. 검사 결과는 Haynesworth는 그 사건에 대해 무죄이며, 실제 성폭행범은 Davis라고 밝혔다.

당신은 아마 Haynesworth가 즉시 석방되었을거라 생각하겠지만, 그는 계속 교도소에 수감되어 있었다. George Washington 대학교 법대에서 조직한 중부대서양 무죄 프로젝트에서 이 사건을 다루지 않았다면 그는 교도소에 계속 있었을 것이다. 무죄 프로젝트 회원들의 도움으로 Haynesworth는 마침내 2011년 3월 21일 가석방되었다. 그리고 그해 12월 6일 그는 범죄에 대해서 무죄임이 선언되었다.

범죄 현장 감식반이 DNA 시료를 분석하고 비교하는데 어떤 방법을 사용할까? 유용한 산물의 생산과 의학적 치료에 사용하는 관련된 DNA 조작 방법에는 어떤 것이 있을까? 작물, 가축 나아가 사람의 유전적 특성을 변화시키기 위해 생명공학 기술을 사용해야 하는가?

## 주요내용



## 14.1 생명공학이란?

**생명공학(biotechnology)**이란 유용한 상품이나 서비스를 만들기 위해 생물체나 그 구성물을 조작하거나 변형시키는 것이다. 그러므로 어떤 면에서 생명공학은 옛날부터 있어 왔다. 예를 들어, 과거 수천 년 동안 사람들은 빵, 맥주, 포도주 등을 만들기 위해 효모를 사용해 왔다. 밀, 포도 그리고 개, 돼지와 같은 가축을 포함한 많은 식물과 동물은 6,000~15,000년 전에 가축화되었으며 대부분의 경우 가축화는 선별육종(selective breeding)으로 이루었다. 이로써 사람들은 원하는 형질을 가진 식물이나 동물을 선별하고 교배시켜 많은 세대를 거쳐 이 형질들을 강화시킬 수 있었다. 예를 들어 비교적 날씬하고 긴 어금니를 가진 성질 사나운 야생 수퇘지를 얌전한 가축 돼지로 빠르게 전환시켰다. 선별육종이 가축 집단의 유전적 조성을 변화시키는 주요 기술이기 때문에 이는 유전자 조작의 한 방법이라 할 수 있다.

비록 선별육종이 가축과 작물개량을 위한 중요한 방법이기는 하지만, 현대 생명공학에서는 유전자를 첨가, 결실 또는 변형시켜 세포나 생물체를 조작하는 **유전공학(genetic engineering)**을 사용한다. 유전공학은 농업에서, 질병 퇴치, 유용한 생물 분자의 생산, 그리고 세포와 유전자의 작동원리를 연구하기 위하여 식물과 동물을 개량할 수 있다. 변형시킨 DNA를 갖고 있는 생물체를 **유전자변형생물(genetically modified organisms, GMOs)**이라 부른다.

현대 생명공학에서 주요한 기술은 **재조합 DNA(recombinant DNA)**이며, 재조합 DNA에는 두 개 이상의 다른 생물체의 유전자나 유전자 일부가 포함되어 있다. 재조합 DNA는 효모나 바이러스, 박테리아에서 생산되어, 다른 종으로 도입된다. GMO에서의 변형에는 다른 종의 유전자를 전이시킨 것으로 이를 **형질전환(transgenic)**생물이라 한다. 형질전환생물과 생명공학의 많은 도구들은 기초적인 생물학 연구에서 비롯되었다. 아울러 이 도구들은 계속되는 생물학의 발전에 거대한 역할을 하고 있다. 인간게놈 프로젝트를 생각해 보자. 2003년에 완성된 이 사업은 약 2조 7천억원의 비용으로 인간 게놈의 30억 염기쌍의 서열 전체를 밝히는 것이다. 사업에 참여한 연구자들은 그들의 연구를 완성하기 위해 새로운 방법들을 개발하였고 생명공학 회사의 설립을 통해 혁신을 촉진하였다. 현재 인간 게놈을 밝히는 비용은 대략 100만 원 정도이며 미래에는 더 싸질 것이다. 지금은 전체 게놈을 밝히는 것은 생명공학이나 과학 연구실에서 흔한 일이 되었다.

유전자 염기서열분석과 다른 DNA 기술에서의 빠른 발전은 인간 유전학의 이해를 증진시키는데 도움을 주었으며, 이는 의학 실습에 큰 영향을 미쳤다. 세계보건기구(WHO)에서는 만개 이상의 안간의 질병이 결함 대립유전자로 인해 생긴다고 추정하고 연구자들은 이 대립유전자를 확인하고 있다. 결국, 증가하는 결함 대립유전자는 유전적 검사를 통해 확인할 수 있으며 이러한 검사 결과는 의학적 치료 결정을 더 많이 할 수 있게 해준다.

이 장에서, 우리는 현대 생명공학의 적용과 사회에 미치는 영향에 대해 전체적으로 살펴 볼 것이다. 한편 그러한 적용에 이용되는 중요한 방법들을 간단하게 기술할 것이다. 우리는 6가지의 주요한 주제를 다룬다: (1) 자연에서 발견되는 재조합 DNA 메커니즘 (2) 생명공학에 사용하는 주요 기술 (3) DNA 프로필과 법의학 (4) 형질전환 식물과 동물 (5) 의학에 생명공학의 적용 (6) 생명공학을 둘러싼 윤리적 문제.

### CHECK YOUR LEARNING

- 생명공학을 정의할 수 있는가?
- 유전공학의 적용에 대해 기술할 수 있는가?
- GMO와 형질전환생물을 정의할 수 있는가?

## 14.2 종간 DNA 재조합은 자연적인 과정인가?

몇 가지 재조합 DNA 기술들은 한 생물체에서 다른 생물체로 DNA가 전달되는 자연적인 과정에 근거하며, 이러한 두 가지 과정은 박테리아의 형질전환과 바이러스의 복제이다.

### 형질전환은 다른 박테리아 종으로부터 DNA를 조합한다

**형질전환(transformation)**을 통해 박테리아는 주위 환경으로부터 DNA를 취득한다(**그림 14-1**). 그 취득된 DNA는 다른 박테리아의 염색체 부분이거나(**그림 14-1a**), 가끔 다른 종의 염색체, 또는 **플라스미드(plasmid)**라는 작은 원형 DNA일 수 있다(**그림 14-1b**). 하나의 박테리아 세포는 수십에서 수백 개의 플라스미드를 갖는다. 그 박테리아가 죽으면, 플라스미드를 주위 환경에 내놓게 되고, 같은 종이나 다른 종의 박테리아들이 이 플라스미드를 취하게 될 수도 있다. 또 살아있는 박테리아가 다른 살아

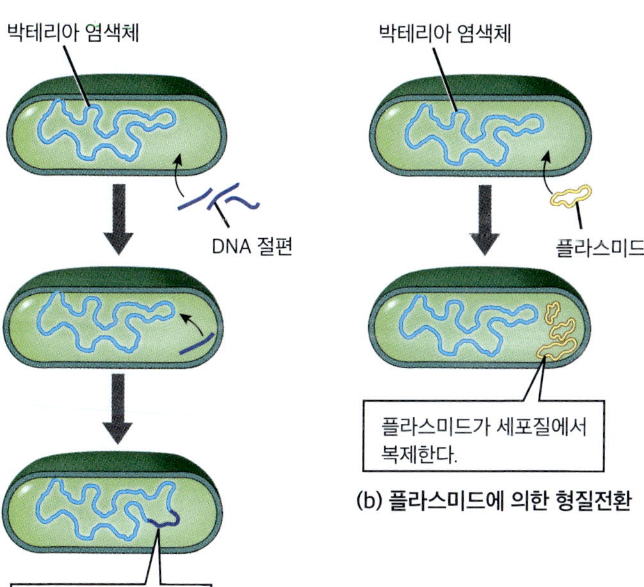


▲ **그림 14-1 박테리아에서 형질전환** 박테리아 형질전환은 살아있는 박테리아가 **(a)** 염색체 절편이나 **(b)** 플라스미드를 흡수할 때 일어난다.

있는 박테리아 또는 효모나 식물 세포로 직접 플라스미드를 전달하기도 한다.

## 바이러스는 종 사이에서 DNA를 전이한다

바이러스는 가끔 자신의 숙주의 유전물질 일부를 다른 숙주 종으로 전이시킨다. 이 과정을 알기 위해서는 바이러스 어떻게 복세하는지에 대한 배경을 보아야 한다.

바이러스는 세포의 도움이 있어야만 복제할 수 있다(**그림 14-2**). 바이러스는 특정 숙주세포의 표면에 있는 특정 분자에 붙는다①. 그런 다음 일반적으로 바이러스는 숙주세포의 세포질로 들어가②, 그곳에서 자신의 유전물질을 내 놓는다③. 숙주세포는 바이러스의 유전물질을 복제하고 단백질을 합성한다④. 복제된 유전자와 바이러스 단백질은 세포 내에서 바이러스로 조립된다⑤. 이 새로운 바이러스는 밖으로 분비되어 다른 세포들을 감염시킨다⑥.

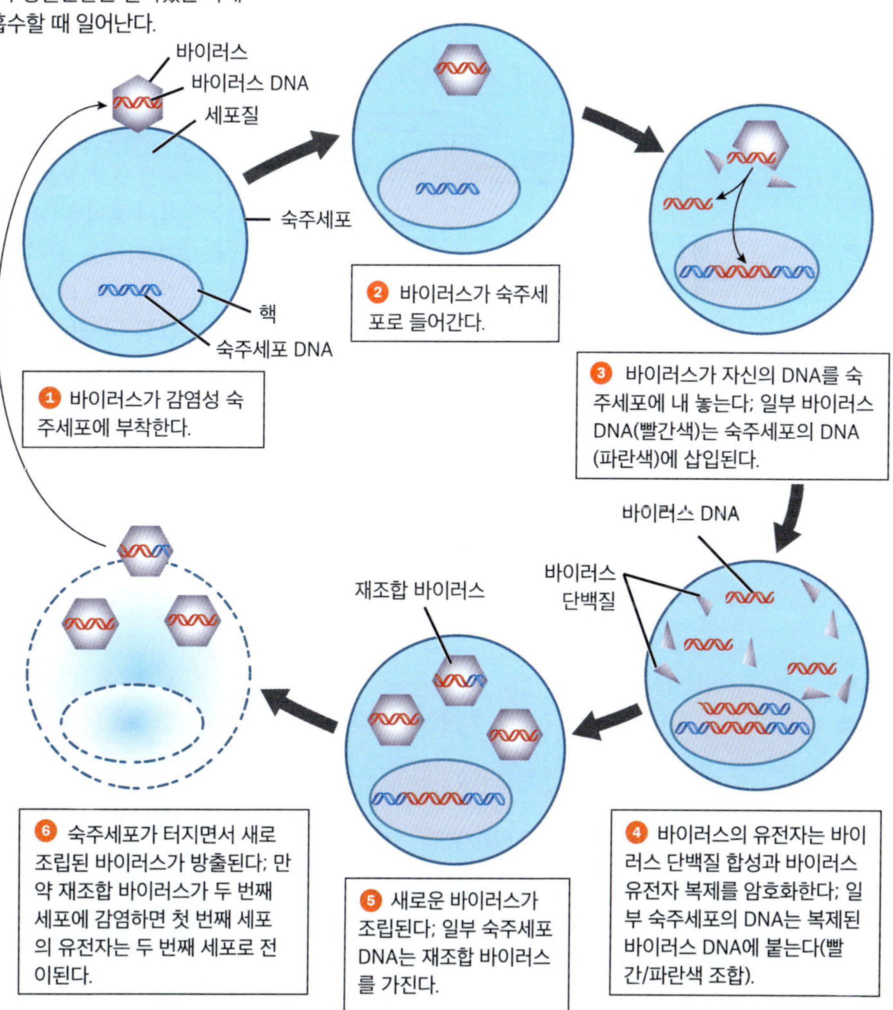


▶ **그림 14-2 전형적 바이러스의 생활주기** 어떤 경우, 바이러스 감염은 한 숙주세포에서 다른 세포로 DNA를 전이하게 한다.

어떤 경우, 바이러스 복제 과정에서 한 생물체에서 다른 생물체로 유전자를 전이할 수 있다. 이런 경우, 바이러스의 DNA는 숙주세포의 염색체 중 하나에 삽입된다(그림 14-2 ③ 참조). 바이러스 DNA는 며칠, 몇 달, 심지어 몇 년간 숙주세포 염색체에 남아 있기도 한다. 세포가 분열할 때마다, 그 세포는 자신의 DNA와 함께 바이러스의 DNA도 복제한다. 새로운 바이러스가 최종적으로 만들어지면, 숙주세포의 유전자 일부가 자손 바이러스의 DNA에 붙어 있을 수 있다. 만약, 재조합된 바이러스가 다른 세포에 감염하여 그들의 DNA를 새로운 숙주세포의 염색체로 삽입시키면, 이전 숙주세포의 DNA 일부 역시 삽입될 것이다. 일부 바이러스는 한 종 이상에 감염할 수 있기 때문에 유전자를 한 종에서 다른 종으로 전이시킬 수 있다.

### CHECK YOUR LEARNING

- 종간 DNA를 조합할 수 있는 메커니즘을 포함한 DNA 재조합의 자연적 과정을 설명할 수 있는가?

## 14.3 DNA를 조작하는 주요 방법은?

생명공학이 어떻게 사용되는지 그 예를 들기 전에 이 분야에서 특히 중요한 역할을 하는 두 가지 기술에 대해 설명하고자 한다. 이 기술은 생명공학 기술 중에 주요 성분으로 PCR과 CRISPR-Cas9이다.

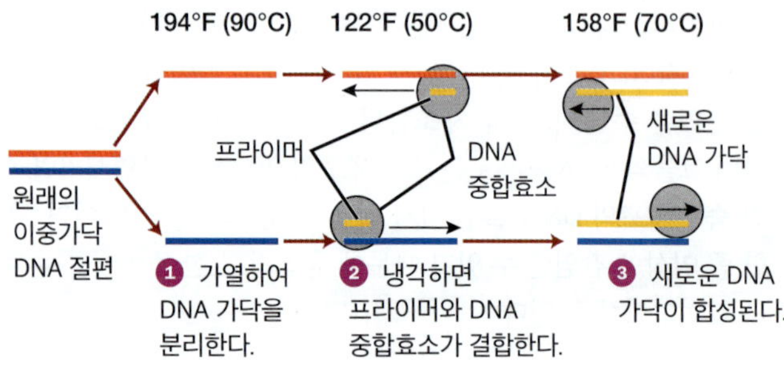


(a) 1회 PCR 단계

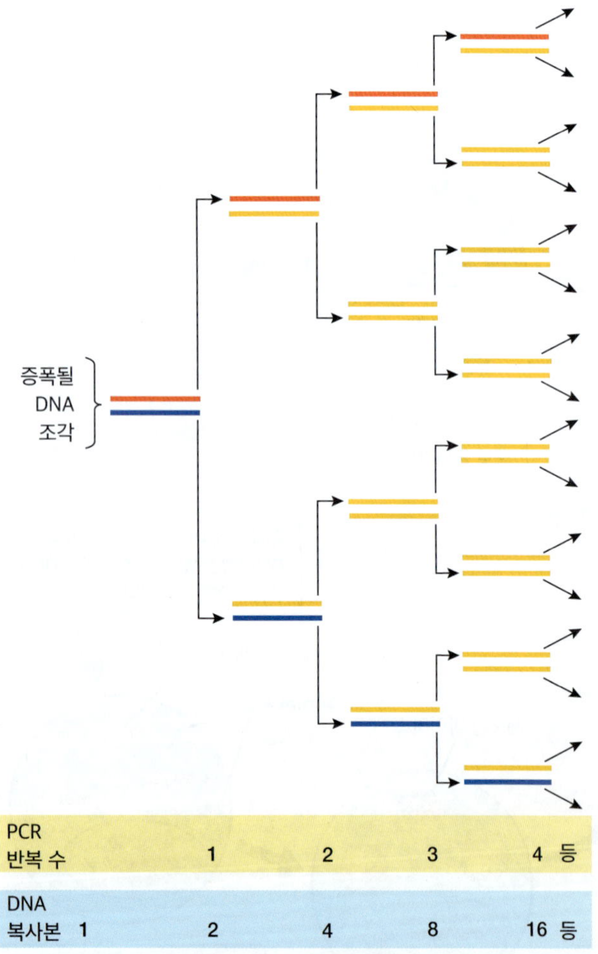


| PCR 반복 수 | | 1 | 2 | 3 | 4 등 |
|---|---|---|---|---|---|
| DNA 복사본 | 1 | 2 | 4 | 8 | 16 등 |

(b) 각 PCR 반복 단계는 DNA 복사본 수를 배가시킨다

▲ **그림 14-3 PCR은 특정 DNA 염기서열을 복사한다** **(a)** PCR은 고온가열, 냉각, 적정온도 유지의 과정을 30~40회 반복하는 과정으로 구성된다. **(b)** 매 반복 단계마다 DNA 양은 두 배가 된다. 30회 정도의 반복으로 원하는 DNA의 백만 개의 복사본이 합성된다.

### 중합효소연쇄반응은 DNA를 증폭시킨다

1980년대에 처음 개발된 **PCR(Polymerase Chain Reaction; 중합효소연쇄반응)**은 선택된 DNA 조각을 수 십억, 수 조배 복제하는 데 사용될 수 있다. PCR은 두 개의 주요 단계로 이루어 진다: (1) 복제할 DNA 조각을 인식할 수 있는 프라이머(primer)라고 불리는 두 개의 짧은 DNA 조각의 합성 (2) 여러 개의 복제물을 만들기 위한 반복 반응이다. 한 프라이머의 염기서열은 복제될 DNA 조각의 이중나선 중 한 가닥의 시작점에 상보적이고 다른 프라이머의 염기서열은 복제될 DNA 조각의 이중나선 중 다른 가닥의 시작 지점과 상보적이다. 복제과정 중, DNA 중합효소는 DNA 프라이머를 DNA 복제가 시작되어야 하는 지점으로 인식한다.

PCR 과정은, 작은 시험관에 목표 DNA와 두 개의 프라이머, 유리 뉴클레오타이드 및 DNA 중합효소를 섞는다. 이러한 반응 혼합물은 연속적인 온도변화 과정을 반복적으로 거치게 된다(**그림 14-3a**).

1. 혼합물을 상보적 염기 사이의 수소결합을 끊는 높은 온도에서 가열하여 DNA를 단일가닥으로 분리한다 ❶.
2. 온도를 낮추어 두 프라이머가 복제될 DNA의 각각의 가닥과 상보적 염기쌍을 형성하게 한다 ❷.
3. 온도를 올리면 DNA 중합효소는 유리 뉴클레오타이드를 사용하여 프라이머가 부착된 DNA 조각의 복사본을 만든다 ❸. 대부분의 DNA 중합효소는 높은 온도에서는 기능을 잃기 때문에 PCR은 고온의 온천(**그림 14-4**)에서 사는 박테리아에서 분리한 DNA 중합효소를 사용한다.
4. 위 과정을 유리 뉴클레오타이드가 소모될 때까지 30-40번 반복한다. PCR 과정에서, DNA 양은 매회 2배씩 증가한다(**그림 14-3b**). 20회의 PCR 반복은 약 백만 개의 복사본을 만들고, 30회 이상 반복할 때는 10억 개의 복사본을 만든다. 각 반복이 몇 분밖에 걸리지 않아 PCR은 반나절 만에 DNA 조

▼ **그림 14-4 PCR은 호열성 박테리아로부터 얻은 중합효소를 사용한다** 옐로스톤 국립공원의 온천은 PCR에 사용되는 DNA 중합효소를 생산하는 박테리아인 *Thermus aquaticus*의 서식지다.

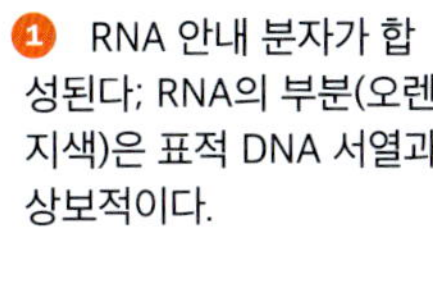


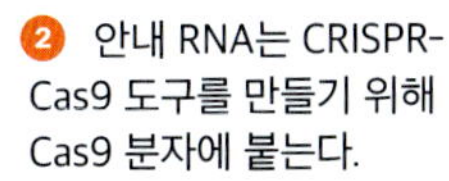


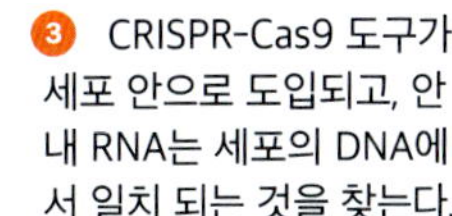


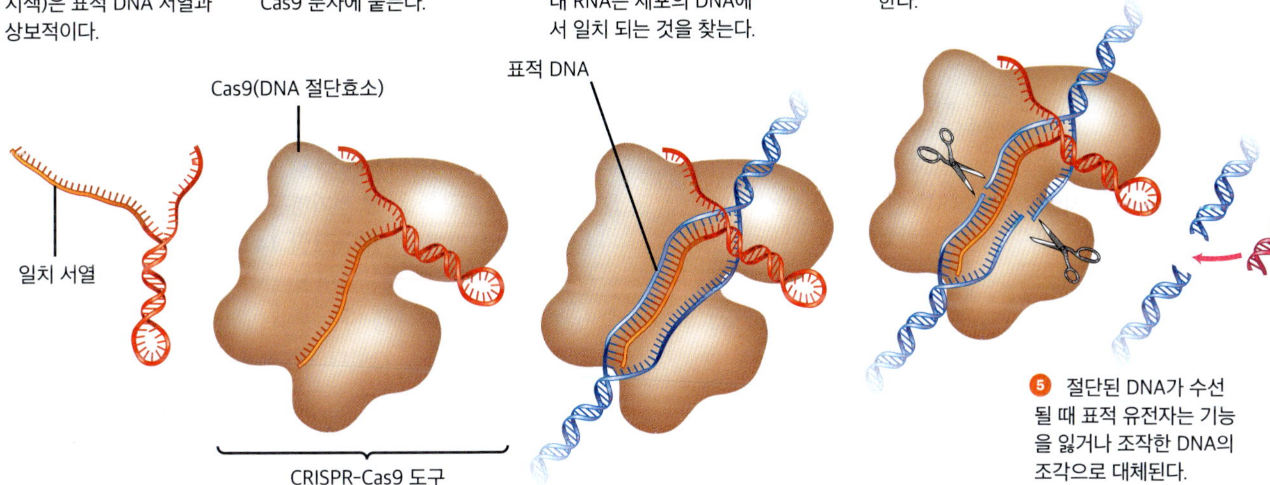


▲ **그림 14-5 필요한 위치에서 DNA를 절단하는 CRISPR-Cas9 도구**

각의 복사본을 10억 개 정도 만들 수 있다. 그런 DNA는 법의학, 클로닝, 형질전환체를 만들거나 또는 다른 많은 목적에 사용된다.

## CRISPR-Cas9은 DNA를 정확하게 편집한다

CRISPR-Cas9은 CRISPR라고도 부르며 "크리스퍼"라고 발음한다. 이는 세포의 DNA를 원하는 대로 정확하게 바꿀 수 있는 분자적 도구이다. 효율성의 열쇠는 DNA 분자를 원하는 서열에서 절단하는 능력이다. 비록 생명공학자들이 목표한 DNA 서열을 절단하는 다른 방법을 개발했었지만 이들 방법 대부분은 관심의 DNA 서열 각각을 절단하는 유일한 조작된 효소가 필요하다. 이 방법을 사용하여 목표 유전자를 편집하는 것은 느리고, 어려우며 비용이 많이 든다. 이와 달리 CRISPR-Cas9은 하나의 만능 효소인 Cas9을 사용하며 이는 어떠한 DNA 서열도 절단할 수 있다; CRISPR-Cas9 도구는 이전의 유전자 편집도구보다 빠르고, 손쉬우며 비용도 적게 든다.

### CRISPR-Cas9은 자연적인 박테리아 방어에서 유래한다

CRISPR-Cas9 도구는 박테리아가 자신에 감염하는 바이러스의 유전물질을 잘게 잘라버리는 자연적인 방어 메커니즘에 기초한다. 이 메커니즘에 중요한 역할을 하는 RNA 분자가 ***c**lustered **r**egularly **i**nterspaced **s**hort **p**alindromic **r**epeats*라는 박테리아 DNA 서열에서 암호되며 앞자를 따서 CRISPR라 부른다. 2010년대 초에 연구자들이 이러한 박테리아의 방어 시스템을 강력한 유전자 편집 도구로 사용하였다.

### CRISPR-Cas9 도구는 RNA와 Cas9 효소로 구성된다

CRISPR-Cas9 도구를 만들기 위해 생물학자들은 먼저 편집할 유전자와 상보적인 안내서열(guide sequence)이 포함된 RNA 분자를 합성한다(**그림 14-5** ❶). 완전한 RNA 분자를 Cas9 효소 분자에 부착시켜 CRISPR-Cas9 도구를 만든다❷. 도구를 세포에 도입시키면 안내 RNA는 세포의 유전체에서 상보적인 부분을 찾는다❸. Cas9 효소는 목표 유전자에 결합하고 효소의 활성 부위는 DNA의 이중가닥을 절단한다❹. 세포의 수선 메커니즘이 심각한 DNA 분자의 말단을 재연결하지만 가끔 작은 결실이나 삽입이 생겨 유전자가 작동하지 않을 수도 있다. 또는 생명공학자가 DNA 조각을 도입하게 되면 세포의 DNA 수선 메커니즘은 절단한 자리에 새로운 유전자를 넣는다❺.

**CHECK YOUR LEARNING**

- PCR의 작동원리를 요약하고 왜 유용한지를 설명할 수 있는가?
- CRISPR-Cas9의 작동원리를 요약하고 왜 유용한지를 설명할 수 있는가?

**CASE STUDY CONTINUED**

## 유죄 또는 무죄?

무죄 프로젝트 변호사들이 활용할 수 있는 증거는 꽤 오래된 것이었다. 2009년 Haynesworth 사건 파일 중 하나에서 정액 시료를 찾았을 때, 그 시료는 25년이 지난 것이었다. 다행히도 DNA는 매우 빠르게 분해되지는 않는다. 법의학 연구실 연구자들은 PCR을 통해 그 DNA를 증폭시켜 분석에 충분한 양의 시료를 확보하였다. 법의학 실험실에서 그것이 Haynesworth 것이 아니고 Davis 것인지를 결정하는데 복사한 DNA를 어떻게 사용하였는가?

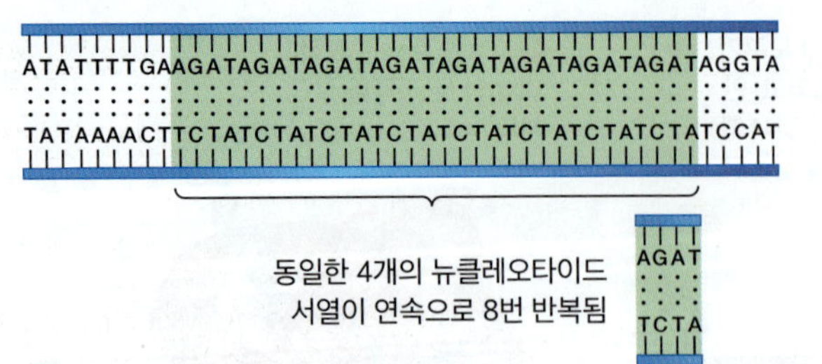


▲ **그림 14-6 짧은 반복서열(STR)** 이 STR 인자는 AGAT 염기서열을 지니고 있고, 각 대립유전자에 따라 7회에서 15회 반복된다.

## 14.4 생명공학은 법의학에서 어떻게 이용되는가?

1985년 DNA 증거를 범죄를 밝히는데 처음으로 사용한 이후 몇십 년간 DNA 분석은 범죄 수사에 가장 보편적으로 사용하는 도구가 되었다.

### DNA 상의 Short Tandem Repeat의 차이는 각 개인의 구별에 사용된다

법의학 전문가는 범죄 현장에 남겨진 DNA를 분석하기 위하여 **short tandem repeats(STR)**라는 DNA 조각을 사용한다. STR은 짧고(약 20~250 뉴클레오타이드로 구성), 반복적이고(2~5개의 염기가 50번 정도까지 반복), 직렬 배열(각 반복 단위가 서로 나란히 반복)이다. STR은 매우 작은 유전자라고 생각할 수 있다(**그림 14-6**). 서로 다른 STR은 유전체에서 다른 좌위에 있으며 유전자들처럼 각 좌위에서 대체형, 또는 대립유전자를 갖는다. 특정 STR의 경우, 그 대립유전자는 서로 동일한 반복 서열을 갖고 그 반복 수만 다를 뿐이다. 법의학 분석에서 용의자의 DNA에 있는 STR 대립유전자를 범죄 현장에서 나온 DNA의 대립유전자와 비교한다.

법의학 실험실에서는 PCR로 DNA 시료를 분석에 충분한 양으로 증폭시킨 후 STR 대립유전자의 분석을 한다. PCR은 목표 STR 서열 및 이들과 바로 인접한 주변의 DNA 서열을 증폭하기 위해 프라이머를 사용한다. 프라이머는 각기 다른 STR 프라이머에 다른 색이 나타나도록 하는 염료를 포함하고 있다.

STR 대립유전자는 반복되는 수가 다르기 때문에 길이의 차이가 난다. 반복 수가 많은 STR의 대립유전자는 반복 수가 적은 경우보다 길이가 길다. 그러므로 법의학 연구실은 DNA 시료에서 각 STR을 판별하고 어떤 대립유전자가 나타나는지 확인하기 위하여 그 길이를 파악한다. 현대의 법의학 연구실들은 부착된 염료 분자를 확인하여 STR을 분석하며 각 STR의 대립유전자를 크기에 따라 DNA 조각을 분리시켜 결정할 수 있는 정교한 장비를 사용한다.

### 젤 전기영동은 DNA 조각을 크기에 따라 분리한다

DNA 조각의 혼합물은 **젤 전기영동(gel electrophoresis)**이라는 기술에 의해 분리될 수 있다(**그림 14-7**). 먼저, DNA 조각의 혼합물을 판 모양의 젤에 만들어진 얕은 홈에 넣는다. DNA 혼합물이 놓인 끝이 음전하를 띠는 부분이고 젤에서 먼쪽 끝은 양전하를 띠게 하여 전류를 가한다. DNA 조각들은 음전하를 띠기 때문에 이들은 양극쪽으로 이동한다. 작은 조각은 큰 조각보다 젤을 통해 쉽게 미끄러져 들어가기 때문에 더 빨리 양극으로 이동한다. 결국 DNA 조각은 크기 별로 분리되며, 젤 상에 구별된 밴드를 형성한다.

### STR 유전자형은 DNA 프로필로 규명된다

젤에서 증폭시킨 STR 시료를 전기영동하면 **DNA 프로필(DNA profile)**이라는 형태가 만들어진다(**그림 14-8**). 젤 상의 밴드의 위치는 각 STR 대립유전자의 짧은 뉴클레오타이드 서열의 반복 수로 결정된다. 미국에서는 13개 STR 좌위의 표준 세트로 된 프로필을 법무부에서 정하였다. 대부분의 범죄 실험실은 DNA 시료가 남성인지 여성인지를 알 수 있는 유전자도 가지고 있다.

DNA 프로필은 각 STR 좌위에서 한 개인의 유전자형을 밝힌다. 일반 유전자처럼 한 개인은 일정한 STR에 대해 동형접합(좌위에서 두 대립유전자가 같은 반복 수를 가짐)이거나 이형접합(각 대립유전자가 다른 반복 수를 가짐)일 수 있다. 예로서 그림 14-8의 오른쪽에 나타낸 D16 STR 시료에서처럼 첫 번째 사람의 DNA는 12번 반복의 단일 밴드를 가지지만(이 사람은 D16 STR이 동형접합임), 두 번째 사람의 DNA는 13 반복과 12 반복의 두 개

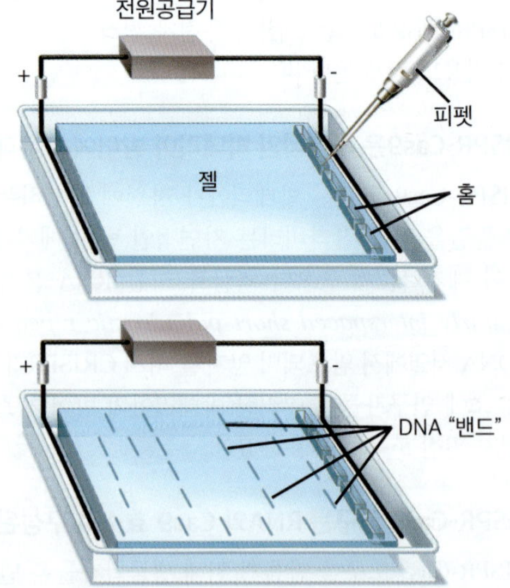


▶ **그림 14-7 젤 전기영동은 DNA 조각을 분리한다**

의 밴드를 가진다(이 사람은 D16 STR이 이형접합임). 또한 **그림 14-8**에서 주목해야 하는 것은 어떤 대립유전자는 사람들 중에 공유되는 경우도 있지만(예로서 D16에 대한 두 번째, 네 번째, 그리고 다섯 번째 시료) 4개의 STR 모두에 대해 동일한 반복 수를 가지는 사람의 DNA는 없다.

## 무관한 사람은 동일한 DNA 프로필을 거의 갖지 않는다

13개의 STR로 이 많은 사람들 중 특정 개인을 식별하는 것이 가능한가? 이 질문에 대한 해답을 얻기 위해 단순한 가설적 경우를 살펴보자. 실험실에서 5개의 STR를 분석하고, 각 STR은 10개의 가능한 대립유전자를 갖는다고 상상해 보자(예를 들어 모든 사람들은 6, 7, 8, 9, 10, 11, 12, 13, 14 또는 15의 반복 수 중 하나를 갖는다). 그리고 10개 대립유전자 모두가 인간 집단에서 동일한 확률로 나타난다고 가정하자(즉, 한 사람은 대립유전자 중 하나를 가질 기회는 1/10이다). 마지막으로 STR은 독립적으로 전달된다고 가정하자(164쪽 참조). 이 가정에 따라 서로 무관한 두 사람이 5개 모든 STR에서 동일한 대립유전자를 공유할 확률은 각 확률의 곱, 즉 1/10 × 1/10 × 1/10 × 1/10 × 1/10 = 1/100,000으로 계산된다. (가까운 친척은 STR을 공유할 확률이 더 높을 것이며 일란성 쌍둥이는 그들의 모든 STR 대립유전자를 공유할 것이다).

실제 DNA 프로필 작업에서 잘못 매칭이 생길 수 있는 확률은 1/100,000보다 훨씬 작다. 왜냐하면 검사하는 STR 좌위 수와 각 좌위에 있는 대립유전자의 수가 우리가 만든 가상의 예보다 훨씬 크기 때문이다. 세계적으로 서로 다른 사람들은 특정 STR에서 적게는 3번 많게는 50번 반복 수를 가진다. 13개의 STR을 가지고 많은 대립유전자를 가진 사람들이 서로 우연히 맞을 확률은 매우 낮다. 미국에서 사용하는 13개의 STR의 두 대립유전자의 완전한 일치는 무작위에 의해 두 DNA 시료가 일치하는 확률 1조분의 1보다도 훨씬 작음을 의미한다. 범죄 사건의 경우 용의자일 것 같은 사람의 신원이 잘못될 확률은 극히 작다.

결과적으로 DNA 프로필이 다르다는 것은 두 시료가 같은 사람에게서 나온 것이 아니라는 명백한 증거가 된다.

## 미국은 DNA 프로필의 데이터베이스를 구축하고 있다

미국에서는 어떤 범죄의 범인으로 선고를 받는 사람은 누구나 혈액 시료를 제출해야 한다. 범죄연구소 연구원은 범죄자의 DNA 프로필을 확인하고, 각 STR의 반복 수로 그 결과를 코드화한다. 그 프로필은 주 정부 또는 FBI의 컴퓨터 파일에 저장된다(TV 범죄 쇼에서, 배우가 "CODIS"라는 말을 언급하면 이는 "Combined DNA Index System"의 약자로 FBI 컴퓨터에 저장된 DNA 프로필 데이터베이스를 말한다). 미국의 모든 법의학 연구소들이 동일한 13개의 STR을 사용하기 때문에, 컴퓨터는 쉽게 다른 범죄 현장에서 남겨진 DNA가 CODIS 데이터베이스에 저장된 프로필 중 하나와 일치하는지 결정할 수 있다. STR이 일단 일치하면, 범죄 현

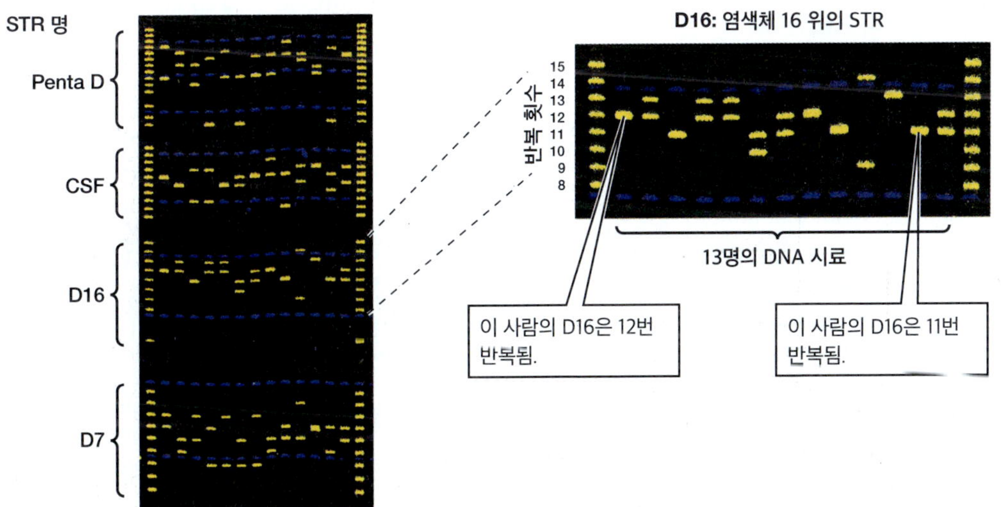


▲ **그림 14-8 DNA 프로필화** DNA의 STR 길이는 젤 상에서 특징적인 패턴을 나타낸다. 위 젤은 4가지 다른 STRs(Penta D, CSF, D16, D7)를 나타낸다. 젤의 왼쪽과 오른쪽 끝에 고른 간격의 노랑-초록 밴드는 개별 STR의 반복 수를 나타낸다. 13명의 다른 사람들의 DNA 시료가 양쪽 표준 사이에서 이동하고 있고, 세로 레인마다 결과적으로 한 두 개의 노란 밴드를 보인다. 각 밴드의 위치는 STR 대립유전자의 반복 수에 상응한다(반복 수가 많아지면 뉴클레오타이드 수가 더 커져 대립유전자는 더 커진다). (Dr. Margaret Kline, National Institute of Standards and Technology 사진 제공).

**비판적 사고** 어떠한 사람이라도, 주어진 STR은 항상 하나 또는 두 개의 밴드를 갖는다. 왜 그럴까? 또 단일 밴드는 항상 한 쌍의 각 밴드의 밝기의 약 두 배이다. 예를 들어 오른쪽의 D16 STR에서 첫 번째와 세 번째 DNA 시료의 단일 밴드는 두 번째, 네 번째와 다섯 번째 시료의 한 쌍의 각 밴드 밝기의 두 배이다. 왜 그럴까?

# 그것이 진짜 참치 초밥일까?

UCLA의 해양과학 과정에 등록한 많은 학생들은 매우 독특한 숙제에 놀란다: 초밥집에 들어가서 초밥을 주문하기(**그림 E14-1**). 식탁에 초밥이 도착하면, 학생들은 집게와 가위로 생선을 작은 조각으로 자르고 알코올 병에 넣는다. 왜 그럴까? 학생들은 연구 조교의 도움을 받아, 제공된 초밥이 초밥 식당의 메뉴와 정확하게 일치하는지를 찾아내는 것이 목적이다. 만약 큰 넙치 초밥을 주문했을 때 나온 초밥이 정말 큰 넙치일까?

해양과학 과정의 학생들은 26개 식당에서 364개의 생선 시료를 수집하였다. 그 시료들에서 종들을 확인하는 것이 꽤 어려울 거라 생각할 것이다. 생선의 머리는 제거되고, 다듬어지고, 껍질도 벗겨진 후 살점만이 사람들에게 제공되기 때문에 알아보기 어려울 것 같지만, 생명공학기술은 DNA 바코드화란 분석 과정을 통해 확인 작업을 단순화 시켜 준다.

동물의 DNA 바코드는 거의 모든 진핵세포에 있는 미토콘드리아에 있는 한 유전자 일부, 약 650 염기쌍 길이의 DNA 염기서열로 구성되어 있다(**그림 E14-2**). 식물은 엽록체 DNA의 특정 부분을 표준 바코드로 사용한다. 극히 근연 종들만이 바코드 DNA에서 같은 뉴클레오타이드 서열을 가진다. 그래서 DNA 바코드화는 확실하게 종을 구별할 수 있는 간단하고 경제적인 방법이다.

학생들이 수집한 초밥 시료의 DNA 바코드화에서 생선의 절반 정도가 달랐다. 초밥 메뉴의 어떤 것은 불일치가 특히 심하였다: 그 지역의 식당에서 파는 큰 넙치나 붉은 돔이라고 파는 초밥은 100% 다른 종이었다. 아마 값싸고 쉽게 구할 수 있는 생선 종을 더 비싼 종으로 표기했을 것이다. 표기의 잘못은 사기를 당하는 손님뿐만 아니라 남획 종이나 고 수은 농도를 가진 종의 소비를 막으려는 노력을 좌절시킨다.

DNA 바코드화는 지역 초밥집을 조사하는 것 이상으로 유용하다. 바코드화는 초파리와 같은 농업 해충을 식별하고 질병을 옮기는 모기를 확인하기 위한 방법으로 사용하고 있다. 몇몇 주 당국은 식물성 식이 보충제에 실제로 그들이 표기한 식물 종이 포함되었는지 확인하는데 DNA 바코드를 사용한다. 연방항공국은 어떤 종류의 새가 비행기와 부딪치는지 알아보기 위해 새의 깃털을 바코드화 한다.

DNA 바코드화는 멸종 위기종의 불법 포획을 막는 데 도움을 줄 수 있다. 예를 들면 사육하는 악어에서 나온 것이라고 파는 가죽이 멸종 위기의 악어 종에서 나왔는지 확인할 수 있게 해준다.

동물의 살코기, 표피, 깃털 등 특정 부위만으로는 실제로 어떤 동물인지 동정하기는 전문가도 어렵지만 DNA 바코드화는 가능하다. 바코드화가 당신의 초밥의 진위를 확인할 뿐만 아니라 언젠가 멸종 위기종의 남획을 멈추게 하는 때가 올 것이다.

▲ **그림 E14-1 연구 과제 수행 중**

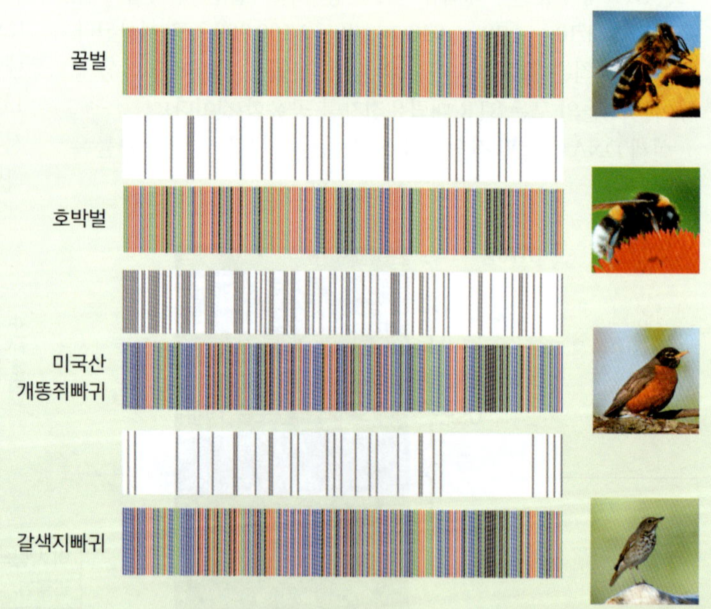


▲ **그림 E14-2 DNA 바코드화** 바코드에서 각각의 색은 미토콘드리아 유전자의 한 절편의 DNA 서열에서 다른 염기를 나타낸다. 바코드 사이의 검은 선은 두 바코드 사이에서 염기쌍이 다른 것을 나타낸다. 유연관계가 매우 가까운 종은 유연관계가 먼 종보다 비슷한 바코드를 갖는다. 그래서 여기서 보여주는 두 가지 새의 종 사이의 차이는 호박벌과 미국산 개똥쥐빠귀 간의 차이보다 더 작다. 그러나 모든 종들은 하나의 유일한 바코드를 갖는다.

**비판적 사고** DNA 바코드가 유용하게 적용될 수 있는 많은 분야가 있다. 예를 들어 생태학자들이 어떤 종이 열대우림에 존재하는지 찾기 위해 또는 어떤 육식동물이 먹는 동물의 종류가 무엇인지 알기 위해 DNA 바코드를 사용할 수 있지 않을까?

**CASE STUDY CONTINUED**

**유죄 또는 무죄?**

Haynesworth의 DNA 프로필은 사건 현장에서 수집한 정액 시료의 프로필과 일치하지 않았다. 그래서 그는 범죄자일 수 없었다. CODIS에 저장되어 있었던 Davis의 DNA 프로필과는 일치하였다.

장의 DNA가 CODIS 프로필과 일치하는 사람의 것일 가능성이 압도적으로 높다. 일치하지 않는다고 하더라도 범죄 현장에서 수집된 DNA 프로필은 CODIS 파일에 남아있게 된다. 때때로, 수년 후, 새로운 DNA 프로필이 나타나 CODIS에 보관된 범죄 현장 프로필과 일치하게 되면, 미해결 사건은 해결될 것이다.

사람은 DNA 서열에 의해서 파악될 수 있는 유일한 생물체는 아니다. 민관합동의 국제기구에서는 지구상의 모든 종의 신속한 DNA 식별을 위해 "생명의 바코드"를 모으고 있는 중이다. DNA 바코드는 다르게 응용할 수도 있으며 "Earth Watch: 그것이 진짜 참치 초밥일까?"에서 설명할 것이다.

**CHECK YOUR LEARNING**

- DNA 프로필을 만드는데 STR을 어떻게 사용할 수 있는가?
- 왜 무관한 사람이 독특한 DNA 프로필을 가지는지 설명할 수 있는가?

## 14.5 유전자변형생물은 어떻게 만드나?

생명공학은 유전자를 변형하거나 한 종에서 다른 종으로 유전자를 이동시키는데 사용한다. 이렇게 만들어진 것이 유전자변형생물(GMO)이다. 다른 종의 유전자를 가지는 GMO를 만들기 위해 유전공학자는 원하는 유전자를 얻고, 클로닝한 후 숙주 생물의 세포에 도입하는 실험을 한다.

### 원하는 유전자를 분리하고 합성한다

하나의 유전자를 얻기 위해 생명공학자는 생물체로부터 그 유전자를 추출하거나 합성한다. 오랫동안 사용되어온 방법은 목표 유전자를 가지고 있는 생물체로부터 그 유전자를 분리하는 것이다. 예로서 세포로부터 염색체를 분리하고 효소로 절단하며, 전기영동을 통해 원하는 유전자의 DNA 조각을 다른 나머지 DNA들로부터 분리할 수 있다. 그러나 오늘날 생명공학자들은 뉴클레오타이드를 특정 서열로 이루어진 DNA로 신속하게 조립하여 원하는 유전자를 합성할 수 있다.

### 유전자를 클로닝한다

일단 유전자가 얻어지면, 그 유전자는 형질전환생물을 만들거나 질병 치료에 사용될 수 있다. 이러한 목적을 위해서는 일반적인 PCR 방법을 통하여 만들 수 있는 복사본의 개수보다 훨씬 더 많은 유전자의 복사본을 만들 필요가 있다. 수많은 수의 복제본을 만드는 가장 간단한 방법은 **DNA 클로닝(DNA cloning)** 방법을 이용하여 살아있는 생물체가 만들게 하는 것이다. DNA 클로닝에서 유전자는 일반적으로 박테리아나 효모와 같은 단세포에 삽입하여, 그들이 빠르게 증식할 때마다 증폭되게 한다.

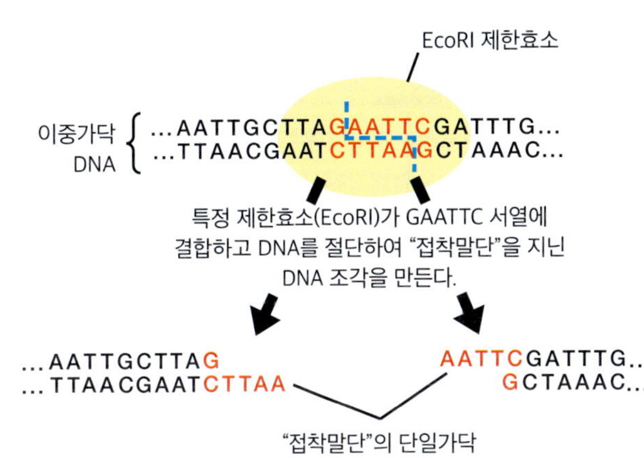


▲ **그림 14-9 제한효소는 특정 뉴클레오타이드 서열에서 DNA를 자른다**

**비판적 사고** 제한효소는 박테리아로부터 분리했다. 왜 박테리아는 DNA를 절단하는 효소를 합성할까? (힌트: 박테리아는 박테리오파지라는 바이러스에 감염될 수 있다). 왜 박테리아의 제한효소는 자신의 염색체 DNA는 절단하지 않을까?

DNA 클로닝의 가장 일반적인 방법은 유전자를 박테리아 플라스미드에 삽입하는 것이다. 유전자는 플라스미드를 지닌 박테리아가 증식할 때마다 복제된다. DNA 클로닝에서 유전자는 DNA를 절단하는 **제한효소(restriction enzyme)**를 사용하여 플라스미드에 삽입시킨다. 제한효소는 수백 종류가 있다. 많은 제한효소들은 DNA 이중나선을 똑바로 가로질러 절단한다. 어떤 제한효소들은 두 곳에서 엇갈리게 두 가닥의 DNA를 각각 잘라 단일가닥의 DNA가 DNA의 말단에 매달려 있게 한다. 이러한 단일가닥의 부분은 상보적 염기배열을 갖는 다른 DNA의 단일가닥과 염기쌍을 이룰 수 있기 때문에 그 부분을 "접착말단(sticky end)"이라 한다(**그림 14-9**).

유전자를 플라스미드에 삽입하기 위해서는 유전자의 양쪽 말단 절단과 원형의 플라스미드 DNA를 열기 위한 삽입부위 절단에 같은 제한효소를 사용한다(**그림 14-10 ①**). 플라스미드와 유전자가 같은 제한효소로 절단되었기 때문에 이들은 상보적인 접착말단을 가지게 되어 서로 상보적 결합이 가능하다. 절단된 유전자와 플라스미드를 함께 섞어 주면 유전자는 상보적인 접착말단을 통해 플라스미드의 삽입 부위에 삽입되어 진다②.

박테리아를 이 재조합 플라스미드로 형질전환한다(그림 14-1b 참조). 적당한 조건 하에서 박테리아가 증식하면서, 플라스미드도 함께 복제된다. 대량의 박테리아는 필요한 만큼의 많은 수의 유전자 복제본을 만든다. 클로닝이 되면 유전자는 플라스미드로

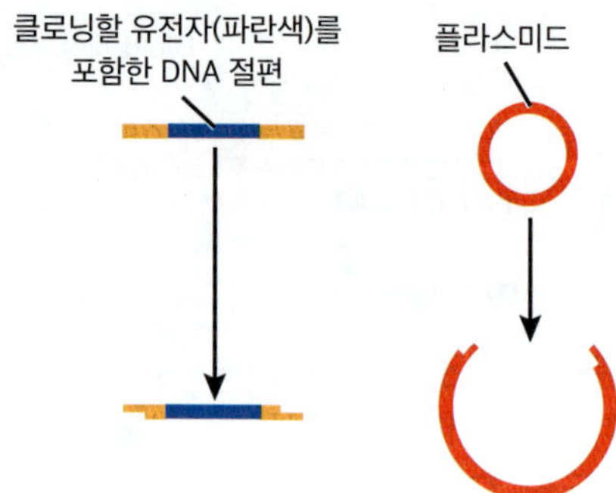


❶ 플라스미드와 원하는 유전자를 포함한 DNA 절편을 동일한 제한효소로 절단한다.

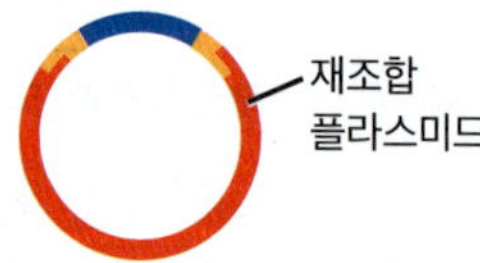


❷ 동일한 상보적 접착말단을 가진 플라스미드와 유전자를 포함하고 있는 DNA 절편을 함께 섞는다; 효소가 유전자를 플라스미드에 연결한다.

▲ **그림 14-10 DNA 클로닝을 위해 유전자를 플라스미드에 삽입**

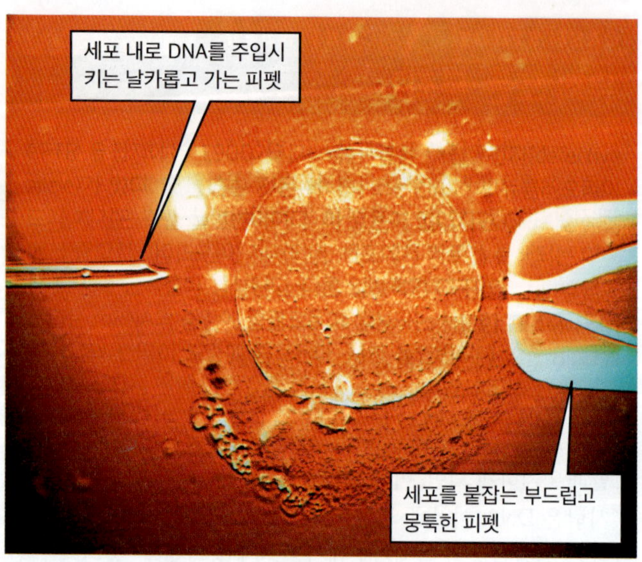


▲ **그림 14-11 외래 DNA 주입을 통한 수정란의 형질도입**

부터 분리하여 형질전환 생물을 만드는데 사용하거나, 전체 플라스미드를 쓸 수도 있다.

## 유전자를 숙주생물에 도입한다

다음은 클로닝한 유전자를 숙주생물로 **형질도입(transfection)** 하는 단계이다. 형질도입 방법 중 하나를 사용하여 분리한 재조합 플라스미드 또는 유전자를 벡터(*vector*)라고 하는 독성이 없는 박테리아나 바이러스에 삽입한 후, 이들을 숙주생물에 감염시킨다. 이상적으로는 박테리아나 바이러스가 새로운 유전자를 숙주생물의 세포 염색체에 삽입되어 그것이 영구적으로 숙주 유전체의 일부분이 되는 것이다.

배양된 동물세포와 세포벽을 제거한 식물 또는 균류세포에 형질도입을 위해서는 다양한 화학적 방법이 사용된다. 전형적으로, DNA를 아주 작은 지질 소포에 넣어 표적세포의 원형질막과 융합시킨 후 DNA를 표적세포의 세포질로 이동시킨다. 다른 형질도입 방법은 표적세포의 세포막을 일시적으로 투과되기 쉬운 상태로 만들어 DNA가 쉽게 표적세포에 들어갈 수 있도록 하는 것이다.

마지막으로, 플라스미드나 분리한 유전자를 수정란 같은 동물세포로 직접 주입하는 방법이다(**그림 14-11**). DNA를 포함한 적당한 용액을 작은 유리 피펫에 담는다. 피펫의 끝은 날카로워서 세포에 손상을 주지 않고 세포를 관통시킬 수 있다. 피펫에 압력을 가하면 세포로 DNA를 밀어 넣을 수 있게 된다.

형질도입의 방법과 관계없이 도입한 유전자가 숙주 유전체의 적당한 위치에 삽입이 되면 대부분 유효하며 유전자는 적절하게 발현되며 삽입으로 인한 다른 유전자의 손상을 주지 않을 것이다. 도입하는 유전자가 삽입되는 위치를 조절하는 일은 유전공학의 역사에서 가장 어려운 도전에 속한다. 그러나 유전체 변형을 정확하게 유도하고 조절해줄 수 있는 CRISPR-Cas9의 개발은 이러한 연구를 크게 단순화 시켰다. 오늘날 유전공학자들은 세포를 형질도입 하는데 플라스미드나 유전자와 더불어 CRISPR-Cas9 도구를 사용하게 될 것이다.

### CHECK YOUR LEARNING

- 유전자를 플라스미드에 삽입하는 방법과 이 방법이 형질전환생물을 만드는데 왜 유용한지 설명할 수 있는가?
- 외래 유전자를 생물에 형질도입시키는 과정을 기술할 수 있는가?

**CASE STUDY CONTINUED**

### 유죄 또는 무죄?

많은 국가에서 유전자변형생물의 사용을 통제하며, 통제를 시행하는데는 변형생물과 변형시키지 않은 생물이 겉으로는 매우 비슷하기 때문에 이를 구별할 수 있는 방법이 포함된다. 가장 효과적인 방법에는 범죄 조사에 사용하는 DNA 프로필화가 있다. 예로서, 유럽의 조사관들은 범인을 확인하는 것처럼 주로 표적 좌위에 PCR을 사용하여 작물 시료를 검사하고 전기영동으로 DNA 프로필을 제작한다. 이 프로필은 정상 작물인지 유전자변형 작물인지를 확인하고자 하는 시료로부터 얻은 프로필 데이터와 비교한다.

유럽의 조사관들이 확인하려고 노력하는 유전자변형생물은 어떤 것이 있을까?

| 표 14-1 | 미국 농림부(USDA) 승인 유전자변형농작물 | |
|---|---|---|
| 유전적으로 조작된 형질 | 잠재적 이점 | 농작물의 예 |
| 제초제 저항성 | 제초제는 작물을 제외한 잡초만을 죽이며, 더 많은 작물 수확을 얻는다. | 비트, 유채, 옥수수, 목화, 아마, 감자, 벼, 콩, 토마토 |
| 병충 저항성 | 작물은 곤충으로부터 피해를 덜 받아 더 많은 수확을 한다. | 옥수수, 목화, 감자, 벼, 콩 |
| 질병 저항성 | 바이러스, 박테리아나 균류에 의해 덜 감염되어 더 많은 수확을 한다 | 파파야, 감자, 호박 |
| 불임화 | 형질전환식물이 야생송들과 교배할 수 없게 하여 한경에 대해 더욱 안전하게 하고, 그것들을 생산하는 종자회사의 경제성을 높인다. | 치커리, 옥수수 |
| 변형시킨 기름 성분 | 기름을 건강에 이롭게 만들며, 보다 고급 기름(야자수나 코코넛)과 비슷하게 만든다. | 유채, 콩 |
| 갈색화나 멍듦의 지연 | 상품은 소비자에게 더 관심을 끈다; 손상된 상품이 덜 버려짐으로써 폐기물도 감소한다. | 사과, 감자 |

## 14.6 유전자변형생물체가 어떻게 이용되는가?

GMO가 어떻게 이용되는지 생각해 보라 하면 우선 작물을 생각할 것이다. 예로서, 해충에 강한 옥수수를 유전적으로 변형시켜 만든다는 것을 들어봤을 것이다. GMO의 중요한 사용은 농업 분야에 적용이지만 공업적, 환경적 또는 의학 분야에도 폭넓게 사용하거나 개발 중에 있다. 앞으로의 장에서 이들 사용에 대해 살펴 볼 것이다.

### 많은 작물들은 유전적으로 변형된 것이다

많은 국가에서 개량된 작물을 만들기 위해 선택하는 방법으로 유전공학이 선별육종 기술을 대체하고 있다. 미국에서 재배되는 콩, 옥수수, 그리고 목화의 90% 이상이 형질전환된 것이다. 그리고 미국의 농부는 유전적으로 변형한 카놀라, 알파파, 사탕수수, 파파야, 사과, 토마토 그리고 호박을 재배한다. 2017년에 세계적으로 26개 국가의 농부들이 약 4.7억 에이커에 형질전환 작물을 재배하였다.

가장 일반적으로 농작물은 병충이나 제초제에 대한 저항성을 증가시키기 위해 변형된다(**표 14-1**). 예로서 많은 형질전환 작물들은 박테리아 유전자로 형질도입시켜 제초제 저항성을 갖도록 했다. 제초제 저항성 작물은 농부들이 그들의 작물에게는 해를 주지 않고 잡초만을 죽일 수 있다. 잡초와의 경쟁이 적어지므로 농작물은 더 많은 물과 영양, 그리고 빛을 받게 되고 더 많은 수확을 하게 된다. 그러나 제초제 저항성 작물을 키우게 되면 더 많은 제초제를 쓰게 되며, 이는 저항성 잡초가 생기게 만든다.

많은 작물의 해충 저항성은 *Bacillus thuringiensis*라는 박테리아의 *Bt*라는 유전자를 도입함으로써 증가된다. *Bt* 유전자에서 암호화된 단백질은 곤충의 소화관에 해를 입히나 포유류에는 해가 없다. 그래서 형질전환 *Bt* 작물은 일반 작물보다 곤충으로부터 해를 덜 받고, 농부는 그들의 밭에 살충제를 더 적게 사용할 수 있다(**그림 14-12**).

가장 널리 경작하고 상업적으로 성공적인 유전자변형 작물은 다른 종의 유전자를 삽입시켜 만들지만, 어떤 경우는 작물 종 자신의 유전자를 변형시켜 만든다. 예로서, 사과를 자르면 갈색이 되는데 이 경우 상한 과일에서 탈색을 야기하는 효소의 유전자를 정지시킨 사과를 만들면 잘라도 갈색으로 변하지 않는다. 외래 유전자를 삽입하지 않고 유전자를 변형시킨 작물은 더 많이 보편적이 될 것이다. 여기에는 CRISPR-Cas9 유전자 편집이 이런 작물을 더 쉽고 빠르게 개발하는데 부분적으로 역할할 것이기 때문이다. 추가적

◀ **그림 14-12 *Bt* 식물은 곤충 공격에 내성을 가진다** *Bt* 유전자를 지닌 형질전환 목화(오른쪽)는 목화씨를 먹는 지렁이(bollworm)의 공격에 강하다. 그러므로 형질전환된 목화는 형질전환되지 않은 것(왼쪽)보다 훨씬 많은 목화를 생산한다.

## Doing Science 맛있는 과일과 채소를 재배하기 위해 유전적 표지 사용

과거에는 토마토와 딸기 같은 과일은 계절성 과일이었지만 지금은 일년 내내 살 수가 있다. 그러나 이 편리함에는 가격대비 맛이 떨어지는 문제가 동반하였다. 지금 슈퍼마켓에 있는 과일은 전통 과일에 비하여 맛이 떨어진다. 이는 저장과 운송에 적합하게 교배되어 맛이 떨어지는 결과가 생긴 것이다.

이상적으로 우리는 맛도 있고 장기간 먹을 수 있는 과일을 원한다. 식물 육종자들이 이런 요구를 알고 열심히 연구를 하지만 그 과정은 느릴 수 있다. 일반적으로 육종자는 식물을 교잡시켜 한 과일에 다른 성질을 함께 가지도록 만드는데 이렇게 만들어진 과일은 우선 형질 중 하나를 나타내게 된다. 교잡한 식물의 자손은 성숙하여 검사하고 선별할 과일을 만들 때까지 성장해야 한다. 그리고 이 과정을 수 세대 반복해야 한다. 그러나 과일을 개량하는 과정이 훨씬 빨라지고 있는데 그것은 "표지 육종"이란 기술 때문이다.

### 질문은 무엇인가?

칸탈루프(남유럽산 멜론)를 생각해 보자. 느리고 전통적인 재배로 매우 맛있고 수확 후 몇 주 동안 단단함이 유지되는 칸탈루프 변종을 만들었다. 그러나 이 변종 멜론은 매우 작았다. 식물 육종자들은 좋은 맛과 내구성, 그리고 큰 크기의 성질이 다 포함된 변종을 개발하기 원할 것이다. 표지 육종이 이런 목적을 이룰 수 있도록 해 줄 것인가?

### 증거는 어떻게 수집되었는가?

육종자들은 맛있고 오래 유지되는(그러나 작은 크기) 칸탈루프와 크지만 맛이 별로인 전통 칸탈루프에 대해 유전적 검사를 수행하기 시작했다. 이 검사에서 많은 특정 "표지" DNA 서열에 형광 분자 같은 확인 물질로 꼬리표를 달았다. 그 결과 표지 서열이 각 종류의 칸탈루프 DNA에 존재하는 것을 밝혔다. 이 실험은 특정 DNA 표지와 특정 원하는 형질 사이에 연관이 있음을 보여주었다. 이런 연관성은 대개 표지 서열 근처에 형질에 영향을 주는 연관 유전자가 존재하기 때문이다(**그림 E14-3**). 연구자들은 두 종류의 칸탈루프로 교잡 육종을 시행했다. 그러나 모든 종자를 심고, 새 작물이 성숙할 때까지 기다리고, 가장 좋은 것을 찾는 검사를 힘들게 하는 대신, 육종자들은 수많은 종자를 신속하게 검사할 수 있는 기계를 사용하여 원하는 유전 표지의 조합을 가진 종자를 선별한다. 기계는 상하지 않게 종자로부터 작은 조각을 잘라내고, DNA를 추출한 뒤 표지 서열에 형광 분자를 붙여 꼬리표를 단다. 원하는 형질 모두에 대한 유전 표지를 우연히 가진 종자를 경작을 위해 골라낸다.

### 무엇을 배웠는가?

한 형질과 관련된 표지 서열의 존재는 그 종자로 그 형질을 가진 과일 작물이 수확될 것임을 가리킨다. 다수 형질에 대한 표지를 가진 종자는 이 형질들 모두를 가지는 과일을 만들 것이다.

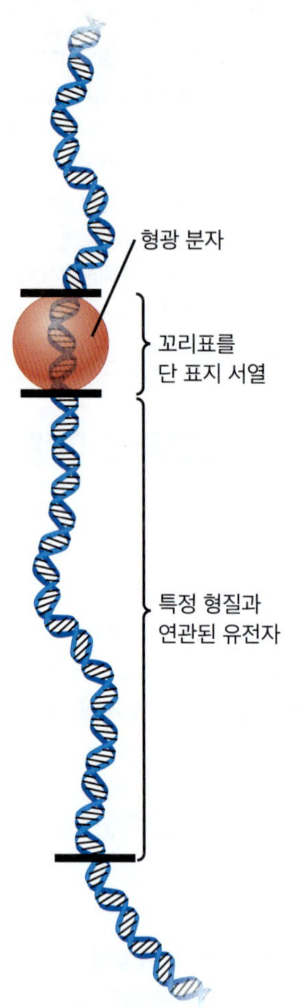


▲ **그림 E14-3 마커 지원 선별**

전 세계 연구자들은 특징들의 이상적인 조합을 찾기 위해 유전 표지 생명공학을 사용하고 있다. 그들은 오랜 전통의 맛을 가지며 단단하고 질병에 내성을 갖는 토마토, 작은 피망, 바삭바삭하면서 맛이 좋은 양상추 잡종을 생산했다, 이 새로운 작물은 식물의 유전자를 전통적인 육종 기술로 조합하였기 때문에 유전자변형식품을 기피하는 소비자에게 관심을 끌 것이다.

**생각해보기** 수확한 칸탈루프의 30% 정도가 소비자에게 도달하기 전에 과도하게 익어버려 버려진다. 농업 과학자들은 유전공학을 사용해 사과 유전자를 칸탈루프 유전체에 삽입시켜 수확 후에 더 천천히 익는 형질전환 칸탈루프를 생산한다. 이런 시도는 위에 언급한 표지 육종보다 더 바람직할까? 왜 그런가 또는 왜 그렇지 않은가?

**Have You Ever Wondered ...**

**당신이 먹은 음식이 유전자변형식품이었을까?**

옥수수와 콩은 또띠아 칩이나 간장, 그리고 마가린뿐만 아니라 정말 매우 다양한 식품 재료이다. 예를 들어 옥수수 시럽은 소다나 케찹, 샐러드 드레싱 그리고 아침용 시리얼 등의 여러 음식의 재료로 사용된다. 콩기름과 콩 단백질은 쿠키, 케이크 그리고 야채 버거의 주요 재료이다. 미국에서 재배되고 있는 대부분의 콩과 옥수수는 유전자변형작물이며 따라서 미국 슈퍼마켓에 있는 식품의 약 80%는 GMO로부터 만들어진다. 유럽연합을 포함한 많은 나라들이 GMO 식품의 표시를 규정하고 있다. 그러나 미국은 표시를 의무화하지 않는다. 따라서 당신이 미국에 살면서 당신이 먹는 식품에 GMO가 든 식품을 피하려고 큰 관심을 갖지 않는 이상 당신은 아마 그것을 먹었을 것이다.

으로 유전자 편집 작물은 형질전환 작물보다 엄격한 조절 조사를 덜 받아도 된다(과학자는 유전공학 없이 작물을 개량하기 위하여 생명공학 기술을 사용할 수 있다; "Doing Science: 맛있는 과일과 채소를 재배하기 위한 유전적 표식 사용" 참조).

## 유전자변형동물은 농업과 산업에 유용하다

지금까지 상업적으로 유용한 유전자변형생물을 만드는 것은 어렵다고 밝혀졌다. 단 한 개의 형질전환 동물만이 미국에서 식품으로 사용 허가를 받았다: 이는 여분의 성장호르몬 유전자를 가지는 대서양 연어로서 야생형 연어보다 더 빨리 성장한다. 그러나 생명공학 회사들은 더 많은 양모를 생산하는 양, 더 많은 단백질이 든 우유를 생산하는 소, 더 많은 살코기를 만드는 돼지와 같이 다른 유전자변형동물을 만드는 연구를 하고 있다. 영국과 스코틀랜드의 과학자들은 조류독감을 일으키는 H5N1 인플루엔자 바이러스를 퍼트리지 않는 형질전환 닭을 개발하였다. 세계적으로 조류독감의 확산을 막기 위해 수백만 마리의 닭을 죽인다. 그래서 독감에 내성을 가지는 닭은 매우 가치 있는 가축이 될 것이다. 유타주립대학교에서는 우유에 거미줄 단백질을 분비하게 하는 염소도 개발하였다. 거미줄 단백질은 철보다 그리고 방탄조끼에 사용되고 있는 케블러(Kevlar)보다 강하다. 그래서 이 염소로부터 생산된 단백질을 사용해 가볍고 뚫을 수 없는 조끼가 만들어 지기를 기대한다.

유전자변형동물은 생명의학 연구에 중요한 역할을 한다. 예로서 어떤 질병의 원인을 연구하거나 가능한 치료법을 개발하기 위해 과학자들은 특정 질병이나 생리적 조건을 가진 생쥐를 가지고 실험을 한다. 이들 생쥐는 특정 유전자를 없애도록 편집한 유전체를 가지거나, 알츠하이머, 마르판(Marfan) 증후군 그리고 낭포성 섬유증과 같은 사람의 질병에 관련된 유전자를 가지도록 형질전환 된다.

## 유전자변형생물은 환경생명공학에 사용될 수 있다

생명공학의 발전은 골칫거리인 환경적, 공중보건의 문제들을 유전자변형생물을 환경에 방출함으로써 해결될 것이라는 희망을 높여주었다. 예로서, GMO는 희귀종이나 멸종위기종의 복원, 토양과 수질 오염의 정화, 곤충을 매개로 하는 질병의 통제 등에 도움을 줄 것이다.

### 희귀 나무를 조작하여 질병 내성을 갖게 한다

유럽인들이 미국에 정착했을 때, 전체 낙엽수림에서 가장 일반적인 나무가 미국밤나무였다. 그러나 현재는 매우 희귀하다. 1900년대에 중국밤나무가 우연히 들어온 후로 밤나무 마름병 곰팡이로 인해 대부분 죽게 된 것이다. 수십 년 동안 원예학자들은 미국의 삼림에서 밤나무를 복구하기 위하여 마름병에 대한 저항성을 갖는 형질을 획득하기 위해 미국밤나무를 중국밤나무와 교배해 왔다. 이러한 교배종들이 산림복원사업에서 식목되고 있다. 생명공학은 마름병에 대한 대안을 제시한다. 연구자들은 나무에 해로운 마름병 곰팡이에 저항성을 가지는 밀의 유전자를 삽입한 형질전환 미국밤나무를 개발하였다.

### 박테리아를 변형하여 오염을 정화한다

많은 폐광 지대에서 토양과 수질은 수은, 납, 카드뮴 같은 중금속으로 심하게 오염되어 있다. 어떤 박테리아는 고농도의 중금속 환경에서 잘 자라는데 이들은 물이나 토양에서 중금속을 제거하고 세포질에 저장하여, 다른 생물에 해롭지 않는 분자로 전환시킬 수 있다. 연구자들은 이 박테리아 종을 유전적으로 변형시켜 중금속을 더 빠르고 효과적으로 처리하게 만든다. 환경공학자는 이들 유전자변형 박테리아가 오염된 토양과 물을 정화하는 효과적이고 적절한 방법을 제공할 것이라고 기대한다.

### 질병 전파를 막기 위해 모기를 변형한다

전세계 대부분의 전염병은 곤충, 특히 모기에 의해서이다. 암컷 모기는 알을 만들기 위해 사람의 혈액을 먹이로 하며(**그림 14-13**), 말라리아나 뎅기열 같은 치명적인 병을 전파한다. 이 질병은 지구의 온대 지방에서 매년 수억 명의 사람을 감염시킨다. 생명공학자는 유전자변형 모기가 감염 수를 감소시킬 것이라고 기대한다.

연구자들은 모기를 변형시키기 위해 세 가지 일반적인 방법을 시행했다. 첫 번째는 몇몇 종의 모기가 가지는 질병 유발 미생물 기생충을 죽이는 유전자를 삽입하는 것이다. 예로서, 말라리아 기생충을 공격하고 죽이는 항체를 암호하는 유전자를 삽입시켜 말라리아 전파 *Anopheles* 모기를 변형시킨다. 두 번째 방법은 모기의 성비를 바꿔서 사람을 물지 못하거나 질병을 전파하지 못하는 수컷이 많게 한다. 예를 들어, 연구자들은 수컷 *Anopheles* 모기를 CRISPR-Cas9 서열을 가지게 변형시켰다. 그러면 감수분열 과정에서 발현될 때 X 염색체에 있는 DNA 서열만 표적이 되고 잘리게 된다. 결과적으로 수컷의 X 염색체는 잘려지고 살아남은 모든 정자는 Y 염색체만 가지게 된다. 그래서 이들 자손 모두는 수컷이 되게 된다. 만약 이 조작한 수컷 모기가 자연 집단에 방

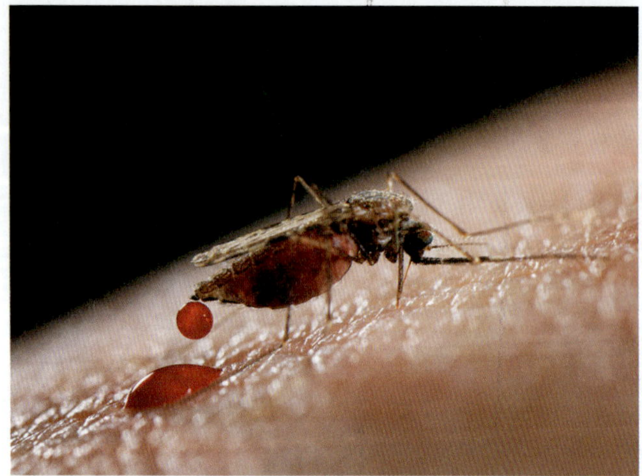

▲ **그림 14-13 사람 피를 먹이로 하는 *Anopheles* 모기** 세계보건기구(WHO)는 *Anopheles* 모기가 매년 약 2억 명의 인구에게 말라리아를 감염시키고, 45만 명이 죽는다고 예측한다.

출되면, 암컷은 거의 태어나지 못하게 되고 결국 그 집단은 없어질 것이다.

세 번째 방법은 모기를 죽이는 유전자를 삽입하는 것이다. 생명기술회사인 Oxitec은 뎅기열과 지카(Zika) 바이러스를 전파하는 *Aedes aegypti*라는 모기 수컷을 유전적으로 조작하여 치사유전자를 가지도록 하였다. 변형시킨 수컷 모기를 야생형 암컷 모기와 교배하면 자손 모기들은 치사유전자를 물려받게 되고 성체가 되기 전에 죽는다. 임상 시험에서, 많은 수의 유전자변형 모기를 방사하였을 때, 전체 모기의 개체 수는 80에서 96%까지 감소하였다. 이 결과에 따라 브라질에서는 뎅기열과 싸우기 위해 Oxitec사가 개발한 유전자변형 모기 수십억 마리를 방사하였다. 미국에서는 플로리다 키스 제도에서 Oxitec 모기가 지카 바이러스의 전파를 낮출 수 있는지 임상 시험 중에 있다.

### CHECK YOUR LEARNING

- 유전자변형작물의 장점과 사례에 대해 기술하시오.
- 유전자변형동물이 어떻게 사용되는지 예를 드시오.
- GMO가 종을 복원하고, 오염을 정화하며, 전염병 전파를 막기 위해 어떻게 사용되는지 기술하시오.

## 14.7 생명공학은 의학에 어떻게 이용되는가?

생명공학은 의학에 중요한 역할을 한다. 이는 유전질환과 감염병을 진단하는데 사용되며 치료약과 다른 치료제를 만드는데 이용된다. 현재 많은 연구들이 추가적인 치료제를 개발하는데 목표를 두고 있기 때문에 생명공학의 중요성은 날로 커지고 있다.

### DNA 기술을 유전질환 진단에 이용할 수 있다

DNA 분석은 태아를 포함한 많은 유전질환을 정확하게 검사할 수 있게 한다("Health Watch: 태아의 유전 검사" 220 페이지 참조). DNA 기반 검사는 만약 한 사람이 정상적이고 기능적인 대립유전자와 다른 뉴클레오타이드 서열을 가진 결함 대립유전자를 하나 이상을 물려받은 경우도 확인이 가능하므로 효과적이다. 2013년에 배우인 안젤리나 졸리는 유방암과 난소암을 막는데 중요한 종양 억제 유전자인 *BRCA1*의 대립유전자에 결함이 있다는 사실을 알고, 예방적 양측 유방절제술을 받음으로써, 유전자 검사에 대한 대중의 높은 관심을 받았다(**그림 14-14**). *BRCA1* 대립유전자의 결함은 유방암 유병률을 12%에서 65~80%로 증가시키고, 난소암의 유병률은 1%에서 30~60%까지 증가시킨다. 그녀는 2015년에 추가적으로 난소도 적출하였다.

#### 질병 대립유전자를 PCR로 확인할 수 있다

유전병과 관련된 결함 대립유전자의 DNA 서열을 알고 있다면, 어떤 경우는 PCR만으로도 병을 진단하는 도구로 사용할 수 있다. PCR은 증폭될 DNA를 결정하는 특정 DNA 프라이머를 사용한다는 것을 생각해 보라. 만약 유전질환의 원인이 되는 결함이 있는 대립유전자의 DNA 서열을 알고 있다면, 의학진단 회사들은 유전질환을 일으키는 결함이 있는 DNA 서열만을 증폭하고 결함이 없는 보통의 대립유전자는 증폭되지 않도록 프라이머를 설계함으로서 질병을 일으키는 대립유전자의 유무를 확인할 수 있다.

#### 질병 대립유전자를 제한효소로 확인할 수 있다

낫형 적혈구증은 베타글로빈 유전자에 점돌연변이로 인한 심각한 유전병이다. 낫형 적혈구증의 일반적 진단은 특정 염기서열의 DNA만을 절단하는 제한효소를 사용할 수 있다. 사람의 DNA에 낫형 적혈구증 대립유전자의 존재를 진단하기 위하여, PCR을 사용해 돌연변이 위치가 있는 부위의 DNA를 증폭한다. 증폭한 DNA를 제한효소 Mst II와 혼합한다. 제한효소 Mst II는 정상 서열(CCTGAGGAG)

▶ **그림 14-14 안젤리나 졸리는 유전 검사에 대한 의식을 높였다**

은 절단하지만, 점돌연변이 때문에 낫형 적혈구증 서열을 가진 DNA(CCTGTGGAG)는 절단할 수 없다. 결과적으로 Mst II는 정상 글로빈 대립유전자를 반으로 절단하지만 낫형 적혈구증 대립유전자는 그대로 남는다. 전기영동을 통해 낫형 적혈구증 대립유전자는 정상 대립유전자보다 더 큰 크기를 가지므로 쉽게 구별할 수 있다.

### 질병 대립유전자는 DNA 탐침으로 확인할 수 있다

서열을 알고 있는 질병 유발 대립유전자의 존재를 확인하는 다른 방법은 다음과 같다. 결함 대립유전자와 상보적인 서열을 가지는 **DNA 탐침(DNA probe)**이란 합성한 DNA 조각이 환자의 DNA와 결합하는지를 확인하는 것이다. 이 검사는 낭포성 섬유증을 확인하기 위해 개발되었다. 낭포성 섬유증은 CFTR이란 단백질의 유전자에 결함이 생긴 것에 의한 질병이다. 1,900개 이상의 다른 결함 *CFTR* 대립유전자 중 어느 것이든 질병을 유발할 수 있다. 그러나 단지 32개의 대립유전자가 낭포성 섬유증 질병 유발의 90%를 차지한다. 전체 *CFTR* 유전자에 대한 서열을 모두 읽어 결함이 있는 대립유전자를 찾는 방법도 있지만, 대부분의 선별은 DNA 탐침을 32개의 대립유전자만을 대상으로 적용하여 빠르게 저비용으로 수행한다.

각각의 결함이 있는 CFTR 대립유전자들은 고유의 서열을 가지고 있다. 낭포성 섬유증을 확인하는 여러 가지 방법이 존재하지만 거의 모두 상보적 염기쌍 형성의 원리에 기반하고 있다. 가장 간단한 방법은 특수한 종이에 다른 단일가닥의 DNA 탐침이 붙어 있는 어레이를 이용한 것이다(**그림 14-15**). 각각의 탐침은 특정 결함 *CFTR* 대립유전자에 상보적인 서열로 이루어져 있다(**그림 14-15a**). 피검자의 DNA를 보다 작은 조각들로 자르고, 이 조각들을 단일가닥으로 분리한 다음 각각의 가닥을 발색 분자로 표지한다(**그림 14-15b**). 이후 탐침이 결합된 종이를 표지된 DNA 조각들이 들어 있는 용액에 담근다. 피검자의 DNA는 완벽히 상보적인 서열을 가진 DNA 탐침에만 결합하여, 피검자가 가지고 있는 *CFTR* 대립유전자를 나타낸다(**그림 14-15c**).

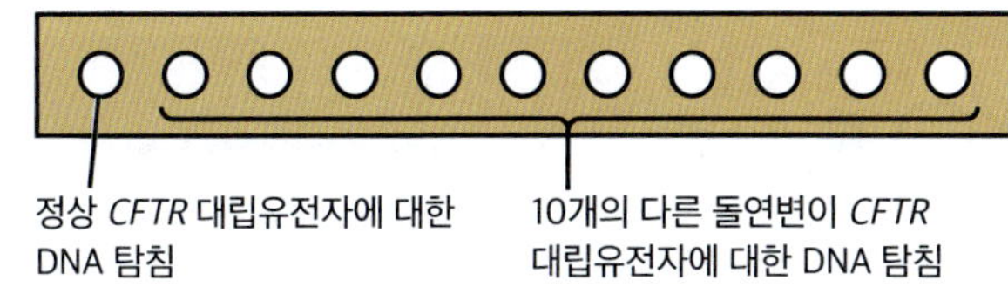


**(a) 낭포성 섬유증 탐침의 선형 어레이**

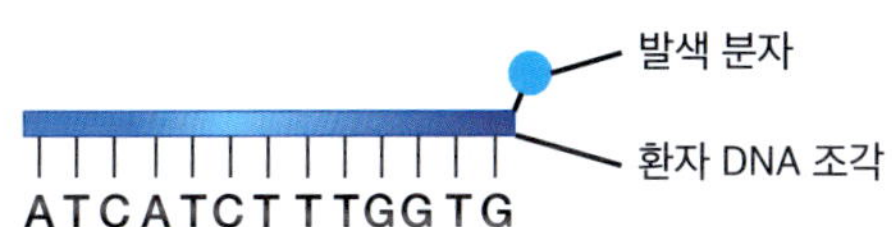


**(b) 발광물질로 표지한 *CFTR* 대립유전자**

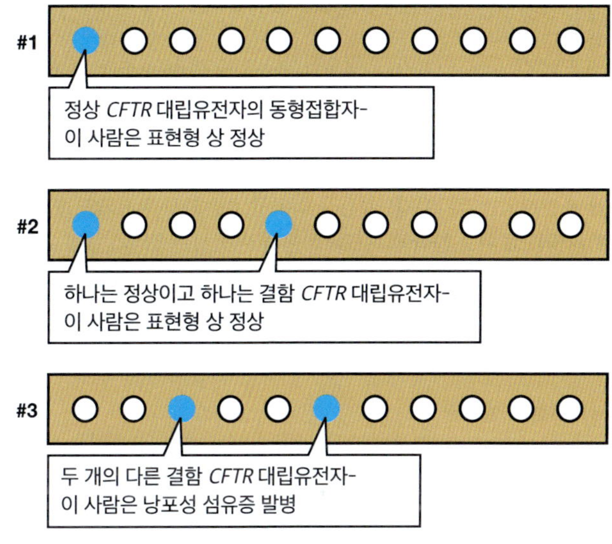


**(c) 세 사람에서 얻은 표지한 DNA 시료와 반응시킨 선형 어레이**

▲ **그림 14-15 낭포성 섬유증 진단 어레이** **(a)** 낭포성 섬유증 진단을 위한 선형 어레이에는 정상 *CFTR* 대립유전자와 상보적인 DNA 조각(가장 왼쪽 점)과 가장 흔한 결함 *CFTR* 대립유전자 몇 개(나머지 10개 점)가 특수 종이에 찍혀져 있다. **(b)** 환자로부터 DNA를 작은 조각으로 절단하고 단일가닥으로 분리한 후 *CFTR* 대립유전자를 발색 분자로 표지한다. **(c)** 어레이를 환자의 표지된 DNA가 있는 용액에 담근다. 환자의 표지된 DNA는 환자가 가지고 있는 *CFTR* 대립유전자에 따라 어레이에서 한 두 점에 결합한다.

## DNA 기술은 감염성 질병 검사에 사용될 수 있다

생명공학은 유전병을 확인하는 역할 외에도 병원성 미생물에 의한 질병도 더 빠르고 정확하게 진단할 수 있게 해준다. DNA 탐침이나 염기서열분석에 근거한 검사의 중요성은 의학적 진단에서 점점 높아지고 있다.

### 탐침 어레이는 많은 질병을 동시에 검사할 수 있다

마이크로 어레이(microarray)는 감염성 질환의 진단에도 사용한다. 마이크로 어레이는 격자 형태로 수백에서 수천 개의 작은 DNA 점으로 찍혀진 유리 혹은 플라스틱으로 이루어진 평판이며 각 점에는 다른 탐침 서열이 들어 있다. 감염성 질병을 진단하기 위해서 마이크로 어레이에는 각기 다른 병원성 미생물의 서열과 상보적인 DNA 탐침을 심는다. 환자의 조직에서 DNA를 추출하고 표지시킨다; 추출한 DNA가 마이크로 어레이에 있는 서열과 결합하면 그 환자는 미생물에 감염되었음을 알 수 있다.

### 감염성 생물은 염기서열분석으로 확인할 수 있다

환자의 조직에 있는 병원체의 DNA를 염기서열분석하면 감염을 진단할 수 있다. 예로서, 내과 의사들이 위스콘신주에 사는 십대의 생명을 위협하는 고열, 발작 그리고 뇌염증의 원인을 확인하지 못했다. 그들은 환자의 뇌척수액에서 DNA를 뽑아 염기서열분석

## Health WATCH 태아의 유전 검사

현대 생명공학 덕택에, 의사들은 낭포성 섬유증, 낫형 적혈구증, 다운증후군과 같은 다양한 유전병에 대해 태아 검진을 할 수 있다. 태아 검진을 위해서는 태아에 의해 만들어진 세포 시료나 화학 물질이 필요하다. 현재 태아 진단을 위해 시료를 얻는데 세 가지 주요한 기술이 사용된다: 양수천자와 융모막융모 샘플링. 그리고 임산부의 혈액 채취

### 양수천자

모든 포유류의 태아처럼, 인간 태아는 물로 된 환경 속에서 발생한다. 양막이라 불리는 방수막이 태아를 둘러싸고 있으며 양수를 보유하고 있다. 태아가 발달하는 동안, 태아는 다양한 화학물질(종종 자신의 소변 속에)을 분비하고 자신의 일부 세포를 양수에 떨어뜨린다. 태아가 15주 이상이면, **양수천자(amniocentesis)**라는 과정을 통해 양수를 얻을 수 있다.

양수를 추출하기 전에 의사는 초음파 검사로 태아의 위치를 알아낸다. 고주파 음향을 임산부의 복부에 발송하면, 기계 장치가 태아에서 반사되는 메아리를 실시간 이미지로 전환시킨다(**그림 E14-4**). 가이드로서 초음파 이미지를 사용하여, 의사는 조심스럽게 살균된 바늘을 복부 벽이나 자궁 양막을 통과하여(태아와 태반을 피해가면서) 삽입하고, 10 내지 20ml 양수를 빼낸다(**그림 E14-5**). 양수검사는 약 0.5% 이하의 유산 위험을 발생한다.

### 융모막융모 샘플링

융모막은 태아가 만든 막으로 태반의 일부가 된다. 융모막은 융모라 불리는 많은 작은 돌기를 만든다. **융모막융모 샘플링(Chorionic villus sampling, CVS)**에서, 의사는 모체의 질을 통해 자궁으로 작은 튜브를 삽입하여 분석에 필요한 몇 개의 융모를 축출한다(그림 E14-5 참조); 약간의 융모 손실은 태아에 해를 주지 않는다.

CVS는 양수천자보다 두 가지 중요한 이점을 가지고 있다. 첫째, 임신 8주 정도의 임신 초기에 — 보통 10에서 12주 사이에 행해지지만 — 행해질 수 있다. 이는 임신한 여자의 태아가 주요 결함을 갖고 있다면 임산부가 낙태를 고려하는 데 상당히 중요하다. 둘째, CVS 시료는 양수천자로 얻는 태아세포보다 훨씬 많은 태아세포를 포함한다. 그러나 CVS는 양수천자보다 유산을 일으킬 위험이 약간 더 크다. 또한 융모막은 양막 주머니의 바깥에 있기 때문에 CVS는 양수의 시료는 얻

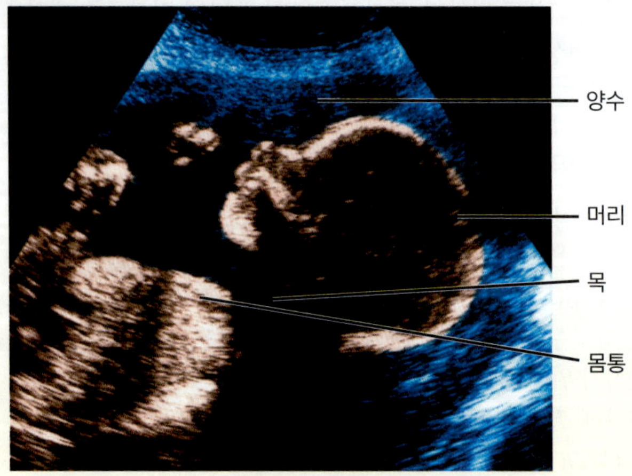


▲ 그림 E14-4 사람 태아의 초음파 사진

지 못한다. 마지막으로, 어떤 경우 융모막세포는 태아에서는 존재하지 않는 염색체 이상을 가진다. 이러한 이유 때문에 CVS가 양수천자보다 드물게 행해진다.

### 임산부의 혈액 채취

소수의 태아세포는 태반을 거쳐 모체의 혈액으로 들어가기 때문에 산모 혈액을 시료로 사용하는 것이 태아 검사에 사용되는 또 다른 방법이다. 산모 혈액에는 태아세포뿐만 아니라 태아 DNA 조각과 태아에서 만들어진 단백질이나 다른 화학물질들이 들어 있다. 산모 혈액의 시료를 얻는 것은 쉽고 간단하며 태아에 영향을 주지 않는다. 또한 양수천자나 CVS보다 임신 초기에 시행할 수 있다. 생명공학의 발전은 적은 양의 태아세포를 분리하고, 혈액 시료에서 많은 산모세포로부터 DNA를 추출하는 기술적 어려움을 극복하게 해 주었다.

### 시료 분석

태아에 대한 약간의 정보는 양수나 융모, 그리고 산모의 혈장(혈액에서 액체 부분)에 있는 화학물질로부터 얻을 수 있다. 예로, 양수에 alpha-fetoprotein이라 불리는 태아 단백질이 고농도로 있다면, 이는 태아가 척수가 미완성되거나, 무뇌증으로 뇌의 상당 부분이 발달

을 한 연구자에게 도움을 요청했다. 그들은 시료의 서열을 알려진 박테리아 DNA 서열과 비교하였고 감염균이 *Leptospira santarosai*라는 것을 알아냈다. 염기서열분석의 비용이 절감되고 상업화되면 감염을 진단하는데 일반적인 방법이 될 것이다.

## DNA 기술은 질병 치료를 도울 수 있다

질병 치료를 위해 적용되는 DNA 기술 2가지가 있다: (1) 형질전환 생물로 만든 의약품 (2) 환자의 세포 내 유전자를 변형, 제거 또는 삽입하여 질병을 치료하는 **유전자 치료(gene therapy)**.

### 형질전환 생물을 통한 의약품 생산

유전자변형 박테리아나 진핵세포는 구명용 의약품 개발에 사용된다. 예로서 효모를 조작하여 항말라리아 약인 아르테미시닌을 생산하는데, 그렇지 않을 경우는 이를 자연적으로 포함하고 있는 식물로부터 추출해야 한다. 형질전환 미생물 또한 성장호르몬, 응고인자, 항체 그리고 당뇨병 환자에 필요한 인슐린 같은 의학적으

하지 못하는 이분척추(spina bifida)와 같은 신경계 문제를 지닐 수 있음을 의미한다. 임산부 혈장에 alpha-fetoprotein, 에스트로겐, 그리고 다른 화학물질의 특정한 조합이 되면 다운증후군, 이분척추, 또는 다른 질병의 가능성이 예측된다. 그러나 이러한 생화학 분석은 완전히 결정적인 진단을 하지 못한다. 그러므로 초기 검사로 질병의 가능성이 예상되면, 태아가 이러한 결함들이 있는지 없는지 확실히 판단하기 위해 태아의 핵형이나 14.7에 언급한 방법을 사용한 DNA 분석 또는 매우 상세한 초음파 검사와 같은 검사를 수행한다.

핵형 분석을 위해서는 태아세포가 있어야 한다. 양수와 산모 혈액에는 매우 적은 수의 태아세포가 들어 있기 때문에, 핵형이나 DNA 분석을 위한 충분한 세포를 얻기 위해서는 한두 주 동안 세포를 배양해서 키운다. CVS는 많은 수의 태아세포를 얻을 수 있어 세포 배양 과정 없이 핵형과 DNA 분석이 수행될 수 있다. 태아세포의 핵형 분석은 염색체 중 어떤 것이 너무 많고 적은지, 구조적 결함을 가진 염색체가 있는지를 알 수 있다. 예를 들어 다운증후군은 21번 염색체가 3개 존재하기 때문에 생긴다(153 페이지 참조).

**비판적 사고** 태아 DNA가 태아의 친자검사에 어떻게 사용되는지 설명하라.

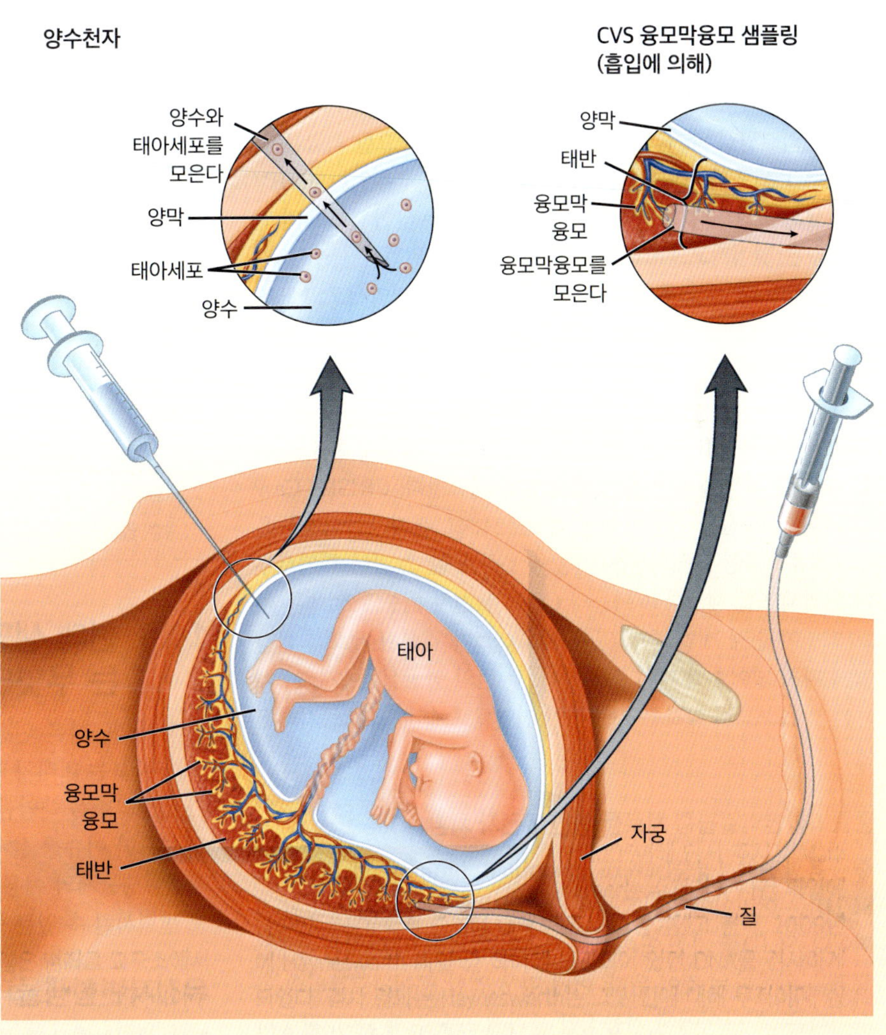


▶ **그림 E14-5 태아 시료 채취 기술** 태아 진단을 위해 시료를 얻는 가장 일반적인 2가지 방법은 양수천자와 융모막융모 샘플링이다(CVS는 대게 데아가 이 그림에서 묘사된 것보다 훨씬 미숙할 때 수행된다).

로 중요한 사람 단백질을 생산할 수 있다.

의약품의 생명공학 생산은 대부분 미생물이나 배양세포에 의존하지만, 생명공학 기술은 의학적으로 유용한 유전자를 동물이나 식물에 삽입시키는데에도 사용한다. 유전자변형 염소는 혈액 응고를 막는 항트롬빈 사람 단백질이 들어 있는 우유를 생산한다. 형질전환 닭은 간 손상을 일으키는 유전병을 치료하는데 사용하는 단백질이 든 달걀을 만든다. 그리고 형질전환 식물로부터 빈혈증과 관절 통증, 그리고 신경학적 증상을 일으키는 가우처(Gaucher) 병을 가진 사람에게 필요한 효소를 얻을 수 있다.

형질전환 식물과 동물 또한 감염병에 싸울 수 있는 사람 항체를 만들 수 있다. 병원성 미생물이 사람 몸에 침입했을 때 면역계는 이에 반응하는데 수일이 걸린다. 반면, 올바른 항체를 직접 주사하면 면역반응은 훨씬 빨라지게 된다. 2014년에 아프리카 서부에서 에볼라가 발생한 동안, 형질전환시킨 담배 식물에서 실험적으로 만든 세 가지 항체 혼합물을 사용했을 때 에볼라를 관리하는 동안 감염될 수 있는 건강한 전문가의 생명을 구하는데 도움을 주었다.

### 유전자 치료로 표적치료가 가능하다

유전자 치료는 결함 대립유전자를 수선하고, 질병에 대한 감염성을 증가시키는 대립유전자를 불활성화시키거나, 결함 대립유전자를 정상 기능의 대립유전자로 대체하는 것들을 포함한다. 승인받은 유전자 치료는 적고 대부분의 유전자 치료는 실험 단계 또는 임상 단계에 있으며 일상적인 질병 치료를 위해 아직까지는 허락되지 않고 있다.

### AIDS를 위한 유전자 편집

사람 면역결핍성 바이러스(HIV)는 면역반응에 중요한 역할을 하는 조력 T-세포를 포함한 여러 종류의 면역세포에 침입한다. HIV는 T-세포를 죽인다. 조력 T-세포의 공급이 너무 낮아지게 되면 면역반응은 떨어지고, 사소한 감염에도 생명에 위협적인 AIDS가 발병하게 된다. 세포에 침입하면, HIV는 감염성 면역세포의 표면에 있는 CCR5라는 수용체 단백질에 결합한다. 그러나 소수의 사람들은 변이된 *CCR5* 유전자를 가지고 있고, 수용체 단백질을 만들지 않아 그런 사람들은 HIV 감염에 내성을 가진다.

생명공학은 AIDS 환자의 CCR5 수용체를 제거해 치료할 수 있는, 또는 질병을 완화하는 가능성을 제공한다. CRISPR-Cas9을 포함한 유전자 편집이라는 과정을 통해, 분자생물학자들은 *CCR5* 유전자를 표적화하여 기능을 못하게 할 수 있다. 환자로부터 면역세포를 제거하고 이들의 *CCR5* 유전자 기능을 없애는 치료 방법이 현재 개발 중에 있다. 이 *CCR5*가 결실된 세포를 환자에게 다시 넣어주면 다시 증식한다. 두 번의 임상실험에서, 이 치료를 받은 AIDS 환자는 기능적인 면역세포 수가 크게 증가하였다.

### 중증복합면역결핍증 치료를 위한 유전자 치환

**중증복합면역결핍증(severe combined immune deficiency; SCID)**은 어린이의 면역계가 정상적으로 발달하지 않는 희귀 질병이다. SCID를 가진 아이에서 사소한 감염도 이 아이들에게는 생명을 위협하는 것이 된다. 어떤 경우 적합 공여자로부터의 골수이식은 그 아이에게 기능적인 줄기세포를 주게 되어, 작동하는 면역계를 발달시킬 수 있다. 그러나 대부분의 SCID 환자는 그들의 첫 번째 생일을 맞기도 전에 죽는다.

SCID의 한 종류인 ADA-SCID는 아데노신 탈아민효소를 암호화하는 유전자에 결함이 있는 열성 동형접합자를 가지고 있다. 최근에 임상실험에서 ADA-SCID를 치료하기 위해 유전자 치료가 시도되었다. 연구자들은 질병을 가진 아이로부터 골수줄기세포를 제거하고 그 세포에 기능적인 아데노신 탈아민효소 유전자를 삽입한 후, 아이에게 다시 이식하였다. 골수줄기세포는 생애동안 계속 새로운 백혈구를 만들기 때문에 이러한 치료를 받은 어린이는 영구히 치료될 것으로 희망한다. 임상실험에서 40명 이상의 어린이가 ADA-SCID에 대한 유전자 치료를 받았고, 그들 중 70%는 완전히 치료된 것으로 보인다. 이런 치료는 현재 상업적으로도 행해지고 있다.

### 다른 유전자 치료요법

몇몇 다른 질병도 성공률에 차이는 있지만 유전자 치료로 치료가 되었다. 유전자 치료는 파킨슨 병의 증상을 완화시켰고, 유전적으로 장님인 환자의 시력을 부분적으로 회복시켰으며, 혈우병 환자의 혈액 응고를 일부 회복시켰고, 낫형 적혈구증을 치료하였으며, 특정 백혈병을 제거하기 위해 면역계를 교정하였다. 게다가, 이러한 유전자 치료의 발전은 새 유전자를 삽입할 때 다른 유전자에 원치 않는 손상을 가할 수 있는 해로운 부작용 문제 때문에 부분적으로 지체되어왔다. 연구자들은 매우 정확하게 유전체를 편집할 수 있는 CRISPR-Cas9이 가능해지면서 이 목표물을 제거하고 진전된 성공적 치료를 앞당길 수 있길 희망한다.

**CHECK YOUR LEARNING**

- 생명공학이 어떻게 유전병과 감염병을 진단하는데 사용되는지 설명할 수 있는가?
- 형질전환생물이 의약품을 만드는데 어떻게 사용되는지와 그 예를 설명할 수 있는가?
- 유전병을 치료하기 위한 유전자 치료법의 과정과 장점을 설명할 수 있는가?

## 14.8 현대 생명공학의 주요한 윤리적 이슈는 무엇인가?

현대 생명공학은 인간의 삶과 지구상의 다른 많은 생물의 삶을 크게 바꾸는 미래의 희망 — 어떤 이는 위협이라 함 — 이다. 인류가 생명공학을 책임감 있게 다룰 수 있을까? 여기서 우리는 두 가지 중요한 이슈를 살펴볼 것이다: 농업과 환경생명공학에서 유전자변형생물체의 이용 그리고 빠르게 발전하는 인간을 유전적으로 변형시킬 수 있는 능력이란 도전이다.

### 유전자변형생물체를 허용해야 하는가?

현대 생명공학으로 형질전환 작물을 만드는 것은 농부에게는 명확한 이점이다. 제초제 저항성 작물은 농부가 제초제를 사용하여, 수확량을 10% 이상 증가시켜 준다. 곤충 저항성 작물은 합성 살충제의 사용을 감소하여 트랙터의 연료와 노동뿐만 아니라 살충제 자체 비용을 감소하게 한다. 그러므로 형질전환 작물은 더 적은 비용으로 더 많은 수확을 얻게 할 것이다. 그리고 이러한 이익은 소비자에게도 전달될 것이다. 형질전환 농작물은 기존의 표준 작물보다 더 많은 영양분을 가질 수도 있다(**그림 14-16**). 그러나 형질전환 작물의 장점에도 불구하고 많은 사람들은 이들이 인간 건강에 해롭거나 환경에 위험하지 않을까 하여 반대를 한다.

▲ **그림 14-16 황금 쌀** 세계의 많은 사람들이 비타민 A 결핍으로 고생한다. 황금 쌀의 개발자는 이 GMO가 언젠가 이 문제를 구제하는데 도움이 될 거라고 희망한다. 황금 쌀은 인체에서 비타민 A로 쉽게 전환되는 색소인 베타카로틴을 포함하도록 유전적으로 변형된 것이다. 황금 쌀은 베타카로틴 함량이 높기 때문에 밝은 노란색을 띤다. 정상적인 쌀은 베타카로틴이 없어 하얗다.

### GMO 식품은 먹기에 위험한가?

대부분의 경우, GMO를 먹어서 위험할거라 생각할 이유는 없다. 예로, 여러 연구에서 *Bt* 유전자의 단백질이 포유류에게 해롭지 않음을 보여주었고, 그래서 인류 건강에도 위험하지 않다는 것을 보여주었다. 성장 촉진된 가축이 시장에 나온다면, 그것은 형질전환이 되지 않은 동물에 존재하는 같은 단백질로 구성된 고기를 단지 더 많이 가지고 있을 뿐이며, 따라서 어떠한 것도 위험하지 않다. 미국식품의약국(FDA)은 AquaBounty사에서 개발한 형질전환 연어 살이 일반 대서양 연어 식품처럼 안전하다고 천명하였다. 살에는 야생 연어와 똑같은 단백질을 가지고 있다.

반면, 일부 사람들은 유전자변형식물에 대해 알레르기를 일으킬 수 있다. 1990년대, 콩 단백질의 아미노산 조성을 개선하기 위해 브라질 땅콩의 한 유전자를 콩에 삽입하였다. 그러나 브라질 땅콩에 알레르기를 일으키는 사람은 형질전환 콩에도 알레르기를 일으키는 것이 곧 발견되었다. 이러한 형질전환 콩은 결코 농장에서 재배될 일이 없을 것이다. 현재 미국식품의약국은 모든 새로운 형질전환 식물에 대해 알레르기 가능성 조사를 요구한다.

GMO 식품이 안전하지 않다는 우려는 많은 검사에도 불구하고 과학적 증거로 지지되지 않고 있다. 2016년에 미국과학, 공학, 의학협회는 "유전자조작(GE) 작물 식품은 조작하지 않은 작물의 식품보다 덜 안전하다는 증거는 없다"라고 과학적 문서로 상세한 개요를 발표하였다. 지난 15년이 넘는 기간 동안 미국과학발전협회(AAAS)와 국제보건기구(WHO) 그리고 많은 다른 건강 그리고 과학단체들에 의해 비슷한 성명이 발표되었다.

### GMO는 환경에 해로운가?

GMO의 환경적 영향은 훨씬 더 토론의 여지가 많다. *Bt* 농작물의 긍정적 효과의 하나는 농부들이 그들의 농장에 살충제를 덜 사용한다는 점이다. 이는 환경오염을 덜 일으키고, 농부에게는 덜 해롭다고 해석할 수 있다. 예를 들어 인도에서 *Bt* 목화를 재배한 농부들은 일반 목화를 재배한 농민보다 살충제를 절반 이하로 사용하였다. 미국에서 *Bt* 작물 경작의 증가는 살충제 사용을 감소시켜, 1995년부터 2015년 사이에 약 33%까지 떨어뜨렸다.

유전자변형 작물의 재배 시 원치 않는 하나의 부작용은 *Bt* 또는 제초제 저항성 유전자가 농상 밖으로 퍼질 수 있다는 것이다. 이들 유전자는 형질전환 작물의 유전체 내에 있기 때문에 유전자는 그 식물의 꽃가루에도 존재하게 되어, 농부는 형질전환 작물의 꽃가루가 어디로 갈지 조절할 수 없다.

만약 유전자가 형질전환 작물로부터 나오는 것이 문제가 될까? 많은 작물들 근처에는 야생 근연종들이 있을 것이다. 이러한 야생식물이 형질전환 작물의 꽃가루로 수분이 되면 제초제와 살충제에 저항성을 갖는 잡종이 생길 수 있다. 2006년에 연구자들은 형질전환 잔디 실험 경작지가 있는 오레곤으로부터 2마일 이상 떨어진 곳에서 제초제 저항 잔디를 발견하였다. 과학자들은 제초제 저항성 유전자가 꽃가루나 씨를 통해 옮겨졌다고 결론지었다. 그 이후로 제초제 저항성 유전자를 갖는 야생 식물들이 몇몇 다른 농경지에서도 발견되었다. 이렇게 우연히 생긴 야생 형질전환 식물들이 심각한 잡초 문제가 되지 않을까? 그것들이 곤충에게 덜 먹히므로 야생에서 다른 식물을 대체하지 않을까? 야생에 형질전환 작물과 가까운 유연종이 없다 할지라도, 박테리아나 바이러스들은 관련이 없는 식물 종 간에 유전자를 운반할 수도 있다. 바이러스가 원하지 않는 유전자를 야생식물 군집으로 퍼지게 할지도 모르지 않는가? 아무도 이러한 질문에 대한 답을 아는 사람은 없을 것이다.

## 인간의 유전체를 변형하는데 생명공학을 사용해야 하나?

의학생명공학자와 관련된 윤리적 고민은 오랫동안 존재한 주제에 더해 새로운 차원의 문제가 생긴 것이다. 예로서 사람들은 수십 년간 태아에 중요한 결함이 발견되었을 때 적절한 조치에 격렬하게 반대해 왔으며 출생 전 유전적 검사의 발전은 더 많은 수의 태아 질병을 발견하게끔 함으로써 이 논쟁을 격화시켰다. 그러나 생명공학의 발전으로 생기는 다른 윤리적 문제들은 전례가 없는 것이었다. 예를 들면, 사람은 그들 자손의 유전체를 변형해도 되는가에 대한 질문에 부딪칠 것이다.

시험관수정(IVF)을 한 사람들은 제한된 방법으로 자손의 유전자형을 선택해 왔다. 간단히, 난자는 체외에서 수정된 후, 자궁에 착상하기 전에 몇번 분열을 하고, 하나의 배아를 형성한다. 하나의 세포를 초기 배로부터 분리하고 유전체 염기서열을 결정할 수 있음으로 부모는 배가 유전적 결함을 가지고 있는지 알 수 있으며 결함이 없는 배아를 엄마에게 착상시킬 수 있다. 대부분의 국가는 이식 전 유전자 진단을 규제하며, 심각한 유전질환의 유무에 기초하여 배아 선택을 허용한다. 그러나 중요한 것은 이 과정이 피부나 눈 색깔, 잠재적인 신장과 운동 능력 같은 "선택적" 형질에 기초한 배아를 선택하는데 사용할 수도 있다는 것이다.

CRISPR-Cas9과 같은 유전자 편집 도구의 출현은 배아 선택을 둘러싼 문제를 더 도전적으로 다룰 수 있게 한다. SCID 치료를 위해 줄기세포 내에 유전자를 편집하는 데 사용한 동일한 기술은 사람 배아의 유전자를 바꾸는데 쓰일 수 있다(**그림 14-17**). 머지않아 인간 배아에 기능적 *CFTR* 대립유전자를 삽입하여 낭포성 섬유증을 예방하게 될 것이다. 이러한 인간 유전체의 변형이 윤리적인가? 지능을 높이고 유아 비만을 낮추는 것은 어떠한가? 더 크고 강한 풋볼 선수, 더 빠른 육상선수를 만드는 것은 어떤가? 유전자 편집 기술이 유전 질병을 치료할 수 있게 되면 이 기술이 선택적 목적으로 사용되는 것을 막기는 어려울 것이다. 누가 사용 여부를 결정할 것인가?

### CHECK YOUR LEARNING

- 왜 사람들이 농업에서 유전자변형생물의 사용을 반대하는지 설명할 수 있는가?
- 사람 배아의 유전체를 변형시키는 것이 윤리적일 수 있다고 생각되는 상황을 기술할 수 있는가?

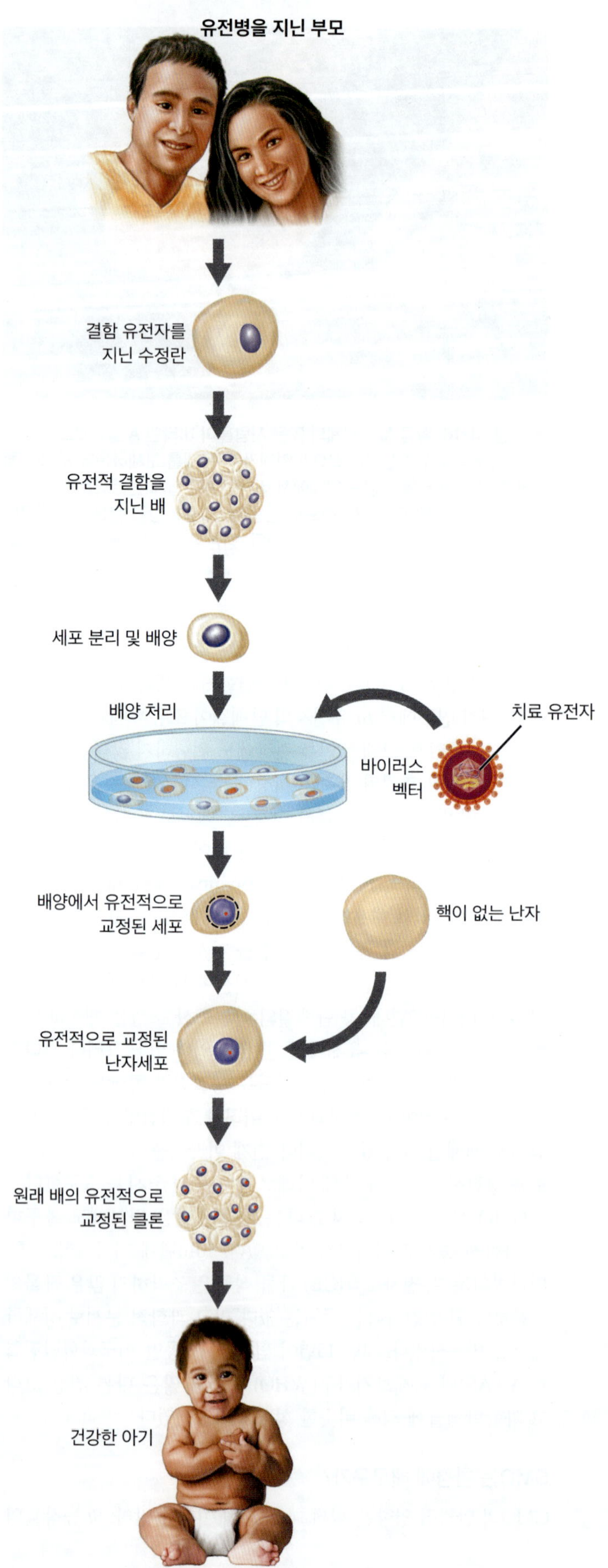


▶ **그림 14-17 인간 배에서 유전병을 고치기 위한 생명공학의 이용** 가설적인 예로, 심각한 유전병에 대한 대립유전자를 가진 부부가 아기를 가지길 원한다. 여자의 난자는 그 배우자의 정자와 시험관 수정을 할 수 있다. 결함 있는 유전자를 지닌 배아가 작은 세포 덩어리로 자라면 배아에서 단일 세포를 떼어내어 세포의 결함 대립유전자를 적합한 벡터(약화된 바이러스)를 이용하여 대체시킬 수 있다. 그리고 다른 난자세포(같은 엄마로부터 채취)의 핵을 제거한다. 유전적으로 수선된 세포를 핵이 제거된 난자로 주입한다. 교정된 난자세포는 몇 번 분열하게 한 다음 추가적인 발생을 위해 여자의 자궁으로 이식된다.

CASE STUDY REVISITED

## 유죄 또는 무죄?

▲ 그림 14-18 Mary Jane Burton

버지니아의 전임 주지사 Mark Warner는 버지니아주의 오래된 사건들에 대한 방대한 검토를 연구실 기술자인 한 여성, Mary Jane Burton이 지휘하도록 신임하였다(**그림 14-18**). 주 법의학 연구소에 근무하는 동안 그녀의 일은 지방 책임자에게 증거를 되돌려 주는 것이었다. 대개 이들은 사건이 종결되고 몇 년 안에 그것을 없애버린다. 그러나 Burton은 증거의 일부를 자신의 사건 파일에 보관했다. 아무도 그 이유를 알 수 없었다. Burton의 노력은 Thomas Haynesworth뿐만 아니라 Marvin Anderson, Julius Ruffin, Arthur Whitfield, Philip Thurman, Victor Burnette 그리고 Willie Davidson에게 새로운 삶을 열어 주었다. 1999년 사망한 Burton은 그녀의 족적을 위해 살지 않았지만, 이 남성들은 결코 그녀를 잊지 못할 것이다.

잘못된 유죄 판결이 DNA 증거로 항상 해결되지는 않는다. Thomas Haynesworth가 고소당한 두 건의 강간 사건에는 어떤 생물학적 증거도 발견되지 않았다. 중부-대서양 무죄 프로젝트 변호사 Shawn Armbrust와 전임 버지니아 법무장관 Ken Cuccinelli는 Haynesworth에 대해 "실제 무죄 판결"을 발표하고 공식적으로 모든 범죄를 기각하도록 법원에 지시했다. Cuccinelli는 Haynesworth를 고용해 법무부 장관실의 우편실에서 일하도록 했고, 그는 이제 그곳의 관리인이다. Haynesworth는 저지르지 않은 범죄로 기소되고 유죄 판결을 받은 사람들을 돕는 무죄 프로젝트의 자원봉사자로 활동 중이다.

**생각해 보기** 이 이야기에서 영웅은 누구인가? 분명한 것은 Mary Jane Burton이다. 그리고 자신이 저지르지 않은 범죄로 유죄 판결을 받은 300명이 넘는 사람들을 석방시키는데 도움을 준 무죄 프로젝트의 변호사들. 그리고 Thomas Haynesworth와 같이 억울하게 수감되었으나 지금은 열정적이고 생산적인 사회 일원인 사람들, 아니면 PCR을 개발한 분자생물학자 Kary Mullis는 어떤가? 또는 옐로스톤의 온천에 사는 고온 세균, *Thermus aquaticus*를 발견해 PCR를 위해 필수적인 고온 안정한 DNA 중합효소를 제공한 Thomas Brock은? 아니면 전기영동, DNA 표지 및 시료의 통계적 분석을 개발한 수백 명의 생물학자, 화학자 그리고 통계학자는? 과학자들은 과학은 그 자체로도 가치가 있으며, 어떤 발견이 인류를 위해 가장 큰 이득을 가져다 줄 것인지 예측하기 어렵고 불가능하다고 말한다. 비과학자들은 과학 프로젝트를 위한 비용을 지불할 것을 요구 받았을 때 그러한 요구에 대해 냉소적이다. 과학에 공적 지원이 할당되는 것에 대해 당신은 어떻게 생각하는가? 50년 전 온천에 어떤 종류의 생명체가 살고 있는지 연구하기 위한 Thomas Brock 재단에 공적 기금을 주는 것에 찬성 했겠는가?

# CHAPTER REVIEW

*비판적 사고와 생각해보기, 선택형문제, 빈칸채우기 질문에 대한 답은 이 책의 뒷부분에 있는 정답란에서 볼 수 있다.*

## 핵심개념의 요약

### 14.1 생명공학이란?

생명공학이란 유용한 산물이나 서비스를 위하여 생물체나 그 구성성분을 조작하거나 변형시키는 것을 말한다. 현대 생명공학은 DNA를 변형시키기 위해 유전공학을 사용한다. 이런 변형된 생물을 유전자변형생물(GMO)이라 부른다. 한 종에서 다른 종으로 DNA 전이와 같은 변형을 가했을 때 그 수여자를 형질전환생물이라 말한다. 현대 생명공학의 주요한 적용은 유전자 기능에 대한 우리의 이해를 증진하고, 질병을 치료하고, 농업을 개선하고, 범죄를 해결하는데 있다.

### 14.2 종간 DNA 재조합은 자연적인 과정인가?

DNA 재조합은 박테리아의 형질전환 같은 과정을 통해 자연적으로 일어난다. 박테리아는 형질전환을 통해 플라스미드나 다른 박테리아로부터 DNA를 얻는다. 바이러스는 그들의 숙주로부터 DNA 조각을 병합하고 그 DNA 조각을 같은 종이나 다른 종으로 전이한다.

### 14.3 DNA를 조작하는 주요 방법은?

중합효소연쇄반응(PCR)은 매우 적은 양의 DNA 특정 부분을 증폭시킨다. CRISPR-Cas9은 DNA를 정확하게 편집하는 분자적 도구이다. 이는 유전체의 특정 위치에 유전자를 불활성 시키거나 새로운 유전자를 삽입시킬 수 있다.

### 14.4 생명공학은 법의학에서 어떻게 이용되는가?

법의학에서 가장 일반적으로 사용하는 유전체 부분은 STR이다. 전기영동을 하면 개인의 STR을 크기별로 분리하고 각각의 STR 패턴을 만들 수 있다. 이를 DNA 프로필이라 한다. 유전체의 13 STR 부분에 기초하여 만든 DNA 프로필은 범죄 현장에서 발견된 DNA가 용의자의 DNA와 일치하는지 매우 정확하게 알려준다.

### 14.5 유전자변형생물은 어떻게 만드나?

형질전환생물을 만드는데는 3단계가 있다. 첫 단계는 원하는 유전자를 다른 생물로부터 얻거나 합성한다. 두 번째는 유전자를 수많은 복사본을 만들기 박테리아 플라스미드에 클로닝한다. 세 번째 단계는 유전자를 박테리아, 바이러스를 이용해 표적세포의 원형질막이 부서지도록 처리한 숙주생물로 삽입시킨다. 또는 세포(특히 수정란)로 주입을 하기도 한다.

### 14.6 유전자변형생물체가 어떻게 이용되는가?

많은 식용작물은 제초제 저항성이나 병충 저항성을 증진하는 유전자를 첨가하거나 필요한 형질이 증진되도록 유전체를 조작함으로써 변형시켰다. 유전자변형동물은 성장 촉진이나 양모처럼 값어치 높은 상품의 증산, 또는 감염에 대한 내성 등의 성질을 갖도록 변형시킨다. 미래에 유전자변형생물은 희귀종 집단의 복구, 오염 정화, 모기 매개 질병의 전파 차단 등에 더 많이 사용될 것이다.

### 14.7 생명공학은 의학에 어떻게 이용되는가?

유전병은 중요한 유전자의 결함 대립유전자에 의해 생긴다. PCR이나 제한효소, 전기영동, DNA 탐침, 염기서열분석, 그리고 마이크로 어레이 같은 생명공학 기술을 사용하면 낫형 적혈구증과 낭포성 섬유증 같은 유전병을 진단하고 감염 미생물의 종류도 진단할 수 있다. 형질전환 생물은 특정 유전병을 가진 사람을 치료하기 위해 호르몬이나 항체, 그리고 효소 같은 사람의 단백질과 의약품을 만드는데 사용된다. 유전자 치료는 환자 세포에 있는 손상되거나 결함 DNA를 수선하거나 대체시켜서 병을 치료한다.

### 14.8 현대 생명공학의 주요한 윤리적 이슈는 무엇인가?

농업에서 유전자변형생물의 사용은 두 가지 주요한 이유로 논쟁의 여지가 있다: 식품의 안정성 문제와 환경에 대한 잠재적 해로운 영향. 일반적으로 GMO는 포유류에 해가 없으며 비형질전환 식품에도 이미 존재하는 단백질을 포함한다. GMO가 환경에 미치는 영향은 더욱 예측하기 어렵다. 병충 저항성이나 제초제 저항성을 위한 유전자와 같은 외래 유전자가 야생식물에 전이될 수 있으며, 결과적으로 생태계의 파괴나 농업에 해가 될지도 모른다.

인간 배의 유전적 선택이나 변형은 매우 많은 논쟁의 여지가 있다. 기술이 발달하면서, 사회는 부모들이 어느 선까지 자녀들의 유전체를 수정하거나 향상하는 것을 허락해야 할 것인지 결정하는 데 직면하게 될 것이다.

## 개념을 통한 이해

### 선택형 문제

**1.** 중합효소연쇄반응(PCR)
   a. 특정 DNA 서열의 다수 복사본을 만든다.
   b. DNA 염기서열을 분석하는 방법이다.
   c. 유전체를 편집하는 기술이다.
   d. 특정 유전자가 발현되는지를 확인하는데 사용한다.

**2.** 엄마와 그녀의 자녀들의 STR 패턴을 나타내는 DNA 프로필을 가정하자. 자녀 DNA의 모든 밴드는 엄마의 밴드와 일치하는가?
   a. 그렇다. 엄마와 그녀 자녀의 DNA는 동일하기 때문이다.
   b. 그렇다. 자녀는 엄마의 난자로부터 발생했기 때문이다.
   c. 아니다. 자녀 DNA의 절반은 아빠로부터 유전됐기 때문이다.
   d. 아니다. 자녀 DNA는 엄마 DNA로부터 무작위적으로 선택되었기 때문이다.

**3.** 가장 널리 경작되는 형질전환 작물은 어떻게 변형한 것일까?
   a. 더 맛있게
   b. 영양분이 더 많게
   c. 제초제와 해충에 내성을 가지게
   d. 더 빨리 성장하게

**4.** 제한효소는
   a. 특정 뉴클레오타이드 서열의 DNA를 절단한다.
   b. 염기서열과 무관하게 DNA를 절단한다.
   c. 특정 염기서열의 DNA를 이어 붙인다.
   d. 염기서열과 관련 없이 DNA를 이어 붙인다.

**5.** DNA 클로닝은
   a. DNA를 mRNA로 전사하는 것.
   b. 다수의 DNA 조각의 복사본을 만드는 것.
   c. DNA를 세포 내로 삽입하는 것.
   d. 한 가닥의 DNA 염기서열을 변화시킨다.

### 빈칸 채우기

**1.** ___________은 (재조합 DNA 기술을 이용하여) 변형된 DNA나 다른 종으로부터 추출한 DNA ___________를 갖는 생물체이다.

**2.** ___________은 박테리아가 그들의 환경으로부터 DNA를 얻는 과정이다. 이 DNA는 염색체의 ___________ 일부 또는, ___________라 불리는 작은 원형의 DNA일 수도 있다.

**3.** ___________은 실험실에서 DNA를 증폭시키는 기술이다.

**4.** 법의학에서 DNA 시료를 매칭시킬 때 ___________라 불리는 특별히 작은 유전자 세트를 사용한다. 사람마다 이 유전자의 대립유전자는 무관한 사람 간에는 ___________에 있어 다르다. ___________한 사람이 지닌 이 대립유전자들의 패턴을 그의 또는 그녀의 ___________이라 부른다.

**5.** DNA 조각들은 ___________라 불리는 과정에 의해 크기에 따라 분리될 수 있다. 특정 DNA 시료의 동정은 합성한 DNA 조각을 ___________에 의해 시료 DNA와 결합시켜 결정한다.

### 복습문제

**1.** 유전자 재조합의 두 가지 자연적 형태를 적고, 재조합 DNA 기술과 이러한 자연적 형태의 유전자 재조합의 유사점과 차이점을 설명하라.

**2.** 플라스미드란 무엇인가? 플라스미드는 박테리아의 형질전환에 어떻게 관여하는가?

**3.** 제한효소는 무엇인가? 어떻게 제한효소가 인간 DNA 조각을 플라스미드 내로 넣는데 사용되는가?

**4.** PCR에 대해 설명하라.

**5.** CRISPR-Cas9 기술을 어떻게 작동하는지 설명하라.

**6.** STR(short tandem repeat)이란 무엇인가? STR이 어떻게 법의학에 사용되는가?

**7.** 어떻게 젤 전기영동은 DNA 조각을 분리하는가?

**8.** 농업에서의 유전공학의 사용을 몇 가지 설명하라.

**9.** 인간의 의료에 유전공학의 사용 몇 가지를 설명하라.

**10.** 장점과 단점을 포함하여 양수천자와 융모막융모 샘플링을 설명하라. 이것들의 의학적 용도는 무엇인가?

## 개념의 적용

1. 많은 곤충들은 살충제에 대한 저항성을 갖게 진화해 왔다. 당신은 곤충이 *Bt* 작물에도 저항성을 갖게 진화할 것이라 생각하는가? 그럴 위험이 있다면, *Bt* 작물을 재배해야 한다고 생각하는가? 왜 그렇다고 또는 그렇지 않다고 생각하나?

2. 중증복합면역결핍증의 하나인 X-연관 SCID는 X 염색체에 있는 유전자가 결함 열성 동형접합자일 때 생긴다. X-연관 SCID를 가지고 태어난 아이는 모두 남자다. 왜 그런지 설명하라.

"... 매우 간단한 것으로부터
시작되어 끝없는 진화를 통해
현재의 아름답고 경이로운
생명체가 되었다."
— 찰스 다윈, 「종의 기원」 중에서

# UNIT 3
# 진화와 생명체의 다양성

이 사진에서 보여주는 아프리카 사마귀를 포함한 지구상의 모든 종은 하나의 공통조상의 후손이라는 것으로 서로 연결되어 있다.

# 15

# 진화의 원리

이 거대하고 날 수 없는 타조는 진화의 유산인 날개를 가지고 있다.

CASE STUDY

## 사랑니와 타조 날개의 좋은 점은 무엇일까?

여러분은 사랑니를 진즉 뽑았는가? 만일 뽑지 않았다면 그것은 아마도 시간이 없었기 때문일 것이다. 우리는 대부분 치과의사를 찾아가 사랑니를 뽑는다. 우리의 턱에는 제일 안쪽 뒤에 있는 사랑니를 위한 공간이 없으며, 따라서 사랑니가 나오면서 생기는 통증, 감염 그리고 잇몸질환의 예방에 가장 좋은 방법은 사랑니를 뽑는 것이다. 사랑니는 실제 필요하지 않고 쓸모가 없어서 제거해도 해가 없다.

만일 사랑니를 뽑는 동안 이미 고생한 경험이 있다면, 왜 우리는 쓸모없는 사랑니를 갖고 있을까 하고 궁금할 것이다. 생물학자들은 우리의 유인원 선조들이 그것을 가졌고, 우리가 그것을 물려받았기 때문에, 사랑니가 필요는 없지만 갖게 되었다고 가정한다. 원숭이 같은 현존하는 다른 종들도 사랑니를 갖고 있는데 이들은 조상들이 지녔던 기능이 보존되어 있다. 인간의 사랑니는 원래의 기능을 잃었지만, 유인원한테 사랑니가 아직 존재한다는 사실은 인간과 유인원이 공통조상에서 갈라져 나왔다는 것을 입증해 준다.

본래의 기능을 수행하지 못하는 구조와 진화적 혈통 사이의 연결 고리를 보여주는 훌륭한 예는 날지 못하는 새들에게서 볼 수 있다. 키가 2.4미터이고, 몸무게가 145kg인 타조를 생각해 보라(위 사진을 보라). 이 거대한 새는 날지 못하지만, 참새와 오리처럼 날개를 갖고 있다. 왜 타조는 날개를 갖고 있을까? 현존하는 모든 새의 조상은 날개를 가졌고 마찬가지로 날 수 없는 후손까지도 모두 날개를 가지고 있다. 많은 다른 생명체들은 타조나 인간같이 원래의 기능을 할 수 없는 것들을 조상으로부터 물려받아 가지고 있다. 이러한 관찰이 진화에 대해서 무엇을 시사하고 있는가? 우리에게 진화가 일어났다는 것을 보여주고 또 진화를 일으키는 메커니즘을 밝혀줄 다른 증거는 어떤 것이 있나?

## 주요내용



## 15.1 진화론적 사고는 어떻게 발전되었는가?

생물학을 공부하기 시작했을 때, 당신은 사랑니와 타조의 날개 사이의 연관성을 보지 못했을지도 모른다. 그러나 모든 생물학을 통합하는 개념, 즉 개체군의 특징이 시간이 지나면서 변화하는 **진화(evolution)** 개념에서 보면 그 둘 사이에는 연관성이 존재한다.(한 **개체군(population)**은 특정 지역에 서식하는 한 종에 속한 모든 개체로 구성된다.)

현대 생물학은 생물이 진화해 왔다는 이해에 기초를 두고 있지만, 초기의 과학자들은 이 기본 원리를 인식하지 못했다. 진화 생물학에 관한 주요 개념들은 19세기 후반, 찰스 다윈의 연구물이 출판된 이후에 널리 받아들여졌다. 그럼에도 불구하고 진화 생물학의 주요 개념들에 대한 지적 기반은 다윈 시대 이전부터 수 세기에 걸쳐 서서히 발전되어 왔다.

### 초기의 생물학적 사고에는 진화의 개념이 포함되지 않았다

신학의 영향을 많이 받은 다윈 이전의 과학자들은 신(God)이 모든 생물을 동시에 창조한 것으로 생각하였으며 각각의 고유한 생물들은 창조된 후 변하지 않고 고정된 상태로 유지된다고 생각하였다. 생물의 다양성에 대한 이와 같은 해석은 고대 그리스의 철학자, 특히 플라톤과 아리스토텔레스에 의해 고상하게 표현되었다. 플라톤(B.C.427-347)은 지구상의 각각의 사물은 단지 그 사물의 신성한 "이상적 형상"의 일시적인 반영이라고 주장하였다. 플라톤의 제자 아리스토텔레스(B.C.384-322)는 모든 생물을 "자연의 사다리"라 불리는 직선형 분류 체계로 분류하였다 (**그림 15-1**).

이러한 생각들은 각각의 생물들의 형태는 영원히 고정된 것이라는 관점의 기초를 형성하였다. 이러한 관점은 반론없이 약 2,000년 동안 지속되었다. 그러나 18세기에 이르러, 새롭게 나타난 여러 증거에 의해 창조에 대한 이러한 고정적인 관념의 지배가 퇴색되기 시작하였다.

### 새로운 지역의 탐험이 놀라울 정도로 다양한 생물들의 존재를 밝혀냈다

아프리카, 아시아, 아메리카 지역을 탐험하고 식민지로 만든 유럽인들은 종종 박물학자들을 동반하여 유럽에는 알려지지 않은 미지의 지역에 서식하는 동·식물을 관찰하고 수집하였다. 1700

▲ **그림 15-1 아리스토텔레스의 "자연의 사다리"** 아리스토텔레스의 견해에 따르면, 고정되고 변하지 않는 종은 완벽함에 근접한 순서(열등한 형은 아래, 우월한 형은 위)에 따라 배열될 수 있다.

년대까지 박물학자들의 관찰과 수집물들이 쌓이면서 생물의 다양성이 드러나기 시작하였다. 누구도 예측하지 못했을 만큼 훨씬 많은 수의 종이나 다른 유형의 생물들이 존재하고 있었다.

놀라울 정도로 다양한 종류의 생물들이 존재한다는 새로운 증거들에 자극을 받아 18세기의 일부 박물학자들은 흥미로운 양식(패턴)들을 주목하기 시작하였다. 예를 들어, 각각의 지리적 지역에는 그곳 특유의 종들이 있음을 알게 되었다. 또 박물학자들은 일부 특정 지역에 사는 몇몇 종들은 서로 닮았지만, 몇 가지 특징은 서로 다르다는 것을 관찰하였다. 그 당시의 일부 학자들에게는 서로 다른 지리적 지역의 종들 사이의 차이점과, 같은 지역에서 유사한 종들의 무리가 발견된다는 사실은 종은 고정되어 있고 변하지 않는다는 생각에 부합하지 않은 것으로 보였다.(다음의 역사적 설명을 읽으면서 **그림 15-2**에 있는 연대기를 참고하고 싶을 것이다.)

뷔퐁
(종은 창조되었고
그 후 진화했다)
휴튼
(점진적인 지질학적
변화)
라마르크
(종 변화의 메커
니즘)
쿠비에르
(계속적인 재앙)
스미스
(화석들의 서열)
리엘
(매우 오래된 지구)
다윈
(진화, 자연선택)
월러스
(진화, 자연선택)
1700 1750 1800 1850 1900

◀ **그림 15-2 진화론적 사고의 기원에 관한 연대기** 각 사각형의 길이는 현대 진화생물학의 발전에 있어 중요한 역할을 한 인물들의 수명을 나타낸 것이다.

## 일부 과학자들은 생물이 진화했다고 생각하였다

18세기 일부 과학자들은 시간이 지나면서 종이 변해왔다고 생각하기 시작했다. 예를 들어, 뷔퐁 백작(Comte de Buffon)이라는 경칭으로 알려진 프랑스 박물학자 르클레르(Georges Louis LeClerc; 1707-1788)는 태초에 창조를 통하여 소수의 기본적인 종이 탄생하였고, 그 후 아마도 새로운 지역으로 이동한 후 몇몇 종은 "개량"되었거나 "퇴화"하였다고 제안하였다. 즉, 뷔퐁은 종들은 오랜 기간에 걸쳐 자연적인 과정을 통하여 변해왔다고 제안하였다.

## 화석의 발견은 오랜 기간에 걸쳐 생물들이 변해왔음을 보여줬다

뷔퐁과 그 당시의 일부 학자들이 새로운 생물학적 발견이 내포하고 있는 의미에 관심을 기울임에 따라 지질학의 발달은 종이 영원히 고정되어 있다는 생각에 의문을 더욱 낳게 하였다. 특히, 도로, 광산과 운하를 만들기 위해 땅을 파는 동안 살아있는 생물들 일부를 닮은 바위 조각들의 발견이 매우 중요하였다. 15세기부터 이런 바위 조각들을 알아 왔으나 대부분 사람은 처음에는 이 바위 조각들이 바람이나 물, 또는 사람들이 생명체의

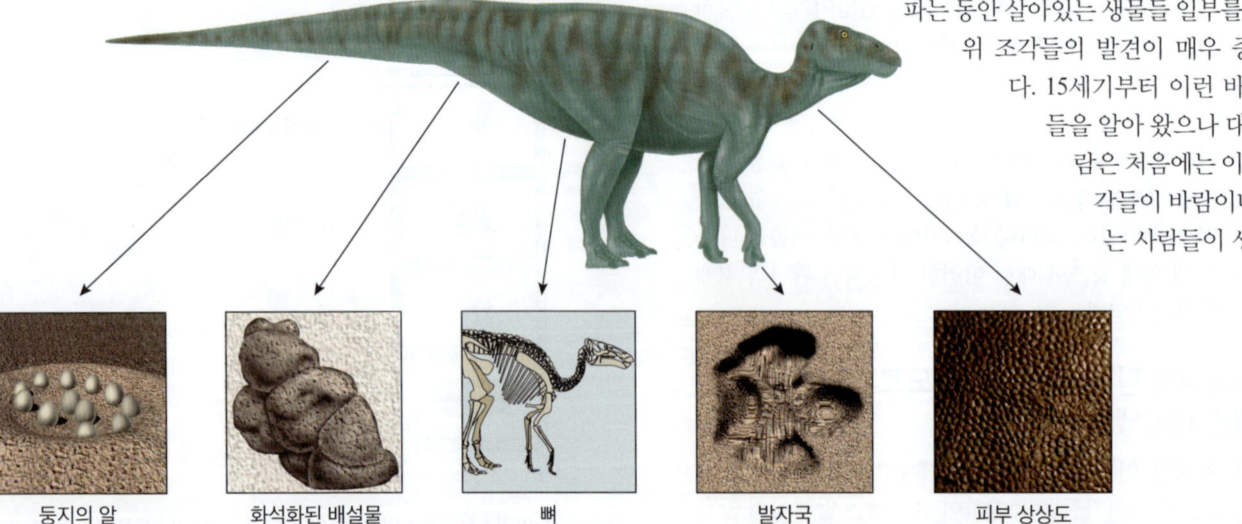


▲ **그림 15-3 화석의 종류** 보존된 생물체의 어느 일부나 흔적도 화석이다.

형태로 조각해 놓은 평범한 바위로 생각하였다. 생명체 형태의 더 많은 바위가 발견되면서 이것들이 생명체가 오래전에 죽었지만 보존된 잔재이거나 흔적인 **화석(fossils)**이라고 확신하였다(**그림 15-3**). 많은 화석은 뼈, 나무, 조개껍데기이거나 그것들이 진흙 속에서 굳어버리거나 바위로 변한 흔적들이다. 화석들은 발자국, 구멍, 발아된 씨앗, 알과 대변과 같은 보존된 흔적들을 포함하기도 한다.

19세기 초, 일부 선도 연구자들은 화석이 바위에 분포하게 된 방법이 매우 중요하다는 것을 깨달았다. 많은 바위가 층을 이루고 있으며 새로운 층은 오래된 층 위에 존재한다. 바위층과 그 속에 묻힌 화석을 연구한 영국의 탐험가 윌리엄 스미스(William Smith; 1769-1839)는 특정 화석들이 언제나 바위의 같은 층에 있음을 알아냈고, 더 나아가 서로 다른 지역에서도 화석과 지층의 구성은 항상 일정함을 밝혔다: 가장 오래된 지층에서는 항상 C 화석이, 그 위에 형성된 중간 지층에서는 항상 B 화석이, 그리고 상위 지층에는 항상 A 화석이 발견되는 것과 같은 것이다.

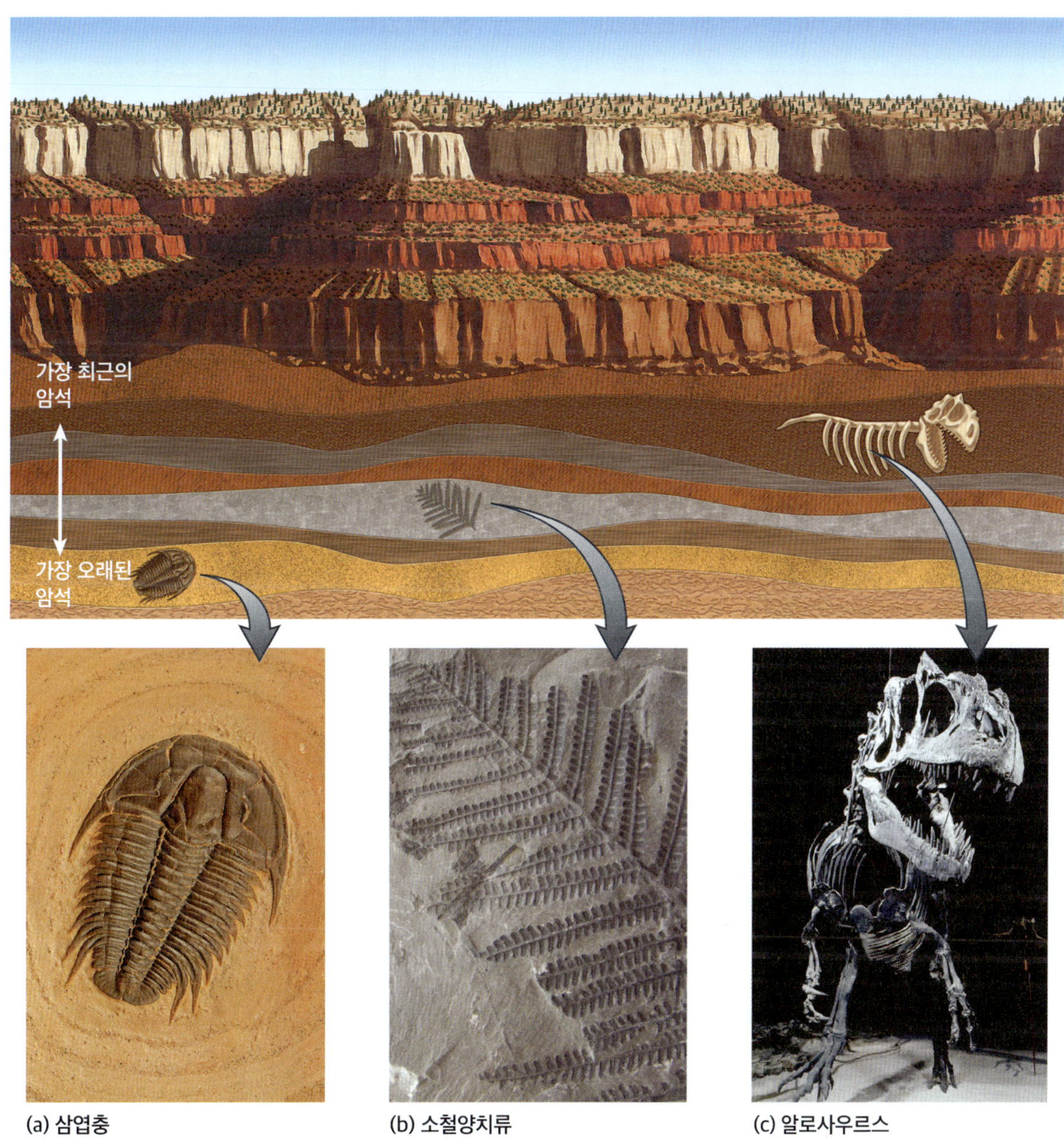


▲ **그림 15-4 서로 다른 화석들이 서로 다른 지층에서 발견된다** 화석은 현존하는 생물체가 한 번에 모두 창조되지 않고, 진화 과정에서 시간이 흐르면서 생겼다는 주장을 적극 지지해 준다. 만일 모든 종이 동시에 창조되었다면 가장 오래된 생명체인 삼엽충**(a)**이 가장 오래된 종자 소철양치류**(b)**보다 더 오래된 암석층에서 발견되거나, 소철양치류가 알로사우르스(Allosaurus) 같은 공룡**(c)**보다 더 오래된 지층에서 발견되는 것을 기대할 수 없을 것이다. 삼엽충은 약 5억2천만 년 전에, 소철양치류(실제로 양치류는 아니나 양치류 형태의 관엽 식물)는 약 3억8천만 년 전에, 공룡은 약 2억3천만 년 전에 처음으로 나타났다.

또 당시의 과학자들은 화석 잔해물이 명백한 진행 과정을 보여준다는 것을 발견하였다. 가장 오래된 깊은 층에서 발견되는 대부분 화석은 현존하는 생물과 아주 다르며 현존하는 생물과 닮은 정도는 최근에 형성된 암석으로 갈수록 점진적으로 증가했다(**그림 15-4**). 그중 많은 화석은 멸종된, 즉, 지구에 더는 살지 않는 식물 또는 동물 종으로부터 유래한 것이다.

이러한 사실을 종합하여 일부 과학자들은 부정할 수 없는 하나의 결론에 도달하였다: 과거에 시기마다 서로 다른 형태의 생물들이 살았다.

## 일부 과학자들은 화석을 비진화론적으로 설명했다

화석의 증거가 증가하였음에도 불구하고, 그 당시의 많은 과학자는 종이 변하고 시간이 지남에 따라 새로운 종이 나온다는 주장을 인정하지 않았다. 하나의 신에 의한 창조론을 믿으면서 멸종된 종을 설명하기 위하여, 조지 쿠비에르(Georges Cuvier. 1769- 1832)는 격변설(*catastrophism*)을 제안하였다. 프랑스의 해부학자이며 고생물학자였던 그는 태초에 엄청난 수의 종이 창조되었다고 가설을 세웠다. 그리고 계속되는 재앙(성경에 서술된 대 홍수 같은)은 지층을 형성하였고 많은 생물을 죽였으며, 이 와중에 그들 잔해의 일부가 화석이 되었다는 것이다. 현대의 생명체들은 그 재앙에서 살아남은 생물종들이라고 생각하였다.

## 지질학은 지구가 아주 오래되었다는 증거를 제공했다

계속되는 재앙에 의해 세상이 변했다는 쿠비에르의 가설은 지질학자 리엘(Charles Lyell, 1797-1875)의 연구로 도전을 받았다. 리엘은 선배 학자 제임스 휴튼(James Hutton, 1726-1797)의 생각을 기초로 바람, 물, 화산의 힘을 생각했으며, 지질학의 발견을 설명하기 위하여 대재앙들을 빌릴 필요가 없다고 결론지었다. 강물이 흘러넘치면 퇴적층이 쌓이지 않을까? 용암이 흘러 현무암층이 생기지 않는가? 암석층은 오랜 시간에 걸쳐 반복되는 자연적 과정이라고 결론 내리지 못할까? 이 개념 – 즉 우리가 보고 있는 현재의 지구 모습은 계속적이며 점진적인 과거의 지질학적 작용으로 생성된 것이다 – 은 동일과정설(*uniformitarianism*)이라 불린다. 그 시대 과학자들이 이 개념을 용납한다는 것은 지구가 아주 오래되었음을 내포하기 때문에 매우 강한 충격이었다.

동일과정설을 지지하는 리엘의 증거가 발표된 1830년 이전까지, 지구의 나이가 수천 년에 불과하다는 것을 의심하는 과학자는 거의 없었다. 예를 들어, 구약성서의 창세기에는 지구의 나이가 최대 4,000~6,000년이다. 이렇게 지구의 나이가 젊다면 생명체가 진화해 왔다는 생각은 많은 문제를 낳는다. 예를 들어, 아리스토텔레스와 같은 고대의 작가들이 기록한 늑대, 사슴, 사자나 다른 동물들은 2,000년 이상 지난 당시 유럽에 살던 동물들과 똑같았다. 만약 생물들이 이 기간 거의 변하지 않았고, 지구의 역사가 아리스토텔레스 시대 이전의 2,000-3,000년 전에 창조되었다면, 완전히 새로운 생물들이 어떻게 나타날 수 있었겠는가?

그러나 리엘이 제안했듯이, 만일 수백 미터의 두께를 가진 암석층이 자연과정에 의해 서서히 만들어졌다면 지구의 나이는 수백만 년 정도 되어야 한다. 리엘은 사실 지구의 나이가 영원하다고 결론지었다(현대 지질학자들은 지구의 나이가 약 45억 년 전이라고 추정한다. 18장에 나오는 "Doing Science: 화석의 연대 발견" 참조).

리엘(그리고 현명했던 그의 선배 휴튼)은 진화가 일어날 수 있는 충분한 시간이 있었음을 보여주었다. 그렇다면, 진화의 메커니즘은 무엇인가? 어떤 과정이 진화를 일으키는가?

## 다윈 이전의 일부 생물학자도 진화에 대한 메커니즘을 제시하였다

진화에 대한 메커니즘을 주장한 최초의 과학자 중 한 명이 프랑스 생물학자 라마르크(Jean Baptiste Lamarck, 1744-1829)였다. 라마르크는 암석층들 사이의 생명체들의 일련성에 영감을 받았다. 그는 오래된 화석일수록 간단하고, 젊은 화석은 더 복잡하며 현존하는 생명체와 비슷하다는 사실을 관찰하였다. 1809년 라마르크는 획득형질의 유전(inheritance of acquired characteristics)을 통해 진화가 일어난다는 가설을 제시한 서적을 출판하였다. 획득형질의 유전이라는 것은 '살아있는 생명체는 신체 일부를 사용하거나 사용하지 않음으로써 변화하며, 이러한 변화는 자손에게 유전된다'는 것이다. 왜 몸은 변화될까? 라마르크는 모든 생물은 완벽함을 향한 선천적인 욕구가 있다고 주장하였다. 예를 들어, 고대의 기린은 더 많은 먹이를 구하기 위해 더 높은 곳에 있는 잎사귀를 향해 목을 뻗었을 것이며, 따라서 그들의 목은 약간 길어졌을 것이다. 그들의 자손은 더 길어진 목을 물려받았을 것이며, 자손들도 더 높은 곳에 있는 잎사귀를 향해 더 뻗었을 것이다. 결국, 이러한 과정을 거쳐 매우 긴 목을 지닌 현대의 기린으로 되었을 것이다.

오늘날, 우리는 어떻게 유전이 일어나는지 이해하고 있으며, 라마르크가 주장한 진화 과정이 그가 설명한 것처럼 작용하지 않다는 것을 알고 있다. 획득형질은 유전되지 않는다. 아버지가 힘이 세 쇳물을 펌프질한다는 것이, 그의 자식이 보디빌더 챔피언처럼 보일 수 있다는 것을 뜻하지 않는다. 그러나 라마르크가 살았던 시대에는 유전법칙이 아직 발견되지 않았음을 기억하라(멘델은 라마르크가 사망하기 불과 몇 년 전에 태어났으며 완두콩을 가지고 연구한 유전법칙은 1900년까지는 보편적으로 인정받지 못했다-11장 참조). 그렇지만 유전이 진화에 중요한 역할을 한다는 라마르크의 식견은 진화의 메커니즘을 발견한 후대의 생물학자들에게 많은 영향을 미쳤다.

## 다윈과 월러스는 진화에 대한 메커니즘을 제시하였다

1800년대 중반에 이르러, 현존하는 생명체가 이전의 종으로부터 진화되었다고 생각하는 생물학자들이 늘어났다. 그러나 어떤 방법으로 말인가? 1858년 다윈(Charles Darwin)과 월러스(Alfred Russel Wallace)는 각각 독립된 연구 끝에 단순하지만 강력한 과정에 의해 진화가 진행된다는 확실한 증거를 제시하였다.

(a) 지상형 대형 핀치새-
대형 종자에 적합한 부리

(b) 지상형 소형 핀치새-
소형 종자에 적합한 부리

(c) 와블러 핀치새-
곤충을 잡는데 적합한 부리

(d) 채식성 나무 핀치새-
나뭇잎을 먹는데 적합한 부리

◀ **그림 15-5 갈라파고스 군도에 서식하는 다윈의 핀치새** 다윈은 갈라파고스 군도에 서식하는 핀치새의 근연종들을 연구하였다. 각각의 핀치새 종들은 서로 다른 먹이를 먹도록 적응되었고 각각 특징적인 크기와 형태의 부리를 가지고 있다. 그 이유는 과거의 개체 중 각 지역의 먹이 자원을 찾는데 가장 적당한 부리를 가진 개체들이 덜 적당한 부리를 가진 개체들보다 많은 자손을 낳았기 때문이다.

비록 두 과학자의 사회적, 교육적 배경은 아주 달랐지만, 다윈과 월러스는 어떤 면에서는 공통점을 갖고 있었다. 둘 다 열대지방을 두루 여행하면서, 그곳에 서식하는 동·식물을 연구하였다. 그들은 일부 종들의 경우, 단지 몇 가지 특징만 다르다는 점을 발견하였다(**그림 15-5**). 그리고 그들은 그 지역에서 발견된 화석들이 시간이 지남에 따라 점점 복잡해지는 것을 잘 알고 있었다. 마지막으로 그들은 둘 다 지구가 아주 오래되었다고 제안한 휴튼과 리엘의 연구내용을 잘 알고 있었다. 이러한 상황들이 다윈과 월러스에게 종은 시간이 지나면서 진화한다는 것을 각인시켰다. 두 과학자는 그러한 진화의 변화를 일으키는 메커니즘을 찾고 있었다.

둘 중에서 다윈이 먼저 1842년에 간략하게 기술하였고 1844년에 좀 더 자세한 설명을 한편의 글을 통해 진화에 대한 메커니즘을 제안하였다. 그는 그 글을 몇몇 동료들에게 보여주었으나 혹 발표된 후에 야기될 수 있는 논쟁이 두려웠기 때문에 논문을 학술지에 투고하지는 않았다. 역사가들은 만약 다윈이 16년 후 월러스가 작성한 논문 초고 – 다윈 자기의 생각과 놀라울 정도로 비슷한 내용 – 를 받지 않았다면 다윈은 영원히 그의 진화론에 대한 견해를 발표하지 않았을지도 모른다고 생각한다. 다윈은 더는 논문 발표를 지체할 수 없다는 것을 깨달았다.

1858년 런던의 린네학회에 제출된 내용이 유사한 각각의 논문에서 다윈과 월러스는 각각 진화에 대한 같은 메커니즘을 서술하였다. 처음에는 그들의 논문이 큰 영향을 미치지 못했다. 사실 그 학회의 간사는 연차보고서에서 그해에 관심을 유발하는 논문이 없다고 썼다. 다행히 다음 해인 1859년에 다윈은 어떻게 종이 나타나는가에 대한 새로운 이론으로 많은 관심을 끈 불멸의 업적,「자연선택을 통해 본 종의 기원에 대하여」(On the Origin of Species by Means of Natural Selection; 이하 종의 기원)을 출판하였다(다윈의 생애를 알기 위해 "Doing Science: 찰스 다윈과 흉내지빠귀"를 보라.)

**CHECK YOUR LEARNING**

- 진화 이론의 발전에 기틀을 마련한 사고들을 제시한 과학자들을 식별할 수 있는가?
- 이 과학자들의 중요한 사고들을 설명할 수 있는가?
- 진화를 정의할 수 있는가?

## 15.2 자연선택은 어떻게 작용하는가?

생명체의 어마어마한 규모의 다양성은 각 세대의 개체들이 바로 이전의 세대 구성원들과 약간 달라지는 과정을 통하여 생긴다고 다윈과 월러스는 제안하였다. 오랜 시간 동안 이러한 작은 차이

# Doing Science 찰스 다윈과 흉내지빠귀

Charles Darwin

흉내지빠귀가 어떻게 진화의 핵심 증거를 제공했을까? 이야기는 다윈이 22살이었던 1831년에 시작되는데, 당시 다윈은 비글호(H.M.S Beagle)의 공식 박물학자의 자격을 얻었다. 비글호는 곧 남아메리카 대륙의 해안과 세계를 일주하는 5년간의 측량 탐험을 떠나게 되었다.

다윈의 임무는 지질학적, 생물학적 표본을 관찰하고 수집하는 것이었다. 비글호는 남아메리카 해안을 따라 여러 번 정박하였다. 그러나 아마도 가장 의미가 있는 정박은 갈라파고스 군도에서 보낸 한 달이었을 것이다.

## 질문은 무엇인가?

비록 다윈의 초기의 과학적 임무는 그가 마주친 자연경관과 생물을 가능한 한 많이 수집하는 것이었지만, 그의 관찰은 많은 의문을 던졌다. 예를 들면 어떻게 해서 종들은 그가 관찰했던 특정한 형태로 분포하게 되었는가라고 다윈은 의아했다. 특히 갈라파고스 군도에 분포하는 여러 종류의 흉내지빠귀가 그의 흥미를 끌었다(**그림 E15-1**).

## 증거는 어떻게 수집되었는가?

비글호가 갈라파고스 군도에 도착했을 때 다윈이 방문한 첫 번째 섬은 챠탐섬이라고 불리는 곳이었다. 그는 그 섬의 흉내지빠귀들이 남아메리카 대륙에서 관찰했던 흉내지빠귀들과 다르다는 것을 알았다. 얼마 후 챨스섬을 방문한 다윈은 그 섬의 흉내지빠귀들이 이웃 섬인 챠탐섬의 흉내지빠귀들과 여러 면에서 다르다는 것을 발견하고 놀랐다. 그리고 계속해서 제임스섬의 흉내지빠귀들이 다른 섬들의 어떤 흉내지빠귀들과도 다르게 보인다는 것을 발견하였다.

다윈은 섬마다 다른 흉내지빠귀들이 살고 있다는 발견에 깜짝 놀랐고 영감을 받았다. 그는 또 군도의 코끼리거북들이 섬마다 모두 다르다는 보고에도 놀랐다. 다윈은 거북이와 흉내지빠귀들 사이의 차이들이 그들이 각각 다른 섬에 고립된 후에 나타난 것은 아닐까 하는 의문을 갖게 되었다.

## 무엇을 배웠는가?

갈라파고스 군도를 떠난 몇 주 후에 본인이 관찰한 것들에 대해 몰두하고 있던 다윈은 "종의 안정성을 약화시키는 사실들"이라고 기고하였다. 이 잡지의 도입부는 다윈이 종이 시간이 지남에 따라 변할 수 있다는 잠정적인 결론을 처음으로 내렸다는 것을 나타내고 있다.

비글호가 런던으로 돌아간 1836년 다윈은 여러 부류의 전문가들에게 그가 탐험 중에 수집한 표본들을 검토해 주기를 부탁했다. 조류학자인 고울드(John Gould)는 다윈이 가져온 조류 표본을 연구한 후 다윈이 수집한 흉내지빠귀들(세 개의 다른 섬에서 서식하고 있었던)은 세 개의 서로 다른 종이라고 판정하였다. 오로지 다윈의 체계적인 수집과 면밀한 기록 때문에 가능했던 이 결론은 다윈 진화에 대한 사고의 전환에 결정적 증거의 하나가 되었음이 틀림없다. 몇 달 후 잡지에 작은 나무 모양의 도식을 그렸는데 이 그림은 종들은 공통조상으로부터 유래한 혈통으로 서로 연관되어 있다는 그의 생각을 표현한 것이다(**그림 E15-2**).

**비판적 사고** 갈라파고스의 흉내지빠귀들의 경우 서로 가까운 섬에 서식하는 개체들은 멀리 떨어진 섬에 사는 개체들보다 유전적으로 더 가깝다는 것을 최근의 연구를 통해 밝혀냈다. 이 정보로부터 갈라파고스의 흉내지빠귀들의 진화적 역사에 대해 어떤 결론을 내릴 수 있나요?

▲ **그림 E15-1 갈라파고스의 흉내지빠귀들** 갈라파고스 군도의 각각의 섬들에는 각각 고유한 종의 흉내지빠귀들이 서식한다. 다윈과 그의 동년배인 고울드는 3개의 종을 기술했는데 현대의 조류학자들은 4개의 종을 확인하였다. 왼쪽 위로부터 시계방향으로: 갈라파고스, 후드, 챨스, 챠탐 흉내지빠귀들.

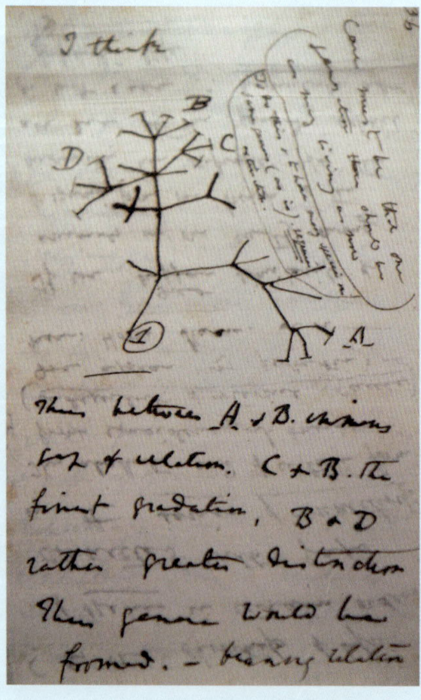


◀ **그림 E15-2 다윈의 공책에 있는 묘사(1837년)**

가 누적되어 주된 형질전환체가 만들어진다.

## 다윈과 월러스의 이론은 4가지 가정에 근거한다

다윈과 월러스가 진화 과정을 제안하도록 이끌어준 일련의 논리는 놀라울 정도로 단순하며 간단하다. 그것은 개체군에 관한 4가지 가정에 근거를 두고 있다.

**가정 1**: 한 개체군의 구성원들은 여러 면에서 서로 차이가 난다.
**가정 2**: 한 개체군의 구성원들 사이에 나타난 최소한 몇 가지 차이점은 부모로부터 자손으로 물려진 형질들에 기인한다.
**가정 3**: 각 세대에서 한 개체군에 있는 일부 개체들은 생존하여 성공적으로 생식을 하나 다른 개체들은 그렇지 못한다.
**가정 4**: 개체의 운명은 전적으로 우연이나 행운에 의해 결정되지 않는다. 대신 개체가 생존하거나 번식할 가능성은 그 개체가 가지는 특징에 달려있다. 유리한 형질을 갖는 개체가 가장 오래 생존하고 가장 많은 자손을 낳는다. 이 과정을 **자연선택(natural selection)**이라고 한다.

다윈과 월러스는 만일 4개의 가정이 모두 사실이라면 개체군은 시간이 흐르면서 불가피하게 변화될 것이라고 확신했다. 만일 어떤 개체군의 구성원들이 서로 다른 형질들을 지닌다면 이들 중 환경에 가장 적합한 개체들은 더 많은 자손을 남기고, 그런 개체들은 그들의 유리한 형질을 다음 세대로 넘겨줄 것이며, 그렇게 되면 유리한 형질은 계속 세대가 지나면서 더욱 보편화 될 것이다. 개체군의 형질들은 세대마다 약간씩 변할 것이다. 이 과정이 자연선택에 의한 진화이다.

4가지 가정은 사실일까? 다윈은 그렇게 생각했으며 그 가정을 지지하는 증거를 서술한 「종의 기원」에 전념하였다. 다윈과 월러스가 당시에는 이용할 수 없었던 지식의 몇 가지 사례를 살펴보면서 각각의 가정을 간략하게 검토해 보자.

### 가정 1: 개체군 내의 개체들은 다양하다

가정 1의 정확성은 사람으로 가득 찬 방을 들여다 본 사람이라면 명백해진다. 사람들은 키, 눈 색깔, 피부색 등 많은 신체 특징이 서로 다르다. 비록 얼핏 봐서는 분명하지 않더라도 이와 같은 다양성이 다른 생물에도 존재한다(**그림 15-6**).

### 가정 2: 형질은 부모로부터 자손으로 유전된다

다윈이 「종의 기원」을 발표했을 때 유전학의 원리는 아직 발견되지 않았다. 그러므로 비록 사람, 애완동물이나 농장의 동물에서 볼 수 있듯이 자손은 일반적으로 부모를 닮는 것 같지만, 다윈과 월러스는 가정 2를 뒷받침해주는 과학적 증거를 찾지 못했다. 그러나 훗날 멘델의 연구는 특정 형질이 자손으로 전달될 수 있다고 결정적으로 증명하였다. 멘델 시대 이후 유전학자들은 유전이 어떻게 작동하는지 놀라울 정도로 상세하게 밝혔다.

### 가정 3: 일부 개체는 생존하지 못하고 자손을 낳지 못한다

가정 3에 대한 다윈의 공식은 사람 개체군의 무한 성장의 위험성을 서술한 맬더스(Thomas Malthus)의 인구론(*Essay on the Principle of Population*:1798)에 많은 영향을 받았다. 생명체들은 단순히 부모를 대체하는 것 이상 훨씬 더 많은 자손을 낳을 수 있음을 다윈은 알았다. 예를 들어, 만일 한 쌍의 코끼리가 한 세대마다 6마리의 새끼를 낳아 이들이 생식할 정도로 산다면, 한 쌍의 코끼리가 750년 이내에 1,900만 마리의 개체군으로 늘어난다고 다윈은 계산하였다.

그러나 세상은 코끼리로 넘쳐나지 않는다. 대부분 자연의 개체군 내의 개체들의 수처럼, 코끼리의 수는 상대적으로 일정하게 되는 경향이 있다. 따라서 생물들이 생식할 수 있을 기간 동안 살아남는 개체 수보다 더 많은 생물이 태어나야 한다. 각각의 세대마다 많은 개체는 어려서 죽어야 한다. 살아남은 개체 중에서도 많은 수가 생식을 하지 못하거나, 자손을 거의 낳지 못하거나, 또는 살아남거나 생식할 수 없는 나약한 자손을 낳아야 한다. 예상한 것처럼, 생물학자들이 어떤 개체군에서 생식률을 계산해 보면 일부 개체는 다른 개체보다 더 많은 자손을 낳는 것을 발견하였다.

### 가정 4: 생존과 생식은 우연히 일어나지 않는다

만일 개체군 내에서 불균등한 생식이 일반적이라면, 어느 개체가 가장 많은 자손을 남길 수 있도록 결정하는 것은 무엇일까? 여러 과학적 증거에 의하면, 생식의 성공은 개인의 특성에 달려있

▲ **그림 15-6 달팽이 개체군 내에서의 변이** 이 달팽이들은 모두 동일 개체군의 일원이지만 어떤 두 개체도 정확히 닮은 것은 없다.

**비판적 사고** 자연선택에 필수적인 구조와 행동의 변이들을 만들어내는 데 유성생식이 필요한가?

다. 예를 들어, 캘리포니아 개체군에 있는 몸이 더 큰 수컷 코끼리물범은 몸이 작은 수컷 코끼리물범보다 더 많은 자손을 낳는다는 것을 확인했다(암컷이 덩치 큰 수컷과 짝짓기를 더 선호하기 때문에). 어떤 콜로라도 개체군에서 흰 꽃의 금어초는 노란색 꽃의 금어초보다 자손을 더 많이 가졌다(꽃가루 매개자가 흰 꽃을 더 매력적이라고 여기기 때문에). 이러한 결과와 수백 가지의 유사한 결과를 살펴보면, 생존과 생식에 대한 경쟁에서 승자는 우연이 아니라 승자가 보유한 형질에 의하여 결정된다.

## 자연선택은 시간이 지남에 따라 개체군을 변형시킨다

관찰과 실험을 통하여 다윈과 월러스의 4가지 가정이 옳다는 것을 알 수 있다. 논리는 그에 따른 결과로서 개체군의 특징이 시간이 흐르면서 변화해야 한다는 것을 암시해 준다. 「종의 기원」에서 다윈은 다음의 예를 제시하였다: "다양한 동물들을 포식하는 늑대의 경우를 생각해보자. 늑대의 안정적 생존은 … 순발력에 의해 …가장 빠르고 날씬한 늑대가 생존할 기회가 가장 많을 것이므로 이들은 보존되거나, 다시 말해서 선택될 것이다… 만약 늑대에게 도움이 되는 아주 작은 습관이나 구조의 선천적인 변화가 생긴다면, 이 늑대는 이제 생존할 기회가 가장 많으며 자손을 남길 가능성 또한 가장 높을 것이다. 그의 자손 중 몇몇은 동일 습관이나 구조를 물려받을 것이며, 이 과정이 되풀이됨으로써 결국 새로운 변이체가 형성될 것이다." 같은 논리가 늑대의 먹잇감에도 적용된다: 가장 빠르거나 경계심이 많은 먹잇감은 포식자를 피할 수 있고, 이러한 형질은 자손에게 유전될 것이다.

여기서 주목할 것은 자연선택이 한 개체군 내의 개체들에 작용한다는 것이다. 개체들의 운명에 미치는 선택의 영향은 궁극적으로는 개체군 전체에서 그 결과가 나타난다. 세대가 거듭되면 유리한 형질을 물려받는 개체의 비율이 증가할수록 개체군은 변하게 된다. 개체는 진화할 수 없지만, 개체군은 진화한다.

### CHECK YOUR LEARNING

- 자연선택이 어떻게 작동하는지 또 자연선택이 개체군에 어떻게 영향을 미치는지 설명할 수 있는가?
- 개체군은 자연선택에 의해 진화해야 한다고 다윈과 월러스가 추론한 4가지 가정에 근거를 둔 논리를 설명할 수 있는가?

# 15.3 진화가 일어났다는 사실을 어떻게 아는가?

오늘날 진화는 정설로 인정받은 과학적 이론이다(과학 이론은 중요한 자연현상을 심도 있고 재현성이 있는 관찰을 통해 발전된 보편적인 설명이다; 1장 참조). 엄청난 양의 증거들이 진화가 일어났다는 것을 뒷받침해준다. 증거의 핵심 줄기는 화석, 비교해부학(종 사이의 신체적 구조가 어떻게 다른가를 연구하는 학문), 발생학(생명체의 수정으로부터 출산 혹은 부화까지의 발전 단계를 연구하는 학문), 생화학 그리고 유전학 등으로부터 수집된다.

## 화석은 오랜 시간에 걸쳐 이루어진 진화적 변화의 증거를 제시해준다

만일 많은 화석이 현대 생물의 조상격인 고대 생물의 흔적이라면, 우리는 고대의 원시적인 생물로부터 시작하여 여러 번의 중간 단계를 거친 후 현대 생물에 도달하는 일련의 화석들이 발견되리라 예상할 수 있다. 그러한 예들이 실제로 발견된다. 예로써, 현존하는 고래 종류의 조상으로 알려진 화석 연구결과, 육지에 사는 조상으로부터 물에 사는 종으로 진화가 일어났다는 단계를 볼 수 있다(**그림 15-7**). 기린, 코끼리, 말 그리고 연체동물의 일련의 화석들은 시간이 지나면서 몸의 구조가 진화되었음을 보여준다. 이러한 일련의 화석들은 새로운 종이 이전의 종으로부터 서서히 진화하여, 결국 기존의 종을 대체했다는 것을 암시한다.

## 비교해부학은 자손들의 변이에 대한 증거를 제시해준다

화석은 생물학자가 진화에 의한 변화를 추적할 수 있도록 과거의 단편을 제공하지만, 오늘날의 생물을 유심히 관찰하는 것도 진화에 대한 수수께끼를 푸는 데 도움을 줄 수 있다. 서로 다른 종들의 신체 구조를 비교하면 공통조상에 의해서만 설명이 가능한 공통점들과 공통조상으로부터 후손으로 내려오면서 생긴 진화적 변화에 의해서만 설명될 수 있는 차이점들이 발견된다. 이런 식으로 비교해부학 연구는 다른 종들 사이의 생물도 공통의 진화적 유산에 의해 연관되어 있다는 강력한 증거를 제시해준다.

### 상동기관은 공통조상의 존재를 증명해준다

신체 구조는 진화로 종에 따라 역할이 각각 다르게 변화될 것이다. 예를 들어, 조류와 포유류의 앞날개(앞다리)는 날거나, 수영하거나, 다양한 지역을 뛰어다니거나, 나뭇가지나 다른 물체를 잡는 등 다양한 목적으로 사용된다. 이러한 기능상의 다양함에도 불구하고, 모든 조류와 포유류의 앞날개(앞다리) 구조는 매우 비슷하다(**그림 15-8**). 만약 각각의 동물이 독립적으로 창조된 것이라면, 이렇게 다양한 기능을 수행하기 위해 뼈의 배열이 이렇게 똑같을 거라고 상상할 수 없다. 그러나 만약 공통의 조상으로부터 조류와 포유류의 앞날개(앞다리)가 유래된 것이라면, 이러한 동일성은 충분히 예상될 수 있다. 자연선택을 통해 조상의 앞날개(앞다리)는 다른 동물에게서 서로 다른 변형이 발생했다. 그 결과 생긴 내부적으로 비슷한 구조를 **상동기관(homologous structures)**이라고 한다. 다시 말해서 그들은 현재의 기능이나 모습이 다름에도 불구하고 진화적으로 같은 기원을 갖는다.

### 흔적기관도 조상으로부터 물려받는다

어떤 종의 흔적기관(vestigial structures)은 그 조상이 지녔던 기능을 더는 수행하지 않는다. 비록 흔적기관이 때때로 새로운 용

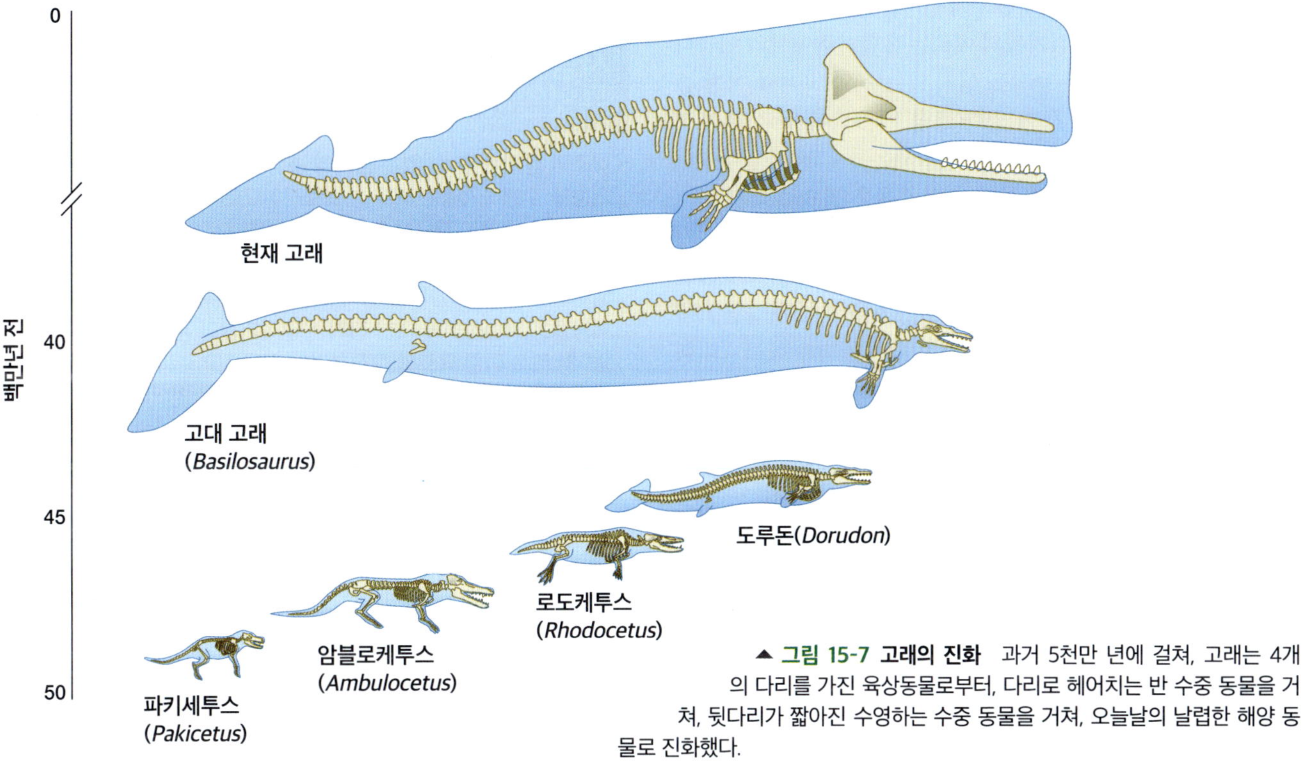


▲ **그림 15-7 고래의 진화** 과거 5천만 년에 걸쳐, 고래는 4개의 다리를 가진 육상동물로부터, 다리로 헤어치는 반 수중 동물을 거쳐, 뒷다리가 짧아진 수영하는 수중 동물을 거쳐, 오늘날의 날렵한 해양 동물로 진화했다.

**비판적 사고** 상어와 악어같이 현존하는 생물의 화석 역사를 보면 구조와 외형은 수억 년에 걸쳐 변화가 거의 없다. 그 생물들이 이 기간에 진화되지 않았다고 할 수 있는 변화의 증거가 없는 것인가?

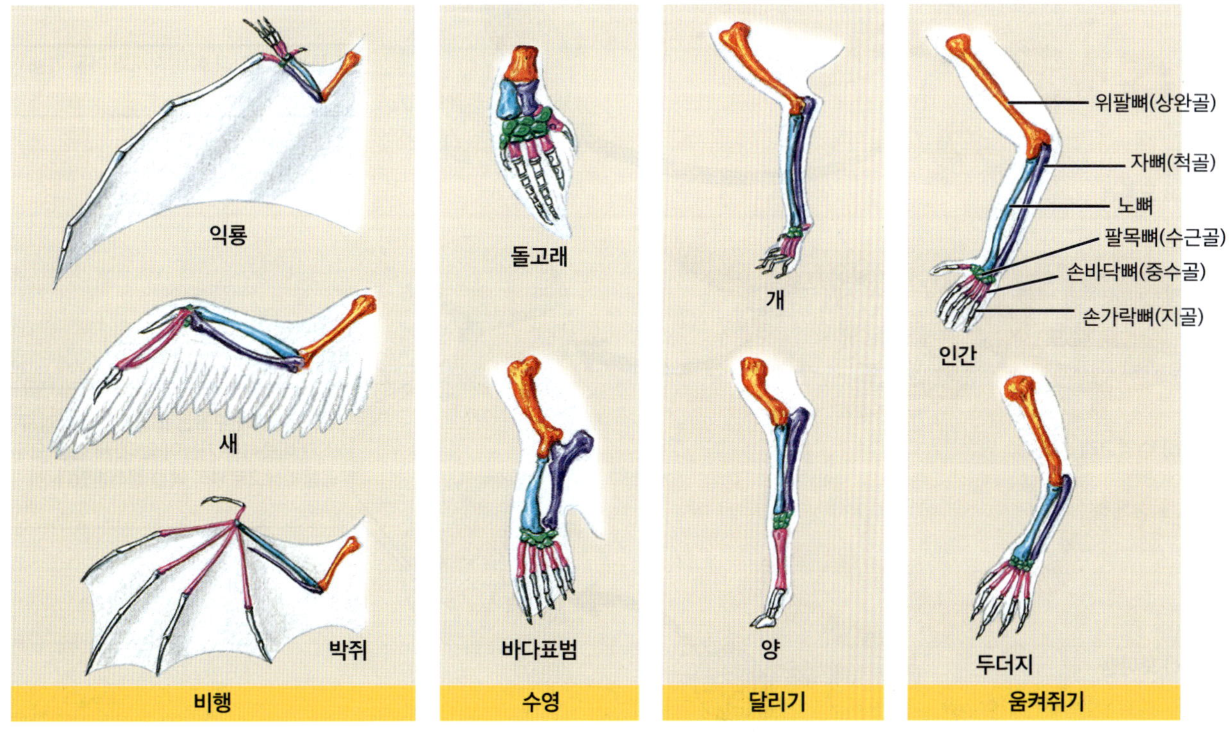


▲ **그림 15-8 상동기관** 기능 면에서는 많은 차이를 보이지만, 여기에 나오는 모든 동물의 앞다리에는 하나의 공통조상으로부터 물려받은 같은 세트의 뼈가 있다. 여러 색깔 중 중 같은 색으로 표현된 뼈는 여러 종 사이의 일치를 강조하고 있다.

도를 위해 선택될 수는 있지만 대부분 어떠한 기능도 수행하지 않는 것처럼 보인다. 흔적기관의 예로는 흡혈박쥐에서의 어금니(그들은 피를 섭취할 뿐 음식을 씹지 않는다)와 고래와 어떤 종류의 뱀에 있는 골반뼈 등이 있다(**그림 15-9**). 이 두 가지 흔적기관은 모두 다른 척추동물에서는 발견되는 — 그리고 일부에서는 사용되는 — 구조들과 유사하다. 그것들을 필요로 하지 않는 동물에게도 계속 존재한다는 것은 일종의 "진화적 수하물"로 가장 잘 설명할 수 있다. 예를 들어, 고래로 진화한 고대의 포유류들은 네 개의 다리와 잘 발달한 골반뼈가 있었을 것이다(그림 15-7 참조). 고래는 뒷다리가 없지만, 여전히 작은 골반뼈와 뒷다리뼈를 측면에 지니고 다닌다. 고래의 진화가 이루어지는 동안 뒷다리가 없어진 것은 물속에서의 유선형 운동에 도움이 되었다. 결과적으로 필요가 없는 골반뼈들이 더는 생존을 저해하는 부담이 되지 않게 쪼그라들어 점으로 된 작은 뼈를 가진 현대의 고래가 나온 것이다.

**CASE STUDY CONTINUED**

## 사랑니와 타조 날개의 좋은 점은 무엇일까?

타조의 날개는 날 수 있는 종들의 조상들이 날기 위해 진화했던 그 기능을 수행하기에는 너무나 초보적이므로 타조의 날개는 흔적기관이다. 그럼에도 불구하고 타조는 날개를 다른 목적으로 사용한다. 예를 들면 타조는 달리는 동안 균형을 잡기 위해 날개를 양옆으로 넓히고, 위협적인 행동을 보여주기 위해 날개를 펼친다. 이와 같은 이용들은 자연선택에 의한 진화는 흔적기관이 본래의 진화 목표를 잃어버리고 다른 목표를 설정한다는 것을 보여준다. 그러나 흔적기관이 소용없이 남아있거나 혹은 새로운 기능을 얻더라도 다른 생물에서는 원래의 기능을 유지하는 것과 상응하며, 흔적기관은 공통조상의 증거를 제공한다. 그러나, 다른 생물들 사이의 모든 유사한 것들이 공통조상의 결과일까?

### 일부 해부학적 유사성은 환경이 비슷한 곳에서 일어난 진화 때문이다

비교해부학 연구결과 공통조상으로부터 유래된 서로 다른 종의 생물에 존재하는 많은 상동기관을 확인함으로써 생명체의 공통조상을 입증했지만, 비교해부학자들은 또한 공통조상으로부터 유래되지 않은 해부학적 동일성을 많이 발견하였다. 이러한 동일성은 **수렴진화(convergent evolution)**로부터 유래한 것이며, 이런 경우 자연선택은 비슷한 기능을 수행하는 비상동성 기관들이 서로 닮도록 만들었다. 예를 들어 조류와 곤충은 모두 날개를 가지고 있지만, 각각의 날개는 공통조상으로부터 물려받은 구조가 아니다. 대신에 조류와 곤충의 날개는 표면적으로는 동일 구조로 보이는 두 개의 다른 비상동적 구조로부터 진화한 것이다.

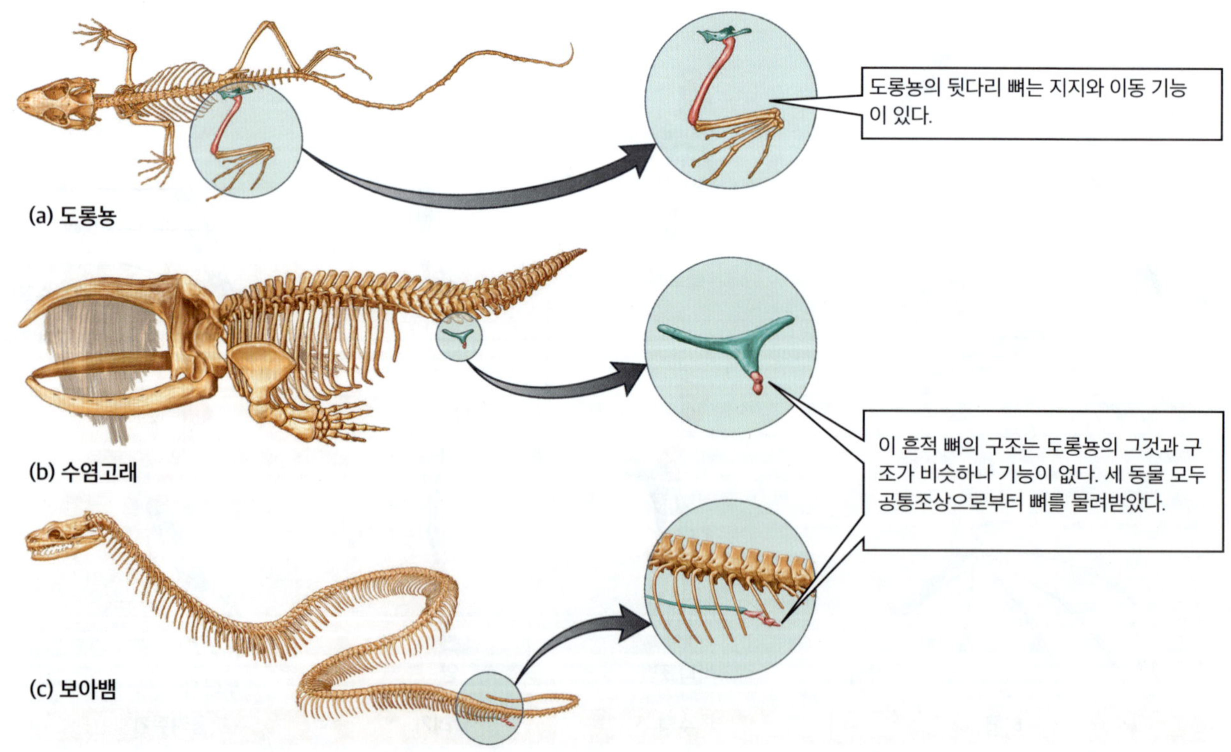


▲ **그림 15-9 흔적기관** 많은 생물은 눈에 띄는 기능이 없는 흔적기관을 갖고 있다. 도룡뇽(a), 수염고래(b), 보아뱀(c)은 모두 공통조상으로부터 뒷다리를 물려받았다. 도마뱀에서는 그 뼈의 기능이 유지되고 있지만, 고래와 뱀에서는 흔적기관이다.

(a) 잠자리

(b) 제비

▲ 그림 15-10 **상사기관** 수렴진화를 통하여(a) 곤충과(b) 조류의 날개처럼 해부학적 구조는 다르나 외형적으로 유사한 구조가 나올 수 있다.

**비판적 사고** 공작새의 꼬리와 개의 꼬리는 상동기관인가 혹은 상사기관인가?

자연선택이 조류와 곤충에게 날아다니는 것을 유리하게 만들었기 때문에 두 집단은 표면적으로는 유사한 구조인 날개를 진화시켰다. 이렇게 겉으로는 비슷하지만 비상동성 구조를 **상사기관 (analogous structures)**이라고 한다(그림 15-10). 상사기관은 일반적으로 내부 구조가 아주 다른데, 그 이유는 그 부위들이 공통조상의 같은 구조로부터 유래된 것이 아니기 때문이다.

## 발생학적 유사성은 공통조상의 존재를 암시해준다

공통조상에 대한 증거는 서로 다른 종들의 배아들 사이의 놀랄 정도의 유사성에서 찾을 수 있다(그림 15-11). 예를 들면, 발생 초기 단계에서 물고기, 거북, 닭, 쥐 그리고 사람은 모두 꼬리와 아가미 홈이 발생한다.

척추동물들의 성체들은 매우 다른 모습인데도 불구하고 초기 발생 단계는 왜 비슷할까? 가장 그럴듯한 설명은 하나의 조상 척추동물은 아가미와 꼬리의 발생을 암호화하는 유전자를 가졌다는 것이다. 그들의 모든 자손은 여전히 이 유전자들을 갖고 있다. 물고기에서는 이 유전자들은 발생 동안 계속 활성화되어 성체는 완전한 꼬리와 아가미를 갖는다. 사람과 닭에서 이 유전자들은 발생 초기 단계에만 활성화된다. 그 구조들은 성체가 되기 전에 없어지거나 뚜렷하지 않게 된다.

## 최신 생화학적, 유전학적 분석들은 다양한 생물들 사이의 연관성을 밝혀준다

생물학자들은 수 세기 동안 생물들 사이에 해부학적, 발생학적

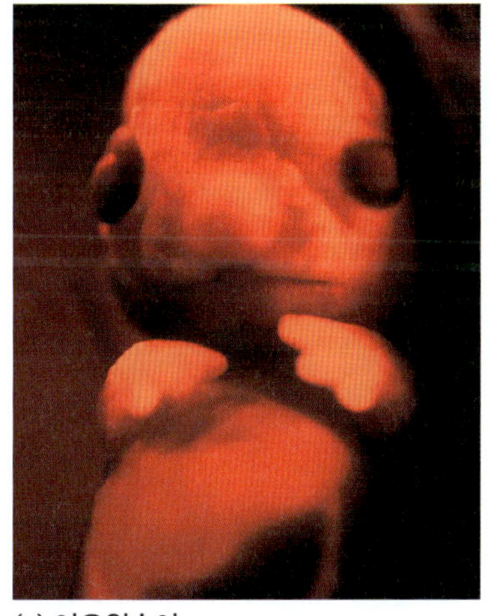
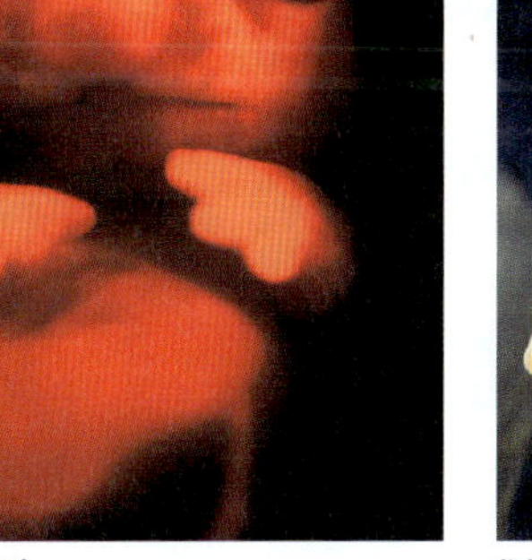
(a) 여우원숭이

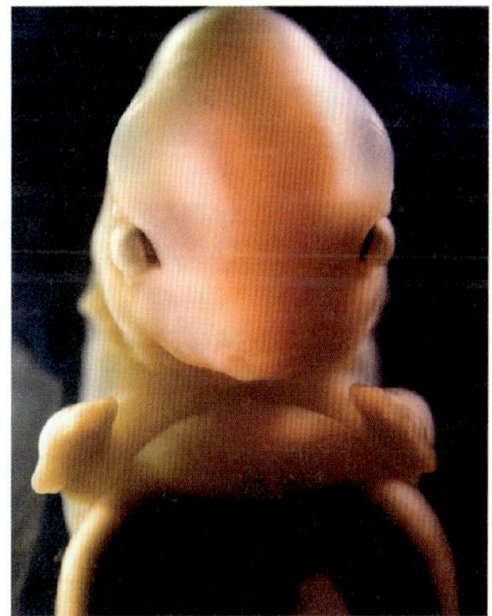
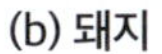
(b) 돼지

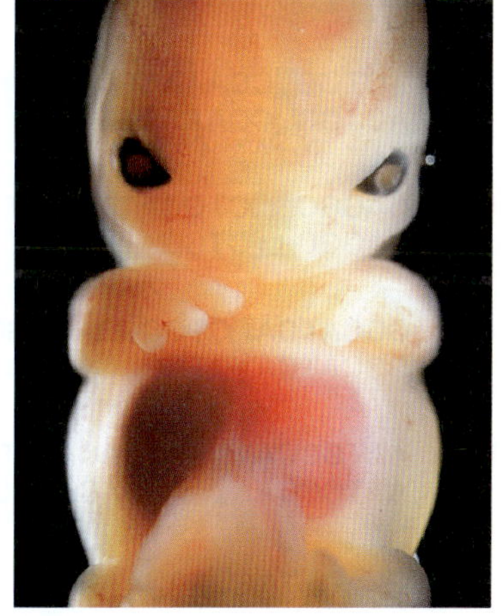
(c) 사람

▲ 그림 15-11 **발생단계는 진화의 연관성을 보여준다** (a) 여우원숭이,(b) 돼지,(c) 사람의 초기 발생 단계는 놀라울 정도로 비슷한 해부학적 특징을 보여준다.

**Have You Ever Wondered ...**

## 왜 그렇게 요통은 흔할까?

70~85%의 사람들이 일생 중에 한번은 요통을 경험하고, 많은 사람에게는 요통이 만성적이다. 이러한 상황은 불행하게도 진화 과정의 고통스러운 산물이다. 우리는 직립 자세로 두 발로 걸어 다니지만 우리의 먼 조상은 네 발로 다녔다. 그러므로 우리의 수직으로 서 있는 척추는 자연선택에 의해 원래는 땅과 평행했던 척추를 리모델링하여 만들어진 것이다. 우리의 척추 해부 구조는 새로운 자세에 맞게 일부 수정되었지만, 진화의 과정에서 흔히 있듯이 그 변화는 몇 가지 대가를 수반했다. 우리의 자연스러운 두 발 보행을 가능케 한 뼈와 근육의 배치는 척추의 수직 압력을 만들어냈고, 그 압력은 근육과 신경조직에 고통스러운 손상을 주게 되었다.

유사성이 있다는 것을 알았지만 분자 수준에서의 유사성은 첨단 기술의 출현으로 이루어졌다. 생물들 사이의 생화학적 유사성은 그들 사이에 진화적 연관성이 있다는 가장 놀라운 증거를 제공해준다. 해부학적 상동구조에 의해 연관성이 밝혀지듯이, 상동 분자에 의해서도 연관성이 밝혀지고 있다.

오늘날 과학자들은 분자적 상동성을 알아낼 수 있는 강력한 기술들을 접할 수 있다: 즉, DNA 염기서열 분석이다. 생물학자들은 이제 여러 생물의 DNA 분자의 염기서열을 아주 빨리 알아낼 수 있고 또 다른 생물의 DNA와 비교할 수 있다. 예를 들어, 시토크롬 c 단백질을 암호화하는 유전자를 생각해보자(12, 13장의 DNA와 단백질 암호화 방법 참조). 시토크롬 c는 모든 동·식물(그리고 많은 단세포 생명체)에 존재하며 동일 기능을 수행한다. 다양한 종의 생물들에 있는 시토크롬 c 유전자의 염기서열은 유사하다(**그림 15-12**). 동일 유전자에 의해 암호화되고 또 동일 기능을 지닌 특정 복합 단백질이 널리 존재한다는 사실은 식물이나 동물의 공통조상이 세포 속에 시토크롬 c를 갖고 있었다는 증거이다. 아울러 시토크롬 c 유전자의 염기서열이 다른 종들 사이에서는 조금씩 다르다는 것은 지구상에 존재하는 식물과 동물의 수많은 종이 서로 독립적으로 진화하여 그 변이가 나타났다는 것을 보여준다.

일부 생화학적 유사성은 매우 필수적이어서 모든 생명체에 공통으로 존재한다. 그 예는 다음과 같다.

- 모든 세포는 유전정보의 운반체로서 DNA를 갖고 있다.
- 모든 세포는 RNA와 리보솜, 그리고 거의 유사한 유전암호를 사용하여 유전정보를 단백질로 번역한다.
- 모든 세포는 대충 비슷한 20개의 아미노산을 사용하여 단백질을 만든다.
- 모든 세포는 ATP를 세포 에너지 운반체로 사용한다.

이렇게 복합적이며 특이적인 생화학적 특징들이 광범위한 생명체에서 공통으로 발견된다는 사실에 대한 가장 그럴듯한 해석은 그 특징들이 상동성을 갖는다는 것이다. 즉, 그 특징들은 모든 생명체의 공통조상한테 한 번에 나타났고 공통조상으로부터 오늘날의 생명체에게 유전된 것이다.

◀**그림 15-12 분자의 유사성은 진화의 연관성을 보여준다** 사람과 생쥐의 시토크롬 c를 암호화하는 유전자 염기서열. 그 유전자에 있는 315개의 염기 중에서 30개(음영 처리된 청색)만 두 종 사이에서 차이가 나타난다.

### CHECK YOUR LEARNING

- 진화가 일어났다는 증거를 설명할 수 있는가?
- 상동성에 기인한 유사성과 수렴진화에 기인한 유사성의 차이를 설명할 수 있는가?

CASE STUDY CONTINUED

### 사랑니와 타조 날개의 좋은 점은 무엇일까?

해부학적 상동성이 사람의 사랑니와 날지 못하는 새의 날개와 같은 흔적기관을 밝힐 수 있었던 것처럼 유전학적 상동성은 흔적 DNA 염기서열을 발견하게 한다. 예를 들면 많은 포유동물은 비타민 C 합성의 마지막 단계에 관여하는 효소인 L-gluconolactone oxidase를 만든다. 이 효소를 생산하는 종들은 이 효소 유전자를 그들의 공통조상으로부터 물려받았기 때문에 지금도 이 효소를 만든다. 그러나 인간은 L-gluconolactone oxidase를 만들지 못하고, 따라서 비타민 C를 스스로 합성할 수 없어서 음식을 통해 섭취해야만 한다. 비록 인간이 이 효소를 만들지 못하더라도 인간의 세포들은 이 효소를 생산하는 흰쥐나 다른 포유류의 유전자 염기서열과 매우 유사한 DNA 사슬을 가지고 있다. 인간이 가지고 있는 이 유전자 조각은 효소(어떤 다른 단백질도)를 암호화하지 않는다. 인간은 다른 포유류와 함께 공통된 조상으로부터 이 유전자 조각을 물려받았으나 우리 인간의 몸속에서 염기서열이 변화를 거쳐 기능이 없어진 것이다(인간의 선조들이 음식을 통해 비타민 C를 섭취했으므로 이러한 염기서열의 변화는 큰 불이익을 가져오지는 않았을 것이다). 이 기능이 없는 유전자 조각은 흔적 형질로 남아 공통조상의 존재에 대한 증거가 된다.

흔적 형질들이 공통조상의 존재와 시간의 흐름에 따른 특성들의 변화에 대한 증거이다. 어떤 종류의 관찰들과 실험들이 자연선택이 진화적 변화에 기여하고 있다는 것을 보여주는가?

(a) 회색늑대

(b) 다양한 품종의 개

▲ **그림 15-13 개의 다양성은 인공선택의 예를 보여준다** **(a)** 고대의 개(회색늑대, *Canis lupus*)와 **(b)** 다양한 품종의 개를 비교한 사진이다. 인간에 의한 인공선택은 불과 몇천 년 만에 개들의 크기와 모양에 많은 차이를 만들었다.

## 15.4 자연선택으로 개체군이 진화한다는 증거는 무엇인가?

진화의 증거들을 많은 분야에서 보아왔다. 그러나 진화가 자연선택 과정에 의해 일어난다는 증거는 무엇인가?

### 조절된 교배를 통해 생명체를 변화시킨다

자연선택으로 진화가 일어난다는 가설을 지지하는 또 다른 증거는 **인공선택(artificial selection)**이다. 이것은 사육하거나 재배하는 동·식물을 교배하여 원하는 형질을 만드는 과정이다. 개의 다양한 품종은 인공선택의 예 중 하나이다(**그림 15-13**). 개는 늑대의 자손이며, 사실 지금도 그 동물 사이의 교배는 가능하다. 그러나 극소수를 제외한 지금의 개들은 늑대와 닮지 않았다. 몇몇 품종은 너무나 다르게 생겨서 야생에서 발견되었을 경우 전혀 다른 종으로 여겨질 정도다. 사람들은 최근 몇천 년 동안 원하는 형질을 가진 개체를 단순히 반복적으로 선택하여 교배시킴으로써 모습이 완전히 다른 개들을 만들었다. 그러므로 자연선택도 수천만 년에 걸친 비슷한 과정에 의해 다양한 생명체들을 만들 수 있었다고 볼 수 있다. 다윈은 인공선택과 자연선택의 연관성에 깊은 인상을 받았으며, 그의 저서「종의 기원」에서 이 주제를 가지고 한 단원을 설명하였다.

### 자연선택에 의한 진화는 오늘날에도 일어난다

자연선택에 대한 추가적인 증거는 과학적인 관찰과 실험에 의해서도 얻을 수 있다. 자연선택의 논리는 진화적 변화가 단지 과거에만 국한된 일이 아니라는 것을 보여준다. 궁극적으로, 변이의 유전과 자원 획득을 위한 경쟁은 과거뿐 아니라 오늘날에도 여전히 존재한다. 만약 다윈과 월러스가 말한 이러한 조건들이 필연적으로 자연선택에 의한 진화로 이어진다는 주장이 맞는다면, 연구자들은 진화적 변화가 일어나고 있는 동안에도 그것을 감지할 수 있어야 할 것이다. 물론 그들은 감지했다. 자연선택이 실제로 진행되고 있다는 것을 보여주는 다음의 몇 가지 예들을 생각해보자.

## 자연선택은 호출 귀뚜라미를 잠잠하게 만들었다

하와이 군도의 카우아이섬에서 발견된 종 중 하나가 폴리네시안 초원 귀뚜라미이다(**그림 15-14a**). 1990년대에 카우아이섬의 초원 귀뚜라미를 연구하는 연구자들은 수컷들이 날개에 있는 두 개의 구조들을 서로 비벼 큰 호출음을 낸다는 것을 알아냈다: 긁는 주걱(솟아오른 융기)과 줄(고른 간격을 유지한 작은 줄 날들이 박힌 변형된 시맥). 수컷들은 밤에 호출했고 암컷들은 짝을 찾기 위해 호출 소리 쪽으로 이동했다. 그러나 이상하게도 연구자들이 카우아이섬으로 매년 돌아왔을 때 점점 더 귀뚜라미의 호출음을 적게 들었다. 2003년에는 더는 호출음을 들을 수 없었다. 대부분 귀뚜라미가 호출음을 내지 않았다. 그러나 귀뚜라미들이 사라지지는 않았다. 한 야간 연구자는 강한 빛을 이용해 조용히 그렇지만 활발히 움직이는 많은 귀뚜라미를 발견하였다. 왜 수컷 귀뚜라미들이 더는 호출음을 내지 않았을까? 그들 날개의 줄들이 작아지고 변형되었고, 이렇게 평평한 날개를 가진 수컷들은 호출음을 낼 수 없었기 때문이다(**그림 15-14b**). 어떤 일이 일어났던 것일까?

이전에는 카우아이섬에는 살지 않았던 파리 종이 북미로부터 이 섬에 유입됨으로써 1990년대 어느 땐가 귀뚜라미들의 주위 환경이 급격히 변화되었다. 그 파리는 치명적인 기생자로서 파리의 유충은 귀뚜라미들의 몸에 파고 들어가 숙주의 몸을 갉아먹는다. 어떻게 그 파리는 초원 귀뚜라미들을 찾을까? 귀뚜라미들이 내는 호출음 쪽으로의 이동을 통해서이다. 파리들의 유입 이후 큰 호출음을 내는 귀뚜라미들이 더 부드러운 소리를 내거나 아예 소리를 내지 않는 귀뚜라미들에 비해 살아남기 어려웠다. 자연선택은 조용한 귀뚜라미들을 선호했고, 20세대 내에 소리를 내지 못하는 귀뚜라미들이 호출음을 내는 귀뚜라미들을 대체해버렸다. 자연선택의 결과로 수컷 귀뚜라미들의 날개 구조가 현저하게 변했다. 암컷 귀뚜라미들이 소리를 내지 못하는 평평한 날개를 가진 수컷들과 짝짓기를 하려고 하는 것 같이 상응 진화적 변화가 암컷들의 짝짓기 습성에서 나타났음이 틀림없다.

## 자연선택은 제초제나 살충제에 대한 내성을 만들어 낼 수 있다

자연선택은 우리가 제거할 잡초에 뿌리는 제초제에 대해 그 잡초가 내성을 갖도록 진화해 왔다는 것으로 확인할 수 있다. 성공적인 농업은 재배 작물과 경쟁하는 잡초를 제거할 수 있는 농부의 능력에 달려있다. 그러나 여러 종의 잡초들이 세계에서 가장 널리 사용되는 제초제인 "Roundup"의 강력한 성분인 글리포세이트(glyphosate)의 치사량에 의해서도 더는 죽지 않게 되었다. 어떻게 글리포세이트에 내성을 지닌 "초강력 잡초"가 나타나게 되었을까? 제초제가 자연선택의 매개자 역할을 하였기 때문에 이들이 나타나게 된 것이다. 예를 들어 어떤 지역에서 매우 파괴적인 잡초종인 대형 돼지풀(giant ragweed)이 현재는 글리포세이트에 내성을 지니고 있음을 상기해 보라. 경작지나 초지에 Roundup이 살포되면 글리포세이트가 식물의 생존에 필수적인 효소를 불활성화시키므로 대부분의 대형 돼지풀은 죽게 된다. 그러나 극소수의 대형 돼지풀은 살아남고, 생존한 몇몇 돼지풀들이 돌연변이를 전달하여 글리포세이트에 대항하는 효소를 더 많이 생산하도록 하여 일반적인 글리포세이트 사용량에도 파괴되지 않을 만큼의 더 많은 양의 효소를 만들게 되었다는 것을 연구자들이 밝혀냈다. 반복된 Roundup의 살포에 대항하여 이전의 극소수 방어적 돌연변이가 여러 대형 돼지풀 개체군에서 보편화 되었다(인간이 어떻게 진화에 영향을 주는지에 대한 또 다른 예들은 "Earth Watch: 인간이 빠른 속도로 진화를 촉진한다."를 참조하라).

글리포세이트-내성 초강력 잡초의 진화는 농업 현장에서의 변화를 가져왔다. 1990년대 생명공학 기술 회사인 "몬산토(Monsanto)"는 글리포세이트에 피해를 받지 않는 곡물을 생산하는 유전자가 조작된 종자를 판매하기 시작했다. 이러한 유전자 조작(Roundup ready; 글리포세이트-내성) 곡물들은 현재 미국이나 다른 나라에서 콩, 옥수수 그리고 면화 재배에서 대다수를 차지하고 있으며, 농부들이 그들의 경작지에 글리포세이트를 아무 걱정 없이 살포하게 하였다. 이 결과로 글리포세이트의 사용량

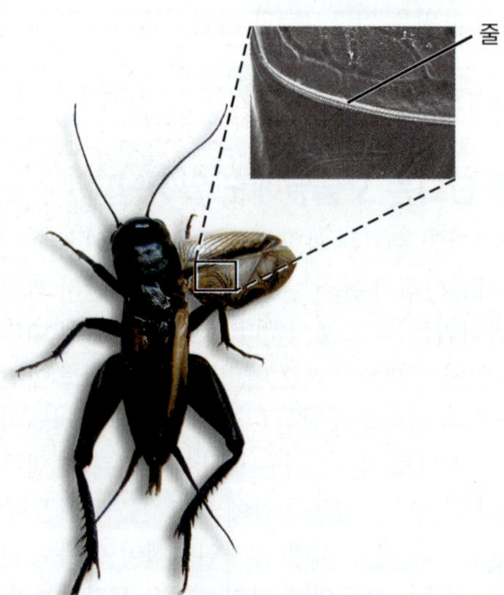


(a) 날개에 "줄"을 가지고 있는 폴리네시아 초원 귀뚜라미

(b) 날개에서 "줄"이 사라진 폴리네시아 초원 귀뚜라미

◀ **그림 15-14 호출음이 기생자들을 유혹하는 조건에서 귀뚜라미들은 잠잠해지게 진화한다** 수십 년 전에 카우아이섬의 폴리네시아 초원 귀뚜라미들은 큰 호출음을 내기 위해 날개를 이용하였다. 그러나 환경이 바뀌어 호출음에 유혹되는 기생파리가 도입되면 자연선택은 호출음을 낼 수 없는 날개를 가진 귀뚜라미를 유리하게 만들었다.**(a)** 환경에 기생파리가 도입되기 전에는 소음을 내는 "줄"들이 수컷 귀뚜라미 날개에 존재했다.**(b)** 기생파리가 도입된 후 몇 년 이내에 "줄"들이 거의 사라졌다.

## Earth WATCH 인간이 빠른 속도로 진화를 촉진시킨다

당신은 아마도 당신 자신이 진화의 중요한 엔진이라고 생각하지 않을 것이다. 그럼에도 불구하고 당신의 반복되는 일상생활이 오늘날의 이런 빠른 진화의 가장 중요한 요인일지도 모른다. 인간의 활동은 지구의 환경을 크게 바꾸어 놓았고, 다윈에 의해 잘 설명된 자연선택의 생물학적 논리에 의하면, 환경의 변화는 반드시 진화적 변화를 일으킨다. 그러므로 환경을 바꾸는 방법으로 인간은 자연선택의 중요한 매개자가 되었다.

불행하게도 인간이 야기한 많은 진화적 변화는 우리에게 좋지 못한 것으로 밝혀졌다. 우리가 무분별하게 사용한 살충제는 내성이 있는 해충들을 선택하였고, 이로 말미암아 우리의 식량 공급을 위한 노력을 좌절시켰다. 항생제와 다른 약들의 남용으로 인해 "슈퍼박테리아"가 생겼고, 질병들은 더욱 치료하기 힘들어졌다(16장 참조). 전 세계 바다에서의 무분별한 어업으로 인해 그물을 쉽게 빠져나갈 수 있는 작은 물고기들이 유리했고, 그로 인해 다 자라서도 크기가 작도록 생장 속도가 늦은 종들이 득세하게 되었다. 그 결과 상업적으로 중요한 많은 물고기 종들이 현재는 너무 작아서 해양으로부터 식량 자원을 얻는 것에 문제가 생겼다.

살충제와 항생제의 사용과 어업기술은 진화적 변화를 일으켰고 이는 우리의 건강과 안녕을 위협하고 있지만, 이러한 변화의 범위는 인간에 의한 지구의 기후 변화에 의한 변화에 비하면 사소한 것에 불과하다. 특히 화석연료를 에너지원으로 사용하는 인간의 활동은 지구 온난화를 유발함으로써 기후 변화를 불러온다. 앞으로 종들의 진화는 이러한 지구 온난화를 동반한 환경 변화에 영향을 받을 것이다. 그 영향의 예는 감소하고 있는 빙하나 강설량, 그리고 더 덥고 길어진 여름과 식량이나 주거지를 제공하는 다른 종들의 생활주기 변화 등이다.

기후 변화가 이미 진화적 변화를 일으키고 있다는 증거들이 늘어나고 있다. 온난화와 연관된 진화는 많은 동·식물 개체군에서 발견된다. 예를 들면, 핀란드에서는 유럽올빼미(tawny owl)들이 기후 온난화에 반응하여 몸 색깔을 바꾸었다(**그림 E15-3**). 이 종의 올빼미들은 회색이거나 갈색인 두 가지 변종이 존재한다. 과거에는 대부분 올빼미가 회색이었고, 갈색은 드물었다. 그러나 오늘날에는 40%의 핀란드 올빼미가 갈색이며, 연구자들은 갈색 올빼미의 증가가 아마도 기후 변화로 유발되었다는 것을 보여줬다. 특히, 눈이 많은 겨울에는 회색 올빼미가 갈색 올빼미보다 훨씬 더 잘 생존한다는 것을 연구자들이 발견하였으며 이는 회색 올빼미들이 눈 속에 위장하기가 더 유리하므로 독수리의 먹이가 될 확률이 낮기 때문이다. 눈이 적은 겨울에는 갈색 올빼미가 위장에 더 유리하므로 생존에 유리하다. 최근 수십 년 동안 기온이 상승하여 눈이 많은 겨울이 극히 적어짐으로써 눈이 쌓인 지역이 줄어들게 되어 갈색 올빼미의 생존에 유리해졌다. 따라서 갈색 올빼미가 회색 올빼미보다 겨울철에 생존할 확률이 높아지고, 깃털 색깔은 유전되므로 갈색 자손들을 낳게 된다. 온난화에 동반된 자연선택에 대한 반응으로 개체군에서 갈색 올빼미의 비율이 높아졌다.

▲ **그림 E15-3 유럽올빼미 개체군은 지구의 기후 변화에 반응하여 진화했다.** 눈이 적은 겨울을 나기에 갈색 올빼미가 회색 올빼미에 비해 유리하므로 갈색 올빼미의 비율이 증가한다.

이러한 증거를 통해 지구의 기후 변화가 진화에 큰 영향을 미치고 잠재적으로 거의 모든 종의 진화에 영향을 준다는 것을 알 수 있다. 이러한 진화적 변화들이 우리와 우리가 의존하고 있는 생태계에 어떤 영향을 미칠까? 진화의 방향은 예측 가능한 것이 아니므로 이 질문에 대한 답을 지금 당장 할 수는 없다. 그러나 지구가 따뜻해짐에 따라 생기는 종들에 대한 면밀한 조사와 진화 과정에 대한 깊이 있는 지식이 지구가 따뜻해지더라도 우리의 안전과 안녕을 보장할 올바른 조치를 할 수 있도록 도움을 줄 수 있다고 희망한다.

**비판적 사고** 살충제 저항성의 출현을 감소시키기 위해 경작지에 살충제를 사용하지 않거나, 또는 일상적으로 살충제를 사용했던 경작지 주위에 살충제를 체내에 함유한 식물을 재배하라고 조언을 한다. 당신의 진화 메커니즘에 대한 지식을 바탕으로 이러한 방법이 곤충에게서 살충제 저항성의 진화 속도를 어떻게 늦출 수 있는지 설명해보라.

이 급증하였다. 오늘날 대규모 경작은 비록 내성 잡초의 출현으로 말미암은 제초 효과의 지속적 감소에도 불구하고 이 단일 제초제에 의존하고 있다.

잡초들이 제초제에 내성을 갖도록 진화해 온 것처럼 곡물을 공격하는 많은 곤충도 농부들이 사용하는 살충제에 대해 내성을 진화시켜왔다. 이러한 내성은 작물에 피해를 주는 500종 이상의 곤충에서 보고되었으며, 사실상 모든 살충제는 최소한 한 종의 곤충에게 내성을 갖도록 진화를 부추겼다. 이러한 진화 현상 때문에, 우리는 막대한 비용을 부담한다. 미국 농부들이 내성 곤충을 박멸하기 위해 추가로 사용하는 살충제를 구입하는 비용은 미국에서만 매년 20억 달러 이상이며, 지구의 토양과 물을 수백만 톤의 독성물질로 오염시킨다.

### 실험으로 자연선택을 증명할 수 있다

야생에서 자연선택을 관찰하는 것 외에도, 과학자들은 자연선택을 증명하는 많은 실험을 고안해냈다. 예를 들어, 몇몇 진화생물학자들은 도마뱀이 원래 살지 않던 바하마의 작은 섬 14개에 *Anolis sagrei*라는 도마뱀을 풀어 놓았다. 이 도마뱀들은 나무가 무성한 큰 식물이 사는 스테니얼 케이 섬(Staniel Cay island)으로부터 가져왔다. 반면에, 이 도마뱀들이 풀어진 바하마 섬들은 나무가 거의 없고 대부분 관목이나 키 작은 식물로 덮여 있었다.

생물학자들이 도마뱀을 풀어 놓은 지 14년 후에 섬을 찾아갔을 때, 작은 개체군이었던 도마뱀이 수백 마리에 이르는 거대한 개체군으로 번성한 것을 발견하였다. 14개의 모든 섬에서 도마뱀들은 기존의 스테니얼 케이 섬의 도마뱀보다 더 짧고 가는 다리를 가지게 되었다. 10년이 겨우 넘는 세월 동안 도마뱀 개체군은 새로운 환경에 반응하여 변한 것이었다.

왜 새로운 도마뱀 개체군은 짧고 가는 다리를 가진 개체군으로 진화한 것일까? 연구자들은 짧고 가는 다리를 가진 도마뱀들이 긴 다리를 가진 도마뱀보다 더 민첩하다는 것을 발견했다. 연구자들은 스테니얼 케이 섬의 굵은 가지를 가진 나무들 속에서는 긴 다리는 포식자로부터 도망치는 데 속도가 특별히 중요하지만, 가는 가지를 가진 덤불만 있는 시험 섬들 속에서는 민첩성이 더 중요하다고 가정하였다. 그러므로 새로운 환경에서, 가늘고 짧은 다리를 가진 민첩한 개체들이 살아남을 수 있었고, 연속되는 후세대의 구성원들은 평균적으로 짧고 가는 다리를 갖게 되었다.

### 선택은 특정 환경에 가장 적합한 형질을 유리하게 만드는 무작위 변이에 작용한다

두 가지 중요한 요점이 진화적 변화의 기저를 이루고 있다:

- ***자연선택에 작용하는 변이는 기회 돌연변이에 의해 만들어진다.*** 하와이 귀뚜라미의 소리를 내지 않는 날개, 대형 돼지풀의 과도한 효소, 그리고 짧은 다리를 가진 바하마 섬의 도마뱀은 기생파리, Roundup 제초제 혹은 가는 나뭇가지에 의해 만들어진 것이 아니다. 각각의 유리한 형질들을 만들었던 돌연변이는 자연적으로 일어났다.
- ***자연선택은 특정 환경에 가장 적응된 생물을 선호한다.*** 자연선택은 더욱 완벽한 수준의 생물을 만들어 내는 메커니즘이 아니다. 자연선택은 절대적인 의미에서의 "최고"를 선택하는 것이 아니라, 특정 환경에서의 "최적"의 선택일 뿐이며, 이것은 장소에 따라 다르며 시간이 지남에 따라 바뀔 수 있다. 특정 조건에서 유리한 형질도 조건이 바뀌면 불리해진다. 예를 들어, 스테니얼 케이 섬의 도마뱀에게서 굵은 가지를 가진 나무들 속에서는 긴 다리가 포식자로부터 도망치는 데 더 적합하지만 다른 섬들의 덤불 환경에서는 긴 다리가 포식자로부터 도망치는 데 더 부적합하다.

**CHECK YOUR LEARNING**

- 개체군이 자연선택에 의해 진화된다는 것을 입증하기 위한 관찰이나 실험들을 설명할 수 있는가?

CASE STUDY REVISITED

## 사랑니와 타조 날개의 좋은 점은 무엇일까?

사람의 사랑니는 중요한 기능을 상실한 수십 개의 해부학적 구조 중 하나일 뿐이다(**그림 15-15**). 다윈 자신은 「종의 기원」의 첫 번째 장에 이와 같은 "쓸모없거나 거의 쓸모없는" 많은 형질을 기록하였고, 이것은 사람이 과거의 종으로부터 진화되었다는 증거가 된다고 단언하였다.

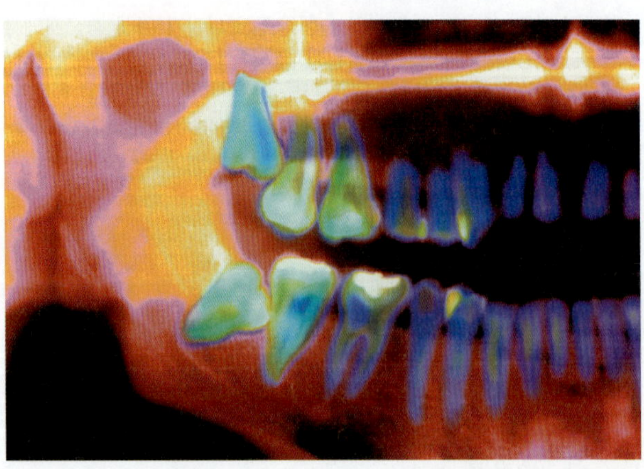

▲ **그림 15-15 사랑니** 사랑니를 수용할 자리가 없는 턱에 비집고 들어간 사랑니들은 자주 잇몸에 박혀있다- 잇몸 바깥으로 나올 수 없다. 이 X-ray 사진의 가장 왼편에 보이는 위 사랑니와 아래 사랑니들은 잇몸에 박혀있다.

체모는 인간 흔적 구조의 다른 예다. 이것은 우리의 먼 조상들의 몸을 따뜻하게 만들었던 털의 진화적 유물처럼 여겨진다(지금도 우리와 진화적으로 가장 가까운 이웃인 유인원의 보온에 사용). 우리는 필요 없는 체모를 가지고 있을 뿐 아니라 입모근(다른 포유류들이 단열을 위해 털을 부풀게 하는 근섬유)도 가지고 있다. 이런 흔적기관은 사람의 피부에 닭살이 돋게 하는 것 외에는 기능이 없다.

사람은 꼬리를 가지고 있지도 않고 또 필요하지도 않지만, 꼬리뼈는 가지고 있다. 꼬리뼈는 등뼈의 기저(만일 꼬리가 있었다면 여기에 있을 것이다)에 있는 작은 구조물에 연결된 여러 개의 작은 요추로 구성되어 있다. 꼬리뼈 없이 태어난 사람이나 혹은 수술로 꼬리뼈를 제거했을 때에도 정상인처럼 아무런 증세를 나타내지 않는다.

**비판적 사고** 모든 생명체가 신에 의해 동시에 창조되었다고 주장하는 창조주의자들은 흔적기관들이 신성하게 창조된 구조가 오랜 세월을 거쳐 퇴화할 수 있다는 것을 보여주기 때문에 흔적기관들은 진화의 증거가 될 수 없다고 반박한다. 이러한 견해에 따르면, 사람의 꼬리뼈는 적응된 개선이 일어났다는 것을 보여주지 못하기 때문에 사람의 꼬리뼈는 진화의 증거가 아니다. 당신은 이러한 주장이 설득력이 있다고 생각하는가?

# CHAPTER REVIEW

*비판적 사고와 생각해보기, 선택형문제, 빈칸채우기 질문에 대한 답은 이 책의 뒷부분에 있는 정답란에서 볼 수 있다.*

## 핵심개념의 요약

### 15.1 진화론적 사고는 어떻게 발전되었는가?

역사적으로 종의 기원에 대한 가장 일반적인 설명은 신이 현재의 형태로 각각의 종들을 창조하였다는 것이며, 또한 종은 창조된 이후 변화하지 않고 그대로 남아있다고 믿어 왔다. 화석, 지질학과 그리고 생물학적 탐험으로부터 얻은 증거들에 의해 이러한 견해는 도전을 받았다. 19세기 중반 이후 과학자들은 개체군의 유전자 조합을 변화시키는 자연선택 과정에 의해 종이 생겨나고 진화한다고 확신했다.

### 15.2 자연선택은 어떻게 작용하는가?

다윈과 월러스는 독자적으로 자연선택에 의한 진화론을 제안하였다. 그들의 이론은 개체군에 대한 4가지 가정의 논리적인 결과를 표현하고 있다:(1) 개체군은 변동할 수 있다,(2) 변동할 수 있는 형질은 유전될 수 있다,(3) 개체에 따라라 번식력에 차이가 있다,(4) 번식 성공의 차이는 개체의 형질에 의해 결정된다. 이 네 가지 가설이 옳다면, 번성하는 개체의 특징들은 "자연적으로 선택"되며 시간이 흐르면서 더 일반화될 것이다.

### 15.3 진화가 일어났다는 사실을 어떻게 아는가?

아래 내용을 포함한 수많은 증거로부터 진화가 일어났음을 알 수 있다:

- 과거에 살았던 종의 화석은 일반적으로 현재의 종보다 형태가 더 간단하다. 형태가 서서히 변하여 왔음을 보여주는 일련의 화석이 발견되었다. 만일 현대의 종이 과거의 종으로부터 진화되었다면 위에 설명한 두 가지 관찰 결과가 기대될 것이다.
- 진화를 통하여 하나의 공통조상으로부터 유래되었다고 생각되는 종들은 해부학적으로 유사한 구조를 보인다.
- 매우 다른 척추동물들에게서 초기 배아 발생 단계들은 매우 비슷하다.
- 살아있는 세포들은 유전정보 운반체인 DNA를 이용하는 것 같은 생화학적 형질의 유사성을 공유하고 있다.

### 15.4 자연선택으로 개체군이 진화한다는 증거는 무엇인가?

위의 내용과 유사하게, 아래 내용을 포함한 많은 증거가 자연선택은 시간이 지나면서 종의 특징을 변화시키는 주요 메커니즘이라고 설명하고 있다.

- 원하는 형질을 갖는 생명체를 선택적으로 교배(인공선택)시키면, 유전된 형질은 가축이나 농작물 개체군에서 빠르게 변해왔다. 불과 수천 년 동안 사람에 의해 인공선택으로 만들어진 종들에게서 발견된 엄청난 변이는 수억 년에 걸쳐 자연선택으로 생긴 변화를 능가할 정도이다.
- 자연적으로나 또는 인간의 활동으로 짧은 기간 동안 환경이 급격히 변화한다. 그러한 환경변화에 반응하여 종들의 유전 형질이 눈에 띌 만큼 변화하는 것을 관찰할 수 있다.

## 개념을 통한 이해

### 선택형 문제

**1.** 고래의 골격은 기능이 없는 골반뼈를 가지고 있는데 그 이유로 맞는 것은?
  a. 수렴진화의 결과로서
  b. 천지이변 때문에
  c. 뒷다리를 가지고 있는 조상으로부터 고래가 진화했기 때문에
  d. 그 뼈들이 미래에 적응할지도 모를 필요가 있어서

**2.** 다윈은 맬더스의 ________에 관한 사고와 라마르크의 ________에 대한 결론에 영향을 받았다.
  a. 화석의 형성; 지구의 역사는 복잡하다.
  b. 종의 지리학적 분포; 개체들은 생존과 번식을 위해 경쟁한다.
  c. 지질학의 원리; 모든 생물은 공통 후손에 의해 연관되어 있다.
  d. 개체군 생장의 한계; 시간이 지나면 종들이 변화한다.

**3.** 자연선택의 설명으로 적합한 것은?
  a. 자연 형질에 대한 선호도
  b. 가정에서 기르는 개 품종들이 나타난 방법
  c. 특정 형질에 기인한 번식의 증가
  d. 돌연변이가 발생한 이유

**4.** 다음 중 자연선택에 의한 진화가 일어나는 데 필요 없는 것은?
  a. 개체군 내에서 개체들이 다르다.
  b. 자식들은 부모로부터 형질을 물려받는다.
  c. 수천 세대가 흘러야만 일어난다.
  d. 어떤 개체들은 다른 개체들에 비해 더 많은 자손을 낳는다.

**5.** 진화의 증거가 아닌 것은(예; 종들은 공통조상에 의해 서로 연관되어 있고 시간이 지남에 따라 변화하였다)?
  a. 다른 종들이 상동기관을 공유한다.
  b. 다른 종들이 상사기관을 공유한다.
  c. 화석이 오래될수록 현존하는 생물과 더 다르다.
  d. 모든 세포가 DNA를 함유하고 있다.

### 빈칸 채우기

**1.** 물개의 지느러미는 새의 ________와 상동기관이고, 이 둘 모두는 인간의 ________와 상동기관이다. 새의 날개와 나비의 날개는 ________진화의 결과로 생긴 ________구조라고 한다. 고래의 작은 뒷다리 뼈처럼 동물에게 필요 없이 남은 기관을 ________라고 부른다.

**2.** 모든 생물이 같은 유전암호를 공유한다는 사실은 모든 자손은

__________로부터 유래했다는 것을 알려준다. 모든 세포가 단백질을 만드는데 대략 같은 묶음의 __________를 사용하고 모든 세포가 에너지 운반체로 __________분자를 사용한다는 사실도 이를 뒷받침한다.

3. 조지 쿠비에르는 화석이 포함된 지층을 설명하기 위해 __________ 개념을 옹호하였다. 챨스 리엘은 제임스 휴튼의 업적에 더해 __________라는 다른 설명을 제안하였는데, 이것은 지층과 다른 많은 지질학적 특성은 현재에도 일어나는 것처럼 과거에 일어났던 점진적인 과정들로 설명된다는 개념이다. 이 개념은 진화에 중요한 근거를 제시하였는데, 그 이유는 진화가 일어나기 위해서는 지구가 극단적으로 __________되는 것이 요구되기 때문이다.
4. 개체군의 유전된 형질이 시간이 지나면서 변화하는 과정을 __________이라 한다. 개체들 사이의 다양성은 __________라고 불리는 우연히 생긴 변화의 결과이며 이것은 유전적인 분자인 __________에서 일어난다.
5. 자연 서식지에서의 이로움을 주는 형질을 가진 개체들이 생식에 더 성공적이라는 것을 __________라고 한다. 동·식물을 사육하거나 재배하는 사람들이 동·식물의 형질에 큰 변화를 비교적 짧은 시간에 줄 수 있는데 이 과정을 __________라고 한다.
6. 다윈의 가정 2는 __________을 설명한다. __________의 업적은 이 가정의 첫 번째 실험적 근거를 제공했다.

## 복습문제

1. 자연선택은 각 개체에게 작용하지만 개체군 만 진화한다. 이것이 사실인 이유를 설명하라.
2. 천변지이설과 동일과정설의 차이점을 설명하라. 이 두 가지 가설은 현대 진화론의 발달에 어떻게 기여했는가?
3. 라마르크의 용불용설을 설명하라. 그것이 옳지 않은 이유는?
4. 자연선택은 무엇인가? 이동속도가 빠른 포식자 어류(예; 창고치)의 조상들 사이에 자연선택은 어떻게 번식능력의 차이가 생기도록 했는지 설명하라.
5. 진화가 어떻게 일어나는지 설명하라. 설명 속에는 종의 번식 잠재력, 자연적인 개체군 크기의 안정성, 종의 개체들 사이의 변이, 유전과 자연선택을 포함하라.
6. 수렴진화는 무엇인지 하나의 예를 들어 설명하라.
7. 생화학과 분자유전학은 진화가 일어났다는 증거에 어떻게 기여했을까?
8. 인간이 다른 종들의 선택 매개자가 된다는 것이 무엇을 의미하는가? 인간이 유발한 환경의 변화에 더 적합한 형질들은 어떤 것이 있나?

## 개념의 적용

1. 아직 사용하지 않은 인간의 잠재력에 대해 논의할 때 인간들은 평균적으로 뇌의 10%만 사용한다고 한다. 이 결론이 그럴싸한가? 자연선택의 개념을 사용하여 당신의 의견을 설명하라.
2. 자연선택을 통한 진화가 절대적 의미로 "더 좋은" 생물체를 만드는가? 우리는 "자연의 사다리"를 올라가고 있는가? 정당한 이유를 설명하라.

# 16 집단은 어떻게 진화하는가

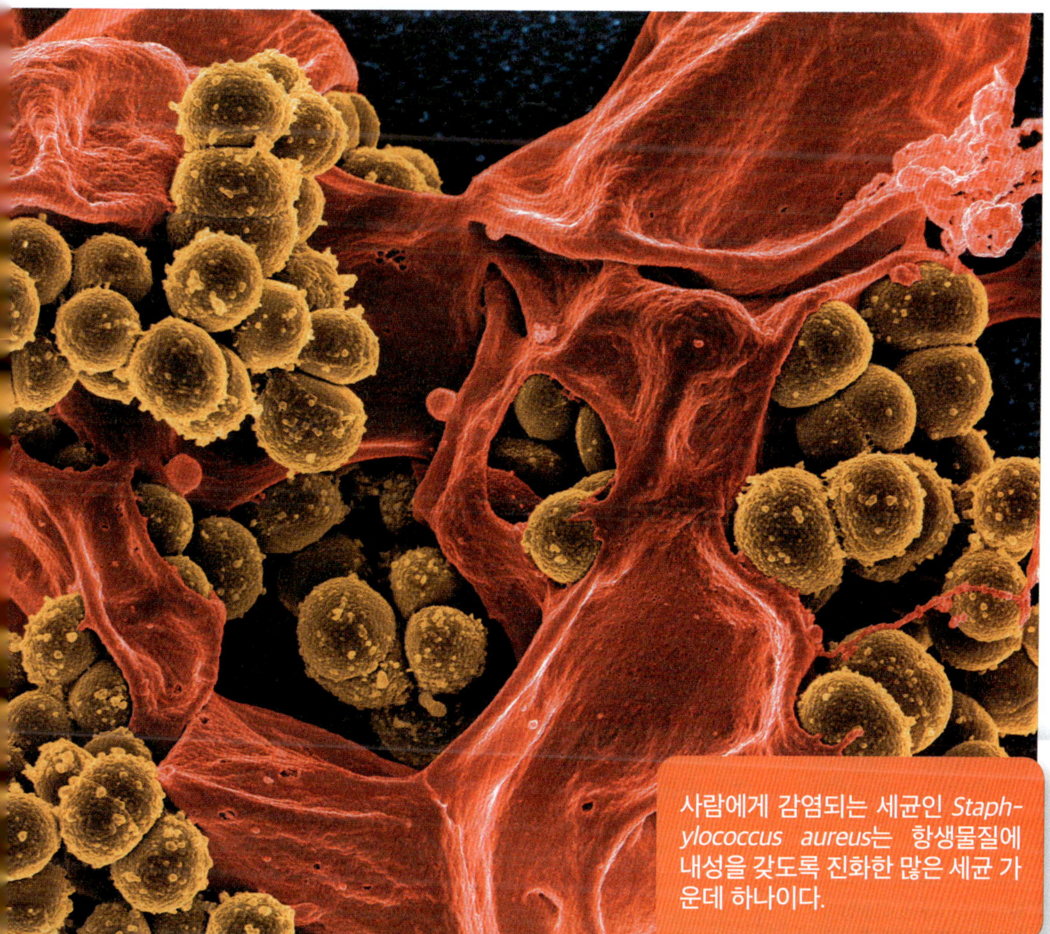

CASE STUDY

사람에게 감염되는 세균인 *Staphylococcus aureus*는 항생물질에 내성을 갖도록 진화한 많은 세균 가운데 하나이다.

## 위협적인 진화

얼마 전 2월 어느 날 한 20세 학생이 웨스턴 워싱턴 대학병원의 건강검진센터에 왔다. 그는 2주 이상 지속되는 만성 감기 때문에 고생하였고, 열이 나고 구토가 생기는 등 증상이 악화되어 진료를 받으러 온 것이다. 의사는 그 학생이 폐렴을 앓고 있다고 빠르게 진단 후 치료를 시작하였다. 그러나 그의 증세는 더욱 심해져 인근 병원으로 이송되었다. 며칠 후 그는 사망하였다.

왜 의사는 치료 가능한 병에 걸린 건강하던 청년의 목숨을 구하지 못하였을까? 왜냐하면 희생자의 폐렴은 메티실린 내성 *Staphylococcus aureus*(MRSA)에 의해 유발되었기 때문이다. "staph"라고 불리는 *Staphylococcus aureus*는 피부, 혈액 또는 호흡기를 감염시킬 수 있는 일반적인 세균이다. 많은 staph 감염은 항생물질로 치료할 수 있는데, MRSA 세균은 항생물질 내성이 있어 일반적으로 사용되는 항생물질 처리에 의해 사멸되지 않는다. 최근까지 MRSA 감염은 병원에서만 한정적으로 발생하였다. 그러나 오늘날 MRSA 감염의 절반 이상이 가정, 학교, 직장 등 병원 외에서도 발생한다.

미국에서는 매년 MRSA 감염으로 최소 11,000명이 사망한다. 불행하게도 항생물질에 내성이 있는 병원균은 *Staphylococcus*만 있는 것은 결코 아니다. 예를 들어 항생물질 내성은 결핵을 유발하는 세균에서도 나타나며 매년 약 200만 명 이상이 목숨을 잃는다. 결핵환자의 수가 점점 증가함에 따라, 이 질환은 일반적으로 사용되는 약으로는 더 이상 치료할 수 없다. 임질 같은 성병을 일으키는 세균에서 다중 약물 내성이 흔하게 나타난다. 또한 식중독, 패혈증, 이질, 폐렴, 수막염 및 요로 감염을 일으키는 세균에서 약물 내성이 흔하다. 우리는 전세계적으로 내성의 "supergerms" 맹공격을 경험하고 있으며 완치될 수 없는 무서운 질병과 마주하고 있다.

많은 의사와 과학자들은 저항성 질병 증가를 억제하기 위한 가장 효과적인 방법은 바로 항생물질의 사용을 줄이는 것이라고 믿는다. 그러한 전략이 왜 효과적일까? 항생물질 내성의 급증은 세균 집단의 진화적 변화 때문이며, 변화의 매개체는 항생제에 의한 자연선택이다. 우리가 집단이 진화하는 메커니즘을 이해할 수 있다면 항생물질 내성의 위기가 어떻게 발생했는지, 어떻게 하면 해결할 수 있을지 알 수 있지 않을까?

## 주요내용



## 16.1 집단, 유전자 및 진화는 어떻게 관련되어 있는가?

당신이 계절 변화가 있는 지역에 살며 개나 고양이를 기르고 있다면 아마도 겨울이 가까워지면서 애완동물의 털이 두꺼워지고 빽빽해지는 것을 알았을 것이다. 그 동물은 진화하였는가? 아니다. 우리가 본 한 개체의 일생 동안 일어나는 변화는 진화적 변화가 아니다. 대신 진화적 변화는 세대에서 세대로, 자손이 조상과 다르게 되면서 일어난다.

더욱이 단지 한 세대의 어버이와 그 자손만을 관찰하여 진화가 일어났는지를 알아볼 수는 없다. 예를 들면 키가 6피트인 사람이 키가 5피트인 성인 아들을 두었다고 이를 보고 인류는 점점 작게 진화하고 있다고 할 수 있는가? 분명히 아니다. 인류의 신장에 대해서 진화적 변화가 일어났는지를 알고자 한다면 많은 사람과 많은 세대에 걸쳐 평균키의 변화가 일어났는지를 조사해 보아야 한다. 진화는 개체가 아니라 집단의 특성을 의미한다. **집단(population)**이란 특정 지역에 살고 있는 같은 종의 개체 전부를 의미한다.

다윈(Darwin)이 통찰력이 뛰어났다는 것 중의 하나가 진화는 집단의 차원에서 이루어지는 현상이라는 것을 알았다는 점이다. 그러나 집단은 개체들로 구성이 되어 있고 개체의 행위와 운명은 후손 집단에게 전달될 특징을 결정한다. 이런 식으로 유전은 개체와 집단의 진화 사이에 연결 고리가 된다. 그러므로 우리는 먼저 개체에 적용되는 유전학 원리를 검토하는 것으로 진화의 과정을 논의할 것이다. 그 후 집단유전학으로 넓혀 가고자 한다.

### 유전자와 환경이 상호작용하여 형질을 결정한다

모든 생물의 각 세포는 염색체의 DNA에 새겨진 유전정보를 가지고 있다. 생물체 내에 존재하는 염색체들의 한 세트가 게놈(*genome*)이다. 유전자(*gene*)는 염색체 특정 부위에 존재하는 DNA 조각이다(11장 참조). 한 유전자의 뉴클레오타이드(nucleotide) 서열은 흔히 세포 내의 특정 반응을 촉매하는 효소인, 단백질의 아미노산 배열을 결정한다. 같은 종의 다른 개체는 동일 유전자 자리에 약간 다른 뉴클레오타이드 서열, 즉 대립유전자(*allele*)를 가질 수 있다. 다른 대립유전자는 종류는 같으나 다른 유형의 효소를 만든다. 이러한 방식으로 눈동자 색에 영향을 주는 여러 가지 대립유전자들은 인류의 눈동자 색을 갈색, 푸른색, 녹색 등으로 다양하게 나타낸다.

생물의 집단에는 각각의 유전자당 보통 2개 이상의 대립유전자가 있다. 이배체 종의 개체에서는 특정 유전자의 대립유전자는 같은 종류로 쌍을 이룬 동형접합(*homozygous*)이거나, 서로 다른 종류로 되어있는 이형접합(*heterozygous*)이다.

생물의 염색체에 있는 특정 대립유전자들(유전자형, *genotype*)이 형태나 행동들의 형질(표현형, *phenotype*)에 영향을 준다(**그림 16-1**).

예를 들어 이 원리들을 설명해 보자. 검은 햄스터의 털은 모낭에서 일어나는

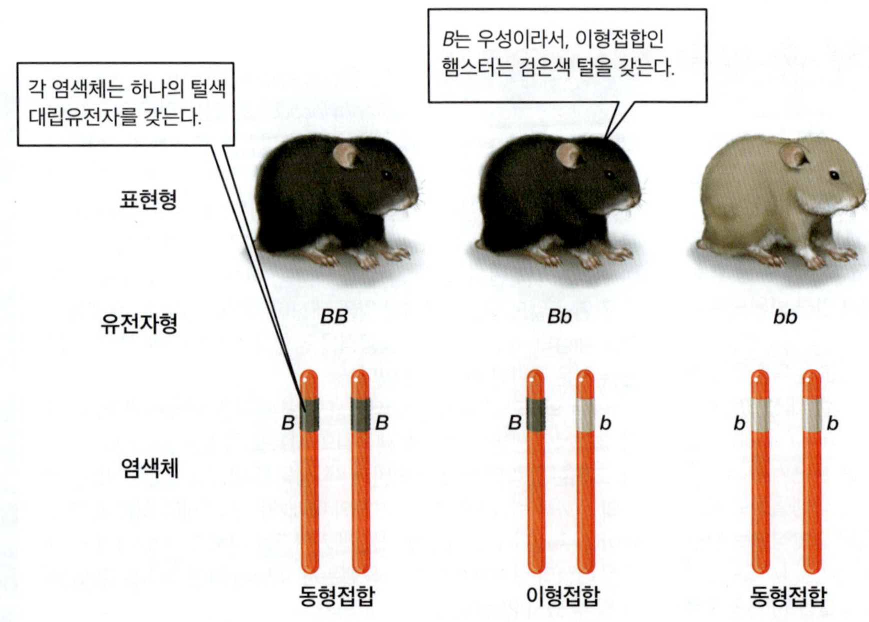


◀ **그림 16-1 개체의 대립유전자, 유전자형 및 표현형** 한 개체가 갖는 특정한 대립유전자의 조합이 유전자형이다. "유전자형"이라는 말은 (여기서 나타내는 것 같이) 한 유전자의 대립유전자들을 말할 수 있고, 일련의 유전자들, 또는 생물의 모든 유전자들을 말할 수도 있다. 개체의 표현형은 그의 유전자형과 환경에 의해 결정된다. "표현형"은 하나의 특징을 말할 수 있고, 일련의 특징들 또는 생물의 모든 특징들을 말할 수도 있다.

화학반응이 검은색소를 생산하므로 검은색을 띤다. 햄스터가 검은 털의 대립유전자를 갖는다는 말은, 이 대립유전자가 털을 검게 만드는 색소 생성반응을 촉매하는 효소를 코딩하는 뉴클레오타이드 서열이 염색체상에 특정 길이만큼 포함된 DNA라는 것을 의미한다. 갈색 털의 대립유전자를 갖는 햄스터는 염색체의 해당 부위에 다른 서열의 뉴클레오타이드를 갖는다. 효소에 대한 그런 다른 서열의 암호는 검은색소를 만들지 못한다. 만일 햄스터가 검은 대립유전자의 동형접합(2개의 검은색 대립유전자)이거나 이형접합(하나의 검은색 대립유전자와 하나의 갈색 대립유전자)이면 그 털은 검은색소를 포함하여 검게 나타난다. 그러나 햄스터가 갈색 대립유전자의 동형접합이면 모낭은 검은색소를 만들지 않으므로 털색은 갈색이다. 햄스터의 털색은 검은색 대립유전자 한 개만 있어도 검은색을 나타내므로 검은색 대립유전자를 우성(*dominant*)이라 하고 갈색 대립유전자는 열성(*recessive*)이라고 한다.

## 유전자 급원은 집단 내의 모든 대립유전자를 포함한다

진화 연구에서, 유전자의 영향력의 관점으로 진화 과정을 이해하는 것은 매우 효과적이다. 특히 진화생물학자들은 유전학의 한 분과인 집단유전학(*population genetics*)을 연구에 잘 이용하여 왔는데 이는 집단의 대립유전자의 빈도와 분포 그리고 유전을 다룬다. 진화를 잘 이해하기 위해서는 집단유전학의 몇 가지 기본원리를 배울 필요가 있다.

집단유전학에서 **유전자 급원(gene pool)**은 한 집단 내 모든 개체가 가지고 있는 모든 대립유전자의 총합이라고 정의한다. 유전자 급원은 어떤 물리적 실체라기보다는 진화 과정을 이해하는 데 도움이 되는 개념이다. 유전자 급원은 한 집단의 각 구성원이 유전자형의 한 copy를 넣어둔 가상의 바구니에 담긴 내용물이라고 생각할 수 있다. 따라서 유전자 급원은 어떤 특정 대립유전자에 대해 이형접합일 경우(그 특정 대립유전자 하나의 copy를 가지고 있는) 각 개체로부터 하나의 copy를 받고, 동형접합일 경우(그 특정 대립유전자 두 개의 copy를 가지고 있는) 각 개체로부터 두 개의 copy를 받는다.

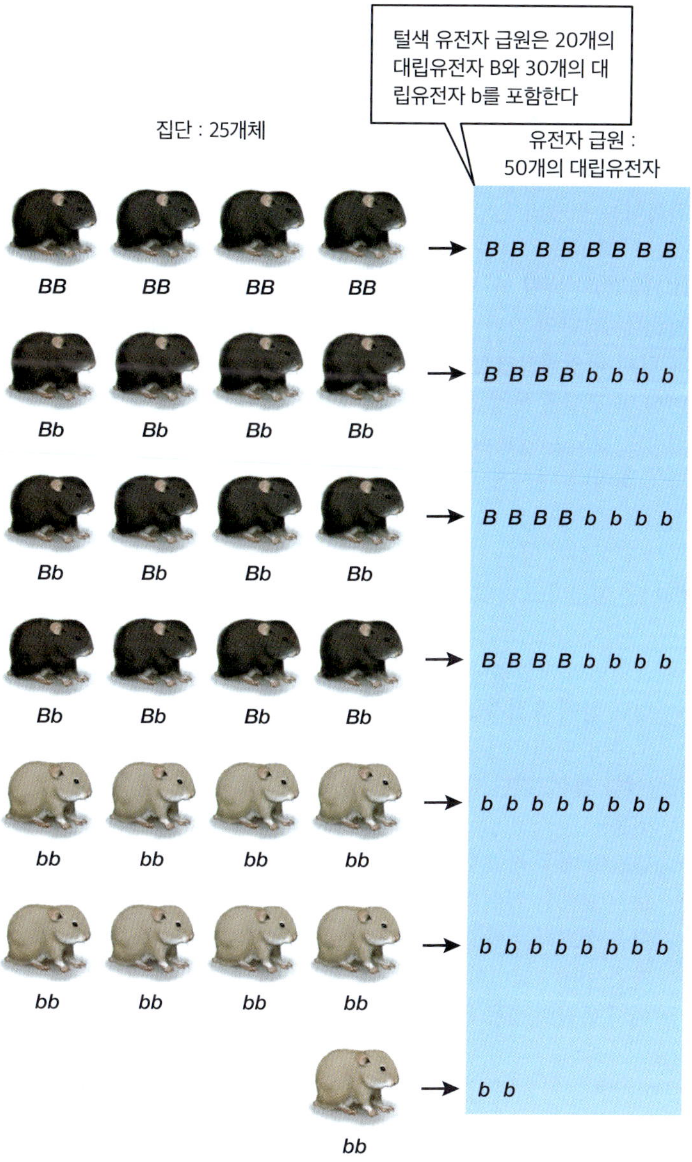

▲ **그림 16-2 유전자 급원** 이배체 생물의 경우 한 집단 내 각 개체는 각 유전자의 두 대립유전자를 유전자 급원에 제공한다.

각각의 특별한 유전자는 집단 내 특정 유전자의 모든 대립유전자들로 구성된 유전자 급원을 갖는다고 생각될 수 있다(**그림 16-2**). 만약 집단 내 각 개체의 유전자형에 대한 각 대립유전자의 copy 수를 종합하여 계산한다면 유전자 급원의 각 대립유전자의 상대 비율을 결정할 수 있다. 유전자 급원 내의 한 대립유전자의 비율이 **대립유전자 빈도(allele frequency)**가 된다. 예를 들어 그림 16-2에 묘사된 25개체로 된 햄스터 집단은 털색을 지배하는 유전자의 50개 대립유전자를 포함한다(햄스터는 이배체이며 각각의 햄스터는 두 개의 copy를 가지므로). 50개의 대립유전자 중 20개는 검은색 털을 결정하는 종류이며, 그러므로 집단 내 그 대립유전자의 빈도는 20/50=0.40(또는 40%)이다.

## 진화는 집단 내 대립유전자의 빈도가 변하는 것이다

비전문가는 집단구성원의 외형이나 행동에 나타난 변화를 근거로 진화를 정의할지 모른다. 그러나 집단을 구성하는 개체가 보여주는 많은 외형의 변화는 유전자 급원의 근본적인 변화의 가시적 표현으로 볼 수 있다. 따라서 집단유전학자들은 진화를 시간의 흐름에 따라 유전자 급원에서 일어난 대립유전자 빈도의 변화로 정의한다. 다시 말해서, 진화는 세대를 거치면서 일어나는 집단의 유전적 구성의 변화이다.

## 평형집단은 진화가 일어나지 않는 가설상의 집단이다

진화하는 집단의 원인을 쉽게 이해하려면 먼저 진화하지 않는 집단의 특성을 고려하면 된다. 1908년 영국 수학자 하디(Godfrey H. Hardy)와 독일 의사 바인베르크(Wilhelm Weinberg)는 진화하지 않는 집단의 간단한 수학 모델을 각각 별도로 개발했다. 현재 **하디-바인베르크 법칙(Hardy-Weinberg principle)**이라고 알려진 이 모델은 특정 조건 하에서 집단의 대립유전자 빈도와 유전자형 빈도는 아무리 많은 세대가 흐른다 해도 달라지지 않는다는 것이다. 다시 말하면 이러한 집단은 진화하지 않는 것이다. 집단유전학자들은 다음의 조건에서는 대립유전자 빈도가 불변하여 진화하지 않는 가상의 집단, **평형집단(equilibrium population)**을 이룬다고 하였다:

- 돌연변이가 일어나지 않아야 한다.
- 집단 간에 **유전자 흐름(gene flow)**이 없어야 한다. 즉, 집단으로부터 대립유전자가 빠져나가거나 유입되지 않아야 한다(예를 들어, 집단 내외로의 생물의 이동으로 인해 야기될 수 있음).
- 집단이 매우 커야 한다.
- 모든 교배는 어떤 유전자형을 가진 것들이 다른 특정 유전자형을 선호하는 경향 없이 무작위로 이루어져야 한다.
- 자연선택이 없어야 한다. 즉, 모든 유전자형의 개체들은 생식에서 똑같이 성공적이어야 한다.

이러한 조건 하에서 집단의 대립유전자 빈도는 항상 일정하게 유지된다. 이러한 조건 중 한 가지 이상이 달라지면 대립유전자의 빈도가 달라질 수 있다. 즉, 집단은 진화할 것이다.

예상한 바와 같이, 자연집단이 평형상태에 있는 경우는 거의 없다. 그렇다면 하디-바인베르크 법칙의 중요성은 무엇인가? 하디-바인베르크의 조건은 진화의 메커니즘을 연구하는 데 유용한 출발점이 된다. 다음 절에서는 어떤 조건들을 조사하여 자연집단은 그 조건들을 충족시키지 못함을 보여주고 그 실패 결과를 설명할 것이다. 이런 방법으로 우리는 진화의 불가피성과 진화적 변화를 이끄는 과정들을 더 잘 이해할 수 있을 것이다.

### CHECK YOUR LEARNING

- 집단유전학의 관점에서 진화를 정의할 수 있는가?
- 평형집단을 정의하고 그것을 유지하기 위한 조건에 대하여 기술할 수 있는가?

## 16.2 무엇이 진화를 일으키는가?

집단유전학 이론에 따르면 하디-바인베르크 평형은 5가지 조건이 충족되지 않으면 깨어질 수 있다고 예상하였다. 그러므로 돌연변이, 유전자 흐름, 소집단, 비무작위 교배, 자연선택을 진화의 5가지 중요한 요인으로 간주할 수 있다.

## 돌연변이는 유전적 변이의 원천이다

집단은 **돌연변이(mutation**: DNA 염기서열의 변화)가 없는 경우에만 진화적 평형상태를 유지한다. 대부분의 돌연변이는 세포가 그들의 DNA를 복제하는, 세포분열 동안 일어난다. 가끔 복제 과정에서 실수가 발생하면 복제된 DNA는 원본과 다르게 된다. 복제 실수를 인식하고 수선하는 세포 내의 체계에 의해 대부분의 실수는 바르게 고쳐지지만 어떤 것은 수선 과정을 놓치게 되어 염기배열이 변하게 된다. 수선되지 않는 돌연변이에 의해 만들어진 배우자(난자 또는 정자)는 자손으로 이어져 집단의 유전자 급원에 포함되게 된다.

### 유전되는 돌연변이는 드물게 일어나지만 중요하다

집단의 유전자 급원의 변화에 돌연변이는 얼마나 중요한 의미가 있는가? 특정 유전자에 대해 전 세대로부터 새로운 돌연변이를 물려받는 것은 한 집단 내에서도 작은 비율이다. 예를 들어 인간 게놈 특정 부위(염기쌍)에서 돌연변이가 나타날 수 있는 돌연변이율은 8천만 명의 신생아 가운데 1명 정도이다. 이렇게 돌연변이는 특정 대립유전자의 빈도에 아주 작은 변화만을 일으킨다.

게놈의 특정 부위에서 유전될 수 있는 돌연변이가 매우 드물게 생김에도 불구하고 이것이 축적되면 진화의 중요한 요인이 된다. 대부분의 생물체 게놈은 많은 수의 DNA 염기쌍을 보유하고 있기 때문에, 비록 특정 염기쌍의 돌연변이율이 낮더라도 새로운 집단 내에서는 분명히 돌연변이를 포함할 가능성이 있다. 예를 들면 이배체 인간 게놈에는 약 60억 개의 염기쌍이 있다. 따라서 각각의 염기쌍이 8천만 분의 1의 돌연변이율을 갖더라도, 대부분의 신생아는 아마도 70 또는 80개의 돌연변이를 물려받을 것이다. 이러한 돌연변이들은 새로운 대립유전자이며, 이 새로운 변화가 다른 진화 과정을 유발할 수 있다. 이것이 진화적 변화의 원천이다. 돌연변이가 없으면 진화도 일어나지 않는다.

### 돌연변이는 지향하는 목표가 없다

돌연변이는 생물체가 필요하다고 해서도, 기대한다고 해서도 생기는 것이 아니다. 돌연변이는 단순 발생되며 생물체의 구조와 기능을 변화시킬 수 있다. 그러한 변화는 현재 또는 미래에 이로울 수도, 해로울 수도, 중립적일 수도 있다. 이는 생물체가 제어를 거의 또는 아주 못하는 환경조건에 달려있다(**그림 16-3**). 돌연변이는 오직 진화적 변화를 일으키는 잠재력만을 제공한다. 다른 과정 특히 자연선택이 집단에서 돌연변이를 확산시키거나 제거시킬 수 있다.

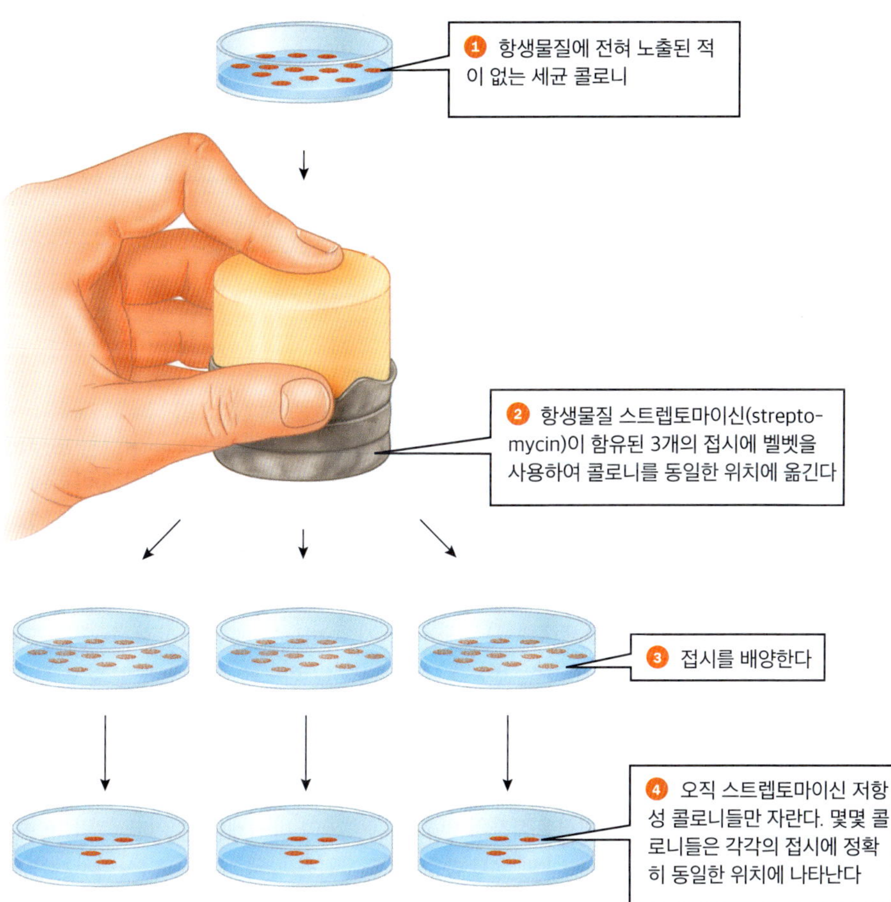


◀ **그림 16-3 돌연변이는 저절로 발생한다** 항생물질에 전혀 노출된 적이 없는 세균 콜로니들을 항생물질인 스트렙토마이신으로 처리하면 몇 개의 콜로니만이 자란다. 생존하는 콜로니들이 모든 접시에서 같은 위치에 나타난다는 것은 스트렙토마이신에 내성을 지닌 돌연변이가 스트렙토마이신에 노출되기 전의 원래 접시에서 존재하였다는 것을 보여준다.

**비판적 사고** 만약에 돌연변이가 항생물질의 존재와 상관없이 일어난다면 이 실험의 결과는 실제의 결과와 어떻게 다를까?

## 집단 간의 유전자 흐름은 대립유전자 빈도를 변화시킨다

유전자 흐름으로 알려진 집단 간 대립유전자의 이동은 집단 사이 대립유전자 분포에 영향을 준다. 개체들이 한 집단에서 다른 집단으로 이동하여 새로운 장소에서 교배가 이루어지면 대립유전자는 한 유전자 급원에서 다른 유전자 급원으로 옮겨진다. 예를 들어 새로 부화하는 조개 유생은 해류를 따라 거리기 먼 곳으로 옮겨져 정착하고 성숙하여 원 조개 집단에 그들의 대립유전자를 전달하게 된다. 비슷한 경우로, 개코원숭이는 무리(troop)라고 부르는 사회적 집단을 이루며 생활하는데 보통 어린 수컷들 몇 마리는 그 무리를 떠나서 새로운 집단으로 이동한다. 운이 좋으면 그들은 새로운 무리에 합쳐지게 되고 번식을 할 수 있는 사회적 지위를 얻게 된다. 이런 방식으로 한 무리의 수컷 자식은 다른 무리의 유전자 급원에 대립유전자를 옮긴다.

어떤 생물에서는 생활주기 가운데 특정한 시기에만 유전자가 이동한다. 예를 들면 현화식물의 유전자 흐름은 종자나 꽃가루의 이동에 의해 이루어진다. 꽃가루는 정자세포를 가지는데, 바람이나 동물에 의해 멀리 이동할 수 있다. 꽃가루가 같은 종의 다른 집단의 꽃에 닿게 되면 난자와 수정하게 되고 대립유전자를 그 지역 유전자 급원에 첨가하는 것이다. 마찬가지로 종자도 바람, 물, 동물 등에 의해 먼 곳으로 이동하여 발아하게 되면 기존의 집단과는 다른 집단에 속하게 된다.

유전자 흐름의 주된 진화적 효과는 한 종의 집단 간 유전적 유사성을 증가시키는 것이다. 한 집단에서 다른 집단으로 대립유전자의 이동은 대상 집단의 유전자 급원을 원천 집단과 유사하게 되도록 변화시키는 경향이 있다.

## 대립유전자 빈도는 작은 집단에서 우연히 변할 수 있다

집단의 대립유전자 빈도는 돌연변이보다는 우연한 사건에 의해 변할 수 있다. 예를 들면 어떤 불운이 한 집단 내 일부 구성원의 번식을 막는다면 궁극적으로 그들의 대립유전자는 유전자 급원에서 제거되고 그 빈도는 달라진다. 홍수나 화재와 같은 예기치 못한 사건은 생물체의 수명을 단축시켜 모집단의 일부에서만 생식이 가능하게 만들어 대립유전자 빈도를 무작위로 변화시킨다. 이처럼 우연한 사건에 의한 대립유전자 빈도의 변화를 **유전적 부동(genetic drift)**이라고 한다.

유전적 부동이 어떻게 일어나는지 살펴보자. 20마리의 햄스터 가운데 검은 털을 가지는 대립유전자 B의 빈도가 0.50이고 갈색

(a) 1세대 $B$의 빈도 = 50%
$b$의 빈도 = 50%

BB BB BB BB BB
Bb Bb Bb Bb Bb
Bb Bb Bb Bb Bb
bb bb bb bb bb

각 세대에서 임의로 2개체를 선발하여 교배한다: 이들의 자손으로 다음 세대가 구성된다.

(b) 2세대 $B$의 빈도 = 25%
$b$의 빈도 = 75%

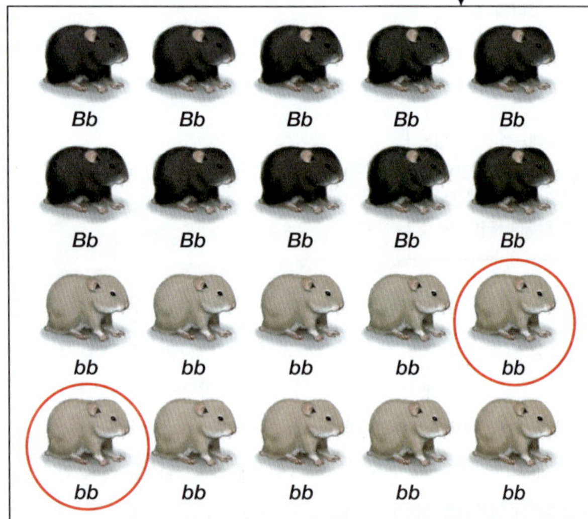


(c) 3세대 $B$의 빈도 = 0%
$b$의 빈도 = 100%

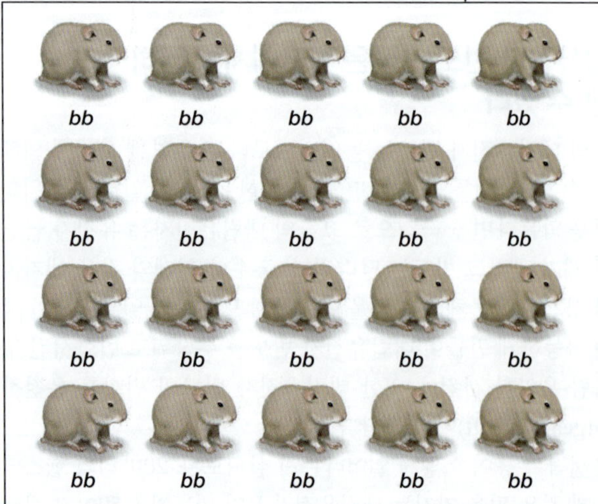


◀**그림 16-4 유전적 부동** 만약에 집단의 일부의 생식을 제한한다면 대립유전자의 빈도는 임의로 변할 수 있다.

**비판적 사고** 2세대에 나타난 유전자형 분포가 어떻게 계산되는지 설명하라.

털을 가지는 대립유전자 $b$의 빈도가 0.50이라고 하자(**그림 16-4a**). 만약에 이 집단 내의 모든 햄스터가 상호 교배를 하여 20마리의 새로운 집단을 만든다고 하면, 두 대립유전자의 빈도는 다음 세대에도 변하지 않을 것이다. 그러나 무작위로 두 마리만 선택하여(그림 16-4a, 원으로 표시된 햄스터) 교배를 시켜 20마리를 만든다고 할 때, 2세대에서는 대립유전자의 빈도는 매우 달라질 수 있다(**그림 16-4b**, $B$의 빈도는 감소하고 $b$의 빈도는 증가했다). 또다시 2세대에서 무작위로 두 마리만 선택하여(그림 16-4b, 원으로 표시된 햄스터) 교배시키면 3세대에서는 대립유전자의 빈도는 다시 변할 수 있다(**그림 16-4c**). 이와 같은 방법으로 장기간 교배시키면 집단 내의 대립유전자의 빈도는 계속하여 바뀌게 될 것이다. 그림 16-4의 3세대 일 때 $B$ 대립유전자(즉, 검은 털색 표현형)가 사라지는 예와 같이 유전적 부동에 의해 집단 내에서 대립유전자가 사라질 수 있음을 주목하라.

### 집단 크기가 중요하다

유전적 부동은 큰 집단보다 작은 집단에서 더 영향력이 크고 빠르게 일어난다. 만약에 집단이 충분히 크면, 일부 개체의 번식을 임의로 막을 수 있는 우연한 사건은 그 집단의 유전자 조성을 크게 변경시키지 않을 것이다. 교배할 수 있는 개체가 본래 집단과 대략 유전자 조성을 동일하게 할 수 있는 충분히 큰 무작위 표본

**Have You Ever Wondered ...**

**왜 매년 독감 예방 주사를 맞아야 하는가?**

독감 예방 접종은 독감을 유발하는 바이러스를 인식하고 공격하도록 면역체계를 자극한다. 우리의 면역체계는 바이러스가 가지고 있는 단백질을 통해 그 바이러스를 인식하지만 이러한 단백질은 해마다 변한다. 왜 그럴까? 돌연변이 비율이 높은 독감 바이러스에서 특히 빠르게 발생하는 유전적 부동 때문이다. 독감 바이러스 집단의 유전적 부동 1년 후에는 더 이상 이전에 예방 접종을 받은 사람의 면역체계가 그 바이러스를 인식할 수 없다. 그 사람은 진화한 바이러스를 인식할 수 있게 새롭게 만들어진 예방 접종이 필요하다.

으로 구성되기 때문이다. 그러나 작은 집단에서는 교배할 수 있는 무작위 표본이 아주 작을 수 있으므로, 유전적 조성이 본래 집단과 다르게 될 가능성이 크다. 작은 집단에서 낮은 빈도로 발생하는 (따라서, 소수의 개체에만 존재하는) 대립유전자는 우연한 사건이 그 대립유전자를 소유한 유일한 운반자의 생식을 막는다면 완전히 제거될 수 있다.

큰 집단 대비 작은 집단의 유전적 부동에 대한 이러한 예상을 시험해 볼 수 있는 한 가지 방법은 대립유전자의 빈도가 여러 세대에 걸쳐 어떻게 변하는지 컴퓨터 시뮬레이션 프로그램을 사용해보는 것이다. **그림 16-5**는 그림 16-4에서 소개한 가상의 햄스터 세 집단을 모의실험한 결과다. 이 모의실험에서 프로그램은 집단 내 각 대립유전자의 초기 빈도를 50%로 특정하였다. 그런 다음 대상 햄스터를 집단의 유전자 급원에서 무작위로 선정하여 동일한 집단 크기의 새로운 세대를 만들기 위해 교배시켰다. 이 과정은 100세대 동안 반복되었다.

**그림 16-5a**는 크기가 큰 집단(2,000개체)에 대한 10번의 시뮬레이션 결과를 나타낸 것이다. 비록 시간이 경과함에 따라 변하지만, 대립유전자 B의 빈도가 초기 빈도와 비슷하게 유지하는 것을 주목하라. **그림 16-5b**는 더 작은 크기의 집단(40개체)에 대한 10번의 시뮬레이션 결과이다. 이 경우, 대립유전자 B의 빈도는 초기 수준에서 상당히 벗어날 가능성이 높게 나타나는데, 경우에 따라 빈도가 100% (모든 햄스터는 검은색) 또는 0% (모든 햄스터는 갈색)로 된다. **그림 16-5c**에는 매우 작은 집단(4개체)에 대해 10번의 시뮬레이션을 한 대립유전자 B의 운명이 나타나 있다. 여기서 대립유전자의 빈도는 매우 빠르게 변한다. 10번의 시뮬레이션에서 대립유전자 B의 빈도는 채 20세대를 넘기지 못하고 100% 또는 0%에 도달한다. 전반적으로 집단 크기가 작을수록 유전적 부동의 영향은 더욱 극적이다. 그러나 모든 규모의 집단에서 각각의 시뮬레이션 결과는 다르게 나타난다. 왜냐하면 유전적 부동은 무작위로 일어나기 때문이다.

## 집단병목현상은 유전적 부동을 일으킬 수 있다

유전적 부동의 2가지 원인인 집단병목현상과 창시자 효과는 작은 집단이 종의 대립유전자 빈도에 끼치는 영향을 잘 보여준다. **집단병목현상(population bottleneck)**에서 집단의 크기는 자연의 대재앙이나 과도한 사냥 등의 사건으로 급격히 감소한다. 병목현상 후에는 소수 개체만이 유전자를 다음 세대로 전달하는데 기여한다. 집단병목현상은 대립유전자의 빈도를 빠르게 변화시키며 대립유전자가 소실됨으로써 유전적 다양성을 감소시킬 수 있다(**그림 16-6a**). 나중에 집단의 크기가 커진다 해도 병목현상의 유전적 영향은 수백 세대 혹은 수천 세대까지 남아있을 수 있다.

병목현상으로 인한 유전적 다양성의 소실 현상은 북방코끼리물범(northern elephant seal)을 비롯하여 많은 종에서 알려져 있다(**그림 16-6b**). 1800년대에 대량 사냥으로 북방코끼리물범은

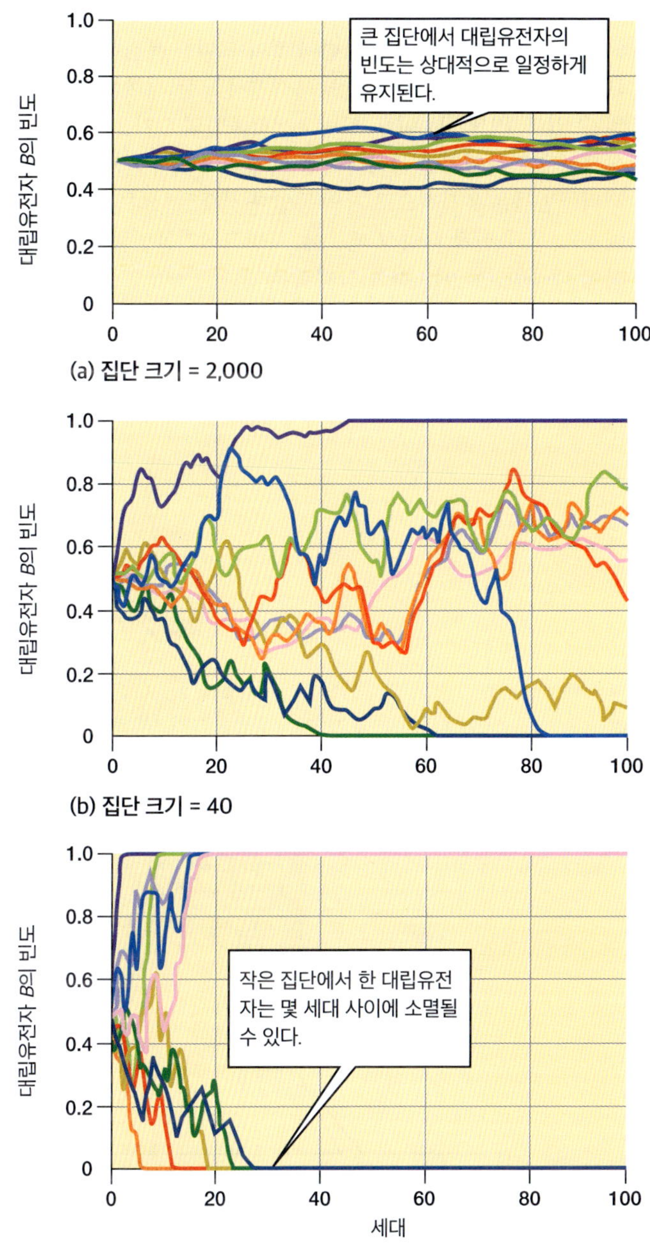


▲ **그림 16-5 유전적 부동에 미치는 집단 크기의 영향** 색으로 나타낸 각 선들은 대립유전자 B의 빈도를 집단 크기가 큰 집단**(a)**, 작은 집단**(b)**, 매우 작은 집단**(c)**에 따라 나타낸 하나의 컴퓨터 시뮬레이션 결과다. 초기 집단의 대립유전자의 절반(50%)은 B로, 각 세대마다 무작위로 선택된 개체가 번식되었다.

**비판적 사고** 만약 대립유전자 B의 초기 빈도가 0.5가 아니라 0.7이라면 각 집단은 어떻게 변할까?

거의 멸종되어 1890년대에서는 불과 20여 마리만 생존하였다. 지배력이 강한 북방코끼리물범 수컷이 교미를 독점하기 때문에 1마리의 수컷이 이 극단적인 병목점에서 모든 새끼들의 아버지일 수 있다. 19세기말 이후, 북방코끼리물범의 수가 20만 마리 이상으로 증가하였지만 생화학적 분석 결과에 의하면 모든 북방코끼리물범들은 유전적으로 거의 동일한 것으로 나타났다. 이러한 매우 낮은 유전적 다양성 때문에, 북방코끼리물범들은 환경 변화에 대응할 수 있는 진화 잠재력은 낮다("Earth Watch: 축소하고 있는 유전자 급원의 위험"). 북방코끼리물범은 유전적 변이의 한계 때문에 개체수와 상관없이 멸종에 취약한 종으로 간주되고 있다.

## 고립되어 새로 만들어지는 집단은 병목현상을 유발할 수 있다

**창시자 효과(founder effect)**는 적은 수의 생물체가 군락을 이루며 고립되었을 때 일어난다. 예를 들어, 이동 중 길을 잃거나 폭풍에 의해 이탈된 작은 규모의 새 떼가 고립된 섬에 정착할 수 있다. 우연히, 이 창시자 그룹은 부모의 집단과 매우 다른 대립유전자 빈도를 가질 수 있다. 만약 그렇다면 새로운 지역에서 나타나는 미래 집단의 유전자 급원은 이 급원의 원천인 큰 집단의 경우와 상당히 다를 것이다. 예를 들어 펜실베이니아의 랭카스터 카운티(Lancaster County)의 아미쉬파(Amish) 주민들은 18세기, 불과 200여 명의 이민자들의 후손들이다. 오늘날, 랭카스터 카운

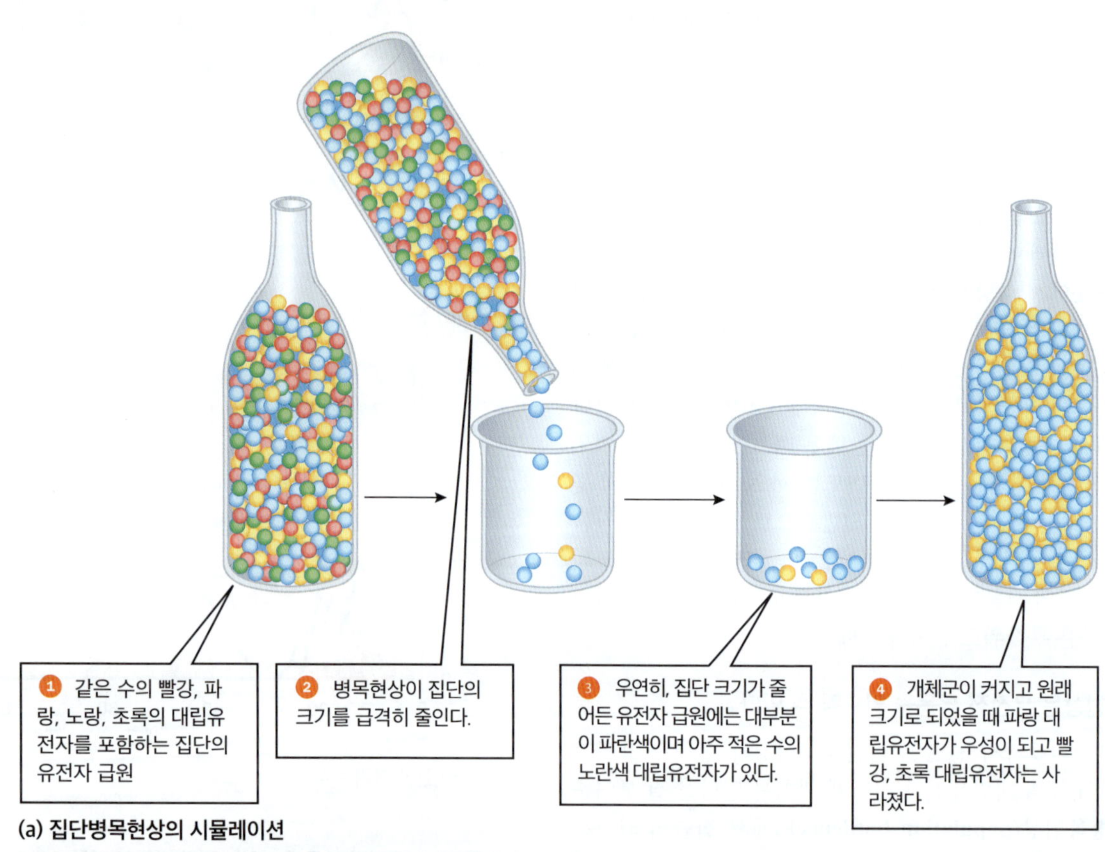


(a) 집단병목현상의 시뮬레이션

(b) 코끼리물범

◀ **그림 16-6 집단병목현상은 변이를 감소시킨다** (a) 집단병목현상에 의해 살아남은 몇 개체가 비슷한 대립유전자 구성을 하고 있을 수 있기 때문에 개체군의 유전자형과 표현형적 변이를 급격히 감소시킬 수도 있다. (b) 북방코끼리물범은 그림 16-6 집단병목현상은 변이를 감소시킨다

**비판적 사고** 병목현상 이후, 집단이 다시 크게 되었을 때, 유전적 다양성은 궁극적으로 증가한다. 그 이유는?

## Earth WATCH 축소하고 있는 유전자 급원의 위험

지구의 많은 종들이 위험에 처해 있다. 세계자연보전연맹(International Union for Conservation of Nature)에 따르면 현재 2만 종이 넘는 식물과 동물이 멸종 위기에 놓여있다. 이러한 멸종위기종의 대부분은 서식지 파괴가 주요 위협 요인이다. 한 종의 서식지가 축소될 때 그 집단의 크기는 거의 변함없이 같이 작아진다. 많은 사람들, 기구들 그리고 정부는 멸종 위기에 처한 종들의 곤경을 우려하고 있으며 그들과 그들의 서식지를 보호하기 위해 노력하고 있다. 불행히, 이미 위기 상태라 할 만큼 충분히 작아진 집단은 멸종될 가능성이 커지는 진화적 변화를 겪을 것이다.

작은 집단의 한 가지 문제는 배우자 선택이 제한적이라 가까운 친족 간의 교배 비율이 높다는 것이다. 이 근친교배는 자손이 해로운 열성 대립유전자의 동형접합이 될 확률을 높인다. 이러한 열등한 개체들은 생식 전에 사망하여 집단의 크기를 더욱 감소시킬 수 있다.

그러나 작은 집단에 대한 가장 큰 위협은 필연적인 유전적 다양성의 상실로 인한 것이다(**그림 E16-1**). 앞서 논의한 집단병목효과에 따르면, 집단이 매우 작은 크기로 축소되었을 때에는 원래 있던 많은 대립유전자가 작아진 집단의 유전자 급원에서는 존재하지 않게 된다는 것은 분명하다. 더욱이, 작은 집단에서의 유전적 부동은 살아남은 많은 대립유전자를 결국은 집단에서 영구히 사라지게 할 것이다(그림 16-5c 참조). 유전적 부동은 무작위적 과정이기 때문에, 사라진 많은 대립유전자는 이전 자연선택에 의해 선택된 이로운 대립유전자가 될 것이다. 필연적으로, 집단의 서로 다른 대립유전자의 수는 점점 더 적어진다. 위험에 처한 집단의 크기가 결국 증가하더라도 잃어버린 유전적 다양성을 회복하려면 수백 세대가 걸릴 수 있다.

집단의 유전적 다양성이 낮으면 왜 문제가 되는가? 낮은 다양성은 두 가지 주요 위험 요소를 만든다. 첫째, 전체 집단의 생존도는 적응형질의 기초가 되는 유리한 대립유전자의 상실로 인해 감소된다. 적합성이 낮은 집단은 번성하기 어렵다. 둘째, 유전적으로 빈약한 집단은 환경 조건이 변화할 때 적응할 수 있게 해주는 변이가 없다. 필연적으로 환경이 바뀔 때, 유전적으로 획일적인 종은 새로운 조건 하에서 생존하고 번식하기에 적합한 개체를 가지는 것이 쉽지 않을 것이다. 변화하는 조건에 적응할 수 없는 종은 멸종 위험이 매우 높다.

위기에 처한 종의 유전적 다양성을 보손하기 위해 무엇을 할 수 있는가? 물론 최선의 해결책은 다양한 서식지를 보존하여 처음부터 종들이 위험에 처하지 않도록 하는 것이다. 그러나 인류 집단은 너무 커졌고 지구 자원의 많은 부분을 전용하기 때문에 이 해결책은 여러 곳에는 불가능하다. 많은 종들을 위한 유일한 해결책은 위기에 처한 대다수 종들의 유전적 다양성의 총량을 담을 수 있는, 충분한 크기의 개체군이 서식할 수 있는 넉넉한 보호 서식지를 확보하는 것이다.

▲ **그림 E16-1 쪼그라든 유전자 급원** 에티오피아 늑대는 극히 낮은 유전적 다양성을 가진 것으로 알려진 멸종 위기에 처한 종들 중 하나이다.

**비판적 사고** 많은 경우에 있어서 멸종위기 종의 서식지는 크거나 온전한 상태가 아니다. 그러나 때로는 몇 개의 작은 구역을 보호할 수 있다. 그러한 경우 보전생물학자들은 그 작은 구역들은 다른 적절한 서식지와 통로로 연결되어야 한다고 강조한다. 이유를 설명할 수 있는가?

티의 아미쉬파 사람들은 유전자 질환인 Ellis-van Creveld 증후군이 보통의 집단보다 더 흔하게 나타난다(**그림 16-7**). 이 증상은 Ellis-van Creveld 대립유전자를 보유한 아미쉬파 이주자 중 한 쌍의 부부로부터 퍼진 것이다. 창시자 집단은 매우 작기 때문에 하나의 변이를 가지는 대립유전자는 집단 내에서 비교적 높은 비율(일반 집단은 1,000명 중 한 명인 데 비해 아미쉬파 집단은 200명 중 1~2명)로 유전된다. 창시자 효과에 의해 나타난 초기 높은 대립유전자의 빈도는 나중에 유전적 부동과 연계되어 아미쉬파 집단에서 이례적으로 높은 Ellis-van Creveld 증후군을 나타나게 한다.

### 집단 내 교배는 거의 임의적으로 이루어지지 않는다

비무작위 교배(*nonrandom mating*)의 효과는 진화에서 중요한 역할을 한다. 생물체는 거의 무작위로 교배하지 않기 때문이다. 예

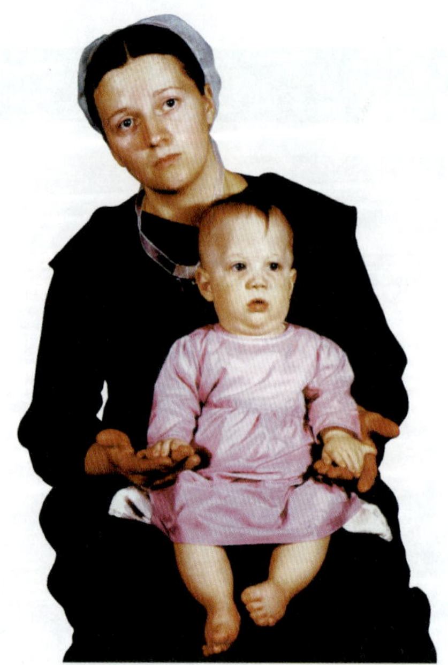

▲ **그림 16-7 사람에서 창시자 효과의 예** 이 아미쉬파 여성의 자녀는 Ellis-van Creveld 증후군으로 알려진 유전병으로 고통 받고 있다. 이 증후군은 짧은 팔과 다리, 여분의 손가락, 경우에 따라 심장질환의 증상이 있다. 펜실베니아 랭카스터 카운티의 아미쉬파 주민들에게 높은 빈도로 나타나는 Ellis-van Creveld 증후군을 창시자 효과로 설명할 수 있다.

를 들어 많은 생물들은 이동 범위의 제한으로 인하여 출생 장소, 부화 장소, 발아 장소 가까이에 머무르는 경향이 있다. 그런 종들은 부모와 자손이 대부분은 동일한 지역에 산다. 따라서 그들이 번식할 때, 서로 생식을 위한 배우자 관계로 만날 수 있는 기회가 높다. 이러한 친족 간의 유성생식을 근친교배(*inbreeding*)라고 한다.

CASE STUDY CONTINUED

## 위협적인 진화

한 세균 집단의 구성원에게 항생물질 내성을 주는 돌연변이 대립유전자는 유전자 흐름에 의해 다른 집단으로 이동할 수도 있고, 유전적 부동에 의해 증가될 수도 있다. 예를 들어 사람의 피부에 사는 MRSA(항생제내성세균)는 같이 사용하던 수건이나 의류를 통해 그녀의 룸메이트 피부로 옮겨 질 수 있다. 내성이 없는 룸메이트의 세균 집단에 새로 합류한 MRSA는 번식하고 심지어 접합(conjugation; 20장 참조)으로 알려진 과정을 통해 직접적으로 기존의 세균에 내성 대립유전자를 전달할 수 있다. 유전자 흐름에 의해 룸메이트 피부의 세균 집단으로 도입된 내성 대립유전자는 이어서 유전적 부동을 통해 대립유전자 빈도를 증가한다. 그런데 새로운 환경(즉, 룸메이트의 몸)에 항생제가 도입된다면 어떻게 될까? (16.3절 참조)

친족은 유전적으로 유사하기 때문에 근친교배는 부모에게서 동일한 대립유전자를 물려받는 개체를 증가시키는 경향이 있고, 따라서 많은 유전자가 동형접합이다. 동형접합의 증가는 유전질환이나 결손 등의 증가와 같은 나쁜 결과를 유발할 수 있다. 열성 대립유전자는 이형접합의 보인자(heterozygous carrier; 해로운 대립유전자를 한 개 가지고 있는)에 숨겨져 있기 때문에 많은 유전자 급원은 해로운 열성 대립유전자를 가지고 있어도 유지된다. 그러나 근친교배는 해로운 대립유전자 두 개를 가지는 동형접합인 자손을 생산할 가능성을 증가시킨다.

동물의 경우에는 개체가 자신의 교미 상대를 선택함에 있어 영향을 주는 어떤 편애나 성향을 갖고 있다면 비무작위 교배는 증가할 수 있다. 흰기러기(snow goose)가 여기에 해당된다. 이 종의 개체들의 깃털 색은 2가지 양상을 나타낸다. 하나는 흰색이고 다른 하나는 청회색이다(**그림 16-8**). 두 종류가 같은 종이지만 배우자의 선택은 색에 대해 무작위적이지 않다. 이 새들은 같은 색의 배우자와 교미하려는 강한 성향을 보여준다. 이와 같이, 비슷한 것끼리 교미하려는 것을 동계교배(*assortative mating*)라 한다.

근친교배나 동계교배는 한 집단의 대립유전자 빈도를 바꾸지 않을 것이다. 그럼에도 불구하고 그들은 각기 다른 유전자형 분포에 큰 영향을 미칠 수 있으며, 따라서 표현형의 분포에도 많은 영향을 줄 수 있다.

## 모든 유전자형은 똑같이 유익하지 않다

가상적인 평형집단에서는 유전자형에 관계없이 모든 개체들은 균등하게 잘 생존하고 번식한다. 즉 다른 유전자형보다 우수한 특정 유전자형은 없다. 그러나 실제의 집단에서는 이러한 경우는 찾아보기 매우 힘들다. 어떤 몇 개의 대립유전자를 가지는 개

▲ **그림 16-8 흰기러기들의 비무작위 교배** 흰기러기는 깃털이 흰 것과 청회색의 두 종류가 있는데 깃털의 색이 같은 것끼리 교배하려는 경향이 있다.

| 표 16-1 | 진화의 원인 |
|---|---|
| 과정 | 결과 |
| 돌연변이 | 새로운 대립유전자의 생성; 변이성의 증가 |
| 유전자 흐름 | 상이한 집단 간의 유사성 증가 |
| 유전적 부동 | 대립유전자 빈도의 무작위적 변화의 원인; 대립유전자의 손실 |
| 비무작위 교배 | 대립유전자가 아닌 유전자형 빈도의 변화 |
| 자연선택, 성적선택 | 선택된 대립유전자 빈도의 증가; 적응력 향상 |

체는 생존이나 생식에 있어서 동등하다는 의미에서 많은 대립유전자들이 중립적이라고 하지만, 어떤 대립유전자는 소유자에게 잇점으로 작용한다. 월리스(Alfred Russel Wallace)가 말한 "약간이라도 우수한(some little superiority)" 대립유전자를 보유한 개체는 **자연선택(natural selection)**에 의해 선택될 것이고, 이러한 특성을 갖는 개체는 없는 개체보다 생존에 더 유리하고 자손을 더 많이 남기게 된다. 우리는 다음 절에서 자연선택에 대해서 더 심도 깊게 다룰 것이다.

표 16-1은 진화의 요인을 정리하였다.

## 16.3 자연선택은 어떻게 작용하는가?

우리가 논의한 다른 진화의 원인과 달리, 자연선택은 생물체가 생존하고 번식할 수 있는 능력을 향상시키는 형질의 진화로 이어진다. 자연선택으로 인한 적응 진화를 연구하는 것이 진화생물학의 주요 요점이 된다.

### 자연선택은 불공평한 생식으로부터 생긴다

영국의 경제학자 스펜서(Herbert Spencer)는 1864년 저서에서 "적자생존(survival of the fittest)"이라는 용어를 사용하였는데 이는 다윈이 이름 붙인 자연선택의 과정을 요약한 것이다. 그러나 이러한 공식화는 정확하지 않다. 자연선택이란 생존을 증가시키는 것으로만 취급되지만 확대하면 생존을 증가시켜서 생식을 증대하는 것이다. 예를 들어 생존의 증가는 개체가 번식하기에 충분할 만큼 길게 살아남는 것 혹은 생물의 수명을 늘이는 것 등을 가능하게 하며 그것은 번식 기회를 늘이는 것을 의미한다. 결국, 이러한 생식적 성공은 개체 대립유전자의 미래를 결정하고 대립유전자와 관련된 특징들을 다음 세대에 퍼뜨리게 된다. 이와 같이 자연선택의 중요한 점은 번식의 차이이다. 즉, 특정한 대립유전자들을 가진 개체들은 다른 대립유전자들을 가진 개체들보다 더 많은 자손(그런 대립유전자들을 가진 자손)을 남긴다. 진화생물학에서 생식 능력이 우수한 개체는 그렇지 않은 개체보다 **적응도(fitness)**가 크다고 말한다(적응도라는 개념이 의료 행위를 어떻게 도울 수 있는지, 알아보려면 "Health Watch: 암 및 다윈 의학" 참조).

### 자연선택은 표현형에 작용한다

진화를 집단의 유전적 구성의 변화라고 규정할지라도, 자연선택은 개체의 유전자형에 바로 작용하는게 아니라는 것을 인식하는 것이 중요하다. 오히려 자연선택은 집단 구성원의 표현형 즉, 구조와 행동에 작용한다. 그러나 이러한 표현형에 대한 자연선택은 필연적으로 집단에 존재하는 유전자형에 영향을 미치는데, 표현형과 유전자형은 밀접하게 연계되어 있기 때문이다. 예를 들어 우리는 완두콩의 키는 완두콩이 가지고 있는 특정 유전자의 대립유전자에 의해 크게 영향을 받는다는 것을 알고 있다. 만약 완두콩 집단이 키가 큰 것을 선호하는 환경 조건에 맞닥뜨리게 되면 키 큰 완두콩은 더 많은 자손을 남길 것이다. 이러한 자손들은 어버이의 큰 키에 기여한 대립유전자들을 보유할 것이다. 이렇게, 자연선택이 특정 표현형을 선호하면 그것은 필연적으로 그런 형질을 결정하는 유전자형을 선호하는 것이 된다.

### 일부 표현형은 다른 것들보다 더 성공적으로 생식을 한다

앞서 본 바와 같이 자연선택은 단지 어떤 표현형이 다른 것보다 더 번성하게 된다는 것을 의미한다. 이러한 단순한 과정은 최적의 표현형만이 다음 세대에 특성을 전달하기 때문에 변화의 강력한 요인이 된다. 그러면 최적의 표현형은 무엇인가? 성공적인 표현형은 가장 잘 **적응(adaptation)**한다는 것으로, 특정 환경에서 개체가 잘 생존하고 잘 생식하는 특징과 관계있다.

#### 환경에는 무생물적 요소와 생물적 요소가 있다

생물 개체들은 물리적인 요소와 다른 생물들과 상호작용하는 생물체를 망라하는 환경과 대응해야 한다. 무생물적 환경 요소로는 기후, 수분 가용성, 무기물 가용성 등이 포함된다. 이러한 무생물적 요인은 생물이 생존하고 생식하는 데 도움이 되는 특성을 결정하는 중요한 역할을 한다. 그러나 적응은 또한 환경에서의 생물적 요소, 즉 다른 생물체와의 상호작용 때문에 생겨난다. 간단한 예를 들어 이 개념을 설명한다.

미국 동부 와이오밍의 평원에 작은 무더기를 이루며 자라는 버팔로그래스(Buffalo grass)를 생각해보라(그림 16-9). 이 풀의 뿌리는 성장과 번식에 필요한 충분한 물과 무기물들을 흡수할 수 있도록, 그 만큼, 무생물적 환경에 적응해야 한다. 그러나 이 필요요건이 상대적으로 시시한, 와이오밍의 건조한 대초원에서 조차도 제곱야드당, 즉 0.836m$^2$에 이 풀만 존재하고 보호되어야 한다. 그러나 실제로는 버팔로그래스, 다른 종류의 풀, 산쑥 덤불, 일년생 야생화 같은 많은 식물들이 같은 장소에서 함께 자란다. 버팔로그래스가 살아가려면 이들과 자원을 놓고 경쟁을 하여야 한다. 버팔로그래스의 길고 깊은 뿌리와 무기물을 흡수할

## 암 및 다윈 의학

최근 몇 년 동안, 점점 더 많은 의사와 생물의학 연구자들이 진화가 인간의 건강과 질병에 어떻게 영향을 미치는지에 관한 평가를 의료 행위에 반드시 포함해야 한다는 사실을 깨닫고 있다. 예를 들어, 암을 생각해 보라. 암 종양은 비정상적이고 해로운 조직의 성장이지만, 또한 진화하고 있는 세포의 집단이다. 종양을 형성하는 세포 집단은 신체 내의 특정한 곳에 살고 집단 내 세포들은 다양한 유전자형을 갖는 경향이 있다. 이런 다양성은 전형적으로 암세포가 다중 돌연변이를 일으키기 때문이다. 정상 세포보다 훨씬 더 자주 복제하는 세포들은 더 많은 돌연변이를 얻을 수 있다. 종양세포는 본질적으로 생존하고 번식하기 위해 서로 경쟁한다. 주변 환경에 가장 잘 적응한 세포들은 더 많은 자손을 남기고, 시간이 지나면서 종양은 진화하여 유전적 구성이 변한다.

자연선택이 어떻게 작용하는지 이해한다면, 항암화학요법 약물로 종양을 치료할 때 어떤 일이 일어날지 예상할 수 있다. 이 약물은 종양의 환경을 변화시켜 많은 암세포가 생존할 수 없도록 만든다. 그러나 종종 몇몇 세포는 약물에 저항할 수 있는 돌연변이 대립유전자를 가지고 있다. 공격에서 살아남은 이 내성 세포들 혹은 이로부터 유래한 세포들은 신체 다른 부위의 새로운 환경으로 이동할 수 있다. 결국 내성 세포가 증식하면서 암 환자는 여러 개의 종양을 갖게 되는데 이 모든 종양은 항암화학요법 치료에 내성이 있다. 이 진화론적 시나리오는 왜 항암화학요법 치료 후 암 환자가 때때로 암이 없는 것처럼 보여(소수의 종양세포를 제외하고는 모두 죽었고 일부 종양세포는 발견되지 않았기 때문에) 나중에 재발로 인해 더 위험해지고 고통받는 이유를 설명할 수 있다. 왜냐하면 자연선택은 약물내성 암세포 집단이 확산되고 성장하는 진화를 더 선호하기 때문이다.

종양의 진화를 좀 더 면밀히 들여다보면 암 치료법을 개선하는 데 도움이 될 수 있을 것이다(**그림 E16-2**). 예를 들어 어떤 암의 유전분석을 하는데, 대부분의 암세포는 A약물에 민감하지만, 몇 개의 세포들은 A약물에 내성이 있는 돌연변이 유전인자를 보유하는, 그러나 B약물에는 민감한 경우를 생각해 보라. 의사들은 암 치료법으로 처음에는 A약물을 사용하여 내성 세포가 경쟁우위를 갖게 하고, 자연선택에 의해 선택될 수 있도록 종양의 환경을 바꾼다. 결국 종양은 초기에는 드물었던, 즉 A약물에는 내성이 있지만 B약물에는 민감한 세포들이 가장 많아지게 된다. 이때 B약물이 투여되면 진화된 종양에 있는 가장 많은 종류의 세포들을 죽이게 될 것이다. 마지막으로, A약물을 재투여하면 원래 있었던 일반적인 유형의 종양세포를 죽일 수 있고, 환경의 초기 변화 속에도 살아남게 된다.

그러나 치료법을 아직 모르는 돌연변이를 가지는 세포가 있는 종양은 어떻습니까? 전통적으로 종양은 민감성 세포를 죽이는 고용량의 약물로 치료하여 종양 크기를 빠르게 줄이게 된다. 그러나 필연적으로 거의 모든 경우에, 남은 내성 세포들이 증식하여 약물내성 종양이 재성장하게 된다. 대안으로, 진화적 정보에 근거한 접근법으로 초기 약물의 투여량을 더 낮춰 많은 민감성 세포는 죽이지만 일부 세포는 살게 만드는 것이다. 이제 작아진 종양에는 민감성 세포와 내성 세포가 혼재하여 서로 경쟁하게 된다. 경쟁은 내성 세포 집단을 유지하게 한다. 비록 "혼합된" 종양이 다시 커지기 시작해도 그 안에는 민감성 세포가 여전히 많이 있다. 따라서 주기적으로 반복되는 저용량의 약물 치료에도 없어지지 않는다면 종양은 관리될 수 있다.

**비판적 사고** 한 의료진이 유방암 환자 4명을 치료했다. 각 환자는 항암 화학요법(각 환자들에게 동일한 약품조합 사용) 과정을 받았다. 또한 연구자들은 치료 기간 동안 일정한 간격으로 각 환자의 건강한 피부 조직 세포와 종양세포들의 유전자형에 대한 염기서열을 밝혔다. 치료 과정이 끝나면서 4명의 환자 모두에서 암이 발견되지 않았다. 그러나 18개월 이내에 3명이 재발하였다. 연구진은 새로운 종양 샘플에 대한 염기서열을 분석했다. 4명의 환자의 유전 정보를 비교해 보면, 완치된 환자와 재발한 환자 간에 어떤 차이가 있을 것으로 예상되는가? 어떻게 그 차이를 자연선택에 의한 진화 이론으로 설명할 수 있는가?

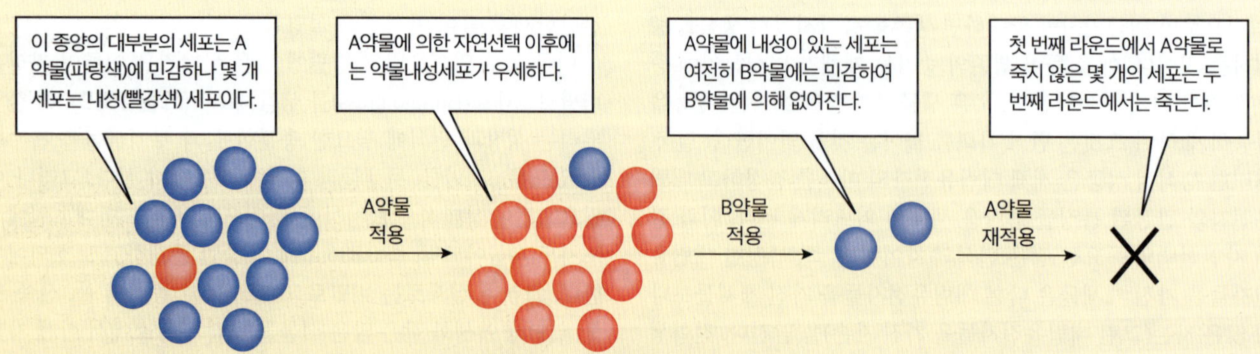


▲ **그림 E16-2 한 가지 치료법에 내성이 생기면 다른 치료법에는 취약한 종양을 발생시킬 수 있다.**

수 있는 효율적인 방법이 진화한 것은 초원이 건조해서 뿐만 아니라 버팔로그래스가 다른 식물들과 그 마른 초원을 공유해야 하기 때문이기도 하다. 더욱이 버팔로그래스는 초원에서 그들을 뜯어 먹고 사는 소와 다른 초식동물들과 함께 살아야 한다. 시간이 지남에 따라 동물이 뜯어먹기에 힘들게 된 것일수록 더 잘 살아남고 번성하게 되었다. 결과적으로 버팔로그래스의 잎에 규소화합물이 더 많아졌고 잎은 매우 억세졌다.

### 경쟁은 선택의 요인으로 작용한다

버팔로그래스의 사례에서 볼 수 있듯이 자연선택의 주요 원인 중 하나가 바로 부족한 자원을 놓고 벌이는 다른 생물과의 **경쟁(competition)**이다. 다윈이 「종의 기원에 대하여」(*On the Origin of Species*)에서 서술한 바와 같이 "생물들은 같은 지역에 자주 출현하고 같은 먹이를 요구하며 같은 위험에 노출되기 때문"에 자원경쟁은 같은 종의 구성원들 사이에서 가장 치열하다. 다시 말하면 같은 종에 속하는 개체들만큼 생존을 위해 같은 요구를 놓고 경쟁하는 생물은 없다. 다른 종들과는 같은 자원을 놓고 경쟁하더라도 보통 그 정도가 같은 종 내에서 이루어지는 것보다는 덜하다.

▲ 그림 16-9 버팔로그래스

### 포식자나 피식자 모두 선택의 행위자로서 행동한다

두 종이 광범위하게 상호작용할 때, 각각은 상대에게 강력한 선택압력을 행사하게 된다. 한 종이 새로운 특성을 발전시키거나 기존 특성을 변경하면, 다른 한쪽도 새 적응법을 진화시키는 것으로 대응한다. 어떤 종이 다른 종의 진화에 영향을 주는 상호작용을 **공진화(coevolution)**라고 한다. 아마도 가장 잘 아는 공진화 현상은 포식자와 피식자의 관계일 것이다.

**포식(predation)**은 한 생물체가 다른 생물체를 잡아먹는 상호작용이다. 어떻게 보면 포식자(잡아먹는 자)와 피식자(잡아 먹히는 자) 간의 공진화는 일종의 생물학적 군비경쟁으로, 한쪽은 다른 한쪽의 확대전략에 대응하여 새로운 적응법을 발달시킨다. 다윈은 늑대와 사슴의 경우를 예로 들었다. 늑대는 느리고 부주의한 사슴을 잡아먹기 때문에 빠르고 경계심 많은 사슴은 살아남아 번성하게 된다. 결과적으로 경계심 많고 민첩한 사슴은 반대로 느리고 굼뜬 늑대에 선택작용을 하게 된다. 왜냐하면 그러한 포식자는 먹이를 충분히 얻지 못하기 때문이다.

### 항생물질 내성은 자연선택의 요점을 보여준다

항생물질 내성의 예는 자연선택의 중요한 특징을 강조한다.

- **자연선택은 개체의 유전적 변화를 일으키지 않는다.** 어떤 세균에서는 항생물질 내성의 대립유전자는 박테리아가 항생물질을 접하기 오래전에 자연적으로 발생한다. 항생물질은 내성을 유발시키지 않는다. 항생물질을 파괴하는 대립유전자를 가지는 세균이 가지지 않는 세균보다 단순히 생존에 유리하다는 것이다.
- **자연선택은 개체에 작용하지만 진화에 의해 변화하는 것은 집단이다.** 항생물질을 예로 들면, 자연선택의 요인은 세균 개체에 작용한다. 그 결과 몇몇 개체들은 번식을 하나 다른 것들

CASE STUDY CONTINUED

## 위협적인 진화

항생물질 내성은 자연선택에 의해 진화한다. 이해를 위해, 감염성 상처가 난 환자를 상상해보자. 의사는 감염을 페니실린의 정맥 주사로 치료하기로 결정한다. 항생물질이 환자의 혈관을 통해 들어가게 되면 수많은 세균이 번식하기 전에 죽을 것이다. 그러나 일부 세균은 페니실린을 분해하는 효소를 암호화하는 희귀한 대립유전자를 가지고 있다. 이러한 희귀한 대립유전자를 가진 세균은 살아남아 번식하여 그 자손은 페니실린을 분해하는 대립유전자를 물려받게 된다. 몇 세대 후, 박테리아의 페니실린 분해 대립유전자 빈도는 거의 100%에 이르게 된다. 그리고 보통의 대립유전자 빈도는 거의 0%에 이르게 되었다. 항생물질의 살상력이 불러온 자연선택 결과, 환자 몸속에서 세균 집단이 진화하였다. 집단 내의 유전자 급원이 변했고, 페니실린에 의한 세균 파괴의 형태로 자연선택이 그 변화를 일으켰다.

은 번식하지 못한다. 그러나 전체적으로 보면 대립유전자 빈도가 변함으로써 집단은 진화한다.

- **자연선택에 의한 진화는 진보적이지 않다. 즉 생물체를 더 좋게 만들지 않는다.** 자연선택이 선호하는 특성은 환경이 변함에 따라 변한다. 내성 세균은 항생물질이 있는 경우에만 더 유리하다. 나중에 항생물질이 존재하지 않는 환경이 되면 내성 세균은 다른 세균에 비해 불리하게 될지도 모른다.

## 성적선택은 생물교배를 촉진시키는 형질을 선호한다

많은 동물 종에서 수컷은 밝은 색, 긴 깃털이나 지느러미 또는 정교한 뿔과 같은 눈에 띄는 특징을 가지고 있다. 수컷들은 또한 정성스런 구애 행동을 하기도 한다. 보통은 이러한 과한 특징과 행동이 짝짓기에 역할을 하지만, 효율적인 생존이나 번식과는 어울리지 않는다. 과한 장식과 행동은 수컷이 암컷에게 접근하는 데는 도움이 될 수 있지만, 수컷을 더 눈에 띄게 하여 포식자에게 더 공격받게 될 수도 있다. 다윈은 분명히 모순되는 이런 현상에 흥미를 가졌다. 다윈은 동물의 짝짓기에 도움이 되는 형질에 작용하는 특별한 종류의 선택을 설명하기 위해 **성적선택(sexual selection)**이라는 용어를 창안하였다.

다윈은 수컷들 사이의 성적경쟁이나 수컷의 특별한 표현형을 선호하는 암컷의 성향에 따라 성적선택이 작용한다는 것을 인식하였다. 암컷에게 접근하기 위한 수컷 간의 경쟁은 싸움이나 공격성 과시 행위에 유리한 특징의 진화를 선호할 수 있다(**그림 16-10**). 암컷이 적극적으로 짝을 선택하는 동물 종에서 암컷은 종종 가장 정교한 장식품을 가지고 있거나 또는 가장 과장된 행동을 하는 수컷을 선호하는 것처럼 보인다(**그림 16-11**). 왜 그럴까?

한 가지 가설은, 생존력 향상에 별 도움이 안 되는 수컷의 구조, 색채, 과시 등은, 대신에 암컷에게 수컷의 상태에 대한 외적 징후를 제공할 수 있다는 것이다. 힘 있고 활기찬 수컷만이, 유별난 색이나 긴 꼬리 때문에 쉽게 포식자의 눈에 띄는 부담을 가지고도, 살아남을 수 있다는 것이다. 반대로 병이 들거나 기생충에 감염된 수컷은 건강한 수컷보다 어둡고 초라한 모습을 할 것이다. 가장 생기 있고 화려한 수컷을 선택하는 암컷은 가장 건강한 수컷을 선택하는 것이다. 그렇게 함으로써 암컷은 목적을 달성하는 것이다. 예를 들어 가장 건강한 수컷이 어버이로서 새끼에게 우수한 양육을 제공할 것이고, 질병 저항성 대립유전자를 지니고 있다면 그것이 자식에게 전달되어 자식의 생존력을 높일 것이다. 이와 같이, 암컷은 가장 치장을 잘한 수컷을 선택함으로써 번식의 우위를 얻게 되고, 수컷들의 이 화려한 특징(지나친 장식 포함)은 다음 세대로 이어질 것이다.

▲ **그림 16-11 수컷 공작의 화려한 꼬리는 성적선택의 결과이다** 암컷 공작들의 조상들은 좀 더 길고 화려한 색의 꼬리를 갖는 수컷을 선호하여 어떤 수컷과 교미할 것인가를 결정할 때 매우 까다로웠을 것이다.

## 선택은 세 가지 방식으로 집단에 영향을 줄 수 있다

자연선택과 성적선택은 진화적 변화에 다양한 패턴을 유발할 수 있다. 진화생물학자들은 이러한 패턴들을 세 범주로 분류한다(**그림 16-12**):

- **지향성 선택(Directional selection)**은 형질의 극단치를 갖는 개체들을 선호하며, 평균값이나 반대편 극한치의 개체를 배제

◀ **그림 16-10 수컷 간의 경쟁은 의례적 전투와 같은 성적선택을 통한 진화를 더 선호한다** 두 마리의 수컷 큰뿔야생양이 가을 교미기에 싸움을 한다. 많은 종들에서 승자는 엄청난 번식 성공을 누리지만 패자는 짝짓기를 할 가능성이 낮다.

**비판적 사고** 우리가 큰뿔야생양 집단을 연구할 때, 만약 새끼의 어버이를 가려낼 수 있다면 번식에서 가장 성공한 성체와 가장 성공하지 못한 성체 사이 새끼 숫자의 차이가 커지는 것은 수컷 때문인가 암컷 때문인가?

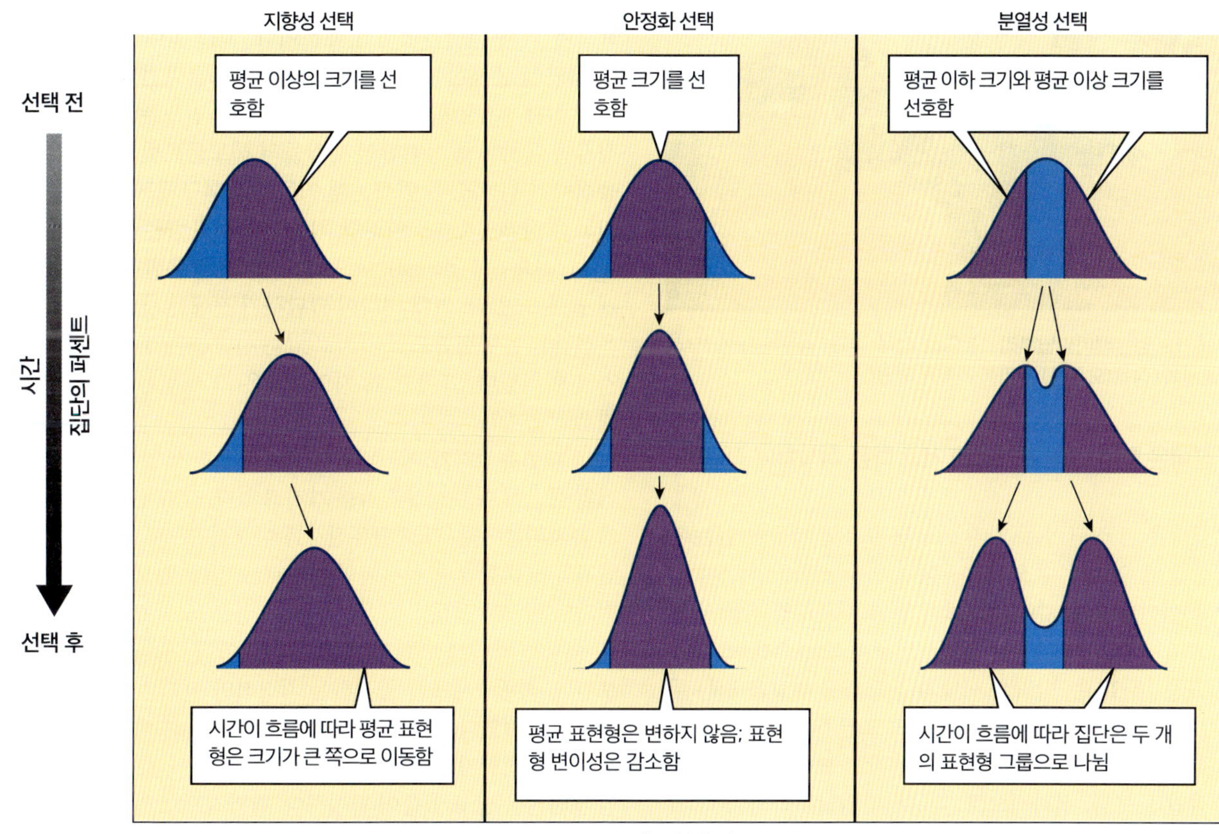


▲ **그림 16-12 시간 경과에 따라 집단에 영향을 주는 선택의 세 가지 유형** 표현형의 정규분포에 작용하는 세 가지 방식의 자연선택 및 성적선택에 대한 그림 설명은 이러한 선택이 시간 경과에 따라 집단에 영향을 미칠 수 있다는 것을 보여준다. 모든 그림에서 파란색 구역은 불리하게 선택을 받은 개체들을 나타내는데 이는 자주색 범위의 개체들처럼 성공적으로 생식하지 못하는 것들이다.

**비판적 사고** 선택이 지향성을 나타낼 때 선택 받는 형질은 어느 정도 극단성을 나타내는가? 왜 그러한가? 아니면 왜 아닌가?

한다. 예를 들어, 지향성 선택은 집단에서 크기가 작은 것을 선택하고 평균값이나 큰 개체는 선택하지 않는 경우이다.

- **안정화 선택(Stabilizing selection)**은 어떠한 형질의 평균값(예를 들면 몸 크기가 중간인 것)의 개체들을 선호하며 극단치 개체들은 배제하는 것이다.
- **분열성 선택(Disruptive selection)**은 어떤 형질의 양극단치(예를 들면 몸의 크기가 크거나 작은 것)의 개체들을 선호하며 중간 값을 가진 개체를 배제하는 것이다.

### 지향성 선택은 형질을 특정 방향으로 이동시킨다

환경 조건이 일정한 방식으로 변화한다면 종은 일정한 방향으로 진화하여 대응할 것이다. 예를 들어 지구의 기후가 꽤 추웠던 과거 빙하기 동안 많은 포유류는 더 두꺼운 모피를 갖는 방향으로 진화하였다. 세균의 항생물질 내성의 진화는 지향성 선택의 또 다른 예이다: 세균 균주의 환경에 항생물질이 있는 경우 내성이 큰 개체들은 내성이 약한 개체들보다 더 많이 번식한다.

### 안정화 선택은 평균에서 극단적으로 벗어난 개체들에게 불리하게 작용한다

지향성 선택은 영원히 계속될 수 없다. 어떤 종이 일단 특정한 환경에 잘 적응하였다면 어떤 일이 생기겠는가? 환경이 변화하지 않는다면 새롭게 변이를 일으킨 대부분의 것들은 해로운 것이 된다. 우리는 이러한 조건 하에서 종들이 평균적인 개체의 생존과 번식을 선호하는 안정화 선택을 밟을 것으로 예상한다. 안정화 선택은 일반적으로 한 형질이 서로 다른 두 가지 상반되는 환경압력을 받을 때 나타난다. 예를 들어 *Aristelliger*속 도마뱀들 중에 가장 작은 도마뱀들은 자기 영역을 지키기가 어려우나 가장 큰 도마뱀들은 올빼미에게 더 잡아먹히기 쉽다. 그 결과 *Aristelliger*속 도마뱀들은 몸의 크기가 중간 정도의 것들을 선호하는 안정화 선택을 받게 된다.

▲ 그림 16-13 검은배띠밀납부리 분열성 선택 결과, 검은배띠밀납부리는 크거나(왼쪽) 작은(오른쪽) 부리를 가지게 되었다.

### 분열성 선택은 한 집단의 개체들을 서로 다른 서식처에 적응하게 한다

분열성 선택은 한 집단이 두 가지 이상의 유용한 자원이 있는 지역에 서식할 때 일어날 수 있다. 이 경우, 가장 적합한 적응 특성은 자원 유형마다 다를 수 있다. 예를 들어 아프리카 숲에서 발견되는, 종자를 먹는 작은 검은배띠밀납부리(black-bellied seed-cracker, 그림 16-13)는 딱딱한 씨앗과 부드러운 씨앗을 먹는 두 부류가 있다. 딱딱한 씨앗을 깨는 데는 크고 튼튼한 부리가 필요하지만, 부드러운 씨앗을 처리하는 데는 작고 뾰족한 부리가 보다 효율적인 도구다. 결과적으로, 검은배띠밀납부리의 부리 크기는 2가지 중 하나이다. 새들은 크거나 작은 부리를 가지지만 중간 크기의 부리를 가진 것은 거의 없으며, 크거나 작은 부리를 가지는 개체들보다 생존율도 낮다. 이렇게, 검은배띠밀납부리의 분열성 선택은 큰 부리가 있는 새들과 작은 부리가 있는 새들은 선호하지만 중간 크기의 부리가 있는 새는 그렇지 않다.

검은배띠밀납부리는 평형다형성(*balanced polymorphism*)의 예를 보여주는데, 평형다형은 한 집단에서 2가지 이상의 표현형이 유지되는 것을 가리킨다. 많은 평형다형성의 경우에 여러 개의 표현형이 존속하는데 이는 각각의 표현형들이 별도의 환경 요소에 의해 선택되어지기 때문이다. 예를 들어 어떤 아프리카인 집단에 존재하는 두 가지 형태의 헤모글로빈을 생각해보라. 이들 집단에서 결함이 있는 헤모글로빈을 만드는 특이한 대립유전자에 대하여 동형접합인 사람들의 헤모글로빈 분자들은 서로 응집하여 긴 사슬을 만드는데 이들은 적혈구세포들을 찌그러뜨리고 약하게 만든다. 이러한 적혈구의 비틀림은 낫형 적혈구빈혈증(sickle-cell anemia)이라는 심각한 병을 유발하여 환자를 죽게 할 수도 있다. 현대 의학이 발달하기 전에는 낫형 적혈구 대립유전자를 동형접합으로 가지고 있는 사람들은 생식 연령까지 살기가 어려웠다. 그러면 왜 자연선택은 그 대립유전자를 제거하지 않았을까?

그 대립유전자가 제거되기는커녕 아프리카 일부 지역 집단의 거의 절반이 이 대립유전자를 가지고 있다. 그 대립유전자가 그렇게 유지되는 것은 그 대립유전자를 이형접합으로 가지고 있는 보인자들에 대한 역평형선택의 결과로 보인다. 헤모글로빈 대립유전자가 한 개는 결함이 있고 한 개는 정상인, 이형접합인 사람들은 증세가 약하게 빈혈을 겪고, 말라리아에 대해서 높은 내성을 보인다. 적혈구세포를 공격하는 치명적인 질환은 아프리카 적도 지역에 퍼져있다. 말라리아 감염 위험도가 높은 아프리카 지역에서는 이형접합자인 사람들이 동형접합자인 사람보다 더 잘 살아남아 자손을 낳고 있음이 확실하다. 결과적으로 정상 헤모글로빈 대립유전자와 낫형 적혈구 대립유전자가 둘 다 보전되었다.

**CHECK YOUR LEARNING**

- 표현형 선택이 유전자형의 진화에 왜 영향을 주는지 기술할 수 있는가?
- 경쟁과 포식이 어떻게 진화에 영향을 주는지 설명할 수 있는가?
- 성적선택이 어떻게 작동하는지 설명하고 그것을 입증할 수 있는 사례를 제시할 수 있는가?
- 지향성 선택, 안정화 선택 및 분열성 선택을 서로 비교, 대조할 수 있는가?

CASE STUDY REVISITED

## 위협적인 진화

항생물질의 과용은 항생물질 내성의 진화를 가속화시켰다. 매년 미국의 의사들은 1억 건 이상 항생물질을 처방한다; 미국질병통제예방센터에서는 이 처방전의 절반 가량이 불필요하다고 추정한다. 항생물질의 의학적 사용과 오용이 자연선택에 의한 항생물질 내성의 가장 중요한 원천이지만, 항생물질은 우리 몸 밖의 환경에서도 만연해 있다. 미국에서는 매년 2,900만 파운드 이상의 항생물질이 가축에게 먹여지고 있다. 게다가, 지구의 토양과 물에는 인간 및 축산 폐기물을 통해 환경에 들어간, 그리고 오늘날 많은 가정과 직장에서 일상적으로 사용되는 항균 비누와 세제를 통하여 항생물질이 뒤섞여 있다. 이렇게 막대한 환경 변화의 결과로, 이제 내성 세균은 병원과 아픈 사람들의 신체뿐만 아니라 음식, 물, 토양에서도 발견된다. 항생물질에 취약한 세균은 계속 공격받고 있으며 내성 균주는 경쟁상대가 거의 없다. 질병과의 전쟁에서 우리는 진화생물학의 몇 가지 기본 원리를 경솔하게 간과하여 현재 값비싼 대가를 치르고 있다.

**비판적 사고** 미생물학자들은 인간 활동에 의한 항생물질 오염이 비교적 적은 환경에서 조차도 항생물질 내성 관련 대립유전자가 그 토양에 살고 있는 세균에 존재하는 것을 발견했다. 왜 그런 대립유전자가 세균 집단에 존재하는가(비록 낮은 수준이더라도)? 반대로, 내성 대립유전자가 유익하다면, 왜 그것들은 세균 집단에서는 드문 것인가?

# CHAPTER REVIEW

*비판적 사고와 생각해보기, 선택형문제, 빈칸채우기 질문에 대한 답은 이 책의 뒷부분에 있는 정답란에서 볼 수 있다.*

## 핵심개념의 요약

### 16.1 집단, 유전자 및 진화는 어떻게 관련되어 있는가?

진화는 집단 유전자 급원의 대립유전자 빈도의 변화이다. 집단의 대립유전자 빈도는 다음 조건이 충족되면 세대에 걸쳐 일정하게 유지된다. (1) 돌연변이가 없고, (2) 유전자 흐름이 없으며, (3) 집단이 매우 크고, (4) 모든 교배가 무작위로 이루어지며, (5) 모든 유전자형이 균등하게 생식한다(즉, 자연선택이 없다). 이러한 모든 조건에 부합하는 평형집단은 진화가 일어나지 않는다. 그러나 이 조건 중 어느 하나라도 조건이 맞지 않기 때문에 진화는 일어난다.

### 16.2 무엇이 진화를 일으키는가?

진화적 변화는 돌연변이, 유전자 흐름, 작은 집단 크기, 비무작위 교배, 자연선택에 의해 일어난다.

돌연변이는 DNA 구성이 무작위적이며 방향성 없이 변하는 것이다. 대부분의 돌연변이는 생물체에 중립적이거나 해롭지만, 일부 돌연변이는 특정 환경에서 이로울 수 있다. 돌연변이는 드물게 발생하고 스스로 대립유전자 빈도를 크게 변화시키지 않으나 진화에 원료를 제공한다.

유전자 흐름은 한 종의 서로 다른 집단 사이에 대립유전자가 이동하는 것이다. 유전자 흐름은 생물체 또는 배우자가 장소를 이동할 때 발생한다. 유전자 흐름은 집단 간의 유전적 구성의 차이를 감소시키는 경향이 있다.

집단이 작으면 우연한 사건에 의해 특정한 대립유전자를 보유한 개체들의 생존과 번식이 감소되고, 집단의 대립유전자 빈도가 크게 바뀔 수 있다. 이것이 유전적 부동이다. 유전적 부동은 상대적으로 갑자기 집단의 크기가 작아지는 집단병목현상과 집단의 일부가 새로운 장소에 고립될 때 생기는 창시자 효과 때문에 발생한다.

동계교배나 근친교배와 같은 비무작위 교배는, 특히 동형접합체의 비율을 증가시킴으로써, 집단내 유전자형의 분포를 바꿀 수 있다.

생물의 표현형은 그들의 생존과 번식에 영향을 준다. 표현형은 적어도 일부는 유전자형에 좌우되기 때문에 자연선택은 다른 것을 희생하면서도 특정 대립유전자의 유지를 선택하는 경향이 있다.

### 16.3 자연선택은 어떻게 작용하는가?

자연선택은 서로 다른 유전자형들 가운데 생식 성공률의 차이에 의해 이루어진다. 자연선택은 생물적인 요소 및 무생물적인 요소의 양면을 지니는 환경과 생물체 간의 상호작용에서 유래한다. 생물간의 상호작용은 경쟁과 포식을 포함하는 자연선택을 낳는다. 두 종이 긴밀하게 상호작용할 때, 두 종 모두 상호 대응하여 진화할 수 있다. 생물의 교배를 돕는 표현형은 성적선택에 의해 진화할 수 있다. 자연선택과 성적선택은 지향성, 안정화 및 분열성 선택의 효과를 낼 수 있다.

## 개념을 통한 이해

### 선택형 문제

**1.** 세균의 항생물질 내성에 관여하는 대립유전자는
  a. 항생물질의 출현에 반응하여 발생한다.
  b. 곤충의 살충제 내성에 관여하는 대립유전자와 동일하다.
  c. 항생물질에 노출된 적이 없는 세균 집단에 존재한다.
  d. 항생물질 분자와 세균 DNA 간 상호작용으로 형성된다.

**2.** 형질에 대한 안정화 선택은
  a. 형질을 더욱 극단적으로 만드는 경향이 있다.
  b. 형질의 다양성을 감소시키는 경향이 있다.
  c. 형질과 관련된 대립유전자의 빈도를 감소시키는 경향이 있다.
  d. 정교한 수컷 장신구를 발생시키는 경향이 있다.

**3.** 적응은
  a. 돌연변이에서 비롯된 어떤 특성이다.
  b. 그것을 운반하는 생물의 생식적 성공을 증가시키는 특성이다.
  c. 생물체가 일생동안 변하는 특성이다.
  d. 유전자 흐름이나 유전적 부동 때문에 생기는 특성이다.
  4. 돌연변이에 관한 다음 진술 중 어떤 것이 거짓인가?
**a.** 특정 염색체 부위의 돌연변이는 드물다.
  b. 대부분의 사람들의 게놈에는 부모에 존재하지 않는 돌연변이 대립유전자가 포함되어 있다.
  c. 돌연변이는 유전적 다양성의 궁극적인 원천이다.
  d. 유익한 돌연변이는 생물체가 변화를 필요로 할 때 더 많이 발생한다.

**5.** 유전적 부동은
  a. 각각의 표현형이 서로 다른 생식적 성공을 할 때 일어난다.
  b. 큰 집단이 아닌 작은 집단에서 일어난다.
  c. 한 집단에서 임의의 일부 개체군만 번식할 때 일어난다.
  d. 세균이 아닌 포유동물에서 일어난다.

### 빈칸 채우기

**1.** ________는(은) 진화하지 않는 집단을 설명하는 단순한 수학적 모델로, 이 집단을 ________집단이라고도 하는데 ________의 빈도는 시간이 흘러도 변하지 않는다. 이러한 집단은 자연에서 쉽게 발견되는가? ________

**2.** 동일한 유전자의 상이한 형태를 ________(이)라 한다. 이는 유전자를 만드는 ________의 염기서열 변화로 인해 발생한다. 이러한 변화를 ________이라 한다. 어떤 특정 유전자에 대하여 똑같은 두 개의 copy를 가진 개체는 ________(이)라 하고, 서로 다른 두 가지 copy를 가진 개체는 ________(이)라 한다.

**3.** 염색체 내에 특정 대립유전자는 생물의 ________(와)과 연관되며, 이러한 대립유전자가 만드는 특성을 ________(이)라 한다. 이 중 어떤 것이 자연선택으로 작용하는가? ________

4. 무작위적 진화의 형태를 ___________(이)라 한다. 이러한 진화의 형태는 더 빠르게 일어나며 ___________ 한 집단에서 더 큰 효과가 있다. 이러한 진화 형태의 두 가지 중요한 원인은 ___________(와)과 ___________(이)다. 이 중 어떤 것이 섬에 좌초한 한 쌍에 의해 생성되는 집단 모델에 적용될 수 있을까?
5. 한 ___________ 내 구성원 간의 경쟁이 가장 격렬하다. 포식자와 피식자는 서로 ___________의 중개자로서 활동하는데, 이러한 진화의 형태를 ___________(이)라 한다. 이것은 포식자와 피식자가 생존하고 번식하는 데 도움이 되는 ___________(이)라 불리는 특성의 진화를 가져온다.
6. 생물의 진화적 생존도는 ___________의 성과로 측정된다. 생물의 생존도는 ___________(이)가 변하면 달라질 수 있다.

## 복습문제

1. 유전자 급원은 무엇인가? 유전자 급원에서 대립유전자 빈도는 어떻게 결정하는가?
2. 평형집단을 정의하라. 집단이 유전적 평형상태가 유지되려면 어떠한 조건이 충족되어야 하는지 서술하라.
3. 집단의 크기는 우연한 사건에 의한 대립유전자의 빈도 변화의 가능성에 어떻게 영향을 끼칠 수 있는가? 유전적 부동의 결과로 대립유전자 빈도에 의미 있는 변화(즉, 진화)가 일어날 수 있는가?
4. 어떤 유전자의 대립유전자 빈도를 측정해 본 결과 하디-바인베르크 법칙에 따른 예상치와 크게 다를 경우, 그 집단에 자연선택이 작용하고 있다는 것을 증명할 수 있는가? 평형집단을 유지시키는 조건들을 복습하고 이에 대답해 보라.
5. 사람들은 "부정적인 것을 증명할 수 없다"고 말하고 싶어 한다. 그림 16-3 실험을 다시 공부하고 그것이 무엇을 증명하는지 말해 보세요.
6. 시간이 흐름에 따라 집단에 작용할 수 있는 자연선택의 세 가지 유형을 설명하라. 안정된 환경에서 가장 있을 수 있는 자연선택은 어느 것인가? 그리고 빠르게 변화하는 환경에서는 어떤 종류의 자연선택이 작용할 가능성이 높은가?
7. 성적선택이란 무엇인가? 성적선택이 다른 자연선택과 비슷한 점은 무엇이고 차이점은 무엇인가?

## 개념의 적용

1. 북미에서 성인의 평균 신장은 지난 수십 년간 계속 증가하여 왔다. 지향성 선택이 발생한 것인가? 어떤 자료로 당신의 대답을 해명할 것인가?
2. 1940년대까지 미국흰두루미(whooping crane) 집단은 겨우 15마리만 남아있었다. 보전정책 덕분에 현재 그 개체 수는 증가하고 있다. 미국흰두루미가 집단병목현상을 겪었다면 현재 직면한 특별한 진화적 문제는 무엇일까?

# 17 종의 기원

*Peadophryne amauensis*는 뉴기니숲에서 최근 발견된 많은 미발견 종 중 하나이다.

CASE STUDY

## 다양성 발견

뉴기니섬의 열대우림에서 따뜻하고 습한 저녁에 과학자들은 숲의 바닥을 살폈다. 과학자들은 곤충의 소리로 추정되는 고음 소리의 발생지를 찾고 있었다. 하지만 과학자들의 세심한 수색에도 소리를 내는 동물은 발견되지 않았다. 긴 시간 수색한 과학자들은 출처로 의심되는 나뭇잎 쓰레기를 조금씩 수거하여 연구실로 돌아갔다. 거기서, 가방속의 썩어가는 낙엽들 사이에 과학자들이 놓친 셔츠 단추보다 작은 개구리를 발견했다. 발견된 개구리는 어느 척추동물보다 작았다. 게다가 이 개구리는 이전에 알려져 있지 않은 종이었다.

그것은 새로 발견된 종이었다. 발견자들이 *Peadophryne amauensis*로 명명한 새로운 개구리종은 최근 새, 포유류, 나비, 꽃, 식물과 같은 뉴기니에서 발견된 많은 종들 중 하나이다. 뉴기니는 흥미로운 새로운 종이 발견되는 유일한 장소가 아니다. 베트남의 안남 산맥에서도 놀라운 발견이 있었다. 1990년 초에 발굽과 뿔이 달린 영양인 사올라가 발견되었다. 최근 새로운 포유류의 발견은 충격이였다. 수세기 동안 세계 거의 모든 곳은 인간의 탐사가 이루어졌고, 그 결과 과학자들은 더 이상 큰 포유동물이 발견되지 않을 것이라고 확신했다. 그러나, 더 최근 놀라운 발견은 2013년, 남미에 위치한 안데스 산맥에 서식하는 너구리의 친척인 야행성 올링기토의 발견이다. 새로운 종의 발견은 우리에게 몇 가지 중요한 질문으로 이어진다: 생물체에서 종의 구성은 어떤 것을 의미하는가? 그리고 그러한 종의 탄생은 어떻게 이루어지는가?

## 주요내용



## 17.1 종이란 무엇인가?

비록 다윈은 진화가 어떻게 생물체를 형성했는지는 훌륭하게 설명했지만, 삶의 다양성을 충분히 설명하지 못했다. 특히 자연선택의 과정은 생물이 어떻게 다른 집단과 뚜렷하게 나뉘게 되었는지 설명하지 못했다. 우리는 큰 고양이를 볼 때, 호랑이와 표현형이 다른 호랑이 중 하나라고 생각하지 않고 사자와 호랑이를 나누듯 고양이도 다른 종으로 생각한다. 우리는 사자와 호랑이를 볼 때 서로 다른 종으로 보며, 비슷한 종으로 보지 않는다. 호랑이와 사자는 각각의 뚜렷한 다른 유형의 종으로 알려져있다.

일상생활에서, 우리들은 대부분 종을 비과학적 개념으로 생각 없이 사용한다. 우리는 참새와 독수리를 분명히 다른 종으로 인식하며, 독수리와 오리는 분명하게 다른 종이다. 그러나 우리는 가끔 더 세분화된 구분을 하려고 할 때 문제를 맞이하게 된다. 예를 들어, 우리가 어떠한 종을 구분하는 것에 대해 정확한 생각을 가지고 있지 않다면, 다른 종의 참새들을 구분하는 것은 어려운 일이 될 것이다. 그렇다면, 과학자들은 어떻게 더 세밀한 구별을 할 수 있을까?

**Have You Ever Wondered ...**

**지구상에 얼마나 많은 종이 살고있는가?**

지구상에 서식하는 종수를 결정하는 단순한 한가지의 방법은 종수를 세는 것일지도 모른다. 당신의 과학 저서를 찾아 과학자들이 발견하고 이름을 붙인 모든 종을 찾아 종수를 집계할 수 있다. 생물목록표는 2018년, 1,736,852개의 종을 나열해 온라인 검색 가능한 데이터베이스를 작성했다. 하지만 생물목록표조차 지구상에 얼마나 많은 종이 있는지 설명할 수 없다.

왜 종의 숫자를 세지 않을까? 왜냐하면 지구의 대부분의 종들이 발견되지 않고 있기 때문이다. 비교적 적은 수의 과학자들이 새로운 종을 찾는 일을 하고 있으며, 거의 모든 미발견 종들이 작고 눈에 띄지 않거나, 대양의 깊은 바닥이나 열대우림의 가장 높은 가지와 같이 탐사가 어려운 서식지에 서식하고 있기 때문이다. 그래서 지구상의 실제 종수는 아무도 모른다. 하지만 생물학자들은 종수가 명명된 종의 수보다 훨씬 더 많다는 것에 동의한다. 흔히 종은 870만종이 있는 것으로 추정되고 있다. 이 추정치는 최근 분석을 사용하여 과거 종의 출현율을 추정하기 위한 방법을 보안하여 추정된 수이다.

### 각 종은 독립적으로 진화한다

최근 생물학자들은 한 **종(species)**을 독립적으로 진화하는 개체군들의 한 무리로 정의한다. 이 말은 즉, 하나의 종은 다른 종들과 상호작용을 할 수 있지만, 각 종의 유전자풀은 다른 종의 유전자풀과 독립적으로 진화한다는 것이다. 그러나 이 정의는 진화적 독립성이 종만에 한정되어 유지된다는 것을 명확하게 설명하지 못한다. 일반적으로 종은 "잠재적으로 종간 교배가 가능한 자연집단으로 정의한다." 이러한 종은 다른 집단으로부터 재도입이 격리되는 집단을 말한다. 생물종의 개념으로 알려진 이 정의는 생식이 고립된 **생식적 격리(reproductive isolation**; 집단을 성공적으로 번식시킬 수 없는 것)을 보장한다는 것에 바탕을 둔다.

생물학적 종의 개념은 두 가지의 중요한 한계를 가지고 있다. 첫 번째로, 생물학적 정의는 성적인 번식을 기초로 종을 구분하기 때문에 무성생식하는 종 사이의 종의 구분이 어렵다. 두 번째로, 두 개의 다른 그룹의 구성원이 교배하는지의 여부를 직접 관찰하는 것이 항상 가능하지 않고, 심지어 불가능하다. 따라서, 집단 내 종의 여부를 결정하려고 하는 생물학자는 종의 집단 구성원들이 집단 밖에서 함께 번식하는지 여부를 확실히 알지 못하고 종을 구분해야 한다.

생물학적 종 개념의 한계에도 불구하고, 대부분의 생물학자들은 교미를 통해 번식하는 종을 생물학적 종의 개념으로 받아들였다. 그러나 대부분의 생물학적 종의 정의는 주로 무성으로 번식하는 박테리아와 다른 유기체를 연구하는 과학자의 정의가 필요하다. 성적으로 생식을 요구하는 유기체를 연구하는 일부 생물학자들은 측정하기 어려운 성질(생식적 격리)에 의존하지 않는 종들의 정의를 선호한다. 그래서 생물종 개념에 대한 몇 가지 대안이 제안되었다(한 가지 대안은 19장에 정의되어 있다).

### 외부 형태는 오해를 불러올 수 있다

생물학자들은 외형의 차이가 두 개체군이 서로 다른 종이라는 것을 의미하지는 않는다는 것을 발견했다. 예를 들어, 북서가터얼룩뱀은 회색, 갈색, 검은색, 녹색이 줄무늬 사이에 있을 수도 있고, 없을 수도 있다(**그림 17-1**). 만약 줄무늬가 있다면 줄무늬가 넓거나 좁을 수도 있으며, 색 또한 다양할 수 있다. 이러한 외형적 다양성에도 불구하고 모든 북서가터얼룩뱀은 하나의 종이다.

반대로, 매우 유사한 외형을 하고 있는 생물들이 때로는 다른 종에 속하는 경우도 있다. 예를 들어 산맥에 사는 딱새와 태평양 연안 기슭에 사는 딱새는 매우 노련한 조류 연구자조차 구분할 수 없을 정도로 모양이 비슷하다(**그림 17-2**). 이와 유사하

(a) 녹색줄무늬 북서가터얼룩뱀

(b) 붉은줄무늬 북서가터얼룩뱀

▲ **그림 17-1 종 구성원들의 외형은 다를 수 있다** (a) 녹색줄무늬 북서가터뱀과 (b) 붉은줄무늬 북서가터얼룩뱀은 같은 종의 구성원이다.

**비판적 사고** 남부 위스콘신에는 검은 털을 가진 여러 다람쥐 개체군이 서식하고 있다. 검은 털 다람쥐들은 일반적으로 회색 털을 갖고 있는 다람쥐 종 캐롤라이나 회색 다람쥐(*Sciurus carolinensis*)의 일원으로 알려져 있다. 어떻게 검은 털 다람쥐는 회색 털 다람쥐와 같은 종인지 알 수 있습니까?

게 아시아 모기 종인 *Anopheles dirus*와 *Anopheles harrisoni* 사이에는 겉모습의 차이가 없다. 이러한 외형적 유사성에도 불구하고 이 두 종은 사람들에게 있어 중요한 차이점을 가지고 있다. *A. dirus*는 치명적인 질병인 말라리아를 사람들에게 전염시키지만 *A. harrisoni*는 말라리아를 전염시키지는 않는다.

**CHECK YOUR LEARNING**

- 생물학자들이 어떻게 종을 정의하고, 종을 구별하기 위한 기준을 개발하기 어려운지 설명할 수 있는가?
- 생물 종의 개념을 설명하고 그 한계를 논의할 수 있는가?
- 다른 종을 구별하기 어려운 이유를 나열할 수 있는가?

(a) 산맥의 딱새

(b) 태평양 연안 기슭의 딱새

▲ **그림 17-2 서로 다른 종의 구성원이지만 외형이 유사할 수 있다** (a) 산맥의 딱새와 (b) 태평양 연안 기슭의 딱새는 서로 다른 종이다.

| 표 17-1 | 생식분리의 메커니즘 |
|---|---|
| **짝짓기 전 생식장벽 메커니즘** | **두 종의 교배를 예방하는 요인** |
| 지리적 격리 | 종들은 물리적 격리로 인해 교배하지 않는다. |
| 생태학적 격리 | 같은 지역 내에 있는 종들은 서로 다른 서식지를 차지하기 때문에 교배하지 않는다. |
| 일시적인 격리 | 종들은 서로 다른 시간에 번식하기 때문에 교배하지 않는다. |
| 행동 격리 | 종들은 서로 다른 구애와 짝짓기 의식을 가지고 있기 때문에 서로 교배하지 않는다. |
| 기계적 부적합성 | 종들은 생식 구조가 부적합하기 때문에 서로 교배하지 않는다. |
| **짝짓기 후 격리 메커니즘** | **짝짓기 후 활발하고, 번식력이 있는 두 종의 자손을 생산하지 못하게 하는 요인** |
| 배후자의 부적합성 | 한 종의 정자는 다른 종의 난자를 수정시킬 수 없다. |
| 잡종생존불능 | 잡종 자손은 살아남지 못한다. |
| 잡종불임 | 잡종 자손은 불임이거나 출산율이 낮다. |

CASE STUDY CONTINUED

## 다양성 발견

작은 개구리 페도프라이네 아마우엔시스(*Paedophryne amauensis*)는 특이한 소리의 근원을 찾는 연구자들에 의해 발견되었지만, 때로는 두 종간의 유사성이 과학자를 우연한 발견으로 이끌 수 있다. 이전에 알려지지 않은 야생고양이 종은 우연히 티그리나라고 불리는 집 고양이 크기의 남미 야생고양이 DNA 서열분석 과정에서 연구자들에 의해 우연히 발견되었다. DNA 분석에 따르면 브라질 북동부에 사는 것으로 추정되는 티그리나에서 발견된 많은 대립유전자는 다른 티그리나와 공유되지 않는 것으로 나타났다. 이 발견은 북동부 고양이들이 다른 티그리나와 교배하지 않으므로 서로 다른 종이라는 것을 시사했습니다. 두 종의 교배를 방해하는 것은 무엇인가?

## 17.2 종간의 생식적 격리는 어떻게 유지되는가?

교배를 방지하고 생식적 격리를 유지하는 특성을 **격리 메커니즘(isolating mechanisms)**이라 한다(**표 17-1**). 격리 메커니즘은 개체에게 분명한 이점을 제공한다. 다른 종과 번식하는 개체는 아마도 자손(또는 자식이 불완전하거나 불임)을 생산할 수 없으며, 생식 능력을 낭비하고, 미래 세대에 기여하지 못한다. 따라서 자연선택은 서로 다른 종과의 번식을 예방하는 특성을 갖는다.

### 짝짓기 전 생식장벽은 종간 교배를 방지한다

생식적 격리는 여러 메커니즘에 의해 유지될 수 있지만, 교잡 방지에 특히 효과적이다. 교잡을 방지하는 메커니즘을 통틀어서 **짝짓기 전 생식장벽 메커니즘(premating isolating mechanisms)**이라 한다.

#### 서로 다른 종의 개체들은 만나지 않는다

서로 다른 종은 서로 근처에 가지 않는 한 교배를 할 수 없다. **지리적 격리(Geographic isolation)**는 서로 다른 장소에 살고 있기 때문에 접촉하지 못해 두 종간의 상호 번식을 방지한다(**그림 17-3**). 그러나 지리적으로 격리된 개체군이 실제적으로 서로 다른 개체군인지 판단할 수는 없다. 두 개체군을 분리하는 물리적인

(a) 카이밥 다람쥐(Kaibab squirrel)

(b) 애버트 다람쥐(Abert's squirrel)

◀ **그림 17-3 지리적 격리** 두 다람쥐가 다른 종의 구성원인지 확인하려면, 다람쥐가 "실제로 교배하고 있는지 아니면 교배 가능성"이 있는지 알아야 한다. 불행하게도 **(a)** 카이밥다람쥐(*Kaibab squirrel*)는 그랜드 캐년의 북쪽 가장자리에만 살고 **(b)** 애버트다람쥐(*Abert's squirrel*)는 남쪽 가장자리에 살고 있기 때문에 말하기가 어렵다. 두 개체군은 지리적으로 격리되어 있지만 여전히 유사하다. 생식석으로 격리되어 있을 정도로 충분히 분리되어 있을까? 다람쥐들은 지리적으로 격리되어 있기 때문에 확실하게 말할 수 없다.

요인이 사라지면, 다시 재결합된 개체군은 자유롭게 교배할 수 있어 서로 다른 종이 될 수 없다. 따라서 지리적 격리는 종간 생식적 격리 메커니즘으로 간주하지는 않다. 대신, 지리적 격리는 새로운 종이 형성될 수 있게 하는 메커니즘이다. 지리적 장벽이 제거된 후에도 개체군이 교배할 수 없다면, 다른 격리 메커니즘이 발달되어 있어야 한다.

### 종이 다르면 서로 다른 서식처를 차지한다

다른 자원을 사용하는 두 집단은 서로 다른 서식 환경을 선호하여 **생태적 격리(ecological isolation)**가 일어날 수 있다. 예를 들어 흰머리참새(white-crowned sparrows)와 흰목참새(white-throated sparrows)는 서식 지역이 광범위하게 겹쳐 있다. 하지만 흰목참새는 빽빽한 덤불을 선호하는 반면 흰머리참새는 들판과 초원에 서식하며, 덤불에는 거의 들어가지 않는다. 두 종은 서로 몇 백 야드 이내에 공존하지만 번식기에는 거의 만나지 않는다. 더 극적인 예로 300종 이상으로 알려진 무화과말벌이 있다(**그림 17-4**). 대부분의 무화과말벌은 특정 무화과종의 열매에서 번식(그리고 수분)하며, 각 무화과 종류는 1~2종의 수분매개 말벌을 가지고 있다. 따라서 다른 종의 무화과는 번식하는 동안 서로 거의 접촉하지 않으며, 무화과종의 꽃가루는 보통 다른 종의 꽃으로 옮겨지지 않는다.

▲ **그림 17-4 생태학적 격리** 암컷 무화과말벌의 알은 무화과 내에서 일어난 교배에 의해 수정되었다. 암컷 무화과말벌은 같은 종의 다른 무화과를 찾아 구멍을 통해 들어간 후 알을 낳고 죽는다. 암컷 무화과말벌의 자손은 무화과 내에서 부화하고, 성장하며, 짝을 찾을 것이다. 왜냐하면 각각의 무화과말벌종은 자신의 특정 무화과종에서만 번식하기 때문입니다. 각각의 말벌종들은 생식적으로 격리되어 있다.

### 서로 다른 종은 번식 시기가 다르다

두 종이 유사한 서식지를 차지하고 있더라도 서로 다른 번식 시기를 갖는다면 교배가 불가능하며, 이를 **시간적 격리(temporal isolation, time-based isolation)**라고 부른다. 예를 들어, 캐리비안 산호(*Montastraea franksi*)의 군락은 *Montastraea annularis*의 군락에 근접한 곳에서 발견된다. *M. franksi*는 일몰 후에 산란(정자와 난자를 방출)을 하지만, *M. annularis*는 몇 시간 후에도 산란을 하지 않는다(**그림 17-5**). 결과적으로 두 종은 서로 교배하지 않는다. 식물에서 다른 종의 생식 구조는 서로 다른 시간에 성숙할 수 있다. 예를 들어, 비숍소나무와 몬테레이소나무는 캘리포니아 연안의 몬테레이 지역 근처에서 같이 자란다. 그러나 두 종은 서로 다른 시기에 정자가 들어있는 꽃가루를 방출(수정할 준비가 되어있는 정자)한다. 몬테레이소나무는 이른 봄에 꽃가루를 방출하고, 비숍소나무는 여름에 꽃가루를 방출한다. 따라서 두 종은 자연 조건에서 서로 교배되지 않는다.

### 서로 다른 종은 각기 다른 구애 신호를 갖고 있다

동물들 사이에서 정교한 구애 색깔과 행동은 다른 종의 구성원과의 짝짓기를 방지할 수 있다. 종마다 다른 신호와 행동으로 인하여 **행동 격리(behavioral isolation)**가 나타난다. 예를 들어, 수컷 라기아나극락조의 화려한 깃털과 짝을 찾는 화려한 구애행동은 그 종만의 특징이며, 다른 종의 암컷이 실수로 수컷 라기아나극락조와 짝을 이룰 가능성은 거의 없다(**그림 17-6**). 개구리 수컷 중에서는 종종 무차별적으로 모든 암컷 개구리에게 짝짓기를 시도한다. 하지만 암컷은 그들 종에 적절한 소리를 내는 수컷에게만 다가간다. 암컷은 원치 않는 짝짓기상대를 만나면 "방출소리"를 내고, 수컷을 놓아 버린다. 결

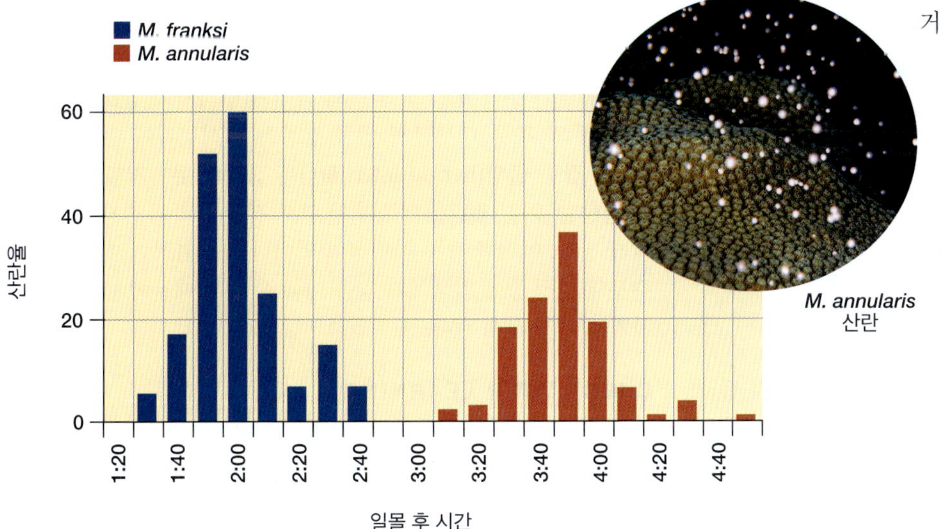


◀ **그림 17-5 일시적인 격리** 산호 종 *Montastraea franksi*와 *Montastraea annularis*는 같은 카리브해 산호초에 서식한다. 그러나 각 종은 서로 다른 시간에 정자와 난자를 물에 방출하기 때문에 종은 서로 교배되지 않는다.

▲ 그림 17-6 행동 격리 수컷 라기아나극락조의 구애행동에는 다른 조류들과는 닮지 않은 독특한 움직임, 깃털, 소리 등이 포함된다.

과적으로 **잡종(hybrids)**은 – 서로 다른 종의 부모에게서는 – 거의 발생하지 않는다.

### 서로 다른 성적 기관으로 인해 교배가 이루어지지 못한다

만약 서로 다른 종의 수컷과 암컷이 짝짓기를 시도한다면, **기계적 부적합(mechanical incompatibilities)**으로 알려진 종들 간의 물리적 차이로 인해 시도가 중단 될 수 있다. 체내수정을 하는 동물은(정자가 암컷의 생식기관에 쌓이는 곳) 수컷과 암컷의 생식기가 서로 맞지 않을 수 있다. 또한 신체의 서로 다른 형태는 종들 간의 짝짓기를 불가능하게 만들 수도 있다. 예를 들어, 왼쪽 방향의 나선형 껍데기를 가지고 있는 달팽이는 가까운 친척인 오른쪽 방향 나선형 껍데기를 갖고 있는 달팽이와는 성공적으로 짝짓기를 할 수 없다. 왜냐하면 달팽이 껍질의 부조화는 짝짓기를 시도하는 동안 두 종의 성기가 올바르게 맞추는 것을 방해하는 신체 방향 불일치를 동반하기 때문이다. 식물들 사이에서 구조가 다른 꽃은 다른 수분매개자를 유인하여 종들 간의 꽃가루 이동을 예방할 수 있다.

## 짝짓기 후 격리는 잡종의 출현을 제한한다

짝짓기 전 생식장벽이 실패하거나 아직 진화가 이루어지지 않은 경우 다른 종의 구성원들 간에 짝짓기를 할 수 있다. 그러나 **짝짓기 후 격리 메커니즘(postmating isolating mechanisms)**은 활발한 잡종 자손의 생성을 막을 수 있으며, 그 결과 두 종은 유전자 흐름이 거의 없거나 아예 없는 분리된 상태로 유지된다.

### 한 종의 정자는 서로 다른 종의 난자와 수정 하지 못한다

어떤 수컷이 다른 종의 암컷과 짝짓기를 하더라도 수컷의 정자는 암컷의 난자와 수정하지 못하는데, 이러한 격리 메커니즘을 **배우자 부적합(gametic incompatibility)**이라고 부른다. 예를 들어 체내수정을 하는 동물에서 암컷의 생식기관 내에 있는 체액은 다른 종의 정자를 약화시키거나 죽일 수 있다.

배우자 부적합은 해양 무척추 동물이나 바람에 수분하는 식물과 같이 물이나 바람에 의해 번식하는 종들에게 있어 특히 중요한 격리 메커니즘일 수 있다. 예를 들어 성게의 정자세포는 난자에 결합할 수 있는 단백질을 가지고 있다. 단백질의 구조는 종에 따라 다르기 때문에 어떠한 종의 성게 정자는 다른 종의 난자와 수정될 수 없다. 전복(일종의 연체류)의 난자는 특정 효소를 함유하고 있는 정자에 의해서만 통과될 수 있는 막에 의해 둘러싸여 있다. 각각의 전복 종에는 종 특이적인 독특한 효소를 갖고 있기 때문에 여러 종의 전복이 같은 기간 동안 공존하고, 산란하더라도 잡종은 거의 나타나지 않는다. 식물 중에는 이와 유사한 화학적 부적합으로 인해 한 종의 암술머리(꽃가루를 받는 기관)에 닿은 다른 종의 꽃가루가 발아하지 못하게 된다.

### 잡종 자손의 생존율은 매우 낮다

만약 종간 수정이 발생하면, 결과적으로 잡종은 살아남지 못할 수 있는데, 이러한 상황을 **잡종 생존불능(hybrid inviability)**이라고 부른다. 두 종의 발달을 지시하는 유전정보가 매우 다르면 잡종은 발생초기에 성장하지 못한다. 예를 들어 표범개구리와 우드개구리를 짝짓기 하도록 유도될 수 있는데, 교배 후 일반적인 알을 낳는다. 그러나 산란된 알은 예상한 대로 며칠 이상 생존하지 못한다.

어떤 동물에서는 잡종이 생존하여 성체가 되기도 하지만, 비효율적인 짝짓기 행동으로 인해 생식에 실패하고 만다. 예를 들어, 모란앵무새의 어떤 종들 사이의 잡종은 둥지를 짓는데 큰 어려움이 있다. 각각의 부모 종들은 둥지 재료를 운반하는데 있어 특별한 행동들을 물려주게 된다. 부모 종에서 한 종은 엉덩이 깃털 아래에 둥지 재료를 집어넣어 옮기지만, 다른 종은 부리로 재료를 운반한다. 그러나 잡종은 이 두 가지 행동이 혼재되어 나타난다. 잡종은 깃털 아래로 둥지 재료를 끼워 넣으려고 반복해서 시도하지만 끼워 넣을 수 없는데, 그 이유는 부리에서 그 재료를 놓지 않기 때문이다. 이러한 비효과적인 둥지 짓기 행동을 가진 잡종은 야생에서 번식할 수 없을 것이다.

### 잡종 자손은 불임이 된다

노새(암말과 수나귀 간의 잡종)와 라이거(수사자와 암호랑이 간의 잡종)와 같은 대부분의 동물 잡종은 번식능력이 없다(**그림 17-7**). **잡종 불임(hybrid infertility)**은 잡종의 유전자를 자손에게 전달할 수 없게 만듦으로써 두 부모 집단 간의 유전자 흐름을 막게 된다. 이러한 잡종 불임성이 일어나는 보편적인 이유는 감수분열 과정 중에 염색체가 쌍을 이룰 수 없기 때문에 난자나 정자가 생기지 않게 된다.

**CHECK YOUR LEARNING**

- 생식 격리 메커니즘의 주요 유형을 짝짓기 전과 짝짓기 후로 설명할 수 있는가?
- 각 메커니즘의 유형을 예를 들어 제시할 수 있는가?

▲ 그림 17-7 **잡종 불임(Hybrid infertility)** 사자와 호랑이의 잡종 새끼인 라이거는 불임이다. 부모종의 유전자는 분리되어 남아있다.

## 17.3 새로운 종은 어떻게 형성되는가?

찰스 다윈은 자연도태의 과정을 철저하게 연구하였음에도 불구하고 새로운 종이 형성되는 **종분화(speciation)**에 대하여 완벽한 메커니즘을 제시하지 못하였다. 하지만 현재의 생물학자들은 격리와 유전적 차이의 두 가지 요소가 종의 분화에 기인하는 것으로 인식하고 있다.

- ***개체군 고립(Isolation of Populations)***: 개체(또는 그 배우체)들이 두 개의 개체군 사이를 자유롭게 움직이게 되면 상호교배의 결과로 유전적 흐름의 변화를 유발하며, 이러한 변화는 다른 개체군에도 폭넓게 나타나게 된다. 때문에 두 개체군 사이의 상호교배가 인위적으로 억제되지 않는 한 서로 다르게 성장할 수밖에 없다. 분화는 고립에 의해 이루어진다.
- ***개체군 유전적 분화(Genetic Divergence of Populations)***: 단순히 두 개체군이 고립되는 현상으로 충분하지 않다. 이들은 고립 기간 동안 충분히 큰 차이로 진화하여 별개의 종으로 분화된다. 이는 고립된 개체군이 다시 만나게 되어도 더 이상 교배하여 왕성하고 비옥한 자손을 낳을 수 없을 정도로 차이가 커야 한다. 즉, 종분화는 고립 메커니즘에서 진화의 결과로 분화가 완성되는 것이다. 이러한 차이는 유전적 기회(유전적 부동)에 의해 발생할 수 있으며, 특히 고립된 작은 개체군에서 더 잘 나타난다(16장 참조). 고립된 개체군이 서로 다른 환경 상태에 놓여 진다면 자연선택을 통해 유전적 차이가 더 커지는 현상이 발생한다.

종분화는 항상 분화 이전에 고립이 필요하지만, 이러한 단계는 몇 가지 다른 방법에 의해 이루어진다. 진화생물학자 집단은 두 개의 개체군이 지리적으로 분리되어 있는 **이소적 종분화(allopatric speciation)**와 두 개체군이 지리적으로 같은 공간을 공유하는 **동소적 종분화(sympatric speciation)**로 종분화를 크게 두 범주로 나누었다(어떻게 과학자들이 종분화에 대한 연구를 수행하는지 학습하고 싶으면 "Doing Science: 바다 속의 비밀을 찾아서" 272쪽 참조).

▲ 그림 17-8 **이소적 고립 및 분화(Allopatric isolation and divergence)** 이소적 종분화는 많은 상황 중에서 통행할 수 없어 지리적인 장벽으로 인해 개체군이 나누어지는 상황이 발생한다. 분화가 일어날 수 있는 한 가지 방법은 고립되는 섬을 식민지화 하는 것이다. 두 번째는 분리된 개체군의 유전적 분화이다. 만약 두 개체군 사이의 유전적 차이가 이종교배를 막을 정도로 충분하다면 두 개체군은 완벽하게 분리된 종으로 여겨진다.

**비판적 사고** 개체군의 지리적 세분화를 유발할 수 있는 사건 또는 과정의 목록을 작성한다. 당신은 목록의 항목들이 지구에 살고 있는 수백만 종의 생성을 설명하기에 충분하다고 생각하는가?

### 개체군의 지리적 격리는 이소적 종분화를 발생시킬 수 있다

물리적으로 통과할 수 없는 장벽이 개체군의 다른 일부를 분리하면 이소적 종분화의 의해 새로운 종이 형성될 수 있다.

# Doing Science 바다 속의 비밀을 찾아서

생물학자들은 종분화의 결과로 수천 년 동안 새로운 종이 어떻게 증가하여 현재의 생물종 다양성에 대해 연구하고 있다. 해양생물의 다양성에 대한 이해를 높이기 위한 큰 노력 중 하나는 해양생물의 센서스(census)이다.

### 질문은 무엇인가?

해양생물의 센서스는 지구에서 가장 탐험이 적었던 해양을 체계적으로 탐구하기 위한 거대한 협력적 노력이다. 센서스 프로젝트는 특정한 가설을 시험하기 위해 설계된 것이 아니라 "해양생물의 다양성, 분포, 풍부도를 평가하고 설명하는 것"이라는 넓은 목표를 가지고 있다. 이 프로젝트는 10년 동안 지속되었고 80개국 이상의 2,700명의 과학자가 참여하였다(**그림 E17-1**).

▲ **그림 E17-1 해양 다양성 조사** 해양생물의 센서스 조사를 함께한 연구자는 얕은 해안에서 생물을 조사할 수 있는 라이트 박스를 사용한다.

### 증거는 어떻게 수집되었는가?

과학자들은 6억 5천만 달러의 비용이 드는 540회의 조사를 실시하였다. 열대지방에서 극지방까지 전 세계에 걸쳐 해안가와 외해에서 수심이 깊은 곳까지 생물 조사를 실시하였다. 센서스 과학자들은 미생물에서 고래까지 범위를 크게 두어 생물의 수를 세고 생물의 위치 추적, 위치 맵핑(**그림 E17-2**), DNA 분석을 실시하였으며 추가적인 연구를 위해 연구실로 생물을 데려왔다.

### 무엇을 배웠는가?

센서스 조사 결과 많은 양의 정보가 산출되었다. 과학자들은 조사한 모든 서식지의 산소가 부족한 해양 심층부에서 살아있는 생물을 발견하였다. 이전에 알려지지 않은 동물들의 이동 경로와 인간의 활동이 해양생물에 미치는 영향을 추적하는 기준 역할을 할 수 있는 생물의 위치와 풍부도에 대한 수백만 개의 기록을 수집했다. 또한 특히 생물의 개체수가 풍부하게 나타난 해양의 "핫스팟(hotspots)"을 확인하였고, 6,000종 이상의 새로운 종을 발견했다. 전반적으로 센서스 조사는 해양생물들에 대한 우리의 지식을 극적으로 증가시켰고, 생물다양성에 대한 과학적인 대규모 공동 연구의 가치를 입증하였다.

**비판적 사고** 보존학자들은 해양 보호구역에 가장 적합한 장소를 선택하는데 도움을 주기 위해 어떻게 그림 E17-2의 지도를 사용할 수 있을까?

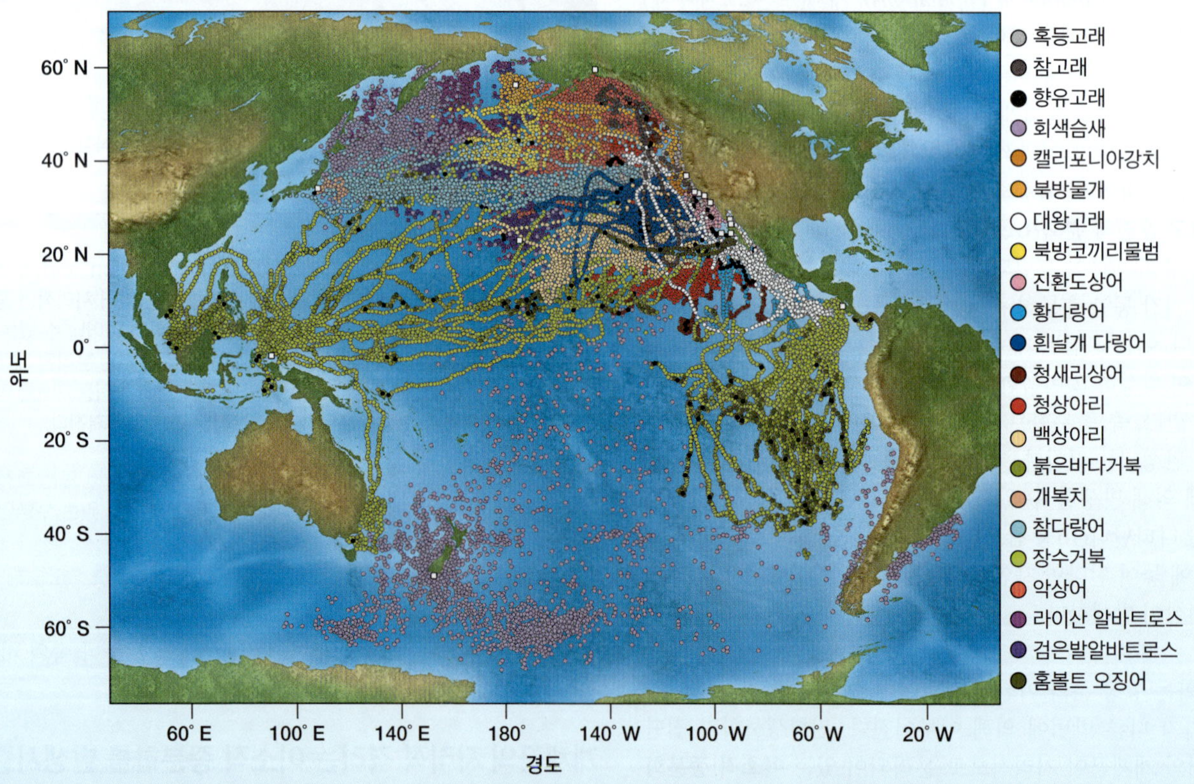


▲ **그림 E17-2 종 추적(Tracking species)** 종의 이동과 지리적 분포를 이해하기 위해 센서스 연구자들은 22종의 최상위 포식자들에게 추적 태그를 부착했다. 이 태그는 위성으로 신호를 보내서 과학자들의 컴퓨터로 전송한다. 그 결과 데이터는 지도에 그려졌고, 동물들이 언제, 어디로 움직이는지에 대한 많은 정보를 보여주었다. Block et al. 2011. *Nature* 475:86-90.

### 생물체는 격리된 서식지에서 군집을 형성할 수 있다

작은 개체군은 새로운 위치로 이동하는 경우 격리될 수 있다(그림 17-8). 예를 들면, 육상 거주 생물체들의 개체군의 일부가 해양 섬에 군집화 되기도 한다.

이들은 새, 비행 가능한 곤충, 곰팡이 포자 혹은 폭풍에 의한 바람에 의해 운반되는 종자 등이 될 수 있다. 땅에 고착하여 사는 생물체는 본토의 해안으로부터 나온 식물 유래의 표류하는 "뗏목"을 이용하여 섬에 도착할 수도 있다. 수단은 다르더라도 그러한 집단화는 오지의 섬에도 생물체가 존재한다는 것으로 고려해 볼 때 정기적으로 일어나야 한다. 집단화에 의한 격리는 섬에 제한적일 필요는 없다. 예를 들면, 서로 다른 산호초는 해양에서 수마일 분리될 수 있다. 그래서 해류의 이동에 의해 운반된 어떤 산호초에 사는 포자, 물고기, 조류는 효율적으로 그들의 원래 집단으로부터 격리될 수 있다. 매우 다른 서식지의 넓은 창으로 둘러싸인 서식지는 도착 군집을 격리시킬 수 있다.

CASE STUDY CONTINUED

## 다양성 발견

뉴기니의 숲에서 발견된 소형 개구리인 *Paedophryne amauensis*와 같은 다양한 종들이 서식하고 있는 것은 놀라운 일이 아니다. 뉴기니는 단지 섬이다. 그러나 사올라, 올링귀토(그림 17-9)와 같이 다른 섬들과 안남산과 안데스 산맥의 다른 독특한 종은 어떨까? 베트남이나 에콰도르의 본토 산에 서식하는 개체군의 구성은 어떻게 다른 개체군과 격리될 수 있을까?

(a) 사올라

(b) 올링귀토

▲ **그림 17-9 숨겨진 포유류** 이전에 알려지지 않은 포유류 종의 발견은 흔하지 않지만, 멀리 떨어진 숲은 최근에 발견된 **(a)** 사올라 및 **(b)** 올링귀토와 같은 종을 숨길 수 있다.

### 지질학적 그리고 기후 변화는 개체군을 나눌 수 있다

격리는 집단을 나눌 수 있는 환경 변화의 결과에 의해 발생하기도 한다. 예를 들면, 해수면의 높이가 올라가면 연안의 언덕이 섬으로 바뀌면서 생물체를 격리시킨다. 화산폭발에 의해 방출된 새로운 바위는 이전에 존재하는 바다나 호수를 나누면서 군집을 분리시키기도 한다. 경로가 변경되는 강 또한 새롭게 산맥을 형성하는 경우처럼 군집을 나눌 수 있다. 과거 빙하기에서 일어난 것과 같은 기후 변화는 적당한 서식지의 격리된 지역에서 군집 분포와 식물의 분포를 변화시킬 수 있다. 지구 역사상 많은 군집이 대륙 이동으로 나누어졌다. 지구 대륙은 용해된 바위 위에 떠다니면서 천천히 지구 표면 위를 움직인다. 지구는 긴 시간 동안, 광활한 대륙이 여러 조각으로 부서져서, 결과적으로 따로 움직이게 되었다(그림 18-11 참조). 이러한 각각의 분리에 의해 다수의 군집으로 나누었을 것이다.

### 자연선택과 유전적 부동은 격리된 개체군의 분지를 유발한다

만약 두 집단이 어떤 이유이든 지리적으로 고립된다면, 이들 간에 유전자 흐름은 없었을 것이다. 만약 나누어진 지역에서 자연선택의 압력이 다르게 작용한다면, 이들 집단은 유전적인 차이가 축적될 것이다. 만약 반대로, 하나 또는 그 이상으로 나누어진 집단들이 유전적 부동이 야기될 정도로 특히 개체수가 적은 경우에는 창시자 효과가 야기된 직후에 몇 개체가 종의 무리에서 격리되면 유전적 차이가 생기게 된다. 이러한 점에서, 분리된 집단 간의 유전적 차이가 커지게 되어 교배가 불가능하게 될 것이다. 이러한 시점에서, 이 두 집단은 다른 종이 될 것이다. 대부분의 진화생물학자들은 지리적 격리로 이어지는 이소적 종분화는 특히 동물에게서 새로운 종이 되는 가장 흔한 원인이라고 믿는다.

## 지리적 격리 없는 유전적 격리는 동소적 종분화를 일으킬 수 있다

유전적 격리 – 제한된 유전자 흐름 – 가 종분화에 요구되지만 개체군은 지리적 격리 없이 유전적으로 격리될 수 있다. 그러므로 동소적 종분화에 의해 생기게 된다.

### 생태적 격리는 유전자 흐름을 감소시킨다

지리적 영역에 두 가지 별개의 서식지 유형(각기 다른 먹이 자원, 새끼 양육 장소 등)이 있으면 한 종의 다른 구성원이 한 서식지 또는 다른 서식지를 진화시킬 수 있다. 만약 이러한 조건이 맞는다면 두 개의 다른 서식지에서 자연선택은 두 집단에서 다른 특성의 진화로 이어질 수 있다. 결국, 이들의 차이는 커지게 되어 두 집단의 개체들은 교배가 일어나지 않게 되고, 원래의 한 종은 두 종으로 분리된다. 이러한 분리는 초파리인 *Rhagoletis povnonela*의 경우, 생물학자의 앞에서 바로 관찰되었다. *Rhagoletis*는 미국 산사나무의 기생충이다. 이 초파리는 산사나무의 열매에 알을 낳는다; 구더기가 부화할 때 그들은 과일을 먹는다. 약 150년 전에 과학자들은 *Rhagoletis*가 유럽으로부터 북미에 도입된 사과나무에 감염되기 시작했다는 사실을 발견했다. 오늘날 *Rhagoletis*는 두 종으로, 사과에 번식하는 종과 산사나무에 번식하는 종으로 나누어지는 것으로 나타났다(**그림 17-10**). 이 두 종은 상당한 유전적 차이를 가지고 있으며, 성체 파리의 산란 및 부화 시기를 결정하는 것과 같은 몇 가지 차이는 특정한 숙주 식물에서 생존하기 위해 아주 중요하다. 만약 두 종류의 파리가 생식적 분화로 유지된다면 두 종이 될 것이다. 사과나무와 산사나무는 일반적으로 같은 지역에서 자라고, 파리는 날아다닐 수 있다. 그렇다면 왜 사과나무 파리와 산사나무 파리는 서로 교배하지 않고 그들 사이의 유전적 차이를 제거하지 않는 것일까? 첫째, 암컷 파리는 보통 발달이 일어난 곳에서 동일한 종류의 과일에 알을 낳는다. 또한 수컷은 그들이 성장한 과일과 동일한 유형의 과일을 선호하는 경향이 있다. 따라서 사과를 좋아하는 수컷은 사과를 좋아하는 암컷과 교미를 할 것이다. 둘째, 사과는 산사나무 열매보다 2~3주 후에 익으며, 두 가지 종류의 파리는 선택한 숙주 열매가 익는 때를 맞추어 부화한다. 따라서 두 가지 품종의 파리는 만날 가능성이 거의 없다. 비록 두 종류의 파리 사이에서 일부 이종교배가 일어나지만, 그들의 종분화가 잘 되고 있는 것처럼 보인다. 이들은 궁극적으로 종으로 분화가 될까? 곤충학자인 Guy Bush는 "수천 년 후에 나와 함께 검증하자"라고 제안한다.

▲ **그림 17-10 동소적 격리와 발산** 동소적 종분화에서 일부 사건은 단일 지리적 영역에 남아있는 개체군 두 부분 사이의 유전자 흐름을 차단한다. 이러한 유전자 격리가 발생할 수 있는 한 가지 방법은 곤충 개체군의 일부 구성원이 새로운 숙주 식물종으로 이동하는 경우와 같이 개체군의 일부가 이전에 미개발 자원을 사용하기 시작하는 경우다(과일 파리종 *Rhagoletis pomonella*에서 발생했듯이). 지금 격리된 두 개체군이 유전적으로 분리될 수 있다. 두 개체군 사이의 유전적 차이가 번식을 막기에 충분히 커지면 두 집단은 분리된 종을 구성한다.

**비판적 사고** 미래의 과학자들은 *R. pomonella*가 2 종이 되었는지 어떻게 테스트 할 수 있을까?

### 돌연변이는 유전적 단절을 일으킨다

어떤 경우에는 돌연변이의 결과로 세포에서 염색체의 수가 변화되어 새로운 종들이 발생할 수 있다. 각 염색체의 여러 다중복제를 획득하는 것은 **배수성(polyploidy)**으로 알려져 있으며 종종 동소적 종분화의 원인이 되어왔다. 일반적으로, 배수체 개체는 정상 이배체 개체와 성공적으로 교배할 수 없다. 따라서 배수체 돌연변이체는 모종으로부터 유전적으로 분리된다. 그러나 만약 어떻게든 생식을 하고 자손을 낳으면 자손은 새롭고 번식적으로 고립된 종을 형성할 수 있다. 배수체 식물은 배수체 동물보다 번식할 수 있는 가능성이 높기 때문에 배수체에 의한 종분화는 동물보다 식물에서 더 일반적이다. 동물과 달리, 많은 식물은 자가수정, 무성생식 또는 둘 다 가능하다. 그러므로 배수체 식물이 배수체 동물보다 새로운 배수체 종이 될 가능성이 높다.

## 어떤 조건 하에서는 많은 새로운 종들이 생길 수 있다

가족의 역사가 가계도로 표현될 수 있는 것과 같이, 생명체의 역사도 진화계통수로 표현될 수 있다. 진화계통수의 맨 아래 부분은 지구에서 가장 이른 유기체를 대표하며, 끝부분의 가지들은 오늘날의 생물종 중 하나를 대표한다. 가지의 각 분기점은 종이 두 종으로 분리될 때 종분화 사건을 나타낸다. 종들 사이의 진화론적 관계에 관한 가설과 발견은 종종 진화계통수로 알 수 있다

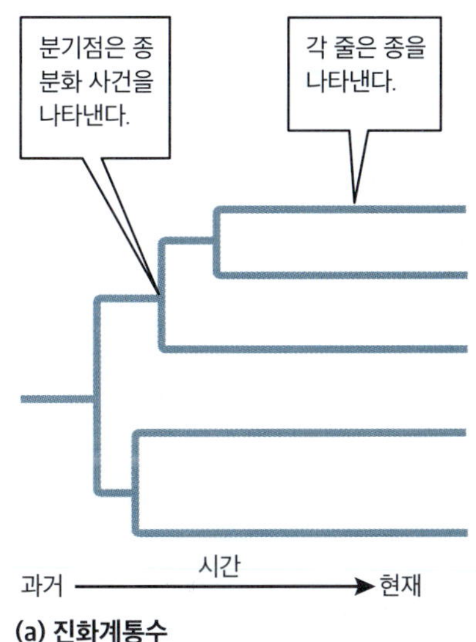


(a) 진화계통수

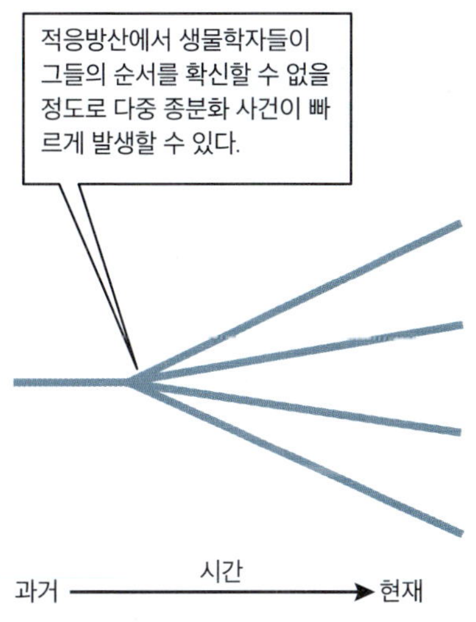


(b) 적응방산을 나타낸 진화계통수

◀ **그림 17-11 진화계통수 해석** 진화적인 역사는 종종 **(a)** 수평 축이 시간을 나타내는 그래프인 진화계통수로 표현된다. **(b)** 적응방산을 나타내는 진화계통수는 많은 선이 단일 지점에서 분리될 수 있다. 이 패턴은 방산의 다중 종분화가 일어난 사건에 대한 생물학자들의 불확실성을 반영한다. 더 많은 연구를 통해 "별 모양의 광채" 패턴을 보다 유용한 계통수로 대체할 수 있다.

**비판적 사고** 진화계통수에 인접한 두 개의 가지에 대해, 한 종은 본토로부터 거리가 먼 섬에서만 발견되고 다른 종은 본토에서만 발견된다고 상상해보자. 두 종이 어떻게 생겼다고 생각하는가?

(**그림 17-11a**).

경우에 따라 비교적 짧은 시간 내에 새로운 종들이 많이 생겨났다(**그림 17-11b**). **적응방산(adaptive radiation)**이라고 불리는 이 과정은 한 종의 개체군이 다양한 서식지를 침범하고 그 서식지에서 서로 다른 환경적 압력에 대응하여 진화할 때 발생할 수 있다. 적응방산은 여러 생물체에서 많이 야기되었으며, 특히 비어있는 서식처를 한 종이 맞이하게 되어 있을 때 야기된다. 예를 들어 적응방산은 방향을 잃은 핀치새의 조상들이 갈라파고스 섬에 처음으로 서식하게 되었거나, 또는 아프리카에 있는 말라위 호수에 시클리드 물고기들의 조상이 도착했을 때, 그리고 하와이 섬에 은검초들이 도달하였을 때에 일어났다(**그림 17-12**). 이 사건으로 인해 갈라파고스에서는 13종의 다윈 핀치, 말라위 호수에서는 300종 이상의 시클리드, 하와이에서는 30종의 은검초들이 적응방산을 일으켰다. 이 사례에서, 침입한 종들은 다른 종족을 제외하고는 경쟁자에 직면하지 않았고 모든 이용 가능한 서식지는 원래의 침략자로부터 진화한 새로운 종에 의해 급속하게 착취되었다.

(a) 은검초

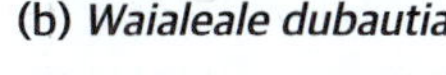

(b) *Waialeale dubautia*

## CHECK YOUR LEARNING

- 새로운 종이 발생하는 데 필요한 두 가지 일반적인 단계를 설명할 수 있는가?
- 이소성과 동소성의 종분화 차이점을 설명하고 각 과정을 설명할 수 있는가?
- 적응방산을 설명하고 그것이 일어날 수 있는 과정을 설명할 수 있는가?
- 진화계통수 그래프를 해석할 수 있는가?

(c) 쿠파오아

(d) Na'ena'e 'ula

◀ **그림 17-12 적응방산** 하와이 섬에는 약 30종의 은검초 식물이 서식하고 있다. 이 종은 다른 곳에서 발견되지 않으며, 모두 수백만 년 내에 단일 조상 개체군의 후손이다. 이 적응방산은 따뜻하고 습한 열대우림에서 시원하고 불모의 화산 산꼭대기에 이르기까지 하와이의 다양한 서식지를 활용하기 위한 배열과 함께 다양한 형태와 모양의 밀접하게 관련된 종의 수집을 이끌어냈다.

**비판적 사고** 왜 섬에 많은 고유종(즉, 다른 곳에서는 발견되지 않은 종)이 있다고 가정할까? 왜 최근 대부분의 멸종이 섬에서 일어났을까?

CASE STUDY CONTINUED

## 다양성 발견

안남 산맥과 안데스 산맥에서 발견되는 독특한 종의 수집에 대한 한 가지 가능한 설명은 이러한 지역의 지질학적 역사에 있다. 지난 수백만 년 동안 반복적으로 발생했던 빙하기 동안 열대림으로 덮인 지역은 극적으로 줄어들었다. 생존을 위해 산림에 의존한 생명체는 다른 먼 산림에 있는 그들의 동료들로부터 격리된 나머지 산림 "섬"으로 제한되었을 것이다. 우리가 배웠듯이, 이러한 종류의 격리는 동소적 종분화에 대한 단계를 설정하고 사올라, 올링귀토 및 다른 독특한 열대림의 종을 발생한 조건을 만들었을 수 있다. 새로운 종이 생기면 우리는 무한정 지속될 것으로 기대할 수 있을까?

## 17.4 어떻게 멸종이 되는가?

종의 최종적 운명은 **멸종(extinction)**, 즉 마지막 개체의 죽음이다. 사실 존재했었던 종의 99.9%는 지금 멸종되었다. 화석에 의해 밝혀진 바와 같이 진화의 자연스러운 과정은 새로운 종이 생겨나고, 오래된 종은 멸종되는 순환의 연속이다.

멸종의 직접적 원인은 아마도 항상 환경의 변화, 즉 무생물적 또는 생물적 환경요소의 변화일 것이다. 멸종에 이르는 중요한 환경 요소로는 종간의 경쟁과 서식처 파괴가 있다. 매우 좁은 지리적 범위나 매우 특수하게 적응한 종은 위와 같은 환경적 변화에 대하여 멸종의 위기에 처하기 쉽다.

### 제한된 분포는 종을 취약하게 만든다

종은 분포 범위가 다양하며, 멸종의 위험 정도도 각각 다르다. 재갈매기나 흰꼬리사슴 그리고 사람과 같은 종은 거의 모든 대륙 또는 전 지구에 서식하고 있다. 다른 것을 예를 들어 악마구멍(Devil's Hole)의 펍피쉬(pupfish) 복어는 네바다 사막에 위치한 단 하나의 물웅덩이에서 발견되고 극도로 제한된 범위를 가지고 있다. 한 종이 아주 적은 면적에서 서식한다면, 그 지역의 교란은 쉽게 그 종의 멸종을 확실히 야기하게 될 것이다. 악마구멍의 펍피쉬가 가뭄이나 근처에 우물을 파게 되어 마르게 된다면, 악마구멍의 펍피쉬도 궁극적으로 사라질 것이다. 반대로, 넓은 분포 범위를 가지는 종들은 지역적인 환경재앙에 굴복하지 않는다.

### 특수화는 멸종의 위험을 증가시킨다

종이 멸종의 위기에 처하는 또 다른 요인은 지나친 특수화이다. 각각의 종은 주어진 환경에 생존하고 번식하도록 돕는 적응성을 진화시킨다. 이러한 적응에는 환경의 제한된 조건에서 생존을 선호하는 특수화가 포함한다. 예를 들어, 카너푸른나비는 푸른 루핀 식물만 먹는다(**그림 17-13**). 따라서 이 나비는 이 식물이 번성하는 장소에서만 발견된다. 그러나 북미 북동쪽 모래가

▲ **그림 17-13 극한의 특수화로 종 위험의 노출** 카너푸른나비는 미국 북동부의 마른 숲과 빈터에서 발견되는 푸른 루핀에 독점적으로 먹이를 공급한다. 이러한 행동 특화는 나비가 단일 숙주 식물 종을 종식시킬 수 있는 환경변화에 극도로 취약하게 만든다.

**비판적 사고** 전문화로 인해 종이 멸종 위기에 처하게 되면 어떻게 위험한 특성이 진화할 수 있을까?

많고 광활한 숲이 농장과 개발로 대체되면서 푸른 루핀은 거의 사라졌다. 만일 루핀이 사라지면, 카너푸른나비도 멸종하게 될 것이다(Earth Watch: "왜 생물다양성을 보존해야하는가?" 참조).

### 다른 생물체와의 상호작용은 종을 멸종하게 한다

포식이나 경쟁과 같은 상호작용은 자연선택의 요인으로 작용한다(16장 참조). 어떤 경우에는 이런 동일한 상호작용이 적응보다는 멸종을 야기한다.

포식은 어떤 한 종이 이전에 본 적 없는 포식자에게 노출되었을 때 멸종의 원인이 될 수 있다. 예를 들어 1940년대에 갈색나무뱀이 우연히 태평양의 괌으로 유입되었을 때, 괌에 서식하는 조류의 개체수가 급격하게 감소하기 시작했다. 이전에는 괌에 뱀이 없었기 때문에 섬의 새들은 그들에 대한 방어를 진화시키지 못했다. 이후 수십 년 만에 괌에서 발견된 두 종을 포함한 거의 모든 종들의 새들이 멸종되었다.

종의 경쟁 증가 또한 멸종에 기여할 수 있다. 약 300만 년 전에 시작된 경쟁을 통한 멸종의 예가 있었다. 그 당시 파나마 해협은 해수면보다 높아서 북미와 남미의 육상 교량을 형성했다. 이 전에 고립되었던 대륙이 연결됨에 따라 각각의 대륙에서 고립된

## Earth WATCH 왜 생물다양성을 보전해야 하는가?

오늘날 대부분의 멸종은 매우 다양한 종이 살고 있는 열대지방에서 일어난다. 이러한 멸종이 일어나는 주된 원인은 환경적 변화, 특히 서식지 파괴이다. 불행하게도 열대지방의 서식처는 인간 활동에 의해 급격히 파괴되거나 단절되고 있다(**그림 E17-3**). 그 예로, 위성사진 및 기타 자료를 분석한 결과 1990년에서 2010년 사이에 전 세계 열대우림의 면적이 연간 약 50,000제곱마일씩 감소하였다. 감소율은 어디서나 높지만 최근 몇몇 국가에서 느려졌다(**그림 E17-4**). 없어진 숲의 대부분은 벌목이나 농경지 정리에 의해 파괴되었다. 비슷한 경우로, 전 세계적인 산호초 조사에서 지구 내 약 20%의 산호초 면적이 파괴되고, 추가적으로 20%의 지역이 심하게 손상되었는데, 이러한 영향은 대부분 오염 등과 같이 인간에 의한 영향의 결과이다.

열대지방에서 이런 서식지의 급격한 파괴는 살 집을 잃은 많은 종을 멸종시키는 원인이 된다. 최근 생태학적 연구에서는 현재 멸종률이 극도로 높으며 아마도 지구 역사상 가장 높은 수치일 것이라고 주장한다. 이것이 안 좋은 일일까? 우리가 생물다양성의 감소 속도를 늦춰야 하는 것일까?

생물다양성을 보호해야하는 한 가지 이유로는 우리의 생태학적 이해관계가 위태로울 수 있기 때문이다. 예를 들면, 지구의 종은 서로 상호작용을 유지하고 상호의존적인 매우 복잡한 공동체를 형성한다. 이러한 공동체는 우리가 마시는 물과 공기를 정화하고, 우리가 재배하는 곡물이 자랄 수 있는 비옥한 토양을 만들고, 바다로부터 얻는 식량의 풍부함을 제공하며, 우리의 쓰레기들을 분해하고 해독한다. 우리는 전적으로 "생태계 서비스"에 의지하고 있다. 우리의 활동이 여러 종을 군집에서 없어지게 만들 때, 우리는 큰 위험에 처한다. 만약 우리가 너무 많은 종을 없어지게 만들거나 특히 중요한 몇몇 종을 없어지게 한다면, 그것은 잘 조율되어 있는 군집 내 활동을 망치고, 우리를 생존할 수 있게 지탱하는 능력을 약화시킬 것이다.

▲ **그림 E17-3 생물다양성 위협** 무분별한 벌목에 의한 열대우림의 파괴는 지구 최대의 생물학적 다양성의 저장고를 위태롭게 한다.

**생각해보기** 전 세계의 희귀한 종들의 위태로운 상태는 심오한 윤리적 딜레마를 야기한다. 예를 들어 많은 경우 몇몇 종들을 위험에 빠뜨리는 서식지 파괴는 사람들이 증가하는 인구에 의해 필요한 농지, 주택과 작업장을 위한 공간을 만드는 것을 돕는다. 우리는 어떻게 인간의 타당한 요구와 멸종 위기에 처한 종들의 요구 사이의 갈등을 조화시킬 수 있을까? 게다가, 아무리 좋은 의도라도 현재 멸종의 위협을 받고 있는 모든 종들을 구할 수 없다는 것은 명백해지고 있다. 보호 서식지를 보존하고 관리하는데 이용할 수 있는 자원은 한정되어 있으며, 우리는 어떤 종들은 살아남고 다른 종들은 멸망할 수 있는 선택을 해야한다. 누가 어떤 종들이 살고 어떤 종들이 죽을지 결정해야 하는가? 그러한 결정은 어떤 기준에 근거해야 하는가?

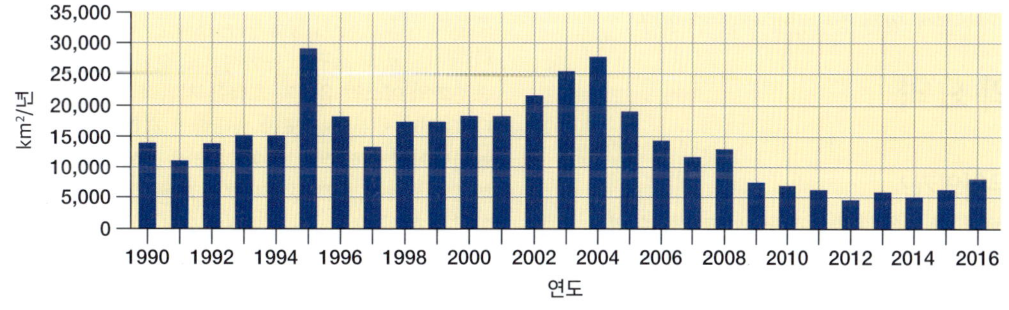


▲ **그림 E17-4 브라질 아마존의 연간 삼림 벌채** 지구와 그 숲은 광활하여 삼림 벌채의 정화한 측정이 어렵다. 이 작업을 위한 가장 좋은 도구들 중 하나는 위성사진이다. 우주에서 찍은 사진들은 매년 숲의 덮개를 비교하는데 사용될 수 있다. 브라질의 국립우주연구소는 위성사진을 이용하여 나라의 열대우림 유실을 추적해 왔다. 이 그래프에 표시된 데이터 결과, 최근 산림 개간 속도가 느려졌음에도 불구하고 산림 파괴율이 현재 상승 추세를 보이고 있음을 보여준다. 델라웨어 주보다 큰 브라질의 한 지역이 2016년에 개간되었다.

상태로 진화되었던 포유류의 종들은 섞일 수 있었다. 결과적으로, 남쪽으로 이동한 북아메리카 종들은 다양해지고 적응방산을 통해 대부분의 남아메리카 종들을 대체했고, 그중 많은 종들을 멸종시켰다. 멸종의 원인이 완전하게 파악되진 않았지만 경쟁이 중요한 역할을 한 것은 분명하다. 북미의 종들은 남미의 종들보다 더 효율적으로 자원을 이용할 수 있었던 것이다.

## 서식처의 환경 변화와 파괴는 현재 멸종이 일어나는 중요한 원인이다

현 시대나 선사시대의 서식처의 변화는 멸종의 가장 큰 요인 중 하나이다. 현재 인간의 활동에 의한 서식처 파괴는 엄청난 속도로 진행되고 있다. 많은 생물학자들은 우리가 현재 생물의 역사 중에서 가장 빠르고 가장 광범위한 멸종 시기의 중간에 있다고 믿는다. 특히 열대우림의 상실은 종 다양성을 황폐화시키고 있다. 종들이 서식하고 있는 열대우림 지역이 벌목되고 목축이나 경작을 위해 개간이 된다면, 현재 종들의 절반 이상이 다음 50년 안에 멸종될 것이다(18장에서는 선사시대의 서식처 변화에 의한 멸종에 대하여 언급하였다).

**CHECK YOUR LEARNING**

- 멸종의 주요 원인을 설명할 수 있는가?
- 멸종위기에 처한 생물 종의 예를 설명할 수 있는가?

CASE STUDY REVISITED

## 다양성의 발견

아이러니하게도, 이전에 알려지지 않은 종의 발견은 많은 종을 수용하는 외딴 숲이 사라질 위기에 처해 있는 시기에 발견되었다. 경제발전으로 벌목과 채굴이 점점 더 외딴 지역으로 옮겨졌고, 뉴기니(*Paedophryne amauensis*의 서식지), 베트남(saola의 서식지)과 다른 많은 개발도상국들의 숲이 빠른 속도로 개간되고 있다. 그 결과 새로 발견된 종은 매우 드물다. 예를 들어 생물학자들의 집중적인 탐색에도 불구하고 지난 25년 동안 살아있는 사올라를 관찰한 것은 1999년 무인 야생 카메라가 찍은 사진과 2013년 두 번째 사진 등 두 가지뿐이다.

**비판적 사고** 유전적 고립이 종분화의 첫 단계라는 점을 감안할 때, 많은 종을 작은 종으로 줄이는 인간의 활동이 실제로 새로운 종의 형성을 이끄는 조건을 만들어 생물다양성을 증가시킬 수 있을까? 왜 그런가? 혹은 왜 그렇지 않은가?

# CHAPTER REVIEW

*비판적 사고와 생각해보기, 선택형문제, 빈칸채우기 질문에 대한 답은 이 책의 뒷부분에 있는 정답란에서 볼 수 있다.*

## 핵심개념의 요약

### 17.1 종이란 무엇인가?

생물종 개념에 따르면, 한 종은 자연 조건하에서 교배할 수 있고 다른 개체군으로부터 생식적으로 고립된 유기체들의 모든 개체군들로 구성된다.

### 17.2 종간의 생식적 격리는 어떻게 유지되는가?

종들 간의 생식적 격리는 짝짓기 전 생식장벽 메커니즘과 짝짓기 후 격리 메커니즘으로 알려진 하나 이상의 여러 메커니즘에 의해 유지될 수 있다. 짝짓기 전 생식장벽 메커니즘은 지리적 격리, 생태적 격리, 시간적 격리, 행동 격리 및 기계적 부적합을 포함한다. 짝짓기 후 격리 메커니즘은 배우자 부적합, 잡종 생존불능, 잡종 불임 등을 포함한다.

### 17.3 새로운 종은 어떻게 형성되는가?

종분화, 새로운 종의 형성은 두 개체군 사이의 유전자 흐름이 감소되거나 제거되고 그 집단이 유전적으로 갈릴 때 일어난다. 가장 흔한 것은, 종분화의 이소적 유전자 흐름은 지리적 고립에 의해 제한된다는 것이다. 그러나 종분화는 또한 생태학적 격리 또는 동소성의 원인이 되는 돌연변이에 의해 제한될 수 있다. 유전적 고립이 먼저 발생하든, 동등하게 발생하든, 추후 유전자 부동 또는 자연선택을 통해 분리된 개체군의 유전적 차이에 의해 종분화가 완료된다.

### 17.4 어떻게 멸종이 되는가?

멸종을 일으키는 요인으로는 종 간의 경쟁과 서식지 파괴가있다. 제한된 분포와 극단적인 특수화는 한 종의 멸종에 대한 취약성을 증가시킨다.

# 개념을 통한 이해

## 선택형 문제

1. 다음 중 생물종 개념을 적용하기 어렵거나 불가능한 것은?
   a. 무성생식 유기체
   b. 큰 유기체
   c. 급속도로 진화하는 유기체
   d. 식물
2. 다음 중 사전 격리 메커니즘을 설명하지 않은 것은?
   a. 극락조의 구애 표시
   b. 말과 당나귀의 불임
   c. 몬테레이소나무와 비숍소나무의 개화 기간의 차이
   d. 무화과말벌의 각 종은 특정한 무화과종의 열매에서만 번식하는 경향
3. 다음 중 종분화에 필요한 사항인 것은?
   a. 유전적 고립과 분화
   b. 유전적 부동
   c. 개체군의 지리적 세분
   d. 적응방산
4. 북미의 *Rhagoletis* 파리 모집단의 분석은 증거를 제공한다. 곤충의 어떤 구성원이 새로운 개체군으로 이동한다면 어떤 일이 발생하는가?
   a. 결과적으로 동소적 종분화가 발생한다.
   b. 적응방산될 가능성이 높다.
   c. 이후의 유전적 분산은 거의 없을 것이다.
   d. 동소적 종분화는 곤충에서 아마 불가능할 것이다.
5. 동종분화의 초기 단계에서, 개체군의 일부사이의 유전자 흐름은 무엇에 의해 시작되는가?
   a. 경쟁
   b. 잡종 생존불능
   c. 지리적 격리
   d. 생태적 격리

## 빈칸 채우기

1. 종은 ________ 진화하는 ________ 그룹이다. 생물학적 종 개념은 ________ 을 기준으로 종을 식별한다. 생물은 ________ 을 하는 종에 적용되는 종 개념이 될 수 없다.
2. 적절한 분리 메커니즘으로 다음을 채우시오.
   두 개체군의 구성원이 다른 구애 행동을 갖는 경우 발생한다.
   ________
   잡종 자손이 번식할 수 없을 때 발생한다. ________
   두 개체군의 구성원이 다른 번식기를 가질 때 발생한다.
   ________
   한 종의 정자가 다른 종의 난자를 수정하지 못할 때 발생한다.
   ________
   두 종의 생식기가 양립할 수 없을 때 발생한다. ________
3. 새로운 종의 형성은 기존 종의 두 개체군이 처음 생겨났다가 ________ 때 발생한다. 개체군의 일부를 지리적으로 분리하여 새로운 종을 형성하는 과정을 ________ 이라고 한다. 격리된 개체군은 ________ 또는 ________ 으로 분산될 수 있다.
4. 많은 새로운 종들이 비교적 짧은 기간에 발생하는 과정을 ________ 이라고 한다. 이 과정은 종이 이전에 비어 있지 않은 ________ 에 도착했을 때 종종 발생합니다.
5. 지리적 범위가 ________ 지역을 포함하거나 먹이 또는 서식지 요건이 ________ 일 경우, 종은 멸종 위험이 더 높을 수 있다. 멸종의 주요 원인은 ________ 이다.

## 복습문제

1. 종, 종분화, 이소적 종분화, 동소적 종분화의 용어를 정리하라. 이소성과 동소성이 어떻게 작용하는지 설명하고, 각각에 대한 가상의 예를 제시하라.
2. 북미 중부와 동부에 서식하는 많은 참나무 종들이 교배를 한다. 그들은 "진정한 종"인가?
3. *Rhagoletis* 파리의 동소성 종분화의 가능성에 대한 자료를 검토하라. 어떤 유형의 유전형질, 표현형질, 행동형질 데이터가 두 형태의 종분화가 되었다는 것을 확신시키는가?
4. 콜히친이라는 약물은 감수분열이 시작될 때 염색체가 두 배가 된 후 세포 분열을 막는다. 새로운 배수체 식물종을 생산하기 위해 콜히친을 사용하는 방법을 설명하라.
5. 생식적 격리 메커니즘의 두 가지 주요 유형은 무엇인가? 각 유형의 예시를 제시하고, 어떻게 작용하는지 설명하라.

# 개념의 적용

새로운 종이 어떻게 형성되는지에 대한 가설을 테스트하는 실험을 수행하는 것은 어렵다. 그러나 사람들이 정말 오랫동안 살았다면 어떨까? 이소적 종분화가 종분화로 이어지는 테스트를 하기 위해 100,000년 동안 지속되는 실험을 설계한다. 연구 생명체는 무엇으로 할 것인가? 그 이유는? 당신은 무엇을 측정하고 얼마나 자주 측정하며, 이소적 종분화 가설이 올바른지 어떻게 알 수 있나?

# 18 생명의 역사

티벳인들은 과거에 인간과 지금은 멸종한 종 사이의 상호교배에 의해 고도에서 살아가도록 적응되었다.

CASE STUDY

## 고대 DNA에는 이야기가 숨어 있다

티벳인들은 13,000피트 이상의 고도에서 사는데, 그곳에는 저지대보다 산소가 훨씬 적다. 티벳인이 아닌 당신이 그 고도에서 살아가려면, 고산병에 걸리거나 쉽게 피로해지고 숨쉬기도 어려울 것이다. 티벳인들은 어떻게 견딜까? 그들의 몸은 고도에 적응되어 있는데, 이 중 *EPAS1*이라는 유전자의 특별한 변이체도 포함된다. 다른 인간 집단에서는 발견되지 않는 티벳인의 *EPAS1* 변이체는 저산소 조건에서 몸이 효율적으로 작동하게 한다.

티벳인은 어떻게 유전자의 특별한 변이체를 갖게 되었을까? 그것은 티벳의 초기 정착민에서 운 좋게도 돌연변이가 발생했기 때문인가? 그렇지는 않을 것이다. 연구자들은 최근 유전자 변이체가 놀라운 역사를 지니고 있다는 사실을 발견하였다. 티벳인에서 그 변이체가 나타난 것은 이들이 수만 년 전에 멸종한 데니소바인이라고 알려진 호미닌 종의 구성원과 상호 교배한 결과이다(호미닌이라는 용어는 인간 및 우리들의 가장 가까운 친척을 포함하는 집단이다).

연구자들은 이 흥미로운 진화사의 일부를 어떻게 찾아내었을까? 최근까지, 그것을 발견하기란 어려웠다. 그러나 연구자들은 멸종한 생물체의 고대 유체에서 DNA를 추출하고 서열을 결정하는 법을 알아냈다. 그리고 그들이 데니소바인 유전체를 조사했을 때, 이들은 오늘날 티벳인에서만 발견되는 같은 *EPAS1* 변이체를 데니소바인들도 가지고 있다는 사실을 발견했다.

과거에 우리들의 생명의 역사에 대한 지식은 화석에서만 얻을 수 있었고 근래에는 살아있는 생물체의 DNA에서도 얻게 되었다. 그러나 화석 기록은 드문드문 있고, 현대의 DNA는 직접적인 증거라기보다는 과거 생물체를 간접적으로 추론할 수 있을 뿐이다. 그럼에도 불구하고 이 도구들은 과거에 대해 엄청나게 많은 증거를 마련해 주었으나 고대 DNA의 분석이 가능해지면서 인간의 역사를 포함해서 생명의 역사의 뒷장을 볼 수 있는 새롭고 놀라운 창이 열리게 되었다.

티벳인의 적응에 대한 놀라운 원인은 잠시 접어두고 고대 DNA로부터 무엇을 알아낼 수 있을까? DNA의 단서로부터 어떤 역사의 퍼즐이 맞춰질 수 있을까?

## 주요내용



## 18.1 생명은 어떻게 시작되었나?

다윈(Darwin) 이전에는 많은 사람들은 모든 종들이 몇천 년 전에 신에 의해서 만들어진 것으로 생각했다. 더욱이, 19세기 전까지만 해도 대부분의 사람들은 생물체와 관련이 없는 비생물체로부터 **자연발생(spontaneous generation)**을 통해서 새로운 생물체가 항상 나타난다고 생각하였다. 미생물은 스프에서, 구더기는 고기에서, 쥐는 젖은 옷과 밀에서 자연적으로 발생한다고 믿었다.

1668년 이탈리아 의사인, 프란체스코 레디(Francesco Redi)는 오염되지 않은 고기에 파리 – 파리가 알을 낳고 알이 부화하여 구더기가 됨 – 가 접근하지 못하게 함으로써 고기 – 구더기 가설을 간단히 반증하였다(1장의 "Doing Science: 통제된 실험은 신뢰할 수 있는 데이터를 제공한다" 참조). 1800년 중반에 프랑스의 루이 파스퇴르(Louis Pasteur)와 영국의 존 틴달(John Tyndall)은 스프가 처음에 주변 환경의 미생물에 노출되지 않는 한 멸균 스프에서 미생물이 나타나지 않는다는 것을 보여 주어 스프 – 미생물 가설을 반증하였다(**그림 18-1**). 비록 파스퇴르와 틴달의 실험이 자연발생설을 효과적으로 물리쳤다 하더라도, 지구상 최초의 생물체가 어떻게 생성되었는가에 대한 의문은 전혀 해결할 수 없었다. 오히려 생화학자 스탠리 밀러(Stanley Miller)는 다음과 같이 말했다. "파스퇴르는 생명이 우연히 나타나지 않는다는 것을 증명한 것이 아니라, 항상 나타날 수 없다는 것을 보여준 것에 불과하다."

### 최초의 생물체는 무생물로부터 발생하였다

생명의 기원에 관한 현대의 과학적인 생각들은 1920년대에 시작되었는데, 이 당시에 러시아의 알렉산더 오파린(Alexander Oparin)과 영국의 존 홀데인(John B. S. Holdane)은 지금의 지구처럼 산소가 풍부한 대기에서는 생물체에 필요한 복잡한 유기물질이 자연적으로 형성될 수 없다고 주장하였다. 산소는 쉽게 다른 분자들과 반응하고, 화학결합들을 파괴시킨다. 따라서 산소가 풍부한 환경은 분자들을 단순한 상태로 유지시킨다.

오파린과 홀데인은 원시 지구의 대기에는 산소가 거의 없었을 것이고, 그러한 대기조건 하에서 평범한 화학반응을 통해 복잡한 유기물질들이 생성되었다고 추정하였다. 어떤 종류의 분자들은 다른 분자들보다 원시 지구의 무생물 환경에 더욱 적응하게 되었으며, 결국 시간이 지날수록 점점 더 많아지게 되었을 것이다. 이러한 "적자생존"의 화학 버전을 전생물적(생명이 출현하기 전 단계, prebiotic) 진화라고 부른다. 오파린과 홀데인의 각본 속에는, 전생물적인 화학적 진화가 좀 더 복잡한 물질의 합성을 일으키고 결국 생물체까지 생성한다는 내용이 들어 있다.

#### 유기분자들은 전생물적 조건 하에서 자연적으로 형성되었다

오파린과 홀데인의 생각에 영감을 받은, 시카고 대학의 스탠리 밀러(Stanley Miller)와 해롤드 유리(Harold Urey)는 1953년에 전생물적 진화 과정을 실험실에서 재현하고자 했다. 그들은 초창

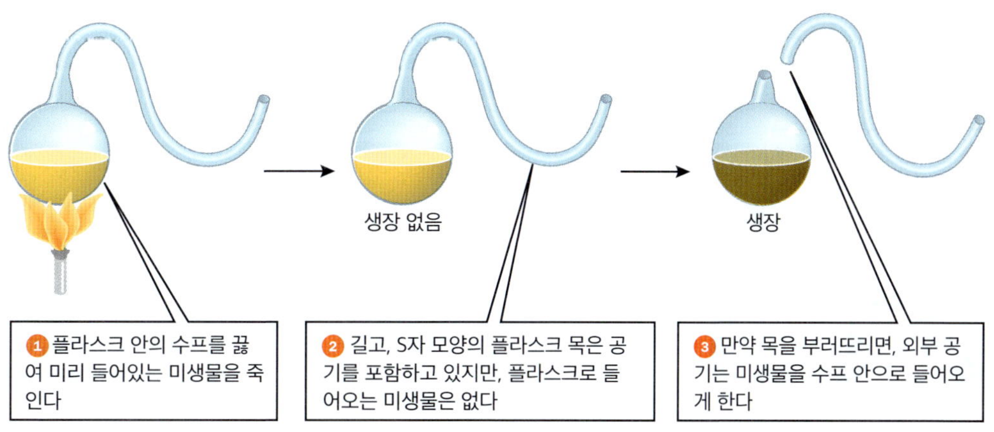


▲ **그림 18-1 자연발생설 비판** 루이 파스퇴르(Louis Pasteur)의 실험은 수프에서 미생물의 자연발생이 불가능함을 증명하였다.

기 지구에서 형성된 암성의 화학적 성분을 기초로, 원시 지구 대기에는 실제적으로 산소가 거의 없었고, 메탄($CH_4$), 암모니아($NH_3$), 수소($H_2$), 수증기($H_2O$) 등으로 구성되었을 것으로 결정한 지질학자들의 의견을 따랐다. 밀러와 유리는 플라스크 안에 이러한 원소들을 혼합해서 넣고 원시 지구의 무산소 상태와 비슷하게 만들었다. 원시 지구의 번개 폭풍 대신에 전기 불꽃으로 큰 에너지를 제공하였다. 이러한 실험적인 소우주에서 연구자들은 며칠이 지난 후에 새롭게 만들어진 간단한 유기분자들을 발견하였다(**그림 18-2**). 이 실험은 전기에너지가 공급되면 원시 지구에 존재할 가능성이 있는 작은 분자들이 커다란 유기분자들을 형성할 수 있다는 것을 알려주었다(작은 분자들로부터 생물 분자가 합성되는 반응 에너지를 소모하는 에너지 요구 반응이라는 6장의 내용을 상기할 것). 밀러와 다른 연구자들이 비슷한 실험을 한 결과에서도, 아미노산, 펩타이드, 뉴클레오타이드, 아데노신 삼인산(ATP)과 생물체의 특징적인 기타의 분자들이 생성되었다.

최근에, 지구화학자들은 새로운 증거들로부터 초기 지구 대기의 실제 구성은 선도적인 밀러-유리 실험에서 사용되었던 대기와는 다르다고 확신하고 있다. 하지만 초기 지구 대기와 더욱 근접한 대기를 대신 사용한 보다 최근의 실험에서도 유기분자를 만들 수 있었다. 또한, 이러한 실험들에서 전기만이 에너지원으로 유일한 것은 아니었다. 초기 지구에서 얻을 수 있는 열이나 자외선 같은 다른 에너지원들도 전생물적인 조건의 실험 모형에서 유기분자의 생성을 유도할 수 있었다. 그러므로 초기의 대기 조건이 무엇과 같았는지 정확히 알 수 없을지라도, 우리들은 유기분자들이 초기 지구에서 형성된 것으로 믿고 있다.

부수적인 유기분자들은 아마도 운석과 혜성이 지구 표면에 충돌할 때 우주로부터 왔을 것이다. 지구 표면의 충돌 분화구로부터 수거한 오늘날의 운석 분석 결과, 몇몇 운석에서는 아미노산과 다른 간단한 유기분자들이 비교적 높은 농도로 검출되었다. 실험실에서의 분석 결과, 이들 분자들은 지구와 충돌하기 전에 우주 공간에서 생성된 것으로 추정된다.

### 유기분자들이 전생물적 조건 하에서 축적되었다

전생물적 합성과정은 매우 비효율적이며 빠르지도 않다. 그럼에도 불구하고 유기분자들이 결국 대량으로 축적되었다. 오늘날 유기분자들은 수명이 매우 짧다. 그 이유는 유기분자들이 생물체의 먹이가 되거나, 대기 중의 산소와 반응하기 때문이다. 그러나 원시 지구에는 생물체와 산소 둘 다 존재하지 않았으므로, 분자들은 이러한 위험에 노출되지 않았을 것이다.

여전히 전생물적 분자들은 다른 화학반응이나 태양의 고에너지 자외선에 의해 분해될 수 있었을 것이다. 자외선은 유기분자의 형성에 필요한 에너지를 제공하기도 하지만 또한 이들을 분해시키기도 한다. 하지만 실험실 연구자들은 전생물적 지구에서 존재하였던 분자들이 안정적으로 지속하고 더 나아가 서로 결합하여 보다 복잡한 분자들을 형성하는 조건들을 밝혀냈다. 초기 지구 상의 어느 곳에서 그런 조건을 찾아낼 수 있을까? 아마도 미네랄이 풍부한 온천수, 해변의 암석 가장자리 아래의 보호받는 지역, 해저의 열수공을 형성하는 바위 기둥의 구멍, 그리고 얼음 결정 사이의 작은 크레바스 등을 꼽을 수 있을 것이다.

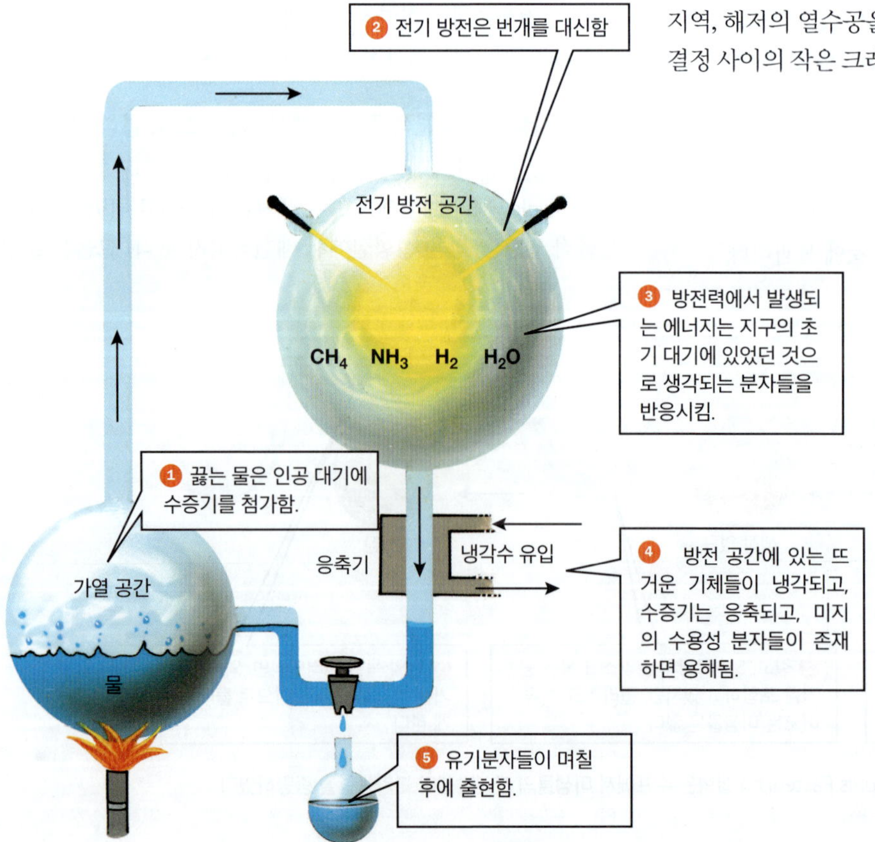


◀ **그림 18-2 스탠리 밀러(Stanley Miller)와 해롤드 유리(Harold Urey)의 실험 장치** 초기 생명의 시대에 있었던 화석은 없기 때문에, 진화학자들은 원시 지구에서 우점했을 조건을 실험실에서 재창조하는 방법으로 추적하였다.

**비판적 사고** 만약 전기 방전 공간 안에 산소가 존재한다면, 실험 결과는 어떻게 달라졌을까?

### 점토가 거대 유기분자의 합성을 촉매하였다

그 위치가 어떻든 전생물적 진화의 다음 단계에서는 간단한 분자들이 결합하여 좀 더 큰 분자들을 형성해야 한다. 반응하는 분자들이 더욱 밀집해야 이러한 큰 분자들을 형성하기 위한 화학반응이 일어날 수 있다. 과학자들은 초기 지구에서 고농도가 달성될 수 있는 몇 가지 필수적인 메커니즘을 제안하였다. 한 가지 가능성은 작은 분자들이 점토 입자들의 표면에 축적되는데, 이 입자들은 반대 전하를 띠는 용해된 분자들을 끌어당기는 작은 전하를 갖는다. 점토 입자에 모여든, 작은 분자들은 그들 사이에 화학적 반응을 할 수 있을 정도로 충분히 가까웠을 것이다. 연구자들은 실험으로 이런 시나리오의 가능성을 보여주었는데, 용해된 작은 유기분자들이 들어있는 용액에 점토를 첨가하면 RNA와 같은 더욱 크고 복잡한 분자들의 형성이 촉진되었다. 그러한 분자들은 최초 생물체의 기본 골격으로 점차 발달했을 것이다.

## RNA는 최초의 자기복제 분자였을 것이다

모든 현대의 생물체는 유전 정보를 암호화하고 저장하는 데 DNA를 사용하지만, 최초의 정보 분자는 DNA가 아니었던 것 같다. DNA는 분자량이 크고 복잡한 단백질 효소의 도움을 받을 때에만 스스로 복제가 가능하다. 그러나 이러한 단백질 효소를 구성하는 신호는 DNA 자체에 들어있다. 따라서 생물체의 정보 저장 분자로서의 DNA의 역할의 기원은 마치 "닭과 달걀"의 수수께끼처럼 보인다. 즉 DNA는 단백질 효소가 필요하지만, 이 단백질 효소는 또한 DNA가 필요하다. 그래서 현재의 DNA를 기반으로 하는 정보 저장 시스템을 아마도 최초의 시스템으로부터 점차 진화된 것으로 보지 않는 한 자기복제가 가능한 DNA의 기원을 찾는 설득력 있는 시나리오를 구성하는 것은 어렵다.

### RNA는 촉매로 작용할 수 있다

최초로 자신을 복제하는 정보 저장 분자의 주요 후보자는 RNA이다. 1980년대에 토마스 체흐(Thomas Cech)와 시드니 알트만(Sydney Altman)은 단세포 생물인 테트라하이메나(*Tetrahymena thermophila*)를 가지고 연구하는 도중에, 단백질이 아닌 작은 RNA 분자가 세포 반응을 촉매하는 것을 발견하였다. 이전에는 오직 단백질 효소만이 수행한다고 생각한 기능을 이 특별한 RNA 분자가 수행하기 때문에 체흐와 알트만은 이 촉매하는 RNA의 이름을 **리보자임(ribozyme)**이라고 하였다(**그림 18-3**).

리보자임의 발견 이후, 연구자들은 다른 RNA 조각들을 자르거나 이어 맞추는 등 여러 가지 반응을 촉진하는 자연적으로 존재하는 수십 종류의 리보자임을 발견하였다. 리보솜에서 발견되는 리보자임은 아미노산 분자들을 결합시켜 단백질을 성장시키는 촉매 역할을 한다. 또한 연구자들은 실험실에서 작은 RNA 분자의 복제를 촉매하는 리보자임을 포함해 여러 종류의 리보자임을 합성할 수 있었다. 가장 효율적인 복제 리보자임은 206개에 달하는 뉴클레오타이드를 갖는 RNA 서열도 합성할 수 있다.

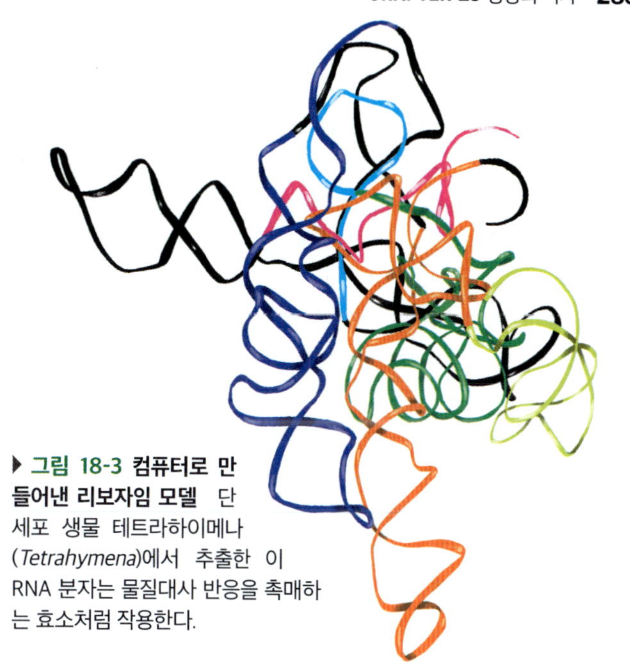

▶ **그림 18-3 컴퓨터로 만들어낸 리보자임 모델** 단세포 생물 테트라하이메나(*Tetrahymena*)에서 추출한 이 RNA 분자는 물질대사 반응을 촉매하는 효소처럼 작용한다.

### 지구는 RNA 세상이었을 것이다

RNA 복제를 포함하여 다양한 화학반응을 촉매할 수 있는 RNA 분자의 발견은 "RNA 세상"에서 생명이 발생했다는 가설을 지지한다. 이 관점에 의하면, 정보 전달의 유전 분자와 자신의 복제를 위한 촉매 기능을 모두 갖는 RNA 시대가 DNA 시스템을 기반으로 하는 현재의 지질시대보다 먼저 나타난 것으로 보인다. 이 RNA 세상은 전생물적 화학합성이 수억 년 진행되고, 그 동안에 합성된 분자들 가운데 RNA 뉴클레오타이드들이 존재했을 것이다. 아마도 점토 입자 주위에서 충분히 높은 농도에 도달한 후 뉴클레오타이드는 결합하여 짧은 RNA 사슬을 형성했을 것이다.

여기서 우리는 완전한 우연에 의해 이러한 RNA 사슬 중 하나가 RNA의 복사본 생산을 촉진하는 리보자임이 되었다고 가정해보자. 이 최초의 자기생산하는 리보자임은 아마도 그 기능이 썩 훌륭하지 않았으므로, 불완전한 복사본을 만들었을 것이다. 이러한 오류들은 최초의 돌연변이들이다. 현재의 돌연변이들처럼 대부분의 "딸 분자"들의 촉매 기능은 파괴되었지만, 일부는 기능이 향상되었을 것이다. 이러한 기능 향상은 RNA 분자들 간의 자연선택의 토대가 되어, 즉 좀 더 빠르고 정확하게 자신을 복제하는 리보자임 변이체들이 효율성이 떨어지는 RNA 분자보다 더 빨리 자신을 복제하여, 점점 흔해졌을 것이다. RNA 세상에서의 분자적 진화는 진행되지만, 아직 알려지지 않은 일련의 사건들에 의해 RNA는 점차로 DNA와 단백질 효소 사이 매개체의 역할을 하는 현재의 역할로 축소되었다.

## 막과 유사한 소낭이 리보자임을 둘러싸다

자기복제가 가능한 분자들만으로는 생물체를 구성할 수 없다. 모든 생물체에서 이런 분자들은 일종의 막으로 둘러싸여 있다. 최초의 생물막의 전구물질은 순전히 기계적 과정을 거쳐 자연적으로 형성된 단순한 구조였을 것이다. 예를 들면, 화학자들은 단백질과 지질이 포함된 물이 파도가 고대의 해안가를 때리는 것과 같은 자극을 받게 되면, 단백질과 지질이 결합된 소낭이라는 안이 비어있는 구조를 만들 수 있다고 보았다. 이런 속이 빈 공은 여러 가지 측면에서 살아있는 세포와 닮았다. 이 구조물은 외부 용액과 내부 내용물을 구별할 수 있는 명확한 외부 경계를 가지고 있다. 만약 소낭의 구성 성분이 적절하다면, 외견상 실제 세포막과 거의 비슷한 형태의 "막"이 형성된다. 어떤 조건 하에서, 소낭은 외부 용액의 물질을 흡수하여 성장하고, 심지어 분열도 한다.

만약에 소낭이 알맞은 리보자임을 둘러싼다면, 살아있는 세포와 비슷한 어떤 것이 만들어질 것이다. 우리는 그것을 **원시세포(protocell)**라고 부르며, 이는 세포와 구조가 비슷하지만 살아 있는 것은 아니다. 리보자임과 둘러싸인 다른 분자들은 원시세포 안에서 자유롭게 돌아다니는 활성 분자들의 분해로부터 보호를 받았을 것이다. 뉴클레오타이드와 다른 작은 분자들은 막을 가로질러 확산되어 새로운 리보자임이나 다른 복잡한 분자들을 합성하는 데 사용되었을 것이다. 충분히 성장하고 난 후에 소낭은 분열했을 것이며, 각 딸 소낭 안으로 복사된 소수의 리보자임이 들어갔을 것이다. 만약 이러한 과정들이 일어났다면, 최초의 세포들이 진화되는 경로는 거의 완벽해 질 것이다.

생명이 없는 원시세포가 살아있는 생물체로 탄생하는데 특별한 순간이 있었을까? 아마도 아닐 것이다. 대부분의 진화적인 변화처럼, 원시세포에서 살아있는 세포로의 변화하는 과정은 어떤 단계에서 다음 단계로 명확한 경계가 없이 연속적으로 일어났을 것이다.

## 그러나 이 모든 일이 실제로 일어났을까?

비록 설득력이 있고 많은 연구 결과들과 부합하지만 방금 설명한 시나리오는 결코 확실한 것은 아니다. 생명의 기원에 관한 연구에서 가장 주목할 만한 한 가지 측면은 엄청나게 다양한 가정, 실험 그리고 모순적인 가설들이다. 연구자들은 생명이 잔잔한 육상의 물웅덩이, 바닷가, 대양의 심해 열수공 또는 극지방의 얼음에서 기원했는지 여부에 대해서 의견 일치를 보지 못하고 있다. 심지어 소수의 과학자들은 생명이 우주에서 기원했다고 주장한다. 우리는 이제까지 수행된 연구들로부터 어떤 확고한 결론을 이끌어낼 수 있는가? 아니다. 하지만 우리들은 몇 가지 추론을 할 수 있다.

첫째, 밀러 등의 실험들은 초기 지구에서 간단한 막 형태의 구조물과 아미노산, 뉴클레오타이드, 그리고 다른 유기분자들이 풍부하게 형성될 가능성이 있다는 것을 나타내고 있다. 둘째, 화학적 진화는 오랜 시간과 지구상의 광범위한 지역 때문에 일어날 수 있었다. 시간이 충분하고, 반응 분자들의 풀이 상당히 커서 아주 드문 사건들도 여러 번 일어날 수 있었을 것이다. 충분한 기간과 충분한 공간 때문에 원시 수프에서 살아있는 세포로 변하는 경로의 각 작은 단계가 일어날 기회는 많다.

생명 기원에 관한 어떤 설명도 명확하게 검증된 것은 없다. 생명의 기원은 증거가 없고, 이 미스터리를 탐구하는 연구자들은 단지 가설적인 시나리오를 개발하고, 그 다음에 시나리오의 각 단계들이 화학적, 생물학적으로 가능성과 논리성이 있는지 여부를 결정하기 위해서 실험실에서 연구 활동을 하며 앞으로 나아갈 수 있다.

### CHECK YOUR LEARNING

- 생명의 기원에 대해 그럴듯한 시나리오를 설명할 수 있는가?
- 시나리오의 각 단계를 설득력 있게 설명할 수 있는가?

▼ **그림 18-4 초기의 지구** 45억 년 전 지구 생성 직후의 원시 지구(Early Earth)는 극심한 열, 빈번한 화산활동, 그리고 반복되는 운석의 충돌이라는 특징을 갖는다.

## 18.2 최초의 생물체는 어떠했을까?

45억 5천만 년 전 지구가 처음으로 생성되었을 때는 매우 뜨거웠다(**그림 18-4**). 생성되고 있는 지구에 수많은 운석들이 충돌했고, 이러한 외계 암석의 운동에너지는 충격에서 생기는 열로 변환되었다. 방사성 입자들의 붕괴로 더 많은 열이 여전히 방출되었다. 지구는 용융했고, 철과 니켈 같은 무거운 원소들은 지구의 중심부로 가라앉아 오늘날까지 용융된 상태로 남아 있다. 그럼에도 불구하고, 지질학적 증거에 의하면 43억 년 전에 지구는 물이 액체 상태로 존재할 정도로 충분히 식었다고 한다. 액체 상태의 물을 이용할 수 있었다면, 궁극적으로 최초의 살아있는 생물체를 탄생하게 한 전생물적 진화가 시작될 수 있었을 것이다.

이제까지 발견된 가장 오래된 화석 생물은 약 34억 년 전의 암석 속에 존재한다(이 생물의 나이는 방사성 연대측정기술을 이용하여 결정되었다. 자세한 내용은 287쪽의 "Doing Science: 화석의 연대 발견" 참조). 오래된 암석들의 화학적인 추적 방법으로 인해 몇몇 고생물학자들은 생물체의 연대가 39억 년 전 또는 그보다 더 오래되었을 것이라고 믿고 있다.

생명이 시작되고 초기에 발달한 광대한 시기는 선캄브리아대(Precambrian era)로 알려져 있다. 지질학자들과 고생물학자들은 지질학적 시간을 나타내기 위해서 대(eras), 기(periods), 세(epochs)의 위계적 명명 체계를 고안하였다(**표 18-1**).

### 최초의 생물체는 혐기성 원핵생물이었다

지구의 대양에 출현한 최초의 세포는 유전물질이 핵 안에 들어 있지 않은 **원핵생물(prokaryotes)**이었다. 이러한 세포들은 아마도 주변 환경에 있는 유기물질들을 흡수함으로써 영양분과 에너지를 얻었을 것이다. 대기 중에는 산소가 없었으므로, 세포들은 무기호흡의 방법으로 유기분자를 대사했을 것이다(8장에서 무기호흡 대사작용은 단지 적은 양의 에너지만 얻을 수 있다는 것을 기억할 수 있을 것이다).

따라서 최초의 세포들은 원시 혐기성 세균이었다. 이러한 세균들이 증가함에 따라 전생물적 화학반응들에 의해 생산된 유기물질들은 소진되었음에 틀림없다. 그러나 이산화탄소나 물과 같은 단순한 분자들은 매우 풍부하였으며, 빛의 형태로 에너지도 풍부하게 존재하였을 것이다. 그렇다면, 부족한 것은 물질이나 에너지 그 자체가 아니라, 에너지가 들어 있는 분자－즉 화학결합에 의해 에너지가 저장된 분자이다.

### 일부 생물체는 태양에너지를 포획할 수 있는 능력을 갖도록 진화하였다

결국, 어떤 세포들은 태양에너지를 이용하는 능력을 발달시켜, 단순한 분자들로부터 복잡한 고에너지 분자의 합성을 촉진하였다. 즉, 광합성이 등장했다. 광합성은 수소 공급원이 필요하며, 초기의 광합성 세균들은 이런 목적을 위해 아마도 물속에 녹아 있는 황화수소를 사용했을 것이다(현재의 홍색 광합성 세균도 마찬가지다). 그러나 결과적으로 지구의 황화수소(주로 화산 폭발에 의해 생성)는 공급이 달릴 수밖에 없었다. 이러한 황화수소의 부족 때문에, 광합성 세균들은 지구상에서 가장 흔한 수소 공급원인 물($H_2O$)을 이용할 수 있도록 진화하였다.

물을 사용하는 광합성은 물과 이산화탄소를 에너지가 들어 있는 당 분자로 변환시키면서, 부산물로서 산소를 방출한다. 에너지를 포획하는 이 새로운 방법의 출현으로 지구 대기에 처음으로 유리 산소가 상당한 양으로 발생했다. 우선, 새로 방출된 산소는 대기와 지각의 다른 분자들과 반응하여 빠르게 소모되었다. 지각에서 가장 흔하게 반응하는 원자들 중 하나가 철이며 철과 결합한 대부분의 새로운 산소는 산화철(녹)의 거대한 침전물을 형성했다. 그 결과 산화철은 이 시기에 형성된 암석에 풍부하다.

결국 반응하기 쉬운 철이 대부분 녹으로 변하고 나서야, 대기 중에 산소 농도가 증가하기 시작하였다. 약 24억 년 전 산소의 뚜렷한 양적 변화가 대기에 처음으로 나타났는데, 현존하는 남세균(Cyanobacteria)과 매우 비슷한 세균들에 의해서 생성되었을 것이다.

### 호기성 대사작용이 산소 독성에 대응하여 발생했다

산소는 잠재적으로 생물체에게 매우 위험하다. 왜냐하면 유기분자들은 산소와 반응하면 파괴되어버리기 때문이다. 오늘날 대부분의 혐기성 세균들은 치명적 독소인 산소에 노출되면 죽는다. 초기 지구 대기에 산소가 축적되자 많은 생물체들이 소멸되었겠지만 한편으로는 산소의 독성을 해독하는 세포 내 물질대사의 진화도 촉진되었을 것이다. 진화하는 생물체에 대한 이러한 위기는 다음의 거대한 진보를 위한 환경적 압력을 제공하였다. 즉 물질대사에 산소를 사용하는 능력을 제공하게 된다. 이 능력은 산소의 화학적 작용에 대항하는 방어 기능뿐만 아니라 호기성 호흡을 통해서 산소의 파괴적인 힘을 세포가 사용 가능한 에너지로 생산하는 실제적인 역할을 한다(8장 참조). 먹이의 대사작용에 산소가 사용되면 세포가 이용할 수 있는 에너지의 양은 크게 증가하기 때문에, 호기성 세포들은 중요한 선택적 이점을 가지게 된다.

### 일부 생물체는 막으로 둘러싸인 세포소기관을 획득하였다

세균 집단은 자신을 잡아먹는 어떤 생물체에 풍부한 먹이로 제공될 수 있다. 고생물학자들은 이렇게 먹이로 가능한 집단이 출현한다면, 포식은 매우 빠르게 진화되었을 것으로 추측한다. 이러한 초기의 포식자들은 아마도 보통의 세균보다 크기가 큰 원핵세포들이었을 것이다. 또한, 포식자들은 대부분의 세균세포들을 둘러싸는 단단한 세포벽을 잃었기 때문에, 그들의 유연한 세포막은 주위의 환경과 직접 접촉하였을 것이다. 따라서 포식자 세포들은 자신보다 좀 더 작은 세균을 막의 주머니 형태로 둘러

**표 18-1 지구에서 생명의 역사**

| 대 | 기 | 세 | 백만 년 전 | 주요 사건 |
|---|---|---|---|---|
| 신생대 | 제4기 | 현재 | 0.01-현재 | 인간속의 진화 |
| | | 홍적세 | 2.6-0.01 | |
| | 신생기 | 선신세 | 5.3-2.6 | 최초의 초원과 대형갈조림, 최초의 호미닌 |
| | | 중신세 | 23-5.3 | |
| | 고생기 | 점신세 | 34-23 | 조류(bird), 포유류, 곤충 그리고 현화식물의 광범위한 번성 |
| | | 시신세 | 56-34 | |
| | | 팔레오세 | 66-56 | |
| 중생대 | 백악기 | | 145-66 | 현화식물의 등장과 우점<br>공룡을 포함한 대양 및 육상 생물의 대량멸종 |
| | 쥐라기 | | 201-145 | 공룡과 침엽수의 우점<br>최초의 조류(birds) |
| | 삼첩기 | | 252-201 | 최초의 포유류와 공룡<br>겉씨식물과 양치식물의 숲 |
| 고생대 | 페름기 | | 299-252 | 삼엽충을 포함한 해양생물 대량 멸종<br>파충류의 번성과 양서류의 쇠퇴 |
| | 석탄기 | | 359-299 | 나무고사리와 석송류의 숲<br>양서류와 곤충의 우점<br>최초의 파충류와 침엽수 |
| | 데본기 | | 419-359 | 어류와 삼엽충의 번성<br>최초의 양서류, 곤충, 종자식물, 화분식물 |
| | 실루리아기 | | 444-419 | 많은 어류, 삼엽충, 연체동물<br>최초의 관다발식물 |
| | 오르도비스기 | | 485-444 | 절지동물과 연체동물의 해양 우점<br>식물과 절지동물의 육상 진입<br>최초의 균류 |
| | 캄브리아기 | | 541-485 | 해조류의 번성<br>대부분의 해양 무척추동물 기원<br>최초의 어류 |
| 선캄브리아 | | | 630 | 최초의 동물(연체 해양 무척추동물) |
| | | | 1,200 | 최초의 다세포 생물 |
| | | | 1,700 | 최초의 진핵생물 |
| | | | 2,400 | 대기 중 유리 산소의 축적 |
| | | | 3,500 | 광합성 기원(남세균) |
| | | | 3,900-3,500 | 최초의 살아있는 세포(원핵생물) |
| | | | 4,000-3,900 | 지구상에 암석 최초 등장 |
| | | | 4,550 | 태양계와 지구의 기원 |

## Doing Science 화석의 연대 발견

과학자들은 부근의 암석 연대를 측정하여 화석의 연대를 결정하는 수가 많다. 그런 측정을 하는 과정은 방사성 동위원소의 핵이 스스로 붕괴하여 보다 안정한 핵을 만들어 내는 방사성 붕괴의 생성물에 의존한다. 많은 경우에 방사성 붕괴는 핵의 양자 수가 변화하고 따라서 원소의 정체성이 바뀐다. 각 방사성 동위원소의 종류는 특징적인 속도로 붕괴하며 그 핵의 절반이 붕괴하는 데 걸리는 시간을 반감기(*half-life*)라고 한다.

만약 우리가 어떤 방사성 동위원소의 붕괴 속도를 알고 암석에서 붕괴한 핵과 붕괴하지 않은 핵의 양을 측정할 수 있다면 그 원소가 암석에 포획된 시기부터 얼마나 많은 시간이 경과했는지를 추정할 수 있다. 이 과정을 방사성 연대 측정이라고 한다. 한 가지 방사성 연대 측정법은 칼륨-40($^{40}K$)이 아르곤-40($^{40}Ar$)으로 붕괴하는 것을 측정한다. 많은 용암이 흐르며 화산이 분출하여 많은 용암이 흘러 들판을 덮는다고 가정해보자. 이 용암은 $^{40}K$와 $^{40}Ar$을 모두 포함하지만, 모든 $^{40}Ar$은 기체이기 때문에 날아가 버린다. 용암이 식어서 암석이 될 때 $^{40}Ar$은 거의 존재하지 않는다(**그림 E18-1**). 그러나, 굳어버린 용암에 존재하는 $^{40}K$는 $^{40}Ar$로 붕괴되는데 $^{40}K$의 반감기는 125억 년이다. 이 $^{40}Ar$ 기체는 암석 안에 갇혀 있을 것이다. 지질학자는 암석의 표본을 취하여 $^{40}K$과 $^{40}Ar$의 비율을 측정한다. 만약 $^{40}K$과 $^{40}Ar$의 비율이 같다면 지질학자는 12억 5천만 년 전에 굳어버린 암석이라고 추론할 것이다.

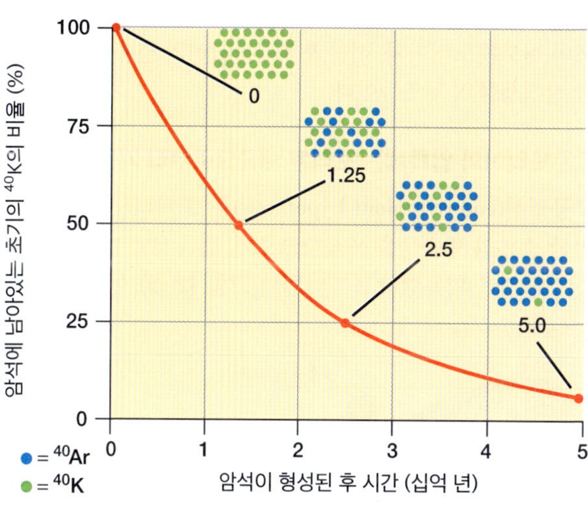


▲ **그림 E18-1 방사성 동위원소** $^{40}K$에서 $^{40}Ar$으로의 붕괴와 시간의 관계

### 질문은 무엇인가?

화석의 연대를 아는 것은 과학자들이 진화사에 대한 의문점을 밝히는데 매우 유용하다. 예를 들어 호미닌(현생인류와 이들의 멸종한 근연종)의 진화를 연구하는 연구자들은 호미닌 화석의 연대를 안다면 주요 인간 적응이 언제 발생했는지를 더 잘 이해할 수 있을 것이다. 따라서 조사자들이 그것이 발견된 인근의 케냐 호수의 이름을 따라 명명한 거의 완벽한 호모 에렉투스의 골격인 "투르카나 소년"을 발견했을 때 그들은 그 화석이 얼마나 오래된 것인지 알고 싶어 했다.

### 증거는 어떻게 수집되었는가?

투르카나 소년의 연대를 알기 위해 화석이 발견된 퇴적층에서 18인치 아래의 화석암 층의 연대를 추정했다. 연구자들은 화석암의 시너 개 시료를 고운 분말로 만들어 그 분말에서 불순물들을 제거했다. 그 다음, 미량의 방사성조차 감지 측정할 수 있는 기구를 사용하여 방사성 $^{40}K$와 안정한 $^{40}Ar$의 양을 측정하였다. $^{40}Ar$에 대한 $^{40}K$의 비율을 계산한 후에 연구자들은 암석층의 연대를 추정할 수 있었다.

### 무엇을 배웠는가

칼륨-아르곤 방사성 연대 측정으로 화석 아래의 화산암이 1억6천5백만 년이나 된 것을 알 수 있었다. 이 발견(그리고 암석층의 상부에 퇴적층이 쌓인 속도의 추정치)에 근거하여 연구자들은 투르카나 소년의 골격이 약 1백6십만 년 전에 화석화되었다는 것을 알아냈다.

투르카나 소년의 표본은 호모 에렉투스(*Homo erectus*)의 가장 잘 보존되고 가장 완벽한 화석이다. 이것은 우리가 이 종의 해부학에 대해 알 수 있는 정보의 대부분을 제공하는데, 예를 들자면 호모 에렉투스가 걸을 때(우리들이 하는 것처럼) 팔을 휘둘렀고, 긴 다리로 종이 아프리카에 걸쳐 아시아 대부분까지 퍼져나갔다는 것을 알려준다. 투르카나 소년의 두개골은 호미닌 뇌가 호모 사피엔스가 등장하기 1백만 년 전에 이미 체구에 비해 컸다는 것을 확인하게 해준다.

**비판적 사고** 반감기 7억1천3백만 년의 반감기를 갖는 우라늄-235는 붕괴되어 납-207이 된다. 어떤 암석을 분석하여보니 우라늄-235와 납-207의 비율이 1:1이라면 이 암석의 연대는? (우라늄-235의 붕괴가 납-207의 유일한 공급원이라고 가정)

싸는데, 이러한 방식으로 세균을 통째로 먹이로 취했다.

이러한 초기의 포식자들은 광합성 또는 그들이 섭취하는 먹이로부터 효율적으로 에너지를 추출하는 호기성 대사 중 어느 것도 수행할 능력이 없었을 것이다. 비록 원핵세포들이 작은 세균을 섭취할 수 있었지만, 그들을 비효율적으로 대사했다. 약 17억 년 전에 결국 이러한 포식자로부터 최초의 진핵세포가 탄생하였을 것이다. 진핵세포들은 내부막의 정교한 체계를 가짐으로써 원핵세포들과는 구분된다. 이러한 내막계는 세포의 유전물질을 갖는 핵과 같은 소기관들을 포장한다. 하나 또는 그 이상의 진핵세포들로 구성된 생물체를 **진핵생물(eukaryotes)**이라고 한다.

### 진핵세포들의 내막은 세포막의 함입을 통하여 만들어진다

이러한 내막계는 단세포 포식자의 세포막이 안쪽으로 함입되어 접혀져서 기원했을 것이다. 오늘날의 대부분의 세균과 같이,

진핵생물의 조상 DNA는 세포막의 안쪽에 붙어있었을 것이며, DNA가 부착한 가까운 지점에서 함입이 일어나고 떨어져 나와 세포핵의 전구체가 되었을 것이다.

핵과 더불어, 에너지 대사와 관련된 세포소기관인 모든 진핵세포의 미토콘드리아와, 식물과 조류(algae)의 엽록체는 다른 중요한 진핵생물의 구조들이다.

## 미토콘드리아와 엽록체는 포식된 세균으로부터 기원되었다

**내부공생설(endosymbiont hypothesis)**은 초기의 진핵세포들이 특별한 종류의 세균들을 포식함으로써, 엽록체와 미토콘드리아의 전구물질을 획득했다고 제안한다(**그림 18-5**). 이러한 세포들과 세균은 그들 내부에 포획되고, 점차적으로 안으로 들어가, 시간이 지남에 따라 서로 다른 생물체가 서로 밀접하게 되는 공생관계를 갖게 되는 것이다. 어떻게 이런 일이 일어날 수 있을까?

여기서 혐기성 포식세포가 먹이로서 호기성 세균을 포획했다고 가정해보자. 이런 일들이 실제로 자주 일어나지만, 어떤 이유로 이 호기성 세균을 소화하지 못할 수 있다❶. 이 호기성 세균은 다른 포식세포로부터 보호받으며 살아있는 상태로 잘 존재한다. 사실상 포식 전보다 포식 후가 더 유리하다. 왜냐하면, 숙주 포식자의 세포질은 반쯤 소화된 물질들, 즉 혐기성 대사의 결과물들로 가득 차 있기 때문이다. 호기성 세균은 이런 물질들을 흡수하여 산소를 이용하여 대사를 하고, 이것으로 인해 상당한 양의 에너지를 획득할 수 있다. 이러한 풍부한 물질이 호기성 세균의 먹이가 되고, 따라서 에너지 생산이 넘치게 됨으로써, 에너지가 아마 ATP나 그 유사한 분자로서 숙주의 세포질로 되돌아가게 될 것임이 틀림없다. 공생하는 호기성 세균을 가진 혐기성 포식세포는 호기성 대사를 통해 먹이를 분해할 수 있고, 다른 혐기성 세포들보다 엄청난 이익을 얻게 되고, 결국 많은 수의 자손을 남길 수 있었다. 결과적으로, 내부공생을 하는 세균은 숙주로부터 독립하여 살 수 있는 능력을 잃어버리게 되고, 미토콘드리아가 만들어졌다❷.

이러한 세포 사이의 새로운 협력관계를 이루는데 성공한 세포는 두 번째 위업도 달성하였을 것이다. 그것은 광합성 세균을 포식했지만 먹이로 소화하지 못했다❸. 세균은 새로운 숙주세포 안에서 번성했고 점차적으로 최초의 엽록체로 진화하였다❹. 진핵세포의 다른 세포소기관들도 역시 내부공생으로 기원했을 것이다. 섬모, 편모, 중심체, 미세소관 등은 나선균 모양의 세균(가늘고 긴 타래 송곳 모양의 세균 형태)과 초기 진핵세포 사이의 공생으로부터 진화했을 것이라고 믿고 있다.

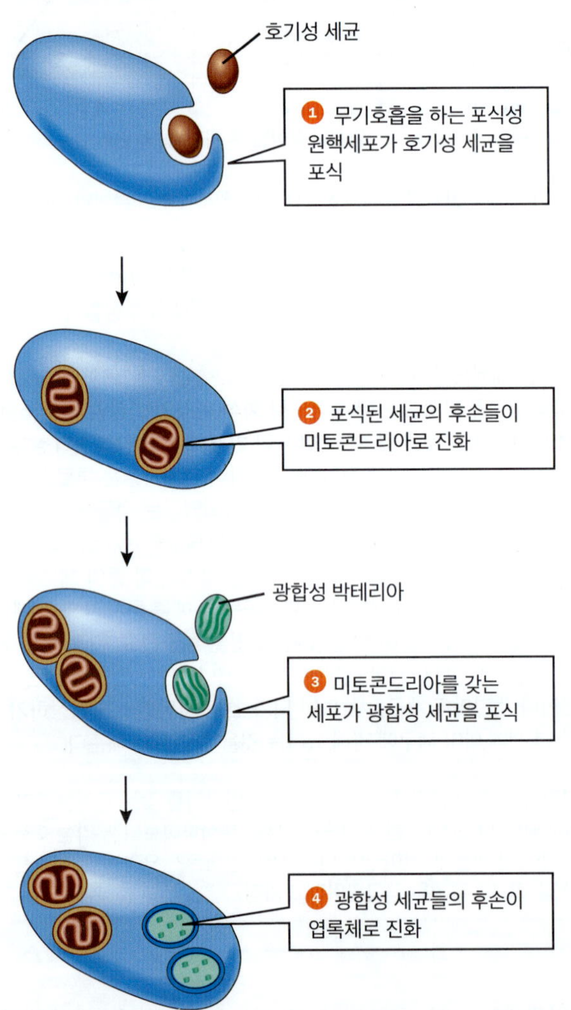


▲ **그림 18-5 진핵세포에서 미토콘드리아와 엽록체의 기원 가능성**

**비판적 사고** 과학자들은 지금 살아있는 세균들이 미토콘드리아를 만든 내부공생체의 조상이라는 사실을 확인하였다. 그렇다면 현대 세균의 DNA와 가장 유사할 것으로 생각되는 것은 식물체의 엽록체, 식물의 미토콘드리아 또는 동물세포의 핵 중 어느 것일까?

## 내부공생설의 증거는 강력하다

진핵세포의 소기관과 현생 세균 사이에 공유하는 독특한 생화학적 특징들은 내부공생설을 뒷받침하는 증거이다. 또한, 미토콘드리아와 엽록체는 각각 자신의 작은 DNA를 갖고 있으므로, 많은 연구자들은 이 DNA가 포식된 세균이 원래 가지고 있던 DNA의 잔유물이라고 생각한다.

◀ **그림 18-6 현대 세포 안에서의 공생** 오늘날 식물세포에 있는 엽록체의 조상은 여기 보이는 원생생물 파울리넬라 크로마토포라(*Paulinella chromatophora*) 내에 공생하며 살고 있는 녹색의 광합성 박테리아와 유사했을 것이다.

내부공생설을 지지하는 또 다른 증거는 살아있는 중간형 생물들로부터 나온다. 오늘날 존재하는 중간형 생물은 가설적인 조상과 유사하며 따라서 제안된 진화 경로가 설득력이 있다는 것을 알려주는 데 도움을 준다. 예를 들면, 아메바(*Polymyxa palustris*)는 미토콘드리아를 가지고 있지 않지만, 미토콘드리아와 동일한 기능을 수행하는 호기성 세균의 집단을 영구적으로 가지고 있다(**그림 18-6**). 세균 내부공생체를 포함하는 이러한 현생 세포들의 사례들은 약 20억 년 전에도 비슷한 상호공생적인 관계가 발생하여 최초의 진핵세포가 되었다는 것을 추측케 한다.

**CHECK YOUR LEARNING**

- 모든 생물체들이 단일 세포였던 시기 동안에 일어난 광합성의 기원, 대기 중 산소, 호기성 호흡 그리고 진핵생물 소기관 등 주요 진화 사건과 혁신의 시나리오를 설명할 수 있는가?
- 이런 사건이 발생한 순서와 이 시나리오를 뒷받침할 증거를 나열할 수 있는가?

## 18.3 최초의 다세포 생물체는 어떠했을까?

포식작용이 진화되고 나서, 증가한 크기는 이점으로 작용했다: 생명이 제한된 해양 환경에서 좀 더 큰 세포는 작은 세포를 쉽게 포식할 수 있는 반면에 다른 포식자 세포들을 소화하는 것은 더욱 어려워졌다. 세포가 커질수록, 세포질의 단위 부피 당 이용할 수 있는 세포막 표면은 적어진다(그림 5-13 참조). 따라서 세포의 크기가 증가할수록 세포막을 통과하여 안으로 들어오는 산소와 영양물질 그리고 밖으로 배출되는 배설물의 확산 과정은 점점 더 어려워질 것이다. 생물체가 이 세포 크기의 한계를 극복하는 한 가지 방법은 생물체가 다세포가 되는 것이다. 즉 작은 세포들이 많이 모여서 하나의 커다란 통합된 몸체를 형성하는 방법이다.

### 일부 조류(algae)가 다세포로 진화하였다

가장 오래된 다세포 생물의 화석은 약 12억 년이나 된다. 그들은 엽록체를 함유하는 단세포 진핵생물체에서 진화한 다세포 조류의 흔적들에서 관찰된다. 다세포성은 이 생물체들에게 최소한 두 가지의 이점을 제공한다. 첫째, 크고 수많은 세포로 이루어진 조류는 단일세포의 포식자에게 먹히기 매우 어렵다. 둘째 세포들의 특화는 조류가 한 장소에 머물도록 모래 속이나 암반을 꽉 잡을 수 있는 뿌리와 같은 구조물을 만들고, 잎 같은 구조물을 햇빛을 받으며 떠 있도록 하여 밝은 빛을 받은 해안가의 물에서 머물 수 있게 한다. 오늘날 해안가에 줄지어 분포하는 녹조류, 갈조류, 홍조류는 이들 초기 다세포 조류의 자손들이다.

### 동물의 다양성은 선캄브리아대에 발생하였다

화석화된 배아를 포함하여 가장 오래된 것으로 알려진 동물의 분명한 흔적들은 6억 3천만 년 전 선캄브리아대에서 발견된다. 이보다 성체 동물체로 보이는 화석은 6억 1천만 년과 5억 4천 1백만 년 전 사이의 지층의 암석에서 처음으로 등장한다. 이런 고대의 일부 무척추동물은 후대의 화석 층에서 발견되는 동물의 모습과는 완전히 다른데, 아마도 후손을 남기지 않는 형태의 동물일 것이다. 그러나 이러한 암석층에서 발견되는 다른 화석들은 현존하는 동물들의 조상들로 보인다. 가장 오래된 지층에서는 해면동물과 해파리의 조상이 나타났고, 뒤이어 환형동물, 연체동물, 절지동물들의 조상들이 출현하였다.

그러나 현생 무척추동물들의 전체 범위에 해당하는 화석 기록은 캄브리아기, 즉 약 5억 4천 1백만 년 전 고생대가 시작되는 시점이 돼서야 출현하기 시작하였다("화석 기록"은 지금까지 발견된 화석상의 증거를 전부 수집한 것의 약칭이다). 이러한 캄브리아기 화석은 복잡한 몸체 설계가 다양하게 생성된 적응방산으로 나타났다(17장 참조). 오늘 날 지구상에 존재하는 거의 모든 동물들의 집단은 초기 캄브리아기에 이미 출현하였다. 수많은 동물들의 갑작스러운 출현으로 이들 집단들이 훨씬 이전에 나타났을 것으로 생각 되지만, 그들의 초기 진화의 역사는 화석 기록으로 보존되지 않았다.

#### 포식은 운동 능력과 감각 기능의 진화를 부추겼다

동물들의 초기 다양화는 아마도 부분적으로 포식생물의 출현에 부분적으로 추진된 듯하다. 예를 들어, 포식자와 피식자의 공진화는 동물들이 그들의 선조들보다 더 많은 운동 능력을 갖도록 하였다. 포식자는 적당한 피식자를 찾아 광범위한 영역을 탐색할 수 있는 이점을 얻었고, 피식자들에게 빠르게 도망치는 능력은 이점이 있었다. 효율적인 이동에 대한 진화는 뛰어난 감각 능력과 좀 더 복잡한 신경체계의 진화와 종종 관련되어 있다. 접촉, 화학물질 그리고 빛을 감지하는 감각은 감각 정보를 다루고 적당한 행동을 지시할 수 있는 신경계와 함께 더욱 발달되었다.

실루리아기(4억 4천 4백만 년에서 4억 1천 9백만 년 전) 시대에 지구 바다에서의 생명은 무장한 삼엽충, 암모나이트와 내실을 갖춘 앵무조개들을 포함하는 해부학적으로 복잡한 동물들의 계열들이었다(**그림 18-7**). 앵무조개들은 태평양 바다에서 거의 변하지 않은 형태로 지금까지 살아남았다.

#### 골격은 운동 능력과 방어 능력을 증진시킨다

많은 고생대 종들에서, 운동 능력은 부분적으로 **외골격(exoskeleton)**으로 알려진 딱딱한 외피의 기원으로 촉진되었다. 외골격은 딱딱한 외피에 근육이 부착됨으로써 운동 능력을 향상시켰다. 이와 같은 부착으로 동물들이 근육을 사용하여 수영을 하거나, 해저를 기어다니는 데 사용되는 부속기관을 조종할 수 있게 되었다. 외골격은 또한 동물의 몸을 지지해주고 포식자로부터의 방어 능력을 제공해준다.

약 5억 3천만 년 전, 한 무리의 동물들 – 어류 – 은 몸을 지탱하기 위한 새로운 형태인 내부 골격을 발달시켰다. 이 초기 어류는 해양 군집에서 두드러지지 않은 구성원이었다. 그러나 약 4억 년 전, 어류는 다양하고 두드러진 집단이 되었다. 대체로, 어

(a) 실루리아기 상상도

(b) 삼엽충

(c) 암모나이트

(d) 앵무조개

▲ **그림 18-7 실루리아기 동안의 해양 생물의 다양성** **(a)** 4억 4천 4백만 년에서 4억 1천 9백만 년 전의 실루리아기 동안의 해양의 생물 특성을 나타낸 상상도 **(b)** 삼엽충 **(c)** 암모나이트 **(d)** 살아있는 앵무조개는 실루리아기의 앵무조개류와 구조가 유사한데, 이 체형이 수억 년 동안 실제로 변하지 않았다는 것을 보여준다.

류는 좀 더 정확한 감각과 더 큰 뇌를 가지고 무척추동물보다 빠른 것으로 판명되었다. 결국 어류는 대양에서 주도적인 포식자가 되었다.

**CHECK YOUR LEARNING**

- 초기의 다세포 생물체와 초기 동물의 화석 증거를 설명할 수 있는가?
- 다세포성의 기원을 뒷받침했던 이점을 설명할 수 있는가?
- 동물 다양성의 후기 증가와 연관된 적응을 설명할 수 있는가?

## 18.4 생물체는 어떻게 육지로 진출했는가?

생명의 역사에 관한 긴 이야기들 중에 빼놓을 수 없는 하나는 생명이 육지로 진출한 이야기이다. 30억 년 이상 물 속에서만 존재한 후 단단한 육지로 올라온 생물체는 많은 난관을 극복해야 했다. 바다 속 생물체는 중력에 대항하는 부력을 가져야 하지만 육지에서는 중력의 중압에 대항하여 자신의 무게를 견뎌야만 한다. 또한, 바다는 생명을 유지하는 물을 쉽게 공급받지만, 육지의 생물체는 쉽게 물을 구하기가 쉽지 않을 것이다. 바다에 서식하는 동식물들은 물 속에서 서로 유영하거나 도달하는 운동성 성 세포라는 수단으로 생식할 수 있다. 하지만 육상 생물체의 정자와 난자는 건조로부터 보호되어야 한다.

육상 생활에 대한 이러한 난관에도 불구하고, 고생대의 넓고 빈 공간은 진화의 가능성을 제공하였다. 육상 생물의 잠재적 보상은 식물에게 특히 컸다. 물은 빛을 강력하게 흡수해서, 가장 깨끗한 물속이라도 광합성은 수면 위쪽의 수백 미터 깊이까지로 제한되고 보통은 훨씬 얕은 깊이에서만 일어난다. 물 밖에서는 눈부시게 밝은 태양이 빠른 광합성을 가능하게 한다. 더구나, 육상의 토양은 영양물질이 매우 풍부한 반면, 바닷물에서는 특히 질소와 인 같은 일부 영양분이 적다. 마지막으로 고생대의 바다는 식물을 먹는 동물로 우글기렸지만, 육상에는 동물이 없었다. 육상에 처음으로 진출한 식물은 포식자도 없는 육상에서 충분한 태양광과 풍부한 영양물질을 이용할 수 있었다.

## 일부 식물들은 건조한 육상 생활에 적응하게 되었다

물가의 축축한 토양에서는, 소수의 작은 녹조류가 태양광과 영양물질을 이용하면서 자라기 시작하였다. 이들 조류들은 중력에 대항하여 지탱해야 할 큰 몸체가 아니었고, 토양 표면에 물이 조금 있는 곳에서 살았기 때문에, 쉽게 물을 얻을 수 있었다. 약 4억 7천 5백만 년 전, 이들 조류 일부가 첫 다세포 육상식물로 진화하였다. 초기에는 단순하고, 낮게 자랐던 육상 식물은 마침내 육상 생활의 주된 두 난제인 물을 획득, 보전하고 중력과 바람에도 견딜 수 있도록 진화하였다. 방수기능의 식물 지상부는 증발에 의한 물 손실을 감소시키고, 토양 속으로 발달한 뿌리와 같은 구조물은 물과 무기영양분을 흡수하게 되었다. 그리고 특화된 세포들은 관(물관부 조직이라고 부름)을 형성하여 뿌리로부터 잎까지 물을 운반했다. 어떤 세포들을 둘러싼 특화된 두꺼운 세포벽은 식물체가 토양에 바로 서 있을 수 있게 해주었다.

### 원시 육상식물들은 유영성 정자를 가지고 있으며 생식에는 물이 필요했다

물 밖에서의 생식은 어려움에 직면하게 되었다. 동물들처럼, 식물들도 다음 세대를 만드는 정자와 난자를 만든다. 최초의 육상식물은 아마 오늘날 이끼류나 양치류와 매우 유사한 유영성 정자를 가졌을 것이다. 그 결과, 최초의 식물은 소택지나 습지, 또는 땅이 가끔 물로 뒤덮이는 강우량이 풍부한 지역에서만 제한적으로 서식하였을 것이다. 여기서, 정자나 난자는 물속으로 방출되었고, 정자는 유영하여 난자에 도달했을 것이다. 기후가 따뜻하고 습한 기간 동안 유영성 정자를 가진 식물들이 번성하였다. 예를 들면, 석탄기(약 3억 5천 9백만 년에서 2 억 9천 9백만 년 전 사이)에는 거대한 나무고사리와 쇠뜨기, 석송들로 구성된 광대한 숲이 특징이었다(그림 18-8).

### 종자식물은 화분립 속에 정자를 포장했다

좀 더 건조한 지역에 서식하는 일부 식물들은 물에 더 이상 의존하지 않는 생식 수단을 진화시켰다. 이 식물들의 난자는 어버이 식물에 그대로 남아있고, 정자는 건조에 강한 화분립에 싸여 있어 바람을 타고 한 식물에서 다른 식물로 이동한다. 난자 근처에 화분립이 도달하면, 물이 필요 없이 정자를 직접 조직 속으로 방출한다. 수정란은 어버이 식물체에 그대로 머물며, 배가 발생하는 동안 영양분을 공급해주고 보호해주도록 종자 안 쪽에서 발달한다.

최초의 종자식물은 데본기 후반(약 3억 7천 5백만 년 전)에 나타났으며, 이들 식물은 씨를 지지하는 특화된 어떤 구조도 없이, 가지에 종자가 달렸다. 그러나 석탄기 중반쯤에는 새로운 종류의 종자식물이 등장하였다. 이 식물은 구과(cone) 안쪽에 종자를 보호하며 **구과식물(conifer)**이라고 한다. 번식을 위해 물에 의존하지 않고 바람에 의해 수분되는, 이들 구과식물들은 산맥들이 생기고, 습지가 마르고, 기후가 더욱 건조해진 페름기(2억 9천 9백만 년에서 2억 5천 2백만 년 전) 동안 퍼져나가 번성하였다. 그러나 이것은 구과식물들에게는 좋은 기회였지만, 유영성 정자를 가진 나무고사리와 거대한 석송은 거의 대부분이 멸종하였다.

### 현화식물은 화분을 옮기는 동물을 유혹한다

백악기 동안인 약 1억 4천만 년 전, 구과식물과 유사한 식물들로부터 진화한 현화식물들이 등장했다. 많은 현화식물들은 다른 동물들, 특히 곤충에 의해 수분되었고, 이러한 수분방법은 진화적 이점을 주는 것 같다. 동물에 의한 꽃의 수분은 바람에 의한 수분보다 훨씬 더 효율적이었다. 바람을 이용하여 수분을 하는 식물은 대부분의 화분이 목표에 도달하지 못하기 때문에 엄청난 양의 화분을 만들어야만 했다. 오늘날 육상에는 추운 북쪽 지역에 우점하는 구과식물을 제외하고 현화식물이 우점하고 있다.

## 일부 동물들은 건조한 육상 생활에 적응하게 되었다

다른 생물체의 먹이가 될 수 있는 육상생물이 진화하고 얼마 뒤에는 동물들이 바다로부터 육지로 진출하였다. 최초의 육상동물들의 증거는 약 4억 3천만 년 전의 화석에서 나타난다. 육상으로 이동한 최초의 동물은 **절지동물(arthropod**, 오늘날 곤충, 거미, 전갈, 지네, 게 등을 포함하는 동물군)이었다. 그럼 왜 절지동물

◀ **그림 18-8 석탄기의 습지** 산림 화가가 재구성한 그림에서 나무처럼 보이는 식물들은 대부분이 멸종한 현재의 석송과 물속새의 친척들이다.

**비판적 사고** 오늘날의 양치식물, 물속새, 그리고 석송류들은 그들의 거대한 조상에 비하여 왜 그렇게 작을까?

이었나? 그 답은 단지 절지동물이 육상 생활에 적합한 어떤 구조물을 우연히 이미 가지고 있었기 때문으로 보인다. 그러한 구조물들 중 가장 뛰어난 것은 게나 가재의 껍질과 같은 외골격이었다. 외골격은 방수기능과 더불어 작은 동물들이 중력에도 충분히 견딜 수 있게 해준다.

수백만 년 동안, 절지동물은 육상과 육상식물을 지배하였고, 수천만 년 동안 육상을 우점하는 동물이 되었다. 석탄기에 양치식물 사이를 날아다니는 잠자리의 날개 길이는 70cm이었고, 2m의 긴 지네가 우걱우걱 씹어 먹으며 습한 숲 바닥 위로 돌아 다녔다. 그러나 결국, 절지동물의 화려한 독점은 막을 내렸다.

### 양서류는 육기어류로부터 진화하였다

약 4억 년 전, **육기어류(Lobefin)**라고 불리는 데본기의 어류들이 아마도 담수에 등장했을 것이다. 육기어류들은 나중에 그들의 자손이 육지로 이주할 수 있는 두 가지 중요한 특징들을 가지고 있었다. (1) 하나는 얕고, 파도치지 않는 물 바닥에서 기어 다닐 때 사용하는 단단하고, 다육질인 지느러미이고, (2) 또 다른 하나는 마치 원시적인 허파처럼, 소화관 중 일부가 공기로 가득 차서 툭 튀어나온 공기주머니였다. 육기어류의 한 무리는 웅덩이나 개울 같은 매우 얕은 곳에 서식하였는데, 가뭄이 들면 이런 곳은 물이 줄어들고 가끔 산소가 희박해졌다. 이들 육기어류는 허파 속에 공기를 집어넣으므로 산소를 얻을 수 있었다. 일부 육기어류는 오늘날의 어떤 물고기와 같이 먹이나 물을 찾아 한 웅덩이에서 다른 웅덩이로 자신의 지느러미를 이용하여 기어 다니기 시작하였다(**그림 18-9**).

육상에서 먹이를 먹고 웅덩이에서 웅덩이로 이동하는 것의 이점은 물 밖에서 오랜 시간동안 머물 수 있고, 육상에서 좀 더 효율적으로 이동할 수 있는 동물 집단으로 진화하는 데 유리하였다.

▲ **그림 18-9 땅위를 걷는 물고기** 이 말뚝망둥어(mudskipper)와 같은 현대의 어떤 물고기는 땅 위를 걷는다. 고대의 육기어류(lobefins)가 양서류로 진화된 것처럼, 말뚝망둥어의 단단한 가슴지느러미는 습지 서식지에서 건조한 땅을 가로질러 이동할 때 사용한다.

**비판적 사고** 땅 위를 걷는 말뚝망둥어의 능력은 육기어류가 양서류의 조상이었다는 증거를 나타내는 것일까?

허파와 다리의 발달로 육기어류로부터 진화한 **양서류(amphibians)**는 약 3억 7천만 년 전의 화석 기록에 처음으로 등장한다. 양서류에게 석탄기 수림대 습지는 천국과 같은 곳이었다. 포식자라고 할 만한 것도 없었고, 먹이는 풍부하였으며, 기후는 따뜻하고 습하였다. 곤충과 지네가 그랬던 것처럼, 길이가 3m 이상 자란 도롱뇽을 포함하여 일부 양서류들은 거대한 크기로 진화하였다.

이러한 성공에도 불구하고, 초기 양서류들은 육상 생활에 완전히 적응한 것은 아니었다. 그들의 허파는 표면적이 크지 않은 단순한 주머니였기 때문에, 필요한 산소의 일부분은 피부를 통하여 획득하여야 했다. 그러므로 양서류의 피부는 항상 축축한 상태가 유지되어야만 하였고, 그 결과 그들의 서식지는 습지로 제한되어 있었다. 더구나, 양서류의 정자와 난자는 건조한 환경에서는 살아남을 수 없기 때문에 수중 환경에 있어야 한다. 그러므로 양서류는 육지로 이동할 수 있지만 물가에서 멀리 떨어질 수는 없었다. 약 2억 9천 9백만 년 전, 페름기가 시작되면서 기후가 건조해지자, 나무고사리와 석송들처럼 양서류들도 쇠퇴하였다.

### 파충류는 양서류에서 진화하였다

수림대 습지 가장자리에서 구과식물의 진화가 일어날 때 양서류의 한 무리도 건조한 환경에 적응할 수 있도록 진화하고 있었다. 이 양서류들은 궁극적으로 **파충류(reptiles)**로 진화하였으며, 이것은 다음과 같은 중요한 세 가지 점에서 육상 생활에 적응할 수 있었다. 첫 번째, 파충류는 배 발생 동안 양분과 수분을 유지해 주는 껍질로 싸인 방수성 알을 갖도록 진화하였다. 그러므로 파충류는 육지에 알을 낳아둘 수 있어서, 포식자인 어류와 양서류가 득실거리는 웅덩이를 피할 수 있었다. 두 번째, 파충류는 건조한 공기로부터 체내 수분 손실을 방지하는 데 도움이 되는 비늘이 있는 방수형 피부를 갖도록 진화하였다. 마지막으로 파충류는 동물이 활동하는 데 필요한 산소를 충분히 공급할 수 있는 향상된 허파를 갖도록 진화하였다. 페름기 동안 기후가 건조해졌을 때 파충류들은 육상에서 우점하는 척추동물이 되었고, 양서류는 습지의 물웅덩이로 밀려나 오늘날까지 그대로 살고 있다.

수천만 년이 지난 후에, 기후는 다시 습해졌다. 이 기간에는 특히 공룡(dinosaurs)과 같은 매우 거대한 몇몇 파충류들이 진화하였다(**그림 18-10**). 이들 공룡들은 덩치가 크거나 작은 것, 빠르거나 느린 것, 그리고 포식자로부터 채식자까지 다양한 종류들이었다. 그 중에서 만일 우리가 성공의 척도로서 지속성을 고려해본다면, 공룡은 이제까지 없었던 가장 성공적인 동물이었으며, 마지막으로 공룡이 멸종하였던 6천 6백만 년 전까지 공룡들은 약 1억 년 동안 번성했었다. 공룡들이 멸종한 이유를 확실하게 아는 사람은 없지만, 거대한 운석이 지구에 충돌한 것이 마지막 결정타였던 것으로 보인다(18.5절에서 논의).

공룡시대 동안에도 많은 파충류들은 아주 작은 크기에 머물렀

◀그림 18-10 **백악기 숲의 재구성** 백악기까지, 현화식물은 육상식물의 우점종이었다. 사진에 보이는 1.8미터 길이의 벨로시랩터(*Velocirapter*)와 같이 떼를 지어 포식하는 공룡들은 대표적인 육상동물이 다. 공룡의 표준적 크기에 비교하면 작지만, 벨로시랩터는 굉장히 빠른 속도, 날카로운 이빨, 그리고 치명적인 낫 모양의 숨겨진 발톱을 가진 무서운 포식자이다.

다. 이 작은 파충류들에게 닥친 큰 어려움은 높은 체온을 유지하는 것이었다. 따뜻한 신경계와 근육은 효율성이 높기 때문에 활동적인 동물에 유리하다. 그러나 공기의 온도가 따뜻하지 않다면, 따뜻한 몸은 환경으로 열을 잃게 된다. 작은 생물은 큰 생물에 비하여 단위 부피 당 표면적이 더 크므로 열 손실이 큰 문제이다. 그래서 많은 작은 파충류 종들은 느린 대사를 유지하고 공기가 충분히 따뜻해졌을 때만 활동하도록 제한함으로써 열 손실 문제를 해결하였다. 그러나 어떤 파충류의 무리는 이와는 다른 진화적 경로를 밟았다. 이 무리의 구성원인 조류의 경우, 깃털의 형태로 단열시킬 수 있게 진화하였다(조류는 이전에 파충류에서 파생되어 독립적인 분류군을 이루었다.).

비늘이 변화하여 진화한 깃털은 조상 조류의 체온 유지에 도움이 되었다. 그 결과, 비늘을 가진 파충류가 활동하기 힘든 추운 서식지와 밤 동안에도 활동할 수 있게 되었다, 후에 일부 조상새들은 나무에서 활강하는 능력이나 곤충을 잡은 후 도약하는 능력을 보다 발달시키기 위한 선택압으로 앞날개의 깃털이 더 길어지고, 더 강해지도록 진화하였다. 궁극적으로 깃털은 능동적인 비행을 지탱하기 위한 능력을 가진 구조물로 진화하였다. 마음대로 날 수 있는 깃털의 발달은 1억 5천 만 년 전의 화석에서 발견된다. 그래서 나중에 날개로 발달하게 되는 초기의 단열 구조물은 그 이전에 발달하였음이 분명하다.

### 파충류는 포유류로 진화하였다

알을 낳는 파충류와는 달리, **포유류(mammal)**는 출산을 하고 젖을 생산하는 유선의 분비물로 새끼를 양육하는 능력을 발달시켰다. 조상 포유류 역시 보온할 수 있는 털이 발달하였다. 자궁과 유선 같은 부드러운 조직은 일반적으로 화석으로 남지 않기 때문에, 이러한 구조물들이 언제 처음으로 나타났는지, 그것들의 중간 형태가 어떻게 생겼는지를 전혀 알 수가 없다. 그럼에도 불구하고, 극히 드문 일이지만 털은 화석에 보존되어 있다. 가장 오래된 것으로 알려진 털은 약 1억 6천만 년 전 화석에서 발견되었다. 그래서 포유류가 털을 가지고 있었던 시기는 최소한 이것보다는 더 오래 되었다고 추측할 수 있다.

발굴된 포유류의 가장 오래된 화석은 2억 년 이상으로, 초기 포유류는 공룡들과 공존하였다. 이들 대부분은 작은 동물로 공룡시대에 살았던 가장 큰 포유류조차도 지금의 너구리 크기에 불과했으며, 초기의 포유류는 그보다 훨씬 작았다. 공룡들이 멸종되었을 때, 멸종 후 비어 있는 서식지로 이주하여 번성함으로써 오늘날 우리가 보는 다양한 형태의 포유동물이 되었다.

**CASE STUDY CONTINUED**

### 고대 DNA에는 이야기가 숨어 있다

고대 DNA는 공룡의 진화사의 비밀을 드러낼 수 있을까? 아쉽게도, 그렇지 않다. DNA는 빨리 분해되어 공룡 화석처럼 오래된 화석에는 존재할 수 없다. 그러나 모든 것이 사라지는 것은 아니다: 고생물학자인 매리 슈바이처(Mary Schweitzer)와 그녀의 동료들은 예외적으로 보존이 잘 된 공룡 화석에서 혈액, 골수, 그리고 피부와 같은 연한 조직으로 보이는 것을 발견하였다. 이 발견은 처음에는 연한 조직이 그처럼 오래 보존될 수 있을까라는 의심을 받았다. 그러나 부가적인 정보가 축적되자 더 많은 고생물학자들이 이 발견을 받아들였다. 연구자들은 화석 조직으로 부터 헤모글로빈, 케라틴, 그리고 콜라겐 등의 단백질을 추출하였다. 그리고 이 단백질들의 아미노산 서열은 공룡의 진화에서 이전에는 알려지지 않은 정보를 제공할 것이다. 그러나 진화학자들은 대부분 더욱 전통적인 방법에 의존해야 한다. 그런 방법들은 공룡의 계승자인 포유동물이라는 지구의 우점하는 대형 동물에 대해 어떤 정보를 제공하는가?

CASE STUDY CONTINUED

## 고대 DNA에는 이야기가 숨어 있다

공룡으로부터 DNA를 회복하는 것은 불가능하지만, 보다 최근의 멸종생물의 고대 DNA는 멸종동물의 생리와 행동에 대해 더 많은 것을 이해하게 해준다. 예를 들어, 연구자들은 시베리아의 영구동토층에 보존되어 있었던 4만 3천 년 전의 털매머드로부터 DNA를 추출하였다(추운 기후는 고대 DNA를 보존하는 데 특히 유리하다). 연구자들은 헤모글로빈(혈액에서 산소를 수송하는 단백질)을 생산하는 유전자를 포함하여 일부 DNA의 서열을 밝힐 수 있었다. 그 다음, 연구자들은 매머드 헤모글로빈 유전자를 세균에 삽입하였다. 세균은 살아있을 때 매머드의 혈액에서 순환한 것과 동일한 헤모글로빈 분자를 생산하였다.

현대 코끼리의 헤모글로빈과는 달리, 매머드의 헤모글로빈은 체온뿐만이 아니라 동결 온도 근처에서도 산소를 쉽게 유리하였다. 따라서 현대 코끼리는 발 근육에 산소를 공급하기 위해서 발을 따뜻하게 유지해야 하지만, 매머드의 발은 매우 차가워져도 기능을 유지할 수 있는데, 이는 빙하시대의 시베리아에서 살아갈 수 있도록 해주었다.

결국 매머드는 다른 종과 마찬가지로 멸종했다. 무엇이 역사의 파상적인 대량 멸종을 일으켰는가?

**Have You Ever Wondered ...**

## 멸종된 종을 복원하는 데 복제기술을 사용할 수 있을까?

과학자들은 쥐, 개, 고양이, 말, 소를 포함한 많은 동물을 복제해 왔다. 멸종된 종을 복원하는 데 복제기술을 사용할 수 있을까? 멸종된 동물의 DNA가 완벽하게 보전되었다면 원칙적으로는 가능하다. 그러한 DNA를 유연관계가 높은 살아있는 종의 난자에 넣어 그 종의 대리모의 자궁에 착상시킬 수 있다면 가능할 것이다.

예를 들면, 시베리아 툰드라 빙원 아래 얼어있는 채로 발견된 2만 년 전의 매머드로부터 채취된 DNA와 대리모를 이용하여 털매머드(wooly mammoth)를 복제할 수 있을 것이라고 연구자들은 말한다. 그러나 매머드 화석으로부터 복원된 어떠한 DNA도 너무 손상되어 있어, 복제와 전체 매머드 게놈의 합성에 이용하기에는 현재의 기술로는 어렵다고 대부분의 과학자들은 믿고 있다(현재 매머드의 유전자 염기서열은 거의 완전하게 밝혀져 있다). 복원 성공확률로 치면 박물관에 보존되어 있는, 멸종된 지 70년 밖에 안 된 호주의 포유동물인 태즈매니아 호랑이에 대한 복원 프로젝트의 가능성이 더 높을 것이다. 만일 최근에 멸종된 종을 복원할 수 있다는 것이 밝혀지면 당신은 그것을 지지하는가?

**CHECK YOUR LEARNING**

- 육상식물과 척추동물의 기원과 진화와 연관된 전이와 혁신을 설명할 수 있는가?
- 육지에 진출하기 위해 최초의 동식물들이 얻은 이점을 설명할 수 있는가?

## 18.5 생명의 역사에서 멸종의 역할은 무엇인가?

생명의 역사에 대한 이야기에서 어떤 교훈이 있다면 그것은 그 어떤 것도 영원하지 않다는 것이다. 생명의 이야기란, 새로운 우점 집단이 나타나서 일정 기간 동안 육지와 바다를 지배하고 그런 다음 불가피하게 사라지고, 멸종되는 것을 반복하는 진화적 왕조의 긴 연속체라고 할 수 있다. 공룡 집단은 이렇게 사라진 왕조의 가장 유명한 경우이고, 화석으로만 알려진 멸종 집단의 목록은 엄청나게 많다. 그러나 이런 멸종의 불가피성에도 불구하고 전체적인 경향성은 생물종이 사라지는 비율보다 생물종이 새롭게 출현하는 비율이 훨씬 빠르다는 것이다. 그래서 지구상에 존재하는 생물종의 수는 시간이 지날수록 점점 더 증가해 왔다.

### 진화의 역사는 주기적인 대량 멸종으로 기록되고 있다

수많은 생명의 역사에서 종이 출현하고 사라지는 것은 꾸준하면서도 가혹한 방법으로 진행되어 왔다. 이러한 생물종의 꾸준하고도 느린 변화는 **대량 멸종(mass extinction)** 사건에 의해 방해받기도 했다. 이런 대량 멸종은 지구상의 광범위한 지역에 걸쳐서 다양한 범위의 생물종들이 비교적 갑자기 사라지는 특징을 보여준다. 2억 5천 2백만 년 전 페름기 말에 일어난 가장 비극적인 대량 멸종 사건에서는 불과 6만 년 동안에 지구의 생물 종이 90% 이상 사라졌다. 지구상의 생물체는 모두가 사라질 운명에 처했었다.

### 기후변화는 대량 멸종을 유발하였다

대량 멸종은 생명의 역사에 상당한 충격을 미쳤다. 무엇이 수많은 생물종들의 운명에 극적인 변화를 야기하였는가? 많은 진화생물학자들은 기후변화가 매우 중요한 역할을 한다고 보고 있다. 지구의 역사에서 많이 그래왔던 것처럼 기후가 변화하면 한 기후에 적응한 많은 생물들은 급변한 기후에 살아남지 못할 수 있다. 특히, 따뜻한 기후가 갑자기 사라지고 더 건조하고, 더 추워지며 온도 변화가 심하게 되면 가혹한 새로운 환경에 적응하지 못한 생명들은 멸종에 이르게 된다.

기후변화를 유발하는 하나의 원인으로는 대륙의 위치 변화가 있다. 이러한 움직임은 종종 "대륙 이동"이라고 불리는 것이다. 대륙 이동은 **판구조론(plate tectonics)**에 의해 일어나는데, 이것은 대륙과 해저를 포함한 지구 표면이 점성의 유동층에 기대어 얹혀 있는 천천히 움직이는 판들로 나뉘어져 있기 때문이다. 그래서 판들이 움직일 때 그들의 위도가 변할 수 있다(**그림 18-11**). 예를 들면, 3억 4천만 년 전에 북미 대륙의 대부분은 덥고 다습한 열대성 기후였지만 시간이 지남에 따라 판구조는 대륙을 온대지역과 북극지역으로 옮겨 놓았다. 그 결과 열대 기후는 계절 변화를 가진 선선한 온대 기후로 바뀌고 강수량도 줄어들었다. 판구

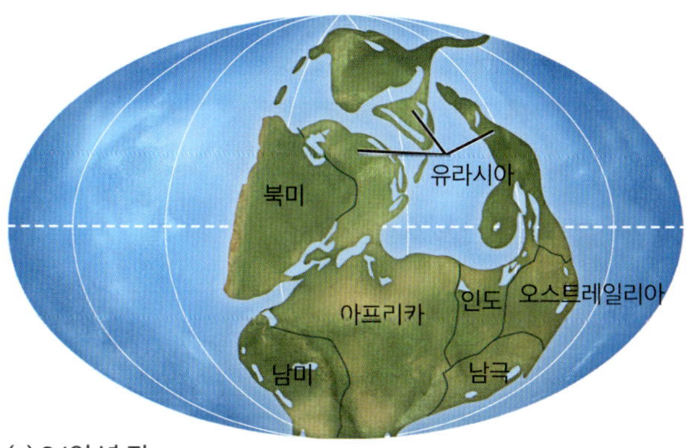


(a) 34억 년 전

(b) 22.5억 년 전

(c) 13.5억 년 전

(d) 현재

조의 변화는 오늘날에도 계속되고 있으며 대서양이 매 년 몇 cm 씩 넓어지고 있는 것이 그 예이다.

### 파국적인 사건은 최악의 대량 멸종을 일으킨다

지질학적 자료들은 대부분의 대량 멸종이 기후변화와 동시에 일어난다는 것을 보여주고 있다. 그러나 아마도 더 갑작스런 사건이 또한 어떤 역할을 할 것이다. 그 예로 화산 폭발과 같은 거대한 지질학적 사건은 많은 생물체를 멸종시킬 것이다. 지질학자들은 페름기 말기 직전에 시작된 과거의 거대한 화산 폭발의 증거를 찾았고 많은 학자들은 화산 활동이 뒤이은 대량 멸종의 원인일 것이라고 생각한다.

대량 멸종의 원인에 대한 연구는 1980년대 초기에 루이스(Luis)와 월터 앨버레즈(Walter Alvarez)가 공룡들과 많은 다른 종들이 사라진 6천 6백만 년 전의 멸종 사건은 거대한 운석의 영향이라고 제안하였을 때 그 전환점을 맞았다. 앨바레즈의 가설은 처음 발표되었을 당시에는 많은 회의론에 부딪혔는데, 그때 이후의 지질학적 연구 결과로 실제로 운석 충돌이 6천 6백만 년 이전에 큰 영향을 미쳤다는 많은 증거가 발견되었다. 실제로 연구자들은 멕시코의 유카탄 반도(Yucatan Peninsula)에 묻혀 있던 직경 10km 정도의 거대한 운석이 충돌하여 형성된 폭이 100마일(160.9km)에 이르는 칙슐럽 운석구덩이(Chicxulub crater)를 찾아내었으며, 이것의 충돌 시기는 지구상에서 공룡이 사라진 때와 일치하였다.

이런 거대한 운석의 충돌이 어떻게 대량 멸종을 일으킬 수 있을까? 아무도 명확히 알 수는 없지만 과학자들은 거대한 충돌로 대기 중에 파편이나 먼지가 많이 발생하여 지구 전체가 수년 동안 어둠에 휩싸였을 것이라고 한다. 그 결과, 지구로 들어오는 태양광의 감소로 기온이 급격하게 내려가고, 모든 생물들을 부양하는 광합성을 통한 에너지의 획득(그것에 모든 생물의 생존이 의존)이 급감하였다. 세계적으로 갑자기 찾아온 "충돌 겨울"은 공룡과 식물에게는 죽음을 불러왔을 것이다.

### CHECK YOUR LEARNING

- 멸종이 어떻게 진화사의 경로에 영향을 미쳤는지를 설명할 수 있는가?
- 일반적인 대량 멸종과 특히 6천 6백만 년 전에 일어난 대량 멸종의 이유를 설명할 수 있는가?

◀ **그림 18-11 판구조론에 의한 대륙 이동** 판구조론의 결과, 대륙은 판 위의 탑승자처럼 지구 표면을 이동한다. **(a)** 약 34억 년 전 오늘날의 북미 대륙 대부분이 적도 부근에 위치하고 있다. **(b)** 모든 판들은 지질학자들이 '판게아(Pangea)'라고 부르는 거대한 땅 덩어리로 융합된다. **(c)** 점차적으로 판게아가 로라시아(Laurasia)와 곤드와나(Gondwana) 대륙으로 분리되고 곤드와나는 다시 동곤드와나와 서곤드와나로 갈라진다. **(d)** 추가적인 움직임의 결과로 오늘날의 대륙의 위치가 자리 잡게 되었다.

## 18.6 인류는 어떻게 진화했는가?

과학자들은 인간의 기원과 진화에 대하여 특히 관심이 많다. 우리가 이 절에서 제시하는 인간 진화의 개요는 고생물학자들 사이에 널리 지지되고 있는 해석이다. 그러나 인간 진화에 관한 화석상의 증거들이 많이 부족하여 다양한 해석들이 나오고 있다. 그래서 일부 고생물학자들은 우리가 제시하는 시나리오의 어떤 부분에는 동의하지 않는다.

### 인간은 나무에서의 생활에 적응한 초기 영장류들의 일부 습성을 물려받았다

인간은 여우원숭이, 원숭이, 유인원들을 포함하는 **영장류(primates)**로 알려진 포유류 집단에 속한다. 가장 오래된 영장류 화석은 5천 5백만 년으로 되어 있지만, 다른 동물들의 화석은 많이 남아 있는데 비하여 영장류 화석들은 상대적으로 드물기 때문에, 아마도 최초의 영장류는 이보다 상당히 일찍 출현하였을 것이다. 초기 영장류는 아마도 나무에서의 생활에 적응되어 있었을 것이며 많은 현생 영장류들은 아직도 그들 조상들의 나무에서의 생활방식을 유지하고 있다(**그림 18-12**). 인간과 다른 영장류들의 보편적 유산은 일련의 신체적 특징으로 반영되어 있으며, 이러한 특징은 초기 영장류들에게서 나타나서 인간을 포함한 많은 현생 영장류에게 남아 있다.

#### 양안시로 초기 영장류는 정확한 거리를 인식하게 되었다

초기 영장류의 적응 중 하나는 크고, 얼굴의 전면부에 달린 눈으로 생각된다(그림 18-12 참조). 가지에서 가지로 뛰어 다닐 때 옮겨 갈 다음 가지의 위치를 정확히 판단할 수 없다면 위험한 일이다. 얼굴 전면부에 붙은 두 눈으로 겹쳐 볼 수 있게 됨으로써 두 눈으로 정확한 거리를 판단하는 것이 가능해졌을 것이다.

#### 초기 영장류는 움켜잡는 손을 가졌다

초기 영장류는 나뭇가지를 움켜잡을 수 있는 긴 손가락을 가졌다. 나무에서의 생활을 위한 이러한 적응은 나중에 현생인류가 사용하는 정확한 움켜쥠(작은 물체를 움켜잡거나 바느질 하는 것과 같은 정교한 조작 기술)과 강하게 움켜쥠(창을 찌르거나, 망치를 휘두르는 것과 같은 힘있는 동작)을 모두 수행할 수 있는 인간 손의 진화의 토대가 되었다.

#### 큰 뇌는 손과 눈의 협동작업과 복잡한 사회적 상호작용을 촉진시켰다

영장류는 그들의 신체 크기에 비하여 다른 어떤 동물들의 뇌보다도 커다란 뇌를 가지고 있다. 그러나 어떠한 환경 요인이 큰 뇌의 진화에 영향을 미쳤는지에 대해서는 누구도 알지 못한다. 그러나 나무 사이를 빠르게 이동하고, 정교한 손놀림으로 물체를 다루고, 두 눈으로 보는 것은 증가된 뇌 활동에 의해 촉진되었을 것이라고 보는 것이 합리적인 것 같다. 대부분의 영장류들은 비교적 높은 지능을 요구하는 아주 복잡한 사회제도를 가지고 있다. 만약 사회성이 생존과 번식을 촉진시켰다면 사회적 상호작용에 성공한 개체들은 커다란 뇌로 진화하는 데 유리하였을 것이다.

### 가장 오래된 호미닌 화석이 아프리카에서 발견되다

연구자들은 인간 돌연변이 속도와 현생 침팬지, 고릴라, 그리고 인간 DNA의 비교를 바탕으로 **호미닌(hominins)** 계열(인간과 화석 근연종들)이 적어도 7백만 년 전에 유인원 계통으로부터 갈라져 나온 것으로 추정하고 있다. 화석 기록은 이런 추정치와 일치하는데, 이제까지 발견된 가장 오래된 호미닌 화석은 6백만 년과 7백만 년 전 사이의 것이다(**그림 18-13**). 이 화석종 사헬란트로푸스 챠덴시스(*Sahelanthropus tchadensis*)는 아프리카의 차드(Chad)에서 발굴되었으며, 호미닌 집단의 후기 구성원들과 몇몇의 같은 해부학적 특징들을 나타내는 것으로 볼 때 분명한 호미닌이었다. 그러

(a) 안경원숭이

(b) 여우원숭이

(c) 사자꼬리원숭이

◀ **그림 18-12 대표적인 영장류** (a) 안경원숭이, (b) 여우원숭이와 (c) 사자꼬리원숭이는 모두 전방부를 보는 양안 시야의 비교적 편평한 얼굴을 가지고 있다. 또한 모두가 색깔을 구분할 수 있고, 움켜쥘 수도 있는 손을 가지고 있다. 초기 영장류에서부터 유지한 이러한 특징들은 현생인류에까지 공유되고 있다.

▲ 그림 18-13 **최초의 호미닌** 거의 완벽한 이 두개골은 사헬란트로푸스 차덴시스(*Sahelanthropus tchadensis*)로, 지금까지 발견된 호미닌 화석 중 가장 오래된 것으로 6백만 년 이상 되었다.

나 가장 오래된 인간과(family)의 일원으로 알려진 이 집단은 또한 유인원의 특징도 가지고 있기 때문에 어쩌면 호미닌과 유인원으로 갈라지는 지점에 가까운 인간 계통수의 분기점을 나타내는 것 같다.

다른 두 호미닌 종들, 즉 오로린 투게넨시스(*Orrorin tugenensis*)와 아르디피테쿠스 라미두스(*Ardipithecus ramidus*)가 4백~6백 만 년 된 암석에 있는 아프리카 화석에 나타난 것으로 알려져 있다. 그러나 화석에 근거한 이들 호미닌에 관한 지식은 매우 제한되어 있는데, 왜냐하면 골격의 일부 밖에 보존되어 있지 않기 때문이다. 그러나 한 개의 표본, 꽤 완전한 4백 4십만 년 된 아르디피테쿠스 골격은 이 초기 호미닌의 몇 가지 흥미로운 특징들을 보여준다. 그 표본의 손, 다리, 발 그리고 골반의 구조는 아르디피테쿠스가 숲 속 서식처에서 나무 타기도 했지만 서서 걸어 다녔을 것으로 추정된다. 그것의 송곳니는 현생인류처럼 작고, 현생 유인원의 크고, 돌출된 송곳니는 아니다.

더욱 많은 초기 호미닌 진화의 기록들은 약 4백만 년 전쯤 시작되었다. 그 시대의 오스트랄로피테쿠스(*Australopithecus*, **그림 18-14**) 속(genus)의 화석 기록의 출발점이었다. 즉 아프리카 호미닌 종 무리는 그들의 선조보다는 뇌가 컸지만, 현대인보다는 여전히 뇌가 훨씬 작았다.

### 초기의 호미닌들은 직립보행을 할 수 있었다

최초의 호미닌들조차도 직립보행이 가능했던 것 같다. 사헬란트로푸스(*Sahelanthropus*)와 오로린(*Orrorin*)의 발견자들은 이들 초기 호미닌들의 다리와 발 뼈가 두 다리로 이동하였다는 것을 시사하는 특징을 가졌다고 주장하고 있으나, 이것에 대한 결론은 보다 더 완벽한 이들 종의 골격이 발견될 때까지는 추측에 불과하다. 그럼에도 불구하고 호미닌들의 직립자세가 가능한 것을 보여주는 아르디피테쿠스 골격이 약 4백 4십만 년 전에 나타났으며, 최초의 오스트랄로피테신(오스트랄로피테쿠스와 관련 속인 파란트로푸스의 여러 종의 집단이 모인 것)은 효율적인 보행이 가능하도록 그들의 다리를 곧게 쭉 펼 수 있는 무릎 관절을 가지고 있었다. 인류학자 매리 리키(Mary Leaky)에 의해 탄자니아에서 발견된 약 4백만 년 된 발자국들은 최초의 오스트랄로피테신들이 최소한 어떤 때에는 직립 보행을 할 수 있었다는 것을 보여주었다.

초기 호미닌들이 두 다리로 걸을 수 있도록 진화하게 된 이유에 대해서는 아직도 거의 밝혀지지 않고 있다. 아마도 직립할 수 있는 호미닌들은 먹이를 얻고, 운반하는 데 유리하였을 것이다. 직립의 원인이 무엇이건 간에 직립자세의 초기 진화가 호미닌의 진화사에 있어서 매우 중요하다. 왜냐하면, 직립자세는 걷는 동안, 걷는데 더 이상 필요하지 않은 그들의 손을 자유롭게 다른 기능에 사용할 수 있었기 때문이다. 그러므로 후기 호미닌들은 무기들을 운반할 수 있고, 도구들을 다룰 수 있게 되어 마침내 현대 호모 사피엔스(*Homo sapiens*)에 의한 문명 혁명을 이룰 수 있게 되었다.

### 몇 종의 오스트랄로피테쿠스(Australopithecus)가 아프리카에서 출현하였다

화석화된 치아, 두개골 조각, 그리고 팔뼈로 구분할 수 있는 가장 오랜 오스트랄로피테신 종은 케냐의 3백 9십만에서 4백 1십만 년 된 고대 호수의 퇴적층에서 발견되었다. 이 종은 발견자에 의하여 오스트랄로피테쿠스 아나멘시스(*Australopithecus anamensis*)로 명명되었다(anam: 에티오피아 방언으로 호수를 의미). 두 번째로 발견된 가장 오래된 오스트랄로피테신은 에티오피아 아파르(Afar) 지역에서 발견된 것으로 오스트랄로피테쿠스 아파렌시스(*Australorpithecus afarensis*)로 명명되었다. 3백 9십만 년 된 이 종의 화석이 발굴되었다. 오스트랄로피테쿠스 아파렌시스(*A. afarensis*) 계열은 적어도 두 가지 특징적인 형태로 발달했다. 즉 오스트랄로피테쿠스 아프리카누스(*A. africanus*)와 오스트랄로피테쿠스 세디바(*A. sediba*)와 같은 작은 종과 파란트로푸스 로부스투스(*Paranthropus robustus*)와 파란트로푸스 보이세이(*P. boisei*)처럼 더 큰 어금니와 강한 턱을 가져 견과류와 같은 단단한 음식을 먹었을 더 크고, 건장한 종으로 나눠진다. 모든 오스트랄로피테신 종들은 1백 2십만 년 전에 이르러 멸종되었으나, 사라지기 전에 이들 중 하나는 호미닌 계통수의 새로운 하나의 가지인 인간 속(genus Homo)으로 이어졌다(그림 18-14 참조).

## 인간 속(genus Homo)은 250만 년 전 오스트랄로피테신(Australopithecines)으로부터 분화되었다

현생인류와 매우 비슷하여 인간 속으로 분류되는 호미닌은 약 2

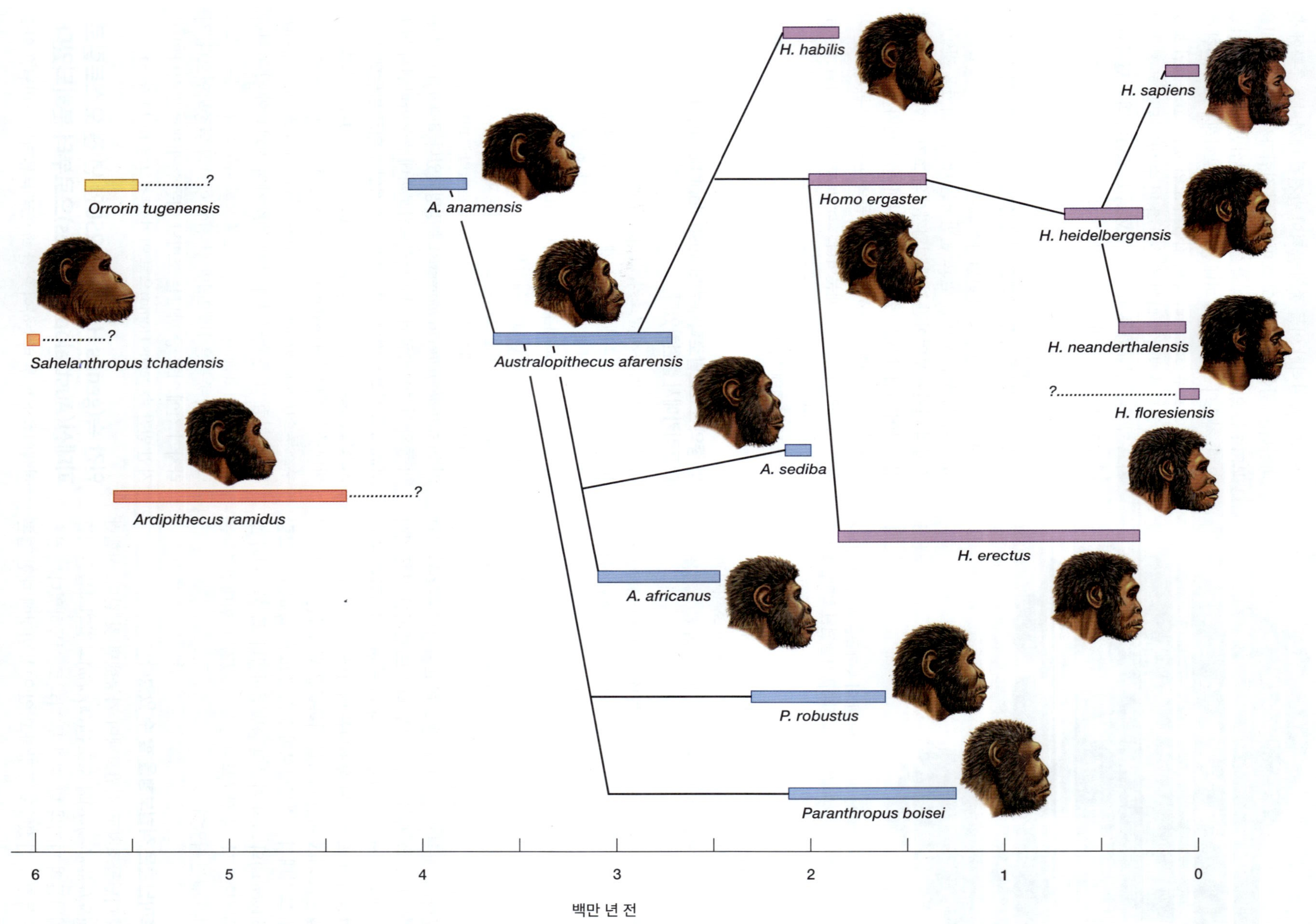


▲ **그림 18-14 인류의 가능한 진화 계통수** 이 가설적인 계통도는 대표적인 표본들의 안면부를 재구성한 것이다. 많은 고생물학자들은 이것이 인간의 계통도와 가장 유사하다고 생각하고 있으나, 알려져 있는 호미닌 화석에 대한 또 다른 해석도 있다. 최초의 호미닌 화석은 매우 드물고 파편조각으로 남아 있어서, 이들 종과 후기 호미닌과의 진화적 관계는 아직도 알려져 있지 않다.

백 5십만 년 된 아프리카의 화석에서 처음으로 발견되었다. 초기 아프리카의 인간 화석들 중에서 호모 하빌리스(*H. habilis*: 그림 18-14 참조)는 그 체구와 뇌가 오스트랄로피테신보다 컸지만 유인원과 같은 긴팔과 그들의 오스트랄로피테신 조상과 같은 짧은 다리를 가지고 있었다. 이와는 대조적으로, 2백만 년 전의 화석이 최초로 발굴된 호모 에르가스터(*H. ergaster*)는 현생인류와 유사한 사지 비율의 해부학적 골격 특징을 가지고 있다. 많은 고인류학사들은 이 종이 궁극적으로 우리 자신과 같은 종인 호모 사피엔스(*H. sapiens*)로 진화한 진화 계열에 속한다고 믿고 있다. 이러한 관점에서 호모 에르가스터(*H. ergaster*)는 두 개로 나뉘는 호미닌 계통의 공통 조상이다. 첫 번째 계통은 아프리카를 떠난 최초의 호미닌 종인 호모 에렉투스(*H. erectus*)로 진화되었다. 호모 에르가스터(*H. ergaster*)로 부터 나온 두 번째 계통은 호모 하이델베르겐시스(*H. heidelbergensis*)로 진화되었으며, 이들의 일부는 유럽으로 이주하여, 네안데르탈인, 즉 호모 네안데르탈렌시스(*H. neanderthalensis*)로 진화하였다. 한편, 호모 하이델베르겐시스 계통에서 갈라져 나와 아프리카로 되돌아온 다른 계통이 현생인류인 호모 사피엔스(*Homo sapiens*)가 되었다.

### 호모 속의 진화는 도구 기술의 발전을 동반하였다

호미닌의 진화는 호미닌 행동의 특징인 도구의 발달과 깊게 연관되어 있다. 지금까지 발견된 가장 오래된 도구는 2백 5십 만 년 전 동아프리카의 암석에서 발견된 것으로, 호모 속의 출현과 함께 나타났다. 초기 호모 속의 어금니(턱의 가장 뒤쪽에 있음)는 그들의 오스트랄로피테신 조상들보다도 훨씬 작아서 아마도 씹기 어려운 질기고 단단한 음식을 쪼개고 으깨는 데 최초로 석기를 사용했을 것이다. 호미닌들은 암석을 다른 암석에 부딪혀 박편을 떼어 내어 최초의 도구를 만들었을 것이다. 그 후 수십만 년 동안 아프리카에서의 도구 제작 기술은 점점 더 발전되었다. 1백 70만 년 전에는 더욱 정교한 도구가 만들어졌다. 암석으로부터 양 면을 대칭적으로 떼어낸 박편으로 자르고 다지는 손도끼로부터 아마도 창에 사용된 촉에 이르기까지 양날 도구를 만들었다(**그림 18-15 a, b**). 이 무기를 지닌 호모 에르가스터와 다른 호미닌들은 이런 무기들로 사냥을 하거나 다른 육식동물이 남긴 고기를 먹었던 것으로 추정된다. 양날 도구는 호모 하이델베르겐시스 집단의 이주에 의해 적어도 60만 년 전에 유럽에 전해졌으며, 이들 이주자의 후손인 네안데르탈인들은 더욱 정교한 석기 제작 기술을 가졌다(**그림 18-15c**).

### 네안데르탈인(Neanderthalens)은 큰 뇌와 우수한 도구를 가졌다

네안데르탈인이 처음으로 유럽에서 화석 기록에 나타난 것은 15만 년 전이다. 7만 년 전쯤에는 이들이 유럽과 서아시아로 퍼져 나갔으나, 3만 년 전에는 모두 멸종하였다.

크고 구부정한 어깨를 가진 "동굴인"이라는 이미지로 잘 알려진 것과는 달리 네안데르탈인은 여러 가지 면에서 현생인류와 매우 닮았다. 비록 상당한 근육질로 직립보행을 하는 네안데르탈인은 정교한 석기를 만들 정도로 손재주가 뛰어 났으며, 평균적으로 현생인류보다 다소 큰 뇌를 가지고 있었다. 많은 유럽의 네안데르탈인 화석은 심하게 튀어나온 이마와 넓고 편평한 두개골을 나타낸다. 그러나 다른 지역, 특히 지중해 동쪽 연안의 네안데르탈인의 특징은 신체적으로 호모 사피엔스를 많이 닮았다.

호모 네안데르탈렌시스와 호모 사피엔스 간의 신체적, 기술적 유사성에도 불구하고 네안데르탈인이 미술, 음악, 그리고 종교적 의식과 같은 인간 특유의 노력을 포함하는 진보된 문화를

(a) 호모 하빌리스

(b) 호모 에르가스터

(c) 호모 네안데르탈렌시스

▲ **그림 18-15 호미닌의 대표적인 도구** **(a)** 호모 하빌리스는 손도끼라 불리는 투박하게 깎은 도구를 만들었으며, 종종 손으로 잡는 한쪽 끝은 깎지 않았다. **(b)** 호모 에르가스터는 훨씬 정교한 도구를 제작하였다. 도구는 보통 모든 방향으로 매우 날카로워 이들의 일부는 손에 들고 사용하기보다는 창에 묶어서 사용하였다. **(c)** 네안데르탈인의 도구는 돌의 박편을 떼어 내어 만든 끝이 아주 뾰족한 예술품이었다. 이들 무기를 비교해 보면서, 칼날을 떼어 낸 조각의 수는 점차적으로 많아지고, 조각의 크기는 점점 작아진다는 것에 주목하라. 더 작고 더 많아진 박편의 수는 더 날카로운 칼을 만들었으며, 이것은 도구 제작의 식견과 더 정교해진 손가락 움직임을 시사한다.

발전시켰다는 고고학상의 확실한 증거는 없다. 일반적으로 네안데르탈인의 생활양식에 대해서는 입수할 수 있는 증거들이 부족하거나 다른 해석도 가능하여 때때로 인류학자들 간에 네안데르탈인이 어떻게 진보된 문명을 이룰 수 있었는지 열띤 논쟁을 벌이곤 한다.

### 네안데르탈인과 호모 사피엔스는 섞였을 수도 있다

고대 DNA로부터 얻은 증거 덕분으로 호모 사피엔스와 호모 네안데르탈렌시스 사이의 진화 관계에 대한 우리의 이해는 극적으로 증진되었다. 연구자들은 크로아티아 지방의 한 동굴에서 발견된 3만 8천 년 된 뼈로부터 추출한 DNA에서 네안데르탈인의 전체 게놈의 서열을 결정하였다. 현대인의 전체 게놈 서열과 네안데르탈인의 게놈을 비교하여 연구자들은 네안데르탈인으로 이르는 진화 계열이 적어도 현생 호모 사피엔스가 등장하기 수천 년 전인 40만 년 전에 인간의 조상 계열로부터 갈라져 나온 것으로 추정하고 있다. 그러나, 서열 비교 결과, 현생 비-아프리카인 DNA의 4%까지가 네안데르탈인의 서열과 분명히 닮았다는 것도 밝혀내었다. 이러한 발견은 아마 6만 년 전에 우리의 조상들이 네안데르탈인과 교배했다는 것을 보여준다. 현생 아프리카 인류는 다른 모든 사람들처럼 네안데르탈인의 서열을 갖지 않기 때문에 호모 사피엔스가 아프리카를 떠나 세계적으로 퍼지기 전에 네안데르탈인과 교배했음에 틀림없다.

### 다른 두 호모 사피엔스도 비교적 최근까지 살고 있었다

고대인들의 유골로부터 DNA를 추출하는 과학자들의 능력은 이전에 알려지지 않았던 호미닌의 존재도 찾을 수 있게 하였다. 새로운 호미닌의 존재는 시베리아의 데니소바 동굴(Denisova Cave)에서 3만~5만 년 사이에 퇴적되어 남아있던 한 개의 손가락으로부터 추출된 DNA의 염기서열 작업에 의해 밝혀졌다. 염기서열 분석 결과, 그 뼈는 호모 네안데르탈렌시스나 호모 사피엔스와는 진화적으로 분명하게 다른 호미닌의 것으로 밝혀졌다. 비록 현재까지 알려진 데니소바 호미닌에 관한 것은 DNA, 뼈 조각 하나, 그리고 치아 하나이지만 고인류학자들은 뼈들을 찾아내는 것은 시간 문제라고 생각하고 있다.

인도네시아의 플로레스(Flores) 섬의 동굴 바닥에서 뼈들이 출토되었는데, 연구자들은 처음에는 인간 아이의 화석 골격으로 생각했던 18,000년 전의 뼈를 발견하였다. 하지만 골격을 주의 깊게 조사한 결과 키가 3피트에 불과한 완전히 자란 성인의 것으로 밝혀졌다. 연구자들은 이 사람에게 "호빗"이라는 별명을 붙였다. 피그미족이나 뇌하수체 이상으로 인한 왜소인 등 오늘날의 소인과는 달리 호빗은 일반적인 침팬지보다도 작은, 매우 작은 뇌를 가졌다(**그림 18-16**). 또한 호빗의 허리, 어깨 그리고 골격의 다른 부분의 뼈의 모양과 배열은 해부학적으로 현생인류와 같지 않았다. 이 발견에 근거해서 연구자들은 호빗이 단순히 작은 호모 사피엔스가 아니라 다른 종에 속한다고 결론을 내리고 호모 플로레시엔시스(*Homo floresiensis*)라고 명명하였다. 따라서 현생인류는 네안데르탈인뿐만 아니라 데니소바 호미닌 그리고 작은 호미닌 종인 호모 플로레시엔시스(*H. floresiensis*)가 지구에 흩어져(혹은 어떤 곳에) 같은 시기에 살았던 것으로 보인다.

▲ **그림 18-16 "호빗"으로 알려진 호미닌** 현대 호모 사피엔스의 두개골에 비해 작은 최근에 발견된 인간 친척인 호모 플로레시엔시스의 두개골.

## 현생인류는 불과 30만 년 이후에 출현했다

해부학적으로 현생인류의 화석기록은 지금으로부터 16만 년 전에 아프리카에서 발견되었으며, 길어야 30만 년이라는 것을 보여준다. 이들 화석의 위치는 호모 사피엔스가 아프리카로부터 유래

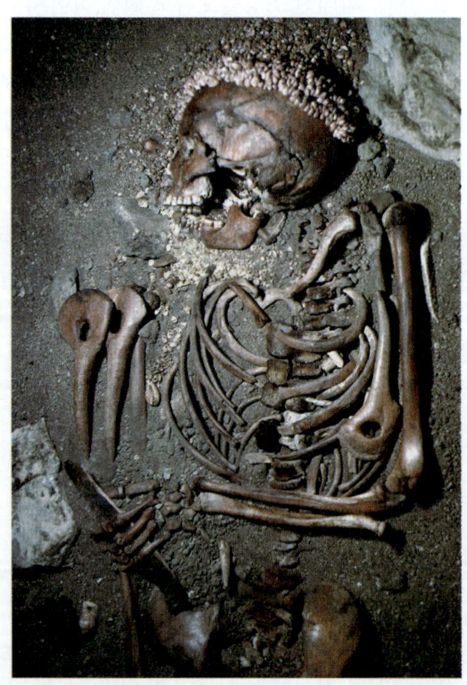

▲ **그림 18-17 구석기시대의 매장** 2만 4천 년 된 무덤은 크로마뇽인들이 죽으면 종교적 의식에 의해 매장되었다는 것을 보여준다. 몸은 붉은 황토로 알려진 염료로 덮었고, 머리에는 달팽이 껍질로 모자를 씌웠으며, 손에는 부싯돌을 쥐고 있다.

▲ **그림 18-18 크로마뇽인의 정교함** 크로마뇽인에 의한 동굴벽화는 프랑스의 쇼베 퐁 다크(Chauvet Pont d'Arc cave)의 비교적 일정한 지하 환경으로 인하여 매우 잘 보존되어 있다.

하였음을 시사하지만, 인류의 초기 역사에 관한 정보는 총괄적으로 크로마뇽인(Cromagnons: 그들의 유체가 프랑스 지방에서 처음 발견)이라고 알려진 호모 사피엔스의 유럽과 중동에서 발견된 화석에 바탕을 두고 있다. 크로마뇽 인은 약 9만 년 전부터 출현했다. 둥근 머리, 부드러운 안와, (우리처럼) 튀어나온 턱끝을 가졌었다. 그들의 도구는 정밀한 기구들이었는데, 최근 1960년대까지도 소수의 문화에서 사용한 석기 도구들과 유사했다.

행동적인 측면에서, 크로마뇽인은 네안데르탈인과 유사했으나 그들보다는 좀 더 세련된 것 같다. 3만 년 된 크로마뇽인 유적지에서 출토된 인공물에는 멋진 뼈 피리, 우아한 무늬가 새겨진 상아, 복잡한 매장 의식의 증거 등이 포함되어 있다(**그림 18-17**). 크로마뇽인의 가장 괄목할만한 업적은 아마도 스페인의 알타미라(Altamira), 프랑스의 라스꼬(Lascaux)와 쇼베(Cahuvet) 같은 동굴 내부에 남긴 훌륭한 예술일 것이다(**그림 18-18**). 현재까지 가장 오래된 동굴 벽화는 3만 년 이상 된 것으로, 가장 오래된 것들조차도 세련된 예술적 기교를 사용하였음을 알 수 있다. 이 그림들은 왜 제작되었는지는 아무도 정확히 알지 못하지만 그들이 우리 자신들 만큼이나 유능한 마음을 가지고 있었다는 것을 입증해 주고 있다.

### 크로마뇽인과 네안데르탈인은 함께 살았다

네안데르탈인이 사라지기 전 5만 년 동안 크로마뇽인은 유럽과 중동의 네안데르탈인과 공존하였다. 초기 유전자 분석에 따르면 크로마뇽인과 네안데르탈인 간에 교배가 이루어진 것으로 조사되어, 일부 연구자들은 네안데르탈인들이 결국 인류 유전자의 주류에 흡수되었다고 믿고 있다. 그러나 다른 연구자들은 DNA 증거가 단지 제한된 교배만을 나타내기 때문에 이들 견해에 동의하지 않으며, 아마도 나중에 도착한 크로마뇽인이 덜 적응된 네안데르탈인을 대체하여 급속히 퍼진 것이라고 주장하고 있다.

### 호미닌 집단은 여러 번 아프리카를 벗어났다

인간의 가계도는 아프리카에 그 뿌리를 두고 있지만 호미닌들은 여러 번 아프리카를 벗어났다. 예를 들어 호모 에렉투스(*H. erectus*)는 2백만 년 전에 열대 아시아에 정착하여 그곳에서 번성했고 결국 아시아 전역으로 퍼져나갔다(**그림 18-19a**). 유사하게, 호모 하이델베르겐시스(*H. heidelbergensis*)는 적어도 78만 년 이전에 유럽에 정착하였다. 호모 속이 반복적으로 장거리 이주했다는 사실이 점차 분명해지고 있다. 아직도 불분명한 것은 이러한 모든 이주가 어떻게 현생 호모 사피엔스(*H. sapiens*)의 기원에 관계되었는가 하는 점이다. "아프리카 대체" 가설(앞에서 요약된 시나리오의 근거)에 따르면, 호모 사피엔스는 아프리카를 벗어나서 약 12만 년 이전에 중동과 서남아시아, 유럽 그리고 아시아로 퍼져나가 다른 호미닌들을 대체하였다. 그러나 일부 고인류학자들은 널리 퍼져 있던 호모 에렉투스 개체군들로부터 호모 사피엔스 개체군이 여러 지역에서 동시에 진화되었다고 믿고 있다. 이러한 "다지역 기원" 가설에 따르면 세계의 여러 서로 다른 지역에 사는 호모 에렉투스 개체군 간에 계속된 이주와 상호 교배로 그들이 점진적으로

**CASE STUDY CONTINUED**

## 고대 DNA에는 이야기가 숨어 있다

우리가 인간 속의 가장 초기 대표 DNA 서열에 접근할 수 있다면 아프리카 대체 가설과 다지역 기원 가설을 더 쉽게 구별할 수 있을 것이며, 호모 사피엔스의 기원과 초기 진화에 대한 많은 미해결 문제를 풀 수 있을 것이다. 연구원들이 언젠가 초기 호모 에렉투스에서 유용한 DNA를 추출할 수 있을까? 가능하겠지만, 성공 확률은 크지 않다. 호모 에렉투스 화석은 최대 180만 년 되었지만 지금까지 얻은 가장 오래된 고대 게놈은 70만 년 된 말의 화석에서 얻은 것이다. 게다가 그 말의 화석은 DNA 보존에 탁월한 추운 기후를 가진 북부 캐나다에서 발견되었다. 하지만 호모 에렉투스는 DNA가 더 빨리 분해되는 더 따뜻한 지역에 거주하였다. 그럼에도 불구하고 일부 진화생물학자들은 아마도 깊은 동굴이나 산소가 고갈된 수중 퇴적물 같은, 보존에 도움이 되는 환경에서 화석화된 초기 호모 에렉투스 뼈에서 유용한 DNA가 발견될 수 있다는 희망을 버리지 않고 있다. DNA는 알맞은 조건에서 1백만 년 이상 살아남을 수 있을까? 현재의 증거에 따르면 불가능하다. 그러나 네안데르탈인 DNA를 회복하는 것이 불가능한 꿈처럼 보인 것은 오래 전 일이 아니다.

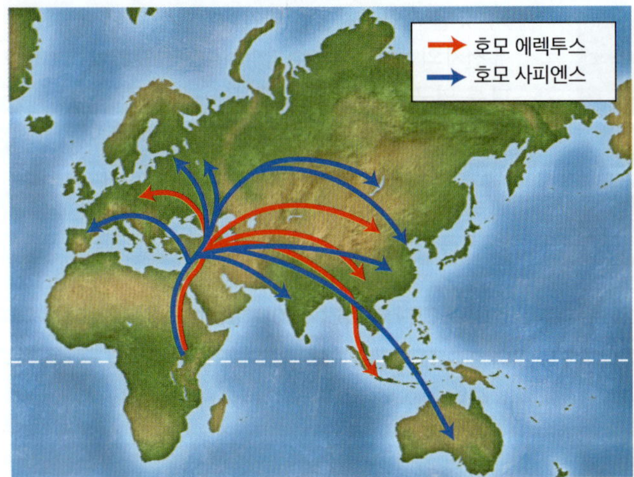


(a) 아프리카 대체 가설

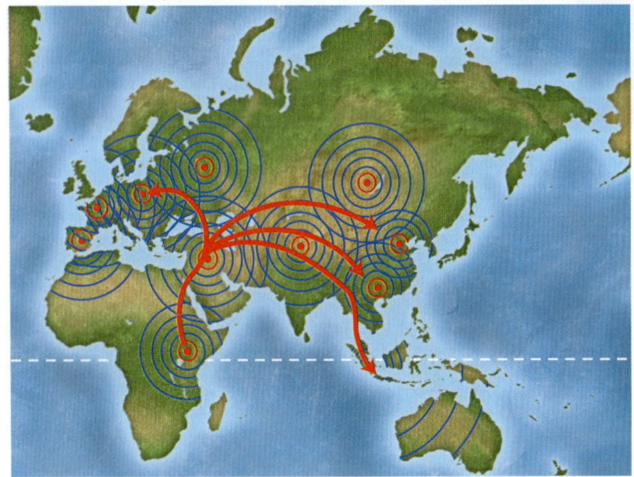

(b) 다지역 기원 가설

▲ **그림 18-19 인간의 진화에 대한 경쟁적인 두 가설들** **(a)** "아프리카 대체" 가설에 따르면 인간은 아프리카에서 진화되어 그 후에 서남아시아, 중동지역, 유럽, 아시아 등지로 이동하여 그 지역에서 살고 있던 다른 호미닌 종을 대체하였다고 한다. **(b)** "다지역 기원" 가설에 따르면 인간 개체군은 이미 널리 퍼져있던 호모 에렉투스 개체군으로부터 여러 지역에서 동시에 진화하였다고 한다.

**비판적 사고** 고생물학자들은 최근에 16만 년 된 아프리카의 퇴적층에서 현생인류의 특징을 지닌 호미닌 화석을 발견하였다. 두 가설 중 어느 가설이 이 새로운 증거를 지지하는가?

호모 사피엔스로 진화할 때 하나의 종으로서 그들을 유지하게 되었다고 한다(**그림 18-19b**). 비록 우리 종의 기원에 관한 "아프리카 대체" 모델을 지지하는 현생 인류의 DNA 연구들이 증가하고 있다고는 하지만 이들 두 가설은 모두 화석 기록에 의한 것으로, 아직도 풀리지 않는 의문점은 남아 있다.

## 큰 뇌의 진화적 기원은 육류 섭취 및 요리와 관련이 있을 것이다

우리와 우리의 근연종인 유인원을 구분하는 주된 신체적 특징들은 직립자세와, 고도로 발달한 두뇌이다. 앞에서 기술한 바와 같이 직립자세는 호미닌의 진화의 아주 초기에 나타났으며, 큰 두뇌를 가진 인간 종이 나타나기 수백만 년 전부터 호미닌들은 직립보행을 하였다. 도대체 어떤 상황이 두뇌의 크기를 증가시키는 진화를 유발할 것인가에 대하여 많은 설명들이 제기되었지만, 직접적인 증거는 없다. 그러므로 큰 뇌의 진화적 기원에 관한 가설들은 필연적으로 추론적일 수밖에 없다.

큰 뇌의 기원에 관하여 제안된 하나의 설명으로는, 점점 더 복잡해지는 사회의 상호작용에 대한 반응으로 큰 뇌가 진화하였다고 하는 설이 있다. 특히, 화석 증거들은 큰 사냥감에 대하여 협동 사냥하는 새로운 형태의 활동을 하기 시작하는 호미닌의 사회생활이 약 200만 년 전에 시작되었다는 것을 시사하고 있다. 그 결과 얻어진 엄청난 양의 고기는 이 귀중하고 한정된 자원을 그룹 구성원 간에 분배하는 방법을 발달하게 하였다. 몇몇 인류학자들은 이러한 사회적 상호작용을 가장 잘하는 개체들은 더 많은 고기를 얻는 데 성공하고, 이것을 유리하게 활용하였을 것이라는 가설을 제안하였다. 아마도 이 사회적 관리 능력은 크고 강력한 뇌를 가진 개체일수록 뛰어났으며, 따라서 자연선택은 그러한 개체를 선호했다는 것이다. 침팬지 사회를 관찰해 보면, 집단으로 사냥한 고기의 분배는 동맹을 맺는 데, 도움에 대한 보답에, 배우자를 얻는 데, 경쟁자의 회유 등에 이용하는 복잡한 상호작용을 보이고 있다. 아마도 그러한 상호작용을 계획하고, 평가하고, 기억하는 데 요구된 지적 역량이 우리의 크고 명석한 두뇌 진화의 이면에 존재하는 추진력이었을 것이다.

큰 뇌를 가진 개체를 선호하는 이점이 무엇이든 뇌 용량을 증가시키고 유지하는 데 요구되는 많은 에너지를 제공하는 메커니즘 없이는 큰 뇌로 진화할 수 없다. 어떤 과학자들은 조리가 뇌 용량이 커지는 데 요구되는 추가 에너지를 해결하는 돌파구였다고 생각하고 있다. 조리된 음식은 날 음식보다 소화하기 쉽고, 덜 씹어도 되므로 조리된 음식은 적은 노력으로 많은 영양소를 섭취할 수 있게 한다. 그러므로 초기 호미닌들에 의한 조리는 이전에 제한되었던 뇌 크기의 한계를 없애주었다. 그러나 보다 큰 뇌를 가진 호미닌인 호모 에렉투스가 지구상에 처음 나타난 것은 적어도 200만 년 전이지만, 불을 사용한 가장 빠른 직접적인 증거는 오직 1백만 년 전에 불과하다. 조리 가설을 제안한 사람은 실제로 조리가 시작된 것은 200만 년 전이지만 그만큼 오래된 조리의 증거를 제시하지 못하는 것은 호미닌 화석 기록이 불충분하기 때문이라고 주장하고 있다.

## 세련된 문명은 비교적 최근에 진행되었다

호모 에렉투스와 같이 비교적 큰 뇌를 지닌 종이 진화되었어도, 현생인류와 그들의 극히 큰 뇌의 기원은 100만 년 이상 흘러야 했다. 그리고 현생인류인 호모 사피엔스가 최초로 출현한 이후에도 언어를 사용하고, 추상적 사고를 하고, 문화를 발전시키는 것과 같이 커다란 뇌가 있어야만 가능한 인간의 특징을 나타내는 고고학적 증거는 10만 년 이상 지난 뒤에 나타났다. 이러한 인간 형질의 진화적 기원은, 부분적으로는 진보된 문명으로서의 변천 과정에 대한 직접적 증거가 발견될 가능성이 거의 없기 때문에, 풀릴 수 없는 또 다른 수수께끼이다. 언어를 사용하고 상징적 사고를 할 수 있었던 초기 인간들이 이러한 가능성을 나타내는 인공 유물을 반드시 만들었다고는 할 수 없다. 우리들은 많은 인간 행동과 정신 작용이 덜 복잡한 우리들의 유인원 근연종에 대하여 연구함으로써 어떤 실마리를 풀 수 있을 것이다. 그들의 행동은 호미닌 조상들과 유사할 것이다. 그럼에도 불구하고 나중에 급속히 이루어진 진보된 인류 문명의 기원은 수수께끼로 남아 있다.

### 인간의 생물학적 진화는 계속된다

최근까지 대부분의 진화생물학자들은 우리가 발전된 문명사회에서 살기 시작한 후에 자연선택에 의한 인간 신체의 진화는 느려지거나, 멈추어졌다는 데 동의하고 있다, 그러나 오늘날 빠르게 발전하는 DNA 분석 기술은 과학자들로 하여금 인간의 많은 게놈 분석을 가능하게 하여 놀랄만한 결론에 이르게 하였다. 즉, 음악, 예술, 언어 그리고 문명의 다른 특징들이 발달하여 인간은 빠르게 진화하고 있으며, 오늘날에도 진화하고 있다는 것이다. 우리의 많은 유전자는 최근 천 년 동안에 자연선택에 의한 진화의 증거를 보여주고 있다. 많은 경우에 이들 유전자들의 정확한 기능이 밝혀지지는 않았지만 최근, 연구자들은 최근의 진화적 변화의 기능을 밝혀내었다. 예를 들면 우유를 소화하는 데 필요한 형질이 발달하기 시작하여 과거 4천 년 이내에 일부 개체군에 정착하였다.

### 문화도 진화한다

최근 천 년 동안 인간의 진화는 많은 문화적 진화, 즉 학습에 의해 한 세대로부터 다음 세대로 전파되는 정보와 행동의 진화를 포함하고 있다. 예를 들어 인간의 최근의 진화적 성공은 새로운 물리적 적응에 의한 것이라기보다 일련의 문화와 기술적 혁명에 의해 이루어진 것이다. 이러한 최초의 혁명은 초기 호미닌에게서 시작된 도구의 개발이었다. 이들 도구는 음식과 피난처를 얻는 효율을 높이고, 어떤 주어진 생태계 내에서 생존할 수 있는 개체들의 수를 증가시켰다. 약 1만 년 전, 인간이 작물을 재배하고 동물을 사육하는 방법을 발견하면서 2차 혁명이 시작되었다. 이 농업혁명은 환경으로부터 수확할 수 있는 식량의 양을 극적으로 증가시켜 농업의 여명기에 500만 명이던 인구를 1,750년에 이르러 약 7억5천만 명까지 증가시키는 급격한 증가를 가져왔다. 또한, 그 이후의 산업혁명은 현대 경제를 태동시키고, 이와 동반하여 공중보건의 발전을 가져왔다. 더 길어진 수명과 더 낮아진 유아 사망률이 인구의 폭발적인 증가를 가져와 오늘날 지구의 인구는 70억 명 이상이며 여전히 증가하고 있는 추세이다.

인간의 문화적 진화와 이와 동반한 인간 개체군의 증가는 다른 생물체의 지속적인 생물학적 진화에 엄청난 영향을 미쳤다. 우리의 재빠른 손과 마음은 지구의 육상 및 수생 서식처를 대부분 변화시켰다. 사람은 자연선택의 가장 강력한 행위자가 되었다. 작고한 진화생물학자 스티븐 제이 굴드(Stephen Jay Gould)의 말에 의하면 "우리는 지능이라고 하는 멋진 진화적 사건의 힘에 의해 지구상에서 생명을 존속시킬 관리인이 되었다. 우리는 이 역할을 요구하지 않았지만, 이것을 포기할 수는 없다. 우리는 그것에 적임자가 아니지만, 그 일을 떠맡게 되었다."

**CHECK YOUR LEARNING**

- 인간의 진화사와 인간의 독특한 적응을 뒷받침한 요인을 설명할 수 있는가?
- 인간의 진화사에 주요한 역할을 한 호미닌 종의 일부 특징 등을 들고 설명할 수 있는가?
- 인간 진화의 가장 최근의 단계의 주요한 특징을 설명할 수 있는가?

**CASE STUDY REVISITED**

## 고대 DNA에는 이야기 가 숨어 있다

현생인류가 네안데르탈인과 상호 교배했다는 놀라운 발견은 고대 DNA를 추출하고, 분리하고, 서열 결정한 기술을 개발한 전문가들이 거둔 개가이다. 그러나 고대 DNA로 가능해진 가장 놀라운 일은 고대 DNA를 분석하지 않았더라면 그 존재가 밝혀지지 않았을 호미닌 종인 데니소바인의 발견이었다. DNA가 추출된 화석 조각은 이전에 알려지지 않은 종에 속한 것으로 인식되기에는 너무 소량이고 너무 막연하였다. DNA에만 기초하여 새로이 멸종한 종을 밝혀내는 새로운 방법은 이전에는 의심받지 않았던 호미닌 등의 종을 미래에 발견할 매력적인 가능성을 제기한다.

네안데르탈인과 마찬가지로 데니소바인도 현생인류에 유전적인 흔적을 남겼다. 한 가지 사례가 티벳인들이 고도에서 살 수 있도록 도와주는 데니소바인의 유전자 변이체이다. 또한, 뉴기니와 다른 태평양 도서의 원주민들도 데니소바 서열을 상당수 보유하고 있다. 이 사람들의 게놈의 5% 정도가 데니소바인에서 기원한다. 이 결과로 미루어보아 데니소바인은 도서에 사람들이 처음으로 서식하기 전에 아시아 대륙에서나, 만약 데니소바인이 몇 개의 도서에 어떤 방식으로든지 도착할 수 있었다면 이후에, 태평양 도서의 조상들과 상호 교배하였다는 것을 알 수 있다.

**생각해보기** 고대 호미닌의 유전체에 대한 지식은 호미닌의 진화사뿐만 아니라 우리 근연종과 우리가 다른 형질들, 즉 우리를 인간으로 만드는 형질들을 더욱 잘 이해하는 데 도움을 준다. 다른 유전자들의 기능에 대한 이해는 빠르게 증가하고 있어서, 즉 네안데르탈인과 데니소바인에 존재하는 유전자와 우리 유전자의 상세한 비교점은 많이 드러나고 있다. 우리와 우리 호미닌 근연종 사이의 유전적 차이점과 가장 관련되어 있다고 생각하는 기능은 무엇인가?

# CHAPTER REVIEW

*비판적 사고와 생각해보기, 선택형문제, 빈칸채우기 질문에 대한 답은 이 책의 뒷부분에 있는 정답란에서 볼 수 있다.*

## 핵심개념의 요약

### 18.1 생명은 어떻게 시작되었나?

생명이 탄생하기 전, 번개, 자외선 및 열 에너지가 물과 원시지구의 대기 구성요소인 메탄, 암모니아, 수소, 수증기로부터 유기물을 만들었다. 이들 유기분자들은 아마도 핵산, 아미노산, 지질을 포함하고 있었을 것이다. 우연히 몇몇 RNA 분자는 지구의 물속에서 뉴클레오타이드로부터 자신의 복사본 조립을 촉매하는 효소와 같은 성질을 갖게 되었을 것이다. 단백질-지질로 된 소낭이 이들 리보자임을 둘러싸게 되어 최초의 원시세포의 형태로 발전하게 되었을 것이다.

### 18.2 최초의 생물체는 어떠했을까?

가장 오래된, 약 34억 년 된 화석은 환경으로부터 합성된 유기분자를 흡수함으로써 영양을 취한 원핵세포였다. 대기 중에는 유리 산소가 전혀 없었기 때문에 그들의 에너지 대사는 혐기성이었을 것이다. 이 세포들이 늘어남에 따라 생물 발생 이전의 과정에서 합성된 유기분자들이 고갈되었다. 일부 세포들은 무기 분자와 태양에너지를 이용하여 그들 자신의 먹이를 합성할 수 있는 능력을 발달시켰다. 이러한 최초의 광합성 세포들은 아마도 오늘날의 남세균의 조상일 것이다.

광합성 작용은 부산물로 산소를 방출함으로써 24억 년 전부터 엄청난 양의 유리 산소가 대기 중에 축적되었다. 대략 이때부터 혐기성 대사보다 훨씬 많은 에너지를 얻을 수 있는 호기성 대사가 생겨나기 시작하였다.

진핵세포는 약 17억 년 전부터 진화했다. 첫 번째 진핵세포는 아마도 포식성 원핵세포와 다른 세균과의 공생에 의해서 출현하였을 것이다. 미토콘드리아는 아마도 포식성 세포에 의해 잡혀 먹힌 호기성 세균으로부터 진화되었을 것이다. 엽록체는 유사한 과정에 의해 광합성 세균으로부터 진화되었을 것이다.

### 18.3 최초의 다세포 생물체는 어떠했을까?

다세포 생물체는 진핵세포로부터 진화되었으며, 약 12억 년 전쯤에 바다에서 최초로 등장하였다. 다세포성은 크기의 대형화를 포함하여 여러 가지 이점을 주었다. 식물에 있어서 크기의 증가는 포식에 대한 방어 작용을 제공하였다. 세포의 분화는 영양분과 물이 풍부한 곳에 식물이 정착하도록 하였다. 동물에게 있어서 다세포성은 효율적인 포식과 포식자로부터 효과적으로 도피할 수 있게 하였다. 이러한 변화는 다시, 보다 빠른 이동과 향상된 감각과 훌륭한 지능을 위한 환경의 압력으로 작용하였다. 분화된 동물들의 형태는 약 6억 년 된 화석에 나타나기 시작하여, 어류들은 약 4억 년 전부터 우점하는 해양동물이었다.

### 18.4 생물체는 어떻게 육지로 진출했는가?

최초의 육상생물은 아마도 조류(algae)였을 것이다. 최초의 다세포 육상식물은 약 4억 7천 5백만 년 전에 나타났다. 육상에서의 생활에는 몸을 지탱하고, 번식하고, 수분을 획득하고 유지하기 위한 특별한 적응이 요구되기도 하지만 육상에서는 수생 초식동물에 대해 방어할 수 있고 풍부한 햇빛을 얻을 수 있었다. 육상식물이 진화한 후 곧 이어 절지동물이 육지에 진출하였다.

최초의 육상 척추동물은 육기어류로 다리 같은 지느러미와 원시적인 폐를 지녔다. 육기어류의 일부 분류군으로부터 3억 7천만 년 전에 양서류가 진화하였다. 파충류는 양서류로부터 진화되었으며 육상 생활에 필요한 몇 가지 더 적응을 하였다. 파충류의 한 그룹이었던 조류는 체온을 유지하고 잘 날게 해주는 날개를 가지도록 진화하였다. 털에 의해 몸이 보온되는 포유류는 파충류의 한 집단에서 진화되었다.

### 18.5 생명의 역사에서 멸종의 역할은 무엇인가?

생명의 역사는 종이 멸종되고, 새로운 종으로 교체되는 꾸준한 생물종의 전환이 특징이다. 비교적 짧은 시간 내에 많은 종이 사라지는 대량 멸종은 주기적으로 발생하였다. 대량 멸종은 아마도 기후변화와 화산 폭발, 운석의 충돌과 같은 재앙적 사건의 조합에 의하여 야기되었던 것으로 생각된다.

### 18.6 인류는 어떻게 진화했는가?

포유류의 한 그룹은 나무에서 생활을 하는 영장류로 진화하였으며, 이들이 영장류와 현생인류의 조상이 되었다. 가장 오래된 호미닌 화석은 6백만 년에서 7백만 년 된 것으로 아프리카에서 발견되었다. 오스트랄로피테신은 약 4백만 년 전 아프리카에서 발생하였으며, 직립 보행을 한 이들 호미닌은 그들 조상이 가졌던 것보다 더 큰 뇌를 가지고 원시적인 도구를 사용하였다. 오스트랄로피테신의 한 그룹은 호모 속 호미닌 계열을 탄생시켰다. 호모 속은 아프리카에서 탄생하였으나, 여러 집단들이 아프리카에서 이주하여 세계의 다른 지역으로 퍼져 나갔다. 이러한 이주의 마지막에 커다란 뇌와 진보된 기구를 사용하는 기술을 가진 호모 사피엔스가 아프리카로부터 아시아와 유럽으로 퍼져 나갔다.

## 개념을 통한 이해

### 선택형 문제

1. 오늘날 대기의 거의 모든 산소 기체는 무엇의 결과로 나타난 것인가?
   a. 화산 폭발로 인한 가스 배출
   b. 호기성 대사작용
   c. 내부공생
   d. 광합성

2. 멸종의 설명으로 맞는 것은?
   a. 예상치 못한 대량 멸종 이외에는 일반적으로 잘 일어나지 않는다.
   b. 대개는 상대적으로 느리지만 꾸준한 속도로 일어난다.
   c. 종이 형성된 것보다 빠른 속도로 종을 없앤다.
   d. 생명의 역사에서 주된 역할을 하지 못한다.

3. 미토콘드리아의 내부공생 기원설에서 숙주세포는 포식된 세포의 능력을 이용하여 ________ 할 수 있다. 엽록체의 내부공생 기원설에서 숙주세포는 포식된 세포의 능력을 이용하여 ________ 할 수 있다.

a. 폐기물을 해독; 포식자를 저지하는 독소를 생산
b. ATP 생산을 위해 호기성 호흡을 사용; 당 생산을 위해 광합성을 이용
c. 광합성을 이용하여 산소를 생성; 자외선을 차단
d. 편모를 이용하여 빠르게 이동; 세포핵을 생성

**4.** 다음 중 진화 사건을 연대순으로 나열하지 않는 것은 어느 것인가? (가장 오래된 것에서 가장 최근까지)
a. 첫 번째 조류, 첫 번째 동물, 첫 번째 육상식물
b. 첫 번째 포유류, 첫 번째 파충류, 첫 번째 호미닌
c. 첫 번째 양서류, 첫 번째 공룡, 첫 번째 현화식물
d. 첫번째 광합성, 첫 번째 외골격, 첫 번째 털

**5.** 다음 중 호미닌 특성이 진화된 순서대로 나열된 것은 어느 것인가?
a. 직립자세, 커다란 뇌, 상징적 문화
b. 커다란 뇌, 직립자세, 상징적 문화
c. 커다란 뇌, 석기 도구, 상징적 문화
d. 직립자세, 상징적 문화, 석기 도구

## 빈칸 채우기

**1.** 원시대기에는 산소가 없었으므로, 초기의 세포들은 유기분자의 ________대사로 에너지를 얻었다. 일부 미생물들이 ________을 하는 능력을 발달시키고 부산물로서 산소가 방출되었을 때 대기에는 산소가 나타나기 시작하였다. 산소는 많은 초기 세포들에게 ________이었지만 일부는 ________호흡에서 산소를 이용하는 능력을 진화시켰으며, 그것은 훨씬 많은 ________를 제공하였다.

**2.** 토마스 체흐와 시드니 알트만이 이들 분자의 일부가 ________로서 작용할 수 있다는 것을 발견하였을 때 ________분자는 자기복제를 하는 최초의 정보 전달물질의 후보가 되었으며, 이러한 기능을 가진 것을 ________이라고 부른다.

**3.** 핵과 다른 세포소기관을 가진 복잡한 세포를 ________세포라고 한다. 이들 복잡한 세포의 기원에 대한 설득력 있는 설명은 ________가설이다. 이 가설을 지지하는 하나의 예는 미토콘드리아가 그 자신의 ________를 가지고 있다는 것이다.

**4.** 초기 육상식물의 정자는 그들을 제한하는 ________환경으로 인하여 ________에 의해 난자가 도달하도록 하였다. 건조한 육상에 대한 중요한 적응은 내건성의 껍질로 정자를 감싼 ________의 진화였다.

**5.** 구과(cone) 속에 종자를 보호하는 초기식물을 ________라고 한다. 이들은 화분을 옮기는 데 ________에 의존하여 옮긴다. 이런 유형의 식물들은 아직도 ________지역에 우점하고 있다. 나중에 일부 식물들은 동물의 몸에 달라붙는 ________를 진화시켰으며, 특히 ________은 그들의 화분을 옮긴다. 동물에 의한 수분은 바람에 의한 수분보다 훨씬 ________이다.

**6.** 육상에 진출한 첫 번째 동물은 ________이었으며, 그것은 ________이라고도 불린 외부골격이 동물의 체중을 지탱하였고 ________로부터도 그들의 몸을 보호할 수 있었기 때문이다.

**7.** 양서류는 건조한 육상 생활에 3가지 중요한 적응 형태인 ________을 발달시켰다. 즉, 껍질, 방수형 ________, 비늘, 물이 들어가지 않는 ________, 그리고 더 효율적인 ________이 그것이다.

## 복습문제

**1.** 초기 지구상에서 생물체가 비생명물질로부터 유래했다는 증거는 무엇인가?

**2.** 광합성의 기원이 지구상의 생물의 순차적인 진화에 어떤 영향을 미쳤는가?

**3.** 엽록체와 미토콘드리아의 기원에 관한 내부공생설을 설명하라.

**4.** 식물과 동물에 있어서 다세포성이 갖는 이점 두 가지씩을 써라.

**5.** 최초로 육상에 진출한 식물에게 육상 생활이 유리한 점과 불리한 점은 무엇인가? 그리고 최초의 육상동물에 대해서도 유리한 점과 불리한 점은 무엇인가?

**6.** 어류에서 양서류로, 양서류에서 파충류로, 파충류에서 조류와 포유류의 척추동물로 진화하는 동안의 주된 적응에 대해 요약하라. 이러한 적응이 어떻게 육상 생활을 하는 여러 집단의 적응도를 높였는지 설명하라?

**7.** 양안 시야, 움켜쥘 수 있는 손, 이족보행, 도구 제작 그리고 뇌의 확장과 같은 특징들을 포함시켜 초기 영장류로부터 인류 진화의 개요를 설명하라.

# 개념의 적용

**1.** 멸종은 지구의 생명의 역사를 통해 발생해 왔다. 만일 현재 인류가 대량 멸종을 일으키고 있는지 왜 우리가 관심을 가져야만 하는가?

**2.** 생명의 역사에서 가장 중요한 사건은 무엇이라고 생각하는가? 생물학 용어로 답을 작성하라.

# 19

# 계통분류학 : 다양성 안에서 유연관계 찾기

인간면역결핍바이러스 type1 (HIV-1)의 진화사를 연구하고 있는 생물학자들은 AIDS를 일으키는 이 바이러스가 침팬지에서 유래되었다는 것을 밝혀냈다.

CASE STUDY

## 킬러(killer)의 기원

후천성면역결핍증(AIDS: acquired immune deficiency syndrome)은 세계에서 매우 놀랄만한 질병중의 하나로 1980년대 초기에 처음 알려졌을 때 원인이 무엇이고 어디에서 유래하는지를 아무도 몰랐다. 과학자들은 이런 미스테리를 풀기위해 노력했으며 몇 년 내에 AIDS를 일으키는 병원체인 인간면역결핍바이러스(HIV: human immunodeficiency virus)를 알아냈다. HIV가 확인된 후에 연구자는 이의 기원에 대해 관심을 갖게 되었다.

HIV의 기원에 대해 연구하기 위해서는 진화학적인 접근 방법이 필요하다. HIV가 어디에서 기원되었는가를 밝히기 위해서는 어떤 종류의 바이러스가 HIV의 조상인지를 알아내야 한다. 이 질문에 답하기 위해 연구자는 HIV에 매우 가까운 종을 확인하려 시도한 결과 두 종류의 바이러스가 매우 가깝다고 결론 내렸다. 이는 이들 두 종이 진화한 최근의 공통조상을 공유하고 있음을 의미함으로 HIV를 이들 종과 비교한다면 공통조상에 대한 특성을 추정할 수 있을 것이다.

HIV의 조상에 대해 탐구한 연구는 이들 밀접한 종이 사람에 감염되는 다른 바이러스가 아니고 원숭이나 유인원에 감염되는 종임을 알게 되었다. 실제 HIV의 진화에 대한 최근 연구를 통해 HIV-1(세계적으로 전염성 있는 HIV의 유형)이 특정 침팬지의 아종, 즉 서부아프리카의 제한된 지역에만 서식하는 바이러스라고 결론지었다. 그러므로 HIV-1으로 알려진 바이러스의 조상은 이미 존재하는 사람 내 바이러스에서 진화된 것이 아니며, 침팬지 바이러스에 돌연변이가 일어난 것으로 사람에 감염되어 치명적인 병을 일으킨다.

이 단원에서 HIV의 기원의 신비를 푸는데 도움이 되는 생물학의 한 분야인 계통분류학을 살펴본다. 연구자들은 어떤 방법으로 HIV의 동족을 발견하였는가? 이러한 방법으로 어떤 다른 종류의 의문점이 해결될 수 있겠는가?

## 주요내용



## 19.1 생명체는 어떻게 명명되고 분류되는가?

생명체에 대해 연구하기 위해 생물학자는 이들을 명명해야 한다. 생명체를 명명하고 분류하는 생물학 분야를 **분류학(taxonomy)**이라 한다(분류군 *taxon,* 복수 *taxa*은 명칭이 붙여진 종 혹은 명명된 종의 집단이다). 현대분류학의 기초는 스웨덴의 자연과학자 칼 폰 린네(Carl von Linne, 1707~1778) – 그 자신의 이름을 라틴어 이름으로 Carolus Linnaeus라 칭했다 – 에 의해 확립되었다. 린네의 가장 중요한 업적은 이명법을 도입한 것이다.

### 각 종은 특이한 두 부분의 이름을 갖는다

**학명(scientific name)**은 두 개의 가장 작은 범주인 속명과 종명으로 이루어진다. 각 속은 매우 가깝게 연관되어있는 종의 그룹을 포함하고, **속(genus)** 안에서의 각 **종(species)**들은 자연상태에서 잠재적으로 교배 가능한 개체들을 포함한다. 일례로 Sialia속(파랑새)은 3종인 동부파랑새(*Sialia sialis*), 서부파랑새(*Sialia mexicana*), 산파랑새(*Sialia currucoides*)로 구분된다(**그림 19-1**). 이들 3개의 파랑새 종은 외부 형태는 비슷하나 단지 자기 종끼리만 교배한다.

학명은 약속에 의해 속명을 먼저 쓰고 종명을 다음에 쓰며 항상 밑줄을 긋거나 *이텔릭체*로 써야한다. 속명의 첫 글자는 항상 대문자이며 종명의 첫 글자는 소문자이다. 종명은 홀로 사용될 수 없고, 항상 속명과 짝을 이루어야 한다.

속명과 종명으로 이루어진 학명은 고유한 것으로 학명에 의한 명칭은 어떤 애매함이나 혼동을 배제해야 한다. 예를 들어서 *Gavia immer* 새는 북아메리카에서는 농병아리로, 영국에서는 북부잠수부로, 비영어권 나라에서는 여전히 다른 이름으로 불리고 있으나 라틴어로 명명된 학명 *Gavia immer*는 전 세계의 생물학자들이 언어의 장벽을 극복하고, 정확한 의사소통을 할 수 있도록 한다.

### 현대적인 분류는 진화적인 내력의 형태를 강조한다

생물학자는 종을 명명하는 것 이외에도 종을 분류한다. 1859년 다윈의 "종의 기원(*On the Origin of Species*)"이 발표되기 전에 분류는 주로 생명체를 연구하고 토론하기 원활하게 하였는데, 이는 마치 도서관의 온라인 카달로그가 책을 찾기 쉽도록 한 것과 비슷하다. 그러나 다윈이 모든 생명체는 공통조상으로 서로 연결되어 있다고 증명한 후에, 생물학자는 분류가 생명체들 간 진화적으로 관련된 형태를 반영하거나 묘사해야 됨을 깨닫게 되었다. 오늘날 분류 과정은 전적으로 **계통발생(phylogeny)** 혹은 진화의 역사를 재구성하는데 촛점을 맞추고 있다. 계통발생학을 재구성하는 과학이 **계통분류학(systematics)**로 알려져 있다. 계통분류학자는 진화계통수로 재구성함으로써 계통발생학에 대한 가설을 서로 교환한다(그림 17-11 참조).

### 계통분류학자들은 진화적인 유연관계를 나타내는 특징을 확인한다

계통분류학자들은 나뭇가지 모양의 생물 계통수를 재구성하는데 진화의 역사에 대한 많은 지식이 필요하다. 그들은 과거를 들여다볼 수 없기 때문에 살아있는 생물들 사이의 외부 형태적 유사성을 기초로 과거를 추론하였다. 그러나 유사성만으로 하는 것은 아니다. 어떤 종간에는 유연관계가 전혀 없는데도 불구하고 유사한 형태적 특징을 나타내는 수렴진화(15장 참조)를 관찰할 수 있는데 이러한 유사성은 진화저 역사를 추론하는데 유용하지 않다. 이러한 유사성은 분류에 매우 가치가 있으므로 생물학자는 더 많은 형질들을 통해 유사성을 찾아내야 한다.

(a) 동부파랑새

(b) 서부파랑새

(c) 산파랑새

**그림 19-1 파랑새의 3개 종** 파랑새의 3종은 명백한 유사성에도 불구하고 상호 간에 이종교배하지 않기 때문에 독립적으로 진화한다. **(a)** 동부파랑새(*Sialia sialis*), **(b)** 서부파랑새(*Sialia mexicana*), **(c)** 산파랑새(*Sialia currucoides*).

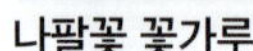
나팔꽃 꽃가루

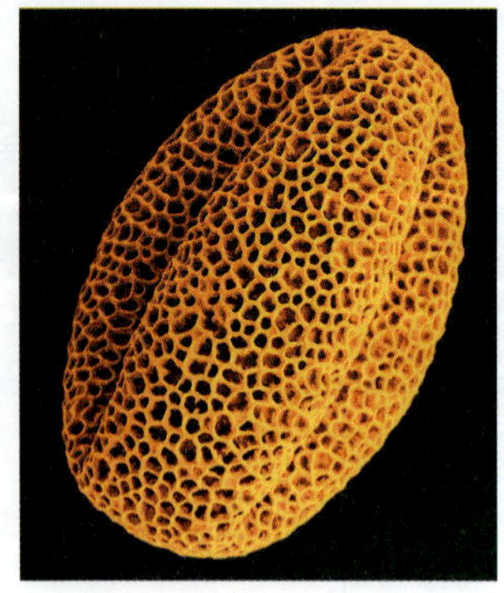
비터 멜론 꽃가루

▲ **그림 19-2 생물을 분류하는데 현미경으로 관찰된 구조가 사용될 수 있다** 피자식물의 화분립 외부구조가 분류에 이용될 수 있는 미세한 구조 중의 하나이다. 그러한 구조는 더 크고 외관상 명백한 구조에서 분명하지 못한 종들 사이에 유사성과 차이점을 나타낼 수 있다.

역사적으로 가장 중요하고 유용하게 구별되는 특징은 해부학이다. 계통분류학자는 골격이나 근육같은 외부의 신체구조와 내부구조의 유사성을 주의 깊게 관찰한다. 일례로 돌고래, 박쥐, 바다표범과 사람의 손가락 뼈같은 상동기관은 공통조상에 대한 증거를 제공한다(그림 15-8 참조). 더 밀접하게 관련된 종에 대한 관계를 알아보기 위해 생물학자는 현미경을 이용하여 화분과식물의 꽃가루의 외부구조 같은 미세한 부분을 파악한다(**그림 19-2**).

## 현대의 계통분류학자는 분자적인 유사성에 근거하여 계통발생을 재구성한다

최근 분자생물학 기술이 개발되면서 진화적인 관계를 밝히는 연구가 획기적으로 진보되어 생명체 간의 유전적인 유사성을 결정할 수 있게 되었다. 오늘날 계통분류학자는 주로 DNA의 뉴클레오티드 서열에 기반을 두어 여러 생명체 간의 연관성을 조사한다.

분자계통분류학의 기본 논리는 명료하다. 한 종이 두 종으로 나뉘게 될 때 각각 종의 유전자 급원은 돌연변이를 축적하기 시작한다. 그러나 각각 종의 유전자 급원에 존재하는 특정 돌연변이는 그들 종간에 유전자흐름 없이 독립적으로 진화하고 있기 때문에 서로 다를 것이다. 시간이 흐름에 따라 더욱 더 많은 유전적 차이가 축적되어 계통분류학자는 대표적인 두 종에서 DNA서열을 얻어 뉴클레오티드 서열을 비교할 수 있다. 아주 적은 차이는 더 밀접하게 관련된 생명체(즉 관련된 최근의 공통조상)임을 나타낸다.

어떤 경우에는 DNA염기서열의 유사성은 염색체의 구조에 반영된다. 그 예로 침팬지와 사람의 DNA 염기서열 및 염색체가 매우 유사하다는 것이 밝혀졌는데 이는 두 종이 머지않은 과거에 공통조상을 가지며, 매우 유연관계가 깊다는 것을 보여준다(**그림 19-3**).

## 계통분류학자는 관련된 종의 집단을 명명한다

계통분류학자는 진화계통수를 발표하면서 계통발생학에 대한 그들의 발견을 교환하지만 또한 한 집단의 종을 명명하기도 한다. 진화적인 역사를 재구성하는데 역점을 두면서 공통조상에서 유래된 모든 생명체를 포함하는 집단에만 공식적으로 명명한

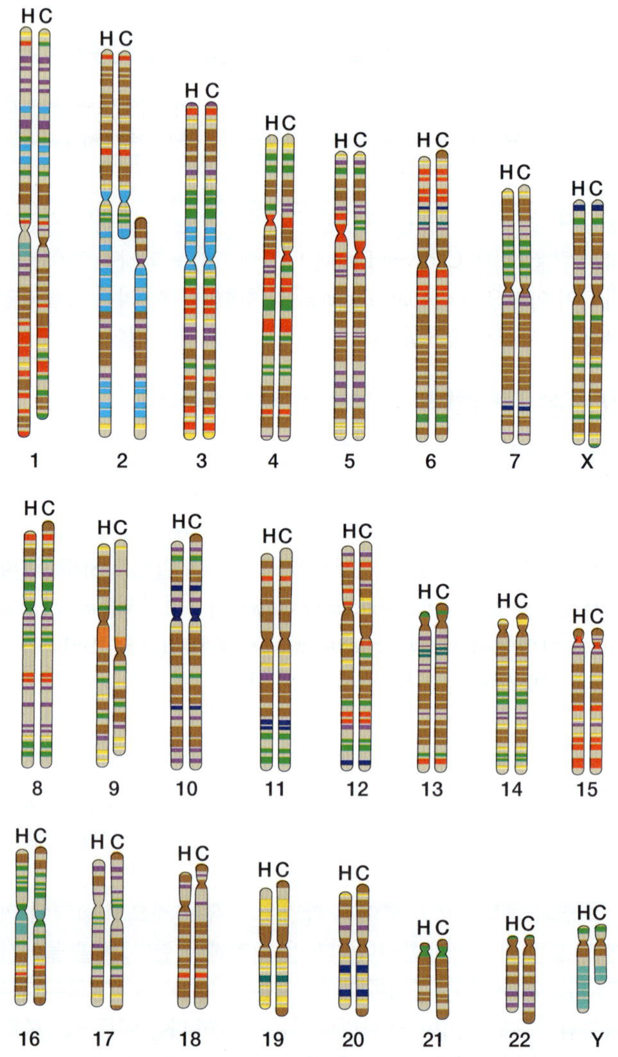


▲ **그림 19-3 인간과 침팬지 염색체의 유사성** 여러 종의 염색체는 염색된 띠 모양으로 비교될 수 있다. 인간의 염색체(각 쌍의 왼쪽 부분; H)와 침팬지 염색체(C) 사이의 비교는 두 종이 유전적으로 매우 유사함을 보여준다. 염색체 번호는 인간 염색체에 사용한 방식에 따라 매겼다; 인간 염색체 2는 침팬지 염색체 2개의 조합과 일치함을 주의 깊게 보자.

**비판적 사고** 인간 염색체 2는 하나의 기능성 있는 동원체와 동시에 두 번째 것의 나머지를 포함하고 있는 것으로 밝혀졌다. 이런 발견은 염색체 2의 진화적인 기원에 대해 무엇을 암시하는가?

CASE STUDY CONTINUED

## 킬러(Killer)의 기원

염기서열의 분석은 HIV의 조상을 밝히는 바이러스의 계통발생을 구축하는데 절대적으로 필요하다. 계통발생에서 유연관계가 높은 바이러스는 외관상으로나 구조적으로 거의 구별할 수가 없지만 이들 간의 차이는 염기서열의 차이에 의해서만 밝힐 수 있다. 따라서 HIV의 기원에 대한 과학적인 추적은 현대의 일상적인 DNA 서열분석에 의하지 않고는 불가능했을 것이다.

DNA 분석은 또한 HIV가 렌티바이러스 그룹의 일종임을 보여준다. 분류군으로 어떻게 이들이 명명될 수 있는가? 이 명칭은 분류군의 진화사에 대해 우리에게 무엇을 말해줄 수 있는가?

다. 그러한 집단을 **계통군(clades)**이라 한다. 진화수를 검토해보면 계통군이 큰 것 내에서부터 더 작은 것으로 체계적으로 정렬되어 있는 것을 볼 수 있다(**그림 19-4**).

### 등급은 계통군 명칭에 정보를 추가한다

계통분류학자가 계통군을 명명할 때 명칭자체는 계통군에 대한 많은 정보를 나타내지 않는다. 예를 들어 명칭은 계통군의 크기나 넓이에 대해 많은 것을 나타내지 않는다. 계통군은 모든 포유류를 포함하는 것과 같이 상대적으로 크고 포괄적인 것인가? 그렇지 않으면 단지 세 종만의 얼룩말만을 포함하는 것같이 작거나 좁은 계통군인가? 우리가 진화계통수를 볼 수 있다면 계통군의 크기와 넓이는 명백할 것이다. 그러나 진화계통수에 접근할 수 없다면 계통군의 영역을 이해하기위해 그 명칭 이외의 다른 정보가 필요하게 된다. 명명된 계통군의 상대적인 크기와 총체를 알아낼 수 있는 방법은 이들을 분류학적인 등급(*taxonomic ranks*)이라 불리는 범주에 놓는 것이다. 이러한 접근은 긴 역사를 갖는다. 린네는 각각 종을 다른 종과의 유사성에 근거하여 일련의 등급이 정해진 범주에 놓았다.

린네의 분류는 8개의 주요 등급으로 구성 된다: 영역(*domain*), 계(*kingdom*), 문(*phylum*), 강(*class*), 목(*order*), 과(*family*), 속(*genus*), 종(*species*). 이들 등급은 각 단계가 그 아래 모든 다른 단계를 포함하는 내부체계를 형성한다; 각 영역은 많은 계를 포함한다; 각 문은 많은 강을 포함한다; 각 강은 많은 목을 포함한다; 이하 동일하다. 분류체계의 아래 단계로 내려감에 따라 점점 작아지는 집단이 포함된다. 그래서 어떤 명명된 계통군이 문이고 두 번째 명명된 계통군이 문 내의 속이라면 두 번째 계통군은 첫 번째 것의 부분집합이라는 것을 이해하게 될 것이다.

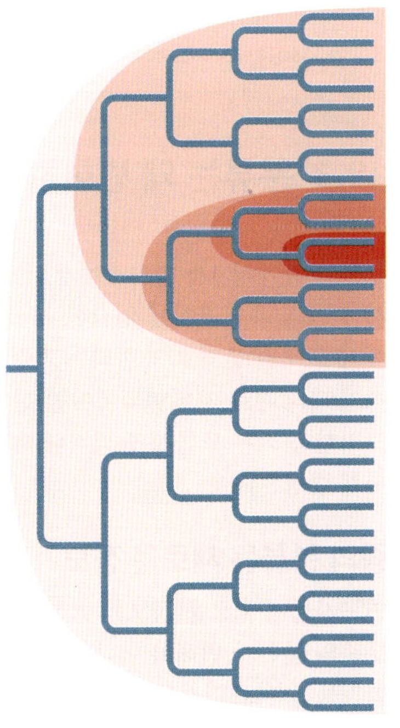

▶ **그림 19-4 계통군은 한 무리의 분류체계를 형성한다** 공통조상의 모든 후손을 포함하는 집단이 계통군이다. 계통수에 나타난 계통군의 일부는 다른 색으로 표시되었다. 작은 계통군은 더 큰 계통군 내에 속하는 것을 참고하라.

### 분류등급의 사용이 감소하고 있다

분류등급의 사용은 오랜 역사를 가지고 있지만 오늘날 분류학자는 린네의 등급체계를 과거만큼 강조하지 않는다. 역사적으로 할당된 등급은 현재 이해된 것만큼 진화적인 역사를 잘못 나타내고 있을 수 있으므로, 등급체계를 과학적으로 적절하게 수정하는 일이 어려운 기술적인 도전이 될 것이다. 최근 많은 분류학자는 그들이 명명한 계통군에 분류등급을 할당하지 않으며, 대신에 주어진 계통군이 계 문 강 목 혹은 과로 칭해야 되는지에 대해 주관적인 평가보다 정확한 진화수를 구축하기 위해 데이터를 사용하는데 심혈을 기울인다. 결과적으로 린네의 분류등급의 사용법은 감소하고 있다.

생명의 다양성을 기술한 장에서(20-25장), 진화등급의 사용은 다양한 생물을 연구하는 생물학자의 실행 방법에 따라 다르다. 대부분 단원에서 등급을 회피하는 새로운 규칙을 따르려할 것이며, 대신 일단의 관련된 종들을 설명하는데 분류학적인 집단(계통군의 동의어)을 사용한다. 그러나 몇 개의 장들에서는 린네의 등급을 선택적으로 사용할 것이다. 예를 들어 모든 동물, 식물, 곰팡이를 상대적으로 포함하는 세 개의 계통군에 관한 계를 사용하는 전통을 따를 것이다. 비슷하게 동물에 대한 두 단원에서는 동물계통분류학의 전통을 유지하는데 어떤 계통군을 문으로 명명할 것이다. 그리고 3가지의 가장 광범위하고 포괄적인 생명체의 계통군을 **영역(domains)**으로 칭할 것이다.

CHECK YOUR LEARNING

- 과학적인 명칭이 왜 필요한지를 설명할 수 있는가?
- 계통분류학자가 계통발생을 재구성하는 데 사용한 유사성의 유형을 기술할 수 있는가?
- 린네의 분류등급의 체계를 기술할 수 있는가?

## 19.2 생명의 영역은 무엇인가?

만약 모든 생명체의 공통조상이 나뭇가지 모양의 생물 계통수의 바닥에 위치한다면, 어떤 계통군이 줄기의 최초 분지에서 생겨났는지 의문이 생길 것이다.

1970년대 이전에 분류학자는 모든 증거를 통해 생명의 나뭇가지에서 최초의 분할은 모든 종을 다섯 개의 계로 나누었다. 다섯 개의 계 체계는 모든 원핵생물을 하나의 계로 놓고 다른 진핵생물을 네 개의 계로 나눈다. 진핵생물 내에서 다세포생물(식물, 동물 그리고 곰팡이)을 3개의 계로 나머지 모든 단세포성 진핵생물을 하나의 계에 포함시켰다.

새로운 정보가 축적되면서 그리고 계통분류에 대한 이해가 증가되면서 생명의 근본적인 범주에 대한 평가는 점진적으로 수정되었다. 새롭고 더 정확한 분류가 필요로 함을 보여준 미생물학자인 칼 위스(Carl Woese)의 혁신적인 업적에서 이러한 수정이 비롯된다.

미생물의 진화역사에 관심이 있었던 위스와 다른 많은 생물학자들은 원핵생물의 생화학을 연구하였는데, 생물의 리보솜에 있는 RNA의 염기서열을 분석한 결과 원핵생물은 실제로 두 종류의 전혀 다른 생물들이 포함된다는 것을 발견했다. 위스는 이들 두 그룹을 세균과 고세균(Archaea)으로 구분하였다(**그림 19-5**). 세균과 고세균의 리보솜 RNA서열의 광범위한 차이는 그들의 공통조상이 아주 오랜 시간 전에 생존했음을 나타낸다.

현미경 하에 외관상의 표면적인 유사성에도 불구하고 세균과 고세균은 대부분 기본적인 분자 수준에서 상이하다; 예를 들어 세포벽의 화학적인 구성 및 RNA 중합효소의 구조가 상당히 다르다.

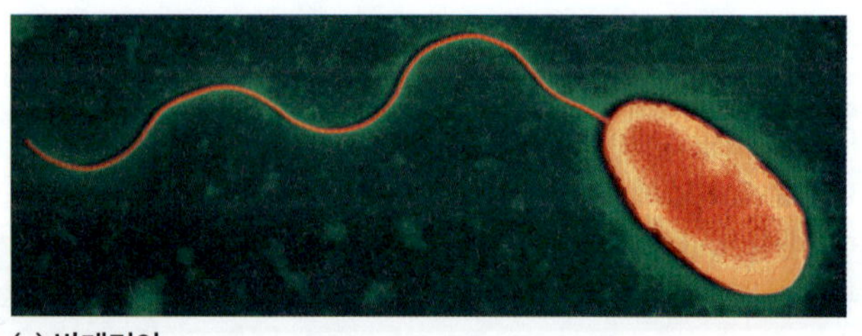

(a) 박테리아

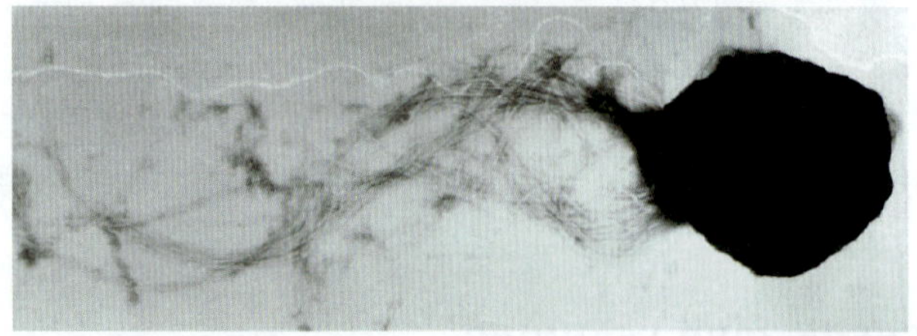

(b) 고세균

▲ **그림 19-5 원핵생물의 두 영역** 비록 외형은 비슷할지라도 (a) 세균 영역에 있는 *Pseudomonas aeruginosa*와 (b) 고세균 영역에 있는 *Methanococcus jannaschii*는 버섯과 코끼리보다 연관이 더 적다.

**비판적 사고** 세균과 고세균이 매우 다르게 관련되어 있다는 점을 감안하면 이들은 왜 외관이 자주 유사하게 보이는가?

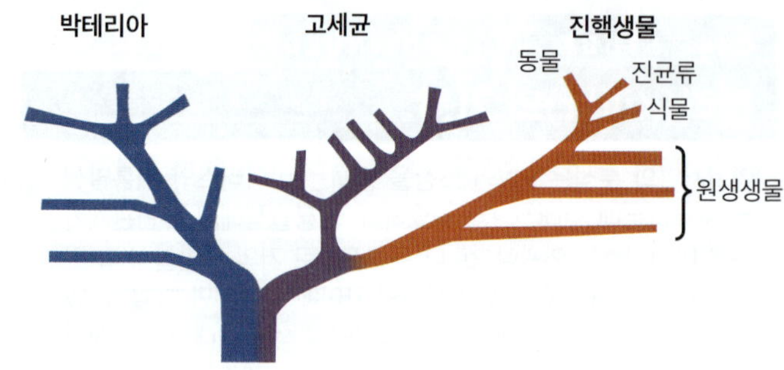


▲ **그림 19-6 생물의 계통수** 생물의 영역은 생물계통수의 세 부분의 줄기로 나타낸다. "원생생물(protist)"은 식물, 동물, 균류가 아닌 많은 진핵생물들을 포함하고 있다.

세균과 고세균은 이들 중 하나가 진핵생물과 닮지 않은 것처럼 서로 밀접하게 관련되어 있지 않다. 생명의 계통수는 생명의 역사 중 초기, 식물과 동물 그리고 곰팡이가 나타나기 오래 전에 3개의 부분으로 쪼개졌다. 이러한 분파는 생명을 3개의 영역: **세균(Bacteria)**, **고세균(Archaea)** 그리고 **진핵생물(Eukarya)**로 나누는 현대 분류도표를 보여준다(**그림 19-6**). 진핵생물은 식물, 동물, 곰팡이 그리고 총칭해서 원생생물(*protists*)로 알려진 대부분 단세포생물의 일련의 계통군을 포함한 진핵세포로 구성된 모든 생물을 포함한다. **그림 19-7**은 진핵생물 영역 중 일부의 진화적인 상호관계를 보여준다.

**CHECK YOUR LEARNING**

- 생명의 3개 영역을 명명하고 간단히 기술할 수 있는가?
- 과학자가 어떻게 원핵생물을 두 개의 영역으로 분리할 수 있었는지 설명할 수 있는가?

## 19.3 분류는 왜 변화하는가?

생물 분류에서 3개 영역체계가 나오고 많은 데이터가 축적되면서 진화적 유연관계에 입각한 가설이 개선되어야 한다. 계통수에서 오래된 분지로 표현되는 가장 크고 가장 포괄적인 계통군까지도 때때로 재배열되어야만 한다. 분류의 상위 단계에서의 그러한 변화는 드물게 발생하나, 하위 단계의 계층 구조는 빈번하게 수정된다.

### 종의 분류는 새로운 정보가 발견되면 변화한다

연구자들이 새로운 정보를 밝혀내면 분류학자들은 정식으로 종 수준의 분류가 변해야 한다고 제안한다. 그 예로 최근까지 분류학자들은 아프리카코끼리와 인도코끼리 두 종의 코끼리를 알고 있었는데 현재는 3종이 존재하는 것으로 밝혔다. 즉 아프리

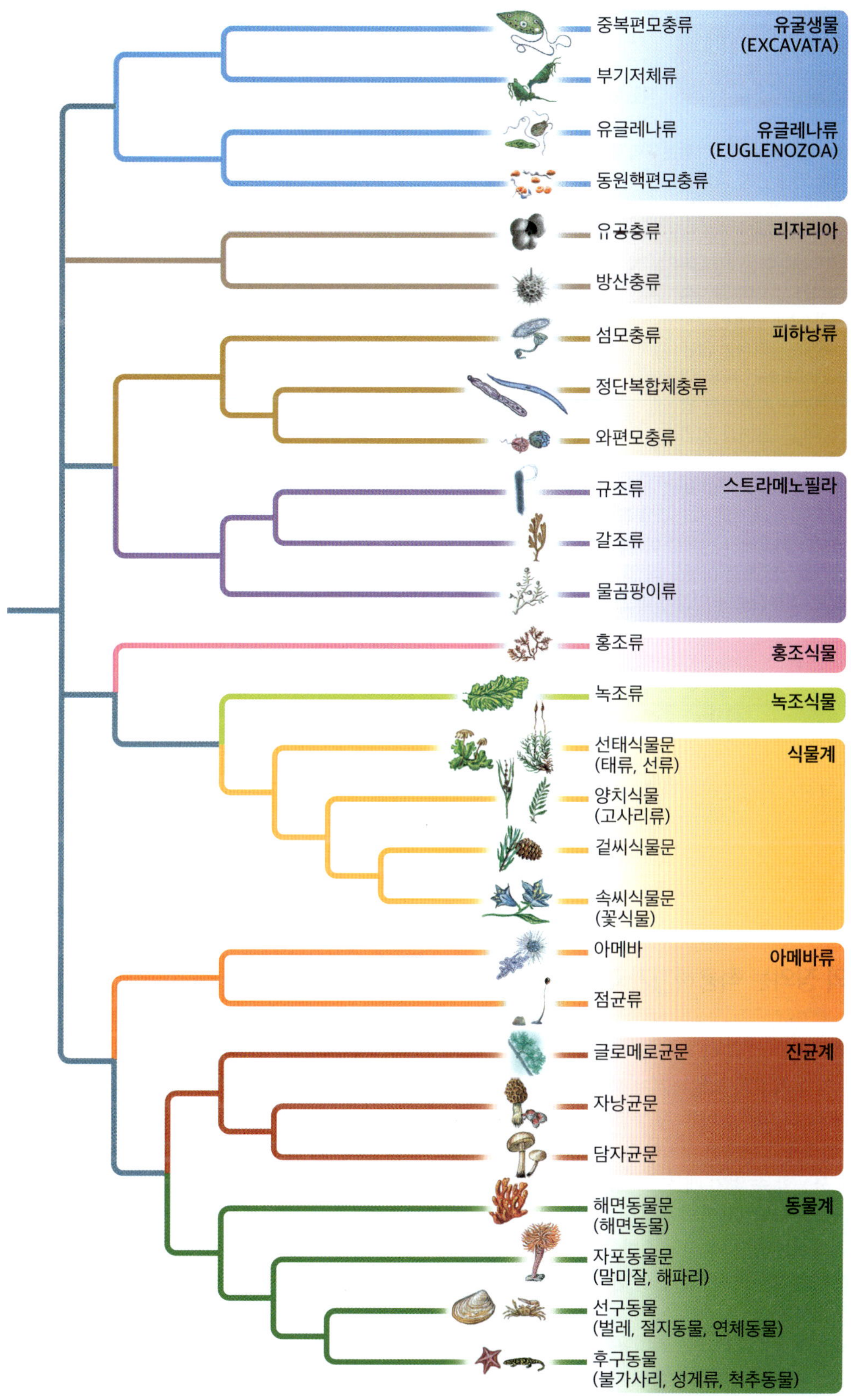


▲ **그림 19-7 진핵생물의 진화 계통수** 진핵생물의 주요 진화계통.

**Have You Ever Wondered ...**

## 사람이 의복을 입기 시작했을 때는?

의복은 매우 빠르게 썩기 때문에 우리 조상이 언제부터 옷을 입기 시작했는지를 고고학적으로 밝힐 수 없다. 그러나 놀랍게도 이(lice)를 연구하는 계통분류학자가 해답을 줄 수 있다. 대부분의 이러한 기생 곤충 종은 단지 하나의 숙주 종에만 살며 인간에 기생하는 이도 예외는 아니다.

인간에 만연하는 이는 두피에만 생존하는 두피 이와 의복에만 생존하는 신체 이(이들은 신체에서 먹이를 얻으며 일시적으로 의복에 머물지만 오랫동안 번창하지 못한다)가 있다. 계통분류학자는 많은 이 종의 DNA를 비교하여 인간 두피 이와 신체 이가 매우 가까운 친족임을 밝혔다. 그리고 분자 시계로 알려진 방법을 사용하여 이 두 종의 분할이 80,000 - 170,000년 전에, 아마도 이 기간의 빠른 시기에, 일어났을 것으로 측정하였다. 두 종류의 이의 공통조상이 의복이 사용되어서야 머리에서 신체로 이동할 수 있기 때문에, 사람은 적어도 80,000년 전 혹은 아마도 더 일찍 옷을 입었을 것이다. 이러한 시점으로 미루어보아 인간이 아프리카를 떠나 지구를 거슬러 흩어지기 시작할 때에 이미 옷을 입고 있었을 것으로 짐작된다.

이속(동물)

카코끼리가 사바나코끼리와 밀림코끼리로 나누어졌다. 왜 변했을까? 아프라카에서 코끼리를 유전적으로 분석해보니까 밀림에 거주하는 코끼리와 사바나에 거주하는 코끼리 사이에 유전자 흐름이 거의 없음이 밝혀졌다. 두 그룹의 코끼리는 사자나 호랑이 관계보다 유전학적으로 유사하지 않다.

### 생물학적인 종의 정의는 적용하기가 어렵거나 불가능할 수 있다

어떤 경우에 분류학자들은 한 종이 어디에서 끝나고 다른 종이 어디에서 시작하는지를 확실하게 말하기가 불가능하다는 것을 발견하였다. 17장에서 논의된 것처럼, 무성생식하는 생물은 이종교배의 기준(이 교재에서 사용한 생물학적 종 정의의 기본)이 종들을 분간하는데 사용할 수 없기 때문에 분류학자들에게 특별한 도전이 된다. 무성생식하는 생물의 연구에서 나타나는 이 기준의 부적절함 때문에 학자들이 특히 비슷한 표현형을 갖는 그룹들을 비교했을 때 무성생식하는 개체군이 한 종을 구성하기에 적합하지 않는 부분이 많다.

무성생식하는 생물을 생물학적 종으로 적용하는 것에 대한 어려움은 분류학자들에게는 심각한 문제이다. 어쨌든 유의한 수준의 생물은 성적 결합 없이 생식한다. 예를 들어 대부분의 세균, 고세균, 원생생물 등은 무성생식으로 번식한다. 일부 분류학자들은 무성으로 생식하는 생물을 배제하지 않으면서 생식적 격리의 기준에 의존하지 않는 좀 더 광범위하게 적용될 수 있는 종의 정의가 필요하다고 역설한다.

진화생물학 역사를 보면 종을 정의하는 많은 내용들이 제안되었지만, 생물학적인 종의 정의를 대신하기에 충분하지는 않았다. 그러나 정의에 대한 대안 하나가 최근에 밝혀졌다. 계통발생학적인 종의 개념은 한 종의 공통조상으로부터 비롯된 모든 자손을 포함하는 가장 작게 분석된 그룹으로서 종을 정의한다. 반면에 우리가 생물집단 중에서 조상의 유형을 묘사하는 진화의 나무를 그린다면 가지에 나타나는 개체가 다른 가지의 개체와 이종교배할 수 있는지의 여부에 관계없이 나무의 각 가지는 분리된 종들로 구성된다. 그렇지만 계통발생적인 종의 개념을 엄격하게 적용한다면 분류학자들이 아는 다른 종들의 수가 아주 많이 증가하게 될 것이다.

계통발생적인 종의 개념을 반대하는 사람들과 지지하는 사람들은 그것의 장점에 대해서 활발하게 논의하고 있다. 아마도 언젠가는 생물학적인 종의 개념이 "교과서적인 정의"로 바뀔 것이다. 그러는 동안에도 분류학자들이 특히 분자생물학에서 유래된 기술의 적용으로 진화의 유연관계에 대해 많이 알게 됨에 따라 분류에 대한 논쟁과 개선은 계속될 것이다.

**CHECK YOUR LEARNING**

- 계통발생적인 분류는 왜 이따금 변화하는지를 설명할 수 있는가?
- 생물학적 종 개념의 제한점을 기술하고 이것이 계통발생적인 종개념과 어떻게 다른지를 설명할 수 있는가?

## 19.4 얼마나 많은 종이 존재하는가?

지구에 존재하는 종의 진화적인 역사를 재구성하려는 도전은, 대부분의 종이 발견되지 않거나 기술되지 않은 채로 있다는 사실 때문에 복잡해진다. 과학자들은 얼마나 많은 종들이 지구상에서 존재하는지를 알지 못한다. 해마다 대략 15,000종이 새롭게 명명되며, 명명된 생물종 대부분은 열대우림에서 사는 곤충들이다. 현재까지 알려진 종의 전체 수는 약 160만 정도이다. 그러나 과학자들은 더 많은 종이 존재할 것이라는 데 동의한다. 최근 잘 인정받는 측정치는 870만 종 혹은 그 이상의 종이 지구상에 존재할 것으로 평가한다.

수많은 지구에 존재하는 다양한 종들이 **생물다양성(biodiversity)**을 구성한다. 모든 생물종 중에서 약 5% 정도가 원핵생물과 원생생물로 알려졌다. 22%는 식물과 균류 그리고 나머지가 동물이다. 이와 같은 분포 양상은 이들 생물의 실제적인 풍부함과는 거리가 멀고 그들을 얼마나 쉽게 분류할 수 있나, 얼마나 접근 가능한가, 그것들을 연구하는 분류학자들의 수가 어느 정도이고 생물의 크기가 어떤지 등에 더 많은 관련이 있다. 역사적으로 분류학자들은 온대지역에 대형 생물에 주로 초점을 맞추었으나, 생물다양성은 열대지역의 작고 미세한 생물들에게서 더 크게 나타난다. 게다가 대륙성 종들은 육상이나 연안에서도 관찰되었으나 깊은 바다에 사는 종들은 아직 탐구되지 않고 있다. 이들의 한정된 시료에서 과학자들은 수십만 종들이 알려지지 않은 채로 남아있다고 추정한다.

비록 약 5,000종의 원핵생물이 명명되었지만 원핵생물의 종 다양성은 조사되지 않은 채로 남아있다. 숲속 토양의 작은 시료에 나타나는 서로 다른 세균 종 수를 측정하기 위해 DNA를 분석한 노르웨이의 과학자가 연구한 것을 생각해보자. 연구자들은 종들을 구분하기 위해서 샘플의 어떤 다른 세균 DNA와 적어도 30%정도가 차이가 있으면 그 DNA가 별개의 세균 종으로부터 나온 것이라고 임의적으로 정의하였다. 그들은 이 기준에 의해서 토양 샘플 내에 4,000종 이상의 세균이 있고, 연안 침전지에도 같은 수가 있다고 보고했다.

생물다양성의 전체적 범위에 대한 우리의 무지는 열대우림의 파괴라는 새로운 차원의 비극을 초래할 것이다. 비록 산림이 지구육지의 약 6%만 덮고 있다고 해도 아직 연구되어지거나 명명되지 않은 지구상에 존재하는 생물의 3분의 2의 보금자리가 된다고 믿고 있다. 이들 산림이 빨리 파괴되기 때문에 지구상에 존재했는지조차 모르는 많은 종들을 잃게 된다. 예를 들어 1990년에 새로운 종인 검은 얼굴 사자원숭이가 브라질 동쪽 해안에서 약간 떨어진 섬의 열대우림에서 발견되었다(**그림19-8**). 다람쥐 크기의 원숭이가 발견되기 전에 산림이 작은 구획으로 먼저 절단되었다면, 사자원숭이 존재는 보고되지 않았을 것이다. 현재 속도로 산림파괴가 진행된다면 무한한 생명의 가치를 가진 대부분의 열대우림은 다음 세기 안에 사라질 것이다.

### CHECK YOUR LEARNING

- 기술된 종의 수가 실제 수보다 훨씬 적은 이유를 설명할 수 있는가?
- 얼마나 많은 종이 지구상에 있는지를 정확하게 평가하기가 왜 어려운지를 설명할 수 있는가?

▶**그림 19-8 검은 얼굴 사자 tamarin** 검은 얼굴 사자 tamarin은 야생에서 400마리 정도 남아 있는 것으로 추정된다; 인간에 의해 포획되고 번식되는 방법이 유일한 생존의 희망일 것이다.

CASE STUDY REVISITED

## 킬러의 기원

유인원과 원숭이에서 HIV가 기원되었다는 어떤 증거가 진화생물학자들을 설득시켰는가? 이러한 진화적 개념을 이해하기 위하여 **그림 19-9**에 나타난 진화의 계통수를 살펴보자. 이 계통수는 유인원과 원숭이 바이러스들(SIVs)의 RNA 염기서열을 비교함으로써 HIV의 밀접한 연관성을 잘 나타내고 있다.

계통수에서 4개의 인간면역결핍바이러스(HIV-1의 두 주와 HIV-2의 두 주)의 위치를 보면, HIV-1의 한 주의 가지는 침팬지 SIV(유인원면역결핍바이러스)의 주 1의 가지에 인접해 있다. 이러한 인접된 가지는 HIV-1의 주 1이 HIV-1의 주 2보다 침팬지바이러스에 더 가깝게 연관되어있고 HIV-2의 주 1은 HIV-2의 주 2보다 머카크원숭이 SIV에 더 가깝게 연관되어 있음을 나타낸다. HIV-1과 HIV-2 모두 유인원과 원숭이 바이러스에게 더 가깝게 연관되어 있다는 것을 알 수 있다.

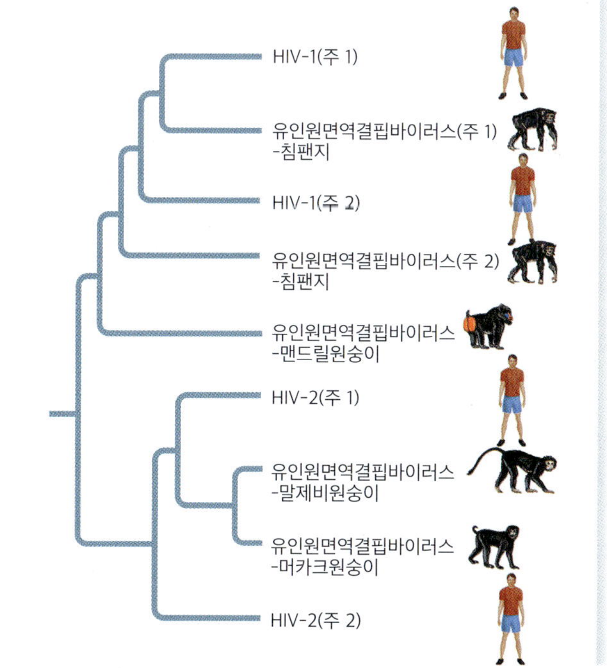


▶**그림19-9 진화론적인 분석으로 HIV 유래 해결** 면역결핍바이러스의 계통발생은 인간을 숙주로 하는 바이러스와 모두 같은 집단은 아니다. 바이러스의 진화 단계에서 바이러스와 숙주 종 사이에 일치성이 부족한 것은 바이러스가 숙주 사이에서 전이되었을 것으로 생각된다.

계통수에서 진화의 역사를 보여주는 유일한 길은 바이러스가 숙주 종 사이를 전이하는지의 여부를 보여주는 것이다. 만일 HIV가 인간 숙주 안에서 정확하게 진화했다면 인간 바이러스들은 서로 가장 가까운 연관이 되었을 것이다. 인간 바이러스가 발생계통수에서 하나의 바이러스 집단이 되지 못하였기에 종 교배감염이 아마도 다중으로 일어났을 것으로 추론할 수 있다. 가장 가능한 바이러스 전이의 수단은 인간이 원숭이(HIV-2)와 침팬지(HIV-1)을 섭취한 것이다. 최근에 HIV-1에 특히 가까운 SIV의 한 주가 카메룬의 중앙아프리카국가의 남동부 구석의 산림에 서식하는 침팬지의 한 부류임이 발견되었음으로, 침판지의 바이러스가 침팬지에서 사람으로 이전되어 HIV가 전염성을 갖게 되었을 것 같다.

**생각해보기** HIV의 진화적 기원을 이해할 수 있으면 연구자들이 에이즈의 확산을 방지하고 치료하는 더 좋은 방법을 찾아내는 데 도움이 될 수 있는가? 일반적으로 어떻게 진화적 사고가 의학적인 연구의 진전에 도움을 줄 수 있을까?

# CHAPTER REVIEW

*비판적 사고와 생각해보기, 선택형문제, 빈칸채우기 질문에 대한 답은 이 책의 뒷부분에 있는 정답란에서 볼 수 있다.*

## 핵심개념의 요약

### 19.1 생명체는 명명되고 분류되는가?

생명체의 학명은 속과 종명으로 구성된다. 분류학자는 생명체 간의 해부학 및 분자생물학적인 유사성을 이용하여 종 간의 진화적인 관계를 재구성하고 그 결과를 계통수 도표로 표시한다. 이러한 계통수에 근거해서 분류학자는 계통군(공통조상에서 유래한 종들을 포함하는 집단)을 명명한다. 계통군은 더 큰 계통군에 속하며 내포된 범주의 계통체계를 형성한다. 린네의 분류에서 계통 체계 내의 서로 다른 계통군은 분류등급으로 할당된다. 8개의 주요 등급은  점점 감소하는 순서대로 영역(domain), 계(kingdom), 문(phylum), 강(class), 목(order), 과(family), 속(genus), 종(species)이다.

### 19.2 생명의 영역은 무엇인가?

생물의 계통수 3개의 주요 가지를 나타내는 3가지 영역은 세균, 고세균, 진핵생물이다. 식물, 곰팡이 그리고 동물은 진핵생물 영역 내의 계통군 안에 있다

### 19.3 분류는 왜 변화하는가?

분류는 새로운 정보가 발견되면 수정된다. 종의 경계는 정의 내리기가 어렵고, 특히 무성생식하는 종의 경우에는 더욱 그렇다. 그러나 분류학은 정확한 상호소통에 필수적이며 생명의 진화 역사를 이해하는데 공헌한다.

### 19.4 얼마나 많은 종이 존재하는가?

현재 지구상의 생물종은 약 160만 정도의 종이 명명되었지만 전체 범위는 870만 종 이상일 것으로 평가되었다. 대부분의 생물종은 열대우림 지역에서 연간 15,000 종이 명명되고 있다.

## 개념을 통한 이해

### 선택형 문제

**1.** 종 A가 종 C보다 종 B에 더 밀접하게 관련 된다고 말하는 것은 A와 B가 ____________이라 말하는 것이다.
 a. A와 C보다 더 오래된 공통조상을 갖는다.
 b. A와 C보다 더 최근의 공통조상을 갖는다.
 c. A와 C보다 더 외견상 유사하다.
 d. 같은 지역에 살았지만  C는 거기에 살지 않는다.

**2.** 한 분류군을 재구성하는데 유익하기 위하여 특성은 ____________ 하여야 한다.
 a. 공통조상에 존재하기 때문에 모든 분류군에 존재
 b. 수렴진화 때문에 모든 분류군에 존재
 c. 해부학적인 특징
 d. DNA 서열

**3.** 다음에서 인간의 과학적인 명명을 올바르게 제시하는 것은 무엇인가?
 a. *Homo Sapiens*
 b. Homo sapiens
 c. *homo sapiens*
 d. *Homo sapiens*

**4.** 현대의 계통분류학에서 분류는 ____________로 기대된다.
 a. 유사한 외관을 공유하는 생물군
 b. 린네 분류등급을 포함한다.
 c. 진화사를 반영한다.
 d. 일단 정해진 것을 바꿔서는 안 된다.

**5.** 다음의 어느 것이 원핵생물로 구성된 모든 영역을 포함하는가?
 a. 세균과 곰팡이
 b. 고세균과 진핵생물
 c. 세균과 고세균
 d. 세균과 진핵생물

### 공간채우기

1. 생물을 명명하고 분류하는 과학을 __________이라 칭한다. 진화의 역사를 재구성하고 묘사하는 관련된 과학을 __________이라 칭한다. 특정 공통조상에서 유래된 모든 생물을 구성하는 집단은 __________이다.
2. 학명은 __________명과 다음에 쓰여지는 __________명으로 구성된다. 학명의 두 부분은 __________ 언어로 쓰여지며, 학명의 첫 단어의 첫 글자는 항상 __________로, 두 부분의 명은 __________글자로 쓰여진다.
3. 린네분류에 8개 주요 분류등급은 점점 감소하는 순서대로 __________, __________, __________, __________, __________, __________, __________, 그리고 __________, 로 구성되며 생명의 3개 영역은 __________, __________, 그리고 __________이 있다.
4. 분류학자는 주로 __________와 __________의 유사성에 근거하여 종간의 진화적인 유연관계를 결정한다.
5. 생물학적인 종의 정의는 __________ 생물체에 적용하기 어렵다. 대체적인 종의 정의는 __________로써 알려져 있으며 이러한 제한이 없다.
6. 명명된 종의 수는 약 __________이지만 지구상의 실제 종의 수는 대략 __________로 추산된다.

### 복습문제

1. 현대 분류학에 린네와 다윈이 공헌한 것은 무엇인가?
2. 돌고래는 어류와 가까운 유연관계인지 아니면 곰과 가까운 유연관계인지를 결정할 수 있는 특징은 무엇인가?
3. 멸종된 동굴곰(구석기시대의 곰)은 회색곰에 더 가까운 유연관계인지 아니면 검은곰에 가까운 유연관계인지를 결정할 수 있는 유용한 기술은 무엇인가?
4. 지구상에 존재하는 모든 생물종 중 소수 종만이 과학적으로 묘사되었는데 그 이유는 무엇인가?
5. 영국에서는 "daddy long-legs" 파리를 일반적으로 long-legged 파리라고 하지만 미국에서는 같은 이름으로 spider-like animal이라고 한다. 과학자들이 그와 같은 혼동을 피할 수 있는 방법은 무엇일까?
6. 다양한 계통분류학자 간에 무성생식 생물의 종을 명명하는 것이 유성생식 생물의 종을 명명하는 것과 왜 서로 다를까?

## 개념의 적용

1. 인구증가와 경제 팽창에 의해 야기된 압력은 열대지방과 같이 생물다양성의 보고를 위험에 빠지게 한다. 열대종 20종 중에 1종만이 과학계에 알려져 있다는 것이 더욱 심각한 문제이다. 열대지역은 대부분 저개발 또는 개발도상국가들로 이곳에서 생물다양성을 보존하기 위해 어떤 논쟁을 할 수 있는가? 이러한 보존을 위해 이들 국가들의 경제적 희생을 요구하는 것인가? 자원개발과 생물다양성 보존이라는 상충되는 문제를 해결할 실마리를 제시해보자.
2. 만일 대홍수가 일어난다면 육지의 나무들은 침수된 나무의 윗가지만이 물위로 보일 것이다. 만약 당신이 단지 노출된 끝부분을 기초로 수면 아래에 있는 나뭇가지를 스케치하도록 요청받는다면, 분류학자가 공통조상들을 따라 다양한 생물을 연결하는 "가계도"와 다소 비슷한 재구성을 시도할 것이다. 두 사례에서 어떤 공통된 실수가 있을까? 현대 분류학자들이 갖는 장점은 무엇인가?
3. 다음 그룹의 목록을 고려하라: (1) 원생생물, (2) 곰팡이, (3) 무종자식물(고사리류, 이끼류, 우산이끼류), (4) 원핵생물(세균과 고세균), (5) 동물. 그림 19-6, 19-7, 22-4, 23-5, 그리고 24-1를 참고하여 목록에서 단일계통 그룹을 확인하라.

# 20 원핵생물과 바이러스의 다양성

햄버거는 위험한 박테리아를 제거하기 위해 완전히 익혀야 한다.

CASE STUDY

## 저녁 만찬의 불청객

어느 날 저녁, 미시간 대학교의 학생 Andrew Lekas는 학교 주변 식당에서 부리토를 사 먹었다. 몇 시간 후 그는 구토, 설사, 두통, 그리고 무력감 등의 증상을 나타냈다. 증상은 점점 심해져 결국엔 입원하였고, 일주일 넘게 침대에 누워있어야 했다. 무엇이 Lekas를 아프게 했을까? 그의 부리토에 있던 상추가 오염되었던 것이다.

Lekas의 경험도 충분히 불쾌했지만, 이보다 더 심할 수도 있었다. 식중독으로 인한 다른 피해자들은 훨씬 심각한 결과를 경험했다. 예를 들어, 미네소타 출신의 댄스 강사였던 Stephanie Smith는 오염된 햄버거를 먹은 후 생긴 심각한 질병(용혈성 요독증 증후군)의 결과로 하반신이 마비되었다.

유감스럽게도, 오염된 음식 섭취로 인한 부작용은 너무나도 흔하다. 미국 질병통제예방센터(CDC)는 미국 거주사들이 매년 무려 4천8백만 건의 식중독을 앓는 것으로 추산하고 있다. 이중에는 매우 심한 경우들도 있다. 예를 들어, 2011년에는 최소 30명의 사망자가 단 하나의 메론 공급원으로부터 초래되었고, 독일에서는 단 하나의 콩나물 공급원으로부터 53명의 사망자와 850건 이상의 용혈성 요독증 증후군이 발생했다. 미국 전역에서 매년 약 125,000건의 입원과 3000명의 사망자가 오염된 식품의 섭취로 인해 발생한다.

도대체 무엇이 음식을 오염시키고 수많은 병을 유발하는 것일까? 그것은 바로 세균이다. 우리가 식사와 간식으로 섭취하는 음식은 질병을 유발하는 다양한 종류의 세균에게 서식지를 제공한다. 이 보이지 않는 손님은 당신의 점심과 함께 소화기관에 들어가 그곳에 정착하여 불쾌한 증상을 유발하고, 많은 경우에는 심각한 질병까지 유발한다. 세균의 오염으로부터 음식을 보호하기 위한 효과적인 전략을 고안하는 것은 부분적으로 우리가 얼마나 박테리아의 생물학적 성질을 잘 이해하느냐에 달려있다. 과학자들은 박테리아와 그들의 동료 원핵생물인 고세균에 대해 얼마나 알고 있을까?

## 주요내용



## 20.1 어떠한 생물들이 원핵생물 영역인 세균과 고세균을 구성하는가?

지구 최초의 생물은 핵, 엽록체, 그리고 미토콘드리아와 같은 소기관이 결여된 단세포 미생물인 원핵생물이다(4장 원핵세포와 진핵세포의 비교 참조). 최초 15억 년 전 또는 그 이상의 생물 역사에서 모든 생명체는 원핵세포이다. 오늘까지도 원핵세포는 놀랄 만큼 풍부하다. 바닷물 한 방울에는 수십만 마리의 원핵세포가 포함되어 있고 한 숟갈의 토양에는 수십억 마리가 포함되어 있다. 보통 사람의 몸은 수백억 마리의 원핵생물의 거주지로, 이들은 피부와 입, 위와 내장에 거주하고 있다. 수적으로 보면, 원핵생물들은 지구에서 가장 우점종에 해당되는 생물이다.

원핵생물은 일반적으로 직경이 0.2~10㎛의 범주로 매우 작다. 이에 비해 진핵생물의 직경은 10~100㎛이다. 비록 일부 종의 세균은 더 큰 것도 있지만, 평균 크기의 원핵생물 약 250,000마리가 이 문장이 끝날 때 찍히는 마침표에 모일 수 있다. 가장 큰 것으로 알려진 세균(*Thiomargarita namibiensis*)은 직경이 700㎛(볼펜 촉 정도의 크기)로, 맨눈으로도 볼 수 있다.

원핵세포를 둘러싸고 있는 세포벽은 서로 다른 종류의 원핵생물에게 특징적인 형태를 부여한다. 가장 일반적인 형태는 구형, 막대형, 그리고 나선형이다(**그림 20-1**).

### 세균과 고세균은 근본적으로 다르다

세 영역의 생물들 중 두 영역에 해당하는 **세균(bacteria)**과 **고세균(archaea)**은 전적으로 원핵생물들로 구성되어 있다. 세균과 고세균의 현미경 하의 외적 형태는 유사하지만, 구조와 생화학적인 특징은 현저한 차이가 있으며, 이러한 차이에 의해 두 분류군이 고대에 이미 진화적으로 분리되었음을 알 수 있다(**표 20-1**). 예를 들어, 세균의 세포벽은 소량의 아미노산들이 결합되어 있는 다당체 분자인, 펩티도글리칸(*peptidoglycan*)을 갖고 있는데 이 물질은 세포벽 강화에 도움을 준다. 펩티도글리칸은 세균에게만 있는 세균 고유의 물질로서, 고세균의 세포벽에는 없다. 또한, 세균과 고세균은 원형질막, 리보솜, 그리고 RNA 중합효소의 구조와 구성이 다르며, 전사와 번역과 같은 기초 과정의 메커니즘도 다르다.

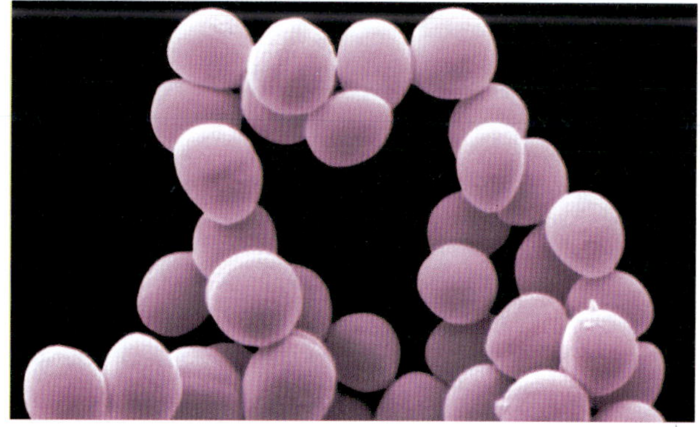

(a) 구형

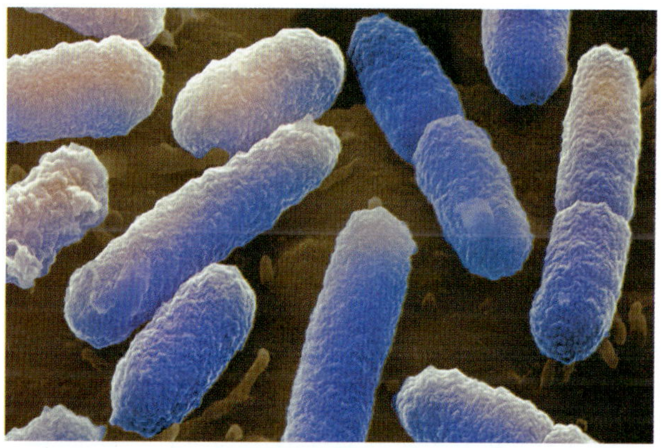

(b) 막대형

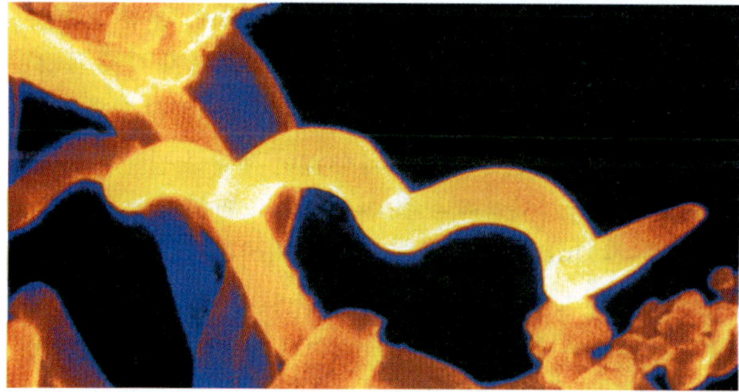

(c) 나선형

▲ **그림 20-1 세 가지 형태의 일반적인 원핵생물** **(a)** 포도상구균(*Staphylococcus*) 속의 구형 세균, **(b)** 에셀리키아(*Escherichia*) 속의 막대형 세균, **(c)** 보렐리아(*Borrelia*) 속의 나선형 세균.

**표 20-1 고세균과 세균의 차이**

| | 고세균 | 세균 |
|---|---|---|
| 세포벽에 펩티도글리칸이 존재하는가 | 없음 | 있음 |
| 세포막 지질의 구조 | 가지형 탄화수소 | 직선형 탄화수소 |
| DNA와 결합하는 히스톤 단백질 | 있음 | 없음 |
| 인트론 | 몇몇 유전자에 존재 | 없음 |
| RNA 중합효소 | 여러 종류 | 한 종류 |
| 단백질 합성을 개시하는 아미노산 | 메티오닌 | 포르밀메티오닌 |

(히스톤, 인트론, RNA 중합효소의 기능에 대한 추가 사례에 대해서는 13장 참조)

### 원핵생물 영역 내에서의 분류는 DNA 서열에 기초한다

고세균과 세균 사이의 뚜렷한 생화학적인 차이점은 두 영역을 간단하게 구별해 주지만, 각 영역 내에서의 분류에는 어려움이 많다. 이러한 분류 난관은 원색생물이 매우 크기가 작고, 구조적으로 단순하기 때문에 발생한다. 즉, 원핵생물은 식물, 동물, 그리고 다른 진핵생물의 진화적인 역사를 추론하는데 사용되는 만큼의 다양한 해부학적 차이를 나타내지 않는다. 따라서 원핵생물은 전통적으로 형태나 운동 방식, 색소, 영양 요구성 집락(colony: 각 개체가 단일세포로부터 유래한 집단)의 형태, 그리고 염색 특성과 같은 특징에 기초하여 분류하였다. 예를 들어, 염색 기법의 하나인 그람 염색(Gram stain)은 세균에서 두 가지 형태의 세포벽 구조를 구별한다. 염색 결과에 따라, 세균들은 그람 양성(*gram-positive*)균 또는 그람 음성(*gram-negative*)균으로 분류된다.

근래에 원핵생물 영역의 진화적 역사에 대한 우리의 이해는 DNA와 RNA의 염기서열을 비교함으로써 크게 넓어졌다. 이러한 새로운 염기서열 정보에 기초하여, 세균과 고세균에 관한 초기 분류체계의 일부 관점이 실제의 진화 역사와 일치하지 않는다는 것이 밝혀졌다. 오늘날, 원핵생물의 분류는 거의 전적으로 DNA 염기서열 정보를 기반으로 한다. 분류학자들은 이러한 정보를 이용하여 세균과 고세균 영역의 전통적인 분류가 계통군(*clades*: 공통의 조상을 가지는 자손으로 이루어진 생물 분류군) 분류를 나타내는 정도를 결정하고 추가적인 계통군으로 분류하였다. 또한, 실험실에서 배양이 되지 않아 제대로 관찰할 수 없었던 종도 DNA 염기서열 정보를 이용하여 정확하게 분류할 수 있게 되었다. 심지어 몇몇 종들은 너무 동떨어져 있어서 미생물 군집에 존재하는 모든 DNA가 표본 추출되고 샘플화되는 탐구조사에서만 찾아볼 수 있는데, 이들도 원핵생물 분류에 포함된다.

현재 분류학자들은 세균 영역에서는 30여개, 고세균 영역에서는 5개의 주요 그룹을 인지하고 있다. 세균 영역에서 크기가 큰 계통군의 예로는 생내학적으로 중요하며 광합성을 하는 종들을 다수 포함하는 남세균(cyanobacteria), 우유를 요구르트로 바꾸고 파상풍을 유발하는 종을 포함한 퍼미큐테스(Firmicutes), 그리고 식중독을 유발하는 종을 다수 포함한 프로테오박테리아(Proteobacteria)가 있다. 고세균 영역에서 가장 큰 계통군에는 아주 뜨거운 환경에서 사는 종들을 포함한 크렌고세균(Crenarchaeota), 그리고 우리의 창자에 살며 메탄(천연가스의 주성분)을 생성하는 유리고세균(Euryarchaeota)이 있다.

### 원핵생물의 진화 역사를 밝혀내는 것은 어렵다

이 책에서 진핵생물에 대해 다루는 다른 장들과는 달리, 이번 장에서는 원핵생물의 진화 계보를 보여주고 있지 않다. 그 이유는 세균과 고세균 내의 진화론적 분화 패턴에 관련하여 분류 학자들 사이에서 논란이 많기 때문이다. 비록 DNA 분석이 두 영역 내의 계통군을 밝혀냈지만 계통군 사이의 진화적 관계에 대한 일치된 견해를 제시하진 못했다. 왜 분류학에서 일반적으로 사용되는 방법으로는 모두가 수긍할 수 있는 계보가 나오지 않았을까? 유력한 이유 중 하나는 접합(conjucation, 이 장 뒷부분에 설명)과 같은 과정이 원핵생물의 유전자가 한 종에서 다른 종으로 이동할 수 있게 한다는 것이다. 만약 한 종이 다른 종으로부터 유전자를 물려받았다면 그 종의 유전자는 부위마다 서로 다른 진화적 역사를 가지게 될 것이다. 유전적으로 매우 먼 원핵생물 사이에서 과거에 일어난(그리고 현재에도 진행중인) 유전자 혼합은 매우 복잡한 진화적 역사를 초래하였으며 이는 재구성하기 극히 어렵다.

**CHECK YOUR LEARNING**

- 세균과 고세균의 차이점을 서술할 수 있는가?
- 원핵생물의 일반적인 크기와 모양을 서술할 수 있는가?

## 20.2 원핵생물들은 어떻게 생존하고 번식하나?

원핵생물이 풍부한 것은 전적으로 다양한 환경에 두 원핵생물 영역의 구성원들이 서식하고 개척하도록 허용된 적응 때문이다. 이 단원에서 우리는 원핵생물들이 생존하고 번창하는 몇 가지

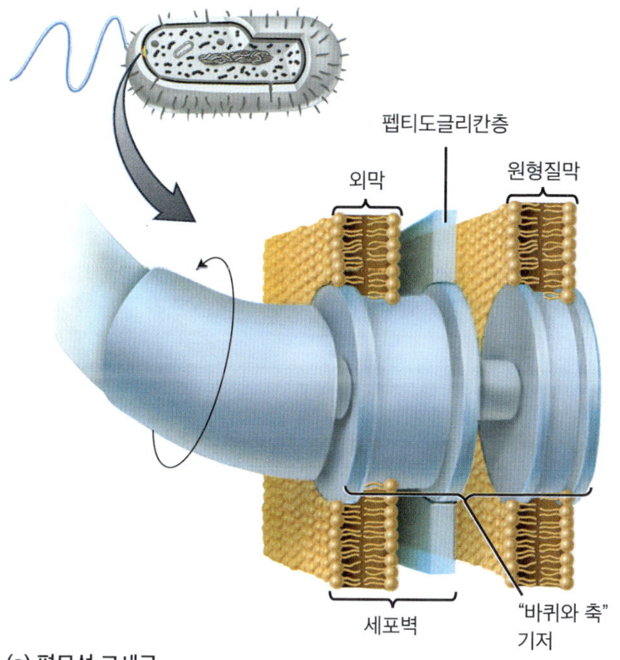


(a) 편모성 고세균

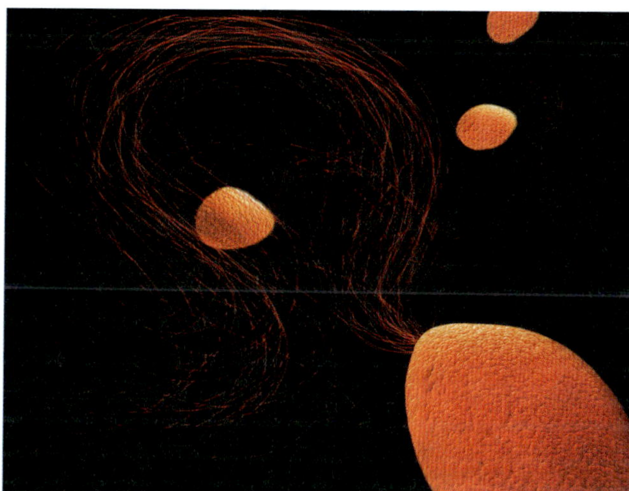

(b) 세균성 편모의 구조

▲ 그림 20-2 **원핵세포의 편모** (a) 편모성 고세균 속인 이퀴팩스(*Aquifex*)는 편모를 사용하여 양호한 환경을 향해 움직인다. **(b)** 세균에서 독특한 "바퀴와 축" 배열이 편모를 세포벽과 원형질막에 걸쳐 놓아 편모가 빠르게 회전하도록 한다. 이 모식도는 그람 음성균의 편모를 나타낸 것이다; 그람 양성균의 편모에는 가장 바깥쪽 "바퀴들"이 없다.

특성에 대하여 논의한다.

## 일부 원핵생물들은 운동성이 있다

많은 세균과 고세균들은 표면에 부착하거나 액체 환경에서 수동적으로 떠돌아다니지만, 일부는 움직이며 돌아다닌다. 많은 이러한 운동성 원핵생물들은 **편모(flagella**, 단수형:flagellum)를 가지고 있다. 원핵생물의 편모는 세포 끝에 하나가 있거나, 짝으로 있거나(세포의 끝부분에 하나씩), 세포 끝부분에 다발로 있거나(그림 20-2), 세포 표면 전체에 산재되어 있다. 편모는 빠르게 회전하여 주변의 액체에서 세균을 움직인다. 편모를 이용하여 움직임으로써, 원핵생물들은 새로운 서식지로 확산할 수 있고, 영양분을 따라 이주하며, 불리한 환경에서 멀어진다.

원핵생물의 편모는 진핵생물과 다르다(4장 진핵생물의 편모 참조). 세균 편모의 경우, 세균의 막과 세포벽에 파묻혀 있는 수레바퀴와 같은 독특한 구조가 편모를 회전시킨다. 고세균의 편모는 세균의 편모보다 더 얇고 다른 단백질로 구성되어 있다. 하지만 고세균 편모의 구조는 세균의 편모만큼 잘 알려져 있지 않다.

## 많은 세균들은 표면에 보호막을 형성한다

많은 원핵생물은 지속적으로 신호 분자를 합성하고 이를 주변환경에 분비한다. 많은 수의 원핵생물들이 한 곳에 모여 이 신호 분자들이 충분히 농축되면 이웃 세포의 원형질막을 통과하며 세포 안에 있는 수용체들과 결합한다. 이때 활성화된 수용체들은 평소에는 일어나지 않는 세포 작용을 촉발한다. 때문에, 원핵생물 개체군의 밀도가 충분히 높아지면 이들의 행동 양상이 변할 수 있으며 이를 쿼럼 센싱(*quorum sensing*)이라 한다.

쿼럼 센싱으로 인해 촉발되는 가장 흔한 변화는 **생물막(biofilm)**의 형성이다. 많은 경우, 한 종 또는 더 많은 종의 원핵생물은 집락을 형성하여 생물막이라는 군락을 형성하며 이는 끈적끈적한 보호점막으로 둘러싸여 보호받는다. 다당류 혹은 단백질로 구성된 이 보호점막은 원핵생물에서 분비되어 원핵생물을 보호하며 동시에 표면에 부착하는 것을 돕는다. 생물막으로 친숙한

▲ 그림 20-3 **치아 부식의 원인** 사람 속의 세균은 에나멜에 매달려 있도록 도와주고, 환경의 위협으로부터 그들을 보호해 주는 미끄러운 생물막을 형성한다. 이 현미경 사진에서, 각각의 세균(녹색과 노란색)들이 갈색 생물막에 묻혀 있는 것을 눈으로 볼 수 있다. 세균이 적재되어 있는 생물막은 치아 부식의 원인이 될 수 있다.

▲ **그림 20-4 포자는 일부 세균을 보호한다** 내성 내생포자(붉은 타원)는 클로스트리듐(*Clostridium*) 속 세균의 내부에서 형성된다.

**비판적 사고** 대부분의 내생포자를 형성하는 세균이 토양에서 살고 있다는 관찰을 어떻게 설명할 수 있는가?

CASE STUDY CONTINUED

## 저녁 만찬의 불청객

식중독을 유발하는 세균 중 일부는 내생포자를 생성한다. 예를 들어, 구토와 설사를 일으키는 균주를 가지는 바실러스 세레우스균(*bacillus cereus*)은 흙과 먼지에 널리 분포하는 내생포자를 형성한다. 만약 몇몇 포자들이 따뜻하고 습한 음식에 도착하게 되면, 수많은 세균으로 발달한다. 바실러스 세레우스균의 포자는 어느 정도 열에 대한 저항이 있지만, 다행히도 철저한 조리를 통해 파괴할 수 있다.

비록 에너지가 풍부한 인간의 음식 속에서 원핵생물이 번성할 수 있다는 것은 놀랄 일이 아니지만 식량만이 원핵생물이 번성할 수 있는 유일한 환경은 아니다. 이 외에 어떤 극한 환경에서 세균과 고세균을 찾아볼 수 있을까?

것 중의 하나는 치석인데, 이는 입에 서식하는 세균에 의해 형성된다(**그림 20-3**).

생물막에 의해 제공되는 보호는 항생제나 소독제 등과 같은 다양한 공격에 대항하여 파묻혀 있는 세균을 방어하도록 도와준다. 결과적으로, 세균에 의해 형성되는 사람에게 해로운 생물막은 근절하기가 매우 힘들다. 치아 부식, 잇몸 질환, 귀 감염 등을 포함하여 인체의 많은 감염의 원인은 생물막 형태를 취하고 있다. 또한, 매년 725,000명의 미국인을 감염시키고 그 중 75,000명을 사망에 이르게 하는 병원 감염도 생물막에 의해 발생한다. 이러한 생물막은 상처 및 외과 절개뿐만 아니라 카테터, 맥박 조정기, 인공 고관절 및 무릎과 같은 이식된 의료 장치에도 형성될 수 있다.

## 방어적인 내생포자는 일부 세균들이 불리한 상태를 견디게 한다

환경 조건이 열악할 때, 많은 막대형 세균들은 **내생포자(endospore)**라 불리는 방어 구조를 형성한다. 세균의 내부에서 형성되는 내생포자는 두꺼운 방어 껍질로 둘러싸인 곳에 유전물질과 몇 개의 효소를 갖고 있다(**그림 20-4**). 내생포자가 생성된 후, 내생포자를 함유하고 있는 세균세포는 파괴되고, 포자는 환경에 노출된다. 포자는 환경이 호전될 때까지 대사활동을 중지하고, 환경이 호전되면 대사를 재개하여 활동성이 있는 세균으로 발전한다.

내생포자는 극한의 환경에서도 견딜 수 있다. 일부 종은 끓는 곳에서 한 시간 이상 견딜 수도 있다. 또한 내생포자는 대단히 오랫동안 생존할 수 있다. 이러한 장생에 관한 가장 놀라운 예로, 과학자들은 바위속에서 2억 5천만 년 동안 갇혀 있던 세균 포자를 발견하였다. 놀랍게도 가장 오래된 공룡 화석보다도 더 오래된 고대의 포자로부터 살아있는 세균이 나타났다.

## 원핵생물들은 특수 서식지에서 특성화 되어있다

원핵생물은 다른 형태의 생명체는 서식할 수 없는 극한 환경을 포함하여 말 그대로 모든 서식지에 존재한다. 예를 들어, 일부 세균들은 옐로우스톤 국립공원과 같은 온천지대의 끓기 일보 직전인 상태의 환경에서도 번성한다(**그림 20-5**). 많은 고세균들은 지각의 틈에서 230°F(110℃)가 넘는 매우 뜨거운 물이 나오는 심

▲ **그림 20-5 일부 원핵생물은 극한 환경에서 산다** 온천에는 열과 광물질 모두 견딜 수 있는 세균과 고세균이 잠복해 있다. 여러 원핵생물 종들이 옐로우스톤 국립공원의 온천을 생생한 색깔로 칠해 놓는다. 각각은 온도 범주에 따라 결정되는 특정지역에 제한되어 있다.

**비판적 사고** 분자생물학 과정에서 중요하게 사용되는 일부의 효소들은 온천에 사는 원핵세포로부터 추출한다. 왜 그런지 유추할 수 있는가?

Have You Ever Wondered ...

### 구취의 원인은?

불쾌한 구취는 주로 구강의 원핵생물 때문에 생긴다. 따뜻하고 습윤한 인간의 구강에는 2000종 이상의 원핵생물종을 포함하는 다양한 미생물 집단이 서식하고 있다. 이들 종의 대부분은 점액, 음식 조각, 그리고 죽은 세포들을 분해하여 에너지와 영양분을 획득한다. 이러한 분해 경로의 중간산물에는 분변이나 부패한 사체에서도 발견되는, 불쾌한 냄새가 나는 가스들이 포함될 수 있다.

구취 원인 원핵생물이 가장 고농도로 존재하는 곳은 혀의 저부이다. 이 곳은 코에서 목구멍으로 배출되는 점액이 축적되는 장소이므로 특히 미생물들이 살기에 적합하다. 그러므로 구취를 조절하기 위해 사용하는 구강청정제를 사용할 때는 혀를 앞으로 내밀어 청정제가 혀의 저부에 도달할 수 있도록 하는 것이 보다 효과적이다.

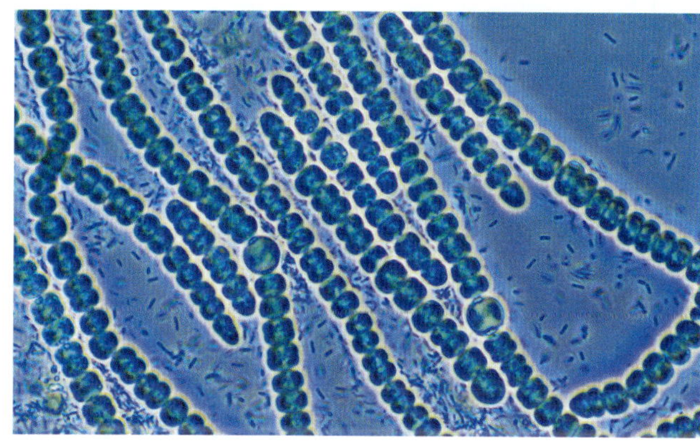

▲그림 20-6 **광합성 원핵생물** 광합성을 하는 시안 세균은 이 현미경 사진처럼 필라멘트 구조를 형성한다.

해 배출구를 포함하여 더 뜨거운 환경에서조차 산다. 또한, 원핵생물은 지구 표면 아래 매우 깊은 곳의 높은 압력 하에서도, 남극 바다의 얼음과 같은 아주 추운 환경에서도 생존할 수 있다.

극한적인 화학적 조건조차도 원핵생물의 침투를 방해할 수 없다. 세균과 고세균의 번성하는 군집이, 소금의 농도가 대양의 7배이어서 다른 어떤 생명체도 살수 없는 곳인 사해에서 살고 있고, 식초와 같은 산성 상태와 가정용 암모니아와 같은 알칼리 상태의 물에서도 산다. 이러한 극한 환경 속에서도 생존하는 능력을 고려하면, 건강한 사람의 신체 안과 밖을 포함하여 좀 더 온화한 서식지에서도 풍부한 세균 군집이 자리 잡고 있다는 것은 놀라운 일이 아니다.

하지만 어떤 원핵생물도, 이러한 예에서 암시한 바와 같이 다재다능하지 않다. 사실상, 대부분의 원핵생물은 전문가들이다. 예를 들어, 심해 배출구에서 서식하는 고세균의 한 종은 223°F(106℃)에서 최적으로 자라며 194°F(90℃)만 되더라도 생장을 멈춘다. 지하 깊은 곳에서 서식하는 한 세균 종은 지표로부터 1.2마일 이내에서는 발견되지 않는다. 인체에 살고 있는 세균들 역시 특수화 되어 있다. 서로 다른 종이 피부, 구강, 호흡기, 대장, 그리고 비뇨기에 군집을 이루고 있다(우리 몸속에 있는 세균들이 건강에 미치는 영향에 대해 더 알아보려면 "Health Watch: 당신 몸의 생태계는 건강합니까?" 참조)

## 원핵생물은 다양한 대사를 나타낸다

원핵생물은 다양한 환경에서 군집을 형성할 수 있는데 그러한 이유 중의 하나는 환경으로부터 에너지와 영양분을 얻는 다양한 방법을 진화시켰기 때문이다. 예를 들어, 진핵생물과는 달리 많은 원핵생물은 물질대사 시 산소를 필요로 하지 않는 **혐기성 세균(anaerobes)**이다. 산소가 없는 환경에서 서식할 수 있는 능력 덕분에 원핵생물은 진핵생물에게는 불가능한 서식지를 개발할 수 있었다. 뜨거운 온천에서 발견되는 고세균과 파상풍을 일으키는 세균과 같은 일부 혐기성 세균들에게는, 실제로 산소가 독으로 작용한다. 어떤 종들은 기회주의자로, 산소가 없을 때는 혐기성 호흡을 하고, 산소를 이용할 수 있을 때에는 호기성 호흡(좀 더 효율적인 과정, 8장 참조)을 한다. 물론 많은 원핵생물은 절대 호기성이며, 항상 산소를 필요로 한다.

호기성이든 혐기성이든 간에, 서로 다른 원핵생물 종들은 놀랄 만큼 다양한 물질들에서 에너지를 얻는다. 일부 종의 세균은 태양광으로부터 직접 에너지를 포획하기 위해 광합성을 사용한다(그림 20-6). 녹색식물과 같이, 광합성세균은 엽록소를 가지고 있다. 대부분의 종들은 광합성의 부산물로 산소를 생성한다. 매우 풍부한 해양 광합성 세균종인 프로클로로코커스(*Prochlorococcus*)는 대기중 산소의 약 20%를 생성한다. 하지만 모든 광합성세균이 산소를 생성하는 것은 아니다. 황세균으로 알려진 일부 종들은 광합성에서 물($H_2O$) 대신 황화수소($H_2S$)를 사용하고, 산소 대신 황을 배출한다. 광합성을 하는 고세균은 알려지지 않았다.

광합성을 하지 않는 원핵생물은 다양한 종류의 물질로부터 에너지를 추출해낸다. 원핵생물은 우리가 일반적으로 식량으로 여기는 당, 탄수화물, 지방, 그리고 단백질뿐만 아니라 석유, 메탄, 그리고 벤젠, 톨루엔과 같은 유기용매제로 인간이 먹을 수 없거나 독성이 있는 것도 먹이로 사용할 수 있다. 일부 원핵생물은 수소, 황, 암모니아, 그리고 철과 같은 무기분자들마저도 대사할 수 있다. 이러한 대사 능력은 원핵생물이 태양광이 없고 유기분자가 거의 없는 환경에서도 생존할 수 있는 이유 중 하나이다. 일례로, 지하 깊은 곳에서 사는 한 세균종은 방사성 우라늄의 방사선이 물 분자를 분해할 때 발생한 수소를 대사한다.

## 원핵생물들은 이분법으로 증식한다

대부분의 원핵생물은 유사분열보다 훨씬 간단한 세포분열법인 **이분법(binary fission)**에 의해 무성으로 번식한다(이분법에 대

## Health WATCH 당신 몸의 생태계는 건강합니까?

미생물 학자들은 "당신은 태어날 때는 100% 인간이지만, 죽을 때는 50% 미생물이다."라고 말하기를 좋아한다. 자궁에 있는 인간의 태아는 거의 무균 상태이지만 산도를 지나며 그곳에 서식하는 세균 일부를 얻고, 아기를 만지기 위해 내민 손에서 더 많은 세균이 옮겨진다. 그 시점부터 환경이나 음식, 그리고 다른 사람으로부터 얻어진 미생물들이 점점 축적된다.세 살배기 아이의 몸 안엔 하나의 미생물 생태계가 존재하게 된다. 이 "마이크로바이옴(microbiome, 미생물 생태계)"은 코와 입, 두피, 비뇨 생식기관, 내장 및 거의 모든 피부 표면에 거대한 숫자로 서식하는 수백 종의 세균을 포함한다. 일반적으로 한 사람의 몸에는 약 30조 마리의 미생물이 서식하며, 이는 인간 세포 하나당 미생물 세포 1개 꼴이다.

최근 내과의들과 연구원들 사이에서는 이들 마이크로바이옴이 단순한 히치하이커가 아니라 인간 건강에 중요한 역할을 하고 있다는 것이 확실시 되고 있다. 인간에게 필수적인 영양소를 내장 세균이 생산한다는 것과 같이 우리의 미생물 파트너들이 제공하는 혜택들 중 일부는 잘 알려져 있지만, 이 마이크로바이옴이 어떻게 우리의 건강에 기여하는지에 대한 대부분의 내용은 수수께끼로 남아 있다. 그럼에도 불구하고 많은 증거들이 이들의 역할이 중요하다는 것을 시사한다. 예를 들어, 연구자들은 치명적인 장 질환인 신생아 괴사성 장염(necrotizing enterocolitis)을 앓는 신생아의 장내 미생물 생태계는 건강한 신생아의 것과 미생물 군집의 구성이 다르다는 것을 알아냈다. 이와 유사하게 비정상적인 소화관 마이크로바이옴은 장 질환이 있는 성인과 심지어 당뇨병 및 자가면역질환과 같이 소화와 직접적으로 관련이 없는 질환을 가진 성인에게서도 발견되었다. 이러한 발견은 사람의 마이크로바이옴은 생물 종간에 복잡한 상호작용으로 특정 지어지는 하나의 생태계이기 때문에(산호초나 열대우림과 같은) 이러한 생태계의 파괴는 마이크로바이옴이 인간에게 필수적인 기능을 수행하는 능력을 손상시킨다는 가설을 이끌어냈다. 하지만 이러한 파괴된 마이크로바이옴이 질환의 원인인지 혹은 결과인지에 대해서는 아직 확실하지 않다.

건강을 유지함에 있어 마이크로바이옴의 역할을 확정 짓는 것은 마이크로바이옴의 구성과 특성에 대한 지식의 향상에 달려있다. 이러한 이유로, 주요 연구과제는 마이크로바이옴을 구성하는 모든 미생물종을 확인하고 특성화 하는 것과 마이크로바이옴이 사람들 간에 어떻게 다른지를 정확하게 규명하는 것에 맞춰져 있다. 전통적인 원핵생물종의 분류(실험실에서 배양 접시에 배양하여 분류하는 것)는 쉽게 배양할 수 없는 많은 종의 분류에는 효과적이지 않기 때문에 이 작업은 어려운 일이다. 과학자들은 이제 전체 마이크로바이옴의 샘플을 취하고 그 안에 존재하는 모든 DNA를 분석하는 대안적인 접근법에 중점을 두고 있다. 이러한 접근법의 초기 결과 중 일부는 놀랍다. 예를 들어, 242명의 기도, 입, 질, 그리고 소화관 등 18개 부위에서 채취한 시료에는 총 10,000개의 미생물종과 800만 개의 유전자를 가지고 있었으며, 이는 인간 게놈에 존재하는 유전자의 350배에 달한다. 이러한 미생물 유전자에 대한 더 많은 연구는 이들의 기능과 인간 숙주에게 기여하는 바를 밝힐 수 있을 것이다.

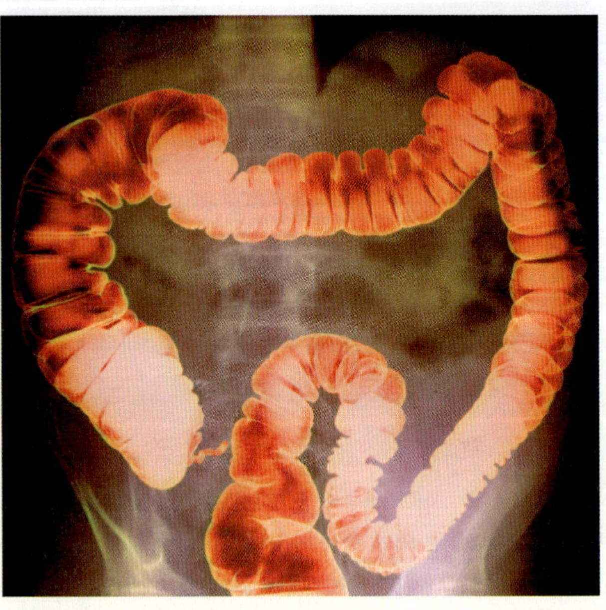

▲ **그림 E20-1 이식된 대변은 질병에 걸린 장을 치유할 수 있다.** 수여자의 미생물 생태계를 회복시킴으로써 대변 이식은 감염된 장 뿐만 아니라 어쩌면 비만, 당뇨, 그리고 다른 질환들도 치유할 수 있을 것이다.

그 동안 일부 내과의사들은 환자들에게 마이크로바이옴의 건강을 회복시키도록 고안된 치료법을 추진하고 있다. 예를 들어, 몇몇 의사들은 심각한 장 감염에 걸린 환자들을 치료하기 위해 대변 이식을 사용하기 시작하였다(**그림 E20-1**). 이 치료에서는 건강한 기증자의 대변이 환자의 장에 소량 이식된다. 이식된 미생물 군집은 자리를 잡고 번성하여 질병의 원인이 되는 해로운 미생물을 몰아낼 것으로 기대된다. 이 치료를 사용한 내과의사들은 매우 높은 성공률을 보고하고 있으며, 이는 항생제를 사용하여 장내 마이크로바이옴을 파괴하던 기존의 치료법보다 훨씬 성공적이다. 이 보고서들은 일부 국가의 자금 지원 기관이 역한 요소를 극복하고 대변 이식 치료법의 대규모 임상 실험에 자금을 지원하도록 조장하였다.

**비판적 사고** 염증성 장 질환과 미생물의 관계에 대한 연구의 일환으로 연구자들이 한 쌍둥이는 질병에 걸렸으며 다른 한 쌍은 걸리지 않은 일란성 쌍둥이 20세트의 소화관 샘플을 분석했다. 연구자들은 각 샘플에서 미생물 다양성을 알아낼 수 있었다. 당신은 건강한 그룹과 아픈 그룹의 샘플이 다를 것으로 예상하는가? 만약 그렇다면 어떤 식으로 다른가? 그리고 왜 그런가? 왜 연구자들은 쌍둥이를 통해 연구를 했는가?

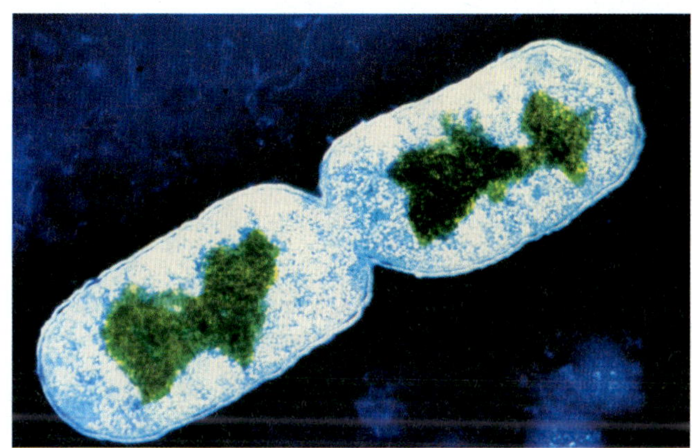

▲ **그림 20-7 원핵생물의 증식** 원핵세포는 이분법으로 증식한다. 이 천연색 전자현미경 사진에서, 사람 장관의 정상 세균인 대장균(*Escherichia coli*)이 분열하고 있다.

**비판적 사고** 유성생식에 비해 이분법의 주요 장점은 무엇인가?

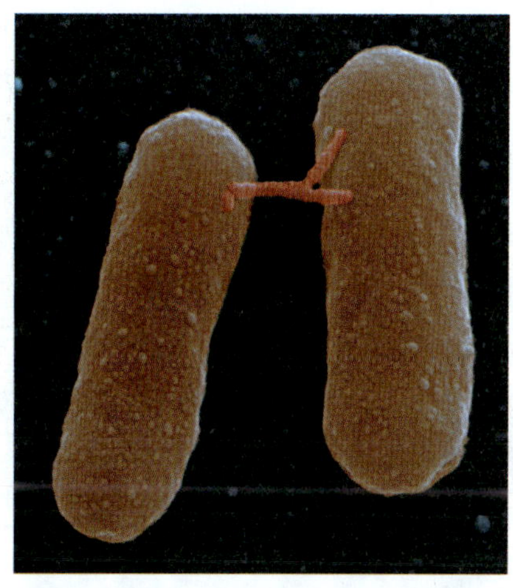

▲ **그림 20-8 접합: 원핵세포의 "짝짓기"** 접합 중에 공여체 역할을 하는 한 원핵세포가 DNA를 수여체로 전달한다. 이 사진에서 두 개의 대장균은 긴 성 선모(*sex pili*)로 연결되어 있다. 성 선모는 움츠러들어 수여체 세균을 공여체 세균 쪽으로 당긴다.

한 자세한 설명은 9장 참조). 이분법에 의해 유전적으로 동일한 복사체가 만들어 진다(**그림 20-7**). 이상적인 조건 하에서, 원핵생물은 약 20분에 한 번씩 분열할 수 있고, 잠재적으로 단 하루에 $10^{21}$마리까지 후손을 만들 수 있다.

빠른 증식은 세균 군집이 빠르게 진화하도록 한다. 유전적 다양성의 원천인 돌연변이는 세포분열 시 DNA 복제의 잘못된 결과임을 상기하라. 따라서 원핵세포의 빠르고 반복되는 세포분열은 새로운 돌연변이가 일어나도록 충분한 기회를 제공하고, 신속하게 퍼질 수 있도록 생존을 증진시키는 돌연변이도 일어나게 한다.

### 원핵생물들은 생식을 하지 않고도 유전물질을 교환할 수 있다

비록 원핵생물의 생식이 일반적으로 무성적이고 유전적 재조합을 하지 않지만, 그럼에도 불구하고 일부 세균과 고세균은 유전물질을 교환한다. 이런 종들은 **접합(conjugation)**이라는 과정을 통해 DNA를 공여체에서 수여체로 전이시킨다. 접합을 하는 두 원핵생물의 세포막은 DNA가 지나갈 수 있는 세포질 다리를 형성하기 위해 일시적으로 융합한다. 세균의 경우, 공여세포는 수여세포에 붙는 성 선모(*sex pili*)라고 하는 특별한 확장을 사용하여 접합이 되도록 가까이 접근시킨다(**그림 20-8**). 접합은 그 결과 만들어지는 세균이 더 다양한 조건하에서 생존할 수 있도록 해주는 새로운 유전적 재조합을 만든다. 일부의 경우 유전물질은 서로 다른 종의 개체들 간에도 교환될 수 있다. 접합 동안 전달된 DNA의 대부분은 원핵세포의 염색체와는 별개의 작은 원형 DNA 분자인 **플라스미드(plasmid)**라고 불리는 구조 안에 들어 있다.

**CHECK YOUR LEARNING**

- 원핵생물이 서식하고 있는 환경의 범위와 이들이 에너지를 얻는 다양한 방법을 서술할 수 있는가?
- 환경적 위협으로부터 원핵생물을 보호하는 적응들을 서술할 수 있는가?
- 원핵생물이 증식하고 유전물질을 교환하는 메커니즘을 설명할 수 있는가?

## 20. 3 원핵생물들은 어떻게 인간과 다른 진핵생물들에게 영향을 주는가?

비록 대부분의 원핵생물은 우리에게 보이지 않지만 이들은 지구의 생물들에게 중요한 역할을 한다. 식물과 동물(인간이 포함된)은 전적으로 원핵생물에 의존한다. 원핵생물은 이들이 필수 영양분을 얻도록 돕고, 폐기물과 사체가 분해되고, 재순환 되는 것을 돕는다. 우리는 원핵생물 없이는 생존할 수 없지만, 그들이 항상 우리에게 이로운 것은 아니다. 인류에게 가장 치명적인 병의 일부는 미생물로부터 기원한다.

### 원핵생물은 동물 영양에 중요한 역할을 한다

많은 진핵생물들은 원핵생물에 의존적으로 밀접하게 관련되어 있다. 예를 들어 소, 토끼, 코알라, 사슴과 같이 잎을 먹는 대부분의 동물들은 스스로는 식물 세포벽의 주성분인 셀룰로오스를 소화시키지 못한다. 대신에, 이 동물들은 셀룰로오스를 분해할 수 있는 특정 세균에 의존한다. 이 세균들은 동물의 소화관내에 서식하며 동물들이 스스로 분해할 수 없는 식물조직으로부터 양분을 방출해준다. 이러한 세균이 없으면 잎을 먹는 동물들은 생존할 수 없다.

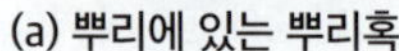

(a) 뿌리에 있는 뿌리혹

(b) 혹 내에 있는 질소고정세균

▲ **그림 20-9 뿌리혹의 질소고정세균** (a) 콩과식물 뿌리에 혹이라고 불리는 특수한 방들은 질소고정세균에게 안정된 환경을 제공한다. (b) 이 주사전자현미경 사진은 혹 속에 있는 세포 안에 존재하는 질소고정세균을 보여준다.

**비판적 사고** 만일 지구의 모든 질소고정세균이 갑자기 죽으면 대기에 있는 질소가스의 농도에 어떤 일이 생기겠는가?

원핵생물은 또한 인간의 영양에 중요한 영향을 준다. 치즈, 요구르트, 소금에 절인 오이와 같이 많은 음식들은 세균의 활동으로 만들어진다. 세균은 또한 여러분들의 장에서 서식한다. 이들은 소화되지 않은 음식물을 먹고 살며 인간이 흡수하는 비타민 K와 비타민 $B_{12}$와 같은 영양분을 합성한다. 사실은 건강과 영양은 우리 소화기관에 있는 원핵생물들과 밀접한 연관이 있다. 우리는 이들 없이 생존할 수 없다.

## 원핵생물들은 식물이 필요로 하는 질소를 포획한다

인간은 식물 없이는 살 수 없고, 식물은 전적으로 세균에게 의존한다. 특히 식물은 질소를 가장 많이 저장하고 있는 대기로부터 질소를 포획할 수 없다. 식물은 성장하기 위해서 질소가 필요하다. 이를 얻기 위해 식물들은 토양과 특정 식물들(알파파, 콩, 루핀콩, 클로버와 같은 콩과식물; **그림 20-9**)의 뿌리에 작고 둥근 돌기인 뿌리혹에 살고 있는 **질소고정세균(nitrogen-fixing bacteria)**에 의존한다. 질소고정세균은 토양속에 갇혀 있던 대기로부터 질소 가스($N_2$)를 포획하여 식물이 직접 영양분으로 이용할 수 있는 질소 함유 영양분인 암모늄염($NH_4^+$)을 만들기 위해 수소와 결합시킨다.

## 원핵생물들은 자연의 재순환자들이다

원핵생물들은 폐기물을 재순환하는데 결정적인 역할을 한다. 대부분의 원핵생물들은 복잡한 유기분자(단소와 산소를 포함하는 물질)를 분해하여 에너지를 얻는다. 이러한 원핵생물은 폐기물과 동·식물 사체에서 풍부한 유기분자 자원을 발견한다. 이 폐기물을 소비하고 분해하여, 원핵생물은 폐기물이 환경에 축적되지 않도록 한다. 또한, 원핵생물의 분해에 의해 폐기물에 있던 영양분을 배출시킨다. 일단 배출되면, 영양분은 생물체가 재사용할 수 있게 된다.

원핵생물은 유기물이 있는 곳은 어디에나 재순환 서비스를 수행한다. 이들은 호수와 강, 대양, 삼림, 초원, 사막 그리고 다른 육상 환경의 토양과 지하수에서 중요한 분해자이다. 원핵생물과 다른 분해자들에 의한 영양물질의 재순환은 지구상에 연속적인 생명의 기반을 제공한다.

## 원핵생물들은 공해를 정화할 수 있다

인간 활동에 의해 부산물로 만들어지는 많은 오염물질들은 유기물들이다. 그러한 오염물질들은 그 자체로서 고세균과 세균의 잠재적인 먹이가 될 수 있다. 세제, 많은 독성 살충제, 벤젠과 톨루엔 같이 위해한 공업용 화합물 등 인간이 합성하는 거의 모든 것들이 일부 원핵생물들에 의해 분해될 수 있다.

기름조차도 원핵생물에 의해 분해된다. 1989년에 유조선 엑손 발데즈(*Exxon Valdez*)호가 알래스카 윌리엄 만에 원유 1,100만 갤런을 쏟은 직후, 연구자들은 기름이 스며든 해변에 자연에 존재하는 기름을 먹어 치우는 세균들이 생장하도록 영양제를 살포하였다. 보름 내에 그곳 해변에 있던 기름 덩어리들은 살포되지 않은 곳과 비교하여 눈에 띌 만큼 감소하였다. 하지만 같은 세균들을 2010년에 딥 워터 호라이즌(*Deep Water Horizon*) 석유 시추시설 폭발사건으로 인해 멕시코만에 방출된 2억 갤런의 기름을 분해하기 위해 투입했지만 분해 속도가 매우 더디었다. 폭발로 인해 분출된 기름은 온도가 낮고 원핵생물의 대사 속도가 느린 깊은 수중에 방출되었기 때문이다. 또한, 세균의 성장을 촉진하기 위해 영양제를 살포하기에는 기름이 퍼진 영역이 너무 광범위하였다.

생물을 통해 오염물질들의 분해를 촉진시키도록 상태를 조정하는 것을 **생물학적 치유(bioremediation)**라 한다. 생물학적 치유의 증진된 방법은 독성 폐기 장소와 오염된 지하수를 청소하는 우리의 능력을 극적으로 증가시킬 수 있다. 그러므로 최근의 많은 연구들은 생물학적 치유에 특히 효과적인 원핵생물종을 규명하는 것과 그러한 효율을 증진시키기 위해 그 생물들을 조절하는 실질적 방법들에 초점을 맞추고 있다.

## 일부 세균은 인간 건강을 위협한다

일부 세균이 제공하는 이익에도 불구하고, 특정 세균의 먹이 습성은 우리의 건강과 행복을 위협한다. 이들 **병원성(pathogenic**: 병을 유발하는)세균들은 병의 증상을 유발하는 독성 물질을 합성한다(아직까지 병원성 고세균은 발견된 적이 없다).

### 일부 혐기성 세균들은 위험한 독소를 생성한다

일부 세균들은 신경계를 공격하는 독소를 생산한다. 그러한 병원균의 예로, 고통스럽고, 조절되지 않는 전신적 근수축의 증상을 나타내며, 때로는 치명적인 질병인 파상풍을 유발하는 *Clostridium tetani*가 있다. *C. tetani*는 혐기성 세균이며, 양호하고 산소가 없는 환경에 들어가기까지는 포자 상태로 생존한다.

깊은 상처는 파상풍균이 사람의 몸에 침투하게 하고 산소의 접촉으로부터 보호되는 장소에 도달하게 한다. 이들이 증식함에 따라 세균들은 독소를 혈관 속으로 방출한다.

혐기성 세균이며 *Clostridium*종에 속하는 또 하나의 세균으로는 위험한 신경 독소를 생산하는 *Clostridium botulinum*이 있다. *C. botulinum*은 자연적으로 흙 속에 존재하지만, 불완전하게 소독된 밀폐된 통조림 안에서도 번성할 수 있다. 음식으로부터 나온 *C. botulinum*이 위험한 이유는 보툴리눔 독소가 알려진 독소들 중 독성이 가장 강하기 때문이다. 단 1g만으로도 1,500만 명의 사람을 죽일 수 있다.

### 인간은 오래된, 그리고 새로운 세균성 질병과 싸운다

세균성 질병은 인류 역사에 중대한 영향을 미쳤다. 아마도 가장 악명 높은 예로는 14세기 중엽, 1억 명을 죽게 한 선페스트 혹은 "흑사병"일 것이다. 세계의 많은 곳에서 인구의 1/3 또는 그 이상이 죽었다. 페스트는 고도의 감염성이 있는 세균 *Yersinia pestis*에 의해 기인하는데, 이것은 감염된 쥐의 피를 먹고 인간 숙주로 옮기는 이(flea)에 의해서 전파된다. 비록 페스트는 대규모의 전염병으로 재출현하지는 않지만 매년 세계적으로 2,000~3,000명의 사람들이 아직도 이 병의 진단을 받는다.

일부 세균성 병원균은 갑자기 출현하는 것처럼 보인다. 예를 들어, 라임병(Lyme disease)은 1975년까지는 알려지지 않았지만 현재는 매년 30,000명의 사람들이 미국에서 이 병으로 진단받는다. 처음으로 병이 기록된 코네티컷 주의 올드라임(Old Lyme)이라는 마을의 이름을 따 붙인 이 병은 나선형의 세균인 *Borrelia burgdorferi*(그림 20-1c 참조)에 의해 발병한다. 이 세균은 사슴벼룩에 의해 옮겨지며, 그것이 문 사람에게로 옮겨간다. 처음 증상은 감기와 유사하여 춥고, 열이 나며, 몸살을 앓는다. 치료를 하지 않으면 수주 또는 수개월 후 반점이 나며 관절염, 그리고 몇몇 경우에는 신장과 신경계의 이상을 경험한다.

어쩌면 가장 절망적인 병원균은 오래전에 통제되었다고 믿었던 것이 출몰하여 우리에게 돌아오는 것들일 것이다. 두 종류의 세균성 성병인 임질과 매독은 지구 전체에 걸쳐 유행병의 일부가 되었다. 처리되지 않은 하수가 식수나 어장을 오염시켰을 때 번성하는 수인성 세균질환인 콜레라는 선진국에서는 통제되고 있으나 빈민국에서는 여전히 주요 사망 요인으로 남아 있다.

**CHECK YOUR LEARNING**

- 원핵생물이 동물과 식물의 영양에 끼치는 영향을 설명할 수 있는가?
- 영양 재순환에 있어 원핵생물의 역할을 설명할 수 있는가?
- 원핵생물이 어떻게 공해를 정화하는지 서술할 수 있는가?
- 인간의 건강을 위협하는 일부 병원성 세균을 서술할 수 있는가?

**CASE STUDY CONTINUED**

**저녁 만찬의 불청객**

식중독을 일으키는 세균 중 많은 것들은 독소를 생산하여 피해를 입힌다. 예를 들어, 서로 다른 대장균 개체군은 유전적으로 다를 수 있으며, 그 유전적 차이는 인간 소화기관의 무해한 주민을 독소 생산 병원체로 변형 시킬 수 있다. O157:H7이나 O104:H4와 같은 독성 균주가 인간의 소화계에 침입하면 이 세균들은 장벽에 단단히 붙어 시가(Shiga)라는 독소를 배출한다. 시가 독소는 장출혈을 일으켜 고통스러운 경련과 혈변을 유발한다. 이 독소는 다른 기관에도 손상을 줄 수 있다; O157:H7이나 O104:H4의 감염은 흔히 용혈성 요독성 증후군(신부전과 적혈구 감소증을 동반하는 심각한 질환)을 일으킨다.

세균은 대부분 식중독의 원인이다. 하지만 세균외에 또 어떤 감염원이 신체에 피해를 입힐 수 있을까?

## 20.4 바이러스, 바이로이드, 그리고 프라이온은 무엇인가?

비록 이 장은 원핵생물 영역의 개요에 대해 다루지만 유기체가 아니면서 유기체에 중요한 영향을 미치는 바이러스(*virus*), 바이로이드(*viroid*), 그리고 프라이온(*prion*)에 대해서도 논의할 것이다.

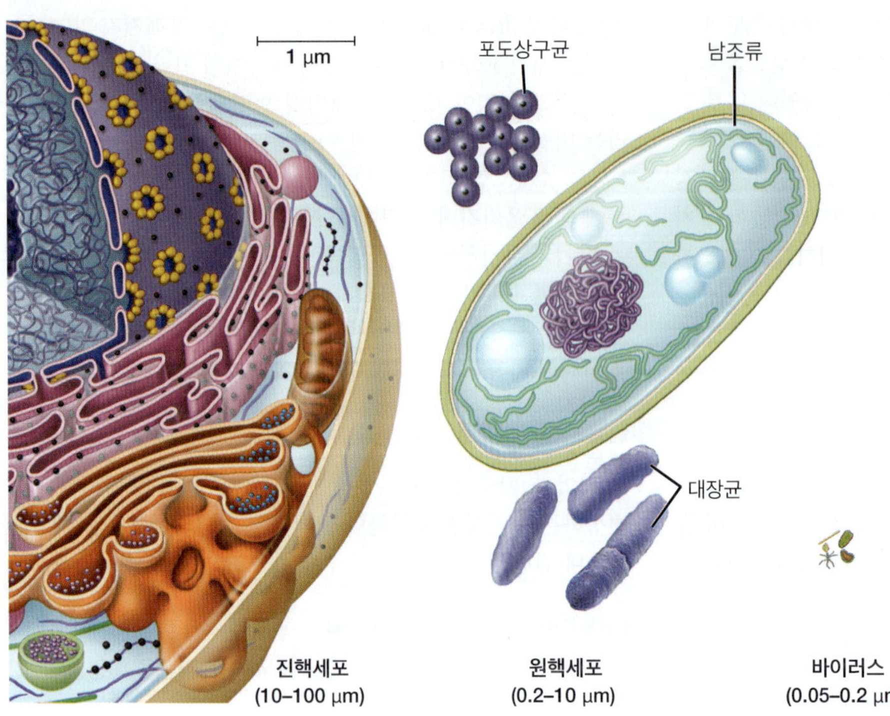


◀ **그림 20-10 미생물의 크기 진핵세포, 원핵세포, 그리고 바이러스의 상대적 크기 (1㎛ = 1/1000 mm)**

## 바이러스는 생명이 없는 입자이다

**바이러스(virus)**로 알려진 입자들은 일반적으로 생물들과 밀접하게 관련되어 발견되지만, 대부분의 생물학자들은 그것들이 생물이라고 여기지 않는다. 바이러스는 생물로 규정하는 특성이 결여되어 있다. 예를 들어, 이들은 세포가 아니며 세포로 이루어지지 않았다. 또한, 그들은 생물이 수행하는 기본적인 과제들을 수행할 수 없다. 바이러스는 단백질을 만드는 리보솜이 없으며, 세포질이 없고, 유기물질을 합성할 수 없으며, 그러한 분자들에 축적 되어있는 에너지를 추출하거나 사용할 수 있는 능력이 없다. 그들은 그들 고유의 막이 없으며 스스로 생장하거나 생식할 수 없다. 바이러스의 단순함은 그들을 생물체 영역 밖에 위치하게 한다. 그럼에도 불구하고 그들은 진화를 할 수 있다.

## 바이러스는 단백질 껍질로 둘러싸인 DNA나 RNA 분자로 구성되어 있다

바이러스는 미세하다; 그들은 가장 작은 원핵생물보다 더 작다(**그림 20-10**). 바이러스 입자는 너무 작아서(직경 0.05~0.2 ㎛) 엄청난 배율의 전자현미경 하에서만 볼 수 있다. 그러한 배율에서, 바이러스는 다양한 형태를 보인다(**그림 20-11**).

바이러스는 두 개의 주요 부분으로 구성된다: 유전물질 분

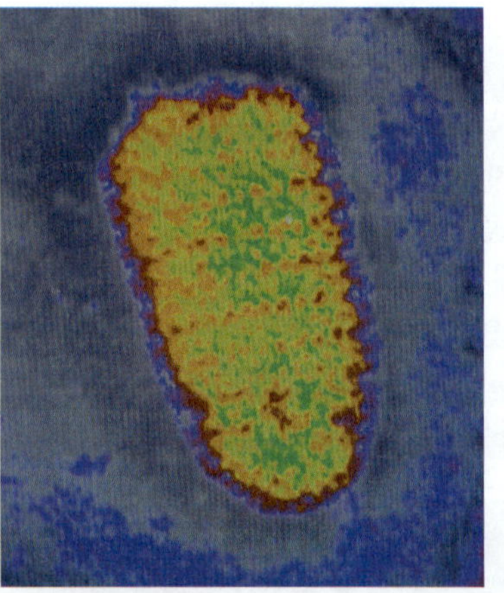
(a) 광견병 바이러스

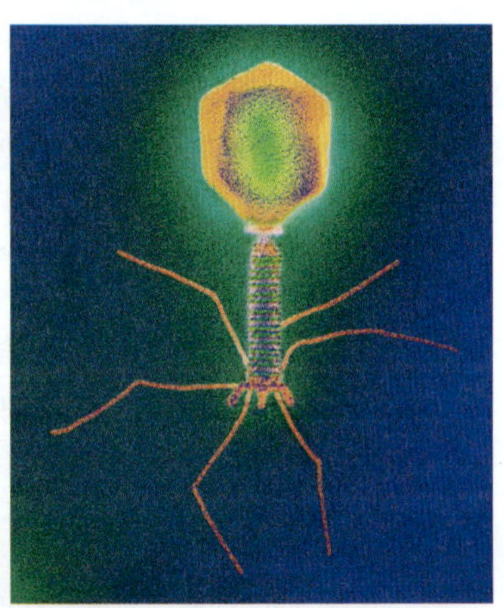
(b) 박테리오파지

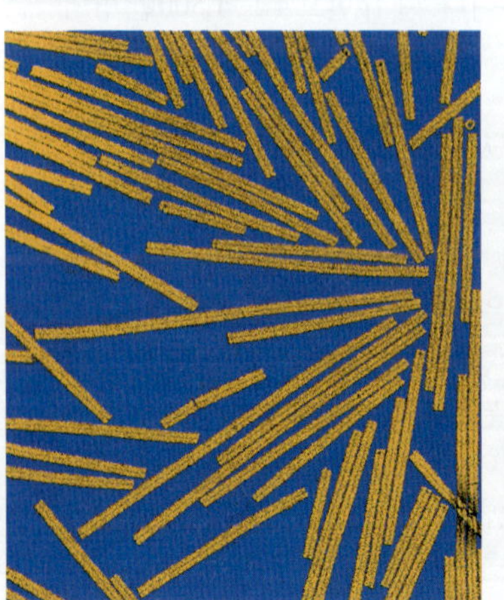
(c) 담배모자이크 바이러스

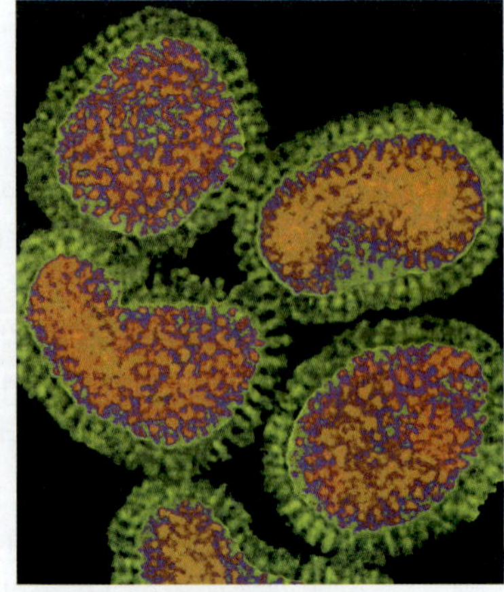
(d) 인플루엔자 바이러스

▶ **그림 20-11 바이러스의 다양한 형태** 바이러스의 형태는 바이러스 단백질 껍질의 특성에 의해 결정된다.

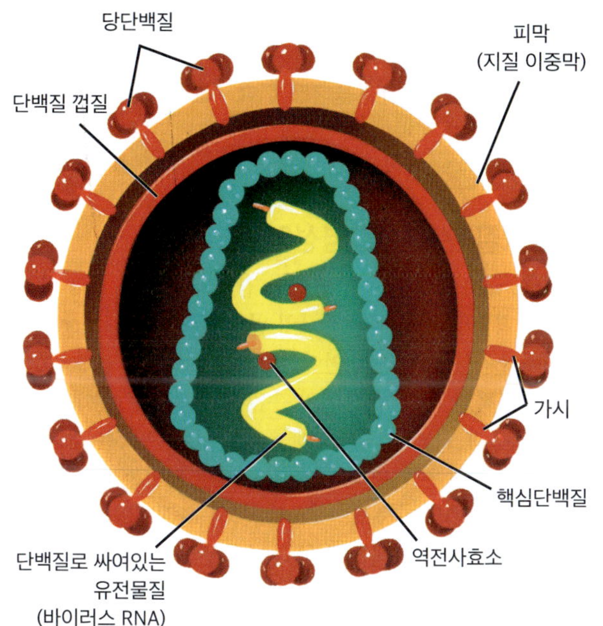


▲ **그림 20-12 바이러스의 구조와 복제** AIDS의 원인이 되는 바이러스인 HIV의 단면도. 이 바이러스도 숙주세포의 원형질막으로부터 형성된 외막을 갖고 있는 것들 중의 하나이다. 스파이크는 외막에서 돌출된 당 단백질(단백질과 탄수화물)로 이루어져 있고 바이러스가 숙주에 부착하도록 돕는다. 내부에서, 단백질 껍질이 유전물질과 바이러스가 숙주세포에 들어간 후 바이러스 RNA 주형으로부터 DNA의 전사를 촉진하는 효소인 역전사 효소 분자를 둘러싸고 있다.

**비판적 사고** 왜 바이러스는 숙주세포 밖에서 복제할 수 없을까?

자와 분자를 둘러싸는 단백질 껍질이다. 유전물질은 바이러스의 종류에 따라 DNA이거나 RNA 중에 하나이며, 단일나선이거나 이중나선이고, 또는 선형이거나 환형이다. 단백질 껍질은 숙주세포의 원형질막에서 기원된 피막에 의해서 둘러싸여 있을 수 있다(**그림 20-12**).

## 바이러스는 기생체이다

바이러스는 오직 **숙주(host)**세포(바이러스나 다른 감염체가 감염하는 세포) 내에서만 증식할 수 있다. 바이러스가 숙주에 들어가게 되면 바이러스의 유전물질은 명령을 내린다. 감염된 숙주세포는 새로운 바이러스의 구성 성분을 만들도록 암호화 되어 있는 바이러스 유전자의 지시를 받게 된다. 바이러스 분자들은 신속히 조립되고, 새로운 바이러스 군대들은 이웃 세포들을 침공해서 정복하기 위해 튀어나간다.

### 바이러스는 숙주 특이성이 있다

바이러스의 각 종류는 특이한 숙주세포를 공격하도록 특수화 되어 있다. 우리가 아는 범주 내에서, 그 어떤 생물도 모든 바이러

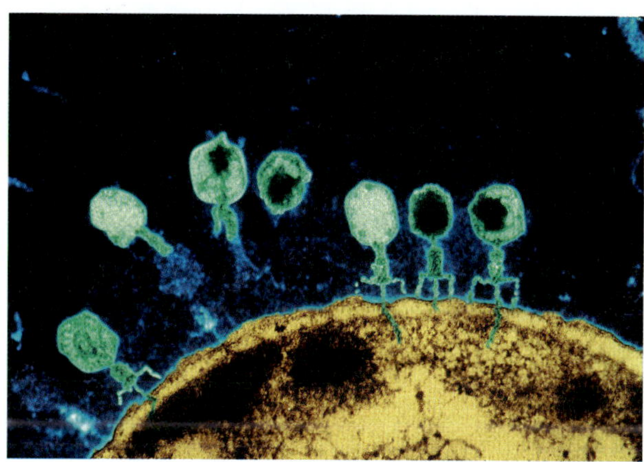

▲ **그림 20-13 일부 바이러스들은 세균을 감염시킨다.** 이 전자현미경 사진에서, 박테리오파지가 세균을 공격하는 것이 보인다. 그들은 단백질 껍질은 세균의 세포벽에 부착시켜 놓은 채 그들의 유전물질을 내부로 주입시킨다.

**비판적 사고** 생물공학에서 바이러스는 종종 유전자를 한 세포에서 다른 세포로 전이하는데 사용한다. 바이러스의 어떤 특성이 이러한 목적을 위해 바이러스를 사용할 수 있게 만드는가?

스에 면역을 나타내는 것은 없다. 세균이나 고세균을 감염시키는 바이러스를 **박테리오파지(bacteriophage)**, 혹은 줄여서 파지(*phage*)라고 부른다(**그림 20-13**). 많은 병원균들이 점차적으로 항생제에 내성을 나타냄으로써, 박테리오파지는 세균에 의한 질병을 치료하는데 머지 않아 중요해질 것이다. 박테리오파지에 기초한 치료는 오직 표적으로 하는 세균만 공격하고 신체에 있는 많은 다른 무해하고 유익한 세균들은 공격하지 않는 바이러스의 특이성이라는 장점을 이용할 수도 있다.

식물이나 동물과 같은 다세포 생물에서, 서로 다른 바이러스들은 특정한 세포 형태를 공격하도록 특수화되어 있다. 예를 들어, 감기를 유발하는 바이러스는 호흡기 막을 공격하고, 광견병 바이러스(rabies virus)는 신경세포를 공격한다. 포진 바이러스(herpes virus)의 한 종류는 입과 입술 점막에 특이성이 있어 입술 포진을 나타내고; 두 번째 종류는 생식기나 생식기 주변에 유사한 포진을 나타낸다. 포진 바이러스는 체내에 영구 거주자로 남아 주기적으로(주로 스트레스를 받는 동안) 감염성 포진을 나타낸다. 체내의 면역 체계를 망가뜨리는 AIDS(acquired immune deficiency syndrome)는 대단히 파괴적인 질병으로, 체내의 면역 반응을 조절하는 특수한 형태의 백혈구세포를 공격하는 바이러스에 의해서 유발된다. 바이러스는 또한 T-세포 백혈병(백혈구성 암), 간암, 경부(목)암과 같은 일부 형태의 암을 유발하기도 한다.

### 바이러스 감염은 치료하기 힘들다

바이러스는 그들 숙주의 세포 메커니즘과 밀접하게 연결되어 있으므로, 바이러스가 유발하는 질병은 치료하기가 어렵다. 세균 감염에 대하여 종종 효과적인 항생제는 바이러스에 대해서는 무

용지물이고, 항바이러스제는 바이러스뿐 아니라 숙주세포도 파괴할 수 있다. 바이러스는 세포 내에 "숨어 있기" 때문에 바이러스를 공격하는 것이 어려움에도 불구하고 수많은 항바이러스제가 개발되었다. 다수의 항바이러스제는 표적이 되는 바이러스의 복제에 필요한 효소의 기능을 파괴하거나 차단한다.

불행히도, 바이러스들은 신속하게 약에 대한 저항성을 나타내기 때문에 대부분 항바이러스제의 이점은 제한적이다. 바이러스의 돌연변이율은 매우 높은데, 그 원인 중 일부분은 많은 바이러스들이 DNA나 RNA 복제 중에 발생하는 오류를 교정하는 메커니즘이 결여되어 있다는 데 있다. 따라서 바이러스 집단이 항바이러스제에 의해 공격을 받을 때 약에 대한 저항성을 주는 돌연변이가 일어나는 것은 거의 필연적이다. 저항성이 있는 바이러스들은 번성하고 많은 숫자로 복제되어 새로운 인간 숙주에 퍼지게 된다. 결국 저항성이 있는 바이러스들은 우점이 되고 이전에 효과가 있던 약은 그 효과가 사라지게 된다.

CASE STUDY CONTINUED

### 저녁 만찬의 불청객

일부 식품 매개 질병은 바이러스에 의해 유발된다. 예를 들어, A형 간염을 유발하는 바이러스는 종종 음식을 통해 전염되는데, 주로 감염된 사람이 손 씻는 것을 소홀히 하고 음식을 다루면서 일어난다. 소수의 사람들은 A형 간염에 감염되어도 증상을 나타내지 않지만, 다수는 황달(노란 피부)과 함께 독감과 같은 증상을 경험한다. 추가적인 합병증이 발생할 수 있지만 대부분의 환자들은 수 개월 이내로 회복된다. A형 간염은 백신이 존재하는 몇 안되는 식품 매개 질병 중 하나이다.

## 일부 식물 질병은 바이러스보다도 더 단순한 감염체에 의해 발생한다

**바이로이드(viroid)**는 단백질 껍질이 결여된 감염입자로 짧은 환상의 RNA 가닥으로만 구성되어 있다(**그림 20-14**). 이렇게 단순함에도 불구하고 바이로이드는 숙주세포의 핵에 들어갈 수 있고 새로운 바이로이드의 합성을 지시한다. 오이, 아보카도, 감자와 같은 작물의 질병은 바이로이드에 의해 유발된다. 동물에 감염하는 바이로이드는 알려져있지 않다.

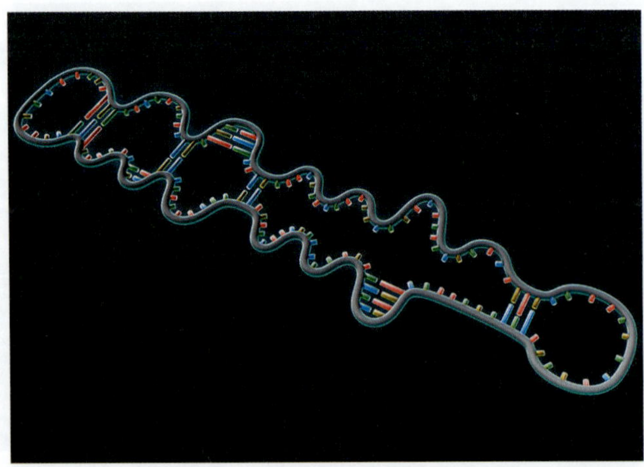

▲ **그림 20-14** **바이로이드는 원형으로된 감염성 RNA이다.**

## 일부 단백질 분자는 감염성이 있다

프라이온(*prion*)으로 알려진 단순한 감염체는 포유류의 신경계를 공격한다. 1950년대에 뉴기니의 원시 부족인 포르(Fore)를 연구하던 내과의사들은 포르 언어로는 쿠루(kuru)라고 불리는 신경계의 치명적인 퇴행성 질병의 수많은 사례를 관찰하고 당혹해 했다. 조정력을 상실하고, 치매를 나타내며, 결국은 죽음에 이르는 쿠루의 증상은 희귀하지만 더 널리 퍼져있는 인간의 크로이츠펠트-야곱병과, 가축병인 스크래피와 우해면양뇌증과 유사하다. 이 질병들은 전형적으로 구멍이 뚫린 스펀지 같은 뇌 조직을 나타낸다. 뉴기니에서 연구자들은 마침내 쿠루는 시체의 뇌를 먹음으로써 죽은 자의 명예를 드높이는 식인 의식에 의해 전파되는 것으로 결론지었다. 그 이후 의식은 중단되었고 쿠루는 사실상 사라졌다. 명백히 쿠루는 감염된 뇌 조직에서 전파된 감염체로부터 기인했는데, 그 원인체가 무엇일까?

1982년, 노벨상 수상자인 신경학자 스탠리 프루시너(Stanley Prusiner)는 스크래피(그리고 더 넓게는 쿠루, 크로이츠펠트-야곱병, 그리고 수많은 유사한 증세들)는 단백질로만 구성된 감염체에 의해 발병한다는 증거를 발표하였다. 이러한 생각은 그 당

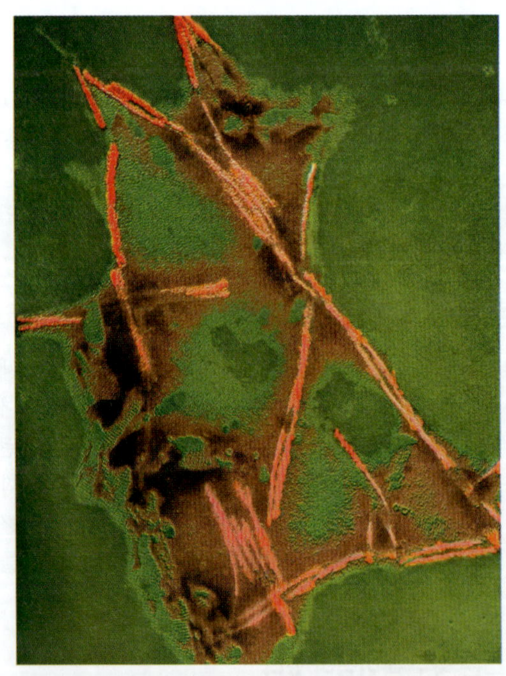

▲ **그림 20-15** **프라이온: 의문의 단백질** 우해면양뇌증에 걸린 소의 뇌 절편에서 프라이온 단백질의 섬유성 뭉치를 관찰할 수 있다

시 터무니없다고 여겨졌는데, 왜냐하면 대부분의 과학자들은 감염체가 자신을 복제하기 위해서는 DNA나 RNA와 같은 유전물질을 반드시 함유하고 있어야 한다고 믿었기 때문이다. 하지만 프루시너와 그의 동료들은 스크래피에 감염된 햄스터로부터 감염체를 분리하여, 그것에는 핵산이 없다는 것을 증명할 수 있었다. 연구자들은 이러한 감염성 단백질을 **프라이온(prion)**이라 고 불렀다(**그림 20-15**).

어떻게 단백질이 스스로 복제하고 감염성을 가질 수 있을까? 프루시너의 발견 이후 수십 년 동안 계속된 연구를 통해 프라이온은 PrP라는 일반적인 단백질의 잘못 접힌 형태의 단백질이란 것이 밝혀졌다. PrP는 뉴런의 막에서 관찰되며 뉴런이 정상적인 기능을 하기 위해 필요하다. 때때로, 복제된 PrP 분자가 잘못된 형태로 접히면 감염성 프라이온으로 전환된다. 잘못 접힌 프라이온 단백질 분자가 건강한 포유류에 들어가게 되면 다른 정상적인 단백질 분자의 복사체도 프라이온으로 전환되도록 유도한다. 결국 이러한 연쇄작용에 의해 신경조직 내 프라이온의 농도는 세포에 해를 끼치고 퇴보시킬 만큼 충분히 높아진다. 왜 정상적인 단백질이 사소한 변화에 의해 위험한 세포 살해자로 변하는 것일까? 아무도 모른다.

### CHECK YOUR LEARNING...

- 바이러스, 바이로이드, 그리고 프라이온의 구조와 특징을 설명할 수 있는가?
- 그리고 이들이 숙주 생명체에 끼치는 영향을 서술할 수 있는가?
- 왜 바이러스 감염을 치료하기 어려운지 설명할 수 있는가?

CASE STUDY REVISITED

## 저녁 만찬의 불청객

해로운 세균들은 어떻게 우리 음식에 들어갈까? 오염된 소고기의 섭취는 많은 식품 매개 질병의 원인이다. 미국에 있는 소의 3분의 1은 소화관에 인간에게 해로운 세균을 가지고 있으며, 정육업자가 실수로 햄버거에 내장의 일부를 갈아 넣게 되면 이 세균들이 인간에게 전염될 수 있다. 이와 유사한 경우로 닭의 대변이 달걀에 튀면 미세한 틈(crack)을 통해 세균이 침입하거나 소비자가 달걀을 깰 때 내용물이 껍질에 닿으면 오염될 수 있다. 양상추, 시금치, 토마토 그리고 멜론과 같은 제품들은 사슴이나 유기견에 의해 직접적으로, 혹은 주변 농장이나 사육장으로부터 바람이나 빗물에 의해 간접적으로 동물 대변에 오염될 수 있다.

새싹이 자라기 좋은 따뜻하고 습윤한 환경은 씨앗에 있던 해로운 세균들에게도 훌륭한 성장 환경이 되어준다.

▲ **그림 20-16 당신의 음식이 안전한지 확인하기 위해 고기온도계(meat thermometer)를 사용하라.**

여러분은 우리와 음식물을 공유하고 있는 세균으로부터 어떻게 자신을 보호할 수 있는가? 그것은 쉽다: 깨끗이 하고, 조리하고, 차게 하라. 청결은 병원균의 전파를 방지하는 것을 돕는다. 음식을 준비하기 전에 손을 깨끗이 씻고, 각각의 재료를 준비하고 난 후에 모든 기구와 도마를 세척하라. 철저히 조리를 하는 것이 음식에 존재하는 모든 세균을 죽일 수 있는 가장 좋은 방법이다. 특히 고기는 철저히 조리해야 한다; 식품 안전 전문가들은 온도계를 통해 돼지고기나 간 소고기(ground beef)의 가장 두꺼운 부분의 온도가 160°F까지 도달했음을 확인할 것을 권고한다(**그림 20-16**). 갈지 않은 소고기, 송아지 고기, 그리고 양고기의 안전 온도는 145°F이다; 모든 가금류의 안전 온도는 165°F이다. 조리된 고기의 색은 신뢰할 수 없는 안전 지표이지만, 조리용 온도계가 없을 때는 속이 아직 분홍색인 고기를 섭취하는 것을 피하라(특히 간 소고기). 생선은 광택이 없어지고 포크로 쉽게 조각이 날 때까지 조리하라; 계란은 흰자와 노른자가 단단해 질 때까지 조리하라. 마지막으로 음식은 차게 보관하라. 병원균은 온도가 40~140°F일 때 가장 빨리 증식한다. 따라서 가게에서 집으로 가져온 식품들은 냉장고와 냉동고에 가능한 빨리 넣어라. 조리된 남은 음식은 얼리지 않은 채로 두 시간 이상 방치하지 말라. 언 음식은 실온에서 녹이지 말고 냉장고나 전자레인지에서 녹여라. 음식의 안전에 대한 약간의 주의는 음식 내의 불청객으로부터 여러분을 보호해 줄 수 있다.

**생각해보기** 소비자 그룹은 정부 기관들에게 추가적인 자금을 지원하고 식품 가공 공장을 점검하거나 오염된 식품을 회수하는데 있어 더 큰 권한을 부여함으로써 식품 안전을 개선시킬 수 있다고 주장한다. 이에 반대하는 사람들은 식품 오염을 막을 수 있는 가장 좋은 방법은 소비자들이 안전하지 않은 음식을 생산하는 회사의 제품을 사지 않는 것이지, 정부 기관의 권한을 강화하는 것이 아니라고 주장한다. 당신은 식품 안전에 대한 정부의 추가적인 감시에 찬성하는가 반대하는가?

# CHAPTER REVIEW

*비판적 사고와 생각해보기, 선택형문제, 빈칸채우기 질문에 대한 답은 이 책의 뒷부분에 있는 정답란에서 볼 수 있다.*

## 핵심개념의 요약

### 20.1 어떠한 생물들이 원핵생물 영역인 세균과 고세균을 구성하는가?

세균과 고세균은 단세포이며 원핵세포이다. 고세균과 세균은 형태적으로 유사하나 밀접한 연관이 없으며 세포벽 조성, 리보솜 RNA 서열, 막지질 구조 등 여러 기본적인 특징에서 서로 다르다. 세포벽은 원핵생물의 특정한 형태인 구형, 막대형, 나선형을 결정한다.

### 20.2 원핵생물들은 어떻게 생존하고 번식하나?

세균 중의 어떤 것은 편모를 사용하여 이리저리 움직일 수 있고, 다른 것들은 널리 퍼질 수 있으며 척박한 환경에서 견딜 수 있는 포자를 형성한다. 세균과 고세균은 뜨겁고, 산성이고, 염분이 매우 많거나, 혐기성인 것을 포함한 지구의 거의 모든 환경에서 군집을 형성한다.

원핵생물은 다양한 방법으로 에너지를 얻는다. 어떤 종들은 광합성에 의존한다. 또 다른 것들은 무기물이나 유기물을 분해하여 에너지를 얻는다. 많은 산소가 없어도 에너지를 얻을 수 있는 혐기성이다. 원핵생물은 이분법으로 번식하며 접합을 통해 유전물질을 교환할 수 있다.

### 20.3 원핵생물들은 어떻게 인간과 다른 진핵생물들에게 영향을 주는가?

일부 세균들은 병원성으로 폐렴, 파상풍, 식중독, 성적으로 전파되는 임질과 매독을 유발한다. 하지만 대부분 세균들은 인간에게 해가 없고 자연생태계에서 중요한 역할을 한다. 일부는 반추동물의 소화기관에 살며 셀룰로오스를 분해한다. 질소고정세균은 토양을 비옥하게 하고 식물의 생장을 돕는다. 많은 다른 것들은 사체와 다름 생물의 노폐물에서 살며, 재사용하기 위해 영양분을 방출한다.

### 20.4 바이러스, 바이로이드, 그리고 프라이온은 무엇인가?

바이러스는 유전물질을 둘러싼 단백질 껍질로 구성된 기생체이다. 그들은 비세포성이며 세포 밖에서는 움직일 수도, 생장할 수도, 증식할 수도 없다. 그들은 특정한 숙주의 세포를 침투하고 더 많은 바이러스 입자를 만들기 위해 숙주의 에너지, 효소, 그리고 리보솜을 사용하며, 이 입자들은 세포가 터질 때 방출된다. 많은 바이러스들은 사람에게 감기와 독감, 포진, AIDS, 그리고 특정 종류의 암을 유발하는 병원성이다.

바이로이드는 짧은 가닥의 RNA이며, 이것은 숙주세포의 핵에 침투하여 새로운 바이로이드를 생산하도록 지시한다. 오늘날, 바이로이드는 식물의 특정 질병만을 일으킨다고 알려져 있다.

프라이온은 쿠루병, 크로이츠펠트-야곱병, 스크래피, 그리고 광우병(BSE, bovine spongiform encephalopathy)과 같은 신경계의 질병에 연루되어 있다. 프라이온은 유전물질을 가지지 않으며 오직 돌연변이 된 프라이온 단백질로만 구성되어 있다.

## 개념을 통한 이해

### 선택형 문제

**1.** 세포질 다리를 통해 한 원핵생물에서 다른 원핵생물로 DNA가 전달되는 작용은?
- a. 접합
- b. 이분법
- c. 감수분열
- d. 생물학적 치유

**2.** 점액질로 둘러싸여 표면에 부착하고 있는 원핵생물 집단은?
- a. 플라스미드
- b. 편모
- c. 내생포자
- d. 생물막

**3.** 다음 중 고세균에 관해 옳지 않은 것은?
- a. 일부 고세균은 끓는점보다 높은 온도에서도 생존하고 번성할 수 있다.
- b. 고세균의 세포벽 성분은 펩티도글리칸이다.
- c. 고세균은 세균과 밀접하게 연관되어 있지 않다.
- d. 고세균은 식물이나 동물의 질병을 유발하지 않는다.

**4.** 다음 중 바이러스에 관해 옳은 것은?
- a. 주로 광합성을 한다.
- b. 단세포이다.
- c. DNA나 RNA 껍질로 구성된다.
- d. ATP와 지질로 된 껍질로 구성된다.

**5.** 기름이 유출된 곳에 생장 촉진제를 뿌려 기름을 분해하는 세균의 성장을 촉진하는 것은 __________의 예이다.
- a. 생물학적 치유
- b. 접합
- c. 유전공학
- d. 측면 유전자 전이

### 빈칸 채우기

**1.** __________는 펩티도글리칸으로 된 __________(을)를 가지는 반면, __________는 그렇지 않다.

**2.** 원핵세포는 진핵세포보다 크기가 __________ (크다/작다). 원핵세포의 전형적인 형태는 __________, __________, 그리고 __________이다.

**3.** 많은 원핵생물은 __________를 사용하여 이리저리 움직인다. 일부 원핵생물은 모여서 __________라고 하는 군집을 이룰 때, 슬라임(Slime)이라는 점액을 분비하여 서로를 보호한다. 다른 원핵생물은 __________라고 하는 보호구조물을 만들어 장시간, 그리고 극한 환경에서 살아남을 수 있다.

**4.** __________ 세균은 산소가 없는 곳에 서식한다. __________ 세균은 태양광에서 에너지를 얻는다.

5. 원핵생물은 __________를 통해 증식하고 때로는 __________라는 과정을 통하여 유전물질을 교환한다.
6. 식물 영양소인 암모늄은 토양의 __________ 세균에 의해 합성된다. 암소와 토끼의 소화관에 살고 있는 원핵생물은 이러한 동물이 먹는 잎에 있는 __________를 분해한다.
7. 콜레라, 임질, 그리고 폐렴은 병원성 __________에 의해 발병한다. 대장균의 유해한 균주는 __________, __________, 또는 __________ 섭취에 의해 사람에게 발병할 수 있다.
8. 바이러스는 __________ 껍질로 둘러싸인 __________ 또는 __________ 분자로 구성된다. 바이러스는 __________내에 들어가지 못하면 증식할 수 없다. 세균을 감염시키는 바이러스를 __________라고 한다.

### 복습문제

1. 원핵생물이 에너지와 영양분을 얻는 방법들을 기술하시오.
2. 질소고정세균은 무엇인가? 그리고 생태계에서 그들은 어떤 역할을 하는가?
3. 원핵생물이 발견되는 극한 환경에 대해 설명하라. 사람 몸의 어느 부위에 원핵생물이 살고 있는가?
4. 내생포자는 무엇인가? 그 기능은 무엇인가?
5. 접합은 무엇인가? 플라스미드는 접합에서 어떤 역할을 하는가?
6. 왜 원핵세포는 생물학적 치유에서 유용한가?
7. 바이러스의 전형적인 구조를 기술하라. 바이러스는 어떻게 복제하는가?
8. 원핵생물이 인간에 이로운 점과 해로운 점을 예를 들어 기술하라.
9. 고세균과 세균의 차이점은? 원핵생물과 바이러스의 차이점은?

## 개념의 적용

1. 일부 개발도상국가에서 항생제는 처방 없이도 구매할 수 있다. 이런 일이 왜 일어난다고 생각하는가? 어떤 생물학적 결과를 여러분은 예상하는가?
2. 프라이온을 발견하기 전에, 많은(아마도 대부분의) 생물학자들은 "어떤 전염체나 입자도 핵산(DNA나 RNA)이 결여되어서는 존재할 수 없다"라는 문장에 동의했었다. 프라이온은 우리에게 자연, 과학, 그리고 과학적 질문에 대하여 어떤 교훈을 주었는가? (여러분은 이 질문에 대한 답의 도움을 얻기 위해 1장을 다시 보기 바란다.)

# 21 원생생물의 다양성

광합성 원생생물인 *Caulerpa taxifolia*는 온대 바다에 원치 않는 침입자이다.

CASE STUDY

## 녹색 괴물

캘리포니아주에서 *Caulerpa*를 소지하거나, 운반하거나, 판매하는 것은 위법이다. *Caulerpa*가 불법 마약이거나 어떤 종류의 무기이기 때문인가? 아니다. 단지 작은 녹색의 해초일 뿐이다. 그렇다면 왜 캘리포니아의 입법의원들은 이것을 캘리포니아에서 금지시켰을까?

*Caulerpa*가 공공의 적이 된 이야기는 1980년대 초 독일의 슈투트가르트에 있는 빌헬마 동물원에서 시작된다. 그곳의 해수 수족관 관리자는 열대 해조류인 *Caulerpa taxifolia*가 열대 어류를 전시하는데 좋은 배경이며 동반자가 된다는 것을 알게 되었다. 뿐만 아니라 수년간의 육종을 통해 수족관 생활에 적합한 품종을 만들어 내게 되었다. 이 새로운 품종은 내한성이 커서 야생 *Caulerpa*가 발견된 열대의 물보다 훨씬 낮은 수온에서 생존할 수 있었다. 동물원 관리자는 다른 기관에서 수족관 전시를 위해 원한다면 자른 가지를 기꺼이 보내 주었다.

자른 가지를 받은 기관 중 하나가 지중해 해안에 위치한 모나코 해양박물관이었다. 1984년에 객원 해양생물학자 한 사람이 박물관 바로 밑의 물에서 자라고 있는 작은 무더기의 *Caulerpa*를 발견하였다. 아마 수족관을 청소하던 누군가가 물을 바다에 쏟아 부었고, 그로 인해 우연히 *Caulerpa*가 지중해로 유입된 것이었다.

1989년에는 *Caulerpa* 무더기가 몇 에이커를 덮을 만큼 자랐다. 이 해초는 계속 자라서 지중해 바닥에 정상적으로 살고 있는 대부분의 다른 생물들이 자라지 못할 정도로 바닥을 덮어 버렸다. 그 지역의 초식동물인 성게나 어류는 *Caulerpa*를 먹지 않는다.

*Caulerpa*가 빠르게 퍼지고, 포식자에 의해 조절되지도 않아 토착종을 밀어내는 현상이 곧 명확하게 나타났다. 1990년대 중반에 이르러 생물학자들은 *Caulerpa*가 스페인부터 이탈리아까지 지중해 해안 전역에 걸쳐 발견되는 것에 놀라게 되었다. 오늘날 *Caulerpa*는 지중해 전역에 광범위하게 퍼져있고 해양 바닥의 넓은 면적을 덮고 있다.

생태계에 끼치는 위협에도 불구하고 *Caulerpa*는 매력적인 생물이다. *Caulerpa* 같은 녹색 해조류는 비공식적으로 원생생물이라고 알려진 다양한 생물체 그룹의 일부이다. 어떤 다른 종류의 생물들이 원생생물인가? 원생생물은 어디서, 어떻게 살아갈까?

## 주요내용

**21.1** 원생생물이란 무엇인가?

**21.2** 원생생물의 주요 그룹에는 어떤 것들이 있나?

## 21.1 원생생물이란 무엇인가?

생명의 두 영역인 세균(Bacteria)과 고세균(Archaea)은 원핵생물(prokaryotes)만을 포함하고 있다. 세 번째 영역인 진핵생물 영역(Eukarya)은 모든 진핵생물을 포함하고 있다. 가장 눈에 띄는 진핵생물은 식물, 균류, 동물 등인데 22장부터 25장에 걸쳐 배우게 될 것이다. 나머지 진핵생물은 통틀어 **원생생물(protists)**로 일컬어지는 다양한 생물집단이다. 원생생물은 "특정 공통조상에서 나온 모든 자손"들로 이루어진 그룹인 단일 계통군(clade)를 구성하지는 않기 때문에 계통분류학자들은 "원생생물"이란 단어를 공식적인 그룹 이름으로 사용하지 않는다. 원생생물은 식물, 동물 및 균류가 아닌 모든 진핵생물을 일컫는 편의상의 용어일 뿐이다.

대부분의 원생생물은 단세포이며 우리가 일상생활을 할 동안에는 눈에 띄지 않는다. 만약 우리가 현미경 수준으로 작아진다면, 우리는 그들의 아름다운 형태, 다양한 생활 방식, 놀랄 만큼 다양한 생식 방법, 단세포의 한계 안에서 가능하게 한 구조적, 생리적 복잡성에 감동할지 모른다.

(a) 세포분열을 통한 생식

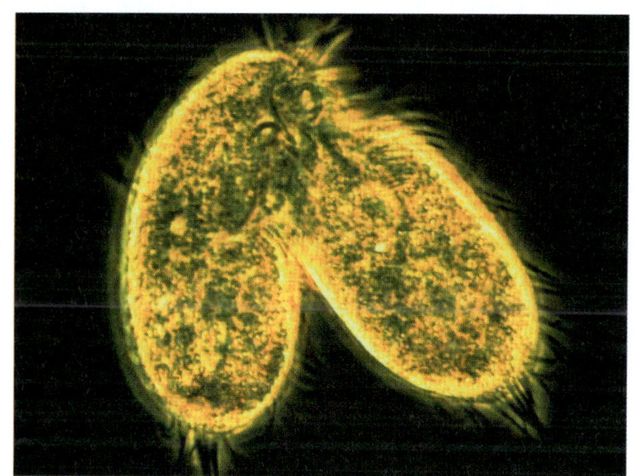

(b) 유전물질 교환

▲ **그림 21-1 원생생물의 생식과 유전자 교환**
(a) 녹조류인 Micrasterias가 세포분열로 무성생식을 한다.
(b) 섬모충류인 두 Euplotes가 유전물질을 교환한다.

**비판적 사고** 대부분의 원생생물에서 성과 생식이 일치하지 않는다고 하는 생물학자들의 말은 무엇을 의미하는가?

### 원생생물은 다양한 생식 방법을 사용한다

대부분의 원생생물은 무성생식을 한다. 즉, 한 개체가 유사분열로 유전적으로 부모와 동일한 두 개체로 나누어진다(**그림 21-1a**). 그러나 많은 원생생물에서 두 개체가 유전물질을 공여하여 양친과 유전적으로 다른 자손을 만드는 유성생식을 하기도 한다. 생식이 아니면서 서로 다른 개체와 유전물질을 합치는 경우도 원생생물에서는 흔하다(**그림 21-1b**).

유성생식을 할 수 있는 많은 원생생물 종들에서도 주된 생식은 무성생식이다. 유성생식은 연중 특정한 시기나, 개체수가 많은 환경이나 먹이가 부족한 경우 등 특별한 환경일 때에만 드물게 일어난다. 세부적인 유성생식 과정과 그에 따른 생활주기는 원생생물의 종류에 따라 매우 다양하다.

### 원생생물은 다양한 영양섭취 방법을 사용한다

원생생물에는 세 가지 영양섭취 방법이 있다. 원생생물은 먹이를 섭취하거나, 주변 환경으로부터 영양을 흡수하거나 광합성을 통해 직접 태양에너지를 획득한다. 먹이를 섭취하는 원생생물을 일반적으로 포식자라 한다. 단세포인 포식자 원생생물은 세균이나 다른 원생생물과 같은 먹이를 감싸서 삼킬 수 있는, 형태 변환이 가능한 탄력적인 세포막을 갖는 경우가 있다. 이러한 방식으로 먹이를 섭취하는 원생생물은 전형적으로 먹이를 삼키기 위하여 손가락 모양으로 뻗은 **위족(pseudopods)**을 사용한다. 다른 포식자 원생생물은 세포 안에 있는 입 모양의 구멍으로 음식 입자를 쓸어 넣도록 작은 물결을 일으킨다. 어떤 방식으로 섭취되든지 음식이 일단 원생생물 안으로 들어오면 소화를 시키기 위해 전형적으로 막으로 둘러싸인 **식포(food vacuole)** 안에 채워지게 된다.

주변 환경으로부터 영양분을 직접 흡수하는 원생생물은 독립생활을 하거나 다른 생물체 안에서 살아간다. 독립 생활을 하는 유형은 토양과 죽은 유기물질이 존재하는 환경에서 분해자로 산다. 그러나 영양분을 흡수하는 형태의 원생생물 중 대부분은 다른 생물체 내부에서 살아간다. 대부분의 경우 이러한 원생생물은 먹이 섭취 활동이 숙주생물에 해를 주는 기생체이다.

광합성 원생생물은 해양, 호수 및 연못 등에 풍부하게 존재 한다. 대부분은 물에서 떠다니지만 일부는 산호나 조개류 등과 같은 다른 생물체의 조직 안에서 살아간다. 이러한 관계는 상호간에 이익이 된다. 즉, 광합성 원생생물에 의해 포획된 태양에너지의 일부는 숙주생물에 의해 사용되고, 숙주생물은 원생생물에 은신처와 보호를 제공한다.

원생생물의 광합성은 엽록체에서 일어난다(7장을 보라). 엽록체는 내부공생(*endosymbiosis*)이라는 과정을 통해 큰 세포 안에 살게 된 고대 광합성 세균의 후손이다(18장을 보라). 최초의 원생생물 엽록체를 탄생시킨 내부공생 외에도 후대에 비광합성 원생생물이 엽록체를 가지고 있는 광합성 원생생물을 삼켜서 생긴 여러 종류의 다른 이차 내부공생(*secondary endosymbiosis*)도 있다. 결국에는 삼켜진 종의 대부분 성분은 사라지고 네 개의 막으로 둘러 싸여진 엽록체만 남게 되었다. 이중 두 개의 막은 원래의 세균 유래 엽록체에서 온 것인데, 하나는 삼킨 원생생물로부터 다른 하나는 삼켜진 원생생물을 둘러쌌던 식포에서 온 것이다. 관련 없는 수많은 서로 다른 종류의 원생생물 집단에 광합성을 하는 종들이 존재하는 것이 이차 내부공생이 다발적으로 일어났음을 설명해 준다.

## 원생생물은 사람과 다른 생물에 영향을 미친다

원생생물은 긍정적이든 부정적이든 인간 생활에 중요한 영향을 미친다. 일차적인 긍정적 영향은 광합성 해양 원생생물의 생태학적 역할을 통해 모든 생명체에 혜택을 주는 것이다. 식물이 육지에서 하는 것처럼, 해양의 광합성 원생생물은 태양에너지를 포획하여 생태계의 다른 생명체가 이용할 수 있게 한다. 따라서 인간은 식량을 위해 해양 생태계에 의존하고, 해양 생태계는 다시 원생생물에 의존하는 셈이다. 뿐만 아니라 원생생물은 에너지를 포획하는 광합성 과정에서 산소를 방출하여 호흡에 의해 대기권에서 사라진 산소를 보충하는데 도움을 준다(세포호흡이 산소를 소비한다는 8장을 상기할 것).

부정적인 측면은 많은 인간의 질병이 기생성 원생생물에 기인한다는 것이다. 원생생물에 의한 질병에는 인류에 가장 흔한 몇몇 질병과 치명적인 고통을 주는 것을 포함한다. 원생생물은 많은 식물병을 일으키기도 하는데, 그 중 사람에게 중요한 작물에 해를 입히는 경우도 있다.

### CHECK YOUR LEARNING

- 원생생물을 정의하고 원생생물이 영양을 얻고 생식하는 다양한 방법을 설명할 수 있는가?
- 원생생물 엽록체의 진화적 기원에 대한 시나리오를 설명할 수 있는가?
- 원생생물이 사람과 다른 생물에 미치는 주요 영향을 설명할 수 있는가?

## 21.2 원생생물의 주요 그룹에는 어떤 것들이 있나?

빠르고 저렴한 유전자 염기서열 분석 방법의 출현 덕분에 계통분류 학자들은 유전적 비교를 통해 원생생물 계통군에 대해, 또 그들 사이의 진화 역사에 대해 더 잘 이해할 수 있게 되었다. 이 중 일부 원생생물 계통군과 그 구성원들의 주요 특징이 **표 21-1**에 기술되어 있다. 주요 원생생물 계통군을 포함한 계통수는 그림 19-7에 묘사되어 있다.

이전에는 원생생물이 영양을 얻는 방법에 따라 종을 분류하였으나, 오늘날 우리가 아는 계통발생을 정확히 반영하지 못하기 때문에 예전의 기준은 이제 구식으로 여겨진다. 그럼에도 불구하고 생물학자들은 특정한 특성을 공유하지만 반드시 유연관계에 있는 것은 아닌 원생생물 그룹을 일컫는 용어를 아직도 사용하고 있다. 예를 들어 광합성을 하는 원생생물은 모두 **조류(algae**, 단수 alga)로, 단세포이면서 비광합성 원생생물을 총칭해 **원생동물(protozoa**, 단수 protozoan)로 알려져 있다.

다음 절에서 우리는 원생생물 다양성의 예를 살펴볼 것이다.

## 엑스카베이트는 미토콘드리아가 없다

**엑스카베이트(excavates)**는 세포 표면에 "파낸" 것 같은 모양을 한 섭식 홈 때문에 이름이 붙여졌다. 엑스카베이트는 혐기성 생물(산소 없이 살고, 생장할 수 있음)이다. 많은 엑스카베이트가 미토콘드리아를 가지고 있지 않지만 미토콘드리아에서 진화된 것으로 추측되는 세포소기관을 가지고 있다. 따라서 엑스카베이트의 조상은 미토콘드리아를 가지고 있었으나, 몇몇 엑스카베이트 그룹에서 이 세포소기관이 나중에 없어진 것 같다. 이러한 엑스카베이트에는 중복편모충류(diplomonads), 부기저체류(parabasalids), 유글레나류(euglenids), 동원핵편모충류(kinetoplastids) 등이 있다.

### 중복편모충류는 핵이 두 개다

**중복편모충류(diplomonads)**는 한 개의 세포에 두 개의 핵을 가지고 있으며 여러 개의 편모를 이용하여 이동한다. 기생성 중복편모충류인 지아디아(*Giardia*, **그림 21-2**)는 전 세계에서 보건문제를 일으키고 있다. 이 중복편모충류의 포낭(*cysts*, 생활주기의 한 시기에 개체를 둘러싸고 있는 견고한 구조)은 감염된 사람이나, 개, 또는 다른 동물의 분변으로 방출된다; 1g의 분변에는 3억 개의 포낭이 들어 있을 수도 있다. 배설된 포낭은 개천이나 호수, 수원지, 심지어는 수영장이나 온수 욕조에까지 유입될 수 있다. 만일 포유동물이 감염된 물을 마시면 작은창자 내에서 포낭이 성체로 발생된다. 사람에 감염되면 심한 설사, 탈수, 메스꺼움, 구토 및 경련을 일으킬 수 있다. 다행히 이런 감염은 약으로 치료될 수 있어 지아디아 감염에 의한 사망은 드물다.

| 표 21-1 | 원생생물의 주요 그룹 | | | | |
|---|---|---|---|---|---|
| 그룹 | 소그룹 | 운동성 | 영양 | 대표적 특징 | 대표 속 |
| 엑스카베이트 | 중복편모충류 | 편모로 유영 | 종속영양(즉, 다른 생물체를 섭취함) | 미토콘드리아 없음; 토양이나 물에 서식, 혹은 기생성; 단세포 | *Giardia* (포유류의 장에서 기생) |
| | 부기저체류 | 편모로 유영 | 종속영양 | 미토콘드리아 없음; 기생성 또는 공생; 단세포 | *Trichomonas* (성적으로 전파되는 감염인 트리코모나스증을 일으킴) |
| | 유글레나류 | 하나의 편모로 유영 | 광합성 | 안점이 있음; 모두 담수성 | *Euglena* (흔한 연못 서식자) |
| | 동원핵편모충류 | 편모로 유영 | 종속영양 | 토양이나 물에 서식, 혹은 기생성; 단세포 | *Trypanosoma* (아프리카 수면병을 일으킴) |
| 스트라메노필레스 (크로미스트) | 물곰팡이류 | 편모로 유영(배우자) | 종속영양 | 필라멘트형 | *Plasmopara* (노균병을 일으킴) |
| | 규조류 | 표면을 따라 미끄러짐 | 광합성 | 실리카 껍질이 있음; 대부분 해양성; 단세포 | *Navicula* (빛을 향해 미끄러짐) |
| | 갈조류 | 비운동성 | 광합성 | 온대 해양의 해초; 다세포 | *Macrocystis*(켈프숲 형성) |
| 알베오레이트 (피하낭류) | 와편모충류 | 두 개의 편모로 유영 | 광합성 | 생물발광을 하는 것이 많음; 흔히 세포벽에 셀루로오스를 함유; 단세포 | *Gonyaulax*(적조를 일으킴) |
| | 정단복합체충류 | 비운동성 | 종속영양 | 모두 기생성; 감염성 포자 형성; 단세포 | *Plasmodium*(말라리아 원충, 말라리아를 일으킴) |
| | 섬모충류 | 섬모로 유영 | 종속영양 | 가장 복잡한 단일세포가 포함됨; 단세포 | *Paramecium*(빠르게 움직이는 연못 서식자) |
| 리자리안 | 유공충류 | 가느다란 위족을 뻗음 | 종속영양 | 탄산칼슘 껍질이 있음, 단세포 | *Globigerina*(껍질이 해저면의 많은 부분을 덮음) |
| | 방산충류 | 가느다란 위족을 뻗음 | 종속영양 | 실리카 껍질이 있음, 단세포 | *Actinomma*(전 세계 해양에 분포) |
| 아메바류 | 아메바 | 두꺼운 위족을 뻗음 | 종속영양 | 껍질이 없음, 단세포 | *Amoeba* (일반적으로 연못에 서식) |
| | 비세포성 점균류 | 민달팽이 모양의 덩어리가 표면 위로 흘러나옴 | 종속영양 | 다핵성 변형체 형성 | *Physarum*(커다란 밝은 오렌지색 덩어리 형성) |
| | 세포성 점균류 | 아메바형 세포가 위족을 뻗음; 민달팽이 모양의 덩어리가 표면 위를 기어 다님 | 종속영양 | 각각의 아메바형 세포로 위변형체를 형성 | *Dictyostelium* (종종 실험실 연구재료로 쓰임) |
| 홍조류 | | 비운동성 | 광합성 | 일부는 탄산칼슘을 축적; 대부분 해양성; 대부분 다세포 | *Porphyra* (김밥을 만드는데 사용) |
| 녹조류 | | 편모로 유영(일부 종에 한함) | 광합성 | 육상 식물과 가장 가까운 친척임; 단세포 및 다세포 | *Ulva* (바다상추) |

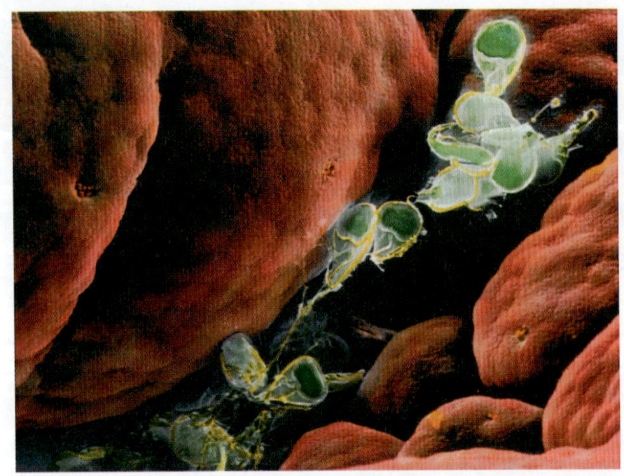

▲ 그림 21-2 지아디아(*Giardia*): 캠핑하는 사람들의 재앙 오염된 물을 마신 사람에게 위장관 질환을 일으키는 중복편모충류(*Giardia* 속)가 사람의 작은창자에서 보이고 있다.

## 부기저체류 중에는 공생체가 있다

**부기저체류(parabasalids)**는 혐기성이며 편모가 있는 원생생물로 부기저체(parabasal body)라는 골지체가 단단히 뭉쳐져 있는 특이한 구조가 세포에 있기 때문에 이러한 이름이 붙여졌다(4장을 보라). 알려진 모든 부기저체류는 동물체 내에서 산다. 예를 들면 이 그룹에는 나무를 먹는 흰개미의 소화기관에 사는 몇몇 종들이 속해 있다(**그림 21-3**). 흰개미는 스스로 나무에 포함되어 있는 셀룰로오스를 소화할 수 없지만 부기저체류는 소화시킬 수 있다. 따라서 곤충과 원생생물은 상호 이익을 주는 관계가 된다. 흰개미는 장에 있는 부기저체류에게 먹이를 재공해 주고, 부기저체류는 먹이를 소화시킬 때 나오는 일부 영양분을 흰개미가 이용할 수 있게 한다.

어떤 부기저체류는 기생체이다. 예를 들면 부기저체류인 *Trichomonas vaginalis*는 사람의 요로생식기의 점막에 감염되어 성병인 트리코모나스증(trichomoniasis)을 일으킨다. 매년 미국에서 370만명이 트리코모나스증에 감염된다.

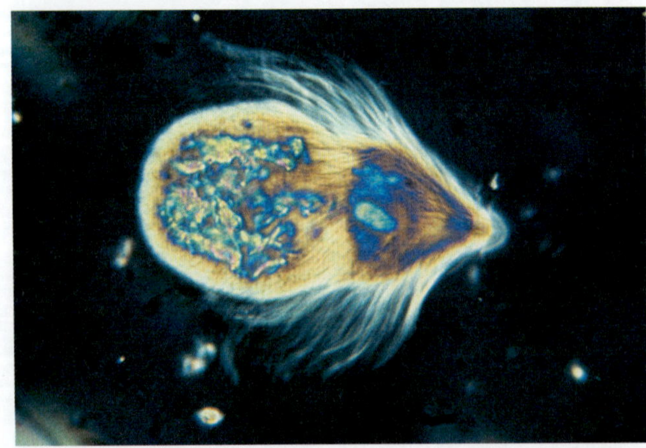

▲ 그림 21-3 부기저체류는 흰개미의 소화관에 산다 *Trichonympha*라는 부기저체류는 흰개미의 소화기관에 살며, 흰개미가 섭취하는 나무에 포함된 셀룰로오스를 소화시킨다.

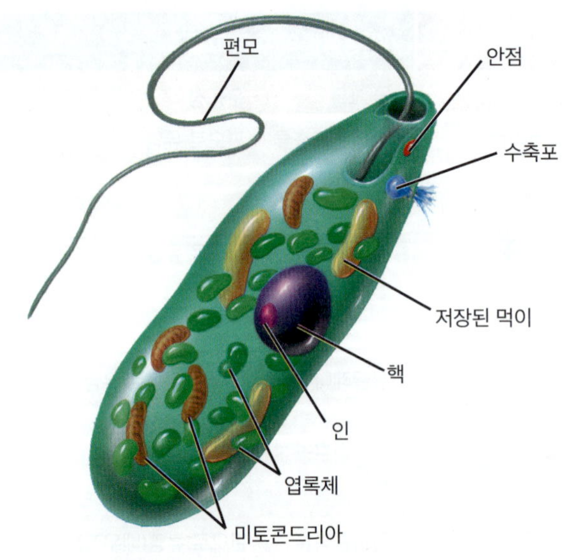


▲ 그림 21-4 대표적 유글레나류인 유글레나(*Euglena*) 유글레나의 정교한 단세포는 녹색의 엽록체로 채워져 있다. 이 원생생물을 어두운 곳에 두면 엽록체는 사라진다.

## 유글레나류는 단단한 껍질이 없고 편모로 유영한다

**유글레나류(euglenids)**는 주로 담수에 살고 있는 단세포 원생생물들로, 이 그룹의 대표로 가장 잘 알려진, 물에서 하나의 편모를 채찍질 하여 움직이는 복잡한 단세포인 유글레나(*Euglena*)로부터 이름이 유래되었다(**그림 21-4**). 유글레나류는 단단한 바깥 껍질이 없어 어떤 것들은 편모의 채찍처럼 휘두르거나 꿈틀거리면서 이동한다. 많은 유글레나류가 광합성을 하지만 어떤 종들은 먹이를 흡수하거나 삼킨다. 일부 유글레나류는 안점(*eyespot*)이라는 광수용체와 주변의 색소반점으로 구성된 빛 감지기관을 가지고 있다. 색소는 특정한 방향에서 빛을 비출 때만 광수용체를 가려서 생물체가 광원의 방향을 알 수 있게 한다. 안점으로부터 온 정보를 이용하여 편모는 이 원생생물이 광합성에 적당한 양의 빛을 향해 움직이도록 한다.

## 일부 동원핵편모충류(kinetoplastids)는 사람에게 질병을 일으킨다

**동원핵편모충류(kinetoplastids)**의 미토콘드리아 DNA는 동원핵(kinetoplasts)이라 불리는 복잡한 복합체로 이루어져 있다. 즉, 많은 수의 환형의 미토콘드리아 유전체가 서로 연결되어 독특한 판 모양의 구조를 형성한다. 대부분의 동원핵편모충류는 적어도 한 개의 편모를 가지고 있어 개체가 이동하거나, 환경을 감지하고, 먹이를 획득하는데 사용한다. 일부 동원핵편모충류는 토양이나 물에서 자유생활을 하지만 어떤 것들은 기생이나 공생관계로 다른 생물체 안에서 살아간다. 트리파노소마(*Trypanosoma*)

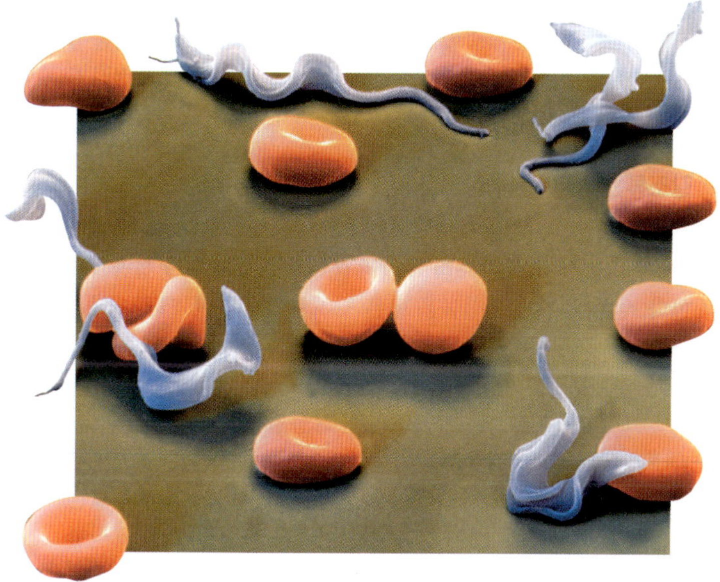

▲ 그림 21-5 **질병을 일으키는 동원핵편모충류** 이 사진은 아프리카 수면병을 일으키는 코르크 마개 따개 모양을 한 기생성 동원핵편모충류인 트리파노소마(*Trypanosoma*)에 심하게 감염된 사람의 혈액을 보여 준다.

속에 속하는 위험한 기생성 동원핵편모충류 중 하나는 때로는 치명적인 질병인 아프리카 수면병을 일으킨다(그림 21-5). 많은 다른 기생체들처럼 이들도 복잡한 생활주기를 가지는데 생활주기의 일부를 체체파리(tsetse fly)에서 보낸다. 감염된 파리는 포유동물의 피를 먹을 때 트리파노솜(tripanosome)이 들어 있는 타액을 다른 포유동물로 전달한다. 그 다음, 기생체는 새 숙주(사람일 수 있음) 안에서 발육하여 혈액으로 들어간다. 트리파노솜은 숙주를 문 다른 체체파리로 들어가서 새로운 감염 사이클이 시작된다. 또 다른 질병을 일으키는 동원핵편모충류에 관한 정보는 339페이지의 "Health Watch: 경시된 원생생물 감염증"을 보라.

## 스트라메노필레스는 독특한 편모를 가지고 있다

모든 **스트라메노필레스(stramenopiles)**는 편모(비록 많은 스트라메노필레스에서 편모는 생활주기의 일정 기간에만 나타나지만)에 미세한 머리털 같은 돌기를 갖고 있다. 진화적 역사를 공유함에도 불구하고, 스트라메노필레스의 형태는 다양하다. 어떤 것은 광합성을 하지만 어떤 것은 그렇지 않고, 대부분은 단세포이지만 몇몇은 다세포이다. 세 가지 주요 스트라메노필레스 그룹은 물곰팡이, 규조류 및 갈조류이다.

### 물곰팡이류는 인간에게 중요한 영향을 미쳤다

**물곰팡이류**(난균류, **water molds**)는 원생생물의 작은 그룹을 이루며, 그들 중 많은 것들은 솜뭉이 같이 뭉쳐진 긴 필라멘트를 형성한다. 이러한 솜뭉치는 외견상으로 볼 때 곰팡이에 의해 만들어진 구조와 비슷하지만 이러한 유사성은 동일 조상을 갖는 것이 아니라 수렴신화 때문이나. 많은 물곰팡이들은 물과 축축한 토양에 사는 분해자이다. 일부 종은 인간에게 엄청난 경제적 영향을 미친다. 예를 들어, 어떤 물곰팡이는 노균병(*downy mildew*)이라고 알려진 포도의 병을 일으킨다. 이 병은 1870년대 후반에 미국에서 프랑스로 우연히 유입되어 프랑스의 와인 산업을 거의 다 파괴시키다시피 했다. 어떤 물곰팡이는 무서운 감자병인 감자역병(*late blight*)을 일으키기도 한다. 이 원생생물이 1845년경 아일랜드로 우연히 유입되어 감자밭의 대부분을 파괴시켰고, 그 시기에 백만 명이나 되는 아일랜드 사람이 극심한 감자 기근으로 굶주렸으며 그보다 더 많은 사람이 기근을 피해 미국으로 이민을 떠나게 되었다.

### 규조류는 유리벽으로 둘러 싸여 있다

담수와 해수 모두에서 발견되는 광합성 스트라메노필레스인 **규조류(diatoms)**는 실리카(유리)를 포함하는 보호 세포벽을 만

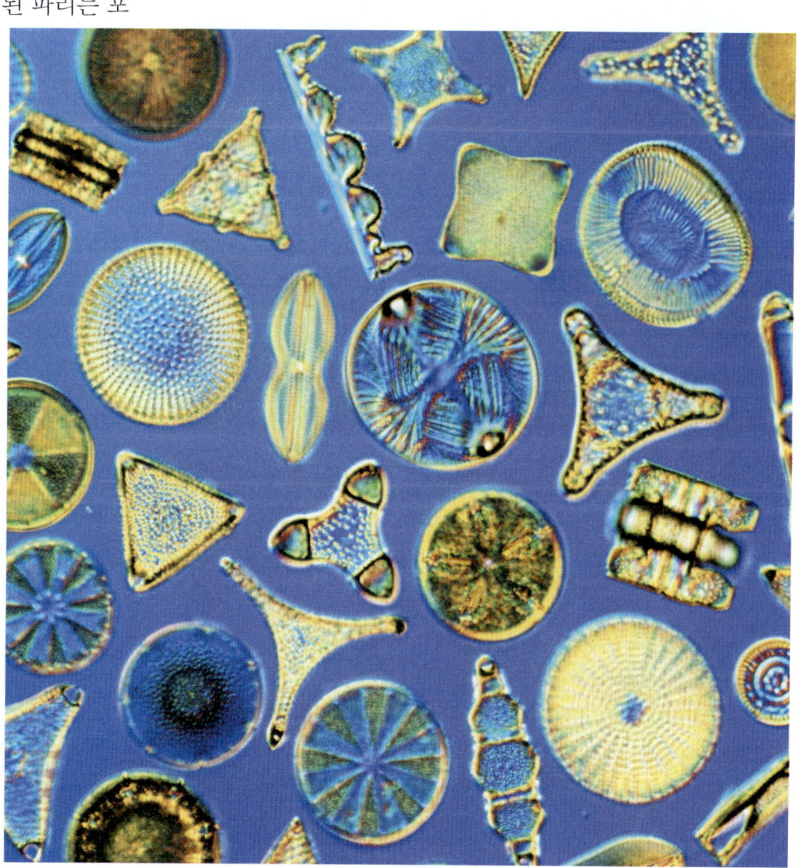

▶ 그림 21-6 **몇 가지 대표적인 규조류** 이 현미경 사진은 규조류의 유리벽의 복잡하고 미세한 아름다움과 다양성을 보여준다.

(a) 푸쿠스(*Fucus*)

(b) 켈프 숲

▲ **그림 21-7 갈조류는 다세포성 원생생물이다** (a) 해안에서 발견되는 속인 푸쿠스가 썰물 때 노출되어 있는 것을 보여주고 있다. 물에서 부력을 제공하는 가스로 차 있는 부낭을 주목할 것. (b) 거대한 켈프인 *Microcystis* 가 남캘리포니아에서 해저 숲을 형성하고 있다.

든다(**그림 21-6**). 규조류의 유리벽은 수백만 년 동안 축적되어 수백 미터 두께의 "규조토" 화석 퇴적물을 만들어 왔다. 이것들의 약한 연마제 성분은 치약과 금속 광택제와 같은 제품에 널리 사용되고 있다.

규조류는 지구의 호수와 대양의 상층에 수동적으로 떠있는 단세포 광합성자들인 **식물성 플랑크톤(phytoplankton)**의 일부를 이루고 있다. 식물성 플랑크톤은 생태학적으로 매우 중요한 역할을 수행한다. 지구 광합성의 약 50%를 담당하는 해양 식물성 플랑크톤은 이산화탄소를 흡수하고, 산소로 대기를 재충전시키며, 수생생물의 복잡한 생태적 그물을 유지시킨다.

### 갈조류는 다세포성이다

규조류와 같은 대부분의 광합성 원생생물은 단세포이지만 어떤 것들은 일반적으로 해초라고 알려진 다세포 구조를 형성하기도 한다. 일부 해초들은 식물을 닮은 것처럼 보이지만, 그들에게는 식물의 뚜렷한 특징들이 많이 결여되어있다. 예를 들어, 해초들은 진정한 뿌리가 없다.

스트라메노필레스에는 해초의 한 그룹인 갈조류(brown algae)가 포함된다. 갈조류는(녹색 엽록소와 함께) 해초의 빛 모으는 능력을 증가시키는 황갈색 색소로부터 이름이 붙여졌다. 거의 모든 갈조류가 해양성이다. 이 그룹에는 미국의 동, 서해안을 포함한 전 세계의 온대(차가운) 해양의 해안가 암석을 따라 서식하는 우점 해초 종들이 포함된다. 갈조류는 조수가 낮을 때 노출되는 바위가 있는 가까운 해안에서부터 먼 앞바다까지 분포되어 있다. 몇몇 종들은 몸을 지탱하기 위해 공기가 차 있는 부낭을 사용한다(**그림 21-7a**). 태평양 연안을 따라 발견되는 거대한 켈프 중에는 길이가 약 175피트(53m)가 되는 것도 있는데, 하루만에 6인치(15cm) 이상 자라기도 한다. 빽빽하게 자라고 큰 키 때문에 켈프는 해양 동물들에게 먹이와 보호처, 그리고 양육의 장소를 제공하는 해저 숲을 형성한다(**그림 21-7b**).

갈조류는 잘 알려진 소비재에도 기여를 한다. 거대 켈프 같은 갈조류에서 추출한 알지네이트 나트륨은 아이스크림, 페인트, 면도크림을 비롯한 많은 제품을 빽빽하게 하고 안정화시키는 젤을 만드는데 사용된다.

## 알베오레이트 중에는 기생체, 포식자, 식물성 플랑크톤이 있다

**알베오레이트(alveolates)**는 세포 표면 아래 뚜렷한 작은 공동이 있는 단세포 생물이다. 일부 알베오레이트는 광합성을 하고, 일부는 기생성이며 또 일부는 포식성이다. 주요 알베오레이트 그룹은 와편모충류, 정단복합체충류, 섬모충류 등이다.

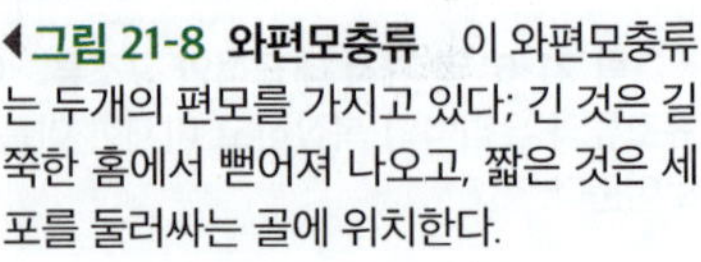

◀ **그림 21-8 와편모충류** 이 와편모충류는 두개의 편모를 가지고 있다: 긴 것은 길쭉한 홈에서 뻗어져 나오고, 짧은 것은 세포를 둘러싸는 골에 위치한다.

## Health WATCH 경시된 원생생물 감염증

여러 종의 원생생물이 인체 내부나 외부에 살 수 있는데, 이들 중 일부는 전염병을 일으키는 기생충이다. 이 중 가장 잘 알려져 있고 가장 두려운 질병은 말라리아로 전 세계에서 해마다 수백만 명의 사람이 감염되고 수십만 명이 이로 인해 사망한다. 그렇기 때문에 질병을 일으키는 말라리아 원충을 이해하고 퇴치하는데 많은 돈과 노력을 들이고 있다. 그러나 그 밖의 원생생물 감염은 많은 사람들에게 해를 끼치지만 연구자, 의사 및 공중보건 당국자의 관심을 덜 받고 있다. 샤가스병(Chagas disease)이나 톡소플라스마증(toxoplasmosis)과 같은 질병은 미국의 많은 사람들에게 영향을 미치기 때문에 미국 질병통제예방센터의 "경시된 기생충 감염병" 목록에 포함되어 있다.

샤가스병은 주로 침노린재(triatomine bug, 때로는 kissing bugs로 불림)로 알려진 피를 빨아 먹는 곤충에 의해 사람에게서 사람으로 전염되는 동원핵편모충류인 *Tripanosoma cruzi*에 의해 발생한다. 그러나 이 질병은 출생 시 모체에서 아이에게, 혹은 수혈에 의해 감염될 수 있다(현재 미국 내 혈액 기증은 *T. cruzi* 검사가 이루어진다). 감염 초기에는 증상이 거의 또는 전혀 없으므로 종종 진단되지 않고 넘어간다. 그러나 감염된 지 수년이 지난 후에 갑작스럽게 맥박이 불규칙해지거나 심장마비로 사망하는 희생자들이 많다. 이 질병을 전염시키는 벌레가 멕시코, 중미 및 남미에서 가장 흔하기 때문에 대부분의 샤가스병 감염자들은 이 지역에서 발생한다. 그러나 미국 내에도 약 30만 명으로 추정되는 감염자가 거주하고 있는데, 대부분의 사람들은 미국으로 이주하기 전에 감염되었을 것으로 보인다. 샤가스병은 감염 직후 몇 주 동안은 약으로 치료할 수 있지만 만성으로 심장에 손상을 주는 단계에 도달하면 치료가 훨씬 어려워진다.

톡소플라스마증은 정단복합체충류 기생체인 톡소포자충(*Toxoplasma gondii*)에 의해 유발된다(**그림 E21-1**). 이 기생체의 일차 숙주는 고양이인데, 고양이는 톡소포자충을 대변에서 배설하고 설치류에 전염되었다가 설치류가 고양이에게 잡아먹히면서 기생충의 생활주기를 완료한다. 사람도 정원을 가꾸거나 고양이 변기통을 치울 때 배설물과 접촉하거나 오염된 음식을 섭취하면 감염될 수 있다. 오염된 식품에는 세척하지 않은 농산물과 톡소포자충을 섭취한 동물의 덜 익힌 고기가 포함된다. 초기 감염은 최악의 경우 발열일 정도로 증세가 가볍지만 임신 중에 감염되었을 경우 태아에게 매우 위험하다. 아이는 이로 인해 간질, 실명 및 발달 장애로 이어지는 심각한 질병이 발생할 수 있다. 또한 성인 역시 처음에는 감염에 따른 증상이 없을지라도 감염이 평생 지속되기 때문에 궁극적으로 면역 저하와 다른 전염성 질환의 감수성을 증가시킬 수 있으므로 위험할 수 있다.

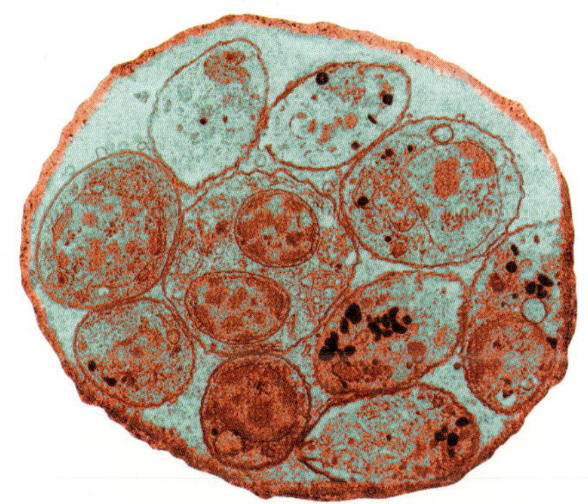

▲ **그림 E21-1 톡소포자충(*Toxoplasma gondii*)의 포낭** 포낭은 수천 개가 될 때까지 증식할 수 있는 여러 개의 기생체를 가지고 있다.

톡소포자충의 가장 매혹적인 적응 방식 중 하나는 감염된 생쥐와 쥐의 행동에 영향을 미치는 능력이다. 기생충은 설치류의 두뇌에 침입하여 두려움을 덜 느끼고 무모하게 만드는 신경학적 변화를 유도한다. 즉, 톡소포자충은 고양이가 감염된 쥐를 먹을 가능성이 높아지도록 설치류의 심리를 바꿔 기생충이 생활주기를 완료하고 번식 할 수 있게 한다. 톡소포자충이 현재 감염되어 있는 수백만 명의 사람들의 행동에 영향을 미치고 있을까? 매우 기초적인 증거는 이 기생충이 실제로 인간의 성격에 영향을 미치고 민감한 개인에게서는 심한 정신병을 일으킬 수도 있음을 시사한다.

**비판적 사고** 당신은 최근에 처음으로 임신하게 된 환자와 상담하는 의사이고, 샤가스병이나 톡소플라즈마증에 대한 혈액 검사를 해야 할 것인지 결정해야 한다고 상상해 보자. 결정을 하기 앞서 환자의 배경과 생활습관에 관해 무엇을 알고 싶은가? 그 이유를 설명하라.

### 와편모충류는 두 개의 채찍 모양의 편모로 유영한다

대부분의 **와편모충류(dinofla-gellates)**는 광합성을 하지만, 일부 종은 광합성을 하지 못한다. 와편모충류(라틴어의 "채찍을 휘두름"에서 유래했음)는 앞으로 추진하게 하는 두개의 채찍 같은 편모 때문에 그 이름이 붙여졌다(**그림 21-8**). 한 개의 편모는 세포를 둘러싸고 있고, 다른 한 개는 세포 뒤로 돌출되어 있다. 일부 와편모충류는 원형질막으로만 둘러싸여 있지만 어떤 것들은 갑옷를 닮은 셀룰로오스 벽을 갖고 있다. 일부 종은 담수에 살지만, 와편모충류는 특히 해양에서 풍부하게 서식하고 있고 해양에서 이들은 식물성 플랑크톤의 중요한 구성원이며, 커다란 생물들의 식량자원이다. 많은 와편모충류는 생물발광성이어서 물에 진동을 감지했을 때 밝은 청록색 빛을 발한다.

◀ **그림 21-9 적조** 적당한 조건 하에 어떤 와편모충류의 번식력은 폭발적으로 높아 작은 몸으로도 바닷물을 물들일 수 있을 정도의 높은 밀도가 된다.

영양분이 풍부한 따뜻한 물은 와편모충류 군집의 대폭발을 일

CASE STUDY CONTINUED

## 녹색괴물

침략적인 *Caulerpa* 해초가 그의 정상적인 포식자나 기생자가 없는 환경을 접할 때 통제 못할 지경으로 확산되는 것과 같이, 독소를 생산하는 와편모충류 개체군 역시 새로운 물에 방출되면 폭발적으로 늘어난다. 최근 몇 년 간 적조 현상이 증가 추세로 자주 일어났다. 이러한 증가된 발생의 한 가지 원인은 적조를 일으키는 와편모충류의 종이 사람에 의해 의도치 않게 전 세계로 퍼졌다는 사실이다. 와편모충류는 화물선의 평형수 탱크로 펌프되어 들어와 멀리 떨어진 항구에서 배출되는 방법으로 해수에서 주로 이동된다.

간혹 새로운 환경에 방출된 원생동물이 지나친 번식 때문이 아니라 질병을 유발시킴으로써 생태계에 피해를 주기도 한다. 알베오레이트 중 질병을 유발하는 예로 어떤 것이 있을까?

으킬 수 있다. 와편모충류가 많아지면 물이 그들의 몸 색깔과 같은 색으로 물든다(**그림 21-9**). 물은 노란색, 분홍색, 주황색, 갈색 등으로 물들기도 하지만 가장 흔한 색은 붉은색이기 때문에, 와편모충류 군집이 번성하는 현상을 "적조(red tides)"라고 부른다. 적조가 일어나면 수천 마리의 물고기가 아가미가 막혀 질식하거나 수십억 개의 와편모충류가 썩으면서 산소가 고갈되어 죽는다. 그러나 와편모충류의 폭발이 굴, 홍합, 대합 등에게는 이득이 되기도 하는데, 이들은 물속에 있는 수백만 마리의 원생생물을 여과하여 잡아먹는 잔치를 벌인다. 하지만 그 과정에서 이러한 연체동물은 와편모충류가 만드는 신경 독소를 축적한다. 이 연체류를 먹은 돌고래, 바다표범, 해달 및 사람은 잠재적으로 치사성인 마비성 패류중독에 걸릴 수 있다.

### 정단복합체충류는 기생성이고 이동 수단을 가지고 있지 않다

모든 **정단복합체충류(apicomplexans)**는 기생성으로, 숙주의 몸 안에 살거나 때로는 숙주의 개별 세포 안에서 산다. 그들은 음식과 물을 통해, 또는 감염된 곤충에 물림으로써 한 숙주에서 다른 숙주로 전파되는 견고한 구조체인 감염성 포자를 형성한다. 성체일 때 정단복합체충류는 운동 수단이 없다. 많은 것들은 기생체의 일반적 특성인 복잡한 생활주기를 갖고 있다. 잘 알려진 예가 말

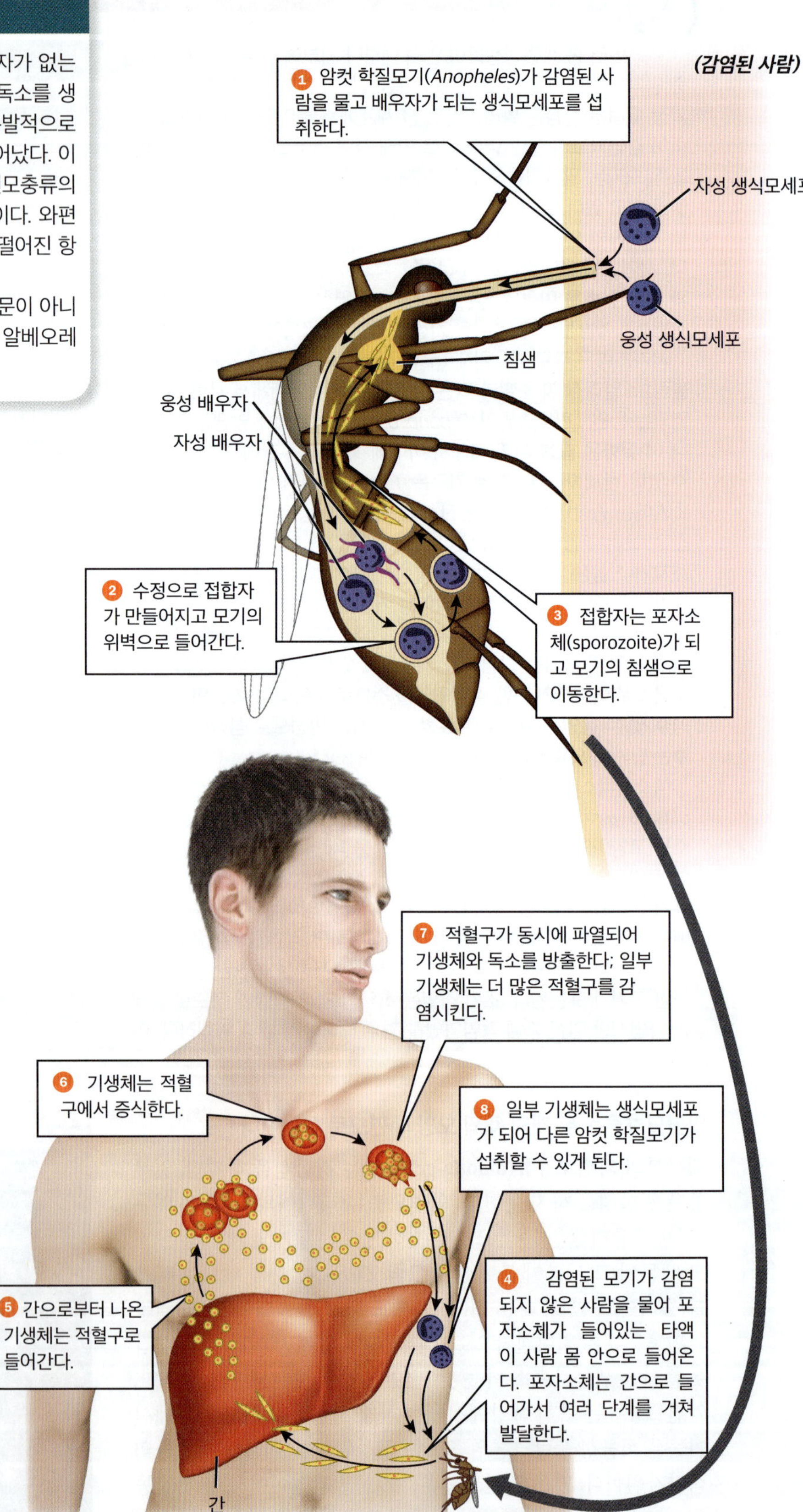


▶ **그림 21-10 말라리아 기생체의 생활주기**

라리아 기생체인 말라리아 원충(*Plasmodium*)이다(**그림 21-10**). 이 기생체는 생활주기의 일부를 암컷 학질모기(*Anopheles*) 안에서 보낸다. 모기는 말라리아 원충에게 해를 입지는 않지만, 모기가 사람을 물게 되면 이 원생생물은 불행한 희생자에게로 전달된다. 이 원생생물은 희생자의 간에서 발달한 후 피로 들어가 적혈구에서 빠르게 증식한다. 적혈구가 파열되어 포자가 대량으로 방출되면 재발성 말라리아열의 원인이 된다. 감염되지 않은 모기는 말라리아에 걸린 희생자를 피를 먹음으로써 이 기생체를 얻고, 모기가 다른 사람을 물 때 기생체가 확산된다.

말라리아 원충 종들은 다양한 종류의 동물을 감염시킨다. 예를 들어 *Plasmodium relictum*의 경우 새를 감염시켜 조류 말라리아를 일으킨다. 하와이 섬에는 이전에 조류 말라리아가 발생하지 않았는데, 이국적인 새를 고의적으로 방사하면서 유입되었다. 하와이 토속 조류들은 이 질병에 면역이 없었음에도 불구하고 처음에는 감염되지 않았다. 그러나 1920년대에 조류 말라리아를 전염시키는 모기 종이 우연히 섬에 유입되었다. 그리고 나서 말라리아는 빠른 속도로 토착 조류 개체군들 사이에 퍼져나갔고 많은 종의 조류가 멸종되는 주요 원인이 되었다.

### 섬모충류는 알베오레이트 중에서 가장 복잡하다

담수와 해수에 사는 **섬모충류(ciliates)**는 단세포 중에서 가장 복잡하다. 그들은 짧은 머리털 같은 섬모를 포함한 많은 특수한 소기관을 갖고 있다. 이름도 이 섬모에서 유래하였다. 잘 알려진 담수 속인 *Paramecium*(짚신벌레 속)은 섬모가 몸 전체를 덮고 있다(**그림 21-11**). 섬모들의 조화된 움직임은 물속에서 초당 1 mm (몸의 10배 정도의 길이)의 속도로 세포를 추진시킨다. 이 속도는 원생생물 중 최고 기록이다. 비록 단세포지만 짚신벌레는 마치 잘 발달된 신경계를 갖고 있는 것처럼 환경에 반응한다. 유독한 화학물질이나 물리적인 장벽에 부딪치면, 세포는 즉시 섬모의 움직임을 거꾸로 돌려 뒤로 물러서 새로운 방향으로 진행한다. *Didinium*과 같은 몇몇 섬모충류는 뛰어난 포식자이다(**그림 21-12**).

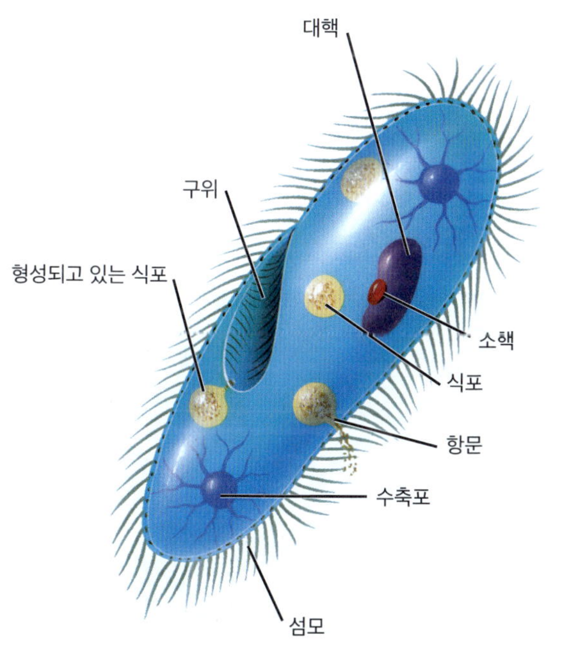


▲ **그림 21-11 섬모충류의 복잡성** 섬모충류인 짚신벌레(*Paramecium*)는 몇 개의 중요한 섬모충류의 소기관을 보여준다. 구위(oral gloove)는 입 역할을 하고, 소형 소화관인 식포는 구위 끝에서 형성된다. 노폐물은 세포외 배출작용으로 항문(anal pore)을 통해 배출된다. 수축포는 수분 균형을 조절한다.

▲ **그림 21-12 미세 포식자** 이 주사현미경 사진에서 포식 섬모충류인 *Didinium*이 짚신벌레를 공격하고 있다. *Didinium*의 섬모는 두 개의 띠로 둘러져 있으나 짚신벌레의 섬모는 몸 전체를 덮고 있는 것을 주목하자. 결국에는 포식자가 먹이를 삼켜 먹어치울 것이다. 이러한 현미경 스케일의 드라마는 바늘 끝과 같은 작은 공간에서도 충분히 일어날 수 있다.

## 리자리안은 가느다란 위족을 가지고 있다

다른 그룹의 많은 원생생물들은 유연성 있는 원형질막을 가지고 있어서 어느 방향으로도 확장시킴으로써 손가락 모양으로 돌출된 위족(pseudopode)을 형성하고, 이를 이용하여 이동하거나 먹이를 섭취한다. **리자리안(rhizarian)**의 위족은 가늘고 실모양이다. 이 그룹에 속하는 대부분의 종들은 단단한 껍질 사이로 위족을 뻗는다. 리자리아에는 유공충과 방산충이 포함된다.

### 유공충은 백악질 껍질을 가지고 있다

**유공충(foraminiferans)**은 주로 아름다운 껍질을 만들어 내는 해양 원생생물이다. 유공충의 껍질은 대개 탄산칼슘(백악질; **그림 21-13**)으로 구성되어 있다. 이러한 정교한 껍질은 무수한 구멍으로 이루어져 있으며 그곳을 통하여 위족을 뻗는다. 해양 바닥에 가라앉아 수백만 년 간 축적된 죽은 유공충의 백악질 껍질은 유명한 영국 도버해협의 화이트 클리프(White Cliff)와 같은 거대한 석회석 퇴적물을 형성했다.

▲ **그림 21-13 유공충의 백악질 껍질** 살아있는 유공충은 껍질 사이의 구멍으로부터 가느다란 위족을 뻗어 환경을 감지하고 먹이를 포획한다.

### 방산충은 유리 같은 껍질을 가진다

**방산충(radiolarian)**도 유공충과 마찬가지로 단단한 껍질을 통과해 뻗은 가는 위족을 갖고 있다. 그러나 방산충의 껍질은 유리와 같은 실리카로 되어있다(**그림 21-14**). 이 작고 유리 같은 껍질의 아름다움은 오랫동안 건축가, 예술가, 과학자들에게 감명을 주었다. 유명한 19세기 생물학자인 에른스트 헤켈은 "매일 아침 나는 이 작고 섬세한 구조물의 무궁무진한 풍성함에 새로 감탄한다"라고 썼으며, 방산충에 관한 그의 초기 연구가 과학자가 되는 계기가 되었다고 말했다.

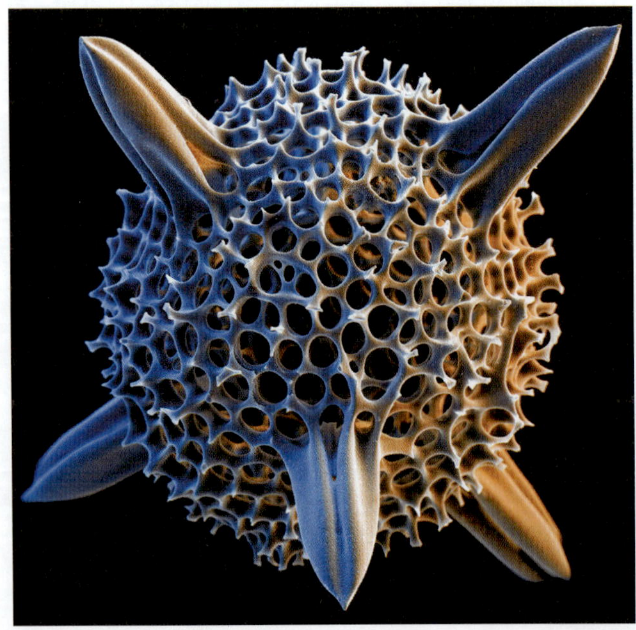

▲ **그림 21-14 방산충** 정교하고 유리 같은 껍질만 보이고 살아 있는 방산충의 위족은 눈에 띄지 않는다.

## 아메바류는 위족이 있고 껍질은 없다

**아메바류(amoebozoans)**는 손가락 모양의 위족을 뻗어 이동도 하고 먹이도 섭취한다. 일반적으로 껍질은 가지고 있지 않다. 대표적인 아메바류는 아메바와 점균류이다.

### 아메바는 두꺼운 위족을 가지고 있다

**아메바(amoebas)**는 담수호수와 연못에서 흔히 찾아볼 수 있다(**그림 21-15**). 많은 아메바는 먹이에게 몰래 다가가서 삼켜버리는 포식자이지만 일부 종은 기생체이다. 기생체 중 한 가지형태가 따뜻한 기후에서 빈발하는 질병인 아메바성 이질을 일으킨다. 이질을 유발하는 아메바는 창자벽에서 증식하여 심한 설사를 일으킨다.

### 점균류는 숲의 바닥에 서식하는 분해자이다

점균류(*slime mold*)의 몸의 형태는 개별 개체로 이루어진 하나의 군집과 하나의 다세포 개체 사이의 경계를 흐리게 하는 것 같다. 점균류의 생활주기는 두 단계로 구성되어 있다: 하나는 움직이는 먹이 섭취기이고 다른 하나는 움직이지 않는 자실체(*fruiting body*)로 불리는 생식기이다. 점균류에는 두 가지 유형이 있는데, 비세포인 경우와 세포인 경우이다.

**비세포성 점균류는 변형체라고 불리는 다핵성 세포질을 형성한다** **비세포성(acellular)** 또는 변형체형(*plasmodial*)이라고도 알려진 점균류는 얇게 수 평방미터도 덮을 수 있는 세포질 덩어리로 구성되어 있다. 비록 그 덩어리는 수천 개의 이배체 핵을 함유하고 있지만 그 핵은 대부분의 다세포 생물에서와 같이 원형질막으로 둘러싸인 독립적인 세포에 한정되어 있지는 않다. **변형체(plasmodium)**라고 불리는 이 구조는 왜 이 원생생물들이 "비세포"(세포가 없음)라고 묘사되는지를 설명해준다. 변형체는 부식되는 낙엽이나 썩은 나무에서 흘러 나와서 세균이나 유기

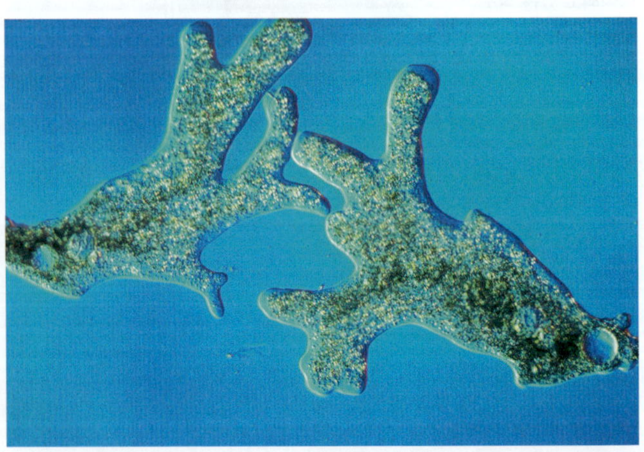

▲ **그림 21-15 아메바** 아메바는 물속을 이동하면서 두껍고 뭉툭한 위족을 가지고 먹이를 잡아먹는 활동적인 포식자이다.

▲ 그림 21-16 **비세포성 점균류** (a) 변형체가 축축한 숲 바닥의 돌 위로 스며 나온다. (b) 먹이가 귀해지면 변형체 덩어리는 자실체로 분화되어 포자를 형성한다.

물질 입자와 같은 먹이를 섭취한다. 그 덩어리는 밝은 노란색이나 오렌지색이다(**그림 21-16a**). 건조하거나 먹이가 부족한 환경은 변형체가 자실체(fruiting bodies)로 되도록 자극하는데, 자실체에서는 반수체의 포자가 형성된다(**그림 21-16b**). 포자가 퍼져 나가 발아하여 이동성 있는 반수체 세포가 된다. 이런 세포 두 개가 만나서 합쳐지면 이배체인 접합체를 이뤄 결국은 새로운 변형체가 된다.

**세포성 점균류는 독립적인 세포로 살지만 먹이가 부족할 때에는 집합체인 위변형체가 된다** **세포성 점균류(cellular slime molds)**는 사회성 아메바(*social amoebas*)라고도 불리는데 위족을 만들어서 움직이고 먹이를 섭취하는 독립적인 반수체 세포로 토양에서 산다. 가장 잘 연구되어진 속(genus)인 *Dictyostelium*은 먹이가 고갈되면 개개의 세포들은 화학적 신호를 방출한다. 이러한 신호는 인근에 있는 세포들을 유인하여 조밀하게 응집시켜 **위변형체(pseudoplasmodium,** "가짜 변형체")라 불리는 민달팽이 모양의 덩어리를 형성한다. 이렇게 불리는 것은 진정한 변형체와는 달리 위변형체는 개별 세포로 구성되어 있기 때문이다(**그림 21-17**).

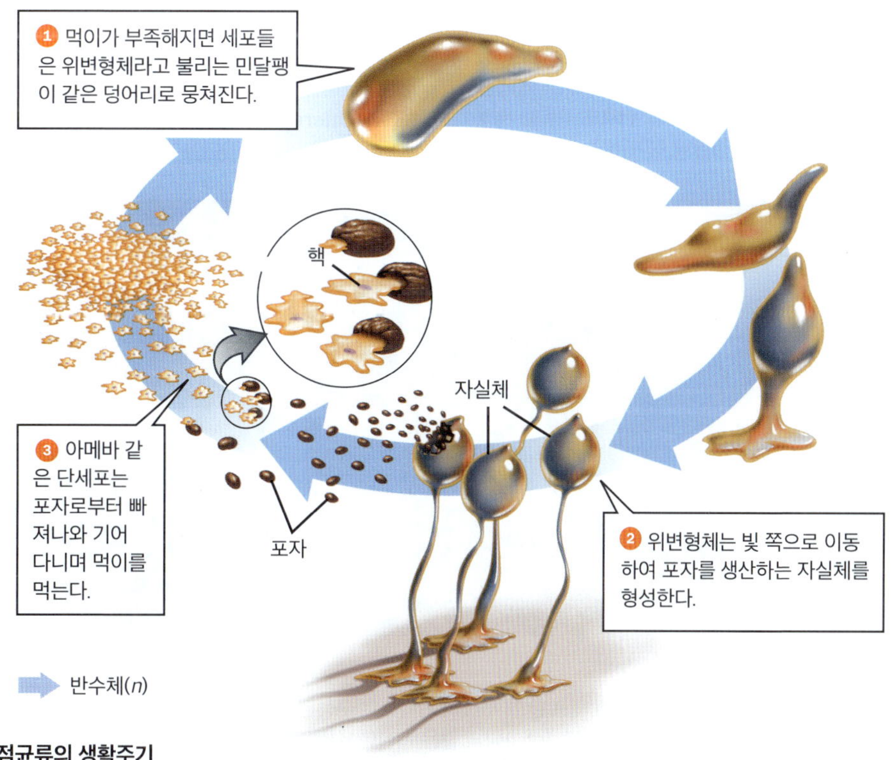


▲ 그림 21-17 **세포성 점균류의 생활주기**

위변형체는 구성하는 모든 세포가 유전적으로 같지 않기 때문에 개체들의 군집이라고 볼 수 있다. 하지만 어떤 면에서 보면 세포들이 각각 다른 기능을 수행하는 다른 종류의 세포로 분화하기 때문에 위변형체는 다세포생물에 가깝다고 할 수 있다. 위변형체는 민달팽이 같은 방식으로 움직여 포자가 확산되기 적당한 지상의 한 곳으로 이동한다. 그 곳에서 세포들이 분화되어 자실체로 구조를 변경시킨다. 자실체 내에서 형성된 반수체 포자들은 바람에 의해 퍼져서 직접 새로운 단세포 개체로 발아된다. 어떤 경우, 두 개의 독립적인 세포들이 결합되어서 이배체의 접합자를 이루기도 하는데, 이는 반수체 포자를 방출하는 큰 포낭으로 발달한다.

## 홍조류는 붉은색 광합성 색소를 가지고 있다

홍조류(red algae)는 다세포이고, 광합성을 하는 해초이다(**그림 21-18**). 이 원생생물의 색깔은 밝은 붉은색에서 거의 검은색까지 있는데, 녹색 엽록소를 가리는 붉은 색소 때문에 색깔이 그렇게 된 것이다. 홍조류는 대부분 해양 환경에서만 발견된다. 그들은 깊은 청정 열대 바다에서 우점을 이루고 있는데, 그곳에서 붉은 색소는 깊은 곳까지 투과하는 청록색 빛을 흡수하여 빛에너지를 엽록소에 전달시켜 광합성에 사용되게 한다. 홍조류가 흡수하는 태양에너지는 해양 생태계에서 비광합성 해양생물들에게 도움을 준다.

▲ **그림 21-18 홍조류** 지중해의 붉은색 산호초 조류. 산호초 조류는 체내에 탄산칼슘을 축적하여 열대수역에 산호초 형성에 기여한다.

**Have You Ever Wondered ...**

**초밥를 싸고 있는 것은 무엇으로 만들어졌는가?**

초밥을 좋아한다면 밥과 여러 재료를 맛 좋은 검은 녹색 포장재로 싼 스시롤을 먹어 보았을 것이다. 이 포장재는 다세포 원생생물인 홍조류 *Porphyra*를 말린 것으로 만들어졌다. "김"으로도 알려진 *Porphyra*는 대단위 연안 농장에서 재배되는데 여기서 이 해초는 바다 표면에서부터 드리워진 커다란 그물에 부착하여 자란다. 이 해초를 수확한 후 종이 만드는 과정과 비슷하게 잘게 자르고, 펄프화 한 뒤 한 장씩 압착하여 건조시킨다.

홍조류는 상업적으로 이용되는 젤리 형태의 물질을 함유하고 있다. 그 중 한 물질이 홍조류에 속하는 여러 종의 세포벽으로부터 추출한 다당류의 조합인 카라기난(carrageenan)이다. 카라기난은 비교적 낮은 온도에서 녹고, 식은 후 상온에서 안정한 젤 상태를 유지한다. 이런 특성은 음식물 가공에 쓰이기 적당해서, 카라기난은 아이스크림, 요거트, 초코우유, 두유, 젤리, 수프, 샐러드 드레싱, 그리고 햄 등의 상업적으로 생산되는 식품에 증점제 및 안정제로 널리 사용된다.

## 녹조류는 녹색을 띠는 조류이다

**녹조류(chlorophytes)**는 다세포와 단세포 종을 모두 포함한 녹

(a) 붓뚜껑말(*Oedogonium*)

(b) 갈파래(*Ulva*)

(c) 바이오연료를 위해 자라고 있는 녹조류

▲ **그림 21-19 녹조류** (a) 붓뚜껑말(*Oedogonium*)은 단지 세포 한 개 두께의 가닥으로 구성된 필라멘트형 녹조류이다. (b) 갈파래(*Ulva*)는 잎과 같은 형태를 이루는 다세포 녹조류이다. (c) 그림과 같은 시설에서 배양되는 조류로부터 생산되는 바이오연료는 기술적인 문제만 해결된다면 언젠가는 우리의 에너지 수요의 상당 부분을 채울 수 있을 것이다.

색 조류의 계통군이다. 대부분의 종들은 담수의 연못과 호수에서 살지만 일부는 바다에서 산다. 붓뚜껑말(*Oedogonium*)과 같은 몇몇 녹조류는 긴 세포 사슬로 가느다란 필라멘트를 형성한다(**그림 21-19a**). 녹조류의 다른 종들은 각각 어느 정도 상호의존적인 세포 무리로 이루어진 군집을 형성하여 단세포와 다세포의 중간 형태의 구조를 이룬다. 이러한 군집들은 몇 개의 세포인 것에서부터 수천 개의 세포인 볼복스(*Volvox*) 종들까지 다양하다. 대부분의 녹조류는 작지만 몇몇 해양 종들은 크다. 예를 들어, 녹조류 중 바다상추라고 불리는 울바(*Ulva*)는 이름에서와 같이 상추 잎과 크기가 비슷하다(**그림 21-19b**).

오늘날 녹조류의 몇 종은 바이오연료의 상업적 생산에 사용하기를 희망하는 회사들에 의해 집중적으로 배양되고 있다(**그림 21-19c**). 녹조류에 기반을 둔 연료는 생산과 사용할 때 대기 중으로 이산화탄소를 덜 방출시키는 재생 가능한 연료로, 이론적으로는 고갈되어 가는 화석연료를 대체할 수 있다. 그러나 조류를 연료로 전환시키는데 필요한 효율적이며 경제성 있는 공정을 개발하려는 노력이 아직 결실을 맺지 못하고 있다. 몇몇 과학자들은 생명공학에 성공의 열쇠가 있다고 말하며, 조작된 녹조류 유전체로 산업 환경에서 연료를 효율적으로 생산하는 새로운 생명체를 만드는 것을 목표로 하는 연구를 시작하였다.

### CHECK YOUR LEARNING

- 원생생물의 주요 분류학적 그룹과 각 그룹의 주요 특징을 나열할 수 있는가?
- 각 그룹의 구성원이 어떻게 사람에 영향을 미치는지 몇 가지 예를 들어 설명할 수 있는가?

CASE STUDY REVISITED

## 녹색 괴물

지중해를 황폐하게 만드는 위협을 가하는 침략적인 해조류 *Caulerpa taxifolia*는 녹조류이다. 이 종과 이 속(genus)에 속하는 다른 종들은 독특한 몸체를 가지고 있다. 외형적으로는 해양 바닥에 부착된 뿌리와 몇 인치 정도 뻗은 줄기와 잎과 같은 구조를 가져 식물처럼 생겼다. 그러나 식물과 유사하게 생겼음에도 불구하고 *Caulerpa*는 하나의 매우 큰 세포로 이루어져 있다. 전체가 하나의 연속적인 세포막으로 둘러싸져 있고, 내부도 여러 개의 핵을 가진 분할되지 않은 세포질로 되어있다. 이렇게 복잡한 형태를 지닌 세포는 아주 예외적이다.

*Caulerpa*가 단일세포로 구성된 점에 대한 잠재적 문제점은 그 몸체가 파도나 포식자에 의하여 일부가 떨어지게 되었을 때 생긴다. 세포막이 상해를 입으면 모든 세포질 물질이 빠져나와서 죽게 되는 것을 막을 길이 없다. 그러나 *Caulerpa*는 이러한 잠재적 재난을 막는 방어 방법을 진화시켜왔다. 세포막에 상처가 나자마자 "치유마개"를 형성하여 상처를 막는다. 마개가 자리 잡게 되면 세포는 성장하여 소실된 부위를 재생시킨다.

이러한 재생능력은 *Caulerpa taxifolia*가 새로운 환경에 빨리 퍼질 수 있게 하는 중요 요소이다.*Caulerpa*의 일부가 떨어져나가 새로운 곳으로 흘러가면 그곳에서 완전히 새로운 몸체로 재생된다. 재생된 개체는 빠른 속도로 정착하는 새로운 군집의 원조가 된다. 이렇게 빨리 자라나는 군집은 세계 어느 곳에서든 나타날 수 있다. 여러 나라의 당국자들은 지중해의 선박들에 의한 의도되지 않은 운반이나 부주의한 수족관 관리자에 의해서 수족관 품종의 *Caulerpa*가 연안을 침범할 수 있다고 걱정한다. 실제로 침략적인 *Caulerpa*는 더 이상 지중해에만 국한되어 있지 않다. 호주의 적어도 13곳에서 발견되었다. 캘리포니아의 두 연안에서도 발견되었지만, 캘리포니아 정부는 7년 간의 비싸고 집중적인 노력 끝에 이 침입자를 근절할 수 있었다. 반면 호주는 성공적이지 못해서 지금도 *Caulerpa taxifolia*가 계속 퍼지고 있다.

**생각해보기** *Caulerpa*가 퍼지는 것을 막는 것이 중요한가? 정부는 유입된 종을 제거하는데, 또 그 집단이 증가하고 확산되는 것을 방지하는데 상당한 자원을 투자하고 있다. 여기에 자금을 사용하는 것은 현명한가? 당신은 이러한 목적으로 시간과 돈을 사용하는 것에 대해 다른 견해를 생각할 수 있는가?

# CHAPTER REVIEW

*비판적 사고와 생각해보기, 선택형문제, 빈칸채우기 질문에 대한 답은 이 책의 뒷부분에 있는 정답란에서 볼 수 있다.*

## 핵심개념의 요약

### 21.1 원생생물이란 무엇인가?

"원생생물"이란 식물이나 동물, 또는 진균류도 아닌 어떠한 다른 진핵생물을 일컬을 때 편의상 쓰는 용어다. 대부분의 원생생물은 매우 복잡한 하나의 진핵세포이다. 하지만 일부는 군집을 이루고, 일부는 다세포를 이루고 있다. 원생생물은 다양한 영양 섭취 방식과 생식 그리고 운동성을 가진다. 광합성 원생생물은 생태계의 중요한 역할을 하는 많은 식물성 플랑크톤을 포함한다. 일부 원생생물은 인간에게 질병을 일으키기도 하고 일부는 작물에 피해를 준다.

### 21.2 원생생물의 주요 그룹에는 어떤 것들이 있나?

원생생물에는 엑스카베이트(중복편모충류, 부기저체류, 유글레나류, 동원핵편모충류), 스트라메노필레스(물곰팡이류, 규조류, 갈조류), 알베오레이트(와편모충류, 정단복합체충류, 섬모충류), 리자리안(유공충류, 방산충류), 아메바충류(아메바, 점균류), 홍조류, 녹조류 등이 있다.

# 개념을 통한 이해

## 객관식

1. 다음 원생생물에 대한 내용 중 잘못된 것은 무엇인가?
   a. 어떤 원생생물은 광합성을 한다.
   b. 모든 원생생물은 진핵생물이다.
   c. 원생생물의 종류는 다양하지만, 하나의 계통군을 형성한다.
   d. 원생생물에는 단세포 종과 다세포 종이 있다.
2. "적조"라고 불리는 유해한 원생동물 번식은 다음 중 어떤 것에 의해 발생하는가?
   a. 정단복합체충류
   b. 와편모충류
   c. 홍조류
   d. 유공충류
3. 말라리아를 일으키는 생물체는 다음 중 어느 그룹에 속하는가?
   a. 알베오레이트
   b. 점균류
   c. 섬모충류
   d. 정단복합체충류
4. 원생동물이 먹이를 먹거나 움직일 때 사용하는 손가락 모양으로 세포막이 돌출된 것을 무엇이라 하는가?
   a. 위족
   b. 섬모
   c. 편모
   d. 식포
5. 캠핑 여행에서 정수되지 않은 물을 마시고 심한 설사에 걸린 사람은 어떤 원생동물에 감염된 것인가?
   a. 정단복합체충류인 말라리아 원충
   b. 녹조류인 *Ulva*
   c. 섬모충류인 짚신벌레
   d. 중복편모충류인 *Giardia*

## 빈칸 채우기

1. 주변 환경에서 먹이를 흡수하는 원생생물은 죽은 유기물의 ________로, 또는 살아있는 커다란 생물체에게는 해가되는 ________로 작용한다.
2. 광합성 원생생물은 통틀어 ________로 알려져 있고, 비광합성 단세포 원생생물은 ________로 알려져 있다.
3. 네 층의 막으로 둘러싸인 원생생물의 엽록체는 진화적으로 ________을 통해 생겨났다. 즉, 비광합성인 조상 원생생물이 ________를 삼켰으나 소화시키지 않았다.
4. 말라리아를 일으키는 원생생물이 속한 그룹은 ________이고, 수면병을 일으키는 원생생물이 속한 그룹은 ________이다.
5. 식물의 노균병과 역병을 일으키는 원생생물의 그룹은 ________이다. 점균류가 속한 그룹은 ________이다.
6. 지구의 식물성 플랑크톤의 많은 부분을 차지하는 원생생물은 ________과 ________이다. 향후 바이오연료의 목적으로 배양될 종을 가장 많이 포함하고 있는 원생생물 그룹은 ________이다.

## 복습문제

1. 원핵생물과 진핵생물의 주요 차이점을 열거하라.
2. 이차 내부공생이란 무엇인가?
3. 해양 생태계에서 와편모충류의 중요성은 무엇인가? 이들이 빠르게 증식하면 어떤 일이 발생하는가?
4. 단세포 조류의 생태학적 주된 역할은 무엇인가?
5. 어떤 원생생물 그룹이 전적으로 기생체 형태로만 구성되어 있는가?
6. 해초가 포함된 원생생물 그룹들은 어떤 것인가?
7. 위족을 사용하는 종을 포함하는 원생생물 그룹에는 어떤 것들이 있나?

# 개념의 적용

1. 많은 원생생물의 내부구조는 다세포생물의 세포 구조보다 복잡하다. 이러한 사실이 다세포생물보다 원생생물이 더 복잡한 활동을 한다는 것을 의미하는가? 아니라면 왜 원생생물 세포가 더 복잡한가?
2. 원생생물이 지구상의 다른 생명체에게 제공하는 중요한 혜택 및 도움에는 어떤 것이 있는가?

# 22
# 식물의 다양성

거대하고 고약한 냄새가 나는 라플레시아의 꽃은 아시아 열대우림 지역의 방문객들에게 특별한 선물이다.

CASE STUDY

## 기생식물의 여왕

라플레시아의 꽃은 매우 강한 인상을 준다. 우선 거대하다; 하나의 단일한 꽃의 지름이 90cm에 이른다. 그것은 또한 거의 곰팡이 같이 생긴 육질의 열편으로 주로 이루어진 기이한 외관을 가진다. 무엇보다도 이름에서 연상되는 것처럼 라플레시아를 결코 잊을 수 없게 하는 것은 "한참 동안 부패한 들소 시체에서 나는 악취보다 더 지독한 코를 찌르는 악취로 묘사되는" 냄새이다.

대부분의 일반적인 식물들과는 다르게 라플레시아는 눈에 보이는 잎, 뿌리 또는 줄기가 없다. 사실상 기생식물이고, 몸체는 숙주인 포도과 식물의 덩굴 조직 안에 완전히 끼워져 있다. 라플레시아는 잎이 없기 때문에 스스로 영양분을 만들지 못하는 대신에 숙주로부터 모든 영양분을 흡수한다. 양배추 모양의 꽃눈 중의 하나가 숙주의 줄기 표면에서 부풀어 나와 거대하고 악취를 풍기는 꽃이 일주일 정도 피었다가 시들이 떨이진디. 단지 이때만이 기생식물이 숙주의 몸체 밖으로 드러나게 된다. 만일 암꽃과 수꽃이 인접해서 동시에 핀다면 수정되어 암꽃은 종자를 맺게 된다. 씨앗은 그것을 먹은 동물의 배설물에 의해 전파되는데, 숙주식물의 줄기 위에 떨어지면 싹이 터서 새로운 숙주식물체 내로 침투한다.

우리는 식물에 대해 생각할 때, 가장 먼저 떠올리는 식물의 가장 뚜렷한 특징은 광합성으로 태양에너지를 흡수하는 녹색 잎일 것이다. 그런데 광합성을 하지 않는 독특한 식물로 이 장을 시작하는 것이 좀 이상해 보일 수도 있다. 라플레시아의 기이함은 진화가 예측 가능한 경로로만 이뤄지지 않으며, 태양광을 이용해 살아가는 필수적 능력조차도 소실되는 적응이 일어날 수 있다는 것을 상기시켜 준다. 식물의 진화 역사에 걸쳐서 나타난 또 다른 흥미로운 특징들은 무엇인가?

## 주요내용



## 22.1 식물이 가지는 주요 특징들은 무엇인가?

다른 생물들과 구분되는 식물의 특징은 무엇인가? 대부분의 식물은 세 가지의 독특한 특징들을 보여준다: 광합성, 다세포성 배, 세대교번으로 아래에 설명될 것이다. 이들 세 가지 특징은 다른 생물에서도 볼 수 있지만 이 세 가지 모두를 갖춘 생물은 단지 식물뿐이다.

### 식물은 광합성을 한다

거의 모든 식물에서 가장 눈에 띄는 특징은 녹색을 띈다는 것이다. 이런 녹색은 다수의 식물 조직이 엽록소를 가지고 있기 때문이다. 엽록체는 물과 이산화탄소를 당으로 전환하는 광합성에서 필수적인 역할을 한다(7장 참조). 그러나 엽록체와 광합성은 식물만이 가지는 특징은 아니다; 원생생물과 원핵생물의 많은 종류들에도 엽록소가 있다.

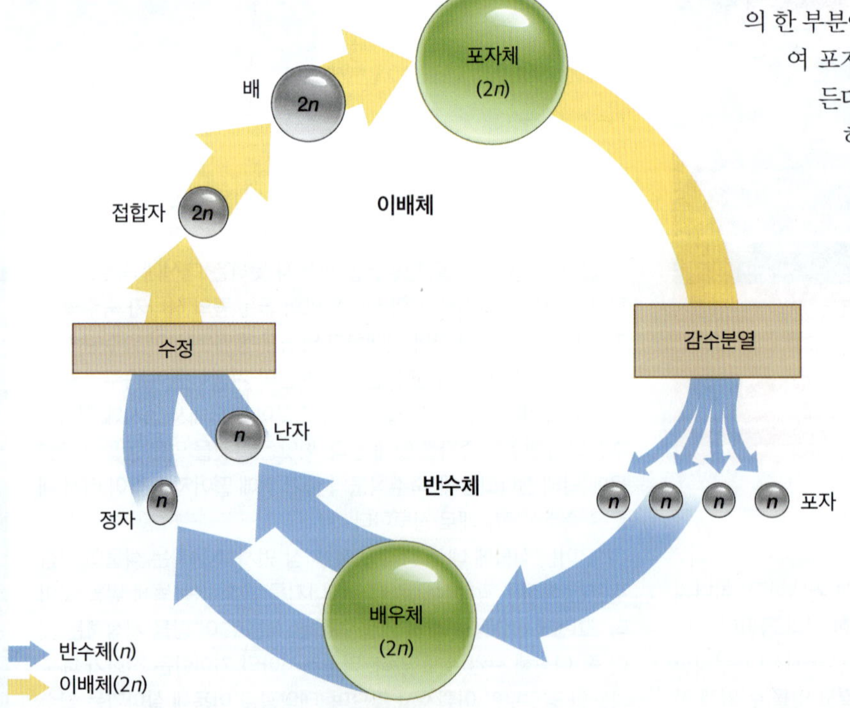


▲ 그림 22-1 **식물의 세대교번** 식물의 생활주기 모식도에서 볼 수 있듯이 이배체의 포자체 세대는 감수분열을 통해서 반수체의 포자를 만든다. 포자는 유사분열에 의해서 반수체의 배우자를 만드는 반수체 배우체 세대로 발달한다. 이런 배우자의 융합은 포자체 식물로 발달하는 이배체의 접합자를 만든다.

### 식물은 다세포로 된 의존적인 배를 가진다

식물은 특징적인 배를 가지므로 다른 광합성 생물들로부터 구별된다. 식물의 배는 다세포성으로 모체조직에 부착되어 있고 모체에 의존적이다. 배가 성장하고 발달할 때 모체식물체의 조직으로부터 영양분을 받는다. 이런 다세포성이고 의존적인 배는 광합성을 하는 원생생물에서는 볼 수 없는 특징이다.

### 식물은 세대교번 하는 다세포성의 반수체 세대와 이배체 세대를 가진다

식물의 생식은 **세대교번(alternation of generation)**이라는 생활주기의 방식에 의해 특징지어 진다(**그림 22-1**). 세대교번을 하는 생물에서는 다세포성의 이배체 세대와 반수체 세대가 번갈아 나타난다(이배체 세대는 짝을 이루는 염색체를 가지고, 반수체 세대는 짝을 이루지 않는 염색체를 가진다는 점을 상기하라). 이배체 세대($2n$)에서 식물체는 이배체의 세포들로 이루어져 있으며 **포자체(sporophyte)**라고 한다. 다세포성의 배는 이배체인 포자체 세대의 한 부분이다. 포자체의 일부분의 세포들이 감수분열하여 포자(spore)라고 하는 반수체($n$)의 생식세포를 만든다. 반수체의 포자는 다세포성의 반수체로 발달하고 이를 **배우체(gametophyte)**라고 한다.

배우체는 최종적으로 체세포분열을 통해 반수체의 암수배우자(정자와 난세포)를 형성한다. 배우자는 포자와 같은 생식세포이지만, 포자와는 달리 개개의 배우자가 새로운 개체로 발달하지 못한다. 대신에 새로운 이배체의 개체를 형성하기 위해서 서로 다른 성을 가진 두 개의 배우자가 만나서 융합하여야만 한다. 식물에서 이배체의 배로 발달하게 되는 이배체의 접합자(생식이 가능한 한 개의 난세포)를 형성하기 위해 배우체에 의해서 만들어진 배우자는 융합되어야 한다. 배는 발달하여 성숙한 포자체로 되고 생활주기가 다시 시작된다.

**CHECK YOUR LEARNING**

- 식물과 다른 종류의 생물을 구별하는 특징을 기술할 수 있는가?

## 22.2 식물은 어떻게 진화해 왔는가?

식물은 차축조류라는 통합된 이름으로 불리는 녹조류의 몇 무리를 포함하는 큰 계통군 안에서 하나의 계통군을 형성한다(계통군은 특별한 공통조상에서 유래한 모든 후손들로 이루어진 분류 단위로 단계통군이라고 한다). 차축조류는 육상식물의 현존하는 가장 가까운 친척이다(그림 22-2). 식물과 차축조류의 진화적 유사성은 DNA 비교에 의해 밝혀졌으며 식물과 차축조류의 유사성이 추가적으로 밝혀졌다. 예를 들어, 차축조류와 식물은 녹말의 형태로 양분을 저장하고 셀룰로오스로 된 세포벽을 가지고 있으며 광합성 과정에서 동일한 유형의 엽록소(엽록소 a와 b)를 사용한다.

### 식물의 조상은 물에서 살았다

식물의 조상은 차축조와 유사한 광합성 원생생물이었다. 현재의 차축조류와 마찬가지로 육상식물의 조상이었던 원생생물은 진정한 뿌리, 줄기, 잎은 물론 식물 진화의 역사에서 보다 후반기에 출현했던 꽃이나 열매와 같은 복잡한 생식기관을 가지고 있지 않았을 것으로 추측된다. 더욱이 식물의 조상은 수중 생육지에 국한되어 살았다.

식물의 조상에게 수중 생활은 많은 이점이 있다. 예를 들면 수중에서 영양분이 풍부한 용액에 잠겨 있는 식물체는 부력에 의해 지지될 뿐아니라 말라 죽을 위험도 없다. 또한 수중 생활은 생식에도 도움이 되었는데, 배우자와 접합자가 조류에 의해 이동하거나 편모를 움직여 이동할 수 있기 때문이다.

### 초기 식물은 육상으로 진출하였다

수중 환경의 많은 이점에도 불구하고 초기 식물들은 육상으로 올라왔다. 현존하는 대부분의 식물들은 육상에 살고 있다. 육상으로의 이동은 그 나름의 이점을 가지게 하였다. 이들 이점은 태양광선을 가로막는 물에 의해 제한되었던 햇빛에 대한 접근성, 암석 표면에 있는 양분에의 접근성 등이 있으며 포식자로부터 벗어나게 되었다는 것이다. 그러나 육상으로 이동은 몇 가지 도전에 직면하게 하였다 식물은 더 이상 자신을 지지해주고, 영양분과 습기를 제공해고, 배우자와 접합자의 이동을 가능하게 하였던 수중 환경에 의존할 수 없게 되었다. 결과적으로 육상 생활은 이와 같은 환경 도전에 적응하는데 유리한 특징들을 가진 방향으로 식물을 진화시켰다.

### 식물체는 중력과 건조에 저항하도록 진화되었다

육상 환경에 대한 중요한 적응은 식물의 진화 초기에 일어났으며, 현재는 사실상 모든 육상식물에서 찾아 볼 수 있다(그림 22-3). 이러한 초기 적응은 다음과 같은 것들을 포함한다:

- 뿌리 또는 뿌리 유사 구조는 식물체를 고정시키고 토양으로부터 물과 양분을 흡수한다.
- 왁스로 덮인 **큐티클(cuticle)**은 잎과 줄기의 표면을 덮어서 증발에 의한 물 소실을 제한한다.
- 열렸을 때 가스교환을 가능하게 하는 반면에 수분이 부족할 때 닫혀서 증발로 인한 수분의 소실을 줄여주는, 잎과 줄기에 있는 구멍을 **기공**(**stomata**, 단수형 stoma)이라고 한다.

▲ 그림 22-2 *Chara*, **차축조류** 차축조류로 알려진 녹조류가 육상식물과 가장 가까운 관계를 가진다.

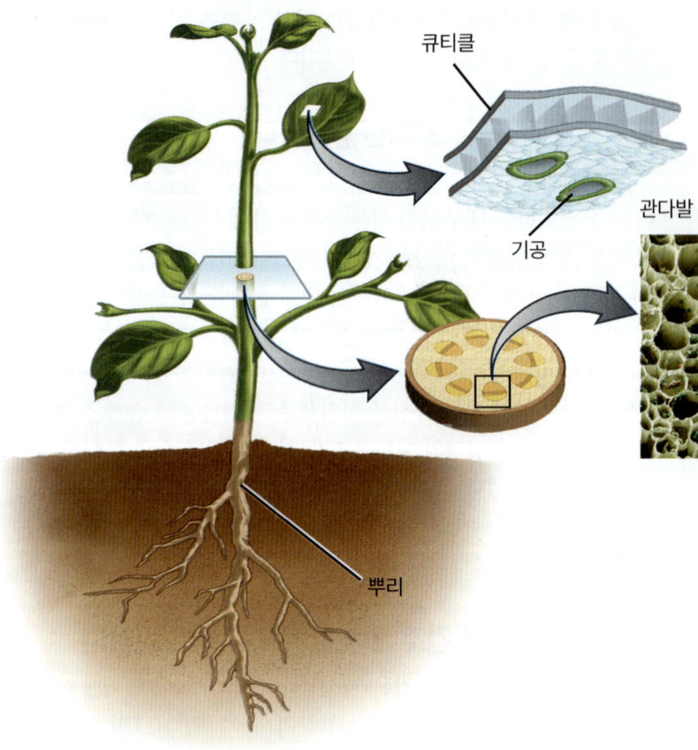


◀ **그림 22-3 육상 생활을 위한 초기 적응** 육상 생활에 적응에는 식물을 고정시키는 뿌리, 증발을 줄여주는 납질 표면인 큐티클, 수분 보존을 위해 닫힐 수 있는 기공, 그리고 (관다발식물에서) 목질소로 보강된 물과 영양분을 수송하고 식물체의 지지를 도와주는 물관부와 체관부 조직 등이 포함된다.

육상 환경으로의 전이과정 중 비교적 후기에 일어난 또 다른 적응은 현재 식물계 전체는 아니지만 널리 퍼져있다(나중에 설명하게 될 대부분의 비관다발식물은 이런 적응 특징이 결여되어 있다).

- 물과 물에 녹아있는 물질을 수송하는 **물관(xylem)**과 **체관(phloem)**으로 된 통도조직. 물관은 물과 무기물을 뿌리에서 위로 이동시키고, 체관은 광합성 산물을 식물체의 다른 부위로 이동시킨다.
- 단단한 중합체가 통도조직의 세포에 스며들어 있는 보강 물질인 **리그닌(lignin)**은 중력에 저항하여 식물체를 지지한다.

## 식물은 물 없이 산포될 수 있는 생식세포와 배에 대한 보호책을 발달시켰다

식물 중 가장 널리 분포하는 계통군인 종자식물은 물 없이도 산포될 수 있는 생식세포와 잘 보호되어 있으며 충분한 영양분이 공급되는 배를 가진다는 특징이 있다. 종자식물의 특징적인 적응 형태는 화분(꽃가루)과 종자이고, 현화식물(꽃식물)의 경우에는 꽃과 열매이다.

초기의 종자식물은 물 대신 바람에 의해 수배우자를 이동시킬 수 있는 건조하고 미세한 꽃가루를 만들어서 경쟁자들보다 더 큰 이점을 가지게 되었다. 초기 종자식물은 또한 발생 중인 배를 더 완벽하게 보호하고 영양공급을 하며, 효과적인 산포가 가능하게 하는 종자를 생산하였다. 그 후에 동물 수분매개자들을 유혹하여 바람보다 훨씬 정확하게 화분을 이동시킬 수 있도록 해주는 꽃이 진화되었다. 또한 과일도 동물들을 유혹하여 과일을 먹도록 유도하고 배설물과 함께 과일 속의 종자가 산포되게 한다.

## 좀 더 최근에 진화된 식물일수록 작은 배우체를 가진다

식물 진화는 포자체가 현저하게 커지고 배우체로 있는 지속기간과 크기가 축소하는 경향을 가진다고 알려져 있다. 그러므로 진화상 가장 초기의 식물은 포자체가 배우체보다 크기가 작고 배우체에 부착된 채로 남아있는 현생의 비관다발식물과 유사했을 것이라고 여겨진다. 반면에 양치식물과 다른 비종자관다발식물과 같이 다소 나중에 기원한 식물은 포자체가 우세해지고 배우체가 작아지며 독립 생활을 하는 식물체로 되는 생활주기의 특성을 가진다. 가장 최근에 기원한 종자식물은 배우체가 현미경적 존재로 축소되어 교대로 나타나는 세대로 인식하기도 힘들어진다. 그러나 이 미세한 배우체는 난세포와 정핵을 만들고 이들은 융합하여 접합자를 만들고 이배체의 포자체로 발달한다.

### CHECK YOUR LEARNING

- 가능성 있는 식물의 조상을 설명할 수 있는가?
- 살아있는 생명체 중에서 식물과 가장 가까운 관계에 있는 생명체를 알아보고 그들과 식물 간의 차이점과 유사성을 설명할 수 있는가?
- 식물이 육상에의 적응을 위해 갖추고 있는 것들을 설명할 수 있는가?

CASE STUDY CONTINUED

### 기생식물의 여왕

직경 90cm의 거대한 꽃을 가진 라플레시아는 명백히 작은 꽃을 가진 조상형으로부터 진화되었다. 최근의 DNA 염기서열 분석에 따르면 라플레시아와 가장 가까운 식물 그룹은 작은 꽃을 가지고 있는 대극 그룹으로 밝혀졌다. 이 연구는 또한 대극 그룹과 라플레시아의 공통조상은 현존하는 라플레시아 꽃의 1/80 정도에 불과한 작은 꽃을 가졌다는 것을 밝혀냈다.

라플레시아와 그와 유사한 그룹들과는 정반대로 많은 식물들은 꽃이 전혀 없다. 이런 꽃이 없는 식물들은 어떤 것들일까?

## 22.3 식물의 주요 계통군은 무엇인가?

육상식물의 선조였던 고대 조류로부터 두 개의 주요 식물 그룹이 분화하였다(**그림 22-4**와 **표 22-1**). **비관다발식물(nonvascular plants, bryophtes)**이라고 하는 한 그룹의 구성원들은 생식을 위해 수분이 필요하기 때문에 수중과 육상의 경계 영역에서 생활한다. 다른 그룹인 **관다발식물(vascular plants, tracheophytes)**은 건조한 생육지에서 자란다.

### 비관다발식물은 통도조직이 없다

비관다발식물은 그들의 조상형인 조류의 몇 가지 특징을 보유하고 있다. 이들의 배우자는 물에 의해 산포되고 진정한 의미의 뿌리, 줄기 및 잎의 구분이 없다. 그들은 물과 영양분을 식물체 내로 흡수할 수 있는 가근(*rhizoids*)이라고 하는 뿌리와 유사한 부착기관을 가지고 있으나 비관다발식물은 물과 양분을 통도할 수 있는 구조가 결여되어 있다. 대신에 비관다발식물은 속도가 느린 확산이나 엉성한 통도조직에 의존하여 물과 다른 영양분들을 분산시킨다. 그 결과 비관다발식물의 크기는 제한될 수밖에 없다. 이들의 크기를 제한하는 또 다른 이유는 비관다발식물에는 몸체에 강화 물질인 리그닌이 없다는 것이다. 리그닌이 없으면 위로

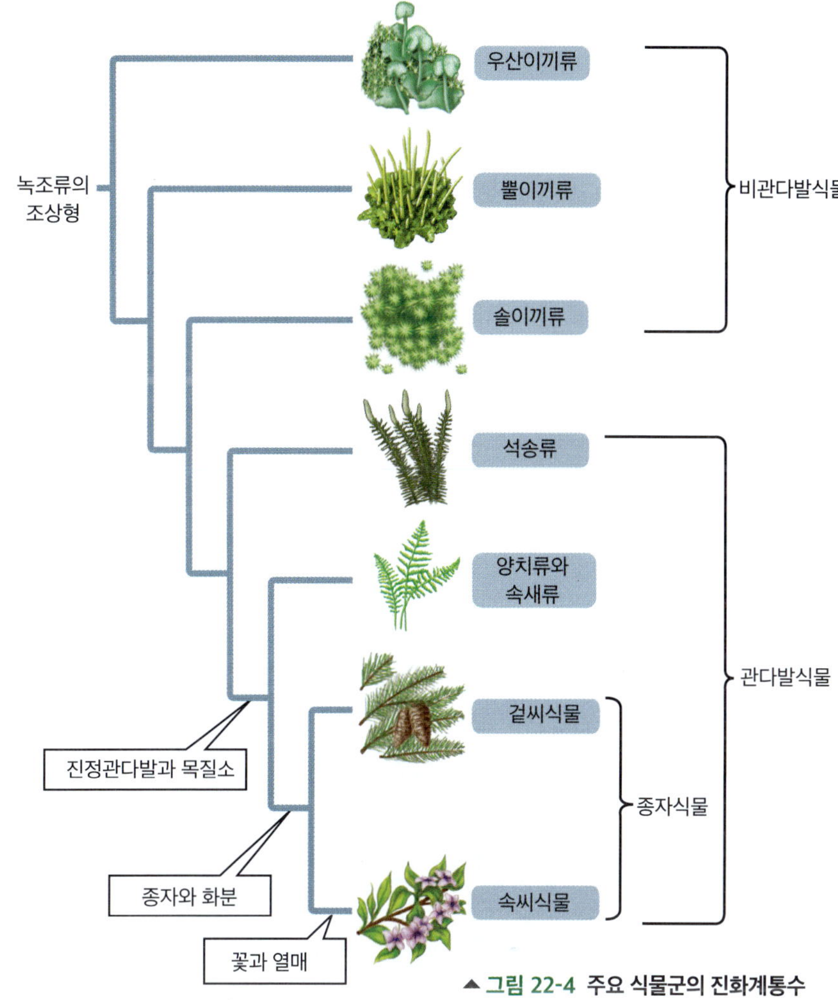


▲ **그림 22-4** 주요 식물군의 진화계통수

| 표 22-1 | 주요 식물군의 특징 | | | | | |
|---|---|---|---|---|---|---|
| **계통군** | **하위계통군** | **포자체와 배우체의 관계** | **생식세포의 이동** | **초기 배 발달** | **산포** | **물과 양분의 통도조직** |
| **비관다발식물** | 우산이끼류 뿔이끼류 솔이끼류 | 배우체 우세 - 포자체는 배우체에 부착된 접합자로부터 발달 | 운동성 있는 정자가 배우체에 있고 고정된 난세포로 유영 | 배우체의 장란기 안에서 발달 | 반수성 포자가 바람에 의해 운반 | 없음 |
| **관다발식물** | 석송류 속새류 양치류 | 포자체 우세 - 포자체는 배우체에 부착된 접합자로부터 발달 | 운동성 있는 정자가 배우체에 있는 고정된 난세포로 유영 | 배우체의 장란기 안에서 발달 | 반수성 포자가 바람에 의해 운반 | 있음 |
| | 겉씨식물 | 포자체 우세 - 아주 작은 배우체가 포자체 안에서 발달 | 바람에 의해 산포되는 꽃가루가 구화수에 있는 정지된 난세포로 정자를 운반 | 먹이 공급원을 가진 보호되어진 종자 속에서 발달 | 이배체의 포자체성 배가 들어 있는 종자가 바람이나 동물에 의해 분산 | 있음 |
| | 속씨식물 | 포자체 우세 - 아주 작은 배우체가 포자체 안에서 발달 | 바람이나 동물에 의해 산포되는 꽃가루가 꽃에 있는 정지된 난세포로 정자를 운반 | 먹이 공급원을 가진 보호되어진 종자 속에서 발달; 종자는 열매에 들어 있다 | 종자를 운반하는 열매가 동물, 바람 또는 물에 의해 분산 | 있음 |

높이 자랄 수 없다. 대부분의 비관다발식물은 1인치(2.5cm) 이하로 자란다.

## 비관다발식물에는 뿔이끼류, 우산이끼류, 솔이끼류가 있다

비관다발식물은 뿔이끼류, 우산이끼류, 솔이끼류의 세 그룹을 포함한다. 뿔이끼류와 우산이끼류의 이름은 그 모습에서 유래한다. 몇몇 우산이끼류의 배우체는 결각이 진 간(liver) 모양을 연상시키는 형태를 가진다(**그림 22- 5a**). 뿔이끼류의 포자체는 뾰족해서 다소 뿔과 유사한 형태를 가진다(**그림 22-5b**). 뿔이끼류와 우산이끼류는 늪과 습지, 습한 숲속, 개울 또는 연못 언저리 등과 같이 습기가 충분한 곳에서 많이 볼 수 있다.

솔이끼류는 비관다발식물 중 가장 다양한 종류가 있고 가장 풍부하다(**그림 22-5c**). 솔이끼류도 뿔이끼류나 우산이끼류처럼 습한 생육지에 자란다. 그러나 어떤 솔이끼류는 물 손실을 막아주는 방수성 덮개를 가지고 있다. 이들 솔이끼류의 대다수는 체내에 물이 거의 말라버린 상태에서도 생존할 수 있다; 이들은 건기 동안에 탈수 건조되고 휴면 상태로 되어 지내다가 주변이 다시 물기가 생기면 물을 흡수하여 생육을 재개한다. 이런 솔이끼류는 사막이나 아무것도 덮여 있지 않은 바위 표면은 물론 연중 대부분의 기간 동안 습도가 낮고 액체 상태의 습기가 거의 없는 북극이나 남극지방에서도 살 수 있다.

*Sphagnum*속의 솔이끼류는 특히 널리 분포한고 세계적으로 북반구 고위도 지방의 습한 환경에 자란다. 이런 습한 북반구 고위도 지방에서는 *Sphagnum*속이 촘촘한 매트 형태로 우점한다(**그림 22-5d**). 추운 기후에서는 분해가 느리기도 하지만 *Sphagnum*속은 세균류를 생장을 억제하는 항생물질을 가지고 있기 때문에 죽은 *Sphagnum*속 식물 사체의 분해는 매우 더디게 진행된다. 결과적으로 부분적으로 분해된 솔이끼류의 조직은 수천 년에 걸쳐 축적되어 두께가 수백 피트에 이른다. 이 축적물을 이탄이라 하고 아일랜드, 핀란드 및 러시아를 비롯하여 몇몇 북부지역의 나라들에서는 연료로 사용하기 위해 채취하였고 오늘날에도 이를 이용

(a) 우산이끼류

(b) 뿔이끼류

(c) 솔이끼류

(d) *Sphagnum*(솔이끼의 한 종류) 습지

▲ **그림 22-5 비관다발식물** 이런 식물들은 높이가 1cm에 미치지 못한다. **(a)** 우산이끼류는 습하고 그늘진 곳에서 자란다. 자성식물체에 있는 야자나무와 닮은 구조물은 여기에 난세포를 가지고 있다는 것을 보여준다. 웅성식물체는 수막을 통해 유영하여 난세포에 도달해서 수정하는 정자를 만든다. **(b)** 뿔이끼류의 뿔 모양 포자체가 배우체로부터 자라 올라온다. **(c)** 포자를 만드는 삭(capsule)을 달고 있는 자루를 가진 솔이끼류 **(d)** 솔이끼의 한 속인 *Sphagnum*의 매트가 북부지방에서 습지를 덮고 있다.

**비판적 사고** 모든 비관다발식물은 왜 작은가?

하고 있다. 현재 이탄은 원예용으로 더 많이 채취되고 있다. 건조한 이탄은 중량의 몇 배에 달하는 물을 흡수할 수 있어서 토양 개선제로 사용되며 살아있는 식물을 운송할 때 충전재로 사용된다.

### 비관다발식물의 생식구조들은 보호된다

비관다발식물의 생식을 위해서 물이 필요하지만 육상에서의 생식에 도움이 되는 몇 가지 특징이 진화되었다. 예를 들면, 비관다발식물의 생식구조는 배우자가 말라죽지 않도록 닫혀 있다(**그림 22-6**). 체세포분열을 통해 만들어진 배우자인 생식구조에는 두 가지 종류가 있다; 난이 발달하는 장소인 **장란기(archegonia**, 단수는 archegonium), 정자가 발달하는 장소인 **장정기(antheridia**, 단수는 antheridium)①. 몇몇의 비관다발식물종들에서는 장정기와 장란기가 하나의 동일한 식물체 위에 있다; 또 다른 식물종들에서는 각각 서로 다른 식물체, 암식물체와 수식물체 위에 생긴다.

모든 비관다발식물에서 정자는 유인성 화합물을 분비하는 난자를 향해 얇은 수막을 통해 헤엄쳐가기 때문에②, 건조한 지역에 사는 비관다발식물이라도 비가 내리는 시기에는 생식이 가능하다. 수정이 된 후에 수정란(접합자)은 장란기 속에 남아있게 되고, 장란기에서 배가 성장하고 성숙하여, 모체인 배우체에 붙은 상태로 남아있는, 분열하여 배를 거쳐서 작은 이배체의 포자체($2n$)로 성숙하게 된다③. 완전 성숙하면 포자체는 생식기관인 삭(capsule)을 만든다. 각각의 삭 안에서 감수분열이 일어나서 반수체의 포자($n$)가 만들어 진다④. 삭이 열리면 포자는 방출되어 바람에 의해 산포된다⑤. 포자가 적합한 환경에 떨어진다면, 포자는 새로운 반수체 배우체($n$) 식물로 발달하게 된다⑥.

## 관다발식물은 지지작용도 겸하는 통도조직을 가진다

관다발식물은 물관과 체관이라는 관 모양으로 특수화된 통도세

▼ **그림 22-6 솔이끼류의 생활주기** 사진은 솔이끼를 보여준다; 키가 작고 잎이 달린 녹색의 식물은 반수체 배우체이다; 적갈색의 자루가 이배체의 포자체이다.

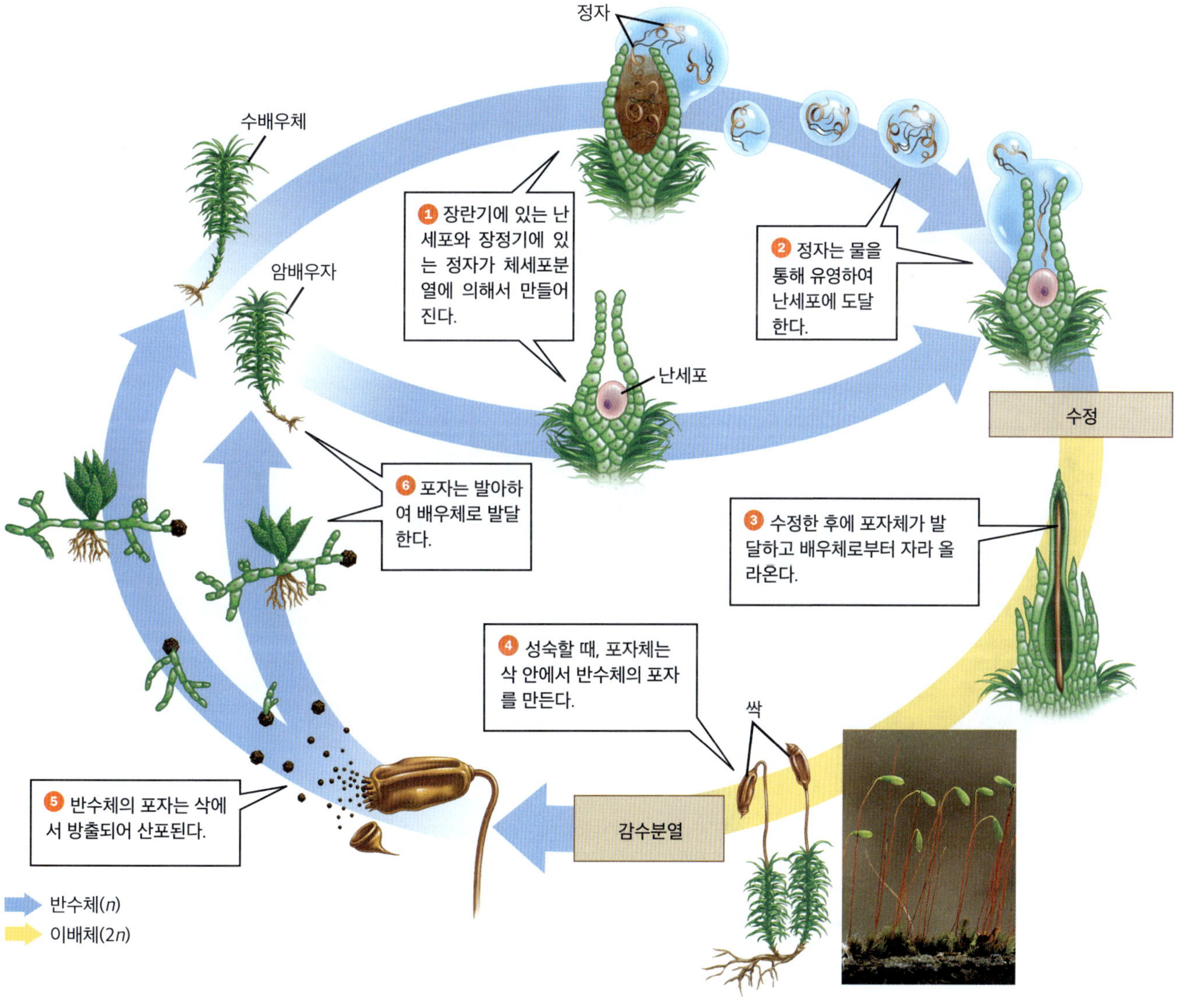

포를 가진다는 점에서 특징적이다(그림 22-3 참조). 물관은 보강 물질인 리그닌으로 강화되어 있어서 통도는 물론 지지기능도 같이 수행한다. 리그닌에 의한 부가적인 지지기능과 뿌리에서 흡수한 물과 양분을 줄기 상층부까지 통도시키는 통도조직을 가지고 있기 때문에 관다발식물은 비관다발식물에 비해 훨씬 높게 자랄 수 있다. 관다발식물과 비관다발식물의 또 다른 차이점은 이배체의 포자체가 배우자에 비해 훨씬 크고 더 우세한 세대라는 점이다; 비관다발식물의 경우 반수체 배우체가 훨씬 더 눈에 띈다: 관다발식물은 두 개의 그룹으로 나누어 진다: 비종자관다발식물과 종자식물.

## 비종자관다발식물에는 석송류, 속새류, 양치류 등이 포함된다

비관다발식물과 마찬가지로 비종자관다발식물(**그림 22-7**) 역시 운동 능력이 있는 정자를 가지며, 생식에 있어서 물을 필요로 한다. 이름 그대로 이들은 종자 대신에 포자로 번식한다. 현존하는 비종자관다발식물—석송류, 속새류, 양치류—들은 석탄기(3억 5천 9백만 년 전-2억 9천 9백만 년 전; 그림 18-8 참조)에 아주 우세했던 그들의 조상형에 비하면 크기가 아주 작아졌다. 시간이 지나면서 크기가 줄어들었음에도 불구하고, 현재 비종자관다발식물은 전 세계적으로 온대와 열대지방에 널리 분포하고 있다.

(a) 석송류

(b) 속새류

(c) 양치류

(d) 나무고사리류

▲ **그림 22-7 비종자관다발식물** 비종자관다발식물은 습한 산림에서 발견되어 진다. **(a)** 석송류(지면 위의 소나무라고 불리기도 함)는 온대지방의 산림에 자란다. **(b)** 속새는 줄기를 따라서 일정한 간격으로 나있는 마디에서 길고 가는 가지가 뻗어 나온다. **(c)** 소용돌이 장식이라 불리는 돌돌 말린 구조물에서 고사리의 잎들이 나온다. **(d)** 대부분의 양치류는 작지만, 나무고사리와 같은 몇몇 식물은 석탄기의 일반적인 양치류와 비슷한 크기를 유지하고 있다.

**비판적 사고** 위에 나온 각각의 사진에 나온 식물체는 포자체인가 또는 배우체인가?

### 석송류와 속새류는 작고 비늘같은 잎을 가지는 비종자식물이다

비록 석송류의 일반명은 영어로 실제로 이끼가 아닌 club moss이지만, 크기는 수 인치에 불과하다(**그림 22-7a**). 그들의 잎은 작고 비늘 같아서 이끼의 그것과 유사하다. 지면위의 소나무로 일반적으로 알려진 석송속(*Lycopodium*)의 석송류 식물은 온대 일부의 침엽수림 및 낙엽수림의 임상을 덮는 아름다운 지피식물이다. 석송류 식물이 상록성이기 때문에 겨울철에 특히 임상 위에서 눈에 잘 띈다.

현존하는 모든 속새류는 15종으로 구성된 속새속(*Equisetum*) 한 속에 속하며, 대부분 높이가 1m에 미치지 않는다(**그림 22-7b**). 일부종에서 덤불성의 가지들은 일반명인 말꼬리(horsetails)처럼 보이게 한다; 가지 위의 잎은 축소되어 매우 작은 비늘과 같은 모양이다. 속새속의 모든 종은 바깥층 세포에 다량의 규소(유리질)를 가져서 깔깔한 질감을 가지므로 "수세미풀"이라고 부르기도 한다. 유럽에서 온 초기 북미 개척시대 사람들은 그릇이나 바닥을 닦는 데 이를 사용하였다.

### 넓은 잎을 가진 다양한 양치류

12,000여 종 정도로 이루어진 양치류는 비종자관다발식물 중 가장 분화되었다(**그림 22-7c**). 열대지방에서 목본 양치류는 매우 높게 자라서 석탄기에 번성했던 조상들을 연상시킨다(**그림 22-7d**). 비종자관다발식물 중 양치류만이 넓은 잎을 가진다.

양치식물의 생식에 있어서(**그림 22-8**), 배우자는 매우 작은 배우체 위에 달린 장란기와 장정기 안에서 체세포분열에 의해 만들어진다❶. 정자는 물속으로 방출되고 이들은 헤엄쳐서 장란기 속의 난자에 도달한다❷. 수정이 일어나면 그 결과로 접합자는 모체인 배우체로부터 위로 자라서 포자체 식물로 발달한다❸. 배우체보다 훨씬 커다란 포자체 양치류가 성숙했을 때, 포자체의 특별한 잎 위에 만들어지고 포자낭(*sporangia*)이라고 불리는 구조에서 반수체인 포자가 만들어진다❹. 포자낭이 열리면서 포자가 방출되고 바람에 의해 산포된다❺. 포자가 적합한 장소에 떨어지게 되면 발아하고 발달되어서 배우체 식물체가 된다❻.

바람에 날린 양치류의 포자는 식물이 거의 살고 있지 않는 개척

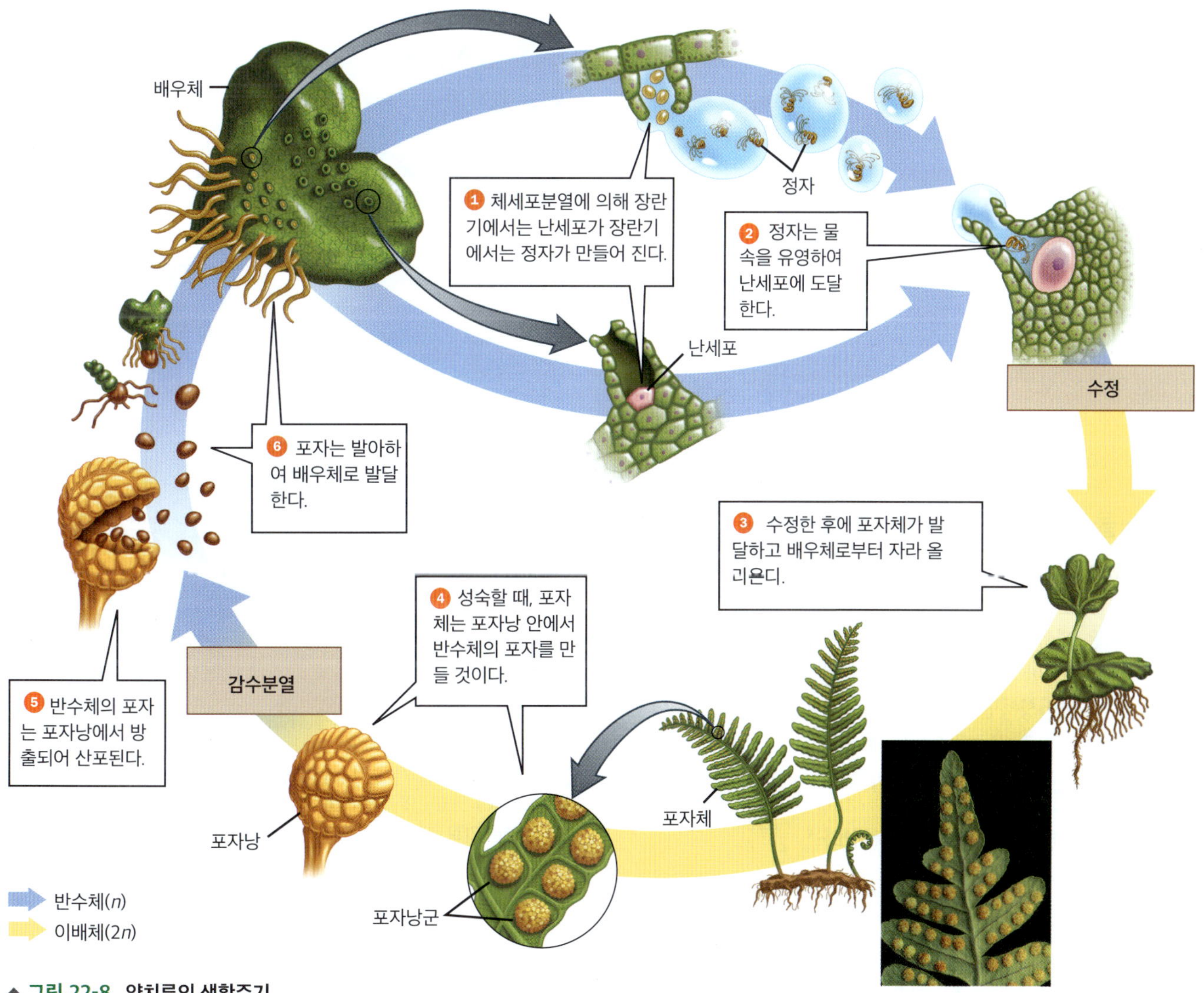


▲ **그림 22-8 양치류의 생활주기**

지에서도 효과적으로 정착한다. 예를 들면, 1883년에 분화하여 대부분의 생물을 파괴했던 크라카투아섬에서의 대규모 화산폭발이 있고 단지 2년이 지난 후에 사람들이 다시 찾았을 때, 불모지에도 양치식물이 지표를 가득 덮고 있었다. 마찬가지로 양치식물은 공룡과 다른 많은 생물종을 멸종시켰던 6,600만 년 전의 유성 충돌에 의한 재난 후에도 극적으로 번성하였다. 6,600만 년 전에 있었을 여러 지역의 암석에서 화석 양치식물의 포자가 극적으로 많이 발견되었다; 이런 "포자 흔적"들은 당시 유성충돌에 따르는 대규모 화재에 의해 식생이 전소되어 생긴 공백지에 양치식물이 큰 무리를 이루었다는 증거로 해석된다.

## 종자식물은 두 가지 중요한 적응에 의해 도움을 받았다: 화분과 종자

종자식물은 화분과 종자를 만든다는 점에서 비관다발식물 및 비종자관다발식물과 구별된다. 종자식물의 배우체(생식세포를 만든다)는 매우 작다. 암배우체는 크기가 좀 더 큰 포자체 안에 남아있는 반수체 세포들의 집합이며 난세포를 만든다. 수배우체가 바로 화분립이다. **화분(pollen)**립은 바람 또는 벌과 같은 동물 수분매개자에 의해 산포된다. 이런 방법으로 수배우자가 공기를 통하여 이동하고 난자를 수정시킨다. 이렇게 공기를 기반으로 이동할 수 있다는 것은 종자식물의 분포가, 정자가 난세포로 헤엄칠 수 있도록 해주는 물의 제약에서 벗어날 수 있게 되었다는 것을 의미한다.

조류나 파충류의 알처럼 **종자(seeds)**는 배아 상태의 어린 포자체 식물, 배에 양분을 공급하는 배젖, 이들을 보호하는 외부층의 종피로 이뤄져 있다(**그림 22- 9**). 종피는 배가 성장에 적합한 조건에 이를 때까지 휴면 상태를 유지시킨다. 어린 식물이 자신의 뿌리와 잎을 발달시키고 광합성을 하여 필요한 양분을 만들 때까지 저장된 양분은 새로 난 식물체를 유지하는데 도움이 된다.

종자식물은 두 개의 일반적인 그룹으로 구분되어 진다: 꽃이 없는 겉씨식물(민꽃식물)과 꽃이 피는 속씨식물(꽃식물)로 나뉜다.

## 겉씨식물은 꽃이 없는 종자식물(민꽃식물)이다

**겉씨식물(gymnosperms)**은 속씨식물보다 먼저 분화되었다. 초기의 겉씨식물은 비종자관다발식물과 함께 석탄기의 대삼림을 이루었다. 뒤이은 페름기(2억 9천 9백만 년-2억 5천 2백만 년 전) 동안 겉씨식물은 우세한 식물군이 되었으며, 약 1억 년 뒤에 꽃식물이 출현할 때까지 번성하였다. 이런 초기에 우세하였던 대부분의 겉씨식물은 현재 멸종되었다. 오늘날에는 단지 네 그룹의 겉씨식물만 남아 있다: 은행나무류, 소철류, 마황류와 구과식물.

### 단지 하나의 은행나무류 종이 생존하였다

은행나무류는 긴 진화 역사를 갖고 있다. 그들은 2억 1백만 년 전에 시작된 쥐라기 동안 널리 번성했다. 그러나 오늘날에는 은행나무(*Ginkgo biloba*) 한 종만이 이들을 대표하여 남아있다(**그림 22-10a**). 은행나무는 암나무와 수나무가 각각 있다; 암나무에는 악

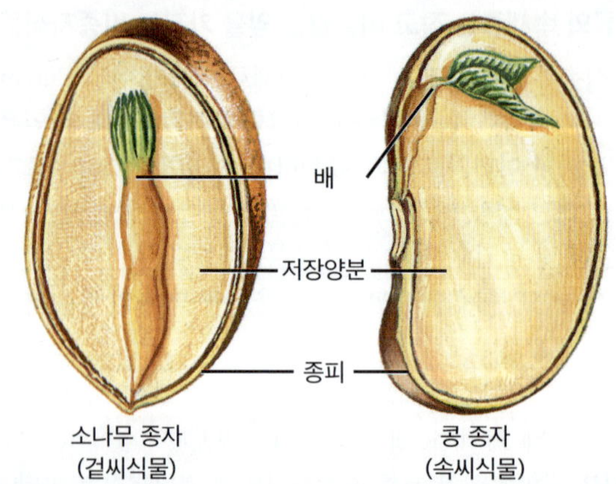


(a) 종자

(b) 민들레

(c) 코코넛

▲ **그림 22-9 종자** **(a)** 겉씨식물(좌측)과 피자식물(우측)의 종자. 양쪽 모두 배식물체와 종피에 둘러싸인 저장된 영양분을 가진다. **(b)** 민들레의 작은 종자는 열매의 일부분인 낙하산처럼 생긴 관모를 가져서 바람에 의해 산포된다. **(c)** 코코넛의 육중하고 강화된 종자(열매 안에 잘 보호된)는 그들이 대양을 가로질러서 이동할 때 바닷물에 오랫동안 잠겨있어도 살아남을 수 있다.

**비판적 사고** 동물에게 먹혀서 종자가 손상되지 않을 수 있게 도와주는 적응은 무엇인가?

▲ **그림 22-10 겉씨식물** **(a)** maidenhair tree라고 불리는 은행나무는 그늘을 만드는 나무나 관상용으로 널리 재배되어 진다. **(b)** 소철은 공룡시대에는 번성하였으나 현재는 160종 정도로 줄어들었다. **(c)** 마황류에 속하는 *Welwitschia*의 잎은 1,000년 이상을 살 수 있다. **(d)** 구과류의 바늘 있는 왁스층으로 보호되어 있다.

취가 나고 버찌 크기 정도 되는 육질의 종자가 달린다. 은행나무는 대부분의 다른 나무에 비해 공해에 강하기 때문에 미국의 여러 도시들에서 은행나무(일반적으로 수나무)가 집중적으로 심어졌다.

### 열대 및 아열대지방에만 자라는 소철류

은행나무처럼 소철류도 쥐라기 시대에 다양한 종이 생육하고 번성했다가 점차 쇠퇴하였다. 오늘날 약 160종이 살아남았으며 이들 대부분은 열대 및 아열대지역에만 제한적으로 분포한다. 소철은 대형의 우상으로 분지된 잎을 가지고 있어서 외형적으로 야자수나 대형 양치식물과 유사하다(**그림 22-10b**). 어떤 소철류는 65feet (20m)에 달하기도 하지만 대부분의 소철류는 3feet(1m) 정도이다.

소철류의 조직은 강한 독성물질을 가지고 있다. 이러한 독성에도 불구하고 일부 지역 사람들은 종자, 줄기 및 뿌리를 식용으로 이용한다. 식물을 먹기 전에 독을 제거하기 위하여 철저한 준비와 제거 과정을 거친다. 그럼에도 불구하고 소철을 식용하는 마리아나 제도의 카모로 부족과 같은 사회에서는 소철의 독이 신경계에 문제를 일으키는 것으로 추정된다. 소철 독은 목축하는 가축에도 해를 끼친다.

소철류의 절반 정도가 멸종위기종으로 분류되고 있다. 소철류에 대한 주요한 위협 요인은 생육지 파괴, 외래 도입종과의 경쟁, 원예용 식물 교역을 위한 과다한 채취 등이 있다. 수집가들이 아주 고가로 산정하는 희귀 대형 소철류는 수천 달러에 거래되고 있다. 소철류의 생육이 느리기 때문에 멸종위기 개체군의 복원 역시 불확실하다.

### 마황류는 기묘한 *Welwitschia*속 식물을 포함한다

마황류에는 70여 종류의 관목과 덩굴, 그리고 소형 교목이 포함된다. 마황속(*Ephedra*)의 잎은 인체에 각성제 또는 식욕억제제로 작용하는 알칼로이드 성분을 함유한다. 따라서 마황은 에너지 보충제와 체중 감량 보조제로 널리 쓰인다. 그러나 마황 상용자들의 돌연사 보고와 심장질환의 위험성 증가에 대한 연구들이 알려짐에 따라 미국식품의약청은 마황 성분을 함유하는 식품 및 약품의 거래를 금지하였다.

마황류에 속하는 *Welwitschia mirabilis*는 가장 특이한 식물이다(**그림 22-10c**). 남서아프리카의 극도로 건조한 지역에서만 자라는 *Welwitschia*는 땅속 100feet(30m) 깊이까지 자라는 원뿌리를 가진다. 지표면 위로는 섬유상 줄기를 가진다. 줄기에서 두 장의 잎이 나와서 점점 커진다. 이들 잎은 시들지 않고 매우 긴 전 생애 내내 남아 있다. 전형적인 평균 수명은 약 천 년 정도이고, 가장 오래된 *Welwitschia*는 2천 년 이상 되었다. 끈 모양의 잎은 평생 자라서 땅 위로 퍼져나간다. 수세기 동안 바람을 맞은 잎의 오래된 부분이 갈라지거나 쪼개져서 식물체가 우둘투둘하고 너덜너덜하다는 외형적 특징을 가지게 한다.

### 구과식물은 서늘한 기후에 적응하였다

은행나무와 소철과 같은 겉씨식물 그룹이 이전의 번성기 때에 비하면 극적으로 쇠퇴했지만 **구과식물(conifers)**은 아직도 지구상의 넓은 지역에서 우점하고 있다. 소나무, 전나무, 가문비나무, 솔송나무, 그리고 삼나무를 포함하는 500여 종의 구과식물은 겨울이 길고 정조한 조건을 가진 북반구 고위도와 고산지대에서 풍부하다(겨우내 토양속의 수분이 얼어있고 이용이 불가능하기 때문에).

구과식물은 건조하고 차가운 환경에 세 가지 방식으로 적응하고 있다. 첫째, 대부분의 구과식물은 상록성의 푸른 잎을 유지하고 있어 다른 대부분의 식물이 휴면 상태로 되어 있을 동안에도 광합성을 지속할 수 있고 느리게 성장을 계속할 수 있게 해준다. 이런 이유로 구과식물을 상록수라고 부른다. 둘째, 구과식물의 잎은 증산을 최소화시킬 수 있도록 두꺼운 방수성의 표피로 덮여 있는 얇은 바늘 모양이다(**그림 22-10d**). 마지막으로 구과식물은 수액 속에 부동액을 만들어서 결빙점보다 낮은 온도에서도 영양분 이동이 가능하도록 하고 구과식물 특유의 솔잎 향을 나게 해준다.

모든 구과식물의 생식은 비슷하므로 소나무의 생식을 예로 들어보자(**그림 22-11**). 소나무 자체는 이배체의 포자체로서 웅성구화수(male cones)와 자성구화수(female cones)를 모두 만든

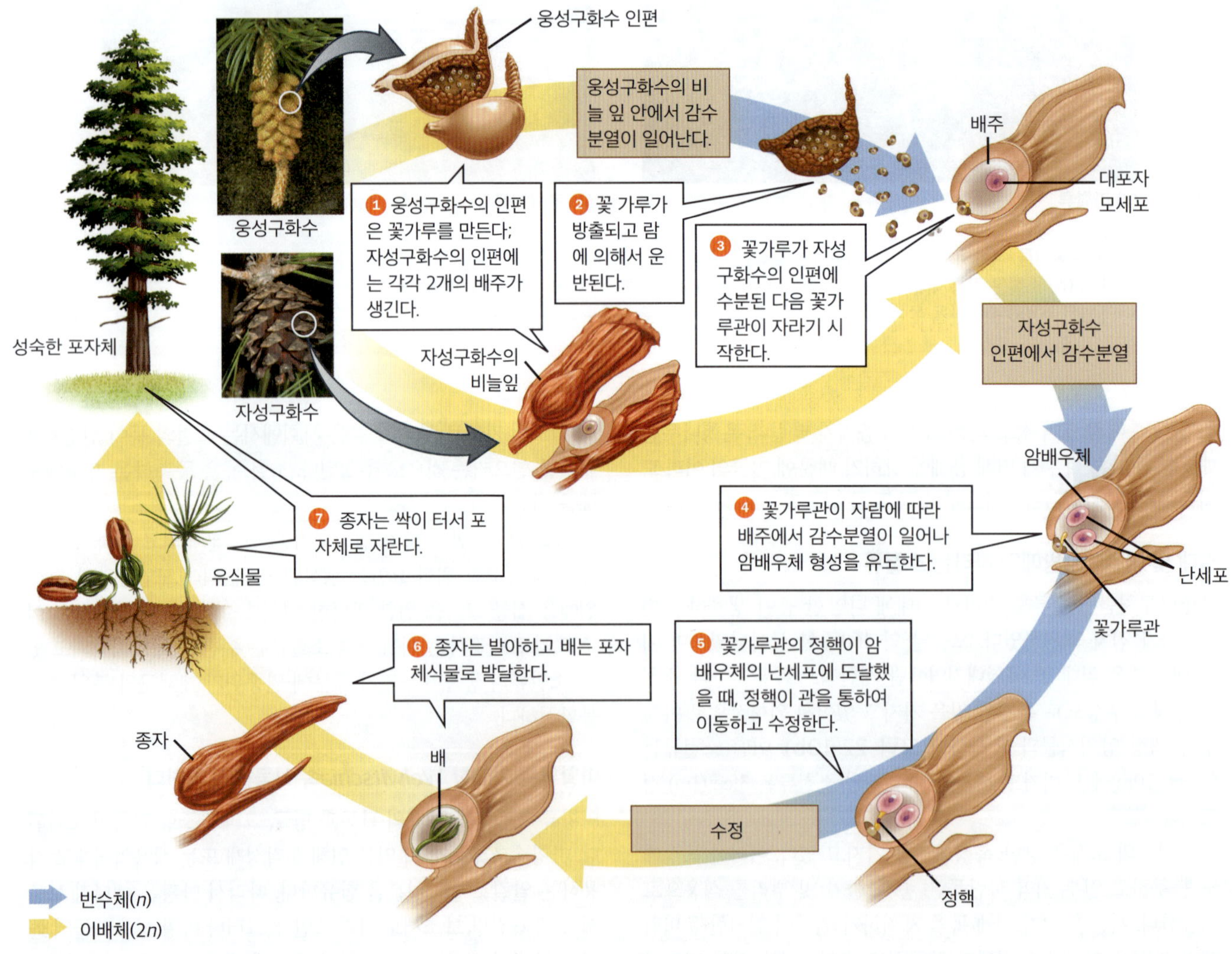


▲ **그림 22-11 소나무의 생활주기**

다❶. 웅성구화수는 상대적으로 작고(전형적으로 2cm 미만) 섬세한 구조로서 화분(수배우체)을 만드는 인편들로 이루어진다. 각각의 자성구화수는 중심축에 나선상으로 배열된 목질성의 일련의 인편들로 이루어져 있다. 내부에 이배체 포자 형성세포를 만드는 두 개의 **배주(ovule**; 미수정 종자)가 각각의 인편 기부에 있다.

웅성구화수는 생식 시기 동안에 화분을 방출한 다음 시들어 버린다❷. 방출되는 화분의 양이 엄청나게 많다; 예상되어 지듯이 그 중 일부 화분은 우연하게 자성구화수 위에 이르게 된다❸. 화분립은 배주를 향해 천천히 진입하는 화분관을 낸다. 화분관이 자랄 때 배주에서 이배체 포자 형성 세포는 감수분열을 거쳐 반수체의 포자를 형성하고 이 중 하나는 암배우체가 되어 난을 형성한다❹. 거의 14달 후에 화분관은 암배우자에 도달하여 수정을 위하여 정핵을 방출한다❺. 수정 결과 접합자는 배(embryo)—아주 작은 배아 포자체 식물—로 발달할 때 종자 속에 위치하게 된다❻. 구과가 성숙하여 인편이 분리되면 종자가 빠져나온다. 종자가 적합한 토양에 떨어지면 발아하여 성숙한 포자체로 자란다❼.

## 속씨식물은 꽃이 피는 종자식물이다

꽃을 피우는 식물, 또는 **속씨식물(angiosperms)**은 거의 1억 년 간 지구상에서 우점종으로 존재해 왔다. 그래서 이 그룹은 23만 종 이상의 계통군으로 이루어져 있을 정도로 엄청나게 다양하다. 피자식물은 크기에 있어서 초소형의 좀개구리밥(**그림 22-12a**)에서부터 거대한 유칼리나무(**그림 22-12b**)까지 다양한 범위를 가진

(a) 좀개구리밥

(b) 유칼리나무

(c) 벼과식물

(d) 인주솜풀속

◀**그림 22-12 속씨식물** (a) 가장 작은 속씨식물은 연못에 떠있는 개구리밥이다. 이 식물은 직경이 3mm 정도이다. (b) 가장 큰 속씨식물은 높이가 100mm에 이르는 유칼리나무이다. (c) 벼과식물(그리고 많은 나무)은 눈에 잘 띄지 않는 꽃을 가지고 있으며 바람에 의해 수분된다. 아스클레피아스(*Asclepias*)속의 꽃이나(d) 유칼리나무에 있는 것과(b에 삽입된 사진) 같이 좀 더 눈에 잘 띄는 많은 꽃들은 각 개체 사이에서 화분을 옮기는 곤충과 다른 동물들을 불러들인다.

**비판적 사고** 바람에 의한 화분 산포의 장점과 단점은 무엇인가? 동물에 의한 화분 산포의 장점과 단점은 무엇인가? 왜 두 가지 형태의 화분 산포형태가 속씨식물에서 유지되고 있을까?

**Have You Ever Wondered ...**

**어떤 식물이 우리에게 가장 맛있는 음식을 제공해 주는가?**

먹을 수 있는 식물이 수천 종이 있지만, 우리는 그 중 일부만을 식량으로 이용하고 있다. 사실상, 인간이 소비하는 식물로부터 유래된 엄청나게 많은 음식들의 대부분은 20종의 식물에서 얻어진다. 오직 3종의 벼과식물 열매(곡류)-옥수수, 밀 그리고 쌀-가 세계 인류가 소비하는 칼로리의 거의 절반을 공급한다. 평균적 미국인은 매년 이 3종의 곡물을 200파운드씩 소비한다. 연간 산출량으로 보면 3대 곡물 다음으로는 콩, 보리, 사탕수수, 기장, 땅콩이 뒤를 잇는다. 그 다음의 식량식물 목록을 살펴보면 곡물이나 콩 이외에 가장 많이 생산되는 식물은 감자와 카사바(아프리카와 남아메리카의 기본 작물인 뿌리)이다.

다. 사막의 다육식물은 물론, 열대지방의 난초나 기생식물로 고약한 냄새를 풍기는 타이탄 아룸(titan arum)에 이르기까지 식물계에서 유점하고 있다. 속씨식물의 이런 엄청난 번성에 대해 일정부분은 다음 3가지 주요 적응에서 기인한다: 꽃, 열매, 넓은 잎.

### 꽃은 수분매개자를 끌어들인다

꽃, 겉씨식물의 조상형이 식물과 식물 간에 화분을 옮겨주는 동물(곤충으로 추정되는)에 관련되어 진화하였을 때 속씨식물의 암수 배우자를 형성하는 각각의 구조 모두가 아마도 진화했을 것이다. 이 시나리오에 따르면, 고대의 겉씨식물과 동물 수분매개자 사이의 관계는 상호 이득을 취할 수 있기 때문에 곤충이나 다른 동물에게 화분을 가지고 있다는 것을 알리는 화려한 꽃이 자연선택적으로 선호되었을 것으로 추정된다(**그림 22-12b, d**). 수분매개자는 단백질이 풍부한 화분을 먹을 수 있어서 이익을 보며, 식물은 같은 종의 다른 개체에게 정확하게 꽃가루를 보낼 수 있어서 이득을 본다. 수분매개자의 도움으로 꽃식물들은 더 이상 다량의 꽃가루를 만들어서 수분을 확신할 수도 없는 바람에 실어 보내는 일을 할 필요가 없게 되었다. 그럼에도 불구하고 풍매로 꽃가루를 이동시키는 속씨식물이 많이 있다(**그림 22-12c**). 이들 풍매화는 환경 변화에 의해 관련된 수분매개자가 멸종 또는 쇠퇴되었을 때, 동물에 의해 수분되던 조상형들에서 진화되었을 것이다.

속씨식물의 꽃은 생활주기에서 우세한 세대인 포자체 위에 생긴다(**그림 22-13**). 꽃에서 암배우체 자방(*ovary*)이라고 불리는 구조 내에 있는 배주에서 만들어진다. 수배우체(화분)는 꽃가루주머니(약, *anther*)이라고 불리는 구조 안에서 만들어 진다❶. 생식기 동안 꽃가루는 꽃가루주머니에서 방출되어지고 바람이나 동물 수분매개자에 의해 옮겨진다❷. 만일 꽃가루가 꽃에서 끈적끈적하여 꽃가루를 잡을 수 있는 구조인 암술머리(*stigma*) 위에 내려앉으면 꽃가루에서부터 꽃가루관이 자라기 시작한다❸. 꽃가루관은 암술머리를 통하여 자방 속의 난세포가 발달하고 있는 암배우체를 향해 뻗어 나간다. 꽃가루관이 난세포에 도달하여 정핵을 방출할 때 수정이 일어난다❹. 수정 결과 만들어진 접합자는 배주가 변해서 된 종자에 싸인 채 배로 발달한다❺. 산포된 종자는 발아하여 포자체 식물체로 된다❻.

### 과일은 종자 산포를 촉진시킨다

속씨식물의 종자를 둘러싸고 있는 자방은 속씨식물의 번성의 두 번째 성공 요인인 **열매(fruit)**로 성숙한다. 꽃이 동물을 유인하여 화분을 이동시키는 것처럼 열매는 동물을 유인하도록 하여 종자를 산포한다. 동물이 열매를 먹으면 열매 속에 있는 많은 종자는 동물의 소화관을 무사히 통과하여 싹트기 좋은 장소에 떨어질 수 있을 것이다. 모든 열매가 위와 같은 방식으로 산포되는 것은 아니다. 개를 기르는 사람들은 잘 알고 있겠지만 어떤 열매(burrs라고 하는 표면이 갈고리 같은 것으로 덮여 있어 꺼칠꺼칠한)들은 동물의 털에 달라붙어서 산포된다. 단풍나무의 열매는 바람을 타고 날 수 있는 날개를 가진다. 속씨식물은 이러한 다양한 산포 메커니즘을 통해 거의 모든 육상 생육지에 침투하고 있다.

### 넓은 잎은 더욱 더 많은 햇빛을 흡수한다

속씨식물이 따뜻하고 좀 더 습기가 많은 기후에서 번성할 수 있게 해준 세 번째 특징은 그들의 넓은 잎이다. 넓은 잎은 겉씨식물의 가느다란 바늘잎에 비해 광합성에 필요한 빛을 보다 잘 잡을 수 있는 이점을 준다. 생육 상태에 계절적 차이가 있는 지역에서는 대부분의 관목 및 교목들은 물이 부족한 시기에는 증산에 의한 물 소실을 줄일 수 있기 때문에 잎을 떨어뜨린다. 온대지방에서는 이러한 조건이 가을과 겨울 동안에 나타난다. 열대 및 아열대지방에서 일반적으로 건기가 있는 지역에서는 건기 동안 물을 보존하기 위해 잎을 떨어뜨린다.

넓은 잎에는 이익뿐 아니라 비용도 필요하다. 특히 겉씨식물의 딱딱한 납질 바늘잎보다 속씨식물의 넓고 부드러운 잎은 초식동물의 좋은 먹이가 된다. 그래서 속씨식물은 초식 포유류나 초식 곤충으로부터 방어하는 다양한 전략을 발달시켰다. 여기에는 바늘, 가시, 단단한 잎과 같은 물리적 방어가 포함된다. 진화적 생존경쟁은 수많은 화학적 방어를 유도하였다–식물조직 속에 독성을 가지게 하거나 잠재적인 포식자의 입맛을 떨어뜨리는 화합물. 화학적 방어를 위해 생산된 화합물 중 상당수는 약용 및 식용자원으로 이용할 수 있는 특성을 지닌다. 아스피린이나 코데인 같은 의약품, 니코틴이나 카페인 같은 기호품, 겨자나 후추와 같은 향신료는 속씨식물에서 얻어진다.

**CHECK YOUR LEARNING**

- 관다발식물과 비관다발식물의 차이점을 설명할 수 있는가?
- 주요 식물 계통군과 각 계통군의 대표적 식물을 기술할 수 있는가?
- 이끼류, 양치류, 겉씨식물 및 속씨식물의 생활주기에서 주요한 단계를 설명할 수 있는가?

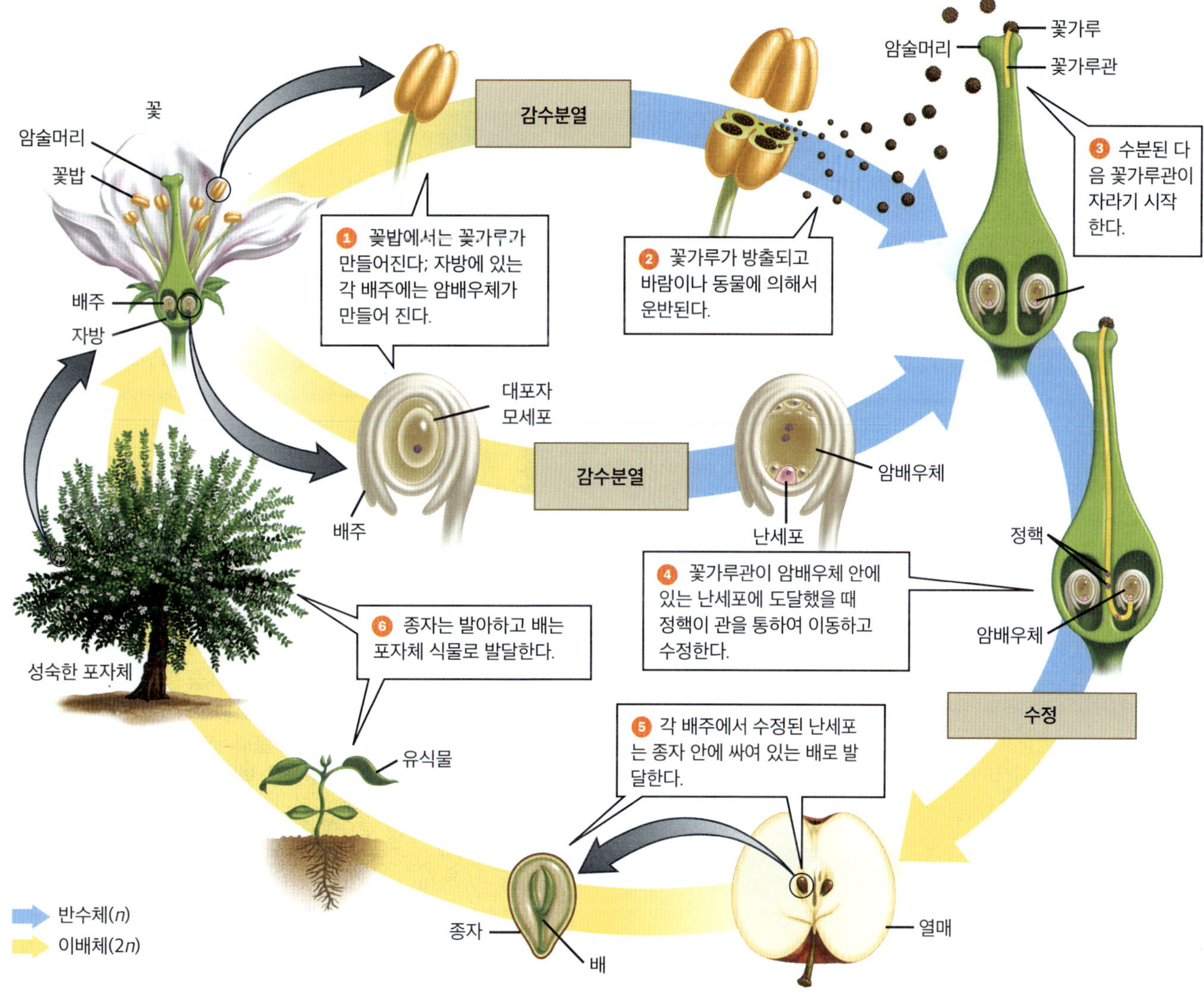


▲ 그림 22-13 꽃식물의 생활주기

CASE STUDY CONTINUED

## 기생식물의 여왕

라플레시아의 꽃은 왜 썩은 고기 같은 악취를 풍길까? 라플레시아의 악취는 사람에게는 극도로 불쾌한 냄새이지만 부패한 고기 위에 알을 낳는 쉬파리와 또 다른 곤충들에게는 매력적인 냄새이다. 라플레시아의 수꽃에 들른 곤충들은 주위의 암꽃들을 수정시킬 수 있는 꽃가루를 멀리까지 운반한다.

많은 속씨식물들의 꽃은 동물 수분자에게 식량을 제공하는 꿀샘을 가지고 있다. 그러나 라플레시아 꽃에 들어간 곤충들에게는 그런 꿀이 제공되지 않는다. 대신에 꽃의 악취에 끌린 곤충들은 부패한 고기를 찾게 되고, 꽃 안쪽의 털과 가는 홈 사이에 숨겨진 끈끈한 꽃가루로 유도되어 진다. 결국에는 꽃가루를 뒤집어쓴 채로 꽃을 떠난다. 사실은 라플레시아의 속임수에 빠진 곤충은 보상 없는 봉사를 하는 셈이다. 라플레시아는 이처럼 착취의 대가인 것이다: 이들은 영양분을 제공하는 숙주 덩굴식물을 이용하고, 또한 파리를 이용하여 생식을 촉진시킨다.

라플레시아는 관련된 식물에게는 해롭지만, 많은 식물들은 다른 종에게 이롭다. 다른 종에게는 어떻게 이득을 주는가?

## Health WATCH 녹색의 구원자

의사가 환자에게 처방하는 많은 약들에는 식물에서 최초로 발견된 물질이 들어 있다. 대부분의 경우에 약학적으로 유용한 식물 성분이 확인되고 분리되면, 연구자들은 실재 식물을 이용하지 않고 그 약을 합성하는 방법을 고안한다. 적어도 최근까지 나타난 중요한 예외의 경우는 항말라리아 약제인 아르테미시닌(Artemisinin)이다. 아르테미시닌은 말라리아를 일으키는 원생생물 기생충인 플라스모디움(*Plasmodium*)에 감염된 수백만의 환자들에게 가장 유효한 약이다. 이 기생충은 대부분의 다른 항말라리아 약제에 대한 저항성이 진화되어 왔다.

아르테미시닌은 개똥쑥(*Artemisia annua*, **그림 E22-1**)에서 발견되었다. 아르테미시닌의 항말라리아 효능은 Youyou Tu와 동료들에 의해 밝혀졌다. 그들은 개똥쑥 추출물에서 말라리아 특효성분을 찾기까지 한방에서 사용되는 수백 종의 허브들을 검색하였다. 연구자들은 결국 개똥쑥의 항말라리아 유효성분과 관련된 분자물질이 아르테미시닌임을 동정하였다. 2015년에 Tu는 이 업적에 대해 노벨상을 수상하였다.

▲ **그림 E22-1** 수확 직전의 개똥쑥

최근까지 아르테미시닌은 개똥쑥 추출물에서만 얻을 수 있었다. 그러나 이제 합성생물학의 첨단 연구자들은 효모세포에 쑥 유전자를 도입하는 방법과 효모가 산업적인 규모로 배양기 내에서 아르테미시닌을 만들어내도록 하는 방법을 확립하였다. 개똥쑥을 재배하고 가공하는 데에 14-18달이 걸리는데 비해, 합성 약은 일주일 내에 만들 수 있다. 이와 같은 변화에는 제약 원료인 개똥쑥을 재배하는 극빈 농가들의 희생이 수반되지만, 아르테미시닌의 유용성은 비약적으로 증가되었다.

아르테미시닌 약품을 증산하는 신기술 개발은 말라리아 환자들에게는 희소식이지만, 이 약에 저항성이 있는 플라스모디움이 나타나게 될 것이다. 다음 번의 항말라리아 성분이 식물에서 나올 것인가? 대형 제약회사들은 지구상의 식물 다양성에서 신약을 체계적으로 탐색하는 것을 포기했지만, 아프리카 말리의 연구자들은 무엇인가 조사를 진행하고 있다. 초기 테스트에서 그들은 양귀비의 일종인 *Agremone mexicana* 추출물이 말라리아에 매우 유효함을 확인하였다.

**비판적 사고** 말리에서의 *Agremone mexicana*에 대한 초기 테스트에서 연구자들은 전통 치료사들에 의해 서로 다른 허브로 치료된 환자들을 관찰하였다. 그들은 말라리아에 걸렸던 환자들을 찾기 위해 각 환자의 혈액검사를 했으며, 각 환자들이 얼마나 빨리 회복되는 지를 추적하였다. 만약 당신이 후속 연구의 책임자라면 어떻게 계획을 세우겠는가? 전통 치료사들의 식물을 이용한 조제법을 이용할 것인가? 전통 치료사들에게 투약 양과 빈도를 결정하게 하겠는가?

## 22.4 식물은 다른 생물에 어떤 영향을 미치는가?

식물이 생존하고, 생장하고 생식할 때, 이들은 인간을 포함한 다른 지구상의 생물들에게 엄청난 이익을 주는 방향으로 지구의 경관과 대기를 변화시키고 영향을 미친다. 인간은 식물을 이용함으로써 부가적인 이익을 얻는다.

### 식물은 중요한 생태적 역할을 한다

육상생물이 살아가는 복잡한 생태계는 식물의 도움 없이는 유지될 수 없다. 식물은 육상에서의 삶을 영위하는데 필수적인 먹이, 공기, 토양과 물에 중요한 공헌을 한다.

#### 식물은 다른 생물이 사용하는 에너지를 획득한다

식물은 육상의 모든 동물계, 균계와 비광합성 미생물들에게 직접 또는 간접적으로 먹이를 제공한다. 식물은 태양에너지를 획득하기 위해 광합성을 이용하고, 획득한 에너지를 다른 생물들의 먹이원이 되는 잎, 줄기, 종자 및 열매로 이동시킨다. 식물조직을 먹는 많은 생물들은 그 생물체를 먹는 또 다른 생물들의 먹이가 된다. 식물은 육상생태계에 대한 먹이와 에너지의 주요한 공급자이며, 육상 생물들은 태양에너지로부터 먹이를 만드는 식물의 능력에 의존한다.

#### 식물은 대기를 유지하는데 도움을 준다

먹이를 공급하는 역할 이외에 식물은 광합성의 부산물로서 산소를 생산한다. 이렇게 함으로써 식물은 지속적으로 대기 중에 산소를 보충한다. 식물의 이러한 기여가 없다면 대기 중의 산소는 지구상 대부분의 생물이 하는 유기호흡에 의해 급격히 소진되어 버릴 것이다. 식물의 광합성은 또한 식물체에 저장되는 녹말이나 섬유소와 같은 화합물로 전환되는 이산화탄소를 대기로부터 제거한다. 식물이 없다면, 대기 중의 이산화탄소는 거의 모든 생명체에 대해 치명적인 수준까지 올라가게 될 것이다.

### 식물은 토양을 만들고 보호한다

식물은 토양을 생성하고 유지하는데 도움을 준다. 식물이 죽고 나면 식물의 뿌리, 줄기, 잎은 균류, 원생생물 및 다른 분해자들의 먹이원이 된다. 분해과정은 식물조직을 토양의 일부가 되는 유기질의 미세한 입자들로 잘게 부순다. 유기질은 토양의 물과 유기물에 대한 보유력을 증진시켜서 토양을 더욱 비옥하게 하고 살아 있는 식물의 성장을 돕는다. 식물의 뿌리는 토양을 안정화시키고 물과 바람에 의한 침식을 줄여준다.

## 식물은 생태계의 수분을 유지해 준다

식물은 토양에서 물을 흡수하여 물의 일부를 조직 속에 보관한다. 이렇게 하여 식물은 육상 생태계에서 물이 빠져나가는 속도를 늦춰주며, 생태계 구성원들의 물 요구를 충족시킬 수 있다. 또한 식물은 유출되는 물의 양을 줄여서 홍수로 인한 피해를 줄여준다. 그래서 인간의 개발 행위로 파괴된 숲, 초지 및 습지 지역일수록 홍수가 빈번하게 일어난다.

### 식물은 인간에게 필수품이나 사치품을 제공한다

사람들이 식물에 의존하는 정도는 아무리 과장해도 괜찮다. 폭발적 인구증가는 물론 급속한 기술발전 역시 식물이 없으면 불가능하다.

### 식물들은 주거지와 연료와 의약품을 제공한다

식물은 지구상의 많은 인류 집단이 집을 지을 때 이용하는 목재를 제공한다. 게다가 인류 역사에 있어서 목재는 난방과 조리의 주된 에너지원이었으며, 아직도 세계의 많은 지역에서 가장 중요한 에너지원으로 사용된다. 또 다른 주요 에너지원인 석탄조차도 고대 식물의 유해가 지질작용에 의해서 변형된 것이다.

식물은 현대 의료 체계를 지탱하는 수많은 의약품을 제공한다. 식물에서 기원하고 추출된 주요 의약품으로는 진통제인 아스피린, 코데인과 모르핀, 심부전치료제인 디곡신, 항암제인 택솔과 빈블라스틴, 그리고 다른 많은 것들이 있다("Health Watch: 녹색의 구원자" 참조).

인류는 유용 야생식물의 채취에 머물지 않고 유용 식물을 작물화하여 재배해 왔다. 여러 세대에 걸친 선발육종을 통해 인류는 씨앗, 줄기, 뿌리, 꽃과 열매를 변형시켜서 필요한 식량과 섬유를 얻고 있다. 옥수수, 쌀, 감자, 사과, 토마토, 식용유, 면화 등의 재배식물이 제공하는 다양한 것들을 제외한 삶은 상상하기 힘들다.

### 식물은 즐거움을 준다

우리가 밀과 목재의 실질적 가치에 감사하지만 식물과 인간의 가장 강한 유대감은 가장 순수한 감정이다. 우리는 꽃의 아름다움과 향기를 즐기고, 표현하기 힘든 최고의 감정 표현으로서 꽃을 선물한다. 많은 사람들은 노동의 결과를 볼 수 있는 기쁨과 만족 이외에 어떤 보상도 바라지 않고 정원과 잔디밭을 돌보며 여가를 보낸다. 가정에서는 실내용 화초를 위한 공간을 마련하기도 한다. 우리는 길가에 가로수를 심고 다양한 식물이 있는 공원에서 일상의 긴장을 해소할 수 있는 장소를 찾으려 한다. 식물은 우리의 감성적 요구를 충족시켜준다.

**CHECK YOUR LEARNING**

- 식물이 사람을 포함한 다른 생물들에게 미치는 영향에 대해 설명할 수 있는가?

**CASE STUDY REVISITED**

## 기생식물의 여왕

라플레시아속에 속하는 17종 정도의 기생식물이 동남아시아의 습한 산림에서 자란다. 이들이 자라는 숲은 농경지 및 개발지로 변하면서 급속히 사라지고 있다. 이들의 지리적 분포 영역은 말레이반도와 인도네시아의 보르네오 및 수마트라의 날로 줄어드는 숲에 한정되어 있다; 라플레시아는 희귀 및 멸종위기 식물이다. 인도네시아 정부는 라플레시아를 보호하기 위한 공원과 보호지역을 설정했지만 - 개발도상국에서 흔히 일어나는 상황 - 서류상으로만 보호받고 있는 숲은 현실적으로 매우 위험한 상황이다.

악취를 내뿜는 라플레시아의 꽃이 그 나라를 찾는 관광객들을 끌어들일 수 있을 것이라는 보르네오와 수마트라 현지인들의 인식 향상이 라플레시아의 지속적인 보호를 위한 최선의 희망일 것이다. 생태관광의 이점을 모색하는 혁신적 보호 계획에 의해 라플레시아 주변에 사는 주민들은 이 식물의 관리자가 될 수 있다. 선정된 관리자들은 라플레시아를 돌보는 대가로 호기심 어린 방문객들로부터 약간의 요금을 받게 된다. 이렇게 지역민들은 이 희귀 기생식물을 보호하는 경제적 이득을 얻게 된다.

**비판적 사고** 기생생활 방식은 관다발식물에서 일반적인 현상은 아니지만, 극히 드문 것도 아니다. 4,400종 이상이 기생식물이며, 계통분류학자들은 기생이라는 진화의 형태가 식물 진화 역사상 12번에 걸쳐서 일어났던 것으로 추정한다. 광합성이라는 명백한 이점을 가지고 있으면서도 기생이라는 진화(종종 광합성 능력의 소실을 수반하기도 하는)가 반복하여 일어난 이유는 무엇일까?

# CHAPTER REVIEW

*비판적 사고와 생각해보기, 선택형문제, 빈칸채우기 질문에 대한 답은 이 책의 뒷부분에 있는 정답란에서 볼 수 있다.*

## 핵심개념의 요약

### 22.1 식물이 가지는 주요 특징들은 무엇인가?

식물은 반수체 배우체 세대와 이배체 포자체 세대가 번갈아서 나타나는 세대교번을 하는 다세포생물이다. 대부분의 식물은 광합성을 한다. 근연관계에 있는 녹조류와는 다르게, 식물은 다세포의 독립적인 배를 가진다.

### 22.2 식물은 어떻게 진화해 왔는가?

수중의 녹조류로 추정되는 광합성 원생생물로부터 최초의 식물이 출현했다. 조상형의 식물은 식물과 가장 가까운 근연계통군인 차축조류와 같은 현존하는 다세포성 조류와 유사할 것이다.

초기의 식물은 육상의 생육지로 진출했고 현존하는 식물들은 육상 생육지에 대해 몇 가지 중요한 형태적 적응을 했다: 물과 양분을 흡수하고 식물체를 고정시키는 뿌리 유사구조; 증산에 의한 물 소실을 막는 납질의 큐티클; 물 소실을 제한하면서 가스교환이 가능하도록 개폐되는 기공; 식물체에 물과 양분을 이동시키는 물관과 체관; 통도세포를 강화하고 식물체를 지지하는 단단한 물질.

식물의 생식기관의 구조는 육상 환경에 적합하다. 이들에는 다음과 같은 것들이 포함된다. 정핵을 난으로 보내는데 물 대신 바람을 이용할 수 있도록 해주는 더 작은 수배우체(화분); 발생 중인 배를 보호하고 양분을 제공하며 산포를 촉진하는 종자; 바람보다 정확하고 효율적으로 꽃가루를 날라 주는 동물들을 불러 모으는 꽃; 동물을 이용하여 종자를 산포하는 열매.

반수체 배우체의 크기 감소가 진화의 일반적 경향으로, 비관다발식물에서 우세했던 반수성 배우체자가 종자식물에서는 미세한 크기로 축소되었다.

### 22.3 식물의 주요 계통군은 무엇인가?

원시 조류 조상형으로부터 비관다발식물과 관다발식물의 두 개의 주요한 식물군이 기원하였다. 뿔이끼류, 우산이끼류, 솔이끼류를 포함하는 비관다발식물은 통도세포가 없고 대부분 습한 환경에 살고 있다. 비관다발식물의 생식에는 정자가 난세포로 헤엄쳐 가야하는 물이 반드시 필요하다.

관다발식물에서 – 리그닌으로 강화된 – 통도세포는 뿌리에서 흡수한 물과 영양분을 윗부분으로 이동시키고 식물체를 지지한다. 이러한 지지조직 덕분에 석송류, 속새류와 양치류 등을 포함한 비종자관다발식물이 비관다발식물보다 더 크게 자랄 수 있다. 비종자관다발식물의 정자도 난세포로 헤엄쳐가야 생식이 일어날 수 있다.

겉씨식물과 속씨식물은 부가적으로 건조한 육상 생활에 적응한 두 가지 주요한 형태를 가진 관다발식물이다: 화분과 종자. 겉씨식물에는 은행나무, 소철, 마황류 그리고 구과식물이 있는데, 이들은 완전히 육상식물로 진화한 최초의 식물이다.

속씨식물, 즉 꽃식물은 현재 육상의 대부분을 우점한다. 화분과 종자뿐만 아니라 속씨식물은 꽃과 열매를 만든다.

### 22.4 식물은 다른 생물에 어떤 영향을 미치는가?

식물은 광합성을 통해 육상생태계의 구성원들이 이용하는 에너지를 획득하고, 대기에 산소를 공급하고, 대기 중 이산화탄소를 흡수하고, 토양의 생성과 안정에 기여하며, 생태계에서 물이 소실되는 것을 느리게 하는 등 중요한 생태적 역할을 수행한다. 식물은 인간에게 먹이, 연료, 건축용재, 약품은 물론 심미적 즐거움을 제공한다.

## 개념을 통한 이해

### 선택형 문제

1. 세대교번 생활주기에서 포자는 ________로 발달하여 배우자를 생산하고, 배우자는 접합하여 ________로 자라난다.
   a. 반수체 배우체; 이배체 포자체
   b. 이배체 배우체; 반수체 포자체
   c. 반수체 포자체; 이배체 배우체
   d. 이배체 포자체; 반수체 배우체

2. 다음 중 비관다발식물이 아닌 것은 무엇인가?
   a. 솔이끼류
   b. 우산이끼류
   c. 양치류
   d. 뿔이끼류

3. 다음 중 속씨식물에는 있으나 겉씨식물에는 없는 구조는 어느 것인가?
   a. 구과
   b. 열매
   c. 종자
   d. 물관부

4. 다음 중 배우체 단계가 포자체 단계보다 뚜렷하게 큰 것은 무엇인가?
   a. 비관다발식물
   b. 종자식물
   c. 속씨식물
   d. 겉씨식물

5. 다음 중 중력 및 건조한 육지 환경에 적응하게 된 식물의 특성이 아닌 것은?
   a. 물관부
   b. 리그닌
   c. 큐티클
   d. 광합성

## 빈칸 채우기

1. 과학자들은 육상식물의 조상이 ___________이라는 가설을 세운다. 식물에는 두 무리가 있다; 관다발이 없는 ___________과 관다발이 있는 ___________이다. 모든 식물은 다세포성의 ___________을 형성하고 ___________라고 하는 복잡한 생활주기를 가진다.
2. 육상 생활에 적응하기 위해 식물은 수분 증발을 막는 ___________과, 가스교환을 위해 열리지만 ___________이 부족할 때 닫히는 ___________라는 구조를 발달시켰다 관다발식물의 식물체는 ___________에 의해 증강된 지지기능을 얻게 되고, ___________는 ___________라는 중합체로 채워진다. 이 구조는 식물체 내에서 ___________과 ___________의 이동을 보조하기도 한다.
3. 비종자관다발식물은 그들의 정자가 ___________해야 하기 때문에 습기가 많은 환경에서만 생식할 수 있다. 종자식물이 건조한 육상 환경에서 생식할 수 있는 것은 ___________과 ___________라는 두 가지 적응 덕분이다. 종자식물은 두 무리로 나뉜다: 꽃이 없는 ___________과 꽃을 피우는 ___________이다. 꽃은 ___________하기 때문에 자연선택에 유리하다. 열매는 ___________ 하기 때문에 자연선택에 유리하다.
4. 비관다발식물에는 ___________, ___________과 ___________의 세 무리가 있다. 비종자관다발식물에는 ___________, ___________과 ___________의 세 무리가 있다. 현재 가장 번성하고 있는 식물 무리는 ___________이다.

## 복습문제

1. "세대교번"이란 무엇인가? 여기에 관련된 두 세대란 무엇인가? 그들 각각은 어떻게 만들어지는가?
2. 식물의 생식에서 점점 더 건조해 지는 환경에 적응하는 진화적 변화에 대해 설명하라.
3. 육상식물 생활주기의 진화적 경향을 배우체와 포자체의 상대적 크기에 중점을 두어서 설명하라.
4. 조류 중 어떤 무리에서 육상식물이 진화하였는가? 이 가설을 지지하는 증거를 설명하라.
5. 건조한 육상 환경에 진출하기 위해 필요한 구조적 적응을 열거하라. 이러한 적응 중 비관다발식물, 양치식물, 겉씨식물, 속씨식물이 가지고 있는 특징은 각각 무엇인가?
6. 식물계 중 속씨식물의 종수는 나머지 모두를 합한 것보다 많다. 속씨식물의 성공은 어떤 특징에 의한 것인가? 그 이유는?
7. 겉씨식물이 건조하고 추운 기후에서 우점하는 나무가 되는데 도움이 된 적응적 특징을 열거하라.
8. 화분이란 무엇인가? 식물이 건조한 육상에서 군집을 형성할 수 있도록 하는 화분의 역할은 무엇인가?
9. 식물의 대부분은 종자식물이다. 종자의 이점은 무엇인가? 종자를 가지지 않는 식물들은 종자가 주는 이점을 어떻게 충족시키는가?

## 개념의 적용

1. 합성약품이 발달되기 이전에는 80% 이상의 약품이 식물로부터 얻어졌다. 심지어 오늘날에도, 아마존 열대우림의 오지에 사는 토착 종족은 식물을 모든 질병의 치료제로 쓰고 있다. 중국에서는 생약이 널리 그리고 성공적으로 사용되고 있다. 이런 약재의 대부분은 서방 세계에는 알려져 있지 않다. 그러나 이런 식물 약재의 대부분이 얻어지는 이들 지역의 숲이 농경지로 바뀌고 있다. 약품으로서의 잠재적 가치가 큰 이들 약용자원식물 중 많은 종이 서양 의학에 의해 평가되기도 전에 없어질 위기에 처해 있다. 해당 국가의 경제적 발전을 도모하면서 이들 식물을 보전하기 위하여 어떤 단계를 제안할 수 있겠는가?
2. 20만 종 이상의 식물 중 오직 수백 종만이 인간이 사용하기 위해 재배되고 있다. 그 한 사례가 아몬드이다. 재배하는 아몬드는 영양이 풍부하고 해가 없지만 야생종은 시안화물 중독을 일으킨다. 참나무는 영양이 풍부하지만 매우 쓴 맛이 나는 탄닌을 함유한 견과(도토리)를 맺는다. 도토리에서 탄닌을 없앨 수 있다면 맛이 좋아질 것이다. 참나무를 재배하는데 실패한 이유가 무엇이라고 생각하는가?

# 23 곰팡이의 다양성

이 꿀버섯은 지구상 가장 큰 생명체가 만드는 구조의 일부이다.

CASE STUDY

## 거대한 곰팡이

지구상에서 가장 큰 생명체는 무엇일까? 보통은 몸길이 30미터, 180톤의 무게를 가진 세상에서 가장 큰 동물인 대왕고래(또는 흰수염고래, blue whale)를 생각하는 것이 합리적일 것이다. 그러나, 대왕고래는 84미터의 길이에 예상 몸무게가 6,200톤(역자주: 위키피디아에는 1,910톤)이나 나가는 셔먼장군(General Sherman)이라 불리는 세쿼이아 나무(역자주: 미국 캘리포니아에 있다)에 비하면 난쟁이에 불과하다. 하지만, 이 두 거대 생명체도 진정한 기록보유자인 꿀버섯(honey mushroom)으로 알려진 *Armillaria solidipes*(역자주: 뽕나무버섯의 일종)와는 상대가 되지 않는다.

지금까지 알려진 가장 큰 *Armillaria*는 미국 오레곤주에 있는데, 한 개체가 2,400에이커(약 9.7 $km^2$)의 면적에 걸쳐서 퍼져 있으며, 7,500톤이상의 무게를 가지고 있다. 이러한 거대한 크기에도 불구하고 대부분이 땅속에서 묻혀 있기 때문에 이 괴물곰팡이의 전체를 실제로 본 사람은 아무도 없다. 눈으로 보이는 갈색의 버섯은 거대한 몸이 간혹 땅 위로 만들어내는 작은 구조의 일부에 불과하다. 그러나, 지표면 바로 아래에는 긴 실 모양의 구조를 흙 속으로 만들어, *Armillaria*가 의지하며 살아갈 수 있는 나무뿌리를 만날 때까지 넓게 퍼져 자란다.

그러면, 과학자들은 어떻게 오레곤 곰팡이가 여러 개체들이 뭉쳐진 구조가 아닌 단일 생명체임을 확신할 수 있을까? 가장 강력한 증거는 유전학적 증거이다. 과학자들은 단일개체가 차지하는 지역이라고 추정되는 여러 장소에서 조직시료를 수집하고, 그 시료에서 DNA를 추출하여 비교하였다. 그 결과가 유전학적으로 모두 동일하였으므로 모든 시료가 동일한 개체에서 유래하였다고 결론지었다.

곰팡이들은 우리의 눈을 벗어나는 곳에서 생활하고 있으나, 이들은 사람들의 생활에 매우 흥미로운 역할을 하고 있다. 어떻게 곰팡이들이 우리와 다른 생명체에 영향을 미치는 것일까? 이들은 어떻게, 어디에 살며, 자라고, 번식할까?

## 주요내용

**23.1** 곰팡이의 주요 특징은?
**23.2** 곰팡이의 주요 그룹은?
**23.3** 곰팡이는 어떻게 다른 종들과 상호작용하는가?
**23.4** 곰팡이는 사람들에게 어떻게 영향을 주는가?

## 23.1 곰팡이의 주요 특징은?

곰팡이를 생각하면 여러분은 아마도 버섯 사진을 떠올릴 것이다. 그러나 대부분의 곰팡이는 버섯을 만들지 않는다. 버섯을 만드는 곰팡이들도, 버섯은 일시적으로 만들어지는 생식구조에 불과하다. 곰팡이의 본체는 대부분 흙 속이나 썩은 나뭇조각 속에 감춰져 있다. 따라서 곰팡이를 잘 알기 위해서는 숲 속 바닥이나, 잔디밭 가장자리, 피자 조각 위에서 만나게 되는 눈에 잘 띄지 않는 구조들을 잘 살펴 보아야 한다. 곰팡이들을 자세히 관찰하면 이들은 생명체들 사이에서 핵심적인 역할을 수행하며, 동물, 식물과는 다른 매우 흥미로운 생활 형태를 가진, 대부분 다세포로 이루어진 진핵(eukaryotic) 생명체임을 알게 된다.

### 곰팡이의 몸은 가느다란 실로 이루어져 있다

곰팡이 몸의 거의 대부분은 세포 하나 두께의 얇은 **균사(hyphae**, 단수형: hypha; **그림 23-1b, c**)들이 얽혀서 만들어진 **균사체** (**mycelium**, 복수형: mycelia; **그림 23-1a**)로 이루어져 있다. 곰팡이들 중에는 하나의 긴 세포에 많은 수의 세포핵이 포함된 균사를 가진 종이 있는가 하면, 다른 종에서는 균사를 이루는 세포들이 **격벽(septum**, 복수형: septa)을 통하여 하나 이상의 핵을 가진 세포들로 구분되는 다세포 균사를 가지고 있다. 격벽에는 구멍(역자주:격벽공)이 있어서 세포질이 서로 연결되어 있으며, 이를 통하여 영양분을 이동시킨다. 곰팡이는 식물과 마찬가지로 세포벽(cell wall)을 가지고 있다. 하지만 식물과는 달리 곰팡이 세포벽은 곤충이나 게 등의 외골격(exoskeleton)에서 발견되는 키틴(*chitin*)을 이용하여 강한 구조가 유지된다.

대부분의 곰팡이는 운동성이 없다. 대신에 이들은 적당한 환경이 되면 균사가 모든 방향으로 빠르게 자라면서 움직일 수 없는 단점을 보완한다. 이러한 방식으로 곰팡이 균사체는 빵, 치즈, 죽은 목재 껍질아래,토양 등의 환경에서 빠르게 퍼져나간다. 주기적으로 균사는 표면 위 방향으로 생식(번식, reproduction)을 위한 구조로 분화한다. 버섯(mushroom), 알버섯(puffball), 부패한 식품 위의 흰가루 곰팡이(powdery mold) 등이, 곰팡이들이 만드는 구조의 일부에 불과하지만 육안으로 쉽게 볼 수 있는 구조들이다.

### 곰팡이는 다른 생명체에서 영양분을 얻는다

동물과 마찬가지로 곰팡이들은 다른 생명체들의 배설물이나 이들이 저장하고 있는 영양분을 분해하여 생존한다. 어떤 곰팡이

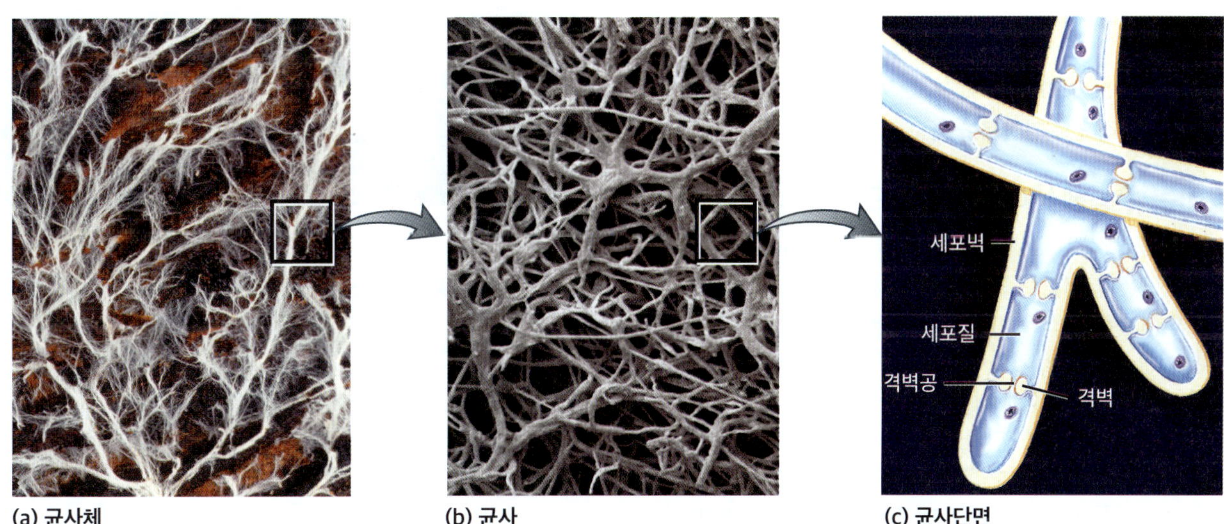


▲ **그림 23-1 곰팡이의 가는 실 모양의 몸통** (a) 곰팡이 균사체는 죽어가는 초목 위로 뻗어나간다. 균사체는 현미경으로만 보이는 균사들(b)이 얽혀서 만들어지며, 내부구조를 보여주는 단면(c)에 나타난 것처럼 세포 하나 두께를 가지고 있다.

**비판적 사고** 곰팡이 몸통에서 어떤 면이 영양분의 흡수와 관련하여 적응한 특징인가?

▲ **그림 23-2 선충의 천적** 선충 교살자라고도 불리는 *Arthrobotrys* 곰팡이는 올가미 모양으로 변형한 균사로 사냥감을 포획한다. 선충이 올가미 안으로 들어오면, 이를 신호로 올가미 세포들은 물을 유입시켜 팽창한다. 즉시 올가미는 수축하고 벌레를 가둔다. 곰팡이 균사는 사냥감에 파고 들어 포식한다.

들은 죽은 생명체를 분해하여 영양분을 얻고, 다른 곰팡이들은 살아있는 생명체에 기생하며 이들을 통하여 먹이를 얻으며 때로는 병을 일으키기도 한다. 또 어떤 곰팡이는 상호 이익을 주는 공생관계를 통하여 다른 생명체로부터 영양분을 얻는다. 곰팡이들 중에는 심지어 토양 속에 존재하는 작은 선충(nematode)를 잡아먹는 곰팡이들도 있다(**그림 23-2**).

대부분의 동물과는 달리 곰팡이들은 먹이를 삼키지 않는다. 대신, 이들은 복잡한 거대 분자들을 분해하는 효소를 외부로 분비하여, 큰 분자를 흡수할 수 있는 작은 단위로 쪼갠다. 곰팡이 균사는 영양원에 깊게 침투할 수 있다. 또한 균사가 세포 하나 크기의 두께를 가지고 있기 때문에, 균사를 이루는 모든 세포는 주변 환경에서 직접적으로 영양분을 흡수할 수 있다.

## 곰팡이는 무성생식과 유성생식으로 번식할 수 있다

곰팡이는 새로운 개체로 발생할 수 있는 반수체(haploid)의 **포자(spore)**를 만든다. 곰팡이 포자는 크기가 매우 작고, 일부 예외를 제외하면 대부분 스스로 이동할 수는 없지만 매우 이동성이 뛰어나다. 이들은 동물의 외피에 묻어서, 동물에게 먹힌 후 소화관에 남아서, 혹은 공기 중에 떠다니다가 우연히 환경으로 방출되거나, 정밀한 생식구조를 만들어 공기 중으로 발사되는 방식으로 넓고 먼 거리로 확산된다(**그림 23-3**). 포자들은 종종 한번에 엄청난 수가 만들어지는데, 예로 댕구알버섯(giant puffball) 하나가 5조 개의 포자를 만든다.

일반적으로, 곰팡이는 무성생식(asexual reproduction)과 유성생식(sexual reproduction) 모두가 가능하다(**그림 23-4**). 안정적인 조건에서 곰팡이들은 대부분 무성생식을 통하여 번식하지만, 환경이 변하거나 환경스트레스가 강해지면 유성생식으로 번식한다.

**(a) 방귀버섯**

**(b) 필로볼루스 곰팡이**

▲ **그림 23-3 몇몇 곰팡이는 포자를 발사할 수 있다** **(a)** 성숙한 방귀버섯(earthstar mushroom)은 빗방울을 맞으면 공기 기류를 타고 비산하는 포자 구름을 방출한다. **(b)** 말똥 속에 서식하는 필로볼루스(*Pilobolus*) 곰팡이의 섬세하고 투명한 생식구조는 끝에 달린 포자를 실은 검은색 뚜껑을 3피트(약 90센티미터)까지 쏘아 날린다. 포자들은 풀에 붙어서 말 같은 초식동물에 먹힐 때까지 남아 있는다. 이후, 말은 아무 해를 입지 않고 소화관을 통과한 필로볼루스 포자들을 함유한 똥을, 아마도 약간 떨어진 지역에 싼다.

### 무성생식은 유사분열을 통하여 반수체 포자를 만든다

곰팡이의 균사체와 포자는 반수체이다. 반수체의 균사체는 유사분열(혹은 체세포분열 mitosis) 과정으로 반수체의 무성생식 포자(asexual spore)를 만든다. 무성생식 포자가 좋은 환경에 놓이

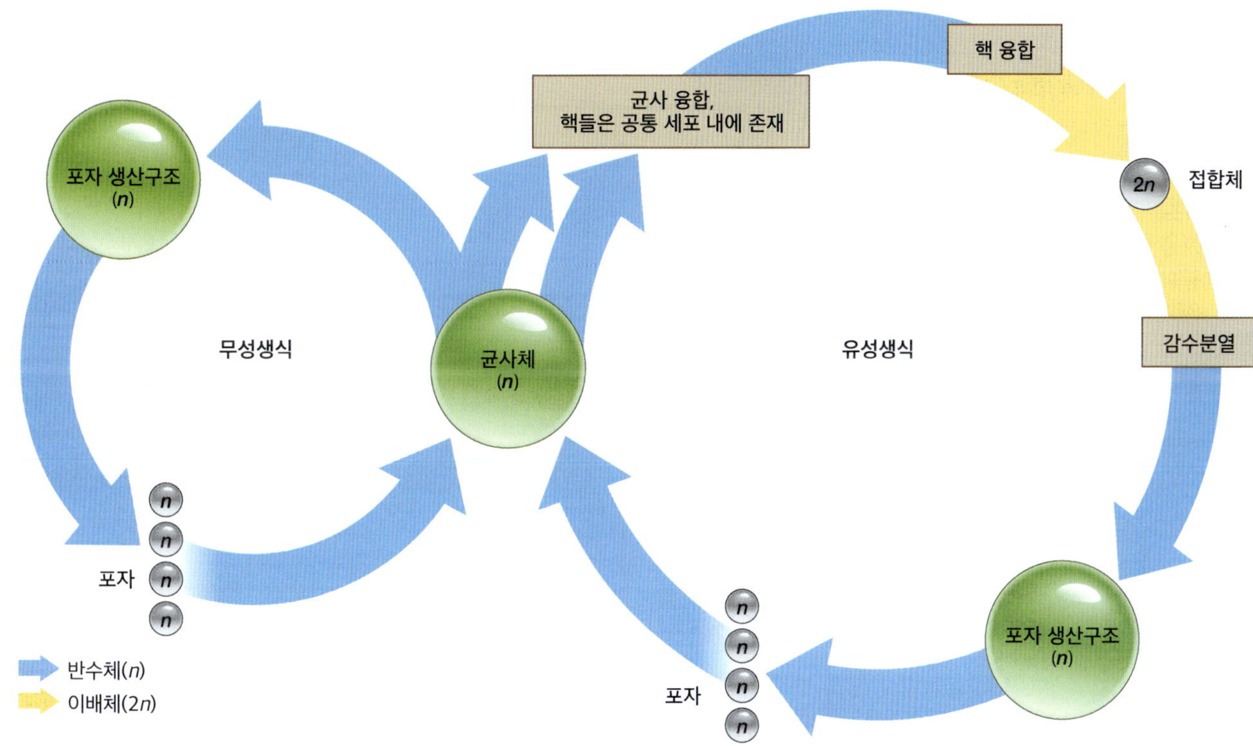


▲ 그림 23-4 **곰팡이의 일반적인 생활주기** 무성생식에서는 균사체 내 반수체 균사가 유사분열을 통한 반수체 포자를 만드는 구조를 생성한다. 유성생식에서는 화합성의 교배형이 서로 다른 반수체 균사들이 융합하여 부모로부터 받은 양쪽 핵을 다 가진 세포가 만들어진다. 이후 핵들은 융합하여 이배체의 접합체를 만들고 감수분열을 거쳐 반수체 포자를 만든다.

면, 유사분열을 시작하고 새로운 균사체로 성장한다. 이러한 단순한 생식사이클(reproductive cycle)을 통하여 곰팡이는 본래의 균사체와 유전적으로 동일한 클론을 매우 빠르게 만들 수 있다.

### 유성생식은 감수분열을 통하여 반수체 포자를 만든다

곰팡이 생활주기(life cycle)에서, 유성생식 과정 중 이배체(diploid)구조는 아주 짧은 기간에만 나타난다. 유성생식은 균사체로부터 나온 균사가 화합성 교배형(compatible mating type)을 가진 다른 균사체로부터 나온 균사와 만나면서 시작된다. (곰팡이의 교배형은 종종 두 가지 이상이 나타난다는 점을 제외하면, 동물의 성별과 같다.) 적절한 조건이 되면, 두 균사는 융합하고 각 균사에서 유래한 두 개의 핵이 하나의 세포에 공존하게 된다. 균사의 융합은 교배형이 다른 반수체 핵들의 융합으로 이어져, 결과적으로 이배체 접합자(diploid zygote)를 형성한다. 이배체 접합자는 감수분열(생식세포분열 meiosis)를 거치며 반수체의 유성생식 포자(sexual spore)를 형성한다. 이렇게 만들어진 유성생식 포자는 주변으로 확산된 후, 발아(germination)와 유사분열 과정을 통하여 반수체 균사체가 된다. 동일한 클론으로 구성된 자손들을 만드는 무성생식 포자와는 달리, 유성생식 포자는 부모와 다른 유전학적 특징을 가진 곰팡이 자손을 만든다.

**CHECK YOUR LEARNING**

- 곰팡이의 구조를 설명할 수 있는가?
- 어떻게 곰팡이가 에너지와 영양분을 얻는지, 어떻게 번식하는지 설명할 수 있는가?

## 23.2 곰팡이의 주요 그룹은?

지금까지 거의 140,000종의 곰팡이가 보고되었지만, 이 숫자는 곰팡이의 실제 다양성의 일부만 반영하고 있다. 많은 새로운 종이 해마다 발견되어 보고되고 있어서, 균학자들(mycologists, 곰팡이를 연구하는 과학자들)은 아직 발견되지 않은 곰팡이 수가 적어도 150만 종은 될 것으로 예상하고 있다. 곰팡이는 여섯 개의 주요 분류학적 그룹(계통군, taxonomic group)으로 분류된다: 병꼴균문(혹은 호상균문, Chytridiomycota, 병꼴균류 chytrids), 네오칼리마스트릭스균문(Neocallimastigomycota, 반추위곰팡이류 rumen fungi), 블라스토클라디아균문(혹은 후벽낭균문, Blastocladiomycota, 블라스토클라디아균류 blastoclades), 글로메로균문(혹은 취균문, 수지상균근균문 Glomeromycota, 글로메로균류 glomeromycetes), 담자균문(Basidiomycota, 담자균류 basidiomycetes), 자낭균문(Ascomycota, 자낭균류 ascomycetes). 그러나

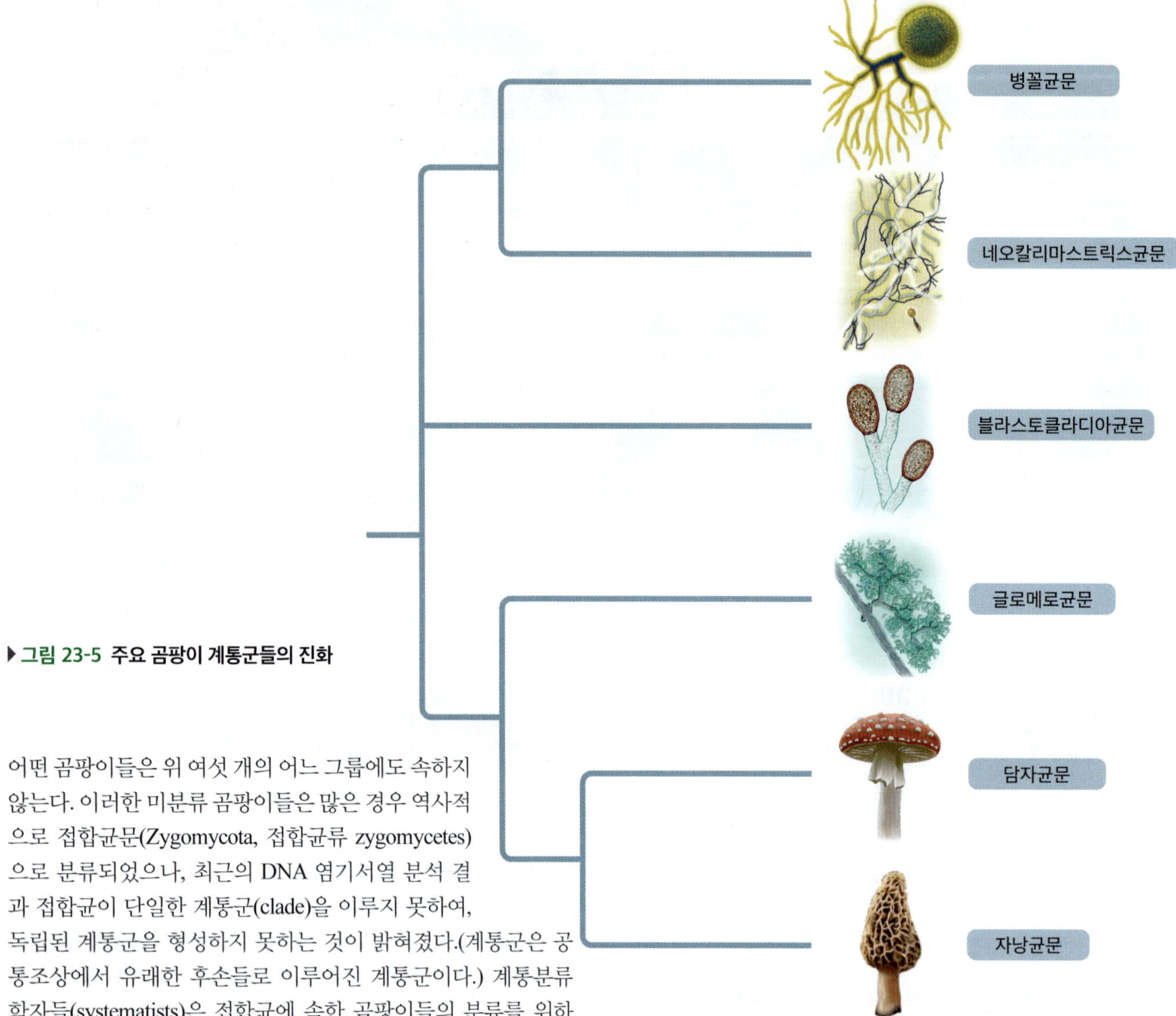


▶ **그림 23-5 주요 곰팡이 계통군들의 진화**

어떤 곰팡이들은 위 여섯 개의 어느 그룹에도 속하지 않는다. 이러한 미분류 곰팡이들은 많은 경우 역사적으로 접합균문(Zygomycota, 접합균류 zygomycetes)으로 분류되었으나, 최근의 DNA 염기서열 분석 결과 접합균이 단일한 계통군(clade)을 이루지 못하여, 독립된 계통군을 형성하지 못하는 것이 밝혀졌다.(계통군은 공통조상에서 유래한 후손들로 이루어진 계통군이다.) 계통분류학자들(systematists)은 접합균에 속한 곰팡이들의 분류를 위하여 이들의 진화 역사에 대한 연구데이타를 모으고 있다.

대대적인 DNA 추출과 염기서열 연구 결과, 비록 DNA 서열로만 그 존재를 알 수 있지만, 흙이나 물 속에는 다양한 새로운 곰팡이들이 존재함을 알게 되었다. 이들 중 많은 종이 기존의 어떤 계통군과도 연관성이 없기 때문에, 아마도 하나 이상의 새로운 계통군을 만들 수 있을 것으로 생각된다. 기존에 알려지지 않은 곰팡이들에 대한 다양성 연구는 앞으로도 상당 기간 균학자들을 바쁘게 할 것이다. **그림 23-5**와 **표 23-1**에는 주요 곰팡이 계통군의 계통발생학(phylogeny)적 분석과 주요 특징이 요약되어 있다.

## 병꼴균류, 반추위곰팡이류, 블라스토클라디아균류는 유주포자를 만든다

병꼴균류, 반추위곰팡이류, 블라스토클라디아균류 등 세 개의 계통군에 속하는 곰팡이들은 물을 통하여 확산되는 유주포자(유영포자, swimming spores)를 만드는 것이 특징이다. 이 그룹들에 속하는 많은 곰팡이들이 물속에서 생활하며, 육상에서 사는 경우에도 번식을 위하여 물(수막)을 요구하는 경우도 있다. 포자는 하나 이상의 편모(flagella)를 이용하여 물속에서 스스로 움직인다.

### 병꼴균류는 대부분 물속에서 산다

대부분의 **병꼴균류(chytrids)**들은 담수에서 생활하며, 일부가 바다에 산다. 병꼴균류 곰팡이 포자는 포자의 말단에 하나의 편모(flagellum)을 가지고 있다. 화석 증거로 발견된 가장 오래된 곰팡이가 6억년 이전의 바위에서 발견된 병꼴균류 곰팡이이다. 따라서, 곰팡이의 조상은 오늘날 담수나 바닷물에서 생활하는 병꼴균류 곰팡이와 유사할 것으로 예상되며, 곰팡이가 육지에 올라오기 이전에는 물 환경에서 생활했을 것으로 추정된다.

대부분의 병꼴균류 곰팡이 종들은 죽은 수생식물이나 물속에 있는 유기물 조각들을 먹이로 삼고 있으나, 일부는 식물이나 동물에 기생하기도 한다. 기생 병꼴균류 곰팡이들은 현재 벌어지

**표 23-1 곰팡이의 주요 분류그룹**

| 일반명(라틴명) | 생식구조 | 세포의 특성 | 경제적,보건적 효과 | 대표적인 속(genus) |
|---|---|---|---|---|
| **병꼴균류**<br>(병꼴균문) | 반수체나 이배체의 편모를 가진 포자 형성 | 격벽 없음 | 개구리 개체수 감소 | *Batrachochytrium*<br>(개구리 병원균) |
| **반취위곰팡이류**<br>(네오칼리마스트릭스균문) | 반수체나 이배체의 편모를 가진 포자 형성 | 격벽 없음 | 초식동물이 식물에 의존해서 살 수 있게 도와줌. | *Neocallimastix*<br>(초식동물의 소화관에 산다) |
| **블라스토클라디아균류**<br>(블라스토클라디아균문) | 반수체나 이배체의 편모를 가진 포자 형성 | 격벽 없음 | 옥수수의 갈반병(brownspot)과 알팔파의 crownwart병을 일으킴 | *Allomyces*(수중 분해자) |
| **글로메로균류**<br>(글로메로균문) | 반수체 무성생식 포자 형성. 종종 무리로 나타남. | 격벽 없음 | 균근 형성(식물뿌리와 상리공생) | *Glomus*<br>(널리 퍼져있는 균근 파트너) |
| **담자균류**<br>(담자균문) | 유성생식으로 곤봉 모양 담자기 끝에 담자포자 형성 | 격벽 있음 | 작물의 깜부기병, 녹병 유발. 버섯 포함 | *Amanita*(독버섯);<br>*Polyporus*(선반버섯) |
| **자낭균류**<br>(자낭균문) | 자루 모양의 자낭에 반수체 유성생식 자낭포자 형성 | 격벽 있음 | 과일 썩음, 직물 손상; 느릅나무시들음병,밤나무줄기마름병; 효모와 곰보버섯 포함 | *Saccharomyces*(효모);<br>*Ophiostoma*<br>(느릅나무시들음병 유발) |
| **"접합균류"**<br>(정식으로 인정받지 못하는 계통군) | 이배체 유성생식 접합포자 형성 | 격벽 없음 | 과일연부병과 검은 빵곰팡이 | *Rhizopus*(검은 빵곰팡이);<br>*Pilobolus*(똥곰팡이) |

고 있는 개구리류, 도마뱀류의 소멸의 원인이 되어, 양서류 중 다수의 종들의 생존을 위협하고 있으며, 몇몇 종들은 이미 멸종되었다(개구리종의 감소는 25장, "Earth Watch: 위기에 처한 개구리"에 설명되어 있다).

### 반추위곰팡이류는 동물의 소화관에 산다

**반추위곰팡이(rumen fungi)**는 혐기성(anaerobic, 산소를 요구하지 않음)이며, 주로 소, 양, 캥거루, 코끼리, 이구아나와 같은 초식성 동물의 소화관 내에 존재한다. 이런 동물들은 식물의 주성분인 셀룰로오스를 스스로 분해할 수 없기 때문에, 장 내에 사는 공생체(symbiotic organisms)에 의존한다. 반추위곰팡이들이 그러한 공생생명체들 중의 한 가지로, 셀룰로오스를 분해하는 효소들을 생산하여, 그 분해산물을 숙주인 동물과 그들 자신의 영양분으로 사용한다. 반추위곰팡이의 포자들은 대부분 여러 개의 편모를 가지고 있으며, 포자의 말단에서 다발을 형성할 수도 있다.

### 블라스토클라디아균류는 핵뚜껑을 가진다

**블라스토클라디아균류(blastoclades)**들은 포자의 핵 근처에 핵뚜껑(*nuclear cap*)을 가지는 특징으로 다른 곰팡이와 구분된다(**그림 23-6**). 핵뚜껑은 라이보솜(ribosome)으로 이루어져 있다. 블라스토클라디아균류들은 담수나 흙속에 살며, 어떤 종은 식물이나, 물벼룩, 모기 유충 같은 수생 무척추동물에 기생한다. 이들의 포자는 하나의 편모를 가지고 있다.

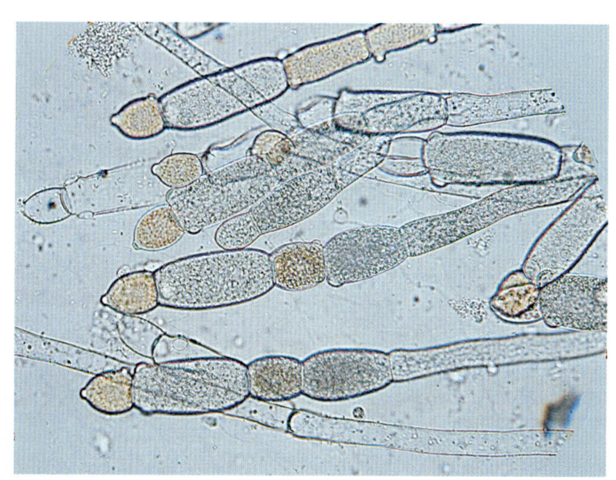

▲ **그림 23-6 블라스토클라디아균류의 균사들** 블라스토클라디아 *Allomyces* 균사들이 유성생식 과정의 한 가운데에 있다. 많은 균사들 위에 오렌지색으로 보이는 구조는 수컷 배우자를 방출하며, 투명하게 부푼 구조는 암컷 배우자를 방출한다. 블라스토클라디아균류의 배우자들은 편모를 가지고 있으며, 이러한 유영하는 생식구조들은 대부분 물속에서 사는 그룹인 이들의 확산을 돕는다.

## 글로메로균류는 식물 뿌리와 어울려 산다

거의 대부분의 **글로메로균류(glomeromycetes)**들은 식물의 뿌리와 밀접한 접촉을 통하여 살아가고 있다. 실제로 글로메로균류의 균사는 식물의 뿌리세포에 침투하여 세포 내에서 현미경으로 관찰 가능한 가지 모양의 구조를 만든다(**그림 23-7**). 이러한 곰팡이의 침투는 식물에게 아무런 해를 주지 않는 것으로 보인다. 오히려, 글로메로균류는 자신이 깃들어 사는 식물에 이익을 준다. 이렇게 상호 이익을 주는 곰팡이-식물뿌리 간 공생연합을 균근(*mycorrhiza*)이라 부르며, 이 장에 자세히 소개되어 있다.

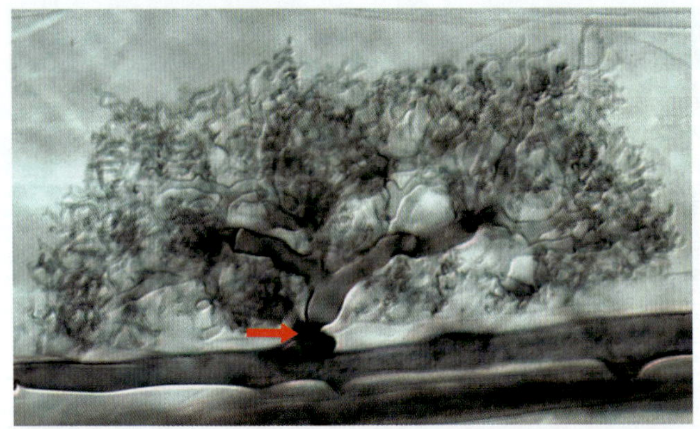

▲ **그림 23-7 식물세포 내에 존재하는 글로메로균들** 글로메로균의 균사들은 식물세포를 뚫고 들어가 상호 이익이 되는 연합체를 형성한다. 이 그림에서 "줄기"균사(빨간색 화살표)는 아래쪽의 큰 균사에서 가지를 쳐서 식물 뿌리세포 안에 다수의 작은 "미세가지" 균사로 분열한다.

글로메로균류의 번식은 아직 잘 연구되지 않았으며, 특히 유성생식 과정이 아직 관찰되지 않고 있다. 무성생식 과정 중, 포자의 덩어리들이 유사분열 과정을 통하여 생산된다. 포자들은 식물세포의 바깥쪽에 남아있는 균사의 끝에 형성된다. 포자가 발아하면 균사는 주변 토양 속으로 자라지만, 새롭게 탄생한 곰팡이는 발아한 균사가 식물뿌리를 만나야만 살 수 있다.

## 담자균은 곤봉 모양의 생식세포들을 만든다

**담자균류(blasidiomycetes)**는 전형적으로 유성생식을 통하여 번식한다(그림 23-8). 교배형이 다른 균사들("+"와 " − "로 표시)이 ❶ 융합하여 각 부모로부터 받은 두 개의 핵을 가진 균사들을 형성한다❷. 이 균사들은 기질 내부(토양, 나무 속 등)에서 균사체로 성장하다가, 적당한 환경 조건에 대응하여 고밀도의 균사 덩어리로 구성된 자실체(fruiting body)를 기질 밖으로 만든다❸. 자실체를 구성하는 일부 균사들은 곤봉 모양(club-shaped)의 생식세포로서 두 개의 반수체 핵을 가진 **담자기(basidia**, 단수형 basidium)를 만든다❹. 각 담자기에서는 두 핵이 융합하여 하나의 이핵체 세포를 만든다❺. 이핵체 세포핵은 감수분열을 통하여 4개의 반수체 포자인 담자포자들(basidiospores)을 만든다❻. 담자포자들이 땅에 떨어지면, 발아하여 반수체 균사를 만든다❼.

담자균의 자실체는 버섯(mushroom)이나, 알 모양의 알버섯(puffball), 나무에 선반처럼 층층이 자라는 선반버섯(shelf

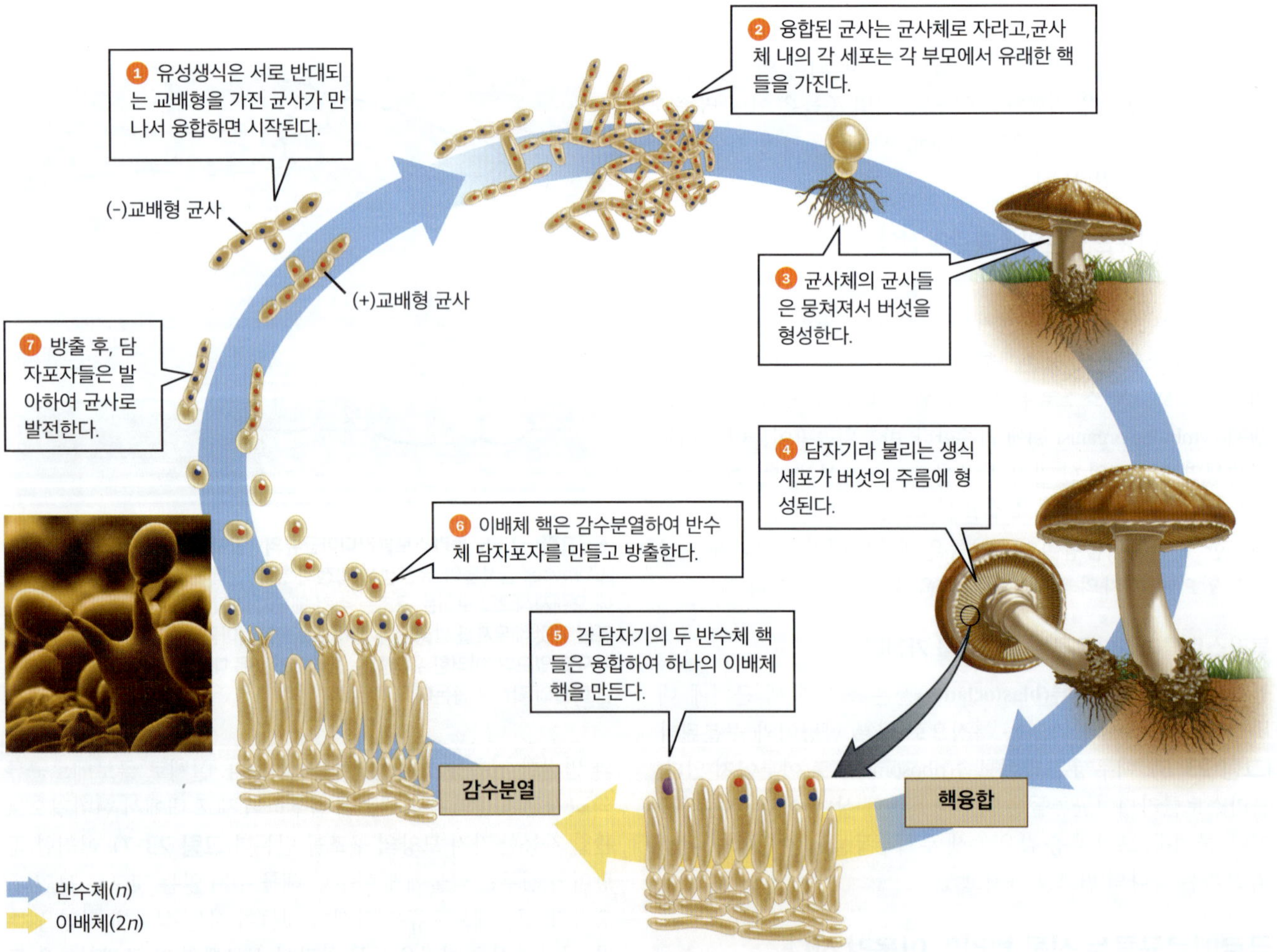

❶ 유성생식은 서로 반대되는 교배형을 가진 균사가 만나서 융합하면 시작된다.
(-)교배형 균사
(+)교배형 균사
❷ 융합된 균사는 균사체로 자라고,균사체 내의 각 세포는 각 부모에서 유래한 핵들을 가진다.
❸ 균사체의 균사들은 뭉쳐져서 버섯을 형성한다.
❹ 담자기라 불리는 생식세포가 버섯의 주름에 형성된다.
핵융합
❺ 각 담자기의 두 반수체 핵들은 융합하여 하나의 이배체 핵을 만든다.
감수분열
❻ 이배체 핵은 감수분열하여 반수체 담자포자를 만들고 방출한다.
❼ 방출 후, 담자포자들은 발아하여 균사로 발전한다.
반수체($n$)
이배체($2n$)

▲ **그림 23-8 일반적인 담자균류의 생활주기** 사진은 담자기 위에 붙어있는 2개의 담자포자를 보여준다.

(a) 알버섯

(b) 선반버섯

(c) 말뚝버섯

▲ **그림 23-9 담자균류의 다양성** (a) 거대 알버섯(Lycoperdon giganteum)은 5조 개 정도의 포자를 만든다. (b) 선반버섯은, 어떤 것은 디저트 접시 정도 크기, 나무에서 눈에 잘 띄게 자란다. (c) 말뚝버섯(stinkhorn, 망태버섯이라고도 함, 역자주)의 포자들은 파리들은 좋아하지만 사람에게는 지독한 악취가 나는 점액질의 갓 바깥쪽에 실려 있다. 파리들은 말뚝버섯 위에 알을 낳고, 이 과정에서 버섯 위의 포자들은 파리 몸통에 붙어서 확산된다.

fungus, 역자주: 주로 구멍장이버섯들), 끈끈한 점액질에 악취를 내는 말뚝버섯(stinkhorn) 등의 모습으로 우리에게 친숙하다(**그림 23-9**). 많은 담자균에서 담자기들은 버섯 아래쪽이 있는 잎 모양의 주름(gill)에 만들어 진다. 알버섯에서는 담자기가 자실체 내부에 들어있다. 담자포자는 버섯의 주름이나 알버섯 상부의 열린 부분에서 수십억 개 이상 방출되며, 바람이나 물을 통하여 자연으로 확산된다. 많은 경우 포자들은 균사로 성장하며, 균사는 포자의 바깥 방향으로 원형의 모양으로 자라나간다. 이때 중앙의 늙은 균사는 죽는다. 땅속의 균사체들은 주기적으로 지상에 균환(fairy ring, 요정의 고리)이라 불리는 원 모양의 버섯군을 만들어 올린다(**그림 23-10**).

## 자낭균은 주머니모양의 통에서 포자를 만든다

**자낭균류(ascomycetes)** 혹은 **주머니곰팡이(sac fungi)**들은 무성생식과 유성생식으로 번식한다(**그림 23-11**). 무성생식에서 포자는 특화된 균사의 말단에서 만들어져 확산되고, 다시 새로운 균사로 발생한다❶. 유성생식에서는 교배형이 다른 균사(+ 와 –)가 접촉한 후 좀더 복잡한 과정을 통하여 포자를 만든다❷. 생식구조에서 나온 두 균사는 연결다리(connecting bridge)를 통하여 연결된다. 반수체 핵들이 (–)생식구조에서 연결다리를 통하여 (+)생식구조로 이동하여, (+)생식구조는 양쪽 부모에서 유래한 여러 개의 핵을 가지게 된다❸. (+)생식구조는 모든 핵들을 가지고, 자실체를 구성하는 균사로 성장한다❹. 이러한 일부 균사의 끝에는 **자낭(ascus**, 복수형: asci)이라 불리는 주머니 모양의 구조가 만들어 진다❺. 이 단계에서 각 자낭은 두 개의 반수체 핵을 가진다. 이 핵들은 융합하여 하나의 이배체 핵을 만들고❻, 곧 감수분열하여 4개의 반수체 핵을 만든다❼. 이 4개의 반수체 핵들은 유사분열하여 자낭포자(*ascospore*)라 불리는 8개의 반수체 포자

**CASE STUDY** **CONTINUED**

### 거대한 곰팡이

뽕나무버섯과 같은 담자균의 지하에 존재하는 몸은 비교적 일정한 속도로 자라기 때문에 균사체의 나이는 지상에서 만들어진 자실체가 확산되는 면적을 측정하여 추측할 수 있다. 이러한 방법으로 측정한 결과, 담자균은 수백 년을 살 수 있는 것으로 보인다. 어떤 것들은 이보다 훨씬 더 오래 산다. 예를 들면, 오레곤주의 거대한 뽕나무버섯을 발견했던 과학자들은 이 곰팡이가 지금의 크기에 도달하기까지는 적어도 2,400년이 걸렸을 것으로 추측한다. 다른 곰팡이그룹의 생활 방식과 서식처도 담자균과 같이 크고 오래 살 수 있게 허락할까?

▲ **그림 23-10 버섯 요정의 고리** 포자 하나가 아마도 수세기 전 떨어져 발아한 후, 지하의 곰팡이 균사체가 중심부에서 바깥쪽으로 자라나가다 균환 형태로 버섯을 만들어 올린다.

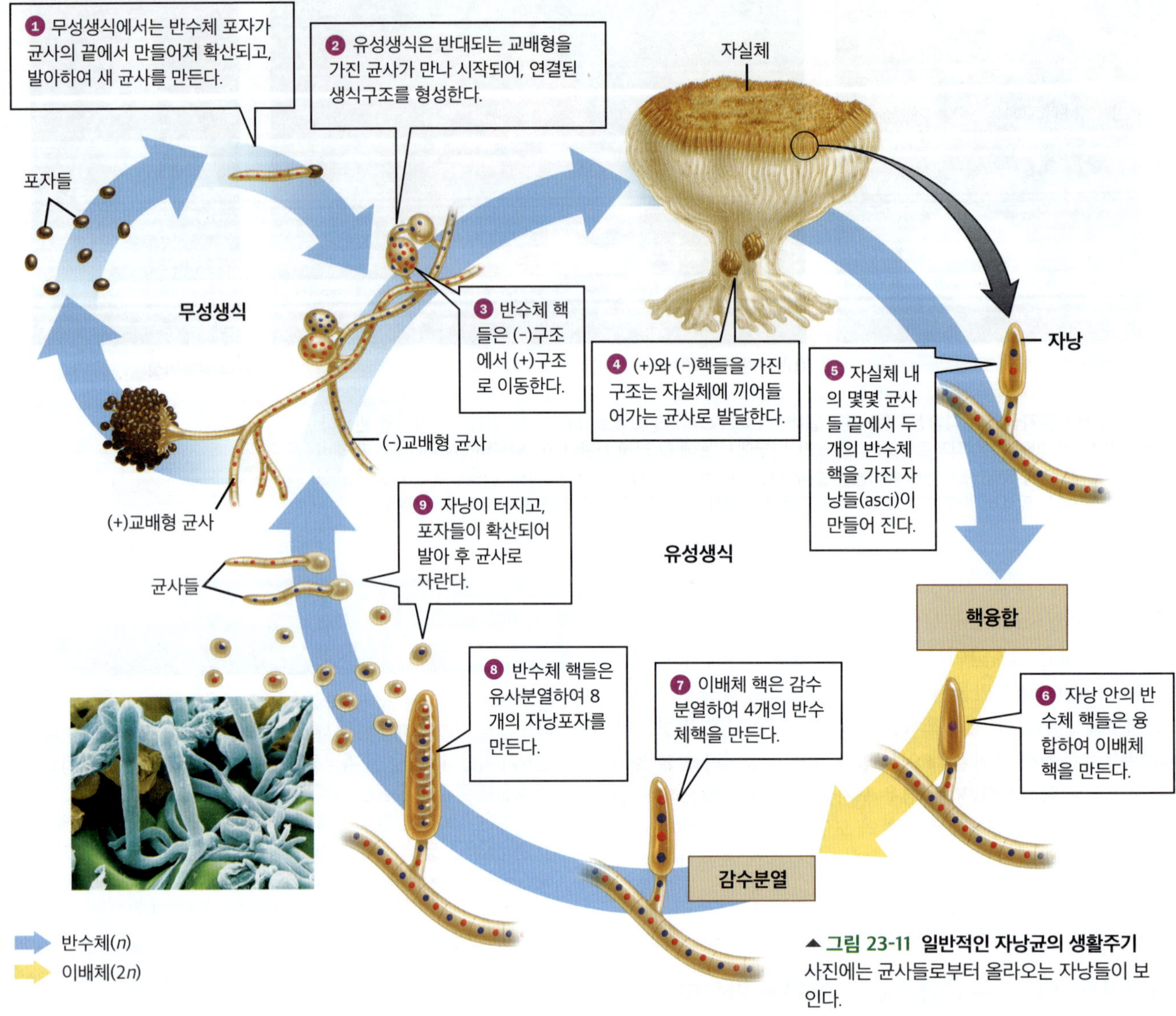


▲ **그림 23-11 일반적인 자낭균의 생활주기** 사진에는 균사들로부터 올라오는 자낭들이 보인다.

로 발전한다❽. 결국, 자낭이 터지면서 자낭포자들이 방출된다. 만약 포자들이 적절한 장소에 착륙하면, 이들은 발아하여 균사로 자라게 될 것이다❾.

어떤 자낭균들은 썩어가는 숲속 초목들 속에서 살면서 아름다운 컵 모양의 생식구조들이나(**그림 23-12a**), 주름진 버섯모양의 자실체인 곰보버섯(*morel*)을 만든다(**그림 23-12b**). 또, 자낭균류는 첫 번째 항생제인 페니실린(penicillin)을 만드는 종과, 저장식품을 공격하거나 과일과 곡물 및 다른 식물들을 파괴하는 다채로운 색을 가진 다양한 곰팡이들을 포함하고 있다. 자낭균류는 동물에게도 해로울 수 있다(예로 378쪽 "Earth Watch: 동굴 안의 킬러" 참조). 효모(yeast)로 알려진 단세포 곰팡이도 자낭균이다(효모들이 유성생식하면 그들의 각 단세포는 자낭이 된다).

## 빵곰팡이는 이배체 포자를 만들어 번식할 수 있는 곰팡이에 속한다

접합균에 속하는 것으로 알려졌던 많은 종의 곰팡이들은 토양 속이나, 썩어가는 동식물에서 산다. 이들 중에는 연한 껍질을 가진 과일의 부패나 검은빵곰팡이(black bread mold) 현상을 일으키는 아주 짜증나는 곰팡이인 Rhizopus 속(genus) 곰팡이 종들이 포함되어 있다. 빵곰팡이의 번식은 무성생식이거나 유성생식일 수가 있다(**그림 23-13**). 무성생식은 검은색의 포자 주머니인 **포자낭**(**sporangium**, 복수형: sporangia) 안에 반수체 포자들을 만들면서 시작된다❶. 이들 포자들은 공기 중으로 확산되며, 적당한 기질(빵 조각 같은)에 안착하면 발아하여 새로운 반수체 균사를 만든다.

만약 교배형이 다른 균사(+ 와 -)가 만나면, 유성생식이 이어서 이루어진다❷. 두 균사는 접합하여 부모에게서 받은 여러 개의 핵을 가진 접합포자낭(*zygosporangium*)을 만든다❸. 접합포자낭은 튼튼하고 저항성이 강하게 발전하며, 성장하기에 적절

(a) 찻잔버섯

(b) 곰보버섯

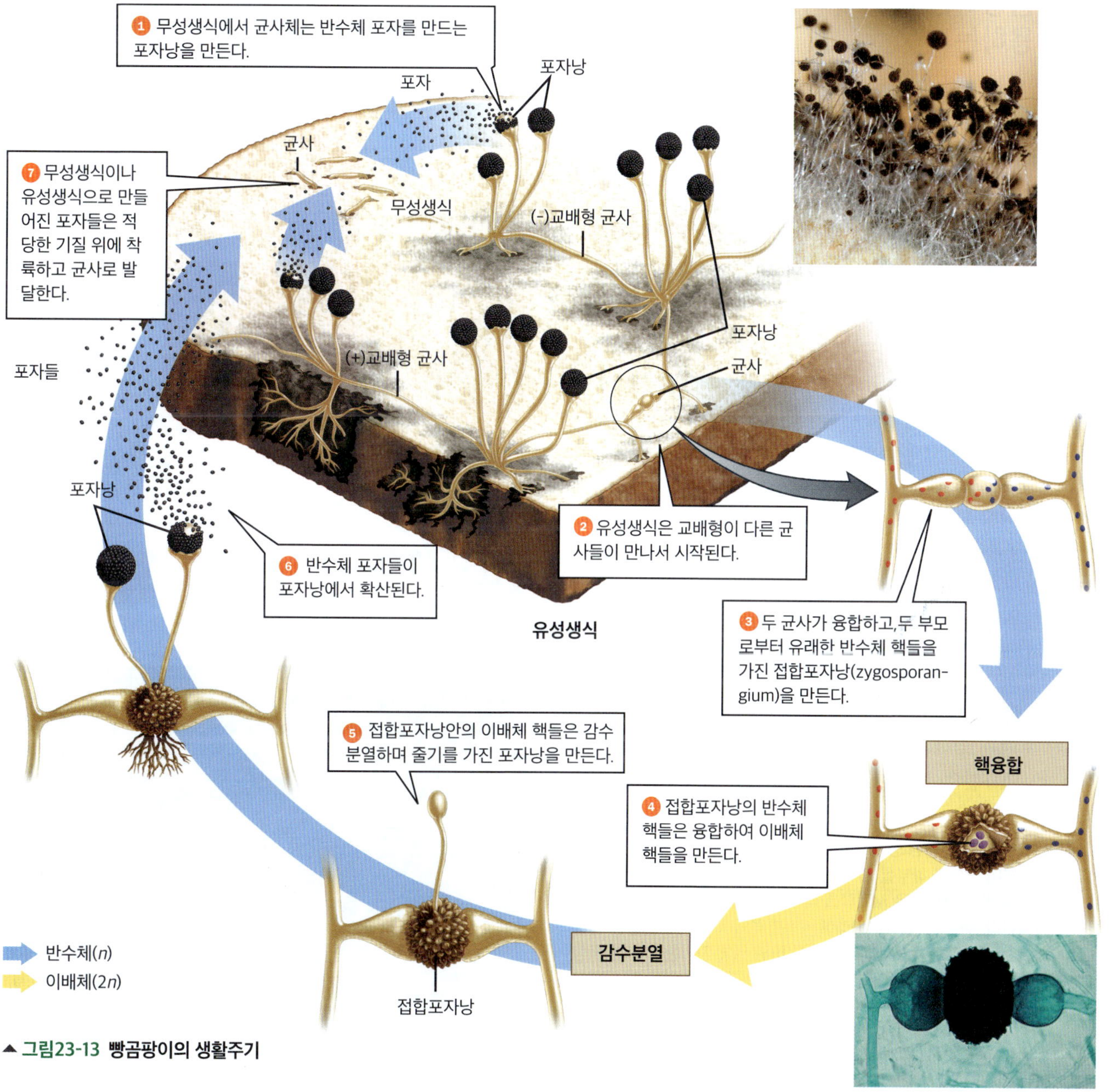

▶ **그림 23-12 다양한 자낭균들** **(a)** 주홍찻잔버섯의 찻잔 모양 자실체. **(b)** 곰보버섯, 식용 진미.(야생 곰팡이를 채취할 때는 전문가에게 문의할 것-어떤 것들은 맹독성!)



▲ **그림23-13 빵곰팡이의 생활주기**

한 환경 조건이 될 때까지 아주 긴 시간을 휴면 상태로 남아있을 수 있다. 접합포자낭 안에서는 반수체 핵들이 융합하여 이배체 핵들을 만든다❹. 조건이 적당하면 이배체 핵들은 감수분열하여 줄기가 달린 포자낭을 만든다❺. 포자낭은 확산되는 반수체 포자를 만들고❻, 이들은 발아하여 새로운 반수체 균사로 발전한다❼.

### CHECK YOUR LEARNING

- 여섯 개의 주요 곰팡이 계통군을 설명하고,어떤 곰팡이들은 왜 어느 계통군에도 소속되지 못하는지 설명할 수 있는가?
- 일반적인 담자균류, 자낭균류, 빵곰팡이류의 생활주기를 설명할 수 있는가?

## 23.3 곰팡이는 어떻게 다른 종들과 상호작용하는가?

많은 곰팡이들이 긴 시간에 걸쳐서 다른 종들과 직접적으로 접촉하며 살아가고 있다. 그러한 친밀하고 오래된 관계는 공생(*symbiotic*)관계로 알려져 있다. 공생관계에서 곰팡이는 숙주에 해를 입히는 기생성일 경우가 많다. 그러나 어떤 공생관계는 서로 이익이 된다.

### 지의류는 광합성 조류나 광합성 세균과 살아가는 곰팡이에 의하여 만들어 진다

**지의류(lichens)**는 곰팡이와 단세포 녹조류(green algae) 또는 사이아노박테리아(cyanobacteria) 간의 공생체이다(**그림 23-14a**). 지의류는 때로는 재배 기술을 배운 곰팡이로 묘사되는데, 이유는 공생체에서 곰팡이 멤버가 광합성 조류나 세균 파트너에게 거친 환경으로부터 보호와 안전한 피난처를 제공하며 "길들이기" 때문이다. 이러한 보호된 환경 내 동반자 관계의 광합성 멤버들은 햇빛을 이용하여 단순한 당(포도당 같은, 역자주)들을 만들어, 자신을 위한 양식뿐만 아니라 곰팡이가 소비하는 여분의 먹이도 만든다. 곰팡이들은 종종 광합성 산물의 대부분을 가져가기 때문에(곰팡이 종에 따라 90%까지), 많은 과학자들은 지의류의 공생관계는 일반적으로 비춰지는 것에 비하여 훨씬 더 일방적이라고 결론짓고 있다.

수천 종의 서로 다른 곰팡이들이 지의류를 형성한다(**그림 23-14b, c**). 대부분의 경우 한 종의 자낭균이나 담자균이 한 종의

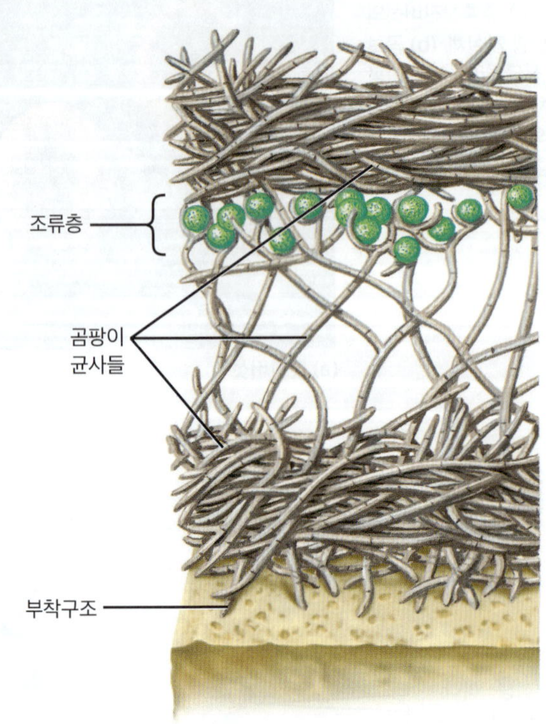

(a) 지의류의 구조

(b) 화려한 외피의 지의류

(c) 나뭇잎 모양의 지의류

▶**그림 23-14 지의류: 공생 동반자** **(a)** 대부분 지의류는 곰팡이 균사들이 외부층을 이루어 상부와 하부를 붙여 놓은 층구조를 가지고 있다. 아래층에서 자라나온 곰팡이 균사들은 지의류를 나무나 바위 표면에 고정시키는 부착물을 형성한다. 위층의 균사들 아래에는 녹조류와 곰팡이가 긴밀한 연합으로 자라는 녹조층이 존재한다. **(b)** 건조한 바위 위에 자라는 화려한 색상의 외피를 가진 지의류는 곰팡이와 조류가 만드는 공생조합의 강한 독립성을 나타내고 있다. 곰팡이 파트너가 만드는 색소들이 밝은 오렌지색을 나타낸다. **(c)** 바위 위에 자라는 잎 모양의 지의류.

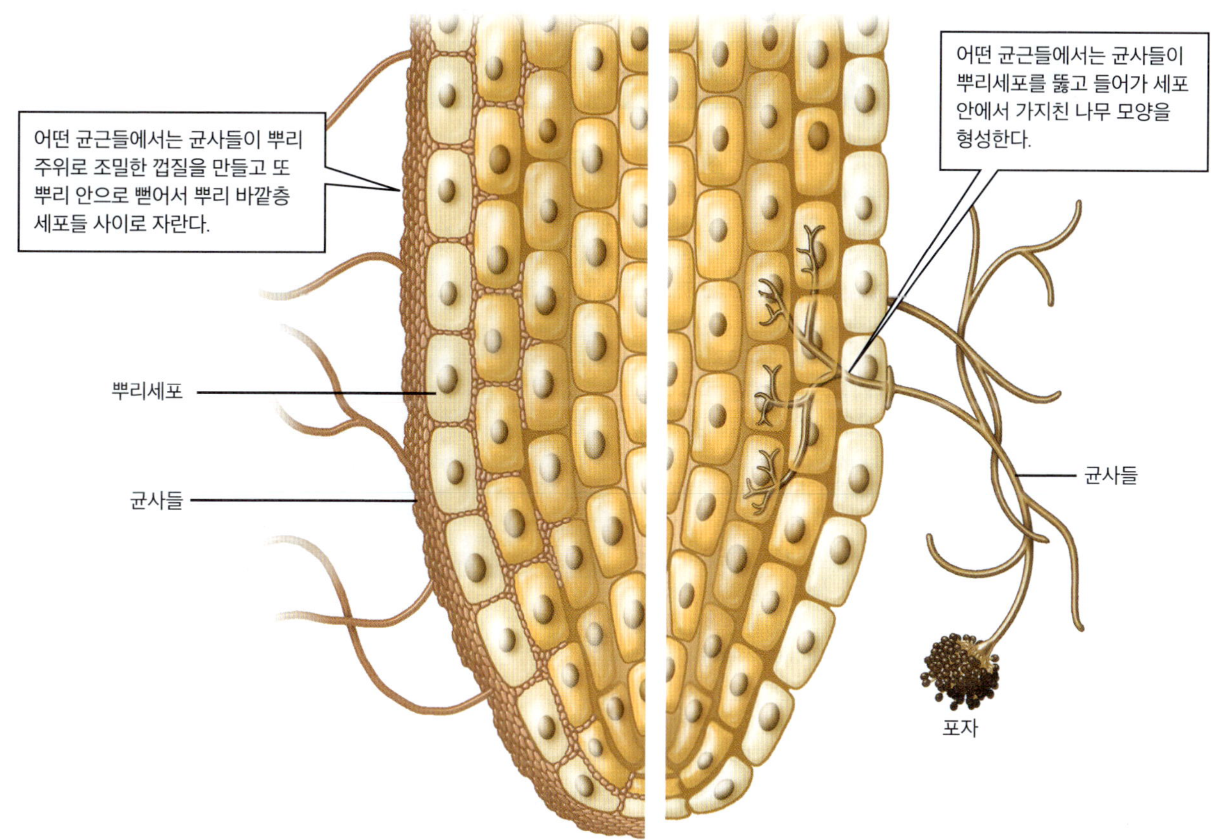


▲ **그림 23-15 균근은 식물성장을 향상시킨다** 균근은 곰팡이와 식물뿌리 간 연합체로,이 그림의 왼쪽과 오른쪽에 나타낸 것과 같이 두 가지 타입으로 나뉜다(그림 23-7 참조).

**비판적 사고** 화석 증거는 식물의 성공적인 육지 침투와 균근 간의 연관성에 대하여 중요한 연결고리를 제시하고 있다. 왜 식물의 육상 서식처 점령에 균근이 중요한 역할을 했을 것이라고 생각하는가?

조류나 세균과 결합되어 있다. 이들은 서로 매우 강하고 자족적인 단위를 형성하기 때문에, 지의류들은 새로 생긴 화산섬에서 가장 먼저 서식처를 개척하는 생명체들 중의 하나인데, 이는 많은 지의류들이 맨 바위에서도 자랄 수 있기 때문이다. 밝은 색을 가진 지의류들은 사막에서 북극에 이르는 다른 생명체가 살 수 없는 척박한 서식처에도 침입한다. 극한 환경의 지의류들은 당연하게도, 1,000년에 1-2인치(2.54-5.08센티미터) 정도로 자라는 극지방의 지의류 군락의 예와 같이 매우 느리게 자란다. 이러한 느린 성장에도 불구하고 지의류들은 아주 오랜 기간 생존할 수 있는데, 어떤 극지방의 지의류들은 나이가 4,000살 이상이나 된다.

## 균근은 식물뿌리와 곰팡이의 연합체이다

**균근(mycorrhiza**, 복수형: mycorrhizae)은 중요한 곰팡이와 식물뿌리 간의 공생 연합체이다. 5,000종 이상의 균근곰팡이들이 대부분의 나무를 포함한 관다발식물 뿌리와 긴밀한 연합체를 만들어 성장한다. 균근곰팡이의 균사들은 식물뿌리를 둘러싸고 침투한다(**그림 23-15**).

식물과 균근곰팡이 간의 연합은 곰팡이와 식물 모두에게 이익을 준다. 균근곰팡이는 식물이 광합성으로 만든 고에너지 당분자들을 뿌리를 통하여 전달받는다. 반대로, 곰팡이는 토양에서 미네랄 영양성분들을 흡수하여 일부를 식물의 뿌리세포에 직접 전달한다. 또한 균근곰팡이는 물을 흡수하여 식물에 전달함으로써 건조한 모래질 토양의 식물 생존을 유리하게 만든다.

균근과 식물의 동반자 관계는 지구상 식물들의 건강에 핵심적인 기여를 한다. 균근곰팡이가 없는 식물들은 있는 식물들에 비하여 작고 활력이 떨어지는 경향이 있다. 때문에, 균근의 존재는 지구상 식물군집의 전체 생산성을 증가시켜, 식물에 의존하는 동물과 다른 생명체에 대한 식물의 지원 능력을 높여준다.

## 내생균들은 식물의 줄기와 잎 속에 사는 곰팡이들이다

곰팡이와 식물들 간의 긴밀한 연합은 뿌리의 균근에 국한되지 않는다. 곰팡이들은 조사된 거의 모든 식물종들의 지상부 조직 내부에도 살고 있는 것이 밝혀졌다. 이들 내생균들(*endophytes*,

## Earth WATCH 동굴 안의 킬러

아메리카 밤나무(chestnut)와 느릅나무(elm)는 다른 대륙에서 수입된 곰팡이병으로 인하여 북미지역 풍경 속에서 사라졌으며, 박쥐들이 비슷한 운명으로 위협받고 있다. 유럽에서 미국으로 유입된 자낭균의 한 종이 흰코증(박쥐괴질, white-nose syndrome)이라는 질병을 일으켜, 2006년 첫 발견 이후 11종의 박쥐 7백만 마리를 죽이고 있다. 이 질병은 감염된 박쥐의 노출된 피부에, 특히 코, 하얀색 곰팡이 성장이 나타나는 특징 때문에 이름 붙여졌다(**그림 E23-1**).

박쥐들 중 가장 흰코증에 취약한 종들은 겨울에 동면하는 종들이다. 질병을 일으키는 원인 곰팡이는 차가운 온도에 적응하였으며, 주로 겨울에 감염을 일으켜 동굴이나 광산에서 가까이 붙어서 동면하는 박쥐 집단 사이에서 퍼져나간다. 흰코증은 북미지역 동쪽 반 전체에 확산되었고, 최근에는 더 서쪽으로 진행되고 있다.

이 질병은 감염되는 박쥐종의 개체수를 크게 감소시키고 있다. 이러한 갑작스런 박쥐의 감소는 생태계의 건강에 심각한 함의를 주고 있다. 흰코증에 의하여 괴멸적 타격을 받은 모든 박쥐종들은 식물을 먹는 곤충들의 개체수가 지나치게 늘어나지 못하게 하여 식물군집을 돕는 곤충포식자들로서, 곤충의 개체수 조절에 중요한 역할을 하는 종들이다. 최근의 연구는 흰코증의 발병 결과 북미 동부지역에서는 해마다 2,300톤의 곤충 섭취가 감소하고 있다고 추정하였다. 이러한 생태학적 손실은 경제적인 영향도 함께 주고 있는데, 박쥐의 곤충섭취가 미국 농민들에게 수십조 달러의 살충체 처리 비용을 절약해 주고 있다는 것이다. 안타깝게도, 흰코증의 치료나 완치 방법이 아직 없기 때문에, 우리가 언제까지 박쥐가 주는 생태학적 이익을 누릴 수 있을지는 불확실하다.

▲ **그림 E23-1 흰코증(White nose syndrome)** 병을 일으키는 곰팡이는 박쥐의 얼굴, 날개, 귀 등의 피부에 감염하여, 피부와 연결조직을 파괴한다. 게다가, 감염으로 인한 자극은 동면 상태에 있어야 할 박쥐들을 활동적으로 만들어 기아 상태에 이르게 한다.

**비판적 사고** 흰코증을 유발하는 자낭균은 박쥐 숙주에 감염하지 않아도 동굴 바닥에 5년 이상 생존할 수 있다. 그 결과, 서식하는 모든 박쥐들이 감염되고 죽더라도, 그 동굴 속에는 다른 동굴로 옮겨갈 수 있는 감염성 포자들이 여전히 남아 있다. 이러한 조건에서, 정부는 미감염 지역으로의 확산을 늦추기 위하여 어떤 조치를 취하여야 할까?

식물 내부에 사는 생명체들) 중 일부는 식물병을 일으키는 기생균들이지만, 거의 대부분은 숙주식물에 이익을 준다. 가장 많이 연구된 내생곰팡이들은 많은 초본식물 종의 잎 세포 속에 사는 자낭균들이다. 이 곰팡이들은 곤충이나 초식 포유동물에게 독성이 있거나 맛이 없게 만드는 물질을 만들어, 초본식물을 포식자로부터 방어하는데 도움을 준다.

이러한 반포식자 방어(antipredator protection)은 매우 효과적이기 때문에, 농학자들은 내생 곰팡이균을 지니고 있지 않아서, 초식동물의 입맛에 맞는, 맛있는 풀들을 키우는 방법을 찾기 위하여 열심히 노력하고 있다. 말이나 소, 기타 농업적으로 중요한 초식동물은 내생균을 가진 식물의 섭취를 피하는 경향이 있다. 만약 먹이가 내생균을 가진 풀 밖에 없다면, 동물들은 건강이 나빠지고 성장이 느려진다.

### 일부 곰팡이들은 중요한 분해자들이다

일부의 곰팡이들은 균근균이나 내생균으로서 식물 조직의 성장과 보존에 중요한 역할을 수행한다. 반면, 다른 다수의 곰팡이들은 분해자(decomposer)로서 식물 조직의 파괴에 비슷하게 중요한 역할을 한다. 많은 곰팡이 종들이 나무를 구성하는 분자들인 리그닌(lignin) 또는 셀룰로오스를 소화할 수 있으며, 어떤 곰팡이들은 두 가지 분자 모두를 소화할 수 있다. 때문에, 나무나 이외의 목본식물들이 죽으면, 곰팡이들은 이들의 잔존물을 완전히 분해할 수 있다.

곰팡이의 분해능은 나무에 국한되지 않는다; 곰팡이들은 모든 종류의 사체를 분해한다. 부생균들(*saprophytes*, 죽은 유기체를 먹고 사는)은 죽은 조직을 이루는 구성 물질들을 원래의 생태계로 돌려보낸다. 부생균의 세포외 소화 활동들은 죽은 조직의 영양분들을 식물이 섭취할 수 있게 자연계로 방출한다. 만약 곰팡이와 원핵생물들이 갑자기 사라졌다면, 그 결과는 크다란 재앙을 가져왔을 것이다. 그렇게 되면, 영양분들은 죽은 동식물의 사체에 남아 있게 될 것이고, 영양분의 순환이 멈추며, 토양의 비옥도는 급격히 떨어지고 폐기물과 유기체의 찌꺼기들이 축적되었을 것이다. 줄여 말하면, 생태계는 붕괴되었을 것이다.

**CHECK YOUR LEARNING**

- 지의류, 균근, 내생균을 포함한 공생체들의 중요성을 기술하고 설명할 수 있는가?
- 곰팡이는 어떻게 영양분의 재순환을 도울 수 있는가?

## 23.4 곰팡이는 사람들에게 어떻게 영향을 주는가?

대부분의 사람들은 곰팡이들에 대하여 거의 생각하지 않지만, 그들은 우리생활에 상상 이외로 많은 영향을 주고 있다.

### 곰팡이들은 사람들에게 중요한 식물들을 공격한다

곰팡이들은 많은 종류의 식물병들을 일으키며, 곰팡이가 감염하는 식물들 중 일부는 사람에게 중요하다. 예로 병원성 곰팡이들은 세계 식량공급에 치명적인 영향을 준다. 특히, 녹병균(*rust*)과 깜부기(*smut*)라 불리는 담자곰팡이 병원균은 작물 생산에 해마다 수십 조 달러어치의 해를 입히고 있다(**그림 23-16**). 예를 들면, 맥류 줄기 녹병(black stem rust)이라 불리는 밀에 발생하는 병을 일으키는 Ug99 균주는 현재 전세계 밀 공급의 주요 위협 요인이 되고 있다(밀은 전체 칼로리 기여도에서 세계에서 가장 중요한 작물들 중 하나이다). 전세계 인구의 상당수를 먹여 살리고는 있지만, 어떤 밀 품종도 바람을 타고 먼 거리로 이동할 수 있는 포자를 가진 Ug99에 저항성을 가지지 못하고 있다. 그 결과, 아프리카, 중앙아시아, 중동의 거대한 재배지역에서 밀 수확이 급감하는 타격을 받고 있다. 만약, Ug99 균이 중국과 인도의 대규모 밀 재배지역으로 번진다면, 심각한 식량난을 겪을 수 있다.

(a) 옥수수 깜부기병균

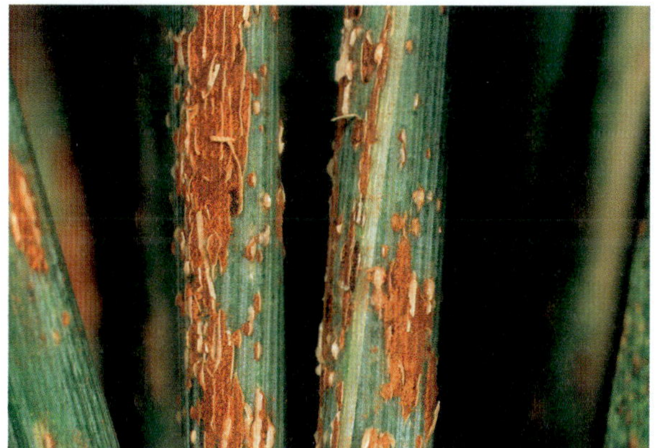

(b) 맥류 줄기 녹병

▲ **그림 23-16 깜부기병과 녹병** **(a)** 옥수수 깜부기병은 담자균 병원균으로 매해 수백만 달러어치의 옥수수를 파괴한다. 하지만 옥수수 깜부기병 같은 병도 좋아하는 사람들이 있다. 멕시코에서 이 곰팡이는 위틀라코체(*huitlacoche*)로 불리며 대단한 진미식품으로 여겨진다. **(b)** 다른 담자균인 맥류 줄기 녹병균은 아프리카, 중앙아시아, 중동의 밀 농장 수백만 에이커를 위협한다.

▲ **그림 23-17 해충을 죽이는 곰팡이** 코디셉스(*Cordyceps*, 동충하초) 곰팡이는 농부들에 의하여 해충을 방제하는 데 사용된다. 이 나방의 몸에서 돋아나온 하얀색 돌기들은 코디셉스의 자실체들이다.

곰팡이 병들은 우리 주변의 풍경에도 영향을 준다. 한때 미국의 많은 공원, 뜰, 숲을 이루는 주요 수종이었던 아메리카 느릅나무와 밤나무는 느릅나무시들음병(Dutch elm disease)과 밤나무줄기마름병(chestnut blight)을 일으키는 자낭균들에 의하여 대량 파괴되었다. 이들은 주변 풍경에서 거의 다 사라졌기 때문에, 오늘날 우아한 모습의 거대한 느릅나무와 밤나무를 기억할 수 있는 사람은 드물다. 그러나 밤나무가 다시 돌아오는 희망이 생길 수도 있다. 과학자들은 밤나무줄기마름병에 저항성을 부여하는 유전자를 가진 나무들을 유전공학적으로 제작하였고, 제작된 나무의 저항성유전자가 자손에게 유전됨을 증명하였다. 이들 과학자들은 형질전환나무들(transgenic trees)을 야생에 심기 위하여 정부의 승인을 구하고 있다.

농업과 임업에서 곰팡이의 영향은 모두가 부정적인 것만은 아니다. 기생성 곰팡이들은 해로운 곤충과 절지동물을 공격하기 때문에, 해충방제의 중요한 동맹이 될 수 있다(**그림 23-17**). 독성이 있고 비싼 살충제에 대한 의존을 줄이려는 농부들 중에는 "곰팡이살충제(fungal pesticides)"의 사용을 포함하여 생물학적 방법의 해충방제로 전환하는 수가 증가하고 있다. 곰팡이 병원균들은 현재 흰개미들(termites)이나 쌀바구미(rice weevils), 천막

**CASE STUDY** **CONTINUED**

### 거대한 곰팡이

오레곤에서 거대한 크기로 자라는 *Armillaria* 곰팡이 종은 서식처의 숲에 해를 입힌다. 곰팡이가 식물뿌리에서 먹이활동을 하기 때문에 "뿌리썩음병(root rot)"을 일으켜 나무를 약하게 하거나 죽인다. 이러한 뿌리썩음병은 *Armillaria*의 존재를 알리는 지상부의 증거로서 나타난다; 거대한 오레곤 곰팡이도 많은 죽은 나무들이 발생한 숲 지역을 항공사진을 통하여 조사하던 중 처음으로 확인되었다. 사람도 식물과 마찬가지로 곰팡이 공격의 희생자가 될 수 있을까?

나방애벌레(tent caterpillars), 진딧물(aphids), 감귤진드기(citrus mites) 및 기타 해충의 방제에 사용되고 있다.

## 곰팡이들은 사람들에게 병을 일으킨다

곰팡이들 중에는 사람을 직접 공격하는 기생성 종들이 포함되어 있다. 몇몇 잘 알려진 병들은 질염(vaginal infection)을 일으키는 효모인 *Candida albicans*나 무좀(athlete's foot), 사타구니 완선(jock itch), 버짐(또는 백선, ringworm) 등 피부를 공격하는 곰팡이들 같은 자낭균류들에 의하여 발병한다. 이 병들은 기분은 나쁘지만 목숨을 위협하지는 않으며, 일반적으로 항진균(antifungal) 연고로 치료할 수 있다.

곰팡이들은 계곡열(valley fever)과 히스토플라즈마증(histoplasmosis)을 일으키는 자낭균류와 같은 병원성 곰팡이의 포자를 흡입하는 경우 환자의 허파에 감염할 수 있다. 미국에서 계곡열은 남서부 지역에서 주로 발병하며, 중부와 동부지역에서는 히스토플라즈마증이 좀 더 자주 발병한다. 다른 곰팡이 감염과 마찬가지로, 이들 질병은 진단만 제대로 되면 항진균제로 치료할 수 있다. 그러나 치료하지 않으면 심각한 전신감염(systemic infection)으로 발전할 수 있다.

담자균인 *Cryptococcus gattii*의 포자흡입 또한 심각한 질병을 유발하는데, 이 균은 보통 열대에서 발견되나, 최근 들어 태평양 연안 북서부지역에서도 나타나고 있다. 모든 환경에서 곰팡이는 위험한 것으로 증명되고 있는데, 감염 환자의 사망률이 지역에 따라 13%에서 33%에 이른다. 다행히도 이 곰팡이에 의한 감염은 아직 상대적으로 드물다: 미국에서 해마다 30건 정도 발병, 계곡열은 20,000건 이상 발병. 그러나 *C. gattii*의 영향을 받는 지역이 점점 확장되고 있어서, 감염 발생이 증가할 것으로 보인다.

사람에게 병을 일으키는 이외에, 곰팡이들은 질병과 싸우는데 도움을 줄 수도 있다. 생물학자들은 말라리아를 확산시키는 모기 종을 공격하여 죽일 수 있는 곰팡이들을 발견하고 있다(**그림 23-18**). 세계에서 가장 치명적인 질병들 중 하나인 말라리아와의 싸움에 곰팡이를 이용하려는 계획이 진행되고 있다.

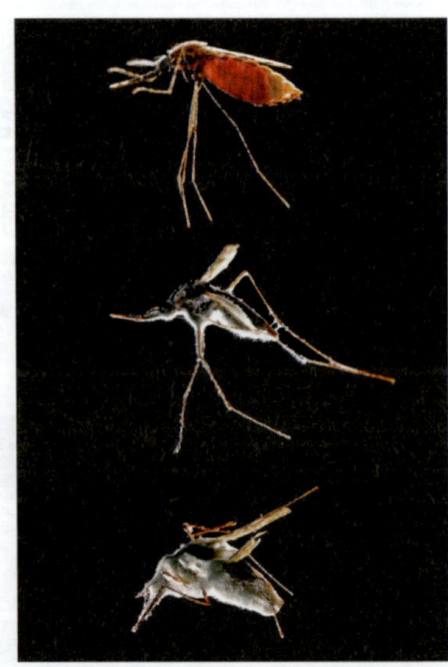

▲ **그림 23-18 질병과 싸우는 곰팡이** 말라리아를 가진 모기(맨위)가 보바리아(*Beauveria*) 곰팡이에 감염되면, 2주 이내에 곰팡이로 둘러싸인 사체가 된다.

## 곰팡이들은 독소를 만들 수 있다

감염질환을 일으키는 역할 이외에 여러 곰팡이들이 사람에게 위험한 독소(toxin)를 생산한다. 이들 중 특히 염려스러운 것은 습한 조건에서 보관된 곡물에서 자라는 곰팡이들이 생산하는 독소들이다. 예를 들면, *Aspergillus* 속에 속하는 곰팡이 종들은 아플라톡신(aflatoxin)으로 알려진 강력한 발암물질을 만든다. 땅콩과 같은 종류의 음식이 특히 *Aspergillus*의 공격에 취약하다. 아플라톡신이 발견된 1960년대 이래로 식량생산자와 가공업자들이 저장작물에서 *Aspergillus*의 성장을 줄이는 방법을 개발해 왔기 때문에, 선진국의 식량공급 체계에서는 아플라톡신이 거의 제거되고 있다.

자낭균인 *Claviceps purpurea*는 호밀(rye)에 감염하여 맥각병(ergot)를 유발하는 유명한 독소 생산 곰팡이이다. 이 곰팡이는 여러 가지 독소를 만들기 때문에, 감염된 호밀 가루의 섭취는 사람의 건강을 해칠 수 있다. 중세 북유럽에서 이런 일들이 자주 일어나서 파괴적인 결과를 낳았다. 그 시기에 맥각 중독은 보통 치명적이었으며, 희생자는 죽기 전까지 극심한 증상에 시달렸다. 한 종류의 맥각 독소는 혈관을 수축시켜, 혈류를 감소시킨다. 그 효과는 극심하여 괴저(gangrene)의 진행과 더불어, 사지가 쪼그라들고 떨어져 나간다. 또 다른 맥각 독소는 타는 듯한 감각과 구토, 발작성 경련, 강렬한 환각 증상 등을 유발한다. 오늘날에는 새로운 농업 기술들을 통하여 맥각 중독을 효과적으로 제거하고 있지만, 맥각 독소에서 유래한 환각성 마약인 LSD가 이 질병의 유산으로 남아있다.

인류에게 알려진 가장 강력한 독들 중 몇 가지는 버섯에서 발견되었다. 가지고 있는 독으로 인하여 특별히 언급할 만한 버

▲ **그림 23-19 죽음의 천사** 담자균 독우산광대버섯(*Amanita virosa*)는 치명적인 버섯을 만든다.

섯은 *Amanita*(역자주: 광대버섯류)속에 속하는 몇가지 종들로서, 이들은 죽음의 모자(death cap) 혹은 죽음의 천사(destroying angel)로 일반에게 알려져 있다(**그림 23-19**). 이러한 이름들은 한 입만 베어 물어도 치명적이기 때문에 매우 적절하다. *Amanita* 독소에 의한 손상은 특히 독소가 주로 축적되는 간에서 심각하게 나타난다. 종종 *Amanita* 독소의 희생자는 간 이식을 해야만 살 수 있다. 매년 다수의 어린 아이들과 훈련이 덜 된 버섯채집가들, 그리고 운 나쁜 식당 손님들이 야생 독버섯을 먹고 예기치 않게 병원 신세를 진다. 따라서 만약 식용으로 야생 버섯을 채집하기로 했다면, 조심하라. 버섯 채집 모임에 전문가를 초청하여 여러분의 건강을 보호하라.

## 많은 항생제들이 곰팡이에서 유래하였다

곰팡이들은 인류 건강에 좋은 영향을 주기도 한다. 현대의 목숨을 살리는 항생제의 시대는 자낭균이 생산하는 페니실린의 발견으로 시작되었다(**그림 23-20**; 그림 1-13 참조). 페니실린은 올레안도마이신(oleandomycin)과 세팔로스포린(cephalosporin)과 같은 다른 곰팡이들에서 유래한 항생제와 함께 아직도 세균병과의 전쟁에 사용되고 있다. 다른 중요한 약들이 곰팡이에서 유래하였는데, 이들에는 장기 이식에서 이식된 장기에 대한 면역 거부 반응을 억제하는 데 사용하는 사이클로스포린(cyclosporin)이 포함된다.

## 곰팡이는 요리에 중요한 공헌을 한다

곰팡이는 사람의 식사에 중요한 공헌을 한다. 우리는 야생에서 채집하거나 재배한 담자균 버섯이나, 곰보버섯과 귀하고 비싼 송로버섯 같은 자낭균류 등을 포함하는 몇 가지 종류의 곰팡이들을 직접 먹는다. 요리에서 곰팡이들은 눈에 덜 띄는 역할을 하기도 한다. 예를 들어, 로크포트(Roquefort), 카망베르(Camembert), 스틸톤(Stilton), 고르곤졸라(Gorgonzola)와 같은 유명한 치즈들은 그들의 독특한 풍미를 성숙 중인 치즈 위에서 자라는 자낭균에서 얻는다. 그러나 우리들의 음식에서 가장 중요하고 널리 스며든 곰팡이 공헌자는 아마도 효모들(yeasts)로 알려진 단세포 자낭균들(약간의 담자균 효모종 포함)일 것이다.

▲ **그림 23-20 페니실리움** 오렌지에 자란 페니실리움(*Penicillium*)곰팡이. 눈으로 볼 수 있는 생식구조는 과일의 표면을 둘러싸고 있고, 아래쪽의 균사는 안쪽에서 영양분을 빨아먹는다. 항생제 페니실린은 이 곰팡이에서 처음으로 분리되었다.

**비판적 사고** 왜 어떤 곰팡이들은 항생제를 만드는가? 곰팡이가 만드는 새로운 항생제는 어디를 어떻게 뒤져봐야 할까?

**Have You Ever Wondered ...**

### 송로버섯은 왜 그렇게 비싼가?

많은 곰팡이들이 식품으로 중요하게 여겨지고 있지만, 송로버섯(truffle)만큼 열광적으로 받아들여지는 것은 없다. 송로버섯은 참나무의 뿌리와 균근공생체를 만드는 자낭균의 지하부 자실체이다. 가장 좋은 이탈리아산 송로버섯은 파운드(약 0.45 kg) 당 3,400달러에 팔릴 수 있으며, 드물게 나오는 큰 크기의 버섯은 엄청난 가격을 받을 수 있다. 3.3파운드(1.5kg)의 이탈리아산 흰송로버섯(white truffle)이 한때 경매를 통하여 330,000달러(역자주: 약 3억8천만원, 환율기준 1152원/달러)에 팔린 적이 있다!

왜 그렇게 비싼가? 송로버섯은 지하에서 생장하고, 발견하기까지 시간이 걸린다. 사실 사람 혼자서 할 수 없고 다른 생물종의 도움이 필요한다. 동물들(특히 돼지)은 성숙한 송로버섯이 내는 향기(aroma)에 끌린다. 만약 돼지가 송로버섯 향기를 찾아내면, 곧바로 버섯을 캐내어 먹어 치운다. 이러한 이유 때문에 전통적으로 송로버섯 수집가들은 그들의 사냥터에서 입마개를 씌운 돼지를 사용해왔다.

오늘날 송로사냥꾼들에게 가장 흔한 조수는 잘 훈련된 개들이다. 개들은 공들여 송로버섯을 키우는 재배농장에서도 필요한다. 이러한 재배와 수확의 어려움이 송로버섯의 높은 가격에 일조하고 있다. 또한 가격이 가장 높은 흰송로버섯의 재배법을 아직까지 발견하지 못 하고 있다. 송로사냥개나 돼지의 코를 따라가서 얻는 것이 유일한 방법이다.

귀중한 이탈리아산 송로버섯

### 포도주와 맥주는 효모를 이용하여 만든다

효모들이 우리들의 요리 경험을 더 생동감 있게 만드는데 이용할 수 있다는 사실의 발견은 인류 역사에서 중요한 사건 중 하나이다. 생산 과정이 효모에 의존하는 많은 음식과 음료 중, 빵과 포도주, 그리고 맥주는 너무나 오랜 기간 광범위하게 섭취해왔기 때문에 그들이 없는 세상은 상상하기 힘들다. 모두는 그들의 특별한 품질을 효모의 발효를 통하여 얻는다. 발효는 효모가 당분에서 에너지를 얻는 과정에서 일어나며, 대사과정의 부산물로서 이산화탄소와 에탄올을 방출한다.

효모가 포도 주스의 과일당들을 섭취함에 따라, 당은 알코올로 전환되고, 결과물로 포도주가 된다. 점차적으로 알코올 농도가 높아짐에 따라 효모는 죽고 발효는 끝난다. 만약 발효 중인 와인에서 사용 가능한 당들을 모두 소모하기 전에 효모가 죽는다면, 포도주는 달게 될 것이고, 만약 효모가 모든 당들을 소모한다면, 달지 않은 포도주(dry wine)가 된다.

맥주는 곡물(주로 보리)을 이용하여 양조하지만, 효모는 곡물에 있는 탄수화물을 효과적으로 섭취하지는 못한다. 효모가 더 잘 작동하게 하기 위하여, 보리는 싹을 틔워야 한다(곡물은 씨앗임을 기억하라). 보리의 발아는 곡물의 탄수화물을 당으로 전환시키고, 싹이 난 보리는 효모의 좋은 먹이감이 된다. 포도주에서와 같이 발효는 당을 알코올로 전환시키지만, 맥주 양조업자들은 부산물인 이산화탄소도 함께 포집하여 특유의 거품이 나는 탄산화된 맥주를 만든다.

### 효모는 빵을 부풀게 한다

빵 제조에서 이산화탄소는 핵심적인 발효산물이다. 빵 반죽에 첨가된 효모는 알코올과 함께 이산화탄소를 만들지만, 알코올은 굽는 과정에서 증발한다. 반면, 이산화탄소는 반죽에 갇혀 거품을 만들어서 가볍고 공기가 잘 통하는 빵의 부푼 질감을 선사한다(그리고 우리를 크랙커로 만든 샌드위치로부터 해방시켜 주었다).

카망베르 치즈를 얹은 프랑스 빵과 한 잔의 샤르도네 포도주(chardonnay), 피자 한 조각과 여러분이 가장 좋아하는 차가운 맥주 한 잔을 즐길 때, 효모에게 조용히 감사해야 한다. 우리들의 음식은 곰팡이의 도움이 없었다면 훨씬 맛 없었을 것이다.

**CHECK YOUR LEARNING**

- 곰팡이가 농업에 어떻게 영향을 미칠 수 있는가?
- 어떻게 곰팡이가 사람의 건강에 영향을 미치는지 예를 설명할 수 있는가?
- 치즈, 포도주, 맥주, 빵의 생산에서 곰팡이의 역할을 설명할 수 있는가?

**CASE STUDY REVISITED**

## 거대한 곰팡이

왜 *Armillaria* 곰팡이는 이다지도 크게 자라는가? 그들의 크기는 부분적으로는 보호 껍질과 다발지은 균사들로 구성된 뿌리 모양 균사다발(근상균사속, rhizomorphs) 구조를 만들 수 있기 때문이다. 뿌리 모양 균사 다발은 영양분이 부족한 지역을 지나 새로운 먹이감에 도달하기까지 먼 거리를 뻗어나갈 수 있다. 때문에 *Armillaria* 곰팡이는 특정 먹이 풍부 지역의 경계를 벗어나서 자랄 수 있다.

오레곤 *Armillaria*의 거대한 크기에 공헌한 또 다른 요소는 발견된 곳의 기후이다. 동부 오레곤의 건조한 기후는 매우 드물게 곰팡이자실체를 형성하게 하기 때문에, 거대한 *Armillaria*도 드물게 포자를 만든다. 새로운 개체를 만드는 포자가 없는 상황에서, 기존의 개체는 자원에 대한 경쟁이 거의 없이 자유롭게 자라서 점점 더 넓은 지역을 채우게 된다.

오레곤 곰팡이의 발견은 미시간주에서 37-에이커에 걸쳐 자라는 첫번째 거대 곰팡이 *Armillaria gallica*의 발견으로 시작된 길고 긴 좋은 의미의 "곰팡이 전쟁"의 마지막 장은 아니다. 최초의 기념비적인 발견 이후로, 미시간과 오레곤뿐 아니라 많은 연구 그룹들이 거대 곰팡이를 발견하기 위한 선의의 경쟁에 참여하고 있다. 현재 기록은 깨어질 것인가? 채널을 고정하라.

**생각해보기** 전체 오레곤 *Armillaria*가 하나의 포자에서 유래했기 때문에, 모든 세포가 유전학적으로 동일하다. 그러나, 어떤 물질이든 2,400에이커 전체의 균사체에 모두 골고루 전달되는 것은 불가능하다. 그리고, 균사체 전체를 둘러싸고, 환경으로부터 하나의 개체 단위로 분리해주는 연속적인 피부나 껍질, 또는 막은 없다. 곰팡이의 유전학적 동일성이 단일 개체임을 인정하는 충분한 증거일까 또는 추가적인 증거가 필요할까? 여러분은 "세계에서 가장 큰 생명체"라는 주장이 타당하다고 생각하는가?

# CHAPTER REVIEW

*비판적 사고와 생각해보기, 선택형문제, 빈칸채우기 질문에 대한 답은 이 책의 뒷부분에 있는 정답란에서 볼 수 있다.*

## 핵심개념의 요약

### 23.1 곰팡이의 주요 특징은?

곰팡이의 몸은 다세포이거나 다핵인 사상성 균사들로 이루어져 있고, 균사체라 불리는 크고 복잡하게 얽힌 네트워크를 형성한다. 곰팡이의 핵들은 일반적으로 반수체이다. 모든 곰팡이는 외부로 소화효소들을 분비하고, 효소활성으로 방출된 영양분을 흡수하는 방법으로 먹이 활동을 한다.

곰팡이의 번식은 다양하고 복잡하다. 무성생식은 유사분열을 통한 반수체 포자의 생산으로 일어난다. 유성생식은 교배화합성 반수체 핵들이 융합하여 이배체 접합체를 만들고 생식세포분열을 통하여 반수체 포자를 형성하며 일어난다. 무성생식, 유성생식 포자들은 유사분열을 통하여 반수체 균사체를 만든다.

### 23.2 곰팡이의 주요 그룹은?

곰팡이의 주요 분류 그룹은 병꼴균문(Chytridiomycota, 병꼴균류 chytrids), 네오칼리마스트릭스균문(Neocallimastigomycota, 반추위곰팡이류 rumen fungi), 블라스토클라디아균문(Blastocladiomycota, 블라스토클라디아균류 blastoclades), 글로메로균문(Glomeromycota, 글로메로균류 glomeromycetes), 담자균문(Basidiomycota, 담자균류 basidiomycetes), 자낭균문(Ascomycota, 자낭균류 ascomycetes) 등이 있다.

### 23.3 곰팡이는 어떻게 다른 종들과 상호작용하는가?

지의류는 곰팡이와 녹조류 또는 사이아노박테리아 간의 공생연합체이다. 곰팡이 파트너는 태양광을 고에너지 분자로 전환하여 영양분을 공급하는 녹조류나 사이아노박테리아에게 피난처를 제공한다. 균근은 곰팡이와 관다발식물 뿌리 간의 연합체이다. 곰팡이는 뿌리에서 광합성 영양분을 공급받고, 주변 토양에서 영양분과 물을 뿌리로 보내준다. 내생균들은 식물의 잎이나 줄기의 내부에 자라며, 식물을 보호하는 데 도움을 주는 것으로 생각된다. 부생균은 생태계에서 극히 중요한 분해자이다. 그들의 사상체는 땅속을 파고들고 유기물을 분해하여, 세포외 소화를 통하여 영양분을 방출한다.

### 23.4 곰팡이는 사람들에게 어떻게 영향을 주는가?

많은 식물병들이 기생성 곰팡이에 의하여 발생한다. 몇몇 기생성 곰팡이는 작물에 해를 입히는 곤충을 방제하는데 도움을 준다. 다른 곰팡이들은 백선, 무좀, 흔한 질염 등 사람의 질병을 일으킨다. 어떤 곰팡이들은 사람을 해칠 수 있는 독소를 만든다. 그럼에도 불구하고, 곰팡이들은 사람들의 식품 공급에 다양성을 부여하며, 곰팡이의 도움을 통한 발효로 포도주, 맥주, 빵을 만든다. 곰팡이는 많은 항생제의 원천이기도 하다.

## 개념을 통한 이해

### 선택형 문제

1. 곰팡이 세포벽은 기본적으로 __________(으)로 구성되어 있다.
   a. 리그닌　　b. 셀룰로오스
   c. 키틴　　d. 포도당
2. 다음 질병 중 곰팡이가 원인이 아닌 것은?
   a. 계곡열　　b. 느릅나무시들음병
   c. 히스토플라즈마증　　d. 말라리아
3. 식물뿌리와 곰팡이와의 공생관계는?
   a. 지의류　　b. 균근
   c. 포자낭　　d. 병꼴균류 곰팡이
4. 맥주와 포도주의 알코올은 __________에 의한 __________부산물이다.
   a. *Candida albicans*; 감염
   b. 반추위곰팡이; 호흡
   c. 효모; 발효
   d. 부생균; 분해
5. 다음 중 곰팡이의 생태학적으로 중요한 기능은?
   a. 광합성　　b. 분해
   c. 알코올 생산　　d. 항생제 생산

### 빈칸 채우기

1. 눈으로 볼 수 있는 곰팡이의 부분은 종종 __________에 특화된 구조이다. 이 구조는 확산되어 새로운 곰팡이를 만드는 작은 __________들을 방출한다.
2. 곰팡이의 몸은 __________로서,가는 실 구조의 __________들로 구성되며, __________을 통하여 많은 세포로 분리된다. 곰팡이 세포벽은 __________으로 강화된다.
3. 곰팡이에서 무성생식 포자는 __________분열을 통하여 만들어지고, __________벌(set)의 염색체를 가진다. 유성생식 포자는 __________에서 __________분열을 통하여 만들어지고, __________벌(set)의 염색체를 가진다.
4. 곰팡이 분류 그룹의 일반명으로 빈칸을 채우시오. 거의 대부분의 __________는 식물 뿌리와의 긴밀한 연합체로 살아간다. 편모를 가진 유영 포자는 __________가 만든다(3가지). 버섯과 알버섯은 __________곰팡이의 생식구조이다.
5. __________는 곰팡이와 녹조류 간의 공생연합체이다. __________는 상호간에 이익을 주는 식물 뿌리와 곰팡이 간의 공생체이다. 어떤 곰팡이들은 __________(으)로서, 식물의 지상부 조직 내부에 산다.
6. 곰팡이는 __________를 소화할 수 있는 유일한 분해자이다. 빵을 부풀게 하고 포도주를 발효하는 곰팡이는 __________이다. 곰팡이가 유발하는 인간 질병은 __________와 __________ 등이 포함된다.

### 복습문제

1. 곰팡이의 몸 구조를 설명하라. 곰팡이 세포는 식물과 동물세포와 어떻게 다른가?
2. 곰팡이 몸 중 어떤 부분이 버섯이나 알버섯, 기타 유사구조로 대표되는가? 왜 이 구조들이 지상으로 상승하는가?
3. 미국 산림에 막대한 영향을 끼친 기생성 곰팡이에 의하여 발생한 두 식물병은 무엇인가? 발견된 곰팡이들은 어떤 분류그룹에 속하는가?
4. 작물을 공격하는 곰팡이들을 나열하라. 그들은 어떤 분류그룹에 속하는가?
5. 곰팡이의 무성생식에 대하여 설명하라.
6. 곰팡이의 주요 분류학적 그룹을 나열하고, 각 그룹의 중요한 특징들을 설명하며, 각 그룹에 속하는 곰팡이의 예를 들라.
7. 버섯 균환(요정의 고리)은 어떻게 만들어지는지 설명하라. 왜 직경이 나이와 관련 있는가?
8. 곰팡이와 다른 생명체 간의 공생관계 두 가지를 쓰라. 각 파트너들이 이 공생관계들에서 어떤 영향을 받는지 설명하라.

## 개념의 적용

1. 미국에서 느릅나무시들음병은 외래종(외국에서 도입된 생명체, 이 경우 곰팡이)에 의하여 발생하였다. 이 도입으로 어떤 해를 입혔는가? 이 범주에 속하는 다른 곰팡이 해균들은 무엇인가? 왜 기생성 곰팡이들은 그들의 자연적인 서식 환경에서 다른 곳으로 옮겨질 가능성이 특히 높은가? 이러한 수입을 막기 위하여 정부는 무슨 일을 할 수 있는가?
2. 만약 사람들이 새롭고 치명적인 항균제를 사용하여 지구상의 모든 곰팡이를 박멸한다면,어떤 생태학적 결과들이 발생할까?

# 24 동물의 다양성 I: 무척추동물

CASE STUDY

의료 분야에서 전근대적 무지의 상징이던 거머리가 지금은 현대의학의 도구로 쓰인다.

## 의사의 보조자

현대의학은 고가의 기계, 정밀의료설비, 그리고 최첨단 화학 및 생물공학기술로 개발된 의약품에 의존하는 첨단 기술 사업이다. 의학에서 첨단 기술이 널리 적용됨에도 의사들은 무척추동물에서 재래 기술의 보조물을 얻기도 한다. 의료용 거머리를 예로 들어 보자. 인간의 질병을 치료하는 사람들은 2,000년 이상 질병이나 상처를 치료하는데 거머리를 이용하였다. 그 이유는 거머리가 병의 원인이라고 생각되는 "썩은" 피를 빨아내 줄 것이라고 믿었기 때문이다. 그러나 병의 실제 원인이 밝혀지면서 거머리를 이용한 치료는 줄어들기 시작하였다. 20세기 초 거머리는 더 이상 현대의술의 도구가 될 수 없었을 뿐만 아니라 오히려 거머리 치료법은 무지의 상징이 되어버렸다. 그러나 최근 들어 다시 의료용으로 이용되고 있다.

최근, 거머리가 외과 합병증인 정맥기능부전을 치료하는데 이용되고 있다. 이러한 치료는 일반적으로 손가락 봉합수술이나 성형수술을 하는 성형외과에서 행한다. 이 경우, 외과의사는 혈액을 운반해주는 정맥을 모두 연결할 수 없을 때가 있다. 결국 새 정맥이 만들어지겠지만 그 동안 혈액은 손상된 조직에 고이게 된다. 고이는 혈액을 제거하지 않으면 응고될 것이다. 다행히 거머리가 이러한 환자에게 도움을 줄 수 있다. 거머리는 상처 부위에서 통증 없이 혈액을 빨아들이게 된다. 거머리의 타액에는 혈관을 넓혀주고 혈액 응고를 방해하는 화학물질이 들어있어 거머리가 고이는 혈액을 효과적으로 제거할 수 있도록 도와준다. 결국 거머리가 손상된 조직에서 고이는 혈액을 제거해 줌으로써 상처가 빨리 아물도록 해 환자에게 도움을 준다. 이러한 방법으로 거머리는 정맥기능부전 환자를 통증 없이 치료하여 준다.

무척추동물은 비록 소수가 의료용으로 이용되지만 지구상에 알려진 생물다양성의 큰 몫을 차지하고 있다. 다양성이 풍부한 이 유기체에 대하여 과학자들은 무엇을 알게 된 것일까?

## 주요내용

**24.1** 동물의 주된 특징에는 어떤 것들이 있는가?

**24.2** 동물의 계통수에서 분기점이 되는 곳의 해부학적 특징은?

**24.3** 주요 동물 문에는 어떤 것들이 있는가?

## 24.1 동물의 주된 특징에는 어떤 것들이 있는가?

"동물"을 정의한다는 것은 결코 쉽지 않다. 한 가지 특징만으로 정의할 수 없기 때문에 집단의 전체 특징들을 모아야만 정의할 수 있다. 이것들은 동물의 독특한 특징이 될 수 없지만 이러한 특징들이 모일 때 생물의 다른 분류 그룹들과 구별된다.

- 동물은 진핵생물이다.
- 동물은 다세포로 되어 있다.
- 동물세포는 세포벽이 없다.
- 동물은 다른 생물체를 섭취하여 에너지를 얻는다. 즉 동물은 종속영양을 한다.
- 동물은 전형적으로 유성생식을 한다.
- 동물은 생활주기의 일정한 단계에서 움직일 수 있다.
- 대부분의 동물은 외부 자극에 빠르게 반응할 수 있다.

**CHECK YOUR LEARNING**

- 동물이 다른 생물과 구분되는 전반적인 특징을 열거할 수 있는가?

## 24.2 동물의 계통수에서 분기점이 되는 곳의 해부학적 특징은?

5억4천1백만 년 전에 시작된 캄브리아기에도 오늘날 지구상에 살고 있는 대부분의 동물들은 이미 존재하고 있었다. 불행하게도 선캄브리아기의 화석은 매우 드물어서 동물의 초기 진화 과정을 많이 보여주지 못하고 있다. 따라서 동물계통분류학자들은 동물의 계통에 관한 단서를 동물의 구조, 초기 발생 과정 그리고 DNA 염기서열에서 찾고 있다. 이러한 연구들은 동물의 계통수에서 분기점이 되는 곳의 특징을 밝혀주고, 오늘날 동물의 몸 체제가 어떻게 진화해 왔는지를 보여주는 길잡이가 되고 있다(그림 24-1). 다음 장에서는 오늘날 동물의 몸 체제에서 이들의 진화적 이정표와 대물림을 설명한다.

### 조직이 없는 해면동물은 다른 동물들과 구별된다

동물의 초기 진화에서 일어난 중요한 사건 중 하나가 비슷한 세포들이 근육조직이나 신경조직과 같은 기능적 단위로 통합된 **조직(tissues)**의 출현이다. 오늘날 대부분의 동물은 조직을 가지고 있다. 원시적인 무조직 상태를 유지하고 있는 동물은 해면동물뿐이다. 해면동물을 이루고 있는 개개의 세포들은 기능적인 분화가 이루어져 있지만 독자적인 행동을 하기 때문에 진정한 조직이라는 것이 없다. 이러한 특징은 해면동물이 동물 초기 진화 과정에서 다른 동물들과 분리되었음을 암시한다.

### 조직을 가진 동물은 방사대칭이거나 좌우대칭이다

조직의 출현은 몸 대칭의 출현과 일치한다. 진정한 조직을 가진 모든 동물들의 몸은 대칭을 나타낸다. 동물의 몸을 나눌 때 적어도 한 면을 따라 이등분되면 대칭적이라고 말한다. 대칭적이고, 조직을 가진 동물은 **방사대칭성(radial symmetry)**이나(그림 24-2a) **좌우대칭성(bilateral symmetry)**을 나타낸다(그림 24-2b). 방사대칭동물의 몸은 중앙 축이 몸의 어떤 면을 지나더라도 동일하게 반으로 나누어지는데 반해 좌우대칭동물의 몸은 중앙 축을 중심으로 좌우로 동일하게 나누어진다.

동물계통수의 주요 분기점에서 방사대칭동물(자포동물, 유즐동물)과 좌우대칭동물로 나누어지게 된다.

#### 방사대칭동물은 이배엽성이고 좌우대칭동물은 삼배엽성이다

동물에서 방사대칭과 좌우대칭의 구분은 배 발생 중에 나타나는 배엽(*germ layers*)과 밀접한 관계가 있다. 방사대칭동물의 배는 이배엽, 즉 장강을 둘러싸는 조직을 생기게 하는 내부층인 **내배엽(endoderm)**과 몸의 외부에 조직을 생기게 하는 외부강층인 **외배엽(ectoderm)**으로 이루어져 있고, 좌우대칭동물은 삼배엽 즉 내배엽과 외배엽 그리고 그 사이에 위치한 **중배엽(mesoderm)**으로 이루어져 있다.

좌우대칭동물에서 내배엽은 분화되어 호흡표면, 소화관, 그리고 대부분의 중공기관을 이룬다. **기관(organ)**이란 위나 심장과 같은 별개의 구조로 두 가지 이상의 조직이 협동하여 기능을 수행한다. 외배엽은 신경조직과 몸 바깥쪽 표면의 조직을 형성한다. 중배엽은 근육, 순환기관, 골격기관을 형성한다.

대칭과 배엽수의 연관성은 극피동물(불가사리, 성게, 해삼)에서 이해하기 어려웠던 점을 알 수 있게 한다. 극피동물의 성체는 방사대칭인데 계통수에서 좌우대칭동물로 분류하고 있다. 그 이유는 극피동물이 삼배엽성이면서 좌우대칭동물과 일치되는 몇 가지 특징들을 가지고 있기 때문이다. 극피동물의 직계 조상은

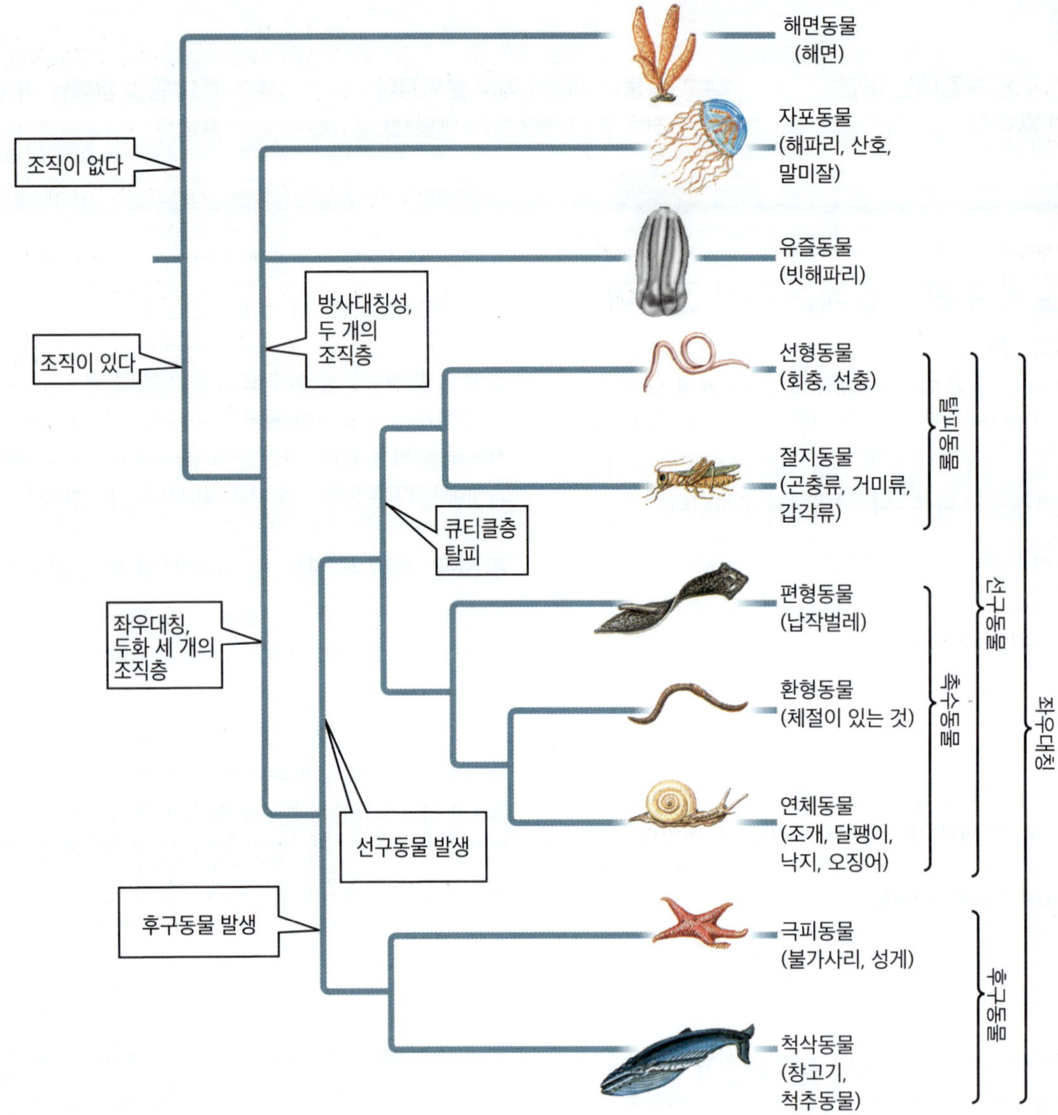

조직이 없다
조직이 있다
방사대칭성,
두 개의
조직층
좌우대칭,
두화 세 개의
조직층
큐티클층
탈피
선구동물 발생
후구동물 발생

해면동물
(해면)
자포동물
(해파리, 산호,
말미잘)
유즐동물
(빗해파리)
선형동물
(회충, 선충)
절지동물
(곤충류, 거미류,
갑각류)
편형동물
(납작벌레)
환형동물
(체절이 있는 것)
연체동물
(조개, 달팽이,
낙지, 오징어)
극피동물
(불가사리, 성게)
척삭동물
(창고기,
척추동물)

탈피동물
촉수동물
선구동물
후구동물
좌우대칭

▲ **그림 24-1 주요 동물 문의 계통수**

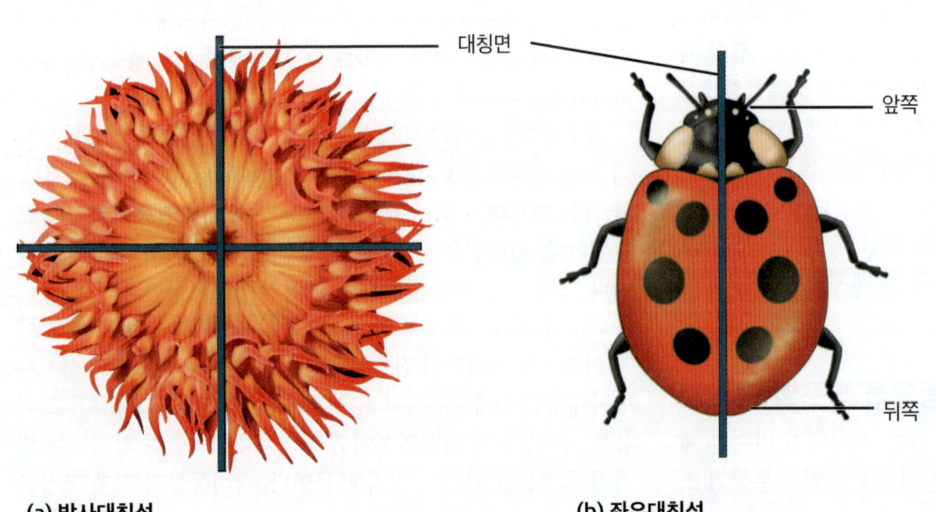


◀ **그림 24-2 몸의 대칭과 두화현상** (a) 말미잘과 같은 방사대칭동물은 머리가 없다. 중앙 축을 지나는 어떤 면이라도 몸은 이등분되어진다. (b) 딱정벌레와 같은 좌우대칭동물은 앞쪽에 머리가 있고 뒤쪽에 꼬리가 있다. 몸은 중앙선을 따라 가는 하나의 면에 의해서만 이등분될 수 있다.

좌우대칭이었지만 차츰 방사대칭으로 진화(수렴진화)하였던 것이다. 지금도 극피동물의 유생은 좌우대칭을 나타내고 있다.

### 좌우대칭동물은 머리를 가지고 있다

방사대칭동물은 말미잘처럼 어떤 물체에 고착(*sessile*)하거나 해파리처럼 떠다니는 경향이 있다. 그러한 동물들은 어느 방향에서 먹이를 만날지, 위험에 처할지 모르기 때문에 얼굴이 모든 방향을 향하고 있다. 반면에 대부분의 좌우대칭동물은 어떤 주어진 방향으로 스스로 움직임(*motile*)이 가능하고 음식물과 같은 자원은 동물의 이동 방향과 가장 가까운 기관과 만날 가능성이 가장 높다. 그러므로 머리에 뇌와 감각기관이 집중되어 있는 **두화현상(cephalization)**을 동반하였다. 두화현상은 몸의 앞쪽(*anterior*)에 감각세포, 감각기관, 신경세포다발 그리고 먹이를 섭취하기 위한 기관이 집중되어 있고, 뒤쪽(*posterior*)에 꼬리가 나타나는 것이 특징이다(그림 24-2b 참조).

## 대부분의 좌우대칭동물은 체강을 가지고 있다

대부분의 좌우대칭동물은 소화관과 체벽 사이에 액체가 들어차 있는 체강이 있으나, 방사대칭동물은 체강이 없다. 이러한 특징으로 방사대칭동물과 좌우대칭동물을 나누기도 한다.

체강을 가진 동물의 경우에는 장기와 체벽은 액체가 들어찬 공간으로 나뉘어져 '관속외관' 몸 구조가 생긴다.

액체가 들어 차 있는 체강은 다양한 기능을 할 수 있다. 많은 무척추동물에서 체강은 몸을 지탱해 주는 일종의 골격기능을 하고, 다른 동물에서는 액체가 들어 차 있는 체강이 내부장기들을 고정시켜 내부기관과 외부 세계 사이를 완충해 주는 역할을 하기도 한다.

### 체강의 구조는 동물 문에 따라 다르다

가장 흔한 몸 안의 공간의 종류는 **체강(coelom)**으로 이는 중배엽에서 발생한 얇은 조직으로 완전히 둘러싸여 있고, 그곳에 액체가 들어차 있다(**그림 24-3a**). 체강을 가진 동물을 체강동물(*coelomates*)이라 한다. 환형동물, 절지동물(곤충, 거미, 갑각류), 연체동물(조개, 달팽이), 극피동물 그리고 척삭동물(사람 포함) 등이 체강동물이다.

어떤 동물은 중배엽에서 발생한 조직으로 완전히 둘러싸여 있지 않은 체강을 가지고 있는데, 이런 체강을 **의체강(pseudocoelom)**, 이런 동물을 의체강동물(*pseudocoelomates*)이라 한다(**그림 24-3b**). 선형동물(회충, 선충 등)이 가장 큰 의체강동물 그룹이다.

좌우대칭동물의 일부는 체강이 없는 무체강동물(*acoelomates*)이다. 예를 들어, 편형동물(플라나리아, 디스토마, 촌충 등)은 체벽과 창자 사이에 체강이 없고 단단한 조직으로 채워져 있다(**그림 24-3c**).

## 좌우대칭동물의 발생은 두 가지 방법 가운데 하나를 택한다

좌우대칭동물은 **선구동물(protostome)**과 **후구동물(deutrostome)**로 나누어진다(**그림 24-4**). 선구동물의 체강은 체벽과 소화관 사이에 형성되고, 후구동물의 체강은 소화강이 만들어지면서 자연스럽게 형성된다. 또한 선구동물과 후구동물은 난할을 하는 모양도 다르고, 입과 항문이 형성되는 순서도 다르다. 선구동물과 후구동물은 좌우대칭동물에서 나누어진 것이다. 환형동물, 절지동물, 그리고 연체동물은 선구동물이고, 극피동물과 척삭동물은 후구동물이다.

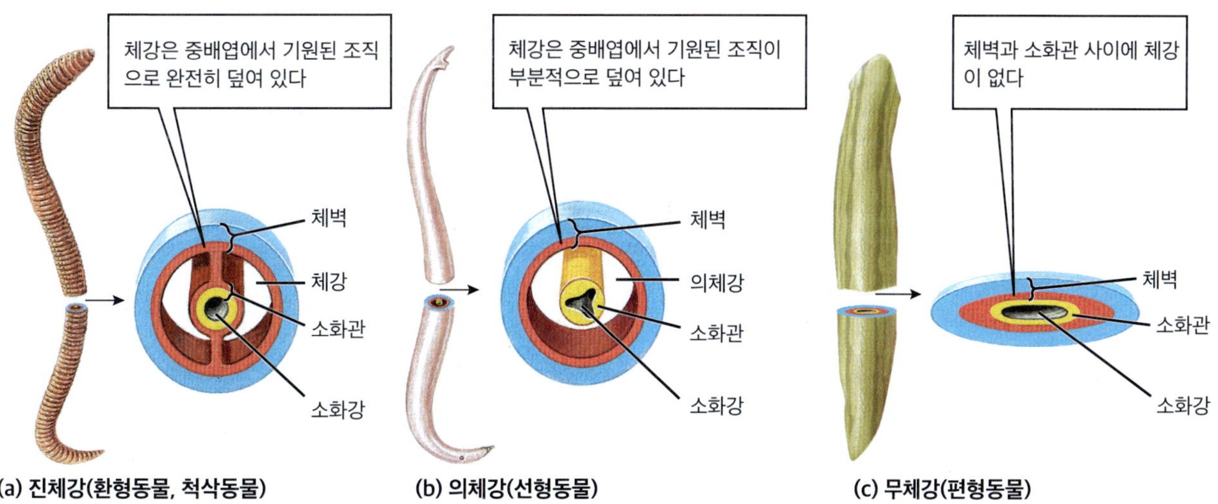


▲ **그림 24-3 체강** (a) 환형동물은 체강을 가지고 있다. (b) 선형동물은 의체강동물이다. (c) 편형동물은 체벽과 소화관 사이에 체강이 없다.(파란색은 외배엽에서, 붉은색은 중배엽에서, 노란색은 내배엽에서 각각 기원된 것을 나타낸다).

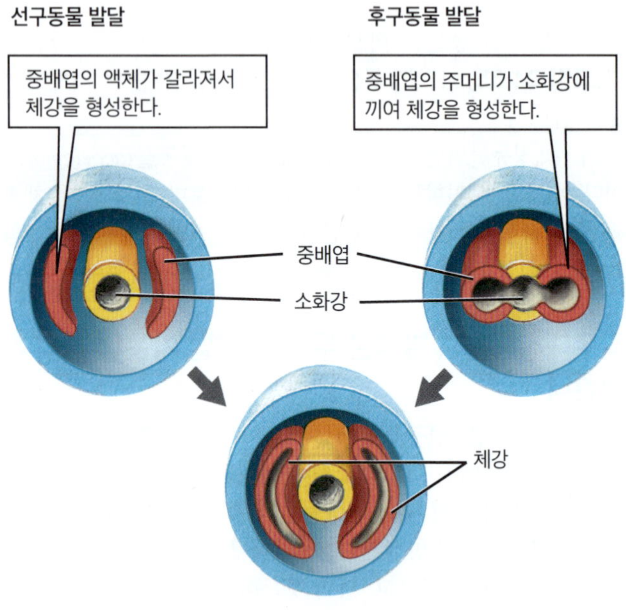


▲ 그림 24-4 **선구동물과 후구동물의 체강 형성** 여기에는 선구동물과 후구동물의 배 발생에서 나타나는 여러 차이점 중 하나를 나타내었다. (파란색의 조직은 외배엽, 빨간색 부분은 중배엽, 노란색은 내배엽에서 각각 유래하였다.)

(a) 촉수관

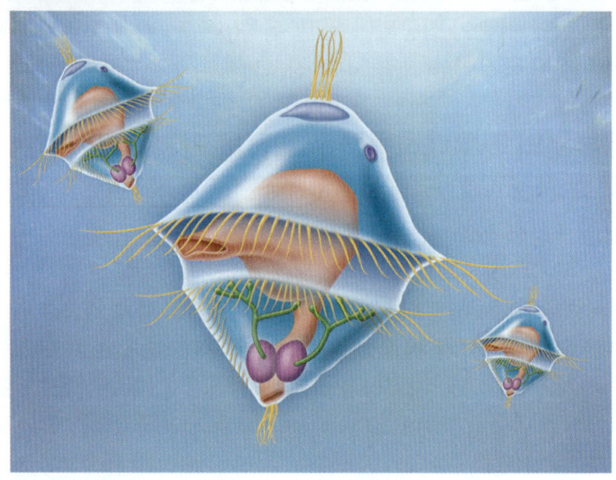

(b) 담륜자유생

▲ 그림 24-5 **촉수담륜동물의 특징** 편형동물, 절지동물, 환형동물이 포함된 촉수담륜동물문의 동물은 (a) 촉수 같은 섭취구조나 (b) 담륜자로 불리는 특이한 유생구조를 나타낸다.

## 선구동물은 두 갈래의 뚜렷한 진화 계통을 보인다

선구동물은 진화 초기에 두 종류의 집단으로 나누어진다. 한 집단은 선형동물이다. 절지동물과 같이 주기적으로 허물을 벗는 탈피동물(*ecdysozoans*)이고, 또 다른 집단은 먹이를 잡아먹는 특별한 구조인 촉수를 가지고 있고(**그림 24-5a**), 담륜자유생시기를 거치는 촉수담륜동물(*lophotrochozoans*)이다(**그림 24-5b**). 편형동물, 연체동물 그리고 환형동물 등이 그 예이다.

### CHECK YOUR LEARNING

- 해면동물의 몸 구조가 다른 동물들과 차이점을 열거할 수 있는가?
- 조직을 가진 동물에서 몸의 대칭, 배엽, 체강, 배 발생의 여러 형태를 열거할 수 있는가?
- 몸의 대칭, 배엽의 배열, 체강, 배 발생의 각 유형을 나타내는 동물 그룹의 예를 들 수 있는가?
- 선구동물 내의 중요한 두 계통을 들고 설명할 수 있는가?

## 24.3 주요 동물 문에는 어떤 것들이 있는가?

생물학자들은 편의상 동물을 척추뼈가 있는 **척추동물(vertebrates)**과 척추뼈가 없는 **무척추동물(invertebrates)**로 나누고 있다. 25장에서 다룰 어류, 양서류, 파충류 그리고 포유류와 같은 척추동물은 인간에게 가장 흔한 동물이지만, 지금까지 알려진 전체 동물의 3% 미만이고, 대부분은 무척추동물이다. 생물학자들은 동물을 **표 24-1**에 요약된 것처럼 대략 32개의 문으로 인식하고 있다.

### 해면동물은 체제가 단순하고 고착성이다

해면동물(*sponges*)은 물에서 산다. 8,800종 정도 밝혀져 있고, 대부분은 바다에서 살지만 일부는 강이나 호수 같은 민물에서도 산다. 성체는 바위나 다른 물체에 부착해서 산다. 해면동물은 일반적으로 고착성이지만 연구자들에 의하면 일부 종들은 아주 느리게(하루에 몇 밀리미터 정도) 움직인다고 한다. 해면동물은 다양한 크기와 모양을 가진다. 일부 종들은 분명한 형태가 있지만 대부분은 수중 바위에서 자유로운 형태로 자란다(**그림 24-6**). 가장 큰 해면동물은 높이가 1미터 이상 자랄 수 있다.

대부분의 해면동물은 암수기관을 함께 가진 **자웅동체(hermaphroditic)**로서 전형적인 유성생식을 한다. 수정란은 대공으로 빠져 나와 물속에서 유생으로 발생한다. 물의 흐름이 유생들을 새로운 지역으로 흩어지게 하는 역할을 한다.

### 해면동물은 조직이 없다

해면동물의 몸은 진정한 조직이 없다. 따라서 몇몇 생물학자들은 동물과 가장 밀접한 관계에 있는 원생생물 집단으로 분류되어야 한다고 말한다. 해면동물의 군체 비슷한 성질은 1907년 발생학자인 윌슨(H. V. Wilson)의 실험에 의해 밝혀졌다. 윌슨은 해면을 짓이겨 비단천을 통과하게 한 후, 작은 해면 조각들을 바닷물에 넣고 3주 동안 기다렸다. 실험에 의해 세포는 기능을 가진 해면으로 재응집하였고, 각각의 해면세포는 독립적으로 기능하며 살아 있을 수 있다는 것을 증명하였다.

모든 해면동물은 비슷한 몸 체제를 가지고 있다. 몸에는 물이 들어가는 수많은 작은 소공들과 배출되는 대공이 있다(**그림 24-7**). 몸 안에서 물은 관을 통해 이동하는데, 물이 통과하면서 호흡도 하게 되고, 물속의 미생물은 동정세포에 걸려 세포 안으로 들어가 소화된 후 노폐물은 세포 밖으로 배출된다.

### 해면동물의 세포들은 기능적으로 분화되었다

해면동물에는 각자 분화된 기능을 가진 세 종류의 세포가 있다(그림 24-7 참조). 편평한 상피세포(*epithelial cells*)는 해면동물의 몸 표면을 덮고 있다. 일부 상피세포는 소공을 둘러싼 소공세포(*pore cells*)로 변형되어 소공의 크기를 조절하고 물의 흐름을 일정하게 한다. 소공은 해로운 물질이 있을 때 닫는다. 동정세포(*collar cells*)는 편모로 물의 흐름을 유지시킨다. 편모 주위의 세포는 미생물을 걸러내는 미세한 거름망 역할을 한다. 걸러진 미생물은 세포에 의해 섭취되고, 먹이의 일부는 변형세포(*amoeboid cells*)를 지나게 된다. 이들 세포는 상피세포와 동정세포 사이에서 자유롭게 돌아다니며 소화와 영양 분배를 하고, 생식세포를 생산하며 골편(*spicules*)을 만든다. 골편은 탄산칼슘이나 규소 또는 단백질로 구성되었으며 내골격을 형성하여 몸을 지탱하는 기능을 수행한다(그림 24-7 참조).

## 자포동물은 무기를 잘 갖춘 포식자이다

해파리, 말미잘, 산호, 히드라와 같은 자포동물(*cnidarians*)은 약

**(a) 외피해면** **(b) 관해면** **(c) 나팔해면**

▲ **그림 24-6 해면동물의 다양성** 해면동물은 크기와 모양 그리고 색깔이 다양하다. **(a)** 외피해면은 해저 바위 위에서 일정한 모양이 없이 자란다. 다른 종류는 관 모양**(b)**을 하고 있거나, 항아리 모양**(c)**을 하고 있다.

**비판적사고** 해면동물을 가장 원시적인 동물이라고 한다. 어떻게 해서 원시적인 동물이 다양성을 보이게 되었을까?

| 표 24-1 | 주요 동물 문의 비교 | | | |
|---|---|---|---|---|
| 일반명(문) | | 해면(해면동물) | 히드라, 말미잘, 해파리 (자포동물) | 편형동물(편형동물) |
| 몸 체제 | 구성 수준 | 세포수준이고, 조직과 기관이 없음 | 조직은 있고, 기관은 없음 | 기관계 |
| | 배엽 | 없음 | 이배엽 | 삼배엽 |
| | 대칭 | 없음 | 방사대칭 | 좌우대칭 |
| | 머리 | 없음 | 없음 | 있음 |
| | 체강 | 없음 | 없음 | 없음 |
| | 체절 | 없음 | 없음 | 없음 |
| 내부기관계 | 소화계 | 세포내소화 | 위수강:일부는 세포내소화 | 위수강 |
| | 순환계 | 없음 | 없음 | 없음 |
| | 호흡계 | 없음 | 없음 | 없음 |
| | 배설계(체액조절) | 없음 | 없음 | 섬모세포가 있는 원신관 |
| | 신경계 | 없음 | 신경망 | 종신경삭을 가진 뇌 신경절 |
| | 생식 | 유성생식과 무성생식(출아)을 겸함 | 유성생식과 무성생식 (출아)을 겸함 | 유성생식(일부는 자웅동체)과 무성생식 (분열법)을 겸함 |
| | 지지 | 골편이 있는 내골격 | 유체골격 | 유체골격 |
| | 밝혀진 종수 | 8,800 | 10,000 | 10,000 |

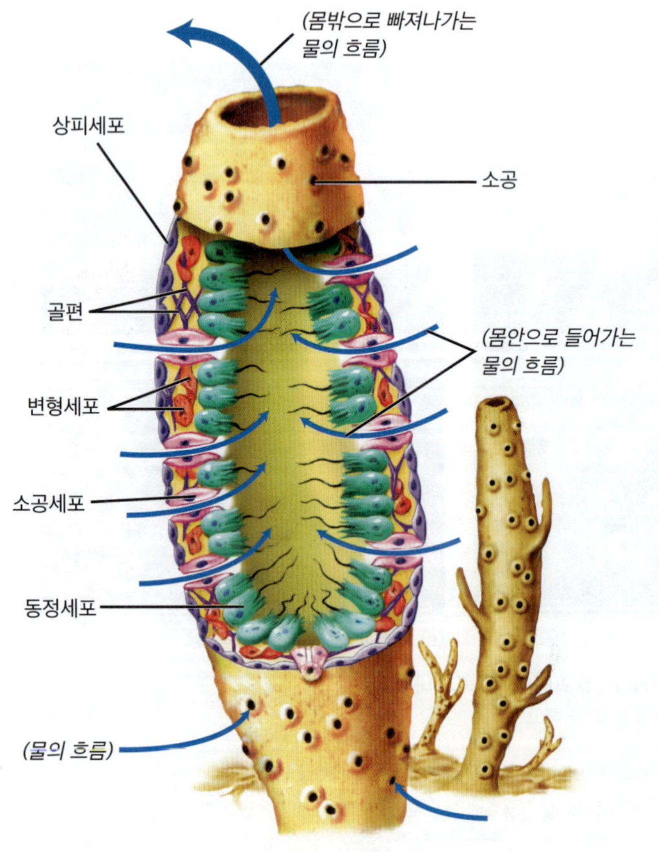


10,000여 종이 알려져 있고, 물에서 서식하는데 대부분 바다에서 산다(**그림 24-8**). 대부분의 자포동물은 직경이 수 밀리미터에서 수 인치까지 작지만 가장 큰 해파리는 직경이 2.4m이고 촉수는 4.5m 정도 된다. 모든 자포동물은 육식성 포식자이다.

### 자포동물은 조직을 가지고 있고, 몸의 형태는 두 종류가 있다

자포동물의 세포들은 근육처럼 작용하는 수축조직을 포함하여 분명한 조직을 이루고 있다. 신경세포는 신경망(*nerve net*)이라고 하는 조직을 이루고 있는데, 신경망은 온 몸에 퍼져 있어 운동, 섭식행동 등을 일으키는 수축조직을 조절한다. 그러나 대부분의 자포동물은 진정한 기관이나 뇌가 없다.

◀**그림 24-7 해면동물의 몸 체제** 물은 몸 표면에 있는 소공을 통해 들어가고 대공을 통해 배출된다. 미세한 먹이 입자들은 물로부터 걸러진다.

| 체절로 됨(환형동물) | 달팽이, 대합오징어 (연체동물) | 곤충, 거미, 갑각류 (절지동물) | 회충(선형동물) | 불가사리, 성게(극피동물) |
|---|---|---|---|---|
| 기관계 | 기관계 | 기관계 | 기관계 | 기관계 |
| 삼배엽 | 삼배엽 | 삼배엽 | 삼배엽 | 삼배엽 |
| 좌우대칭 | 좌우대칭 | 좌우대칭 | 좌우대칭 | 유생: 좌우대칭/성체: 방사대칭 |
| 있음 | 있음 | 있음 | 있음 | 없음 |
| 체강 | 체강 | 체강 | 의체강 | 체강 |
| 있음 | 없음 | 있음 | 없음 | 없음 |
| 입과 항문이 분리됨있음 | 입과 항문이 분리됨 | 입과 항문이 분리됨 | 입과 항문이 분리됨 | 입과 항문이 분리됨 |
| 폐쇄 순환계 | 개방순환계 | 개방순환계 | 없음 | 없음 |
| 없음 | 아가미, 폐 | 기관, 아가미, 서폐 | 없음 | 관족, 피부아가미, 호흡수 |
| 신관 | 신관 | 신관과 유사한 배설선 | 배설선 | 없음 |
| 한 쌍의 복신경삭을 가진 뇌신경절이 있고, 체절마다 신경절이 있음 | 일부 두족류에서 잘 발달된 뇌가 있고, 여러 쌍의 신경절이 있음 체벽에 신경망 있음 | 한 쌍의 복신경삭을 가진 뇌신경절이 있고, 체절마다 신경절이 있음 일부는 연합됨 | 배복 신경삭을 가진 뇌신경절이 있음 | 뇌신경절은 없고, 신경환과 방사신경이 있음 |
| 유성생식 (일부는 자웅동체) | 유성생식(일부는 자웅동체) | 유성생식 | 유성생식 (일부는 자웅동체) | 유성생식(일부는 자웅동체)과 재생에 의한 무성생식을 겸함 |
| 유체골격 | 유체골격 | 외골격 | 유체골격 | 외피 아래에 있는 내골격 |
| 13,000 | 50,000 | 1,000,000 | 12,000 | 6,800 |

(a) 말미잘

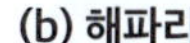
(b) 해파리

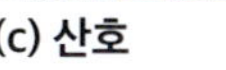
(c) 산호

(d) 바다말벌

◀ 그림 24-8 **자포동물의 다양성** (a) 붉은 점이 있는 말미잘이 먹이를 잡기 위해 촉수를 펴고 있다. **(b)** 바다에 떠다니는 해파리 **(c)** 산호가 촉수를 펴고 있다. **(d)** 해파리의 일종인 바다말벌은 강한 독을 가지고 있는 자세포가 있다. 독은 새우와 같은 먹이를 빠르게 죽일 수 있다.

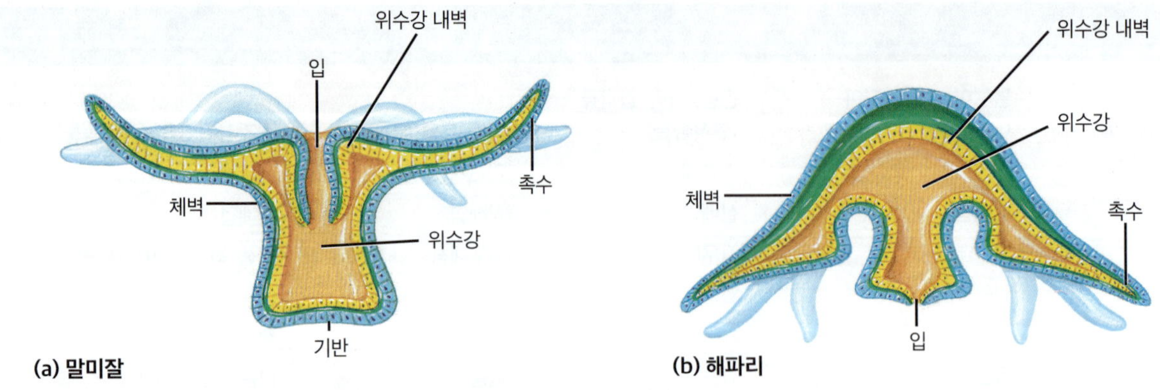


▲ **그림 24-9 고착형과 해파리형** (a) 말미잘과 산호에서 볼 수 있는 고착형. (b) 해파리에서 볼 수 있는 해파리형. 뒤집혀 있는 고착형과 닮아 있다.(파란색 부분은 외배엽에서, 노란색 부분은 내배엽에서 유래된 것을 보여준다.)

자포동물은 다양한 형태를 보이지만, 기본적으로 고착형(*polyp*, **그림 24-9a**)과 해파리형(*medusa*, **그림 24-9b**)이 있다. 일반적으로 고착형은 바위에 부착하여 살도록 적응되었고 먹이를 잡을 수 있는 촉수가 있다. 종 모양을 하고 있는 해파리형은 물의 흐름에 따라 떠다닌다.

대부분의 자포동물은 생활주기 중에 폴립 단계와 해파리 단계를 거치지만, 일부 종은 고착형이나 해파리형 가운데 하나의 형태를 선택해 살아간다. 고착형이나 해파리형은 둘 다 이배엽(내배엽과 외배엽)에서 발생한다. 내배엽과 외배엽 사이에는 젤리 같은 물질이 있다. 고착형과 해파리형은 방사대칭이고, 몸에 있는 촉수들은 입과 소화강 주위로 둥글게 배열되어 있다(그림 24-2a 참조).

생식 방법은 상당히 다양하지만, 일반적으로는 폴립 단계와 파리 단계를 거치게 된다. 고착형은 전형적으로 **출아법(budding)**에 의한 무성생식을 하는데, 어떤 조건이 되면 암수로 나누어진 해파리로 발생하게 된다. 성숙한 해파리에서 배출한 정자와 난자가 수정이 되면 접합자가 된 후 섬모가 있는 유생으로 발생하여 자유롭게 유영한다. 유생은 단단한 표면에 정착하여 고착형으로 성장한다.

### 자포동물은 촉수세포를 가지고 있다

자포동물의 촉수에는 먹이와 접촉했을 때 먹이에게 독이 있는 필라멘트를 주입할 수 있는 자세포(*cnidocytes*)가 있다(**그림 24-10**). 자포동물에서만 볼 수 있는 자세포는 먹이를 잡는 데 사용

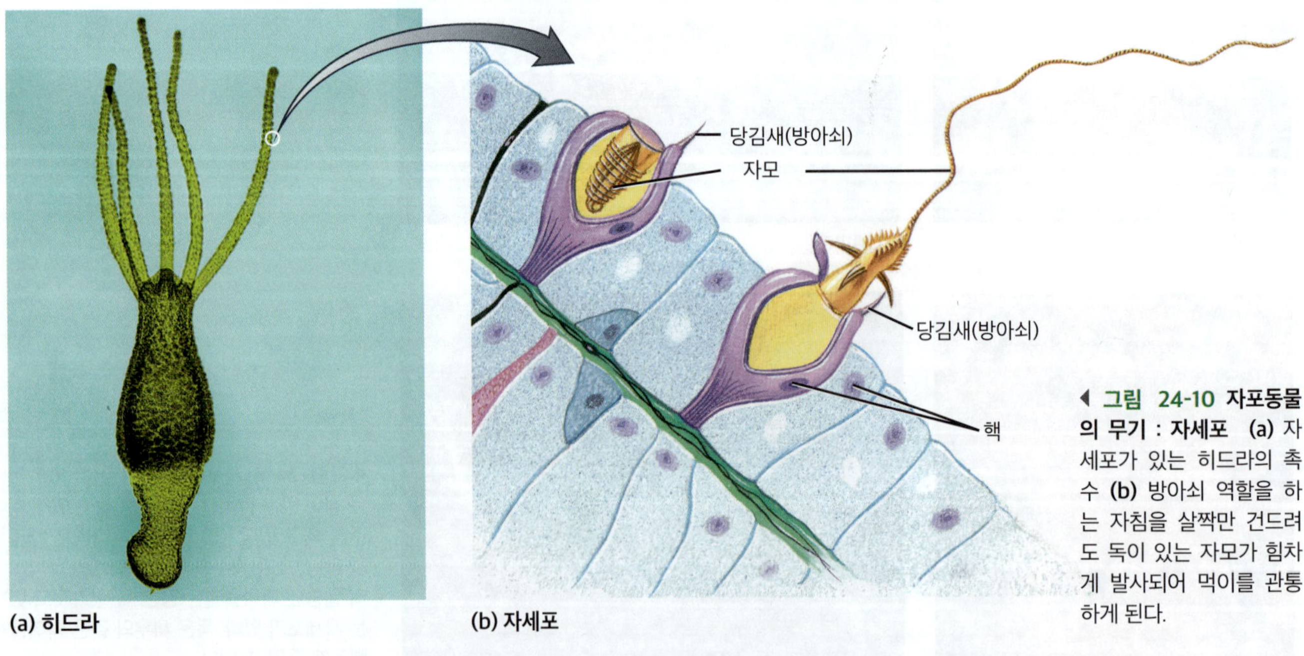


◀ **그림 24-10 자포동물의 무기 : 자세포** (a) 자세포가 있는 히드라의 촉수 (b) 방아쇠 역할을 하는 자침을 살짝만 건드려도 독이 있는 자모가 힘차게 발사되어 먹이를 관통하게 된다.

한다. 자포동물은 활동적으로 사냥하지 않지만 먹이를 기다리다가 기회가 오면 촉수로 붙잡는다. 붙잡힌 먹이가 입을 통해 위수강(*gastrovascular cavity*) 속으로 들어가면 소화효소가 분비되어 소화가 이루어진다(그림 24-9 참조). 위수강은 출입구가 하나밖에 없기 때문에 소화되지 않은 찌꺼기는 입을 통해 다시 배출된다. 이러한 배출법이 계속적인 먹이섭취를 방해 하지만 자포동물들은 에너지 요구량이 낮기 때문에 이것만으로도 충분하다.

일부 자포동물의 독은 인간에게도 고통스러운 통증을 유발하고 일부 해파리의 독은 생명에 위험할 수 있다. 가장 치명적인 종은 호주 북부와 동남아시아 바다에서 발견되고 있는 "바다말벌"(*Chironex fleckeri*, 그림 24-8d 참조)이다. 바다말벌은 직경이 30cm까지 자랄 수 있고, 한 마리에 들어 있는 독의 양은 60여명의 사람을 죽일 수 있다. 바다말벌에 쏘인 피해자는 몇 분 안에 죽을 수도 있다.

### 대부분의 산호는 단단한 골격을 분비한다

자포동물의 한 종류인 산호는 독특한 생태적 중요성을 갖는다(그림 24-8c 참조). 대부분의 산호 종류는 폴립 형태의 군집을 이루는데, 군집을 이루는 개개의 구성원들은 단단한 탄산칼슘의 골격을 분비한다. 골격은 산호가 죽은 뒤로 오랫동안 지속되어 다른 개체가 붙어사는 데 도움을 주고, 수천 년이 지나도 계속되어 단단하고 커다란 산호초를 형성한다. 이들 산호초 다수가 기후변화에 따라 위협받고 있는데 세부내용이 396페이지의 'Earth Watch'에 기술되어 있다.

산호초는 차가운 바다와 따뜻한 바다 모두에서 발견된다. 찬물에 사는 산호초는 깊은 바다에 널리 분포하고 있는데 잘 알려지지 않았다. 보다 친근한 산호초는 깨끗하고 얕은 열대바다에 사는데 이곳의 산호초는 놀라운 다양성과 아름다움을 보이며 생태계의 기초가 되는 서식처를 형성한다.

## 빗해파리는 섬모를 이용하여 움직인다

방사대칭을 하고 있는 빗해파리(*comb jellies*)는 150종 정도 밝혀져 있고, 겉모양은 자포동물과 비슷하지만 분명한 진화계통을 가지고 있다. 대부분의 빗해파리는 직경이 2.5cm 이하지만 몇 종류는 직경이 1m 이상인 종류도 있다. 빗해파리는 8개의 즐판대에 배열된 섬모에 의해 이동한다. 대부분의 빗해파리는 무색투명하고 빛을 발하는데, 8개의 즐판대에 있는 섬모운동에 의해 수시로 색을 바꿀 수 있다(**그림 24-11**).

모든 빗해파리는 육식을 한다. 대부분은 바다에 떠다니면서 작은 무척추동물을, 때로는 다른 작은 빗해파리를 끈적끈적한 촉수로 잡아먹는다. 거의 모든 빗해파리는 자웅동체이다. 각각의 개체는 정자와 난자를 물속으로 방출한 후 수정이 이루어진다. 수정란은 유생으로 부화될 때까지 떠다니다가 차츰 성체로 자라게 된다.

▲ **그림 24-11 빗해파리** 체색이 없지만 즐판대의 섬모가 빛을 굴절시켜 진주색을 나타낸다.

## 편형동물은 자유생활을 하거나 기생생활을 한다

편형동물(*flatworms*)은 몸이 납작하고 리본 모양을 하여 붙여진 이름이다. 좌우대칭으로(그림 24-2b 참조) 약 10,000여 종이 기생충이다(**그림 24-12a**). **기생충(parasites)**은 숙주(*host*) 내부나 외부에 살면서 해를 끼친다. 자유생활을 하는 편형동물은 물이나 축축한 땅에서 산다. 그들은 작고 눈에 잘 띄지 않지만(**그림 24-12b**), 어떤 종류는 밝은 색을 띠고 열대산호초에서 산다(**그림 24-12c**).

편형동물은 모두 유성생식을 할 수 있으며 대부분 자웅동체이다. 이런 특성은 숙주에서 사는 동안 자가수정을 할 수 있어 기생생활을 하는 종류에게는 큰 장점이 된다. 편형동물 중에는 무성생식을 하는 경우도 있다. 독립생활을 하는 종류는 스스로 몸을 두 개로 분열시켜 잃어버린 몸의 일부분을 재생시킬 수도 있다.

### 편형동물은 기관을 갖추고 있으나 호흡계와 순환계가 없다

자포동물과는 달리 편형동물은 기관을 가지고 있다. 예를 들어, 자유생활하는 편형동물은 빛과 어둠을 감지하고 접촉이나 화학적인 자극에 반응하는 안점을 가지고 있다(그림 24-12b 참조).

편형동물은 정보 처리를 위해 머리에 **신경절(ganglia)**이 있어 간단한 뇌를 형성하고 있다. 한 쌍의 **신경삭(nerve cords)**이 신경절에 신호를 전달한다.

편형동물은 호흡계와 순환계가 없다. 체세포와 환경 사이에서 확산에 의해 가스교환을 한다. 이러한 호흡이 가능한 이유는

(a) 흡충

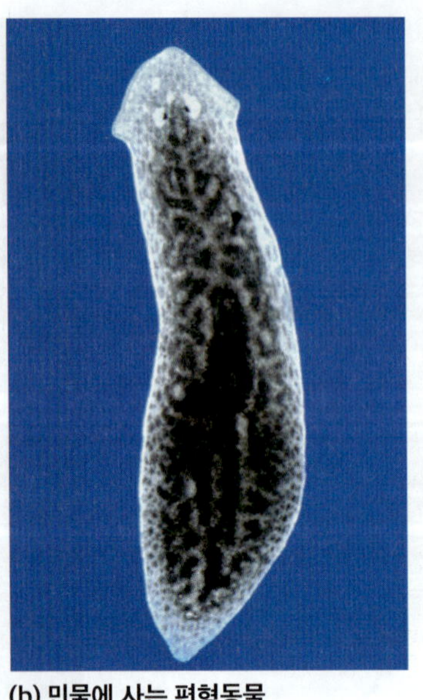
(b) 민물에 사는 편형동물

(c) 바다에 사는 편형동물

▲ 그림 24-12 **편형동물의 다양성** (a) 이 흡충은 기생하는 편형동물의 한 예이다. (b) 민물에서 자유생활을 하는 편형동물의 머리에는 분명하게 볼 수 있는 안점이 있다. (c) 열대 산호초에서 사는 대부분의 편형동물은 밝은 색을 띤다.

편형동물이 납작하고 크기가 작아 주변 환경에서 체세포가 멀리 떨어져 있지 않기 때문이다. 양분은 몸 전체에 뻗어있는 소화관을 통해 직접 체세포로 이동한다. 자포동물의 경우처럼 외부로 향한 소화관의 입구가 하나뿐이기 때문에 소화되지 않는 찌꺼기는 입을 통해 다시 밖으로 배출된다.

### 일부 편형동물은 인간에게 해를 끼친다

일부 기생성 편형동물은 인간에게 감염될 수 있다. 예를 들어, 촌충은 사람들이 감염된 소고기나 돼지고기, 생선을 덜 익혀 먹었을 때 감염된다. 포낭이라고 불리는 유생은 숙주의 근육 속에 들어 있다. 인간의 소화관에서 부화된 포낭은 어린 촌충이 되어 소화관 벽에 달라붙는다. 그곳에서 그들은 소화된 양분을 흡수하여 7m 이상 자라기도 한다. 그리고 결국에는 숙주의 배설물에 자신의 알을 산란한다. 돼지, 소, 물고기가 인간의 배설물에 오염된 먹이를 먹으면 알은 소화관에서 유생으로 부화해 숙주의 근육 속으로 파고들어 포낭을 형성한다. 그런 과정을 통해 감염 경로는 계속된다(**그림 24-13**).

또 다른 기생성 편형동물로는 흡충(*flukes*, 그림 24-12a 참조)이 있는데, 이들 중 가장 해를 끼치는 흡충은 간디스토마와 주혈흡충증을 일으키는 주혈흡충(*Schistosoma*)이다. 대부분의 기생충처럼 흡충은 (주혈흡충의 경우에는 달팽이와 같이) 중간숙주를 거치는 복잡한 생활주기를 가지고 있다. 아프리카와 남미 일부에서 발생하는 주혈흡충은 대략 2억 명의 사람에게 피해를 준다. 그 증상으로는 설사와 빈혈이 있고 때로는 뇌에 손상을 줄 수도 있다.

## 환형동물의 몸은 체절로 이루어져 있다

환형동물(*annelids*)의 몸은 일련의 비슷한 체절로 이루어져 있다. 외부적으로는 이러한 **체절(segmentation)**이 고리같이 보이지만 내부적으로는 대부분의 체절이 동일한 신경과 배설구조 그리고 근육으로 이루어져 있다.

대부분의 환형동물은 유성생식을 한다. 일부 종은 자웅동체이지만 대부분은 자웅이체이다. 수정은 체내나 체외에서 일어난다. 정자와 난자를 주변 환경으로 배출하는 체외수정은 주로 물에 사는 종에서 발견된다. 두 마리 개체가 교미하는 체내수정은 정자가 한 개체에서 다른 개체로 직접 옮겨진다. 자웅동체인 종에서 정자는 서로 상대방 개체로 이동한다. 어떤 환형동물은 몸이 둘로 나누어진 후 각각의 잃어버린 부분을 재생하는 방법으로 무성생식을 한다.

### 환형동물은 체강동물로서 기관계를 가지고 있다

환형동물은 체벽과 소화관 사이에 액체가 가득 찬 진정한 체강을 가지고 있다(그림 24-3a 참조). 체강 안에 있는 액체가 몸의 골격 기능을 담당하는데 이것을 **유체골격(hydrostatic skeleton)**이라 한다. 유체골격은 토양을 민첩하게 파고 들어가는 것을 가능하게 한다.

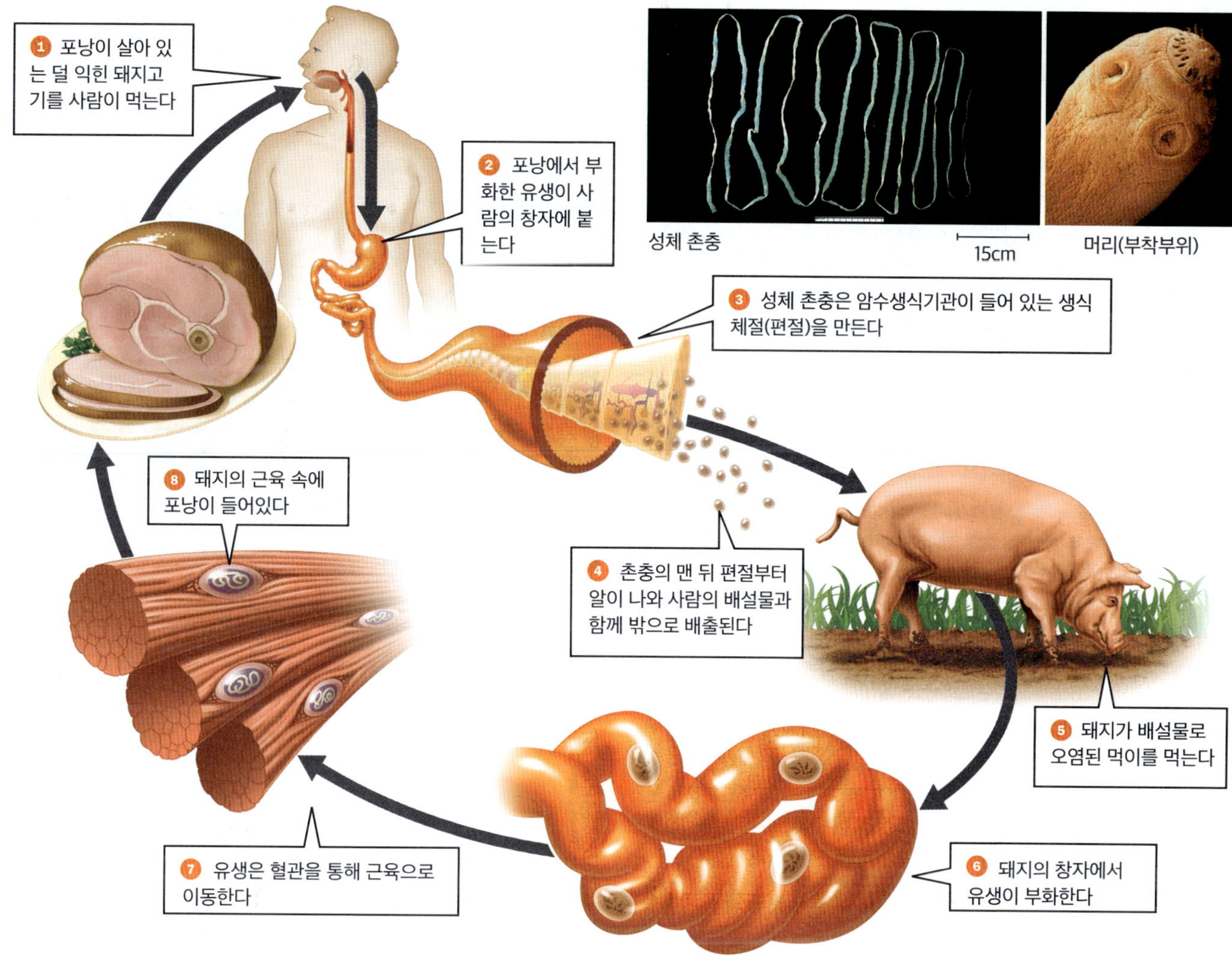


▲ **그림 24-13 인간에게 기생하는 돼지촌충의 생활주기**

**비판적 사고** 촌충이 길고 납작한 모양으로 진화한 이점은 무엇일까?

환형동물은 잘 발달된 기관계를 가지고 있다. 예를 들어, 환형동물은 몸 전체에 가스와 양분을 공급해 주는 **폐쇄순환계(closed circulatory system)**를 가지고 있다. 폐쇄순환계에서는 혈액이 심장과 혈관 내에만 있다. 예를 들면, 지렁이는 산소를 운반하는 헤모글로빈이 들어 있는 혈액을 다섯 쌍의 "심장"을 이용하여 잘 발달된 혈관으로 공급한다(**그림 24-14**). 이러한 심장은 규칙적으로 수축하는 특수화된 혈관의 짧은 부분이다. 혈액은 여과되고 노폐물은 체절마다 있는 신관(nephridia)이라 불리는 배설기관에서 제거되고, 작은 구멍을 통해 밖으로 배설된다. 신관은 척추동물의 신장에 있는 세뇨관과 비슷하다. 환형동물의 신경계는 머리에 있는 간단한 뇌 그리고 체절마다 있는 신경절과 연결되어 있는 한 쌍의 복신경삭으로 이루어져 있다. 환형동물의 소화계는 입에서 항문까지 관으로 연결되어 있다. 이러한 소화관은 출입구가 하나인 자포동물이나 편형동물보다 훨씬 더 효율적이다. 환형동물에서의 소화는 음식물이 지나가는 동안 전문화된 여러 구획에서 일어난다.

## 환형동물에는 빈모류, 다모류, 거머리류가 있다

13,000여 종이 알려진 환형동물은 크게 빈모류(*oligochaetes*), 다모류(*polychaetes*), 거머리류(*leeches*)의 세 가지 소집단으로 나누어진다. 빈모류는 지렁이 종류이다. 다윈은 지렁이 연구에 상당한 시간을 바친 후 그에 대한 책을 썼다. 다윈은 지렁이가 땅을 비옥하게 만드는 것에 감명받았다. 지렁이는 1에이커 땅에 100만 마리 이상이 산다. 땅 속에 굴을 파면서 토양 속의 유기물질을 먹고 배출한다. 이러한 작용은 공기와 물이 토양을 쉽게 통과할

# 암초가 너무 따뜻해진다면

얕은 열대 바다에서 형성되는 산호초는 지구상에서 가장 다양하고 아름답고 경제적으로 중요한 생태계이다. 불행히도 산호초 생태계는 오염, 파괴적인 어업 습관, 퇴적물 및 과도한 개발로 위협을 받아 전 세계적으로 감소하고 있다. 산호초에 대한 가장 널리 퍼진 위협 중 하나는 백화현상(*bleaching*)을 유발하는 지구온난화 기후이다.

산호초를 만드는 '와편모충류'는 광합성 원생생물의 도움을 받아 산호초를 만든다. 와편모충류는 산호초 동물의 세포 안에 살며 동물에게 피난처와 보호의 대가로 광합성의 영양가 있는 먹이를 제공한다. 이 공생관계는 와편모충류와 산호 동물에게 이익이 된다. 그러나 수온이 너무 높아지면, 산호 동물은 와편모충류 파트너를 배출할 수 있다. 일반적인 연중 최고치보다 1도 정도 약간 높은 수온은 와편모충류를 분출하는 결과를 낳을 것이다. 와편모충류는 많은 산호초의 밝은 색을 담당하기 때문에 와편모충류가 떠난 산호초는 흰색의 표백된 외양을 띠게 된다(**그림 E24-1**).

과학자들은 아직 따뜻한 온도가 산호 표백을 일으키는 이유를 정확히 이해하지 못하고 있다. 하나의 가설은 따뜻한 기온이 와편모충류에 스트레스를 가하여 산호에 유해한 분자를 방출하게 하고, 자기 방어를 위에서 와편모충류를 방출한다는 것이다. 어쨌든 백화는 산호에 좋지 않다. 만약 그들이 너무 오래 와편모충류 없이 남으면 죽게 된다. 백화된 산호가 다시 와편모충류를 차지하기 위해 마침내 수온이 감소하더라도 산호는 쇠약해져 사망률을 높이는 병에 걸리기 쉬워진다.

온난기후에서 산호의 백화현상은 광범위해져 지구를 가로질러 거대하게 펼쳐질 것이다. 인간이 초래한 기후변화로 인해 지구가 온난해지면, 대량으로 산호 백화현상은 더욱 자주 발생할 것으로 예상된다(**그림 E24-2**). 산호의 죽음이 광범위해지면 생존을 위해 건강한 산호에 직접적으로 또는 간접적으로 의존하는 암초 서식지에 서식하는 수천 종들(그리고 수백만의 사람들)에게 나쁜 소식이 될 것이다.

▲ **그림 E24-1 백화된 산호**

**비판적 사고** 산호초에 대한 또 하나의 위협은 퇴적물로서 농장에서의 유거수 및 다른 토양침식으로부터 바다로 씻겨 나가는 침전물이다. 왜 그러한 침전물이 산호에 유해할까? 와편모충류와 산호 사이의 공생관계에 대해 배운 점을 참고하여 답하라.

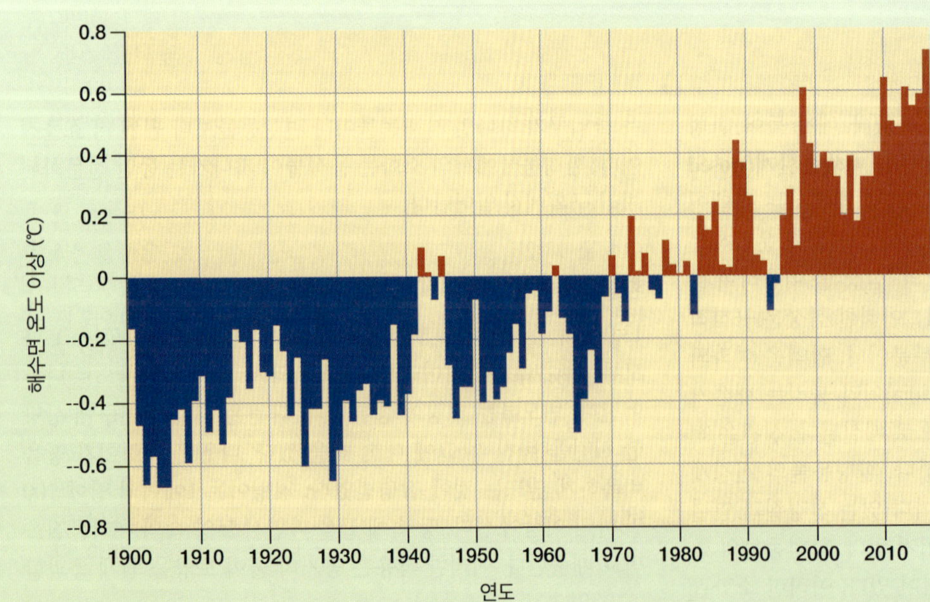


◀ **그림 E24-2 1910-2013년 대보초에서의 해수면 온도** 산호 백화를 유발할 만큼 충분히 따뜻한 기온은 지구상에서 가장 큰 암초 시스템인 호주의 대보초(Great Barrier Reef)에서 측정한 것처럼점점 빈번해지고 있다. 수직축은 특정 연도의 평균 온도가 장기 평균과 다른 양을 측정하는 "온도 이상"을 나타낸다.

▶**그림 24-14 환형동물, 지렁이** 이 그림은 격막에 의해 나누어진 체절을 확대한 것이다.

**비판적 사고** 편형동물 같이 구멍 하나가 입과 항문 역할을 하는 소화계에 비하여 입과 항문이 따로 있는 소화계의 장점은 무엇일까?

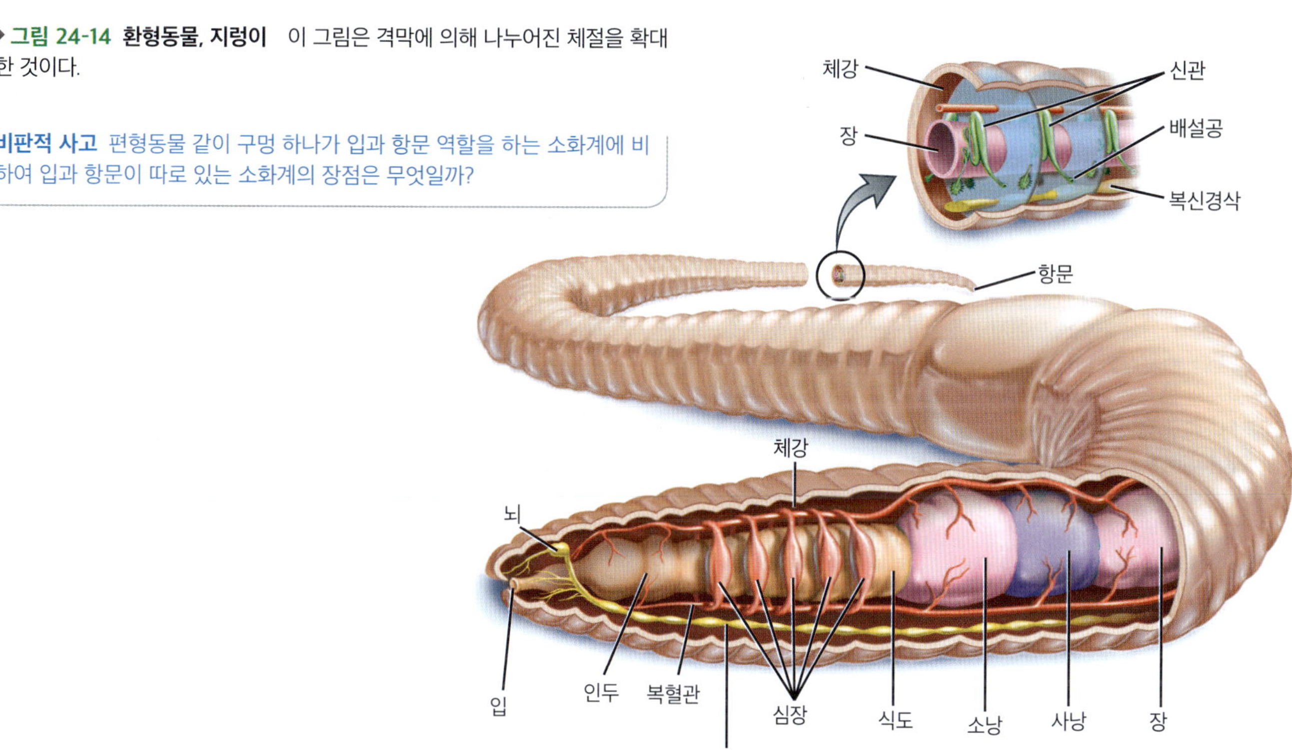


수 있게 만들어 식물이 자라는데 좋은 조건이 되게 한다. 다윈의 관점에서 보면 지렁이의 행동은 경작에 확실한 영향을 미친다. 지렁이의 역할이 긍정적인 측면도 있지만 부정적인 측면도 있다. 북미의 일부 지역에서는 지렁이가 숲속 토양을 파괴하여 식물에 해를 끼치기도 한다.

다모류(갯지렁이 종류)는 주로 바다에서 산다. 일부 다모류는 체절마다 있는 한 쌍의 측각으로 이동한다. 관 속에서 사는 또 다른 다모류는 가스를 교환하고 물속에서 미세한 먹이를 걸러 먹을 수 있는, 깃털 같은 아가미를 가지고 있다(**그림 24-15a, b**).

거머리류(**그림 24-15c**)는 민물이나 축축한 토양에 산다. 대부분의 거머리류는 작은 무척추동물을 먹이로 하나 일부는 큰

**(a) 갯지렁이의 아가미**

**(b) 심해 갯지렁이**

**(c) 거머리**

▲**그림 24-15 다양한 환형동물** (a) 갯지렁이 한 종류의 밝고 화려한 아가미. 몸의 나머지 부분은 관 속에 숨겨져 있다. (b) 이 갯지렁이는 수온이 섭씨 80°C정도 되는 심해 구멍에서 산다. (c) 민물에 사는 거머리는 수많은 체절이 있다. 입 주위에 있는 빨판이 먹이에 붙을 수 있도록 해준다.

**비판적 사고** 거머리에게 소금을 뿌리면 왜 해로운가?

**CASE STUDY CONTINUED**

## 의사의 보조자

의료용 거머리는 주로 수술 후 치료보조제로서 효과적이라는 근거에 미국식품의약국(FDA)으로부터 의료 장치로 공식 승인되었다. 그러나 거머리는 또 다른 의학적 용도로 사용될 수도 있다. 특히 기대되는 점은 통증 치료의 잠재력이다. 거머리는 타액에 진통 화학물을 함유하여 거머리가 피해 생물의 피부를 뚫을 때 발견되지 못하게 돕는데, 의사들은 거머리가 환자의 통증을 감소시킬 수 있을 것으로 기대한다. 수차례의 임상실험 결과 거머리는 관절 장애를 가진 관절염 환자의 통증을 상당히 완화시켰다. 입증되지 못한 증거로는 거머리가 다른 종류의 통증에도 도움이 될 것으로 제시된다.

거머리뿐만 아니라 곤충이나 환형동물 등 다른 무척추동물도 의료용 잠재성을 가지고 있다. 여러분은 본 장의 후반에서 이 동물들의 생물학을 배우게 될 것이다.

동물의 혈액을 흡혈한다.

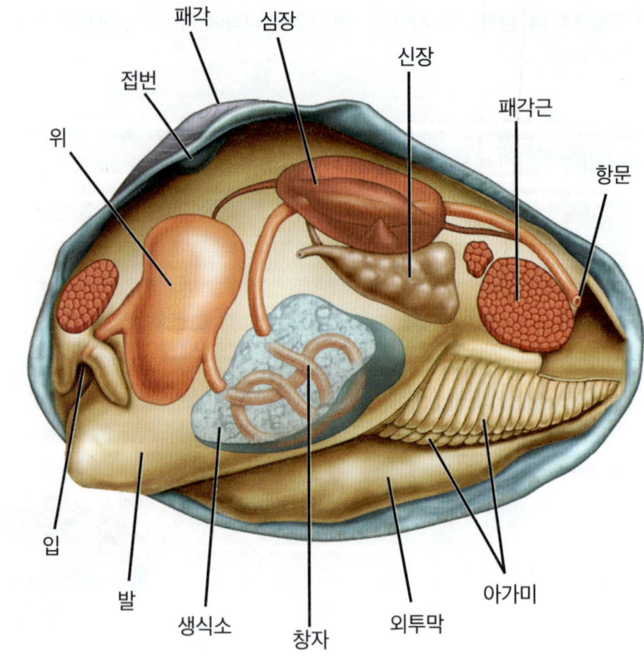


▲ **그림 24-16 연체동물 부족류(조개류)** 조개류의 몸 체제에서는 외투막, 발, 아가미, 패각 그리고 대부분의 연체동물에서 볼 수 있는 특징들을 보여주고 있다. 조개류의 패각근은 패각을 닫는 데 사용한다.

## 대부분의 연체동물은 패각을 가지고 있다

만약 당신이 조개탕이나 굴, 튀긴 가리비를 즐긴 적이 있다면 당신은 연체동물(*mollusks*)에게 빚을 지고 있는 것이다. 연체동물은 매우 다양해 50,000여 종이 알려져 있고, 절지동물 다음으로 많은 숫자이다. 이들은 한 장소에서 고착해 살면서 물속의 미생물을 걸러 먹는 홍합에서부터 심해에 사는 활발한 포식자인 거대 오징어에 이르기까지 다양한 생활 형태를 볼 수 있다. 대부분의 연체동물은 탄산칼슘 성분의 단단한 패각에 의해 자신을 보호한다. 패각이 없는 종류는 신속하게 도망가거나, 몸에 독을 지니고 있거나 싫어하는 화학물질을 가짐으로써 포식자들을 피한다.

연체동물은 환형동물과는 다른 잘 발달된 순환계, 즉 **혈강(hemocoel)**을 가지고 있다. 혈액은 혈강 안에 있는 내부기관을 직접 적시는데, 이러한 순환계를 **개방순환계(open circulatory system)**라고 한다. 연체동물은 체벽이 늘어나서 형성된 **외투막(mantle)**을 가지고 있는데 이것은 아가미를 위한 방을 만들거나 패각을 가진 종에서는 패각을 분비한다(**그림 24-16**). 신경계는 신경과 연결된 신경절로 구성되어 있고, 많은 신경절이 뇌에 집중되어 있다. 생식은 유성생식을 하고, 자웅동체 또는 자웅이체이다.

연체동물의 여러 그룹 가운데 복족류, 부족류, 두족류에 대해 보다 자세히 논의하고자 한다.

### 복족류는 하나의 발로 기어 다닌다

달팽이와 민달팽이 같은 복족류(*gastropods*)는 근육질의 발(*foot*)

(a) 달팽이

(b) 갯민숭달팽이

▲ **그림 24-17 복족류의 다양성** (a) 플로리다 나무달팽이는 밝은 색의 줄무늬 패각을 가지고 있고, 자루 끝에 있는 눈은 만지면 바로 수축한다. (b) 갯민숭달팽이의 밝은 색은 그들이 맛이 없다는 것을 포식자에게 경고한 것이다.

(a) 가리비

(b) 홍합

◀ **그림 24-18 부족류의 다양성** **(a)** 이 가리비는 먹이를 걸러 먹기 위해 물을 섭취한다. 위 아래 패각 바로 안쪽 외투막을 따라 파랗게 보이는 점이 단안(눈)이다. 위쪽의 패각은 해면동물로 덮여 있다. **(b)** 바위에 빽빽하게 부착된 홍합이 썰물 때 드러나 있다. 따개비가 홍합껍데기와 바위에 부착되어 있다.

로 기어 다니고, 색깔과 모양이 다양한 패각으로 자신을 보호한다(**그림 24-17a**). 모든 복족류가 패각을 갖고 있는 것은 아니다. 예를 들어, 바다에 사는 갯민숭달팽이는 패각이 없다. 그러나 그들의 화려한 색깔로 잠재적 포식자를 경계하거나, 독이나 불쾌한 맛을 낸다는 것을 경고해 잠재적인 포식자들을 경계한다(**그림 24-17b**).

복조류는 치설(*radula*)로 먹이를 먹는데, 치설은 바위에 있는 조류를 훑어 먹거나 먹이를 붙잡는 데 사용한다. 대부분의 복족류는 아가미로 호흡을 한다. 패각을 가진 종들은 아가미가 패각 밑 공간에 싸여있다. 복족류에서 가스는 피부를 통해서도 쉽게 확산될 수 있다. 육상에 사는 일부 복족류(육상달팽이나 민달팽이)는 간단한 폐로 호흡을 한다.

## 부족류는 여과섭식동물이다

가리비, 굴, 홍합, 대합 등이 부족류 또는 이매패(*bivalves*)에 속한다(**그림 24-18**). 부족류는 인간에게 중요한 식품이면서 해양 생태계의 중요한 구성원이기도 하다. 부족류는 유연한 섭번에 의해 두 개의 패각이 연결되어 있다. 패각 앞뒤에 있는 강한 근육이 위험에 반응하여 패각을 닫게 해준다. 이 근육은 당신이 식당에서 가리비를 주문하게 되면 제공된다.

조개는 근육질의 발을 이용하여 모래나 진흙에 굴을 판다. 바위에 붙어사는 홍합의 발은 비교적 작으면서 몸을 바위에 고정시키기 위해 실을 분비한다. 가리비는 발이 없기 때문에 패각을 퍼덕거려서 생기는 추진력을 이용해 이동한다.

부족류는 먹이를 걸러서 먹는 동물로, 호흡을 하고 먹이를 섭식할 때 아가미를 이용한다. 물이 아가미를 지나게 되면 먹이가 아가미에 걸리게 되는데, 아가미에는 미세한 먹이 입자를 잡기 위해 얇은 층의 점액질로 덮여 있다. 먹이는 아가미에 있는 섬모에 의해 입으로 이동된다.

## 두족류는 바다의 포식자이다

(a) 문어

(b) 앵무조개

(c) 오징어

▶ **그림 24-19 두족류의 다양성** **(a)** 문어는 위급할 때 외투막을 강하게 수축시켜 뒤쪽으로 이동할 수 있다. 문어와 오징어는 쫓아오는 포식자에게 시커먼 먹물을 내뿜을 수 있다. **(b)** 앵무조개는 물에서 뜨기 위해 기체가 가득 들어 있는 방이 있고, 잘 발달된 눈과 촉수는 먹이를 잡는 데 사용된다. **(c)** 오징어는 외투막을 수축시켜 물을 뒤로 내뿜으면서 생기는 추진력으로 이동할 수 있다.

# Doing Science 바다괴물에 대한 탐구

세계에서 가장 큰 무척추동물의 하나인 대왕오징어는 신비한 동물 중 하나이다. 오징어는 인간의 머리만큼 큰 눈으로 길이가 13미터 이상에 이른다. 오징어의 촉수 10개는 강력한 빨판으로 덮여 있다. 빨판에는 먹이를 잡는 데 사용되는 날카로운 발톱 고리가 들어 있으며, 먹이를 잡으면 오징어의 입 쪽으로 끌고 가서 강한 부리로 음식물을 찢는다. 분명히, 대왕오징어는 지구상에서 가장 인상적인 생물 중 하나이다. 그러나 대왕오징어를 관찰할 때는 오징어가 죽은 상태로 육지로 밀려왔거나 낚시 그물에서 끌어 올려 졌기 때문에 습관과 생활양식에 대해서는 거의 알려진 것이 없다.

살아있는 대왕오징어를 자연적으로 서식지에서 관찰하는 것에 대한 과학적 관심으로 수년 동안 여러 탐사가 진행되었지만, 2004년까지 대왕오징어를 관찰하거나 사진을 찍을 수가 없었다. 하지만 그 해, Tsunemi Kubodera가 이끄는 연구팀이 일본 연안에서 낚싯줄에 길게 매단 미끼와 카메라를 3,000피트 깊이의 수심 속에서 긴 시간 동안 기다리는 순간, 마침내 미끼를 공격한 대왕오징어 사진을 몇 장 얻을 수 있었다. 2년 후에 미끼를 공격하는 오징어가 수면에 끌어 당겨져서 사진을 찍을 수 있었다(**그림 E24-3**). 2012년 Kubodera는 두 명의 다른 과학자인 Steve O'Shea와 Edith Widder와의 공동연구를 통해 더 나은 관찰 결과를 얻을 수 있는지 알아 보았다.

▲ **그림 E24-3 대왕오징어** 심해에서 연구자들이 마주친 길이 약 3미터 정도 되는 대왕오징어의 고화질 비디오에서 얻은 이미지.

### 질문은 무엇인가

세 명의 연구원은 자연의 심해 서식지에서 대왕오징어를 관찰한다는 목표를 공유했지만, 각각은 대왕오징어가 사냥하는 방식에 대해 서로 다른 가설을 가져서, 이를 유인하는 가장 좋은 방법에 대한 각자의 가설을 세웠다. O'Shea는 대왕오징어가 냄새로 사냥하고 먹이가 분비하는 물질에 끌린다는 가설을 세웠다. Kubodera는 비슷한 가설을 가졌지만 먹이 동물 전체가 더 나은 유인물이 될 것으로 생각했다. 생물발광(많은 해양 생물에 의해 자연적으로 생성되는 빛)에 대한 전문가인 Widder는 대왕오징어가 해파리를 먹는 작은 포식자를 먹기 때문에 특정 심해 해파리가 공격을 받을 때 알리는 번쩍이는 생물 발광 경보 신호에 끌릴 것이라는 가설을 세웠다.

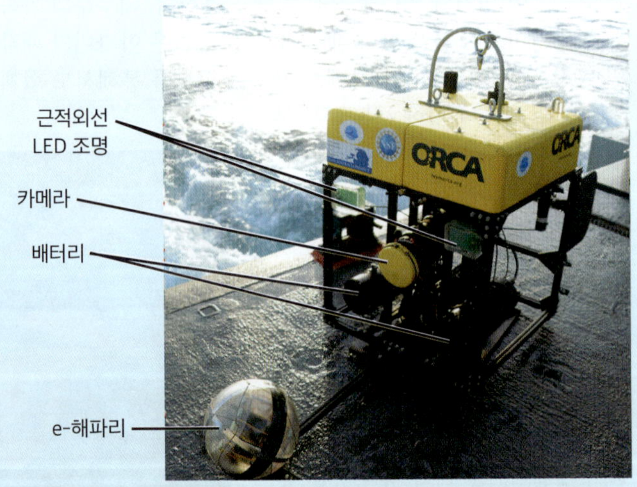


▲ **그림 E24-4 탐색장비** 사진의 "e-해파리" 미끼와 카메라 장치는 최초로 대왕오징어의 생생한 비디오를 찍는 데 사용되었다.

### 증거는 어떻게 수집되었는가?

각 연구원은 대왕오징어를 유인하기 위해 서로 다른 접근 방식을 시도했다. O'Shea는 조명이 켜진 잠수함을 타고 내려와 죽은 오징어에서 추출한 화학 물질을 방출했다. 그는 화학물질이 잠수함 주위의 밝은 빛의 원으로 대왕오징어를 끌어들이기를 희망했다. Kubobera도 잠수함과 미끼를 사용했지만, 그의 미끼는 작은 오징어였고, 그의 잠수함은 희미한 붉은 빛(대부분의 심해 동물은 감지할 수 없음)만 비추고 엔진이 꺼진 상태에서 조용히 표류했다. Widder도 소음과 밝은 빛을 최소화하기를 원했기 때문에 해파리와 유사한 청색광 펄스를 방출하는 미끼를 고안하고 주변을 붉은빛으로 비추는 카메라 장비 옆에 이 "모조 해파리"를 묶었다. 전체 장치(**그림 E24-4**)를 부표에 묶고 수면 아래 2,300피트에 매달았다.

### 무엇을 배웠는가?

O'Shea의 화학 미끼는 많은 오징어를 잠수함으로 끌어들였지만, 대왕오징어는 없었다. 아마도 밝은 불빛이 그들을 멀어지게 했거나 먹이 냄새만으로는 그들을 끌어들이기에 충분하지 않았을 것이다. 그러나 다행히도 다른 두 연구자가 사용한 미끼는 거대한 오징어를 끌어들였다. Widder의 모조 해파리는 깊은 바다에서 대왕오징어 사냥을 촬영한 최초의 비디오로 연구원들에게 (여러 시간을 기다린 후) 보상했다. 입이 카메라를 향해 움직일 때 촉수가 퍼졌다. 그리고 쿠보 두라의 사냥감 미끼는 결과가 없는 긴 여행 끝에 마침내 대왕오징어를 잠수함으로 끌어들였다. 몇 분 동안 열심히 동물을 관찰한 후 Kubodera는 밝은 스포트라이트를 켜서 큰 도박을 했다. 그의 큰 안도감을 위해, 거대 오징어는 즉시 달아나지 않았고 기뻐하는 연구원은 심해 서식지에서 지구에서 가장 이상하고 가장 웅장한 생물 중 하나의 고화질 컬러 비디오를 캡처했다.

**비판적 사고** 그림 E24-4에 묘사된 e-jelly에 끌린 대왕오징어는 유인물 자체보다는 오히려 유인물 옆에 있는 카메라 장비를 공격하는 것으로 보인다. 이 관찰은 대왕오징어 포식에 관한 Edith Widder의 가설을 어떻게 지지하는가?

문어, 앵무조개, 오징어 등이 두족류(*cephalopods*)에 속한다(**그림 24-19**). 무척추동물 가운데 가장 큰 거대 오징어도 두족류에 속한다("Doing Science: 바다괴물에 대한 탐구" 참조).

모든 두족류는 육식성이고 바다에 산다. 두족류의 발은 먹이를 탐지할 수 있는 촉수로 진화하였다. 촉수의 빨판에 붙잡힌 먹이는 타액(침) 속에 들어있는 독으로 마비시킨 후, 악판(부리)에 의해 찢겨지게 된다.

두족류는 외투강의 물을 분사함으로써 빠르게 이동한다. 문어 또한 여러 개의 촉수를 이용해 해저를 따라 이동할 수 있다. 두족류의 빠른 움직임과 활동적인 생활방식은 폐쇄순환계 때문에 가능하다. 두족류는 폐쇄순환계를 가진 유일한 연체동물로, 개방순환계보다 훨씬 효과적으로 산소와 양분을 운반할 수 있다.

두족류는 잘 발달된 뇌와 감각계를 가지고 있다. 두족류의 눈은 복잡성에서 사람과 경쟁한다. 두족류의 뇌 특히, 문어의 뇌는 무척추동물 가운데 가장 크고 복잡하다. 뇌는 뛰어난 학습능력과 기억능력이 있다. 실험실에서 문어는 먹이와 관련된 상징을 빠르게 인식하고 나사로 된 뚜껑을 열어 먹이를 얻는다. 야생에서는 도구를 사용하는 문어도 있다.

▲ **그림 24-21 주기적으로 탈피를 해야만 하는 외골격** 매미가 성장하기 위해 외골격(왼쪽)으로부터 빠져 나오고 있다.

## 절지동물은 동물 가운데 가장 다양하고 양적으로도 가장 많은 동물이다

절지동물(*arthropods*)은 지구상의 동물 가운데 가장 다양하고 양적으로도 가장 많은 동물이다. 절지동물에는 곤충, 거미, 지네, 갑각류 등이 있다. 지금까지 100만여 종이 발견되었지만, 과학자들은 수백만 종 이상이 더 있을 것으로 추측하고 있다.

### 절지동물은 부속지와 외골격을 가지고 있다

모든 절지동물은 관절로 된 한 쌍의 부속지와 갑옷처럼 자신의 몸을 감싸는 **외골격(exoskeleton)**을 가지고 있다. 표피(*epidermis*)에서 분비되는 외골격은 주로 단백질과 다당류인 키틴(*chitin*)으로 이루어져 있다(그림 3-11 참조). 외골격은 근육에 단단히 붙어있지만 몸에 한 쌍씩 있는 부속지가 움직일 수 있도록 얇고 유연하다. 이같은 단단함과 유연함의 조화는 벌이 비행을 하고 거미가 거미줄을 치는 복잡하고 섬세한 조작도 가능케 한다(**그림 24-20**). 외골격은 또한 포식자로부터 자신을 보호해 준다. 뿐만 아니라 체내 수분증발을 막아주는 방수성 표피로 되어 있어서 건조한 육상서식처를 정복하는데 크게 기여한다.

▲ **그림 24-20 정밀하게 움직일 수 있는 외골격** 거미가 거미줄에 붙잡힌 곤충을 감싸기 시작하는데, 그런 능숙한 솜씨는 외골격과 관절로 된 부속지가 있기 때문에 가능하다.

이와 같은 여러 이점에도 불구하고 절지동물의 외골격은 약간의 문제를 안고 있다. 예를 들면, 동물이 성장할 때 커질 수가 없기 때문에 외골격은 주기적으로 탈피(molted)를 해야 한다는 것이다(**그림 24-21**). 그리고 탈피를 할 때 에너지가 이용되고 새로운 외골격이 단단해질 때까지 상처를 입기 쉽다는 것이다.

### 절지동물은 분화된 체절을 가지고 있고 활동적인 생활 형태로 적응되었다

절지동물은 체절로 되어 있지만, 체절은 환경감지, 섭식, 이동 등과 같은 다른 기능으로 분화되었다(**그림 24-22**). 곤충의 경우, 감각기관과 섭식구조는 머리(*head*)가 있는 앞쪽 체절에 있고, 소화기 구조는 배(*abdomen*)가 있는 뒤쪽 체절에 있다. 머리와 배 사이에 가슴(*thorax*)이 있는데, 가슴에 있는 체절은 날개나 걷는 다리가 있어 이동하는 데 사용된다.

절지동물이 재빨리 날고, 헤엄치고, 달리려면 효율적인 가스교환을 통해 근육에 충분한 산소가 공급되어야 한다. 물에서 사는 갑각류와 같이 물에서 사는 절지동물은 아가미로 가스교환을 하지만, 육지에 사는 절지동물은 폐나 기관(*tracheae*)으로 호흡한다. 대부분의 절지동물은 연체동물과 같이 혈액이 혈강 안에 있는 기관을 직접 적시는 개방 순환계를 가지고 있다.

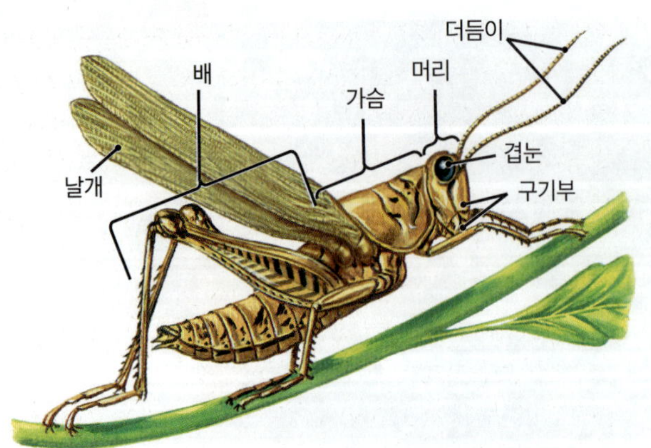


▲ **그림 24-22 분화되고 합해진 곤충의 체절** 메뚜기와 같은 곤충은 머리, 가슴, 배로 체절이 합해지고 분화되었다. 체절은 배 부분에서 볼 수 있다.

▲ **그림 24-23 절지동물의 겹눈** 주사전자현미경 사진은 말파리의 겹눈을 보여주고 있다. 겹눈은 빛을 모으고 넓은 시야를 볼 수 있도록 감지하는 요소들로 구성되어있다. 곤충은 좋은 상을 맺는 능력과 색을 구별하는 능력을 가지고 있다.

대부분의 절지동물은 잘 발달된 감각계와 신경계를 가지고 있다. 절지동물의 감각계로는 다양한 빛을 감지할 수 있는 **겹눈(compound eyes)**과 화학물질과 촉각을 빠르게 감지할 수 있는 감각기관을 가지고 있다(**그림 24-23**). 절지동물의 신경계는 환형동물과 유사하지만 좀 더 복잡하다. 신경계는 신경절이 합해져서 이루어진 뇌와 복신경삭과 연결되어 있는 일련의 신경절로 구성되어 있다. 대부분의 절지동물은 잘 발달된 신경계와 세련된 감각 능력을 갖추면서 복잡한 행동을 할 수 있도록 진화하였다.

## 곤충은 유일하게 날 수 있는 무척추동물이다

지금까지 알려진 곤충(*insect*)의 종수는 대략 85만 종 정도이다(**그림 24-24**). 곤충은 한 쌍의 더듬이와 세 쌍의 다리 그리고 두 쌍의 날개를 가지고 있다. 곤충의 비행 능력은 다른 무척추동물에서 볼 수 없는 특징으로 지구상에서 성공적으로 번식하는 데 기여하였다. 비행은 곤충이 포식자로부터 도망가게 해줄 뿐 아니라 광범위하게 퍼져 있는 먹이를 찾을 수 있도록 도와준다. 메뚜기 떼는 먹이를 찾으러 하루에 200마일 정도 여행할 수 있다. 연구자들은 한 무리의 메뚜기 떼가 총 3,000마일 정도 여행하는 것을 추적하였다. 곤충은 날 때 빠르고 효율적인 가스교환을 해야 하는데, 이러한 가스교환을 기관으로 한다.

모든 곤충은 발생 중에 유생에서 성체로 변하는 **변태(metamorphosis)** 과정을 거친다. 대부분의 곤충은 완전변태를 한다. 완전변태를 하는 곤충의 미성숙단계를 **유충(larva)**이라 하는데, 유충은 벌레모양을 하고 있다. 알에서 부화한 유생은 먹으면서 성장하면서 여러 번 허물을 벗고, 먹지 않는 단계인 **번데기(pupa)**를 형성한다. 그리고 번데기는 날개가 있는 성체로 변태한다. 다 자란 성체는 배우자를 맞이하고 산란하는 생활주기를 계속해서 한다. 변태는 식습관과 모양 변화를 통해 유생과 성체 사이에 먹이 경쟁을 없애준다. 메뚜기나 귀뚜라미 같은 곤충은 알에서 성체와 닮은 유생을 부화한 후, 탈피하고 성장하면서 점차 성체가 되는 불완전변태를 한다. 생물학자들은 곤충을 수십 개의 목으로 분류하지만, 여기서는 가장 큰 3개의 목을 중심으로 알아보기로 한다.

**나비와 나방** 곤충 가운데 가장 눈에 잘 띄고, 연구가 잘 된 그룹이 나비와 나방이다. 나비와 나방의 날개가 밝은 색이나 무지갯빛을 나타내는 것은 빛을 반사하는 인편과 색소 때문이다. 나비는 주로 낮에 비행을 하고 나방은 밤에 비행을 한다.

나비와 나방의 진화는 꽃을 피우는 현화식물과 밀접하게 관련되어 있다. 나비와 나방은 평생 동안 현화식물만 먹는다. 대부분의 현화식물은 수분을 나비와 나방에 의존한다.

**벌, 개미, 장수말벌** 벌, 개미, 장수말벌은 아프게 쏘는 것으로 사람들에게 알려졌다. 많은 종류가 침을 가지고 있고 피해자에

**▶그림 24-24 곤충의 다양성** (a) 진딧물이식물에서 꿀물을 빨고 있다. (b) 탄알개미는 매우 고통스러운 침을 찌를 수 있다. (c) 딱정벌레는 착륙할 때 두 쌍의 날개가 나타난다. 바깥쪽 날개는 배와 안쪽 날개를 보호한다. (d) 풀쐐기는 나비나 나방의 유충이다. 누에나방의 유충은 입으로 째깍거리는 소리를 낼 수 있다. 그 소리는 유충이 맛이 없는 것을 포식자에게 알리는 역할을 한다.

**비판적 사고** 곤충의 날개는 그들의 다양성과 개체수에 어떤 기여를 했을까?

(a) 진딧물 (b) 개미 (c) 딱정벌레의 비행 (d) 나방의 유충

게 독을 주입할 수도 있다. 개개의 곤충은 소량의 독을 지니고 있다. 소량의 독으로도 상당한 통증을 유발하기에는 충분하다. 오직 암컷만 침을 가지고 있고 포식자의 공격으로부터 둥지를 방어하는 데 사용한다. 침은 방어하는 데만 쓰이지는 않는다. 말벌은 다른 종의 몸 안에 알을 낳는 기생 형태의 생식을 하는데 전형적으로 부화 후 말벌 유충의 먹이가 되는 풀쐐기의 몸에 알을 낳는다. 알을 낳기 전에 말벌은 풀쐐기를 쏘아 마비시킨다.

일부 개미와 꿀벌의 사회적 행동은 아주 복잡하다. 커다란 집단을 이루고 사는 그들은 식량조달, 방어, 생식, 육아 등 각자에게 주어진 특별한 임무가 따로 있는 복잡한 조직으로 되어 있다.

이들 곤충 사회의 조직을 운영하고 분업을 수행하려면 정교한 의사소통과 학습이 필요하다. 꿀벌이 먹이(꿀)를 제조하여 저장하는 일, 개미가 지하실 "농장"에서 곰팡이를 기르는 일, 진딧물이 "우유"를 분비하는 일 등의 특별한 임무가 곤충 사회에서 수행되어진다.

**딱정벌레** 곤충의 1/3 가량이 딱정벌레이다. 딱정벌레는 다양한 모양과 크기 그리고 생활방식을 보인다. 모든 딱정벌레는 날개를 덮고 있는 단단한 외골격이 있다. 농작물에 피해를 주는 해충으로는 콜로라도 감자 딱정벌레, 곡물 바구미 그리고 일본 딱정벌레이다. 하지만 숙녀 딱정벌레는 해충을 조절하는 포식자로 사용한다.

많은 딱정벌레 가운데 가장 인상적인 딱정벌레는 폭격수 딱정벌레이다. 이 종은 자신의 복부 끝에 존재하는 노즐에서 독성물질을 분사하여 개미나 다른 적으로부터 자신을 보호한다.

93℃ 이상 되는 온도와 강력한 폭발력으로 목표물을 향해 정확하게 분사할 수 있다. 이 무기가 딱정벌레에게 해롭지 않은 것은 필요할 때만 독성물질을 제조하기 때문이다. 이 무기는 필요할 때 2개의 물질을 혼합하여 빠르게 제조한다. 각각의 물질 자체만으로는 해가 없지만 두 물질을 혼합하면 뜨거운 유독성의 액체가 된다.

### 대부분의 거미류는 육식동물이다

거미류(*arachnids*)에는 거미, 진드기, 전갈 등이 있다(**그림 24-25**). 대부분의 거미류는 더듬이가 없고 8개의 다리를 가지며 육

(a) 거미

(b) 전갈

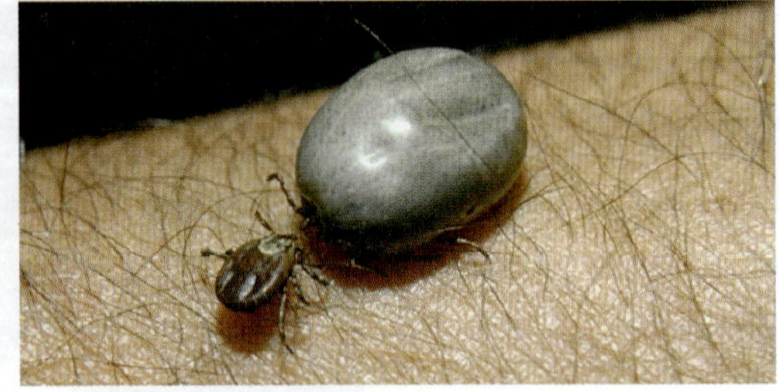
(c) 진드기

▲ 그림 24-25 거미류의 다양성 (a) 타란툴라는 가장 큰 거미 가운데 하나지만, 비교적 해가 없다. (b) 미국 남서부의 사막 같은 기후에서 발견되는 전갈은 배의 끝에 있는 침에서 나오는 독으로 먹이를 마비시킨다. 몇몇 종은 인간에게 해를 끼칠 수 있다. (c) 진드기가 먹기 전(왼쪽), 외골격이 유연하고 접어져있다. 혈액을 먹으면서 외골격이 이상할 정도로 부풀어진다.

식성이다. 주로 소화되기 쉬운 먹이나 혈액 같은 액체를 먹는다. 예를 들어, 거미는 먼저 먹이가 움직이지 못하도록 독으로 마비시킨 다음 소화효소를 먹이 체내에 주입시켜 소화가 되면 즙을 빨아먹는다. 거미류는 기관이나 서폐로 호흡을 한다.

곤충류의 겹눈과는 달리 갑각류와 거미류는 하나의 렌즈로 된 단안을 가지고 있다. 대부분의 거미는 포식자와 먹이를 파노라마 형식으로 볼 수 있는 8개의 눈을 가지고 있다. 눈은 움직임에 민감하다. 상이 맺히는 눈을 가진 일부 거미는 거미줄 없이 사냥을 한다. 대부분의 거미는 눈을 통하지 않고 감각모로 주변을 인식한다. 모든 거미는 감각 기능을 갖는 많은 털을 가지고 있다.

어떤 거미의 털은 접촉에 민감하고 먹이, 짝짓기, 주변을 인식하는 데 도움을 준다. 다른 털은 화학물질에 민감해 냄새나 맛을 느끼는 기능을 한다. 또한 털은 공기나 땅, 거미줄의 진동을 감지하며 근처 포식자나 먹이 그리고 다른 거미의 움직임을 감지한다.

거미의 특징은 단백질 성분의 실크 실을 생산한다는 것이다. 거미는 배에 있는 특수한 분비선에서 실크를 만들고 이는 다양한 기능을 수행하는 데 쓰인다. 먹이를 잡기 위한 거미줄을 만들기도 하고, 붙잡힌 먹이가 못 움직이도록 감싸기도 하고(그림 24-20 참조), 자신의 은신처를 짓기도 하고, 그들의 알 주변에 고치를 만들기도 하고, 거미줄을 연결할 때나 높은 곳에서 떨어졌을 때 무게를 지탱해 주는 "견인 줄"을 만들기도 한다. 이런 각각의 기능들을 수행하려면 성분이 다른 실크가 필요하다. 대부분의 거미는 몇 종류의 실크를 생산한다. 거미의 실크는 놀라울 만큼 가벼우면서 강하고 탄력적인 섬유이다. 견인 줄 실크는 같은 크기의 강철보다 강하고 고무만큼이나 탄력적이다. 공학자들은 오랫동안 강하면서 탄력적인 섬유를 개발하고자 하였다. 실

**Have You Ever Wondered ...**

### 거미는 왜 거미줄에 달라붙지 않을까?

곤충을 잡기 위한 끈적이는 거미집에 닿아 본 적이 있다면 여러분은 거미줄의 점착성이 매우 크다는 점을 알 것이다. 이런 거미집에 작은 곤충들이 걸리면 꼼짝없이 붙잡히게 된다. 그렇다면 거미는 어떻게 거미집에 달라붙지 않고 쉽게 건너갈 수 있을까? 거미집은 뼈대를 이루는 줄은 점착성이 없지만 포획지역은 점착성의 줄로 만들어지기 때문에 거미가 움직일 때는 점착성이 있는 줄은 피해 다닌다. 거미의 독특한 발톱도 도움이 되는데, 발끝의 특별한 털과 함께 거미가 줄 한 가닥을 잡고 움직일 수 있게 한다. 거미가 발끝으로만 줄을 잡고 움직이기 때문에 거미줄과 닿는 면적이 작아서 한 발이 점착성의 줄을 잡는 경우에도 쉽게 풀어낼 수 있다. 하지만 파리가 예기치 않게 거미줄에 걸려서 몸체의 여러 부분이 여러 거미줄에 닿는 경우에는 단단히 달라 붙게 되는 것이다.

(a) 지네

(b) 노래기

▲ **그림 24-26 다족류의 다양성** (a) 지네와 (b) 노래기는 야행성 절지동물이다. 지네는 체절마다 한 쌍의 다리를 가지고 있고, 노래기는 두 쌍의 다리를 가지고 있다.

크의 구조를 깊이 연구했음에도 불구하고 인공적으로 만들지 못하고 있다.

## 다족류는 많은 다리를 가지고 있다

다족류(*myriapods*)에는 지네와 노래기 등이 있는데, 가장 두드러진 특징은 많은 다리를 가지고 있다는 것이다(**그림 24-26**). 대부분의 노래기 종류는 100~300개의 다리를 가지고 있으나 어떤 종류는 750개 이상 가지고 있는 것도 있다. 대부분의 지네류는 약 70개의 다리를 가지고 있다. 노래기와 지네는 한 쌍의 더듬이를 가지고 있다. 지네의 다리와 더듬이는 노래기의 것들보다 길고 섬세하다. 다족류의 눈은 명암만 식별하고 상을 만들지 못한다. 어떤 종은 눈이 200개 이상 있는 경우도 있으나 눈이 없는 종류도 있다. 다족류는 기관으로 호흡한다.

다족류는 오로지 육상 환경에서만 서식한다. 대부분 흙 속이나 낙엽더미 속 그리고 통나무나 바위 밑에서 산다. 지네는 일반적으로 육식성으로 먹이에 독을 주입하는 날카로운 발톱으로 변형된 맨 앞다리로 먹이(대부분 다른 절지동물)를 잡는다. 큰 지네에게 물리면 인간에게 고통을 줄 수 있다. 이와 달리 대부분의 노래기는 육식성이 아니고 썩은 식물이나 그 부스러기를 먹으며 살아간다. 대부분의 노래기는 공격을 받을 때면 불쾌한 냄새가 나는 액체를 분비하여 자신들을 방어한다.

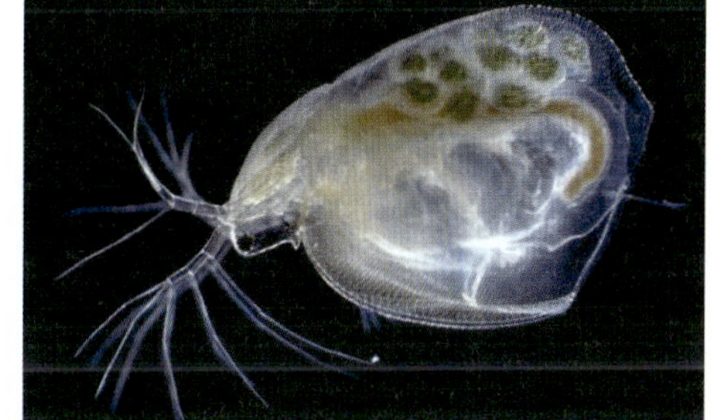
(a) 물벼룩

(b) 쥐며느리

(c) 소라게

(d) 따개비

◀ **그림 24-27 갑각류의 다양성** (a) 물벼룩은 보통 민물에 살고, 알이 체내에서 발생한다. (b) 어둡고 축축한 바위 밑이나 썩은 통나무 밑에 사는 쥐며느리는 육상에서 사는 몇 안 되는 갑각류 가운데 하나이다. (c) 소라게는 버려진 패각에 살면서 부드러운 배를 보호한다. (d) 따개비는 단단하고 유연한 자루를 이용하여 바위나 선박에 몸을 고정시킨다. 따개비는 화산처럼 생긴 패각으로 물체에 부착한다(그림 24-18b 참조). 초기 생물학자들은 따개비의 관절로 된 다리가 관찰되기 전까지 연체동물이라고 생각했다.

### 대부분의 갑각류는 물에서 산다

갑각류(*crustaceans*)에는 게, 바다가재, 새우, 따개비 등이 있으며 주로 물에서 산다(**그림 24-27**). 갑각류의 크기는 모래 틈에서 사는 아주 작은 종류에서부터 다리가 4미터 정도 되는 일본거미게에 이르기까지 다양하다. 갑각류는 두 쌍의 더듬이를 가지고 있으나, 부속지는 종의 서식지와 생활방식에 따라 수와 모양이 매우 다양하다. 대부분의 갑각류는 곤충류와 비슷한 겹눈을 가지고 있으며 대부분 아가미를 이용하여 호흡한다.

갑각류는 대형 동물의 주요 식량원이다. 남극해에 풍부한 소형 갑각류인 크릴새우는 고래, 바다표범, 펭귄 등의 주식이다. 사람도 여러 가지 갑각류를 먹는다. 미국에서 가장 많이 소비되는 해산물은 새우다. 오늘날 우리가 먹는 새우는 대부분 아시아나 남미의 연안에서 양식된 것이다. 새우양식장의 확대로 중요한 생태지역인 맹그로브숲이 많이 사라짐으로써 생태 측면에서는 부정적인 결과가 초래되었다.

## 선형동물은 여러 종류가 있고 대부분 크기가 작다

우리는 주변에 선형동물(*roundworms*)이 있다는 것을 눈치 채지 못하지만 대부분 가까운 곳에 있다. 선충류(*nematodes*)로도 불리는 선형동물은 지구상 모든 서식지에서 집단을 이루고 살면서 유기물을 분해하는데 중요한 역할을 한다. 그들은 수적으로 매우 많다. 썩은 사과 하나에 약 10만 마리의 선형동물이 존재하기도 하고 표층 토양 에이커 당 약 10억 마리의 선형동물이 존재하기도 한다. 게다가 거의 모든 동물과 식물은 기생하는 선형동물의 숙주가 된다. 선형동물은 수적으로 풍부하고 도처에 존재하며 종류도 다양하다. 선형동물은 지금까지 12,000여 종이 보고되었지만 전부 밝혀지게 되면 50만 종은 충분히 될 것으로 추정하고 있다. **그림 24-28**에서와 같이 대부분 현미경으로 관찰해야 볼 수 있는 크기지만 일부 기생하는 종류는 길이가 1미터 정도 되는 것도 있다.

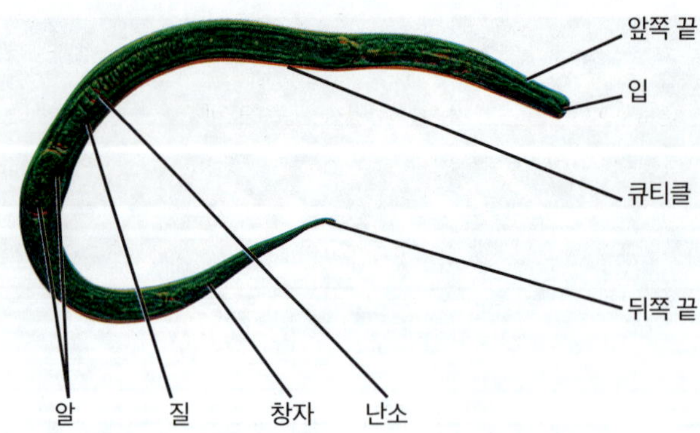


▲ **그림 24-28 민물에 사는 선형동물** 민물에 사는 암컷 선형동물의 몸 내부에 알이 보인다.

### 선형동물은 단순한 몸 체제를 가진 의체강 동물이다

선형동물은 몸 체제가 단순하다. 즉 관으로 된 장과 액체로 가득 찬 의체강을 가지고 있는데 의체강은 기관을 둘러싸고 있으면서 유체골격(그림 23-3b 참조)을 형성한다. 몸을 둘러싸서 보호하고 있는 큐티클 층은 주기적으로 탈피한다. 선형동물의 탈피는 절지동물이나 다른 탈피동물과 함께 진화적인 유산이라는 것을 의미한다. 선형동물의 머리에 있는 감각기관은 뇌로 정보를 보낸다.

선형동물은 순환계와 호흡계가 없다. 대부분의 선형동물은 극히 적은 양의 에너지를 필요로 하기 때문에 가스교환이나 영양분배가 확산에 의해 충분히 일어날 수 있다. 대부분의 선형동물은 자웅이체이고, 유성생식을 한다.

### 일부 선형동물은 사람에게 해를 끼친다

사람에게 기생하는 선형동물은 50여 종으로 알려졌다. 대부분 해가 없지만 예외도 있다. 예를 들어, 열대지역의 흙에서 발견되는 십이지장충 유생은 사람의 발에 구멍을 뚫고 들어가 혈류를

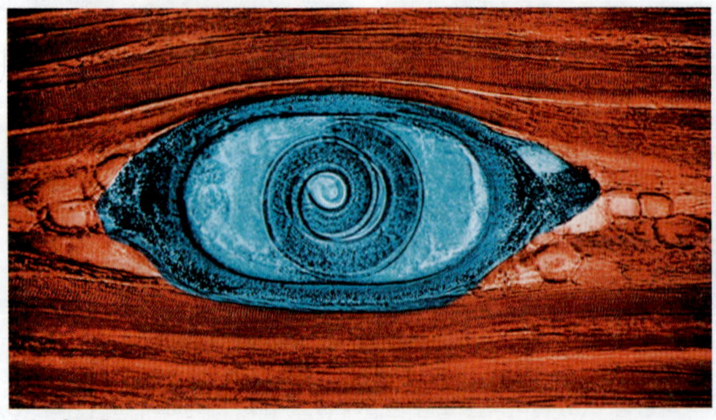

(a) 선모충

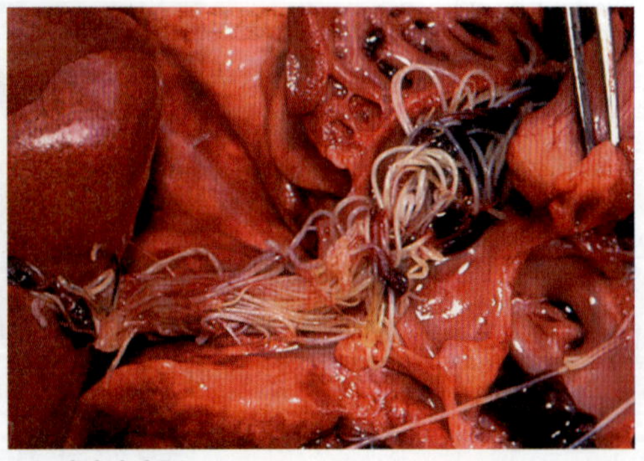

(b) 심장사상충

▲ **그림 24-29 일부 기생하는 선형동물** **(a)** 포낭에 싸여 있는 선모충의 유생은 돼지 근육조직에서 20년 이상 살 수 있다. **(b)** 개 심장에 기생하는 심장사상충의 성체. 감염된 개의 혈액 속에 있는 유생을 모기가 섭취하면 다른 개에게 감염될 수 있다.

따라 장까지 이동한 후 장에서 계속적인 출혈을 야기한다. 또 다른 위험한 선형동물은 선모충병을 일으키는 선모충(*Trichinella*)으로, lg당 15,000마리 이상의 포낭에 감염된 돼지고기를 날로 먹은 사람에게 감염될 수 있다(**그림 24-29a**). 포낭은 사람의 소화관에서 부화한 후 혈관과 근육 속으로 들어가 출혈과 근육 손상을 일으킨다.

기생하는 선형동물은 또한 가축을 위태롭게 한다. 예를 들어, 개는 모기에 의해 전염되는 심장사상충에 민감하다(**그림 24-29b**). 미국의 남부지방과 다른 지역에서도 증가하고 있는 심장사상충은 애완동물의 건강을 위협하고 있다.

**CASE STUDY CONTINUED**

**의사의 보조자**

단지 거머리만이 건강 문제의 치료에 사용된 기생충은 아니다. 자가면역질환이나 심한 알레르기의 치료에 십이지장충과 기생하는 선형동물이 사용된 경우가 있는데 면역체계가 자체의 조직을 부적절하게 공격하도록 한 것이다. 기생하는 선형동물은 숙주의 면역체계를 억눌러 숙주 안에서 더 오래 살 수 있도록 진화해왔는데, 이 같은 면역억제는 기생충에 감염되어 면역계의 장애가 일어난 사람에게서 흔히 볼 수 있다. 하지만 거머리 치료와는 달리 기생 선형동물은 FDA의 승인을 받지 못했다. 결국 기생충의 감염은 사람을 병들게 하고 기생충 감염에 따른 면역억제는 또 다른 감염성 질병에 걸리기 쉽게 한다. 그러나 이런 위험에도 불구하고 허약하고 만성적인 장애로부터의 구제를 갈망하는 환자는 자신들을 감염시킬지 모른다. 임상연구자들은 기생충으로 안전하고 효과적으로 치료하는 방법을 찾기 위해 애쓰고 있다.

## 극피동물은 탄산칼슘 골격을 가지고 있다

**극피동물(Echinoderms)**은 바다에서만 살고 성게, 불가사리, 해삼, 바다나리 등이 이 동물에 속한다(**그림 24-30**). 극피동물이라는 이름은 피부에 돋아난 가시나 돌기에서 유래되었다. 가시는 특히 성게, 불가사리, 해삼에서 잘 발달되어 있다. 극피동물의 가시나 돌기는 피부 아래 탄산칼슘 판으로 이루어진 **내골격(endoskeleton)**에서 비롯된 것이다.

### 극피동물은 유생 때는 좌우대칭이고 성체 때는 방사대칭이다

극피동물는 후구 발달 단계를 보여주며 척삭동물을 포함한 다른 후구동물문과 공통조상으로 연결된다(25장에서 기술). 후구동물은 진화계통수에서 좌우대칭동물의 더 큰 가지 그룹을 형성하지만, 극피동물에서는 배 시기와 자유롭게 유영하는 유생 시기에만 좌우대칭이 나타난다. 반대로 성체 극피동물은 방사대칭이며 머리가 없다. 이 두화현상의 부재는 극피동물의 느릿느릿한 생활 방식과 양립한다. 극피동물 대부분은 조류나 모래나 물에서 걸러낸 작은 입자를 먹으면서 매우 느리게 움직인다. 그러나 일부 극피동물은 포식자이다. 예를 들어, 불가사리는 달팽이나 조개류처럼 더 느리게 움직이는 먹이를 천천히 추적한다.

### 극피동물은 수관계를 가지고 있다

극피동물은 관족(*tube feet*)으로 이동한다. 관족은 극피동물에만 있는 독특한 특징으로, 먹이를 포획하고 호흡을 하여 이동하는 기능을 가진 수관계(*water vascular system*)의 일부이다(**그림 24-31**). 수관계는 몸 위쪽 표면에 있는 천공판(*sieve plate*)으로 바닷물이 들어가 중앙에 있는 환상수관을 통해 방사수관으로 들어가고 결국에는 관족까지 물이 전달된다. 물의 흐름은 관족 반대편에 있는 병낭(*ampulla*)에 의해 조절되는데, 병낭이 수축하면 물이 관족으로 보내져 늘어나게 된다. 관족 끝에 있는 흡반은 먹이나 해저에 강하게 부착할 수 있도록 압력을 가할 수 있다.

(a) 해삼

(b) 성게

(c) 불가사리

▲ **그림 24-30 극피동물의 다양성** (a) 해삼은 모래 속에 있는 부유물을 먹고 산다. (b) 성게의 가시는 내골격에서 나온다. (c) 불가사리는 보통 5개의 팔을 가지고 있으나 어떤 종은 20개 이상 가진다.

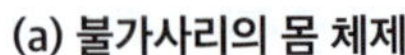


(a) 불가사리의 몸 체제

(b) 홍합을 잡아먹고 있는 불가사리

▲ 그림 24-31 극피동물의 수관계 (a) 바닷물로 가득 찬 수관계 내부의 압력에 따라 관족이 수축되거나 늘어난다. (b) 불가사리는 가끔 홍합 같은 연체동물을 잡아먹는다. 불가사리는 수많은 관족을 패각에 부착시켜 힘껏 잡아당긴 후, 자신의 위를 입 밖으로 내밀어 패각을 약간 연다. 위는 1mm 이하로 벌어진 패각의 틈도 들어갈 수 있다. 패각 사이로 들어간 위는 소화효소를 분비하여 홍합을 약화시킨 후 틈을 더욱 벌린다. 부분적으로 소화된 먹이가 위 윗부분으로 수송되면 소화가 끝난다.

### 일부 극피동물은 기관계가 단순화되어 있다

극피동물은 뇌가 없는 비교적 단순한 신경계를 가지고 있다. 즉 신경계는 식도 주변의 신경환과 방사신경, 그리고 표피에 있는 신경망으로 구성되어 있다. 불가사리의 경우, 빛과 화학물질을 감지하는 수용체가 팔 끝에 집중되어 있고 감각세포는 피부 전체에 흩어져 있다. 일부 종에서는 광 수용체가 인간의 머리카락 폭보다 작은 렌즈, 즉 빛을 모으고 수용체에 초점을 맞추는 렌즈로 조합되었다. 탄산칼슘으로 만들어지는 이러한 "마이크로렌즈"의 품질은 인간이 만든 비슷한 크기의 어떤 렌즈보다 훨씬 뛰어나다. 거미불가사리의 렌즈 수천 개가 각각 작은 상을 만들면 거미불가사리는 그것을 모아 주변을 보게 되는 것으로 추정된다.

극피동물은 순환계가 없지만, 이 기능은 체강 속의 유체에 의해서 이루어진다. 호흡은 관족이나 피부아가미로 한다. 극피동물은 자웅이체로 물속에서 수정이 일어난다. 대부분의 극피동물은 잘린 몸의 일부를 재생시킬 수 있는데, 그러한 능력은 특히 불가사리가 강하다. 실제로, 불가사리의 팔 하나만으로도 완전한 개체로 재생시킬 수 있다. 불가사리의 이러한 재생 능력이 알려지기 전에는 패류 양식장 어부들은 홍합의 천적인 불가사리를 잘라서 그 조각을 다시 양식장에 던져 제거하려고 했으나 두 말할 것도 없이 그 작전은 실패하였다.

## 척추동물은 척삭동물에 포함된다

척삭동물(*chordates*)은 척추동물과 멍게, 창고기 등의 무척추동물 일부그룹을 포함한다. 이러한 동물들은 25장에서 다루게 될 것이다.

### CHECK YOUR LEARNING

- 해면동물, 자포동물, 빗해파리, 편형동물, 환형동물, 연체동물, 절지동물, 선형동물, 극피동물의 기본 체제를 설명할 수 있는가?
- 이들 그룹 각각에 대하여 구성생물을 열거할 수 있는가? 또한 그들의 신경계와 감각계 , 순환, 가스교환, 소화, 생식 방법을 설명할 수 있는가?
- 무척추동물이 인류에게 미치는 영향에 대한 예를 들 수 있는가?

CASE STUDY REVISITED

## 의사의 보조자

의학적으로 사용되는 또 다른 무척추동물은 금파리의 애벌레인 구더기이다(**그림 24-32**). 금파리 구더기는 죽은 조직이나 죽어가는 조직의 궤양과 상처에 효과적이라는 것이 입증되었다. 만약 이런 조직이 제거되지 않으면 치료를 방해하고 감염을 유도하게 된다.

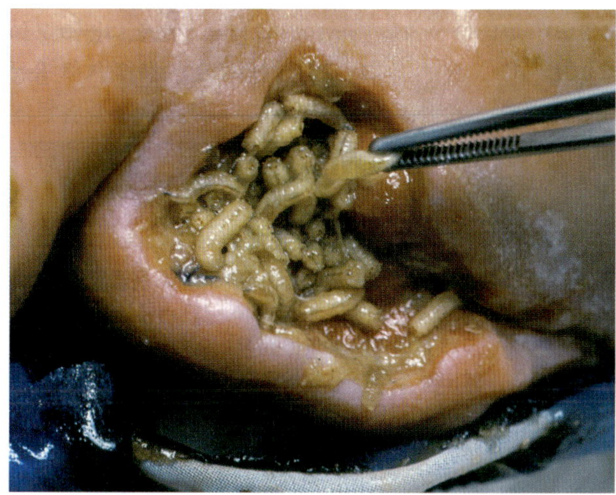

▲ **그림 24-32 금파리의 구더기는 상처를 깨끗하게 치료할 수 있다.**

전통적으로 죽은 조직은 외과용 칼로 제거하였으나 구더기로 치료하는 대안 치료법이 점점 늘어나고 있다. 치료는 살균한 구더기가 들어 있는 붕대를 상처에 붙인다. 구더기는 피부나 뼈에 해롭지 않은 소화효소를 분비하여 죽은 조직이나 죽어가는 조직을 먹어 치운다. 며칠 후, 구더기가 쌀알만큼 커지게 되면 그때 구더기를 제거한다. 치료는 상처가 깨끗해질 때까지 반복해서 한다.

치료를 위해서는 아무 구더기나 사용해서는 안된다. 구더기들은 위생적이어야 하기 때문에 내과의사들은 정부에서 승인한 의료기구 회사에서 파리를 주문한다. 어떤 회사들은 의사들이 상처 치료 과정을 봐야 하는 수고를 덜어주기 위해 상처에 덮을 수 있는 불투명한 가방에 구더기를 제공한다. 하지만 어떤 회사들은 이 방식은 구더기의 효율을 떨어뜨리린다고 믿어 개방사육된 구더기를 고집하기도 한다.

**생각해보기** 무척추동물을 이용한 치료는 약품, 수술 등 여러 방법에 비해 대체로 비용이 훨씬 적게 든다. 그럼에도 기생하는 선형동물을 이용한 자가면역질환의 치료와 같이 유망하고 도전적인 동물의 의학적 이용에 대한 연구비는 매우 적다. 이러한 치료에 대하여 연구를 확대하는 것이 좋을까 아니면 이것이 본질적으로 위험한 것일까?

# CHAPTER REVIEW

*비판적 사고와 생각해보기, 선택형문제, 빈칸채우기 질문에 대한 답은 이 책의 뒷부분에 있는 정답란에서 볼 수 있다.*

## 핵심개념의 요약

### 24.1 동물의 주된 특징에는 어떤 것들이 있는가?

동물은 진핵의 다세포로 이루어져 있고, 유성생식을 하며, 다른 생물을 섭취해서 에너지를 얻는 종속영양을 한다. 대부분 자극에 대해 빠르게 감지하고 반응할 수 있으며, 생활주기의 어떤 단계에서는 움직일 수 있다. 동물세포는 세포벽이 없다.

### 24.2 동물의 계통수에서 분기점이 되는 곳의 해부학적 특징은?

최초의 동물들은 조직이 없는데, 그러한 특징이 해면동물에 여전히 남아있다. 나머지 동물들은 조직을 가지고 있다. 조직이 있는 동물들은 방사대칭동물과 좌우대칭동물로 나눈다. 발생상, 방사대칭동물은 이배엽성(내배엽, 외배엽)이고 좌우대칭동물은 삼배엽성(내배엽, 외배엽, 중배엽)이다. 좌우대칭동물은 감각기관과 신경이 집중되어 있는 뇌를 가진다. 좌우대칭동물은 선구동물과 후구동물로 나누고, 선구동물은 탈피동물과 촉수동물로 나눈다. 좌우대칭동물의 어떤 문은 체강이 없지만, 대부분은 의체강이나 진체강을 가진다.

### 24.3 주요 동물 문에는 어떤 것들이 있는가?

해면동물의 모양은 정해져 있지 않으며 고착생활을 한다. 해면동물은 세포의 종류가 비교적 적다. 해면동물은 세포내소화를 한다. 자포동물(해파리, 산호, 말미잘, 히드라)은 조직을 가지고 있다. 신경이 최초로 나타나서 간단한 신경망을 형성하고, 세포외소화를 한다. 자포동물은 방사대칭동물로서 물속을 떠다니는 해파리형과 고착 생활하는 고착형이 있다.

빗해파리는 겉모양이 해파리와 비슷하지만 계통군이 다르다. 빗해파리는 작고 방사대칭으로 육식이며 8개의 즐판대에 배열된 섬모에 의해 이동한다.

편형동물은 감각기관과 단순한 뇌가 있는 머리가 나타나고, 몸에는 배설관이 그물처럼 형성되어 있다. 체강이 없다.

환형동물은 잘 발달된 폐쇄순환계와 척추동물의 신장과 비슷한 배설계를 가지고 있다. 그리고 먹이가 차례로 지나가도록 구획으로 나누어진 소화계를 가지고 있다. 또한 체벽과 내부기관 사이에 액체가 들어차 있는 진체강을 가지고 있다.

연체동물(대합, 달팽이, 문어, 오징어 등)은 골격이 없다. 대부분의 복족류와 약간의 두족류는 하나의 패각으로, 부족류는 한 쌍의 패각으로 부드럽고 축축한 근육질 몸을 보호한다. 연체동물은 물속이나 축축한 육상 서식처에서 살며 개방순환계를 가져 혈액이 직접 혈액낭의 장기를 적신다. 문어는 가장 복잡한 뇌를 가지고 있어 학습능력이 뛰어나다.

절지동물(곤충, 거미, 노래기, 지네, 갑각류 등)은 지구상에서 가장 다양하고 종수가 많은 동물이다. 잘 발달된 신경계와 부속지에 있는 관절이 복잡하고 통합된 행동을 가능하게 했다. 외골격과 호흡구조 때문에 곤충류와 거미류가 건조한 땅에서 살 수 있었고, 곤충류가 다양한 것은 비행 능력을 가지고 있기 때문이라고 할 수 있다. 갑각류는 물에서만 살고 아가미로 호흡한다.

선형동물은 입과 항문이 분리되어 있고 큐티클 층은 탈피를 한다. 극피동물(바다나리, 불가사리, 성게, 해삼 등)은 바다에서만 산다. 극피동물의 유생은 좌우대칭이지만 성체는 방사대칭을 나타낸다. 극피동물은 뇌가 없고 고착해서 살도록 적응되었다. 극피동물만의 특징이라 할 수 있는 수관계는 이동, 섭식, 호흡기능을 한다. 척삭동물에는 멍게, 창고기, 척추동물이 있다.

## 개념을 통한 이해

### 선택형 문제

1. 다음 중 방사대칭 동물을 포함하는 그룹은 어느 것인가?
   a. 절지동물
   b. 자포동물
   c. 연체동물
   d. 환형동물
2. 영양분을 얻기 위해 해면동물이 취하는 행동은?
   a. 구멍을 통해 들어온 물에서 미생물을 걸러낸다.
   b. 작은 먹이를 잡기 위해 찌르는 세포를 사용한다.
   c. 더 큰 동물에 기생한다.
   d. 먹이 조직을 분해하는 효소를 주입한 후 먹이에서 영양분을 빨아들인다.
3. 체강에 대한 설명 중 맞는 것은?
   a. 몸의 강(구멍)으로 그 안쪽 표면이 부분적으로 중배엽에서 파생된 조직으로 싸여있다.
   b. 몸의 강(구멍)으로 그 안쪽 표면이 완전히 중배엽에서 파생된 조직으로 싸여있다.
   c. 해면동물과 자포동물에서 볼 수 있다.
   d. 좌우대칭 동물에서는 볼 수 없다.
4. 절지동물의 외골격의 장점이 아닌 것은 다음 중 어느 것인가?
   a. 포식자로부터 보호
   b. 근육에 붙는 부위를 제공
   c. 감각지각 향상
   d. 육지에서 수분 손실을 막음
5. 음식과 소화 폐기물이 같은 개구부를 통해 출입하는 유기체를 포함하지 않는 그룹은 다음 중 어느 것인가?
   a. 환형동물
   b. 편형동물
   c. 빗해파리
   d. 자포동물

### 빈칸 채우기

1. 동물은 __________으로 에너지를 얻고, __________생식을 하며, 세포벽이 __________.
2. 좌우대칭동물은 배 발생상 __________으로 __________, __________, __________이라는 조직층을 가지고 있는 방사대칭동물은 좌우대칭동물에 비해 __________이라는 조직 층이 없다.
3. 앞뒤가 있는 동물을 __________동물이라 하고, 그러한 동물의 앞쪽 끝에는 __________과(와) __________이 집중되어 있다. 체강동물은 __________에서 유래된 조직으로 완전히 둘러싸인 __________을 가지고 있다.
4. 발생상 원구가 입이 되는 동물은 크게 촉수 담륜동물과 탈피동물로 나누어지고, 원구가 항문이 되는 동물은 현재 __________동물과 __________동물이 있다.
5. 척추가 없는 동물을 __________동물이라 하고, 척추가 있는 동물을 __________동물이라 한다. 대부분의 동물은 이 두 그룹 가운데 어느 그룹에 속할까?
   __________ 단세포로 이루어진 __________ 생물 군집과 닮고 조직이 없는 동물을 __________동물이라 한다. 말미잘과 산호는 __________동물이며, 지렁이와 거머리는 __________동물이다.
6. 연체동물에는 3개의 주요 그룹이 있다. 2개의 패각이 있는 대합과 가리비는 __________라 하고, 발로 기어 다니는 달팽이와 소라는 __________라 하며, 촉수 있는 오징어와 낙지는 __________라 한다. 동물가운데 가장 큰 그룹(문)은 __________동물인데, 3개의 주요 강이 있다. 즉 다리가 6개 있고 날아다니는 __________과(와) 다리가 8개 있고 거미와 진드기가 속해 있는 __________ 그리고 주로 물에서 사는 이(가) 있다.
7. 몸에 체절이 있는 동물에는 __________동물과 __________동물이 있다. 순환계에는 크게 혈액이 혈관을 통해 순환하는 __________순환계와 혈액이 혈강 안에 들어 있는 __________순환계가 있다.
8. 다음에 나열된 구조가 있는 동물의 이름을 써라.
   외투막: __________,
   자세포: __________,
   수관계: __________,
   한쌍의 관절이 있는 부속지: __________.

### 복습문제

1. 동물이 다른 생물과 구분되는 특징을 말해 보라.
2. 이 장에서 논의된 각 문의 특징을 설명하고, 각각의 예를 들어 보라.
3. 다음 용어를 간단히 설명하라: 좌우대칭, 두화현상, 폐쇄순환계, 체강, 방사대칭, 체절
4. 절지동물의 주요 네 그룹의 호흡계통을 비교하라.
5. 절지동물 외골격의 장단점을 설명하라.
6. 다음과 같은 특징은 연체동물의 주요 종류 가운데 어느 종류에 해당되는지 말해 보라.

a. 2개의 패각
b. 치설
c. 촉수
d. 일부 고착하는 종류들
e. 잘 발달된 뇌
f. 수많은 눈

7. 극피동물에서 수관계의 세 가지 기능을 설명하라.
8. 인간에게 해를 끼치는 무척추동물을 들고 각각의 분류 그룹을 말해 보라.

## 개념의 적용

1. 곤충은 지구상의 동물 가운데 가장 큰 그룹이다. 곤충의 종수는 열대우림에 가장 많은데 열대우림이 파괴되면서 많은 종들이 사라져 가고 있다. 당신은 생물학적, 경제적, 윤리적인 논법으로 사람들을 설득할 수 있는가? 그리고 정부는 이러한 생물다양성을 어떻게 보전할 것인가?
2. 동물 가운데 생물학적으로 성공했다는 동물은 어떤 기준으로 그러는지 말해 보라. 이런 기준으로 보았을 때 인간은 생물학적으로 성공하였는가? 그 이유는?

# 25 동물의 다양성 II: 척추동물

만일 티라노사우르스(*Tyrannosaurus*)가 여전히 지구 위를 거닐고 있다면 충격적인 일이 아닐까? 현생 실러캔스(coelacanth) 물고기가 발견된 사실은 이처럼 놀랄만한 일이다.

CASE STUDY

## 물고기 이야기

1938년 12월 22일, 남아프리카에 있는 작은 박물관의 관리자였던 마조리 코트니 래티머(Marjorie Courtney Latimer)는 생물학 역사상 가장 괄목할만한 발견의 하나로 이어지게 될, 한 통의 전화를 받았다. 지방의 한 어부로부터 걸려온 전화의 내용은 래티머에게 물고기 표본 몇 점을 박물관으로 가져가도록 부탁하는 것이었다. 그 어부의 보트는 최근 항해를 마치고 돌아와 마을 부두에 정박해 있었고 래티머는 직업상 늘 하던 대로 배의 갑판에 뿌려져 있는 물고기들을 골라내기 시작했다. 나중에 그녀는 "나는 물고기 더미 아래로부터 튀어 나와 있는 파란색 지느러미를 주목하였다. 그 물고기를 꺼내어 관찰하였는데 지금껏 내가 본 물고기 중 가장 아름다운 것이었다."라고 기록하였다. 그 물고기는 아름다울 뿐만 아니라 이상한 생김새를 하고 있었는데, 그 지느러미는 뭉툭하고 잎사귀 모양이었으며 현존하는 다른 어떤 생물의 지느러미와도 달랐다.

래티머는 그 특이한 물고기가 무엇인지는 확인할 수 없었으나 결코 평범하지 않다는 것은 인식하였다. 그녀는 그 물고기를 냉장시킬 수 있는 곳을 찾았으나 그 작은 마을에서는 냉장보관 시설을 찾을 수가 없었다. 결국 그녀는 겨우 물고기의 피부만 보존할 수 있었다. 그녀는 지체 없이 그 물고기에 대하여 몇 장의 그림을 그렸고 이를 가지고 그 종을 동정하였다. 놀랍게도 이 정체불명의 생명체는 남아프리카 주위의 바다에 살고 있는 어떤 생물종과도 닮지 않았으며, 실러캔스(coelacanth)라고 알려진 한 과(family)의 무리들과 비슷해 보였다. 유일한 문제는 실러캔스가 단지 화석을 통해서만 알려져 있었다는 것이다. 누구나 알고 있듯이, 실러캔스는 8천만 년 동안 멸종되어 있었다!

혼동에 빠진 래티머는 로드(Rhodes) 대학교의 어류전문가인 스미스(J. L. B. Smith)에게 자신이 그린 그림들을 보냈다. 스미스는 그녀의 그림을 보고 크게 놀랐으며, 후에 "내 머릿속에서 폭탄이 터지는 것 같았다." 라고 기록하였다. 스미스는 그 표본의 뼈와 내장이 소실된 것에 몹시 실망하였지만 그 보존된 피부를 꼼꼼하게 살펴보았다. 마침내 그는 실러캔스가 아직도 여전히 지구의 바다에서 헤엄치고 있다는 놀라운 사실을 확인하였다.

비록 실러캔스는 20세기까지 숨겨져 있었지만, 실러캔스는 개구리, 개, 뱀, 그리고 사람을 포함한 많은 다른 잘 알려진 동물들과 문(phylum)을 공유한다. 우리는 이 동물에 대해 무엇을 알 수 있을까?

## 주요내용

**25.1** 척삭동물의 주요한 특징은 무엇인가?

**25.2** 어떤 동물이 척삭동물인가?

**25.3** 척추동물의 주요한 무리는 무엇인가?

## 25.1 척삭동물의 주요한 특징은 무엇인가?

인간은 분류학적으로 척삭동물로 알려진 그룹에 속하는 구성원이다. 척삭동물(**그림 25-1**)은 새나 유인원(apes)과 같이 뼈를 가진 동물뿐만 아니라 통모양의 피낭류(tunicates)나 창고기류(lancelets)라 불리는 작은 물고기 모양의 생물들도 포함된다. 우리는 이 동물들과 무슨 특징을 공유하고 있는 것일까?

### 모든 척삭동물은 네 가지의 독특한 구조를 가지고 있다

모든 척삭동물들은 후구(deuterostome) 발달 단계(이는 극피동물의 특징이기도 하다; 24장 참조)를 거치며, 일생 동안 어떤 단계에서 나타나는 네 가지 특징에 의해 같은 무리로 간주된다: 등 쪽의 신경다발(dorsal nerve chord), 척삭(notochord), 인두의 아가미

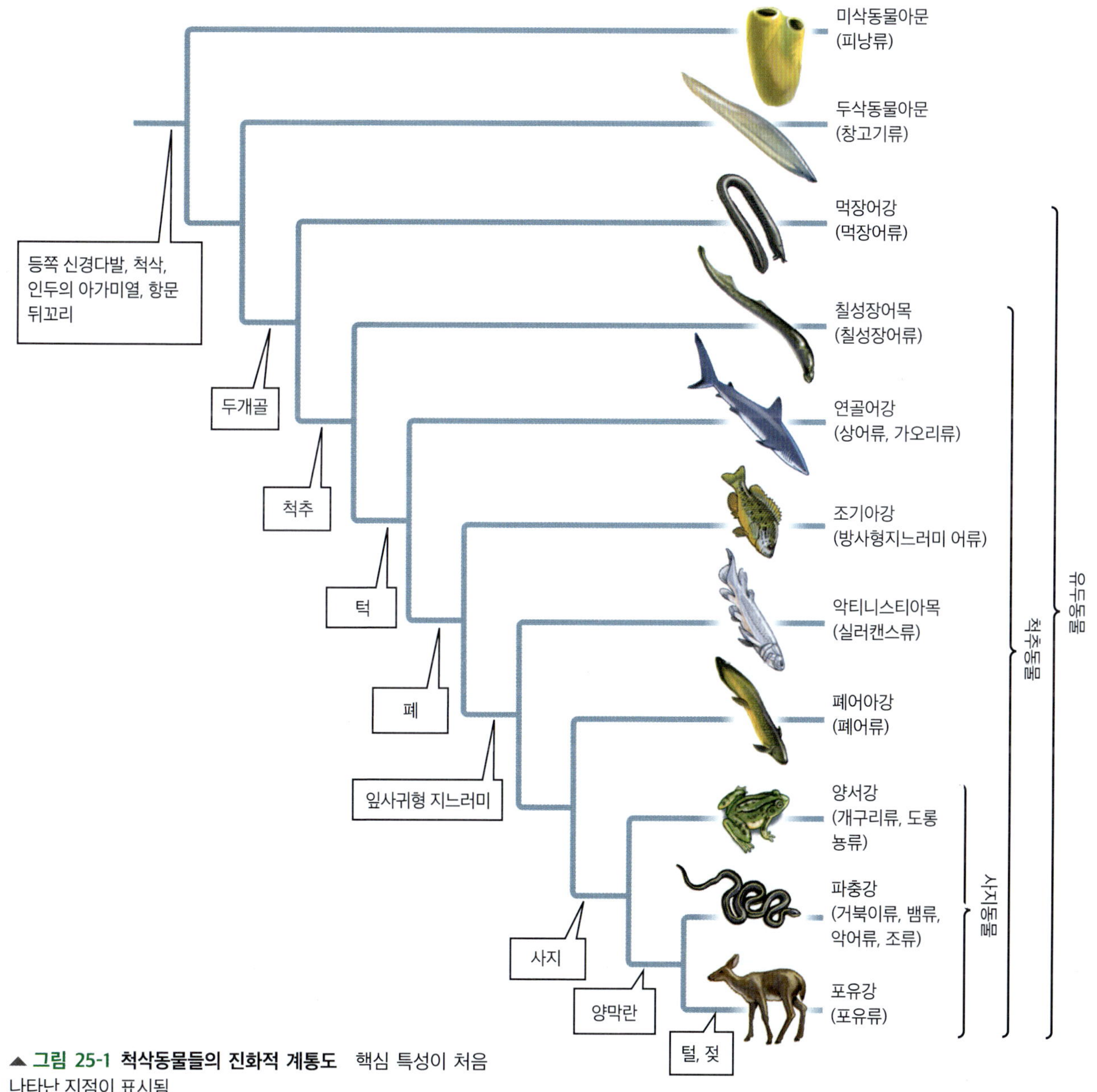


▲ **그림 25-1 척삭동물들의 진화적 계통도** 핵심 특성이 처음 나타난 지점이 표시됨.

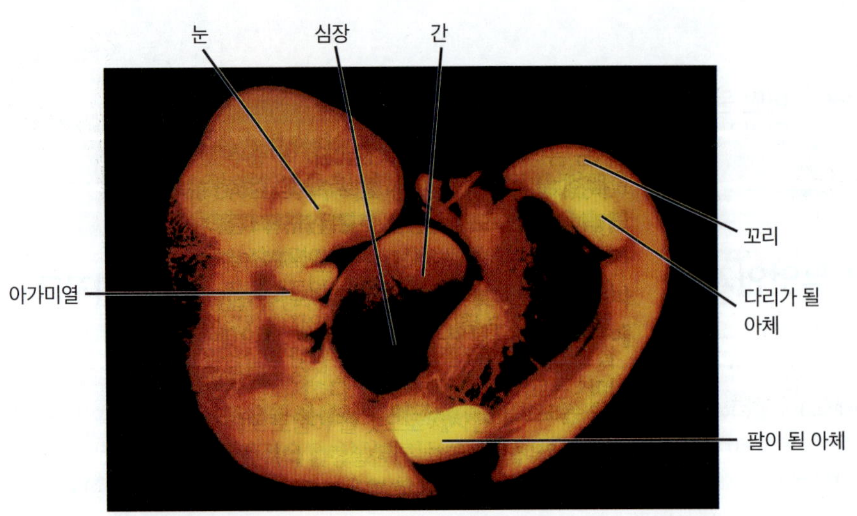


◀ **그림 25-2 인간 배아 내의 척삭동물적인 특징들** 길이가 약 1cm인 5주된 인간의 배아에서 꼬리 및 바깥으로 나있는 아가미 주름(체벽을 뚫고 들어가지 않으므로 더 적절하게 표현하자면 아가미 홈)을 볼 수 있다. 꼬리는 완전히 없어지지만 아가미 홈은 아래턱으로 변형된다.

열(pharyngeal gill slits), 항문 뒤 꼬리(post-anal tail).

- 척삭동물의 **신경다발(nerve chord)**은 소화관의 위에 있으며, 몸체의 등쪽을 따라 길게 뻗어 있다. 반면에, 다른 동물들의 신경다발은 소화관의 아래쪽인 복부에 위치한다(그림 24-14 참조). 척삭동물의 신경다발은 비어 있다－신경다발의 중심부는 신경조직보다는 액체로 채워져 있다. 척삭동물의 배가 발달되는 과정에 앞쪽 끝의 신경다발은 굵어져 뇌가 된다.
- **척삭(notochord)**은 소화관과 신경다발 사이에 위치하여 몸의 길이를 따라 뻗어 있는 견고하지만 유연한 막대이다. 이는 몸을 지지하고 근육이 붙을 수 있게 한다. 많은 척삭동물에서 척삭은 단지 초기단계의 발달 과정에서만 존재하며 골격이 형성되는 과정에서 사라진다.
- **인두의 아가미열(pharyngeal gill slits)**은 **인두**(pharynx, 입 뒤쪽의 구멍)에 있다. 어떤 척삭동물에서 아가미열은 아가미(물속에서 가스교환을 하는 기관)를 여는 기능을 한다. 다른 척삭동물에서는 초기 발달 단계의 과정에서 여전히 움푹 파인 홈으로 존재하기도 한다.
- **항문 뒤 꼬리(post-anal tail)**는 척삭동물의 항문을 지나 뒤쪽으로 뻗어나간 몸의 확장부로서 근육조직을 가지고 있으며 가장 후방의 신경다발이 위치하는 곳이다. 다른 동물들은 이러한 유형의 꼬리를 갖지 않는다.

위에 열거한 척삭동물의 독특한 구조들은 우리에게 혼란을 일으킬 수도 있다. 왜냐하면 인간이 척삭동물이라 할지라도 언뜻 보기에 신경다발을 제외한 모든 다른 특징들은 결여되어 있기 때문이다. 그러나 진화적인 유연관계는 초기 발달 단계 과정에서 때로는 가장 명백히 나타난다. 즉 우리 인간은 배아기 동안에는 척삭이나 아가미열 및 꼬리를 가지는데, 그 후 이들이 없어지는 것뿐이다(**그림 25-2**).

**CHECK YOUR LEARNING**

- 척삭동물과 다른 동물을 구별하는 특징을 설명할 수 있는가?

## 25.2 어떤 동물이 척삭동물인가?

척삭동물은 세 개의 계통군(공통조상의 모든 후손을 포함하는 진화학적 집단)을 포함한다: 피낭류, 창고기류, 두개동물류.

### 피낭류(tunicates)는 해양 무척추동물(Invertebrate)이다

피낭류(미삭동물아문)는 대략 2,300종의 해양 무척추 척삭동물 집단이다. 이들은 수 밀리미터에서 30센티미터까지의 다양한 길이로 아주 작다. 이 생물군에는 우렁쉥이류(sea squirts)라고 알려진 동물이 포함되는데, 우렁쉥이는 고착 생활을 하며 먹이를 걸러먹는 꽃병같이 생긴 동물이다(**그림 25-3**). 우렁쉥이는 몸의 많은 부분이 인두로 채워져 있다. 인두는 아가미열에 의해 구멍이 나 있고 속이 점액으로 둘러싸인 바구니 모양이다. 입수관(incurrent siphon)을 통해 몸속으로 들어온 물은 인두의 위 끝 부분을 지나 인두로 들어온 후 아기미열을 통해 빠져 나와 출수관(excurrent siphon)을 통해 방출된다. 먹이 입자는 인두 속의 점액질에서 포집되어 소화관으로 옮겨진다.

성체 우렁쉥이는 고착성이다. 이들은 매질의 표면에 견고하게 붙어서 산다. 그러나 멍게 유생은 활동적으로 유영을 하고, 4가지 척삭의 특징을 가지고 있다(그림 25-3, 왼쪽). 다른 종류의 피낭류는 일생 동안 이동성을 지닌다. 예를 들어 살파류(salps)라 불리는 통 모양의 피낭류는 개방된 해양에서 사는데 등으로 부터 물을 분사하여 앞쪽으로 추진한다.

대부분의 피낭류는 각 개체마다 암수 생식기관을 모두 가진 자웅동체이다. 그들은 유성생식 또는 무성생식을 한다고 알려져 있다. 무성생식의 경우, 성체로부터 작은 개체가 자란 후 떨어져 나가 새로운 개체가 되고, 유성생식의 경우, 정자를 물에 뿌려 난자에 수정을 시켜 새로운 개체를 탄생시킨다. 종에 따라 난자가 물속에 뿌려져 있을 수도 피낭류 몸 안에 있을 수도 있다. 몸 안에 난자를 포함하고 있는 경우, 물에 흩뿌려진 정자가 헤엄쳐 몸속

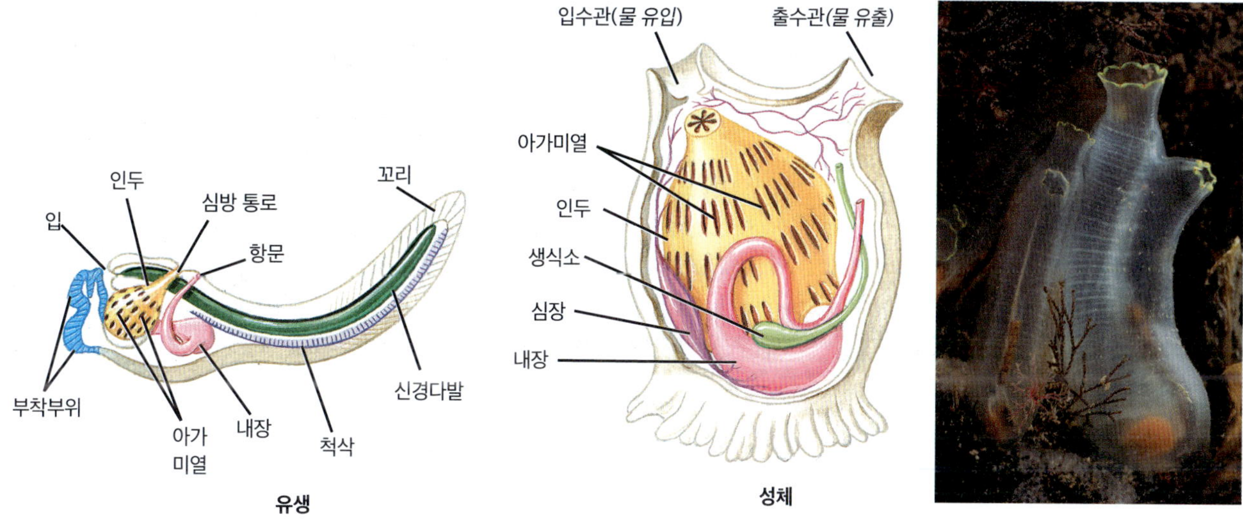


▲ 그림 25-3 **우렁쉥이** 우렁쉥이 유생(왼쪽)은 척삭동물의 모든 진단적 특징을 보여준다. 성체 우렁쉥이(가운데)는 꼬리와 척삭을 잃고 정착 생활을 한다(오른쪽).

으로 들어가 난자와 수정되어야 하고 결국에는 유충이 몸 밖으로 헤엄쳐 나와야 하는 과정을 겪는다.

## 창고기류는 주로 모래에 파묻혀 산다

30여 종의 창고기류(두삭동물아문)는 무척추 척삭동물의 또 다른 집단을 이룬다. 창고기류는 작으며(약 5센티미터 길이), 성체 단계에서 척삭동물의 네 가지 특징을 모두 가지고 있는 물고기 모양의 동물이다(**그림 25-4**). 성체 창고기는 몸의 앞쪽 끝부분만을 노출시킨 채로 바다 밑바닥의 모래에 반쯤 파묻고 대부분의 시간을 보낸다. 인두에 있는 섬모를 움직여 바닷물을 입으로 끌어들이고, 바닷물이 인두의 아가미열을 통과할 때 점액질 막으로 물속의 작은 먹이 입자를 거른 후 소화관으로 이송한다.

▼ 그림 25-4 **창고기** 창고기, 물고기 모양의 무척추 척삭동물. 성체는 모든 척삭동물의 특징을 보여준다.

입
신경다발
척색
내장
근육절
아가미열
인두
꼬리
항문

창고기류는 성이 구분되어 있고 항상 유성생식을 한다. 특정한 시기가 오면, 대부분의 암수는 동시에 생식세포(난자와 정자)를 물 주변에 방출한다. 수정된 난자는 아주 작은 유충으로 발달하고, 성체가 되어 해저로 내려가기 전까지 몇 주 동안 천천히 헤엄치고 물속에 표류하면서 계속 성장하고 발달하게 된다.

## 두개동물류는 머리뼈를 가지고 있다

**두개동물류(craniates)**는 뇌를 둘러싸는 머리뼈를 가진 모든 척삭동물을 포함한다. 머리뼈는 뼈 또는 연골(cartilage)로 구성될 수 있는데, 연골은 뼈를 닮았지만 뼈에 비해 잘 부서지지 않고 더 유연한 조직이다. 가장 초기의 것으로 알려진 두개동물은 그 화석이 5억 3천만 년 된 암석에서 발견되었는데, 그 생김새는 창고기류를 닮았지만 뇌와 머리뼈 및 눈을 가지고 있었다. 그러나 초창기의 두개동물류의 입에는 턱이 없었다.

| 표 25-1 유두동물군의 비교 | | | | |
|---|---|---|---|---|
| 동물군 | 수정 | 호흡 | 심장방의 수 | 체온조절 |
| 먹장어류(먹장어강) | 체외 | 아가미 | 2 | 외온성 |
| 칠성장어류(칠성장어목) | 체외 | 아가미 | 2 | 외온성 |
| 연골어류(연골어강) | 체내 | 아가미 | 2 | 외온성 |
| 방사형 지느러미 어류(조기아강) | 체외[1] | 아가미 | 2 | 외온성 |
| 실러캔스류(악티니스티아목) | 체내 | 아가미 | 2 | 외온성 |
| 폐어류(폐어아강) | 체외 | 아가미와 폐 | 2 | 외온성 |
| 양서류(양서강) | 체외 또는 체내[2] | 피부와 아가미 및 폐 | 3 | 외온성 |
| 파충류(파충강) | 체내 | 폐 | 3[3] | 외온성[4] |
| 포유류(포유강) | 체내 | 폐 | 4 | 내온성 |

1 비교적 적은 수의 방사형 지느러미 어류는 체내수정을 한다.
2 대부분의 개구리와 두꺼비에서 체외; 무족영원류(caecilians)와 대부분의 도룡뇽에서 체내
3 조류, 악어류는 제외. 이들은 4개의 방을 가진다
4 조류는 제외, 이들은 내온성이다

오늘날 두개동물류는 먹장어류와 **척추동물류(vertebrates)**를 포함한다. 척추동물에서 초기 척삭은 발달 과정에 등뼈 또는 뼈와 연골로 구성된 **척주(vertebral column)**로 대체된다. **표 25-1**은 이 장의 나머지 부분에서 설명하는 두개동물군의 몇 가지 특성을 요약한 것이다.

### 해양의 바닥에 사는 점액질의 먹장어류(hagfishes)

두개동물의 조상과 같이 먹장어류는 턱이 없다. 대신에 이들은 혀 모양의 이빨을 가진 구조를 이용하여 먹이를 갉아 찢는다. 먹장어류의 몸은 척삭으로 인해 빳빳하지만 그 골격은 몇 개의 작은 연골로 이루어져 있을 뿐이며, 이 연골 중의 하나가 원시적인 머리뼈를 형성한다. 먹장어류는 척추동물의 가장 가까운 유연관계이지만, 신경다발을 둘러싸고 보호하는 골격요소가 없다는 이유로 대부분의 계통분류학자들은 먹장어류를 척추동물로 생각하지 않는다.

75여 종 내외의 먹장어류는 바다에서만 산다(**그림 25-5a**). 이들은 아가미로 호흡하고, 2개 방으로 이루어진 심장을 가지고 있으며 체온이 외부 환경의 온도에 따라 달라지는 외온성(ectothermic) 동물이다. 아가미와 2개의 방으로 이루어진 심장 및 외온성은 척추를 가진 모든 어류에서 발견되는 특징이다. 먹장어류는 해양의 바닥 가까이 살면서 진흙 속에 파고들어가 주로 지렁이류를 잡아먹는다. 그러나 이들은 죽었거나 죽어가는 물고기를 공격하여 이빨로 먹이의 몸을 파서 부드러운 내장을 꺼내 먹기도 한다.

먹장어류는 포식자에 대한 방어책으로 점액질을 분비한다(**그림 25-5b**). 상어와 같은 포식어류에게 공격을 당할 때, 먹장어는 대량의 점액질을 빠르게 분비하여, 공격자의 입과 아가미를 막히게 하는데, 공격자는 질식을 피하기 위해 도망친다. 먹장어

(a) 먹장어

(b) 먹장어 점액

▲ **그림 25-5 먹장어** (a) 먹장어는 해저에서 먹이를 섭취한다. (b) 먹장어는 자극을 받으면, 많은 점액을 분비한다. 이 장면은 수천 마리의 먹장어를 싣고 달리던 트럭이 전복되었을 때, 사고의 여파로 먹장어가 도로 위에 쏟아져 나와 점액을 분출하였고 이로 인한 자동차 사고 현장 모습.

류는 매듭처럼 몸을 꼬아서 점액질을 몸에서 제거한다. 즉, 머리 위로 미끄러져 나가면서 점액질을 긁어 떼어낸다. 먹장어류 점액은 길고 탄력 있는 매우 강한 점액과 단백질 끈이 혼합되어 있다. 연구자들은 현재 점액의 강도와 탄력성을 모방한 직물과 같은 유용한 물질을 개발하기 위해서 단백질 끈의 구조를 조사하고 있다.

### 등뼈를 가지고 있는 척추동물

척추동물의 뼈 또는 연골 척추는 몸 전체를 지탱하고 근육 부착 부위를 제공하며, 연약한 신경삭과 뇌를 보호한다. 이는 또한 내부 골격에 속해 스스로 회복되고 성장할 수 있다.

지금은 멸종된 초기의 척추동물은 턱이 없고 이상하게 생긴 물고기들이었는데 많은 종류가 골질판(bony armor plates)으로 보호되어 있었다. 약 4억 2천 5백만 년 전 무악어류(jawless fishes)로부터 턱이라는 새롭고 중요한 구조를 가진 물고기들이 생겨났다. 턱은 어류가 먹이를 낚아채고, 찢고, 부수는 것을 가능하게 해서 무악어류보다 더 많은 먹이 자원을 얻을 수 있게 하였다. 오늘날 전부는 아니지만 대부분의 척추동물은 턱을 가지 고 있다.

척추동물은 대부분의 서식처에 성공적인 정착을 가능하게 하는 차별화된 적응 양식을 가지고 있다. 그중 하나는 쌍을 이루는 부속지들(appendages)이다. 이들은 처음에 물고기의 지느러미로서 나타났으며 안정적인 유영에 기여하였다. 수백만 년 이상에 걸쳐 일부 지느러미는 자연선택에 의해 일부 동물이 공기 중에서 이동할 수 있도록 날개로 변형되었다. 척추동물의 성공에 기여한 또 다른 적응은 크기의 증가와 더불어 뇌와 감각기관의 복잡성 증가인데, 이는 주변 환경을 상세히 감지하여 다양한 방식으로 반응할 수 있도록 하였다.

**CHECK YOUR LEARNING**

- 두개동물이 아닌 척삭동물을 명명하고 설명할 수 있는가?
- 척추동물이 아닌 두개동물을 명명하고 설명할 수 있는가?
- 척추동물의 중요 적응에 대해 설명할 수 있는가?

**CASE STUDY CONTINUED**

**물고기 이야기**

실러캔스가 멸종되지 않았다는 것을 코트니 래티머가 발견한 지 수년 후, 과학자들은 실러캔스를 해부할 기회를 얻었다. 살아있는 실러캔스의 몸은 다소 특이하다. 예를 들어, 성숙한 실러캔스는 몸체를 지지하는 막대인 척삭을 가지고 있는데 대부분의 다른 척추동물은 배아 발달 시기에 이를 상실하게 된다. 또한 40kg의 무게에 뇌의 무게는 1-2g정도로, 몸의 크기에 비해 상당히 작은 뇌를 가지고 있다. 작은 뇌는 두개강(cranial cavity) 공간의 2%만을 차지하고 있으며, 두개강의 나머지 공간은 지방으로 채워져 있다.

해부학적 특이점이 있지만 실러캔스는 척추동물이다. 다른 유형의 척추동물과 구별되는 특징은 무엇일까? 더 일반적으로, 척추동물의 주요 그룹은 어떤 차이가 있는가?

## 25.3 척추동물의 주요한 무리는 무엇인가?

오늘날의 척추동물에는 칠성장어, 연골어류, 방사형 지느러미어류, 실러캔스, 폐어, 양서류, 파충류, 포유류가 포함된다

### 일부 칠성장어류는 어류에 기생한다

대략 50종의 칠성장어(Petromyzontiformes)는 먹장어처럼 턱이 없다. 칠성장어는 입을 둘러싼 크고 둥근 흡반과 머리 위에 있는 한 개의 콧구멍에 의해 구별되어진다. 칠성장어는 신경다발이 마디로 이루어진 연골에 의해 보호받기 때문에 진정한 척추동물로 인정받는다. 이들은 민물이나 짠물에서 사는데, 산란을 위해서는 반드시 민물로 돌아와야 하는 회유성어류(diadromous fish)이다. 칠성장어는 알을 낳기 위해 얕은 상류로 이동한다. 칠성장어 무리는 자갈로 덮인 하상에 웅덩이를 파고 알을 낳고 수정시킨다. 성체는 산란 후에 곧 죽게 된다. 수정란이 부화한 후 몇 년 동안은 유충으로서 조류를 먹으며 지내게 되고, 성숙해서 성체가 되면 바다, 호수 혹은 강에 서식지를 만들기 위해 하류로 이동한다.

성체 칠성장어 중 몇 종은 기생 생활을 한다. 기생성 칠성장어는 이빨이 줄지어 나 있는 입으로 자신보다 큰 물고기에 달라붙는다(**그림 25-6**). 혀의 위에 있는 이빨로 갉아서 물고기의 체벽에 구멍을 뚫고, 거기서 나오는 혈액과 체액을 빨아먹는다. 1920년대를 시작으로 칠성장어가 오대호로 유입되어 확산되었으나 효과적인 천적이 없는 상태에서 대량으로 증식하여 송어를 포함한 상품성 있는 물고기들을 크게 감소시켰다. 칠성장어 개체군을 조절하기 위한 강력한 수단이 시행된 후에야 다른 어류 개체군이 회복되었다.

### 바다의 포식자 연골어류

상어, 홍어, 가오리를 포함하여 1,200종이 연골어류(cartilaginous

▲ **그림 25-6 칠성장어** 몇몇 성체 칠성장어는 기생 생활을 하고, 물고기에 붙기 위해 치열을 지닌 흡반 모양의 입을 사용한다.

(a) 상어

(b) 가오리

▲ 그림 25-7 **연골어류** (a) 상어 (b) 가오리 (a) 상어는 여러 층의 이빨을 드러내 보이는 상어. 앞쪽의 이빨이 소실되면 안쪽에 있는 새로 난 이빨로 대체된다. (b) 열대산 파랑점 바늘가시 가오리는 자신의 몸 옆으로 나 있는 얇은 구조물을 우아하게 움직여서 헤엄친다. 상어와 가오리 모두 부레(swim bladder)가 없어서 헤엄치지 않을 때는 바닥에 가라앉는 경향이 있다.

**Have You Ever Wondered ...**

**상어가 얼마나 자주 사람들을 공격할까?**

대부분의 상어는 인간을 피하지만, 일부 종의 큰 상어는 수영하는 사람과 다이버에게 위험할 수 있다. 그러나 상어가 인간을 공격하는 것은 드물다. 미국에서, 상어보다 개의 공격으로 30배 더 많은 사람이 죽는다. 미국 거주자는 상어 공격보다 낙뢰로 사망할 가능성이 75배 높으며, 해변가에서 상어에 물릴 때보다 익사할 가능성이 훨씬 크다. 그럼에도 불구하고, 비현실적으로 상어의 공격이 발생한다. 예를 들어 2014년에는 세계에서 72건의 문서화된 공격이 있었고 그 중 3건은 치명적이었다. 서핑을 하는 사람들의 약 65%가 공격을 받았다. 상어 공격의 (이미 아주 작은) 위험을 줄이기 위해 전문가는 몇 가지 예방 조치를 권장한다. 예를 들어, 대부분의 상어의 공격이 홀로 있는 개인에게 일어나기 때문에 물속에 있는 동안 무리지어 머무르고, 상어가 가장 활발한 때인 밤, 새벽, 해질녘 등의 시간에는 물 밖에 있어야 한다. 상어가 물속의 피를 감지할 수 있으므로, 출혈을 동반한 상처가 있을 때에는 물에 들어가지 않는다. 그리고 상어가 미끼용 어류에 끌릴 수 있으니 낚시를 많이 하고 있는 지역을 피하라.

fish; Chondrichthyes)에 해당된다(**그림 25-7**). 연골어류는 다른 척추동물처럼 먹장어와 칠성장어에는 없는 턱을 가지고 있다. 연골어류는 완전히 연골로만 구성된 뼈대를 가진 우아한 포식자들이다. 그들의 몸은 작은 비늘로 덮인 거칠고 가죽 같은 피부에 의해 보호된다. 이 중에는 아가미를 통해 물을 순환시키기 위해 반드시 유영을 해야 하는 것들도 있지만, 대부분은 물을 아가미에 통과시켜 뿜어낼 수 있다. 거의 모든 어류들이 체외 수정을 하는 반면, 연골어류는 수컷의 정자가 암컷 생식기로 직접 유입되는 체내수정을 한다. 일부 연골어류는 매우 크다. 예를 들어, 고래상어는 길이가 14미터 이상 자랄 수 있고 맨타가오리(manta ray)는 너비가 6미터 이상 자랄 수 있다.

일부 상어는 물에서 플랑크톤(작은 동물과 원생생물)을 걸러서 먹기도 하지만, 대부분은 다른 물고기나 해양 포유류, 바다거북, 게, 오징어와 같은 큰 먹이를 잡아먹는다. 많은 상어들은 날카롭고 예리한 여러 줄의 이빨들을 가지고 있는 강한 턱으로 먹이를 공격한다. 많이 사용하거나 나이가 들어서 앞 쪽에 있는 치열들이 소실되었을 때, 뒤쪽에 있는 치열이 앞쪽으로 이동한다.

홍어와 가오리는 거의 대부분이 납작한 몸과 날개 모양의 지느러미, 그리고 가는 꼬리를 가지고 바닥에서 생활한다. 이들 중 대부분은 무척추동물을 먹는다. 어떤 종들은 심각한 상처를 입힐 수 있는 가시를 꼬리 근처에 가지고 스스로를 보호하기도 하고, 다른 종들은 먹이를 기절시킬 수 있는 강력한 전기적 충격을 만들어 내기도 한다.

## 방사형 지느러미 어류는 가장 다양한 척추동물이다

다양하고 풍부한 척추동물은 방사형 지느러미 어류(ray-finned fishes; Actinopterygii)에 속한다. 이들은 약 32,000종이 알려졌으며, 아직 발견되지 않은 심해와 원양에서 서식하는 종까지 합하면 그 수의 2배가 넘을 것으로 학자들은 추정하고 있다. 방사형 지느러미 어류는 해양, 담수를 가리지 않고 물이 있는 모든 곳에서 발견되고 있다.

방사형 지느러미 어류는 골질의 가시로 지지되는 피부막으로 이루어진 지느러미의 구조에 의해 구별된다. 또한 이들은 뼈로 이루어진 골격을 가지는데, 이는 이번 장의 뒤에서 다루게 될 잎사귀형 지느러미 어류(lobe-finned fishes)와 다리를 가진 척추동물과 공유하는 형질이다. 이들의 피부는 서로 겹쳐져 있는 비늘들로 덮여있어서 유연성을 가지면서도 동시에 외부로부터 몸을 보호할 수 있다. 대부분의 방사형 지느러미 어류는 물속의 어떤 위치에 힘들이지 않고 몸을 뜨게 하는 내부기관인 부레를 가지고 있다. 부레는 현재의 방사형 지느러미 어류의 조상에서 발견되는 폐와 연관이 있다.

방사형 지느러미 어류는 많은 수의 종을 포함하고 있을 뿐만

▼ **그림 25-8 방사형 지느러미 어류의 다양성** 방사형 지느러미 어류는 물이 있는 거의 모든 서식처에서 살아가고 있다. **(a)** 심해에 사는 암컷 아귀(anglerfish)는 입 바로 위에 돌출된 살아 움직이는 미끼로 먹이를 유혹한다. 몸은 유령같이 흰색인데, 이들이 사는 1.8km 깊이의 바다 속에는 빛이 못 들어오기 때문에 색깔은 필요 없기 때문이다. 수컷 아귀는 아주 작고, 암컷에 붙어 영구적으로 기생하며 언제든 암컷의 알을 수정시킬 수 있다. 사진 속의 암컷에는 두 마리의 수컷이 붙어있다. **(b)** 이 열대성 녹색곰치(green moray eel)는 바위의 갈라진 틈에서 산다. 아래턱에 붙어있는 작은 물고기(줄무늬 청소망둥어; banded cleaner goby)가 녹색곰치의 피부에 붙어있는 기생충들을 잡아먹는다. **(c)** 해마는 감는 꼬리(붙잡는 데 도움이도록 적응됨)로 몸을 스스로 고정시킨 후, 작은 갑각류를 먹고산다.

**비판적 사고** 물고기가 직면한 체내 수분 조절(몸 안에 적정량의 수분을 유지하는 일)과 관련하여 담수어와 해수어 사이에서 어떤 차이가 있을까?

(a) 아귀

(b) 곰치

(c) 해마

아니라 그 형태와 생활주기도 매우 다양하다(**그림 25-8**). 그 범위는 뱀처럼 생긴 뱀장어로부터 납작한 넙치까지, 바다의 바닥을 탐사하며 느리게 움직이는 섭식자로부터 수중에서 빠르게 먹이를 찾아다니는 유선형의 포식자까지, 밝은 색을 지니고 산호에서 살아가는 종으로부터 빛을 내는 반투명성 심해어까지, 1,350kg의 무거운 개복치로부터 약 1mg의 무게를 가진 작은 물고기인 스타우트 인펀트 피쉬(stout infantfish)까지 이른다.

방사형 지느러미 어류는 사람에게 극히 중요한 먹이원이다. 그러나 불행히도, 이런 어류들에 대한 증가하는 인간 개체군의 탐식은 이들을 보다 효율적으로 찾아내어 잡는 기술들과 맞물려 어류 개체군을 황폐화하는 영향을 끼쳐왔다. 경제적으로 중요한 거의 모든 방사형 지느러미 어류의 개체군이 심각하게 감소되고 있다. 만일 이러한 남획이 계속된다면 수산 자원은 곧 바닥을 드러낼 수 있다.

## 실러캔스와 폐어류는 잎사귀형 지느러미를 가지고 있다

경골어류의 거의 대부분이 방사형 지느러미 어류에 속하지만, 몇 종은 실러캔스(Actinistia)와 폐어(Dipnoi)에 속한다. 실러캔스는 Case study에서 자세히 소개되어 있다. 폐어에 속하는 6종은 아프리카, 남미, 호주의 민물 서식처에서 발견된다(**그림 25-9**). 폐어는 아가미와 폐를 모두 가지고 있다. 이들은 산소량이 적은 고여 있는 물에서 사는 경향이 있어서, 공기 중의 산소를 폐호흡으로 보충한다. 몇몇 폐어류는 완전히 메마른 웅덩이에서도 살아남을 수 있다. 이들은 진흙 속에 굴을 파고 들어가서 점액 성분으로 몸을 완전히 감싸고, 대사율이 급격히 떨어지면 폐를 통해 호흡하기 시작한다. 비가 오고 웅덩이가 다시 물로 채워지면, 폐어들은 굴을 떠나서 일상적인 물에서의 생활을 시작한다.

폐어와 실러캔스는 두꺼운 근육층에 둘러싸인 막대 모양의 뼈를 포함하고 있는 육질의 지느러미를 가지고 있기 때문에 '잎사귀형 지느러미류(lobefins)'로 불리기도 한다. 이런 특성은 폐어와 실러캔스가 수억 년 전에 두 개의 계통으로 갈라졌지만, 공통 조상을 가지고 있음을 나타낸다.

실러캔스나 폐어와 더불어 여러 다른 계통의 잎사귀형 지느러미 어류들이 턱을 가진 어류들의 진화사 초기에 출현하였다. 이들 중 한 계통에 속한 어류들은 육질의 지느러미를 비상시에 마른 웅덩이에서 더 깊은 웅덩이로 몸을 이끌기 위해 다리로 사용할 수 있도록 진화되었고, 그 후손들이 현재까지 살아남았다. 이

▲ **그림 25-9 폐어는 잎사귀형 지느러미 어류** 어류 중에서 폐어는 육상 척추동물에 가장 가까운 종류이다.

CASE STUDY CONTINUED

## 물고기 이야기

최근 몇 년 동안 DNA 서열 기술의 발전으로 게놈 서열이 밝혀진 종의 수가 크게 증가하였다. 2013년에 아프리카의 실러캔스가 그 명단에 합류했다. 실러캔스 서열과 연골어류의 서열을 비교하면 실러캔스 게놈이 두 그룹이 분열된 이후 매우 천천히 변한 것으로 나타났다. 따라서 실러캔스 몸체처럼 실러캔스 유전자도 오늘날 전 세계적으로 3억 년 전의 전성기 때와 거의 동일하다.

생존자들이 지느러미 대신에 육지에서의 무게를 지탱할 수 있는 팔, 다리가 있는 **사지동물(tetrapods;** "4발"의 그리스어)이다. 사지동물은 또한 그들의 사지 끝에 손가락 또는 발가락이 있다. 사지동물은 양서류, 파충류, 포유류 다 포함된다.

## 양서류는 이중생활을 한다

최초의 사지동물은 육지를 침입한 양서류였다. 오늘날 6,500여 종의 양서류(amphibians; Amphibia)가 수중과 육상의 경계에 걸쳐 생활하고 있다(**그림 25-10**). 양서류의 다리는 배를 질질 끌며 기어 다니는 도롱뇽부터 멀리 뛸 수 있는 개구리까지 육지에서 움직일 수 있도록 다양하게 적응되었다. 세 개의 방으로 이루어진 심장(어류의 두 개의 방으로 이루어진 심장과 대조됨)은 혈액을 보다 효과적으로 순환시키고, 대부분의 성체에서 폐가 아가미를 대신하고 있다. 그러나 양서류의 폐는 불완전하게 발달해 있기 때문에 반드시 부가적인 호흡기관인 피부로 보충을 받아야 한다. 호흡기관의 역할을 하기 위해서 피부는 항상 축축하게 유지되어야 하기 때문에 양서류가 땅에서 살 수 있는 범위는 크게 제한된다.

또한 많은 양서류는 물을 필요로 하는 번식 행동 때문에 습지에 국한되어 살고 있다. 예를 들면, 대부분의 어류에서처럼 개구

(a) 올챙이

(b) 개구리

(c) 도롱뇽

(d) 무족영원류

▲ **그림 25-10 "양서류"는 "이중생활"을 의미한다** 양서류의 이중생활은 황소개구리의 변태에서 볼 수 있다. 즉, **(a)** 완전 수생인 올챙이에서, **(b)** 반육지생활로 들어가는 성체로 된다. **(c)** 붉은 도롱뇽(red salamander)은 미국 동부의 습한 지역에서만 살아간다. **(d)** 무족영원류(caecilians)는 다리가 없고 굴을 파는 양서류이다.

**비판적 사고** 양서류가 "이중생활"에서 얻을 수 있는 장점은 무엇일까?

리와 두꺼비의 수정은 일반적으로 체외에서 이루어지기 때문에 정자가 알까지 헤엄치기 위해서는 물이 필요하다. 젤리 형태의 막에 의해 보호받고 있는 알들도 증발에 의해 물이 소실되면 파괴되기 쉽기 때문에 반드시 수분을 필요로 한다. 일부 양서류 종들은 알을 보호하기 위해 다른 방법을 쓰기도 하지만 많은 종들은 단순히 물에 알을 낳음으로써 꼭 필요한 수분을 유지시킨다. 일부 종들은 개구리와 두꺼비처럼 수정된 알들이 올챙이로 발달하기도 한다. 이런 수서 유생들은 반육지생활을 하는 성체로 극적인 변형을 하게 되며, 이런 변태 과정이 그들에게 '이중생활' 이라는 뜻의 양서류라는 이름을 가지게 했다. 뒤쪽에서 소개될 422쪽의 "Earth Watch : 위기에 처한 개구리"에서 기술된 바와 같이, 이들의 이중생활과 함께 얇고 투과력이 좋은 피부로 인해 양서류들은 오염물질과 환경 악화에 특히 취약하다.

### 개구리와 두꺼비는 도약에 적응되어 있다

5,700여 종에 달하는 개구리와 두꺼비는 양서류 중에서 가장 다양한 무리이다. 성숙한 개구리와 두꺼비는 도약해서 껑충거리며 이동하는데, 몸도 이 행동에 맞게 적응되어 있다. 뒷다리는 앞다리보다 훨씬 길며 몸체에 비해서도 아주 길고 꼬리는 가지고 있지 않다. "개구리"와 "두꺼비"라는 이름은 뚜렷한 진화적인 무리를 구분 짓는 것이라기보다는 이러한 부류의 양서류에게 나타나는 공통적인 특징의 두 가지 조합을 비공식적으로 구별하기 위하여 사용된다. 일반적으로 개구리는 부드럽고 축축한 피부를 가지고 물이나 물 근처에서 살아가며, 긴 뒷다리를 가지고 있어서 좀 더 높이 도약할 수 있다. 두꺼비는 개구리에 비해 울퉁불퉁하고 약간 건조한 피부를 가지고 육지에서 살아가며 보다 짧은 뒷다리로 낮게 도약하며 이동한다. 다른 양서류에서처럼 많은 개구리와 두꺼비는 포식자에게 혐오감을 일으키게 하는 독성물질을 가지고 있다. 남미의 금빛 독성창개구리(golden poison dart frog)와 같은 몇 종의 방어용 화학물질은 매우 강한 독성을 가지고 있어서, 한 개체에서 나오는 독성물질이 여러 명 의 성인을 죽일 수도 있다.

### 대부분의 도롱뇽은 꼬리를 가지고 있다

대부분의 도롱뇽은 도마뱀처럼 가느다란 몸과 대략적으로 비슷한 길이를 가진 4개의 다리와 긴 꼬리를 가지고 있다. 그러나 일부 도롱뇽은 매우 작은 다리를 가지고 있어서 뱀장어와 같은 모양을 보인다. 대략 580여 종의 도롱뇽 중 대부분은 바위 밑이나 숲의 통나무 밑과 같이 습기가 있고 잘 보호되어 있는 곳에서 육상 생활을 한다. 그러나 일부 종은 완전히 평생을 물속에서 보내기도 한다. 심지어 육지에서 살아가는 종이라 하더라도 산란을 위해 연못이나 하천으로 이동하기도 한다. 거의 모든 도롱뇽 종들은 알로부터 깨어나 외부 호흡기관인 아가미로 호흡을 하는 수생성 유생이 된다. 일부 종은 유생에서 성충으로 변태를 하지 않고 유생 상태로 남아있기도 한다.

척추동물 중에서 도롱뇽은 유일하게 잘린 팔다리를 재생시킬 수 있다. 이러한 능력은 인간의 손상된 조직이나 기관들을 치료하고 재생시킬 수 있는 방법을 찾는 재생 의학 연구자들의 관심을 끌고 있다. 연구자들은 도롱뇽이 다리를 재생하는 메커니즘에 대한 증가되는 지식이 인간을 위한 효과적인 치료로 유도할 것이라고 기대하고 있다.

### 무족영원류는 다리가 없고, 굴을 파는 양서류이다

무족영원류(caecilians)는 다리를 가지고 있지 않고 열대지역에서 살며 비교적 적은 종(175종)의 수를 포함하고 있는 양서류이다. 얼핏 보면 지렁이를 떠올리게 하는 모양이지만, 1.5m에 달하기도 하는 큰 크기 때문에 뱀으로 오인되기도 한다. 몇 종은 수서생활을 하기도 하지만 대부분은 육지의 땅 밑에서 굴을 파고 살아간다. 눈이 있기는 하지만 매우 작고 피부에 덮여있기 때문에 이들의 시력은 빛을 감지하는 데에만 한정되어 있는 것으로 여겨진다.

## 파충류는 육지 생활에 적응되어 있다

파충류(reptiles; Reptilia)는 도마뱀, 뱀, 악어, 거북이, 조류를 포함한다(**그림 25-11**). 파충류는 약 2억 5천만 년 전 양서류의 조상으로부터 진화하였다.

### 파충류는 비늘과 껍질에 싸인 알을 가지고 있다

대부분의 파충류는 육지에 산다. 많은 적응력 가운데 주목할 만한 다음 세 가지가 파충류를 육상에서의 삶이 가능하게 한다. (1) 수분의 손실을 막아주며 몸을 보호하는 질기고 비늘이 있는 피부를 지니고 있고, (2) 수컷이 암컷의 몸 안에 정자를 넣어주는 체내수정을 하며, (3) **양막성 알(amniotic egg)**을 진화시켰다. 이 알껍질은 육지에 있는 알이 건조되는 것을 막아준다. 내부의 막인 **양막(amnion)**은 모든 동물의 발생에 필요한 수분이 있는 환경 속에 있도록 배아를 싸고 있다(**그림 25-12**).

이러한 특징 이외에도 파충류는 양서류보다 효율적인 폐를 가지고 있고 피부를 호흡기관으로 쓰지 않는다. 파충류의 순환계는 3개로 이루어진 방 또는 4개로 이루어진 방(조류, 악어류)을 가진 심장으로 이루어져 있으므로 양서류의 심장보다 유산소 혈액과 무산소 혈액을 더욱 효과적으로 분리시킨다.

### 도마뱀과 뱀은 공통의 진화적 혈통을 공유하고 있다

도마뱀과 뱀은 약 9,400종을 포함하는 특정 혈통을 함께 형성하고 있다. 이들의 공통조상은 다리를 가지고 있었는데, 대부분의 도마뱀은 현재까지 이 다리를 보유하고 있고 뱀은 상실하였다. 뱀이 다리를 가지는 계통성은 일부 종에서 존재하는 뒷다리 뼈의 흔적에서 찾아볼 수 있다.

대부분의 도마뱀은 곤충이나 다른 작은 무척추동물을 잡아먹는 작은 포식자이지만 몇몇 종은 몸의 크기가 아주 크다. 예를 들

# Earth WATCH 위기에 처한 개구리

지난 30년 동안 세계의 여러 지역의 파충학자(파충류와 양서류를 연구하는 생물학자)들은 양서류 개체군이 놀라울 정도로 감소하고 있음을 기록하고 있다. 수천 종의 개구리와 두꺼비, 도롱뇽들의 수가 극적으로 감소하고 있으며, 많은 종들이 멸종되어 왔다.

이것은 세계적인 현상으로 세계의 모든 지역에서 개체군이 급감하고 있음이 보고되고 있다. 중미 및 남미에서 알려진 할리퀸(harlequin) 개구리의 약 100종 중 10마리만 여전히 발견된다. 남아프리카에서는 로즈 유령 개구리의 유일한 개체군이 극적으로 줄어들었으며 이제는 이 종의 생명이 위협받고 있다. 호주의 남부 코로보리(corroboree) 개구리는 한 때 풍부했지만 지금은 야생에서 50마리 미만이 있다(**그림 E25-1**).

미국에서, 최근 연구에 따르면 거의 모든 개구리와 두꺼비 종의 개체수는 줄어들고 있다(**그림 E25-2**). 멸종 위기에 처한 종들은 가장 빨리 사라지고 있지만, 일반적인 종도 줄어들고 있다. 감소는 국립공원과 같은 보호지역에서도 발생한다.

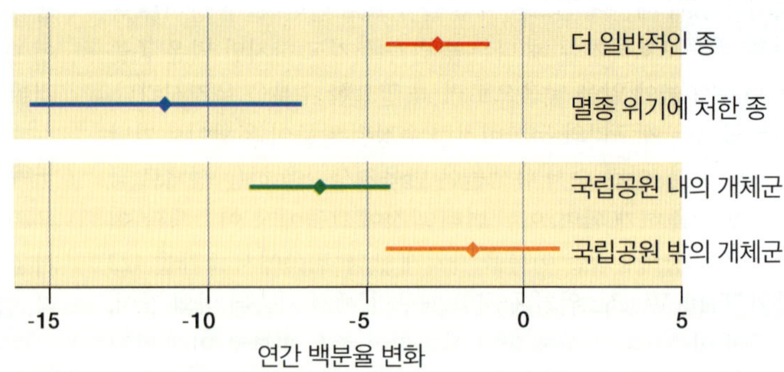


▲ **그림 E25-2 개체군 감소** 이 그래프는 2001 - 2011년 사이에 미국 전역 각지의 여러 곳에서 반복적으로 수를 센 양서류의 추정 개체군 변화 백분율을 보여준다. 그래프의 윗부분은 멸종 위기에 처한 종을 보다 일반적인 종과 비교하였고, 아랫부분은 국립공원의 개체군을 공원 밖의 개체군과 비교한 것이다. 각 데이터의 점을 통과하는 수평선은 예상 변화율에 대한 오차 범위를 보여준다.

양서류의 다양성이 전 세계적으로 감소하는 원인은 충분히 파악되지는 않고 있으나 연구자들은 여러 곳의 개구리와 두꺼비들이 병원성 진균류에 감염되었음을 발견했다. 이 곰팡이는 양서류가 없는 남극대륙을 제외하고 각 대륙에 있는 수백 종의 죽은 양서류의 피부에서 발견되었다. 곰팡이의 존재는 개구리와 두꺼비의 죽음과 일치하며, 대부분의 파충류학자들은 이 곰팡이가 죽음의 원인이라는 것에 동의한다.

그러나 전 세계적인 양서류의 감소가 진균류에 의해서만 일어나는 것으로 생각되지는 않는다. 많은 파충학자들은 개구리나 두꺼비가 다른 스트레스 요인으로 인해 먼저 약해지지 않았다면 전염성 균이 널리 퍼지는 일은 없었을 것이라고 믿고 있다. 다른 가능한 스트레스 요인은 무엇일까? 가장 그럴듯한 이유는 인간이 생물권, 즉 생명을 유지시키는 지구의 영역을 변형시켰다는 것이다.

▲ **그림 E25-1 위기에 처한 양서류** 코로보리 개구리(corroboree frog)는 원산지인 호주에서 급격히 감소하고 있다.

서식지 파괴, 특히 양서류의 생활에 가장 적합한 서식지인 습지의 고갈이 양서류 감소의 중요한 원인 중 하나이다. 또한, 양서류는 오염물질이 쉽게 침투할 수 있는 얇고 투과 가능한 피부에 의해서만 보호되기 때문에 환경오염 물질에 매우 취약하다. 예를 들면, 미국에서 널리 쓰이고 있는 제초제인 아트라진이 거의 모든 담수역에서 검출되는데 미량의 아트라진에 노출되었던 개구리들이 생식조직에 손상을 입었다는 사실을 과학자들이 밝혀냈다.

많은 과학자들은 양서류에서 발생한 문제점들이 지구상의 생명을 부양할 수 있는 지구의 능력이 전체적으로 줄어들었음을 경고하는 것이라고 믿는다. 이 논리의 관점에 따르면, 굉장히 민감한 양서류들은 환경파괴의 조기경보를 하고 있으며, 결국에는 저항성 있는 생물 종들에게도 영향을 끼치게 되리라는 것이다.

**비판적 사고** 그림 E25-2의 그래프를 보고 생각해보자. 멸종 위기에 처한 특정한 종의 개체수가 매년 같은 비율로 감소하고, 감소 속도가 멸종 위기에 처한 종의 예상 평균 속도와 같다고 가정해보자. 이 종의 초기 개체군에 1,000개체가 포함되었다면, 10년 후의 개체군 크기는 어떻게 될까? 종의 개체군이 10년 동안 어떻게 변화했는지를 보여주는 그래프를 그리고, 50년 후에 그 개체군을나타내는 그래프를 확장해보자. 어떠한 가정이 당신의 예상에 기초가 되었나?

(a) 악어

(b) 뱀

(c) 거북이

▲ **그림 25-11 파충류의 다양성(조류는 제외)** (a) 미국 남부의 습지에서 발견되는 미국 악어(alligator)의 외양은 1억 5천만 년 된 화석 악어와 거의 똑같은 모습이다. (b) 주홍색왕뱀(scarlet king snake)은 포식자들이 회피하는 독성을 가진 산호뱀(coral snake)과 매우 비슷한 색깔과 무늬를 가지고 있다. 이러한 의태(mimicry)는 독성이 없는 왕뱀이 포식을 피할 수 있도록 돕는다. (c) 에콰도르의 갈라파고스 군도에 사는 육지거북이(tortoise; 거북이의 한 형태)는 100년 이상을 살기도 한다.

▲ **그림 25-12 양막성 알** 악어가 알에서 빠져나오느라 안간힘을 쓰고 있다. 양막성 알은 발생 중인 배아를 액체가 가득 찬 막(양막)으로 감싸서, 알이 물에서 멀리 떨어져 있더라도 수분이 있는 환경 속에서 배아가 발달할 수 있도록 해준다.

어 코모도왕도마뱀은 길이 3m, 무게 90kg 이상에 이른다. 인도네시아에서 살고 있는 이 거대한 도마뱀은 강한 턱과 긴 이빨을 가지고 있어서 사슴, 염소, 돼지와 같은 큰 동물을 잡아먹을 수 있다. 그러나 코모도왕도마뱀은 먹이를 죽이기 위해서 이빨에만 의존하는 것은 아니다. 이 도마뱀은 턱에서 분비되어 먹잇감의 상처로 흘러들어가는 독을 만들 수 있다. 코모도왕도마뱀에게 물린 동물은 즉시 죽지 않는다하더라도 독에 의해 곧 죽게 될 것이다. 도마뱀은 부상당하고 독이 퍼진 먹이가 죽을 때가지 참을성 있게 기다리기만 하면 되는 것이다.

대부분의 뱀은 활동적이고 육식성인 동물이며 먹이를 얻기 쉽도록 다양한 적응을 해왔다. 예를 들어, 많은 뱀은 먹잇감과 주변 환경 사이의 작은 온도차를 감지함으로써 먹이를 추격하는 것을 돕는 특별한 감각기관을 가지고 있다. 일부 종의 뱀은 구멍이 나 있는 이빨을 통해 독을 주입해서 먹이를 움직이지 못하게 한다. 또한 뱀은 턱이 확장될 수 있도록 하는 특이한 턱관절(방골)을 가지고 있기 때문에 자신의 머리보다 훨씬 더 큰 먹이를 삼킬 수 있다. 뱀의 늑골은 가슴뼈에 붙어 있지 않아서 몸 아래로 큰 먹이가 통과될 수 있도록 쉽게 움직인다. 때로는 큰 먹이가 입으로 들어오게 되면 뱀의 몸은 큰 먹이를 소화하기 위한 준비를 한다. 심장, 간, 신장 및 내장은 크기가 거의 두 배로 빠르게 증가하며 물질 대사율은 마치 움직이지 않는 모습보다는 달리기 경주마처럼 극적으로 증가한다. 소화가 완료되면 각 기관과 물질대사가 먹이를 먹기 전 상태로 돌아간다.

### 악어는 물속 생활에 적응되어 있다

알려진 25종의 악어류(crocodilians)는 지구의 따뜻한 지역에 있는 해안과 담수에서 발견되고 있다. 이들은 머리 위쪽에 위치한 눈과 콧구멍을 가지고 수중 생활에 잘 적응할 수 있었다. 단지 머리의 가장 윗부분만을 물 표면 위로 노출 시킨 채, 물속에서 오랜 시간 동안 지낼 수 있다. 악어류는 그들이 먹는 어류, 조류, 포유류, 거북이, 양서류를 씹어서 죽일 수 있는 강한 턱과 원추형의 이빨을 가지고 있다.

악어류에서 새끼에 대한 부모의 양육은 매우 광범위하다. 부모는 알을 진흙 속의 보금자리에 파묻고, 새끼가 부화할 때까지 서식처를 지키고, 새로 부화한 새끼들을 입으로 물어서 안전한 물속으로 옮긴다. 새끼 악어류는 몇 년 동안 그들의 어미와 함께 살아간다.

### 거북이는 몸을 보호하는 껍질을 가지고 있다

325종의 거북이는 사막, 강, 연못, 해양을 포함한 다양한 서식처에서 살아간다. 이와 같은 다양한 서식처는 다양한 적응 유형을 보여주게 되었다. 그러나 모든 거북은 척추, 늑골, 쇄골에 융합된 딱딱하고 상자처럼 생긴 껍질에 의해 보호된다. 거북은 이빨을 가지지 않는 대신 뿔처럼 생긴 부리를 가지도록 진화되었다. 이 부리는 다양한 음식을 먹기 위해 사용된다. 몇몇 거북은 육식동물이

(a) 벌새

(b) 군함새

(c) 타조

▲ **그림 25-13 조류의 다양성** (a) 0.15온스(4g)의 무게가 나가는 연약한 벌새는 1초당 약 60번의 날갯짓을 한다. (b) 군함새는 과일을 먹는 중남미 산림에 서식하는 새이다. (c) 조류 중에서 가장 큰 타조는 몸무게가 300파운드(135kg) 이상이고 알 하나의 무게만도 3파운드(1,500g) 이상이다.

**비판적 사고** 모든 조류의 조상들은 날아다닐 수 있었는데 오늘날 타조처럼 많은 조류 종들은 날지 못한다. 이러한 비행능의 상실이 여러 조류 종에서 반복적으로 나타나는 이유는 무엇일까?

고, 일부는 초식동물, 일부는 사체를 먹는 청소부(잔사성 소비자)이다. 가장 큰 거북인 장수거북은 몸 길이가 2m 이상까지 클 수 있는 해산동물이며 주로 해파리를 먹고 산다. 장수거북과 다른 바다거북들은 산란을 하기 위해 육지로 되돌아오며, 알을 묻을 해변에 도달하기 위해 종종 엄청나게 긴 거리를 이동하기도 한다.

### 조류는 깃털이 있는 파충류이다

조류는 파충류 중에서 매우 특별한 무리이다(**그림 25-13**). 10,300여 종의 조류는 전통적으로 파충류와는 별도의 무리로 분류되어왔지만, 생물학자들은 조류를 파충류의 일부분으로 보고 있다(자세한 설명은 19장 참조). 화석 기록에서 보이는 최초의 조류는 약 1억 5천만 년 전에 출현했다. 오늘날의 새는 깃털을 가짐으로써 다른 파충류와 구별되는데 이러한 깃털은 파충류의 비늘이 고도로 분화된 것이다. 조류는 다리에 비늘을 가지고 있는데 이는 조류와 파충류가 같은 계통이라는 증거가 된다.

조류의 해부학적 구조와 생리적 기능은 비행을 위해 적응되었다. 특히, 조류는 크기에 비해 매우 가볍다. 가벼운 뼈들은 골격의 무게를 그만큼 감소시켰고, 다른 파충류에서 볼 수 있는 많은 뼈들은 진화 과정에서 없어졌다. 번식기가 아닐 때의 생식기관은 크기가 상당히 줄어들고, 암컷은 단지 하나의 난소만 가지고 있어서 무게가 더욱 가볍게 되었다. 날개와 꼬리의 가벼운 돌출물인 깃털은 효과적인 비행을 위해 몸을 들어 올리고 통제하며, 체온을 유지하고 몸을 보호하며, 몸을 가볍게 하고 단열재 역할을 한다.

조류는 외부 환경의 온도에 관계없이 근육과 대사과정이 최고의 효율로 작동하기 위해 필요한 높은 체온을 유지할 수 있다. 이와 같이 주변 환경의 온도보다 대체로 더 높은 체내 온도를 유지하는 생리적 능력은 조류와 포유류에서 나타나는 특징으로 때때로 온혈성(warm blooded) 또는 내온성(endothermic)으로 기술된다. 이와는 대조적으로 외온성(ectothermic) 또는 냉혈성(cold blooded) 동물(무척추동물, 어류, 양서류, 조류를 제 외한 파충류)은 그들이 살아가는 주변의 환경에 따라 체온이 달라진다.

조류와 같은 내온성 동물은 대사율이 높아 조직으로 효율적인 산소 공급이 필요하다. 따라서 조류는 효율을 높일 수 있게 잘 적응된 순환기관과 호흡기관을 가지고 있어야 한다. 조류의 심장은 4개의 방을 가지고 있어, 산소가 풍부한 혈액과 산소가 없는 혈액이 서로 섞이는 것을 방지할 수 있다. 기낭(air sacs)을 추가적으로 보유하고 있는 조류의 호흡계는 심지어 숨을 내쉴 때조차도 계속해서 산소를 폐로 공급할 수 있도록 되어 있다.

## 포유류는 새끼들에게 젖을 먹인다

사지동물(tetrapod)의 진화 계통수 중 한 가지는 털이 있는 포유류(mammalia)로 분화되었다. 포유류라는 명칭은 모든 암컷 포유류들이 젖을 생산하는 **젖샘(mammary glands)**을 통해 어린 새끼들에게 젖을 먹이는 데서 유래되었다. 포유류는 약 2억 5천만 년 전에 처음으로 출현하였으나, 대략 6천 6백만 년 전에 공룡이 멸종될 때까지는 다양하지도 않았고 주도적인 동물군도 아니었다. 대부분 포유류의 털은 몸을 보호하고 따뜻하게 해준다. 조류나 악어처럼, 포유류는 조직으로 산소공급량을 증가시킬 수 있는 4개의 방으로 된 심장을 가졌다. 4,900종의 포유류는 단공류, 유대류, 유태반류의 3개의 계통으로 구분된다.

### 단공류는 알을 낳는 포유류다

다른 포유류와는 달리, **단공류(monotremes)**는 어린 새끼를 낳지 않고 알을 낳는다. 단공류에는 5종이 있는데 오리너구리(platypus)와 가시두더지(spiny anteaters) 혹은 바늘두더지(echidnas)

(a) 오리너구리

(b) 가시두더지

▲ 그림 25-14 **단공류** **(a)** 오리너구리와 같은 단공류는 파충류의 알처럼 질긴 알을 낳는다. 오리너구리는 강, 호수 또는 하천의 둑에 굴을 파고 서식한다. **(b)** 가시두더지(바늘두더지)의 짧은 다리와 강한 발톱은 땅속의 곤충이나 지렁이를 파내는 데 유용하다. 가시두더지의 몸을 덮고 있는 뻣뻣한 가시는 털이 변형된 것이다

라 불리는 무리 중 4종이 그에 해당한다(**그림 25-14**). 단공류는 뉴기니아(4종의 바늘두더지)와 호주(오리너구리, 한 종의 바늘두더지)에서만 발견된다.

바늘두더지는 육지에 서식하며, 땅을 파고 사는 곤충이나 지렁이를 먹는다. 오리너구리는 작은 척추동물이나 무척추동물을 잡아먹기 위해 잠수를 하면서 물속에서 사냥을 한다. 오리너구리의 몸은 수중 생활에 잘 적응하도록 유선형이며, 물갈퀴가 있는 발, 넓은 꼬리 그리고 두툼한 부리를 가지고 있다.

단공류의 알은 질긴 껍질로 되어있고 어미에 의해 10~12일 후에 부화한다. 바늘두더지는 알을 부화시키기 위한 특별한 주머니를 가지고 있지만, 오리너구리는 꼬리와 배 사이에서 알을 부화시킨다. 새로 부화한 단공류의 새끼들은 아주 작아 무력하며 어미의 젖을 먹는다. 그러나 단공류는 젖꼭지가 없기 때문에 어미의 복부에 있는 유선관 및 털 주위의 분비관을 통해서 젖이 새어 나온다. 새끼들은 털에서 젖을 빨아 먹는다.

### 유대류는 호주에서 가장 다양하다

단공류를 제외한 모든 포유류의 배아는 암컷 생식계의 속이 빈, 근육성 기관인 자궁에서 발달한다. 자궁의 내층은 배아에서 나온 막과 결합되어 **태반(placenta)**을 형성한다. 태반은 모체와 배아의 순환기관 사이에서 기체, 영양물질, 노폐물들을 교환할 수 있게 한다.

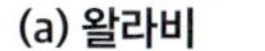

(a) 왈라비

(b) 웜뱃

(c) 주머니너구리

▲ 그림 25-15 **유대류** **(a)** 왈라비(wallaby)와 같은 유대류는 극히 미성숙한 새끼로 태어난 후 어미의 보호주머니에서 발달한다. **(b)** 웜뱃은 굴을 파는 동안 흙이나 부스러기들이 들어오지 않도록 주머니가 몸의 뒤쪽을 향해 열려있다. 웜뱃의 포식자들 중 하나는 **(c)** 주머니너구리.

**유대류(marsupials)**에서(**그림 25-15**) 배아가 자궁에서 자라는 기간이 짧아서 새끼가 미성숙한 단계로 태어난다. 미숙한 새끼들은 태어난 후 어미의 젖꼭지로 기어가 단단히 물고 완전하게 발육할 때까지 젖을 빨아먹고 자란다. 일부 예외를 제외하고 대부분의 유대류는 출생 후 어미의 주머니 안에서 성장하게 된다.

330종 대다수의 유대류의 대부분은 호주에서 서식하고, 캥거루는 호주의 상징처럼 알려져 있다. 캥거루는 호주의 유대류 중에 가장 크고 눈에 잘 띄는 유대류이다. 가장 큰 종인 붉은 캥거루는 2m까지 자라고, 가장 빠르게 이동할 때 한번의 도약으로 9m 이상을 뛸 수 있다. 캥거루가 호주에서 가장 잘 알려져 있지만, 그밖에도 코알라(koalas), 웜뱃(wombats), 주머니너구리(Tasmanian devil) 등 크기나 모양 및 생활주기가 다른 다양한 종들이 존재한다. 버지니아주머니쥐(Virginia opossum)라는 한 종류의 유대류만 북아메리카의 토착종이다.

육식의 포식자인 주머니너구리(Tasmanian devil)은 작은 개 정도의 크기로 유대류 종에 속한다. 많은 수의 주머니너구리가 사냥으로 인해 대량 학살되어 멸종위기에 처해 있었지만, 법으로 보호된 후, 1940년대 들어서 그 수가 회복되기 시작했다. 그러나 1996년쯤에 갑자기 나타난 새로운 형태의 암에 의해 오늘날 주머니너구리의 회복이 위협받고 있다. 대부분의 암들과는 다르게 주머니너구리 괴롭히는 이 암은 동물에서 동물로 퍼지는 전염성이 있다. 종양은 전염된 동물의 얼굴에서 자란다. 주머니너구리는 종종 싸움이나 교미 시에 다른 동물의 얼굴을 자주 물어 종양세포는 물린 상처로 들어갈 수 있다. 얼굴에서 자라는 종양은 감염된 동물들을 몇 달 안에 죽이게 된다. 연구원들은 유행성 암이 발병한 이래로 주머니너구리의 개체수가 60~80%까지 줄어들었다고 추정하고 있다.

### 태반을 가진 포유류는 땅, 하늘, 물에서 서식한다

대부분의 포유류는 **태반포유류(placental mammals)**이며(**그림 25-16**), 그들의 태반은 유대류의 주머니보다 훨씬 복잡하다. 유대류에 비하여 태반포유류는 배아를 자궁 내에서 훨씬 더 오랜 기간 동안 성장시키므로 태어나기 전에 배아의 발달이 완성된다.

태반포유류에서 종수가 가장 많은 것은 설치류와 박쥐류이다. 설치류(rodent)의 종수는 포유류 총 종수의 40%를 차지한다. 그 중 대부분은 쥐(rat)와 생쥐(mouse)이다. 그 외에도 다람쥐, 햄스

(a) 캐피바라

(b) 박쥐

(c) 혹등고래

(d) 치타

(e) 오랑우탄

◀ **그림 25-16 태반포유류의 다양성** **(a)** 남아메리카의 캐피바라(capybara)는 지구상에서 가장 큰 설치류이다. 2피트 키에 100파운드 이상의 무게를 가진다. **(b)** 포유류 중 유일하게 날 수 있는 박쥐는 일종의 초음파를 이용하여 밤에 비행한다. 목표물 가까이에 고주파의 소리를 내고, 그 메아리를 큰 귀로 감지해 낸다. **(c)** 혹등고래(humpback whale)는 매년 2,400킬로미터 이상 이동한다. **(d)** 사진에 있는 어미 치타(cheetah)가 하는 것처럼, 어미가 새끼에게 먹여 기를 수 있는 젖샘(mammary glands)을 가지고 있기 때문에 포유류라고 이름이 지어졌다. **(e)** 점잖고 지적인 오랑우탄(orangutan)은 열대지역의 제한된 구역에 있는 습지림에서 살아간다. 그러나 사냥과 서식처 파괴 때문에 멸종위기에 처해있다.

터, 기니피그, 호저, 비버, 마멋, 줄다람쥐, 들쥐 등이 포함된다. 가장 큰 설치류는 남미에 서식하는 캐피바라(capybara)인데 그 무게가 110파운드(50kg)에 달한다.

대략적으로 포유류 총 종수의 20%는 유일하게 날개를 가지고 비행할 수 있도록 진화된 박쥐가 차지하고 있다. 박쥐는 야행성으로 낮 동안에는 동굴, 바위 틈, 나무에 매달려서 시간을 보낸다. 대부분의 박쥐 종류는 각각 특정 종류의 먹이를 먹도록 적응해 왔다. 어떤 박쥐는 과일을 먹고 다른 종은 밤에 피는 꽃에서 나오는 즙을 먹는다. 그러나 대부분의 박쥐는 개구리나 어류, 심지어 다른 박쥐를 잡아먹는 포식자이다. 일부 종(흡혈박쥐)들은 혈액만을 먹는데, 잠자는 동물이나 새의 피부에 상처를 낸 후 혈액을 핥아서 먹는다. 그러나 대부분의 육식성 박쥐들은 음파의 반향을 이용해서 날아다니는 곤충들을 잡아먹는다. 박쥐는 반향을 이용한 위치추적을 하기 위하여 인간은 들을 수 없는 고주파의 소리를 낸다. 이 소리는 주위 환경의 물체에 부딪쳐 되돌아오게 되는데, 박쥐는 이 반향을 듣고 먹이가 될 곤충의 형태와 그 위치를 찾아낸다.

설치류나 박쥐류가 가장 많은 수의 태반포유류 종을 차지하고 있지만, 이 외의 태반포유류는 종류가 다양하고, 사람들이 중요하게 여기는 많은 수의 종들을 포함하고 있다. 예를 들면, 사람들은 인간과 같은 사회적 행동을 하고 인간과 가깝게 여겨지는 침팬지, 고릴라 그리고 다른 유인원(great apes)과 같은 동물들에게 매료된다. 우리 중 일부는 사자, 치타, 호랑이, 늑대 같은 우아하고 힘이 센 큰 육식동물(carnivores)에 의해 경외감을 갖게 된다. 그리고 다른 사람들은 육지에서 살다가 바다에서 생존하기 위하여 진화된 태반포유류 70여 종의 고래에 매료된다. 가장 큰 고래 종인 푸른고래(blue whale)는 길이 100피트(30미터 이상)보다 더 크게 성장할 수 있고, 지구 역사상 가장 큰 동물로 알려져 있다.

### CHECK YOUR LEARNING

- 칠성장어류, 연골어류, 조기류, 실라캔스, 폐어류, 양서류, 파충류, 포유류의 주요 특징을 설명할 수 있는가?
- 각각의 무리 속에 포함된 주요 하위 무리를 명명하고 설명할 수 있는가?

CASE STUDY REVISITED

## 물고기 이야기

래티머가 실러캔스를 발견한 이후, 스미스는 남아프리카에서 실러캔스 표본을 얻기 위해 혼신을 다하였으나 오랜 기간 동안 뜻을 이루지 못하였다. 마침내 실러캔스를 잡으면 사례를 하겠다는 광고를 본 코모로 섬의 어부들로부터 1952년에 실러캔스 한 마리를 잡았다는 연락이 왔다. 스미스는 즉시 코모로 행 비행기를 타고 가서 무게가 40kg에 달하는 실러캔스를 들고 기쁨의 눈물을 흘렸다고 전해진다. 그 이후로 약 200마리의 실러캔스가 어부들에게 잡혔는데, 대부분이 코모로 섬 근처였지만 마다가스카르 근처나 모잠비크와 남아프리카 근처의 해안에서도 잡혔다. 과학자들은 이 물고기가 인도양 서부의 제한된 지역에 국한되어 살고 있다고 생각하였으나 그 후 놀랍게도 9,600km 이상 떨어진 인도네시아에서도 몇 마리가 발견되어 잡혔다. 그러나 DNA 검사 결과 이들 인도네시아 실러캔스는 다른 제2의 종에 속하는 물고기였다.

오늘날의 실러캔스는 개체수가 몇 백 마리에 불과한 소규모의 개체군인데 그 수가 점점 줄어들고 있는 것으로 보인다. 그 원인 중 일부는 보다 상품성 있는 물고기를 잡으려고 하는 어부들에 의해 실러캔스가 우연히 잡히는 경우가 많아졌기 때문이다. 따라서 남아프리카나 코모로 섬에서는 실러캔스가 우연히 덫에 걸릴 가능성을 줄이는 포획법을 어부들에게 교육시키는 데 초점을 맞추고 있다.

**생각해 보기** 어부에 의해 뜻하지 않게 죽게 되는 실러캔스를 보호하기 위하여 돈을 사용하는 것이 가치 있는 걸까? 혹은 희소 자원을 좀 더 환경적으로 가치 있는 종과 서식지를 보존하는 데 사용해야 하는 걸까?

# CHAPTER REVIEW

*비판적 사고와 생각해보기, 선택형문제, 빈칸채우기 질문에 대한 답은 이 책의 뒷부분에 있는 정답란에서 볼 수 있다.*

## 핵심개념의 요약

### 25.1 척삭동물의 주요한 특징은 무엇인가?

발달 과정 중 어떤 단계에서, 모든 척삭동물은 등쪽에 속이 빈 신경다발, 척삭, 인두의 아가미열, 항문 뒤꼬리를 갖는다.

### 25.2 어떤 동물이 척삭동물인가?

척삭동물문은 창고기류, 피낭류, 두개동물류의 세 분류군으로 구성되어있다. 피낭류는 여과 섭식 무척추동물인데, 고착성인 바다우렁쉥이와 이동성인 살파류를 포함한다. 창고기류 역시 여과 섭식 무척추동물인데, 바다 밑바닥의 모래에 부분적으로 몸을 묻혀 살고 있다. 두개동물류는 골격을 가진 모든 동물을 포함한다: 먹장어류(턱이 없는, 등뼈가 없는 장어 모양의 두개동물)와 척추동물.

### 25.3 척추동물의 주요한 무리는 무엇인가?

칠성장어는 턱이 없는 척추동물인데 가장 잘 알려진 칠성장어의 일종은 물고기에 기생한다. 연골어류는 연골로 이루어진 골격과 가죽 같은 피부로 둘러싸인 몸을 가지고 있고, 아가미로 호흡하며 체내수정을 통하여 번식한다. 방사형 지느러미 어류는 앙상한 뼈와 골질의 가시로 지지되는 피부로 이루어진 방사형 지느러미를 가지고 있고, 이들의 피부는 서로 겹쳐져 있는 비늘에 의해서 보호되며 아가미로 호흡한다.

실러캔스과 폐어류는 뼈를 포함하고 있는 육질의 지느러미 때문에 잎사귀형 지느러미류로 잘 알려진 집단이다. 1938년 살아있는 실러캔스가 발견되기 전까지 멸종된 것으로 생각되었다. 이들은 아가미로 호흡하는데, 폐어류는 아가미와 폐 둘 다 가지고 있어서 건기 동안에도 물 밖에서 살아남을 수 있다.

대부분의 양서류는 공기를 호흡하기 위한 단순한 폐를 가진다. 대부분은 호흡을 위하여 피부에 습기를 유지해야 하고, 체외수정을 하며, 물속의 올챙이들을 보호하기 위해 축축한 습지에 제한적으로 살아간다.

파충류는 잘 발달된 폐, 방수가 잘되는 비늘로 덮인 건조한 피부, 체내수정, 스스로 물을 공급하는 양막으로 덮인 알을 가짐으로써 매우 건조한 육지 서식처에 잘 적응할 수 있다. 파충류의 한 무리인 조류는 약간 높은 체온을 유지함으로써 외부 기온에 상관없이 근육을 빨리 움직일 수 있도록 적응해 왔다. 조류의 몸은 깃털, 가벼운 뼈, 효율적인 순환계와 호흡계를 가짐으로써 비행하는 데 유리하도록 진화했다.

포유류는 체온유지를 돕는 털을 가지고 있고 어린 새끼에게 젖을 먹여 키운다. 단공류를 제외하고는 포유류는 새끼를 낳는다.

# 개념을 통한 이해

## 선택형 문제

**1.** 가장 많은 종의 수를 가진 포유류 두 그룹은 다음 어느 것인가?
a. 유대류와 단공류
b. 육식동물과 고래류
c. 박쥐류와 설치류
d. 유인원과 칠성장어류

**2.** 모든 척추동물 종이 반 이상을 차지하는 것은 다음 중 어느 것인가?
a. 포유류
b. 방사형 지느러미 어류
c. 양서류
d. 연골어류

**3.** 모든 척삭동물의 공통 특성이 아닌 것은 다음 중 어느 것인가?
a. 척삭
b. 등쪽 비어있는 신경다발
c. 아가미열
d. 척추

**4.** 성체 개구리와 두꺼비는 다음 중 어떤 것을 통하여 산소를 획득하는가?
a. 아가미로만 획득한다.
b. 아가미와 폐로 획득한다.
c. 폐와 피부로 획득한다.
d. 폐로만 획득한다.

**5.** 먹장어류의 설명으로 맞는 것은?
a. 살아있는 어류를 먹는다.
b. 지렁이류나 죽거나 죽어가는 어류를 먹는다.
c. 암석에 붙은 조류(algae)를 먹는다.
d. 먹이 입자를 걸러서 먹는다.

## 빈칸 채우기

**1.** 척삭동물에서 신경다발은 속이 ＿＿＿＿＿, 몸의 ＿＿＿＿＿을 따라 길게 뻗어있다. 척삭동물의 생활주기 중 최소한 한 단계에서는 ＿＿＿＿＿을 지나 뒤쪽으로 뻗어나간 꼬리를 가지고 있으며, 몸의 길이를 따라 뻗어있는 ＿＿＿＿＿에 의해 몸이 지지된다.

**2.** 척삭동물이지만 척추동물이 아닌 것은 ＿＿＿＿＿, ＿＿＿＿＿, ＿＿＿＿＿이다. 두개동물은 ＿＿＿＿＿를 가지고 있다. 두개동물이지만 척추동물이 아닌 것은 ＿＿＿＿＿이다.

**3.** 성숙한 개체에서 아가미와 폐를 모두 가지고 있는 것은 ＿＿＿＿＿이다. 상어와 가오리는 ＿＿＿＿＿로 구성된 내골격을 가지고 있다. 가장 많은 종을 포함한 척추동물은 ＿＿＿＿＿이다. 칠성장어는 이빨을 가지고 있지만 ＿＿＿＿＿은 가지고 있지 않다.

**4.** 사지동물류 중에서, ＿＿＿＿＿는 털을 가지고 있고, ＿＿＿＿＿는 피부로 호흡하며, ＿＿＿＿＿는 양막성 알을 낳고, 아가미를 가진 수서 유생은 ＿＿＿＿＿에 있다.

**5.** 알을 낳는 유일한 포유류는 ＿＿＿＿＿이다. 소실된 다리를 재생시킬 수 있는 유일한 척추동물은 ＿＿＿＿＿이다. 비행할 수 있는 능력을 가진 유일한 척추동물은 ＿＿＿＿＿이다.

## 복습문제

**1.** 간단하게 다음 각각의 적응 형태와 적응의 중요성을 기술하라: 척추, 턱, 팔다리, 양막성 알, 깃털, 태반.

**2.** 다음에 설명하는 것을 가지고 있는 척추동물 무리를 열거하라.
a. 연골의 골격
b. 두 개의 방이 있는 심장
c. 양막성 알
d. 따뜻한 피
e. 네 개의 방이 있는 심장
f. 태반
g. 기낭의 도움을 받는 폐

**3.** 척삭동물의 4가지 독특한 특징을 열거하라.

**4.** 양서류가 육지에 살도록 적응된 방식을 기술하라. 어떤 점 때문에 양서류는 반드시 습지에 살아야만 하는가?

**5.** 적응 방식에 있어서 파충류가 양서류와 다른 점을 열거하고, 파충류가 건조한 육지의 환경에 적응하도록 도운 것이 무엇인지 써보라.

**6.** 조류가 날 수 있는 능력을 갖도록 적응된 점들을 열거하라.

**7.** 포유류는 조류와 무엇이 다르고, 적응 방식에 있어서 이들의 공통점은 무엇인지를 써보라.

# 개념의 적용

**1.** 먹장어는 척추동물인가, 무척추동물인가? 그 답은 어떤 특징에 근거한 것인가? 먹장어와 척추동물을 하나의 범주로 묶거나 다른 무리로 분류하는 것이 중요할까? 왜 그렇게 생각하는가?

**2.** 양서류 개체군의 감소가 인간과 관계가 있을까? 무엇이 개구리의 기형을 증가시켰을까? 이러한 현상을 일으키는 원인을 이해하는 것이 왜 중요한가?

"모든 우주 비행사는 생명 유지 장치에 대해 알기 위해 할 수 있는 모든 일을 해야만 한다. 그런 다음에 생명 유지 장치를 관리하기 위해 할 수 있는 모든 일을 해야만 한다."

—실비아 얼 SYLVIA EARLE

# UNIT 4

# 행동과 생태학

인간 관찰자들은 지구 생태계에서 가장 다양하고 생산적이며 연약한 산호초의 밝은 색과 천상의 아름다움에 매료된다.

# 26 동물 행동

밑들이 수컷과 이 남성 모두 자신의 종에 속하는 암컷과 여성에게 유난히 매력적으로 끌린다. 좌우대칭의 균형 잡힌 그들의 신체가 섹스어필의 비밀일 수 있다.

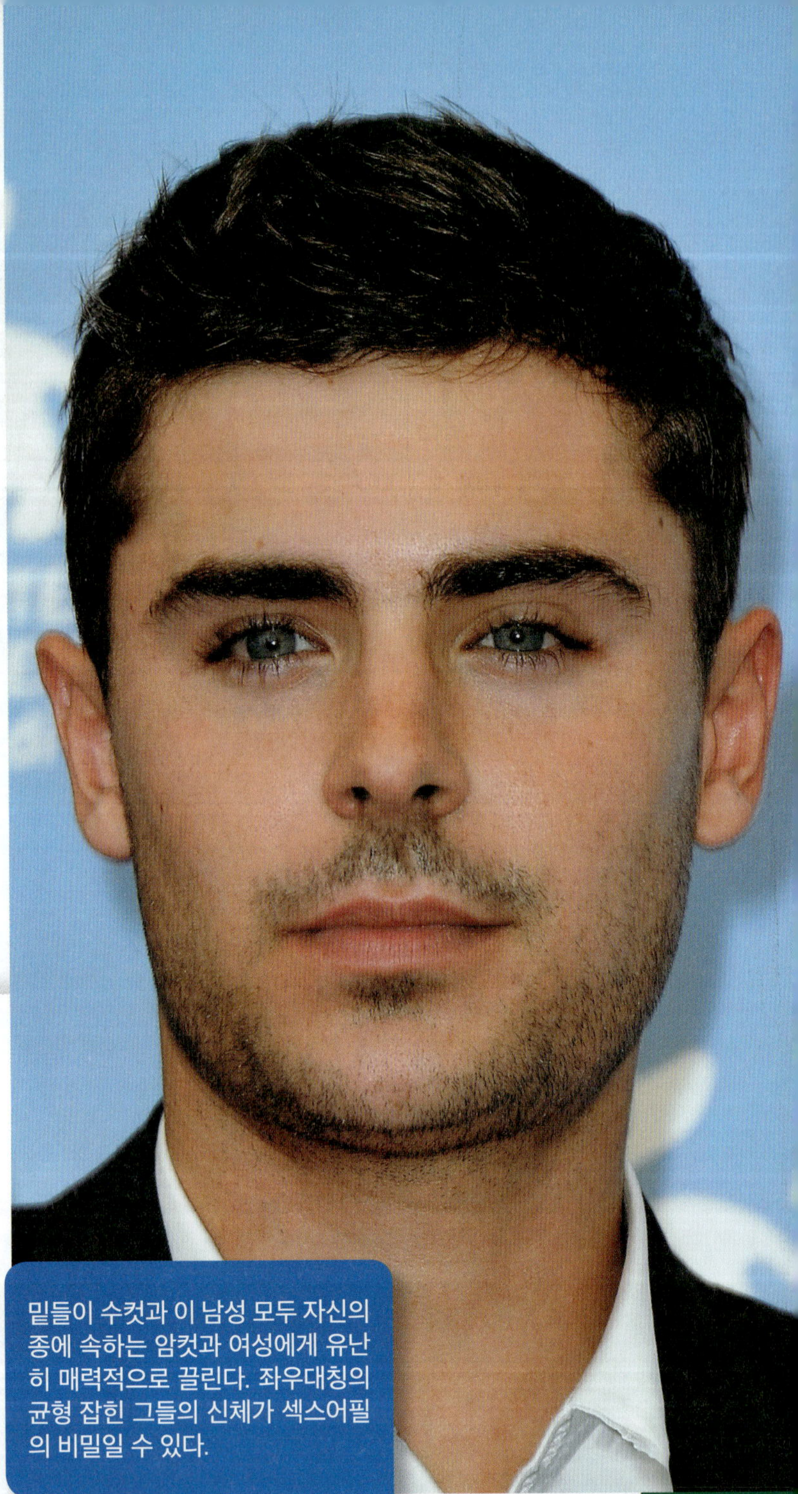

CASE STUDY

## 성과 좌우대칭

무엇이 남성을 섹시하게 만드는가? 많은 연구 결과는, 좌우대칭성이라는 결론에 도달한다. 좌우대칭성에 대한 선호성은 최초로 곤충에서 보고되었다. 생물학자 랜디 쏜힐(Randy Thornhill)은 좌우대칭의 정도로 밑들이벌레 수컷(scorpionfly; 곤충 사진)의 짝짓기 성공 여부를 정확히 예측할 수 있었다. 톤힐의 관찰과 실험 결과 가장 성공적인 수컷은 좌우 날개 길이가 똑같거나 거의 일치하였다. 한쪽 날개가 더 긴 수컷은 교미 빈도가 더 적었으며 두 날개의 차이가 클수록 짝짓기 성공률이 낮았다. 밑들이를 대상으로 연구한 쏜힐은 수컷의 좌우대칭 효과가 인간에게도 적용될 수 있는지 의문을 가지게 되었다. 여성이 좌우대칭적인 남성에 더 매력을 느낄 수 있다는 가설을 검증하기 위해 쏜힐과 동료들은 젊은 성인 남성의 귀의 길이와 발, 발목, 손목, 팔꿈치, 귀의 폭을 측정하였다. 이 측정값에 기초해 신체의 좌우간 차이가 얼마나 나타나는 지를 간략히 보여줄 수 있는 지표를 만들었다

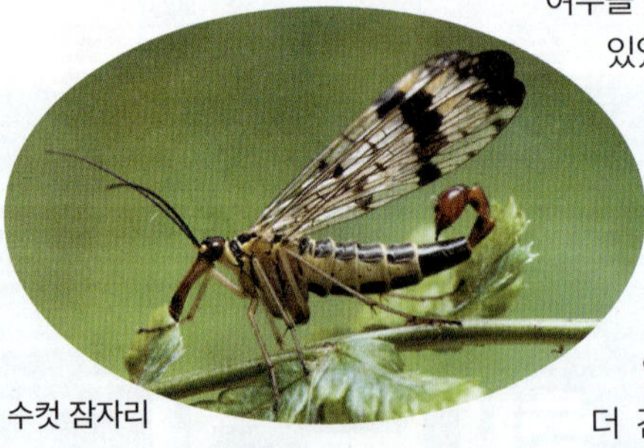

수컷 잠자리

그런 다음 연구자는 이 연구에 대해 알지 못하는 여성 관찰자 집단을 모집해 좌우대칭성을 측정한 남성들의 얼굴사진을 보여주었다. 연구 가설에 따른 예측대로 여성 관찰자가 가장 매력적이라고 판단한 남성은 역시 좌우대칭성이 가장 높은 남성이었다. 명백히 여성이 느끼는 남성의 매력 정도는 남성 신체의 좌우대칭 정도와 연관성이 있었다.

왜 여성은 좌우대칭적인 남성을 선호할까? 26장 동물 행동을 읽으면서 이 질문을 생각해 보자.

## 주요내용



## 26.1 행동은 어떻게 일어나는가?

**행동(Behavior)**이란 살아있는 동물의 관찰 가능한 행위이다. 예를 들어 나방은 밝은 불빛을 향해 날아가고, 꿀벌은 설탕물이 든 컵 쪽으로 모여들며, 집파리는 썩은 고기 조각으로 날아든다. 파랑새가 노래하고, 늑대가 울부짖으며, 개구리가 개굴개굴 운다. 산양은 머리를 서로 들이받으며 의식화된 경쟁을 하고, 침팬지는 털을 서로 다듬어 주는 행동을 하며, 개미는 개미집에 접근하는 흰개미를 공격한다. 인간은 춤을 추고, 스포츠를 즐기며, 전쟁을 벌인다. 평소 가장 일반적인 관찰자조차 매일 많은 흥미로운 동물의 행동을 보게 된다.

동물의 행동은 유전자와 환경에 의해 영향을 받는다. 이 두 가지 요인의 상호작용으로 모든 행동이 나타난다.

### 유전자는 행동에 영향을 미친다

유전자 변이가 행동 변화에 영향을 미친다는 몇 가지 관련된 증거들이 있다. 그 증거에는 선천적 행동 관찰, 행동 실험, 그리고 유전자 분석을 포함한다.

#### 선천적 행동은 이전의 경험이 없어도 나타날 수 있다

유전자가 행동 발달에 영향을 미친다는 증거는 새로 태어난 동물이 보여주는 행동, 즉 유전적인 행동으로부터 알 수 있다. 이와 같은 **선천적(innate)** 행동은 태어난 새끼에게 특정 자극이 최초로 주어질 때에도 거의 완벽한 형태로 나타난다. 예를 들어 갈매기 새끼는 부화하자마자 곧 부모의 부리를 쪼며, 이 행동을 통해 새끼에게 먹이를 제공하도록 부모를 자극한다. 선천적 행동은 또한 암컷이 다른 종의 둥지에 알을 낳는 새인 뻐꾸기에서도 나타난다. 숙주 부모는 뻐꾸기의 알인 줄 모르고 알을 돌보고 새끼를 키우며, 뻐꾸기 알이 부화하자마자 뻐꾸기 새끼는 둥지 안에 있는 숙주의 알(혹은 어린 새끼)을 둥지 밖으로 밀어내는 선천적 행동을 수행한다(**그림 26-1**).

(a) 알을 밀어내는 뻐꾸기 새끼

(b) 뻐꾸기에 먹이를 제공하는 숙주 부모

▲ **그림 26-1 선천적 행동** **(a)** 뻐꾸기 새끼는 부화 후 눈 뜨기 전 불과 몇 시간 만에 숙주 새의 알을 둥지 밖으로 버린다. **(b)** 숙주 새는 뻐꾸기 새끼의 크게 벌어진 입에 반응하여 남의 새끼인 줄 모르고 먹이를 먹인다.

**비판적 사고** 뻐꾸기 새끼는 선천적인 행동으로 이익을 얻고 있으나 숙주 새는 뻐꾸기 새끼의 구걸 행동에 본능적으로 반응하여 손해를 입고 있다. 왜 자연선택은 숙주 새의 불리한 선천적 행동을 제거하지 못했을까?

갈매기와 뻐꾸기 새끼는 위와 같은 선천적인 행동으로 이익을 얻는다. 어린 갈매기는 영양분을 얻고, 어린 뻐꾸기는 먹이를 위한 경쟁자를 제거한다. 이런 예는 행동에 대한 보다 일반적인 관점을 제공한다: 대부분의 행동들은 적응적이며, 따라서 자연선택에 의해서 진화한다.

### 실험은 행동이 유전될 수 있다는 것을 보여준다

비록 광범위하게 나타나는 동물들의 선천적 행동은 행동이 유전될 수 있으며 결과적으로 유전자에 의해 영향을 받는다는 상황적 증거를 제공하기는 하지만, 행동의 유전에 대한 보다 강력한 증거는 실험에서 나온다. 이러한 실험 중 하나는 연구자들이 취식(feeding) 행동과 관련하여 과실파리(fruit-flies) 애벌레가 두 가지 표현형을 가지는 것을 발견함으로써 시작되었다. 일부 애벌레는 "배회(rovers)" 행동을 보이며 먹이를 찾아 지속적으로 이동한다. 나머지 애벌레는 "정주(sitters)" 현상을 보이며 한 장소에 머물며 그 장소에 있는 먹이를 먹는다. 연구자들이 성체 배회자와 정주자를 교배시키자 모든 자손은 배회자로 나타났다. 그러나 이러한 1세대 배회자를 서로 교배시키면, 다음 세대는 배회자와 정주자가 대략 3:1의 비율로 나타난다. 11장에서 유전에 관한 내용을 상기해 보면, 이 실험에서 관찰된 패턴은 두 개의 대립유전자가 있는 단일 유전자에 의해 형질이 통제되는 패턴으로 예상되며, 두 개의 대립유전자 중 하나가 우성이다.

검은머리울새(blackcap warblers)를 대상으로 실시한 또 다른 교배 실험은 이들 새가 유전적 영향을 받아 특정한 방향으로 이주하는 경향이 있음을 보여주었다. 이들 검은머리울새는 유럽에서 번식하고 아프리카로 이주하지만, 다른 지역에서 온 개체군은 다른 경로를 이용하여 이주한다. 서유럽에서 온 검은머리울새는 남서쪽 방향으로 이주하여 아프리카에 도달하지만, 동유럽에서 온 새는 남동쪽으로 이주한다. 그러나 만일 두 개체군의 새를 사육 상태에서 교배한다면, 태어난 잡종 새는 남쪽으로 이주하려고 시도하며, 이는 두 부모 새의 이주 경로 상 중간에 해당된다. 이 결과는 유전자가 이주 방향에 영향을 미친다는 것을 시사한다.

### 유전학자들은 행동에 영향을 미치는 특정 유전자를 규명할 수 있다

가끔 연구자는 행동에 영향을 주는 특정 유전자를 정확히 찾아낼 수 있다. 어떤 유전자가 행동에 영향을 주는지를 결정하기 위해서 연구자는 후보 유전자를 선택하고 그런 다음 각 유전자를 불활성화시키는 돌연변이의 효과를 조사한다. 일부 종에서는 연구자가 일부 유전자가 비활성화된 "녹아웃 (knockout)" 실험동물을 만들 수도 있다. 예를 들면, *V1aR* 유전자가 녹아웃된 마우스는 밝은 개방 구역에 오래 머물러 포식의 위협이 증가된 행동을 보여준다(정상 마우스는 포식 위험이 높은 그러한 장소를 회피한다). *V1aR*은 아르기닌-바소프레신[arginine vasopressin(AVP)] 호르몬의 수용체인 단백질을 암호화한다. AVP가 뇌의 수용체에 결합하면 행동에 영향을 미치고 수용체가 없는 마우스는 위험한 환경에 적절히 반응하지 못한다.

연구자는 후보 유전자의 기능을 없애기("녹아웃"시키기) 전에, 어떤 유전자가 관심 행동에 영향을 줄 수 있는지에 대한 아이디어가 있어야 한다. 가능성 있는 후보 유전자를 확인하기 위해 연구자들은 유전적 변이가 행동 변화와 상관관계가 있는 염색체 위치를 확인하는 기술을 종종 사용한다. 그들은 또한 특정 행동이 일어날 때 어떤 유전자가 특정 조직(특히 뇌)에서 발현되는지 밝히는 기술을 사용한다. 이 방법은 종종 복잡한 행동이 많은 유전자에 의해 영향을 받는다는 것을 보여준다. 예를 들어, 연구자들은 금화조(zebra finch)가 노래할 때마다 새의 뇌에서 표현이 변화하는 800가지 이상의 다른 유전자를 확인했다.

## 환경은 행동에 영향을 준다

행동의 발달과 표현은 동물의 물리적 환경과 경험을 포함한 동물 환경의 변화에 의해 영향을 받을 수 있다.

### 행동은 물리적 환경에 영향을 받는다

동물이 성장하는 환경은 성체 행동에 영향을 줄 수 있다. 예를 들어, 제브라 피쉬를 생각해 보자. 이 종은 물에 풍부한 산소가 포함되어 있는 빠르게 흐르는 시냇물과 산소 농도가 매우 낮은 정체된 호수를 비롯한 다양한 서식지에서 발견된다. 연구자들은 유전적으로 유사한 제브라 피쉬를 산소가 풍부한 물 또는 산소가 부족한 물, 두 가지 조건에서 알에서부터 키웠다. 물고기가 성체로 자랐을 때, 연구자들은 두 조건에서 자란 물고기들이 다른 물고기의 **공격적 행동(aggression)**에 어떻게 반응하는지를 측정했다. 높은 산소 환경에서 자란 물고기의 행동은 높은 산소 환경에서 훨씬 더 공격적이었다. 그러나 저산소 환경에서 가장 공격적인 물고기는 저산소 환경에서 자란 물고기였다. 이는 물고기가 발달해 온 환경이 그 환경(성체가 되었을 때 노출될 확률이 가장 큰 환경)에서 가장 적합하게 행동하도록 하는데 영향을 주었다는 것을 보여준다.

동물의 행동은 또한 환경의 살아있는 부분, 특히 다른 동물과의 상호작용에 의해 영향을 받을 수 있다. 예를 들어, 대초원 들쥐(작은 설치류)의 경우, 암컷 혼자 키우는 새끼보다 암수가 함께 키우는 새끼를 더 잘 돌봐주고 더 많이 핥아 준다. 성년기 시의 들쥐의 짝짓기 및 양육 행동은 새끼 때의 경험에 영향을 받는다. 두 부모가 돌본 새끼들은 한 부모에 의해 자란 새끼보다 더 빨리 짝짓기를 하고, 더 많은 시간 새끼들을 돌본다.

### 경험적 환경에 영향을 받는 행동

경험에 근기하여 행동을 상대적으로 영구적으로 변화시키는 능력을 **학습(learning)**이라고 한다. 믿을 수 없을 정도로 간단한 이 정의는 광범위한 일련의 현상을 포함한다. 두꺼비는 맛없는 곤

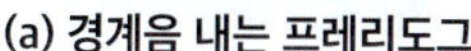

(a) 경계음 내는 프레리도그

(b) 습관화된 프레리도그

◀ **그림 26-2 습관화** (a) 잠재적 포식자가 접근하는 것을 프레리도그가 알아차렸을 때 경계음을 크게 낸다. 그러나 만일 전혀 해가 되지 않는 침입자가 반복적으로 접근하면, (b) 일상적으로 사람이 산책하면서 지나갈 때 프레리도그는 경계음으로 반응하는 것을 멈추도록 학습한다.

충을 피하는 법을 배우고, 새끼 뒤쥐는 누가 엄마인지 학습하고, 인간은 언어를 학습하고, 참새는 이주를 위해 별자리를 학습한다. 학습에 대한 동물의 많은 예는 각각 고유한 진화 역사의 산물이므로 학습은 동물 자체만큼이나 다양하다. 그럼에도 불구하고 학습 유형을 범주화하는 것이 유용할 수 있으며, 이 때 범주화는 단지 대략적인 가이드일 뿐이고, 많은 학습 사례가 어느 범주에 포함되는지 명확치 않을 수 있음을 명심해야 한다.

**습관화는 반복 자극에 대한 반응이 감소하는 것이다** **습관화(habituation)**는 간단한 학습의 일반적인 형태로 반복된 자극에 반응이 감소하는 것으로 정의된다. 습관화를 통하여 동물은 에너지 소비를 막고 부적절한 자극에 관심을 보이지 않아도 된다. 예를 들어 말미잘을 처음 건드리면 촉수를 움츠리지만 반복적으로 계속 자극을 주면 점차 움츠림을 멈춘다. 땅에 서식하는 설치류인 프레리도그(Prairie dogs)는 잠재적 포식자가 자신의 무리에 접근할 때 큰소리의 경계음을 내고 자신들의 굴로 빠르게 들어간다(**그림 26-2**). 그러나 프레리도그는 자신의 무리 근처 산책로를 이용하는 사람들과 같이 위협적이지 않은 것으로 입증된 동물이 반복적으로 접근하는 것에는 익숙해져 있으며, 이러한 동물들이 접근시에는 경계음에 대한 반응을 멈춘다.

습관화될 수 있는 능력은 일반적으로 적응력이 있다. 무해한 인간이 지나갈 때마다 프레리도그가 굴속으로 달려가지 않는다면, 그 대신 식량 확보와 같은 유익한 활동에 더 많은 시간과 노력을 쏟을 수 있을 것이다. 습관화는 또한 환경 자극에 대한 생물체의 선천적 반응을 미세 조정할 수 있다. 예를 들어, 새로 태어난 새끼 새는 머리 위로 물체가 움직일 때 본능적으로 몸을 웅크리지만, 태어난 지 몇 주 지난 새는 매가 머리 위로 날아 갈 때 몸을 웅크리고, 기러기와 같이 무해한 새는 무시한다. 새들은 나뭇잎, 명금류, 기러기와 같이 무해하고 자주 날아오르는 것들에 익숙해져 있다. 포식자는 개체수가 훨씬 적으며 매의 특정한 날개 형태는 본능적인 웅크리기를 계속 이끌어낸다. 따라서 학습은 선천적 반응을 변경시켜 행동을 더욱 유리하게 만든다. 연구자는 동물을 대상으로 의도적으로 습관화를 유도하여 연구할 수 있다. 예를 들어 침팬지, 고릴라, 비비 등과 같은 영장류의 사회적 행동에 대해 우리가 알고 있는 대부분은 야생 집단에 대한 연구에서 나온 것으로, 야생 집단에서 동물은 인간 존재에 익숙하도록 습관화되어 왔다. 그래야만 연구자는 행동을 관찰하기 위해서 충분히 가까이 접근할 수 있다(**그림 26-3**).

**각인은 어린 동물의 빠른 학습이다** 학습은 항상 일정한 범위 안에서 이루어지며 그 범위 안에서 적절한 행동이 획득될 수 있는 기회가 증가될 수 있다. 학습에 대한 이러한 제한은 아마도 동물의 신경계가 특정 발달 기간 동안에만 어떤 것을 배우기 위해 엄격하게 프로그래밍 된 학습의 한 형태인 **각인(imprinting)**에 의해 가장 잘 설명될 수 있다. 동물의 일생에서 민감한 시기(*sensitive period*)에 배운 정보는 나중에 경험에 의해 쉽게 변경 되지 않는 행동으로 통합된다.

각인은 기러기, 오리, 닭과 같은 조류에서 가장 잘 알려져 있

▲ **그림 26-3 연구자에 습관화된 침팬지** 동물 행동에 대한 과학적 연구는 종종 인간 존재에 익숙한 동물에 의존한다.

▲ 그림 26-4 **콘라드 로렌츠(Konrad Lorenz)와 각인** 콘라드 로렌츠는 동물 행동에 대한 과학적 연구의 개척자로, 부화 직후 콘라드 로렌츠를 어미로 각인한 거위 새끼가 그를 따라 다닌다.

다. 이 새들은 초기의 민감기 동안 가장 빈번하게 마주치는 동물이나 물체를 따라다니도록 학습된다. 자연에서는 어미 새가 민감기 동안 가장 가까이 있기 때문에 새끼는 자신의 어미에 대해 각인된다. 그러나 실험실에서 이 새들은 장난감 기차나 다른 움직이는 물체에 각인될 수도 있다(**그림 26-4**).

각인은 야생에 방사하기 위한 목적으로 사육 상태에서 동물을 키우며 멸종위기 동물을 보호하고자하는 보전생물학들에게 중요하다. 이러한 프로그램은 종종 사육된 동물이 관리인에게 각인되지 않도록 하기 위해 많은 노력을 기울이며(**그림 26-5a**), 이 노력으로 인해 방사된 동물은 사람이 아닌 같은 종의 다른 개체들에게 끌리게 될 것이다. 그러나 보전생물학자는 사육 동물이 생존에 필요한 행동을 발달시킬 수 있도록 각인을 활용할 수 있다(**그림 26-5b**).

**조건화는 자극과 반응 사이의 학습된 연관성이다** 행동은 일반적으로 특정 자극에 반응하여 발생하며, 많은 동물들은 특정 자극과 행동을 연관시켜 배울 수 있다. 예를 들어, 이반 파블로프(Ivan Pavlov)가 실시한 고전적 실험에서, 일반적으로 음식을 보았을 때 침을 흘리는 개들은 종소리에 반응해서 침을 흘리도록 훈련되었다. 동물이 자극과 본능적 반응 사이의 새로운 연관성을 배우는 이런 종류의 학습은 **고전적 조건화(classical conditioning)**라고 알려져 있다. 예를 들어, 레몬 자리돔(lemon damselfish)은 다른 자리돔이 방출시킨 화학적 경고 신호에 반응하여 본능적인 포식자 회피 행동–자신을 숨기고 주변 환경을 탐색함–을 보인다. 실험자들이 어린 자리돔에게 생소한 물고기 종의 냄새와 혼합된 경고 신호를 반복적으로 노출시키면, 자리돔은 자신이 경험했던 종의 냄새에 노출되었을 때에만 경고 반응을 보였다. 자리돔 실험이 암시하듯이, 고전적 조건화에 의한 학습은 새로운 포식자를 피하는 것과 같은 적응 행동을 초래할 수 있다.

좀 더 복잡한 학습 형태는 **시행착오 학습(trial-and-error learning)**으로 동물은 행동을 긍정적 또는 부정적 결과와 연관시키기 위해 경험을 통해서 학습한다. 많은 동물은 자연스럽게 발생하는 보상과 징계를 받고 이를 통해 자신의 행동을 변화시키도록 학습한다. 예를 들어 재빨리 벌을 잡은 굶주린 두꺼비는 앞으로 벌을 피해야 한다는 것을 배운다(**그림 26-6**). 혀에 침이 쏘이는 단 한 번의 경험만으로 두꺼비는 벌을 무시하고 심지어 벌과 닮은 곤충도 피하게 된다.

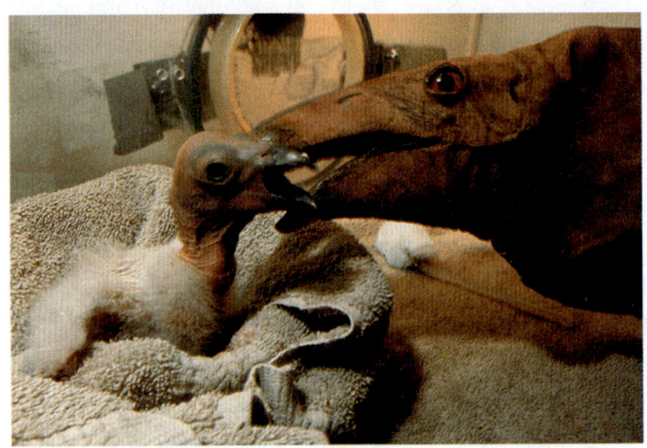

(a) 콘도르 새끼에게 먹이주기

(b) 두루미 무리를 이끌기

▲ 그림 26-5 **각인과 멸종위기종** (a) 어린 캘리포니아 콘도르(California condor)가 인간에게 각인되는 것을 막기 위해 사육사는 콘도르 인형을 사용하여 먹이를 준다. 사육된 새가 야생에 방사되면 사람들보다 다른 콘도르에 끌리게 될 것이다. (b) 사육 상태에 있는 아주 어린 미국 흰두루미(whooping cranes)를 초경량 항공기에 노출시켜 각인시켰다. 그 두루미는 나중에 남쪽으로 이주를 위한 경로를 배우기 위해 초경량 항공기를 따른다.

1 경험 없는 두꺼비에게 벌을 제공하였다.

2 벌을 먹으려는 동안 두꺼비는 혀에 침이 쏘여 고통을 받는다.

3 벌을 닮은 해가 없는 파리매를 주었더니 두꺼비는 몸을 웅크린다.

4 두꺼비에게 잠자리를 제공하였다.

5 두꺼비는 즉시 잠자리를 먹어, 벌과 벌을 닮은 곤충에 특이하게 학습된 혐오 반응을 보여준다.

▲ **그림 26-6 두꺼비의 시행착오 학습**

시행착오 학습은 **조작적 조건화(operant conditioning)**로도 불리며, 특히나 실험실 조건에서의 학습 결과를 이렇게 부른다. 예를 들어 동물은 보상을 받거나 벌을 피하기 위하여 특정 행동(레버를 당기거나 혹은 버튼을 누르는 행동)을 하도록 학습한다. 이 기술은 심리학자인 B. F. 스키너(B. F. Skinner)와 가장 밀접하게 관련되어 있는데 그는 "스키너 상자"를 고안하여 동물을 그 안에 격리시키고 동물 스스로 훈련하도록 하였다. 이 상자 안에는 레버가 있고, 이 레버를 누르면 먹이가 나오도록 되어 있다. 만일 동물이 우연히 그 레버를 누르면 먹이가 보상으로 나온다. 몇 번 이러한 일이 발생한 뒤 동물은 레버를 누르는 것과 먹이를 받는 것과의 관련성을 학습하게 되고 레버를 반복적으로 누르기 시작한다.

조작적 조건화는 레버를 누르는 것보다 훨씬 더 복잡한 일을 수행하도록 동물을 훈련시키는 데에 사용되어 왔다. 예를 들어, 감비아 거대 두더지붙이쥐(Gambian giant pouched rat)는 바나나 또는 땅콩 보상을 통해 매장된 육상의 지뢰를 냄새로 찾아내도록 훈련을 받았으며, 지뢰를 발견했을 때 격렬하게 땅을 긁어 댄다(**그림 26-7**). 미발견된 지뢰는 전 세계 수백만 명의 사람들의 안전을 위협한다. 1억 개 이상의 지뢰가 과거 전쟁 중에 묻혀있고 그리고 잊혀지고 있다. 이 쥐들은 지뢰 탐지 능력이 매우 뛰어나며, 쥐들의 무게는 그들이 발견한 지뢰가 폭발하기에는 너무 가볍다. 감비아 거대 두더지붙이쥐는 또한 결핵(tuberculosis; TB)을 유발하는 박테리아의 냄새를 감지할 수 있으며 결핵에 감염된 점액과 감염되지 않은 점액을 구분할 수 있도록 훈련되어 왔다. 이 능력은 곧 결핵에 대한 값싸고 효과적인 진단 검사의 기초가 될 것이다.

**사회적 학습에서 동물은 다른 동물로부터 배운다** **사회적 학습(social learning)**에서 동물은 같은 종의 다른 개체들을 보고 들으면서 행동을 학습한다. 다른 동물들의 행동을 관찰하고 복사함

▲ **그림 26-7 감비아 거대 두더지붙이쥐의 지뢰 탐지 작업**

으로써, 동물들은 어떤 먹이를 먹을지, 어디에서 먹이나 번식 장소를 찾을지, 또는 어떻게 포식자를 회피하는지를 배운다. 많은 종의 명금류는 다른 새들의 노랫소리를 복사하여 이를 학습한다. 도구를 사용하는 동물의 경우, 도구 사용법에 대한 정보는 다른 동물이 사용하는 것을 보면서 얻는다. 예를 들어, 오스트레일리아의 샥 베이(Shark Bay)에 있는 일부 돌고래는 돌이 많은 해저에서 먹이를 찾아 파고 들 때 코를 보호하기 위해 해면동물을 사용한다(**그림 26-8a**). 어린 돌고래는 엄마가 이러한 행동을 보이는 것을 지켜보면서 행동을 학습한다. 유사하게, 침팬지들은 돌을 사용하여 견과를 열거나 막대기를 이용하여 흙 언덕에서 흰개미를 잡아먹는다(**그림 26-8b**). 이런 기술은 사회적 학습을 통해 한 침팬지에서 다른 침팬지로 전달된다.

**통찰력은 시행착오 없는 문제 해결 능력이다** 특정 상황에서 동물은 이전의 경험의 도움을 받지 않고도 즉각적으로 문제를 해결할 수도 있다. 이런 갑작스런 문제 해결은 인간이 하나의 결론에 도달하기 위한 지적인 사고처리 과정과 표면적으로 비슷해 보이기 때문에 **통찰학습(insight learning)**이라 부른다. 물론 동물이 문제를 해결할 때 인간과 유사한 지적인 상태를 경험하는지는 확신할 수 없다.

(a) 스폰지 도구를 갖춘 돌고래

(b) 흰개미를 찾는 침팬지

▲ **그림 26-8 사회적 행동** 동물은 다른 동물로부터 이로운 행동을 배운다. 다른 동물을 관찰하면서 **(a)** 큰돌고래(bottlenose dolphins)는 코 보호를 위해 해저에서 뽑아 낸 스폰지를 사용하는 법을 배운다. 그리고 **(b)** 침팬지는 흙 언덕에서 흰개미를 끌어내기 위해 나뭇가지를 이용하는 법을 배운다.

▲ **그림 26-9 통찰학습** 뉴 칼레도니아 까마귀들은 사전 훈련 없이 상당히 복잡한 문제를 해결하는 법을 배운다. 여기에서 까마귀는 튜브에서 수위를 올리는 데 가장 효과적인 물체를 선택하여 보상을 얻는다.

문제를 잘 해결할 것으로 보이는 종은 뉴칼레도니아(New Caledonian) 까마귀이다. 이 새들은 도구를 사용하는 것뿐만 아니라 나뭇가지와 잎을 갈고리 모양으로 만들어 숨어있는 곤충을 끌어내는 데에도 사용한다. 실험실에서 연구자들은 우물 아래 새가 도달할 수 없는 곳에 고기가 들은 양동이를 놓고 일자 모양의 철사 조각을 제공한 뒤 새의 행동은 관찰했다. 까마귀는 금세 부리를 이용하여 철사를 구부리는 데 사용했고, 이를 이용하여 양동이를 들어 올려 고기를 먹을 수 있었다. 또한 뉴칼레도니아 까마귀들은 짧은 막대를 사용하여 긴 막대에 도달하고, 그런 다음 긴 막대를 사용하여 먹이에 도달해야하는 다단계 퍼즐을 첫 번째 시도에서 간단히 해결했다. 연구자들은 깨끗한 수직 튜브의 하부에서 물 위에 떠 있는 먹이를 먹는 까마귀의 능력을 테스트하는 실험을 수행하였고, 까마귀가 튜브 안으로 물체를 떨어뜨림으로써 수위를 상승시켜 먹이를 부리가 닿는 높이까지 높일 수 있음을 발견했다(**그림 26-9**). 게다가 까마귀들은 튜브 안에 떨어뜨릴 물체를 고를 때, 물에 뜨는 가벼운 물체보다는 물에 가라앉는 무거운 물체를 떨어뜨렸다.

### CHECK YOUR LEARNING

- 유전자가 행동에 영향을 미치는 증거를 기술할 수 있는가?
- 물리적 그리고 경험적 환경이 행동에 영향을 미치는 증거를 기술할 수 있는가?
- 습관화, 각인, 고전적 조건화, 시행착오 학습, 사회적 학습, 그리고 본능을 설명할 수 있는가?

## 26.2 동물은 자원을 얻기 위해 어떻게 경쟁하는가?

개체군의 번식 잠재력에 비하여 먹이, 공간, 짝(mates)과 같은 자원은 상대적으로 부족하기 때문에 동물들은 생존과 번식을 위한 경쟁을 하게 된다. 경쟁의 결과 동물 간 상호작용이 자주 일어난다.

### 공격적 행동은 자원을 지키는 데 도움을 준다

자원 경쟁에 대한 가장 명백한 징후 중 하나는 같은 종의 구성원들 간의 공격적 행동이다. 공격적인 행동에는 라이벌 간의 육체적인 전투가 포함된다(**그림 26-10**). 그러나 싸움은 참가자들에게 상처를 줄 수 있다. 승리한 동물조차도 생존하지 못해 자신의 유전자를 다음 세대에 전달하지 못할 수도 있다. 그 결과, 자연선택은 육체적인 공격 전의 갈등 해결을 위한 과시나 의식 행동의 진화를 선호해 왔다. 공격적인 과시는 경쟁자가 서로를 평가하고 싸움의 승자를 가릴 때 서로에게 입힌 상처를 기준으로 하는 것이 아니라 크기, 힘, 싸움에 대한 의지 등으로 평가할 수 있도록 한다. 이러한 과시 행동 덕분에 가장 공격적인 상호작용은 참여자들에게 물리적 손상 없이 끝난다. 우리는 공격 행동 신호를 26.5 절에서 보다 자세히 논의한다.

### 사회적 계층구조는 공격적 상호작용을 조절하는 데 도움을 준다

비록 동물들이 상해를 입지 않더라도 공격적인 상호 작용은 많은 에너지를 사용하며 먹이를 찾고, 포식자를 지켜보거나, 어린 개체를 양육하는 것과 같은 다른 중요한 임무를 방해할 수 있다. 따라서 최소의 공격으로 갈등을 해결하는 것이 이익이 된다. 동물들이 사회적 그룹에서 살면서 여러 개체 간 반복적으로 상호작용할 때 각 개체는 자원에 접근할 수 있는 서열을 결정하는 **사회적 계층구조(dominance hierarchy)**를 형성할 수 있다. 사회적 계층구조에서 각 동물은 자원에 접근할 수 있는 서열을 결정한다. 비록 계층구조가 확립되는 동안 공격적 상호작용이 자주 일어나지만 일단 각 개체의 순위가 결정되면 싸움은 줄고, 계급이 높은 개체는 먹이, 공간, 배우자를 포함한 번식에 필요한 자원을 가장 먼저 얻을 수 있다. 예를 들어 사육 상태의 닭은 처음에 만나면 서로 싸우다가 안정된 "쪼기 순서(pecking order)"가 결정된다. 이후 이 집단에 있는 모든 닭은 순위가 높은 닭에게 복종하고, 이 닭을 제외한 차순위 닭은 다른 닭의 복종을 받는다. 늑대 무리의 경우 암수에서 각각 한 개체가 최상위 혹은 "알파" 개체이고, 같은 성의 다른 구성원은 모두 알파 개체에 복종한다.

### 동물은 자원을 포함하는 영역을 방어하기도 한다

많은 동물에서 자원을 얻기 위한 경쟁은 **세력권(territoriality)**의 형태로 나타나고, 중요한 자원이 있는 지역을 방어한다. 사회적 계층구조와 마찬가지로 일단 초기의 공격적 상호작용을 통해 서로의 세력권이 형성되면 개체의 영역 간 경계가 인식되고 상호 존중됨에 따라 상대적으로 평화가 지속되기 때문에 세력권은 개체 간의 공격적 행동을 줄이는 경향이 있다. 이와 같은 안정성의 한 가지 이유는 동물이 세력권을 지키려는 의욕이 아주 강하고 세력권을 침입하려는 더 크고 강한 동물조차 종종 격퇴시키기 때문이다.

세력권은 가장 일반적으로 수컷 개체에 의해 방어되지만, 암컷, 짝지은 쌍, 가족 또는 더 큰 사회적 집단에 의해 방어될 수 있다. 방어된 지역은 짝짓기를 하고, 새끼를 기르며, 먹이를 먹이거나 먹이를 저장하는 장소로 쓰인다. 세력권은 방어하는 동물의 수만큼이나 다양하다. 예를 들어 세력권은 딱따구리가 도토리를 저장하는 하나의 나무일 수 있고(**그림 26-11**), 시클리드 물고기 둥지로 사용되는 호수 바닥의 작은 모래웅덩이, 게집으로 사용

▲ **그림 26-10 싸움** 싸움은 수컷 코끼리들과 같이 참가자들에게 위험할 수 있다.

▲ **그림 26-11 먹이 세력권** 도토리딱다구리는 무리를 지어 생활하면서 죽은 나무에 도토리 크기의 구멍을 파고, 겨울을 나기 위해 이 구멍에 녹색 도토리를 저장한다. 이들은 다른 도토리딱다구리 무리와, 어치와 같이 도토리를 먹는 다른 종의 새에 대항하여 도토리가 저장된 나무를 치열하게 방어한다.

되는 모래 구멍, 또는 한 쌍의 딱정벌레가 알을 낳아 자손이 발생할 수 있도록 방어하는 쥐 사체가 될 수도 있다.

### 세력권은 세력권으로 인한 이익이 손해보다 클 때 나타난다

세력권을 획득하고 방어하는 데 상당한 시간과 에너지가 필요하지만 세력권을 유지하면 동물의 번식 성공률이 높아져 비용을 상쇄시키기에 충분하다. 예를 들어 미국 솔새(American redstart)는 북미 숲에서의 번식지와 열대지방에서의 월동지의 세력권을 방어하는 여름철새로, 겨울철 울창하고 습한 숲에서 세력권을 방어하는 새는 생산적이지 못한 서식지를 방어하는 새보다 더 많은 자손을 갖는다. 따라서 미국 솔새에서는 비번식기에 세력권 행동을 통해 얻은 자원이 수개월 후 번식지에서의 번식 성공에 중요한 영향을 미친다. 아마도 이는 겨울철 좋은 세력권을 가진 새가 더 좋은 조건에 있고, 가장 좋은 번식지를 얻기 위해 더 빨리 북쪽으로 이주하고, 더 빨리 번식에 참여하기 때문이다.

조건이 바뀌면 세력권을 방어하는 데 드는 비용과 이익도 바뀔 수 있으므로 많은 동물들이 특정 시간에만 또는 특정 조건에서만 세력권을 유지한다. 예를 들어, 비번식기의 백할미새(pied wagtail)는 섭식하는 무척추동물이 상대적으로 적은 날에만 먹이 세력권을 방어한다. 그러나 먹이가 특히 풍부한 날에는 세력권을 포기한다. 번식기가 다가오면, 수컷 백할미새는 먹이가 많고 적음에 상관없이 세력권을 지속적으로 방어한다. 모든 일이 수컷에게 잘 풀리면 암컷은 수컷에게 합류하여 세력권에 합류한다. 많은 동물 종은 자손을 키우는 데 필요한 자원과 이를 독점하는 것이 중요한 번식기 동안에만 세력권을 방어한다.

**CHECK YOUR LEARNING**

- 공격적인 행동의 기능을 기술할 수 있는가?
- 왜 자연선택은 공격적인 신호와 과시, 순위제, 그리고 세력권의 진화를 선호해 왔는지 설명할 수 있는가?

## 26.3 동물은 짝짓기 시에 어떻게 행동하는가?

성선택(16장 참조)은 동물들이 짝에 접근하고 적절한 짝을 선택할 수 있도록 돕는 행동의 진화를 촉진시켜 왔다. 대부분의 경우 수컷은 수컷 간의 경쟁에 도움이 되는 형질에 강한 선택압을 받으며 암컷은 유리한 선택(적절한 수컷을 선택)을 하도록 도와주는 형질에 강한 선택압을 받는다.

### 수컷은 짝짓기를 위해 싸우기도 한다

26.2절에서 설명한 공격적인 행동은 종종 짝을 얻기 위해서 수컷끼리 경쟁하는 동안 발생한다. 예를 들어, 말벌의 한 종(*Sycoscapter australis*)에서 수컷은 종종 짝짓기 위해 싸워야만 한다. 이 종에서는, 무화과 안에서 알이 발생하고, 새롭게 부화된 말벌은 과일 내부의 빈 공간에서 나온다. 수컷이 먼저 부화하고 짝짓기를 위해 이후 출현하는 암컷을 찾아 이동한다. 그러나 수컷들이 서로 마주 치면 그들은 격렬하게 싸운다. 싸움은 강렬하여 참여자의 최대 1/4이 치명상을 입고 승리자는 짝짓기의 기회를 얻는다.

▲ **그림 26-12 혼인 선물** 수컷 춤파리는 선물(죽은 곤충)을 받아드린 암컷과 교미한다.

많은 종에서 수컷은 암컷에 직접적인 접근뿐만 아니라 암컷을 유인할 세력권을 통제하기 위해 경쟁한다. 그런 종에서, 세력권을 성공적으로 방어하는 수컷은 짝짓기의 가장 좋은 기회를 얻는다. 암컷은 대개 넓이가 넓고, 먹이가 풍부하고, 안전한 둥지를 확보할 수 있는 고품질의 세력권을 선호한다. 예를 들어, 많은 암석이 있는 세력권을 방어하는 옆줄무늬도마뱀(side-blotched lizards) 수컷은 암석이 거의 없는 세력권을 방어하는 수컷보다 암컷을 유인하는 데 더 성공적이다. 암석이 많은 세력권은 포식자 및 더 넓은 범위의 미세 기후를 감지하는 데 유리한 위치를 제공하며, 따뜻한 장소와 시원한 장소 사이를 이동하여 체온을 조절하는 도마뱀과 같은 "변온"동물에게 중요하다. 최고의 세력권을 가진 수컷을 선택하는 암컷은 자신의 번식 성공을 증가시킨다. 실험자들이 한 마리 수컷의 세력권에서 다른 수컷의 세력권으로 암석을 옮겼을 때, 암컷은 향상된 세력권에 정착하는 것을 아주 좋아했으며, 이는 암컷들의 선호성이 특정 수컷에게 있는 것이 아니라 서식지에 기반한 것임을 알 수 있다.

### 수컷은 짝에게 선물을 제공할 수 있다

일부 종에서, 암컷은 먹이 자원을 제공하는 수컷과 짝짓기를 한다. 예를 들어, 암컷 춤파리(dance fly)는 자신의 먹잇감인 죽은 곤충을 가져오는 수컷과만 짝짓기를 한다(**그림 26-12**). 암컷이 그 곤충을 먹는 동안 교미(copulation)가 진행된다. 만일 곤충이 너무 작으면, 교미시간은 정자가 전달되기에 충분히 길지 않으므로 더 큰 곤충을 제공한 수컷의 번식 성공률이 더 높다. 많은 거미와 곤충 수컷은 이와 유사한 혼인 선물(*nuptial gifts*)을 제공하는데 혼인 선물은 죽은 곤충보다 오히려 영양가 높은 수컷의 분비물로 이루어진 경우도 있다. 아마도 수컷 붉은등검정거미

▲ **그림 26-13 배우자 감시** 짝을 지은 후 수컷은 다른 수컷과의 교미를 막기 위해 계속 자신의 짝을 감시할 수 있다. 수컷 습지박주가리딱정벌레(swamp milkweed beetle)는 자신의 짝의 등에 붙어 감시한다.

(red-backed spider)는 수컷이 제공하는 영양가 있는 혼인 선물의 궁극적인 예를 보여준다. 교미가 끝난 후, 수컷은 자신의 몸을 본인의 몸보다 훨씬 큰 암컷의 턱에 던져 넣으며, 암컷은 수컷의 행동에 부응하여 수컷을 먹는다. 수컷은 짝짓기 후에 먹히지 않을지라도, 다음 암컷을 찾아서 짝짓기를 할 정도로 오래 살 가능성이 매우 낮으므로 이러한 희생으로 인한 번식 비용(손해)는 크지 않을 것이다. 수컷은 매우 작아서 많은 포식자들에 의해 포식당하기 때문에, 짝짓기 중에 희생하지 않더라도 대부분은 다음 암컷에 도달하기 전에 죽거나 포식당한다.

## 수컷 간의 경쟁은 교미 후에도 계속된다

동물 중에서 수컷과 암컷 모두 여러 파트너와 교미하는 것은 일반적이다. 암컷이 여러 파트너와 교미할 때 수컷은 경쟁자의 정자가 아닌 자신의 정자가 암컷의 알을 수정시킬 확률을 높이는 행동을 진화시킬 수 있다. 예를 들어, 수컷은 교미 후 암컷을 계속 감시하여 다른 수컷과 교미하는 것을 막을 수 있다. 조류, 도마뱀, 물고기, 그리고 곤충의 많은 종에서, 수컷은 이전에 짝을 이루었던 암컷을 수일 혹은 수주일 밀접하게 따라다니며 다른 수컷과 싸워 암컷으로의 접근을 막는다. 어떤 경우에는 수컷이 암컷에 붙어서까지 다닌다(**그림 26-13**).

만일 수컷이 암컷과 교미하고 이후에 암컷을 지키지 않으면 경쟁자가 수컷의 생식 성공을 빼앗을 수 있다. 예를 들어, 암컷이 여러 수컷과 교미할 수 있는 작은 명금류인 바위종다리(dunnock)에서는 먼저 교미할 준비가 된 수컷은 교미 전 암컷의 입구를 부리로 쫀다. 그에 응답하여 암컷은 자신이 이전의 교미에서 받은 정자를 배출하여 현재 교미하는 수컷의 정자가 암컷 알을 수정할 확률을 증가시킨다. 다른 종의 수컷들은 훨씬 더 직접적인 접근 방식을 취한다. 수컷 검은날개실잠자리(blackwinged damselfly)는 자신의 세력권 안에 도달한 암컷과 교미하기 전, 암컷이 기존 짝짓기를 통해 정자 저장 기관(sperm storage organ)에 남아있을 수 있는 다른 수컷의 정자를 자신의 음경 끝을 이용하여 훑어 낸다(**그림 26-14**).

수컷 간의 번식 경쟁은 수정 이후에도 계속될 수 있다. 사자는 번식을 위하여 많은 수의 암컷에게 독점적으로 접근할 수 있는 소수의 수컷을 포함하는 무리(prides)라고 불리는 사회적 그룹을 형성하여 살고 있다. 번식을 위한 수컷 간 강력한 경쟁이 사자 무리를 지배하는 유일한 방식이다. 무리 없이 배회하는 수컷들은 사자 무리를 형성한 현재 수컷들을 타도하여 그룹에서 그들을 추방할 수 있다. 만일 추방이 성공하면 새 수컷들은 무리에 있는 새끼들을 죽일 것이다. 기존 수컷들의 새끼들을 살해함으로써 암컷들이 새로운 수컷들과 자손을 낳기 위해 번식하도록 유도할 수 있다. 이러한 유형의 새끼살해(*infanticide*) 행동은 동물에서 흔하다.

(a) 실잠자리 짝짓기

(b) 실잠자리 음경

◀ **그림 26-14 정자 경쟁** (a) 교미하는 동안, 수컷 실잠자리(사진의 상단 실잠자리)는 자신의 맨 뒤쪽 마디의 걸쇠로 암컷의 머리 뒤를 움켜쥔다. 수컷의 음경은 날개 바로 아래쪽에 있고 정자를 암컷의 맨 뒤쪽 마디 생식기 개구부 쪽으로 전달한다. 이때 암컷은 수컷의 몸쪽 앞으로 그리고 위로 움직인다. 그러나 교미하기 전에 수컷은 자신의 (b) 가시를 갖는 음경을 이용하여 암컷의 정자 저장 기관에 저장되어 있는 모든 정자를 긁어낸다.

## 다중 짝짓기 행동이 공존할 수 있다

어떤 종에서는 비교적 적은 수의 수컷이 번식을 위한 많은 기회를 독점할 수 있다. 예를 들어, 한 개체군 내 일부 수컷만이 암컷이 매력적이라고 느끼는 신호를 생성하는 데 특별히 능숙할 수 있으며, 혹은 일부 수컷만이 세력권을 통하여 아주

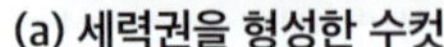

(a) 세력권을 형성한 수컷

(b) 번식 쌍 근처에 숨어있는 은밀한 수컷

(c) 번식 쌍에 접근하는 암컷 모방 수컷

▲ **그림 26-15 대체 짝짓기 전략** 서로 다른 수컷의 짝짓기 행동이 수컷 블루길 물고기 개체군에 존재한다. **(a)** 일부 수컷은 암컷을 유인하기 위하여 둥지를 방어하는 세력권을 형성한다. **(b)** 다른 수컷은 세력권을 방어하지 않지만 알을 수정시킬 수 있는 기회를 갖는 은밀한 수컷이다. **(c)** 암컷 모방 수컷은 암컷처럼 보이고 행동하면서 세력권을 갖는 수컷에 의해 경쟁자로 인정되지 않을 수 있다.

제한된 자원을 확보할 수 있다.

일부 수컷들은 번식을 위한 최적의 방법이 불가능할 때 이를 대체하는 번식 행동이 발생할 수 있다. 예를 들어, 블루길(bluegill fish)에서는 "부모(parentals)"와 "탁란(cuckolders)"이라고 불리는 두 종류의 수컷 전략이 공존하고, 이들은 독특하게 서로 다른 짝짓기 행동을 보인다(**그림 26-15**). 부모 수컷은 크고, 다채롭고, 세력권을 형성하면서 강바닥에 움푹 파인 둥지를 만들고 지킨다. 암컷은 둥지를 방문하고 산란할 수컷을 선택하여 알을 낳고 알은 수컷의 정자와 섞여 수정된다. 탁란 수컷은 아주 작은 "은밀한 수컷(sneakers)"으로 둥지 근처에 있는 식물에 숨어서 세력권 수컷이 알아차리지 못하는 사이 산란하는 쌍의 둥지에 자신의 정자를 뿌릴 기회를 기다린다. 탁란 수컷은 크기가 조금 커지면, 암컷을 모방하여 암컷의 칙칙한 색을 닮고, 산란하는 암컷처럼 행동할 수 있다. 이 속임수로 암컷을 모방한 수컷은 산란하는 쌍 사이에 미끄러지듯 들어가 자신의 산란하는 암컷의 알에 자신의 정자를 혼합한다.

### CHECK YOUR LEARNING

- 짝짓기 경쟁의 결과 진화해온 행동 유형을 기술할 수 있는가?
- 이러한 유형의 행동에 대한 구체적인 예를 제시할 수 있는가?
- 왜 다중 짝짓기 행동이 한 개체군 내 공존할 수 있는지 설명할 수 있는가?

## 26.4 동물은 어떻게 의사소통을 하는가?

동물은 정보를 자주 송신한다. 만일 이 정보 때문에 다른 개체가 반응을 보인다면, 그리고 만일 이 반응이 송신자와 수신자에게 모두 이익이 된다면 그때 두 개체 간의 의사소통을 위한 하나의 통로가 형성될 수 있다. **의사소통(communication)**은 한 개체가 다른 개체의 행동을 변화시키도록 하는 신호의 산물이다. 평균적으로 이런 행동 변화는 송신자와 수신자 모두에 이익이 된다. 그러나 만일 의사소통 통로를 송신자 및 수신자뿐 아니라 송·수신자에게 해를 주는 다른 동물이 이용한다면 전체적인 이익은 감소할 것이다.

고양이가 개를 보고 쉬쉬 소리를 낼 때처럼 서로 다른 종의 동물이 의사소통을 할 수도 있지만, 대부분의 동물은 주로 자신의 종에 속한 개체와 소통한다. 동물의 의사소통 방식은 놀라울 정도로 다양하며 모든 감각을 사용한다. 다음 절에서 시각, 청각, 후각, 그리고 촉각을 이용한 의사소통을 살펴볼 것이다.

### 시각적 의사소통은 단거리에서 가장 효과적이다

잘 발달된 눈을 가진 동물은 시각적 신호를 사용하여 의사소통한다. 시각적 의사소통은 수동적 신호일 수 있다. 신호의 크기, 형태, 그리고 색채는 중요한 정보를 전달한다. 예를 들어 암컷 맨드릴원숭이(mandrill)는 발정기가 되면 엉덩이 부분이 크고 밝은 색으로 부풀어 오른다(**그림 26-16**). 반면에 시각적 신호는 메시지를 전달하는 특정 동작이나 자세로 구성되어 능동적일 수도 있다. 예를 들어 늑대는 머리를 낮추고 목과 등의 털을 세우고 송곳니를 드러내어 공격 신호를 보낸다(**그림 26-17a**).

모든 형태의 의사소통과 마찬가지로 시각적 신호에는 장단점

▲ **그림 26-16 수동적 시각 신호** 암컷 맨드릴원숭이의 크고 밝은 색으로 부풀어 오른 궁둥이는 발정기이고 짝 지을 준비가 되어 있다는 수동적 신호를 보여 준다.

(a) 공격적인 표시

(b) 복종 표시

▲ 그림 26-17 능동적 시각 신호 (a) 늑대는 적과 마주쳤을 때 머리를 낮추고, 등뼈를 따라 털을 세우며, 송곳니를 노출시켜 공격의 의도를 전달한다. 이러한 신호는 강도가 다양하여 공격의 다양한 수준을 전달할 수 있다. (b) 늑대는 엉덩이를 낮추고 꼬리를 가볍게 두드리면서 복종을 표시한다.

이 있다. 하나의 장점으로는, 시각신호는 즉각적이며, 능동적 신호의 경우에는 빠르게 변할 수 있어 짧은 시간 동안 다양한 메시지를 전달할 수 있다. 예를 들어 두 개체 간의 의사소통에서 최초에는 공격적이었던 늑대가 더 우세한 개체를 만나면 엉덩이를 낮추고 꼬리를 가볍게 두드리면서 재빨리 복종의 표시로 신호를 변경할 수 있다(그림 26-17b). 시각적 의사소통은 발신자 가까이 있는 포식자에게는 두드러지게 보이지만 먼 거리에 있는 포식자의 눈에는 잘 띄지 않는다. 하나의 단점은 시각신호는 우거진 숲속에서나 어둠 속에서 대체로 비효율적이고, 근접거리 의사소통에 한정되어 있다는 점이 있다.

## 소리에 의한 의사소통은 보다 먼 거리에서 효과적이다

청각신호(소리로 전달되는 메시지)는 시각적 표현의 여러 단점을 극복한다. 시각신호처럼 청각신호는 거의 즉시 수신자에게 도달한다. 그러나 시각신호와는 달리 청각신호는 어둠 속, 우거진 숲, 탁한 물속에서도 전달될 수 있다. 청각신호는 또한 시각신호보다 더 먼 거리에서 효과적일 수 있다. 예를 들어 아프리카 코끼리의 낮은 울림 소리는 수 마일 떨어진 코끼리도 들을 수 있으며 혹등고래의 노래 소리는 수백 마일 떨어진 곳에서도 들을 수 있다. 심지어 작은 캥거루쥐가 내는 소리(뒷발로 사막의 땅바닥을 두드리는 소리)마저 45m 떨어진 곳에서도 들을 수 있다. 그러나 이와 같이 먼 거리까지 전달할 수 있는 소리의 장점은 하나의 중요한 단점에 의해 상쇄된다. 포식자와 다른 원하지 않는 수신자도 청각신호를 감지할 수 있고, 발신자의 위치를 찾는 데 청각신호를 이용할 수 있다.

청각신호는 빨리 메시지를 변화시켜 다양하게 전달할 수 있다는 점에서 시각신호와 유사하다. 한 개체는 소리의 강약, 고저, 유형을 달리하여 다양한 메시지를 전달할 수 있다. 예를 들어 늑대의 음성 레퍼토리에는 다양한 짖는 소리, 크게 우는 소리, 낑낑거리는 소리 및 으르렁거리는 소리가 포함된다.

어떤 동물들은 인간이 공기의 진동을 통해 소리를 인지하듯이 진동을 통해 의사소통한다. 예를 들어 수컷 소금쟁이는 다리를 진동시켜 물을 통해 다른 소금쟁이가 감지할 수 있도록 종 특이적인 물의 진동 패턴을 보낸다(그림 26-18). 일부 나방 종의 애벌레는 특수한 구조의 잎을 긁거나 두들겨 주변 식물을 통해 진동을 보내면서 다른 애벌레와 소통한다.

## 화학적 메시지는 오랫동안 지속될 수 있지만 다양하게 전달하기 어렵다

동물이 생산하고 동종의 다른 구성원의 행동에 영향을 주는 화학물질을 **페로몬(pheromones)**이라 부른다. 포식자를 유인할 수 있는 시각 혹은 소리 신호와는 다르게 페로몬을 발산하는 발신자의 위치를 다른 종은 쉽게 찾지 못한다. 또한 페로몬은 오랜 시간 지속되며 신호를 발산한 동물이 떠난 후에도 메시지를 전달하는 하나의 이정표 역할을 할 수 있다.

▲ 그림 26-18 진동을 이용한 의사소통 가벼운 소금쟁이는 몸무게를 지탱하기 위해 물의 표면장력을 이용한다. 다리를 진동시켜 물 표면 위로 신호를 방사형으로 퍼뜨린다. 이 진동으로 소금쟁이의 종과 성별을 근처 다른 소금쟁이에게 알린다.

CASE STUDY CONTINUED

## 성과 좌우대칭

좌우대칭성은 냄새에 나타나는가? 한 연구에서 연구자는 80명의 남성 신체의 좌우대칭을 측정하고 각자에게 깨끗한 T셔츠를 제공하였다. 실험자는 그 T셔츠를 입고 이틀 밤 연속 잠을 잤다. 82명으로 구성된 여성 심사위원은 셔츠 냄새를 맡고 냄새를 "기분 좋음"과 "섹시함"으로 등급을 주었다. 어떤 셔츠가 가장 섹시하고 기분 좋은 냄새가 났을까? 가장 좌우대칭인 남자가 입었던 옷이었다. 이 실험을 토대로 여성이 냄새로 좌우대칭인 남자를 구별할 수 있다고 연구자들은 결론을 내렸다. 동물들은 페로몬과 다른 신호를 이용하여 어떤 종류의 메세지를 전달할까? 26.5절 앞부분에서 찾아보자.

페로몬은 공기 또는 물에서 상당히 멀리 이동할 수 있으므로 장거리 의사소통에 효과적이다. 그러나 서로 다른 의미의 신호마다 서로 다른 화학물질이 합성되어야 다양한 화학적 의사소통이 가능하기에 결과적으로 화학적 신호 시스템은 시각 혹은 소리 신호 시스템보다 더 적고 간단한 메시지를 이용한 의사소통만이 가능하다. 게다가 페로몬 신호는 메시지를 빠르게 변화시켜 전달하기가 쉽지 않다.

인간은 해충과의 싸움에서 페로몬의 힘을 이용해 왔다. 일본 알풍뎅이와 매미나방과 같은 일부 농작물에 피해를 주는 해충의 성적 유인 페로몬을 성공적으로 합성해왔으며 이 합성 페로몬으로 짝짓기를 방해하거나 덫 안으로 해충을 유인할 수 있다. 살충제는 해충뿐만 아니라 유익한 곤충도 죽이며 살충제 저항성 곤충의 진화를 촉진시키기 때문에 페로몬으로 해충을 통제하는 방식은 살충제에 비해 친환경적인 이점을 가지고 있다. 또한 각각의 페로몬은 하나의 종에만 특이적으로 반응하고, 해당 종의 곤충은 페로몬을 거부할 수 없다. 왜냐하면 같은 종의 페로몬을 거부하고 반응하지 않는 것은 번식의 기회를 잃는 것이기 때문이다.

▲ **그림 26-19 접촉을 이용한 의사소통** 접촉은 성적 의사소통에 중요하다. 이 육지 달팽이는 구애 행동에 몰두하고 있는데 이것은 짝짓기의 절정에 이르게 할 것이다.

▲ **그림 26-20 불법 수신자** 퉁가라개구리의 큰 울음 소리는 포식자 사마귀입술박쥐에 의해 도청당할 수 있다.

### 접촉에 의한 의사소통은 근접성이 필요하다

물리적 접촉에 의한 의사소통은 명백한 이유 때문에 매우 근접해 있는 동물 간의 신호 전달에 국한된다. 결과적으로, 그것은 사회 집단에서 많은 시간을 보내는 종에서 가장 일반적이다. 그러나 비사회적인 종의 구성원조차도 구애 또는 싸움 중에 다른 개체와 긴밀히 접촉할 수 있다. 따라서 접촉에 의한 의사소통은 이러한 상황에서도 발생할 수 있다(**그림 26-19**).

### 의사소통 통로가 악용될 수 있다

신호를 보내거나 받는 것이 일반적으로 유익하지만 의사소통 참여자는 의사소통 통로를 이용하는 다른 동물에 의해 때때로 해를 입는다. 이러한 동물들은 신호를 가로채는 불법 수신자일 수 있다. 예를 들어, 야생 귀뚜라미의 몸에 알을 낳는 기생 파리는 수컷 귀뚜라미가 지저귀는 소리 쪽으로 이동하여 숙주를 찾는다. 유사하게, 포식자 사마귀입술박쥐(fringe-lipped bat)는 퉁가라개구리(tungara frogs)의 울음 소리를 통해 퉁가라개구리의 위치를 찾는다(**그림 26-20**).

의사소통 통로의 착취자는 또한 불법적인 송신자일 수 있다. 예를 들어, 포티누스(*Photinus*) 속의 수컷 반딧불이는 날아다니면서, 자기 종의 구성원임을 알리는 독특한 패턴으로 불을 깜빡인다. 짝을 찾고있는 암컷이 수컷의 깜박임을 보면 자신의 깜박임으로 반응할 수 있고, 수컷은 그 암컷과 짝을 이루기 위해 날아온다. 그러나 포투리스(*Photuris*) 속의 포식성 반딧불이는 암컷 포티누스의 깜박이는 패턴을 모방하는 능력을 진화시켜왔다. 수컷 포티누스가 포식성 포티루스의 거짓 신호에 끌려 접근하면, 크기가 더 큰 포투리스 반딧불이는 그 수컷을 죽이고 먹는다.

(a) 수컷 비비원숭이

(b) 베도라치속 물고기

▲ 그림 26-21 **공격적 과시** (a) 수컷 비비원숭이의 위협 과시. 치명적인 송곳니를 뚜렷하게 보이도록 과시 행동을 하는 비비원숭이들 간에 공격적인 대항으로 상해를 입는 경우는 드물다. (b) 많은 수컷 물고기의 공격 과시는 베도라치속 물고기처럼 지느러미를 세우고 아가미 뚜껑을 나팔 모양으로 벌려서 몸을 더 크게 보이도록 하는 것이다.

**CHECK YOUR LEARNING**

- 시각, 청각 및 화학 신호의 장단점을 비교할 수 있는가?
- 시각, 청각, 화학 및 촉각(접촉) 신호의 예를 설명할 수 있는가?

## 26.5 동물은 무엇에 대해서 의사소통을 하는가?

의사소통을 통해 공유되는 정보는 동물이 다른 동물과의 상호 작용 범위를 결정하는 데 도움이 된다. 동물들은 의사소통을 통해 갈등을 해결할 수 있고, 성, 먹이, 포식자에 대해 알릴 수 있으며, 사회 집단의 구성원 간 활동에 대한 협력을 할 수 있다.

### 동물은 의사소통을 통하여 공격적 행동을 조절한다

공격적 행동에 대한 우리의 초기 논의에서 배웠듯이, 직접적인 싸움을 통한 물리적 손실은 공격적 행동에 대한 신호의 진화를 촉진시켰다. 물리적 충돌 대신 공격적인 신호의 과시(aggressive display)가 진행되는 동안 동물은 발톱과 송곳니와 같은 무기를 과시할 수 있으며(**그림 26-21a**), 종종 자신을 더 크게 보이게 만든다(**그림 26-21b**). 경쟁자는 종종 몸을 똑바로 세우고 자신의 털, 깃털, 귀, 또는 지느러미를 곧게 편다. 이러한 시각적 과시 행동에는 일반적으로 으르렁거림, 낮고 거친 꺽꺽 소리, 고함, 재잘거리는 짹짹 소리와 같은 음성신호가 수반된다. 개체 간의 갈등이 과시 행동으로 해결되지 않을 때 마지막 수단으로 물리적 싸움이 일어나는 경향이 있다.

시각과 소리를 이용한 공격적인 과시 행동과 더불어 많은 동물 종은 의식화된 싸움(ritualized combat)을 한다. 이러한 의식화된 싸움에서는 개체가 가진 치명적인 무기는 서로 간의 아무런 피해 없이 부딪치기만 하거나(**그림 26-22**) 전혀 충돌 없이 과시

▲ 그림 26-22 **힘의 과시** 농게의 의식화된 싸움. 다른 동물에게 심한 손상을 입힐 수 있는 큰 집게발을 가지고 있으나 이 싸움에서는 다치지 않게 움켜잡는다. 결국 상대방보다 힘이 약한 게는 상처를 입지 않고 물러난다.

행동만을 보여준다. 따라서 이런 의식화된 싸움으로 경쟁자는 큰 물리적인 충돌 없이 상대방의 힘과 열의를 평가하고, 패자는 퇴각한다. 의식화된 경쟁은 2마리의 수컷 모래주머니물고기(sandperch fish)가 의식적인 싸움에서 입을 서로 부딪치거나, 혹은 2마리의 수컷 얼룩말이 자신의 머리를 서로의 어깨에 두고서 짝에 접근하는 행동처럼 종종 접촉에 의한 의사소통을 포함한다.

공격적인 시각 및 음성 과시 행동은 일반적으로 세력권 방어에 이용된다. 예를 들어, 수컷 노루(roe deer)는 침입자에게 자신의 뿔을 드러내서 자신의 세력권을 벗어날 것을 경고하고 수컷 아놀 도마뱀(anole lizard)은 목에서 뻗어 나온 화려한 주머니를 과시함으로써 경고한다. 수컷 바다사자는 지속적으로 소리를 내고 위아래로 수영하면서 해변을 방어한다. 수컷 귀뚜라미는 날개의 특별한 구조를 사용하여 찍찍 소리를 내면서 자신의 세력권을 과시한다. 명금류의 아름답고 정교한 노랫소리 또한 세력권 방어에 사용된다. 예를 들어, 해안참새 수컷의 거친 떨리는 소리는 다른 수컷이 자신의 세력권을 벗어나도록 경고하는 의미를 가지고 있다.

세력권을 가지고 있지만 항상 방어할 수 없는 동물은 페로몬을 사용하여 경계를 표시할 수 있다. 예를 들어, 수컷 낭날개형 박쥐(sacwinged bat)는 턱샘에서 분비물을 사용하여 공동 보금자리에 낮에만 존재하는 자신의 작은 세력권 주변을 표시하여 방어한다. 냄새 표시는 또한 지속적으로 모니터링 하기에는 너무 큰 세력권을 방어하는 데 유용하다. 예를 들어 호랑이는 페로몬을 사용하여 385평방 마일(1000제곱 킬로미터)에 달하는 큰 세력권 내 자신의 존재를 표시한다.

## 짝짓기 신호는 성, 종, 그리고 개체별 우수성을 표현한다

동물들은 성공적으로 짝짓기 하기 전에 서로를 동종의 구성원인지, 서로 다른 성별인지, 그리고 짝짓기 준비가 되어 있는지 구별해야 한다. 많은 종에서 적합한 잠재적 짝을 찾는 것은 첫 번째 단계일 뿐이다. 종종 암컷이 수컷을 짝으로 선택하기 전에 수컷은 자신의 우수성을 과시해야 한다. 이러한 모든 요구 사항을 충족시켜야하는 필요성 때문에 일련의 다양하고 매혹적인 구애의 신호가 진화했다.

▲그림 26-23 **성적 음성신호** 수컷 망치머리박쥐의 거대한 머리는 수컷의 구애 소리를 아주 큰 소리로 증폭시키는 공명의 역할을 한다.

동물들은 종종 자신의 성별과 종을 알리기 위해 소리를 사용한다. 수컷 메뚜기와 귀뚜라미는 그들의 성별 및 종을 찍찍거리며 우는 소리로 알리고, 수컷 과실파리는 하나의 날개를 진동시켜 만들어진 종 특이적인 윙윙거리는 소리를 낸다. 청각신호는 암컷이 잠재적인 짝짓기 상대를 상호 비교하는 데 사용될 수도 있다. 짝짓기 시즌 동안 수컷 망치머리박쥐(hammer-headed bat)는 함께 모여 크게 끼룩끼룩 소리의 합창을 만들어 낸다. 수컷들은 소리를 잘 울리는데 도움이 되는 매우 큰 머리를 가지고 있다(**그림 26-23**). 암컷은 함께 모여 있는 수컷들의 소리를 들으며 날아다니면서, 자신이 짝을 지을 수컷을 선택한다.

많은 종들은 혼인을 위해 시각적 과시 행동을 보인다. 예를 들어, 수컷 울타리도마뱀(fence lizard)은 종 특유의 리듬으로 머리

(a) 바우어새의 둥지

(b) 수컷 군함새

◀그림 26-24 **성적 과시 행동** (a) 구혼하는 동안, 수컷 정원사 바우어새는 잔가지로 둥지를 만들고 색채가 다양한 물질을 모아 장식한다. (b) 수컷 군함새는 자신의 주홍빛 목 주머니를 부풀려서 암컷을 유인한다.

**비판적 사고** 수컷 바우어새는 자신의 짝또는 자손에게 어떤 보호, 먹이, 또는 자원도 제공하지 않는다. 그렇다면 왜 암컷은 짝을 선택하기 전에 다른 수컷들의 둥지를 주의 깊게 비교하는가?

(a) 더듬이가 페로몬을 탐지한다

(b) 코가 페로몬을 탐지한다

▲ **그림 26-25 성적 페로몬** **(a)** 수컷 나방은 시각에 의해 암컷을 찾지 않고 암컷이 방출한 공기 중의 페로몬을 추적하여 찾는다. 이 냄새는 수컷의 아주 큰 더듬이에 있는 수용체에 의해 감지되고 더듬이의 거대한 표면적은 암컷의 냄새를 감지하는 데 최적으로 발달되었다. **(b)** 개들이 만나면 일반적으로 꼬리 기저부 근처 부위를 킁킁거리며 냄새를 맡는다. 그곳에 위치한 분비선은 성별과 짝짓기 의사가 있는지에 대한 정보를 전한다.

**비판적 사고** 암캐는 페로몬을 사용하여 짝짓기 신호를 알리지만, 암컷 맨드릴원숭이(그림 26-16)는 시각 신호로 짝짓기 신호를 알린다. 두 종간에 먹이를 찾기 위한 방법에는 어떤 차이가 있다고 예상할 수 있는가?

**CASE STUDY CONTINUED**

## 성과 좌우대칭

만일 암컷이 좌우대칭을 이루는 수컷에 끌린다면, 우리는 수컷이 암컷을 유혹하는 과시성 시각신호를 보낼 때 암컷들이 대칭성을 평가한다고 예상할 수 있다. 예를 들어 수컷 멕시코양진이(house finch)는 머리 위에 밝은 빨간 깃을 갖고 있고, 연구자들은 머리깃의 빨간색이 선명한 수컷이 흐릿한 수컷보다 암컷을 더 많이 유혹함을 보여주었다. 그러나 빨간 깃을 가지고 있으면서 동시에 좌우대칭성이 높은 수컷의 짝짓기 성공률이 그 중에서 가장 높았다.

를 숙이고 암컷은 자신의 종의 리듬을 선호한다. 수컷 정원사 바우어새(bowerbird)의 정교한 둥지와 수컷 군함새(scriglet)의 목 부분의 주홍색은 종, 성별, 그리고 수컷의 우수성을 화려하게 과시하는 역할을 한다(**그림 26-24**).

페로몬 또한 번식 행동에 중요한 역할을 할 수 있다. 예를 들어 성적으로 성숙한 암컷 누에나방(silk moth)이 조용히 앉아서 화학적 메시지를 방출하면 5km나 떨어진 수컷은 이를 감지할 수 있다. 수컷 누에나방의 더듬이에 있는 매우 민감하고 선택적인 화학 수용체는 미량의 페로몬 분자에도 반응하여 농도 구배를 따라 상향 이동하여 암컷을 찾는다(**그림 26-25a**). 물은 화학적 신호를 퍼뜨리는 훌륭한 매체로 물고기는 보통 페로몬과 정교한 구애 동작을 혼합하여 사용해서 정자와 알이 동시에 방출되도록 한다. 고도로 발달된 후각을 지닌 포유류는 암컷이 가임 기간 동안 수컷을 유인하기 위해 페르몬을 방출한다(**그림 26-25b**).

## 동물들은 포식자에 대하여 서로 경고한다

동물은 위협, 특히 포식자로부터의 위협에 대해 의사소통을 할 수 있다. 진딧물이 포식자에게 공격을 받으면 그들은 신호의 수신자가 섭식 행동을 멈추고 신호의 발신지로부터 멀리 떨어지게 하는 경고 페로몬을 분비한다. 만일 벨딩얼룩다람쥐(Belding's ground squirrel)가 접근하는 포식자를 발견하면 주변의 개체들이 안전한 곳으로 재빠르게 도주할 수 있도록 경고음을 낸다. 다양한 경고신호는 서로 다른 메시지를 전달할 수도 있다. 예를 들어, 밸벳원숭이는 자신의 주요 포식자들(뱀, 표범, 독수리)의 종류에 따라 서로 다른 경고음을 낸다. 그리고 이들 원숭이에게 서로 다른 경고음을 들려주었을 때에는 각각의 포식자 타입에 적합한 반응을 보였다. 표범이나 네 발 달린 육식동물에 대한 경고음인 "짖는 소리"에는 땅 위에 있는 원숭이는 나무로 올라가고 나무 위에 있는 원숭이는 더 높은 곳으로 올라간다. 독수리나 나른 맹금류의 존재를 알려주는 "라프 소리" 에 땅 위에 있는 원숭이는 위를 쳐다보고 몸을 숨기는 반면, 이미 나무 위에 있는 원숭이는 덤불이 우거진 나지막한 장소로 피신한다. 뱀의 존재를 알려주는 "체체 소리"에 원숭이는 서서 땅 위의 포식자를 찾는다.

## 동물은 먹이에 대한 정보를 공유한다

그룹을 형성하여 사는 동물들은 먹이에 대한 정보를 공유할 수 있다. 예를 들어, 먹이를 발견한 흰개미는 먹이에서 둥지까지 페로몬 흔적을 남기며 다른 흰개미들은 그 흔적을 따라 간다(**그림 26-26**). 꿀벌은 **흔들기춤**(**waggle dance**, **그림 26-27**)을 통해 먹이의 위치에 대한 정보를 공유한다. 이 춤은 대개 벌통 내부의

▲ 그림 26-26 **먹이에 대한 의사소통** 흰개미는 자신의 무리가 있는 곳에서부터 먹이가 있는 곳까지 페로몬으로 길을 만들어 동료들에게 알린다.

▲ 그림 26-28 **털 손질** 한 마리 성체 아누비스개코원숭이(olivebaboon)는 새끼 털을 다듬어 주고 있다. 이 털 다듬기는 사회적 관계를 강화시키고 털의 부스러기나 기생충을 제거한다.

어둠 속에서 수행된다. 다른 꿀벌들은 춤추는 꿀벌 주위로 몰려들고, 메시지는 춤추는 꿀벌이 움직이는 날개의 진동과 몸에 의해 전달된다.

## 의사소통은 사회적 결합을 돕는다

동물 간의 사회적 유대감은 접촉에 의한 의사소통을 통해 확립되거나 강화될 수 있다. 예를 들어 외출했던 익숙한 개체가 무리로 돌아올 때 코끼리는 코를 도착한 코끼리의 입에 넣으며, 재결합한 두 마리 코요테는 서로의 코를 만지며, 개미들은 되돌아오는 구성원을 더듬이로 접촉한다. 접촉을 통한 사회적 신호 전달은 특히 제스쳐가 많은 영장류에서 명백하게 보이는데, 입맞춤, 비비기, 두드리기, 쓰다듬기, 털 손질 등의 행동은 영장류에서 사회적 결속을 촉진시킨다(**그림 26-28**).

### CHECK YOUR LEARNING

- 신호가 공격, 구애 및 짝짓기에 어떻게 작동하는지 설명할 수 있는가?
- 동물들이 포식자와 먹이에 관한 정보를 어떻게 공유하는지 설명할 수 있는가?

▲ 그림 26-27 **벌의 언어: 흔들기춤** 꿀을 수집하는 벌은 꿀이 풍부한 곳에서 돌아와서 그 곳의 거리와 방향을 알리는 꼬리춤을 춘다. 춤을 추는 벌 주변에 모인 다른 꿀 수집 벌은 더듬이로 춤을 추는 벌의 몸에 접촉한다. 춤추는 벌은 복부를 좌우로 흔들면서 '붕'하는 날갯짓 소리를 내면서 직선으로 움직인다. 이 벌은 양쪽으로 번갈아 원을 그리며 되돌아와 같은 장소에서 반복하여 춤을 춘다.

(a) 침팬지

(b) 북극곰

(c) 붉은여우

◀그림 26-29 놀이를 하는 어린 동물들

## 26.6 동물은 왜 놀이를 하는가?

많은 동물은 놀이를 한다. 리베리아산 난쟁이 하마는 서로 밀고, 머리를 흔들고 뒤척이며, 물속에서 첨벙거리고, 뒷다리로 서서 빠르게 돌기도 한다. 수달은 정교한 곡예를 즐긴다. 청백고래는 물고기가 코 위에서 떨어지지 않게 놓고, 물체를 던지며, 헤엄치면서 입속에 물체를 넣어 운반하기도 한다. 새끼 흡혈박쥐는 서로 쫓고, 몸싸움을 벌이며, 날개로 철썩 때리기도 한다. 심지어 문어조차 게임을 하는 것이 관찰되었다: 물체를 자신에게서 멀리 물 흐름 속으로 밀어 넣고, 다시 그 물체가 돌아오기를 기다리고, 물체가 우연히 돌아오면 다시 물 흐름 속으로 밀어 넣는 행동을 반복한다.

놀이 행동을 인식하는 것은 쉬운 것처럼 보이지만, 놀이의 정확한 정의를 공식화하는 것은 어렵다. 널리 사용되는 **놀이(play)**의 정의는 즉각적인 기능이 부족한 것으로 보이는 행동으로 설명하며, 종종 다른 상황에서 사용되는 변형된 형태의 행동을 포함한다.

### 동물은 혼자 놀이를 하거나 다른 동물과 같이 놀이를 한다

실뭉치를 가지고 노는 고양이나 눈뭉치를 만들어 놀고 있는 마카크 원숭이와 같이 동물 한 마리가 물체를 다루는 것처럼 놀이를 혼자서 할 수 있다. 또한 여럿이 놀이를 같이 할 수도 있다. 종종 동종의 어린 개체들이 함께 모여 놀이를 하지만, 부모도 그 놀이에 동참할 수도 있다. 사회적 놀이는 보통 서로 쫓고, 도망가고, 몸싸움을 벌이고, 차고, 가볍게 물어뜯는 행동을 포함한다(그림 26-29).

어린 동물은 성체보다 더 자주 놀이를 한다. 놀이는 일반적으로 다른 행동(예, 공격하거나 도망치고, 따라다니며 괴롭히는 행동 등)을 모방하며, 상당한 에너지를 소모한다. 또한 놀이는 잠재적인 위험성을 안고 있다. 놀이를 하는 동안 어린 사람과 동물은 부상을 많이 당하고, 일부는 죽기까지 한다. 또한 놀이를 하는 동안 포식자의 눈에 쉽게 노출되고, 놀이를 하고 있는 동물은 주의가 산만해져 쉽게 위험해진다. 그럼에도 불구하고 동물은 왜 놀이를 하는가?

### 놀이는 행동 발달을 돕는다

놀이에는 생존의 가치가 있고, 자연선택은 놀이 활동에 많이 참여하는 개체를 선호하는 것 같다. 연습 가설(*practice hypothesis*)은 놀이의 생존 가치를 가장 잘 설명할 수 있는 가설 중 하나다. 이 가설은 어린 동물이 놀이를 통하여 성장한 뒤에 할 수 있는 다양한 행동을 미리 경험하게 한다고 제안한다. 놀이를 통하여 이와 같은 행위를 반복적으로 수행함으로써 동물은 성체가 된 이후 사냥하고 피신하는 데, 혹은 사회적으로 상호작용하는 데 중요한 기술들을 연습한다는 것이다.

놀이는 뇌가 발달하고 결정적인 신경조직망이 형성되는 출생 초기 가장 활발하다. 큰 뇌를 가진 종이 작은 뇌를 가진 종보다 더 놀이를 많이 하는 경향이 있다. 큰 뇌는 일반적으로 더 큰 학습능력과 관련되어 있기 때문에 성체가 보여주는 기술은 어린 시절 동안 학습한 결과라는 가설을 지지한다. 거칠고 시끄럽게 놀고 있는 아이들이나 술래잡기 놀이를 하고 있는 아이들을 관찰해 보면, 과거 사냥하면서 살아가던 사람들의 생존에 도움이 되었을 기술, 힘, 그리고 협력을 어떻게 발달시켰는지를 알 수 있을 것이다.

**CHECK YOUR LEARNING**

- 집단 생활의 장점과 단점을 열거하고, 포유동물에서 나타나는 서로 다른 사회성에 대해서 기술할 수 있는가?
- 동물 사회에서의 협력 진화에 대한 몇 가지 가설을 설명할 수 있는가?

## 26.7 동물은 어떤 형태의 사회를 형성하는가?

사회성(sociality)이라 부르는 다른 구성원과 협력하고 그룹을 형성하려는 경향은 동물 생활의 전반에 걸쳐있는 하나의 특징이다. 대부분의 동물은 동종의 다른 개체와 조금이라도 상호작용한다. 많은 동물은 대부분의 생활을 다른 개체와 함께 하고, 몇 종은 복잡하고, 고도로 조직화된 사회를 발달시켰다.

### 무리를 지어서 살아가는 것에는 장점과 단점이 있다

무리를 지어서 살아가는 것에는 이익과 손실이 있으며, 이익이 손실보다 많으면 사회적 행동이 진화할 것이다. 사회성 동물이 갖는 이익은 다음과 같다:

- 포식자를 탐지하고, 격퇴시키고, 혼란시킬 수 있는 능력 향상
- 사냥의 효율성을 증가시키거나 제한된 먹이 자원을 찾을 수 있는 능력 향상
- 무리 내 노동의 분업 가능성에서 오는 이익
- 배우자를 찾을 가능성의 증가

사회성 동물이 직면할 수도 있는 손해는 다음과 같다:

- 제한된 자원에 대한 경쟁의 증가
- 접촉 전염병의 감염 위험성 증가
- 새끼가 무리 내 다른 개체에게 살해될 위험성 증가
- 포식자에게 발견될 위험성 증가

### 사회성의 정도는 종에 따라 다양하다

동종의 동물이 협동하는 정도는 종에 따라 다르다. 퓨마와 같은 유형의 동물은 기본적으로 단독성이며, 성체 사이의 상호작용은 간단한 공격적 만남과 짝짓기 하는 것만으로 구성되어 있다. 물고기, 새, 그리고 사향소의 무리와 같은 동물은 느슨한 유형의 사회적 그룹을 형성한다(**그림 26-30**). 어떤 동물들은 구성원들 간

▲ **그림 26-30 느슨하게 구성된 사회적 그룹의 협동** 사향소 수컷 무리는 늑대와 같은 포식자에게 위협을 받으면 하나의 단위체로서 역할을 수행한다. 암컷과 새끼 주위로 원형대형을 이루고 뿔은 밖으로 향한다.

에 복잡한 관계를 갖는 보다 구조화된 사회 집단을 형성한다. 예를 들어 개코원숭이 무리의 구성원은 종종 동맹을 형성한다. 만일 개코원숭이 한 개체가 다른 개체에 의해 위협 받으면 동맹을 형성한 다른 구성원들이 방어하기도 한다. 유사한 예로, 수컷 큰돌고래(bottlenose dolphin)는 종종 번식 가능한 암컷들을 독점하고 방어하기 위해 2~3 마리의 개체들이 동맹을 형성한다. 다른 돌고래 동맹은 서로 짝을 지어 슈퍼 동맹을 형성하고 암컷을 "훔치기" 위해 다른 슈퍼 동맹과 경쟁에 참여하기도 한다.

어떤 종에서는 사회적 행동이 분업을 포함한다. 한 종의 거미(*Anelosimus studiosus*)의 예를 들면, 이 거미들은 최대 50마리를 포함하는 집단으로 살면서 한 마리의 거미가 스스로 잡을 수 있는 것보다 더 큰 먹이를 잡는 커다란 공동 거미줄을 만든다. 그룹 구성원들은 모든 그룹 구성원들의 후손들을 키우는 데 협력한다. 이 거미 사회에서 구성원은 서로 다른 역할을 수행한다. 일부 거미는 알을 지키고 어린 거미에게 먹이를 먹이고 다른 거미는 거미줄을 유지하면서 먹이를 잡고 무리를 방어한다.

일의 분업은 많은 꿀벌, 개미, 흰개미, 그리고 벌거숭이 두더지쥐의 엄격히 구조화된 사회에서 더욱 극단적으로 나타난다(**그림 26-31**). 이 사회에서, 개체들은 여러 계급(카스트) 중 하나로 태

▲ **그림 26-31 복잡한 사회에서의 협동** 벌거숭이 두더지 쥐는 사회성이 높은 설치류이다. 한 무리에 사는 개체들은 서로 다른 계급(카스트)에 속한다.

어난다. 예를 들어, 남부 아프리카의 땅 속에서 거대한 집단을 이루며 살고 있는 벌거숭이 두더지 쥐의 무리는 번식성 암컷인 여왕이 지배하고, 다른 모든 구성원은 종속된 일꾼이다. 일부 일꾼은 굴을 청소하고 먹이를 모은다. 나머지 일꾼들은 새로운 굴을 파거나 포식자나 다른 무리의 구성원으로부터 무리를 방어한다.

꿀벌 벌집 역시 한 마리의 여왕벌이 있다. 여왕벌의 주요한 역할은 알을 생산하는 것이다(하루 최대 1,000개). 수컷은 단지 여왕벌의 배우자로서의 역할만 수행하고 짝짓기의 임무가 끝나자마자 죽는다. 벌집은 불임 암컷인 일벌에 의해 운영된다. 일벌의 임무는 여왕벌에게 먹이를 운반하고, 애벌레를 키우고, 여왕벌이 알을 낳을 육각 모양의 밀납 벌집 구멍을 만들며, 벌집을 청소하고, 사체를 제거하며, 침입자로부터 벌집을 지키고, 먹이를 위해 벌집으로 꽃가루와 꿀을 모아 오는 역할 등을 한다.

## 호혜성 또는 혈연적 관련성은 협력의 진화를 촉진시킬 수 있다

우리가 기술한 동물 사회에서 개체는 때때로 다른 개체들을 돕는 방식으로 행동하지만 도와주는 개체에게는 즉각적으로 불이익이 되는 것처럼 보인다. 개코원숭이는 부상의 위험이 있음에도 다른 개체를 방어한다. 사회성 거미는 다른 거미가 먹을 곤충을 잡는 데 자신의 시간과 에너지를 소비한다. 일벌은 열심히 일하면서 일생을 보내지만 자손을 갖지는 않는다. 다른 많은 예가 있다. 흡혈박쥐는 자신이 섭취한 혈액의 일부를 토해서 먹이를 찾지 못한 다른 박쥐에게 먹인다. 얼룩다람쥐는 자신의 안전을 위험에 빠뜨릴 수 있음에도 접근하는 포식자에 대해 나머지 그룹 구성원에게 경고한다. 젊고 성숙한 플로리다 덤불어치(Florida scrub jay)는 자신이 번식하지 않고 부모의 둥지에 남아서 부모의 새끼를 키우는 것을 돕는다.

언뜻 보기에 이러한 협력 행동이 한 개체의 번식 성공을 감소시켜 이웃 개체에 이익을 주는 행동, 즉 **이타주의(altruism)**처럼 보인다. 그러나 진정한 이타주의는 진화론적인 수수께끼이다. 개체가 자기희생적 행동을 보여 생존과 번식이 감소되면 왜 유전자풀에서 이 행동에 기여하는 대립유전자가 제거되지 않을까?

하나의 가능성은 근시적인 관점에서 개체의 적합성을 감소시키는 협력적 행동은 실제로 장기간에 걸쳐서는 실제 개체의 적합성을 증가시킨다는 것이다. 예를 들면, 현재 다른 개체를 돕는 것이 나중에 그 호의가 되돌아올 때 개체에게 이익이 될 수 있다. 이러한 호혜성(reciprocity)은 장기간 함께 모여 있고 개체들이 서로 인식하고 기억하는 그룹에서 나타날 가능성이 가장 크다. 협력은 그룹의 다른 구성원이 가까운 친척 관계일 경우 또한 나타날 수 있다. 가까운 친척은 대립유전자를 공유하기 때문에 이타적 행동을 하는 개체는 가까운 혈연체의 생존을 최대화시킬 수 있는 행동을 통해 자신의 대립유전자의 생존을 촉진시킬 수 있다. 이 개념을 **혈연선택(kin selection)**이라 부른다. 혈연선택은 많은 동물 사회에서 협력 행동의 기반이 되는 것으로 간주되고 있다. 한 예로 사회적 곤충인 꿀벌에서 특이적인 성 결정 시스템 덕분에 암컷 일벌들이 유전적으로 서로 매우 유사하다.

### CHECK YOUR LEARNING

- 일부 인간의 행동과 학습의 경향이 본능적이라는 증거를 기술할 수 있는가?
- 인간의 행동이 페로몬의 영향을 받는다는 증거를 기술할 수 있는가?
- 왜 인간 행동에 대한 생물학적 조사가 논란의 여지가 있는지 설명할 수 있는가?

## 26.8 생물학은 인간 행동을 설명할 수 있는가?

다른 모든 동물과 같이 인간 행동도 진화의 역사를 가지고 있다. 따라서 다른 동물의 행동을 이해하고 설명하는 데 도움이 되는 기술과 개념은 인간 행동을 이해하고 설명하는 데 도움을 줄 수 있다.

## 신생아 행동은 선천적 요소를 많이 가지고 있다

신생아는 학습한 시간이 없기 때문에 신생아 행동의 대부분이 선천적이라고 가정할 수 있다. 신생아의 머리가 엄마의 젖을 찾아 율동적으로 움직이는 행동은 생후 첫날 나타나는 선천적 행동이다. 젖을 빠는 행동 역시 인간의 태아상태에서도 관찰되는 본능적인 행동이다(**그림 26-32**). 손과 발로 쥐는 행동과 신체를 똑바로 세우고 지탱할 때 걷는 동작들 역시 신생아에서 관찰된다.

또 다른 예는 태어나자마자 미소 짓는 행동이다. 원래 미소는 신생아 위로 흐릿하게 보이는 거의 모든 물체에 의해 유도될 수 있다. 그러나 최초의 선천적 반응은 곧 경험에 의해 수정된다. 신생아는 생후 2개월까지 밝은 바탕에 두 개의 눈 크기만 한 검은 점으로 이루어진 자극에 반응하여 미소를 짓는데, 이 시기의 발달 단계에서는 정확한 인간 얼굴 모습보다 이러한 물체가 좀 더 강한 자극이 된다. 그러나 아기가 발달하면서 학습과 신경계의

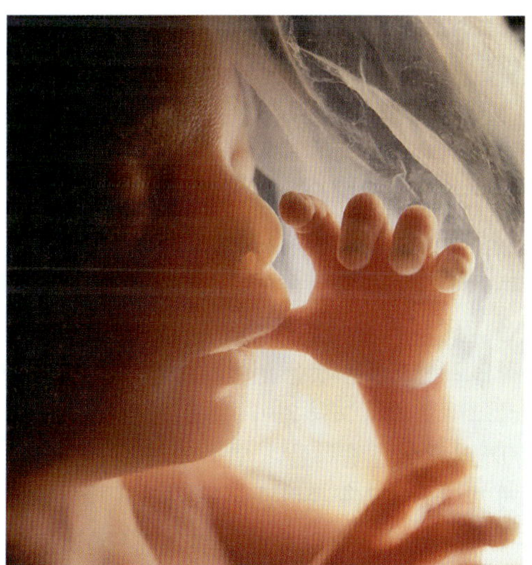

▲ **그림 26-32 인간의 본능** 어린아이에게 엄지손가락을 빠는 습관을 없애는 것은 어렵다. 왜냐하면 적당한 크기의 물체를 빠는 것은 선천적이며 음식을 찾는 행동이기 때문이다. 이 태아는 4개월 정도의 발달 상태로 엄지손가락을 빨고 있다.

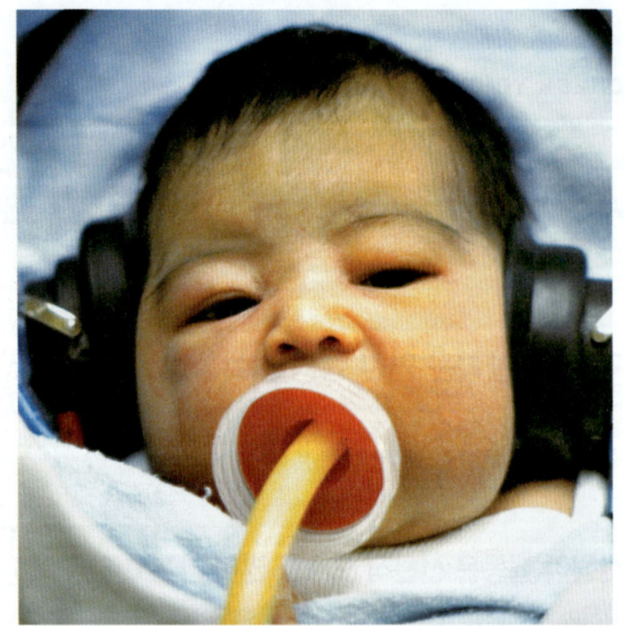

▲ **그림 26-33 신생아는 자신의 엄마 목소리를 선호한다** 윌리엄 휘퍼(William Fifer) 연구자는 컴퓨터에 연결된 젖꼭지를 사용하여 오디오 테이프를 헤드폰을 통해 엄마 목소리를 들려주었을 때 신생아는 자신의 엄마 목소리를 듣기 위해 특정한 빈도로 빨도록 조건화되었다는 것을 증명하였다. 예를 들어 만일 신생아가 보통보다 빠르게 빤다면 엄마 목소리를 들려주었을 때이고, 보다 느리게 빤다면 다른 여자의 목소리를 들려주었을 때이다. 연구자는 단지 자신의 엄마 목소리를 듣기 위해 아기가 쉽게 배우고 이 과제를 열심히 하기 원했다는 것을 발견했는데 이는 자궁에 있을 때 엄마의 목소리에 익숙해졌기 때문으로 추측된다.

발달은 아기가 좀 더 정확한 얼굴 모습에 반응하도록 작용한다.

신생아는 다른 여자 목소리보다 자기 엄마 목소리를 더 선호한다. 신생아는 생후 3일 안에 젖을 빠는 리듬이 만들어지는데 엄마의 목소리가 이를 더욱 강화시킨다(**그림 26-33**). 엄마의 목소리를 학습하고 생후 며칠 이내에 그 목소리에 반응하는 신생아의 능력은 거의 각인에 가까우며, 이것은 엄마와의 유대감을 느끼는 데 도움이 되기도 한다.

## 어린아이는 쉽게 언어를 습득한다

동물 학습에 대한 연구 과정에서 중요하게 인식된 것 중 하나는 동물이 특별한 유형의 학습을 선천적으로 선호하는 경향이 있고, 그것은 그 종의 생활 양식에 중요하다는 것이다. 인간에게 있어 선천적으로 선호하는 것은 언어의 습득이다. 어린아이는 언어를 빨리 그리고 거의 노력 없이 습득할 수 있다. 보통 8세 이전에 28,000개의 단어를 습득한다. 연구 결과는 인간이 초기에 언어를 쉽게 받아들이도록 준비된 뇌를 가지고 태어났다는 것을 시사한다. 예를 들어 인간의 태아는 임신 제3기 동안 소리에 반응하기 시작하고, 아기는 생후 6주 이내에 여러 가지 자음을 구별할 수 있다는 사실이 밝혀졌다. 한 실험에서 아기는 다양한 자음을 내는 성인 목소리에 반응하여 젖을 빨도록 조건화되었고, 고무 젖꼭지에 신호 변환기가 있어 빠는 빈도를 기록하였다. 한 음(예, "바")을 반복적으로 들려주면 아기는 이 소리에 습관화되어 빠는 빈도를 감소시켰다. 그러나 새로운 음(예, "파")을 들려주면 빠는 빈도가 증가되어 아기가 새로운 음을 다르게 지각함을 보여주고 있다.

## 다양한 문화에서 서로 공유된 행동은 선천적일 수 있다

인간의 선천적 행동을 연구하는 또 다른 방법은 다양한 문화권에 속하는 사람의 단순한 행위를 비교하는 것이다. 이러한 비교 접근 방식의 결과 다양한 문화권에서 보편적인 몇몇의 제스쳐를 밝혀내었으며, 이러한 제스쳐들은 인간의 선천적인 신호 전달 시스템처럼 보인다. 이런 제스처에는 기쁨, 화, 경멸의 얼굴 표정, 그리고 손을 올리거나 "눈을 깜박임"(눈을 크게 뜨고 눈썹을 빠르게 올리는 동작)과 같은 인사 동작을 포함한다. 아마도 발신자의 의도와 감정 상태에 대한 정보 공유가 발신자와 수신자 모두에게 이익이 되기에 이런 제스처가 형성되는 신경 경로가 진화하였다고 간주된다. 종 구성원 전체에 걸친 의사소통 방법은 언어가 출현하기 전에 특히 중요했었고, 이후 공용어를 사용하지 않는 사람끼리 만나는 상황에서 여전히 유용하게 사용되었을 것이다.

특정 복잡한 사회 행동은 다양한 문화권에 광범위하게 퍼져 있다. 예를 들어 근친상간의 금기(가까운 혈족과 짝을 맺는 것을 회피)는 인간 문화에 보편화되어 있다(심지어 인간 이외의 영장류의 많은 종에서도 그렇다). 그러나 이에 대한 공유된 신념이 인간의 유전자에 새겨져 있지는 않은 것 같다. 대신 금기는 적응되고 진화된 행동의 문화적 표현이라고 일부 생물학자는 주장하고 있다. 이 가설에 따르면 생애 초기에 가족 구성원 간의 친밀한 접촉은 성적 욕구를 억누르고, 근친교배로 나타나는 부정적인 결과(높은 발병률의 유전병과 같은) 때문에 금기가 발생했다는 것이다. 이 가설은 우리가 금기를 선천적인 사회적 신념으로 여기지 않고, 오히려 생애 초기에 우리가 이렇게 각인되도록 학습 프로그램을 물려받는다고 제안한다.

## 인간은 페로몬에 반응하기도 한다

비록 인간의 의사소통은 주로 시각과 청각을 통해서 이루어지지

**Have You Ever Wondered ...**

### 세계에서 가장 시끄러운 동물은?

약 120데시벨보다 큰 소리는 인간의 귀에는 아프지만 일부 동물은 그 소리보다 훨씬 더 크게 소리를 낸다. 예를 들어 대왕고래(blue whale)의 노랫소리는 이륙 시 제트비행기 옆에 서 있으면 들릴 소음보다 큰 188 데시벨에 도달할 수 있다. 그러나 동물의 가장 큰 소리는 훨씬 작은 생물인 딱총새우에 의해 생성된다. 딱총새우는 노래를 부르지 않지만 특별히 변형된 발톱을 사용하여 먹이를 기절시키는 물의 제트기류를 쏜다. 제트기류의 뒤에는 공기 방울이 생성되며 주변의 수압에서 기포가 파열될 때의 소리는 200데시벨에 달한다. 이는 귀 옆에서 바로 총이 발사되는 소리보다 훨씬 크다.

만, 화학적 메시지에도 반응한다. 예를 들어 한 실험에서 연구자는 9명의 여성 지원자에게 생리 주기 동안 매일 8시간씩 겨드랑이에 면 패드를 착용하게 했다. 그 다음 이 패드를 알코올로 소독한 뒤 다른 20명의 여성 지원자의 윗입술에 놓고 냄새를 맡게 했다(이들은 패드의 알코올 이외에 다른 냄새를 맡을 수 없었다고 보고 했다). 이 실험 대상자에게 두 달간 매일 이런 식으로 패드에 노출시켰는데, 대상자의 절반은 생리 초기(배란전기)의 여성 분비물을 맡게 했고, 나머지 절반은 생리 후기(배란후기)의 여성 분비물에 노출시켰다. 초기 분비물에 노출된 여성은 생리 주기가 정상보다 더 짧아졌고, 후기 분비물에 노출된 여성은 생리 주기가 더 연장되었다. 연구자들은 여성의 생리 주기의 시점에 따라 수신자에게 미치는 효과도 다르고 방출하는 페로몬도 다르다는 사실을 알게 되었다.

다른 연구는 공포나 스트레스를 지시하는 화학물질을 인간이 탐지할 수 있다는 것을 시사한다. 예를 들면 연구자들은 144명으로부터 땀 표본을 수집하여 하나의 실험을 수행했다. 144명 중 72명은 처음으로 스카이다이빙을 하는 사람들로 이들이 1분간 자유낙하하는 동안 땀이 수집되었고, 나머지 절반(통제군)은 운동을 하는 동안 수집되었다. 이후 연구자들은 실험 참여자들에게 이들 두 그룹들 중 한 그룹의 땀 냄새를 맡게 하였으며, 참여자들의 뇌 활성을 신경 영상을 통해 분석하였다. 스카이다이빙 그룹으로부터 수집한 "스트레스 땀(stress sweat)"을 맡은 참여자에서는 공포와 분노 같은 강한 감정과 관련된 편도체라 불리는 뇌 부위가 활성화되었다. 반면에 운동 그룹의 땀을 맡은 참여자에서는 이 부위가 활성화되지 않았다. 이 결과는 감정적으로 스트레스 받은 사람의 땀에 존재하는 화학물질이 땀에 노출된 사람들에게 유사한 감정을 불러일으켰거나 혹은 최소한 유사한 뇌 반응을 유도시켰다는 것을 보여준다.

비록 실험이 인간 페로몬의 존재에 대해 강력한 증거를 제시하긴 했지만, 그 밖의 다른 인간의 화학적 의사소통에 대해서는 거의 알려지지 않았다. 이들 실험에서도 실제 작동되는 화학 분자는 아직 알려지지 않았다. 이러한 화학적 메시지에 대한 수용체 역시 인간에서 알려지지 않았으며, 이러한 "생리 페르몬"과 "스트레스 페르몬"이 중요한 의사소통 시스템인지 혹은 단순히 진화 과정에서 퇴화하고 남은 흔적의 예인지는 아직 알지 못한다. 밤 늦은 시간 TV에서 "성적 유혹 페로몬"에 대한 기대에 부푼 광고에도 불구하고, 인간의 화학적 의사소통은 앞으로 해결되어야 할 과학적 미스터리이다.

## 인간 행동에 대한 생물학적 연구에는 논란의 여지가 있다

인간 행동유전학에 대한 연구는 특히 비과학자들 사이에서 논란이 되고 있다. 왜냐하면 인간 행동을 결정하는 가장 중요한 요인이 환경이라고 오랫동안 믿어온 신념에 인간 행동유전학이 도전하기 때문이다. 이 장의 처음 부분에서 논의했던 것처럼 모든 행동은 어느 정도 유전적인 토대를 가지고 있고, 인간이 아닌 동물의 복잡한 행동에는 전형적으로 유전된 행동과 학습된 행동 요소 모두가 합쳐져 있다는 것을 우리는 인식하고 있다. 따라서 우리 자신의 행동이 우리의 진화적 역사와 문화적 유산 모두에 의해 영향을 받아온 것은 확실한 것 같다. 인간 행동을 결정하는 유전과 환경의 상대적 중요성에 대한 논의는 계속되고 있고 완전히 해결될 것 같지는 않다. 인간 행동에 대한 과학적 연구는 우리 스스로를 분리된 객체로 보지 못하고 실험실 쥐처럼 인간을 대상으로 실험하지 못하기 때문에 언제나 곤란을 겪을 수밖에 없을 것이다. 이러한 한계에도 불구하고 인간의 학습과 선천적 성향의 상호작용에 대해서는 아직 밝혀내야 할 것들이 산적해 있다.

### CHECK YOUR LEARNING

- 일부 인간의 행동과 학습의 경향이 본능적이라는 증거를 기술할 수 있는가?
- 인간의 행동이 페로몬의 영향을 받는다는 증거를 기술할 수 있는가?
- 왜 인간 행동에 대한 생물학적 조사가 논란의 여지가 있는지 설명할 수 있는가?

CASE STUDY REVISITED

## 성과 좌우대칭

이 장 도입부에서 설명된 실험에서 여성은 가장 대칭적인 몸을 가진 남성이 가장 매력적인 얼굴을 가졌음을 알았다. 여성들은 어떤 남성이 가장 좌우대칭적이라는 것을 어떻게 알았을까? 연구자들이 좌우대칭성의 지표로 남성들에게서 측정한 (측정치에서 매우 작은 차이가 나는) 몇몇 부위들은 테스트 동안에는 심지어 보이지도 않았다.

아마도 남성 신체의 좌우대칭은 얼굴 좌우대칭에 반영되고, 여성은 좌우대칭인 얼굴을 선호할 것이다. 이 가설을 테스트하기 위해 한 집단의 연구자들은 컴퓨터를 이용하여 남성 얼굴 사진을 늘이거나 혹은 줄여 얼굴의 좌우대칭을 변형시켰다(**그림 26-34**). 그런 다음 여성 관

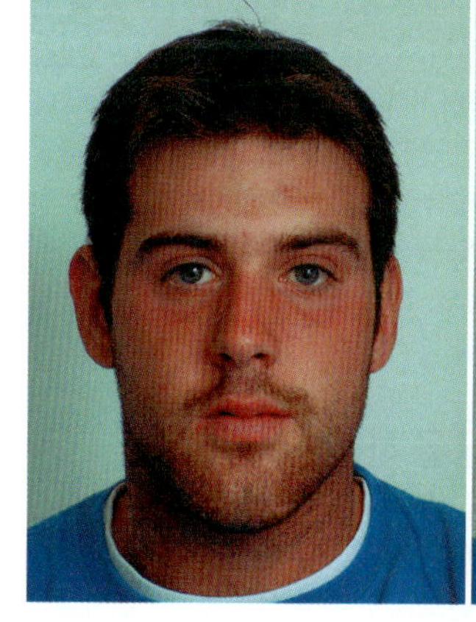

▶ **그림 26-34 다양한 좌우대칭의 얼굴** 연구자는 정교한 소프트웨어 프로그램을 이용하여 얼굴의 좌우대칭을 변형시켰다. 왼쪽 얼굴: 원래 얼굴; 오른쪽 얼굴: 보다 완벽하게 좌우대칭으로 변형

찰자는 각 얼굴의 매력도를 측정 하였다. 실험 결과 여성들은 보다 좌우대칭적인 얼굴을 선호하였다.

왜 여성은 좌우대칭적인 남성과 짝을 이루는 것을 선호할까? 좌우대칭은 좋은 신체적 조건을 의미한다는 것이 가장 적절한 설명이다. 비정상적으로 배가 발생하거나 발달되어 신체가 비대칭이 될 수 있기 때문에 고도로 좌우대칭적인 신체는 건강하고 정상적으로 발달했다는 것을 가리킨다. 건강과 생명력을 알리는 좌우대칭적인 신체를 갖고 있는 개체와 짝을 이루는 여성은 유사하게 건강하고 생명력이 있는 자신의 자식을 갖게 될 것이다.

**생각해보기** 인간이 아름답다는 인식은 문화적 표준에 의해 결정되는 것인가? 혹은 진화적 유전의 산물, 즉 생물학적 성질의 일부인가? 아름다움이 생물학적 현상인지 혹은 문화적인 현상인지 과연 어떤 증거가 납득할 만한 것인가?

# CHAPTER REVIEW

*비판적 사고와 생각해보기, 선택형문제, 빈칸채우기 질문에 대한 답은 이 책의 뒷부분에 있는 정답란에서 볼 수 있다.*

## 핵심개념의 요약

### 26.1 행동은 어떻게 일어나는가?

모든 동물 행동은 유전적 요인과 환경적 요인의 영향을 받는다. 생물학자들은 외부 요인에 크게 좌우되지 않는 선천적 행동과 발달 과정 중 환경에 의한 더 광범위한 경험을 필요로 하는 학습 행동을 구별한다. 선천적 행동은 동물이 적절한 자극을 처음 받았을 때에도 제대로 수행될 수 있지만, 학습된 행동은 동물의 사회적 및 물리적 환경에 따라 변화한다.

### 26.2 동물은 자원을 얻기 위해 어떻게 경쟁하는가?

비록 많은 경쟁적 상호작용이 공격적 행동을 통해 해결되지만 심각한 물리적 손상은 드물다. 공격적 만남의 대부분은 싸우는 경쟁자의 동기, 크기, 힘을 서로 상대방에게 전달하는 과시적 행동만으로 해결된다. 일부 종은 사회적 계급을 형성하여 공격성을 최소화시키고, 자원을 누가 우선적으로 얻는지를 결정한다. 개체들간의 초기 공격적 상호작용을 기반으로 개체들은 자신의 상대적 지위를 얻어, 보다 상위 개체에 복종하고 자신보다 낮은 지위의 개체를 지배한다. 세력권 형성은 동물이 중요한 자원이 있는 지역을 방어하는 행동으로 이것 역시 공격적 상호작용을 최소화시킨다.

### 26.3 동물은 짝짓기 시에 어떻게 행동하는가?

성 선택은 수컷이 배우자에 접근하는 것을 돕고 암컷이 유익한 짝을 선택하는 데 도움이 되는 특성을 선호한다. 수컷은 배우자를 얻고, 먹잇감을 암컷에게 제공하여 짝짓기를 유도하거나, 암컷이 선호하는 세력권을 방어하기 위해 싸울 수도 있다. 암컷은 경쟁에서 이기거나, 혹은 고품질 먹잇감을 제공하거나, 혹은 고품질 세력권을 방어하는 수컷과 짝을 짓는 것을 선호한다. 수컷은 또한 배우자를 지키거나 다른 수컷의 자손을 죽이는 방식으로 짝짓기를 위해 경쟁할 수도 있다. 또한 여러 대체 짝짓기 전략이 한 종에서 공존할 수도 있다.

### 26.4 동물은 어떻게 의사소통을 하는가?

의사소통은 같은 종의 동물이 배우자, 먹이, 은신처, 그리고 다른 자원을 찾고자 할 때 효과적으로 상호작용하게 해준다. 동물은 시각적, 화학적(페로몬), 음성적 신호, 그리고 접촉 신호를 통해 의사소통 한다. 시각적 의사소통은 조용하며, 빠르게 변화하는 정보를 전달할 수 있다. 시각적 신호는 능동적(몸 움직임) 혹은 수동적(몸 형태와 색) 형태를 가진다. 음성적 의사소통도 역시 빠르게 변하는 정보를 전할 수 있고, 시각적인 의사소통이 불가능할 때 효율적이다. 페로몬은 간단한 메시지를 오랫동안 전달하여 발신자가 떠난 뒤에도 감지될 수 있다. 가까이에 있는 동물들은 접촉으로 의사소통을 할 수 있다. 평균적으로 송신자와 수신자는 의사소통을 통해 이점을 누리지만 가끔 의사소통 통로가 참여자에게 해를 끼치는 동물에 의해 악용되는 경우가 있다.

### 26.5 동물은 무엇에 대해서 의사소통을 하는가?

동물들은 공격적인 상호작용을 통제하고 잠재적으로 위험한 싸움이 발생하는 것을 줄이기 위해 의사소통 한다. 짝짓기 신호는 동물이 종, 성별, 성적 수용성, 잠재적 배우자의 우수성을 인식하도록 도와준다. 경고 신호는 포식자의 존재를 다른 동물에게 경고한다. 사회 집단의 구성원은 신호를 사용하여 먹이의 위치에 관한 정보를 공유할 수 있다. 육체적 접촉은 사회적 유대감을 강화시키고 많은 짝짓기 전 의식의 일부이다.

### 26.6 동물은 왜 놀이를 하는가?

많은 종의 동물은 겉보기에 쓸모없는(그리고 때때로 위험한) 놀이 행동을 한다. 어린 동물의 놀이 행동은 후에 생존과 번식에 결정적인 행동을 사전에 연습하고 완벽하게 수행할 수 있는 기회를 제공하기 때문에 자연선택에 의해 선호되어져 왔을 것이다.

### 26.7 동물은 어떤 형태의 사회를 형성하는가?

사회생활은 이익과 불이익 모두를 가지고 있으며 종에 따라 구성원 간 서로 협력하는 정도가 다양하다. 어떤 종은 서로 협동하는 사회를 이룬다. 가장 엄격하고 고도로 조직화되어 있는 꿀벌과 같은 사회성 곤충은 구성원이 일생 동안 엄격히 규정된 역할만을 수행한다.

### 26.8 생물학은 인간 행동을 설명할 수 있는가?

인간의 행동이 진화와 유전적 요인에 의해 영향을 받는지 그렇지 않은지 연구자들은 꾸준히 연구를 수행하고 있다. 이 분야는 논란의 여지가 많다. 우리는 인간을 대상으로 자유롭게 실험할 수 없고, 학습은 거의 모든 인간 행동에 중요한 역할을 하고 있기 때문에 연구자들은 신생아에 대한 연구와 다문화 간 비교 연구에 의존한다. 개인성격, 지능, 간단하고 보편적인 몸짓, 특정한 자극에 대한 반응, 특별한 발달 단계에서 언어를 습득하는 것과 같이 특정한 것을 학습하는데 있어서 유전적 유산이 중요한 역할을 수행한다는 증거가 계속 늘고 있다.

# 개념을 통한 이해

## 선택형 문제

1. 수컷 도마뱀이 특정 지역을 방어할 때, 보이는 행동은?
   a. 통찰 학습
   b. 혈연선택
   c. 세력권
   d. 이타주의
2. 사회적 그룹을 이루는 개체가 갖는 혜택으로 올바른 것은?
   a. 포식자에 대한 보호 강화
   b. 먹이에 대한 경쟁 감소
   c. 배우자 경쟁 감소
   d. 감염성 질환 발병률 감소
3. 태어난 지 얼마 되지 않는 어린 병아리는 잎이 머리 위에서 펄럭이면 두려움에 몸을 웅크린다. 나중에 그들은 그것을 무시하는 법을 배우는데 이런 종류의 학습을 무엇이라고 부르는가?
   a. 각인
   b. 습관화
   c. 조작적 조건화
   d. 통찰 학습
4. 어린 바다거북은 부화 직후에 바다로 향한다. 이 행동은 ________이다.
   a. 본능
   b. 시행착오를 통한 학습
   c. 고전적 조건화
   d. 습관화의 결과
5. 동물이 ________에 참여할 때 그들은 종종 자신이 가능한 한 크고 위험해 보이도록 하는 과시 행동을 한다.
   a. 구혼
   b. 이타주의
   c. 혈연선택
   d. 공격적 행동

## 빈칸 채우기

1. 일반적으로 동물 행동은 동물의 ________과 ________의 상호작용으로 나타난다. 어떤 행동은 동물이 적합한 ________을 처음 겪었을 때 적절하게 수행된다. 이를 행동의________라 부른다.
2. 놀이는 상당한 ________를 사용하고, 놀이를 하는 동안 주의를 산만하게 하여 ________를 지켜보지 못할 수 있다. 동물이 왜 놀이를 하는가를 가장 잘 설명하는 가설은 어린 동물에게 ________을 가르치고, 그것은 ________(으)로서 유용할 것이다. 이 가설은 더 큰 ________를 가지고 있는 동물이 놀이 행동을 더 보여줌으로써 지지를 받는다.
3. ________는 가장 간단한 학습 형태의 하나로 해가 없는 자극인 ________에 대한 반응이 감소하는 것으로 정의된다. 다른 형태의 학습으로 ________은 동물의 일생에서 신경계가 특별한 시기에 한정되어 특정한 행동을 학습하도록 엄격하게 프로그램화 되어 있다. 이와 같은 학습이 일어나는 시기를 ________라고 부른다.
4. 동물은 자주 ________ 행동을 통하여 한정된 자원에 대한 경쟁을 한다. 그런 갈등은 종종 ________를 통하여 해결되는데 이는 경쟁하는 동물이 ________없이 서로를 평가하는 기회를 제공한다. 이런 방식으로 갈등을 해결하는 동물은 종종 자신의 ________를 과시하고, 자신의 몸이 ________ 보이도록 한다.
5. 중요한 자원이 위치한 지역을 방어하는 행위를 ________이라 부른다. 방어하는 중요한 자원의 예로 ________, ________, ________, ________의 장소를 포함한다. 암컷 혹은 수컷 중 누가 그런 자원을 가장 흔하게 방어하는가? ________, 이런 공간은 보통 동종 혹은 타종의 구성원에 대항하여 방어되는가? ________.
6. 각각의 의사소통 형태에 대한 하나의 주요한 장점을 첫 번째 공란에, 주요한 단점을 두 번째 공란에 써보라: 페로몬: ________, ________. 시각: ________, ________.

## 복습문제

1. 왜 동물이 놀이를 하는지 놀이의 특징을 설명하라.
2. 동물이 의사소통하는 데 이용하는 네 가지 감각을 열거하고, 의사소통의 각 예를 제시하라. 그런 다음 각 의사소통의 장단점을 제시하라.
3. 새는 자신의 세력권에 있는 다람쥐는 무시하지만 같은 종의 다른 새에게는 공격적인 행동을 취한다. 왜 그런지 설명하라.
4. 왜 대부분 동종 개체 간의 공격적인 만남이 비교적 해가 없는가?
5. 무리를 지어 살아가는 것의 장단점을 논의하라.
6. 어떤 종류의 증거가 인간 행동이 선천적이라는 것을 말해 주는가?

# 개념의 적용

1. 수컷 모기는 암컷 모기의 높은 고음 소리를 향해 반응하고, 피를 빠는 암컷 모기는 먹이의 온기, 습도, 그리고 먹이가 노출시키는 이산화탄소에 끌려 반응한다. 이 정보를 이용하여 모기 덫을 만들거나 모기의 선천적 행동을 이용하여 모기 트랩이나 제거 방법을 고안해 보라. 그런 다음 나방을 위한 것도 만들어 보라.
2. 시회적 계급의 예를 제시하고 설명해보라. 사회 행동에서 사히저 계급은 어떤 역할을 하는가? 인간에게 유사형태를 제시하고 인간사회에서 사회적 계급의 역할을 설명해 보라. 두 가지 역할이 비슷한가? 혹은 왜 그렇지 않은가? 인간과 다른 동물의 세력권 행동에 관해서 마찬가지로 알아보라.
3. 당신은 공항 책임자이다. 비행기는 날고 있는 많은 무리의 새 때문에 위험에 처한다. 왜냐하면 새가 엔진 속으로 빨려 들어가 고장을 일으키기 때문이다. 새에게 해를 끼치지 않고, 당신은 어떻게 새가 공항과 비행기 주변에 둥지를 짓거나 날아오는 것을 막을 수 있는가?

# 27 개체군의 생장과 조절

북방 코끼리바다물범은 1800년대에 거의 멸종될 때까지 사냥되었다. 오늘날, 그들은 중앙 캘리포니아 해안에서 여행자들을 유혹하는 관광자원이 되었다.

CASE STUDY

## 코끼리바다물범의 회귀

순수한 자연 경관과 관련된 드라마에서, 코끼리바다물범 2마리의 전투에서 일인자가 되는 것은 쉽지 않다. 체장은 15피트이고 무게가 5,000파운드를 넘는 커다란 수컷들은 교미기 동안에 가까이에 밀집된 암컷과 교미하기 위한 대격전을 벌인다. 코끼리바다물범의 전투는 캘리포니아의 많은 장소에서 이러한 매혹적인 해양포유류를 관찰하기 위한 호기심 많은 사람들의 무리들에 의해서 관찰된다.

최근에 코끼리바다물범을 발견하는 것은 매우 쉬운 일이지만, 1800년대 말에는 한 마리 발견하는 것도 거의 불가능하였다. 코끼리바다물범의 지방은 그 당시에 램프 오일과 기계 윤활유로서 높은 수요 때문에 거의 멸종에 도달할 때까지 사냥되었다. 코끼리바다물범은 번식을 위해서 해변에 무리를 이루고 있을 때 매우 손쉬운 목표물이 된다. 매년 초겨울에 수천 마리의 수컷이 태평양에서 멕시코 남쪽 캘리포니아와 바자 캘리포니아 해안에서 멀리 떨어진 섬의 해변에 나타난다. 한 달 혹은 두 달 후에, 작지만 좀 더 많은 수의 암컷들이 동일한 해변에 출현한다. 어떤 해변은 물범들로 가득 차서 사냥꾼들은 배 안에서 물범들이 나오는 길을 방해하지 않으면서 기다린다.

코끼리바다물범들은 수만 마리씩 도살되었으며, 수십 년 안에 코끼리바다물범은 거의 모두 제거되었다. 1884년에서 1892년 사이에 어디에서도 한 마리의 코끼리바다물범도 보이지 않았다. 코끼리바다물범이 매우 희귀하게 되었기 때문에, 박물관탐험대는 수집품을 위해서 표본을 매년 탐색하였고 찾으려고 노력하였다. 1892년에 스미소니언 탐험대가 바자캘리포니아 해안에서 약 150마일 떨어진 과달루페 섬에서 9마리의 물범을 발견하였다(그중 표본으로 7마리를 죽였다). 연구자들은 1800년대 말에 10-20마리의 물범이 남았을 거라고 평가하였다. 소수의 물범은 외딴 해변에서 교미하였고 개체군은 매우 느리게 증가하였다. 1922년에 과달루페 섬에 대한 집중적인 연구는 단지 264마리의 물범을 관찰하였다. 멕시코 정부는 코끼리바다물범을 죽이거나 포획하는 것을 금지하였고 군인을 섬에 상륙시켜 강압적으로 금지시켰다. 얼마 지나지 않아서, 미국에서도 코끼리바다물범의 사냥을 금지시켰다.

사냥이 금지되자 코끼리바다물범의 개체군은 늘어나 오늘날 2개의 섬과 본토의 해변에서 20만 마리 이상의 코끼리바다물범이 교미를 하고 있는 것을 볼 수 있다. 얼마나 빠르게 개체군이 생장할 수 있는가? 얼마나 오랫동안 개체군은 증가되는가? 무엇이 개체군 생장을 제한하는 요인인가?

## 주요내용



## 27.1 개체군은 무엇이고 개체군의 크기는 어떻게 변화하는가?

어떤 지역에 살고 있는 모든 생명체들은 무생물적 환경과 함께 **생태계(ecosystem)**를 형성한다. 이러한 생명체들이 서로 간에 그리고 환경과 상호작용하는지를 연구하는 것이 **생태학(ecology)**으로 알려져 있다. 이제 개체군에 대한 전반적인 부분과 함께 생태학에 대해서 탐색을 시작해 본다. **개체군(population)**은 특정 지역에 살고 있는 어떤 종의 모든 개체로 구성된다.

### 자연 증가와 순 이주의 결과로 개체군의 크기의 변화

몇 개체군의 크기는 시간 경과에도 매우 안정된 상태로 있다. 다른 개체군에서는 환경 변화에 반응하여 주기적으로 개체수가 변화한다. 예를 들면, 개체들이 섬과 같은 새로운 지역에 침입할 때 그들의 개체군은 잠시 빠르게 생장하지만, 대개 안정되거나 급감한다.

개체군 크기는 출생, 사망 그리고 순이주에 의해 변화한다. 한 개체군의 **자연 증가(natural increase)**는 출생과 사망의 차이이다. 출생이 사망을 초과하면, 자연 증가는 플러스(+)이고 사망이 출생을 초과하면 마이너스(−)이다. 개체군의 순 이주는 **이입(immigration**, 개체군 안으로 이주)과 **이출(emigration**, 밖으로 이주)의 차이이다. 따라서 한 개체군은 자연 증가와 순 이주의 합이 양(+)일 때 생장하고 합이 음(-)일 때 감소한다. 일정한 기간 동안 개체군 크기의 변화를 나타내는 간단한 식은 아래와 같다.

개체군 크기 변화 = 자연 증가 (출생-사망)
\+
순 이주 (이입-이출)

이주는 어떤 자연 개체군에서 매우 중요하다. 하지만 단순성을 위해서 본 장에서는 이주를 무시하고 단지 출생과 사망률을 개체군 생장의 계산에 사용할 것이다. 또한, 개체군 생장에 대한 토의에서 "출생"이라는 단어를 사용할지라도, 그들의 생식 모드와 상관없이 우리는 모든 종에 동일한 개념과 결론을 적용할 것이다.

**CASE STUDY CONTINUED**

### 코끼리바다물범의 회귀

1960년에 그 당시 개체군의 90% 이상이 되는 약 1,4000마리 코끼리바다물범들은 우루과이 과달루페(Guadalupe) 섬의 해변을 사용하였다. 과달루페가 복잡해지자 물범은 새로운 해변을 찾았다. 수많은 물범이 캘리포니아의 새로운 영토로 이주하였고 이주는 캘리포니아 해변과 인근 섬에서 1900년대 중반과 후반에 코끼리바다물범 개체군 생장의 중요한 요인이었다. 왜 멕시칸 해변은 복잡해졌는가? 왜 오늘날 캘리포니아 해변은 코끼리바다물범이 밀집되어 있는가?

#### 출생률, 사망률과 최초 개체군 크기는 개체군 생장에 영향을 준다

생장하는 개체군들은 은행계좌에 이자가 쌓이는 것처럼 개체군 크기에 대해 일정 비율로 개체들이 더해진다. 이자율이 동일하다 할지라도, 은행 돈이 많으면 적은 양의 은행 돈에 비해 더 많은 이자를 벌수 있다. 또한, 생장률이 같을지라도 생장하는 커다란 개체군은 작은 개체군에 비해서 더 많은 개체들이 증가할 것이다. 한 개체군의 **생장률(growth rate, *r*)**은 단위 시간당(1년) 개체별 개체군 크기 변화를 말한다. 개체군의 생장률은 단위 시간당 개체별 **출생률(birth rate, *b*)**에서 단위 시간당 개체별 **사망률(death rate, *d*)**을 마이너스(-)하는 것이다.

$$\underset{(출생률)}{b} - \underset{(사망률)}{d} = \underset{(생장률)}{r}$$

만약 출생률이 사망률을 초과하면, 개체군의 생장률은 양(+)이고 개체군 크기는 증가할 것이다. 만약 사망률이 출생률을 초과한다면, 생장률은 마이너스의 값이 될 것이며 개체군은 감소할 것이다. 출생률과 사망률은 백분율(percentage)이나 소수(decimal fraction)로 표시될 것이다: 예를 들면, 만약 개체군의 1/2이 매년 죽는다면, 사망률은 50% 혹은 0.5이다.

지금부터, 각각 50마리의 암컷과 50수컷을 가진 100마리의 하얀꼬리사슴 무리의 생장률을 계산해 보자. 암컷 하얀꼬리사슴은 대개 매년 2마리의 새끼를 낳기 때문에 개체군은 100마리 새끼가 생긴다. 그러므로 출생률은 매년 마리당 1.0이다.

우리는 하얀꼬리사슴의 생물학을 단순화시키고 암컷 새끼들이 성숙하여 그들의 새끼를 다음해에 낳는다고 가정하자. 포식자와 사냥은 많은 새끼와 몇 마리의 어미, 즉 매년 70마리가 죽는다면 사망률은 0.7이다. 결과적으로 개체별 연 생장률은 0.3이다.

| 1.0 | - | 0.7 | = | 0.3 |
|---|---|---|---|---|
| (출생률 %) | | (사망률 %) | | (생장률 %) |

단위 시간당 개체군 생장($G$)을 계산하기 위하여, 주어진 기간 동안에 개체군에 더해진 개체수는 생장률($r$)과 개체군 크기(N)를 곱해야 한다.

| $G$ | = | $r$ | × | $N$ |
|---|---|---|---|---|
| (단위 시간당 개체군 생장) | | (생장률) | | (개체군 크기) |

첫 해 동안에 사슴 무리의 생장($G$)은 0.3 × 100 = 30 이다. 만약 방정식에 대해서 생각하면, 일정한 생장률($r$)에서 각각의 연속된 기간에 $G$와 $N$ 값은 증가한다. 우리는 예시에서 다음 해에 사슴 무리는 130마리(새로운 $N$ 값)로 시작한다. 만약 생장률($r$)이 일정하다면, 사슴 무리는 39마리(0.3 × 130 = 39)가 더 늘어나 다음 해 총 개체군은 169마리가 될 것이다. 3년차에는 사슴 무리에 51마리(0.3 × 169 = 51), 그리고...

물론 실제 개체군은 결코 이 계산식을 정확하게 따르지는 않는다. 계산식은 단지 시간 경과에 따른 개체군 크기에 대한 평가치를 공급한다. 더구나, 환경 상태는 오래 동안 동일한 상태로 남아있지 않으므로 실제 개체군의 생장률과 사망률은 매년 변화한다.

### 불변의 양성 생장률은 지수생장을 초래한다

사슴의 예에서 보여준 것처럼, 한 개체군에 연속되는 기간에 항상 증가하는 개체수가 불변의 양성생장률로 부가되는 것을 **지수생장(exponential growth)**이라고 부른다. 만약, 지수생장을 하는 개체군의 크기를 시간에 대비하여 그래프로 그린다면, **J-곡선(J-curve)**으로 불리는 특징적인 형태가 만들어질 것이다(그림 27-1). 지수생장은 높은 생장률을 요구하지 않는다는 것을 기억하라. 여러분이 그림 27-1에서 본 것처럼, 지수생장은 불변의 양성 생장에서 일어난다.

**Have You Ever Wondered ...**

**여성 한 명이 얼마나 많은 어린이를 낳을 수 있는가?**

현재, 아칸소 (Arkansas) 주의 미첼 듀가 (Michelle Duggar)는 인간의 실제적 생물번영능력을 입증하기에 가장 근접한 사람이다. 그녀는 1988년 - 2009년에 19명(쌍둥이 2번)의 어린이를 낳았고 모든 아이들이 2018년까지 건강한 상태이다. 듀가는 또한 2번의 유산을 하였다. 그녀의 임신이 모두 생존상태로 출산되었다면, 20년 동안 매년 1명의 아이를 낳은 것이다. 생물번영능력이 생산할 수 있는 개체군 증가를 보기위하여, 성인 여자 한명이 20에서 40세까지 매년 한 명의 아이를 낳는 것으로 시작하자. 태어난 아기의 1/2이 여성이고 그들이 모두 같은 비율로 아이를 낳고 다양한 나이에서 사망률에 대한 합리적인 평가를 해보자. 성인 여자 한 명은 100년 이내에 2천 5백만명의 자손을 가질수 있고, 200년 이내에 3조의 자손을 가질 수 있다.

## 생물번영능력은 한 개체군이 생장할 수 있는 최대율이다

건강한 생명체는 자기의 생존 기간에 수십 배 이상의 충분한 자손을 생산할 수 있고 이것이 생물 개체군에서는 진실이다. **생물번영능력(biotic potential)**은 어떤 개체군이 증가할 수 있는 최대율을 말한다. 생물번영능력의 계산은 최대 출생률과 최소 사망률을 나타내는 이상적인 조건(무한 자원과 포식이 없는 조건)을 가정한다.

생물번영능력에 영향을 주는 요인은 아래와 같다:

- 생물의 최초 생식 연령
- 생식 빈도
- 매회 생산하는 자손의 평균수
- 생물의 생식 수명의 길이
- 이상적인 조건 하에서 개체의 사망률

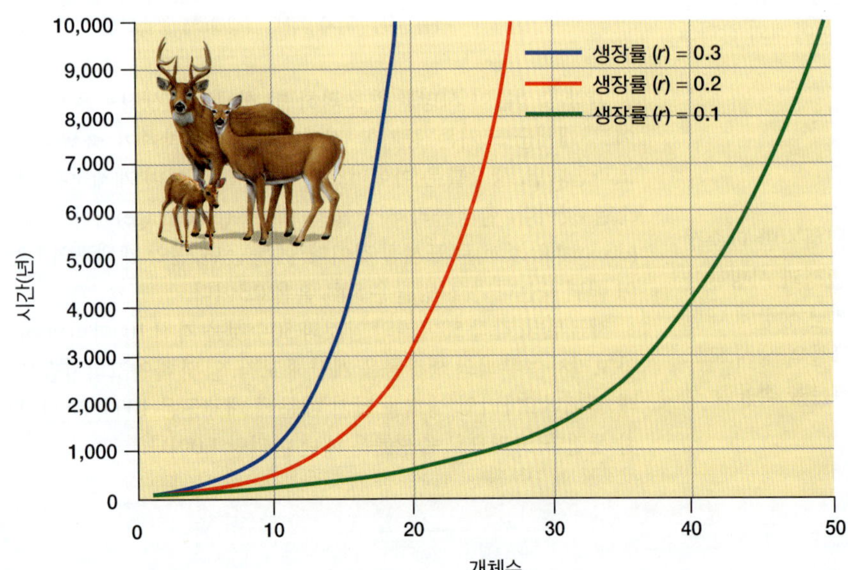


◀ **그림 27-1 지수생장** 그래프는 사슴의 3개 가상 개체군의 생장을 보여주는데, 각기 동일한 생장률(개체별 매년 1.0)을 가진 100마리의 성체에서 시작하지만, 사망률(개체별 매년 0.7-0.9)이 차이가 남으로써 3개의 다른 생장률(개체별 매년 0.3, 0.2, 0.1)을 나타낸다. 모든 양성 생장률은 지수(J-형태)생장 곡선을 보였지만, 생장률이 빠를수록 보다 짧은 시간에 많은 개체군을 형성하였다.

낮은 생물번영능력을 가지는 코끼리와 같은 한 종(암컷은 5년마다 새끼를 낳는다)은 집파리(몇 주마다 새끼를 생산함)가 몇 달 내에 도달할 수 있는 동일한 개체군 크기가 되기 위해서 수 십 년이 걸린다. 하지만, 각 종의 생물번영능력과 상관없이, 즉 매우 낮은 비율에서 조차도 무제한적인 지수함수적 증가는 마침내 엄청난 크기의 개체군 크기를 만든다.

### CHECK YOUR LEARNING

- 어떻게 이입과 자연적 증가가 개체군 크기를 변화시키는 원인이 되는지 설명할 수 있는가?
- 어떻게 개체군 생장이 계산되고 개체군이 단위 시간에 얼마나 생장하는지를 결정하기 위하여 어떻게 생장률이 개체군 크기와 상호작용을 하는지 서술할 수 있는가?
- 생물번영능력을 정의하고 그것에 영향을 미치는 요인들을 목록으로 만들 수 있는가?

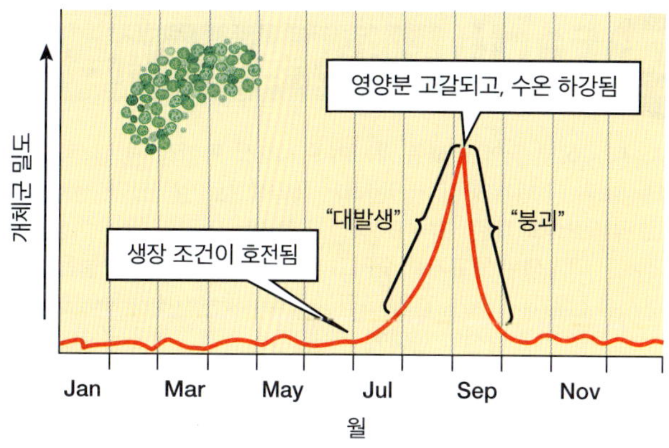


▲ **그림 27-2 광합성 박테리아의 대발생-붕괴 주기** 호수에서 연간 대발생-붕괴 주기를 가지는 광합성 박테리아의 가상 개체군 밀도. 이러한 미생물들은 7월 초까지 낮은 수준을 유지한다. 생장 조건이 호전되면 개체군이 붕괴되는 9월 초까지 지수생장을 한다.

**CASE STUDY CONTINUED**

## 코끼리바다물범의 회귀

코끼리바다물범은 한 마리의 커다란 수컷이 30-100마리 암컷을 독점하고 수정시키는 하렘-형태(harem-style)의 번식을 한다. 암컷은 3-4세에 성숙해지며, 매년 1마리의 새끼를 생산한다. 수컷은 5-7세에 성숙되지만, 극소수의 힘 있는 수컷만 7-10세까지 하렘이 된다. 더구나 최대 수명은 암컷이 20세이고 수컷이 15세라고 하지만, 5세 이상까지 단지 1-5마리가 생존한다. 이러한 요인은 매년 약 12%의 생물번영능력과 연결된다. 하지만 코끼리바다물범 개체군은 사실적으로 결코 그들의 생물번영능력에서 새끼를 생산하지 못하는데 왜 그럴까?

## 27.2 개체군의 성장은 어떻게 조절되는가?

1859년에 찰스 다윈(Charles Darwin)은 "매우 높은 비율로 자연적으로 증가하는 모든 생명체가 파괴되지 않는다면, 지구는 머지않아 한 쌍의 자손들에 의해서 뒤덮일 것이라는 규칙에는 예외가 없다."고 하였다. 확실하게, 개체군의 생장은 무한히 계속될 수 없다. 아래의 구문에서 우리는 생물번영능력과 생물과 무생물적 환경 요인에 의해 개체군의 생장을 억제하는 모든 조건인 **환경저항(environmental resistance)** 사이의 상호작용 결과가 어떻게 개체군 크기를 조절하는지에 대해서 얘기할 것이다. 환경저항의 예로는 제한된 자원에 대한 포식(predation)과 경쟁(competition) 같은 생물 간의 상호작용을 포함한다. 또한, 환경저항은 동해, 태풍, 화재, 홍수와 한발과 같은 자연 재해도 포함한다.

### 자연 개체군에서 지수생장은 항상 일시적으로 일어난다

환경저항은 지수생장을 오랫동안 경험하는 자연 개체군은 없도록 만든다.

### 지수생장은 대발생-붕괴 주기를 가지는 개체군에서 일어난다

지수생장은 빠른 개체군 생장 후에 갑작스럽게 대량으로 사망하는 규칙적인 사이클(cycle)을 가지는 개체군에서 일어난다. 이러한 **대발생-붕괴 주기(boom-and-bust cycle)**는 복잡하고 다양한 이유로 다양한 생명체에서 발생한다. **그림 27-2**에서 광합성 박테리아 개체군에 대하여 보여준 것처럼, 미생물이나 곤충과 같은 수명이 짧고, 빠르게 번식하는 많은 종들은 예측 가능한 변화인 강우(rainfall), 온도 또는 영양분 이용력 변화와 연결된 계절적인 개체군 주기를 가진다. 458페이지에서 이들과 다른 수생 미생물의 대발생-붕괴 주기는 인간 건강에 영향을 줄 수 있다는 내용이 "Earth Watch: 대발생-붕괴 주기는 나쁜 소식이 될 수 있다."에 서술되어 있다.

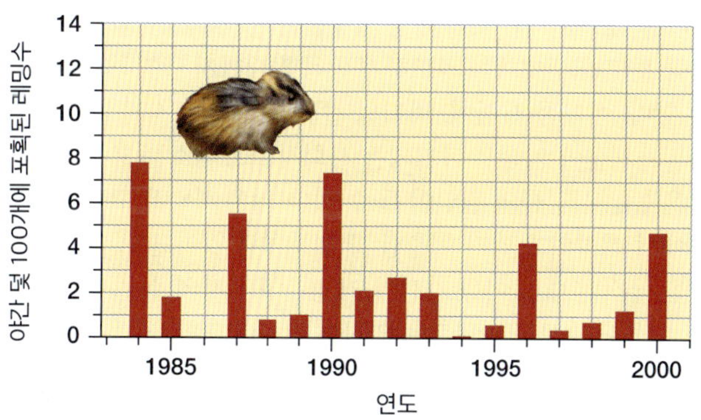


▲ **그림 27-3 캐나다 북극 레밍 개체군의 대발생-붕괴 주기** 이 개체군은 대략 3-4년의 대발생-붕괴 주기를 따른다. 데이터는 생포용 덫을 근거로 산출되었다.

**비판적 사고** 어떤 요인이 이러한 개체군 자료를 다소 불규칙하게 만들었는가?

## 대발생-붕괴 주기는 나쁜 소식이 될 수 있다

지난 수 십년 동안 독성을 가지며 단세포성 광합성 원생생물과 박테리아가 전 세계에 걸쳐 빈번하게 폭발적으로 일어났다. 전체적으로 유해조류의 대번식(*HABs*)이라고 불리는 이러한 독성 미생물의 개체군 대발생은 물고기를 죽이고 사람을 병들게 했다. 그들은 또한 조개류 산업에서 조개, 홍합 그리고 가리비들은 미생물들이 붙어있는 먹이를 먹고 자신의 체내에 유해물질을 축적시켜 소비자에게 위험을 초래할 수 있기 때문에 경제적으로 큰 손실을 일으킨다. 가장 심각한 독성물질 중 일부는 *Karenia brevis*(**그림 E27-1**)와 같은 와편모충(단세포 원생생물)의 소수에 의해 만들어진 신경독으로 물 리터당 20만에 달하는 밀도를 가진다.

**◀ 그림 E27-1 유해조류 대번식의 원인 생물** 와편모조류 *Karenia brevis*(인위적으로 색을 넣어 주사전자현미경으로 관찰)는 플로리다 연안과 멕시코만에서 유해조류 대번식을 하는 원인생물이다. 이러한 대발생은 실제로 다양한 색깔로 나타나지만 적조라고 불린다.

유해조류의 대발생을 일으키는 수많은 미생물은 호수와 연안 해역의 일반적인 서식자이다. 이러한 개체군의 "폭발적 대발생(bloom and boom)"의 원인은 무엇인가? 그 이유는 복잡하고 종에 따라 다르지만, 따뜻한 수온, 인과 질소와 같은 적절한 영양분이 필요하다. 인간의 농업 활동에서 이러한 영양소의 배출은 전 세계적으로 유해조류의 대발생의 빈도와 강도를 증가시킨다. 기후변화는 수온을 증가시켜 이러한 원생생물의 보다 빠른 생장을 초래하고 생장 계절을 확장시켜 추가적 문제를 나타낼지도 모른다. 엄청난 수의 세포들이 해수의 영양소를 고갈시켰을 때 대발생된 개체군은 "붕괴(bust)"된다. 수온이 하강하는 가을과 겨울에 생식률 감소로 세포수는 더욱 감소한다.

**비판적 사고** 독소를 생성하지 않는 어떤 조류의 대발생일지라도 수중 생물의 대부분을 죽일 수 있을 정도로 해로울 수 있다. 만약 독소가 존재하지 않는다면, 조류의 대발생이 왜 치명적일 수 있는지 설명할 수 있나요?

온대 기후에서, 곤충 개체군은 봄-여름에 빠르게 생장하고, 겨울철의 혹독한 서리로 인해 붕괴된다. 예를 들면, 암컷 파리는 한 번에 약 120개의 알을 낳는다. 파리는 2주내에 부화하고 성숙하기 때문에 봄과 여름 번식기에 7세대를 마친다. 한 마리의 암컷 파리가 120개의 알을 품고 있어서 많은 파리가 사망할지라도 파리 개체군은 여름의 끝자락에 매우 큰 개체군으로 자란다. 하지만 가을의 강한 서리는 성체의 모두를 죽게 하고 파리 개체군은 붕괴된다. 이러한 "붕괴"에도 불구하고 몇 개의 알은 겨울에 생존하고 다음 해 봄에 다시 주기가 시작된다.

복잡한 환경인자들은 대발생-붕괴 패턴의 주기를 길게 만든다(**그림 27-3**). 한 예로, 레밍 개체군은 설치류가 파괴되기 쉬운 북극 툰드라 생태계를 과도하게 방목할 때까지 급격하게 생장할 수 있다. 이러한 시점에, 먹이의 결핍, 증가한 포식자 개체군 및 과밀개체군에 의해서 야기되는 사회적 스트레스는 모두 갑작스러운 높은 사망률의 원인이 될 수 있다. 많은 사망은 고밀도 개체군에서 레밍의 무리가 이출할 때 파도처럼 일어난다. 레밍의 이러한 극적인 대량 이동 기간에, 레밍은 포식자의 쉬운 표적이 된다. 그들이 수로를 만나고 수영하여 건너려고 할 때 대부분 물에 빠져 죽는다. 감소된 레밍 개체군은 포식자의 수적인 감소와 레밍이 일상적으로 섭식하는 식물 군집 회복에 기여하게 된다. 이러한 반응들이 이번에는 레밍 개체군에서 지수생장의 다음 라운드에 대한 단계를 시작하게 된다.

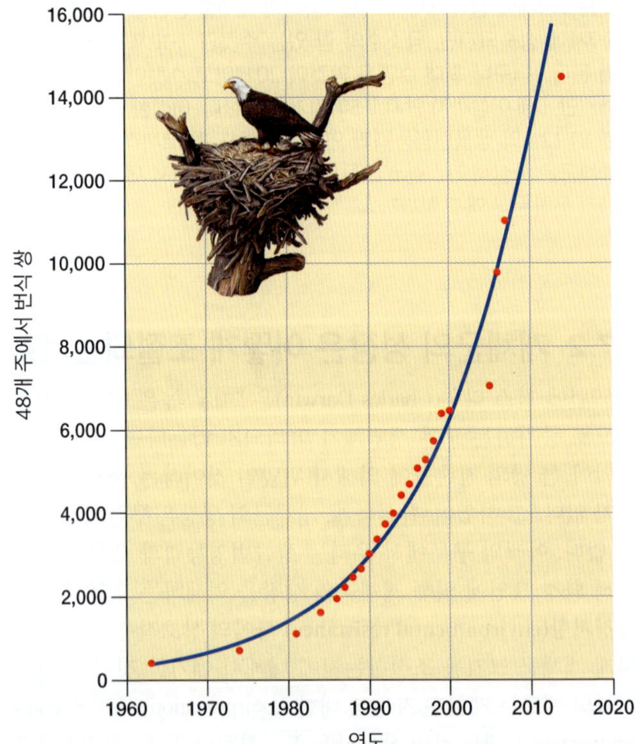


**▲ 그림 27-4 미국 48개 주에서 대머리독수리 개체군의 지수생장** 사냥과 살충제 DDT 금지는 미국 48개 주에서 서식하는 대머리독수리 개체군을 1960년 초에 500둥지보다 적었던 것을 2014년까지 14,500둥지로 증가시켰다. 매끄러운 선은 점으로 나타낸 자료에 잘 맞은 지수함수적 J곡선이다.

### 지수생장은 환경저항이 감소될 때 일시적으로 일어난다

대발생-붕괴 주기를 경험하지 않는 개체군에서 환경 조건이 개

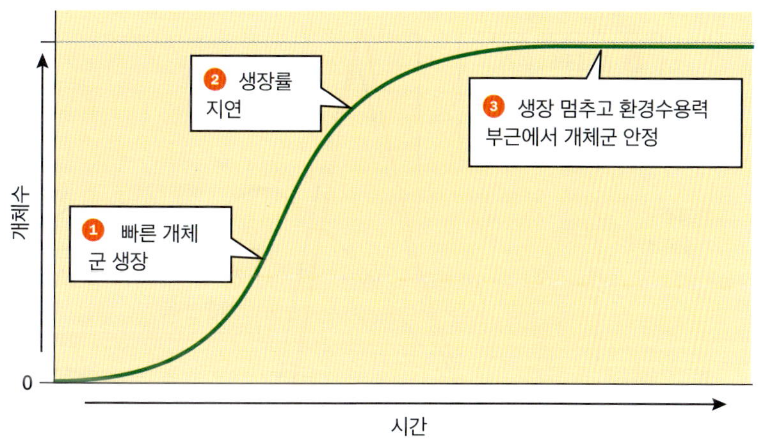


◀ **그림 27-5 로지스틱 개체군 생장** 로지스틱 생장 기간에, 한 개체군은 지수함수적으로 생장하기 시작하지만, 밀도-의존적 환경저항 증가에 직면하면 생장률은 점차 느려진다. 마침내 개체군 생장은 환경수용력(K)에서 혹은 인근에서 멈춘다. 이 결과는 느슨한 S(lazy S)처럼 생긴 곡선이다.

선되지 않는다면 지수생장은 결코 일어나지 않을 것이다. 예를 들면, 1960년대 초까지 미국의 48개 주에서 대머리독수리는 단지 수백 쌍의 둥지만 존재하였다. 그 개체군은 사냥과 대량으로 사용된 살충제 DDT로 인하여 드라마틱하게 감소되었다(자세한 정보는 29장의 "Health Watch: 독성물질의 생물농축" 참조). 하지만 대머리독수리의 사냥과 둥지교란이 1940년에 금지되었고, 미국에서 1972년에 DDT의 사용금지가 되었을 때, 대머리독수리는 회복되기 시작하였다. 대머리독수리의 개체군은 1960년대 초와 2014년 사이에 기하급수적으로 증가하였다(**그림 27-4**).

지수생장은 개체가 매우 환경이 좋고 경쟁이 거의 없는 새로운 서식처로 침입되었을 때도 일어난다. 예를 들면, 지수생장은 종종 **침입종(invasive species)**에서 관찰된다. 침입종은 그들이 진화하지 않았던 곳이며, 환경저항이 거의 없는 생태계에 고의로 혹은 우연히 도입되었으며, 높은 생물번영능력을 갖춘 생명체이다. 예를 들면, 아시아가 원산지인 호장근(knotweed)은 정원용 화초로 유럽과 미국에 도입되어 많은 서식지에서 우점하고 있다. 호장근 개체군은 고유종과의 경쟁에서 이기면서 폭발적으로 증가하였다. 마찬가지로, 1980년대에 아시아에서 도착한 배의 균형수에 포함된 얼룩말홍합의 유생이 균형수와 함께 배출되었을 때, 북미 오대호 지역에 위치한 세인트클레어 호수에 아시아 얼룩말홍합이 도입되었다. 유입된 얼룩발홍합의 개체군은 암컷 한 마리가 연간 10만 개의 알을 생산하는 높은 생물번영능력과 새로운 서식지에서 포식압이 매우 낮았기 때문에 폭발적으로 증가하였다. 폭발적인 개체군은 북아메리카의 다른 호수와 강으로 서식지를 확장하였다. 얼룩말홍합은 항구, 파이프, 기계와 선체 같은 수중 구조물에 엄청난 개체수로 서로 달라붙었다. 얼룩말홍합은 다른 조개류를 뒤덮고 질식사시켜서 다른 종의 멸종위협을 가져왔다. 그렇지만, 얼룩말홍합도 개체군을 지속적으로 증가시킬 수 없었다. 왜 그럴 수 없었을까?

## 밀도-의존적 및 밀도-비의존적 메커니즘을 통하여 환경 저항은 개체군 생장을 제한한다

모든 개체군에서 환경저항은 확연하게 지수생장을 멈추게 한다.

### 로지스틱 생장은 새로운 개체군이 환경저항으로 인해 안정될 때 일어난다

생태계에 피해를 주지 않으면서 영구적으로 유지될 수 있는 최대 개체군 크기를 생태계의 **환경수용력(carrying capacity, *K*)**이라고 부른다. 영양소, 에너지와 공간은 수많은 종에서 환경수용력의 가장 중요한 결정인자이다. **로지스틱 개체군 생장(logistic population growth)**은 그들의 환경수용력까지 증가한 후에 안정화되는 것이 개체군의 특징이다. 로지스틱 생장을 그래프로 도식화한 것이 **S-곡선(S-curve)**의 일반적인 형태이다(**그림 27-5**). 자연 상태에서 한 종이 새로운 서식지로 이동할 때 로지스틱 개체군 생장은 일어날 수 있다(**그림 27-6**).

자연에서 환경수용력을 초과한 개체군 크기는 단기간 동안 유지될 수 있다. 하지만, 환경수용력을 초과한 개체군은 그들이 고갈시키는 만큼 빠르게 자원을 재생할 수 없는 자원의 상태에서 살고 있다. 그러므로, *K*(환경수용력)를 약간 초과하면 환경수용력 이하에 도달할 때까지 개체군의 감소는 일어날 것이고 자원

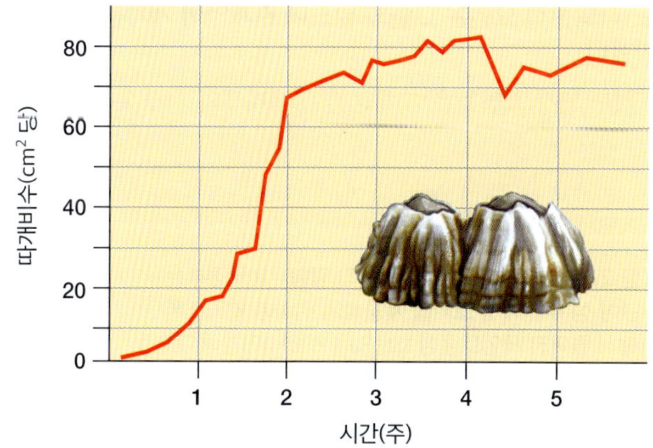


▲ **그림 27-6 자연에서 로지스틱 곡선** 따개비는 유생이 대양에서 해류로 운반되어 그들이 바위에 착생하고 영원히 부착하고 패각을 가지는 성체의 형태로 생장할 해안의 암반으로 이동하는 갑각류이다. 아무것도 없는 암반 위에 착생한 유생의 수는 그들 개체군의 밀도를 제한하는 공간에 대한 경쟁 때문에 로지스틱 생장 곡선을 형성한다.

▶ **그림 27-7 환경수용력이 초과된 결과** 개체군은 단지 제한된 시간 동안 환경수용력($K$)을 초과할 수 있다. 3가지의 가능한 결과가 도식화되었다.

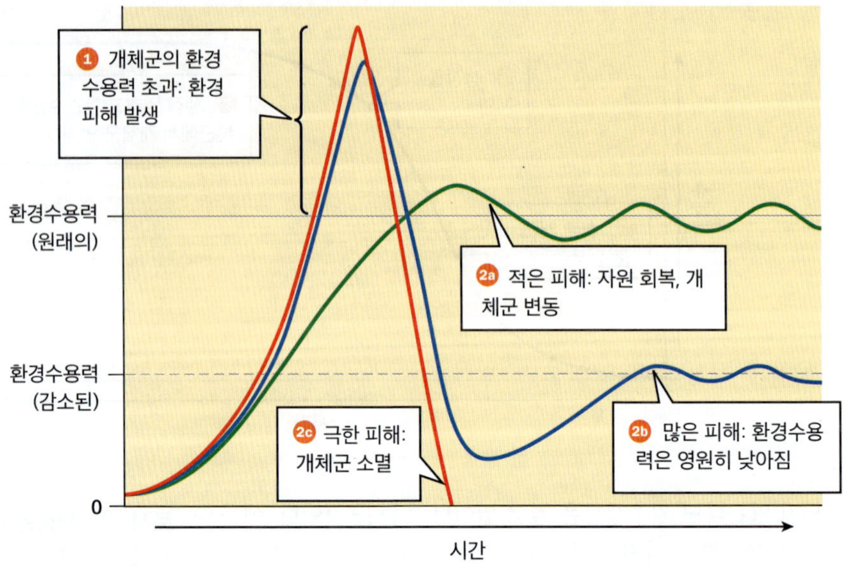


회복과 환경수용력이 원래대로 복원될 것이다. 반복적인 약간의 초과와 약간의 감소는 개체군 크기가 환경수용력 인근에서 변동하는 결과를 보일 것이다(**그림 27-7**에서 녹색선).

만약 하나의 개체군이 환경에 대한 환경수용력을 너무 초과하면, 필수자원이 초과되어 요구되므로 생태계는 회복하지 못할 정도로 결과는 매우 심각해질 수 있다.

이것은 영구적으로 매우 심각하게 $K$가 감소되어 개체군 크기가 이전 크기보다 더 세분화되어 감소된 후에 안정화 되거나(그림 27-7에서 파랑색 선), 완전히 사라지게 된다(그림 27-7에서 붉은색 선). 예를 들면, 큰 포식자가 없는 알라스카의 해안에서 멀리 떨어진 세인트폴 섬에 순록을 도입했을 때, 그들의 개체군은 빠르게 증가되었고 그들의 가장 기본적인 먹이 자원인 지의류를 심각하게 과다 섭식하였다. 사슴 개체군은 **그림 27-8**에서 보여준 것처럼 굶주림 때문에 급감하였다.

## 밀도-비의존적 요인은 그들의 밀도에 관계없이 개체군을 제한한다

수 많은 환경 요인들은 개체군들이 생태계의 환경수용력을 지속적으로 초과되는 것을 방지한다. 이들 중의 어떤 것들은 개체군 밀도(단위 면적당 개체수)와 관련 없이 개체군 크기를 제한한다. **밀도-비의존적(density-independent)** 요인들 중에서 가장 중요한 요인은 날씨(온도, 강우, 바람과 같은 짧은 기간의 대기 상태)와 기후(긴 기간의 날씨 패턴)이다. 예를 들면, 온대 기후에서 많은 곤충과 일년생 식물 개체군들은 첫 번째의 냉혹한 결빙 이전에 생산될 수 있는 개체수에 의해서 크기의 제한을 받는다. 그러한 개체군들은 전형적으로 겨울이 오기 전에 환경수용력에 도달할수 없기 때문에 기후에 의해서 조절된다. 허리케인, 한발, 홍수 및 화재는 개체군 밀도와 관계없이 지역 개체군에 심각한 영향을 끼칠 수 있다.

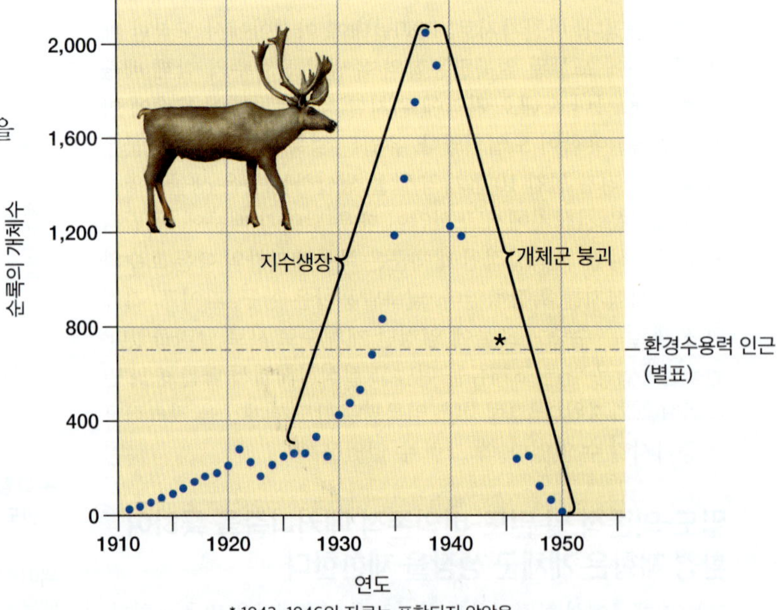


▶ **그림 27-8 초과하는 환경수용력의 영향** 미국정부는 1911년에 섬 주민에게 고기를 제공하기 위하여 알라스카 해안에서 떨어진 세인트폴섬 (St. Paul Island)에 순록 25개체를 도입하였다. 되었다. 먹이가 충분하고 포식자가 없어서 이들은 지수생장을 하였다(초기 J곡선). 1938년에 순록은 2,046개체까지 증가하였고 대략 섬의 추정된 환경수용력의 3배이다. 이끼류는 순록에게 먹이를 공급하였는데, 겨울에 매우 심각하게 과도한 섭식이 일어났고 수많은 순록 개체군에 의해 회복이 불가능하게 되었다. 1950년까지 오직 8개체의 순록이 생존하였다.

### 밀도-의존 요인은 개체군 밀도가 증가할 때 더욱 큰 효과를 보인다

반대로, **밀도-의존적(density-dependent)** 요인의 영향은 개체군 밀도가 증가함에 따라서 증가한다. 예를 들면, 포식, 기생과 경쟁은 개체군 밀도가 증가할 때 더욱 강하게 개체군 생장을 제한한다.

### 포식자는 개체군의 밀도-의존적 조절에 영향을 준다

**포식자(predators)**는 그들의 **먹이(prey)**로 불리는 다른 생물들을 먹는 생명체이다. 우리는 **육식동물(carnivores**, 다른 동물을 먹는 동물)과 **초식동물(herbivores**, 식물을 먹는 동물)을 포함하는 넓은 의미의 포식에 대한 정의를 사용할 것이다. 항상 그러는 것은 아니지만, 종종 먹이인 피식자는 바로 죽임을 당하고 섭식된다(그림 27-9a). 예를 들면, 사슴들이 단풍나무의 싹을 뜯어 먹을 때 혹은 매미나방 유충이 참나무를 먹을 때 나무는 피해를 받지만 죽지는 않는다.

포식자 개체군은 포식자의 조절요인으로 작용하는 먹이가 풍부할 때 그 수가 증가한다. 예를 들면, 레밍을 주요한 먹이로 의존하는 북극 여우와 흰올빼미와 같은 포식자들은 먹이의 풍부도에 의해 낳을 자손의 수가 결정된다. 흰올빼미(그림 27-9b)는 레밍이 풍부할때 12마리의 새끼를 부화시키지만, 레밍 개체군이 붕괴될 때는 일년 내내 새끼를 생산하지 않는다.

(a) 포식자들은 대개 연약한 피식자를 살해한다.

(b) 포식자 개체군은 피식자가 풍부할 때 증가한다.

▲ **그림 27-9 포식자는 피식자 개체군의 조절을 돕는다**
(a) 한 무리의 회색 늑대 무리가 나이가 들거나 기생충으로 인해 약해진 엘크를 넘어뜨렸다.
(b) 흰올빼미는 먹이(레밍과 같은)가 풍부할 때 더 많은 새끼를 낳는다.

### 기생충은 밀집된 개체군에서 보다 빨리 전파된다

**기생충(parasite)**은 **숙주(host)**로 불리는 커다란 생명체 내부 혹은 표면에서 서식하며, 숙주를 섭식하거나 피해를 준다. 기생충은 포유류의 장에 살고 있는 촌충과 숙주의 피부 혹은 털에 붙어서 살아가는 진드기, 그리고 질병의 원인 미생물이다. 기생충은 숙주 개체군에 밀도-의존적인 영향을 준다. 많은 기생충은 장거리를 이동할 수 없어 밀집된 개체군 내의 숙주 사이에서 보다 쉽게 확산된다. 예를 들어, 식물의 병과 해충은 몇 에이커의 조밀하게 식재된 작물을 통하여 쉽게 전파되고, 어린이들의 질병은 학교와 탁아소를 통하여 쉽게 전파된다. 기생충은 그들의 숙주를 약화시키고 혹독한 날씨와 포식자 같은 다른 원인에 의해 쉽게 사망하게 함으로써 개체군 크기에 영향을 준다.

### 자원의 경쟁은 개체군 조절을 돕는다

생명체가 생존을 위해 필요한 자원은 제한되어 있다. 수 많은 개체들이 제한된 동일한 자원을 사용하려고 할 때 결과는 **경쟁(competition)**으로 상호작용하는 모든 개체들에게 부정적 영향을 준다. 경쟁은 밀집된 개체군에서 더욱 강하기 때문에 경쟁은 밀도-의존적 방법으로 개체군 크기를 제한한다. 경쟁에는 두 가지 주요 형태가 있다: **종간 경쟁(interspecific competition**, 다

▲ **그림 27-10 이출** 개체군 밀도가 너무 높고 먹이가 부족함에 따라 메뚜기들은 떼를 지어 이동하면서 모든 식생(심지어 서로를 먹는)을 집어 삼킬 듯이 먹는다.

**비판적 사고** 메뚜기 또는 레밍과 같은 동물은 집단 이출을 함으로써 어떠한 이익을 얻을 수 있는가? 인간의 이출에서 어떤 유사점을 발견할 수 있는가?

른 종 개체 간의 경쟁)과 **종내경쟁**(**intraspecific competition**, 동일종 개체 간의 경쟁). 물, 영양분, 은신처, 번식지, 광 그리고 다른 자원에 대한 동일종 내의 개체들의 요구는 거의 동일하기 때문에, 종내경쟁은 개체군 조절의 밀도-의존적 메커니즘에서 중요하다.

개체군 밀도가 증가하고 경쟁이 더욱 격렬해지면, 어떤 동물들(레밍과 메뚜기를 포함하는)은 반작용으로 이출한다. 메뚜기 떼의 주기적 이동은 그들의 진행 경로에 있는 모든 식생을 먹어치우면서 아프리카 대륙에 재앙을 입혔다(그림 27-10).

### 밀도-비의존적 및 밀도-의존적 요인들은 상호작용한다

어떤 주어진 시간에서의 개체군의 크기는 밀도-독립 그리고 밀도-의존 형태의 환경저항 간의 복잡한 상호작용의 결과이다. 예를 들어, 한발(밀도-비의존적 요인)에 의해서 약해진 한 그루의 소나무는 보다 쉽게 소나무좀(pine bark beetle, 밀도-의존)의 희생양이 되어 쓰러진다. 마찬가지로 기아(밀도-의존)에 의하여 약해지고 기생충(밀도-의존)에 의하여 공격받은 순록의 무리는 예외적으로 추운 겨울(밀도-비의존)에 의해 보다 쉽게 죽게 된다. 인간 활동은 자연 개체군에 부과된 밀도-비의존적 한계를 증가시킨다.

인간 활동은 자연 개체군에 관하여 밀도-비의존과 밀도-의존 한계를 모두 부과한다. 예를 들면, 인간이 열대우림을 파괴하였을 때, 숲에 서식하는 생명체의 대부분은 밀도와 상관없이 멸종된다. 하지만, 열대우림에 살았던 생명체의 소수는 인근의 파괴되지 않은 숲으로 이동하고 거기서 개체군 밀도를 증가시킨다. 결과적으로, 증가된 경쟁, 포식, 기생충은 현재의 커다란 개체군들을 밀도-의존적으로 통제할 것이다.

**CASE STUDY CONTINUED**

### 코끼리바다물범의 회귀

코끼리바다물범 개체군들은 밀도-의존적과 밀도-비의존적 환경저항을 모두 경험한다. 밀도-의존적 요인은 대백상어와 오르카스 식인고래(아마 작은 요인)에 의한 포식, 먹이 부족, 수컷이 교미를 위하여 싸움하는 생식 기간 동안의 사망을 포함한다. 우두머리 수컷은 도전자들을 하렘으로부터 몰아내고 암컷에게 스트레스를 주며, 때로는 엄청난 무게의 수컷이 새끼들을 짓눌러 죽이는데 해안에서 물범 개체군의 밀도가 높을수록 더 많은 새끼들이 사라진다. 엘리뇨 기후가 있는 해에는 강력한 태풍이 캘리포니아 해안으로 밀려드는데, 이것이 밀도-비의존적인 환경저항의 원인이다. 태풍은 해안을 침식시킴: 높은 조석과 파도는 때로 해안을 잠기게 하고 새끼들을 멀리 떠내려 보낸다. 매우 심각한 엘리뇨가 있는 해에는 집단에서 반 정도의 새끼들을 잃는다. 하지만 코끼리바다물범은 대체로 안전한 번식지, 풍부한 먹이, 소수의 포식자를 가지므로 그들의 개체군은 안정적으로 증가되고 있다. 이것은 그들의 미래가 안전하다는 것을 의미하는가? 본 장의 끝 부분에 위치한 "Case Study Revisited"에서 알아보자.

**CHECK YOUR LEARNING**

- 지수생장이 발생하는 조건과 그래프로 그릴 때 곡선의 형태는 어떠한지를 기술할 수 있는가?
- 로지스틱곡선의 단계를 설명하고 개체군이 환경수용력을 넘었을 때 결과를 기술할 수 있는가?
- 환경저항의 두 가지 주요한 형태와 각각의 예를 서술할 수 있는가?

## 27.3 종간의 생활사 전략은 얼마나 다른가?

생명체의 **생활사**(**life history**)는 최초의 생식 연령, 생산하는 자손의 수, 그리고 각 자손에 헌신하는 에너지와 자원량을 포함한다. 생활사는 종별로 매우 다양하며, 생활사의 양쪽 극단을 대표하는 종들은 각기 *r*-선택종과 *K*-선택종으로 불린다.

### 생활사는 자손의 수와 자손 생존율 사이의 교환이다

하나의 극단에서 ***r*-선택종**(***r*-selected species**)은 빠른 생식을 가지도록 진화된 특징을 가진다. 이들 종은 빠르게 성숙하고 수명이 짧으며, 매우 많은 수의 자손을 낳으며, 부모의 보살핌은 거의 없다(그림 27-11a). 이들의 대다수 자손들은 어렸을 때 사망한다. 대개 *r*-선택종은 일생 동안 몇 번 혹은 때로는 단 한 번 자손을 낳는 것이 일반적이다. 대발생-붕괴 종은 대개 *r*-선택종의 생활사를 가진다.

다른 극단에서 ***K*-선택종**(***K*-selected species**)은 긴 수명을 가지며, 몇 마리의 매우 커다란 자손을 생산하고 부모의 보살핌이 있거나(커다란 포유류가 하는 것처럼), 배아 안에 많은 양의 영양분을 축적한다(도토리, 호두와 다른 커다란 씨앗을 가진 나무처럼). 이러한 부모의 투자는 그들의 자손들이 매우 높은 비율로 살아서 성숙하게 한다(그림 27-11b). 많은 *K*-선택종은 수년 혹은 때때로 여러 해 동안 일 년에 한 번 혹은 여러 번 자손을 생산한다.

대부분의 종들은 이러한 2개의 극단적 범주 안에 깔끔하게 맞지 않지만, 2개 범주의 결합된 특징을 보인다. 예를 들면, 대개 안정된 열대 해양 환경에 살고 있는 거대한 조개는 성숙할 때(5-10년)까지 오래 걸리며 생애주기에서 전형적으로 여러 번 산란한다. 하지만 그들은 한 번에 수 억 개의 알을 낳으며, 그 알 안에는 소량의 영양물질이 축적되어있고 부모의 보살핌이 없다. 그 결과, 10억개 중에서 단지 1개의 알이 성공적으로 성숙하여 한 마리의 성숙한 조개가 된다. 매우 유사하게, 삼나무는 온난한 해안기후에서 살고, 5-15년의 연령에서 성숙하고 500-1000년 동안 매년 생산하지만 그들의 대다수는 결코 발아하지 않는 매우 작은 몇 십만 개의 작은 씨앗을 생산한다. 2종은 모두 환경수용력 인근에서 수천 년 동안 유지되는 개체군을 가진다.

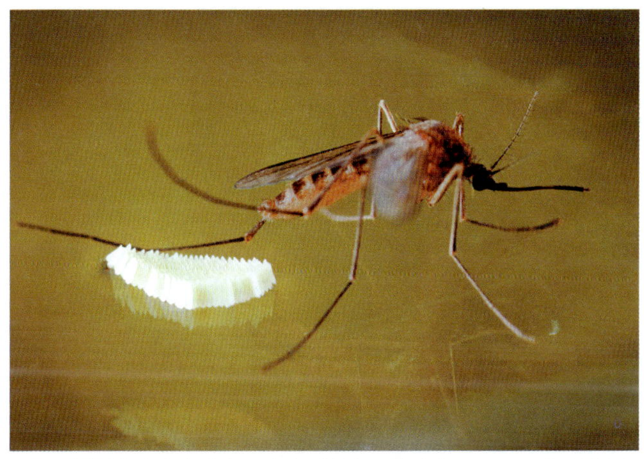

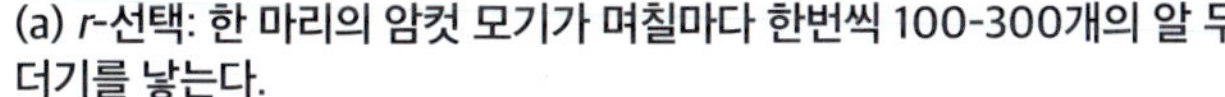

(a) *r*-선택: 한 마리의 암컷 모기가 며칠마다 한번씩 100-300개의 알 무더기를 낳는다.

(b) *K*-선택: 한 마리의 아프리카 코끼리와 새끼

▲ **그림 27-11 전형적인 *r*-선택종과 *K*-선택종** **(a)** 모기(*Culex*) 속(genus)의 대부분의 모기들은 짧은 생애주기를 가지고 수많은 작은 알을 낳고 부모의 보살핌은 없다. 대부분의 자손들은 유생 단계에서 포식자에게 먹힌다. **(b)** 아프리카 코끼리는 긴 수명을 가지며, 21개월의 긴 임신 후에 한 마리의 새끼를 낳고 몇 년 동안 보살핀다. 몇 마리의 어린 새끼가 사자에게 잡아먹히겠지만, 코끼리의 자연 포식자는 많지 않다. 만약 밀렵꾼들에게 희생되지 않는다면, 코끼리는 노령까지 생존할 기회가 매우 높다.

## 한 종의 생활사에서 시간 경과에 따른 생존율을 예측한다

동물 종에 따라, 생활사의 어떤 단계에서 사망의 정도는 상당히 다르게 나타난다.

이러한 차이는 동일 연령을 가진 생명체의 행적을 따라가면서 매년(혹은 단위 시간당) 얼마나 많은 개체가 계속적으로 생존하게 되는지를 보여주는 **생존표(Survivorship tables)**에 기록된다 **(그림 27-12a)**. 개체군에서 생존자 비율이 생활 사와 대비하여 그래프로 그려질 때 **생존 곡선(survivorship curve)**이 생성된다. 생존 곡선의 3가지 형태는 생활사 중에 대부분의 사망이 언제 발생하느냐에 따라서 후기사망, 일정사망과 초기사망으로 불린다

| 연령 | 생존자수 |
|---|---|
| 0 | 100,000 |
| 10 | 99,224 |
| 20 | 98,910 |
| 30 | 98,011 |
| 40 | 96,798 |
| 50 | 94,295 |
| 60 | 88,770 |
| 70 | 78,069 |
| 80 | 57,188 |
| 90 | 23,619 |
| 100 | 1,968 |
| 110 | 0 |

(a) 생존표

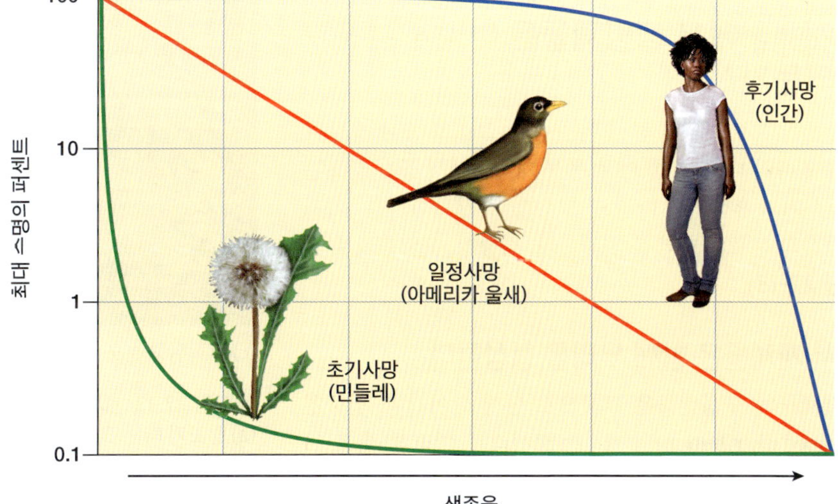


(b) 생존곡선

▲ **그림 27-12 생존** **(a)** 2010년 미국인의 생존표는 10만 명 당 태어난 사람들의 나이 증가에 따라 얼마 만큼 생존하여 남아 있을 수 있는지에 대한 예측을 보여준다. 이 자료를 도표화하면 곡선이 생성되는데 **(b)** 부분의 파랑색 곡선과 유사함을 보인다. **(b)** 3가지 형태의 생존 곡선이 보인다. 로그형태의 y-축을 주시하라.

(그림 27-12b)

**후기-사망 개체군(late-loss population)**은 비교적 젊은 개체의 사망률이 낮고, 대부분의 개체가 고령까지 생존한다. 그 결과로 생존 곡선은 볼록한 형태이다. 후기-사망 생존 곡선은 인간과 코끼리와 산양과 같이 몸집이 크고 수명이 긴 동물의 특징이다. 이러한 종은 상대적으로 소수의 자식을 생산하고, 생활사의 초기에는 그들의 어버이에 의해서 보호를 받는다.

**일정-사망 개체군(constant-loss population)**은 직선 형태의 생존 곡선을 나타내고 일생 동안 아주 일정한 사망률을 가진다. 이러한 패턴은 몇 종의 조류와 거북류, 그리고 히드라와 박테리아와 같은 무성 생식하는 생물의 실험실 개체군에서 볼 수 있다. *K*-선택종은 보통 후기-사망 혹은 일정-사망 생존 곡선을 나타낸다.

**초기-사망 개체군(early-loss population)**은 생활사의 초기에 높은 사망률을 보이므로 생존 곡선은 오목형이다. 사망률은 젊은 개체 사이에 높게 나타나지만, 성체에 도달한 개체는 고령까지 생존할 좋은 기회를 가진다. 초기-사망 생존 곡선은 생명체들이 수 많은 자손을 생산하지만 그들이 부화 혹은 발아 후에 보살핌이 적거나 거의 받지 못하는 것이 특징이다. 대부분의 무척추동물(예를 들면, 대형 조개), 많은 어류와 양서류, 그리고 대부분의 식물(삼나무 포함)은 초기-사망 생존 곡선을 보인다. 대개의 *r*-선택종은 초기-사망 생존 곡선을 나타낸다.

**CHECK YOUR LEARNING**

- 어떤 종의 생활사에 영향을 미치는 변수들을 설명할 수 있는가?
- 생활사에서 가장 대조적인 2개 형태에 대해서 비교할 수 있는가?
- 생존 곡선의 3가지 기본형을 설명하고 그래프로 도식할 수 있는가?

## 27.4 개체군에서 생명체들은 어떻게 분포되는가?

한 개체군에서 개체 간의 공간 패턴은 종간, 그리고 종 내에서 다르고 시간에 따라 다르다. 한 예로 동물 개체군에서 공간 분포는 일년의 번식기와 휴식기에 따라 다를 수 있다. 생태학자는 3가지 중요한 공간적 분포의 형태를 인지한다: 집중형, 균일형과 무작위형(그림 27-13).

### 그룹에서 개체들은 함께 무리를 형성한다

수많은 개체군의 구성원들은 그룹으로 함께 살아간다. **집중형 분포(clumped distribution)**의 예시는 코끼리떼, 이리떼, 새떼, 어류떼와 같은 가족 혹은 사회적 그룹을 포함한다(그림 27-13a). 집중형 분포의 장점은 무엇인가? 무리를 이룬 새들은 과일이 풍성한 나무와 같은 먹이가 풍부한 곳을 탐색하는 눈이 많아지는 장점이 있다. 커다란 어류떼와 새떼에 있는 구성원은 포식자의 공격에 의해 한 개체가 죽임을 당할 확률을 감소시킬 수 있다. 각 개체가 배우자를 만날 기회를 증가시키기 위해 교미기에 일시적으로 그룹을 형성하기도 한다. 대체적으로 개체군은 자원이 지

(a) 집중형 분포

(b) 균일형 분포

(c) 무작위형 분포

▲ 그림 27-13 **개체군의 공간 분포**
(a) 물고기 떼는 그들 속에 함께 있는 포식자를 같은 개체로 혼동하기도 한다. (b) 가넷(gannet)들은 해안가를 따라 고르게 위치한 둥지를 차치하고 있다. (c) 바람에 의해 뿌려진 민들레와 다른 식물들의 씨앗은 무작위형 분포를 보인다.

역적으로 국한되어 있기 때문에 무리를 형성한다. 예를 들면, 북아메리카 초원에서 목화나무는 하천의 둑을 따라 분포하는데 이는 하천 둑이 목화나무가 자라기에 적합한 수분을 가진 토양이 있기 때문이다.

## 개체들은 균일하게 분포한다

**균일형 분포(uniform distribution)**를 보이는 개체군은 개체 간에 상대적으로 일정한 거리를 유지한다. 균일형 분포는 종종 경쟁의 결과이다. 한 예로, 식물들 중에서 다 자란 사막의 남가새과의 상록 관목들은 뿌리계의 경쟁 때문에 매우 일정한 간격으로 고르게 분포한다. 뿌리는 토양에서 효과적으로 물과 양분을 흡수하고 주위에서 발아하는 덤불의 생존을 방해한다. 균일형 분포는 적당한 서식처 공간 전체를 균일하게 나누어 영역을 지키는 명금과 같은 동물 사이에서도 일어난다. 때로는 이웃의 괴롭힘을 피하기 위한 방법으로 균일형 분포를 보인다. 예를 들면, 갈매기와 같은 해안의 새는 하나가 다른 하나와 일정한 거리가 있는 곳에 둥지를 만드는 것이 관찰된다(그림 27-13b).

## 개체들은 무작위형으로 분포된다

**무작위형 분포(random distribution)**를 가지는 한 개체군에서 개체 간의 거리는 예측 불가능할 정도로 다양하다. 무작위 분포를 가지는 종의 개체들은 일정하게 무리를 형성하거나 펼쳐져 있지도 않고 사회적 그룹을 형성하지도 않는다. 그들이 요구하는 자원은 그들이 서식하는 장소 전체에 다소 균일하게 이용 가능하고, 이러한 자원은 매우 풍부하여 경쟁이 최소화된 상태이다. 당신의 정원에 있는 민들레는 바람에 의해 씨앗이 랜덤하게 흩뿌려지기 때문에 비옥한 토양에서 무작위적으로 자라난다(그림 27-13c).

### CHECK YOUR LEARNING

- 3가지 형태의 공간 분포를 서술하고 각 분포형태의 잠재적인 원인을 서술할 수 있는가?

## 27.5 인간의 개체군은 어떻게 변화되고 있는가?

지구의 인간 개체군은 몇 세기 동안에 급격하게 증가되었고 인간 존재의 영향은 지구의 모든 표면에서 확인되어지고 있다. 불행하게도 우리 인간 개체군의 급격한 생장은 현재 우리를 위협하고 우리가 의존하여 살고 있는 생물권을 위협한다.

## 인간 개체군은 지수함수적으로 증가한다

그림 27-14a의 인간 개체군 성장의 그래프와 그림 27-1과 27-2의 지수성장 곡선을 비교하여 보자: 각각은 지수성장으로 J-형 특징을 가진다. 초기에 인간 개체군은 느리게 생장했다. 물론 아무도 확실하게 모르겠지만, 인구는 BC 10,000년에 아마도 백만 명 정도였는데, 거의 12,000년 후에 1800년대 초에 10억 명에 도

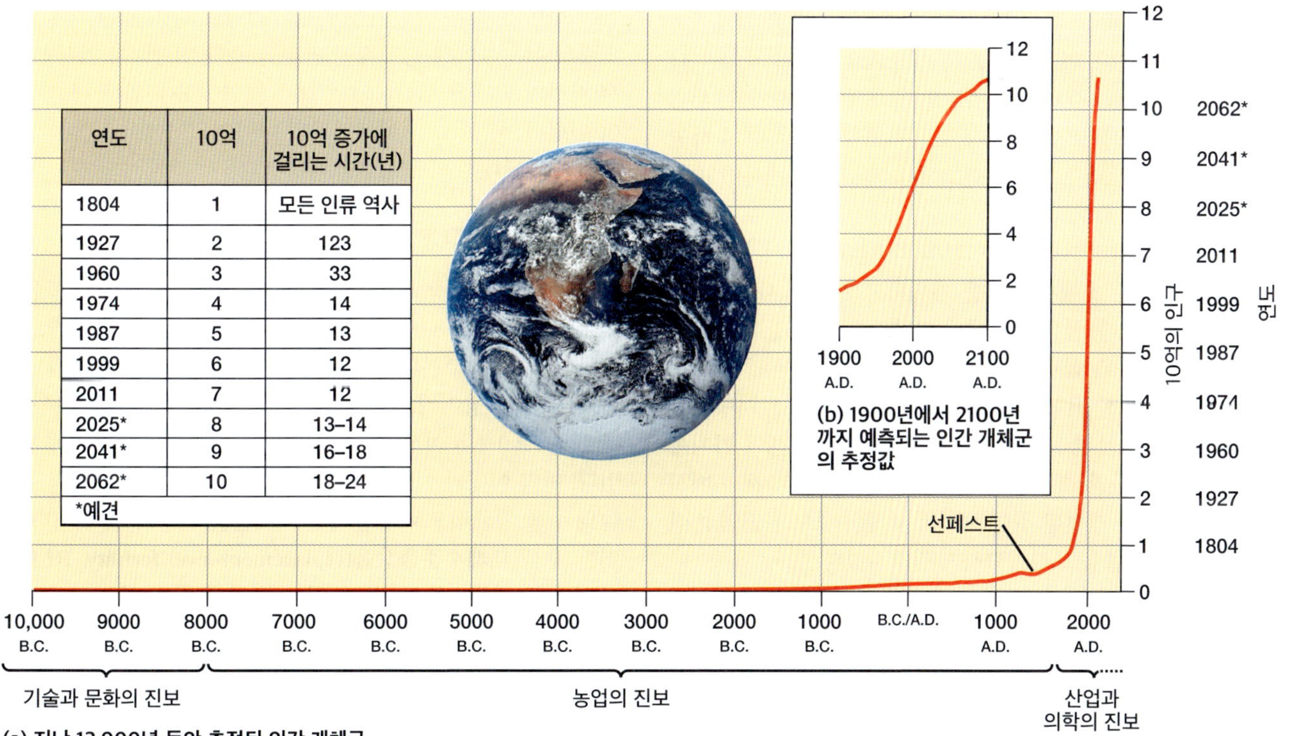

| 연도 | 10억 | 10억 증가에 걸리는 시간(년) |
|---|---|---|
| 1804 | 1 | 모든 인류 역사 |
| 1927 | 2 | 123 |
| 1960 | 3 | 33 |
| 1974 | 4 | 14 |
| 1987 | 5 | 13 |
| 1999 | 6 | 12 |
| 2011 | 7 | 12 |
| 2025* | 8 | 13–14 |
| 2041* | 9 | 16–18 |
| 2062* | 10 | 18–24 |
| *예견 | | |



▲ 그림 27-14 **인간 개체군(인구) 생장** **(a)** 석기시대로부터 현재까지 인구는 여러 가지 진보가 환경저항을 극복함에 따라 계속되는 지수생장을 나타낸다. 10억이 추가되는데 걸리는 시간 간격을 주목하자. **(b)** 1900년에서 2100년까지로 확장된 X-축은 인간 개체군은 감속되고 있음을 나타낸다.

달하였다. 하지만, 2번째 10억은 약 125년 안에 증가되었고 3번째 10억은 33년 안에, 그리고 4번째 10억은 단지 14년 안에 증가되었다. 인간 개체군은 2018년에 75억에 이른다. 인구는 오늘날 지구상에 살고 있는 인구의 약 6%로 빠르게 증가되었다.

인구가 계속적으로 빠르게 증가할지라도, 더 이상은 지수함수적으로 증가하지 않을 것이다(**그림 27-14b**). 미국의 인구조사기관에 따르면, 세계의 연별 생장률(자연 증가율)은 1963년에 2.3%에서 2018년 1%로 감소하였다. 인구는 매년 7천 6백만명이 증가되고 있으며, 1990년에 약 8천 8백만으로 정상을 찍고 감소하는 추세이다. 인구는 S형 곡선의 마지막 굴곡점에 들어서고 (**그림 27-5**) 마침내 안정된 상태로 지속될 것인가? 시간이 얘기해 줄 것이다. 그렇지만, 2050년까지 인구는 90억을 초과할 것으로 예측되며, 현재에 비해 좀더 느리겠지만 계속적으로 생장할 것이다. 어떻게 인간은 그렇게 오랜 기간 동안 급속한 인구 증가를 유지할 수 있었는가? 왜 인간의 환경저항의 영향으로부터 제외되는 것일까?

## 인간은 우리 인류를 부양할 지구의 환경수용력을 증가시켰다

모든 개체군처럼 인간도 환경저항에 직면하였지만, 다른 개체군과 다르게 환경저항에 반응하여 그것을 극복하는 방법을 고안하였다. 인간의 문화발전은 인간들을 위한 지구의 환경수용능력을 증가시키는 일련의 발전에 의해서 가능하였다. 원시 인간은 연장과 무기를 발명하고 주거지를 만들고 보호용 의복을 디자인하고 불을 조절하였다. 연장과 무기는 인간으로 하여금 보다 효과적인 사냥을 가능하게 하였고 양질의 음식을 확보하였고, 주거지와 의복은 사람들로 하여금 새로운 지역에서 거주하게 하였고, 불의 조절은 요리가 가능하였고 음식 재료를 확대하였고 영양분을 개선시켰다.

인간을 위한 환경수용력은 인간이 약 8,000년에서 10,000년 전에 세계의 많은 곳에서 작물을 재배하고 가축을 사육하면서 더욱 증가하였다. 농업은 인류에게 다량의 신뢰할 만한 음식을 제공하였다. 증가된 식량 공급은 보다 긴 수명과 더 많은 출산년도를 가능하게 하였다. 하지만 질병으로부터의 높은 사망률은 18세기 중엽에 시작된 산업과 의학의 발전이 인구폭발을 가져올 때까지 수천 년 동안 개체군 성장을 억제하였다. 항생제와 백신의 발견을 포함한 개선된 위생 시설과 의학의 진보는 전염성 질병으로부터 사망률을 드라마틱하게 감소시켰다.

기술의 진보는 인간을 위한 지구의 환경수용력을 증가시켰으나 최종적으로 환경수용력의 종착점은 있는가? 우리는 "Earth Watch: 우리는 지구의 환경수용력을 초과하였는가?"에서 이러한 질문의 답을 탐색할 것이다.

## 세계 인구 생장은 고르게 분포하지 않는다

국가들은 선진국과 개발도상국으로 구분할 수 있는데 2개 그룹에서 개체군 생장률은 일반적으로 다르다. 선진국에서 인간 개체군은 안정적이거나 감소한다. 이러한 나라들－호주, 뉴질랜드, 일본과 북미와 유럽에 있는 나라들이 포함되는－의 사람들은 현대 기술과 의학(피임을 포함한)을 이용하는 것을 포함하여 상대적으로 높은 생활 수준으로 이익을 얻고 있다. 평균 소득이 높고, 교육과 고용 기회가 남녀 양성에게 가능하다.

중앙 및 남아메리카, 아프리카와 아시아에 위치한 개발도상국에서 인간 개체군은 때로는 빠르게 팽창한다. 이러한 국가에서 인류의 80%이상이 살고 있으며, 선진국에 비해 많은 혜택을 받지 못하고 산다. 어떻게 개발이 개체군 증가에 영향을 미치는가?

### 국가가 발전될 때 출생률은 감소한다

많은 선진국에서 인구 폭발은 산업과 의료기술의 진보의 결과로 사망률 감소로 인해 나타났으나, 출생률 감소로 이어졌다. 국가가 산업화되었을 때 더 많은 사람들이 지방에서 도시(아이들이 노동력으로 중요하지 않은)로 이동하였고, 피임에 대한 접근이 더욱 쉬워지고 여성에 대한 고용기회가 증가하면서 출생률은 감소하는 경향을 보였다. 오늘날 인구는 선진국에서 낮은 출생률 및 사망률로 인해 안정 혹은 감소되고 있다.

개발도상국에서 의료기술의 발달은 사망률을 감소시켰으나 출생률은 상대적으로 높은 상태로 있다. 많은 이러한 국가에서 인구 생장은 대가족을 추구하는 사회 및 경제적 연구에 의해 촉진된다. 예를 들면, 가족의 노동과 소득은 농장이나 공장에서 일하는 나이가 적은 어린이들에게 달려있고 나이 많은 어린이는 노령의 부모들에게 경제적인 안정을 준다. 또한, 개발도상국에서 가족의 크기를 제한하려는 많은 개인들도 피임에 대한 접근이 어렵다. 한 예로, 서아프리카의 나이지리아에서 20% 이하의 커플만이 현대적 피임 방법을 사용한다.

## 개체군 연령 구조는 미래 생장을 예측한다

개체군 크기는 자연 증가와 이입의 조합으로 인하여 변화한다. 미국과 같은 어떤 나라에서는 이입이 인구 증가의 중요한 요인이다. 하지만 대부분의 나라에서 자연 증가가 인구 변화의 중요한 원인이다. 장기적으로 볼 때, 자연 증가는 개체군의 출산율(fertility rate)－한 여성이 낳을 수 있는 평균 어린이 수－에 달려있다. 만약 이입과 이출이 동일하고 부모가 자신을 대체할 아이들의 수를 평균적으로 낳는다면 개체군은 안정화 될 것이다. 이러한 수를 **대체수준출산율(replacement-level fertility, RLF)**이라 부른다. 대체수준출산율은 여성 한 명 당 2.1명의 어린이(정확이 2.0이라기 보다는)인데 이유는 모든 어린이가 성숙될 때까지 생존하는 것은 아니기 때문이다.

미래 생장을 위한 한 개체군의 총량은 수직 축 위에 연령 그룹을 나타내고, 각 연령 그룹의 개체수(혹은 백분율)는 수평 축 위에 나타내며 남성과 여성은 서로 반대되는 곳에 보여주는 **연령 구조 도표(age structure diagram)**에 나타난다. 각 연령 구조

## Earth WATCH 우리는 지구의 환경수용력을 초과하였는가?

서아프리카의 작은 나라인 코트디부아르에서, 정부는 수천 명에 달하는 불법적인 수렵가, 농장주 및 벌목꾼이 열대우림을 급감시키는 것을 막기 위한 전쟁을 수행하고 있다. 공무원들은 돌아와서 재건축하는 불법 점거자의 집을 파괴한다. 한 불법 거주자인 Sep Djekoules는 "내겐 10명의 아이가 있고, 우리는 먹어야만 한다."라고 설명하였다. "산림은 나의 가족을 위해 내가 제공할 수 있는 유일한 장소이고, 그리고 우리 모두는 그 권리를 가지고 있다." 그의 말은 인구 증가와 지구의 한정된 자원의 현명한 관리 사이의 충돌을 설명하고 있다.

얼마나 많은 인간이 지구를 지속적으로 유지할까? 다양한 분야의 과학자와 전문가의 국제그룹으로 구성된 국제 족문 네트워크는 인간의 생태학적 발자국을 계산하려고 시도하였다. 프로젝트에서 자원에 대한 인간의 요구와 재생 가능한 방법으로 이러한 자원을 공급할 지구의 수용력을 비교한다. "재생가능"은 자원이 무한적으로 재생되어지고 그들에게 오랜 시간 동안 고갈되지 않도록 공급하는 생물권의 능력을 의미한다. 그들의 의문의 요지는 "인간은 지구의 능력에 의해 생산된 자본 위에서 생존하는지? 혹은 우리를 부양할 그것의 능력을 감소시키도록 먹고 사는지?로 귀결된다. 국제 족문 네트워크는 2014년(가장 최근에 이용 가능한 완전한 자료)에 인간은 지속적으로 이용 가능한 자원의 170%를 이미 소비하고 있다고 결론 내렸다. 바꾸어 말하면, 지구 자원 손상(지구의 환경수용력을 감소시키는)을 피하기 위하여 2014년 세계의 인구는 1.7개의 지구가 필요하다. 우리는 이후에도 수억 명이 더해져서 지금 인간의 족문은 더 커졌다. 환경저항을 극복하기 위해 우리의 기술발전을 사용할 때, 인류의 총체적인 생태학적 발자국은 우리를 부양할 지구의 수용력을 감소시키는, 즉 지구의 지속적인 자원의 근간을 파괴하기에 충분할 정도로 증가한다.

인류는 지구 전체 육지 면적의 40% 이상에서 곡식을 경작하고 가축을 키우기 위해 사용한다. 그럼에도 불구하고, UN은 사하라 사막 이남의 아프리카 인구의 25%를 포함하여 8억명 이상이 식량이 부족한 상태로 평가한다. 농지에 대한 요구는 농업에 부적합한 토양을 가진 장소에서 조차도 숲을 벌목하도록 사람들을 몰아간다. 목재에 대한 요구는 매년 광활한 지역을 벌목하게 한다. 벌목은 우리가 필요한 대량의 담수 유출, 표토층 침식, 강과 해양 오염의 원인이 된다. 이러한 해로운 변화는 미래의 작물과 가축(**그림 E27-2**) 뿐만 아니라, 사람들이 식량으로 수확 가능한 어류와 다른 야생동물을 부양할 토양과 물의 능력에서 전반적인 감소를 가져온다.

인간은 자원 재생 속도에 비해 빠르게 많은 자원을 고갈시키고 있다. 예를 들면, 유엔은 최대유지율 수준에서 상업적인 해양어류 개체군의 약 60% 이상이 어획되고 있고 30% 이상이 남획되고 있다. 담수 역시 고갈되고 있다. 인도와 중국, 아프리카와 미국의 일부에서 자연적 과정에 의한 지하수 저장이 비와 눈에 의해 다시 채워지기엔 매우 부족할 정도로 경작지를 관개하기 위하여 고갈되어지고 있다. 인간 식량의 약 40%를 관개된 경작지가 공급하기 때문에 물 부족은 식량 부족을 가져온다.

▲ **그림 E27-2 과도한 섭식은 비옥한 땅의 손실을 가져온다** 과도한 방목, 남벌 및 불모지의 농작을 포함한 인간의 활동은 경작지의 생산성을 감소시킨다.

오늘날의 기술 수준에서, 현재의 인구는 생물권의 "과방목"이 명확하다. 현재의 트랜드는 지속가능하지 않다. 저개발 국가의 62억의 사람들이 그들의 생활 수준을 높이려고 노력하고 10억의 선진국 사람들은 그들의 생활 수준은 증가시키기 위하여 지구 생태계 피해를 가속화시키고 있다. 우리는 모두 생존을 넘어 사치스럽게 즐기길 원하지만, 불행하게도 선진국에서 높은 수준의 삶을 지탱하기 위해 요구되는 자원들은 지구 인구의 대다수에게 실현 불가능할 정도로 부족하다. 예를 들면, 세계의 인구를 미국인의 평균 수준에서 지속적으로 부양할 때 4.5개의 지구가 요구된다. 기술은 농업효율을 개선하고 에너지와 물을 보전하고, 오염물을 감소시키고, 우리가 사용하는 것들을 재활용 할 수 있도록 할 것이다. 하지만 결국은 기술 혁신이 계속된 인구 증가를 보상할 수는 없을 것 같다.

장래에 대한 희망은 인간의 개체군 생장의 결과를 인지하고 인구 감소에 대한 빈응에 놓여 있다. 생물권에 대한 큰 피해를 방지하고 인간을 부양할 능력과 지구에서 기존에 그리고 대체 불가능한 다른 생명체를 보장하기 위하여 중요한 활동이 요구된다.

**생각해보기** 인간 유래의 생태학적 피해는 저개발국가에서 매우 쉽게 보인다: 과도한 방목, 열대림 파괴, 코뿔소와 오랑우탄과 같은 멸종위기종. 이러한 피해 중에 약간은 야자유, 금, 마호가니와 티크 목재와 같은 수입제품에 대한 선진국의 경제적 요구의 결과이다. 여러분은 선진국은 저개발국가로부터 생태적 피해를 주는 제품을 수입금지 혹은 수입제한을 해야한다고 생각하는가? 그러한 제한조치에 대한 찬성과 반대에 대한 여러분의 답변 목록을 작성하시오.

도표는 최대 인간 수명에서 정점으로 올라가지만, 도표의 나머지 부분의 모양은 개체군의 팽창, 안정 또는 쇠퇴(위축)을 보여준다. 만약 생식 연령 그룹에 있는 성인(15세-44세)이 자신을 대체하는데 필요한 것보다 많은 어린이(0-14세)를 가진다면, 개체군은 RLF 위에 존재하고 팽창한다. 그것의 연령 구조는 대략 삼각형이 될 것이다(**그림 27-15a**). 만약 생식 연령의 성인이 그들을 대체할 어린이의 수와 동일하면, 개체군은 대체수준출산율에 있다. 몇 년 동안 RLF에 있는 한 개체군은 상대적으로 일직선의 연령 구조 도표를 가질 것이다(**그림 27-15b**). 쇠퇴하는 개체군에서는 생식력을 가지는 성인이 자신들을 대체하는데 요구되는 아이들보다 적은 수의 아이들을 가지며 하부로 갈수록 연령 구조는 좁아진다(**그림 27-15c**). **그림 27-16**은 2018년에 대한 선진국과 개발도상국의 인구에 대한 연령 구조와 2050년의 예측값을 보여준다.

## 대부분 국가에서 인구는 생장한다

빠르게 생장하는 나라는 곧바로 RLF에 도달하겠지만, 인구는 수십 년 동안 증가할 것이다. 왜? 어린이 숫자가 생식 가능한 성인의 수를 초과할 때, 이들 어린이들이 성숙하고 생식 연령에 들어가는 미래 생장에 대한 전환점을 만든다. 예를 들면, 중국이 1990년 초에 RLF에 도달했을 때, 인구의 약 28%가 15세 이하였다; 안정된 인간 개체군에서 어린이는 20%보다 적다. 이러한 전환점 때문에, 중국은 대략 2억명이 증가하였다. 15세 이하의 연령대에 있는 사람들이 17%이기 때문에 중국은 곧 안정된 개체군이 될 것이다. 이와 대조적으로 아프리카의 인구의 40% 이상이 아이들로 구성되어 있어 개체군은 빠르게 지속적으로 증가할 것이다.

일반적으로 인구생장은 경제적 여유가 없는 개발도상국에서 높다. 더욱 많은 사람들이 동일한 제한된 자원을 위해 경쟁하기 때문에 빈곤은 증가한다. 빈곤은 어린이들을 학교에서 멀어지게 하고 가족들의 생존을 돕는 행동을 하게 한다. 교육과 피임법에 대한 접근의 결여는 계속된 높은 출생률로 나타난다. 결과적으로 인구는 증가되고 사람들의 가난은 지속되는 순환을 계속한다. 2018년 지구상의 75억의 사람들 중에서 약 62억 명이 개발도상국에서 거주한다. 브라질과 같은 약간의 개발도상국에서 사회적 변화와 피임에 대한 접근성 증가로 인하여 생식률이 감소한다 할지라도 대부분은 여전히 대체수준출산율 이상이다. 따라서, 인구는 개발도상국과 전 세계적으로 여러 해 동안 지속적으로 증가할 것이다. **표 27-1**은 세계의 여러 지역에 대한 생장률을 예시한 것이다.

▶ **그림 27-15 연령 구조 도표** **(a)** 아프리카의 연령 구조는 빠르게 생장하는 개체군으로 2050년까지 2배로 증가할 것으로 예상된다. **(b)** 북아메리카는 더디게 생장하는 개체군으로 2050년까지 1억이 추가될 것으로 예견된다(24% 증가). **(c)** 유럽의 연령 구조는 느리게 감소되는 개체군으로서 2050년까지 3천 5백만(약 5%)이 감소할 것으로 예상된다.

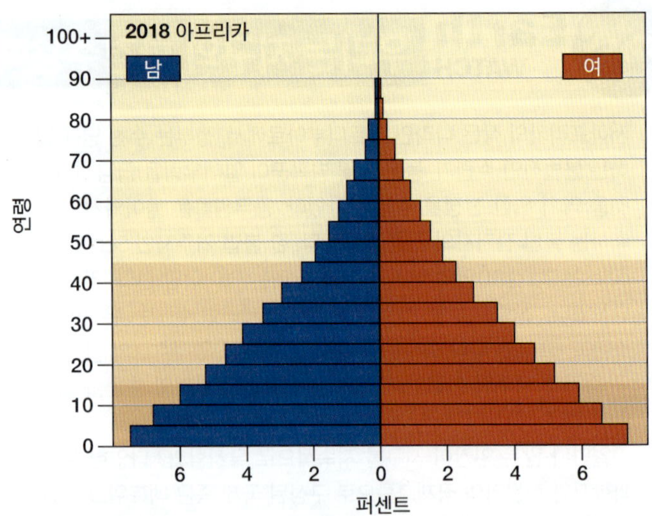


(a) 아프리카: 빠르게 생장하는 개체군

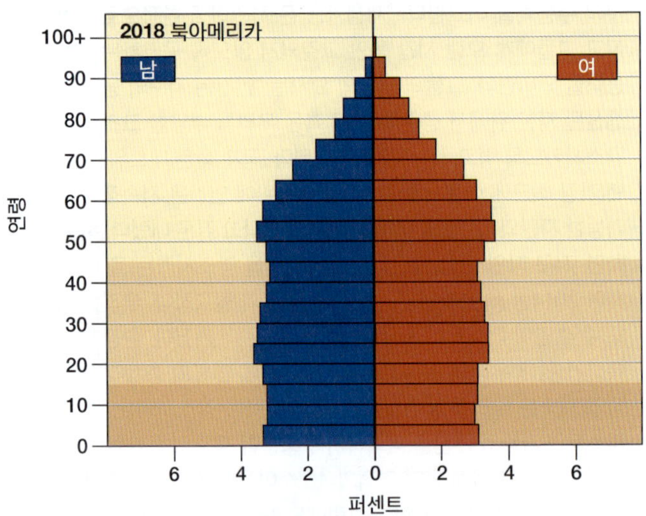


(b) 북아메리카: 더디게 생장하는 개체군

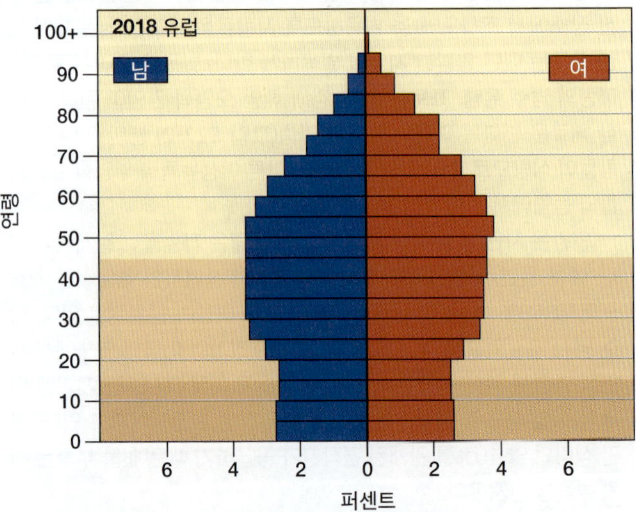


(c) 유럽: 느리게 감소하는 개체군

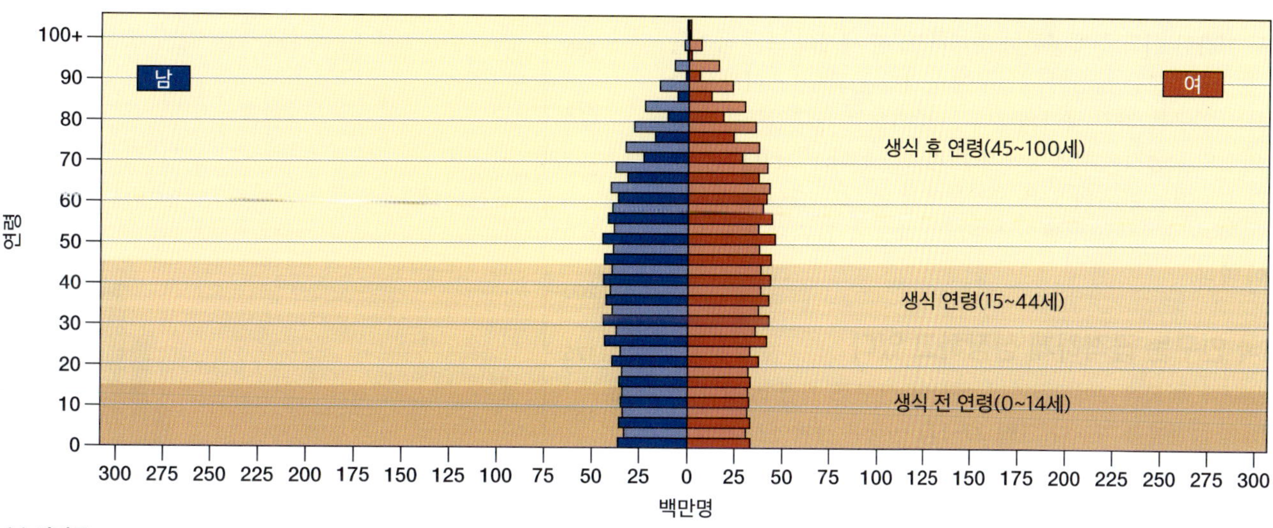


(a) 선진국

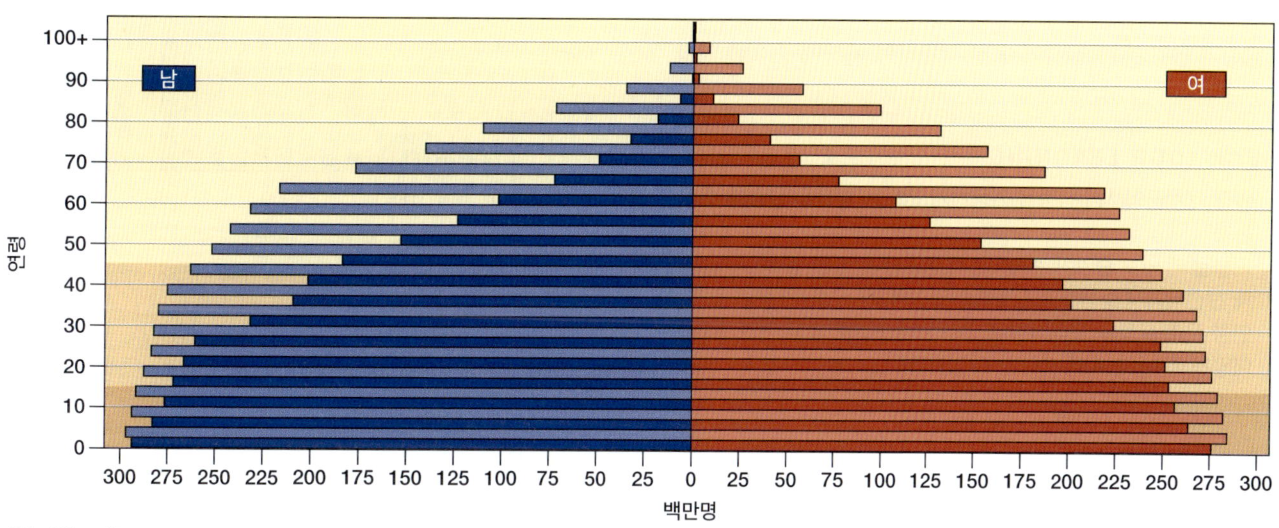


(b) 개발도상국

▲ **그림 27-16 선진국과 개발도상국의 연령 구조** 개발도상국가에서 대체수준출산율(RLF)에 도달하는 2050년에 2018년보다 어린이와 성인의 수의 차이가 더 감소한다는 것을 주목하라. 하지만, 엄청난 수의 젊은 사람들이 아이들을 가질수 있는 연령에 가입되므로 생장은 계속될 것이다.

**비판적 사고** 개체군 생장에서 RLF 이상의 출산율은 어떻게 양성 피드백 효과를 창출하는가?

**표 27-1 세계 지역별 평균 인구 통계: 2018년**

| 지역 | 출산율 | 자연증가율(%) |
|---|---|---|
| 세계 | 2.4 | 1.0 |
| 개발도상국 | 2.5 | 1.2 |
| 선진국 | 1.7 | 0.1 |
| 아프리카 | 4.2 | 2.4 |
| 라틴아메리카/캐리비안 | 2.0 | 1.0 |
| 아시아(중국 제외) | 2.5 | 1.4 |
| 중국 | 1.6 | 0.4 |
| 유럽 | 1.6 | -0.1 |
| 북아메리카 | 1.9 | 0.4 |

Data from the U.S. Census Bureau International Data Base.

## 몇 개 국가에서 출산은 대체 수준 이하이다

감소된 인구는 결국 인간과 그들을 부양하는 생물권 모두에게 모두 커다란 이득을 제공한다 하더라도, 전 세계의 모든 국가들의 현 경제구조는 성장하는 인구에 근거를 두고 있다. 따라서 감소하는 인구를 가진 국가의 정부는 증가하는 노령인구를 부양할 미래의 노동자의 유용성에 대한 걱정을 한다. 매년 0.1%씩 인구가 감소하는 유럽의 많은 국가들에서 더 많은 출산과 계속되는 성장을 장려하는 정책을 수립하기 때문에 인구 조정에 어려움이 많다.

## 미국 인구는 급격하게 성장하고 있다

2018년에 미국은 2억 9천만명 이상의 인구를 가졌고 매년 약 0.8%의 성장률을 가진다(**그림 27-17**). 미국은 세계에서 가장 빠르게 인구가 성장하는 선진국이다. 인구 증가의 약 30% 이상을 차지하는 계속된 이민은 미국의 출산율이(2019년에 1.9) 대체수준출산율(RLF) 이하로 충분히 떨어지지 않는다면, 사람들의 유입으로 인하여 인구의 증가는 지속될 것이다. 미국민은 세계 평균의 2.5배인 커다란 생태적 발자국을 가지기 때문에 미국에서의 계속된 인구 증가는 지역과 전 지구적인 환경에 중요한 영향을 준다.

### CHECK YOUR LEARNING

- 인간 개체군의 지수생장을 가능하게 만드는 발전을 설명할 수 있는가?
- 오늘날 왜 인구 증가가 계속되는지 설명할 수 있는가?
- 왜 선진국에서 출생률이 감소하는지 설명할 수 있는가?
- 연령 구조 도표를 도식화하고 인간 개체군 크기의 미래의 변화를 어떻게 예측하는지를 설명할 수 있는가?

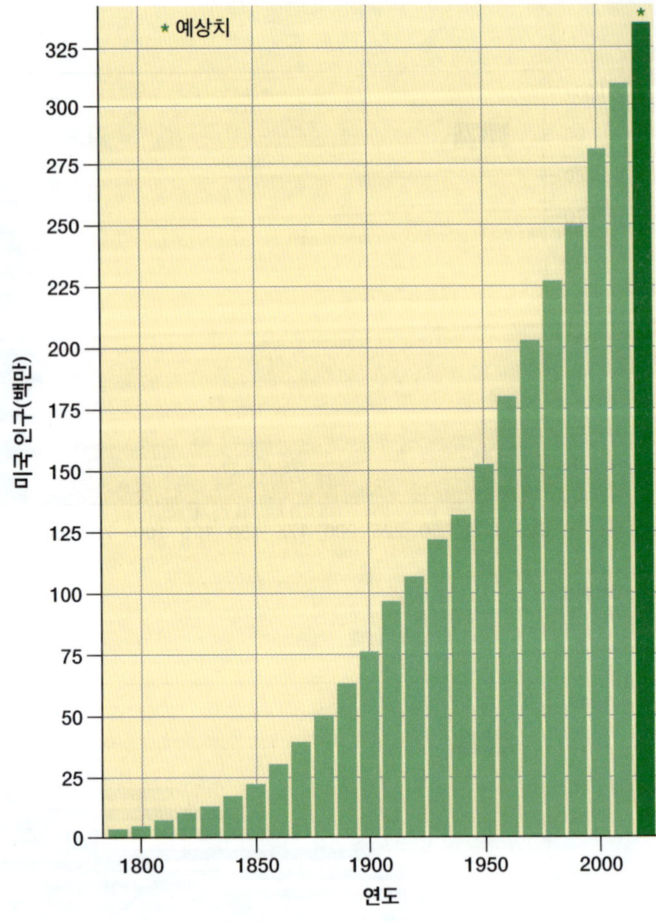


▲ **그림 27-17 미국의 인구 성장** 1790년 이래, 미국의 인구 성장은 지수생장에서 보는 것과 유사한 J-형 곡선을 나타냈다. 각 막대는 10년 간격을 나타낸다; 진한 녹색 막대는 가장 최근이다. 미국 인구센서스 조사기관은 미국 인구는 2020년까지 3억 3천 4백만에 도달할 것으로 예측한다.

**비판적 사고** 미국 인구는 S-곡선의 어느 단계에 있는가? 여러분은 어떤 요인이 그것을 안정시킬 것이라고 생각하는가?

CASE STUDY REVISITED

## 코끼리바다물범의 회귀

1892년에 멸종에 가깝던 코끼리바다물범의 개체군이 오늘날 약 20만 마리로 빠르게 회복된 것은 야생동물 보전의 위대한 업적 중 하나이다. 보존은 풍부한 먹이, 안전한 번식지와 소수의 포식자를 가진 작은 개체군의 지수생장을 허용하였다.

하지만 현대의 모든 코끼리바다물범은 1890년의 20마리 미만의 선조들의 후예이다. 그러므로 모든 코끼리바다물범은 한 마리의 수컷과 소수 암컷의 자손일지도 모른다. 단지 극소수의 개체군에만 존재하는 대립유전자가 오늘날의 전체 개체군으로 전달되었기 때문에 "개체군병목현상(population bottleneck, 16장 참조)"의 통과는 미래 세대의 유전적 다양성을 줄이는 것이다. 정말로, 분자생물학적 생태학자들이 현대 코끼리바다물범의 유전적 다양성을 1892년 이전에 채집된 표본과 비교하였을 때 오늘날의 코끼리바다물범은 다른 개체와 유전적 동일성을 보였다. 1892년 이전에 채집된 표본 분석은 병목현상 이전의 코끼리바다물범은 유전적으로 훨씬 다양했다. 코끼리바다물범에서 돌연변이를 통한 대립유전자 다양성을 보충하기 위해서 수백 혹은 수천 년이 걸릴 것이다.

유전적 다양성의 부재는 코끼리바다물범 개체군의 번성을 위협하는가? 가까운 미래에 혹은 아닐지도 모르지만, 코끼리바다물범의 구개파열, 심장과 뇌 결함과 같은 선천성 기형이 점박이바다물범과 캘리포니아 바다사자들이 가지는 것보다 많을 것이다. 낮은 유전적 다양성을 가진 근친교배 개체군에서 높은 유전적 결함은 매우 일반적인 현상이다.

**비판적 사고** 유전적 결함의 발생률 증가를 제외하고, 낮은 유전적 다양성과 관련될 수 있는 개체군의 다른 위험은 무엇인가?

# CHAPTER REVIEW

*비판적 사고와 생각해보기, 선택형문제, 빈칸채우기 질문에 대한 답은 이 책의 뒷부분에 있는 정답란에서 볼 수 있다.*

## 핵심 개념의 요약

### 27.1 무엇이 개체군이고 개체군의 크기는 어떻게 변화하는가?

개체군들은 자연적 증가를 가져오는 출생과 사망, 그리고 순 이주를 나타내는 이입과 이출을 통하여 크기가 변화한다. 이주를 무시하면, 개체군 생장률(r)은 그것의 출생률(b)에서 사망률(d)을 빼는 것이다. 주어진 기간에 증가를 보이는 개체군 생장(G)은 생장률(r)에 개체군 크기(N)을 곱한 것과 같다. 모든 생명체는 그들의 일생에 걸쳐서 그들 자신을 대체하는 것 이상의 생물번영능력을 가짐으로써 개체군 생장을 가져오고 일정한 생장률은 지수생장을 나타낸다.

### 27.2 개체군 생장은 어떻게 조절되는가?

환경수용력(K)은 생태계에 의해서 무기한으로 지속될 수 있는 최대의 개체군 크기이다. K는 공간, 영양분, 그리고 에너지와 같은 제한된 자원에 의하여 결정된다. 환경저항은 일반적으로 환경수용력 수준이나 또는 그 이하에서 개체군을 유지한다. 환경수용력(K) 이상에서, 개체군은 자원을 고갈시키고 (1) 개체군이 K 인근에서 안정; (2) K의 감소와 영구적으로 감소된 개체군; 혹은 (3) 개체군이 그 지역에서 사라지게 된다. 개체군 생장은 환경저항(날씨, 기후)에 대해 밀도-비의존적 형태와 밀도-의존적 형태(경쟁, 포식 및 기생충) 형태에 의해서 제한된다.

### 27.3 종간의 생활 전략은 얼마나 다른가?

반면에, *r*-선택종은 예측 불가능한 환경에서 살고, 빠르게 성숙하고 수많은 작은 자손을 생산하고, 부모의 보살핌은 거의 없거나 혹은 약간 있는 경향이 있고 반면에, *K*-선택종은 안정된 환경에서 살아가고, 느리게 성숙하고 작은 수의 자손을 낳아 부모가 오랜 기간 보호한다. 대부분 종들의 생활사 전략은 이러한 2개의 극단에 속하지 않는다. 후기-사망 생존 곡선은 *K*-선택종의 특징이다. 일정-사망 곡선을 가지는 종은 모든 연령에서 동일한 사망률을 가진다. 초기-사망 곡선은 r-선택종의 전형적 형태이다.

### 27.4 개체군에서 생명체들은 어떻게 분포되는가?

집중형 분포는 사회적 이유 혹은 제한된 자원에 의해 발생한다. 균일형 분포는 공간의 구역화의 결과이다. 무작위형 분포는 매우 희귀하며 개체들이 사회적으로 상호작용이 일어나지 않을 때와 자원이 풍부하고 일정하게 분포될 때 일어난다.

### 27.5 인간 개체군은 어떻게 변화되고 있는가?

인간 개체군은 높은 출생률과 기술적, 문화적, 농업적, 산업적 그리고 의학적 진보의 조합된 결과로서 여러 형태의 환경저항을 극복하고 인간에 대한 지구의 환경수용력을 증가시킴으로써 전대미문의 지수생장을 보였다. 연령 구조 도표는 증가하는 연령 그룹에서 남성과 여성의 수로 기술한다. 대개 개발도상국에서의 확장형 개체군은 하부가 넓은 삼각형 연령 구조를 가진다. 선진국에서는 직선-사면형 연령 구조를 가지는 안정형 개체군 혹은 하부가 좁아지는 연령 구조를 가지는 축소형 개체군을 가진다. 대부분의 사람들은 생장하는 개체군을 가지는 개발도상국에 살고 있으며, 출생률은 대체수준출산율 이상이다. 출생률이 대체수준출산율로 감소할지라도, 초기의 높은 출생률로 인한 많은 아이들과 성숙한 성인들로 연결되어 수 십년 간의 인구 증가는 가속화 될 것이다.

## 개념을 통한 이해

### 선택형 문제

**1.** 밀도-비의존적 환경저항은 포함한다.
  a. 포식
  b. 홍수
  c. 기생충
  d. 경쟁

**2.** 지수생장이 일어날 때는
  a. 개체군이 환경수용력 인근에 있다.
  b. 개체군이 환경수용력을 초과한다
  c. 생명체가 새로운 서식처에 침입한다.
  d. 한 세대 동안 출생율이 사망률을 초과한다.

**3.** 아래에서 인간을 위한 지구 환경수용력을 증가시키는데 기여하지 않는 것은 무엇인가?
  a. 출생 조절
  b. 농업
  c. 의학 발달
  d. 위생 상태 개선

**4.** 만약 개체군 크기가 증가하려면,
  a. 유아에 비해 생식 시기가 끝난 성인이 많이 있다.
  b. 기생충이 번무한다.
  c. 개체군 피라미드의 하부가 중간보다 좁다.
  d. 생식률이 대체수준 출산률에 비해 높다.

**5.** 대발생-붕괴 개체군은
  a. 지수생장을 경험하지 않는다.
  b. 환경저항을 경험하지 않는다.
  c. 계절적 변화에 의해 영향 받는다.
  d. 서식환경에서 환경수용력이 안정된다.

### 빈칸 채우기

1. 시간의 변화에 따라 동일한 시간에 얼마나 많은 개체수가 태어난 지를 나타낸 그래프를 ________이라고 부른다. 300개의 씨앗을 방출하고 대부분이 발아하지 않는 민들레에 적용되는 특이한 형태의 곡선을 ________라고 한다. 인간에 대한 곡선은 ________에 대한 하나의 예이다.
2. 매년 일정한 비율로 생장하는 개체군에서 나타나는 생장 형태를 ________라고 한다. 생장의 이러한 형태는 매년 동일한 수의 개

체를 추가하는가? 만약 이런 생장의 형태가 도식화되면 어떤 형태의 곡선이 만들어 지겠는가? 생장의 이런 형태는 무한적으로 유지되어 질수 있겠는가?

3. 환경을 손상시키지 않고 영구적으로 유지될 수 있는 최대 개체군 크기를 ________이라 한다. 한 개체군에서 생장 곡선은 처음에 기하급수적으로 증가하고 최대로 유지 가능한 크기(혹은 그 아래에서) 안정화되는 것을 ________ 곡선 혹은 ________ 곡선이라고 불린다.
4. 자원이 국한되어질 때 발생할 것 같은 공간 분포의 형태는 ________이다. 한 쌍의 동물이 교배 영역을 방어할 때 공간 분포 형태의 결과는 ________이다. 마지막으로 분포의 일반적인 형태는 ________이다.
5. 개체군은 ________과 ________의 합한 수가 ________과 ________의 합한 수를 초과할 때마다 생장한다. 개체군의 생장률은 생식빈도가 ________할 때 증가한다.

## 복습 문제

1. 생물번영능력을 정의하고 그것에 영향을 주는 요인들을 열거하고 왜 자연선택이 높은 생물번영능력을 좋아하는지를 설명하라.
2. 변수 $G$, $r$과 $N$을 사용하는 개체군 생장에 대한 수식의 의미를 쓰고 기술하라.
3. 환경저항이 없는 한 개체군 생장 곡선의 특성을 그리고 명명하고 기술하라.
4. 환경저항을 정의하고 환경저항에 대한 밀도-비의존형과 밀도-의존형을 구분하라. 각각에 대해 3가지 예를 열거하고 설명하라.
5. 로지스틱형 개체군 생장은 무엇인가? $K$는 무엇인가?
6. 초과한 환경수용력의 3가지 다른 가능한 결과를 서술하라. 각각의 시나리오들을 하나의 그래프 위에 스케치하라. 여러분의 해답을 설명하라.
7. 볼록형 그리고 오목형인 생존 곡선을 나타내는 개체군을 구별하라. 그들의 전형적인 생활사는 무엇인가?
8. 선사시대 이래로 왜 환경저항이 지수생장적 인구 개체군 성장을 억제하지 못하는지를 설명하고 예시해 보아라. 이것은 지속될 수 있을까? 왜 그러는지 혹은 왜 그렇지 않는지 설명하라.
9. 확장형(a), 안정형(b), 축소형(c) 개체군의 연령 구조 도표의 특징의 일반적인 형태를 그리고 모든 축에 명칭을 기술하라. 왜 여러분이 개체군의 현재의 연령 구조를 보고 가까운 장래의 생장을 예측할 수 있는지를 설명하라.

## 개념의 적용

1. 빠른 인구 증가를 보이는 개발도상국(나이지리아, 아프가니스탄, 우간다)에 대해 연구하고 어떤 요인이 생장을 지속시키고 왜 그러한지를 발견하라. 이러한 요인들을 설명하고 가까운 미래에 이들 나라의 출산율이 감소할 가능성이 있는지를 평가하라.
2. 미국의 멸종위기종 보호법은 더 이상 특별한 보호가 필요하지 않고 자가-지속가능한 개체군이 존재할 수 있는 장소에서 멸종위협종의 개체군이 증가하기를 갈망한다. 멸종위기종으로 기록된 2종을 연구하라: 목록에서 빠질 정도로 회복된 한 종과 20년 이상 목록에 남아 있는 다른 한 종. 본 장에서 배운 것을 토대로 하여 여러분은 2종의 특징이 무엇이고, 그들의 다른 운명에 환경이 많은 영향을 주었는지를 설명하라.

# 28 군집의 상호작용

비록 채널 제도 여우는 일반적인 집고양이보다 작지만 생태 군집에서 큰 역할을 한다.

CASE STUDY

## 여우 이야기

무게가 약 5파운드인 섬 여우는 개과 중 가장 작은 구성원 중 하나이다. 그럼에도 불구하고, 그들은 남캘리포니아 해안에 흩어져 있는 8개의 섬인 채널 제도에서 가장 큰 육식 동물이다. 수천 년 동안 섬 여우는 생쥐, 곤충, 과일 및 씨앗들을 먹으며 번성하였다. 여우들은 작은 여우를 잡아먹을 수 있을 정도로 큰 대머리 독수리와 섬을 공유했지만, 대머리 독수리들은 주로 주변 해역의 풍부한 물고기를 먹어 여우에게는 위협이 되지 않았다. 그러나 1900년대 후반, 여우에게 재앙이 닥쳤는데, 여우의 개체수는 1900년대 중반 6,000마리에서 2000년에는 불과 몇 백 마리로 감소하였다. 무슨 일이 있었던 것일까?

채널 제도는 독특한 종들의 서식처로, 섬 여우처럼 이들의 일부는 지구의 어느 곳에서도 발견되지 않는다. 그러나 1800년대부터 섬에 있는 생명의 태피스트리(여러 가지 색실로 그림을 짜 넣은 직물)가 풀리기 시작하였다. 농지를 찾은 정착민들은 토착 식물의 넓은 지역을 치우고 소, 돼지, 그리고 양을 데려왔다. 돼지와 양의 일부는 탈출하였으며, 섬의 나머지 야생 지역에서 대량 번식하여 그곳의 토착 식물을 먹거나 뿌리 뽑았다.

많은 토착 식물이 의도되지 않았지만 사람들에 의해 섬으로 가져온 침입 식물 종으로 대체되었다. 사람들은 또한 실수로 섬에 존재하지 않았던 질병을 일으키는 박테리아와 바이러스를 가져왔다. 이 병원체들은 질병에 대한 사전 노출이나 면역력이 없는 토착 종들을 감염시키고 죽였다.

1900년대 중반에 대머리 독수리의 대부분은 살충제 다이클로로다이페닐트리클로로에탄(DDT)에 의해 전멸되었다. 이러한 누적된 변화의 효과는 섬의 원시 동식물을 황폐화시켰으며, 특히 여우들은 거의 멸종되었다. 일부 섬들은 여우의 개체수가 15 또는 20 마리로 감소한 반면 생쥐, 스컹크 및 비토착 식물들은 증가하였다.

이러한 변화는 섬에 있는 종들의 상호 연관성을 설명할 수 있다. 양과 돼지의 유입 또는 대머리 독수리의 멸종이 왜 여우들에게 해를 끼치는 것일까? 어떻게 여우의 개체수 감소가 섬의 다른 종에 영향을 줄 수 있을까? 찢어지고 분열된 것들을 연결하여 복원할 수 있는 방법이 있을까?

## 주요내용



## 28.1 군집에서 종들은 어떻게 상호작용하나?

생태 **군집(community)**은 정의된 지역에서 살아가면서 서로 상호작용하는 여러 종의 모든 개체로 구성된다. 군집 내 종들 간의 상호작용은 4가지 주요 범주로 분류될 수 있다 : 종간 경쟁, 포식자-피식자 상호작용, 상리공생 및 편리공생(**표 28-1**).

- **종간 경쟁(interspecific competition)**에서[종간(*interspecific*)은 "종 사이"를 의미], 동일한 자원을 사용하는 둘 또는 그 이상의 종은 관련된 모든 종에 해로운 방식으로 상호작용한다. 경쟁적인 상호작용은 자원에 대한 관련자들의 접근을 감소시키기 때문에 경쟁자들이 해를 입는다.
- **포식자-피식자 상호작용(consumer–prey interactions)**에서, 한 종(포식자)은 다른 종(피식자)을 먹이로 사용한다. 예상한 바와 같이, 포식자는 그러한 상호작용으로 이익을 얻는 반면 피식자는 피해를 입는다. 포식자와 피식자의 상호작용에는 포식과 기생이 포함된다.
- **상리공생(mutualism)**에서, 두 종은 두 종 모두에게 유익한 방식으로 상호작용한다. 그러므로 상리공생은 혼자서 생존할 수 없는 곳에서 종들이 함께 번성할 수 있게 한다.
- **편리공생(commensalism)**에서, 두 종은 한 종에게 유익한 방식으로 상호작용하지만 다른 한 종은 상대적으로 영향을 받지 않는다.

종간의 상호작용은 사자가 얼룩말을 쫓거나 사슴이 덤불에서 싹이 트는 새싹을 따라 걷는 경우와 같이 일반적으로 간헐적이다. 그러나 일부 상호작용은 연장되고 친밀하므로 두 종의 구성원은 거의 항상 함께 발견된다. 이러한 친밀하고 지속적인 연합은 **공생(symbiosis)**의 예이며, 참여 종은 종종 공생체(*symbionts*)라고 한다. 공생 관계는 참여 종 모두에 유익하거나(상리공생), 한 종에 유익하고 다른 종에 중립적인(편리공생), 또는 한 종에 유익하고 다른 한 종에게는 유해할 수 있다(기생).

**표 28-1 종간 상호작용**

| 상호작용의 유형 | A종에 미치는 영향 | B종에 미치는 영향 |
|---|---|---|
| A와 B 사이의 **종간 경쟁** | 피해 | 피해 |
| **포식자-피식자 상호작용** (A는 포식자, B는 피식자) | 이익 | 피해 |
| A와 B 사이의 **상리공생** | 이익 | 이익 |
| A와 B 사이의 **편리공생** | 이익 | 무영향 |

종간의 상호작용은 각 종의 어떤 구성원이 생존하고 번식하는지 결정하는 데 도움이 될 수 있기 때문에 그러한 상호작용은 관련된 종의 진화에 영향을 줄 수 있다. 예를 들어, 포식은 포식자에 대한 방어로 피식자의 진화를 선호하고, 피식자 방어는 그 방어를 극복하는 데 도움이 되는 특성을 가진 포식자의 진화를 선호한다. 상호작용하는 종들이 서로에게 자연선택의 작용을 하는 이 과정을 **공진화(coevolution)**라고 한다.

**CHECK YOUR LEARNING**

- 군집, 공생, 공진화를 정의할 수 있는가?
- 세 가지 주요 유형의 군집 상호작용을 명명하고 관련된 종에 미치는 영향을 설명할 수 있는가?

## 28.2 종간 경쟁은 군집에 어떤 영향을 미치는가?

한 종의 모든 구성원이 동일한 자원을 필요로 하기 때문에 종 내 경쟁은 특히 치열하다. 따라서, 종간 경쟁의 강도는 경쟁 종의 요구 사항이 얼마나 유사한 지에 달려 있다는 것이다. 생태학자들은 경쟁의 정도는 경쟁 종의 생태적 지위(*ecological niche*)가 겹치는 정도에 의존한다고 설명한다.

### 각 종은 생태계에서 독특한 위치를 차지한다

각 종은 생활 방식의 모든 측면을 포함하는 독특한 **생태적 지위(ecological niche)**를 차지한다. 종의 지위는 생물이 서식하는 특정 유형의 서식지, 생존 및 번식에 필요한 환경 요소(습도 및 온도와 같은), 필요한 영양소 및 이를 얻는 방법이 포함된다. 동물 종의 경우, 먹이의 종류, 먹이를 먹는 시간, 필요한 주거의 종류를 목록에 추가할 수 있다. 식물 종의 지위는 서식할 수 있는 토양 pH의 범위, 필요한 햇빛의 양 및 필요한 토양 영양소를 포함할 수 있다. 종의 포식자, 먹이, 공생체 및 경쟁자들도 지위의 요소로 고려된다. 요약하면, 종의 생태적 지위는 종이 생태계 내에서 어떻게 "생명을 만드는지"를 정의하는 모든 요소의 조합이다.

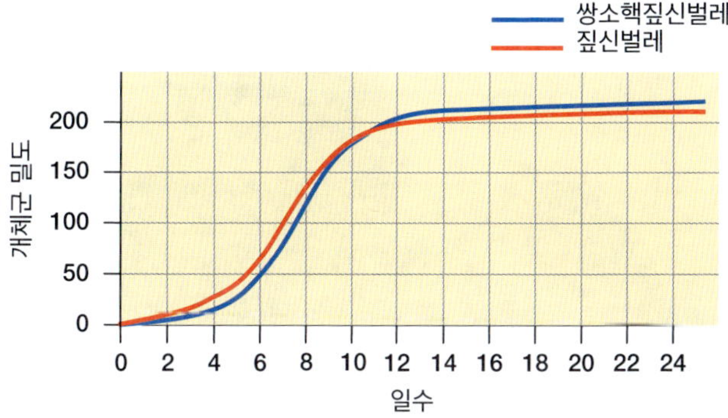


(a) 서로 다른 플라스크에서 배양

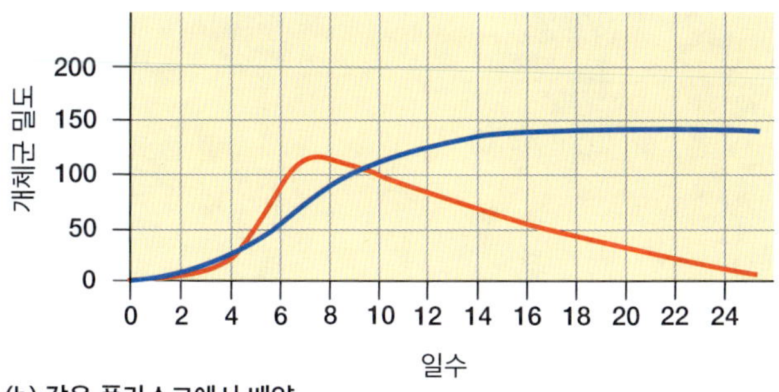


(b) 같은 플라스크에서 배양

▲ **그림 28-1 실험실 내에서의 종간 경쟁** **(a)** 지속적인 먹이 공급과 함께 분리하여 배양하면, 쌍소핵짚신벌레(*Paramecium aurelia*)와 짚신벌레(*P. caudatum*) 모두 초기에 빠르게 성장하고 안정화되는 개체군의 전형적인 S자형 곡선을 나타낸다. **(b)** 두 종을 함께 배양하여 동일한 생태적 지위를 점유하도록 강요하면, 쌍소핵짚신벌레는 항상 짚신벌레를 능가하여 짚신벌레 개체군은 죽게 된다.
자료 출처: Gause, G. F. 1934. The Struggle for Existence. Baltimore: Williams & Wilkins.

## 공존하는 종의 생태적 지위는 완전히 겹치지 않는다

비록 서로 다른 종들이 여러 종들과 그들의 생태적 지위의 여러 측면을 공유할지라도, 종간 경쟁은 두 종이 정확히 동일한 지위를 차지하는 것을 방지한다. 일반적으로 **경쟁 배타의 원리(competitive exclusion principle)**라고 하는 이 개념은 1934년 러시아 미생물학자 가우스(G. F. Gause)에 의해 공식화되었다.

가우스는 실험실 배양에서 두 종의 원생생물 쌍소핵짚신벌레(*Paramecium aurelia*)와 짚신벌레(*P. caudatum*)를 키웠다. 분리하여 키웠을 때, 박테리아를 유일한 먹이로 삼아 두 종 모두 번성하였다(**그림 28-1a**). 그러나 가우스가 두 종을 함께 배양했을 때 그들은 공존하지 못하였다: 쌍소핵짚신벌레가 더 빠르게 성장하여 항상 짚신벌레를 제거하였다(**그림 28-1b**). 가우스는 정확히 같은 지위를 가진 두 종은 무기한으로 공존할 수 없다고 결론지었다.

그들의 지위가 약간 다르면 종이 공존할 수 있을까? 이를 알아보기 위하여, 가우스는 실험을 반복하였는데 이번에는 짚신벌레를 다른 종인 녹색짚신벌레(*P. bursaria*)와 조합하였다. 짚신벌레는 배양액에 부유하는 박테리아를 먹지만 녹색짚신벌레는 대부분 배양액의 바닥에 정착하는 박테리아를 먹는다. 이 두 종의 짚신벌레는 서로 다른 장소에서 먹이를 먹음으로써 무기한으로 공존할 수 있었으며, 따라서 약간 다른 지위를 점유하였다.

## 경쟁에 대응한 진화는 지위 중복을 줄일 수 있다

경쟁 배타는 비슷한 요구 조건을 가진 공존하는 종들이 진화하여 각각 그 자체보다 작은 지위를 차지할 수 있다. 자연선택은 경쟁자가 적은 개체들에게 유리하기 때문에, 경쟁 종은 경쟁적인 상호작용을 줄이는 신체적 그리고 행동적 특성을 발전시키는 경향이 있다. **자원 분할(resource partitioning)**이라고 하는 이 현상은 광범위한 지위 중복을 가진 종의 공진화의 결과이다.

생태학자 로버트 맥아더(Robert MacArthur)는 자연조건 하에서 5종의 북아메리카솔새를 주의 깊게 관찰함으로써 자원 분할을 상세히 기록하였다. 5종 모두 가문비나무에 둥지를 틀고 곤충을 사냥한다. 비록 그들의 지위가 겹쳐 있지만, 맥아더는 다른 종들이 나무의 다른 부분에서 먹이를 찾고 다른 사냥 전술을 사용하며 약간 다른 시간에 둥지를 짓는 것을 발견하였다(**그림 28-2**). 다섯 종의 솔새들은 그들의 지위 중복을 줄이는 행동을 진화시켰으며, 그로 인해 종간 경쟁이 감소하였다.

자원 분할의 또 다른 유명한 예는 찰스 다윈(Charles Darwin)

▲ **그림 28-2 자원 분할 다섯 종의 곤충 습식성** 북아메리카솔새들은 각각 가문비나무의 약간 다른 부위에서 먹이를 찾는다. 이것은 지위 중복과 경쟁을 줄인다.(MacArthur, R. H. 1958. Ecology 39:599-619.를 각색함.)

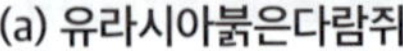

(a) 유라시아붉은다람쥐

(b) 동부회색다람쥐

▲ **그림 28-3 경쟁은 개체군의 크기와 분포를 제한한다** (a) 토종 붉은다람쥐는 (b) 미국으로부터 수입된 회색다람쥐와 경쟁하여 영국 대부분에서 밀려났다.

이 갈라파고스 제도에서 핀치새의 연관 종을 연구하면서 발견되었다. 같은 섬을 공유하는 서로 다른 핀치 종들은 서로 다른 부리 크기와 모양 그리고 서로 다른 섭식 행동을 진화시켰으며 그것은 그들 사이의 경쟁을 줄인다(그림 15-5 참조).

## 종간 경쟁은 개체군의 규모와 분포에 영향을 줄 수 있다

비록 자연선택은 지위 중복을 줄이는 경향이 있지만, 다른 종은 종간 경쟁을 일으킬 정도로 유사한 지위를 점유할 수 있고 그것은 개체군 크기와 종 분포를 제한한다. 예를 들어, 영국의 두 다람쥐 종을 생각해 보자. 유라시아 붉은다람쥐인 청설모(Sciurus vulgaris)는 영국 고유의 다람쥐이다(**그림 28-3a**). 그러나 1800년대 후반, 영국의 부유한 지주들은 그들의 장례식을 위한 "장식품"으로 미국에서 동부회색다람쥐(Sciurus carolinensis)를 수입했다(**그림 28-3b**). 두 다람쥐 종은 같은 자원을 놓고 경쟁했으며, 적어도 영국 남부의 낙엽활엽수림에서 회색다람쥐가 경쟁에서 이겼다. 회색다람쥐는 도토리를 먹는 데 더 효율적이며 붉은다람쥐의 씨앗 은닉처를 습격한다. 그 결과, 붉은다람쥐는 영국 남부에서 거의 멸종되었다. 그러나 붉은다람쥐는 침엽수림에서 훨씬 나은데, 아마 큰 회색다람쥐가 작은 침엽수의 씨앗으로부터 충분한 영양을 얻지 못하는 반면, 훨씬 작은 붉은다람쥐는 이 식단에서 번성 할 수 있기 때문이다. 1세기 이상의 종간 경쟁 이후, 영국 남부에서 회색다람쥐가 우세하고, 영국 북부의 낙엽활엽/침엽수의 혼합림에서 두 종이 공존하며, 스코틀랜드 북부의 침엽수림에서는 붉은다람쥐가 여전히 우세하다.

회색다람쥐는 인간이 새로운 서식지에 도입한 유일한 종은 아니다. "Earth Watch: 침입종은 군집의 상호작용을 파괴한다"에서, 우리는 사람들이 진화하지 않은 생물체를 생태 군집으로 옮겼을 때 종종 어떤 일이 발생하는지 서술하고 있다.

**CHECK YOUR LEARNING**

- 생태적 지위 개념을 설명할 수 있는가?
- 경쟁 배타가 어떻게 자원 분할를 유도하는지 설명할 수 있는가?
- 종간 경쟁이 어떻게 종의 개체군 크기와 지리적 분포에 영향을 줄 수 있는지 설명할 수 있는가?

**CASE STUDY** **CONTINUED**

## 여우 이야기

채널 제도 여우는 중요한 종간 경쟁을 경험하지 않았다. 여우는 곤충과 생쥐에 대해 스컹크와 경쟁하지만, 경쟁은 매우 일방적인 것으로 보인다-여우는 스컹크 개체군을 억제하지만, 스컹크는 여우 개체군에 큰 영향을 미치지 않는다. 그러나 대머리 독수리와 검독수리는 채널 제도에서 경쟁을 하는 것으로 보인다. 대머리 독수리의 개체가 풍부했을 때, 검독수리는 섬에 정착하지 못했다. 대머리 독수리가 디디티(DDT)에 의해 제거된 후 검독수리가 섬에 대량 서식하였다. 같은 시기에 여우 개체수는 급감하였다. 대머리 독수리에서 검독수리로의 전환이 여우의 감소를 야기하였을까?

# 침입종은 군집의 상호작용을 파괴한다

진화하지 않은 생태계에 도입된 외래종은 종종 새로운 환경에서 경쟁자, 포식자 또는 기생충을 거의 만나지 않는다. 결과적으로, 그들의 개체수는 폭발적으로 증가하고, 고유종을 능가하거나 잡아먹으며, 인간 건강, 환경 또는 지역 경제에 해를 끼치는 방식으로 생태계를 손상시킬 수 있나. 생태학자들은 이 해로운 침입자를 침입종(invasive species)이라고 부른다. 도입된 종은 반드시 침입종은 아닐 것이다; 그들은 일반적으로 빠르게 번식하고 널리 퍼지며 광범위한 환경 조건에서 번성한다.

영국 집참새는 1850년대부터 그늘 나무를 먹는 애벌레를 통제하기 위해 여러 차례 미국에 도입되었다. 1980년, 셰익스피어의 작품에서 언급된 모든 새들을 도입하고자 시도한 그룹에 의해 뉴욕시의 센트럴파크로 유럽찌르레기가 풀려났다. 두 조류 종 모두 미국 대륙의 도처에 퍼져 있다. 그들의 성공은 그들이 둥지를 짓기 위해 경쟁하는 파랑새 및 암청색 큰제비와 같은 자생 명금류의 개체군을 감소시켰다. 아마도 애완동물 주인에 의해 방출된 미얀마 비단뱀은 플로리다의 에버글레이에 있는 자연 군집에 심각한 위협이 되었다(**그림 E28-1a**). 이 거대한 육식 뱀은 너구리, 주머니쥐, 사슴, 그리고 토끼의 개체군을 급격히 감소시켰다.

침입 식물들 역시 자연 군집을 위협한다. 1930년대와 1940년대에 일본산 칡은 토양의 침식을 억제하기 위해 미국의 남부에 광범위하게 심어졌다. 오늘날 칡은 나무를 덮고, 버려진 건물을 집어삼키는 주요 유해생물이다(**그림 E28-1b**). 부레옥잠과 털부처꽃은 관상용 식물로 미국에 도입되었다. 부레옥잠은 이제 미국의 남부 주에서 수로를 막아 선박의 통행을 지연시키고 자연식생을 대체하고 있다. 털부처꽃은 습지를 공격적으로 침입하여 토종 식물을 능가하고 자생 동물들의 먹이와 서식지를 감소시킨다.

침입종은 멸종위기에 처한 종을 멸종시킬 때 서식지 파괴에 이어 2위를 차지한다. 정부와 토지 관리자는 때때로 종의 자연 포식자 또는 기생충[생물방제(biocontrols)라고 함]을 수입하여 침입종을 통제하고자 시도하였다. 그러나 생물방제가 때로는 토착 야생생물에 예측하지 못한 그리고 심지어 비참한 영향을 미친다. 예를 들어, 수수두꺼비는 사탕수수 작물에 위협을 주는 외래종 딱정벌레를 통제하기 위해 1930년대에 호주로 도입되었다. 불행하게도, 수수두꺼비는 딱정벌레보다 더 나쁜 것으로 판명되었다: 약 2억 마리의 수수두꺼비가 현재 호주 북동부 지역을 점유하여 토종 개구리를 능가한다(**그림 E28-1c**).

생물방제의 위험에도 불구하고 현실적인 대안은 거의 없는 실정이다. 생물학자들은 이제 의도된 침입종만을 공격할 수 있도록 제안된 생물방제를 신중하게 선별하고, 생물방제를 성공적으로 도입하였다. 예를 들어, 매년 수백만 마리가 방출된 유라시아 딱정벌레는 북아메리카의 침입종인 털부처꽃(purple loosestrife)을 조절하는 가장 효율적인 방법 중 하나이다.

**생각해 보기** 많은 침입종들은 의도적으로 애완동물 또는 조경 식물로 수입되었으며, 우연히(탈출한 애완동물), 의도적으로(더 이상 이국적인 애완동물을 돌볼 수 없는 소유자에 의해) 또는 자연 방사(조경 식물)를 통해 자연 군집에 유입되었다. 그러나 아마도 대다수의 외래종 식물과 동물은 결코 큰 문제를 일으키지 않는다. 당신은 외래종 식물과 동물의 수입을 제한하는 법률을 지지하는가? 왜 그런지 또는 왜 그렇지 않은지 그 이유는 무엇인가?

(a) 미얀마비단뱀

(b) 칡

(c) 수수두꺼비

▲ **그림 E28-1 침입종** **(a)** 플로리다 에버글레이즈에 도입된 거대한 미얀마 비단뱀은 성인 사슴과 작은 악어까지도 먹을 수 있다. **(b)** 미국의 남부에 도입된 일본산 칡은 나무 전체와 작은 건물을 빠르게 덮을 수 있다. **(c)** 수수두꺼비 (중남미 원산)는 호주에 도입되었으며, 이곳에서 토종 두꺼비와 개구리를 능가하고 꼬마주머니쥐와 같은 많은 토착 동물들을 잡아 먹는다. 그들의 피부상의 유독성 분비물은 포식자로부터 수수두꺼비를 보호한다.

(a) 수리부엉이

(b) 코알라

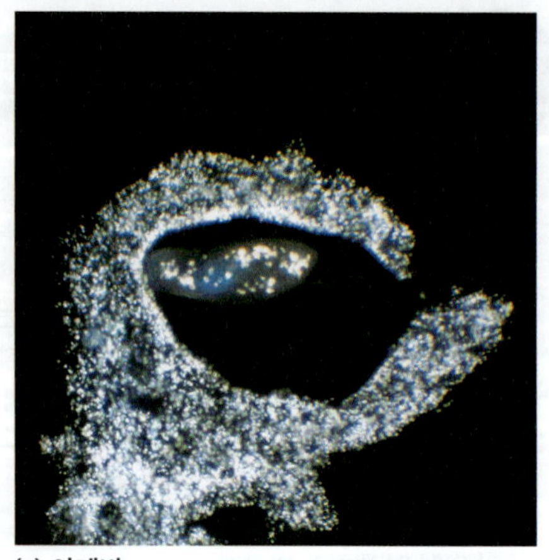
(c) 아메바

▲ **그림 28-4 포식의 형태** **(a)** 쥐를 잡아먹는 수리부엉이. **(b)** 코알라가 선호하는 음식은 유칼립투스 잎이다. **(c)** 아메바는 박테리아와 작은 원생생물을 먹는 미세한 원생생물이다.

## 28.3 포식자-피식자 상호작용은 어떻게 진화적 적응을 형성하는가?

포식자-피식자 상호작용은 두 가지 주요 범주로 나뉜다: 포식과 기생. **포식자(predator)**는 다른 생명체를 먹는 자유 생명체이다. 포식자는 육식동물(*carnivores*, 다른 동물을 먹는 동물; **그림 28-4a**)과 초식동물(*herbivores*, 식물을 먹는 동물; **그림 28-4b**)을 모두 포함한다. 다른 미생물을 소비하는 미생물도 역시 포식자이다(**그림 28-4c**). 포식자는 일반적으로 피식자보다 더 크고 풍부하지 않다. 육식성 포식자들은 일반적으로 먹이를 죽이는 반면, 초식성 포식자들은 일반적으로 그들이 먹는 식물을 즉시 죽이지 않는다.

**기생충(parasite)**은 일반적으로 그들의 먹이[숙주(host)라고 함]와 공생하며, 기생충의 전체 또는 대부분의 생활주기 동안 숙주 또는 숙주 내부에 거주한다. 기생충에는 촌충, 벼룩 및 많은 질병 유발 원생생물, 곰팡이, 박테리아 그리고 바이러스가 포함된다. 단지 몇몇 척추동물은 기생충이다: 숙주 물고기에 붙어서 피를 빨아 먹는 칠성장어는 하나의 예이다(그림 25-6 참조). 대부분의 기생충은 숙주보다 작고 풍부하다. 기생충은 숙주를 해치거나 약화시키지만 때로는 즉시 죽이지는 않는다.

### 포식자와 피식자는 공진화한다

생존하고 번식하기 위해서는, 포식자는 먹이를 먹어야만 하고 피식자는 먹이가 되는 것을 피해야만 한다. 그런 까닭에 포식자와 피식자는 서로에게 강렬한 자연선택을 가한다. 그 결과 포식자들은 피식자를 더 잘 먹도록 진화하고 피식자는 먹기가 더 어려워지도록 진화함에 따라 적응과 역적응의 지속적인 주기가 이루어진다. 이러한 공진화는 매와 올빼미의 예리한 시력을 그리고 그들의 먹이인 쥐와 땅다람쥐의 위장색을 만들어 냈다. 공진화는 그들의 잎에 단단한 실리카 물질이 함유된 풀을 만들어 씹기 어렵게 만들고, 말과 같은 방목 동물의 길고 단단한 연삭 이빨을 만들었다.

### 구조와 행동 모두 공진화할 수 있다

반향정위(echolocation, 발사한 초음파의 반향으로 물체의 존재를 측정하는 능력) 능력을 가진 박쥐와 그들의 먹잇감인 나방의 적응(**그림 28-5**)은 공진화에 의해 신체 구조와 행동이 어떻게 형성되는지에 대한 훌륭한 예를 제공한다. 반향정위 박쥐는 사람들이 들을 수 없을 정도로 높은 파동을 방출하여 곤충 먹이를 탐색하고 찾는 야간 사냥꾼이다. 그 음파는 근처의 물체에서 튕겨 나오며, 박쥐는 이러한 반향을 사용하여 그들 주변의 음파 "이미지"를 만들어 물체 주위를 탐색하고 나방과 다른 먹이를 감지할 수

▲ **그림 28-5 박쥐와 나방 사이의 공진화** 귀박쥐(long-eared bat)는 나방을 사냥하기 위해 정교한 반향정위 시스템을 사용하며, 이 나방은 차례로 포획을 회피하기 위해 특수화된 음향탐지기와 행동이 진화하였다.

▲ **그림 28-6 화학전** 제왕나비의 애벌레는 강력한 독소를 함유하고 있는 금관화를 먹는다.

**비판적 사고** 애벌레가 눈에 잘 띄는 줄무늬로 채색되는 이유는 무엇일까?

있다.

이 먹이-탐지 방법에 대한 대응으로, 일부 나방은 반향정위 박쥐에 의해 사용되는 음 주파수에 특히 민감한 귀를 진화시켰다.

이들 나방이 박쥐 소리를 들으면 불규칙하게 날거나 땅에 떨어지면서 회피적인 행동을 취한다. 나방의 적응에 대응하여, 일부 박쥐 종은 나방의 인지 범위에서 멀어지도록 음파의 음조를 바꾸는 능력을 진화시켰다. 일부 나방 종은 심지어 고유한 고주파 흡기음을 생성하여 박쥐의 반향정위를 방해하는 방법으로 진화하였다. 이에 대한 대응으로, 박쥐는 그들의 고유 음파를 일시적으로 끄고 나방의 흡기음을 따라 나방에 영점을 맞출 수 있다.

### 포식자와 피식자는 화학전을 치를 수 있다

공진화는 포식자와 피식자 간에 일종의 "화학전"을 일으킬 수 있다. 많은 식물들이 포식자를 저지하는 독소 및 불쾌한 화학물질을 합성한다. 식물이 이러한 방어적인 독소를 진화시키면서 많은 초식곤충들은 이러한 물질을 해독하거나 심지어 사용하는 것에 대한 점점 더 효과적 방법을 진화시켰다. 결과적으로, 거의 모든 독성 식물은 적어도 한 가지 유형의 곤충에 의해 섭취된다. 예를 들어, 제왕나비(monarch butterfly) 유충은 유독한 금관화만 먹는다(**그림 28-6**). 유충은 금관화의 독소에 내성을 가질 뿐만 아니라 자신들의 포식자에 대한 방어로 그들의 조직에 저장한다.

다른 방어 화학물질로는 포식자가 공격할 때 특정 연체동물(오징어와 문어를 포함한)이 방출하는 잉크 구름이 있다. 이 화학물질 "연막(smoke screen)"은 포식자를 혼란하게 하고 피식자의 도망을 가린다. 화학 방어의 또 다른 극적인 예는 폭격수 딱정벌레(bombardier beetle)에서 볼 수 있다. 개미의 물림이나 다른 공격 위협에 대응하여, 딱정벌레는 방어샘에서 분비물을 복부에 있는 방으로 방출한다. 그곳에서 효소는 폭발성 화학반응을 촉진하여 공격자에게 독성의 끓는 스프레이를 쏘아낸다.

독소는 공격뿐만 아니라 방어에도 사용될 수 있다. 거미 그리

**HAVE YOU EVER WONDERED...**

**방울뱀은 왜 딸랑거릴까?**

방울뱀은 독이 있으며, 두려워하는 포식자이다. 왜 일부러 딸랑거릴까? 사실 대부분의 시간에 그들은 딸랑거리지 않는다. 위장된 조용한 사냥꾼 방울뱀은 쥐, 시궁쥐 및 작은 새들에 몰래 접근하여 경고없이 공격한다. 그러나 방울뱀은 치명적인 독을 가지고 있음에도 불구하고, 매, 독수리, 코요테, 오소리들과 다른 몇몇 동물들에게 잡아먹힌다. 만약 방울뱀이 잠재적 포식자를 발견하면 가능하다면 그들은 조용히 멀어질 것이다. 그러나 도망치기 전에 포식자에 직면했을 때, 그 뱀은 웅크리고 딸랑거리며 적을 놀라게 하고 경고할 것이다. 그들이 인간에 의해 자주 사냥되는 곳에서, 방울뱀들은 예전처럼 딸랑거리지 않는 것처럼 보인다. 딸랑거리는 소리는 인간 사냥꾼이 방울뱀을 보다 쉽게 감지할 수 있게 하고 (따라서 살해될 가능성이 높기 때문에), 자연선택은 조용한 방울뱀의 진화를 선호할 수 있다.

(a) 서로 다른 배경에 맞추어 위장하는 넙치류

(b) 위장한 뿔도마뱀

▲ **그림 28-7 주위와 조화를 이루는 위장** **(a)** 해저에 사는 납작한 어류인 넙치류(sand dabs)의 얼룩덜룩한 색깔은 이들이 휴식을 취하고 있는 모래와 몹시 흡사하다. 이들은 배경과 잘 조화를 이룰 수 있도록 신경계의 신호를 통해 색깔과 무늬를 바꿀 수 있다. **(b)** 뿔도마뱀(horned lizard)은 자신을 주위의 낙엽들과 비슷하게 만들어 뱀과 매의 포식으로부터 자신을 보호한다.

**비판적 사고** 포식자는 어떻게 위장된 피식자를 탐지하도록 진화할 수 있을까?

(a) 총독나비의 애벌레

(a) 나뭇잎해룡

(c) 뿔매미

(d) 살아있는 바위선인장

▲ **그림 28-8 특정 물체를 닮은 위장** **(a)** 색깔과 모양이 새똥과 흡사한 총독나비 애벌레가 잎에 움직이지 않고 가만히 있다. **(b)** 나뭇잎해룡(leafy sea dragon, 해마와 유사한 물고기)은 그들이 숨어 사는 해조류를 모방한 몸의 확장을 진화시켰다. **(c)** 뿔매미 곤충은 나뭇가지의 가시를 닮아 발각을 피한다. **(d)** 이 남아프리카 다육식물은 "살아있는 바위"라고 적절히 불린다.

**비판적 사고** 이와 같은 위장이 어떻게 진화했을까?

(a) 위장한 눈표범

(b) 위장한 노랑씬벵이

▲ **그림 28-9 포식자를 돕는 위장** **(a)** 몽골의 산에서 가젤, 야생 양, 그리고 사슴과 같은 먹잇감을 기다리는 눈표범은 위장색으로 발각을 피한다. **(b)** 위장된 노란씬벵이는 매복하여 기다린다. 울퉁불퉁한 노란색 몸체는 그가 쉬고 있는 해면동물로 덮인 바위와 일치한다.

고 방울뱀 및 코브라와 같은 일부 뱀의 독은 먹이를 마비시키고 포식자를 저지한다.

### 위장은 포식자와 피식자 모두를 은폐한다

최고의 은신처가 눈에 잘 보이는 곳일 수 있다는 말을 들어 본 적이 있는가? 포식자와 피식자 모두 그들의 주변 환경과 유사한 색상, 패턴 및 모양을 갖게끔 진화하였다(**그림 28-7**). **위장(camouflage)**이라고 하는 이러한 변장은 식물과 동물이 완선히 보이는 경우에도 눈에 띄지 않게 만든다.

일부 피식자 동물들은 육식성 포식자들이 먹지 않는 물건, 예를 들어 나뭇잎, 나뭇가지, 해초, 가시 또는 심지어 새 배설물과 매우 유사하다(**그림 28-8a-c**). 위장된 동물들은 움직이지 않는 경향이 있다: 새들이 기어 다니며 똥을 싸서 변장을 망치기도 한다. 반면 많은 위장된 동물들이 식물의 일부와 비슷하지만, 어떤 다육질의 사막 식물들은 작은 바위처럼 생겨서 식물의 몸에 저장된 물을 찾는 동물로부터 그들을 숨겨준다(**그림 28-8d**).

매복해 있다가 먹잇감을 공격하는 포식자도 위장에 의해 도움을 받는다. 예를 들어, 점박이 눈표범(snow leopard)이 먹이를 주시할 때 산 중턱에서 거의 보이지 않는다(**그림 28-9a**). 해저에서 움직이지 않고 숨어 작은 물고기를 삼키려고 기다리는 씬벵이(frogfish)는 해면동물이나 해조류로 덮인 바위와 매우 흡사하게 보인다(**그림 28-9b**).

### 눈에 띄는 색상은 독성 피식자를 보호할 수 있다

일부 피식자 동물들은 시각적 방어를 위한 매우 다른 전략을 진화시켰다: **선명한 경고색(warning coloration)**. 이러한 동물들은 맛이 좋지 않거나 포식자를 아프게 만들 수 있으며(제왕나비와 그들의 유충이 하는 것처럼; 그림 28-6 참조), 독침이나 물린 상처를 내거나(벌과 산호뱀이 하는 것처럼), 또는 건드리면 악취를 풍기는 화학물질을 생산할 수 있다(**그림 28-10**). 눈길을 끄는 색상은 "위험을 각오하고 공격해라!"라고 선언하는 것처럼 보인다. 그러한 피식자를 처음 만난 포식자는 그것을 공격하거나 죽일 수도 있지만 앞으로 비슷한 먹이를 피하여 동일 종의 다른 개체들을 구할 수 있을 것이다.

▲ **그림 28-10 경고색** 스컹크의 선명한 줄무늬와 꼬리를 과시하는 행동은 공격자를 비참하게 만드는 능력을 광고하는 것이다.

### 일부 피식자는 의태를 통해 보호를 받는다

**의태(mimicry)**에서, 한 종의 구성원은 다른 종의 구성원과 유사하게 진화하였다. 의태는 포식자-피식자 상호작용에서 이점을 얻기 때문에 진화한다. 이러한 이점은 여러 가지 다른 방식으로 발생할 수 있다.

(a) 제왕나비(맛 없는)

(b) 총독나비(맛 없는)

▲ **그림 28-11 뮐러의태** 거의 동일한 경고색은 맛 없는 제왕나비(a)와 똑같이 불쾌한 총독나비(b)를 보호한다.

▶ 그림 28-12 **베이츠 의태** (a) 벌침을 쏘는 말벌은 (b) 쏘지 않는 나방에 의해 모방되었다.

뮐러 의태(*Mülerian mimicry*)에서, 둘 이상의 유독하거나 불쾌한 종은 비슷한 경고색 패턴을 공유함으로써 이익을 얻는다. 예를 들어, 제왕나비와 총독나비는 모두 식물 독소를 몸에 저장하여 새들이 그들을 잡아먹는 것을 막는다. 제왕나비와 총독나비의 날개 모양은 놀랍도록 비슷하기 때문에(그림 28-11), 한 종을 잡아먹고 탈이 난 새는 다른 종도 피하게 된다.

베이츠 의태(*Batesian mimicry*)에서, 무해한 동물은 독이 있거나 불쾌한(맛이 없는) 동물과 비슷하게 진화한다. 예를 들어, 무해한 나방은 말벌을 닮아 포식을 피한다(그림 28-12).

**놀람색(startle coloration)**은 동물들이 훨씬 크고 위험한 동물의 눈과 매우 유사한 색 패턴으로 진화한 의태의 한 형태이다(그림 28-13). 포식자가 가까워지면, 피식자는 갑자기 눈알을 드러내고 포식자를 놀라게 하고 때로는 잡아먹히는 것을 피하게 한다. 일부 포식자는 **공격적 의태(aggressive mimicry)**를 진화시켜 피식자의 마음을 끄는 무언가를 닮아 피식자를 유혹한다. 예를 들어, 난초사마귀는 꽃과 유사한 포식성 곤충이다(그림 28-14); 그들의 먹이는 영양가 있는 꽃꿀의 근원으로 인식되는 것에 유인되는 곤충들이다.

(a) 말벌(맹독성)

(b) 유리나방(무독성)

(a) 헛눈개구리

(b) 공작나방

(c) 호랑나비의애벌레

▲ 그림 28-13 **놀람색** (a) 위협을 받으면 남아메리카의 헛눈개구리는 큰 포식자의 눈을 닮은 엉덩이를 들어 올린다. (b) 트리니다드의 공작나방은 위장이 잘되어 있지만 포식자가 접근하면 갑자기 날개를 펼쳐서 커다란 눈과 닮은 반점을 드러낸다. (c) 호랑나비 애벌레는 뱀을 닮아서 포식자들을 단념케 한다.

## 기생충과 숙주는 공진화한다

자연선택은 숙주에 침입하는 데 더 나은 기생충과 기생충의 침입에 저항할 수 있는 숙주를 선호하여 기생충과 숙주의 공진화

▶ 그림 28-14 **공격적 의태** 난초사마귀는 꽃과 비슷하다; 난초사마귀는 꽃꿀을 찾아 다가오는 곤충을 먹는다.

를 초래한다. 아마도 기생충-숙주 공진화의 가장 잘 연구된 예는 감염성 미생물과 그들의 포유류 숙주 사이의 세포 전쟁이다. 포유류는 항균성 분자들을 분비함으로써 이러한 기생충에 대해 스스로를 방어하며; 미생물을 삼켜서 파괴하거나 미생물을 죽이는 데 도움을 주는 항체를 분비하는 세포를 생산하고; 심지어 바이러스에 감염된 자신의 신체 세포를 죽이기도 한다. 이에 대응하여, 미생물은 면역계가 그들을 인식하지 못하도록 진화된 코팅을 가지고 있으며; 항균성 분비물이 도달하지 못하도록 하는 생물막(biofilms)에 함께 모이는 능력; 때로는 숙주의 방어 시스템의 일부를 침투하고 파괴하는 능력까지도 있다. 우리는 484 페이지의 "Health Watch: 기생충, 공진화, 그리고 공존"에서 기생충-숙주의 공진화를 더 탐구한다.

**CHECK YOUR LEARNING**

- 포식자와 기생충이 피식자에 어떤 영향을 미치는지 비교하고 이 두 가지 유형의 포식자-피식자 상호작용이 어떻게 다른지 설명할 수 있는가?
- 포식자와 피식자가 공진화하는 이유와 기생충과 숙주가 함께 공진화하는 이유를 설명할 수 있는가?
- 포식자와 피식자 간의 화학전의 몇 가지 예를 설명할 수 있는가?
- 위장, 경고색, 뮐러 의태, 베이츠 의태, 놀람색, 그리고 공격적 의태를 설명하고 예를 제시할 수 있는가?
- 기생충과 숙주 간의 공진화 결과를 설명할 수 있는가?

**CASE STUDY** **CONTINUED**

**여우 이야기**

포식은 채널 제도 여우의 감소에 중요한 역할을 했다. 대머리 독수리의 감소로 섬은 검독수리에 의해 침공되었다. 한편, 돼지들은 섬의 농장에서 탈출하여 번식하였으며, 일년 내내 새끼를 낳고 검독수리에게 새끼 돼지를 꾸준히 공급하였다. 비록 새끼 돼지가 메인 코스였지만, 여우는 맛있는 간식이었다. 수천 년 동안, 섬 여우는 포식자가 없었다. 결과적으로, 여우들은 포식자에 대한 강력한 방어책을 진화시키지 못했다. 그들의 본토 친척들과는 달리, 그들은 낮 동안 사냥을 하고 오픈된 곳에서 많은 시간을 보냈는데, 이러한 특성은 그들을 독수리의 쉬운 먹잇감으로 만들 수 있었다. 앞으로 살펴보겠지만, 여우의 감소는 섬 군집 전체에 반향을 일으켰다.

## 28.4 상리공생(mutualism)은 다른 종에 어떤 이익을 주는가?

종들 사이의 많은 상호작용은 모든 참여자에게 유익한 상리공생적이다. 예를 들어, 지의류는 조류와 곰팡이 사이의 상리공생적 연합이며, 결과적으로 구조는 단일 생명체인 것으로 보인다 (**그림 28-15a**). 많은 지의류에서, 하나의 곰팡이 종의 몸체는 (1)

(a) 지의류

(b) 클라운피시

▲ **그림 28-15 상리공생** (a) 나뭇가지에 자라는 이들 지의류는 조류와 두 가지 유형의 곰팡이 사이의 상리공생적 관계에 의해 형성된다. 지의류는 다양한 형태를 띤다; 평평한 지의류와 직립 종 모두 위 이미지에서 관찰된다. (b) 흰동가리는 점액 보호막이 코팅되어 있어 말미잘의 쏘는 촉수들 틈에서도 해를 입지 않게 해준다.

박테리아에 대한 화학적 방어를 생성하는 두 번째 곰팡이 종을 그리고 (2) 곰팡이에 당 분자를 제공하는 광합성 조류를 지원하고 보호한다.

많은 동물이 그들의 소화계에 서식하는 미생물과 상리공생적 연합을 통해 혜택을 받는다. 예를 들어, 박테리아와 원생동물은 잎이나 나무와 같은 셀룰로오스 함유 식물 조직을 소비하는 소, 말, 토끼 및 흰개미와 같은 동물의 장에 살고 있다. 이들 미생물들은 셀룰로오스를 분해하여 그들 자신과 그들을 보유하고 있는 동물 모두가 이용할 수 있는 당 분자들을 만든다. 인간의 장에서, 어떤 종류의 상리공생적 박테리아는 우리가 흡수하여 사용하는 비타민 K와 같은 비타민을 합성한다.

식물 또한 미생물과의 상리적 공생으로부터 이익을 얻을 수 있다. 예를 들어, 식물과 특정 곰팡이 종은 곰팡이 몸체가 통과하여 식물 뿌리와 얽히게 되는 균근(*mycorrhizae*)이라고 불리는 연합을 형성할 수 있다. 곰팡이는 광합성에 의해 식물이 생산하는

# Health WATCH 기생충, 공진화, 그리고 공존

대부분의 기생충 종에서, 많은 개별 기생충이 단일 숙주를 감염시켜 그 숙주를 이용하고 신속하게 번식할 수 있는 기생충에 유리한 경쟁을 초래한다. 따라서 자연선택은 기생충이 빠르게 번식하는 것을 선호한다. 기생충을 빠르게 번식시키는 것은 숙주에게 특히 해로운 경향이 있기 때문에, 자연선택은 본질적으로 훨씬 더 해로운 기생충의 진화를 선호한다. 그러나 동시에 죽은 숙주는 더 이상 기생충을 키울 수 없기 때문에, 숙주를 약화시키고 죽이는 것은 기생충을 위험에 빠뜨릴 수 있다. 따라서 자연선택은 또한 숙주에 빠른 치명적인 영향을 미치지 않는 기생충을 선호한다. 전반적으로, 기생충은 더 치명적인 선택과 덜 치명적인 선택 모두를 경험한다.

어떤 유형의 선택이 기생충 종의 진화에 강렬한 영향을 미치는가? 그것은 기생충이 새로운 숙주에게 어떻게 전달되는지에 달려 있다. 특히, 새로운 숙주로의 전파가 숙주 간 직접 접촉을 필요로 하는 경우, 선택은 숙주가 다른 잠재적 숙주와 이동하고 접촉할 수 있을 정도로 건강을 유지하게 하는 기생충을 선호할 것이다. 그러나 기생충이 매우 아프거나 죽은 숙주 (예: 진드기 또는 모기)에서 새로운 숙주로 옮겨질 수 있는 방법이 있다면, 숙주의 영양소를 이용하고 가능한 한 빨리 번식하는 것이 승리의 진화 전략이 될 수 있다.

전염성 발진티푸스를 일으키는 박테리아는 치명적으로 번성하는 기생충의 좋은 예이다. 이 박테리아는 이에 의해 사람에서 사람으로 전염된다(**그림 E28-2**). 사람들은 종종 발진티푸스에 감염된 후 몇 주 내에 사망하지만, 여전히 그 박테리아는 계속 번성한다. 어떻게? 감염된 사람에서 잔치를 벌인 이는 그들의 숙주가 고열을 앓은 후 떠난다. 떠난 이는 다른 건강한 사람을 새로운 숙주로 찾아서 발진티푸스를 가져온다. 이로 인해 발진티푸스가 새로운 숙주로 전파될 수 있다. 그런 다음 다른 이가 새로 감염된 사람을 물 수 있고, 발진티푸스 박테리아를 섭취하고 이러한 주기를 다시 시작한다. 인간 숙주의 건강을 희생시키면서 빠른 박테리아 번식은 발진티푸스 박테리아에 해가 되기보단 오히려 도움이 된다.

특히 치명적으로 진화한 또 다른 질병은 콜레라이다. 콜레라는 심한 설사를 유발한다. 이 병을 앓고 있는 사람들은 너무나 아파 움직일 수 없지만, 콜레라 박테리아가 함유된 그들의 대변은 특히 위생 시스템이 잘 발달하지 않은 지역에서 상수도로 유입될 수 있다. 물이 공급되면 그 박테리아는 새로운 숙주에 의해 섭취될 수 있다. 콜레라를 유발하는 박테리아는 매우 아픈 숙주로부터도 전염될 수 있기 때문에, 그들은 숙주에 해를 끼치지 않고 빠르게 번식하도록 진화하였다.

때때로 인간이 그들의 기생충과 함께 공진화하여 불안한 휴전을 초래한다. 그러한 기생충의 예로는 인간의 위장을 식민지화하고 종종 궤양을 일으키며, 때로는 암을 유발하는 박테리아인 헬리코박터 파이롤리(*Helicobacter pylori*)가 있다. 30억 명 이상의 사람들이 그들의 위장에 헬리코박터를 가지고 있다. 특정 인간 집단과 함께 공진화한 헬리코박터 균주는 그들이 진화한 개체군에 거의 해를 끼치지 않지만 외부인들에게는 치명적일 수 있다. 예를 들어 콜롬비아에서 단지 125마일 떨어진 두 마을인 Tumaco와 Tuquerres는 위암 발병률이 25배의 차이가 있으며, 그 중 대부분은 헬리코박터에 의해 발생하였다. 연구원들은 위암 발생률이 매우 낮은 Tumaco에 대부분 아프리카에서 유래한 헬리코박터 균주를 함유한 해방된 아프리카 노예의 후손이 거주하고 있음을 발견하였다. 대조적으로, 위암 발생률이 극히 높은 Tuquerres에는 헬리코박터 균주가 유럽계인 아메리카 원주민이 주로 거주하고 있으며, 아마도 스페인의 정복자들에게서 원래 획득한 것일 것이다. 연구원들은 아프리카 사람들과 아프리카계 헬리코박터의 공진화가 그들의 암 발생 위험을 줄였으며, 인근의 미국 원주민들은 도입된 유럽계 헬리코박터에 대처하기 위해 고군분투하고 있다는 가설을 세웠다.

▲ **그림 E28-2 인체의 이 (louse)는 숙주의 피를 먹는다** 감염된 이가 전염성 발진티푸스를 일으키는 박테리아로 가득 찬 배설물을 남긴다.

인간과 헬리코박터는 심지어 상리공생으로 공진화할 수 있다. 인간의 위장에서 헬리코박터는 많은 영양분을 섭취한다. 헬리코박터에 감염된 사람들은 천식, 알레르기 및 만성 염증의 낮은 발생률뿐만 아니라 위산 역류 질환의 발생률이 낮아 유익한 것으로 보인다. 이러한 이점은 헬리코박터가 숙주의 면역 반응을 약화시킨 결과일 수 있다.

**비판적 사고** 말라리아는 전 세계적으로 약 2억 건의 사례로 열대 국가에서 흔히 발생하는 치명적인 질병으로, 결과적으로 60만 명 이상이 사망하였다. 말라리아는 감염된 모기에 물렸을 때 사람에게 전염된다. 열대 지방의 많은 지역에서, 지배적인 말라리아-운반 모기는 밤에 대부분 실내에서 먹이를 먹는다. 따라서, 말라리아 감염을 줄이기 위한 효과적인 도구는 살충제가 처리된 모기장으로, 이것은 수면 동안 사람들을 보호한다. 모기장이 모기에 의한 말라리아 전파를 영구적으로 줄일 수 있다고 생각하는가?

설탕을 얻고 식물은 곰팡이가 토양으로부터 추출한 미네랄 영양소를 얻는다. 또 다른 공생적 상리공생에서, 한 파트너는 다른 파트너의 내부에 살지 않는다.

예를 들어, 남태평양의 흰동가리는 특정 종의 말미잘의 독이 있는 촉수들 속에 숨어 있다(**그림 28-15b**). 말미잘은 흰동가리를 포식자로부터 보호해 준다. 보답으로, 흰동가리는 말미잘을 먹는 다른 물고기를 몰아내고 숙주에서 쓰레기와 부스러기를 청소한다.

많은 상리공생적 관계는 친밀하지도 오래가지도 않으므로 그들은 공생적이지 않다. 꿀벌, 나방, 벌새, 심지어 일부 박쥐를 포함하는 수분매개 동물과 관계를 생각해 보자.

이 동물들은 한 식물에서 다른 식물로 식물 정자(꽃가루에서 발견됨)를 운반하여 식물을 수정시키고, 꿀을 마시거나 때로는 꽃가루를 먹음으로써 스스로 이익을 얻는다. 파트너가 함께 시간을 거의 보내지 않더라도 그 관계는 상리공생적이다.

### CHECK YOUR LEARNING

- 몇몇 상리공생적 상호작용과 그들이 참여자에게 어떻게 혜택을 주는지 설명할 수 있는가?
- 일부 상리공생이 공생으로 간주되지 않는 이유를 설명할 수 있는가?

## 28.5 핵심종은 어떻게 군집 구조에 영향을 미치는가?

일부 군집에서는, **핵심종(keystone species)**이라고 일컫는 특정 종이 군집 구조를 결정하는 데 중요한 역할을 한다 – 이는 군집에서 종의 풍부도에 비례하지 않는 역할이다. 만약 핵심종을 제거하면, 군집의 상호작용이 현저하게 바뀌고 다른 종의 상대적 풍부도는 종종 극적으로 변한다.

아프리카 열대초원에서 아프리카코끼리가 핵심종이다. 작은 나무와 덤불을 뜯어먹음으로써(**그림 28-16a**) 코끼리는 숲의 침략을 막아주고 풀을 뜯는 포유동물 및 그들의 포식자들의 다양한 개체군과 함께 초지 군집을 유지하는 데 도움을 준다.

비록 코끼리는 식물 군집을 직접적으로 변화시키지만, 늑대와 퓨마(**그림 28-16b**)와 같은 큰 육식동물도 식물 군집에 큰 영향을 미칠 수 있다. 사슴과 엘크의 개체수를 일정하게 유지함으로써 늑대와 퓨마는 숲과 강둑의 건강을 유지하는 데 도움을 줄 수 있지만 그렇지 않으면 과방목 되었을 것이다. 이 초목은 많은 종의 작은 농불들에게 음식, 보금사리 그리고 피신처를 제공하기 때문에 전체 군집 구조는 포식자들의 존재에 의존한다.

핵심종을 식별하는 것은 어려울 수 있다. 많은 경우에 그들의 손실이 예상치 못한 극적인 결과를 낳은 후에야 인식되었다. 예를 들어, 알래스카 해안을 따라 북방해달(**그림 28-16c**)이 거의 멸종되면서 다시마 숲 군집이 파괴되었다(해저에 고정되어 위로 떠 다니는 다시마 해초의 긴 엽편은 육지 숲의 나무와 유사한 역할을 하여 물고기, 연체동물, 갑각류의 다양한 군집에 음식, 피신처 및 보호를 제공한다). 1700년대 중반부터 모피 사냥꾼들은 수십만 마리의 해달을 죽였고, 1900년대 초에는 해달이 거의 멸종되었다. 다행스럽게도 1911년 해달 사냥은 금지되었고, 1970

### CASE STUDY CONTINUED
### 여우 이야기

여우는 채널 제도의 핵심종이다. 여우에 의한 포식은 사슴쥐와 땅에 둥지를 짓는 새의 개체군을 제어한다. 여우는 먹이를 위해 스컹크와 경쟁하여 스컹크 개체군을 제어한다. 여우는 또한 과일을 먹고 대변에서 소화되지 않은 종자의 배출로 많은 섬 식물의 씨앗을 종종 부모 식물로부터 상당한 거리에 분산시킨다. 돼지 개체수가 급증하는 동안 여우 개체수가 급감했을 때, 군집의 상호작용이 극적으로 바뀌었고, 섬의 여러 지역에 있는 생태 군집은 그들의 이전 자아의 그림자로 간신히 인식할 수 있게 되었다. 그러한 교란된 군집이 언젠가 회복될 수 있을까?

(a) 아프리카 코끼리

(b) 퓨마

(c) 해달

▲ **그림 28-16 핵심종** **(a)** 아프리카코끼리는 아프리카 열대초원에서 핵심종이다. **(b)** 북아메리카와 남아메리카 전역의 고립된 서식지에서 발견되는 퓨마는 사슴과 같은 초식동물들을 통제하는 데 도움이 된다. **(c)** 북방해달은 선호하는 음식 중 하나인 성게를 품고 다시마 침대에서 쉬고 있다.

년대에는 개체수가 반등하였다. 그러나 그 회복은 고르지 않았다. 일부 지역에서는 해달 개체수가 많았지만, 다른 지역은 단지 소수의 개체수만 유지되거나 해달이 전혀 없었다. 생태학자들은 해달이 많은 지역에는 넓은 다시마 숲이 있지만, 해달이 없는 지역에는 다시마 숲이 없는 경향이 있음을 발견하였다. 해달과 다시마의 연결고리는 성게류였다. 이들 가시가 있는 동물들은 다시마를 포함한 수중 식물과 조류를 먹는다. 그들은 해달이 가장 좋아하는 음식으로, 해달이 흔한 곳에서는 성게의 개체수가 적다. 그러나 해달이 적거나 없는 지역에서는, 성게가 풍부하고 성장할 수 있는 것보다 더 빠르게 다시마를 소비하였다. 따라서 1990년대 중반에 범고래에 의한 포식이 증가하여 해달의 개체수가 다시 급감했을 때, 성게류의 수가 다시 폭발하였고 그들은 해저를 빠르게 황폐화 시켰다. 분명히 해달은 알래스카 연안 해역의 핵심종이다.

**CHECK YOUR LEARNING**

- 핵심종의 개념을 설명할 수 있는가?
- 핵심종을 제거하는 것이 군집에 미칠 수 있는 영향의 몇 가지 예를 제공할 수 있는가?

## 28.6 종의 상호작용은 시간이 지남에 따라 어떻게 군집 구조를 변화시키는가?

생태 군집은 오랜 기간에 걸쳐 단계적으로 드러난다. 이들 단계는 **천이(succession)**를 구성한다: 군집과 그것의 비생물적 환경에서 점진적인 변화가 합리적으로 예측 가능한 순서로 서로 다른 종들을 대체한다. 천이 과정 동안 규칙적인 변화는 발생하는 환경만큼 다양하지만, 대부분의 천이는 동일한 전체 패턴을 따른다. 천이는 결국 그들을 대체할 종을 선호하는 방식으로 환경을 바꾸는 강건한 침입자인 **선구종(pioneer)**부터 시작하여 다양

(a) 하와이의 킬라우에아 화산(1차천이)

(b) 와이오밍스톤 국립공원(2차 천이)

▲ **그림 28-17 진행 중인 천이** **(a)** 1차 천이. (왼쪽) 하와이의 킬라우에아 화산이 1983년 이래 반복적으로 분출하여 용암의 강이 주변 전원 지역으로 흘러내렸다. (오른쪽) 선구종 양치식물이 굳은 용암의 갈라진 틈에 뿌리를 내린다. **(b)** 2차 천이. (왼쪽) 1988년 여름, 광범위한 화재가 와이오밍 주의 옐로스톤 국립공원의 숲을 휩쓸었다. (오른쪽) 나무들과 현화식물들이 햇빛을 받으며 번성하고, 야생생물 개체군은 2차 천이가 일어나면서 증가하고 있다.

**비판적 사고** 사람들은 수십 년 동안 화재를 진압하였다. 화재 진압이 산림 생태계와 천이에 어떤 영향을 미칠 수 있는가?

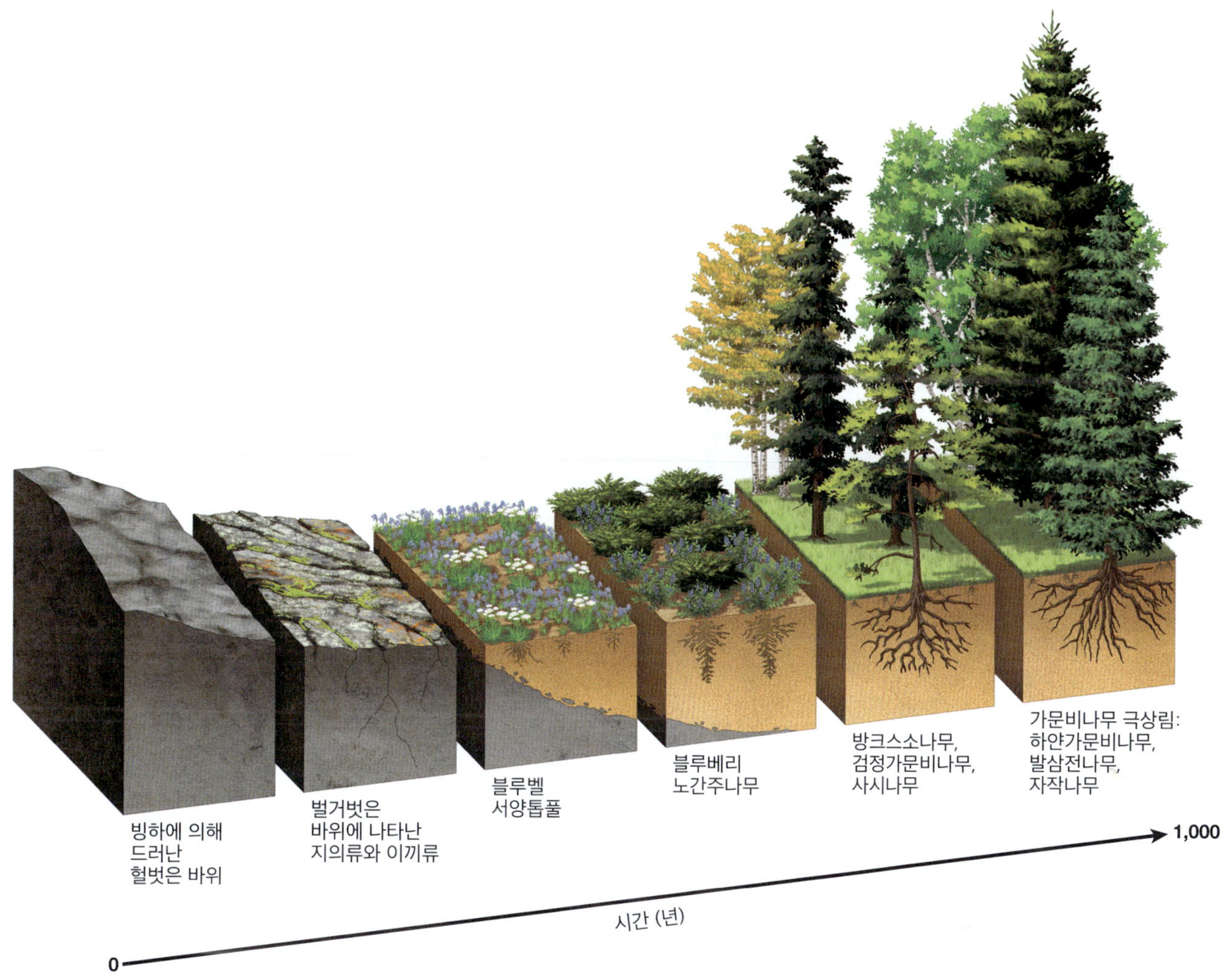


▲ 그림 28-18 **1차 천이** 미시간 주 상류에 있는 슈피리어 호의 로열 섬에서 빙하가 후퇴함에 따라 노출된 헐벗은 바위에서의 1차 천이. 시간이 지남에 따라 토양이 깊어지면서 점차적으로 기반암을 파묻어 나무가 뿌리를 내릴 수 있음을 주목하라.

하고 상대적으로 안정한 **극상군집(climax community)**으로 단계적으로 진행된다.

천이에 대한 논의는 경관을 지배하고 동물, 곰팡이 및 미생물을 위한 음식과 서식지를 제공하는 식물 군집에 초점을 맞출 것이다.

## 천이의 두 가지 주요 형태: 1차 천이 및 2차 천이

**1차 천이(primary succession)** 동안, 군집은 이전 군집의 잔재가 없고 종종 생명이 전혀 없는 곳에서 점진적으로 형성된다. 1차 천이의 단계를 설정하는 방해물은 드러난 바위로 경관을 벗겨내는 빙하나 바다에 새로운 섬을 만들거나 땅에 용암층을 쌓아 단단한 바위로 굳히는 화산일 수 있다(그림 28-17a). 1차 천이를 통해 처음부터 군집을 형성하기까지 일반적으로 수천 또는 수만 년이 필요하다.

**2차 천이(secondary succession)** 동안 새로운 군집은 이전 군집의 중요한 잔재를 남겨 두는 방식으로 기존 생태계가 교란된 후에 나타난다. 예를 들어, 버려진 농장은 일반적으로 비옥한 토양과 작물 및 잡초의 씨앗을 가지고 있다. 개벌한 숲에는 보통 토양, 관목 및 작은 나무들이 남아 있다. 심지어 산불조차도 2차 천이를 위해 식물 영양소가 풍부한 불에 탄 나무의 잔류물, 그리고 불에 견딜 수 있거나 싹을 틔우는데 필요할 수 있는 씨앗과 같은 재료들을 남겨 둔다. 따라서 화재는 삼림과 다른 군집들의 빠른 재생을 촉진할 수 있다(그림 28-17b).

### 1차 천이는 벌거벗은 암석에서 시작될 수 있다

그림 28-18은 대략 10,000년 전 후퇴 한 빙하에 의해 드러난 바위로 긁힌 슈피리어 호 북부에 있는 섬인 미시간 주 로열 섬에서의 1차 천이를 보여준다. 벌거벗은 바위는 갈라지고 표면층이 침식되어 작은 입자를 생성하는 동결 및 해동 주기에 따라 풍화된다. 빗물은 암석 입자에서 일부 미네랄을 용해시켜 선구종들이

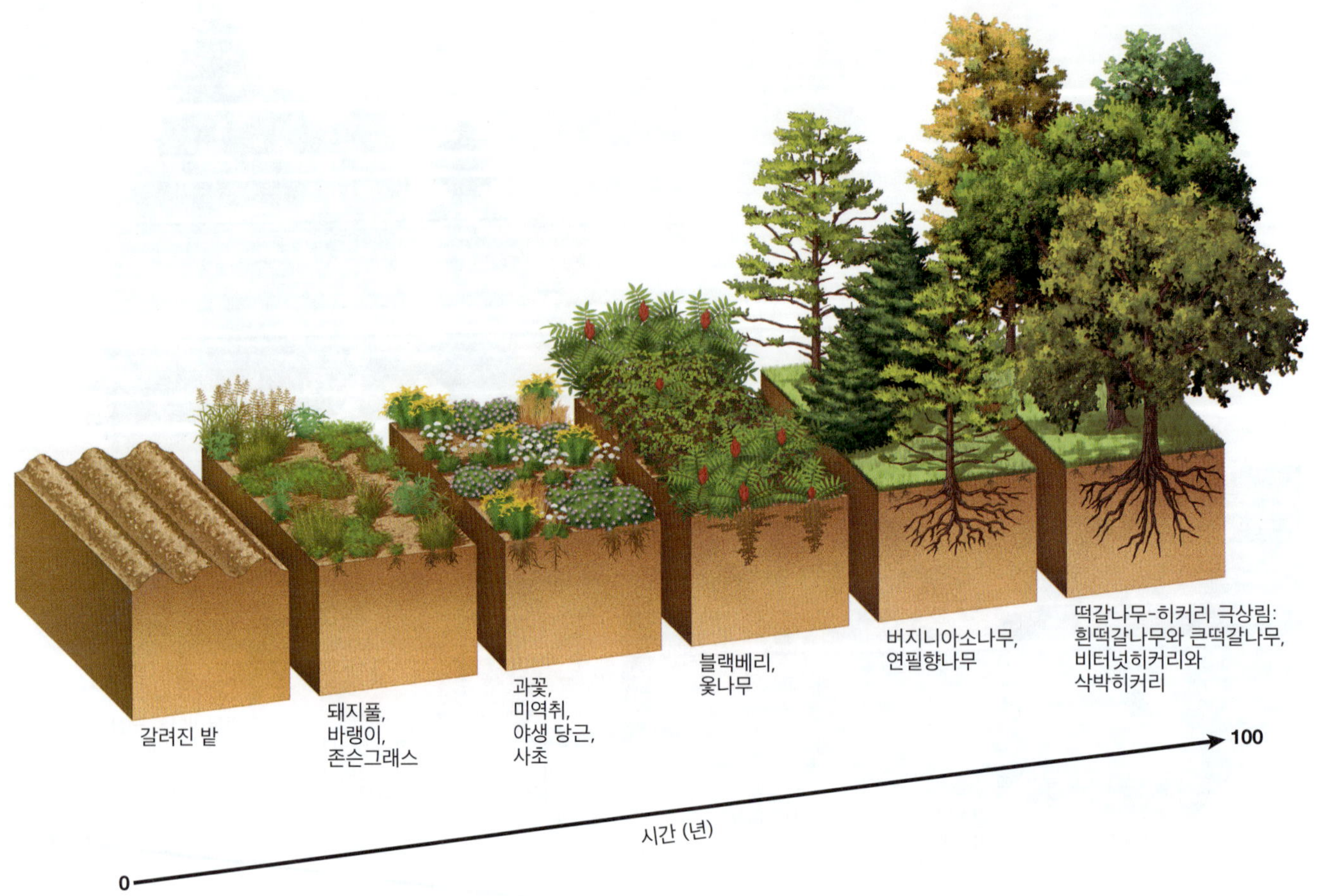


▲ **그림 28-19 2차 천이** 미국 남동부에 있는 노스캐롤라이나에서 경작하다 버려진 농경지에서 일어날 수 있는 2차 천이. 토양의 두꺼운 층이 처음부터 존재하므로 이는 1차 천이와 비교하여 천이의 진행 속도가 크게 향상된다.

**비판적 사고** 교란된 생태계가 단순히 홀로 남겨지면, 어떤 환경 조건이 자연적인 천이를 선호하는 경향이 있고 또 어떤 조건이 천이를 늦추거나 생태계가 전혀 회복되지 못하게 할 수 있는가?

이용할 수 있도록 한다.

선구적인 지의류는 풍화된 암석에 붙어 광합성을 통해 에너지를 얻고 암석을 용해시켜 추가적인 미네랄 영양소를 유리하는 산을 분비한다. 지의류가 바위 표면 위로 퍼지면 가뭄에 강한 이끼들이 갈라진 틈에서 생장하기 시작한다. 지의류에 의해 유리된 영양소로 강화된 이끼는 먼지, 작은 암석 입자 및 작은 유기물 잔해를 붙잡아두는 조밀한 매트를 형성한다. 이러한 이끼들은 결국 그들의 성장을 가능하게 한 많은 지의류를 뒤덮고 죽인다.

이끼 매트는 스펀지처럼 작용하여 수분을 흡수하고 잡아둔다. 이끼가 죽고 분해됨에 따라 그들의 몸은 새로운 토양의 얇은 층에 영양분을 공급한다. 이끼 매트 내에서 블루벨 및 서양톱풀과 같은 큰 식물들의 씨앗이 발아한다. 이 식물들이 죽으면 그들의 분해체는 토양 층을 더 두껍게 한다.

블루베리 및 노간주나무와 같은 목질의 관목들이 더 깊은 토양을 이용하기 때문에 이끼와 남은 지의류가 썩어가는 잎과 초목에 의해 가려지거나 묻힐 수 있다. 결국, 방크스소나무, 검정가문비나무 및 사시나무와 같은 수목들이 더 깊은 틈새에 뿌리를 내리고 햇볕을 좋아하는 관목들이 차광된다. 숲속에서는 발삼전나무, 자작나무, 하얀가문비나무를 포함하는 키가 크거나 빠르게 자라는 나무의 내음성 묘목들이 번성한다. 시간이 흐르면서 이 나무들은 우뚝 솟아 그늘에 약한 이전 나무들을 대체한다. 수백 년 후, 한때 벌거벗은 바위였던 곳에서 숲이 번성한다.

### 버려진 농장은 2차 천이를 거친다

**그림 28-19**는 미국 남동부의 버리진 농장에서의 2차 천이를 보여준다. 선구종들은 돼지풀, 바랭이 및 존슨그래스와 같이 햇볕을 좋아하고 빠르게 자라는 식물들이다. 이러한 종은 일반적으로 개방된 공간에서 대량 서식에 도움이 되는 쉽게 분산되는 많은 수의 종자를 생산한다. 그러나 그들은 수년에 걸쳐 더 크게 자라고 그들을 가리는 수명이 긴 종과 잘 경쟁하지 못하기 때문에,

몇 년 후에 과꽃, 미역취, 야생 당근 그리고 다년생 벼과 초본들과 같은 식물들이 이어지고, 뒤이어서 블랙베리 및 옻나무와 같은 목질의 관목들이 나타난다. 들판이 버려진 후 약 20년이 지나면 소나무가 지배하는 상록수림이 된다. 그러나 새로운 숲은 그들의 후임자들에게 유리한 방식으로 조건들을 변경한다. 소나무 숲의 그늘은 자체 묘목의 생장을 저해하는 반면 묘목이 내음성이고 소나무 아래에서 자랄 수 있는 경목 나무의 성장에 유리하다. 약 70년 후, 떡갈나무 및 호두나무와 같이 느리게 성장하는 경목은 노화된 소나무들을 대체하기 시작한다. 들판이 버려진 후 약 1세기가 지나서 이전 농장은 떡갈나무와 호두나무가 우세한 비교적 안정적인 숲으로 덮이게 된다.

## 천이는 연못과 호수에서도 일어난다

담수 연못과 호수에서의 천이는 육지에서 씻겨지거나 개울에 의해 운반되어 연못으로 유입된 토양과 암석 입자가 바닥에 침전될 때 일어난다. 이 퇴적물은 점차 연못을 점점 더 얕게 만든다. 결국, 수분을 좋아하는 식물은 물가를 따라 뿌리를 내린다. 더 많은 퇴적물이 연못을 채우면, 연못의 가장자리(해안선)는 연못의 중앙을 향해 천천히 이동한다. 원래 해안선의 토양은 더 건조해지고 주변 토지의 식물들이 점령한다(**그림 28-20**). 결국, 물은 남아있지 않게 되고 연못은 목초지로 전환된다. 만약 목초지가 숲에 있으면, 나무들은 목초지의 가장자리 주변을 잠식하고, 결국 목초지는 숲으로 전환된다.

## 천이는 극상군집에서 끝난다

천이의 종점은 합리적으로 안정된 극상군집으로, 화재, 기생충, 침입종 또는 인간 활동과 같은 외부 힘에 의해 교란되지 않는다면 그 자체로 영구적이다. 극상군집 내의 개체군은 서로를 대체하지 않고 공존할 수 있는 생태적 지위를 가지고 있다. 일반적으로, 극상군집은 천이의 초기 단계에서의 군집보다 더 많은 종과 더 많은 군집 상호작용을 가진다. 극상군집을 지배하는 식물 종은 특히 극상림에서 일반적으로 선구종보다 더 오래 살고 더 큰 경향이 있다.

극상군집의 구성은 지역마다 극적으로 다른 지질 및 기후 요인들(온도, 강우량, 고도, 위도, 암석의 유형 및 태양과 바람에의 노출 등을 포함함)에 의해 결정된다. 예를 들어 콜로라도 주 또는 와이오밍 주를 경유하여 운전하면, 산에서는 소나무-가문비나무 숲, 산 정상에서는 툰드라, 그리고 서부 계곡에서는 산쑥 우점 군집을 보게 될 것이다.

▼ **그림 28-20 담수 연못의 천이** 이 연못은 빠르게 건조한 땅으로 전환되고 있다. 비록 연못의 중앙에 약간의 물이 있지만, 수련이 연못을 지배하고 대부분의 장소에서 단 몇 피트 깊이임을 보여준다. 관목과 작은 나무는 연못의 마른 가장자리 주변에서 자라기 시작한다.

## 일부 군집들은 아극상 단계에서 유지된다

어떤 상황에서는, 천이가 극상 단계에 이르지 못하고 군집은 이전의 **아극상 단계(subclimax stage)**에 머물러 있다. 빈번한 교란은 군집을 매우 오랜 기간 동안 아극상 단계로 유지할 수 있다. 한때 미주리 주 북부와 일리노이 주 대부분을 덮었던 장초형 대초원은 극상군집이 낙엽수림인 생태계의 아극상 단계였다. 이러한 아극상 대초원은 주기적인 화재에 의해 유지되었는데, 일부는 번개에 의해 그리고 다른 일부는 아메리카 원주민에 의해 의도적으로 들소를 위한 목초지를 제공하기 위해 만들어졌다. 오늘날 사람들은 통제된 불을 사용하여 장초형 대초원을 유지한다.

농장, 정원 그리고 잔디밭은 빈번하고 의도적인 교란에 의해 유지된 아극상군집이다. 예를 들어, 곡물 경작지는 밀, 옥수수 그리고 벼와 같은 풀이 우점하는 천이의 초기 단계에서 유지된다. 이러한 천이의 초기 단계를 유지하기 위해, 농부들은 토양을 갈고, 씨를 심고, 그리고 잡초, 야생화 및 관목과 같은 경쟁자가 초본 작물을 대체하는 것을 막기 위해 제초제를 사용할 수 있다.

### CHECK YOUR LEARNING

- 천이의 과정과 일반적인 단계들을 설명할 수 있는가?
- 1차 천이와 2차 천이를 설명할 수 있는가?
- 극상군집이 무엇인지, 그리고 아극상군집이 무엇인지 설명할 수 있는가?

CASE STUDY REVISITED

## 여우 이야기

1990년대에 채널 제도의 생태 건강은 급격히 쇠퇴하였다. 경관이 훼손되고 토종 식물이 침입 잡초로 대체되었으며 섬 여우 개체수가 감소하였다. 채널 제도의 손상된 군집이 회복될 수 있을까? 이에 대한 대답은 'yes'이며, 미국 국립공원관리청은 가장 큰 섬인 산타크루즈를 중심으로 야심찬 복원 노력을 조정하였다.

복원 생태학자들은 산타크루즈 섬에서 모든 가축을 제거하고, 또한 섬을 돌아다니는 20,000마리가 넘는 야생 양에 관심을 돌렸다. 1990년대 후반에는 모든 양이 제거되었다. 숙련된 사냥꾼들은 섬을 괴롭히는 야생 돼지를 추적하였으며, 2007년 마지막 돼지가 제거되었다. 마지막으로, 산타크루즈에서 대량 번식하고 여우의 주요 포식자가 된 섬의 검독수리는 모두 포획되고 본토로 옮겨졌다. 몇 마리의 대머리 독수리가 성공적으로 재도입되었으며, 그들이 검독수리가 돌아오지 못하게 하기를 희망한다.

포식자가 없는 섬의 여우 개체수가 반등하였다-산타크루즈 단독으로 현재 1,300~1,500여 마리의 여우가 살고 있으며, 섬 전체 여우 개체수는 6,000 마리가 넘는다. 이제 돼지가 없어졌으므로 많은 토종 식물들이 복귀하고 있다. 돼지가 가장 선호하는 음식인 도토리는 다시 한번 참나무 묘목으로 싹튼다. 비록 몇몇이 이미 멸종되었지만, 침입 잡초 방제를 위한 캠페인은 일부 채널 제도의 멸종 위기에 처한 식물의 회복에 도움이 되었다. 채널 제도는 아마도 과거 교란의 징후를 보일지 모르지만, 미래 세대의 방문객들은 다시 한번 거의 본래의 극상군집을 볼 수 있을 것이다.

**비판적 사고** 다른 군도인 브리티시 컬럼비아 연안의 걸프 섬에서 아메리카너구리(라쿤)는 해안선을 따라 번성한다. 생태학자들이 그곳에 확성기를 설치하고 한 달 동안 하루에 몇 시간 동안 개 짖는 소리를 방송했을 때, 그들은 조간대에서 게, 벌레, 달팽이, 그리고 작은 물고기의 개체군이 크게 증가한 것을 발견하였다. 이유를 설명할 수 있는 가설을 제안하라.

# CHAPTER REVIEW

*비판적 사고와 생각해보기, 선택형문제, 빈칸채우기 질문에 대한 답은 이 책의 뒷부분에 있는 정답란에서 볼 수 있다.*

## 핵심개념의 요약

### 28.1 군집에서 종들은 어떻게 상호작용하나?

생태 군집은 생태계 내에서 서로 다른 종들의 모든 상호작용 개체군으로 구성된다. 군집의 상호작용에는 참여종 모두가 피해를 입는 종간 경쟁; 한 종이 다른 종을 희생시켜 이익을 얻는 포식자-피식자 상호작용; 그리고 참여하는 두 종 모두에게 이익이 되는 상리공생이 포함된다. 상호작용하는 종의 개체군은 서로에게 자연선택의 작용제로 작용하여 공진화를 일으킨다.

### 28.2 종간 경쟁은 군집에 어떤 영향을 미치는가?

생태적 지위는 종 서식지의 모든 측면과 그들의 생물적 및 비생물적 환경과의 상호작용을 포함한다. 각 종은 고유한 생태적 지위를 차지한다. 종간 경쟁은 군집 내 두 종의 지위가 겹칠 때마다 발생한다. 동일한 지위를 가진 두 종이 동일한 생태적 지위를 점유하게 되면 (실험실 조건 하에서), 한 종은 항상 다른 종을 능가한다. 자연 군집 내 종들은 자원분할을 허용하는 행동적 및 물리적 적응과 함께 광범위한 지위 중복을 회피하는 방식으로 진화하였다. 종간 경쟁은 개체군 크기와 경쟁 종의 분포 모두를 제한한다.

### 28.3 포식자와 피식자의 상호작용은 어떻게 진화적 적응을 형성하는가?

포식자와 기생충은 다른 생물의 소비자들이다. 일반적으로 포식자는 그들의 피식자보다 개체수가 적은 자유 생명체인 반면, 기생충은 그들의 생활주기 상당 부분 동안 숙주 또는 숙주 내부에 살고 그들의 먹이보다 훨씬 더 풍부하다. 두 유형의 포식자와 그들의 피식자는 서로에게 자연선택의 강력한 작용제으로 작용한다. 포식자와 피식자 모두는 공격과 방어를 위한 다양한 독성 화학물질을 진화시켰다. 식물들은 독에서부터 전반적인 인성에 이르는 방어 수단들을 진화시켰다. 이러한 방어는 결과적으로 독을 해독하고 거친 조직을 갈아 으깰 수 있는 포식자들을 선택하였다. 많은 피식자 동물들이 그들의 포식자에게 눈에 띄지 않게 하거나 (위장) 깜짝 놀라게 하는 (놀람색) 보호색을 진화시켰다. 일부 피식사는 유해하거나, 불쾌하거나, 독이 있으며 포식지가 쉽게 인지하고 회피할 수 있는 경고색을 나타낸다. 일부 무해한 종은 불쾌한 생물과 유사하게 진화하였다. 기생충-숙주 공진화는 병원균에 대한 포유동물의 면역반응과 이러한 미생물들이 면역반응에 의한 검출 또는 파괴되는 것을 피하기 위해 진화된 많은 방법들을 포함한다.

### 28.4 상리공생이 다른 종에 어떤 이익을 주는가?

상리공생은 둘 이상의 상호작용 종에 유익하다. 소와 셀룰로오스-소화 미생물 간의 상호작용과 같은 일부 상리공생적 상호작용은 공생적이다. 다른 상리공생적 상호작용은 식물과 그들의 수분 매개 동물 사이에서 일어나는 것과 같이 일시적이다.

### 28.5 핵심종은 어떻게 군집 구조에 영향을 미치는가?

핵심종은 그들의 풍부도에 의해 예측될 수 있는 것보다 군집 구조에 더 큰 영향을 미친다. 만약 핵심종이 군집에서 제거되면 군집의 구조는 상당히 변한다.

### 28.6 종의 상호작용은 시간이 지남에 따라 군집 구조를 어떻게 변화시킬 수 있는가?

천이는 시간이 지남에 따라 군집과 그 비생물적 환경의 변화이다. 천이 동안, 식물들은 특정 경쟁자들을 선호하는 방식으로 환경을 변화시켜 우점종의 다소 예측 가능한 진행을 만든다. 수천 년이 걸릴 수도 있는 1차 천이는 벌거벗은 암석과 같이 이전 군집의 잔재가 없는 곳에서 일어난다. 2차 천이는 1차 천이의 결과 또는 버려진 들판이나 화재 후 숲의 잔해와 같이 교란된 군집의 잔존물을 기반으로 하기 때문에 훨씬 더 빠르게 진행된다. 중단되지 않은 천이는 극상군집으로 끝나는데, 이 극상군집은 외부의 힘에 의해 교란되지 않는 한 스스로 영속하는 경향이 있다. 장초형 대초원과 농지를 포함한 일부 생태계는 주기적인 교란에 의해 상대적으로 이른 천이의 아극상 단계에서 유지된다.

## 개념을 통한 이해

### 선택형 문제

1. 흙이 없거나 이전 군집의 흔적이 없는 벌거벗은 바위에서 시작하는 군집의 질서 있는 진행을 일컫는 말은?
   a. 1차 천이
   b. 2차 천이
   c. 종간 천이
   d. 지위 천이
2. 다음 내용 중 생태적 지위에 해당되지 않는 것은 무엇인가?
   a. 지위에는 기후 및 물 가용성과 같은 물리적 환경을 포함된다.
   b. 지위에는 포식자와 기생충이 포함된다.
   c. 지위 중복은 진화를 촉진하는 데 도움이 될 수 있다.
   d. 두 종은 지위가 겹칠 수 없다.
3. 핵심종은
   a. 항상 육식동물이다.
   b. 군집 구조에 미미한 영향을 미친다.
   c. 풍부도에 비례하여 군집 구조에 큰 영향을 미친다.
   d. 단지 많은 개체수로 존재할 때만 군집 구조에 큰 영향을 미친다.
4. 침입종에 관한 다음 내용 중 어느 것이 사실인가?
   a. 모든 도입종은 침략적이다.
   b. 거의 모든 침입종은 식물이다.
   c. 침입종은 그들의 새로운 생태계에 포식자나 기생충이 없다.
   d. 침입종은 빠르게 번식하며 군집에서 고유종을 대체 할 수 있다.
5. 포식자와 기생충에 관한 다음 내용 중 사실이 아닌 것은 무엇인가?
   a. 포식자와 기생충은 그들의 먹이를 해친다.
   b. 포식자는 그들의 생활주기의 상당 부분 동안 그들의 숙주 또는 숙주 내부에 산다.
   c. 포식자과 기생충은 그들의 먹이와 공진화한다.
   d. 기생충은 그들의 먹이를 죽일 수 있다.

### 빈칸 채우기

1. 상호작용하는 종들은 서로에게 ______ 의 작용제 역할을 한다. 그 결과 두 종이 그들의 종간 경쟁에 반응하여 적응을 진화시키는 과정인 ______ 를 초래한다.
2. 고기를 먹는 포식자를 ______ 이라 부르고, 식물을 먹는 포식자를 ______ 이라 부른다. 포식자와 피식자 모두 ______ 를 사용하여 그들의 주변 환경에 섞일 수 있다.
3. 동일한 지위를 갖는 두 종이 무한정 공존할 수 없다는 개념을 ______ 원리라고 부른다.
4. 빈칸에 채색 또는 의태의 유형을 채우시오: 피식자들이 불쾌하다는 신호를 보내는데 사용됨: ______ ; 날개에 커다란 눈처럼 생긴 무늬를 갖는 나방에 의해 사용됨: ______ ; 비독성 동물에 의한 독성 동물의 모방: ______ ; 포식자들이 그들의 먹잇감을 유인할 때 이용하는 의태: ______.
5. 빈칸에 적절한 유형의 군집 상호작용을 채우시오: 사람의 소화관에서 살고 비타민 K를 합성하는 세균: ______ ; 질병을 유발하는 세균: ______ ; 풀을 뜯어먹는 사슴: ______ ; 피를 빨아먹는 진드기: ______ ; 꽃가루받이를 해 주는 벌: ______.
6. 시간이 지남에 따라 군집 구조에서 다소 예측 가능한 변화는 ______ 이다. 이 과정은 두 가지 형태를 취한다. 이들 중 어떤 형태가 벌거벗은 바위로부터 시작하나? ______. 산불 후에 어떤 유형이 일어나는가? ______. 이 과정의 최종 결과물로 나타나는 비교적 안정된 군집을 ______ 군집이라 부른다. 교외의 깎은 잔디밭은 ______ 군집의 예이다.

### 복습문제

1. 생태 군집을 정의하고, 상호작용 종에 대한 이익과 피해를 포함하여 군집의 상호작용의 세 가지 주요 범주를 설명하라.
2. 자원분할이 어떻게 경쟁 배타 원리의 논리적 결과인지를 설명하라.
3. 포식자와 그들의 피식자 사이의 공진화의 예를 설명하라.

4. 천이를 정의하라. 개발한 숲(모든 나무가 잘려진 곳)에서 어떤 유형의 천이가 일어나는가? 그리고 그 이유는 무엇인가?
5. 극상군집과 아극상군집의 사례를 각각 2개씩 제시하라. 그리고 그것들은 어떻게 다른가?
6. 침입종이란 무엇인가? 그들은 왜 파괴적인가? 침입종은 어떤 일반적인 적응을 가지고 있는가?
7. 핵심종이란 무엇인가? 군집 내에서 핵심종을 어떻게 식별할 수 있는가?

## 개념의 적용

1. 섬을 방문한 생태학자는 두 종의 조류를 발견하는데, 그 중 한 종은 다른 종보다 약간 큰 부리를 가지고 있다. 생태적 지위 개념과 경쟁배타의 원리와 관련하여 이 결과를 해석하라.
2. 천이는 왜 연구하기 어려운가? 특정 위치를 선택하고 그곳에서 어떻게 천이를 연구하는지 설명하라.
3. 생태학자는 동일한 서식지를 점유하는 두 종의 나비에서 비슷하고 밝은색의 날개 패턴을 관찰하고 이 유사성이 의태 때문이라는 실험을 수행한다. 이전에 두 종을 만나지 않은 나비를 먹는 새를 이용하여 이 의태가 뮐러 의태인지 베이츠 의태인지 테스트하기 위해 수행할 수 있는 추가 실험에 대해 설명하라. 그리고 각 가설의 예상 결과는 무엇인가?

생식을 위해 강으로 회유하는 연어를 곰이 사냥하고 있다.

# 29 생태계에서 에너지 흐름과 영양분순환

CASE STUDY

## 죽은 물고기가 부양하는 생태계

알래스카의 홍연어(Sockeye salmon)는 놀라운 생활주기를 가진다. 하천 상류의 물살이 빠르고 자갈이 깔린 얕은 곳에서 부화한 어린 연어는 1~3년간 담수에서 생활을 하다가 강을 따라 내려가 민물과 바닷물이 섞이는 하구에서 바다 생활을 위한 생리적인 변화를 시작한다. 생리적 적응을 끝낸 어린 연어는 바다로 이동한다.

어린 연어는 바다에서 작은 어류와 갑각류를 먹고 빠르게 성장한다. 몇 년 후 이들이 성숙하여 생식 때가 되면 본능적으로 자신들이 태어난 하천으로 산란을 위해 돌아온다. 곰의 이빨과 독수리의 발톱을 벗어난 운 좋은 개체들만이 귀중한 정자와 난자를 상류로 운반하여 새로운 생활주기를 시작하게 하는 미션을 완수하고 죽는다.

고향으로 돌아오는 이 여행은 또 다른 중요한 의미를 가진다. 하천에서 영양분은 항상 상류에서 하류로 즉, 육지에서 바다로 흐른다. 그런데 연어는 바다에서 섭취한 영양분을 근육이나 체지방으로 저장하여 강으로 돌아오므로 일반적인 영양분 흐름의 방향을 거스르게 된다. 연어는 에너지도 강으로 전달한다. 이 흐름은 알래스카 남부 연안의 풍성한 육상 생태계를 부양한다. 영양분과 에너지는 어디에서 기원하였을까? 살아 있는 생물들은 영양분과 에너지를 어떻게 획득하고 군집 내의 다른 생물에게 어떻게 전달할까?

## 주요내용

**29.1** 생태계에서 영양분과 에너지는 어떻게 이동되는가?

**29.2** 생태계에서 에너지의 흐름은 어떻게 이루어지는가?

**29.3** 생태계 내부 또는 생태계 사이에서 영양분은 어떻게 순환되는가?

**29.4** 인간이 영양분의 순환을 교란하면 어떻게 될까?

## 29.1 생태계에서 영양분과 에너지는 어떻게 이동되는가?

**생태계(ecosystem)**는 일정한 영역의 모든 군집들과 무기환경으로 이루어진다. 그러므로 생태계는 **생물적 요소(biotic component)**와 **비생물적 요소(abiotic component)**를 포함한다. 영양분과 에너지는 생태계에서 이동한다. 영양분은 생태계 내와 생태계 사이에서 순환하지만, 에너지는 생태계에서 흘러가고 순환하지는 않는다(**그림 29-1**).

**영양분(nutrient)**은 생물들이 환경으로부터 얻는 원자와 분자이다. 영양분은 이동도 하고 다양한 분자로 전환되기도 하지만 지구를 떠나지는 않는다. 이 영양소들은 지난 35억 년간 지구 생물들을 유지해 왔다. 우리의 몸을 구성하는 산소, 탄소, 수소, 질소 등의 원자는 과거에 공룡이나 매머드의 구성 성분이었다.

이와는 대조적으로 에너지는 생태계에서 일방 통행한다. 태양에너지는 광합성 세균, 조류, 식물 등에 의해 고정되어 생물에서 생물로 이동된다. 그런데 생물에서 일어나는 화학반응은 비효율적이다(6장 참조). 생태계에서 흐르는 대부분의 에너지는 최종적으로 열로 변하여 환경으로 방출된다. 따라서 지구의 생물은 끊임없는 에너지의 공급을 필요로 한다.

### CHECK YOUR LEARNING

- 에너지는 생태계 사이를 흘러가는데, 영양분은 생태계 내와 생태계 사이에서 순환하는 까닭을 설명할 수 있는가?

## 29.2 생태계에서 에너지의 흐름은 어떻게 이루어지는가?

태양에서는 물질이 핵융합반응을 통해 엄청난 에너지로 전환된다. 이 에너지의 대부분은 열(적외선), 가시광선, 자외선을 비롯한 전자기파이다. 그런데 태양은 이 에너지를 모든 방향으로 방출하므로 1억 5천만km 떨어져 있는 지구에 도달하는 양은 450억분의 1에 불과하다. 이 에너지의 대부분은 지구의 구름과 대기에 흡수 또는 반사된다. 가시광선으로 지구표면에 도달하는 일부분이 광합성에 사용된다.

### 생태계로의 에너지 유입은 광합성을 통해 이루어진다

스스로 양분을 생산할 수 있는 생물을 **생산자(producer)** 또는 **독립영양생물(autotroph)**이라 한다. 대부분의 지구의 생산자인 광합성 생물은 빛에너지를 이용해서 영양소 원자를 생체 분자로 만든다. 그 결과 태양에너지의 일부를 이 분자들의 화학결합에너지로 저장한다(7장 참조). 하지만 해저의 온수 분출구 근처에서 번성하는 일부 심해 생태계에서는 원핵생물이 생산자이다. 이들은 황화수소 등 무기 화합물의 화학결합에 저장된 에너지를 사용해 양분을 생산한다.

### 에너지는 한 영양단계에서 다음 영양단계로 전달된다

생산자는 스스로 양분을 만들 뿐 아니라, 직접 또는 간접적으로 대부분의 생물에게 양분을 공급한다. 스스로 양분을 생산할 수 없는 생물을 **소비자(consumer)** 또는 **종속영양생물(heterotroph)**이라고 한다. 이들은 다른 생물체에서 에너지를 얻어야 한다. 에너지는 생산자 군집으로부터 여러 단계의 소비자를 통해 흐른다. 에너지가 전달되는 생물의 각 단계를 **영양단계(trophic level)**라 한다. 생산자는 1차 영양단계를 형성한다. 이들은 일반적으로 빛에너지를 화학에너지로 전환시켜서 스스로 양분을 생산한다. **1차소비자(primary consumer)**는 생산자를 직접 먹이로 이용하며, 메뚜기, 쥐, 얼룩말을 포함하는 초식동물(herbivores)이다. 이들은 2차 영양단계를 형성한다. 거미, 독수리, 연어 등과 같은 **육식동물(carnivore)**은 더 높은 단계의 소비자이다. 초식동물을 먹는 육식동물은 **2차소비자(second consumer)**라고 하고 3차 영양단계를 형성한다. 다른 육식동물을 먹으면 **3차소비자(tertiary consumer)**가 되고 4차 영양단계를 이룬다. 해양과 같은 특수한 환경에서는 더 높은 영양단계가 존재하기도 한다.

### 순1차생산은 생산자에 저장된 에너지의 총량이다

모든 영양단계에서 소비자가 사용하는 에너지는 생산자가 생산하기 때문에, 생태계가 부양할 수 있는 생물의 양은 그 생태계의 생산자가 생산하는 에너지의 규모에 의해 결정된다. 일정한 장소에서 일정한 시간 동안 광합성 생물이 합성하여 저장한 에너

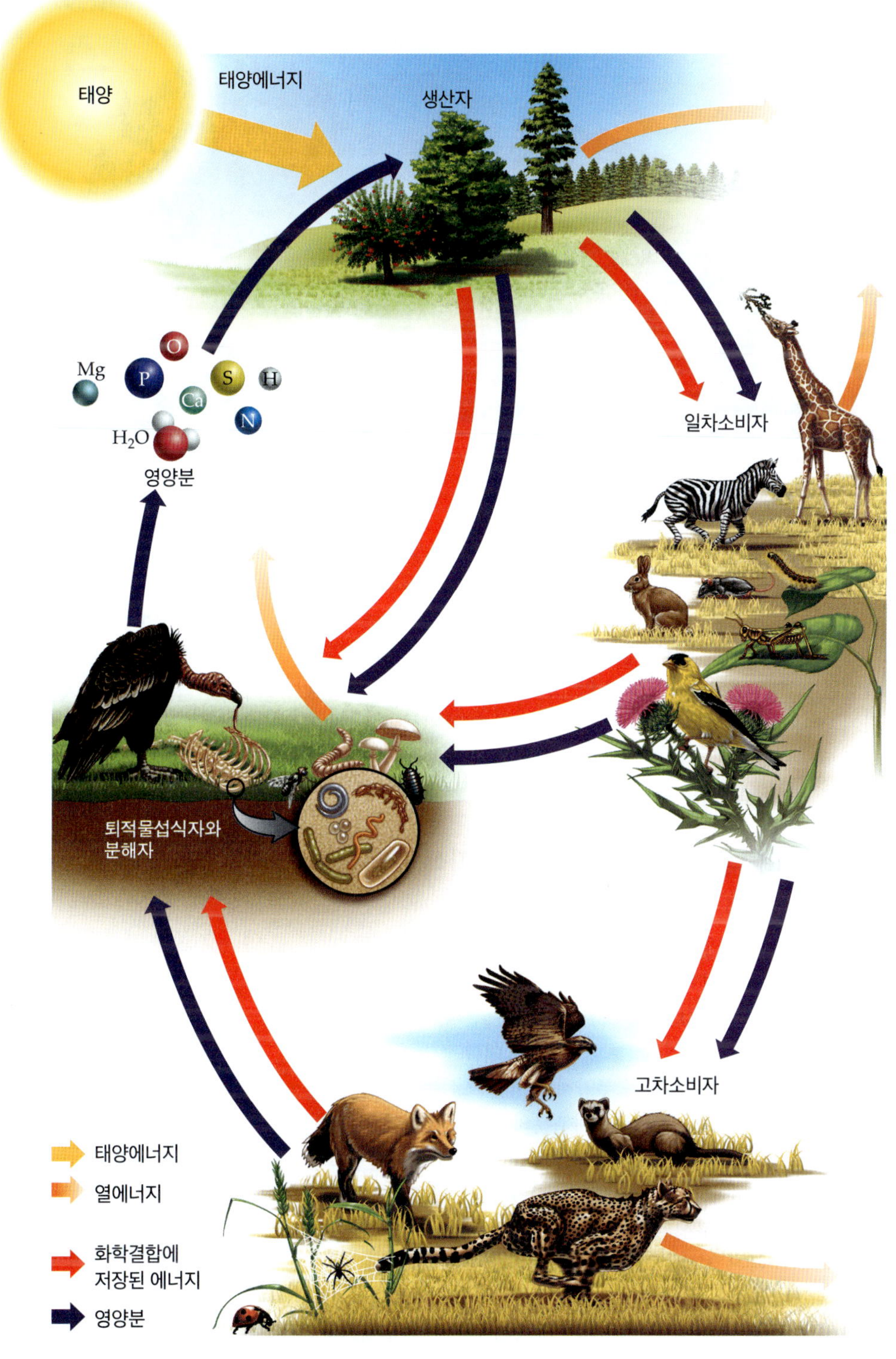


▶ **그림 29-1 생태계에서 에너지 흐름, 영양분순환 및 피식-포식관계** 태양에너지(노란색 화살표)는 생산자의 광합성을 통해 화학결합 에너지로 생물 분자에 저장되어 비광합성 생물인 소비자에게로 전해진다(붉은색 화살표). 노폐물과 사체의 에너지는 퇴적물섭식자와 분해자가 이용한다. 각 단계에서 일부 에너지는 열로 소실되므로(오렌지색 화살표) 이용 가능한 에너지는 점점 감소한다. 따라서 생태계는 끊임없는 에너지의 유입이 요구된다. 그러나 영양분(자주색 화살표)은 계속해서 재순환한다.

지를 **순1차생산(net primary production)**이라고 한다. 이는 합성한 에너지를 측정하는 것보다 **생물량(biomass)** 또는 건조중량을 측정하는 것이 더 쉽다. 그래서 순1차생산량은 대개 연간 평방미터당 생물량의 그램 단위로 표현한다.

한 군집의 순1차생산량은 생산자에 도달하는 빛의 양, 이용 가능한 영양분, 물, 온도 등의 여러 가지 환경요인에 영향을 받는다(그림 29-2). 예를 들면, 사막에서는 물의 부족이 생산력을 제한하고, 바다의 깊은 곳에서는 빛이 제한요인이 되며, 대양의 표층

◀**그림 29-2 생태계 간의 순1차생산력 비교** 육상과 수중 생태계의 연간 평방미터당 평균 순생산력(g/m$^2$/yr)

**비판적 사고** 생태계 사이에 어떤 요인에 의해 이들 생산력에 차이가 생기는가?

에서는 부족한 영양분이 제한요인이 된다. 열대우림과 같이 모든 자원이 풍부한 지역에서는 생산력이 높다.

특정 생태계가 지구의 전체 생산력에 차지하는 비중은 그 생태계의 단위면적당 생산력과 그 생태계가 차지하는 면적에 의해 결정된다. 대양은 지구 표면의 약 70%를 차지하지만 단위생산력이 낮아서 지구 전체 생산력의 약 25%만을 차지한다. 이것은 지구 표면의 5% 미만을 차지하지만 생산력이 매우 높은 열대우림의 총 생산력과 거의 맞먹는 양이다.

## 먹이사슬과 먹이망은 군집 내에서의 피식-포식관계를 나타낸다

군집 내에서 하위 영양단계의 종과 이 종을 포식하는 상위 영양단계의 종 사이의 선형적 피식-포식 관계를 **먹이사슬(food chain)**이라 한다(**그림 29-3**). 서로 다른 생태계는 전혀 다른 먹이사슬을 가진다. 육상생태계의 주 생산자는 식물이다. 식물은 초식성의 곤충, 파충류, 조류, 포유류를 부양하며 이들 초식동물 또한 다른 동물에게 먹힌다(**그림 29-3a**). 대부분의 수중생태계의 주 생산자는 작은 광합성 원생생물과 박테리아로 구성된 **식물플랑크톤(phytoplankton)**이다. 식물플랑크톤은 원생생물과 작은 새우 같은 갑각류 등으로 구성된 **동물플랑크톤(zooplankton)**이라 불리는 소비자 그룹을 부양한다. 이 1차소비자인 동물플랑크톤은 주로 어류에 먹히고, 이 어류는 더 큰 어류에게 먹힌다(**그림 29-3b**).

자연군집에는 명확하게 1차, 2차, 3차소비자로 구별될 수 있는 그룹이 없다. **먹이망(food web)**은 군집 내 먹이사슬 사이의 복잡한 포식관계를 더 잘 나타낸다(**그림 29-4**). 너구리, 곰, 쥐, 사람과 같은 동물은 1차, 2차 또는 3차소비자의 역할을 하는 **잡식성동물(omnivore)**이다. 예를 들면 너구리가 식물의 열매를 먹으면 1차소비자가 되지만 메뚜기를 먹으면 2차소비자가 되고 개구리나 육식성 어류를 먹으면 3차소비자가 된다. 파리지옥풀과 같은 식충 식물은 광합성을 하는 생산자이지만 곤충을 잡아먹는 경우 2차소비자를 겸하게 된다.

### 퇴적물섭식자와 분해자는 영양분을 재사용하게 해 준다

먹이망에서 가장 중요한 가닥들 중에는 퇴적물섭식자와 분해자가 있다. **퇴적물섭식자(detritivore)**는 작고 눈에 잘 띄지 않는 무리들로 노폐물, 사체, 낙엽과 같은 탈리된 생체조각을 먹는다. 여기에는 선충류, 지렁이, 노래기, 쇠똥구리, 파리유충 등이 포함된다. 콘도르와 같은 일부 대형 척추동물도 퇴적물섭식자이다.

**분해자(decomposer)**는 주로 균류와 박테리아로 퇴적물섭식자와 동일한 재료를 이용하지만 퇴적물섭식자와는 달리 유기물 덩어리를 섭취하지는 않는다. 이들은 소화효소를 체외로 방출하여 유기물을 분해한다. 유기물이 분해되면 분해자는 영양분의 일부를 흡수하고 많은 영양분을 환경에 남긴다.

퇴적물섭식자와 분해자는 생물의 노폐물을 이산화탄소, 암모니아, 무기이온과 같은 간단한 분자로 환원시켜 토양, 물, 대기로 돌려보내므로 지구 생물에게 매우 중요하다. 퇴적물섭식자와 분해자가 없으면 생태계에는 사체와 쓰레기로 쌓여 갈 것이고 사체와 쓰레기에 저장된 영양분이 생산자를 포함한 다른 살아 있는 생물에 공급되지 못하게 된다. 영양분이 결핍되어 생산자가 죽게 되면 군집으로의 에너지와 영양분의 공급이 중단되고 인간을 비롯한 상위의 영양단계를 이루는 생물들도 살 수 없게 된다.

## 영양단계 간의 에너지의 전달은 비효율적이다

열역학의 기본 법칙은 에너지의 이용이 절대로 완전히 효율적일 수 없다는 것이다(6장 참조). 예를 들면, 가솔린 자동차의 엔진은 약 20%의 에너지만 자동차를 구동하는데 이용하고 약 80%의 에너지는 열로 방출한다. 에너지 이용의 비효율성은 생물에서도 마찬가지이다. 생물의 모든 생화학 반응에서도 폐열이 방출된다. 예를 들어 근육운동을 위해 ATP에 결합된 에너지를 이용할 때 부산물로 열이 방출된다. 우리가 추운 날 몸을 떨거나 빠

(a) 육상의 간단한 먹이사슬

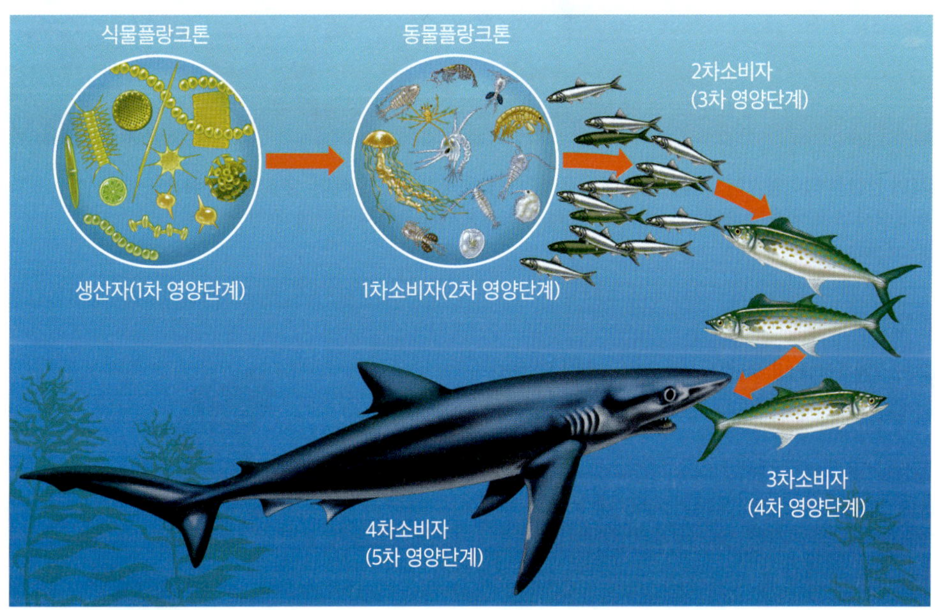


(b) 해양의 간단한 먹이사슬

▲ 그림 29-3 육지와 바다의 먹이사슬

르게 걸을 때 열이 나는 것은 이 때문이다.

한 영양단계에서 다음 단계로 에너지가 전달되는 과정도 매우 비효율적이다. 메뚜기(1차소비자)가 풀(생산자)을 먹을 때는 식물이 고정한 태양에너지의 일부만이 곤충이 이용할 수 있다. 일부 에너지는 식물의 성장, 유지에 이용되었고, 일부 에너지는 메뚜기가 소화할 수 없는 셀룰로오스와 같은 분자의 화학결합을 만드는 데 이용되었다. 이 과정에서 훨씬 많은 에너지가 열로 방출되었다. 따라서 1차 영양단계의 생산자가 고정한 에너지의 일부만을 2차 영양단계의 생물이 이용할 수 있다.

에너지는 상위 영양단계로 이동할 때마다 소실된다. 메뚜기를 포식하는 울새(3차 영양단계)도 메뚜기가 식물에서 섭취한 모든 에너지를 이용하지는 못 한다. 일부 에너지는 메뚜기가 뛰거나 날거나 포식활동을 하는 데 이용될 것이고, 또 일부는 울새가 소화할 수 없는 메뚜기의 외골격을 만드는 데 이용되며, 대부분의 에너지는 열로 방출되기 때문이다. 같은 이유로 울새를 포식하는 매도 울새가 섭취한 에너지 전부를 이용할 수 없다.

▲ 그림 29-4 **초원에서의 간단한 먹이망** 이 그림의 앞줄에는 독수리, 뱀, 얼룩다람쥐, 올빼미, 오소리, 쥐, 뒤쥐(육상성 설치류) 등이 그려져 있고, 가운데 줄에는 뇌조, 종달새, 메뚜기, 산토끼가 그려져 있으며, 가장 뒷줄에는 영양, 매, 꿩, 늑대, 물소가 있다.

## 에너지 피라미드는 영양단계 간의 에너지 전달을 보여준다

일반적으로 에너지는 한 영양단계에서 다음 영양단계로 전달될 때 약 90%가 손실된다. 이것은 1차소비자(초식동물)는 생산자가 저장한 에너지의 약 10%만을 고정한다는 것을 의미한다. 그리고 2차소비자는 1차소비자가 고정한 에너지의 약 10%를 고정한다. 각 영양단계에서 이루어지는 이 비효율적인 에너지 전달을 "10%의 법칙"이라 한다. 가장 아래쪽이 최대의 에너지를 가지고 상위 단계로 갈수록 에너지가 감소하는 것을 나타내는 **에너지 피라미드(energy pyramid)**는 각 영양단계 사이의 에너지 관계를 잘 보여준다(**그림 29-5**).

상위 영양단계로 올라갈수록 이용할 수 있는 에너지량이 감소하므로, 생태계에서 1차생산자는 가장 풍부한 생물이고 최상위 육식동물은 가장 적다. 상위 영양단계에서는 에너지량과 개체수가 적어져, 인간 활동으로 인해 생기는 독성물질은 육식동물의 체내에 농축된다. 이와 같은 **생물농축(biological magnification)**은 위해하거나 심한 경우 치명적인 영향을 초래하기도 하는데, "Health watch:독성물질의 생물농축"에서 그 영향을 탐구해 볼

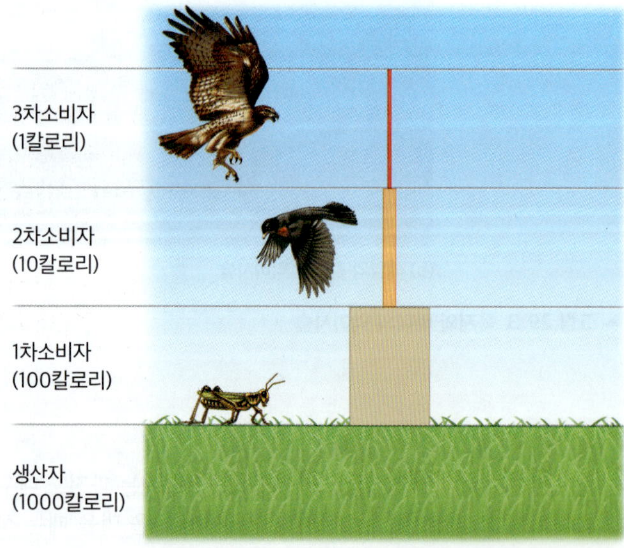


▲ 그림 29-5 **초원 생태계에서 에너지 피라미드** 이 피라미드에서 사각형의 크기는 각 영양단계에서 저장되는 에너지의 양에 비례한다. 이 그림에 그려진 생물들은 미국의 초원에서 흔히 볼 수 있는 각 영양단계의 대표 종으로 풀, 메뚜기, 울새, 붉은꼬리말똥가리(매)이다.

것이다.

**CHECK YOUR LEARNING**

- 군집에서 각 영양단계에 속한 생물의 예를 들 수 있는가?
- 생태계를 통한 에너지 흐름을 설명할 수 있는가?
- 생태계의 기능에 퇴적물섭식자와 분해자가 필수적인 이유를 설명할 수 있는가?
- 영양단계를 통한 에너지 전달의 비효율성이 어떻게 서로 다른 영양단계에서 생물의 상대적 풍부도를 결정하는지 설명할 수 있는가?

**CASE STUDY CONTINUED**

**죽은 물고기가 부양하는 생태계**

홍연어의 생태계에서 식물플랑크톤(생산자)은 동물플랑크톤(1차소비자)에게 먹히고, 이 동물플랑크톤은 작은 물고기(2차소비자)에게 먹힌다. 그래서 홍연어가 작은 물고기를 먹으면 홍연어는 3차소비자(4차 영양단계)가 된다. 알래스카 곰은 연어를 포식하므로 5차 영양단계가 된다. 만약 이 먹이사슬에 10%의 법칙을 적용하면 1,000파운드의 곰은 10,000파운드의 연어에 해당하고 100,000파운드의 작은 물고기와 같으며, 100만 파운드의 동물플랑크톤, 1,000만 파운드의 식물플랑크톤에 해당한다.

모든 생물들은 에너지뿐만 아니라 다양한 영양분도 함유하고 있는데, 영양분의 재순환은 어떻게 일어날까?

## 29.3 생태계 내부 또는 생태계 사이에서 영양분은 어떻게 순환되는가?

지구의 고정된 영양분의 공급은 생지화학적순환(*biogeochemical cycle*)이라고 하는 **영양분순환(nutrient cycle)**에 의해 생태계를 통해 이동한다. 이 순환은 영양분이 무기환경에서 생태계 내의 군집으로 이동하고 다시 환경으로 돌아가는 과정을 의미한다. 이때 영양분은 **저장소(reservoir)**라고 하는 순환의 한 부분에 축척될 수 있다.

생물들은 다양한 영양분을 필요로 한다. 다음 절에서는 물, 탄소, 질소, 인의 순환에 대해 설명할 것이다.

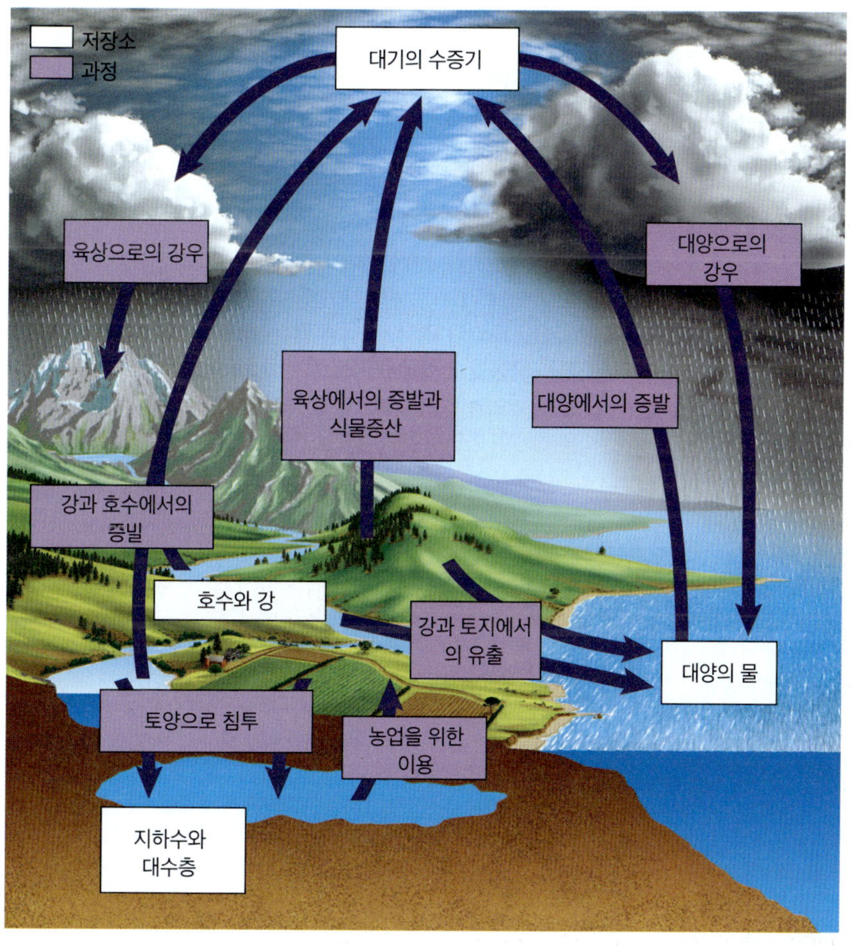


▲ 그림 29-6 물의 순환

### 물의 순환 과정에 가장 중요한 저장소는 대양이다

**물의 순환(hydrologic cycle)**은 주 저장소인 대양에서 대기로, 강과 호수, 그리고 지하수의 저장소로, 그리고 다시 대양으로 이동하는 경로를 말한다(**그림 29-6**). 대양은 지구 물의 97%이상을 함유하고 있다. 나머지 중 2%는 얼음으로 존재하고 겨우 1%만이 액체 상태의 담수로 존재한다.

물의 순환은 태양의 열에너지에 의한 대양, 호수, 강에서의 증발로부터 시작된다. 증발된 수증기가 대기에서 응축되면 비와 눈의 형태로 지구로 돌아온다. 대양은 지구 표면의 약 70%를 차지하므로 증발의 대부분은 대양에서 일어나고 대부분의 강우도 대양으로 되돌아온다. 육상으로 떨어진 강우의 일부는 토양, 호수, 강에서 증발되고 또 바다로 흘러간다. 또 일부는 식물의 뿌리로 흡수된다. 식물에 흡수된 이 물의 대부분은 잎에서

# Health WATCH 독성물질의 생물농축

우리는 생선을 먹는 것이 건강에 이로운 것으로 알고 있지만, 항상 그런 것은 아니다. 미국 FDA(Food and Drug Administration)는 임산부나 모유 수유를 하는 여성에게 황새치, 상어, 삼치의 섭취를 피하고, 참치는 일주일에 1캔 이하로 제한할 것을 권고한다. 이들 어류 종들은 태아나 유아의 뇌 발달에 악영향을 줄 정도로 높은 농도의 수은을 함유하고 있다. 이 수은은 어디에서 비롯되었으며 왜 특정 어류에만 농축되어 있을까?

환경의 대부분의 수은은 금 채굴과 석탄 연소, 두 경우에서 비롯된다. 특히 저개발국의 소규모 금광업자들은 원광으로부터 금을 분리하는데 수은을 사용한다. 분리 과정에서 수은이 지하수와 대기로 방출되는 경우가 많다. 전 세계의 많은 석탄 화력발전소가 주된 수은오염 발생 장소이다. 수은은 석탄에 미량 함유되어 있어 석탄을 태울 때 기화되는데, 이 경우 바람을 타고 수천 마일을 이동하기도 한다. 지구상에 수은오염으로부터 안전한 곳은 없다고 할 수 있다.

특정 지역을 제외하면 환경 중 수은의 농도는 매우 낮다. 그렇지만 독성물질이 고차의 영양단계 동물에게 농축된다는 생물농축(biological magnification)을 통해 건강에 위협이 된다. 생물농축이 이루어지는 물질들에는 두 가지 공통적인 특징이 있다. 첫째, 생물농축이 이루어지는 물질은 조직, 특히 지방조직에 저장된다는 것이다. 둘째, 그것들은 쉽게 생분해되지(biodegradable) 않는다 - 동물이나 분해자 모두 이러한 물질을 무해한 물질로 쉽게 분해할 수 없다. 수은은 이 두 가지 공통적인 특징을 갖는다. 지방과 근육에  저장되고, 수은은 원소이기 때문에 분해될 수 없다.

생물농축이 이루어지는 것은 영양단계에서 에너지 전달이 비효율적으로 이루어지기 때문이다. 생산자가 낮은 농도의 독성물질을 흡수, 저장하더라도, 초식동물은 많은 양의 생산자를 먹기 때문에 독성물질을 높은 농도로 흡수, 저장하게 된다. 계속해서 먹이사슬을 통한 섭취, 흡수, 저장은 고차의 포식자에서 매우 높은 독성물질 농도를 나타나게 한다. 상어, 황새치, 참치, 삼치는 수명이 긴 고차의 포식자이므로 고농도의 수은이 축척이 된다. FDA가 사람들에게 이들의 섭취를 피하라고 권고하는 것의 생태학적 의미는 더 고차의 영양단계 포식자가 되지 말라는 것이다.

살충제를 비롯한 유기화합물도 고차의 영양단계의 생물체에 높은 농도로 축척될 수 있다. 생물농축이 처음 대중에게 알려진 것은 1950년대에서 1960년대 사이로 야생생물학자들이 가마우지, 물수리, 펠리컨, 흰머리독수리 등과 같은 어류를 포식하는 조류들이 심각하게 감소하고 있다는 것을 발견하면서부터이다. 이들의 감소는 살충제로 사용된 DDT의 독성에 의한 것이었다. 이들 새들이 서식하는 수중 생태계에는 해충을 제어하기 위해 뿌렸던 DDT가 비교적 낮은 농도로 존재하고 있었다. 그런데 이들 새들의 체내에서는 수중 DDT 농도의 백만 배나 되는 양이 농축되어 있었다(**그림 E29-1**). 그 결과, 새들은 껍질이 얇은 알을 낳게 되었고 부화 중 부모 새의 무게에 알이 깨졌던 것이다. 다행스러운 것은 1973년 미국에서 DDT 사용을 금지한 후 어류를 포식하는 조류들의 개체군이 크게 증가하고 있다는 것이다. 전 세계의 약 180개국이 DDT와 12개의 "잔류성 유기오염물질"의 생산과 사용을 금지하거나 제한하기로 합의했다. 2011년 미국 환경보호청(EPA)은 발전소가 수은, 비소, 니켈, 셀레늄 등과 같은 독성물질의 배출량을 줄이도록 요구하는 규정을 발표하였다. 그러나 불행히도 환경보호청은 규정을 완화할 목적으로 발전소에 대한 독성 배출 규정의 검토를 지시했다. 그래서 최근 생물농축을 일으키는 독성물질의 위험 감소의 진전이 중단되거나 역전될 가능성이 점점 커지고 있다.

▲ **그림 E29-1 DDT의 생물농축** 살충제로 DDT를 널리 사용하던 시기에 뉴욕의 롱아일랜드 소택지에서 DDT는 영양단계를 따라 매우 낮은 농도에서 독성을 갖는 농도까지 수백만 배나 축적되었다(Woodwell 등, Science, 1967).

**비판적 사고** 당신의 친구와 점심을 먹는데 친구가 올해 아기를 가질 계획이라고 한다. 그런데 친구가 참치샌드위치를 먹고 있다. 수은의 농축을 막기 위해 임산부가 참치의 섭취를 피해야 한다는 것을 당신은 알고 있다. 당신이 그녀에게 이 사실을 이야기하자 그녀는 생선을 전혀 먹지 말아야 하는지 묻는다. 어떤 연구는 메기, 청어, 해덕, 송어가 보통 낮은 수치의 수은을 포함하는 어종들이고 중간 정도의 수은을 포함하는 어종들도 있다는 것을 보여준다. 왜 종이 다른 물고기는 다른 농도의 수은을 함유할까?

의 증산에 의해 대기로 돌아간다. 극히 일부의 물은 생물체에 저장되고, 일부는 토양을 통해서 지하의 저장소인 **대수층(aquifer)**으로 들어간다.

## 탄소순환에서 가장 중요한 저장소는 대기와 대양이다

탄수는 거의 모든 생체 뷰자의 중요한 구성요소이다. 대기와 대양의 저장소의 탄소가 생산자에 의해 고정되고 소비자를 거쳐 퇴적물섭식자와 분해자에 의해 분해되어 다시 대기와 대양의 저장소로 돌아가는 것을 **탄소순환(carbon cycle)**이라 한다(그림 29-7). 탄소는 생산자가 광합성 과정에서 이산화탄소($CO_2$)를 고정하여 유기분자에 통합되어 생물군집으로 들어온다. 육상의 식물과 다른 광합성 생물은 대기 중의 $CO_2$를 이용하고, 수생 환경의 식물플랑크톤과 수생 식물들은 물에 용해된 $CO_2$를 광합성에 이용한다.

생산자는 합성한 일부 탄소를 세포호흡을 통해 대기나 수중으로 $CO_2$ 형태로 방출하고 나머지는 체내에 생체 분자로 저장한다. 1차소비자가 생산자를 먹으면 이 저장된 탄소를 획득하게 된다. 1차소비자나 상위 영양단계의 생물들은 호흡으로 $CO_2$를 방출하고 배설물로 탄소화합물을 배출하며 나머지를 체내에 저장한다. 모든 생물은 결국 죽는데, 생물의 사체는 퇴적물섭식자와 분해자에 의해 분해되며, 퇴적물섭식자와 분해자의 세포호흡을 통해 $CO_2$는 대기와 대양으로 돌아간다.

광합성과 세포호흡이라는 상보적인 과정을 통해 탄소는 생태계의 생물계와 비생물계 사이를 지속적으로 순환한다. 어떤 탄소의 순환은 매우 느리게 일어난다. 지구의 많은 탄소는 석회암으로 존재하는데 이것은 과거 식물플랑크톤의 껍질이었던 탄산칼슘($CaCO_3$)이 퇴적된 것이다. 석회암에 함유된 탄소가 대기로 방출되었다가 다시 석회암으로 돌아오는데 수백만 년이 걸린다. 또 다른 장기간에 걸친 순환은 석탄, 석유, 천연가스와 같은 **화석연료(fossil fuel)**에서 볼 수 있다. 화석연료는 과거의 생물 잔류물이 땅 속 깊은 곳에서 오랫동안 높은 열과 압력을 받아 만들어진 것이다.

## 질소순환에서 가장 중요한 저장소는 대기이다

질소는 단백질, 비타민류, 뉴클레오타이드(ATP 등), 핵산(DNA 등)의 핵심적인 구성요소이다. **질소순환(nitrogen cycle)**은 대기 저장소의 $N_2$가 생산자와 소비자, 그리고 분해자와 퇴적물섭식자를 거쳐 토양과 물의 암모니아와 질산염으로 전환되었다가 다시 대기저장소로 돌아가는 과정이다(그림 29-8).

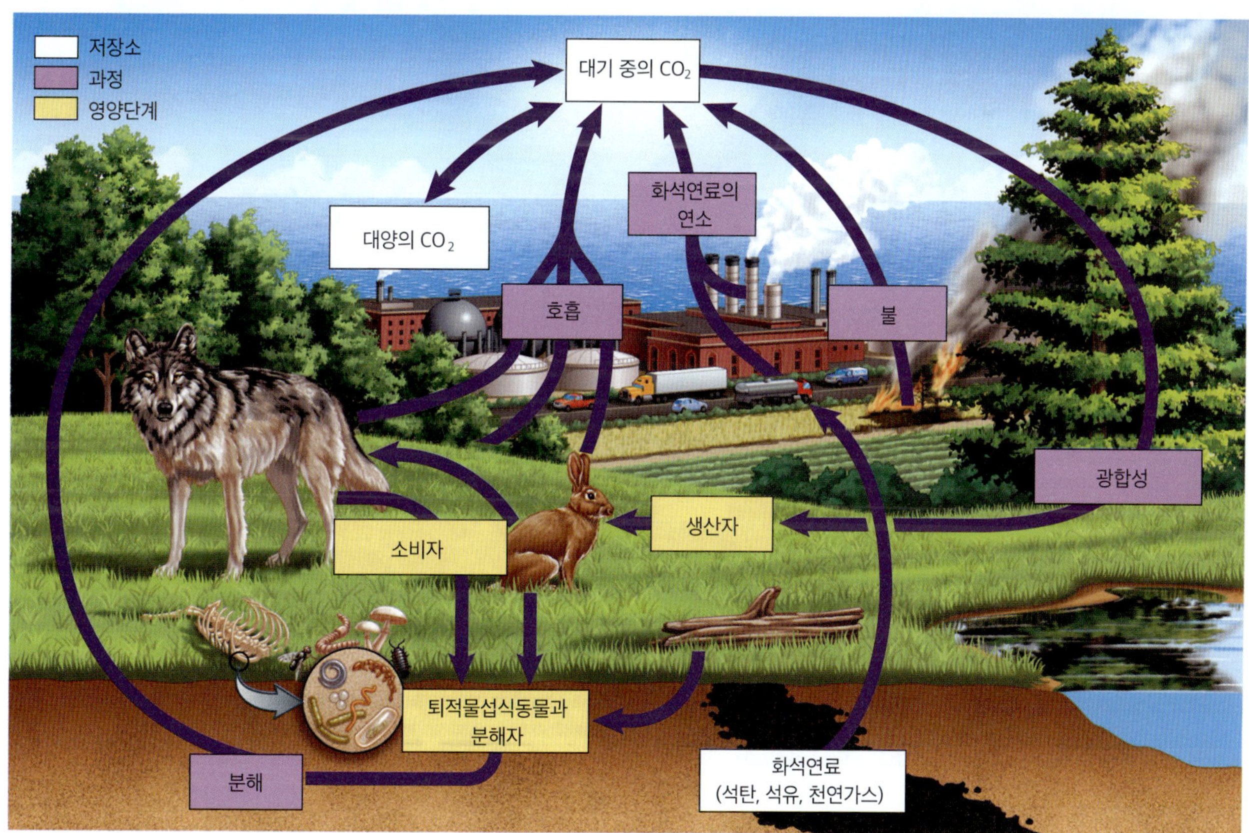


▲ 그림 29-7 탄소순환

대기는 약 78%의 질소기체($N_2$)를 함유하고 있지만 대부분의 생물들은 이 형태의 질소를 이용할 수 없다. 식물과 식물플랑크톤은 암모니아($NH_3$)와 질산염($NO_3^-$)을 이용한다. 토양과 물속에 사는 어떤 박테리아는 $N_2$를 암모니아로 전환시키고, 또 다른 박테리아는 암모니아를 질산염으로 전환시키는데 이 과정을 **질소고정(nitrogen fixation)**이라 한다. 박테리아는 생산한 모든 암모니아와 질산염을 이용하지 못하고 잉여분은 주변의 토양이나 물로 방출된다. 적은 양의 질산염이지만 번개에 의해 질소가 산소($O_2$)와 결합하여 산화질소화합물을 형성하였다가 강우시 빗물에 용해되어 질산염으로 전환되기도 한다.

생산자는 암모니아와 질산염을 흡수하여 단백질 등의 생체 분자를 합성한다. 이들이 합성한 질소함유 생체 분자는 포식에 의해 순차적으로 상위 영양단계로 전달된다. 각 영양단계에서 사체와 노폐물은 분해자에 의해 분해되는데, 이것은 암모니아를 토양과 물로 방출하고 박테리아는 그것을 질산염으로 전환시킨다. 질소순환은 **탈질 박테리아(denitrifying bacteria)**에 의해 완료되는데, 습지, 늪, 하구의 탈질 박테리아가 질산염을 분해하여 질소기체 상태로 대기로 돌려보낸다.

사람들은 의식적, 무의식적으로 질소순환에 크게 관여한다. 비료공장에서는 대기 중의 $N_2$를 천연가스에서 분리한 수소와 결합시켜 암모니아를 합성한다. 이때 일부는 질산염이나 요소(유기질소화합물)로 전환된다. 화석연료를 태울 때 발생한 열이 $N_2$와 $O_2$를 결합시켜 산화질소화합물을 거쳐 질산염을 형성하기도 한다. 오늘날 질소순환의 큰 부분은 인간에 의해 이루어지고 있다.

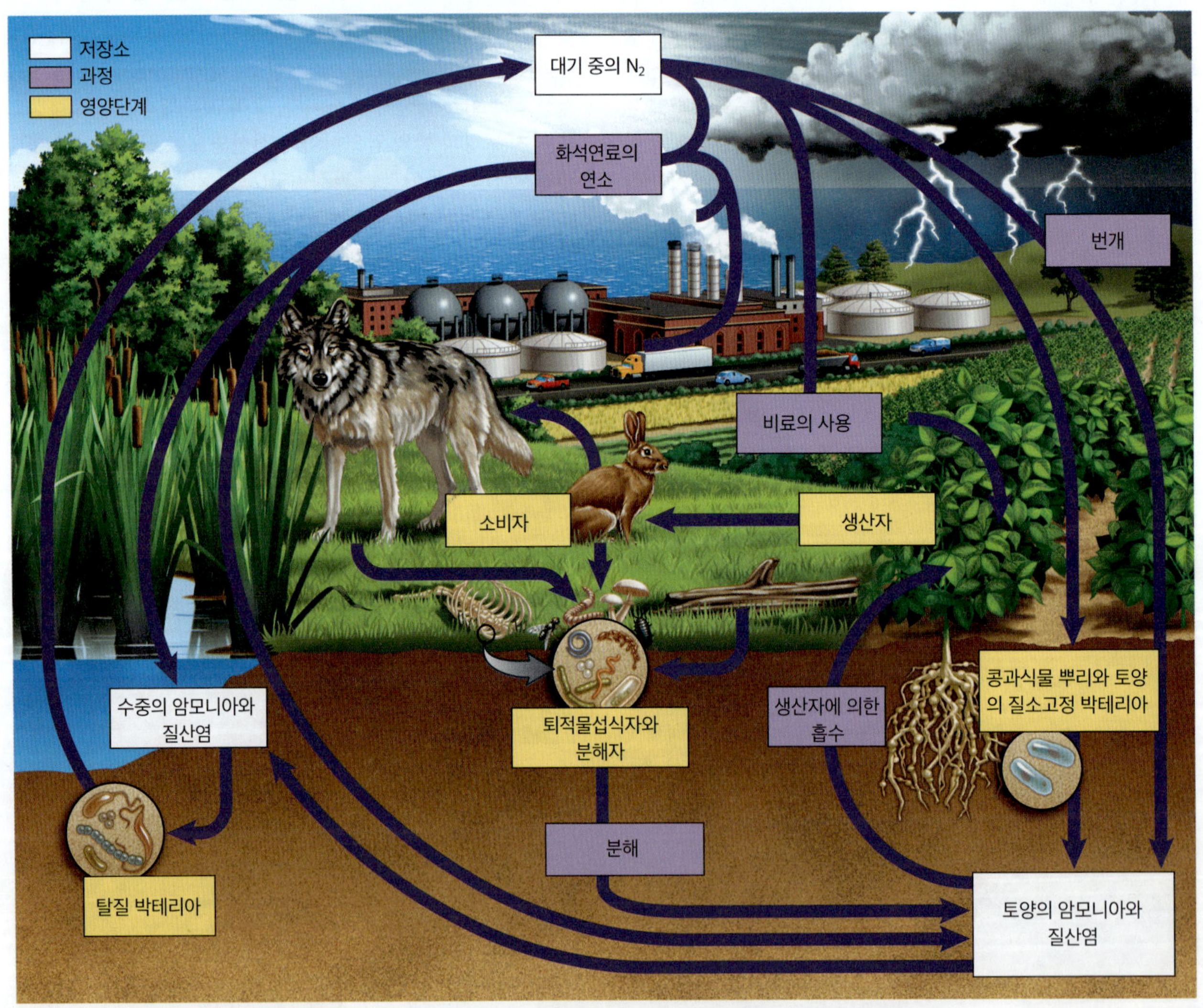


▲ 그림 29-8 질소순환

**비판적 사고** 사람들이 공기 중의 질소를 고정하여 질소순환으로 보내는 것의 이익은 무엇인가? 인간이 질소순환을 증폭시킨 결과는?

CASE STUDY CONTINUED

## 죽은 물고기가 부양하는 생태계

질소고정 박테리아가 바닷물에 용해된 질소를 고정하여 암모니아를 만든다. 이 대부분은 광합성 플랑크톤에 의해 고정된다. 질소는 이 식물플랑크톤에서 여러 영양단계를 거쳐 연어에게 전달된다. 회유하는 연어는 이 질소를 바다로부터 알래스카연안의 육상생태계로 운반한다.

### 인순환에서 가장 중요한 저장소는 인광석이다

인은 생체 분자인 핵산(DNA 등)과 세포막의 인지질 등에서 볼 수 있으며 척추동물의 치아와 뼈의 중요한 성분이다. **인순환(phosphorus cycle)**에서 인은 1차 저장소인 인광석에서 토양과 물의 작은 인 저장소로 들어가고, 생물에 의해 흡수되었다가 다시 인광석의 인 저장소로 돌아간다(그림 29-9). 인은 순환하는 동안 대부분 인산염($PO_4^{3-}$)의 형태로 존재하고 기체형이 없기 때문에 인순환에는 대기저장소가 없다.

지각운동으로 인이 풍부한 인광석이 지표에 노출되면 인은 빗물에 용해되어 토양, 호수, 그리고 대양으로 운반되어 생태계가 이용할 수 있는 작은 인 저장소를 형성한다. 용해된 인산염은 생산자에게 흡수되어 인 함유 생체 분자 합성에 이용된다. 생산자가 흡수한 인산염은 상위 영양단계에서 소비자에게 전달된다. 각 영양단계에서 생물들은 잉여의 인산염을 배출한다. 최종적으로 퇴적물섭식자와 분해자가 나머지 인산염을 토양과 물로 돌려보내며 이것은 다시 생산자에 의해 재흡수되거나 퇴적되어 인광석이 된다. 질소순환과 같이, 인순환의 큰 부분이 인간에 의해 이루어진다. 비료를 생산하기 위해 인간은 인광석이 자연적으로 용해되는 속도보다 더 빠르게 인광석에서 인산염을 추출하고 있다.

CHECK YOUR LEARNING

- 생태계 내부와 생태계 사이에서 영양분이 순환하는 이유를 설명할 수 있는가?
- 물, 질소, 탄소, 인의 순환을 설명할 수 있는가?

## 29.4 인간이 영양분의 순환을 교란하면 어떻게 될까?

고대에는 인구도 적고 기술도 제한적이어서 인간에 의한 영양분 순환의 교란은 크지 않았다. 그러나 인구가 증가하고 기술이 발

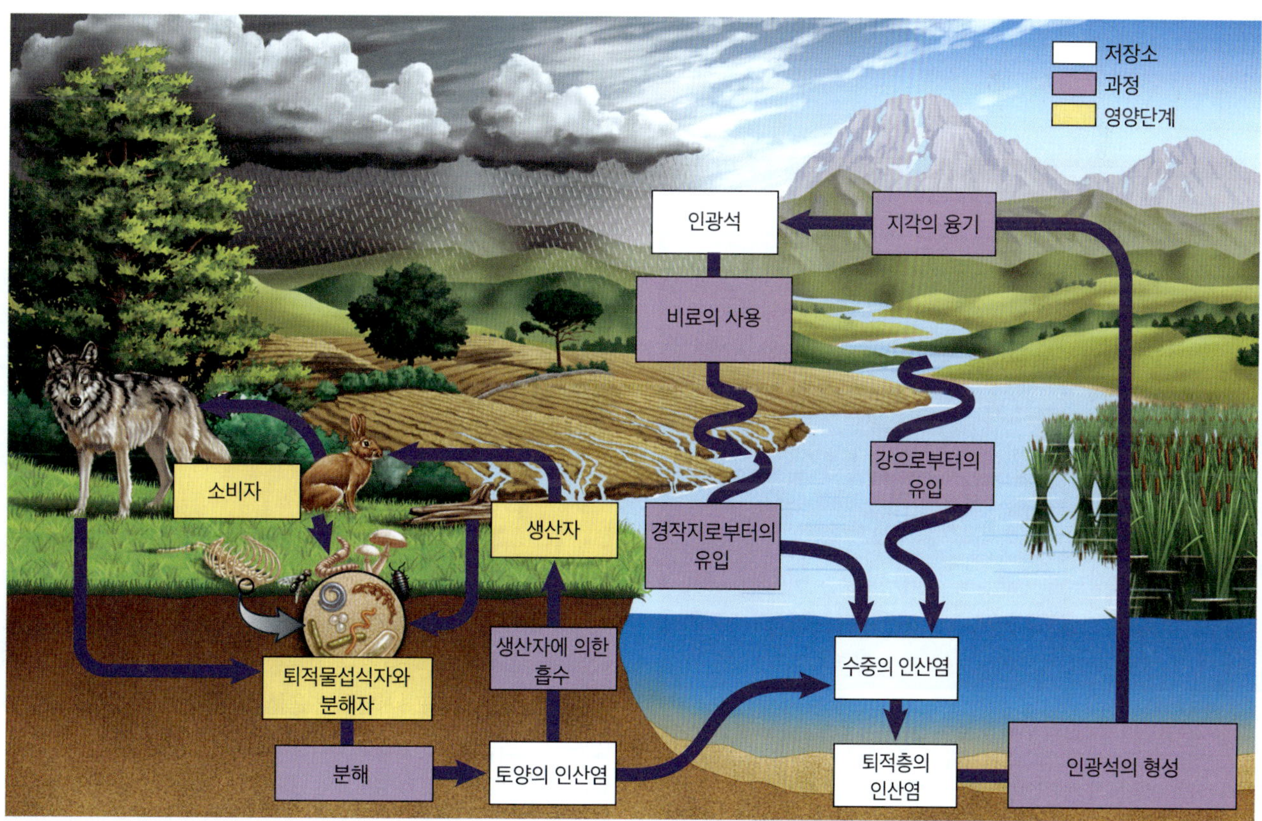


▲ 그림 29-9 인순환

달하면서 인류는 영양분순환을 심각하게 교란하기 시작하였다. 오늘날 화석연료와 화학비료의 사용으로 전 지구적인 질소순환, 인순환, 황순환, 탄소순환의 교란이 이루어지고 있다.

## 질소와 인의 과다한 배출은 수중 생태계를 교란한다

매년 약 4천5백만 톤의 인산 비료와 약 1억1천5백만 톤의 질소성 비료(암모니아, 질산염, 요소)가 늘어나는 인구의 수요를 감당하기 위해 농토에 뿌려지고 있다. 강우나 관계수가 농토를 흘러가면서 이들 질소와 인산 비료를 용해시켜 호수와 강을 거쳐 바다로 들어가는데, 많은 양의 영양분이 수계로 유입되면 식물플랑크톤의 과도한 증식이 유발된다. 이들 식물플랑크톤이 죽으면 깊은 물속으로 가라앉아 분해자 박테리아에 의해 분해된다. 수중의 산소를 이용한 분해자의 세포호흡은 수중의 용존산소를 고갈시키므로 무척추동물과 어류는 다른 곳으로 이동하거나 죽어서 분해되어 죽음의 해역(dead zone)을 형성한다. 매년 여름 거대한 죽음의 해역이 멕시코만의 루이지애나 연안에서 일어난다. 봄철에 막대한 양의 질소와 인산 비료가 녹은 하천의 물이 미시시피강으로 유입된다. 이 미시시피강의 영양분이 멕시코만으로 이동하여 조류의 대번식을 일으켜서 거대한 죽음의 해역을 만든다(**그림 29-10**). 2017년 멕시코만의 죽음의 해역이 거의 9천 평방마일에 달했다.

## 황과 질소의 과다한 방출은 산성비를 유발한다

산업과 운송을 위해 화석연료를 연소시킬 때 엄청난 양의 질소산화물과 황산화물이 대기로 방출된다. 자연적인 과정에서는 화재와 번개 등에 의해 질소산화물이 만들어지고, 화산이나 온천, 분해자에 의해 황산화물이 만들어지지만, 대기로 유입되는 대부분의 질소산화물과 황산화물은 인간 활동의 부산물이다. 이 질소산화물과 황산화물이 대기 중에서 수증기와 결합하면 질산과 황산으로 전환된다. 시간이 지나면 이들은 눈이나 빗물에 녹아 낙하한다. 이것이 **산성 강하물(acid deposition)**로 뉴햄프셔에서 처음 알려졌는데, 뉴햄프셔에서 1963년에 측정된 빗물의 pH는 3.7로 오렌지주스와 비슷한 수준이었으며 pH 5~6인 오염되지 않은 비보다 훨씬 산성이었다.

산성 강하물은 숲에 피해를 주고, 호수의 생물을 몰살시키며, 조각상이나 건물을 부식시킨다(**그림 29-11**). 미국의 뉴잉글랜드 지역, 중동부 해안, 중서부의 위쪽, 서부 산악지역 및 플로리다주는 산성을 중화시키는 능력이 낮은 토양으로 이루어져 있어 이 지역의 생태계는 산성 강하물에 매우 취약하다. 북아메리카를 지나는 편서풍이 미국 중서부의 화력발전소에서 석탄을 연소시킬 때 발생한 황산과 질산을 운반하기 때문에 뉴욕 북부와 뉴잉글랜드는 더 위험하다.

산성 토양에서 자란 식물은 감염이나 곤충의 공격에 취약하게 된다. 산성 강하물은 모든 식물에게 필수적인 칼슘과 마그네슘을 토양에서 용출시키기도 한다. 산성비는 가문비나무나 전나무 같은 침엽수에 직접적인 피해를 준다. 지난 40년에 걸쳐서 버몬트주의 그린산에서 붉은가문비나무의 절반과 당단풍나무의 1/3이 죽었다(**그림 29-12**).

1990년 이후, 정부의 규제로 미국 화력발전소의 황산화물과

▲ **그림 29-10 멕시코만의 위해 조류 대번식** 미국 중서부의 농토로부터 질소와 인을 비롯한 영양분이 미시시피강으로 들어와 미시시피 델타로 흘러간다. 이들 영양분이 멕시코만으로 유입되면 조류의 폭발적 증식이 일어나 인공위성 사진에서도 녹색의 소용돌이를 확인할 수 있다.

▲ **그림 29-11 산성 강하물은 부식을 유발한다** 뉴욕의 브루클린에 있는 빌딩 장식의 부식은 산성 강하물의 영향을 잘 보여준다. 왼쪽 사진은 원래의 모습으로 복원된 것이고, 오른쪽 사진은 복원 전의 상태로 심하게 부식되어 있다.

▲ **그림 29-12 산성 강하물은 숲을 파괴할 수 있다** 버몬트주 캐멀스험프에서 산성 강하물에 의한 삼림파괴를 볼 수 있다. 수령이 오래된 나무는 거의 다 죽었다. 1990년대 이후 발전소에서 황과 질소의 배출이 감소되면서 뉴잉글랜드의 산성비가 감소하였고, 어린 나무들에 의해 숲이 회복되고 있다.

질소산화물 배출이 많이 줄어들어 황산화물은 40%, 질소산화물은 50% 이상 감소하였다. 대기질이 개선되었고 강우의 산성도도 개선되었지만, 미국 북동부의 넓은 지역에서는 아직도 pH 5.0 이하의 산성비가 내리고 있다.

## 탄소순환의 교란은 기후변화를 유발한다

대기의 이산화탄소 저장소는 생산자에게 광합성을 위한 원료를 공급할 뿐만 아니라 지구의 기후에도 큰 영향을 미친다. 이것을 이해하기 위해 지구의 대기권으로 유입되는 태양에너지에 대해 살펴보자(**그림 29-13**). 태양에너지❶의 일부는 대기와 눈이나 얼음으로 덮인 지구표면에 부딪혀 우주공간으로 반사된다❷. 지구로 유입된 태양광선의 절반 정도는 땅, 식생, 수면 등의 지표에 부딪혀 열로 전환되어❸ 대기로 반사된다❹. 이 열의 대부분은 우주 공간으로 방출되지만❺, 수증기, 이산화탄소를 비롯한 **온실가스(greenhouse gases)**가 대기에서 이들 열을 붙잡아 둔다❻.

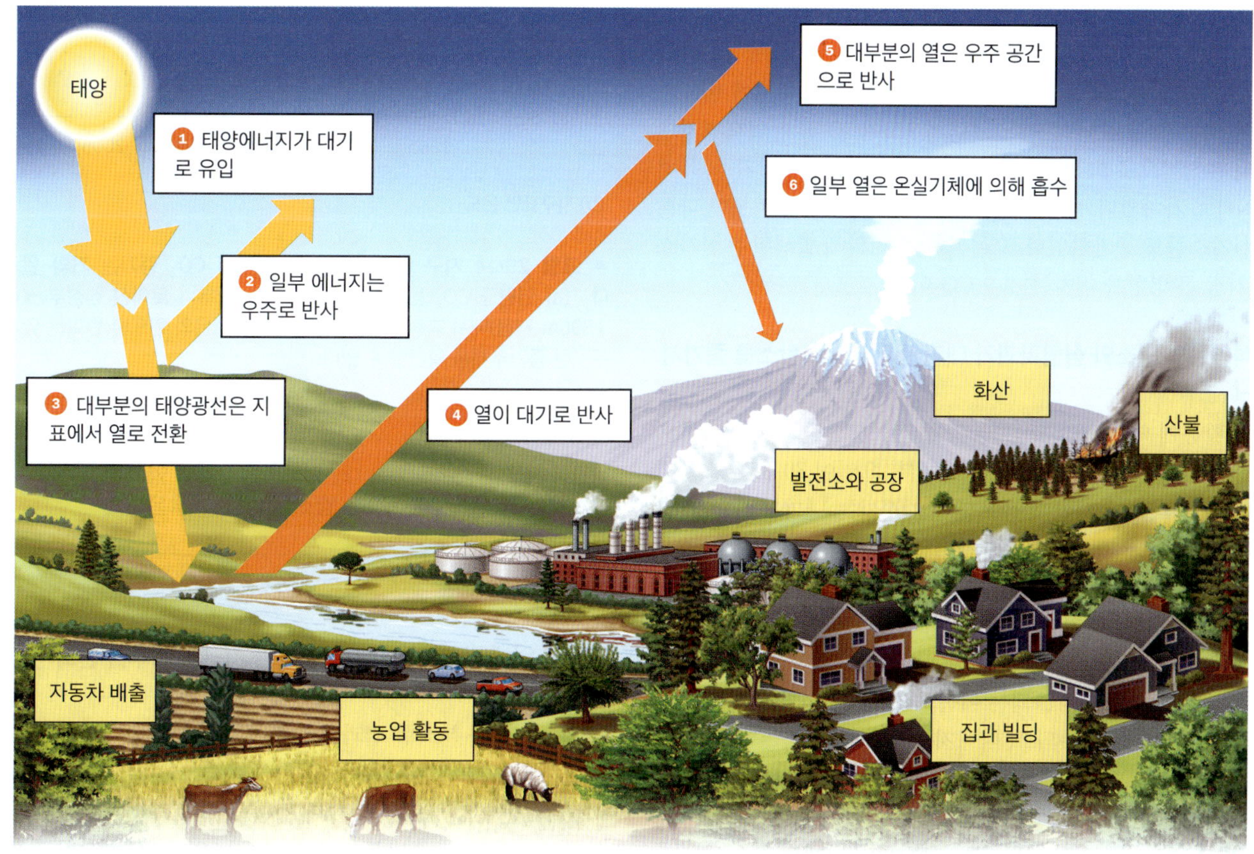


▲ **그림 29-13 온실효과** 태양광선은 지표를 가열하고 열은 대기로 반사된다. 자연적인 과정에 의해 배출된 온실가스와 인간의 활동(노란색 박스)에 의해 증가된 온실가스가 반사되는 열의 일부를 흡수하여 지구의 온도를 상승시킨다.

**Have You Ever Wondered ...**

## 당신의 탄소발자국(carbon footprint) 크기는?

인간의 많은 활동들은 온실가스를 방출하고 이는 지구 기후에 영향을 미친다. 이 영향을 평가하는 한 가지 방법은 인간의 활동 결과로 배출되는 온실가스의 양인 탄소발자국(carbon footprint)을 측정하는 것이다. 각 개인의 탄소발자국은 개인적인 활동이 온실효과에 미치는 영향을 알려준다. 예를 들면 휘발유 1갤런을 사용하면 19.6파운드의 $CO_2$를 대기로 배출한다. 만약 자동차의 연비가 갤런 당 20마일이라면 1마일에 약 1파운드의 $CO_2$를 대기로 방출하는 것이 된다.

미국 환경청(EPA)이나 환경 관련 기구의 웹사이트에는 각 가정에서 배출하는 온실가스에서 탄소발자국을 측정할 수 있는 계산표가 제시되어 있으며, 아래와 같은 질문을 통해 당신의 탄소발자국을 계산할 수 있다. 질문: 어떤 음식을 먹는가? 당신 차의 연비는 얼마인가? 당신의 집은 어떻게 단열되고 있으며 온도는 몇 도로 설정되어 있는가?

이 자연적인 과정을 **온실효과(green effect)**라 하는데, 이 온실효과에 의해 지구가 비교적 따뜻한 온도로 유지되어 생물들이 살 수 있게 되는 것이다.

인간의 활동에 의한 온실가스의 방출은 온실효과를 더 강화시킨다. 온실가스의 양이 증가하면 더 많은 열이 대기에 머물게 되어 지구가 더 온난해진다. 그런데 150여 년 전 산업혁명시대부터 본격적으로 화석연료를 사용하면서 대기에 온실가스, 특히 $CO_2$가 증가하였다. 메탄($CH_4$), 질소산화물($NO_2$)을 비롯한 다른 온실가스들도 증가하였다. 오늘날 인간에 의해 발생된 온실가스 중 가장 큰 영향을 미치는 것은 $CO_2$이다.

### 화석연료의 연소와 삼림파괴가 대기 중의 이산화탄소를 증가시킨다

인간 활동에 의해 연간 350~400억 톤의 이산화탄소가 대기 중으로 방출되는데, 화석연료의 연소에 의한 요인이 80~85%를 차지한다. 대기의 이산화탄소 농도를 증가시키는 나머지 요인은 **삼림파괴(deforestation)**에 의한 것이다. 나무들이 벌채되고 태워질 때 나무들에 저장된 탄소가 대기로 되돌아가기 때문이다. 삼림파괴는 주로 열대지방에서 일어나는데, 이곳에서는 농업과 축산을 위해 수천만 에이커의 열대우림이 파괴된다.

인간 활동에 의해 방출되는 이산화탄소의 절반 정도는 대양과 육상식물에 의해 흡수되고, 나머지는 대기 중에 남는다. 1850년 이후 대기 중의 $CO_2$ 농도는 280ppm에서 2017년에는 405ppm으로 40% 이상 증가하였으며, 매년 2ppm 이상씩 증가하고 있다(**그림 29-14a**). 현재 대기 중의 $CO_2$ 농도는 지난 80만 년 중 어느 시기보다 더 높다고 한다.

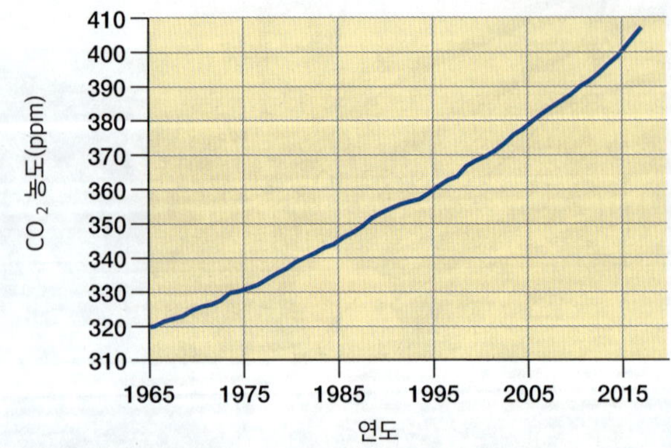


(a) 대기 $CO_2$ 농도 변화

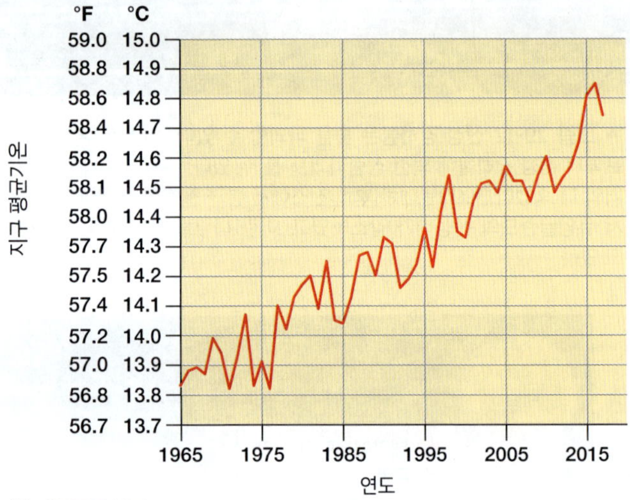


(b) 지구표면 온도

▲ **그림 29-14 지구 온도의 상승과 대기의 $CO_2$ 증가는 거의 일치한다** **(a)** 연평균 $CO_2$ 농도(ppm). 하와이의 마우나 로아산 정상부근(해발 3,396m 지점)에서 측정한 값. **(b)** 지구 평균기온의 연도별 변이는 있지만 뚜렷한 증가추세를 확인할 수 있다.

**비판적 사고** 만약 사람들이 내년부터 $CO_2$ 방출을 멈춘다면 지구 온도가 바로 감소할까? 감소 또는 감소하지 않는 까닭은?

### 인간에 의해 방출되는 이산화탄소가 지구의 기후를 변화시키고 있다

여러 증거들을 분석한 결과 인간이 배출한 $CO_2$와 온실가스들이 온실효과를 강화시켜 지구 기후가 변화되고 있는 것으로 나타나고 있다. 전 세계의 육지와 바다 수천 곳에서 측정한 온도를 종합한 결과 1800년대 후반부터 지구 온도는 약 1.1℃ 상승한 것으로 나타났으며, 1970년대 이후 0.9℃ 증가한 것으로 나타났다(**그림 29-14b**). 지구 온도를 본격적으로 관측한 이후 가장 더웠던 해

(a) 1941년의 뮤어 빙하

(b) 2004년의 뮤어 빙하

▲ **그림 29-15 빙하가 녹고 있다** 알래스카의 글레이셔 베이 국립공원에 있는 뮤어 빙하의 동일 지점을 찍은 사진으로 (a) 1941년과 (b) 2004년 사이에 빙하가 많이 녹은 것을 볼 수 있다.

17번 중 1번을 제외하고 모두 2000년 이후에 일어났다.

온실가스와 이에 따른 지구 온난화가 지구 기후에 많은 영향을 미치므로 온실가스의 증가에 의한 모든 변화를 **기후변화(climate change)**라고 한다. 기후의 온난화는 이미 광범위한 변화를 나타내기 시작했다. 전 세계적으로 빙하가 후퇴하고 있다. 전 세계 산지 빙하의 90%가 줄었고 이 추세는 가속될 것이라 한다(**그림 29-15**). 몬태나주에 있는 글레이셔 국립공원(Glacier National Park)은 이곳에 펼쳐진 장대한 빙하에서 그 이름이 유래했다. 그런데 1910년에 150개나 되던 빙하가 현재는 25개로 줄었으며 남아있는 빙하도 과거보다 훨씬 규모가 작아졌다. 지난 30년 사이에 북극 만년설은 거의 50%나 얇아졌고 면적은 35%나 줄었다. 이로 인해 생긴 물은 반사율이 높은 얼음보다 더 많은 빛을 흡수하고 데워진 물은 더 빠르게 얼음을 녹인다. 남극대륙에서는 빙하가 줄어든 곳도 있고 확대된 곳도 있지만 최근에 전체 규모가 크게 감소하였다(“Earth watch: 지구 건강체크” 참조). 해수의 온도가 상승하면서 팽창에 의한 부피 증가와 빙하가 녹으면서 흘러들어온 물에 의해 해수면이 상승하고 있다.

### 온난화는 계속 될 것이고 이상기후는 증가할 것이다

앞으로 어떤 일이 일어날까? 기후변화에관한정부간패널(IPCC: Intergovernmental Panel on Climate Change)은 기후변화에 대처하기 위해 함께 일하는 130개국의 기후학자가 참여하는 컨소시엄인데, 이들은 전 세계가 협력하여 온실가스 삼축에 최선의 조치를 취하더라도 2100년에 평균 지구 온도가 적어도 0.7℃ 이상 상승할 것이고, 배출량을 크게 줄이지 않는다면 지구 온도는 3.2℃ 이상 상승할 것이라고 예측한다. 기후변화를 되돌리는 것은 고사하고 멈추기도 어렵다는 것을 “Earth Watch: 기후조정－기후변화에 대한 해법?”에서 살펴보자.

온난화 기후는 더 자주 그리고 더 강한 이상기후가 일어날 가능성을 증가시킨다. 기후학자들은 온난화로 강력한 허리케인을 비롯한 더 심각한 폭풍우가 발생하고, 단시간의 폭우와 폭설, 그리고 더 빈번하고 더 장기화된 가뭄이 발생할 것이라고 예측한다.

### 기후변화는 생태계를 파괴하고 많은 종을 멸종위기로 몰아갈 것이다

가장 낙관적인 시나리오대로 진행된다고 하더라고 기후변화가 생태계에 미치는 영향은 심각할 것이다. 이미 많은 생물들이 기후변화에 영향을 받았다. 예를 들면 온난화의 영향으로 전 세계적으로 수천 종의 종들이 그들의 분포 범위를 매 10년마다 약 20km씩 극지방 쪽으로 이동하고 있는 것으로 밝혀졌다. 온난화에 적응하기 위한 이동성에는 종간의 차이가 있다. 새들은 날개를 가져서 다른 종보다 쉽게 옮겨 갈 수 있을 것이고, 바람에 잘 날리는 종자를 가진 식물도 이동에 이점이 있을 것이다. 어떤 종은 빨리 이동하지 못해 개체수가 급격히 감소하거나 멸종하게 될 것이다.

고산이나 극지방에 살던 종들은 갈 곳이 없다. 예를 들어 새끼 양육을 얼음 위에서 하거나 물고기와 물개를 얼음에서 사냥하는 북극곰과 북극의 해양 포유류들에게 여름철의 얼음 감소는 나쁜 소식이다. 여름철 얼음이 감소하면 바다코끼리와 북극곰은 육지로 이동하여 새끼를 낳아야 하고, 어미들은 사냥을 위해 더 멀리 헤엄쳐 가야 한다. 바다코끼리들이 분산되지 않고 좁은 해안에 밀집하여 살게 되면 새끼들이 위험에 처해지는 일이 빈번해진다(**그림 29-16**). 기후모델은 금세기 중엽에 여름철 북극의 바다 얼음이 모두 없어질 것이라고 예측하는데, 그렇게 되면 북극곰은 야생에서 멸종하게 될 것이다.

어떤 종들의 이동은 인간의 건강과 직접적으로 관련되어 있다. 모기가 옮기는 질병들은 현재 열대와 아열대 지역에 국한되어 있다. 그런데 온난화로 이들 매개동물들이 극지방 쪽으로 이동하게 되면 말라리아, 뎅기열, 황열병, 리프트밸리열 등의 질병

# 지구 건강체크

지구의 $CO_2$ 농도가 증가하고 있다. 이로 인해 지구는 더워지고, 바다는 산성화되고, 빙하는 녹고, 북극의 얼음은 감소하고 있다. 지구의 상태를 주시하는 과학자들은 장기간의 체크, 기발한 방법, 최첨단 기술을 혼합하여 사용한다.

상대적으로 최근의 대기 중 $CO_2$의 변화는 수십 개국의 수백 개 관측소에서 측정되고 있다. 1958년부터 지속적으로 $CO_2$ 수치를 추적해 온 하와이의 마우나로아 관측소는 가장 오래 직접 대기 측정을 해 오고 있다. 과거의 $CO_2$ 농도는 남극의 오래된 얼음 속에 갇힌 기포를 분석하면 알 수 있다.

백여 년 전부터 일부 관측소에서 정밀한 온도 측정을 해오고 있다. 현재 대기 온도는 육지와 바다의 약 1,500개 관측소에서 매일 측정되어 지구 평균을 계산하는데 이용된다. 먼 과거의 온도를 추정하기 위해, 연구자들은 온도에 따라 변하고 오래 지속되는 기록을 남기는 현상에 의존한다. 예를 들면, 대기 중의 산소 동위원소가 온도에 따라 변하므로, 오래된 얼음 속에 들어 있는 기포의 산소 동위원소를 측정하면 기포가 만들어진 때의 온도를 알 수 있다.

지구 환경에 대한 많은 측정은 위성에 실린 원격 감지 장치에 의존한다. 이러한 측정 중 일부는 비교적 간단해서 숲의 면적을 위성사진으로 구할 수 있다. 또 어떤 항목은 매우 정밀하게 측정해야 한다. 북극 얼음의 양의 정밀한 조사는 지표가 반사하는 마이크로파를 감지하는 위성으로 측정할 수 있다. 얼음은 물보다 더 많은 마이크로파를 반사하므로 이 위성은 물과 얼음을 쉽게 구분한다. 위성 자료에 의하면 북극 얼음은 1979년 이후 매 10년 마다 약 13%씩 감소하고 있다고 한다(**그림 E29-2**). 발전소에서 방출되는 이산화황에서부터 해양의 엽록소에 이르기까지 지구의 많은 특징들은 위성 센서가 감지할 수 있는 독특한 "파장 특징(wavelength signatures)"을 가지고 있다(**그림 E29-3**).

가장 놀라운 측정은 NASA의 GRACE(Gravity Recovery and Climate Experiment) 위성에 의해 이루어진다. GRACE 위성은 지구의 다른 부분들 사이에서 달라지는 중력의 강도를 측정한다. 밀도가 높고 무거운 물질이 더 가볍고 밀도가 덜 높은 물질보다 중력의 힘이 더 커지기 때문이다. 물과 얼음은 무겁기 때문에, 육지에 많은 양의 얼음이 지역적인 중력을 증가시켜 GRACE 위성이 한 지역에 존재하는 얼음의 양을 측정할 수 있게 한다. 이 위성은 지난 십 년간 남극과 그린란드의 대륙 빙하가 크게 감소한 것을 밝혀냈다. GRACE 위성은 지하수양도 측정할 수 있다. 지속된 가뭄과 농업을 위한 지하수의 사용으로 캘리포니아 중부 계곡의 대수층의 수위가 크게 감소하였다(**그림 E29-4**).

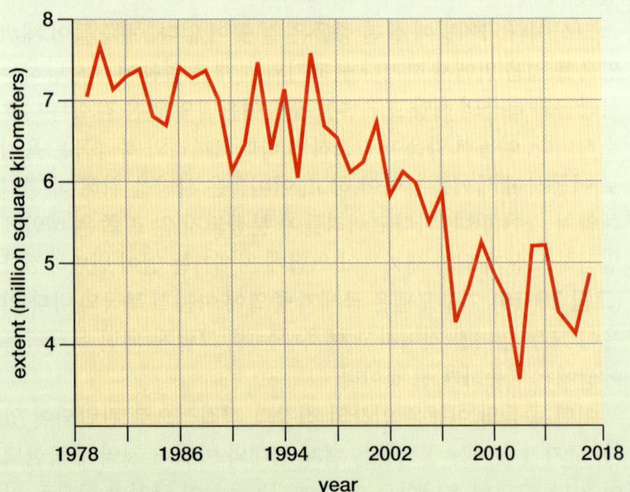


▲ **그림 E29-2 북극 얼음의 변화** 1979년부터 인공위성으로 북극의 얼음 양을 측정하고 있는데, 2017년 여름이 끝날 즈음(9월)의 얼음 양은 1979년 동 시기의 1/3 수준으로 감소하였다.

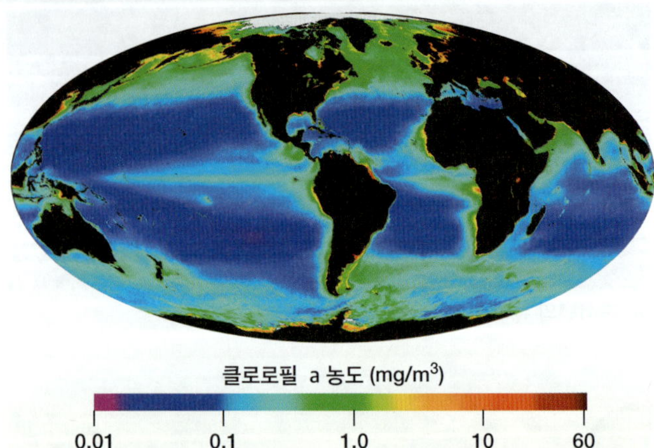


▲ **그림 E29-3 해양의 클로로필** 인공위성으로 측정한 해양의 클로로필 농도는 어느 바다에 많은 식물플랑크톤이 분포하는지 보여준다.

**비판적 사고** 자를 가지고 그림 29-14와 그림 E29-2 데이터의 추세선을 그어 보자. 대기의 $CO_2$ 농도, 지구 온도, 극지방 얼음의 추세가 어떻게 될 것으로 예측되는가? 만약 이런 추세가 계속된다면 늦여름에 북극의 얼음이 없어지는 것은 언제일까? 언제쯤 $CO_2$농도가 산업혁명 이전의 두 배 수준으로 증가할까? 추세선으로 미래를 추정하는 것이 타당할까? 타당 또는 타당하지 않은 이유는?

▲ **그림 E29-4 중력의 변화를 측정하면 캘리포니아 대수층의 고갈을 알 수 있다** 캘리포니아 중부 계곡의 지하 대수층은 매년 4조 갤런씩 소실되고 있다. 녹색에서 붉은 색으로 바뀌는 이미지는 2002년부터 2014년 사이의 대수층 수량 변동을 보여준다.

# 기후조정 - 기후변화에 대한 해법?

기후변화의 대책으로 무엇을 해야 할까? 가장 확실한 해결책은 $CO_2$와 온실가스의 배출을 줄이는 것이다. 그러나 배출을 줄이는 것이 말처럼 간단하지 않다. 오늘날 인류 사회는 단 하루도 화석연료가 없이는 살 수 없을 만큼 화석연료에 의존하고 있다. 그 결과, 일부 과학자들과 정책 입안자들은 인간이 탄소배출을 하지 않는 재생가능한 에너지원으로 전환할 때까지 온실가스를 줄이거나 그 영향을 상쇄하기 위해 지구의 근본적인 특성을 바꾸는 기후조정(climate intervention)을 주장한다. 기후조정에는 2가지 주요 접근 방향이 있는데, 지구를 차양하는 것과 대기의 $CO_2$를 제거하는 것이다.

### 지구차양

황화합물을 비롯한 일부 분자는 태양광을 우주로 반사시켜 지구를 냉각시킨다. 거대한 화산이 폭발할 때마다 수백만 톤의 이산화황이 수마일 높이로 분출된다. 1991년 필리핀의 피나투보 화산이 폭발했을 때(**그림 E29-5**), 약 2천만 톤의 이산화황이 22마일 높이로 분출되었다. 그로부터 수 년간 지구 온도는 약간 낮아졌다. 일부 연구원들은 항공기를 이용하여 대기 상층부에 황화합물을 뿌려 지구 온난화를 늦출 수 있다고 제안하였다. 또 다른 차양의 방법으로는 태양광을 반사하는 금속 입자를 뿌리거나 지구의 구름을 조절하는 것 등이 있다.

▲ **그림 E29-5 황의 배출은 지구에 냉각효과와 오염의 효과를 가진다** 필리핀의 피나투보 화산에서 수백만 톤의 이산화황이 대기로 분출되어 수 년간 지구 온도가 낮아졌다.

### $CO_2$ 포집과 저장

대기에서 $CO_2$를 포집하고 저장하는 방법으로 공기를 빨아들이고 이산화탄소를 제거하는 수천 개의 탑을 지구 전체에 분포시키는 것이다. 이 탑은 이산화탄소를 농축시킨 후 지하에 주입하거나 육지에 저장될 수 있는 고체형으로 전환(석회암처럼)하여 저장할 수 있다. 기술적으로 가능한 방법이지만 많은 비용이 든다. 이와 비슷한 방법을 이용하여 전체 대기로부터가 아니라 발전소와 같은 주요 발생원에서 $CO_2$를 제거하는 것이 훨씬 비용이 덜 들 것이다. 탄소 포집 기술은 현재 전 세계 20여 개 발전소에서 사용되고 있다.

$CO_2$를 포집하는 또 다른 방법은 풍화를 강화하는 것이다. 풍화작용은 암석을 천천히 분해하는 자연적인 과정이다. 풍화작용의 화학반응은 $CO_2$를 소비하고 탄산수소이온($HCO_3^-$)을 생산한다. 최종적으로, 이 탄산수소이온은 바다로 씻겨 들어간다. 그 곳에서 바닥에 가라앉는 탄소를 포함하는 광물로 바뀌어 계속해서 남게 된다. 따라서 자연적인 풍화작용은 대기의 $CO_2$를 제거하지만 그 과정은 느리다. 강화된 풍화작용에서, 암석은 가는 가루로 갈아져 대규모로 농경지로 갈 것이다. 가는 가루로 된 암석은 같은 무게의 천연 암석보다 풍화를 위한 표면적이 훨씬 넓기 때문에, 강화된 풍화작용은 자연적인 풍화작용보다 훨씬 더 빠르게 대기의 이산화탄소를 제거할 수 있다.

$CO_2$를 제거하기 위한 생물학적 접근 방법은 바다에 영양분을 투입하여 탄소를 흡수하는 생물의 성장을 촉진하는 것이다. 많은 바다에서 식물플랑크톤의 성장은 필수영양소인 철에 의해 제한된다. 따라서 바다에 철 분말을 살포하여 식물플랑크톤의 대발생을 유도하자는 것이다. 그러면 식물플랑크톤이 광합성을 하면서 $CO_2$를 흡수하여 일부를 체내에 저장하게 되고, 식물플랑크톤이 죽으면 해저로 침전하면서 탄소를 바다 깊숙이 운반하여 장기간 격리시키게 된다.

### 기후조정은 효과가 있을까? 시도할 만한 가치가 있을까?

많은 사람들은 기후조정의 가능성과 타당성에 대해 의문을 갖고 있다. 미국 국립과학원을 대표한 한 패널은 "기후조정은 이산화탄소 감축의 대안이 될 수 없다."고 했다. 왜 그랬을까? (1) 대기 중의 황으로 지구를 차양하는 것은 부작용을 낳는다. 황화합물이 사람의 호흡기 장애를 일으키고, 오존층을 감소시키며, 생태계를 파괴하는 산성비가 되기 때문이다. (2) 기술적인 방법으로 대기에서 생성되는 $CO_2$를 제거하는 것은 많은 비용이 든다. (3) 작은 규모의 실험이 효과가 있었더라도 바다에 영양분을 투입하는 것이나 강화된 풍화작용이 많은 도움을 줄 수 있는 충분한 이산화탄소를 제거할 것인지, 혹은 그것이 생태계에 어떤 영향을 미칠 것인지 알 수 없다. 전문가들은 여전히 지구차양과 탄소저장에 대한 연구가 필요하다고 한다. 만약 기후변화가 심각한 상황이 되면 사람들은 대책을 요구할 것이다. 이런 상황이 되면 면밀하게 연구된 대책이 우선적으로 채용될 것이다.

**생각해보기** 어떤 사람들은 기후조정 전략의 연구와 개발에 시간과 비용을 들이는 것에 반대한다. 이러한 관점에서 기후조정에 대한 투자는 탄소 배출의 감소를 목표로 하는 기술 및 전략의 연구와 개발을 줄이는 데 있어 받아들일 수 없는 비용이다. 우리는 오로지 기후조정에만 투자해야 할까, 탄소 배출량을 줄이는 데만 투자해야 할까, 아니면 둘의 어떤 조합에 투자해야 할까? 각 경우에 대해 몇 가지 장단점을 검토해서 한 경우를 선택하고 그 이유를 설명해 보자.

▲ **그림 29-16 알래스카의 포인트레이 해안의 바다코끼리 떼** 여름이 되면 바다코끼리는 유빙에 흩어져 산다. 그런데 북극이 온난해지면서 여름에 유빙이 녹아 많은 바다코끼리가 좁은 해안에 몰려 살고 있다.

들도 같이 옮겨갈 것이다. 한편으로 열대지방은 너무 덥고 건조해져 모기의 수명이 짧아지면서 이들과 관련된 질병이 감소할 수도 있다. 기후변화가 질병의 유행에 영향을 미칠 것이지만 현재 상황에서 누구도 정확히 예측할 수 없다.

$CO_2$의 증가는 해수를 더 산성화시키기도 한다. 이 산성화가 많은 자연 과정을 교란한다. 예를 들면 달팽이, 산호와 같은 해양동물이 껍질과 골격을 형성하는 과정을 교란한다. 결과적으로 이 생물들은 더 느리게 성장하고 껍질과 골격은 더 약해진다. 이러한 영향은 산호초 생태계에 특히 파괴적인 결과를 초래하면서 점점 더 심해질 가능성이 있다.

### CHECK YOUR LEARNING

- 인간이 어떻게 영양분순환을 교란했는지 설명할 수 있는가?
- 인간에 의한 영양분순환의 간섭이 어떻게 산성비, 수중 생태계 파괴, 온실효과 증폭, 기후변화를 일으키는지 설명할 수 있는가?
- 지구온난화가 일어나고 있는 증거와 기후변화에 따른 지구 생태계의 영향에 대해 설명할 수 있는가?

CASE STUDY REVISITED

## 죽은 물고기가 부양하는 생태계

알래스카의 하천으로 회유하는 홍연어의 모습은 장관이다(**그림 29-17**). 강을 지나면서 곰과 흰머리독수리로부터 많은 시련을 겪은 후에도 붉은 색의 연어는 몸을 충분히 담그지도 못하는 얕은 하천을 몸부림치며 올라간다. 적당한 곳에 도착하면 암컷이 꼬리를 이용하여 자갈바닥을 파낸 뒤 알을 방출하면 수컷이 정자를 그 위에 뿌린다. 그런데 연어가 바다에서 하천의 상류까지 운반해 온 것은 알과 정자만이 아니다. 연어 생체의 95%는 대양에서 생활하는 동안 축적된 것이므로 연어의 회유는 엄청난 규모의 에너지와 영양분을 바다에서 하천의 상류로 운반하는 것이 된다. 이 영양분은 육상의 포식자와 죽은 고기를 먹는 생물에게 이용된다. 예를 들면 곰들은 급류에서 연어를 낚아채고 밍크들은 곰들이 먹다 버린 연어 사체를 먹는다.

연어가 바다에서 운반하는 영양소 중에서 질소가 특히 중요하다. 생태학자들은 일부 하천 근처의 질소의 절반 이상이 바다에서 기원하여 연어를 통해 상류로 유입된다는 것을 확인하였다. 연어가 운반해 온 질소는 알래스카의 가문비나무의 성장에도 중요한데, 연어가 회유하는 하천 부근의 나무들이 연어가 오지 않는 하천 부근에서 자란 나무들보다 세 배나 더 빨리 성장한다. 질소는 다음 세대의 연어에게도 중요하다. 연어의 사체들이 주변의 호수에 영양분을 공급하게 되어 식물플랑크톤의 성장을 자극하고, 결과적으로 동물플랑크톤도 많아져 연어의 치어가 먹게 되므로 연어의 새끼들은 간접적으로 죽은 연어를 먹는 것이 된다.

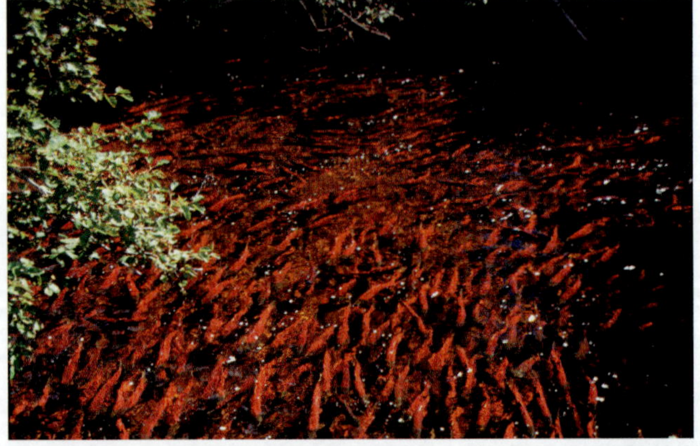

▲ **그림 29-17 산란하고 있는 홍연어**

**생각해보기** 댐 건설, 강 오염, 과다 포획 등으로 연어 종은 개체수가 심각하게 감소하여 일부 종은 멸종위기종보호법(Endangered Species Act)의 멸종위기 또는 멸종위협종 리스트에 올라 있다. 일부 사람들은 이들 종이 상업적으로 부화장에서 길러지고 있으므로 야생의 개체수 감소가 사실상 중요하지 않다고 주장한다. 이 장에서 배운 지식을 바탕으로 당신은 야생 연어의 보호와 개체수를 늘리는 노력이 필요하다고 생각하는가?

# CHAPTER REVIEW

*비판적 사고와 생각해보기, 선택형문제, 빈칸채우기 질문에 대한 답은 이 책의 뒷부분에 있는 정답란에서 볼 수 있다.*

## 핵심개념의 요약

### 29.1 생태계에서 영양분과 에너지는 어떻게 이동되는가?

생태계는 태양으로부터의 끊임없는 에너지 유입과 영양분의 순환에 의해 유지된다. 생태계 내로의 에너지의 유입은 광합성에 의해 이루어지며 생태계에서 이동된다. 영양분은 생물이 무기환경과 유기환경으로부터 섭취하여 생태계 내, 외부로 재순환된다.

### 29.2 생태계에서 에너지의 흐름은 어떻게 이루어지는가?

태양에너지는 생산자라 불리는 광합성 생물에 의해 고정된다. 생산자는 생태계에서 1차 영양단계가 된다. 초식동물은 1차소비자로서 2차 영양단계에 속하며, 육식동물은 초식동물을 포식하면 2차소비자가 되고 육식동물을 포식하면 3차나 더 고차소비자가 된다. 동물과 식물을 포식하는 잡식성동물은 다중영양단계가 된다. 퇴적물섭식자와 분해자는 생물의 노폐물과 사체에 저장된 에너지를 이용한다. 분해자(대개 박테리아와 곰팡이)는 영양분을 방출하여 영양분순환 경로로 되돌려 보낸다.

영양단계가 높아질수록 이용되는 에너지의 양은 적어진다. 일반적으로 한 영양단계 에너지의 약 10%가 다음 영양단계로 전달된다.

### 29.3 생태계 내부 또는 생태계 사이에서 영양분은 어떻게 순환되는가?

영양분순환이란 영양분이 생태계의 비생물적 저장소에서 생물 군집으로 이동하고 다시 비생물적 저장소로 돌아가는 것을 말한다.

물 순환의 대표적인 저장소는 대양이다. 물 순환 과정에서 물은 태양에너지에 의해 증발되었다가 강우의 형태로 육상으로 돌아온다. 육상으로 돌아온 물은 호수와 지하의 대수층을 거쳐 강으로 이동되어 대양으로 들어간다.

탄소순환에서 탄소의 주요 단기 저장소는 대양과 대기이다. 탄소는 광합성을 통해 생산자에게 들어온다. 생산자가 고정한 탄소는 먹이망을 통해 전달되며 생물의 호흡을 통해 $CO_2$ 형태로 대기로 방출된다. 화석연료의 연소도 대기로 $CO_2$를 방출한다.

질소순환에서 질소의 주요 저장소는 대기이다. 대기 중의 $N_2$는 질소고정박테리아에 의해 암모니아로 전환된다. 어떤 박테리아는 암모니아를 질산염으로 전환한다. 식물은 질산염과 암모니아 형태의 질소를 이용한다. 질소는 생산자에서 소비자에게로 전달된 후 배설, 퇴적물섭식자와 분해자의 활동에 의해 환경으로 되돌아간다. 질소는 탈질 박테리아에 의해 대기로 돌아간다.

인순환에서 인의 가장 대표적인 저장형은 인광석으로 인산염의 형태로 존재하는데, 물에 녹아 생태계로 유입된다. 인산염은 광합성 생물에 의해 흡수되어 먹이망을 통해 생태계 내의 생물들에게 전달된다. 일부의 인산염은 배출되고, 나머지는 분해자에 의해 토양과 물로 되돌아간다. 일부 인산염은 바다로 유입되어 해양에 퇴적된다.

### 29.4 인간이 영양분의 순환을 교란하면 어떻게 될까?

인간의 활동은 종종 정상적인 영양분순환을 초과하는 과다한 양의 영양분을 방출한다. 농업 활동에 과다하게 사용된 비료는 수중 생태계를 교란시켰다. 화석연료의 사용으로 자연적인 순환을 넘어서는 양의 황, 질소, 탄소를 방출시켰다. 대기에서 이산화황과 질소산화물은 황산과 질산으로 전환되어 산성비를 비롯한 산성 강하물로 육상에 떨어져 호수와 숲 생태계에 피해를 주었다.

화석연료의 연소는 대기 중에 이산화탄소의 양을 지속적으로 증가시켜왔다. 기후학자들은 대기 중 이산화탄소의 증가가 지구의 온도상승을 초래하였다고 주장한다. 지구온난화는 기후변화를 유발하여 더 극단적인 기상, 빙하의 해빙, 극지방 얼음의 해빙, 바다의 온난화와 산성화, 해수면 상승, 야생생물의 분포와 계절적 활동의 변화 등을 일으키고 있다.

## 개념을 통한 이해

### 선택형 문제

**1.** 생태계에서 최상위 포식자에 비해, 생산자가 더 풍부하고 총 생물량을 훨씬 더 많이 가지는 이유는?
   a. 최상위 육식동물은 생산자보다 에너지가 덜 필요하기 때문에
   b. 에너지가 한 영양단계에서 다음 단계로 이동할 때 일부가 환경으로 방출되기 때문에
   c. 영양분이 한 영양단계에서 다음 단계로 이동할 때 일부가 파괴되기 때문에
   d. 많은 최상위 포식자들이 독성물질의 생물농축으로 죽기 때문에

**2.** 탄소순환에서 주요 저장소가 아닌 것은?
   a. 소비자
   b. 대기
   c. 대양
   d. 화석연료

**3.** 탈질 박테리아는
   a. 암모니아를 질산염으로 전환한다.
   b. 질산염을 암모니아로 전환한다.
   c. $N_2$를 암모니아로 전환한다.
   d. 질산염을 $N_2$로 전환한다.

**4.** 단위면적 당 순1차생산량이 가장 높은 곳은?
   a. 초원
   b. 사막
   c. 온대낙엽수림
   d. 열대우림

**5.** 화석연료의 연소로 방출되는 $CO_2$가 초래하는 것은?
   a. 없다; 식물의 광합성에 의해 모두 이용된다.
   b. 없다; 탄소순환이 더 빨라진다.
   c. 온실효과 증가로 지구가 온난해진다.
   d. 온실효과 감소로 지구가 서늘해진다.

## 빈칸 채우기

1. 지구의 생물은 대부분 ____________에서 에너지를 얻는데, 이 에너지는 ____________의 과정을 통해 얻어진 것이다. 이와는 대조적으로 ____________은(는) ____________(이)라는 과정을 통해 지속적으로 재순환한다.
2. 광합성 생물은 ____________ 또는 ____________(이)라고 불린다. 이들이 다른 생물들이 이용할 수 있도록 합성하여 저장한 에너지를 ____________이라 한다.
3. 생태계 내에서 피식-포식의 단계를 ____________(이)라 한다. 이들 각 단계를 하나의 생물들로 나열한 것을 ____________(이)라 한다. 더 정확하게 피식-포식관계는 ____________(으)로 표현된다.
4. 일반적으로 한 영양단계에서 다음 영양단계로 전달되는 에너지는 약 ____________%이다.
5. 광합성 생물은 1차 영양단계를 구성한다. 더 높은 영양단계의 생물집단은 ____________ 또는 ____________(이)라 한다. 광합성 생물은 ____________ 또는 ____________(이)라 불리는 생물집단에 의해 섭취된다. 다른 동물을 먹고 사는 동물은 ____________ 또는 ____________(이)라 한다. 노폐물과 사체를 먹는 생물은 ____________(와)과 ____________이다.
6. 질소순환 과정에서 대기 저장소의 질소기체는 토양의 ____________에 의해 고정되고, ____________에 의해 대기저장소로 되돌아간다. 식물이 이용하는 질소의 형태는 ____________(와)과 ____________이다.
7. 탄소의 단기 저장소는 ____________(와)과 ____________이다. 이 단기 저장소의 탄소 형태는 ____________이다. 탄소의 장기 저장소는 ____________(와)과 ____________이다.

## 복습문제

1. 생태계를 통한 에너지의 이동과 영양분의 이동 사이의 가장 큰 차이점은 무엇인가?
2. 생산자란 무엇인가? 이들은 어느 영양단계에 속하며 생태계에서의 중요성은 무엇인가?
3. 순1차생산을 설명하라. 경작지의 연못과 고산 호수 중 어느 곳이 더 생산적일까? 그 이유를 설명하라.
4. 첫 3개의 영양단계를 나열하라. 소비자 중 어느 영양단계가 가장 많은가? "10%의 법칙"에 근거하여 생태계에서 식물이 초식동물보다 많은 이유를 설명하라.
5. 먹이망과 먹이사슬의 차이점은 무엇인가? 어느 쪽이 생태계 내에서의 피식-포식관계를 더 정확하게 표현하는가?
6. 퇴적물섭식자와 분해자를 정의하고 생태계에서 이들의 중요성을 설명하라.
7. 저장소-생물군집-저장소로 이동되는 탄소의 경로를 설명하라. 인간의 활동은 어떻게 탄소의 순환을 교란하여 왔으며 미래의 기후에 어떤 결과를 가져올 것인가?
8. 대기 중의 질소는 어떻게 식물체 내로 유입되는가?
9. 인은 어떤 경로를 통해 인광석으로부터 육식동물로 전달되는가? 인의 순환이 탄소나 질소의 순환과 근본적으로 다른 것은 무엇인가?

# 개념의 적용

1. 인간은 잡식성 동물로 다양한 영양단계를 포식할 수 있다. 영양단계 사이에서 에너지 전달의 비효율성이 다음의 두 가지 시나리오에서 얼마나 많은 사람들을 먹일 수 있는지에 대해 토의하라. 그리고 각 식단의 환경적인 영향에 대해서도 토의하라: 모든 사람들이 물고기와 붉은 고기를 포함한 전형적인 미국식 식단을 먹거나, 모든 사람들이 엄격한 채식주의 식단을 먹는다.
2. 인구 성장이 (a)산성비와 (b)지구 기후변화에 미치는 영향에 대해 토의하라.

# 30 지구의 다양한 생태계

강한 햇볕보다 열대우림 그늘 밑에서 커피나무가 자라면 생태적 이익을 창출한다.

CASE STUDY

## 커피는 노래 부르는 새를 구할 수 있을까?

미국인은 연 평균 대략 340잔의 커피를 마신다. 만약 커피를 마시는 사람이 그늘에서 재배한 커피나무의 원두를 선택한다면 멸종위기 생물종을 보존하는 데 도움을 줄 수 있다.

커피의 "원두"는 아프리카 에티오피아 고지대 숲에 서식하는 두 종류 커피나무의 씨앗이다. 현재 이들 커피나무는 중남미, 아프리카 및 동남아시아의 열대지역에서 널리 재배되고 있다. 이들의 원래 품종은 키 큰 나무의 그늘에서 자란다. 하루 종일 햇볕에 노출되면, 특히 발아 초기의 어린나무의 경우, 커피나무는 죽는다. 전통적으로 중남미에서는 열대우림의 숲 그늘 아래에서 커피나무를 재배하였다. 커피농장은 원숭이, 개구리, 꽃 및 수백 종의 새들에게 살아갈 수 있는 복합 층위의 다양한 서식지를 제공한다. 숲을 구성하는 식물들은 물을 흡수하고 침식을 방지하여 토양을 안정화시킨다. 숲의 그늘은 잡초의 성장을 억제하고, 잔사섭식자(detritivores)와 분해자(decomposers)들은 낙엽을 분해하여 식물의 영양분으로 되돌려준다

그러나 1960-1970년대 육종학자들은 하루 종일 햇볕이 드는 곳에서도 왕성하게 생장하며 수확량도 많은 새로운 커피나무 품종을 개발하였다. 커피에 대한 세계적 수요 증가에 따라 커피농장은 햇볕이 잘 드는 지역에 계속적으로 증가하였다. 햇볕 커피농장을 조성하기 위해 열대우림의 숲을 잘라내면 무엇을 잃게 될까? 또는 농경지나 주택지를 조성하기 위해 배수 습지를 개발하는 것처럼 자연적 생물군집들을 파괴하거나 바꾸는 행위로 우리는 무엇을 잃게 될까? 이러한 질문에 답하려면 우리는 먼저 지구상의 생물로 구성되는 생물군집의 속성을 알아야만 한다.

## 주요내용



## 30.1 무엇이 지구 생명체의 분포를 결정하는가?

북극의 툰드라 지역으로부터 열대우림, 대양에 이르기까지 지구상의 각기 다른 장소에 분포하는 생물종과 풍부도는 엄청나게 다르다. 이러한 변이성은 생물이 필요로 하는 주요 자원, 즉 에너지, 영양물질, 액체상 물 및 적합한 온도 등이 고르게 분포하지 않기 때문에 발생한다.

대부분의 생태계에서 생명체는 광합성 생산자에 의해 동화된 에너지에 의존하기 때문에(29장 참조), 광합성 종들의 지리적 분포가 대부분 다른 생물종의 분포를 결정한다. 여기서 광합성 생물의 분포는 지역별로 주요 자원의 양과 이용 가능성의 차이에 따라 결정된다.

수생 생태계는 액체 상태의 물을 거의 무제한 이용 가능하기에, 어떤 수역에 존재하는 생명체의 유형과 양은 일반적으로 온도와 이용 가능한 영양물질 및 태양에너지에 의해 결정된다. 광합성에 충분한 태양에너지는 수심 200m(650피트) 이내 수심까지 도달하지만, 만약 물이 흐리다면 침투 깊이는 더 낮아질 수 있다. 광합성에 충분한 태양에너지가 도달하는 수층에서도 광합성이 제한되기도 하는데, 이는 흔히 표층수역은 대부분 영양물질 함량이 충분하지 않기 때문이다. 온도 역시 어떤 생물종이 서식할 수 있는지에 영향을 줄 수 있는데, 이는 많은 수생 서식 종들은 상당히 좁은 온도 범위 내에서만 생육할 수 있기 때문이다.

육상 생태계는 태양에너지와 대부분의 영양물질들이 상대적으로 풍부하기 때문에, 어느 지역의 생명체 유형과 양은 온도와 물의 이용 가능성에 의해 결정된다. 육상식물은 적어도 연중 일정 기간 동안 토양 내 액체 상태의 물 공급이 필요하다. 일반적으로 강수량이 많은 지역은 토양수분도 많지만, 토양수분량은 온도의 영향을 강하게 받는다. 온도가 높은 지역의 토양은 증발량이 많고, 장기간 결빙 온도를 유지하는 토양에서는 액체 상태의 물이 고체 상태의 얼음으로 변화되어 식물의 이용 가능 물의 양을 제한한다.

온도 및 강수량을 포함하는 어느 지역의 날씨 유형(weather pattrens)은 수 년 혹은 수 세기 동안 우세하게 지배하면서, 그 지역의 **기후(climate)**를 형성한다. 따라서 어느 지역의 기후 특성은 그 지역 육상 생태계를 구성하는 식물 종의 종류를 파악할 수 있는 훌륭한 예언자라고 볼 수 있다(**그림 30-1**). 다음 절에서는 기후에 영향을 미치는 몇 가지 요소들을 살펴볼 것이다.

### CHECK YOUR LEARNING

- 지구상의 생명체가 필요로 하는 4가지 주요 자원의 명칭을 나열할 수 있는가?
- 이들 4개의 주요 자원 중 육상 및 수상 생태계에서 생명체의 분포를 결정하는 가장 중요한 조건은 무엇인지 설명할 수 있는가?
- 기후를 정의할 수 있는가?

## 30.2 어떤 요인이 지구 기후에 영향을 미치는가?

날씨와 기후는 거대한 열핵융합반응기인 태양에 의해 영향을 받는다. 태양에너지가 대기로 들어오면 일부는 반사되어 우주로 되돌아가나, 나머지 대부분은 대기 또는 지구 표면에 흡수되어 지구를 가열한다. 대부분의 태양에너지는 DNA 및 다른 생물 구성 분자물질을 손상시킬 수 있는 고에너지를 갖는 단파장의 자외선(UV)이지만, 이들은 대기 중간층에 존재하는 **오존층(ozone layer)**에 의해 흡수된다(517 페이지 "지구관찰: 오존 구멍 메우기" 참조).

지구상의 각기 다른 지역의 기후는 아주 다양하다. 이러한 기후 차이는 지구의 물리적 특성으로 인한 지구 표면의 불균일한 가열 때문에 발생한다. 지구 표면의 불균일한 가열 요인으로는 지구의 곡률, 기울어진 지축 및 태양 공전 궤도 등이 포함된다. 불균일한 가열은 지표면 온도의 지리적 차이를 가져오고, 이는 다시 지구의 자전과 결합하여 기후에 큰 영향을 미치는 대기 순환 및 해류를 발생시키는 원인이 된다.

### 지구의 곡률과 지축의 기울기는 햇빛이 표면에 닿는 각도를 결정한다

지역의 평균 온도는 지표면에 도달하는 태양광선의 양에 의해 결정되는데, 이는 결국 위도에 따라 좌우된다(**그림 30-2a**). 위도는 적도로부터 남,북으로 멀어진 거리를 측정한 것으로 도

**그림 30-1 육상 생태계 분포에 영향을 미치는 강수량과 기온** 육지에서 강수량과 기온은 식물의 생장에 필요한 토양 수분양을 결정한다.

(degrees)로 표기한다. 적도는 위도 0°로, 남북 극점은 각각 위도 90°N(북극점), 90°S(남극점)로 정의한다. 적도에서 태양광선은 지표면에 상대적으로 직접 도달하며(지표면에 수직으로), 이로 인해 평균 기온이 높다. 이에 반해 고위도 지역에서는 태양광선이 지표면에 더 비스듬히 도달하여 같은 양의 태양광선이 넓은 지역에 분산되고, 보다 많은 대기층을 통과하면서 평균 기온은 낮아진다.

지구의 지축은 태양 공전 수평면의 수직으로부터 약 23.5° 정도 기울어져 있기 때문에, 고위도 지역의 태양광선 입사각은 태양을 공전하는 지구의 위치에 따라 달라지며(**그림 30-2b**), 이로 인해 뚜렷한 계절이 나타난다. 지구의 공전 궤도에서 북반구 지역이 태양 방향으로 기울어진 시기에는, 북반부는 상대적으로 직사광선을 받게 되고 여름철을 맞이한다(그림 30-2b, 왼쪽). 반면에 남반구는 태양으로 멀어진 방향으로 기울어져서 태양광선이 비스듬하게 도달하고 겨울철이 된다. 6개월 후에는 태양 쪽을 향하는 기울기 면이 바뀌면서 남반구는 여름, 북반구는 겨울철이 시작된다(**그림 30-2b**, 오른쪽). 태양광선이 균일하게 직접 도달하는 적도지역은 연중 기온이 높아 열대 기후를 유지한다.

## 대기 순환은 온도와 강수량이 다른 대규모 기후대를 생성한다

태양광선이 지표면에 닿는 각도는 위도마다 다르기 때문에, 지구에는 서로 다른 기후대(climatic zones)가 형성된다(**그림 30-3**). 태양광선에 위해 연간 가장 많이 덥혀지는 지역은 적도 부근으로❶, 많은 열에너지는 지표면의 물, 특히 바닷물을 증발시킨다. 따라서 적도 지역의 대기는 따뜻하고 많은 수분을 함유한다. 따뜻한 대기는 차가운 대기보다 밀도가 낮아서 적도지역의 온난다습한 대기는 상승하게 된다. 상승한 대기가 냉각하면 다습한 수증기는 서로 응축하여 결국 비로 내리게 된다❷. 적도 지역의 풍부한 강수량은 내려쬐는 직사광선과 결부하여 따뜻하고 습한

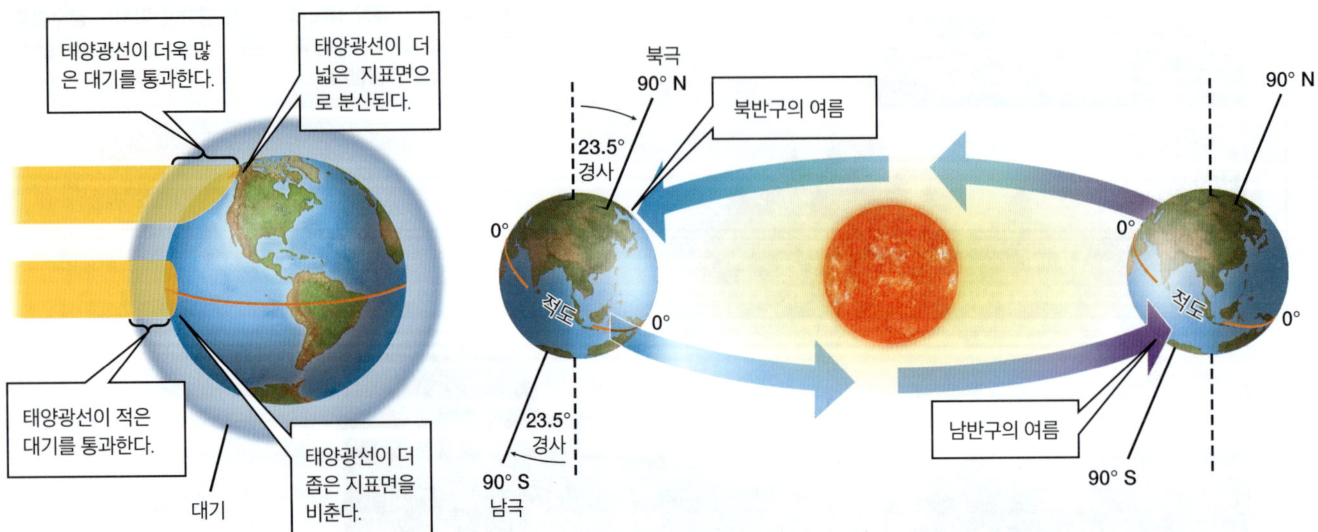


(a) 지표면에 내리쬐는 태양광선의 강도는 위도에 따라 다르다.

(b) 지표면의 각기 다른 위도에서 내리쬐는 태양광선의 강도는 계절에 따라 다르다.

▲ **그림 30-2 위도와 연중 계절에 따라 다양한 온도에 영향을 주는 지구의 굴곡과 기울기** **(a)** 적도에서 태양광선은 최소한의 대기를 통과하고 연중 거의 수직으로 내리쬔다. 극지로 갈수록 태양광선은 더 넓은 대기를 통과하고 더욱 넓은 지표면에 분산되는 각도로 지표면에 도달한다. 따라서 평균 온도는 적도에서 가장 높고 극지에서 가장 낮다. **(b)** 지축을 중심으로 지구의 기울기는 어떻게 태양광선이 각기 다른 위도에서 내리쬐는지를 통해 계절적인 차이를 만든다.

**비판적 사고** 북극 제비갈매기는 다른 어떤 종보다 해마다 더 많은 햇빛을 경험하는 철새이다. 이 그림의 (b) 부분의 정보를 바탕으로 북극 제비갈매기가 더 많은 일광을 경험할 수 있는 이동 과정을 설명하라.

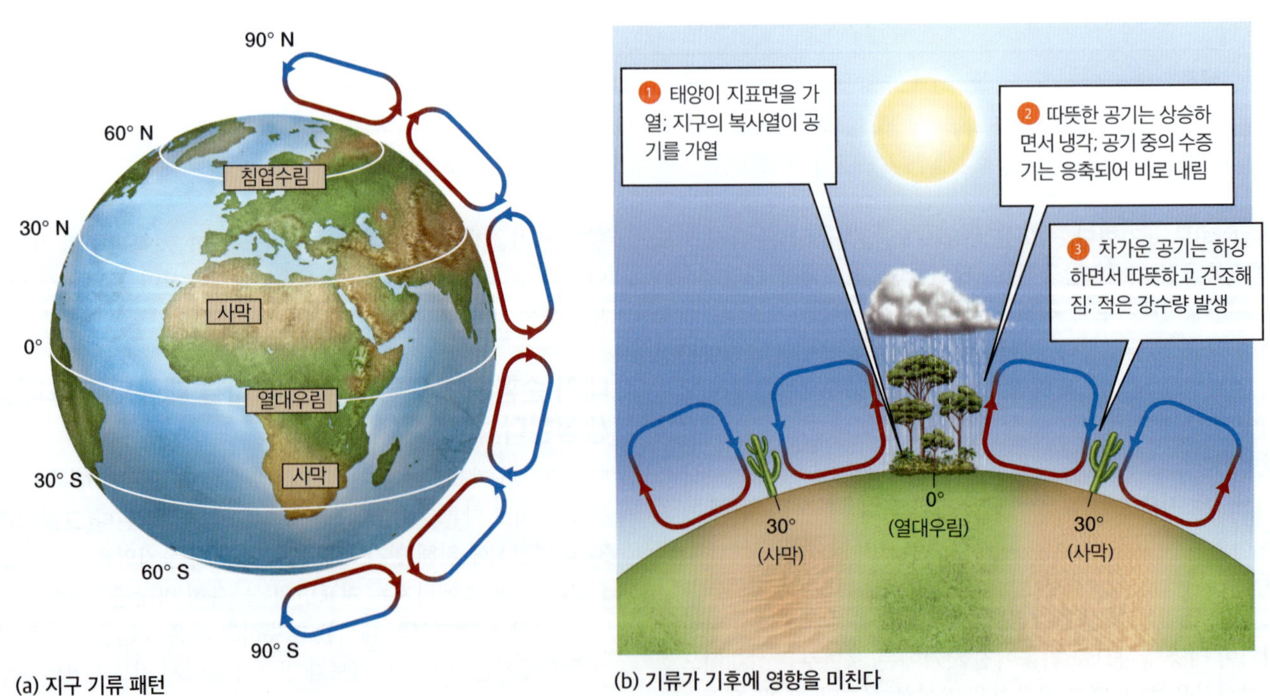


(a) 지구 기류 패턴

(b) 기류가 기후에 영향을 미친다

▲ **그림 30-3 기류와 기후대** **(a)** 위도 약 0°와 60° 부근에서 따뜻한 공기(빨간색)가 상승하고, 위도 약 30°와 90° 부근에서 차가운 공기(파란색)가 하강한다. **(b)** 기류의 경향성은 넓은 기후대를 형성한다.

## Earth WATCH 오존 구멍 메우기

자외선(UV)은 생명체를 구성하는 분자물질을 손상시킬 수 있는 높은 에너지를 보유하고 있다. 이로 인해 자외선은 화상, 피부노화, 피부암의 원인이 된다. 다행스럽게도 97% 이상의 자외선은 지상 6마일(10km) - 30마일(50km)까지의 대기 상층부에 존재하는 오존층이라 부르는 오존이 풍부한 대기층에 의해 여과된다. 오존층에서 자외선은 오존($O_3$)과 기체상 산소($O_2$) 분자와 충돌하여 이들 분자를 붕괴시키고 오존을 재생시키는 반응을 유도한다. 이러한 반응 과정에서 자외선은 열로 변환되고, 전체적인 오존의 수준은 인간이 간섭하기 전까지는 상당히 일정하게 유지되어 왔다.

1985년 영국 대기과학자들은 1979년 이후 남극 상공의 봄철 대기 상층권 오존 수준이 30% 이상 감소하였다는 놀라운 소식을 발표하였다. 1990년대 중반에는 원래 수준의 50% 정도로 남극 상공의 **오존 구멍(ozone hole)**은 더욱 심각한 상태로 악화되었다(**그림 E30-1**). 오존층의 감소 결과는 지구 표면에 도달하는 자외선의 증가로 이어지고, 이로 인해 해양 생태계의 가장 중요한 생산자이며 펭귄, 바다표범, 고래의 먹이 그물에서 기초를 담당하는 식물플랑크톤의 광합성을 저하시켰다. 오존층의 감소는 남극 대륙에서 가장 심각하지만 전 세계 대부분 지역에서도 관측된다.

오존 구멍은 주로 인간에 의해 생산되고 방출된 탄화염화불소(chlorofluorocarbons; CFCs)에 의해 발생한다. 이 화학물질은 한때 발포 플라스틱 생산, 냉장고 및 에어컨의 냉매제, 에어로졸 스프레이의 압축용 가스 및 전자 부품의 세정제로 널리 사용되었다. 탄화염화불소는 매우 안정적이며 안전하다고 여겨왔다. 그러나 이들의 화학적 안정성이 문제가 되는데, 이는 상층권으로 서서히 올라가서도 화학적 변화가 일어나지 않아 자외선에 의해 붕괴되면서 염소 원자를 방출하고, 이 염소 원자가 오존의 분해를 촉진하기 때문이다.

다행스럽게도 오존 구멍을 메우기 위한 주요 정책들이 추진되었다. 1987년 몬트리올 의정서는 몇 가지 오존층 파괴 화학물질에 대한 사용량 한계와 단계적 폐지 기간을 설정하였다. 이와 같은 괄목할 만한 전 세계적 노력으로 197개 나라가 이 조약에 서명하였다. 2000년 이후 오존층이 회복되는 징후를 보이기 시작했다. 그러나 CFCs는 오랫동안 머물기 때문에 2050년 또는 그 이후에야 비로서 오존층이 완전히 회복될 것으로 예상하고 있다.

**비판적 사고** 자외선은 식물플랑크톤뿐만 아니라 많은 육상식물에서도 광합성에 관여하는 일부 분자물질을 손상시킨다. 몬트리올 의정서가 이행되지 못하고 오존층을 파괴하는 화학물질 방출이 지속적으로 증가한다면, 지구 기후에는 어떤 영향을 미칠 것으로 예상되는가? 당신의 답을 설명하라.

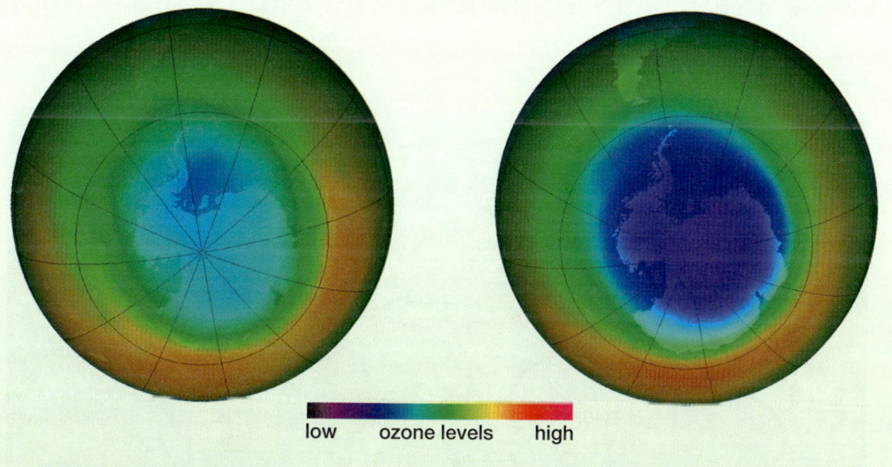


(a) 1979년 9월 남극의 오존 구멍

(b) 2017년 9월 남극 오존 구멍

◀**그림 E30-1 남극의 오존 구멍** 인공위성 이미지는 오존 감소가 현저하게 일어나기 전인 1979년 9월과 2017년 9월의 남극 상공의 오존 농도를 보여준다. 저농도 오존은 파란색과 보라색으로 표시된다. 매년 차이는 있지만 현재 오존 구멍의 면적(약 950만 평방 마일; 약 2,500만 $km^2$)과 오존 농도(감소가 진행되기 전과 비교시 약 50% 농도)는 1990년대 중반과 비슷한 수준이다.

기후를 형성하며 열대우림이 번성한다.

적도 지역에서 상승하는 온난 다습한 대기는 비를 내린 후 점점 차갑고 건조한 대기로 변한다. 계속되는 상승 기류로 이 차갑고 건조한 대기는 북쪽과 남쪽으로 밀려 나가면서 남, 북 약 30° 위도에 도달할 쯤 지표면으로 하강하기에 충분할 만큼 냉각된다. 이 지역에서 하강하는 대기는 지표면에서 방출되는 지구복사열에 의해 덥혀지지만 건조한 상태여서 거의 비가 내리지 않는다❸. 결과적으로 세계의 주요 사막지역은 이 대기층이 하강하는 남, 북 약 30° 위도 부근에 발달한다.

사막 표면에 도달한 덥고 건조한 대기는 북쪽과 남쪽 방향으로 흐르고, 일부는 적도 방향으로 되돌아가고 일부는 극지 쪽으로 이동한다. 북쪽과 남쪽 방향으로 지표면을 따라 흐르는 이 따뜻하고 간조한 대기는 자체의 따뜻함으로 지표면의 물을 증발시켜 점점 더 많은 수분을 함유하게 된다. 대략 60°N와 60°S 부근에 도달한 비교적 온난하고 습한 대기는 상승하기 시작한다. 이 대기가 상승함에 따라 냉각되면서 내포하고 있던 수증기는 응결되어 비(여름철)나 눈(겨울철)으로 내려기 때문에, 이 지역에는 온대림이 생장하는데 유리한 기후 조건을 형성하게 된다. 이 지역에서 높은 고도로 상승한 건조한 대기는 계속 극지방으로 흐르다가 다시 하강하지만 강수량은 거의 없다. 남·북극 지역은 여름철에만 경사각이 아주 큰 태양광선을 받을 뿐 겨울철에는 전혀 받지 못하기 때문에 극도로 춥다.

이러한 대기 순환 패턴에 따르면 위도에 따라 일정한 간격을 두고 띠 모양의 기후대(climate zones)가 형성됨을 예측할 수 있다. 지구의 실제 기후대는 대기 순환 패턴으로 예측한 것과 대체적으로 일치하지만, 일부 지역은 예측 기후대로부터 벗어나기도 한다. 이러한 차이는 주로 바람, 해류, 대륙의 위치 및 산맥 분포 등이 기후에 미치는 영향 때문에 발생한다.

## 육지 기후는 우세한 바람과 해류의 영향을 받는다

북위 30°와 남위 30° 지역에서 지표면을 따라 각각 북쪽과 남쪽으로 이동하는 대기는 지구 자전의 영향으로 그 방향이 변한다. 대기 순환의 방향과 지구 자전의 방향의 상호 작용이 결국 바람의 평균 방향을 결정한다. 평균적으로 남·북위 30° 사이의 구간에서는 동쪽에서 서쪽으로, 남·북위 30°와 극지방 구역에서는 서쪽에서 동쪽 방향으로 바람이 불게 된다. 이 보편적이고 우세한 바람은 해수면과 마찰하여 바닷물을 밀어내 결국 해류를 형성한다. 만약 대륙이 없다면, 해류는 적도 주변에서는 동쪽에서 서쪽으로, 남·북위 30° 아래 바다에서는 서쪽에서 동쪽으로 해류가 흐르면서 지구 전체를 순환할 것이다. 그러나 대륙은 해류의 진행을 가로 막아 북반구에서는 시계 방향으로 남반구에서는 반시계 방향으로 순환하는 **환류(gyres)**라 불리는 순환 형태를 만들어낸다 (**그림 30-4**). 환류는 해수를 아주 먼 곳으로 이동시켜 전 세계 해수의 온도와 영양물질 함유량에 영향을 미친다.

해양의 환류는 연안의 기후에 영향을 줄 수 있다. 일부 환류는 열대지역의 따뜻한 해수를 적도에서 비교적 멀리 떨어진 고위도 해안 지역으로 운반하여, 위도로 보아 그 지역에서 예상되는 것보다 더 따뜻하고 습한 기후를 형성하기도 한다. 예를 들어, 카리브해에서 북아메리카 연안과 대서양을 가로질러 따뜻한 물을 운반하는 걸프 해류(Gulf Stream)는 영국 제도(British Isles)의 온화하고 악명 높은 습한 기후를 형성한다(그림 30-4 참조). 다른 예로는 캘리포니아 해류의 경우 북극 지역의 차가운 해수를 적도 방향으로 이동시켜, 이 해류에 인접한 지역에서는 예상보다 더 차가운 기후를 유발한다.

## 육지 기후는 바다와의 근접성에 영향을 받는다

지구의 거대한 육괴덩어리인 대륙은 지구 기후에 큰 영향을 미친다. 물은 육지나 대기보다 서서히 더워지거나 차가워지기 때문에 대륙의 연안 지역은 거의 유사한 위도의 내륙보다 온도차가 심하지 않다. 예를 들어, 캘리포니아 해안의 샌프란시스코에서 평

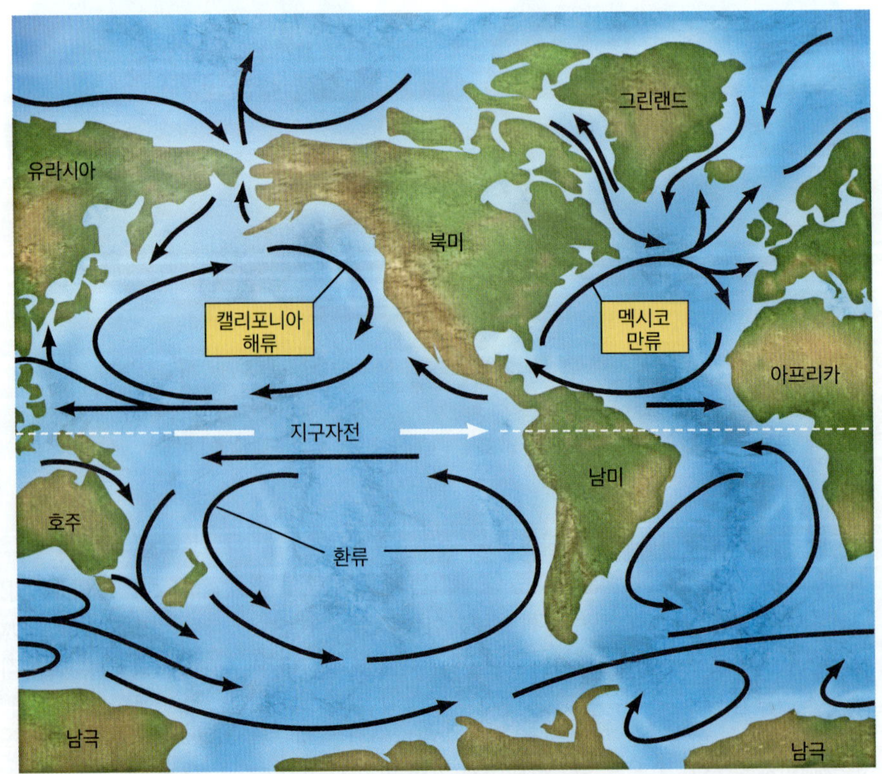


▶ **그림 30-4 전 세계의 육상 생물군계** 산맥과 거대한 크기의 대륙이 생물군계의 분포를 복잡하게 만들지만 일관된 경향성을 나타낸다. 툰드라와 침엽수림은 북반구의 최북단에 있는 반면, 멕시코, 사하라, 사우디아라비아, 남아프리카 및 호주의 사막은 남·북위 30° 부근에 위치한다. 열대우림은 적도 근처에서 찾을 수 있다. 남위 45°와 남극 대륙 사이의 남반구에는 육지가 거의 없으며, 남반구에는 침엽수림과 툰드라 생물군계가 드물다.

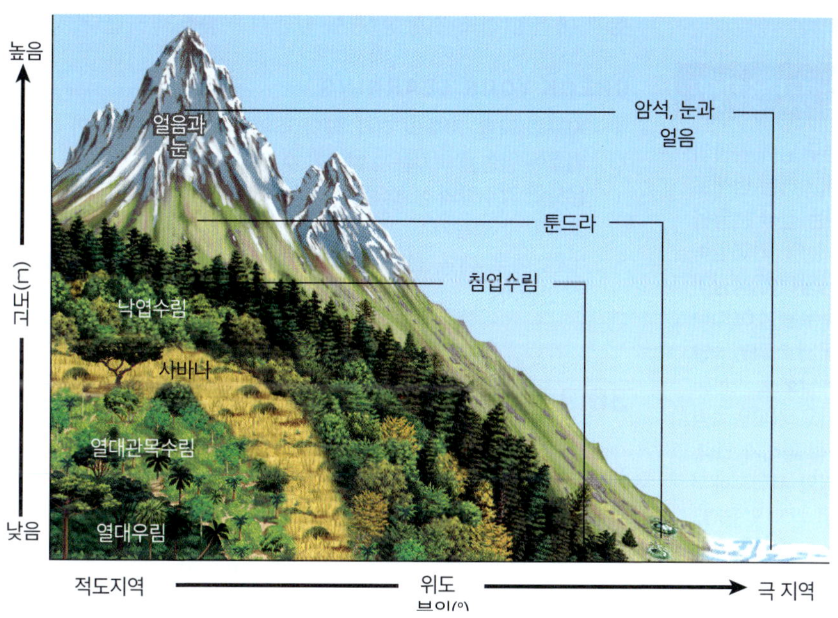


◀**그림 30-5 고도와 위도에 따른 유사한 생물군계분포** 북반구에서 산에 오르는 것은 북쪽으로 이동하는 것과 비슷하다. 둘 다 점점 더 차가운 온도는 일련의 유사한 생물군계를 만든다.

균 기온은 겨울철 14°C(58°F)에서 여름철 22°C(71°F)이지만, 샌프란시스코에서 동쪽으로 약 1,700마일, 가장 가까운 바다로부터는 600마일 떨어진 미주리 주의 세인트루이스의 평균 기온은 겨울철 3°C (38°F), 여름철 32°C(90°F)로 온도 범위가 훨씬 크다.

## 산은 기후 패턴을 복잡하게 한다

대륙 안에서의 고도의 차이 또한 기후에 큰 영향을 미친다. 고도가 높아질수록 대기는 점점 엷어지고 차가워진다. 고도가 305m(1,000피트)씩 올라갈 때마다 대략 2°C(3.5°F)씩 낮아지기 때문에, 고도의 증가는 위도의 증가와 거의 유사하게 기후에 영향을 미친다(**그림 30-5**). 심지어 적도 부근일지라도 탄자니아의 킬리만자로 산(Kilimanjaro; 5,895m)과 에콰도르의 침보라소 산(Chimborazo; 6,268m)과 같은 높은 산은 연중 대부분 산봉우리에 눈이 덮여있다.

산맥은 강수 패턴에도 영향을 준다. 수분이 많은 대기가 산맥을 만나 바람에 의해 사면을 타고 상승하면 점점 낮아지는 기압으로 대기는 단열팽창을 하여 냉각되고 수분 보유 능력이 감소하여, 이슬점에 도달한 수분은 응축하여 바람이 불어오는 쪽 산에 비나 눈으로 내리게 된다. 비나 눈을 내려 수분이 거의 없는 차갑고 건조한 대기는 산정을 넘어 산맥의 반대쪽 면으로 하강하면서 대기는 다시 따뜻해지므로 지표면에서 물을 흡수하며 비가 내리지 않아 소위 '**비 그늘(rain shadow)**'이라 칭하는 국지적으로 건조한 지역을 형성한다(**그림 30-6**). 예를 들어, 캘리포니아의 시에라 네바다(Sierra Nevada) 산맥은 태평양에서 불어오는 바람이 산맥을 상승하면서 산의 서쪽에는 폭설과 눈이 내려 소나무, 전나무 및 거대한 세쿼이아 숲에 수분을 공급한다. 반면 시에라 네바다 산맥의 동부 지역은 비 그늘 지역으로 그레이트 베이슨 사막(Great Basin Desert), 오웬스 계곡(Owens Valley), 모하비 사막(Mojave Desert) 북쪽 등 건조한 지역이 발달하며, 이들 지역의 연 평균 강우량은 12.7-17.8cm(5~7 인치)로 대부분 선인

◀**그림 30-6 비 그늘을 만드는 산맥**

CASE STUDY CONTINUED

### 커피는 노래 부르는 새를 구할 수 있을까?

최근 몇 년 동안 중앙아메리카의 커피 생산은 커피나무 잎에 곰팡이 종류가 침투하는 소위 커피잎녹병(coffee rust)이라고 하는 병해로 위협받고 있다. 이 병균에 감염된 잎은 녹처럼 보이는 갈색 분말을 생성하며, 많은 잎이 감염되면 커피나무 자체가 죽는다. 커피잎녹병은 따뜻한 온도에서 번성하며 저온에서는 병균 곰팡이의 생장이 느리거나 중지된다. 대부분의 중앙아메리카 커피나무는 4,000피트 이상의 고지대 시원한 기후에서 재배하여 최근까지 커피잎녹병 피해는 그리 큰 문제가 되지 않았다. 그러나 지구 온난화로 기온이 상승하고 날씨가 습해지면서 고도가 높은 농장에서도 커피잎녹병이 창궐하고 있다. 햇볕이 잘 드는 커피농장에서 특히 피해가 크다. 현대의 커피재배 농민들이 보다 자연적인 열대우림의 서식지에서 커피를 재배한다면 커피잎녹병을 극복하는데 도움을 받지 않을까?

장과 내건성(건조-저항성) 관목 덤불식물 종류가 자란다.

**CHECK YOUR LEARNING**

- 지구의 곡률, 지축의 경사, 태양 주위의 궤도(공전궤도)가 어떻게 기후에 영향을 미치는지 설명할 수 있는가?
- 온도와 강수량의 상호작용이 어떻게 토양 수분 함량을 결정하는지 설명할 수 있는가?
- 바람, 해류, 대륙, 산맥이 어떻게 기후에 영향을 미치는지 기술할 수 있는가?

## 30.3 주요 육상 생물군계는 무엇이 있나?

지구에는 서로 다른 다양한 육상 생물군집(communities)이 발달하는데, 이런 군집들은 넓은 지역에 거쳐 확장되기도 한다. 이러한 대규모로 확장한 군집을 **생물군계(biomes)**라 하며, 흔히 주요 식생 유형에 기초하여 군계 명칭을 정한다(**그림 30-7**). 다음 절

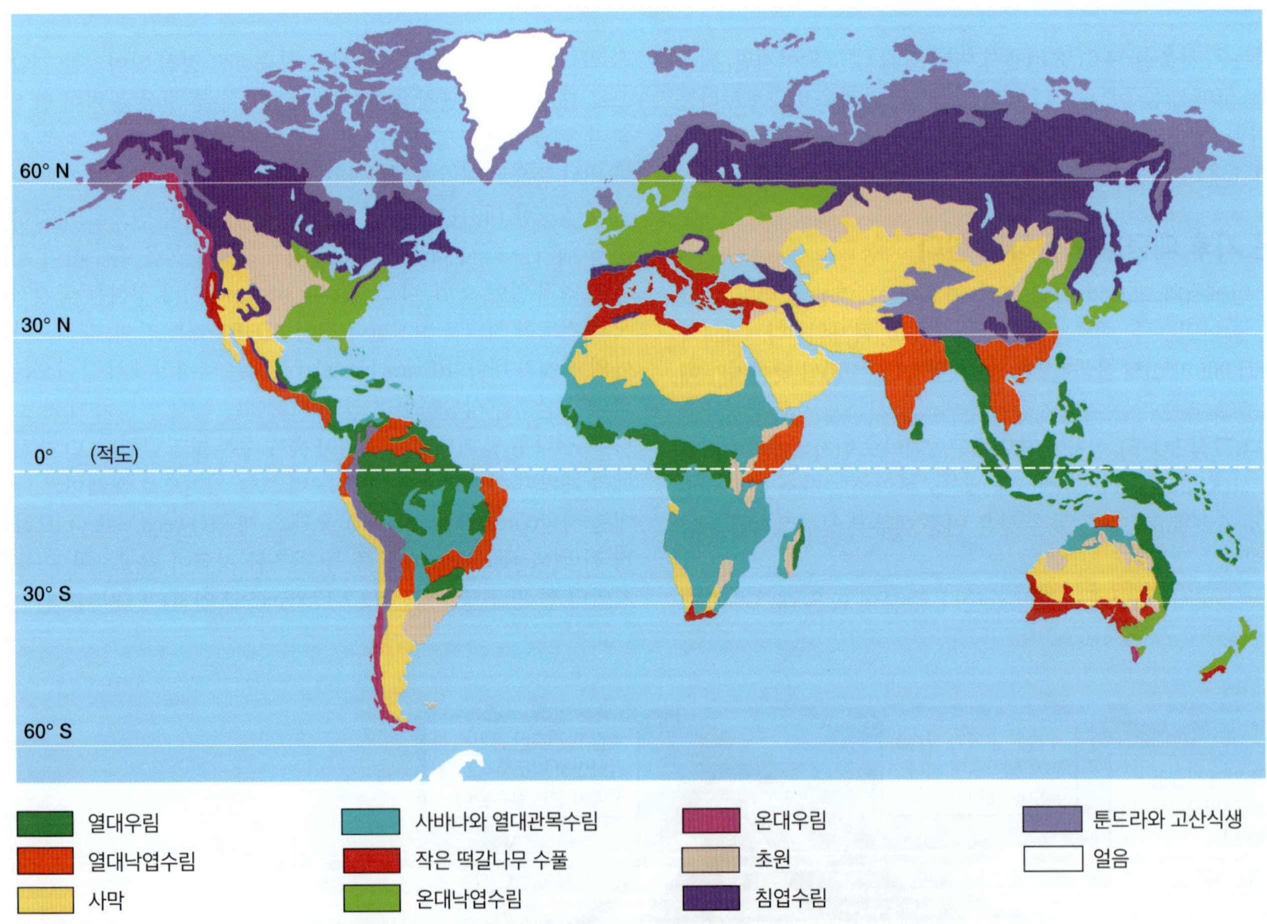


▲ **그림 30-7 전 세계의 육상 생물군계** 북반구의 최북단에는 툰드라와 침엽수림이 발달하지만 남반구에는 45°S와 남극 대륙 사이에 육지가 거의 없어 드물다. 북아메리카, 사하라, 사우디아라비아, 남아프리카 및 호주의 사막은 북위 약 30°N 와 남위 30°S 위도 상에 발달하고 열대우림은 적도 부근에 형성된다.

에서는 적도에서 시작하여 극지방으로 가면서 변화하는 주요 육상 생물군계에 대해 논의한다.

## 열대우림

적도 부근 지역으로 평균 기온은 25°~30°C (77°~86°F)로 연중 거의 변화가 없다. 강수량은 연간 250-400cm (100-160인치) 내외이다. 이와 같이 균일하게 온화하고 습한 조건들은 활엽상록수가 우점하는 지구상에서 가장 생산성이 높은 생물군계인 **열대우림(tropical rain forest)**을 형성한다(**그림 30-8**). 대규모의 열대우림은 중남미, 아프리카 및 동남아시아 지역에서 볼 수 있다.

열대우림은 지구상의 모든 생물군계 중에서 가장 높은 **생물다양성(biodiversity**; 또는 생물종의 총 수)을 보유한 지역이다. 비록 열대우림이 차지하는 면적은 지구 총 지표면적의 5% 미만이지만, 생태학자들은 전 세계 생물다양성의 절반을 차지할 것으로 추정한다. 예를 들어 페루의 약 3제곱마일(약 8km$^2$)의 열대우림에서 1,300종 이상의 나비, 600종의 새(조류)를 확인한 바 있다. 이는 미국 전체 지역에 약 600종의 나비와 800종의 조류가 서식하는 것과 비교하면 열대우림의 생물다양성이 얼마나 높은지 알 수 있다.

열대우림은 일반적으로 구별되는 몇 개의 식생층위 구조를 갖는다. 가장 키 큰 나무(교목)는 200피트(60m)에 달하는 높이로 다른 나머지 숲 위로 높이 솟아 있다. 그 아래로 약 90 ~ 120피트(30~40m)의 교목들이 비교적 연속적으로 지붕(수관; canopy)을 형성하는 교목층이 발달하고, 그 아래로 키 작은 나무(관목)들로 구성되어 전형적 식생층위가 나타난다. 목본성 덩굴식물들은 교목들을 타고 올라 상층에 도달한다. 결국 이러한 식생들이 거의 대부분의 태양광선을 흡수하여 숲 바닥에는 약 2% 정도만 도달하지만, 이곳에는 흔히 낮은 빛에너지 조건에 적응하여 광합성이 가능한 많은 암녹색 잎을 갖는 음지식물들이 자란다.

지면 가까이에는 빛이 부족하고 식용 가능한 식물 자원이 거

◀ **그림 30-8 열대우림 생물군계** 빽빽한 열대우림에서 나무들은 햇빛에 도달하기 위해 우뚝 솟는다. 이 나무들의 가지 한복판에는(왼쪽에서 오른쪽으로) 나무기생난, 황금눈나무잎개구리, 과일섭식큰부리새를 포함하는 지구상에서 가장 다양한 생명체들이 살고 있다.

**비판적 사고** 어떻게 척박한 토양을 갖고 있는 생물군계가 지구상에서 가장 많은 식물생산성과 동물다양성을 가질 수 있는가?

의 없기 때문에 새, 원숭이 그리고 곤충들을 포함한 대부분의 열대우림 동물들은 나무에 서식한다. 지면에 도달한 영양소에 대한 경쟁은 동물과 식물 모두에게 치열하다. 예를 들면 원숭이가 수관부에서 배변을 할 때에 수백 마리의 쇠똥구리가 원숭이 똥이 땅에 떨어지고 수 분 안에 그 위에 모여든다. 토양 속 분해자가 분변이나 죽은 동·식물 사체를 분해하여 영양분을 방출하면 즉시 식물이 이들 대부분을 흡수한다. 이러한 빠른 영양소의 재순환은 열대우림의 대부분의 영양소는 식물에 저장되고, 토양은 상대적으로 척박함을 의미한다.

**인간의 영향** 척박한 토양과 폭우 때문에 열대우림에서의 농업은 위험하고 종종 파괴적이다. 만약 목재생산을 위해 벌목이 자행된다면 농작물 성장을 돕는 영양분은 거의 남아있지 않을 것이다. 만약 나무를 태운다면 영양분들은 토양으로 유입되지만, 연중 내리는 폭우로 이들 영양분은 재빨리 용해되어 떠내려갈 것이고, 몇 계절 경작만으로도 척박한 토양만 남게 될 것이다.

그럼에도 불구하고, 열대우림은 벌목을 위해 쓰러지거나 방목 또는 농업을 위해 불타고 있다. 인공위성 사진자료 분석에 의하면 매년 약 2-3천만 에이커에 이르는 열대우림이 사라지는 것으로 추정되는데, 이는 1 ~ 1.5초마다 축구장 크기의 열대우림이 사라지는 것과 같다. 현재 전 세계 열대우림의 약 절반이 사라졌다. 이 손실은 온실효과를 강화하고 기후 변화를 가속화시키는데, 왜냐하면 인간 활동에 의해 대기 중으로 방출되는 이산화탄소의 약 10%가 열대우림의 벌목과 불태우기에서 발생하기 때문이다.

**CASE STUDY CONTINUED**

## 커피는 노래 부르는 새를 구할 수 있을까?

열대우림의 키 큰 나무 그늘에서 커피를 재배하면 커피잎녹병균 피해를 비교적 줄일 수 있다. 햇볕이 잘 들지 않는 그늘진 서식지에서는 흰색할로균(white halo fungus)이라는 또 다른 곰팡이 종류가 커피나무에는 해를 주지 않으면서 커피잎녹병균을 공격한다. 또한 그늘에서 서서히 생장한 커피나무는 햇볕 환경에서 빠르게 자라는 커피나무에 비해 일반적으로 스트레스를 적게 받기 때문에 커피잎녹병균 및 기타 질병에 더 강하다. 또한 곤충류 병해충의 피해도 그늘진 커피농장이 햇볕 커피농장에 비해 피해가 적은 편인데, 이는 그늘진 농장에 훨씬 많은 새들이 서식하기 때문이다. 새들은 예를 들어 커피열매에 구멍을 내는 등의 해로운 곤충을 포식한다.

커피에 대한 수요가 계속 증가함에 따라 커피 재배 농민은 더 많은 열대우림을 커피농장으로 개간할 가능성이 많지만, 다양한 종류의 나무로 구성된 숲 그늘에서 커피나무를 재배한다면 본래의 열대우림이 가지고 있는 많은 이점을 보존하는 데 도움이 될 것이다. 생산과 보존을 결합한 이와 유사한 전략은 다른 생물군계(biomes)에도 적용할 수 있지 않을까?

## 열대낙엽수림

적도로부터 약간 떨어져 있고 연중 강수량이 많지만 건기와 우기가 뚜렷한 지역에는 **열대낙엽수림(tropical deciduous forest)**이 발달한다. 대부분의 인도 지역을 포함하여 동남아시아, 남미와 중미 일부지역이 여기에 포함된다. 건기 동안 이 숲의 나무들은 잎에서 증발되는 수분을 보충할 수 있는 충분한 물을 토양에서 얻을 수 없다. 식물들은 수분 손실을 최소화하기 위해 건기 동안에 잎을 떨어뜨린다("deciduous"는 문자 그대로 "떨어뜨리다"라는 의미이다).

**인간의 영향** 인적 활동은 열대우림에 영향을 주는 것과 거의 동일한 방식으로 열대낙엽수림에도 영향을 미친다. 벌목, 농업을 위한 불태우기, 화목 장작용 벌채 등이 열대낙엽수림의 파괴 원인이다. 다행스럽게도 많은 열대낙엽수림은 벌채 후에 잘려나간 밑동에서 새로운 싹(맹아지)이 나온다. 따라서 교란이 너무 심각하지 않거나 빈번하지 않을 경우, 열대낙엽수림은 교란이 일어나기 전 상태와 거의 동일한 종들로 상당히 빠르게 회복한다.

## 열대관목림과 사바나

열대지역이지만 열대우림을 형성할 만큼 충분한 강수량이 내리지 않는 건조지역에는 **열대관목림(tropical scrub forest)**를 형성하는데, 이곳에는 열대낙엽수림의 나무들에 비해 크기가 작고 좀 더 넓게 펴져 자라는(수관 폭이 큰) 낙엽수가 우점한다. 이들 나무들은 드문드문 흩어져 자라기 때문에 나무 사이로 태양광선이 지면까지 도달하는 곳에는 초본류(grass; 대부분 벼과의 목초 비슷한 초본류; 이하 목초류로 번역함)들이 자란다. 이 보다 더 건조한 지역에는 일부 드물게 산재하는 나무와 더불어 초본들이 우점하는데, 이러한 생물군계를 **사바나(savanna**; '열대초원'으로 번역하기도 함)라고 한다(**그림 30-9**).

열대관목수림 및 사바나 지역의 강수량은 매년 약 12~40인치(30~100cm)이며, 대부분 3~4개월의 우기 동안에 내린다. 건기가 시작되면 몇 달 동안 비가 내리지 않아 토양은 단단하고 건조하며 먼지투성이가 된다. 이러한 유형의 기후에 잘 적응한 목초류는 우기에는 매우 빠르게 자라고 건기 동안에는 지상부는 죽고 건조 저항성이 큰 뿌리로 살아남는다. 가시가 많은 아카시아 나무나 물을 저장하는 바오밥(baobab)나무 같은 일부 특수화된 나무들만이 건기에 살아남을 수 있다.

아프리카 사바나는 지구상에서 가장 다양한 종류의 대형 포유류 무리를 부양한다. 이러한 대형 포유류로 영양, 코뿔소, 코끼리, 기린과 같은 초식동물과 사자, 표범, 하이에나, 들개와 같은 육식동물들이 포함된다.

**인간의 영향** 아프리카의 급속한 인구 증가는 사바나의 야생 생물을 위협한다. 많은 야생동물에게 적합한 서식처를 제공하는 사바나의 풍부한 목초류는 초식성 소를 목축하는 데도 적합하다. 소를 가두기 위해 세워진 울타리는 먹이와 물을 찾는 큰 무리의 야생 초식동물의 이동을 방해한다. 또한 보통 아시아의 암시장에서 희귀한 아프리카산 동물들의 거래는 일부 종의 멸종을 알리는 전조일지도 모른다. 암시장의 코뿔소 뿔의 수요는 검정 코뿔소의 멸종을 위협하여 수 천마리 수준으로 줄었다. 상아를 얻기 위한 목적으로 아프리카 코끼리는 매년 2만 마리 이상 밀렵꾼들에 의해 살해되는데, 그 수는 코끼리의 생식 속도를 훨씬 뛰어 넘는다.

## 사막

비록 건조-저항성(내건성)을 보유한 초본일지라도, 평균 기온 및 계절적 강수량의 분포에 따라 달라지지만, 최소한 10-20인치(25-50cm) 정도의 연간 강수량을 필요로 한다. 연간 강수량이 10인치 또는 그 이하로 내리는 지역에는 사막이 발달한다. 우리는 사막이 덥다고 생각하는 경향이 있지만, **사막(desert)**은 온도보다는 강수량이 부족한 것으로 정의한다. 예를 들어 아시아의 고비사막(Gobi Desert)의 평균 기온은 연중 절반이 빙점 이하이다(여름철에 매우 덥지만). 사막의 생물군계는 모든 대륙에서 발견되

◀ **그림 30-9 아프리카의 사바나** 기린은 사바나의 나무에서 먹이를 얻으며(왼쪽에서 오른쪽으로) 사자, 희귀종인 검은 코뿔소, 얼룩말과 함께 이 생물군계를 공유한다.

▶ **그림 30-10 사막 생물군계** **(a)** 아프리카 사하라사막의 모래언덕처럼 가장 극심한 더위와 가뭄 조건의 사막에는 생물이 거의 없다. **(b)** 유타주와 네바다주의 대부분을 차지하는 그레이트 베이슨(Great Basin) 사막에는 산쑥과 그라스우드(greasewood; 명아주과 식물)와 같은 넓게 산재하는 관목림 경관을 나타낸다.

(a) 사하라 모래언덕

(b) 유타 사막

(a) 선인장 종류(선인장과)

(b) 사막 대극과 식물

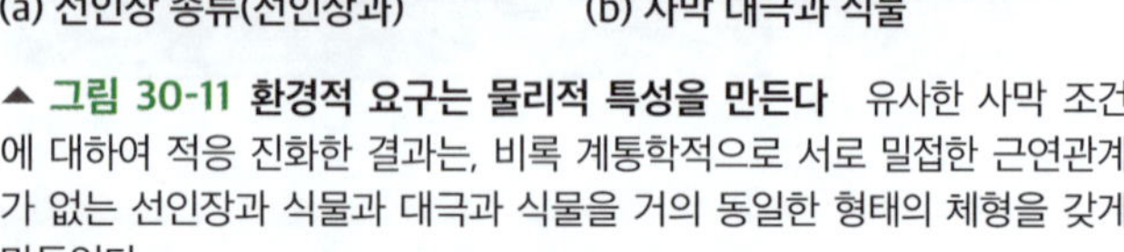

▲ **그림 30-11 환경적 요구는 물리적 특성을 만든다** 유사한 사막 조건에 대하여 적응 진화한 결과는, 비록 계통학적으로 서로 밀접한 근연관계가 없는 선인장과 식물과 대극과 식물을 거의 동일한 형태의 체형을 갖게 만들었다.

지만, 전형적인 것은 남·북 위도 30° 주변과 산맥에 의해 형성되는 비그늘 지역에 발달한다.

사막은 건조 정도에 따라 다양하다. 극단적인 한 예로서, 칠레의 아타카마 사막(Atacama Desert)과 아프리카의 사하라 사막(Sahara Desert) 경우 연중 거의 비가 내리지 않으며, 식생도 자라지 않는다(**그림 30-10a**). 좀 더 흔한 일반적인 사막은 넓은 간격을 두고 드문드문 나타나는 식생 지역과 식생이 발달하지 않는 나머지 노출 지표면이 주요 특징이 된다(**그림 30-10b**).

사막에는 오직 고도로 특수화된 식물만 자랄 수 있다. 선인장류(선인장과; 주로 아메리카 대륙 등 서반구에서 발견; **그림 30-11a**)와 일부 대극과 식물(Euporbs; 주로 아프리카 대륙 등 동반구에서 발견; **그림 30-11b**; 선인장류와 거의 유사한 형태를 보임) 식물은 사막 건생식물로서 빗물이 증발하기 전에 빠르게 흡수할 수 있도록 뿌리는 깊지 않고 넓게 펼쳐져 있다. 이들의 다육성 두꺼운 줄기는 물이 있을 때 물을 저장한다. 가시는 영양분과 수분을 섭취하기 위하여 이들의 줄기를 먹는 초식동물로부터 식물을 보호한다. 그리고 잎은 매우 작아서 수분의 증발을 최소화하며, 일반적으로 광합성은 녹색의 다육성 줄기에서 일어난다. 선인장 줄기를 덮고 있는 두꺼운 왁스는 수분의 손실을 한층 더 줄여준다.

일부 사막은 아주 짧은 우기를 갖는데, 이 수 주(2-3주) 동안 연중 강수량의 대부분이 집중된다. 이곳의 일년생 야생화는 짧은 우기 동안의 수분을 이용하여 싹을 틔우고 성장하며, 꽃을 피우고 종자를 생산하여 1개월 혹은 2개월 안에 생활사를 마친다(**그림 30-12**).

사막 동물들 역시 더위와 가뭄에 살아남기 적합하도록 적응하였다. 극히 일부 사막 동물들은 뜨거운 여름 낮에도 활동하지

◀ **그림 30-12 사막 야생화** 상대적으로 습한 봄이 지나가면 애리조나 사막은 야생화로 뒤덮인다. 연중 대부분 때로는 수 년 동안 일년생 야생화 종자는 적당한 비가 내리기를 기다리며 휴면 상태에 놓인다.

만, 대부분의 사막 동물들은 비교적 시원하고 습한 지하 동굴 피난처에서 더위를 피한다. 북미 지역 사막에서 야행성 동물(밤에 활동하는 동물)로는 잭토끼(jackrabbits), 박쥐, 캥거루쥐와 구멍파기부엉이(burrowing owls) 등이 포함된다(**그림 30-13**). 뱀, 거북이, 도마뱀과 같은 변온성 파충류는 온도에 의존하여 자신의 활동주기를 조절하는데, 여름철에 동틀 무렵과 해질녘에만 주로 활동한다. 캥거루쥐와 다른 많은 작은 사막동물들은 전혀 물을 마시지 않고도 살아남는다. 이들은 먹이와 세포호흡의 부산물로 얻어진 물을 통해 수분을 획득한다(8장 참조). 사막큰뿔산양과 같은 대형동물은 연중 가장 건조한 시기 동안에도 마르지 않는 지속 가능한 물웅덩이에 의존한다.

**인간의 영향** 사막 생태계는 불안정한 취약한 생태계이다. 사막 토양은 모래 알갱이 사이를 얽히게 만드는 세균의 가는 실모양 가닥에 의해 안정화된다. 사막에서 자동차를 운전하면 이 중요한 박테리아 네트워크를 파괴하여 토양침식을 일으키고, 사막에서 느리게 성장하는 식물들에게 유용한 영양분을 감소시킨다. 캘리포니아 모하비 사막에는 2차 세계대전 때 탱크가 남긴 바퀴 자국을 오늘날에도 여전히 볼 수 있다. 사막의 토양이 과도한 차량 이용으로 인한 파괴로부터 완전히 회복되는 데는 수 백 년이 필요할지도 모른다.

(a) 캥거루쥐

(b) 굴올빼미

▲ **그림 30-13 사막에 사는 동물** (a) 캥거루쥐와 (b) 굴올빼미는 땅굴에서 하루 중 가장 더운 때를 보내며 밤에 먹이를 찾으러 나온다.

▲ **그림 30-14 사헬(Sahel) 지역의 사막화** 가뭄 및 열악한 토지 이용과 결부되어 급성장하는 인구는 많은 건조지역의 생명유지능력을 감소시켰다.

인간 활동은 또한 **사막화(desertification)**를 촉진하는데, 사막화란 토지의 남용으로 인한 가뭄의 결과로서 비교적 건조한 지역이 사막으로 전환되는 과정이다. 땔감용으로 사막 관목(bushes; 부시 또는 사막 관목으로 번역함)과 교목(키 큰 나무)의 지나친 벌목, 가축의 지나친 방목, 작물 재배로 인한 지표수와 지하수의 고갈 등으로 가뭄이 심화되어 토착 식생을 극히 취약하게 만든다. 사막화로 인한 식생의 손실은 결국 토양의 침식을 야기하고 토지생산성을 더 떨어지게 한다. 사막화는 아프리카 사하라 사막 바로 남쪽인 사헬(Sahel) 지역에 심각한 영향을 주었다(**그림 30-14**). 2011년에 11개 아프리카 국가들은 사헬 지역의 척박한 환경에 녹화 및 사막화 방지의 일환으로 대륙을 가로질러 약 15km 넓이의 관목과 교목으로 이루어진 "녹색장성(Great Green Wall)" 설립을 제안하였다. 대서양 해안의 세네갈은 가축에게 먹이를 제공하는 아카시아나무와 식품첨가물로 해외에 판매할 수 있는 아라비아고무나무를 포함하여 5만 에이커 규모의 내건성 나무를 식재해오고 있다. 니제르에서는 과도한 방목을 방지하고 목초류와 사막 관목류을 식재하여 침식을 줄여서 삼림이 자연적으로 성장할 수 있도록 돕고 있다.

## 지중해성 관목지(차파렐; Chaparral)

캘리포니아 남부와 대부분의 지중해 연안 지역처럼 사막과 접하고 있는 많은 해안 지역에는 **지중해성 관목지(chaparral**; '차파렐' 혹은 '관목수풀림지대'로 번역하기도 함, **그림 30-15**)라고 칭하는 독특한 유형의 식생이 발달한다. 이들 지역의 연간 강수량은 최대 30인치(약 75cm) 이내로, 거의 대부분 시원하고 습한 겨울철에 비가 내린다. 여름철은 덥고 건조하다. 지중해성 관목지에 서식하는 식물은 주로 가뭄에 강한 관목과 키 작은 교목으

▲ 그림 30-15 **지중해성 관목지(Chaparral)** 생물군계 따뜻하고 건조한 연안지역에 국한하여 나타나며 번개에 의한 화재로 그 특성이 유지된다. 사진으로 보는 캘리포니아 산 가브리엘(San Gabriel) 산맥 산기슭의 식생처럼 이러한 생물군계는 건조저항성 관목과 키 작은 교목으로 특징지을 수 있다.

로 이루어진다. 이들의 잎은 작고, 건조한 여름철 증산작용으로 인한 물 손실을 최소화하는 방향으로 적응으로 대개 잎 표면이 미세한 털로 덮이거나 왁스 층으로 피복되어 있다. 또한 지중해성 관목지는 이들 지역에 빈번히 발생하는 산불로부터 견딜 수 있도록 적응하였는데, 대부분의 관목들은 화재 이후 뿌리로부터 재생할 수 있으며, 다른 관목들은 화재로 인한 고온이나 연기에 포함된 화학물질의 자극으로 발아가 촉진되는 씨앗들을 가지고 있다.

**인간의 영향** 사람들은 바다에 인접한 따뜻하고 건조한 기후에서 사는 것을 좋아하기 때문에 주택개발은 지중해성 관목지 생물군계에 주요 위협 요인이 된다. 특히 남부 유럽의 울퉁불퉁한 지형에서 방목, 올리브나무 재배 및 기타 유형의 농업으로 인해 지중해성 관목지가 사라지고 있다.

## 초원

북미와 유라시아 대륙 등 대륙의 안쪽에는 **초원(grassland)** 또는 프레리(*prairie*; '대평원'으로 번역하기도 함)이라 칭하는 생물군계가 우점한다(**그림 30-16**). 초원 생물군계가 발달하는 지역은 일반적으로 여름은 덥고 겨울은 추운 기후를 나타내며 년 강수량은 15~30인치 정도로 적다. 일반적으로 이들 생물군계는 끊임없이 목초성 초본(grass)으로 덮여있고, 강변을 제외하고는 거의 나무가 없다. 북미(본래 텍사스에서부터 캐나다 남부지역까지 발견되는)에 있는 고경초본대평원(tallgrass prairie)에 서식하는 목초성 초본류는 키가 6피트(약 1.8m)까지 자란다. 강우량이 적어지는 북미 서부지역으로 갈수록 중경초본대평원(midgrass prairie)과 단경초본대평원(shortgrass prairie)이 나타난다. 이들 대평원에는 프레리도그(북미초원에 사는 다람쥐과 동물)와 얼룩다람쥐는 독수리, 여우, 코요테와 보브캣(bobcats; 야생 고양

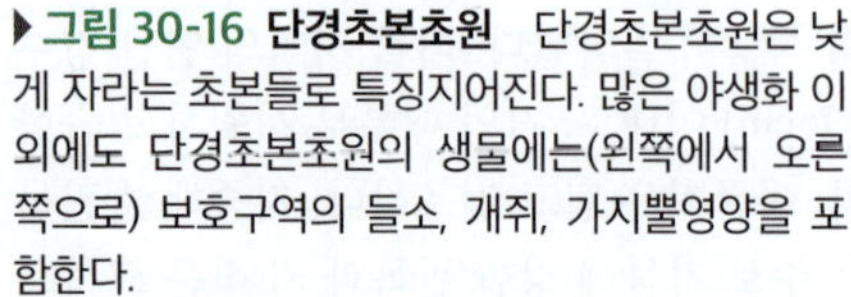

▶ 그림 30-16 **단경초본초원** 단경초본초원은 낮게 자라는 초본들로 특징지어진다. 많은 야생화 이외에도 단경초본초원의 생물에는(왼쪽에서 오른쪽으로) 보호구역의 들소, 개쥐, 가지뿔영양을 포함한다.

이)의 먹이가 된다. 가지뿔영양은 서부 초원에서 어린잎들을 먹고 자라며, 들소는 보호구역 안에서 번성한다.

초원에 나무가 없는 이유는 무엇일까? 목초성 초원식물과 나무의 경쟁에서 물과 화재는 결정적 요인으로 작용한다. 대평원 지역의 덥고 건조한 여름과 잦은 가뭄이 드는 기후에도 중경초본류와 단경초본류는 살아남을 수 있지만 나무에는 치명적인 환경이 된다. 보다 많은 강수량을 나타내는 고경초본대평원의 경우 산림은 극상 생태계이다. 그러나 역사적으로 이늘 극상 산림 생태계는 때때로 발생하는 극심한 가뭄과 번개에 의한 잦은 화재나 아메리카 원주민들의 방화 등 가뭄-화재의 연계로 점점 사라지게 되었다. 비록 화재로 나무는 죽지만 초본류의 뿌리는 살아남는다.

**인간의 영향** 수천 년 동안 자라고 분해되어 온 이들 지역의 목초성 초본류는 세계에서 가장 비옥 한 토양을 만들었다. 19세기 초 북미 초원은 약 6천만 마리의 들소의 먹이 공급을 담당하였다. 오늘날 미국 중서부 초원은 대규모의 농장과 방목장으로 전환되었고, 들소들은 소(cattle)로 대치되었다.

프레리도그 집단과 이들을 사냥했던 독수리와 흰담비는 그들의 서식지가 줄어들면서 보기 드문 광경이 되었다. 일부 지역에서는 지나친 방목으로 토착 초본식생이 파괴되었고, 그 결과 목본성 산쑥이 번성하게 되었다(**그림 30-17**). 교란되지 않은 초원은 현재 보호구역으로 지정되어 있다. 고경초본대초원은 세계적으로 가장 위협받는 생태계 중의 하나이다. 현재 약 1% 정도만이 원래 상태로 남아있으며, 나머지 극히 일부 지역에 토착 고유 식물종을 식재하고 화재를 통제하여 복원하였다.

▲ **그림 30-17 산쑥 사막 또는 단경초본초원** 이 생물군계는 온도, 강수량, 토양뿐만 아니라 인간 활동에 의해서도 영향을 받는다. 오른쪽의 단경초본초원 지역은 소에 의해 과잉 방목되어 초본들이 산쑥으로 교체되었다.

## 온대낙엽수림

북미의 초원지대 동쪽 가장자리는 **온대낙엽수림(temperate deciduous forest)** 생물군계로 이어진다(**그림 30-18**). 온대낙엽수림은 대부분의

◀ **그림 30-18 온대낙엽수림 생물군계** 미국 동부의 온대낙엽수림에는(위에서부터 아래로) 흰꼬리사슴과 큰어치와 같은 새들이 서식한다. 봄에는 수목이 숲의 바닥을 뒤덮을 무성한 잎을 갖기 전에 수많은 삼림의 야생화(설앵초와 같은)가 짧은 기간 동안 만발한다.

**비판적 사고** 열대낙엽수림과 온대낙엽수림은 연중 특정 시기에 자신의 잎을 낙엽으로 떨어뜨린다. 서로 아주 많이 다른 이들 생물군계에서 낙엽을 떨어뜨리는 것이 어떻게 효율적인 적응이라고 할 수 있는지 설명하라.

▲ **그림 30-19 온대우림 생물군계** 올림픽 국립공원 안의 호(Hoh)강 온대우림은 연간 약 12피트(약 3.6 미터)의 강우량을 보인다. 양치류, 이끼류와 야생화가 임상층(숲의 바닥)의 약한 녹색광 아래에서 자란다. 이러한 온대우림의 생물로는(위로부터 아래로) 참새발고사리 같은 양치류, 큰사슴(엘크)과 꽃을 피우는 디기탈리스(현삼과 여러해살이 풀)를 포함한다.

유럽과 동아시아 지역에서 관찰할 수 있다. 이들 지역의 연 강수량은 초원보다 더 많아 연 평균 30-60인치(75-150cm)이다. 토양은 키 큰 나무(교목)가 자라기에 충분한 수분을 보유하며 이로 인해 대부분의 초본은 그늘에 가리어진다.

온대낙엽수림이 발달하는 지역은 겨울이 춥고, 종종 장기간 빙점 이하의 날씨로 물이 얼어 액체상 물을 이용할 수 없다. 물 공급이 부족할 때, 낙엽수들은 가을에 잎을 떨어뜨리고 겨울 내내 휴면 상태를 유지하며 물을 보존한다, 액체상 물을 다시 이용할 수 있는 봄철에 이들은 다시 잎을 만든다.

낙엽이 썩어가는 숲 바닥은 박테리아, 지렁이, 곰팡이, 딱정벌레, 도롱뇽 및 작은 식물들이 살아가기에 적합한 서식처와 양분을 제공한다. 생쥐, 뽀족뒤쥐(shrews), 다람쥐, 너구리, 사슴, 곰, 코요테 및 비버(beavers) 등을 포함한 다양한 포유류가 서식한다. 낙엽수림의 특징적인 새 종류는 박새류, 뇌조(grouse), 솔새류(warblers) 등이다.

**인간의 영향** 흑곰, 늑대, 보브캣(bobcats; 야생 고양이), 퓨마와 같은 대형 포식성 포유류는 이전에는 미국 동부지역에 풍부하게 서식하였지만, 사냥과 서식지 소실로 그 수가 심각하게 감소하였다. 결과적으로 많은 지역에서 포식자 부족으로 사슴 개체수는 급증하였다. 목재 생산, 농업 및 주택 건축을 위해 벌채로 미국의 낙엽수림이 원래 수준에서 크게 감소하였고, 현재 벌채 등으로 교란되지 않는 처녀림은 거의 존재하지 않지만, 지난 세기 동안 버려진 농장과 이미 벌채된 대지에서 낙엽수림이 대규모로 재생하고 있어 그 면적이 증가하고 있다.

## 온대우림

캘리포니아 북부에서 알래스카 남동부의 미국과 캐나다의 태평양 연안에는 **온대우림(temperate rain forest)**이 발달한다(**그림 30-19**). 온대우림은 호주 남동부 해안, 뉴질랜드 남서해안 및 칠레와 아르헨티나의 일부 지역에서도 나타난다. 북미의 경우 이 숲에는 전형적으로 매년 55인치(140cm) 이상의 비가 내리며, 일부 지역의 경우 매년 12피트(364cm) 이상의 비가 내린다. 바다와 인접한 지역은 온화한 기온을 유지한다.

온대우림에 서식하는 대부분의 나무는 가문비나무, 더글러스 전나무(미송) 및 미국솔송나무(hemlock)와 같은 거대한 침엽수로, 이들은 보통 250~300피트(약 60~90m) 높이로 자란다. 숲 바닥과 나무줄기는 보통 이끼와 양치식물로 덮여있다. 곰팡이는 습한 곳에서 번성하며 토양을 비옥하게 만든다. 열대우림과 마찬가지로 아주 적은 빛이 숲 바닥에 도달하기 때문에 어린 묘목들은 대개 정착하지 못한다. 하지만 숲의 거목들 중의 하나가 쓰러질 때마다 일부의 빛이 숲 바닥에 도달하면 쓰러진 통나무 바로 위에서 묘목이 급속히 돋아난다.

**인간의 영향** 키가 크고 곧은 나무는 목재로서 가치가 커서 결과적으로 많은 온대우림에서 벌목이 이루어져 왔다. 온화하고 습한 기후에서 온대우림은 빠르게 재성장하여 지속적인 목재를 공급한다. 그러나 반점올빼미와 같은 일부 동물들은 수백 년 수령의 노숙림(old-growth forests)에서 주로 서식한다. 다행스럽게도 일부 원시 온대우림이 워싱턴에 있는 올림픽 국립공원과 알래스카의 글레이셔 베이(Glacier Bay) 국립공원에서 보존되고 있다.

## 북부침엽수림

초원과 온대수림의 북쪽에는 **북부침엽수림(northern coniferous**

forests; 타이가 taiga라고도 부르는)이 발달한다(그림 30-20). 지구상에서 가장 넓은 지역을 차지하는 육상 생물군계인 북부침엽수림은 스칸디나비아, 시베리아, 중앙 알래스카, 캐나다 및 북미 일부지역을 가로질러 펼쳐있다. 이와 매우 유사한 수림이 캐스캐이드 산맥, 시에라네바다와 로키 산맥을 포함하는 많은 산맥에서 나타난다.

북부침엽수림의 환경 조건은 길고 추운 겨울과 짧은 식물 성장기로 온대낙엽수림보다 훨씬 혹독하다. 연 강수량은 약 40인치(40-100cm)로 대부분이 눈으로 내린다. 이들 상록침엽수는 원추형 수형으로 자라고, 좁고 딱딱한 바늘잎을 가져 눈을 효과적으로 지면으로 흘려 내릴 수 있게 한다. 왁스 성분으로 코팅된 작은 바늘잎들은 물이 어는 긴 겨울 동안 수분 손실을 최소화한다. 이러한 상록침엽수는 낙엽수가 봄에 새로운 잎을 성장시키는 데 에너지를 쏟는 것과 달리 겨울 동안 그들의 잎을 유지함으로써 에너지를 보존한다. 이에 상록침엽수는 봄이 시작되면 즉시 광합성을 시작할 수 있다. 흑곰, 말코손바닥사슴(moose), 사슴과 늑대 등을 포함하는 대형 포유동물은 오소리, 스라소니, 여우, 보브캣(야생 고양이), 눈덧신토끼가 하는 것처럼 여전히 북부침엽수림을 배회한다. 또한 북부침엽수림의 산림들은 북미의 많은 종류의 철새들에게 번식지를 제공한다.

▲ **그림 30-20 북부침염수림 생물군계** 작은 바늘잎을 갖고 원추형으로 자라는 침엽수는 무거운 눈을 떨어뜨리기에 적합하다. (왼쪽 위) 캐나다 스라소니가 눈신토끼를 포획하고 있다. (오른쪽 위) 가문비나무 뇌조 수컷이 짝짓기 표시를 하고 있다.

**인간의 영향** 제지와 목재 생산을 위해 캐나다와 미국 북서부에 이르는 태평양 연안의 광활한 북부침엽수림은 벌채되고 있고(그림 30-21), 더불어 광산 개발, 천연가스 및 오일 발굴 사업으로 북부침엽수림도 파괴되고 있다. 그럼에도 불구하고 지구의 대부분의 침엽수림은 손상되지 않은 상태로 남아있다.

▲ **그림 30-21 개벌(clear cutting)** 캐나다 앨버타의 숲에서 보이는 것처럼 침엽수림이 개벌에 취약하다. 개벌은 선택적인 벌목에 비해 비교적 손쉽고 경제적인 벌채 수단이지만 환경 비용이 높다. 침식은 비옥한 토양을 감소시키고 새로운 묘목의 성장을 둔화시킨다. 더욱이 일반적으로 새롭게 자란 같은 연령의 밀집된 입목들은 다양한 연령의 야생입목들보다 산불과 기생충의 공격에 더 취약하다.

## 툰드라

가장 북쪽에 있는 생물군계는 북극해와 경계를 이루는 나무가 존재하지 않는 지역인 광내한 북극 **툰드라(tundra)**이다(그림 30-22). 툰드라 지역의 환경 조건들은 혹독하다. 겨울철 기온은 흔히 -40°F(-55°C) 혹은 그 이하로 휘몰아치는 바람을 동반한다. 강수량은 연 평균 10인치(25cm) 또는 그 이하로 이 지역을 얼어붙은 사막으로 만든다. 여름철에도 서리가 잦고 식물 성장기는 겨우 몇 주 동안 지속된다. 이와 비슷한 기후와 툰드라 식생은 전 세계의 고도가 높은 산에서 볼 수 있다.

북극 툰드라의 추운 기후는 영구적으로 얼어붙은 토양층인 **영구동토층(permafrost)**을 형성한다. 영구동토층 위의 토양은 매 여름마다 녹으며 대개 그 깊이는 2피트(60cm) 혹은 그 이상이 된다. 여름철 해빙기가 도래하면 밑에 있는 영구동토는 눈과 얼음이 녹은 물이 땅속으로 스며들 수 없게 만들어 결국 툰드라는 거

◀그림 30-22 **툰드라 생물군계** 툰드라의 생물은 가을에 화려한 색으로 바뀌는 알래스카의 데날리 국립공원에서 볼 수 있다. (왼쪽에서 오른쪽으로) 서리로 뒤덮인 월귤나무와 같은 다년생 식물들은 차가운 툰드라의 바람을 피하기 위해 땅에 낮게 자란다. 북극여우와 순록과 같은 툰드라의 동물들은 그들의 다리에서 혈류를 조절하여 동상을 예방할 정도의 체온을 유지하는 반면 뇌와 기타 주요 기관들을 위해서는 정교하게 체온을 유지시킨다.

대한 습지가 된다.

툰드라는 극도의 추위와 짧은 성장 가능 계절, 그리고 영구 동토층(뿌리의 깊이를 제한하는)으로 인해 나무는 자랄 수 없다. 그럼에도 불구하고 툰드라의 대지 위에는 키 작은 다년생 꽃, 난쟁이 버드나무 종류, 순록이 좋아하는 먹이인 "순록이끼"라 부르는 대형 지의류가 깔려있다. 여름의 습지는 최상의 모기 서식지가 된다. 이들 모기와 다른 곤충들은 약 100종 이상의 새들의 먹이가 되는데, 이들 대부분 새들은 짧은 여름철 진수성찬 기간 동안 둥지를 짓고 새끼를 기르기 위해 이곳으로 이주한다. 툰드라의 식생은 늑대, 올빼미와 북극여우에게 잡혀 먹히는 눈토끼와 나그네쥐(lemmings, 작은 설치류)도 부양한다.

**인간의 영향** 툰드라는 짧은 식물생장 계절로 모든 육상 생물군계 중에서 가장 취약하다. 수고가 4인치(10cm)인 버드나무는 수령이 50년 정도이다. 고산지대의 툰드라는 비포장도로 차량과 심지어 도보여행자들에 의해 쉽게 손상된다. 이러한 인류문명으로 인한 영향은 주로 석유 시추 장소, 파이프라인, 광산 및 흩어져 있는 군사 기지 주변에 국한되어 나타나지만, 기후변화라는 또 다른 중대한 위협으로 넓은 툰드라 지역에 영향을 미치고 있다. 기온이 상승함에 따라 툰드라의 남부 가장자리에 관목과 나무들이 서식하며 툰드라 식생을 대치하고 있다. 기후 모델들(climate models)에 따르면 지구 전체 툰드라의 3분의 1 이상이 금세기 말까지 없어질 것으로 예측하고 있다.

### CHECK YOUR LEARNING

- 주요 육상 생물군계를 기술하고 온도와 강수량이 그들의 특징적인 식생을 결정하는데 어떻게 상호작용하는지 논의할 수 있는가?
- 육상 생물군계에 사람이 어떻게 영향을 미치는지 기술할 수 있는가?

## 30.4 주요 수생 생물군계는 무엇이 있나?

수생 생태계에서 그곳에 서식하는 생물종의 구성은 주로 이용 가능한 영양소와 빛에너지에 의해 결정된다. 이러한 요소는 수생 환경에 따라 다르기 때문에 지구의 수체에는 다양한 생물군계가 존재한다. 다음 절에는 주요 수생 생물군계에 대하여 논의한다.

### 담수 호수

담수 호수는 자연적으로 함몰된 지역에 지하 누출수, 하천수, 빗물 혹은 눈 녹은 물이 채워질 때 형성된다. 온대기후 지역의 대형 호수는 연안대, 조광대, 심저대로 구별되는 뚜렷한 생물 분포대를 갖는다(**그림 30-23**).

#### 생물 분포대는 빛에너지와 영양분에 의해 결정된다.

호수의 가장자리 부근에는 얕은 수심의 **연안대(littoral zone)**가 발달하는데 이곳은 충분한 빛과 영양분을 받는다. 연안대 식물로는 호수 가장자리 부근의 바닥에 부착하여 살아가는 부들, 큰 골풀, 수련 등이, 그리고 약간 더 깊은 곳에는 완전히 물에 잠겨 살아가는 침수식물이 무성하게 자란다. 연안대는 광합성 원생생물과 세균류를 총칭하는 **식물플랑크톤(phytoplankton)**과 이들을 섭식하는 아주 작은 크기의 갑각류인 **동물플랑크톤(zooplankton)**이 살아가는 서식처이다. 또한 연안대에는 매우 높은 동물다양성을 보이는 곳이다. 연안대 서식 척추동물은 개구리, 뱀, 거북이와 창꼬치, 블루길, 농어 같은 어류가 있고, 무척추동물로는 곤충의 유생, 달팽이, 편형동물, 가재와 같은 갑각류 등이 있다.

호수 가장자리로부터 안쪽으로 더 들어가면 수심이 깊어지면서 식물들은 바닥에 뿌리를 내릴 수 없지만 여전히 광합성에 충분한 햇빛을 제공받는다. 이러한 개방 수역은 충분한 햇빛이 투과되어 식물플랑크톤의 광합성이 가능한 위쪽의 **조광대(limnetic zone)**와 광합성을 수행하기에는 빛이 너무 약한 아래쪽의 **심저대(profundal zone)**로 구분된다(그림 30-23 참조). 조광대에는 플랑크톤과 어류가 풍부하다. 심저대에 서식하는 생물들은 연안대와 조광대에서 흘러들어오는 유기물과 육지로부터 씻겨 흘러들어온 침전물에 의해 영양분을 공급받는다. 심저대에서 서식하는 생물들은 주로 바닥에서 먹이를 찾는 메기와 잔사식자(detritivores; 유기파편 섭식자)와 분해자(decomposers)에 속하는 가재, 수생벌레, 조개, 거머리 및 세균 등이 포함된다.

▼ **그림 30-23 호수의 생물분포대** 전형적인 대형호는 뿌리식물들이 서식하는 호수연안대, 개방수역의 조광대, 깊고 어두운 심저대와 같은 세 개의 생물 분포대를 갖는다.

**Have You Ever Wondered ...**

## 고대 생물군계를 재현할 수 있나?

러시아 과학자 세르게이(Sergey)와 니키타 지모프(Nikita Zimov)는 시베리아 툰드라를 초원으로 바꾸어 인류가 이곳에 도착하기 이전의 생물군계로 복원할 계획이다. 약 10,000년 전까지 시베리아 지역에는 매머드, 들소, 털로 뒤덮인 코뿔소 및 기타 대형 초식동물의 주 생활 지역이었다. 지모프의 가설은 이들 초식동물에 의한 섭식과 짓밟음으로 현재 툰드라에 우점하고 있는 이끼류, 관목류 및 키 작은 교목 등으로 구성되는 식생은 형성되지 않았고 대신 목초성 초본이 번무했을 것으로 가정하였다. 약 1만 년 전 선사시대 시베리아에 도착한 인류에 의해 대부분의 대형 초식동물이 사라지면서 초원도 사라진 것으로 추정한다. 지모프는 "마모스 초지(mammoth steppe)"을 재현하길 희망하며, 이 재현된 광대한 초원에서 초식동물과 이를 포식하는 육식동물이 살아갈 수 있을 것이다. 물론 이미 멸종한 매머드나 털로 뒤덮인 코뿔소는 없지만, 지모프는 다른 거대 포유동물을 시베리아의 소위 '홍적세 공원(Pleistocene Park)'이라고 부르는 넓은 보호 구역에 도입하였다.

홍적세 공원에서 잘 자라는 야쿠티안 말

야쿠티안 말, 사향 소, 유럽 들소 및 엘크를 포함하여 이 보호구역에 도입된 종들 중에서 말은 특히 초원 복원에 중요한 것으로 예상된다. 말이 충분할 때 초원이 복원되었다. 홍적세 공원의 "야생으로 되돌리기"는 순조롭게 진행 중이다.

### 담수호는 영양분의 함양에 따라 분류한다

담수호는 영양분의 함량에 따라 빈영양(*oligotrophic* 그리스어로 "빈약하게 먹인"), 부영양(*eutrophic* "잘 먹인"), 중영양(*mesotrophic* 빈영양과 부영양 사이 또는 "중간정도 먹인")으로 표기할 수 있다. 여기에서는 빈영양호와 부영양호의 특성에 대해서 기술하고자 한다.

**빈영양호(Oligotrophic lake)**는 영양분이 매우 적고 비교적 적은 생물량을 유지한다. 대부분의 빈영양호는 빙하가 흘러내리며 깎아낸 노출 암석의 함몰부위에 산속의 개울과 눈 녹은 물이 채워져 형성된다. 빈영양호는 물을 탁하게 하는 침전물이나 미생물이 거의 없어서 물이 맑고 빛이 물속 깊숙이 투과한다. 송어와 같이 산소가 충분히 용해된 물에 사는 어류가 빈영양호에서 번성한다.

**부영양호(eutrophic lake)**는 주변으로부터 침전물, 유기물질, 무기영양분(인산염 및 질산염 같은)이 대량 유입되어, 밀집된 식물군집을 유지시킨다(**그림 30-24**). 부영양호는 부유물질과 밀집된 식물플랑크톤 개체군에 의해 혼탁하며, 이로 인해 조광대가 깊지 않다. 조광대 생물들의 사체는 심저대로 가라앉아 분해자들에게 유기물을 공급한다. 분해자들의 대사 활동은 산소를 소모하므로, 흔히 부영양호의 심저대는 산소가 매우 부족하여 다른 생물체는 거의 살아갈 수 없다.

▲ **그림 30-24 부영양호** 육지로부터 운반된 용존 영양분이 풍부한 부영양호는 조류, 식물플랑크톤, 부유식물 및 유근식물의 밀생을 유지시킨다.

**인간의 영향** 농장, 가축 사육장, 하수, 심지어 도시 주변의 잔디밭 비료로부터 호수로 유입되는 영양분은 때때로 호수의 '조류 대 발생(massive algal blooms; 녹조 혹은 적조 현상처럼 물 색깔을 변화시킬 만큼 광합성 식물플랑크톤이 대량으로 발생하는 경우; 역자 주)'의 원인이 된다. 이러한 조류의 대발생은 자연소멸과 분해과정으로 이어지면서 용존산소를 고갈시켜 결국 대부분의 물고기를 폐사시킨다. 보다 효과적인 하수 처리, 비료 사용 자제, 가축 사육장의 적절한 위치 선정과 운영은 이러한 유해한 조류 대발생을 줄일 수 있을 것이다.

## 하천과 강

하천은 흔히 산에 위치하는 발원지로부터 기원한다(**그림 30-25**). 산지의 발원지에서는 빗물과 눈 녹은 물이 암반 위로 흘러내린다. 약간의 침전물만 하천에 유입되고, 식물플랑크톤은 거의 찾아보기 힘들고, 물은 깨끗하고 차갑다. 조류(algae)는 곤충 애벌레가 먹이 활동과 피난처 역할을 하는 하천 바닥 바위 위에 부착해 자란다. 산지 하천은 종종 거친 급류를 형성하여 산소가 잘 용해될 수 있어서 수서곤충(곤충의 유생)과 소형어류를 먹고 사는 송어에게 좋은 서식처가 된다.

전이지대인 낮은 고도에 이르면 서로 다른 지류가 합쳐지면서 더 넓고 느리게 흐르는 하천과 작은 강을 형성한다. 물은 약간 따

▲ **그림 30-25 하천에서 강으로 그리고 바다로** 높은 고도에서 강우는 빠르게 흐르는 깨끗한 천으로 흘러 들어가고 낮은 고도의 지류와 만나면서 느려진다. 많은 하천은 풍부한 침전물을 쌓는 범람원을 굽이쳐 느린 유속을 갖는 강이 된다. 많은 강들은 바다와 만나는 하구로 결국 흐른다. 담수생물의 군집은 물이 산으로부터 바다로 흘러가는 동안 변화한다.

뜻해지고 더 많은 침전물이 지류를 통해 운반되면서 수생식물, 조류(algae) 및 식물플랑크톤의 증식에 필요한 영양분을 공급한다. 이곳에는 베스, 블루길 및 예로우퍼치(yellow perch)와 같은 어류(이들 모두는 송어보다 적은 산소를 필요로 함)가 서식한다.

지면이 더 낮아지고 평평해지면, 강물은 따뜻해지고, 강폭은 넓어지고, 유속은 느려지며, 물길은 구불구불하게 흐른다. 물은 밀집된 식물플랑크톤 개체군으로 탁해진다. 분해자인 세균은 더 깊은 물속의 산소를 고갈시키지만, 잉어와 메기는 산소가 낮은 곳에서도 번성한다. 강수량이나 눈 녹은 물이 많을 때 강은 범람원(*floodplain*)이라 부르는 강 주변 낮은 평지로 흘러 넘쳐, 인접한 육상생태계에 침전물을 쌓아 놓을 수 있다. 궁극적으로 강물은 호수나 강과 바다가 만나는 하구(estuary)로 흘러 들어간다(아래 설명 참조).

**인간의 영향** 미국의 경우 수력발전소 댐 건설, 농업용수로의 전환, 벌목 작업으로 인한 침식 및 남획에 의해 연어 개체군이 크게 감소하였다. 강은 운송의 편의성, 범람 방지 및 강둑 주변의 농경지 확보를 위해 종종 강바닥을 파내 수심을 깊게 하고, 물길을 직선화한다. 이런 방식으로 개발 변경된 강에서는 강물이 더 빠르게 흐르면서 강바닥과 강둑의 침식을 증가시킨다. 또한 자연적으로 발생하는 강물의 범람이 강둑으로 차단되면서 범람원의 토양은 이전에는 범람으로 축적하던 영양분을 더 이상 공급받지 못하게 된다.

## 담수 습지

소택지(marshes), 늪(swamps), 수렁(bogs)를 포함한 담수 **습지(wetlands)**는 토양이 물로 덮여있거나 포화된 지역이다. 습지는 조류(algae)와 식물성플랑크톤의 밀집 생장뿐만 아니라 부들, 소택지 목초류(marsh grasses), 낙우송과 같은 내수성 교목류가 포함되는 부유 및 침수식물이 생장하는 곳이다. 습지는 매우 다양한 조류(두루미, 논병아리, 왜가리, 물총새, 오리), 포유류(비버, 사향쥐, 수달), 담수 어류, 가재와 잠자리와 같은 무척추동물에게 번식지, 먹이, 은신처를 제공한다.

담수 습지는 가장 생산적인 생태계 중 하나이다. 많은 습지들은 호수의 가장자리 주변이나 강의 범람원에 형성된다. 습지는 물을 흡수하고 강으로 서서히 방출하는 거대한 스펀지 같은 역할을 담당하여, 홍수와 침식을 대비하는 중요한 안전장치이기도 하다. 습지는 또한 자연 여과기 및 정수기와 같은 역할을 한다. 습지로 물이 천천히 유입되면서 부유입자들은 바닥으로 가라앉는다. 습지의 식물과 식물플랑크톤은 육지에서 흘러들어온 질산염과 인산염 같은 영양분을 흡수한다. 세균들은 많은 유기 오염물질을 분해하여, 이들을 해롭지 않는 물질로 되돌린다.

**인간의 영향** 미국(알래스카 제외)의 담수 습지의 약 절반은 농업, 주택 및 상업용으로 이용하기 위하여 물을 빼거나 채워 넣어 사라졌다. 습지가 파괴되면 주변의 수자원은 오염원에 더 취약해지며, 야생생물 서식지가 감소하고, 홍수의 위협은 더 증가할 수 있다. 다행히 지방, 주 및 연방정부의 기관들은 기존의 습지를 보호하고 파괴된 일부 습지를 복원하기 위하여 협력하고 있다. 이러한 협력은 미국 내 습지의 상실률을 줄이고 있다.

## 해양 생물군계

해양은 빛을 받는 양과 연안과의 근접 정도에 따라 생물분포대를 구분할 수 있다(그림 30-26). **유광대(photic zone)**는 비교적 얕은 상층부(수심 약 650피트 또는 200m 이내)로 광합성에 충분한 빛이 침투하는 영역을 말한다. 유광대 아래로부터 해저 바닥까지의 수역을 **무광대(aphotic zone)**라 하며 가장 깊은 곳은 태평양에 있는 마리아나 해구(Marianas Trench)로 약 36,000피트(11,000m)에 이른다. 무광대는 광합성에 필요한 빛에너지가 충분하지 않다. 따라서 무광대에 서식하는 생명체는 자신의 생명활동을 유지하는데 필요한 거의 모든 에너지를 상부 유광대에서 가라앉는 배설물과 생물체로부터 얻어야만 한다.

### 얕은 곳의 해양 생물군계

담수 호수와 마찬가지로 해양에서 높은 밀도의 생물은 영양분과

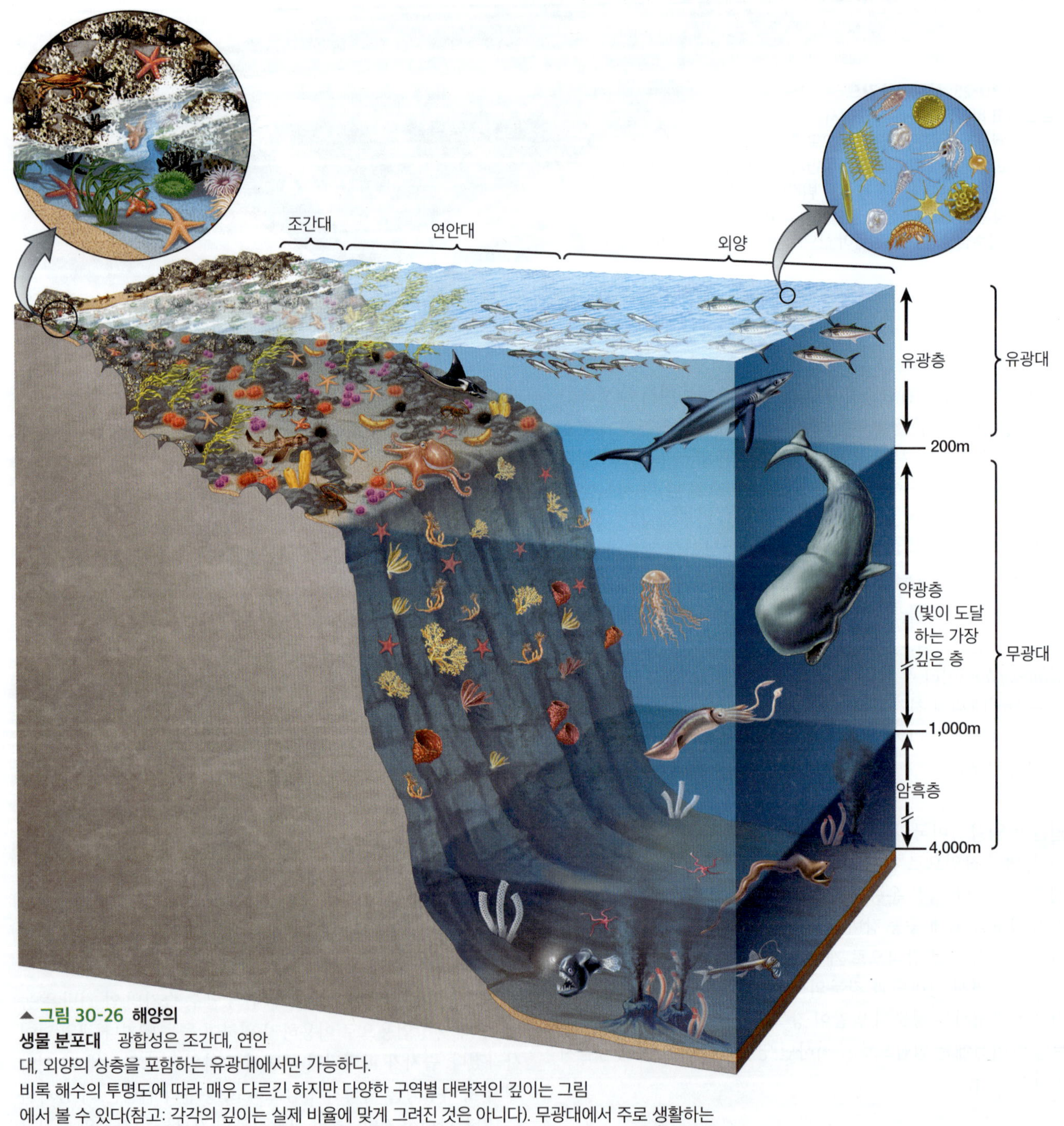


▲ **그림 30-26 해양의 생물 분포대** 광합성은 조간대, 연안대, 외양의 상층을 포함하는 유광대에서만 가능하다. 비록 해수의 투명도에 따라 매우 다르긴 하지만 다양한 구역별 대략적인 깊이는 그림에서 볼 수 있다(참고: 각각의 깊이는 실제 비율에 맞게 그려진 것은 아니다). 무광대에서 주로 생활하는 대부분의 생물들은 유광대에서 내려온 유기물에 의존한다.

(a) 하구

(b) 조수지(조수웅덩이)

(c) 수중의 켈프 숲(대형다시마 숲)

(d) 열대 산호초

▲ **그림 30-27 천해(얕은 바다) 해양 생물군계** **(a)** 강물과 해수가 혼합되는 하구에는 생물들이 번성한다. 염습지의 초본들이 이곳에서 번성하여 백로류(그림에서처럼)와 많은 다양한 조류의 먹이가 되는 어류와 무척추동물들에게 은닉처를 제공한다. **(b)** 파도에 휩쓸리고 햇볕에 달구어진다고 할지라도 조간대의 조수지(해안의 조간대에서 간조 시에 해수가 잔류하는 웅덩이)는 무척추동물의 다양성을 유지시킨다. **(c)** 켈프 숲은 아름다운 무척추동물과 밝은 주황색의 가리발디(자리돔과 어류)처럼 물고기들의 안식처이다. **(d)** 산호초는 다양한 어류와 무척추동물에게 서식처를 제공한다.

**비판적 사고** 왜 하구 그리고 다른 연안생태계가 외양보다 높은 생산성이 가질까?

빛이 풍부한 수심이 얕은 곳에서 발견된다. 이러한 곳은 하구, 조간대, 대형다시마 숲, 그리고 산호초 지역이 포함한다.

**하구(estuary)** 하구는 하나 이상의 강으로부터 흘러드는 담수가 해수와 만나 섞이는 기수(brackish water)지역이다(**그림 30-27a**). 하구는 생물 생산성과 생물다양성이 엄청나게 높은 수역이다. 새우, 굴, 조개, 게와 다양한 어류를 포함하는 상업적으로 중요한 많은 동물 종들이 그들의 생활사 시기 중 일부를 하구에서 보낸다. 오리, 고니와 도요물떼새를 포함하여 수십 종의 다양한 조류가 하구에서 먹이를 찾고 번식을 한다.

**조간대(Intertidal Zone)** 육지와 바다가 만나는 지역으로 썰물과 밀물에 의해 주기적으로 바닷물에 잠기거나 노출되는 곳이다. 조간대에 사는 생물들은 해수에 잠기고 공기에 노출되는 상반되는 환경 조건에서 생존할 수 있어야만 한다. 폭우가 내리면 조수웅덩이(tide pool)와 갯벌에 서식하는 생물들은 상당히 희석된 바닷물을 경험해야 될 것이다. 바위가 많은 해안에서 단단하게 부착 생활하는 따개비(갑각류)와 홍합(연체동물)은 바닷물에 잠기는 밀물 시기에는 물속의 플랑크톤을 여과하여 섭취하고 썰물로 노출되는 시기에는 조개껍질을 닫아 건조를 방지해야 한다. 물이 가장 많이 들어온 만조 시기에 불가사리는 홍합을 포식하기 위해 홍합의 패각을 열고, 성게는 암석 표면에 피복한 조류

(algae) 만찬을 즐기고, 말미잘은 촉수를 펼쳐 지나가는 갑각류와 작은 물고기를 잡는다(**그림 30-27b**). 모래 해안과 갯벌은 일반적으로 생물다양성이 높지 않지만, 모래톱에 사는 게와 구멍을 파고 사는 벌레 등이 서식한다.

**근해 지역(Nearshore Zone)** 조간대를 지나면 간조선으로부터 바다 쪽으로 근해 지역이 펼쳐지는데; 해저 바닥은 아래로 경사를 이루어 수심은 점점 더 깊어진다. 근해 지역의 생태계로는 대형다시마 숲과 산호초가 포함됩니다.

차가운 근해 지역에는 높이 160피트(50m)까지 자라는 켈프(kelp)라고 부르는 거대한 다시마류가 자라는 데, 종종 이들이 밀생하여 해중림을 형성하면 이를 **대형다시마 숲(kelp forests)**라고 한다(**그림 30-27c**). 대형다시마 숲은 환형동물, 말미잘, 성게, 고둥, 불가사리, 랍스터, 게, 물고기, 물개 및 수달 등을 포함한 놀랄 만큼 다양한 동물들에게 먹이와 은신처를 제공한다.

따뜻한 열대 근해 지역에는 산호류(말미잘, 해파리와 근연관계에 있는 동물)의 탄산칼슘 골격이 수백 또는 수천 년에 걸쳐 쌓여 **산호초(coral reefs)**를 형성한다(**그림 30-27d**). 대규모 산호초는 태평양과 인도양, 카리브해 및 플로리다 남부까지 북쪽까지 이어지는 멕시코만 등에서 발견된다. 산호초는 다양한 조류(algae), 어류, 그리고 새우, 해면, 문어와 같은 무척추동물 등 다양한 생물군집들에게 먹이와 은신처를 제공한다. 산호초는 현재 알려진 9만 종 이상의 보금자리며, 아마도 아직 밝혀지지 않은 수백만 종의 보금자리일 것이다.

대부분의 암초를 만드는 산호는 자신의 몸 안에 와편모조류에 속하는 단세포성 광합성 조류를 내포하고 있다. 이들은 상리공생 관계로 와편모조류는 광합성을 통해 만든 먹이를 산호에게 제공하고, 대신 고농도의 영양분과 이산화탄소를 산호조직으로부터 얻는다. 와편모조류는 광합성을 위해 빛이 필요하기 때문에 암초를 만드는 산호는 대개 수심 130피트(40m)이내의 유광대 내에서만 번성할 수 있다.

**인간의 영향** 야생동식물의 서식지인 연안 생태계를 보존하려는 노력과 인구 증가에 따라 에너지 획득, 택지, 항구 및 보트 계류장 건설 등 연안지역을 개발하려는 행위는 서로 상충하고 있다. 하구는 농업 활동으로 인한 비료 및 가축 분뇨로부터 유출되는 과잉 공급 영양분으로 위협받고 있다. 부영양호에서와 동일하게 이들 과잉 영양분은 용존산소를 고갈시켜 결국에는 어류와 무척추동물 모두를 폐사시키는 일련의 과정을 촉발할 것이다. 산호초 역시 육지로부터 유출되는 오염원에 의해 위협받고 있는데, 이는 유출물질이 물의 투명도를 떨어뜨려 산호 공생체인 와편모조류의 광합성 능력을 저해하고 결국 산호의 성장을 방해하기 때문이다. 연체동물, 거북, 어류, 갑각류 및 산호 자체는 종종 그들의 번식 능력보다 더 빠른 속도로 산호초 지역에서 수확되고 있다. 초식성 어류와 무척추동물의 과도한 채취는 종종 조류의 폭발적 증식을 초래하여 산호초를 질식시킨다.

산호초에 대한 가장 큰 위협은 대기 중 $CO_2$ 증가로 인한 지구 온난화와 해양 산성화이다. 물이 너무 따뜻해지면 산호는 다채로운 색상의 광합성 와편모조류를 방출하여 표백된 것처럼 보인다. 물이 식으면 와편모조류는 다시 돌아오지만, 따뜻한 물이 오래 지속되면 산호는 굶어 죽을 수 있다. 또한 $CO_2$ 농도가 증가하면 바닷물은 서서히 산성화되며, 이로 인해 산호의 탄산칼슘 골격을 만드는 능력이 저하된다.

**외양**

근해 지역을 벗어나면 **외양(open sea**, 외해) 지역이 형성되는데, 이 지역은 물이 충분히 깊어 파동이 더 이상 바닥에 영향을 미치지 않는 곳이다. 외양 해역의 해저 바닥은 너무 깊어 식물이 부착하여 살기에는 빛에너지를 충분히 받을 수 없다. 따라서 외양에 서식하는 대부분의 생물들은 유광대 지역을 떠돌아다니는 식물플랑크톤의 광합성에 의존한다. 식물플랑크톤은 동물플랑크톤에 의해 소비되고, 이 동물플랑크톤은 다시 더 큰 무척추동물, 작은 물고기, 심지어 혹등고래와 흰긴수염고래와 같은 일부 해양 포유류의 먹이가 된다(**그림 30-28**).

비록 유광대일지라도 외양의 생물량은 주로 이용 가능한 영양분의 양에 따라 지역별로 상당히 큰 차이를 보인다. 외양의 영양분은 2개의 원천으로부터 공급되는데, 그것은 육지로부터의 유출과 해저로부터의 용승이다. **용승(Upwelling)**은 해저의 영양분 함량이 많은 차가운 물이 표층 수면으로 올라오는 현상을 말한다. 용승은 주로 남극 주변과 캘리포니아, 페루 및 서아프리카 등의 서쪽 해안선을 따라 발생한다. 영양분이 풍부한 용승지역은 거대한 식물플랑크톤 군집을 부양하고, 이로 인해 바닷물은 녹색을 띠고 상대적으로 탁하다. 반면, 많은 열대 수역의 푸르고 투명한 바닷물은 영양분이 부족하여 식물플랑크톤의 번무로 인한 농축을 제한한다.

**인간의 영향** 외양에서 가장 큰 두 가지 위협은 오염과 남획이다. 예를 들면, 육지로부터 밀려들거나 고의로 바다에 투기한 플라스틱 쓰레기는 바다거북, 갈매기, 돌고래, 바다표범 및 고래들에게 먹이로 종종 오인된다. 이러한 폐플라스틱을 먹은 동물은 소화관이 막혀 죽게 된다. 기름 탱크의 유출, 육지에서 부적절한 처리에 의한 유출, 그리고 근해 유전으로부터의 누출 등에 의해 외양이 유류로 오염된다.

어류에 대한 수요 증가와 고효율 어업기술의 발달로 많은 어류 개체군은 지속 불가능하게 남획되고 있다. 대구, 참다랑어, 해덕(haddock,대구의 일종), 고등어 및 많은 어종의 개체군이 남획으로 급격히 줄어들고 있다. 유엔식량농업기구는 해양 어류의 30%가 지속 불가능한 수준으로 포획되는 것으로 추산하고 있다.

어류의 남획을 방지하기 위한 일련의 노력들이 현재 진행 중이다. 많은 나라들이 멸종 위기에 직면한 어류에 대한 어획 할

◀ **그림 30-28 외양** 외양은 크릴새우(왼쪽 아래)를 먹는 혹등고래와 같은 고래류를 포함하여 유광대에서 수많은 생물을 부양한다. 고래류, 크릴새우와 해파리(중간 아래)를 포함한 외양에 있는 동물들은 유광대의 광합성 생산자인 플랑크톤(오른쪽 아래)에 의존한다.

당 제도를 구축하고 있다. 어업 제한으로 아카디아 연어(Acadian redfish, 캐나다 남동부 지역), 대서양 황새치와 같은 수산자원을 회복하는 데 성공을 거두고 있다. 전 세계적으로 어업이 금지된 해양보호구역은 증가하고 있으며, 이들 지역에서 해양동물의 다양성, 수와 크기 측면에서 크게 개선되고 있다. 이들 보호구역은 보육장 역할로 개체군을 회복시키기 때문에 인접 지역에서도 이익을 볼 수 있다.

### 해저

무광대에서 빛의 양은 광합성을 수행하기에 충분하지 않기 때문에, 해저지역은 대부분의 에너지를 위로부터 가라앉는 생물의 분비물과 사체로부터 얻는다. 그럼에도 불구하고 땅속 벌레류(worms), 해삼, 불가사리, 연체동물, 오징어, 기괴한 모양의 어류를 포함하여 놀랄만한 양와 다양성을 지닌 생물들이 해저에서 발견된다(**그림 30-29**). 수면으로 꺼내오면 거의 생존이 불가능한 이 놀랍고도 기이한 해저생물들의 행동과 생태는 거의 알려진 바 없다.

전체 생물군집들이 평균 40톤에 이르는 고래 사체에 의존하기도 한다. 한 마리의 고래 사체가 해저에 도달하면 물고기, 게, 벌레류, 고둥류가 사체의 고기와 뼈로부터 영양분을 얻기 위해 사체 위로 떼를 지어 모여든다. 뼈를 먹는 '좀비벌레(zombie worms)'는 뼛속으로 구멍을 뚫고 영양분을 흡수한다. 혐기성 세균이 뼈를 완전히 분해하고, 이러한 세균들 자체는 조개류, 벌레류, 홍합류, 갑각류의 먹이가 된다.

해저의 열수 배출구는 황회물 및 기타 광물이 포함된 과열된 물을 방출하며, **열수구 군집(hydrothermal vent community)**으로 둘러싸여 있다(**그림 30-30**). 이 군집에는 분홍색 물고기, 장님백색게, 거대한 홍합, 백색의 대합, 말미잘, 관모양의 대형 벌레들, 그리고 철 성분이 포함된 갑옷으로 무장하고 사냥을 하는 고둥류 등 다양한 동물이 살아간다.

이 독특하고 암흑의 생태계는 황세균(sulfur bacteria)이 생산자 역할을 한다. 황세균은 광합성 대신 대부분의 다른 생명체에 치명적인 열수 배출구에서 분출되는 황화수소로부터 에너지를 얻어 이산화탄소를 유기분자를 만드는 화학합성(chemosynthesis)을 한다. 많은 열수구 동물들은 직접적으로 황세균을 섭취하는 반면, 거대 관벌레와 같은 다른 동물들은 그들의 몸 안에 화학

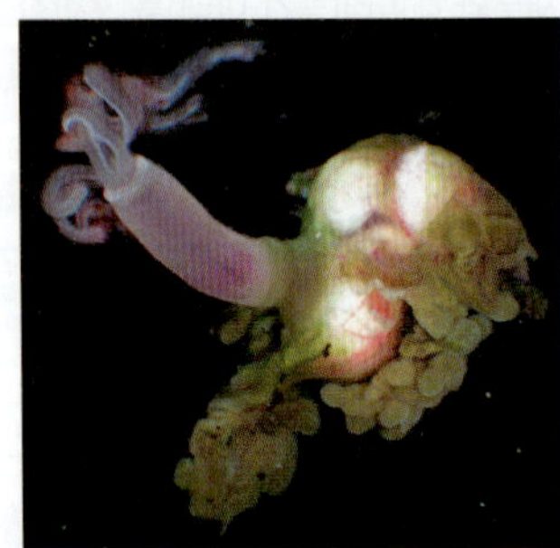
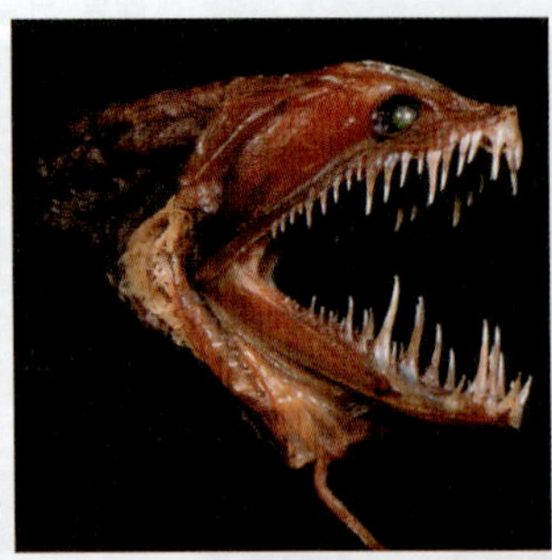
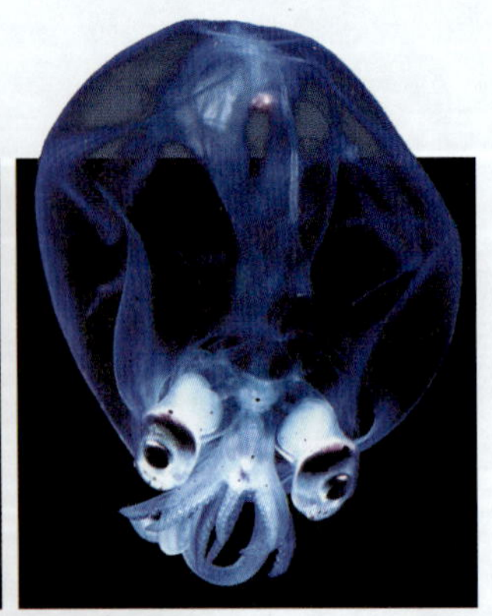

◀ 그림 30-29 **심해 생물** 고래의 뼈는 심해에 다량의 영양분을 제공한다. 좀비벌레(왼쪽 위)는 뿌리처럼 생긴 하반신을 분해되어가는 고래 사체의 뼛속으로 깊숙이 삽입할 수 있다. 심해의 다른 생물로는 거대한 턱과 날카로운 이빨로 먹이 전체를 잡고 삼킬 수 있는 심해어(Chauliodontidae과 어류)(중간 위)와 튀어나온 눈 밑에 짧은 촉수를 가진 거의 투명한 심해오징어(오른쪽 위)가 있다.

◀ 그림 30-30 **열수구 군집** 열수구는 무기질이 풍부한 과열수를 뿜어내어 열수구 군집에 에너지와 영양분을 공급하고 있다. 거대 붉은 관벌레는 길이가 거의 9피트(약 3m)에 이르며 250년까지 살 수 있다.

합성 세균이 서식하도록 해서 이들 세균의 물질대사를 통한 부산물로 살아간다. 거대 관벌레는 황화수소를 공생하는 세균에게 전달하는 기능의 독특한 형태의 헤모글로빈을 가지고 있어서 붉은색을 띈다.

## CHECK YOUR LEARNING

- 주요 담수 및 해양 생물군계를 기술할 있는가?
- 수심과 해안으로부터의 근접성이 각 해양 생물군계의 특성과 풍부도를 결정하는 데 어떻게 기여하는가?
- 인간이 수생 생물군계에 어떻게 영향을 미치는지 실명할 수 있는가?

CASE STUDY REVISITED

## 커피는 노래 부르는 새를 구할 수 있을까?

커피에 대한 세계적 수요는 계속 증가할 것이다. 커피 재배 농부는 이러한 요구를 충족시키고, 합리적인 수입을 향유하면서 열대우림 보존에도 도움을 줄 수 있을까? 그것은 커피나무를 어디에서 키울 것인지에 달려있다.

원래 식생이 완전히 제거되고 단일 커피나무만 재배하는 땡볕 태양 농장은 흔히 생산량은 높지만, 그러나 비료와 농약 살포를 필요로 하고 이로 인해 아주 낮은 생물다양성을 보이게 된다. 일반적으로 그늘진 농장은 고품질 커피와 더 높은 생물다양성을 제공한다. 그러나 일부 그늘진 농장이 다른 그늘진 농장보다 더 좋다. 예를 들어, 멕시코에서 생산되는 대부분의 커피나무는 그늘진 농장에서 자란다. 그러나 몇 종의 나무가 드문드문 덮고 있어서 종종 열대우림의 조류와 다른 종들에게 충분히 다양한 서식지를 제공하지 못한다. 이와 대조적으로, 이른바 "시골" 농사법으로 부르는 커피농장의 경우 숲의 수관(canopy)이 거의 온전한 형태로 유지되고 있는데, 이는 커피나무를 재배하기 위해 숲 아래 키 작은 나무만 제거하기 때문이다. 생물다양성과 지속가능한 생산을 촉진하는 시골농법 커피농장은 스미소니언 철새 조류 센터(Smithsonian Migratory Bird Center), 열대우림 동맹(Rainforest Alliance) 및 이와 유사한 단체에 의해 인증 받을 수 있다. 인증을 받으려면 농장에는 다양한 나무 종이 서식하고 있어야 한다. 일부 시골농법 농장은 약 150종이 넘는 다양한 조류에게 서식처를 제공한다.

시골농법 농장은 생물다양성에는 좋지만 농부에게는 좋지 않을까? 잘 관리되지 않는다면 좋지 않을 것이나. 내부분의 경우 그늘을 만드는 식물들은 감귤류, 바나나, 구아바 및 목재를 제공하여 농민들에게 추가적인 식량 자원 또는 수입원 역할을 한다. 조류 센터나 열대우림 동맹으로부터 인증 받은 커피농장 원두는 일반적으로 더 높은 가격에 판매 할 수 있어서 농민에게 더 많은 이익을 줄 수 있다는 것을 의미한다.

**생각해보기** 그늘 커피를 재배하기로 결정한 일부 농부들은 태양농장을 개조하는 대신 훼손되지 않은 숲을 개간하려고 할 것이다. 이러한 현실을 고려할 때, 왜 인증기관이 훼손되지 않은 모든 서식지를 보존하는데 집중하지 않고, 시골농법 농장 커피를 구매하도록 장려하기 위해 노력하고 있다고 생각하는가? 이에 대한 답을 설명해 보라. 만약 당신이 이 주제와 관련된 연구를 지휘할 책임자라면, 당신의 의견을 알리기 위해 어떤 정보를 요청하겠는가?

# CHAPTER REVIEW

*비판적 사고와 생각해보기, 선택형문제, 빈칸채우기 질문에 대한 답은 이 책의 뒷부분에 있는 정답란에서 볼 수 있다.*

## 핵심개념의 요약

### 30.1 무엇이 지구 생명체의 분포를 결정하는가?

지구 생물에 필요한 것들은 영양물질, 에너지, 액체상 물, 적당한 온도 범위이다. 수생 생태계에서는 액체상 물을 쉽게 이용할 수 있어서 햇빛, 영양물질 및 수온이 생명체의 분포와 풍부도를 결정한다, 육상에서는 일반적으로 태양광에너지와 영양물질이 풍부하다. 이에 생명체의 분포는 주로 토양 수분에 의해 결정되는데, 결국 강수량과 기온에 의해 결정된다. 생명체의 필수조건들은 지구상 지역별로 특별한 유형으로 나타나고, 이로 인해 특이적인 대규모 생물 군집들이 발달하는데 이를 '생물군계'라 한다.

### 30.2 어떤 요인이 지구 기후에 영향을 미치는가?

지구의 곡률 때문에 적도에서 태양광선은 거의 수직으로 내려쬐여 최소한의 대기권을 통과하며, 극 지역으로 갈수록 더 기울어진 경사각으로 쬐어 더 많은 대기권을 통과하게 된다. 따라서 적도는 균일하게 따뜻한 반면 고위도 지역은 전반적으로 낮은 기온을 갖는다. 지구의 기울어진 축은 지구가 태양을 공전함에 따라 북부 및 남부 위도에서 계절에 따른 기후 변화를 야기한다. 남북을 가로질러 일정한 유형으로 따뜻한 기류의 상승과 차가운 기류의 하강으로 습도가 높은 지역과 낮은 지역이 형성한다. 이러한 유형은 탁월풍(일정 위도에서 일정 방향으로 부는 바람), 대륙의 존재와 특징, 해양과의 근접성에 따라 변화된다.

### 30.3 주요 육상 생물군계는 무엇인가?

적도 근처에 위치한 열대우림 생물군계는 연중 덥고 습하며, 거대한 활엽상록수가 우점하고, 지구상 가장 높은 생산성과 생물다양성을 나타낸다. 적도에서 약간 더 떨어진 우기와 건기가 번갈아 나타나는 지역에는 건기(겨울)에는 낙엽이 떨어지는 열대낙엽수림이 발달한다. 열대낙엽수림 지역보다 강수량이 적고 건기가 지속되는 지역에는 넓게 펼쳐 자라는 교목과 그 아래로 목초성 초본이 자라는 열대관목림(Scrub forests)과 열대초원(savannas) 지대가 나타난다. 연강수량이 10인치(24.5cm) 미만으로 비가 내리는 사막에서는 넓은 간격으로 드문드문 식물들이 분포하며 이들은 물을 보존하는 형태로 적응하였다. 사막의 동물들은 과열을 피하고 물을 절약하는 데 도움이 되는 행동 및 생리학적 적응을 보인다. 해안선 근처에 발달하는 지중해성 관목림(Chaparral)는 사막보다 약간 더 많은 강수량을 보이지만 가뭄에 커서 내건성 덤불과 키 작은 교목들이 살고 있다. 초원(grasslan)은 대륙의 안쪽 내부 지역에 발달하나 많은 지역이 농업지로 전환되었다. 훼손되지 않은 상태라면 초원 생물군계는 상대적으로 낮은 강수량, 화재 및 가뭄으로 성장의 방해받아 수소의 나무와 끝없는 목초(grass)로 덮여있을 것이다. 활엽수들이 수분을 보존하기 위해 겨울철에 자신들의 잎을 떨어뜨리는 온대낙엽수림(Temperate deciduous forests)은 미국 동부지역 절반을 차지하며, 유럽과 동아시아에서도 발견된다. 적당한 강수량과 극심한 가뭄의 부재는 낙엽수의 성장을 돕고 숲 바닥을 그늘지게 하여 초본의 성장을 억제한다. 침엽수가 우점하는 온대우림(temperate rain forests)은 많은 강수량과 온화한 기온을 보이는 해안 지역에 발달한다. 북부침엽수림(northern coniferous forest)은 북극 지역 아래쪽 지구를 거의 둘러싸고 있다. 이곳은 작고 밀랍으로 덮인 바늘잎으로 수분을 보존하고 짧은 성장 계절에 유리하도록 적응한 침엽수가 지배한다. 툰드라(tundra)는 얼어붙은 사막으로 영구동토층은 나무의 성장을 가로 막고, 덤불들의 성장을 저해하는 지역으로 북극과 고산지역 정상에서 찾을 수 있다.

### 30.4 주요 수생 생물군계는 무엇인가?

담수호의 연안대(littoral zone)는 햇빛과 영양물질이 충분하여 가장 많은 생명체들이 살고 있다. 조광대(limnetic zone)는 빛이 잘 드는 개방수역으로 식물플랑크톤이 번성한다. 대형호수의 깊은 수심의 심저대(profundal zone)는 광합성에 충분한 빛이 도달하지 않는 수역으로 대부분의 에너지는 유기잔사(detritus)에 의해 공급된다. 빈영양호수(oligotrophic lakes) 맑고 영양물질 함량이 적으며 낮은 밀도의 생물군집을 유지시킨다. 부양양호(eutrophic lales)는 영양물질이 풍부하여 밀도가 높은 밀집된 생물군집을 유지시킨다. 하천은 비와 눈으로 물이 공급되는 곳, 흔히 산속의 한 발원지에서 시작된다. 발원지의 물은 일반적으로 깨끗하고 산소가 많으며 영양물질은 적다. 전이지대에서 하천들은 서로 만나 강을 형성하는데, 육지로부터 침전물을 운반하여 더 큰 생물군집을 이루게 한다. 강은 호수나 바다로 흘러가는 도중에 영양물질이 축적되는 비교적 평평한 범람원을 통과하면서 구불구불 사행하며, 홍수 시에 육지로 넘쳐 흘러들어간다.

해양의 대부분의 생물은 햇빛이 잘 침투할 수 있는 얕은 물에서 발견되며, 특히 영양물질이 가장 풍부한 대륙 주변의 용승(upwelling) 지역에 집중되어 나타난다, 하구(estuaries)는 강과 바다가 기수역으로 생산성이 높은 지역이다. 조간대(intertidal zone)는 썰물과 밀물에 의해 주기적으로 노출되는 해안가로 파도와 공기 노출에 견딜 수 있는 생물들이 서식한다. 대형다시마 숲(kelp forests)은 차갑고 영양물질이 풍부한 해안 지역에 발달하는데, 많은 동물들에게 먹이와 피난처를 제공한다. 산호의 탄산칼슘 골격으로 형성되는 산호초(coral reefs)는 주로 열대지역의 따뜻한 얕은 곳에 발견되며, 엄청나게 다양한 생태계를 제공한다. 외양의 대부분의 생물은 식물플랑크톤에 광합성에 충분한 빛 에너지가 침투하는 유광대(photic zone)에서 발견된다. 빛에너지가 충분하지 않은 무광대(aphotic zone)의 생물은 유광대에 하강하는 영양분에 의존한다. 심해저는 무광대의 일원으로 고래의 사체는 특이한 군집 천이를 지탱하는 영양노다지를 제공한다. 해저의 특이한 열수 배출구 군집(hydrothermal vent communities)은 배출되는 무기분자로부터 에너지를 얻는 세균(황세균)에 의해 유지된다.

# 개념을 통한 이해

## 선택형 문제

**1.** 다음 중 열대우림 생물군계의 특징이 아닌 것은?
- a. 연중 따뜻한 온도
- b. 풍부한 강수량
- c. 비옥한 토양
- d. 높은 생물다양성

**2.** 연중 따뜻한 온도, 뚜렷한 건기와 우기를 가지며 대부분 산재하는 목본과 초본(목초)으로 덮여있는 생물군계는?
- a. 열대낙엽수림
- b. 열대초원(사바나)
- c. 사막.
- d. 열대관목림.

**3.** 담수호에서 일반적으로 가장 풍부한 식물과 동물이 존재하는 곳은?
- a. 심저대
- b. 무광대
- c. 조광대
- d. 연안대

**4.** 다음 중 해양 생태계에 대한 설명 중 옳은 것은?
- a. 표층수는 일반적으로 태양광은 풍부하지만 영양염류는 적다.
- b. 광합성에 충분한 태양광이 없기 때문에 일반적으로 심해에는 생물이 존재하지 않는다.
- c. 가장 높은 생산성은 외양의 표층수에서 나타난다.
- d. 해저 열수구 주변 생명체는 광합성에 의존하여 에너지를 얻는다.

**5.** 지구 기후가 따뜻해지면서 생물군계 분포에 어떠한 변화가 일어날 것으로 예상되는가?
- a. 산에서 북부침엽수림이 저 낮은 고도로 분산한다.
- b. 툰드라 생물군계가 확장한다.
- c. 북부침엽수림이 고위도(더 먼 북쪽)으로 분산한다.
- d. 북부침엽수림이 더 남쪽으로 분산한다.

## 빈칸 채우기

**1.** 지구 축의 기울기는 ________을(를) 만든다. 연안지역의 기후는 ________ 때문에 보다 온화하다. 우세하게 불어오는 바람 방향의 산 사면의 반대쪽에 형성되는 건조지역을 ________이라고 한다.

**2.** 생물의 4가지 필수요소 중 육상 생물군계의 특징과 분포를 결정하는데 가장 중요한 요소는 무엇인가? ________, ________. 수생 생태계에 가장 중요한 것은 무엇인가? ________, ________, ________.

**3.** 생물학적으로 가장 다양한 육상 생태계는 ________이다. 생물학적으로 가장 다양한 수생 생태계는 ________이다.

**4.** 대형 담수호의 얕은 곳을 ________이라 하고, 광합성 플랑크톤이 서식하는 곳을 ________이라 하며, 비광합성 플랑크톤이 사는 곳을 ________이라 한다. 한 호수의 개방 수역은 크게 위쪽의 ________와 아래쪽의 ________으로 2개의 수역으로 구별한다. 영양물질이 적은 호수를 ________, 많은 호수를 ________라 부른다. 생물다양성이 높은 담수 생태계는 ________이다.

**5.** 외양(대양)의 1차 생산자는 주로 ________이다. 해저 열수구 군집은 세균에 의지하여 유지되는데, 이들 세균은 ________ 화합물로부터 에너지를 얻는다.

## 복습문제

**1.** 대기의 흐름이 어떻게 열대우림과 큰 사막을 형성하는 데 기여하는지 설명하라.

2. 크고 대체적으로 원형으로 순환하는 해류를 무엇이라고 하는가? 이들은 기후에 어떤 영향을 끼치며 그 효과가 가장 강하게 미치는 곳은 어디인가?
3. 당신이 북쪽 고위도 방향으로 여행할 때 우연하게 만나게 되는 생물군계들을 북반구의 높은 산을 등산하면서도 유사한 생물군계를 경험하게 되는데, 그 이유는 설명하라.
4. 열대우림의 생명체는 땅 위 높은 곳에 집중적으로 서식하는 데, 이 이유는 무엇인가?
5. 사막의 선인장 식물과 사막의 동물이 열과 가뭄에 대비하는 몇 가지 적응 방법에 대하여 목록으로 작성해보라.
6. 사막화란 무엇인가?
7. 물 부족과 짧은 성장 계절에 북부침엽수림 나무들은 어떻게 적응했는가?
8. 낙엽수림 생물군계와 침엽수림 생물군계는 어떻게 다른가?
9. 왜 자연 생물군계로 미국 콜로라도 동부 지역에 단경초본초원, 일리노이 주에 고경초본초원, 오하이오 주에 낙엽수림이 발달하는 차이를 가장 잘 설명할 수 있는 환경 요인은 무엇인가?
10. 해양에서 생물이 가장 풍부한 곳은 어디이며 그 이유는 무엇인가?
11. 호수의 연안대, 조광대, 심저대를 그들의 위치와 생물군집의 특징으로 구별하라.
12. 빈영향호와 부영양호를 구별하라, 빈영양호가 부영양호로 전환되는 자연적인 시나리오와 인위적인 시나리오를 설명하라.
13. 하천과 강의 발원지(원천수 지역), 전이지대, 범람원을 비교 설명하라.
14. 해양의 유광대와 무광대를 구별하라. 유광대에서 생물은 어떻게 영양염류를 획득하는가? 무광대에서는 어떻게 영양물질을 얻는가?

## 개념의 적용

1. 알라스카의 페어뱅크(Fairbanks), 동부 몬태나의 평원, 애리조나의 투손(Tucson) 지역은 모두 연간 강수량이 거의 같다. 그럼에도 불구하고 이들 장소에 매우 다른 식생이 발달하는 이유를 설명하라.
2. 그림 30-3과 30-7를 이용하여 왜 육상 생물군계가 지표면을 가로지르는 위도에 따라 균일하게 분포하지 않는지 설명하라. 당신이 제안한 방식(메커니즘)이 어떻게 두 특정지역에 적용될 수 있는지 설명하라.

# 31 지구의 생물다양성 보전

엘로스톤 국립공원으로 늑대의 재도입은 생태계의 복원에 도움을 주었다.

CASE STUDY

## 옐로스톤의 늑대

1926년, 옐로스톤 국립공원에 남아있던 마지막 2개체의 늑대가 공원 관리자에게 살해되었다. 국립공원에서 늑대를 의도적으로 제거한 이유는 무엇일까? 공원의 관리자는 공원에서 엘크를 보호하도록 지시를 받았고, 엘크를 먹는 늑대를 제거하였다. 그러나 늑대가 사라지자 엘크의 개체수가 폭발적으로 증가하였고, 이들은 공원의 식생을 황폐화 시켰다. 늑대가 사라진 지 몇 년만에 과학자들은 사시나무, 미루나무, 버드나무들이 심각한 피해를 입었음을 확인하였다.

1987년, 멸종위기에 처한 종의 복원을 책임지고 있는 미국 어류 및 야생 생물 보호국은 캐나다에서 옐로스톤으로 늑대를 이식할 것을 제안하였다. 상당한 논쟁 끝에 1995년과 1996년에 옐로스톤에 31마리의 늑대를 도입하였다. 도입한 늑대는 살아남았고, 최근에 약 100~700마리의 늑대 개체군 크기의 변동을 확인하였다. 늑대가 공원으로 재도입된 후 엘크 개체군의 크기가 감소하기 시작했다. 엘크는 행동을 바꾸어 포식자를 위해 주변 환경을 감시하는 데 더 많은 시간을 소비하고 먹이를 먹는 시간을 줄였다. 사시나무의 어린 식물들은 덜 먹혔고, 다시 성장하기 시작하여 야생화와 지저귀는 새들을 포함한 많은 다른 생물종들에게 서식지를 제공하였다. 늑대의 복원은 옐로스톤 생태계에 중대한 변화를 일으켰다.

생태계 기능에 있어 다양한 종들이 중요한가, 아니면 몇 종만이 주요한 역할을 하는가? 종 다양성이 필수적이라면 왜 그러한가? 인간 활동이 어떻게 생물종들을 위험에 빠뜨리고 지구상의 모든 생명체가 의존하는 생태계들을 잠재적인 위험에 빠뜨릴 수 있는가?

## 주요내용



## 31.1 보전생물학이란?

**보전생물학(Conservation biology)**은 지구의 다양한 생명체의 총합인 지구의 **생물다양성(Biodiversity)**을 이해하고 보존하는 데 기여하는 과학 분야이다. 생물다양성은 다음을 포함한다 :

- **유전자 다양성(*genetic diversity*)** 유전자 다양성은 종의 유전자 풀에서 대립유전자의 다양성과 상대빈도이다. 유전자 다양성은 종이 변화하는 환경에 적응할 수 있게 해준다.
- **종 다양성(*species diversity*)** 종 다양성은 군집 내에서 종의 다양성과 종들의 상대수도이다. 이것은 가뭄, 기후변화, 침입종과 같은 교란으로부터 군집을 완충시키는 데 도움을 준다.
- **생태계 다양성(*Ecosystem diversity*)** 생태계 다양성은 생물권에 포함된 다른 종류의 서식지, 군집 및 생태적 과정을 포함한 다양한 생태계이다.

### CHECK YOUR LEARNING

- 보전생물학의 목표를 기술할 수 있는가?
- 보전생물학자들이 연구하고 보호하고자 하는 3가지 수준의 생물다양성의 중요성을 설명할 수 있는가?

## 31.2 생물다양성은 왜 중요한가?

우리 대부분은 도시나 교외에 살고 있으며 자연 상태의 생태계를 보지 않고도 몇 달을 보낼 수 있다. 그렇다면 왜 생물다양성 보존에 관심을 가져야 하는가? 많은 사람들이 종과 생태계는 그 자체로 보존할 가치가 있다고 한다. 그러나 당신이 동의하지 않더라도 생물다양성을 보존해야 하는 실질적인 이유는 단순하게 우리 스스로의 이익을 위해서이다. 생태계와 생태계를 유지하는 생물다양성은 인간의 복지를 위해 반드시 필요하다.

### 인간의 요구를 지원하는 서비스를 제공하는 생태계

**생태계 서비스(Ecosystem services)**는 사람들이 생태계에서 얻는 이익이다. 이러한 서비스는 공급 서비스, 조절 서비스, 문화 서비스 및 지원 서비스의 네 가지 서로 연결된 범주로 분류한다.

#### 상품을 직접 제공하는 공급 서비스

생태계는 사람들에게 직접 다양한 자연 자원을 제공한다. 이러한 공급 서비스에는 음식, 재료 및 에너지원이 포함된다.

- **음식(*Food*)** 우리 음식의 대부분은 농장(농업 생태계)에서 나왔지만 사람들은 또한 야생의 자연 생태계에서 잡힌 많은 음식을 먹는다. 예를 들어, 전 세계적으로 야생 물고기와 기타 해산물의 1인당 소비량은 연간 약 9kg이다. 아프리카, 아시아 및 남아메리카의 일부 지역에서 야생의 육상 동물은 영양이 부족한 사람들에게 중요한 단백질 공급원이다.
- **원자재(*Raw material*)** 자연 생태계는 건축, 가구 및 제지용 목재를 제공하며 농업, 산업 및 마실 물에 사용되는 거의 모든 담수를 제공한다.
- **에너지(*Energy*)** 수력 발전은 충분한 강우와 적절한 댐 부지를 가진 거의 모든 국가에서 전기를 공급한다. 저개발 국가에서 농촌 거주자들은 종종 난방과 요리에 나무를 이용한다.

#### 생태계의 과정을 조절하는 조절 서비스

조절 서비스는 사람들이 생태계에서 얻는 자원의 질이나 풍부함에 영향을 미치며 날씨와 기후를 조절하는 데 도움을 준다.

- **수질 정화(*Water purification*)** 숲, 초원, 습지를 포함한 자연 생태계는 퇴적물과 오염 물질을 제거하여 물을 정화한다.
- **침식 및 홍수 방지(*Erosion and flood control*)** 식물은 토양을 제자리에 고정시키고 침식을 방지한다. 또한 식물 뿌리는 토양의 수분 보유 능력을 높여 침식과 홍수를 줄인다. 따라서 삼림 벌채는 홍수와 산사태가 발생할 가능성을 높인다(그림 31-1).
- **수분(*Pollination*)** 꿀벌과 기타 곤충은 커피, 코코아 및 많은

▲ 그림 31-1 **홍수 조절 서비스의 감소** 시에라리온의 폭우로 인한 치명적인 산사태는 대규모 삼림 벌채로 악화되었다.

과일과 같은 중요한 작물을 포함하여 대부분의 식물을 수분시킨다.

- **해충 방제(*Pest control*)** 박쥐, 개구리, 새 및 말벌과 같은 동물은 농업해충이거나 말라리아와 같이 사람에게 질병을 전염시키는 곤충들을 먹는다.
- **기후 조절(*Climate regulation*)** 그늘을 제공하고 기온을 낮추고 바람막이 역할을 함으로써 식물 군집은 지역 기후에 영향을 미친다. 나뭇잎에서 증발하는 물이 대기권으로 되돌아오면 숲은 물 순환에 큰 영향을 미친다. 아마존 열대우림에서, 비의 3분의 1내지 반은 잎에서 증발하는 물이다.
- **탄소 저장(*Carbon storage*)** 식물은 광합성을 하는 동안 대기에서 이산화탄소를 제거한다. 이 이산화탄소 중 일부는 광합성으로 유기분자에 이산화탄소가 포함된 후에 식물, 특히 나무의 줄기와 뿌리에 저장된다. 따라서 숲은 기후변화를 유발하고 해양을 산성화시키는 대기 중의 이산화탄소의 증가를 늦추어 준다.

### 사람들이 원하는 비물질적 혜택인 문화 서비스 공급

사람들은 자연 생태계를 사용하여 삶의 즐거움을 누린다.

- **레크리에이션(*Recreation*)** 대부분의 사람들은 아마도 "자연으로 돌아오는" 것을 좋아한다. 미국에서는 매년 4억 3천만 명이 넘는 사람들이 국립공원과 국유지 산림으로 몰려든다. 수백만 명이 야생동물보호구역과 주립공원을 방문한다.
- **생태 관광(*Tourism*)** 사람들이 독특한 생물군집을 관찰하기 위해 여행하는 생태 관광은 빠르게 성장하는 레크리에이션 산업이다. 생태 관광으로 방문하는 곳들의 예로 열대 산호초와 열대우림, 갈라파고스 제도, 아프리카 사바나, 심지어 남극 대륙을 들 수 있다(**그림 31-2**).
- **심신 건강(*Mental and Physical health*)** 과학적 연구에 따르면 자연 환경에 있거나 심지어는 보고 있기만 해도 수술 후 치유가 빨라지고 스트레스 호르몬 수치가 감소하며 ADHD 아동의 정신 집중력이 향상되며 면역체계가 강화된다.

**Have You Ever Wondered ...**

**고기 식사를 줄이면 환경에 도움이 되는 이유는 무엇일까?**

우리가 고기를 위해 키우는 대부분의 동물은 곡물을 먹으며, 1kg의 고기를 생산하려면 많은 양의 곡물이 필요하다. 따라서 우리는 식물성 음식보다 고기를 먹을 때 농업, 토지, 물, 살충제, 비료 및 화석 연료에 사용되는 훨씬 더 많은 자원을 간접적으로 사용한다. 이러한 자원의 소비는 생물다양성을 줄이고 온실가스를 포함한 오염을 만든다. 또한 소를 기르기 위한 땅을 만드는 것은 삼림 벌채의 주요 원인이며, 소는 엄청난 양의 메탄(유력한 온실가스)을 배출하고, 산업 규모의 축산 사료 공급 사업으로 인한 유출물이 수로를 오염시킨다. 고기 식사를 줄이면 지속 가능성에 기여할 수 있다.

고기를 적게 섭취하면 생태계 보존에 도움을 준다.

### 생태계 서비스의 기초인 지원 서비스

사람들에게 간접적으로만 영향을 미치거나 인류 복지에 영향을 주기까지 오랜 시간이 걸리는 생태계 서비스는 일반적으로 지원 서비스로 분류된다.

- **광합성(*Photosynthesis*)** 식물, 조류 및 박테리아에 의한 광합성은 지구상의 생물에 필요한 산소를 제공하고, 사람을 포함한 거의 모든 생물에게 음식을 제공하는 첫 번째 단계이다.

(a) 산호초에서 스쿠버 다이빙

(b) 남극 대륙에서 펭귄 관찰

▲ **그림 31-2 생태 관광** 신중하게 관리되는 생태 관광은 자연 생태계의 지속 가능한 사용을 나타내며 수익을 창출하고 야생 생물 서식지를 보존하기 위한 인센티브를 제공한다.

- **유전 자원(*Genetic resources*)** 야생 식물에서 발견되는 풍부한 유전자는 식품 공급을 보호하는 데 도움이 될 수 있다. 우리 음식의 대부분은 쌀, 밀 및 옥수수를 포함하여 12개의 작물에서만 공급된다. 연구자들은 생산성을 높이거나 질병, 가뭄 또는 염분이 있는 토양에 대한 저항력을 높이기 위해 작물로 옮겨질 수 있는 유전자를 재배 작물의 야생 친척에서 확인했다.
- **토양 형성(*Soil formation*)** 육상의 자연 생태계는 토양을 천천히 형성한다. 예를 들어, 미국 중서부의 비옥한 토양은 수천 년 동안 자연 초원에 축적되었다. 농민들은 이 초원을 세계에서 가장 생산적인 농업 지역 중 하나로 전환했다.
- **물질 순환(*Nutrient cycling*)** 29장에서 설명한 바와 같이, 영양소는 생태계 내에서 그리고 생태계 사이를 순환하며, 종종 살아있는 유기체가 이용할 수 없는 저장고에서 유기체가 사용할 수 있는 화학 형태로 이동한다. 예를 들어 토양의 질소고정박테리아는 대기 질소를 암모니아와 질산염으로 전환시켜 식물이 단백질과 핵산을 합성하는 데 사용할 수 있다.

### 막대한 금전적 가치를 지닌 지구의 생태계 서비스

역사적으로 사람들은 생태계 서비스가 무료이며 무제한이라고 가정했다. 따라서 토지 이용, 농업을 위한 경작, 발전 및 다른 경제적 활동에 대한 결정을 내릴 때 생태계 서비스의 가치는 거의 고려하지 않았다. 그러나 생태계 서비스는 실제로 매우 경제적인 가치가 있다. 생태학자, 경제학자 및 지리학자로 구성된 국제팀은 생태계 서비스가 전 세계적으로 연간 125조 달러에서 145조 달러 사이의 이익을 인류에게 제공한다고 계산했다.

## 생태계의 기능을 지원하는 생물다양성

생물다양성이 높은 지역에서는 생태계 서비스의 가치가 큰 경향이 있다. 다양성이 높은 군집에서 생산성이 높은 경향이 있기 때문에(29장 참조), 가뭄, 심한 추위, 오염 또는 침입종과 같은 교란에 더 잘 견딜 수 있기 때문에 생물다양성은 생태계 기능을 향상시킨다.

왜 일부 다양성이 높은 생태계가 스트레스와 교란에 더 강할까? 하나의 가설은 다양성이 높은 군집에서 여러 종이 비슷한 생태학적 역할을 할 수 있으므로 교란으로 인해 종을 잃어도 생태기능이 손실되지 않는다는 것이다. 예를 들어, 생태계 내에서 여러 종의 꿀벌이 꽃을 수분시킬 수 있으며, 이 종들 중 일부를 잃어버린 경우 나머지 종들이 개체수를 늘리고 여전히 꽃을 수분시킬 수 있다.

생태계 기능에 매우 중요한 종을 **핵심종(keystone species)**이라고 한다(28장 참조). 이 용어는 석조 아치 꼭대기에 위치하여 다른 모든 조각을 제자리에 고정시키는 쐐기돌에서 영감을 얻었다. 쐐기돌을 제거하면 아치 전체가 무너진다. 유사하게, 생물군집에서, 핵심종은 개체군의 규모나 먹이 그물의 위치에서 피상적인 시각으로 예측되는 것보다 훨씬 중요한 역할을 하는 종이다. "Earth Watch : 고래 – 모든 생물 중 가장 큰 핵심종?"에서 살펴보듯이 바다에서 큰 고래는 핵심종일 수 있다.

#### CHECK YOUR LEARNING

- 생태계 서비스의 주요 범주를 설명하고 각각에 대한 예를 들 수 있는가?
- 생물다양성이 생태계의 기능을 유지하는 데 왜 도움이 되는지 설명할 수 있는가?

**CASE STUDY CONTINUED**

### 옐로스톤의 늑대

늑대가 옐로스톤에서 제거된 후에도 공원에는 그리즐리 곰, 코요테, 여우, 퓨마가 여전히 많았다. 그러나 이 포식자 모두가 옐로스톤 생태계에서 늑대의 역할을 채울 수는 없었다. 옐로스톤에서 늑대는 최고의 육식동물이면서 핵심종으로서 직접 먹이뿐만 아니라 다른 종의 개체수를 조절하는데 도움을 준다. 20세기 초, 어느 누구도 멸종하는 늑대가 사시나무와 그에 의존하는 많은 종들을 혼란에 빠뜨릴 것으로 생각하지 못했다. 불행히도, 세계 여러 지역에서 오늘날 주요 핵심종인 포식자 동물을 포함한 생물다양성의 상실이 계속되고 있다. 주요 원인은 무엇일까?

## 31.3 생물다양성에 대한 주요 위협 요인은 무엇인가?

종은 영원히 지속되지 않는다. 진화하는 시간에 걸쳐 종은 생겨나고 다양한 기간 동안 번성하다가 멸종한다. 모든 종이 결국 멸종된다면 현재의 멸종에 대해 걱정해야 하는 이유는 무엇인가? 최근 멸종률이 엄청나게 높아졌기 때문이다.

### 최근 극적으로 상승한 멸종률

화석 기록에 따르면, 대재앙 사건이 없으면 자연적인 멸종이 매우 낮은 속도로 발생한다. 이러한 배경 멸종 비율은 연간 백만 종당 약 0.1 내지 1종의 범위이다. 그러나 화석 기록은 또한 5번의 **대량 멸종(mass extinction)**에 대한 증거를 제시하는데, 이 기간 동안 많은 종들이 상대적으로 짧은 기간에 사라졌다(18장 참조). 가장 최근의 대량 멸종은 약 6천 6백만 년 전에 시작되어 갑작스럽게 공룡의 시대를 종식시켰다. 엄청난 유성의 영향이나 빠른 기후변화로 인해 발생할 수 있는 환경의 급격한 변화가 이러한 대량 멸종의 가장 큰 원인이다.

많은 생물학자들이 우리가 현재 6번째 멸종위기에 처해 있다고 말한다. 연구원들은 현대의 멸종률이 배경 멸종률보다 약 1,000배 높으며, 아마도 연간 백만 종당 1,000종이 멸종할 것이라고 추정한다. 조류와 포유류의 멸종은 세계 종의 약 0.1%에 불과

## 고래 — 모든 생물 중 가장 큰 핵심종?

바다는 예전보다 훨씬 더 비었다. 아무도 바다를 돌아다니는 고래가 몇 마리인지 확실하게 모르지만, 연구원들은 상업적 고래잡이로 많은 고래 개체군들이 90%까지 감소했다고 추정한다. 거의 모든 상업 포경이 중단된 지 수십 년이 지난 지금도 대부분의 고래 개체군들의 크기는 포경 이전에 있었던 규모의 절반보다 훨씬 작다. 고래는 먹이 사슬의 최상위에 위치하고 있기 때문에 거대 오징어에서 새우 같은 크릴에 이르기까지 고래의 먹이인 개체군들이 증가하고 있다고 생각할 것이다. 그러나 그렇지 않다. 크릴 개체군은 증가하지 않았고 약간 감소했을 수도 있다. 어떻게 그렇게 되었을까? 크릴은 고래에게 먹히지만 그들도 고래에 의존한다. 해양 생태학자들은 크릴 개체군이 깊은 바다에서 지표수까지 고래가 운반하는 영양소에 의존한다고 가정한다.

크릴은 광합성을 하는 식물플랑크톤을 먹는다. 식물플랑크톤은 표면 근처의 밝은 물에서만 살 수 있다. 그러나 지표수는 일반적으로 플랑크톤에 필요한 영양분(예: 철 및 질소)이 적다. 영양소는 해수보다 밀도가 높고 죽은 후 가라 앉아 영양분을 표면에서 깊은 곳으로 운반하는 유기체에 집중되는 경향이 있기 때문에 표면에서는 부족하다. 해류와 겨울 폭풍은 이러한 영양분 중 일부를 다시 표면으로 가져 오지만 전부는 아니다.

고래를 관찰해 보자. 많은 고래는 수면 아래에서 0.8km의 깊이까지 상당한 깊이에서 먹이활동을 하지만 숨을 쉬고 폐기물을 제거하기 위해 수면으로 올라 온다(**그림 E31-1**). 고래는 수면에서 영양분을 함유한 거대한 부력 대변과 소변을 배출한다. 대변과 소변은 암모니아와 요소의 형태로 바다 표면으로 질소를 가져온다. 대변에는 철분이 풍부하다. "고래 펌프"는 햇볕에 쬐인 지표수에 영양분을 공급함으로써 해양의 생산성을 향상시킨다.

◀ **그림 E31-1 바다를 비옥하게 하는 고래 대변** 여기에 표시된 향유고래와 같은 고래는 지표수에 떠다니는 거대한 반액체 대변을 방출하여 광합성 조류에게 필수 영양소를 제공한다.

오늘날 거의 모든 포경이 중단되었으며 대부분의 고래 개체군들이 증가하고 있다. 이 거대한 핵심종인 포식자가 회복함에 따라 고래의 해양 생태계에서 크릴과 다른 종의 개체군도 회복하기 시작할 것이다.

**비판적 사고** 고래 펌프 가설을 어떻게 테스트 하겠는가? 당신이 고래, 크릴 및 식물플랑크톤의 개체군 크기와 해수의 철, 질소 및 기타 영양소의 농도를 측정할 수 있다고 가정한다.

하지만 가장 잘 기록되어 있다. 1500년대 이래로, 우리는 모든 포유류종의 약 1.7%와 모든 조류종의 약 2%를 잃어 버렸고, 이것은 배경 멸종률의 100배가 넘는 것이다.

매년 세계 최대의 보존 네트워크인 국제자연보전연맹(IUCN, International Union for Conservation of Nature)에 의해 위험에 처한 종의 적색목록이 발행된다. 가까운 미래에 멸종될 가능성에 따라 종은 멸종위기에 취약하거나 심각한 멸종위기에 처한 것으로 묘사된다. 이러한 범주 중 하나에 속하는 종을 위협종으로 표현한다. 2018년 적색목록에는 25,821종의 위협종이 포함되어 있다. 미국 어류 및 야생동물 관리국은 미국에서만 1,500종 이상의 멸종위기종 목록을 작성하고 있다. 왜 그렇게 많은 종들이 멸종위기에 처해 있을까? 생물다양성에 대한 가장 큰 위협 요인들은 서식지 파괴, 남획, 침입종, 오염 및 지구 기후변화이다.

### 생물다양성에 가장 큰 위협이 되는 서식지 파괴

서식지 손실은 멸종위기에 처한 모든 포유류, 조류 및 양서류의 85% 이상을 위험에 빠트린다. 가장 심각한 위협은 지구의 동식물 종의 약 절반이 서식하는 열대우림의 손실이다. 위성사진에 따르면 매년 약 77,700~116,550 $km^2$의 열대우림이 손실되거나 1 ~ 1.5 초마다 축구장만한 지역이 사라지고 있다(**그림 31-3**).

열대우림 파괴의 주된 원인은 소규모 농장을 만들거나 소고

▲ **그림 31-3 서식지 파괴** 인간 활동으로 인한 서식지 손실은 전 세계 생물다양성에 대한 가장 큰 위협이다.

## Doing Science 산림 파편화의 영향 감지

과학자들은 서식지 파편화의 영향을 어떻게 연구할까? 이 주제에 대한 대부분의 연구에서 연구원들은 단순히 조각난 서식지와 손상되지 않은 서식지를 비교한다. 그러나 이러한 관측적 비교는 과학적 증거의 "골드 표준"(제어된 실험)에서 찾은 것보다 덜 결론적인 결과를 산출한다. 서식지 분리에 대한 가설을 검증하기에 충분히 큰 규모로 실험을 수행하는 것은 어려운 일이지만, 몇몇 연구 그룹은 위업을 달성할 수 있는 인력을 보유하고 있다. 이러한 실험의 가장 긴 실행 사례는 산림 파편 프로젝트의 생물학적 동태 파악이다.

### 질문이 무엇인가?

열대우림은 지구에서 가장 다양하고 생산적인 생물군계 중 하나이다. 불행히도, 열대우림은 빠르게 사라지고 파편화하기 때문에 과학자들은 이 생물군계에서 서식지 파편화의 생물학적 결과에 큰 관심을 갖고 있다. 산림 파편 프로젝트는 종, 군집 구조 및 생태계 기능에 대한 파편화의 영향을 검증하고 크기가 다른 파편 간에 이러한 효과가 다른지 여부를 검증하도록 설계되었다.

### 증거는 어떻게 수집되었나?

이 프로젝트는 1980년대 초 브라질 중부의 교란이 없는 아마존 우림에서 시작되었다. 연구원들은 가축 목장을 위해 제거될 예정인 3개의 넓은 지역(각각 3,000 ~ 5,000헥타르)에서 다양한 생태학적 변수를 측정했다. 연구원들은 토지가 개간될 때 11개의 산림 조각(1헥타르 5개, 10헥타르 4개, 100헥타르 2개)을 남겨 두도록 토지 소유자를 설득했다(**그림 E31-2**). 조각난 지역을 둘러싼 숲은 손상되지 않고 광범위하며 방해받지 않아서 대조구 역할을 한다. 연구원들은 실험하는 동안 생태적 변수를 지속적으로 측정해 왔고, 현재까지 계속하고 있다.

### 무엇을 배웠는가?

40년이 넘는 기간 동안 이 실험은 다양한 결과들을 도출했고, 몇 가지 일반적인 결론을 이끌어냈다. 온전한 숲인 대조구와 비교했을 때, 종 다양성은 조각에서 급격히 감소했으며 가장 작은 조각에서 가장 크게 감소했다. 또한, 시간이 지남에 따라 감소가 지속되었으며, 초기 파편화 이후에도 수십 년이 지나면서 추가적으로 종들이 사라졌다(**그림 E31-3**). 생태계 건강을 나타내는 다른 지표들도 조각들에서 단편적으로 감소했다. 예를 들어, 총 동물수 및 식물의 바이오매스가 감소하고, 영양 순환 속도가 훨씬 느려졌으며, 토양 영양소 농도가 감소했고, 환경조건이 더 뜨겁고 건조해졌다. 생물다양성에 대한 영향과 마찬가지로 이러한 모든 영향은 작은 조각에서 더 크고 장기적으로 계속 악화되었다.

▲ **그림 E31-2 산림 파편 프로젝트의 생물학적 동태 파악** 여기에 가장 길게 실행하고 있는 서식지 파편화 실험의 일부로 생성된 두 개의 우림 파편이 나와 있다.

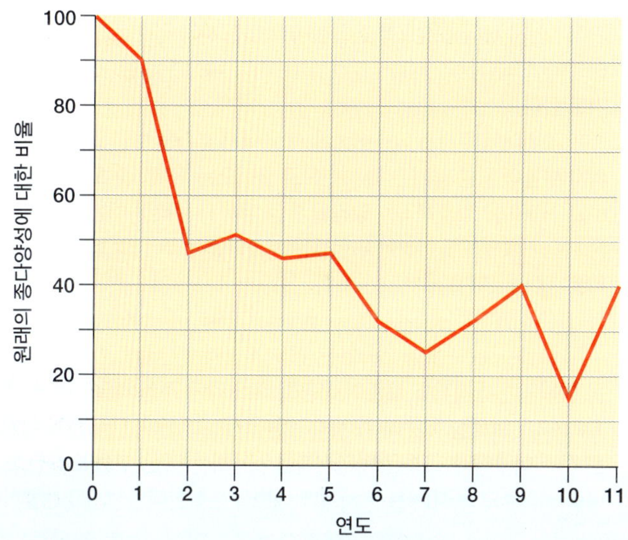


▲ **그림 E31-3 조각난 숲에서 생물다양성이 손실됨** 이 그래프는 실험적으로 파편화시킨 후 처음 11년 동안 1헥타르의 숲 조각에서 조류종의 손실을 보여준다.

**비판적 사고** 작은 숲 조각에서 결국 멸종된 일부 종이 사라지기 전에 수 년간 지속되는 이유는 무엇인가?

기, 콩, 팜유, 사탕수수 및 바이오 연료를 주로 선진국에 공급하는 거대한 농장과 목장을 만들기 위해 토지를 전환하는 것이다(7장의 "Earch Watch: 바이오 연료 – 정말 이익이 될까?" 참조).

자연 생태계가 파괴되지 않더라도 작은 조각으로 쪼개지거나 도로, 농장 또는 주택 개발로 분리될 수 있다. 서식지의 **파편화(habitat fragmentation)**는 야생동물에게 심각한 위협이다. 예를 들어, 작은 산림 패치에서 많은 지저귀는 새들의 생식 성공률이 지속적으로 낮다. 큰 고양이과 동물들도 서식지 파편화에 의해 위협을 받는다. 예를 들어, 인도는 멸종위기에 처한 벵골 호랑이를 보호하기 위해 47개의 산림 보호구역을 따로 마련했지만 많은 보호구역들은 개발된 바다에서 섬이 되어 호랑이의 **최소 생존 개체군(minimum viable population)**을 유지하기에는 너무 작은 고립된 패치가 되었다. 대부분의 야생 생물 전문가는 벵골 호랑이가 질병과 가뭄과 같은 자연적 사건에도 불구하고 지속

## Earth WATCH 바다거북 구하기

7종의 바다거북 중 6종이 멸종위기에 처해 있다. 그들의 독특한 생활사는 그들을 특히 취약하게 만든다. 대부분의 바다거북은 20-50세가 될 때까지 번식을 시작하지 않는다. 암컷이 생식 연령에 도달하면 수백, 수천 마일을 헤엄쳐 둥지를 틀어야 하며 종종 부화장이 같은 해변에 있다. 거북이는 해변으로 가 모래에 구멍을 파고 알을 낳고 바다로 돌아온다(**그림 E31-4a**). 알은 가축 개, 여우, 야생 돼지, 너구리 및 다른 많은 육식동물이 먹을 수 있다.

약 2개월 후, 새끼 거북은 살아남은 알에서 나와 바다로의 어려운 여행을 시작한다. 바닷새와 게는 모래를 따라 기어 다니면서 공격한다(**그림 E31-4b**). 물속에 들어가면 부화한 개체들이 물고기에게 맛있는 음식이 될 수 있다.

이러한 자연적인 위험이 충분하지 않은 것처럼, 암컷 거북이와 알은 인간 밀렵꾼에게 쉽게 먹이가 된다. 거북이 고기와 알은 많은 문화에서 진미로 여기고, 거북이 껍질도 아름다운 보석을 만들며, 거북이 가죽으로 멋진 가죽을 만든다. 거북이는 낚싯줄과 그물에 의도적으로 또는 실수로 잡히기도 한다. 바다를 반사하는 달빛을 이용하여 기어가면서 바다를 찾도록 진화한 부화는 도시와 리조트의 불빛에 의해 혼란스러워진다. 부화한 개체들은 바다 대신 위험한 곳으로 향하기도 한다.

1970년대에 로카스 아톨(Rocas Atoll)에서 휴가를 보낸 일부 학생들이 어부들이 알을 낳기 위해 해변으로 들어오는 거북이를 도살한 것을 보고 거북이를 보호하라는 영감을 받을 때까지 브라질 해변에 둥지를 튼 바다거북들에게 이러한 위험들은 지속되었다. 두 명의 학생인 José Albuquerque와 Guy Marcovaldi는 Projeto TAMAR(포르투갈어로 "바다거북"을 의미하는 tartarugas marinhas의 약자)를 설립했다.

Albuquerque와 Marcovaldi는 어부와 지역 주민들의 지원과 참여를 통해서만 바다거북 보존이 성공할 수 있다는 것을 깨달았다. 현재 TAMAR는 브라질 해안에 22개의 거점을 두고 있으며 대부분의 직원은 전직 어부이다. 그들은 바다거북을 사냥하는 대신, 그물에 잡힌 거북을 풀어주고 둥지를 트는 시기에 해변을 순찰한다. TAMAR 생물학

**(a) 둥지를 파는 바다거북**

**(b) 바다를 향해가는 부화한 거북이**

▲ **그림 E31-4 멸종위기에 처한 바다거북** **(a)** 암컷 바다거북은 강력한 오리발로 모래를 퍼내어 약 100개의 알을 묻을 수 있는 구멍을 만든다. **(b)** 모래에서 약 2개월 동안 배양한 후 알이 부화한다. 부화한 개체들은 바다로 향하고, 여기서 살아남는 경우 성숙한 개체가 되기까지 20-50년이 걸린다.

될 수 있는 가장 작은 고립된 최소 생존 개체군 크기가 대부분의 인도 호랑이 보호구역에서 발견되는 것보다 많은 최소 50마리의 암컷이 포함된 것이어야 한다고 생각한다. 연구원들이 서식지 파편화를 연구하는 방법에 대한 예는 "Doing Science : 산림 파편화의 영향 감지"를 참조하라.

많은 국가의 정부가 중요한 서식지를 보존하기 위해 조치를 취하고 있다. 세계 최대의 보호 서식지 중 하나는 파파나나우모쿠아케아 해양 국립 기념물이다. 이곳은 텍사스의 두 배보다 큰 3억 7천 5백만 에이커의 태평양에 걸쳐 있다. 이 보호구역은 하와이 북서쪽을 포괄하며 광범위한 산호초와 멸종위기에 처한 여

**CASE STUDY CONTINUED**

### 옐로스톤의 늑대

29장에서 배운 것처럼 늑대와 회색 곰 같은 먹이 그물 꼭대기에 있는 큰 포식 동물은 영양 단계 사이의 에너지 손실로 인해 항상 상대적으로 수가 적다. 옐로스톤 크기(약 9,065km$^2$)의 국립공원 조차도 주로 유전적 다양성의 상실과 전염병의 위험 때문에 그러한 동물의 최소 생존 개체군 크기를 장기간 유지할 수없는 경우가 많다. 이 동물들에 대한 최소 생존 개체군을 어떻게 유지할 수 있을까? 31.5 절에서 이 중요한 관심사로 돌아간다.

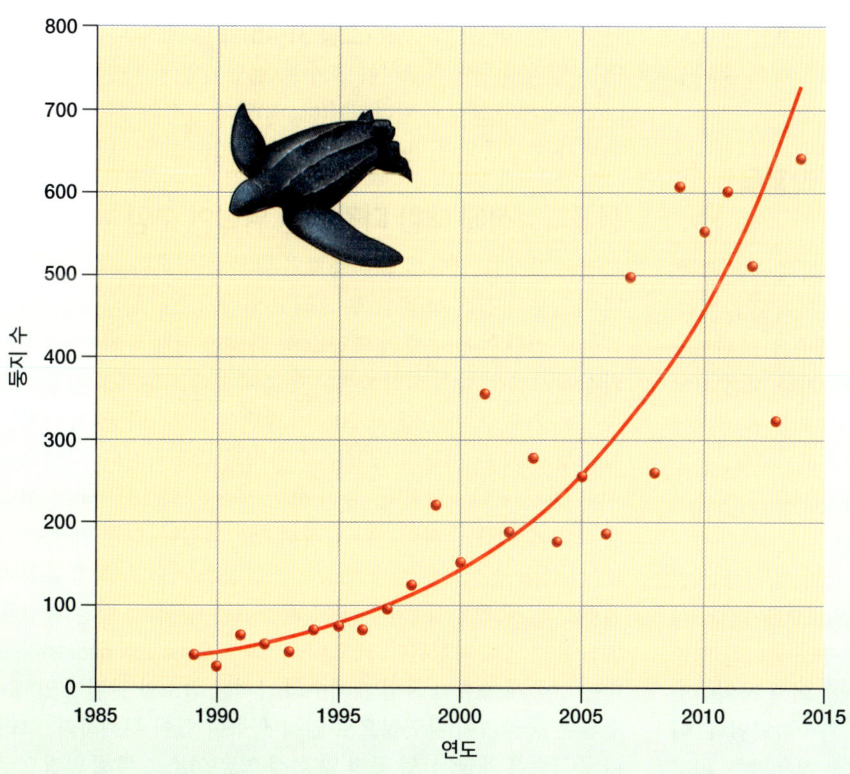


**그림 E31-5 플로리다의 대서양 장수거북 개체군이 증가하고 있다** 플로리다의 해변에 있는 한 그룹의 대서양 장수거북 둥지를 1989년부터 2014년까지 매년 조사하였다. 장수거북은 바다에서 계산하기 어렵기 때문에 둥지는 개체군 크기의 지표로 사용된다. 개체군은 1980년대 후반부터 기하급수적으로 증가하고 있다(부드러운 곡선).

자들은 암컷에게 꼬리표를 붙이고 여행을 추적한다. 어부들은(현재는 드문) 거북 밀렵꾼들로부터 바다거북을 지키고 위험한 지역(도시 조명과 같은)에 놓인 알을 더 나은 해변이나 부화장으로 옮긴다. 2018년 현재, TAMAR는 2천 5백만 개체 이상의 부화한 개체들이 바다에 도달하도록 도왔다.

**비판적 사고** 1970년 대서양 장수거북의 개체군 크기는 매우 작았으며, 미국 어류 및 야생 생물 보호국은 이 종을 멸종위기에 처한 것으로 기록했다. 다음 수십 년 동안, 거북이 둥지를 보호하고 어선에서 우연히 바다에서 거북이를 죽이는 것을 방지하기 위한 조치가 취해졌다. 결과적으로, 플로리다 해변에 장수거북 개체군이 기하급수적으로 증가하고 있다(그림 E31-5). 이 지수성장에 어떤 요인이 기여했을까? 결국 개체군을 안정시키는 요인은 무엇일까?

러 종을 포함한 7,000종 이상의 조류, 물고기, 무척추동물 및 해양 포유류의 서식지이다. 일부 종은 그러한 거대한 보호구역에 의존한다. 다른 종들에게 중요한 서식지는 모래 해변의 몇몇 패치 일 수 있다. 이 페이지의 "Earth Watch : 바다거북 구하기"에서는 브라질의 혁신적인 바다거북 보존 프로그램에 대해 설명한다. 이 프로그램은 거북이 둥지 구역을 보존할 뿐만 아니라 지역 사회가 번영할 수 있도록 도와준다.

## 남획으로 인한 개체군 감소

**남획(overexploitation)**은 자연 개체군을 사냥하거나 수확하는 능력을 능가하는 비율을 초과하는 속도이다. 야생동물 및 식물에 대한 수요가 증가함에 따라 수확량을 증가시키는 기술 발전과 함께 많은 종의 과잉 탐사가 증가했다. 예를 들어, 과도한 수확은 전복, 굴, 산호와 같은 무척추 농물, 대구, 상어, 잠지 및 고등어와 같은 물고기를 포함하여 많은 종의 급격한 감소를 초래하는 해양 생물에 대한 가장 큰 위협 요인이다. 유엔 식량 농업기구는 세계 어류 개체군의 약 30%가 남획되었다고 추정하였다. 대서양 참다랑어와 같은 일부 남획된 개체군은 멸종위기에 처해 있다.

빈곤과 부는 특히 멸종위기에 처한 종의 과도한 탐사에 기여할 수 있다. 빈곤으로 인해 사람들이 희귀성에 관계없이 합법적으로나 불법적으로 팔거나 먹을 수 있는 모든 것을 수확하도록 유도하며, 저개발국의 인구가 빠르게 증가하고 있기 때문에 동물성 제품에 대한 수요가 증가하고 있다. 예를 들어, 고기를 위한 침팬지의 불법 사냥은 침팬지 개체군 감소의 주요 원인이다. 부유한 소비자는 종종 코끼리 상아, 희귀 난초 및 이국적인 조류와 같은 불법 제품에 대해 높은 가격을 지불함으로써 멸종위기에 처한 종의 착취를 촉진한다. 하나의 코뿔소 뿔은 아시아 시장에서 200,000달러 이상을 받을 수 있다. 암시장 활동에 대한 양질의 데이터를 얻기는 어렵지만, 멸종위기에 처한 종 또는 그로부터 파생된 제품의 판매는 연간 약 190억 달러로 매우 수익성이 높다.

## 자생하는 생물을 대체하고 군집 내 상호작용을 방해하는 침입종

인간은 엉겅퀴에서 낙타에 이르기까지 전 세계의 수많은 종을 이동시켰다. 많은 경우에, 도입된 종은 큰 해를 끼치지 않는다. 그러나 비자생종은 침입종이 된다. 그들은 자생종을 희생시켜 그 수가 증가하여 먹이나 서식지를 위해 경쟁하거나 직접 잡아먹는다(28장 참조). 침입종 및 생태계 건강센터에 따르면 북미에는 거의 2,900종의 침입종이 있으며 그들 대부분은 식물과 곤충이다. 미국에서 멸종위기에 처한 모든 종의 약 절반은 침입종과의 경쟁이나 포식으로 고통받고 있다.

섬 생태계는 특히 침입종에 취약하다. 예를 들어, 침입종은 인간이 처음 도착한 후 하와이 제도에서 사라진 약 1,000여종의 식물과 동물의 멸종에 기여했다. 포식자와 경쟁자들에 의한 멸종은 돼지와 쥐가 원래의 폴리네시아 정착민들에 의해 하와이로 데려왔을 때 시작되었고, 19세기와 20세기에 가속화되었다. 이 위협은 하와이의 남은 야생 생물 대부분에 계속 적용된다. 미국 어류 및 야생 생물 보호국에 따르면 하와이에서 430종 이상의 식물과 동물이 멸종위기에 처해 있는데, 이것은 어느 주보다 많은 것이다.

호수도 침입종에 특히 취약하다. 예를 들어, 아프리카의 빅토리아 호수는 한때 지구상에 다른 곳에서는 발견되지 않은 400종이 넘는 시클리드 어류가 살았었다(**그림 31-4a**). 1900년대 중반에 거대한 약탈 나일 농어(**그림 31-4b**)와 훨씬 작은 플랑크톤을 먹는 틸라피아가 빅토리아 호수로 유입되었다. 나일 농어(Nile perch)에 의한 포식과 틸라피아(tilapia)와의 경쟁의 조합은 시클리드의 대량 멸종의 원인이 되었다. 현재 약 200종만이 남아 있다.

## 생물다양성에 대한 다각적인 위협인 오염

오염은 가소제, 난연제 및 살충제와 같은 합성 화학물질, 수은, 납 및 카드뮴과 같은 독성 금속, 그리고 일반적으로 하수 또는 농업 유출로 인한 높은 수준의 영양소 등 다양한 형태를 가지고 있다. 환경에 노출된 합성 화학물질은 동물에게 해로운 독성 수준으로 축적될 수 있다. 예를 들어, 20세기 중반에 많은 새들에게 축적된 살충제 DDT는 새들의 개체수를 급격히 감소시켰다. 다행스럽게도 DDT와 11개의 다른 유기 오염 물질은 약 180개국이 서명한 조약에 의해 금지되거나 엄격히 제한되었다. 다른 합성 유기 화학물질도 생물다양성에 부정적인 영향을 미친다. 특정 유형의 플라스틱 제조에 사용되는 비스페놀 A는 생식 및 발달 이상을 일으킬 것으로 의심된다. 네오니코티노이드(neonicotinoids)라고 하는 살충제 종류가 꿀벌 개체수의 급격한 감소와 관련이 있다.

많은 중금속이 자연적으로 암석에 묶여 있어 무해하다. 그러나 중금속은 채굴, 산업 공정 및 화석 연료 연소를 통해 환경으로 방출된다. 수은 및 납과 같은 극소량의 특정 중금속조차도 거의 모든 생물에게 해로운 독성 물질이다.

과도한 양의 영양분(부영양화)도 오염물질이 될 수 있다(29 장

(a) 블루 록 헌터 시클리드

(b) 나일 농어

▲ **그림 31-4 침입종은 토종 야생 생물을 위험에 빠뜨린다** (a) 빅토리아 호수에는 푸른 비위 사냥꾼 시클리드와 같이 수백 종의 놀랍도록 채색된 시클리드 물고기가 있다. (b) 빅토리아 호수에서 어민들을 위해 도입한 나일 농어(Nale perch)는 토종 물고기에게 재난으로 입증되었다.

**비판적 사고** 왜 섬의 자생종들은 침입종에 특히 취약할까?

참조). 예를 들어, 화석 연료를 태우면 질소와 황 화합물이 방출되어 자연적인 생지화학적 순환을 방해하고 산림과 호수를 위협하는 산성비를 야기한다. 또한, 농장과 잔디밭에서 나오는 비료 유출물이 종종 인근 해역으로 유입되어 해로운 해조류 번무(녹조와 적조 현상)를 유발할 수 있다.

## 생물다양성에 대한 새로운 위협인 지구 기후변화

인간이 유발한 기후변화의 빠른 속도는 종의 적응 능력을 저해하고 있다. 150개 이상의 회원국이 있는 국제기구인 생물다양성 협약의 과학자들은 더 따뜻한 조건이 이미 일부 소멸에 기여했으며 더 많은 원인을 야기할 가능성이 있다고 결론지었다. 지구 기후변화의 모든 영향을 예측하기는 어렵지만 다음을 포함할 수 있다.

- 사막은 더 뜨겁고 건조해질 것이다.
- 더 따뜻한 조건으로 인해 일부 종은 극지방이나 산 위로 후퇴하여 생존하고 번식할 수 있는 기후 지역 내에 머물게 된다. 많은 종들이 적절한 온도 범위 내에서 충분히 빨리 후퇴하지 못할 수 있다.
- 시원한 서식지는 아마도 산 정상에서 완전히 사라질 것이다. 로키 산맥(**그림 31-5a**)의 피카(pika)와 같이 고도가 높은 곳에서 사는 동물은 산이 따뜻해지면서 서식지가 줄어들고 있다. 고립된 산에서 일부 종의 개체군은 이미 사라졌다.
- 서리 또는 지속적인 동결로 인해 이전에 사라졌던 해충이 퍼져 번성할 수 있다. 예를 들어, 이전에 겨울철 추운 날씨에 의해 제한되었던 소나무 껍질 딱정벌레의 개체군은 북부와 중부 록키산맥의 많은 지역에서 전염병 수준에 도달했다(**그림 31-5b**).
- 기생충과 곤충 매개 질병이 극에 가까이 전파되고 있다. 북극 캐나다의 사향소에 있는 폐충에서 스웨덴의 사람들에게 툴라미아를 감염시키는 질병을 운반하는 모기에 이르기까지 기후가 더 따뜻해지면 많은 병원체와 그 운반체가 극지방으로 이동할 수 있다.
- 산호초는 따뜻한 물을 필요로 하지만 지나친 온난화는 백화현상과 산호 사망을 발생시킨다(**그림 31-5c**). 기후변화로 인한 해양 산성화도 산호가 외부 골격을 형성하는 능력을 감소시킨다. 산호초는 이미 세이셸 제도, 아메리칸 사모아, 스리랑카, 탄자니아와 케냐 해안 및 호주 대보초(Great Barrier Reef)에서 큰 피해를 입었다.

### CHECK YOUR LEARNING

- 대량 멸종을 정의할 수 있는가?
- 생물학자들이 인간 활동으로 대량 멸종이 일어나고 있다고 두려워하는 이유가 무엇인가?
- 서식지 파괴, 남획, 침입종, 오염 및 지구 기후변화가 어떻게 생물다양성을 위협하는가?

(a) 겨울에 식물을 수집하는 피카

(b) 소나무를 죽이는 소나무 껍질 딱정벌레

(c) 죽거나 죽어가고 있는 표백된 산호 (흰색)

▲ **그림 31-5 지구 기후변화는 생물다양성을 위협한다** **(a)** 피카는 로키 산맥의 높은 고도에서 산다. 기후가 따뜻해지면서 산꼭대기에서 적절한 피카 서식지가 사라질 수 있다. **(b)** 소나무 껍질 딱정벌레로 감염된 숲은 종종 감염되지 않은 나무(녹색 바늘잎), 새로 죽인 나무(붉은 바늘잎) 및 몇 년 전에 죽은 나무(바늘잎이 없는 회색)로 구성된다. **(c)** 산호는 대개 산호에 영양분을 공급하는 광합성 조류와 공생한다. 물이 너무 따뜻해지면 산호는 조류를 배출하여 하얗게 변한다. 먹이를 줄 조류가 없는 산호는 종종 죽는다.

## 31.4 생물다양성을 유지하기 위해 서식지 보호가 필요한 이유는 무엇인가?

앞에서 살펴본 바와 같이 인간 활동은 생물다양성에 많은 위협을 가한다. 생물다양성을 보존하기 위해 우리는 과도한 탐사를 줄이고, 침입종을 통제하며, 온실가스 배출을 포함한 오염을 억제해서 이러한 모든 위협에 대응해야 한다. 그러나 다양성을 보존하려는 노력의 가장 중요한 요소는 서식지 보호이다. 적절한 자연 서식지가 없다면 종들이 생존할 수 없기 때문이다. 보호구역에 서식지를 마련하고 보호구역들을 야생동물 통로로 연결하는 것이 중요하다.

### 모든 수준의 생물다양성을 보존하는 핵심 보호구역

**핵심 보호구역(core reserves)**은 영향이 적은 레크리에이션을 제외하고 대부분의 인간 이용으로부터 보호되는 자연 지역이다. 이상적인 핵심 보호구역은 폭풍, 화재 및 홍수와 같은 자연 재난이 발생하더라도 생태계와 모든 생물다양성을 보존하기에 충분한 공간을 포함한다. 효과적인 핵심 보호구역을 확보하기 위해 생태학자들은 가장 많은 공간을 필요로 하는 종의 최소 생존 개체군을 유지하는 데 필요한 최소 면적을 추정해야 한다. 최소 면적의 크기는 종마다 크게 다르며 먹이, 물 및 은신처의 가용성에 달려 있다. 일반적으로 최소 임계 면적은 대형 포식자, 특히 건조한 환경에서 사는 대형포식자에서 가장 크다.

### 서식지를 연결하는 야생 생물 이동통로

개별 핵심 보호구역은 생물다양성을 유지하기에 충분히 크지 않다. 이러한 핵심 보호구역 부족은 **야생 생물 이동통로(wildlife corridors)**로 연결된 야생 보호구역으로 상쇄될 수 있다. 야생 보호구역은 핵심 보호구역을 연결하는 보호된 토지의 띠 지역으로, 동물이 서로 격리된 다른 서식지 사이를 자유롭고 안전하게 이동할 수 있도록 한다. 예를 들어 인도에서는 정부와 민간단체가 호랑이 보호구역을 연결하는 숲이 우거진 통로를 보존하기 위해 노력하고 있다. 호랑이는 이제 통로를 따라 370.1km 떨어진 다른 호랑이와 짝을 이룬다. 점점 더 분리된 브라질의 대서양 숲에서, 숲이 우거진 통로는 멸종위기에 처한 종의 서식지를 연결한다. 더 작은 규모의 야생동물 터널 또는 교량은 서식지 내에서의 움직임을 제한하는 야생동물의 이동을 도울 수 있다(**그림 31-6**).

### 보존과 인간의 이용의 균형을 잡는 보호구역

경우에 따라, 특히 저개발 국가에서는 인간의 사용이 금지되는 핵심 보호구역을 설정하기가 어려웠다. 정부가 보호를 위한 자원이나 능력이 부족한 경우, 지정된 보호구역은 서식지를 파괴하고 야생 생물을 손상시키는 착취로부터 실제로 보호되지 않을 수 있다. 이러한 난제에 대한 가능한 해결책은 지역 주민들에 의한 영향이 적은 보호구역을 개발하여 그 지역의 보호에 도움을 주는 데 주민들이 관심을 갖는 보호구역을 개발하는 것이다.

멕시코의 모나크나비(Monarch butterfly) 생물권 보호구역을 고려해 보자. 모나크나비는 최근 몇 년 동안 급격히 감소했다. 군주나비 개체군 크기는 20년 전의 그것의 20% 정도이다. 매년 가을, 북아메리카 동부의 모나크나비는 남쪽으로 이동하여 멕시코 중부 산에 있는 소수의 숲에서 겨울을 보낸다(**그림 31-7**). 이러한 겨울을 보낼 수 있는 지역이 없으면 로키 산맥 동쪽의 모나크나비 전체가 사라질 것이다.

나비를 보호하기 위해 멕시코 정부는 겨울을 나는 장소를 포함하여 56,656헥타르에 이르는 보호구역을 지정했다. 그러나 보호구역의 토지는 멕시코 정부가 아니라 대부분 저소득 농민인 현지인이 소유하고 있다. 모나크나비의 생존에 필수적인 큰 나무로 이루어진 숲은 전통적으로 농민에게 장작과 목재를 제공

◀ **그림 31-6 조각난 서식지를 연결하는 야생 생물 이동통로** 야생동물 서식지를 통과하는 도로는 생존 또는 번식에 필요한 움직임을 제한할 수 있다. 특별히 설계된 구조물은 동물이 도로를 건널 수 있게 해준다.

**비판적 사고** 멸종위기에 처한 종의 유전적 다양성에 고립된 작은 보호구역은 어떤 영향을 미치는가? 작은 보호구역을 야생 생물 이동통로와 연결하면 유전자 다양성에 어떤 영향을 미치는가?

▲ **그림 31-7 모나크나비의 보존** 겨울에는 너무나 많은 모나크나비들이 멕시코 중부 산에 있는 소수의 숲에 서식하여 그들의 몸무게가 나무의 가지를 구부린다.

한 중요한 경제 자원이었다. 보호구역은 나비와 농부 모두의 요구를 어떻게 충족시킬 수 있을까? 한 가지 전략은 지역 농민들이 일부 지역을 나무 농장으로 사용하여 나무를 지속 가능하게 수확하고 재배할 수 있도록 자금과 훈련을 제공하는 것이다. 일부 지역에서 수목 재배가 이루어지면 농부들은 성수림을 그대로 남겨 둘 수 있다.

농민의 또 다른 수입원은 생태 관광이다. 관광객들은 매년 나비를 보기 위해 보호구역으로 모여든다. 적절하게 규제된다면 생태 관광은 모나크나비가 사는 숲을 안내하고 관광객들을 위한 숙박 및 기념품을 제공하는 지역 주민들에게 상당한 소득을 올릴 기회를 제공하고 모나크나비가 사는 숲을 보전할 수 있다. 지금까지 모나크나비 보호구역에서 사람과 야생 생물을 모두 수용하려는 노력은 모나크나비가 겨울을 나는 지역을 보존하는 데 성공했다. 그러나 보호구역 안팎에서 모나크나비가 사용하는 많은 숲은 여전히 목재와 아보카도 농장을 위해 개간되고 있다. 미국에서 아보카도에 대한 수요가 급증하면서 더 많은 숲에 대한 개간 압력이 증가했다.

**CHECK YOUR LEARNING**

- 자연 생태계와 관련 생물다양성을 보존할 수 있는 몇 가지 전략을 설명할 수 있는가?
- 핵심 보호구역과 야생 생물 이동통로라는 용어를 정의하고 이들 간의 관계를 설명할 수 있는가?
- 때때로 보호구역에서의 활동을 금지하는 대신 사람이 사용하도록 허용하는 것이 더 나은 이유를 설명할 수 있는가?

**CASE STUDY CONTINUED**

### 옐로스톤의 늑대

야생 생물 이동통로가 늑대, 그리즐리 곰, 퓨마와 같은 큰 포식자의 최소 생존 개체군을 유지하기 위한 충분한 서식지를 제공하기 위해 필요한 경우가 종종 있다. 이에 따라 옐로스톤에서 유콘 보존 이니셔티브(Yellow to Yukon Conservation Initiative)는 와이오밍에 있는 옐로스톤(Yellowstone)과 그랜드 티턴 국립공원(Grand Teton National Park)에서 캐나다 북서부의 유콘(Yukon) 지역까지 로키산맥의 서식지를 연결하는 이동통로를 제공할 계획을 제안했다. 제안된 이동통로는 길이가 거의 3,219km이며 1,295,001$km^2$의 서식지가 포함된다. 이러한 야생 생물 이동통로에는 국립공원과 국유림 사이에 산재한 사유지가 포함되어야 한다. 사유지 소유자는 야생 생물 서식지를 보존하면서 동시에 자신의 땅에서 즐겁게 살아갈 수 있을까?

## 31.5 왜 건강한 미래를 위해 지속 가능성이 반드시 필요한가?

자연 생태계는 지속하고 번성할 수 있다. 건강한 생태계에는 다양한 군집, 환경의 수용능력 내에 남아있는 비교적 안정적인 개체군, 효율적인 물질 순환 및 안정적인 에너지원이 포함된다. 인간 개발로 변형된 환경에는 종종 이러한 기능이 없다. 결과적으로 인간이 변형한 많은 생태계는 장기적으로 지속 가능하지 않을 수 있다. 우리가 의존하는 생태계를 유지하는 방식으로 우리의 요구를 어떻게 충족시킬 수 있을까?

### 장기적으로 생태와 인간 복지를 증진시키는 지속가능한 개발

**지속 가능한 개발(Sustainable development)**은 미래 세대의 요구를 충족시키는 능력을 손상시키지 않으면서 현재의 인간 요구를 충족시키는 개발이다. IUCN은 '지구 돌보기: 지속 가능한 삶을 위한 전략'에서 지속 가능한 개발의 목표를 "생태계의 수용 능력 내에서 생활하면서 인간의 삶의 질을 향상시키는 것"으로 표현하였다. 이러한 목적을 달성하기 위해 인간의 노력과 새로운 시도가 필요하다.여기서 우리는 지속 가능한 개발의 두 가지 측면, 즉 재생 가능한 자원과 지속 가능한 농업을 탐구할 것이다.

### 재생 가능한 자원에 의존하는 지속 가능한 개발

생태계가 보충할 수 있는 것보다 더 많이 생태계에서 추출하지 않는 경우에만 개발이 지속될 수 있다. 따라서 우리는 앞으로도 계속 사용할 수 있는 방식으로 재생 불가능한 자원 사용을 최소화하고 재생 가능한 자원을 사용해야 한다. 예를 들어, 나무는 재생 가능한 자원일 수 있지만, 목재와 종이의 소비량이 지속 가능하게 관리되는 숲이 제공하는 양을 초과하지 않는 경우에만 가능하다. 전 세계적으로 이러한 균형은 달성되지 않았고, 현재 숲의 재생을 넘어서고 있다. 재활용과 재사용이 소비와 생산 사이의 현재 격차를 해소하는 데 도움이 될 수 있지만, 나무는 소비를 줄일 때까지 진정한 재생 가능한 자원이 될 수 없다.

나무와 그것으로 만든 제품과 달리 화석 연료는 재생 가능하지 않으며 재활용할 수도 없다. 또한 화석 연료를 태우면 지구 기후변화의 주요 원인인 이산화탄소가 방출되어 인간과 자연 생태계에 심각한 영향을 미친다. 따라서 화석 연료에서 태양광, 풍력 및 지열과 같은 재생 가능한 에너지원으로 전환하려는 모두의 노력은 지속 가능한 개발의 필수 부분이다.

### 자연 생태계에 미치는 영향을 줄이면서 생산성을 유지하는 지속 가능한 농업

사람들이 적합하게 만든 대부분의 토지는 농업에 사용되므로 농부들이 선택하는 농업은 지속 가능성에 큰 영향을 미친다. 지속 가능한 농장이 되려면 농장은 인류에게 음식을 공급하고 농민에게 경제적 이익을 보장할 만큼 충분하게 식량을 생산할 뿐만 아니라 미래 세대를 위한 생태계 서비스도 유지해야 한다. 지속 가능한 농업은 많은 면에서 전통적인 농업과 다르다(**표 31-1**).

여기서 우리는 지속 가능성을 높이는 두 가지 방법, 즉 무경운 농업과 유기농법에 대해 자세히 살펴본다.

**무경운 농업(No-till Farming)** 전통 농업에서 농민들은 전년도 작물의 모든 잔류물을 제거하고 토양을 갈아서 새로운 작물을 심기 위한 밭을 준비한다. 대조적으로, **무경운 농업(No-till Farming)**에서 농민들은 농작물에 모든 농작물을 뿌리 덮개로 남겨두고 쟁기질을 하지 않는다. 경운에 의해 방해받지 않는 토양은 침식과 비료 유출이 훨씬 적기 때문에 무경운 농업은 기존 경운 농업보다 지속 가능하다. 무경운 농업은 토양 구조를 개선하고 토양의 유기물 양을 늘리는 데 도움을 준다. 또한 무경운 농법은 쟁기를 필요로 하지 않기 때문에 재생 불가능한 화석 연료의 사용을 줄인다.

쟁기질은 잡초를 방제하기 위한 주요 방법이기 때문에, 무경운 농업은 다른 잡초 방제 방법을 찾아야 한다. 예를 들어, 많은 무경운 농업을 시행하는 농부들은 현금 작물(면화 또는 콩과 같은)의 재배 시기 사이의 "비경작 시즌"에 덮개 작물(겨울 밀 또는 클로버)을 심어서 잡초를 억제한다. 많은 경우 덮개 작물은 잡초를 효과적으로 억제하여 현금 작물에서 제초제의 필요성을 줄이거나 없앨 수 있다(**그림 31-8**). 그러나 무경운 농민은 현금 작물을 심기 전에 봄에 제초제를 사용하여 덮개 작물을 죽일 수 있다. 현재까지 무경운 농업은 미국 경작지의 약 35%에서 시행된다.

**유기농법(Organic Farming)** 대부분의 농부들이 사용하는 합성 제초제, 살충제 및 비료는 모두 자연 생태계를 파괴한다. 그러나 유기농 농민들은 이러한 화학물질을 사용하지 않고, 대신 해충을 통제하기 위해 자연 포식자를 이용하고, 토양 미생물을 이용하여 동물과 작물 폐기물을 분해시켜 비료를 공급한다. 잡초

**표 31-1 농업 방법이 지속 가능성에 미치는 영향**

| | 지속 불가능한 농업 | 지속 가능한 농업 |
|---|---|---|
| 토양 침식 | 농작물의 잔재물이 쟁기질되어 새 작물이 자랄 때까지 노출된 토양이 보충될 수 있는 것보다 훨씬 빨리 침식될 수 있다. | 무경운 농업은 토양 침식을 크게 줄인다. 방풍재로 나무 조각을 뿌리면 바람 침식이 줄어든다. |
| 해충 방제 | 농작물의 해충을 제어하기 위해 다량의 농약을 사용한다. | 들판 근처의 나무와 관목은 곤충을 먹는 새와 육식성 곤충의 서식지를 제공한다. 살충제 사용을 줄이면 새와 곤충 포식자를 보호할 수 있다. |
| 비료 사용 | 다량의 합성 비료를 사용한다. | 동물성 폐기물을 비료로 사용한다. 토양 질소를 보충하는 콩류(예 : 콩 및 알팔파)로 토양 질소를 고갈시키는 작물(옥수수 및 밀과 같은)을 대체한다. |
| 수질 | 살충제 및 비료로 오염된 물이 노출된 토양에서 흘러나올 수 있다. 가축의 먹이통에서 과도한 양의 동물 폐기물이 배출될 수 있다. | 가축 폐기물은 들판을 비옥하게 하는데 사용한다. 무경운 농업으로 남겨진 식물 덮개는 영양분 유출을 줄인다. |
| 관개 | 강수로 물을 보충하는 것보다 빠른 속도로 대수층에서 뽑아 올린 지하수를 사용하여 농작물에 과도하게 관개할 수 있다. | 최신 관개 기술은 증발을 줄이고 필요할 때만 물을 공급한다. 무경운 농업은 증발을 줄인다. |
| 작물 다양성 | 곤충이나 식물 질병의 발생을 촉진하고 많은 양의 살충제에 의존하는 소수의 고수익 작물에 의존한다. | 농작물을 교대하고 다양한 농작물을 심는 것은 곤충과 질병의 주요 발병 가능성을 줄인다. |
| 화석 연료 사용 | 대량의 재생 불가능한 화석 연료를 사용하여 농기구를 운영하고 비료를 생산하며 비료와 살충제를 사용한다. | 무경운 농업은 쟁기질과 비료 주기의 필요성을 줄인다. |

(a) 노스 캐롤라이나의 무경운 밭에서 자라는 면화 유식물

(b) 1 개월 후 같은 밭의 풍경

▲ **그림 31-8 무경운 농업** (a) 덮개 작물인 밀은 제초제로 죽였다. 목화 모종은 토양을 고정시키고 증발을 줄이는 죽은 밀 틈에서 번성한다. (b) 시즌 후반에, 같은 밭에서 죽은 밀에 의해 멀칭된 건강한 면화 작물을 볼 수 있다. George Naderman 박사의 사진 제공.

를 통제하기 위해 유기농 농민은 덮개 작물과 가끔 쟁기를 사용할 수 있다. 또한 단일 유형의 식물을 공격하는 해충 및 질병의 발생을 줄이기 위해 유기 농민은 종종 같은 밭에서 매년 다른 농작물을 재배하는 순환 농법을 사용한다. 해충도 해충을 먹는 포식자를 도입함으로써 통제할 수 있다.

기존의 농업에 비해 때로 생산량이 작기 때문에 유기농법의 광범위한 채택이 둔화되었다. 그러나 유기농 식품은 일반적으로 비유기농 식품보다 높은 가격에 판매되므로 유기농 농민이 이러한 단점을 상쇄하는 데 도움을 줄 수 있다. 완전한 유기농을 선택하지 않은 농부들도 유기농법의 일부분을 채택하여 농업의 지속 가능성을 높일 수 있다.

캘리포니아 대학의 지속 가능한 농업 연구와 교육 프로그램을 포함한 많은 프로젝트는 지속 가능한 농업의 장점과 그 실천 방법에 대해 연구를 지원하고 농민을 교육하고 있다.

## 당신의 손에 있는 지구의 미래

우리는 현재 세대의 사람들에게 건강하고 만족스러운 삶을 제공하면서 생물다양성과 미래 세대에 필요한 자원을 유지하도록 지구를 관리할 수 있을까? 이 목표를 달성하기 위해서는 재생 가능 자원의 사용과 지속 가능한 농법의 채택과 같은 개발에 대한 지속 가능한 접근 방식뿐만 아니라 인구 성장률의 상당한 감소가 필요하다.

### 지속할 수 없는 인구 증가

환경 악화의 근본 원인은 간단하다. 많은 사람들이 너무 많은 자원을 사용하고 너무 많은 폐기물을 생성한다. 국제자연보전연맹(IUCN)은 「누가 지구를 돌볼 것인가?」에서 "가장 중요한 문제는 인류 사회를 유지하는 자연 생태계와 인구의 균형을 유지하는 방법이다."라고 하였다.

장기적으로 인구가 계속 증가하면 그 균형을 이룰 수 없다. 지구상의 대다수의 사람들이 열망하는 생활 방식을 고려할 때 현재와도 균형을 유지하지 못할 수 있다. 매년 7천만에서 8천만 명의 사람들이 증가한다. 식습관이 얼마나 단순하고, 주택이 얼마나 효율적이며, 농업 기술에 미치는 영향이 적거나, 재사용 및 재활용량에 관계없이 지속적인 인구 증가는 궁극적으로 우리가 행하는 최선의 노력을 압도할 것이다.

지구 생태발자국 네트워크(Global Footprint Network)는 지구의 현재 인구가 자원을 사용하고 자원을 제공하고 폐기물을 흡수할 수 있는 지구가 제공할 수 있는 용량보다 약 1.7 배 높은 속도로 폐기물을 생성한다고 추정한다. 지난 50년 동안 지구의 생태계에 대한 평균 개인의 요구는 크게 변하지 않았지만, 인구는 너무 빠르게 증가하였다. 따라서 그 요구와 그에 대한 지구의 능력 간의 격차와 함께 누적 요구도 꾸준히 증가했다. 인구가 계속 증가함에 따라 격차가 확대될 것이다. 따라서 현재 지구상에 있는 78억 인구의 삶의 질을 향상시키려면 인구 증가를 통제하는 것이 필수적이다. 우리의 후손들과 비슷한 삶의 질을 유지하고 미래 세대를 위해 지구의 생물다양성을 구하라.

### 당신의 선택

지속 가능한 개발을 달성하려면 정부, 산업 및 기타 기관의 조치가 필요하지만 개개인의 행동도 중요한 역할을 한다. 캐나다의 교육자이자 철학자인 마샬 맥루한(Marshall McLuhan)은 50년 전 "우주선 지구에는 승객이 없다"고 언급했다. 우리는 모두 승무원이다." 차이점을 만드는 몇 가지 방법에 대해 알아보자.

### 에너지 절약

- **냉난방(*Heating and cooling*)** 겨울에는 난방온도를 20℃ 이하로, 여름에는 냉방온도를 25.6℃ 이상으로 설정하라. 집을

비울 때 난방 또는 냉방을 줄인다. 주택을 구매하거나 리모델링할 때, 수동 태양열 난방, 단열 효과, 다락방 팬, 이중 유리창(열전달을 줄이기 위한 코팅) 및 날씨조건에 맞추는 조건 형성과 같은 에너지 효율적인 기능을 고려하라. 가능하면 화석 연료가 아닌 풍력이나 태양열과 같은 재생 가능한 에너지원에서 나오는 전기를 구입하라.

- **조명(*Lighting*)** 에너지 효율적인 소형 형광등 또는 LED 전구를 구입하라. LED 전구는 동일한 광 출력을 가진 백열전구보다 약 1/4 ~ 6배 많은 에너지를 사용할 수 있고, 8~30배 더 오래 쓸 수 있다.
- **온수(*Hot Water*)** 샤워를 더 짧게 하고 유량이 낮은 샤워 헤드로 전환하라. 세탁기와 식기 세척기는 세탁물과 식기가 차 있을 때만 가동하라. 찬물로 옷을 빨아라. 초벌설거지를 하지 마라. 온수기의 온도를 낮추고 절연하라.
- **기구(*Applicances*)** 주요 기구들을 선택할 때 가장 에너지 효율적인 모델을 찾으라. 여름에 건조기를 사용하지 말고 빨랫줄에 널어라.
- **운송(*Transportation*)** 필요에 맞다면 가장 연료 효율이 높은 자동차를 선택하라. 가능하면 대중교통, 카풀, 도보, 자전거 또는 재택 근무를 하라.

## 물질 보전

- **재활용(*Recycling*)** : 지역 사회에서 시행하는 재활용 옵션을 살펴보고 허용되는 모든 것을 재활용하라(**그림 31-9**). 휴대전화를 교체할 때 반드시 재활용하라. 재활용 종이 제품을 구매하라.
- **재사용(*Reuse*)** : 마닐라 봉투, 파일 폴더 및 용지 양면과 같이 가능한 모든 것을 재사용하라. 중고 가구 구입을 고려하라. 물병을 다시 채우라. 장바구니를 재사용하라. 사용 가능한 의복, 장난감 및 가구를 버리지 말고 기부하라. 사용할 수 없는 낡은 옷은 걸레를 만들어 일회용 청소 용품 대신 사용하라.
- **물 절약(*Conserve water*)** 건조한 지역에 거주하는 경우 집 주변에 가뭄에 강한 초목을 심어 물 사용량을 줄이라. 물이 적게 나오는 저수량 샤워기를 사용하여 에너지와 물을 절약하라.
- **유해 화학물질 방지(*Avoid harmful chemicals*)** 물과 토양을 심하게 오염시킬 수 있는 세정제, 살충제 및 제초제 사용을 제한하라.

## 지속 가능한 행동 지원

- **음식 선택(*Food choice*)** 가능하면 장거리 배송이 필요하지 않은 현지에서 재배한 농산물을 구입하라. 친조류(Bird-Friendly) 상품, 우림연맹이 보증하는 승인서가 있는 상품(Rainforest Alliance Certified) 또는 스타벅스의 윤리적 거래 운영 방식("Coffee and Farmer Equity") 프로그램과 같이 지속 가능한 방식으로 생산된 상품을 구입하라. 육류 소비를 줄이라. www.seafoodwatch.org의 Monterey Bay Aquarium Seafood Watch 프로그램과 같은 지속가능한 해산물 자문 목록을 제시하는 인터넷 사이트를 참조하여 해당 지역 슈퍼마켓에서 어떤 물고기가 지속가능하게 수확되고 있는지 확인하라.

▲ **그림 31-9 Recyclemania.** 미국과 캐나다의 대학에 재학 중인 학생들은 휴지통 중 가장 많은 비율을 재활용 할 수 있는 Recyclemania에 참여함으로써 재활용에 대한 인식을 높인다. 재활용은 자연 자원의 고갈을 늦추고 자원 추출과 관련된 대기 및 수질 오염을 줄인다.

## 확장가능한 당신의 노력

- **조직화된 보전 노력 지원(*Support organized conservation efforts*)** 보전 단체에 가입하고 보전 노력에 돈을 기부하라. 환경법에 대해 교육하고 관리 담당자에게 문의하며 의견을 쉽게 표현할 수 있는 전자 메일 알림에 가입하라.
- **자원 봉사(*Volunteer*)** 환경을 개선하는 지역 캠퍼스 및 지역 사회 프로젝트에서 자원 봉사를 하라.
- **환경을 살리는데 중요한 투표(*Make your vote count*)** 환경 문제에 대한 후보자의 입장과 투표 기록을 조사하고 지원할 후보를 선택할 때 이 정보를 이용하라.
- **교육(*Educate*)** 말과 행동을 통해 지속 가능성에 대한 우려를 가족, 친구 및 지역 사회와 공유하라. 학교 또는 지역 신문 편집자, 지역 업체 및 선출된 공무원에게 편지를 쓰라. 캠퍼스에서 에너지 사용을 줄이는 방법에 대해서는 캠퍼스 관리자에게 문의하라. 다른 관심있는 사람들을 모집하고 변화를 위해 로비하라.
- **인구 증가 감소(*Reduce population growth*)** 가족을 계획할 때 인구 증가의 결과를 고려하라. 예를 들어, 입양은 사람들이 아이들을 키우면서 동시에 인류와 환경의 복지에 기여할 수 있게 한다.

### CHECK YOUR LEARNING

- 지속 가능한 개발의 원칙을 설명할 수 있는가?
- 농업과 자원의 이용이 어떻게 지속될 수 있는지 설명할 수 있는가?
- 인구 규모가 지속 가능성에 어떤 영향을 미치는지 설명할 수 있는가?

CASE STUDY REVISITED

## 옐로스톤의 늑대

옐로스톤 생태계의 늑대는 많은 영양 단계에서 다른 종들에게 영향을 미친다. 예를 들어, 늑대가 엘크의 개체수를 줄이면 베리를 생산하는 관목이 번성한다. 회색 곰은 늑대가 간접적으로 제공하는 추가적인 열매를 먹고 늑대가 죽인 엘크의 시체를 청소함으로써 이익을 얻는다(**그림 31-10**). 코요테는 코요테를 죽이는 늑대에 의해 피해를 받는다. 코요테는 가지뿔영양(Pronghorns) 새끼의 주요 포식자이기 때문에 늑대가 코요테를 감소시키는 곳에서 가지뿔영양이 증가한다. 조류도 늑대가 있을 때 이익을 얻는다. 까마귀와 독수리는 늑대가 죽인 엘크 시체를 청소하고 많은 지저귀는 새들의 수는 늑대가 엘크 개체수를 줄인 사시나무 숲과 버드나무 덤불에서 증가한다.

생태계는 최고 포식자들이 있을 때 많은 혜택을 받기 때문에, 생태학자들은 종종 그들이 쇠퇴하거나 사라진 곳으로 재도입할 것을 제안한다. 예를 들어, 옹호자들은 늑대를 스코틀랜드로, 회색 곰을 워싱턴 주의 숲으로, 그리고 삵을 영국으로 재도입할 것을 제안했다. 그러나 잠재적인 생태학적 이점에도 불구하고, 제안된 재도입 계획은 때로 논란의 여지가 있다. 주로 최고 포식자들이 사람 및 가축과 공존하는 방식에 대한 우려 때문이다. 지역 주민의 요구를 충족하면서 생물다양성을 복원하는 것은 보전생물학자들이 직면한 가장 큰 도전 중의 하나이다.

**비판적 사고** 1700년 이전에는 북미의 거의 전 지역에서 늑대가 발견되었다. 코요테는 주로 미시시피 서부에서 발견되었고 흰꼬리사슴은 대륙의 동쪽 절반에 살았다. 유럽인들이 도착하자마자 늑대를 박멸했다. 이 장과 사례연구에서 배운 것을 바탕으로 1700년부터 현재까지 코요테와 흰꼬리사슴의 개체군의 수와 범위에 어떤 일이 발생했는지 설명해보라. 왜 그런 일이 발생했는지 생각해보라.

**◀ 그림 31-10 늑대가 그들이 죽인 먹이를 방어하려고 할 때 회색 곰이 시체에 접근하고 있다.**

# CHAPTER REVIEW

*비판적 사고와 생각해보기, 선택형문제, 빈칸채우기 질문에 대한 답은 이 책의 뒷부분에 있는 정답란에서 볼 수 있다.*

## 핵심개념의 요약

### 31.1 보전생물학이란?

보전생물학은 유전자, 종 및 생태계 수준의 다양성을 포함하여 지구의 생물다양성을 이해하고 보존하는 데 전념하는 과학 분야이다.

### 31.2 생물다양성은 왜 중요한가?

생물다양성은 건강한 생태계에 필요하며, 이는 자체적으로 가치가 있을 뿐 아니라 사람들에게 금전적 가치가 큰 생태계 서비스를 제공한다. 생태계는 음식, 연료, 건축 자재 및 약과 같은 자원의 공급원이다. 다른 생태계 서비스로 토양 형성, 수질 정화, 홍수 통제, 기후 완화 및 레크레이션의 기회 제공 등이 있다.

### 31.3 생물다양성에 대한 주요 위협 요인은 무엇인가?

자연 군집에서 배경 멸종률은 낮다. 많은 생물학자들은 현재 인간 활동에 의해 대량 멸종이 일어나고 있으며, 아마도 멸종률이 1,000배보다 커진다고 결론짓고 있다. 생물다양성에 대한 주요 위협 요인은 서식지 파괴와 파편화, 남획, 침입종, 오염 및 지구 기후변화이다.

### 31.4 생물다양성을 보존하기 위해 서식지 보호가 필요한 이유는 무엇인가?

보전 노력에는 야생 생물 이동통로로 연결된 핵심 보호구역을 설정하여 야생 생태계를 보전하는 것이 포함되며, 이는 기능적인 군집과 스스로 지속 가능한 야생 생물 개체군을 보존하는 데 도움이 된다. 인간이 사용할 수 있는 보호구역을 마련하면 지역 주민들이 서식지 보호에 관심을 가질 수 있다.

### 31.5 왜 건강한 미래를 위해 지속 가능성이 반드시 필요한가?

지속 가능한 개발은 미래를 타협하지 않으면서 현재의 요구를 충족시킨다. 이러한 개발을 위해서는 사람들이 생물다양성을 유지하고 원 재료를 재활용하며 재생 가능한 자원에 의존해야 한다. 무경운 농업이나 유기농법을 이용하여 보다 지속 가능한 농업으로 전환하면 토양과 물을 보존하고 오염과 에너지 사용을 줄이며 생물다양성을 보존할 수 있다. 세계의 인구 증가는 자연의 자원 보충 능력을 넘어 자원 소비를 주도하고 있다. 인구 증가율을 낮추는 것은 지속 가능한 미래에 필수적이다. 개인의 생활양식과 구매 선택은 지속 가능성을 증진시킬 수 있다.

## 개념을 통한 이해

### 선택형 문제

1. 다음 중 생물다양성에 대한 주요 위협이 아닌 것은 무엇인가?
   a. 무경운 농업
   b. 서식지 파괴
   c. 침입종
   d. 인간이 야기한 기후변화
2. 일반적으로 개체군 크기에 비하여 생태계에서 필수적인 역할을 하는 종을 무엇이라 하는가?
   a. 포식자
   b. 핵심종
   c. 유전적으로 다양한 종
   d. 중복종
3. 현대의 멸종률은
   a. 배경 멸종률보다 훨씬 높다.
   b. 배경 멸종률과 동일하다.
   c. 배경 멸종율보다 다소 높다.
   d. 생물다양성에 거의 영향을 미치지 않는다.
4. 지속 가능한 개발에 해당하지 않는 것은?
   a. 살충제 사용과 토양 교란을 줄이는 농업
   b. 재생 불가능한 자원에서 재생 가능한 자원으로의 전환
   c. 재료의 재사용 및 재활용
   d. 화석 연료 사용 증가
5. 다음 중 서식지 파편화를 겪고 있는 큰 포식자 개체군에 해당하지 않는 것은 무엇인가?
   a. 개체군이 조각에서 사라질 수 있다.
   b. 이민으로 인해 개체군이 증가할 것이다.
   c. 개체군은 아마도 유전적 다양성을 잃을 것이다.
   d. 개체군이 피식자를 과식하여 피식자 개체군이 감소할 수 있다.

### 빈칸 채우기

1. 세 가지 수준의 생물다양성은 __________, __________ 및 __________이다. 종의 개체군 크기가 너무 작아지면 __________ 다양성의 대부분을 잃어버릴 수 있다.
2. 기능을 하는 생태계가 인간에게 혜택을 주는 제품 또는 과정을 통칭하여 __________라 한다. 이러한 혜택의 4 가지 중요한 범주는 __________, __________, __________ 및 __________이다.
3. 생물다양성에 대한 주요 위협 요인으로 __________, __________, __________, __________ 및 __________이 있다. 멸종위기에 처한 종의 경우 __________가 아마도 주요 위협 요인일 것이다.
4. 장기적으로 생존 할 수 있는 종의 최소 개체군을 __________라고 한다. 주어진 종에 적합한 서식지가 충분히 큰 개체군을 지탱하기에는 너무 작은 지역으로 쪼개질 때, 이것을 __________라고 한다. 충분한 개체군 크기를 유지하는 한 가지 방법은 __________로 연결된 적절한 서식지의 핵심 보호구역을 설정하는 것이다.
5. "우리는 조상으로부터 지구를 물려받은 것이 아니고, 우리는 아이들로부터 지구를 빌려온 것이다."라는 말이 있다. 이러한 원칙이 우리의 활동을 이끌면 __________ 개발을 가능하게 할 것이라고 말한다.

### 복습 문제

1. 세 가지 다른 생물다양성의 수준은 무엇이고, 그들 각각은 왜 중요한가?
2. 자연 생태계가 제공하는 주요 서비스 범주를 나열하고 각각에 대한 세 가지 예를 들어라.
3. 이 장에서는 생물다양성에 대한 5가지 특정 위협에 대해 설명하고 있다. 각각의 예를 들어라.
4. 모나크나비를 보호하려는 노력이 보존과 지속 가능한 개발을 위한 훌륭한 모델이 되는 이유는 무엇인가?

## 개념의 적용

1. 미국과 같이 부유한 국가의 거주자가 지구 생태계에 특히 큰 부정적인 영향을 미치는 몇 가지 이유를 열거하라. 당신 개인의 영향을 어떻게 줄일 수 있는가?
2. 집이나 캠퍼스 주변 지역의 서식처 파괴, 오염 및 침입종의 예를 탐구하고 설명하라. 이들 각각이 특정 지역의 토착 동물과 식물 개체군에 어떤 영향을 미칠지 예측하라.

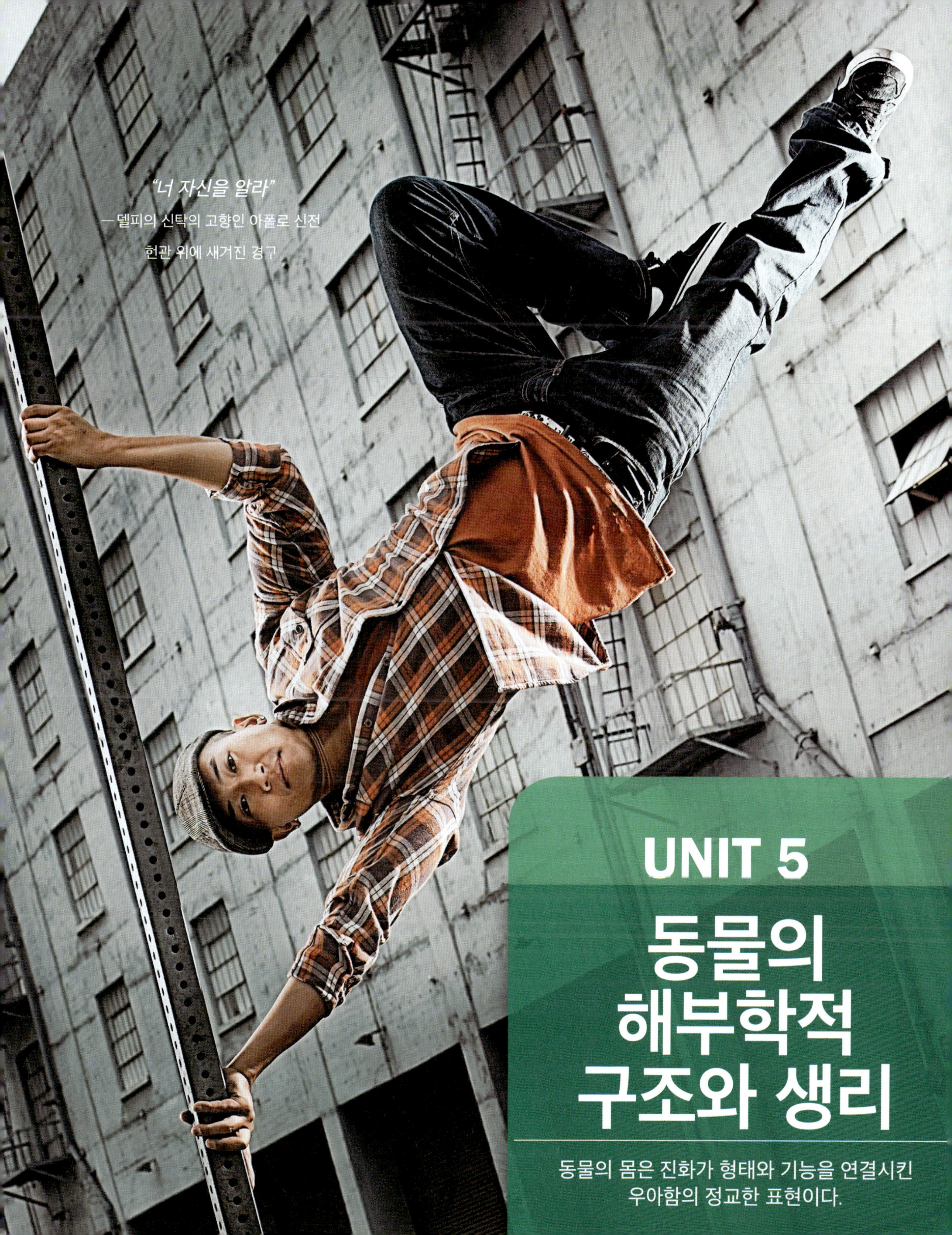

*"너 자신을 알라"*

— 델피의 신탁의 고향인 아폴로 신전 현관 위에 새겨진 경구

# UNIT 5 동물의 해부학적 구조와 생리

동물의 몸은 진화가 형태와 기능을 연결시킨 우아함의 정교한 표현이다.

# 32 항상성과 동물의 몸 구조

온도가 급상승하면 운동선수들은 위험에 처할 수 있다.

CASE STUDY

## 과도한 열

"나는 내 인생의 경주를 하고 있다. 나는 내가 할 수 있을 것이라고 생각했던 것보다 더 열심히 수영을 하고 자전거를 탔다. 내 정신적 집중력은 새로운 경지에 도달했다. 32℃의 온도와 90%의 습도도, 내 앞의 캘리포니아 여자도, 다리로 퍼져 올라오는 내 발의 열도, 그 어떤 것도 나의 길을 막을 수 없다." 의대생이며 스탠포드 철인 3종 경기 선수인 Kierann Smith는 앨라배마 주 Tuscaloosa에서 열린 전국 대학생 철인 3종 경기에서 쓰러지기 직전에 이렇게 생각했다. 그녀가 쓰러졌을 때, 그녀는 험난한 경주의 세 번째 구간 5마일 지점에 도달했었고 체온은 41.1℃까지 올랐다. Smith는 의료소로 급히 옮겨졌고, 찬물과 얼음팩으로 그녀의 체온은 40℃ 아래로 떨어뜨렸다. 그런 다음 그녀는 앨라배마의 4월 날씨에 과열된 또 다른 많은 엘리트 대학 운동선수들의 자리를 위해 다른 곳으로 옮겨졌다.

Kierann Smith는 살았기 때문에 상당히 운이 좋은 경우다. 조지아의 Darton주립대 2학년 20살 레슬링선수 Ben Richards는 5마일 달리기 훈련 중 쓰러져서 10일 후 사망했다. 병원으로 옮겨졌을 당시 그의 체온은 41.6℃였다. 매릴랜드 Morgan주립대 신입생 축구장학생 Marquese Meadow는 축구 연습 중에 몸의 중심을 잃고 쓰러진 뒤 근처 병원으로 옮겨졌으나 사망했다. 부검 결과 열사병으로 사망했음이 확인되었다.

어떤 조절작용이 좁은 범위 내에서 사람의 체온을 정상적으로 유지하는가? 왜 체온은 면밀히 조절되어야 하며, 열사병에 걸렸을 경우 우리 몸은 어떻게 변하는가?

## 주요내용

**32.1** 항상성: 동물은 왜 그리고 어떻게 자신의 내부 환경을 조절하는가?

**32.2** 동물의 몸은 어떻게 구성되어 있나?

## 32.1 항상성: 동물은 왜 그리고 어떻게 자신의 내부 환경을 조절하는가?

당신이 방에 앉아 있거나, 정글에서 무더위로 고생하거나 눈보라에서 추위에 떨고 있을 때 신체의 모든 세포 예를 들어 심장, 뇌, 근육은 항상 일정한 온도를 유지한다. 또한 당신이 메마른 사막에 서 있거나 수영장, 바다 혹은 Great Salt Lake에서 수영을 하더라도 세포들은 거의 일정한 조성을 가진 세포간질액이라 불리는 액체에 잠겨 있다.

동물체의 "내부 불변성"은 프랑스 생리학자 Claude Bernard가 19세기 중반에 처음으로 기술하였다. 1920년대에 Walter Cannon은 **항상성(homeostasis)**이라는 용어를 창안, 유기체가 최적의 세포 기능을 위해 좁은 범위 내에서 내부환경을 유지하려고하는 능력이라고 묘사하였다. 체온과 체액에서의 물과 염의 농도 유지 이외에도, 항상성 메커니즘은 포도당 농도, pH(산-염기의 균형), 호르몬 분비, 산소와 이산화탄소의 농도를 포함하는 체내의 다른 환경을 조절한다.

"항상성"("동일하게 유지하려는 것"을 의미)이라는 단어가 정적인 불변의 상태를 뜻하기는 하지만, 내부 환경은 실제로는 변화하는 내부 및 외부 조건에 일관성을 유지하기 위해 끊임없이 조절하는 몸으로 활동한다. 예를 들어, 운동은 신체의 항상성 메커니즘(일하는 근육에 필요한 에너지를 유지하기 위해서는 더 많은 산소가 공급되어져야 하고 여분의 열은 사라져야 한다)을 향상시킨다. 호흡수, 땀샘 활동, 그리고 피부로의 혈류 증가에 따라 몸의 온도는 상승한다. 이 단원을 통하여, 몸 전체에 걸쳐 항상성을 유지하는데 도움이 되는 상호작용 시스템의 여러 가지 예를 찾을 수 있을 것이다.

### 항상성은 효소가 작용하도록 한다

세포는 왜 주변 환경 조건이 일정하기를 원하는가? 생명체가 항상성을 유지하는 큰 이유는 단백질, 특히 효소로 귀결된다. 세포 내에서의 거의 모든 생화학 반응은 특정 효소에 의해 촉매되며, 이들 효소의 활성은 부분적으로 수소결합(2장과 3장 참조)에 의해 유지되는 효소의 정확한 3차 구조에 의존하고 있다. 이러한 결합들은 중요하지만 취약해서 극염, 극산성, 극염기성, 너무 뜨거움과 같은 환경에 의해 파괴될 수 있다. 따라서 수소결합과 단백질의 기능을 유지할 필요가 있으며, 이를 위한 염농도, pH 및 온도에 대한 좁은 범위 내에서의 요구성을 설명함에도 도움이 된다.

온도는 또 다른 이유로도 효소의 기능에 특히 중요하다: 효소가 반응을 촉매하는 속도는 온도에 따라 다르다. 저온은 분자 운동을 느리게하여 효소와 그들이 작용하는 분자 간의 상호작용의 수와 속도를 감소시킨다. 온도가 올라감에 따라 이러한 반응들은 가속화되며, 때로는 해로운 수준에 이르기도 한다.

**CASE STUDY CONTINUED**

### 과도한 열

축구선수 Marquese Meadow와 레슬링선수 Ben Richards는 병원에 입원하여 사망하기 전 일주일이상 치료를 받았고 체온은 열사병 몇 시간 내에 정상으로 내렸다. 그런데 왜 이들은 회복하지 못했을까? 열사병에 따른 신진대사의 이상으로 인해 체내 기관들, 특히 간과 신장이 손상을 입었기 때문이다. 근육세포들이 파괴되어 물질들이 혈관으로 방출되면서 신장의 신부전을 야기하였다. 상승한 체온 역시 혈액 내의 독소 물질을 제거하는 데 중요한 간을 손상시켰다. Kierann Smith는 열사병으로부터의 회복에 대해 다음과 같이 적었다: "나는 심각한 근육 손상과 일부 간 손상을 확인했을 때 큰 타격을 받았다. 정신적으로도 육체적으로도 이 문제를 빨리 해결할 수 있는 방법은 없었다."

인체의 대사과정은 좁은 온도 범위 내에서만 기능을 한다. 이는 모든 동물들에게도 해당되는 것인가?

### 동물들의 체온 조절 방식은 다르다

아마도 동물들 사이에서 항상성에 대해 가장 많이 연구된 기진은 체온 조절을 위한 그들 나름의 극적으로 서로 다른 방법들일 것이다. 당신은 아마 포유류, 조류를 "온혈(warm-blooded)"이라고 하고 파충류, 양서류, 어류 그리고 무척추동물을 "냉혈(cold-blooded)"로 묘사하는 것을 들었을 것이다. 그러나 이러한 용어들은 종종 오해의 소지가 있다. 예를 들어, 한여름 태양이 사막 펍피쉬가 사는 샘과 작은 연못을 뜨겁게 만들면 펍피쉬의 체온은 37.8℃를 넘어서고, 따라서 펍피쉬는 때때로 완전한 온혈동물이다(**그림 32-1a**). 벌새의 경우 식량을 찾아다니는 낮 동안에는 체온이 40.5℃까지 올라가지만(**그림 32-1b**) 밤에는 13℃까지 내려간다.

(a) 사막 펍피쉬

(b) 벌새

(c) 이구아나

▲ **그림 32-1 온혈 혹은 냉혈?** (a) 사막 펍피쉬처럼 냉혈 물고기가 따뜻해지고 (b) 벌새처럼 온혈동물도 차가워질 수 있으므로 생물학자들은 체온의 근원에 따라 내온동물 혹은 외온동물로 분류하는 것을 선호한다. (c) 이구아나가 햇볕을 쬐고 있는 것은 외온동물인 파충류가 체온을 조절하기 위한 일종의 행동 메커니즘이다.

이러한 혼란을 피하기 위해, 과학자들은 일반적으로 체온유지를 위한 주요 에너지원을 토대로 동물들을 분류한다. **외온동물(ectotherms**, 그리스어로 '외부열')은 환경으로부터 대부분의 열을 얻는다. 파충류(조류는 제외)와 양서류, 그리고 대부분의 어류와 무척추동물이 외온동물이다. 가장 단순한 경우를 예를 들면 – 굴속의 지렁이나 개울 속의 물고기 – 외온동물의 체온은 그들 주변 환경의 온도와 같아진다. **내온동물(endotherms**, 그리스어로 '내부열')은 대사반응을 통하여 대부분의 열을 생산한다. 조류와 포유류가 가장 대표적인 내온동물이지만, 몇몇 다른 종류의 동물들도 때때로 대사작용을 통하여 상당수의 열을 생산하기도 한다.

대부분의 외온동물의 체온은 시간이나 일간, 주간에 따른 외부 기온 변화에 따라 상당히 다양하다. 나비, 벌, 그리고 대부분의 도마뱀과 같은 다수의 냉혈동물들은 밤에는 체온을 낮추고 비활성화 형태를 유지하여 에너지를 보존하지만, 낮 동안에는 체온을 높이며 활동한다. 밤에 나비와 벌은 체온이 낮아지며 날지 못한다; 도마뱀도 종종 너무 느려 먹이를 사냥하지 못하거나 포식자로부터 도망치지 못한다. 새벽에 벌은 스스로 몸을 떨거나 나비는 날갯짓을 하면서 대사열을 만들어 내는 반면, 도마뱀은 낮 동안 활동을 위한 열을 제공받을 수 있는 따뜻하게 햇볕에 데워진 바위를 찾는다.

가변 체온이 외온동물에서 일반적이지만, 행동을 통해서 혹은 매우 일정하게 유지되는 환경 내에서 몇몇 냉혈동물은 꽤 안정적으로 체온을 유지할 수 있다. 예를 들어, 곤충과 도마뱀은 종종 햇볕을 쬐며 몸을 데우고(**그림 32-1c**) 그늘로 이동하여 몸을 식힌다. 앞서 언급한 펍피쉬는 2.2~45℃ 범위의 수온에서 견딜 수 있지만 좁은 온도 범위 내에서만 번식할 수 있다. 번식기에 펍피쉬는 수온 변화에 따라 수영장의 서로 다른 지역을 수영함으로써 매우 정확하게 체온을 조절한다. 심해의 경우, 온도는 상당히 일정(0℃~3℃)하므로 대부분의 냉혈 심해어류는 일생 동안 체온 변화를 거의 겪지 않는다.

벌새와 같은 몇몇 내온동물들은 야간에 체온이 내려가기는 하지만 대부분은 약 35℃부터 41℃ 사이의 상당히 일정한 체온을 유지한다. 체온을 따뜻하게 유지하는 데에는 이점과 비용 두 가지가 있다. 주요한 이점으로는 따뜻한 몸이 일반적으로 환경을 더 잘 감지하고 더 빨리 반응하며 추운 몸보다 더 빨리 움직일 수 있다는 것이다. 물론 주요한 비용이라면 높은 체온을 유지하기 위해 요구되는 에너지이다.

동물들은 어떻게 체내의 상태를 인지하고 필요에 따라 조절할 수 있을까? 그들의 내부 환경은 피드백 시스템이라고 하는 메커니즘에 의해 유지된다.

## 피드백 시스템은 내부 조건을 조절한다

피드백 시스템에는 두 가지 형태가 존재한다. 하나는 음성피드백 시스템으로 내부 환경에 있어 변화의 효과에 반대로 작용하는 것이고 이는 주로 항상성을 유지하는데 이용된다. 다른 하나는 양성피드백 시스템으로 변화가 스스로를 증폭시키는 사이클을 만든다.

### 음성피드백은 변화의 효과를 역전시킨다

항상성을 조절하는 가장 중요한 메커니즘은 **음성피드백(negative feedback)**이며 변화에 대한 반응을 역방향으로 전환하는 것이다. 음성피드백의 전체적인 결과는 그 반응계를 역전시켜 초기의 조건 상태로 되돌아오게 한다.

음성피드백은 생물계와 무생물계 모두가 가지는 공통적 특성이다. 음성피드백은 살아있는 생명체의 생리적인 측면, 이를테면 체온; 혈액 내의 혈당량과 호르몬, 물, 염분, 산소의 수준; 똑바로 서있기와 같은 거의 모든 측면을 조절한다. 기계 장치들이 종종 음성피드백 현상을 포함하고 있는데 예를 들어 집안의 온도를 일정하게 유지는 것, 변기 탱크를 가득 채우거나, 크루즈 컨트롤로 일정 속도를 유지하는 것에 음성피드백이 적용된다.

모든 음성피드백 시스템은 3가지 주요 구성 요소: 감지기, 조절 센터, 효과기를 포함하고 있다. 감지기는 현재의 조건을 확인하고 조절 센터는 원하는 상태와 현재 상태를 비교하며 효과기는 원하는 상태로 현재를 변화시키는 것이다. 먼저 친숙한 예로써 집을 따뜻하게 만드는데 음성피드백 시스템이 어떻게 작동되는지 알아보고, 체온 조절에서의 음성 피드백이 어떻게 작동되는지 살펴보자.

추운 날 집의 온도 조절을 하는 음성피드백 시스템에서 감지기는 온도측정기, 조절 센터는 온도조절기, 그리고 효과기는 열발생기라고 할 수 있다(**그림 32-2**). 온도측정기는 방의 온도를 감지하고 그 정보를 온도조절기로 보내며 여기서 실제 온도는 원하는 설정 온도와 비교된다. 만약 방의 온도가 설정 온도보다 아래면 온도조절기는 열발생기로 신호를 보내 열발생기를 가동시켜 열을 발생하게 한다. 방이 따뜻해지면 설정 온도로 온도를 되돌리기 위해 온도조절기는 열발생기의 작동을 멈추게 한다.

**Have You Ever Wondered ...**

## 과량의 물을 마실 수 있습니까?

간단히 답하자면 "그렇다"이다, 대부분의 것들이 그렇듯 물이라고 할지라도 과하면 해로울 수 있다. 수화작용(Hydration)은 때로는 사람들이 필요 이상으로 많이 마시는 것이 좋다는 유명 언론들에게서 유행하는 용어가 되었다. 여분의 물을 더 마시면 땀을 흘리거나 시원하게 머물 수 있게 도와준다는 것은 논리적으로 보일 수 있다. 그리고 어린 축구 선수들 사이의 열사병을 걱정하는 일부 운동코치들이 과한 수분 섭취를 요구할 수도 있다. 과도한 수분 섭취로 인한 사망이 드물지만 발생하기도 한다. 그런 비극 중에 하나가 조지아주 17살의 고등학교 축구선수 Zyrees Oilver에게서 일어났다. 보도에 따르면 그는 축구 연습시간에 근육 경련이 풀리길 바라며 물 2갤런과 게토레이 2갤런을 마셨다. 그는 집에 돌아온 후 쓰러져 헬기를 타고 병원으로 이송되었으나 숨졌다. Oliver는 말 그대로 "너무 적은 나트륨"을 의미하는 저나트륨혈증에 의해 사망했다. 이는 과량의 수분 섭취로 인해 혈액 내 나트륨 이온($Na^+$)이 희석된 것이다. 보스톤 마라톤 대회 참가자 조사에 따르면 결승선에서 테스트한 사람들 중 13%는 경기 도중 물을 과다 섭취하여 가벼운 저나트륨혈증을 보였고 일부는 위험하게 낮은 혈중 나트륨 수준을 나타냈다.

나트륨 이온은 신경 신호전달 및 근육 수축을 비롯한 생리적 대사작용에 필수적이며, 이는 매우 정교한 범위 내에서 체액의 나트륨 이온을 조절하는 정교한 항상성 메커니즘이 진화한 것이다. 저나트륨혈증의 증상으로는 메스꺼움과 구토, 근육경련(쥐), 경련, 혼수상태, 때로는 사망에 이르기도 한다.

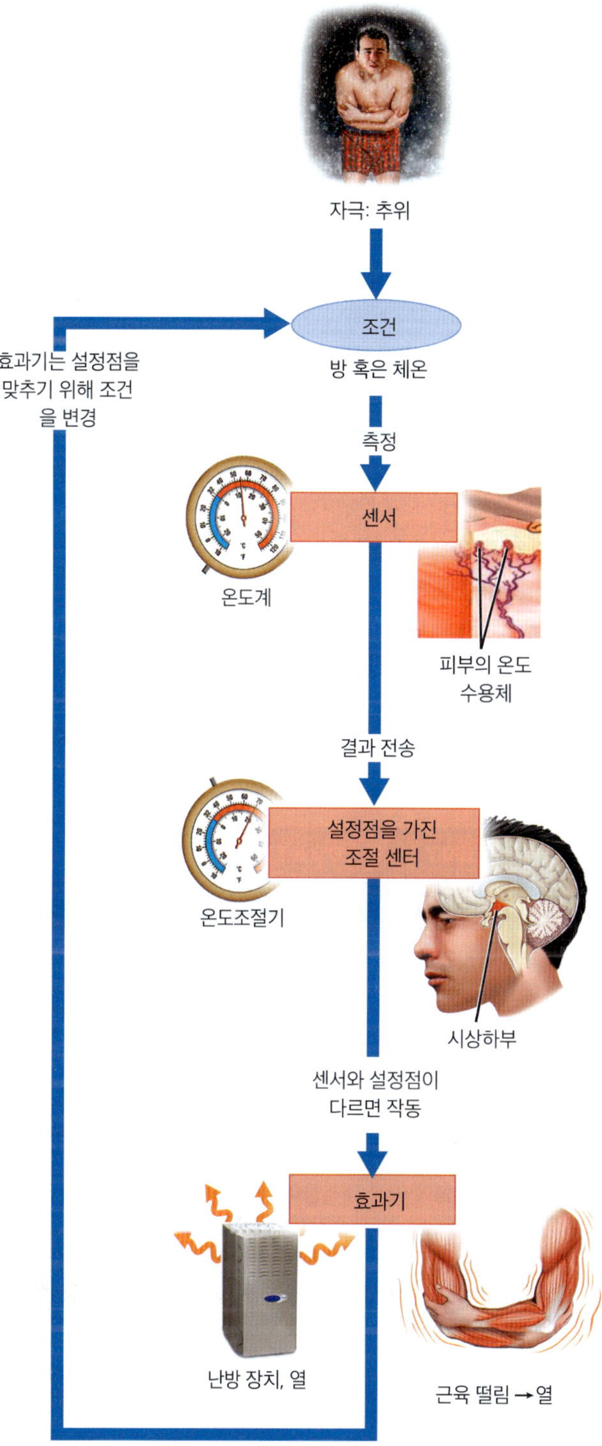


▲ **그림 32-2 음성피드백은 항상성을 유지한다** 음성피드백에서 자극에 대한 반응은 자극에 의한 효과를 방해한다. 음성피드백은 집의 온도뿐만 아니라 체온도 조절한다.

**비판적 사고** 추위에 떨고 있는 포유류가 열을 감지하는 신경말단을 파괴하는 독을 섭취했다면 어떤 현상이 일어날까?

음성피드백 시스템은 좁은 범위 내에서 수많은 생리학적 변수들을 유지한다. 척추동물에 있어서 중요한 항상성 조절자는 뇌의 깊숙한 부위 시상하부(*hypothalamus*)에 위치하고 있다. 조류와 포유동물에서, 시상하부는 신경신호, 호르몬 방출 및 환경에 따른 온도의 큰 변동에도 불구하고 체온을 유지하려는 행동을 조정한다(그림 32-2 참조). 피부와 신체 다른 부위의 신경 말단은 온도감지기 역할을 하며 이 정보를 시상하부로 전달한다. 만약 체온이 설정점(정상 체온) 아래로 떨어지면 시상하부는 몸을 떨거나(작고 빠른 근 수축) 따뜻한 곳으로 이동함으로써 열을 생성하거나 보존하려는 메커니즘을 활성화 한다. 신체의 중요하지 않은 부위(얼굴, 손, 발, 피부와 같은)의 혈관은 수축되어 열 손실을 감소시키고 신체 중심부(뇌, 심장, 그리고 다른 내부 기관들)로 따뜻한 혈액을 보낸다. 정상 체온으로 돌아오면 온도감지기는 시상하부로 신호를 보내 열을 발생하거나 보존하려는 활동을 제한하도록 한다.

체온 조절 시스템은 체온을 낮추는 역할도 한다. 체온이 설정점보다 올라가게 되면 시상하부는 더 많은 혈액을 피부로 보내 열이 주변 공기로 방출될 수 있는 신호를 보낸다. 땀샘은 물이 피부에서 증발함에 따라 몸을 시원하게 하는 수분을 함유한 분비물을 생성한다. 체온 상승으로 인한 피로와 불편함은 대개 행동 변화를 자극하여, 사람들이 휴식을 취하고 그늘이나 냉수를 찾도록 한다.

**CASE STUDY** **CONTINUED**

**과도한 열**

열사병에 걸리면 체온을 상대적으로 일정하게 유지시키는 음성피드백 메커니즘이 제대로 작동하지 않는다. 과열로 인한 피드백의 한 가지 형태는 피로감이며, 피로감은 일반적으로 사람을 쉬게 한다. 그러나 열사병의 증상은 정신적 혼란이며, 이는 음성피드백을 파괴하고 운동선수가 신체의 경고 신호를 쉽게 무시하도록 한다.

열사병 환자는 급격한 체온 상승으로 인한 뇌의 온도 조절 시스템 오작동으로 땀 흘리는 것이 멈출 수 있다. 또한 효소 활성도가 온도에 따라 증가함에 따라 대사율이 상승하여 더 많은 열을 발생시킬 수 있고, 체온을 상승한다. 즉각적인 냉각으로 이를 막지 않으면, 이러한 악순환은-양성피드백의 일례-사망으로 이어질 수 있다. 양성피드백이란 무엇인가? 그것은 항상 해로운 것인가? 얼마나 자주 자연적으로 일어나는가?

### 양성피드백은 변화의 효과를 촉진시킨다

**양성피드백(positive feedback)**에서 하나의 변화는 그 변화를 증폭시키는 결과를 초래한다. 온도조절기가 고장 났다고 상상해보라 – 온도 설정을 건드리고, 조절기가 꺼지는 대신 방이 설정 온도에 도달하게 되고, 온도조절기가 더 많은 열을 요구하면 – 매우 불편한 상황이 된다.

그 효과가 통제 불능으로 될 수 있기 때문에, 양성피드백은 생물학적 시스템에서는 상대적으로 드물며 정상적인 생리조건하에서 양성피드백은 음성피드백에 의해 결국 중단되어진다. 대표적인 사례가 사람과 다른 포유류에서의 출산이다. 출산 초기의 수축은 아기의 머리를 자궁의 아래쪽에 위치한 자궁경부로 밀면서 자궁경부를 팽창시켜 열기 시작한다. 자궁경부의 신경세포들은 시상하부로 신호를 보내 스트레칭에 반응, 시상하부는 호르몬 옥시토신의 방출을 시작한다. 옥시토신은 더 강한 자궁수축을 촉진하여 아기의 머리가 자궁경부를 확장하게 하며, 더 많은 옥시토신의 방출을 촉진하게 한다. 자궁수축이 아기의 출산을 유도하기 때문에 음성피드백은 자궁경부의 압력을 완화시켜 이러한 양성피드백 주기를 종결한다. 양성피드백의 또 다른 예는 모유 수유 기간 동안 우유를 방출하는 하강반사(the let-down reflex)이며, 이 과정에는 옥시토신과 시상하부가 관여한다(38장에 기술). 아기가 배가 불러 젖빨기를 멈추면(음성피드백), 이 사이클은 멈춘다.

양성피드백은 무생물계에서도 일어날 수 있다. “Earth watch: 북극의 양성피드백”에서, 줄어드는 북극의 만년설이 어떻게 지구 기후에 영향을 미치는 양성피드백 주기를 일으킬 수 있는지 살펴보자.

**CHECK YOUR LEARNING**

- 항상성을 정의하고 유기체가 항상성을 유지하는 이유를 설명할 수 있는가?
- 냉혈동물과 온혈동물의 차이점을 설명하고 각각의 예를 말할 수 있는가?
- 음성피드백을 정의하고 항상성을 유지하는데 음성피드백이 중요한 이유를 설명할 수 있는가?
- 양성피드백을 정의하고 그것이 생명체에 있어서 드문 이유를 설명할 수 있는가?

## 32.2 동물의 몸은 어떻게 구성되어 있나?

동물은 여러 임무를 동시에 수행하여 항상성을 유지하고 있다. 예를 들어 시상하부, 체내의 온도 수용체, 땀샘과 피부의 혈관이 체온을 조절하기 위해 모두 함께 작용하는 것을 보았다. 신체 기능의 이러한 조화는 구조의 계층체계에 기반을 두고 있다.

세포 ⟶ 조직 ⟶ 기관 ⟶ 기관계

세포는 모든 생명체의 기본단위이다(1장과 4장 참조). 동물의 몸에 존재하는 **조직(tissues)**은 수십에서 수십억 개의 구조적으로 유사한 세포들로 이루어져 있으며, 이들은 특정한 임무를 수행하기 위해 함께 작용한다. 조직은 복잡한 기능을 수행하는 차별화된 구조체인 **기관(organ)**의 구성 단위가 된다. 기관의 예로서는 위, 소장, 신장, 그리고 방광이 있다. 기관들은 기관들의 그

## Earth WATCH 북극의 양성피드백

양성피드백에서 변화하는 조건들은 그 변화를 더 증가시키는 반응들을 일으킨다. 기상학자들은 세계의 기후변화가 북극의 양성피드백을 촉발시키고 이러한 결과가 지구 고열화를 일으킬 수 있다고 확신한다.

북극은 가장 가까운 대륙으로 부터 약 400마일 정도 떨어져 있다. 북극은 이전에 2에서 5미터 정도 두께의 얼음으로 덮여 있었다. 그러나 지구의 온도가 올라가면서, 북극은 지구의 평균보다 두 배나 빠르게 온도가 상승하고 있다. 그 결과로 지난 30년 동안 북극의 만년설은 거의 50%만큼 더 얇아지고 면적은 35%만큼 더 줄어들었다(**그림 E32-1**). 만년설은 현재 매 10년 마다 평균 약 10%씩 줄어들고 있다.

여기에서 양성피드백은 어떻게 작용하는가? 해답은 노출된 바닷물과 비교하였을 때 얼마나 많은 태양빛이 얼음에 의해 반사되는지에 있다. 해빙은 일반적으로 50%에서 70%의 태양빛을 반사해 우주로 돌려보낸다. 얼음을 뒤덮은 눈은 태양 빛의 80% 정도를 반사한다. 반면, 바닷물은 단지 5%에서 10%의 빛만을 반사시키므로 거의 대부분의 태양 에너지가 흡수되어 북극의 물을 데운다. 북극의 얼음층이 녹으면서, 더 많은 물이 노출된다. 노출된 물은 얼음에 비해 더 많은 태양 빛을 흡수하고 온도는 더 상승하고 더 많은 얼음이 녹고 또 다시 더 많은 물이 노출되고 계속된다. 이것이 예측할 수 없는 전 지구적 결과를 가져오는 전형적인 양성피드백의 일례이다.

▲ **그림 E32-1 북극해의 얼음은 사라지고 있다** 북극곰들은 북극의 얼음에 의존하며 사냥과 휴식을 취하기에 이들의 생존은 줄어드는 만년설에 의해 위협을 받고 있다. 온난화에 의한 얼음의 손실은 양성피드백을 가속화시켜 보다 많은 얼음의 손실을 초래한다.

**생각해보기** 이산화탄소와 다른 온실 가스들을 대기로 뿜어내면서 우리는 지구의 온도를 올리고 있다. 음성피드백은 인간이 야기한 온난화를 어떻게 실질적으로 늦출 수 있는가?

룹인 **기관계(organ system)**를 형성, 조화로운 방식으로 기능을 수행한다. 예를 들어, 비뇨기계는 신장, 요관, 방광, 그리고 요도로 구성되며, 이들 기관들은 혈류에서 노폐물을 모으고 체내에서 소변을 형성, 저장하고 방출하기 위해 함께 작용한다. 이러한 계층체계의 예가 **그림 32-3**에 설명되어 있다.

## 동물의 조직은 특수한 기능을 하는 유사한 세포로 구성되어 있다

조직은 구조와 기능이 비슷한 세포들이 모여 구성된다. 조직은 그것을 구성하는 세포에 의해 생성되는 혈액, 연골 및 뼈와 같은 세포외 물질을 포함하기도 한다. 다음은 동물 조직의 네 가지 주요 범주: 상피조직, 결합조직, 근육조직, 그리고 신경조직에 대한 간략한 개요이다.

### 상피조직은 몸의 표면과 몸통의 체강을 덮고 있으며 분비선을 형성한다

**상피조직(epithelial tissue)**은 막과 분비샘을 형성한다. 상피세포 막은 피부의 표피를 형성하고 내부 기관의 외부 표면을 감싸는

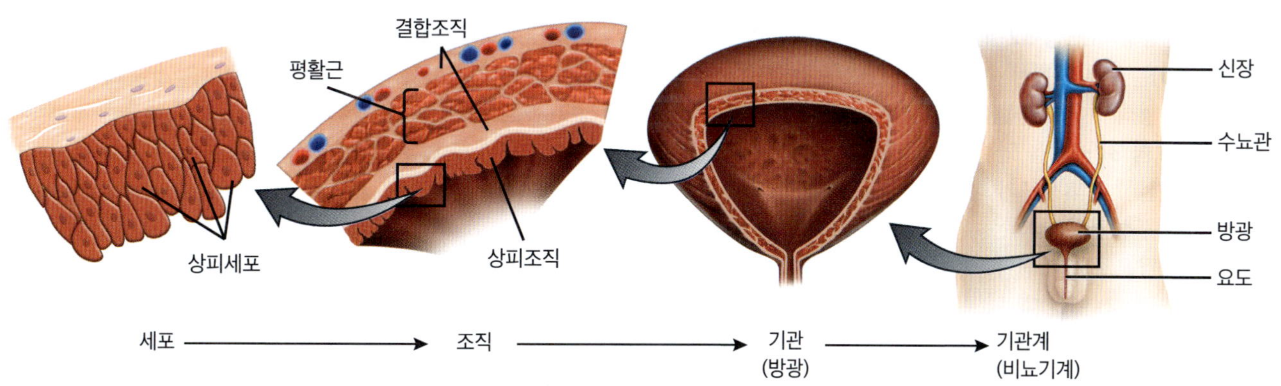


▲ **그림 32-3 세포, 조직, 기관 그리고 기관계** 동물의 몸은 세포로 구성되어 있으며 세포는 조직을 만들고 조직은 기관을 형성하고 기관은 기관계로서 함께 작용한다.

내부 및 외부 신체 표면을 모두 뒤덮고 있다. 상피세포막은 자궁, 방광, 폐, 심장, 혈관 및 소화관과 같은 속이 빈 기관이나 관을 연결한다. 상피 막은 보호, 가스 교환 촉진, 내부의 영양분과 폐기물의 이동을 조절한다. 또한, 상피세포막은 종종 점액과 같은 물질을 분비하는 세포를 포함하기도 한다.

상피세포막은 다음과 같은 일반적인 특징을 가지고 있다:

- 상피세포막은 자유로운 표면을 가지고 있으며 대개 신체의 안쪽 텅빈 공간이나 분비샘 내부의 작은 공간을 향하며, 또한 신체의 외부를 뒤덮고 있다.
- 상피세포막은 섬유질 단백질로 구성된 주로 얇고 비세포층인 하부기저막(*basement membrane*)에 고정되어 지지된다.
- 상피세포막은 얇고 혈관이 없다. 상피세포들은 양분을 얻고, 가스를 교환하며, 상면 또는 하면을 통한 확산에 의해 폐기물을 제거한다.
- 상피세포막의 세포들은 일반적으로 재생된다. 소화관에 위치한 많은 상피세포들은 혹독한 환경에 노출되어 있다. 당신의 입을 생각해보라: 커피에 의해 변색되고, 옥수수 칩에 의해 긁히고, 입속의 상피는 계속해서 대체해야 한다.
- 상피세포막의 세포들은 서로 단단히 붙어있다. 예를 들어, 방광에서 밀착연접은 상피세포들 사이의 공간을 밀봉하여 소변이 신체로 새어 나가는 것을 방지한다.

상피세포막(**그림 32-4**)은 단지 하나의 세포가 두꺼운 단층상피(*simple epithelium*) 또는 하나 이상의 세포층을 포함하는 중층상피(*stratified epithelium*)로 분류될 수 있다. 각 범주 내에서 상피조직은 편평한 모양(*squamous*, 편평하고 얇으며, 튀긴 달걀처럼 보임), 입방체(*cuboidal*, 정육면체 모양) 또는 원주형(*columnar*, 길쭉한, 원주형) 등 세포의 모양에 따라 명명된다. 이러한 다양한 조직들은 때로는 섬모화(*ciliated*, 상면에 섬모를 가지는)된다. 각 유형의 상피조직은 특정 기관에서의 그 역할에 따라 특화되어있다.

다양한 종류의 **단층상피(simple epithelium)**가 소화기계, 비뇨기계, 생식계, 순환계 및 호흡기 계통에 존재한다. 예를 들어, 폐의 공기 주머니 내벽은 폐와 혈류 사이에서 가스의 신속한 확산이 가능한 편평상피(**그림 32-4a**)로 구성되어 있다. 입방체상피(**그림 32-4b**)는 분비샘에서 분비물을 운반하는 관의 내부를 보호하고 소변 형성에 기여하는 신장의 세관에도 위치하고 있다. 기관(기도; **그림 32-4c**)을 연결하는 단층원주섬모상피는 점액을 분비하는 선상 상피세포가 산재한 섬모를 가지는 짧은 세포와 긴 세포로 구성된다. 점액은 흡입된 찌꺼기를 모으고, 섬모는 그것을 기관 밖으로 쓸어낸다. 단층비섬모원주형상피세포들은 소화관에 존재한다; 이들 대부분은 소화 물질의 분비(예: 위의 안쪽) 또는 영양소 흡수(장 내피)에 관여한다.

**중층상피(stratified epithelium)**는 두 개 혹은 그 이상의 세포가 두껍게 있기 때문에 상당한 마모와 찢어짐에도 견딜 수 있다. 중층상피는 식도, 피부(**그림 32-4d**)에서 발견되며, 입과 항문과 같이 피부와 연결되어있는 신체의 열려진 구멍 안쪽에서만 발견된다.

**분비선(gland)**은 분비작용에 특화되어 있다. 분비선은 두 종류로 분류된다: 외분비선과 내분비선. **외분비선(exocrine gland)**은 좁은 튜브나 관을 통해 체강이나 피부 표면에 물질을 분비한다. 일부 외분비선은 미세한 구멍을 가지는 상피세포로 이루어져 있다. 예를 들면, 피부의 땀과 지방분비선(그림 32-9 참조), 위 안쪽에 위치한 여러 종류의 분비선들이다. 보다 더 큰 외분비선은 결합조직 틀 안에 분비상피세포를 포함하고 있다; 여기에는 유선, 침샘, 그리고 위와 소장으로 소화액을 분비하는 분비선이 포함된다. 난소, 고환, 갑상선 및 뇌하수체와 같은 **내분비선(endocrine gland)**에는 관이 없다. 이들 분비선 내의 분비상피세포들은 호르몬을 간질액으로 분비하며, 호르몬은 호르몬으로부터 가까운 모세혈관으로 퍼진다. **호르몬(hormone)**은 소량으로 생산되어 혈류에 의해 신체의 먼 부분으로 운반되며, 다른 세포들의 활동을 조절하는 화학 물질이다(38장 참조).

### 결합조직은 다양한 구조와 기능을 가진다

**결합조직(connective tissue)**은 다른 조직을 지지하고 강화하는 다양한 조직의 그룹을 형성하고 피부나 근육과 같은 일관된 구조에 다른 조직의 세포를 함께 결합시키는 것을 도와준다. 결합조직의 일반적인 특징은 세포에 비해 많은 양의 세포외 기질을 가지고 있다는 것이다. 세포외 기질은 얇고 물이 많으며(혈액과 림프와 같이), 젤라틴 같으며(상피 아래쪽에 있는 결합조직에서와 같이), 신축성이 있고 (피부의 진피처럼), 강하고 유연한(연골에서와 같이) 또는 단단할(뼈와 같이) 수도 있다. 혈액과 림프를 제외하고, 세포외 기질에는 단백질 섬유가 포함되어 있다. 이 섬유 중에서 가장 풍부한 것은 콜라겐이며, 콜라겐은 강도를 부여하는 반면, 다른 섬유성 단백질들은 지지력과 탄성을 제공한다.

결합조직은 세 가지 주요 범주로 분류할 수 있다: 성긴 결합조직, 조밀 결합조직 및 특수 결합조직.

**성긴 결합조직(loose connective tissue)** 성긴 결합조직은 가장 많은 형태이다(**그림 32-5a**). 이 유연한 조직은 다른 조직을 연결하고 지지하며 감싸고 쿠션을 형성하며, 간, 비장 및 유방과 같은 기관을 위한 유연한 내부 구조를 형성한다. 성긴 결합조직은 소화기관, 호흡기관 및 요로기관과 같은 체강을 연결하는 상피세포막을 받치며 지지한다. 지방 또는 **지방조직(adipose tissue)**은 피부 아래에서 쿠션과 같은 역할을 하여 에너지를 저장하고 몸을 보호하고 보온하는 느슨한 결합조직의 한 형태이다(**그림 32-5b**). 게다가 단열을 제공하며, 일부 지방은 열을 발생시킬 수 있다(“Health watch: 어떤 지방이 칼로리를 태울 수 있는가? p571 참조).

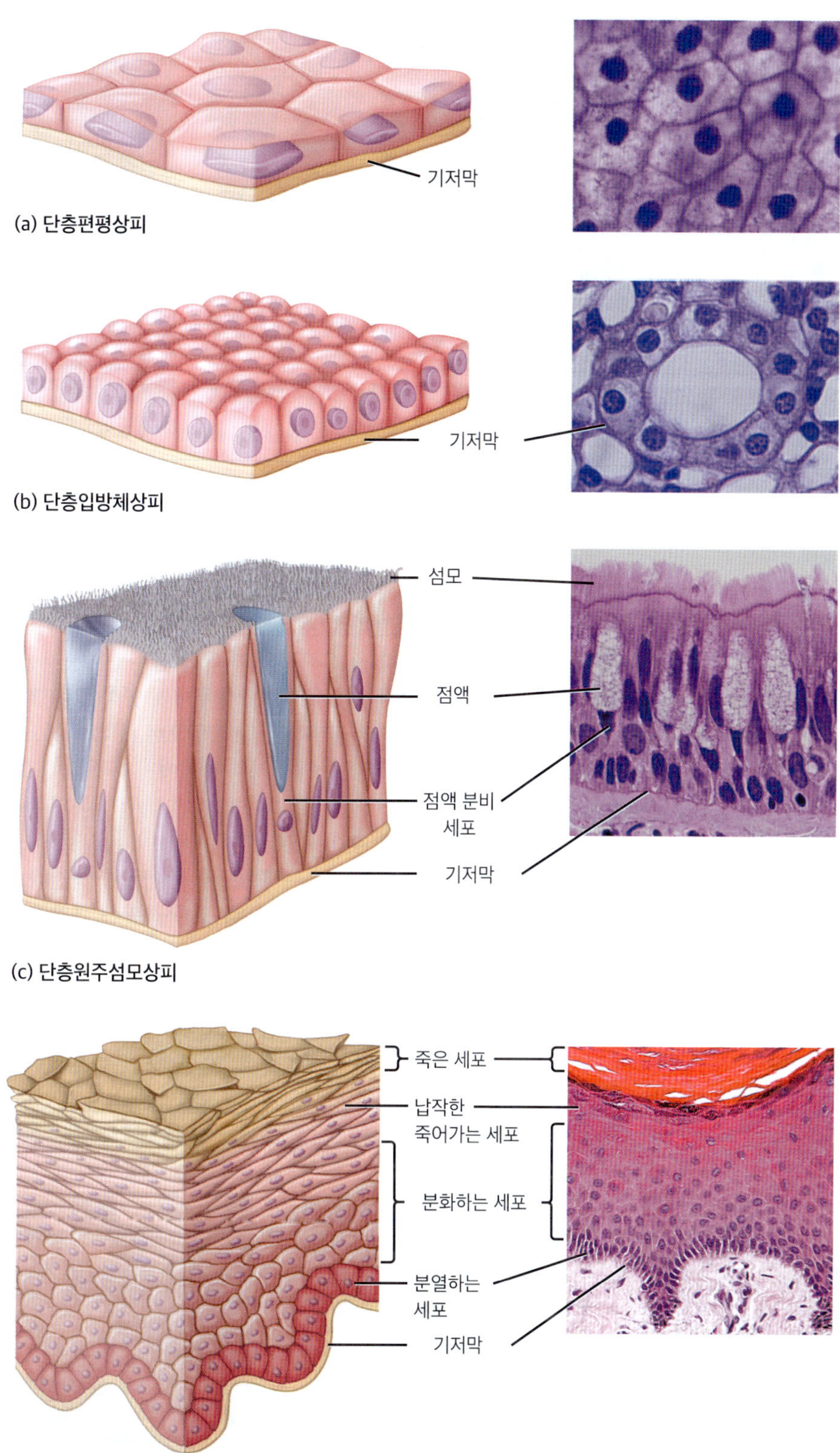


▲ **그림 32-4 상피조직** **(a)** 폐를 감싸는 단층편평상피조직에서 단일 층의 얇고 편평한 세포는 확산에 의한 가스의 신속한 교환을 가능하게 한다. **(b)** 입방체상피세포는 신장의 관과 분비선으로부터 분비물을 운반하는 관에 존재한다. **(c)** 단층원주섬모상피는 기관을 감싸고 있으며 점액을 분비하고 쓸어낸다. **(d)** 피부 표피와 같은 다층으로 된 중층상피조직은 닳거나 찢어짐을 견딜 수 있다. 건조하고 죽은 세포들이 아래에 존재하는 살아있는 층을 보호한다.

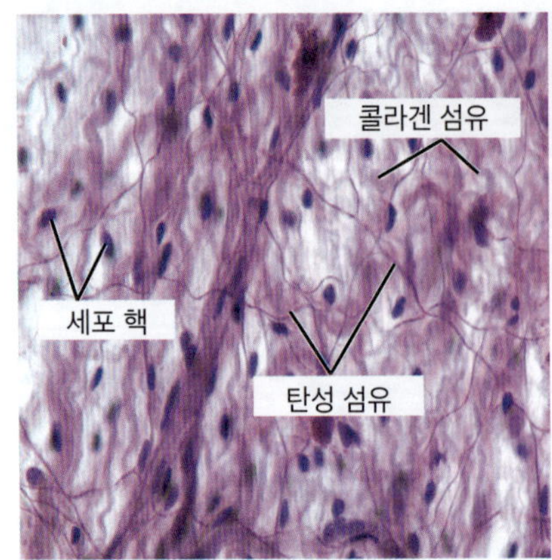


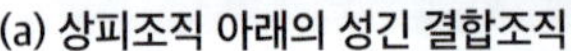

(a) 상피조직 아래의 성긴 결합조직

(b) 성긴 결합조직이 지방조직을 형성

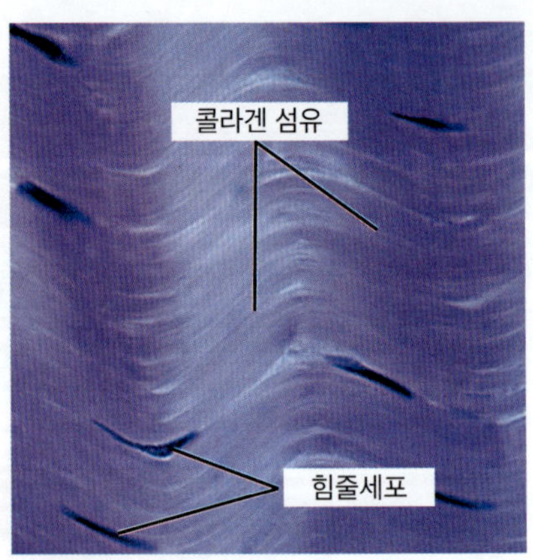


(c) 힘줄의 조밀 결합조직

▲ **그림 32-5 성긴 및 조밀 결합조직** **(a)** 성긴 결합조직은 상피조직의 아래에서 발견된다. **(b)** 지방조직은 지방으로 채워진 지방세포로 구성된다. **(c)** 힘줄의 조밀 결합조직은 콜라겐 섬유들의 평행 정열을 보여주며, 어두운 함유물처럼 보이는 세포에 의해 분비된다.

**조밀 결합조직(dense connective tissue)** 대부분의 조밀 결합조직은 콜라겐 섬유들로 단단히 채워져 있다. **힘줄(tendon**: 골격과 근육을 연결)과 **인대(ligament**: 골격과 골격을 연결)에서 콜라겐 섬유들은 서로 평행하게 배열되어 있다(**그림 32-5c**). 피부의 진피 그리고 많은 내장기관과 근육을 둘러싸고 있는 거친 캡슐과 같은 다른 형태의 조밀 결합조직에서는 콜라겐 섬유들이 불규칙한 그물구조를 형성한다. 두 종류의 배열 모두 유연성과 강도를 제공한다. 힘줄과 인대는 엄청난 강도를 가지지만 콜라겐 섬유의 진행 방향으로만 강하다(이러한 이유로 무릎이 비틀리면 인대가 파열될 수 있다). 피부와 근육 캡슐에 존재하는 불규칙한 콜라겐 그물구조는 모든 방향에 대해 찢어지지 않고 견딜 수 있지만 힘줄과 인대의 평행 배열만큼 강하지는 않다.

**특수 결합조직(specialized connective tissue)** 특수 결합조직은 연골, 뼈, 혈액과 림프를 포함하는 다양한 그룹이다. **연골(cartilage)**은 콜라겐과 탄성 섬유들이 풍부한 기질 위에 위치한 넓은 간격의 세포들로 이루어져 있다(**그림 32-6a**). 연골은 관절에서 뼈의 끝부분을 덮고 있으며, 호흡의 통로를 제공해주고, 귀와 코를 지지하며, 척추 사이에서 충격을 흡수하는 패드를 형성한다. 연골은 매우 유연하지만 너무 심하게 구부리면 툭 끊어질 수 있다. **뼈(bone)**는 뼈세포에서 분비된 콜라겐 기질로 구성되며 칼슘 화합물의 축적으로 더욱 더 단단해진다. 뼈는 혈관과 신경을 포함하는 중심관 주위로 동심원을 그리며 형성된다(**그림 32-6b**). (연골과 뼈에 관해서는 41장에서 설명할 것이다.)

혈액과 림프는 대부분이 세포외 기질로(이들 조직에서는 수액) 구성되어 있고 단백질과 세포들이 떠다니기 때문에 특화된 형태의 결합조직으로 간주된다. **혈액(blood)**의 세포 성분은 적혈구(*red blood cells*, 산소 운반)와 백혈구(*white blood cells*, 감염

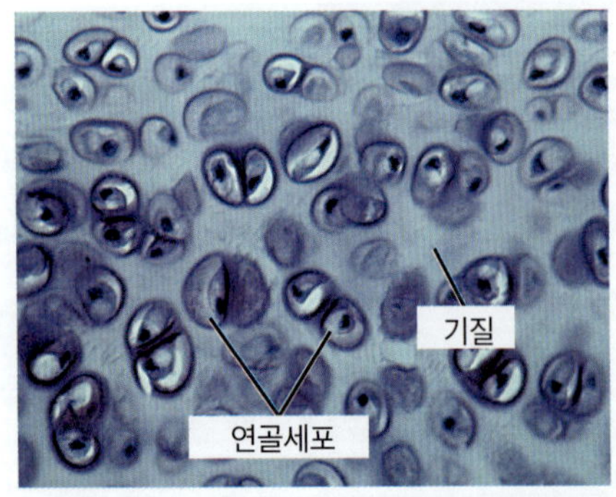


(a) 연골

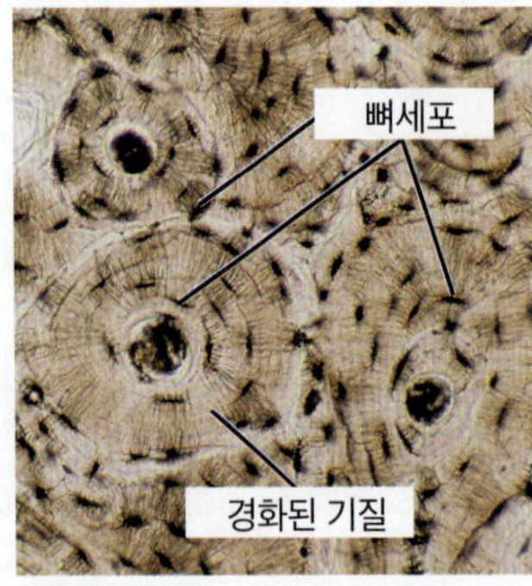


(b) 뼈

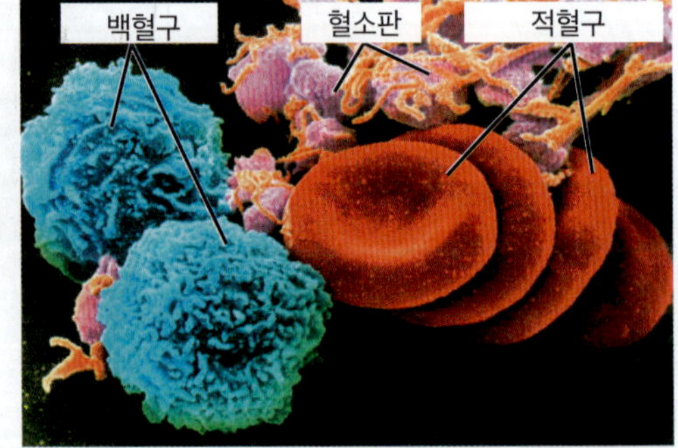


(c) 혈액

▲ **그림 32-6 특수 결합조직** **(a)** 연골은 단단한 콜라겐성 기질 내에 분산된 세포들로 구성된다. **(b)** 뼈세포들은 중심관 주위의 동심원 층에서 경화된 콜라겐성 기질 내에 어두운 점으로 나타난다. **(c)** 혈액의 세포 성분들이 채색되어 SEM으로 보여주고 있다. 혈소판은 혈전 형성을 도와주는 단백질 가닥에 포획되어 있다. 혈액세포는 액체 혈장의 세포외 기질에 부유되어 있다.

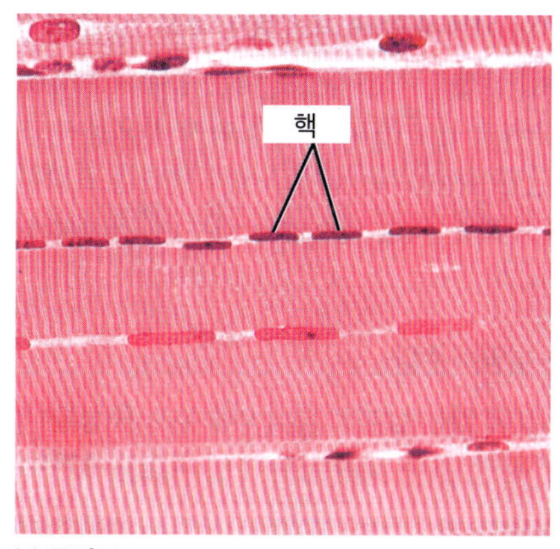


(a) 골격근

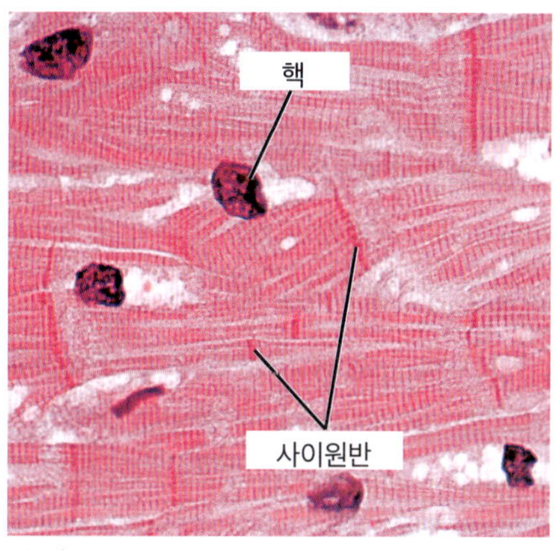


(b) 심근

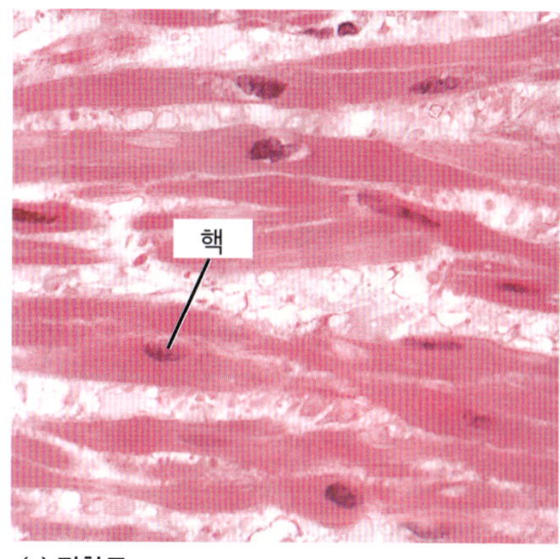


(c) 평활근

▲ **그림 32-7 근조직** **(a)** 골격근에서 섬유성 단백질들의 규칙적인 배열은 줄무늬 혹은 "평행으로 줄이 뻗은" 것처럼 보인다. 이 커다란 세포들은 각각 많은 핵을 가지고 있다. **(b)** 심근도 줄무늬로 배열되어 있다; 사이원반(intercalated disc)이 인접한 심근세포 사이에 어두운 밴드로 보인다. 각 세포는 하나의 핵을 가지고 있다. **(c)** 평활근 섬유들은 수축성 단백질들이 일관성 있게 배열되어 있지 않은 방추형의 세포들을 가지고 있다. 이런 이유로 부드럽게 보인다. 각 세포는 하나의 핵을 가지고 있다.

에 대항) 그리고 혈액응고를 돕는 혈소판(*platelets*)이라고 하는 세포 절편으로 구성되어 있다(**그림 32-6c**). 이들은 모두 혈장(*plasma*)이라는 액체에 떠다닌다. **림프(lymph)**는 모세혈관(가장 작은 혈관)에서 새어 나온 액체로 주로 구성되어 있고 백혈구를 포함하고 있다. (혈액과 림프는 33장에서 다루고 있다.)

### 근육조직은 수축하는 능력이 있다

근육조직의 길고 가느다란 세포들은 두 종류의 섬유성 단백질로 채워져 있으며, 자극을 받으면 서로 미끄러져 지나치면서 근육세포는 짧아진다(수축). 자극이 멈추면 세포들은 수동적으로 이완한다. 세 종류의 근육조직이 있다: 골격근, 심장근, 그리고 평활근.

**골격근(skeletal muscle, 그림 32-7a)**은 신경계에 의해서 자극되며 일반적으로 의도적 또는 의식적 통제하에 있다. 골격근이란 이름이 말하듯 그 주요한 기능은 걸어가거나 이 페이지를 넘기는 것처럼 골격을 움직이는 것이다.

**심근(cardiac muscle, 그림 32-7b)**은 심장에만 분포한다. 골격근과는 다르게, 비자발적(무의식적) 통제 하에서 자율적으로 활동한다. 심근세포들은 데스모좀(인접한 세포들을 연결하는)과 통신연접을 포함하는 **사이원반(intercalated disc)**으로 서로 연결되어 있으며, 이를 통하여 전기적 신호가 심장 전체로 빠르게 퍼져 심근이 서로 협동하여 수축하도록 한다. 골격근과 심근세포 모두에서 섬유성 단백질들의 규칙적인 배열은 줄무늬를 나타낸다.

**평활근(smooth muscle, 그림 32-7c)**은 줄무늬가 없기 때문에 이름 붙여졌으며, 주로 소환기와 호흡기관의 벽, 자궁, 방광, 큰 혈관, 피부 그리고 눈의 홍채 등 우리 몸 전체에서 발견된다. 평활근은 일반적으로 비자발적(무의식적)이며 신경계, 스트레칭 혹은 호르몬 및 특정 화학 물질에 의해 자극을 받을 수 있는 느리고 지속적인 수축을 생성한다(근육은 41장에서 다룰 것이다).

### 신경조직은 전기적 신호를 생성하고 전달하도록 특화되어 있다

당신에게는 뇌, 척수 및 신체의 모든 부위에 존재하는 신경을 구성하는 **신경조직(nerve tissue)**의 세계를 인지하고 반응하는 능

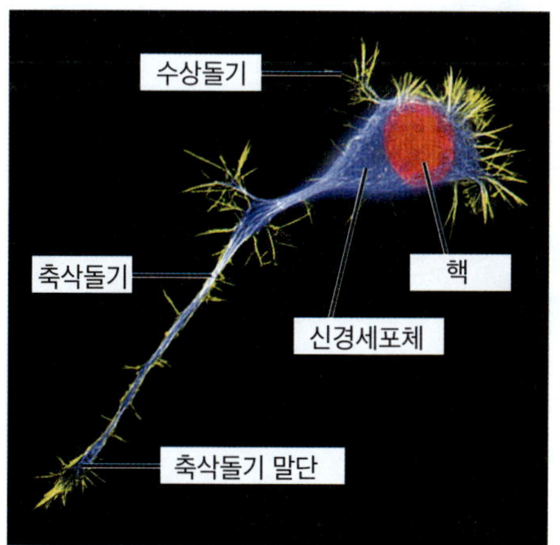


(a) 뉴런

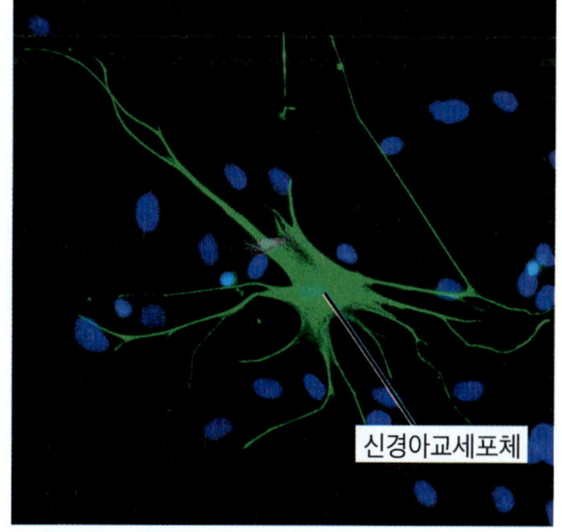


(b) 신경아교세포

◀ **그림 32-8 신경조직** 신경조직은 뉴런과 신경아교세포로 구성되어 있다. **(a)** 뉴런은 신호를 받고 전달하도록 특화되어 있다. 세포체에서 나오는 긴 가닥은 다른 세포에 신호를 보내는 축삭돌기이다; 세포체에 있는 짧은 노란색 스파이크는 다른 세포로부터 신호를 받는 수상돌기이다. **(b)** 뇌는 여러 형태의 신경아교세포를 가지고 있다; 이것은 성상세포(astrocyte)라고 불리는 것으로 충격으로부터 보호하고 뉴런에 영양분 공급을 돕는다.

력이 있어야 한다. 신경조직은 두 종류의 세포로 구성되어 있다: 신경세포(뉴런, neuron이라고도 함)와 신경아교세포(glial cells).

**뉴런(neurons, 그림 32-8a)**은 전기적 신호를 생성하고 이 신호를 다른 뉴런, 근육 및 분비선으로 전달하도록 특화되어 있다. 전형적인 신경세포는 다른 뉴런이나 환경으로부터 신호들을 받아들이는 수상돌기(*dendrite*); 핵을 포함하고 뉴런의 대사 대부분을 수행하는 세포체(*cell body*); 뉴런의 전기 신호를 근육, 분비선 또는 다른 뉴런으로 전달하는 축삭돌기(*axon*); 그리고 축삭의 끝 부분에서 다른 세포로 정보를 전달하는 말단(*terminal*)으로 구성되어 있다.

**신경아교세포(glial cell, 그림 32-8b)**는 뉴런을 감싸고, 지지하며, 전기적으로 절연체 역할을 하며 보호한다. 신경아교세포는 세포간질액의 성분을 조절함으로써 뉴런에 중요한 영향을 미친다. (신경조직은 39장에서 다룰 것이다.)

## 기관은 두 개 혹은 그 이상의 상호작용하는 조직 형태를 포함한다

기관은 함께 기능을 수행하는 적어도 두 종류의 조직으로 이루어진다. 하지만 대부분의 기관들은 네 가지 조직 모두 즉, 상피조직, 결합조직, 근육조직, 신경조직들이 서로 다른 종류와 비율로 이루어져 있다. 대부분의 기관들은 기관계의 한 부분으로서 그 기능을 수행한다. 이 단원에서는 네 가지 조직의 형태를 포함하는 대표적인 기관으로서 피부(외피 시스템의 일부)에 관하여 설명할 것이다.

### 피부는 기관의 특성을 설명해준다

피부는 결합조직이 받치고 있는 상피조직의 외층부로 구성된다. 결합조직을 따라 혈관, 신경, 근육 및 분비선이 있다(그림 32-9). 단순히 신체를 보호하는 것 이상으로 피부는 항상성, 그리고 따라서 생명 유지에 필수적이다. 피부 내의 여러 과정들은 체온 조절을 도와준다. 피부는 또한 수분 증발과 질병을 일으키는 미생물들의 침입에 대한 필수적인 장벽을 제공한다. 커다란(광범위한 화상으로 인한 것과 같은) 피부 파괴는 치명적일 수 있다.

**표피(epidermis)** 또는 피부의 외층부는 중층상피조직이다(그림 32-4d 참조). 기저막에 있는 상피세포들은 계속해서 분열하여 딸세포들을 생성하며, 딸세포들은 분화되면서 케라틴 단백질로 채워진다. 케라틴은 피부를 탄력 있고, 강하며, 방수 기능이 있도

▼ **그림 32-9 피부는 하나의 기관이다** 포유동물의 피부는 상피조직, 결합조직, 근육조직 그리고 신경조직을 포함하고 있다.

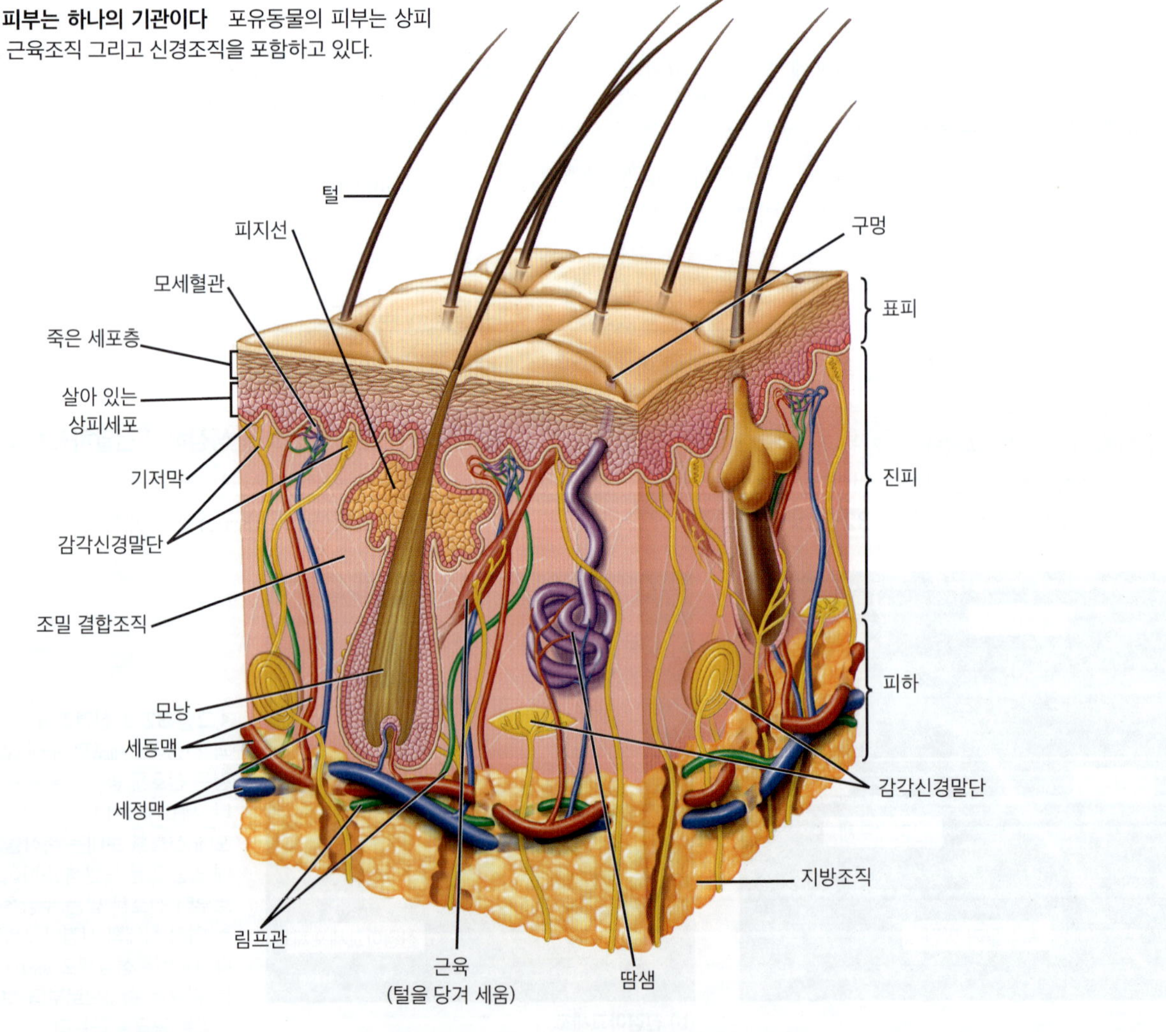

## Health WATCH 어떤 지방이 칼로리를 태울 수 있는가?

몸을 떠는 것 대신에 인간의 아기들과 일부 포유동물들은 갈색 지방을 사용하여 몸을 따뜻하게 유지한다. 우리 중 많은 사람들이 과체중으로 가지는 흰색 지방과 달리, 갈색 지방(brown fat)은 미토콘드리아와 지질로 이루어져 있다. 이 미토콘드리아(갈색 지방의 색깔을 띠게 하는)에는 UCP1이라고 불리는 특수한 막 단백질이 있는데 UCP1은 에너지를 ATP 내로 저장하는 대신에 열로 방출하여 에너지를 "소비하게" 만든다.

아기들이 성장하면서 갈색 지방은 사라지지만, 연구자들은 최근에 성인들에서도 열을 생성하며 미토콘드리아가 풍부한 지방세포가 쇄골 위에 흰색 지방과 함께 산재해 있다는 사실을 발견했다. 베이지 지방(beige fat)이라고 불리는 이 새로이 발견된 조직은 활성화되기(예를 들면, 차가운 환경에 장시간 노출) 전까지는 흰색 지방과 매우 유사하다. 그런 다음 포도당과 중성지방을 태우고 열을 발생시킨다. 베이지 지방의 수치가 높은 사람들은 정상 체중과 건강한 혈당 및 중성지방 수치를 유지할 가능성이 더 크다. 평균적인 베이지 지방량보다 적은 양은 비만과 관련이 있으며 이는 순차적으로 제2형 당뇨와 고지혈증으로 연결되는데, 이는 운동으로 인해 감소될 수 있다. 최근에 발견된 두 종류의 호르몬, 이리신(irisin)과 메트널(metrnl)은 베이지 지방과 체중의 연관성을 설명하는 데 도움이 된다. 두 호르몬은 운동 중 근육조직에 의해 혈액으로 방출되고 베이지 지방 활동을 향상시킨다. 의학 연구자들은 이 호르몬들이 현대 사회에서 유행성 비율에 도달하고 있는 제2형 당뇨와 비만 치료제의 기초를 제공할 수 있다는 가능성에 흥분하고 있다.

**비판적 사고** 2,4-DNP라고 불리는 물질은 UCP1만큼 미토콘드리아에 영향을 준다. 이 물질은 1930년대에 체중 감량 약으로 취급되었지만 많은 사망자를 낸 후 금지되었다. 만약 당신이 의사인데 과체중 환자가 인터넷에서 2,4-DNP 광고를 보고 찾아와서 체중 감량 보조제로 사용해도 되는지 알고 싶어 한다고 상상해 보자. 그녀가 제품을 사용하였을 때 일어날 수 있는 증상과 왜 그것이 사망으로 이어질 수 있는지에 대해 설명해보라.

록 한다. 분화하는 세포들은 기존 세포의 아래쪽에서 새로운 세포를 위쪽으로 만들어 간다. 피부세포는 건조하고 보호된 피부의 외표면을 형성하고, 생성된 약 4~6주 후에 얇은 조각으로 벗겨져 결국에는 죽는다.

표피 바로 밑에는 **진피(dermis)**라고 하는 한 층의 결합조직이 놓여있다. 진피에는 상피, 근육, 그리고 신경조직으로 구성된 다양한 구조물들이 내재되어 있다.

소동맥(작은 동맥)은 진피를 뚫고 들어와 심장에서 펌프질된 혈액을 진피와 표피조직에 영양을 공급하는 모세혈관 그물망으로 수송해준다. 모세혈관은 진피에 있는 소정맥(작은 정맥)으로 혈액을 넘겨준다. 피부를 통한 열의 손실은 소동맥의 직경을 조절하는 뉴런에 의해 조절된다. 체온을 유지하기 위해서, 소동맥의 평활근은 수축하여 소동맥의 직경을 감소시키고 이를 통한 혈액의 흐름을 제한한다. 몸의 열을 식히기 위해서, 평활근은 이완되며 소동맥이 열리고 모세혈관계로 혈액이 흐르도록 하여 그 결과 과도한 열을 방출한다. 림프관은 진피 내에서 세포간질액을 모으고 운반한다. 온도, 촉감, 압력, 진동 및 통증에 반응하는 서로 다른 감각신경말단들은 진피와 표피에 퍼져있으며 신경계에 정보를 제공한다.

특화된 상피세포들은 표피에서 진피로 침투하여 **모낭(hair follicle)**을 형성한다. 모낭의 기저에 있는 세포들은 빠르게 분열하고, 그 딸세포들은 케라틴으로 채워져 있다. 새로운 세포들이 모낭의 기저에서 생성됨에 따라 더 오래되고 죽어가며 케라틴으로 가득 찬 세포들은 위로 밀려나 피부의 표면 쪽에 위치하게 되고 털로 나타난다. 진피에는 또한 상피조직으로부터 유래된 분비선들이 존재한다. 땀샘은 피부를 시원하게 하는 수성(watery) 분비물을 생성하고 염분 및 요소와 같은 물질을 배출한다. 피지선은 상피를 매끄럽게 하는 세붐(sebum)이라는 유성(oily) 물질을 분비한다.

피부에도 근육조직이 있다. 모든 피부는 피부 소동맥의 벽 내부에 근육세포를 가지고 있다. 게다가 털이 있는 피부는 운동 뉴런으로부터의 신호에 반응하여 피부의 털이 "쭈뼛하게 설 수" 있도록 모낭에 부착된 작은 근육들을 가지고 있다. 대부분의 포유동물은 추운 날씨에 단열 역할을 하는 모피의 높이를 각각의 털들을 세워서 높일 수 있다. 그러나 이런 반응은 사람에게는 소용이 없다; 근육이 수축했을 때 단순히 "닭살"을 경험하는 정도이다.

마지막으로 진피(엄밀히 따지자면 피부의 일부가 아닌)의 바로 아래는 피하(hypodermis, 그리스어. *hypo*, 아래)이다. 피하는 결합조직 세포들에 의해 생성된 섬유성 단백질들이 산재된 지방조직으로 구성되어 있다. 지방은 몸의 단열을 도와주고 열을 보존하고 추운 날씨에 체온을 일정하게 유지하기 쉽게 해준다. 지방조직은 또한 에너지를 제공하기 위해 분해될 수 있다.

## 기관계는 두 개 혹은 그 이상의 상호작용 기관들로 구성된다

기관계는 공통의 기능을 수행하기 위해 함께 일하는 두 개 혹은 그 이상의 개별 기관들로(경우에 따라 몸의 다른 부위에 위치) 구성된다. 척추동물 몸의 주요한 기관계들과 그들을 대표하는 기관 및 기능들이 **표 32-1**에 요약되어 있다.

### CHECK YOUR LEARNING

- 조직, 기관, 기관계의 차이점과 이들 간의 관계에 대하여 설명할 수 있는가?
- 조직의 네 가지 유형을 설명할 수 있는가?
- 인간의 주요 기관계의 이름을 말하고 설명할 수 있는가?

**표 32-1 척추동물의 주요 기관계**

| 기관계 | 주요 구조물 | 생리적 역할 | 기관계 | 주요 구조물 | 생리적 역할 |
|---|---|---|---|---|---|
| 외피계  | 피부, 털, 손톱, 감각 수용체, 다양한 분비선 | 손상으로부터 기본이 되는 구조들을 보호, 체온 조절, 외부 환경의 많은 특징들 감지 | 호흡계 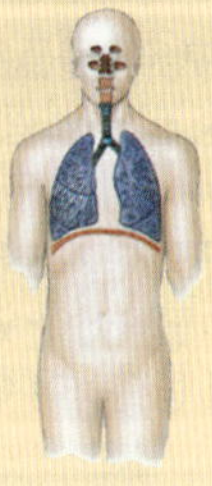 | 코, 인두, 기관, 폐 (포유류, 조류, 파충류, 양서류), 아가미 (어류와 몇몇 양서류) | 혈액과 환경 사이의 가스 교환을 위한 넓은 면적을 제공; 산소를 획득하고 이산화탄소를 제거 |
| 순환계 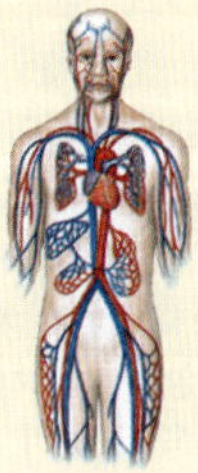 | 심장, 혈관, 혈액 | 영양분, 가스, 호르몬, 대사노폐물 운반; 온도 조절 도움 | 림프/면역계 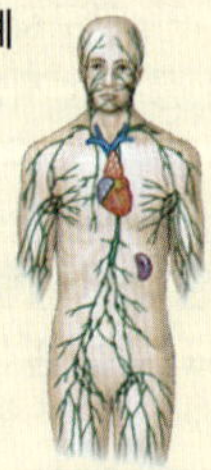 | 림프, 림프절, 림프관, 백혈구 | 지방과 초과된 조직액을 혈액으로 옮김; 침입 미생물을 파괴 |
| 소화계 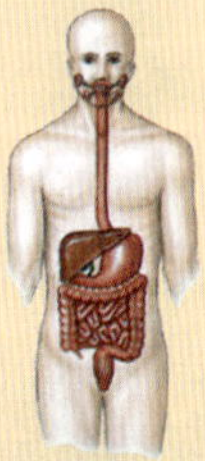 | 입, 식도, 위, 소장, 대장, 소화분비물 생성하는 분비선 | 에너지를 생산하고 성장과 유지를 위한 영양분들을 체내로 공급 | 비뇨기계 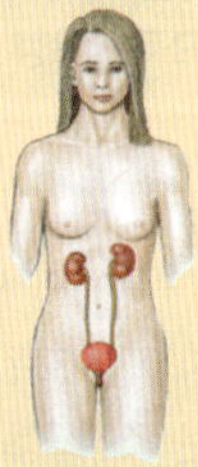 | 신장, 수뇨관, 방광, 요도 | 혈류 내 항상성 조건을 유지; 세포 노폐물과 특정 독소, 초과된 수분과 양분을 걸러서 제거 |
| 신경계 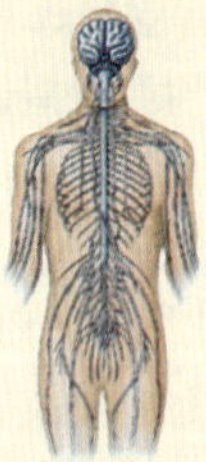 | 뇌, 척수, 말초신경 | 내분비계와의 연합을 통해 생리적인 과정을 조절하고 환경을 감지, 행동을 지배 | 내분비계 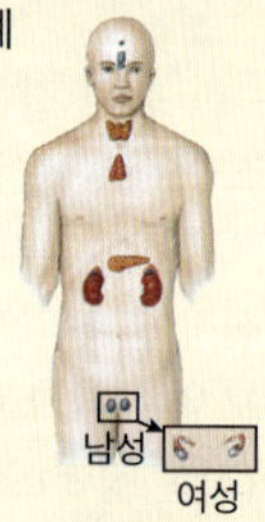 (남성 / 여성) | 시상하부, 뇌하수체, 갑상선, 이자, 부신, 난소, 정소 등 다양한 호르몬 분비선과 기관 | 일반적으로 신경계와 연합하여 생리 과정을 조절 |
| 골격계 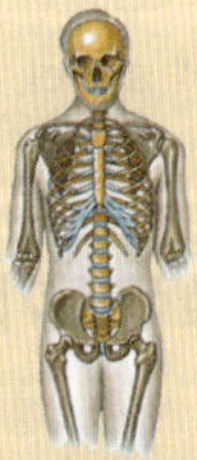 | 뼈, 연골, 힘줄, 인대 | 몸의 지지, 근육의 부착부위, 내부 기관을 보호 | 근육계 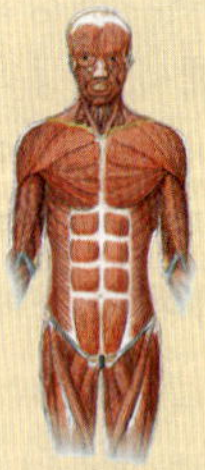 | 골격근<br>평활근<br>심근 | 골격을 움직임<br>소화계, 혈관과 같은 빈 기관을 통한 물질의 움직임을 조절<br>심장수축의 개시 및 이행 |
| 남성 생식계  | 정소, 정낭, 전립선, 음경 | 정자와 성호르몬 생성, 여성을 수정시킴 | 여성 생식계 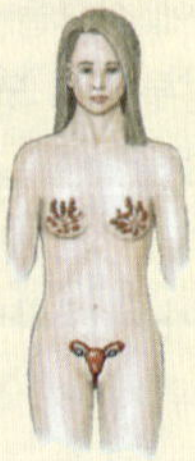 | 난소, 수란관, 자궁, 질, 젖샘 | 난자와 성호르몬 생성, 성장하는 자식을 양육 |

CASE STUDY REVISITED

## 과도한 열

열사병이 운동선수들에게만 문제가 되는 것은 아니다. 사실 공기 온도가 극도로 높아지게 될 때 특히 습도가 동시에 높아지는 경우, 사람들은 거실에 앉아있는 동안 열사병으로 죽을 수도 있다. 비록 운동선수들이 일반적으로 뉴스에서 더 많이 보도되지만 열사병으로 인한 죽음은 한여름 무더위 동안 노인과 아이들에게서 자주 발생한다. 뜨거운 태양 아래에서 힘써 일하는 농부들 또한 열사병의 위험에 처해있다.

어린이들은 열사병에 특히 더욱 취약하다. 아주 어린 어린이들의 경우, 체온에 대한 항상성이 완전히 발달되어 있지 않다. 어린이들은 비슷한 조건 하에서 어른보다 더 많은 열을 생산하고, 어른만큼 땀을 흘리지도 않는다. 매년 미국에서 35~40명의 어린이가 차에 홀로 남겨져 열사병으로 사망한다. 바깥 온도가 32℃가 넘을 때, 닫힌 차 안의 온도는 한 시간도 되지 않아 60℃까지 치솟는다. 어떠한 변명도 이 위험에 대해 정당성을 가질 수는 없다.

**생각해보기** 대기 중 이산화탄소 증기로 인한 지구 기후변화에 대한 컴퓨터 모델은 더 높은 전반적인 기온뿐만 아니라 더 강하고 빈번한 열파를 예측하고 있다. 2003년 여름 지독한 유럽 폭염 동안, 35,000~52,000명의 "초과 사망자"가 발생했다. 이산화탄소 배출을 줄이기 위한 구체적인 조치를 취하기 전, 경제학자와 정치인은 비용을 추정하려고 한다. 과도한 죽음이 행동을 취하지 않은 비용에 포함되어야 하는가? 만약 그렇다면 삶의 가치는 무엇인가?

# CHAPTER REVIEW

*비판적 사고와 생각해보기, 선택형문제, 빈칸채우기 질문에 대한 답은 이 책의 뒷부분에 있는 정답란에서 볼 수 있다.*

## 핵심개념의 요약

### 32.1 항상성: 동물은 왜 그리고 어떻게 자신의 내부 환경을 조절하는가?

항상성은 동물체 내부 상태(온도, 염, 산소, 당, pH 그리고 수분의 정도를 포함)의 동적인 평형상태를 말하며, 단백질이 기능할 수 있고 에너지가 이용될 수 있는 범위 내에서 유지된다. 동물들은 서로 다른 온도 조절방식을 가지고 있다. 외온동물은 환경으로부터 대부분의 신체 따뜻함을 얻는다. 내온동물은 대사활동으로부터 열의 대부분을 얻고 좁은 범위 내에서 체온을 조절하는 경향이 있다.

항상성 상태는 어떤 변화가 그 변화에 대한 반대 반응을 촉진시킴으로써 원래의 상태로 돌아가도록 하는 음성피드백을 통해서 유지된다. 양성피드백에 대한 몇몇 사례가 있으며, 양성피드백은 변화가 변화를 강하게 하지만 이러한 상황들은 모두 자기 제한적이다.

### 32.2 동물의 몸은 어떻게 구성되어 있나?

동물의 몸은 기관계로 구성되어 있고, 각 기관계는 두 개 혹은 그 이상의 기관으로 구성되어 있다. 기관은 조직들로 구성되어 있다. 조직은 세포들의 그룹과 세포외 물질로 구성되며 특정한 임무를 위해 특화된 구조적, 기능적 단위를 이룬다. 동물은 상피조직, 결합조직, 근육조직 그리고 신경조직을 가지고 있다.

상피조직은 신체 내부 및 외부 표면을 덮고 있고 또한 분비선을 생성한다. 결합조직은 대개 세포와 단백질이 존재하는 다량의 세포외 물질을 함유하며, 피부의 진피, 뼈, 연골, 힘줄, 인대, 지방 및 혈액을 포함하고 있다. 근육조직은 수축에 의한 운동을 위하여 특수화 되어있다. 세 가지 종류의 근육조직: 골격근, 심장근, 평활근이 있다. 신경조직은 뉴런과 신경아교세포로 구성되며, 전기적 신호를 생성하고 전달한다.

하나의 기관은 적어도 두 종류의 조직으로 구성되어 있다. 포유동물의 피부에는 상피, 상피조직, 그 아래에 진피가 덮여서 보호받고 있다. 진피는 혈액과 림프관, 땀 및 피지선, 모낭, 털을 세우는 근육 그리고 다양한 감각신경 말단을 포함하는 결합조직으로 구성되어 있다.

척추동물의 기관계에는 외피계, 호흡기계, 순환기계, 림프/면역계, 소화기계, 비뇨기계, 신경계, 내분비계, 골격계, 그리고 생식계가 있으며, 표 32-1에 요약되어 있다.

## 개념을 통한 이해

### 선택형 문제

**1.** 다음 문장 중 틀린 것은?
   a. 42℃로 과열하면 효소의 공유결합은 파괴될 수 있다.
   b. 과도한 산성 조건은 단백질의 구조를 파괴할 수 있다.
   c. 저체온은 효소 촉매작용의 속도를 감소시킬 것이다.
   d. 상대적으로 일정한 환경을 유지하기 위해서는 다량의 대사활동이 필요하다.

**2.** 다음 문장 중 옳은 것은?
   a. 외온동물은 대사활동을 통하여 체열의 대부분을 생성한다.
   b. 외온동물에는 새와 포유동물이 포함된다.
   c. 외온동물은 다양한 체온을 경험한다.
   d. 외온동물들은 "온혈동물"로 알려져 있다.

**3.** 음성피드백 시스템이 아닌 것은?
   a. 실내 온도를 유지하는 온도조절장치를 포함한다.
   b. 감지기, 조절 센터 및 효과기를 포함한다.
   c. 체온을 조절한다.
   d. 분만 시 자궁 수축을 조절한다.

**4.** 다음 문장 중 상피조직에 대하여 틀린 설명은?
 a. 성긴, 조밀 및 특수 결합조직으로 구분된다.
 b. 기저막에 고정되어 지지된다.
 c. 점액을 분비하기도 한다.
 d. 소화관에 존재한다.

**5.** 다음 문장 중 옳은 것은?
 a. 분비선은 주로 특수 상피조직으로 구성된다.
 b. 모든 상피조직의 외층은 죽은 세포로 이루어져 있다.
 c. 단층상피조직은 여러층의 두께일 수 있다.
 d. 지방조직은 조밀 결합조직의 한 형태이다.

## 빈칸 채우기

**1.** 신체가 기능하도록 좁은 범위 내에서 내부 조건을 유지하는 신체의 능력을 __________이라고 부른다. 이러한 조건을 유지하기 위해 가장 중요한 일반적인 메커니즘은 __________이다.

**2.** 동물의 몸을 구성하는 네 단계를 가장 작은 단계부터 나열하면 __________, __________, __________, __________ 순이다.

**3.** 적절한 조직의 종류를 기입하라. 다른 조직을 지탱해주고 강하게 만들어 줌: __________; 분비선을 형성: __________; 혈액을 포함: __________; 피부의 진피를 포함: __________; 몸을 덮고 체강에 존재: __________; 자극을 받으면 짧아지는: __________; 신경아교세포를 포함: __________; 지방세포를 포함: __________.

**4.** 도관을 통해 상피로 연결되어있는 분비선을 __________ 분비선이라고 부른다. 도관이 없는 분비선은 __________ 분비선이라고 부른다; 이들 분비물의 대부분을 __________이라 부른다(일반적인 용어).

**5.** 적절한 근육의 형태(들)를 기입하라: 리드미컬하면서 자발적으로 수축: __________; 의도적으로 통제됨: __________; 차례로 배열된 섬유성 단백질을 포함하며 줄무늬 형태를 나타냄: __________; 비의도적으로 조절됨: __________; 소화관의 벽에서 발견됨: __________; 골격을 움직임: __________.

## 복습문제

**1.** 항상성을 정의하고 음성피드백이 항상성 유지에 어떻게 도움을 주는지 설명하라. 인체에서 항상성의 예를 한 가지 말하라.

**2.** 외온동물과 내온동물을 정의하고 비교 설명하라. 각각의 예를 말하라. "냉혈"과 "온혈"이 그들을 묘사하기에 정확한 용어인지를 설명하라.

**3.** 양성피드백을 설명하고 생리적인 예를 한 가지 말하라. 이 유형의 피드백이 왜 생리적 과정에서 상대적으로 드물게 일어나는지 그 이유를 설명하라.

**4.** 고온, 다습한 날에 운동으로 인하여 몸이 과열될 때 온도 항상성을 회복하기 위해 몸에서는 어떤 현상이 일어나는지 설명하라.

**5.** 상피세포의 일반적인 세 가지 구조를 명명하고 묘사하고, 상피조직의 일반적 기능과 구조를 설명하라.

**6.** 결합조직이 다른 조직과 구별되는 특성은 무엇인가? 성긴 결합조직, 조밀 결합조직과 특수 결합조직의 특성과 기능을 설명하라.

**7.** 기관으로서 피부를 설명하라. 피부를 구성하는 다양한 조직을 포함하여 각 조직의 역할을 간단히 설명하라.

**8.** 인간 기관계들의 명칭을 말하고, 각각의 구성 요소와 기능을 간단히 설명하라.

## 개념의 적용

**1.** 육지에서의 삶이 수중에서의 삶보다 항상성을 유지하는데 특히 어려운 이유는 무엇인가?

**2.** 3도 화상은 일반적으로 통증이 없다. 피부는 이 상처의 가장자리에서만 재생된다. 2도 화상은 종종 매우 고통스럽다. 피부는 이 화상의 가장자리, 모낭, 땀샘에 위치한 세포들로부터 재생된다. 1도 화상은 고통스럽지만 손상되지 않은 상피세포들로부터 빠르게 치유된다. 이러한 정보를 이용하여 그림 32-9에 1도-, 2도-, 3도-화상의 깊이를 그려보라.

**3.** 당신이 부모를 위해 태아수업을 가르치는 건강관리 전문가라고 상상해 보라. 진통과 출산에 대한 피드백 관계를 일반인이 이해할 수 있도록 감지기, 전류, 모터 등을 가진 장비에 비유하여 디자인해 보라.

# 33 순환

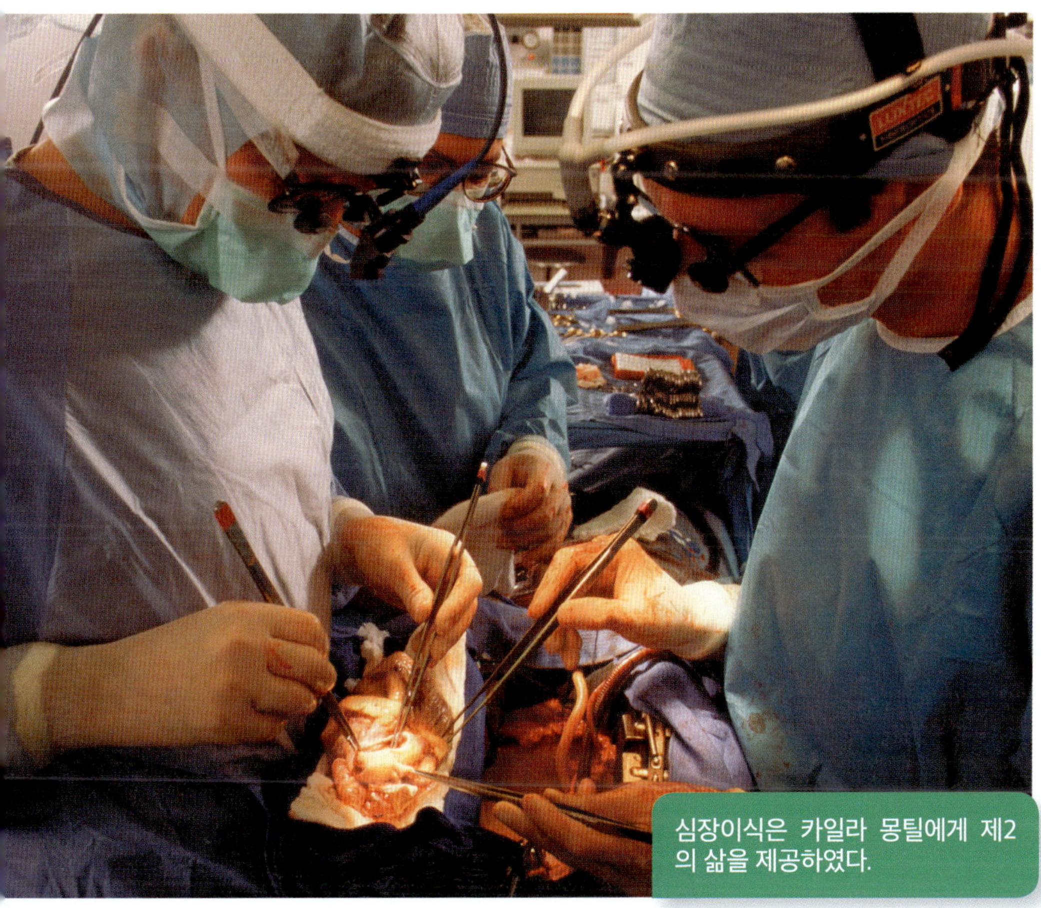

심장이식은 카일라 몽틸에게 제2의 삶을 제공하였다.

CASE STUDY

## 심장이식에 의한 생명 구하기

심장과 콩팥 이식을 기다리며 집중적인 생명 유지 장치로 37일간을 버틴 카일라 몽틸(Kayla Monteil)은 육체적으로나 정신적으로도 완전히 기력을 잃고 말았다. 그녀가 첫 번째 심장이식을 받은 것은 채 두 살이 되기 전이었다. 선천성 심장 판막 이상으로 그녀의 심장근육이 늘어나고 얇아져 결국 신체에 충분한 혈액을 공급하지 못하는 확장성 심근증이라 불리는 상태에 이르렀다. 그 당시 카일라의 담당 의사는 그녀에게 이식된 심장이 낙관적으로 10년은 지탱할 것이라 여겼다. 그러나 놀랍게도 이식된 기관은 그녀가 고등학교를 마칠 때까지 기능을 수행하였다. 22년이 지난 지금, 그녀의 심장은 기능을 잃어가고 있고 콩팥 역시 이식된 심장의 거부반응을 차단하는 약물을 오랫동안 복용한 결과 돌이킬 수 없을 정도로 손상되었다. 훌륭한 의학적 치료 덕분에 카일라가 생존할 수 있었기 때문에 그녀는 심장과 콩팥 이식 대기자 중 최우선 명단에 이름을 올리고 있었다. 그 당시에 갑작스럽게 비극적 죽음을 맞이한 어떤 젊은 남성의 조직이 카일라와 일치하여, 그녀는 두 장기 모두를 이식받고 또 다른 삶의 기회를 가졌다.

확상성 심근증은 혈액이 정상적으로 순환하도록 충분한 힘으로 심장이 수축하는 것을 차단한다. 카일라 같은 심각한 경우에는 이것이 심장의 기능을 약화시켜 신체 조직에 충분한 산소공급을 차단하는 심부전을 유도한다. 심부전은 짧은 시간 내에 환자를 희생시킬 수 있다. 심근증은 나이든 사람이 주된 희생자이지만 여러 다양한 요인에 의해 발생하는 복합질환으로, 사실상 어느 연령대나 발병할 수 있다. 카일라처럼 태어날 때부터 심근증 소인을 갖는 사람도 일부 있다. 코카인, 암페타민, 또는 알코올의 과다 섭취도 젊은 사람들에게 이런 상태를 일으키거나 기여할 수 있다. 고혈압은 또 다른 주요 위험인자이다.

순환계는 어떻게 정상적으로 신체에 산소와 영양분을 공급하고, 심장은 왜 종종 그 작업을 적절하게 수행하지 못하는가? 고혈압은 왜 심장에 변형을 가하는가? 심부전과 심장마비는 어떻게 다른가?

## 주요내용



## 33.1 순환계의 주요 특징과 기능은 무엇인가?

수십억 년 전에 지구의 초기 세포는 원시바다에서 살았다. 바다는 세포 속으로 확산되는 영양분을 제공하였으며, 노폐물은 세포로부터 바다로 확산되어 씻겨 졌다. 그러나 확산은 매우 짧은 거리에서만 효과적이며, 미생물과 일부 단순한 다세포 동물만 거의 전적으로 확산에 의해 환경과 영양분 및 노폐물을 교환한다. 예를 들어 해면동물은 몸에 있는 구멍을 통해 해수를 순환시켜 각각의 세포가 환경과 접하도록 한다(그림 34-1a, 35-8 참조). 보다 복잡한 동물에서는 각각의 세포가 외부 세계와 더 멀리 떨어져 있어 확산만으로는 영양분이 세포에 적절히 도달할 수 없으나 이 동물들은 그들 자신의 노폐물에 의해 해를 입지 않는다. 순환계의 진화에 따라 일종의 "내부 바다"가 형성되어 바다가 초기 세포에 행했던 것과 유사한 기능을 수행하게 되었다.

모든 순환계는 세 가지 주요 구성 성분을 갖고 있다:

- 액체인 **혈액(blood)**은 기체, 영양분과 세포 내 노폐물의 수송에 필요한 용매로 작용한다.
- 펌프인 **심장(heart)**은 혈액순환을 유지한다.
- 관계(tube system)인 **혈관(blood vessel)**은 심장으로부터 혈액을 수송하는 동맥과 혈액을 심장으로 수송하는 정맥 그리고 동맥과 정맥을 연결하며 혈관벽을 통해 물질을 교환하는 모세혈관으로 구성된다.

### 동물의 순환계에는 두 가지 유형이 있다

동물의 순환계는 두 가지 서로 다른 형태가 존재한다. 두 가지 형태 모두 혈액 순환에 심장을 사용하는데, **개방순환계(open circulatory systems)**는 기관이 혈액에 의해 직접 잠겨있으나, **폐쇄순환계(closed circulatory systems)**는 혈액이 혈관 내에만 존재한다.

개방순환계는 갑각류, 거미와 곤충 같은 모든 절지동물과 달팽이와 조개 같은 대부분의 연체동물을 포함한 대부분의 무척추동물에 존재한다. 개방순환계를 갖는 동물은 한 개 또는 그 이상의 단순한 심장과 일부 혈관을 갖고 있으며, 체내에 집합적으로 **혈강(hemocoel, 그림 33-1a)**이라 불리는 일련의 상호 연결된 공간을 갖고 있다. 신체 부피의 20~40%를 차지하는 혈강 속에서 조직과 내부 기관은 혈액과 각 세포 주위에서 간질액의 두 가지 기능을 수행하는 **혈림프(hemolymph)**에 직접 잠겨 있다. 곤충의 경우, 하나의 큰 등쪽 혈관이 복부에서 일련의 수축성 방으로 변형되어 심장을 형성한다. 각 방은 일방향 판막으로 작용하는 심문(*ostium*)이라 불리는 간극 모양의 개구를 가지고 있다. 심장 방

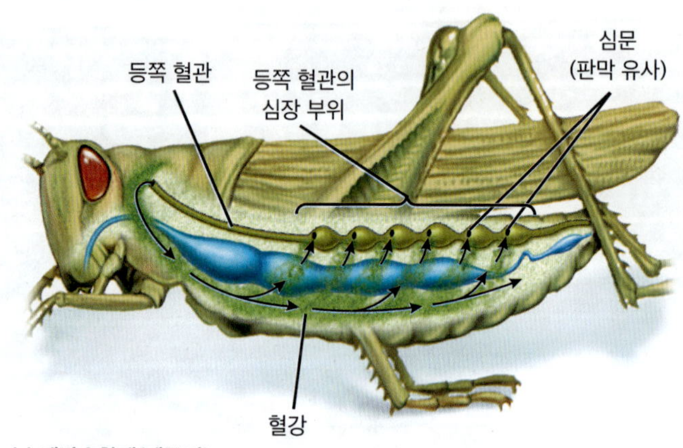

(a) 개방순환계(메뚜기)

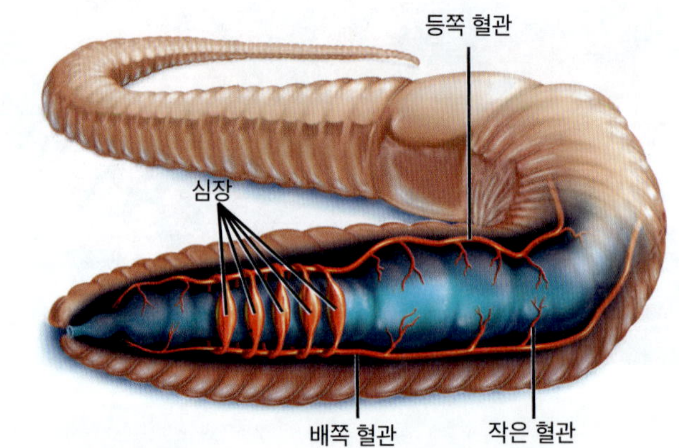

(b) 폐쇄순환계(지렁이)

▲ 그림 33-1 **개방순환계와 폐쇄순환계** (a) 대부분의 척추동물의 개방순환계는 하나 또는 그 이상의 심장이 혈관을 통해 혈림프를 혈강으로 펌프하여 내부 기관이 직접 잠기게 된다. 메뚜기 같은 곤충의 혈림프는 투명하며 때로는 연한 녹색이다. (b) 폐쇄순환계에서 혈액은 심장과 혈관 내에만 존재한다. 지렁이의 경우 다섯 개의 수축성 관이 심장 역할을 하여 혈액을 배쪽 및 등쪽 혈관으로부터 보다 작은 서로 연결된 관 가지를 통해 펌프한다. 지렁이의 혈액은 붉은색의 헤모글로빈을 갖고 있다.

**비판적 사고** 곤충의 혈림프는 왜 헤모글로빈이 필요 없는가?

이 수축하면 심문이 닫히고 혈림프가 등쪽 혈관을 통해 앞으로 수송된다. 머리 쪽의 혈강 구획으로 펌프된 혈림프는 몸통을 거쳐 복부의 혈강으로 흘러간다. 심장 방이 이완되면 팽창하고 심문을 통해 혈림프가 심장 내로 들어오게 된다.

개방순환계를 갖는 동물은 폐쇄순환계를 가진 동물보다 혈액을 순환시키는데 보다 적은 에너지를 사용하나 조직에 산소와 영양분을 공급하는 데에는 비효율적이다. 개방순환계는 비교적 활동성이 적은 동물에게는 적절한 시스템이지만, 활동적이고 비행하는 곤충은 어떻게 이런 개방순환계를 통해 충분한 산소를 얻을 수 있을까? 사실 곤충의 혈액은 조직에 산소를 공급하지 않는다. 곤충은 여러 조직에 존재하는 가지와 공기에 연결되는 개구부를 통해 각각의 세포 근처로 산소를 운반하는 기체로 채워진 기관(그림 34-4 참조)이 기체-교환 기능을 갖고 있다.

폐쇄순환계에서 혈압과 혈류 속도는 개방순환계보다 높다. 폐쇄순환계는 서로 다른 혈관을 지나는 혈액량도 조절하여 운동하는 동안의 근육 또는 식사 후의 소화관 같이 특별한 조직으로 혈액을 보낼 수 있다. 폐쇄순환계는 활동적인 생활 방식을 갖는 동물에 매우 적합하다. 폐쇄순환계는 어류, 파충류와 포유류 같은 모든 척추동물과 매우 활동적인 연체동물(오징어와 문어), 그리고 특이하게도 지렁이와 그 유연종 같은 일부 무척추동물에 존재한다(**그림 33-1b**). 지렁이는 느리다는 평판을 갖고 있음에도, 폐쇄순환계를 갖고 있어서 산소가 희박한 땅 속에서 굴을 파고 살 수 있다.

### 척추동물의 순환계는 다양한 기능을 수행한다

순환계는 체내의 모든 다른 기관계를 지원한다. 척추동물에서 순환계는 다음과 같은 기능을 수행한다:

- 아가미나 폐로부터 신체의 다른 부분으로 산소를 운반하고 조직으로부터 아가미 또는 폐로 이산화탄소를 운반한다.
- 소화계로부터 모든 신체 세포로 영양분을 분배한다.
- 해독을 위해 독성 물질을 간으로 운반하며 세포 내 노폐물을 혈액으로부터 여과하여 배설하는 콩팥으로 운반한다.
- 뷰비샘과 기관에서 생성된 호르몬을 호르몬이 작용하는 조직으로 운반한다.
- 혈류를 조절하여 체온 조절을 돕는다.
- 혈액응고를 통해 출혈 차단과 상처 치유를 돕는다.
- 백혈구와 항체를 순환시켜 질병으로부터 신체를 보호한다.

다음 절에서는 순환계의 세 가지 구성요소인 심장, 혈액과 혈관을 인간에 중점을 두어서 설명하고자 한다. 마지막으로 순환계와 밀접하게 작용하는 림프계를 설명할 고자 한다.

**CHECK YOUR LEARNING**

- 순환계가 공유한 주요 특징을 설명할 수 있는가?
- 개방순환계와 폐쇄순환계를 비교할 수 있는가?
- 척추동물 순환계의 기능을 설명할 수 있는가?

## 33.2 척추동물의 심장은 어떻게 작동하는가?

척추동물의 심장은 강하게 수축할 수 있는 근육성 방들로 구성되어 있다. **심방(atria)**이라 불리는 방은 혈액을 모은다. 심방의 수축에 의해 혈액이 **심실(ventricles)**로 보내지는데, 심실의 수축은 혈액을 폐를 통해 신체의 나머지 부위로 순환시킨다.

### 두 개의 방으로 된 어류의 심장은 최초의 척추동물 심장으로 진화되었다

어류의 심장은 단일 심방에서 단일 심실로 비워지는 두 개의 수축성 방으로 구성되어 있다(**그림 33-2a**). 심실에서 펌프된 혈액은 먼저 아기마를 지나게 되는데, 그곳에서 산소를 얻고 이산화탄소를 내어 놓는다. 혈액은 아가미에서 나머지 신체 부위로 이동하면서 조직에 산소를 전달하고 이산화탄소를 받아온다. 온몸을 거쳐 온 혈액은 단일 심방으로 되돌아간다. 어류의 몸은 물에 의해 지탱되므로 심장은 중력을 거슬러 펌프 할 필요가 없다. 이것 때문에 어류의 혈압은 다른 대부분의 육상 척추동물보다 낮다. 혈액이 현미경적 크기의 아가미 모세혈관을 지나 혈관으로 들어갈 때에는 혈압이 상당한 정도로 떨어진다. 수영할 때 꼬리와 몸통의 파동은 혈액이 심장으로 되돌아오는 것을 도와준다.

### 육상 척추동물에서는 점차 복잡하고 효율적인 심장으로 진화하였다

진화 과정에서 척추동물은 바다에서 육상으로 진출하였다. 어류로부터 도롱뇽과 개구리 같은 양서류가 출현하면서 두 개의 심방과 단일 심실을 가진 세 개의 방으로 된 심장이 나타났다(**그림 33-2b**). 양서류로부터 파충류가 출현하였는데, 뱀, 거북과 도마뱀(조류 제외) 같은 파충류 역시 세 개의 방으로 된 심장을 갖고 있다.

이들 육상 척추동물에서 중요한 순환계의 적응은 혈액이 두 개의 별도 회로를 도는 **이중순환(double circulation)**이다. **폐순환(pulmonary circuit)**은 혈액을 심장에서 폐로 보내며, 그곳에서 이산화탄소와 산소의 교환이 일어난 다음 심장으로 되돌아온다. **체순환(systemic circuit)**은 혈액을 심장에서 온 몸으로 수송하는데 그곳에서 산소는 이산화탄소와 교환된다. 세 개의 방을 가진 심장의 경우, 체순환에서 돌아온 혈액은 우심방으로 들어가고, 폐순환에서 돌아온 혈액은 좌심방으로 들어가며, 이 두 심방 모두에서 하나의 심실로 들어간다. 양서류와 파충류의 심장에서 대부분의 산소가 고갈된 혈액은 심실의 오른쪽으로 들어가 폐쪽으로 흐르게 하며 대부분의 산소가 풍부한 혈액은 심실의 왼쪽으로 들어간 다음 몸의 나머지 부위로 펌프시키는 독특한 내부 구조를 가지고 있다.

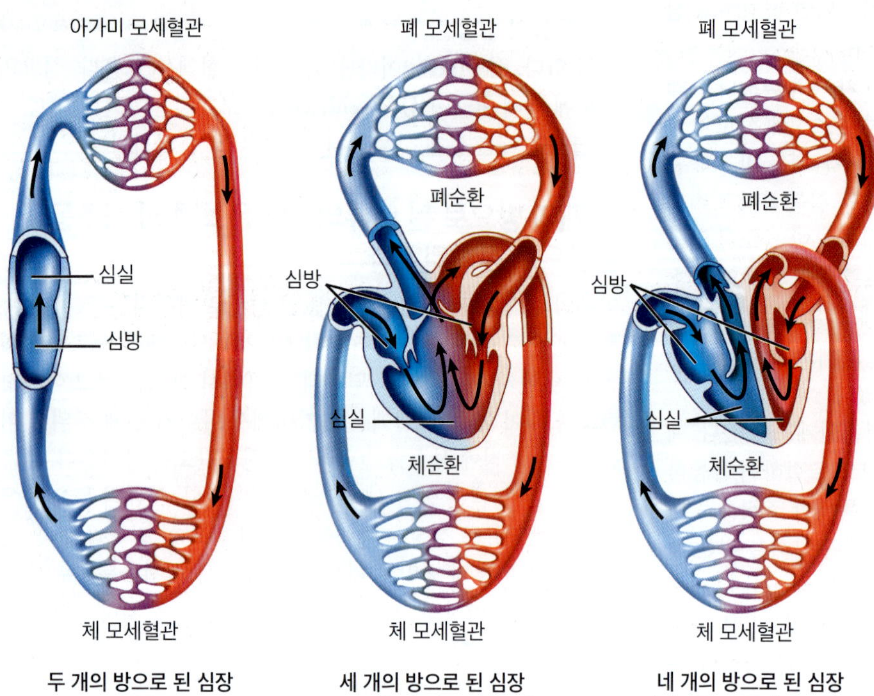


◀ **그림 33-2 척추동물 심장의 진화** **(a)** 초기의 척추동물 심장으로 두 개의 방을 가진 어류의 심장이다. **(b)** 양서류와 대부분의 파충류는 두 개의 심방에서 단일 심실로 혈액을 보내는 세 개의 방으로 된 심장을 갖고 있다. **(c)** 악어류, 조류와 포유류의 심장은 매우 다른 압력을 유지하고 산소가 고갈된 혈액과 산소가 풍부한 혈액의 혼합을 차단하는 두 개의 독립된 펌프를 갖고 있다. (이러한 심장은 독자들의 전면에 나타냈기 때문에 좌우가 바뀌었다. 이 장에서, 산소가 풍부한 혈액은 적색으로, 산소가 고갈된 혈액은 청색으로 나타냈다.)

## 네 개의 방으로 된 심장은 두 개의 분리된 펌프를 가지고 있다

지금은 파충류로 분류되는 조류, 악어와 같은 일부 파충류 그리고 모든 포유류는 네 개의 방으로 된 심장을 갖고 있다(**그림 33-2c**). 우심방과 우심실이 좌심방과 좌심실로부터 완전히 분리된 네 개의 방을 가진 심장은 두 개의 심장 박동이 하나처럼 작동한다(**그림 33-3**). "오른쪽 심장"은 산소가 고갈된 **혈액(정맥, vein)**을 처리한다. 우심방은 심장으로 혈액을 수송하는 두 개의 큰 혈관인 상대정맥과 하대정맥으로부터 몸을 통과한 산소가 고갈된 혈액을 받는다. 심방이 혈액으로 채워진 후 우심방이 수축하여 혈액을 우심실로 보낸다. 그 다음 우심실이 수축하여 산소가 고갈된 혈액이 **동맥(arteries)**을 통해 폐로 보내진다. "왼쪽 심장"은 산소가 풍부한 혈액을 다룬다. 폐에서 나온 산소가 풍부한 혈액은 폐정맥을 통해 좌심방으로 들어간 다음 좌심실로 밀려간다. 심장의 강력한 근육성 방인 좌심실의 강한 수축에 의해 산소가 풍부한 혈액이 대동맥을 통해 신체의 각 부위를 순환하게 된다.

## 판막은 혈류의 방향을 유지한다

혈류의 방향성은 일방향성 판막에 의해 유지된다(그림 33-3, 33-5 참조). 한쪽 방향의 압력에는 쉽게 열리지만 역방향의 압력에는 닫힌다. **방실판(Atrioventricular valves)**은 혈액이 심방에서 심실로 흐르도록 하나 심실이 수축할 때 심방으로의 혈액 역류를 차단한다. **반월판(Semilunar valves)**은 심실이 수축할 때 혈액이 폐동맥과 대동맥으로 들어가게 하며 심실이 이완될 때 혈액이 되돌아오는 것을 차단한다.

**CASE STUDY** **CONTINUED**

### 심장이식에 의한 생명 구하기

카일라 몽틸의 최초 심장이식은 좌측 방실판의 결함으로 완전히 닫히지 않았기 때문에 겨우 생후 18개월 때 행해졌다. 좌심실이 수축하면 혈액이 좌심방으로 되돌아가기 때문에 전신으로 순환하기 위해 대동맥으로 들어가는 혈액이 적어질 수밖에 없었다. 그녀의 작은 심장은 조직에 적당량의 산소가 풍부한 혈액을 공급하기 위해 더 강하게 일을 해야만 했다. 또한 부적절한 혈류에 대한 반응으로 카일라의 몸은 혈압을 유지하기 위해 더 많은 양의 혈액을 보유하게 되었다. 혈액량이 많아지자 그녀의 심실은 과다 신장되어 약해지게 되었다. 두 살짜리 남아에게서 심장 공여가 가능했을 때 그녀의 수명은 몇 달밖에 남지 않았다.

카일라의 심장근육은 비정상적으로 신장되어 혈액이 적정하게 순환될 수 있도록 강하게 수축할 수 없었다. 정상적인 심장근육은 어떤 모습이며, 심장의 수축은 어떻게 혈액이 효율적으로 순환되도록 조율될까?

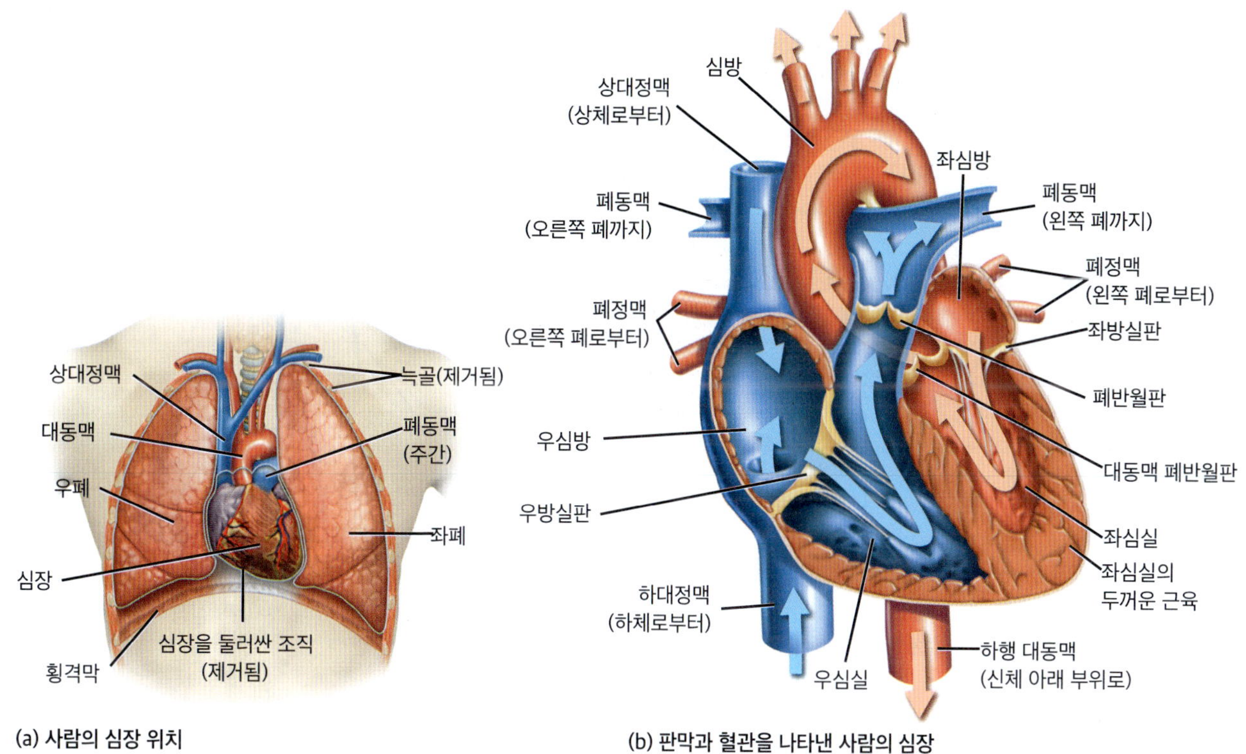


(a) 사람의 심장 위치

(b) 판막과 혈관을 나타낸 사람의 심장

▲ **그림 33-3 사람의 심장** **(a)** 심장은 폐 사이에 자리하고 있고, 흉강과 복강 사이에 있는 근육으로 된 판인 횡격막 바로 위에 있다. **(b)** 일방향성의 반월판은 대동맥과 좌심실을, 그리고 폐동맥과 우심실을 분리한다. 방실판은 각 심방을 그에 상응하는 심실과 분리한다. 좌심실의 근육성 벽은 우심실의 벽보다 두꺼운데 좌심실은 혈액을 전신으로 보내야하기 때문이다.

## 심근은 심장에만 존재한다

심장의 대부분은 신체의 다른 부분에서는 발견되지 않는 특수화된 근육 유형인 **심근(cardiac muscle)**으로 구성되어 있다. 심근세포는 작고, 분지되어 있으며 줄무늬 모양을 나타내는 규칙적으로 배열된 단백질 다발로 포장되어 있다(**그림 33-4**). 심근세포는 세포 사이의 띠로 보이는 **개재판(intercalated discs)**에 의해 서로 연결되어 있다. 여기서 인접 세포막은 서로 강하게 부착되어 있어 강한 심장 수축에 의해 세포들이 떨어지는 것을 방지한다. 또한 개재판은 한 근육세포에서 인접한 세포로 수축을 일으키는 전기신호를 직접적이고 신속하게 전달하는 막으로 연결된 채널을 갖고 있다. 이 신속한 전파에 의해 심장근육의 중첩된 부위들이 거의 동시적으로 수축하여 혈액을 전신으로 펌프하는데 충분한 힘을 제공한다.

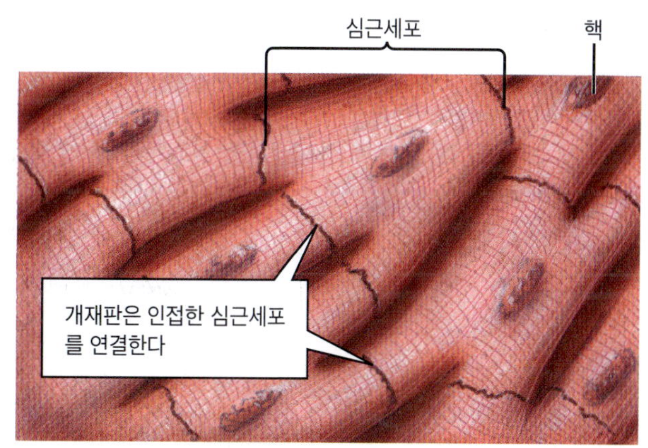


▲ **그림 33-4 심근의 구조**

**비판적 사고** 근육이 규칙적으로 운동하게 되면 그 크기가 커진다. 잘 훈련된 운동선수의 안정시의 심박수는 보다 덜 활동적인 사람의 심박수보다 느린 이유는 무엇일까?

## 심방과 심실의 조화로운 수축이 심장주기를 생성한다

사람의 심장은 매일 100,000번 박동한다. 각각의 심장박동은 **심장주기(cardiac cycle)**라 불리는 실제로 조화로운 과정의 연속이

산소가 충분한 혈액이 체순환을 통하여 신체로 펌프된다.

산소가 고갈된 혈액이 폐순환을 통해 폐로 펌프된다.

0.1초

0.3초

혈액이 양쪽 심방에 채워진 다음 심실로 수동적으로 흐르기 시작한다.

산소가 풍부한 혈액이 폐로부터 좌심실로 들어온다

혈액이 양쪽 심방에 채워진 다음 심실로 수동적으로 흐르기 시작한다.

0.4초

❶ 심방 수축: 양쪽 심방이 수축하여 혈액을 심실로 보낸다.

❷ 심실 수축: 양쪽 심실이 수축하여 혈액을 폐순환과 체순환으로 보낸다. 수축기 혈압은 여기서 측정된다.

❸ 이완: 심장이 이완됨으로써 주기가 끝난다. 확장기 혈압은 여기서 측정된다.

▲ **그림 33-5 심장 주기**

다(**그림 33-5**). 각 심장주기 동안, 두 개의 심방이 먼저 동시에 수축하여 그 속의 내용물을 심실로 보내는데 이를 심방 수축기라 한다❶. 몇 분의 1초 후에 심실 수축기 동안 두 개의 심실이 동시에 수축하여 혈액이 심장을 빠져나가 동맥으로 들어가게 한다❷. 그런 다음 확장기 동안, 양쪽의 심방과 양쪽의 심실은 잠깐 이완하여, 심장주기가 반복되기 전에 혈액으로 채워지기 시작한다❸. 휴식중인 사람의 경우, 완전한 주기는 1초 이내에 일어나거나 또는 분당 70회 정도 일어난다. **심박수(heart rate)**는 분당 심장주기의 수를 말한다.

혈압은 두 개의 측정치로 구성되어 있다(**그림 33-6**). **수축기 혈압**(**systolic pressure**, 두 측정치 중 높은 값)은 근육성 좌심실이 혈액을 체순환으로 펌프할 때 동맥에서 생성된다. **확장기 혈압**(**diastolic pressure**, 두 측정치 중 낮은 값)은 수축 사이의 심장 안정 시 동맥의 혈압이다.

혈압이 120/80mmHg 이하와 90/60 이상이면 건강하다고 여겨진다. 낮은 혈압은 현기증 같은 증상이 동반되지 않으면 일반적으로 문제가 되지는 않는다. 혈압이 140/90mmHg 또는 그 이상이면 **고혈압(Hypertension)**으로 정의된다. 고혈압은 심장이 혈액을 전신으로 펌프하기가 어려워지며, 그 결과 심장이 약해져

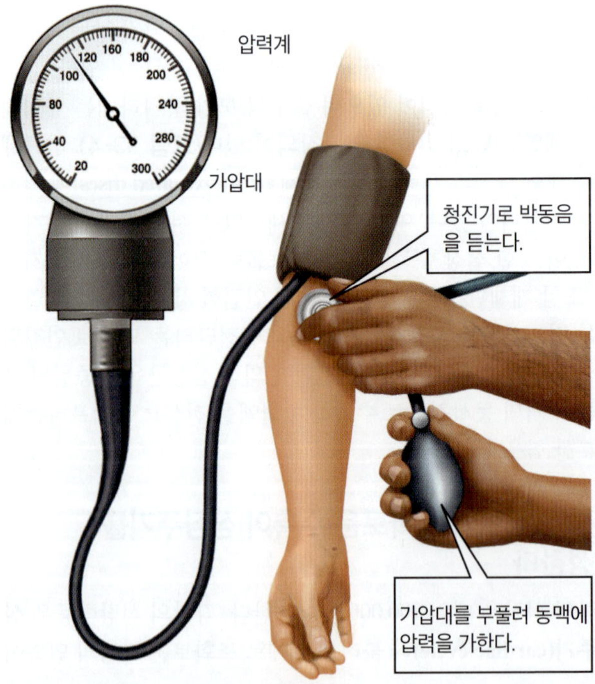


▶ **그림 33-6 혈압의 측정** 압력대의 압력으로 팔의 주 동맥이 차단될 때까지 부풀린다. 그런 다음 청진기를 통해 주기적인 혈액음이 최초로 들릴 때까지 압력을 점차적으로 감소시킨다. 이 압력으로 각 심장 박동과 좌심실에 의해 생성된 압력이 가압대 압력을 극복할 때 일부 혈액이 동맥을 통해 흐르게 되는 수축기 혈압이다. 그런 다음 더 이상의 박동음을 들을 수 없을 때까지 가압대 압력이 감소된다. 심실 수축 사이의 혈압이 가압대 압력을 극복할 때의 확장기 혈압이다. 숫자는 기압계로도 사용되는 압력의 표준 측정치인 수은주의 mmHg로 나타낸다.

**Have You Ever Wondered ...**

## 기린의 심장은 어떻게 뇌까지 혈액을 펌프할까?

기린의 긴 다리와 2.5미터의 목은 이 놀라운 동물이 나무의 높은 곳에 있는 먹이를 섭취할 수 있으나 이러한 적응에는 순환계의 엄청난 요구가 뒷받침되어야 한다. 기린의 심장은 무게가 9.9kg이고 길이는 밑에서 위까지 약 0.6미터로 이러한 요구를 충족시킬 수 있다. 기린을 평균적인 사람과 동일하게 비교해보면 기린의 심장은 사람의 심장보다 누 배 성노 크나. 기린의 엄청난 심박수는 분당 약 170회로 280/140mmHg의 혈압을 생성하는데 두 측정값 모두 사람에 비해 거의 2배이다. 이러한 적응 결과 혈액은 기린의 뇌까지 오르막 여행을 할 수 있도록 한다.

심부전이 유도될 수 있다. 일부 사람들은 고혈압에 대해 유전적 소인을 가지고 있으나 흡연, 비만, 운동부족, 과다한 알코올 섭취, 스트레스와 노화 등과도 연관되어 있다.

### 전기 자극이 심장 방의 수축 과정을 조율한다

심장의 수축은 자발적인 전기신호를 규칙적으로 생산하는 특수화된 심근세포 집단인 박동원(*pacemaker*)에 의해 개시되고 조율된다. 심장의 박동원은 우심방의 상부 벽에 위치한 **동방결절**(**sinoatrial node, SA**)이다(그림 33-7). 동발결절로부터의 전기신호는 인접한 심근세포를 자유롭고 신속하게 통과한 다음 심방 전체의 근육세포들로 전파된다.

심장주기 동안 심방이 먼저 수축하여 그 내용물을 심실로 내보낸다. 여기에는 심실이 수축하기 전에 심실이 채워지도록 심방과 심실 수축 사이에는 약간의 지체가 요구된다. 어떻게 이것이 이루어지는가? 먼저, 동방결절은 우심방과 좌심방을 스쳐 지나가는 수축파❶를 일으키는데 이것에 의해 심방이 농시에 수축한다❷. 그런 다음 신호는 전기신호가 전도되지 않는 심방과 심실 사이의 조직 장벽에 도착한다. 여기서, 흥분은 우심방의 바닥에 위치한 특수한 근육세포 덩어리인 **방실결절**(**atrioventricular node, AV**)을 통해 전달된다❸. 자극은 방실결절을 통해 느리게 전달되며 약간 지체된 전도를 심실수축을 일으키는 부위에 전달한다. 이 지체로 심방은 심실이 수축을 시작하기 전에 심방의 혈액을 심실로 완전히 전달할 수 있다.

방실결절로부터 수축신호는 신속하게 전도하는 근육섬유인 특수화된 부위를 따라 전파된다. 이 부위는 양쪽 심실의 아래 부위까지 가지를 보내는 방실속(*atrioventricular bundle*)이라 불리는 두꺼운 섬유 집단에서 시작한다❹. 여기서, 방실속 가지는 나뉘어져 푸르킨예 섬유(purkinje fibers)를 형성하여 전기신호를 심근세포 주위로 전파하며 심실의 아래쪽에서 심실벽 위쪽으로

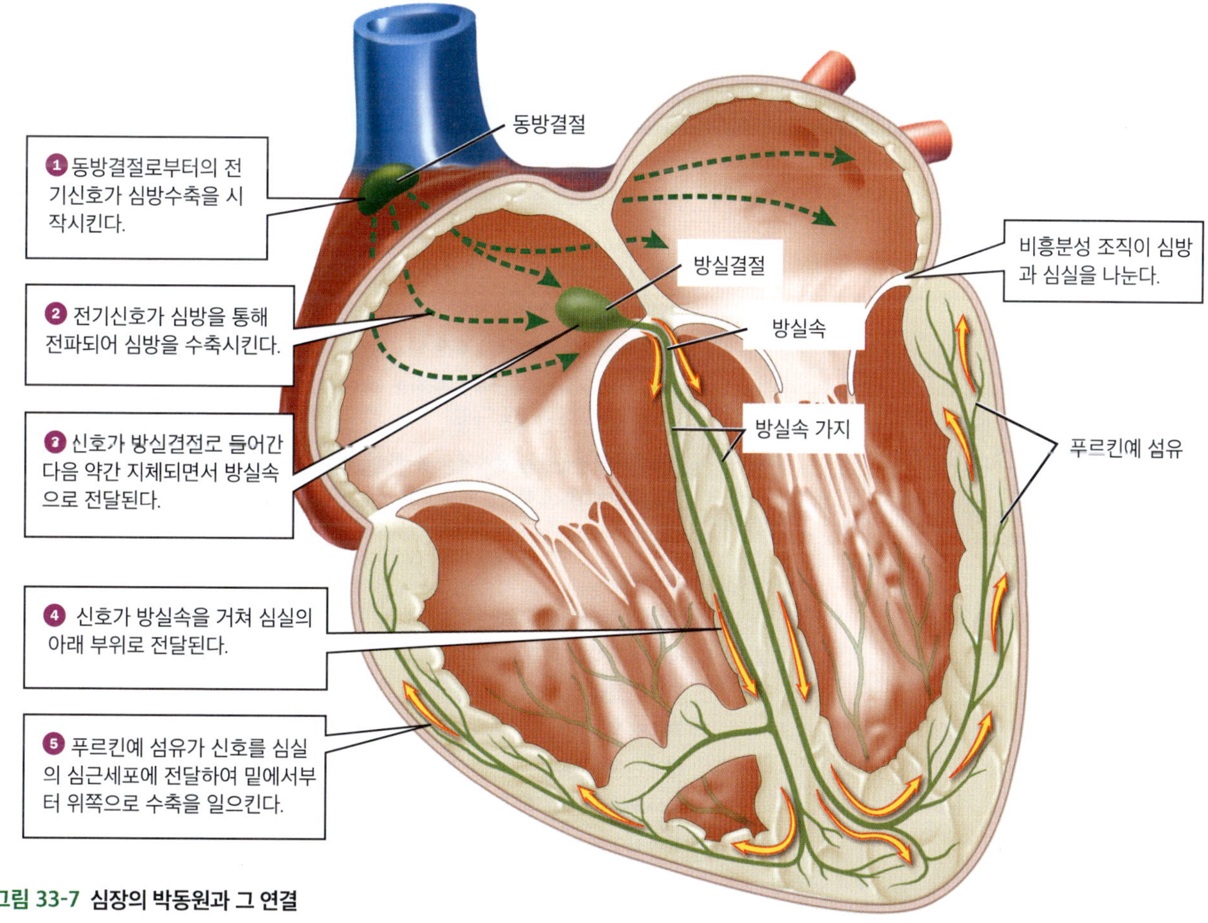


▲ 그림 33-7 심장의 박동원과 그 연결

수축파를 보낸다❺. 이 심실수축이 혈액을 폐동맥과 대동맥으로 올라가게 한다.

다양한 질환이 정상적인 심장주기를 생성하는 복잡한 일련의 과정들을 방해할 수 있다. 박동원이 작동하지 않거나 심장의 다른 부위가 과도하게 흥분되어 박동원의 역할을 침해하면 **세동(fibrilation)**이라 불리는 빠르고, 조절되지 않은 약한 수축이 일어날 수 있다. 심실세동은 근육을 진동시켜 혈액이 펌프되지 않으므로 짧은 시간 안에 치명적이다. 이 상태를 치료하기 위해 탈세동기라는 기구로 심장에 전기충격을 가하여 박동원이 자체의 정상적인 조율기능을 회복하도록 심근의 수축을 동조화시킨다.

## 신경계와 호르몬이 심박수에 영향을 미친다

여러분이 강의실로 뛰어가거나 햇볕을 쪼이고 있을 때나 여러분의 심박수는 신체의 활동 수준에 따라 세밀하게 조율된다. 동방결절 박동원은 독자적으로 분당 100회의 지속적인 박동 리듬을 유지한다. 그러나 신경자극과 호르몬은 심박수를 유의할 만하게 변화시킨다. 안정 상태에 있는 사람의 경우 쉬는 기간 동안 체내 시스템을 조절하는 부교감신경계가 분당 심박수를 약 70회로 감소시킨다. 운동을 하거나 스트레스를 받으면 보다 많은 혈류가 근육으로 공급되어야 하기 때문에 신체의 위급 활동에 대비하는 교감신경계가 심박수를 증가시켜 심근의 수축력을 증가시킨다. 동시에 부신도 이러한 효과를 증가시키는 호르몬인 에피네프린(아드레날린)을 분비한다.

**CHECK YOUR LEARNING**

- 척추동물 심장의 세 가지 유형과 심근구조를 설명할 수 있는가?
- 네 개의 방으로 된 심장을 통한 혈액 흐름을 추적하고, 혈액이 흘러가는 구조물의 이름을 적고 각 구조물의 기능을 설명할 수 있는가?
- 심장주기를 설명하고, 사람의 심장에서 전기 자극이 어떻게 전도되는가를 설명할 수 있는가?

## 33.3 혈액이란 무엇인가?

종종 "생명의 강"이라 불리는 혈액은 (1) 혈액양의 55~60%를 차지하는 **혈장(plasma)**과, (2) 혈장에 현탁되어 있는 적혈구, 백혈구와 혈소판으로 구성된 세포 유래 성분 등 두 가지 주요 구성 성분으로 되어 있다(그림 33-8). 평균적인 사람은 약 5리터의 혈액을 갖고 있으며, 0.47리터 정도를 헌혈한다면 전체 혈액의 약 10%만 헌혈하는 것이며 이것도 즉시 보충된다. 혈액의 구성 성분을 표 33-1에 요약하였다.

**표 33-1 혈액의 구성 성분과 그 기능**

| 혈장 구성 성분(혈액 부피의 약 55%) | 기능 |
|---|---|
| 수분 | 다른 구성 성분을 용해; 혈액의 유동성 부여 |
| 주요 단백질 | |
| 알부민 | 혈액 삼투압 유지: 일부 호르몬 및 지방산과 결합하여 수송 |
| 글로블린 | 감염에 대항하는 항체로 작용; 일부 호르몬, 이온 및 다른 분자와 결합하여 수송 |
| 피브리노겐 | 피브린으로 전환되어 응고 촉진 |
| **이온**(소디움, 포타슘, 칼슘, 마그네슘, 염소, 중탄산염, 수소) | pH 유지, 신경활동 및 근육 수축 허용, 효소활성 촉진 |
| **영양분**(단순당, 아미노산, 지질, 비타민, 산소) | 세포대사에 필요한 물질 제공 |
| **노폐물**(요소, 이산화탄소, 암모니아) | 세포대사의 부산물로 혈액에 의해 제거 장소로 수송 |
| **호르몬** | 신호전달분자들이 혈액을 통해 표적 세포로 수송 |
| **세포 성분(혈액 부피의 약 45%)** | **기능** |
| **적혈구**($mm^3$ 당 5,000,000개) | 산소수송 |
| **백혈구**($mm^3$ 당 5,000~10,000개) | 모든 감염과 질병에 대항 |
| 호중구 | 세균의 포식 및 파괴 |
| 호산구 | 기생충 살해 |
| 호염구 | 염증 생성 |
| 림프구 | 면역 반응에 관여 |
| 단핵구 | 대식세포로 성숙하여 세포 찌거기, 외래 세포 및 외래 분자를 포식 |
| **혈소판**($mm^3$ 당 250,000개) | 혈액 응고에 필수적 |

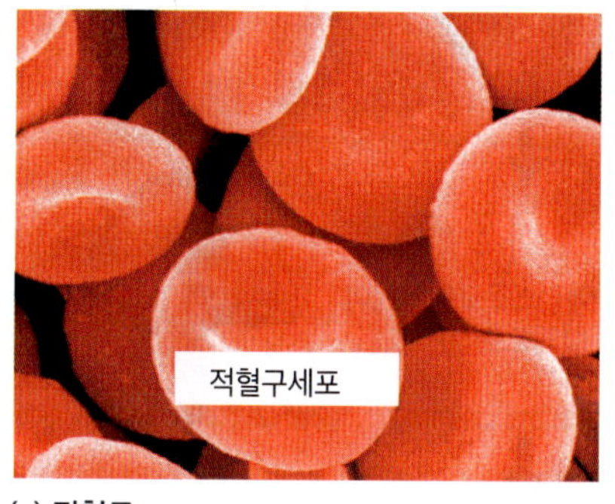


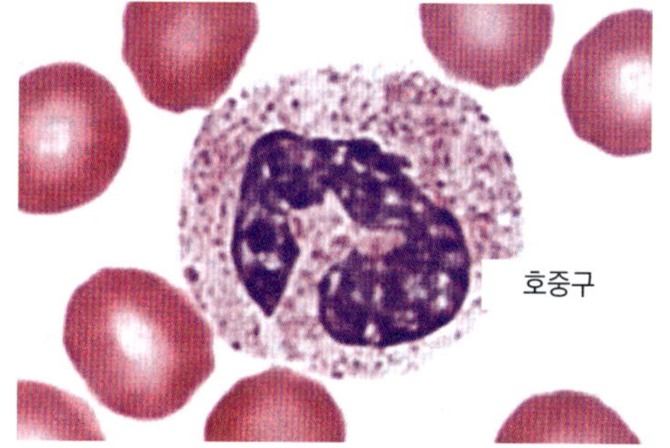


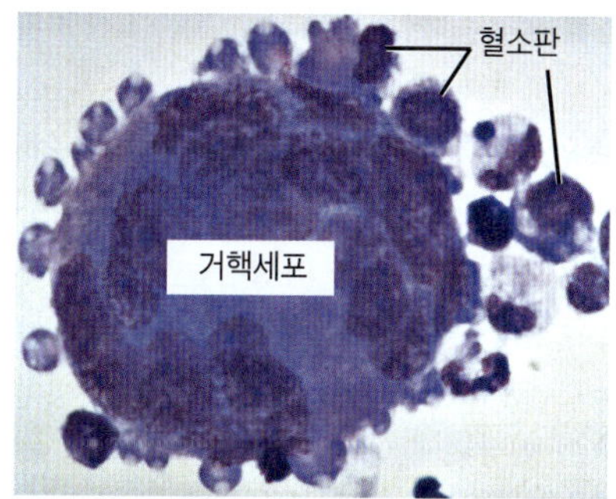


(a) 적혈구 (b) 백혈구 (c) 혈소판을 형성하는 거핵세포

▲ **그림 33-8 혈구의 유형** (a) 이 주사전자현미경 사진은 적혈구의 오목한 모양을 보여준다. (b) 광학현미경으로 나타낸 호중구라 불리는 백혈구는 보다 작은 적혈구세포에 둘러싸여 있다. (c) 혈소판은 거핵세포로부터 형성된 막으로 둘러싸인 절편이다.

**비판적 사고** 음식에 철이 결핍되면 왜 빈혈(적혈구세포가 너무 적다)이 생기는가?

## 혈장은 주로 단백질, 염분, 영양분과 노폐물이 용해되어 있는 물이다

혈장의 약 90%는 물이지만, 이 투명한 담황색의 체액에는 100 종류 이상의 서로 다른 분자들이 용해되어 있다. 혈장은 호르몬, 영양분과 세포 노폐물을 수송한다. 혈장에는 또한 다양한 이온을 포함되어 있으며 이들 중 일부는 혈액의 pH를 조절하고 일부는 신경 및 근육세포의 기능 발휘에 필수적이다.

단백질은 무게로 봤을 때 가장 많이 용해되어 있는 구성 성분이다. 세 가지 가장 일반적인 혈장단백질은 알부민, 글로불린과 피브리노겐이다. 알부민은 혈액의 삼투압 유지에 도움을 주어 모세관 벽을 통한 과량의 체액 확산을 차단한다. 일부 글로불린은 면역 반응에서 중요한 역할을 하는 항체이다(37장 참조). 피브리노겐은 이 장의 뒷부분에서 설명한 바와 같이 혈액응고에 중요하다.

## 혈액의 세포 유래 구성 성분은 골수에서 생성된다

혈액의 세 가지 유형의 구성 성분인 적혈구, 백혈구 및 혈소판은 뼈의 강소 내에 존재하는 조직인 **골수(bone marrow)**에 위치한 세포로부터 유래된다(41장 참조). 이들 세 가지 유형 중 백혈구 세포만 기능적으로 완전한 세포이다. 포유동물의 적혈구는 발생과정 중 핵과 미토콘드리아를 소실했으며 혈소판은 실제적으로 세포의 작은 절편이다.

## 적혈구는 폐로부터 조직으로 산소를 운반한다

전체 혈액세포의 약 99%는 **적혈구(erythrocyte)**로 주된 기능은 산소를 수송하는 것이다. 적혈구세포는 엄지와 검지로 누른 찰흙 공과 비슷한 모양을 하고 있다(그림 33-8a). 적혈구의 붉은 색은 이온 함유 단백질인 **헤모글로빈(hemoglobin, 그림 33-9)** 때문에 생긴다. 각 헤모글로빈 분자는 각각의 헴기에 네 개의 산소 분자와 결합하여 수송할 수 있다. 헤모글로빈은 산소와 결합하면 밝은 앵두색을 띠고, 산소를 방출하면 짙은 빨간색을 띠기 때문에 피부를 통해 보이는 정맥에서 푸르스름하게 보인다. 헤모글로빈은 산소 농도가 높은 폐의 모세혈관에서 산소를 추출하여 산소와 느슨하게 결합한 다음, 산소 농도가 낮은 신체의 다른 조직에서 방출한다(34장 참조).

### 일산화탄소는 헤모글로빈으로부터 산소를 대체한다

불행하게도, 산소는 헤모글로빈과 결합하는 유일한 분자가 아니다. 일산화탄소(CO) 역시 헤모글로빈과 결합할 수 있으며, 미국 내에서 일산화탄소 중독으로 매년 약 450명이 희생되고 있다. 일산화탄소는 연료가 불완전하게 연소될 때 생성되며 일부는 엔진, 용광로, 숯구이와 담배 등에 의해서도 방출된다. 산소와 마찬가지로 일산화탄소도 헤모글로빈의 헴기에 약 200배 이상 강하게 결합한다. 그 결과, 일산화탄소는 헤모글로빈에 수 시간 동안 결합된 채로 남아 있어 헤모글로빈의 산소 운반을 차단하여 산

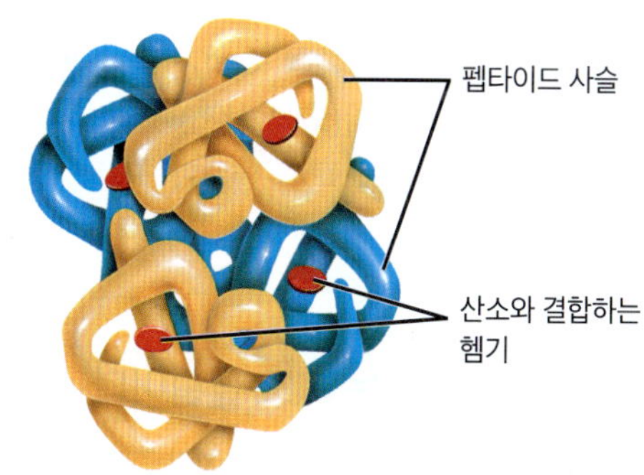


▲ **그림 33-9 헤모글로빈** 4개의 펩타이드 사슬 각각(두 가지 유형의 두 분자 각각)은 산소와 결합하는 철-함유 헴 분자를 둘러싸고 있다.

소를 필요로 하는 신체 조직이 산소를 공급받지 못하게 된다. 질식사한 사람은 헤모글로빈이 산소를 고갈했기 때문에 일반적으로 입술과 손톱 밑의 피부가 파랗게 변하지만, 산소 또는 이산화탄소와 결합한 헤모글로빈은 모두 밝은 붉은색으로 보이기 때문에 일산화탄소 중독 희생자는 건강한 색깔을 유지한다.

적혈구는 약 4개월 생존한다. 매초마다 200만 개 이상의 적혈구가 죽고 골수에서 생성된 새로운 것으로 대체된다. 죽은 적혈구는 비장과 간에서 분해된다. 헤모글로빈으로부터 분리된 철은 골수로 회수되어 새로운 적혈구세포에서 사용되는 헤모글로빈에 재활용된다. 이 재활용 과정이 효율적이긴 하지만 상처 또는 월경에 따른 출혈 동안 일부 철이 소실되며, 소량은 대변을 통해 매일 배출되므로 어느 정도의 철은 음식을 통해 공급해주어야만 한다.

### 음성피드백 작용이 적혈구 수를 조절한다

적혈구의 수는 혈액이 얼마나 많은 산소를 운반할 수 있는가에 따라 정해진다. 적혈구의 수는 호르몬인 **에리스로포이에틴(erythropoietin)**을 포함한 음성피드백 작용에 의해 조절된다. 콩팥에서 생성되는 에리스로포이에틴은 혈액으로 들어가 낮은 농도의 산소에 반응하여 적혈구의 생성을 증가시키는 골수를 자극한다(**그림 33-10**). 혈액의 소실, 불충분한 헤모글로빈 생산, 이용할 수 있는 산소가 적은 고지대 또는 체액이 폐에 축적되는 폐질환과 심부전 같이 폐에서의 기체 교환 방해 등에 의해 산소 농도 감소가 일어날 수 있다. 산소 수준이 적절하게 회복되면 적혈구 생산이 감소되어 적혈구의 생성 속도는 정상으로 되돌아온다. 콩팥 기능 항진증을 가진 사람은 콩팥이 충분한 에리스로포이에틴을 생성하지 못하기 때문에 종종 적혈구 수가 부족한 빈혈로 고생하기도 한다.

## 백혈구세포는 질병에 대항하여 신체를 보호한다

**백혈구(leukocyte)**는 적혈구보다 크고, 기어 다니고, 모양을 바꿀 수 있으며 모세혈관 벽 통과를 포함하여 좁은 공간에서도 적혈구보다 쉽게 통과할 수 있다. 백혈구에는 호중구, 호산구, 호염구, *림프구*와 *단핵구* 등 다섯 가지 유형이 존재한다(그림 33-8b, 표 33-1 참조). 이들의 수명은 몇 시간에서 몇 년에 걸쳐있으며, 이들을 모두 합쳐도 혈액세포 분획의 1% 미만이다. 백혈구는 질병에 대항하여 신체를 보호한다(37장 참조). 예를 들어 단핵구는 조직으로 침투하여 대식세포로 전환된다. 대식세포는 세균(**그림 33-11**) 및 비장과 간에서 분해된 죽은 세포의 찌거기를 포식한다.

## 혈소판은 혈액응고를 돕는 세포 절편이다

**혈소판(platelets)**은 거핵세포(*megakaryocyte*)라 불리는 큰 세포의 절편들이다. 거핵세포는 골수에 머물면서 자신의 세포를 터트려 세포질 막으로 둘러싸인 덩어리인 혈소판을 만든다(**그림 33-8c**). 약 10일 동안 생존하는 혈소판은 혈액으로 들어가 혈액응고에 핵심적인 역할을 한다.

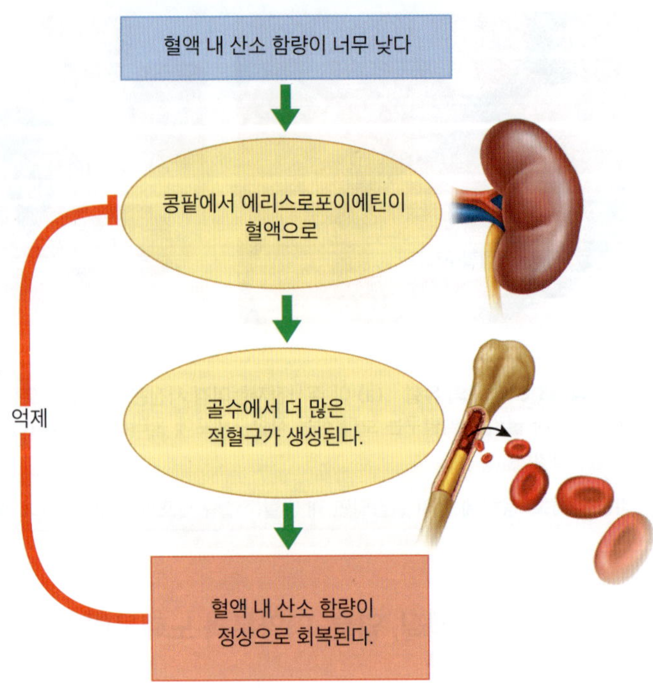


▲ **그림 33-10 음성피드백 작용에 의한 적혈구세포의 생성 조절**

**비판적 사고** 일부 지구력 운동선수들은 다량의 에리스로포이에틴의 주입을 통한 속임수를 쓴다. 이것이 어떻게 경쟁적 이점을 줄 것인가?

### 혈액응고는 손상된 혈관을 막는다

**혈액응고(blood clotting)**는 외상뿐 아니라 정상적인 활동에 의

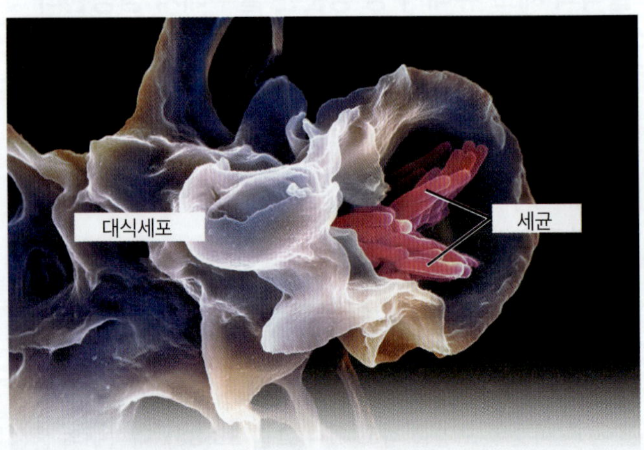


▲ **그림 33-11 백혈구세포가 세균을 공격한다** 세포질 돌기를 형성한 대식세포가 막대기 모양의 결핵균 집단을 포식한다.

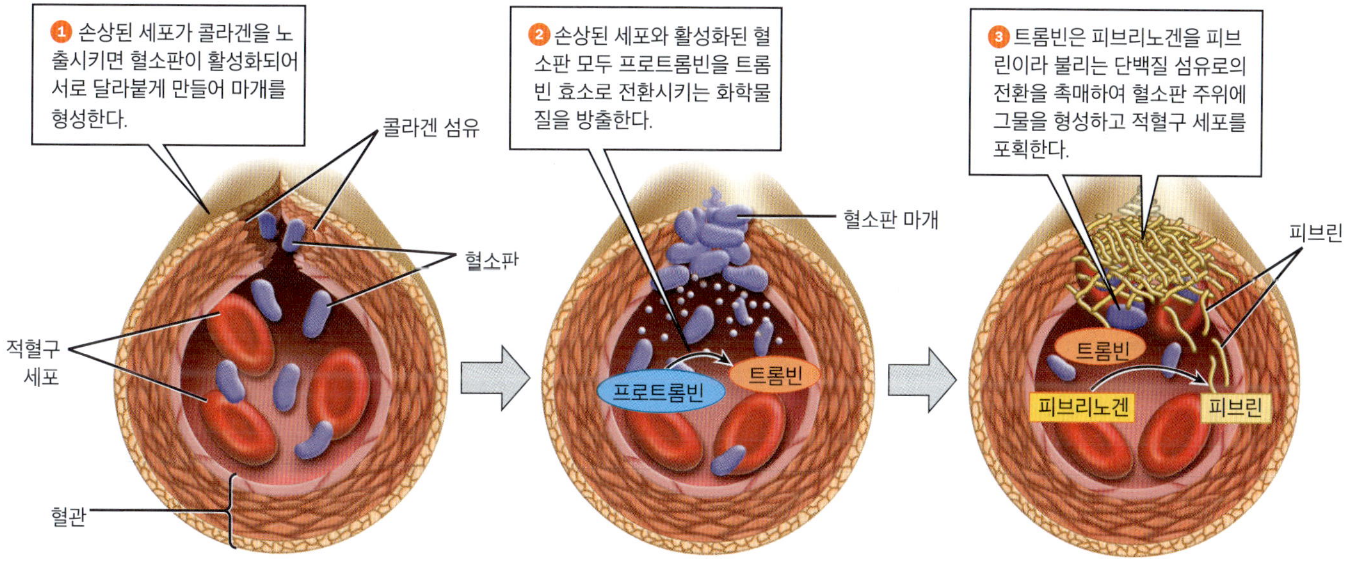


▲ **그림 33-12 혈액응고** 손상된 조직과 부착하는 혈소판이 혈액 단백질 속에서 일련의 생화학 반응을 일으켜 혈병 형성을 유도한다. 이 그림은 혈액 응고과정을 단순화한 것이다.

해 생기는 작은 마모나 찢김에 의한 혈액의 과다출혈로부터 동물을 보호하는 복잡한 과정이다. 응고는 예를 들어 혈관벽이 터졌을 때와 같이 손상된 조직에 혈액이 접촉했을 때 시작된다(**그림 33-12**). 혈소판은 파열된 벽에서 노출된 콜라겐 단백질에 부착하여 개구부를 부분적으로 막는 혈소판 마개를 형성한다①. 부착한 혈소판과 파열된 혈관벽 세포 모두 대부분 순환하는 혈장단백질인 응고인자(*clotting factor*)들 중에서 복잡한 연쇄반응을 시작한다. 이러한 일련의 반응 결과 불활성형 혈장단백질인 프로트롬빈을 활성형 효소인 **트롬빈(thrombin)**으로의 전환을 활성화시키는 물질이 생성된다②. 트롬빈은 혈장단백질인 피브리노겐(*fibrinogen*)을 불용성 단백질 가닥인 **피브린(fibrin)**으로 전환시키는 일련의 반응을 개시한다③. 피브린 가닥은 서로 달라붙어 덩어리진 혈소판 주위에 섬유성 망을 형성한다.

이 피브린 그물이 보다 많은 혈소판과 주로 적혈구인 혈액세포를 가두어 응고물의 밀도를 증가시킨다(**그림 33-13**). 섬유성 덩어리에 부착한 혈소판은 서로 움켜쥐는 점착성 돌출부를 내보낸다. 상호 연결된 혈소판은 30~60분간 수축하여 피브린 그물망을 압착하여 액체가 빠져 나오게 된다. 그 작용으로 밀도가 더 크고 강한 혈병(피부에서는 딱지라 한다)이 생성된다. 수축은 또한 상처 부위를 압축하여 손상된 표면을 근접하게 끌어당겨 상처 치유를 촉진한다.

혈액응고는 상처 부위로부터의 과다한 출혈을 차단하는 것뿐만 아니라 사소한 충돌, 정상적인 관절 운동과 근육 수축 등에 의해 작은 혈관이 손상되는 것처럼 자연적으로 일어나는 출혈을 중지시키기 때문에 중요하다. 유전질환인 혈우병(*hemophilia*)을

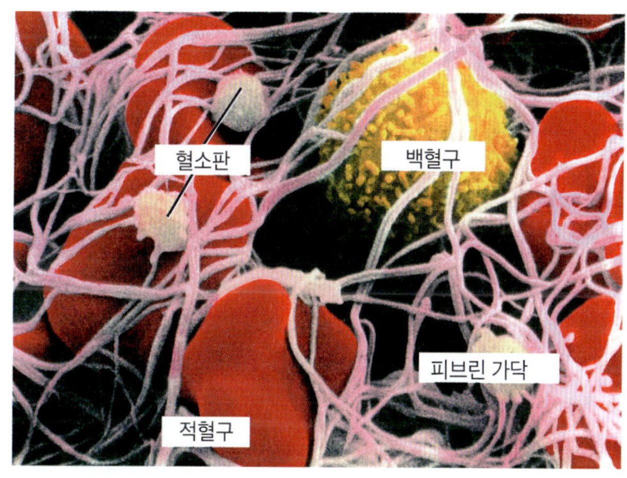


▲ **그림 33-13 혈병** 실 모양의 피브린 단백질 가닥이 얽혀 끈끈한 덩어리를 형성하여 혈구세포를 포획하고 궁극적으로 혈병이 형성된다.

갖고 있는 사람은 혈액응고에 필요한 혈장단백질이 결핍되어 있다. 심각한 경우, 내부 출혈이 일어날 수 있으며 명백한 증상 없이 파괴적으로 계속될 수 있다. 다행하게도, 대부분의 혈우병은 결핍된 응고인자를 혈류에 주입하는 방법으로 조절가능하다.

### CHECK YOUR LEARNING

- 혈액의 각 구성 요소와 그 기능을 설명할 수 있는가?
- 신체 내의 적혈구 수는 얼마나 되며 어떻게 조절되는가를 설명할 수 있는가?
- 혈액응고 과정 동안 일어나는 일련의 사건들을 설명할 수 있는가?

## 33.4 혈관의 종류와 기능은 무엇인가?

혈액은 혈관망 내에서 순환한다. 사람 순환계의 주요 혈관 중 일부를 **그림 33-14**에 나타냈다. 심장을 떠난 혈액은 동맥에서 세동맥을 거쳐 모세혈관으로 간 다음 세정맥을 지나 최종적으로 정맥을 거쳐 심장으로 되돌아온다(**그림 33-15**). 모세혈관 벽은 특수화된 단순편평상피세포인 단일층의 내피(*endothelium*)로 구성되어 있다. 보다 큰 혈관들은 중간의 평활근층과 바깥쪽의 결합조직층의 두 종류의 추가적인 세포층을 가지고 있다(그림 33-15 참조). 콜레스테롤 축적에 의해 또는 혈병에 의해 차단되어 생명의 강인 혈관이 터지면 어떤 일이 일어날까? 이러한 의문에 대해 "Health Watch: 손상된 심장의 치료"에서 탐구할 것이다.

### 동맥과 세동맥은 심장으로부터 혈액을 운반한다

동맥은 심장에서 나가는 혈액을 운반한다. 정맥과 비교해볼 때 동맥벽은 비후되어 있으며 훨씬 탄력적이다(그림 33-15 참조). 심실에서 혈액이 밀려나올 때마다 동맥은 두꺼운 벽으로 된 풍선처럼 약간 팽창된다. 심장 박동 사이에 이들 탄성 벽이 되돌아오면 동맥은 실제적으로 펌프를 도와 더 작은 혈관으로 혈액이 일정하게 흐르도록 한다. 동맥은 체내에서 혈액의 분배를 결정하는데 중요한 역할을 하는 **세동맥(arterioles)**이라 불리는 보다 작은 직경의 혈관으로 나누어진다.

#### 세동맥은 혈류의 분배를 조절한다

세동맥은 300mm 보다 작은 관으로 혈액을 모세혈관으로 운반한다. 세동맥의 근육성 벽은 신경, 호르몬과 인접 조직에서 생성되는 화학물질의 영향을 받는다. 그 결과 세동맥은 혈액을 공급하는 조직과 기관의 요구에 반응하여 수축하고 이완한다. 스릴 넘치는 소설에서 여러분이 "소름끼치는 광경을 보자 그녀의 얼굴에 핏기가 가셨다"라는 대목을 읽었다고 하자. 교감신경계와 부신으로부터 분비되는 에피네프린이 피부에 혈액을 공급하는 세동맥 벽에 존재하는 평활근의 수축을 자극할 때 피부가 창백해진다. 세동맥의 수축 결과 혈액은 피부로부터 활발한 활동에 필요한 근육으로 돌려진다.

혹독하게 추운 날에는 교감신경계가 말단부에 혈액을 공급하는 세동맥 수축을 일으키기 때문에 손가락과 발가락이 동상에 걸릴 수 있다. 이것은 체온이 떨어질 때 적절하게 기능을 수행할 수 없는 심장과 뇌 같은 생명의 중추적인 기관에 혈액을 돌린

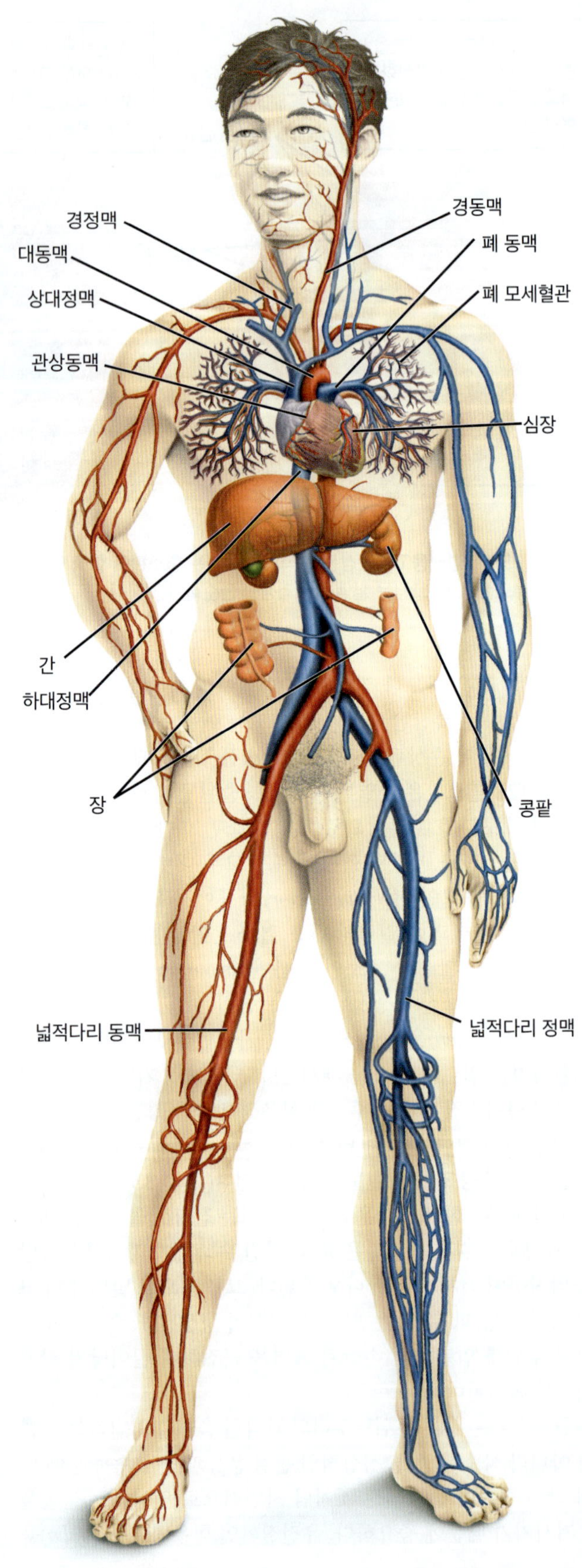


▶ **그림 33-14 사람의 순환계** 그림의 왼쪽 편에 강조한 동맥은 심장으로부터 혈액을 운반하며, 그림의 오른쪽 편에 강조한 정맥은 심장으로 혈액을 운반한다. 폐동맥을 제외한 모든 동맥은 산소가 풍부한 혈액을 운반하며, 폐정맥을 제외한 모든 정맥은 산소가 고갈된 혈액을 운반한다. 현미경적 크기의 폐 모세혈관을 크게 확대하여 나타냈다.

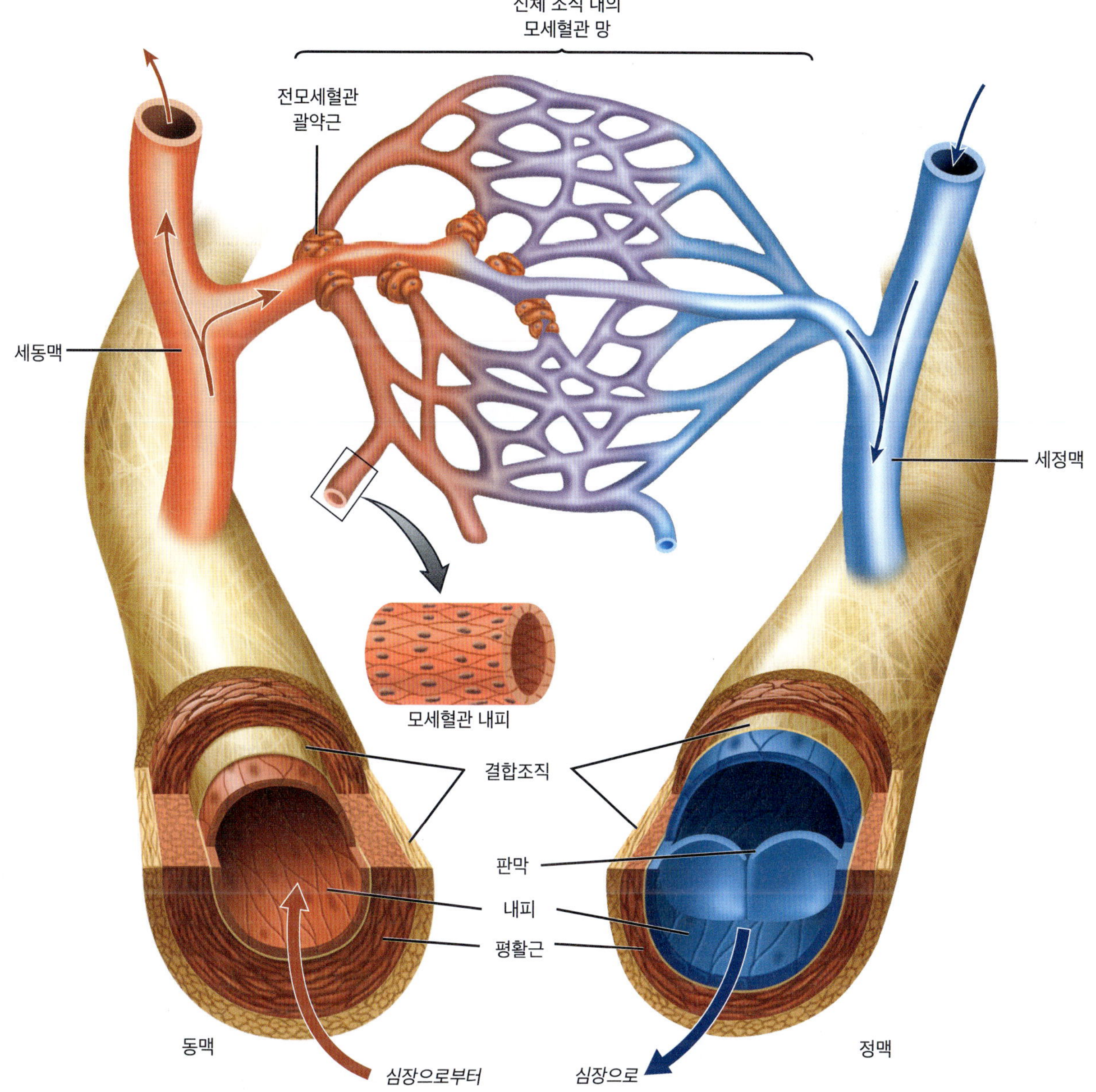


▲ **그림 33-15 혈관의 구조와 상호연결** 동맥과 세동맥은 정맥과 세정맥보다 훨씬 근육성이다. 산소가 풍부한 혈액은 동맥과 세동맥을 거쳐 모세혈관으로 이동한다. 모세혈관 벽은 단지 하나의 세포로 그들 주위에서 기체와 영양분의 교환이 가능하게 한다.

**비판적 사고** 위 그림에서처럼 색깔을 다르게 표시한 혈관들이 폐로 이어지는 순환의 일부인가? 그렇지 않다면 그 이유는?

다. 열이 발산되는 말단부로 가는 혈류를 최소화하여 신체는 열을 보존한다. 이에 반해 더운 여름날에는 피부의 세동맥이 확장되어 피부 모세혈관에 더 많은 혈액이 공급되어 붉게 달아오르게 된다. 이로 인해 신체는 여분의 열을 몸 밖으로 발산시켜 체온 유지를 돕는다.

## 모세혈관은 영양분과 노폐물의 교환을 가능하게 한다

매우 작은 정교한 망인 **모세혈관(capillaries)**은 세동맥으로부터 혈액을 받는다(그림 33-15 참조). 벽이 단지 한층으로 된 모세혈관은 각 신체세포들이 확산에 의한 혈액의 영양분과 노폐물을 교환하는 유일한 혈관이다. 이에 비해 보다 큰 혈관들은 물질 교

# 손상된 심장의 치료

심혈관계 질환(CVD, 심장과 혈관의 질환)은 미국에서 가장 큰 사망 원인이다. 미국 심장학회에 따르면 CVD에 의해 미국에서 매년 일어나는 모든 사망자의 1/3에 해당하는 약 800,000명 이상의 생명 손실이 일어나고 있다. 심장은 살아가는 동안 한 번도 쉼 없이 25억 번 이상 격렬하게 수축하여 긴 혈관망을 통해 혈액을 내보낸다. 심장이 약해지거나 또는 혈관이 수축되고 막히거나 손상되면 심혈관계가 기능부전이 될 가능성이 높다.

## 아테롬성 동맥경화증(atherosclerosis)는 동맥을 폐쇄한다

**아테롬성 동맥경화증**(atherosclerosis, 그리스어의 "딱딱한 반죽"에서 유래)은 **플라크(plaque)**라 불리는 침전물이 동맥벽 내에 축적되어 생긴다. 이러한 축적은 동맥벽을 두껍게 만들고 탄력을 잃게 한다. 이것들은 "나쁜" 콜레스테롤의 농도가 높은 사람과 "좋은" 콜레스테롤 농도가 낮은 사람에게서 생기는 경향이 있다. 이들 두 형태 사이의 차이점은 무엇인가?

콜레스테롤은 저밀도 지질단백질(LDL; 종종 나쁜 콜레스테롤이라 불림)과 고밀도 지질단백질(HDL; 종종 좋은 콜레스테롤이라 불림)이라 불리는 두 가지 유형의 소포 상태로 혈류를 통해 수송된다. LDL과 HDL 모두 단백질 껍질과 인지질로 둘러싸인 콜레스테롤로 구성되어 수용성 혈장에 용해 가능하다. 이들의 콜레스테롤 분자는 동일하지만 우세한 단백질은 서로 다른데, LDL은 HDL에 비해 그들의 껍질에 총 단백질 양이 적다. LDL은 콜레스테롤을 간에서 동맥벽의 세포를 포함한 체세포로 수송하여 플라크를 형성하는데 기여한다. HDL은 콜레스테롤을 간으로 수송함으로써 혈류로부터 콜레스테롤을 제거하여 전체적인 혈류 콜레스테롤 수치를 낮춘다.

플라크 형성은 동맥 안쪽을 구성하는 내피의 작은 손상에 의해 시작된다. 손상된 내피는 대식세포를 끌어들이며, 대식세포는 내피의 안쪽으로 파고들어 많은 양의 LDL 콜레스테롤과 다른 지질을 섭취하게 된다(**그림 E33-1**). 이들 대식세포에 의해 부풀어 오른 덩어리는 플라크의 '지방 중심'으로 성장하는데 기여한다. 그러는 동안, 내피 아래로부터 평활근세포가 중심으로 이동하여 보다 많은 지방과 콜레스테롤을 흡수하여 플라크에 첨가한다. 평활근세포는 또한 지방 중심을 덮는 섬유성 뚜껑을 형성하는 단백질을 생산한다.

플라크가 성장함에 따라 섬유성 뚜껑이 파열되어 플라크 내의 응고-촉진 인자에 노출된다. 그런 다음 혈병이 형성되어 동맥을 더욱 차단하게 된다. 혈병은 동맥을 완전히 차단하거나(그림 E33-1 참조), 또는 혈병이 부서져 유리된 상태로 수송되어 동맥의 가는 부분을 차단할 수도 있다. 동맥의 혈병은 심장마비와 뇌졸중 같은 대부분의 심각한 아테롬성 동맥경화증 결과를 초래할 수 있다.

**심장마비(heart attack)**는 심근에 혈액을 공급하는 관상동맥(*coronary artery*)이 차단될 때 일어난다. 이것은 격렬하게 일하는 심근으로부터 혈액과 혈액이 수송하는 산소를 고갈시켜 일부 심근세포의 사멸을 초래한다. 상당히 넓은 부위의 심근세포가 죽으면 심장이 멈추게 된다. 심장마비가 아테롬성 동맥경화증에 의한 죽음의 주된 원인이지만 이 질환은 관상동맥보다는 다른 동맥에서 형성되는 플라크와 혈병에 의해 생긴다.

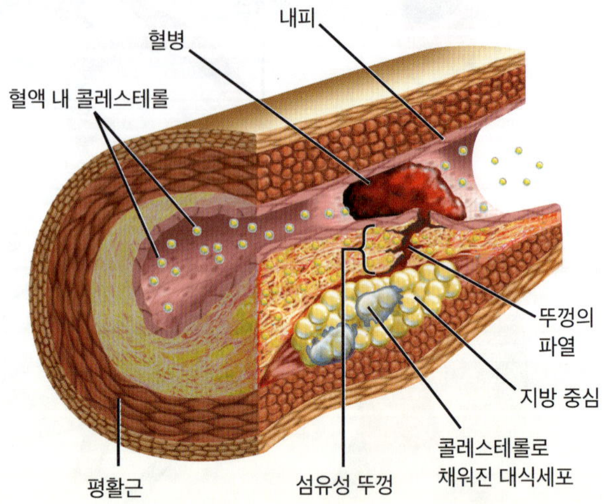


▲ **그림 E33-1 플라크가 동맥을 차단한다** 이 동맥을 그림 33-15에 나타낸 동맥과 비교해보라. 이 동맥 내부의 노란색 침전물이 플라크를 형성한다. 섬유성 뚜껑이 파열되면 혈병이 형성되어 동맥이 차단된다.

종종 '뇌마비'라 불리는 **뇌졸중(stroke)**은 혈병 또는 혈관의 파열에 의해 혈액 공급이 차단되었을 때 산소의 결핍으로 인해 뇌세포가 죽는 것이다. 뇌 손상의 정도와 부위에 따라 뇌졸중은 치명적일 수 있으며, 뇌졸중 생존자는 부분적 마비를 포함하여 기억, 의사소통의 어려움, 감정 변화 또는 성격 변화 같은 신경학적 문제로 고통 받을 수 있다.

심장마비 또는 뇌졸중이 발생하면 신속한 처치에 의해 손상을 최소화할 수 있으며, 희생자의 생존 가능성을 크게 증가시킬 수 있다. 혈병은 특수한 혈병-분해 단백질을 주입하여 용해시킬 수 있는데 이 처치 작업은 뇌졸중이 일어난 지 몇 시간 이내에 투여하는 것이 최상이다.

## 아테롬성 동맥경화증의 치료

아테롬성 동맥경화증은 고혈압, 흡연, 비만, 당뇨병, 운동 부족, 유전적 요인과 함께 높은 혈중 LDL 콜레스테롤 농도에 의해 촉진된다. 식이 및 생활 습관의 변화를 통해 아테롬성 동맥경화증을 치료할 수 있으나, 이것이 실패하면 콜레스테롤 수치를 낮추기 위해 약물을 처방할 수 있다. 심장마비 경험이 있거나 심장에 대한 불충분한 혈액 공급 때문에 생기는 흉통인 **협심증(angina)**으로 고생하는 사람은 막힌 동맥을 확장하거나 우회하기 위해 수술이 필요한 후보군이다.

혈관형성술(*angioplasty*)이란 막힌 관상동맥을 확장시켜 주는 기술을 말한다(**그림 E33-2**). 혈관형성술을 수행하기 위해 의사는 작고 유연한 관을 상각 또는 상완에 존재하는 동맥을 통하여 막힌 동맥에 이르도록 한다. 관은 혈액에서 운반되는 플라크를 작은 조작으로 부수는 작은 드릴 비트(**그림 E33-2a**)를 갖고 있거나, 관 말단에 플라크를 압축시키도록 팽창하는 작은 풍선을 기지고 있다(**그림 E33-2b**). 이런 처치 후에 의사들은 스텐트라 불리는 철사망으로 된 관을 동맥에

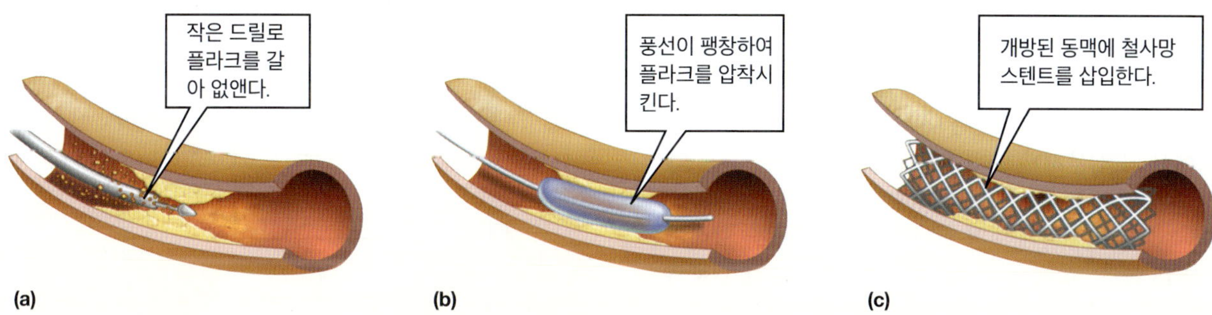


▲그림 E33-2 **혈관형성술이 동맥을 뚫어준다** 좁아진 동맥을 작은 드릴을 사용하여 플라크를 제거하거나(a), 내부에 작은 풍선을 삽입(b)하여 개방시킨다. (c) 혈관형성술 후에 혈관이 개방된 상태를 유지하기 위해 철사망 스텐트를 삽입하기도 한다.

삽입하여 동맥이 열려 있도록 한다(**그림 E33-2c**). 보다 심각한 경우, 관상동맥우회술이 시행된다. 이 수술은 막힌 관상동맥을 환자의 상완에서 떼어낸 동맥 조각이나 다리에서 떼어낸 정맥 조각으로 막힌 관상동맥을 우회시킨다(**그림 E33-3**).

**비판적 사고** 엘리사가 기말고사를 위해 벼락치기 공부를 하고 있을 때 그녀의 어머니가 전화로 고혈압이 있으며 약간 비만이고 거의 운동을 하지 않았지만 비교적 건강한 아버지 빌이 병원 응급실에 실려 갔으며 집중 치료를 받고 있다고 했다. 그는 처음에 심한 두통을 호소했으나 몇 시간 만에 말이 어눌해지고 신체의 한쪽이 마비되고 제대로 움직일 수 없었다. 빌의 증상의 원인은 무엇으로 보이는가? 그렇게 생각하는 이유를 설명하라.

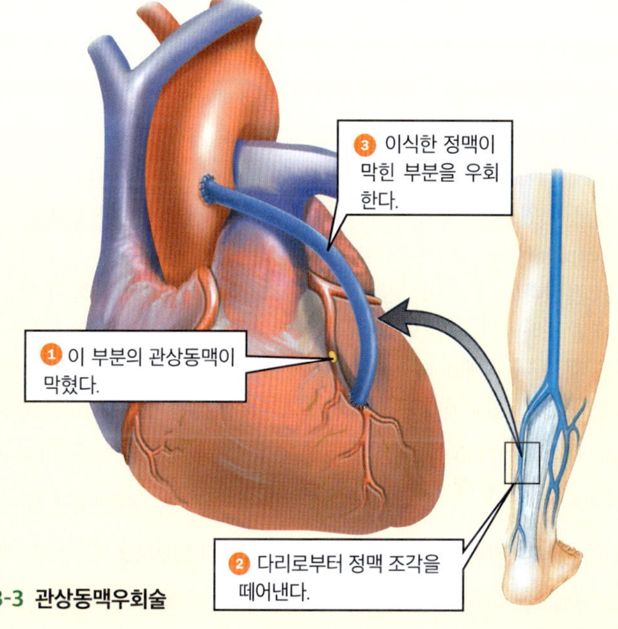


▶그림 E33-3 **관상동맥우회술**

환보다는 혈액 수송에 적합하며, 이들 혈관의 다층으로 된 벽은 상대적으로 불투과적이다. 모세혈관은 직경이 약 10mm로 매우 좁아 적혈구세포들이 일렬로 통과해야만 한다(**그림 33-16**). 또한, 모세혈관은 그 수가 무척 많아 대부분의 신체 세포들은 모세혈관으로부터 100μm 이내에 존재하기 때문에 용해된 물질이 효과적으로 교환되는 확산이 가능하다. 최근의 연구 결과 신체의 총 세포 수는 대략 30조로 추산된다. 이들 모든 세포에 혈액을 공급하기 위해서는 약 96,500km의 모세혈관이 필요한데, 이 길이는 지구를 두 번 이상 돌 수 있는 길이이다. 혈액이 이 좁고 긴 모세혈관망으로 이동함에 따라 혈류 속도가 상당히 감소하여 확산이 일어날 충분한 시간을 제공하게 된다.

물질들은 얇은 모세혈관 벽을 통과하는 여러 다양한 통로를 갖고 있다. 모든 물질은 체세포와 모세혈관 혈액 사이에서 매질 역할을 하는 **간질액(interstitial fluid)**을 통과해야만 한다. 기체,

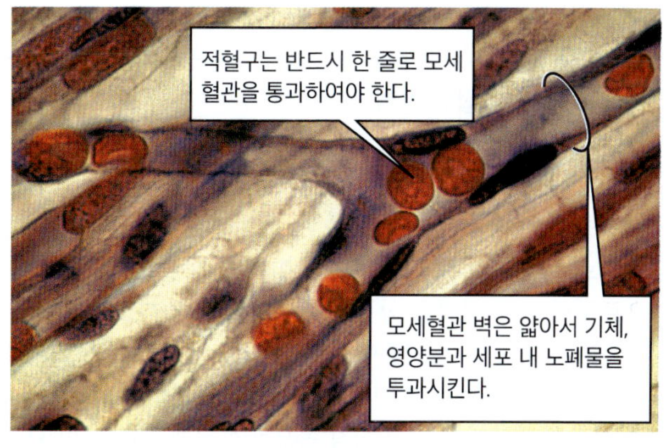


▲그림 33-16 **적혈구세포가 줄을 지어 모세혈관을 통과하고 있다**

물, 지용성 호르몬, 수용성 호르몬과 지방산은 모세혈관 세포막을 통하여 간질액으로 직접 확산될 수 있다. 일부 작은 단백질은 소포 내에서 내피층을 통과할 수 있다. 염류, 포도당과 아미노산 같은 작은 수용성 영양분은 인접한 모세혈관세포 사이의 좁은 공간을 통하여 간질액으로 들어간다. 백혈구도 이러한 틈새를 이용하여 흘러나와 외부 입자를 포식한다. 알부민 같은 큰 단백질과 적혈구, 혈소판은 모세혈관 내부에 남아있다.

세동맥에서 직접 분지된 모세혈관 내의 상대적으로 높은 압력은 다량의 체액이 모세혈관 벽을 통해 새어나오게 한다. 혈액이 세정맥 쪽으로 이동하게 되면 모세혈관 내의 압력은 떨어진다(그림 33-15 참조). 혈액이 모세혈관의 세정맥 말단에 도착하면 주로 알부민 단백질에 의해 생성되는 모세혈관 내부 혈액의 높은 삼투압에 의해 일부 수분이 삼투현상에 의해 혈관 내로 되돌아온다. 수분이 모세혈관으로 이동하여 혈액이 희석됨에 따라 간질액에 용해된 물질이 그들의 농도 기울기를 따라 모세혈관 내로 확산된다. 따라서 세동맥에서 분지된 모세혈관망에서 흘러나온 체액의 약 85%는 각 모세혈관 망의 세정맥 쪽의 혈류에서 되돌아온다. 나머지 여분의 간질액은 림프계에 의해 혈액으로 되돌려지는데 이 단원의 뒷부분에서 살펴볼 것이다.

모세혈관으로의 혈류의 전달은 세동맥이 조절한다는 것을 앞에서 배웠으나, 모세혈관을 통한 혈류는 **전모세혈관 괄약근(precapillary sphinters)**이라 불리는 작은 평활근 고리에 의해서도 조절된다(그림 33-15 참조). 이들 고리는 국부적인 화학적 변화에 반응하여 열리고 닫힌다. 예를 들어, 이산화탄소, 젖산 또는 다른 세포 내 노폐물의 축적은 조직에 산소를 전달하는 혈류의 공급 증가가 필요하다는 신호를 보낸다. 이러한 신호는 전모세혈관 괄약근과 인접한 세동맥의 근육을 이완시켜 보다 많은 혈류가 모세혈관을 통해 흐르도록 한다.

## 정맥과 세정맥은 혈액을 심장으로 되돌린다

세포로부터 이산화탄소와 다른 노폐물을 추출해낸 뒤 모세혈관 혈액은 큰 정맥으로 보내기 전까지는 비어있는 **세정맥(venules)**이라 불리는 보다 큰 혈관으로 보내진다(그림 33-15 오른쪽 참조). 정맥은 혈액을 심장으로 보내는 저항이 작은 통로이다. 정맥의 벽은 동맥에 비해 평활근이 훨씬 적기 때문에 벽이 얇고 보다 쉽게 확장될 수 있다. 정맥의 내부 직경 역시 동맥의 그것보다 일반적으로 크다. 인접한 골격근의 수축이 일어날 때와 같이 정맥이 압축될 때 일방향성 판막에 의해 혈액이 심장 쪽으로 흐르도록 한다(**그림 33-17**).

사람들이 앉아 있거나 서 있을 때 정맥의 혈압은 너무 낮아 골격근으로부터의 일부 도움 없이 발이나 다리 같은 신체의 아래쪽으로부터 모든 혈액을 심장으로 되돌릴 수 없다. 호흡뿐만 아니라 정상적인 일상의 이동이나 운동을 할 때 골격근의 직경 확대에 의해서 생긴 내부 압력 변화가 인접한 정맥을 압박하여 혈액이 일방향성 판막을 지나 심장 쪽으로 향하게 한다(그림 33-17 참조). 오랫동안 앉아 있거나 서 있을 때에는 정맥을 압박하는 근육수축이 없기 때문에 정맥 혈액이 하지에 축적되어 발목이 부울 수 있다. 이 축적에 의해 정맥류가 생길 수 있는데, 이 상태에서는 피부 바로 밑 정맥의 판막이 혈액 축적에 의해 늘어나고 약해지기 때문에 혈액에 의해 영구적으로 부어오를 수 있다.

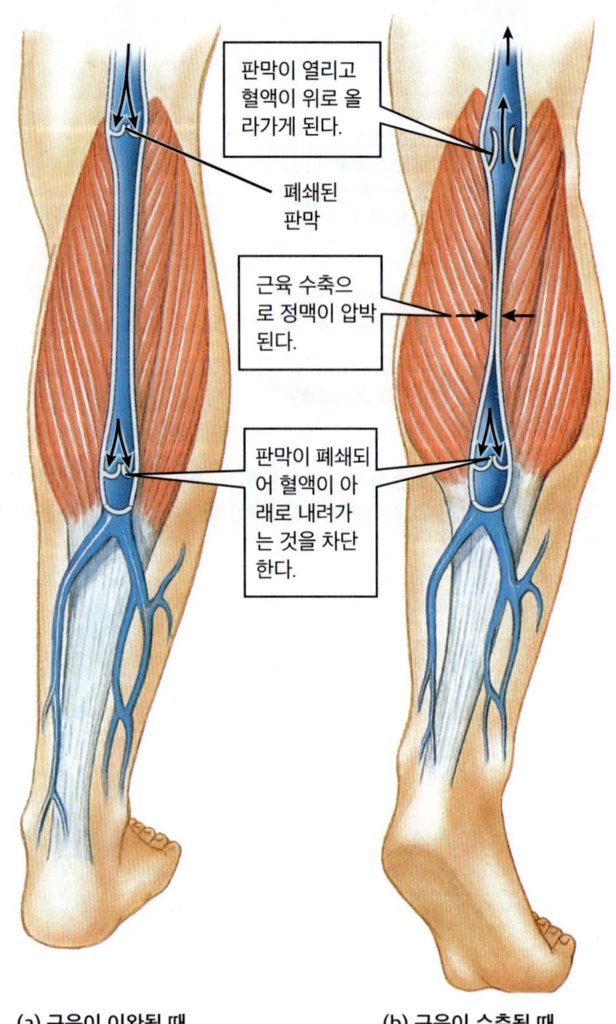


▲ 그림 33-17 **정맥에서 판막이 혈류의 방향을 정한다** 종아리의 일부 근육은 정맥혈을 위쪽으로 밀어 올리는 역할 때문에 종종 "두 번째 심장'이라 불린다.

과다 출혈 후 같은 상황에서 혈압이 떨어지면 정맥이 이를 복원할 수 있도록 도움을 준다. 이러한 경우, 교감신경계가 정맥 벽 내의 평활근의 수축을 자극한다. 이것에 의해 혈관의 내부 용적을 감소시키고 혈압을 상승시킨다.

### CHECK YOUR LEARNING

- 동맥, 세동맥, 모세혈관, 세정맥과 정맥의 구조를 비교 설명할 수 있는가?
- 이러한 각각의 혈관 유형의 가능을 설명할 수 있는가?
- 혈류의 분배는 어떻게 조절되는지 설명할 수 있는가?

## 33.5 림프계와 순환계는 어떻게 작용하는가?

림프계(lymphatic system)는 궁극적으로 순환계로 흘러들어가게 하는 림프관과 여러 다양한 림프기관을 포함하고 있다(그림 33-18). 이 기관계는 다음의 기능을 수행한다:

- 과잉의 간질액을 혈류로 되돌린다.
- 지방을 소장으로부터 혈류로 수송한다.
- 노화된 혈액세포와 다른 노폐물을 혈액으로부터 여과한다.
- 세균과 바이러스를 림프구 및 대식세포에 노출시켜 신체를 방어한다.

다음 절에서 림프계가 순환계와 밀접하게 작용하는 앞의 세 가지 기능에 대해 강조할 것이다. 신체 방어에 대한 림프계의 역할은 37장에서 다룰 것이다.

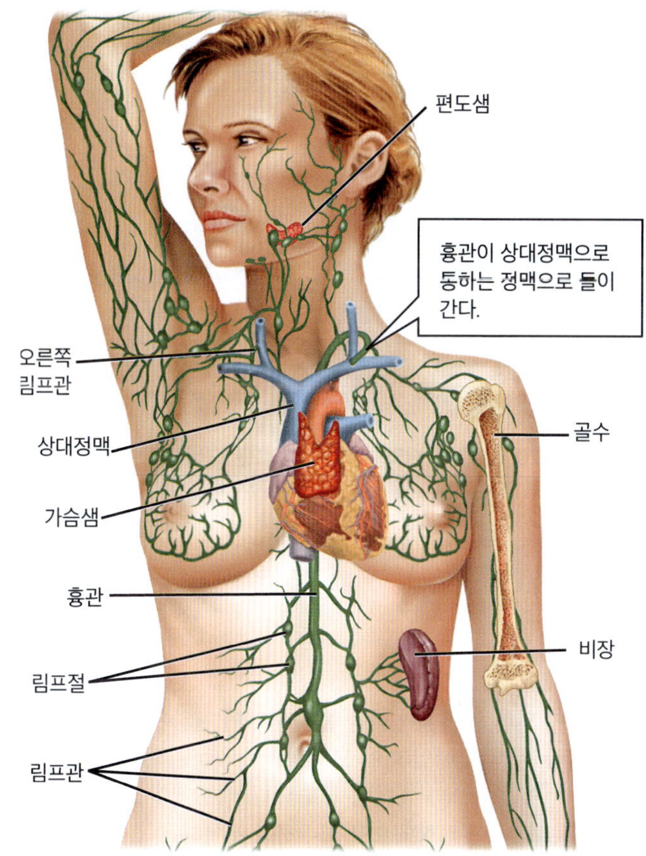

▲ **그림 33-18 사람의 림프계**

### 림프관은 순환계의 모세혈관 및 정맥과 유사하다

**림프 모세혈관(lymphatic capillaries)**이라 불리는 가장 작은 림프관은 신체 곳곳에 광범위하게 분지되어 있으며 단지 한 층의 세포로 구성된 혈액 모세혈관과 유사하다. 그러나 림프 모세혈관은 혈액 모세혈관보다 훨씬 투과성이 크며 뼈와 중추신경계에는 존재하지 않는다. 연속적으로 연결된 망인 혈액 모세혈관과 달리 림프 모세혈관은 체세포로 둘러싸인 간질액 속에서 말단이 막혀있는 맹관이다(그림 33-19). 간질액은 림프 모세혈관 내로 흘러들어가 **림프(lymph)**가 된다.

림프 모세혈관으로부터 나온 림프는 점차 큰 림프관으로 흘러 들어가는데, 이것은 유사한 벽과 일방향성 판막에 의해 체액의 이동이 조절된다는 두 가지 점에서 순환계의 정맥과 유사하다(그림 33-20). 보다 큰 림프관이 충만되어 신장되면 림프관 벽에 존재하는 평활근의 수축을 촉진하여 림프를 보다 더 큰 림프관으로 향하도록 한다. 정맥과 마찬가지로 림프관을 통한 림프의 흐름에 필요한 힘은 호흡과 운동 중 인접 골격근의 수축에 의해 생성된 내부의 압력 변화로부터 유래한다.

### 림프계는 간질액을 혈액으로 되돌려 보낸다

앞에서 설명한 바와 같이 용해된 물질들은 체세포와 모세혈관 사이에서 간질액을 경유하여 교환된다. 이 체액은 정

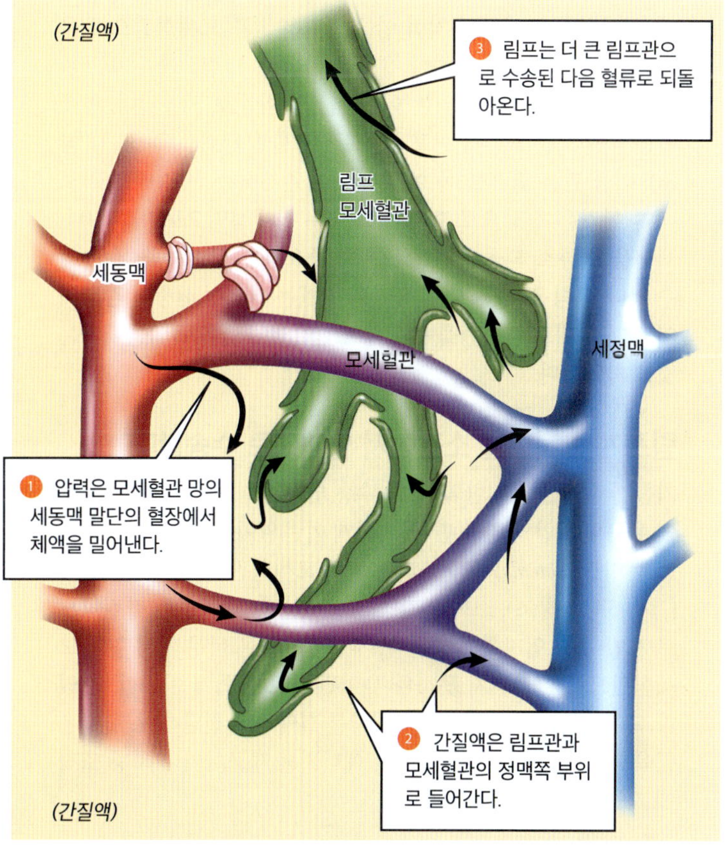


▶ **그림 33-19 림프 모세혈관의 구조** 체조직에서 림프 모세혈관의 말단. 모세혈관으로부터 누출된 간질액의 축적에 의한 압력이 체액을 림프 모세혈관뿐만 아니라 모세혈관망의 세정맥 쪽으로 되돌아가게 한다.

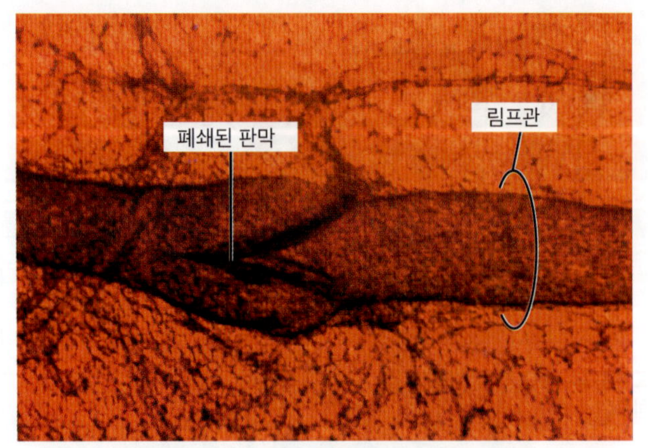


▲ 그림 33-20 **림프관의 판막** 정맥처럼 림프관도 비어있는 더 큰 림프관으로 흐르도록 하는 내부의 일방향성 판막을 가지고 있다.

**비판적 사고** 이 관에서 림프액은 어느 쪽으로 흐르는가?

상 혈압에 의해 모세혈관 벽을 통해 혈액이 여과된 것이다. 평균적인 사람의 경우, 매일 혈액 모세혈관에서 누출되는 체액이 재흡수 되는 것보다 약 3~4 리터 정도 많다. 림프계의 기능 중 하나는 이 여분의 체액을 혈액으로 회수하는 것이다.

체세포 주위에 간질액이 축적됨에 따라 증가된 압력은 림프 모세혈관 벽 세포 사이의 깃발 모양의 개구부에 힘을 가하게 된다. 일방향성 문의 작용처럼 이들 판막은 림프 모세혈관으로 물질의 유입은 가능하게 하나 유출은 차단한다. 림프계는 림프관으로 들어온 림프라 불리는 이 체액을 순환계로 되돌린다. 림프관은 흉관 또는 오른쪽 림프관으로 림프를 보낸다(그림 33-18 참조). 이들 관은 림프를 목 아래 부위에 존재하는 큰 정맥으로 보내며 이것은 심장으로 혈액을 보내는 상대정맥으로 합쳐진다. 체액을 혈류로 되돌리는 림프계의 중요성은 상피증을 통해 알 수 있다(**그림 33-21**). 이런 흉측한 장애는 기생성 선충이 감염되어 상처를 내고 림프관을 봉쇄하여 간질액이 혈류로 되돌아가는 것을 차단한다.

## 림프계는 지방을 소장에서 혈액으로 수송한다

기름진 음식을 섭취한 후 지방-수송 입자는 림프의 1%를 차지하여 우윳빛 하얀 색깔을 띤다. 어떻게 이런 일이 일어날까? 소장에는 유미관(*lacteals*)이라 불리는 림프 모세혈관이 많이 분포한다(그림 33-16 참조). 소화된 지방을 흡수한 후 장 세포는 간질액으로 지방-수송 입자를 방출한다. 지방 입자들은 너무 커서 혈액 모세혈관으로 확산되지 못하나 유미관 내로는 쉽게 이동할 수 있다. 그런 다음 림프계는 지방 입자를 혈액으로 전달하며, 혈액은 근육으로 전달하는데 이곳에서 에너지를 제공하거나 지방 조직에 저장된다.

**CASE STUDY CONTINUED**

### 심장이식에 의한 생명 구하기

카일라의 복부에 체액이 축적되는 것은 그녀의 이식된 심장이 잘못되었다는 확실한 신호였다. 이것은 카일라 신체에서 과잉의 체액이 그녀의 림프관이 흡수할 수 있는 것보다 모세혈관으로부터의 누출이 더 많다는 것을 의미한다. 수술을 받기 약 1년 전부터 매 1~2주에 한 번 꼴로 카일라의 복부에서 체액을 배출해주어야 했다. 림프관은 모세혈관으로부터 누출되는 모든 간질액을 흡수하여 혈류로 되돌려준다. 림프계가 수행하는 또 다른 기능은 무엇인가?

## 림프기관은 혈액을 여과하고 면역계 세포가 상주한다

림프기관(그림 33-18 참조)은 림프구가 생성되는 골수와 일부 림프구가 성숙되는 **가슴샘(thymus)**을 포함한다. 편도샘, 림프절과 비장 같이 대식세포와 림프구가 존재하며 이들이 증식하여 면역 반응을 수행하는 나머지 림프기관들이 존재한다. **편도샘(tonsils)**은 인두 내에 존재하는 림프조직의 일부이다. 림프관을 따라 림프를 여과하는 수백 개의 **림프절(lymph nodes)**이라 불리는 작은 부풀어 오른 부위가 존재한다. **비장(spleen)**이라 불리는 주먹 크기의 림프기관은 위와 횡경막 사이에 위치하며 혈

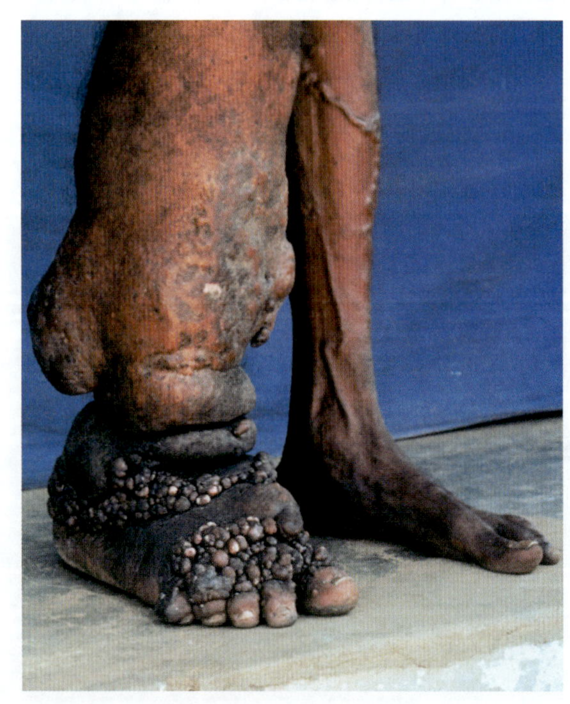

▲ 그림 33-21 **림프관의 봉쇄에 의해 생긴 상피증** 기생성 선충이 림프관에 상처를 내어 봉쇄시키면 체액이 혈류로 되돌아가는 것을 차단하여 감염된 부위가 거대하게 부풀어 오른다.

액을 대식세포와 림프구를 통과하여 여과하는데 마치 림프절이 림프를 여과하는 것과 유사하다. 비장의 스폰지성 내부 역시 적혈구세포를 파괴하고 혈액을 저장하여 출혈로 혈액양이 감소할 때 방출된다.

**CHECK YOUR LEARNING**

- 림프계가 어떻게 간질액을 혈액으로 되돌려 주는지와 왜 이것이 중요한지를 설명할 수 있는가?
- 장으로부터의 지방 흡수에서 림프계의 역할을 설명할 수 있는가?
- 림프계의 여러 기관을 나열하고 혈액을 여과할 때 이들의 역할을 설명할 수 있는가?

CASE STUDY REVISITED

## 심장이식에 의한 생명 구하기

카일라는 23세 때 심장이식을 기다리는 동안 두 번이나 생명이 꺼져가는 위기를 겪었다. 조직이 적합한 사람의 죽음뿐 아니라 비탄에 빠진 가족의 심장 제공이 있어야 하는 일이었다. 미국에서는 매년 약 2,500건의 심장이식이 행해지나 4,000명 이상이 대기하고 있다.

카일라는 유아 때 최초 이식을 받은 이래 예상 밖으로 생존해왔다. 공여 심장을 이식한 사람의 약 70%가 5년간 생존하며 그 중 약 절반은 10년간 생존하고 20년간 생존한 사람은 16%에 지나지 않는다. 시간의 경과에 따라 생존율이 감소하는 것은 면역 억제제를 투여함에도 불구하고 장기를 이식받는 사람의 신체는 지속적으로 이식된 장기에 낮은 수준의 면역 공격이 있기 때문으로, 공여자가 일란성 쌍둥이가 아닌 한 수용자에게 완벽하게 적합한 경우는 결코 없다. 덧붙여, 면역 억제제는 환자에게 여러 감염성 질병과 암을 일으키기 쉽고 종종 카일라의 경우처럼 콩팥을 손상시키기도 한다.

언젠가 생명과학 기술의 발달에 의해 공여 심장에 대한 수요와 면역-억제 약물에 대한 수요는 극적으로 감소할 것이다. 세계 각국의 연구 집단은 모든 원래의 세포가 제거되고 다른 생명체로부터 얻는 줄기세포로 대체된 세포외 기질(4장 참조)로 구성된 심장 단백질 구조물을 만들려고 노력중이다. 예비 연구에서 사람의 심장 줄기세포를 생쥐의 심장 뼈대에 융합시킨 결과, 내피세포와 심근세포로 분화되었으며 자발적인 수축이 일어났다. 장기적 목표는 사람의 심장과 크기가 유사한 돼지 심장으로부터 이러한 "대체 심장"을 만들어 내고(그림 33-21), 이것을 이식 수용자의 심혈관 줄기세포에 뿌려 맞춤형 심장을 만드는 것이다. 이 과제가 곧 이루어질 것인가? 아닐 것이다. 그렇지만 운 좋은 카일라처럼 그녀의 두 번째 심장이 최종적으로 수명을 다한다면 이 연구의 수혜자가 될 수도 있다.

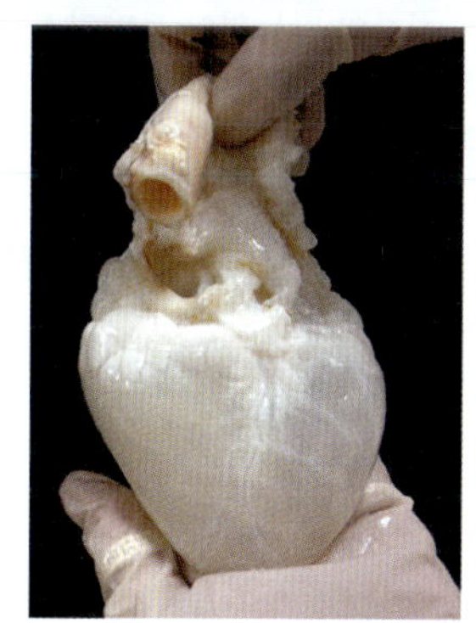

▶**그림 33-22 심장 뼈대** 돼지 심장의 세포외 기질은 언젠가 맞춤형 사람 심장을 만드는데 필요한 뼈대로 이용될 수 있을 것이다.

**생각해보기** 베닝턴 대학에 재학 중이던 20세의 켈리 머지는 유리창을 뚫고 떨어져 비극적으로 사망했다. 망연자실한 그녀의 부모는 머지의 장기를 기증하기로 하였다. 그녀의 심장은 심부전을 겪는 환자의 생명을 구했고, 그녀의 간과 하나의 콩팥은 또 다른 수용자의 생명을 구했으며 나머지 콩팥 하나와 췌장은 세 번째 환자의 생명을 구했다. 부모의 기증 결정은 후에 켈리의 운전면허증에서 그녀가 장기 기증을 약속했음이 확인되면서 재확인되었다. 여러분은 장기 기증을 결정하였는가, 또는 장기 기증을 하려고 생각하는가? 장기 기증자가 되기로 결정하게 만드는데 영향을 미치는 요인과 개인적 경험은 무엇일까?

# CHAPTER REVIEW

*비판적 사고와 생각해보기, 선택형문제, 빈칸채우기 질문에 대한 답은 이 책의 뒷부분에 있는 정답란에서 볼 수 있다.*

## 핵심개념의 요약

### 33.1 순환계의 주요 특징과 기능은 무엇인가?

순환계는 용해된 영양분과 산소가 풍부한 혈액을 각 세포 근처로 수송하여 영양분을 방출하고 노폐물을 흡수한다. 모든 순환계는 혈액을 펌프하는 하나 또는 그 이상의 심장, 혈액 자체 그리고 혈관계의 세 가지 주요 구성 성분으로 이루어져 있다. 대부분의 무척추 동물에서 발견되는 개방순환계에서 혈림프(hemolylph)는 심장에 의해 혈강으로 펌프되며 그곳에서 혈림프는 내부 기관을 직접 씻어낸다. 일부 무척추동물과 모든 척추동물은 혈액이 심장과 혈관에만 존재하는 폐쇄순환계를 가지고 있다. 척추동물의 순환계는 기체, 호르몬, 영양분과 노폐물을 수송하며 체온조절을 돕고 혈액 소실과 질병에 대항하여 신체를 보호한다.

### 33.2 척추동물의 심장은 어떻게 작동하는가?

척추동물의 심장은 두 개의 방으로 된 어류로부터 세 개의 방을 가진 양서류와 대부분의 파충류를 거쳐 네 개의 방을 가진 조류, 악어류와 포유동물로 진화되었다. 네 개의 방으로 된 심장에서 혈액은 먼저 폐로 펌프된 다음 신체의 나머지 부위로 펌프된다. 심장은 또한 산소가 풍부한 혈액과 산소가 고갈된 혈액을 완벽하게 분리하고 있다. 신체로부터 돌아온 산소가 고갈된 혈액은 우심방으로 들어간 다음 우심실을 거쳐 폐로 펌프된다. 폐로부터 온 산소가 풍부한 혈액은 좌심방으로 들어간 다음 좌심실을 거쳐 신체의 나머지 부위로 펌프된다.

심근세포는 작고 분지되어 있으며 개재판으로 연결되어 있다. 심장 주기는 심방 수축과 뒤이은 심실 수축으로 구성되어 있다. 심장의 수축은 심장의 박동원인 동방결절에서 시작되며 방실결절, 방실결절속과 푸르킨예 섬유에 의해 전달된다. 심박수는 신경계와 에피네프린 같은 호르몬에 의해 변할 수 있다.

### 33.3 혈액이란 무엇인가?

혈액은 액체인 혈장과 세포 유래 구성 성분으로 이루어져 있다(표 3-1). 혈장은 단백질, 호르몬, 영양분, 기체와 노폐물을 함유한 물로 구성되어 있다. 적혈구세포는 산소를 운반하는 헤모글로빈으로 채워져 있다. 적혈구의 수는 호르몬인 에리스로포이에틴에 의해 조절된다. 백혈구세포는 다섯 가지 유형이 있으며 감염에 대항하여 싸운다. 거핵세포의 절편인 혈소판은 혈액응고에 중요하다.

### 33.4 혈관의 종류와 기능은 무엇인가?

심장을 떠난 혈액은 동맥, 세동맥, 모세혈관, 세정맥, 정맥을 거쳐 심장으로 되돌아온다. 각 혈관은 그 기능에 맞게 특수화되어 있다. 탄성이 있는 근육성의 동맥은 심장으로부터 혈액을 수송하여 세동맥으로 보내며 이어서 모세혈관으로 전달된다. 혈액의 분배는 교감신경계와 조직에 존재하는 이산화탄소의 양 같은 국부적인 인자들에 의한 세동맥의 수축과 이완에 의해 조절된다. 또한 국부적인 인자들은 모세혈관으로의 혈류를 조절하는 전모세혈관 괄약근을 조절한다. 현미경적 크기의 좁고 얇은 벽을 가진 모세혈관은 체세포와 혈액 사이의 물질교환을 가능하게 한다. 세정맥과 정맥은 심장으로 되돌아오는 저항이 낮은 경로로 혈류의 방향을 유지시켜주는 일방향성 판막을 가지고 있다.

### 33.5 림프계는 순환계와 어떻게 작용하는가?

사람의 림프계는 림프관과 골수, 가슴샘, 편도샘, 림프절과 비장 같은 림프 기관으로 구성된다. 림프계는 혈액 모세혈관 벽을 통해 누출되는 과잉의 간질액을 제거하여 순환계로 되돌려준다. 또한 소장으로부터 지방을 혈류로 수송한다. 림프계는 혈액으로부터 노폐물을 여과하고 림프구가 성숙, 증식할 수 있고 면역 반응에 관여하는 공간을 제공하여 감염과 싸운다.

## 개념을 통한 이해

### 선택형 문제

**1.** 다음 중 동맥과 정맥 벽을 구성하는 층들을 안쪽에서 바깥쪽으로 설명한 것은?
a. 내피, 결합조직, 평활근
b. 내피, 평활근, 결합조직
c. 평활근, 결합조직, 내피
d. 결합조직, 평활근, 내피

**2.** 다음 중 옳은 것은?
a. 세동맥 직경은 신경, 호르몬과 인접 조직의 화학물질에 의해 조절된다.
b. 교감신경계는 더운 상태에서 세동맥의 수축을 일으킨다.
c. 전모세혈관 괄약근은 신경계에 의해 조절된다.
d. 큰 혈액 손실에 반응하여 정맥과 동맥의 직경이 증가한다.

**3.** 다음 중 림프계의 기능이 아닌 것은?
a. 소장으로부터 혈류로 당의 수송
b. 노화된 혈액세포와 혈액으로부터 노폐물의 여과
c. 질병을 일으키는 병원체를 백혈구에 노출시켜 신체를 보호
d. 과잉의 간질액을 혈액으로 되돌림

**4.** 폐 모세혈관으로부터 대동맥으로의 혈액의 흐름을 정확하게 설명한 것은?
a. 폐 모세혈관, 폐정맥, 우심방, 우심실, 대동맥
b. 폐 모세혈관, 폐동맥, 좌심방, 좌심실, 대동맥
c. 폐 모세혈관, 폐정맥, 좌심방, 좌심실, 대동맥
d. 폐 모세혈관, 대정맥, 좌심방, 좌심실, 대동맥

**5.** 혈압에 대한 설명 중 옳은 것은?
a. 혈압이 너무 높으면 아테롬성 동맥경화증에 걸릴 수 있다.
b. 혈압은 확장기압과 수축기압으로 측정된다.
c. 확장기 혈압은 심실 수축 중에 기록된다.
d. 혈압은 팔에 있는 정맥을 압축하여 측정한다.

### 빈칸 채우기

**1.** 개방순환계를 갖는 동물은 혈액과 ________의 기능을 동시에 갖는 ________을 가진다. 이 체액은 집합적으로 ________라 불리는 신체의 방들을 지나게 된다.

**2.** 다음 빈칸을 적절한 심장의 방 이름과 위치를 채워라. 몸통으로부터 혈액을 받는다: ________; 가장 두꺼운 벽을 가지고 있다: ________; 동방결절이 존재한다: ________; 혈액을 폐로 펌프한다: ________; 혈액을 대동맥으로 펌프한다: ________.

**3.** 심장의 박동원을 ________라 한다. 박동원은 특수화된 ________로 구성되어 있다. 박동원은 먼저 두 ________의 수축을 자극하는 신호를 보낸다. ________은 박동원 신호를 심실로 전달할 때 약간의 지체를 일으킨다. 신호는 이 결절로부터 ________라 불리는 섬유로 직접 전도된다. 박동원이 심장 수축 조절기능을 상실하거나 심근이 비효율적으로 수축하면 ________라 불리는 현상이 나타난다.

**4.** 다음 빈칸을 적당한 혈관 유형으로 채워라. 혈액과 체세포 사이에서 노폐물과 영양분의 교환이 일어나는 혈관: ________, 가장 두꺼운 벽을 가지고 있는 혈관: ________, 혈액을 심장으로 보내는 혈관: ________, 모세혈관으로부터 혈액을 받는 혈관: ________. 혈액을 모세혈관으로 전달하는 혈관: ________, 심장으로부터 혈액을 운반하는 혈관: ________.

**5.** 혈액응고 동안에 손상된 세포는 ________라 불리는 세포 절편을 활성화시킨다. 이들 세포 절편은 효소인 ________의 생산을 일으키는 화학물질을 방출한다. 이 효소는 ________라 불리는 혈액 단백질을 응고에 필요한 틀을 만드는 가닥으로의 전환을 촉매한다.

6. 다음 빈칸을 과학적 용어를 사용하여 적절한 세포 유래 혈액성분으로 채워라. 거핵세포에 의해 형성: ＿＿＿＿＿, 다섯 가지 유형의 세포가 존재: ＿＿＿＿＿, 산소 운반: ＿＿＿＿＿, 대식세포 포함: ＿＿＿＿＿, 핵이 없다: ＿＿＿＿＿, 감염과 질병에 대항해 싸운다: ＿＿＿＿＿, 헤모글로빈 함유: ＿＿＿＿＿
7. 림프는 림프관으로 들어간 ＿＿＿＿＿을 말한다. 림프계는 혈액으로부터 누출된 체액인 ＿＿＿＿＿을 순환계로 되돌린다. 림프계의 또 다른 기능은 소장으로부터 ＿＿＿＿＿을 수송하는 것이다. 림프관은 림프가 한 방향으로만 흐르도록 해주는 ＿＿＿＿＿을 갖고 있다. 혈액을 여과하는 림프기관은 ＿＿＿＿＿이다.

## 복습문제

1. 모든 순환계의 주요 구조와 척추동물 순환계의 특이적 기능을 나열하라.
2. 개방순환계와 폐쇄순환계의 특징을 비교 설명하라; 해당되는 동물을 들고 각각의 장단점을 설명하라.
3. 두 개와 세 개의 방으로 된 척추동물의 심장의 작용과 어느 동물군이 해당하는지 설명하라.
4. 심근의 구조를 설명하고 그것이 어떻게 각각의 심장 방에서 조화로운 수축을 만들어내는지 설명하라.
5. 혈액의 세 가지 세포 유래 성분을 나열하고 각각의 구조와 주된 기능을 설명하라.
6. 포유류의 심장 박동을 일으키는 일련의 과정을 설명하라; 관여하는 구조의 이름을 포함하여.
7. 정맥, 모세혈관, 동맥의 유사점과 차이점을 설명하라.
8. 혈장, 간질액과 림프를 비교 설명하라.
9. 심장 주기를 설명하고 혈압 측정 시 나타나는 두 가지 값과 심방과 심실의 수축과의 관계를 설명하라.
10. 림프계의 구성 요소를 나열하고 림프계의 세 가지 중요한 기능을 설명하라.
11. 교감신경계가 혈액 분포와 혈압에 어떻게 영향을 미치는지 설명하라.
12. 적혈구세포 수가 어떻게 음성피드백으로 조절되는지 설명하라.
13. 정맥과 림프관은 어떤 면에서 유사하고 어떤 면에서 서로 다른가?

## 개념의 적용

1. 두 개의 분리된 펌프를 갖는 네 개의 방을 가진 심장은 두 개의 방을 가진 심장에 비해 산소가 풍부한 혈액과 산소가 고갈된 혈액이 완전히 분리되는 이점 이외에 또 다른 유리한 점은 무엇인가?
2. 심혈관계 질환의 빈발과 이것을 치료하기 위해 드는 비용의 증가를 고려하면 일부 치료 방법은 모든 사람들에게 똑 같이 적용될 수 없다. 심장이식이나 우회술 같은 심혈관 수술을 해야 한다면 어떤 요소를 고려해야 할 것인가?

# 34 호흡

이 등산 가이드는 무슨 일을 하고 있는 것일까? 왜 이럴까?

CASE STUDY

## 큰 수익을 위한 숨가쁨

프랑스 국제사이클대회 Tour de France를 7연패한 랜스 암스트롱(Lance Amstrong)은 2013년 1월 텔레비전에 중계된 인터뷰를 통해 자신이 수십 년간 사람들을 속여 왔음을 시인하였다. 사이클 애호가들은 암스트롱이 더 많은 적혈구를 자기 몸속에 보유하기 위하여 불법적으로 자기 혈액을 수혈 받고 인공합성 에리스로포이에틴(EPO)을 투약했다는 뉴스에 큰 충격을 받았다. 이전의 인터뷰에서 암스트롱은 "나는 암투병 생존자다. 내가 왜 금지약물을 사용하겠는가? 왜 내 자신에게 그런 일을 하겠는가?"라고 항변하며 불법적인 혈액 도핑에 대한 의혹을 부인하여 왔었다.

도대체 왜 그랬을까? 엘리트 스포츠 세계에서는 1초보다 짧은 순간이 승자와 패자를 가른다. 왕성히 활동하는 근육에 조금이라도 더 많은 산소를 공급할 수 있으면 다른 경쟁자들을 앞설 수 있다. 암스트롱 같은 부류의 선수들은 약물이나 다른 방법을 써서라도 우승하려고 편법을 쓴다. 그러나 인내심을 가진 다른 프로선수들은 합법적인 방법으로 경쟁에서 우위를 확보하려고 한다. 예를 들면 높은 고도에서 훈련하거나 생활하는 것도 그 방법들 중 하나다. 높은 고도의 공기는 압력이 낮고 폐로 유입되어 제공하는 산소량은 적다. 이런 훈련은 선수 신체의 호흡계와 순환계가 고고도 환경에 적응하여 근육에 산소를 더 효과적으로 전달할 수 있도록 한다. 그러면, 높은 고도에서 살거나 훈련할 수 없는 다른 선수들은 어떤 방법을 사용할까? 저고도에서 생활하면서 고고도 적응의 이점을 원하는 사람은 산소량이 적은 공기로 채운 고도 텐트(altitude tent; 사진 사례 참조)에서 수면을 취하거나 훈련을 함으로써 고고도에서 생활하는 것과 같은 효과를 기할 수 있다.

한편, 엘리트 운동선수들이 찰나의 경쟁우위를 위해 필사적인 노력을 하는 순간에도 수백만의 사람들은 단지 일상 속 생존에 필요한 최소한의 산소라도 얻으려 고군분투 하고 있다. 수면 무호흡증, 만성기관지염, 폐기종, 천식, 낭포성 섬유증 등을 앓는 사람들은 우리가 당연한 것으로 여기는 보통 수준의 호흡을 할 수가 없다. 우리가 호흡하는 동안에 과연 어떤 일들이 일어나는 걸까? 호흡과 관련된 질병들은 어떻게 이런 일들을 방해 하는 걸끼? 이제부터 우리가 호흡계를 살펴볼 때, 이런 질문들을 신중히 생각해보라. 그리고 호흡계 공부를 마치고 나서, 고고도 스포츠 훈련 방식을 다시 고찰해 보라.

## 주요내용



## 34.1 왜 기체를 교환하며 기체교환을 위한 필요조건은 무엇인가?

또 지각이다! 2층에 있는 강의실까지 단숨에 계단을 뛰어오르면 당신은 장딴지가 후들거림을 느낄 것이다. 8장에서 학습한 바를 기억하면서, 당신은 "아하! 내 근육세포들이 세포호흡에 충분한 산소를 얻지 못해서 당을 발효하고 젖산을 축적하고 있구나."라고 생각할 것이다. 소리 낮춰 숨을 헐떡이고 심장이 요동치는 것을 느끼며 살며시 좌석에 앉을 때, 당신은 고통이 줄어드는 것을 느끼게 된다. 이제 쉬면서 빠르게 호흡하여 적당량의 산소($O_2$)가 몸으로 공급되도록 한다. 지금 당신은 숨쉬기와 세포호흡에 의한 ATP 생성 과정이 서로 연계되어 있다는 것을 직접 경험하고 있는 중이다.

### 기체교환이 세포호흡을 가능하게 한다

세포호흡은 모든 동물과 지구상 대부분의 다른 생물체들에게 가장 주된 에너지 생산 방식이다. 세포호흡은 당과 같은 영양분을 세포가 이용할 수 있는 에너지인 ATP로 전환시키는 과정으로서, 지속적으로 $O_2$를 필요로 하고 부산물로 $CO_2$를 발생시킨다. 우리가 간편하게 **호흡(respiration)**이라고 부르는 생물체의 호흡은 세포호흡을 돕기 위해서 생물체가 산소를 흡수하고 이산화탄소를 방출하면서 외부 환경과 기체를 교환하는 과정이다. 빨리 뛴 후 쉬는 동안에도 심장박동이 빠른 것은 순환계와 호흡계가 신체의 모든 세포에 $O_2$를 제공하고 $CO_2$를 제거하기 위하여 서로 밀접한 조화를 이루고 있음을 시사한다.

### 세포와 조직으로의 기체교환은 확산에 의한다

세포호흡으로 에너지를 생산하는 모든 생물체는 $O_2$를 획득하고 $CO_2$를 배출함에 있어 확산 과정에 의존한다. 동물 호흡계의 구조는 매우 다양하지만, 모든 동물은 3가지 특성을 통하여 확산을 용이하게 한다.

- 호흡계 표면은 심지어 공기에 노출되어 있더라도 항상 습하다. 모든 세포막이 항상 습하기 때문이다. 따라서 물에 용해되어 있는 기체만 세포의 내외로 확산될 수 있다.
- 호흡계 표면은 확산 거리가 최소화 되도록 매우 얇다.
- 호흡계 표면은 생물체에서 요구되는 만큼의 기체의 확산과 교환이 발생하도록 충분히 넓은 표면적을 갖는다.

확산 과정에서 개개의 분자들은 고농도 영역에서 저농도 영역으로 이동하므로, 확산에 의한 기체교환은 기체 농도경사에 따라 이루어진다(5장 참조). 기체 농도경사를 유지하기 위하여, 동물들은 서식 환경의 공기 또는 물이 호흡표면(respiratory surface)을 지나게 이동시켜서, 지속적으로 $O_2$를 공급하고 $CO_2$를 배출시킨다. 이러한 이동을 **덩어리 흐름(bulk flow)**이라고 부르는데, 공기와 물 같은 유체가 상대적으로 큰 공간에서 대량으로 이동하기 때문이다.

#### CHECK YOUR LEARNING

- 생물체의 호흡이 어떻게 세포호흡을 지원하는지 설명할 수 있는가?
- 호흡표면들이 확산을 원활하게 하기 위하여 어떻게 적응되었는지 설명할 수 있는가?
- 덩어리흐름이 호흡에 필요한 이유를 설명할 수 있는가?

## 34.2 호흡계는 어떻게 확산 거리를 최소화하도록 적응하였는가?

확산 과정으로 기체가 이동하는 속도는 느린 편이라서, 확산 과정은 세포호흡의 전 과정 중 매우 짧은 거리에서만 유효하다. 생물의 진화 과정은 확산 거리를 대체로 1밀리미터보다 짧게 유지할 수 있도록 여러 가지 방법들을 생성하여 왔다. 그 다양한 예들을 하나씩 살펴보도록 하자.

### 비교적 움직임이 적은 동물은 특별한 호흡기관을 갖지 않기도 한다

비교적 움직임이 둔한 동물들은 많은 양의 ATP를 필요로 하지 않기 때문에 확산만으로도 적정량의 산소를 공급할 수 있다. 해면(**그림 34-1a**)은 지구상에서 가장 간단한 동물이며 대부분 해수에서 수중 생활을 한다. 해면은 섬모가 발달된 세포를 이용하여 물의 흐름을 만들어서, 몸의 작은 구멍을 통해 들어온 물이 몸 중앙의 큰 공간으로 이동되게 한다. 중앙 공간에 모인 물은 하나 이

(a) 해면 (b) 해파리 (c) 편충류

▲ 그림 34-1 **특별한 호흡기관이 없는 동물들** 호흡계가 결핍된 동물들은 비교적 낮은 대사율을 보이고, 넓고 습한 체표면을 유지한다. **(a)** 편모세포는 해면의 몸에 있는 수많은 작은 구멍을 통하여 산소를 함유한 물을 끌어들이고, 산소가 소모된 물을 하나 이상의 큰 구멍을 통하여 방출한다. **(b)** 종 모양의 해파리 몸체에 있는 세포들은 낮은 대사율을 유지하고, 해수 흐름과 유영 운동이 적절한 기체교환을 유발한다. **(c)** 이 해양 편충의 넓은 체표면은 물과 기체를 교환한다.

상의 큰 구멍을 통하여 몸 밖으로 배출된다.

이 순환은 해류에 의하여 더욱 촉진되며, 상대적으로 많은 $O_2$와 적은 $CO_2$를 함유한 해수를 해면의 각 세포의 확산 거리 이내로 공급한다. 해파리, 산호, 말미잘 같은 **자포동물(cnidarians;** 그림 34-1b)의 외피는 아주 얇다. 이런 구조는 그들의 몸체 위로 해수가 흐를 때 몸체의 최외곽 세포층에서 기체의 확산이 쉽게 이루어질 수 있게 한다. 자포동물은 근육세포를 이용하여 **위수강(gastrovascular cavity;** 세포내 소화에도 사용됨, 그림 35-9 참조) 이라고 부르는 몸체 중앙 빈 공간의 안쪽 방향과 바깥 방향으로 추가적인 물의 덩어리 흐름을 발생시킨다. 이 위수강 덕택에 몸체 안쪽의 세포들도 기체교환이 가능한 가까운 거리에 물을 공급받을 수 있다. 편충류(flatworm) 또한 위수강을 가지고 있는데, 몇몇 편충류 종은 위수강을 소화작용뿐만 아니라 기체교환에도 이용한다. 모든 편충류는 기체가 아주 잘 침투하는 피부를 가지며, 이를 통하여 확산작용으로 기체교환을 한다. 편충류는 납작한 형태의 체형을 갖는데, 이 체형은 모든 세포들이 피부와 인접해 있도록 한다(그림 34-1c). 이와 같이, 수중생물들의 몸체 표면에 형성되는 물의 덩어리 흐름은 확산에 필요한 농도경사를 유지시킬 수 있다.

지렁이 같이 보다 복잡한 동물은 긴 몸체에 생긴 넓은 면적의 피부를 통하는 확산작용과 혈액의 덩어리 흐름으로 기체를 공급하는 정교한 순환계(그림 33-1b 참조)를 결합하여 사용한다. 산소($O_2$)는 피부를 통하여 확산되어 혈액으로 확산되며, 연이어 혈액은 모세혈관을 통하여 곧바로 이동된다. 이 연쇄작용으로 몸체 외부에서 내부로 산소가 확산되도록 하는 농도경사가 유지된다. 세포의 안팎으로 기체가 확산되기 위해서 수분을 머금은 표면이 필요하기 때문에, 만약 지렁이의 피부가 마르게 된다면 지렁이는 질식하게 된다.

## 호흡계와 순환계의 협업이 기체교환을 용이하게 한다

대부분의 활동적인 대형 동물은 신체와 외부 환경 사이의 기체교환을 용이하게 하는 하나의 체계로 형성된 **호흡계(respiratory system)**를 가지고 있다. 순환계는 기체를 모든 체세포들에 가까이 운반하는 역할을 하고, 호흡계는 순환계와 함께 작동하는 경우가 많다. 기체교환의 주요 기관으로, 대부분의 수생동물은 아가미를, 곤충은 기관을, 육상 척추동물은 폐를 갖는다. 그림 34-2에 표현된 포유류의 경우처럼, 순환계와 함께 작동하는 호흡계를 가진 동물들에서 기체교환은 다음과 같은 단계들로 이루어진다.

1. $O_2$ 농도가 높고 $CO_2$ 농도가 낮은 물 또는 공기가 덩어리 흐름에 의해 호흡표면으로 이동한다. 이 덩어리 흐름은 대부분 근육운동이 만들어 낸다.
2. $O_2$는 호흡표면을 통하여 물이나 공기로부터 확산되어 순환계의 모세혈관으로 이동한다. 반면에 $CO_2$는 모세혈관에서 확산되어 나가서 호흡표면을 통하여 공기나 물로 확산된다.
3. 혈액의 덩어리 흐름이 호흡계와 조직으로 기체를 운반한다. 혈액은 심장에 의하여 온몸으로 분산 이동된다.
4. 확산에 의하여 $O_2$가 모세혈관 밖으로 나와서 인접한 조직으로 이동된다. 반면에 조직에 있던 $CO_2$는 모세혈관으로 이동된다.

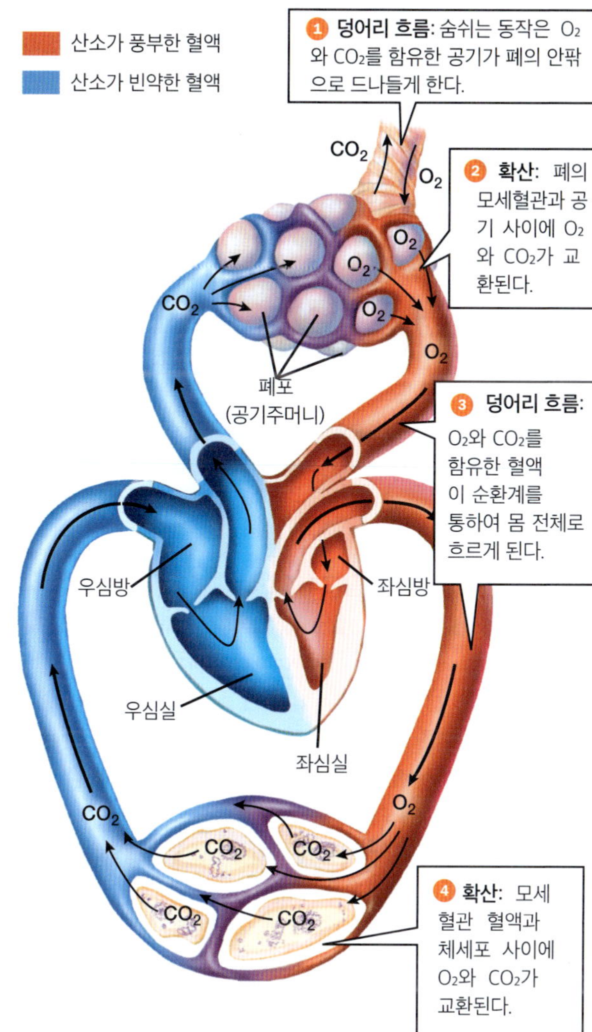


▲ 그림 34-2 포유류의 기체교환 개념도

## 아가미는 수중 환경에서 기체교환을 일으킨다

**아가미(gill)**는 많은 수생동물에서 호흡을 위한 장치로 이용된다. 가장 단순한 아가미 형태는 일부 양서류(그림 34-5a 참조)와 나새류(벌거벗은 아가미를 의미하는 이름) 연체동물(**그림 34-3**)에서 볼 수 있는데, 얇은 체표면이 주변 물속으로 돌출된 형태를 갖는 구조물 다수가 모인 형태이다.

일반적으로 아가미는 그 표면적이 더 넓어지도록 정교하게 가지를 치거나 접혀있다. 아가미의 정교한 외막 바로 아래는 다수의 밀집된 모세혈관들이 분포한다. 이 모세혈관들은 기체교환이 일어나는 아가미 표면 가까이까지 혈액을 공급한다. 대부분의 물고기들은 연약한 아가미 막을 골질의 판 모양인 아가미덮개(*operculum*)로 덮어 보호한다. 물고기는 입과 아가미덮개를 펌프처럼 움직이고 입을 연 채로 빠르게 유영하면서 물을 들이마셔서, 아가미 위를 거쳐 아가미덮개의 열린 부위로 뿜어져 나가는 지속적인 물의 흐름을 만든다.

▲ 그림 34-3 연체동물의 외아가미 나새아목(亞目) 연체류의 등 쪽에 돌출된 깃털 모양의 돌기들은 기체교환에 이용되는 아가미이다.

물고기들은 활동적인 생활 방식을 유지하는데 필요한 충분한 양의 산소를 물로부터 추출해야 한다. 동일한 부피의 공기와 담수를 비교하면, 담수에 존재하는 산소 분자의 수는 공기 중 산소 분자 수의 3% 정도에 불과하고, 심지어 해수는 더 적은 수를 갖고 있다. 물은 공기에 비하여 800배나 밀도가 높기 때문에, 필요한 양의 산소를 얻기 위해서 아가미 부위로 충분히 많은 양의 물을 흘려주는 활동은 공기를 호흡하는 것보다 훨씬 많은 에너지를 소모한다. 따라서 물고기는 **역류교환(countercurrent**

**Have You Ever Wondered ...**

**상어는 계속 수영해야만 살 수 있다는 게 정말일까?**

입을 벌리고 유영하는 것이 상어가 물을 아가미로 보내는 유일한 방법이기 때문에 상어가 유영을 멈추면 질식사 한다는 말을 들어본 적이 있을 것이다. 사실 많은 종류의 상어들은 대부분의 시간을 해저 바닥에서 먹이를 섭취하거나 쉬면서 보낸다. 입 주위의 근육을 사용하여 아가미 위로 물을 흘려보냄으로써 산소를 충분히 얻을 수 있기 때문이다. 반면에 그림에서처럼 아름다운 유선형의 백상아리 같은 종류들은 입을 벌린 채 지속적으로 움직이는 것으로 보인다. 이런 종류의 상어는 주로 혹은 오로지 "돌진 환기(ram ventilation)"라는 유영을 해서 물이 아가미 위로 흐르게 하는 방법을 쓴다. 따라서 백상아리와 그 친척 상어들 그리고 참치 같은 몇몇 어류도 오랫동안 유영을 하지 않는다면 정말 질식사 하게 된다.

**exchange)**이라고 하는, 물과 기체를 교환할 수 있는 매우 효율적인 방법을 갖도록 진화해 왔다.

인간의 폐는 들숨에서 받아들인 공기의 $O_2$ 중 단지 25%만 추출할 수 있지만, 일부 물고기들은 아가미 위로 흐르는 물에서 녹아있는 산소량의 80%까지 추출할 수 있다. 역류교환은 모세혈관의 혈액에서 주변의 수중으로 $CO_2$를 배출하는 데도 효율적이다.

## 육상동물은 체내 호흡기구를 가지고 있다

아가미는 공기 중에서는 쪼그라들고 건조해지기 때문에 쓸모가 없다. 그래서 서식처를 물에서 건조한 육상으로 전환하여 진화한 동물들은 새로운 호흡방식으로 적응했다. 기체교환이 일어나는 섬세한 세포막의 수분을 유지하고 잘 보호할 수 있는 호흡기구가 진화를 통해 만들어졌다. 곤충의 기관과 거의 모든 육상 척추동물과 전갈, 거미, 달팽이 등의 폐를 예로 들 수 있다.

### 곤충은 기관을 이용하여 호흡한다

곤충에서 호흡계는 **기관(tracheae)**들로 구성되어 있다. 기관이란 공기가 채워지고 이동하는 통로로서 많은 가지가 갈라져 나와 있는 형태이다. 기관은 **기문(spiracles)**이라고 부르는 구멍을 통하여 공기를 들고 나게 하며, 기문은 몸체 표면의 양옆을 따라서 배열되어 있다(**그림 34-4**, 왼쪽). 기관은 곤충의 외부 골격을 구성하는 주요 물질인 키틴으로 단단하게 만들어져 있는데, 끝이 열려있는 기관세지(*tracheoles*)라는 미세한 관으로 분지되어 신체조직 곳곳으로 분포되어 있다(그림 34-4, 오른쪽 위). 기관세지는 $O_2$와 $CO_2$의 확산 거리가 최소가 되도록 각 세포에 가까이 공기를 공급한다. 일부 큰 곤충들은 기관으로 공기가 잘 들고나게 하기 위하여 복부를 펌프질 하듯이 움직이기도 한다.

대부분의 동물의 경우, 호흡계는 산소를 순환계로 이동시키는 역할을 하고, 순환계가 산소를 신체 각 부위로 공급한다. 그러나 곤충이 가진 개방순환계(그림 33-1a 참조)는 비행과 같은 격렬한 운동을 원활히 할 만큼 충분한 산소를 공급할 수 없다. 산소를 개개의 세포에 가까이 공급함으로써, 기관은 상대적으로 비효율적인 곤충의 순환계를 보완해준다.

### 육상 척추동물은 폐로 호흡한다

**폐(lungs)**는 신체의 내부에 위치하여 잘 보호되고 있는 습한 호흡용 표면을 가진 주머니로서 수분 손실을 최소화하고, 체벽이 그 구조를 지지해 준다. 최초의 척추동물 폐는 담수 어류에서 출현하였을 것으로 추정되는데, 소화관의 일부가 주머니 형태로 분화한 것으로 보고 있다. 이런 단순한 폐는 아가미를 보완해주고, 물고기들이 용존 산소량이 적은 고인 물에서 생존하는 데 도움을 준다.

개구리, 두꺼비, 도롱뇽 등으로 대표되는 양서류는 물고기로부터 진화하였고, 수중과 육상 환경을 넘나들며 생활한다. 양서류는 유생 단계(올챙이)에서 아가미를 사용하고 육상에서 더 많이 생활하는 성체가 되면 아가미는 소실되고 단순한 주머니 모양의 폐를 발생시킨다(**그림 34-5a-c**). 또한, 대부분의 양서류들은 모세혈관이 다량 분포된 얇고 축축한 피부를 통하여 기체가 확산하여 들어오는 피부호흡(*cutaneous respiration* 또는 skin respiration)에도 상당히 의존한다. 양서류 신체를 싸고 있는 얇고 습한 피부는 모세혈관이 다량 분포하여 기체교환을 촉진한다. 산업화한 요즘 시대에 양서류 피부는 오히려 단점으로 작용한다. 왜냐하면 공해물질이 쉽게 침투하여 얇은 피부를 손상시키므로 피부가 환경오염에 취약하기 때문이다. 그 결과 1980년 이후 양서류의 개체수가 전 세계적으로 감소하였다.

파충류(뱀, 도마뱀, 거북, 악어 및 새)나 포유류의 피부는 비늘이나(**그림 34-5d**), 깃털 또는 털로 덮여 있어 비교적 방수성이 높고, 건조한 환경에서 수분 손실을 줄여준다. 그러나 이 방수기능은 피부가 호흡기관으로 이용될 수 없도록 한다. 이러한 한계를 극복하기 위해서 파충류와 포유류의 폐는 양서류의 폐보다 훨씬 큰 표면적을 갖는다.

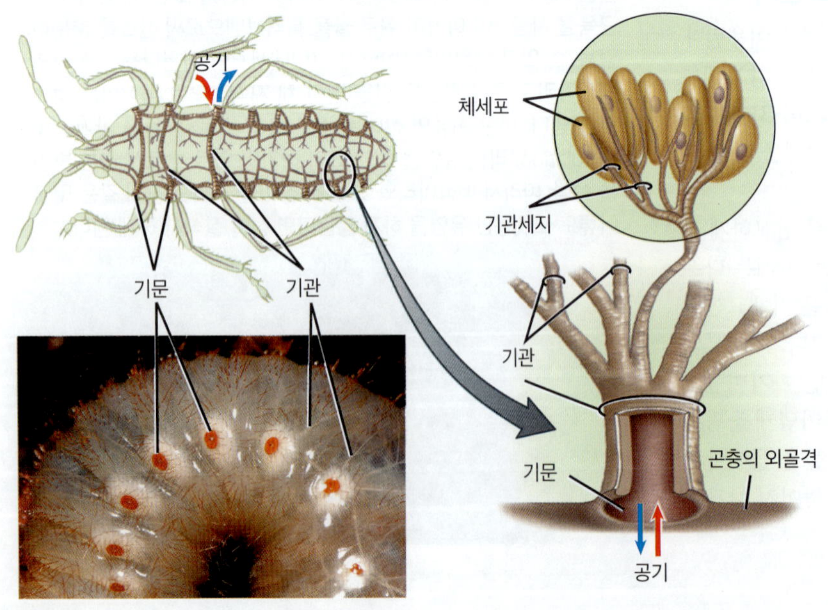


◀ **그림 34-4 곤충은 기관을 이용하여 호흡한다** 곤충들의 기관은 온몸에 걸쳐서 복잡하게 가지를 치고 있다. 공기는 체벽에 있는 기문을 통하여 들고 난다. 기관에서 갈라져 나온 기관세지가 모든 세포의 확산 거리 이내로 공기를 공급한다.

**비판적 사고** 곤충의 기관계는 폐쇄순환계가 결여된 문제를 어떻게 보완하는가?

(a) 올챙이

(b) 황소개구리 성체

(c) 아홀로틀

(d) 뱀

◀**그림 34-5 양서류와 파충류의 호흡계가 환경에 적응한 방식은 다르다** **(a)** 양서류인 황소개구리는 온전히 수중에서 생활하며 깃털 모양 외아가미를 가진 올챙이 형태로 삶을 시작한다. **(b)** 공기를 호흡하는 성체로 변태가 진행되는 동안, 개구리의 아가미들은 소실되고 단순한 주머니 형태의 폐로 대체된다. 올챙이와 성체 상태 모두에서 피부호흡을 통한 기체교환이 일어난다. **(c)** 아홀로틀은 멕시코에서 서식하는 멸종위기 도롱뇽의 일종인데, 단순한 폐를 갖지만 동시에 아가미를 이용하여 수중 생활 방식을 생애 중 계속 견지한다. **(d)** 이 초록 맘바뱀처럼 비늘로 덮인 육상 파충류는 피부호흡을 할 수 없다. 그래서 파충류의 폐는 기체교환을 할 수 있도록 넓은 표면적을 갖는다.

**비판적 사고** 양서류들의 호흡기가 환경에 적응한 방식은 양서류가 발견되는 서식처 범위에 어떻게 영향을 미치는가?

조류의 호흡계는 파충류를 비롯한 다른 육상 척추동물의 호흡계와 상당히 다르다. 비행에 소요되는 엄청난 양의 에너지를 생산하기에 적합한 수준의 $O_2$가 흡수되도록, 조류의 폐는 매우 효율적인 기체교환이 가능한 과정을 발달시켜 비행에 적응하였다. 조류의 폐는 단단한 편이며, 7-9개의 확장 가능한 공기 주머니인 기낭과 연결되어 있다. 기낭은 공기 저장고의 역할을 한다. **그림 34-6**은, 쉬운 이해를 위하여, 기낭들을 폐 앞쪽과 뒤쪽에 각각 하나의 전기낭과 후기낭으로 표현하였다.

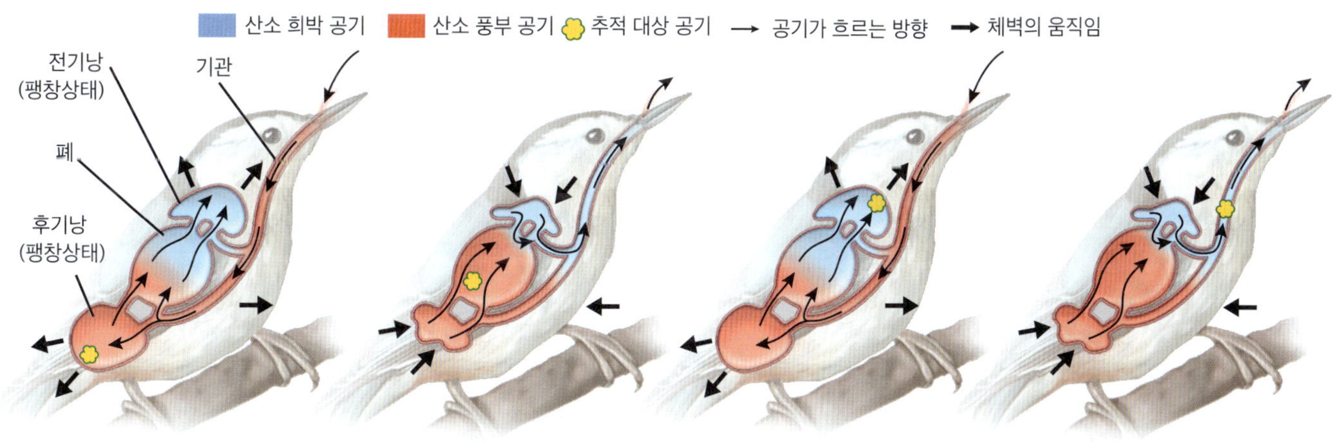


❶ 들숨 #1은 기낭들을 팽창시켜 산소가 풍부한 공기가 기관의 경로를 따라 끌려와 후기낭과 폐를 채우게 한다.

❷ 날숨 #1은 기낭들을 압축시켜 후기낭의 산소가 풍부한 공기를 폐로 보낸다.

❸ 들숨 #2는 기낭들을 팽창시켜 산소가 희박한 공기를 폐에서 전기낭으로 끌어 들인다.

❹ 들숨 #2는 기낭들을 압축하여 산소가 희박한 공기를 전기낭에서 기관을 거쳐 몸 밖으로 밀어낸다.

▲**그림 34-6 조류의 호흡계** 특정한 양의 공기(추적 대상 공기)가 호흡계 전체를 통과하려면 두 번의 숨쉬기가 필요하다. 딱딱한 튜브 형태의 측기관지에서 기체교환이 일어난다. 신축성이 있는 기낭은 기체교환을 하지 못한다.

조류의 폐는 맨눈으로는 관찰하기 힘든 크기의 구멍이 뚫린 관 형태인 측기관지(parabronchi)로 채워져 있다. 측기관지는 공기가 모세혈관이 풍부한 영역을 통과하여 흐르도록 한다.

측기관지는 공기가 폐를 완전히 관통해 흐르게 한다. 후기낭에서 신선한 공기를 전기낭으로 공급하고, 날숨을 쉬기 전에 전기낭에 잠시 폐에서 유입된 공기를 모아두기도 한다. 기낭들은 조류의 폐가 들숨과 날숨 때 모두 신선한 공기를 받아들이게 하는 역할을 한다.

### CHECK YOUR LEARNING

- 순환계와 폐를 가진 동물에서 기체교환의 4단계 과정을 설명할 수 있는가?
- 어류의 호흡계가 환경에 적응한 방식을 설명할 수 있는가?
- 육상생물 호흡계가 환경에 적응한 공통적인 방식을 서술할 수 있는가? 곤충, 양서류, 새를 포함한 파충류, 각각의 호흡계에 특이적인 적응 방식들을 서술할 수 있는가?

## 34.3 공기는 어떻게 인간 호흡계를 통하여 전달되는가?

인간이나 다른 포유류의 호흡계는 **기도 부분(conducting portion)**과 **기체교환 부분(gas-exchange portion)**의 두 부분으로 나눌 수 있다. 기체교환 부분은 폐 모세혈관 속 혈액과 공기 사이에 산소와 이산화탄소가 교환되는 폐 속 영역을 말하고, 기도 부분은 기체교환 부분까지 공기가 이송되는 일련의 통로를 말한다.

### 호흡계의 기도 부분은 공기를 폐까지 운반한다

코나 입을 통해서 들어온 공기는 비강이나 구강을 통하여 소화관과도 공유되는 하나의 공간인 **인두(pharynx)**에 도달하고, 이어서 소리가 만들어지는 장소인 **후두(larynx)**를 지나게 된다(그림 34-7).

후두의 입구는 연골로 지지된 납작한 조직인 **후두개(epiglottis)**에 의하여 보호되고 있다. 정상적인 호흡을 할 때면 후두개

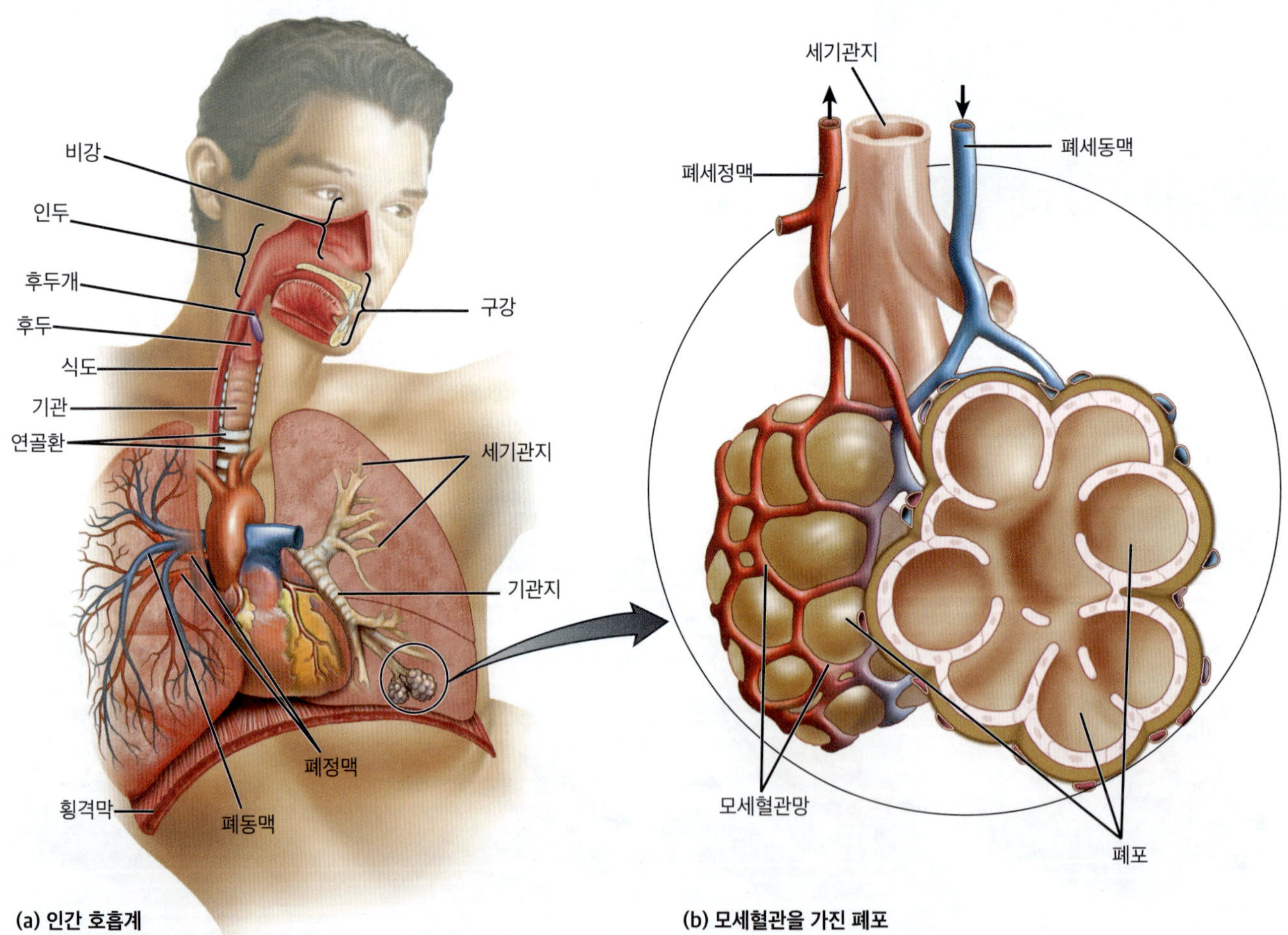


▲ 그림 34-7 **인간 호흡계** (a) 인간 호흡계의 주된 구조를 도시하였다. 폐동맥은 산소가 희박한 혈액(청색)을 폐로 운반한다. 폐정맥은 산소가 풍부한 혈액(적색)을 심장으로 운반한다. (b) 폐포의 내부 단면을 확대한 그림으로 폐포와 폐포를 둘러싼 모세혈관망을 보여주고 있다.

**비판적 사고** 왜 산소가 풍부한 피는 붉은색, 산소가 적은 피는 파란색으로 표현되는가?

의 한쪽이 위로 들려져서 공기가 후두로 자유롭게 흘러가게 한다. 음식을 삼킬 때면 후두개는 아래로 접히며 후두를 덮어 음식물이 식도로 들어가게 한다(그림 35-15 참조). 만약 사람이 숨을 들이 쉬면서 동시에 음식물을 섭취하려 한다면, 후두개의 이런 조건반사적 조작이 실패하여 음식물이 후두에 걸리고 공기가 폐로 가는 것을 막게 된다. 이런 현상을 보면 당신은 무엇을 해야 할까? **그림 34-8**에 설명된 바와 같이 실행하기 쉽고 수많은 생명을 구한바 있는 **하임리히법(Heimlich maneuver)**을 써야 할 것이다.

후두의 내부에 "소리통"이라고도 불리는 **성대(vocal cords)** 가 자리하고 있다. 성대는 탄성 조직으로 구성된 끈들이며, 근육에 의하여 조절된다. 근육이 수축되면 성대가 후두를 통과하는 공기를 부분적으로 막게 된다. 이 상태에서 내쉬는 공기는 성대를 진동하게 하고 소리가 생성된다. 성대의 끈을 당기는 정도에 따라 소리의 높낮이가 변화하고, 혀와 입술의 움직임에 따라 알아들을 수 있는 말이나 노래 소리가 만들어진다.

들이쉰 공기는 후두를 지나 **기관(trachea)**으로 들어간다. 기관은 단단한 연골로 만들어진 반원형의 띠로 강화된 벽을 가진 유연한 관이다. 흉부 안에서 기관은 **기관지(bronchus)**라고 부르는 두 개의 큰 가지로 갈라지고, 각각의 기관지는 하나의 폐로 이어진다. 폐의 내부에서 각 기관지는 점점 더 작은 크기의 관으로 반복적으로 갈라진다. 작은 관들은 최종적으로 약 1mm 직경의 **세기관지(bronchioles)**로 나누어진다. 기관지와 세기관지의 벽은 평활근으로 둘러싸여 있어, 근육에 의하여 관의 직경이 조절될

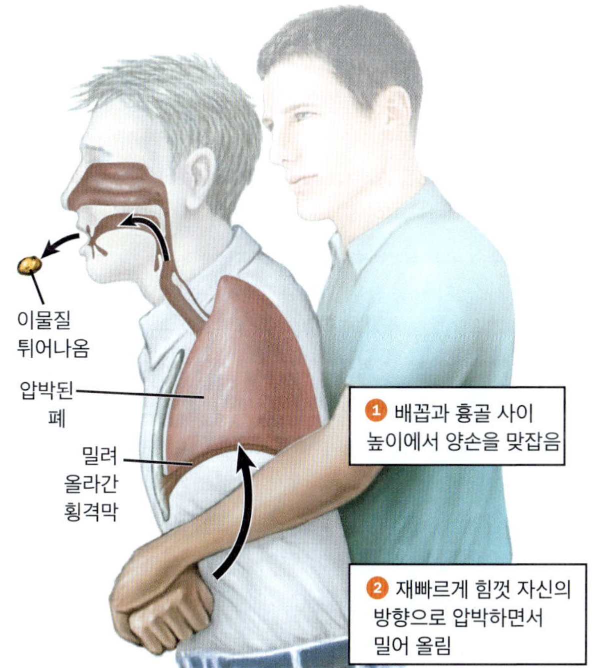


▲ **그림 34-8 하임리히법은 생명을 구할 수 있다** 횡경막의 바로 아래쪽을 위쪽과 안쪽 방향으로 갑자기 강하게 압박하면 폐 속의 공기가 강제로 내몰리고, 기관을 막은 음식물이 뱉어져 나오게 할 수 있다. 필요하다면 반복한다.

수 있다. 운동과 같이 많은 산소를 요구하는 활동을 하면, 평활근이 이완되어서 더 많은 공기가 들어가게 한다. 세기관지는 점차 더 좁아져서 현미경을 사용해야 볼 수 있는 크기인 **폐포(alveoli)**로 연결된다. 아주 작은 공기 주머니 형태인 폐포에서 기체교환이 일어난다(그림 34-7 참조).

기도 부분을 통과하는 동안 공기는 따뜻해지고 습하게 된다. 공기 중 먼지나 세균의 대부분은 호흡기 통로의 벽을 이루는 세포에서 분비되는 점액에 붙잡힌다. 먼지나 세균을 부착한 점액은 세기관지, 기관지, 기관의 벽에 위치한 섬모에 의하여 인두까지 위쪽 방향으로 보내진다. 인두로 올라온 점액은 기침으로 튀어나오거나 삼켜지게 된다. 흡연은 섬모를 마비시켜서 일련의 정화 과정을 방해한다(605쪽의 "Health Watch: 흡연 – 생명과 활력을 위한 결단" 참조).

## 우리는 공기를 능동적으로 들이마시고 수동적으로 내쉰다

호흡은 들숨과 날숨이 폐의 안팎으로 향하는 공기의 덩어리 흐름을 일으켜서 발생한다. 폐와 흉강 모두 탄성력이 있어서, 잡아당기면 확장되고 당기는 힘이 사라지면 자연적으로 원래 크기로 돌아간다. 흉강의 아래쪽 경계는 **횡격막(diaphragm)**이라는 근육으로 된 막이다. 횡격막은 이완되었을 때 위쪽으로 볼록한 둥근 지붕 모양을 한다. 공기가 폐로 흡입되는 **들숨(inhalation)**이 진행되는 동안 횡격막은 수축하며 아래쪽으로 내려간다. 갈비뼈와 늑골근육 또한 들숨 동안 수축하여 갈비뼈를 위쪽과 바깥쪽으로 잡아당긴다. 이런 두 가지 근육의 움직임은 흉강을 크게 만든다(**그림 34-9a**). 폐와 흉강 내벽 사이의 좁은 공간에 체액이 차들어 공기가 통할 수 없는 밀봉 상태를 만들기 때문에, 흉강이 확장될 때 폐도 흉강 안에서 같이 팽창한다. 폐가 팽창함에 따라 부피가 커진 만큼 폐 내부 압력을 감소시켜서 공기가 폐로 들어온다. 흉부에 구멍이 나는 부상이 위험한 이유는 흉벽과 폐 사이로 공기가 들어가서 밀봉 상태가 깨지고 흉강이 확장할 때 폐가 함께 팽창하는 일이 발생하지 않기 때문이다.

**날숨(exhalation)**은 들숨을 만드는 근육들이 이완될 때 자연적으로 일어난다. 횡격막이 이완하면 위쪽 방향으로 둥근 지붕 모양을 만들고, 동시에 갈비뼈는 아래와 안쪽 방향으로 이동한다. 이런 두 가지 움직임은 흉강의 크기를 줄여서, 폐에서 공기를 내보내게 된다(**그림 34-9b**). 복부근육을 수축하면 더 많은 공기를 강제로 빼낼 수 있다. 날숨을 쉰 뒤에도 폐 속에 여전히 일부 공기가 남아 있는데, 남은 공기는 얇은 폐포가 함몰되는 것을 막는 역할을 한다. 평균적 신체 크기의 성인이 일반적인 호흡을 통해서 호흡기 안에서 이동시킬 수 있는 공기의 양은 약 500 ml 정도이다. 공기가 기도 부분도 반드시 채우고 있어야하기 때문에, 들숨과 날숨 때 이동시킨 공기의 3/4 정도만 폐포에 도달한다. 사람이 운동을 할 때면, 한 번의 깊은 호흡으로 이 부피의 4배를 이동시킬 수 있다.

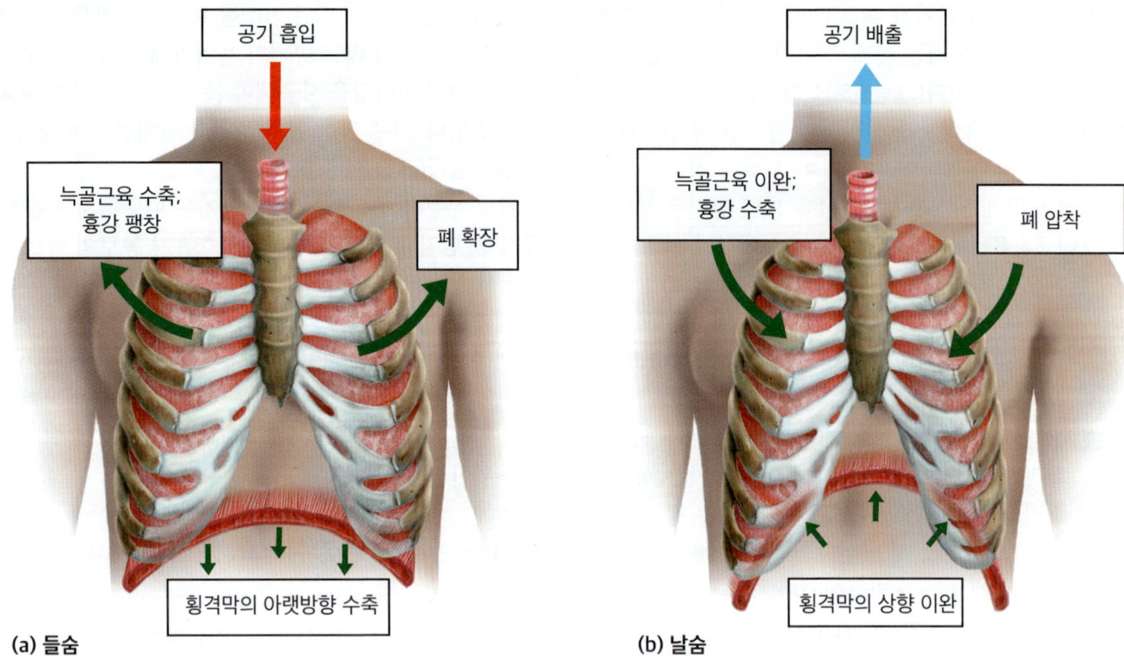


▲ **그림 34-9 호흡 메커니즘** **(a)** 들숨 동안, 뇌로부터 전달되는 주기적인 신경자극은 횡경막과 늑골근육을 수축시킨다. 이에 따라 흉강의 크기가 커져서 공기가 몰려들어온다. **(b)** 날숨 동안, 이들 근육들은 이완되고 폐에서 공기를 내뱉게 한다.

**비판적 사고** 횡경막 근육을 수축하면 횡경막의 크기는 감소함에도 불구하고, 흉강의 부피가 커지는 이유는 무엇인가?

**CASE STUDY CONTINUED**

### 큰 수익을 위한 숨가쁨

만약 당신이 수면무호흡증(sleep apnea)을 겪는다면 밤에 숙면을 취하기 어렵다("apnea"는 "숨 쉬지 않고"라는 뜻이다). 당신이 깨닫지 못할 수도 있지만, 당신은 10-60 초가량 일시적으로 숨을 쉬지 않고 이때 순간적으로 수면의 방해를 받는데, 이 일은 매일 밤 적게는 30회 많게는 100회 이상 발생한다. 혈액 내 $O_2$ 농도는 떨어지고 $CO_2$ 농도는 증가하며, 종종 컥컥거리며, 선잠을 자는 상태가 된다. 이러한 현상은 왜 일어나는가? 폐쇄성 수면무호흡증(obstructive sleep apnea)이 가장 흔한 형태이며, 혀와 인두의 부드러운 조직을 지지하는 근육이 이완되어, 해당 조직들이 기도를 막기 때문에 발생한다. 코를 골거나, 과체중, 수면전 음주, 흡연하는 사람들은 수면무호흡증에 더 취약하다. 그 결과로 낮에 졸리거나 집중력을 상실하며, 위험한 운전을 하는 등의 나쁜 상황이 발생한다. 더불어 반복적인 $O_2$ 결핍과 $CO_2$ 축적 현상은 심장에도 무리를 주기 때문에, 수면무호흡증은 심각하게 받아들일 상황이다. 당신의 몸은 당신이 숨을 멈추었다는 것을 어떻게 알게 되는가?

## 호흡률은 뇌의 호흡중추에 의하여 조절된다

숨을 쉴 때마다 숨 쉰다는 생각을 해야만 숨이 쉬어진다고 상상해 보라. 다행스럽게도 호흡은 무의식 중에 주기적이고 자동적으로 일어난다.

그러나 심장근육과는 달리 호흡에 사용되는 횡격막과 늑골의 근육은 스스로 활성화되지는 않는다. 들숨을 만드는 근육수축 현상은 매번 신경세포의 충격전류 자극을 받아서 발생한다. 이러한 충격전류는 **호흡중추(respiratory center)**에서 시작된다. 호흡중추는 척수 바로 위에 있는 뇌의 한 부분인 연수에 위치한다(그림 39-12 참조). 호흡중추에 있는 신경세포는 근육수축을 일으키는 전기신호(활동전위)를 주기적인 충격파로 발생시킨다. 각 충격파 사이의 휴지기 동안 근육이 이완되고 날숨을 쉬게 한다. 호흡중추는 여러 출처에서 정보를 받아서 신체의 변화하는 요구에 따라 호흡속도와 호흡량을 조절한다. 호흡률은 연수에 위치한 $CO_2$ 수용체에 의하여 주로 조절된다. 이 조절 메커니즘은 혈중 $CO_2$ 농도를 낮은 수준에서 일정하게 유지하는 한편, 산소 농도 또한 적절하게 유지되도록 호흡률을 조절한다. 예를 들어 당신이 수업에 늦지 않으려 뛰어간다면 근육은 더 많은 ATP를 요구한다. 이는 세포호흡의 증가를 요구하는데, 그 결과 더 많은 $CO_2$가 발생한다. 연수에 있는 수용체는 더 많아진 $CO_2$를 인지하고, 당신이 더 빠르고 더 깊게 호흡해서 $CO_2$를 더 많이 제거하고 더 많은 $O_2$를 흡수하도록 한다. 수면무호흡증이 발생하는 동안에도 $CO_2$가 축적되어 수용체들을 활성화시킨다. 이 수용체들은 극도로 민감하여, $CO_2$ 농도가 16% 증가하면 폐로 공급되는 공기의 부피가 두 배가 되게 한다. 한편, 대동맥과 경동맥에도

## Health WATCH 흡연 - 생명과 활력을 위한 결단

매년 미국에서 오십만 명 정도가 흡연과 관련된 질병으로 사망하며, 이는 사망자 5명중 1명의 비율에 달한다. 해당 질병은 폐암 및 수종의 여타 암들, 만성 폐쇄성 폐질환(chronic obstructive pulmonary disease; COPD), 심혈관계 질환 등으로, 금연으로 예방될 수 있나. 미국의 경우 폐암으로 인한 사망의 대부분과 전체 암 사망의 1/3이 흡연에 기인한다. 흡연의 위험성에 대한 수십 년간의 경고에도 불구하고, 미국 성인의 18%와 고교생의 9%가 계속 흡연하고 있다.

담배 연기를 흡입하면 독성물질들이 기관과 기관지 벽을 따라 있는 섬모를 마비시킨다. 섬모는 흡입한 입자들을 제거하는 기능을 하기에, 흡연은 섬모의 역할이 가장 필요할 때 저해한다. 육안으로 보이는 담배 연기는 수십 가지 발암물질을 함유한 미세한 탄소 입자로 이루어져 있다. 흡연시 섬모들이 무력화된 상태에서 그 입자들이 폐로 들어간다. 골초들의 폐는, 마치 한 번도 교체되지 않은 자동차의 공기필터처럼, 결국 문자 그대로 검게 변한다(**그림 E34-1**). 또한 담배 연기는 유입되는 입자와 세균을 포식하는 백혈구를 손상시켜서, 폐가 유입물에 제대로 대처할 수 없게끔 한다. 염증이 생긴 호흡기는 점액질을 더 많이 생산하고, 이는 축적되어 기도를 좁히고, 흔히 흡연 기침(smoke's cough)이라는 것을 일으킨다.

오래된 흡연자들은 COPD에 취약한데, 이 질환은 만성 기관지염(chronic bronchitis)과 폐기종(emphysema)이 동시에 발생하는 경우이다. 치료가 불가능하고 시간이 지남에 따라 병증이 더 심해지는데, 미국에서는 심혈관 질환과 암 다음, 세 번째로 흔한 사망 원인이다. 만성 기관지염은 기관지와 세기관지에 영구한 염증이 생겨서 폐포로 이동하는 공기량이 감소하는 질병이다. 기관지가 붓고, 섬모의 활동성과 수가 감소하며, 점액질 더 많이 분비되어 기도를 청소하려고 지속적으로 기침을 하게 된다. 점액질은 호흡기 감염을 일으키는 박테리아가 번식할 수 있는 좋은 장소를 제공한다. 폐기종은 담배 연기에서 유입된 독성물질들이 폐포 벽(alveolar wall)과 호흡막(respiratory membrane)을 파괴시켜 발생한다. 폐기종이 진행되면, 분홍빛 스펀지처럼 보이던 폐포의 집락은 까맣게 변한 스위스 치즈 같이 변한다.

흡연이 암을 일으키는 이유는 담배 연기 속에 수많은 돌연변이 유도물질이 들어 있기 때문이다. 돌연변이 유도물질은 세포 속 DNA를 손상시켜 변이를 만든다. 또한, 담배 연기의 다른 화학물질들은 DNA 수선 과정을 방해하여 손상을 가중시킨다. 많은 변이를 가진 세포들은 암세포가 될 가능성이 높다. 담배 연기는 몸의 면역체계를 약하게 만들어서, 암세포가 증식하기 전에 암세포를 공격하여 파괴하는 몸의 기능을 저하시킨다.

흡연은 또한 동맥경화(atherosclerosis)를 유발하는데, 동맥 벽(arteiral walls)에 지방질이 축적되는 증상인데, 심장마비의 원인이 되는 혈전을 형성할 수 있다(33장 참조). 담배 연기에 있는 일산화탄소는 혈액의 산소 수용량을 감소시켜서 심장에 과중한 부담을 주게 된다. COPD는 순환계가 충분한 산소를 공기에서 추출하기 어렵게 만들어서, 심장에 추가적인 무리를 주게 된다. 결과적으로 흡연자는 비흡연자에 비해 2배에서 4배가량 더 높은 빈도로 심장질환으로 사망하게 된다.

흡연자가 임산부인 경우에는 생식 과정에 문제가 발생한다. 일산화탄소와 니코틴이 태아의 발달에 필요한 산소 공급을 저해하기 때문이다. 흡연자 임산부는 유산하거나, 저체중아, 선천성 결함을 가진 신생아, 학습과 행동에 문제를 가진 아이를 출산할 확률이 높다.

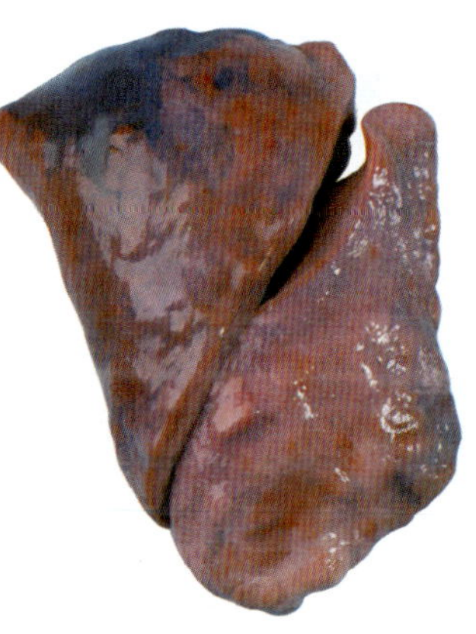

(a) 정상적인 폐

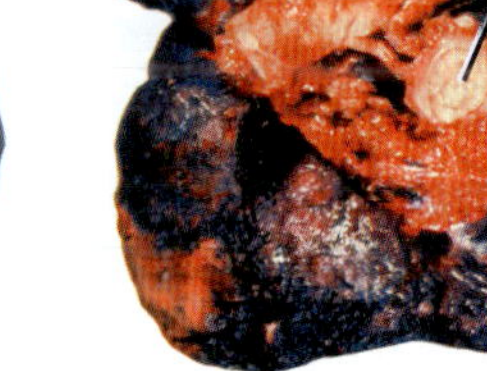


(b) 암과 폐기종을 가진 흡연자의 폐

▲그림 E34-1 살 것이냐 죽을 것이냐?

간접흡연(*passive smoking*)은 비흡연자의 건강에 해를 끼친다. 흡연자 부모를 둔 아이들은 폐 용량이 작고 기관지염, 폐렴, 귓병, 기침, 감기, 천식 그리고 유아돌연사 증후군(sudden infant death syndrome; SIDS)등에 걸리기 쉽다. 성인 비흡연자가 가정이나 직장에서 흡연에 노출될 경우 심혈관 질환, 심장발작과 폐암에 의한 사망률이 20-30% 증가 한다.

왜 담배를 끊을 수가 없는가? 담배의 니코틴은 코카인이나 헤로인 만큼 중독성이 강하다. 다른 중독성이 있는 약품처럼, 니코틴은 뇌의 보상중추를 자연적인 자극들보다 훨씬 더 강력하게 활성화시킨다. 뇌는 이러한 약품에 덜 민감하게 되도록 적응하게 되며, 동일한 정도의 보상을 느끼기 위하여 점점 더 많은 양이 필요하게 된다. 담배를 끊으려고 하면, 니코틴에 대한 갈망, 우울증, 불안, 초조함, 짜증, 두통, 집중력 저하, 불면증 등의 금단증상이 나타난다. 하지만, 흡연자가 담배를 끊으면 그 즉시 상태가 좋아지는 것을 느낄 수 있다. 혈액 내 일산화탄소량이 떨어지고, 심장 박동수와 혈압은 정상으로 돌아온다. 몇 주 안에 흡연 기침은 서서히 사라지고 혈액순환이 좋아지게 된다. 수개월 후 폐의 기체교환 기능이 향상 되고, 후각과 미각이 증진된다. 어떤 연령 때이든 담배를 끊는다면 담배와 관련된 질병으로 사망하는 확률은 감소한다. 30세 이전에 끊는 사람의 경우, 계속해서 담배를 피우는 사람에 비하여 흡연 관련 질병으로 사망할 확률이 90%나 줄어든다.

**비판적 사고** 여섯 살의 어린이가 놀이터에서 놀다가 학교 보건실로 보내졌다. 숨쉬기를 힘들어 하고 숨을 쉴 때 쌕쌕거리는 소리가 났다. 학교 보건실 간호사는 이 소녀가 심한 감기와 기침으로 여러 번 보건실에 방문 했던 것을 기억했다. 간호사는 부모와 상담을 위하여 만났는데, 그 아이의 엄마는 임신 중 이었다. 간호사는 무슨 질문을 했을까? 어떤 충고를 했을까?

$O_2$와 $CO_2$ 수용체들이 분포하며 호흡중추를 자극한다. 이 수용체들도 역시 주로 혈중 $CO_2$ 농도 증가에 민감하게 반응하지만, $O_2$가 큰 폭으로 감소할 때도 활성화 된다.

### CHECK YOUR LEARNING

- 인간 호흡계의 기도 부분의 구조와 기능을 설명할 수 있는가?
- 숨쉬기의 역학적 과정을 설명할 수 있는가?
- 뇌가 어떻게 호흡률을 조절하는지 설명할 수 있는가?

CASE STUDY CONTINUED

### 큰 수익을 위한 숨가쁨

당신이 천식환자라면, 천식발작(asthma attack) 증상이 나타났을 때 가슴이 답답하여 숨을 들이고 내쉬려고 쌕쌕거리는 느낌을 생생하게 알고 있을 것이다. 무슨 일이 일어난 것일까? 천식발작은 세기관지에 염증이 생겼을 때 일어난다. 기관지벽이 붓고, 기도로 보통 때보다 많은 점액질이 방출된다. 세기관지를 둘러싼 평활근이 수축되면 기도가 더 좁아진다. 천식발작을 촉발하는 원인은 개인마다 다르며, 앨러지 반응이나 흡입한 먼지나 오염물질 또는 호흡기 감염 등이 기폭제가 될 수 있다. 신체운동은 흔한 기폭제이지만, 약물치료 덕분에 천식환자도 힘든 스포츠 활동이 가능해졌다. 몇몇 올림픽 메달리스트들 중에도 천식환자가 있다. 천식을 일으키는 요인은 한 가지로만 말할 수는 없다. 종종 어린 시절에 발병이 시작되고 되며, 유전적인 요소와 환경적인 요인이 복합적으로 만든 결과라 여겨진다. 예를 들어 부모가 흡연자이면 자식의 천식 발병 확률이 높다. 비록 천식이 완치될 수는 없지만, 많은 경우에 약물치료와 생활습관의 조절로 잘 통제될 수 있다. 만약 발작이 일어나면, 신속히 작용하는 '응급구조 약품(rescue medication)'인 기관지 확장제를 흡입하여 세기관지의 평활근이 이완될 수 있게 한다. 심한 발작이 처치되지 않고 있으면, 질식으로 인한 사망이 발생할 수 있다. 따라서 천식환자는 자신의 상태를 면밀히 관찰하고 조절해야하며, 반드시 기관지 확장제 흡입기를 가지고 다녀야 한다. 천식은 폐포의 기체교환을 막아 질식을 일으킬 수 있다. 폐포는 과연 어떤 방식으로 혈관에 산소를 공급해서 생명을 유지할 수 있게 하는가?

## 34.4 인간 호흡계 내에서 기체교환은 어떻게 일어나는가?

공기가 폐의 안과 밖으로 덩어리 흐름에 의하여 이동할 때, 폐 내부에서 기체들은 확산 과정으로 혈액을 드나든다(그림 34-2 참조). 인간의 폐는 매우 정교하고 연약한 막이 혈류와 공기의 경계를 이루는 습하고 잘 보호된 공기 주머니를 갖는다.

### 기체교환은 폐포에서 일어난다

폐의 내부에서 조밀하게 나무처럼 가지를 친 세기관지로 구성된 기관체계는 공기를 폐포로 이동시킨다. 폐포는 각 세기관지의 끝에 포도송이 모양으로 모여 있다. 일반 성인은 두 개의 폐를 합하면 약 3억 개의 폐포를 갖고 있다. 0.2mm 지름의 이들 미세한 주머니들이 폐 조직 전체가 분홍빛 스폰지로 보이게 한다. 폐포의 내부는 계면활성물질(surfactant; 단백질과 지질로 구성된 세제 같은 화합물)을 포함한 얇은 체액층으로 덮여 있어서 연약한 폐포의 표면들이 서로 달라붙게 되거나 숨을 내쉴 때 붕괴되는 것을 막아 준다. 기체들은 폐포를 출입하면서 이 체액에 녹아 들어간다.

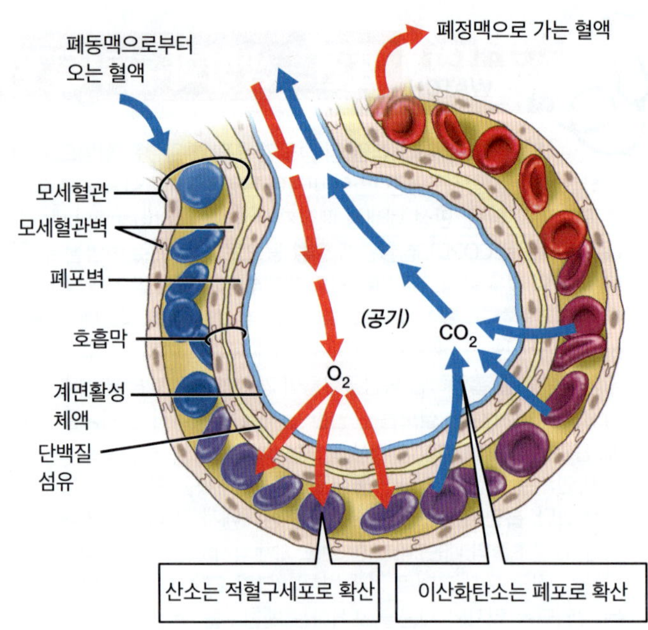


▲ **그림 34-10 폐포와 모세혈관 사이의 기체교환** 호흡막은 폐포와 모세혈관의 벽들로 구성되는데, 각 벽은 세포 한 개 두께에 불과하다. 기체는 이 막을 통하여 확산되어서 폐와 순환계 사이를 건너게 된다. 폐포 안쪽은 미끄러운 계면활성을 띤 체액으로 덥혀 있어서 마주보는 폐포막끼리 흡착되는 것을 막아 준다.

폐포 표면은 대부분 모세혈관망으로 덮여있다(그림 34-7b 참조). 폐포 벽은 한 층의 상피세포들로 이루어져 있다. **호흡막(respiratory membrane)**이라는 구조를 통하여 기체가 확산되는데, 호흡막은 폐포의 벽과 모세혈관의 벽이 단백질 섬유에 단단히 결합한 형태이다(그림 34-10). 호흡막은 폐 안의 공기와 모세혈관 내의 혈액 사이에 매우 짧은 확산 거리(약 0.5-1 마이크로미터)를 만들어서, 기체의 전달이 매우 효율적으로 일어나게 한다.

폐는 기체교환이 일어나는 거대한 면적의 습한 표면을 제공한다. 일반 성인의 폐포 면적의 총합은 약 145 $m^2$에 달하며, 이 수치는 성인의 피부 표면적의 80배 또는 농구장 면적의 1/3에 해당한다.

### 산소와 이산화탄소는 각각 다른 방식으로 혈액에서 운반된다

혈액은 폐에 있는 공기로부터 산소를 전달받아 신체조직에 공급하고, 동시에 이산화탄소를 조직에서 흡수하여 폐로 방출한다. 기체들의 농도경사에 의한 확산 효과 때문에 이와 같은 교환이 발생한다.

즉, 폐의 $O_2$ 분압은 높고 $CO_2$ 분압은 낮은 반면에 체세포의 $CO_2$ 분압은 높고 $O_2$ 분압은 낮다(그림 34-10 참조). 혈액에 의하여 운반되는 산소의 거의 전부(약 98%)는 헤모글로빈(hemoglobin)에 결합되어 있으며(**그림 34-11a**), 이 거대한 단백질 분자는 적혈구세포가 붉은색을 띠게 한다(그림 33-9 참조).

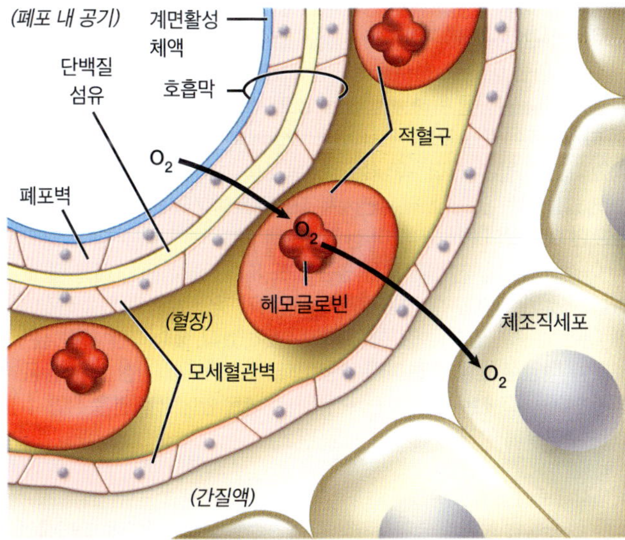


(a) 폐에서 조직으로 $O_2$ 의 운반

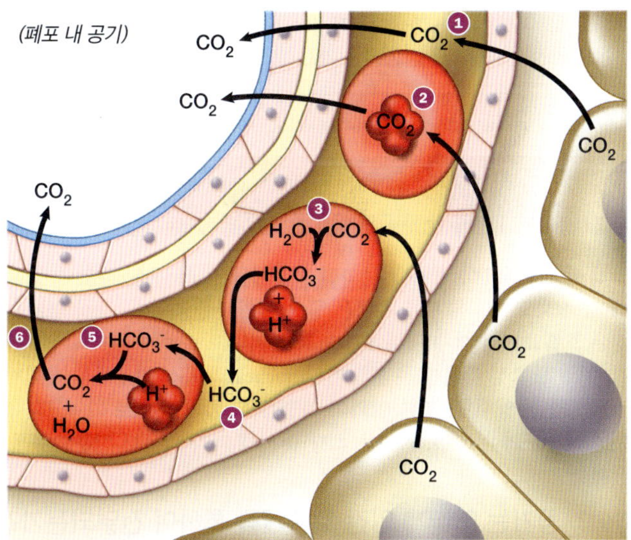


(b) 조직에서 폐까지 $CO_2$의 운반

▲ **그림 34-11 산소와 이산화탄소의 운반** **(a)** 폐포 속 공기의 $O_2$ 농도가 높아서 $O_2$가 호흡막을 통과하여 폐포의 모세혈관으로 확산된다. 여기서 $O_2$는 헤모글로빈과 느슨하게 결합하여 체조직의 세포로 이동한다. 체세포의 $O_2$ 농도가 낮기 때문에, $O_2$는 헤모글로빈에서 떨어져 나와 모세혈관 밖으로 나오고 간질액(interstitial fluid)을 통과하여 세포로 확산된다. **(b)** 체세포에 있던 $CO_2$는 세 가지 경로중의 하나를 통하여 모세혈관으로 확산된다. 본문에 있는 숫자로 표시된 과정을 참고 하라

**비판적 사고** 중탄산염이온이 만들어질 때 생성되는 수소이온이 헤모글로빈에 결합된 상태로 있어야 하는 점이 왜 중요한가?

헤모글로빈은 혈장을 이루는 액체로부터 $O_2$를 제거하여, 폐로부터 혈장으로 $O_2$를 이동시키는 원동력인 농도경사를 더욱 강하게 한다. 각각의 헤모글로빈 분자는 $O_2$를 4개까지 운반할 수 있다. 이 과정은 $O_2$가 단순히 혈장에만 녹아서 전달될 때보다 훨씬 더 많은 $O_2$를 혈액이 운반할 수 있게 한다. 헤모글로빈은 $O_2$와 결합하였을 때, 그 모양과 색이 변하게 된다. 산화된 또는 "산소가 풍부한" 혈액은 밝은 선홍색을 띠고, 탈산소화된 혹은 "산소가 희박한 혈액"은 진한 밤색을 띠며, 이 색은 피부 층을 통과하여 볼 때 청색처럼 보인다. 이런 이유로 산소가 풍부한 혈액은 적색으로 산소가 희박한 혈액은 청색으로 흔히 묘사된다.

세포호흡에 의해 생산된 이산화탄소는 세포 사이 간질액을 통과하여 근처의 모세혈관으로 확산된 후, 혈류를 타고 폐포의 호흡막까지 운반된다. 혈액은 $CO_2$를 세 가지 방식에 의하여 운반하는데, **그림 34-11b**에서 번호순서로 보여준다. ❶ 약 10%는 혈장에서 용해되어서, ❷ 약 20%는 적혈구 속으로 확산한 후 헤모글로빈과 결합하고, ❸ 나머지 70%는 물과 결합하여 중탄산염이온($HCO_3^-$)을 형성한다. 이 반응은 탄산탈수효소(carbonic anhydrase)에 의하여 촉매 된다.

$$H_2O + CO_2 \xrightarrow[\text{(탄산탈수효소)}]{} H^+ + HCO_3^-$$

❹ 이 반응에 의하여 생성된 대부분의 $H^+$은 적혈구의 헤모글로빈과 결합하여 혈장이 과하게 산성화되는 것을 막는다(산성화는 치명적이다). $HCO_3^-$은 혈장으로 확산된다. 이러한 반응들은 혈장 내 $CO_2$의 농도를 낮게 유지하게 하여, 상대적으로 $CO_2$ 농도가 높은 체세포로부터 농도가 낮은 혈장으로 $CO_2$가 확산될 수 있도록 농도경사를 증가시킨다.

혈액이 폐의 모세혈관에 도달하면, 이산화탄소의 농도경사는 반대가 된다. 혈장에 용해되었던 $CO_2$는 폐포로 확산된다. ❺ 혈장의 $CO_2$가 감소하면 중탄산염이온에서 $CO_2$와 $H_2O$가 생성되는 역반응이 더 선호된다.

$$H^+ + HCO_3^- \xrightarrow[\text{(탄산탈수효소)}]{} H_2O + CO_2$$

이때 생겨난 $CO_2$와 $H_2O$는 적혈구를 떠나 혈장으로 확산한다. ❻ 그 결과 혈장의 $CO_2$농도가 높아지고, 농도경사는 혈장 속 $CO_2$가 폐포의 호흡막을 통과하여 폐포 속 공기로 확산되는 과정을 촉진한다. $CO_2$는 날숨 동안 체외로 배출되게 된다.

## CHECK YOUR LEARNING

- 폐포의 구조가 어떻게 기체교환을 촉진하는지 설명할 수 있는가?
- $O_2$와 $CO_2$가 폐와 체세포 사이에서 어떻게 운반되고 교환되는지 설명할 수 있는가?

CASE STUDY REVISITED

## 큰 수익을 위한 숨가쁨

왜 높은 고도에서 훈련하면 선수들의 혈액 중 산소의 양이 증가하는가? 고도가 높아질수록 공기가 희박해지기 때문에 신체는 적혈구 수를 증가시키는 쪽으로 반응하기 때문이다. 해안가에서 산 정상까지 공기는 대략 산소를 21% 포함하고 있다. 그러나 높은 고도로 올라갈수록 공기의 밀도가 감소하면서 한 번에 들이쉬는 공기의 분자 수가 적어지게 된다. 예를 들어 2,286미터(7,500피트; 일반적인 고고도 훈련 고도)에서 숨을 쉴 때는 해수면에서 숨 쉴 때 얻는 산소량의 77% 가량만 흡인된다. 적은 수의 산소 분자가 폐포의 모세혈관으로 확산되므로, 결과적으로 혈중 산소량이 감소한다. 이런 반응은 우선 빠르고 깊게 숨을 쉬도록 유도하면서, EPO 생산을 촉진한다. 적혈구 세포 수가 증가하고 그에 따라 헤모글로빈 수치가 높아지면, 혈액은 좀 더 많은 산소를 운반할 수 있게 된다.

높은 고도에서 훈련을 받으면, 높은 고도에서 열리는 시합에서 좋은 결과를 낼 수 있다. 왜냐하면 신체가 이미 산소량이 적어진 상태에서 격렬히 운동하는 것에 적응이 되었기 때문이다. 그러나 이 훈련이 낮은 고도에서 계속 효과가 있는 것은 아니다. 높은 고도에서 3-4주간 훈련한 이후에 해수면으로 돌아오면, 이미 증가된 헤모글로빈은 그 후에도 1-2 주간 유지된다. 마치 EPO 주사를 맞은 것처럼, 고고도 훈련은 저고도 경기에서 선수들의 경기력을 향상시킨다고 생각할 수 있다. 그러나 놀랍게도 결과는 그렇지 않다. 왜? 그런 결과가 중요한 한 이유는 헤모글로빈의 수치가 올라갈지라도 고고도 훈련을 한 선수의 근육이 해수면에서 훈련할 때 받는 산소량만큼 많지 않다는 점이다. 그래서 선수들 잠재력의 최대치를 끌어 낼 수가 없다. 결과적으로 높은 고도에서 하는 훈련은 효과가 적고, 선수들이 낮은 고도로 내려와서도 자신의 최고치를 유지하거나 도달할 수 없게 된다.

"높은 곳에서 살고, 낮은 곳에서 훈련"하는 방식이 낮은 고도에서 개최되는 시합에서 훨씬 더 좋은 결과를 낸다. 이 방식에서, 선수들은 7,000-8,000 피트에서 생활하면서, 훈련만을 위해 훨씬 낮은 고도로 내려간다. 그러나 이러한 방식은 불편할 뿐만 아니라 비용도 많이 든다. 이런 이유로, 선수들이 낮은 고도에서 강한 훈련을 하면서도 잠을 자거나 휴식을 취하는 행위는 고고도처럼 산소량이 적은 환경에서 하게 할 수 있는 고도 텐트(이장의 첫 페이지의 사진 참조)는 매력적인 대안이 될 수 있다. 즉 낮은 산소농도를 가지고 신체에 자극을 주는 방법을 쓰는 것이다. 해수면에서 고도텐트를 7,500 피트로 세팅해 놓으면 대기압의 변화는 없이 산소농도를 23% 낮게 할 수 있다. 그러나 이것이 공기압 자체가 낮은 높은 고도에서 생활하는 상태를 다 모방하는 것이라 말할 수 있을까? 고도텐트가 과연 효과가 있을까? 이에 대한 연구가 명확한 결론을 내지는 못하였다. 왜냐하면 사람들은 너무나 다양한 반응을 보이기 때문이다. 고도텐트에 관한 어떤 운동선수 반응은 그 선수의 유전자, 훈련강도, 텐트 안에서 숙면을 취할 수 있는지 여부에 따라 달라지기 때문이다.

**생각해보기** 고도 훈련 마스크, 고고도 훈련, 그리고 고도텐트는 혈중 산소 운반 용량을 증대시키고 적혈구 수를 높일 목적으로 EPO를 생성 시키는 합법적인 방법이다. 이런 방법은 합성EPO를 주사하거나 자기 혈액에서 추출한 적혈구를 주사하여 늘리는 방법과는 다르다고 할 수 있는가? 또한, 여기에서 소개한 다양한 훈련방법들이 시합의 공정성에는 어떤 영향을 줄까?

# CHAPTER REVIEW

*비판적 사고와 생각해보기, 선택형문제, 빈칸채우기 질문에 대한 답은 이 책의 뒷부분에 있는 정답란에서 볼 수 있다.*

## 핵심개념의 요약

### 34.1 왜 기체를 교환하며 기체교환을 위한 필요조건은 무엇인가?

동물들의 호흡계는 세포호흡에서 ATP 생산이 가능하도록 $O_2$를 공급하고 폐기물인 $CO_2$를 제거해 줌으로써 세포호흡을 지원한다. 모든 동물에서 일어나는 기체교환은 덩어리 흐름과 확산에 의해서 이루어진다. 신체와 외부 환경 사이의 기체 전달은 공기나 $O_2$와 $CO_2$가 녹아있는 물이 호흡표면의 위를 덩어리 흐름으로 지나가도록 한다. 호흡표면은 습하고 얇고 세포호흡에 필요한 $O_2$를 충분히 제공할 만큼 넓은 면적을 가져야 한다. 호흡표면과 몸속 세포 사이의 $O_2$와 $CO_2$의 교환은 호흡막을 가로지르는 확산, 순환계 속 덩어리 흐름, 세포막을 가로지르는 확산으로 이루어진다.

### 34.2 호흡계는 어떻게 확산 거리를 최소화하도록 적응하였는가?

수중 환경의 경우 매우 작고 납작한 몸과 낮은 대사율을 갖는 동물은 전문화된 호흡기관을 갖지 않고 체표면을 통한 확산에만 의존한다. 크고 더 활동적인 동물은 전문화된 호흡계를 갖도록 진화하였다. 물속에 사는 물고기나 양서류 유생은 종종 아가미를 갖는다. 육상 환경의 경우 호흡표면이 신체 내부에서 보호 지지되고 습하게 유지되어야 한다. 이런 필요성 때문에 곤충의 기관(trachea)과 육상 척추동물의 폐가 진화하였다. 양서류, 조류 이외의 파충류, 조류의 순으로 기체교환에 대한 요구도가 높으며, 이들은 해당 순서에 따라 더욱더 전문화된 호흡계를 가지고 있다.

### 34.3 공기는 어떻게 인간 호흡계를 통하여 전달되는가?

인간의 호흡계의 일부는 기도 부분으로 구성되는데, 코와 입, 인두, 후두, 기관, 기관지, 세기관지가 기도 부분을 이루고, 이런 기도 부분이 폐포로 연결된다. 들숨은 횡격막과 늑골근육을 수축하여 흉강을 증대시킴으로써, 공기를 폐로 능동적으로 빨아들인다. 날숨은 횡경막과 늑골근육이 이완될 때 흉강의 부피가 감소하여 공기를 밀어냄으로써 수동적으로 발생한다. 호흡은 연수의 호흡중추에 의하여 조절된다. 호흡률은 혈액 내의 이산화탄소와 산소의 농도를 감지하는 수용체들에 의하여 조절된다.

### 34.4 인간 호흡계 내에서 기체교환은 어떻게 일어나는가?

세기관지는 공기를 폐포라고 불리는 미세한 공기주머니로 보낸다. 이곳에서 모세혈관과 기체교환이 이루어진다. 기체는 호흡막을 통해서 확산되는데, 호흡막은 한 층의 폐포 세포와 모세혈관 세포로 이루어졌다. 폐포를 둘러싸고 있는 조밀한 모세혈관망은 폐포에 있는 공기로부터 산소를 흡수하고 또한 그 공기로 이산화탄소를 방출한다.

폐의 모세혈관으로 들어가는 산소는 적혈구 내에 있는 헤모글로빈에 의하여 수용된다. 혈액은 산소를 체조직으로 운반하며 체조직은 그것을 확산시킨다. 이산화탄소는 체조직으로부터 확산되어서 혈액으로 들어간다. 이산화탄소 대부분은 중탄산염이온의 형태로 이동되고, 일부는 헤모글로빈과 결합하며, 적은 양은 혈장 내에서 용해되어 운반되기도 한다. 폐의 모세혈관에 도달하면, 이산화탄소는 확산에 의해서 폐포로 이동한 다음 날숨으로 뱉어진다.

## 개념을 통한 이해

### 선택형 문제

1. 다음 중 호흡계에 대한 설명으로 올바르지 않은 것은?
   a. 이산화탄소를 운반한다.
   b. 기체교환을 위해서는 습한 막이 필요하다.
   c. 기체가 확산되어야 하는 거리를 최소화 한다.
   d. 호흡계는 순환계와 밀접하게 협업을 한다.
2. 기체의 역류교환은?
   a. 곤충의 기관에서 일어난다.
   b. 덩어리 흐름과 확산에 의존한다.
   c. 편충류의 기체교환에 중요하다.
   d. 어류는 충분한 산소를 얻기 위해서 계속 유영한다.
3. 아래의 서술 중 틀린 것은?
   a. 연체동물은 아가미를 이용하기도 한다.
   b. 기관세지는 곤충의 체세포로 공기를 운반한다.
   c. 측기관지는 포유류의 호흡계의 기도 부분에 있다.
   d. 인간의 기관(trachea)은 두 개의 기관지(bronchi)로 나누어진다.
4. 피부호흡이란?
   a. 많은 양서류에 있어서 중요하다.
   b. 포유류의 폐가 확장되게 한다.
   c. 공기오염으로 부터 동물들을 보호하는 역할을 한다.
   d. 표면이 마른 피부에서는 이루어질 수 없다.
5. 다음의 설명 중 옳은 것은?
   a. 탄산탈수효소는 혈장에 있다.
   b. 헤모글로빈이 산소와 결합할 때 색이 변한다.
   c. 모든 혈관은 주의의 조직들과 기체교환을 할 수 있다.
   d. 뇌의 호흡중추는 혈중 산소의 농도의 변화에 가장 민감하게 반응한다.

### 빈칸 채우기

1. 전문화된 호흡계를 갖지 않은 생물체 3가지는 ________, ________, ________이다. 이 동물들은 기체교환을 위하여 온전히 ________ 과정에만 의존한다.
2. 공기는 ________라 불리는 입구를 통하여 곤충의 몸으로 들어간다. 곤충의 ________는 공기를 신체 각 세포에 운반하는 관이다. 곤충의 ________는 기체를 적절히 분배할 수 없기 때문에 이 관이 필요하다.
3. 호흡계의 기도 부분 중 어느 곳이 소화계와 공유되는 부분인가? ________. 정상적인 상태에서, 음식물이 후두로 들어가는 것을 막아주는 구조물은 무엇인가? ________. 후두를 통과한 후 공기는 ________, ________ 및 ________를 순서대로 이동한 후, ________로 구성된 호흡계의 기체교환 장소로 들어가게 된다.
4. 폐에서 산소는 ________이라고 부르는 혈관으로 확산된다. 혈액 내 대부분의 산소는 ________이라고 부르는 단백질에 의해 운반된다. 혈액 내 이산화탄소는 대부분 ________이온의 형태로 운반된다. 세포는 ________ 과정을 통해 에너지를 생산하기 때문에 산소를 필요로 하고 이산화탄소를 방출한다.
5. 호흡막은 ________에 위치한다. 이 막은 ________의 벽과 ________의 벽이 단백질 섬유에 의하여 결합되어 구성된다. 호흡막은 ________개의 세포 두께이다. 호흡막의 안쪽 면은 ________를 함유한 수액으로 덮여 있다.
6. 공기는 ________와 늑골근육이 수축하여 체강을 ________하게 할 때 흡입된다. 이와 반대로 날숨은 ________한 과정으로 이 근육들이 ________하게 하여 생긴다. 숨쉬는 행동은 뇌의 ________에 위치한 ________의 뉴런들에 의해 촉발된다. 호흡률은 수용체가 혈액 내에 과도한 ________를 감지할 때 증가하게 된다.

### 복습문제

1. 어류의 아가미가 어떻게 작동하는지 역류교환의 기본 개념을 활용하여 설명하라. 왜 이과정이 어류가 물에서 산소를 추출하는데 중요한가?
2. 개구리가 변태를 거치면서 호흡계가 어떻게 변하는가? 왜 이런 변화가 필요한가?
3. 조류의 호흡계와 그것이 어떻게 들숨 때와 날숨 때 모두에서 산소가 풍부한 공기가 폐로 들어가도록 하는지 기술하라
4. 포유동물 호흡계에서 공기가 지나가는 경로를 추적하고, 공기가 통과하여 흐르는 구조물과 기체교환이 일어나는 구조물을 기술하라
5. 전문화된 호흡계를 필요로 하지 않는, 습한 환경에서 사는 동물의 특징을 설명하라.
6. 인간의 숨쉬기 행동은 어떻게 촉발되는가? 호흡의 속도와 깊이는 어떻게 조절되며, 혈액 내의 어떤 기체 농도가 가장 면밀히 조절 되는가?
7. 인간의 들숨 때 무슨 일들이 발생하는가? 날숨 때는 어떤가? 이들 중 어느 것이 항상 능동적인 과정인가?
8. 덩어리 흐름과 확산을 비교하라. 공기와 혈액, 그리고 혈액과 조직 사이에서 기체교환을 증진시키기 위해 덩어리 흐름과 확산이 어떻게 상호작용을 하는지 설명하라.
9. 혈액에서 $CO_2$와 $O_2$의 이동을 비교하라. 각각의 출처와 목적지, 그리고 어떤 생리학적 과정이 기체교환을 필요하게 하는지를 비교설명에 포함시켜라.
10. 폐포의 구조와 구조물의 배열이 어떻게 기체교환 역할을 잘 할 수 있도록 하는지 설명하라.

## 개념의 적용

1. 심장-폐 이식은 흡연에 의해 두 장기가 모두 손상되었을 경우 수행된다. 장기 기증자가 매우 드물다는 점을 고려하여 장기이식을 받을 사람을 선정한다면 어떤 기준을 적용할 것인가?
2. 니코틴은 흡연자가 중독되게 하는 요인이다. 전자 담배(e-cigs)는 좋은 향이 첨가된 수증기로 니코틴을 전달하는 장치이다. 저농도 니코틴 담배와 전자 담배의 장점과 단점을 일반 담배와 비교하여 설명하여라.
3. 고집이 센 세 살배기 메리가 자기 원하는 걸 맘대로 할 수 없다면 숨을 쉬지 않겠다고 위협한다. 메리는 이 위협을 실행할 수 있을까? 이유를 설명하라.

# 35 영양과 소화

미국섭식장애협회(NEDA)에서 발언하는 트로이언 벨리사리오(Troian Bellisario)

CASE STUDY

## 야윈 몸이 죽음을 부른다

뛰어난 여배우 트로이언 벨리사리오(Troian Bellisario)는 섭식장애를 극복했다. 그녀는 "내 두뇌에는 논리를 무시하는 부분이 있다"라고 기록하였다. "한동안 나는 하루에 300킬로칼로리로 살아야한다고 완전히 확신했었다". 벨리사리오는 섭식장애로 쇠약해져 그녀의 대학 첫 해 동안 병원에 입원하게 되었다. 섭식장애는 치료하지 않으면 치명적이지만 벨리사리오는 섭식장애를 극복하고 살아남았다. 현재 그녀는 과거 자신의 투쟁에 대해 솔직하게 얘기하고 다른 사람들이 건강하고 성공적으로 자신이 겪었던 고통에서 피할 수 있도록 돕기 위해 노력하고 있다. 섭식장애 환자의 약 95%는 12~26세 사이에 나타나며 특히 젊은 층이 취약하다.

심각한 섭식장애 증상은 식욕부진과 거식증이 있다. 아마도 여성의 약 1%는 일상생활에서 식욕부진 경험을 겪는다. 섭식장애자는 체중 증가에 대한 강한 두려움을 갖고 있어 비록 뼈가 앙상할지라도 자신은 뚱뚱하다고 생각한다. 이러한 환자는 음식을 적게 먹고 과격한 운동을 하여 기초적인 체지방을 다 분해하고 에너지 공급을 위해 근육조직을 분해시킨다. 또한 식욕부진은 물론 소화계, 생식계, 내분비계 및 심장기능도 파괴시킨다. 식욕부진을 겪는 사람 10명 중 2명은 섭식장애와 관련된 심장질환과 자살 등으로 일찍 죽는다.

거식증을 가진 사람(일부는 식욕부진)은 단시간에 많은 음식을 먹어치우는 폭식을 한다. 그들은 폭식 후 음식물을 체외로 배출시키기 위하여 스스로 구토를 유발하든지 과도한 설사약을 복용하거나 또한 과도한 운동을 한다.

섭식장애 현상은 여자가 3배 이상 많지만 남자에게도 발생한다. 섭식장애를 겪고 있는 17세 된 한 남자는 "나는 아침 일찍 일어나 약 백 번 정도 기진맥진할 정도로 팔굽혀펴기를 하고 가끔은 윗몸일으키기하고 그 다음 샤워를 하고, 옷을 입고 아래층에 내려가나 아침식사는 거르고 양치질하면서 물로 씻어 내고 ..... 그 다음 녹초가 될 때까지 더 팔굽혀 펴기를 한다"고 했다. 섭식장애 합병증으로 죽은 여러 모델 중 한 사람인 이사벨라 카로(Isabella Caro)는 물론 러셀 브랜드(Russell Brand), 애슐리 해밀턴(Ashley Hamilton), 데미 로바토(Demi Lovato), 케샤(Kesha), 레이디 가가(Lady Gaga) 등이 섭식장애 증상을 겪었던 유명인들이다.

우리가 과식하거나 굶으면 어떤 일이 일어나는가? 우리 몸에 필요한 영양소는 무엇이고 우리가 먹은 음식물에서 영양소를 추출하기 위해 어떻게 하나?

## 주요내용



## 35.1 동물은 어떤 영양소가 필요한가?

우리들이 양배추를 먹든 사탕을 먹든 음식물에는 중요한 영양소가 들어있다. 이러한 **영양소(nutrient)**는 생물체가 건강을 유지하기 위해 음식물로부터 섭취한 물질들이다. 동물에 필요한 영양소의 6가지 중요 물질은 탄수화물, 지질, 단백질, 무기물, 비타민 그리고 물이다. 이들 물질들은 생물의 분자를 합성하는 에너지 및 원료 물질이다.

### 음식물에서 얻은 에너지는 대사활동의 원동력이다

세포는 믿을 수 없을 만큼 복잡하고 광범위한 활동을 유지하기 위하여 끊임없이 에너지가 필요하다. 이러한 에너지가 공급되지 않으면 세포는 수분 이내에 죽고 만다. 에너지를 공급하는 영양소는 탄수화물(포도당과 전분), 지질(지방과 기름) 그리고 단백질이다. 미국인이 섭취하는 총 에너지의 약 50%는 탄수화물, 약 35%는 지방과 기름, 그리고 약 15%는 단백질이다. 음식물 속의 에너지는 **칼로리(calorie)** 단위로 측정되며 1,000 calorie는 대문자 "C"로 시작하는 킬로칼로리(Calories, C)를 사용한다. 1 칼로리는 물 1그램을 1℃ 올리는 데에 필요한 에너지다. 사람이 쉬고 있을 때 1시간당 평균 70 Cal를 소모하지만 이 값은 여러 가지 요인에 의해 영향을 받는다. 예를 들면 휴식할 때 소모하는 **대사율(metabolic rate)**도 사람에 따라 서로 다르다. 사람은 휴식할 때에도 근육 자체를 유지하기 위해 같은 무게의 지방조직보다 더 많은 칼로리를 소모한다. 훈련된 육상선수가 격렬하게 운동할 때는 1분당 20 Cal가 소모된다. **그림 35-1**은 어떤 활동이 얼마의 칼로리를 소모하는지를 개략적으로 표현한 것이다.

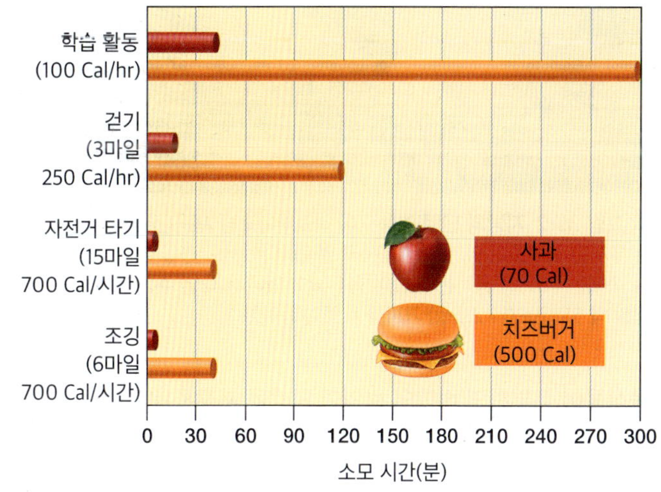


▲ **그림 35-1 식사할 때 열량 생각하기** 만약 우리가 치즈버거 위에 마요네즈를 올려 먹는다면 100Cal를 더 먹는 셈이다! 그리고 그것을 소모하기 위해서는 약 30분을 걸어야만 할 것이다.

#### 탄수화물은 바로 쓰이는 에너지원이다

대부분의 세포들은 포도당, 설탕 그리고 당이 긴 사슬로 된 다당류 등 탄수화물에서 에너지를 얻는다(3장 참조). 셀룰로오스, 전분 및 글리코겐은 모두 포도당의 결합으로 이루어진 다당류이다. 셀룰로오스는 지구상에서 가장 풍부한 탄수화물이며 식물 세포벽의 중요한 구성분이다. 그러나 오직 일부의 동물만이 이 셀룰로오스를 소화시킬 수 있다. 전분은 식물체의 중요한 저장 물질이며 사람과 기타 여러 동물의 주요 에너지원이다.

운동선수들은 가끔 운동 전에 가능한 많은 글리코겐을 저장하기 위해서 감자와 파스타 같은 탄수화물이 풍부한 음식을 섭취하여 탄소저장(carbo-load)을 한다. 이것은 음식에서 발견되지 않는 탄수화물을 만들도록 해준다. 글리코겐은 탄수화물에서 합성하고 동물의 간이나 근육에 저장되며 신속히 에너지원으로 이용된다. 비록 사람은 수백 파운드의 지방을 축적하지만 글리코겐은 수 파운드만을 저장하고 있다. 달리기 운동을 하는 동안 1파운드의 글리코겐은 약 18마일을 달릴 수 있게 한다.

#### 지방과 기름에 대부분 에너지 자원이 저장되었다

지방과 기름은 대부분의 에너지 저장고로서 같은 양의 탄수화물이나 단백질보다 두 배 이상 에너지를 함유하고 있다(단백질과 탄수화물이 1그램당 4Cal인데 비하여 지방은 그램당 약 9Cal). 동물들이 음식으로부터 얻는 에너지가 소비하는 에너지보다 많으면 여분의 탄수화물이나 지방은 체지방 형태로 저장된다. 또한 지질은 탄수화물이나 단백질보다 물과 결합하거나 용해되지 않는 소수성 물질이기 때문에 몸에 저장할 때 다른 분자들보다 적은 양의 물로 많은 에너지를 저장할 수 있다. 동물들은 체중을 줄이는 것이 신속한 이동(먹이를 잡고 천적으로부터 도망가는데 중요함)을 도와주고 이동할 때 에너지(먹이 공급이 부족할 때 매우 중요함)가 적게 소모된다.

또한 지방은 먹이 저장 기능 외에 몸의 단열 기능을 한다. 피하조직에 직접 저장된 지방은 다른 체조직에 비해 열전도율이 1/3에 불과하다. 펭귄, 물개, 고래, 바다코끼리 같은 추운 해양이나 극지방의 기후에 사는 포유류나 조류는 특히 지방으로 된 단열층이 발달되어 있다. 이 단열층은 에너지의 방출을 감소시켜 몸의 체온을 유지해 준다(**그림 35-2**).

▲ 그림 35-2 지방의 단열 기능 이 하프바다표범 새끼는 추위와 단열되는 두꺼운 피부층이 있기 때문에 북극 얼음바다에서도 견딜 수 있다. 어미의 젖 속에는 48%에 달하는 지방이 함유되어 있어서 12일 수유 기간에 거의 매일 약 5파운드(약 2.3kg) 가까운 체중이 증가한다.

### 음식물이 풍부하면 비만의 원인인 지방을 저장하는 진화적 경향이 있다

사람도 다른 동물과 마찬가지로 치열한 먹이 경쟁 환경에서 진화했기 때문에 먹이가 부족할 때를 대비해서 가끔 필요 이상으로 음식을 먹는다. 현대 사회의 일부 지역에서는 고칼로리 음식을 지나치게 많이 섭취하고 있다. 이러한 환경에 사는 사람들은 자연적으로 과식의 유혹에 쉽게 빠져들기 때문에 일부 사람은 지방의 과도한 축적으로 증가된 체중을 줄이기 위해 부단한 노력이 요구되고 있다. **체중지수(body mass index, BMI)**는 정확하지는 않지만 보통 건강한 체중의 평가 수단으로 이용된다. BMI는 신장과 체중에 근거하지만 체격이나 근육량 간의 차이는 구분하지 않는다. 여러분의 BMI를 계산하기 위해 신장(인치)의 제곱으로 체중(파운드)을 나눈 것에 703을 곱하거나 온라인상의 다양한 BMI 계산기 중 하나를 활용하라. 평균 근육량, 즉 BMI가 18.5~24.9 사이에 있는 사람은 건강한 체중으로 분류한다. 미국 성인의 약 34%는 과체중(BMI 25~29.9)이고 35%는 비만(BMI≥30)이다.

## 필수 영양소는 건강을 위한 원료다

우리 몸의 세포에서는 탄수화물을 포함한 우리가 필요한 다양한 분자들을 합성할 수 있지만 **필수 영양소(essential nutrient)**는 합성할 수 없기 때문에 음식물을 통하여 섭취해야만 한다.

필수 영양소는 동물에 따라 다르다. 예를 들면 비타민 C(아스코르빈산)는 사람에게는 필수 영양소이지만 다른 동물은 비타민 C를 합성할 수 있기 때문에 그들에게 필수 영양소가 아니다. 사람에게 필요한 필수 영양소는 일부 지방산과 아미노산 그리고 다양한 무기물, 비타민 그리고 물 등이다.

### 일부 지방산은 사람의 음식에 필수 영양소다

지방과 기름은 에너지원 외에 다른 기능도 한다 — 일부는 필수 **지방산(essential fatty acids)**이 된다. 필수 지방산은 많은 생리적 활동을 촉진하는 분자 합성의 원료 물질이 된다. 그들은 지용성 비타민 흡수를 도와주며(추후 설명) 세포분열, 유아 발달 및 면역 반응 등을 돕는다. 필수 지방산은 생선 기름, 카놀라유, 콩, 아마인, 호두 기름 등에 많이 함유되어 있다.

### 아미노산은 단백질을 만드는 구성요소다

단백질은 근육, 결합조직, 손톱, 머리카락 등을 형성한다. 또한 체내에서 효소, 세포막의 수용체, 항체 기능에도 관여한다. 성인의 경우는 단백질에 들어있는 20종의 아미노산 중 9종을 그리고 유아는 10종의 아미노산을 합성하지 못한다. 이러한 **필수 아미노산(essential amino acids)**은 고기, 우유, 달걀, 견과류, 옥수수, 강낭콩 같은 단백질이 풍부한 식품에서 섭취해야 한다. 식물성 단백질에는 일부 필수 아미노산이 결여되어 있기 때문에 채식주의자들은 콩이나 곡류 및 옥수수 등 필수 아미노산이 포함된 다양한 식물을 먹어야 한다. 단백질 결핍은 여러 가지 쇠약한 상

---

Have You Ever Wondered ...

### 서양 배 체형이 사과 체형보다 건강한지?

여러분은 아마 사과 체형(apple-shaped) 복부비만의 위험을 경고하는 기사를 보았을 것이다. 사실 체지방이 저장된 곳이 어디인지가 얼마나 많은 지방을 가지고 있는지 만큼 중요하다. "사과 체형(복부비만)"은 복부 내장지방을 저장하는 이미지로 알려져 있고, 이는 "서양 배 체형(하체비만)"과 같이 엉덩이와 허벅지 피부 바로 아래에 지방을 저장하는 것보다 훨씬 건강에 해롭다. 차이점이 무엇인가? 내장지방은 복강 내부의 기관을 둘러싸고 있으며, 일반적으로 건강한 신진대사를 촉진하기 위해 서로 균형을 이루게 하는 다양한 세포 신호 단백질을 방출한다. 그러나 뚱뚱한 사람의 과도한 내장지방은 세포의 분비를 변화시켜 분비물의 불균형을 초래한다. 이러한 불균형으로 인해 심혈관 질환, 제2형 당뇨병 및 여러 종류의 암 발생의 위험을 증가시키는 대사 변화가 일어난다. 내장지방을 저장하는 경향은 유전자의 영향을 받으며 연령에 따라 증가한다. 둥글고 단단한 "불룩한 복부"는 내장지방의 대표 이미지이지만, 피하("피부 아래")지방 덩어리에 의해 감추어 질 수 있다. 피하지방은 대사적으로 활성이 적고 건강 위험이 훨씬 낮다.

사과 체형(복부비만)과 서양 배 체형(하체비만)으로 다시 돌아오자: 허리둘레와 엉덩이둘레의 비율은 내장지방 저장의 지표로 자주 사용된다. 사과 체형의 비율은 여성이 0.85, 남성이 0.90 이상이며, 서양 배체형의 비율은 더 낮다. 그러나 여러분이 작은 엉덩이와 허리 주위에 많은 피하지방을 가지고 있다면, 여러분의 비율은 건강에 좋지 않은 사과 체형으로 분류될 수 있다. 또는 여러분이 많은 내장지방을 가지고 있지만 큰 엉덩이를 가지고 있다면 건강한 서양 배 체형으로 분류될 수 있다. 따라서 사과 체형과 배 체형은 잊어라. 일반적으로 큰 허리(여성의 경우>35 인치, 남성의 경우>40 인치)는 내장지방 및 건강 위험을 보여주는 상당히 신뢰할 수 있는 지표이다. 다행히도, 특히 유산소 운동을 통해 체중을 줄이면 내장지방이 가장 먼저 없어지는 경향이 있다.

| 표 35-1 | 인체에 중요한 무기물 | | |
|---|---|---|---|
| **무기물** | **식품원** | **체내 중요 기능** | **결핍 증상** |
| 칼슘 | 우유, 치즈, 엽채류 | 골격과 치아 형성과 유지, 혈액응고, 신경충격 전도 및 근수축 도움 | 발육부진, 구루병, 골다공증 |
| 인 | 우유, 치즈, 육류, 가금류, 곡류 | 체액 pH 유지, 골격과 치아 형성, ATP와 세포막의 인 성분 | 근육쇠약, 골격 약화 |
| 칼륨 | 육류, 우유, 과일 | 체액 pH와 삼투압 유지, 신경기능 활동 | 메스꺼움, 근육쇠약, 마비 |
| 염소 | 식탁염 | 체액 pH와 삼투압 유시, 위액의 구성 성분, 신경기능 활동 | 근육경련, 무감각, 식욕감퇴 |
| 나트륨 | 식탁염 | 체액 pH와 삼투압 유지, 신경기능 활동 | 근육경련, 메스꺼움 |
| 마그네슘 | 미정제된 곡물, 엽채류, 낙농제품, 콩류, 견과류 | 많은 효소의 활성화 | 떨림, 근육 쇠약 및 경련, 불규칙적 심장박동, 고혈압 |
| 철 | 육류, 콩류, 견과류, 현미, 엽채류 | 헤모글로빈과 많은 효소 성분 | 철분결핍빈혈(쇠약, 전염병 감염 저항 감소) |
| 불소 | 불화수, 해초류 | 치아와 뼈의 성분 | 치아 부식 빈도가 높음, 골다공증 위험 증가 |
| 아연 | 해산물, 육류, 곡물, 견과류, 콩류 | 여러 효소의 성분, 정상적인 성장, 냄새, 맛에 필요한 단백질 성분 | 성장장애, 지적장애, 면역력 감소 |
| 요오드 | 요오드염, 해산물, 낙농제품, 채소류 | 갑상선 호르몬 성분 | 갑상선종(갑상선의 부풀음) |
| 크롬 | 육류, 미정제된 곡물 | 정상적인 혈당량 유지 | 혈액내 인슐린양이 높음, 제2형 당뇨병 위험 증가 |

태, 예컨대, 저단백질성 소아 영양실조증(**그림 35-3**)을 일으킬 수 있고 이것은 빈곤한 나라에서 쉽게 볼 수 있다.

### 무기질은 우리 몸에 필요한 요소다

**무기질(minerals)**은 동물들에 절대적인 역할을 하는 중요한 영양소다. 칼슘, 마그네슘, 인 같은 무기질은 뼈와 치아의 주성분이다. 나트륨, 칼슘, 칼륨은 근육수축과 신경충격 전도에 필수적이다. 철분은 혈액 내 헤모글로빈 분자의 중심 구성 성분이고, 요오드는 갑상선에서 생산되는 호르몬 속에서 발견된다. 우리는 **표 35-1**에 있는 것처럼 소량의 여러 가지 미량 원소가 필요하다. 동물들은 무기질을 체내에서 만들어내지 못하므로 음식물이나 음료수에 녹아있는 무기질을 섭취해야 한다.

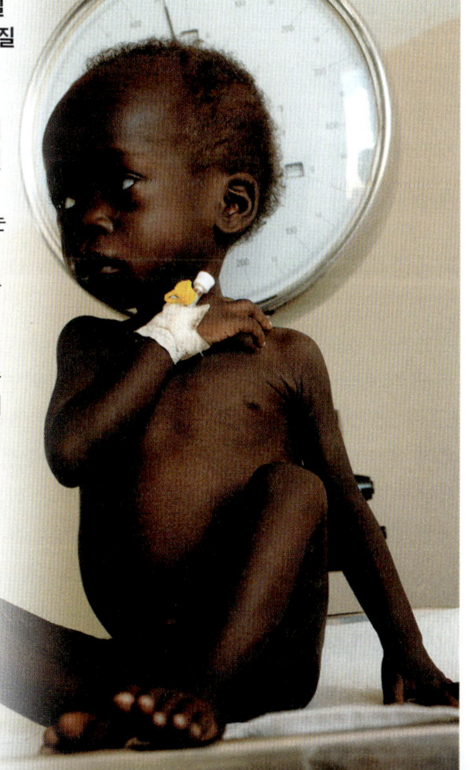

▶**그림 35-3 단백질 결핍에 의한 저단백질성 소아 영양실조증 (Kwashiorkor).** 이 병에 걸린 어린이의 근육은 단백질 결핍으로 위축되어 있다. 그의 볼록한 배는 혈장단백질의 농도가 낮아 혈액의 삼투압이 감소되어 모세관에서 복부의 내장 속으로 빠져 나온 수분과 늘어진 복근 때문이다.

### 비타민은 대사 작용에 많은 역할을 한다

"비타민을 섭취하라"이 말은 어린아이를 키우는 많은 가정에서 쓰는 친숙한 말이다. **비타민(vitamins)**은 소량으로 동물의 정상적인 세포기능 및 성장과 발달을 도와주는 다양한 유기화합물 그룹으로 동물들은 합성하지 못한다. 인간에 필요한 필수 비타민의 종류를 **표 35-2**에 기재하였다. 인간에 필요한 비타민은 수용성과 지용성 두 가지로 나눌 수 있다.

**수용성 비타민** 수용성 비타민은 비타민 C와 비타민 B 복합체로 구성된 8종류의 비타민이 있다. 이들은 혈장에 용해되어 콩팥에서 배출되어 버리기 때문에 체내에 많은 양이 축적되지 않는다.

대부분의 수용성 비타민은 조효소(*coenzymes*)로서의 기능을 한다; 즉 에너지를 공급하거나 생물 분자를 합성하는 화학작용을 촉진하는 효소를 돕는다. 각각의 비타민은 여러 가지 대사과정에 관여하기 때문에 한 가지 비타민의 결핍은 광범위한 결과

**표 35-2 인체에 중요한 비타민**

| 비타민 | 식품원 | 체내에서의 기능 | 결핍 증상 |
|---|---|---|---|
| **수용성** | | | |
| 비타민C (아스코르빈산) | 귤과 다른 과일, 토마토, 엽채소 | 연골, 골격 및 상아질의 유지와 콜라겐 합성을 도움 | 괴혈병(피부, 치아, 잇몸 및 혈관의 악화, 상피출혈) |
| **B복합체** | | | |
| 비타민 $B_1$ (티아민) | 육류, 곡류, 완두콩과 콩류, 생선 | 당대사 작용에서 조효소 | 각기병(근육 쇠약, 말초신경 변화, 심부전) |
| 비타민 $B_2$ (리보플라빈) | 조개류, 낙농제품, 계란 | 에너지 대사에 관련된 조효소 구성성분 | 붉은 입술, 입 주위가 터짐, 눈부심, 시력저하 |
| 비타민 $B_3$ (니아신) | 육류, 생선, 엽채소 | 에너지 대사에 관련된 조효소 구성성분 | 펠라그라 (피부와 위장질환, 신경정신장애) |
| 비타민 $B_5$ (판토텐산) | 육류, 미정제된 곡물, 콩류, 계란, 장세균 산물 | 세포호흡에 관여하는 조효소 A의 구성성분 | 피로, 수면장애, 손상된 조정 능력 |
| 비타민 $B_6$ (피리독신) | 육류, 미정제된 곡물, 토마토, 감자 | 아미노산 대사의 조효소 | 과민성, 경련, 피부장애, 심장질환 위험증가 |
| 비오틴 | 콩류, 채소, 육류, 장세균 산물 | 아미노산 대사와 세포호흡의 조효소 | 피로, 우울증, 구토, 피부장애, 근육통 |
| 엽산 (잎산) | 육류, 녹색 엽채류, 미정제된 곡물, 계란, 장세균 산물 | 핵산과 아미노산 대사의 조효소 | 빈혈, 위장장애, 설사, 태아의 신경계 이상, 저체중아 출산 |
| 비타민 $B_{12}$ | 육류, 계란, 낙농제품 | 핵산 및 다른 대사 경로들의 조효소 | 빈혈, 신경장애 |
| **지용성** | | | |
| 비타민 A | 녹색, 노란색, 주황색 및 적색 채소류, 간, 농축한 낙농제품 | 시각색소의 구성성분, 피부 및 상피세포의 유지, 치아 및 골격의 정상 발달 촉진 | 야맹증, 영구실명, 감염에 취약 |
| 비타민 D | 참치, 연어, 계란, 농축한 낙농제품 및 곡류, 햇빛으로 피부에서 합성 | 골격성장과 무기물화 촉진, 칼슘 흡수 증진, 면역기능개선 | 소아구루병(골격기형), 골격악화 |
| 비타민 E | 견과류, 미정제된 곡물, 엽채류, 식물기름 | 항산화 작용(자유라디칼로부터 세포 상해 방어) | 신경장애 |
| 비타민 K | 엽채류, 장세균 산물 | 혈액 응고에 중요 | 출혈, 장 출혈 |

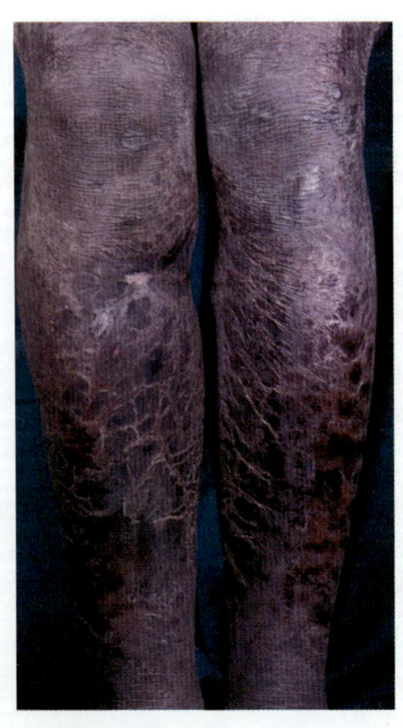

◀**그림 35-4 니아신 결핍에 따른 펠라그라(pellagra)병** 펠라그라 증상은 이 사진에서 볼 수 있듯이 다리의 피부에 각질 손상이 나타난다.

를 가져 온다(표 35-2 참조). 예를 들면, 비타민 B에 속하는 니아신 결핍은 펠라그라병(**그림 35-4**)을 일으켜 일부 신경성 장애처럼 혀가 부풀고 피부가 터지며 비늘 모양으로 벗겨지기도 한다. 또 다른 비타민 B인 엽산은 티아민 합성, DNA 구성 성분에 필요하고, 결핍 시에는 체세포분열을 저해한다. 임산부에게 엽산을 충분히 공급하는 것은 태아의 빠른 성장에 특히 중요하다. 우리는 오직 고기, 유제품 또는 비타민 $B_{12}$가 포함된 음식으로부터 비타민 $B_{12}$를 섭취한다. 비타민의 결핍 현상은 과다복용에 비해 일반적이지만 만약 비타민 B 계열을 과다 복용할 경우에는 많은 부작용이 발생한다.

**지용성 비타민** 지용성 비타민인 비타민 A, D, E 및 K는 여러 가지 기능을 한다(표 35-2 참조). 비타민 A는 눈의 망막에서 광선을 수용하는 시각색소 분자의 합성에 이용된다. 비타민 D는 정상적인 골격형성에 필요하다. 비타민 D가 결핍되면 구루병에 걸린다(**그림 35-5**). 또한 면역계의 기능을 알맞게 조절한다. 햇빛은 피부에서 비타민 D의 합성을 자극하나 햇빛에 적게 노출되는 사람들은 비타민 D가 충분히 합성되지 못한다. 학자들은 최근 검은 피부(빛의 투과를 감소)를 가진 미국 여성들은 비타민 D의 합성이 충분치 못함을 발견하였다. 비타민 D가 결핍된 어머니로부터 태어나 모유를 먹은 아이들은 특히 구루병에 걸릴 위험이 많다. 비타민 E는 우리 몸에서 형성되는 자유라디칼을 중화시키는 항

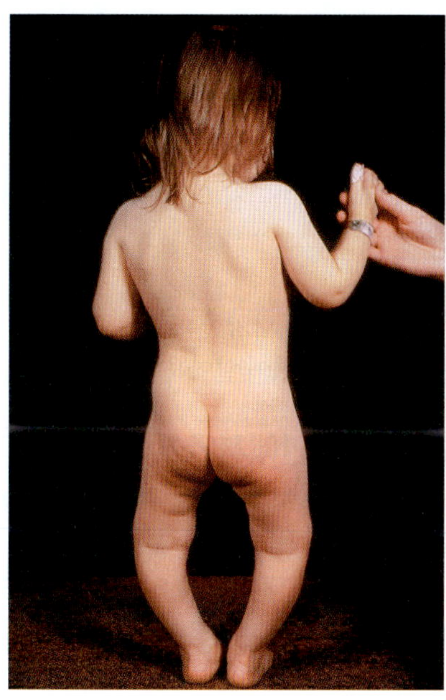

▲ **그림 35-5 비타민 D 결핍에 따르는 구루병** 이 어린이의 뼈는 충분한 칼슘을 섭취하지 못해, 뼈가 약해지고 굽어지지 않아 체중을 지탱할 수 없게 된다. 이렇게 굽은 다리는 평생을 갈 수 있다.

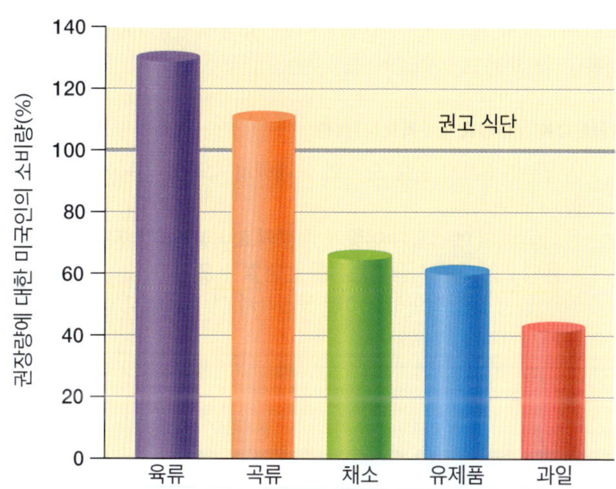


▲ **그림 35-6 권고량과 미국인 평균 식단의 비교** 곡류는 빵, 파스타, 옥수수빵, 콘칩, 씨리얼, 크래커 등 곡류로 만든 모든 음식을 말한다. 육류에는 닭고기, 쇠고기, 돼지고기, 생선 등을 포함한다. (자료출처: 미국농무부 경제연구청에서 다양한 자료들을 바탕으로 계산됨. 주석: 쌀은 곡류에 포함되지 않음)

**비판적 사고** 만약 채소의 권고량을 두배로 늘리면 채소에 대한 막대그래프는 어떻게 변할까?

산화물질로 작용한다(2장 참조). 그리고 비타민 K는 혈액응고의 조절을 도와준다. 지용성 비타민은 시간이 지나면서 체내에 축적되나 보조제형태로 다량 섭취하여 유독성 수준에 달하면 위험에 처할 수 있다.

## 인체의 약 60%는 물이다

사람은 음식보다는 체중의 약 60% 정도를 차지하는 물 없이 더 오래 살지 못한다. 대부분의 물질대사는 수용액 속에서 일어나며, 물은 직접 가수분해에 참여하여 단백질, 탄수화물, 지방 같은 영양소를 보다 간단한 분자로 분해한다(3장 참조). 물은 침, 혈액, 림프 및 간질액과 세포기질의 구성성분이 된다. 또한 사람은 땀을 증발시켜 시원하게 해주며 소변을 통해 대사 노폐물을 제거한다(36장 참조).

## 많은 사람들이 불균형 식사를 한다

미국의 많은 슈퍼마켓이나 편의점의 식품들이 미국인들을 쉽게 유혹하여 영양학적 불균형을 초래하게 한다. 미국농림부에서는"Choose My Plate"라는 웹사이트에 영양소 지침서를 개설해 놓았다. 그러나 USDA(미국농림부)에 의하면 미국인들은 이 지침서와 아주 다른 식사를 한다고 보고했다(**그림 35-6**). 그래서 국민들에게 상품에 관한 영양정보를 돕기 위해 칼로리, 섬유질, 지방질, 당, 비타민 함량에 관한 정보를 완벽하게 기재하도록 권고하고 있다(**그림 35-7**). 또한, 미국 전역에 체인음식점과 자동판매기 등에서도 제품의 칼로리 양을 소비자들에게 알리기를 권

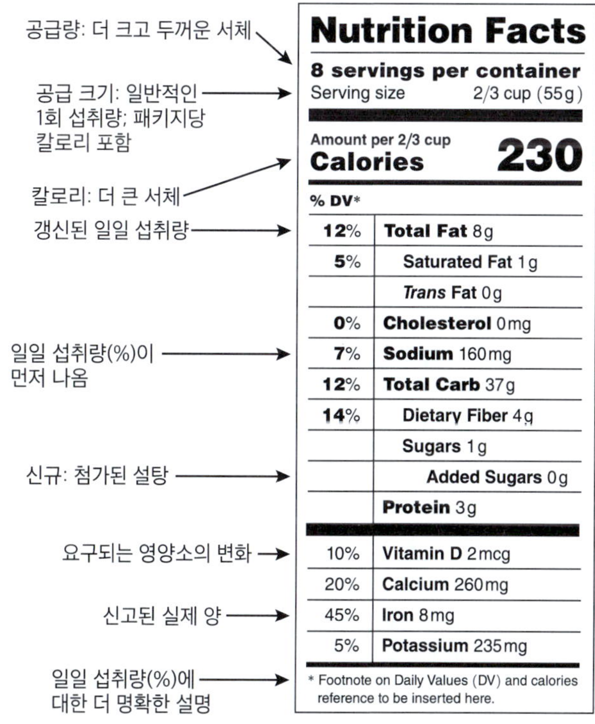


▲ **그림 35-7 개정된 식품표** 미국FDA(식품의약품안전청)에서는 거의 모든 식품과 음료수에 위와 같은 개선된 식품표를 요구하고 있다. 표는 개정된 식품 안내와 실제 제공되는 크기를 반영한 것이며 읽기와 번역이 쉽다. 개정된 식품표에 대한 더 자세한 내용은 식품의약품안정청 웹사이트 "Changes to the Nutrition Facts Label" 페이지를 참고하라.

고한다. 현재 많은 즉석식품을 파는 상점에서는 메뉴에 건강한 상품을 포함하고 있다.

### CHECK YOUR LEARNING

- 영양분의 6가지 중요 요소와 체내에서 각각의 기능에 대해 설명할 수 있는가?
- 음식물 속의 에너지가 어떻게 측정되고 어떻게 에너지가 얻어지며 이용되고 체내에 저장되는지를 설명할 수 있는가?
- 필수 영양소를 정의하고 이들을 5가지 다른 범주로 설명할 수 있는가?

CASE STUDY CONTINUED

### 야윈 몸이 죽음을 부른다

식욕부진을 겪는 사람은 사실상 굶주리는 것이고 그 결과 죽음에 이르기도 한다. 영양실조는 간, 신장, 심장 같은 체내의 모든 기관을 손상시킬 수 있다. 저장된 지방이 소모되면 심장근육을 포함한 근육 조직을 이룬 단백질 자체가 에너지로 이용되면서 심장도 약해진다. 칼슘과 인이 결핍되고 호르몬의 불균형으로 뼈가 생성되지 않아 골격은 약하게 되어 쉽게 부서진다. 식욕부진을 겪는 사람은 전해질의 불균형으로 갑자기 사망할 수도 있다. 혈액의 칼륨, 염소, 나트륨 그리고 칼슘 같은 무기 이온의 농도들은 정밀하게 조절된다. 전해질의 항상성이 깨지면 태아부정맥(불규칙한 심장 박동으로 혈액순환이 잘 안 되는 것)의 원인이 될 수 있다.

식욕부진으로 음식을 적게 섭취하면 소화관의 근육 활동이 느리고 위도 수축된다. 개인의 건강을 위해서는 어떻게 소화가 이루어져야 하는가?

## 35.2 소화는 어떻게 이루어지는가?

**소화(digestion)**란 음식을 물리적으로 파쇄하고 화학적으로 분해하는 과정이다. 동물의 **소화계(digestive system)**는 음식물을 처리하는 연속된 구획으로 구성되어 있고 각 부위에서는 소화를 돕는 물질을 분비한다. 동물은 여러 가지 형태의 소화관을 가지고 영양소를 섭취하며 각 소화관은 특정한 먹이와 생활 방식에 맞추어 진화되었다. 그렇지만 모든 소화계는 다음과 같은 5가지 특수한 일을 수행한다.

1. **음식물 섭취(Ingestion)** 음식물이 **입(mouth)**이라는 개구부를 통하여 소화관 속으로 운반된다.
2. **물리적 소화(Mechanical digestion)** 음식물을 물리적으로 작은 조각으로 부수고, 부서진 작은 조각들에 소화효소가 닿는 표면적을 넓혀준다.
3. **화학적 분해(Chemical digestion)** 음식의 작은 조각들은 소화액 속의 소화효소에 의하여 큰 분자가 더 작은 물질로 분해된다.
4. **흡수(Absorption)** 작은 물질들은 소화관에 있는 세포를 통해 소화관 밖으로 나와 몸속으로 들어간다. 소화관 속의 음식물은 비록 소화관에 의해 둘러싸여 있을지라도 흡수되기 전까지는 진정한 의미의 영양소가 체내로 들어간 것이 아니다.
5. **배설(Elimination)** 소화되지 않은 물질들은 몸 밖으로 배출된다.

이어서 동물의 소화계가 다양한 메커니즘에 의해 이러한 작용을 수행하는 몇 가지에 대하여 알아보고자 한다.

### 해면동물은 단세포 안에서 소화가 일어난다

해면동물은 소화관이 없고 전적으로 먹이를 **세포내소화(intracellular digestion)**에 의존하는 유일한 동물이다. 이러한 세포내 소화는 모든 소화가 세포 내에서 일어난다(**그림 35-8**). 예상할 수 있듯이 이들은 아주 작은 세균을 먹는다. 해면은 바닷물을 순환시켜 몸에 있는 구멍으로 먹이를 끌어 들인다❶. 분화된 동정세포가 물에서 먹이를 거른다❷. 그 다음 체내로 들여와 식세포작용("cell eating", 5장 참조)으로 소화한다. 일단 세포에 의해 섭취된 것은 임시 막으로 둘러싸여 **식포(food vacuole)**를 형성한다❸. 그 식포는 세포내소화효소가 들어있는 막으로 둘러싸인 **라이소좀(lysosome)**과 결합한다❹. 먹이는 식포 내에서 더 작은 분자로 나눠지고 그 분자들은 세포질 안으로 흡수된다. 소화되지 않은 나머지는 외세포작용으로 배출되고❺ 체벽에 있는 대공을 통해 배출된다❻.

### 가장 단순한 소화계는 하나의 개구부가 있는 주머니이다

해면동물을 제외한 대부분의 동물은 세포 밖에서 활성화된 소화효소에 의해 음식을 분해할 수 있는 방(chamber)이 발달되었으며 이런 과정을 **세포외소화(extracellular digestion)**라고 한다. 이 방을 가진 동물들 중에 가장 간단한 것은 말미잘, 히드라, 해파리 같은 자포동물이다. 이 자포동물은 1개의 단순한 구멍을 통해서 먹이를 섭취하고 찌꺼기를 배출하는 **위수강(gastrovascular cavity)**이라는 소화낭을 갖고 있다(**그림 35-9**). 이들은 자포를 가진 촉수로 먹이를 잡아 입에서 위수강으로 보낸다❶. 위수강의 벽에 있는 선세포에서 소화효소가 분비되어 먹이는 소화되기 시작한다❷. 위수강의 영양세포는 영양소를 흡수하고 소화된 입자는 식세포작용에 의해 삼켜진다. 그 후 영양세포 내에 있는 식포 내에서 세포내소화로 소화가 더 진행된다❸. 소화되지 않은 노폐물은 입을 통해 밖으로 배출되기 때문에 한 번에 한 음식의 소화만 이루어질 수 있다.

### 대부분의 동물은 특수화된 구획을 가진 관상 소화계를 갖는다

주머니 모양의 소화계는 먹이를 자주 먹어야 하는 동물에게는

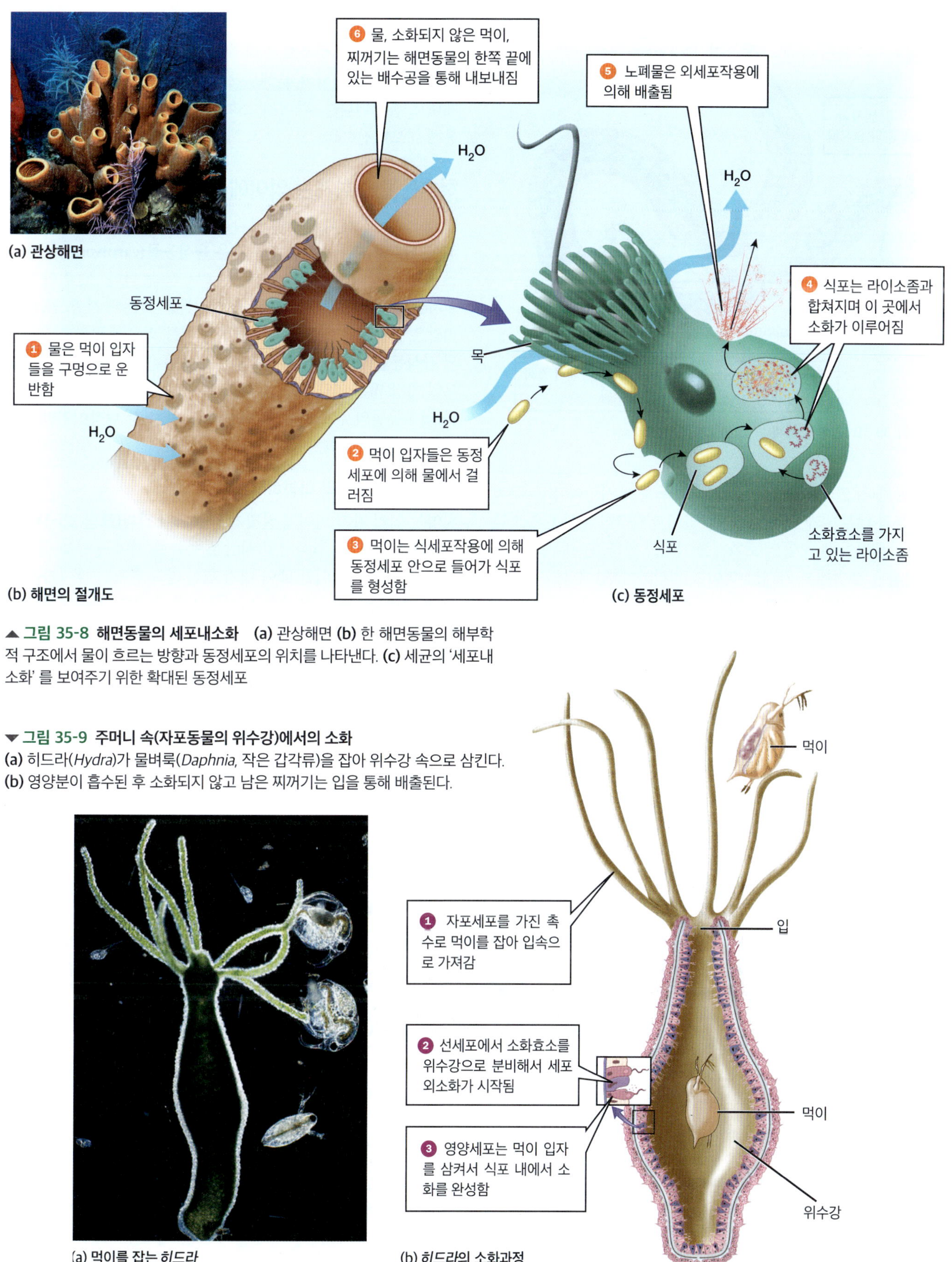


▲ **그림 35-8 해면동물의 세포내소화** (a) 관상해면 (b) 한 해면동물의 해부학적 구조에서 물이 흐르는 방향과 동정세포의 위치를 나타낸다. (c) 세균의 '세포내소화' 를 보여주기 위한 확대된 동정세포

▼ **그림 35-9 주머니 속(자포동물의 위수강)에서의 소화**
(a) 히드라(*Hydra*)가 물벼룩(*Daphnia*, 작은 갑각류)을 잡아 위수강 속으로 삼킨다.
(b) 영양분이 흡수된 후 소화되지 않고 남은 찌꺼기는 입을 통해 배출된다.

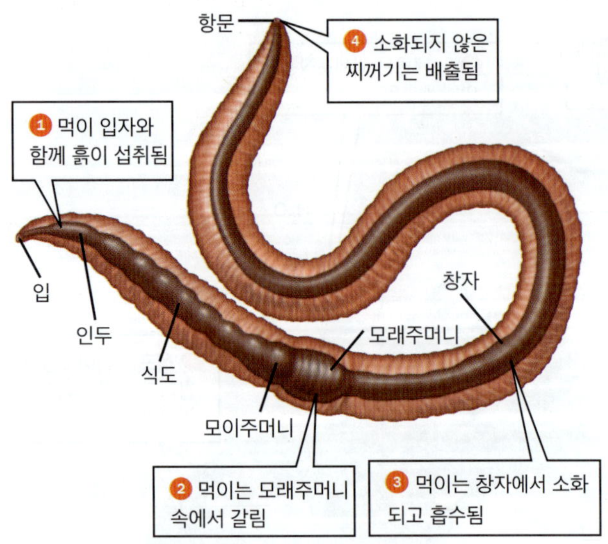


▲ **그림 35-10 관상 소화계**

부적합하다. 연체동물, 절지동물, 극피동물과 지렁이 같은 무척추동물과 대부분의 척추동물들은 입에서 시작하여 항문으로 끝나는 기본적인 관 모양의 소화계를 가지고 있다. 관 내부의 특별히 분화된 부위에서 차례로 먹이를 처리하며, 입에서는 물리적으로 먹이를 잘게 부수고, 그 다음에는 효소의 작용으로 화학적으로 분해하고 영양소를 흡수하며 마지막에는 항문을 통해 노폐물을 배출한다.

지렁이가 그에 대한 좋은 예를 보여준다(**그림 35-10**). 지렁이는 입으로 땅을 파면서 흙이나 식물부스러기 등을 먹은 후 근육성의 **식도(esophagus)**를 통해 팽창된 부위인 모이주머니(*crop*)로 보낸다❶. 그 먹이는 점차 모래주머니(*gizzard*)로 보내지고 모래 입자와 근육의 수축으로 더 작은 입자로 부순다❷. 장에서 분비된 소화액에 의하여 분해된 작은 분자의 영양소는 지렁이의 체내로 흡수된다❸. 나머지 소화되지 않은 유기물들은 항문을 통해 내보내진다❹.

## 척추동물 소화계는 먹이에 따라 특수화되었다

다양한 척추동물의 형태에 따라 음식물 또한 다양하다. 늑대, 고양이, 바다표범과 육식성 조류 같은 **육식동물(carnivores)**들은 다른 동물을 잡아먹는다. 종자를 먹는 새, 사슴, 낙타, 소, 쥐와 같은 설치류 등 **초식동물(herbivores)**은 식물만 먹는다. 사람, 곰, 너구리같은 동물들은 동물성과 식물성 먹이를 먹고 소화하도록 적응된 **잡식동물(omnivores)**이다. 많은 동물들은 그들이 먹은 먹이로부터 가장 많은 영양소를 섭취하도록 특수화된 소화계를 갖고 있다. 척추동물의 주요 소화계는 입, 식도, 위, 소장, 대장이지만 일부 척추동물은 특수화된 주머니를 갖고 있다.

### 치아는 먹이에 따라 다양하다

치아는 여러 가지 먹이에 알맞게 적응되어 왔다(**그림 35-11**). 다양한 먹이를 먹는 잡식성인 사람은 독특한 치아 구성을 선택하였다. 사람들은 먹이를 베어 내기 위한 얇고 편평한 앞니가 발달했다. 그러나 사람은 입으로 먹이를 잡을 수 없기 때문에 송곳니는 작고 날카롭지 않다. 사람의 앞어금니와 큰어금니들은 비교적 크며 부수고 갈기 위해 표면이 울퉁불퉁하다.

만약 개를 기른다면 개의 입을 주의 깊게 관찰해 보라(아마도 고양이는 잘 벌려주지 않음). 육식동물은 매우 작은 앞니를 가졌으나 육류를 자르고 찢기에 알맞은, 크고 발달된 송곳니가 있다.

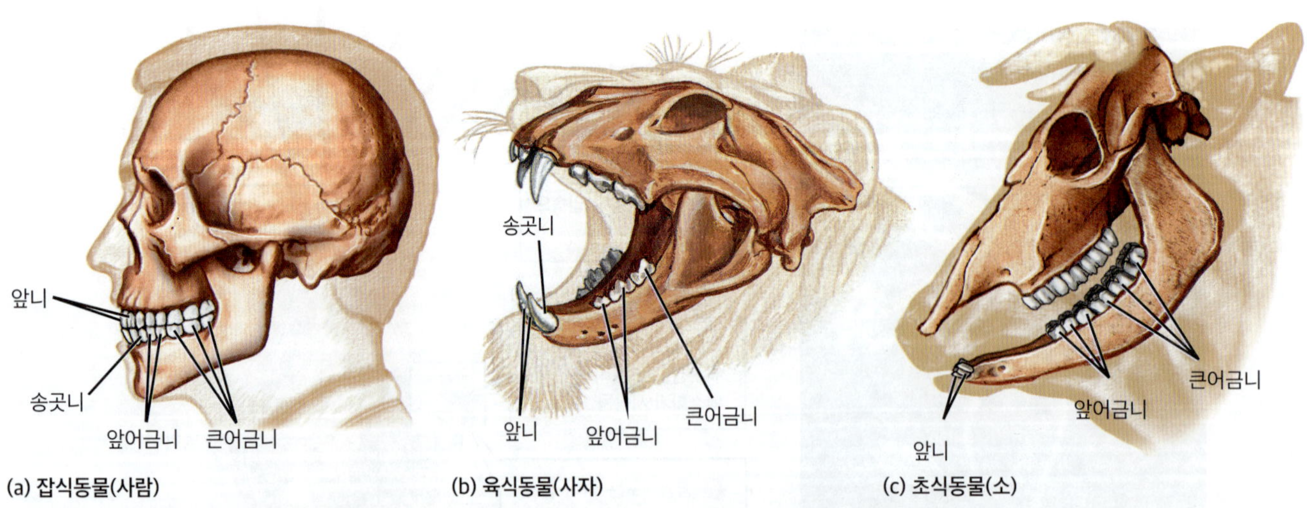


▲ **그림 35-11 다양한 음식에 진화된 치아** (a) 사람은 자르는 앞니를 갖고, 송곳니는 퇴화되고 동·식물체를 갈기 위한 평평한 앞어금니와 큰어금니를 갖는다. (b) 육식동물은 먹이를 물고 죽이는데 필요한 큰 송곳니가 있고, 앞어금니와 큰어금니는 갈기보다는 자르는 데 적합하다. (c) 초식동물은 보통 송곳니가 없고 거친 식물섬유소를 갈기 위해 평평한 앞어금니와 큰어금니를 갖는다.

모이주머니
먹이를 저장하고
촉촉하게 함

위#1:
단백질 소화효소를 분비하고 단백질 소화가 시작됨

위#2(모래주머니): 먹이를 잘게 부수고 감

대장

식도

간

항문

소장

▲ **그림 35-12** **조류의 소화기관 구조**

그들은 힘줄과 뼈를 잘라낼 끝이 날카로운 앞어금니와 큰어금니가 발달되었다. 어떤 육식동물의 치아는 먹이를 갈거나 씹기에 적응하지 못하여 고깃덩어리를 통째로 삼키는 경향이 있다.

말, 토끼, 사슴, 소와 같은 초식동물은 송곳니가 퇴화되었다. 말과 토끼의 위아래 앞니는 식물체를 자르기에 알맞게 발달했다. 소 같은 **반추위(ruminant)**를 가진 초식동물은 위쪽 앞니가 단단한 가죽질의 잇몸(*dental pad*)으로 되어 있고 음식을 되새김하여 소화시킨다. 이들은 유연성이 있는 기다란 혀로 풀을 입속으로 당겨 아래 앞니와 잇몸 사이에 넣고 물어뜯는다. 모든 초식동물의 어금니는 억센 식물체를 갈기 위해 크고 평편하다.

### 조류의 위는 먹이를 잘게 부순다

조류는 치아가 없기 때문에 먹이를 통째로 삼킨다. 대부분의 조류는 팽창된 모이주머니 안에 먹이를 저장한다(**그림 35-12**). 그 먹이는 천천히 두 부분으로 된 위 속으로 들어간다. 관 모양의 첫 번째 부분에서는 단백질 소화효소가 분비되어 단백질을 소화하고 다음 부분은 두꺼운 근육질의 벽인 모래주머니에서 먹이를 잘게 갈아 부순다. 모래주머니 안벽은 부리와 같은 성분인 케라틴 단백질이 많은 주름이나 편평한 모양으로 덮여 있다. 모래주머니는 강한 근육의 수축으로 음식물을 부수거나 잘게 간다. 많은 조류들은 모래나 작은 돌등을 그대로 삼켜서 모래주머니 안에서 부수는 과정을 돕는다. 모래주머니 속에서 잘게 부서진 음식물은 소장으로 보내지며 이곳에서 소화가 더 진행된 후 영양소가 흡수된다.

### 반추동물의 특수화된 위에서 섬유소를 소화한다

식물세포를 둘러싸고 있는 섬유소는 지구상에 존재하는 가장 풍부한 먹이 지원이다. 그렇지만 만일 사람들이 소들이 먹는 풀만 섭취하면 사람들은 곧 굶어 죽을 것이다. 섬유소는 전분과 같이 포도당 분자의 긴 사슬로 이루어져 있음에도 불구하고 포도당 분자의 결합방식이 달라 척추동물들의 소화효소에 의해 분해되지 않는다(3장 참조). 일부 미생물과 소수의 무척추동물만 이 섬유소를 분해할 수 있는 소화효소를 가지고 있다.

토끼와 말을 포함한 대부분의 초식성 척추동물과 소, 양, 염소, 사슴, 엘크 및 낙타 등 반추동물은 장내 **미생물 군집(microbiome)**과 공생함으로써 섬유소로부터 에너지를 얻는다. 소화관 내에 있는 특수한 미생물 군집이 그들의 기능 중 가장 큰 역할인 섬유소를 분해함으로써 식물체 소화를 돕는다.

반추동물들은 방이 여러 개인 위를 가지고 있다(**그림 35-13**). 소화는 혹위(*rumen*)에서 시작된다. 소의 혹위는 약 150리터의 용량을 갖고 있으며 섬유소와 또 다른 탄수화물을 분해하는 대부분의 미생물을 가지고 있다. 미생물들은 에너지 생산을 위해 당을 발효시킨다. 이 과정에서 적어도 소가 필요로 하는 에너지의 절반 정도를 공급하는 작은 유기물질을 방출한다. 그리고 소는 혹위의 벽을 통해 영양물질 분자의 대부분을 흡수한다.

혹위에서 일부 소화가 된 먹이는 벌집위로 옮겨지고 새김질감이라고 불리는 덩어리로 만들어진다. 새김질감 덩어리는 입으로 넘겨서 씹은 다음 다시 혹위로 넘겨진다(반추동물들이 종종 평온한 모습으로 되새김질 하는 것을 볼 수 있음). 추가적인 되새김으로 더 많은 섬유소와 세포 내용물들이 혹위 속의 미생물에 의

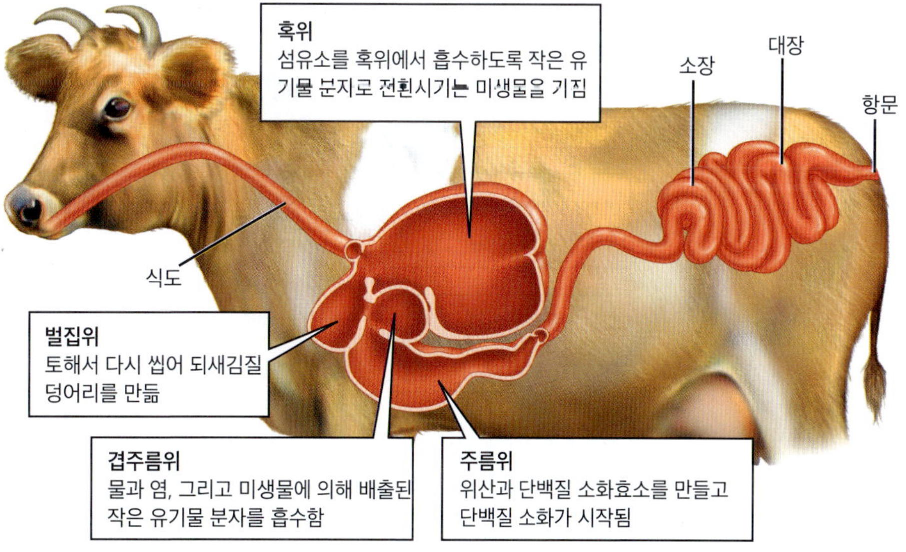


▶ **그림 35-13** **반추동물은 여러 개의 방으로 된 위를 갖는다.**

해 소화가 진행된다.

이곳에서 일부 소화된 식물질들과 미생물들은 겹주름위(*omasum*)로 보내지고 이곳에서 물, 염류 그리고 미생물에 의해 방출된 나머지 작은 유기물들이 흡수된다. 그 다음 주름위(*abomasum*)로 들어가고 산과 단백질 소화효소가 분비되어 단백질분해가 시작된다. 이곳에서는 식물성 단백질뿐만 아니고 혹위에서 음식물 소화에 참여했던 미생물도 소화된다. 소는 대부분의 영양소를 소장 벽을 통하여 흡수한다.

### 소장의 길이는 먹이 종류와 관계가 있다

척추동물에서 대부분의 화학적 소화와 영양소 흡수는 소장에서 일어난다. 초식동물은 단단한 식물체에서 영양소를 흡수할 기회를 오래 갖기 위해서 비교적 기다란 소장이 필요하다. 단백질은 위에서 소화가 시작되고 비교적 소화가 쉽기 때문에 단백질을 주 먹이로 하는 육식동물은 초식동물보다 훨씬 짧은 소장을 가지고 있다.

먹이에 따른 소장의 길이 차이는 개구리의 발생 기간에 잘 나타난다. 어린 올챙이 시기에는 조류(algae)를 먹는 초식동물로서 기다란 장을 가지고 있다. 올챙이가 육식동물로 변태를 하면서 성체 개구리(주로 곤충을 먹음)가 되면 장은 올챙이 때의 2/3정도의 길이로 짧아진다.

### CHECK YOUR LEARNING

- 모든 소화계의 5가지 기본 임무를 설명하고 목록을 작성할 수 있는가?
- 무척추동물의 여러 가지 소화 방법을 비교할 수 있는가?
- 척추동물의 소화계는 음식의 종류에 따라 어떻게 특수화되었는지 설명할 수 있는가?

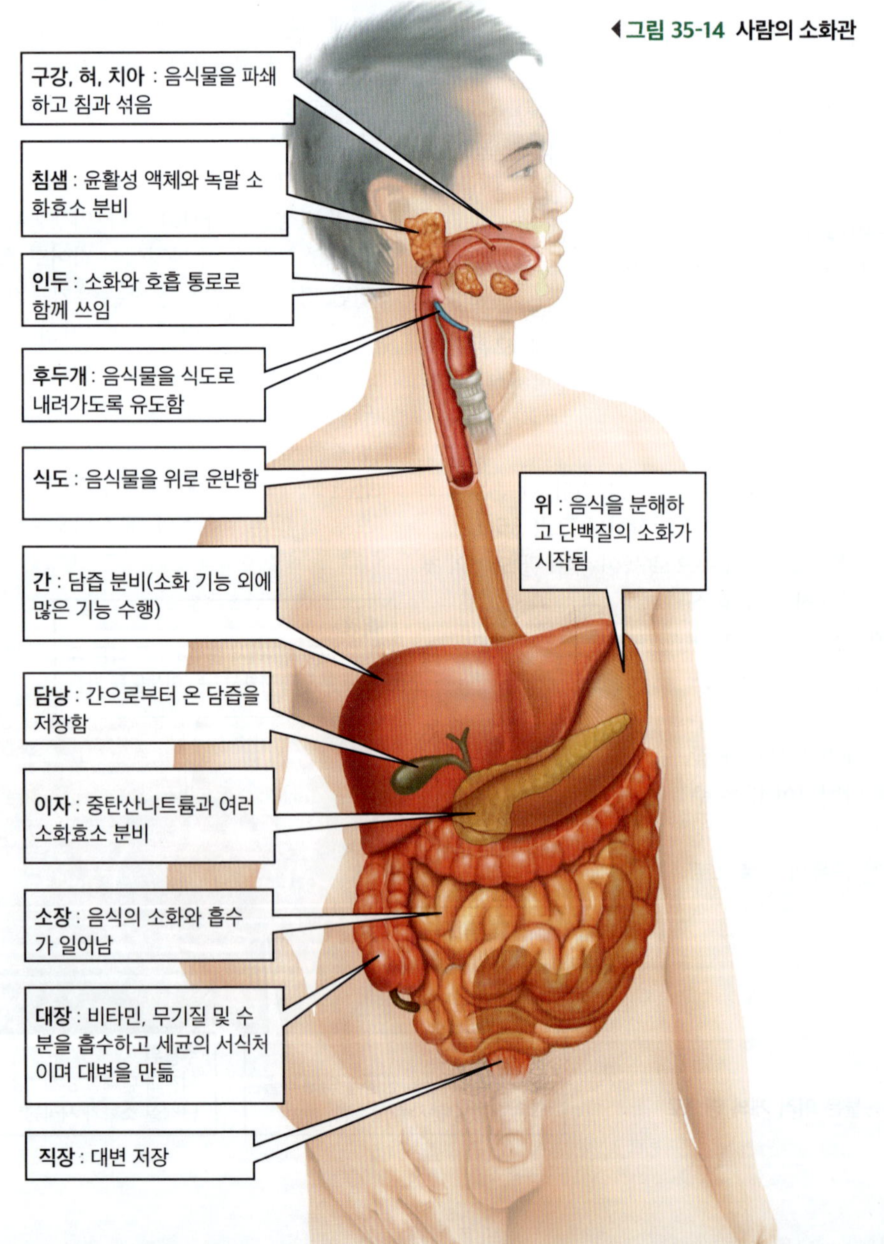


◀그림 35-14 사람의 소화관

| 표 35-3 | 사람의 소화액 | | |
|---|---|---|---|
| 작용부위 | 분비물 | 분비되는 곳 | 소화작용 |
| 입 | 침샘 아밀레이스 | 침샘 | 전분을 이당류로 분해 |
| | 점액, 물 | | 윤활작용과 음식물 녹임 |
| 위 | 펩신 | 위샘 | 단백질을 펩타이드로 분해 |
| | 염산 | | 펩신의 활성화, 살균, 무기물 섭취를 도움 |
| | 점액 | 위 상피세포 | 위 자체가 소화되는 것을 보호 |
| 소장 | 담즙 | 간 | 지질의 유화 |
| | 프로테이스 | 이자 | 펩타이드를 더 작은 펩타이드나 아미노산으로 분해 |
| | 리페이스 | | 지질을 지방산과 글리세롤으로 분해 |
| | 중탄산나트륨 | | 위로부터 온 산성 암죽의 중화 |
| | 이자 아밀레이스 | | 전분을 이당류로 분해 |
| | 펩티데이스 | 소장 상피세포 | 작은 펩타이드를 아미노산으로 분해 |
| | 다이사카리데이스 | | 이당류를 단당류로 분해 |
| | 점액 | | 소화액으로부터 소장의 보호 |

## 35.3 사람은 어떻게 음식을 소화하나?

사람의 소화기관(**그림 35-14**)은 여러 가지 잡식성 음식에 잘 적응되었다. 소화기관의 각 부분은 **표 35-3**에 요약된 것과 같이 특별한 소화액을 분비한다.

### 소화는 입에서 시작된다

음식을 한입 먹으면 입에서 침이 나오고 이어 치아로 씹기 시작하는데, 이 활동이 음식물의 물리적 및 화학적 소화의 시작이다. 치아에 의해 음식물이 분쇄되는 물리적 소화가 일어나는 동안 3쌍의 침샘에서 분비되는 침(99% 이상이 물)에 의한 화학적 소화도 시작된다. 사람의 침샘에서는 음식을 먹는(깨어 활동하는) 동안 약 1.5리터의 침이 분비되며(밤에는 분비되지 않음) 5가지 요인에 의해 분비율이 증가된다. 침은 여러 가지 기능을 한다. 침샘에 있는 물과 점액 성분은 음식물을 매끄럽게 하여 삼키기 쉽게 한다. 침 속에 있는 살균제는 세균의 감염을 막아준다. 침에는 **아밀레이스(amylase)**라는 소화효소가 들어 있어서 전분을 이당류(포도당 2분자가 결합된 설탕; 3장 참조)로 분해한다. 물은 산과 설탕 같은 음식물을 녹여 혀에 있는 맛봉오리(*taste buds*)라는 맛감각세포로 옮겨준다. 맛봉오리는 음식물의 형태와 질을 식별하는데 도움을 준다.

근육질인 혀는 음식물을 부드러운 덩어리(*bolus*)로 만들어 입과 식도를 연결하는 근육질의 관인 **인두(pharynx)**로 밀어 넣는 것을 조절한다(**그림 35-15a**). 인두는 음식을 소화계로 보내는 통로 외에 코와 입을 후두와 연결시켜 허파로 공기가 들어가게

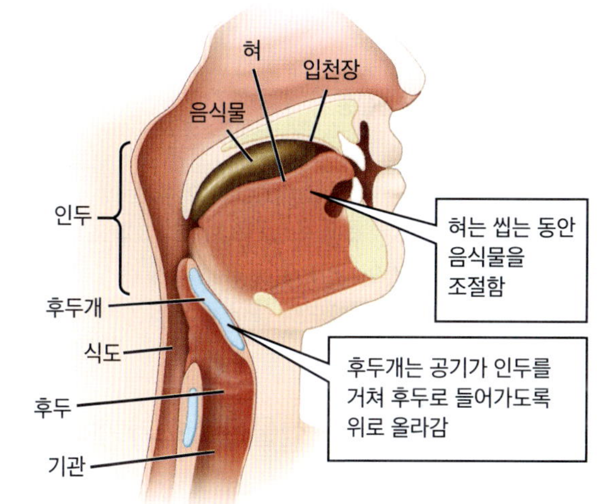

(a) 삼키기 전

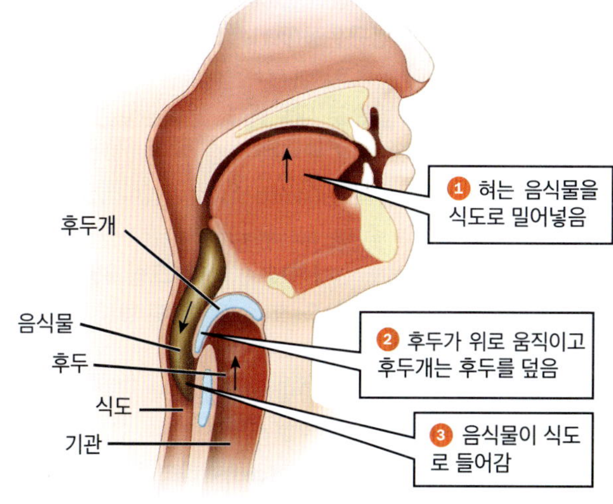

(b) 삼키는 동안

▶ **그림 35-15 음식물 삼키기 도전** (a) 식도와 후두가 인두에서 만난다. (b) 음식을 삼키는 동안 후두가 위로 움직이고 후두개가 그 위를 감싸고 식도로 음식물이 지나가게 한다.

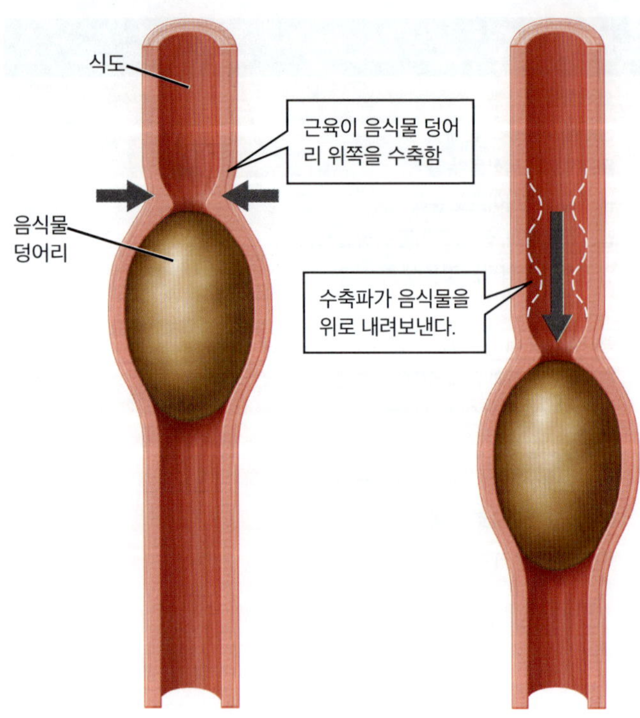


▲ 그림 35-16 **식도의 연동운동**

한다. 이러한 구조는 때때로 음식물 조각이 후두에 걸려서 숨이 막히는 문제를 일으키는 경우가 있다(그림 34-8 참조). 그러나 유동성 있는 편평한 조직인 **후두개(epiglottis)**가 음식물을 삼켜서 식도로 내려 보내는 동안 기도로 들어가는 것을 막아준다(**그림 35-15b**).

## 식도에서 위로 전달된 음식물은 소화가 계속된다

입에서 음식물을 삼키는 힘은 음식물을 근육질의 관 모양인 식도로 넘겨 위까지 밀어낸다. 식도 벽의 세포에서 점액질을 분비하여 식도가 닳는 것을 보호하고 음식물이 통과하는 동안 매끄럽게 해준다. 음식물 덩어리를 삼키면 식도 바로 위쪽의 근육은 수축파동을 일으켜서 음식물을 위(stomach)로 밀어 내려 보낸다. 이러한 근육운동을 **연동운동(peristalsis)**이라고 부르며(**그림 35-16**) 소화관을 따라 계속 일어나서 음식물을 식도, 위, 장과 마지막으로 항문을 통해 밖으로 내보낸다. 연동운동은 사람이 거꾸로 있을 때에도 효과적으로 액체를 삼킬 수 있게한다.

사람과 다른 척추동물의 **위(stomach)**는 내벽이 접혀있고 늘어날 수 있는 근육질의 주머니로 되어있어 가끔은 커다란 음식물을 우리가 먹을 수 있도록 팽창할 수 있다(**그림 35-17**). 일부 육식동물의 위는 이러한 능력을 잘 수행하도록 발달되어 있다. 예를 들면, 사자는 한 번에 약 40파운드(18kg)의 고기를 먹어치우고 다음 며칠은 조용히 소화하면서 지낸다. 성인은 비록 체격에 따라 다르지만 1리터 정도는 편하게 느낄 수 있도록 저장한다. 음식물은 **괄약근(sphincter muscles)**이라고 하는 두 개의 환상근육에 의해 위에 머물게 된다. 식도하 괄약근(*lower esophageal sphincter*)이라고 하는 위의 상부에 있는 괄약근은 위에서 음식물이 섞이는 동안 위의 내용물이 식도로 올라가는 것을 막는다. 음식을 삼킨 직후에는 잠깐 열려 음식이 위로 들어가도록 한다. 제2 괄약근인 유문괄약근(*pyloric sphincter*)은 소장의 윗부분과 위의 아랫부분을 분리한다. 이 근육은 음식물이 소장으로 들어가는 것을 조절한다.

위는 네 가지 중요한 기능을 한다. 첫째 근육성의 위벽은 다양한 수축성 운동을 하여 음식물을 잘게 부수어 소화효소가 골고루 섞이게 도와준다. 둘째로 위샘(**표 35-3**)에서 분비되는 소화액들에 의해 단백질의 소화가 시작된다. 셋째, 위샘에서는 소화활동을 조절하는 호르몬을 분비한다. 넷째, 위는 부분적으로 소화된 음식물을 저장하고 적당하게 소화하고 흡수가 잘 이루어지도록 일정한 비율로 천천히 소장으로 음식물을 내보낸다.

**위샘(gastric glands)**은 위벽의 수백만 개의 작은 구멍으로 된 특수화된 상피세포의 모임이다. 위샘세포에서는 점액, 염산(HCl) 및 펩시노겐(pepsinogen) 단백질 등을 분비한다. 염산은 위액을 거의 레몬주스와 비슷한 pH 1~3 정도 강한 산성으로 만든다. 이러한 위산은 음식물과 함께 들어오는 세균이나 바이러스 등을 파괴시킨다. 펩시노겐은 펩신의 비활성 형태로 일종의 **프로테이스(protease)**이다. 프로테이스는 단백질 소화효소로 단백질을 펩타이드라고 불리는 아미노산의 더 짧은 사슬 형태로 분해한다. 위의 산성이 펩시노겐을 펩신으로 전환시키는데, 펩신은 산성에서 가장 잘 활성화된다. 왜 처음부터 펩신이 분비되지 않을까? 위샘은 비활성인 펩시노겐을 분비한다. 왜냐하면 펩신은 펩신을 만드는 그 세포 자체도 소화할 수도 있기 때문이다. 위샘과 상피세포에서 분비된 점액질은 위벽을 둘러싸 위벽 자체가 소화되는 것을 막는다. 그러나 완벽한 보호가 되지 못하기 때문에 매일 새로운 것으로 대체되어야 한다. 만약 점액물질에 의한 자체의 보호벽이 허물어지면 위에서 생산된 소화물질에 의해 위벽 자체가 소화되어 파괴될 수 있는 원인이 된다. "Doing Science: 위궤양의 원인 확인"에서 설명된 것처럼 사실 사람이 위궤양에 걸렸을 때 발생한다.

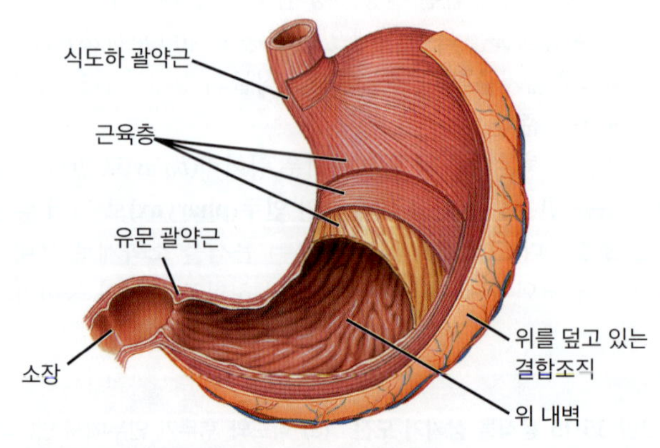


▲ 그림 35-17 **사람의 위**

## Doing Science 위궤양의 원인 확인

위궤양은 위나 십이지장(위와 가장 가까운 소장의 부분)의 벽이 부분적으로 손상될 때 발생한다(**그림 E35-1**). 궤양 환자는 심한 통증과 메스꺼움을 느끼며 심한 경우는 출혈이 생긴다. 1990년대 이전의 대부분 의사들은 궤양의 원인은 주로 위산과다로 인한 것이며 제산제 복용이나 부드러운 음식 및 긴장완화 프로그램 등으로 치료했다. 불행하게도 궤양은 치료를 멈추면 재발하는 것이 보통이다. 연구자들은 궤양의 근본 원인으로 위산보다 다른 무언가를 생각하기 시작했다.

### 질문은 무엇인가?

1980년 호주의 세균학자 존 로빈 워렌(John Robin Warren)은 충혈된 위 조직의 표본이 항상 나선균에 감염되었다는 것을 알았다. 그는 그 당시 같은 병원의 내과 수련의인 배리 마셜(Barry Marshall)과 그에 관한 연구결과를 논의했다. 그리고 후에 헬리코박터 파일로리(*Helicobacter pylori*) 라고 부르는 박테리아가 위의 염증과 궤양의 원인이라는 가설을 제안했다. 그 당시 의학계에서는 그의 생각에 대해 회의적인 반응을 보였다. 왜냐하면 헬리코박터 파일로리는 궤양이 없는 사람의 위에서도 흔하게 발견되었기 때문이다.

### 증거는 어떻게 수집되었는가?

헬리코박터(*Helicobacter*)가 궤양의 원인이라는 결정적인 사실을 증명하기 위해서 워렌과 마셜은 과학자들이 질병을 일으키는 미생물을 발견하기 위해 사용한 방법을 이용하여 다음 사항을 실험했다.

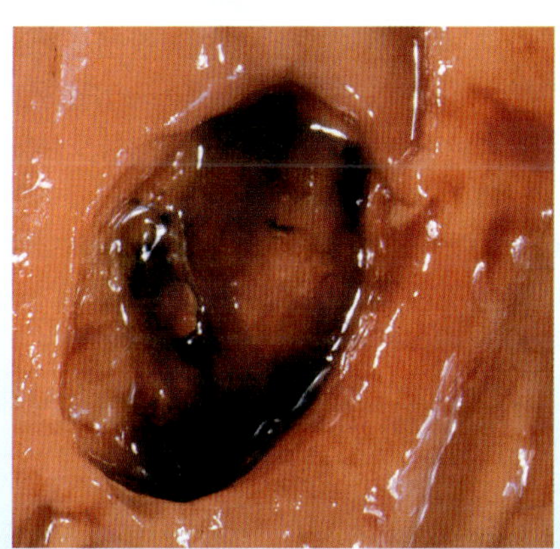

▲ **그림 E35-1 위 내시경을 통한 위궤양 모습**

첫째, 이 질병에 감염된 모든 동물에서 이 세균의 존재 여부를 확인하고, 둘째, 배양기에서 세균을 배양하며 셋째, 배양된 세균으로 실험동물을 감염시켜 질병의 발생 여부를 관찰하며, 네 번째, 감염된 동물로부터 같은 형의 세균을 재분류하여 배양했다.

마셜과 워렌은 환자의 위에서 세균을 분리하여 체온 범위의 배지에서 헬리코박터 파일로리를 배양했으나 계속 실패했다. 그러나 연구 과정에서 종종 있듯이 그 실험이 훌륭한 과학적 발견을 할 수 있는 기회가 되었다. 실험을 하는 연구자는 만약 배지에 박테리아의 성장 징후가 보이지 않으면 2일 후에 배지를 포기하려고 했었다. 그러나 연구자는 뜻하지 않게 5일의 휴가 기간 동안 그 배지를 배양기 속에 남겨두고 휴가를 보내고 5일 후에 배지를 확인한 결과 연구자들이 찾던 그 세균이 서서히 자라는 것을 확인했다.

그 후 배양된 세균을 새끼돼지에게 감염시키는 실험이 실패하자 마셜은 자신이 직접 실험 대상이 되는 위험한 실험에 도전하게 되었다. 내시경 카메라(가는 줄에 매달린 작은 카메라를 그의 식도로 집어넣음)로 염증이 없는 자신의 위를 확인한 후에 약 십억 마리의 헬리코박터 파일로리가 있는 배지를 삼켰다.

### 무엇을 배웠는가?

일주일 후에 통증이 시작되었고 마셜의 위 조직은 점액을 분비하는 상피세포가 손상되어 얇아졌으며 심하게 세균에 감염되었음을 알았다. 그리고 세균을 죽이는 항생물질의 치료로 확실하게 증세를 줄일 수 있다는 사실도 알았다. 비록 그의 실험이 위험했고 한 번의 예이며 다른 사람에 의해 더 이상 반복된 실험은 이뤄지지 않았지만 마셜의 이론은 지지를 받았으며 이것은 더 나은 연구를 위한 발판이 되었다.

현재 과학자들은 헬리코박터 파일로리가 위나 십이지장 내벽을 덮어 보호하는 점액을 무력화한다는 것을 알고 있다. 이 과정에서 이 세균은 점액층을 약하게 하고 위산의 증가를 촉진하여 위나 십이지장이 좀 더 쉽게 위산과 단백질 분해효소의 공격을 받게 한다. 세균감염으로 인한 몸의 면역 반응은 더욱더 조직파괴가 쉽게 일어난다. 미국에서는 위궤양의 약 90%는 헬리코박터 파일로리가 원인이 되며 항생제 치료 후 2주면 치료된다. 워렌과 마셜의 주의 깊은 관찰과 기회포착, 과학적인 방법을 바탕으로 이와 같은 것을 발견한 업적으로 2005년에 노벨 의학·생리학상을 수상했다.

**비판적 사고** 왜 제산제가 위궤양을 완화시킬 수 있을까?

위 속에 있는 음식물은 이어서 일부 소화된 음식물과 소화액이 섞인 **암죽(chyme)**이라고 하는 두꺼운 산성의 덩어리로 바뀐다. 그 다음 연동파(약 1초에 3번 수축)에 따라 유문 괄약근을 통해 1회 파동에 차 숟가락 하나 정도의 암죽을 소장으로 밀어낸다. 음식물의 큰 덩어리는 유문괄약근을 통과하지 못하고 더 분해하기 위해 위에 남는다. 섭취한 음식물의 크기와 형태에 따라 다르지만 음식물은 먹은 후 위에서 완전히 소화되는데 약 4~6시간 걸린다. 위가 비워진 상태에서 계속되는 교반운동은 "공복감"을 느끼게 된다.

알코올이나 일부 약품 등 몇 가지 물질은 위벽을 통하여 혈액으로 바로 들어갈 수 있다. 음식은 알코올의 흡수를 느리게 하므로 "빈속에 술을 마시지 마라"라는 충고는 취하게 하는 알코올의 효과를 줄이는데 도움이 된다.

## 대부분의 소화와 영양 흡수는 소장에서 이루어진다

**소장(small intestine)**은 위에서 넘어오는 음식을 받는 기다란 근육성의 관으로 암죽 속에 있는 음식물 분자를 완전히 소화시키고 소화된 작은 분자는 체내로 흡수된다. 소장은 십이지장, 공장,

CASE STUDY CONTINUED

## 야윈 몸이 죽음을 부른다

위산은 과식증이 있는 사람들의 소화관에 매우 파괴적일 수 있으며, 그 중 많은 사람들이 매일 여러 번 구토한다. 위 내용물의 강산은 치아의 보호 에나멜을 용해시켜 충치가 생기기 매우 쉽게 한다. 위산은 또한 잇몸, 인후 및 식도의 조직을 손상시킨다. 극단적인 경우, 반복되는 구토의 폭발적인 압력으로 인해 식도가 찢어지거나 파열될 수 있는 심각한 의학적 응급상황이 올 수 있다. 잦은 구토는 위벽을 약화시켜 산이 위벽을 공격할 수 있게 하여 궤양을 유발할 수 있으며 위를 치명적으로 파열시킬 수도 있다.

정상적인 소화 과정에서 음식물은 위장에서 소장으로 이동한다. - 그 곳에서 어떻게 처리되는가?

회장의 3부분으로 되어 있다. 짧은 십지지장(*duodenum*)은 위에서 내려온 암죽과 담낭 및 이자로부터 소화액이 들어오고 소화를 조절하는 호르몬을 분비하여 영양소의 흡수가 시작된다. 공장(*jejunum*)과 회장(*ileum* ,대장으로 음식을 내려 보내는 곳)에서 최종적으로 소화가 되고 영양 흡수가 완성된다. 위에서처럼 소장도 특수화된 상피세포에서 분비되는 점액으로 소장벽 자체가 소화되는 것을 막아준다.

### 다양한 소화산물이 소장에서 관찰된다

위의 암죽이 소장으로 넘어간 후 간, 이자, 소장 내벽세포에서 분비되는 소화액의 도움으로 화학적 소화가 완료된다(**그림 35-18**).

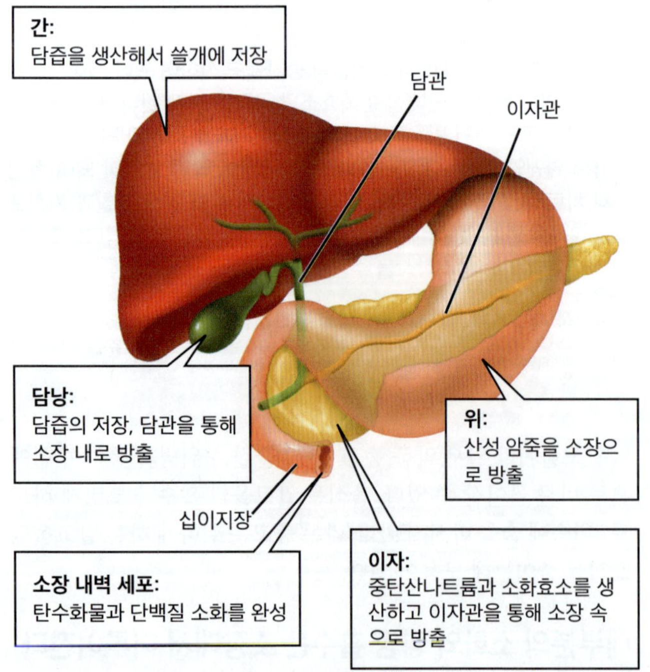


▲ **그림 35-18 소장에 분비되는 소화액**

**간은 담즙을 생산한다** **간(liver)**은 아마도 우리 몸 안에서 가장 다양한 기능을 하는 기관일 것이다. 간은 에너지가 될 지방과 탄수화물을 저장하고 혈당을 조절하며 혈액 내 단백질 합성, 철과 비타민류의 저장, 유독한 암모니아(아미노산이 분해될 때 생성)를 요소로 전환하고 우리가 섭취한 니코틴, 알코올 같은 유해물질을 해독시킨다.

간의 소화 작용은 지방 분해에서 생긴 물과 담즙염으로 이루어진 푸르스름한 액체인 **담즙(bile)**을 생산한다. 담즙염(bile salts)은 콜레스테롤에서 합성되고 물에 부착하는 친수성 말단과 지방과 작용하는 소수성 말단을 가지고 있다. 담즙은 접시나 프라이팬에 묻은 지방 속으로 합성세제가 퍼져가듯이 수분이 있는 작은 암죽 입자에 퍼져간다. 표면적이 넓게 된 입자들은 지질 소화효소인 **라이페이스(lipase)**의 작용을 돕는다.

간에서 생성된 담즙은 **담낭(gallbladder)**에 농축되어 보관된다. 암죽이 들어오는 자극으로 십이지장에서 분비되는 호르몬의 신호로 담낭이 수축되고 담관(bile duct)을 통해 담즙을 배출 시킨다(그림 35-18 참조).

**이자는 이자액을 분비한다** **이자(pancreas)**는 위와 소장 사이에 고리 형태로 붙어있다(그림 35-18 참조). 이자는 혈당조절을 하는 호르몬 외에(38장 참조) **이자액(pancreatic juice)**이라는 소화액을 생산한다. 암죽이 들어올 때 십이지장에서 분비되는 호르몬에 반응하여 이자는 이자관(*pancreatic duct*)을 통해 이자액을 십이지장에 방출한다. 이자액은 물, 중탄산나트륨(산성 암죽을 중화시킴), 이자 아밀레이스, 라이페이스 및 프로테이스 등 여러 가지 소화효소가 들어있다(표 35-3 참조). 이자의 소화효소는 이자에서 분비되는 중탄산나트륨의 약알칼리성 환경에서 활성이 높다. 이자에서 분비되는 아밀레이스는 탄수화물을, 라이페이스는 지질을 그리고 프로테이스는 위에서 처음 소화가 시작되는 단백질과 펩타이드를 분해한다.

**장벽에서 분비되는 효소에 의해 소화가 완성된다** 소장의 상피세포는 펩타이드를 아미노산으로 분해하는 펩티데이스(*peptidases*)와 이당류를 단당류로로 분해하는 다이사카리데이스(*disaccharidases*)를 분비한다. 예를 들면, 유당 분해효소로 알려진 락테이스는 락토오스(milk sugar)를 단당류인 포도당(글루코오스)과 갈락토오스로 분해한다(6장 참조). 작은 입자로 분해가 이루어진 후 곧바로 상피세포 속으로 흡수된다.

### 대부분의 영양소 흡수는 소장에서 이루어진다

소장은 화학적 소화가 이루어지는 중요한 부위일 뿐만 아니라 소화된 영양소를 체내로 흡수하는 아주 중요한 곳이다.

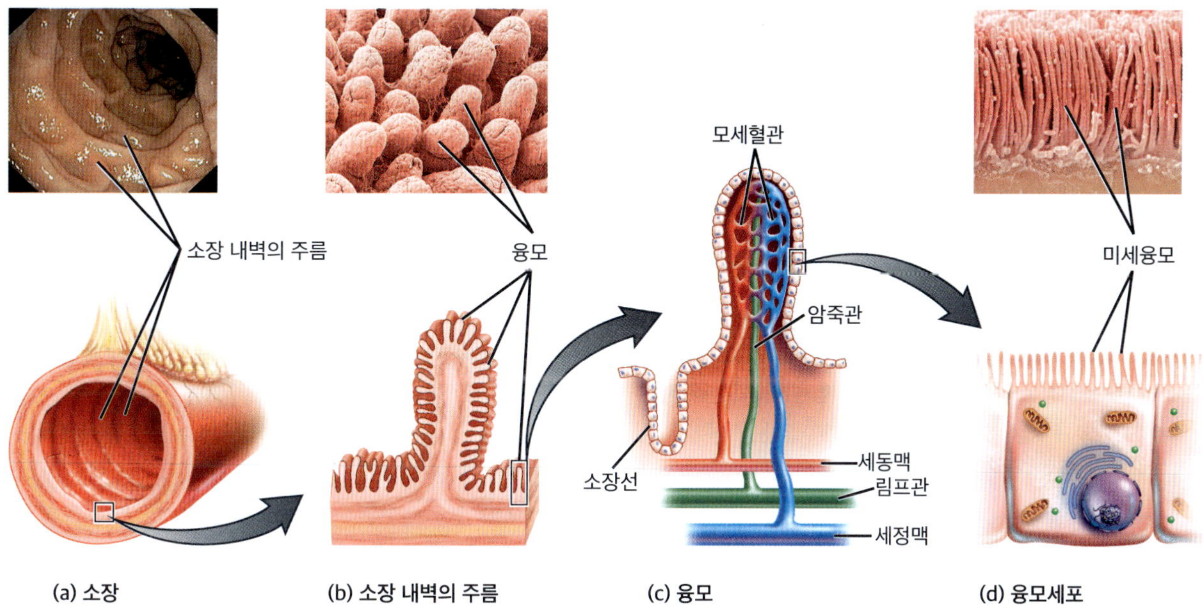


▲ **그림 35-19 소장의 구조** **(a)** 작은 융모로 덮인 소장 표면의 주름 모습 **(b)** 작은 융모 **(c)** 각 융모는 모세혈관과 암죽관이라 부르는 중앙의 림프관이 그물구조로 연결되어 있다. 소화된 영양소의 대부분은 모세혈관 내로 들어가지만 지방은 암죽관으로 들어간다. **(d)** 장 상피세포에는 미세융모가 있다.

**비판적 사고** 만약 소장의 내부 주름, 융모, 미세융모가 진화되지 않았다면 소화계의 해부학적 구조는 어떻게 됐을까?

**소장의 내벽은 흡수를 위해 표면적이 매우 넓다** 성인의 소장은 직경 약 2.5cm이고, 길이는 약 3m 정도이다. 근육의 수축성이 소실되면 해부학적으로는 2배 정도 긴 경우도 있다. 소장은 길기도 하지만 많은 주름과 돌기가 있는데 그 내면적으로 보면 같은 길이의 매끄러운 면을 가진 관과 비교하여 약 600배나 더 넓다(**그림 35-19**). 작고 가는 손가락 모양의 **융모(villi**; 단수로는"villus"로 쓰며 라틴어로 "털"이라는 뜻임)는 소장 벽의 전체에 주름으로 분포한다. 융모는 길이가 약 1mm 정도이고 육안으로 보면 부드러운 천 모양을 하고 소장의 내면을 덮고 있다. 결국, 상피세포의 혈장막은 소화효소가 들어 있는 **미세융모(microvilli)** 돌기 속에 접혀 있다. 성인의 소장벽 내면에 있는 미세융모를 모두 합치면 그 표면적이 $250m^2$ 정도로 거의 복식 테니스 코트만한 넓이에 이른다.

소장에 있는 환상근의 비 동시 수축운동을 분절운동(*segmentation movement*)이라 하는데 이는 암죽을 앞뒤로 뒤섞이게 하고 분해된 영양소가 소장의 흡수면적과 쉽게 접촉하게 해준다. 흡수가 완료되면 조화로운 연동운동이 나머지 음식물을 대장으로 보낸다.

**영양소들은 여러 가지 경로로 섭취된다** 소장에 의하여 흡수된 영양소는 물, 단당류, 아미노산과 간단한 펩타이드, 지방산, 비타민 및 무기물 등이다. 일부의 영양소들은 확산에 의해 소장의 벽을 통해 들어가고 일부는 능동수송에 의해 운반된다. 물은 삼투작용으로 흘러간다. 물과 대부분의 영양소는 각 융모 내에 있는 모세혈관을 통하여 흡수된다.

지방과 기름이 소화된 지방산은 뚜렷한 경로로 흡수된다. 이 물질들이 직접 소장의 내면 상피세포 안으로 확산되며 세포 내에서 모여서 단백질로 덮인 후 **킬로미크론(chylomicron)** 입자를 합성하여 간질액 안으로 방출된다. 킬로미크론은 너무 커서 모세혈관으로 들어가지 못하고 각 융모돌기의 내부에서 맹관으로 끝나는 림프계인 **암죽관(lacteal)**의 구멍을 통해 모세관으로 들어간다(그림 35-19c 참조). 킬로미크론은 림프계를 통해 림프관으로 들어가고 결국에는 심장 근처의 대정맥 속으로 들어간다(그림 33-18 참조). 체내에서 여분의 지방산은 지방으로 재합성되는데, 만약 건강에 해로울 정도로 축적이 되면 비만체중이 되어 626쪽 "Health Watch: 비만극복 - 복잡한 도전"의 내용처럼 체중을 줄이기 위해 수술의 도움이 필요하게 된다.

## 대장에서 물이 흡수되고 대변이 만들어진다

성인의 **대장(large intestine)**은 직경이 약 6.5cm이며 길이는 약 1.5m로 소장보다 짧고 넓다(그림 35-14 참조). 대장의 대부분은 **결장(colon)**으로 되었고 끝 부위 약 15cm 정도를 **직장(rectum)**이라 한다. 소장에서 소화 및 흡수된 나머지 물질인 소화되지 않은 섬유소, 소량의 흡수되지 않은 영양소와 물 등은 대장 안으로 흘러들어간다. 대장 속에는 많은 세균들이 번성하는 서식지다. 대장 속에 사는 일부 세균은 비타민 B($B_1$, $B_2$, $B_{12}$), 엽산 및 비타민

## 비만 극복 - 복잡한 도전

패트릭 듀엘(Patrick Deuel)의 담당의사는 "체중 감량을 하지 않으면 죽을 수 있다"고 그에게 최후통첩을 했다. 그러나 패트릭 듀엘을 치료하기 위해서는 우선 약 1,072파운드(486kg)나 되는 거대한 체중으로 침실에 갇힌 그를 끌어내기 위해 침실의 벽부터 부수어야만 했다. 듀엘의 경우는 극단적인 예이지만 비만은 여러 나라에서 유행병처럼 증가하고 있다. 비만인 사람은 간질환, 담석, 수면무호흡(수면 중 호흡의 갑작스런 멈춤), 2형 당뇨병(38장 참조), 암, 관절염, 심장병(33장 참조) 등에 걸릴 위험성이 높다. 비록 비만의 위험성을 알고는 있지만 많은 사람들은 체중조절에 계속 실패한다. 왜 체중 감소가 그렇게 어려운가? 왜 사람들은 체중조절에 있어서 각자의 능력에 그렇게 차이가 나는가?

체중 유지는 다양한 호르몬과 신호 분자를 포함하는 복잡한 항상성 유지 과정이다. 사람은 이러한 물질을 생산하고 그에 대한 반응 정도가 서로 다르다. 많은 유전자가 체중 조절에 관여하고 있고 이들 사이에는 복잡한 상호관계가 작용한다. 그리고 그들의 대립유전자는 체중 증가에 대한 개개인의 성향에 따라 많은 차이가 있다. 체중 조절 유전자 중 한 가지는 FTO 유전자다. 6명중 1명꼴로 FTO 유전자의 동형 대립유전자를 갖는다. AA 유전자를 갖는 사람은 평균보다 많이 먹고 뚱보가 되기 쉽다. 식사 후에는 바로 포만감을 가져야만 한다. 그러나 AA 유전자를 가진 사람은 배고픔을 자극하는 그렐린(ghrelin) 수치가 높으며 다른 동형접합자인 FTO를 가진 사람보다 고칼로리 음식에 적극적으로 반응한다. 이러한 사실이 왜 많은 사람들이 체중 감소에 실패하며 어렵게 뺀 체중을 유지하가가 어려운지를 설명하는 데 도움을 준다.

이러한 실패는 소화관을 직접 수술하는 외과적 수술을 발달시키는 계기가 되었다. 비록 체중 감량에 대한 외과적 수술 접근이 다소 위험하더라도 고도 비만 환자들에게는 이 수술을 권하고 있다. 패트릭 듀엘도 위 우회 수술(gastric bypass surgery)을 받았다. 이 방법은 미국에서 일반적인 외과수술을 통한 체중조절법이다. 이 수술은 위의 윗부분을 작은 주머니를 제외한 다른 부분을 막고 이 주머니를 십이지장 밑에 있는 소장과 직접 연결하는 방법이다(**그림 E35-2**). 그 결과 위는 소량의 음식물만 들어있게 되므로 감소된 소장의 흡수 면적으로 적은 양의 에너지만을 섭취할 수 있다. 이러한 외과수술은 그렐린 수치를 낮춰주고 뚜렷한 2형 당뇨병 개선의 원인이 될 수 있다. 비록 패트릭 듀엘은 아직도 병적인 비만을 가지고 있지만 체중의 약 절반을 뺏다. 많은 사람들이 이러한 수술의 도움을 받았다.

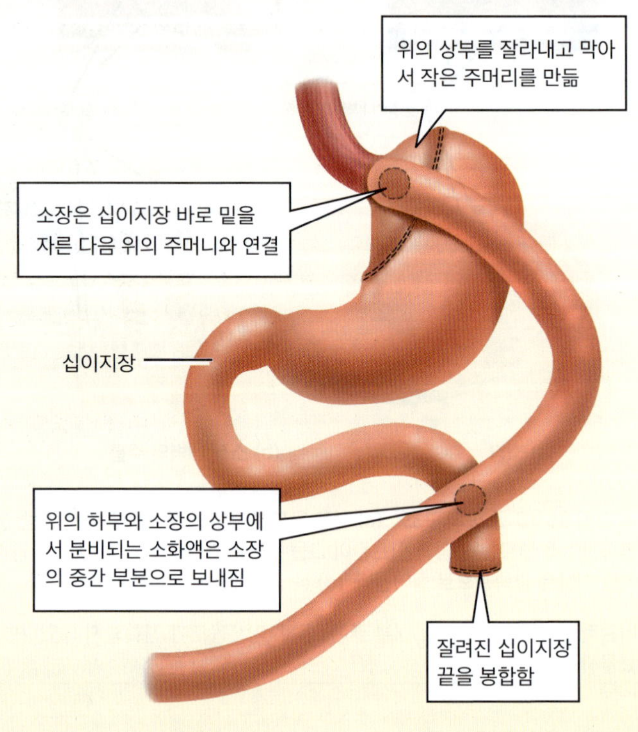


▲ **그림 E35-2 위 우회 수술**

VBLOC라고 부르는 새로운 체중 감소 방법이 2014년에 미국식품의약국(FDA)에 의해 소개되고 있다. 전기적 신호로 미주신경에 의해 뇌와 위 사이에서 배고픔을 전달하는 통신을 저지하기 위한 신경조절 장치를 삽입한다.

**비판적 사고** 신체검사 결과, 1.78미터 신장과 410파운드(186kg) 무게의 45세 남성이 제2형 당뇨병, 고혈압 및 무릎에 관절염이 있음이 밝혀졌다. 환자는 크고 부드럽게 팽창된, 지방 덩어리인 복부를 가지고 있다. 여러분이 추천하는 것은 무엇인가? 그리고 그 이유는 무엇인가?

K(일반적인 인간 식단에는 비타민 K가 부족함)를 합성하여 유지된다.

### 대장에서 대변을 만든다

대장 내면의 표피세포에서는 미끄러운 점액이 분비되고 새로 합성된 비타민, 남은 염류와 많은 수분을 흡수하여 반고체 상태의 **대변(feces)**을 만든다. 대변은 여분의 물, 소화되지 않은 섬유소, 점액물질, 일부 흡수되지 않은 영양소와 많은 세균 덩어리들로 이루어졌으며 이것은 대변 건조중량의 약 1/3에 해당된다. 대변은 연동운동으로 직장까지 운반된다. 대변으로 직장이 확장되면 배변의 충동을 일으킨다. 항문은 두 개의 괄약근에 의해 조절되며, 안쪽 근육은 불수의적이고, 바깥쪽 근육은 어느 정도 조절할 수 있다. 비록 배변은 반사적이지만 부모의 기쁨인 유아의 배변은 자의적인 조절로 이루어진다.

### 대장은 다량의 세균의 서식 생태계를 제공한다

수조 개의 세포로 구성된 우리 몸과 거의 유사한 수의 세균들이 대장에 거대한 군집으로 존재한다. 이러한 미생물의 집합체를 미생물 군집이라 하며 성, 유전인자, 환경 및 음식에 따라 다르다. 우리 장내에 있는 세균들은 면역반응을 돕고 자체적인 세균성 질병을 막아주며 우리가 섭취하는 음식물 속에 들어 있는 발암물질과 항암물질을 방출한다. 또한 우리 몸속 세균은 일부 소화되지 않은 섬유소를 작은 지방산으로 전환하여 우리의 일반적인 식사로부터 얻는 열량의 4~10% 정도를 공급한다.

비만인의 장내 세균이 비만에 미치는 영향을 해결하기 위한 연구 영역이 최근 갑자기 확대되었다. 일반적으로 비만인은 마른 사람보다 장내 세균의 다양성이 낮다. 그렇지만 이러한 현상이 비만의 원인인지 또는 결과인지는 모른다. 사람 장내 세균의 서로 다른 분포 비율이 사람에 따라 같은 음식으로부터 흡수하는 에너지량에 영향을 미친다. 장내 미생물이 없는 실험쥐에게 장내 세균을 넣어 주면 뚱뚱해지는데 반해 야윈 쥐는 그렇지가 않았다는 증거가 있다. 비록 장내의 세균들을 변형시켜 체중을 감소시킬 수 있다는 매력적인 주제로 일부 관심을 끌 수 있는 전환점이 될 수도 있다. 그렇지만 이 분야는 아직 초보 단계에 있고 비록 어느 날 체중 조절에 도움이 될 수도 있는 신비로운 치료 방법이 나올 수도 있지만 결코 될 것 같지 않은 복잡한 개인 성향들이 있다.

## 소화는 신경계와 호르몬에 의하여 조절된다

우리가 식당에서 음식을 먹게 되면 우리의 몸은 음식물 속의 영양소를 혈류 내로 끌어들이기 위해 일련의 복잡한 과정이 이뤄진다. 소화관에서의 호르몬 분비와 근육운동은 신경신호들과 호르몬에 의해 이루어진다.

### 음식물은 신경계 반응을 유발한다

우리가 특히 배고플 때, 시각, 후각, 미각 및 때로는 음식에 대한 생각이 시상하부를 자극하고 시상하부는 체내의 항상성을 유지하기 위해 많은 신경계의 반응을 조절한다(32장 참조). 시상하부는 음식물을 소화하고 흡수할 준비를 하도록 신경경로를 자극한다. 예를 들면 침의 증가와 위산과 보호점액 분비가 증가한다. 음식물이 소화관을 지나면 위 내용물이 신장수용체(stretch receptor)를 활성화 시키고 그 부위에 있는 신경을 자극하여 연동운동과 분절운동이 일어나게 된다.

### 호르몬이 소화 활동의 조절을 돕는다

소화계에서 분비된 호르몬들은 혈류로 들어가 체내를 순환하고 뇌나 소화관 내의 특수한 수용체에 작용한다. 대부분의 호르몬처럼 소화호르몬도 음성피드백(negative feedback) 작용으로 조절된다. 예를 들면, 암죽에 있는 단백질 소화물질인 아미노산과 펩타이드 등은 위 내벽을 자극하여 **가스트린(gastrin)**을 혈류로 방출시킨다. 가스트린은 위세포를 자극하여 위산의 분비를 촉진하여 단백질 소화를 증가한다. 암죽이 산성이 되면 가스트린의 생산이 억제되므로 위산은 생산되지 않는다.

**세크레틴(secretin)**과 **콜레시스토키닌(cholecystokinin)**은 십이지장세포에서 혈액으로 분비된 소화효소이며 암죽 속에 있는 펩타이드나 지방 같은 영양물질과 산도의 자극에 의해 십이지장에서 분비된다. 이 두 가지 호르몬은 소장 내의 화학적 환경과 암죽이 들어가는 비율 그리고 영양소의 적절한 소화와 흡수 촉진을 조절한다. 또한 이 두 가지 효소는 위산을 줄여 지나친 산성화를 막아준다. 또한 소화와 흡수가 잘 일어나도록 연동운동을 억제하여 암죽을 소장으로 보내는 시간을 지연시킨다. 그리고 간에서 담즙 형성과 담낭으로부터 담즙 분비를 증가시킨다. 마지막으로 세크레틴과 콜레시스토키닌은 이자액의 생산과 소장 내로 분비를 촉진시킨다.

### 호르몬이 배고픔을 조절한다

과학자들은 배고픔과 지방 저장에 관련된 호르몬의 메커니즘에 대하여 계속 연구하고 있다. 그 중 일부는 뇌의 활동이며 많은 경우는 사람의 체중조절에 관련된 복잡한 과정과 관련된 것이다. 2가지 중요한 식욕조절 호르몬은 렙틴(leptin)과 그렐린(ghrelin)이 있다.

**렙틴(Leptin)**은 지방세포에서 분비된 펩타이드이며 포유류에서 지방 저장을 돕는다(**그림 35-20**). 지방 저장이 증가되면 렙틴 분비가 증가되고 지방 저장이 적정 수준 이하로 내려가면 혈액 내 렙틴 양이 감소한다. 증가된 렙틴은 시상하부의 작용으로 배고픔을 감소시키고 대사율을 증가시킨다(이것이 저장 지방의 감소 원인이 될 것이다). 그리고 감소된 렙틴은 시상하부로 하

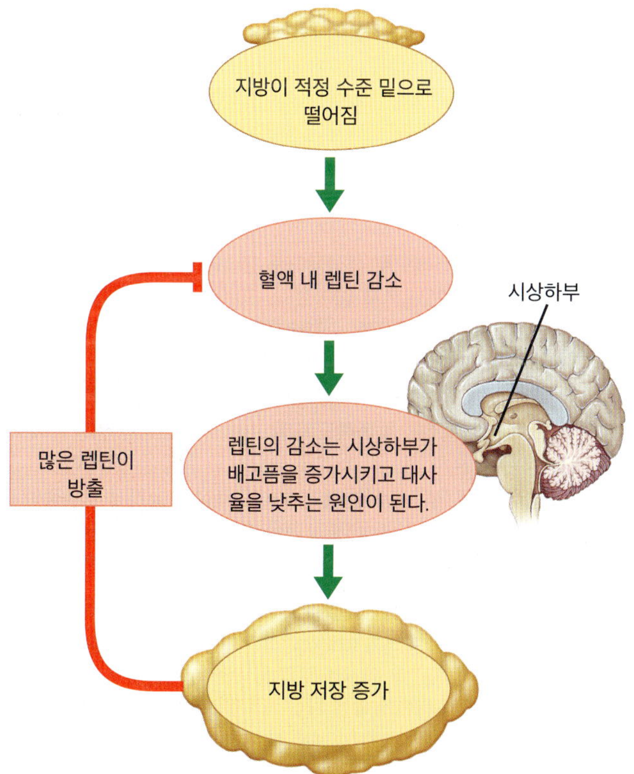


▲ **그림 35-20 렙틴은 지방 저장을 돕는다.**

여금 배고픔을 증가시키고 대사율을 낮춘다(이것은 지방의 증가 원인이 될 것이다). 불행하게도 현대 식이요법을 하는 사람에게는 증가된 렙틴의 효과가 미미한 반면, 감소된 렙틴의 체중 증가 효과는 크다. 이것은 진화적인 의미를 갖는다. 선사시대 사람들은 충분한 음식에 쉽게 접하기가 어려웠다. 따라서 음식이 있을 때 지방으로 저장하는 것은 매우 유익하였다. 반면에 적은 양의 체중 감소는 감기에 걸리기 쉽고, 지구력 감소, 그리고 태아발달이나 유아에게 적당한 영양 공급이 불가능한 원인이 되었다.

**그렐린(Ghrelin)**은 위에 음식물이 없을 때 위샘에서 분비된 펩타이드다. 식사 시간 전에 혈액 내 그렐린이 증가하면 시상하부를 통해 배고픔이 자극된다. 식사 후에 그렐린이 감소되면 배고픔도 사라진다. 이런 방법으로 그렐린은 단기간 음식물의 과섭취를 조절하는 일을 한다. 대부분의 호르몬처럼 그렐린도 몸에 여러 가지 역할을 한다. 제약회사 연구자들이 배고픔을 자극하는 그렐린의 기능만을 막고 다른 좋은 기능들을 남길 수 있는 안전한 방법을 찾는 것은 놀라운 일이 아니다.

### CHECK YOUR LEARNING

- 인간의 소화관을 통과하는 식품의 경로를 추적하고 각 소화실의 구조와 기능을 설명할 수 있는가?
- 소장이 영양분을 흡수하는 방법과 그 구조가 어떻게 영양소 흡수를 촉진하는지 설명할 수 있는가?
- 대변과 대변의 생성 및 제거 방법을 설명할 수 있는가?
- 신경계와 호르몬이 소화와 음식 섭취를 어떻게 조절하는지 설명할 수 있는가?

CASE STUDY REVISITED

## 야윈 몸이 죽음을 부른다

섭식장애의 원인은 복잡하지만 알려진 것은 별로 없다. 유전자는 분명히 중요한 관련이 있다. 즉, 가까운 친척이 섭식장애를 가지면 자신도 섭식장애가 될 가능성이 5배 정도 높다. 정신적 문제(불안과 우울증), 감정 또는 성적인 트라우마 경험과 개인 성향(완벽증, 자부심 결여, 강한 성취 욕구 등)도 섭식장애의 원인이 될 소지가 있다. 섭식장애는 육체적 및 정신적으로 급격히 성장하는 사춘기에 시작되는 경우가 많다. 잡지, TV 및 인터넷 등에서 날씬한 몸매를 갖는 것이 아름답게 보이고 부를 이루는 길임을 암시하므로 감수성이 예민한 젊은이들이 섭식장애에 빠지게 된다.

이사벨 카로(Isabelle Caro)는 섭식장애로 희생된 사람 중 하나다(**그림 35-21**). 카로는 28세에 죽은 프랑스 모델이며 13세 때부터 식욕부진 장애를 겪어왔다. 그녀는 섭식장애 환자들을 돕고 경각심을 알리기 위해 이탈리아의 특집 기사인 "No-Anorexia(식욕부진 금지)" 광고를 위해 누드사진을 허용하면서 노력한 것으로 유명하다. 그녀가 공식적으로 섭식장애를 견디며 살았던 이전에는 신장 160cm에 체중 25kg까지 떨어졌다. 그녀가 섭식장애와 싸우기로 결심했고 스스로 먹기 위해 노력했지만 슬프게도 그녀의 노력은 너무 늦어 몸이 망가져 2년 후에 세상을 떠났다.

식욕부진이나 거식증은 치료나 극복하기가 어렵다. 환자들은 일반적으로 영양실조를 회복하도록 돌보는 것을 포함한 영양학적 치료를 받는다. 흔히 정신적 치료도 필요하고, 항우울증약 복용도 일부 도움이 된다. 많은 환자들이 그들의 문제점을 숨기거나 부정하고 또한 치료비가 비싸기 때문에 고통을 받는 사람들의 대다수가 부적절한 치료를 받는다. 그렇기 때문에 식욕부진 환자들의 절반 이하만이 완전히 회복된다.

**생각해보기** 날씬한 몸매가 매력적이라는 대중매체는 섭식장애를 부추기므로 비난받아왔다. 왜 극도로 마른 체형이 대중에게 호소력 있다고 생각하는가? 이런 상황을 뒤집거나 제한하기 위해서 사회가 취할 적절한 조치들이 있는가? 여러분은 모델을 위한 최소한의 BMI에 대한 생각을 지지하는가?

▲ **그림 35-21 섭식장애** 죽기 2년 전 이사벨 카로(Isabelle Caro)

# CHAPTER REVIEW

*비판적 사고와 생각해보기, 선택형문제, 빈칸채우기 질문에 대한 답은 이 책의 뒷부분에 있는 정답란에서 볼 수 있다.*

## 핵심개념의 요약

### 35.1 동물은 어떤 영양소가 필요한가?

모든 동물은 에너지를 공급하는 영양소가 필요하다. 사람은 우선 지방과 탄수화물 그리고 단백질이 필요하다. 음식의 열량은 칼로리로 측정한다. 음식에 포함된 여분의 에너지는 대부분의 농축된 에너지원인 체지방 형태로 축적된다. 각각의 동물들은 세포 기능에 필요한 독특한 필수 영양소가 필요하지만 스스로 합성할 수 없다. 사람에게 필요한 필수 영양소는 필수 지방산, 필수 아미노산, 무기질, 비타민, 물 등이 포함된다.

### 35.2 소화는 어떻게 이루어지는가?

소화는 생물들이 음식물을 이용할 수 있도록 물리적인 분쇄와 화학적 분해를 통하여 복잡한 분자들을 생물체가 흡수하고 이용 가능한 간단한 분자로 전환하는 것이다. 해면동물은 전적으로 세포내소화를 한다. 소화계는 다섯 가지 주요한 과정으로 구성되는데, 음식 섭취, 물리적 소화, 화학적 소화, 영양소 흡수, 노폐물 배설이 그것이다. 가장 간단한 소화관은 히드라(*Hydra*) 같은 자포동물에서 볼 수 있는데 위수강이라는 주머니에서 소화한다. 대부분의 소화계는 특별히 분화된 구획된 방을 가지며 먹이는 순서대로 소화가 진행되는 일방통행의 관으로 되어 있다. 특수화된 소화계는 다른 동물들이 다양한 음식을 이용할 수 있도록 한다.

### 35.3 사람은 어떻게 음식을 소화하나?

사람의 소화는 입에서 시작되며, 입에서는 음식물의 물리적 분쇄(씹기)와 화학적 소화(침)가 이루어진다. 그 다음에 음식물은 식도의 연동운동에 의하여 위로 들어간다. 위에서는 위산과 섞여 더 작은 입자로 되고 단백질 소화가 시작된다. 위에서 만들어진 암죽이라는 액체의 음식물 덩어리는 서서히 소장으로 넘어간다. 이곳에서 이자, 간, 소장으로부터 분비된 소화액에 의해 단백질, 탄수화물, 지방이 완전히 소화된다. 소장에서 간단한 물질로 소화된 분자물질은 소장의 표피세포를 통해 모세혈관으로 들어가거나 지질의 경우는 림프관을 통한 혈류 속으로 들어간다. 대장의 결장에서는 나머지 여분의 수분과 염류 그리고 장내 세균에 의해 만들어진 비타민을 흡수한다. 그리고 소화가 안 된 찌꺼기를 대변으로 만들어 직장으로 보내고 직장에서 대변의 팽창의 자극으로 항문을 통해 밖으로 내보낸다. 소화액은 표 35-3에 요약했다.

소화는 신경계와 호르몬의 상호작용에 의해 조절된다. 뇌하수체의 시상하부는 그렐린(위에서 생산)과 렙틴(지방조직에서 분비)이 배고픔을 조절하는 호르몬에 반응하는 것과 같이 부분적으로 음식물 섭취 조절을 통해 항상성을 유지하도록 돕는다.

## 개념을 통한 이해

### 선택형 문제

1. 다음 중 잘못된 설명은?
   a. 탄수화물은 식물의 주요한 에너지 저장 분자다.
   b. 탄수화물은 사람에게 급격히 이용될 수 있는 주요한 에너지 저장원이다.
   c. 셀룰로오스는 탄수화물에 속한다.
   d. 탄수화물은 소수성이라 내부에 물을 보유하지 못한다.

2. 다음 중 올바른 설명은?
   a. 지용성 비타민의 대부분은 조효소로 작용한다.
   b. 수용성 비타민은 비타민 C와 B 복합체이다.
   c. 수용성 비타민은 지방조직에 축적된다.
   d. 대부분의 비타민은 체내에서 합성된다.

3. 다음 중 소장에서 일어나는 기능은?
   a. 전분이 분해되는 첫 번째 단계
   b. 단백질을 분해하여 펩타이드로 만드는 첫 번째 단계
   c. 지방 흡수
   d. 세균에 의한 비타민 생산

4. 다음 중 올바른 설명은?
   a. 사람의 위는 매우 높은 pH를 유지한다,
   b. 위벽에 있는 위샘에서는 펩시노겐을 분비한다,
   c. 담즙은 간으로부터 위 속으로 분비된다.
   d. 많은 다양한 영양소가 위에서 흡수된다.

5. 다음 중 잘못된 설명은?
   a. 분절운동이 소화관을 따라 음식물을 수송한다.
   b. 비타민 K는 대장에서 세균에 의해 생산된다.
   c. 직장의 확장이 배변의 자극을 돕는다.
   d. 세균은 대변 건조 중량의 약 1/3 정도이다.

### 빈칸 채우기

1. 영양소의 일반적인 두 가지 기능은 ______와 ______을 공급하는 것이다. 흔히 조효소로 작용하며 소량으로 필요한 영양소를 ______라 부른다. 영양소로 꼭 필요한 요소는 ______라 부른다. 우리 몸에서 합성하지 못하는 영양소를 ______영양소라 부른다.

2. 해면동물은 전적으로 ______소화에 의존한다. 히드라 같은 자포동물은 ______안에서 음식을 소화한다. 지렁이(환형동물)는 ______소화계를 갖는다. 반추동물은 위 속의 미생물 때문에 유일하게 ______를 분해할 수 있다.

3. 침 속에 있는 ______이라 불리는 효소는 ______를 분해하기 시작한다. ______의 소화는 위에서 시작된다. 위산은 비활성 물질인 ______을 활성 효소인 ______으로 전환한다. 거의 모든 지방의 소화는 ______에서 일어난다.

4. 소화관이 하는 주요 5가지 과정은 __________, __________, __________, __________ 그리고 __________이다.

5. 인간의 __________라 불리는 구멍은 __________와 __________계에 의해 공유된다. __________의 편평한 조직은 __________ 동안에 음식물이 기관지로 들어가지 못하도록 한다. 음식은 __________이라 부르는 수축운동에 의해서 소화관을 통해 밀려나간다. 위 같은 기관의 외부 및 내부운동을 조절하는 환상의 근육을 __________이라 부른다.

6. 지방은 __________라는 분비물에 의해 흩어지게 된다. 이 분비물은 __________에서 만들어지고 __________ 속에 저장된다. 지방은 소화되어 소장의 __________ 세포 내부에서 킬로미크론으로 만들어진다. 킬로미크론은 융모 속으로 방출되고 __________계의 일종인 __________의 벽을 통해 확산된다.

7. 호르몬의 이름을 채워라.
위에서 아미노산과 펩타이드에 의해 자극되어 배출되는 호르몬 __________; 분비량이 증가되면 배고픔을 일으키는 호르몬 __________; 지방세포에 의해 배출되는 호르몬 __________, 위산 생산을 억제하는 호르몬 __________와 __________; 위의 위샘에서 분비되는 호르몬 __________과 __________; 이자액 분비를 자극하는 호르몬 __________와 __________.

### 복습문제

1. 영양소의 일반적인 6가지 형태를 적어라. 사람에게 있어서 대부분의 에너지를 공급하는 두 가지 물질은 무엇인가? 이들 중 어떤 물질이 대부분의 에너지를 체내에 저장하는가? 그 이유는 무엇인가?
2. 모래주머니를 이용하는 척추동물과 무척추동물의 예를 들어보라. 모래주머니의 일반적인 구조와 기능을 설명하고 어떻게 수행하는지를 기술해보라.
3. 척추동물을 먹이에 근거하여 3가지 범주로 나눌 수 있다. 이 3가지 범주를 간단히 설명하고 각각의 예를 한 가지씩 들어 보라. 어떤 범주의 소화관이 가장 짧은가? 그리고 그 이유는 무엇인가?
4. 위는 왜 근육성이며 팽창할 수 있는가?
5. 위샘 분비물의 목록과 기능을 설명하라.
6. 소장으로 분비되는 소화물질을 적어보고 각각의 기능과 기원에 대해 알아보라.
7. 사람의 소화계의 근육운동은 어디에서 일어나며 그 기능은 무엇인지 설명하고 그 이름을 적어보라.
8. 비타민 C는 사람에게 필수 비타민이지만 개에게는 필수 비타민이 아니다. 어떤 아미노산은 사람에게는 필수 원소이지만 식물에게는 그렇지 않다. 그 이유를 알아보라.
9. 사람에서 소화와 흡수를 효율적으로 돕는 소장의 네 가지 구조적 및 기능적인 적응에 대해 알아보라.
10. 한 조각의 고깃덩어리가 입에서 시작하여 개별 아미노산으로 흡수되어 끝나는 과정을 설명해 보라.
11. 대변의 구성 성분을 설명하고 대장에서 어떻게 만들고 배출하는지를 설명해 보라.
12. 이 장에서 소화를 조절하는 3개의 중요한 소화 호르몬이 어디에 있으며 어떻게 조절하는지를 설명해 보라.

## 개념의 적용

1. 체중 감량을 원하는 제이슨(Jason)이 그가 굽는 쿠키에 인공감미료를 사용하기로 하였다. 인공감미료는 설탕보다 수백 배 달기 때문에 그가 쿠키를 만들 때 사용하는 2컵의 설탕 대신에 티스푼 하나면 된다. 그의 친구는 능글맞게 웃으며 같은 요리에 설탕을 사용했다. 버터 1.5컵, 밀가루 3컵 등 다른 재료는 같았다. 만약 제이슨과 그 친구의 쿠키가 같은 크기라면 제이슨이 만든 쿠키의 칼로리는 얼마인지를 비교해보라.
2. 렙틴(leptin)이 발견되었을 때 연구자들은 혈액 속의 과도한 렙틴이 음식 섭취나 배고픔을 감소시키지 않는다는 것을 알고는 실망했다. 그렇다면 그들의 최초 바람이 무엇인지를 추측해 보고, 지방 조절에 있어서 렙틴의 역할을 진화적으로 추측해보라.
3. 현대 가공 음식들이 비만의 유행에 어떻게 관여하는지를 논해보라. 그리고 평상시에 여러분이 마주치는 어떤 자극이 과식을 하게 만드는가?

Barbra Asofsky가 자신에게 신장을 기증해 주어 건강을 되찾게 해 주고 신장연쇄기증의 도화선이 된 Anthony DeGiulio를 껴안고 고마워하고 있다.

# 36 비뇨계

CASE STUDY

## 선행나누기

Anthony DeGiulio는 누군가의 생명을 구하고 싶다는 꿈을 가지고 있었다. 처음에는, 그것은 막연한 꿈에 불과하였지만, 살아있는 신장의 기증을 조명하는 "60 Minutes"라는 TV쇼를 보고나서 그 꿈을 이루게 되었다. 살아있는 사람의 신장이 기증될 수 있다는 것을 알지 못했던 DeGiulio는 이것이 자신의 꿈을 이루게 해 줄 수 있는 길이라는 것을 즉각적으로 알아차렸다. DeGiulio가 뉴욕 프레스비티리언 병원으로 전화를 한 것은 한 사람의 생명을 구하는 것이 아닌 네 사람의 생명을 구하는 "도미노연쇄"로 알려진 일련의 대사건이 일어나게 하였다. 그 연쇄사건은 그 지역에 신장이식이 필요한 세 사람이 있었고 그 세 사람에게는 신장을 주고 싶었지만 혈액형이 일치하지 않아서 제공할 수 없었던 가족들이 있었기 때문에 가능하였다.

보육원 교사인 Barbra Asofsky는 신장이식이 필요하다는 것을 5년 전부터 알고 있었다. DeGiulio의 신장이 Asofsky에게 아주 일치한다는 것을 알고, 그녀의 남편인 Douglas는 그가 Asofsky에게 주고 싶었지만 일치하지 않아서 제공할 수 없었던 신장을 기꺼이 다른 사람에게 기증하였다. 그 행운의 주인공은 브룩클린대학에 다니는 학생인 Alinar Binder였는데, Binder의 아버지인 Michael의 신장은 텔레커뮤니케이션 기술자인 Andrew Novak에게 아주 잘 일치하였다. 그리고 Novak의 여동생인 Laura Nicholson은 그녀의 신장을 호텔 주방 조달계원인 Luther Johnson에게 기증하였다.

왜 신장은 그토록 중요한가? 신장의 기능은 무엇이며, 신장은 어떻게 작용하는 것일까? 모든 동물들은 신장을가지고 있을까?

# 주요내용



## 36.1 비뇨계의 주요한 기능은 무엇일까?

**비뇨계(urinary system)**는 세포 노폐물을 배출하고 항상성유지를 도와주는 기관계이다. 이런 기능을 수행하기 위하여 몸은 혈액이나 모든 세포가 담겨있는 간질액(많은 무척추동물의 경우)으로부터 제거된 다양한 물질을 포함하고 있는 묽은 액체인 **오줌(Urine)**을 생성한다. 오줌은 단백질 노폐물, 다양한 이온과 몸에 필요한 양을 초과하는 수용성 영양분, 그리고 이물질(약물과 그 대사산물)이 포함되어 있다. 오줌은 생성된 후 배설된다.

### 비뇨계는 세포 노폐물을 배설한다

**배설(excretion)**은 몸에서 노폐물을 제거하는 것을 나타내는 용어이다. 비뇨계는 주로 질소 노폐물인 암모니아, 요소 그리고 요산과 같은 세포 노폐물을 배설한다. 동물의 생활 방식에 따라 질소 노폐물의 배설 방법이 크게 다르게 나타난다(표 36-1). 질소성 화합물들은 주로 단백질 소화에 의하여 방출되는 아미노산의 분해에 의해서 생성된다(뉴클레오타이드에서도 약간 생성됨). 아미노산의 분해는 아미노기(—$NH_2$)의 제거로 시작되고 단순하지만 독성이 있는 **암모니아(ammonia, $NH_3$)**를 생성한다. 암모니아는 많은 무척추동물과 모든 경골어류, 양서류의 올챙이를 포함하는 수생생물의 주요한 질소성 노폐물이다. 이런 동물들은 피부나 아가미를 통하여 지속적으로 암모니아를 물속으로 배출할 수 있다.

육상 척추동물은 오줌을 모아 저장한다. 대부분의 육상 척추동물은 간에서 암모니아를 만들고 바로 독성이 훨씬 적은 **요소(urea)**로 전환한다. 바다 상어나 연골어류는 요소를 만들어 배설하거나 뒤에서 설명하는 것처럼 자신의 체조직에 고농도로 저장한다.

조류는 간에서 암모니아를 복잡한 반응을 거쳐 물에 잘 녹지 않고 독성이 적은 결정체인 **요산(uric acid)**으로 전환한다. 조류는 항문을 통하여 똥으로 요산을 제거한다. 여러분은 야외의 동상의 머리나 자동차의 유리창에서 떨어져있는 약간 검은색을 띤 흰색 반죽의 새 똥을 쉽게 발견할 수 있을 것이다. 요산은 생성과 저장 과정에 물을 거의 필요로 하지 않기 때문에 이런 적응은 몸무게를 줄일 수 있어서 비행하는데 효과적이다. 태아인 조류는 알의 알부민 단백질을 소화하여 요산을 만들지만 알의 한쪽에 막으로 포장하여 둔다. 이것은 배가 발달될 때 요소나 암모니아의 독성에 노출되지 않도록 해준다. 곤충과 육상 달팽이류는 거의 건조한 상태의 요산을 배설함으로써 물을 보존하도록 해준다.

악어와 같이 날 수 없는 파충류는 암모니아를 배설한다; 어떤 것들은 그들의 서식지와 발생 단계에 따라서 요소와 요산을 배설한다. 생활주기의 발생 단계에 따라 다른 환경을 점유하는 일부 동물들은 주요한 질소 노폐물을 적절하게 변화시킨다. 예를

**표 36-1 질소성 노폐물**

| 질소성 노폐물 | 화학식 | 장점 | 단점 | 이 노폐물의 배설에 유리한 조건 | 이 노폐물을 배설하는 일반적인 생물체군 |
|---|---|---|---|---|---|
| 암모니아 | H−N−H<br>│<br>H | 생성 과정에 에너지가 거의 들지 않음 | 독성이 높음 | 수생 환경 | 경골어류; 악어; 완전 수생 양서류; 많은 수생 무척추동물 |
| 요소 | $NH_2-\underset{\underset{O}{\Vert}}{C}-NH_2$ | 암모니아보다 독성이 적고 배설시 물을 덜 요구함 | 약간 독성, 암모니아보다 생성시 에너지가 더 요구됨 | 적절한 습도의 육상; 해양 환경 | 모든 포유류; 반 또는 육상 양서류; 연골어류; 일부 파충류 |
| 요산 | O, HN, H, N, =O, O, N, H, N, H (구조식) | 독성이 없고 물에 녹지 않고, 배설시설 물을 거의 요구하시 않음 | 암모니아나 요소보다 생성시 에너지가 너 요구됨 | 건조한 육상; 껍질의 알 내부 | 조류; 뱀; 다른 육상 파충류; 곤충; 육지 달팽이 |

들면, 개구리의 올챙이(물에서 서식)는 주로 암모니아로 배설하지만, 육상 개구리는 질소 노폐물을 주로 요소로 배설한다.

## 비뇨계는 항상성을 유지시킨다

비뇨계의 2차적인 기능은 세포가 적절하게 기능을 수행하기에 필요한 상대적으로 일정한 내부 환경인 **항상성(homeostasis)**의 유지를 돕는 것이다(32장 참조). 비뇨계는 물의 양, pH, 그리고 체액의 다양한 작은 분자와 이온의 농도를 조절하기 위하여 혈액이나 간질액을 여과하여 항상성에 중요한 역할을 한다.

### CHECK YOUR LEARNING

- 비뇨생식계의 2가지 주요한 기능을 설명할 수 있는가?
- 항상성을 정의하고 어떻게 비뇨계가 그것을 유지하는지 설명할 수 있는가?
- 다른 질소 노폐물이 생활 방식에 따라서 어떻게 유리한지 설명할 수 있는가?

## 36.2 무척추동물의 비뇨계는 무엇이 있을까?

해면동물(그림 35-8 참조)과 자포동물(히드라, 그림 35-9 참조)은 비뇨계가 결핍되어있다. 이렇게 단순한 동물은 세포 노폐물의 배설과 항상성의 유지는 주변의 물 쪽으로 세포막을 통한 확산이나 능동수송으로 이루어진다. 좀 더 복잡한 무척추동물의 비뇨계는 노폐물 제거와 물의 평형, 그리고 체액의 조성의 조절을 통해 항상성을 유지시킨다.

## 편형동물은 원신관이 간질액을 여과한다

가장 단순한 비뇨계는 편형동물의 세포와 조직을 둘러싸고 있는 간질액 내에 몸 전체적으로 가지를 뻗고 있는 세관인 **원신관(protonephridia)**이다(그림 36-1a). 세관에는 깜박이는 불꽃을 닮은 박동 섬모인 "불꽃세포"라는 섬모가 일정 간격을 두고 위치하고 있다. 불꽃세포는 수류를 일으켜 틈과 같은 구멍을 통하여 세관 안으로 간질액을 끌어들인다. 액체가 세관을 통하여 흘러 갈 때 대부분 녹아있는 물질은 재흡수 되고, 묽은 오줌은 배설공을 통하여 배설된다. 원신관은 민물에 살고 있는 플라나리아 편형동물에서 가장 잘 발달되어 있다. 호수나 강에서 살고 있는 민물 편형동물들은 삼투에 의하여 몸 안으로 물이 지속적으로 들어오는 과도한 물을 제거함으로써 삼투의 항상성을 유지시킨다. 편형동물의 넓은 표면적은 대부분의 세포 노폐물은 비뇨계를 통한 배설 없이 주위환경으로 확산되기에 충분하다.

## 말피기관은 곤충의 혈림프액으로부터 오줌을 만든다

곤충은 혈강(체강)을 채우고 내부 조직과 기관들을 직접 둘러싸고 있는 혈림프액(혈액과 간질액 양쪽으로 작용하는 액체)으로 차 있는 개방 순환계를 가지고 있다. 곤충의 배설계는 소장에서 바깥쪽으로 신장되어 그 끝이 혈림프액 속에서 막힌 세관인 **말피기관(Malpighian tubules)**으로 구성되어 있다(그림 36-1b). 노폐물과 녹아있는 영양분은 확산과 능동수송으로 혈림프액으로부터

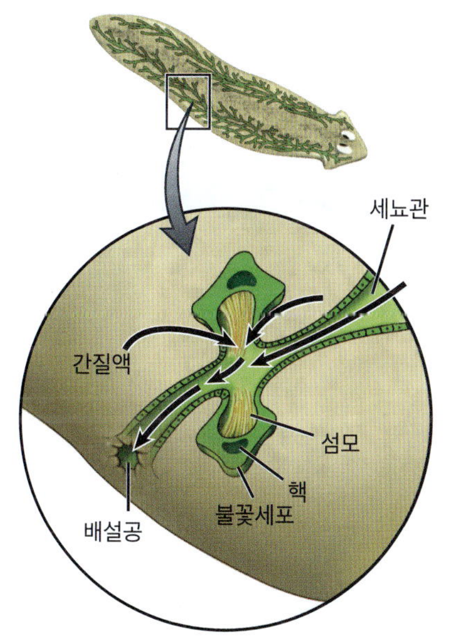

(a) 원신관을 이용하는 편형동물

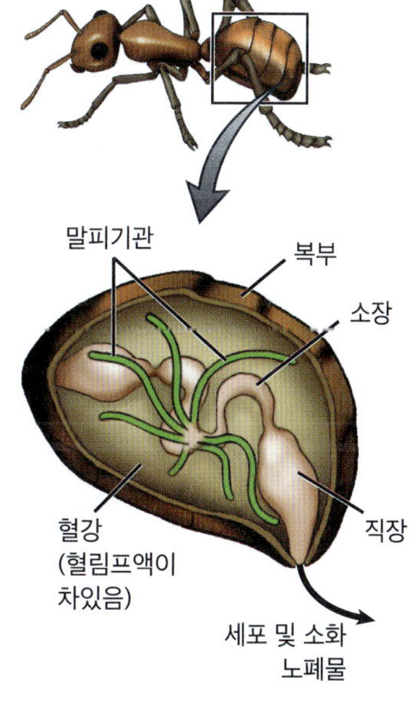

(b) 말피기관을 이용하는 곤충

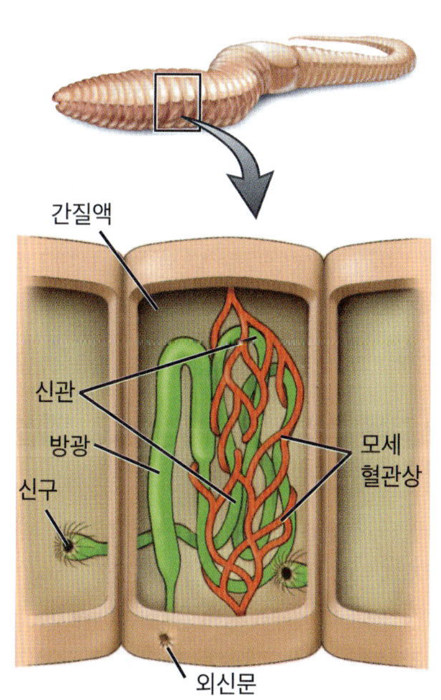

(c) 신관을 이용하는 지렁이

▲ **그림 36-1 일부 무척추동물의 비뇨계** **(a)** 민물 편형동물의 원신관의 세관은 섬모가 있는 불꽃세포를 가지고 있어서 오줌을 배설공을 통해 배출한다. **(b)** 곤충의 말피기관은 소장에서 뻗어 나와 있고, 혈강을 채우고 있는 혈림프액을 여과하여 농축된 오줌(주로 요산)을 만들어 변과 함께 배설한다. **(c)** 지렁이의 각 체절에 쌍으로 존재하는 신관은 간질액으로부터 오줌을 만든다.

말피기관 내부로 이동되고, 물은 삼투압에 의해서 함께 이동된다. 오줌은 말피기관에서 소장으로 흘러가고, 거기에서 중요한 녹아있는 물질은 능동수송을 통하여 곤충의 혈림프액으로 돌아가고, 물은 삼투에 의해서 따라가게 된다. 남아있는 오줌은 똥과 함께 소화관으로부터 배설된다.

## 환형동물인 지렁이와 연체동물은 신관이 간질액을 여과한다

지렁이(다른 환영동물도)와 연체동물과 같은 무척추동물들에서 비뇨계는 **신관(nephridia)**이라고 하는 관상 구조로 구성되어 있다. 지렁이의 경우, **체강(coelom**, 내부 기관을 둘러싸고 있는 강)은 혈액으로부터 노폐물과 영양분이 확산되어 들어올 수 있는 간질액으로 채워져 있다. 각 신관은 모세혈관망으로 둘러싸여 있는 좁고 꼬인 관으로 간질액을 유도할 수 있도록 섬모가 나있는 깔때기 모양의 개구부인 신구에서 시작한다(**그림 36-1c**). 간질액이 관을 통해 이동할 때, 염분이나 다른 수용성 영양소들은 모세혈관의 혈액으로 재흡수되고, 과도한 물과 노폐물은 남게 된다. 이렇게 해서 생성된 오줌은 체벽에 나있는 구멍인 외신문(*nephridiopore*)를 통해 배설된다. 지렁이의 몸은 반복된 체절들로 이루어져 있는데, 각 체절 하나하나에는 한 쌍의 신관이 존재한다. 척추동물의 신장의 관을 살펴보면 그것들이 신관과 얼마나 닮아있는지를 알 수 있을 것이다.

### CHECK YOUR LEARNING

- 민물의 편형동물과 곤충 그리고 지렁이의 비뇨계를 비교하여 설명할 수 있는가?

## 36.3 포유류의 비뇨계는 어떤 구조일까?

포유류의 비뇨계는 신장, 요관, 방광, 그리고 요도로 구성되어 있다. 이들 기관은 혈액으로부터 작은 분자와 이온을 여과하고 필수적인 이온과 영양소는 다시 돌려보내고 과도한 물질과 세포 노폐물을 모아서 배설한다. 이 단원에서는 사람의 비뇨계를 중점적으로 살펴보기로 한다.

### 오줌을 생성하고, 저장하고, 배설하는 사람 비뇨계의 구조

사람의 **신장(kidney)**은 주먹 크기로 척추 양쪽의 허리에 쌍으로 존재하는 기관이다(**그림 36-2**). 오줌이 만들어지는 각 신장의 가장 외측의 층을 **신피질(renal cortex**, 라틴어로 *renalis*는 신장, 그리고 *cortex*는 껍질을 의미함)이라고 한다. 신피질의 바로 밑에 있는 **신수질(renal medulla**, 신장의 중심)은 오줌을 농축하고 물을 보존하는 기능을 한다. 신수질은 오줌을 모아 요관으로 보내는 분지된 깔때기 같은 구조의 **신우(renal pelvis**, 신장의 양동이)를 둘러싸고 있다(**그림 36-3**). **요관(ureter)**은 근육성의 좁은 관으로 규칙적인 수축으로 오줌을 모아서 저장하는 속이 빈 근육성의

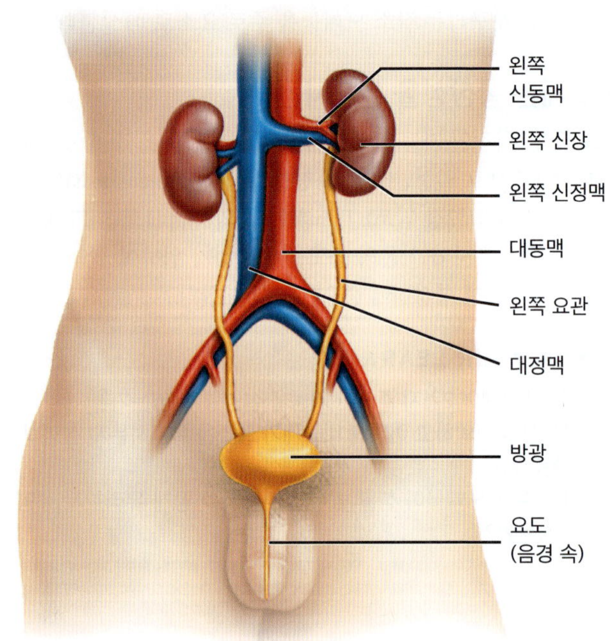


▲ 그림 36-2 사람의 비뇨계와 그 혈액 공급

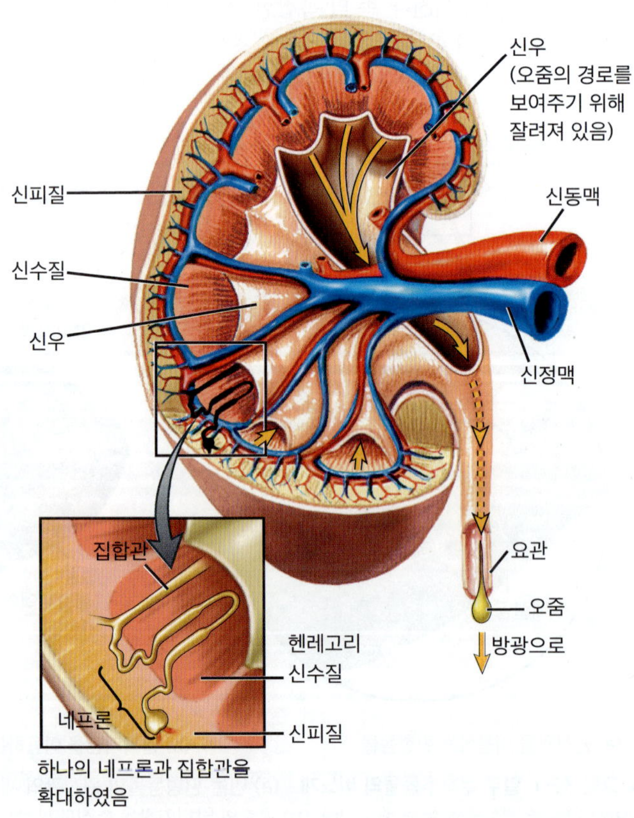


▲ 그림 36-3 사람 신장의 내부 구조와 혈액 공급 노란 화살표는 오줌이 흘러가는 경로를 보여준다.

주머니인 **방광(bladder)**으로 이동시킨다.

평균 성인의 방광은 약 500㎖의 오줌을 채울 수 있으나, 배뇨에 대한 욕구는 그보다 적은 양으로 생기게 된다. 모아진 오줌이 방광벽을 부풀리게 되면 반사적인 수축을 일으키게 하는 신장수용기를 자극하게 된다. 오줌은 2개의 환상괄약근에 의해서 방광에 남아있게 된다. 방광과 요도가 접하고 있는 부분에 있는 내부괄약근은 방광이 수축하면 자동적으로 열리게 된다. 내부괄약근보다 약간 아래에 있는 외부괄약근은 만약에 방광이 과도하게 채워지게 되지 않는 한, 소변을 의식적으로 억제하도록 뇌에서 조절할 수 있다. 오줌은 여성은 3.8cm, 남성은 20cm(남성은 전립선과 음경을 통과하기 때문에 길다) 정도인 하나의 좁은 관인 **요도(urethra)**를 통해 몸 밖으로 나가게 된다.

**CASE STUDY CONTINUED**

## 선행나누기

매년 미국에서는 Anthony DeGiulio와 같이 연쇄 기증을 통하여 생존해있는 기증자들로부터 약 6,000개의 신장이 이식되고 있다. 어떻게 기증자나 수혜자가 하나의 신장으로 살아갈 수 있을까? 신장의 엄청난 여과 능력에 그 해답이 있다; 신장의 일반적인 여과 능력의 절반이면 충분하다. 어떻게 신장은 혈액을 여과하고 그 조성을 조절하여 항상성을 유지시키는 것일까?

## 신장의 네프런이 혈액을 여과하여 오줌을 생성한다

사람의 전체 혈액은 매일 약 60회 정도 신장을 통과하여 지나가면서 미세하게 그 조성이 조절된다. 사람의 각 신장에는 대략 1백만 개의 현미경적 여과 장치인 **네프런(nephron)**이 존재한다(**그림 36-4**). 네프런은 모두 신피질에서 신수질 쪽으로 연장되어 있는 형태로 박혀있다(그림 36-3, 삽화 참조).

각각의 네프런은 신소체와 신세뇨관의 2개 주요 부분으로 되어 있다: **신소체(renal corpuscle)**는 혈액을 압력으로 여과하여 나오는 액체를 모으는 **여과(filtrate)**를 담당한다. 신소체는 사구체와 사구체 주머니의 2개의 부분으로 구성되어있다. **사구체(glomerulus)**는 특별한 구조의 다공성인 모세혈관 덩어리로 물과 혈장에 녹아있는 작은 분자들이 그것을 통과하여 나올 수 있다. 그 주변을 감싸고 있는 컵 모양의 **사구체주머니(glomerulus capsule)**가 이 혈액 여과액을 받아낸다(그림 36-4 참조). 그 여과액은 3개의 부분으로 이루어진 **신세뇨관(renal tubule)**으로 들어가서 오줌을 만드는 과정을 거치게 된다. 첫 번째 부분은 **근위세뇨관(proximal tubule)**으로 물과 대부분의 필수 분자와 이온들을 혈액으로 되돌려 보낸다. 그 다음으로 여과액은 2번째 부분인 **네프런고리(nephron loop**, 헨레고리라고도 함)로 들어간다. 대부분의 네프런에서 네프런고리는 신피질에서 신수질의 최상위 부위에 걸쳐 있지만, 뒤에서 설명하겠지만 일부는 더 깊게 내려가 있다. 네프런고리의 주된 기능은 신수질 간질액의 염이온($Na^+$와 $Cl^-$) 농도를 고농도로 만들어 유지시키는 것이다. 이런 간질액의 고농도의 용질은 나중에 살펴보겠지만, 신장이 농축된 오줌을 생성하고 혈액에 물을 유지시키는 것을 도와준다. 마지막으로 여과액은 **원위세뇨관(distal tubule)**에서 많은 물질들이 혈액에서 제거되거나 혈액으로 분비되어 오줌으로 바뀌게 된다.

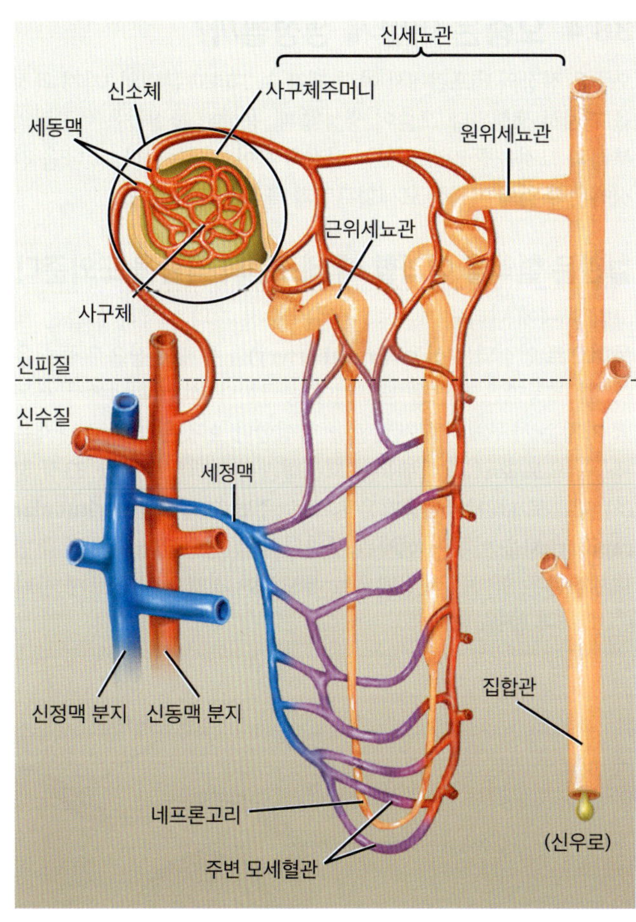


▲그림 36-4 **하나의 네프런과 그 혈액 공급** 점선은 신피질과 신수질 사이의 경계를 나타낸다.

신피질의 원위세뇨관은 오줌을 네프런에 연결된 굵은 **집합관(collecting duct)**으로 보낸다. 신장에 존재하는 수천 개의 집합관은 많은 네프런으로부터 오줌을 받는다. 집합관은 오줌을 신피질에서 받아 신수질을 통과하여 신우로 보내게 된다(그림 36-4 참조). 집합관 속의 오줌이 신수질을 통과하여 지나갈 때, 뒤에서 살펴보듯이 항상성을 유지하기 위해서 부가적인 물이 혈액으로 되돌아가게 된다.

### CHECK YOUR LEARNING

- 사람의 비뇨계의 주요 구조를 그리고 명칭을 기재할 수 있는가?
- 신장의 내부 구조를 그리고 설명할 수 있는가?
- 각 신장에 혈액 공급을 설명할 수 있는가?
- 네프런을 그리고 명칭을 기재할 수 있는가?

## 36.4 오줌은 어떻게 생성될까?

오줌은 신장의 네프런에서 여과, 재흡수, 그리고 분비의 3가지 과정을 거쳐서 생성된다. 오줌이 생성될 때, 용해된 물질들은 네프런의 부분과 그것을 둘러싸고 있는 간질액 사이로 이동한다. 그 다음 간질액은 주위의 미세한 모세혈관망과 물질을 교환한다.

### 혈관은 혈액을 여과할 때 네프런의 역할을 도와준다

그림 36-4에 나타낸 것처럼, 혈액은 수천 개의 미세하게 좁은 세동맥으로 연결되는 **신동맥(renal artery)**을 통해 신장으로 들어온다. 각 세동맥은 혈액을 네프런에 공급한다. 신소체 내에서 세동맥 가지는 사구체의 모세혈관을 형성한다. 이것은 밖으로 나가는 세동맥으로 흐르고(대부분의 모세혈관은 정맥으로 흐름, 33장 참조). 밖으로 나가는 세동맥은 세뇨관 **주변 모세혈관(peritubular capillaries)**을 이루어 신세관 주변의 망을 형성한다. 세뇨관 주변 모세혈관은 혈액을 세정맥으로 유도하여 정맥으로 흐르게 한다(그림 36-4 참조).

### 여과는 혈액으로부터 작은 분자와 이온을 제거한다

오줌 생성의 첫 번째 단계인 **여과(filtration)**는 수용성 분자와 이온들이 포함된 물에 의해서 사구체를 형성하는 모세혈관벽에 힘이 가해질 때 일어난다(**그림 36-5** ①). 2가지 요인이 여과를 수월하게 한다. 첫째는 사구체를 형성하는 모세혈관은 다른 모세혈관보다 다공성이고, 두 번째는 모세혈관으로부터 혈액을 모으는 세동맥은 그것을 공급하는 세동맥보다 좁기 때문에 사구체 내에 특이하게 압력이 높아지게 된다. 그래서 혈액에 녹아있는 작은 분자들과 액체의 약 20%가 사구체 모세혈관벽을 통하여 밀려 나가게 된다. 그러나 혈액 세포들과 단백질들은 모세혈관을 빠져나가기에는 너무 크기 때문에 혈액 내에 남아있게 된다. 여과액(본질적으로 혈장에서 큰 혈장단백질을 뺀 것)은 둘러싸고 있는 사구체주머니에 모여지고 근위세뇨관으로 가게 된다. 사구체 여과액에서 요소는 용질의 약 40%를 차지한다.

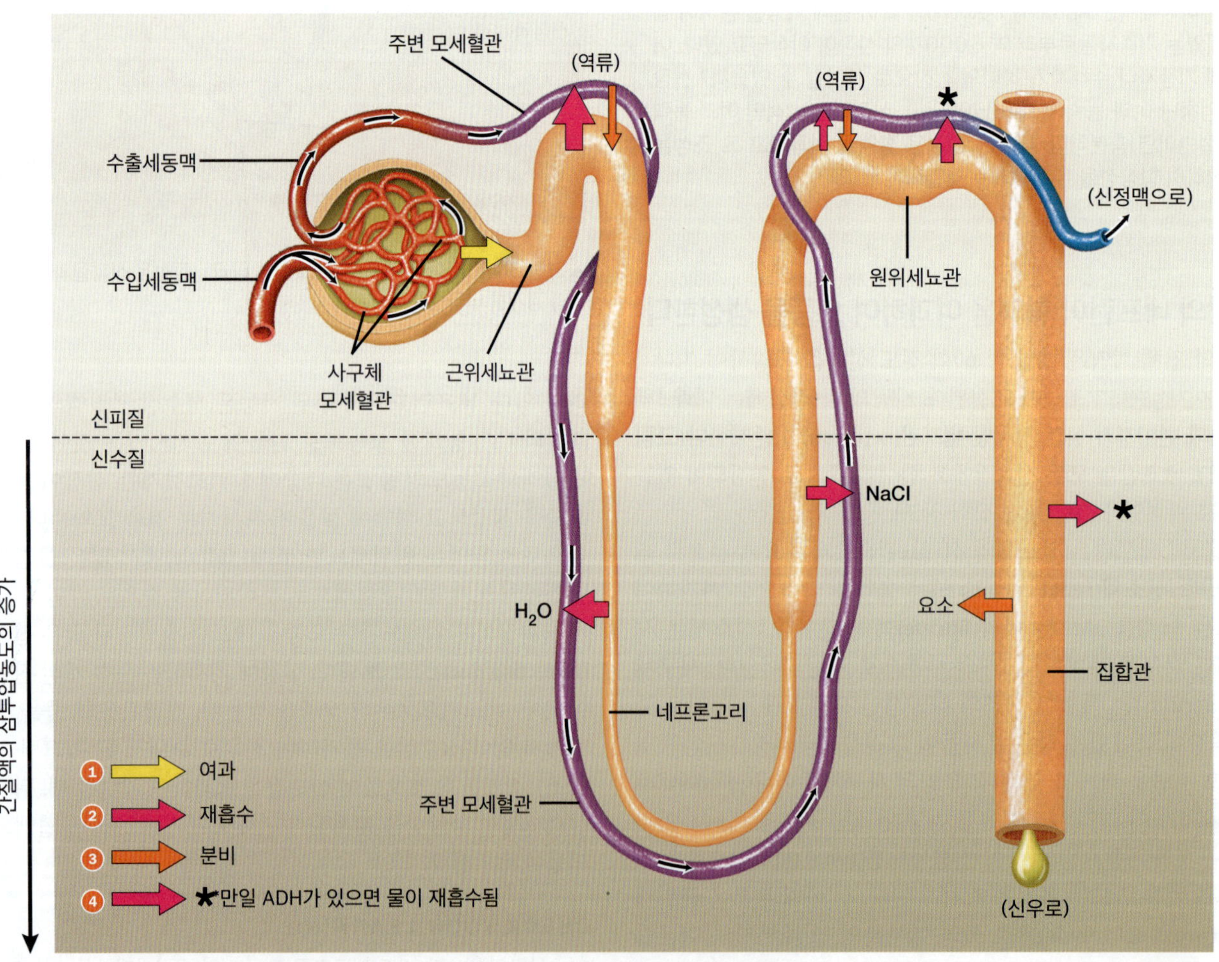


▲ **그림 36-5 오줌의 생성과 농축** 네프런과 집합관의 각 부분의 주요 기능을 단순화하여 나타냈다. 숫자에 설명된 단계는 그림 속의 컬러 화살표에 해당한다. 점선은 신피질과 신수질 사이의 경계를 나타낸다.

## 재흡수는 중요한 물질을 혈액으로 돌려보낸다

**재흡수(reabsoption)**는 거의 모든 물, 이온($Na^+$, $Cl^-$, $K^+$, $Ca^{2+}$, $HCO_3^-$) 그리고 여과 과정에서 빠져나간 비타민, 포도당과 아미노산과 같은 유기영양소를 혈액으로 되돌린다❷. $Na^+$, $Cl^-$, $K^+$그리고 $Ca^{2+}$이온은 신경과 근육기능에 중요하고 혈액 내의 $Na^+$ 수준은 혈액량과 혈압에 중요한 영향을 미친다. 중탄산염($HCO_3^-$)은 대사반응을 위해 필요한 일정한 pH를 유지하는데 중요하다.

재흡수된 분자들은 신세뇨관의 벽을 통한 확산이나 능동수송으로 세뇨관 주변 모세혈관으로 운반되어 혈류로 돌아가게 된다. 대부분의 재흡수는 근위세뇨관에서 일어나지만, 네프런고리와 원위세뇨관에서도 일어난다. 근위세뇨관의 재흡수는 일반적으로 호르몬에 의한 조절이 아니지만, 원위세뇨관에서는 호르몬 조절에 의해서 일어나고 항상성 유지를 돕는다. 따라서 원위세뇨관은 몸의 변화하는 필요에 따라서 항상성을 유지하기 위하여 물과 이온의 재흡수를 조절하여 혈액 조성을 미세하게 조정한다. 요소와 같은 여과된 노폐물은 세뇨관에 남게 된다. 물과 $Na^+$, $Cl^-$, 그리고 $Ca^{2+}$과 같은 무기이온의 재흡수는 순환하고 있는 호르몬에 의해서 정확하게 조절되기 때문에 과도한 물과 이온은 배설되기 위해서 세뇨관에 남아있게 된다. 네프런을 통과하는 액체는 원위세뇨관을 떠나면 오줌이 된다.

## 분비는 배설을 위해서 물질을 능동적으로 세뇨관으로 운반한다

**분비(secretion)**는 주로 능동수송으로 일어나는데, 노폐물과 과도한 이온들을 혈액으로부터 세뇨관으로 이동시킨다❸. 분비되는 물질에는 과도한 $K^+$와 $H^+$, 그리고 소량의 암모니아, 일부 수용성 의약품과 기분 전환 약물(페니실린, 아스피린, 니코틴, 마리화나, 코카인 등등)이나 이들의 분해산물들이 포함된다. 일부 음식 부산물이나 살충제도 분비된다. 분비는 주로 근위세뇨관에서 일어나지만 일부는 오줌 생성의 마지막 단계인 원위세뇨관에서도 일어난다. 재흡수처럼 원위세뇨관에서의 분비는 순환계에 존재하는 호르몬에 의해서 항상성 유지를 위해 조절된다.

### CHECK YOUR LEARNING

- 네프런의 혈액 공급 과정이 어떻게 네프런의 기능에 도움을 주는지 기술할 수 있는가?
- 오줌 생성의 세 과정에 영양소와 노폐물이 어떻게 관련되어 있는지 설명할 수 있는가?
- 각 과정이 네프런의 어디에서 일어나는지를 기술할 수 있는가?

## 36.5 척추동물의 비뇨계는 어떻게 항상성을 유지시켜줄까?

세포 노폐물의 배설과 항상성 유지의 기능을 수행하기 위하여 신장은 엄청난 양의 혈액을 여과한다. 매 심박동에 의해 분출되어 나오는 혈액의 거의 4분의 1이 신장을 통과한다. 이것은 신장이 혈액의 조성을 좁은 임계 범위 내에서 유지할 수 있게 한다. 양쪽 신장에 문제가 생기면, "Health Watch: 신장의 기능이 망가졌을 때"에 기술한 것처럼 적절한 처치가 없으면 아주 빠르게 사망에 이르게 된다.

척추동물의 비뇨계는 다음과 같은 여러 가지 방법으로 항상성 유지를 돕는다.

- 혈액과 세포 간질액 속의 작은 유기분자와 이온의 유지(이미 기술하였음).
- 적절한 혈액 삼투압을 유지하기 위한 혈액의 물과 이온양의 조절.
- 수소와 중탄산염 이온 농도의 조절에 의한 혈액의 적절한 pH의 유지.
- 혈압과 혈액의 산소양을 조절하기 위한 물질의 분비.

## 신장은 혈액의 물과 이온의 양을 조절한다

신장은 분당 약 5컵 정도(1200ml)의 혈액을 받아들이고, 이중에서 약 1컵 반(약 125ml)의 물과 용질을 혈액으로부터 제거한다. 만약 신장이 이 물을 혈액으로 돌려보내지 않으면, 우리는 매일 약 170리터의 오줌이 생성되고, 손실된 물을 대체하기 위해서 지속적으로 물을 섭취해야 할 것이다. 그러나 비뇨계는 사구체에서 여과된 물의 대부분(약 99%)을 회수하고, 우리는 일반적으로 단지 하루에 약 1500ml의 오줌만을 배설한다.

### 물의 균형은 항상성과 생명에 필수적이다

신장의 중요한 기능의 하나는 삼투조절이다. **삼투조절(osmoregulation)**은 혈액의 **삼투압몰농도(osmolarity)**−혈장의 이온과 다른 물질의 농도−를 아주 엄격한 범위 내에서 유지하는 과정이다. 만약에 사람이 신장이 배설할 수 있는 양보다 더 빠르게 과도한 양의 물을 섭취하면 혈액의 과잉의 물은 삼투압에 의하여 간질액으로 이동하여 세포로 들어가 세포가 팽창된다. 뇌세포의 팽창은 두통, 오심과 구토, 발작, 혼수 그리고 가끔은 죽음을 유발하기도 한다. 반대로 사람이 탈수되면(만일 물을 마실 수 없거나 질병으로 설사나 구토가 지속되면) 혈액 삼투압은 증가하게 되고 혈액양은 줄어들게 된다. 만약 신장이 충분한 양의 물을 보존하지 못하면, 탈수는 낮은 혈압, 현기증과 착란을 유발시킨다. 극단적인 경우에 뇌세포에서의 수분 손실은 혼수와 죽음에 이르게 한다.

### 오줌의 농축은 원위세뇨관과 집합관에서 일어난다

여과액이 원위세뇨관에 들어올 때, 물의 약 80%는 이미 근위세뇨관과 네프런고리에서 재흡수 되지만, 신피질 주변의 간질액보다는

## Health WATCH 신장의 기능이 망가졌을 때

신장의 기능이 망가진 사람은 체내에 노폐물이 쌓이게 되고, 이온농도의 불균형이 일어난다. 미국에서는 해마다 약 9만 명의 사람들이 말기신장질환(ESRD, end-stage renal disease)이라는 신부전으로 사망하고 있다. 가장 일반적인 ESRD의 원인은 당뇨(diabetes)와 고혈압인데, 두 질환 모두 사구체 모세혈관을 손상시키지만, 신장의 파괴는 감염이나 어떤 진통제의 과다 복용에 의해서도 일어날 수 있다.

불행하게도 미국에서 10만 명 이상의 사람들이 신장이식을 기다리고 있지만, 일 년에 17,000개의 신장만이 이식되고 있다. 신장이식을 기다리는 사람들은 정교한 기계로 혈액으로부터 노폐물과 과도한 물을 여과하는 치료방법인 투석에 의해서 살아가야한다(**그림 E36-1**). 혈액투석이 진행되는 동안, 환자의 혈액은 투석용액 속에 잠겨있는 막으로 된 튜브가 장착된 기계로 들어간다. 사구체 모세혈관처럼 이 막은 혈액세포들이나 큰 단백질들은 통과하기에는 너무 작고, 물, 당, 염류, 아미노산 및 요소가 통과하기에는 충분한 구멍이 존재한다. 투석용액의 조성은 염류와 영양소는 정상 혈액 수준으로 그리고 노폐물은 없는 상태로 맞추어져 있다. 따라서 환자 혈액 속에 정상 수준보다 높은 농도의 분자나 이온(요소나 $H^+$와 같은)들만이 투석용액 속으로 확산되어 들어간다.

비록 혈액투석으로 수 년 동안 살아갈 수 있지만, 이 치료는 이상적인 방법은 아니다. 건강한 신장은 지속적으로 작동되지만, 혈액투석은 불규칙적이다. 환자는 투석기간 사이에 이온균형을 위해서 식사를 주의 깊게 점검해야하고 혈액에 물이 축적되는 것을 막기 위해서 물의 섭취를 제한해야한다. 전형적인 투석기간은 최소 4시간 이상이 소요되는데, 1주일에 세 차례 정도 수행된다. 미국에서 혈액투석에 의존하는 40만 명의 사람들(일부는 이식받을 자격이 안 되는 상태임)은 수 년 간은 생존할 수 있지만, 그들의 생명은 파괴되고, 혈액 조성은 크게 변동하며 투석기간 사이에 독성물질은 축적된다.

고무적인 것은 소형의 가정용 투석기가 현재 이용가능하다는 것이다(그림 E36-1, 오른쪽). 훈련을 통하여 선발된 환자는 일주일에 몇 시간동안 5~7차례 이용할 수 있는데 이것은 기능적인 신장에 아주 가깝게 흉내를 낸다. 이 기계는 휴대용이기 때문에 환자를 아주 자유롭고 해주며 더 잘 통제할 수 있게 해준다.

혈액투석과 사람 신장기증에 아주 중대한 진전이 될 바이오인공신장은 발전단계에 있다. 커피 컵 크기의 장치는 신장의 세뇨관 세포를 배열해 놓은 아주 작은 구멍의 튜브로 채워진 카트리지를 사용한다.

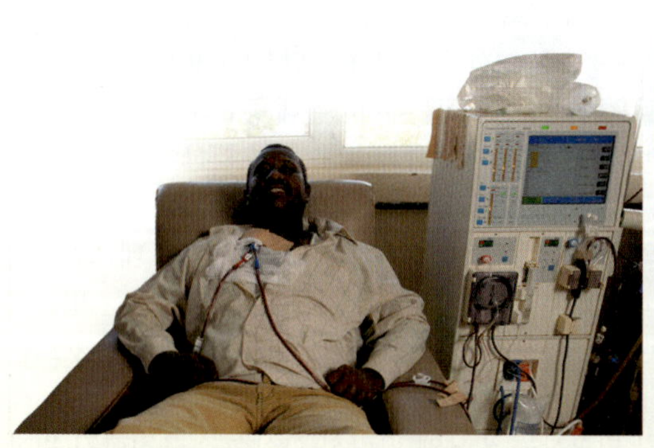

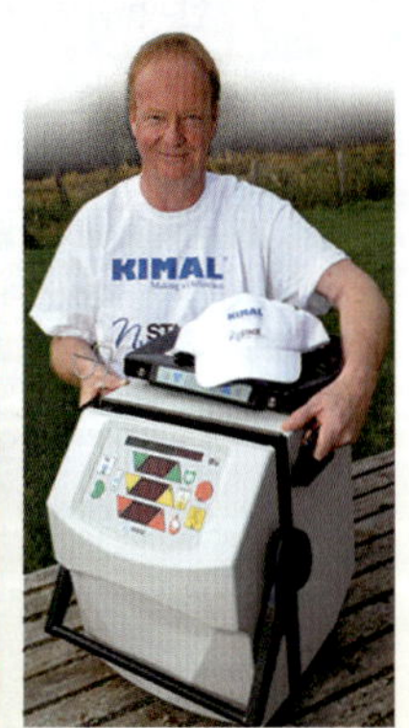


▲ **그림 E36-1 혈액투석** 한 환자가 혈액투석을 받고 있다(왼쪽). 다른 한 환자는 휴대용 투석기를 휴대하고 6일 동안의 카누여행을 하고 있다(오른쪽).

혈액은 카트리지로 들어가고 막을 통해서 여과(사구체와 같이)하여 많은 노폐물과 녹아있는 물질을 제거하고 혈구세포와 단백질은 남긴다. 그 여과액은 그 다음 단계로 신장세포가 배열된 부분을 통과하게 되는데, 여기에서 신장세뇨관이 혈액을 여과하는 것과 같이 여과 과정이 일어나게 된다. 동물에서 일차적인 시도는 고무적이었다.

그런 동안에 다른 연구그룹은 신장세포가 제거되고 오로지 세포외기질만 남아있는 신장 뼈대를 이용하여 기능적인 신장을 실험실에서 키워내고 싶어 한다. 세포를 제거하기 위하여 계면활성제를 신동맥에 주입하고 신정맥을 통해서 빼낸다. 랫트를 이용한 초기 시도에서 혈관 줄기세포와 갓 태어난 래트의 신장세포는 신장뼈대에 주사한 후에 성공적으로 부착되었다. 성장인자에 의한 자극으로 세포외기질내의 그들 세포들은 신장 모세혈관과 네프런으로 발달하였다. 이 실험실-성장 신장을 래트에 이식하였더니 비록 진짜 신장만큼 효과적이지는 않았지만 오줌도 생성하였다. ESRD의 사람들에게 미래가 보인다.

**비판적 사고** 신장의 기능이 망가진 환자는 혈액내의 요소의 농도가 빠르게 증가한다. 신장의 기능은 정상이지만 간의 기능이 망가진 환자의 혈액내의 요소의 농도는 어떻게 되겠는가? 그 이유는 무엇인가?

여전히 더 묽게 희석되어 있다. 이 지점부터 부가적인 물의 재흡수는 혈액의 삼투압을 유지하기 위하여 좁은 범위 내에서 정확하게 조절된다. 만약 액체의 섭취가 많았다면 더 많은 물이 여과액에 남게 되어, 정상 혈액량이 회복될 때까지 묽은 오줌을 생성하게 될 것이다. 만약에 액체의 섭취가 부족했다면, 농축된 오줌을 생성하게 될 것이다. 이것은 원위세뇨관과 집합관이 물에 대하여 더 큰 투과성이 있기 때문에 일어나고, 삼투압에 의해서 물이 오줌으로부터 혈액으로 되돌아가게 된다(그림 36-5 참조 ④).

집합관은 물을 혈액으로 되돌릴 수 있기 때문에 오줌을 농축하고 탈수를 피할 수 있는데, 집합관 주변의 간질액 용질의 농도를 증가시킬 수 있기 때문이다. 그 용질의 농도는 신수질에서 특별히 높은데, 여기에서는 얇은 네프런고리에서 간질액으로 들어가고, 약간의 요소는 집합관에서 간질액으로 확산된다(그림36-5 참조). 따라서 집합관의 오줌이 신피질에서 신수질로 이동할 때는 농도가 점점 더 증가되는 간질액을 통과하게 된다. 집합관은 물에 투과성이 있기 때문에 오줌과 간질액 사이의 삼투몰농도 차이 때문에 생기는 삼투압에 의해서 물은 오줌으로부터 빠져나가게 된다.

### 항이뇨호르몬은 원위세뇨관과 집합관에서 물의 투과성을 조절한다

원위세뇨관과 집합관에서 혈액으로 재흡수되는 물의 양은 그들의 세포막에 물에 대한 통로를 형성하는 단백질인 **아쿠아포린(aquaporin)**의 수에 의해서 조절된다. 근위세뇨관과 네프런고리의 하행부는 언제나 많은 수의 아쿠아포린이 존재하기 때문에 이 부위의 막은 항상 물에 대해서 높은 투과성을 유지한다. 그러나 원위세뇨관과 집합관의 막의 아쿠아포린은 몸의 필요에 따라 변화한다. 아쿠어포린의 수는 **항이뇨호르몬(antidiuretic hormone, ADH)**에 의해서 조절된다. 이뇨제는 오줌 생성의 증가를 의미하기 때문에 항이뇨제는 오줌 생성의 감소를 의미한다.

뇌하수체 후엽에서 분비되어 혈류로 들어간 ADH는 원위세뇨관과 집합관의 세포막에 아쿠아포린 단백질이 삽입되도록 자극한다. ADH가 없으면, 이들 막은 물에 대하여 거의 투과성을 나타내지 않는다. ADH가 많으면 많을수록 더 많은 아쿠아포린이 삽입되고, 원위세뇨관과 집합관은 물에 대하여 더 큰 투과성을 나타내게 된다. 이런 방법으로 ADH의 수준은 오줌에 포함된 물의 양을 조절하여 혈액의 삼투압을 조절한다.

ADH 수준은 어떻게 조절되는 것일까? 시상하부의 수용체가 혈액 삼투압을 감시한다(**그림 36-6**). 예를 들면, 우리 몸이 탈수될 때－뜨거운 태양 밑에서 운동을 하는 동안 땀에 흠뻑 젖어있을 때 발생하는 것처럼－혈액 삼투압은 올라간다. 혈액 삼투압이 적정 수준을 넘어가면 시상하부는 ADH를 분비하도록 뇌하수체를 자극한다. ADH에 반응하여 원위세뇨관과 집합관의 세포막에 부가적인 아쿠아포린이 삽입된다. 오줌이 원위세뇨관과 집합관을 흐를 때, 더 삼투농도가 높은 주변의 간질액이 물을 끌어낸다. 그 물은 세뇨관 주변 모세혈관으로 들어가서 혈류로 다시 돌아가게 된다. 집합관의 오줌은 주변의 간질액의 농도만큼 농축될 수 있다; 사람은 그 삼투압이 혈액의 4배에 달한다.

그러나 줄어든 물의 감소 없이 혈액은 자동적으로 정상 삼투몰농도를 회복한다. 손실된 물을 회복하려고 시상하부의 수용체는 자발적으로 시상하부에 있는 갈증중추를 활성화시켜 물을 마시게 하여 혈액의 물을 회복시킨다.

대부분의 항상성 조건처럼, 혈액 삼투압은 음성피드백으로 조절된다. 삼투압이 정상으로 돌아오면 시상하부의 수용체는 뇌하수체에 ADH의 분비를 바닥 수준으로 낮추라는 신호를 보낸다. 만일 너무 많은 물을 섭취하게 되면, ADH의 분비는 일시적으로 멈추게 되고 매우 많은 양의 묽은 오줌(약 혈액의 3분의1 정도의 삼투몰농도)을 배설하게 된다. 정상적인 삼투몰농도가 회복되면 ADH분비는 기본 수준으로 올라가게 된다.

### 포유동물의 네프런은 물 이용가능성에 적응되어 있다

사람의 신장은 약 20%의 네프런만이 신수질을 통과하는 긴 고리(약 3cm)를 가지고 있다(그림 36-3 삽화 참조). 이 긴 네프런고리가 신수질의 간질액의 높은 염 농도를 유지하는 주요한 역할을 한다.

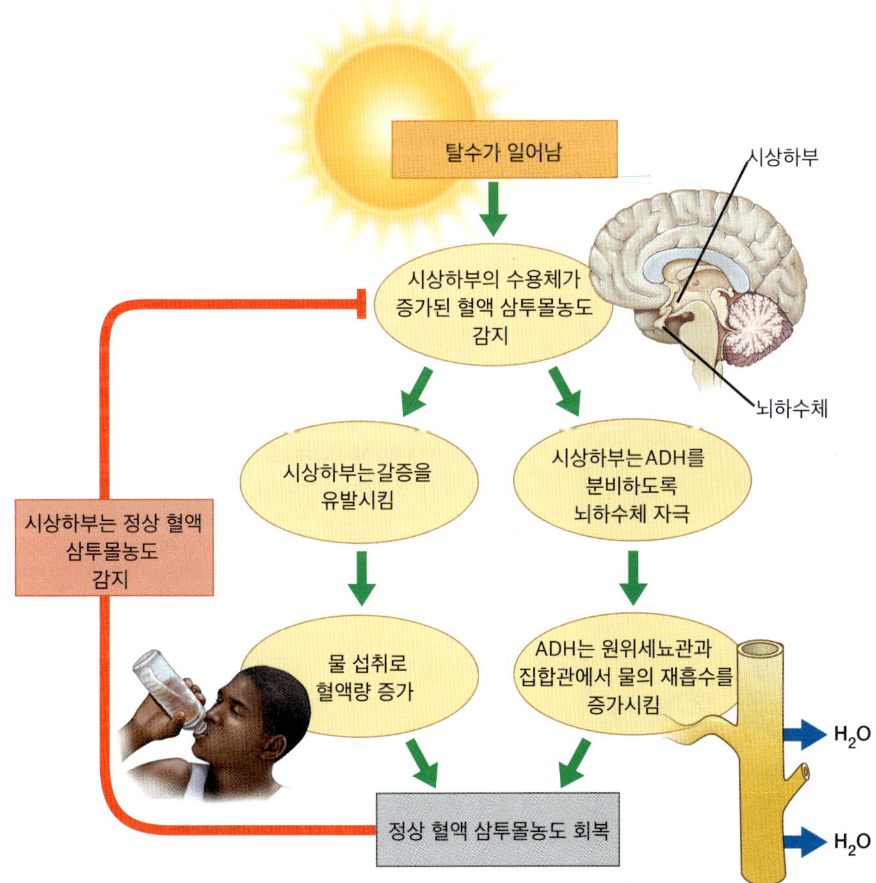


◀ **그림 36-6 탈수는 ADH의 분비와 물의 보존을 자극한다**

**비판적 사고** 우리 몸에 필요한 것보다 많은 양의 물을 섭취하면 일어날 수 있는 음성피드백 과정을 설명하라.

**Have You Ever Wondered ...**

### 알코올은 왜 많은 양의 오줌을 배설하게 할까?

알코올을 섭취한 사람에서 나타나는 알코올의 많은 효과 중의 하나가 ADH의 분비를 억제하는 것이다. ADH의 수준이 매우 낮으면 매우 희석된 묽은 오줌이 만들어진다. 결과적으로 음주 후에는 마신 것보다도 더 많은 양의 물을 배설하게 된다. 그래서 역설적이지만, "과음"은 실질적으로는 탈수를 일으킨다. 탈수는 갈증을 더 느끼게 하고 더 많은 양의 술을 마시게 하고 그 결과 ADH의 분비는 더욱더 억제된다. 탈수는 또한 다음날 아침에 느낄 수도 있는 숙취의 고통을 초래한다.

건조한 기후에 적응한 포유동물(**그림 36-7**)의 신장은 일반적으로 긴 네프런고리의 네프런의 비율이 높다. 이 긴 고리는 수질의 간질액에 고농도의 염이 생성되도록 하여 오줌이 집합관을 통과할 때 오줌으로부터 더 많은 물을 빼낼 수 있도록 해준다. 오줌 생성의 달인들은 그들의 혈액 삼투압의 14배나 농축된 오줌을 생성할 수 있는 캥거루 쥐와 같은 사막 설치류이다(그림 30-13a 참조). 그리 놀라운 일은 아니지만, 캥거루 쥐는 오로지 긴 헨레고리만을 가지고 있다. 특별하게 물 보유 능력이 뛰어난 캥거루 쥐는 물을 마실 필요가 없다; 그들은 먹이에 포함되어 있는 물과 대사반응에서 생성되는 물에 전적으로 의존한다.

상대적으로 민물이 풍부한 서식지에 적응한 포유동물은 전형적으로 짧은 네프런고리를 가지고 있다. 예를 들면, 강에 사는 비버는 오로지 짧은 고리의 네프런만을 가지고 있고 오로지 그들의 오줌은 혈장 삼투몰농도의 2배 정도까지만 농축할 수 있다.

## 신장은 혈액의 pH 유지를 돕는다

혈액의 pH는 아주 좁은 범위인 7.38~7.42 내에서 유지된다. 이 약간 염기성의 pH는 효소와 뉴런의 기능을 포함하는 수많은 세포 대사 과정에서 매우 중요하다. 그러나 단백질과 지방의 분해나 근육의 젖산발효 그리고 ATP 합성과 같은 정상적인 세포 대사활성으로 과도한 $H^+$가 생성되어 용액이 산성화된다. pH의 변화에 가장 중요한 방어는 혈액 내의 완충제에 의해서 이루어지는데, 특히 중탄산염($HCO_3^-$)은 $H^+$와 결합하여 $H_2CO_3$를 형성한다.

신장은 과도한 $H^+$를 세뇨관 분비를 통하여 배설하고, $HCO_3^-$를 혈액으로 재흡수 하여 혈액 pH의 유지를 돕는다. 만일 혈액이 과도하게 염기성이 되면, 네프런은 $H^+$의 분비를 떨어뜨리고 $HCO_3^-$의 재흡수를 줄인다. 이런 과정들은 네프런의 근위세뇨관과 원위세뇨관에서 일어난다.

## 신장은 혈압과 산소 수준의 조절을 돕는다

신장은 혈압 조절을 돕고 혈액 산소 수준을 유지하기 위하여 물질을 분비한다. 과도한 혈액 손실로 인해서 혈압이 떨어지면, 신장은 효소인 **레닌(renin)**을 혈류로 분비한다. 레닌은 혈액을 순환하고 있는 단백질로부터 호르몬인 **안지오텐신(angiotensin)**의 생성을 촉진한다. 안지오텐신은 3가지 방법으로 낮은 혈압에 대처하게 한다: (1) 안지오텐신은 네프런의 근위세뇨관에서 $Na^+$를 혈액으로 재흡수하도록 돕는 호르몬인 **알도스테론(aldosterone)**의 분비를 자극한다(부신피질로부터; 38장 참조). 삼투에 의해서 더 많은 물이 들어오고 혈액의 양을 증가시킨다. (2) 안지오텐신은 ADH의 분비를 자극하여 원위세뇨관과 집합관으로부터 더 많은 물을 혈액으로 돌아오게 한다. (3) 안지오텐신은 몸 전체에 걸쳐 분포하고 있는 세동맥을 수축시켜서 혈압을 상승시킨다.

신장은 또한 몸에 필요한 수준의 혈액의 산소 농도를 유지하도록 도와준다. 만약에 혈액이 손실되거나, 폐질환으로 인해서 산소 섭취가 불충분하거나, 또는 폐로 들어오는 공기가 불충분한 산소를 포함하는 높은 고도에서는 혈액의 산소 농도 수준은 떨어지게 되는데, 감소된 산소 농도에 반응하여 신장은 호르몬인 **에리스로포이에틴(erythropoietin)**을 방출한다(34장 참조). 에리스로포이에틴은 골수에서 산소를 운반하는 적혈구들을 더 많이 생성하도록 자극한다.

◀ **그림 36-7 잘 적응된 사막의 서식자** 사막의 토착 동물인 낙타는 극단적으로 긴 네프런고리를 가지고 있어서 그들의 혈액 삼투몰농도의 9배가 넘는 농축된 오줌을 생성할 수 있다.

CASE STUDY CONTINUED

## 선행나누기

신부전환자의 신장은 적혈구세포의 생성을 자극하는 에리스로포이에틴을 생성하지 못한다. 이것은 빈혈(너무 적은 적혈구세포는 조직에 적절한 산소를 공급하비 못함)을 초래하여 만성적인 피로와 짧은 호흡을 초래한다. 다행히도 이런 환자들은 유전공학적으로 제조된 세포의 배양으로 생산된 사람의 에리스로포이에틴를 공급받을 수 있다. 그러나 하나의 기능적인 신장이 몸의 변화하는 요구에 따라 적절한 시기에 적당한 양의 호르몬을 생성하기 때문에 이식 수혜자에게 확실한 혜택을 줄 수 있다. 어떻게 살아있는 신장 기증이 이루어질까? 우리는 이 장 끝에서 다시 생각해 볼 것이다.

## 물고기는 수생 환경에서 항상성 어려움에 직면해 있다

자신의 체액보다 낮거나(저장성) 높은(고장성) 삼투몰농도의 용액 속에서 지속적으로 살아가야 하는 동물들의 삼투조절(osmoregulation)은 특별하게 어려움이 있다. 그런 동물들은 체내의 물과 염류의 항상적인 균형을 유지하는 진화된 메커니즘을 가지고 있다.

저장액의 환경에서 살고 있는 민물고기는 주변의 민물보다도 훨씬 높은 혈장 삼투몰농도를 유지한다. 이 물고기들은 기체를 교환하기 위해서 아가미로 물을 순환시키기 때문에 약간의 물은 삼투압으로 인해서 그들의 몸 안으로 스며들고, 염류는 확산되어 나간다(**그림 36-8a**). 민물고기는 음식물을 통하여 염류를 얻고, 또한 주위의 물로부터 몸 안으로 능동수송하는 방법으로 아가미를 통해서 염류를 얻는다. 민물고기는 절대로 물을 먹지 않는다(비록 먹이를 통해서 들어오긴 하지만). 신장은 염류를 보유하고 아주 많은 양의 묽게 희석된 오줌을 배설한다.

바닷물고기는 고장액 환경에서 살고 있다; 바닷물은 그들의 체액보다 2-3배나 높은 용질농도를 나타낸다. 결과적으로, 물은 지속적으로 삼투압에 의해서 몸 밖으로 빠져 나가고, 염류는 지속적으로 확산되어 들어온다. 대부분의 바닷물고기들은 손실되는 물을 회복하기 위해서 물을 마시고, 들어온 과도한 염류는 그들의 아가미에서 능동수송으로 배설한다(**그림 36-8b**).

네프런고리가 완전히 결여된 물고기 네프런은 혈액보다 농축된 오줌을 만들지 못한다. 그래서 물을 보존하기 위해서 대부분의 바닷물고기들은 아가미에서 제거하지 못한 염류를 포함하고 있는 아주 소량의 오줌을 배설한다.

상어와 가오리를 포함하는 연골어류는 삼투조절을 위해서 다른 방법을 진화시켰다. 이들 바닷물고기들은 암모니아 대신 요소를 배설한다. 이들은 또한 다른 척추동물에게는 치명적인 많은 양의 요소를 그들의 조직 내에 저장한다. 저장된 요소는 그들의 조직을 주변의 바닷물과 거의 동일한 삼투몰농도로 유지하게 하여 삼투에 의한 물의 손실을 피할 수 있다.

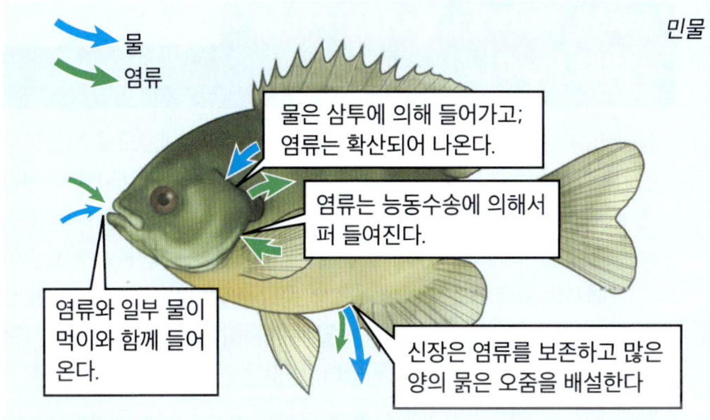


(a) 민물고기

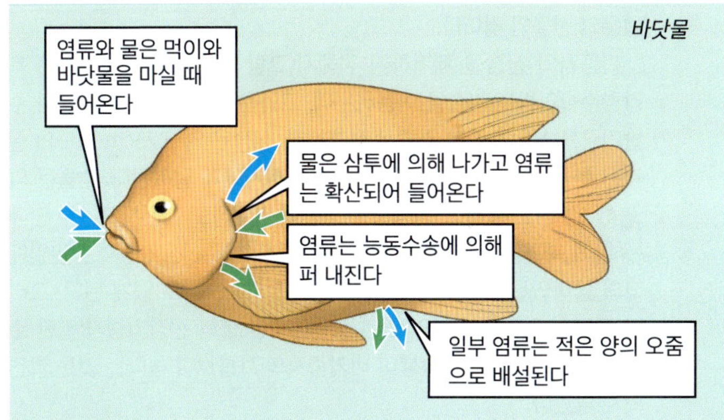


(b) 바닷물고기

▲ **그림 36-8 물고기의 삼투조절** (a) 민물고기의 비뇨계는 삼투압에 의해서 몸 안으로 들어오는 많은 물에 대항해야 한다. (b) 바닷물고기의 비뇨계는 염류 농도가 더 높은 주변 바닷물로 지속적으로 확산되어 나가는 물을 보존하여야만 한다.

**비판적 사고** 만약 민물의 송어가 바닷물에 들어가게 되면 어떤 삼투조절 문제가 발생하겠는가? 그 이유는 무엇인가?

### CHECK YOUR LEARNING

- 네프런과 집합관이 혈액 삼투몰농도 조절을 어떻게 도와주는지 설명할 수 있는가?
- 물의 재흡수에서 ADH의 역할을 설명할 수 있는가?
- 신장이 어떻게 혈액 pH, 혈압, 혈액 산소 농도의 조절을 돕는지 설명할 수 있는가?
- 포유동물의 신장은 물과 건조한 환경에 어떻게 적응하였는지 설명할 수 있는가?
- 민물과 바닷물에 사는 물고기의 비뇨계가 왜? 어떻게 다른지 설명할 수 있는가?

CASE STUDY REVISITED

# 선행나누기

살아있는 신장기증이 시신 기관기증의 실질적인 대안으로 처음으로 인정된 1950년대 이래, 가족이나 친구들이 신부전 희생자에게 신장을 주기 위해서 지원하였다. 마치 침입한 미생물이나 기생충을 공격하는 것처럼 수혜자의 면역계가 기증된 신장을 공격하는 것을 줄이기 위해서는 기증자의 혈액형과 몇몇 중요한 당단백질이 수혜자의 것과 일치되어야만 한다. 그러나 동일한 쌍둥이를 제외하고는 두 사람이 완벽하게 일치하는 조직은 없다. 이것은 신장이식을 받은 사람은 남은 생애 동안에 면역억제 약물을 섭취해야하며, 정상인보다 질병이나 어떤 종류의 암에 잘 걸릴 수 있다는 것을 의미한다. 이러한 불리한 점에도 불구하고, 하나의 이식 신장은 수혜자가 받을 수 있는 최고의 행운의 선물인 것이다.

기증자의 신장을 제거하기 위해서(**그림 36-9**), 외과의사들은 복강경수술이라는 기술을 이용하는데, 그들은 소형 비디오카메라와 수술기구를 삽입시키기 위해서 절개한다. 신장은 약 6.25cm 정도의 절개된 틈을 통해서 꺼내 얼음에 넣고 수혜자에게 달려간다. 수술은 약 3~4시간 정도 걸리고, 기증자는 병원에 3일 정도 입원하고, 3주 안에는 일에 복귀할 수 있다. 대수술의 위험 외에도 신장기증자는 만일에 그의 남아있는 신장이 파괴되더라도 대체할 신장도 없게 된다. 그러나 최근의 연구에 의하면 15년 동안에 8만 명의 신장기증자(일단 수술 후 회복이 된)의 사망률이 비기증자의 그룹보다 높다는 것은 발견되지 않았다.

도미노 연쇄기증은 거의 언제나 다른 것을 추구하려는 탁월한 사람에 의해서 자발적으로 시작된다. DeGiulio의 신장기증이 4명의 생명을 살린 연쇄기증이 시작된 2008년 이래(**그림 36-10**), 그런 "도미노 연쇄기증"이 더 길어지고 더 자주 일어났다. 예를 들면, 2011년에 4달 동안에 캘리포니아에서 뉴저지까지 11개 주, 17개 병원에서 30명이 - 그렇지 않았으면 사망했음 - 그들이 전혀 만난 적이 없는 30명의 기증자로부터 신장을 받았다. 이 영웅적인 기획은 자선가인 Rick Ruzzamenti에 의해서 시작되었는데, 그는 그의 요가 스튜디오의 사무원이 그녀의 신장을 친구에게 기증했다는 말을 듣고 아이디어를 얻었다고 한다. "사람들은 신장을 기증하는 것은 정말 이상한 일"이라고 생각하지만, Ruzzamenti 는 "그들이 그것을 이상하다고 생각하는 것이 이상하고…… 이것이야말로 세상을 바꾸는 것"이라고 그의 병원의 이식 코디네이터에게 말했다.

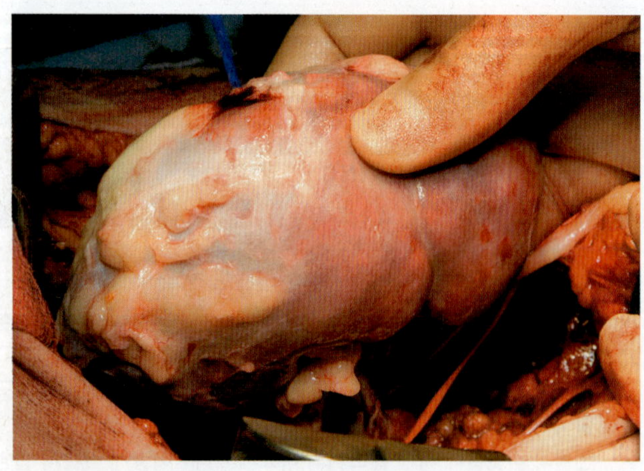

▲ **그림 36-9 외과의사가 신장을 이식하고 있다.**

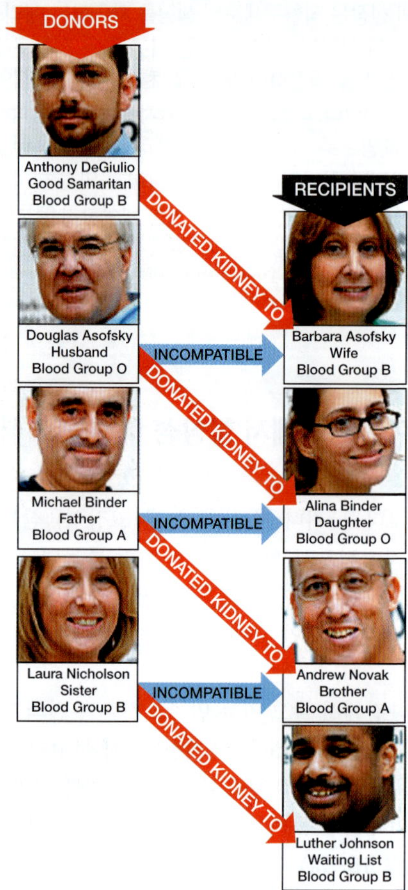


▲ **그림 36-10 도미노 기증** 호환되는 모르는 사람들의 신장이 이 4명의 수혜자의 생명을 구했다.

신장이식을 기다리는 10만 명 이상의 적합한 개체가 도미노 연쇄기증이 지속적으로 구축되고 길어지기를 열렬하게 기대하고 있다.

**생각해보기** 당신은 신장의 기능이 망가진 가족이나 친구에게 신장을 기증하겠는가? 당신은 모르는 사람에게 신장의 기증을 고려해 볼 수 있는가? 이유를 설명해보라.

# CHAPTER REVIEW

*비판적 사고와 생각해보기, 선택형문제, 빈칸채우기 질문에 대한 답은 이 책의 뒷부분에 있는 정답란에서 볼 수 있다.*

## 핵심개념의 요약

### 36.1 비뇨계의 주요한 기능은 무엇일까?

비뇨계는 세포대사 노폐물(특히 질소성 노폐물, 표 36-1 참조), 이온, 외래물질, 그리고 몸의 필요 이상의 소화되지 않은 과도한 영양소를 포함하고 있는 오줌을 생성하고 제거한다. 비뇨계는 또한 물의 양과 pH, 그리고 체액의 이온의 농도를 조절하여 항상성을 유지시킨다.

### 36.2 무척추동물의 비뇨계는 무엇이 있을까?

편형동물의 단순한 배설계는 몸 전체에 뻗어있는 그물망의 세관인 원신관으로 노폐물과 과도한 물을 모은다. 불꽃세포는 수류를 일으켜 배설공을 통해서 오줌을 체외로 밀어낸다. 곤충은 말피기관을 이용하여 개방 순환계의 혈강에 있는 혈림프액을 여과한다. 말피기관은 농축된 오줌을 소장으로 분비하여 제거한다. 지렁이나 연체동물과 같은 무척추동물들은 척추동물의 네프런과 유사한 신관을 이용하여 체강 내의 액체를 여과한다. 영양소는 간질액으로 재흡수되고, 오줌은 배설공을 통해 배설된다.

### 36.3 포유류의 비뇨계는 어떤 구조일까?

포유류의 비뇨계는 한 쌍의 신장, 요관, 방광 및 요도로 구성되어 있다. 신장은 오줌을 생성하여 요관을 통해 방광으로 보내 저장한다. 방광벽이 팽창하면 배뇨가 자극되고, 오줌은 요도를 통해 체외로 나간다. 신장의 바깥쪽의 신피질에는 여과 단위인 네프런들이 차 있고, 네프런의 고리는 안쪽의 신수질까지 확장되어 있다. 신장의 가장 깊숙한 방은 오줌을 요관으로 모으는 깔때기인 신우이다. 많은 양의 혈액이 신동맥을 통해서 각 신장으로 들어오고 신정맥을 통해서 빠져나간다. 네프런은 사구체를 형성하는 모세혈관과 사구체주머니, 그리고 근위세뇨관, 네프런고리 그리고 원위세뇨관을 구성하는 신세뇨관으로 구성되어 있다. 원위세뇨관을 나온 오줌은 집합관으로 흘러 신수질을 통과하여 신우로 들어간다.

### 36.4 오줌은 어떻게 생성될까?

네프런에서 오줌의 생성은 신소체의 사구체를 통한 혈액의 여과에 의해서 시작된다. 여기에서 물과 대부분의 작은 수용성 분자들은 혈액으로부터 여과되어 여과액으로 들어가고 사구체주머니에 모아져 신세뇨관으로 들어간다. 신세뇨관을 통한 재흡수는 대부분의 물, 영양소, 중요한 이온을 혈액으로 되돌리고, 요소와 같은 노폐물은 남긴다. 근위와 원위세뇨관에서의 세뇨관 분비는 남아있는 노폐물과 과도한 이온을 혈액에서 여과액으로 능동적으로 수송한다. 네프런을 둘러싸고 있는 세뇨관 주변 모세혈관은 간질액을 통하여 혈액과 여과액 사이의 물질교환을 가능하게 한다. 여과액이 네프런을 빠져나가면 오줌이 된다.

### 36.5 척추동물의 비뇨계는 어떻게 항상성을 유지시켜 줄까?

척추동물의 비뇨계는 혈액의 물과 이온 농도, 적절한 혈액 pH의 유지, 영양소 보유, 그리고 혈압과 혈액의 산소양 조절을 도와주는 물질의 분비를 조절한다. 물은 세뇨관과 집합관의 재흡수에 의해서 여과액으로부터 혈액으로 되돌아간다. 오줌이 집합관을 통하여 신우로 흘러갈 때 신수질의 간질액을 통과한다. 이 간질액에는 염(네프런고리로부터)과 요소(집합관으로부터)의 농도가 점점 더 증가한다.

탈수는 혈액의 삼투몰농도를 증가시키고, 뇌하수체에서 항이뇨호르몬(ADH)을 혈액으로 분비시킨다. ADH는 아쿠아포린을 원위세뇨관과 집합관의 막에 삽입시켜서 물에 대한 투과성을 증가시킨다. 물에 대한 높은 투과성은 염과 요소의 농도가 증가하는 신수질을 통과할 때, 원위세뇨관과 집합관으로부터 혈액으로 물이 재흡수 되도록 한다.

혈압이 떨어질 때, 신장은 레닌이라는 효소를 분비하여 혈압 조절을 도와준다. 레닌은 혈액 단백질로부터 안지오텐신의 생성을 촉매한다. 안지오텐신은 $Na^+$ 재흡수 증가, ADH 분비 자극, 그리고 세동맥의 수축, 혈압의 상승에 관여한다. 혈액의 산소 농도가 낮아지게 되면, 신장은 에리스로포이에틴을 분비하여 골수에서 적혈구 생성을 자극한다.

물이 풍부한 곳에서 사는 포유동물은 짧은 네프런고리를 갖는 경향이 있어서 묽은 오줌을 생성하지만, 물이 거의 없는 곳에서 사는 포유동물은 긴 네프런고리를 갖고 농축된 오줌을 생성한다. 민물에서 사는 물고기는 많은 양의 묽은 오줌을 생성하고 아가미 조직을 통하여 염을 능동적으로 퍼 들인다. 바닷물에 사는 물고기는 아가미 조직을 통해서 염을 능동적으로 퍼내고, 매우 적은 양의 오줌을 생성한다.

## 개념을 통한 이해

### 선택형 문제

**1.** 다음 중 옳은 것은 어느 것인가?
 a. 민물에 사는 생물체는 암모니아를 배설하는 것 같다.
 b. 암모니아는 주로 오줌으로 분비된다.
 c. 암모니아는 3개의 주요 질소성 노폐물 중 가장 복잡한 것이다.
 d. 사람은 신장에서 암모니아를 요소로 전환한다.

**2.** 다음 중 옳게 짝지어진 것은?
 a. 네프런 - 지렁이
 b. 말피기관 - 곤충
 c. 원신관 - 자포동물
 d. 신관 - 편형동물

**3.** 긴 네프런고리
 a. 풍부한 물을 확보할 수 있는 동물에서 일반적이다.
 b. 오줌이 집합관에서 농축될 수 있게 한다.
 c. 사람의 네프런고리 중 가장 일반적인 것이다.
 d. 신피질로 깊게 확장된 것이다.

4. 다음 중 옳은 것은?
   a. 집합관은 신수질로 흐른다.
   b. 아쿠아포린은 ADH가 분비되면 근위세뇨관에 삽입된다.
   c. 요도는 오줌을 방광으로 보낸다.
   d. 혈액은 사구체를 통해서 압력여과된다.
5. 혈류 흐름의 순서와 방향이 옳은 것은?
   a. 신정맥 → 신동맥 → 세동맥 → 주변 모세혈관
   b. 정맥 → 신정맥 → 주변 모세혈관 → 세동맥
   c. 동맥 → 사구체 → 세동맥 → 주변 모세혈관
   d. 신정맥 → 정맥 → 주변 모세혈관 → 세동맥

## 빈칸 채우기

1. 다음 동물이 배설하는 주요 질소성 노폐물을 채워라.
   물고기: __________ ; 조류: __________; 곤충: __________;
   뱀: __________; 낙타: __________.
2. 사람의 신장은 __________라고 하는 외층과 __________라고 하는 내층, 그리고 중앙의 깔때기 모양인 __________로 구성되어 있다. 오줌은 중앙 깔때기로부터 __________을 통해 저장기관인 __________으로 흘러가서 __________를 통해서 배출된다.
3. 여과액이 네프런을 순차적으로 통과하는 부위를 적어라.
   __________, __________, __________, __________,
   __________.
4. 적절한 용어를 채워라: 대부분의 세뇨관 재흡수는 여기에서 일어난다: __________; 오줌의 마지막 농축은 여기에서 일어난다: __________; 간질액의 농도구배를 형성시킴: __________; 신장 내의 농도구배가 형성되어 있는 곳: __________.
5. 다음 내용을 채워라. 암모니아로부터 생성되어 포유류의 오줌으로 배출됨: __________; 혈액의 pH가 너무 낮을 때 세뇨관으로 분비됨: __________; 헨레고리 상행부에서 능동적으로 수송됨: __________; 삼투압에 의해 세뇨관을 빠져나감: __________.
6. 신장이 내부의 균형을 유지하기 위해 돕는 것을 __________라고 한다. 혈압 조절을 돕기 위하여 신장은 __________라는 효소를 분비하고, 그것은 혈류 내에 순환하고 있는 물질을 호르몬인 __________로 전환시킨다. 산소 수준을 조절하기 위해서 신장은 호르몬인 __________을 분비하고, 그것은 골수에 작용하여 __________의 생성을 증가시킨다.
7. 만약 혈액 삼투압이 증가하면, __________에 존재하는 수용체가 이것을 감지하고, __________에 신호를 보내 __________ 호르몬의 분비를 증가시킨다. 이 호르몬은 __________과 __________의 세포막에 작용하여, 막에 __________라고 하는 물 통로를 더 많이 삽입시켜서 오줌이 더 __________ 된다.

## 복습 문제

1. 비뇨계의 두 가지 주요 기능을 설명하고, 이들 기능을 완수하기 위한 과정을 적어라.
2. 혈류에서 암모니아 분자로 출발하여 외부 환경으로 나갈 때까지 포유동물의 몸을 통한 요소분자의 이동 경로를 추적해 보라.
3. 네프런고리, 집합관 및 항이뇨 호르몬의 기능은 무엇인가?
4. 신장의 두 주요 모세혈관상인 사구체 모세혈관과 세뇨관을 둘러싸고 있는 세뇨관 주변 모세혈관의 기능상 차이를 토의해보라.
5. 여과, 세뇨관 재흡수 및 세뇨관 분비의 과정들을 네프런에서 각각 일어나는 부위를 포함하여 설명하라.
6. 항상성 기관으로서의 신장의 역할을 기술하라.
7. 편형동물, 곤충 그리고 지렁이의 비뇨계를 비교하고 간단하게 설명하라.
8. 민물과 바닷물에 사는 물고기의 삼투조절을 설명하고 비교하라.

# 개념의 적용

1. 사무엘 테일러 코리지(Samuel Taylor Coleridge)는 그의 시 "노수부의 노래(The rime of the Ancient Mariner)"에서 "물, 물, 사방에 물. 마실 물은 단 한 방울도 없었소"라고 하였다. 바닷물은 삼투몰농도가 혈액의 4배 이상이나 된다. 왜 사람은 바닷물을 마시면 갈증으로 인한 죽음을 피할 수 없는가?
2. 어떤 사람은 중요한 건강상 이점을 찾기 위해서 자신의 오줌을 마시라고 주장한다, 이런 "대안적 치료법"은 무엇이 문제인가? 권장할만한 근거가 있는가?

# 37 질병에 관한 방어 체계

머펫(Muppets)의 제작자인 짐 헨슨(Jim Henson)은 화농연쇄상구균(Streptococcus pyogenes)에 의한 막대한 감염으로 인하여 생을 마감하였다.

CASE STUDY

## 살을 파먹는 박테리아

1990년 5월 4일, 머펫(Muppets)의 제작자이자 개구리 커밋(Kermit) 목소리의 주인공인 짐 헨슨(Jim Henson)은 인후염을 갖고 있었으며, 평소와 달리 피곤함을 느꼈다. 5월 13일, 그의 상태는 상당히 악화됐으나 의사는 폐렴이나 다른 심각한 증상을 찾지 못했다. 그러나 5월 15일, 헨슨은 피를 토하는 기침을 하기 시작했다. 3시간 뒤, 그는 뉴욕 장로병원에서 숨을 쉬지 못하여 인공호흡기를 장착하게 되었다. 최고의 치료와 다양한 항생제가 있었음에도 불구하고, 그는 20시간 뒤 세상을 떠났다.

헨슨은 화농연쇄상구균(*Streptococcus pyogenes*)에 의해 생을 마감했다. 여러분도 패혈성 인후염(Strep throat)을 야기하는 이러한 유형의 박테리아에 의해 감염될 수 있다. 그러나 일부 화농연쇄상구균 종은 다른 종보다 위험하며, 일부 사람들은 다른 사람들보다 더 민감성이 높다. 화농연쇄상구균은 헨슨의 폐에 침투하여 막대한 염증과 다양한 장기 손상을 유발하였고, 이로 인한 연쇄구균독성쇼크증후군(Streptococcal toxic shock syndrome, STSS)으로 생을 마감했다.

때때로 화농연쇄상구균 혹은 특정 다른 종의 박테리아가 상처 속에 침투하게 되면 그들은 빠르게 거대 조직들을 파괴시키며 이들을 일반적으로 "살을 파먹는 박테리아"(의학 용어로는 괴사성 연조직 감염 혹은 괴사성근막염) 라고 한다. 이는 몹시 과장된 것처럼 들릴 수 있으나, 매우 정확한 표현이다. 웨스트 조지아 대학원생인 에이미 코플랜드(Aimee Copeland)를 생각해보라. 그녀는 조지아에 있는 리틀 탈라푸사 강(Little Tallapoosa River)에서 짚라인을 타다가 줄이 끊어져 그녀의 왼쪽 다리를 잃고 강에 빠졌다. 리틀 탈라푸사 강은 미국에 있는 무수한 다른 강과 마찬가지로 보통 물고기나 개구리를 감염시키는 박테리아인 아에로모나스 하이드로필라(*Aeromonas hydrophila*)를 포함하고 있다. 건강한 사람들의 경우 수영을 하다가 하이드로필라를 빈번히 삼키기도 하며, 이들은 가벼운 열병, 경련, 설사를 유발한다. 그러나 코플랜드의 경우, 박테리아는 그녀의 잘린 다리에 깊게 침투하였다. 의사들은 상처를 봉합하였으나, 내부에 존재하는 박테리아는 다양한 부위의 조직들을 파괴하기 시작하였다. 3일 후 의사들은 박테리아를 제거하기 위해 막대한 절단술을 수행할 수 밖에 없었고, 이로써 그녀의 목숨을 구할 수 있었다.

이러한 예처럼 비록 때때로 대단히 파괴적인 손상을 입더라도, 박테리아와 다른 미생물의 감염에 대한 신체의 방어는 일반적으로 매우 효과적이다. 여러분이 이러한 방어시스템에 대해 공부할 때, 몇 가지 질문들을 고려해라: 어떻게 여러분의 신체는 "침입자"로부터 "자기"를 구별하는가? 어떻게 면역 시스템이 침입자를 제거하는가? 어떻게 화농연쇄상구균과 하이드로필라와 같은 미생물이 면역 시스템을 회피하여 치명적인 질병을 유발하는가?

## 주요내용



## 37.1 신체는 질병에 대해 스스로를 어떻게 방어하는가?

우리의 환경은 보통 살아있는 것이라고 생각되지 않는 세균, 원생동물, 그리고 많은 곰팡이와 바이러스 같은 미세유기체를 포함한 **미생물(microbes)**로 가득하다. 심지어 동물의 신체에 살기도 하는 이러한 미생물 중 대부분은 해가 없으며, 일부는 이익을 주기도 한다. 예를 들어, 소는 섬유소를 분해하는 효소를 생산하지 않는다; 소의 소화관에 섬유소를 소화시키는 세균이 존재하지 않는다면 그들은 잔디가 가득한 목초지 한가운데에서 굶어 죽을 것이다.

하지만 어떤 미생물은 "질병을 유발하는"의 뜻을 지닌 그리스어로부터 유래한 **병원체(pathogens)**이다. 그들이 번식하고 새로운 숙주로 퍼지는 과정에서, 병원체는 그들의 숙주에 해를 입힌다. 감기 바이러스와 같은 일부 병원체는 대부분 약간의 불편함을 주지만, 다른 병원체는 좀 더 위험하다. 예를 들어 콜레라는 설사를 일으키고, 설사는 탈수를 초래하여 숙주를 죽일 수 있을 정도로 파괴적이다. 부적절한 위생시설에서 설사는 박테리아를 상수원으로 유입하게 하여 그들을 더 많은 숙주로 퍼지게 한다.

콜레라, 홍역, 파상풍 그리고 수두와 같은 대부분의 미생물에 의한 질병은 수백 혹은 수천 년 동안 인간에게 전파되어 왔다. 최근 십여 년 내에 새로운 병원균, 그리고 이미 잘 알려진 병원균의 좀 더 치명적인 변종이 발생하였다. 대부분은 여러분이 뉴스에서 들어본 바이러스들이다; HIV, 에볼라(Ebola) 바이러스, 웨스트 나일(West nile) 바이러스, 돼지독감, 조류독감. 또한 우리는 치명적인 새로운 세균 종에 의해 위협을 받고 있다. 예를 들어, *Streptococcus aureus* 세균("staph")은 피부와 비강에 흔하게 나타나지만 (보통은 무해함), 일부 돌연변이체는 피부나 점막을 통해 침투할 때 독성 쇼크 신드롬 혹은 장기적인 감염을 야기한다. 그리고 case study에서 설명한 것처럼, *Streptococcus pyogenes*와 *Aeromonas hydrophila* 같은 일부 미생물 종은 불과 수 시간 내에 인체의 많은 조직을 파괴할 수 있다.

병원체들의 다양성을 고려할 때 "왜 우리는 더 자주 아프지 않는가?" 라고 의문을 가질 수 있다. 진화 과정 동안 동물과 그들의 병원체는 끊임없는 싸움을 하고 있다. 동물은 더 정교하게 방어 체계를 발전시키며 병원체는 그들의 방어 체계를 극복하기 위해 더 효과적인 전법을 발달시켜 가고 있다. 이는 결국 미생물에 의한 대부분의 공격에 저항할 수 있는 더 강력한 방어 체계를 발전시켰다.

### 척추동물은 세 가지 주요한 방어선을 갖추고 있다

척추동물은 질병에 대한 세 가지 주요 방어 형태를 진화시켜 왔다(**그림 37-1**).

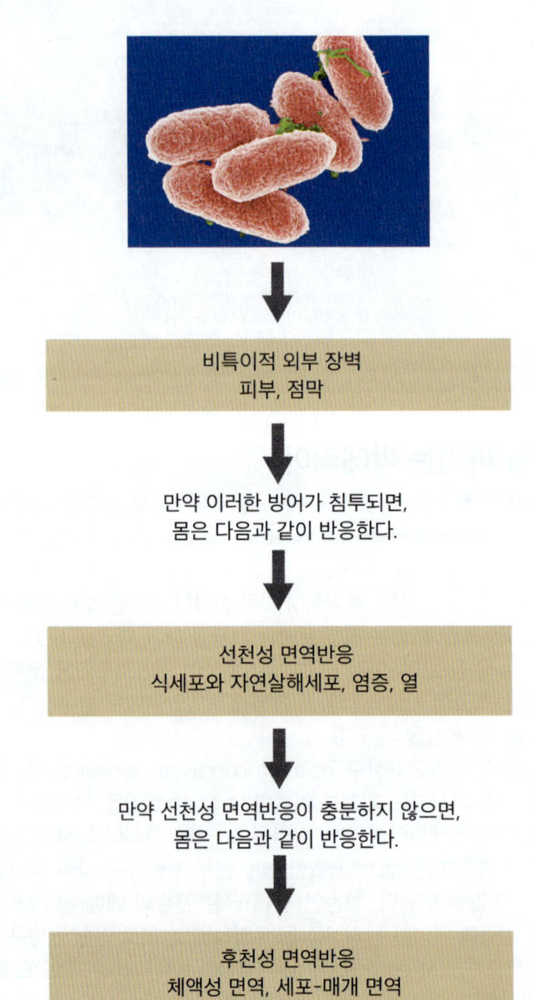


▲ **그림 37-1 감염에 대한 방어 단계**

| 표 37-1 | 침입에 대한 선천성 면역반응과 후천성 면역반응의 특징 | | | |
|---|---|---|---|---|
| | 침입에 대한 반응 특이성 | 미생물의 최초 침입에 대한 반응 속도 | 같은 미생물의 두번째 침입에 대한 반응 강도 | 동물 종에서의 분포 |
| **선천성 면역반응** | 비특이적 | 즉시 | 첫 번째 반응과 동일 | 무척추동물 |
| **후천성 면역반응** | 특정 미생물에 대해 특이적 | 며칠에서 2주 정도 소요 | 상당히 강화된 반응; 일반적으로 증상이 발생하지 않음 (특이 미생물에 대한 면역이 이루어짐) | 척추동물 |

- ***비특이적 외부 장벽*** 이들 장벽은 대부분의 질병을 일으키는 병원균이 체내로 들어오는 것을 방어한다. 이런 장벽들은 피부나 섬모와 같은 일차적인 해부학적 구조와 눈물, 침, 점액과 같은 분비물이다. 이러한 장벽들은 신체의 외부 표면을 덮고 있으며, 기도, 소화관, 비뇨생식관과 같이 외부에 개방된 체강 안쪽에 막을 형성한다.
- ***비특이적 내부 방어*** 만약 첫 번째 외부 장벽이 파손된다면 **선천성 면역반응(innate immune response)**이 행동을 개시할 것이다. 특정 백혈구는 외래 물질들을 삼키거나 감염된 세포를 파괴시킨다. 손상된 체세포에 의해 방출된 화학물질과 백혈구에 의해 방출된 단백질은 염증반응과 열을 유발한다. 비특이적 외부 장벽처럼 선청성 면역반응은 침입자의 정확한 특성과 상관없이 작용한다.
- ***특이적 내부 방어*** 마지막 방어선은 면역세포들이 선택적으로 특정 독성물질이나 미생물을 파괴하며, 침입자를 기억하여 후에 동일한 침입자를 만나게 되면 더욱 빠르게 반응할 수 있는 **후천성 면역반응(adaptive immune response)**이다.

선천성 면역반응과 후천성 면역반응의 주요한 유사성과 차이점은 **표 37-1**에 요약하였다. 내부 방어에 관여하는 많은 종류의 세포에 대해서는 **표 37-2**에서 간단히 설명하였다. 신체를 방어하는 세포들과 역할의 대부분이 지금은 익숙하지 않겠지만, 표 37-2가 이 장의 나머지 부분을 익는 데 유용한 가이드가 될 것이다.

| 표 37-2 | 질병에 대한 우리 몸 세포들의 기능 |
|---|---|
| **세포 유형** | **기능** |
| **호중구** | 침입 미생물을 삼키는 백혈구 |
| **수지상세포** | 침입 미생물을 삼키고 림프구에 항원을 제시하는 백혈구 |
| **대식세포** | 침입 미생물을 삼키고 림프구에 항원을 제시하는 백혈구 |
| **자연살해세포** | 감염된 세포 혹은 암세포를 파괴하는 백혈구 |
| **비만세포** | 히스타민을 방출하는 결합조직 세포; 염증반응에 중요한 역할 수행 |
| **B 세포** | 항체를 생산하는 림프구(백혈구의 한 유형) |
| 기억 B 세포 | 추후 같은 항원의 침입에 대한 면역을 제공하는 B 세포의 딸세포 |
| 형질세포 | 혈류로 항체를 분비하는 B세포의 딸세포 |
| **T 세포** | 면역반응을 조절하거나 감염된 세포 혹은 암세포를 죽이는 림프구(백혈구의 한 유형) |
| 세포독성 T 세포 | 감염된 세포 혹은 암세포를 파괴하는 T 세포 |
| 보조 T 세포 | B 세포와 세포독성 T 세포의 면역반응을 자극하는 T 세포 |
| 기억 T 세포 | 추후 같은 항원의 침입에 대한 면역을 제공하는 세포독성 혹은 보조 T 세포의 딸세포 |
| 조절 T 세포 | 자신의 세포나 분자에 대한 면역 공격을 억제하는 T 세포; 자가면역질환을 막는데 중요한 역할 수행 |

## 무척추동물은 비특이적 방어선을 갖추고 있다

무척추동물은 비특이적 외부 장벽과 비특이적 내부 방어에 의해서만 보호된다. 다양한 무척추동물은 외골격부터 다양한 점액성 분비물까지 거대한 범위의 물리적 장벽을 갖추고 있다. 내부적으로는, 병원체를 공격하며 침입자와 그들의 독성을 중화하는 단백질을 분비하는 백혈구를 가지고 있다.

이 장의 나머지 부분에서는 포유동물, 특히 사람의 항미생물 방어에 초점을 맞추고자 한다.

### CHECK YOUR LEARNING

- "미생물"과 "병원체"의 단어를 비교하고 대조할 수 있는가?
- 척추동물과 무척추동물에서 방어 체계를 설명할 수 있는가?

## 37.2 비특이적 방어는 어떻게 일어나는가?

질병에 대한 이상적인 방어는 첫 번째 관문에서 신체 내로 침입자가 들어오는 것을 막는 피부나 점막 같은 장벽이다. 만약 이런 장벽이 파괴되면, 신체는 다양한 침입 미생물을 죽일 수 있는 여러 가지 비특이적 내부 방어를 가진다.

## 피부와 점막은 침입에 대한 외부 장벽을 형성한다

첫 번째 방어선은 환경에 직접적으로 노출되어 있는 표면이다: 피부와 소화관, 기도, 비뇨생식관의 점막.

### 피부, 피부 분비물, 그리고 무해한 미생물은 병원체의 침입을 제한한다

사람 피부의 외부 표면은 머리카락이나 손톱과 비슷한 단백질로 채워진 건조하고 죽은 세포로 구성되어 있다. 피부는 땀샘과 피지샘에서 분비되는 분비물에 의해 보호된다. 이런 분비물에는 다양한 세균과 곰팡이의 성장을 억제하는 젖산과 같은 천연 항생물질들이 포함되어 있다. 더욱이, 피부는 기름이 많은 부위(두피, 얼굴, 코), 습한 부위(팔꿈치 안쪽, 발가락 사이), 그리고 건조한 부위(대부분의 신체 나머지 부위)를 포함하여 여러 가지 미생물들의 서식지이다. 이러한 서식지에서 무해한 미생물들은 흔히 병원 미생물의 성장을 억제하는 분비물을 생산한다. 그럼에도 불구하고, 피부에는 *Streptococcus*와 *Staphyrococcus*와 같이 잠재적으로 위험한 미생물 집단이 상주하고 있다. 그러나 철저한 개인 위생관리로 그들의 수를 현저히 줄일 수 있으며, 상처가 없는 피부를 통해서는 미생물이 조직 아래로 거의 침투할 수 없다.

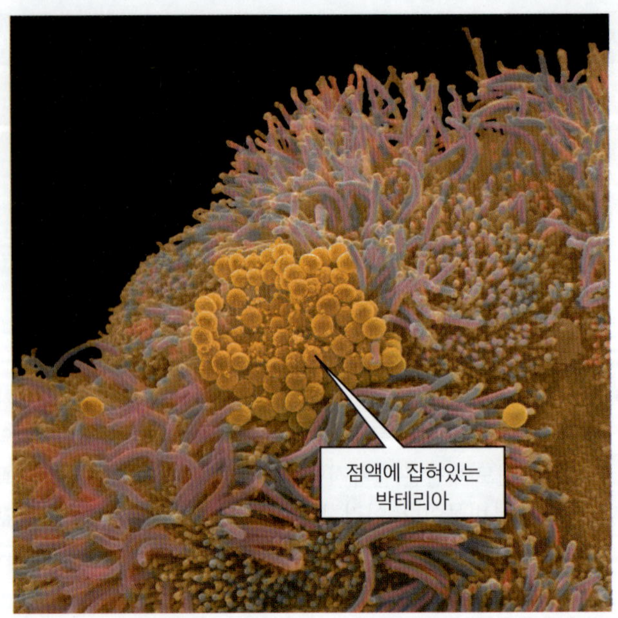


▲ **그림 37-2 점액의 보호 기능** 점액은 호흡기관에 있는 미생물과 그들의 찌꺼기를 잡는다. 컬러 현미경 사진에서, 박테리아는 섬모 꼭대기 점액에 붙어있다. 섬모는 점액과 박테리아를 몸 밖으로 배출한다.

### 점액, 항균 단백질, 그리고 섬모운동은 미생물로부터 점막을 보호한다

점막은 점액을 분비하여 코나 입을 통해 들어오는 미생물을 붙잡는다(**그림 37-2**). 더욱이 점액은 세포벽을 소화시켜 세균을 죽이는 라이소자임(*lysozyme*)과 세균의 막에 구멍을 내는 디펜신(*defensin*)과 같은 항균성 단백질을 포함한다. 마지막으로 점막의 섬모들은 먼지와 미생물들을 쓸어 모아 기침이나 재채기를 통해 외부로 배출하거나 삼켜진다.

만약 미생물을 삼키게 되면, 이들은 위로 들어가고 그 곳에서 미생물에 치명적인 단백질 소화효소와 위산을 만난다. 소화관을 지나, 장에는 인체에 무해하나 침입한 세균과 곰팡이를 파괴할 수 있는 물질을 분비하는 세균들이 있다. 여성의 경우, 산성 분비물과 점액이 질을 보호한다. 마지막으로 눈물, 배뇨, 설사, 그리고 구토와 같이 체내에서 분비되는 물질들은 침입자의 배출을 돕는다.

## 선천성 면역반응은 침입한 미생물과 비특이적으로 싸운다

피부 상처를 통해 침입하는 것과 같이 외부 장벽을 통과한 병원체는 세 가지 형태의 비특이적 선천성 면역반응과 만나게 된다: (1) 식세포와 자연살해세포를 포함한 백혈구에 의한 방어, (2) 염증반응, 그리고 (3) 열.

### 식세포와 자연살해세포는 침입한 병원균을 파괴한다

신체는 침입자를 파괴하고 공격하는 데 특화된 **백혈구**(혹은 **leukocytes**) 상비군을 갖추고 있다. **식세포(phagocyte)**라고 부르는 한 그룹은 식세포작용(*phagocytosis*)을 통해 외부 침입자를 삼킨다(5장 참조). 세 가지 중요한 식세포에는 **대식세포(macrophages**, 문자 그대로 "대식자"), **호중구(neutrophils)**, 그리고 **수지상세포(dendritic cells)**가 있다. 이들 세포는 혈액을 따라 이동하면서 모세혈관벽을 뚫고 나가 각 신체조직을 순찰한다(**그림 37-3a**). 그 곳에서 그들은 피부와 점막을 통해 침투한 세균과 외부 물질을 소화한다(**그림 37-3b**). 후에 논의하겠지만, 수지상세포와 대식세포는 후천성 면역반응에서도 중요한 역할을 한다.

백혈구의 또 다른 유형의 세포인 **자연살해세포(natural killer cell)**는 유해한 바이러스에 대한 비특이적 방어를 수행하는 역할을 한다. 바이러스는 체세포에 침입한 후 침입한 세포의 대사 과정

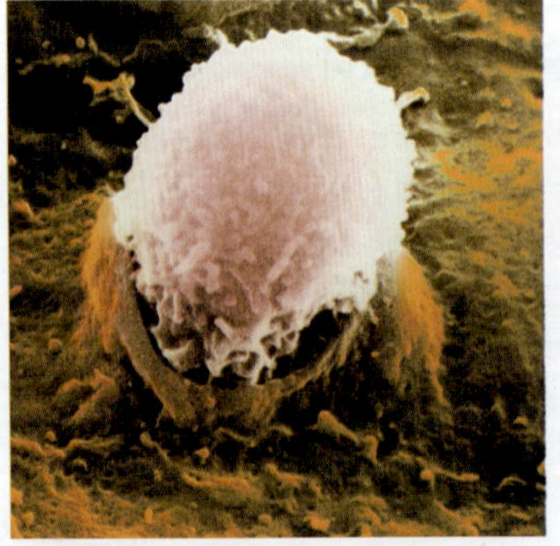

(a) 대식세포가 모세관에서 상처로 들어가고 있다.

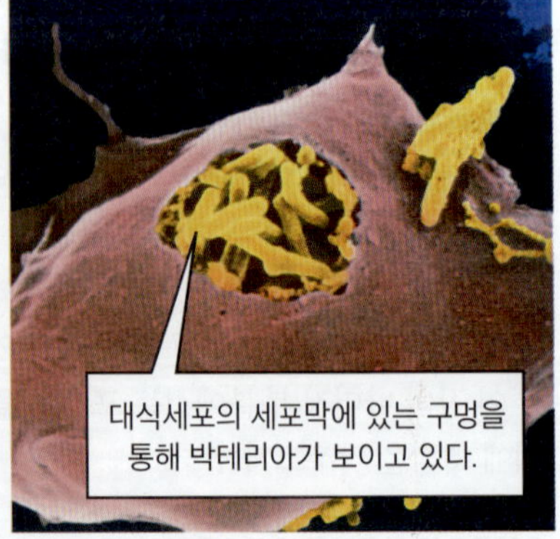


(b) 대식세포는 박테리아를 포식하여 그들을 소화한다.

▲ **그림 37-3 대식세포의 공격** 대식세포의 세포막에 있는 구멍을 통해 박테리아가 보이고 있다.

을 이용하여 더 많은 바이러스를 생산한다(그림 14-2 참조). 자연살해세포는 바이러스가 복제되고 다른 세포에 전파되기 전에 감염된 세포를 파괴한다. 따라서 자연살해세포는 바이러스에 의해 신체가 더 많은 손상을 입기 전에 바이러스 감염을 중지시킬 수 있다(유해한 바이러스의 예, 653쪽 "Health Watch: 치명적인 바이러스 출현" 참조). 자연살해세포는 식세포 기능이 없으나, 그대신 바이러스가 감염된 세포막에 구멍을 내는 단백질을 분비하여 천공을 형성한 후, 천공을 통하여 효소를 분비한다. 공격을 받은 세포는 곧 죽게 된다.

자연살해세포가 어떻게 건강한 세포로부터 바이러스에 감염된 세포를 구별할 수 있는가? 정상적인 체세포 표면에는 **주조직적합성복합체(major histocompatibility complex, MHC)**라 불리는 일련의 단백질들이 발현된다. MHC 단백질은 종마다 다르며, 같은 종 내에서도 개체마다 다르다. 따라서 사람마다 갖고 있는 MHC 단백질은 고유하며(동일한 MHC 단백질을 갖는 일란성 쌍둥이를 제외하고), 자신의 세포를 "자기"로 인식한다. 자연살해세포는 신체를 순찰하며, 그들이 만나는 자기 세포가 아닌 모든 "비자기" 세포들을 죽인다. 바이러스에 감염된 세포는 MHC 단백질이 결여되어 있어 그들은 자연살해세포에게 비-자기처럼 인식된다.

대부분의 암세포는 MHC 단백질이 결여되어 있거나 변형된 MHC 단백질을 갖는다. 따라서 자연살해세포에 의해 비-자기로 인식되고, 바이러스 감염 세포와 동일한 방법으로 파괴된다.

### 염증반응은 상처 혹은 감염조직으로 식세포를 유인한다

조직손상과 침입 미생물이 혼재하는 상처는 **염증반응(inflammatory response)**을 유발하며, 이는 상처 부위로 식세포를 유인하고 상처 부위에 장벽을 만들어 신체의 나머지 부위로부터 감염조직을 분리시킨다. 염증반응은 손상된 조직에 발열, 발적, 부종, 통증(*inflame* 문자 그대로 의미 "불 지르기")을 수반한다.

전형적인 염증반응은 세포를 손상시키고 세균이 침투될 수 있는 상처가 생겼을 때 시작된다(그림 37-4 ①). 손상된 세포는 화학물질을 분비하고, 이러한 화학물질은 결합조직에 존재하는 **비만세포(mast cells)**를 자극하여 **히스타민(histamine)**과 다른 화학물질들을 방출하도록 한다②, ③. 히스타민은 소동맥 주위를 감싸고 있는 평활근을 이완시켜 혈류 속도를 증가시키며 모세혈관벽의 투과력을 증가시킨다④. 투과력이 증가된 모세혈관을 통해 과잉의 혈액이 상처 부위로 흘러나온다. 따라서 히스타민이 염증반응의 발적, 발열, 그리고 부종의 원인임을 설명할 수 있다. 상처난 세포와 비만세포에 의해 분비된 화학물질과 침투된 미생물이 분비한 일부 물질들은 대식세포와 다른 종류의 백혈구를 유인한다. 이들은 투과력이 증가된 모세혈관벽을 빠져 나와 세균, 먼지, 그리고 세포성 잔해물을 섭취한다⑤. 어떤 경우에는 염증이 죽은 세균, 그

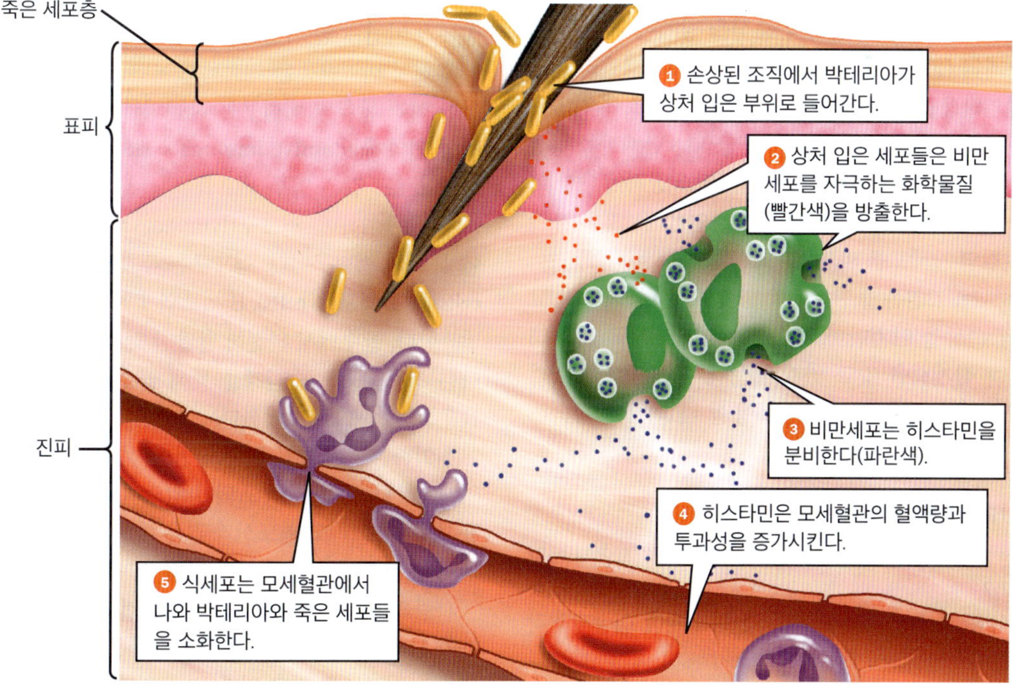


▲ **그림 37-4 염증 반응**

**비판적 사고** 염증반응이 발생하면 체액이 모세관에서 누출되어 조직이 팽창하게 된다. 어떤 상황에서 이것이 위험하며, 심지어 생명을 위협할 수 있을까?

들의 잔해, 그리고 살아있거나 죽은 백혈구의 걸쭉하고 희끄무레한 혼합물인 고름의 축적을 야기한다.

상처난 세포가 분비하는 다른 화학물질은 혈액을 응고시킨다(33장 참조). 혈전은 손상된 혈관을 막고 혈액 손실을 감소시키며 혈류를 통해 유입되는 미생물을 차단한다. 부종과 손상된 세포에서 분비되는 일부 화학물질은 통증을 야기하며, 이는 일반적으로 더 큰 손상 가능성을 감소시키는 일종의 보호 반응으로 이어진다.

### 열은 대규모의 감염과 싸운다

만약 침입자가 숙주의 방어 메커니즘을 돌파하고 심각한 감염을 초래한다면, 숙주는 미생물의 증식을 억제하고 신체 자신의 투쟁 능력을 증가시키는 **열(fever)**을 유발할 것이다. 열 발생은 신체의 온도 조절 장치인 온도 감수성 신경세포를 가지는 뇌의 시상하부에 의해 조절된다. 사람의 경우, 온도 조절 장치는 약 97~99°F(약 36~37℃)에 맞춰져 있다. 감염에 반응하는 대식세포뿐만 아니라 특정 유형의 세균은 발열인자(*pyrogens*; 문자 그대로 불 생산자")라 불리는 화학물질을 생산한다. 발열인자는 혈류를 타고 시상하부로 이동하여 온도조절계의 정점(set point)을 올린다. 신체는 증가된 지방대사(더 많은 열을 생산), 피부로 공급되는 혈관의 수축(피부를 통한 열 손실 감소), 그리고 오한과 같은 행위(열 생산)를 초래한다.

열은 어떻게 감염과 싸울까? 증가된 체온은 식세포성 백혈구의 활성을 증가시키며 동시에 일부 유형의 세균 증식을 감소시킨다. 철의 고갈은 열 발생과 더불어 세균의 증식을 방해한다. 한편 열은 후천성 면역계의 세포를 보다 빠르게 증식시키고, 서둘러 효과적인 후천성 면역반응을 시작한다. 열은 또한 바이러스에 감염된 세포를 자극하여 인터페론(interferon)이라 불리는 단백질을 생성하며, 이 단백질은 다른 세포에 작용하여 바이러스 공격에 대한 이들의 저항성을 증가시킨다. 인터페론은 또한 자연살해세포를 자극하여 바이러스-감염 체세포를 파괴한다.

다른 한편으로는, 고열은 불편하고 위험할 수 있다: 과도한 고열은 드물게 뇌 손상을 야기한다. 열은 도움이 될 수도 있고 해가 될 수도 있는 잠재력을 갖고 있기 때문에 아스피린, 아세타미노펜, 이부프로펜과 같은 해열제를 복용할 때 의사와 상의해야 한다.

#### CHECK YOUR LEARNING

- 감염에 대한 외부 장벽이 어떻게 기능하고 왜 비특이적인지 설명할 수 있는가?
- 선천성 면역반응의 주된 구성 요소가 무엇이 있으며, 어떻게 각각이 미생물 침입과 싸우는지 설명할 수 있는가?

#### CASE STUDY CONTINUED

#### 살을 파먹는 박테리아

만약 식세포가 점막이나 상처로 들어간 대부분의 종의 박테리아를 죽일 수 있다면, 어떻게 감염이 헨슨을 죽이거나 코플랜드의 조직을 파괴시킬 수 있었을까? 화농연쇄상구균과 치명적인 종인 하이드로필라는 식세포가 외부 항원으로 인식하지 못하는 다당류 캡슐로 둘러 쌓여있다. 그 결과, 식세포는 이러한 박테리아를 공격하지 못한다. 만약 이러한 비특이적 방어가 실패한다면, 후천성 면역반응이 개입될 수 있는가?

## 37.3 특이적 내부 방어의 주된 구성 요소는 무엇인가?

만약 비특이적 방어가 파괴되면, 우리 몸에서는 체내에 성공적으로 정착한 특정 병원체를 향해 매우 특이적이고 조직적인 반응을 시작한다. 후천성 면역반응의 기본적 특징은 그리스 역사학자인 투키디데스에 의해 2000년 전보다 훨씬 더 이전에 인지되었다. 그는 질병에 걸린 사람이 그 질병으로부터 회복되면 다시는 동일한 질병에 걸리지 않는다는 것을 관찰하였다—즉 면역이 된 것이다. 예외 없이 하나의 특정 질병에 대한 면역반응은 다른 질병에 대해서는 방어하지 못한다. 따라서 후천성 면역반응은 하나의 특정 미생물을 공격하며, 이를 극복하게 되면 다른 종류가 아닌 동일 미생물에 대한 추후의 방어 체계를 제공한다.

후천성 면역반응은 대식세포, 수지상세포, 그리고 림프구를 포함한 여러 종류의 백혈구들 사이의 상호작용으로 이루어지며, **후천성 면역계(adaptive immune system)**를 형성한다. 대식세포와 수지상세포 같은 일부 세포들은 선천성 그리고 후천성 면역반응 모두에 관여하며, **림프구(lymphocyte)**는 오직 후천성 면역반응에 특화된 백혈구이다. 림프구는 두 가지 종류가 있다: **B 세포(B cells)**와 **T 세포(T cells)**. B 세포와 T 세포는 골수 줄기세포로부터 발생한다. 골수에서 완전히 발달한 딸세포는 B(뼈의) 세포가 된다. 다른 전구세포는 순환계를 통해 골수로부터 흉선으로 이동하여 T(흉선의) 세포로 발달한다.

침입하는 미생물을 신체 전반에 걸쳐 순찰하기 위해 후천성 면역계는 신체 전반에 분포되어 있으며, 특히 골수, 림프관, 림프선, 흉선, 비장, 그리고 편도선과 같은 특화된 결합조직을 포함한 신체의 특정 부위에 밀집해 있다(**그림 37-5**).

사람의 몸에는 약 500개의 **림프절(lymph nodes)**이 림프관을 따라 산재되어 있다. 림프절은 림프가 흐르는 좁은 관에 많은 대식세포와 림프구를 갖고 있다. 병에 걸렸을 때 "부어오른 선"을 유발하는데 그것은 사실상 백혈구, 세균, 죽은 세포의 찌꺼기, 액체 성분에 의해 림프절이 부은 것이다. **흉선(thymus)**은 흉골 밑, 심장의 조금 위에 위치한다. 신생아와 어린아이들에게는 꽤 크게 나타되

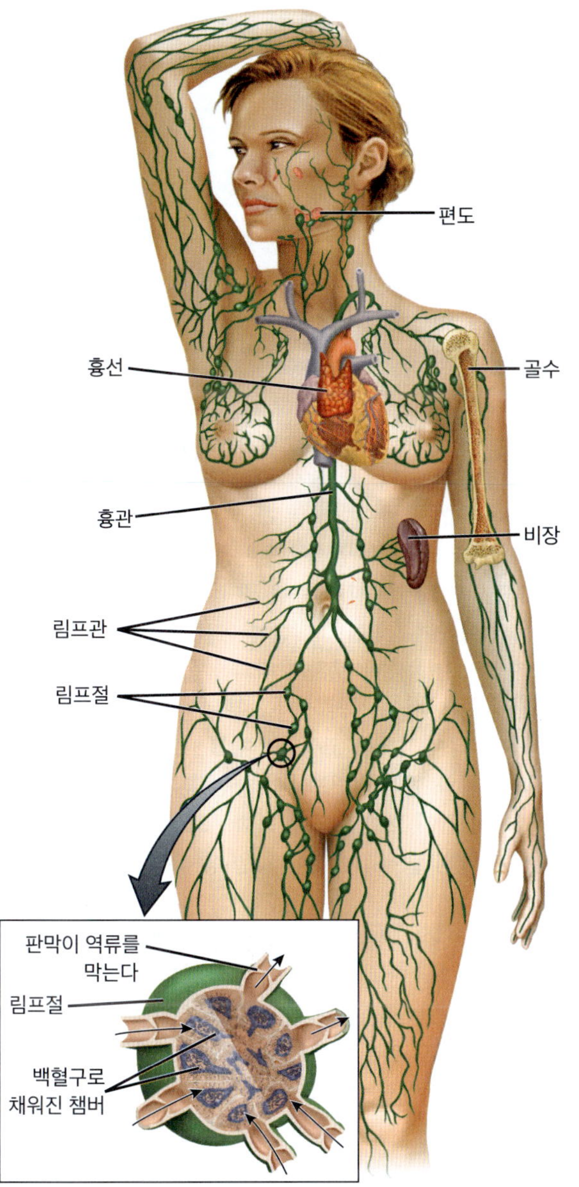


▲ **그림 37-5 림프계는 많은 면역계를 포함한다** 면역계의 세포들은 골수에서 형성되고, 골수나 흉선에서 성숙한다. 대부분의 성숙한 면역세포는 림프절 또는 비장에 존재한다. 림프액이 림프절을 통과함에 따라 대부분의 미생물 침입자가 공격을 받고 죽게 된다.

지만, 사춘기를 지나면서 줄어들기 시작한다. **비장(spleen)**은 복강의 왼쪽 옆에 위치한 주먹만한 크기의 기관으로, 위와 횡격막 사이에 존재하며 혈액을 여과하여 미생물이나 노쇠한 적혈구를 백혈구에 노출시켜 그들을 파괴한다. **편도선(tonsils)**은 인두(목구멍의 가장 윗부분, 그림 34-7 참조) 주변에 고리 모양으로 위치하여 입을 통해 체내로 들어온 미생물을 수집하기 용이하다. 편도선에서 대식세포와 다른 백혈구는 직접적으로 침입한 많은 미생물을 파괴하고 후천성 면역반응을 유발한다. 어떤 종류의 면역세포는 점막 특히 기도, 소화관, 그리고 질벽을 따라 얇고 넓게 분포한다.

많은 종류의 단백질도 후천성 면역반응에 관여한다. 예를 들어, 이들은 대식세포와 림프구를 포함한 다양한 세포들에 의해 생산되는 많은 종류의 **사이토카인(cytokine)**이다. 사이토카인은 세포들 간의 의사소통에 관여한다. 그들의 기능은 면역반응동안 림프구의 분열을 자극하고, 염증반응을 활성화시키며, 바이러스 감염에 대한 세포의 저항성을 강화시키는 것을 포함한다. B 세포와 그들의 자손 세포에 의해 생산되는 단백질인 **항체(antibodies)**는 면역계기 침입한 미생물을 인식하고 파괴하는 것을 돕는다. 비록 항체는 후천성 면역반응의 일부이지만, 몇몇 사이토카인과 보체단백질은 선천성과 후천성 면역반응 모두에 관여한다.

모든 후천성 면역반응은 동일한 세 가지 단계로 구성되어 있다. 첫째, 림프구는 침입한 미생물을 인식하고 비자기로 식별한다. 둘째, 그들은 공격을 가하고, 셋째, 동일한 미생물에 의한 재감염을 방지하기 위해 침입자를 기억한다.

**CHECK YOUR LEARNING**

- 후천성 면역반응을 설명하고 어떻게 그들이 선천성 면역반응과 다른지 설명할 수 있는가?
- 후천성 면역반응의 주된 구성 요소가 무엇이 있으며, 어떻게 각각이 기능하는지 설명할 수 있는가?

## 37.4 후천성 면역계는 어떻게 침입자를 인식하는가?

후천성 면역계가 침입자를 어떻게 인식하고 반응을 시작하는지 이해하기 위해서 우리는 세 가지 질문에 답해야 한다: (1) 림프구가 어떻게 외부 세포와 분자를 인식하는가? (2) 림프구가 어떻게 수없이 많은 종류의 세포와 분자에 대해 특이적 반응을 발휘할 수 있는가? (3) 림프구가 어떻게 자신의 세포나 분자를 침입자로 인식하여 반응하는 실수를 피하는가?

### 후천성 면역계는 침입자의 복잡한 분자를 인식한다

후천성 면역반응을 시작할 수 있는 크고 복잡한 분자 – 일반적으로 단백질, 다당류, 그리고 당단백질 – 는 항체-생성 분자의 줄임말인 **항원(antigen)**으로 불린다. 항원은 흔히 침입한 세균, 곰팡이, 또는 다른 미생물의 표면에 존재한다. 많은 바이러스 항원은 감염된 체세포의 원형질막 안으로 유입된다. 또한 바이러스 혹은 세균을 삼킨 섭취한 수지상세포나 대식세포는 원형질막에 미생물의 항원을 제시한다. 세균이 분비하는 독소와 같은 항원은 혈장, 림프, 또는 세포외액에 용해된다.

하지만 항원이 침입한 미생물이나 독소에만 한정되는 것은 아니다. 자신의 세포 분자를 포함한 크고 복잡한 어떠한 유기분자들도 항원으로 인식되어 후천성 면역반응을 유발할 수 있다. 만약 여러분의 신장을 다른 사람에게 수여한다면, 당신의 신장에 있는 항원은 수여자에서 면역반응을 일으킬 것이다. 매우 신중한 조직 적합성 검사와 면역계를 억제하는 약제의 사용 없이는 수여자의 후천성 면역반응은 이식된 조직을 공격할 것이다.

## 항체와 T-세포 수용체는 항원에 대한 면역반응을 유발한다

림프구는 특정 항원과 결합하여 면역반응을 유발하는 두 가지 유형의 단백질을 생산한다: 항체와 T-세포 수용체.

항체는 B 세포와 그들의 자손 세포에 의해 생성된다. 항체는 두 쌍의 펩타이드: 한 쌍의 동일한 큰(중) 사슬과 한 쌍의 동일한 작은(경) 사슬(**그림 37-6**)로 구성된 Y 모양의 단백질 분자이다. 중사슬과 경사슬 모두 각 항체마다 차이를 갖는 **가변부위(variable region)**와 주어진 범주 내 모든 항체에서 동일한 **불변부위(constant region)**로 구성되어 있다(아래 참조).

경사슬과 중사슬은 결합하여 항체의 두 가지 기능적인 부분: Y 모양의 "팔"과 "지지대" 을 형성한다. 팔의 끝에 위치한 가변부위는 항원이 결합하는 결합 부위를 형성한다(그림 37-6 참조). 각각의 결합 부위는 특정한 크기, 모양, 그리고 전하를 띠고 있어 오직 특정 분자하고만 맞으며 결합한다. 결합 부위는 매우 특이적이어서 각각의 항체는 오직 소수의 그리고 매우 유사한 종류의 항원과 결합할 수 있다. 모든 B 세포는 서로 다른 가변부위를 갖는 그들 각각의 고유 항체를 생산한다.

Y의 지지대는 중사슬의 불변부위로 구성된다. 지지대는 항체의 위치(예를 들면, B 세포 표면 또는 모유로의 분비)와 면역반응에서 그들의 역할을 결정한다. 항체의 다섯 가지 주된 유형에는 약어로 IgD, IgM, IgG, IgA, 그리고 IgE가 있으며, 이들은 위치와 기능에 차이가 있다. IgM과 IgD 항체는 B 세포 표면에 결합되어 있다. B 세포 표면에 존재하는 IgM 혹은 IgD 항체에 항원이 결합하면, B 세포의 증식을 초래한다. IgG 항체는 혈액, 림프액, 그리고 간질액에서 발견되는 가장 흔한 형태이며 실제로 침입한 미생물을 파괴하는 주요 항체이다. IgG 항체는 태반을 통과하여 질병으로부터 발달중인 태아를 보호한다. IgA 항체는 소화기 및 호흡기의 표면에서 분비되어 타액 및 모유에 존재하며, 입과 코를 통해 들어오는 침입자에 대항하고, 면역체계가 아직 완전히 발달되지 않은 신생아에게 임시 방어를 제공한다. IgE 항체는 알레르기 반응에 관여한다.

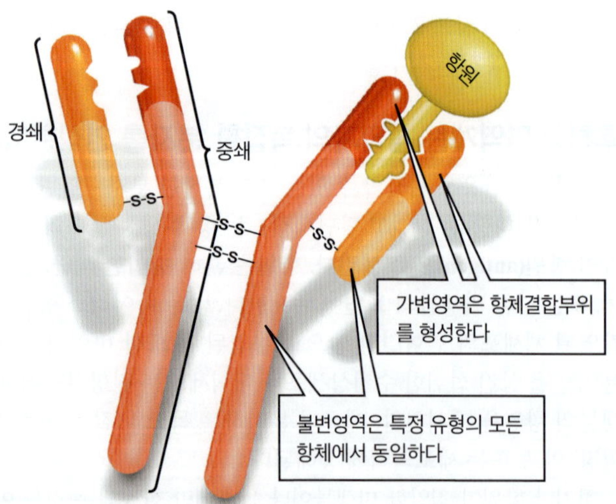


▲ **그림 37-6 항체의 구조** 항체는 두 쌍의 펩타이드 체인(경쇄 및 중쇄)으로 구성된 Y형 단백질이다. 불변 영역은 Y의 줄기를 형성한다. 2개의 사슬상의 가변 영역은 Y의 팔 말단에서 특정 결합부위를 형성한다. 다른 항체들은 다른 가변 영역을 가지며, 독특한 결합부위를 형성한다.

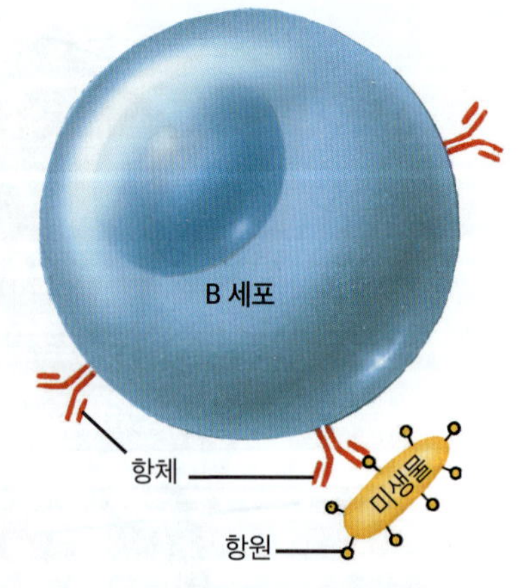


▲ **그림 37-7 B 세포 표면에 있는 항체가 침입 미생물의 항원에 결합한다.**

후천성 면역반응에서 항체는 두 가지 기능을 수행한다: (1) 외부 항원을 인식하여 침입자에 대한 반응을 촉발하고, (2) 침입 세포 또는 항원에서 유래한 분자의 파괴를 돕는다(37.5에서 설명). 항체의 인식기능에서 항체의 지지대 부위는 그들을 생산하는 B 세포의 원형질막에 그들을 고정시키며, B 세포의 두 팔은 B 세포로부터 뻗어 나와 혈액과 림프에서 항원 분자를 수집한다(**그림 37-7**). 항체의 팔이 호환이 되는 화학구조를 갖는 항원과 만날 때, 항원은 항체의 팔에 결합한다. 항원-항체 결합은 B 세포의 분열을 자극한다.

T 세포는 항원을 인식하고 결합하는 **T 세포 수용체(T-cell receptor)**라 불리는 단백질을 갖고 있다. 모든 T 세포는 각기 다른 T 세포 수용체를 생산한다. 항원 결합 부위를 형성하는 가변부위는 세포 표면으로부터 돌출되어 있다. 항원이 T 세포 수용체에 결합할 때, T 세포는 T 세포 종류에 따라 다양하게 활성화된다.

## 후천성 면역계는 수백만 가지의 항원을 인식한다

우리는 일생 동안 수없이 많은 침입자에 의해 공격받으며 살고 있다. 반 친구의 재채기는 당신이 호흡하는 공기에 플루 바이러스를 노출시킬 수 있다. 섭취하는 음식은 세균이나 곰팡이를 포함하고 있을 수도 있다. 웨스트 나일 바이러스를 보유한 모기에 물릴 수도 있다. 다행히, 후천성 면역계는 수백만 가지의 잠재적으로 해로운 항원들을 인식하고 반응한다. 어떻게 이렇게 놀랄 만한 위업을 이룰 수 있는가?

B 세포와 T 세포는 그들이 생산하는 항체와 T 세포 수용체의 가변부위가 체내에 침입한 항원에 꼭 맞도록 설계하지 않는다. 대신 B 세포와 T 세포는 수백만 가지의 항체와 T 세포 수용체를 무작위로 합성한다. 항상 인체는 수억 가지 이상의 서로 다른 항체와 그 이상의 T 세포 수용체를 갖고 있다. 이런 방대한 항체와 수용체 집합체는 단순히 기다리고 있는 것이다. 백화점에 걸린 옷들을 상

# 치명적인 바이러스의 출현

바이러스성 질병은 수천 년 동안 인류를 괴롭혀왔다 – 이집트 파라오 람세스 5세(Pharaoh Ramses V)를 포함하여 적어도 3,000년 전의 이집트 미라에는 얼굴에 천연두 흉터가 있는 것으로 보인다. 그러나 최근 수십 년 동안 인간면역결핍바이러스(HIV), 웨스트 나일, 지카, 조류 및 돼시독감, 에볼라 등의 치명적인 바이러스가 무서운 빈도로 출현하고 있다.

## 에볼라

에볼라 바이러스 질병의 첫 사례는 1976년 적도 아프리카에서 발생하여 602명이 감염되었고, 그들 중 70%가 사망하였다. 아프리카에서는 수십 년 동안 산발적인 작은 질병들이 발발하였다. 그런 다음 2014년에 에볼라는 약 40%의 사망률을 보이며 수만 명을 감염시키는 전염병으로 커지게 되었다.

에볼라 바이러스는 면역계를 피하고 중요 장기들을 손상시키기 때문에 매우 치명적이다. 일반적으로 바이러스가 신체에 침입하면 다음과 같은 선천성 면역반응 단계가 진행된다. 바이러스에 감염된 세포는 인터페론을 분비하여 아직 감염되지 않은 다른 세포의 내성을 증가시킨다. 그러나 에볼라는 감염된 세포가 인터페론을 생산하는 능력과 건강한 세포가 적절하게 반응하는 능력을 감소시킨다. 에볼라는 또한 후천성 면역반응을 방해한다. 대부분의 바이러스성 질병에서 바이러스에 감염된 세포는 대식세포와 수지상세포에 대해 항원을 표시하여 후천성 면역반응을 시작한다. 그러나 에볼라는 대식세포와 수지상세포를 감염시킨다. 이들 세포는 후천성 면역반응을 유도하는 대신 더 많은 에볼라 바이러스를 생성하도록 지휘된다(**그림 E37-1a**). 이러한 바이러스의 홍수는 B 세포 및 T 세포를 감염시키고, 이들을 사멸시켜 후천성 면역반응을 추가로 감소시킨다.

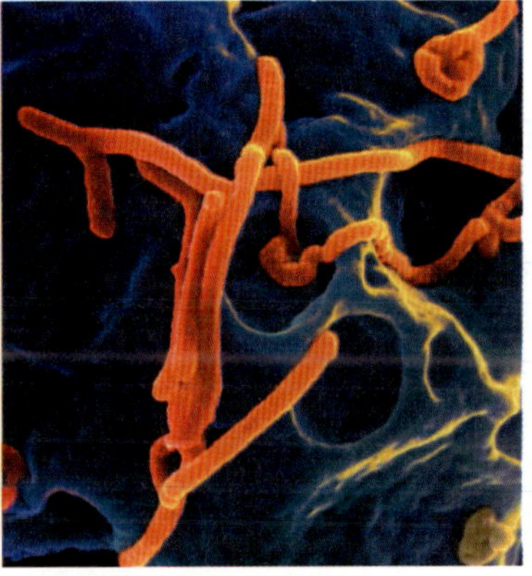

(a) 에볼라 바이러스

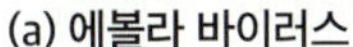

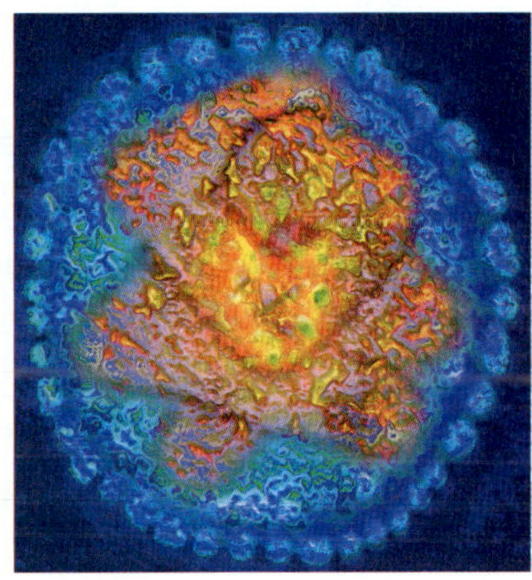

(b) 조류 바이러스

▲ **그림 E37-1 치명적인 바이러스** (a) 에볼라 바이러스: 감염된 세포로부터 방출되는 에볼라 바이러스(빨간색). (b) 조류 바이러스: 조류바이러스의 외막에 있는 "구슬"은 바이러스가 숙주세포로 들어오고 나갈 수 있도록 돕는 단백질이다.

한편, 급속도로 증가하는 바이러스는 신체의 거의 모든 세포를 감염시킨다. 혈관 내막을 형성하는 세포는 죽어 혈관이 누출된다. 상황을 악화시키기 위해 에볼라 감염도 점차 혈액 응고를 막는다. 그 결과, 혈관 시스템에 치명적인 문제가 발생한다: 혈관을 감싸는 세포가 점점 더 많이 죽으면, 혈관은 응고로 막을 수 없는 더 많은 혈액 누출을 일으킨다. 혈액이 너무 새어 내외부적으로 피를 흘리게 된다.

결국 면역계는 감염에 반응하지만, 그 반응은 때때로 약화된 신체에 대한 죽음의 타격으로 다가올 수 있나: "사이토카인 폭풍". 면역세포는 너무 많은 사이토카인을 분비하여 압도적인 전신 염증반응을 일으킨다. 심한 구토와 설사도 발생한다. 그리고 이와 동시에 혈액과 다른 체액에 에볼라 바이러스가 가득하다. 이러한 체액과의 접촉은 친척, 간병인 및 의료진에게는 사형선고가 될 수 있다.

집중 치료를 받게 되면 많은 사람들이 에볼라로부터 회복될 수 있다. 항에볼라 항체를 포함한 그들의 혈액이 때때로 새로 감염된 피해자들을 위한 효과적인 치료제로 사용될 수 있다.

## 조류 및 돼지 독감

매년 겨울, 계절적인 인간 독감의 파도가 전 세계를 휩쓴다. 독감 바이러스는 호흡기 세포에 침입하여 세포 내부에서 증식한 다음 새로운 세대의 바이러스가 터져 나오면서 세포를 사멸시킨다. 독감은 기존 질병을 악화시키기도 하며, 면역체계가 약한 수만 명의 노인, 신생아, 또는 허약한 사람들을 사망하도록 한다. 매년 독감에 걸린 수백만 명의 건강한 성인 대부분이 호흡 곤란, 열 및 근육통을 겪지만 후천성 면역체계가 결국 바이러스를 극복하기 때문에 생존한다. 그들의 면역체계는 또한 다음 독감 시즌을 기다리는 기억세포를 생산한다.

독감 바이러스는 돌연변이율이 높기 때문에 바이러스가 해마다 변한다. 또한, 몇 년 동안, 일반적으로 다른 동물을 감염시키는 독감 바이러스가 사람들에게 돌연변이가 되고 감염될 때, 또는 인간과 조류 또는 돼지 바이러스의 유전자가 단일 바이러스에 결합될 때 근본적으로 새로운 독감이 발생한다. 현대 조류 독감(**그림 E37-1b**)은 1997년 홍콩에서 처음 등장했다. 보건 당국은 독감이 감염된 닭에서 비롯된 것으로 판단하여 정부는 홍콩의 모든 닭(약 150만 마리)을 죽이도록 지시했다. 그럼에도 불구하고 조류 독감이 전 세계로 퍼져 터키, 인도네시아 및 이집트와 같은 국가에서 사망자가 보고되었다. 감염된 사람의 약 60%가 사망했다.

다행히도 오늘날 조류 독감은 조류에서 사람으로 전염되는데 그리 효율적이지 않으며, 사람에서 사람으로 전염시키지 못하는 것 같다. 그러나 공중 보건당국은 바이러스가 개인 간 전염 가능성을 높일 수 있는 돌연변이를 획득할 수 있는 경우에 주의를 기울이고 있다.

H1N1 돼지 독감 바이러스는 인간, 조류 및 돼지 바이러스의 유전지 조합이다. 돼지 독감의 일부 균주는 매우 전염성이 있으며 치명적일 수 있다. 1918년에 돼지 독감은 전 세계적으로 5억 명이 감염되어 5천만 명이 사망했다. 현대 H1N1신종 인플루엔자 바이러스는 치명적이지 않으며 치사율이 0.1% 미만이다. 그럼에도 불구하고 2015~2016 독감 시즌에 미국의 질병통제예방센터(Centers for Disease Control and Prevention)는 H1N1 독감이 약 2,500만 명의 미국인을 감염시키고 11,000명 이상의 사람을 사망하게 하였다고 추정하였다.

**비판적 사고** 19세의 대학생인 마케일라(Makayla)는 학년 초에 학생 건강센터를 방문하여 지난 겨울 자신이 독감에 걸렸음을 고려했을 때, 올해 독감 백신이 왜 필요한지 의사에게 질문했다. 마케일라가 올해 독감에 다시 걸릴 수 있는 이유와 독감 백신을 접종해야 하는 이유 등 의사는 어떤 것을 조언해줄 수 있는가?

상해보라. 옷이 당신의 특정 체형에 맞게 디자인된 것이 아니라, 당신이 잘 맞는 옷을 고를 것이다. 이와 유사하게, 비록 항체와 T 세포 수용체가 특정 항원에 딱 맞게 합성되진 않지만, 침입한 항원은 거의 항상 최소 여러 개의 항체와 T 세포 수용체를 마주칠 것이며, 그들에 결합할 것이다.

### 후천성 면역계는 비자기로부터 자기를 구별한다

이미 설명하였듯이, 수없이 복잡한 분자를 제조하는 신체의 세포들은 다른 사람의 몸에서 면역반응을 유발할 수 있으며, 조직이식 거부반응을 예로 들 수 있다. 왜 당신의 몸에서 유래한 항원은 자신의 면역계를 자극하지 않는 것인가? 일반적으로는 자가-면역을 방지하는 중요한 두 가지 메커니즘이 있다: 면역세포 발달 과정 중 자기 항원의 지속적인 존재, 그리고 조절 T 세포에 의한 면역 조절.

B 세포와 T 세포는 골수에서 형성된 후 항원과 결합할 수 있으나, 아직 면역반응은 유발할 수 없다. 대신 이러한 미성숙 면역세포들이 항원과 결합하면 그들은 세포 사멸 혹은 프로그램화된 세포 죽음이라는 근본적인 세포성 자살을 경험하게 된다. 명백하게, 미성숙 면역세포들은 끊임없이 자신의 항원에 노출되기 때문에 "자기-반응" 항체 혹은 T-세포 수용체를 생산하는 거의 모든 B 세포와 T 세포는 그들이 성숙하기 전에 제거된다. 오직 외부 항원에 결합할 수 있는 항체 혹은 T-세포 수용체를 생산하는 B 세포와 T 세포는 보통 발달 과정 중에 이러한 항원을 만나지 않는다. 따라서 이들 "외부-반응" 세포들만 살아남고 성숙하여 이후 외부 항원이 침입할 때 면역반응을 유발할 수 있다.

그러나 면역세포의 발달 과정 중에 모든 자기-반응 B 세포와 T 세포가 제거되는 것은 아니다. 일부 살아남은 자기-반응 세포들은 T 세포의 한 유형으로, **조절 T 세포(regulatory T cell)**라고 불린다. 조절 T 세포는 자기-반응 림프구의 공격으로부터 우리 몸의 세포들을 방어한다.

#### CHECK YOUR LEARNING

- 체액성 면역과 세포-매개성 면역을 포함한 후천성 면역계가 작용하는 과정을 설명할 수 있는가?
- 왜 보조 T 세포가 후천성 면역반응에서 매우 중요한지 설명할 수 있는가?

## 37.5 후천성 면역계는 어떻게 침입자를 공격하는가?

수백 만개의 독특한 B 세포와 T 세포를 갖는 이점은 거의 모든 침입자가 일부의 항체와 T-세포 수용체에 결합할 수 있는 항원을 가지고 있기 때문에 후천성 면역반응을 유발할 수 있다는 점이다. 결점은 이러한 침입자를 인식할 수 있는 면역세포가 소수이기 때문에 침입자를 즉시 죽이기에 충분하지 않다는 점이다. 면역반응이 잘 일어나기 위해서는 반응하는 세포가 증식하고 분화해야 하며, 이 과정은 보통 1주 또는 2주가 소요된다. 그러는 동안, 면역반응의 발달이 미생물의 증식 속도를 따르지 못하여 체내 손상이 유발되면 아프게 되고 심지어 사망할 수도 있다.

침입 미생물을 마주하였을 때, 후천성 면역계는 동시에 두 가지 유형의 공격을 개시한다: 체액성 면역과 세포성 면역.

### 체액성 면역은 혈중 항체에 의해 수행된다

**체액성 면역(humoral immunity)**은 B 세포와 그들이 혈류로 분비하는 항체에 의해 수행된다(**그림 37-8**). 수백만 가지의 서로 다른 B 세포는 표면에 자신만의 특정 항체를 가지고 있다. 미생물이 체내로 침입했을 때, 몇몇 B 세포의 항체는 침입자의 항원에 결합할 수 있다❶. 항원-항체 결합은 이러한 B 세포가 빠르게 증식하도록 한다❷. 항원에 의해 "선택"된 B 세포는 증식하고 그 결과 선택된 B 세포와 유전적으로 동일한 딸세포 클론을 생산하기 때문에 이러한 과정을 **클론 선택(clonal selection)**이라 한다❸.

딸세포는 두 가지 유형의 세포로 분화한다❹: 기억 B 세포와 **형질세포(plasma cell)**. 기억 B 세포는 항체를 직접 분비하지 않는다. 그러나 우리가 곧 알게 되겠지만, 항체 생산을 자극하는 침입자에 대한 미래의 면역반응에 중요한 역할을 한다. 형질세포는 크기가 커지고 막대한 양의 항체를 합성할 수 있는 조면소포체로 채워져 있다. 이 항체들은 혈류로 분비된다❺(고대 그리스어로 피는 네 가지 "체액" 중 하나를 뜻하므로, 이러한 반응을 "체액성" 면역이라고 명명함). 분비된 항체는 원래의 어버이 B 세포 표면에 존재하는 항체와 동일한 항원 결합 부위를 갖는다.

#### 체액성 항체는 침입자에 대해 다양한 기능을 수행한다

혈액 내 항체는 세 가지의 주된 방식으로 침입 분자나 미생물과 싸운다. 첫째, 순환하는 항체는 외래 분자, 바이러스, 또는 세포에 결합하여 중화작용이라는 과정을 통해 그들을 무해하게 만든다. 예를 들어, 만약 뱀독의 독성효소의 활성부위에 항체가 결합하면, 그 독은 인체에 해를 입힐 수 없다(**그림 37-9a**). 많은 바이러스들은 바이러스 단백질이 숙주세포 표면의 특정 수용체 부위에 결합함으로써 세포 내로 들어간다. 이러한 바이러스 단백질에 항체가 결합하여 중화되면 바이러스는 세포 내로 들어갈 수 없다.

둘째, 항체는 침입 분자, 바이러스, 또는 세포 표면을 덮어 대식세포나 다른 식세포들이 쉽게 파괴하도록 한다(**그림 37-9b**). 항체의 "팔" 부분에 있는 가변부위가 침입 항원에 결합하고 항체의 "지지대" 역할을 하는 불변부위가 혈류나 세포외액 쪽으로 돌출되어 있음을 기억하라. 대식세포는 항체 지지대와 결합하고, 항체로 덮인 침입자를 에워싼 후 그들을 소화한다.

셋째, 항체가 미생물 표면의 항원에 결합할 때, 항체는 혈액 내에 항상 존재하는 보체단백질과 상호작용한다. 일부 보체단백질들은 미생물 세포막에 구멍을 뚫어 죽인다. 다른 보체단백질들은 침입자에 대한 식세포 작용을 용이하게 한다.

## 체액성 면역은 세포 외부의 침입자와 싸운다

항체는 쉽게 원형질막을 통과할 수 없는 커다란 단백질이기 때문에 세포 내로 들어갈 수 없다. 그러므로 체액성 반응은 일반적으로 혈액, 림프, 혹은 간질액과 같이 세포 외부에 존재하는 미생물 혹은 그들의 독소에 효과적이다. 세균과 세균 독소, 그리고 일부 곰팡이와 원생생물은 보통 체액성 면역반응에 취약하다. 바이러스는 세포 외부에 있을 때—예를 들어, 세포외액을 통해 세포에서 다른 세포로 퍼질 때—만 체액성 반응에 노출될 수 있으며, 바이러스가 세포 내에 있는 동안에는 항체의 공격으로부터 안전하다. 따라서 바이러스 감염에 대한 방어는 세포-매개 면역반응의 도움을 필요로 한다.

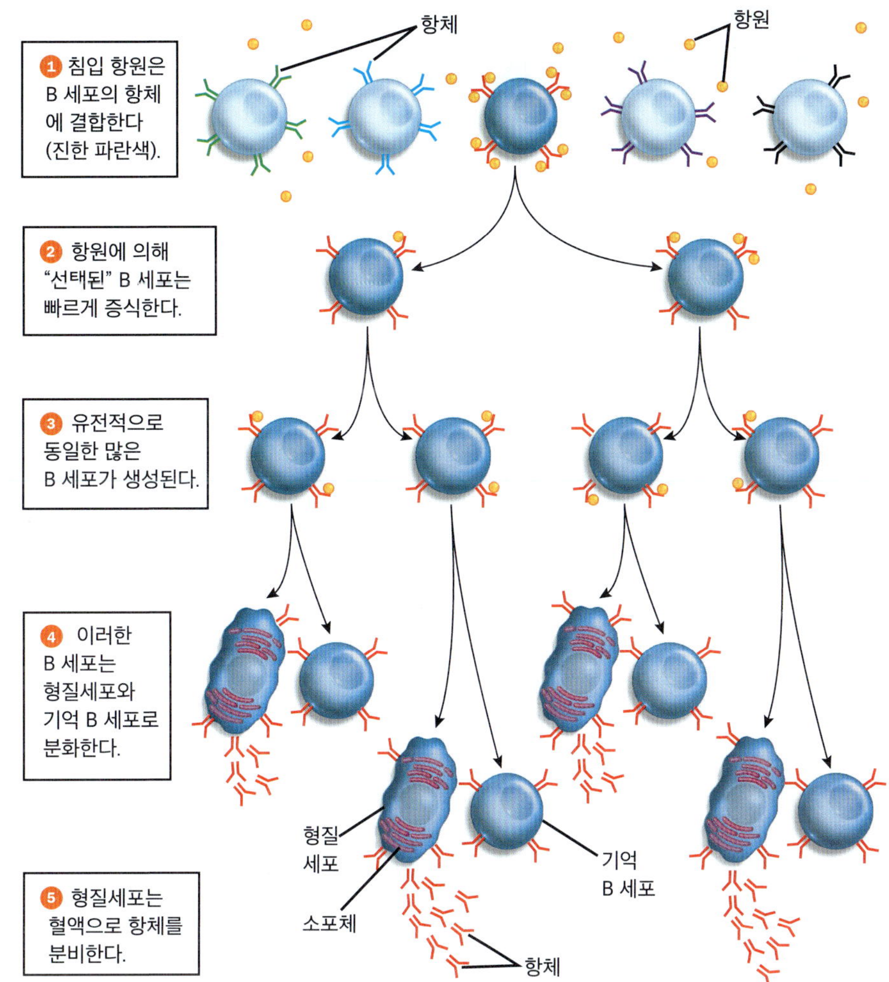


▲ 그림 37-8 침입 항원에 의한 B 세포의 클론 선택

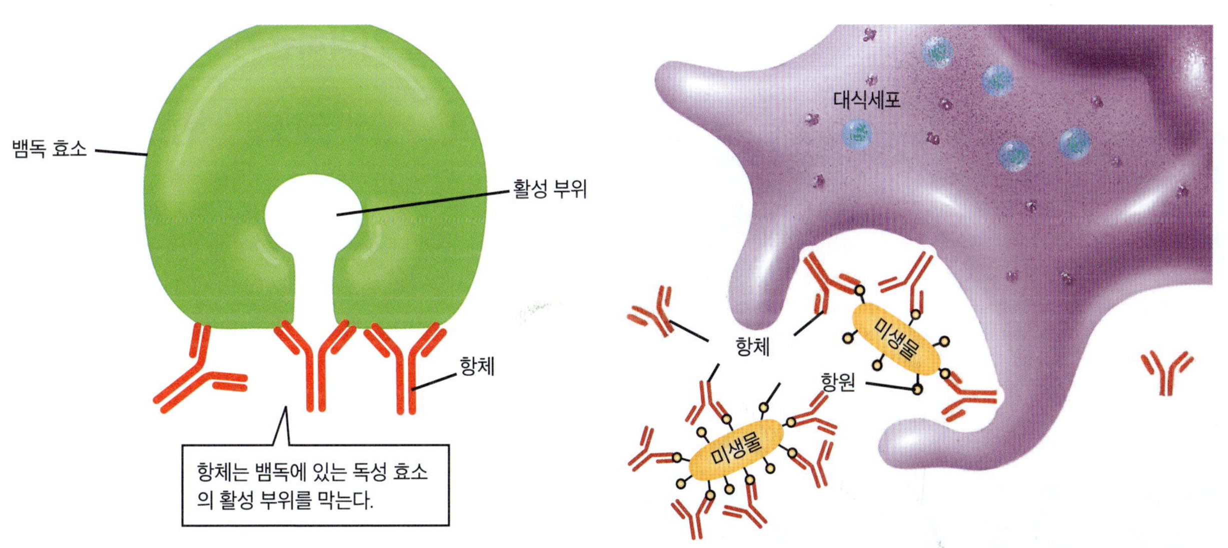


(a) 항체는 독성 물질의 활성 부위와 결합하여 그들을 중화시킨다.

(b) 항체는 미생물 표면에 있는 항원에 결합하며 대식세포에 의한 식균작용을 촉진한다.

▲ 그림 37-9 항체의 역할

CASE STUDY CONTINUED

### 살을 파먹는 박테리아

화농연쇄상구균과 일부 하이드로필라는 그들의 표면에 보체단백질의 결합을 억제하는 단백질을 발현하며, 따라서 보체에 의해 활성화되는 식세포작용으로부터 박테리아를 보호한다. 다행히도 형질세포에 의해 분비되는 항체들은 이러한 박테리아 단백질에 결합하여 대식세포에 의한 식세포작용을 자극한다. 그러나 37.8에서 언급하겠지만, 화농연쇄상구균을 파괴하는 것을 돕는 많은 항체들은 때때로 우리의 몸에 피해를 준다.

### 세포-매개성 면역은 세포독성 T 세포에 의해 수행된다

**세포-매개성 면역(cell-mediated immunity)**은 바이러스에 감염된 체세포와 암화되는 세포를 공격하는 **세포독성 T 세포(cytotoxic T cell)**라 불리는 T 세포에 의해 수행된다. 비록 그 과정은 복잡하지만, 본질적으로 그것은 다음과 같이 작용한다: 세포가 바이러스에 감염되면, 바이러스 단백질 일부가 감염 세포 표면에 남아 원형질막 외부에 "제시"된다. 각각의 독특한 T-세포 수용체를 갖고 있는 세포독성 T 세포는 제시된 바이러스 단백질과 만나게 된다. 알맞은 T-세포 수용체를 갖고 있는 세포독성 T 세포가 바이러스 항원에 결합하면 세포독성 T 세포는 감염 세포 표면으로 단백질을 분비한다. 이런 단백질은 감염된 세포의 원형질막에 구멍을 형성한다. 세포독성 T 세포에 의해 분비되는 효소는 이러한 구멍을 통해 유입되어 감염 세포를 죽인다. 만약 바이러스가 자기복제를 완료하기 전에 감염 세포가 죽게 되면 새로운 바이러스가 생산되지 않을 것이며, 다른 세포로 바이러스가 전파되지 않을 것이다. 암세포 또한 흔히 세포 표면에 특이 단백질을 제시하기 때문에 세포독성 T 세포가 이를 외부 항원으로 인식하고 동일한 메커니즘으로 암세포를 죽인다(그림 37-10).

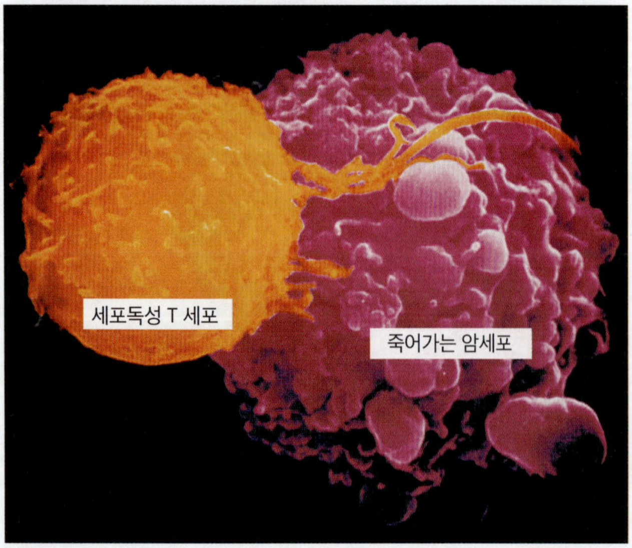

세포독성 T 세포

죽어가는 암세포

◀ **그림 37-10 세포-매개 면역의 작용** 이 주사전자현미경 사진은 암세포를 공격하는 세포독성 T 세포를 보여준다.

### 보조 T 세포는 체액성 면역과 세포-매개성 면역반응을 강화시킨다

B 세포와 세포독성 T 세포는 스스로 미생물 침입자와 싸울 수 없다. 그들은 **보조 T 세포(helper T cells)**의 도움이 필요하다. 보조 T 세포는 침입 미생물을 섭식, 소화한 수지상세포나 대식세포의 세포 표면에 제시된 항원과 결합할 수 있는 T-세포 수용체를 가지고 있다. 알맞은 T-세포 수용체를 가진 보조 T 세포만이 특정 항원과 결합할 수 있다. T-세포 수용체가 항원과 결합하면 보조 T 세포는 빠르게 증식하고, 그들의 딸세포는 분화하여 B 세포 및 세포독성 T 세포의 세포 분열과 분화를 자극하는 사이토카인을 분비한다. 사실, B 세포 및 세포독성 T 세포 모두 항원과 결합하는 동시에 보조 T 세포가 생산하는 사이토카인의 자극을 받아야만 질병 방어에 현저한 기여를 할 수 있다.

그림 37-11에서 체액성 면역과 세포-매개성 면역반응을 비교하였으며, 두 반응에서의 보조 T 세포 역할을 보여주고 있다.

**CHECK YOUR LEARNING**

- 체액성 면역과 세포-매개성 면역을 포함한 후천성 면역계가 작용하는 과정을 설명할 수 있는가?
- 왜 보조 T 세포가 후천성 면역반응에서 매우 중요한지 설명할 수 있는가?

## 37.6 후천성 면역계는 어떻게 과거의 승리를 기억하는가?

질병으로부터 회복된 후 수년 또는 평생 동안 질병을 초래한 미생물에 대한 면역이 유지된다. 어떻게 후천성 면역계의 이러한 위업이 가능한가? 질병을 물리친 형질세포와 세포독성 T 세포는 단 며칠밖에 생존하지 못하나, 감염에 반응했던 최초 B 세포와 세포독성 T 세포 및 보조 T 세포의 딸세포 중 일부는 **기억 B 세포(memory B cells)**와 **기억 T 세포(memory T cells)**로 분화하여

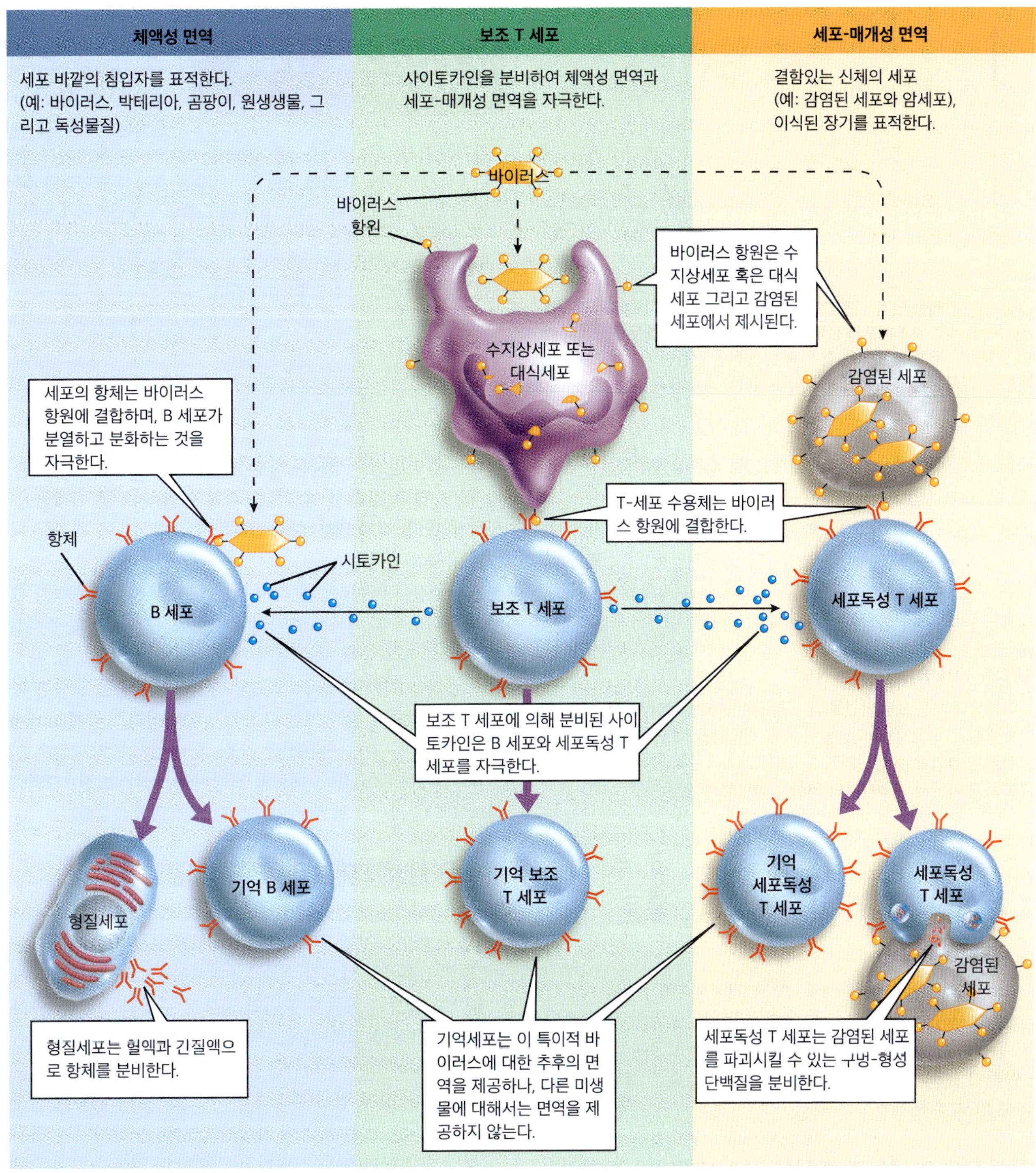


▲ **그림 37-11 체액성 면역반응과 세포-매개 면역반응의 요약**

오랫동안 생존한다. 기억세포는 원래 모세포와 동일한 항체 혹은 T-세포 수용체를 갖고 있다. 만약 동일한 미생물이 재침입한다면, 기억세포가 침입자를 인식하고 면역반응을 재개한다. 기억 B 세포는 빠르게 형질세포 클론들을 만들어내고 항체를 분비하여 이러한 2차 침입을 방어한다. 기억 T 세포 또한 "기억된" 침입자에 특이적인 보조 T 세포나 세포독성 T 세포의 클론들을 생산한다. 기억세포는 일차 감염에 반응하는 최초 B 세포나 세포독성 T 세포 및 보조 T 세포보다 훨씬 많이 존재한다. 더욱이, 각 기억세포들은 최초의 모세포보다 더 빠르게 반응한다. 그러므로 2차 감염 시 기억세포는 매우 빠르고 대규모로 2차 면역반응을

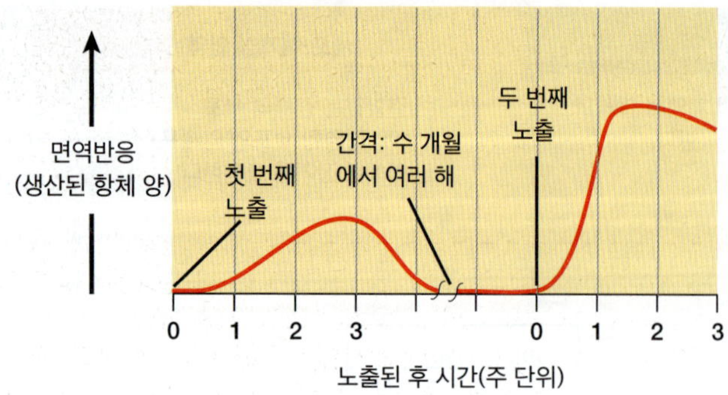


▲ **그림 37-12 획득 면역** 면역계는 질병을 일으키는 유기체에 처음 노출되었을 때, B 세포 및 T 세포가 선택되어 증식되어야 하기 때문에 느리게 반응한다. 항원의 두 번째 노출은 첫 번째 반응 동안 형성된 기억세포를 활성화하여, 두 번째 반응을 더 빠르고 강하게 일어날 수 있도록 한다.

**Have You Ever Wondered ...**

**왜 당신은 자주 감기에 걸리는가?**

만약 면역계가 과거의 공격을 기억하고 지속적인 면역을 발달시킬 수 있다면, 왜 많은 사람들은 매년 극심한 감기에 걸리는가? 감기증상을 유발하는 바이러스는 200가지 이상 다양하기 때문에, 한 종에 대한 면역은 다른 종에 대해 면역을 수행할 수 없다. 감기 바이러스는 또한 매우 빠르게 돌연변이가 일어나며, 일부 돌연변이체는 면역계에 "새로운" 바이러스로 보이게 된다. 따라서 지속적으로 돌연변이가 일어나는 수 많은 감기 바이러스들은 인간 면역계보다 한발 더 앞서 간다.

유도하여 질병 증상으로 고통 받기 전에 공격을 방어한다: 면역이 된 것이다(**그림 37-12**).

획득 면역은 많은 질병들–예를 들어, 천연두, 홍역, 볼거리, 수두–을 오랫동안 지속적으로 방어한다. 그렇지만 만약 질병을 일으키는 생물이 빠르게 돌연변이를 일으켜 새로운 항원을 생산하게 되면 기억세포가 인식하지 못해 획득 면역은 실패하게 된다.

**CHECK YOUR LEARNING**

- 미생물에 처음 노출되었을 때 유발되는 면역반응이 상대적으로 왜 느린지, 그리고 같은 미생물이 추후 침입했을 때 면역반응이 왜 더 빠른지 설명할 수 있는가?
- 획득 면역에서 기억세포의 역할을 설명할 수 있는가?

## 37.7 어떻게 의학 치료가 면역반응을 돕는가?

인류 역사 대부분의 기간 동안 오로지 면역반응만이 홀로 질병과 싸워왔다. 그러나 오늘날 면역계는 강력한 보조자를 갖고 있다: 의학적 처치. 여기에서는 두 가지 가장 중요한 의학 수단을 설명할 것이다: 항생물질과 백신.

### 항생물질은 미생물의 증식을 감소시키거나 죽인다

**항생물질(antibiotics)**은 세균이나 곰팡이, 원생생물의 증식을 방해하거나 죽임으로써 감염 방지를 돕는 화학물질이다. 비록 항생물질이 질병–유발 미생물을 모두 파괴할 수는 없지만, 그들은 면역계가 방어 임무를 완수할 수 있을 만큼의 충분한 시간을 벌어줄 수 있다. 그러나 항생물질은 그 효과를 견딜 수 있는 미생물의 생존과 번식을 유발하는 자연선택의 강력한 물질이다(16장의 Case Study "위협적인 진화" 참조). 항생물질에 저항성을 나타내는 돌연변이 미생물은 저항성 유전자를 자손에게 물려줄 것이다. 그 결과: 감수성 미생물은 죽는 반면, 저항성 미생물은 번성하게 된다. 결국 많은 항생물질들이 질병치료에 효과를 나타내지 못하게 된다.

항생물질은 바이러스가 갖지 않는 대사 과정을 표적하기 때문에 바이러스에 대해서는 효과적이지 못하다. 하지만, 숙주세포에 부착, 바이러스 복제, 숙주세포 내에서의 바이러스 조립, 새로운 세포 감염을 위한 세포외액으로의 바이러스 방출을 포함한 바이러스 감염 주기의 각 단계를 표적하는 **항바이러스 약제(antiviral drugs)**가 사용 가능하다(20장 참조). 항바이러스 약제들은 인간면역결핍바이러스(HIV), 헤르페스(감기와 생식기 발진), 간염바이러스 B와 C, 그리고 독감 바이러스 감염 치료에 유효하다.

### 백신은 질병에 대한 면역성을 제공한다

**백신(vaccine)**은 병원체에 의해 만들어진 항원을 사람에게 노출시킴으로써 면역반응을 자극한다. 백신은 보통 약화시키거나 죽인(그래서 질병을 일으킬 수 없는) 미생물이나 유전공학 기술을 이용하여 합성된 병원체 항원의 일부로 구성되어 있다. 약화된 병원체 혹은 이들의 항원에 노출되면, 같은 유형의 살아있는 위험한 미생물에 대한 면역반응을 발휘할 수 있는 기억세포 군단을 생산한다. 실제 병에 걸렸다가 회복됨으로써 획득된 면역력처럼 효과적인 백신에 의해 자극된 면역력은 살아있는 병원체의 침투에 대하여 매우 신속하고 강력한 면역반응을 유도하므로 당신은 질병에 대한 어떤 증상도 겪지 않게 될 것이다. "Doing Science: 감염성 질병을 막는 방법의 발견"에서 백신과 그들의 기원에 대해 더 알아보자.

**CHECK YOUR LEARNING**

- 항생제, 항비이러스제, 그리고 백신이 어떻게 인간의 면역반응을 돕는지 설명할 수 있는가?
- 어떻게 항생제 저항이 발생하는지 설명할 수 있는가?

# Doing Science 감염성 질병을 막는 방법의 발견

사람들은 수천 년 동안 특정 질환을 회복함으로써 면역을 얻었다. 오늘날, 백신은 우리가 아프지 않고도 이러한 면역을 얻을 수 있도록 해준다. 백신에 대한 이야기는 수백 년에 걸쳐 펼쳐졌으며, 질병으로 인한 면역의 자연적인 과정을 모방하려는 비공식적인 시도부터 시작하여 결국 공식적인 과학적 조사로 옮겨 갔다.

## 질문은 무엇인가?

처음 백신이 적용된 것은 천연두이며, 이는 피해 받는 사람을 손상시키는 고름이 가득 찬 물집 때문에 이름이 붙여졌다. 역사적으로 천연두 바이러스는 피해 받은 사람의 약 30%를 죽였다. 일부는 매우 치명적이지만, 다른 것은 그렇게 치명적이지 않았다. 1,000년 전에 중국에서 처음 천연두로부터 인류를 보호하려는 시도를 하였다. 개척을 하려는 의사들은 약한 정도의 질병이 있는 사람의 고름에 날카로운 칼을 담그고, 그것을 감염되지 않은 사람들의 피부를 자르는 데 사용했다. 비록 접종 된 사람들 중 일부는 사망했지만, 대부분은 비교적 경미한 증상으로 발달했으며, 추후 천연두에 대한 노출에 저항할 수 있었다. 1,700년대, 이러한 민간 요법에 관심이 있던 연구자들은 이러한 접종의 잠재적으로 유익한 효과가 더 엄격히 테스트될 수 있는지 의문을 갖기 시작했다. 이러한 테스트 중 가장 유익한 것은 다음의 중요한 관찰 결과였다: 종종 우두라 불리는 질환에 걸린 낙농가와 젖 짜는 사람들은 천연두에 걸리지 않았다.

## 증거는 어떻게 수집되었는가?

1796년 영국의 생물학자이자 외과의사인 에드워드 제너(Edward Jenner)는 8세 소년 제임스 핍스(James Phipps)에게 젖 짜는 손의 수두 물집에서 나온 액체를 접종하였다. 몇 개월 뒤 제너는 핍스에게 천연두를 감염시켜 면역성을 확인하였다. 이후 제너는 다른 어린이들과 이 절차를 반복한 뒤 그의 연구 결과를 발표했다.

## 무엇을 배웠는가?

제임스 핍스는 천연두에 감염된 후에도 건강했으며, 다른 접종된 어린이들도 마찬가지였다. 제너는 천연두 백신으로 천연두를 예방할 수 있었으며, 그의 치료 방법이 유럽과 전 세계적으로 빠르게 퍼져나갔다. 우리는 우두와 천연두 바이러스가 매우 유사한 항원을 갖고 있기 때문에 이러한 백신 접종이 효과가 있다는 것을 알고 있다. 따라서 우두에 대한 면역반응이 천연두 바이러스로부터 우리를 보호할 수 있는 것이다.

천연두 백신의 성공에도 불구하고, 이 기술이 다른 전염병에 적용되기까지는 거의 한 세기가 걸렸다. 1800년대 후반, 질병을 유발하는 미생물의 역할을 처음 인식한 프랑스 미생물학자 루이 파스퇴르(Louis Pasteur)는 콜레라 박테리아의 약화된 백신으로 질병을 예방할 수 있었다. 그는 제너의 선구적 업적을 인정하여 "백신(L., *vacca*, "소"를 의미)"이라는 용어를 만들었다. 파스퇴르는 이 기술을 나중에 양의 탄저병과 인간의 광견병에 적용했다.

백신은 얼마나 효과적인가? 홍역 백신에 대해서는 **그림 E37-2**를 참조하라. 백신은 연구 목적으로 미국과 러시아의 실험실에 보관된 일부 바이러스를 제외하고, 전 세계적으로 천연두를 근절하였다. 또한 백신은 소아마비를 거의 제거하였다; 아시아와 아프리카의 소수 국가에 국한하여 2017년에 30건 미만이 발생하였다. 백신은 의학적으로도 효과적이나, 비용적으로도 효과적이다. 백신은 미국의 직접 의료 비용을 매년 130억 달러 이상, 사회에 대한 전체 비용을 매년 약 690억 달러 절감시켰다.

수십 년의 임상 실습과 과학적 증거에도 불구하고, 어떤 사람들은 백신의 안전성에 의문을 갖는다. 아마도 가장 악명 높은 사례는 1998년 애드류 웨이크필드(Andrew Wakefield)와 공동 저자에 의해 Lancet에서 출판된 기사일 것이다. 웨이크필드는 홍역-풍선-풍진(MMR) 백신이 장 장애 및 자폐증의 증가와 관련이 있다고 주장하였다. 그러나 미국질병통제예방센터(CDC)와 국립 과학아카데미를 포함한 수 많은 과학 및 의료 기관에서 MMR 백신의 안전성에 대해 검토했을 때, MMR 백신과 자폐증 사이의 연관성을 발견하지 못했다. 영국 일반의료위원회(British General Medical Council)의 조사에 따르면, 그들은 웨이크 필드의 논문이 허위이며 Lancet이 그것을 철회했다고 결론 내렸다. 그럼에도 불구하고 백신에 대한 두려움은 계속되고 있다. 수천 명의 부모가 자녀들에게 백신을 거부하고 해외 여행자들이 홍역 바이러스를 그들의 집으로 가져온 탓에, 미국의 홍역 발병률은 2000년대 초 수십 건에서 2014년 667건으로 증가했다. 그 이후로 다소 감소했지만 백신 접종률이 낮은 지역 사회에서는 여전히 정기적으로 발생하고 있다.

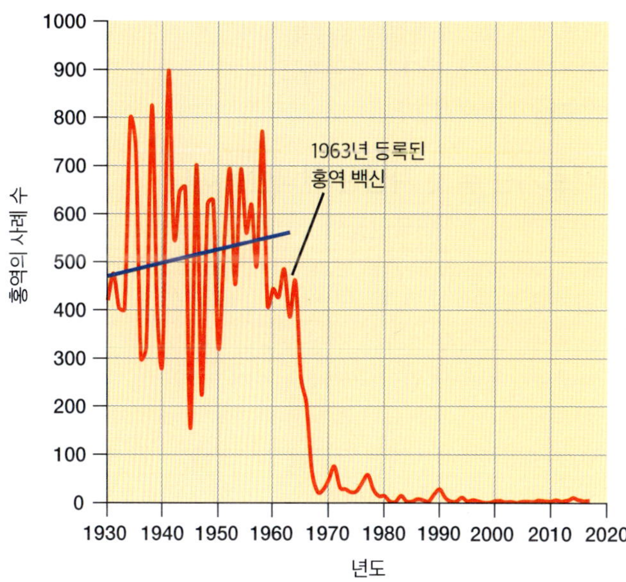


▲ **그림 E37-2 1930-2017년 사이 미국에서 발생한 홍역** 이 그래프는 매년 진단되거나 홍역 당국에 보고된 홍역 사례의 수를 보여준다. 홍역의 대부분은 어린이에게서 발생한다. 많은 부모가 홍역이 있는 어린이를 의사에게 데려가지 않기 때문에, 실제 사례의 수가 그래프에 표시된 수 보다 훨씬 높을 수 있다. 미국 인구 조사국의 데이터.

**비판적 사고** 그림 E37-2의 직선은 1930년에서 1963년 사이의 사례의 수의 추세(선형회귀)를 보여준다. 홍역은 몇 년마다 주기적으로 발생했지만, 홍역 사례의 수는 일반적으로 그 기간 동안 증가하고 있었다. 이러한 증가에는 홍역이 점점 전염되고 있거나 혹은 다른 이유가 있다고 생각하는가? 백신이 1963년에 허가 되었음에도 불구하고 홍역 사례가 1964년에 즉시 감소하지 않은 이유를 생각해보라. 가설을 테스트하기 위해 어떤 추가 데이터가 필요할까?

## 37.8 면역계의 오작동이 일어나면 어떤 일이 발생하는가?

때때로 면역계는 부적절한 공격을 개시하여 건강을 증진시키는 대신 약화시킨다. 게다가 면역계는 스스로 그들의 효과를 감소시키는 장애를 겪게 된다.

### 알레르기는 잘못 겨냥된 면역반응이다

5,000만 명 이상의 미국인들이 무해한 물질에 대한 면역반응인 **알레르기(allergies)**로 고통 받고 있다. 일반적인 알레르기 물질은 꽃가루, 곰팡이포자, 벌, 꿀벌이나 말벌의 독침, 그리고 우유, 달걀, 생선, 밀, 나무 견과류, 땅콩과 같은 음식이다.

알레르기 반응은 알러젠(*allegens*)이라고 불리는 알레르기-유발 항원이 체내로 들어와서 특정 B 세포의 "알레르기 항체" (IgE 항체)에 결합하면서 시작된다(**그림 37-13** ①). 이들 B 세포는 증식하고 형질세포를 생산하여② 알레르기 항체를 혈장으로 분비한다. 분비된 항체는 주로 호흡기와 소화기에 존재하는 비만세포에 부착된다③. 만약 후에 이들 부착 항체에 알러젠이 결합하면④, 비만세포는 히스타민을 분비하고, 이로 인해 모세혈관 누출과 염증반응과 같은 증상들을 초래한다⑤. 호흡기에서 히스타민은 또한 점액의 분비를 증가시킨다. 그래서 꽃가루와 같이 일반적으로 코와 목을 통해 들어오는 풍매 물질은 전형적인 "건초열" 증상인 콧물, 재채기, 그리고 충혈을 초래한다. 음식 알레르기는 보통 장경련과 설사를 유발한다. 땅콩 혹은 벌침에 대한 알레르기와 같이 심각한 경우에는 기도의 염증 반응이 너무 강하게 일어나 기도가 완전히 막혀 질식사를 초래하기도 한다.

### 자가면역질환은 자신의 체내 분자에 대한 면역반응이다

우리의 면역계는 자신의 세포를 침입자로 오해하지 않는다. 그러나 때때로 무엇인가 잘못되어 "항-자기" 항체가 생산된다. 그 결과 면역계가 자기 자신의 구성 성분을 공격하는 **자가면역질환(autoimmune disease)**이 초래된다. 예를 들어, 빈혈의 일부 유형은 사람의 적혈구를 파괴하는 항체에 의해 유발된다. 제1형 당뇨병은 많은 경우 면역계가 췌장의 인슐린-분비세포를 공격하여 유발된다. 다른 자가면역질환에는 류머티스성관절염(관절에 영향을 미침)과 중증근무력증(골격근), 다발성경화증(중추신경계), 그리고 전신성 낭창(인체의 거의 모든 부분)이 있다.

불행하게도, 현재 자가면역질환의 치료법은 알려진 것이 없다. 어느 경우에서는 예를 들어, 당뇨병 환자에게 인슐린을 투여하는 등의 대체 치료가 증상을 완화시킬 수는 있다. 또는 면역반응을 억제하는 약물로 자가면역반응을 약화시킬 수 있다. 그러나 면역반응을 억제하면 질병 미생물의 일상적인 공격에 대한 반응도 감소하기 때문에 이러한 치료는 큰 결점을 갖는다. 미래에는 특정 유형의 조절 T 세포를 활성화하여 자가면역질환을 줄이는 것이 가능할 것이다. 그러나 의사로부터 T 세포를 기반으로 한 치료를 받게 될 날은 오랜 시간이 걸릴 것으로 보인다.

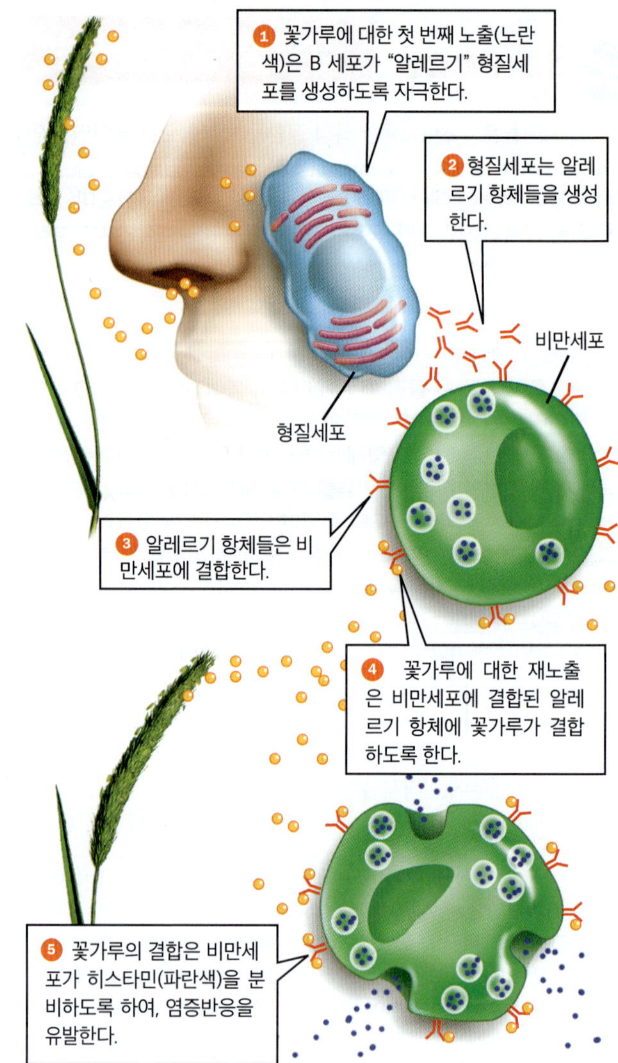


▲ **그림 37-13 꽃가루에 대한 알레르기 반응**

**비판적 사고** 알레르기 반응의 진화 이점은 무엇인가? (힌트: 알레르기 반응을 유발할 수 있는 유해물질이나 유기체가 있는가?)

**CASE STUDY CONTINUED**

**살을 파먹는 박테리아**

화농연쇄상구균의 표면에 발현하는 특정 단백질은 심장과 신장 세포에 발현되는 단백질과 매우 유사하다. 그 결과, 화농연쇄상구균을 파괴하는 것을 돕는 항체들이 이러한 기관을 또한 공격할 수 있다: 패혈증 인두염을 치료받지 않은 사람들의 약 1~3% 정도는 이러한 항체들이 심장 근육에 손상을 입히는 질환인 류마티스성 열이라는 자가면역질환을 겪는다.

## 면역결핍질환은 효과적인 면역반응을 유도하지 못할 때 일어난다

면역계가 일상적인 감염을 방어하지 못하는 장애에는 매우 다른 두 가지 유형이 있다. 약 500명 중의 한 명의 사람은 중증복합면역결핍증과 같은 유전적 면역결핍 유형을 갖고 있다. 후천성 면역결핍증은 일생 동안 빈번히 발생한다. 후천성 면역결핍증의 원인은 방사선, 화학 요법, 면역 억제 약물, 당뇨병, 백혈병, 병원성미생물 등 여러가지가 있다.

### 중증복합면역결핍증은 유전질환이다

약 6만 명 중 1명의 어린이가 **중증복합면역결핍증(severe combined immune deficiency, SCID)**을 가지고 태어나며, 이 질환은 면역세포가 없거나 거의 만들어지지 않는 유전적 결함을 갖는 질환이다. 아이는 임신 기간이나 수유 기간 동안 어머니로부터 획득한 IgG와 IgA 항체에 의해 보호를 받아 생후 처음 몇 달은 생존할 수 있다. 그러나 이 항체가 소모되면 아이는 효과적인 면역반응을 유도할 수 없기 때문에 일반적인 감염에도 치명적이다. 한 가지 치료 방법은 건강한 공여자로부터 골수(면역세포가 생성되는 곳)를 이식 받는 것이다. 골수이식은 때때로 정상적인 면역반응을 유도할 수 있을 만큼 충분한 면역세포를 생산한다. 유전자치료는 아이의 세포 내로 기능성 유전자를 삽입하는 유전공학 실험을 이용한 치료로, SCID를 갖는 아이들을 대상으로 정상적인 면역계를 만들어내는데 사용되어 왔다(14장 참조).

### AIDS는 후천성 면역결핍질환이다

가장 흔한 면역결핍질환은 **후천성 면역결핍증(adaptive immune deficiency syndrome, AIDS)**이다. 에이즈는 사람 **면역결핍 바이러스(human immunodeficiency viruses, HIV)**에 의해 유발된다. 이 바이러스는 세포-매개 면역과 체액성 면역반응을 자극하는 보조 T 세포에 감염되어 이를 파괴함으로써 면역계를 약화시킨다(그림 37-11 참조). 국제연합 에이즈바이러스 예방프로그램은 2017년 전세계적으로 약 94만 명의 사람들이 에이즈로 사망하였고, 거의 180만 명 이상이 감염되었으며, 총 감염 인구는 3,700만 명이라고 추정하였다. 1981년 최초의 공식적인 신난 이후 약 3,500만 명이 에이즈로 죽었다.

HIV는 보조 T 세포 내에 들어가서 세포의 대사 경로를 장악하여 더 많은 바이러스를 만들어 내고, T-세포막으로부터 외막을 획득하여 세포 밖으로 나온다(**그림 37-14**). 감염 초기에는 면역계가 바이러스와 싸우기 때문에 환자는 발열, 발진, 근육통, 두통, 임파절 확장 등의 증상을 보인다. 여러 달이 지나면 바이러스 복제 속도가 느려진다. 보조 T 세포가 충분히 남아있으면 감염 환자들은 질병에 저항할 수 있고, 그들은 일반적으로 정상처럼 느낀다. 이러한 상태는 몇 년 동안 지속된다. 하지만 보조 T 세포의 수준은 지속적으로 감소하게 되고, 면역반응이 심각하게 약화되어 일상적인 감염을 극복할 수 없게 되는데, 이 시점의 환자를 에이즈 환자로 간주한다. 치료받지 않은 에이즈 환자의 기대수명은 약 1-2년 정도이다.

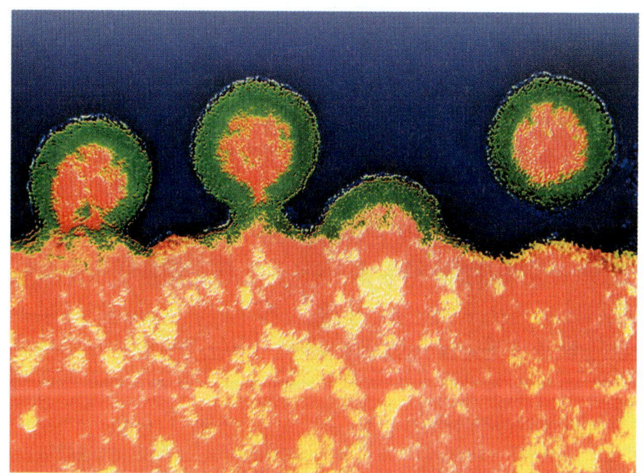

▲ 그림 37-14 **HIV가 AIDS를 유발한다** 이 전자현미경 사진에서 인간면역결핍 바이러스는 보조 T 세포로부터 나오는 것으로 보여지며, 이 과정에서 원형질막(녹색)의 외피를 얻게 된다. 원형질막 코팅은 새로운 세포를 감염시키는 것을 돕는다.

여러 가지 약제들이 HIV의 복제 속도를 낮추어 에이즈의 진행을 지연시킬 수 있다. 바이러스 복제의 각각 다른 단계들을 표적으로 하는 약제들의 조합투여는 매우 효과적이었으며, 현재는 하루 1회 약물 복용으로 완벽한 에이즈 치료가 가능하게 되었다. 가장 효과적인 약제의 조합이 사용된지 단지 20년 밖에 지나지 않았기 때문에 누구도 확신할 수는 없지만, 최상의 의료 혜택을 받은 HIV-양성 환자들은 정상적인 수명까지 살 수 있을지도 모른다.

HIV는 체외에서는 오래 생존할 수 없기 때문에 오직 손상된 피부나 점막, 혹은 바이러스가 존재하는 혈액, 정액, 질 분비물, 모유 등의 체액과 직접적인 접촉에 의해서만 전염된다. HIV 감염은 성관계나 정맥 투여 약제 사용자들의 주사바늘 공유, 수혈(선진국에서는 모든 공여 혈액에서 HIV를 검사하기 때문에 수혈에 의한 감염은 극히 드물다)에 의해 전파될 수 있다. HIV에 감염된 여성은 임신 기간이나 출산, 수유 시 아이에게 바이러스를 전염시킬 수 있다.

가장 좋은 해결책은 HIV에 대한 백신을 개발하는 것이다. HIV 돌연변이 발생률이 믿을 수 없을 만큼 높기 때문에 효과적인 백신 개발은 큰 도전이다. 따라서 수없이 많은 종의 HIV가 존재한다. 처음 감염된 후 체내에서 돌연변이가 일어나기 때문에 한 종류의 HIV에 감염된 환자가 체내에서 서로 다른 종류의 HIV를 가질 수도 있다. 수 년간의 노력에도 불구하고 2018년 현재, 아직까지 효과적인 HIV 백신을 개발하지 못했다.

#### CHECK YOUR LEARNING

- 알레르기, 자가면역질환, 그리고 면역결핍질환이 어떻게 발생하는지 설명할 수 있는가?

## 37.9 면역계는 어떻게 암과 싸우는가?

자기 세포의 복제가 통제되지 않아 발생하는 **암(cancer)**은 세상에서 가장 무서운 질병 중 하나로 그럴만한 이유가 있다. 올해 미국에서는 약 60만 명 이상의 사람들이 암으로 사망할 것이며, 암은 심장질환 다음의 사망률을 나타낸다. 전 세계적으로 암은 8백만 명 이상의 사람을 죽일 것이다. 암은 환경적 요인(예를 들어, 자외선 복사나 흡연), 유전자 결함, 세포분열 오류, 바이러스와 같은 많은 요인들에 의해 유발된다. 이러한 유발인자 모두는 체세포 증식을 정상적으로 조절하는 메커니즘을 파괴함으로써 암을 초래한다(9장 참조).

### 면역계는 대부분의 암세포를 외부 항원으로 인식한다

암세포는 인체 내에서 매일 형성된다. 다행히도 면역계는 암세포가 증식하여 퍼지기 전에 그들을 거의 모두 파괴한다. 이 암세포들은 어떻게 제거될까? 대부분의 암세포 표면에는 정상 세포에서 발현되는 통상적인 단백질(MHC 단백질 같은)이 결여되어 있거나 암에 특이적인 단백질을 발현한다. 자연살해세포와 세포독성 T 세포가 이러한 차이를 비-자기 세포의 표지로서 인식하여 암세포를 파괴한다(그림 37-10 참조). 하지만 일부 암세포들은 면역계가 외부 항원으로 인식하는 항원을 갖고 있지 않아서 면역계의 감시망을 피할 수 있다.

### 백신은 특정 유형의 암을 막을 수 있다

바이러스는 간, 입, 목, 그리고 음경에서 발생하는 일부 암, 일부 백혈병과 림프종, 그리고 거의 모든 자궁암을 유발한다. 미국에서는 일부 간암을 유발하는 B형 간염 바이러스와 대부분 성행위를 통해 전파되어 대부분 자궁암을 유발하는 인유두종 바이러스(HPV)에 대한 예방 백신이 승인되었다.

### 암에 대한 의학 치료는 암세포를 선택적으로 죽인다

대부분의 암에 대한 치료는 여전히 조기 발견 및 수술, 방사선, 화학요법과 같은 전통적인 치료에 의존한다. 수술로써 종양을 제거하는 것은 많은 암 치료의 첫 번째 단계이지만, 매우 작은 암 조직까지 제거하기는 어렵다. 방사선으로도 종양을 치료할 수 있는데, 방사선은 암세포의 DNA를 파괴하여 세포분열을 억제함으로써 미세한 암세포 무리까지도 파괴할 수 있다. 불행하게도, 수술이나 방사선 치료 어느 것도 체내에 전이되어 퍼진 암에 대해서는 효과적이지 못하다. 화학요법은 보통 수술이나 방사선 치료를 보조하거나, 다른 방법으로는 치료할 수 없는 암을 치료하기 위해 사용된다. 화학요법의 약물은 세포분열 경로를 공격하며, 암세포는 정상 세포보다 자주 분열하기 때문에 암세포만 선택적으로 죽일 수 있다. 그러나 불행하게도, 화학요법은 빠르게 분열하는 일부 정상 세포들도 죽일 수 있다. 환자의 모낭과 창자 내면에서 빠르게 분열하는 일부 정상 세포들이 화학요법에 의해 손상되면 항암제의 부작용으로 잘 알려진 탈모, 매스거움, 구토가 유발된다.

보다 선택적인 암 치료가 진행되고 있다. 많은 잠재적 치료제들은 환자의 면역반응을 자극하거나 강화한다. 하나의 방법을 예로 들면, 환자로부터 T 세포를 추출하여 오직 암세포에서만 발현되는 항원에 결합하는 수용체를 생산할 수 있도록 유전공학 방법으로

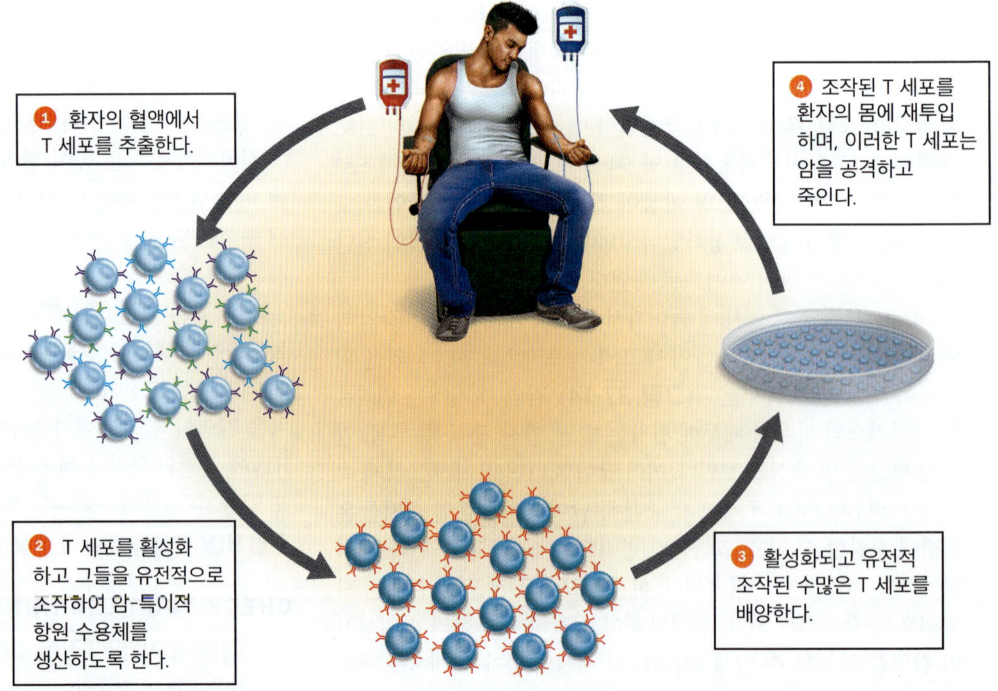


▶ **그림 37-15 암 치료를 위한 면역치료방법** 유전자 조작된 T 세포 표면의 수용체가 키메라 항원 수용체(chimeric antigen receptors)로 알려져 있기 때문에 이 치료 방법을 CAR-T라고 한다.

설계한다(**그림 37-15**). 설계된 T 세포는 다시 환자에게 재투여된다. 유전공학적으로 설계된 T 세포를 사용한 치료 방법은 이미 사용되고 있으며, 많은 임상 시험이 진행되고 있다.

또 다른 방법은 "면역 관문 억제자"로 작용하는 약을 사용하는 것이다. 면역계는 일반적으로 면역반응이 무작위적으로 일어나는 것을 막기 위한 음성피드백으로써 T 세포 증식을 억제하는 면역 관문 단백질을 가진다. 많은 암은 이러한 면역 관문 기능을 수행함으로써 면역계의 공격에 저항한다. 면역 관문 억제제는 면역 관문 단백질을 억제하거나 불활성화시켜 암세포에 대한 면역계의 더 강한 공격이 가능하도록 한다. 그러나 불행하게도, 과도하게 활성화된 면역반응은 정상 조직 또한 공격할 수 있다. 연구자들은 이러한 부작용을 최소화 할 수 있는 치료제를 개발하고 있다.

세 번째 방법은 암세포에 선택적으로 결합하여 내부로 들어갈 수 있는 바이러스를 개발하는 것이다. 이러한 바이러스는 암세포 내부에서 복제되고, 세포를 터뜨려 더 많은 바이러스를 방출하며, 이러한 사멸 과정을 지속한다. 또한 파괴된 암세포의 많은 조각들은 정상 세포보다 더 강한 면역반응을 유발할 수 있다. 이러한 바이러스 치료제에 대해서도 많은 임상 시험이 진행되고 있다.

### CHECK YOUR LEARNING

- 면역계가 암세포를 자신의 세포임에도 불구하고 어떻게 죽이는지 설명할 수 있는가?
- 현재 사용되는 암에 대한 의학적 치료법들을 설명할 수 있는가?

CASE STUDY REVISITED

## 살을 파먹는 박테리아

살을 파먹는 박테리아는 숨고 공격하는데 달인이다. 화농연쇄상구균과 하이드로필라가 상처로 들어와 그들의 캡슐을 통해 면역계의 감시로부터 숨을 때 감염이 발생한다. 체내에서 그들은 평범한 체세포와 그들을 파괴할 수 있는 식세포를 죽이는 독소와 효소들을 방출한다. 다른 분비물들은 혈전을 녹이고 세포끼리 결합시키는 분자들을 녹여 세균이 혈장으로 들어가게 되며, 빠르게 온몸으로 퍼져 새로운 세포들을 공격한다. 두 박테리아의 일부 종은 또한 다양한 항생제에 저항성을 갖고 있다.

▶ **그림 37-16 에이미 코플랜드** 에이미는 그녀의 생체공학 손을 이용하여 친구에게 음식을 주고 있다.

코플랜드의 경우 처럼, 때때로 환자의 생명은 감염된 조직을 절제하는 과감한 수술을 해야만 안전할 수 있다. 코플랜드는 그녀의 왼쪽 다리, 오른쪽 발, 그리고 두 손을 잃었다. 다행히도 코플랜드는 그녀의 절단된 팔을 대신할 생체공학 손을 포함한 보철물을 받았으며, 생체공학 손을 통해 작은 물체를 집어 올리거나, 칼로 음식을 자르는 등의 놀랍도록 섬세한 움직임을 수행할 수 있게 됐다(**그림 37-16**).

마지막으로, 화농연쇄상구균은 때때로 숙주를 죽이기 위해 면역계를 사용한다. 화농연쇄상구균은 초항원(superantigen)을 생산할 수 있으며, 이 항원은 면역계를 엄청 과도하게 활성화시켜 일반적인 박테리아 감염에 대한 반응보다 10,000~100,000배 더 강한 면역반응을 유발한다. 이러한 엄청난 면역반응은 많은 양의 사이토카인을 방출하며, 이는 엄청난 염증을 생성하는 연쇄구균독성쇼크증후군을 유발한다. 염증은 혈류를 증가시켜 혈액 누출을 유발하며, 영향을 받는 조직은 과잉의 유체에 의해 부풀게 되는 것을 기억해라. 만약 폐에 막대한 염증이 발생하면 숨을 쉴 수 없어 사망하게 된다. 초항원에 의해 유발되는 염증이 아마도 헨슨을 사망시켰을 것이다.

**생각해보기** 살을 파먹는 박테리아 감염은 미국 기준으로 대략 1년에 500~1000건 정도 발생하며 매우 드물다. 그러나 그들의 25~70%는 사망한다. 살을 파먹는 박테리아 감염을 의심한 의사는 즉시 항생제 투여를 시작했다.

박테리아 감염으로 절단한 사람들은 그 박테리아가 살을 파먹는 박테리아라는 명백한 증거가 없어도 항생체를 투여받게 되면 고통, 손상, 그리고 사망률이 분명히 감소한다. 반면에 항생제는 특히 소화관에서 우리에게 이익을 주는 친숙한 박테리아까지 죽일 수 있다. 그리고 항생제는 항생제-저항성 박테리아를 진화시킬 수 있는 자연선택의 강력한 물질이다. 당신은 의학계가 항생제 투여의 이점과 증가하는 항생제-저항성 박테리아의 사회적 위험성의 균형을 맞추어야 하는 것에 대해 어떻게 생각하는가?

# CHAPTER REVIEW

*비판적 사고와 생각해보기, 선택형문제, 빈칸채우기 질문에 대한 답은 이 책의 뒷부분에 있는 정답란에서 볼 수 있다.*

## 핵심개념의 요약

### 37.1 신체는 질병에 대해 스스로를 어떻게 방어하는가?

피부 및 점막을 포함한 비특이적 외부 장벽은 질병을 유발하는 유기체가 신체에 침투하는 것을 방어한다. 선천성 면역반응이라고 총칭하는 비특이적 내부 방어는 백혈구, 염증 및 열로 구성된다. 이러한 방어는 미생물, 독소 및 바이러스에 감염된 신체 세포 및 암세포를 모두 파괴한다. 후천성 면역반응은 특정 독소 또는 미생물을 선택적으로 파괴하고 침입자를 "기억"하여 침입자가 다시 나타나면 더 빠른 반응을 할 수 있도록 해준다.

### 37.2 비특이적 방어는 어떻게 일어나는가?

피부와 그 분비물은 신체에 미생물이 들어가는 것을 물리적으로 막아 그들의 성장을 방해한다. 호흡기 및 소화관의 점막은 미생물을 포획하는 항생제 물질과 점액을 분비한다. 미생물이 몸에 들어가면 식세포에 의해 포획된다. 자연살해세포는 감염된 세포나 암세포를 죽이는 단백질을 분비한다. 상처는 염증반응을 자극하여 식세포를 끌어 들이고 혈류를 증가시키며 모세혈관이 새도록 만드는 화학물질을 방출한다. 혈전이 상처 부위에서 떨어져 나온다. 열은 박테리아에 의해 생성되거나 감염에 대한 반응으로 백혈구에 의해 방출되는 화학 물질로 인해 발생한다. 고온은 박테리아 성장을 억제하고 면역반응을 가속화한다.

### 37.3 특이적 내부 방어의 주된 구성 요소는 무엇인가?

대부분의 후천성 면역계의 세포들은 골수, 흉선, 비장 및 림프관, 림프절에 위치한다. 이들 세포는 대식세포, 수지상세포 및 두 가지 유형의 림프구를 포함한다: B 세포 및 T 세포. 세포는 세포 사이의 통신을 허용하는 사이토카인 단백질을 분비한다. B 세포는 또한 감염과 싸우는 항체를 분비한다.

### 37.4 후천성 면역계는 어떻게 침입자를 인식하는가?

후천성 면역계의 세포는 미생물과 암세포가 침입하여 생성하는 항원이라는 크고 복잡한 분자를 인식한다. 항체(B 세포) 및 T-세포 수용체(T 세포)는 하나 또는 몇 가지 유형의 항원에 결합하여 면역반응을 유발하는 특정 부위를 갖고 있다. 신체에는 수백만 개의 다른 항체와 T-세포 수용체가 있으므로 신체에 존재하는 모든 항원은 일부 항체와 T-세포 수용체에 결합할 수 있다.

외래 침입자와 신체의 세포는 항체와 T-세포 수용체에 잠재적으로 결합할 수 있는 항원을 가지고 있다. 그러나 미성숙 면역세포는 항원에 결합하면 죽는다. 면역세포 분화 과정에서 신체의 단백질이 지속적으로 존재하기 때문에 자기 반응성이 있는 미성숙 면역세포는 파괴된다. 따라서 외래 항원만 면역반응을 유발할 수 있다.

### 37.5 후천성 면역계는 어떻게 침입자를 공격하는가?

항원 결합에 의해 활성화 된 B 세포 및 T 세포만이 증식하고, 침입 미생물에 대한 특이적 면역반응을 수행하는데, 이를 클론 선택이라고 한다. B 세포는 혈장세포들을 생성하고 혈류로 항체를 분비하여 체액성 면역을 유발한다. 항체는 신체 세포 외부에 있는 미생물이나 독소를 파괴한다. 세포독성 T 세포는 암세포, 바이러스 감염 세포 및 일부 미생물을 파괴하여 세포-매개 면역을 유발한다. 보조 T 세포는 체액성 및 세포-매개 면역반응 둘 다를 자극한다.

### 37.6 후천성 면역계는 어떻게 과거의 승리를 기억하는가?

B 세포 및 T 세포 모두의 자손 세포는 수명이 긴 기억세포이다. 동일한 항원이 혈류에 다시 나타나면, 이들 기억세포는 즉시 활성화되어 빠르게 분열하고, 원래의 반응 속도보다 훨씬 빠르고 효과적인 면역반응을 일으킨다.

### 37.7 어떻게 의학 치료가 면역반응을 돕는가?

항균제는 미생물을 죽이거나 번식을 늦춤으로써 신체의 방어가 침입자에 반응하고 제거하는 데 더 많은 시간을 벌어준다. 백신은 질병 유기체, 일부 경우에 약화되거나 죽은 미생물 자체의 항원을 주사하는 것이다. 면역반응은 이들 항원에 의해 유발되며, 나중에 실제 감염이 발생할 경우 이들을 기억하여 빠르게 반응할 수 있도록 해준다.

### 37.8 면역계의 오작동이 일어나면 어떤 일이 발생하는가?

알레르기는 일반적으로 무해한 물질에 대한 면역반응이다. 특정 B 세포는 이들을 항원으로 취급하고 비만세포에 부착되는 IgE 항체를 생성한다. 항원이 비만세포에 부착된 IgE 항체에 결합할 때, 세포는 히스타민을 방출하여 국소 염증반응을 일으킨다. 자가면역질환은 면역계가 신체의 세포를 외래 침입자로 착각하여 파괴할 때 발생한다. 면역결핍질환은 면역체계가 보통 사소한 질병에 대해서 조차 강하게 반응할 수 없을 때 발생한다. 면역결핍질환은 중증복합면역결핍(SCID)과 같이 선천성이거나, 환자의 평생 동안 획득한 면역결핍증후군(AIDS)과 같은 후천성 유형이 있다.

### 37.9 면역계는 어떻게 암과 싸우는가?

암세포는 종종 면역계에 의해 비-자기로 인식되고 자연살해세포 및 세포독성 T 세포에 의해 파괴된다. 암은 유전적 요인, 환경적 요인, 세포분열 중의 실수 또는 바이러스에 의해 유발될 수 있다. 백신은 특정 바이러스로 인한 암을 예방하는데 도움이 될 수 있다. 암을 치료하기 위한 여러가지 다른 백신들이 개발되고 있다.

# 개념을 통한 이해

## 선택형 문제

1. 각각의 B 세포는
   a. 많은 다양한 항원에 결합 가능한 부위를 갖는 항체를 생산한다.
   b. 하나 또는 몇 개의 항원에 결합 가능한 부위를 갖는 항체를 생산한다.
   c. 다양한 관련 없는 병원체에 반응할 수 있다.
   d. 바이러스에 감염된 신체 세포들을 죽인다.
2. 다음 중 어떤 유형의 세포가 감염에 대한 비특이적 반응에 중요한가?
   a. 자연살해세포
   b. 세포독성 T 세포
   c. B 세포
   d. 조절 T 세포
3. 당신의 세포를 "자기"라고 표시하는 분자는 무엇인가?
   a. 항체
   b. T-세포 수용체
   c. 주조직접합성복합단백질(MHC)
   d. 인터페론
4. 혈류로 항체를 분비하는 세포는 무엇인가?
   a. 보조 T 세포의 딸세포
   b. 대식세포
   c. 혈장세포
   d. 비만세포
5. 면역계가 일반적으로 자신의 세포를 공격하지 않는 이유는 무엇인가?
   a. 당신의 몸은 항원을 생산하지 않기 때문이다.
   b. 몸은 항원을 생산하지만 그 항원에 결합할 수 있는 면역세포를 생산하지 않기 때문이다.
   c. 신체의 항원에 반응할 수 있는 면역세포는 대개 발달 과정에서 죽기 때문이다.
   d. 신체의 항원에 결합하는 항체는 무해하기 때문이다.

## 빈칸 채우기

1. 미생물 침입에 대한 외부 방어는 ________와 ________, ________, 그리고 ________관에 줄지어져 있는 점막을 포함한다.
2. 질병에 대한 비특이적 내부 방어에는 미생물을 삼키고 소화하는 ________, 바이러스에 의해 감염된 세포를 죽이는 ________, 상처에 의해 유발된 ________, 체온을 상승시켜 미생물 증식을 늦추고 몸의 방어를 강화시키는 ________가 있다.
3. 후천성 면역반응은 몸이 ________라고 불리는 복잡한 단백질 혹은 다당류가 침입했을 때 유발된다. 이러한 분자들은 면역계에서 두 가지 유형의 단백질 수용체 중 한 가지에 결합한다: ________ 혹은 ________.
4. 항체는 네 개의 단백질로 구성돼 있다: 두 개의 ________ 사슬과 두 개의 ________ 사슬. 각각은 ________ 부위와 ________ 부위로 구성돼 있다. ________ 부위는 항원 결합 부위이다.
5. ________ 면역은 B 세포와 ________라고 불리는 그들의 딸세포에 의해 제공되며, 혈장으로 항체들을 분비한다. ________ 면역은 T 세포에 의해 제공된다. ________T 세포는 바이러스에 의해 감염된 세포들을 죽인다. ________ T 세포는 B 세포와 T 세포의 면역반응을 자극하는 사이도카인을 생산한다. 같은 항원을 갖는 미생물에 의한 추후의 침입에 대한 방어는 B 세포와 T 세포 유형의 ________ 세포에 의해 수행된다.
6. ________는 꽃가루와 같은 무해한 물질에 대한 반응을 유발하는 면역계에 의해 발생한다. ________에서 면역계는 심지어 더 위험한 감염에도 불구하고 효과적인 반응을 수행할 수 없다; 이러한 것은 선천성이거나 후천성이다. 면역계가 자신의 세포를 공격할 때, 이를 ________라고 부른다.

## 복습문제

1. 침입 미생물에 대한 인체의 3가지 방어는 무엇인가? 어느 것이 비특이적(즉, 모든 유형의 침입자에 대한 반응)이며, 어느 것이 특이적(특정 유형의 침입자에 대한 반응)인가?
2. 자연살해세포와 세포독성 T 세포는 어떻게 표적을 파괴하는가?
3. 체액성 면역과 세포-매개 면역을 설명하여라. 답에는 각각 관련된 면역세포의 종류, 외래 항원에 결합하는 항체 및 수용체의 위치, 침입세포가 파괴되는 메커니즘 및 두 반응을 촉진하는데 도움이 되는 T 세포의 역할을 포함하라.
4. 항체의 구조를 도표로 나타내라. 항원에 어떤 부분이 결합하는가? 각 항체가 왜 하나 또는 몇 개의 특정 항원에만 결합하는가?
5. 면역계는 암과 어떻게 싸우는가?
6. 자연적 면역반응을 자극하거나 변화시키는 암 치료법을 설명하라.
7. 몸은 "자기"와 "비 자기"를 어떻게 구별하는가? 이를 구별하는 것이 왜 중요한가?
8. 기억세포는 무엇인가? 특정 질병에 대한 장기 면역력에 어떻게 기여하는가?
9. 백신은 무엇인가? 질병에 대한 면역력을 어떻게 부여하는가?
10. 염증반응은 신체가 질병에 저항하는데 어떻게 도움을 주는가? 어떤 증상이 발생하는가?
11. 알레르기 반응을 일으키는 과정을 설명하라.
12. 자가면역질환과 면역결핍질환을 구별하고 각각의 예를 제시하라.
13. AIDS의 원인과 결과를 설명하라. HIV는 어떻게 전염되는가?

## 개념의 적용

1. 항체와 T-세포 수용체가 단백질과 같은 큰 분자에만 결합하고 아미노산 같은 작은 분자에는 결합하지 않는 것이 왜 중요한가?
2. 장기 이식을 받은 환자는 종종 사이클로스포린(cyclosporine) 약물을 투여 받는다. 이 약물은 도움 T 세포의 증식을 자극하는 사이토카인의 생성을 억제한다. 사이클로스포린은 이식 장기의 거부반응을 어떻게 방지하는가? 수년 전에 이식 후 사이클로스포린을 받은 일부 환자들은 현재 다양한 종류의 암을 앓고 있다. 이 현상을 성명하기 위한 가설을 제시하여라.

# 38 동물체의 화학적 조절 : 내분비계

당뇨병은 음악가인 랜디 잭슨의-생명과-경력이 단축되도록 위협했다

CASE STUDY

## 인슐린 저항성

미국 아이돌의 심사위원이면서 음악 프로듀서, 베이스 기타리스트로 알려진 랜디 잭슨은 그의 두 번째 시즌의 히트로, 세계 상위권 자리를 차지하였다. 그러나 그의 몸은 그렇지 못했다. 46세에 그의 체중은 130kg 이상이었으며, 심한 갈증과 다뇨증으로 인해 고통당했다. 그는 진료 의사의 소견에 따라 혈액검사를 받았고 그 결과는 놀랄만한 일이었다: 포도당 수치가 건강한 사람보다 다섯 배나 높았던 것이다.

혈액내 포도당은 이자에서 생성되는 호르몬인 인슐린에 의해 조절된다. 대부분의 사람들은 식후에 이자에서 인슐린을 분비하며, 이 호르몬은 혈액으로부터 포도당을 흡수하도록 근육, 지방 및 다른 조직의 세포를 자극한다. 이들 세포는 포도당을 에너지원으로 사용하거나 글리코겐이라는 저장용 탄수화물로 전환시킨다. 그러나 랜디 잭슨을 포함하여 3천만 명 정도의 당뇨병(*diabetes mellitus*)을 앓고 있는 미국인들의 경우에, 포도당 대사는 원활하지 않았다.

당뇨병은, 이자가 충분한 양의 인슐린을 생산하지 못하거나(1형 당뇨병의 원인), 신체의 세포들이 인슐린에 대해 제대로 반응하지 못해서 인슐린 저항성이라 불리는 상태(2형 당뇨병을 유발하는 원인) 중 어느 한 가지 증상이다. 1형과 2형 당뇨병 모두에서, 포도당은 근육이나 지방에 의해 충분히 흡수되지 못하고 혈액에 남게 된다. 그 결과 당분과 같은 음식 섭취에 따라 혈액 내 포도당이 급상승하거나 매우 불안정하게 된다. 잭슨은 2형 당뇨환자이다: 그의 높은 혈액 포도당 수치(이하 혈당 수치)는 인슐린 저항성의 결과이다. 다행스럽게도, 우리가 알고 있는 것처럼, 2형 당뇨병은 체중 조절이나 운동 혹은 약물 치료에 의해 매우 성공적으로 조절이 가능하다.

당뇨환자는 자신의 상황을 인식하고 있을 때만 치료에 도움이 될 수 있다. 미국의 질병관리본부는 대부분의 사람들이 혈당 검사만을 위해 의사를 찾지는 않기 때문에, 미국 내에서 실제 당뇨환자의 1/4 정도나 진단이 되지 않고 있다고 추정했다.

인슐린은 신체 대부분의 세포에 영향을 미치는 많은 호르몬 중의 하나이다. 어떻게 호르몬이 세포활성을 변화시키는가? 내분비선에서 생성되는 호르몬의 농도는 어떻게 신체의 항상성을 유지하도록 조절되는가?

## 주요내용

38.1 동물세포는 어떻게 소통을 하는가?

38.2 내분비호르몬은 어떻게 효과를 발휘하는가?

38.3 포유류 내분비계의 구조와 기능은 무엇인가?

## 38.1 동물세포는 어떻게 소통을 하는가?

동물체의 세포들은 완전한 생물체의 적절한 기능을 수행하기 위해 서로 간에 소통이 이루어져야 한다. 다리 근육은 몸을 바로 세우거나 달릴 수 있도록 되어 있는가? 혈액은 소화를 위해 소화관으로, 또는 운동을 위해 근육으로 직접 흘러가는가? 이러한 일뿐만 아니라 수백 가지의 다른 메시지가 매분마다 신체로 보내진다. 세포 사이의 소통 방법은 직접, 신경전달, 주변분비, 내분비라는 네 가지의 넓은 범주에 속한다(**표 38-1**).

직접소통에서, 인접세포의 세포질과 연결되는 간극연접은, 그들 사이에 이온과 전기적 신호를 흐르게 한다(5장 참조). 직접소통은 심장(33장 참조)과 뇌를 포함하는 많은 조직에서 나타난다. 직접소통은 매우 빠르지만 세포 서로간의 직접적인 접촉을 필요로 한다.

다른 세 가지 종류의 소통에서 – 신경전달, 주변분비, 내분비 – 신호를 보내는 세포는 화학전달자를 방출한다. 신경전달소통에서, 전달자는 시냅스라는 특수한 연접에 분비되는 **신경전달물질(neurotransmitters)**로 알려진 화학물질이다. 주변분비와 내분비소통에서, 전달자는 다양한 이름으로 불린다. **호르몬(hormone)**은 한 세포에서 분비되고 간질액이나 혈류에 의해 다른 세포로 운반되는 화학전달자이다. 주변분비소통에서, 세포는 간질액을 거쳐 확산되어 이웃한 세포에 영향을 미치는 **국소호르몬(local hormones)**을 분비한다. 국소호르몬은 작은 분비선, 세포 집단이나 심지어는 단일 세포에서도 생성된다. 내분비소통에서, 세포들은 일반적으로는 분비선에서 **내분비호르몬(endocrine hormones)**을 분비하는데, 이 호르몬은 혈류를 통해 몸 전체로 운반된다. 내분비호르몬은 인접한 분비선이나 멀리 떨어진 신체의 세포에 영향을 미칠 것이다.

신호전달 분자는 "수용"세포로 이동되어 **수용체(receptors)**와의 결합에 의해 세포의 생리를 변화시키는데, 이 수용체는 수용세포의 표면이나 내부에 위치하는 특수한 단백질이다. 전달자가 수용체와 결합했을 때, 수용세포는 전달자, 수용체, 세포 형태 및

**표 38-1 세포의 소통 방법**

| 의사소통 | 화학 전달자 | 전달 메커니즘 | 예 |
|---|---|---|---|
| 직접 | 이온, 미세분자 | 인접한 세포의 세포질에 연결된 간극 연접을 통한 직접적인 이동 | 심장근육 세포 사이의 이온 흐름 |
| 신경전달 | 신경전달물질 | 뉴런에서 좁은 공간(시냅스 틈)을 가로질러 인접한 세포로의 확산 | 아세틸콜린, 도파민 |
| 주변분비 | 국소호르몬 | 간질액을 통해 이웃한 세포로의 확산 | 프로스타글란딘, 히스타민 |
| 내분비 | 내분비호르몬 | 가깝거나 먼 거리에 있는 세포로 혈액을 통해 운반 | 인슐린, 에스트로겐, 성장호르몬 |

수용세포의 대사상태에 의해 결정된 어떤 방법으로 반응한다. 모든 세포는 수많은 수용체 단백질을 가지며, 각각의 수용체는 특정한 화학전달자와 결합하여 특별한 반응을 자극할 수 있다. 수용체를 가진 세포는 전달자와 결합하여, 그 전달자에 대한 **표적세포(target cells)**로 반응한다. 적절한 수용체를 가지지 않은 세포는 전달자와 반응할 수 없으며 표적세포가 아니다.

## 신경계에서 사용되는 신경전달소통

**신경전달소통(synaptic communication)**에서, 신호는 단 1초 동안에 한 신경세포에서 인접한 다른 신경세포로, 신체에서 가장 먼 곳에 있는 근육 또는 뇌를 경유하여 이동될 수 있다. 이러한 유형의 소통에서, 신경세포에서의 전기적 활성은 신경세포 말단과 표적세포 사이의 아주 작은 공간을 가로지르는 신경전달물질의 방출을 자극한다. 신경전달물질은 표적세포의 표면에 위치하는 수용체와 결합하여 반응을 자극한다. 표적세포에서의 반응은 반사와 같은 매우 짧은 반응이거나 학습과 같이 오래도록 지속되는 반응일 것이다(우리는 39장에서 신경계와 신경전달소통에 대해 자세하게 탐구할 것이다).

## 주변분비소통은 국소적으로 작용한다

**주변분비소통(paracrine communication)**에서, 신호를 보내고 받는 세포가 서로 간에 매우 근접해 있기 때문에 소통은 매우 빠른 경향이 있다. 주변분비소통에 사용되는 국소호르몬은 방출 직후에 파괴되거나, 그 호르몬을 분비한 세포로부터 멀리 보낼 수 없도록 주변세포들이 간질액에서 호르몬을 매우 빠르게 흡수하기 때문에 대부분 짧은 범위 작용만을 보여준다.

국소호르몬에는 알레르기와 염증반응의 일환으로 방출되는 히스타민과 면역계 세포들 사이의 소통에 관여하는 많은 종류의 사이토카인이 포함된다(37장 참조). 혈관을 구성하는 세포에서 생성되는 기체인 산화질소도 국소호르몬으로 작용할 수 있다. 산화질소는 혈관 주변의 근육세포로 신속하게 확산되어 근육이완을 유도한다. 이러한 작용은 혈관을 확장시켜 혈류량을 증가시킨다.

**프로스타글란딘(prostagladins)**은 중요한 국소호르몬이다. 변형된 지방산인 프로스타글란딘은 몸 전체의 세포에서 분비된다. 프로스타글란딘은 그 호르몬의 종류와 표적세포에 따라 다양한 효과를 보인다. 예를 들어, 프로스타글란딘은 출산 시 자궁경부의 확장을 유도하고, 자궁근육은 수축되도록 한다. 또한 프로스타글란딘은 (관절염에서 나타나는 것과 같은) 염증반응과 통증의 원인이 되기도 한다. 아스피린, 아세타미노펜(타이레놀), 이부프로펜 등과 같은 약물은 프로스타글란딘을 합성하는 효소작용을 저해하여 이들 증상을 완화 시켜준다.

## 내분비소통은 온몸의 표적세포로 호르몬을 운반하기 위해 순환계를 이용한다

**내분비소통(endocrine communication)**은 **내분비선(endocrine glands)**에서의 호르몬 분비로 시작된다(**그림 38-1**). 내분비선은 갑상선과 뇌하수체의 경우처럼 원천적인 기능이 호르몬 분비인 세포의 집단일 것이다. 그 밖의 내분비선은 이자, 난소, 정소 등과 같이 다양한 기능을 가지는 기관에 파묻혀서 세포 집단이나, 개별적인 세포로 분산되어 있을 것이다. 모든 경우에, 내분비선의 분비세포는 모세혈관망에 둘러싸여 있다. 간질액으로 호르몬을 분비하는 세포는 모세혈관으로 둘러싸여 있다❶. 호르몬은 모세혈관으로 확산되어 혈액을 따라 온몸으로 운빈된다❷.

내분비호르몬은 온몸의 거의 모든 세포에 도달할 수 있을지라도❸, 특정 호르몬과 결합할 수 있는 수용체를 가진 표적세포만이 반응할 수 있다❹. 예를 들어 옥시토신은 자궁근육세포가 옥시토신과 결합하는 수용체를 가지고 있기 때문에, 출산 시에 자궁근육의 수축을 자극한다. 그러나 자궁근육 이외의 대부분의 다른 근육세포에는 필요한 수용체가 없기 때문에 옥시토신이 수축을 유도하지는 않는다❺.

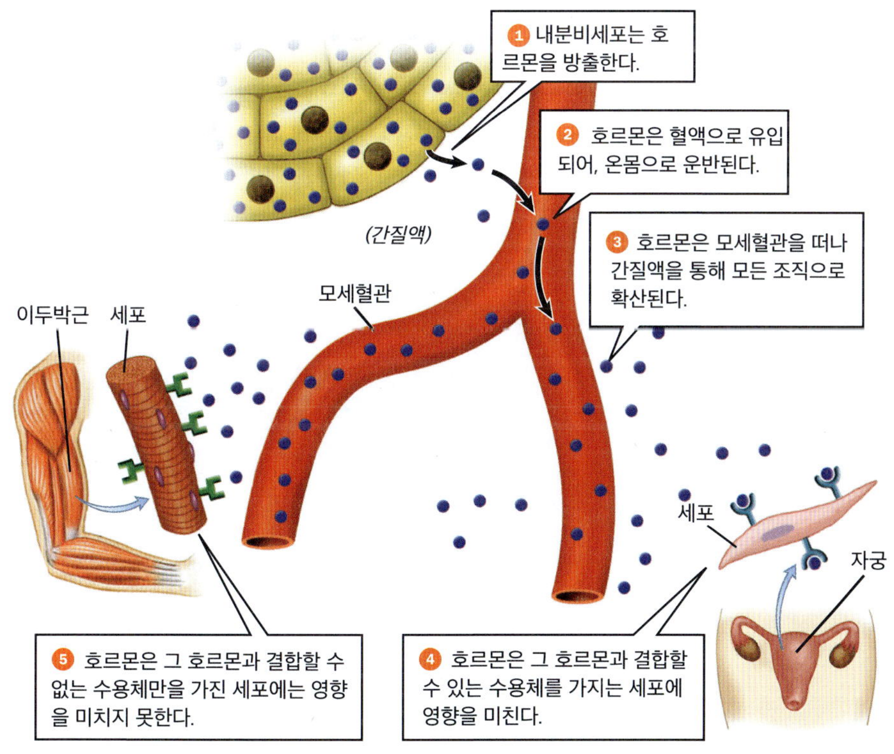


▲ **그림 38-1 호르몬의 방출, 분포, 수용**

**CHECK YOUR LEARNING**

- 동물세포 사이의 네 가지 소통 방법을 설명할 수 있는가?
- 어떤 세포는 화학전달자에 대하여 반응하고 다른 세포는 그렇지 못하는 이유를 설명할 수 있는가?
- 내분비호르몬이 분비세포로부터 흔히 신체의 매우 먼 부위에 있는 표적세포로 이동되는 경로를 설명할 수 있는가?

## 38.2 내분비호르몬은 어떻게 효과를 발휘하는가?

세 가지 유형의 척추동물 내분비호르몬이 있다: 콜레스테롤로부터 합성된 **스테로이드호르몬(steroid hormones)**; 아미노산 사슬로 이루어진 **펩타이드호르몬(peptide hormones)**; 한 두 개의 변형된 아미노산으로 구성된 **아미노산 유래 호르몬(amino acid derived hormones)**. 이들 호르몬은 표적세포의 표면이나 내부에 위치하는 수용체와 결합한다. 이러한 호르몬-수용체 결합은 다음의 두 가지 중요한 효과 중 어느 한 가지나 두 가지 모두를 유도한다: (1) 유전자 전사를 조절하여, 세포가 합성하는 단백질의 양이나 종류를 변화시키고 (2) 효소를 활성화하거나 저해시키는 방법으로 세포대사의 변화를 자극한다.

### 스테로이드호르몬은 일반적으로 표적세포 내부의 수용체와 결합한다

스테로이드호르몬은 지용성이므로 원형질막을 가로질러 확산될 수 있다. 스테로이드호르몬이 때때로 표적세포 표면의 수용체와 결합할지라도, 대부분의 스테로이드호르몬은 세포 내 수용체와 결합한다. 스테로이드호르몬의 작용은 원형질막을 가로질러 그 세포의 세포질로 확산되는 호르몬으로부터 시작된다(**그림 38-2** ❶). 스테로이드호르몬은 그들이 만나는 모든 세포의 내부로 확산되지만, 적절한 수용체를 가진 세포만이 특정 호르몬과 반응할 수 있다. 표적세포 내부로 들어가면, 스테로이드호르몬은 세포질이나 핵에 위치하는 수용체와 결합하여 호르몬-수용체 복합체를 형성한다❷. 만일 수용체가 세포질에 있으면 호르몬-수용체 복합체는 핵 속으로 이동한다. 그리고 나서 복합체는 특정 유전자와 결합하며❸, 전령 RNA의 전사를 자극한다❹. 전령 RNA는 세포질로 이동해서 단백질 합성을 지시한다❺. 예를 들어, 스테로이드호르몬인 테스토스테론은 정소, 근육, 턱수염, 음모, 그밖에 신체의 많은 다른 부위의 발달에 관여하는 단백질의 합성을 증가시킨다.

갑상선호르몬(티록신)은 스테로이드호르몬이 아닌, 아미노산 유래 호르몬일지라도 그 작용 메커니즘은 유사하다. 티록신은 수송단백질에 의해 세포막을 가로질러 운반된다. 세포 내로 들어오면, 티록신은 세포 내 수용체와 결합하고 특정 유전자의 전사를 활성화한다.

### 펩타이드호르몬과 아미노산 유래 호르몬은 표적세포의 표면에 있는 수용체와 결합한다

대부분의 펩타이드호르몬과 아미노산 유래 호르몬은 수용성이나 지질에는 용해되지 않으므로, 이들 호르몬은 원형질막의 인

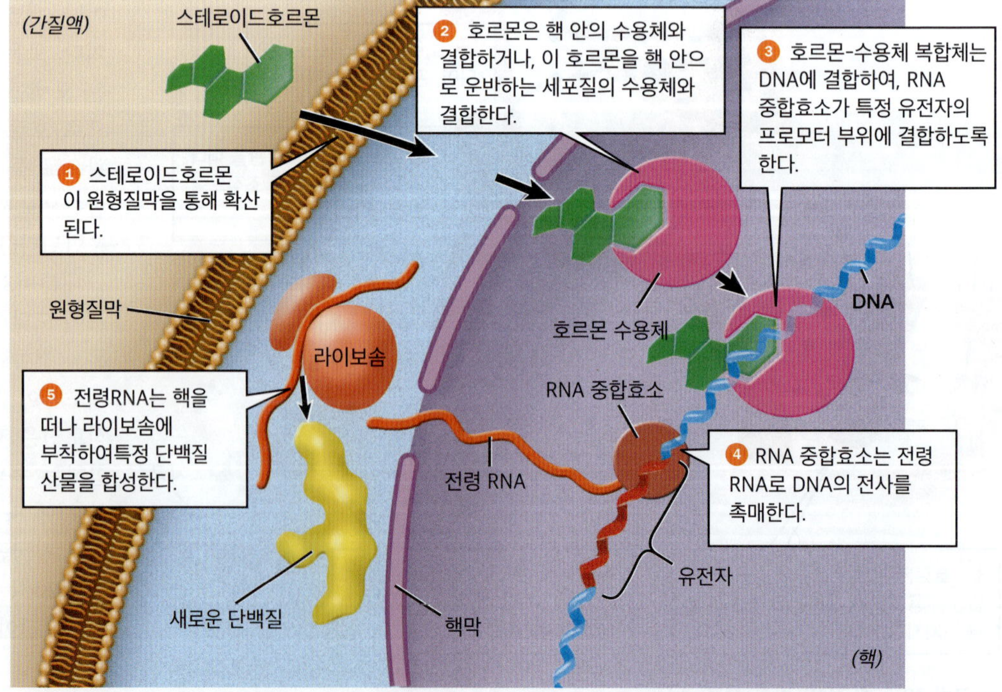


▶ **그림 38-2 표적세포에 작용하는 스테로이드호르몬** 스테로이드호르몬은 세포 내 수용체와의 결합에 의해 표적세포를 자극하며, 그 결과 호르몬-수용체 복합체는 유전자 전사를 활성화 하고, 결국 새롭거나 더 많은 양의 특정 단백질을 합성하게 된다.

지질 이중층을 통과해서 확산되지 못한다. 그러므로 펩타이드호르몬과 아미노산 유래 호르몬은 표적세포의 표면에 있는 수용체와 결합한다(**그림 38-3** ❶). 호르몬-수용체 결합은 세포 내부에서 **2차 전달자(second messenger)**라 불리는 분자를 합성하는 효소를 활성화 시킨다❷. **고리형 아데노신 1인산(cyclic adenosine monophosphate, cyclic AMP**; 3장 참조), 변형된 지질, 칼슘이온, 산화질소 기체 등을 포함하여 많은 종류의 2차 전달 분자가 있다. 2차 전달자는 1차 전달자, 즉 호르몬으로부터 오는 신호를 세포 내의 다른 분자에 전달한다. 따라서 특정 세포 내 효소가 활성화되고❸, 그 결과 연쇄적인 생화학적 반응을 시작한다❹.

이러한 세포 내 반응은 호르몬이나 2차 전달자, 표적세포에 따라 다양하다. 예를 들어, 에피네프린(아드레날린이라고도 불리는 아미노산 유래 호르몬)은 응급 상황에 대처하기 위해 몸에서 만들어진다. 이 호르몬은 심근세포와 간세포에서 고리형 아데노신 1인산의 합성을 자극한다. 그러나 고리형 아데노신 1인산은 두 종류의 세포에서 서로 다르게 작용한다. 고리형 아데노신 1인산은 심근세포를 더 강하게 수축하도록 유도하여 혈액 흐름을 증가시킨다. 간세포에서, 고리형 아데노신 1인산은 글리코겐(녹말 유사 다당류)을 포도당으로 분해하는 효소를 활성화시키며, 포도당은 혈액으로 방출되어 빠른 에너지원으로 몸 전체에 제공된다.

## 호르몬 방출은 피드백 메커니즘에 의해 조절된다

대부분 호르몬의 방출은, 변화에 반대로 작용하여 그 본래의 상태로 반응계를 회복시키려는 반응인 **음성피드백(negative feedback)**에 의해 조절된다(32장 참조). 예를 들어, 여러분이 덥고 화창한 날에 수 킬로미터를 달려, 땀으로 1리터의 수분을 방출했다고 가정하자. 혈액에서의 수분 소실에 대한 반응으로, 여러분의 뇌하수체는 항이뇨호르몬(ADH)을 방출하여 콩팥에서 수분을 재흡수 하도록 하고, 매우 농축된 소량의 오줌만을 생성하도록 한다(36장 참조). 그러나 만일 여러분이 집에 돌아와 2리터의 물을 마신다면, 땀으로 잃었던 수분의 2배를 보충하게 되는 것이다. 만일 여러분의 몸에 이와 같이 과잉의 수분을 보유하게 되면 혈압이 상승될 것이고 심장에 손상을 입히게 된다. 그러나 음성피드백은 원래의 상태로 회복되도록 한다. 충분한 물이 혈액으로 들어와서 혈액량이 정상으로 돌아왔을 때, 항이뇨호르몬의 분비는 정지된다. 여러분의 콩팥은 물로 희석된 많은 양의 오줌을 만들기 시작해서 몸에 남아있는 과잉의 수분을 제거한다. 이 장에서 어떻게 음성피드백으로 혈당을 조절하는지를 포함해서, 음성피드백의 또 다른 예를 찾아보기 바란다.

몇 가지 경우에, 변화를 증대시키기 위한 반응으로 호르몬 방출이 일시적으로나마 **양성피드백(positive feedback)**에 의해 조절된다. 예를 들어 출산 초기의 자궁 수축은 자궁경부(자궁과 질

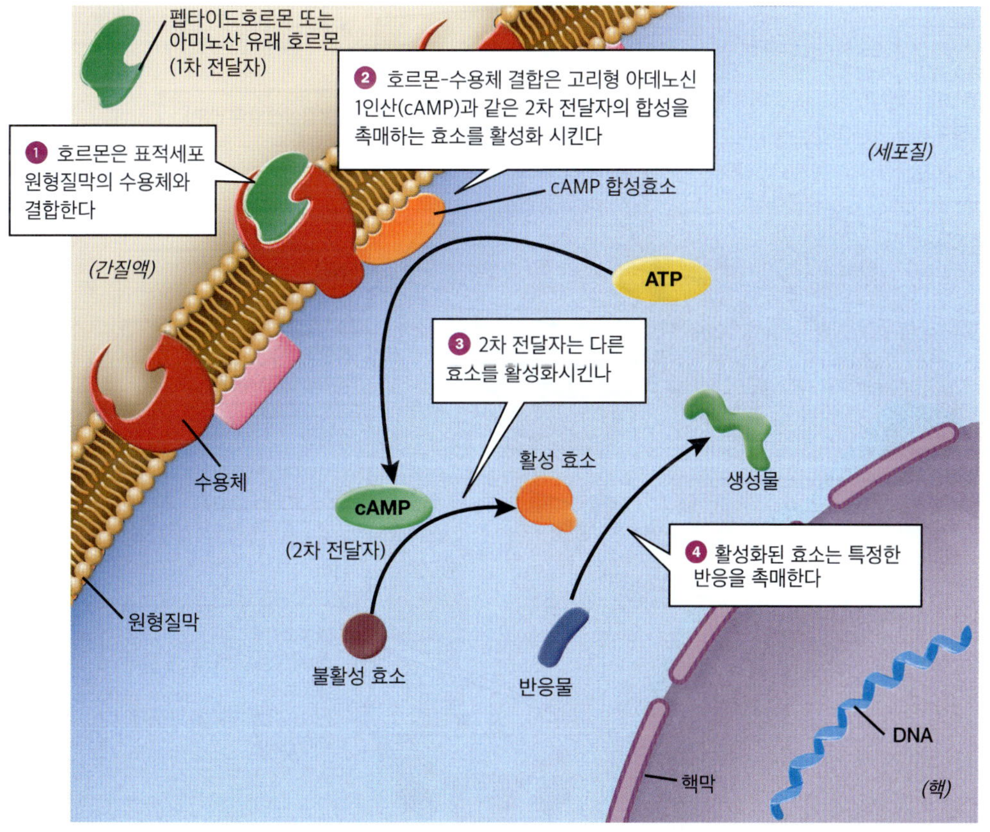


◀**그림 38-3 표적세포에 대한 펩타이드호르몬과 아미노산 유래 호르몬의 작용** 펩타이드호르몬과 아미노산 유래 호르몬은 원형질막에 있는 수용체와의 결합에 의해 표적세포를 자극하며, 그 결과 세포 내 생화학적 반응을 연쇄적으로 진행시키는 2차 전달 분자를 합성하도록 한다.

사이의 고리 모양의 결합조직)로 아이의 머리를 밀어내고, 이러한 자극은 자궁경부의 확장을 유도한다. 자궁경부의 확장은 옥시토신 방출을 시작하도록 어머니의 뇌에 신경 신호를 보낸다. 옥시토신은 더욱 강한 자궁근육의 수축을 자극하고, 자궁경부로 강하게 아이를 밀어내며, 자궁경부의 더 넓은 확장은 더 많은 옥시토신이 분비되도록 유도한다. 그러나 양성피드백이 무한히 지속될 수는 없다. 출산의 경우에 옥시토신 방출과 자궁 수축 사이의 양성피드백은 신생아의 출생으로 종료된다. 출산 후 자궁경부는 더 이상 확장되지 않고 옥시토신 방출도 정지된다.

### CHECK YOUR LEARNING

- 세 가지 유형의 내분비호르몬의 이름을 아는가?
- 호르몬이 표적세포에 어떻게 영향을 미치는지 설명할 수 있는가?
- 음성피드백과 양성피드백의 과정을 설명하고, 그 각각의 반응이 어떻게 호르몬 방출의 조절에 사용되는지의 예를 제시할 수 있는가?

CASE STUDY CONTINUED

## 인슐린 저항성

당뇨병환자에서의 혼란스러움을 조절하는 호르몬인 인슐린은 크기가 크고 수용성인 분자이다. 인슐린은 근육, 지방이나 몇 가지 다른 세포들의 바깥쪽 표면에 있는 수용체와 결합해서, 그 세포 내부의 효소를 활성화하거나 저해하는 단백질을 활성화시킨다. 활성화된 효소 중의 하나는 세포 내부에서 일련의 연쇄반응을 시작하며, 그 결과 포도당 수송단백질이 원형질막으로 이동한다. 원형질막에서는, 수송단백질이 세포 내부로 포도당이 확산되는 것을 쉽게 해준다.

인슐린은 생명 유지에 필수적이지만, 어두운 면도 또한 가지고 있다. 과다한 인슐린은, 특히 금식을 하게 되면, 근육과 지방세포가 혈액으로부터 지나치게 많은 포도당을 흡수하도록 자극할 수 있다. 극단적인 경우에는, 사람을 인슐린 쇼크 상태에 빠지게 할 정도로 혈당 수치가 아주 낮게 떨어질 수 있다. 포도당이 결핍되면, 뇌 활동이 정지되고 희생자는 정신이 흐려지고, 혼수 상태에 빠지며, 결국 죽음에 이르게 된다. 그러나 인슐린 쇼크는 적절하게 기능을 하는 신체에서는 결코 발생하지 않는다. 왜 일어나지 않는 것일까? 어떻게 신체는 인슐린 분비와 포도당 대사를 조절하여, 인슐린 쇼크를 예방할 수 있을까? 또는 다른 호르몬의 분비를 조절하여 일어설 수 없을 정도로는 키가 자라지 않게 하거나, 큰 소음에 심장이 멈출 정도로 깜짝 놀라게 되는가?

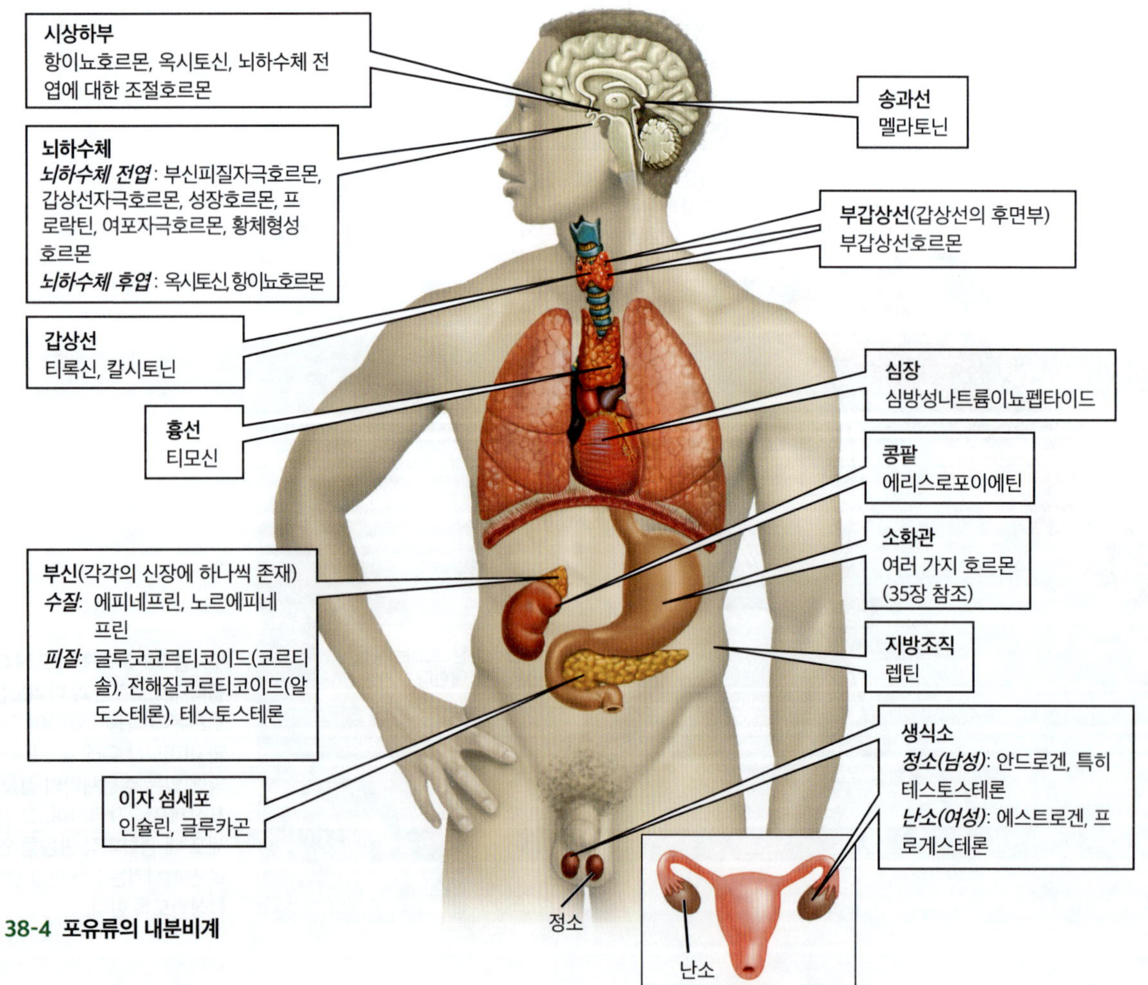

▲ 그림 38-4 포유류의 내분비계

**표 38-2 포유류의 내분비계**

| 내분비선 | 호르몬 | 화학물 유형 | 주요기능 |
|---|---|---|---|
| 시상하부 (뇌하수체 전엽으로) | 방출과 억제호르몬 | 펩타이드 | 방출호르몬은 뇌하수체 전엽에서의 호르몬 방출을 자극하며; 억제호르몬은 뇌하수체 전엽에서의 호르몬 방출을 억제 |
| 뇌하수체전엽 | 여포자극호르몬(FSH) | 펩타이드 | 여성; 난소에서 여포의 성장, 에스트로겐의 분비 그리고 아마도 배란을 자극<br>남성; 정자 발달을 자극 |
| | 황체형성호르몬(LH) | 펩타이드 | 여성; 배란, 황체 성장, 에스트로겐과 프로게스테론의 분비를 자극<br>남성; 테스토스테론 분비를 자극 |
| | 갑상선자극호르몬(TSH) | 펩타이드 | 티록신을 방출하도록 갑상선을 자극 |
| | 부신 피질자극 호르몬(ACTH) | 펩타이드 | 코르티솔과 같은 글루코코르티코이드호르몬을 방출하도록 부신 피질을 자극 |
| | 프로락틴(PRL) | 펩타이드 | 유선에서의 젖 생산과 분비를 자극 |
| | 성장호르몬(GH) | 펩타이드 | 성장, 단백질합성, 지방 대사를 자극; 당대사를 억제 |
| 시상하부 (뇌하수체 후엽을 경유) | 항이뇨호르몬(ADH) | 펩타이드 | 신장에서 수분의 재흡수를 촉진; 소동맥 수축 |
| | 옥시토신 | 펩타이드 | 여성; 분만시의 자궁근육 수축, 젖 분비, 모성 행동을 자극<br>남성; 아마도 사정을 용이하게 |
| 갑상선 | 티록신 | 아미노산 유도체 | 대부분 체세포의 대사율을 증가 : 체온 상승; 성장과 발육을 조절 |
| | 칼시토닌 | 펩타이드 | 뼈로부터 칼슘의 방출을 억제; 혈액 칼슘 농도 감소 |
| 부갑상선 | 부갑상선 호르몬 | 펩타이드 | 뼈로부터 칼슘의 방출, 장에서의 흡수, 신장에서의 재흡수를 자극하여 혈액 칼슘 농도 증가 |
| 이자 | 인슐린 | 펩타이드 | 세포 내로 포도당의 흡수를 증가시키고, 특히 간에서 포도당을 글리코겐으로 전환하여 혈당을 감소; 지방 대사를 조절 |
| | 글루카곤 | 펩타이드 | 글리코겐을 포도당으로 전환하여 혈당치를 증가 |
| 정소[1] | 테스토스테론 | 스테로이드 | 생식기와 남성의 2차 성징의 발달을 자극; 정자 발달을 자극 |
| 난소[1] | 에스트로겐 | 스테로이드 | 여성의 2차 성징의 발달과 난자 성숙을 유도; 자궁 내막의 발달을 촉진 |
| | 프로게스테론 | 스테로이드 | 자궁 내막의 발달과 태반 형성을 자극 |
| 부신 피질 | 글루코코르티코이드 (예; 코르티솔) | 스테로이드 | 혈당 증가; 당, 지질, 지방 대사를 조절; 항염증 효과 |
| | 전해질코르티코이드 (알도스테론) | 스테로이드 | 신장에서 염의 재흡수 증가 |
| | 테스토스테론 | 스테로이드 | 신체 특징과 성장의 수컷화 유도 |
| 부신수질 | 에피네프린(아드레날린)과 노르에피네프린 (노르아드레날린) | 아미노산 유도체 | 혈액 내 당과 지방산의 수치 증가; 대사율 증가; 심장의 수축력과 수축률 증가; 일부 혈관을 수축 |
| 송과선 | 멜라토닌 | 아미노산 유도체 | 계절별 생식 주기와 수면-기상 주기를 조절; 아마도 사춘기의 시작을 조절 |
| 흉선 | 티모신 | 펩타이드 | 면역계의 T세포 성숙을 자극 |
| 콩팥[2] | 에리스로포이에틴 | 펩타이드 | 골수에서 적혈구 생성을 자극 |
| 소화관[3] | 세크레틴, 가스트린, 그렐린, 콜레시스토키닌, 기타 | 펩타이드 | 소화관에서 점액, 효소, 염분의 분비를 조절; 연동운동 조절; 식욕조절 |
| 지방세포 | 렙틴 | 펩타이드 | 식욕 조절; 면역 기능을 자극; 혈관 생장을 촉진; 사춘기 시작에 필요 |
| 심장 | 심방성나트륨이뇨펩타이드(ANP) | 펩타이드 | 신장에서 염분과 수분의 배출을 증가; 혈압 낮추기 |

[1] 42장, 43장 참조
[2] 36장 참조
[3] 35장 참조

## 38.3 포유류 내분비계의 구조와 기능은 무엇인가?

포유류의 **내분비계(endocrine system)**는 내분비선과 그들이 생성하는 호르몬으로 구성된다(그림 38-4와 표 38-2). 다음 절에서는 시상하부-뇌하수체 복합체, 갑상선, 이자, 생식기관, 부신 등에 초점을 맞출 것이다.

### 시상하부와 뇌하수체 호르몬은 신체의 많은 기능을 조절한다

**시상하부(hypothalamus)**는 **신경분비세포(neurosecretory cells)**라고 하는 특수화된 신경세포의 다발로 구성된 뇌의 부분이며, 신경분비세포는 펩타이드호르몬을 합성하고, 저장하며, 자극을 받았을 때 그 호르몬을 방출한다(그림 38-5, 위쪽). 시상하부에 의해 생성되는 어떤 호르몬은 순환계로 방출되어 온몸에서 효과를 만들어낸다. 다른 시상하부 호르몬은 아주 작은 양으로 생성되며, 시상하부와 연결되는 완두콩 크기의 분비선인 **뇌하수체(pituitary gland)**에서 생성되는 호르몬의 방출을 조절한다(그림 38-5, 아래쪽). 뇌하수체는 **뇌하수체 전엽(anterior pituitary)**과 **뇌하수체 후엽(posterior pituitary)**이라는 두 개의 구별된 부분으로 되어 있다.

#### 뇌하수체 전엽은 여러 가지 호르몬을 생성하고 방출한다

뇌하수체 전엽에서 방출되는 네 가지 호르몬은 다른 내분비선의 호르몬 생성을 조절한다. **여포자극호르몬(follicle-stimulating hormone, FSH)**과 **황체형성호르몬(luteinzing hormone, LH)**은 수컷의 정소에서 정자와 테스토스테론의 생성을 자극하고, 암컷의 난소에서는 난자, 에스트로겐과 프로게스테론의 생성을 자극한다(42장에서 생식 과정에서의 FSH와 LH의 역할을 논의할 것이다). **갑상선자극호르몬(thyroid-stimulating hormone, TSH)**은 갑상선을 자극하여 갑상선 호르몬을 방출하게 하며, **부신 피질 자극 호르몬(adrenocorticotropic hormone, ACTH)**은 부신 피질에서 고르티솔의 방출을 유도한다. 이 장의 후반부에 갑상선호르몬과 부신 피질호르몬의 효과에 대하여 논의할 것이다.

뇌하수체 전엽의 나머지 호르몬은 다른 내분비선에 작용하지 않는다. 다른 호르몬과 협력하는 **프로락틴(prolactin, PRL)**은 임신 기간 동안 유방에서 젖을 생성하는 젖샘의 발달을 자극한다. **성장호르몬(growth hormone, GH)**은 단백질 합성의 증가, 에너지원으로 지방의 이용을 촉진, 탄수화물 대사 조절 등의 메커니즘으로 거의 모든 체세포에 작용한다. 성장호르몬은 유년기에 뼈의 성장을 자극한다. 사람 키의 정상적인 차이의 대부분은 성장호르몬의 분비나 반응에 대한 차이에 기인한다. 너무 적은 양의 성장호르몬—혹은 성장호르몬에 대한 수용체의 결함—은 몇 가지 경우의 왜소증을 유발하고; 너무 많은 양의 성장호르몬은 거인증을 유발할 수 있다.

뇌하수체 왜소증 치료의 중요한 발전은, 분자생물학자들이 사람의 성장호르몬 유전자를 성공적으로 세균에 삽입하고 많은 양의 성장호르몬을 대량 생산하게 된 1981년에 이루어졌다. 과거에는 소량을 추출하는데 고가의 경비가 소요되는, 사람의 시신이 성장호르몬의 주된 상업적 공급원이었다. 새롭고, 저렴한 공

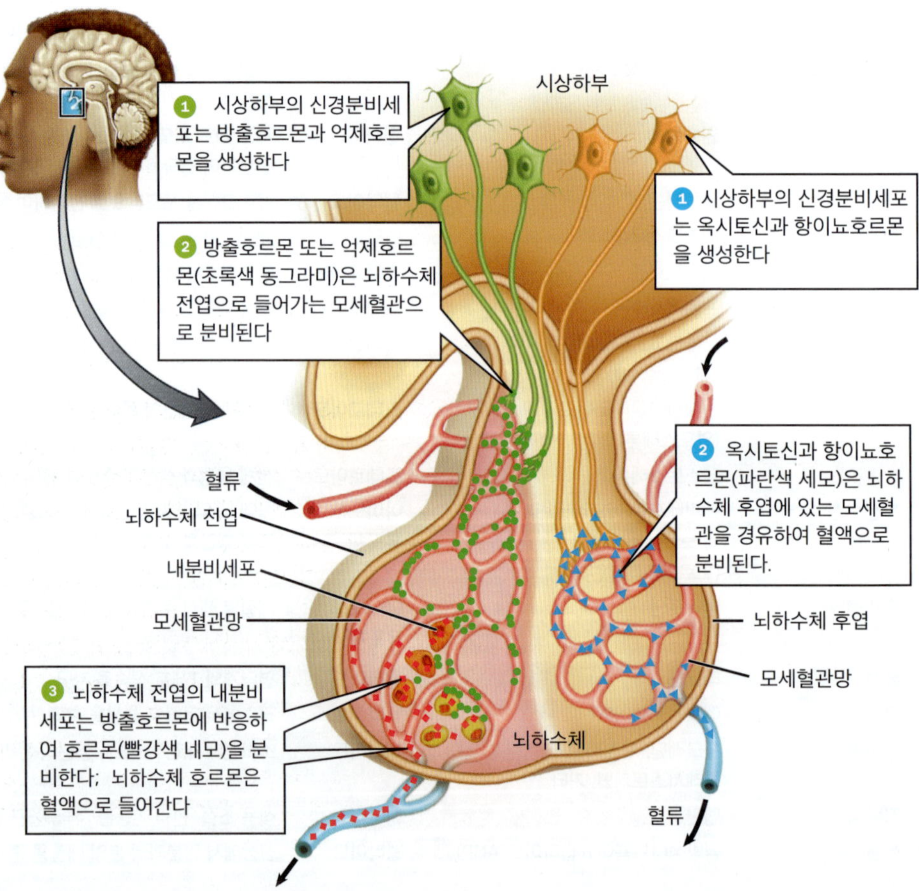


▲ **그림 38-5 시상하부-뇌하수체계** 그림의 왼쪽은(초록색 번호) 시상하부와 뇌하수체 전엽 사이의 관계를, 오른쪽은(파란색 번호) 시상하부와 뇌하수체 후엽 사이의 관계를 보여준다. 방출호르몬은 초록색 동그라미로 나타냈으며, 뇌하수체 전엽에서 방출되는 호르몬은 빨강색 네모로, 시상하부/뇌하수체 후엽에서 방출되는 호르몬은 파란색 세모로 표시 하였다.

급 덕분에, 낮은 활성의 뇌하수체로 인하여 과거에는 극단적으로 키가 작았던 아이들이 이제 정상적인 키를 가진 아이로 성장할 수 있다.

성장호르몬은 체력, 속도, 지구력을 향상시키기 위해 때때로 운동선수에 의해 이용되는 몇 가지 호르몬 중의 하나이다. 호르몬 보충제는 위험할 수 있고, 운동선수에게 경쟁적 이점을 제공할 수 있기 때문에 국제올림픽위원회와 프로스포츠 리그에서는 대부분의 호르몬 보충제 사용을 금지하고 있다(679페이지의 "Health Watch: 경기력을 향상시키는 약물 – 바보들의 황금?"에서 논의한다)

### 시상하부 호르몬은 뇌하수체 전엽에서의 호르몬 방출을 조절한다

시상하부의 신경분비세포는 이미 설명된 뇌하수체 전엽에서 방출되는 호르몬의 방출을 조절하는 여섯 가지 호르몬을 생성한다(그림 38-5, ❶). 이들 시상하부 조절 호르몬은 뇌하수체 전엽에서 특정 호르몬의 방출을 자극하느냐 또는 억제하느냐에 따라 **방출호르몬(releasing hormones)** 혹은 **억제호르몬(inhibiting hormones)**이라 부른다.

신경분비세포는 시상하부와 뇌하수체 전엽을 연결하는 자루로 그 끝이 모세혈관망에 닿아있는 축삭돌기라는 가는 섬유로 뻗어있다. 그래서 축삭은 모세혈관망으로 방출호르몬이나 억제호르몬을 분비한다❷. 호르몬은 뇌하수체 전엽의 내분비세포를 감싸고 있는 2차 모세혈관망까지 혈관을 통하여 짧은 거리를 이동한다. 그곳에서 방출호르몬과 억제호르몬은 모세혈관 밖으로 확산되고, 내분비세포의 표면에 있는 수용체와 결합하여, 뇌하수체 전엽 호르몬의 방출을 조절한다❸.

### 뇌하수체 후엽은 시상하부의 세포에서 합성된 호르몬을 방출한다

시상하부는 옥시토신이나 항이뇨호르몬을 합성하는 또 다른 신경분비세포를 가지고 있다❶. 신경분비세포의 축삭돌기는 뇌하수체 후엽으로 뻗어 있다. 뇌하수체 후엽에 있는 모세혈관망에 이들 축삭돌기 말단에서 호르몬이 방출되면, 그 호르몬은 신체의 다른 부위로 혈류를 따라 운반된다❷.

앞서 설명한 것처럼, **옥시토신(oxytocin)**은 출산 시 자궁근육의 수축을 유도한다. 옥시토신은 또한 신생아의 젖을 빠는 자극에 대한 반응으로 유방의 젖샘 근육조직의 수축을 야기시켜, 산모에게 "유즙 분출반사"를 일으킨다. 이러한 수축작용은 주머니 모양의 젖샘

**CASE STUDY CONTINUED**

### 인슐린 저항성

17세기에는, 당뇨병을 "오줌 악마"라고 불렀다. 당뇨병에서, 높은 혈당 수치는 콩팥으로 들어가는 포도당의 양이 과잉이 되는 원인이 되거나, 포도당을 재흡수하는 콩팥의 용량을 압도하는 원인이 된다. 결론적으로, 포도당은 오줌에 남게 된다(*mellitus*는 "달콤함"을 의미함). 물이 삼투압에 의해 포도당이 함유된 오줌으로 들어가며, 많은 양의 오줌을 만들게 된다. 수천 명의 미국인이 요붕증(*diabetes insipidus*)에 시달리고 있는데, 이 병은 뇌하수체 후엽이 적절한 양의 항이뇨호르몬을 생성하지 않기 때문에 극단적으로 희석된 오줌을 만드는 것이다. 당뇨환자들은 랜디 잭슨이 했던 것처럼, 오줌으로 손실된 물을 대체하기 위해 많은 양의 물을 마신다. 물을 마시는 것이, 과잉의 오줌 문제를 매우 빨리 해결할 수 있는 것처럼 보이지만, 우리가 알고 있듯이, 당뇨병은 심장질환을 포함해서 또 다른 매우 심각한 병적 증상을 유발할 수 있다.

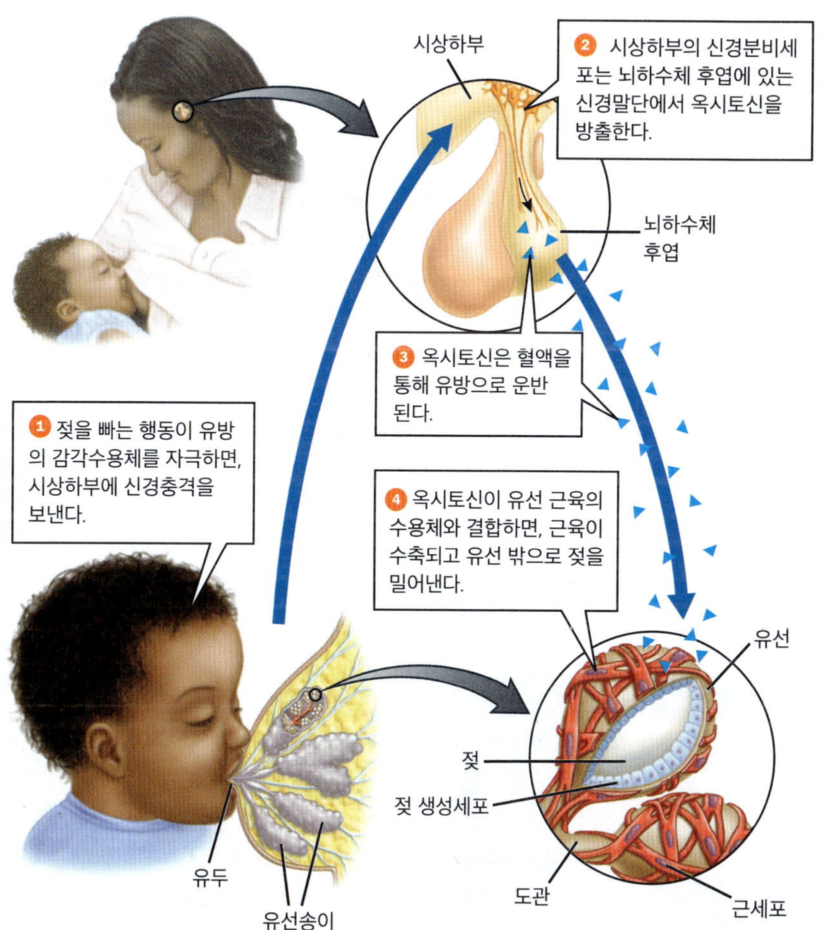


▲ **그림 38-6 호르몬과 수유** 아기와 어머니 사이의 상호작용은 수유하는 동안 옥시토신에 의한 젖 분비를 조절한다. 아이의 젖을 빠는 행동으로 주기가 시작되고, 아이가 충분히 먹어 빨기를 그만 둘 때까지 계속된다. 유두에 더 이상의 자극이 주어지지 않으면, 옥시토신 방출이 중지되고 근육이 이완되며 젖 방출은 멈추게 된다.

에서 유두로 젖을 방출하게 한다(**그림 38-6**).

옥시토신은 뇌에도 직접 작용하여 행동효과를 유발한다. 예를 들어, 교미한 적이 없는 암컷 쥐의 뇌에 옥시토신을 주입하면, 둥지를 만들고, 새끼를 찾아 헤매는 등의 모성 행동을 보인다. 사람에서(남성, 여성 모두), 옥시토신은 서로 신뢰하고, 낭만적이며 모성적인 사랑의 감정을 가지는데 일정한 역할을 한다(39장 Case Study "내가 어떻게 그대를 사랑하게 되었을까?" 참조).

**항이뇨호르몬(antidiuretic hormone, ADH**; 실제로 "오줌을 감소시키는 호르몬")은 콩팥이 수분을 흡수하여 혈류로 되돌리는 방법으로 탈수를 방지한다. 그러나 노폐물은 여전히 체외로 배출되어야 하므로 소량의 수분으로 염과 노폐물을 희석하게 되고, 오줌은 매우 농축되고 때로 짙은 노란색을 띠기도 한다

## 갑상선과 부갑상선은 물질대사와 칼슘 수치에 영향을 미친다

**갑상선(thyroid gland)**은 목 앞쪽의 후두 바로 아래에 자리 잡고 있다(그림 38-4 참조). 갑상선은 티록신과 칼시토닌이라는 두 가지 호르몬을 생성한다. **부갑상선(parathyroid gland)**은 갑상선 뒷면의 한 쪽에 한 쌍씩, 두 쌍의 작은 내분비세포 덩어리로 이루어져 있다. 이들 세포는 부갑상선호르몬을 방출한다.

### 티록신은 에너지 대사에 영향을 미친다

**티록신(thyroxine)** 또는 갑상선호르몬은 요오드를 함유한 아미노산 유도체이다. 티록신은 포도당을 분해하여 에너지를 생성하는 효소의 합성을 자극하고, 또한 미토콘드리아를 직접 자극하는 방식에 의해 신체 대부분 세포에서 대사율을 증가시킨다. 천만 명 이상의 미국인이 갑상선에서 티록신을 충분히 생성하지 못하는 갑상선 기능부전증으로 고통 받고 있다. 갑상선 기능부전인 사람은 정신적, 육체적으로 무기력을 느낀다. 식욕은 저하되나 여전히 체중은 늘고, 신체는 대사율이 낮을 때 더 적은 양의 열을 생성하기 때문에 추위를 견디지 못하게 된다. 갑상선기능항진증은 비교적 덜 일반적이다; 과잉으로 분비된 티록신은 불안감, 성급함을 느끼게 하고 식욕을 증가시키며 더위를 견디지 못하게 한다.

사람을 포함하여 미성숙한 척추동물에서, 티록신은 대사율과 신경계의 발달 모두를 자극함으로써 성장을 조절하도록 도와준다. 사람에서, 성장 초기에 갑상선호르몬의 결핍은 정신적, 육체적 발달의 지연으로 특징되는 증상인 크레틴증(cretinism)을 유발할 수 있다. 다행히 조기 진단과 티록신의 투여로 이러한 증상을 회복시킬 수 있다.

◀**그림 38-7 갑상선종** (Goiter) 음식물의 요오드 결핍은 갑상선 비대증을 유발한다. 갑상선종은 음식물에서 요오드가 함유된 소금의 섭취가 부족한 저개발국가에서 매우 일반적이다.

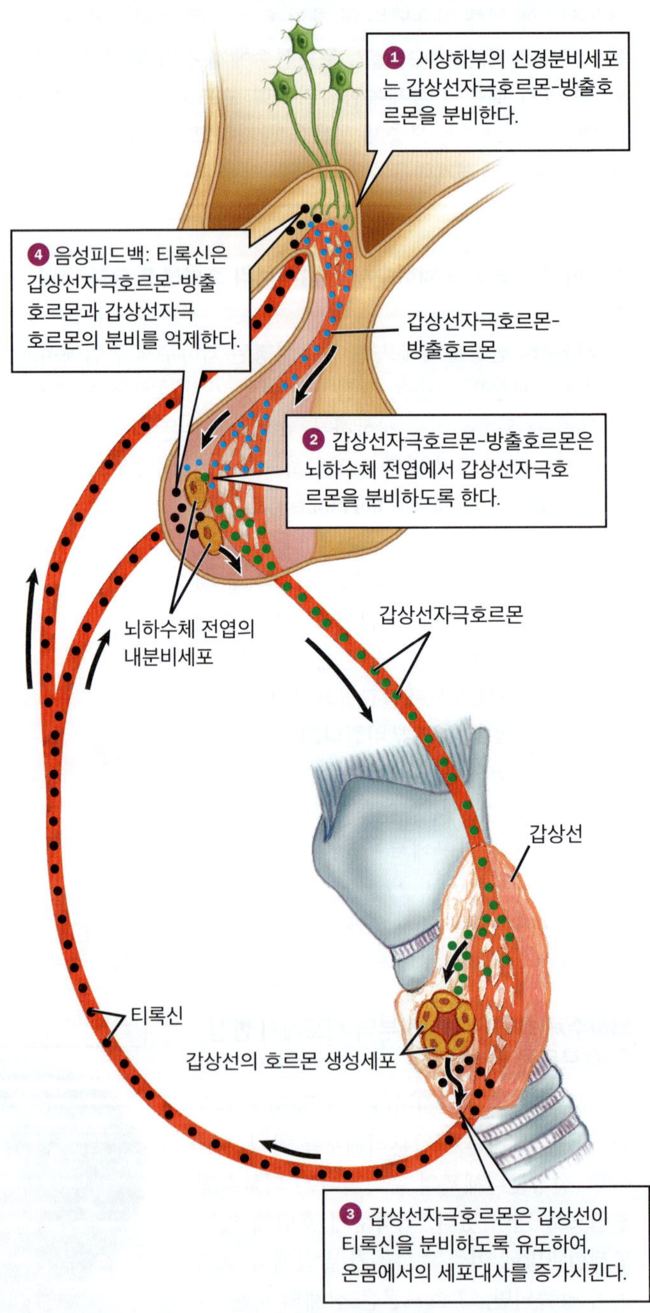


▲**그림 38-8 갑상선 기능의 음성피드백** 혈액(검은 점)의 티록신 농도는 음성피드백에 의해 갑상선자극호르몬-방출호르몬(파란 점)과 갑상선자극호르몬(초록색 점)의 분비를 조절한다.

**비판적 사고** 갑상선 기능의 일반적인 검사는 혈액 내에 순환되는 갑상선자극호르몬의 농도를 측정하는 것이다. 비정상적으로 높은 갑상선자극호르몬 수치를 보이는 사람은 무엇이 잘못되었다고 가정할 수 있는가?

일반적이지만, 다행스럽게도 방지할 수 있는 갑상선 기능부전증의 원인은 요오드가 결핍된 식사에 있다. 요오드의 부족이 티록신 생성을 감소시키면, 신체는 갑상선에서 티록신 생성세포의 숫자를 증가시켜서 보상한다. 만일 갑상선 기능부전증이 심각하게 진전되면, 갑상선은 **갑상선종(goiter, 그림 38-7)**이라는 상태로 비대해진다. 전 세계적으로 1억 명 이상의 사람들이 요오드가 결핍된 식사를 하고 있다. 임산부와 어린아이들에서의 요오드 결핍은 방시할 수 있는 정신시체의 주요한 원인이다. 요오드가 함유된 소금은 요오드 결핍을 간단하고 싼 비용으로 해결할 수 있는 방법이다; 요오드를 식탁용 소금에 첨가하기 위해서는 톤당 1,800원보다도 적은 비용이 소요된다.

**티록신 방출은 시상하부와 뇌하수체 전엽에 의해 조절된다** 혈액의 티록신 수치는 음성피드백에 의해 조절된다(**그림 38-8**). 시상하부의 신경분비세포에 의해 만들어진 갑상선자극호르몬-방출호르몬(TSH-방출호르몬)은❶ 뇌하수체 전엽으로 운반되어 갑상선자극호르몬의 방출을 유도한다❷. 갑상선자극호르몬은 혈액을 통해 갑상선으로 이동해서 티록신의 방출을 자극한다❸. 혈액으로 순환되는 티록신의 적당한 수치는 시상하부의 갑상선자극호르몬-방출호르몬과 뇌하수체 전엽에서의 갑상선자극호르몬의 분비를 억제하여, 갑상선에서의 티록신 방출을 억제한다❹.

**티록신은 서로 다른 척추동물에서 다양한 효과를 보인다** 양서류와 많은 어류에서, 티록신은 유생에서 성체 형태로의 변태를 자극한다. 알에서 부화된 수서 올챙이는 아가미와 큰 지느러미 꼬리를 가지고, 다리가 없어서, 머리가 커다란 물고기와 약간 유사하다. 갓 부화된 올챙이는 낮은 농도의 티록신을 가지고 있다. 몇 주 후, 티록신 농도가 증가되면, 다리가 나오고 꼬리의 재흡수를 유도한다. 또 다시 몇 주가 지나면, 작은 개구리로의 변태가 완성된다. 칠성장어와 연어에서, 티록신은 담수에서 태어난 어린 물고기가 바다에서 성장하고 성숙할 수 있도록 체형 변화를 유발시킨다. 또한 티록신은 많은 육상척추동물의 계절적 탈피를 조절한다. 티록신의 급격한 증가는 뱀부터 조류, 애완견에 이르기까지 피부, 깃털이나 털의 탈피를 자극한다.

**부갑상선호르몬과 칼시토닌은 칼슘 대사를 조절한다**

적절한 칼슘 농도는 신경과 근육의 기능에 필수적이다. 부갑상선에서 분비되는 **부갑상선호르몬(parathyroid hormone)**과 갑상선에서 분비되는 **칼시토닌(calcitonin)**은 혈액과 체액의 칼슘 수치를 거의 일정하게 유지하도록 공동작용을 한다.

골격은 필요에 따라 칼슘을 예치하거나 인출할 수 있는 "은행"처럼 이용된다. 만일 혈중 칼슘 수치가 떨어지면, 부갑상선호르몬은 뼈에서 칼슘이 방출되도록 한다. 또한 콩팥에서 오줌이 만들어지는 동안 더 많은 칼슘을 재흡수 하도록 해서 혈액으로 되돌려 보낸다. 그래서 혈중 칼슘 농도가 증가되면 음성피드백 고리에 의해 부갑상선호르몬의 방출을 억제한다. 만일 혈액의 칼

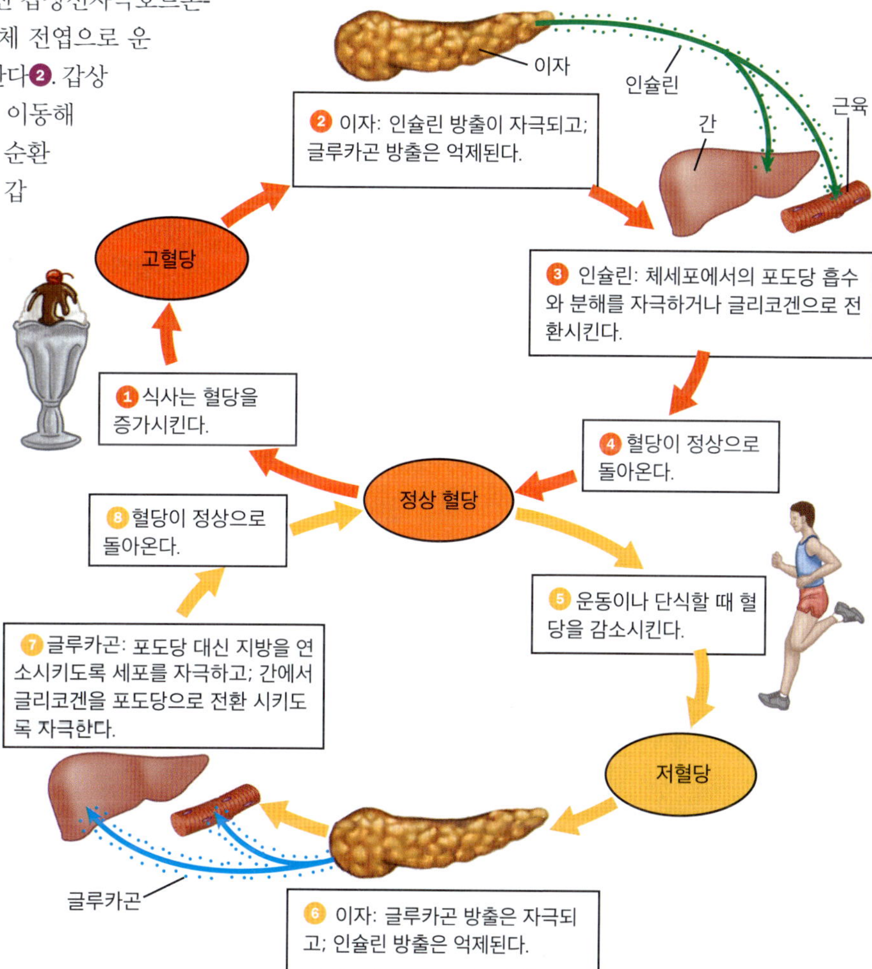


▲ **그림 38-9 이자는 혈당 수치를 조절한다** 인슐린과 글루카곤의 작용은 음식을 먹거나 단식할 때, 운동할 때와 같은 여러 가지 상황에서 혈액의 포도당 농도를 일정하게 유지해주는 두 부분의 음성피드백 고리를 형성한다.

**비판적 사고** 글루카곤 수용체가 글루카곤과 결합하는 것을 막는 변이를 가지고 태어난 사람에서, 혈당은 어떤 영향을 받겠는가?

슘 농도가 지나치게 높으면, 갑상선은 뼈로부터의 칼슘 방출을 억제하는 칼시토닌을 방출한다. 사람에서는, 칼시토닌의 작용이 부갑상선호르몬의 작용과 비교해서 더 적은 것으로 나타난다.

## 이자는 소화와 내분비 기능을 가진다

**이자(pancreas)**는 다양한 기능을 가진다. 소화의 역할에서, 이자는 소장으로 방출되어 음식물의 분해를 촉진하는 중탄산염과 몇 가지 효소를 생성한다(35장 참조). 이자의 내분비 부위는 **섬세포(islet cell)**의 집단으로 구성되어 있다. 각각의 섬세포는 **인슐린(insulin)** 또는 **글루카곤(glucagon)**이라는 두 가지 펩타이드호르몬 중의 하나를 생성한다.

### 인슐린과 글루카곤은 혈액의 포도당 수치를 조절한다

인슐린과 글루카곤은 탄수화물과 지방의 대사에 길항적 효과를 보인다: 인슐린은 혈당을 감소시키는 반면 글루카곤은 혈당을 증가시킨다. 두 호르몬은 함께 혈당을 거의 일정한 수준으로 유지하도록 도와준다(그림 38-9). 혈당이 증가할 때(예를 들어 식사를 한 후), 이자는 더 많은 인슐린을 방출하고 글루카곤은 적게 방출한다. 인슐린은 많은 체세포가 혈액에서 포도당을 흡수하도록 유도함으로써, 에너지를 만들도록 분해하거나 글리코겐으로 전환시키도록 하며, 혈당 농도를 정상 수준으로 되돌려 준다.

만약 혈당 수치가 떨어지면(예로써, 아침 식사를 거르거나 10 킬로미터 달리기를 한 경우), 인슐린 분비는 억제되고 글루카곤 분비가 자극된다. 글루카곤은 간에서 글리코겐을 포도당으로 분해시키는 효소를 활성화시키고, 포도당은 혈액으로 방출된다. 또한 글루카곤은 지질 분해를 촉진한다. 그 결과 포도당이 아껴지고 지방산이 에너지를 만들도록 대사된다. 이러한 작용으로 혈당은 증가되며, 정상 수치로 돌아오게 된다.

### 당뇨병은 인슐린 조절의 결함에 의한 결과이다

당뇨환자의 약 5% 정도가 자신의 면역계가 이자의 인슐린 분비 세포를 파괴하는 자가면역 질환인 1형 당뇨병을 앓고 있다(37장 참조). 인슐린 대체요법으로 1형 당뇨병 환자의 건강을 완전히 회복시킬 수는 있으나, 빈번한 혈액 검사와 인슐린 주입이 필요하며, 에너지대사의 자연적인 조절을 완벽하게 모방할 수는 없다. 인슐린 펌프는–휴대전화 크기로, 보통 벨트에 부착해서 걸칠 수 있는–별도로 인슐린 주사를 맞을 필요 없이, 인슐린을 지속적으로 전달할 수 있다(그림 38-10). "생체공학 이자"라고 하는 실험적인 펌프 시스템은, 실시간으로 혈당을 측정하고, 적절한 용량의 인슐린이나 글루카곤을 자동적으로 공급해 준다. 2014년에, 연구자들은 포도당의 생리적 수치의 변화에 대한 반응으로 인슐린을 방출하는 인슐린 생성세포로 분화하는 유도 줄기세포에 대하여 보고하였으며, 아마도 이것이 1형 당뇨병의 줄기세포 치료요법으로 가는 첫 번째 단계일 것이다

나머지 95%의 당뇨환자는 2형 당뇨병이다. 이 장애의 초기 단계에는 적절한 양의 인슐린을 생성하지만, 랜디 잭슨의 경우처럼, 그들의 신체가 인슐린 저항성이다. 2형 당뇨병을 앓는 거의 대부분의 사람들이 과체중이며, 아마도 이것이 인슐린 저항성을 유발할 것이다: 지방조직은 근육과 지방세포로 들어가는 어떤 타입의 지방산을 방출하며, 이것이 인슐린에 대한 반응성을 낮아지게 할 것이다. 그 결과 포도당 수송 분자는 원형질막으로 이동하지 못하게 되며, 포도당은 세포 내로 충분히 수송되지 못하고 혈액에 남게 된다. 또한 인슐린 저항성은 간세포로 하여금 글리코겐을 포도당으로 분해하고 혈액으로 포도당을 방출하게 한다. 엎친데 덮친 격으로, 인슐린 저항성은 지방세포가 지방을 지방산으로 분해하여 혈액으로 방출하도록 한다. 이들 지방산은 근육과 지방세포로 들어가서, 인슐린 저항성을 더욱 증가시키는 양성피드백 고리를 형성하게 한다.

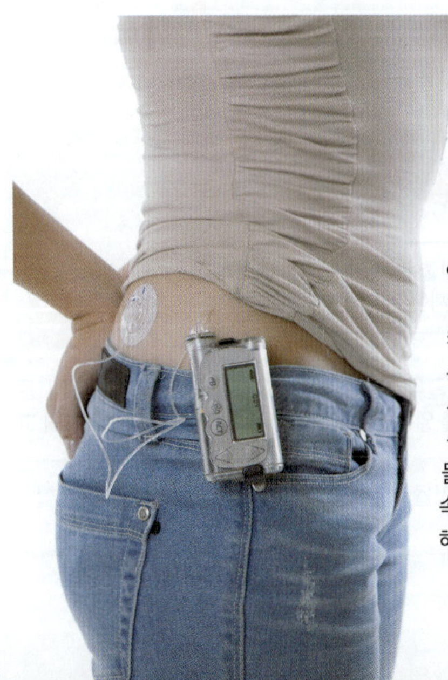

◀ **그림 38-10 인슐린 펌프** 어떤 인슐린 펌프는 지속적으로 환자의 포도당 수치를 모니터링해서, 혈액 샘플을 얻기 위해 필요한 "손가락 찌르기"의 횟수를 감소시킨다. 실시간 포도당 농도를 측정해서, (포도당을 사용하는) 운동이나 (혈당을 증가시키는) 높은 탄수화물 식사 후에 환자에게 신속하게 인슐린 농도를 조정해 준다.

## 생식기관은 배우자와 성호르몬을 생성한다

남성의 **정소(testes)**와 여성의 **난소(ovaries)**는 중요한 내분비 기관이다. 정소는 전체적으로 **안드로겐(androgen)**이라고 부르는 몇 가지 스테로이드호르몬을 분비하며 이중 가장 중요한 호르몬이 **테스토스테론(testosteron)**이다. 난소는 **에스트로겐(estrogen)**과 **프로게스테론(progesterone)**이라는 두 가지 타입의 스테로이드호르몬을 분비한다. 성호르몬은 남성과 여성 모두의 발육에 영향을 미치고, 일생 동안 뇌 기능과 행동에 영향을 미친다(정자와 난자 생성, 생식 주기, 임신에서의 성호르몬의 역할은 42장에서 기술하였다).

### 성호르몬 수치는 사춘기에 증가한다

성호르몬은 생식계가 기능을 발휘하게 되는 시기인 사춘기에 중요한 역할을 한다. 그 이유는 완전히 이해할 수 없지만, 사춘기는 시상하부가 방출호르몬의 분비량을 증가시키고, 이어서 뇌하수체 전엽에서 황체형성호르몬(LH)과 여포자극호르몬(FSH)을 분비하도록 자극할 즈음에 시작된다. 황체형성호르몬과 여포자극호르몬은 더 높은 수치의 성호르몬을 생성하도록 정소나 난소의

## Health WATCH 경기력을 향상시키는 약물 - 바보들의 황금?

고등학교 때부터 올림픽, 프로리그에 이르기까지 많은 운동선수들이 더 강해지거나 더 빨라지고, 지구력을 향상시키기 위해 천연적이거나 합성된 호르몬을 사용하고 있다. 얼마간의 경기력 향상약물이 허용되기도 하지만, 대체로 발각될 때까지는 문제가 되지 않는다. 경기력 향상 약물 복용으로 벌칙이 주어진 최고의 운동선수로는 과거의 싸이클 프랑스 투어 챔피언인 랜스 암스트롱(**그림 E38-1**, 위), 단거리 달리기 과거의 세계 챔피언이자 올림픽 챔피언인 마리온 존스(**그림 E38-1**, 아래)와 뉴욕 양키즈의 강타자인 알렉스 로드리게즈 등이 있다. 세 가지 일반적인 경기력 향상 약물의 작용에 대하여 알아보자.

### 아나볼릭 스테로이드

테스토스테론이나 다양한 합성 스테로이드를 포함하는 아나볼릭 스테로이드는 작용은 유사하지만 아나볼릭 스테로이드가 더 강한 효과를 보여준다. 운동선수들은 아나볼릭 스테로이드가 테스토스테론 수용체와 결합하고, 근육 발달을 자극하기 때문에 아나볼릭 스테로이드를 흔히 사용한다. 많은 합성 스테로이드는 테스토스테론보다 더 낮은 농도에서 이들 수용체를 활성화시킨다. 더군다나 신체에 테스토스테론을 주사할 경우 불과 몇 시간 내에 완전히 대사되지만, 어떤 합성 스테로이드는 수주 동안 체내에 남아있다. 그러므로 합성된 아나볼릭 스테로이드는 천연 테스토스테론보다 더 강력하며 오랫동안 지속적인 효과를 보여준다.

스테로이드 사용은 심각한 경우를 포함하여 원치 않는 부작용을 초래할 것이다. 남녀 모두에서, 아나볼릭 스테로이드는 면역계를 억제하고, 혈압을 증가시키고 ("좋은") 고밀도지단백질 콜레스테롤의 감소와 감정의 변화를 초래할 수 있다. 남성의 경우, 아나볼릭 스테로이드 주사에 속아 넘어간 뇌하수체 전엽은 정소 발달과 정자 생성에 필요한 양보다 더 적은 양의 호르몬을 방출하므로, 정소는 위축되고 정자 수는 적어진다. 남성도 테스토스테론을 전환시키는 효소를 생성하며, 결국 합성 스테로이드를 에스트로겐으로 전환시켜서 부분적으로 가슴이 커지는 원인이 되기도 한다. 사실 일부의 남성 스테로이드 남용자는 이러한 에스트로겐 효과를 차단하기 위해 에스트로겐 길항제인 타목시펜을 사용한다. 여성에서, 아나볼릭 스테로이드는 목소리가 굵어지고, 수염이 많아지며 심지어 대머리까지도 포함되는 남성으로의 신체 변화를 촉진한다. 아나볼릭 스테로이드도 난자 발달과 배란을 방해한다.

### 에리스로포이에틴

에리스로포이에틴은 더 많은 적혈구를 만들도록 골수를 자극해서 근육으로의 산소 운반을 증가시킨다(33장 참조). 이와 동일한 효과를 얻지만 약물을 취하지 않는 방법으로, 중요한 경기 몇 주 전에 운동선수는 자신의 혈액을 채혈해서 적혈구만을 분리하여 저장한다. 신체는 자연적으로 고갈된 적혈구를 보충해서 만들게 되며, 저장된 혈액을 재주입하면 적혈구 수가 급증하게 된다. 에리스로포이에틴과 수혈은 모두 지구력을 향상시킬 것이다. 그러나 높아진 적혈구 수는, 혈액응고를 유도하고 뇌졸중을 유발하도록 혈액을 진하게 할 수 있다.

### 성장호르몬

성장호르몬은 아이들의 키 성장에 도움이 될 뿐만 아니라 근육조직을 증가하고, 뼈를 강하게 하며 지방의 감소에도 영향을 준다. 성장호르몬이 실제로 경기력을 향상시킨다는 어떠한 정밀한 연구도 이루어지지 않았음에도 불구하고, 부정한 운동선수들의 선택 약물이 되었다. 성장호르몬의 가능한 부작용으로는 관절과 근육의 통증, 심장질환, 높은 콜레스테롤 수치, 고혈압 그리고 당뇨병을 들 수 있다.

▲ **그림 E38-1 슈퍼 히어로에서 패배자로** (위) 2012년에, 랜스 암스트롱은 일곱 개의 프랑스투어 타이틀을 박탈당했다. 미국의 반도핑위원회는 암스트롱의 속임수를 "스포츠에서 볼 수 있는 가장 복잡하고 전문적이며 성공적인 도핑 프로그램" 이라고 일컬었다. 암스트롱은 에리스로포이에틴, 수혈, 테스토스테론, 성장호르몬과 코르티손의 사용을 시인했다. (아래) 마리온 존스는 그녀의 스테로이드 남용으로 다섯 개의 올림픽 메달을 반납해야만 하였다.

불룩 튀어나온 근육이 위험을 무릅쓸만한 가치가 있는 것인가? 어떤 운동선수는 올림픽 금메달을 위해서라면 기꺼이 장기간에 걸친 신체 손상의 위험도 무릅쓸 것이라고 말한다. 프로스포츠에서의 연봉은 천문학적이다. 알렉스 로드리게즈는, 앞서의 경기력 향상 약물 남용으로 비록 2014년 야구시즌에 활동이 정지당했지만, 2015년부터 2017년 시즌까지 연간 2,000만 달러의 연봉이 보장되었다. 주요 이익으로, 고작 미래의 데이트 상대방과 경쟁자로부터 감탄의 시선을 받기를 원하는 보다 평범한 남녀는, 글쎄… 여러분이 결정하기 전에, 당연히 국립보건원이나 메이오 의료원(미국 미네소타 주에 있는 세계 최대의 의료센타) 등과 같은 권위있는 기관의 신뢰할 만한 정보를 찾아보기 바란다-보디빌딩 웹 싸이트나 온라인 약물 판매상이 아닌.

**비판적 사고** 야구선수인 후안은 전년도 시즌 마지막보다 훈련캠프에서 체중이 9kg 늘었다고 보고했으며 그것은 모두 근육 때문인 것으로 보인다. 주안의 건강검진, 오줌과 혈액분석에서의 어떤 변화가 그가 경기력 향상 약물을 사용했을 것으로 의심되게 보여지는가? 어떤 종류의 경기력 향상 약물일 것으로 의심되는가?

**Have You Ever Wondered ...**

**왜 스트레스를 받았을 때 종종 병에 걸리게 되는가?**

만일 여러분이 기말시험 기간에 앓게 된다면, 스트레스로 유도된 코르티솔 방출이 그 원인일 것이다. 왜 신체는 자신의 면역반응을 억제하는가? 기말시험이 생명을 위협하지는 않을지라도, 충분한 먹이를 발견하거나 포식자와 마주쳤을 때처럼, 많은 다른 스트레스가 유발될 수 있다. 면역계의 활성은 많은 양의 에너지를 필요로 하고 사람과 기타 포유류를 나른하게 만들기 때문에, 당면한 스트레스에 대처하는 면역반응의 억제는 자연선택에 의한 혜택이었다.

세포를 자극한다.

성호르몬의 증가는 몸 전체의 표적세포에 영향을 미친다. 남녀 모두에서 음모와 겨드랑이 털이 자란다. 정소에서 분비된 테스토스테론은 몸의 털과 수염, 낮은 목소리와 상대적으로 많은 근육 등 남성의 제2차 성징의 발달을 자극한다. 또한 테스토스테론은 정자세포 생성을 촉진한다. 여성의 경우, 난소에서 분비된 에스트로겐은 유방의 발달과 난자 생성을 포함한 여성 생식계의 성숙을 자극한다. 프로게스테론은 수정난을 받아들이고 영양분을 공급하도록 여성 생식관을 준비시킨다.

발전된 국가에서는, 1800년대 이래로 사춘기의 평균 나이가 현저하게 낮아지고 있다; 예를 들어 여성의 첫 번째 월경이 시작되는 평균 나이가 1800년대 중반의 17세에서 오늘 날의 12세로 낮아지고 있다. 소년들은 일반적으로 13, 14세에 성적 성숙이 이루어진다. 많은 연구자들은 사춘기 시작 연령이 낮아지는 주된 이유가 영양 상태가 향상되고, 전체적으로 건강이 더 좋아진 때문으로 믿는다. 소녀들에서, 조기에 사춘기에 들어가는 경향은 아마도 저장성 지방의 이른 축적에 영향을 받을 것이다; 자연선택은 신체가 성공적인 임신 상태를 유지하도록 충분한 지방을 축적할 때 시작되는 사춘기를 선호할 것이다. 환경 오염과 사회 활동의 변화 등과 같은 다른 요인도 일정한 역할을 했을 것이다. 사람에서의 얼마간의 연구뿐만 아니라, 광범위하고 다양한 동물에 대한 연구는 농업과 산업활동으로 발생하는 오염물이 호르몬 신호체계를 혼란시킬 수 있다는 것을 보여 주었다. 이들 "환경호르몬"은 빈번하게 성호르몬의 작용을 모방하거나 차단해서, "Earth Watch: 내분비 교란"에서 설명한 것처럼, 결과적으로 성적 발달을 변화시킬 것이다.

## 부신은 물질대사를 조절하고 스트레스에 반응하는 호르몬을 분비한다

**부신(adrenal glands,** 라틴어로 '신장 위에'라는 뜻)은 부신 피질과 부신 수질이라는 매우 다른 두 부분으로 구성되어 있다.

### 부신 피질은 스테로이드호르몬을 생성한다

각 부신의 바깥층이 **부신 피질(adrenal cortex,** cortex는 라틴어로 '나무 껍질'을 뜻함)이다. 부신 피질은 글루코코르티코이드, 전해질코르티코이드와 소량의 테스토스테론 등 세 가지 종류의 스테로이드호르몬을 분비한다. 그 이름이 암시하는 것처럼 **글루코코르티코이드(glucocorticoids)**는 포도당 대사를 조절하는 반면, **전해질코르티코이드(mineralocorticoids)**는 염류의 대사를 조절한다.

글루코코르티코이드의 방출은, 시상하부에서 만들어진 방출호르몬의 자극에 이어서 뇌하수체 전엽에서 분비되는 부신 피질 자극 호르몬에 의해 자극된다. 글루코코르티코이드는 스트레스, 외상, 극한 온도 등과 같은 자극에 대한 반응으로 방출된다. **코르티솔(cortisol)**이 가장 많이 분비되는 글루코코르티코이드이다. 코르티솔은 포도당 생합성 자극, 근육세포에 의한 포도당 흡수 억제, 에너지 생성을 위한 지질 이용 촉진 등의 방식으로 혈당 수치를 증가시킨다.

전해질코르티코이드는 혈액의 전해질(염류) 함량을 조절한다. 가장 중요한 전해질코르티코이드는 나트륨 농도를 조절해 주는 **알도스테론(aldosteron)**이다. 나트륨 이온은 혈액과 간질액에 가장 풍부한 양이온이다. 원형질막을 가로지르는 나트륨 이온의 농도기울기는(간질액에서는 높고, 세포질에서는 낮다) 신경세포에 의한 전기적 신호의 생성을 포함한 많은 세포 메커니즘에 매우 중요하다. 만일 혈액 나트륨 농도가 낮아지면, 부신 피질은 콩팥과 땀샘에서 나트륨이 빠져나가지 않도록 하여 혈액으로 되돌리는 알도스테론을 방출한다. 한편으로, 거의 모든 음식물은 나트륨을 함유하고 있기 때문에, 음식물 섭취는 몸의 나트륨 저장을 보충하는 것이다. 음식을 통한 나트륨 섭취와 알도스테론에 의해 유도된 나트륨 유지 메커니즘의 조합으로, 혈액 내 나트륨 농도가 정상 수치로 회복되었을 때, 알도스테론 분비는 정지되며, 이것이 음성피드백의 또 다른 예이다.

여성과 남성 모두에서, 부신 피질도 소량의 남성 성호르몬인 테스토스테론을 생성한다. 부신 피질의 종양은 여성의 남성화를 초래하는 과도한 테스토스테론 방출을 유도할 수 있다.

### 부신 수질은 아미노산 유래 호르몬을 생성한다

**부신 수질(adrenal medulla)**은 각 부신의 중심에 위치해 있다. 부신 수질은 스트레스나 운동에 반응하여 두 가지 호르몬을 생성한다 – **에피네프린(epinephrine)**과 소량의 **노르에피네프린(norepinephrine;** 이들은 각각 아드레날린과 노르아드레날린으로도 불린다). 이들 호르몬은 신체의 위급한 상황에 대비한다. 이들 호르몬은 심장 박동과 호흡률을 증가시키고 혈압과 혈당 수치를 올리며, 소화관으로의 혈액 흐름을 뇌와 근육 쪽으로 흐르도록 해준다. 또한 이들 호르몬은 폐로 공기가 들어가고, 나가는 양을 증가시켜, 폐로의 공기 통과를 증대시켜준다. 이러한 이유로, 심각한 알레르기 반응이나 기관 천식 발작으로 기도가 수축된 사람에게 종종 에피네프린이 처방된다.

## 내분비 교란

환경으로 유입되는 어떤 합성 유기화합물은, 가장 일반적으로 에스트로겐, 테스토스테론이나 티록신 등과 같은, 어떤 호르몬의 작용을 모방하거나 차단할 수 있다. 이들 내분비 **교란물질**(endocrine disruptors, 환경호르몬)에는 살충제, 제초제, 플라스틱 재료, 내연제, 세제, 햇빛 차단제와 (밀폐제, 페인트, 전원 변압기의 절연 액체로 과거에 사용되었던) 폴리염화비페닐 등이 포함된다. 아마도 가장 강력한 환경의 내분비 교란물질은 경구 피임약에서 일반적으로 발견되는 합성 에스트로겐인 에티닐에스트라디올이다.

내분비 교란의 가장 일반적인 형태는 합성 화합물이 세포 내로 들어가서 에스트로겐 수용체와 결합하는 것이다. 내분비 교란물질은 수컷에서의 암컷화, 암컷에서의 수컷화, 생식기계의 암, 생식기관의 기형화, 혈액 호르몬 수치의 변화와 수정 능력의 감소 등과 같은 광범위하고 다양한 해로운 효과를 미친다. 수컷의 암컷화는 에스트로겐성 내분비 교란에 기인하며, 어떤 경우에는 암컷화된 수컷 정소에서 난자가 만들어질 정도로 극단적일 수 있다.

가장 잘 알려진 경우의 하나로, 플로리다주의 아포프카(Apopka) 호수 인근에서의 농업 배수와 살충제 유출은, 살충제인 DDT와 DDT의 분해산물을 포함한 많은 양의 여러 가지 내분비 교란물질로 호숫물을 오염시켰다. 야생생물학자들은 호수 내 악어 개체군의 급속한 감소에 주목했다. 많은 알들이 부화하지 못했다. 수컷들은 높은 농도의 에스트로겐, 낮은 테스토스테론 농도, 작은 음경 및 비정상적인 정소를 가지고 있었다. 일반적으로 암컷들은 예외적으로 높은 에스트로겐 수치와 비정상적인 난소를 가지고 있었다.

주의경보에도 불구하고, 아포프카 호수는 내분비 교란물질에 대규모로 노출되는 결과를 초래하였다. 상당히 깨끗한 물에서 발견되는 정도의, 아주 적은 양의 교란물질도 해로운 효과를 보여줄까? 실제로 그럴 것이다. 2003년과 2004년에, 콜로라도대학교의 연구자들은 콜로라도주의 볼더지역을 흐르는 볼더 수로에서 피라미를 표본으로 채집하였다(**그림 E38-2**). 연구자들은 그 도시의 하수 배출구 상류에서는 암수가 반반씩인 반면, 하수가 배출되는 하류에서는 물고기의 80% 이상이 암컷인 것을 발견하였다. 실험실 연구에서, 하수처리장의 폐수에 노출된 수컷 물고기는 급격하게 암컷화되었다. 2007년에 볼더 시는, 내분비 교란물질을 포함한 유기분자들을 완전하게 분해하는 미생물을 이용하는 체제로 하수처리장을 개선하였다. 2011년의 후속 연구에서, 폐수가 더 이상 물고기의 암컷화를 유발하지 않음을 발견하였다.

내분비 교란물질이 사람에게도 해로운가? 폴리염화비페닐 등과 같은 어떤 물질은 분명히 그러하다. 다른 물질들은 아마도 충분히 높은 농도에서 해로울 것이다. 독물학자, 생식생물학자, 산업계, 정부 규제 당국 사이의 논쟁은 몇 가지 문제에 초점을 맞추고 있다: 사람에게 영향을 미치는 최소한의 농도는 얼마인가? 그러한 농도가 실제로 사람에서 나타날 수 있는가? 각각의 매우 낮은 농도의 여러 가지 내분비 교란물질들이 혼합될지라도 해로운 효과를 미칠 것인가? 인체 실험을 수행할 수 없는 상태에서, 안전한지 또는 해로운지를 어떻게 확실하게 입증할 수 있는가?

▲ **그림 E38-2 볼더 수로(Boulder Creek)에서의 어류 채집** 볼더 수로의 수질이 현재는 매우 청정할지라도, 과거에는 어류의 생식기계를 교란시키는 화학물질이 함유되어 있었다.

DDT와 폴리염화비페닐 등과 같이 어느 정도 알려진 내분비 교란물질은 많은 국가에서 사용이 금지되었다. 의심 정도만 되는 내분비 교란물질에 대해서는, 그 상황이 더욱 불확실하다. 2008년에 캐나다는 유아용 플라스틱 병에 비스페놀 A(BPA)라는 화학물의 사용을 금지하였으며, 2011년에는 유럽연합이 그 뒤를 따랐다. 2012년에는 소비자들의 우려에 대한 반응으로, 미국 내 공장들이 유아용 병과 빨대컵에 BPA의 사용을 중단하였다. 미국 식약청이 BPA가 사람에서 발견되는 정도의 농도로는 안전하다고 언급했을지라도, 국립보건원의 국가 독성연구 프로그램은 BPA가 "현재의 사람에 대한 노출에서, 태아, 신생아 및 어린아이의 뇌, 행동, 전립선에 얼마간의 영향을 미치고 있음" 발견하였다. 더 많은 연구가 명백히 필요하다. 2014년에 미국 환경보호청은 내분비 교란물질 선별 프로그램을 시작했으며, 가능한 내분비 효과에 대해 100종류 이상의 화학물을 시험하고 있다.

**비판적 사고** 내분비 교란물질은 어류와 양서류에서의 생식 효과와 가장 빈번하게 관련된다. 왜 이들 동물은 조류나 포유류보다 더욱 민감할까?

## 호르몬은 송과선, 흉선, 신장, 소화관, 지방세포와 심장에서도 생성된다

**송과선(pineal gland)**은 뇌의 두 반구 사이에 위치해 있다(그림 38-4 참조). 송과선은 아미노산 유도체인 **멜라토닌(melatonin)**을 생성한다. 멜라토닌은 낮에는 아주 적고, 밤에는 많은 양이 하루를 주기로 분비된다. 포유류에서, 그 주기는 눈에 감지되는 빛에 의해 조절된다. 개구리와 같이 얇고 투명한 두개골을 가진 일부 척추동물에서는, 송과선 자체가 광수용세포를 가지고 있다. 이들 동물에서는 송과선이 직접 낮의 길이에 대해 반응한다. 다른 계절의 광 주기 특성에 반응함으로써, 송과선은 많은 동물의 생식 주기를 조절한다.

오랜 연구에도 불구하고, 사람의 멜라토닌과 송과선의 기능은 지금까지도 명확하지 않다. 멜라토닌 분비는 수면-기상 주기에도 영향을 미칠 것이다. 어둠은 멜라토닌 생성을 증가시키고 밝은 빛은 억제시켜서, 밤의 멜라토닌 분비가 수면을 촉진시킨다는 얼마간의 증거가 있다. 결과적으로 대부분의 연구자들이 그 효과가 미미하다고 주장할지라도, 멜라토닌은 수면보조제나 시차를 극복하기 위해 사용된다.

**흉선(thymus)**은 흉골 뒤편의 흉강에 위치해 있다(그림 38-4 참조). 흉선은 면역반응에 중요한 역할을 하는 분화된 백혈구(T 세포)의 발달을 자극하는 **티모신(thymosin)**이라는 호르몬을 생성한다(37장 참조). 흉선은 유년기에는 크지만, 성호르몬의 영향을 받아 사춘기 이후에는 점차 크기가 작아진다. 그 결과 노년기에는 젊은 사람들보다 더 적은 수의 새로운 T 세포를 만들게 되고 새로운 질병에 더 쉽게 걸리게 된다.

콩팥은 혈액의 산소 함량이 낮아지면 **에리스로포이에틴(erythropoietin)**을 방출한다. 에리스로포이에틴은 적혈구 생성을 증가시키도록 골수를 자극한다(33장 참조). 또한 콩팥은, 상처로부터 많은 출혈이 있은 후의 경우처럼, 낮아진 혈압에 대한 반응으로 레닌이라는 효소를 생성한다. 레닌은 혈액 내의 단백질로부터 **안지오텐신(angiotensin)**의 생성을 촉매한다. 안지오텐신은 소동맥을 수축시켜 혈압을 높여 준다. 또한 부신 피질로 하여금 콩팥에서 혈액으로 나트륨을 재흡수하도록 하는 알도스테론의 방출을 자극한다. 그 결과 혈액에서의 높은 염분 농도는, 물을 모으고 유지하도록 하여 혈액량과 혈압을 증가시킨다.

위와 소장은 가스트린, 그렐린, 세크레틴, 콜레시스토키닌을 포함하여 다양한 종류의 펩타이드호르몬을 생성한다(35장 참조). 이들 호르몬은 소화효소의 분비, 위장과 소장 내의 음식물 이동, 배고픔과 포만감 등과 같은 몇 가지 영양적인 기능을 조절한다.

지방세포는 **렙틴(leptin)**이라는 펩타이드호르몬을 방출한다: 신체에 더 많은 지방이 축적되면, 더 많은 렙틴이 방출된다. 렙틴을 생성할 수 없는 돌연변이 마우스는, 더 많이 먹고 대사율은 낮아서 비만이 된다(그림 38-11). 이들 마우스는 높은 혈당을 포함하여 2형 당뇨병의 많은 증상도 보여준다. 이들에게 렙틴을 주입하면 체중이 줄게 되고 정상 혈당 수치로 회복되도록 도와준다.

식욕, 대사율과 지방 저장을 조절하는 티록신, 인슐린, 그렐린 및 렙틴을 포함하는 몇 가지 다른 호르몬에 대한 연구도 함께 이루어졌다. 그렐린은 위장이 비었을 때 방출된다. 그렐린은 배고픔과 섭식을 자극하여 체중과 지방 저장을 늘리도록 한다. 렙틴은 지방 저장이 높아질 때 방출된다. 렙틴은 배고픔을 감소시키고 대사율을 증가시켜서, 체중과 지방 저장을 낮춘다. 따라서 여러분은 렙틴 투여가 과체중인 사람에게 유력한 체중 감량 수단일 것으로 생각할 것이다. 불행하게도 많은 양의 렙틴의 식욕 감소효과는 적은 양의 렙틴에 의한 식욕 자극과 비교하여 그 효과가 미미하다. 사실 많은 비만환자들은 높은 렙틴 수치를 보여주지만, 렙틴에 대하여 둔감한 것으로 생각된다.

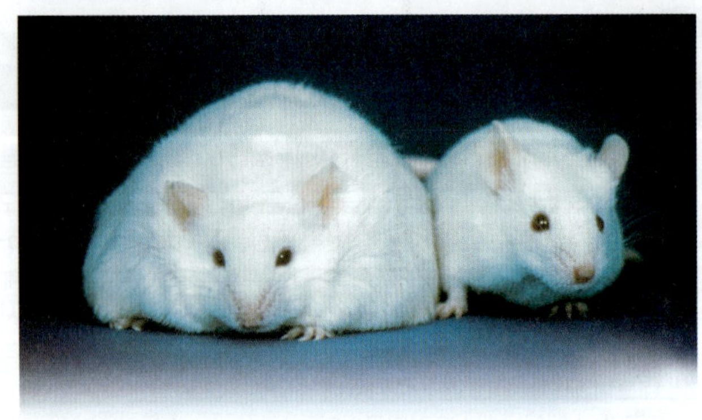

▲ **그림 38-11 렙틴은 체지방의 조절을 돕는다** 왼쪽의 마우스는 렙틴 호르몬을 생성하지 못하는 변이를 가지고 있다.

심장이 방출하는 호르몬인 **심방성나트륨이뇨펩타이드(artrial natriuretic peptide, ANP)**는 혈액량과 혈압을 조절해 준다. 혈액량이 너무 증가되면－너무 많은 양의 물을 마셨을 경우처럼－심방이 혈액으로 가득 채워지고 그 결과 심방벽이 확장되면, 심방성나트륨이뇨펩타이드의 방출이 자극된다. 심방성나트륨이뇨펩타이드는 항이뇨호르몬과 알도스테론의 방출을 억제하고 나트륨의 배설을 증가시킨다. 콩팥에서의 물과 소금의 재흡수가 낮아지도록 해서, 심방성나트륨이뇨펩타이드는 혈액량을 낮추게 된다.

### CHECK YOUR LEARNING

- 이 단원에서 설명된 내분비선의 이름과 그들이 생성하는 호르몬을 구별하고, 각 호르몬의 효과에 대한 예를 제시할 수 있는가?
- 음성피드백이 어떻게 티록신, 옥시토신, 인슐린의 분비와 작용을 조절하는지를 설명할 수 있는가?

CASE STUDY REVISITED

## 인슐린 저항성

2형 당뇨병은 미국에서 새로운 문제가 되고 있다. 그것은 지난 20년간 2배 이상으로 심혈관질환의 발병율이 증가하고 있다는 점이다. 2형 당뇨병 환자의 대부분은 당뇨병을 앓기 이전부터 과체중이었으며, 이미 혈액내 트라이글리세라이드와 콜레스테롤 수치가 높은 편이었다: 특히 나쁜 콜레스테롤인 저밀도 지단백질(LDL). 2형 당뇨병이 더욱 진행된 사람들은, 인슐린 저항성이 지질대사를 방해하며, 더군다나 혈액 속에 트라이글리세라이드와 LDL이 증가하게 된다. 이들 지방과 콜레스테롤이 혈관 속에 남아서 플라크를 형성하게 된다.

플라크는 동맥의 직경을 좁게 하고, 혈액 흐름에 대한 저항성을 높여서 고혈압의 원인이 된다. 혈관 손상에 의한 고혈압도 플라크 형성을 촉진할 수 있다. 그러므로 당뇨병은 다음과 같은 양성피드백 고리를 시작하게 할 수 있다: 플라크 형성 증가 → 고혈압 → 더 많은 플라크 형성 → 더 심한 고혈압 진행. 이러한 모든 양성피드백은 심장마비나 심장발작으로 끝이 나며, 결국은 죽음에 이르게 된다. 당뇨환자의 65% 정도가 심혈관질환이나 심장발작으로 죽게 된다.

체중감소나 운동이 2형 당뇨병에 대한 첫 번째 조치법이다. 체지방 감소가 인슐린 저항성을 유발할 수 있는 지방산의 혈액 농도를 낮추는 것이다. 한 차례 정도의 가벼운 운동만으로도 근육에서의 인슐린 감수성과 포도당 흡수를 현저하게 증가시킨다. 더더욱 인슐린 감수성은 운동 후 2-3일간은 향상된 상태로 남게 되며, 따라서 한 주에 2-3번의 운동은 아주 큰 차이를 만들 수 있다. 웨이트 트레이닝은 혈액에서 더 많은 포도당을 흡수하도록 근육의 양을 증가시킨다. 만약에 운동이나 체중조절에 실패하게 되면, 메트훠민(metformin)이라는 약을 처방받게 된다. 메트훠민은 간장에서의 포도당 생산을 감소시키고, 많은 세포에서 인슐린 반응성을 증가시킨다.

다행스럽게도 랜디 잭슨의 주치의는 2형 당뇨병임을 제때에 진단하였다. 더 나은 다이어트, 위 우리 수술(35장 참조)과 운동 덕분에, 잭슨은 45kg 이상을 감량하였다. 그는 당뇨병의 조기 증상과 대처 방안에 대해서 인식하도록 많은 사람들을 도와주는 미국 심장협회의 "당뇨병의 심장"이라는 봉사활동의 대변인이 되었다.

**생각해보기** 당뇨병은 포도당 내성검사로 진단될 수 있다. 검사 몇 시간 전부터, 환자는 음식을 먹지 않고 물만을 마신다. 그리고나서 혈당 수치를 측정한다. 이어서 당분이 함유된 음료수를 마시고, 수 시간 동안 혈당 수치를 주기적으로 측정한다. 검사 결과가 당뇨환자와 정상인 사이에 어떤 차이가 있을까? 그 이유는?

# CHAPTER REVIEW

*비판적 사고와 생각해보기, 선택형문제, 빈칸채우기 질문에 대한 답은 이 책의 뒷부분에 있는 정답란에서 볼 수 있다.*

## 핵심개념의 요약

### 38.1 동물세포는 어떻게 소통을 하는가?

다세포생물에서 세포 간의 소통은 세포를 직접 연결시키는 간극연접을 통하거나, 인접한 세포로 화학물질의 확산, 혈류를 통한 화학물질(내분비호르몬)의 수송에 의해 이루어진다. 화학전달자는 그 전달 분자와 결합해서 세포 내에서 반응을 시작할 수 있는 수용체를 가진 표적세포에만 작용한다. 척추동물 내분비호르몬은 모세혈관망으로 둘러싸인 분비선에 의해 생성된다. 호르몬은 간질액으로 분비되고, 모세혈관으로 확산되어, 혈류를 따라 신체의 다른 부위로 운반되며, 그곳에서 표적세포의 수용체와 결합하고 효과를 발휘한다.

### 38.2 내분비호르몬은 어떻게 효과를 발휘하는가?

척추동물 내분비호르몬은 펩타이드, 아미노산 유도체, 스테로이드의 세 가지 유형으로 분류된다. 대부분의 호르몬은 다음의 두 가지 방법 중 어느 한 가지 방법으로 그들의 표적세포에 작용한다: (1) 스테로이드호르몬은 일반적으로 표적세포의 원형질막을 통과해서 확산되며 세포 내에 있는 수용체와 결합한다. 호르몬-수용체 복합체는 특정 유전자의 전사를 변화시킨다. 티록신도 원형질막을 가로질러 세포 내로 운반되어, 수용체와 결합하고 유전자 전사를 변화시킨다. (2) 펩타이드호르몬과 아미노산 유래 호르몬은 표적세포의 표면에 있는 수용체와 결합하여, 고리형 아데노신 1인산과 같은 세포 내 2차 전달자의 합성을 유도해서, 세포 물질대사를 변하시키거나 특정 유전자의 전사율 변화 또는 그 두 가지 작용을 모두 한다.

호르몬 작용은 일반적으로 한 호르몬이 그 호르몬의 과잉 분비를 억제하도록 변화시키는 과정인 음성피드백을 통해 조절된다. 출산과 같은 드문 경우에, 호르몬 방출은 양성피드백에 의해 일시적으로 조절될 것이다.

### 38.3 포유류 내분비계의 구조와 기능은 무엇인가?

인체의 주요 내분비선은 시상하부-뇌하수체 복합체, 갑상선, 부갑상선, 이자, 생식기관, 부신 등이다. 이들 분비선에 의해 방출되는 호르몬과 그 작용이 표 38-2에 요약되어 있다. 호르몬을 생성하는 다른 구조로는 송과선, 흉선, 콩팥, 소화관, 지방세포, 심장 등이 있다.

# 개념을 통한 이해

## 선택형 문제

1. 시상하부에 있는 신경분비세포는
   a. 성장호르몬과 프로락틴을 방출한다.
   b. 뇌하수체 후엽에 있는 세포에서의 호르몬 분비를 조절하는 호르몬을 방출한다.
   c. 콩팥에서의 수분 재흡수를 조절하는 호르몬을 생성한다.
   d. 근육세포에서의 포도당 흡수를 자극하는 호르몬을 생성한다.
2. 호르몬에 대한 표적세포의 반응은 ________ 에 따른다.
   a. 호르몬과 결합하는 표적세포의 수용체
   b. 어떤 2차 전달자가 세포에서 활성화되는지
   c. 세포의 유형
   d. 이들 요인 모두
3. 스테로이드호르몬에는 ________ 이 포함된다.
   a. 테스토스테론
   b. 성장호르몬
   c. 멜라토닌
   d. 테스토스테론, 성장호르몬과 멜라토닌
4. 펩타이드호르몬은
   a. 일반적으로 표적세포의 세포질에 있는 수용체와 결합한다.
   b. 일반적으로 표적세포의 표면에 있는 수용체와 결합한다.
   c. 표적세포에서 항상 유전자 전사를 활성화시킨다.
   d. 표적세포에서 결코 유전자 전사를 활성화시키지 않는다.
5. 음성피드백에서
   a. 변화는 그 변화에 대응하는 반응을 유도한다.
   b. 변화에 대한 반응은 신체를 손상시킨다.
   c. 변화는 그 변화를 강화시키는 반응을 만든다.
   d. 변화에 대한 반응은 영구적으로 신체를 변화시킨다.

## 빈칸 채우기

1. 내분비호르몬은 ________ 을 구성하는 세포에 의해 방출되는 분자이다. 이들 세포는 모세혈관망에 둘러싸여 있어서, 호르몬은 혈류로 들어가서 온몸으로 이동한다. ________ 라고 불리는 신체의 특수한 세포만이, 그 호르몬과 결합할 수 있는 ________ 라는 단백질을 가지고 있기 때문에, 어떤 특정 호르몬에 반응할 수 있다.
2. 대부분의 내분비호르몬은 세 가지 화학 유형으로 나뉜다. ________, ________ 와 ________. ________ 과 ________ 은 대부분 수용성이며 세포 표면의 수용체와 결합한다. 이들은 일반적으로 ________ 이라 불리는 세포 내 분자의 합성을 자극하여 효소를 활성화시키고 세포의 물질대사를 변화시킨다. ________ 은 지용성이며 세포질이나 핵 내에 있는 수용체와 결합한다. 호르몬-수용체 복합체는 일반적으로 DNA와 결합하여 ________ 를 유도한다.
3. ________ 라 불리는 뇌 부분은 뇌하수체의 활성을 조절한다. 이들 뇌 영역에 있는 특수화된 신경세포를 ________ 라 하며, 뇌하수체 후엽에 놓여 있는 이들 세포의 축삭돌기 말단에서 ________ 또는 ________ 호르몬을 방출한다.
4. 뇌하수체 전엽에 의해 생성되는 주요 호르몬은(순서없이): ________, ________, ________, ________, ________ 과 ________ 이다.
5. 이자는 혈당 수치가 지나치게 높아졌을 때, 신체의 많은 세포에서 포도당 흡수를 유도하는 호르몬인 ________ 을 방출한다. 이자가 이들 호르몬을 너무 적게 생성하거나, 또는 신체세포가 이 호르몬과 반응하지 못할 때 ________ 이라는 이상 증상이 유발된다. ________ 은 혈당 수치가 너무 낮아졌을 때 방출된다; 이 호르몬은 간에서 녹말과 같은 저장 분자인 ________ 을 분해하여, 포도당을 혈액으로 방출시킨다.
6. ________ 라는 수컷 생식기관은 성호르몬인 ________ 을 방출한다. ________ 라 불리는 암컷 생식기관은 두 가지 호르몬 ________ 과 ________ 을 방출한다.
7. 부신 피질은 세 가지 주요 스테로이드호르몬인 ________, ________ 와 ________ 을 방출한다. 부신 수질은 아미노산 유래 호르몬인 ________ 과 ________ 을 방출한다.

## 복습 문제

1. 일반적으로 어떤 화학적 유형의 호르몬이 표적세포의 막수용체에 결합하는가? 이어서 어떤 세포반응이 일어나는가?
2. 보통 어떠한 화학적 유형의 호르몬이 표적세포 내부에 있는 수용체와 결합하는가? 이어서 어떤 세포반응이 일어나는가?
3. 신체의 주요 내분비선은 무엇이며, 그들은 어디에 위치하는가?
4. 시상하부-뇌하수체 복합체의 구조와 기능을 설명하라. 방출호르몬이 뇌하수체 전엽의 세포에서 호르몬의 분비를 어떻게 조절하는지를 설명하라. 뇌하수체 전엽 호르몬의 이름과 각각의 기능을 제시하라.
5. 이자의 호르몬들이 혈당 농도를 조절하기 위하여 어떻게 함께 작용하는지 설명하라.
6. 다음의 질문에 답하면서, 부신 피질과 부신 수질을 비교해 보라: 부신에서 부신 피질과 부신 수질이 위치하는 곳은 어디인가? 그들은 어떤 호르몬을 생성하는가? 그 호르몬들은 어떤 기관을 표적으로 삼는가?

# 개념의 적용

1. 한 학생이 개구리 변태의 갑상선 효과에 대한 실험을 수행하기로 결정했다. 그녀는 올챙이가 들어있는 세 개의 수족관을 준비했다. 그 중 하나에는 티록신을, 두 번째 수족관에는 티오우라실을 첨가하고 세 번째에는 아무 것도 첨가하지 않았다. 티오우라실은 티록신을 파괴한다. 그 학생이 적절한 농도를 사용하였다는 가정 하에, 결과를 예상해 보라.
2. 많은 종류의 새들이 봄에 알을 낳는 이유를 설명할 수 있는 내분비계에 대한 가설을 제시하라. 계란을 생산하는 양계업자가 밤에 그들의 닭장에 불을 밝혀야 하는 이유는 무엇인가?

# 39 신경계

사랑이란 "타오르는 연인들의 눈 ... 가장 신중한 열애"인가, 아니면 연인들의 뇌 속에 있는 화학물질의 혼합인가?

CASE STUDY

## 내가 어떻게 그대를 사랑하게 되었을까?

*"잠깐! 저 창문에서 새어 나오는 빛은 무슨 빛일까? 동쪽이니까 줄리엣은 태양이로군."*

*-로미오와 줄리엣 2막 2장*

셰익스피어의 로미오와 줄리엣에서 두 명의 십대 연인들은 사랑을 위해 그들의 가족들에게 반항하고, 그들의 재산을 걸고, 그들의 미래를 위태롭게 하고, 궁극적으로 그들의 삶을 포기한다. 셰익스피어의 희곡은 낭만적인 사랑의 힘을 극적으로 묘사해 주지만, 로맨스만이 유일한 사랑의 표현은 아니다. 자녀에 대한 어머니의 사랑은 깊고 사람들은 기꺼이 친구, 신 혹은 조국에 대한 사랑을 위해 목숨을 바쳐왔다. 이런 종류의 사랑이 관련이 있을까? 두 연인이 만났을 때, 혹은 엄마가 아이를 안아줄 때 뇌에서는 어떤 일이 일어나는가? 어느 누구도 사람 사이의 사랑에 대해서는 확실히 알지 못한다. 놀랍게도 신경학자는 암수 한 쌍의 결합과 섹스로 사랑을 하는 프레리들쥐에 대해서는 의외로 많이 안다.

만약 줄리엣이 프레리들쥐라면, 로미오와의 첫 만남에서 아기 낳을 때 자궁을 수축시키는 호르몬인 옥시토신이 분비되었을 것이다. 옥시토신은 그녀 뇌의 작은 부분에 있는 수용체에 결합하여 신경세포가 또 다른 보상 화학물질인 도파민을 분비하도록 한다. 도파민의 작용이 그녀를 황홀하게 하며, 로미오에게 푹 빠지게 할 것이다. 로미오들쥐의 경우에는 몇몇 분자와 뇌의 부분이 다르지만, 그 결과는 비슷했을 것이다: 도파민은 그에게 최고의 기쁨을 주면서, 줄리엣과 함께 할 때 또다시 감정을 일으켰을 것이다. 그래서 두 들쥐는 교미하고 둥지 짓고, 함께 살고, 그들의 새끼들을 함께 키울 것이다.

그 문제에 대해 들쥐, 즉 로미오는 자기 앞에 서 있는 물체가 음식이나 포식자가 아닌 잠재적 짝이라고 어떻게 인식하는가? 동물들은 어떻게 유혹, 둥지치기, 도망 같은 적절한 행동들로 자극에 어떻게 반응하는가? 이 질문들에 대한 대답은 신경계에서 찾을 수 있다.

## 주요내용



## 39.1 신경세포의 구조와 기능은 무엇인가?

신경계는 신경세포라 불리는 **뉴런(neurons)**과 **교세포(glia)**의 2가지 주요 세포 형태를 지닌다. 뉴런은 모든 신경계에서 주요한 일을 행하는 세포이다 : 뉴런은 정보를 인지하고, 공정하며, 전달하여 체내의 모든 움직임을 조절한다. 교세포는 뉴런의 기능을 도와주는데, 영양분을 제공하고, 뉴런의 세포간질액의 구성물질을 조절하고, 감염으로부터 보호하며, 상처를 치료하고, 뉴런 사이의 세밀한 소통을 조절하며, 뉴런 내의 전기신호의 움직임을 증진시키는 일을 한다. 어떤 교세포는 발생하는 동안에 신경세포가 뇌에 적절하게 자리 잡는 것을 안내하기도 한다. 교세포 없이는 신경계가 기능을 제대로 할 수 없을 정도로 중요한 역할을 하지만 이 장에서는 뉴런의 구조와 기능에 초점을 맞출 것이다.

### 뉴런의 기능은 세포의 각 부분에 있다

뉴런은 고도로 특수화된 세포이다. 전형적인 뉴런은 수상돌기, 신경세포체, 축삭돌기, 그리고 시냅스 말단의 4부분으로 구성된다 (**그림 39-1**). 이들 구조는 뉴런의 4가지 기능을 수행한다.

1. 내·외부 환경 혹은 다른 뉴런으로부터 정보를 받는다.
2. 위의 정보와 또는 다른 곳으로부터 받은 정보를 공정하여 전기신호를 생성한다.
3. 생성된 전기신호를 멀리 떨어져 있는 다른 신경세포와 접하고 있는 부위로 전도한다.
4. 전도된 신호를 다른 신경세포, 근육세포, 선(샘)으로 전달한다.

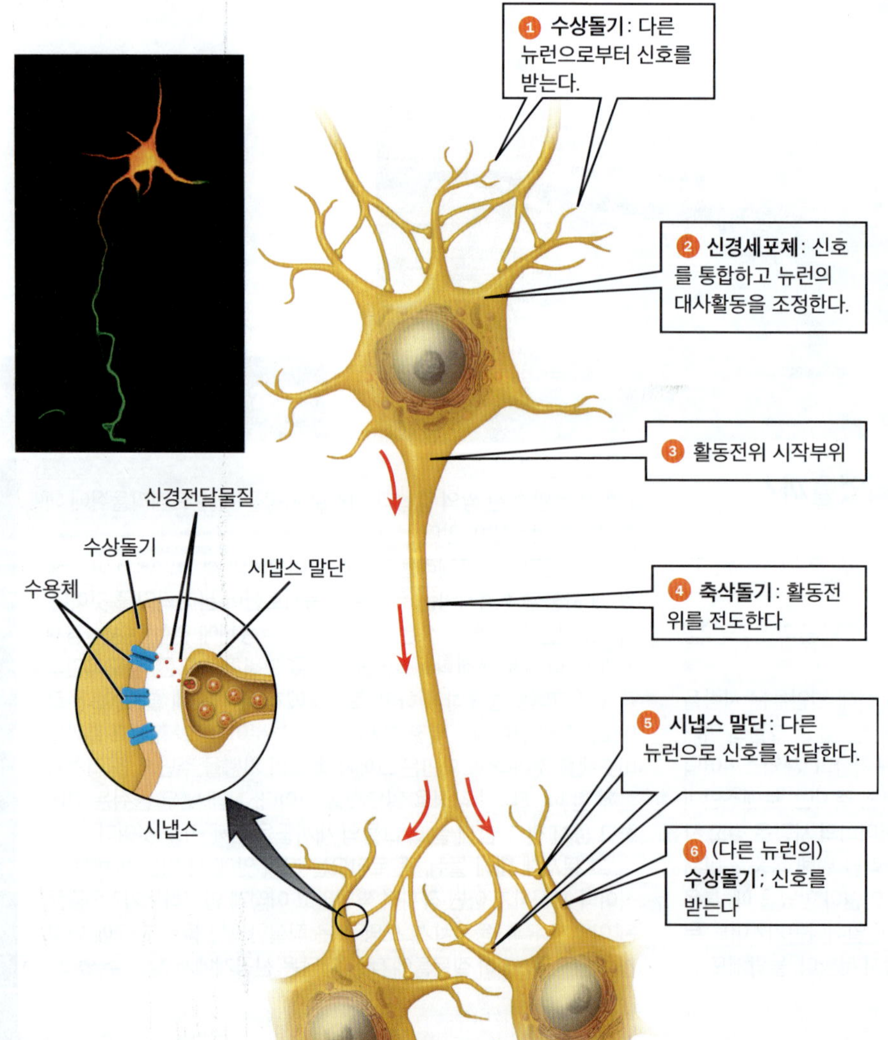


◀ **그림 39-1 뉴런의 특정부위와 기능** 빨간색 화살표는 활동전위가 세포체에서 축삭돌기를 따라서 시냅스 말단으로 움직이는 것을 표시한다.

| 표 39-1 | 주요 신경전달물질 | |
|---|---|---|
| **신경전달물질** | **위치** | **기능** |
| 아세틸콜린 | 운동뉴런과 근육 시냅스; 자율신경계, 뇌 | 골격근 활성화; 부교감신경계의 표적 기관 활성화 |
| 도파민 | 중뇌 | 감정, 보상, 움직임 조절 |
| 노르에피네프린(노르아드레날린) | 교감신경계 | 교감신경계의 표적기관 활성화 |
| 세로토닌 | 중뇌, 뇌교, 연수 | 무드와 잠에 영향 |
| 글루탐산 | 뇌, 척수 | 중추신경계의 주요 흥분성 신경전달물질 |
| 글리신 | 척수 | 척수의 주요 억제성 신경전달물질 |
| 가바(감마아미노 뷰티르산) | 뇌, 척수 | 뇌의 주요 억제성 신경전달물질 |
| 엔돌핀 | 뇌, 척수 | 무드에 영향, 통증 감소 |
| 산화질소 | 뇌 | 기억형상화에 중요 |

### 수상돌기는 정보를 받는다

**수상돌기(dendrites)**는 신경세포체에서 뻗어 나온 많은 분지를 가지며, "정보를 받는" 기능을 한다❶. 이들 많은 분지가 표면적을 넓혀 환경과 다른 뉴런으로부터 오는 많은 신호를 받는다. 감각뉴런의 수상돌기는 접촉, 냄새, 열, 추위와 같은 외부 환경이나 혹은 체온, 혈액 pH와 같은 내부 환경 자극에 반응하여 전기신호를 생성한다. 대개 뇌와 척수에 존재하는 뉴런의 수상돌기는 다른 뉴런에서 방출된 **신경전달물질(neurotransmitters)**에 반응을 한다. 표 39-1은 몇몇 신경전달물질과 그들의 기능을 나타낸 것이다.

### 신경세포체는 수상돌기로부터 받은 신호를 공정한다

전기신호가 수상돌기를 따라 아래로 내려가 "정보공정" 기능을 하는 **신경세포체(cell body)**로 수렴된다❷. 신경세포체는 수상돌기에서 받은 신호를 추가한다. 간단히 설명하면, 어떤 신호는 양성적이며 어떤 신호는 음성적이다. 이들 신호의 모든 합이 충분히 양성적이면 뉴런이 크고 빠른 전기신호인 **활동전위(action potential)**를 생성한다❸. 뉴런의 신경세포체에는 핵, 소포체, 골지체와 같은 소기관들이 있어, 복잡한 물질의 합성과 세포대사 과정 같은 전형적인 세포의 활동을 수행한다.

### 축삭돌기는 먼 거리까지 활동전위를 전도한다

전형적인 뉴런에는 길고, 가느다란 신경섬유로 신경세포체에서 밖으로 뻗어 나온 **축삭돌기(axon)**가 있다. 이는 세포체에서 축삭의 말단까지 활동전위를 전도함으로써 "신호를 전도하는" 기능을 수행한다❹. 축삭 말단은 다른 신경세포와 접하고 있다. 어떤 뉴런의 축삭돌기는 척수에서 발끝까지 뻗어 있고, 그 길이는 약 1미터정도로 체내에서 가장 긴 세포이다. **신경(nerve)**섬유는 일반적으로 축삭 다발로 존재하는데, 이것은 마치 전기케이블에 전선 다발이 들어있는 것과 같다. 척추동물의 신경섬유는 뇌와 척수에서 시작하여 체내의 모든 부위로 뻗어있다.

### 시냅스에서 신호는 한 신경세포에서 다른 신경세포로 전달된다

뉴런이 다른 신경세포로 정보를 전달하는 부위를 **시냅스(synapse)**라 한다(그림 39-1의 확대한 그림 참조). 전형적인 시냅스는 팽창된 축삭돌기 말단 부위이며 다른 뉴런으로 신호를 "보내는" **시냅스 말단(synaptic terminal)**❺; 신호를 "받는" 세포(보통 근육세포, 선세포 혹은 다른 뉴런의 수상돌기❻); 두 세포를 분리시키는 조그만 틈으로 구성된다. 대부분의 시냅스 말단은 신경전달물질을 포함하고 있으며, 이들은 말단에 도달한 활동전위에 대한 반응으로 방출된다. 신경전달물질은 틈으로 확산되어 정보를 받는 뉴런의 세포막에 존재하는 수용체와 결합한다. 그리고 세포 내 반응을 촉진한다. 따라서 시냅스에서 첫 번째 세포의 출력신호는 두 번째 세포에서는 입력신호가 된다.

**CHECK YOUR LEARNING**

- 전형적인 뉴런구조를 서술할 수 있는가?
- 뉴런 각 부분의 기능을 설명할 수 있는가?

## 39.2 뉴런은 어떻게 정보를 생성하고 전달하는가?

일반적으로 정보는 전기신호에 의해서 뉴런 내에서 전달되며, 한 뉴런에서 방출된 신경전달물질을 다른 뉴런이 받음으로써 뉴런 사이에서 정보가 전달된다.

### 뉴런 내의 정보는 전기신호에 의해서 전달한다

자극을 가하지 않은 불활성 뉴런의 세포막 사이에는 일정한 전기적 차이 혹은 전위를 유지하고 있는데, 이는 마치 전지의 양극 사

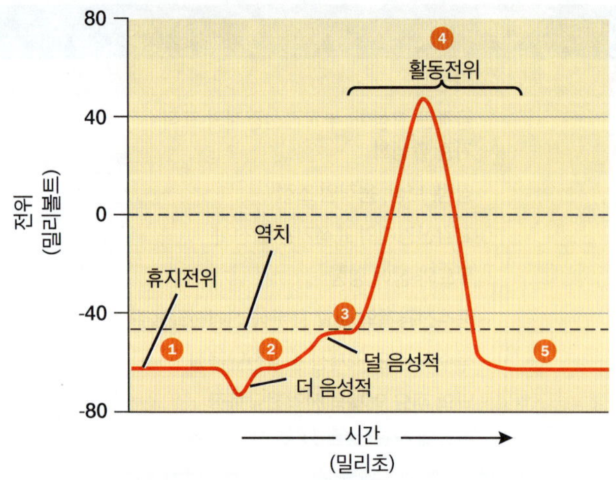


▲ **그림 39-2 뉴런에서 일어나는 전기적 순위**

이에 전위차가 있는 것과 유사하다(**그림 39-2** ①). 이 전위를 **휴지전위(resting potential)**라 하며, 이 전위는 항상 세포 안이 음성이며, -40에서 -90밀리볼트(mV:볼트의 1000분의 1)의 값을 나타낸다.

뉴런이 자극을 받으면, 뉴런 내의 전위가 더욱 음성적이 되거나 덜 음성적이 된다②. 전위가 충분히 덜 음성적이 되어 **역치(threshold)** 수준에 도달하면③, 활동전위가 발생된다④. 활동전위가 발생이 되면 뉴런의 전위가 급격하게 +50밀리볼트까지 올라간다. 활동전위는 2~3 밀리 초(1초의 1000분의 1)동안 지속되고, 다시 휴지전위로 되돌아간다⑤.

활동전위는 한 뉴런의 세포체에서 축삭돌기의 시냅스 말단으로 전도된다. 축삭돌기의 원형질막은 이 전도 기능을 할 수 있게 특수화되어 있다. 거리가 멀어질수록 전기신호가 감소하는 금속선과는 달리 활동전위는 전기신호의 변화 없이 세포체에서 축삭돌기 말단까지 전도가 된다. 활동전위는 거리가 멀어진다고 약해지지 않는다.

### 수초는 활동전위를 빠르게 전도한다

축삭돌기를 통하여 이동하는 활동전위의 속도는 매우 다양하다. 일반적으로 축삭돌기가 두꺼울수록 활동전위의 전도는 더욱 빨라진다. 빠르게 전도되는 이유는 절연기능을 하는 **수초(myelin, 그림 39-3)**가 축삭돌기를 싸고 있기 때문이다. 교세포에서 형성되는 수초는 자신의 축삭돌기를 싸고 있다. 각 수초는 0.2에서 2mm 정도의 두께로 축삭돌기를 싸고 있으며, 수초가 없는 부위를 결절(node)이라 한다. 수초가 없는 축삭돌기는 활동전위의 전도 속도가 초당 1내지 2미터에 불과하지만, 수초가 있는 축삭돌기에서는 결절에서 결절로 "점프"하여 활동전위가 전도되기 때문에 초당 100미터까지 빠르게 전달한다.

## 시냅스에서, 뉴런은 화학물질을 이용하여 다른 뉴런과 의사소통한다

축삭돌기를 따라 이동하는 한 다발의 정보로 활동전위를 생각해 보자. 일단 정보가 한 뉴런의 시냅스 말단에 도달하면, 이 정보는 다른 뉴런, 혹은 근육, 선에 있는 세포로 전달이 된다. 전기적 시냅스(*electrical synapses*)에서는 세포와 세포를 연결하고 있는 간극 연접을 통하여 전기적 활성이 직접 뉴런에서 뉴런으로 통과한다. 신경계에서는 전기적 시냅스가 많이 존재하고 있음에도, 종종 뉴런의 정보 전달은 화학물질을 이용하여 다른 세포와 이루어진다. 우리는 이런 화학적 시냅스(*chemical synapse*)에 대한 논의를 하고자 한다.

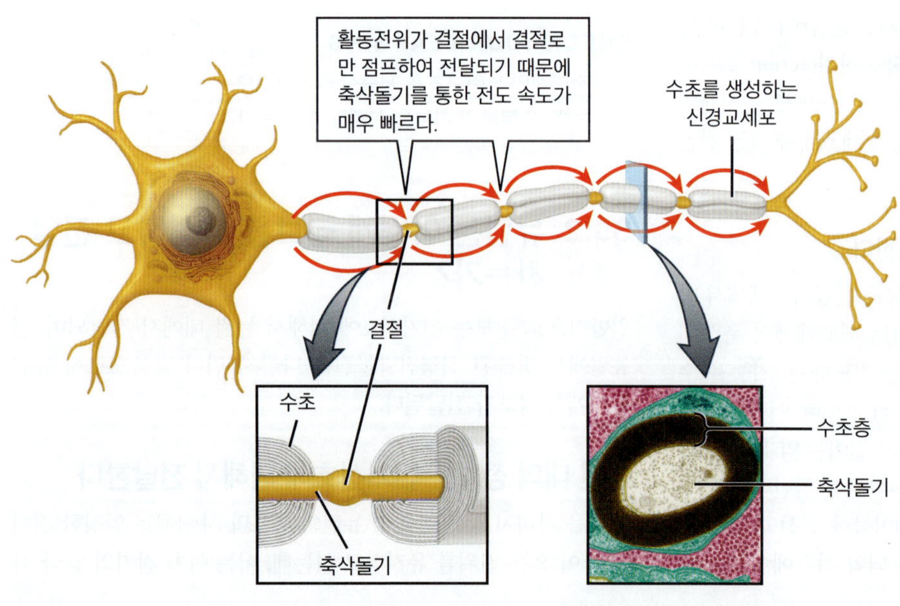


◀ **그림 39-3 유수 축삭돌기** 많은 척추동물 축삭돌기는 절연기능을 하는 수초로 싸여져 있다. 결절에서 결절로 점프하여 활동전위가 전도되기 때문에(빨간색 화살표) 수초 내에서 시간을 낭비하는 일은 없다.

"무엇인가를 보낸다"를 의미하는 "전달"은 정확하게 시냅스에서 일어난다(**그림 39-4**). 두 뉴런은 시냅스에서 직접 접하고 있지 않고 조그만 틈이 존재하는데 : 이를 **시냅스 틈(synaptic cleft)**이라 하고, 정보를 보내는 뉴런인 **시냅스전뉴런(presynaptic neuron)**과 정보를 받는 뉴런인 **시냅스후뉴런(postsynaptic neuron)**을 분리한다. 시냅스전뉴런은 신경전달물질을 시냅스 틈으로 방출하여 시냅스후뉴런에 전달한다.

뉴런 사이의 상호소통은 시냅스전뉴런의 세포체 근처에서 활동전위가 시작되며❶ 활동전위가 축삭돌기 아래로 이동하여 시냅스 말단까지 도달한다❷. 시냅스 말단에는 수많은 시냅스 소낭이 있는데, 이 소낭에는 많은 신경전달물질이 있다. 활동전위가 시냅스 말단에 도달하면 말단의 내부는 양전하가 되며, 이 양전하는 시냅스 말단에 있는 몇 개의 시냅스 소낭에 들어 있는 신경전달물질을 시냅스 틈으로 방출하게 한다❸. 방출된 신경전달물질은 시냅스 틈으로 확산되어 시냅스후뉴런 세포막 외부표면에 존재하는 특정 수용체 단백질에 결합한다❹.

## 시냅스는 흥분성 혹은 억제성 시냅스후전위를 생성한다

대부분의 시냅스의 시냅스후뉴런에 있는 수용체 단백질은 이온 통로로 뉴런 세포막을 관통하고 있다. 신경전달물질이 이 수용체 단백질에 결합하면 이온 통로가 열린다. 특정 수용체와 연관된 채널에 의존하여 나트륨($Na^+$), 칼륨($K^+$), 칼슘($Ca^{2+}$), 염소($Cl^-$) 같은 이온들이 이들 통로를 통하여 이동하면❺, **시냅스후전위(postsynaptic potential, PSP)**라고 부르는 작고, 짧은 전위의 변화를 일으킨다.

시냅스후전위는 3가지 측면에서 활동전위와 다르다. 첫째, 시냅스후전위는 시냅스전뉴런에서 방출하는 신경전달물질의 양과 종류에 따라 다양하게 발생된다. 둘째, 시냅스후전위는 거리에 따라 감소함으로 수상돌기에서 생성된 시냅스후전위가 세포체에 도달할 때면 감소되어 작은 전위를 지니게 된다. 셋째, 시냅스후전위는

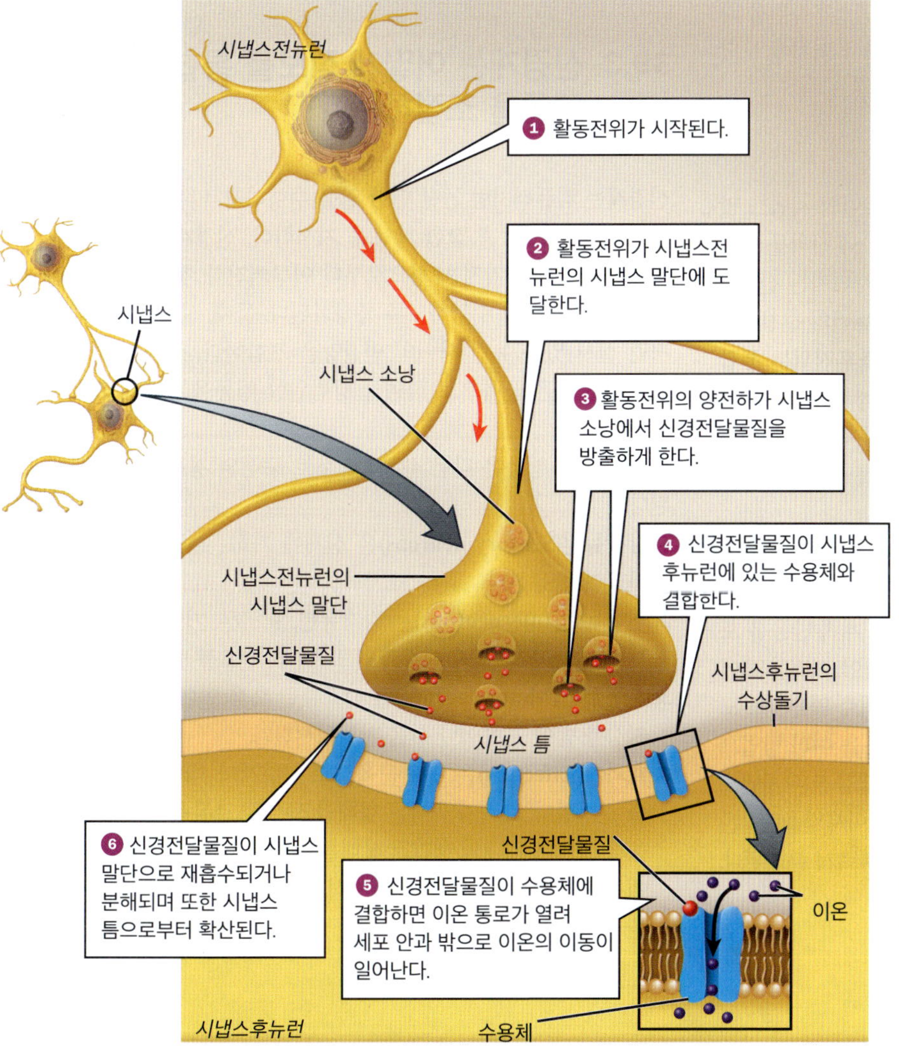


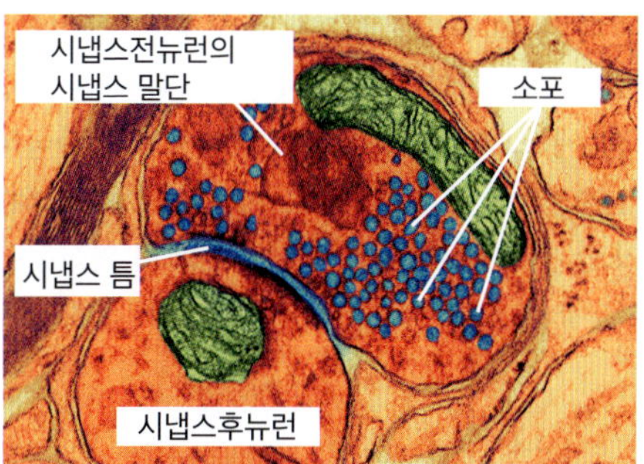


◀ **그림 39-4 시냅스의 구조와 기능** 뇌의 시냅스를 보여주는 전자현미경.

**비판적 사고** 여기 그림에서 보여주는 뉴런이 신경독소가 있는 용액에 있다고 상상해보자. 시냅스전뉴런이 자극을 받아서 활동전위를 생성하지만 시냅스후뉴런에서는 PSP를 생성하지 못한다. 실험자가 어떤 신경전달물질을 시냅스에 추가해도, 시냅스후뉴런은 여전히 PSP를 생성하지 못한다. 독소가 어떻게 작용하여 신경기능을 파괴했는가?

뉴런을 더 음성적으로 혹은 덜 음성적으로 만들 수 있다. 만일 시냅스후뉴런이 더욱 음성적이면(그림 39-2 ①, 아래로 굴절), 휴지전위가 역치에서 멀어진다. 이와 같은 전위 변화를 **억제성 시냅스후전위(inhibitory postsynaptic potential, IPSP)**라 한다. 왜냐하면 활동전위 발사 빈도가 감소하기 때문이다. 시냅스후뉴런이 덜 음성적이면(그림 39-2 ②, 위로 굴절), 휴지전위가 역치에 더 가까워진다. 결과적으로 이런 전위 변화를 **흥분성 시냅스후전위(excitatory postsynaptic potential, EPSP)**라 한다. 왜냐하면 시냅스후뉴런을 흥분시켜 활동전위 발사 빈도를 증가시키기 때문이다.

일반적으로 시냅스후전위가 억제성인지 흥분성인지 여부는 시냅스후뉴런의 수용체 단백질과 관련된 이온 통로의 유형에 따라 달라진다. 만약 신경전달물질 결합에 반응하여 통로가 열려 칼륨이 이온 통로에 투과될 수 있다면, 칼륨은 시냅스후뉴런에서 확산되어 세포가 더욱 음성적이게 된다. 세포를 더욱 음성적으로 만드는 것은 시냅스 후 세포의 활동전위 생성을 억제하므로, 결과적으로 시냅스후전위는 억제성이 된다. 만약 나트륨 투과성이 높은 이온 통로의 수용체에 결합하면, 나트륨이 확산되어 시냅스후뉴런에 농도구배를 형성한다. 나트륨이 세포 내로 들어오면 세포 내부는 덜 음성적이 된다. 이런 전위 변화는 흥분성 시냅스후뉴런을 나타내는데, 시냅스후뉴런은 충분히 덜 음성적이어서 역치에 도달하여 활동전위를 생성하기 때문이다.

### 시냅스후전위의 통합은 뉴런의 활성을 결정한다

단일 뉴런의 수상돌기는 종종 수많은 시냅스전뉴런의 시냅스 말단으로부터 흥분성 시냅스후전위와 억제성 시냅스후전위를 받는다. 대부분 시냅스후전위의 크기는 작고 빠르게 사라지는 신호이지만 이 전위는 충분히 먼 거리에 있는 시냅스후뉴런의 신경세포체까지 이동한다. 동시에 세포체에 도달한 시냅스후전위는 **통합(integration)**이라는 과정을 거쳐 합쳐진다. 흥분성 시냅스후전위와 억제성 시냅스후전위가 통합되어 뉴런 내부의 전기적 전위가 역치전위 이상이 되면, 시냅스후뉴런은 활동전위를 생성한다.

### 신경전달물질 작용은 간단하다

만일 시냅스전뉴런으로부터 방출된 신경전달물질이 시냅스후세포를 계속 자극하여 시냅스후 세포가 멈추지 않고 계속 반응을 보인다면 무슨 일이 일어나는지 생각해보자. 예를 들어, 여러분의 이두근이 수축하여 여러분의 팔은 영원히 수축한 채로 있을지도 모른다. 운이 좋게도 신경계는 신경전달물질의 작용을 여러 방법으로 멈추게 한다(그림 39-4 참조 ⑥). 많은 신경전달물질은 시냅스전뉴런으로 재수송된다. 골격근세포를 자극하는 아세틸콜린같은 신경전달물질은 시냅스 틈에 있는 효소에 의해 빠르게 분해된다. 또한, 신경전달물질은 시냅스 틈으로 확산된다.

**CHECK YOUR LEARNING**

- 휴지전위와 활동전위를 설명할 수 있는가?
- 시냅스전뉴런의 활동전위가 시냅스후뉴런에서의 반응을 어떻게 유발하는지 설명할 수 있는가?
- 억제성 시냅스후전위와 흥분성 시냅스후전위의 차이를 설명할 수 있는가?

**CASE STUDY CONTINUED**

**내가 어떻게 그대를 사랑하게 되었을까?**

사회적, 정서적 반응은 사람마다 다르며, 이러한 차이 중 일부는 신경전달물질 수용체의 변화에서 비롯된다. 예를 들어, 당혹감이 두려워 많은 사회적 상황을 피하는 사회공포증을 지닌 사람들은 상대적으로 뇌의 보상회로 영역에 있는 도파민 수용체가 적다; 사회적 관계가 좋은 사람일수록 수용체의 수가 더 많다. 이런 수용체와 전기 화학적 신호가 어떻게 동물이 환경을 인지해서 적절하게 행동을 하게 할까?

## 39.3 신경계는 어떻게 정보를 통합하고 행동을 조절하는가?

신경계는 컴퓨터처럼 놀랄 만한 일을 수행하고, 많은 양의 정보를 저장할 수 있으며 복잡한 행동을 지시한다. 신경계의 놀라운 능력은 대개 다음 3가지 특성으로부터 이루어진다. 첫째, 개별 뉴런은 다양한 기능을 수행하도록 특성화된다. 둘째, 신경계는 거대하지만 질서 있는 뉴런 사이의 연결망을 포함한다. 셋째, 신경계로부터의 출력은 근육으로 하여금 광범위한 행동을 수행하도록 지시한다.

대부분의 행동은 다음 4가지 요소로 구성된 경로에 의해 조절된다.

1. **감각뉴런(Sensory neurons)**은 신체에 가하는 내부 혹은 외부 자극에 반응한다
2. **연합뉴런(Interneurons)**은 감각뉴런, 호르몬, 기억을 저장하는 뉴런, 그리고 많은 다른 자극원으로부터 신호를 받는다.
3. **운동뉴런(Motor neurons)**은 감각뉴런 혹은 연합뉴런으로부터 지시를 받아 근육이나 선을 활성화시킨다.
4. **효과기(Effectors)**는 대개 근육으로 신경계의 지배를 받아 반응을 수행한다. 효과기의 다른 형태인 선은 호르몬을 방출하여 반응을 보이며 체내의 생리적 상태를 변화시킨다. 예를 들어 부신에서 분비되는 에피네프린은 포식자로부터 도망가게 하는 행동을 보이게 한다.

이들 4가지 요소가 적절하게 연결되어 신경계가 요구하는 기초 작업을 수행한다.

1. 자극의 종류를 결정한다(감각뉴런).
2. 자극의 강도를 결정하고 신호화한다(감각뉴런과 연합뉴런).
3. 많은 자극원에서 오는 정보를 통합한다(연합뉴런).
4. 적절한 행동을 지시한다(연합뉴런, 운동뉴런, 효과기).

## 감각뉴런과 특정한 뇌 영역과의 연결은 자극의 성질을 암호화한다

감각은 체외 자극(영상, 소리, 혹은 냄새)과 체내 자극(체온 혹은 혈중 염농도) 모두의 특성에 관한 정보를 뇌에 준다. 감각에 의해 수집된 정보는 피부에 있는 촉각수용체 같은 감각뉴런이나 망막 같은 연합뉴런에서 활동전위로 직접 전환된다. 그러면 감각정보가 이들 활동전위의 형태로 뇌에 전달된다. 모든 활동전위가 기본적으로 동일하다면, 뇌가 무슨 자극인지를 어떻게 결정할 수 있을까?

감각뉴런은 특정 자극에 반응하도록 특수화되어 있다. 예를 들어, 어떤 감각뉴런은 빛에 반응하지만 온도, 촉감 혹은 화학물질에는 반응을 하지 않는다; 다른 어떤 감각뉴런은 특정 화학물질에 반응하지만 촉감, 빛, 심지어는 다른 화학물질에는 반응하지 않는다(40장 참조). 신경계는 2가지 과정으로 자극의 형태를 암호화한다: 첫째, 감각뉴런이 자극에 반응하고 둘째, 감각뉴런들이 자극을 받았을 때 뇌의 일부가 활성화된다. 예를 들어 빛이 여러분의 망막에 있는 광수용체를 자극하면 전기신호가 생성되어 시신경을 구성하고 있는 연합뉴런이 활동전위를 생성한다. 뇌는 시신경 축삭돌기에서 생성된 활동전위를 빛 자극으로 해석한다. 오래전에 한 독일의 생리학자가 어두운 방에 앉아서 자신의 눈을 찔러 시신경에서 자신의 뇌로 전달되는 활동전위를 상처 입은 망막에서 생성하게 하였다(TV에서 말했듯이 절대 시도하지 마라!). 그 결과는? 그의 뇌는 시신경에서 생성된 활동전위를 빛 자극으로 해석하여 그는 "별을 보았다"라고 느꼈다. 다양한 자극으로 각기 다른 감각뉴런이 생성한 활동전위가 뇌의 각기 다른 부분과 연결된 축삭돌기에 전달되기 때문에 여러분은 차가움과 뜨거움, 커피의 쓴맛과 설탕의 단맛을 구분할 수 있다.

## 활동전위 빈도가 자극의 강도를 암호화한다

모든 활동전위는 대개 같은 크기로 지속 되기 때문에 단일 활동전위로 단일 자극(예를 들어, 당신의 피부를 누르는 정도)의 강함 혹은 강도에 관한 정보를 알 수 없다. 강도는 2가지 방법으로 해독한다(그림 39-5). 첫째, 단일 뉴런에서 생성되는 활동전위의 빈도로 강도를 신호화할 수 있다. 강도가 강할수록, 뉴런은 빠르게 활동전위를 발사한다. 둘째, 많은 뉴런은 동일한 자극에 반응한다. 자극이 강할수록 많은 뉴런이 흥분하는 반면 자극이 약할수록 흥분하는 뉴런의 수가 적다. 강도를 해독하는 2가지 방법은 함께 작용한다. 예를 들어, 가벼운 접촉은 피부에 존재하는 단일 촉감수용체가 활동전위를 매우 느리게 발사하는 반면(그림 39-5a), 강하게 찌르는 자극은 여러 개의 촉감수용체가 매우 빠르게 활동전위를 발사하게 한다(그림 39-5b).

## 신경계는 많은 자극원에서 오는 정보를 공정한다

체내·외에서 발생하는 감각자극은 지속적으로 동물의 뇌에 충격을 가한다. 뇌에 있는 연합뉴런은 모든 입력 정보를 걸러 그 중에

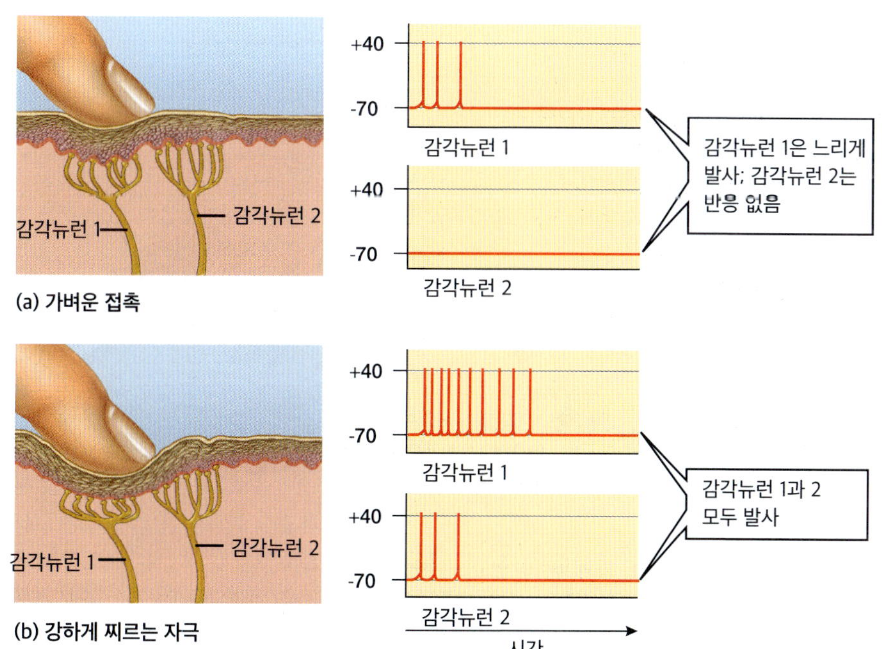


◀ **그림 39-5 자극 강도 신호** 자극의 강도는 개개의 감각뉴런이 생성하는 활동전위 빈도와 활성화된 감각뉴런 수로 결정된다. **(a)** 가벼운 접촉은 가까이 있는 감각뉴런만 활성화시켜 매우 낮은 빈도로 활동전위를 발사하게 한다. **(b)** 강하게 찌르는 자극은 다수의 감각뉴런을 활성화시켜 가까이 있는 감각뉴런은 매우 빠르게, 멀리 있는 뉴런은 느리게 발사하게 한다.

**비판적 사고** 접촉에 특히 민감한 피부 부위와 덜 민감한 부위의 차이점을 어떻게 생각하는가?

서 중요한 것을 결정하여 적절한 반응을 지시한다. 예를 들어, 쥐는 해바라기 씨를 보는 입력정보, 소화관에서는 배고프다는 자극과 고양이가 기어오는 청각 정보 입력을 동시에 받는다. 쥐 뇌의 연합뉴런에서 이들 정보를 통합하여 적절한 행동을 하게 지시한다. 이런 경우, 쥐가 배가 고프다 해도 도망치게 지시한다.

### 신경계는 효과기로 출력신호를 생성한다

뇌, 척수, 혹은 교감과 부교감신경(나중에 언급)에 있는 운동뉴런은 효과기를 활성화 시킨다. 감각 입력신호에서 언급했듯이 연결과 강도에 대한 동일한 원리를 이용해 뇌의 출력신호를 효과기로 전달한다. 어떤 근육과 선이 활성화되었는가는 그들과 연결되어 있는 뇌와 척수가 결정한다. 예를 들어, 이두근과 얼굴근육을 활성화시키는 운동뉴런은 서로 다르다. 근육이 얼마나 강하게 수축되는 정도를 결정하는 것은 얼마나 많은 운동뉴런이 연결되어 있으며 그 운동뉴런이 얼마나 빨리 활동전위를 발사하는가이다.

### 신경계의 뉴런 신경망이 행동을 조절한다

반사(39.5절 참조)와 같은 단순 행동은 2~3개의 뉴런—감각뉴런, 운동뉴런과 연합뉴런—에 의해서 조절되어 궁극적으로 단일 근육을 자극한다. 복잡한 행동은 서로 연결된 신경망으로 조직화되어 있어, 여러 종류의 감각 입력정보(기억, 호르몬과 다른 인자들)가 한 종류의 연합뉴런으로 수렴된다. 연합뉴런은 다양한 곳에서 오는 시냅스후전위를 통합하여 운동뉴런이 근육과 선에 적절한 활동을 지시하도록 자극한다. 피아노를 연주하는 것과 같은 복잡한 행동을 수행하는 데는 뇌에 있는 수백 혹은 수백만 뉴런이 필요하다.

**CHECK YOUR LEARNING**

- 신경 경로의 4가지 구성원을 나열하고 이 구성원들이 신경계에서 행하는 기능을 설명할 수 있는가?
- 뇌가 감각 자극의 종류와 강도를 어떻게 해석하는지 설명할 수 있는가?
- 뇌가 수축시킬 근육과 그 근육의 수축 강도를 어떻게 결정하는지 설명할 수 있는가?

## 39.4 신경계는 어떻게 조직화되어 있는가?

모든 동물은 2종류의 신경계 중 하나를 갖는다: 자포동물(히드라, 해파리, 말미잘과 유사동물; **그림 39-6a**)은 산만신경계, 혹은 고등 생물체에는 중추신경계가 있다. 신경계의 구조는 동물의 체형 그리고 생활 양식과 밀접하게 관련되어 있다.

자포동물은 방사성대칭이다(24장 참조). 이들은 "안면"이 없어서 감각이 한 곳으로 집중되도록 진화하지 못했다. 예를 들어, 히드라(*hydra*)는 해저에 정박하고 앉아, 모든 방향으로부터 오는 먹이 혹은 포식자를 동등하게 접한다. 자포동물 신경계는 뉴런이 망상조직으로 이루어져 있는데, 이를 **신경망(nerve net)**이라 부르며, 동물조직을 통하여 엮어져 있으며, 모든 방향으로부터 오는 자극을 발견하고 반응할 수 있는 능력이 있다. 여기저기서 뉴런 집합체인 **신경절(ganglion)**이 발견되지만 진짜 뇌는 아니다.

거의 모든 다른 동물은 좌우 대칭으로 명확하게 머리와 꼬리 말단을 지니고 있다. 머리는 대개 신체의 첫 부분으로 음식, 위험, 잠재적 짝을 인지하는 부분이기 때문에, 머리에 감각기관이 집중되는 것이 매우 유리하다. 상당한 크기의 신경절이 진화하여 감각기관에 모아진 정보를 통합하고 적절한 반응을 지시한다. 진화를 통

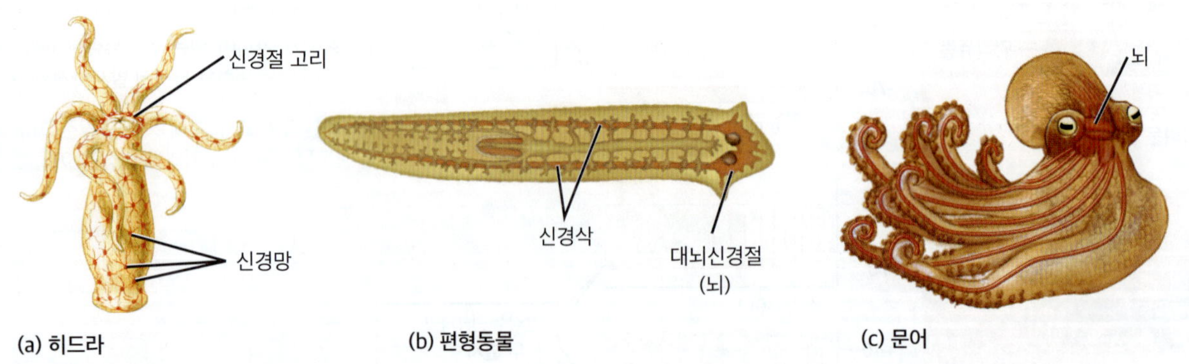


▲ **그림 39-6 신경계 조직화** **(a)** 히드라의 산만신경계는 촉수의 기부에만 적은 양의 뉴런이 있고 뇌는 없다. **(b)** 편형동물은 머리에 신경절 다발을 지닌, 덜 산만한 신경계를 가지고 있다. **(c)** 문어는 크고 복잡한 뇌를 지니며 다른 동물과 경쟁하는 것을 배운다

해, 주요 감각 기관들은 머리에 위치하게 되었고, 신경절은 뇌로 집중되었다. 이런 경향은 무척추동물에서 명백히 볼 수 있지만(**그림 39-6b, c**), 척추동물에서 절정에 다다르고 거의 모든 신경계의 세포체는 뇌와 척수에 존재한다.

### CHECK YOUR LEARNING

- 산만신경계와 중추신경계의 구조를 언급하고 이들 각각을 지닌 동물의 예를 들 수 있는가?

## 39.5 인간 신경계의 구조와 기능은 무엇인가?

인간을 포함한 척추동물의 신경계는 중추와 말초 두 부분으로 나누며, 이들을 더 세분화할 수 있다(**그림 39-7**). **중추신경계(central nervous system, CNS)**는 **뇌(brain)**와 **척수(spinal cord)**로 이루어져 있다. **말초신경계(peripheral nervous system, PNS)**는 중추신경계의 외부에 위치하는 축삭돌기와 뉴런으로 이루어져 있다.

### 말초신경계는 중추신경계와 몸의 나머지를 연결한다

촉감, 압력, 온도, 신전 및 통증을 감지하는 어떤 감각뉴런의 세포체는 말초신경계에 있는데, 이들 세포체는 척수 옆의 배근신경절 다발에 위치하고 있다(그림 39-9 참조). 비자발적 운동, 동공과 기도의 팽창 혹은 수축, 타액 분비, 그리고 성적흥분 같은 활성을 조절하는 뉴런의 세포체는 전부는 아니지만 대부분 말초신경계에 있다.

말초신경계는 3종류의 축삭돌기로 구성한다: (1) 정보를 중추신경계에 전달하는 감각뉴런 축삭돌기; (2) 골격근을 자극하여 자발적 운동을 조절하는 운동뉴런 축삭돌기; 그리고 (3) 비자발적 운동과 활성을 조절하는 뉴런 축삭돌기.

말초신경계의 운동 활성은 체성신경계 혹은 자율신경계에 의해서 조절된다.

#### 체성신경계는 자발적 운동을 조절한다

**체성신경계(somatic nervous system)**의 운동뉴런은 골격근과 시냅스를 형성하여 자발적 운동을 조절한다. 여러분이 노트를 잡거나 혹은 커피 잔을 들 때는 체성신경계가 작용하는 것이다. 대부분의 체성신경계 신경세포체는 척수(중추신경계의 일부)에 위치한

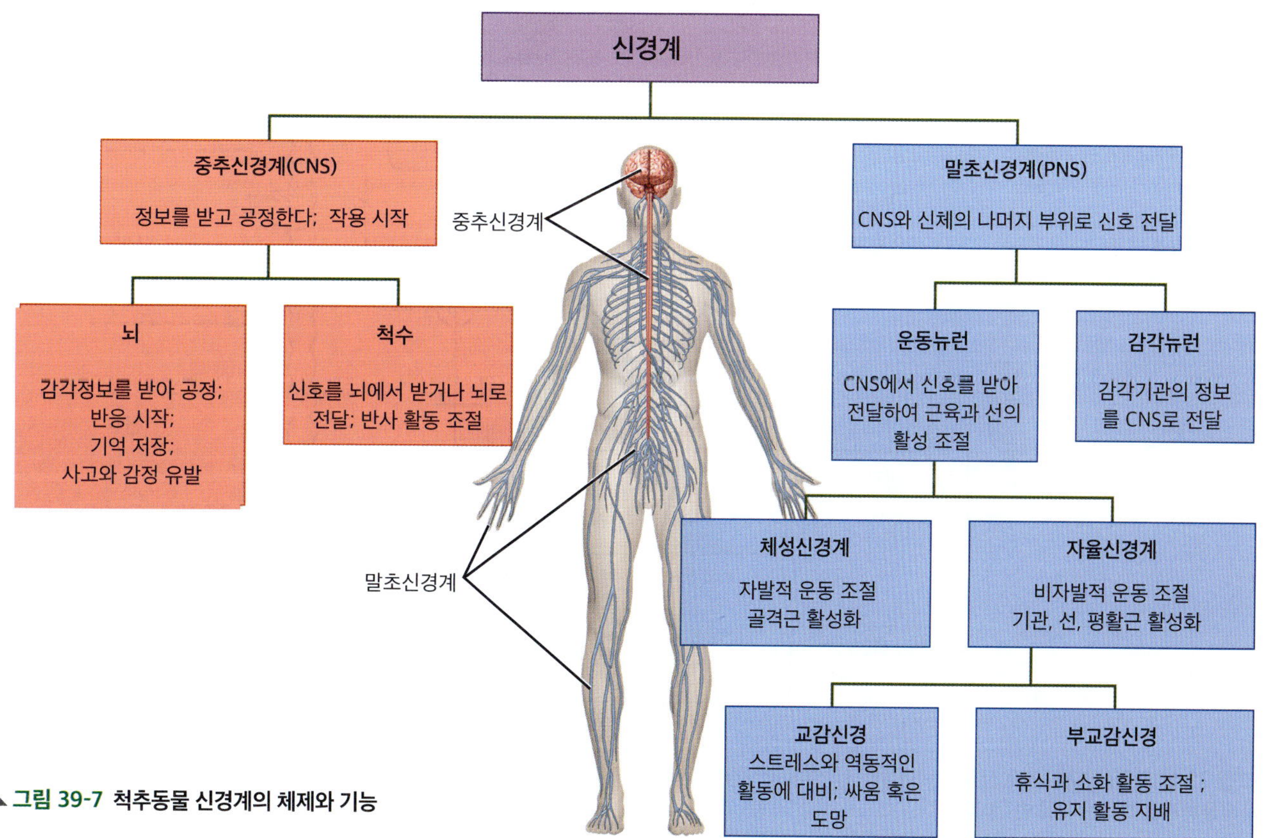


▲ **그림 39-7** 척추동물 신경계의 체제와 기능

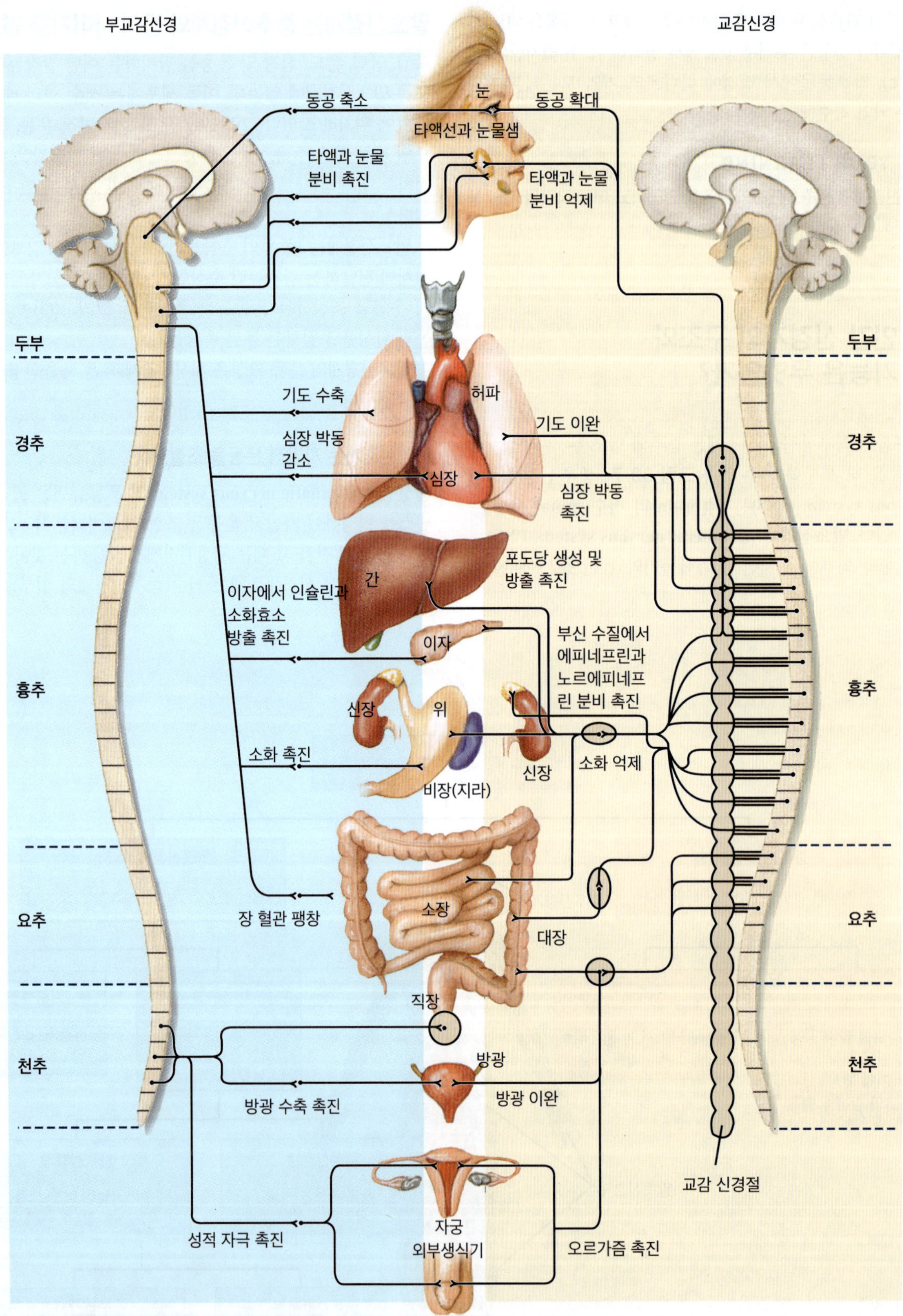


▲ **그림 39-8 자율신경계** 자율신경계는 교감신경과 부교감신경으로 이루어져 있으며, 두 신경은 모두 같은 기관에 작용하지만 효과는 서로 반대이다.

다; 이들의 축삭돌기(말초신경계의 일부)는 그들이 조절하는 근육에 직접 뻗어 있다.

### 자율신경계는 비자발적 활동을 조절한다

**자율신경계(autonomic nervous system)**의 뉴런은 체내의 많은 부분을 자극한다. 즉 심장, 기도와 혈관의 평활근, 그리고 많은 선을 자극하여 대부분 비자발적 행동을 일으킨다. 자율신경계는 **교감신경(sympathetic division)**과 **부교감신경(parasympathetic division)**으로 구성한다(그림 39-8). 일반적으로 이들 신경계는 동일한 기관을 자극하지만 그 효과는 반대이다.

교감신경의 뉴런은 표적기관에 신경전달물질인 노르에피네프린(노르아드레날린)을 방출하여 신체가 스트레스 혹은 싸움과 회피 같은 역동적인 활동 혹은 시험 보는 것을 대비할 수 있게 한다. 이런 "싸움-도피" 활동 동안에는 교감신경계가 소화관의 활동을 줄여 혈액을 팔과 다리의 근육으로 보낸다. 심장 박동이 촉진되고, 동공이 확대되어 더욱 많은 빛을 받아들이고, 허파도 팽창되어 많은 양의 공기를 받아들인다.

부교감신경의 뉴런은 표적기관에 신경전달물질인 아세틸콜린을 방출한다. 부교감신경은 "휴식과 소화" 같은 여가를 즐기는 활동을 유지하는 동안 우세하게 작용한다. 부교감 조절 하에서 소화관은 활동적이 된다. 심장 박동은 느려지고, 허파에서의 공기 흐름은 위축된다. 왜냐하면 신체가 혈액 흐름과 산소를 덜 필요로 하기 때문이다.

## 중추신경계는 척수와 뇌로 구성된다

척수와 뇌는 중추신경계를 구성한다. 중추신경계는 감각정보를 받아 처리하고 사고와 감정을 유발하여 반응을 지시한다. 중추신경계는 주로 연합뉴런으로 이루어져 있는데 그 수가 1,000억 개에 이른다.

뇌와 척수를 3가지 방법으로 물리적 상해로부터 보호한다. 첫째는 뼈가 보호한다. 뇌를 보호하는 두개골과 척수를 보호하는 척추가 있다. 둘째는 3층의 결합조직이 있는데, 뼈 아래에 위치하여 중추신경계를 둘러싸고 있는 뇌척수막(그림 39-12a 참조)이다. 세 번째는 뇌척수막 사이에 있는 뇌척수액으로 이는 혈장과 유사한 맑은 액체이다. 뇌척수액은 뇌와 척수에 가해지는 충격을 완화시키며, 중추신경계에 영양분을 공급한다.

뇌는 혈류에 있는 해로운 화학물질로부터 보호받는데, 왜냐하면 밀착이음으로 연결되어 있는 뇌의 모세혈관 벽이 다른 부위의 모세혈관 벽보다 투과성이 낮기 때문이다. 이 **혈뇌 장벽(blood-brain barrier)**은 선택적으로 필요한 물질을 뇌로 수송하지만 반면에 독소 같은 많은 위험한 물질과 해로운 세균이 뇌로 들어오는 것을 방지한다.

## 척수는 많은 반사를 조절하고 뇌로 들어가거나 나오는 정보를 전도한다

척수(그림 39-9)는 뇌 기부에서 등 아래쪽까지 쭉 뻗어 있다. 감각뉴런 축삭돌기의 신경은 척수의 등쪽(후면) 부위로부터 나타나고, 운동뉴런 축삭돌기의 신경은 배쪽(앞면) 부위에서 나타난다. 이들 신경은 몸의 대부분을 지배하는 척수 신경을 형성하기 위해 합쳐진다. 나무의 뿌리가 하나의 줄기로 합쳐지는 것과 유사하기 때문에 이들 가지를 각각 척수신경의 배근과 복근이라 한다. 각 배근의 팽대부를 **배근신경절(dorsal root ganglia)**이라 하며 감각뉴런의 세포체를 포함하고 있다.

척수의 중심부는 나비 모양을 하고 있는 **회색질(gray matter)**이다("회색질"은 잘못된 용어이다. 실제로 대부분 핑크색을 띤 황갈색의 신경조직이 점점 회색으로 변해 보존되기 때문이다). 척수의 회색질은 운동뉴런의 신경세포체로 이루어져 있는데, 이들은 수의근과 자율신경계를 조절하며, 또한 뇌와 척수의 다른 부분과 상호 소통하는 연합뉴런도 존재한다. **백질(white matter)**은 회색

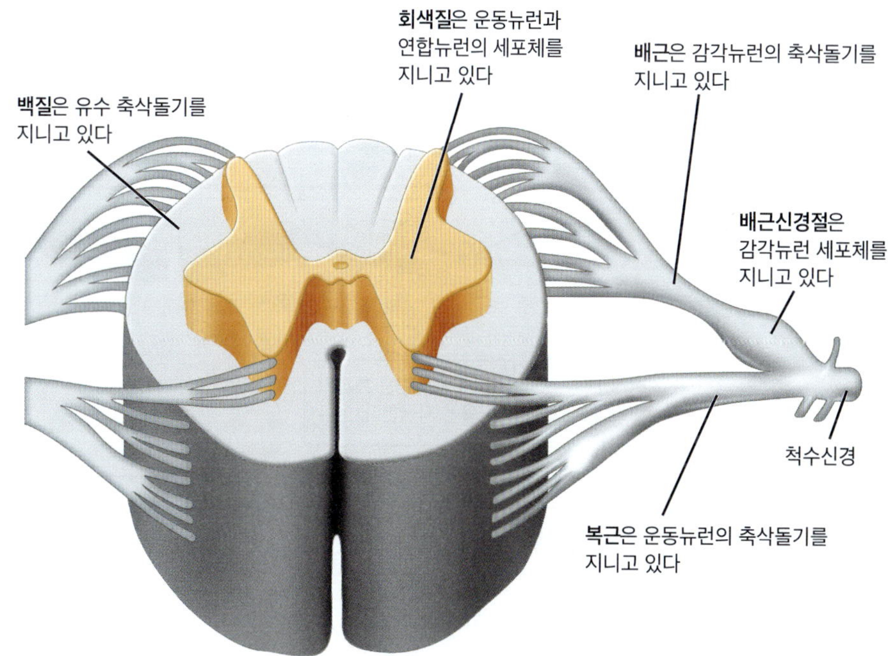


▲ **그림 39-9 척수** 횡단면을 보면, 척수는 뇌로 가고 오는 정보를 전달하는 유수 축삭돌기의 바깥 부분(백질)과, 연합뉴런과 운동뉴런의 수상돌기와 신경세포체를 포함하는 나비 모양의 안쪽 부분(회색질)으로 이루어져 있다. 감각뉴런의 신경세포체는 척수의 바깥에 위치한 배근신경절에 있고 말초신경계의 일부이다.

질을 싸고 있고, 수초로 둘러싸인 축삭돌기를 포함하고 있으며, 척수의 위, 아래로 뻗어 있다. 축삭돌기를 덮고 있는 지방 성분의 수초는 흰색이다. 어떤 뉴런은 내부 기관, 근육과 피부에서 오는 감각 신호를 받아 뇌까지 전달한다. 다른 뉴런은 뇌로부터 아래로 쭉 뻗어 있어, 운동뉴런이 활성을 조절하는 신호를 운반한다.

척수가 심하게 손상되면, 손상 부위 아래에서 오는 감각 입력정보는 뇌로 전달될 수 없고, 뇌에서 오는 운동 출력정보 또한 손상 부위 아래에 있는 운동뉴런으로 전달되지 못한다. 그러므로 운동뉴런, 감각뉴런, 척수신경과 근육이 정상이라 할지라도 손상 부위 아래쪽에 위치하고 있는 운동뉴런과 감각뉴런에 의해서 지배를 받는 신체 부위는 마비를 일으키며 무감각하게 된다.

### 많은 반사를 조절하는 뉴런은 척수와 말초신경계에 위치하고 있다

가장 단순한 행동은 **반사(reflex)**인데, 반사는 자극에 대한 반응으로 신체의 비자발적 운동을 한다. 척추동물에서 많은 반사는 척수와 말초신경계에 있는 뉴런에 의해서 일어난다.

중추신경계와 말초신경계의 뉴런이 모두 작용하는 통증-회피반사를 살펴보자(**그림 39-10**). 손을 화염에 가까이 대면 그 결과로 조직 상해가 통증감각뉴런을 활성화시킨다❶. 이들 뉴런의 축삭돌기에서 형성된 활동전위가 배근을 통하여 척수로 들어간다❷. 척수의 회색질 안에서, 통증감각뉴런이 연합뉴런과 운동뉴런을 차례로 자극한다❸. 운동뉴런 축삭돌기의 활동전위는 복근을 통하여 척수를 떠나 골격근까지 이동된다. 근육이 자극을 받으면❹, 수축하여 화염으로부터 손을 피하게 한다❺.

척수에 있는 많은 연합뉴런은 또한 뇌까지 뻗어 있는 축삭돌기를 가진다❻. 이 축삭돌기를 따라 전달되는 활동전위가 뇌에게 화염에 덴 손에 관한 정보를 알려주면, 뇌는 비명을 지르거나 화염에 대한 위험을 배우게 하는 것과 같은 더 복잡한 행동을 할 수 있게 명령한다. 뇌는 차례로 척수의 연합뉴런 그리고 운동뉴런과 연결된 축삭돌기에 활동전위를 아래로 전달한다. 뇌로부터 온 이 신호는 척수반사를 조절한다. 충분한 훈련이나 동기부여가 있으면, 통증-회피반사를 억제할 수 있다: 불타는 유아용 침대에 있는 아이를 구출하기 위하여 불 속으로 뛰어들 수도 있다.

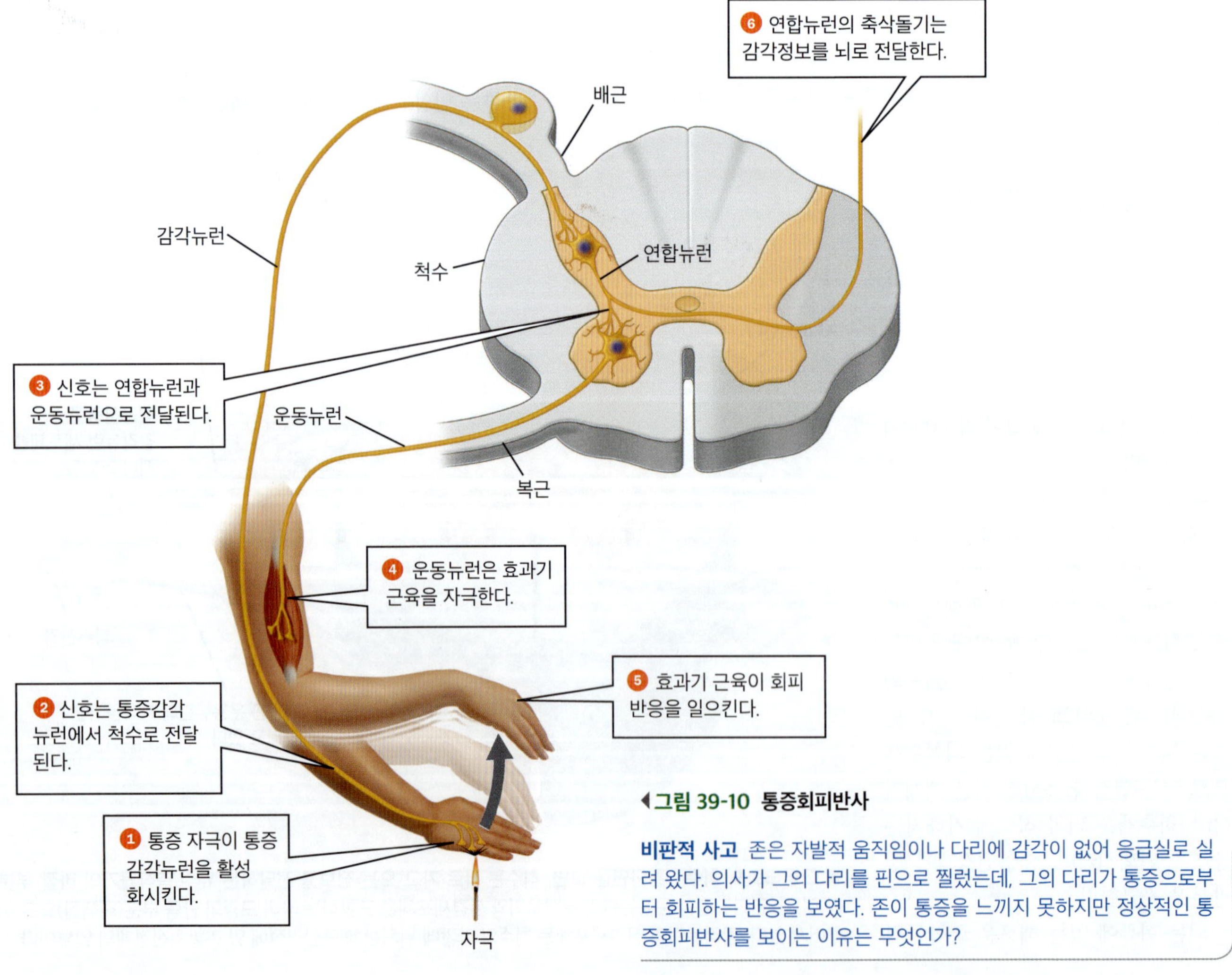


**◀그림 39-10 통증회피반사**

**비판적 사고** 존은 자발적 움직임이나 다리에 감각이 없어 응급실로 실려 왔다. 의사가 그의 다리를 핀으로 찔렀는데, 그의 다리가 통증으로부터 회피하는 반응을 보였다. 존이 통증을 느끼지 못하지만 정상적인 통증회피반사를 보이는 이유는 무엇인가?

### 어떤 복잡한 작용은 척수 내에서 조정된다

걷기처럼 복잡한 활동을 조절하는 배선 계통 또한 척수 내에 있다. 걸을 때 단순히 한쪽 다리를 치켜 올리는 신호가 항상 뇌까지 올라갔다가 다시 내려올 필요가 없기 때문에 이런 배열의 장점은 속도와 조정 기능의 증가에 있다. 이런 행동에서 뇌는 척수 운동뉴런의 발사를 시작하고, 안내하며, 조정하는 역할을 하고, 이런 행동을 의식적으로 결정하는 것이다(어디를 가는가? 얼마나 빠르게 걸어야 하는가?). 균형을 유지하기 위해서 뇌는 또한 근육에서 오는 감각 입력정보를 이용하여 운동뉴런 활성을 조절하여 근육의 움직임을 조정한다.

## 뇌는 특정 기능을 수행하는 많은 부위로 구성된다

모든 척추동물의 뇌는 **후뇌(hindbrain)**, **중뇌(midbrain)**와 **전뇌(forebrain)**의 3부분으로 구성된다(그림 39-11a). 학자들은 초기에 척추동물 뇌가 해부학적으로 3부분으로 구분이 된 것이 기능에 의한 것으로 믿었다: 후뇌는 호흡, 심장 박동과 같은 자율적인 행동을 지배하고, 중뇌는 시각을 조절하며, 전뇌는 대체로 후각을 담당한다. 비포유류 척추동물에서는 3부분이 확연히 구분된다(그림 39-11b, c). 그러나 포유류, 특히 사람의 경우, 중뇌 크기가 감소한 반면에 전뇌는 상당히 커졌다(그림 39-11d,e). 사람 뇌의 주요 구조를 그림 39-12에서 볼 수 있다.

### 후뇌는 연수, 뇌교와 소뇌로 구성된다

사람과 다른 포유류의 후뇌는 연수, 뇌교와 소뇌로 구성된다(그림 39-12a). **연수(medulla)**는 척수가 확장된 것이며, 중심에는 뉴런 신경세포체가 있고, 수초가 있는 축삭돌기 층에 의해서 둘러싸여 있다. 연수와 연수 바로 위에 위치한 **뇌교(pons)**는 호흡, 심장 박동, 혈압, 삼킴과 같은 자율적 기능을 조절한다. 뇌교에 있는 다른 뉴런은 방광 조절, 균형, 자세와 수면에 영향을 미친다.

**소뇌(cerebellum)**는 움직임을 조정하는데 중요하다. 소뇌는 움직임을 조절하는 전뇌의 명령 중추와 근육과 관절에 있는 자세 감지기로부터 정보를 받는다. 두 곳에서 온 정보를 비교하여 소뇌는 부드럽고, 정확한 동작과 몸의 자세를 지시한다. 또한 소뇌는 종종 운동 학습(*motor learning*)과 연관이 있다. 글쓰기 혹은 기타 연주를 배울 때 전뇌는 각기 분리된 움직임을 지시한다. 숙달된 후에도 전뇌는 여전히 어떤 행동을 수행할지를 결정하지만(예를 들어, 무슨 단어를 쓸지), 소뇌는 행동이 적절하게 수행하도록 책임을 진다. 박쥐나 새처럼 장애물 주위를 탐색하고 먹이를 잡기 위해 정교하게 공중으로 비행하는 동물들의 소뇌가 특히 크다는 사실은 놀랄만하지 않다(그림 39-11c 참조).

### 중뇌는 움직임, 각성 및 감정을 담당하는 뉴런 다발을 포함한다

사람의 중뇌는 매우 작다(그림 39-11e와 39-12a 참조). 중뇌는 청각 전달중추와 눈의 반사운동을 조절하는 뉴런 다발을 포함한다. 예를 들어, 만일 여러분이 교실에 앉아 있다가 누군가 문을 향해 뛴

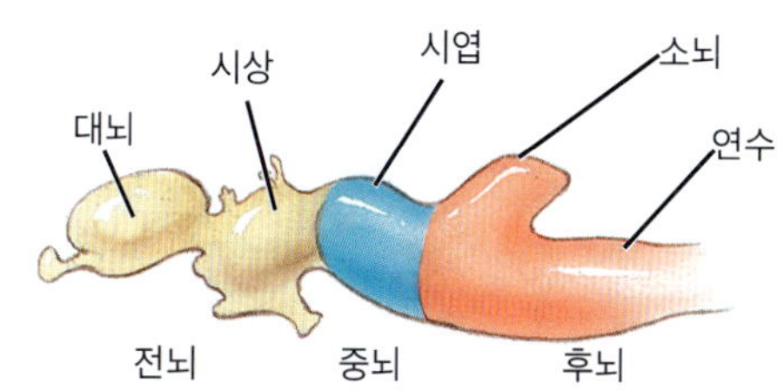

(a) 발생초기 척추동물 뇌

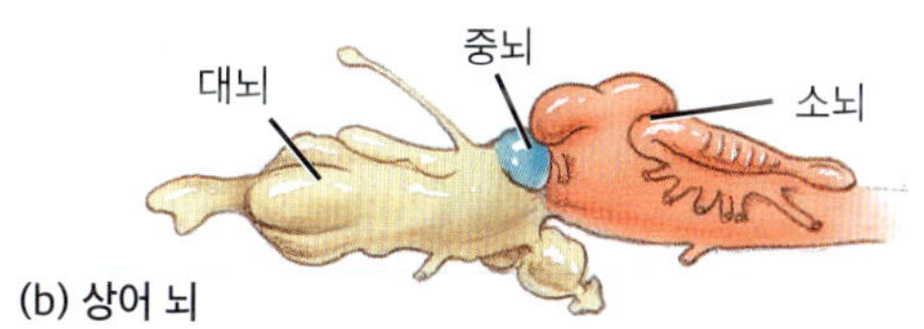

(b) 상어 뇌

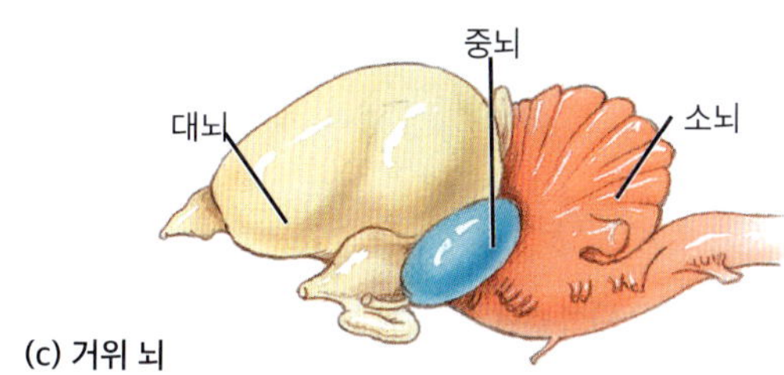

(c) 거위 뇌

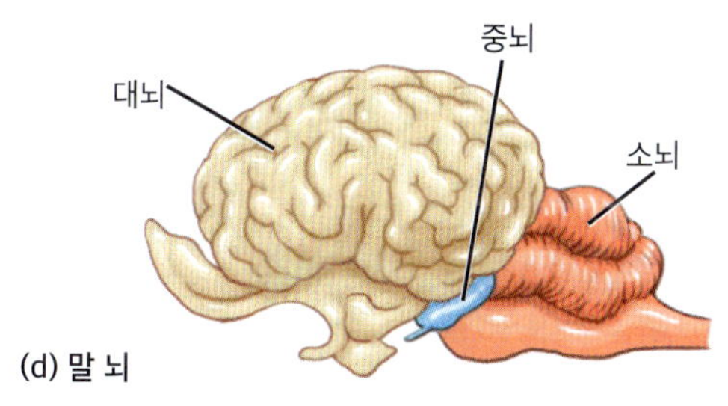

(d) 말 뇌

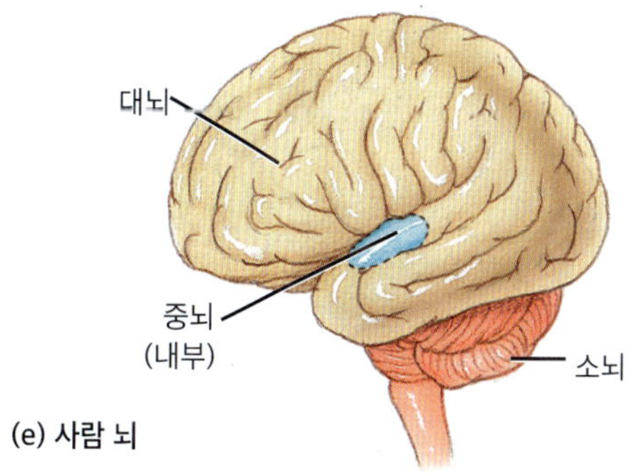

(e) 사람 뇌

▲ **그림 39-11 척추동물 뇌의 비교** (a) 척추동물의 배아의 뇌는 3부분으로 구분된다: 전뇌, 중뇌와 후뇌 (b) 상어 성체의 뇌는 기본적인 구조를 유지하지만, 중뇌는 상당히 작다. (c) 거위의 중뇌는 작지만, 대뇌와 소뇌는 크다. (d,e) 포유류 특히 사람의 대뇌는 뇌의 다른 부분에 비해서 상당히 크다.

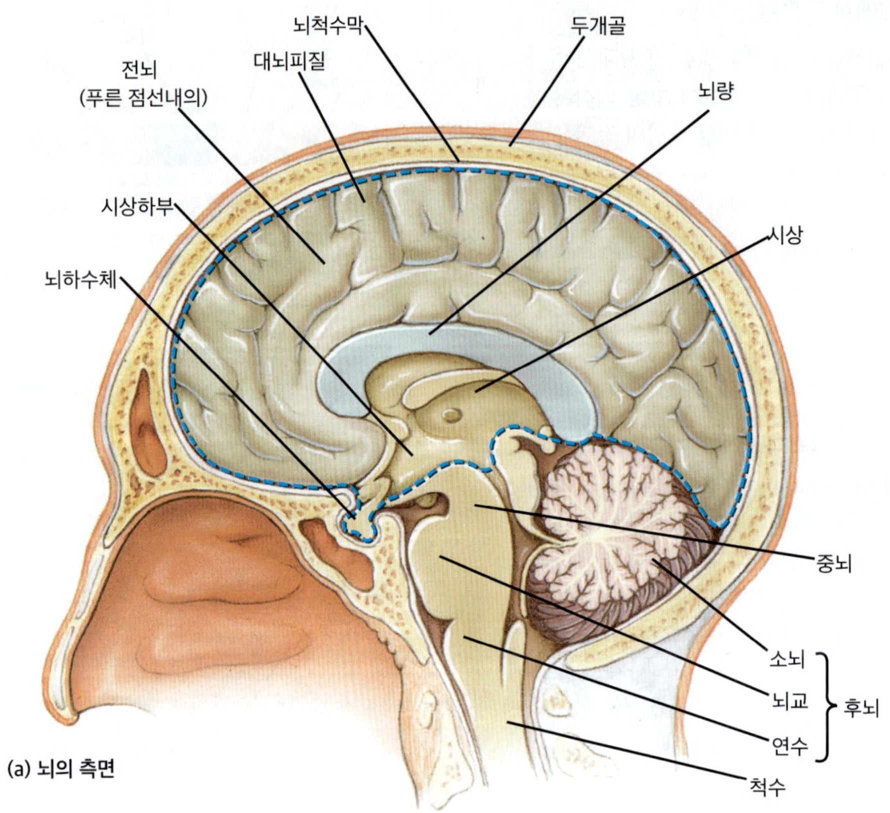


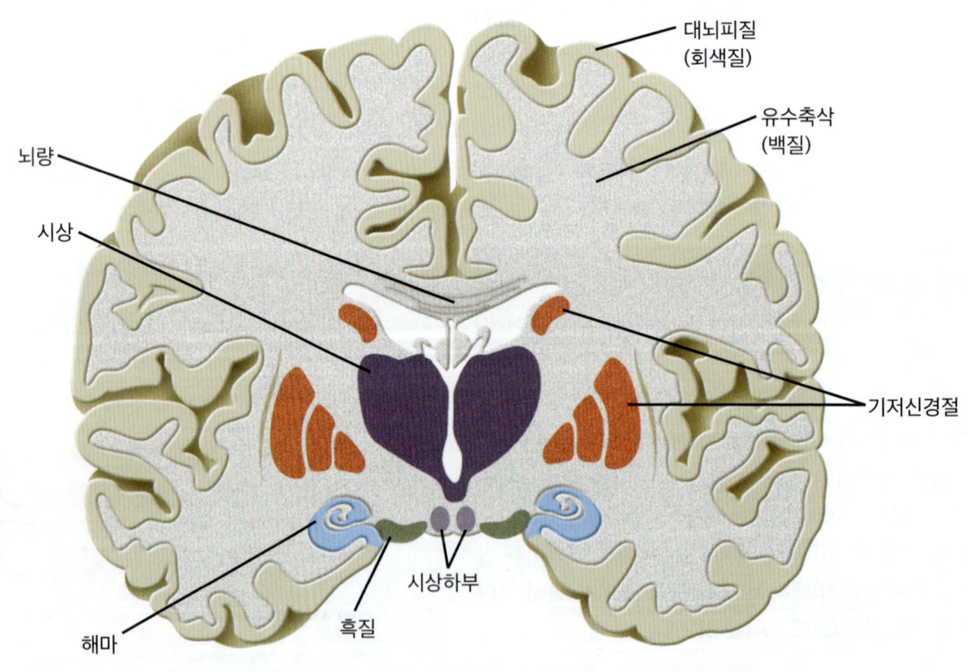


▲ **그림 39-12 사람의 뇌** 사람 뇌의 구조는 **(a)** 대뇌반구의 정중선을 절단하면 후뇌, 중뇌, 전뇌를 볼 수 있고, **(b)** 귀에서 귀까지 절단하면 대뇌의 대부분을 볼 수 있다. 여기서는 뇌의 모든 구조를 볼 수 없다.

다면 중뇌의 시각과 청각중추가 활성화되어 교실을 지나는 그의 예기치 못한 도착과 움직이는 경로를 향해 응시하도록 지시한다. 중뇌는 또한 도파민을 생성하는 뉴런을 포함한다. 이들 뉴런 다발 중의 하나가 흑질(*substantia nigra*, **그림 39-12b**)인데, 아래에 언급될 전뇌처럼 움직임을 조절하는 데 도움을 준다. 도파민 뉴런의 또 다른 다발은 "보상회로"의 필수적인 부분으로 기쁨과 불행하게도 중독을 책임진다. 700쪽에 있는 "Health Watch: 마약, 신경전달물질, 그리고 중독"에서 탐구한다.

또한 중뇌는 수면과 각성, 감정, 어떤 움직임과 반사에서 주요한 역할을 하는 **망상체 형성(reticular formation)**을 포함한다. 망상체 형성은 수십 개의 상호 연결된 뉴런 다발로 구성되어 있으며, 이들 뉴런은 연수, 뇌교, 그리고 중뇌에 있으며 전뇌로 축삭돌기가 뻗어 있다. 거의 모든 감각, 몸의 모든 부분과 뇌의 많은 영역으로부터 입력정보를 받는다. 망상체 형성은 감각 입력정보가 뇌의 지각령에 도달하기 전에 여과한다. 망상체 형성의 활동은 음악 혹은 커피 향처럼 마음을 딴 데로 돌리게 하는 다양한 작용이 있어도 책을 읽게 하고 집중할 수 있게 한다. 어머니가 애기의 작은 울음소리에는 쉽게 깨지만, 밖에서 들려오는 시끄러운 소리에도 잠을 잔다는 사실은 뇌로 들어오는 입력정보의 유효성을 망상체형성이 검증한다는 것이다.

### 전뇌는 시상, 시상하부, 대뇌를 포함한다

**시상(thalamus)**은 몸의 모든 부위에서 오는 감각정보를 대뇌 피질로 전달한다(그림 39-12a, b 참조). 후각을 제외한 모든 감각입력은 시상을 통하여 대뇌 피질로 전달된다. 척수, 소뇌, 연수, 뇌교 및 망상체형성에서 오는 신호 또한 시상을 통한다.

**시상하부(hypothalamus**; 글자 그대로, "시상 아래")에는 많은 뉴런 다발이 있다. 일부는 호르몬을 혈액으로 방출하거나 혹은 뇌하수체에서 방출하는 호르몬을 조절한다(38장 참조). 시상하부 일부는 자율신경계의 활동을 조절한다. 시상하부는 체온, 음식물 섭취, 수분 균형, 심장 박동, 혈압, 월경주기 및 신체리듬에 영향을 주어 항상성을 유지한다.

**대뇌(cerebrum)**는 두 **대뇌반구(cerebral hemispheres)**로 구성되며, 각 반구의 바깥층은 **대뇌 피질(cerebral cortex)**로 이루어져 있다; 두 반구를 연결하는 축삭돌기 다발과 반구와 중뇌, 후뇌를 연결하는 축삭돌기 다발이 있고; 시상 근처의 피질 아래에 뉴런 다발이 있다(그림 39-12a, b 참조).

**대뇌의 내부구조** 대뇌의 기저부에 위치하고 있는 한 쌍의 **해마(hippocampus**; 그림 39-12b 참조)는 특히 장기기억을 형성하는 데 중요한 역할을 하며, 이 장의 후반부에 자세하게 언급하겠지만, 학습에도 관여를 한다. 모든 척추동물에서 해마는 대부분 "장소 학습"에 특히 중요한 역할을 한다. 예를 들어, 어치, 산갈까마귀와 잣까마귀는 겨울을 나기 위해서 열매를 저장하고, 그 저장 장소를 기억해야만 하는데, 이들 조류는 다른 조류에 비해서 큰 해마를 지니고 있다. 사람의 경우에도 상당히 복잡하고 25,000개 이상의 미로와도 같은 길을 잘 기억해야만 하는 런던의 택시 기사들은 평균보다는 큰 해마를 지니고 있다; 반복해서, 집중적으로 장소를 학습할수록 해마가 점점 커진다는 것을 의미한다.

**CASE STUDY CONTINUED**

**내가 어떻게 그대를 사랑하게 되었을까?**

완전히 이해되지는 않았지만, 인간에서의 사랑의 감정이 뇌에 전기화학적 활성에 변화를 유발하는데, 이는 마치 프레리들쥐가 교미할 때 일으키는 변화와 유사하다. 사람들이 사랑에 빠지면 옥시토신이 도파민 방출을 자극하는데, 이는 중뇌에 있는 뉴런에서 방출되며 전뇌의 여러 부위로 축삭돌기를 보낸다. 전뇌에서 도파민은 감정적인 매력을 일으키며, 사랑하는 사람에 대한 두려움과 비판적인 판단을 흐리게 하고 함께 보낸 시간의 좋은 기억만을 간직하게 한다. 이들 감정과 기억을 경험하게 하는 전뇌의 영역은 어디인가?

**기저신경절(basal ganglia)**은 중뇌에 있는 흑질뿐만 아니라 대뇌의 깊은 곳에 위치한 구조물이다(그림 39-12b 참조). 기저신경절은 전체적인 움직임을 조절하는 데 중요하다. 대뇌 피질의 운동령은 운동뉴런이 오른쪽 근육을 활성화시켜 펜을 줍게 하는 특정 움직임을 지시한다. 기저신경절은 한 움직임을 시작할 수 있게 하는 반면에 다른 움직임을 억제하는 결정을 하는 데 필수적이다. 예를 들어, 펜을 주을 수 있지만 동시에 같은 손으로 빗질을 못한다. 이런 기능은 기저신경절의 2가지 주요 질환에서 명백히 알 수 있다. 파킨슨병에 걸린 환자의 경우 흑질이 퇴화해서 움직임을 시작하는 데 상당한 어려움이 있다. 이런 증상을 "결빙"이라 한다. 헌틴텅병에 걸린 환자의 경우는 대뇌의 기저신경절이 퇴화해서 비자발적이며, 비지시적인 움직임을 보인다.

**대뇌 피질** 대뇌 피질은 대뇌반구의 얇은 바깥층을 이루고 있으며, 몇 밀리미터의 두께로 고도로 조직화 되어 쌓여 있는 수억 개의 뉴런을 가지고 있다. 피질은 많은 주름(*convolution*)이 있어, 표면적은 2제곱 야드 이상-약 트윈 침대 하나-의 넓이 정도가 된다. 대뇌의 뉴런은 감각정보를 받아, 공정하고, 자발적 움직임을 지시하며, 기억을 만들어 미래를 계획하고 생각하게 한다. 대뇌의 각 반구는 **뇌량(corpus callosum)**이라는 커다란 신경 섬유대를 통해서 서로 정보를 교환한다(그림 38-12a, b참조).

대뇌 피질의 각 반구는 해부학적으로 전두엽, 두정엽, 후두엽, 측두엽의 4영역으로 분류한다(**그림 39-13**). 또한 기능에 따라 피질을 나눌 수 있다. 일차감각령은 두정엽, 후두엽, 측두엽의 영역으로 눈, 귀 그리고 피부에 있는 온도 수용체와 같은 감각기관에서 오는 입력신호를 받는다. 일차감각령에서 이들 입력신호는 빛, 소리, 뜨거움 혹은 차가움과 같은 주관적 인상으로 전환된다. 그 옆

# Health WATCH 마약, 신경전달물질, 그리고 중독

마약에 중독된 사람을 볼 수 있는 기회가 있다. 코카인, 알코올, 니코틴과 같은 물질이 어떻게 사람들의 삶에 중대한 영향을 미칠 수 있는가? 이에 대한 대답은 마약이 신경전달물질 작용에 얼마나 영향을 주고, 신경계가 얼마나 이들의 영향을 잘 조절하는가에 있다.

코카인, 메탐페타민(meth), 엑스터시(MDMA)를 포함하는 많은 중독성 마약은 도파민 혹은 세로토닌을 이용하는 뇌의 보상회로에 있는 시냅스에 작용한다. 정상적으로 신경전달물질이 방출되면, 이들 시냅스의 시냅스전뉴런이 즉각적으로 신경전달물질을 회수하여 효과를 제한한다. 코카인, 메탐페타민과 엑스터시는 도파민 혹은 세로토닌 펌프의 작동을 억제하여 신경전달물질의 농도를 시냅스후뉴런 수용체 주변에 증가시킨다. 그러면 시냅스 전달이 증가하여 기분을 상당히 좋게 한다.

코카인과 메탐페타민이 주로 도파민 펌프의 작동을 억제함으로서 중독성을 일으킨다. 도파민이 사람들의 기분을 상당히 좋게 하는 효과가 있기 때문에 마약중독자들은 이런 경험을 반복하기를 원한다. 반면에 과량의 도파민 자극에 반응하는 뇌는 시냅스에 있는 도파민 수용체의 수를 줄이고 도파민 펌프의 수를 증가시킨다(**그림 E39-1**). 그러므로 마약을 복용하지 않으면 마약 복용자의 기분이 가라앉는다. 왜냐하면 보상회로가 이용할 수 있는 도파민의 양이 감소하고(시냅스 틈에서 빠르게 도파민을 제거하는 펌프의 수가 증가하므로) 도파민과 결합하는 수용체의 수도 감소하기 때문이다. 따라서 더욱 많은 코카인과 메탐페타민이 필요하고 그래야만 흥분된 기분을 느낄 수 있다. 그래서 복용자는 중독되게 된다.

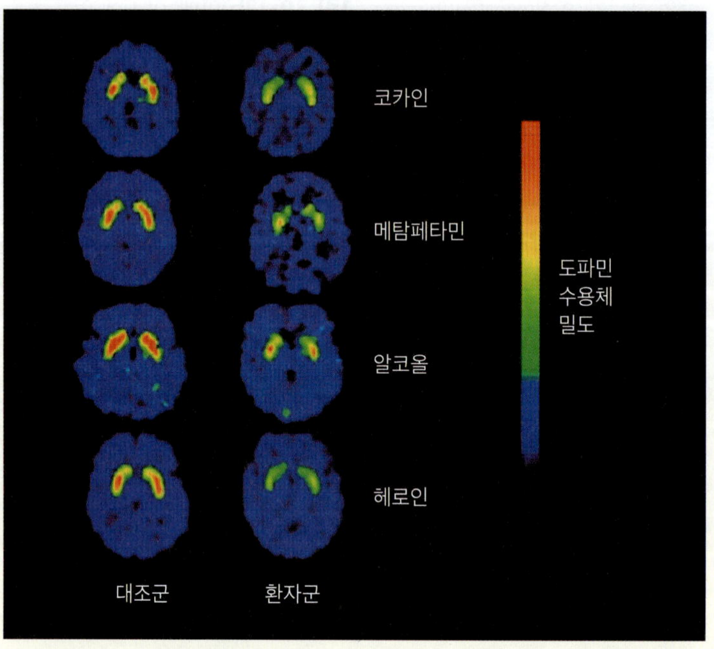


▲ **그림 E39-1 중독에 따른 뇌의 변화** 남용으로 인해 코카인, 메탐페타민, 알코올, 헤로인에 반복하여 노출되면 중독을 나타내는 뇌의 보상영역에서는 도파민 수용체의 수가 감소된다. PET 스캔에서 빨간색과 노란색은 도파민 수용체의 높은 농도를 나타내고; 녹색, 푸른색과 검은색은 그 농도가 감소됨을 나타낸다.

엑스터시는 세로토닌 펌프를 억제시켜 일시적이지만 세로토닌의 양을 증가시킴으로 차례로 옥시토신 방출의 증가를 일으킨다. 이 약을 복용한 사람은 기쁜 감정의 증진, 에너지 증진, 감각력이 증가하여 다른 사람과의 관계도 상당히 개선된다는 보고가 있다. 엑스터시 복용자는 세로토닌 생성 뉴런이 오랫동안 상해를 받고 학습과 기억이 결핍되는 고통을 받는다. 엑스터시는 또한 도파민 방출 뉴런에도 상해를 입힌다. 엑스터시는 대체로 다른 마약물질과 함께 복용하기 때문에 중독을 유발한다고 평가하기 어렵다. 그러나 엑스터시가 코카인, 메탐페타민 혹은 헤로인에 비해서 중독성이 덜한 것처럼 보일지라도 약을 중지했을 때 중독성을 나타내는 보상과 금단증상을 극복하기 위해서 엑스터시 복용자들은 종종 오랜 기간 동안 과량의 복용이 필요하다.

알코올은 신경전달물질 감마아미노부티르산(GABA) 수용체를 자극하여 억제성 뉴런신호를 증가시키며, 그리고 글루탐산 수용체를 억제시켜 흥분성 신호를 감소시킨다. 이들 변화는 모두 알코올의 잘 알려진 이완 효과를 유발한다. 그러나 어떤 사람이 자주 알코올을 마시면 뇌는 감마아미노부티르산 수용체를 줄이고 글루탐산 수용체는 증가시켜 보상하려고 한다. 알코올이 없으면, 알코올 중독자는 예민해지고 신경이 짧지만 과자극된다. 알코올은 또한 초기에 도파민의 방출을 증가시켜 음주자의 기분을 좋게 하지만 시간이 지나면 도파민의 방출을 억제하고 도파민 수용체의 수를 감소시킨다(**그림 E39-1**). 이들 효과 또한 중독을 유발한다. 알코올 중독자는 처음에는 소량의 알코올로 기분이 좋아지지만 동일한 기분을 느끼려면 더욱 많은 양의 알코올을 섭취해야한다.

담배의 니코틴은 아세틸콜린 수용체를 자극한다. 이 수용체의 과자극은 도파민의 방출을 증가시키는 다른 뉴런을 활성화시켜, 흡연자의 흥분성과 중독성 효과를 유발한다.

중독을 극복하기 위해서는 마약 복용자는 이미 마약에 적응된 신경계가 일으키는 고통을 경험해야 한다. 궁극적으로 신경전달물질의 방출과 수용체의 농도가 정상적인 수준으로 회복된다고 해도 주기적으로 마약에 대한 열망을 갈망한다. 이는 중독자의 뇌가 영구히 변화되지 않는다는 사실을 의미하며, 충분히 이해되지 않았지만 중요한 사실이다.

**비판적 사고** 신생 제약회사는 도파민 수용체를 억제하는 치료약을 만들었으며 중독을 빠르게 치료할 수 있다고 광고를 한다. 그러나 대부분의 환자들은 초기 임상시험에서 중도탈락한다. 제약회사가 이런 문제를 해결하기 위하여 여러분을 고용한다면, 높은 중도탈락율의 불가피성을 여러분들은 제약회사 대표자에게 어떻게 설명할 것인가?

에 있는 연합령은 자극을 분석한다. 예를 들어, 소리를 언어, 음악, 개짖는 소리 등등으로 분석한다. 전두엽의 일차운동령은 근육을 활성화시키는 척수의 운동뉴런을 자극함으로써 움직임을 명령하여, 교실로 걸어가거나 혹은 비디오게임을 할 수 있게 한다. 전운동령이라고 하는 전두엽 주변 영역은 감각연합령과 대뇌의 다른 영역으로부터 입력신호를 받아 움직임을 운동령에 지시한다. 두개골의 바로 아래에 위치하고 있는 전전두피질은 단기기억, 결정하기, 미래계획하기 같은 복잡한 뇌 기능 그리고 반응순서 예측하기와 공격성 조절하기 같은 사회적 행동을 하는 데 중요하다.

각 반구의 대뇌 피질 운동령 뉴런은 후뇌를 통하여 척수로 들어간다. 그 축삭돌기는 정중선을 가로질러 척수의 반대편으로 가서 운동뉴런을 자극하여 골격근을 지배한다(그림 39-9, 38-10 참조). 비슷하게 대부분 신체에서 오는 감각 경로는 척수로 들어와 교차하여 반대편의 두 대뇌반구로 간다. 감각 경로와 운동 경로 모두 정중선을 가로질러 대뇌 피질로 가거나 대뇌 피질로부터 나오기 때문에, 대뇌 피질의 좌 대뇌반구는 신체의 오른쪽에서 오는 감각 신호를 받아 신체의 오른쪽의 움직임을 조절한다. 우 대뇌반구는 신체의 왼쪽에서 신호를 받아 왼쪽의 움직임을 조절한다.

피질이 트라우마, 쇼크 및 악성종양과 같은 상해를 입으면 상해 위치가 어디냐에 따라서 말하기와 읽기에 문제를 발생시키고, 혹은 신체의 특정 부위의 감각을 느끼지 못하게 하거나 움직임이 일어나지 못하게 한다. 역사적으로 뇌가 손상된 환자는 뇌 기능의 위치를 파악하는 데 중요한 자료를 제공하였다. 현대 신경과학은 온전한 뇌의 기능을 직접 조사할 수 있는 강력하고 비침습적 기술로 발전되었다. 702쪽에 있는 "Doing Science: 뇌영상 : 뇌의 작용부위 관찰하기"에서 자세하게 살펴볼 것이다.

### 변연계는 감정, 기억 및 항상성 유지를 담당한다

**변연계(limbic system)**는 전뇌의 다양한 그룹으로 시상과 대뇌 피질 사이에 위치한 고리 구조이다. 시상하부, 편도체, 해마와 대뇌 피질의 일부를 포함하고 있다(**그림 39-14**). 이들 구조는 두려움, 분노와 성적 욕구 같은 감정을 유발하는 데 도움 을 준다. 예를 들어, **편도체(amygdala)**의 뉴런 다발에 전기 자극을 가하면 기쁨, 두려움, 성적 자극의 감각을 생성한다. 어린 시기에 편도체에 이상이 생기면 두려움을 느끼는 능력과 다른 사람의 두려운 얼굴표정을 인식하지 못한다. 변연계는 기쁨, 사랑 및 중독을 책임지는 보상회로를 구성하는 중뇌의 도파민-함유 뉴런에 의해 지배를 받는다. 특히 시상하부는 배고픔과 갈증 같은 본능적 욕구를 담당하기 때문에 항상성을 유지하는 데 중요한 역할을 한다. 마지막으로 변연계의 어떤 부분은 위치의 기억(해마)과 두려운 상황(편도체)을 포함하는 기억의 다양한 형태가 필요로 한다.

## 좌뇌와 우뇌는 기능이 다르게 특수화되어 있다

두 대뇌반구가 겉으로는 유사하게 보여도 이들의 기능이 반드시 대칭을 이루지는 않는다. 두 대뇌반구가 신체의 반대편에서 감각 정보를 받아 움직임을 조절한다는 사실을 알았다. 두 대뇌반구는 그들이 통제하는 높은 수준의 기능의 유형에서도 현저하게 다르며, 언어, 사고, 감정, 그리고 다른 정신적 과정을 조절에 있어서도 역할이 다르다.

1950년대 초, 로저 스페리, 마이클 가자니가와 그의 동료연구원들은 한 반구에서 다른 반구로 간질 발작이 퍼지는 것을 막기 위해 외과 수술로 뇌량을 분리한 반구를 가진 사람을 연구하였다. 뇌량을 절단하는 것은 또

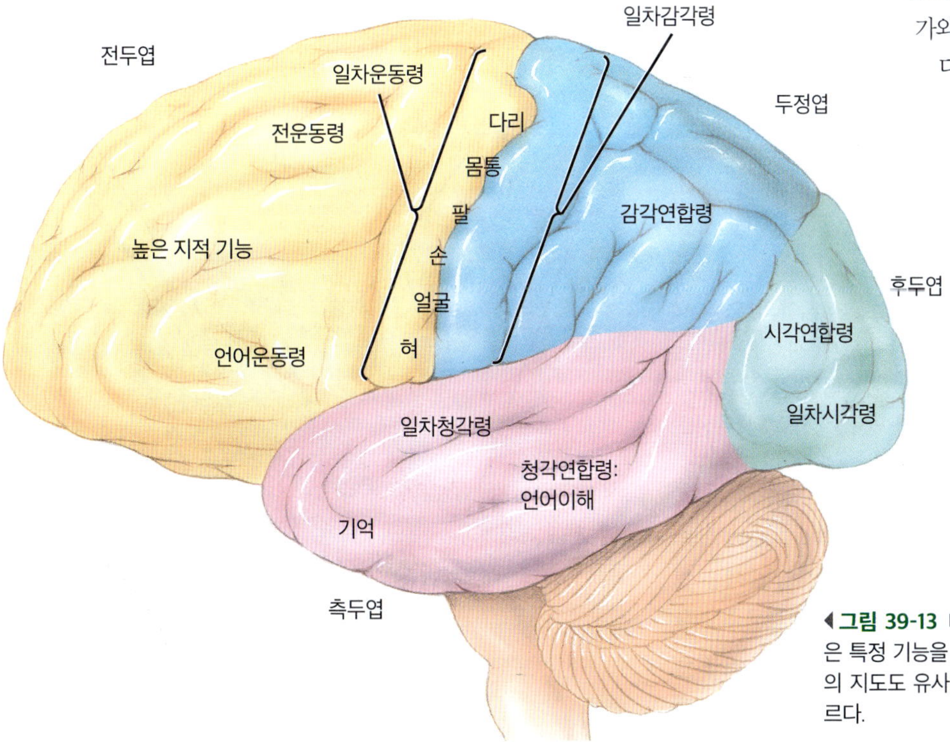

◀ **그림 39-13 대뇌 피질** 사람 왼 대뇌 피질의 각 영역은 특정 기능을 하도록 특수화되어 있다. 오른 대뇌 피질의 지도도 유사하지만, 말하기와 언어 영역의 경우만 다르다.

## Doing Science 뇌영상 : 뇌의 작용부위 관찰하기

30여 년 전까지, 뇌의 여러 영역의 기능을 밝히는 유일한 방법은 사고나 전쟁 등으로 뇌가 손상되어 고통을 받는 사람들의 행동과 능력을 조사하는 것이었다. 1848년 게이그는 철로에 있는 바위를 제거하기 위하여 폭발물을 설치하는 도중에 폭발사고를 당했다. 13파운드의 철근이 그의 두개골을 관통하여 전두엽에 큰 손상을 당했다(**그림 E39-2**). 놀랍게도 게이그는 그 사고 이후 생존하였으나 그의 성격은 급진적으로 변하였다.

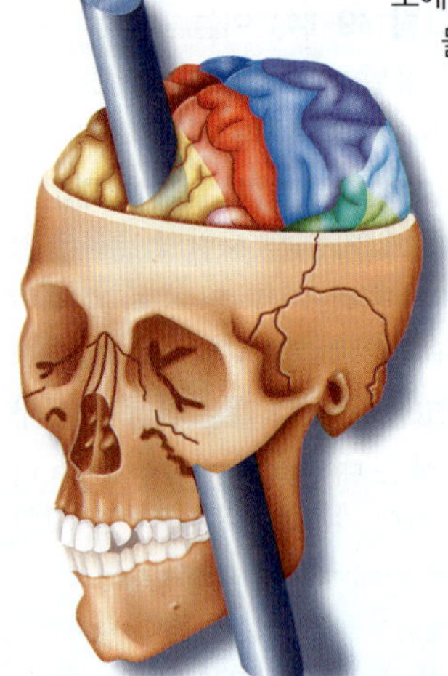

▲ **그림 E39-2 밝혀진 사건** 과학자들은 폭발로 인하여 날아온 철근이 관통된 피니아스 게이그의 두개골 재조합 모형을 컴퓨터로 만들어 연구하였다.

오늘날 신경과학자들은 양전자방사단층촬영법(PET)과 기능적자기공명영상(fMRI)과 같은 강력하고 비침습적인 기술을 가지고 온전한 뇌의 활동을 시각화 할 수 있다. 활동적인 뇌의 대부분은 높은 에너지를 필요로 하는 사실에 두 기술 모두 의존한다. 그러므로 이들 영역은 활동이 적은 영역보다 더 많은 포도당을 사용하고 산소가 풍부한 혈액의 공급이 더 이루어진다.

### 질문은 무엇인가?

과학자들은 PET와 fMRI를 사용하여 뇌 기능에 대한 수백 개의 가설을 시험해 왔다. 여기서 우리는 2종류의 질문에 대한 답변을 검토하기 위하여 이 기술들을 사용할 것이다. 한 연구에서, 과학자들은 언어 사용과 언어 처리가 뇌의 어떤 부위에서 발생하는지에 대한 질문에 답하기 위해 PET를 사용했다. 두 번째 연구에서는 안면을 인식하는 동안 뇌 활동 패턴이 서로 다른 안면들 사이에 예측 가능한 차이가 있는지에 대해 알기 위해 fMRI를 이용했다.

### 증거는 어떻게 수집했는가?

언어 처리 PET 스캔 연구에서, 과학자들은 방사성으로 표지한 포도당을 피실험자에 주입하여(포도당 대사의 차이와 그에 따른 뇌의 활동을 반영하는) 피실험자가 다른 작업들을 처리함으로써 나타

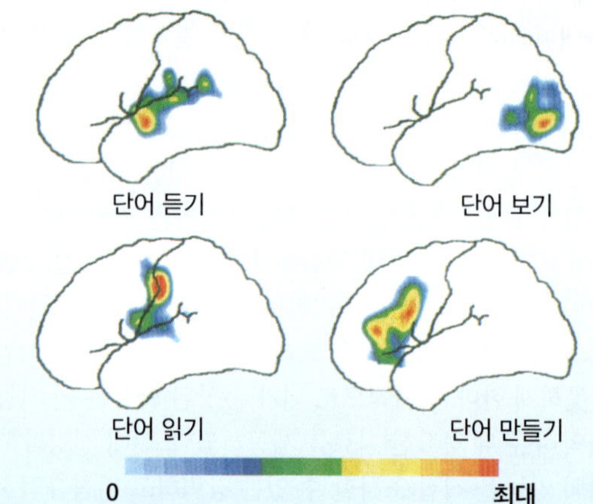


▲ **그림 E39-3 언어 담당 영역의 위치** 언어-관련 일을 행하고 있는 대뇌 피질의 다른 부위를 PET 스캔으로 밝혔다. 막대는 흰색(뇌 활성이 가장 낮은)부터 빨간색(가장 높은)까지 표시하였다.

한 두 반구가 서로 의사소통하는 것을 막는다. 그러나 수술은 시신경에서 대뇌반구로 들어가는 입력정보에는 영향을 미치지 않아서, 시야의 왼 절반은 오른쪽 반구가 "보이게", 오른 절반은 왼쪽 반구가 보게 한다 (**그림 39-15**). 일상적인 조건하에서 뇌량을 심하게 다친 환자일지라도 급속안구운동(REM)으로 왼 시야와 오른 시야에 관한 정보를 두 반구에 모두 전달할 수 있다. 시각적 입력에 대한 각 반구의 개별 반응을 조사하기 위해, 연구원들은 왼쪽과 오른쪽 시야에 다른 이미지를 투사하여 각 반구에 서로 다른 신호를 보내는 독창적인 장치를 사용했다.

신경학자들이 누드그림의 영상을 왼 시야에만 투영하였을 때, 피실험자는 미소를 띄거나 얼굴을 붉혔지만, 아무것도 보지 않은 것처럼 조용하였다. 같은 그림을 오른 시야에 투영하였을 때는 쉽게 말을 하였다. 이 실험과 그 후의 더욱 복잡한 실험 결과로 인간의 뇌는 좌우 기능이 분화된다는 사실을 밝혔다: 좌 대뇌반구는

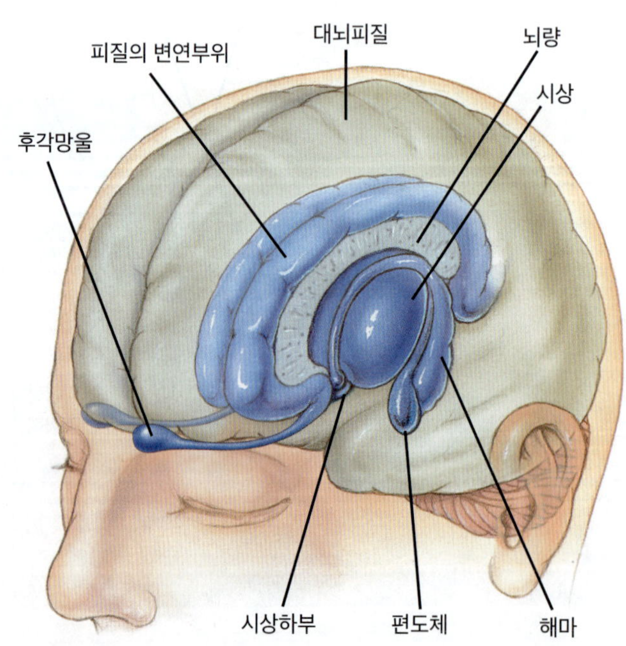


▲ **그림 39-14 변연계**

나는 방사능 물질의 수준을 조사하였다. 그 작업은 단어를 듣고, 인쇄된 단어를 조용히 읽고, 인쇄된 단어를 소리내어 읽고, 인쇄된 명사와 관련된 동사를 생성하는 것이었다(예를 들어, 그 단어가 "케이크"라면, 피험자는 "먹는다" 혹은 "굽는다"라고 말할 수 있다).

안면인식 연구에서 과학자들은 fMRI 데이터를 먼저 수집했고, 피실험자들은 300개의 다른 얼굴들의 이미지를 보았다. fMRI는 산소가 많은 혈액과 적은 혈액의 차이를 강력한 자기장의 변화로 측정한다. 그래서 방사능 물질을 사용하지 않고도 특정한 뇌 기능을 밝히는데 유리하다. 피실험자들이 얼굴을 본 후, 과학자들은 특성 얼굴 특징 보기와 관련된 뇌 활동의 패턴을 위해 fMRI 데이터를 검색하였다. 결과적으로, 피실험자에게 이전에 보지 못했던 새로운 얼굴들을 보여주면 그들의 뇌 활동이 시작되는 처음으로 돌아왔다.

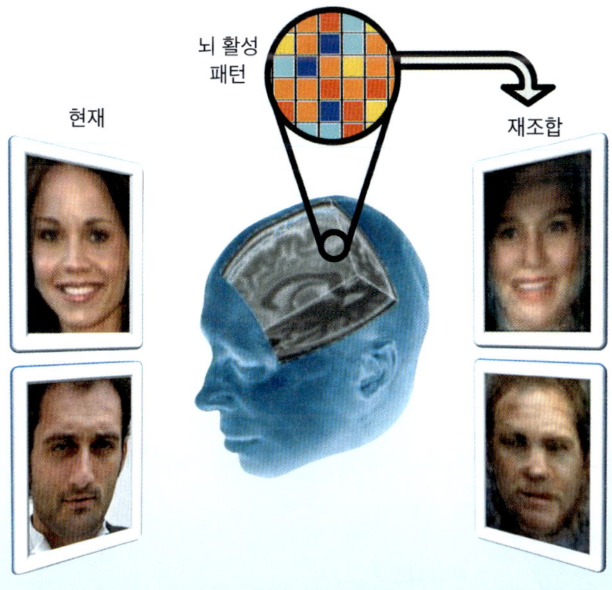


▲ **그림 E39-4 fMRI는 뇌 스캔 자료로부터 얼굴을 재조합한다** 컴퓨터 알고리즘은 fMRI 자료를 이용하여 얼굴 사진(좌)을 이상적인 복사본(우)으로 재조합한다.

### 무엇을 배웠는가?

PET 스캔 언어 연구에서, 다른 작업들을 하는 동안 뇌 활동을 뇌 영상에 색으로 나타났다. 그 결과 언어 처리하는 특이한 면이 대뇌 피질의 특정 영역에서 일어난다는 것을 확인했다(**그림 E39-3**). fMRI 안면인식 연구에서 피실험자들이 새로운 얼굴을 보았을 때, 컴퓨터는 이전에 확립된 뇌 활동과 얼굴 특징 사이의 관계를 이용하여 새로운 얼굴들이 어떻게 생겼는지에 대한 대략적인 근사치를 구성할 수 있었다(**그림 E39-4**). 두 얼굴 자료를 선택하라고 명령하면 컴퓨터는 재조합을 시도하는데, 컴퓨터 알고리즘과 이전 경험이 없는 관찰자 모두 약 60%에서 70%의 정확한 얼굴을 선택했다. 그래서 제한된 의미에서 fMRI는 사람의 마음도 읽을 수 있다.

**생각해보기** 최소 두 개 이상의 상업적 목적의 회사는 fMRI를 거짓말 탐지기로 발전시키려는 시도를 하고 있다. 기존의 거짓말 탐지기(폴리그래프)는 호흡과 맥박, 혈압과 땀을 측정하여, 이는 거짓말로 인한 스트레스가 이들의 측정을 증가시킨다는 원리를 이용하는 것이다. 미국학술연구원은 폴리그래프 실험이 약 80%에서 90%까지 정확하다고 밝혔다: 기회가 많을수록 더 정확하지만 완벽하지는 않다. 더구나 많은 사람들이 거짓말하는 동안 침착함 유지를 배운다면 거짓말 탐지기는 기능을 하지 못한다. 그러나 사람은 뇌의 활동을 거의 통제하지 못하는데, 이는 누군가가 진실을 말하거나 거짓말을 한다면 매우 다를 가능성이 높다. fMRI를 거짓말 탐지를 위해 적용한다고 가정하면, 법정에서 fMRI를 증거로서 받아들이기에 앞서 여러분 생각하는 정확도의 수준은? 만약 그 정도의 정확성에 도달하면, 당신은 범죄 피고들에게 강제적으로 fMRI 거짓말 탐지기의 사용을 지지하겠는가? 왜 그런가 혹은 그렇지 않은가?

어떤 기능에 우세를 보이는 반면에 우 대뇌반구는 다른 기능을 이행하는데 우세하였다. 대부분의 사람들은, 좌 대뇌반구는 말하기, 읽기, 쓰기, 언어 이해력, (수를 더하거나 곱하는)기계적 연산문제 해결이 우세하고, 오른 대뇌반구는 음악적 기술, 예술적 능력, 안면 인지, 공간적 시각과 감정을 인식하고 표현하는 능력이 왼 대뇌반구보다 우세하다.

그러나 뇌를 좌-우로 이분하는 것은 완전하지는 않다. 예를 들어, 종종 대중매체에서는 좌 대뇌반구가 연산문제에 우세하다고 말한다. 그러나 좌 대뇌반구가 기계적 연산 기술에 우세할지라도 우 대뇌반구는 양을 예측하는 것과 같은 일에는 우세한 경향이 있다. 예를 들어, 얼마나 많은 공깃돌이 수조 안에 있는가를 예측하는 경우이다. 더구나 "여러분 뇌의 창조적인 (오른쪽) 면을 사용하라"는 자기-계발 권고가 있다고 해도, 단순하게 좌-뇌-논리적, 우-뇌-창조적이라는 이중성은 부정확하다.

필요하다면 새로운 기능을 갖는 반구로 개조할 수 있다. 좌 대뇌반구에 상해를 입어 고통을 겪는 사람은 말하기 능력을 잃어버리는 전형적인 증상을 보인다. 좌 대뇌반구 자체가 회복되지 않아도 종종 훈련을 통하여 이 장애를 부분적으로 극복할 수 있다. 이런 사실은 우 대뇌반구가 필요하면 더 발전할 수 있는 약간의 잠재된

**Have You Ever Wondered ...**

## 사기꾼이 어떻게 피해자를 조롱하는가?

인간사회의 기본 중의 하나는 다른 사람의 선의를 믿는 것이다. 옥시토신이 편도체를 평온하게 하여 두려움보다는 믿음을 갖게 한다. 또한 다른 사람에게 좋은 행동을 하면 기분이 좋아진다. 불행하게도 사기꾼은 이런 사실을 이용한다. 사기꾼은 마치 도움을 주고, 친절하며 때로는 불쌍한 것처럼 보인다. 사기꾼은 마치 피해자에게 보상 대신에 신뢰를 제공하는 것처럼 가장한다. 그러면 피해자의 옥시토신 신뢰 체계가 활성화된다.

언어 능력을 가지고 있음을 언급하는 것이다.

### 대부분의 척추동물은 좌우 기능을 한쪽이 지배하는 뇌를 지닌다

사람은 좌우 기능을 한쪽이 지배하는 뇌를 지닌 유일한 동물이 아니다. 많은 어류, 양서류 및 파충류는 우선적으로 오른쪽 면에 있는 먹이를 잡는데, 이는 왼 대뇌반구가 움직임을 조절하기 때문이다. 약 80%의 혹등고래 또한 오른쪽 면에 있는 먹이를 먹는다; 흥미롭게도, 이는 70%에서 95%에 이르는 오른손잡이 사람의 비율과 크게 다르지 않다. 대부분의 조류는 좌 대뇌반구에서 노래를—말하는 것과 다소 동일하지만—조절한다. 척추동물 뇌는 왜 좌우 기능을 한쪽이 지배하고 있는가? 병아리를 이용한 실험 결과에서 대칭적인 뇌보다 좌우 기능을 한쪽이 지배하는 뇌가 정보를 효율적으로 사용한다는 사실을 알 수 있다. 이는 척추동물이 진화하면서 더 유리한 방향으로 선택했다는 것을 제공한다.

## 학습과 기억은 뇌의 특정 영역에서의 생화학적, 구조적 변화를 포함한다

대부분의 신경학자와 심리학자들은 학습이 2단계를 지닌 것에 동의한다: **단기기억(short-term memory)**과 **장기기억(long-term memory)**. 예를 들어, 여러분이 초콜릿 칩 쿠키를 만드는 레시피를 볼 때, "밀가루 2 1/4컵"을 충분히 기억해서 그릇에 붓는다. 그러나 한 달 후에는 정확한 그 양을 기억하지 못할 것이다. 이것이 단기기억으로 전형적으로 몇 분 정도가 기억이 지속되며 정보를 저장할 수 있는 용량에 한계가 존재한다. 그러나 여러분이 몇 달 동안 일주일에 두 번 정도 쿠키를 자주 만들면 레시피가 더 이상 필요하지 않을 것이다. 이것은 장기기억으로 저장된다. 프로 요리사의 경우는 아마도 수십 개의 레시피와 수백 개의 구성 성분이 장기기억으로 저장되어 있어 한계가 없는 것처럼 보인다.

단기기억의 주요 부위는 대뇌 피질의 전두엽과 두정엽, 해마 그리고 대뇌의 깊은 곳에 위치한 몇몇 기저신경절이다. 대부분의 단

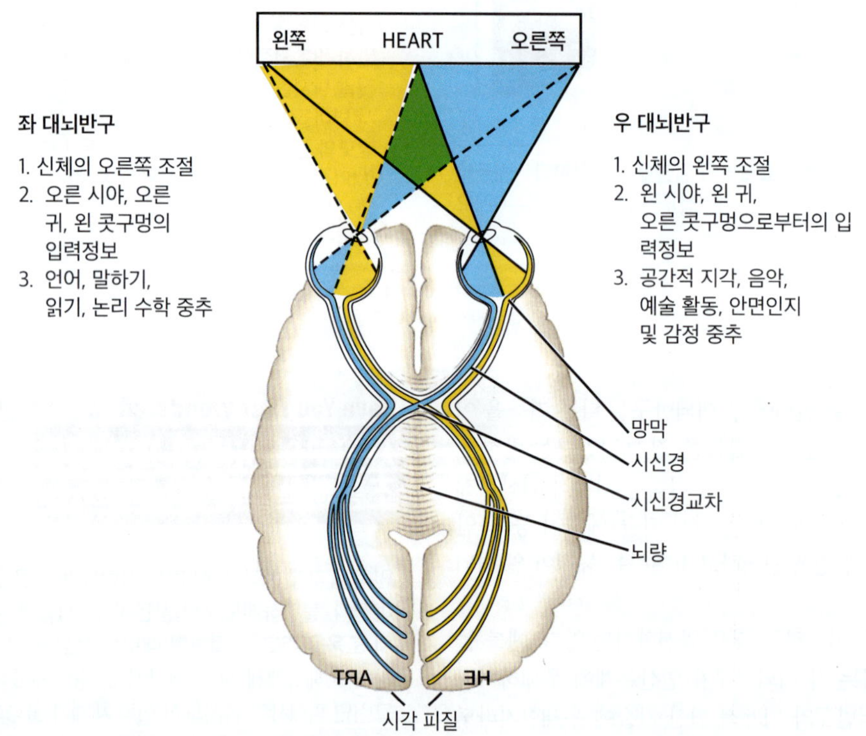


▲ **그림 39-15 대뇌반구의 특수화** 눈 망막의 각 시야는 반대쪽 시야를 "본다". 왼 시야로 볼 수 있는 정보는 우 대뇌반구로 전달하고 오른 시야는 좌 대뇌반구로 정보를 전달한다. 그러므로 (눈을 움직여 보기에 앞서) 단어 "heart"를 빠르게 흘긋 바라보면, 우 대뇌반구는 "he"를 인지하는 반면, 좌 대뇌반구는 "art"를 인지한다. 다른 지역의 시야에서 오는 입력정보를 받는 것 외에도 두 대뇌반구는 신체의 반대쪽을 조절하며 다양한 기능을 갖도록 특수화 되어 있다.

기기억은 뇌에서 특정 신경회로의 반복적인 활동에 의한 것이다. 신경회로가 활동하는 동안은 기억이 머문다. 다른 경우에 단기기억은 짧은 반감기의 생화학적 변화에 의존하는데, 이 변화는 일시적으로 특정 뉴런 사이의 시냅스를 강화한다.

반면에 장기기억은 구조적인 것처럼 보인다. 특정 뉴런 사이에서 새로이 오래 지속되는 시냅스 연결의 형성 혹은 기존의 약한 시냅스 연결의 강화가 필요하다(예를 들어, 신경전달물질의 방출이 증가되거나 신경전달물질에 대한 수용체의 수가 증가되는). 장소, 사실, 특정 사건을 포함하는 많은 기억들에 대해서 단기기억은 장기기억으로 전환될 수 있다. 이 과정은 해마가 담당하는데, 이것은 새로운 기억을 처리하여 대뇌 피질로 전달해 영원히 저장하는 것처럼 보인다. 장기기억은 아마도 대뇌의 많은 지역에서 일어나지만, 측두엽과 전두엽이 특히 중요한 것으로 생각된다. 대뇌와 기저신경절은 습관과 신체적 기술(운동학습)의 학습 과정에 대하여 중요하다.

### CHECK YOUR LEARNING

- 중추신경계와 말초신경계, 그리고 체성신경계와 자율신경계를 구별할 수 있는가?
- 자율신경계와 이의 분류를 언급하고, 각 분류가 조절하는 활성의 예를 들 수 있는가?
- 사람의 뇌와 척수의 구조를 도식화하여 명칭을 기입하고 각 기능을 설명할 수 있는가?
- 사람의 좌, 우 대뇌반구에 의해서 조절되는 기능의 차이점을 언급할 수 있는가?
- 단기기억과 장기기억을 구별할 수 있는가?

CASE STUDY REVISITED

## 내가 어떻게 그대를 사랑하게 되었을까?

사랑에 빠질 때 인간의 뇌에는 어떤 변화가 일어날까? 인간은 프레리들쥐가 아니다. 하지만 어떤 감정에 빠질 때 인간과 프레리들쥐의 뇌 기능과 호르몬 분비에서 있어서 놀랄만한 유사성을 보여준다. 예를 들어, 남녀가 성관계를 하는 동안 옥시토신 분비가 증가하는데 이는 프레리들쥐에서도 마찬가지이다. 옥시토신은 또한 스트레스를 줄이고, 공포심을 조절하는 편도체를 억제한다. 이는 낯선 사람과의 감정적 연대를 오래 지속하는 관계에서도 작용한다. 사랑하는 사람의 사진을 보여주면 옥시토신과 도파민을 포함하는 뇌 영역 즉 보상 부위이 활성화 되지만 감정적으로 연결되어 있지 않은 매력적이고 친숙한 사람의 영상을 보여주면 활성화 되지 않는다는 사실을 자기공명영상법을 통해서 알 수 있다. 프레리들쥐처럼 인간의 경우에도 옥시토신은 이성을 유혹하거나, 임무를 수행하는 데 있어 중요한 역할을 한다. 하룻밤의 섹스와 간통이 성행하면 옥시토신은 명백하게 일부일처제를 보증할 수는 없지만 도움을 줄 수는 있는 것 같다.

프레리들쥐

다른 종류의 사랑에 관해서는 어떨까? 사랑하는 연인의 사진이나 아이들의 사진을 보여주면 뇌는 동일한 부위가 활성화된다. 뇌의 다른 부위는 사랑하는 사람만 혹은 아이들 사진 하나에만 활성화되지만 둘 다에는 반응을 보이지 않는다. 예리한 결정이나 사회적 판단을 내리는 곳과 관련된 뇌 부위는 사랑하는 연인이나 아이들 사진을 보는 동안 전혀 활성화되지 않는다.

**생각해보기** 후각뉴런과 뇌에 직접적인 접근을 제공하기 위하여 옥시토신을 코에 뿌리면 완전히 낯선 사람 사이에서도 신뢰가 증진된다. 여러분은 향수, 방향제 혹은 코 흡입기 형태의 옥시토신을 온라인에서 구입할 수 있다. 이것을 이용하면 사업적 목적이든 성적인 요구든 다른 사람에게 신뢰를 줄 수 있다. 공기 중에 뿌려서 어떤 사람의 뇌에 영향을 미치는 고농도의 옥시토신 향수를 생산한다면 여러분은 이것을 구입하겠는가? 왜 그런가 혹은 그렇지 않은가?

# CHAPTER REVIEW

*비판적 사고와 생각해보기, 선택형문제, 빈칸채우기 질문에 대한 답은 이 책의 뒷부분에 있는 정답란에서 볼 수 있다.*

## 핵심개념의 요약

### 39.1 신경세포의 구조와 기능은 무엇인가?

뉴런은 4가지 주요 기능을 하는데, 기능은 그것의 구조를 반영한다: (1)수상돌기는 환경 혹은 다른 뉴런으로부터 정보를 받는다; (2)신경세포체는 수상돌기와 세포체 자신의 시냅스에서 받은 전기신호를 합쳐서 뉴런이 활동전위를 생성할 것인지 여부를 결정한다; (3)축삭돌기는 활동전위를 시냅스 말단으로 전도한다; (4)시냅스 말단은 신경전달물질을 방출하여 그 신호를 다른 뉴런, 근육 혹은 선에 전달한다.

### 39.2 뉴런은 어떻게 정보를 생성하고 전달하는가?

자극을 받지 않은 뉴런은 세포 내 음전하 휴지전위를 유지한다. 다른 뉴런에서 받은 신호는 시냅스후전위에서 작고, 빠르게 사라지는 변화를 일으킨다. 억제성과 흥분성 시냅스후전위(IPSPs와 EPSPs)는 뉴런에서 각각 활동전위를 각각 덜 생성하거나 혹은 더 생성하게 한다. 신경세포체에서 합쳐진 시냅스후전위가 역치 이상이 되면, 뉴런이 활동전위를 생성한다. 활동전위는 양전하의 물결로 크기가 감소되지 않고 시냅스 말단으로 전달된다.

시냅스는 시냅스전뉴런의 시냅스 말단, 시냅스후뉴런의 특정 영역과 시냅스 틈으로 구성되어 있다. 활동전위에 대한 반응으로 시냅스전뉴런에서 방출된 신경전달물질은 시냅스 틈을 가로질러 확산되어 시냅스후뉴런의 세포막에 있는 수용체에 결합한다. 그리고 EPSP 혹은 IPSP를 생성한다.

### 39.3 신경계는 어떻게 정보를 통합하고 행동을 조절하는가?

신경 경로는 4가지 요소를 지닌다: (1)감각뉴런, (2)연합뉴런, (3)운동뉴런, (4)효과기(근육 혹은 선). 이들 요소는 4가지 작업을 수행한다: (1)자극의 종류를 결정하고, (2)자극의 강도를 결정, 신호화하고, (3)많은 자극원에서 오는 정보를 통합하며, (4)적절한 행동을 지시한다.

### 39.4 신경계는 어떻게 조직화되어 있는가?

신경계는 (대개 방사성 대칭 동물에 있으며, 몸 전체에 분포한) 산만신경계이거나 혹은 (좌우 대칭성 동물에 있으며, 감각기와 신경계의 대부분이 머리에) 중앙집중화 된다. 복잡한 신경계는 중앙집중화 된다.

### 39.5 인간 신경계의 구조와 기능은 무엇인가?

사람과 다른 포유류의 신경계는 중추신경계와 말초신경계로 이루어져 있다. 말초신경계는 감각부분과 운동부분으로 다시 세분된다. 운동부분은 체성신경계(자발적 운동 조절)와 자율신경계(비자발적 반응을 지시)로 구성된다. 자율신경계는 교감신경과 부교감신경으로 다시 세분된다.

중추신경계는 뇌와 척수로 구성된다. 척수는 수의근, 자율신경계를 조절하는 뉴런; 뇌와 척수의 다른 부분과 상호 소통하는 뉴런; 뇌로 가고 오는 축삭돌기; 그리고 반사와 어떤 단순 행동에 대한 신경통로를 포함하고 있다.

뇌는 크게 전뇌, 중뇌, 후뇌로 구성된다. 후뇌는 연수와 뇌교로 구성되어 불수의적 기능을 조절하고, 소뇌는 복잡한 운동 활동을 조정한다. 사람의 중뇌는 크기가 작고, 움직임, 각성 및 감정을 조절하는 데 도움을 주는 뉴런 다발을 포함하고 있다. 중뇌와 후뇌는 망상체를 포함하고 있어 감각자극을 여과하고 중계한다. 전뇌의 시상은 전뇌에 있는 의식 중추로 오고 가는 정보를 중계한다; 시상하부는 항상성 조절에 관여하고 자율신경계의 활동을 지시한다; 대뇌는 정보 처리과정, 기억, 수의적 작용의 시작을 알리는 중추이다. 또한 대뇌 피질에는 1차 감각령, 운동령, 연합령이 있어 감각정보를 분석하고 움직임을 계획한다. 전뇌 구조의 한 무리인 변연계는 항상성 유지, 학습과 기억 저장 및 인지와 감정표현을 조절한다.

대뇌반구는 특수화되어 있다. 일반적으로 좌 대뇌반구는 신체의 오른쪽을 조절하고 말하기, 읽기, 쓰기, 언어 이해력, 기계적 연산 능력 해결에 우세하다. 우 대뇌반구는 신체의 왼쪽을 조절하고 얼굴 인식과 공간적 관계에 특수화되어 있으며, 예술적, 음악적 능력과 감정의 인식 및 표현을 담당한다.

기억에는 2가지 형태가 있다: 단기기억은 전기적 혹은 화학적이지만, 장기기억은 구조적 변화가 동반되는데, 이 변화는 시냅스의 효율성과 수가 증가하는 것이다. 해마는 단기기억을 장기기억으로 정보를 전환하는 중요한 부위이다.

## 개념을 통한 이해

### 선택형 문제

1. 뉴런의 원형질막을 통한 전류의 변화가 활동전위의 발사 빈도를 감소시키면
   a. 휴지전위가 덜 음성적이 된다.
   b. 흥분성 시냅스후전위이다.
   c. 억제성 시냅스후전위이다.
   d. 역치를 낮춘다.
2. 신경전달물질은 전형적으로 ________에서 방출된다.
   a. 시냅스전뉴런
   b. 시냅스후뉴런
   c. 근육세포
   d. 선(샘)세포
3. 호흡과 삼킴같은 자율신체기능을 조절하는 곳은?
   a. 뇌교와 연수
   b. 시상
   c. 중뇌
   d. 대뇌 피질
4. 제인은 뇌졸중으로 말을 못하거나 혹은 언어를 잘 이해하지 못한다. 그녀가 상해를 입은 곳은 어디인가?
   a. 좌 대뇌반구
   b. 우 대뇌반구
   c. 연수
   d. 소뇌
5. 장소학습은 ________가(이) 필요한 반면 운동학습은 대개 ________가(이) 필요하다.
   a. 중뇌 ; 소뇌
   b. 시상하부 ; 후두엽
   c. 소뇌 ; 해마
   d. 해마 ; 소뇌

### 빈칸채우기

1. 개별 신경세포를 ________이라 부르며, 각각의 기능을 수행하도록 특수화된 구조를 이루고 있다. 신경세포의 "입력" 말단은 ________이며, 환경이나 다른 뉴런으로부터 정보를 받는다. ________는 핵과 진핵세포의 다른 소기관들을 지니고 있다. 전기신호는 길고 가는 ________를 따라 전달되어 ________에서 다른 신경세포로 신호를 전달한다.
2. 뉴런이 자극을 받지 않으면, 뉴런의 막은 휴지전위를 지닌다. 이 전위의 내부는 ________전하이다. 뉴런이 충분히 큰 자극을 받으면, ________전위에 도달하여 활동전위를 생성한다. 이 전위는 뉴런의 내부를 ________전하가 되게 한다.
3. 활동전위가 시냅스 말단에 도달하면 ________이라 불리는 화학물질을 방출한다. 이 화학물질은 시냅스후뉴런 막에 있는 단백질인 ________에 결합하여 막전위를 변화시킨다. 시냅스후뉴런 세포

가 덜 음성적이 되면 이 전위를 ___________라 하고, 시냅스후뉴런 세포가 더 음성적이 되면 ___________이다.

4. ___________는 말초신경계의 일부로 골격근을 조절한다. 평활근과 선은 ___________에 의해서 지배를 받으며, "싸움 혹은 도피" 동안 활성화되는 ___________과 "휴식과 소화" 동안 활성화되는 ___________으로 세분화된다.
5. 인간의 후뇌는 ___________, ___________과 ___________로 구성된다. 이들 중 ___________는 타이핑과 같은 복잡한 운동 활동을 조정한다.
6. 대뇌 피질은 ___________, ___________, ___________와 ___________의 네 엽으로 구성된다. 시각중추는 ___________엽에 위치하며, 1차 운동령은 ___________엽에 있다.

## 복습문제

1. 시냅스를 도식화하라. 시냅스에서 신호가 한 뉴런에서 다른 뉴런으로 어떻게 전달되는가?
2. 뇌는 자극의 강도와 종류를 어떻게 인지하는가?
3. 감각뉴런에서 시작하여 근육에 도달하는 신경 경로의 4가지 요소는 무엇인가? 사람의 통증회피반사에서 이 요소들이 어떻게 기능을 하는지 설명하라.
4. 척수의 횡단면을 그려보라. 어떤 종류의 뉴런이 척수에 존재하나? 척수가 심하게 다치면 다친 부위부터 신체의 아래가 왜 마비되는지 설명하라.
5. 연수, 소뇌, 망상체 형성, 시상, 편도체, 그리고 대뇌 피질의 기능을 기술하라.
6. 좌우 대뇌반구를 연결하는 구조는 무엇인가? 각 대뇌반구의 일반적인 기능을 기술하라.
7. 단기기억과 장기기억의 차이를 설명하라.

## 개념의 적용

1. 인간 척수에 있는 축삭돌기가 무수신경이라면, 척수가 커질까 작아질까? 신경전달 속도가 빨라질까 느려질까? 여러분의 답변을 설명해보라.
2. 반사의 적응도란 무엇인가? 왜 모든 행동이 반사에 의해서 조절될 수 없을까?

# 40
# 감각

달팽이관 이식은 많은 청각장애자들에게 새로운 세계를 열어주고 있다.

CASE STUDY

## 인조 귀(bionic ears)

사진 속 소년처럼 사만사 다운톤(Samantha B. Downton)은 완전히 안 들리는 것은 아니지만 선천적인 청각장애가 있다. 그녀는 오랫동안 보청기를 사용해 왔지만 정상적인 청각기능을 제공하는 건 아니었다. 우리들에게 주어진 음악이나 친구들과의 일상적인 대화 소리 등이 사만사에겐 없는 셈이었다. 하지만 오늘날에는 인조 달팽이관의 이식으로 그녀도 거의 정상으로 들을 수 있게 되었다. 여러분은 이 단원에서 달팽이관은 귀의 일부분으로 소리를 신경신호로 바꾸어 청각신경을 통해 뇌로 보낸다는 것을 배우게 될 것이다. 이식된 인조 달팽이관은 소리를 전기신호로 전환하여 청각신경을 자극하는 마이크로프로세서 기구로 청각장애인들의 달팽이관의 기능을 대신해준다.

완벽하진 않지만 사만사는 이제 음악도 즐기고 시끄러운 방에서 친구들과 얘기를 나눌 수 있고 누군가 안보이는 곳에서 그녀를 불러도 알 수 있게 되었다. 사실 사만사의 청각이 얼마나 좋은지 정확한 발음으로 대화를 해야 하는 식당 종업원, 대학동창회 안내원, 병원 보조, 그리고 현재는 아틀란타의 청각-언어 센터의 마케팅 담당자로 일하고 있다.

당신의 귀는 어떻게 소리라는 감각을 만들어낼까? 어떻게 생물학적 또는 생체공학적으로 생성된 전기신호가 뇌에서 말하기, 새소리, 또는 음악으로 이해될 수 있을까? 그리고 다른 감각들은 또 어떤가-소나무 냄새, 활짝핀 꽃들의 색, 애기 피부의 부드러운 느낌, 매운 고추의 뜨거운 맛 등을 어떻게 인지할 수 있을까?

## 주요내용



## 40.1 동물은 어떻게 주위 환경을 감지하나?

여러분은 아마 동물들이 오감–즉, 촉각, 청각, 시각, 후각, 미각–을 갖는다고 들어봤을 것이다. 하지만 대부분의 동물들은 온도나 중력, 다른 많은 외부 자극도 감지할 수 있다. 어떤 동물들은 자기장이나 전기장을 감지해서 불투명한 물속에서 이동을 하거나 먹잇감을 찾는 데 활용한다. 또한 동물들은 내부 환경을 감지해야 할 필요가 있다. 여기에는 산소 농도, 혈액 pH, 체온 그리고 방광이 얼마나 찼는지 등이 포함된다.

모든 감각은 자극을 받으면 반응하는 분자, 세포, 또는 다세포 구조로 된 **수용기(receptor)**에서 시작된다. **감각수용기(sensory receptor)**는 특화된 세포(신경세포인 경우가 많음)로 환경자극에 반응하여 전기신호를 만든다–이들이 외부 환경자극을 신경계의 언어로 번역해주는 셈이다. 감각수용기는 반응하는 자극에 따라 5개 그룹으로 묶을 수 있다(**표 40-1**).

많은 종류의 감각수용기가 자유신경말단(free nerve ending)이라 불리는 특수화된 수상돌기(dendrite)를 지닌 신경세포들로 피부나 소화계 또는 호흡계의 관, 방광 그 외에도 신체 각 부위에 분포한다. 수상돌기의 세포막에는 수용기 단백질이 있어 열이나 추위, 또는 접촉에 반응한다. 다른 감각수용기는 **감각기관(sense organ)**에 위치한다 – 특정 자극에 반응하는데 필수적인 역할을 하는 부속구조와 감각수용기가 포함된 구조다. 가장 잘 알려진 감각기관으로 눈, 귀가 있으며, 부속구조로 렌즈, 귓바퀴 등을 갖고 있다. 떨림, 압력, 냄새 그리고 맛에 대한 감각수용기들도 감각기관에 위치한다. 아마도 부속구조의 중요성을 가장 잘 보여주는 것은 포유류의 속귀(내이, inner ear)일 것이다. 40.4와 40.5에 설명할 예정이지만, 사실 중력에 반응하거나 머리의 움직임에 반응하거나 음악을 듣는 감각기관들은 부속구조가 다를 뿐, 안에 있는 감각수용기세포는 같다.

### 감각은 뇌에 환경자극의 성질과 세기를 알려준다

환경에 대한 정보가 유용하기 위해서는 뇌가 자극의 성질과 – 예를 들어, 빛인지 소리인지 – 세기 또는 **강도(intensity)**를 –밝은 빛인지 어두운 빛인지, 큰소리인지 작은 소리인지 등 – 알아야 한다. 모든 감각수용기는 환경자극에 반응하여 전기신호를 만들고 이는 감각기관과 뇌를 연결하는 축삭돌기를 타고 활동전위의 형태로 뇌에 도달한다(39장 참조). 근본적으로 모든 활동전위가 같은 것이라면 뇌는 어떻게 자극의 성질과 세기를 알 수 있을까?

모든 감각수용기는 어떤 자극에는 반응하고 다른 것에는 반응하지 않는 수용기 분자를 갖고 있다. 또한 각 감각수용기는 뇌나 척수의 특정 지역과 연결된 특수한 축삭돌기들과 연결되어 있다. 뇌의 특정 부위에 발생하는 전기활동은 특정한 감각신호로

**표 40-1 척추동물의 주요 감각수용기**

| 수용기 종류 | 자극 | 감각세포 종류 | 위치 |
|---|---|---|---|
| 온도수용기 | 더위, 추위 | 자유신경말단 | 피부, 뇌 |
| 기계적수용기 | 음파에 의한 진동, 움직임, 중력 | 털세포 | 속귀 |
| | 진동, 압력, 접촉 | 자유신경말단 또는 부속구조에 둘러싸인 신경말단 | 피부 |
| | 신장(늘어남) | 근육이나 관절에 있는 특수한 신경말단 | 근육, 힘줄 |
| 광수용기 | 빛 | 막대세포, 원추세포 | 눈의 망막 |
| 화학수용기 | 냄새(공기중의 분자) | 후각수용기 | 비강 |
| | 맛(물 속에 분자) | 미각수용기 | 혀와 구강 |
| 통각수용기 | 손상된 조직에서 분비된 화학물질; 심한 열이나 차가움; 지나친 신장(늘어남); 산 | 자유신경말단 | 몸 전체에 퍼져 있음 |

해석된다. 예를 들어 포유류의 경우 냄새를 감지하는 신경은 뇌의 후각망울(olfactory bulb)에 축삭이 뻗어있다. 후각망울에 있는 특정 신경이 활성화되면 커피향이나 장미향과 같은 독특한 향을 인지하게 된다.

감각수용기에 주어진 자극의 종류와 뇌의 특정 지역에 연결된 축삭돌기가 묶여있다는 사실은 감각 인지에 관한 첫 번째 원리를 제공한다: 즉, 자극의 성질은 뇌의 어느 부위 신경이 활성화되는지에 의해 지정된다.

감각수용기가 자극을 받으면 **수용기전위(receptor potential)**라는 전기신호를 생성한다(**그림 40-1**). 언제나 같은 크기인 활동전위(39장 참조)와는 달리, 수용기전위는 자극의 세기에 따라 크기가 달라진다–강한 자극은 큰 수용기전위를 유발한다(**그림 40-2**). 촉각이나 온도를 감지하는 감각수용기세포는 **중추신경계(central nervous system, CNS)**에 축삭이 연결된 신경세포이다. 이 세포에서 수용기전위가 역치를 넘으면 활동전위가 촉발된다. 작은 수용기전위는 간신히 역치에 이르기 때문에 활동전위를 불과 몇 번만 유발하지만, 큰 수용기전위는 역치를 훨씬 넘어서기 때문에 높은 빈도의 활동전위를 유도한다.

다른 감각수용기세포, 예를 들어 속귀의 수용기세포는 축삭돌기가 없다. 대부분의 수용기세포들은 CNS에 축삭이 연결된 신경세포와 시냅스를 형성하고 있다(시냅스의 해부학적 특징과 기능은 그림 39-4 참조). 이런 종류의 감각수용기세포의 수용기전위는 신경전달물질의 분비를 유발하며 이는 신경세포의 활동전위를 촉발하여 축삭돌기를 따라 CNS로 보낸다. 이 경우, 자극이 클수록 수용기전위가 커져서 신경에 다량의 신경전달물질이 분비된다. 그 결과 더 높은 빈도로 활동전위가 CNS에 전달된다.

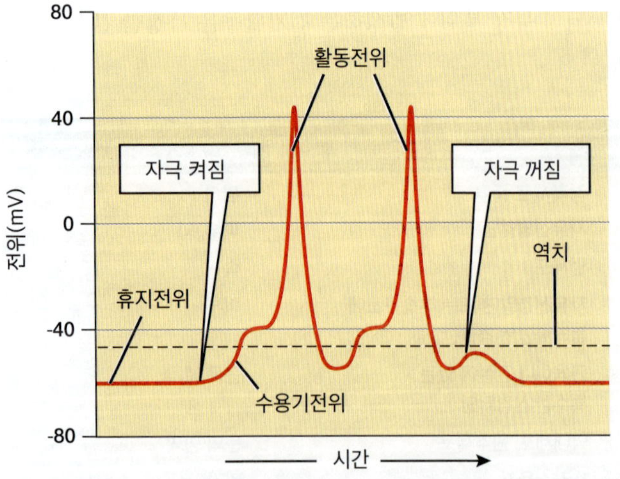


▲ **그림 40-1 외부 자극을 활동전위로 전환** 대부분의 감각수용기 신경은 환경 자극이 휴지전위에 비해 높은 수용기전위를 만든다. 수용기전위의 크기가 충분히 높으면 역치에 이르러 활동전위를 유발한다.

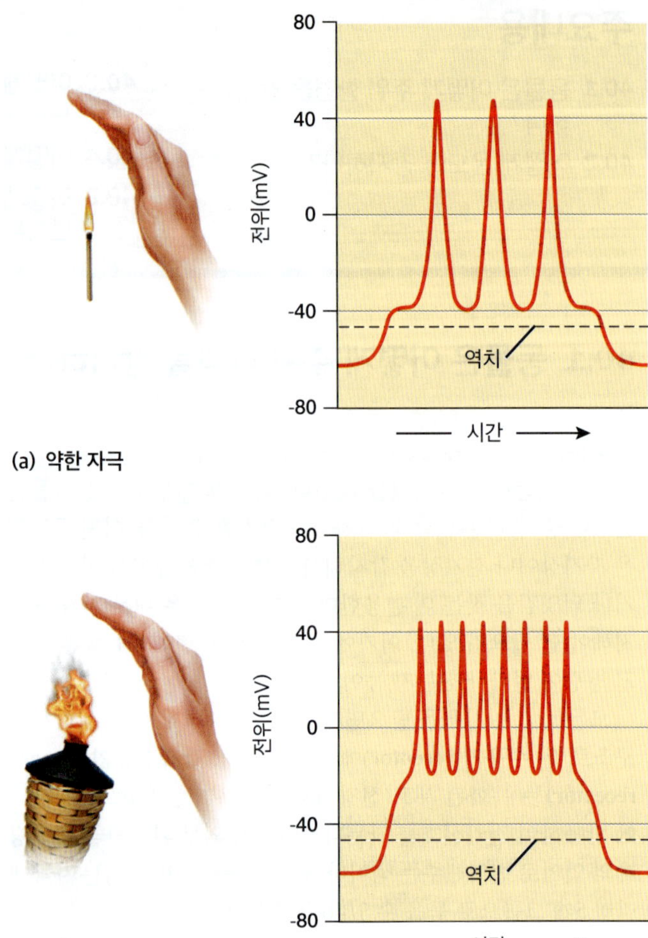


▲ **그림 40-2 자극의 세기는 활동전위의 빈도로 암호화된다** **(a)** 약한 자극은 작은 수용기전위를 유발하고 이는 간신히 역치(점선으로 표시)에 도달하기 때문에 불과 몇 번의 활동전위만 만들어진다. **(b)** 강한 자극은 큰 수용기전위를 유발하고 이는 역치를 훨씬 넘어서기 때문에 활동전위를 많이 만든다.

자극의 세기와 수용기전위의 크기 그리고 활동전위의 빈도가 연결되어 있어 감각 인지의 두 번째 원리를 제공한다: 즉, 자극의 세기는 뇌에 이르는 활동전위의 빈도에 의해 지정된다.

### CHECK YOUR LEARNING

- 5개 주요 감각수용기를 적고 설명할 수 있을까?
- 신경계에서는 어떻게 자극의 성질과 세기를 암호화하는지 설명할 수 있을까?

CASE STUDY CONTINUED

## 인조 귀

뇌는 청각신경의 축삭돌기에 흐르는 활동전위가 비록 이식된 인조 달팽이관에 의해 만들어진 것일지라도 소리로 해석하기 때문에 제대로 작동하는 것이다. 1800년대에 건전지를 처음 개발한 알렉산드로 볼타(Alessandro Volta)가 이 원리를 발견했다. 그는 금속 막내를 귀에 집어넣고 긴진지에 연결했디니 충격과 함께 물 끓는 것 같은 소리를 들었다. 훨씬 민감하고 정교해지긴 했지만, 현대의 달팽이관이 볼타의 막대와 같이 청각신경의 축삭돌기에 활동전위를 야기한 것이다. 귀가 일반적으로 어떻게 소리를 듣는지 40.4절에서 알아볼 것이다.

## 40.2 어떻게 온도를 감지하나?

**온도수용기(thermoreceptor)**는 열과 추위에 반응한다. 특별히 몸에 해롭지 않은 외부 온도는 피부와 구강에 있는 자유신경말단에 의해 감지된다(손상을 주는 극한 온도는 통각수용기를 활성화시킨다. 40.8절 참조). 고온수용기나 저온수용기 모두 일반 피부 온도, 즉 약 25~33℃에서 활동전위를 만든다; 일반적인 실내 온도에서 피부는 몸 중심보다 낮은 온도를 유지한다. 저온수용기는 25℃보다 낮아지면 보다 빈번하게 격발되며, 고온수용기는 33℃보다 높아지면 활성화된다. 이들 수용기들은 특정 화합물에 의해서도 활성화된다. 그 예로 멘톨(Menthol)이 저온수용기를 자극한다. 반면에 장뇌(camphor)와 정향유(clove oil)는 고온수용기를 자극하며 이들이 "핫"이나 "쿨" 연고에 사용되는 원인이기도 하다.

뇌에 위치한 온도수용기는 몸 중심의 온도를 감지하여 항상성 반응을 활성화시켜 적절한 체온을 유지한다(32장 참고).

**CHECK YOUR LEARNING**

- 온도수용기라는 용어를 정의하고 온도수용기가 어떻게 반응하는지를 설명할 수 있는가?

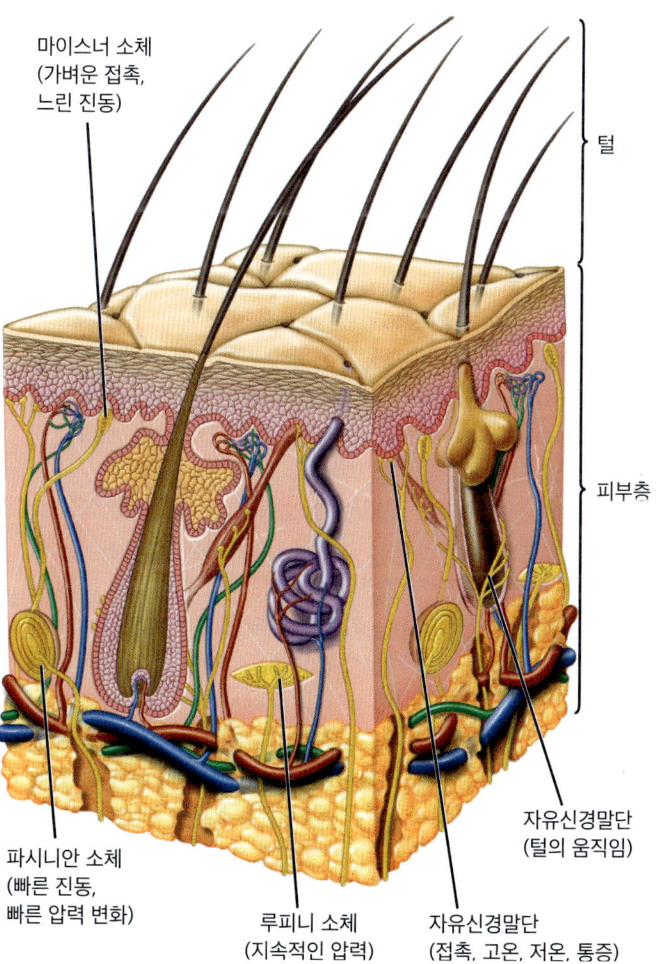


◀ **그림 40-3 사람 피부에 있는 수용기들** 피부에 있는 다양한 수용기가 통증, 더위, 추위는 물론 기계적 자극, 즉 접촉, 압력, 그리고 진동도 느끼게 해준다.

## 40.3 어떻게 기계적인 자극을 느끼는가?

**기계적수용기(mechanoreceptor)**는 사람의 몸 전체에서 발견되며 물리적인 변형, 예컨대 신체 일부를 늘리거나(신장) 누르거나 휘는 것에 반응한다. 기계적수용기는 막이 늘어나거나 움푹 들어가면 수용기전위를 만든다. 우리 몸에는 많은 종류의 기계적 수용기가 있다. 접촉, 떨림, 또는 압력에 반응하는 피부수용기, 창자, 위, 방광, 근육 등 수많은 내부기관의 신장수용기, 속귀에 있는 소리, 중력, 움직임에 반응하는 수용기 등이 있다(40.4와 40.5 참조).

피부의 자유신경말단을 갖는 기계적수용기는 접촉, 가려움, 간지럼의 느낌을 전달한다(**그림 40-3**). 다른 기계적수용기는 부속구조에 둘러싸여있다 – 예를 들면 파치니안 소체(Pacinian corpuscle)는 빠른 진동이나 날카로운 찌름 등 빠른 압력 변화에, 마이스너 소체(Meissner's corpuscle)는 가벼운 접촉이나 느린 진동에, 루피니 소체(Ruffinin corpuscle)는 지속적인 압력에 반응한다. 기계적수용기의 분포 밀도는 몸 표면에 따라 매우 다르다. 예를 들어 손끝에는 제곱인치당 수백 개가 있는 반면 등 뒤에는 1개가 되지 않는다(1인치 = 2.54 cm, 즉, 1제곱인치 = 6.45 $cm^2$).

위나 방광과 같이 속이 빈 장기들은 신장(늘어남)에 반응하여 속이 채워진 정도를 감지한다. 관절이나 근육에 있는 기계적수용기는 신장에 반응하여 관절이 펴졌는지 굽었는지 그리고 얼마나 힘이 주어졌는지 등을 알 수 있게 해준다. 따라서 보통 우리 몸의 손이나 팔, 다리, 발 등이 어디 있고 어떤 일을 하는지 일일이 관찰하지 않아도 알 수 있는 것이다. 만약 음식을 먹을 때 포크가 얼굴을 찌르지 않고 입으로 가도록 쭉 보고 있어야 한다면 얼마나 성가실지 생각해보라!

기계적수용기는 모든 동물들에게 매우 중요하다. 거미의 경우 다리의 기계적수용기가 거미줄의 떨림을 감지한다. 거미는 먹잇감으로 좋은 파리, 나방 같은 작은 날것들에 의한 떨림인지, 크고 자신을 공격할 수도 있는 동물에 의한 것인지 또는 짝짓기 상대에 의한 것인지를 감지할 수 있다. 물고기들은 옆줄(lateral line)이라고 하는 기계적수용기를 갖고 있다. 이 기계적수용기는 물의 움직임이나 파동을 감지하여 먹잇감인지, 피해야할 것인지 또는 같이 지내도 될 동료들인지를 구별하게 한다.

**CHECK YOUR LEARNING**

- 기계적수용기에 의해 감지되는 자극의 종류를 설명할 수 있을까?
- 우리 몸에 기계적수용기의 예를 들고 기능을 설명할 수 있을까?

## 40.4 어떻게 소리를 듣나?

포유류의 귀는 몇 가지 기능을 갖는다: 소리, 중력의 방향 그리고 머리의 방향과 움직임을 감지한다. 이 단원에서는 귀가 소리를 감지하는 기능을 설명할 것이다.

### 귀는 음파를 전기신호로 전환한다

소리는 물체의 떨림으로 발생한다 – 북, 성대, 헤드폰에 있는 스피커 등. 우리의 귀는 이렇게 발생한 음파를 전기신호로 바꾸어 뇌가 소리로 인식할 뿐 아니라 소리의 방향, 높이, 세기를 판단할 수 있게 한다.

사람과 다른 포유동물의 귀는 3개의 부위로 나눌 수 있다: 바깥귀, 가운데귀, 속귀(**그림 40-4a**). **바깥귀(outer ear)**는 귓바퀴와 귓구멍으로 구성된다. **귓바퀴(pinna)**는 머리 표면에 붙은 피부가 둘러싼 연골판 조각으로 소리를 모아준다. 사람을 비롯한 다른 큰 동물들은 양 귀에 소리가 도달하는 시간과 크기의 차이를 이용하여 방향을 알아낸다. 귓바퀴의 모양과 많은 동물들이 갖는 귓바퀴를 회전시킬 수 있는 능력은 소리의 진원지를 찾는데 도움이 된다.

**귓구멍(auditory canal)**은 귓바퀴에서 **가운데귀(middle ear)**로 음파를 전달한다. 가운데귀는 **고막(tympanic membrane**, ear drum); 3개의 작은 뼈, 즉 **망치뼈(hammer)**, **모루뼈(anvil)**, **등자뼈(stirrup)**; 그리고 **귀인두관(auditory tube**, 또는 유스타키오관 Eustachian tube)으로 구성되어 있다. 귀인두관은 가운데귀와 인두를 연결하여 고막을 경계로 한 기압을 같게 한다. 즉, 가운데귀와 바깥 대기를 연결시켜준다. 만약 감기에 걸리거나 감염이 되면 귀인두관이 부어 막힐 수 있다. 이렇게 되면 기압이 변했을 때 (예를 들어 비행기가 이착륙할 때) 어느 한쪽의 압력이 더 높아지게 되고 그 결과 기압차가 고막을 밀어 통증을 느끼기도 한다.

음파가 귓구멍을 통해 들어와 고막을 떨리게 하고 이는 곧 망치뼈, 모루뼈, 등자뼈를 떨리게 만든다. 이 작은 뼈들은 **속귀(inner ear)**에 이 진동을 전달한다. 속귀에 있는 속이 빈 뼈는 나선구조의 **달팽이관(cochlea**, 라틴어로 달팽이라는 뜻)을 만든다. 달팽이관은 액으로 채워진 방을 가지며 이해를 돕기 위해 나선을 풀어놓은 그림을 그렸다(**그림 40-4b**): (1) U-자형 관(그림 40-4b에서 파란색으로 칠함)이 (2) 가운데 관(central canal, 회색으로 표시)을 둘러싸고 있는 모습이다.

등자뼈가 유연한 막으로 된 **난원창(oval window)**을 통해 U-자형 관 속의 액에 진동을 전달한다. 2번째 막인 **정원창(round window)**은 관을 따라 맨 끝에 위치한다. 음파가 가해지면서 난원창을 안쪽으로 밀면 달팽이관 끝부분의 액이 움직여(그림 40-4b의 검은 화살들) 결국 정원창이 밖으로 밀린다. 음파가 끝나면서 난원창을 밖으로 당기면 정원창은 안으로 휜다. 이렇게 등자뼈가 난원창을 진동시킴에 따라 달팽이관 안의 액 성분이 앞뒤로 움직이는 것이다.

### 진동은 달팽이관에서 전기신호로 바뀐다

달팽이관의 단면에서 U자형 관(파란색)의 양팔 부분이 가운데 부분(회색)을 둘러싸고 있는 것을 볼 수 있다(**그림 40-4b**). 이 가운데 부분의 바닥은 **기저막(basal membrane)**이고 그 위에 기계적수용기세포인 **털세포(hair cell)**가 있다. 털세포는 세포에 막대형섬모와 같은 머리털 모양의 돌기들을 갖고 있다. 이 세포들이 **덮개막(tectorial membrane)**이라고 부르는 겔 구조에 박혀 있다(**그림 40-4c, d**). U자 관 안에 용액이 들어온 음파에 맞춰 앞뒤로 움직이면 기저막이 덮개막에 대해 상대적으로 움직인다. 이런 막의 움직임이 털세포의 털 부분을 휘게 만들어 털세포에서 수용기전위를 만든다. 수용기전위에 의해 털세포에서 신경전달물질이 신경세포들에게 분비되며 이들의 축삭돌기가 모여 **청각신경(auditory nerve)**을 구성한다. 이 축삭돌기들은 뇌의 청각센터로 전달되는 활동전위를 만든다.

우리는 어떻게 소리의 세기(음파의 강도)와 높낮이(음악적 요소, 음파의 주파수)를 인지할 수 있을까? 자극의 세기는 뇌로 향하는 활동전위의 빈도에 반영되어 있고, 자극의 종류는 어떤 신경이 활동전위를 만들어 내는지에 반영되어 있다는 것을 기억해보자. 작은 소리는 고막, 가운데귀의 뼈들, 난원창, 기저막 등에 비교적 작은 진동을 유발할 것이다. 따라서 털세포에서도 작은 수용기전위가 발생하고 신경전달물질의 분비도 적을 것이며 결국 활동전위의 생성빈도도 적을 것이다. 큰소리는 큰 진동을 유발하고 털세포가 더 휘어지게 만들어 큰 수용기전위와 청각신경에서 높은 빈도의 활동전위가 생성될 것이다. 아주 큰 소리는 털세포를 손상시켜 유명 하드록스타나 열혈 팬들에서 보는 것과 같은 청각장애를 유발하기도 한다. 현대의 일상생활에서 들

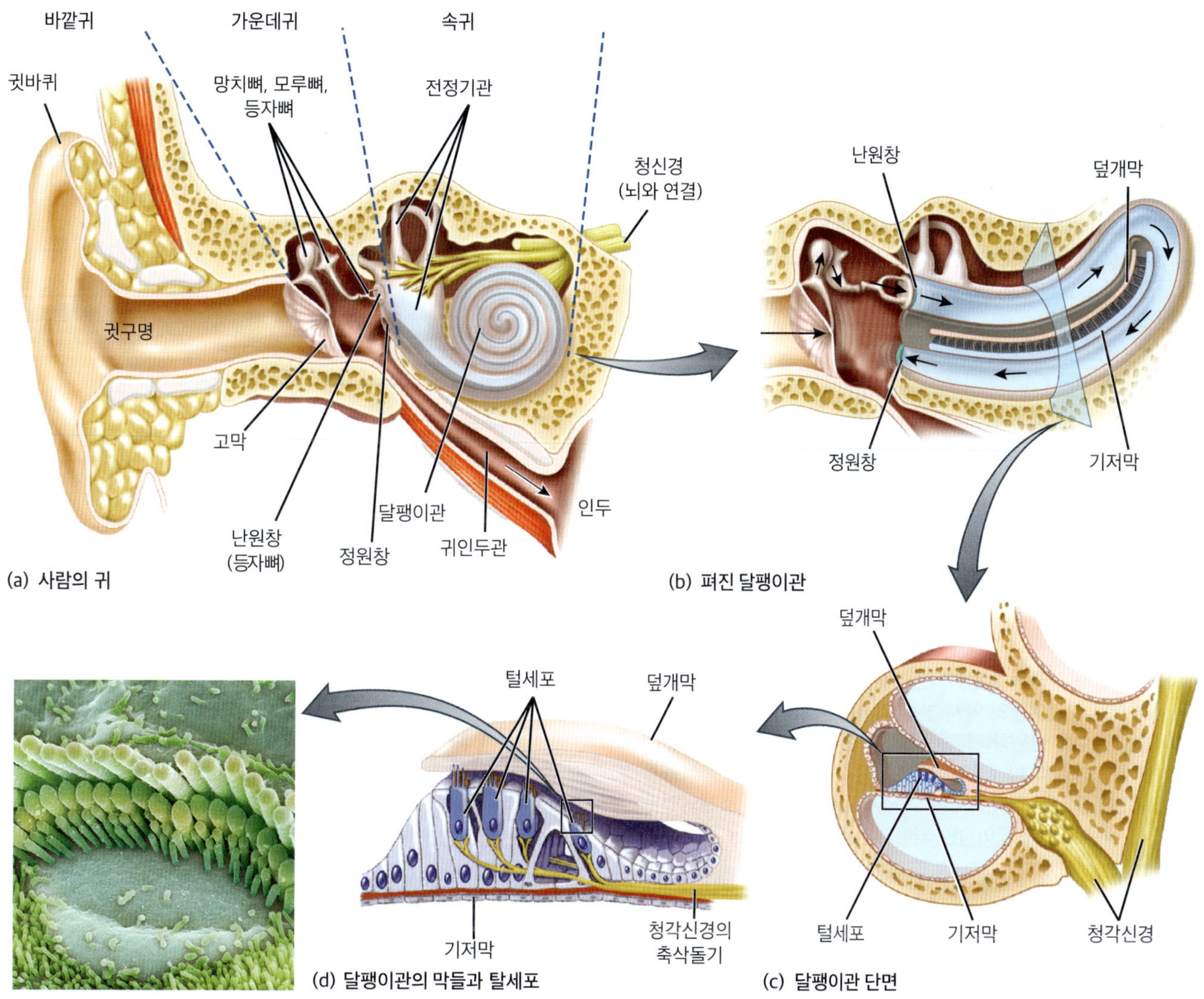


▲ **그림 40-4 사람의 귀** **(a)** 전체 귀의 해부도. **(b)** 만약 달팽이관을 핀다면 U-자 형태의 액으로 가득찬 관이 가운데 부분을 둘러싼 모습을 볼 수 있을 것이다. **(c)** 털세포는 달팽이관 가운데 부분의 기저막 위에 있다. **(d)** 털세포의 털들이 기저막과 덮개막 사이를 연결한다. 음파의 진동은 막들을 상대적으로 움직이게 하고 털을 휘게하여 털세포로 하여금 수용기전위를 생성하게 만든다. 털세포는 신경전달물질을 분비하여 청각신경의 축삭돌기에 활동전위가 생성되도록 한다.

을 수 있는 많은 소리들, 예컨대 제트엔진, 기차, 잔디 깎는 기계에서 나오는 소리들과 이어폰에서 들리는 음악 등이 청각 손실을 유발할 수 있다.

음높이를 아는 것은 좀 더 복잡하다. 기저막은 정원창 근처에서는 좁고 빳빳하며 달팽이관의 꼭지점에 가까울수록 넓고 유연하다. 특정한 높이의 음이 자극을 주면 기저막의 폭과 팽팽한 정도에 따라 특정 부위가 가장 강하게 진동하게 된다: 높은 음은 정원창 가까운 부분, 낮은 음은 달팽이관 꼭지 부분. 우리의 뇌는 정원창에 가까운 털세포에서 오는 신호를 높은 음이라고 해석하며, 털세포의 위치가 달팽이관 꼭지에 가까울수록 낮은 음으로 해석한다. 달팽이관이 손상되지 않은 젊은 사람은 초당 20회(아주 낮은 음)에서 20,000회(아주 높은 음)의 진동을 감지할 수 있고, 1,400개의 음높이를 구별할 수 있다.

음의 높낮이와 세기를 감지하기 위한 복잡한 과정은 우리가 말을 알아듣고 음악을 즐길 수 있게 된 원인이기도 하다. 하지만 만약 주위가 너무 시끄러우면 대화를 이어가기가 어렵고 음악을 즐길 수 없게 된다. "Earth Watch: 다시 말해 줄래요? 바다의 소음공해가 고래의 대화를 방해한다."에서 다루듯이, 세상에 소음공해에 시달리는 건 사람뿐만이 아니다.

### CHECK YOUR LEARNING

- 사람 귀의 각 부위를 설명하고 음파가 어떻게 귀를 따라 이동하는지 설명할 수 있을까?
- 속귀에서 음파가 어떻게 전기신호로 바뀌는지 구조와 메커니즘을 설명할 수 있을까?
- 음높이와 소리의 세기는 어떻게 암호화 되는지 설명할 수 있을까?

CASE STUDY CONTINUED

## 인조 귀

달팽이관에 들어간 삽입물의 작동 원리는 속귀에서 음높이나 세기를 감지하는 원리와 같다. 삽입물에는 16 ~ 22개의 백금 전극이 달팽이관을 따라 쭉 연결되어 있다. 전극은 각기 독립적으로 활성화될 수 있다. 소리를 받는 장치는 머리 바깥쪽에 있어 소리를 받아 미세한 전기신호를 달팽이관의 전극으로 전달한다. 전류가 축삭에서의 활동전위를 유발하며, 소리가 클수록 전류가 커지고 청각신경의 발생빈도가 빨라진다.

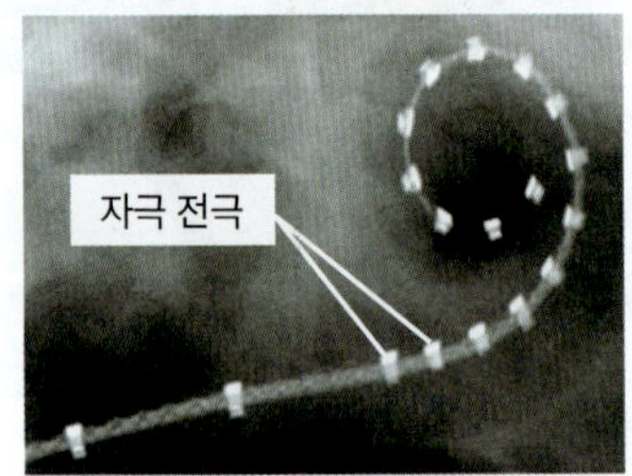


달팽이관 삽입물

어느 위치의 전극이 활성화되는 지는 음의 높낮이에 달렸다. 낮은 음에서는 달팽이관의 꼭지 부분 가까운 위치에 전류가 흐르고, 음이 높아질수록 난원창 가까운 위치에 전류가 흐른다. 즉, 전류는 특정한 음높이일 때 털세포가 자극하는 위치와 같은 곳의 축삭돌기에 활동전위를 일으킨다. "Case Study Revisited"에서 소개되었듯이 비록 적은 수의 전극이지만 뇌에게 소리에 관한 유용한 정보를 제공한다.

## 40.5 어떻게 중력과 움직임을 느끼는가?

속귀는 소리만 감지하는 것이 아니다. 여기에는 **전정기관(vestibular apparatus)**이라고 불리는 중력과 머리의 움직임을 감지하는 구조를 갖고 있다. 전정기관은 머리뼈에 박힌, 액으로 가득 찬 기관으로 전정(vestibule)이라고 부르는 입구 쪽 작은 공간과 3개의 반고리형 세관을 가진 형태이다(**그림 40-5**).

전정에는 중력과 머리의 방향을 감지하는 **타원주머니(utricle)**와 **둥근주머니(saccule)**가 있다. 타원주머니와 둥근주머니는 털세포를 갖고 있고, 이들의 털은 탄산칼슘의 작은 돌들을 포함한 겔 구조에 털이 박혀있다. 타원주머니의 털은 수직이며 둥근주머니의 털은 수평이다. 중력이 돌을 아래로 당기면 머리의 각도에 따라 다양한 방향으로 털이 휘고, 사람은 반각 정도 기울어진 것을 감지할 수 있다.

전정 이외에도 머리의 움직임을 감지하는 3개의 **반고리 세관(semicircular canals)**이 있다. 각 반고리에는 유액이 차 있고 끝부분에 팽대부(ampulla)가 있다. 털세포는 각 팽대부 안쪽에 털이 겔(전정에서 발견된 작은 돌들은 없음)에 박혀있다. 머리가 가속되면 – 예를 들어 놀이기구를 타고 휘청할 때 – 유액이 팽 대부를 밀칠 것이고 털이 휘게 된다. 3개의 반고리관이 마치 방 모퉁이에 3개면이 만나듯이 서로 직각으로 자리하고 있어 머리가 어

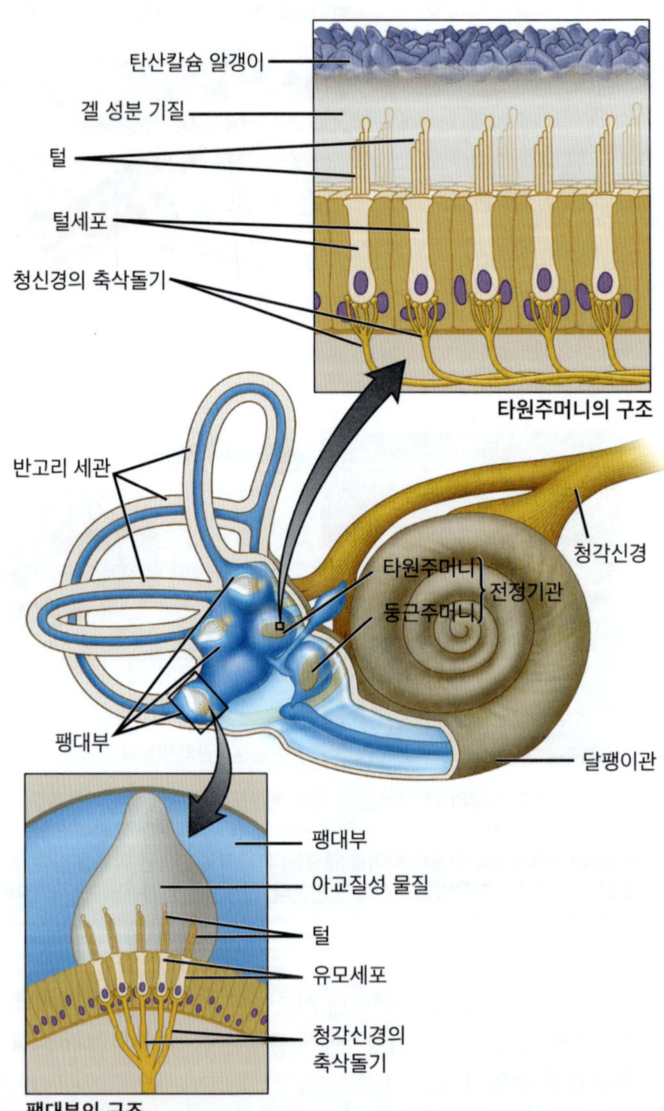


▲ **그림 40-5 전정기관은 중력과 머리의 방향과 움직임을 감지한다** (위) 둥근주머니와 타원주머니에 있는 털세포의 털이 탄산칼슘 알갱이의 무게에 의해 휘어져서 중력의 방향과 머리의 위치에 대한 정보를 제공한다. (아래) 머리의 움직임에 의해 반고리 세관 안에 액성분이 상대적으로 움직이면 팽대부에 있는 털세포의 털은 한쪽으로 휘게된다.

**비판적 사고** 전정 기관은 머리 안쪽에 완전히 위치한다. 눈을 감으면 중력에 관해서 몸의 나머지 부분이 기울어져 있는지 어떻게 알 수 있을까?

## 다시 말해줄래요? 대양의 소음공해가 고래의 대화를 방해한다

"사람이 뭘 하던, 뭘 만들던, 소음은 피할 수 없는 부산물인 것 같다. 아마도 그가 믿는 바와 같이 그는 무슨 일이던 할 수는 있다. 하지만 소리 없이 할 수는 없다.

– 조셉 우드 크러치(Joseph Wood Krutch), 그랜드캐년: 현재와 모든 과거들(1957)

사람이 붐비는 식당에서 주위의 소음 때문에 대화를 이어가기가 어려웠던 적이 있나? 이것이 오늘날 고래들이 겪는 어려움이다.

비록 고래의 소리가 놀랍도록 다양하지만, 대략 2 종류로 나눌 수 있다: 음파탐지와 대화이다. 대부분의 치아를 갖춘 이빨고래, 즉 범고래(killer whale), 병코돌고래, 향유고래 등은 음파탐지기로 먹잇감을 찾는다. 박쥐처럼 이들도 높은 주파수의 음파를 발사하는데 이는 사람이 들을 수 있는 영역에서 벗어난 경우도 많다. 음파가 먹잇감에 의해 반사되면 고래는 돌아오는 반향파를 통해 먹잇감과의 거리, 방향, 그리고 속도를 알 수 있다. 이빨고래와 수염고래(대왕고래blue whale, 혹고래 humpback, 큰고래 finwhale 등)는 모두 먼 거리를 갈 수 있는 낮은 주파수를 이용하여 대화를 나눈다. 어떤 수염고래는 아주 낮은 주파수를 이용해 수백 km에 해당하는 먼 거리에서 대화할 수 있다. 고래들은 아마도 풍부한 먹잇감에 대한 정보를 알려주어 협동으로 사냥을 하거나 짝짓기를 위해 대화한다고 생각된다(**그림 E40-1**).

▲ **그림 E40-1 교미 중인 혹고래(humpback whale)** 만약 대양의 소음공해가 계속 증가한다면 고래들의 대화가 끊어질 것이고 아마도 짝을 찾기가 더욱 어려워질 것이다.

고래의 속귀는 포유동물의 것과 유사하다. 하지만 물속에서 소리를 들어야 하는 진화학적 선택이 전혀 다른 구조의 바깥귀와 가운데귀를 만들었다. 고래는 바깥으로난 귀바퀴가 없고, 귀구멍은 왁스로 채워져 있다. 소리가 귀구멍을 통해가지는 않고 아래턱의 지질층을 지나 고막판(tympanic plate)이라는 얇은 뼈에 전달된다. 이 고막판은 가운데귀의 중간 귀뼈들을 진동시켜 음파를 속귀의 난원창으로 전달한다. 수염고래는 아주 낮은 저주파로 대화를 나누기 때문에 이에 맞는 매우 넓고 얇은 기저막을 갖고 있다. 이빨고래들은 아주 높은 주파수의 음파를 먹이를 찾는데 사용하며 따라서 두꺼운 기저막을 갖으며 뼈구조물이 더욱 뻣뻣하게 만든 구조이다.

고래에게는 안된 일이지만 인간이 만들어내는 대양 소음이 크게 증가되었다. 커다란 배들의 어마어마하게 큰 엔진 날개가 지속적으로 수염고래들이 내는 소리와 비슷한 주파수의 소음을 낸다; 이런 소음이 엔진이 돛(sail)을 대신하기 시작한 이후로 아마도 15에서 20배 정도 늘어났을 것으로 여겨진다. 연구자들에 따르면 대왕고래(Blue Whale)가 예전에는 자기들의 소리를 1,600km에서 2,800km의 거리에서도 들을 수 있었으나 오늘날에는 불과 수백 km 거리에서 들을 수 있게 되었다고 한다. 해군이 사용하는 중간-주파수 수중음파탐지기(sonar)는 이빨고래들의 반향 음파와 상당히 겹친다. 이 음파탐지기의 음파는 범고래의 먹이인 대왕고래에게 경고음이 된다. 대왕고래는 먹이를 먹지 못하게 되고 소리를 멈추고 음파탐지기로부터 멀리 도망가게 된다. 연구자들은 아마도 대왕고래가 수중음파장비를 범고래의 음파탐지 음파로 착각하여 도피 반응을 일으킨다는 가설을 세워두고 있다.

극단적으로 큰 소리의 음파는 직접 고래에 손상을 주기도 한다. 예를 들어 미국 해군의 시험용 저주파 수중음파탐지기는 멀리 있는 잠수함을 감지하기 위해 믿기 어려울 정도로 시끄러운 수준의 저주파를 쏜다. 가까운 지역의 고래들이 귀를 포함한 내부 기관들에 손상을 입고 결국 스스로 해변가로 나오게 된다는 증거가 있다.

**비판적 사고** 고래가 사람이 만든 소음에 영향을 받는 유일한 동물이 아니다. 어떤 동물들이 육지의 시끄러운 환경에 충격을 받을까? 동물들 간의 대화에 변화가 생기면 연쇄효과로 생태적인 대화에 어떤 변회를 미칠까?

느 방향으로 움직이던 감지할 수 있다.

달팽이관처럼 청각신경의 축삭이 전정기관의 털세포에도 연결되어 있다. 털이 휘면 털세포가 신경전달물질을 신경에 분비하여 활동전위를 일으키고 이는 축삭돌기를 타고 뇌의 평형감과 움직임을 조절하는 부위로 전달된다.

### CHECK YOUR LEARNING

- 중력과 머리의 방향 및 움직임을 감지하는 데 사용되는 구조를 설명할 수 있는가?
- 단일 유형 감각수용기인 털세포가 어떻게 소리, 중력 또는 움직임에 반응할 수 있는지 설명할 수 있는가?

## 40.6 어떻게 빛을 인식하나?

(a) 겹눈 (b) 낱눈(위에서 아래로)

▲ **그림 40-6 겹눈** (a) 모기 머리의 주사현미경 사진. 머리 양쪽에 겹눈을 보여준다. (b) 각 눈은 수많은 낱눈으로 되어 있다. 각 낱눈에는 몇 개의 수용기세포가 렌즈 밑에 있다. 색소세포가 각 낱눈을 둘러싸고 있어 한 낱눈에서 다른 낱눈으로 빛이 새는 것을 방지한다.

동물의 대부분은 빛을 감지할 수 있다. 편충이나 해파리는 어두운 것과 밝은 것을 구별할 수 있지만, 그들의 빛 감지 기관인 점눈(eyespot)은 상을 형성할 수는 없다. 대부분의 절지동물들과 낙지나 오징어와 같은 연체동물, 그리고 모든 포유동물은 주변 세상에 대한 상을 맺을 수 있는 눈을 갖고 있다.

모든 동물의 시각은 **광수용기(photoreceptor)**라고 불리는 세포에서 시작된다. 이 세포들은 **광색소(photopigment)**라는 빛을 받으면 구조가 바뀌는 분자를 가지고 있다. 이 구조 변화가 광수용기세포 안에서 화학 반응을 일으켜 수용기전위를 일으킨다.

### 절지동물의 겹눈은 모자이크 형상을 만든다

곤충과 갑각류를 포함한 많은 종류의 절지동물들은 **겹눈(compound eye)**을 갖고 있다. 겹눈은 빛을 감지하는 단위체인 **낱눈(ommatidium)**이 정렬된 형태이다(**그림 40-6**). 각 낱눈은 디지털카메라의 픽셀처럼 독립적인 광수용기로 작용한다. 하지만 가장 뛰어난 겹눈을 가진 잠자리도 불과 30,000개의 낱눈을 갖는다. 사람은 이에 반해 약 백만 개 이상의 광수용기를 갖는다. 사람을 기준으로 볼 때 겹눈은 마치 초창기 저해상도 디지털카메라처럼 픽셀이 다 보이는 원시적인 이미지를 형성하는 셈이다. 하지만 겹눈은 인접한 낱눈 사이에 명암 변화로 움직임을 감지하는 데는 탁월하다. 이는 포식자를 피하거나 먹잇감을 구할 때 유리할 것이다. 많은 곤충들이 자외선을 볼 수 있다. 많은 꽃들의 자외선 무늬는 꿀벌이 꿀과 꽃가루를 찾는 데 도움이 된다(45장 참조).

### 포유류의 눈은 빛을 모으고 초점을 맞추며 또한 빛을 전기신호로 전환한다

포유류의 눈은 어떤 면에서는 사진기처럼 생겼다(**그림 40-7**). 크게 2가지 부위가 있는데: (1) 눈을 고정된 형태로 잡고, 들어오는 빛의 양을 조절하며, 광선의 초점을 맞추는 부속구조가 있고 (2) 광수용기를 포함한 망막(디지털카메라의 광센서에 해당함)이 있다.

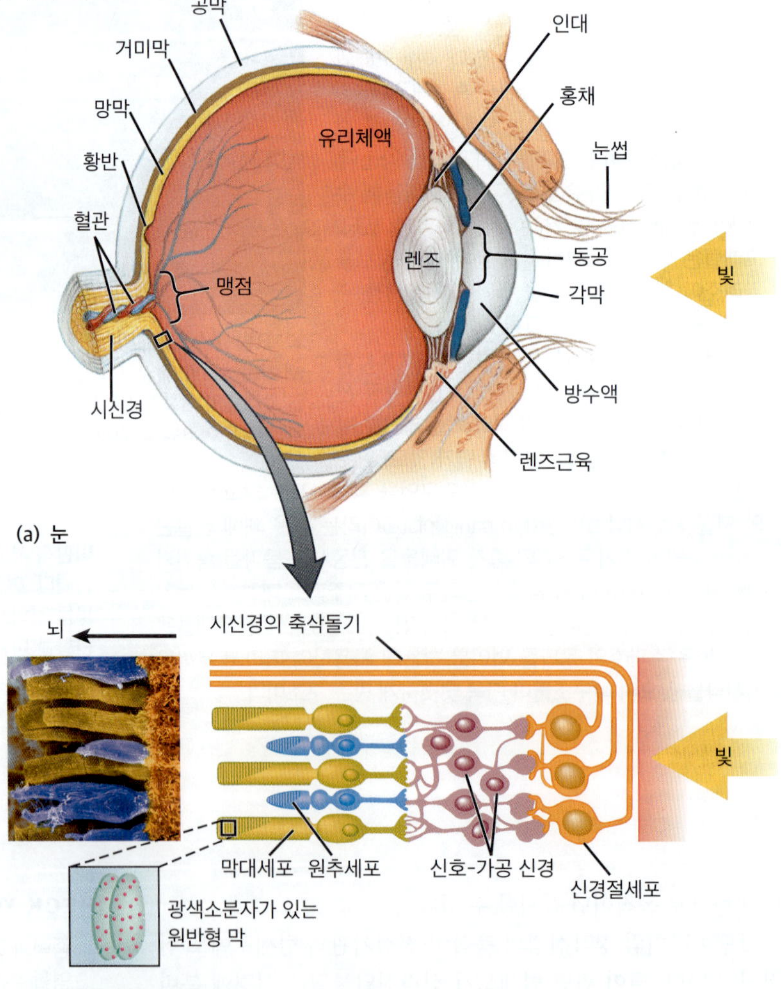


▲ **그림 40-7 사람의 눈** (a) 사람 눈의 해부도. (b) 망막에는 광수용기(막대세포와 원추세포), 신호-가공 신경, 신경절세포가 있다. 주사전자현미경 사진에서 막대세포는 옅은 초록, 원추세포는 파란색으로 표시하였다.

**안구(눈알, eyeball)**는 질긴 결합 조직층으로 하얀색으로 보이는 **공막(sclera)**에 싸여 있다. 공막은 안구의 맨 앞에서는 투명한 **각막(cornea)**으로 연결된다. 빛은 각막을 통해 눈으로 들어온다. 이후 **방수액(aqueous humor)**으로 채워진 공간을 지나 색을 지닌 **홍채(iris)**의 가운데 열린 부분인 **동공(pupil)**을 통과한다. 홍채 근육의 수축, 이완이 동공의 크기를 조절하여 뒤쪽 눈으로 들어오는 빛의 양을 조절한다. 이어서 빛은 투명한 단백질로 구성된 납작해진 구형의 **렌즈(lens)**를 만나게 된다. 렌즈는 홍채 뒤의 민무늬근에 의해 당겨진 상태로 있다. 렌즈 뒤에는 큰 공간이 있고 이곳에는 투명한 젤리와 비슷한 **유리체액(vitreous humor)**이 채워져 있어 안구의 모양을 유지하도록 한다.

빛이 유리체액을 지나면 **망막(retina)**에 부딪친다. 여기서 빛 에너지가 활동전위로 바뀌어 뇌로 전달된다. 망막 뒤에는 **거미막(choroid)**이 있다. 거미막에 풍부하게 분포된 혈관이 망막세포의 영양공급을 돕는다. 사람의 경우 거미막은 검은색을 띠고 있어 빛이 안구 안에서 반사되어 선명한 이미지를 방해하는 경우가 없도록 빛을 흡수해준다. 반면에 거울 같은 거미막이 빛을 반사하면 광수용기가 처음에는 놓쳤던 적은 수의 광자를 다시 붙잡을 수 있는 기회를 제공한다. 안구 안에서 빛이 반사되면 이미지가 흐려지기 마련이다. 하지만 어두운 밤에는 전혀 못 보는 것보다 흐린 상이라도 보는 것이 유리하다.

### 렌즈가 망막에 빛의 초점을 맞춘다

렌즈가 **황반(fovea)**이라고 부르는 망막의 좁은 부위에 들어온 빛의 초점을 맞춘다. 빛을 휘게 하는 둥근 외곽선을 가진 각막에서부터 초점 맞추기가 시작되지만 마지막 세밀한 초점은 렌즈에 의해 맞춰진다. 렌즈의 모양은 이를 둘러싼 근육에 의해 조절된다. 옆에서 보면 가까이 있는 물체를 보기 위해 둥글게 되며, 멀리 있는 물체를 위해서는 납작해진다(**그림 40-8a**).

만약 안구가 너무 길거나 각막이 너무 둥글면 **근시(nearsighted)**가 되기 쉽다. – 멀리서 온 빛은 망막 앞에서 상을 맺어 선명하게 볼 수 없다. 안구가 너무 작거나 각막이 너무 편평하면 **원시(farsighted)**가 된다. 가까이에서 온 빛은 망막 뒤에 상이 맺힌다. 이런 상태는 적절한 모양의 콘택트렌즈나 안경으로 교정될 수 있다(**그림 40-8b**와 **c**). 근시와 원시 모두 레이저 수술로 각막을 성형하여 교정할 수도 있다. 나이가 들수록 렌즈가 딱딱해진다. 그 결과 렌즈가 더 이상 가까운 물체를 볼 수 있을 정도로 충분히 둥글게 되지 못한다. 대부분의 사람들이 40대 중반쯤에 가까운 것을 읽기 위한 안경이 필요해진다.

### 망막이 빛을 감지하고 시신경에서 활동전위를 생성한다

광수용기는 망막의 뒤쪽에 위치하며 형태 때문에 **막대세포(rods)**와 **원추세포(cones)**라고 부른다(그림 40-7b). 막대세포와 원추세

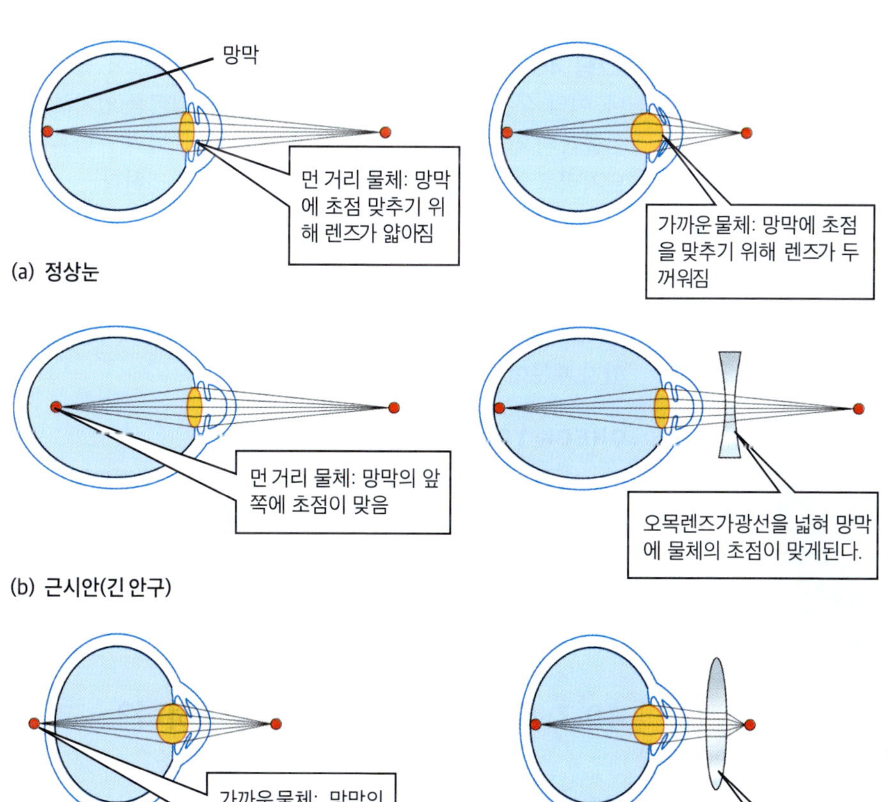


◀**그림 40-8 사람 눈의 초점 맞추기** (a) 다른 거리에 있는 물체에 초점을 맞추기 위해 렌즈의 모양이 변한다. (b) 근시는 오목한 렌즈를 이용하여 교정된다. (c) 원시는 볼록렌즈를 이용하여 교정된다.

**비판적 사고** 당신이 안과의사라고 가정해 보자. 당신의 환자 중 한명은 평생 근시에 시달려왔고 안경 또는 콘택트렌즈를 지겨워했다. 당신은 그에게 각막 레이저 수술을 또 다른 해결책으로 제시하였다. 만약 그가 "각막의 모양을 다듬는 게 저의 근시를 치료할 수 있나요? 망막에 초점을 맞추는 건 렌즈가 하는 일 아닌가요?" 라고 질문한다면 어떻게 답할 것인가?

포는 광색소를 가진 막 층을 갖는다. 빛의 감지는 광색소가 빛을 흡수하면서 시작된다. 이 과정이 화학반응을 유발하여 광수용기 세포에서 수용기전위를 만든다.

광수용기와 안구로 들어온 빛 사이에는 광수용기의 신호를 처리하는 몇 겹의 신경세포층이 있다. 이 신경들은 우리가 경계선, 움직임, 그리고 밝기 변화 등을 감지하는 능력을 향상시킨다. 유리체에 가장 가까이 있는(즉, 망막의 가장 위쪽에 있는) 세포가 **신경절세포(ganglion cell)**이다. 이들의 축삭돌기가 **시신경(optic nerve)**을 구성한다. 신경절세포는 광수용기와 중간에 위치한 신경에서 온 신호를 활동전위로 전환한다. 신경절세포의 축삭돌기들이 뇌에 도달하기 위해서는 **맹점(blind spot)**이라고 부르는 곳을 통해 망막에서 빠져나가야 한다(**그림 40-9**). 이 지역에는 광수용기가 없고 따라서 이곳에 초점이 맺힌 상은 볼 수 없다.

### 막대세포와 원추세포는 분포와 민감도에 있어서 차이가 난다

원추세포도 전체 망막에 퍼져있긴 하지만 초점이 가장 선명하게 맺히는 황반에 집중되어 분포한다(그림 40-7, 40-9 참조). 사람의 눈에는 약간씩 다른 광색소를 가진 3종류의 원추세포들이 존재한다. 각 광색소는 빨강, 초록, 파랑에 해당하는 특정한 파장의 빛에 가장 잘 자극된다. 뇌는 각 원추세포가 얼마큼 자극되었는지에 따라 색을 판별한다. 예를 들어 파란색이란 느낌은 파란색에 잘 반응하는 원추세포가 가장 많이 자극되었을 때 만들어진다. 노랑은 빨강과 초록원추세포가 엇비슷하게 자극 받고 파란색원추로부터는 훨씬 적게 자극이 올 때 느낀다. 대부분의 사람들은 수만 가지 이상의 색을 구별할 수 있지만, 약 7%에 해당하는 사람들은 빨강과 초록을 구별하는 데 어려움을 느낀다. 왜냐하면 결손이 있는 빨강 또는 초록 광색소에 대한 대립유전자가 있는 X-염색체를 갖고 있기 때문이다(그림 11-18a 참조). "색맹(color blind)"이라고 하지만 정확히 말하자면 "색약(color deficient)"이라고 할 수 있다. 색맹은 모든 세상을 회색조로만 볼 수 있고 이는 매우 드문 경우이다.

막대세포는 황반외 지역에서 가장 많다. 막대세포는 원추세포에 비해 길고(그림 40-7b 참조) 따라서 더 많은 광색소를 지니고 있어서 빛에 더 민감하다. 따라서 희미한 빛을 보는 것은 주로 막대세포에 의한 것이다. 모든 막대세포는 동일한 광색소를 갖고 있어 색을 볼 수는 없다. 희미한 빛에서는 세상이 회색으로만 보일 것이다.

모든 척추동물이 막대와 원추세포를 모두 갖고 있는 것은 아니다. 낮에만 활동하는 동물(도마뱀 등)은 거의 원추세포로 이루어진 망막을 지니며, 야행성 동물(쥐나 흰담비 등)과 어두운 곳에 사는 동물(심해어류 등)은 대부분 또는 모두 막대세포로 이루어진 망막을 갖는다.

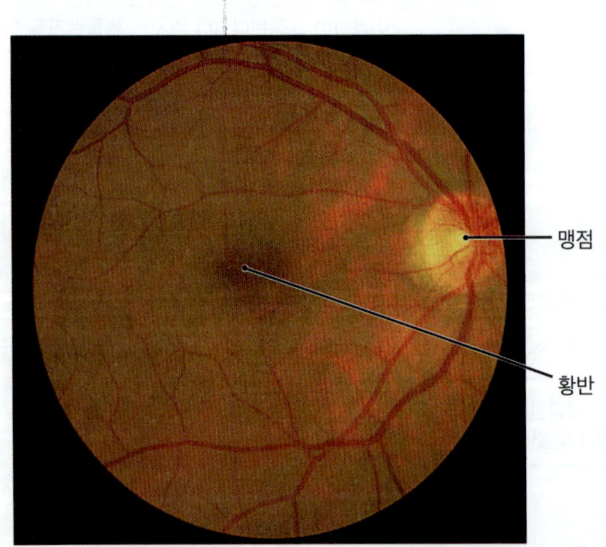


▲ **그림 40-9 사람의 망막** 살아있는 사람의 망막 일부를 각막과 동공을 통해 사진을 찍었다. 맹점과 황반을 볼 수 있다. 혈관이 산소와 영양분을 공급한다; 혈관이 맹점(시야에 영향을 안 주는 곳)에 많이 분포해있고 황반 근처에는 적은 것에 주목하기 바란다.

**비판적 사고** 맹점이 존재하지만 우리 시야에서 구멍이 뚫린 것을 느끼지는 않는다. 왜 그럴까?

### 양눈시각은 깊이를 감지할 수 있다

포유동물의 머리에 있는 눈에 위치는 그 동물의 생활 방식에 따라 다르다. 육식동물이나 잡식동물은 대개 눈이 앞을 향해 있다(**그림 40-10a**). 이때 시야는 약간 다르면서도 많이 겹치게 된다. 이와 같은 **양눈시각(binocular vision)**은 깊이를 인지하여 대상물과의 거리를 정확히 판단할 수 있게 한다. 이런 능력은 쥐를 덮치려고 하는 고양이에겐 중요한 능력임이 분명하다.

반면에 대부분의 초식동물은 머리의 양편에 눈이 있다(**그림 40-10b**). 이때 시야는 거의 겹치지 않는다. 깊이 인지능력은 거의 360도에 달하는 시야를 확보하기 위해 어느 정도 희생된 것이다. 그래야만 먹이동물이 포식자를 어디서 접근하던 감지할 수 있기 때문이다.

**CHECK YOUR LEARNING**

- 사람 눈의 구조를 서술하고 빛이 바깥에서 광수용기까지 오는 경로를 설명할 수 있는가?
- 어떻게 색을 구별하는지 설명할 수 있는가?
- 정상과 근시, 그리고 원시의 차이를 기술하고 어떻게 인공 렌즈가 이를 고칠 수 있는지 설명할 수 있는가?

## 40.7 어떻게 화학물질을 감지하나?

**화학수용기(Chemoreceptor)**는 내부 또는 외부의 화합물질에 반응한다. 큰 혈관과 뇌의 시상하부에 있는 화학수용기는 산소와 포도당처럼 중요한 분자들의 농도를 감시한다. 육상 척추동물이

(a) 두 눈 보기(양눈시각)

(b) 거의 360° 시야

▲ **그림 40-10 포식자와 피식자는 눈의 위치가 다르다** **(a)** 이 시라소니 같은 대부분의 포식자들은 머리 앞쪽에 양 눈이 있다; 양 눈을 이용하여 표적에 초점을 맞출 수 있어 두 눈 보기(양눈시각)가 가능하다. **(b)** 토끼와 같은 피식자는 대부분 양 옆에 눈을 가지고 있어 포식자를 감시할 수 있다.

**비판적 사고** 원숭이나 과일박쥐와 같은 초식동물이나 과일을 먹는 포유류들은 왜 두 눈을 모두 앞에 두고 있는가?

외부 환경에서 오는 화학물질들에 대해 2종류의 감각수용기를 갖는다: 냄새를 맡게 하는 후각은 공기 중에 화학물질을 감지하며; 맛을 느끼는 미각은 입에서 물이나 침에 녹아있는 화학물질을 감지한다.

## 후각은 공기 중의 화학물질을 감지한다

후각에 대한 수용기세포는 비강의 윗부분에 있는 점액질 덮인 조직에 있는 신경세포이다(**그림 40-11**). 후각수용기신경은 비교적 긴 수상돌기를 비강 내 점액질에 내놓고 있다. 공기 중의 냄새 분자가 점액을 통해 확산되어 수상돌기에 있는 수용기단백질에 결합한다. 후각수용기신경의 축삭돌기는 뇌의 후각망울(olfactory bulb)까지 뻗어있다.

사람은 총 5백만에서 천만 개의 후각수용기신경과 400 종류의 후각수용기단백질을 갖는다. 각 후각수용기신경은 한 종류의

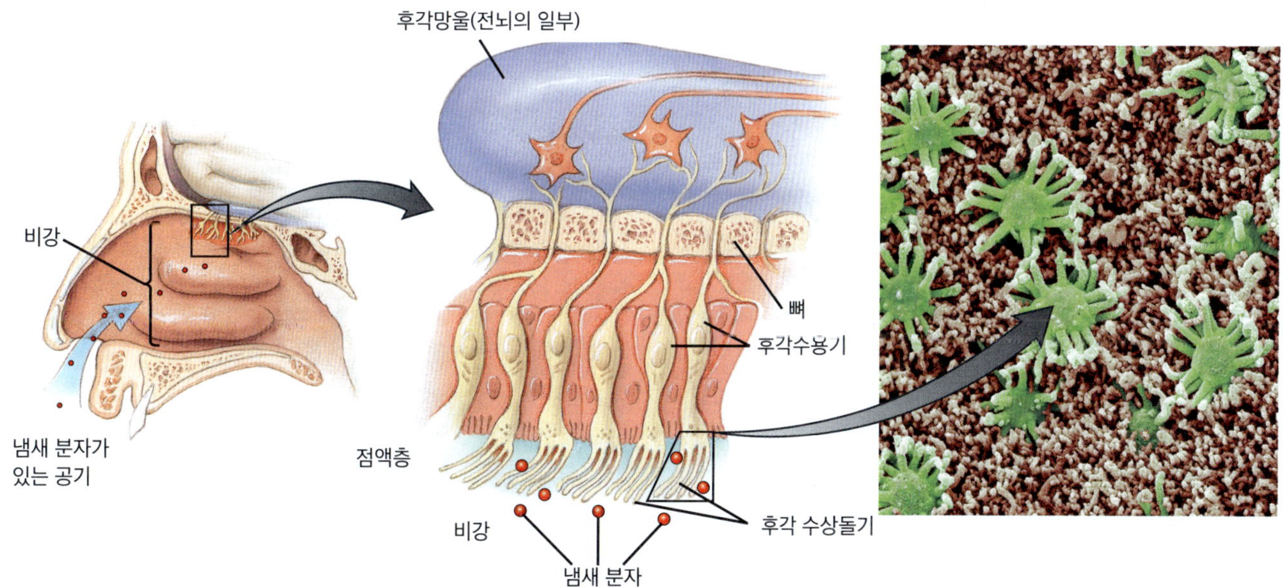


▲ **그림 40-11 후각 사람의 후각** 수용기는 비강에 뻗은 털 같은 작은 돌기를 지닌 신경세포들이다. 냄새 분자는 수용기를 만나기 전에 이 돌기들이 박혀있는 점액층에 녹아든다.

수용기단백질을 많이 보유하고 있다. 각 수용기단백질은 특정한 냄새분자에 결합하여 수용기전위를 생성한다. 만약 수용기전위가 역치를 넘으면 후각망울로 전달되는 활동전위가 생성된다.

대부분의 냄새는 여러 분자가 복잡하게 섞여 몇 종류의 후각수용기를 자극하기 때문에 우리가 감지하는 냄새는 많은 종류의 후각수용기 신경신호를 뇌가 해석하여 감지한 것이다. 최근의 연구에 따르면 사람에 따라 서로 다른 냄새 분자가 섞여서 만드는 10억여 가지의 냄새를 구별할 수 있는 것으로 알려졌다(예를 들자면 "오렌지 향에 약간의 박하 냄새와 느낄 듯 말 듯한 죽은 생선비린내가 섞인 냄새"). 흥미롭게도 모든 사람이 수용기단백질을 모두 발현하지는 않는다. 이것이 왜 특정한 사람이 특정한 냄새에 덜 민감한지를 설명해준다.

대부분의 동물들이 사람보다 냄새를 잘 맡는다. 그 이유는 보다 많은 후각수용기세포와 보다 많은 종류의 후각수용기단백질을 갖기 때문이다. 개의 경우 수억 개의 후각신경을 가지며 일부 블러드하운드(bloodhound)같은 품종에서는 10억 개까지 가능하다. 또한 개는 800종류의 후각수용기단백질을 갖고 있다. 사람의 땀에서 나는 특정한 냄새에 대해서는 개가 인간보다 10,000배에서 100,000배 이상 냄새를 잘 맡는다.

## 미각수용기는 액체에 녹아 있는 화학물질을 감지한다

사람의 혀에는 약 5,000개의 **맛봉오리(taste bud)**가 유두(papillae)라고 부르는 작은 돌기에 파묻혀 있다(**그림 40-12a**). 맛봉오리는 입의 안쪽에서도, 기도와 창자에서도 발견된다. 혀에서 각 맛봉오리는 작은 구멍 안에 모인 세포들로 구성된다. 각 맛봉오리는 약 50-150개의 몇 가지 세포를 갖는다: 지지세포, 줄기세포, 미각수용기세포(**그림 40-12b**). 지지세포는 간질액의 성분을 조절하며 수용기세포가 잘 작동하도록 돕는다. 줄기세포는 일반적으로 닳아 없어지거나 뜨거운 커피 등에 손상을 입는 수용기세포와 지지세포를 보충해준다. 미각수용기세포는 맛 구멍(taste pore)으로 난 미세융모(원형질막의 가는 돌기)를 가지고 있다. 녹은 화학물질이 이 맛 구멍으로 들어와 미세융모와 만난다. 한때 특정한 맛에 대한 수용기세포들이 특정 부위에 모여 있는 것으로 알았으나 사실 다른 종류의 맛봉오리들이 골고루 퍼져있다는 사실을 알게 되었다.

현재까지 알려진 맛은 총 5가지이다: 신맛, 짠맛, 단맛, 쓴맛, 그리고 감칠맛(일본어로 광범위한 의미로 맛있다는 뜻). 최근에는 지방산이 6번째 맛을 느끼게 한다고 제안되었다. 각 감각수용기는 어느 한 가지 맛에만 반응한다. 신맛과 짠맛은 각각 수소이온과 소듐($Na^+$)에 의한 것으로 미각수용기세포의 미세융모 세포막에 있는 통로를 통해 들어가는 것이다. 단맛, 쓴맛, 감칠맛은 다른 종류의 미각수용기세포의 막에 있는 수용기단백질에 결합하여 반응을 일으킨다. 감칠맛 수용기세포는 글루타민산에 반응한다. 고기, 생선, 그리고 치즈에 고농도로 있는 글루타민산이 감칠맛수용기를 자극하여 "풍미(savory)"를 느끼게 해준다. 모노소듐 글루타민산(MSG)은 고기, 생선, 야채 등에 맛을 풍요롭게 해 오래전부터 조미료로 사용되어왔다.

우리는 크게 두 가지 방법으로 다양한 맛을 느낄 수 있다. 첫째로는 음식이 두 가지 이상의 수용기를 자극하여 "달고 시다."와 같은 맛을 만든다. 둘째는 음식은 대개 입 안의 공기 중에 분자를 방출한다. 이 냄새 분자가 후각수용기에 결합하여 기본 맛에 향기 요소를 가미한다.

맛이 주로 냄새에 의한다는 사실을 입증하기 위해서 코를 막고 눈을 감은 뒤에 여러 가지 맛을 지닌 젤리빈(jelly bean, 콩 모양의 젤리에 과일 맛 등을 가미한 과자)을 먹어보자. 체리 맛에서 버터에 튀긴 팝콘 맛까지 모두 구별하기 힘든 단맛으로 느껴질 것이다. 심하게 감기에 걸렸을 때 맛있는 음식이 전혀 맛이 없게 느껴지는 것도 같은 이치이다.

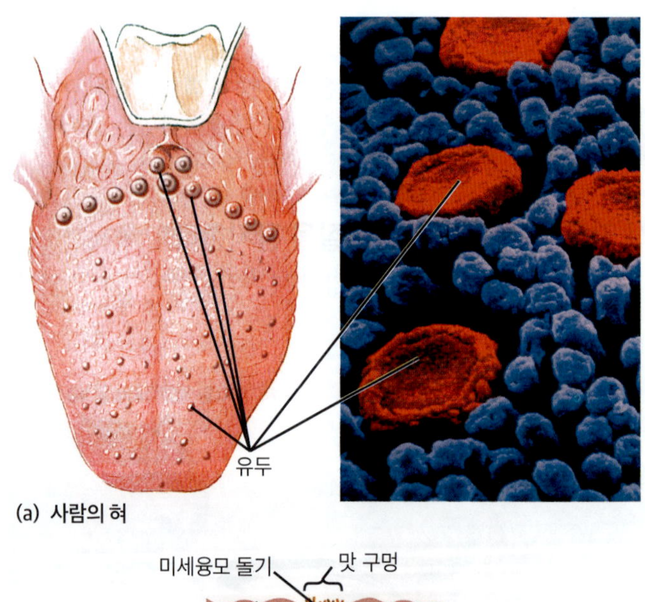


▲ **그림 40-12 사람의 미각수용기** (a) 사람의 혀는 맛봉오리가 박혀있는 유두로 덮혀있다. (b) 각 맛봉오리는 몇 종류의 미각수용기, 지지세포, 그리고 줄기세포를 포함한다. 원형질막에 단백질수용기 분자를 가진 미각수용기세포의 미세융모가 맛 구멍으로 뻗어 있다.

**CHAECK YOUR LEARNING**

- 화학수용기를 정의하고 후각수용기와 미각수용기의 차이를 설명할 수 있는가?
- 어떻게 복잡하면서도 다른 냄새와 맛들을 구별하는지 설명할 수 있는가?

## 40.8 어떻게 통증을 인식하나?

우리는 데이거나 베이거나 부딪치거나 강산 용액이 몸에 묻으면 통증을 느낄 것이다. 통증은 뇌에서 일어나는 주관적인 감정으로 우리 몸 전체에서 발견되는 **통각수용기(pain receptor)**의 자극에 의해 발생한다. 통증 감각은 사람이나 다른 동물들에게 몸에 상처를 줄 수 있는 어떤 행동이나 상대를 피해야 하는지 알려주기 때문에 우리의 안녕과 생존에 매우 중요하다. 세계적으로 겨우 몇 명 정도가 통증을 느끼지 못하게 태어난다. 이들은 멍들고 베이고 뼈가 부러지는 등 사고를 당하는 경향이 아주 높다.

우리 몸을 해치는 종류만큼 통각수용기도 여러 종류가 있다. 예를 들어 어떤 통각수용기는 약 43℃ 이상의 뜨거운 온도에 반응한다. 반면 어떤 것은 15℃ 이하의 낮은 온도에 반응한다. 온도가 생각보다 높거나 낮지 않다고 여겨질 수도 있다. 하지만 이 온도는 실제 공기의 온도가 아니라 통각수용기가 있는 피부의 온도라는 점을 기억해야 한다: 피부 온도가 15℃에 이르려면 피부 밑에 흐르는 혈액의 온기를 압도할 정도로 아주 추워야 한다.

이외에도 지나친 신장(늘어남)에 반응하는 통각수용기가 있어 소장이 과하게 팽창했을 때 가스 통증을 유발하기도 한다. 많은 종류의 통각수용기가 산이나 손상을 입었을 때 또는 손상에 대한 염증반응 시에 분비되는 화학물질에 반응한다. 예를 들어 베이거나 멍이 들어 손상된 세포는 특정 혈액단백질을 브래디키닌(bradykinin)으로 전환하는 효소를 분비하여 통각수용기를 자극한다. 염증반응에서는 히스타민, 프로스타글란딘 등 통각수용기를 민감하게 만드는 물질들이 분비되어 통증을 훨씬 강하게 느끼게 만든다. 어떤 통각수용기는 고열, 산, 화학물질 등 여러 손상에 반응하기도 한다.

**Have You Ever Wondered ...**

### 왜 매운 고추가 뜨거운 맛을 낼까?

매운 고추의 "뜨거운" 맛을 내는 성분은 캡사이신(capsaicin)이다. 매운 고추의 뜨거운 정도는 캡사이신 함량에 따라 가장 부드러운 피멘토스(pimentos)에서 이보다 20배 매운 할라페뇨(jalapenos), 이보다 50배 매운 하바네로(habaneros), 이보다 7~15배 더 매운 캐롤라이나 리퍼(Carolina reaper)까지 있다. 캡사이신은 여러 통각수용기의 수용기 단백질을 활성화 시킨다. 여기에는 뜨거운 온도에 활성화되는 입속 통각수용기도 포함된다. 어떤 자극인지를 알 수 있는 방법은 어떤 수용기가 활성화 되었느냐에 달렸음을 상기하자. 이 통각수용기는 열 손상과 캡사이신에 모두 반응할 수 있기 때문에 뇌에서는 두 자극을 모두 뜨거운 통증으로 해석하는 것이다.

**CHECK YOUR LEARNING**

- 통증으로 느껴지는 자극의 종류를 말할 수 있는가?
- 통각수용기를 갖는 것이 어떤 이점이 있는지 설명할 수 있는가?

**CASE STUDY REVISITED**

### 인조 귀

인조 달팽이관이 놀랍긴 하지만 실제 생물들의 달팽이관에 비하면 전혀 정교하지 못하다. 달팽이관은 소리를 감지하고 청각신경의 축삭돌기를 자극하는 약 3,500개의 털세포를 갖는다. 이에 비해 털세포를 흉내낸 16개 내지 22개의 전극을 갖는 인조 달팽이관은 아주 단순한 것으로 생각될 수 있다. 하지만 뇌는 단순한 정보로도 놀라운 일들을 하도록 배울 수 있다. 인조 달팽이관을 이식한 사람들은 말하는 것을 잘 이해하고 음악도 즐길 수 있다.

인조 달팽이관에도 한계는 있을 것이다. 예를 들어 전기물리학적으로 달팽이관에 전극의 거리는 상당히 멀어야 하며 따라서 넣을 수 있는 전극의 수가 제한되고 결국은 얼마정도 음악이나 감정이 들어간 억양을 듣는 데 제한이 될 것이다. 하지만 사만사 다운톤의 말에 따르면 그녀의 인조 달팽이관이 그녀를 "완전히 새로운 세상"으로 이끌었다. 사만사는 애틀란타에 있는 청각장애인에게 소리의 세계를 발견하도록 돕고 있는 비영리단체인 청각언어센터(auditory-verbal center)에 기부를 하고 있다.

**비판적 사고** 망막 이식은 광수용체는 퇴화되었지만 신경절세포는 살아있는 색소성망막염이나 황반변성으로 시각장애를 앓는 사람들에게 제한적으로나마 시력을 제공하기 위해 발전되어 왔다. 망막의 구조와 달팽이관의 구조를 비교해 보자. 달팽이관 이식 수술을 토대로 망막 이식수술을 위한 일반적인 지침원리에는 무엇이 있을까?

# CHAPTER REVIEW

*비판적 사고와 생각해보기, 선택형문제, 빈칸채우기 질문에 대한 답은 이 책의 뒷부분에 있는 정답란에서 볼 수 있다.*

## 핵심개념의 요약

### 40.1 동물은 어떻게 주위 환경을 감지하나?

감각수용기는 내부 또는 외부 환경의 자극을 수용기전위라는 전기신호로 전환한다. 감각수용기는 반응하는 자극의 종류에 따라 분류할 수 있다. 많은 감각수용기가 특정한 자극에 반응하도록 도와주는 감각기관에 포함된다. 직접적이던 간접적이던 수용기전위는 뇌와 연결된 특정 축삭돌기에 활동전위를 유발한다. 어떤 자극인가에 대한 정보는 뇌의 어떤 신경이 활성화되느냐에 의해 인지된다. 자극의 세기는 뇌에 도달하는 활동전위의 빈도에 의해 알 수 있다.

### 40.2 어떻게 온도를 감지하나?

온도수용기는 추위나 더위에 대해 활동전위의 빈도를 증가시켜 반응한다. 대부분의 온도수용기는 피부나 뇌에 자유신경말단을 갖는다.

### 40.3 어떻게 기계적인 자극을 느끼는가?

기계적수용기는 접촉, 진동, 압력, 신장, 그리고 소리 등을 감지한다. 접촉이나 간지러움에 반응하는 수용기와 같은 일부 수용기는 자유신경말단을 갖는다. 다른 기계적수용기들은 압력, 소리, 또는 중력 등 어떤 자극에 반응할지 조절하는 부속구조에 둘러싸여 있다.

### 40.4 어떻게 소리를 듣나?

척추동물의 귀는 공기가 고막을 진동시키면 이 진동이 가운데 귀의 뼈들을 통해 속귀에 있는 달팽이관의 난원창으로 전달된다. 달팽이관에서 진동은 기계적수용기인 털세포의 털 부분을 휘게 만들어 수용기전위를 생성하고, 이는 털세포에서 청각신경으로 분비되는 신경전달물질의 양을 조절한다. 그 결과 청각신경은 뇌의 청각센터로 활동전위를 보낸다. 소리의 높낮이는 특정 주파수에 의해 어느 털세포가 자극이 되었는가를 통해 알 수 있다. 소리의 세기는 청각신경의 축삭돌기를 통해 전달되는 활동전위의 빈도에 의해 인지된다.

### 40.5 어떻게 중력과 움직임을 느끼는가?

속귀의 전정기관의 입구에 타원주머니와 둥근주머니가 있어 중력의 방향과 머리의 방향을 감지하고, 반고리세관이 머리의 움직임을 감지한다.

### 40.6 어떻게 빛을 인식하나?

척추동물의 눈에서 빛은 각막으로 들어와 동공을 지나 빛의 초점을 망막에 맞추는 렌즈에 이른다. 망막에는 막대세포와 원추세포, 두 종류의 광수용기가 있어 빛을 수용기 전위로 전환한다. 이 신호가 망막에 있는 신경들에 의해 가공되고 신경절세포에 활동전위로 나타난다. 신경절세포의 축삭돌기가 시신경을 구성한다. 막대세포는 원추세포에 비해 많이 분포하고 빛에 더욱 민감해서 약한 빛에서 흑-백 시야를 제공한다. 원추세포는 황반에 집중되어 있고 색이 있는 시야를 제공한다.

### 40.7 어떻게 화학물질을 감지하나?

육상 척추동물은 외부 환경의 화학물질을 냄새(후각)나 맛(미각)으로 감지할 수 있다. 각 후각수용기와 미각수용기는 한 가지 또는 몇 가지 종류의 분자에만 반응한다. 척추동물의 후각수용기는 비강에 존재한다. 미각수용기는 혀의 맛봉오리에 위치한다.

### 40.8 어떻게 통증을 인식하나?

통증은 베이거나 데이거나 아주 심한 고온, 저온, 그리고 산성 물질 등 손상을 입히는 자극에 반응한다. 어떤 통각수용기는 몸의 조직이 손상될 때 생성되는 화학물질에 반응한다.

## 개념을 통한 이해

### 선택형 문제

**1.** 움직임, 중력, 소리에 반응하는 감각수용기는,
  a. 화학수용기
  b. 기계적수용기
  c. 관수용기
  d. 온도수용기

**2.** 뇌가 자극의 종류를 인지하는 방법은
  a. 감각수용기에서 생성되는 활동전위의 빈도를 통해
  b. 뇌의 어느 부분이 활성화되는지에 의해
  c. 감각수용기의 수용기 전위의 크기에 의해
  d. 뇌로 전달되는 활동전위의 크기를 통해

**3.** 산소, pH, 포도당에 반응하는 감각수용기는?
  a. 기계적수용기
  b. 광수용기
  c. 온도수용기
  d. 화학적수용기

**4.** 감각수용기에서 생기는 큰 수용기 전위는
  a. 대부분 약한 자극에 의해 생긴다.
  b. 감각신경에서 뇌로 연결된 축삭돌기에 낮은 빈도의 활동전위를 유발한다.
  c. 감각신경에서 뇌로 연결된 축삭돌기에 높은 빈도의 활동전위를 유발한다.
  d. 뇌가 자극의 세기를 인지하는 것과 무관하다.

**5.** 포유류의 눈에서 뇌로 축삭돌기를 뻗은 세포는
  a. 낱눈
  b. 막대세포
  c. 원추세포
  d. 신경절세포

### 빈칸 채우기

1. 감각수용기는 적절한 자극에 대해 ___________(이)라고 부르는 전기신호로 반응한다. 작은 자극에 의한 것보다 큰 자극에 의한 이 신호가 크다. 궁극적으로 자극의 세기는 뇌의 특정 감각부위에 연결된 축삭에서 발생하는 활동전위의 ___________에 의해 뇌로 전달된다.
2. 포유류의 귀는 3개 부분으로 구성된다: 바깥귀, 가운데귀, 속귀. 피부로 덮인 연골 조각이 머리 바깥쪽에 붙어있어 음파를 깔대기처럼 모아 귓구멍으로 보내는 것이 ___________이다. 귓구멍을 통해 들어온 음파는 얇은 막 구조인 ___________에 도달한다. 여기에 연결된 3개의 작은 뼈 ___________, ___________, ___________(이/가) 있다(순서대로 쓰시오). 마지막 뼈가 달팽이관의 시작 부분이라고 할 수 있는 ___________에 진동을 전해준다. 달팽이관 안에서는 진동이 ___________(이)라고 불리는 기계적수용기의 섬모 부분을 움직인다.
3. 빛은 ___________(을/를) 거쳐 ___________(으)로 들어와 ___________에 뚫린 구멍이라고 할 수 있는 동공을 통해 사람의 눈으로 들어온다. 여기서 다시 빛은 ___________(과/와) ___________(을/를) 지나 마지막으로 망막을 때린다. 여기서 빛의 초점을 모으는 것은 ___________(과/와) ___________이다.
4. 사람 눈의 망막에는 두 가지 광수용기가 있는데 이를 ___________(과/와) ___________(이)라고 부른다. ___________(은/는) 좀더 크고 빛에 민감하여 약한 빛에서도 볼 수 있게 해주며, ___________(은/는) 대부분 망막의 중앙에 위차하며 덜 민감한 대신 색조를 볼 수 있게 해준다.
5. 사람은 다음과 같은 5가지 기본적인 맛을 감지할 수 있다: ___________, ___________, ___________, ___________, 그리고 ___________. 음식에서 공기 중으로 방출된 분자가 입 안쪽으로 들어가 뇌의 맛을 감지하는 데 중요한 역할을 하는 감각인 ___________에 의해 감지된다.

### 복습문제

1. 감각기는 어떻게 자극의 세기와 종류에 대한 정보를 전달할까?
2. 미각, 시각, 청각, 후각, 촉각에 대한 각각의 감각수용기의 이름은?
3. 사람에게는 미각수용기의 종류가 5가지 밖에 없다는데 어떻게 우리는 수백 가지의 맛을 구별할 수 있는 것일까? 어떻게 수많은 종류의 냄새를 구별할 수 있을까?
4. 사람 귀의 각 부위에 대한 구조와 기능을 소리가 밖에서 들어와 청각신경의 활동전위로 전환되는 경로를 따라 차례로 설명하라.
5. 속귀의 구조가 어떻게 소리의 높낮이 그리고 세기를 인지할 수 있게 하는지 설명하라.
6. 사람 눈의 구조를 그려 설명하라. 그림에서 각막, 홍채, 렌즈, 공막, 망막, 그리고 거미막을 표시하고 각각의 기능을 쓰라.
7. 먼 곳에 있는 물체에 초점을 맞추기 위해서 눈의 렌즈 모양이 어떻게 변화할까? 어떤 경우에 멀리 떨어진 물체에 초점을 맞출 수 없게 되는지 설명하고 이런 증세를 무엇이라고 부르는가? 어떤 종류의 안경렌즈가 이를 교정할 수 있을까? 그 원리를 설명하라.
8. 막대세포와 원추세포를 비교하고 차이점을 쓰라.
9. 통각수용기를 활성화시키는 자극의 종류를 정리하고, 이 자극들의 공통점은 무엇인지 설명하라.

## 개념의 적용

1. 우리는 단순히 냄새를 구별만 하지 않는다. 좋은 냄새인지 나쁜 냄새인지, 향기로운 것인지 역겨운 것인지 등으로 구별한다. 이와 같이 냄새에 감정적인 반응을 갖는 것이 진화적으로 어떤 장점이 있을까? 모든 동물들이 냄새에 대해 인간과 같은 감정을 느낄까? 설명해보라.
2. 많은 사람들이 매운 음식을 좋아하지만 대부분의 동물들은 그렇지 않다. 역사적으로 보면 더운 지방일수록 매운 음식을 즐겨왔다. 이 사실에 기초하여 매운 성분을 만드는 식물들이 선택되는데 유리한 점이 있었는지 그리고 사람이 매운 맛을 참을 수 있고 즐길 수도 있는 것이 어떤 장점을 갖는지 생각해보라.

# 41 운동과 지탱: 근육과 골격

우사인 볼트(Usain Bolt)와 엘리우드 킵초게(Eliud Kipchoge)는 그들의 종목에서 각각 세계에서 가장 빠른 사람임을 입증하였다.

CASE STUDY

## 황금의 다리

2009년 베를린에서 열린 100미터 달리기 세계 선수권대회에서 "번개" 우사인 볼트(왼쪽)가 출발대를 튀어나간 후에, 그는 다리 근육의 추진력으로 세계 기록인 9.58초만에 결승선을 통과하였다. 그의 속도는 놀랍게도 마일(1.609 km)당 2.58분이었다. 그런 측정으로 하면 볼트가 세계에서 가장 빠른 사람이지만, 어떤 거리에서도 가장 빠를까? 이 속도로 볼트가 1마일을 완주할 수 있을까? 사실 불가능하며, 어느 누구도 1마일을 3.71분보다 빠르게 달린 적이 없다.

2018년에 케냐의 엘리우드 킵초게가 새로운 세계 마라톤 기록인 2시간 1분 39초를 세웠다. 따라서 킵초게의 평균 속도는 단지 100미터당 17.3초(1마일 당 4.64분, 또는 시속 12.9마일)이지만, 그는 26.2마일(42.16km)을 이 속도로 유지하였다.

마라톤에서 볼트가 킵초게의 기록을 깰 수 있을까? 어림없다. 그리고 심지어 킵초게가 올림픽 100미터 경주에서 예선을 통과할 수도 없다. 왜 그럴까? 그들의 몸을 비교해 보라. 볼트는 킵초게 보다 더 큰 근육을 갖고 있지만, 또한 이 장에서 배우겠지만, 세계 정상급 단거리 선수와 마라토너들의 근육은 마찬가지로 세포 수준에서도 다르다. 출발대를 박차고 나가고 또 100미터를 주파하는데 볼트의 큰 다리 근육이 필수적이지만, 장거리 마라톤에는 킵초게의 다리 근육이 더 적합하다.

이 장을 읽으면서 볼트와 킵초게의 근육, 그리고 여러분 자신의 근육을 생각해 보라. 심사숙고한 결과, 여러분들이 세계 정상급 단거리 선수 또는 마라토너가 될 수 있겠는가? 근육의 크기뿐만 아니라, 마찬가지로 세포 수준에서도 볼트와 킵초게의 근육이 어떻게 다른가? 볼트와 킵초게의 골격도 마찬가지로 다를 것 같은가? 근육과 뼈가 어떻게 같이 작동해서 몸을 지탱하고 움직이는가?

## 주요내용

**41.1** 근육은 어떻게 수축하는가?

**41.2** 심장근과 민무늬근은 골격근과 어떻게 다른가?

**41.3** 근육과 골격이 어떻게 같이 작동하여 움직이게 하는가?

## 41.1 근육은 어떻게 수축하는가?

대부분의 동물은 수축할 수 있는 세포로 된 조직인 **근육(muscle)**을 갖고 있으며, 따라서 몸의 특정 부분을 움직일 수 있다. 심지어 근육조직을 갖고 있지 않은 해면동물도 수축할 수 있는 세포를 갖고 있다. 더욱 놀라운 것은 이들 동물의 세포가 수축할 때, 사람의 근육세포에서 일어나는 것과 동일한 종류의 단백질을 사용하고, 기본적으로 동일한 방법으로 이러한 단백질이 상호작용한다는 것이다. 이 장에서는, 척추동물 근육에 초점을 맞추고 있지만, 근육 기능의 기본적인 원리는 동물계 대부분을 통틀어 유사하다는 것이다–움직일 수 있는 능력과 움직임을 만드는 근본적인 세포 메커니즘은 (진화적으로) 아주 오래된 것이다.

척추동물의 근육 세 종류 즉, 골격근, 심장근, 민무늬근은 기능, 형태, 조절 면에서 약간씩 다르다. 먼저 골격근의 구조와 기능에 대한 설명을 시작하고, 이 장의 뒷부분에서 심장근과 민무늬근을 설명할 것이다.

### 척추동물의 골격근은 매우 조직화되어 있고, 반복되는 구조를 갖고 있다

**골격근(skeletal muscle)**은 골격을 움직이는 근육이기 때문에 이런 이름이 붙었는데, 현미경을 통해서 보면 골격근세포에 줄무늬를 띠고 있어서 횡문근('줄무늬'라는 의미)이라고도 한다. 대부분의 골격근은 질긴 섬유성 **힘줄(tendon)**에 의해 골격에 연결되어 있다. 이 힘줄은 콜라겐 섬유가 다발로 묶어져서 더 큰 다발로 되고 이 다발은 결합조직의 막으로 둘러싸여 있다. 거의 모든 골격근은 마음대로, 즉 신경계에 의해 의식적인 조절이 된다. 골격근은 빠른 경련(눈을 깜박일 때)부터, 강력하고 지속적인 긴장(한 아름의 책을 운반할 경우)에 이르기까지의 수축을 할 수 있다. 개개의 골격근은 하나의 근육 내에서 되풀이 되는 요소로 되어 있다(**그림 41-1**). 이제 골격근의 바깥 부분에서 시작하여 안쪽으로 살펴보도록 한다.

골격근은 결합조직 막으로 둘러싸여져 그 골격근을 연결하는 힘줄에 합쳐진다. 근육의 외부 막 안쪽으로 **근섬유(muscle fiber)**라고 하는 근육세포들이 묶어져서 다발로 되어 있으며, 이 다발도 역시 결합조직으로 둘러싸여 있다. 근육의 다발 사이 공간으로 혈관과 신경이 통과한다. 각각의 근섬유도 역시 얇은 결합조직으로 둘러싸여 있다. 이러한 많은 결합조직 막은 서로서로 연결되어 있으며, 수축 시에 근육이 파열되지 않도록 하면서 근육이 하나의 단위로 힘을 내어 수축할 수 있도록 해준다.

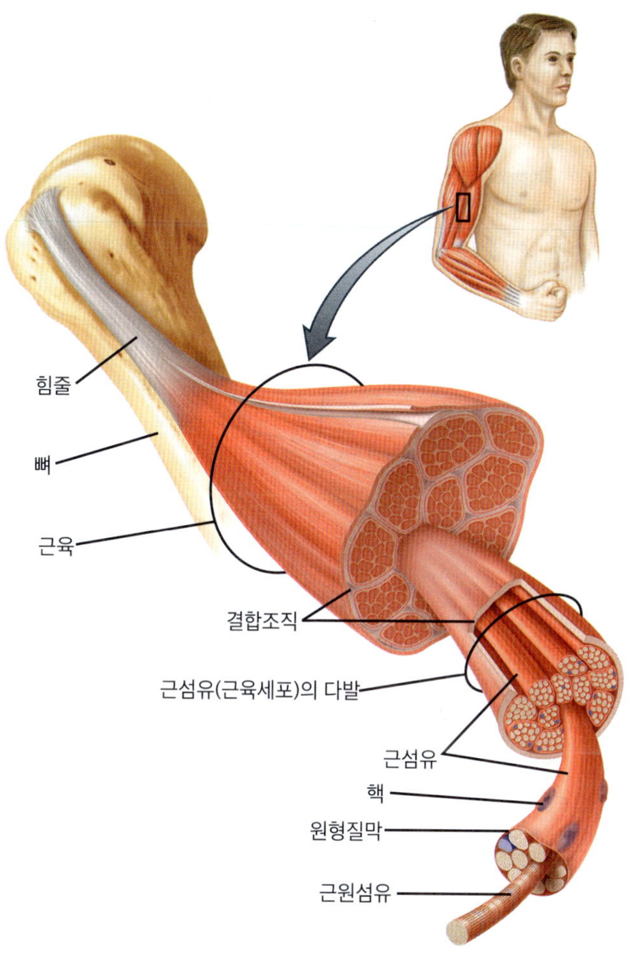


▲ **그림 41-1 골격근의 구조** 근육은 결합조직에 의해 둘러싸여 있으며, 일반적으로 힘줄에 의해 뼈에 붙어 있다. 근육세포(근섬유)는 근육 내에서 다발로 되어 있다. 각각의 근섬유는 근원섬유로 채워져 있다.

근섬유의 직경은 10μm서부터 100μm에 이른다. 어떤 근섬유는 근육의 전체 길이에 걸쳐 있으며, 몸에 있는 가장 긴 근육(다리에 있는 넙다리빗근; 봉공근; sartorius muscle)에 있는 근섬유는 60cm에 이르기도 한다. 각 골격 근섬유의 원형질막 바로 안쪽에 많은 핵이 존재 한다. 가장 큰 근섬유에는 수천 개의 핵이 있으며, 이 핵은 매우 활동적인 세포가 필요로 하는 효소 및 구조 단백질 합성과 직접적인 연관이 있다.

개개의 근섬유에는 원통 모양의 많은 **근원섬유(myofibril)**가 평행하게 존재한다(**그림 41-2**; 그림 41-1도 참조). 각 근원섬유는 **근소포체(sarcoplasmic reticulum, SR; 그림 41-2a)**라고 하는 특수한 타입의 소포체에 의해 둘러싸여 있다. 근소포체는 납작한 분획막으로써 둘러싸는 구조물이며 액체로 차 있다. 이 액체에는 근육수축(나중에 설명)에 중요한 역할을 하는 칼슘이온($Ca^{2+}$)이 높은 농도로 들어 있다. 각각의 근섬유를 둘러싸고 있는 원형질막은 **T세관(T tubule)**이라고 하는 작은 관을 형성하여 근섬유 안쪽으로 깊은 터널을 만드는데, 이 세관은 규칙적인 간격으로 있다. T세관은 근원섬유를 둘러싸고, 근원섬유 사이를 지나가며, 또 근소포체 부분과 밀접하게 붙어 있다(그림 41-2a).

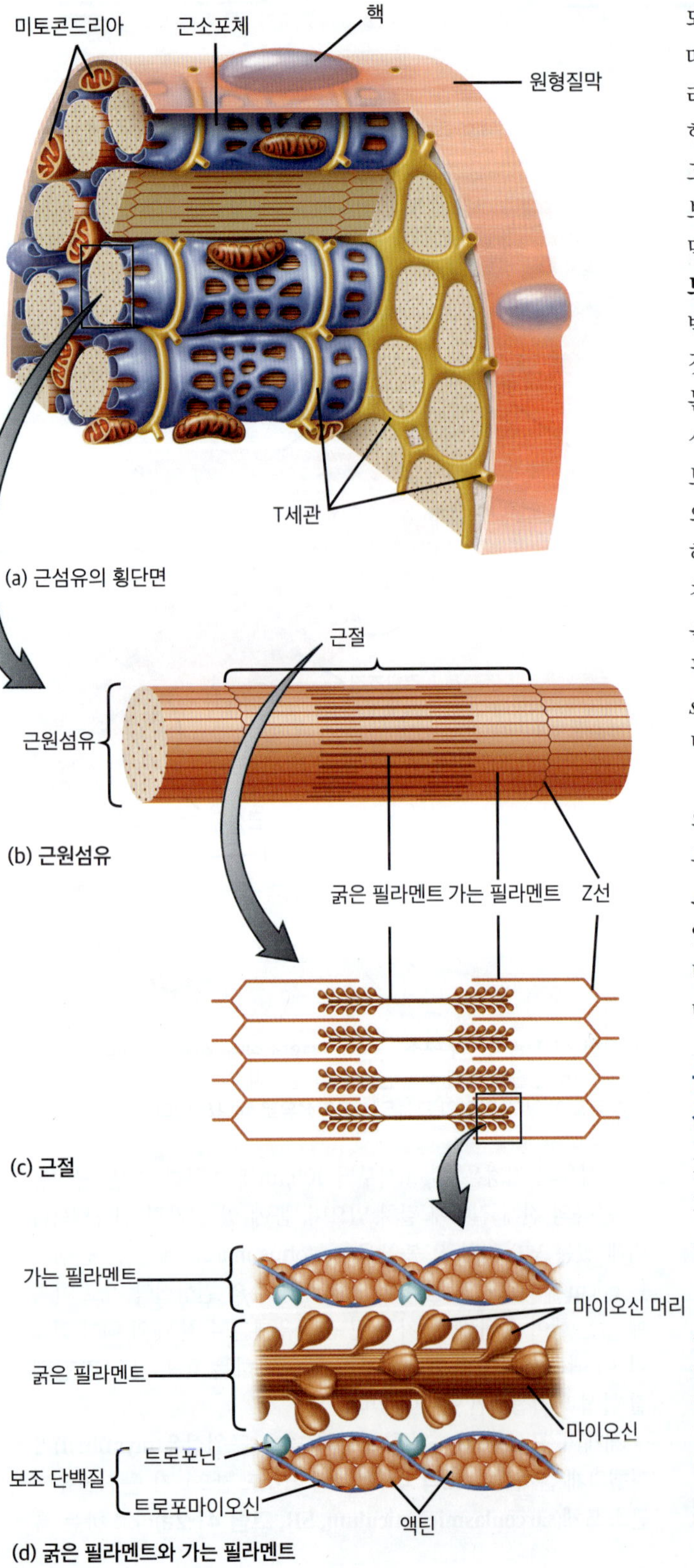

각 근원섬유는 다시 **근절(sarcomere)**이라고 하는 반복적으로 되풀이되는 단위로 구성되어 있다. 이 근절은 근원섬유의 길이를 따라 끝과 끝이 이어져 배열되어 있고(**그림 41-2b**), **Z선(Z disc)**이라고 하는 단백질 복합체에 의해 다음 근절과 연결되어 있다. 원통형 모양의 근절 단위 때문에, 각각의 근원섬유는 수천 개의 작은 고깃국 깡통의 끝과 끝을 서로 풀로 붙여 둔 것과 같은 모양으로 보인다. 각 근절 내에 가는 단백질 필라멘트와 굵은 단백질 필라멘트가 정교하게 배열되어 있다(**그림 41-2c**). 개개의 **가는 필라멘트(thin filament)**의 한쪽 끝은 Z선에 닿아 있다; 가는 필라멘트의 반대편 끝은 닿아 있지 않다. 가는 필라멘트 사이에 매달려 있는 것은 **굵은 필라멘트(thick filament)**이다. 각 근원섬유 내에서 가는 필라멘트와 굵은 필라멘트의 규칙적인 배열로 인해 골격근 근섬유의 줄무늬 형태가 생기게 된다. 근원섬유는 주로 가는 필라멘트에 있는 **액틴(actin)**과 굵은 필라멘트에 있는 **마이오신(myosin)**의 두 단백질로 구성되어 있으며, 이 액틴과 마이오신이 서로 작용하여 근섬유를 수축하게 한다(**그림 41-2d**). 가는 필라멘트는 거친 구형의 액틴 단백질로 된 두 나선으로 구성되어 있으며, 이 나선은 두 줄의 진주 목걸이가 서로 꼬여있는 것처럼, 감겨 있다. 가는 필라멘트에는 트로포닌(*troponin*)과 트로포마이오신(*tropomyosin*)이라고 하는 또 다른 작은 두 보조단백질이 있으며, 이 보조 단백질이 굵은 필라멘트와 가는 필라멘트의 상호작용을 조절한다.

굵은 필라멘트는 마이오신 단백질 다발로 구성되어 있다. 각각의 마이오신 단백질은 하키 스틱과 같은 형태로 되어 있으며, 머리 부분이 긴 축에 대하여 각도를 세워서 붙어 있다(그림 41-2d). **마이오신 머리(myosin head)**는 그 축에 대하여 경첩처럼 되어 있어서 앞뒤로 움직일 수 있다. 각각의 굵은 필라멘트 내에서, 마이오신 단백질은 다발로 되어서 이 다발의 중간 부위는 축으로 되어 있고, 마이오신 머리는 반대 방향의 양 끝에서 돌출되어 있다.

## 근섬유는 가는 필라멘트와 굵은 필라멘트 사이의 상호작용을 통해 수축한다

가는 필라멘트와 굵은 필라멘트의 분자 구조로 인해, 두 필라멘트가 결합하고, 또 그 필라멘트 사이를 서로 미끄러질 수 있다. 구형의 액틴은 마이오신 머리와 결합할 수 있는 부위를 갖고 있기 때문



◀**그림 41-2 골격근의 근섬유** **(a)** 각각의 근섬유는 원형질막으로 둘러싸여 있다. 원형질막이 T세관을 형성하여 근섬유 속으로 신장되어 들어간다. 근섬유 내에서 근소포체가 각 근원섬유를 둘러싼다. **(b)** 각 근원섬유는 일련의 근절로 구성되어 있고, 이 근절의 양 끝은 Z 선 단백질에 의해 붙어 있다. **(c)** 각 근절 내에는 액틴, 트로포닌, 트로포마이오신으로 구성되어 있는 가는 필라멘트와, 마이오신으로 구성되어 있는 굵은 필라멘트가 교대로 나타난다. **(d)** 여기에 굵은 필라멘트와 가는 필라멘트의 상세한 구조를 나타내었다.

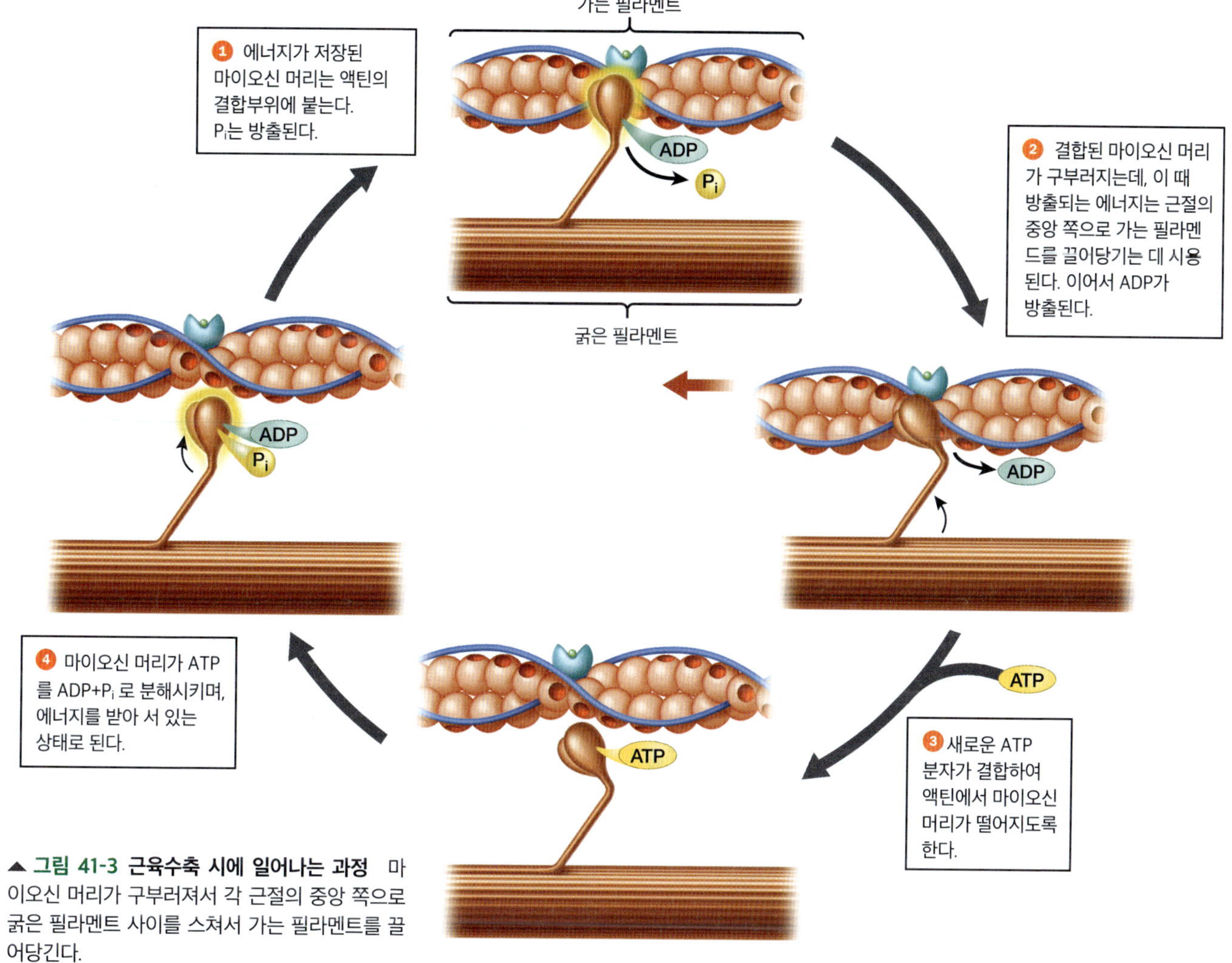


▲ **그림 41-3 근육수축 시에 일어나는 과정** 마이오신 머리가 구부러져서 각 근절의 중앙 쪽으로 굵은 필라멘트 사이를 스쳐서 가는 필라멘트를 끌어당긴다.

에 굵은 필라멘트와 가는 필라멘트는 서로 결합할 수 있다. 이완된 근육의 경우, 액틴의 이런 결합 부위는 트로포마이오신에 의해 덮여 있다. 근육이 수축하도록 뉴런이 신호를 보내면, 이 결합부위가 노출되도록 트로포마이오신이 움직인다. **그림 41-3**은 마이오신 머리가 움직여서 수축을 유발하는 동안에 일어나는 일련의 과정을 나타내고 있다(그런 과정을 일으키는 에너지 전환에 대한 내용은 다음 절에 기재되어 있다). 액틴 분자에 있는 결합부위가 노출될 때, 신장된 마이오신 머리가 바로 결합 부위에 붙어서❶, 일시적으로 굵은 필라멘트와 가는 필라멘트가 결합하게 된다. 이 결합으로 마이오신 머리가 이완되어 굽은 위치가 되도록 자극이 되며❷, 굵은 필라멘트를 따라 근절의 중앙 쪽으로 가는 필라멘트가 당겨져서 짧아지게 된다. 이어서 마이오신 머리가 가는 필라멘트에서 떨어지며❸, 다시 신장되고❹, Z 선 방향으로 가는 필라멘트를 따라 좀 더 떨어진 곳의 결합 부위에 다시 붙어서 가는 필라멘트와 결합하게 된다. 가는 필라멘트와 굵은 필라멘트가 이 과정을 계속 되풀이 하는데, 이것은 마치 선원들이 기다란 닻줄을 짧은 시간 간격을 두고 손에서 손으로 조금씩 끌어당기는 것과 유사하다. 즉, 닻줄을 잡고, 앞쪽으로 끌어당겼다가, 손에서 놓고, 이어서 좀 더 먼 곳의 닻줄을 잡는 것과 유사하다. 가는 필라멘트가 굵은 필라멘트 사이로 미끄러짐에 따라, 그 근절이 짧아지고, 이것이 근원섬유를 짧아지게 하여, 전체 근섬유가 수축하게 된다. 액틴의 결합부위가 노출이 되어 있거나, 또는 근섬유가 최대치로 수축할 때까지 이런 주기가 되풀이 된다. 많은 근섬유의 조화로운 수축으로 전체 근육이 수축하고 따라서 움직이게 된다.

활주 필라멘트 메커니즘(*sliding filament mechanism*, **그림 41-4**)이라고 하는 이런 수축 과정이 근섬유를 따라 있는 모든 근절을 동시에 짧아지게 한다. 완전히 수축된 근섬유에서는 마이오신으로 구성된 굵은 필라멘트가 Z 선 단백질까지 닿기도 하는 것을 알아야 한다. 반면에, 완전히 이완된 근육은 굵은 필라멘트와 가는 필라멘트 사이의 중첩이 거의 없다.

## 근육수축에 ATP 에너지를 사용한다

또한 근육수축에 필요한 에너지를 어떻게 ATP가 제공하는지 그림 41-3에 표시되어 있다. 잘 이해하기 위해, ATP가 이완된 마이

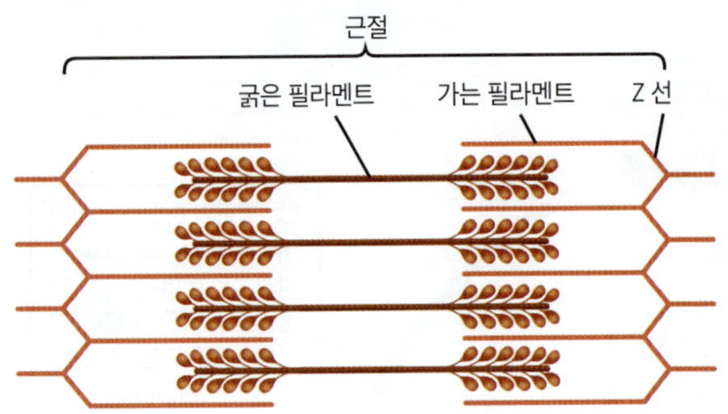


(a) 이완된 근육

(b) 완전히 수축된 근육

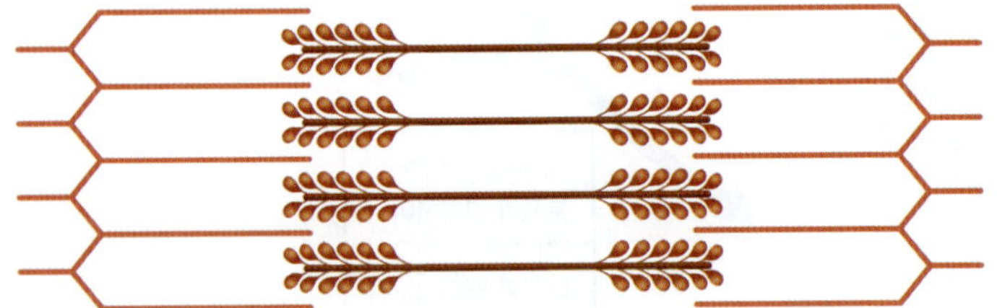

(c) 완전히 이완된 근육

▲ **그림 41-4 근육수축에 대한 활주 필라멘트 메커니즘**

**비판적 사고** 왜 완전히 이완된 팔로 무거운 짐을 잡기가 어려울까; 다시 말하면, 완전히 이완된 근육에서는 매우 적은 힘이 생길까?

오신 머리에 결합하여 액틴 필라멘트와 떨어지도록 하는 수축 주기의 ❸ 위치에서 시작할 필요가 있다. ❹ 위치에서, 마이오신 머리는 ATP가 ADP+$P_i$(ADP와 $P_i$는 마이오신에 결합되어 남아 있다)로 분해되도록 촉매하며, 이 때 방출되는 에너지는 마이오신 머리를 치켜세워서 서는 위치가 되도록 한다(이 과정을 새총의 고무 밴드를 끌어당기는 것으로 이해하면 된다). ❶ 위치에서, 에너지를 받은 마이오신 머리가 액틴의 결합 부위에 붙고, $P_i$는 방출된다. ❷ 위치에서, 마이오신 머리의 "파워 스트로크(power stroke)" 를 계속함으로써, 근절의 중앙 방향으로 액틴 필라멘트를 끌어당기는데 마이오신 머리에 저장된 에너지를 사용한다(돌을 쏘기 위해 새총의 고무 밴드를 놓는 것과 유사). 이완된 마이오신 머리가 ADP를 방출하고 또 다른 ATP와 결합할 수 있는 상태가 되는데, 이것은 마이오신 머리를 결합 부위에서 떨어지도록 하여, 가까운 Z 선 쪽으로 액틴을 따라 있는 또 다른 결합 부위에 머리를 결합시킴으로써 새로운 수축 주기를 시작하는 것이다. 힘 있는 근육수축을 유발하기 위해서는 이런 주기가 여러 번 되풀이 되어야 한다. 이 수축 주기는 자극을 받은 근육세포의 모든 마이오신 머리를 포함하며, 또한 액틴의 결합 부위가 노출되어 있는 동안이나 또는 근육이 완전히 수축될 때까지 계속된다(그림 41-4b 참조).

골격근의 ATP 저장고는 고강도 운동 시 단 몇 초만에 바닥나게 된다. 고강도 운동을 하기 위해서 근육세포는 해당과정을 이용하여 약간의 ATP를 생산할 수 있다. 해당과정은 산소를 필요로 하지 않지만 매우 비효율적인 과정이다(8장 참조). 운동을 오래하거나 또는 저강도 운동의 경우, 세포호흡에 의해 근육세포에서 ATP가 생산된다. 세포호흡에서는 심혈관계의 모세혈관을 통해 근육세포에 지속적으로 산소의 공급이 이루어져야 된다.

## 속근 골격근섬유와 지근 골격근섬유는 다른 종류의 활동에 맞도록 특수화되어 있다

골격근섬유에는 두 가지 기본형, 지근(*slow-twitch*)과 속근(*fast-twitch*)이 있다 (두 종류 내에는 다시 세부 타입의 종류가 있지만). 대부분의 근육에 지근과 속근이 들어있다(**그림 41-5**). 지근과 속근의 근섬유는 다른 형태의 마이오신을 갖고 있어서, 가는 필라멘트를 비교적 느리게(지근) 당기거나, 또는 좀 더 빠르게(속근) 당긴다. 또한 다른 차이점도 있다. 지근섬유는 속근섬유 보다 약하게 수축하지만, 매우 오랜 시간 동안 수축을 유지할 수 있다. 어떻게 그런 일이 가능할까? 지근섬유는 피로에 견딜 수 있는데, 그 이유는 세포호흡을 통해 힘 있는 근육수축에 필요한 많은 ATP를 지속적으로 근섬유에 공급해줄 수 있기 때문이다. 예를 들면, 지근섬유는 산소($O_2$)를 공급해 주는 모세혈관으로 둘러싸여 있고, 또 많은 수의 미토콘드리아를 갖고 있어서 세포호흡에 의한 ATP 생산에 산소를 이용한다. 그 외에도 지근세포(지근섬유)는 헤모글로빈과 유사한 붉은색 단백질인 마이오글로빈(*myoglobin*)

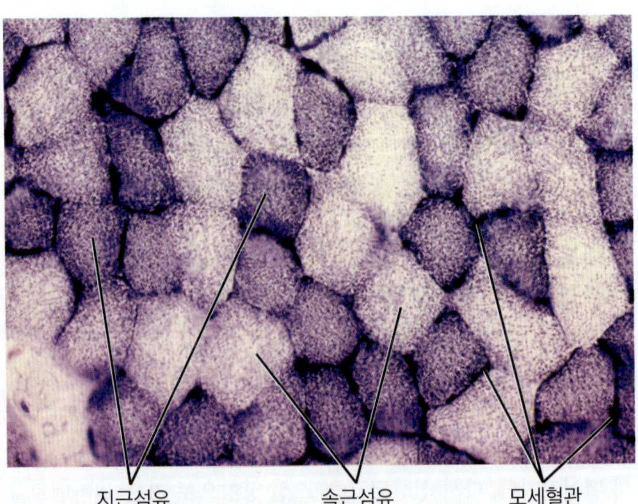


▲ **그림 41-5 근육의 횡단면** 미토콘드리아는 푸른색으로, 모세혈관은 검은색으로 염색되어 있다.

**비판적 사고** 왜 미토콘드리아가 많이 들어 있는 근섬유 주위에 모세혈관이 집중되어 있을까?

**CASE STUDY CONTINUED**

## 황금의 다리

약 80%의 속근섬유를 갖고 있는 우사인 볼트 같은 단거리 챔피언의 다리는 출발대를 박차는데 매우 필요한 빠르고도 폭발적인 수축을 할 수 있다. 반면에 엘리우드 킵초게 같은 세계 정상급 마라토너는 약 80%의 지근섬유를 갖고 있어서, 힘은 약하지만 되풀이해서 빠르게 수축을 할 수 있으며, 마라톤을 완주하기 위해서 각각의 다리는 11,000회 이상 걸음을 옮기게 된다. 이 두 선수는 아마도 그들의 다리에 같은 수의 근섬유를 갖고 있겠지만, 볼트의 근육은 대부분 굵은 속근섬유로 되어 있어서 더 크고, 반면에 킵초게의 근육은 대부분이 얇은 지근섬유로 되어 있다. 마찬가지로 볼트와 킵초게의 힘줄 및 뼈에도 어떤 차이점이 있는가? 41.3절에서 확인해 볼 수 있다.

을 많이 포함하고 있다. 마이오글로빈은 산소의 농도가 높을 때 결합하여 산소를 저장하고, 산소의 농도가 떨어지면 산소를 방출한다. 마이오글로빈과 결합한 산소를 이용하여 지근섬유는 혈중 $O_2$의 양이 일시적으로 부족하더라도 세포호흡을 계속할 수 있다.

반면에 근원섬유가 많이 들어 있어서 직경이 좀 더 큰 속근섬유는 지근섬유에 비해 더 큰 힘으로 수축할 수 있다. 그러나 속근섬유에는 혈액공급이 적고, 마이오글로빈이 많지 않으며, 또한 적은 수의 미토콘드리아가 있다. 속근섬유는 ATP를 생산하기 위해 해당과정에 많이 의존하게 된다. 해당과정은 세포호흡보다 더 빨리 ATP를 생산할 수 있지만, 비효율적이다.

따라서 속근섬유의 에너지 창고가 고갈되며, 지근섬유에 비해 빨리 지치게 된다.

## 골격근의 수축은 신경계에 의해 조절된다

신경계를 통해 골격근 수축을 대부분 마음대로 조절할 수 있다(무릎 반사와 같은 특정 반사를 제외하고). 어떻게 신경계가 골격근 수축을 유발하는가?

### 운동뉴런이 신경근접합부에서 골격근섬유를 자극 한다

골격근섬유는 운동뉴런에 의해 활성화되며, 따라서 (모터처럼) 운동이 일어난다. 대부분 운동뉴런의 세포체는 척수에 존재한다;

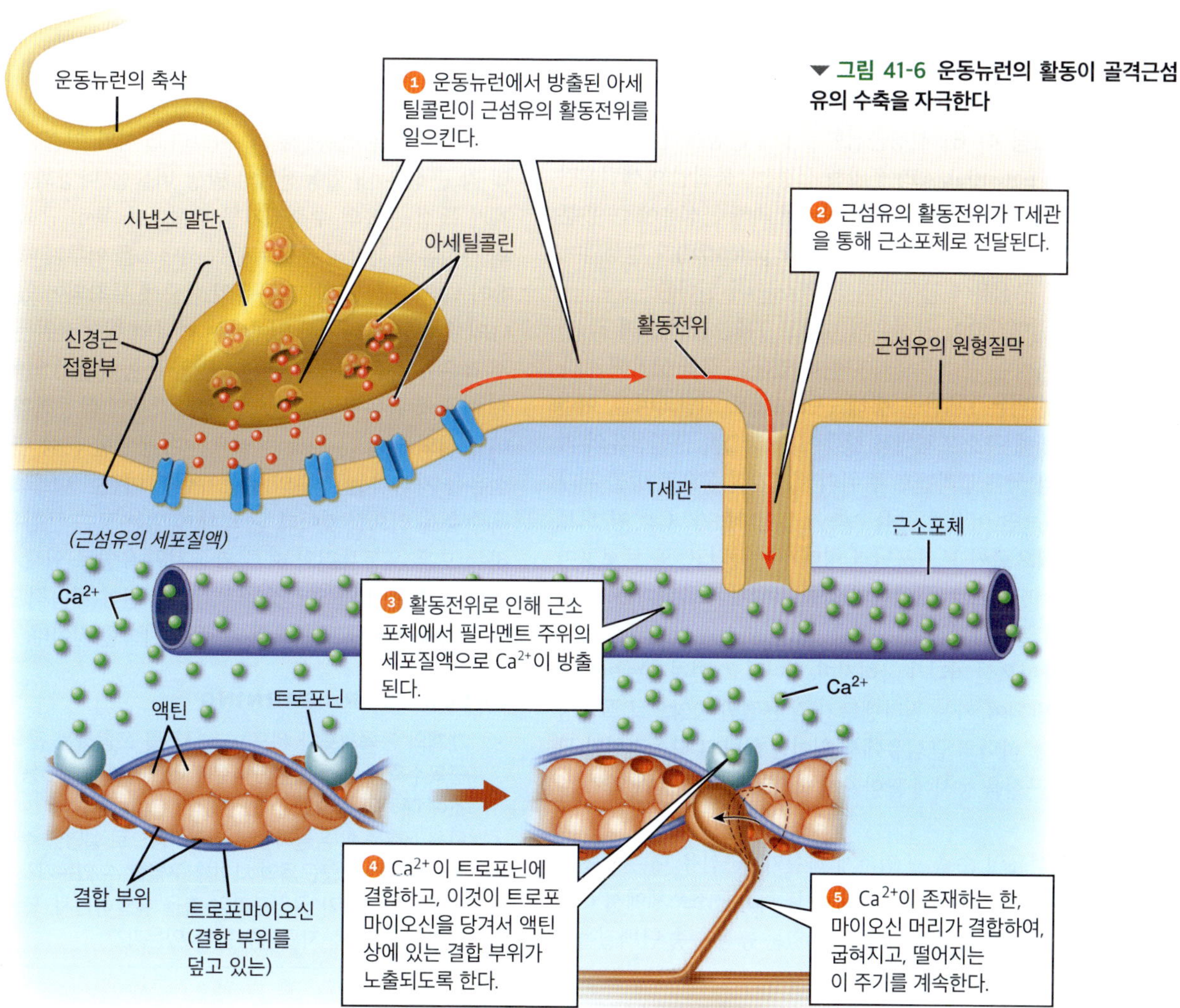


▼ 그림 41-6 운동뉴런의 활동이 골격근섬유의 수축을 자극한다

**Have You Ever Wondered ...**

## 흰 살코기와 짙은 살코기(붉은색 고기)는 어떻게 다른가?

흰 살코기와 짙은 살코기? 대부분의 사람들은 고기에 대한 선호도를 갖고 있는 것 같다. 짙은 다리 고기는 향이 풍부하며, 지방이 많아서 더 촉촉하게 보인다. 그러나 어떤 사람들은 부드럽고 기름기가 적은 가슴 흰 살코기를 더 좋아하기도 한다. 흰 살코기와 짙은 살코기는 고기 내에 있는 우세한 근섬유 종류의 차이에 의한 것이다. 야생의 닭과 칠면조는 땅을 파기도 하고, 보통 여우나 코요테로부터 도망가기 위해서 날거나, 또는 밤에 안전한 횃대에 올라가기 위해서만 난다. 아마도 이런 닭, 칠면조의 가슴살은 속근섬유로 채워져 있을 것으로 예상할 수 있으며 단순히 필사적으로 날개 치는데도 좋을 것이다(마찬가지로 사람들의 먹는 즐거움도 솟구칠 것이다). 기회가 되는 대로 보통 이런 새들은 하루 종일 먹이 찾으러 걸어 다닐 것이고, 다리 근육은 주로 지근섬유로 되어 있어서, 이런 오랜 시간 저강도로 걸어 다니는데 적합하다. 지근섬유 주위에서 혈액을 운반하는 모세혈관과 지근섬유 내에서 산소를 저장하는 마이오글로빈으로 인해 많은 철분이 공급되고, 이런 새들의 다리는 짙은 색깔과 강한 풍미를 띠게 된다. 그러나 먼 거리를 날아가는 이동성 오리와 거위의 근육은 어떨까? 예상할 수 있는 바와 같이, 오리와 거위의 가슴근육은 짙은 살코기로 구성되어 있다.

척수에서 척수신경으로 나온 운동뉴런의 축삭은 **신경근접합부(neuromuscular junction)**라는 특수화한 시냅스에서 근섬유와 접하게 된다(**그림 41-6**). 신경근접합부에서, 운동뉴런 축삭의 **활동전위(action potential, AP)**에 의해 신경전달물질인 아세틸콜린이 근섬유 쪽으로 방출된다. 아세틸콜린에 의해 근섬유에 큰 **흥분성 시냅스후전위(excitatory postsynaptic potential)**가 발생되며, 운동뉴런처럼 근섬유에 활동전위를 발생시키게 된다❶.

근섬유의 원형질막이 근섬유의 내부로 T세관을 뻗으며 각 근원섬유를 둘러싸는 근소포체와 나란히 있다는 것을 상기해 보라. 근육의 활동전위는 T세관을 통해 근소포체로 전달되며❷, 이런 활동전위에 의해 근소포체에서 칼슘이온($Ca^{2+}$)이 근원섬유의 가는 필라멘트와 굵은 필라멘트 주위의 세포기질 쪽으로 방출 된다❸. $Ca^{2+}$이 있으면 어떻게 근육수축이 일어나는가? $Ca^{2+}$이 트로포닌과 결합함으로써 트로포닌의 형태가 변화되고, 또 트로포마이오신을 끌어당김으로써, 액틴의 결합 부위가 노출된다❹. 트로포마이오신이 끌어당겨짐으로써, 마이오신 머리가 액틴과 결합할 수 있다. 이 마이오신 머리가 굽혀지며, 떨어지고, 뻗쳐지는 반복적인 주기로 촉발되어, 가는 필라멘트가 각 근절의 중앙으로 끌어당겨지게 된다❺. 하나의 근섬유에서 일어난 하나의 활동전위가 모든 근섬유의 근절을 동시에 짧아지게 함으로써, 근섬유가 약간 짧아지게 된다.

무엇이 근섬유의 수축을 멈추게 하는가? 근섬유 내 활동전위가 사라시면(수천분의 일 초의 짧은 시간에), 근소포체에서 $Ca^{2+}$ 방출이 되지 않으며, 근소포체의 막에 있는 능동수송 단백질들이 $Ca^{2+}$을 근소포체 안으로 다시 퍼 들인다. 따라서 $Ca^{2+}$이 트로포닌에서 분리가 되고, 이어서 트로포닌이 원래의 모양으로 돌아가며, 트로포마이오신이 미끄러져서 액틴 결합부위를 다시 덮게 됨으로서 근수축이 멈추게 된다. 하나의 활동전위에 의해 방출되었던 $Ca^{2+}$을 근소포체 속으로 퍼 들인다 하더라도, 가시적인 수축이 생길 정도로, 수백 개의 마이오신 머리 운동 주기가 가능한 정도의 긴 시간이다.

### 운동단위의 크기 및 활동전위의 빈도가 근육수축의 세기를 결정한다

근육수축의 세기, 거리, 지속시간은 근육수축 시 얼마나 많은 근섬유가 관여하는지, 얼마나 많이 수축하는지, 그리고 얼마나 오랫동안 수축하는지에 의해 결정된다.

전형적으로 하나의 운동뉴런은 한 근육 내에서 여러 개의 근섬유와 시냅스를 이루어, **운동단위(motor unit)**를 형성한다. 운동단위의 크기는 매우 다양하다. 눈이나 또는 손가락을 움직이는 것과 같은 미세한 조절에 이용되는 근육의 경우, 운동단위는 작다: 하나의 운동뉴런이 단지 몇 개의 근섬유와 시냅스를 이루어 복잡하고 정밀한 운동을 할 수 있다. 넙다리와 궁둥이에서 일어나는 운동처럼 큰 규모의 운동을 하는 근육의 경우, 운동단위는 크다: 하나의 운동뉴런이 수십 개 또는 심지어 수백 개의 근섬유와 시냅스를 이루어 힘은 있지만 정밀하지 않은 운동이 가능하다(여러분의 넙다리를 움직여 글을 써 보는 것을 생각하면 된다).

자극을 받은 운동단위의 수(그리고 이와 연관된 근섬유의 수) 및 각 근섬유 내 활동전위의 발생 비율을 다양화함으로써, 신경계가 특정 근육의 수축세기를 조절한다. 특정 근육 내에서 다수의 근섬유와 각각의 운동뉴런이 시냅스를 이루기 때문에, 또 근섬유가 다른 근섬유 및 그 근육의 힘줄에 부착되어 있기 때문에, 하나의 운동뉴런 내에서 일어나는 하나의 활동전위는 전체 근육에서 작은 수축을 일으킬 것이다. 만약 운동뉴런이 연속적으로 빠르게 다수의 활동전위를 일으킨다면, 각각의 활동전위로 인한 수축이 중첩되어 더 큰 수축을 일으킨다. 동일한 근육 내에서 많은 근섬유를 자극하는 다수의 운동뉴런이 여전히 더 크고 힘 있는 근육수축을 일으킬 것이다. 근육 내에 있는 모든 근섬유를 신경지배하는 모든 운동뉴런의 빠른 활동전위 유발로 인해, 최대의 힘 있는 근육수축이 일어날 것이다. 운동뉴런이 계속적으로 활동전위를 발생시키는 한 그 근육은 수축을 지속할 것이다.

**CHECK YOUR LEARNING**

- 개개의 근육세포와 세포하부 구조를 포함하는 근육전체에서부터 근육수축에 관계되는 단백질에 이르기까지 척추동물 골격근의 구조에 대하여 기술할 수 있는가?
- 근육수축을 활주 필라멘트 메커니즘으로 설명할 수 있는가?
- 속근근육과 지근근육의 차이를 구별할 수 있는가?
- 어떻게 신경계가 골격근의 수축을 유발하는지, 또 어떻게 수축의 세기를 조절하는지를 설명할 수 있는가?

## 41.2 심장근과 민무늬근은 골격근과 어떻게 다른가?

모든 근육세포는 동일한 기본 원리에 기초한다. 액틴과 마이오신의 필라멘트가 서로 붙고 미끄러져 세포가 수축한다. 그러나 심장과 평활근은 골격근과 기능적으로 서로 다르다. 세 가지 근육유형의 특성은 **표 41-1**에 요약되어 있다.

### 심장에 힘을 주는 심장 근육

**심장근(Cardiac muscle)**은 오직 심장에만 있다. 심장근도 골력근처럼 교차하는 굵은 필라멘트와 얇은 필라멘트를 가지는 근절의 규칙적 배열 때문에 줄무늬가 있다. 하지만, 심장의 근섬유는 가지를 치며, 세포마다 하나의 핵을 갖고 있고, 대부분의 골격근섬유에 비해 매우 짧다. 심장의 근섬유는 **개재판(intercalated disc**, 33장 참조)에 의해 서로 연결되어 있어서, 수축을 자극하는 활동전위가 섬유 사이로 빠르게 전달될 수 있다. 개재판이 심장의 근섬유를 다른 근섬유와 단단하게 결합시켜 수축 시에 섬유가 떨어지지 않도록 한다.

사람의 전 생애 동안 심장근은 분당 약 70회를 수축해야 하기 때문에, 심장근육세포는 ATP 생산에 필요한 많은 양의 산소 공급을 끊임없이 필요로 한다. 산소 요구량을 충족하기 위해, 심장의 근섬유는 광범위한 혈관망으로 둘러싸여 있고, 산소를 저장하는 마이오글로빈을 함유하고 있다. 심장의 근섬유는 엄청난 수의 미토콘드리아를 포함하고 있다; ATP를 생산하는 세포소기관인 미토콘드리아가 심장근 부피의 약 35%를 차지하기도 한다.

골격근섬유와는 다르게, 심장근은 무의식적으로 수축을 한다. 비록 수축의 빈도와 세기가 신경계와 호르몬(33장 참조)의 영향을 받지만, 신경계의 개입 없이 심장근섬유는 자발적으로 수축한다. 자발적으로 수축할 수 있는 능력은 심장의 자연적인 박동원(pacemaker)인 특수화된 심장근섬유에 특별히 잘 발달되어 있다. 박동원에서 발생된 활동전위는 심장근섬유를 서로 연결하는 개재판의 간극연접을 통해 빠르게 퍼져나가며, 따라서 심장 전체가 조화로운 수축을 한다.

### 민무늬근은 느리고, 불수의적인 수축을 한다

**민무늬근(smooth muscle)**은 혈관과 속이 비어 있는 기관 즉, 자궁, 방광, 소화관을 둘러싸고 있는 근육이다. 민무늬근세포는 골격근과 심장근처럼 줄무늬를 띠지 않는데, 왜냐하면 가는 필라멘트와 굵은 필라멘트가 흩어져 있기 때문이다(표 41-1 참조). 심

**표 41-1 세 가지 근육의 특징**

| | 근육의 종류 | | |
|---|---|---|---|
| 특성 | 골격근 | 심장근 | 민무늬근 |
| 근육모양 | 줄무늬 | 줄무늬 | 줄무늬 없음 |
| 세포 형태 | 양 끝이 가는 형태 | 분지형 | 양 끝이 가는 형태 |
| 핵의 숫자 | 세포당 여러 개 | 세포당 하나 | 세포당 하나 |
| 수축 속도 | 느린 것에서 빠른 것까지 | 중간 | 느림 |
| 수축 자극 | 신경계 | 자발적 | 신경계, 호르몬, 자발적, 긴장 |
| 기능 | 뼈를 움직임 | 혈액을 퍼냄 | 속이 빈 장기와 관을 통한 물질의 이동을 조절 |
| 의지적 조절 가능 여부 | 가능 | 안 됨 | 안 됨 |
| 모식도(왼쪽)와 현미경 사진(오른쪽) | 핵 | 핵, 개재판 | 핵 |

장근섬유처럼, 민무늬근섬유는 하나의 핵을 갖고 있으며, 이웃한 민무늬근섬유와 소통할 수 있어서, 세포들이 주기에 맞추어 (공조적으로) 수축할 수 있다. 이런 수축은 스트레스를 받을 때 혈압을 올리는 동맥의 수축처럼(33장 참조) 느리고 지속적이거나, 또는 소화관 내에서 음식물을 움직이는 연동과 같이(35장 참조) 느리고 파동처럼 치기도 한다. 긴장, 호르몬, 자율신경계의 신호와 같은 자극에 의해 민무늬근이 수축하거나, 또는 이런 자극이 복합적으로 작용하여 민무늬근이 수축할 수 있다. 일반적으로 민무늬근 수축은 의식적으로 조절이 되지 않는다.

**CHECK YOUR LEARNING**

- 심장근과 민무늬근 간의 유사점과 차이점, 즉 근육들의 형태, 이런 근육들이 어디에 존재하는지, 이런 근육들이 수축하도록 무엇이 자극하는지, 그리고 이런 근육들이 어떤 종류의 운동을 하는지에 대하여 기술할 수 있는가?
- 심장근과 민무늬근을 골격근과 비교해 볼 수 있는가?

## 41.3 근육과 골격이 어떻게 같이 작동하여 움직이게 하는가?

몸의 형태와 구조가 굉장히 다름에도 불구하고, 거의 모든 동물–지렁이, 게, 말, 또는 사람–은 근본적으로 동일한 메커니즘에 의해 움직인다: 근육수축을 통해 몸을 지탱하는 구조물인 **골격(skeleton)**에 힘을 가하여 몸의 형태가 변화하도록 한다.

### 골격에 작용하는 길항근육에 의해 동물이 움직인다

동물의 몸에서 볼 수 있는 조화로운 운동은 **길항근육(antagonistic muscle)**이 교대로 수축함으로써 일어난다. 길항근육은 동물의 골격에 밀거나 당기는 서로 반대되는 작용을 하는 쌍으로 된 근육이다. 동물계를 통틀어 골격에는 세 종류의 다른 형태가 있다: 유체골격, 외골격 및 내골격이다.

지렁이, 자포동물(해파리, 말미잘과 그 유사한 종류들) 및 많은 연체동물(달팽이, 문어와 그 유사한 종류들)은 **유체골격(hydrostatic skeleton)**을 가지고 있는데, 이것은 기본적으로 액체가 들어 차 있는 주머니 또는 관 모양이다. 물이 들어 있는 풍선처럼 '유체'라는 용어는 '물이 들어있어 일어서 있는' 이라는 의미이다. 물은 압축될 수 없기 때문에 풍선의 부피는 일정하지만, 풍선을 압박함으로써 풍선의 모양이 변화될 수는 있다. 이와 유사하게, 근육이 압박하면 유체골격으로 된 동물의 형태가 변화하게 된다.

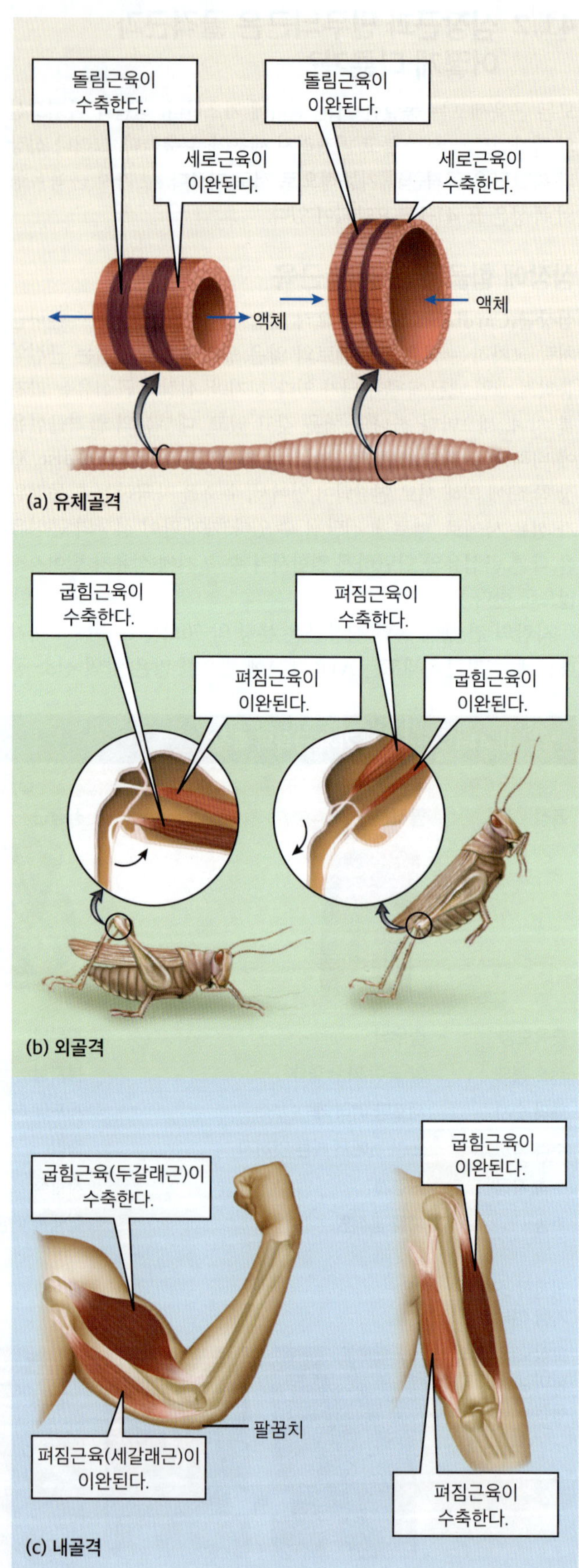


▶ **그림 41-7 길항근육은 유체골격, 외골격, 내골격을 움직인다** **(a)** 유체골격은 필수적으로 액체가 차 있는 관으로서, 체벽 내의 길항적인 돌림근육과 세로근육이 이 관을 둘러싸고 있다. 돌림근육이 수축하면 관이 길어지고 가늘어진다(왼쪽); 세로근육이 수축하면 관이 짧아지고 두꺼워진다(오른쪽). **(b)** 길항성의 굽힘근육과 펴짐근육이 유연한 관절의 반대편에 있는 외골격의 내부 표면에 부착되어 있다. **(c)** 길항성의 굽힘근육과 펴짐근육이 관절 바깥 표면의 반대편에 있는 내골격에 부착되어 있다.

유체골격의 몸을 압박하기 위해, 동물은 몸의 체벽 둘레에 있는 두 세트의 길항근육을 이용한다(**그림 41-7a**). 하나의 근육 세트는 돌림근육이다; 돌림근육이 수축하면 그 동물의 몸은 길어지고 얇아지게 된다. 다른 근육 세트는 세로근육이다; 이 근육이 수축하면 동물의 몸은 짧아지고 뚱뚱해진다. 땅 속에서 기어다니기 위해, 지렁이는 피부에 있는 가시(bristle)를 이용하여 몸을 고정하고, 이어서 머리 체절에 있는 돌림근육을 수축함으로써 앞쪽으로 머리 체절이 길어지게 한다. 이어서 세로근육을 수축함으로써 머리 체절이 짧아지고 확장되어 몸의 나머지 부분을 앞쪽으로 끌어당기게 된다. 효과적으로 움직이기 위해, 지렁이 몸의 짧은 체절에 있는 세로근육과 돌림근육을 교대로 연동운동(peristalsis)처럼 파도 모양의 수축을 한다(연동운동은 또한 소화관의 한 방향으로 음식물을 움직인다; 35장 참조).

절지동물(거미류, 갑각류, 곤충류 같은 동물)의 몸은 딱딱한 **외골격**(**exoskeleton**, 글자 뜻 그대로 '바깥의 골격'이라는 의미; **그림 41-7b**)으로 둘러싸여 있다. 외골격의 운동은 전형적으로 관절에서만 일어나는데, 그런 관절 부위에 있는 얇고 유연한 조직이 딱딱한 외골격 부위들을 결합하기 때문이다. 절지동물에서 관절은 다리, 구기, 촉각, 날개의 기부, 그리고 몸의 체절 사이에 위치하고 있다. 길항근육은 관절 내에서 외골격의 서로 반대편 쪽에 붙어 있다. **굽힘근육**(**flexor muscle**)이 수축하여 관절을 구부리며; **펴짐근육**(**extensor muscle**)이 수축하여 관절을 펴게 한다. 길항근육이 교대로 수축하여 앞뒤로 관절을 움직이게 함으로써 동물이 걷거나, 날거나, 또는 먹이를 먹을 수 있게 된다. 비록 외골격이 몸을 움직이는 근육이 붙는 효율적인 지지대 역할을 하지만, 심각한 문제에 직면하게 된다: 외골격은 성장에 맞추어서 효과적으로 늘어날 수가 없다. 따라서 절지동물은 주기적으로 외골격을 탈피해야만 이 성장할 수 있다(**그림 41-8**). 탈피로 인해, 부분적으로 부드러운 외골격이 형성됨으로 사람(껍질이 부드러운 게는 이 시기에 먹는다)을 포함한 포식자에게 공격당하기 쉽다. 탈피 후 그 동물이 생존하기 위해서는, 공기나 물을 받아들여서 몸을 팽창해야 하며, 껍질에 미네랄을 축적시켜 외골격을 단단하게 해야 한다.

▲ **그림 41-8 탈피하고 있는 여치**

**비판적 사고** 왜 두꺼운 갑옷 같은 외골격은 주로 수중동물에서 발견되고, 반면에 육상곤충과 거미류는 이보다 얇은 외골격을 갖는 경향이 있는가?

**내골격**(**endoskeleton**, '안쪽의 골격')은 극피동물(불가사리류와 그 유사한 종류들)과 척삭동물(척추동물과 그 유사한 종류들)의 몸 내부에 있는 딱딱한 구조물이다. 척추동물의 경우, 운동은 주로 **관절**(**joint**)에서 일어나는데, 관절 부위에서 두 골격이 단단하지만 유연하게 서로 붙어 있다. 두갈래근(굽힘근육)과 세갈래근(펴짐근육) 같은 길항근육은 관절(이 경우는 팔꿈치; **그림 41-7c**) 바깥 부분의 반대편에 붙어 있다. 길항근육은 관절 앞뒤로 움직이게 하거나, 또는 한 방향이나 다른 방향으로 관절을 회전시킨다.

왜 모든 동물이 골격을 움직이는데 쌍으로 된 길항근육을 사용할까? 그 이유는 근육이 수축함으로써 힘을 내기 때문이다; 근육은 능동적으로 늘어날 수 없다. 수축된 근육은 오로지 길항근육이나 또는 중력과 같이 다른 힘으로 당겨질 때 늘어날 것이다. 예를 들어, 만약 두갈래근을 수축하여 팔꿈치를 구부렸다면, 편안하게 중력에 맡기든지, 또는 길항적인 세갈레근의 수축에 의해서만 두갈래근이 늘어나고 팔이 펼쳐질 수 있다.

## 척추동물 내골격은 다양한 기능을 제공한다

사람 및 다른 척추동물의 내골격은 다양한 기능을 제공한다:

- 골격은 이동이 가능하도록 한다. 여러 종류의 척추동물은 기어가기, 걷기, 달리기, 뛰기, 수영, 날기, 또는 이런 운동이 복합된 것에 적합한 골격으로 진화되어 왔다.
- 골격은 몸을 지탱하는 딱딱한 틀을 제공해주고, 몸의 내부 장기들을 보호해준다. 머리뼈와 척주가 뇌와 척수를 거의 완전히 둘러싸고 있으며, 흉곽(rib cage)은 허파와 심장을 보호하고, 후지연결대(pelvic girdle)는 복부의 기관들을 지탱하고 일부 보호하기도 한다.
- 포유류의 경우, 가운데귀의 뼈는 청각에 필수적이다; 가운데귀에 있는 뼈는 음파에 의한 고막의 진동을 달팽이(cochlea)로 전달해 준다(40장 참조).
- 적혈구, 백혈구, 혈소판이 적골수(red bone marrow) 내에서 생산된다(33장 참조).
- 뼈는 칼슘과 인을 저장하고, 필요에 따라 이런 미네랄을 흡수

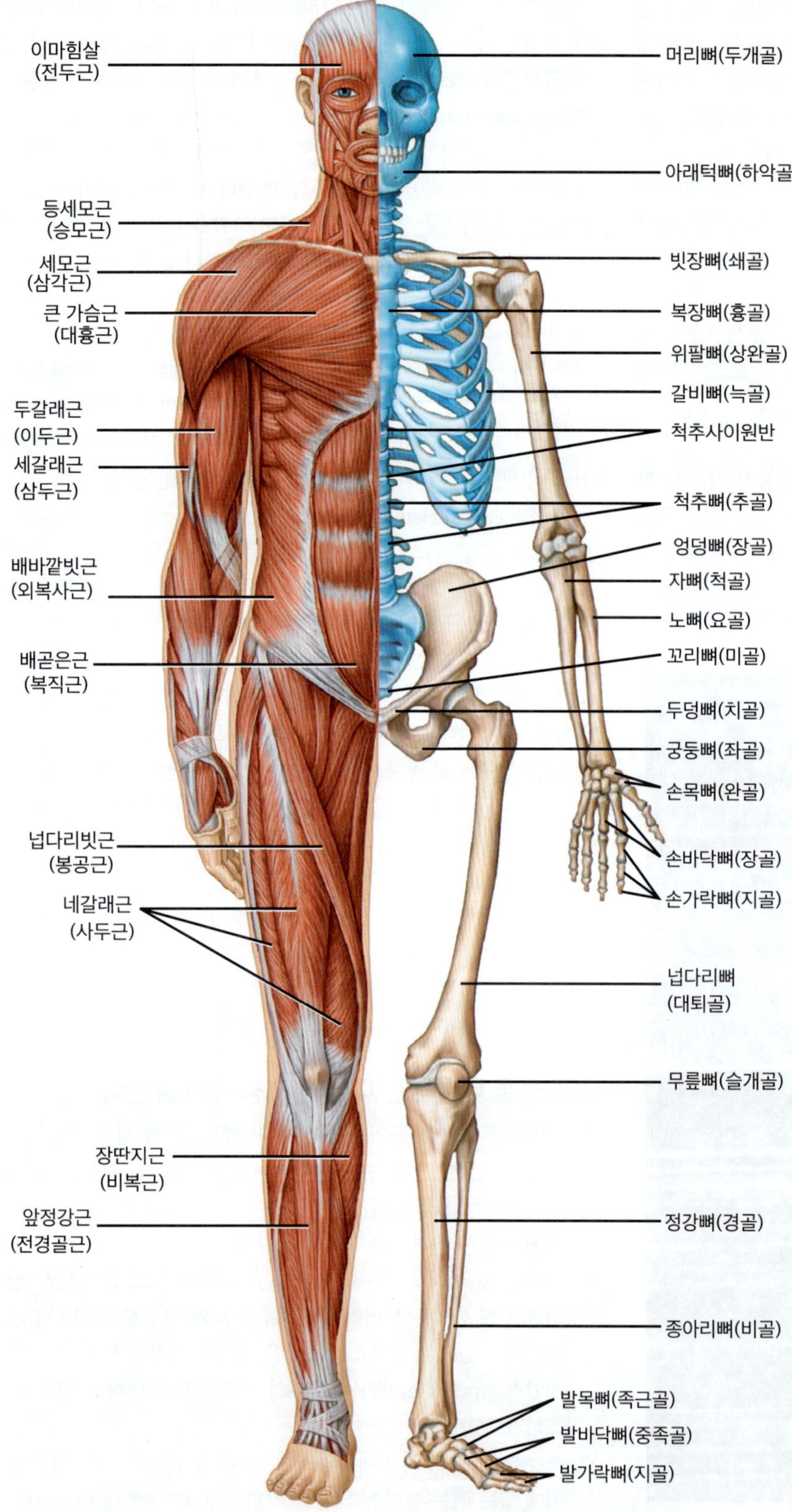


▲ **그림 41-9 인간의 근육계와 골격계는 함께 기능한다** 여기에 몇몇 사람의 주요 골격근(총 약 640개 근육)과 뼈를 표시하였다. 근육계와 골격계는 상호간 협력으로 몸을 움직이게 한다. 206개의 뼈로 되어 있는 골격이 중축골격(푸른색)과 부속지골격(다갈색)으로 구분되어 있다.

하고 방출한다.

척추동물 골격을 두 범주로 나눌 수 있다(그림 41-9). **중축골격(axial skeleton)**에는 머리뼈, 척주, 흉곽이 포함된다. **부속지골격(appendicular skeleton)**에는 전지연결대(pectoral girdle)와 후지연결대(pelvic girdle)가 포함되며, 부속지는 이 연결대에 붙어 있다: 부속지는 전지(사람의 경우, 팔과 손)와 후지(사람의 경우, 다리와 발)이다. 사람의 경우, 빗장뼈(쇄골)와 어깨뼈(견갑골)로 구성되어 있는 전지연결대는 팔을 중축골격에 연결하고, 몸통과 팔의 근육이 부착되는 지점이 된다. 후지연결대를 구성하는 골반뼈는 다리를 중축골격에 연결해주며, 복부 장기를 보호해주고, 몸통과 다리의 근육이 부착되는 지점이 된다.

## 척추동물의 골격은 연골, 인대, 뼈로 구성된다

골격은 세 종류의 결합조직−연골, 인대, 뼈−로 구성되어 있다(32장 참조). 이 세 종류는 모두 콜라겐 단백질의 기질 속에 파묻혀 있는 살아 있는 세포로 구성되어 있는데, 이 기질에 다양한 다른 물질이 포함되어 있다. **연골(cartilage)**의 경우, 세포외 기질에 많은 양의 당단백질이 포함되어 있으며, 가끔 탄력성의 단백질로 구성된 탄력섬유가 들어 있기도 한다. **인대(ligament**, 관절 부위에서 뼈와 다른 뼈를 연결해 주는 부분)의 경우, 세포외기질에는 주로 약간 파상 형태의 콜라겐 섬유가 서로 평행하게 배열되어 있다. **뼈(bone)**의 경우, 세포외기질에는 콜라겐 섬유가 뼈의 미네랄(주로 칼슘과 인으로 구성되어 있는) 결정에 필요한 뼈대 형성을 하여, 뼈를 단단하고 강하게 한다.

### 연골은 유연한 지탱과 연결을 가능케 한다

연골은 척추동물 골격 내에서 많은 역할을 한다. 상어와 가오리 같은 몇몇 어류의 경우, 전체 골격은 연골로 구성되어 있다. 다른 척추동물의 경우, 배 발생 동안에 골(머리뼈와 빗장뼈(clavicle; collar-bone)를 제외한)은 처음에 연골에서부터 형성된다. 사람의 경우, 임신 후 약 8주 무렵에 연골성 골격이 뼈로 바뀌기 시작하여, 12주 무렵에는 뼈와 잔여 연골 둘 다 명백하게 볼 수 있다(그림 41-10). 연골은 또 관절(그림 41-11)부위에서 뼈의 말단을 차지하며,

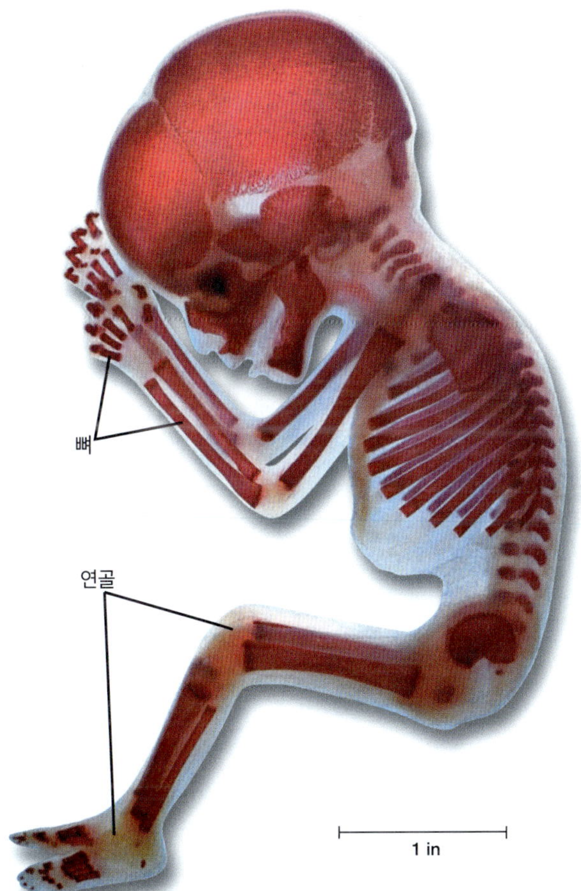


▲ 그림 41-10 **발생 중에 연골은 뼈로 바뀌게 된다** 16주된 사람의 태아이며, 뼈는 자홍색으로 염색되어 있다. 손목, 무릎, 팔꿈치, 가슴뼈에서 투명하게 보이는 부위는 연골이며, 후에 뼈로 대체된다.

코와 바깥귀의 유연한 형태를 유지해주고, 호흡계의 후두, 기관, 기관지의 틀을 제공해 준다. 그 외에, 연골은 거친 충격을 흡수하는 척추사이원반(intervertebral disc)을 구성하는데, 척추사이원반은 척주의 추골 사이에 있다(그림 41-9 참조).

연골의 살아 있는 세포를 **연골세포(chondrocyte)**라고 한다. 이런 연골세포는 연골기질의 대부분을 차지하는 당단백질과 콜라겐을 분비한다(**그림 41-11a**). 연골에는 관통하는 혈관이 없다. 노폐물과 영양물질을 교환하기 위해서, 연골세포는 콜라겐 기질을 통한 물질의 확산에 의존한다. 예상할 수 있는 것처럼, 연골세포는 매우 낮은 대사속도를 가지고 있으며, 따라서 손상 받은 연골은 자체적으로 매우 느리게 회복된다.

### 인대는 관절에서 뼈와 뼈를 연결해 준다

대부분 가동관절에 있는 뼈는 강하고 유연한 인대에 의해 다른 뼈와 붙어 있다. 인대에는 콜라겐이 평행하게 배열되어 있어서, 당기는 힘에 대하여 굉장한 힘을 발휘한다. 하지만 콜라겐 섬유에 비틀리는 힘이나 직각으로 가하는 충격에 의해 인대가 파열될 수 있는데, 축구, 농구, 또는 스키와 같은 스포츠에서 무릎 부위에 가끔 그런 일이 일어난다.

### 뼈는 몸에 필요한 강하고, 단단한 틀을 제공해 준다

보통 뼈는 바깥의 단단한 껍질인 치밀뼈가 해면뼈를 둘러싸고 있다. **해면뼈(spongy bone, 그림 41-11b)**는 열린 그물망 같은 뼈섬유로 구성되어 있다. 해면뼈는 구멍이 많으며, 가볍고, 혈관이 풍부하다. **치밀뼈(compact bone)**는 치밀하고 강하며, 근육의 부착지점이 된다. 치밀뼈는 뼈단위(*osteon*)라고 하는 하부구조로 구성되어 있는데, 각 뼈단위는 작은 신경, 동맥, 정맥이 들어있는 중심관을 둘러싸고 있는 뼈의 동심원 층으로 구성되어 있다(**그림 41-11c**).

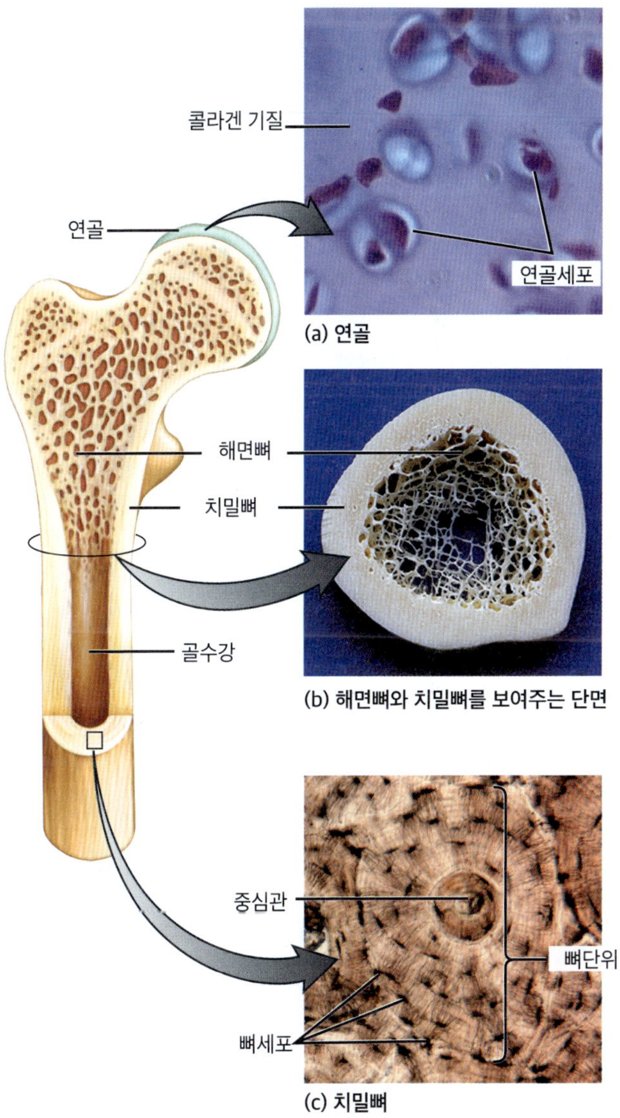


▲ 그림 41-11 **연골과 뼈** (a) 연골에 있는 연골세포는 세포외기질인 콜라겐을 분비하며, 이 기질에 세포가 둘러싸이게 된다. (b) 여기에 나타난 것처럼 긴 뼈의 말단 부위에서 치밀뼈 안쪽에 해면뼈가 있다. (c) 치밀뼈는 뼈세포가 묻혀 있는 뼈단위로 구성된다. 뼈단위의 중심관에는 신경, 동맥, 정맥이 들어 있다.

**비판적 사고** 왜 몸 전체 골격이 강한 치밀뼈로 만들어져 있지 않을까?

팔과 다리 같이 긴 뼈는 치밀뼈로 되어 있으며, 중앙에는 골수로 차 있다. 혈액세포를 생성하는 적골수가 유아 및 약 7세에 이르는 어린아이의 해면뼈와 긴 뼈 내 골수강을 채우고 있다. 이어서 이런 골수강은 지방의 황색골수로 채워지며, 따라서 혈액세포는 주로 넙다리뼈와 위팔뼈의 끝에서 생성되며, 복장뼈와 골반뼈(엉덩뼈, 궁둥뼈, 두덩뼈) 같은 납작한 뼈의 해면뼈 속에서 생성된다.

### 뼈는 세 종류 세포 사이의 상호작용에 의해 형성된다

세 종류의 뼈세포가 있다: **조골세포(osteoblast**, 뼈를 만드는 세포), **골세포(osteocyte**, 성숙한 뼈세포), **파골세포(osteoclast**, 산성의 효소 혼합물을 분비하고 기질을 분해하여, 기질의 미네랄을 분리하는 뼈-분해 세포). 배 발생 동안에, 연골의 골격 내에서 미네랄이 침윤될 수 있도록 조골세포가 콜라겐 기질을 분비함으로써 뼈를 만든다. 세포분열을 통해 새로운 조골세포가 형성된다; 조골세포는 일생 동안 지속적으로 뼈를 만드는데, 이런 조골세포에 의해 골격이 성장하고, 골격이 보수될 수 있으며, 그리고 골격 부위에 가해지는 힘에 반응하여 골격을 재구성하는데 조골세포의 도움을 받을 수 있다. 조골세포가 새로운 뼈를 계속 생산함에 따라, 많은 조골세포가 단단한 기질 내에 갇히게 되고, 이어서 골세포로 전환된다. 골세포는 뼈 건강에 필수적인데, 왜냐하면 골세포는 일정하게 뼈를 분해하고 또 대체하는 파골세포와 조골세포의 활동을 조절하기 때문이다. 이런 재생을 통해 뼈 강도가 유지되며, 또한 혈액과 뼈 사이의 $Ca^{2+}$ 교환을 함으로써 혈액 칼슘의 항상성이 유지된다.

### 뼈재구성을 통해 골격은 적응이 되고 재생된다

사람의 뼈는 역동적이고 살아있는 기관이다. 매년 사람 몸에 있는 모든 뼈의 5~10%는 파골세포와 조골세포에 의해 없어지고 또 대체된다. 이런 과정이 골세포에 의해 조절되는데, 이를 뼈재구성(*bone remodeling*)이라고 한다. 뼈재구성을 통해, 골격 부위에 가해지는 힘에 반응하여 골격 모양이 바뀌게 된다.

어린 시기에, 조골세포의 활성이 파골세포의 활성보다 앞지름으로써, 아이들 성장에 따라 뼈가 커지고 두꺼워진다. 나이가 든 몸의 경우, 그 활성의 균형이 파골세포 쪽으로 기울어짐으로써 뼈가 더 잘 부러지게 된다. 특히 체중-싣기 운동을 줄일 경우, 더욱 그렇다. 비록 나이가 들어감에 따라 남녀 모두 뼈 질량이 소실되지만, "Health Watch: 골다공증 - 뼈가 부서지기 쉬운 상태"에서 탐구한 것처럼 전형적으로 여성에서 뼈 소실이 더 많다.

일상적인 활동으로 일어나는 미세한 균열은 뼈재구성을 통해 항상 보수되지만, 극단적인 뼈재구성은 골절 후에 일어난다. 뼈를 둘러싸고 있는 모세혈관과 조골세포가 풍부한 얇은 결합조직 막이 골절로 인해 파열된다. 전형적으로 담당의사는 골절된 뼈의 끝을 맞추고, 캐스터(cast)나 부목으로 골절 부위가 움직이지 못하도록 한다. 회복은 큰 응혈이 골절 부위를 둘러 감싸면서 시작된다(**그림 41-12** ❶). 혈액에서 나온 대식세포와 골절된 뼈에서 나온 파골세포가 세포 잔해를 삼키고 뼈 파편을 분해한다. 조골세포는 연골형성세포와 함께 뼈와 연골로 된 다공질의 가골(*callus*) 성분을 분비하여 골절 부위를 감싼다❷. 가골이 원래의 응혈을 대체하고, 일시적으로 골절 부위 끝을 연결한다. 파골세포, 조골세포, 모세혈관이 그 가골 속으로 들어간다. 파골세포가 연골을 분해하는 반면에, 조골세포가 새로운 뼈를 추가한다❸. 최종적으로 파골세포가 여분의 뼈를 제거하고, 비록 골절 부분이 약간 두터워지기도 하지만 원래의 뼈 모양으로 회복된다❹. 완전한 골절 회복에는 약 6주가 걸린다.

### 운동에 반응하여 뼈, 힘줄, 인대가 재구성 된다

역도와 같은 고강도 운동이 근육의 크기와 세기를 증가시킨다는 것은 알려져 있다. 그러나 운동이 힘줄, 인대, 뼈에도 영향을 미친다는 것을 여러분은 알고 있었는가? 체중-싣기 운동은 힘줄과 인대를 구성하는 세포의 활성을 증가시켜, 이런 세포들이 힘줄과 인대의 다발을 구성하는 콜라겐 단백질을 더 많이 생산하도록 유도한다. 또한 뼈에 힘을 가하는 운동도 뼈를 만드는 조골세포를 자극한다. 그 결과, 골절된 뼈가 치유될 때 일어나는 것처럼, 뼈가 재구성된다.

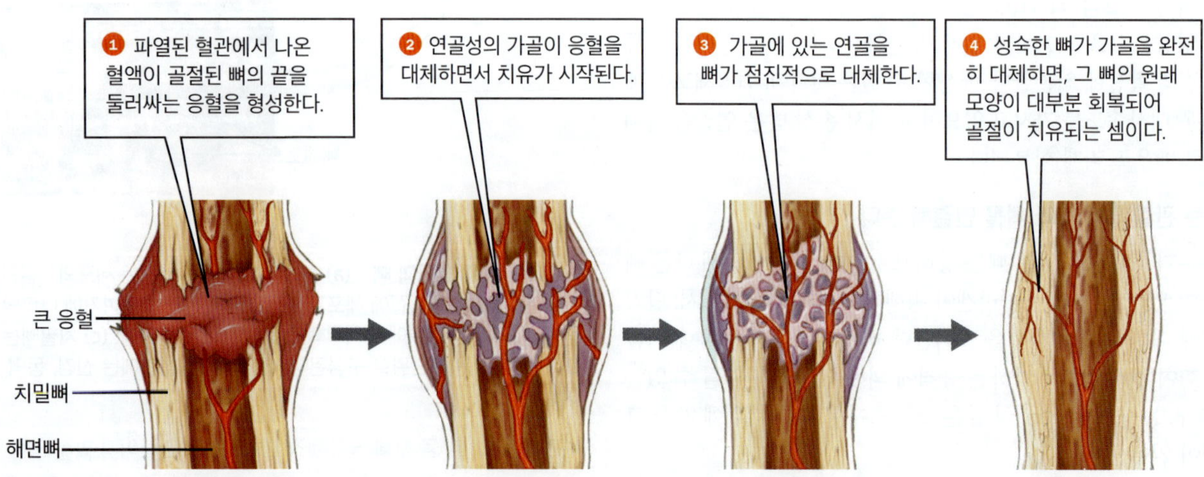


▲ **그림 41-12 뼈의 회복과정**

## Health WATCH 골다공증 - 뼈가 부서지기 쉬운 상태

사람 뼈의 밀도는 25세와 35세 사이에 최고가 된다. 중년의 나이가 되면 파골세포의 활성이 조골세포의 활성보다 앞서기 시작하여, 뼈의 밀도는 서서히 감소하기 시작한다. 미국에서 50세 이상의 여성 약 10%와 남성 2%가 **골다공증**(osteoporosis, 말 그대로 "구멍이 있는 뼈"; **그림 E41-1**b)을 겪는다. 골다공증이 있는 사람이 넘어지면 쉽게 뼈가 부러지며, 심한 경우 창문을 여는 것과 같은 일상적인 활동이 작은 골절을 유발할 수 있다. 심한 골다공증 환자의 척추는 부분적으로 찌그러져서 곱사등 모양을 하게 된다(**그림 E41-1c**).

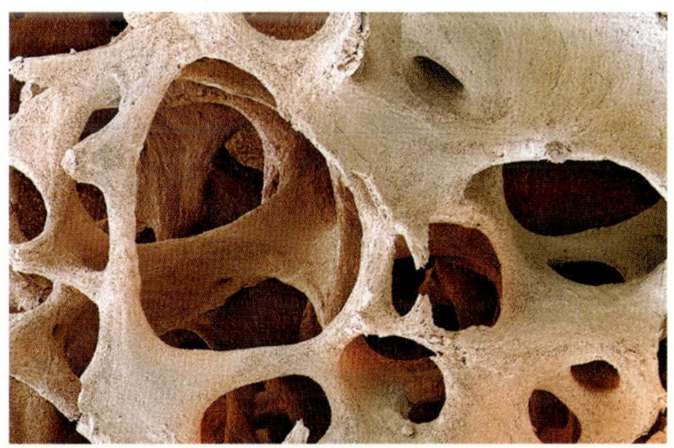
(a) 정상적인 뼈

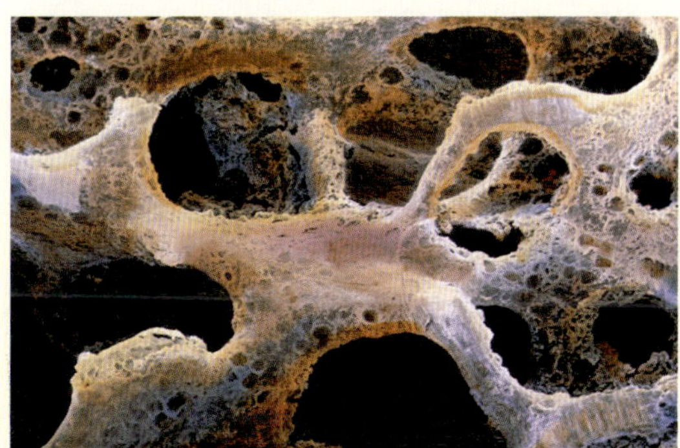
(b) 골다공증이 있는 뼈

(c) 골다공증 환자

▲ **그림 E41-1 골다공증** 정상적인 해면뼈의 횡단면(**a**)과 골다공증이 있는 해면뼈(**b**)를 비교하였다. 골다공증이 있는 환자는 척추뼈를 채우는 해면뼈가 부분적으로 짜부라지면 굽은 등을 갖기도 한다(**c**).

여성이 남성에 비해 골다공증을 앓을 가능성이 더 높은데, 그 부분적인 이유로 여성의 뼈는 골다공증이 시작되는 그 시기의 남성에 비해 작고 덜 치밀하기 때문이다. 더욱이, 폐경기 전의 여성의 경우, 높은 에스트로겐 농도가 조골세포를 자극하여 뼈 밀도를 유지하는데 도움을 주지만, 폐경기 후에는(50세 전후) 에스트로겐 생성이 급격하게 떨어지고, 따라서 뼈 밀도가 빠르게 감소한다. 남성에서는 테스토스테론이 조골세포 활성을 자극한다. 비록 나이가 들어감에 따라 테스토스테론 농도가 감소하지만, 폐경기 이후의 여성에서 에스트로겐 농도가 빠르게 감소하는 것처럼 테스토스테론 농도가 급격하게 떨어지지 않는다. 남녀 모두에서 알코올중독과 흡연도 역시 뼈 소실을 일으킨다.

골다공증을 방지할 수 있을까? 물론 칼슘은 뼈의 주요 구성 성분이다. 그 외에도 적당한 힘이 뼈를 강하게 한다. 따라서 생활 속에서의 규칙적인 운동, 그리고 적정한 칼슘과 비타민 D(장에서 칼슘을 흡수하는데 비타민 D가 필요함)를 포함하는 균형 있는 음식이 나이에 따른 뼈의 소실이 시작되기 전에 뼈의 무게를 가능한 최고로 높일 수 있게 도와주며, 노화에 따른 뼈 소실 속도를 감소시켜 준다. 나이든 사람은 활동을 잘 하지 않으려고 하는 경향이 있으며, 결과적으로 뼈의 미네랄 소실을 일으킨다. 그러나 걷기 또는 댄스와 같은 과격하지 않고 체중을 싣는 운동은 뼈 소실을 줄일 수 있고, 심지어는 뼈 질량을 증가시킬 수 있다. 골다공증에 걸린 사람들은 담당의사와의 상담을 통해 뼈 밀도 유지에 도움을 받기 위해서, 파골세포의 활성을 억제하는 약물 복용을 선택할 수도 있다.

**비판적 사고** 아주 경쟁력이 있는 대학 체조팀의 한 여성이 높은 위치의 바(bar)에서 아래로 착지한 후 갑자기 심한 고통을 호소하면서, 왼쪽 다리 아래가 부어 절뚝거리며 진료실로 들어온다. 그녀는 매우 말랐고 지난 해 생리를 했다는 것을 기억해 낼 수 없다. 그러면 그녀의 혈액 검사에서 무엇을 확인해야 하며, 그녀의 다리 X-선 사진에서 무엇을 볼 것이라고 예상할 수 있을까?

힘줄과 뼈에 가해지는 힘에 비례하여 힘줄과 뼈가 두꺼워지고 강해진다. 예를 들면, 단거리 선수의 정강뼈(아래 다리 뼈)는 장거리 선수의 정강뼈보다 더 강하고 굵은데, 그 이유는 폭발적인 단거리 운동이 단거리 선수의 뼈에 더 큰 힘으로 작용하기 때문이다. 프로 테니스 선수와 야구선수의 경우, 라켓을 잡는 팔과 공을 던지는 팔이 각각 뚜렷하게 더 굵고 강하다(**그림 41-13**). 심지어 고고학자는 중세의 전쟁터에서 발견되는 골격이 영국의 큰활잡이(longbowmen)의 뼈라고 말할 수 있는데, 전형적으로 이들은 많은 시간 동안에 45.3kg(100파운드) 이상의 힘으로 당기는 활쏘기를 한 결과, 매우 넓은 어깨와 두꺼운 왼쪽 팔을 갖고 있었기 때문이다.

체중-싣기 운동 및 또 다른 힘이 뼈의 질량을 증가시킨다고 할 때, 만약 뼈가 힘을 받지 않는다면 어떤 일이 일어날 것인가? 무중력을 경험한 우주비행사는 잠재적으로 골격에 대한 심각한 위협에 직면하게 된다. 우주 정거장에서 수 개월을 보낸 우주비행사를 연구해 보면, 특히 (정상적으로는) 체중을 싣는 골반, 다리, 허리의 척추뼈에서, 우주비행사는 매달 뼈 질량의 1~2%를 소실하는 것으로 나타난다. 우주에서 뼈 손실을 방지하는데 도움을 주기 위해 개발하는 운동, 식단, 약물 투여에 대한 광범위한 연구가 결국이 지구상에서 살고 있는 사람들에게 이익을 줄 것이다. 즉, 침대에 누워서 생활하는 사람, 건강증진에 참여하지 못하고, 뼈 강화 활동을 하지 못해서 부상을 염려하는 사람이나, 또는 단순히 노화에 따른 뼈 소실을 경험하고 있는 사람들에게 이익을 줄 것이다.

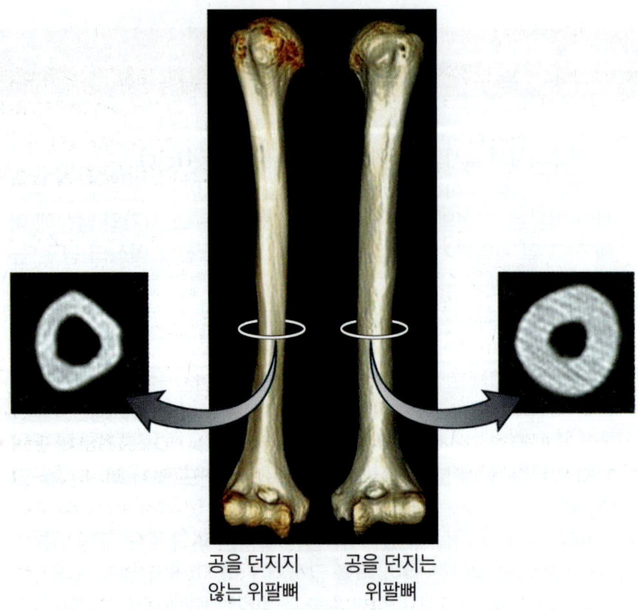


▲ **그림 41-13 강한 힘이 뼈를 두껍게 한다** 프로 야구선수들의 공을 던지는 위팔뼈와 던지지 않는 위팔뼈의 경우, 근육이 부착하는 치밀뼈의 두께에서 유의한 차이를 나타낸다.

## 척추동물 골격에서 길항근육이 관절을 움직인다

앞에서 언급된 것처럼, 모든 동물 대부분의 움직임은 골격에 작용하는 쌍으로 된 길항근육에 의해서 가능하다. 앞에서 언급이 되었던 것처럼, 대부분의 모든 동물은 골격에 힘을 미치는 짝을 이룬 길항근육의 작용에 의해 움직인다. 한 쌍 길항근육 중의 한 근육이 수축할 때, 관절 주위에 있는 뼈가 움직이며, 동시에 이완되어 있는 다른 쪽 근육은 펼쳐지게 된다. 관절의 구조에 따라 길항근육은 아주 넓은 범위의 운동, 즉 뼈를 앞뒤로 움직이거나, 뼈를 옆으로 움직이거나, 또는 뼈를 회전시키는 운동을 일으킬 수 있다. 여기서는 사람골격의 가동관절 주위에 있는 근육의 배열과 운동에 대하여 초점을 맞출 것이다(**그림 41-14**). 그렇지만 모든 관절이 움직일 수 있는 것은 아니라는 것을 참고하라; 예를 들면, 두개골의 뼈를 결합시키는 봉합(suture)이라는 부동관절이 있다.

움직이는 관절의 경우, 관절을 이루는 각각의 뼈 부위는 연골층으로 덮혀 있다. 매끄럽고 탄력 있는 연골층으로 인해, 비교적 약하게 마찰을 일으키며 뼈의 표면이 서로 미끄러져 지나게 된다. 관절은 인대에 의해 서로 붙어 있는데, 이 인대는 강하고 유연하며, 관절이 움직일 수 있도록 약간 탄력적이다. 근육은 힘줄에 의해 뼈에 부착되어 있다. 기점(이는 곳, *orign*)이라고 하는 한 근육의 끝에 있는 힘줄은 상대적으로 움직이지 않는 뼈에 부착되어 있다. 근육의 다른 한끝인 착점(닿는 곳, insertion)에 있는 힘줄은 관절의 건너편에 있는 움직이는 뼈에 부착되어 있다.

발목, 팔꿈치, 무릎, 손가락에 있는 것이 **경첩관절(hinge joint)**이다. 경첩으로 연결된 문처럼, 이런 관절은 한 평면의 움직임만 가능하다(**그림 41-15a**). 굽힘근육이 수축할 때 관절이 굽혀지고; 펴짐근육이 수축하면 관절은 펴지게 된다. 예를 들면 그림 41-14에서, 넙다리두갈래근(굽힘근육)이 수축하면 무릎관절에서 다리가 굽혀지며, 넙다리네갈래근(펴짐근육)이 수축하면 다리가 펴진다. 굽힘근육과 펴짐근육이 번갈아 수축하면, 다리 아래 부분 뼈가 무릎관절에서 앞뒤로 움직이게 된다.

엉덩이 및 어깨와 같은 **절구공이관절(ball-and-socket joint)**에서는 뼈의 둥근 한쪽 끝이 다른 쪽 뼈의 움푹한 홈에 끼워 맞춰져 있어서, 관절의 회전이 가능하다(**그림 41-15b**). 절구공이관절은 여러 방향으로 움직일 수 있는데, 크게 휘둘러지는 어깨와 제한적으로 굽혀지는 무릎을 비교해 보면 알 수 있다. 절구공이관절의 이런 움직임

**CASE STUDY CONTINUED**

### 황금의 다리

볼트와 킵초게의 육상 위업을 통해 입증이 된 것처럼, 근육은 엄청난 힘으로 수축할 수 있다. 가끔 힘줄이 견딜 수 있는 힘보다 근육이 더 강하게 수축한다. 유명 야구선수 잭 브리튼(Zack Britton)과 유명 미식축구선수 에릭 베리(Eric Berry)와 마찬가지로, 코비 브라이언트(Kobe Bryant)와 같은 수많은 유명 농구선수들이 아킬레스 힘줄 손상으로 경기에 참가하지 못하였다. 힘줄에는 혈액 공급이 매우 제한되어 있기 때문에, 심한 손상(힘줄 파열)에서 회복하는데 만 일년이 걸릴 수 있으며, 뛰어난 선수가 그 전의 성적으로 회복하지 못하기도 한다. 아킬레스 힘줄-몸에서 가장 크고 가장 강력한 힘줄-은 장딴지근육을 발뒤꿈치에 연결하며, 달리기나 점프 동안에 일어나는 수축과 같은 갑작스런 근육의 수축으로 힘줄이 손상되기 쉽다. 이 힘줄은 발목에 있는 경첩관절을 구부린다. 경첩관절은 어떻게 이런 작용을 할까?

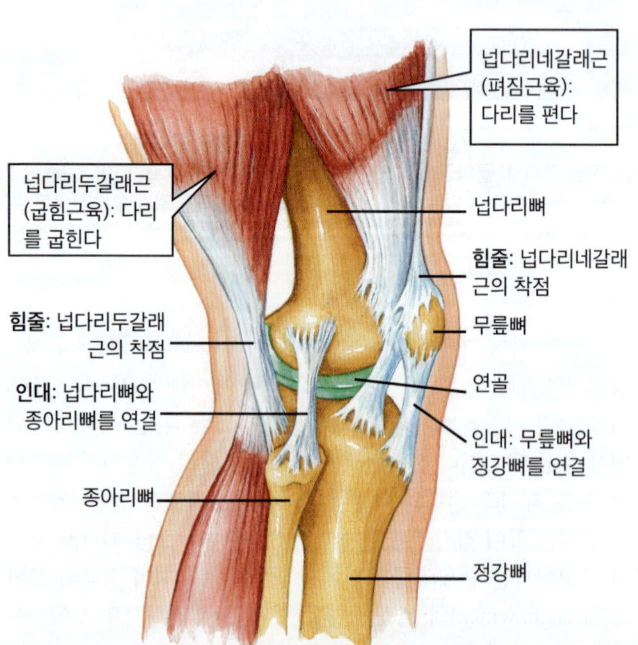


▲ **그림 41-14 사람의 무릎** 길항근육(넙다리두갈래근과 넙다리네갈래근), 힘줄, 인대를 보여주는 사람의 무릎. 무릎관절이 복잡하고 극단적인 힘을 받는 관계로 해서, 쉽게 무릎 손상을 입을 수 있다.

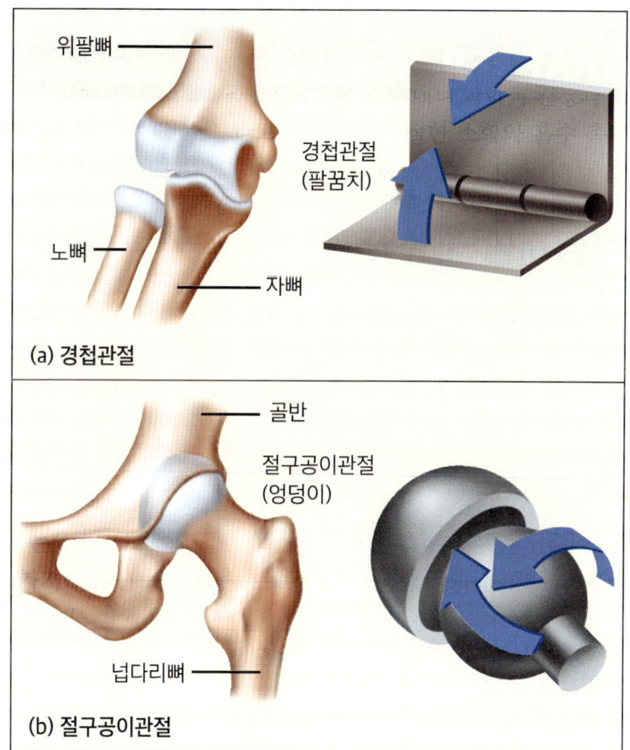


▶ **그림 41-15 경첩관절과 절구공이관절** (a) 사람의 팔꿈치는 경첩관절이다. (b) 사람의 엉덩이는 절구공이관절로 되어 있어서 회전할 수 있다. 이 관절은 넙다리뼈의 둥근 끝부분(공이)이 골반뼈에 있는 컵모양의 홈(절구)에 서로 맞는 구조로 되어 있다.

은 서로 각도를 이루고 있는 최소한 두 쌍의 길항근육에 의해서 이루어지는데, 이로 인해 관절의 회전 운동이 가능하다.

### CHECK YOUR LEARNING

- 유체골격, 외골격, 내골격을 기술할 수 있는가? 그리고 어떻게 길항근육이 이런 종류의 골격에 작용하여 동물의 몸을 움직이게 하는지 설명할 수 있는가?
- 척추동물 골격의 기능을 설명할 수 있는가?
- 성체와 배 발생 중의 척추동물 골격을 구성하는 다양한 결합조직 종류를 표로 작성하고 그 기능을 설명할 수 있는가?
- 뼈 골절이 어떻게 회복되고, 기계적인 힘에 반응하여 어떻게 뼈 재구성이 되는지 설명할 수 있는가?
- 경첩관절과 절구공이관절이 어떻게 움직이는지 설명할 수 있는가?

CASE STUDY REVISITED

## 황금의 다리

그의 다리에 압도적으로 속근섬유 다발이 많지 않았다면, 분명히 우사인 볼트는 단거리에서 금메달을 얻지 못했을 것이다. 반면에 대부분의 정상급 마라토너들은 엘리우드 킵초게의 다리처럼 얇은 지근섬유가 우세한 다리를 갖고 있다. 평균적인 사람들에서, 그 두 종류 섬유 개수는 대략 비슷하며, 부분적으로 유전에 따라 속근섬유와 지근섬유의 비율이 약간 다를 수 있다. 우연히 지근섬유의 비율이 아주 높은 사람은 지구력 스포츠에서 뛰어나고, 따라서 그 스포츠를 좋아하게 되는 반면에, 속근섬유가 많은 사람은 일반적으로 강력한 스피드나 또는 힘을 필요로 하는 스포츠를 통해 보상 받는 것을 더 선호할 것이다. 연구자들이 훈련을 통해 지근섬유와 속근섬유를 서로 전환시킬 수 있다는 몇몇 증거를 찾아내었다. 뛰어난 선수는 정말로 출생에서부터 다르다(**그림 41-16**).

약 240개 염색체 유전자와 18개 미토콘드리아 유전자가 운동 행위에 기여한다. 뛰어난 운동선수들에게서 이런 모든 유전자의 대립형질이 발현되는지 아무도 모르지만, 틀림없이 볼트와 킵초게는 뛰어난 운동의 대립형질 조합을 갖고 있다. 먼저 유전적인 복권에 당첨되지 않고서는 누구도 올림픽–혼자의 힘으로 금메달을 집에 가져가는 것–에 도달할 수 없다.

**생각해 보기** 몇몇 회사들은 적절한 비용을 받고 어린이들이 갖고 있는 어떤 유전자의 대립형질을 검사해주는데, 이 유전자는 근육세포에 중요한 한 단백질의 합성에 관여한다. 그 한 대립형질은 속근과 관련되는데, 속근은 단거리 달리기나 강한 힘이 요구되는 스포츠에 필요한 재능과 관련되어 있다. 아마도 이런 대립형질에 대한 동형접합 어린이는 장거리 달리기나 축구(soccer) 보다도 단거리 달리기나 미식축구(football) 쪽으로 방향을 잡게 될 것이다. 이런 정보를 갖고 있는 부모에게는 무엇이 이익이고 불이익인가?

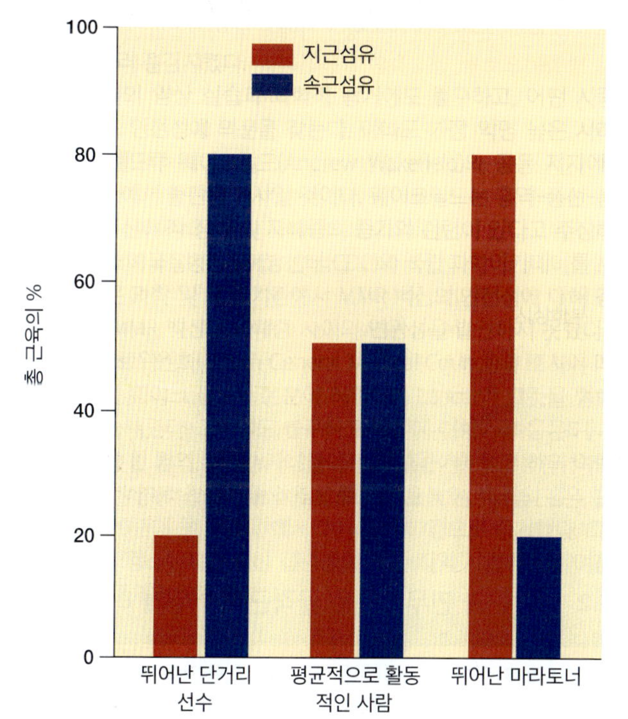


▲ **그림 41-16 근육 성분이 다르다** 지근섬유와 속근섬유의 비율이 뛰어난 단거리 선수, 마라토너, 평균적으로 활동적인 사람들 간에서 차이가 있다.

# CHAPTER REVIEW

*비판적 사고와 생각해보기, 선택형문제, 빈칸채우기 질문에 대한 답은 이 책의 뒷부분에 있는 정답란에서 볼 수 있다.*

## 핵심개념의 요약

### 41.1 근육은 어떻게 수축하는가?

골격근은 근섬유라고 하는 세포로 구성되어 있으며, 골격근은 결합조직으로 둘러싸여 있고, 힘줄에 의해 뼈에 부착된다. 골격근섬유는 소단위인 근원섬유로 구성되어 있고, 이 근원섬유는 근소포체로 둘러싸여 있다. 근원섬유는 반복되는 소단위인 근절로 구성되며, 근절은 말단과 말단이 붙어 있다. 각 근절에는 마이오신 성분의 굵은 필라멘트와, 액틴과 두 개의 부속 단백질(트로포닌과 트로포마이오신)로 된 가는 필라멘트가 교대로 배열되어 있다. 가는 필라멘트는 근절의 끝을 형성하는 Z선 이라는 단백질에 붙어 있다. 골격근에서 굵은 필라멘트와 가는 필라멘트가 규칙적인 형태로 배열되어 있어서 줄 모양, 또는 줄무늬 모양을 나타낸다.

지근섬유와 속근섬유를 포함하는 근육은 다른 종류의 마이오신으로 구성되어 있다. 지근섬유는 가늘고, 혈액공급이 풍부하며, 더 많은 마이오글로빈을 갖고 있어서, 속근섬유에 비해 피로에 더 잘 견딘다. 속근섬유는 더 크고, 단시간의 폭발적인 힘을 내는데 적합하도록 되어 있다.

운동뉴런이 신경근접합부라고 하는 연접에서 각각의 근섬유에 신경분포를 한다. 운동뉴런 내 활동전위에 의해 아세틸콜린이 근섬유 쪽으로 방출됨으로써, 근섬유의 활동전위를 유발하는 흥분성 시냅스후전위가 발생된다. 이 활동전위가 근소포체에서 $Ca^{++}$이 방출되도록 자극하며, 이로 인해 가는 필라멘트 상의 결합 부위가 노출된다. 마이오신 머리가 이 결합 부위에 결합하고, 그리고 구부러지며, 떨어지고, 이어서 연속적인 주기로 재결합함으로써, 가는 필라멘트와 굵은 필라멘트 사이로 서로 미끄러지게 되고, 따라서 근절이 짧아지게 되어 근섬유가 수축하게 된다. 활동전위가 끝나면, 칼슘은 능동적으로 다시 근소포체 속으로 운반되고, 수축이 끝나게 된다. 근육수축에 필요한 에너지는 ATP에서 나오며, 이 ATP는 세포호흡에 의해 생산되거나, 또는 폭발적이고 격렬한 운동에 필요한 에너지는 해당과정에 의해 생산될 수도 있다.

근육수축의 세기는 운동뉴런에 의해 자극을 받는 근섬유의 수와, 각각의 근섬유에 일어나는 활동전위의 빈도에 의해 결정된다. 근육의 모든 근섬유에서 빠르게 활동전위가 일어나면 가장 큰 수축이 일어난다.

### 41.2 심장근과 민무늬근은 골격근과 어떻게 다른가?

골격근처럼 심장근에는 줄무늬가 있다. 심장근의 세포는 리드미컬하고 자발적으로 수축한다. 이런 수축은 심장의 박동원에 있는 특수화한 근섬유에 의해 생기는 활동전위에 동조되어 일어난다. 심장근섬유는 개재판에 의해 연결되어 있고, 이 개재판은 세포들 사이로 활동전위를 전도하여 조화로운 수축이 일어나도록 한다.

민무늬근에는 조직화된 근절이 없다. 민무늬근은 연접에 의해 서로 연결되어 있으며, 이 연접이 세포 간의 활동전위를 전도하여, 민무늬근의 수축을 동조화시킨다. 민무늬근은 자궁, 소화관, 방광, 동맥, 정맥과 같은 속이 빈 기관을 둘러싸서 불수의적이고, 느리며, 지속적이거나 또는 리드미컬한 수축을 한다.

### 41.3 근육과 골격이 어떻게 같이 작동하여 움직이게 하는가?

동물에는 유체골격, 외골격, 또는 내골격이 있다. 골격에 작용하는 쌍으로 된 길항근육이 몸을 움직인다.

척추동물 내골격은 몸을 지탱하는 역할을 하고, 근육이 부착하는 지점이 되며, 내부 장기를 보호하는 기능을 한다. 적혈구, 백혈구, 혈소판이 골수에서 생산된다. 뼈는 칼슘과 인의 저장소 같은 역할을 한다. 중축골격에는 머리뼈, 척주, 흉곽이 포함된다. 부속지골격에는 전지연결대, 후지연결대, 팔뼈, 다리뼈, 손뼈, 발뼈가 포함된다.

척추동물골격은 연골, 인대, 뼈로 구성되어 있으며, 이 골격의 세포들은 콜라겐과 다양한 물질로 되어 있는 세포외기질에 파 묻혀 있다. 연골은 뼈의 말단에 위치하며, 관절에서 패드(연골판 같은)를 형성하고, 또 연골은 코, 귀, 호흡통로를 지탱해준다. 배 발생 동안에는 연골이 뼈의 선구체이다. 인대는 가동관절에서 뼈와 뼈를 연결해준다. 뼈는 조골세포에 의해 형성되는데, 이 세포가 콜라겐 기질을 분비하고 여기에 미네랄이 축적되어 단단해진다. 전형적으로 뼈는 근육이 부착되는 바깥껍질의 치밀뼈와, 그리고 골수가 들어 있는 안쪽의 해면뼈로 구성된다. 몇몇 골수는 혈액세포를 생산한다. 뼈재구성은 뼈를 분해하는 파골세포와, 뼈를 만드는 조골세포의 협동 작용에 의해 일어난다.

척추동물골격에서, 운동은 관절 주위에서 일어난다. 쌍으로 된 길항근육의 힘줄이 관절의 양쪽에 있는 뼈에 붙어 있다. 한 길항근육의 수축으로 인해 관절의 다른 쪽 길항근육은 늘어나게 된다. 경첩관절에서, 굽힘근육의 수축은 관절을 구부리게 한다; 그 길항적인 펴짐근육은 관절을 펴지게 한다. 절구공이관절에서 길항근육은 관련된 뼈 중에서 하나의 뼈를 회전시킨다.

## 개념을 통한 이해

### 선택형 문제

**1.** 아래에서 가장 큰 구조에서 가장 작은 구조로 서술되어 있는 것은?
   a. 운동단위, 근육, 근원섬유, 근섬유, 굵은 필라멘트와 가는 필라멘트
   b. 근육, 근육세포, 근원섬유, 근섬유, 액틴과 마이오신
   c. 근육세포, 굵은 필라멘트와 가는 필라멘트, 근절, 근원섬유
   d. 근육, 근섬유, 근원섬유, 굵은 필라멘트와 가는 필라멘트

**2.** 아래 설명 중 올바른 것은?
   a. 힘줄은 활주 필라멘트 메커니즘을 이용하여 수축한다.
   b. 힘줄은 주로 연골섬유로 구성되어 있다.
   c. 힘줄은 관절에서 뼈와 뼈를 부착한다.
   d. 힘줄은 근육을 뼈에 부착한다.

**3.** 근육은
  a. 능동적으로 수축할 수는 있지만, 능동적으로 이완할 수는 없다.
  b. 일반적으로 지근섬유만을 포함하거나, 또는 속근섬유만을 포함한다.
  c. 수축하기 위해서는 모든 운동단위의 전기적 신호를 필요로 한다.
  d. 하나의 운동 뉴런에 의해 각각 자극된다.

**4.** 외골격은
  a. 척추동물의 전형적인 골격이다.
  b. 유체골격이다.
  c. 주기적으로 탈피해야 된다.
  d. 관절의 바깥에 붙어 있는 근육에 의해 움직인다.

**5.** 아래에서 잘못 서술된 것은?
  a. 민무늬근의 수축은 불수의적이다.
  b. 골격근과 심장근 둘 다 줄무늬가 있다.
  c. 골격근, 민무늬근, 심장근 각각은 한 섬유당 한 개의 핵을 갖고 있다.
  d. 심장근은 분지되어 있다.

## 빈칸 채우기

**1.** 동물에서 볼 수 있는 세 종류의 골격계는 ________, ________, ________이다. 세 종류의 골격계 모두는 쌍을 이룬 ________근육을 이용하여 골격을 움직인다.

**2.** ________, ________근육은 줄무늬가 있는데, 왜냐하면 이들 근육은 규칙적으로 근절이 배열되어 있기 때문이다. ________, ________근육은 보통 의식적으로 조절이 되지 않는다. ________, ________근육의 세포는 조화로운 수축을 할 수 있도록 연결되어 있다.

**3.** 골격근의 세포를 ________(이)라 한다. 이 세포는 ________(이)라고 하는 실린더 모양의 다발로 구성되어 있고, 이것은 다시 더 작은 실린더 형태인 ________(으)로 구성되어 있으며, 더 작은 실린더 형태는 ________에서 끝과 끝이 연결되어 있다.

**4.** 근육의 수축은 주로 ________단백질로 되어 있는 가는 필라멘트와, 주로 ________단백질로 되어 있는 굵은 필라멘트 사이의 상호작용에 의해서 일어난다. 굵은 필라멘트 단백질 머리가 가는 필라멘트 단백질을 붙잡고, 머리가 굽혀진다. ________의 에너지가 그 머리를 펼치는 데에 이용되는데, 이런 작용은 머리를 굽히는 운동을 하는 데에 필요한 에너지를 저장하여, 굵은 필라멘트 사이로 가는 필라멘트를 낭기게 된나.

**5.** 근섬유에 신경을 내는 운동뉴런의 특수한 시냅스를 ________(이)라 한다. 이런 시냅스에서 방출된 아세틸콜린이 궁극적으로는 근섬유의 활동전위를 유발하고, 이 전위가 ________(을)를 통해 근섬유 내로 들어가서 ________(으)로부터 칼슘이온이 방출되도록 자극한다.

**6.** 골격은 세 종류의 결합조직, 즉 ________, ________, ________(으)로 구성되어 있다. 모든 골격은 세포로 구성되어 있으며, 이 세포는 ________단백질 및 당단백질이나 인산칼슘 같은 여러 가지 세포 바깥 성분으로 된 기질에 파묻혀 있다.

**7.** ________관절은 이차원적으로 움직이며, 반면에 ________관절은 삼차원적으로 움직인다. 이차원적인 관절에서, ________근육은 관절을 구부리며, ________근육은 관절을 펼친다.

## 복습문제

1. 근원섬유, 근절, 굵은 필라멘트, 가는 필라멘트를 포함하고 있는 이완된 근섬유를 그려보라. 수축된 근섬유는 이와 비교하여 어떻게 보이는가?
2. 골격근의 수축과정, 즉 운동뉴런에서 활동전위가 시작되고 근육의 이완으로 끝나는 과정을 기술하라. 여러분의 답에는 다음 용어를 포함시켜라: 신경근접합부, T세관, 근소포체, 칼슘, 가는 필라멘트, 결합부위, 굵은 필라멘트, 근절, Z 선, 능동수송.
3. 다음 두 문장을 설명하라: 근육은 단지 능동적으로 수축할 수 있다. 근육은 수동적으로 늘어난다.
4. 동물에서 볼 수 있는 세 종류의 골격은 무엇인가? 그 중의 하나에 대하여, 근육이 어떻게 골격 주위에 배열되어 있는지, 그 근육이 수축하여 어떻게 골격의 움직임으로 나타나는지에 대하여 기술하라.
5. 다음 짝을 이루는 용어에 해당하는 구조를 비교하라: 해면뼈와 치밀뼈, 민무늬근과 골격근, 연골과 뼈.
6. 조골세포와 파골세포의 기능에 대하여 설명하라.
7. 경첩관절 및 길항근육에 의해 경첩관절이 어떻게 움직이는지 설명하라.

# 개념의 적용

1. 만약에 사람의 심장이 심장근 대신에 골격근으로 이루어져 있다면 결과적으로 어떤 문제가 있을지에 대하여 논의해 보라.
2. 중증 근무력증(myasthenia gravis)은 비정상적으로 생산된 항체가 신경근접합부에 있는 아세틸콜린 수용체를 파괴함으로써 유발되는 병이다. 중증 근무력증 치료에는 아세틸콜린을 분해하는 효소의 작용을 억제하는 네오스티그민(neostigmine)과 같은 약제가 사용된다. 중증 근무력증의 증상을 예측해 보고, 네오스티그민이 증상을 완화시키는데 어떻게 도움을 줄 수 있는지 설명해 보라.

# 42 동물의 번식

인공수정으로 태어난 흰코뿔소, 크로노스가 그녀의 엄마와 마드리드 동물원에서 지내는 모습.

CASE STUDY

## 코뿔소 번식

코뿔소는 대형이고, 공격적이고, 얼핏 해치기 어려워 보인다. 그렇지만 다섯 중 세 종이 심각한 위험에 처해 있다. 그들은 어떻게 멸종의 위기에 놓이게 되었을까? 코뿔소라는 이름이 그 이유를 말해준다. 그들은 코의 뿔 때문에 죽고 있다.

일부 문화권은 코뿔소의 뿔에 엄청난 가치를 부여한다. 중국, 베트남, 일부 극동 아시아 문화권에서 코뿔 분말이 열을 내리고, 류마티스 관절염, 통풍, 암, 기타 질병을 낫게 하는 것으로 믿고 있다. 근년 코뿔소 암시장 가격은 금이나 코카인 가격보다 높은, 1킬로그램당 약 6천만 원으로 급등했다. 그 결과 코뿔소 밀렵이 급격하게 늘어났다. 예를 들어, 남아프리카에서만 2009년 122마리, 2012년 668마리, 2017년 1028마리가 죽었다.

코뿔소의 멸종을 피하기 위해 몇 동물원의 과학자들이 코뿔소를 포획하여 번식 중이다. 신중하게 선택한 코뿔소들을 교미시킴으로써 코뿔소의 유전적 다양성을 보존하길 희망하고 있다. 유전적인 다양성은 종의 생존에 중요하다. 포획 번식 방식은 얼핏 단순해 보인다. 암컷과 수컷을 한 우리에 넣은 뒤 자연적 과정에 맡긴다. 그러나 불행하게도 이는 코뿔소처럼, 교미보다 싸움을 즐기는 듯한 대형의 공격적인 외톨이형에겐 잘 통하지 않는다. 더욱이 암컷과 수컷이 싸우지 않는 경우라도 교미를 원하지 않을 수도 있다.

인공수정은 성적인 흥미가 없거나 교미의 위험성이 있을 때 해결책이 될 수 있다. 그러나 인공수정도 교미도 암컷에게 수정할 준비가 되어있는 난자가 있을 때만 임신이 되게 할 수 있다. 그러므로 과학자들은 암컷이 언제 자연적인 배란을 하는지, 또는 제때 배란을 유도할 수 있는 방법을 알 필요가 있다. 코뿔소의 번식을 돕는 과학자는 또는 시험관아기시술을 위해 사람의 난자를 모으는 의사는 배란이 언제 일어날지, 언제 배란을 유도해야 할지 어떻게 아는 걸일까? 코뿔소니 다른 동물들은 어떻게 생식세포를 만들까? 암컷과 수컷의 생식계는 어떻게 다를까?

## 주요내용



## 42.1 동물은 어떻게 번식하는가?

동물은 유성적으로 또는 무성적으로 번식한다. **무성생식(asexual reproduction)**에서는 일반적으로 동물 한 개체가 자신의 몸 일부에서 반복적으로 유사분열하여 자손을 만들게 된다. 따라서 그 자손은 유전적으로 모체와 동일하다. **유성생식(sexual reproduction)**에서는 **생식소(gonad)**라고 하는 기관이 감수분열을 통하여 반수체인 정자 또는 난자를 만들어 낸다. 각각의 부모에서 만들어진 정자와 난자는 융합하여 이배체인 수정란, 즉 **접합자(zygote)**를 만든다. 수정란은 반복적으로 유사분열 하여 자손을 만든다. 그 자손은 부모의 양쪽으로부터 유전자를 물려받기 때문에 부모 어느 쪽과도 유전적으로 동일하지 않다.

### 무성생식에서는 한 개체가 짝짓기 없이 번식한다

무성생식은 노력(짝을 찾을 필요도 없고, 짝의 환심을 살 필요도 없고, 경쟁자와 싸울 필요도 없음)과 물질(버려지는 배우자가 없음)의 두 가지 면에서 효율적이다. 동물계에는 몇 가지의 일반적인 무성생식 방법이 있다.

#### 출아로 성체의 축소판이 만들어진다

많은 해면동물과 자포동물(산호, 말미잘 등)은 **출아(budding)**에 의해 번식한다. 성체의 축소판인 아체(bud)가 성체의 몸에서 직접 자라난다(**그림 42-1**). 아체가 충분히 자라면 떨어져 나와 독립적인 개체가 되며 결국 성체로 자란다.

#### 재생을 동반하는 파편화로 새로운 개체를 만들 수 있다

많은 동물들은 자신의 몸의 일부분을 다시 자라게 하는 재생(regeneration) 능력을 가지고 있으며 이들 중 몇몇은 **파편화(fragmentation)**로 번식한다. 이들 동물은 제 몸을 특정 부위에서 여러 조각으로 나눌 수 있다. 각각의 조각은 없는 부분을 재생하여 완전한 몸이 된다. 사고로 또는 포식자에 의해 몸이 조각나더라도 충분히 큰 조각들은 완전히 새 개체를 재생해 내게 된다. 일부의 편형동물, 산호, 해파리, 거미불가사리 등의 다양한 동물들이 파편화로 번식을 한다.

#### 단위생식을 통해 난자는 수정 없이 발생할 수도 있다

몇몇 동물 종들의 암컷들은 **단위생식(parthenogenesis)**이라는 과정으로 번식할 수 있다. 단위생식에서는 난자세포들이 수정 없이 자손으로 발생한다. 어떤 종에서 단위생식으로 번식한 자손들은 반수체이다. 예를 들어 꿀벌 수컷은 반수체 미수정란으로부터 발생하는 반수체인데, 암컷들은 수정란으로부터 발생하는 이배체이다.

단위생식을 하는 일부 어류, 양서류, 파충류는 감수분열 전이

▲ **그림 42-1 출아** 말미잘 같은 일부 자포동물은 출아에 의해 무성적으로 번식한다. 자포동물은 유성적으로 번식할 수도 있다

▲ **그림 42-2 구애 중인 꼬리도마뱀 암컷** 이종은 모두 암컷으로만 이루어져 있지만 여전히 구애 의식을 행한다. 이러한 짝짓기 행동으로 성호르몬의 농도가 오르고 그 결과 더 많은 알을 산란할 수 있게 된다.

나 후에 난자에 있는 염색체를 두 배로 만들어 이배체의 자손을 만들며, 대부분의 종에서 이런 결과로 생긴 이배체 자손은 모두 암컷이다. 미국 남서쪽과 멕시코에 서식하고 있는 채찍꼬리도마뱀과 같은 일부 도마뱀(**그림 42-2**)과 일부 어류는 오로지 단위생식으로만 번식하는 암컷들로 구성된 집단이다. 하지만 일부 진딧물과 같은 다른 동물들은 계절과 먹이 획득 같은 환경적 요인에 따라 유성생식으로 번식할 수도 있고 단위생식으로도 번식할 수 있다(**그림 42-3**).

## 유성생식에서는 정자와 난자의 융합으로 생물이 번식한다

유성생식이 무성생식보다 덜 효율적임에도 불구하고 대부분의 동물들이 유성생식을 한다. 왜 유성생식이 진화했는지 아무도 확실히 알지는 못한다. 하지만 가장 그럴듯하다고 생각되는 설명은 유성생식의 결과로 생긴 자손들이 서로 유전적으로 다르기 때문에 유성생식이 자연선택에 유리했다는 것이다. 예를 들어 새로운 서식지를 개발하거나 기생충을 물리치는 것을 가능하게 하는 대립유전자의 새로운 조합을 자손이 물려받을 수도 있다.

유성생식을 하는 대부분의 동물종에서 한 개체는 수컷 아니면 암컷이며 개체의 성은 그것이 만들어내는 배우자(gamete)의 종류에 의해 구별된다. **정소(testis)**라고 하는 수컷의 생식소는 작고 반수체인 **정자(sperm)**를 생산한다. 이 정자는 세포질이 거의 없어서 영양물질이 없으며 꼬리를 채찍질하는 방법으로 움직일 수 있다. **난소(ovary)**라고 하는 암컷의 생식소는 **난자(egg)**를 생산하고, 이 난자는 출생 또는 부화 전의 발생 초기 단계에서 자손인 **배아(embryo)**에 양분이 되는 영양물질을 갖고 있는 큰 반수체의 세포이다. 난자들은 운동성이 없다. 정자와 난자의 융합인 **수정(fertilization)**으로 이배체인 접합자가 만들어진다.

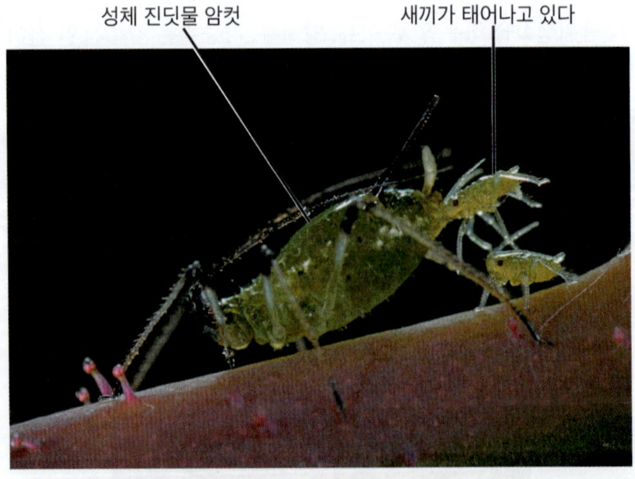


▲ **그림 42-3 진딧물 암컷이 새끼를 낳고 있다** 먹이가 풍부한 봄과 초여름에는 진딧물 암컷들이 단위생식으로 번식한다. 사실은 암컷들이 새끼를 가진 상태로 태어난다! 그러나 가을에는 유성생식으로 번식한다

**비판적 사고** 계절에 따라 진딧물이 유성생식과 무성생식을 번갈아 하는 것이 왜 자연선택에 유리하게 작용할까?

▲ **그림 42-4 자웅동체인 지렁이들은 정자를 교환한다**

유성생식을 하는 동물 중 지렁이와 많은 달팽이들은 한 개체가 정자와 난자 둘 모두를 만든다. 그런 개체들을 **자웅동체(hermaphrodite)**라고 한다. 대부분의 자웅동체들은 두 개체 간에 정자를 서로 교환하는 유성생식을 여전히 행한다(**그림 42-4**). 그러나 일부 자웅동체들은 자기 자신의 난자를 수정시킬 수 있다. 촌충과 일부 달팽이를 포함하는 많은 자웅동체 동물들은 비교적 움직일 수 없거나 같은 종의 다른 개체와 떨어져 있기 때문에 자가수정이 번식할 수 있는 유일한 방법일 수 있다.

암수로 분리된 종이나 자가 수정을 할 수 없는 자웅동체 동물들이 번식에 성공하기 위해서는 다른 개체에서 나온 정자와 난자가 결합하여야만 한다.

### 체외수정은 부모의 몸 밖에서 일어난다

**체외수정(external fertilization)**의 경우, 정자와 난자는 부모의 몸 밖에서 융합한다. 배우자는 일반적으로 수중에 방출되는데 이 과정을 **산란(spawning)**이라고 하며, 정자는 움직여서 난자에 도달한다. 정자와 난자는 수명이 비교적 짧기 때문에 산란하는 동물들은 시기적으로(수컷과 암컷이 같은 시간에 산란) 그리고 공간적으로(수컷과 암컷이 같은 장소에 산란) 번식행동을 맞춰야 한다. 이 같은 번식행동의 협조는 환경적 요인, 화학적 신호, 구애행동 또는 이런 요인들 몇 가지의 조합으로 일어날 수 있다.

산란하는 대부분의 동물들은 어느 정도 환경적 요인에 의존한다. 낮의 길이와 같은 계절적 변화는 번식에 필요한 생리적 변화를 자극하기도 하여, 번식이 일 년 중 일정한 시기에만 일어나도록 한다. 그러나 정자와 난자의 실제 방출은 좀 더 정확하게 일치해야 한다. 예를 들어 호주 대보초(great barrier reef)의 많은 산호들은 매년 봄에 달의 주기에 맞춰 동시에 산란하는데, 보름달 며칠 후의 일몰 무렵에 수중으로 수백만의 정자와 난자를 일제히 방출한다(**그림 42-5**). 많은 종류의 산호는 배우자와 함께 화학물질도 방출한다. 이웃의 산호가 이 물질을 감지하면 이들 또한 산란한다. 그리

▲ **그림 42-5 환경적 신호에 의해 산란이 동시에 일어난다** 호주 대보초에 있는 수많은 산호는 일제히 산란해 '눈보라' 효과를 일으킨다.

하여 더욱 정확한 일치가 일어나서 수정을 보장하게 된다.

많은 동물은 산란을 일치시키기 위하여 짝짓기 행동을 필요로 한다. 예를 들면, 대부분의 어류는 구애의식을 통해 같은 장소에서 동시에 배우자들을 방출하도록 한다(**그림 42-6**). 개구리와 두꺼비는 연못과 호수의 가장자리 가까운 얕은 물에서 짝짓기하며 수컷이 암컷에 올라가서 암컷의 복부 옆구리를 자극한다(**그림 42-7**). 이 자극으로 암컷은 산란하고 수컷은 이 난자들 위에 정자를 방출한다.

▲ **그림 42-6 산란 때를 맞춰주는 구애의식** 산란기 동안 샴싸움고기 암컷과 수컷은 배우자를 동시에 방출하는 시점에 달하도록 구애 춤을 춘다. 수컷은 수정란을 입속에 모아 구애 중인 물고기 위쪽에 보이는 거품둥지에 뱉어 낸다. 수컷은 헤엄쳐 자립할 수 있을 때까지 둥지의 알과 갓 부화한 새끼들을 돌본다.

**비판적 사고** 배우자를 동시에 방출하도록 하는 것 외에 구애행동이 주는 또 다른 이점은 무엇인가?

▲ **그림 42-7 짝짓기 중인 예쁜청개구리** 작은 수컷 개구리가 암컷을 껴안고 산란하도록 자극하고 있다. 이들은 중앙아메리카 열대우림의 숲 높은 곳에서 일생의 대부분을 보내지만, 번식할 때만은 작은 물웅덩이로 내려온다.

### 체내수정은 암컷의 몸 안에서 일어난다

**체내수정(internal fertilization)**에서는 정자가 암컷의 습한 생식관 안으로 들어가며 이곳에서 난자가 수정된다. 정자가 건조해지면 곧 죽어 버리기 때문에 체내수정은 육상 생활에 중요한 적응이다. 심지어 수중환경에서도 체내수정이 성공 가능성을 높일 수 있는데 그 이유는 정자와 난자가 넓은 물속에 분산되기보다 조그만 공간에 제한되기 때문이다.

체내수정은 일반적으로 수컷이 암컷의 생식관 속으로 정자를 직접 주입하는 **교미(copulation)**를 통해 일어난다(**그림 42-8**). 어떤 동물은 교미를 하진 않지만 체내수정을 한다. 일부 도롱뇽, 전갈 및 메뚜기를 포함하는 이들 종에서 수컷은 정포낭(*spermatophore*, 그리스어로 '정자 운반체')이라고 하는 주머니 속에 정자를

▲ **그림 42-8 육상에서 번식하기 위해서는 체내수정이 필요하다** 무당벌레들이 풀잎 위에서 짝짓기하고 있다.

담아둔다. 수컷과 암컷들은 보통 짝짓기 의식 후 수컷이 암컷의 생식관 속으로 정포낭을 집어넣거나 암컷이 원하면 암컷이 주울 수 있도록 땅 위에 정포낭을 떨어뜨린다. 일단 암컷 안쪽으로 들어오면 정포낭은 정자를 방출한다.

대부분의 동물에서 정자나 난자는 오래 살지 못한다. 그래서 암컷의 난소에서 성숙한 난세포를 방출하는 **배란(ovulation)**은 보통 정자가 암컷의 생식관에 들어오는 것과 거의 같은 시점에 일어나야 한다. 예를 들면 대부분의 포유류는 구애행동으로 배란과 교미를 일치시킨다. 많은 동물들은 암컷이 짝짓기 할 준비가 되었다고 신호할 때에만 교미하는데, 그때가 보통 배란이 일어나는 때이다. 토끼와 같은 일부 동물은 짝짓기 행동이 배란을 자극하여 새롭고 건강한 정자와 난자들이 만날 수 있도록 해준다.

### CHECK YOUR LEARNING

- 유성생식과 무성생식의 차이를 설명하고 각각의 장점들을 서술할 수 있는가?
- 출아, 분열, 단위생식을 정의하고 이들 번식 방법을 이용하는 동물들을 예로 들 수 있는가?
- 체내수정과 체외수정을 서술하고 이런 수정방법을 이용하는 동물을 예로 들 수 있는가?

### CASE STUDY CONTINUED
## 코뿔소 번식

짝을 끌기 위해 코뿔소는 오줌을 누고, 꼬리를 치켜들고, 소리를 지르며, 코를 서로의 머리와 생식기에 충돌시킨다. 때로 이런 구애행동이 격해져서 한 쪽이나 둘 모두에게 상처를 입히거나 죽이게 되는데 특히 좁은 곳에 갇혀 있을 때가 그렇다. 코뿔소는 교미에 사람이 쓰는 것과 아주 유사한 구조를 사용하고 호르몬 조절을 행하게 된다. 이러한 구조나 호르몬이 포유류의 생식계에서 어떻게 기능할까?

## 42.2 사람 생식계의 구조와 기능은 무엇인가?

사람과 다른 포유류들은 성의 구분이 있고 교미하고 체내에서 난자를 수정시킨다. 대부분의 포유류는 연중 정해진 계절에만 번식하지만 인간 남성은 거의 끊임없이 정자를 생산하고 여성은 한 달에 약 한 번씩 배란한다.

### 생식능력은 사춘기에 시작된다

성적으로 성숙하는 과정인 **사춘기(puberty)**를 통해 생식 능력이 확보되고 2차 성징이 발달한다. 사춘기 연령은 제각각이지만 보통 소녀에서는 10살과 14살 사이, 소년에서는 12살과 16살 사이이다. 소녀에서 드러나는 첫 번째 사춘기 표시는 보통 가슴이 부풀어 오르는 것이다. 첫 생리는 그로부터 수 년 뒤에 흔히 일어난다. 사춘기 때 일어나는 여성의 다른 2차 성징에는 엉덩이가 커지는 것, 음모와 겨드랑이 털이 생기는 것, 한창 키가 자라는 것 등이 있다. 소년에서는 정소의 성장이 사춘기의 시작을 알리는데 그러면 수정 능력이 한 두 해 뒤에 생긴다. 성기가 커지고, 근육이 생기고, 얼굴과 겨드랑이와 음부에서 털이 자라고, 목소리가 굵직해지고(후두가 커져 일어남), 장기간 키가 자라게 된다. 소년 소녀 모두에게서 사춘기 때부터 구애행동이 나타나기 시작한다.

남녀 모두에서 뇌의 성숙으로 사춘기가 시작된다. 뇌의 성숙은 시상하부로 하여금 **생식소자극호르몬-방출호르몬(gonadotropin-releasing hormone, GnRH)**을 분비하도록 하여 뇌하수체 전엽이 **황체형성호르몬(luteinizing hormone, LH)**과 **여포 자극 호르몬(follicle-stimulating hormone, FSH)**을 생산하도록 자극한다. LH와 FSH는 그 이름들이 여성에서의 기능들로부터 유래되었지만 남성에서도 똑같이 필수적이다. 이 호르몬들은 정소를 자극하여 남성호르몬인 **테스토스테론(testosterone)**을 생산하도록 하며, 난소에서는 여성호르몬인 **에스트로겐(estrogen)**을 생산하도록 자극한다. 테스토스테론과 에스트로겐은 사춘기 동안 일어나는 신체의 변화를 유발하며 사람의 생식 활동 중 계속해서 일어나는 생리 및 행동에서 주요한 역할을 맡는다.

### 남성 생식계는 정소와 그 부속구조로 되어 있다

남성 생식계는 테스토스테론과 정자를 생산하는 정소, 정자를 활성화시키고 정자에게 영양분을 공급해주는 물질들을 분비하는 분비선들, 정자를 저장하며 몸 밖으로 정자들을 운반해주는 관 등으로 이루어져 있다(그림 42-9와 표 42-1). 테스토스테론과 정자 생산은 사춘기에서 시작하여 죽을 때까지 거의 끊임없이 계속된다.

**표 42-1 남성의 생식계**

| 구조 | 기능 |
|---|---|
| 정소(남성 생식소) | 정소와 테스토스테론 생산 |
| 부정소와 정관 | 정자를 저장하고 정소에서 나온 정자를 요도까지 운반한다 |
| 요도 | 정관에서 나온 정액과 방광에서 나온 오줌을 음경의 끝 부분까지 운반한다 |
| 음경 | 여성의 생식간에 정자를 운반해 준다 |
| 저정낭(분비선) | 과당과 프로스타글란딘이 든 알칼리성 액체를 정액 속으로 분비 |
| 전립선 | 영양물질과 효소가 든 알칼리성 액체를 정액속으로 분비 |
| 요도구선 | 점액이 든 알칼리성 액체를 정액 속으로 분비 |

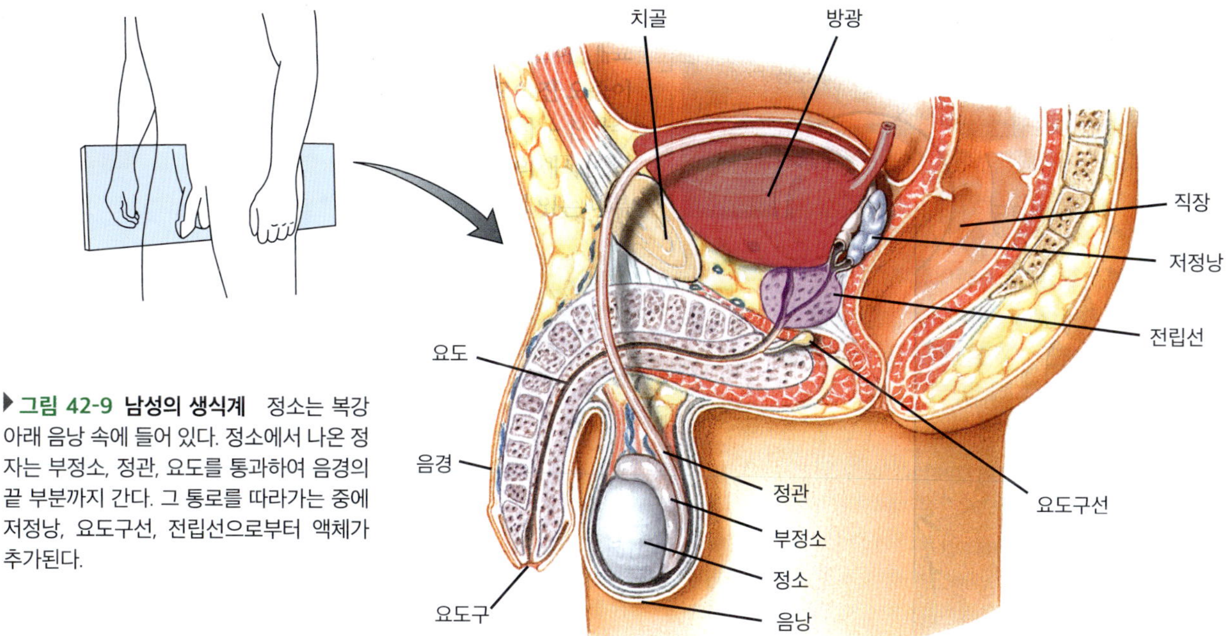


▶ **그림 42-9 남성의 생식계** 정소는 복강 아래 음낭 속에 들어 있다. 정소에서 나온 정자는 부정소, 정관, 요도를 통과하여 음경의 끝 부분까지 간다. 그 통로를 따라가는 중에 저정낭, 요도구선, 전립선으로부터 액체가 추가된다.

## 정자는 정소에서 만들어 진다

정소는 체강의 바깥쪽에 매달려 있는 주머니인 **음낭(scrotum)** 안에 들어 있다. 이런 위치 때문에 정소는 남성이 서 있거나 앉아 있거나 그리고 어떤 옷을 입었느냐에 따라 달라지지만, 몸의 중심부보다 0.5~3℃ 정도 더 낮게 유지된다. 물론 낮은 온도는 정자 발생에 도움이 된다. 양쪽 정소는 정자를 생산하는 꼬여있고 속이 비어있는 **세정관(seminiferous tubule)**들로 거의 채워져 있다(**그림 42-10a**). 테스토스테론을 합성하는 **간질세포(interstitial cell)**들은 세정관들 사이의 공간에 위치한다(**그림 42-10b**).

각 세정관의 벽 안쪽에는 두 가지 세포가 존재한다. (1)정자를 만드는 줄기세포인 **정원세포(spermatogonia)**와 (2)분화 중인 정자에 영양분을 공급하고 정원세포들의 성장을 조절하는, 훨씬 더 큰 세포인 **세르톨리세포(Sertoli cell)**이다.

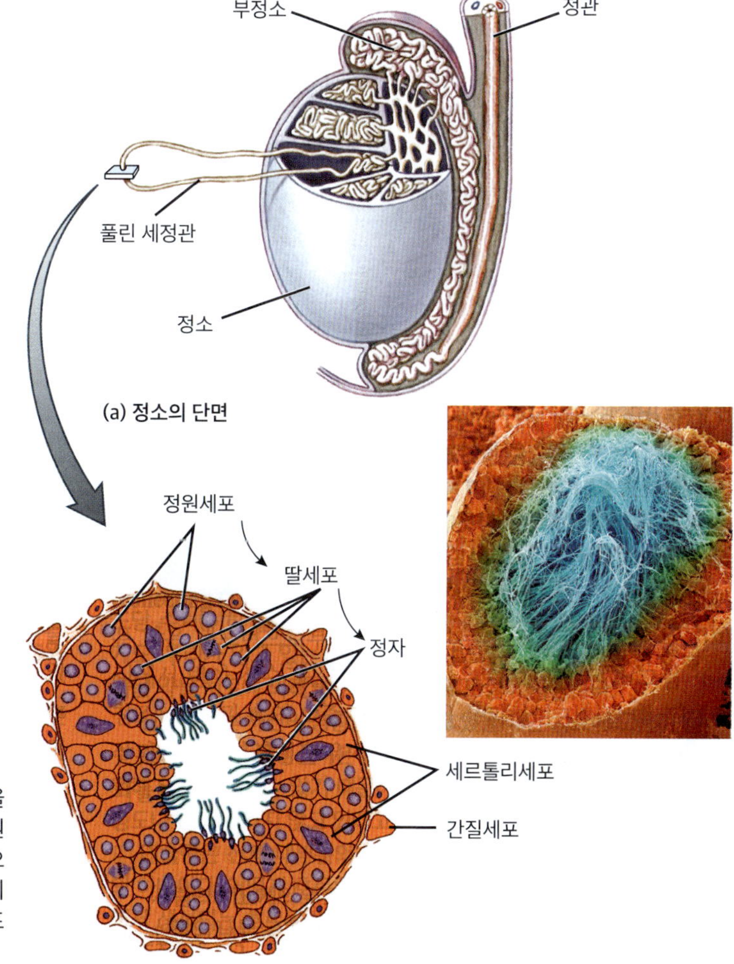


▶ **그림 42-10 정소의 해부학적 구조** (a) 세정관, 부정소, 정관을 보여주는 정소의 단면 (b) 세정관의 벽쪽으로 세르톨리세포와 정원세포가 배열되어 있다. 정원세포들이 분열함에 딸세포들이 안쪽으로 이동한다. 성숙한 정자는 세정관의 가운데 공간으로 나오며, 이 공간은 부정소의 안쪽으로까지 연결된다. 테스토스테론은 간질세포에서 만들어진다.

정원세포는 유사분열을 통하여 두 가지 유형의 딸세포를 만드는 이배체의 줄기세포이다(**그림 42-11**). 한 가지 유형의 딸세포는 정원세포로 남아서 일생 동안 끊임없는 정자형성을 보증해주며, 다른 딸세포는 반수체 정자를 생산하는 발생 과정인 **정자형성(spermatogenesis)**에 들어가게 된다.

테스토스테론과 FSH 의한 자극으로 정자형성을 맡게 된 딸세포는 우선 몇 차례의 유사분열을 거친다. 그리고 마지막 딸세포는 감수분열을 행하는 커다란 이배체 세포인 **제1정모세포(primary spermatocyte)**로 분화한다(10장 참조). 감수분열 1기가 끝나면 각각의 제1정모세포는 두 개의 반수체인 **제2정모세포(secondary spermatocyte)**를 만든다. 제2정모세포는 감수분열 2기를 속행하여 각각 두 개의 **정세포(spermatid)**를 만든다. 따라서 이배체인 각각의 제1정모세포는 총 네 개의 반수체 정세포를 만들게 된다. 정세포는 더 이상 세포분열을 하지 않고 정자로 분화한다. 정원세포, 정모세포, 정세포는 모두 세르톨리세포에 싸여있다. 정자형성이 진행됨에 따라 분화중인 정자는 성숙한 정자가 방출되는 곳인, 세정관의 중심 공간 쪽으로 이동한다(그림 42-10b 참조).

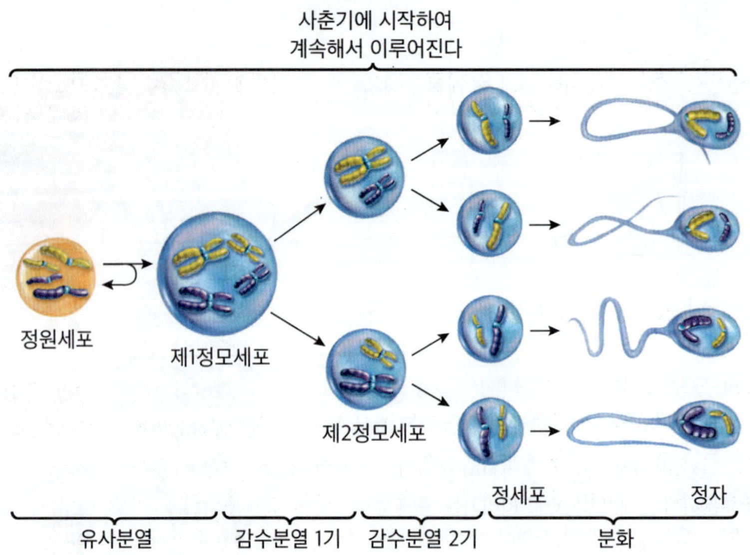


▲ **그림 42-11 정자형성** 정원세포가 유사분열하면 두 딸세포 중 하나는 정원세포로 남고(곡선 화살표) 다른 딸세포 하나는 커져서 제1정모세포가 된다(직선 화살표). 제1정모세포는 감수분열에 이은 분화를 마쳐 반수체 정자가 된다. 두 쌍의 염색체로 간단히 표현하였지만 사람은 실제 23쌍의 염색체를 가지고 있다.

사람의 정자(**그림 42-12**)는 몸의 여느 세포와 모양이 다르다. 세포질이 거의 없어서 반수체 핵이 정자의 머리를 거의 채우고 있다. 핵의 위쪽에는 **첨체(acrosome)**라고 하는 효소 주머니가 위치하며, 나중에 보겠지만 그 효소들로 난자를 둘러싸고 있는 보호막을 용해하여 정자가 보호막을 통과할 수 있도록 해준다. 머리 뒤쪽은 미토콘드리아가 있는 중편이며, 이 미토콘드리아는 기다란 편모인 정자의 꼬리를 움직이는 데 필요한 에너지를 공급해준다. 꼬리의 채찍질 운동으로 정자는 여성의 생식관 속에서 앞으로 나아간다.

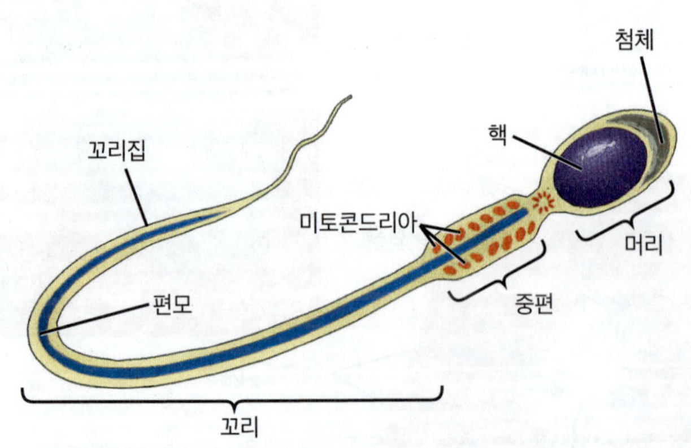


▲ **그림 42-12 사람의 정자** 성숙한 정자는 반수체인 핵, 첨체(난자 주위의 장벽을 용해할 수 있는 효소가 들어 있는). 에너지 생산에 필요한 미토콘드리아. 이동에 필요한 꼬리(기다린 편모)정도를 갖고 있다.

### 부속구조들은 정액을 생산하고 정자를 몸 밖으로 수송하는데 기여한다

세정관은 접혀져 있는 긴관인 **부정소(epididymis)**에 모두 합쳐진다(그림 42-9와 42-10a 참조). 정자는 부정소에 보관되고 거기서 계속 성숙한다. 그런 뒤 정자는 음낭 밖으로 정자를 수송하는 관인, **정관(vas deferens)**으로 이동한다. 매일 생산되는 약 1억 개의 정자 대부분은 정관과 부정소에 저장된다. 정관은 **음경(penis)** 끝까지 가는 **요도(urethra)**에 연결되는데, 요도는 배뇨할 때는 몸 밖으로 오줌을 운반하고 사정할 때는 몸 밖으로 정자를 내보낸다.

남성의 **정액(semen)**은 약 5%만이 정자이고 나머지는 정관 및 요도로 분비되는 저정낭, 전립선, 요도구선이라는 3종류의 분비선이 만든 분비물이다(그림 42-9와 표 42-1 참고). 쌍으로 된 **저정낭(seminal vesicle)**이 정액 분비물의 약 60%를 제공한다. 저정낭에서 분비된 액체에는 정자에게 에너지를 제공하는 과당이 많이 함유되어 있다. 이 액체의 약 알칼리 상태 pH가 남자의 요도에 남아있는 산성 잔뇨 및 여성 질의 산성 분비물로부터 정자를 보호해준다. 또한 저정낭 액체에는 정자가 여성 생식관을 올라가도록 자궁 수축을 자극하는 프로스타글란딘이 들어있다(38장 참조).

**전립선(prostate gland)**이 생산하는, 알칼리성의 영양분이 풍부한 분비물은 정액의 약 30%를 차지한다. 이 분비물에는 질에 방출된 후에 정자의 움직임을 훨씬 자유롭게 해주는, 정액의 유동성을 높여주는 효소가 포함되어 있다. 쌍으로 된 **요도구선(bulbourethral gland)**은 사정 직전 알칼리성 점액을 소량 요도로 분비하여 잔뇨를 중화시키며 윤활작용도 돕는다. 일부 남성에서는 이러한 사정 전의 분비물에 그 수가 비록 적긴 하지만 정자가 들어 있을 수 있다.

## 여성 생식계는 난소와 그 부속구조로 되어 있다

여성 생식계는 정자를 받아들이고, 난자에게 운반해주고, 발생 중인 배아에 영양을 공급하는 구조들 및 난소로 이루어져 있다(그림 42-13와 표 42-2).

**CASE STUDY CONTINUED**

**코뿔소 번식**

포유류 정자는 사정 후 오래 살지 못 한다. 그러므로 코뿔소 암컷이 임신하기 위해서는 배란과 거의 동시에 교미로든 인공수정으로든 정자를 암컷의 질이나 자궁 속에 넣어줘야만 한다. 정확한 시기를 보장하는 가장 간단한 방법은 배란을 유도하고 그날로 교미나 인공수정을 시키는 것이다. 코뿔소나 다른 포유동물에서 배란은 어떻게 유도될 수 있을까?

### 난소에서 난자 생산은 출생 전부터 시작된다

난세포를 형성하는 **난자형성(oogenesis)**은 배아 시기에 발생 중

| 표 42-2 | 여성의 생식관 |
|---|---|
| **구조** | **기능** |
| 난소(여성생식소) | 난자, 에스트로겐 및 프로게스테론을 생산 |
| 난관채(난관의 열린구멍) | 난관 속으로 난자를 모아 주는 섬모를 갖고 있다 |
| 난관 | 자궁으로 난자 운반 및 수정 장소 |
| 자궁 | 배아가 자라는 근육성 방 |
| 자궁경부 | 자궁의 아래쪽 끝부분을 거의 닫아 버리며 임신 중에 발생 중인 배아를 지지 |
| 질 | 정액을 받아들이는 장소이자 산도 |

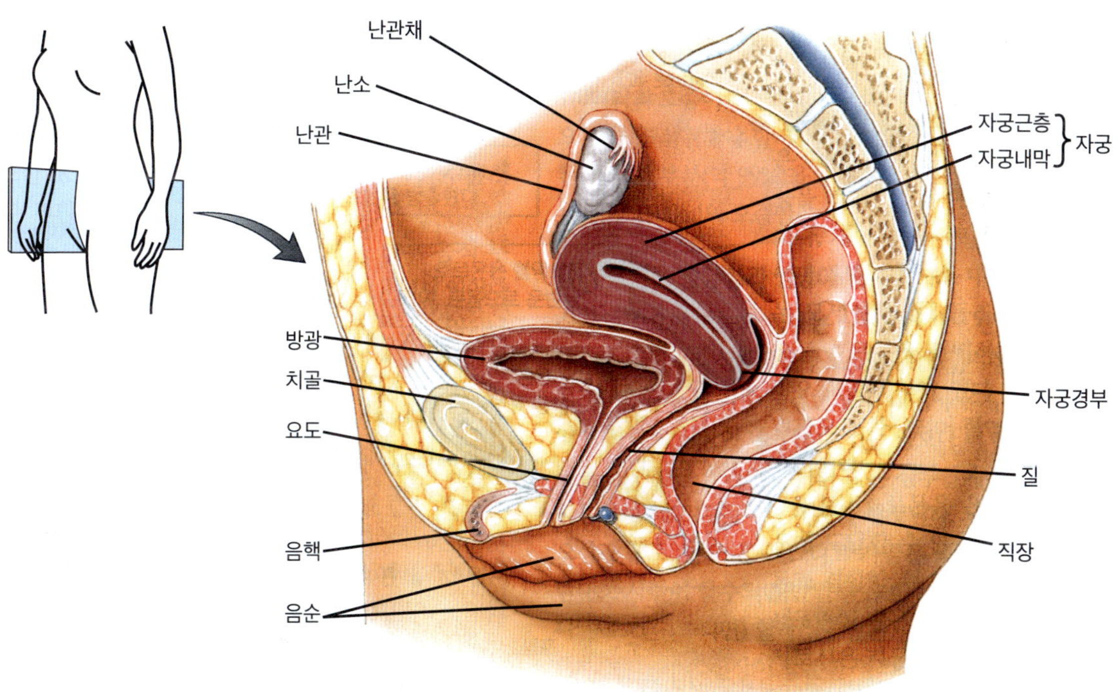


▲ **그림 42-13 여성의 생식계** 난자는 난소에서 생산되어 난관으로 들어간다. 정자와 난자는 보통 난관에서 만나며, 이곳에서 수정과 초기 발생이 시작된다. 초기 배아는 자궁내막에 착상하고 이곳에서 발생이 계속된다. 질은 정자를 받아들이고 산도 역할을 한다.

의 난소에서부터 시작된다(**그림 42-14**). 난자형성은 배 발생 6주 초에 **난원세포(oogonium)**라고 하는 이배체 세포의 형성으로 시작되며, 9주경부터 20주째까지 난원세포는 커지면서 분화하여 **제1난모세포(primary oocyte)**가 된다. 20주째쯤에는 모든 제1난모세포가 감수분열을 시작하지만, 감수분열 1기의 전기 중 분열을 중지한다. 모든 제1난모세포는 사춘기까지 감수분열을 다시 시작하지 않는다.

따라서 여자는 평생 동안 쓸 약 100만~200만 개의 제1난모세포를 지니고 태어난다. 이들 중 많은 제1난모세포들이 매일 죽지만 사춘기에는 아직도 약 40만 개가 남아있게 된다. 그 중 몇 개의 난모세포만이 사춘기에서부터 약 50살에 나타나는 폐경기까지의 여성 생식기간 동안 매달 감수분열을 재개한다.

### 난소는 월경주기 동안 난자, 에스트로겐, 프로게스테론 등을 생산한다

성숙한 난소에서 각각의 난모세포는 한 층의 작은 세포들로 둘러싸여 있는데, 이 난모세포와 부속세포들이 **여포(follicle)**를 이룬다(**그림 42-15** ❶). 여포 발생과 배란은 **월경주기(menstrual cycle**, 달을 뜻하는 라틴어 mensis에서 유래) 동안 시상하부, 뇌하수체 전엽, 난소 등이 생산하는 호르몬들의 상호작용에 의해서 조절된다.

대략 한 달에 한 번 시상하부는 GnRH를 분비하여 뇌하수체 전엽이 LH와 FSH를 방출하도록 자극한다. FSH는 십여 개의 여포들을 자극하여 발생을 시작 시킨다❷. 증식된 작은 여포세포들이 분화 중인 난모세포에 영양을 공급하고 혈류로 에스트로겐을 방출하기도 한다. 보통은 매 월경주기 동안 하나의 여포만이 완전히 성숙한다❸.

성숙한 여포가 분비하는 에스트로겐 양의 증가로 LH가 급증하면, 제1난모세포는 감수분열 1기를 완료하고 **제2난모세포(secondary oocyte)** 하나와 **극체(polar body)** 하나로 분열된다(그림 42-14 참조). 극체는 세포질이 거의 없는, 작은 세포여서 정자에 의해 수정되지 않는다. 또한 LH의 급증으로 여포가 난소의 표면에서 파열되어 제2난모세포를 방출하는 배란이 일어난다❹. 제2난모세포가 수정되지 않는 한 감수분열 2기는 일어나지 않는다. 편의상 배란된 제2난모세포를 난자라고 부를 것이다.

일부 여포세포들은 난자와 함께 난소를 떠나지만, 대부분의 여포세포들은 난소에 남아서❺ 커진 후 **황체(corpus luteum)**라는 일시적인 분비선이 된다❻. 황체는 에스트로겐과 두 번째 호르몬인 **프로게스테론(progesterone)**을 분비한다. 에스트로겐과 프로게스테론의 협동으로 GnRH, LH, FSH가 더 이상 분비되지 않으면, 여포의 발생도 더 이상 일어나지 않게 된다. 난자가 수정에 실패하면 황체는 며칠 내로 퇴화되어 버린다❼.

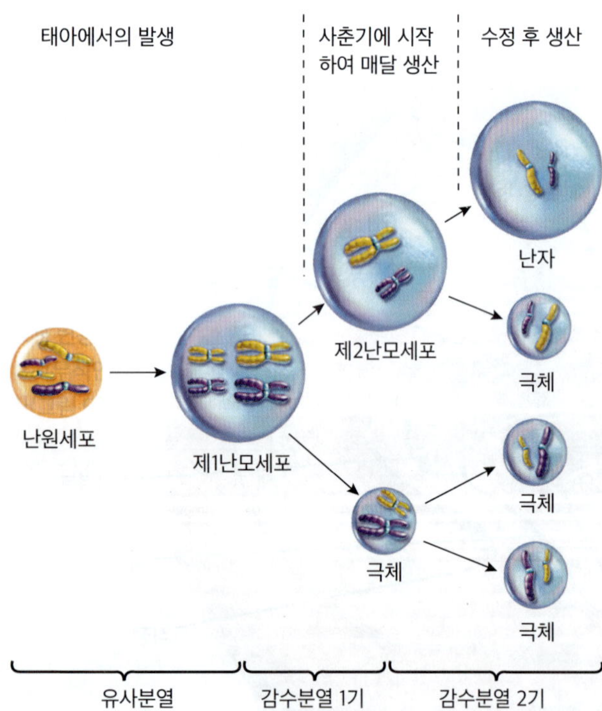


▲ **그림 42-14 난자형성 과정** 난원세포는 커져서 제1난모세포를 형성한다. 감수분열 1기 때 거의 모든 세포질은 한 쪽 딸세포인 제2난모세포로 이동한다. 다른 딸세포는 조그만 극체로 염색체는 있지만 세포질은 거의 없다. 감수분열 2기 때 제2난모세포의 세포질 거의 대부분이 난자에게 주어진다. 그리고 남아 있는 여분의 염색체는 제2극체에 버려진다. 제1극체도 역시 감수분열 2기를 겪는다. 극체들은 결국 퇴화된다. 사람의 경우 정자가 난자를 뚫고 들어가지 않는 한 감수분열 2기가 일어나지 않는다.

### 난관, 자궁, 질은 부속구조에 속한다

한 쌍의 난소는 난소에서 자궁에 이르는 **난관(uterine tube**, 수란관 또는 나팔관이라고도 함)의 열려진 끝 근처에 위치하며, 난관의 입구에는 난관채(*fimbriae*, 그림 42-13 참조)라는 섬모로 된 돌출물들이 달려 있다. 난관채의 섬모는 흐름을 일으켜 난자를 난관 속으로 모아 들인다. 이곳에서 난자는 정자를 만나 수정될 수 있다. 난관 안쪽 면을 덮는 섬모가 수정란이 난관을 따라 **자궁(uterus)**으로 운반되도록 해준다.

자궁의 벽에는 발생 중인 배아에 대한 영양공급과 출산이라는 두 가지 기능을 가능하도록 해주는 두 겹의 층이 있다. 안쪽 막, 즉 **자궁내막(endometrium)**은 모체와 배아 사이에서 산소, 이산화탄소, 영양물질, 노폐물 등을 교환하는 구조인 **태반(placenta)**을 형성할 때 그 일부가 된다(43장 참조). 자궁의 바깥쪽 근육벽은 **자궁근층(myometrium)**이라 하는데 분만 중에 수축하여 신생아를 자궁 밖으로 밀어낸다.

자궁의 아래쪽 끝은 좁은 입구를 둘러싸고 있는 반지 모양의 결합조직인 **자궁경부(cervix)**에 의해 거의 닫혀 있다. 자궁경부는 자궁에서 발생 중인 태아가 빠져나가지 못하도록 하고 있다가 분만 중에는 넓어져서 태아가 나올 수 있도록 해준다. 자궁경부 다음은 밖으로 열려 있는 **질(vagina)**인데 성교 중에는 음경과 정자를 받아들이며 산도로서의 역할도 맡고 있다. 질벽은 산성 상태를 유지해 감염 가능성을 감소시킨다.

### 자궁내막의 증식은 혈중 에스트로겐과 프로게스테론의 농도에 의해 조절된다

분화 중인 여포는 에스트로겐을 분비하며, 이 에스트로겐은 자궁 내막이 두꺼워지도록, 그리고 탄수화물, 지질, 단백질 등을 분비하는 분비선 및 넓은 혈관망이 발달하도록 자극한다. 배란 후에는 황체에서 방출되는 에스트로겐과 프로게스테론이 자궁내막의 발달을 더욱 자극한다. 그리하여 난자가 수정되면 배아가 자궁에 달했을 때 성장에 필요한 좋은 환경을 만나게 된다. 수정이 발생하지 않으면 황체는 퇴화되어 에스트로겐과 프로게스테론 양이 떨어지고 두꺼워졌던 자궁내막도 분해된다. 그러면 자궁이 수축하여(때때로 생리통을 유발) 여분의 자궁내막 조직을 밀어내는 과정인 **월경(menstruation)**이 일어난다.

### 배아는 자신의 임신을 유지한다

수정이 일어나지 않으면 황체의 퇴화가 지금의 월경주기를 끝내고 새로운 주기를 시작시킨다. 그러나 수정이 일어나면 배아는 자궁에 착상한 직후에 융모성 **생식소자극호르몬(chorionic gonadotropin, CG)**이라고 하는 LH와 비슷한 호르몬을 분비하기 시작한다. 이 호르몬은 혈류를 타고 난소로 가서 황체를 계속 살아있게 해준다. 황체는 임신 첫 몇 달 동안 에스트로겐과 프로게스테론을 분비하여 자궁내막의 증식을 계속시킴으로써 배아에 영양분을 공급하고 임신이 유지되도록 한다. 모체의 오줌 속으로 배출되는 약간의 CG는 임신 여부를 확인할 수 있게 해준다.

## 성교 중에 정자는 여성의 질로 들어간다

성교 중 남성의 역할은 음경의 발기로 시작된다. 발기 전에는 음경이 이완되어 있는데 그 이유는 음경에 혈액을 공급하는 소동맥을 싸고 있는 평활근이 수축되어 음경으로 흐르는 혈류가 적기 때문이다(**그림 42-16**a). 심리적 · 육체적 자극이 주어지면 신경

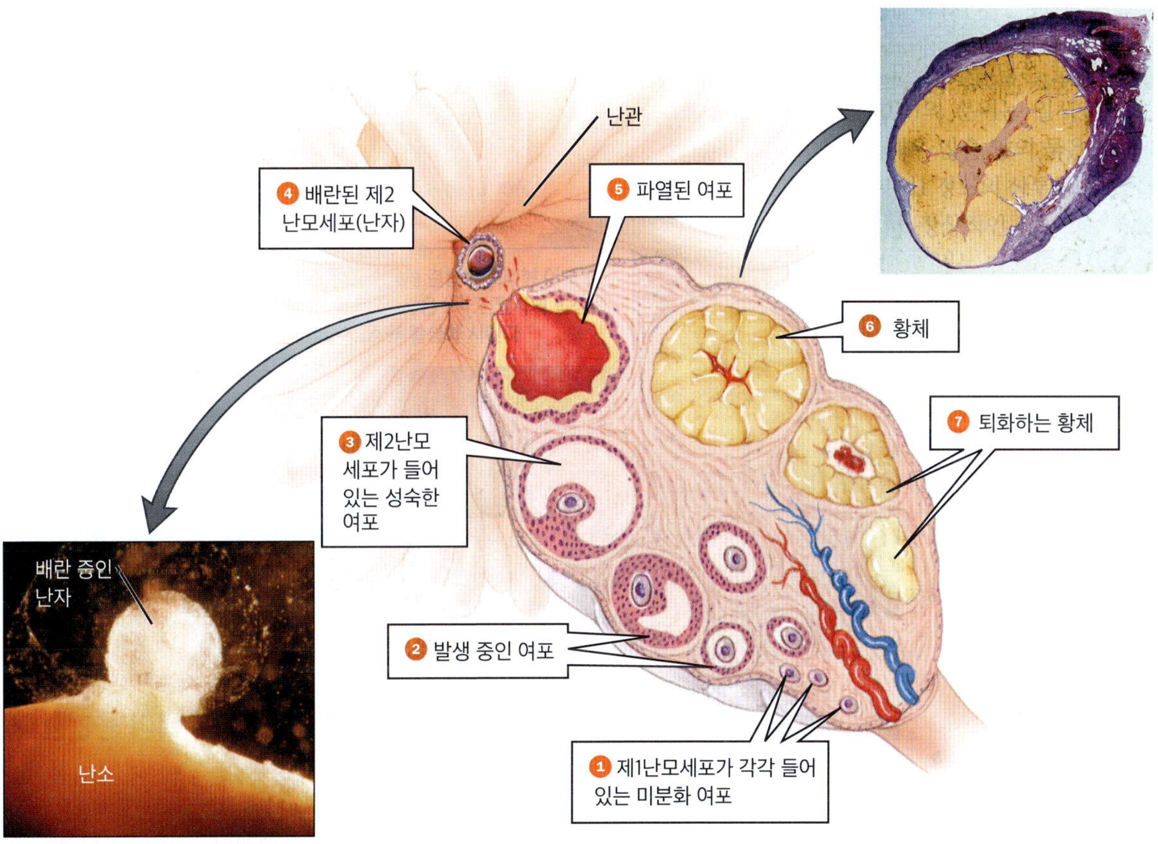


▲ **그림 42-15 여포 발생** 편의상 이 그림은 월경주기에 맞춰 여포 발생의 모든 단계를 왼쪽 아래에서부터 시계 방향으로 보여주고 있다. 실제의 난소에서는 모든 단계가 절대로 같은 시간에 나타나지 않으며 여포는 분화하면서 난소를 돌아다니지 않는다.

## Health WATCH 성병

성병(sexually transmitted disease, STD)은 생식기관 및 생식관을 감염시키는 세균, 바이러스, 원생생물, 절지동물 등이 원인으로, 이름이 나타내는 것처럼 주로 성행위를 통해 전염된다.

### 세균감염

미국의 질병관리예방센터(CDC)는 미국에서 매년 약 8십만 명의 **임질(gonorrhea)** 환자가 발생하는 것으로 추산하고 있다. 임질균은 요도, 항문, 자궁경부, 자궁, 난관 및 목의 점막을 침투할 수 있으며, 감염된 남성의 경우 오줌을 눌 때 통증이 야기되며 음경에서 고름이 배출된다. 여성의 증상은 경미하고, 질분비물이 증가하거나 오줌을 눌때 통증을 느끼기도 한다. 임질의 상처 조직이 난관을 막아 불임에 이를 수 있다. 임질에 걸린 많은 사람들은 증상이 가볍거나 나타나지 않기 때문에 병에 걸린 것을 알지 못해 치료를 받지 않으므로 계속 해서 섹스 파트너를 감염시키게 된다. 임질은 항생제로 치료할 수 있지만 많은 임질균은 보통의 항생제에 저항성을 진화시켰다. 임질균은 감염된 모체로부터 태어나는 신생아의 눈을 감염시킬 수 있다.

**매독(syphilis)**은 미국에서 매년 약 55,000명이 새롭게 걸리고 있다. 매독균은 생식기, 입술, 항문, 유방의 점막을 뚫고 들어간다. 매독은 감염 부위의 통증으로 시작하여 신체의 전혀 다른 곳을 포함한 부위에서 발진이 뒤따르는 경우가 흔하다. 치료하지 않으면 매독균이 몸 전체로 퍼져 피부, 신장, 심장, 뇌 등의 많은 기관들이 손상되어 치명적인 결과를 초래 하기도 한다. 매독은 페니실린이나 테트라사이클린 등의 항생제로 쉽게 치료할 수 있으나, 많은 사람들이 매독의 초기에 증상이 약하게 나타나므로 치료하지 않는다. 임신 중의 배아는 매독균에 감염될 수 있다. 감염된 태아는 사산되거나 출생 후 즉시 죽거나 아니면 피부, 치아, 뼈, 간 및 중추신경계가 손상되기도 한다.

**클라미디아(chlamydia)**는 매년 신규 환자가 CDC 추산 약 2백 9십만 명인, 미국에서 가장 흔한 세균성 성병이다. 남성의 경우 요도에서, 여성의 경우 요도와 자궁경부에서 염증을 유발한다. 많은 경우에 뚜렷한 증상이 나타나지 않아 감염자는 치료를 받지 않으므로 섹스 파트너를 전염시키게 된다. 클라미디아 세균의 감염으로 난관이 막히게 되면 불임이 유발된다. 감염된 여성이 신생아를 낳을 때 클라미디아 세균이 신생아의 눈에 염증을 일으킬 수 있으므로, 클라미디아균은 개발도상국에서 실명의 주요 요인이다. 클라미디아는 독시사이클린이나 아지스로마이신 같은 항생제로 쉽게 치료할 수 있다.

### 바이러스 감염

**후천성 면역결핍증(acquired immune deficiency syndrome, AIDS)**은 사람 면역결핍 바이러스(HIV, 37장 참조)에 의해 유발된다. 전 세계적으로 매년 약 2백만 명이 HIV에 감염되고 있으며 1백 2십만 명이 AIDS로 죽고 있다. 미국에서는 매년 신규환자 5만 명에 매년 13,000명이 죽고 있다. 이름처럼 AIDS는 면역계를 약화시킨다. 처음 HIV에 감염되면 대부분의 사람은 독감 같은 증상을 나타내거나 아니면 모르고 지나친다. 나중 면역계가 약화됨에 따라 HIV는 흔히 드문 병들과 특정 종류의 암 같은 아주 광범위한 증상을 드러낸다. AIDS는 성적 접촉, 오염된 혈액과 주사바늘 등을 통해서 주로 전염되고, 모체로부터 신생아에게로 수직감염도 일어난다. AIDS는 치료법이 없으나 약을 혼합하여 처방하면 병을 여러 해 동안 잘 조절할 수 있다.

**음부 포진(genital herpes)**은 CDC가 미국 성인의 16%인 2천 4백만 명 이상이 음부포진에 감염되어 있을 것으로 추산하고 있을 정도로 매우 흔하다. 생식기와 그 주변 피부에 통증을 수반하는 물집을 만들며 이 물집이 있을 때 주로 전염된다. 물집이 없어지고 난 뒤에도 헤르페스 바이러스는 몸 안에 남아 스트레스를 받으면 갑자기 나타난다. 항바이러스 약은 발병의 고통을 완화시킬 수는 있지만 치료법은 없다. 음부 포진의 증상을 가진 임신한 여성은 발생 중인 배아에 바이러스를 감염시킬 수 있다. 매우 드물지만 이 태아는 심한 정신적 혹은 신체적 결함을 보이거나 사산되기도 한다. 출산 시에 신생아가 헤르페스 바이러스에 감염될 수도 있다.

계로부터의 신호물질이 평활근을 이완시킨다. 소동맥이 확장되고 혈액이 음경 내 조직 속 공간으로 흘러 들어간다. 이 발기 조직들이 팽창하면서 음경의 혈액이 빠져나가는 정맥이 막히게 된다 (**그림 42-16b**). 음경에 혈액이 차게 되어 발기가 일어난다.

음경이 질에 삽입된 후, 성교 운동으로 음경의 촉각수용체가 자극되면 사정이 유발된다. 사정은 부정소, 정관, 요도를 둘러싸는 근육이 수축할 때 일어나며 음경을 통해 정액을 밀어내어 질 속으로 들어가게 한다. 일반적으로 약 1～4억 개의 정자가 들어 있는 2～5ml의 정액이 사정된다.

성적 자극으로 여성의 경우에는 질, 한 쌍의 주름진 조직인 **음순(labia** 단수, labium), 그리고 질 바로 위에 있는 작은 구조인 **음핵(clitoris)**으로 흐르는 혈류가 증가된다(그림 42-13 참조). 음핵 및 질 입구 부근에 대한 자극으로 오르가즘이 일어난다. 여성의 오르가즘이 수정에 필요한 것은 아니지만 아마 질과 자궁의 수축은 정자가 난관을 향해 이동하는 데 도움이 될 것이다.

성교 중의 접촉으로 질병을 일으키는 생물체가 쉽게 전파될 수 있는 환경이 조성되는데, 이에 관한 내용은 "Health Watch: 성병"에 설명되어 있다.

## 수정 시에 정자의 핵과 난자의 핵이 융합한다

성교 중 음경은 정자를 질 속으로 방출한다. 정자는 자궁경부와 자궁을 지나 난관으로 들어간다. 정자는 여성 생식관 내에서 2일 내지 드물게는 4일간 살 수 있지만, 미수정된 난자는 하루쯤 살 수 있다. 따라서 배란 후 1~2일 내에 성교가 일어난다면 정자는 한 쪽 난관 안에서 난자를 만날 수 있을 것이다.

난자는 여포세포들에 의해 둘러싸인 채로 난소에서 배란되는데, 이 여포세포를 **방사관(corona radiata)**이라 하고 정자와 난자

성관계를 갖는 대부분의 사람들이 생의 언젠가 **사람 유두종바이러스**(**human papilomavirus, HPV**, **그림 E42-1a**)에 감염되고 있어 미국에선 HPV를 갖고 있는 사람이 약 8천만 명이나 된다. 대부분은 증세가 나타나지 않아 감염 사실을 모르는 채 지나간다. 그러나 이 바이러스는 때로 여성의 경우 음순, 질, 자궁경부, 항문 등에서, 남성의 경우 음경, 음낭, 서혜부 등에서 사마귀를 만든다. 어떤 종류의 HPV는 대부분 또는 아마도 거의 모든 자궁경부암을 일으키며, 미국에서 매년 거의 4,000명의 여성이 이 병으로 죽는다. 두 가지 백신이 암을 유발하는 가장 흔한 HPV 감염을 예방할 수 있다. CDC는 여성뿐 아니라 남성에게도, 활발하게 성관계를 갖기 전에 HPV 백신을 맞을 것을 권하고 있다. 그러나 HPV 백신은 감염을 예방할 수 있을 뿐 치료할 수는 없다.

### 원생생물과 절지동물 감염

**트리코모나스질염**(**Trichomoniasis**)은 남녀의 생식기 및 요도의 점막에 군집을 이루고 사는 원생생물에 의해 발병된다. CDC는 약 3백7십만 명의 미국인이 트리코모나스에 감염되어 있는 것으로 추산한다. 증상으로는 가려움과 화끈거림, 그리고 때로 음경이나 질의 고름이 있다. 그러나 대부분의 사람에게선 아무런 증상이 없기 때문에 치료를 받지 않고 그래서 섹스 파트너에게 병을 옮긴다. 장기간 치료하지 않으면 불임이 될 수도 있다. 트리코모나스질염은 메트로니다졸(metronidazole)과 같은 경구 항생제로 치료할 수 있다.

**사면발니**(**pubic lice**)는 음모에 살면서 산란하는 작은 곤충이다(**그림 E42-1b**). 이들의 입 부위는 피부를 뚫고 들어가 혈액과 체액을 빨아들일 수 있도록 적응되어 있다. 이 때문에 심한 가려움을 일으킨다. 사면발니 그 자체로는 질병을 퍼뜨리지 않지만, 가려운 데를 긁음으로써 세균 감염이 흔하게 일어난다. 미국에서는 매년 약 3백만 명이 사면발니에 걸리고 있다. 사면발니를 죽이는 데는 퍼메트린(permethrin) 같은 국소 살충제를 쓴다.

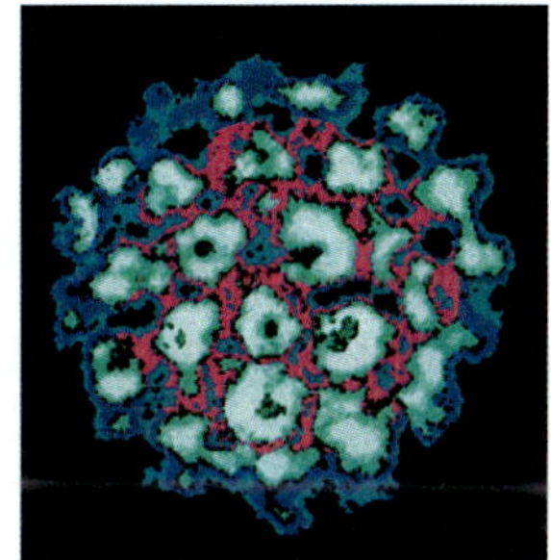
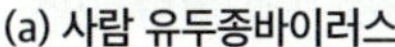
(a) 사람 유두종바이러스

(b) 음모의 이

▲ **그림 E42-1 성병의 병원체** **(a)** 사람 유두종바이러스의 DNA가 자궁경부 세포의 염색체에 삽입된다. 바이러스 DNA에서 생성된 단백질은 조절되지 않는 세포분열을 촉진하여 암을 유발시킨다. **(b)** 음모의 이는 음모에 매달릴 때 사용되는 다리 끝에 있는 작은 갈고리와 생김새로 인해 '사면발니(crab)'라고도 불린다.

**비판적 사고** 담당 환자가 때로 피임에 대해 묻는 내과의라고 자신을 생각해 보자. 다음의 환자에게 적절한 피임법을 제시해 보고 그 방법이 왜 적절한지 설명해 보라. 커플 A: 성관계를 일상적으로 맺고 있지만 아기 갖기를 결코 원하지 않는 한 쌍, 커플 B: 성관계를 일상적으로 맺고 있으면서 언젠가는 아기 갖기를 원하는 한 쌍, 사람 C: 한 남자와 때로 성관계를 맺고 있지만 임신하길 원치 않는 한 여성. 각자에게 적절한 성병에 대한 예방 수준도 포함하여서 설명해 보라.

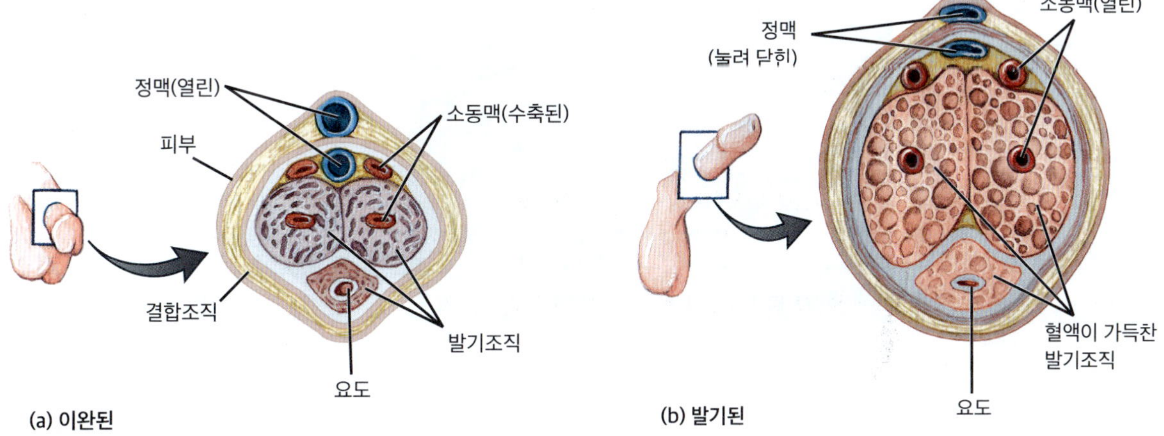


▲ **그림 42-16 음경 내 혈류 변화로 인해 발기가 일어난다** **(a)** 음경으로 들어가는 소동맥을 둘러싼 평활근이 수축되면 혈액의 흐름이 제한된다. **(b)** 성적으로 자극되면 평활근이 이완되고 혈액이 음경의 빈 공간으로 흘러 들어간다. 음경의 팽창으로 음경에서 혈액이 빠져나가는 정맥이 닫히게 되면, 혈압이 상승되고, 음경이 길고 단단하게 된다.

사이의 장벽이 된다(**그림 42-17a**). 두 번째 장벽인 젤리 같은 **투명대**(**zona pellucida**, '투명한 부위')는 방사관과 난자 사이에 위치한다. 난관에서는 수백 마리의 정자가 방사관을 둘러싸게 된다(**그림 42-17b**). 각 정자는 첨체에서 효소를 방출한다. 이 효소는 방사관과 투명대를 약화시켜 정자가 방사관과 투명대를 지나 난자 쪽으로 꿈틀거리며 나아갈 수 있도록 해준다. 정자의 수가 충분하지 않으면 방출되는 효소의 양이 불충분해져 정자는 난자에 도달하지 못할 것 이다. 질 속에 사정된 정자의 약 10만 분의 1이 난관에 도달하고 그 중의 약 20분의 1이 난자와 만나므로, 결국 사정된 수억 마리의 정자 중에서 수백 마리의 정자만이 난자의 장벽을 공격하는데 참여하게 된다.

정자가 난자의 표면과 접촉하면, 난자와 정자의 원형질막이 융합되고 이어서 정자의 머리가 난자의 세포질로 들어간다. 정자가 들어가면 난자에 두 가지 중요한 변화가 일어난다. 첫째, 난자의 표면 가까이 있던 소포에서 화학물질이 투명대 속으로 방출되어 투명대가 강화됨으로써 다른 정자가 난자에 들어오지 못하도록 한다. 둘째, 난자가 감수분열 2기를 진행한다(그림 42-14 참조). 수정은 정자와 난자의 반수체 핵이 융합하여 접합자의 이배체 핵을 만듦으로써 완료된다.

남성 혹은 여성의 생식계에 결함이 있으면 수정이 일어날 수 없다. 예를 들어 난관이 막혀 있으면 정자가 난자에 도달할 수 없다. 정자의 수가 매우 적은(정액 1ml에 정자 수가 2천만 마리 이하) 남성은 너무 적은 수의 정자가 난자에 도달하기 때문에 성교에 의해 여성을 임신시킬 수가 없다. 오늘날 아이를 임신하기 어려운 많은 부부들은 인공수정이나 시험관아기시술(IVF)을 고려해 볼 수 있다("Health Watch: 하이테크 생식" 참조)

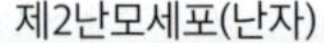


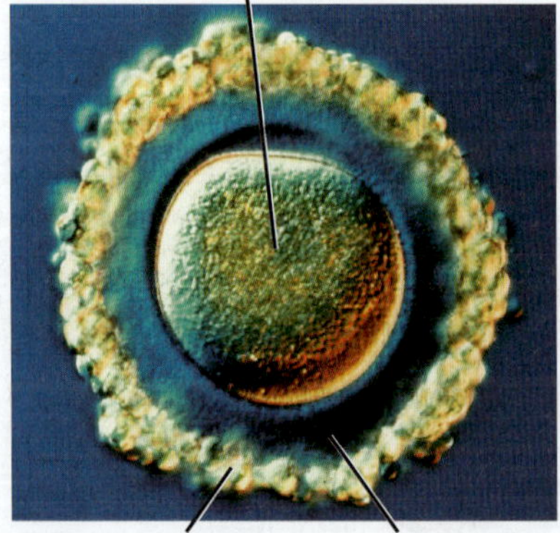


(a) 배란된 제2난모세포

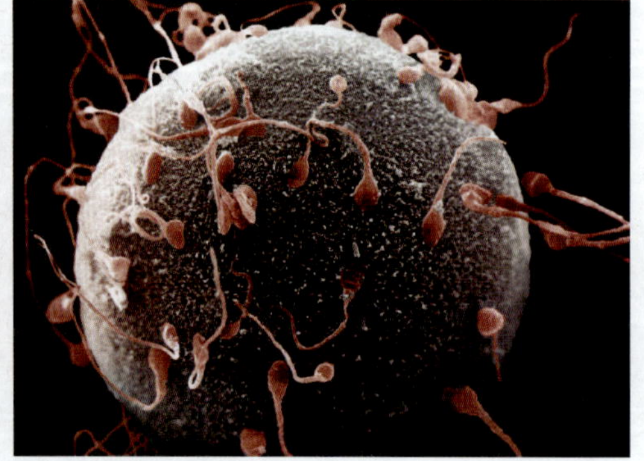

(b) 난모세포를 둘러싸고 있는 정자

▲ **그림 42-17 제2난모세포와 수정** (a) 배란 직후의 사람 제2난모세포(난자). 정자는 난자에 도달하기 위해서 방사관과 투명대의 길을 뚫어야 한다. (b) 난모세포를 둘러싸서 방사관과 투명대를 공격중인 정자.

**Have You Ever Wondered ...**

**호저는 어떻게 교미하는가?**

삼만 개 이상의 날카로운 호저의 가시는두 마리의 호저 사이의 접촉을 막을 뿐만 아니라 포식자로부터 방어한다. 호저 암컷이 임신 준비가 되었을 때만 짝짓기가 가능하며, 단지 일 년에 한 번만 짝짓기를 할 수 있다. 암컷은 냄새 흔적으로 수컷을 유인한다. 몰려든 수컷은 암컷의 관심을 끌기 위해서 큰소릴 내거나 소변을 분사해서 암컷이 젖게 한다. 암컷이 수컷을 선택한 후에 암컷은 엉덩이 주변의 가시를 납작하게 눕히고 꼬리를 위로 말아 올려서 수컷이 찔리지 않게 한다. 이후에 수컷과 암컷이 교미를 하게 된다.

**CHECK YOUR LEARNING**

- 남성과 여성의 생식계를 생식선, 부속구조, 각 구조의 기능 등을 포함하여 설명할 수 있는가?
- 남성과 여성에서 호르몬 상호작용이 생식을 어떻게 조절하는지 설명할 수 있는가?
- 정자형성과정과 난자형성과정, 이 과정이 언제 어디에서 이루어지는지, 정자와 난자의 형태, 그리고 수정이 어떻게 이루어지는지 등을 설명할 수 있는가?

## 42.3 사람들은 피임을 어떻게 하는가?

임신의 염려 없이 섹스하기를 원하는 사람들이 많다. 그러나 생식능력을 제한하는 것은 예부터 쉬운 일이 아니었다. 과거에 여러 문화권의 여성들은 피임을 목적으로 낙타의 입에서 나오는 거품을 마시거나 악어의 똥을 질에 넣는 등 독창적인 방법을 시도하였다. 이러한 고대의 방법들은 **피임**(**contraception**, 임신 예방)을 위한 효과적인 방법이 아니었다. 그러나 효과적인 피임 방법도 그 사용이 사회적 혹은 법률적으로 제한되기도 하였다. 미국에서도 피임은 1965년까지 법률적인 제한이 있었고, 1970년대 이후 피임을 위한 여러 가지 효과적인 기술이 널리 퍼지게 되었다. 모든 피임법에는 결점이 있으므로 피임법의 선택에는 전문가와의 상담이 필수적이다.

### 불임시술을 통하여 영구피임을 할 수 있다

가장 실패할 염려가 없는 피임 방법은 정자 혹은 난자가 통과하는 길을 막거나 끊는 **불임시술**(**sterilization**)

## Health WATCH 하이테크 생식

커플 중 약 10~15%가 아기를 임신하는 데 어려움을 겪는다. 배란이 불규칙적인 또는 배란이 되지 않는 여성에게 배란촉진제(FSH와 LH가 들어있거나 분비시킴)를 주입하면 배란이 촉진된다. 그러나 배란촉진제는 종종 동시에 여러 개의 난자를 방출하게 하며 그 결과 미국에서는 1980년 이후 여러 명을 출산하는 비율이 거의 두 배로 늘었다. 여러 명을 출산하는 경우는 한 명을 출산하는 경우보다 모체와 아이 모두에게 훨씬 더 위험하다.

세계적으로 약 5백만 명이 '시험관아기시술'(IVF, *in vitro* fertilization '시험관 안에서의 수정')로 태어났다. 시험관아기시술은 여포 발달을 촉진시키는 배란촉진제를 여성에세 투여하는 것으로부터 시작된다. 배란할 때가 되면 외과의사가 여포 속으로 긴 바늘을 삽입하여 난모세포를 빨아들인다. 난모세포를 정자와 함께 배양 접시에 넣어둔다. 수정 후 접합자가 분열한다. 그렇게 해서 생긴 배아를 8세포기가 될 때까지 약 3일 동안, 또는 배반포(43장 참조)까지 약 5일 동안 배양한다. 3일된 배아의 이점은 배양의 스트레스를 덜 받는다는 것이다. 그러나 IVF실험실이 배아 배양에 익숙하고 건강한 배반포를 일상적으로 만들고 있다면, 배반포 쪽이 낫다. 그 이유는 배아가 자연 수정된 경우 이 단계에서 자궁에 도달하므로 착상의 성공률이 보다 높아서이다.

배아를 자궁으로 옮기려면 배아를 관 속으로 살며시 빨아들여 자궁 속으로 사출해줘야 한다. 젊은 여성의 경우에는 보통 한두 개의 배아를 옮겨준다. 임신을 유지하는데 어려움이 따르는 40살 이상의 여성에게는 4개까지 옮길 수도 있다. 배아를 하나 이상 이식하면 성공률이 높아지지만 다태아 임신의 확률도 높아지게 된다. 이식하지 않은 배아는 나중에 사용하기 위해 냉동시킬 수 있다.

IVF 임신의 비용은 상당하다. 미국에서 IVF는 한 번 시행할 때마다 10,000~15,000 달러의 비용이 든다. 젊은 여성의 경우 평균 성공률이 약 40%이므로 IVF에 의한 임신에는 약 25,000~50,000 달러가 소요된다. 35세가 넘으면 성공률이 현저하게 떨어지고 40세가 넘으면 15% 이하까지 떨어진다. 따라서 나이든 여성일수록 비용이 많이 든다.

운동성이 떨어지거나 정상적으로 수정할 수 없는 정자를 지닌 남성들도 '세포질 내 정자 주입'(intracytoplasmic sperm injection, ICSI) 방법을 통해 아이의 아버지가 될 수 있다. ICSI 방법은 정소에서 미성숙된 정자세포를 뽑아 가늘고 예리한 피펫으로 난자의 세포질 안에 직접 주입한다(**그림 E42-2**). ICSI를 통한 IVF의 성공률은 배양 접시에서의 수정 성공률과 동일하다.

정자를 분류하는 기술을 사용하면 남아 또는 여아를 가질 확률을 바꿀 수 있다. 이는 부모가 연관된 질환의 보인자라면 의학적으로 중요할 수 있다. 그러나 일부 부모는 아이들의 성비를 맞추기 위해 정자 분류 방법을 사용한다. DNA 양 차이에 근거한 정자의 분류 기술로 Y염색체를 가진 정자(DNA 양이 적음)와 X염색체를 가진 정자(DNA 양이 많음)는 80~90%까지 정확하게 분리될 수 있다. 그렇게 분류된 정자는 인공수정 또는 IVF 시술에 사용될 수 있다. 미국에서 정자 분류는 이제 임상 실험 중이지만 일부 국가에선 이미 전문 IVF클리닉에서

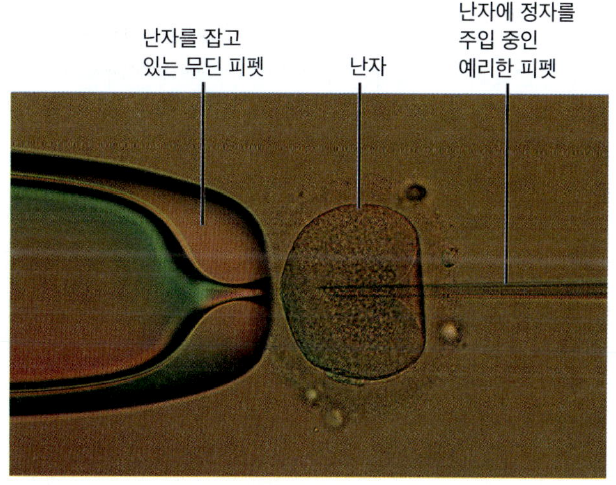


▲**그림 E42-2 세포질 내 정자 주입** 난자를 매끄러운 유리 피펫의 끝부분에 고정시킨다. 난자의 세포질 안으로 아주 작고 예리한 피펫으로 한 개의 정자세포를 직접 주입한다.

이용할 수 있다. IVF에 의한 아기의 성을 확실히 하기 위해 배아세포 중 하나를 조심스레 떼어내 핵형을 분석함으로써 착상 전에 배아의 성을 100% 정확하게 알아낼 수도 있다.

끝으로, 핵 아버지, 핵 어머니, 미토콘드리아 어머니의 '세 부모'를 갖는 아기를 만드는 것도 이제 가능하다. 누가 대체 그런 일을 하겠는가? 2,000~5,000명 중 한 명의 아기는 미토콘드리아 결함을 갖고 태어난다. 심한 경우 신경이나 근육손상, 실명, 심부전 등이 생길 수 있다. 포유류의 정자는 수정난에 미토콘드리아를 제공할 수 없다. 모든 미토콘드리아는 수정난에 이미 존재하고 있다. 미토콘드리아에 결함이 있는 예비 어머니는 '세 부모 IVF'를 통해 건강한 아기를 낳을 수 있다. 정상 미토콘드리아를 가진 여성으로부터 제공받은 미수정란에서 핵을 제거한다. 그런 다음 IVF를 통해 얻은 배아의 핵을 제공자의 난자 속에 주입한다. 그렇게 해서 생기는 세포에서 핵은 IVF 아버지와 어머니의 핵일 것이고 미토콘드리아는 난자 제공자의 미토콘드리아일 것이다. 미토콘드리아에는 DNA가 일부 들어 있기 때문에 아기의 유전적 부모가 3명이 되는 것이다.

세 부모 아이를 탄생시키는 방법은 아직 미국에서 승인되지 않았다. 연구자들이 이 방법이 아이의 건강에 장기적으로 해가 되지 않음을 아직 증명하지 못했기 때문이다. 몇몇 나라에서는 이런 제약이 없기 때문에 세 부모 아이들이 우크라이나, 영국 등의 국가에서 태어나 살아가고 있다.

**생각해보기** 2017년 과학자들은 CRISPR-Cas9 DNA 편집을 사용해서 인간 배아 유전자의 결함을 수선하는 실험을 했다. 이러한 실험이 승인되어야 하는가? 어린이의 장애와 질병을 예방한다는 것이 인간의 유전 정보를 바꿀 이유로 충분한가? 슈퍼모델 체형이나 운동선수를 만들어 낼 목적으로 DNA를 바꾸는 '맞춤형 아기'는 어떨까?

이다(그림 42-18). 남성의 경우, 각 정소로 연결되는 정관을 절단하여 끝을 묶고, 죄거나 봉하는 정관절제 수술을 할 수가 있다. 정관수술은 국소마취 하에 시술되고, 보통 봉합이 필요 없으며, 건강이나 성적 능력에 대한 나쁜 영향도 알려져 있지 않다. 정자는 여전히 생성되지만 부정소를 떠나는 일없이 거기서 죽게 되고, 그 잔해는 부정소 내피를 구성하는 세포와 식작용을 하는 백혈구에 의해 제거된다.

여성은 난관을 자르거나 묶어 임신을 못하도록 하는, 보다 복잡한 난관결찰수술을 할 수 있다. 배란은 여전히 일어나지만 정자가 난자까지 갈 수 없고 또한 난자도 자궁에 도달할 수 없다. 또 다른 방법은 난관 임플란트법이다. 작은 스프링처럼 생긴 구조물을 질, 경부, 자궁을 거쳐 각각의 난관에 삽입한다. 이 스프링으로 인해 난관에 상처조직이 생기고 그러면 정자와 난자의 통행이 막히게 된다. 관의 삽입에 절개는 필요 없으며 국소 마취만으로 충분하다.

불임시술을 받은 여성 또는 남성이 복구를 원하면 외과의사들은 난관 또는 정관을 다시 연결시킬 수 있다. 젊은 여성의 약 70~90%는 솜씨 좋고 경험 많은 외과의사가 난관을 다시 연결시킨 후 임신할 수 있다. 그러나 임신율은 여성의 연령(나이든 여성은 성공률이 낮음)과 난관결찰 방법(난관을 절단하거나 지진 경우보다 죈 경우가 성공률이 높음)에 따라 다르다. 난관 임플란트법은 되돌리기 어렵다.

정관절제의 복구 시술 후, 외과의사의 솜씨에 따라 사정된 정액 속에 정자가 70~98%로 다시 나타나지만 임신율은 30~75% 정도로 낮다. 정관을 절제하고 다시 연결할 때까지의 기간이 길수록 임신율이 낮아진다. 많은 경우 정관이 절제된 남성은 자신의 정자에 대한 면역반응이 차츰 생겨나, 정관절제를 성공적으로 되돌린다고 해도, 난자에 도달하거나 수정할 수 없는 손상된 정자가 사출되기 때문이다.

(a) 정관 절제

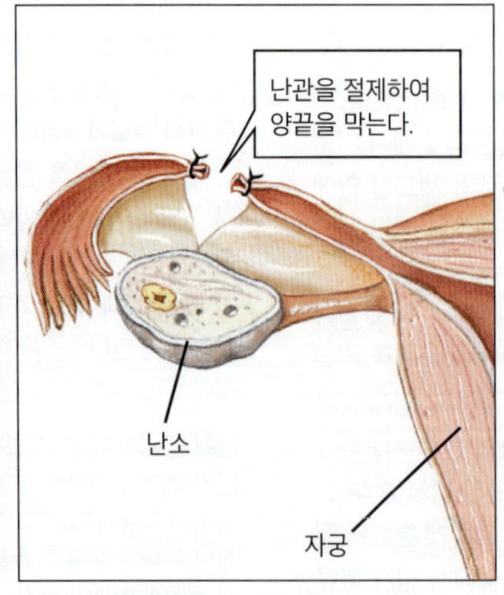


(b) 난관 결찰

▲ 그림 42-18 영구피임을 위한 피임수술

## 일시적인 피임 방법은 쉽게 되돌릴 수 있다

일시적 피임 방법은 즉시 임신을 방지하는 한편 이후 임신의 가능성을 열어둔다. 일시적인 피임 방법은 세 가지 원리를 이용하고 있다. (1) 배란 억제, (2) 난자와 정자가 만나는 것을 방지하거나 빈도를 낮춤, (3) 자궁 내 착상 방지(표 42-3). 음경과 질의 물리적인 접촉을 막지 않는 한, 피임 방법이 성병을 예방하지 못한다는 것에 주목할 필요가 있다. 물론 철저한 금욕은 정자와 난자가 만나는 것을 막아주고 임신과 성병(STD)도 확실하게 방지할 수 있다.

### 합성호르몬은 여러 방식에 의해 임신을 방지한다

복합 경구 피임제에는 합성 에스트로겐과 프로게스테론이 들어 있다. 이 장의 앞에서 설명했듯이, 여포 발생은 FSH에 의해 자극되고 배란은 월경주기 중간의 LH 급증으로 일어난다. 피임제의 에스트로겐은 FSH를 방출하지 못하게 하여 여포의 발생이 일어나지 않게 한다. 여포의 발생이 일어난다고 해도 알약에 있는 프로게스테론이 배란에 필요한 LH의 급증을 억제할 것이다. 프로게스테론은 또한 경부 점액층을 두껍게 하여 정자가 질에서 자궁으로 들어오지 못하게 한다. 합성 프로게스테론만 들어 있고 에스트로겐은 없는 미니필(minipill)은 합성 프로게스테론의 종류와 용량에 따라 배란을 60%-97%까지 막아준다. 미니필은 아마 경부 점액층을 두껍게 하여 정자가 질을 떠나 난자에 도달하지 못하게 막아줄 것이다. 복합 경구피임제와 미니필 모두 자궁내막에 변화를 초래해, 수정이 일어난 드문 경우에라도, 배아가 자궁내막에 착상하는 것을 불가능하게 만들 것이다.

표 42-3에서 보듯이 에스트로겐과 프로게스테론이 들어있는 피임패치, 링, 주사 또는 임플란트도 쓸 수 있고 이러한 기구는 보통 몇주에서 수년까지 효력이 있다.

사후피임약으로 흔히 알려져 있는 응급 피임약에는 프로게스테론의 수용체에 작용하는 화학물질이나 고용량의 프로게스테론이 들어 있다. 둘 모두 주로 배란을 막거나 아니면 배란을 길게 지연시켜 여성 생식관 내의 정자가 배란 전에 죽도록 한다.

### 정자가 난자에 접근하지 못하도록 막는 장벽 방법들

정자와 난자가 만나지 못하도록 하는 장벽 방법에는 남성 및 여성용 콘돔, 자궁경부 마개, 피임용 다이어프램, 질 스펀지, 살정제 등이 있다. 여성용 콘돔은 질 안을 완전히 덮고, 남성용 콘돔은 음경을 덮는다. 따라서 두 가지 콘돔 모두 정자가 질과 접촉하는 것을 막는다. 음경이 질에 닿지 않기 때문에 두 가지 콘돔 모두 성병이 전염되는 것을 꽤 방지할 수 있다.

**표 42-3 일시적인 피임방법**

| 방법 | 설명 | 실패율[1] | 성병예방 |
|---|---|---|---|
| 없음 | 피임 없이 일상적인 성교 | 25세 미만 여성 약 95%, 40세에는 40%로 감소 | 전혀 효과 없음 |
| 금욕 | 성관계 안 함 | 0% | 아주 좋음 |
| 피임제 | 합성 에스트로겐과 합성 프로게스테론이 든 알약(혼합 알약)또는 프로게스테론만 든 미니필(소형 알약), 매일 복용 | 0.3~8% | 전혀 효과 없음 |
| 질링 | 합성 에스트로겐과 프로게스테론이 함유된 유연한 플라스틱 링, 경부 주위 질 내에 삽입, 4주마다 교환 | 0.3~8% | 전혀 효과 없음 |
| 피임패치 | 합성 에스트로겐과 프로게스테론을 함유한 피부 패치, 매주 교환 | 0.3~8%[2] | 전혀 효과 없음 |
| 피임주사 | 배란을 막는 합성 프로게스테론의 주사액, 3달 간격으로 맞음 | 0.3~3% | 전혀 효과 없음 |
| 피임 임플란트 | 배란을 막는 합성 프로게스테론이 들어 있는 작은 플라스틱 막대, 3년마다 교환 | 0.1% | 전혀 효과 없음 |
| 응급피임 | 피임제 호르몬이 고용량으로 들어 있음, 예기치 못한 성관계 후 72시간 이내에 복용 | 5~15% (성관계 이후의 시간이 지날수록 효과가 떨어짐)[3] | 전혀 효과 없음 |
| 콘돔(남성용) | 성교 직전에 음경을 싸는 얇은 고무 또는 폴리우레탄 주머니로 정자가 질 안으로 들어가는 것을 방지, 살정제가 처리된 경우 더 효과적 | 2~15% | 좋음(효과 있음) |
| 콘돔(여성용) | 성교 직전 질내에 삽입하는 얇은 라텍스 또는 폴리우레탄 주머니로 정자가 경부 안으로 들어가는 것을 방지, 살정제와 함께 사용할 경우 더 효과적 | 5~21% | 좋음 (남성 콘돔만큼 효과 있음) |
| 스펀지 | 살정제가 함유된 둥근 모양의 일회용 스펀지로 성교하기 24시간 전에 질 속에 삽입 | 9~20% (출산후 실패율 2배) | 거의 효과 없음 |
| 다이어프램 또는 경부 캡 | 재사용할 수 있고, 유연한, 둥근 모양의 고무 같은 격막, 격막 내에 살정제가 들어 있음, 격막(큰) 또는 캡(작은)을 성교 직전 경부에 씌움 | 6-14% (출산후 경부캡 실패율 증가) | 거의 효과 없음 |
| 살정제 | 정자를 죽이는 거품을 성교 직전 질 내에 주입하여 정자에 대한 화학적 장벽을 형성 | 18~29% | 전혀 효과 없음 |
| IUD(자궁내 장치) | 호르몬 또는 구리가 처리된 작은 플라스틱 장치를 경부를 통해 자궁 내에 삽입함. 5년 내지 10년마다 교환 | 0.2~0.9% | 전혀 효과 없음 |
| 주기법 | 최종 생리 이후의 시간 또는 체온 및 경부 점액의 변화를 측정함으로써 배란 시기를 알아내어 임신 가능한 기간 중의 성교를 피할 수 있다. | 1~24%(정확하게 하기 어려움) | 전혀 효과 없음 |

[1] 매년 임신하는 여성의 비율. 작은 숫자는 철저하고 올바르게 피임용구를 사용할 때의 임신율을 나타내고 큰 숫자는 일관되지 않거나 올바르지 않은 방법으로 사용할 때의 임신율을 나타낸다. 정확하게 사용하지 않았다고 말하는 여성이 적은 경향이 있어 정확하게 사용했을 때의 실패율은 더 낮아질 수 있다.

[2] 패치와 피임제의 효과는 거의 비슷하지만 패치를 보다 바른 방식으로 사용하는 것 같다. 90kg 이상 몸무게의 여성에게서는 패치의 효과가 떨어진다.

[3] 1회 성관계 후 임신되는 여성의 비율. 일부 응급 피임제는 75kg 이상 몸무게의 여성에게서 효과가 떨어진다.

다른 장벽 방법에는 성병 예방의 효과가 거의 또는 전혀 없다. 피임용 다이어프램과 자궁경부 캡은 경부를 덮어 정자가 질을 떠나 자궁 안으로 들어가는 것을 막아준다. 질 스펀지에는 정자가 질을 떠나기 전에 정자가 죽도록 살정제를 적셔 둔다. 장벽 방법은 장벽에 구멍이 뚫렸을 경우 안전장치가 될 수 있는 살정제와 함께 사용하는 것이 더욱 효과적이다.

### 자궁내 장치는 몇 년을 간다

두 가지 종류의 자궁내 장치(intrauterine device, IUD)가 있다. 'T' 모양의 플라스틱에 구리선이 감긴 구리 자궁내 장치와 구리선 대신 합성 프로게스테론이 든 호르몬 자궁내 장치의 두 가지이다. 두 가지 자궁내 장치의 주된 원리는 정자의 운동이나 생존을 방해하거나 경부 점액층을 두껍게 하여 정자가 난관으로 들어가지 못하게 함으로써 수정을 막는 것이다. 또한 자궁내막을 변화시켜 배아의 착상 가능성을 낮추기도 한다. 자궁내 장치가 자궁경부를 통해 자궁에 삽입되면 그 자리에 수 년 동안 있게 된다. 자궁내 장치는 아주 효과적(임신 확률 1% 이하)이고 임신을 막기 위해 더 이상 뭘 할 필요가 없다. 대부분의 여성은 자궁내 장치를 제거하면 곧 임신할 수 있게 된다.

### 신뢰도가 낮은 다른 피임 방법들

원리상 월경주기의 배란시기 동안 성교를 참는 것은 임신을 막는데 아주 효과적일 수 있다. 그러나 임신 가능성에 근거한 피임법은 비교적 신뢰할 수 없는데 그 이유는 배란시기를 정확히 알기가 어렵기 때문이다. 게다가, 정자가 여성 생식관에서 몇 일간 생존할 수 있으므로 배란 전 여러 날 동안 성교를 피해야만 한다. 주기조절법의 경우 여성은 생리일이 언제인지를 계속 파악한 뒤 다음번 배란일을 계산해야 한다. 안타깝게도 많은 여성은 매달 조금씩 생리주기가 달라진다. 체온을 계속 측정하고 경부 점액의 양과 느낌을 계속 관찰한다면, 주기조절법의 정확도를 높일 수 있다. 배란을 전후해서 체온이 약간 오르며 배란 직전에 경부 점액의 양이 늘고, 축축하고, 미끈거리기 때문이다.

음경 빼기(사정하기 전에 질에서 음경 빼기)와 질 세척(정자가 자궁에 들어가기 전에 질 속의 정자를 씻어내는 것)은 전혀 믿을 수 없는 피임법이다.

### 남성 피임 방법을 연구 개발 중이다

여러분은 대부분 피임 기술이 여성을 대상으로 한 것임을 알았을 것이다. 이는 아마도 다음의 세 가지 이유 때문일 것이다. 첫째, 남성이 아니라 여성이 임신을 하게 되고, 여성이 임신과 출산의 위험을 감수하며, 여성이 남성보다 육아에 더 많은 역할을 해야 한다. 둘째, 성적 욕구나 성기능에 방해가 되지 않는 피임제와 자궁내 장치 같은 "한 번 쓰고 신경쓰지마" 방식의 여성용 피임법의 고안이 비교적 쉬웠던 데 비해 남성용 피임법의 개발은 훨씬 어려웠다. 셋째, 피임제의 호르몬이 남성의 성기능이나 다른 2차 성징에 방해가 되지 않는다는 것을 알고 있음에도 종종 25% 이상 되는 꽤 많은 남성들이 호르몬 피임방법을 결코 사용하지 않겠다는 여론 조사의 결과가 있다.

그럼에도 불구하고 연구자들은 남성피임에 대해 연구하고 있다. 연구 개발 중인 것으로 정관에 주입하여 정자가 정소에서 빠져나와 요도로 가는 것을 막는 마개가 있다. 다른 방법으로는 GnRH, FSH, LH의 작용을 차단하여 정자가 생성되지 않도록 하는 주사용 약이 있다. 이들 약물은 정소에 의한 테스토스테론 생성을 억제하므로 테스토스테론을 주사하여 보충할 필요가 있을 것이다. 정자 분화를 선택적으로 방해하는 비호르몬 약물이 동물실험에서 성공을 거두긴 했지만 사람에게 사용되는 것은 아마 수 년 뒤의 일일 것이다.

**CHECK YOUR LEARNING**

- 주요 피임법, 작용 원리, 효과 등을 설명할 수 있는가?

**CASE STUDY REVISITED**

## 코뿔소 번식

인공수정이든 자연수정이든 코뿔소 번식자가 배란에 맞춰 정자를 공급할 수 있을 때 성공할 확률이 높다. 이를 위한 가장 확실한 방법은 수컷 코뿔소나 정액이 준비되었을 때 암컷에게 배란을 유도하는 것이다. 여러분이 배웠듯이 포유류의 배란은 LH와 FSH의 급증으로 시작되고, 이는 GnRH의 급증에 의해 유발된다. 이런 이유로 코뿔소의 배란은 합성 GnRH를 주사하여 유도시킨다.

다음 단계는 암컷에서 수정을 어떻게 일으킬 것인지에 달려있다. 정상적인 짝짓기라면, 생물학자는 암컷이 교미에 흥미를 보일 때까지 기다릴 것이다. 그 다음에 암컷과 수컷을 한 우리 속에 넣고 교미나 공격의 조짐을 조심스레 지켜볼 것이다. 인공수정이라면 생물학자는 초음파를 이용해 성숙한 여포의 존재를 검사할 것이다. 그리고 수컷 코뿔소로부터 모은 정액을 암컷의 자궁 속에 주입할 것이다. 시험관아기시술이라면 생물학자는 초음파 영상을 보면서 암컷의 난소에서 성숙한 난자를 채취하고, 난자와 정자를 혼합하여 생긴 배아를 암컷의 자궁에 착상시킬 것이다.

이들 과정이 모두 성공적임이 증명되었다. 이들 기술을 써서 흑, 백, 인도, 스마트라 코뿔소의 번식에 성공하였다. 수마트라, 자바, 흑코뿔소처럼 멸종의 위기에 처한 종들에서 유전적 다양성의 보존은 극히 중요하다. 모든 암컷과 수컷 코뿔소가 전 세계의 코뿔소와 생식함으로써 자신의 유전자를 전할 기회를 얻어야 한다. 냉동 정자를 쓰는 인공수정이 코뿔소를 동물원끼리 옮기는 것보다 훨씬 안전하고 비용도 적게 든다. 뿐만 아니라 인공수정은 이미 사망한 수컷 코뿔소의 유전자를 보존하는 데 도움이 되기도 한다. 버팔로 동물원의 암컷 코뿔소 타시는 신시내티 동물원에서 10년 전에 죽은 수컷 코뿔소 지미의 냉동 정자로 인공수정을 받았다. 지미의 정자는 그때부터 액체질소 속에 냉동 보관되어 있었다. 인공수정을 행한 신시내티 동물원의 Monica Stoops 박사의 이름을 따서 버팔로 동물원은 태어난 코뿔소 새끼에게 모니카란 이름을 붙였다.

위기에 처한 다른 동물종들에게도 비슷한 기술이 사용되었다. 예를 들어 워싱턴 D.C.의 스미소니언 국립 동물원에서 태어난 검은발 흰족제비(ferret)는 아버지가 죽고 10년 후에 태어났다. 신시내티 동물원 외에도 샌디에고 동물원과 오듀본 국립 연구소 같은 몇몇 다른 시설에서도 냉동 동물원이 운영되고 있다. 액체질소 저장탱크에는 위기에 처한 동물종의 냉동정자, 조직표본, 심지어 배아도 보관되어 있다.

**생각해보기** 코뿔소들 중에서 남아프리카 흰코뿔소는 2만 마리 정도로 수가 많다. 반면 전 세계적으로 자바 코뿔소는 60마리 정도이고 수마트라 코뿔소는 100마리 정도이다. 흰코뿔소를 자바와 수마트라 코뿔소의 번식에 어떻게 이용할 수 있을까? 자신의 제안에 대한 장단점을 설명해 보라.

# CHAPTER REVIEW

*비판적 사고와 생각해보기, 선택형문제, 빈칸채우기 질문에 대한 답은 이 책의 뒷부분에 있는 정답란에서 볼 수 있다.*

## 핵심개념의 요약

### 42.1 동물은 어떻게 번식하는가?

동물은 유성적인 혹은 무성적인 방법으로 번식한다. 무성생식에서는 부모와 유전적으로 동일한 자손이 태어난다. 유성생식에서는 부모 개체에서 나온 반수체 배우자가 결합하여 자손을 생산하는데 이 자손은 유전적으로 부모와 다르다. 유성생식의 경우 수컷 배우자(작고 운동성이 있는 정자)는 암컷 배우자(크고 운동성이 없는 난자)와 수정한다. 몇몇 종들은 정자와 난자를 동시에 생산하는 자웅동체이지만 대부분의 동물은 암수의 성이 분리되어 있다. 수정은 동물의 몸 밖에서(체외수정) 일어나거나 암컷의 몸 안에서(체내수정) 일어날 수 있다. 체외수정은 정자가 헤엄쳐 가서 난자와 만날 수 있도록 수중에서 일어나야 한다. 체내수정은 보통 수컷이 암컷의 생식관에 직접 정자를 방출하는 교미를 통해 일어난다.

### 42.2 사람 생식계의 구조와 기능은 무엇인가?

남성의 생식계는 정자와 테스토스테론을 생산하는 한 쌍의 정소, 암컷의 생식관으로 정자를 운반하는 부속기관, 그리고 세 종류의 분비선으로 구성되어 있다. 저정낭, 전립선, 요도구선은 정자에 에너지를 제공하고 헤엄칠 수 있도록 정자를 활성화시키며 정자가 생존하기에 적절한 pH를 제공하는 액체를 분비한다. 정자형성 과정과 테스토스테론 생성은 FSH와 LH의 자극을 받아 이루어진다. 정자형성과 테스토스테론 생성은 사춘기에서 시작하여 평생 지속된다.

여성 생식계는 에스트로겐 및 프로게스테론 호르몬과 난자를 생산하는 한 쌍의 난소, 그리고 정자를 난자 쪽으로 운반해주며 배아를 받아들이고 배아에 영양을 공급해주는 부속기관으로 구성되어 있다. 난자형성, 호르몬생산, 그리고 자궁내막의 발달은 매달 월경주기에 따라 반복된다. 월경주기는 시상하부(GnRH), 뇌하수체 전엽(FSH와 LH), 그리고 난소(에스트로겐과 프로게스테론)의 조절을 받는다. 에스트로겐 생성과 난자 성숙은 사춘기에 시작하여 폐경기까지 지속된다.

성교중에 남성은 정액을 여성의 질 속으로 사정한다. 정자는 질과 자궁을 거쳐 난관속으로 헤엄쳐 가며 보통 난관에서 수정이 일어난다. 미수정된 난자는 2개의 장벽 즉 방사관과 투명대에 의해 둘러싸여 있다. 정자의 머리에 있는 첨체에서 효소가 방출되어 이 장벽을 분해하므로 정자가 난자에 도달할 수 있다. 하나의 정자만이 난자 안으로 들어가서 수정된다.

### 42.3 사람들은 피임을 어떻게 하는가?

영구피임은 보통 남자의 경우 정관을 절단하고(정관절제), 여자의 경우 난관을 절단(난관결찰)하는 불임시술에 의해 이루어진다. 일시적 피임 기술은 합성 에스트로겐과 프로게스테론을 투여하여 배란을 방해하는 방법들이며, 예를 들어 피임제, 질의 링, 붙이는 피임약, 임플란트, 호르몬 주사 등이 있다. 응급 피임도 배란을 막거나 지연 시킨다. 살정제를 바른 다이어프램, 자궁경부 캡, 질 스펀지, 콘돔 같은 방법들은 정자가 난자에 도달하는 것을 막는다. 자궁내 장치는 정자의 이동을 막고, 초기 배아의 착상도 막는다. 생리주기에 근거한 피임법은 비교적 실패율이 높은데 배란기 전후로 금욕 생활을 필요로 한다. 음경빼기와 질 세척은 신뢰할 만하지 않다.

## 개념을 통한 이해

### 선택형 문제

**1.** 사람의 정자는 어디에서 생산되는가?
   a. 정포낭
   b. 세정관
   c. 부정소
   d. 요도

**2.** 사람에서 수정은 보통 어디에서 일어나는가?
   a. 난관채
   b. 질
   c. 자궁
   d. 난관

**3.** 황체의 설명으로 맞는 것은?
   a. LH와 FSH를 생산한다.
   b. 에스트로게론과 프로게스테론을 생산한다.
   c. 발생 중의 난자에 영양을 공급한다.
   d. 방사관을 형성한다.

**4.** 임신이 되지 않는 월경주기에 발생하는 현상으로 맞는 것은?
   a. LH가 주기의 초반에 여포의 발달을 촉진한다.
   b. GnRH가 주기의 후반에 여포의 발달을 촉진한다.
   c. 배란은 보통 생리 하루 이틀전에 일어난다.
   d. 에스트로겐과 프로게스테론에 의한 음성 피드백 조절로 GnRH의 분비가 억제된다.

**5.** 성병의 설명으로 맞는 것은?
   a. 대개 원생생물에 의해 생긴다.
   b. 항상은 아니지만 흔히 적절한 항생제로 나을 수 있다.
   c. 병에 걸린 사람이 자각할 수 있는 증상이 항상 나타난다.
   d. 키스에 의해 쉽게 전염될 수 있다

### 빈칸 채우기

**1.** 정자와 난자가 수정할 필요가 없이, 동물 한 개체가 생식하는 방식을 ________생식이라고 한다. ________는 성체의 몸에서 성장하여 마침내 새로운 개체가 떨어져 나와 독립한다. 성체는 ________도중 둘 이상으로 나눠지고, 각각은 완전한 개체로 재생된다.

**2.** 포유류에서 남성 생식소는 ________라고 하며, 정자와 성호르몬인 ________을 생성한다. 남성 생식소에서 정자형성 과정은 ________이라고 불리는, 속이 빈 코일 모양의 구조에서 일어난다.

**3.** 정자는 머리, 중편, 꼬리의 세 부분으로 이루어져 있다. 머리는 세포질이 매우 적고, 대부분이 염색체인 ________과 효소의 소포인 ________로 이루어져 있다. 중편에 있는 세포소기관 ________는 꼬리가 움직이는 데 필요한 에너지를 제공한다.

4. 정자는 사정할 때까지 __________와 __________에 저장되어 있다가 세 종류의 분비선 __________, __________, __________에서 생성된 용액과 섞여 __________을(를) 통해 음경의 끝으로 나가게 된다.
5. 포유류에서 여성 생식소는 __________이며, 난자와 두 가지 호르몬 __________과(와) __________을(를) 생성한다. 보통 '난자'라고 불리긴 하지만 실제 포유류 암컷은 감수분열 1기를 마친 __________라는 하나의 세포를 배란한다. 감수분열 1기에서는 훨씬 더 작은 세포인 __________도 생산하는데, 이는 주로 염색체를 폐기하는 방법이다. 배란된 난자는 __________의 입구에 있는, 난관채라는 섬모로 된 구조물이 받게 된다. 수정은 이 구조에서 보통 일어난다. 수정된 난자는 그 뒤 __________에 착상되어 출생 시까지 발생한다.
6. 난모세포는 다세포구조인 여포로 발생한다. 배란 후 여포세포의 대부분은 일시적인 내분비선인 __________를 형성하여 난소에 남아있고, 이 '분비선'은 발생하는 배아에서 분비되는 호르몬인 __________에 의해 자극받지 않으면 배란 십여 일 후 퇴화된다.

### 복습문제

1. 무성생식과 유성생식의 장점과 단점을 설명하고, 무성생식과 유성생식을 하는 동물의 예를 각각 3가지씩 들어 보라.
2. 난자와 정자의 구조를 비교하라. 어떤 구조 변화 때문에 정자가 운동성을 갖고, 에너지를 사용하며, 난자에 도달할 수 있게 되었는가?
3. 월경주기에서 황체의 역할은 무엇인가? 임신 초기 황체의 역할은 무엇인가? 배란 후 황체의 생존을 결정하는 것은 무엇인가?
4. 정소의 세정관에서 나온 정자가 여성의 난관에 이르기까지 통과하는 구조를 순서대로 나열해 보라.
5. 남성 생식관에 속하는 3개의 분비선 이름을 쓰라. 분비선에서 생성하는 분비물의 기능은 무엇인가?
6. 작용 원리, 실패율, 성병 예방 등의 내용을 담아 주요 피임법에 대해 설명하라.

## 개념의 적용

1. 폐경 후 여성의 난포는 더 이상 발생하지 않는다. 폐경기 여성의 FSH, LH 및 에스트로겐 수치에 어떤 일이 발생할지 예측하라. 그리고 그 답에 대해 설명하라.

# 43

# 동물의 발생

이 아홀로틀 같은 도롱뇽은 없어진 팔다리를 다시 만들 수 있다.

CASE STUDY

## 발생 프로그램 다시 돌리기

편충도 한다. 불가사리도 한다. 좀 제한되긴 해도 여전히 인상적인 정도로 일부의 곤충, 게, 가재, 도롱뇽, 어린 악어, 도마뱀 등이 그렇게 한다.

이들 동물이 무엇을 할 수 있는가? 이들은 없어진 몸의 일부를 재생할 수 있다. 편충과 불가사리는 꽤 작은 부분으로 시작해 없어진 몸의 대부분을 재생할 수 있다. 편충을 반으로 자르면 꼬리 부분은 새로운 머리를 만들어낼 수 있다. 어떤 불가사리의 팔을 잘라내면 팔에서 몸 전체가 재생된다. 곤충, 게, 가재는 없어진 다리와 더듬이를 재생할 수 있다. 일부 도롱뇽은 없어진 다리와 꼬리를 재생할 수 있다. 어린 악어와 일부 도마뱀은 꼬리를 재생할 수 있다.

재생은 상처의 치유보다 꽤 복잡한 과정이다. 상처의 치유에서는 적은 세포 종류가 증식해서 상처의 가장자리를 봉합한다. 성체 포유류에서 이 일은 잘 하는 일이 아니라서 평생 상처 자국을 남기기도 한다. 척수 손상 같은 일부 상처는 치료를 통해 다친 부분이 함께 붙고 혈액 공급이 다시 시작되더라도 중요한 기능의 회복을 방해하는 상처 자국이 남게 된다. 이와 비교해 재생은 없어진 몸의 일부를 살려내기 위해 발생 프로그램을 재가동하는 것과 같다. 도롱뇽이 없어진 다리를 재생할 때, 골, 건, 혈관, 신경, 근육, 피부 등이 모두 제 자리에 만들어져, 그것도 서로 적절하게 조화를 이루어, 다리의 기능을 회복시켜야만 한다.

인간의 재생은 오래 동안 외과의사의 꿈이었다. 인간 배아가 발생 도중 다리를 만들어낼 수 있는데, 성인은 왜 절단 사고로 없어진 다리를 재생할 수 없는 것일까? 재생이 가능한지 알아내기 위해서는 먼저 의생명연구자가 정상 발생 과정의 조절에 대해 이해할 필요가 있을 것이다.

## 주요내용



## 43.1 동물 발생의 원리는 무엇인가?

**발생(development)**이란 다세포생물이 자라면서 조직화되고 복잡해지는 과정이다. 발생은 수정란에서 시작하여 성적으로 성숙한 성체에서 끝난다. 세 개의 주된 과정이 발생에 관여하는데, 첫 번째는 세포의 분열과 증식이다. 두 번째는 신경이나 근육세포처럼 구조와 기능에서 특화하는 세포의 **분화(differentiate)**이다. 세 번째는 분화한 세포들의 이동과 뇌나 이두박근 같은 다세포성 구조로의 조직화이다.

동물의 몸에 있는 모든 세포는(배우자를 제외하고) 서로 간에 그리고 이들이 유래한 수정란과 유전적으로 동일하다. 그렇다면 유전적으로 동일한 세포들이 어떻게 각기 다른 조직으로 분화될 수 있을까? 다음에 보겠지만, 그 해답은 동물의 생애 중 특별한 시기에, 몸 속 상이한 곳에서 유전자의 특별한 조합이 켜지고 꺼지는 데 있다.

여러 가지 동물이 발생하는 다양한 방법에 대해 간략하게 살펴보는 것으로부터 시작해 보겠다.

**CHECK YOUR LEARNING**

- 발생을 정의하고 세포 분열과 분화가 어떻게 동물 발생의 기초가 되는지 설명할 수 있는가?

## 43.2 직접발생과 간접발생은 어떻게 다른가?

동물은 태어난 뒤 성체로 되면서 두 가지 발생 과정 즉, 갓 태어난 새끼가 성체와 닮은 **직접발생(direct development)**과 갓 태어난 새끼의 몸 구조가 성체와 매우 다른 **간접발생(indirect development)** 중 하나를 따른다(**그림 43-1** 및 **그림 43-2**).

(a) 해마

(b) 달팽이

(c) 북극곰

▶ **그림 43-1 직접발생** 직접발생을 하는 동물은 태어나거나 부화하는 순간부터 모습이 성체와 매우 비슷하다. **(a)** 출산 중인 수컷 해마. 암컷 해마가 수컷의 부화낭 속에 산란하면 거기서 수 주 동안 발생한 후 부화낭 근육이 강력히 수축하면서 최대 200마리의 새끼가 방출된다. **(b)** 많은 육상달팽이 및 민물달팽이는 작은, 난황이 풍부한 알에서 부화한다. **(c)** 포유류의 어미는 출생 전에는 자신의 몸속에서 발생하는 태아에게 영양을 공급하고 출생 후에는 유선에서 나오는 젖을 먹인다.

(a) 애벌레(유충)

(b) 나비(성체)

▲ 그림 43-2 **간접발생** 간접발생을 하는 동물의 유생들은 구조, 행동 양식, 생태학적 지위 등에 있어서 성체와는 매우 다르다. **(a)** 이 푸른 모르포 나비 애벌레처럼 나비의 애벌레들은 주로 잎을 먹는데, 보통 한정된 종의 숙주식물 잎을 먹는다. **(b)** Blue morpho 나비의 성체는 꿀을 마실 수 있지만, 이들은 발효 과일의 즙을 선호하고 동물의 사체를 먹기도 한다.

일부의 달팽이, 어류, 양서류와 모든 포유류, 파충류(조류 포함)와 같은 동물들은 직접발생을 한다. 직접발생의 갓 태어난 새끼는 큰 편인데, 간접발생의 갓 부화한 새끼에 비하면 훨씬 크다. 그러므로 이들은 세상에 나오기까지 더 많은 영양분이 필요하다. 이러한 영양 요구를 충족하기 위해 두 가지 전략이 진화하였다. 조류와 대부분의 파충류, 많은 어류들은 부화하기 전에 배아에 양분을 공급해 줄 수 있는 다량의 **난황(yolk)**이 있는 알을 만든다. 포유류나 일부 뱀, 소수의 어류는 난자 속 난황의 양이 상대적으로 적지만, 그 대신 이들의 배아는 모체로부터 양분을 조달받는다. 알 속에서나 모체 내에서 충분히 자랐음에도 불구하고 조류와 포유류 같은 동물의 새끼들은 출생 후에도 먹여주고 보살펴주는 일을 필요로 한다. 출생 전후의 이러한 필요로 인해 간접발생에 비해 아주 소수의 새끼만이 태어나지만, 부모의 값비싼 도움은 자식이 높은 확률로 성체까지 살아남게 만든다.

간접발생은 대부분의 양서류와 많은 무척추동물에서 일어난다. 이들 종에서 암컷은 많은 수의 난자를 생산하는데, 각 난자에는 소량의 난황이 들어있다. 난황은 배아가 성적으로 미성숙한, 작은 **유생(larva)**으로 부화할 때까지 발생 중의 배아에 양분을 공급한다. 종에 따라 유생은 조류(개구리의 올챙이), 식물(곤충의 애벌레, 그림 43-2a 참조), 동물의 사체(파리의 구더기), 분변(쇠똥구리)을 먹는다. 수확나비(harvester butterfly, *Feniseca tarquinius*) 유생 같은 일부는 다른 동물을 먹이로 삼기도 하고, 수서 무척추동물의 일부는 연못, 호수, 해양 등에서 원생동물을 걸러먹기도 한다. 수 주에서 수 년의 섭식활동 후 유생은 **변태(metamorphosis)**라고 불리는 매우 극적인 체형 변화를 거쳐 성적으로 성숙한 성체가 된다.

대부분의 유생은 성체와 모습이 아주 다를 뿐만 아니라 생태계 내에서의 역할도 전혀 다르다. 예를 들어, 대부분의 성체 나비는 꽃에서 꿀을 빨지만, 이들의 애벌레 유생은 잎을 먹고 산다(그림 43-2a 참조). 대부분의 두꺼비들은 성체 시기의 대부분을 땅에서 보내며 곤충, 벌레, 달팽이 등을 잡아먹지만 그들의 유생들은 수중 생활을 하며 일반적으로 조류를 먹고 자란다.

### CHECK YOUR LEARNING

- 직접발생과 간접발생을 설명하고 각각에 해당하는 동물의 보기를 들 수 있는가?

## 43.3 동물의 발생은 어떻게 진행되는가?

대부분의 발생 메커니즘은 모든 동물들에서 비슷하다. 이 장에서 우리는 척추동물의 발생 과정에 초점을 맞출 것이다. 개구리, 영원, 도롱뇽 같은 양서류의 발생으로부터 시작할 것이다. 양서류는 오랫동안 발생 연구에서 매우 사랑을 받아왔는데, 그 이유는 연중 내내 짝짓기가 가능하고, 많은 수의 알들이 크고 다루기가 쉬우며, 배아가 물속에서 발생하여 관찰이 용이하기 때문이다.

### 접합자의 난할로 발생이 시작된다

발생은 수정란인 **접합자(zygote)**의 연속적인 체세포분열 즉, **난할(cleavage)**로 시작된다(그림 43-3 ①). 접합자는 매우 큰 세포이다. 예를 들어, 개구리 접합자는 성체 개구리가 가진 평균적인 세포보다 수백만 배가 클 것이다. 난할이 일어나는 동안 세포분열 사이에 세포의 성장이 거의 혹은 아예 없기 때문에, 난할이 진행될수록 접합자의 세포질은 점점 더 작은 세포들로 나뉘어져 이후 차츰 성체세포의 크기에 가까워진다. 몇 번의 세포분열 후 세포로 된 단단한 공 모양의 **상실배(morula)**가 된다. 난할이 계속되면서 상실배 내에 공간이 생기고❷, 세포들은 속이 빈 구조인 **포배(blastula)**의 바깥쪽 덮개가 된다.

난할의 세부 과정은 종에 따라 다르며 부분적으로는 난황의 양에 의해 결정되는데 그것은 난황이 세포질 분열을 방해하기 때문이다. 개구리의 경우 접합자 내에서 난황이 많은 부분의 세포(그림 43-3에서 접합자의 아래 부분)가 난황이 거의 없는 부분의 세포(그림 43-3에서 위)보다 더 천천히 분열하기 때문에 상실배의 세포는 위쪽보다 아래가 더 크다. 달걀처럼 난황이 아주 많은 난자는 수정란 전체를 가로질러 분열하지 못한다. 그러한 경우 난할로 인해 난황 위에 평평한 세포 무리가 생겨난다. 조류와 알을 낳는 파충류에서 포배는 공이라기보다 평평한 주머니 모양을 보이지만 그럼에도 불구하고 속이 빈 포배(또는 해당 구조, 43.5절 참조)는 항상 형성된다.

## 낭배형성기에 세 배엽이 형성된다

양서류를 비롯한 많은 동물들은 포배 표면세포들의 위치로부터 성체에서의 최종 운명을 예측할 수가 있다. 그림 43-3에 포배세포들이 파란색, 노란색, 분홍색으로 표시되어 있다. 이 색깔들은 세포들이 성체에서 만들게 될 각 부분들을 나타낸다.

포배에서 표면에 있던 세포들은 **낭배형성**(gastrulation, 문자 그대로는 '위장 형성' 과정) 과정 중에❸ 각자 제 위치를 찾아 이동한다. 낭배형성은 포배의 한쪽 면에 **원구(blastopore)**라고 하는 움푹 들어간 부분이 생기면서 시작된다. 움푹 들어간 부분이 확장되고 포배 내로 점점 더 들어가 내강을 형성하고 이는 결국 소화관으로 발전한다.

이동하는 세포들이 배아에 3개의 조직층을 형성하게 되면 이것을 **낭배(gastrula)**라 부른다❹. 원구를 통해 이동해 들어와 훗날 소화관의 안쪽 벽이 되는 세포(노란색)를 **내배엽(endoderm)**이라고 한다('안쪽 피부'라는 뜻). 내배엽에서 간, 췌장, 기도의 안쪽 벽도 생겨난다. 바깥쪽에 남아있는 세포(파란색)는 **외배엽** (ectoderm, '바깥 피부'라는 뜻)이라고 한다. 이 세포들은 대개 피부, 털, 손발톱 같은 표피구조와 신경계를 형성한다. 외배엽 과 내배엽 사이로 이동한 세포들은 세 번째 층(분홍색)인 **중배엽** (mesoderm, '가운데 피부'라는 뜻)이 되는데 이로부터 근육, 골격, 순환계 등이 형성된다. 표 43-1은 각 층에서 형성되는 주요 구조들을 요약한 것이다.

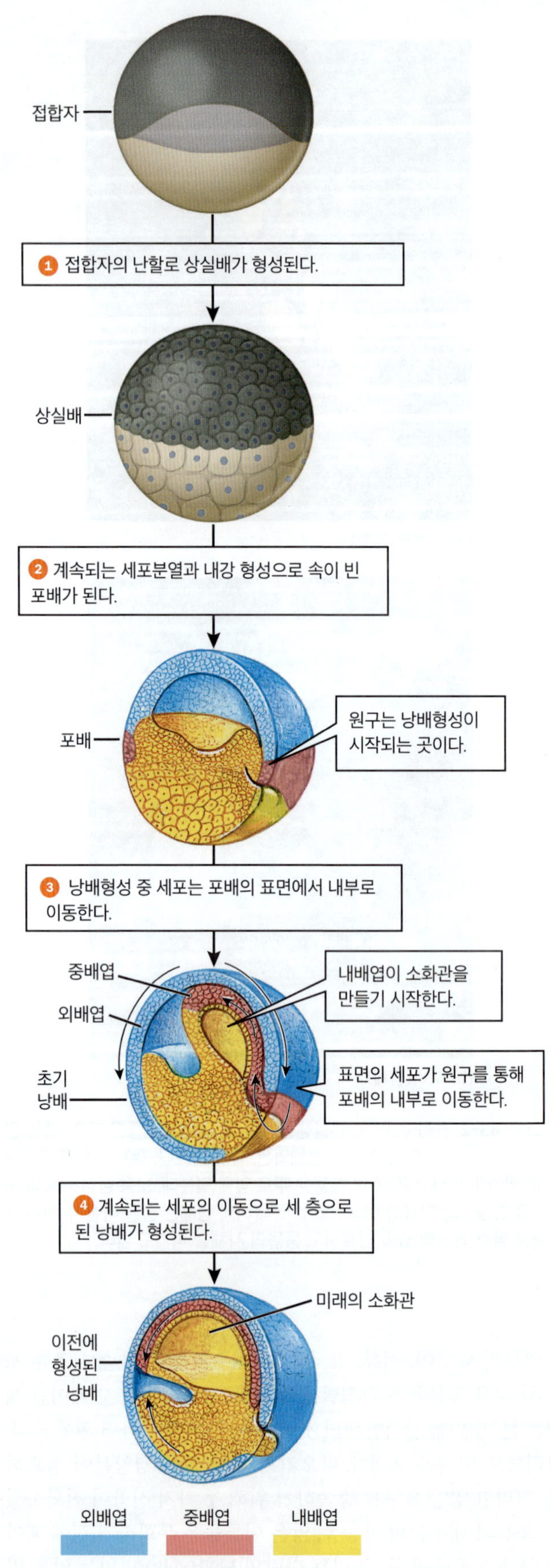

▲ 그림 43-3 접합자에서 낭배까지

| 표 43-1 | 배아의 각 세포층에서 발달하는 성체 조직 |
|---|---|
| 배아층 | 성체 조직 |
| 외배엽 | 피부의 표피; 털; 입과 코의 안쪽 벽; 피부의 분비샘; 신경계 |
| 중배엽 | 피부의 진피; 근육, 골격; 순환계; 생식소; 신장; 기도와 호흡관의 바깥쪽 벽 |
| 내배엽 | 기도와 호흡관의 안쪽 벽; 간; 췌장 |

## 몸의 주요 부분은 기관형성기에 만들어진다

세 개의 배아 조직층이 몸의 기관을 형성해가는 과정을 **기관형성(organogenesis)**이라 하고 이는 두 가지의 주요 과정에 의해 진행된다. 첫째는 특정 세포에서 일련의 '마스터(master)' 유전자를 켜고 끄는 것이다. 차에서 시동 스위치가 엔진과 전조등을 켜고 안전벨트 알람과 파워스티어링을 작동시키듯, 이 마스터유전자가 팔 혹은 척추 등을 만드는데 관여하는 많은 유전자들의 활동을 시작시킨다. 마스터유전자의 역할은 43.4절에서 공부하게 될 것이다.

둘째는 미켈란젤로가 다비드상을 만들면서 필요 없는 대리석 부위를 깎아내 모양을 만들었듯이 불필요한 세포들을 없애는 것이다. 발생 과정에서 몸의 부위를 형성함에 있어 종종 여분의 세포가 죽게 된다. 예를 들어 초기의 인간 배아에는 손발의 물갈퀴, 꼬리가 있다. 물갈퀴와 꼬리의 세포가 죽으면서 꼬리는 사라지고 손가락과 발가락은 분리된다.

## 파충류와 포유류의 발생에는 배외막이 필요하다

모든 동물 배아의 발생은 물속에서 일어난다. 이는 배아를 마르지 않게 할 뿐 아니라 산소를 물에서 얻고 노폐물도 버릴 수 있도록 해준다. 배아를 젖어 있게 하는 것은 물에 살면서 생식하는 어류나 성체 시기를 육상에서 보내지만 알은 물속에 낳는 양서류에서는 문제가 되지 않는다. 그러나 육상 척추동물에서 배아 발생에 물로 된 환경을 제공하는 것은 큰 문제이다.

척추동물은 **양막란(amniotic egg)**의 진화 이전에는 완전한 육상 생활이 불가능했다. 그러나 파충류에서 드디어 그러한 혁신

**표 43-2 파충류와 포유류의 배외막**

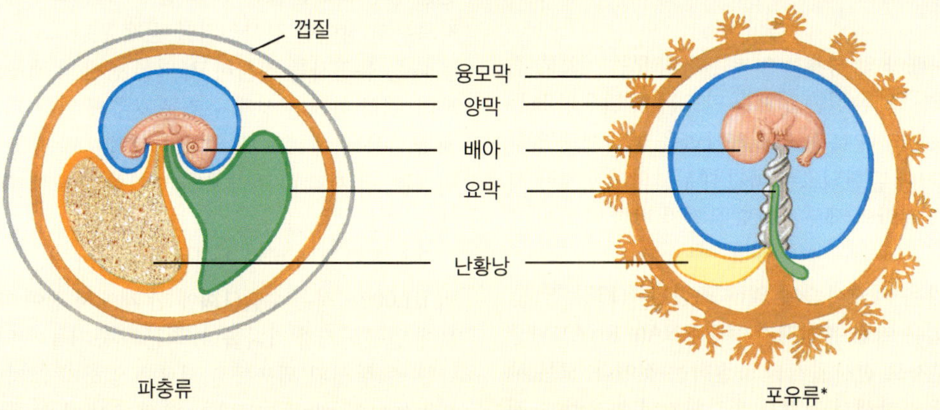

| 막 | 구조 (파충류) | 기능 (파충류) | 구조 (포유류*) | 기능 (포유류*) |
|---|---|---|---|---|
| 융모막 | 알 껍질 안을 덮는 막 | 호흡면으로 작용; 배아와 대기 사이에서 가스와 물의 교환을 조절 | 태아쪽 태반 부위 | 배아와 모체 사이에서 가스, 양분, 노폐물을 교환 |
| 양막 | 배아를 둘러싸고 있는 주머니 | 액체 속의 배아를 둘러쌈 | 배아를 둘러싸는 주머니 | 배아를 액체로 둘러쌈 |
| 요막 | 배아의 요도로 연결된 주머니; 융모막 안쪽을 덮는 모세혈관이 풍부한 막 | 노폐물 저장(특히 소변); 호흡면으로 작용 | 장에서 생겨난, 막으로 된 주머니; 크기 다양 | 대사 노폐물을 저장할 수 있음; 제대혈관이 됨 |
| 난황낭 | 난황을 둘러싸는 막 | 양분인 난황을 저장; 난황을 분해하여 배아에 양분을 전달 | 막으로 된, 액체로 채워진 작은 주머니 | 모체로부터의 양분 흡수를 도움; 혈구세포 형성; 탯줄이 됨 |

* 캥거루나 주머니쥐 같은 유대류, 오리너구리나 가시두더지 같은 단공류에는 네 개의 배외막이 있다. 그러나 유대류의 태반은 융모막과 요막에서라기보다 주로 난황낭에서 유래한다. 단공류는 파충류의 것과 유사한 배외막이 있는 알을 낳는다.

이 일어났고, 파충류(조류 포함) 및 파충류에서 진화한 포유류에서 그 혁신이 여전히 지속되고 있다. 파충류처럼 육상에 산란해도 이 동물들의 배아는 자신의 '개인 연못' 속에서 발생을 계속한다. 양막란에는 4종류의 **배외막(extraembryonic membrane)** 즉 융모막, 양막, 요막, 난황낭이 있다(**표 43-2**). 파충류에서 **융모막(chorion)**은 알 껍질의 안쪽을 덮으며 배아와 외부 환경 사이에서 산소와 이산화탄소를 교환한다. **양막(amnion)**은 배아를 '개인 연못' 속에 가둬두고, **요막(allantois)**은 노폐물을 분리하며, **난황낭(yolk sac)**은 난황을 갖고 있다.

포유류(알을 낳는 가시두더지와 오리너구리 같은 단공류를 제외하고)에서는 출생할 때까지 모체 내에서 배아가 발생을 계속한다. 그럼에도 4개의 배외막이 모두 남아 있으며 표 43-2에서 보듯이 발생에 꼭 필요하기까지 하다.

### CHECK YOUR LEARNING

- 난할, 포배 형성, 기관 발생 등의 과정을 포함시켜 양서류의 초기 발생을 설명할 수 있는가?
- 파충류와 포유류에서 보는 배외막의 이름을 말하고 기능을 설명할 수 있는가?

## 43.4 발생은 어떻게 조절되는가?

어떤 동물의 종이든 배아 및 성체를 이루는 거의 모든 세포와 접합자는 동일한 유전자 즉, 온전한 성체를 만드는 데 필요한 모든 유전자를 갖고 있다. 그러나 특정 세포 하나만을 놓고 보면 일부 유전자만이 사용되거나 발현되고 나머지 대부분의 유전자는 사용되지 않는다. 발생 동안의 세포분화도 유전자 발현의 차이 때문에 생기는 것이다.

유전자 발현은 많은 메커니즘에 의해 조절된다(13장 참조). 한 가지 중요한 방법은 어떤 유전자가 전령 RNA(mRNA), 나중 단백질로 번역될 분자로 전사될지를 조절하는 것이다. 모든 세포는 특정 유전자에 결합해서 전사를 촉진하거나 억제하는, 전사인자(*transcription factor*)라 불리는 단백질을 갖고 있다. 한 세포에서 전사되는 특정 유전자가 그 세포의 구조와 기능을 결정한다.

동물 배아에서 각 세포의 분화와 전체 구조의 발달은 두 가지 과정 중 하나 또는 둘 모두에 의해 일어난다. (1) 모체로부터 물려받은, 난자 속에 있는 전사인자 및 유전자 조절 물질의 작용. (2) 배아세포 간의 화학적 소통.

### 난자 속의 모계 분자가 배아의 초기 분화를 지시한다

사실상 접합자의 모든 세포질은 수정되기 전에 난자에 이미 들어있고 정자는 거의 핵만을 제공한다(42장 참조). 대부분의 무척추동물과 일부 척추동물에서 특정 단백질 분자들이 난자의 세포질 속에 달리 위치하게 된다. 이 단백질의 일부는 어떤 유전자를 켜고 끌지 정하는 전사인자인데, 일부는 많은 다른 유전자의 활성을 조절하는 마스터유전자를 켜게 된다.

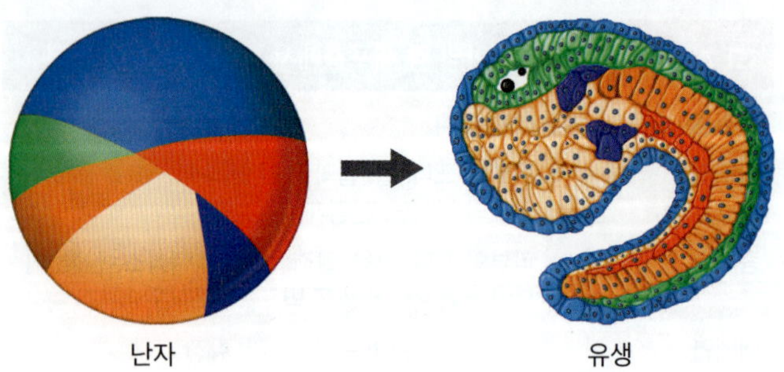


▲ **그림 43-4 우렁쉥이 난자의 '운명지도'** 우렁쉥이 난자의 세포질에 있는 유전자 조절 물질이 초기 발생을 조절한다. 난자와 유생의 색깔은 어떤 난자 부위가 유생의 어떤 부위로 발생할지를 보여준다.

**비판적 사고** 인간의 발생이 우렁쉥이의 경우처럼 철저히 미리 결정되어 있다면 지금보다 쌍생아가 더 흔해질까? 설명해 보라.

첫 몇 번의 난할 동안 접합자와 딸세포는 특정한 장소에서 특정한 방향으로 분열한다. 그 결과 이들 초기 배아세포 각각은 난자로부터 상이한 전사인자를 받게 된다. 그래서 각 세포들은 서로 다른 유전자를 전사하고, 다른 종류의 세포로 분화하기 시작하며, 결국 특정한 성체 구조를 갖추게 된다. 일부 동물에서는 모계 분자들의 세포질 내 위치가 강력한 발생 조절 요소이기 때문에, 난자의 서로 다른 세포질 부위를 받는 딸세포가 나중에 만들게 될 주요 구조를 운명지도로 그릴 수 있다(**그림 43-4**).

포유류의 초기 발생은 난자의 크기가 작고 – 부피가 개구리 알의 1/1,000 – 적은 수를(1회에 한 개에서 십여 개를 배란) 낳기 때문에 연구하기가 까다롭다. 최근의 증거들에 의하면 포유류에서 난할 중 형성된 세포들은 서로 동일하지 않지만 초기 양서류와 우렁쉥이의 배아들과 달리 발생 운명이 엄격하게 정해져 있는 것도 아니다.

### 세포 사이의 화학적 소통이 대부분의 배아 발생을 조절한다

발생이 진행됨에 따라 세포는 **유도(induction)**라는 과정 즉, 대개 가까이 있는 다른 세포들이 방출하는 화학적 신호물질에 반응하는 과정을 통해 분화한다. 유도의 화학적 메커니즘을 밝히는 것은 유전학과 분자생물학이 발달할 20세기 후반까지 기다려야 했지만, 유도의 원리는 1세기 이전에 양서류 배아 사이의 세포들을 이식시켜 그 결과를 신중하게 관찰한 연구자들에 의해 이미 밝혀졌다.

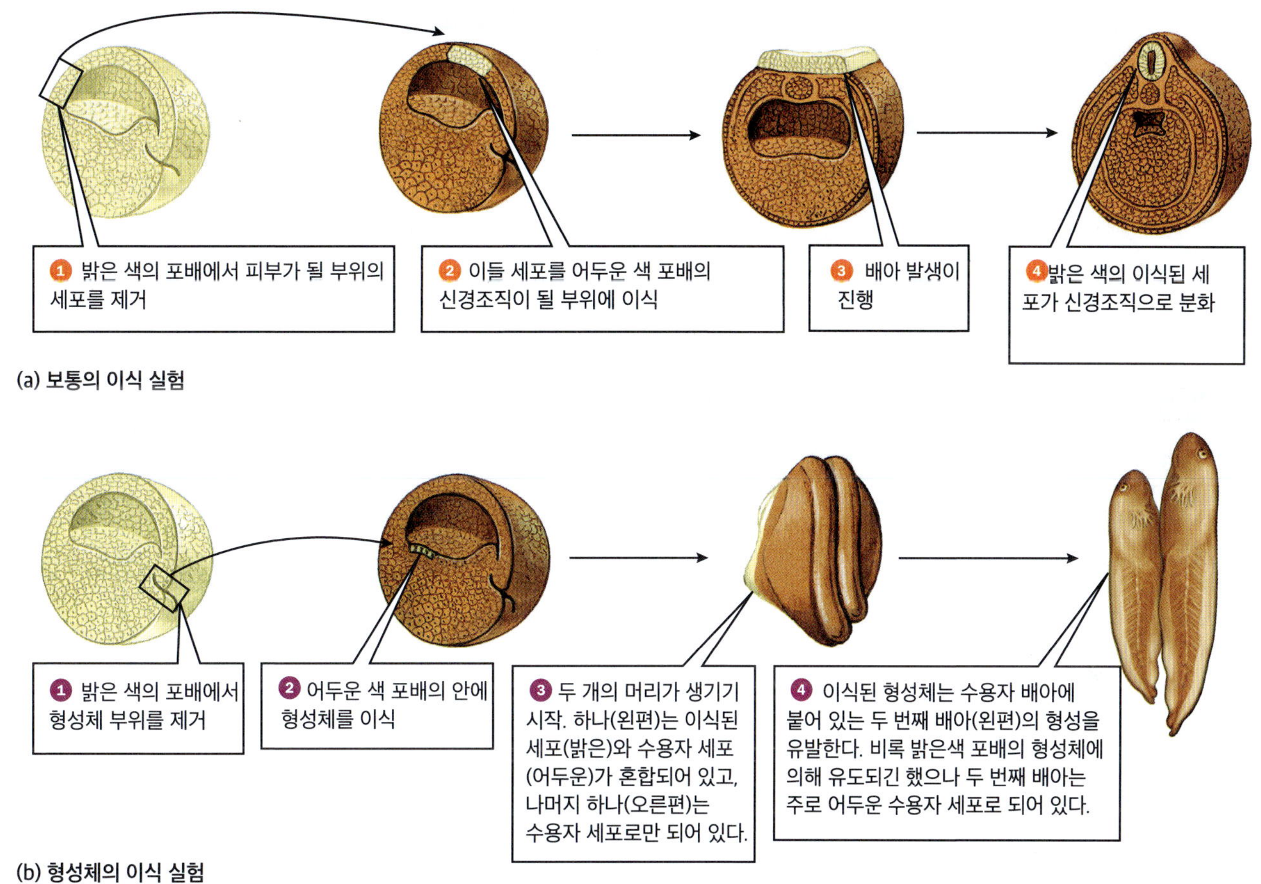


▲ **그림 43-5 유도** 대부분의 발생에서 어떤 주어진 세포의 운명은 주변에 있는 다른 세포의 영향을 강하게 받는다. **(a)** 양서류 포배의 일부를 두 번째 배아에 이식하면 주변 세포는 흔히 이식편이 그 부위의 특징을 나타내도록 유도한다. **(b)** 그러나 원구 주위의 형성체를 다른 배아에 이식하면 이들은 수용자의 주변 세포들이 두 번째 배아의 구조 대부분을 발생하도록 유도한다.

1900년대 초 발생학자들은 밝은 색깔 양서류(공여자)의 배아 조직을 조금 떼어내 어두운 색깔 배아(수용자)의 여러 위치에 또는 그 반대로 이식시켜 보았다. 이런 식으로 해서 이들은 색깔 차이를 이용해서 수용자 배아에서 발생한 구조가 공여자 유래인지 수용자 유래인지를 밝힐 수 있었다. 이들은 이식된 세포의 운명이 일반적으로 미리 결정되어 있는 것이 아니고, 수용자 배아가 이식된 곳의 공여자 세포에게 수용자의 발생 운명을 취하도록 유도한다는 것을 알아냈다(**그림 43-5a**).

그러나 모든 이식편이 단순하게 섞여 이음매 없이 수용자 배아의 일부가 되는 것은 아니었다. 1920년대에 한스 슈페만과 힐데 만골드는 양서류 배아의 원구 부근에 위치한 특정 세포 집단이 주변 세포가 외배엽이나 중배엽이 될지, 심지어는 머리와 신경계가 어디에서 만들어질지 결정한다는 것을 밝혀냈다. 이들은 지금 **형성체(organizer)**라 불린다. 공여자 배아의 형성체 이식편은 수용자 배아의 세포들이 두 번째 머리를 형성하거나 때로는 거의 완전한 두 번째 배아가 되도록 유도한다(**그림 43-5b**).

우리는 이제 형성체세포들이 신호 분자들과 상호작용하는 단백질들을 방출한 끝에 주변의 세포에서 특정 마스터유전자의 발현을 촉진하거나 억제한다는 것을 알고 있다. 이들 마스터유전자는 많은 유전자의 전사를 조절하는 전사인자를 암호화하고 있다. 어떤 유전자 집단이 발현되는가에 의해 세포의 구조와 기능이 결정된다. 세포들이 분화하면 다시 다른 화학물질들을 분비하여 또 다른 세포의 운명을 변화시키고, 결국 이와 같은 연쇄반응을 거쳐 성체 몸의 조직과 기관의 발생이 완성된다.

## 호메오박스 유전자가 체절 전체의 발생을 조절한다

초파리, 개구리, 사람 등 다양한 동물에서 발견된 **호메오박스 유전자(homeobox gene)**에는 특히 중요한 마스터유전자군이 들어있다. 동물마다 그 기능이 조금씩 다르기는 하지만 일반적으로 호메오박스 유전자는 신체 특정 부위의 발생에 영향을 미치는

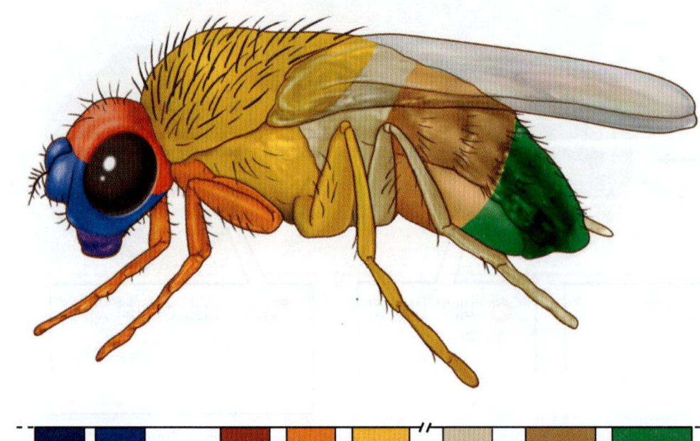


▲ **그림 43-6 호메오박스 유전자가 체절 발생을 조절한다** 염색체 상의 호메오박스 유전자 순서는 체절 발생에서의 역할과 일치한다. 초파리에서 각 호메오박스 유전자는 머리에서 꼬리 쪽 순서로 같은 색으로 표시한 체절에서 작용한다.

**비판적 사고** 뱀은 머리 바로 뒤에서부터 거의 꼬리 끝까지 갈비뼈가 있다. 뱀은 다리가 없다. 호메오박스 유전자에 기초하여 이러한 몸 구조를 가능하게 하는 유전 메커니즘을 제시해보라.

전사인자를 암호화하고 있다. 초파리에서 발견된 호메오박스 유전자의 돌연변이는 몸의 일부가 통째로 복제되거나, 치환되거나, 결실되도록 만든다. 예를 들면, 한 호메오박스 유전자에 돌연변이가 일어나자 날개가 한 쌍 더 달린 여분의 체절이 생겨났다.

호메오박스 유전자는 머리에서 꼬리 쪽 순서로 염색체 상에 배열되어 있고 발생을 조절하는 위치에 따라 전사가 된다. 예를 들면 '머리' 호메오박스 유전자는 배아의 머리에서 그리고 '꼬리' 호메오박스 유전자는 꼬리 쪽에서 전사된다(**그림 43-6**).

### CHECK YOUR LEARNING

- 난자 세포질 속에 있는 유전자 조절 물질의 역할, 전사인자, 그리고 발생 중 세포 사이의 유도에 대해 설명할 수 있는가?
- 호메오박스 유전자의 역할을 설명할 수 있는가?

**CASE STUDY CONTINUED**

### 발생 프로그램 다시 돌리기

도롱뇽과 다른 양서류로부터 분비된 신호 단백질은 호메오박스 유전자를 비롯해 마스터유전자의 발현에 영향을 미친다. 마스터유전자는 다시 상완골(사람의 윗팔에서 보이는 뼈), 요골과 척골(아래팔), 수근골(손목), 중수골(손바닥), 지골(손가락) 등이 있는 전지의 발생을 유도한다. 이들과 동일한 대부분의 마스터유전자가 사지 재생에서도 마찬가지로 활성화된다. 인간의 사지 및 신체 나머지에서도 유사한 과정이 사용될까?

## 43.5 사람의 발생은 어떻게 이루어지는가?

앞서 말했듯이 난자 내 전사인자의 특정 위치는 포유류 발생에서 분화의 주요 메커니즘이 아닌 듯하다. 초기 배아에서마저 모든 세포는 기능상 동등한 것 같다. 상이한 분자들이 배아의 각 부위가 별개의 구조가 되도록 작용하는 유도가 사람과 다른 포유류 배아가 발생하는 주된 메커니즘이다. 세포 내의 유사한 전사인자며 주변 세포의 발생에 영향을 미치는 분비 단백질 등, 양서류 배아의 형성체가 만드는 분자와 동일한 많은 분자가 포유류 발생에서도 쓰인다. 게다가 아주 유사한 분자며 세포 내 경로가 모든 사지동물의 사지 발생을 유도한다. 이러한 유사성 때문에 생물학자는 양서류 발생에 대한 연구가 포유류 발생에 대한 단서를 제공해 줄 것으로 믿고 있다.

### 세포 분화, 낭배형성, 기관형성이 임신 첫 2개월 동안 일어난다

사람의 난자는 보통 난관에서 수정된다. 접합자는 난관에서 몇 번의 초기 난할을 거친 다음 상실배의 상태로 자궁에 도착한다(**그림 43-7**). 수정 후 5일째면 접합자는 속이 빈 공 모양의 **배반포(blastocyst**, 포배에 해당 **그림 43-8a**)로 발생한다. 사람의 배반포는 **내세포괴(inner cell mass)**라 불리는 세포덩어리와 이를 둘러싼 바깥 세포층으로 구성된다. 수정 후 6일에서 9일째쯤 바깥 세포층은 자궁내막에 붙은 뒤 뚫고 들어가는 **착상(implantation)** 과정을 거친다(**그림 43-8a, b**). 배반포의 바깥 세포층은 융모막이 되고 융모막은 자궁내막과 복잡하게 뒤섞여 태반을 형성하게 되는데, 이는 뒷부분에서 다시 다룰 것이다.

내세포괴의 모든 세포들은 신체의 어느 조직으로나 발생할 수 있는 잠재력을 가지고 있는데 배아 전체와 세 개의 배외막을 만들 수도 있다. 내세포괴는 또한 "Health Watch: 줄기세포의 미래"(p770)에서 설명하고 있듯 사람의 배아줄기세포를 만드는 데 쓰이는 일반적인 재료이다.

초기 배반포 내세포괴의 세포는 어떠한 종류의 세포로든 발생 가능한 잠재력을 갖고 있지만, 유도 과정을 거쳐 분화를 시작한다. 예를 들어 바깥 세포층과 접촉하고 있는 세포는 배아 본체를 형성함에 비해 배반포의 체액에 노출된 세포는 배외막 특히 난황낭을 형성한다.

#### 착상 후 낭배형성이 일어난다

발생 2주째가 되면 내세포괴가 **배반(embryonic disc)**이라 불리는 두 겹의 세포층에 의해 분리되는, 액체로 채워지는 두 개의 주머니를 만든다(그림 43-8b 참조). 두 세포층 중 하나는 난황낭으로 이어지고 다른 세포층은 양막으로 이어진다.

낭배형성은 수정 후 2주째 끝 무렵에 시작한다. 배반의 양막

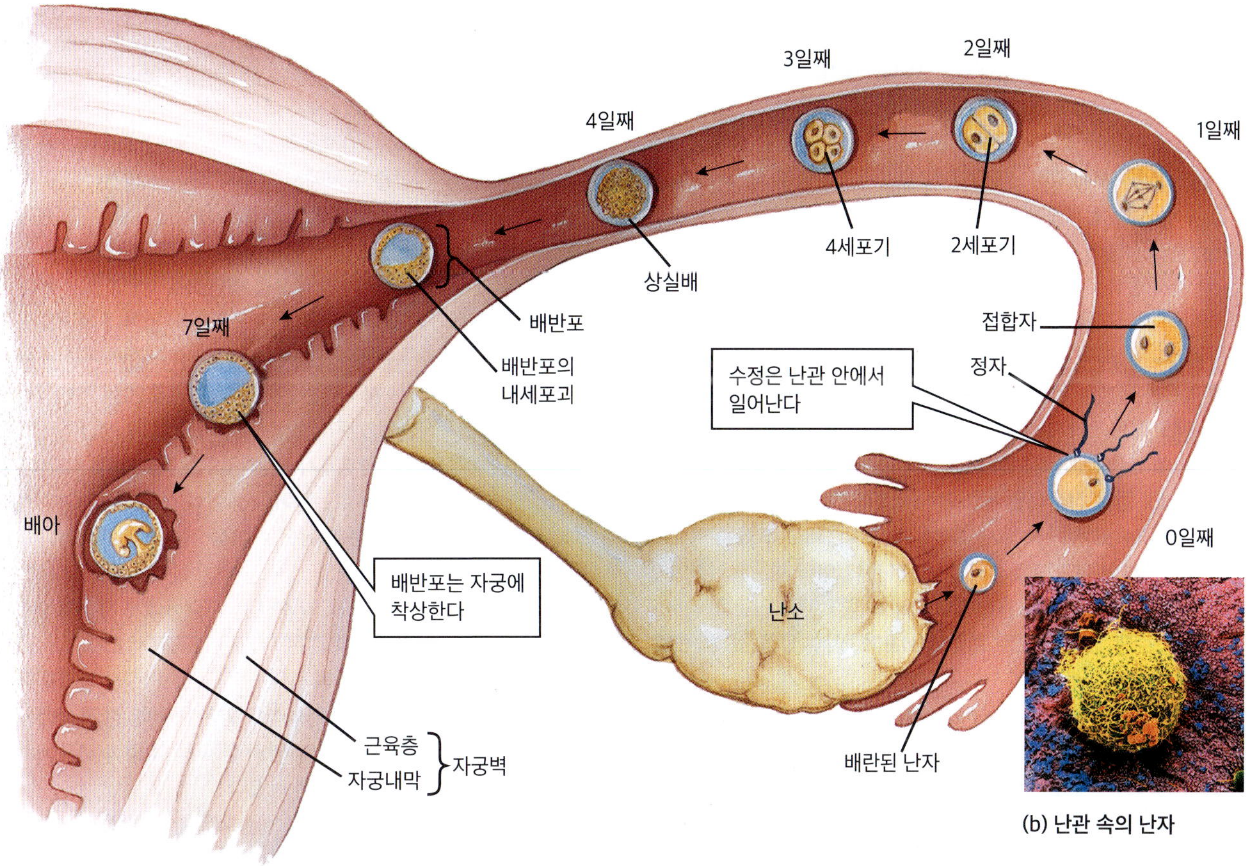

(a) 발생 첫 주

(b) 난관 속의 난자

▲ **그림 43-7 난자의 여행** **(a)** 난자는 난관 속에서 수정되고 천천히 자궁을 향해 이동한다. 가는 동안 접합자는 수차례 분열을 하여 상실배 그리고 뒤이어 배반포가 된다. 배반포가 자궁내막에 도달하면 자궁조직을 파고 들기 시작한다. **(b)** 정자(노란색으로 염색된)로 둘러싸인 난관 속의 난자.

**비판적 사고** 방사관과 투명대가 수정된 난자를 둘러싸고 있다. 난자가 배반포로 발생하는 과정에서, 배반포가 자궁에 착상하기 전에는 어떤 일들이 일어나야 할까?

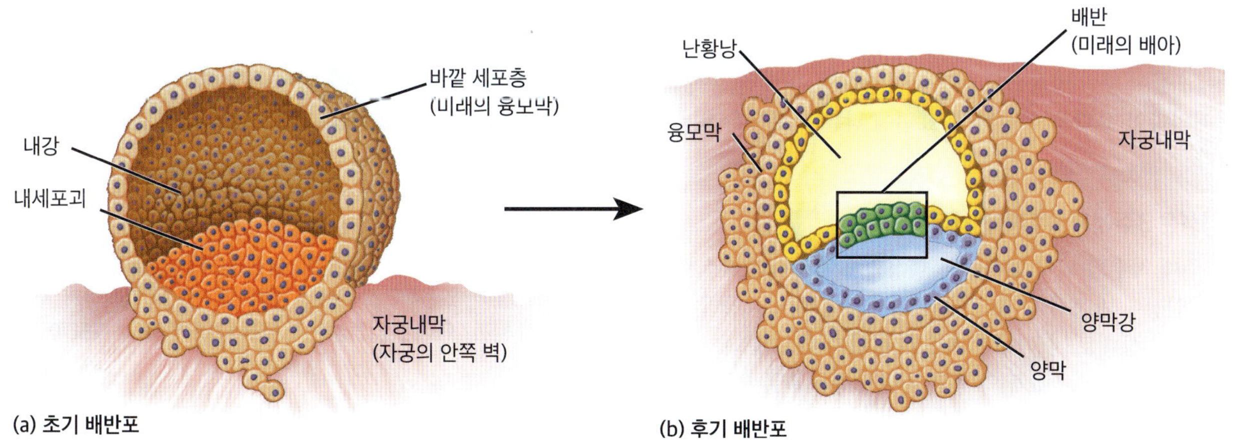


(a) 초기 배반포

(b) 후기 배반포

▲ **그림 43-8 착상 중인 배반포** **(a)** 배반포가 자궁내막을 파고들 때, 배반포의 바깥 세포층은 태반의 배아 쪽 구성 요소인 융모막이 된다. **(b)** 수 일 후 배반포는 완전히 자궁내막 안으로 들어간다. 내세포괴는 양막, 난황낭, 배반을 형성하기 시작한다.

## 줄기세포의 미래

동물 성체의 많은 세포들은 신경이나 근육세포 같은 특정 종류의 세포로 영구 분화되어 있으며 분열할 수 없다. 일부 성체세포는 분열할 수 있지만 딸세포는 한두 가지 종류로만 분화할 수 있다. 그러나 **줄기세포(stem cell)**는 분화하지 않으면서, 여러 번 분열할 수 있고, 몇 가지 종류로 분화하는 딸세포를 만들어낼 수도 있다. 줄기세포의 의학적 잠재력은 어마어마하여 손상된 조직이 줄기세포를 이용해 재생될 수만 있다면 심장마비, 뇌졸중, 척수 손상, 관절염에서 파킨슨병에 이르는 퇴행성 질환 등의 환자가 그 혜택을 볼 수 있을 것이다.

줄기세포에는 3가지 종류가 있다. 첫째는 **배아줄기세포(embryonic stem cell, ESC)**로 보통 배반포의 내세포괴에서 얻어진다(그림 43-8 참조). 물론 정상적인 배아의 내세포괴 속 줄기세포들은 몸 전체를 구성하는 모든 종류의 세포가 될 수 있다. 세포 배양 중인 배아줄기세포 역시 인접 세포로부터 분비된 단백질이나 세포외기질의 일부인 분화 인자를 제대로 혼합함으로써 특정한 분화 경로를 따르도록 유도할 수만 있다면 모든 종류의 세포가 될 수 있을 것이다(**그림 E43-1**).

두 번째는 근육, 피부, 골수, 지방, 뇌, 심장 등 대부분의 성체 기관에 소량으로 존재하는 줄기세포이다. 이들은 어린이에서도 존재하지만 보통 **성체줄기세포(adult stem cell, ASC)**라 불린다. ASC는 자신을 뽑아낸 조직을 구성하는 몇 가지 종류의 세포로만 분화될 수 있다. 세 번째 유형의 줄기세포는 생물공학적으로 만드는데, 성체세포(줄기세포 아닌)에 유전자 전사를 조절하는 유전자나 분자를 도입하여 이들을 **유도만능줄기세포(iPSC)**로 변형시킴으로써 만든다.

줄기세포가 유효한 치료방법이 되기 위해서는 중요한 장애를 극복해야 한다. 먼저 ESC를 얻기 위해서는 배반포 단계의 배아를 파괴해야 하는데, 비록 시험관 수정에서 여분의 배아가 생겨나고 마침내 폐기되고 말지라도, 이는 일부 사람들에게 윤리적인 문제가 된다. 이러한 문제를 해결하기 위해 일부 연구자는 배아에 크게 손상을 주지 않도록 상실배 단계에서 하나의 세포를 빼냄으로써 ESC를 얻는다.

둘째, 수여자의 세포와 유전적으로 동일하지 않거나 적어도 근접하지 않으면, 면역계가 줄기세포를 거부할 것이다. 면역 거부는 환자 본인으로부터 흔히 얻는 ASC와는 관계가 없지만, ESC는 거부당하기 쉽다. 초기에 연구자들은 환자 본인으로부터 만들어 본인에게 되돌린 iPSC가 면역학적으로 거부되지 않을 것으로 기대했다. 그러나 놀랍게도 그러한 iPSC 이식에서도 적어도 생쥐의 경우에는 거부가 일어났다. 후속 연구는 iPSC의 분화 유도로 이식 거부가 줄어들거나 없어질 가능성을 보여주었다.

셋째, 연구자들은 아직 ESC와 iPSC를 사람들에게 사용해 안전할지 어쩔지 모른다. 척수와 망막 같은 다양한 조직에서 ESC와 iPSC의 안전성 여부에 대한 평가가 진행 중에 있다. 주로 안전성 평가를 목적으로 하고 있지만, 질병 진행의 가능성도 평가 중이다. 한 조사에서 망막 변성 때문에 ESC 치료를 받은 18명의 환자 중 10명의 시각이 개선되어 치료의 구체적인 희망을 갖게 하였다.

ASC가 실제 임상에서 사용되고 있는 유일한 줄기세포이다. 예를 들어 모든 종류의 적백혈구를 만들 수 있는 골수의 ASC는 수십 년간 백혈병, 빈혈, 면역결핍증 등의 치료에 사용되어 왔다. 요즘은 뼈에 구멍을 뚫어 골수를 빼내는 대신 혈구 형성 ASC를 흔히 기증자의 혈액에서 '걸러내고' 있다. ASC는 수십 년간 말과 개의 뼈, 인대, 건 등의 손

쪽 세포층에는 양서류의 원구에 해당하는 틈이 생기며, 이 틈을 통해 세포들이 배반 안쪽으로 이동하여 중배엽, 내배엽 그리고 4번째 배외막인 요막을 형성한다. 표면에 남은 세포들은 외배엽이 된다.

### 기관형성은 3주에서 8주째에 시작한다

발생 3주째 척수와 뇌가 배아에서 형성되기 시작한다. 4주째 시작 무렵 심장이 박동하기 시작한다. 이 시기에 배아는 양막 내의 액체에 잠긴 상태로 자궁 내강 속으로 불거져 나오게 되고(**그림 43-9**), 난황자루(*yolk stalk*)와 몸체자루(*body stalk*)는 합쳐져 탯줄이 된다. 난황자루는 난황낭과 배아의 장을 연결해 준다. 몸체자루에는 요막이 들어있는데 요막에는 제대동맥과 제대정맥이 될 혈관이 분포한다. 탯줄은 이제 배아와 태반을 연결하는데, 태반은 배아의 융모막과 모체의 자궁내막이 합쳐져 형성된다.

**CASE STUDY CONTINUED**

### 발생 프로그램 다시 돌리기

호메오박스 유전자와 마스터유전자의 활성화로 인간 배아는 팔다리를 포함해 몸의 모든 부분을 발생시킬 능력을 갖게 된다. 유사한 발생 프로그램의 재가동으로 도롱뇽 성체는 잃어버린 사지를 다시 자라나게 한다. 언젠가는 인간의 발생도 특정 장소와 시간에서 다시 시작할 수 있을까? 그래서 손가락, 발가락, 팔다리마저 재생할 수 있게 될까? 이러한 가능성은 'CASE STUDY REVISITED'에서 다룰 것이다.

4주와 5주째에 배아에는 꼬리와 인두열(어류 배아의 아가미와 상동인, 머리 뒷부분의 굴곡부, **그림 43-10**)이 분명하게 나타난다. 이 구조들은 성체에서도 꼬리와 아가미가 남는 다른 척

▲ **그림 E43-1 배반포의 내세포괴에서 추출한 배아줄기세포의 배양**

상을 치료하는 데도 사용되어 왔다. 건과 인대의 손상을 치료받기 위해 ASC 주사를 맞은 사람도 적은 수이긴 해도 벌써 있다. 예를 들어 프로야구 투수인 바르톨로 콜론은 회전근개(rotator cuff) 수술 후에도 어깨 부상이 완전히 낫지 않아 ASC 치료를 받았다. 일 년 후 그는 뉴욕 양키스에서 던질 수 있었다. 물론 콜론이 회복하는 데 ASC가 중요했는지, 어쨌든 나은 것인지는 아무도 모른다. 크론병, 선천성 심부전, 말초 동맥경화 등에 대한 성체줄기세포 치료가 현재 임상시험 중에 있다.

**비판적 사고** 정상급 운동선수가 놀라운 성적을 거두기 위해서는 근육, 인대, 건 등이 견딜 수 있는 수준을 넘어 힘을 쓰는 일이 흔히 필요하다. 야구 투수를 위한 토미존 팔꿈치 수술이나 체조선수를 위한 회전근개 어깨 수술과 같은 수술로 부상을 고칠 수는 있지만 항상은 아니다. 만약 당신이 의사로서 다친 관절의 치료에 대해 운동선수와 의논 중이라면 줄기세포 치료를 권해 보겠는가? 감수할 위험은 무엇이겠는가?

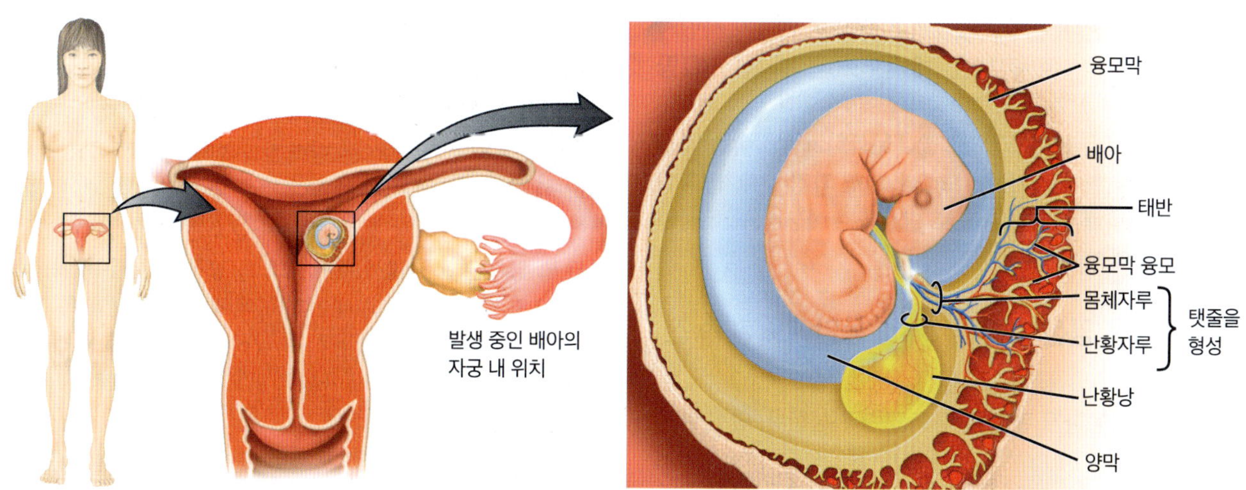


▲ **그림 43-9 4주째의 사람 배아** 배아는 자궁 속으로 불거져 있고 태반은 한 쪽에 제한되어 있다. 몸체자루와 난황자루가 합쳐져 탯줄을 형성하고 탯줄은 배아와 모체 사이에서 노폐물과 양분을 교환한다.

▲ **그림 43-10 5주째의 사람 배아** 5주가 끝날 때쯤 사람의 배아는 몸의 절반이 머리이다. 꼬리와 인두열이 뚜렷하고 이는 사람과 다른 척추동물의 진화적 유연관계에 대한 증거이다.

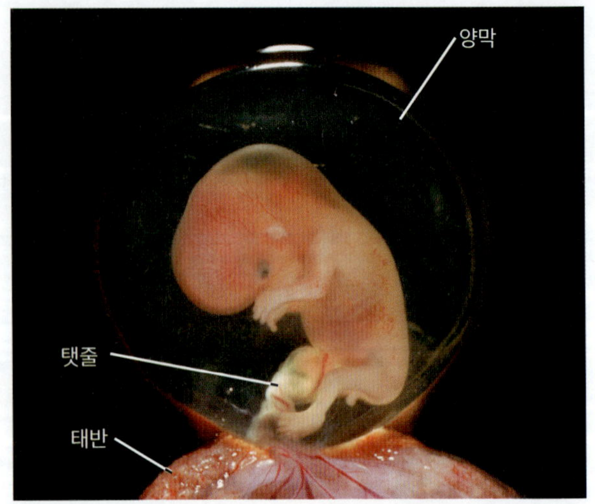


▲ **그림 43-11 8주째의 사람 배아** 8주가 끝날 때쯤 배아는 사람의 모습을 분명하게 갖추게 되어 태아로 불린다. 성체의 주요 기관 대부분이 발달하기 시작한다.

추동물들이 우리 인간과 진화적 조상을 공유한다는 것을 일깨워 준다. 그러나 사람은 발생이 진행되면서 이 구조들이 사라진다. 7주째까지 배아는 눈의 싹과 급속히 자라는 뇌를 갖게 되고, 손가락과 발가락 사이의 물갈퀴가 사라진다.

### 두 달이 지나면 배아는 태아가 된다

2개월이 끝나갈 쯤에는 거의 모든 주요 기관들이 발달하기 시작한다. 생식소도 나타나 고환이나 난소로 발달한다. 성호르몬 즉, 고환에서 테스토스테론과 난소에서 에스트로겐이 분비된다. 이들 호르몬은 생식기관뿐 아니라 뇌, 요로를 비롯한 여러 기관의 발생에 영향을 미친다. 수정 후 2개월 말이 되면 배아가 사람의 모양을 갖추게 되므로 이때부터는 **태아(fetus)**라고 부른다(**그림 43-11**).

임신 첫 2개월은 배아가 극도로 빨리 분화하고 성장하는 기간이므로 상당히 위험한 시기이기도하다. 발생 과정 전체가 다 위험하지만 기관이 매우 빠른 속도로 발생하는 이 시기가 독성물질에 특히 민감하기 때문이다.

## 성장과 발생은 임신 후반부 7개월 동안에도 계속 진행된다

폐, 위, 소장이 기능하게 된다. 신장도 또한 기능한다. 임신 마지막 6개월 동안 양수의 대부분은 사실 태아의 오줌이 차지한다. 약 38주가 만삭이지만 의학적 도움만 있으면 32주 이상의 태아들도 자궁 밖에서 살 수 있다. 26주에 태어난 태아도 집중 치료를 받기만 하면 살 수 있지만, 평생 장애, 특히 신경질환을 겪을 수 있다. 26주 이전에 태어난 태아는 보통 못 산다.

## 태반은 모체와 태아 사이에서 물질을 교환한다

착상 후 처음 며칠 동안에는 배아가 자궁내막에서 직접 영양분을 섭취한다. 이후 수주에 걸쳐 배아와 자궁내막의 구조가 합쳐지면서 **태반(placenta)**이 형성된다(**그림 43-12**). 배반포의 바깥층은 융모막을 형성하는데, 융모막에서 손가락 같이 생긴 **융모막 융모(chorionic villi)**가 자궁내막으로 자란다. 탯줄의 혈관이 배아의 순환계와 융모의 모세혈관망을 연결하는 동안 자궁내막의 일부 혈관이 파괴되어 모체 혈액으로 이루어진 풀(pool)이 생기면 융모막 융모가 여기에 잠기게 된다.

배아의 혈액과 모체의 혈액은 융모벽과 모세혈관벽에 의해 분리되어 있어 혈액이 대규모로 섞이지는 않는다. 모세혈관벽과 융모막의 융모로된 벽은 큰 단백질과 세포는 물론이고 많은 물질의 이동을 제한시킨다. 그러나 작은 분자들은 모체와 배아의 혈액 사이를 쉽게 이동할 수 있어서 산소는 모체에서 배아로 확산되고, 양분은 모체에서 배아 쪽으로 능동수송 되며, 이산화탄소 및 요소 같은 노폐물은 태아의 혈액에서 모체 혈액 쪽으로 확산된 다. 어떤 종류의 항체는 특히 임신 말기에 모체 쪽 태반으로부터 배아로 수송되어 신생아를 질병으로부터 보호하는 데 중요한 역할을 한다.

비록 태반이 많은 공격으로부터 태아를 지켜내긴 하지만, 완진하게 보호할 수 있는 것은 아니다. 질병을 유발하는 일부 생물과 많은 유해 화학물질은 776페이지의 "Health Watch : 태반−장벽인가 아니면 열린 문인가?"에서 볼 수 있듯이 태반을 통과할

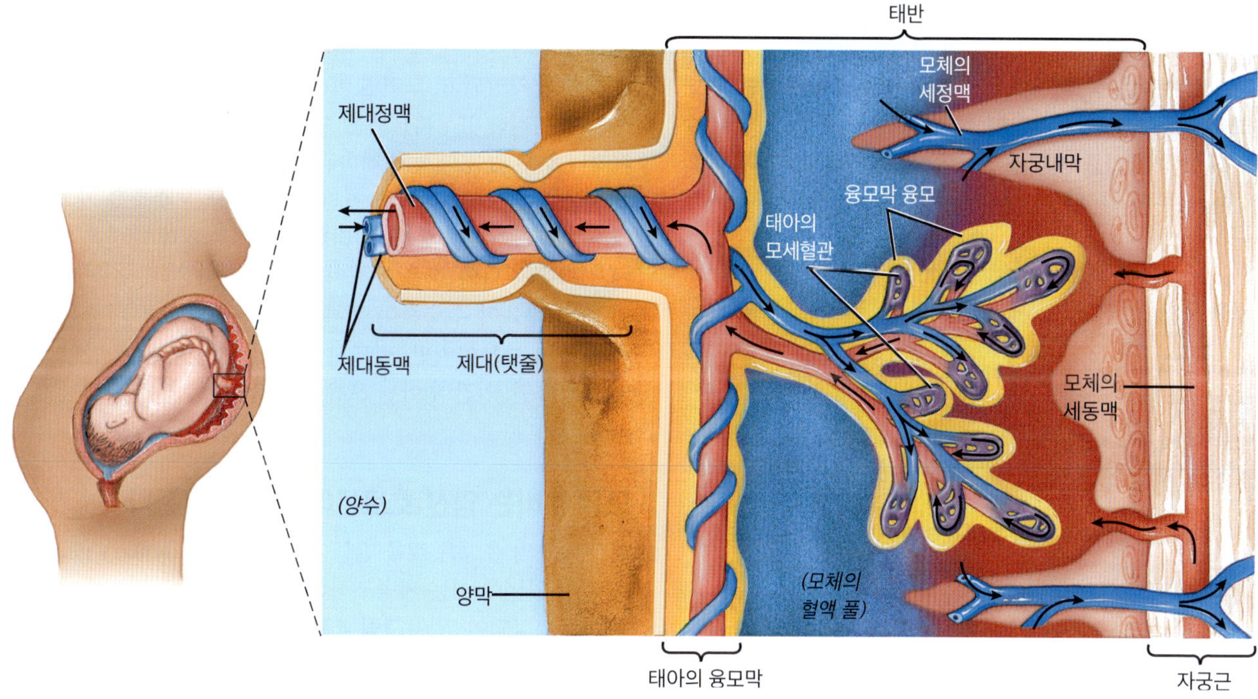


▲ **그림 43-12 태반** 태반은 태아와 모체의 혈액이 분리된 채로 배아의 모세혈관과 모체의 혈액 풀(pool) 사이에서 노폐물과 양분을 교환한다. 제대동맥은 태아에서 태반으로 산소가 부족한 혈액을 나르는 반면 제대정맥은 산소가 풍부한 혈액을 태아로 운반해준다.

**비판적 사고** 캥거루와 같은 유대류들은 흔적 태반을 갖고 있다. 갓 태어난 유대류의 발생 정도에 대해 어떤 점을 예측할 수 있을까?

수 있다.

## 임신은 진통과 분만으로 끝이 난다

임신 마지막 달 동안 태아는 보통 자궁 안에서 머리를 아래쪽으로 향하고 자궁경부에 두개골을 댄 상태를 계속 유지한다. 출산은 대개 9개월째의 끝 무렵에 **분만(labor)**이라는 자궁의 수축으로 시작된다(**그림 43-13**).

골격근과 달리 자궁 평활근은 자발적으로 수축하고 수축 경향은 자궁의 확장으로 더욱 강화된다. 태아가 성장함에 따라 자궁근도 계속 확장되는데, 출산 몇 주 전부터 가끔씩 수축이 일어나

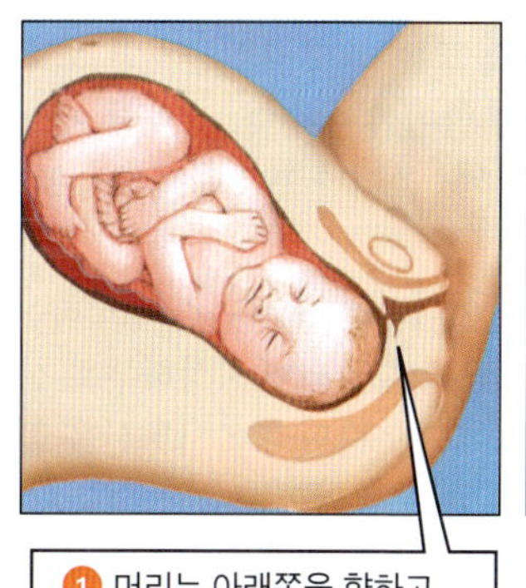


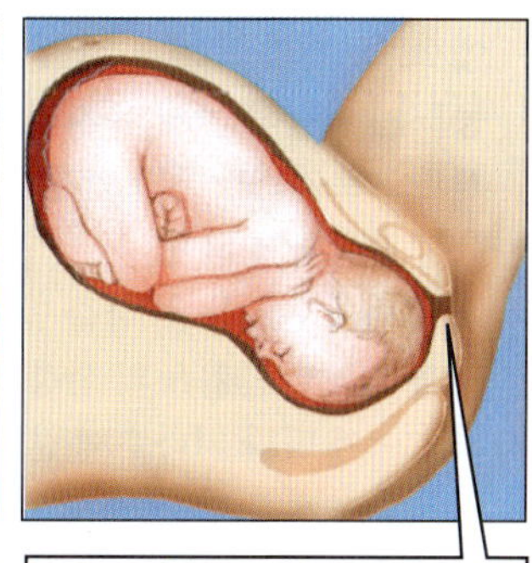


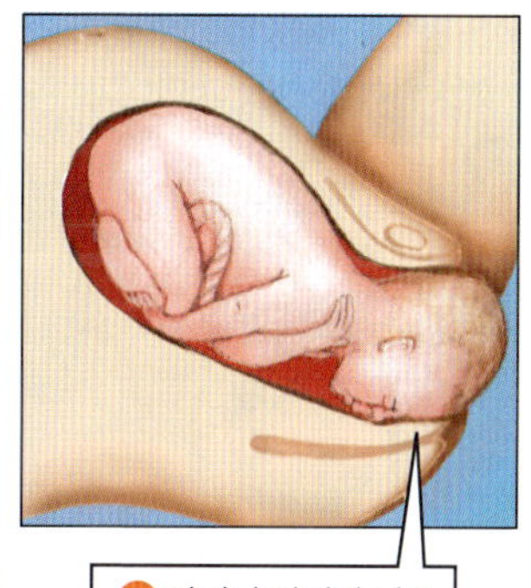


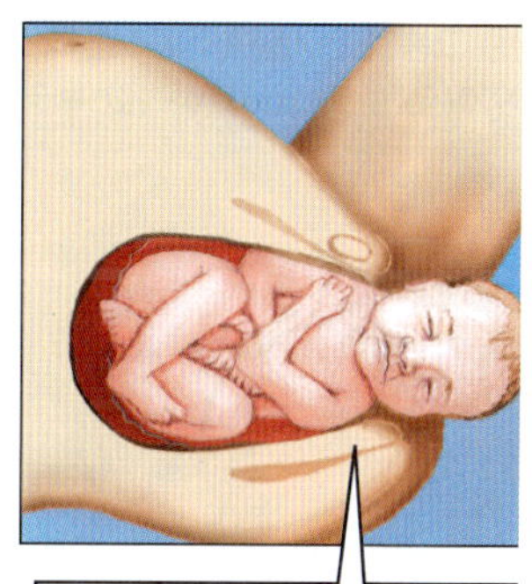


▲ **그림 43-13 분만**

기도 한다(브락스톤 힉스 수축 또는 분만 가진통). 자궁, 태반, 태아 모두로부터의 화학신호가 분만의 시작에 관여하는 것 같다. 태반은 자궁수축을 좀 더 일으키기 쉬운 프로스타글란딘 및 다른 신호분자를 방출함으로써 이들 신호에 반응한다. 자궁이 수축하면 태아의 머리를 자궁경부 쪽으로 밀면서 자궁경부를 확장시킨다. 경부의 확장은 신경신호를 모체의 뇌에 보내 옥시토신 호르몬을 분비하게 만든다(38장 참조). 옥시토신은 자궁근육의 수축을 자극하여 태아를 더욱 세게 경부 쪽으로 밀게 되고, 경부가 더욱 확장되고, 그러면 이는 더 많은 양의 옥시토신을 방출시킨다. 이러한 양성피드백은 자궁경부가 충분히 넓혀져 태아가 빠져나올 수 있을 때까지 계속된다.

출산 후 잠깐의 휴식을 거친 다음, 자궁은 수축을 재개하여 급격히 크기가 줄어든다. 이러한 수축으로 인해 태반은 자궁벽에서 떨어져 나와 질을 통해 밖으로 빠져나온다. 탯줄 속 혈관의 주변 근육이 수축하여 혈류가 차단된다. 비록 탯줄을 묶어주는 것이 보통이지만, 반드시 필요한 일은 아니다. 만약 그렇다고 한다면, 인간이 아닌 포유류는 출생으로부터 살아남기 어려울 것이다.

**Have You Ever Wondered ...**

**분만은 왜 그렇게 힘드는가?**

다른 동물의 출산에 비해 사람의 분만은 훨씬 길고 고통이 따른다. 왜 그럴까? 사람의 태아는 여성의 몸 크기 및 골반 둘레에 비해 큰데 특히 머리가 크다. 신생아의 머리는 실제 골반 구멍을 빠져나올 때 조금 짓눌려진다. 그러면 왜 여성은 보다 큰 골반이나 작은 아기를 진화시키지 않았을까? '산부인과적 딜레마' 가설은 비슷한 크기의 남성보다 더 넓은, 중앙의 골반 구멍이 보다 큰, 여성의 엉덩이가 최대 크기임에도 이족보행의 효율이 좋다는 것이다. 최근의 연구는 그러한 엉덩이의 구조 차이에도 불구하고 남성과 여성의 보행 효율이 거의 같다는 것을 보이고 있다. 한편 보속이나 민첩성 같은 요인은 측정되지 않아 산부인과적 딜레마 가설을 배제할 수는 없다.

보다 미숙하고 작은 태아, 하다못해 머리라도 작은 태아를 출산하는 것은 어떨까? 일부 연구는 출생 전의 많은 뇌 성장이 어른의 큰 뇌를 만들어내는 데 중요하다는 것을 보여줬다. 사실 일부 연구자는 사람의 임신이 허용되는 최장기간에 해당하며 출산은 임신한 여성의 몸이 태아의 빠른 뇌 성장 요구를 더 이상 감당할 수 없을 때 일어나는 것이라고 말한다. 이런 얘기대로라면, 여성의 엉덩이는 큰 머리의 태아가 간신히 통과할 정도로 충분히 넓게 진화한 것이고 효과적인 보행은 선택압이 아니었다. 아마 인간진화 초기에는 영양상태가 빈약하여 모체 크기에 비해 상대적으로 작은 크기의 태아가 태어났을 것이고 따라서 출산은 그렇게 충격적인 일은 아니었을 것이다. 진화논쟁은 계속되고 있지만, 사실은 분명하다. 현대인에게도 출산은 몇 시간이 걸리는 일이며, 어머니 및 아마 아기에게 큰 고통을 안기는 일이고 흔히 도움을 필요로 하는 일이다. 분만을 영어로 '노동(labor)'이라고 부르는 것은 괜히 그런 것이 아니다.

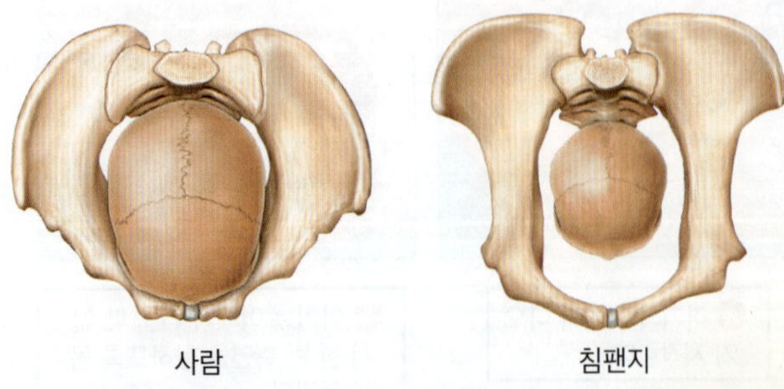


**꽉 낌** 사람 신생아의 머리는 어머니의 골반을 간신히 통과한다(왼쪽). 침팬지 같은 다른 영장류에서는 태아의 머리가 쉽게 빠져나온다(오른쪽).

## 모유 분비는 임신 호르몬에 의해 촉진된다

인간 여성의 유방은 젖을 만들어내는 **유선(mammary gland)**으로 되어 있는데 이는 지방조직으로 둘러싸여 있고 인대에 의해 흉벽에 고정되어 있다(**그림 43-14**). 유선은 소엽(alveolus)이라 하는 것을 만들어내는 샘(gland)의 집합으로 되어 있는데 유두 주위에 방사상으로 배열되어, 등 쪽으로 거의 흉벽에까지 뻗어 있다. 소엽은 젖을 만들어 분비하는 한 층의 세포가 속이 빈 내강 주위에 위치하는 구조를 갖고 있으며 유두로 나가는 유관에 연결되어 있다.

유아에게 젖을 먹이기 위해서는 3단계의 일이 필요하다. 첫 번째 단계는 유방에 젖 생산을 준비시키는 것이다. 임신 중 대량의 에스트로겐과 프로게스테론이 태반에서 분비된다. 에스트로겐과 프로게스테론은 뇌하수체 전엽에서 프로락틴의 방출을 자극한다. 이들 세 호르몬은 함께 유선을 자극하여 유선이 커지고 또 젖 분비 능력을 갖도록 한다. 그러나 에스트로겐과 프로게스테론의 높은 혈중 농도는 아기가 태어나기 전에 젖이 실제로 분비되는 것을 막기도 한다.

두 번째 단계는 소엽세포가 소엽 내강 속으로 젖을 분비하는 **수유(lactation)**이다. 출산 직후 태반이 자궁에서 떨어져나가면 에스트로겐과 프로게스테론 농도는 크게 줄어들지만 프로락틴 농도는 여전히 높게 유지되는 일이 일어난다. 그러면 에스트로겐과 프로게스테론의 억제로부터 풀려나 프로락틴이 비로소 수유를 자극하게 된다.

세 번째 단계는 젖 사출 반사이다('let-down'이라고도 하는). 아기가 젖을 빨면 유두의 신경말단이 자극되어 시상하부로 신호가 가고 이에 따라 뇌하수체 전엽이 프로락틴과 옥시토신을 급격하게 방출하게 된다. 옥시토신은 유선 주위의 근육을 수축시켜 소엽 속의 젖을 유두로 가는 도관 속으로 방출시킨다. 프로락틴은 다음번 수유를 위해 젖을 생산하도록 자극한다.

출생 후 첫 수일 동안, 유선은 **초유(colostrum)**라고 하는 노르스름한 액체를 분비한다. 초유에는 단백질이 풍부하며 또 아기의 면역계가 발달하는 동안 일부 질병으로부터 신생아를 보호해

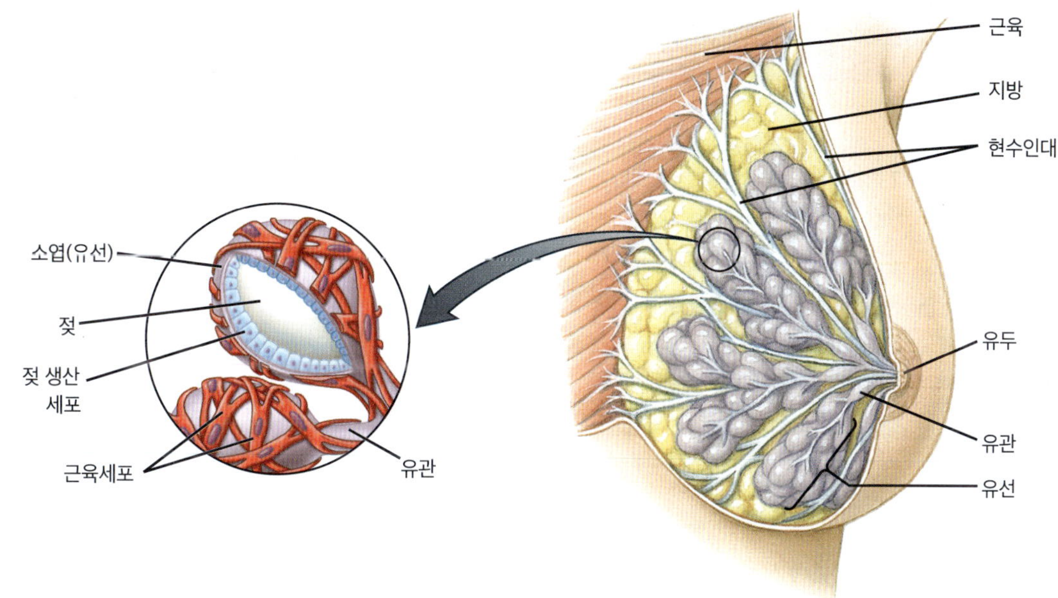


▲ **그림 43-14 사람 유방의 구조** 임신 중에는 지방조직, 유선, 유관이 모두 커진다.

줄 수 있는 모체의 항체도 들어있다. 초유는 차츰 지방과 젖당이 많고 단백질은 적은, 일반 젖으로 대체된다.

**CHECK YOUR LEARNING**

- 수정에서 출생에 이르기까지 인간 배아 발생에 대해 설명할 수 있는가?
- 태반의 구조와 기능에 대해 설명할 수 있는가?
- 젖 생산과 분비에 관여하는 호르몬의 이름을 말하고, 이들 과정에서 맡는 역할에 대해 설명할 수 있는가?

## 43.6 노화는 발생의 마지막 단계인가?

**노화(aging)**란 필수적인 생물 분자, 특히 DNA의 손상이 차츰 누적되어 세포 기능에 결함이 생기고, 건강이 악화되어, 결국 죽음으로 이어지는 과정이다. 손상은 DNA 복제 실수, 태양으로부터의 복사, 지각에 있는 방사성 바위, 식품, 담배, 공산품의 화학물질 등으로부터 생긴다. 젊은 사람은 쉽게 손상을 회복하거나 보정 과정을 거친다. 하지만 동물은 나이가 들어감에 따라, 손상에 대한 신체의 회복 능력이 감소하게 되고 결국 신체가 손상을 감당할 수 없게 된다. 동물은 노화가 진행될수록, 근육과 뼈의 양이 줄고 피부의 탄력이 사라지며 반응 시간이 늦어지고 시각과 청각 같은 감각이 무뎌진다. 또한 면역력이 약해져 나이가 들면 질병에도 취약해진다. 그러다가 결국은 죽게 된다.

동물은 나이 들면 왜 신체의 손상을 회복하지 못하는 것일까? 노화는 불가피한 것일까? 많은 동물에게는 예정된 노화가 있는 듯하다. 다시 말해 노화의 시간과 속도가 유전적으로 정해져 있는 것 같다. 일부에선 노화가 꽤 신속하다. 어떤 하루살이 종에서는 성체가 겨우 30분 정도 사는데, 알을 낳고(암컷) 이를 수정시키기에(수컷) 빠듯한 시간이다. 포유류 중에서 예정된, 신속한 노화의 가장 극적인 보기는 유대류 생쥐(캥거루의 축소판 친척, 그림 43-15)일 것이다. 유대류 쥐의 일부 종에서 수컷은 일 년이 채 안 되어 성숙한다. 그런 뒤 광란의 짝짓기를 통해 몸의 모든 에

▲ **그림 43-15 예정 노화** 1, 2주 동안의 격렬한 짝짓기 활동 후 수컷 유대류 쥐는 감염 질환, 내부 출혈, 괴저 등에 시달린 끝에 모두 죽는다.

## 태반-장벽인가 아니면 열린 문인가?

태아와 모체의 혈액은 융모 및 태아의 모세혈관으로 이뤄진 벽에 의해 분리되어 있다(그림 43-12 참조). 아마 가장 중요한 보호막은 놀랄 만한 구조 즉, 수십억 개의 핵이 있고, 가늘고, 거대한 단세포로 되어 있는 융모막 융모일 것이다. 만삭의 태아에서 이 세포의 표면적은 무려 자동차 하나의 주차면에 해당하는 8-12m$^2$가 된다. 왜 단세포일까? 세포 사이의 봉합선을 제거함으로써 단세포층은 모체의 혈중에 있을 수도 있는, 많은 유해 물질로부터, 독소와 세균으로부터, 다세포층이 할 수 있는 것보다 훨씬 잘 태아를 격리시켜 준다. 그럼에도 많은 분자며 일부 병원성 미생물은 단세포층이나 손상된 융모를 통과하여 모체에서 태아로 들어갈 수 있다.

### 미생물

태반을 통과하는 대부분의 세균은 단세포층의 모체 쪽 세포막을 뚫고 들어올 수 있고, 세포질 속에서 살아남을 수 있고, 다시 태아 쪽 세포막을 넘을 수 있음에 틀림없다. 그러나 대부분의 세균은 그렇게 통과할 수 없다. 세포막을 뚫을 수 있는 세균으로 매독을 일으키는 *Treponema pallidum*, 혈액 감염을 일으키는 *Streptococcus*, 오염된 음식에서 발견되는 *Listeria* 등이 있다. 태반을 가로지를 수 있는 바이러스 침입자에는 성기 헤르페스, 풍진, B형 간염, 지카 바이러스 질환, HIV 등을 일으키는 것이 있다.

많은 이러한 미생물들은 태아에 심각한 해를 입히는데. 예를 들어 매독균에 감염된 태아 중 30~40%가 사산된다. 리스테리아는 태아의 성장을 둔화시키거나 미숙아 출생을 일으키거나 뇌수막염에 걸리게 한다(뇌를 둘러싼 막의 치명적인 감염). 지카 바이러스는 머리와 뇌가 정상에 비해 현저하게 작은 상태인 소두증과 시각의 손상이 포함되는, 심각한 출생 결함을 야기할 수 있다(**그림 43-2**). 각종 바이러스 감염으로 미숙아 출산, 정신지체, 눈의 결함을 비롯한 많은 장애가 유발된다.

### 의약품

많은 의료용 약들은 지용성이라 태반을 비롯한 많은 기관에서 원형질막을 쉽게 통과한다(5장 참조). 몇 가지 지용성 약물은 태아에 해가 될 수 있다. 예를 들어 탈리도마이드는 1950년대 후반 및 1960년대 초반에 유럽에서 입덧을 덜기 위한 진정제 및 항오심제로 흔히 처방되던 약이다. 탈리도마이드의 태아에 대한 심각한 영향은 사지가 전혀 없거나 극히 비정상적인 사지를 지닌 많은 아기가 태어나고 나서야 비로소 알려지게 되었다.

1980년대 후반에는 강력한 여드름 치료제인 이소트레티노인(isotretinoin)을 복용한 임산부의 경우 유산과 미숙아 출산의 위험성이 높다는 것이 알려졌다. 태어난 아이의 경우에는 선천성 기형의 위험성이 높았다. 항우울제인 파록세틴(팍실)과 콜레스테롤 저감제인 아트로바스타틴을 포함해 많은 흔하게 처방되는 의약품이 출생 결함의 위험을 안고 있으므로 임신부는 이들을 사용하지 말 것을 한 예비조사가 권고했다.

### 기분전환용 약물(Recreational drugs)

많은 기분전환용 약물이 태반을 통과할 수 있고 태아의 발생에 해롭다. 예를 들어 코카인을 사용한 어머니는 유산, 조산, 저체중아의 출산 가능성이 높다. 메탐페타민의 사용도 이와 유사하다. 약물 사용자 특히 헤로인과 펜타닐 같은 아편제 사용자의 아이는 이들 약물에 중독 상태로 태어날 수 있다. 이를 신생아 금단 증후군(neonatal abstinence syndrome, NAD)이라 한다. 출생 직후 신생아는 구토, 설사, 발작 같은 금단 증상을 겪는다.

### 흡연

흡연의 버릇이 있는 많은 여성은 임신 중에도 버릇을 계속해 태중의 아기가 니코틴, 일산화탄소, 발암 원인물질 등에 노출되도록 한다. 니코틴은 또한 '베이핑'에 사용하는 전자담배나 기타 도구가 만들어내는 연기 속에도 존재하므로 임신 중 베이핑을 하는 여성은 마찬가지

너지를 큰 정소, 많은 정자, 교미에 쏟아붓고 면역계까지 끊고 근육마저 분해시켜가며 소진한 뒤 1~2주일이 안 되어 죽는다. 이에 반해 암컷은 흔히 이십여 년을 산다.

다른 극단적인 보기로는 일부 동물에서 유전적으로 예정되어 있는, 노화가 일어난다고 해도 극히 느리게 일어나는, 미미한 노화(*negligible senescence*)가 있다. 대양백합조개(조개의 한 종)는

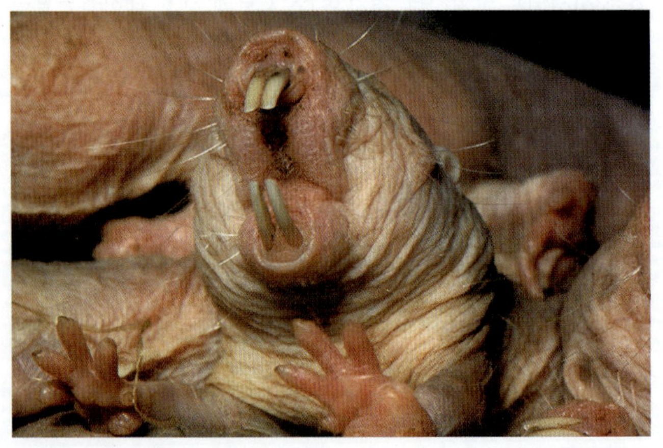

▶ **그림 43-16 미미한 노화** 벌거숭이 두더지쥐는 같은 크기의 다른 설치류보다 훨씬 오래 산다. 대부분의 다른 설치류에 비해 체온, 호흡 속도, 대사율이 꽤 낮으며 암에 거의 걸리지 않는다. 수명이 긴 것은 이러한 이유 때문일 수도 있다.

로 자신의 아이를 위험에 노출시키게 된다. 흡연 여성은 유산의 위험이 높고 저체중아를 출산하는 경향이 있다. 흡연자로 태어날 아이는 행동 및 지적 문제를 안고 있을 가능성이 높다.

### 알코올

알코올은 물과 지질에 모두 용해되므로 혈액에 녹아서 쉽게 태반을 통과한다. 임산부가 술을 마시면 뱃속의 아이 혈액도 모체와 동일한 알코올 농도를 갖게 된다. 나쁜 점은 태아는 어른처럼 빨리 알코올을 대사할 수 없어서 태아에게 알코올의 영향력이 더 오래 더 크게 지속된다는 것이다.

미국 질병통제예방센터에 따르면, 미국 여성의 약 8%가 임신 중에 술을 마신다. 그래서 매년 100,000명의 신생아가 태아알코올범주 장애를 갖고 태어난다. 임신 중 술을 마신 임신부에게서 태어난 아기는 자라서 불안, 우울, 공격적인 성향을 보인다.

일상적으로 심하게 마시거나(매일 너댓 잔 이상) 한 번에 다섯 잔 이상으로 폭음한 어머니에게서 태어난 많은 아이들은 **태아알코올증후군(fetal alcohol syndrome, FAS)**을 나타낼 위험성이 크다. 그러한 아이들은 흔히 평균 이하의 지능에, 과잉행동에, 화를 잘 내고, 충동 조절을 잘 못한다. FAS 어린이들은 성장 속도도 느리고 심장을 비롯한 여러 기관에서 결함을 보이며 극단적인 경우에는 정상적으로 발달하지 못한, 작은 뇌를 갖는다. 손상은 비가역적이고 매우 치명적일 수 있다.

태아알코올증후군은 미국에서 정신지체의 가장 흔한 원인이 되고 있다. 미국외과의사협회는 임신부 및 임신 예정인 여성은 아예 술을 입에 대지 말 것을 권하고 있다.

### 태반이 배아를 보호해주리라 너무 믿어서는 안 된다

임신부는 복용하는 모든 약물이 태반을 통과하여 발생 중인 태아에게 영향을 미칠 것이라고 생각해야만 한다. 배아 발생의 중요 단계는 여성 본인이 임신했음을 자각하기 이전에 일어날 수 있으므로, 피임 없이 섹스하는 여성이라면 본인이 이미 임신했을 때 취할 주의를 기울여야만 할 것이다.

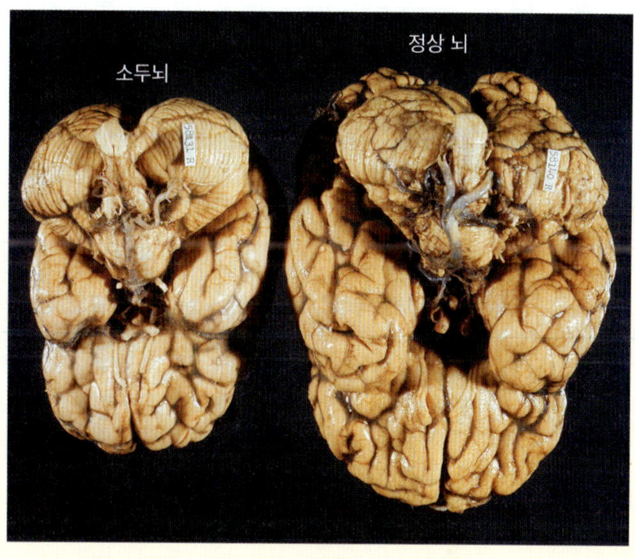


▲그림 E43-2 **태아의 감염은 출생 결함으로 이어질 수 있다** 어머니로부터 태아로 전염되는 바이러스 및 세균성 감염은 태아에 영구적인 해를 끼칠 수 있다. 지카 바이러스 같은 일부 병원체는 머리와 뇌가 비정상적으로 작은 소두증을 야기할 수 있다.

**비판적 사고** 아주 많은 물질이 태반을 통과할 수 있다. 태아와 모체의 혈액이 하나의 결합된 순환계로 합쳐지는 것보다 막에 의해 따로따로 분리되는 것이 왜 생물학적으로 유익하다고 생각하는가?

400살까지 산다. 코끼리거북(giant tortoise)은 150년에서 250년까지 사는 것으로 기록되어 있다. 한볼락(rougheye rockfish)은 적어도 205년을 살 수 있다. 벌거숭이두더지쥐(naked mole rat, 그림 43-16)는 30년이나 살 수 있다. 그다지 긴 듯이 보이지 않겠지만 비슷한 크기의 생쥐나 난쟁이햄스터(dwarf hamster)는 이상적인 조건 하에서라도 고작 2~3년을 살 뿐이다. 그러므로 설치류로서 벌거숭이두더지쥐의 수명은 아주 긴 편인 것이다.

수천 년 동안 사람들은 노화를 늦추고 수명을 연장시키기 위해 노력해왔다. 현대의학은 많은 질병을 예방하고 치료하고 일부 손상된 기관을 우회수술이나 이식수술과 같은 과정을 통하여 고치거나 대체할 수 있게 되었다. 식사의 변화, 특히 영양가 높은 음식을 소량 먹는 것이(완곡하게 말해서 '칼로리 제한') 수명을 연장시킬 수 있다고 한다. 적어도 동물 실험을 통해서는 그렇다. 그러나 인간의 최대수명은 약 130년으로 변화가 없다. 과학자들은 코끼리거북, 한볼락, 벌거숭이두더지쥐에서 보는 미미한 노화의 비밀을 알아낼 수 있을까? 그렇다면 그러한 발견을 인간에게도 적용시킬 수 있을까? 아마도 여러분은 충분히 오래 살아 찾아낼 수가 있을 것이다.

### CHECK YOUR LEARNING

- 노화를 정의하고 이를 일으키는 메커니즘을 설명할 수 있는가?
- 예정 노화를 설명하고 보기를 들 수 있는가?
- 미미한 노화에 대해 설명하고 보기를 들 수 있는가?

CASE STUDY REVISITED

## 발생 프로그램 다시 돌리기

많은 다른 동물들은 중요한 신체 부위를 재생할 수 있는데, 우리는 왜 할 수 없을까? 사실 우리도 조금은 재생할 수 있다. 10세 정도까지의 어린아이들의 경우 사고로 잘린 손가락의 끝 부분, 손톱, 손가락이 재생될 수 있다. 남겨진 부분의 줄기세포가 없어진 구조를 만들어낼 수 있기 때문이다. 손가락 끝이 잘린 소수의 어른들에게서도 유사한 결과가 보고되었다. 그러나 만약 관절이 남지 않을 만큼 손가락이 많이 잘리면 어린이라 해도 재생은 불가능하다. 물론 잘린 팔과 다리를 재생할 수 있는 사람은 없다.

그러나 다음에서 보는 바와 같이 희망이 없지는 않다. 많은 연구자들은 특정한 신체 부위의 발생 중에 가동되는 유전자 프로그램을 알아내고, 또한 성인에서 그러한 프로그램을 어떻게 작동시킬 수 있는지 밝혀내려 애쓰는 중이다. 희망을 갖게 하는 힌트는 생쥐에서 나왔다. 대부분의 생쥐와 달리 MRL이라 부르는 품종은 손상된 귀를 연골, 피부, 털이 있는 귀로 재생시킬 수 있다. 이들은 절단된 발가락도 부분적으로 재생할 수 있다. MRL 생쥐는 상처에 대한 염증 반응이 낮고, 손상 후 혈관이 풍부하게 재생되며, 산화스트레스가 낮은 등 여러 가지 면에서 다른 생쥐와 다르다. MRL 생쥐는 세포주기를 조절하는 일부 분자도 또한 다르다. 이러한 특징들은 재생 능력의 원인일 수도 있다. 생쥐는 불가사리, 도롱뇽, 도마뱀보다 사람과 훨씬 더 비슷하기 때문에 MRL 생쥐의 재생 메커니즘 연구는 언젠가 손상되거나 잃어버린 인간의 신체 부분을 재생시킬 방법을 찾을 수 있으리란 희망을 우리에게 갖게 한다.

**비판적 사고** MRL 생쥐는 보통 생쥐보다 p21이라고 하는 단백질의 수준이 낮다. p21 단백질은 손상된 DNA를 가진 세포의 분열을 억제시키는 세포분열의 조절에 관여한다. p21 유전자를 녹아웃(knocking out) 시키면 보통 생쥐에 귀의 재생 능력이 생기게 된다. 만약 누군가가 사람의 p21 단백질을 선택적으로 불활성시킬 수 있는 방법을 고안해 낸다면, 재생과 건강에 과연 어떤 효과를 미치리라 당신은 생각하는가?

# CHAPTER REVIEW

*비판적 사고와 생각해보기, 선택형문제, 빈칸채우기 질문에 대한 답은 이 책의 뒷부분에 있는 정답란에서 볼 수 있다.*

## 핵심개념의 요약

### 43.1 동물 발생의 원리는 무엇인가?

발생이란 배아가 성장하면서 짜임새와 복잡성이 늘어나는 과정이다. 이에는 (1) 세포가 증식하고, (2) 딸세포가 분화하고, (3) 세포 집단이 이리저리 이동하여 다세포의 구조를 만들어내는 3가지 메커니즘이 관여한다.

### 43.2 직접발생과 간접발생은 어떻게 다른가?

동물은 직접발생이나 간접발생을 한다. 직접발생에서 갓 태어난 동물은 성적으로 미숙하지만 생김새는 작은 성체와 비슷하다. 직접발생을 하는 동물은 보통 난황이 차 있는, 큰 알을 낳거나 모체 내에서 발생하는 배아에 영양분을 공급한다. 간접발생에서는 보통 난황이 거의 없는 알이 유생으로 부화하고 이 유생은 변태를 거쳐 체형이 다른 성체가 된다.

### 43.3 동물의 발생은 어떻게 진행되는가?

동물 발생은 몇 단계로 일어난다. 난할과 포배형성: 수정란이 거의 성장 없이 세포분열을 거듭한다. 그 결과 공 모양의 상실배가 된다. 그런 뒤 상실배 안에 내강이 생겨 세포로 된, 속이 빈 공 모양의 포배가 된다. 낭배형성: 포배에 홈이 생겨 거기를 통해 표면의 세포가 공의 내부로 이동한 끝에 마침내 3층으로 된 낭배가 된다. 이들 내, 중, 외배엽의 3층에서 모든 성체 조직이 생겨난다. 기관발생: 낭배의 배엽에서 동물의 종에 특징적인 기관들이 생겨난다(표 43-1 참조).

파충류, 조류, 포유류에서 배외막(융모막, 양막, 요막, 난황낭)이 공간을 만들어 액체로 채운 뒤 배아를 둘러싸고, 배아와 환경 사이에서 영양분과 노폐물 교환도 조절한다.

### 43.4 발생은 어떻게 조절되는가?

특정한 기능을 담당하는, 특수화된 세포로 분화한 이후에도 동물의 몸을 이루는 모든 세포들은 각기 유전정보 전체를 갖고 있다. 특정한 유전자의 전사를 자극 혹은 억제하여 세포들이 분화하는데, 이것은 (1) 난자 속에 들어 있는, 모체에서 온 유전자 조절물질의 차이, (2) 유도라고 하는, 배아세포들 사이의 화학적 소통에 의해 조절된다. 호메오박스 유전자라고 하는 특별히 중요한 유전자 그룹은 체절 그리고 날개나 다리 같은 체절 관련 구조의 분화를 조절한다.

### 43.5 사람의 발생은 어떻게 이루어지는가?

사람의 난자는 난관 안에서 수정된다. 수정된 접합자는 배반포로 발달하여 자궁내막에 착상한다. 배반포의 바깥쪽 벽은 융모막이 되어, 배아 쪽 태반을 만들 것이다. 내세포괴는 배아와 3종류의 배외막을 형성한다. 임신 3~4주째에 소화관 형성이 시작되고, 심장이 박동을 시작하며, 신경계의 원기가 나타난다. 2개월 말에는 주요 기관이 형성되기 시작하고 배아가 사람처럼 보여 이제 태아라고 부른다. 이후 7개월 동안 태아는 계속 성장하고 폐, 위, 소장, 신장, 신경계 등이 커지고 발달하여 고유의 기능을 할 수 있게 된다.

배아의 융모막과 자궁내막이 합쳐져 태반을 형성하고 이 태반은 모체로부터 태아로 산소와 영양분을 나르고 노폐물을 버린다. 또한 태반은 모체의 순환계 속에 있을 수 있는, 전부는 아니지만 많은 유독물질로부터 태아를 격리해 보호한다.

임신 중 에스트로겐, 프로게스테론, 프로락틴 같은 호르몬의 영향으로 모체 유방의 유선이 커진다. 약 9개월 후 자궁의 확장과 프로스타글란딘 및 옥시토신 방출에 의한 복합적인 상호작용으로 자궁 수축이 시작된다. 그 결과 자궁은 태아와 태반을 차례로 배출시킨다. 출생 후 신생아기 젖을 빨면 젖 생산을 촉진하는 프로락틴의 방출과 유두로부터 젖 분비를 촉진하는 옥시토신의 방출이 활성화된다.

### 43.6 노화는 발생의 마지막 단계인가?

노화는 오랜 시간에 걸쳐 세포 손상, 특히 DNA의 손상이 축적되어 개체가 기능을 잃고 결국 죽게 되는 과정이다. 예정 노화의 가설은 진화가 상이한 동물에서 노화의 타이밍과 속도를 달리 하도록 하는 유전적인 과정에 유리하게 작용했다고 설명한다. 일부 동물에서는 노화가 극히 서서히 진행되는, 미미한 노화를 볼 수 있다.

## 개념을 통한 이해

### 선택형 문제

1. 파충류의 알에서 물로 된 환경 속에 배아를 들어있게 하는 배외막은?
   a. 요막
   b. 양막
   c. 융모막
   d. 난황낭

2. 간접발생을 하는 동물에 대한 설명으로 맞는 것은?
   a. 모체 내에서 발생한다.
   b. 유생 단계로부터 성체 단계로 변태를 행한다.
   c. 대부분의 파충류와 포유류를 포함한다.
   d. 그 종의 성체와 외형상 유사한 새끼를 낳는다.

3. 어떤 발생 단계 중에 세 주요 배엽이 처음으로 나타나는가?
   a. 수정
   b. 낭배기
   c. 난할
   d. 분화

4. 뼈는 어디에서 생기는가?
   a. 외배엽
   b. 초유
   c. 내배엽
   d. 중배엽

5. 척추동물 발생에서 접합자는 난할을 거쳐 뭐라고 부르는, 세포로 된 단단한 공이 되는가?
   a. 상실배
   b. 낭배
   c. 포배
   d. 배반포

6. 사람 배반포의 내세포괴에 대한 설명으로 맞는 것은?
   a. 융모막을 만든다.
   b. 태반을 만든다.
   c. 배아를 만든다.
   d. 고도로 분화된 세포로 되어 있다.

7. 태반에 대한 설명으로 맞는 것은?
   a. 융모막과 자궁내막에 의해 형성된다.
   b. 육상 척추동물의 생식에 필요하다.
   c. 모체와 배아의 혈액이 함께 뒤섞이게 해준다.
   d. 출산 후 모체 속으로 다시 흡수된다.

8. 인간에서 자궁의 착상은 배아 발생의 어느 단계에서 일어나는가?
   a. 접합자
   b. 상실배
   c. 배반포
   d. 낭배기

### 빈칸 채우기

1. ___________라고도 하는 수정란은 매우 큰 세포이다. 동물 발생에서 가장 처음 일어나는 사건 중 하나가 수정란의 분열인데 이 과정을 ___________이라 하고 훨씬 작은 세포들로 이루어진 단단한 공 모양의 구조인 ___________을(를) 형성하게 된다. 곧이어 세포로 된 이 공 안에 내강이 생겨 ___________(이)라 불리는 속이 빈 공 모양의 구조가 된다. 낭배형성 동안 속이 빈 이 공에서 많은 세포들이 이동하여 세 개의 배아 조직층 즉 ___________, ___________, ___________이 만들어진다.
2. 분열하여 여러 종류의 딸세포를 만들 수 있는 미분화된 세포를 ___________(이)라 한다. 배아의 이런 세포들은 몸을 구성하는 모든 세포가 될 수 있다. 이들은 ___________에서 유래한다.
3. 몸 전체의 체절과 부속지의 발생을 조절하는 유전자는 ___________이다. 이들은 대개 다른 많은 유전자의 전사를 조절하는 ___________(이)라는 단백질을 암호화하고 있다.
4. 유선에서의 젖 생성은 ___________이라는 뇌하수체 호르몬에 의해 자극된다. 또 다른 호르몬인 ___________은(는) 분만 시 자궁근육의 수축을 자극하고 또한 유선으로부터 젖 배출이 일어나도록 유선 주위 근육의 수축도 자극한다.

### 복습문제

1. 직접발생과 간접발생으로 나누고 해당하는 동물의 보기를 들어보라.
2. 조류를 포함한 파충류에서 볼 수 있는 네 가지 배외막의 구조와 기능을 설명하라. 이들 네 가지는 태반 포유류에서도 존재하는가? 포유류와 비교할 때 어떤 점에서 역할이 비슷한가, 또 어떻게 서로 다른가?
3. 낭배형성이란 무엇인가? 양서류의 낭배형성을 설명해보라.
4. 내배엽, 중배엽, 외배엽 각각에서 유래하는 구조의 이름을 둘 이상 들어보라.
5. 동물 발생에서 유도 과정을 설명하라. 유도를 최초로 밝힌 실험에 대해 설명해보라.
6. 사람의 경우 수정은 어디서 일어나며, 수정란이 자궁에 도착하기까지 어떠한 발생 단계들을 거치는가?

7. 사람의 배반포에서 배아와 배외막은 어떻게 생겨나는가?
8. 태아와 모체의 혈액이 섞이지 않는 상태에서 모체와 태아 사이의 물질 교환을 담당하는 태반의 구조에 대해 설명해보라.
9. 어머니가 갓난아기를 돌볼 수 있도록 산모의 유방에서는 어떠한 변화가 일어나는가? 호르몬은 어떻게 그러한 변화에 영향을 미치며 젖의 생산을 촉진하게 하는가?
10. 노화란 무엇인가? 무엇이 이를 일으키는가?

## 개념의 적용

1. 연구자가 낭배기의 개구리 배아 두 개를 가지고 있다. 한 낭배에서 앞으로 신경관 부위가 될 세포들을 조심스럽게 떼어내 다른 낭배의 피부가 될 부위에 이식했다. 이식 받은 낭배에서 두 개의 신경관이 발생할까? 답에 대한 이유도 함께 설명해 보라.
2. 난황이 소량인, 알을 낳는 거의 모든 동물에서 포배는 대개 구형이다. 그러나 포유류의 포배는 난황이 거의 없음에도 납작한 배반을 만들어 마치 구형의 포배가 하는 것과 유사한 낭배형성을 거친다. 이러한 차이에 대한 설명을 제시해보라.

"평원은 나의 아름다운 색으로 장식되고 바람은 나의 향기를 풍긴다"

—칼릴 지브란, 꽃의 노래 XXIII

# UNIT 6

# 식물의 형태와 생리학

활짝 핀 꽃들은 보는 사람에게 즐거움을 주지만, 꽃들의 진정한 기능은 수분매개자들을 유인하기 위한 것이다.

# 44 식물 형태학과 영양분 수송

단풍잎의 뛰어난 색감은 관광객들에게 즐거움을 주지만 이 색이 나무들에게도 이익이 될까?

CASE STUDY

## 버몬트의 가을

가을이 되면 매년 350만 명 이상의 관광객이 단풍을 보기 위해 버몬트를 방문하여 화려한 빨강, 노랑, 오렌지색 나무를 찬미한다. 멋진 가을색의 단풍들은 뉴잉글랜드의 나머지 지역과 뉴욕 북부, 캐나다 남동부 및 북부 애팔래치아 산맥으로 관광객들을 끌어들인다. 이 지역의 주민들은 이 단풍을 구경 온 관광객으로부터 많은 관광수입을 올린다. 그런데 무엇 때문에 나무들이 단풍으로 물들게 된 것일까? 단풍의 색상이 관광객을 즐겁게 하도록 진화한 것은 아니다. 아마 변화하는 색상이 나무를 그런 방향으로 유도한 것인데 어떻게 작용한 것일까?

대부분의 식물 잎들은 생장 시기에 녹색을 띠고 있는데 광합성에 필수적인 엽록소 분자에 의해 녹색을 띠게 된다. 그러나 다른 분자들은 낙엽수와 관목의 가을 단풍색의 원인이 된다. 예를 들어, 카로티노이드라고 알려진 색소는 단풍의 노란색과 주황색(수선화, 금잔화, 오렌지, 당근의 밝은 색과 함께)을 제공한다. 단풍잎의 빨간색은 안토시아닌이라 불리는 색소에 기인한다.

카로티노이드는 녹색 잎에 존재하지만 안토시아닌은 존재하지 않는다. 녹색 잎의 카로티노이드는 엽록소가 얻을 수 없는 빛의 일부를 흡수하여 광합성을 돕고, 햇빛이 너무 밝을 때 과도한 에너지를 흡수하여 엽록소 분자의 손상을 방지하는 역할을 한다. 안토시아닌은 녹색 잎에서는 어떠한 역할도 없는데, 카로티노이드와 달리 가을에만 합성되기 때문이다.

그렇다면 식물과 식물 잎의 단풍색에 대해 의문을 가지게 된다. 왜 낙엽성 나뭇잎은 크고 얇을까? 왜 나뭇잎들은 가을에 떨어질까? 왜 나뭇잎들의 색깔이 가을에 변하는가? 왜 안토시아닌은 가을에만 보이는가? 왜 자연선택은 잎에 있는 안토시아닌을 합성하는데 에너지를 소모하여 그 잎을 떨어뜨리는 식물을 선호하는 하는가?

## 주요내용



## 44.1 식물체는 어떻게 구성되어 있는가?

많은 사람들은 야생화나 거대한 세쿼이아를 찬미하지만 이들 식물이 생장하기 위해 어떻게 적응했는지 거의 생각하지 않는다. 식물은 양분이나 물을 구하기 위해, 또는 포식자를 피하기 위해, 겨울을 피하기 위해, 짝을 찾기 위해 이동할 수 없다. 그러나 가문비나무는 알래스카의 황량한 툰드라에서 생존하고, 맹그로브는 열대지방의 해안을 따라 염수에서 자라고, 선인장은 모하비사막의 건조하고 뜨거운 열에서도 견딘다. 진화는 식물을 광범위하고 다양한 형태로 변화시켰다(22장 참조). 이 장에서는 가장 광범위하고 다양한 그룹을 형성하고 있는 속씨식물 또는 현화식물에 기본적인 초점을 둘 것이다.

속씨식물의 몸체는 두 가지 주요 부분인 근계와 지상계로 구성되어 있다(**그림 44-1**). **근계(root system)**는 식물에서 모든 뿌리로 구성되어 있다. **뿌리(roots)**는 토양에 묻혀 있는 식물체의 분기된 부분으로 6가지 중요한 기능을 한다. (1) 식물체를 토양에 고정한다. (2) 토양으로부터 물과 미네랄을 흡수한다. (3) 물, 미네랄, 당, 호르몬을 근계와 지상계 사이에서 이동시킨다. (4) 여분의 당과 전분을 저장한다. (5) 호르몬을 생성한다. (6) 식물에 영양을 공급하는 토양균류, 박테리아와 상호작용한다.

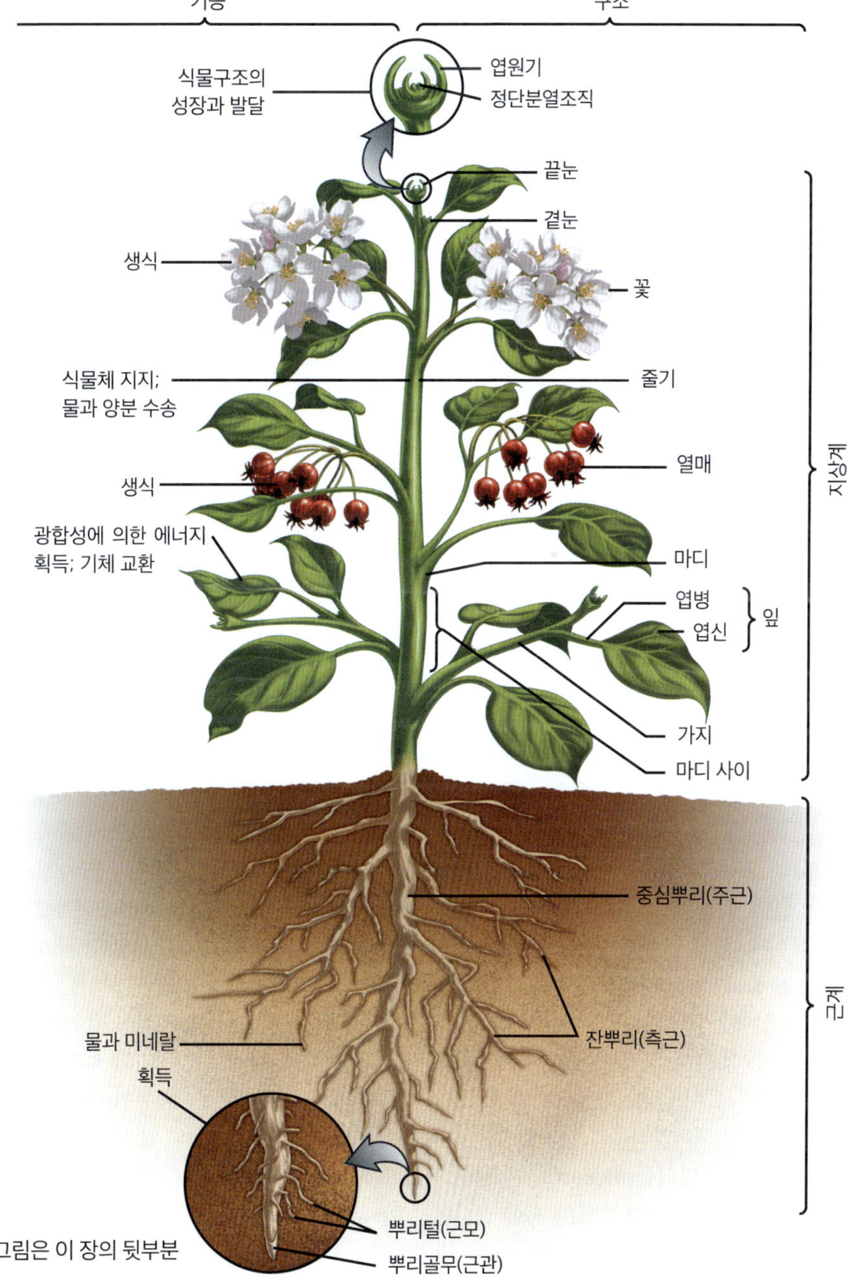


▶ **그림 44-1 전형적인 속씨식물의 구조와 기능** 이 그림은 이 장의 뒷부분을 이해하는 데 도움이 될 것이다.

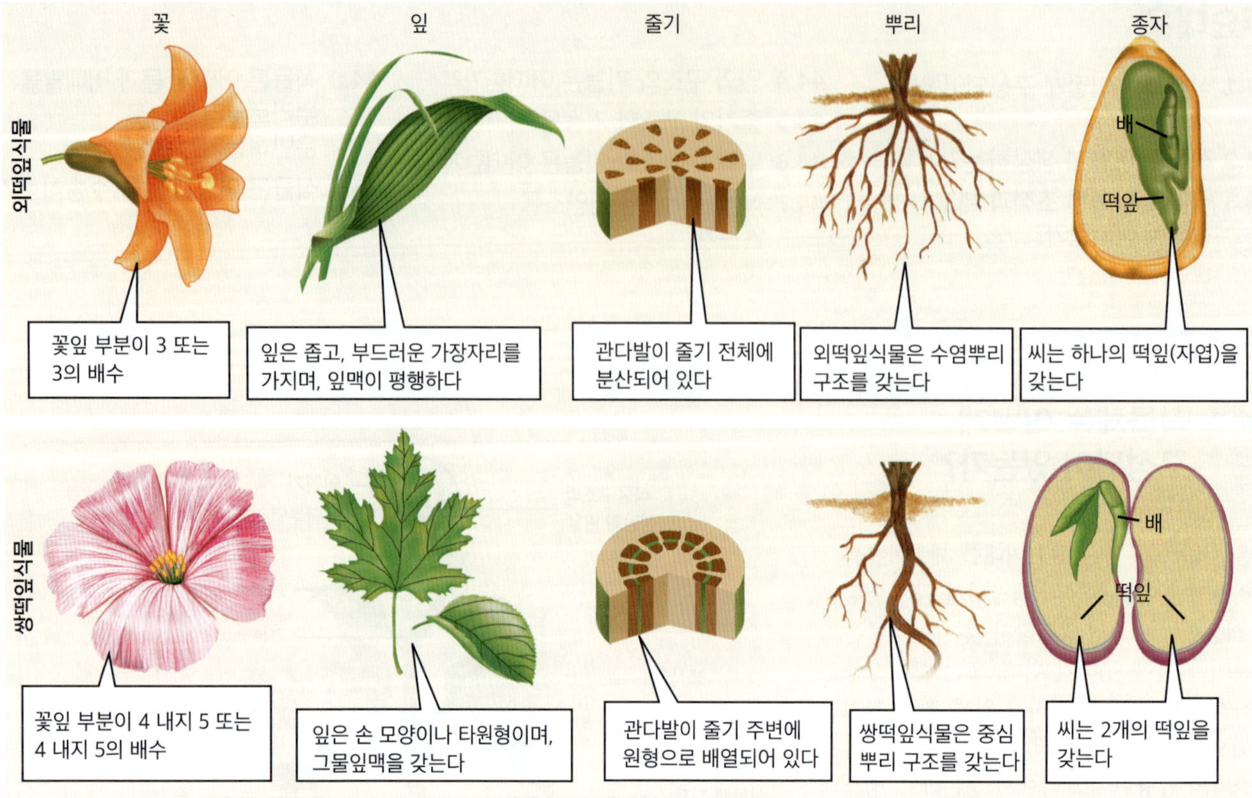


▲ **그림 44-2 외떡잎식물과 쌍떡잎식물의 특성**

**지상계(shoot system)**는 줄기, 잎, 눈(싹), 꽃, 열매 등으로 구성되며, 주로 지상에 위치한다. (1) 태양에너지를 포집하여 광합성의 해당을 합성한다. (2) 물질을 식물체의 각 부분으로 수송한다. (3) 여분의 당과 전분을 저장한다. (4) 생식을 한다. (5) 호르몬을 생성한다. 속씨식물에서 지상계는 1개 또는 그 이상의 **줄기(stems)**로 구성되어 있는데 곁눈, 잎, 꽃과 열매 등을 지지하는 역할을 한다(그림 44-1 참조). **눈(bud)**은 지상부의 배이다. 눈의 분화된 형태는 가지, 꽃 또는 정단에서 부가생장을 하는 줄기 등이다. 잎은 대부분 식물에서 광합성의 주요한 장소이다. 꽃은 식물의 생식기관이다. 꽃은 나중에 열매에 싸인 종자를 생성하는데 열매는 종자 발생 동안 종자를 보호하고 종자 분산을 돕는다(45장 참조).

지구상에는 부드러운 튤립에서 가시를 가진 선인장에 이르기까지, 짧은 초본에서 키 큰 참나무과 식물까지 놀라울 정도로 다양한 속씨식물이 있다. 그런데 전반적으로 모든 속씨식물은 두 개의 큰 그룹인 외떡잎식물과 쌍떡잎식물 중 하나에 속하게 된다(**그림 44-2**). **외떡잎식물(monocots)**은 백합, 나팔수선화, 튤립, 야자수, 그리고 광범위한 초본류(친숙한 잔디뿐만 아니라 벼, 옥수수, 귀리, 대나무)이다. **쌍떡잎식물(dicots)**은 광범위하고 낙엽성 목본과 관목, 대부분의 채소, 들판과 정원에 있는 많은 꽃을 가진 식물이다.

외떡잎식물과 쌍떡잎식물은 근계와 지상부에 많은 차이가 있다. 예를 들면, 외떡잎식물은 일반적으로 길고 얇은 잎, 덤불 같은 섬유질의 뿌리(풀을 생각해 보라)를 가진 반면 쌍떡잎식물은 두껍고 넓은 잎과 굵은 원뿌리(민들레, 당근처럼)를 가진다. 그런데 이들 그룹의 이름은 떡잎의 수에 기원한 것이다. 외떡잎식물은 한 개의 떡잎을 가지고 쌍떡잎식물은 두 개의 떡잎을 가진다. 떡잎은 식물 배의 일부로 종자 내 양분을 저장하고 흡수한다. 그리고 종자가 발아할 때 배에 남아있는 양분을 수송한다. 우리가 땅콩을 먹을 때 보이는 땅콩의 반쪽 전체가 하나의 떡잎으로 저장된 녹말과 지질이 발아 생장의 원동력이 된다. 떡잎을 종종 "종자 잎"이라 부르기도 하는데 종자가 발아할 동안에 녹색이 되며 광합성 잎이기 때문이다(떡잎의 구조와 기능에 대해 45장에 자세히 다룰 것이다.

**CHECK YOUR LEARNING**

- 지상부와 뿌리의 중요 기능을 열거할 수 있는가?
- 외떡잎식물과 쌍떡잎식물을 구별할 수 있는가?

## 44.2 식물은 어떻게 생장하는가?

동물과 식물은 매우 대조적인 방법으로 발생한다. 성장에 있어서 주어진 종의 동물들은 기본적인 크기와 형태로 서로 닮았다. 이와 대조적으로, 대부분의 현화식물은 다양한 환경적 자극에 반응하여 평생 동안 자란다.

결과적으로 대부분은 안정된 식물 크기 또는 정확한 모양에 도달하지 못하고 지속적으로 성장한다. 이 속성은 **불확정성장(indeterminate growth)**이라고 한다. 또한, 어린 동물은 신체의 모든 부분의 크기를 늘려 자라지만 대부분의 식물은 가지와 뿌리 끝에서만 길이생장을 하여 더 자라게 된다.

식물은 2개의 근본적으로 다른 세포 형태로 구성되어 있는데 분열하는 세포와 분화된 세포이다. **분열세포(meristem cells)**는 동물의 줄기세포처럼 특수화되지 않고 체세포분열 능력이 있다(9장 참조). 이들의 딸세포의 대부분은 분열 능력이 상실되고 특수한 구조와 기능을 가진 **분화세포(differentiated cells)**로 전환된다.

식물은 분열세포의 세포분열의 결과로 자라는데, 분열세포는 식물체에서 두 곳의 근본적인 위치에 있다(그림 44-3). **정단분열조직(apical meristem)**은 뿌리, 줄기, 가지의 끝에 위치해 있다. 정단분열세포에 의해 생성된 성장을 **1기 성장(primary growth)**이라 한다. 1기 성장은 뿌리와 줄기의 높이나 길이의 증가는 물론 잎이나 **눈(bud)**과 같은 특수한 조직으로 발생을 포함한다. 정단분열조직에서의 1기 성장은 나뭇가지에 매단 그네가 땅에서 더 이상 높이 올라가지 않는 이유를 설명한다 – 나무의 주 줄기가 정단에서 위로 성장하고 나뭇가지의 줄기가 길어져서 넓어지게 되고 나무는 점점 커진다. 줄기의 **측부분열조직(lateral meristems)**은 많은 쌍떡잎식물의 뿌리, 줄기 및 가지를 통해 연장되는 분열세포의 동심원기둥이다. 그렇지만 대부분의 외떡잎식물의 줄기에서는 측부분열조직이 결여되어 있다.

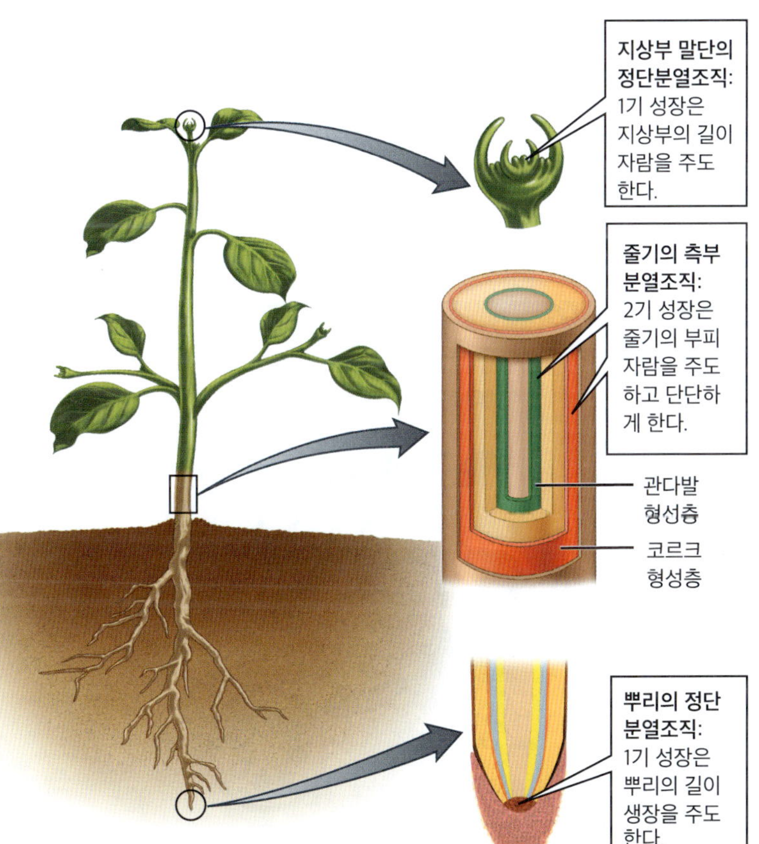


▲그림 44-3 **분열조직** 쌍떡잎식물은 지상부의 말단, 가지 말단, 뿌리 말단, 분지된 뿌리 말단에 정단분열조직을 가지고 있다. 측부분열조직은 오래된 줄기와 뿌리에서 원주형 분열조직세포로 나타난다.

**Have You Ever Wondered ...**

### 나무들은 어떻게 장수할까?

거대한 세쿼이아와 구과 소나무 같은 나무는 천 년 이상 산다. 가장 오래된 것으로 알려진 므두셀라(Methuselah)라 부르는 구과 소나무는 4,800년이나 되었다. 무엇이 나무의 긴 수명을 허용할까? (1) 나무들은 뇌 또는 심장 같은 생명유지에 필수불가결한 부분에 국한되어 있지 않다. 가지나 뿌리의 일부가 죽더라도 나무의 나머지 부분은 살아있다. (2) 많은 나무들은 실제로 늙지 않는다. 분열조직은 새로운 세포를 만드는데 결코 멈추지 않고 항상 어린 뿌리와 가지를 가진다. (3) 많은 나무들은 세균이나 균류의 공격을 막는 송진 또는 어떤 물질을 생성한다. (4) 오래된 나무들은 추운 지역이나 건조한 환경에 사는데, 여기서는 세균이나 균류의 성장이 제한되고 불타기 쉬운 덤불이 많지 않다. 천둥번개 또는 주요 기후변화 같은 사고만 없다면 구과 소나무는 이런 모든 장점을 가지고 있어 수천 년을 살 수 있다.

측부분열에서 세포분열과 딸세포의 분화는 **2기 성장(secondarygrowth)**을 형성하는데, 전형적인 뿌리와 지상부 줄기의 직경 증대와 신장이 일어난다. 2기 성장은 목본식물에서 일어나는데 교목과 관목, 소나무와 전나무 같은 대부분 침엽수를 포함한다. 일부 목본식물들은 대단히 키가 크고 두꺼워져 수백 년, 심지어 수천 년 동안 산다. 2기 성장은 그네가 달려있는 가지와 그 가지가 달려있는 나무의 몸체(줄기) 둘 다 해마다 비대해지고 단단하게 되는 이유이다.

딸기, 초본, 일년생 정원 꽃과 같은 식물의 대부분은 2기 성장을 하지 못한다. 예측할 수 있듯이 2기 성장이 결여된 식물은 부드럽고 단단하고 유연한 줄기를 가지게 되며 한 해 동안 살아가는 데 알맞게 적응된 것이다.

**CHECK YOUR LEARNING**

- 분열세포와 분화된 세포의 차이점을 설명할 수 있는가?
- 1기 성장과 2기 성장을 설명할 수 있는가?

## 44.3 식물의 분화된 조직과 세포 형태는 어떠한가?

정단분열조직이 분화되면서 다양한 세포 형태가 생성된다. 하나 또는 둘 이상의 특수한 세포 형태가 뭉쳐 물과 양분 수송 같은 특별한 기능을 수행하는 **조직(tissue)**을 형성한다. 하나 또는 그 이상의 여러 조직의 기능성 그룹을 **조직계(tissue system)**라 부른다. 식물체는 세 개의 조직계로 이루어져 있다(**표 44-1**). 표피조직계(dermal tissue system)는 식물체 외부 표면을 덮는다. 기본조직계(ground tissue system)는 어린 식물의 몸체 대부분을 구성하며 광합성과 저장, 지지 등의 기능을 한다. 관다발조직계(vascular tissue system)는 식물체 전체로 액체를 수송한다.

### 기본조직계는 어린 식물체의 대부분을 구성한다

어린 식물체의 대부분은 **기본조직계(ground tissue system)**의 세포들로 구성되어 있다. 기본조직에는 세 가지 형태가 있는데 유조직, 후각조직, 후막조직이다. 이들은 세포벽의 형태와 성숙한 식물에서 세포가 살아남았는지에 따라 서로 구별될 수 있다.

**유조직(Parenchyma tissue)**은 세포벽이 얇고 다양한 기능을 가진 살아있는 유세포들로 구성된다(**그림 44-4a**). 유조직세포는 광합성, 호르몬 분비, 양분 저장을 포함하여 대부분의 식물 대사 작용을 수행한다. 종자(예: 쌀), 과일(예: 사과), 괴경(예: 감자), 뿌리(예: 당근) 등의 양분 저장 구조에는 유조직세포로 채워져 있으며, 이 세포들은 당과 녹말을 저장한다. 얇은 벽으로 된 유조직세포는 물로 팽창되며, 비목본 식물의 지지를 돕는다. 집에 있는 식물에서 물을 주는 것을 잊어버릴 경우 식물이 위축되고 시드는 것을 볼 수 있다. 또한 유조직세포는 표피와 관다발조직에도 있다.

**후각조직(collenchyma tissue)**은 두껍지만 유연한 세포벽을 가진, 긴 세포로 이루어져 있다(**그림 44-4b**). 후각세포는 영양분을 저장하고, 어린 식물체나 비목본성 식물체를 지탱하는데 도움이 되는 일종의 유연한 골격을 형성하여 바람과 같은 외부의 힘에 대해 유연한 지지대 역할을 한다. 또한 후각조직은 모든 식물의 두꺼운 잎맥과 잎자루를 견고하게 한다. 예를 들어 지극히 두꺼운 잎자루인 샐러리 줄기는 주로 후각조직세포의 다발로 구성된 "끈"에 의

**표 44-1 식물의 조직계**

| 형태 | 조직계 내의 조직 | 기능 |
|---|---|---|
| 기본조직계 | 유조직 | 광합성(잎과 어린 줄기), 영양소 저장, 비목본성 식물 지지, 호르몬 분비, 표피와 관다발조직 형성에 기여 |
| | 후각조직 | 양분 저장; 비목본성 식물체와 잎자루 지지 |
| | 후막조직 | 물관과 체관에 있는 강력한 섬유소로 식물체를 지지, 세포벽은 목재와 견과 껍질의 주요 성분 |
| 표피조직계 | 표피 | 식물체 보호, 식물 표면을 보호. 식물과 대기 또는 토양 사이에서 $O_2$, $CO_2$ 및 물의 이동 규제 |
| | 주피(2기 성장) | 코르크층으로 줄기와 뿌리를 두텁게 하고 보호 |
| 관다발조직계 | 물관 | 뿌리와 줄기로부터 물과 용해된 미네랄 수송 |
| | 체관 | 당 그리고 아미노산, 단백질, 호르몬과 같은 기타 유기물, 분자를 식물 내부를 통해 수송 |

조직계의 위치

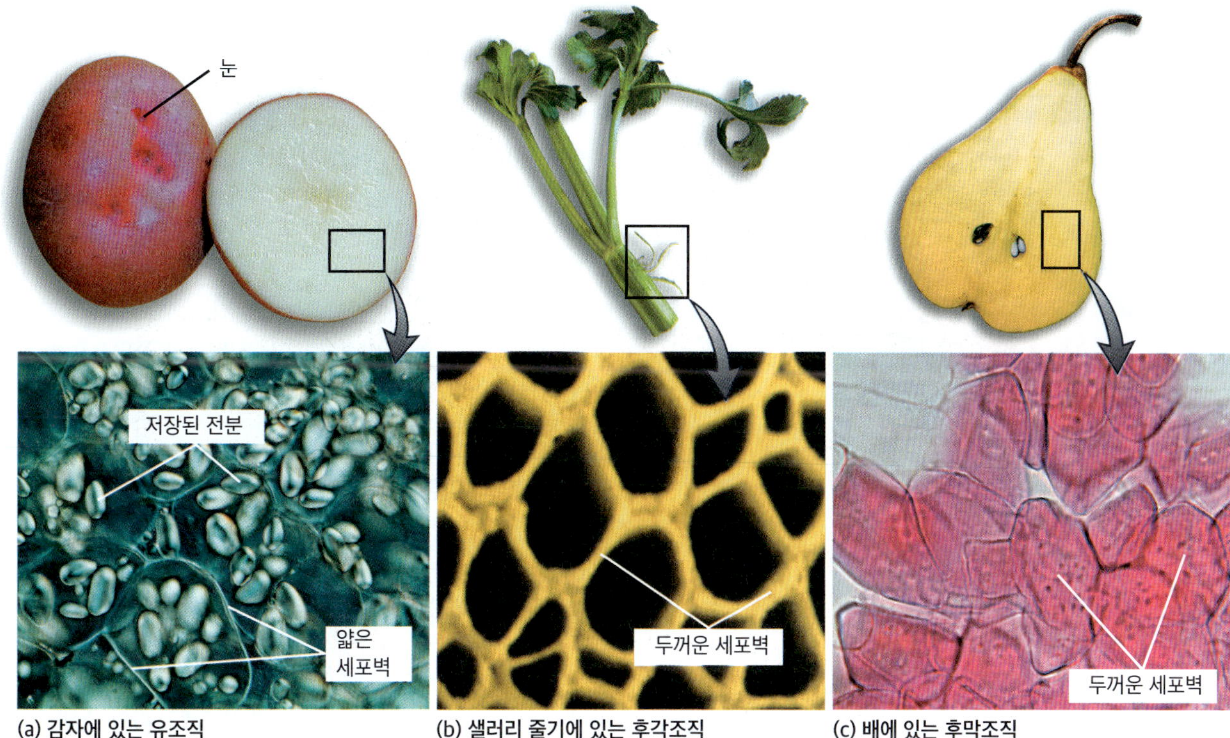


(a) 감자에 있는 유조직 (b) 샐러리 줄기에 있는 후각조직 (c) 배에 있는 후막조직

▲ **그림 44-4 기본 조직** (a) 유조직세포는 살아있고 얇은 세포벽을 가지고 있다. 광합성, 호르몬 분비, 저장 같은 많은 기능을 한다. (b) 후각조직세포는 살아 있고 두껍기는 하나 다소 유연한 1차 세포벽을 갖는다. 그들은 식물체 지지를 가능하게 한다. (c) 후막조직세포는 두껍고 딱딱한 2차 세포벽을 갖고 분화 후 죽는다.

해서 지탱된다.

**후막조직(sclerenchyma tissue)**은 두껍고 견고한 벽을 가진 세포로 구성되어 있다(그림 44-4c). 후각조직처럼 후막조직세포는 식물체를 지지하고 견고하게 한다. 그러나 후각조직, 유조직과 다르게 후막조직세포는 분화 후 죽고 그들의 두꺼운 세포벽은 지지 기능으로만 남게 된다. 후막조직세포는 땅콩 껍질과 봉숭아 씨의 바깥층을 형성한다. 후막조직세포는 배의 육질에 있는 유조직세포 도처에 분산되어 있기 때문에 배에 모래 같은 질감을 제공한다. 후막조직세포 역시 목재의 중요한 구성 성분이 된다.

## 표피조직계는 식물체 표면을 형성한다

**표피조직계(dermal tissue system)**는 식물체의 전체를 덮고 보호한다. **표피(epidermis)**라고 불리는 표피조직세포는 어린 식물의 잎, 줄기 및 뿌리를 덮고 성숙된 식물에서 새로운 성장을 하는 가장 바깥쪽 세포층을 형성한다(그림 44-8 참조). 표피는 일반적으로 엽록체가 결여되어 있으며, 납작하고 잘 포장된 얇은 벽으로 된 표피세포로 구성된다. 일부 표피세포는 뿌리털과 비슷한 모양을 가진 **모상체(trichome)**를 생성한다. 모상체는 다양한 모양과 기능을 가지는데 어떤 모상체는 물을 흡수하며, 다른 것들은 잎에 털이 많은 코팅층을 형성하고, 일부는 면화섬유와 같이 씨앗의 표피에서 발생하여 종자의 분산을 돕는다(그림 44-5). 식물의 지상부는 표피세포로부터 분비된 **큐티클(cuticle)**로 덮여 있으며, 이

▲ 그림 44-5 **면화섬유는 종자에서 발생되는 표피의 모상체이다.**

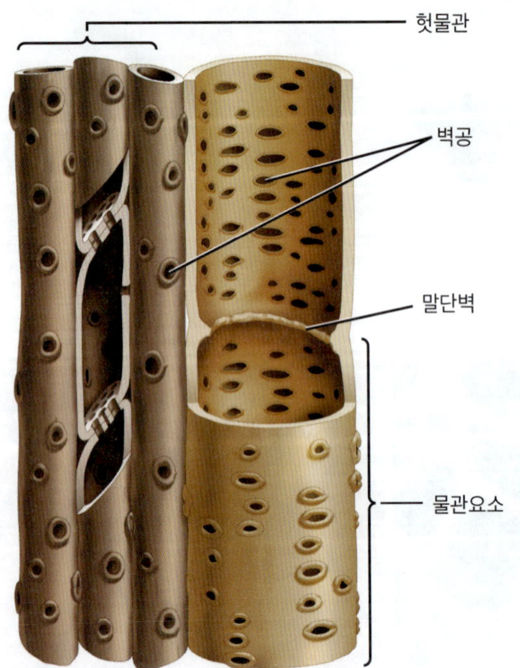


▲ 그림 44-6 물관부 물관부는 지지를 위한 후막조직 섬유질과 물관세포를 함유하고 있다. 헛물관은 벽공에 의해 연결된 얇은 말단과 측면이 있다. 물관세포는 직경이 훨씬 크며 보통 뭉뚝한 말단을 가진다. 인접한 물관요소는 벽공으로 연결된다. 측면의 벽공은 헛물관과 물관요소를 연결한다.

큐티클층은 식물에서 물의 증발을 줄이고 병원체로부터 식물체를 보호한다. 나중에 설명하겠지만, 특수화된 표피세포인 공변세포는 줄기와 잎의 표피에 생성되어 수증기, 산소 및 이산화탄소 등의 이동을 조절한다. 목본식물에서는 보호용 표피조직의 한 종류인 **주피(periderm)**가 뿌리와 줄기의 표피조직을 대신하여 2기 성장을 하게 된다(44.5절 참조).

## 관다발조직계는 물과 양분을 수송한다

식물의 **관다발조직계(vascular tissue system)**는 물과 용해된 물질을 식물체로 수송한다. 이 조직계는 두 통도조직으로 구성되어 있다. 즉, 특수화된 통도세포와 종종 지지체 기능을 가진 후막조직세포와 물질 저장 기능을 하는 유조직세포를 포함하는 물관과 체관으로 구성되어 있다. 여기서는 관다발조직의 고유 기능인 통도세포의 기능에 초점을 맞추어 설명하고자 한다.

### 물관부는 물과 미네랄을 뿌리로부터 식물의 나머지 부분까지 수송한다

**물관부(xylem)**는 물과 용해된 미네랄을 뿌리에서 지상부의 각 부분까지 수송한다. 물관부는 두 개의 후막세포 형태인 헛물관과 물관요소로 구성되어 있다(그림 44-6). 헛물관과 물관요소는 두꺼운 세포벽을 발생시키고, 분화의 마지막 단계에서 죽은 세포벽으로된 텅 빈 관만 남긴다. 이 관의 세포벽은 **벽공(pits)**이라는 얇은 다공성 구멍들이 관통되어 있으며, 이 벽공들을 통해서 물과 양분이 한 헛물관에서 다른 헛물관으로 자유롭게 이동하며 헛물관과 인접한 물관요소 사이에도 이동하게 된다.

**헛물관(tracheids)**은 얇고, 길쭉한 세포이며 말단은 중첩되어 있다. 헛물관의 끝과 측면은 벽공을 가지고 있는데 벽공은 인접 세포와 분리하는 벽에 파인 구멍이다.

**물관요소(vessel elements)**는 헛물관보다 직경이 더 크며 **물관(vessel)**이라 부르는 도관 라인을 형성한다. 물관요소들은 끝이 서로 잇대어 있고, 그들의 인접한 끝 세포벽은 큰 구멍으로 뚫려 있거나 벽이 완전히 허물어져 그림 44-6에 설명된 것처럼 열려진 관으로 되어있다.

### 물관부는 당과 다른 유기분자들의 용액을 식물 전체에 수송한다

**체관부(phloem)**는 당, 아미노산, 호르몬을 포함한 다양한 유기분자들을 함유하는 용액을 그들을 합성한 장소로부터 필요로 하는 곳으로 수송한다. 액상물질을 뿌리에서 지상부로 한 방향으로 수송하는 물관부와는 달리 체관부는 식물체의 위아래로, 혹은 잎에서 뿌리로 수송하며, 이는 특정 시기에 식물체의 다양한 대사 상태에 의해 좌우된다.

체관부는 두 가지 세포 형태인 체관요소와 반세포로 구성되어 있다(그림 44-7). **체관요소(sieve-tube elements)**는 체관이라 부르는 관을 형성하기 위해 말단과 말단이 잇대어 있다. 체관요소가 성숙함에 따라 핵과 대부분의 세포소기관을 상실하고 원형질막에 연결된 세포질의 얇은 층만 남게 된다. 두 체관요소 간의 연결

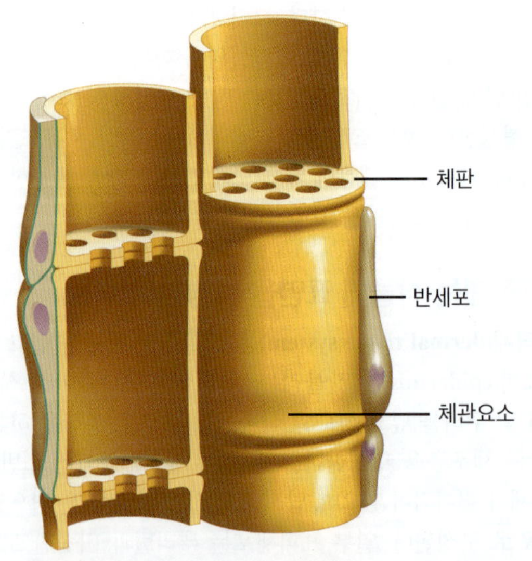


▲ 그림 44-7 체관부 체관부를 구성하는 체관요소는 끝과 끝이 쌓아 올려 있어 체관부를 형성한다. 이들이 체판에 연결되는 곳에 막으로 구획된 구멍으로 액체가 자유롭게 통과한다. 각 체관요소는 반세포가 있어 이 반세포가 체관요소에 영향을 주어 기능을 조절한다.

되는 곳을 **체판(sieve plate)**이라 부른다. 여기서 막에 뚫린 구멍은 체관요소의 내부에 연결되어 한 세포에서 다음 세포로 액체가 이동하도록 한다.

체관요소는 핵과 세포소기관이 없어진 후 어떻게 유지되고 원형질막을 수선할까? 체관요소에 대한 생명유지는 인접한 **반세포(companion cells)**에 의해 제공되고, **원형질연락사(plasmodesmata**, 단수는 plasmodesma)라 부르는 구멍에 의해 반세포와 체관요소들이 서로 연결된다. 반세포는 체관요소에 필요한 단백실과 ATP를 공급하여 체관을 통해 이동하는 분자들을 체관요소에서 이동하도록 하는데 도움을 준다.

### CHECK YOUR LEARNING

- 속씨식물에서 세 가지 조직계를 말할 수 있으며 그들이 식물체의 어디에 위치하는지 기술할 수 있는가?
- 각 조직계에서 세포 형태를 설명할 수 있고 그들의 기능을 설명할 수 있는가?
- 물관부와 체관부의 구조와 기능의 차이를 설명할 수 있는가?

## 44.4 잎의 구조와 기능은 어떠한가?

전형적인 식물의 **잎(leaf)**은 크고, 납작한 부분인 **엽신(blade)**이 **엽병(petiole)**이라 부르는 잎자루에 의해 줄기에 연결되어 있다. 엽신과 잎자루 내부의 물관부와 체관부는 잎을 줄기의 관다발과 연결한다(**그림 44-8**).

잎은 거의 모든 식물에서 주요한 광합성 구조이다. 광합성은 물($H_2O$)과 이산화탄소($CO_2$)를 당으로 전환하고 부산물로 산소($O_2$)를 방출하는데 태양에너지를 사용한다(7장 참조). 이산화탄소는 대기로부터 잎으로 유입되고 물은 토양으로부터 식물의 뿌리에 의해 흡수되어 잎으로 수송된다. 우리는 최대의 광합성은 큰 표면적(대부분 태양광선을 받아들일 수 있다)을 가진 다공성의 잎(이산화탄소가 대기에서 잎으로 쉽게 유입되는 것을 허용한다)에서 일어난다고 생각할 수 있다. 그런데 덥고 건조한 날에 넓고 다공성의 잎을 가진 식물은 토양으로부터 흡수하는 것보다 증발로 인해 더 많은 수분을 상실하여 탈수로 식물이 고사할 수 있다. 대부분 속씨식물의 잎은 물을 보존하는 동안 태양광선과 이산화탄소의 요구에 부응하는 절묘한 타협을 한다. 대부분의 잎은 크고, 방수가 되는 표면을 가지며, 그 표면에는 이산화탄소의 유입을 위해 개폐되거나 필요에 따라 물의 증발을 억제할 수 있는 구멍들이 있다.

### 표피는 잎의 안팎으로의 기체 이동을 조절한다

잎의 표피는 외부 표면에 왁스 큐티클을 분비하는, 투명한 비광합성의 세포층으로 이루어져 있다. 큐티클은 거의 완벽한 방수와 잎의 바깥으로 물의 증발을 막는다. 많은 종류의 잎 표피에는 다양한 기능을 하는 모상체들이 있다. 이들은 물의 증발을 막거나, 유해한 자외선을 반사하거나, 곤충 포식자를 막아내는 기능을 한다. 표피와 큐티클에는 **기공(stomata**, 단수는 stoma)이라 부르는 구멍이 있어 잎의 내외로 이산화탄소, 산소, 물의 증발을 조절한다. 대부분의 기공은 수분 손실을 최소화하기 위해 잎의 뒷면 표피에 위치한다. 기공은 두 개의 소시지 모양의 **공변세포(guard cell)**로 둘러싸여 있으며, 이 공변세포가 구멍의 크기를 조절하여 개폐조절을 한다. 주변의 표피세포와 다르게 공변세포는 엽록체를 갖고 있으며 광합성을 수행할 수 있다.

### 광합성은 엽육세포에서 일어난다

광선이 투과되는 표피세포는 엽록체를 함유하고 느슨하게 배열

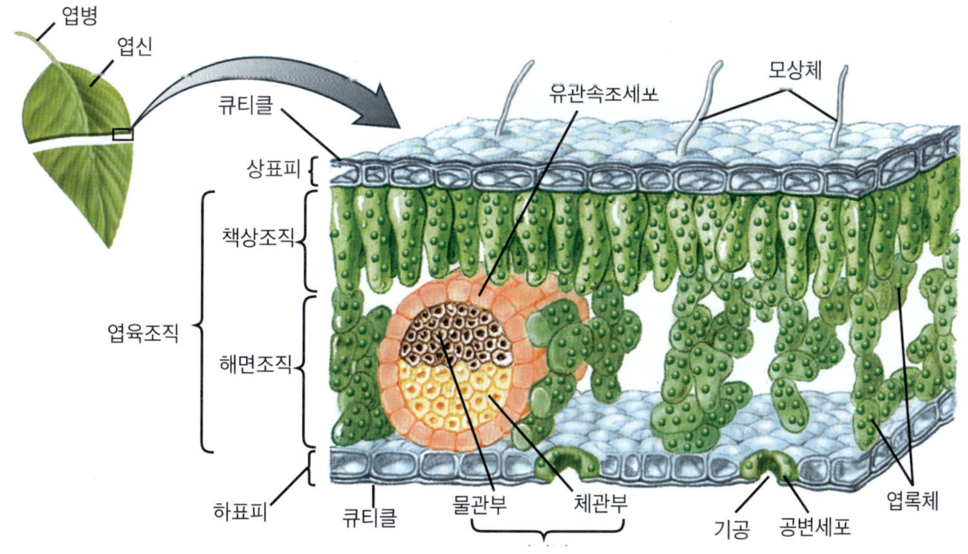


◀ **그림 44-8 전형적인 쌍떡잎식물의 잎** 표피세포의 표면에는 방수 큐티클이 있다. 많은 식물의 표피세포는 모상체들을 생산한다. 표피세포는 엽록체가 결여되어 있고 투과성이 있어 태양광선이 표피세포 아래의 엽록체를 함유하는 엽육세포에 도달하게 한다. 잎의 하부 표피층의 기공은 기체 교환을 허용하고 수분손실을 제어한다.

CASE STUDY CONTINUED

## 버몬트의 가을

광합성이 활발한 엽육세포로 구성된 여름 잎은 엽록체의 다량의 엽록소를 함유하고 있어서 녹색이다. 여름 잎에 존재하는 엽록소는 카로티노이드의 양보다 약 50 배 더 많다. 그러나 가을이 되어 엽록소가 사라지게 되면 카로티노이드가 잎에서 중요한 색소가 된다. 즉 엽록소가 분해되어 사라지면 카로티노이드가 드러나 가을 잎은 노란색이나 오렌지색을 띠게 된다. 잎은 낙엽이 되어 떨어지기 전에 남은 영양분을 식물이 다음 봄에 사용할 수 있도록 식물에 전달한다. 그럼 이 영양소는 어떻게 잎을 떠나게 될까?

된 **엽육세포(mesophyll)**로 빛이 도달하도록 한다. 많은 잎들은 두 종류의 엽육조직 세포를 가지고 있는데 표피 바로 아래에 있는 원주형 책상조직세포(*palisade cells*)와 아래층에 있는 불규칙한 모양의 해면조직세포(*spongy cells*)이다(그림 44-8 참조). 엽육조직세포는 잎에서 일어나는 광합성의 대부분을 수행한다. 엽육조직세포 사이의 공간은 대기에서 유입된 이산화탄소가 각 세포로 확산되게 하며 광합성 동안 발생한 산소가 밖으로 확산되어 나갈 공간이 된다.

### 잎맥은 잎에서 물과 양분을 수송한다

잎과 식물체 사이에 물관과 체관을 가지고 있는 **관다발(vascular bundles**, 잎에서는 **잎맥(vein)**이라 부름)이 있다. 물관부는 물과 양분을 잎의 엽육세포로 운반하고, 체관부는 광합성으로 생성된 당을 운반한다. 예를 들어, 체관부는 성숙한 잎에서 만들어진 당을 식물의 다른 부분에 에너지를 제공하거나 다음을 위해 저장하기 위해 운반하는 역할을 한다. 잎이 낙엽으로 변하면서, 체관은 회수된 영양분, 특히 질소를 함유한 아미노산들의 저장을 위해 종자, 줄기 및 뿌리로 옮긴다.

### 많은 식물들은 특수화된 잎을 가지고 있다

온도, 물과 빛의 이용 정도는 잎에 강한 변형을 유발한다. 열대우림의 하층부에서 약한 빛으로 성장하는 식물은 대단히 큰 잎을 가지고 약한 빛에 적응하고 풍부한 강수량에도 견딘다(**그림 44-9a**). 대조적으로 사막에 사는 선인장 잎은 가시로 변해 표면에서 증발이 거의 일어나지 않는다(**그림 44-9b**). 가시는 또한 초식동물에게 줄기가 뜯어 먹히는 것을 막는다. 가뭄에 저항하는 또 다른 다육식물의 불룩한 잎들은 세포에 물을 저장하며, 수분 증발을 크게 감소시키는 두꺼운 큐티클로 덮여 있다(**그림 44-9c**). 일부 잎들은 놀라운 구조와 기능을 가진 형태로 진화했다. 양파와 나팔수선화의 구근은 극단적으로 짧은 지하경이 두껍게 중첩된 잎으로 싸여 물, 당, 다른 양분을 여름에 저장하여 다음 봄에 새로운 성장을 하는데 돕는다(**그림 44-9d**). 파리지옥

(a) 코끼리 귀 잎

(b) 선인장 가시

(c) 다육성 잎

(d) 양파의 잎

▲ **그림 44-9 특수화된 잎** (a) 우림 하층부에 사는 일부 식물(코끼리 귀 같은)은 키 큰 나무 사이로 들어오는 한정된 빛을 포집하기 위해 큰 잎을 가지고 있다. (b) 사막 선인장의 가시는 수분 증발을 감소시키기 위해 적은 표면적으로 된 비광합성 잎이다. 날카로운 가시는 동물의 초식으로부터 식물을 보호한다. (c) 다육성 사막 식물은 자주 내리지 않는 비를 저장하기 위해 불룩한 잎을 가지고 있다. (d) 양파는 물과 양분을 저장하고 있는 두꺼운 잎으로 둘러싸인 짧은 줄기가 중앙에 있다.

**비판적 사고** 양파 식물은 이년생으로 단지 2년간 산다. 재배자로서 양파가 가장 큰 2년째 말에 수확해야 할까?

풀, 끈끈이주걱 같은 식충식물의 함정으로 변형된 잎은 덫으로 작용하여 부주의한 곤충을 소화할 수 있다(46장 표지 사진). 완두의 가늘게 변형된 잎은 덩굴손으로 변하여 다른 식물이나 정원의 격자 모양 울타리를 감게 되어 식물체가 태양광선을 잘 받도록 한다.

**CHECK YOUR LEARNING**

- 속씨식물 잎을 도해할 수 있고 각 부분의 구조와 기능을 설명할 수 있는가?
- 특수화된 잎의 작용을 설명하고 이들의 구조를 설명할 수 있는가?

## 44.5 줄기의 구조와 기능은 어떠한가?

식물의 줄기는 그들의 잎을 지지하여 태양광선 쪽으로 향하도록 들어올린다. 또한 뿌리로부터 잎, 봉오리, 꽃, 열매 같은 다른 지상부까지 물과 용해된 양분을 수송한다. 대부분 쌍떡잎식물에서 줄기는 첫 해에 1기 성장을 하고 가지의 말단까지 살아있다. 다년생 쌍떡잎식물은 2기 성장을 하여 오래된 줄기와 가지를 만든다.

### 1기 성장은 어린 줄기의 구조를 생성한다

새로 발생하는 지상부의 끝에 정단분열조직세포로 구성된 **끝눈(terminal bud)**이 위치한다. 끝눈은 발생하는 잎 또는 **잎 원기(leaf primordia**, 단수는 primordium)에 의해 싸여있다(그림 44-10). 1기 성장 동안, 분열된 딸세포의 대부분은 특수한 세포 형태로 분화하여 잎, 눈, 줄기의 구조가 된다. 나머지 딸세포는 분열조직 상태로 남아 지상부의 길이생장을 제공한다. 끝눈 아래에 줄기의 표면은 두 부위로 구성되는데 절과 절간이다(그림 44-10a). **절(node)**은 잎자루가 줄기에 부착하는 자리이다. 첫 번째 절이 정단분열조직으로부터 형성될 때 절들은 아주 근접하게 되지만 절 사이의 줄기가 신장되면 **절간**(마디, **internode**)이 된다. 각 절마다 엽병과 줄기 표면의 사이에 **곁눈(lateral bud)**이라는 분열조직 덩어리가 생긴다. 적절한 호르몬 자극으로 곁눈은 싹을 내어 가지로 자란다(46장 참조). 가지가 성장함에 따라 줄기의 발달이 반복되어 새로운 잎, 끝눈과 곁눈을 가지게 된다. 생식 시기는 보통 봄과 여름인데 분열조직세포는 **꽃눈(flower bud)**을 형성한다. 꽃눈은 보통 정단에 위치하고 있으며 그렇지 않으면 곁눈의 위치에 발생한다.

또한 정단분열조직은 줄기의 내부 구조를 생성하는데 전형적인 4개의 조직으로 표피, 피층, 수, 관다발조직이다(그림 44-10 참조). 외떡잎식물과 쌍떡잎식물은 관다발조직의 배열이 사뭇 다른데 여기서는 쌍떡잎식물의 줄기에 대해 알아볼 것이다.

#### 줄기의 표피는 이산화탄소가 유입하는 동안에 수분 손실을 감소시킨다

어린 줄기의 표피는 잎처럼 수분 손실을 줄이는 왁스 큐티클을 분비한다. 잎에서와 같이 줄기 표피에는 기공이 있어 이산화탄소, 산소, 수분 증발을 조절하여 줄기의 내외부로 내보낸다.

#### 피층과 수는 줄기를 지지하고, 양분을 저장하고, 광합성을 한다

쌍떡잎식물에서 **피층(cortex)**은 표피와 관다발조직 사이에 있고, **수(pith)**는 관다발조직에 둘러싸인 줄기의 중심부에 있다. 피층과 수는 어린 줄기의 대부분을 차지하는 유조직(기본 조직) 세포로 구성되어 있다. 피층과 수의 세포는 3가지 주요 기능을 한다.

- **지지(support)** 어린 식물에서 피층과 수세포의 액포를 채운 물은 팽압을 일으킨다(5장 참조). 팽압은 세포를 단단하게 하는데 마치 공기가 타이어를 부풀게 하는 것과 같이 줄기가 똑바로 설 수 있게 한다.
- **저장(storage)** 피층과 수에 있는 유조직세포는 당을 녹말로 전환하고 그 녹말을 양분으로 비축한다.
- **광합성(photosynthesis)** 대부분의 어린 쌍떡잎식물 줄기에서 피층세포의 바깥층은 엽록체를 갖고 있어 광합성을 수행한다. 잎이 가시로 줄어든 선인장 같은 식물에서 줄기의 피층이 식물의 유일한 녹색으로 광합성을 한다.

#### 줄기의 관다발조직은 물, 용해된 양분, 호르몬을 수송한다

대부분의 어린 쌍떡잎식물 줄기는 관다발조직을 가지고 있다. 각 관다발은 관다발조직의 긴 대롱으로 생각할 수 있는데 횡으로 절단해 보면 삼각형으로 보이고, 줄기의 끝까지 신장되어 있다. 수십 또는 그 이상의 관다발이 줄기 내에 고리 모양으로 배열되어 있다(그림 44-10b, 위). 이런 구조는 1기 물관부(*primary xylem*), 1기 체관부(*primary phloem*)로 부르는데 1기 성장 동안 정단분열조직으로부터 생성되기 때문이다. 가장자리의 안쪽의 뾰족한 부분의 각 다발은 1기 물관부로 구성되어 있고, 바깥쪽의 둥근 가장자리는 1기 체관부로 구성되어 있다(그림 44-10c, 위). 물관은 물과 용해된 양분이 뿌리에서 줄기를 따라 올려 보낸다. 체관은 당을 잎과 줄기에 있는 광합성세포로부터 식물체 다른 부분까지 운반한다.

### 2기 성장은 줄기를 더 두껍고 강하게 한다

몇몇 침엽수와 다년생 쌍떡잎식물의 줄기는 2기 성장을 하는데 관다발 형성층과 코르크 형성층으로 된 측부분열조직에서의 세포분열로 일어난다(그림 44-10 참조). 그런 줄기는 수십, 수백, 드문 경우이지만 수천 년까지 생존하여 매년 두꺼워지고 강해진다.

#### 관다발 형성층은 2기 물관부와 2기 체관부를 생성한다

**관다발 형성층(vascular cambium)**은 1기 물관부와 1기 체관부 사이에 있는 원통형 분열조직세포이다. 줄기 안쪽으로 만들어진 관다발 형성층의 딸세포는 2기 물관부로 분화한다. 줄기의 바깥쪽으로 형성된 딸세포는 2기 체관으로 분화한다(그림 44-10c, 아래).

좀 더 두꺼운 세포벽을 갖는 2기 물관부는 나무와 같은 다년생 목본식물의 목재를 형성한다. 어린 2기 물관부는 **변재(sapwood)**라 부르며 물과 미네랄을 수송하고 관다발 형성층의 안쪽에 위치

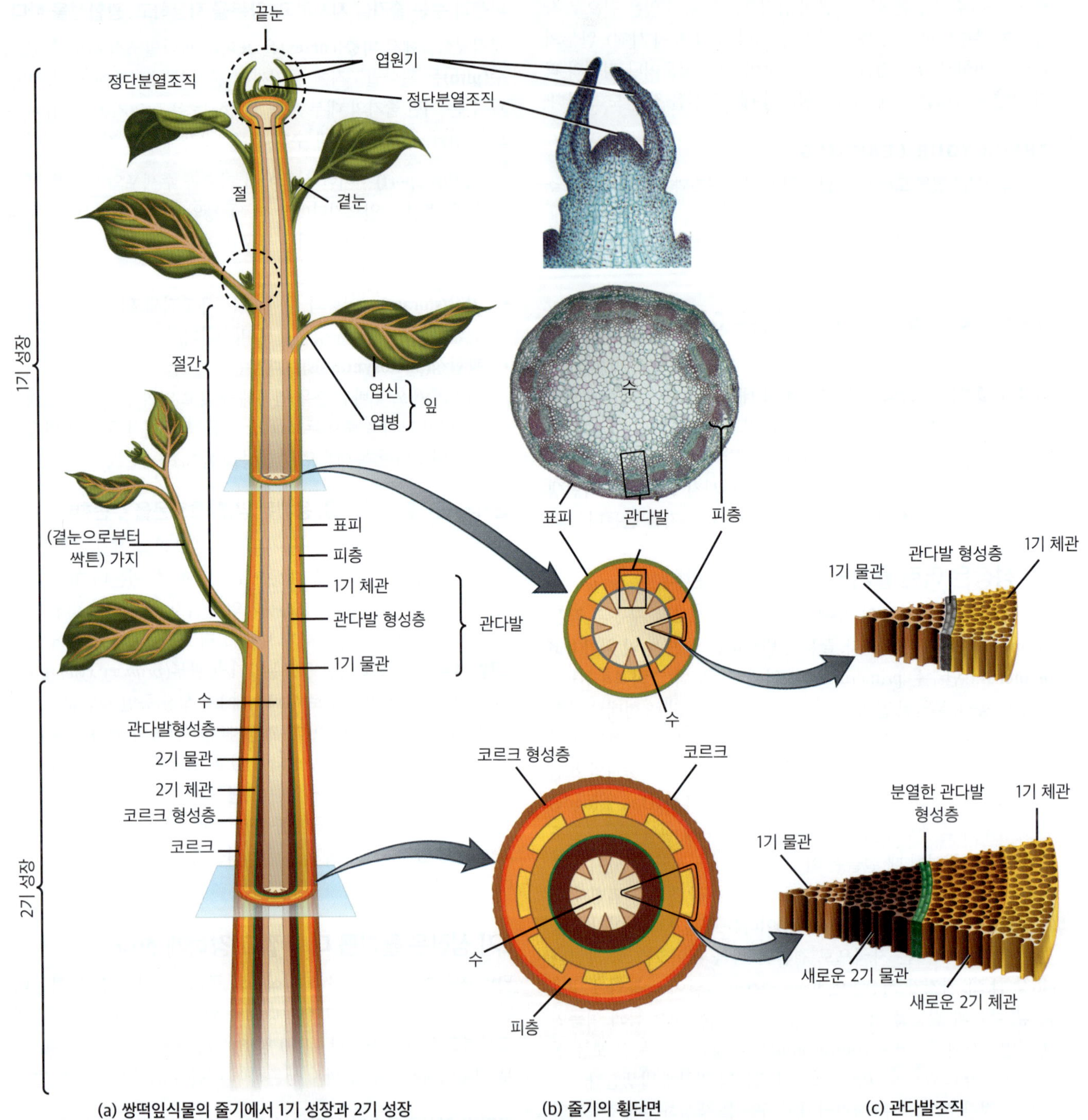


▲ **그림 44-10 쌍떡잎식물 지상부의 1기 및 2기 성장** 2년간 자란 쌍떡잎식물 지상부로 위쪽 부분은 1기 성장, 아래 부분은 2기 성장을 나타낸다. **(a)** 줄기를 수직으로 절단했을 때의 내부 구조. **(b)** 줄기를 횡으로 절단했을 때, **(c)** 1기 성장한 관다발조직(위), 2기 성장(아래). 2기 성장 동안 관다발 형성층은 줄기 주위에 완전한 고리를 형성하며 2기 물관부와 체관부 또한 완전한 고리를 형성하는데 1기 성장 동안 형성된 1기 물관부와 체관부의 관다발보다 더 잘 분리된다.

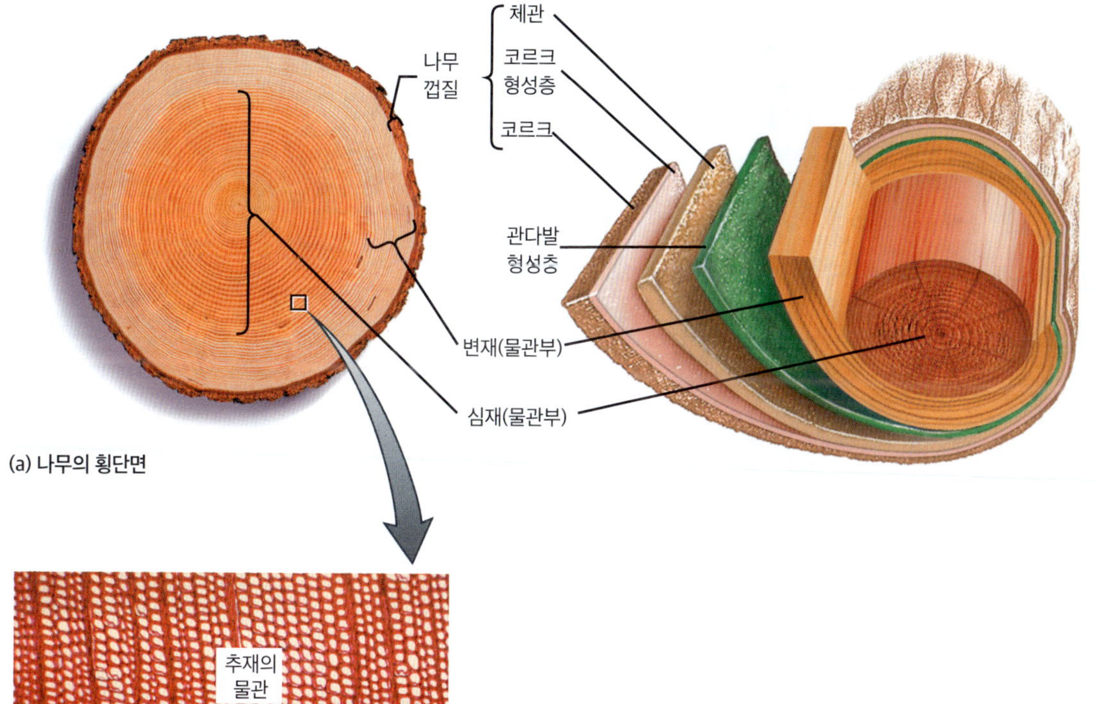


▲ **그림 44-11 나이테** **(a)** 온대 지방에 있는 대부분의 나무는 2기 물관부에 나이테를 만든다. 춘재의 물관은 봄과 초여름에 형성된 것으로 얇은 세포벽을 가진 큰 세포로 엷은 색이다. 추재의 물관은 보통 늦여름에 형성된 것으로 두꺼운 세포벽을 가진 작은 세포로 어두운 색이다. **(b)** 봄과 여름 목재 사이의 연결은 1개의 나이테가 된다.

**비판적 사고** 연중 따뜻하고 습윤한 일정한 기후에서 나이테는 형성될 것으로 예상하는가?

한다(**그림 44-11**). 오래된 2기 물관은 **심재(heartwood)**라 부르며 오래된 줄기나 나무 기둥의 중심 부분을 채운다. 심재는 더 이상 물과 용해된 양분을 운반하지 않고 단지 줄기의 강도와 지지를 더 해준다.

체관부세포는 물관부세포보다 훨씬 약하다. 체관요소와 반세포는 줄기가 비대해짐에 따라 서로 분리되고 줄기 안쪽의 단단한 물관과 코르크라 부르는 거친 외피 사이에서 붕괴된다. 가장 최근에 형성된 얇은 체관층만이 살아서 활동하는 부분이다.

계절이 뚜렷한 지역에 적응된 나무들에서 관다발 형성층의 세포분열은 겨울에 정지된다. 봄과 여름에 형성층세포는 분열하여 새로운 2기 물관부와 체관부를 형성한다. 봄과 이른 여름에 물이 풍부할 때 물관부세포는 크고 얇은 세포벽을 가지며, 늦여름에는 물이 부족해져 물관부세포 크기가 작고 세포벽이 두껍다. 그 결과 나무를 횡으로 절단하면 색이 엷은 부분(얇은 벽의 큰 세포)과 어두운 부분(두꺼운 벽을 가진 작은 세포)이 교대로 나타나는 **나이테(annual ring)**의 양상을 종종 볼 수 있는데 그림 44-11에 나타나 있다. 나무의 나이는 나이테를 세어 결정할 수 있다. 나이테의 폭은 과거 기후에 대한 정보를 제공하는데 습윤한 해는 큰 세포와 넓은 나이테를 가지기 때문이다.

### 코르크 형성층은 코르크 표피를 대체한다

표피세포가 성숙되고 분화되면 보통 더 이상 분열하지 않는다. 새로운 2기 물관부와 체관부가 매년 추가됨에 따라 줄기의 직경이 증가되고 표피는 벗겨져 나간다. 표피 코르크 또는 일부 세포는 세포분열 능력이 있어 측부분열조직세포인 **코르크 형성층(cork cambium)**을 형성한다(그림 44-10, 44-11 참조). 이들 세포가 분열해서 만들어진 딸세포를 **코르크세포(cork cell)**라 부르며, 물리적 상태와 건조로부터 나무를 보호하는 견고한 방수 세포벽을 가진

(a) 코르크는 거대한 세쿼이아를 보호한다.

(b) 코르크 참나무에서 코르크를 채취한다.

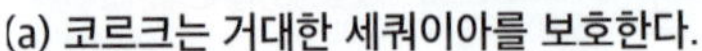

▲그림 44-12 **코르크** (a) 캘리포니아 시에라 네바다의 거대한 세쿼이아의 코르크는 두께가 거의 1m가 된다. 이 두텁고 화재 저항성 코르크층은 세쿼이아의 장수에 기여하는데 시에라 네바다의 세쿼이아는 보통 2000년 이상 살고 일부는 3000년 이상 오래되었다. 흑색 부분은 과거 화재로 인한 것이다. (b) 코르크층이 코르크 참나무에서 벗겨져 있다. 이 코르크는 재생되어 10년 후에 다시 수확할 수 있다.

다. 코르크 형성층과 그들의 딸세포는 주피를 형성한다.

코르크세포는 성숙함에 따라 죽어서 거대한 세쿼이아처럼 일부 수종에서 2피트 이상 두꺼운 보호층을 형성한다(**그림 44-12a**). 나무기둥이 매년 비대해지면서 코르크의 최외층은 성장에 순응하여 갈라지거나 껍질로 벗겨진다. 포도주 병마개로 사용되는 코르크는 수확자가 코르크 형성층 아래 부분이 상하지 않도록 조심스럽게 벗긴 코르크 참나무의 가장 바깥층으로 만든다(**그림 44-12b**).

우리가 흔히 부르는 **나무껍질(bark)**은 관다발 형성층 바깥 모든 조직(체관부, 코르크 형성층, 코르크세포)을 일컫는다(그림 44-11 참조). 나무껍질을 완전히 제거하는 환상박피는 그것이 체관을 포함하고 있기에 나무를 죽인다. 체관이 없으면 잎에서 합성된 당은 뿌리에 도달할 수 없다. 에너지가 고갈된 뿌리는 더이상 물과 미네랄을 흡수할 수 없어 나무가 죽게 된다.

## 많은 식물은 특수화된 줄기나 가지를 생성한다

속씨식물은 다양한 특수화된 줄기를 진화시켰다. 예를 들면 많은 줄기는 저장에 적합하게 적응되었다. 바오밥나무의 뚱뚱하고 부푼 나무기둥은 물을 저장하는 유조직세포를 가지고 있어 간헐적 강우를 가진 기후에도 생존할 수 있다(**그림 44-13a**). 선인장 줄기는 광합성과 수분을 저장한다. 감자는 실제는 지하줄기로 전분을 저장하기 위해 유조직이 특수화된 것이다. 감자의 "눈"(그림 44-4a 참조)은 곁눈으로 적당한 조건이 되면 가지를 뻗는다. 딸기는 수평으로 줄기를 뻗고 토양을 따라 신장하고 새로운 개체가 포복경의 싹에서 돋아난다(**그림 44-13b**). 포도와 담쟁이덩굴의 가지는 잡을 수 있는 덩굴손을 형성하여 나무 주위와 울타리를 감고 올라 태양광선을 보다 잘 받도록 한다(**그림 44-13c**). 산사나무와 아카시아 나무의 가시는 포식동물에게 먹히지 않도록 변형된 가지이다(**그림 44-13d**).

### CHECK YOUR LEARNING

- 1기 성장과 2기 성장 이후에 쌍떡잎식물의 내부 및 외부 구조를 도해할 수 있는가?
- 각 줄기의 주요 구조에 따른 기능을 설명할 수 있는가?
- 일부 줄기의 특수화와 그들의 각 기능을 설명할 수 있는가?

(b) 딸기나무

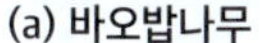

(a) 바오밥나무

(c) 포도 덩굴

(d) 주엽나무

▲ **그림 44-13 특수화된 줄기와 가지** **(a)** 바오밥나무의 거대하게 확장된 수간(樹幹)은 물을 저장하여 건조한 기후 지역에서 잘 자랄 수 있게 한다. **(b)** 딸기는 수평으로 기는 줄기를 이용하여 번식할 수 있다. 기는 줄기(node)가 토양에 닿을 때 그것의 곁눈은 완전한 식물로 발달할 수 있다. **(c)** 덩굴손은 포도가 다른 나무나 울타리를 단단히 붙잡을 수 있도록 특수화된 가지이다. **(d)** 주엽나무는 강하고 날카로우며 여러 개로 갈라진 가시로 자신을 보호한다.

## 44.6 뿌리의 구조와 기능은 어떠한가?

당근과 민들레 같은 쌍떡잎식물은 **원뿌리계(taproot system)**를 발달시켰는데 중앙의 뿌리와 이에 부착된 수많은 작은 곁뿌리를 가진다(**그림 44-14a**). 잔디와 수선화 같은 외떡잎식물은 **수염뿌리계(fibrous root system)**를 형성하는데 줄기의 기저부에서 크기가 거의 같은 뿌리가 많이 난다(**그림 44-14b**).

(a) 원뿌리계

(b) 수염뿌리계

▶ **그림 44-14 원뿌리계와 수염뿌리계** **(a)** 쌍떡잎식물은 중앙에 위치한 하나의 긴 주근과 이것으로부터 분지된 많고 작은 2차 뿌리로 구성된 전형적인 원뿌리계를 갖는다. **(b)** 외떡잎식물은 일반적으로 비슷한 크기의 많은 뿌리를 가지는 수염뿌리계를 갖는다.

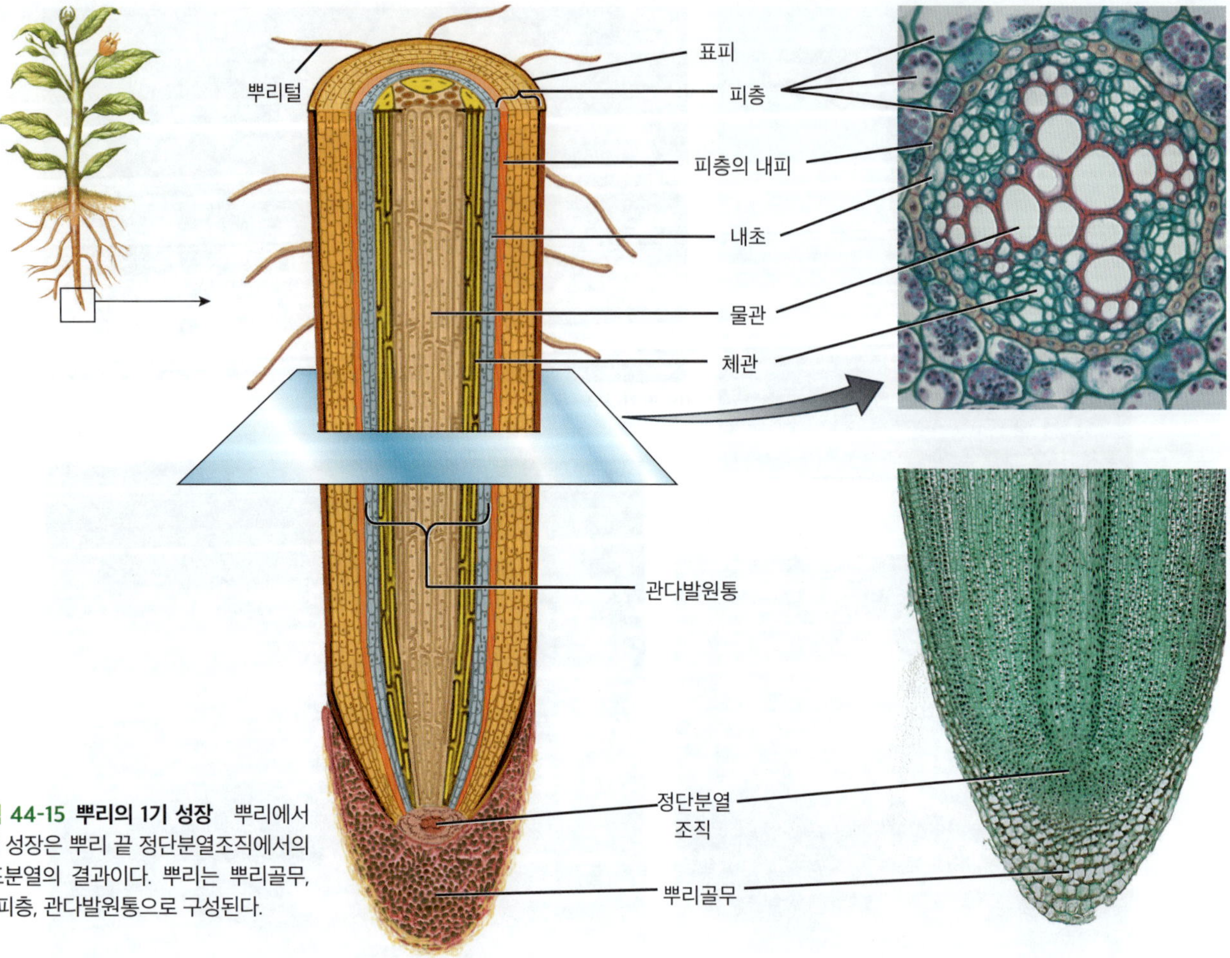

▶ **그림 44-15 뿌리의 1기 성장** 뿌리에서의 1기 성장은 뿌리 끝 정단분열조직에서의 체세포분열의 결과이다. 뿌리는 뿌리골무, 내피, 피층, 관다발원통으로 구성된다.

뿌리 끝의 정단분열조직에서 분열한 딸세포는 뚜렷한 4부위로 분화된다. 정단분열조직의 아래 부분에서 생성된 딸세포는 뿌리골무로 분화한다. 정단분열조직의 윗부분에서 생성된 딸세포는 표피, 피층, 관다발원통으로 분화한다(**그림 44-15**).

## 뿌리골무는 정단분열조직을 보호한다

정단분열조직은 뿌리에서 1기 성장의 원천이다. **뿌리골무(root cap)**는 뿌리의 맨 아래에 위치하여 뿌리가 토양의 입자들 사이로 밀려 내려가는 동안에 긁혀 떨어지는 것을 방지한다. 뿌리골무세포는 두꺼운 세포벽을 가지며 끈적끈적한 윤활유를 분비하여 토양 입자 사이에서 뿌리가 쉽게 뻗도록 한다. 그럼에도 불구하고 뿌리골무세포는 닳아 없어지므로 분열조직으로부터 새로운 세포가 지속적으로 대체되어야 한다.

## 뿌리의 표피는 물과 미네랄에 대해 투과성이 있다

뿌리의 최외층 세포가 표피이며 토양과 접촉되어 있고 토양 입자에서 물을 획득한다. 왁스 큐티클로 덮여 있어 증발을 방지하는 줄

▲ **그림 44-16 뿌리털** 발아 중인 무에서 볼 수 있는 뿌리털은 뿌리의 표면적을 극대화시켜 토양으로부터 물과 미네랄의 흡수를 높인다.

기 표피와는 달리 뿌리 표피는 물과 미네랄에 대한 투과성이 높다. 게다가 많은 표피세포에는 주변 토양으로 침투하는 **뿌리털(root hairs)**이 자란다(**그림 44-16**). 뿌리털은 뿌리의 표면적을 확장하여 물과 미네랄을 흡수할 수 있는 능력이 증대된다.

## 피층은 양분을 저장하고 뿌리 내부로의 물과 미네랄 흡수를 조절한다

피층은 어린 뿌리 내부의 대부분을 차지하며 표피와 관다발원통 사이에 위치한다(그림 44-15 참조). 피층의 대부분은 다공성 세포벽을 갖는 느슨하게 조직된 커다란 유조직세포들로 구성되는데, 그 중 가장 안쪽에 위치한 세포층은 **내피(endodermis)**라고 한다. 광합성에 의해 지상부에서 생산된 당은 피층으로 이동되어 녹말로 바뀌어 저장된다. 다년생식물의 뿌리는 추운 겨울 내내 녹말을 저장하였다가 봄에 지상부의 새로운 성장을 위해 방출한다. 피층은 고구마, 비트, 당근 및 무와 같이 탄수화물을 저장하기 위해 특수화된 뿌리에서 특별히 잘 발달한다(**그림 44-17**).

뿌리를 통해 흡수된 물과 무기양분은 내피에 도달할 때까지 피층세포의 간극을 통해 이동한다. 여기서부터 양분이 녹아 있는 물은 44.7절에 설명된 용해물의 이동을 조절하는 경로를 통해 내피세포의 세포막을 통과하게 된다.

## 관다발원통은 통도조직을 포함하며 측근을 형성한다

**관다발원통(vascular cylinder)**은 물관부와 체관부의 통도조직을 포함한다. 관다발원통의 가장 바깥층은 **내초(pericycle)**로 피층의 내피 바로 안쪽, 그리고 물관과 체관의 바깥쪽에 위치한다(그림 44-15 참조). 내초세포는 내피세포와 함께 관다발원통의 물관으로의 미네랄과 물의 이동을 조절한다. 또한 내초는 뿌리에서 분지가 이루어지는 곳이다. 호르몬의 영향으로 내초세포는 분열하여 **측근(branch root)**의 정단분열조직을 형성한다(**그림 44-18**). 측근의 발달 과정은 분지가 1차 뿌리의 피층과 표피를 뚫고 나오는 것 이외에는 1차 뿌리의 발달과 비슷하다. 발달 방향에 있는 세포들은 기계적으로 부수거나 효소로 녹이는 두 가지 방법을 통해 이루어진다. 측근의 관다발조직은 1차 뿌리의 관다발조직과 연결된다.

▲ **그림 44-17 특수화된 뿌리** 양분 저장을 위해 변형된 쌍떡잎식물의 주근: 고구마, 홍당무, 당근, 비트(왼쪽에서 오른쪽으로)

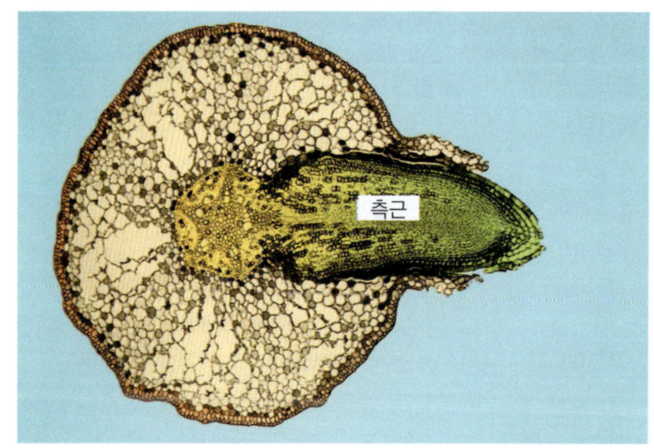


▲ **그림 44-18 측근** 측근은 뿌리의 내초로부터 나온다. 측근의 중앙에는 이미 통도조직이 분화 중이다.

## 뿌리는 2기 성장을 한다

침엽수와 낙엽수 및 관목을 포함한 목본식물의 뿌리는 2기 성장을 통하여 더 두껍고 강하게 된다. 비록 줄기와 뿌리에서의 2기 성장이 차이가 있지만, 기본적인 것은 유사하다: 관다발 형성층은 뿌리의 안쪽에 2기 물관과 체관을 만들고, 코르크 형성층은 뿌리의 바깥쪽에 두꺼운 보호층인 코르크세포층을 만든다. 뿌리의 2기 성장은 목질성이며, 물과 양분을 흡수할 수 없게 되고, 대신 식물체가 더 견고히 설 수 있게 되고, 때로는 식물의 양분을 저장하기도 한다.

### CHECK YOUR LEARNING

- 1기 성장 후 쌍떡잎식물의 뿌리 구조를 그리고 각 주요 구조의 기능을 설명할 수 있는가?
- 측근의 형태를 어떻게 이해하고 있는가?

# 44.7 식물은 어떻게 영양소를 얻는가?

**영양분(nutrients)**은 환경으로부터 얻어진 물질로 성장과 생존을 위해 필요한 물질들이다. 식물은 동물과 달리 그들이 갖는 유기분자들을 모두 합성할 수 있기 때문에 오직 무기양분만을 필요로 한

| 표 44-2 | 식물에 필요한 필수 영양소 | |
|---|---|---|
| 원소* | 원천 | 기능 |
| **대량원소** | | |
| 탄소 (C) | 공기 중의 이산화탄소 | 모든 유기분자의 구성 성분 |
| 산소 (O) | 공기 중이나 토양수에 녹아 있는 산소 | 대부분 유기분자의 구성 성분 |
| 수소 (H) | 토양수 ($H_2O$) | 모든 유기분자의 구성 성분 |
| 질소 (N) | 토양수에 녹아있음 [질산 이온($NO_3^-$)과 암모늄이온 ($NH^{4+}$)] | 단백질, 뉴클레오타이드, 엽록소의 구성 성분 |
| 칼륨 (K) | 토양수에 녹아있음 ($K^+$) | 삼투압을 조절하는 것을 도우며 기공의 개폐를 조절 |
| 칼슘 (Ca) | 토양수에 녹아있음 ($Ca^{2+}$) | 세포벽의 구성 성분; 효소 활성화와 환경 자극에 대한 반응 조절에 관련 |
| 인 (P) | 토양수에 녹아있음 [as phosphate ($PO_4^{3-}$)] | ATP, 핵산, 인지질의 구성 성분 |
| 마그네슘 (Mg) | 토양수에 녹아있음 ($Mg^{2+}$) | 엽록소의 구성 성분; 다수의 효소를 활성화 |
| 황 (S) | 토양수에 녹아있음 [황산 이온 ($SO_4^{2-}$)] | 몇몇 아미노산과 단백질의 구성 성분; 조효소 A의 구성 성분 |
| **미량원소** | | |
| 철 (Fe) | 토양수에 녹아있음 ($Fe^{2+}$) | 몇몇 효소의 구성 성분; 몇몇 효소를 활성화; 엽록소 합성을 위해 필요 |
| 염소 (Cl) | 토양수에 녹아있음 ($Cl^-$) | 세포막을 사이에 두고 이온의 균형 유지; 광합성에서 물 분자 분해에 관여 |
| 구리 (Cu) | 토양수에 녹아있음 ($Cu^{2+}$) | 몇몇 효소의 구성 성분; 몇몇 효소를 활성화 |
| 망간 (Mn) | 토양수에 녹아있음 ($Mn^{2+}$) | 몇몇 효소를 활성화; 광합성에서 물 분자 분해에 관여 |
| 아연 (Zn) | 토양수에 녹아있음 ($Zn^{2+}$) | 몇몇 효소의 구성 성분; 몇몇 효소를 활성화 |
| 붕소 (B) | 토양수에 녹아있음 [$B(OH)_4^-$] | 세포벽에 존재 |
| 몰리브덴 (Mo) | 토양수에 녹아있음 [as $Mo(O_4)_2^-$] | 질소 대사에 관련된 몇몇 효소의 구성 성분 |

*식물체 내에 많이 포함된 순서에 따라 목록을 배열

다. 대량원소라 부르는 일부 양분들은 많은 양이 필요하다. 이들은 식물체 건조 중량의 99% 이상을 차지한다. 그 밖의 것은 미량원소라 부르며 아주 적은 양만을 필요로 한다(**표 44-2**).

식물은 공기 중의 이산화탄소에서 탄소를 얻고 공기나 물에 녹은 용존산소로부터 산소를, 물로부터는 수소를 얻는다. 이 세 가지 원소가 식물 부피의 95% 이상을 차지한다. 식물이 필요로 하는 다른 양분인 칼륨($K^+$), 칼슘($Ca^{2+}$), 질산($NO_3^-$), 인산($PO_4^{3-}$) 같은 이온화합물들은 모두 토양으로부터 미네랄(minerals)을 흡수해서 얻는다.

살아있는 식물체 무게의 대부분은 물이다. 물은 식물체 내에서 미네랄, 당, 호르몬 및 다른 유기분자의 수송에 이용된다. 대부분의 식물에서 물의 주요 공급원은 토양이다.

## 뿌리는 토양으로부터 관다발원통의 물관으로 미네랄을 수송한다

뿌리는 토양으로부터 미네랄을 흡수하여 지상부로 그것들을 수송한다. 토양은 암석 입자, 공기, 물 그리고 유기물질로 구성되어 있다. 비록 암석 입자와 유기물질에 미네랄이 포함되어 있더라도 토양수에 용해되어 있는 미네랄만이 뿌리를 통해 흡수된다. 미네랄은 물관의 물관요소를 통해 뿌리로부터 지상부로 수송되기 때문에 뿌리는 반드시 미네랄을 토양수로부터 관다발원통의 물관으로 이동시켜야 한다(**그림 44-19**). 이 과정이 어떻게 일어날까?

### 물은 뿌리에서 두 가지 경로를 통해 이동한다

어린 뿌리는 (1) 살아 있는 세포 (2) 이러한 세포들의 세포벽들 사이의 빈 틈(세포간극); 그리고 (3) 죽어서 세포벽만 남아있는 헛물관과 물관요소들로 이루어져 있다(그림 44-6 참조). 토양 수분은 뿌리 표피의 세포벽을 통과해 들어간다. 이 물은 세포외경로나 세포내 경로를 통해 내피층으로 들어간다(그림 44-19).

세포외 경로(extracellular pathway; 파란색 화살표)는❶ 세포벽과 표피와 피층세포 주변의 세포간극을 통해 이동하는 것이다. 주로 셀룰로오스 섬유로 구성된 세포벽은 다공성이어서, 물과 물에 용해되어 있는 미네랄의 이동이 가능하다. 세포내 경로(intracellular, 빨간 화살표)는❷ 선택적 투과를 하는 세포막을 통해 물과 미네랄이 이동하는 경로이다. 이 세포내 경로는 표피의 뿌리털에서 가장 많이 일어나고, 뿌리털은 물과 미네랄이 흡수될 수 있는 거대

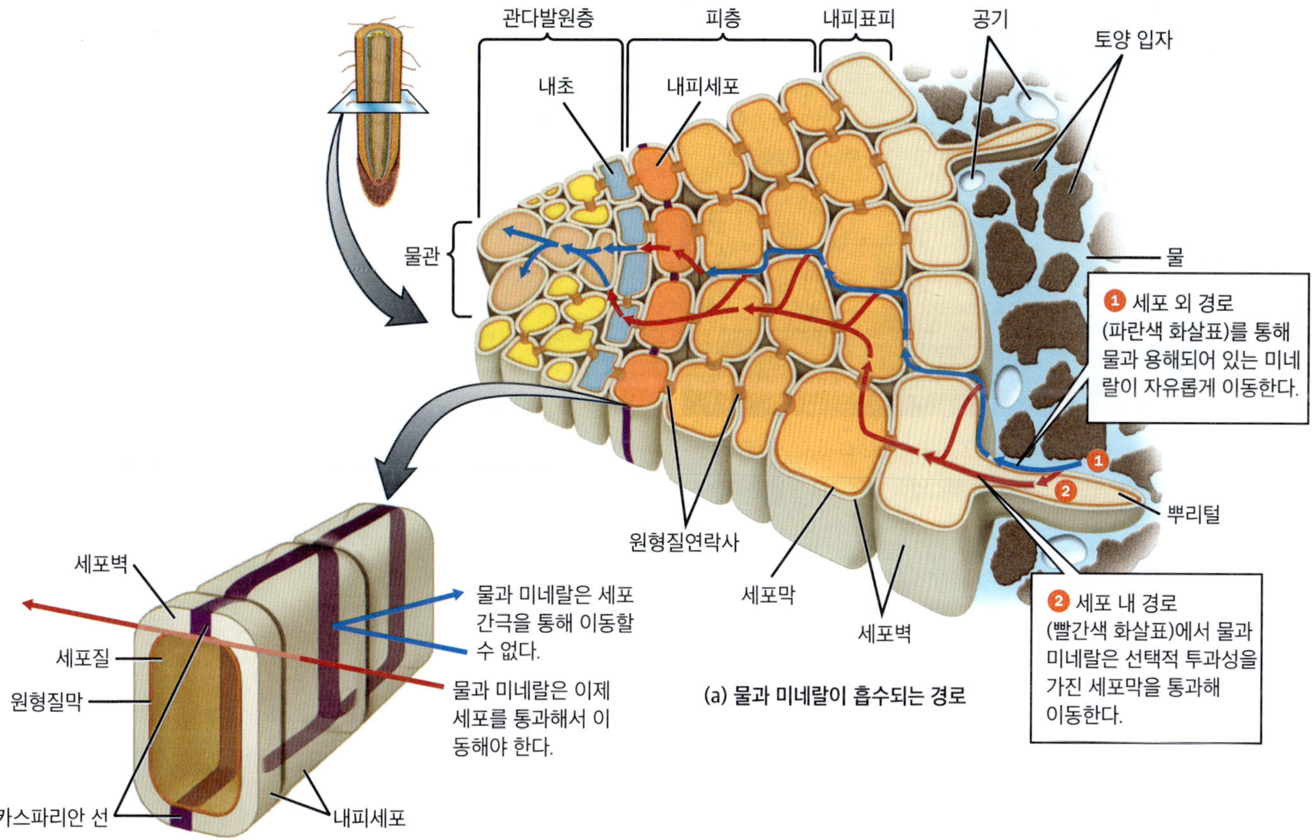


▲ **그림 44-19 뿌리에 의한 미네랄과 물의 흡수** **(a)** 미네랄과 물은 토양수로부터 물관의 통도세포로 어린 뿌리를 통해 이동한다. 다공성 세포벽과 세포벽 공간을 통한 물과 미네랄의 흐름은 파란선과 화살표로 나타내었다. 미네랄과 물이 원형질막을 가로질러 흐르는 것은 검은색 화살표로 나타내었다. 원형질연락사를 통한 세포 간 물과 미네랄의 흐름은 빨간색 선과 화살표로 나타내었다. **(b)** 카스파리안 선(확대)은 내피에서 모든 세포외의 물과 그 용질을 세포외 경로에서 세포내 경로로 전환시킨다.

한 세포막 표면이 된다. 물과 선택적으로 흡수되는 영양소들이 세포간극으로부터 주변의 피층세포로 들어갈 때에도 세포내 경로를 통해 들어간다. 물과 미네랄은 세포내 경로를 통해 계속 이동할 수 있는데, 인접한 세포들은 서로간에 원형질연락사(plasmodesmata)라고 하는 넓은 구멍을 통해 연결되어 있기 때문이다. 내벽이 원형질막으로 되어 있고 내부가 세포질로 채워진 이 구멍들을 통해 인접한 세포들 간의 세포질 성분이 이동할 수 있다.

세포내 경로와 세포외 경로는 흡수된 물과 미네랄이 내피층에서 관다발로 들어가기 위해 모두 세포내 경로를 취하는 지점에서 합류한다. 이러한 현상은 내피층을 둘러싸고 있는 방수성의 **카스파리안 선(Casparian strip)**에서 일어나는데, 벽돌 틈새를 메꾸는 시멘트처럼 세포간극까지 메꾸고 있다. 카스파리안 선은 물이 내피세포를 통과해 가도록 한다. 내피세포의 세포막은(다른 피층세포나 표피세포처럼) 영양소와 미네랄(인산이온 같은)은 관다발로 들어가도록 통과시키면서 식물체에 해가 되는 독성물질(알루미늄 이온과 같은)과 감염성 미생물의 통과는 막는 문지기 역할을 한다. 카스파리안 선은 이렇게 걸러진 것들이 다시 피층세포의 세포간극으로 확산되어 가는 것을 막기도 한다. 물과 용해물이 관다발로 들어가면, 영양물질은 물관을 구성하는 죽은 세포의 벽공과 구멍들을 통해 위로 흘러간다.

### 미네랄은 능동수송을 통해, 물은 삼투현상을 통해 뿌리세포로 들어간다

물과 미네랄이 세포내 경로를 통해 세포막을 통과하는 방법은 각각 다르다. 물은 세포막을 자유자재로 드나들 수 있지만, 미네랄은 각각의 다른 수종 단백질을 통해서만 이동할 수 있기 때문이다. 토양수에 함유된 미네랄은 식물세포의 세포질에 비해 농도가 극히 낮기 때문에, 뿌리는 능동수송을 통해 토양수에 녹아 있는 미네랄

▲ 그림 44-20 **뿌리압** 때때로 이른 아침에 과다한 토양수와 상대적으로 낮은 온도 그리고 높은 습도가 조성되면 뿌리압이 잎의 끝부분을 통해 밖으로 물을 밀어낼 수 있다.

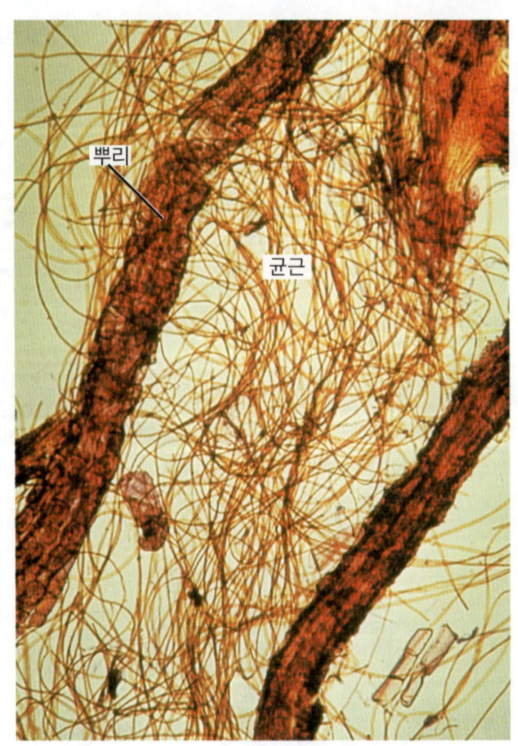


▲ 그림 44-21 균사망이 뿌리를 둘러싸고 들어가는 모습

을 흡수해야 한다. 물은 삼투현상을 통해 피층세포로 이동하는데, 물의 농도가 높은 곳(미네랄 농도는 낮은)에서 물의 농도가 낮은(미네랄 농도는 높은) 곳으로 확산해 이동한다.

어떤 식물에서 이러한 물의 삼투 이동은 너무 강력해서 물을 정말 지상부로 밀어 올리는데, 이 현상을 **뿌리압(root pressure)**이라 부른다. 때로, 낮게 자라는 식물의 잎 가장자리 엽맥이 끝나는 곳에 물방울이 맺혀 있는 것을 통해 뿌리압의 현상을 볼 수 있다(그림 44-20).

그러나 대부분의 식물에서 일반적으로 뿌리압은 물관을 통해 물을 이동시키는 주요인은 아니다. 뿌리부터 식물체 가장 상부까지의 물관을 통한 물과 그 용해물의 이동은 증산작용을 통해 일어나는데, 증산작용은 잎의 기공을 통해 물이 증산되어 나가는 현상이다.

## 공생관계는 식물이 영양분을 얻는 데 도움을 준다

인이나 질소 같은 미네랄들은 식물 생장에 필수적이지만, 토양에 존재하는 양은 식물이 이용하기에 부족한 경우가 많다. 그래서 대부분의 식물은 이들 영양소의 흡수를 돕는 균류와 상리공생관계를 맺도록 진화되었다. 어떤 식물들은 공기 중의 질소를 모아주는 박테리아와 관계를 맺어 살아가기도 한다.

### 균근은 대부분의 식물에서 미네랄 획득에 도움을 준다

대부분의 육상식물 뿌리는 균류와 공생관계를 이룬다. **균근(mycorrhizae)**이라 불리는 복합체(그리스어로 균류 뿌리; 단수는 mycorrhiza)는 식물이 토양으로부터 부족한 미네랄을 얻는데 도움을 준다(그림 44-21). 균사는 뿌리세포들 사이에 뒤얽혀 있으며 토양 속으로 뻗어 있다. 식물 단독으로 토양과 접하고 있는 것에 비해 균사망은 인, 질소와 같은 미네랄을 흡수할 수 있는 토양의 부피를 크게 증가시킨다. 균류에 의해 흡수된 미네랄은 뿌리로 이동한다. 균류는 그 보답으로 식물로부터 당, 아미노산, 그리고 비타민을 공급받는다.

### 질소고정 박테리아는 콩과식물이 질소를 얻는데 도움을 준다

아미노산, 핵산, 그리고 엽록소 모두가 질소를 포함하고 있기 때문에, 식물은 많은 양의 질소가 필요하다. 비록 질소($N_2$)가 대기의 약 78%를 차지하고 있지만, 토양의 질소는 공기 중으로 빠르게 확산되어 버리며 식물은 오직 암모늄($NH_3$)이나 질산 이온($NO_3^-$)의 형태로만 질소를 이용할 수 있다. 몇몇 토양 박테리아는 아미노산과 핵산을 합성하는데 사용할 수 있도록 대기 중 질소를 암모니아로 바꾸는 **질소고정(nitrogen fixation)**을 할 수 있다. 그러나 질소고정에는 많은 에너지가 요구되는데 암모늄 한 분자를 만드는데 최소 8 ATP를 사용한다. 따라서, **질소고정 박테리아(nitrogen fixation bacteria)**는 많은 양의 여분 암모늄 이온을 제조하지는 않는다.

콩과식물과 몇몇 식물들은 특정 질소고정 박테리아와 상리공생관계를 갖는다. 박테리아는 콩과식물의 뿌리털로 들어가 피층세포에 자리를 잡는다. 박테리아와 피층세포 모두 증식하여, 박테리아로 가득 찬 피층세포들로 이루어진 팽창된 **뿌리혹(nodule)**을 형성한다(그림 44-22). 박테리아는 뿌리에 저장된 양분에 의존하며 살아가는데, 박테리아는 많은 양분을 얻게 되어 그들이 필요로 하는 것보다 더 많은 암모니아를 생산한다. 여분의 암모니아는 숙

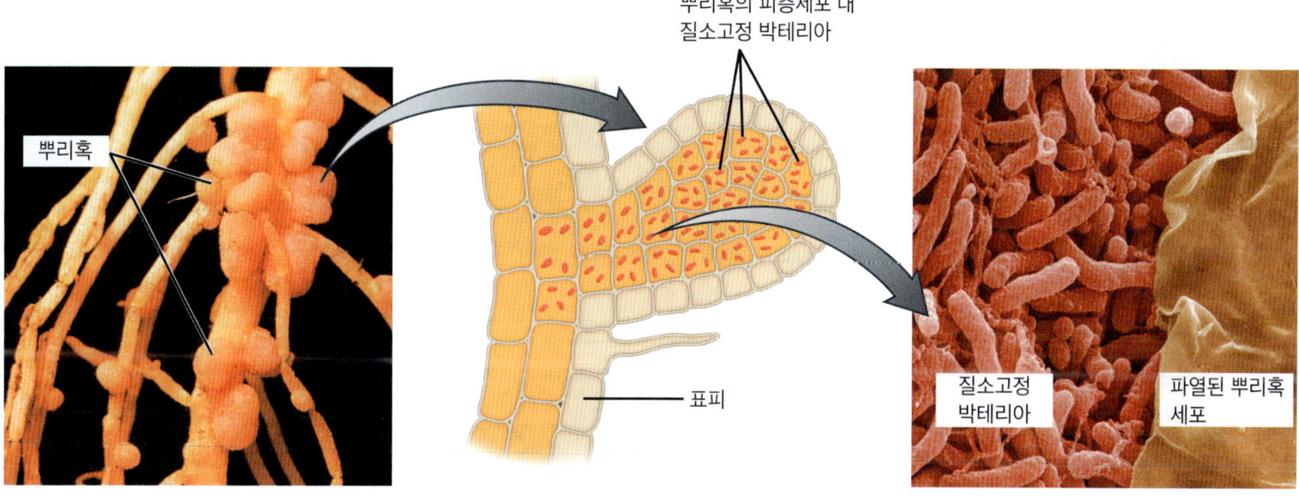


▲그림 44-22 질소고정 박테리아가 서식하는 뿌리혹

주 피층세포로 확산되어 식물에게 유용한 질소를 제공한다. 대부분의 콩과 식물은 균근을 형성하므로 박테리아, 곰팡이, 식물 등 모두에게 도움이 된다.

### CHECK YOUR LEARNING

- 어떻게 뿌리가 미네랄과 물을 흡수하는지 설명할 수 있는가?
- 미네랄과 물 흡수에 카스파리안 선의 기능을 이해하는가?
- 뿌리압이 어떻게 발생하는지 설명할 수 있는가?
- 식물영양에서 균근과 질소고정 박테리아의 중요성을 설명할 수 있는가?

### CASE STUDY CONTINUED
## 버몬트의 가을

가을의 화려한 색상이 몇 주 지나면, 나무에서 잎이 떨어진다. 왜 낙엽수는 그들의 잎을 떨어뜨리는가? 온화한 기후에서 겨울 동안 토양은 물을 흡수하지 못하게 동결된다. 뿌리로부터 물의 지속적인 공급이 없다면 잎으로부터 증산작용은 결과적으로 물 부족과 영양분의 희석으로 인하여 나무는 죽을 것이다. 얼어버린 토양으로부터 물을 흡수할 수 없을 때 나뭇잎을 떨어뜨리고 휴면상태로 들어가는 것이 겨울 동안 낙엽수가 물의 손실을 막는 방법이다. 성장기 동안 잎이 새로 생성된 후, 잎에서 발생하는 증산작용은 어떻게 뿌리가 접한 토양에서 식물체의 가지 끝까지 영양분을 운반하도록 하는가?

## 44.8 식물은 어떻게 물과 미네랄을 뿌리로부터 잎으로 운반하는가?

물과 미네랄이 뿌리의 물관으로 들어가면 식물의 가장 위쪽까지 이동된다. 가장 키가 큰 세쿼이아의 경우 그 길이가 약 115미터에 이른다. 미네랄은 물에 녹아있기 때문에 물이 위로 흐르는 동안 수동적으로 수송된다. 식물이 어떻게 중력을 극복하고 물을 위로 흐르게 할까? 대부분의 식물에서 뿌리에 의해 흡수된 물의 약 90%는 잎의 기공을 통해 증발된다. 이런 증발 현상을 **증산(transpiration)**이라 하며, 식물체에서 물이 위쪽으로 이동하게 한다.

### 물관에서 물의 이동은 응집력-장력이론에 의해 설명된다

**응집력-장력 메커니즘(cohesion-tension mechanism)**에 따르면, 물은 잎의 증산작용에 의해 물관을 통해 위로 끌어올려 진다(그림 44-23). 물 분자 사이의 수소결합은 서로 연결시킨다(2장 참조). 개별적으로 약한 무명실이 모여 여러분의 청바지처럼 강한 섬유를 만들 듯이, 물에 있어서 개별적으로 약한 수소결합 그물망이 매우 강한 응집력(*cohesion*), 즉 물질들이 서로 당기는 능력을 갖게 된다. 수소결합은 물관 내에서 물 사슬을 형성하고, 식물의 모든 높이에 이르도록 확장시킨다. 물관 내의 물기둥은 적어도 같은 직경의 철사만큼 강하다. 응집력-장력 메커니즘의 장력은 증산작용 동안 잎으로부터의 증발하는 물에 의해 공급된다. 물은 먼저 엽육세포로부터 잎 안의 공기층으로 증발되며 기공을 통해서 대기 중으로 빠져나간다❶. 물이 엽육세포를 빠져나감에 따라, 자유수의 농도는 감소하게 되고, 증발된 물을 대체하기 위해 인접한 물

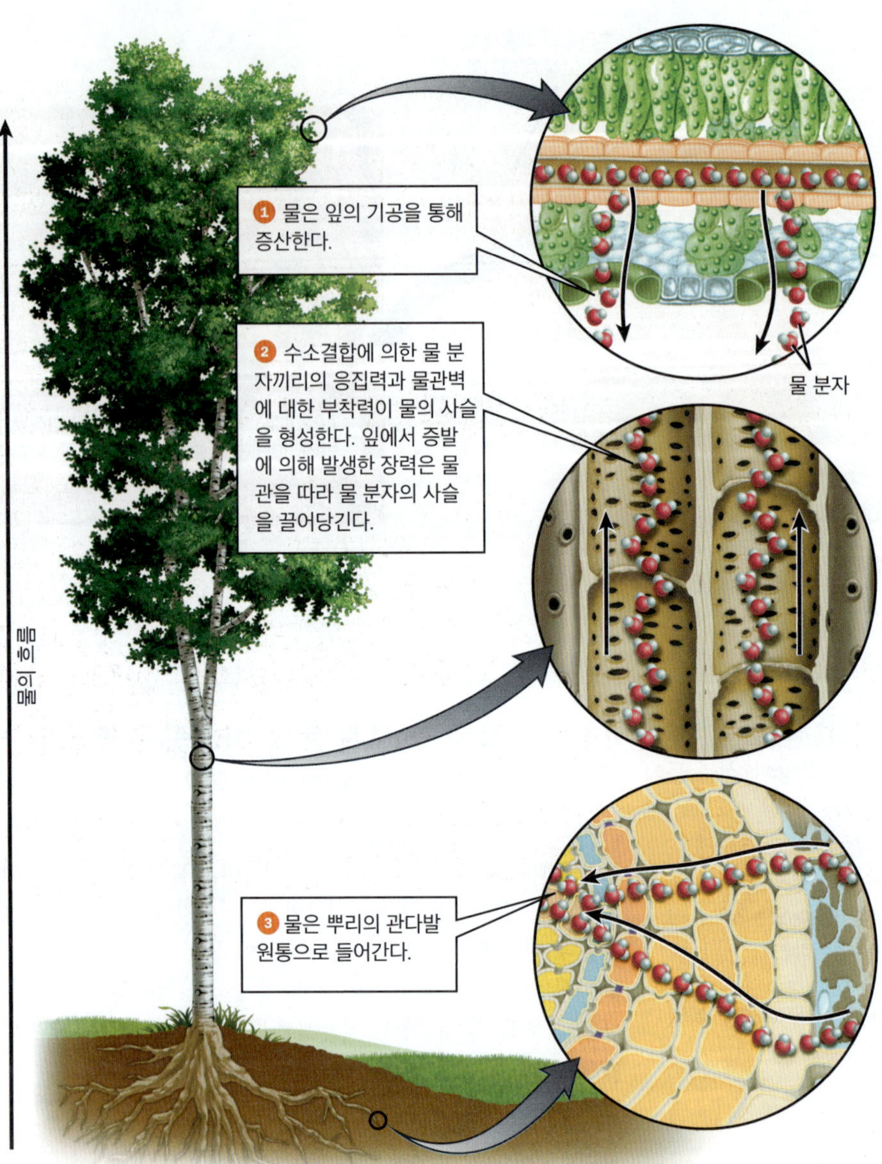


◀그림 44-23 **물관을 통해 이동하는 물의 흐름에 대한 응집력-장력 메커니즘** 증산작용에 의해 형성된 힘은 가장 높은 나무의 꼭대기까지 토양으로부터 물을 끌어올릴 수 있다.

관부로부터 삼투압에 의해 물이 엽육세포로 스며들게 된다.

### 응집력과 장력은 물관을 통해 물을 위로 상승시키는 데 함께 작용한다

물관을 떠나는 물 분자는 수소결합-응집력에 의해 같은 물관 내 다른 물 분자와 결합한다. 그러므로 물관을 떠나는 물 분자는 엽육세포에서 증발하는 물을 대신하기 때문에 물관을 통해 물은 위로 끌어 올려진다❷. 물관의 장력은 어떤 나무의 높이보다도 훨씬 높은 500피트(150미터) 이상의 물을 들어 올릴 만큼 강하다. 물관의 장력은 뿌리까지 뻗어 있으며, 관다발원통의 세포간극에 있는 물이 물관의 물관요소와 헛물관의 다공성벽을 통해 끌어올려지게 된다. 뿌리 목질부로의 물의 이동은 토양으로부터 뿌리 안쪽으로의 물 이동에 원인이 된다❸. 일반적으로 식물의 관 안의 물의 흐름은 단방향성이며, 뿌리에서 지상부로 향한다.

거대한 단풍나무는 하루에 약 250갤런의 물을 증발시키며, 거의 1톤의 물이 매일 50피트 이상 올라간다. 무엇이 이 물을 옮기는 데 충분한 에너지를 제공하는 걸까? 햇빛은 잎과 공기를 가열시키고 잎에서 물이 증발할 수 있는 힘을 공급한다. 매일 공기 중으로 수백 갤런의 물을 방출하는 나무들로 가득 찬 숲을 상상해 보자. "Earth Watch: 숲은 자기 자신의 나무에 물을 준다"에서 설명하듯이 이와 같은 대규모의 증발은 지역의 기후에 큰 영향을 끼칠 수 있다.

## 미네랄은 물에 녹아서 물관을 통해 위로 이동한다

식물의 뿌리에 의해 흡수되는 미네랄은 칼륨($K^+$), 칼슘($Ca^{2+}$), 인

## Earth WATCH 숲은 자기 자신의 나무에 물을 준다

열대우림은 연중 따뜻한 온도와 풍부한 강우 때문에 아마존 강 유역에서 자란다. 이 강우는 어디에서부터 오는가? 그 어마어마한 양은 적도 부근에서 발달한 습한 공기덩어리로부터 발달한다(30장 참조). 그러나 열대우림 또한 그들 스스로 높은 습도와 풍부한 강우의 중요한 공급원이 된다. 아마존 우림에서는 1에이커의 토양이 키 큰 나무 수백 그루를 지탱하고 각각의 나무들은 수십, 수백, 수천의 잎을 지탱하고 있다. 잎들의 결합된 면적은 토양의 표면적을 제한한다. 그러므로 숲에서 증발하는 많은 물은 나무로부터 온 것이다 — 수관하층의 작은 나무는 하루에 2 또는 3갤런 정도지만, 숲 지붕의 높고 큰 나무는 하루에 200갤런에 달한다. 이와 같은 증발은 끊임없이 높은 습도를 만들어낸다.일부 증발한 물은 다시 비처럼 떨어지는데 이곳이 바로 우림이다. 사실 아마존 지역에 강우의 절반 이상은 그들 나무에 의해 증발된 물이다.

▲ **그림 E44-1 안개를 잡는 기구, 이 미세그물에 응축된 안개는 물을 공급한다.**

우림이 벌목될 때, 지역의 기후는 드라마틱하게 바뀐다. 본래 숲의 잎에서 증발한 물은 공기를 냉각시킨다. 나무가 제거되기 때문에 증산은 감소되며, 지역은 건조하게 될 뿐만 아니라 더 뜨겁게 된다. 강우의 감소와 뜨거운 기온 조건에서 잘려지지 않은 인접한 숲의 우림 수종들은 번성하지 못하며, 이들 많은 수종들은 죽기 시작할 것이다. 이들은 잘려지지 않았지만 교란을 받은 숲 또한 수분의 증발력이 낮아져 지역 기후를 건조하고 뜨겁게 만들 것이며, 이러한 악순환은 계속해서 반복될 것이다.

우림의 증산작용은 떨어져 있는 숲에 대해서도 마찬가지이다. 예를 들어 코스타리카의 Monteverde 운무림 보존지역은 항시 덮고 있는 안개에 의존한다. 코스타리카 저지대 우림의 증산은 산비탈 위를 지나는 바람에 실려 펌프질 된다. 공기가 냉각될 때, 이 습기는 응축되고 안개를 형성한다. 그러나 한 세기 동안의 벌목으로 코스타리카의 저지대 우림의 약 80%가 없어졌다. 그 결과 공기는 더 낮은 습도를 포함한다. 건조해진 공기가 응축된 물이 되기 위해 보다 낮은 온도를 필요로 하는데 이것은 몇해 전보다 높은 산지대에 운무대가 형성됨을 의미한다. 그 결과 산의 저해발부에서부터 점차적으로 숲의 수목 종 변화와 새, 도마뱀류 등의 변화를 동반하여 바뀐다.

나무가 자생하는데 영향을 주는 서식지가 열대우림의 경우만 있는 것은 아니다. 아프리카 북서 연안에서 떨어져 있는 Canary 제도의 한 섬인 Tenerife에서 평균 강우는 연간 20cm보다 적고, 높은 평균 온도는 연중 약 20℃에서 31℃ 사이이다. 그럼에도 불구하고 Tenerife의 일부 산비탈은 소나무 숲이 유지된다. 어떻게 이것이 가능할까? 물론 연안 저지대의 산중턱은 약간의 비와 함께 조금 더 시원하다. 하지만 가장 큰 요인은 숲 자체이다. 나무들은 대서양으로부터 섬을 가로질러 떠도는 안개를 붙잡는다. 물은 안개로부터 나무에 응축되고, 토양에 물방울로 떨어진다. Tenerife 하천의 반 이상의 물이 응축된 안개로부터 온다.

사람들은 안개 응축 구조 그리고 안개를 응축하는 숲 또한 만들어 내고 있다. 예를 들어, 페루 리마의 남쪽지역 벨라비스타의 산악마을은 매년 강수량의 약 ½인치(약 1.5 센티미터)를 얻는 지역임에도 번성하고 있다. 예전에는 값비싼 물에 의존하던 마을이 지금은 겨울 동안 대서양으로부터 바람으로 자유롭게 들어오는 안개로부터 수백 갤런의 물을 매일 수확할 수 있다. 안개는 미세한 그물구조에 응결되어(**그림 E44-1**), 파이프로 향해 떨어지고, 대형 저장용기에 모아진다. 맑은 물은 식수, 원예 및 소규모 양조장에서 사용될 뿐 아니라, 주위 풍경을 변화시키고 있다. 안개물은 주민들이 잎사귀가 자연스럽게 안개를 모을 수 있도록 역할을 하는 상록수 수백 그루를 심도록 하였다. 물이 바로 뿌리까지 갈 수 있도록 하는 플라스틱 깔때기 덕분에 나무는 스스로 물을 스스로 공급할 수 있었고, 자급자족하는 숲을 만들 수 있었던 것이다.

**비판적 사고** 벨라비스타는 어떤 환경조건 하에서 번성할 수 있는가? 어떤 변화가 그 발전을 저해할 수 있는가?

산($PO_4^{3-}$) 또는 염소($Cl^-$)와 같은 전하를 띠는 이온들이다. 이온은 물 분자의 음성 또는 양성 부분이 전기적으로 이온을 끌어 당기기 때문에 물에 녹는다(2장 참조). 물관에서 미네랄은 이 전기적 인력에 의해 물 분자에 결합되며 물을 따라서 뿌리에서 지상부로 수송된다.

## 기공은 증산속도를 조절한다

증산은 물과 미네랄을 운반하는 힘이지만, 물 손실의 가장 큰 원인이기 때문에 식물에 있어서 가장 큰 위협이 되기도 한다 – 물의 손실은 덥고 건조한 날씨에 치명적이다. 물의 손실은 물이 증발되어 나가는 기공을 막음으로써 감소시킬 수 있다. 그러나 기공을 닫게 되면 이산화탄소가 잎으로 들어오는 것 또한 차단된다 – 이산화탄소는 광합성에 의해 형성되는 당에서 탄소 원소의 원료이다. 그러므로 식물은 이산화탄소 획득과 물 손실 사이에서 균형을 이루기 위해 반드시 기공을 조절해야 한다. 대부분의 식물들은 햇빛을 광합성의 동력으로 하는 낮 동안은 기공을 열고, 물을 보전하려는 밤에는 기공을 닫는다. 그러나 과도하게 증발의 위협을 받게 되면 낮 시간일지라도 기공을 닫을 것이다.

### 공변세포는 기공의 열고 닫음을 통제한다

기공은 두 개의 공변세포에 의해 둘러싸인 중앙이 열린 구조이다(**그림 44-24**). 식물이 어떻게 그들의 기공을 열고 닫을까? 이것은 사실 두 부분의 질문이다: (1) 기계적으로, 기공의 크기가 어떻게 달라질 수 있는가? 그리고 (2) 생리학적으로, 공변세포가 햇빛이나 건조 같은 조건에 반응하며 기공의 크기를 어떻게 조절할 수 있는가?

공변세포는 물의 획득 또는 소실에 따라 공변세포의 크기, 모양을 바꾸어서 기공의 입구 크기를 조절한다. 공변세포는 독특한 모양과 세포벽에 있어서 특이한 배열의 셀룰로오스 섬유를 갖고 있다(**그림 44-25a**). 기공의 두 개 공변세포는 양쪽 끝이 서로 묶여 있는 두 개의 소시지처럼 바깥쪽으로 약간 구부러져 있다. 공변세포의 세포벽에는 셀룰로오스 섬유가 둘러싸고 있다.

이는 마치 작은 소시지를 수십 개의 가느다란 벨트가 견고하게 둘러싸고 있는 것과 같다.

기공은 공변세포가 물을 흡수하여 세포의 체적이 증가할 때 열린다. 공변세포를 둘러싸고 있는 셀룰로오스 벨트는 세포가 너무

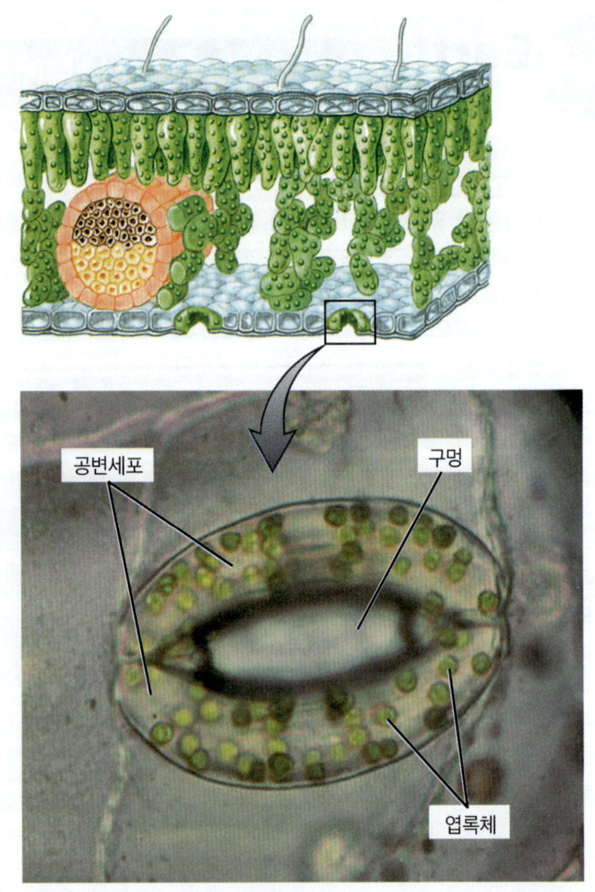


▲ **그림 44-24 잎 표피에서 기공** 공변세포는 엽록체를 함유하고 있지만, 주위의 표피세포는 투명하고 염록체가 주로 결여되어 있다.

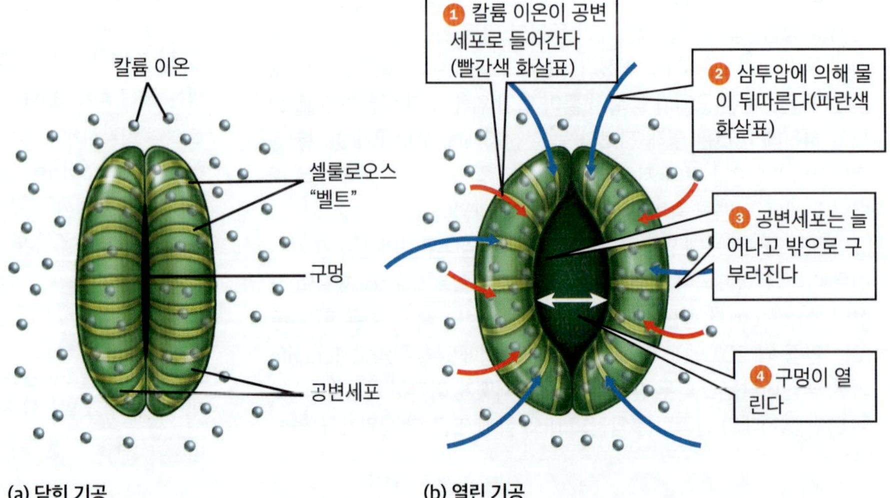


▶ **그림 44-25 공변세포는 어떻게 열까** (a) 중앙의 구멍이 닫혀 있는 기공의 구조를 보여주고 있다. 공변세포는 상대적으로 낮은 칼륨 이온 농도(표피의 다른 세포와 같은), 낮은 물 함량, 그리고 적은 체적을 갖는다. (b) 칼륨 이온이 공변세포로 전이될 때 높은 칼륨 이온 농도는 공변세포 안으로 물의 유입을 가져오게 되고 그들의 체적 증가가 구멍을 열리게 한다.

**비판적 사고** 기공이 닫혔을 때 광합성은 어떤 영향을 받는가? 뿌리에서 물의 이동은 어떤 영향을 받는가?

팽창하는 것을 방지하면서 동시에 늘어나야 한다. 공변세포의 굴곡과 양쪽 끝이 붙어 있음으로 인해 점점 바깥쪽으로 굽힘이 발생하게 되면 중앙의 구멍이 열린다는 의미이다. 기공은 공변세포가 물을 잃어 체적이 감소하게 되면 닫힌다. 세포는 짧아지고, 굴곡의 감소와 함께 구멍이 닫힌다.

공변세포는 어떻게 수분의 함량을 바꿀까? 물은 녹아있는 용질의 농도 경사에 따라 삼투현상에 의해 항상 원형질막을 가로질러 이동한다. 공변세포는 빛, 이산화탄소 농도와 같은 자극에 반응하여 세포질에서 칼륨 이온이 원형질막을 가로질러 삼투농도 경사를 형성한다(아래 참고). 칼륨($K^+$) 이온의 세포 안으로 이동이 삼투에 의한 물의 유입을 가져오며, 이로 인해 세포의 체적 증가로 기공이 열린다(**그림 44-25b**). 칼륨 이온이 다시 세포 밖으로 나가게 되면 삼투에 의해 물의 유출을 가져오며, 이로 인해 세포의 수축과 기공의 닫힘이 나타난다.

세 가지 중요한 자극이 공변세포 안과 밖으로 칼륨 이온의 이동을 조절한다.

- ***빛*** 빛은 공변세포내 색소에 의해 흡수되어 세포내로 칼륨 이온의 유입을 유도하는 일련의 반응을 촉발한다. 삼투현상에 의해 물이 뒤따라 흘러 들어가 공변세포는 부풀어지고 기공은 열린다. 밤 동안 일련의 반응에 의해 칼륨 이온의 진입이 멈추고 칼륨 이온은 공변세포 밖으로 확산된다.
- ***이산화탄소*** 공변세포에 엽록체가 포함돼 있다는 것과 광합성을 할 수 있다는 것을 기억하라. 광합성을 하는 동안 탄소고정으로 이산화탄소를 다 소모하여 잎 내부 이산화탄소의 농도는 감소한다. 낮은 농도의 이산화탄소는 공변세포내로 칼륨 이온의 이동을 자극한다. 밤 동안에 광합성은 멈추지만 세포호흡은 지속되어 이산화탄소 농도는 상승한다. 칼륨 이온이 밖으로 확산되면 물도 삼투현상에 의해 밖으로 뒤따라 나가고, 기공은 닫힌다.
- ***물*** 앱시스산(abscisic acid: 46장 참조)이라 불리는 호르몬은 식물이 마르기 시작할 때 합성되기 시작한다. 앱시스산은 공변세포의 수용체와 결합하여 칼륨 이온의 축적을 멈추게 한다. 공변세포에서 칼륨 이온이 밖으로 확산되고 삼투현상에 의해 물이 밖으로 흐르게 되면 공변세포는 기공을 닫는다. 위협적인 탈수현상은 화창한 맑은 날에 일어날 가능성이 높다. 여러분이 생각하는 것처럼 앱시스산의 작용은 강력하며, 빛과 이산화탄소의 영향을 압도하여 기공을 닫도록 유도한다.

**CHECK YOUR LEARNING**

- 물관에서 물이 어떻게 이동하는지 설명할 수 있는가?
- 물관에서 미네랄은 어떻게 운반하는지를 설명할 수 있는가?
- 기공의 열고 닫음에 칼륨과 물 이동이 어떻게 이루어지는지 설명할 수 있는가? 그리고 이러한 움직임을 유발하는 자극에 대해 설명할 수 있는가?

(a) 진딧물은 수액을 빨아 먹는다

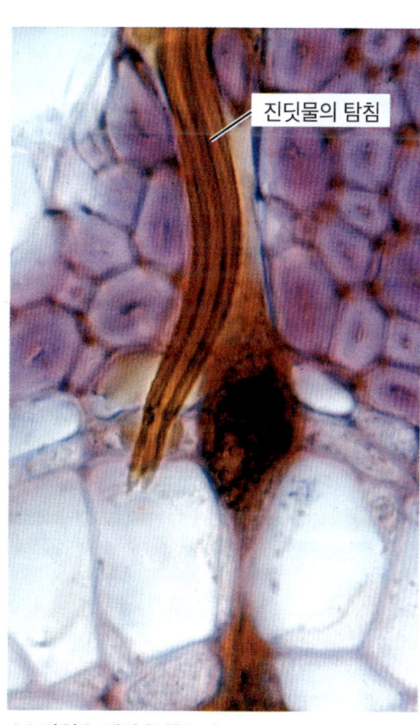


(b) 탐침은 체관을 뚫는다

▲ **그림 44-26 진딧물은 체관 내 당액을 먹는다** **(a)** 진딧물이 체관을 뚫으면, 체관의 압력에 의해 체관부 밖으로 나온 수액이 진딧물의 소화관으로 들어가게 된다. 진딧물은 당이 풍부한 벌꿀과 같은 수액을 항문을 통해 배출한다. 이러한 수액은 포식자들로부터 진딧물을 보호해 주는 특정 개미들에 의해 회수된다. **(b)** 진딧물의 유연한 탐침은 세포의 많은 층을 통과하여 체관요소로 뚫고 들어간다.

## 44.9 식물은 어떻게 당을 수송하는가?

잎에서 합성된 당은 뿌리나 꽃과 같이 광합성을 하지 않는 기관으로 이동되어 사용되거나 뿌리와 줄기의 피층 내에 저장된다. 당 수송은 체관의 기능이다.

식물학자들은 한때 진딧물을 활용해 체관을 연구했다. 진딧물은 날카롭고 속이 빈 튜브 모양의 탐침을 이용하여 수액을 빨아 먹는 곤충으로 모기가 피를 빨 때 쓰는 탐침과 매우 유사하다. 하지만 진딧물은 체관의 수액을 먹는다. 진딧물은 탐침을 어린 줄기의 표피와 피층을 통과하여 체관 안으로 삽입시킨다(**그림 44-26**). 앞으로 보게 되겠지만 체관부 수액은 압력 하에 있기 때문에 식물체의 수액은 진딧물의 소화관으로 활발하게 이동하여, 가끔은 진딧물을 풍선처럼 부풀린다.

진딧물의 탐침이 체관을 침투하게 한 다음 식물학자들은 진딧물을 마취시켜서 몸체는 대부분 제거하고 탐침만 그 자리에 남겨뒀다. 체관 용액이 몇 시간 동안 탐침 밖으로 흘러나오며, 화학적 분석결과 약 10%에서 20%의 용해된 당(대부분 당), 아미노산, 단백질 및 호르몬과 같은 소량의 다른 물질을 포함한 물로 이루어져 있다는 것을 보여주었다. 무엇이 이러한 당 용액을 체관을 통해 이동하게 할까?

## 압류 메커니즘은 체관부에서 당의 이동을 설명한다

체관부에서의 용액 이동에 대해 가장 넓게 받아들여지는 설명으로는 **압류 메커니즘(pressure-flow mechanism)**이 있으며, 이는 수압의 차이가 체관을 통해 용액을 흐르게 한다는 이론이다.

이들 압력의 차이는 식물의 서로 다른 부위에서 당의 생산과 용도에 따라 간접적으로 발생한다. 광합성 중인 잎처럼 당을 사용하는 것보다 더 많이 합성하는 식물의 부위를 당의 **공급원(source)**이라 부른다. 반대로 당을 생산하는 것보다 더 많이 사용하는 부위를 당의 **수용부(sink)**라 한다. 수용부는 분열조직, 발달 중인 꽃과 열매 등이 해당된다. 공급원과 수용부는 계절에 따라 변할 수 있다. 예를 들어 낙엽수의 뿌리는 당을 녹말로 바꿔 저장하는 여름 동안은 당의 수용부이다. 그러나 봄이 되면, 뿌리는 새로운 잎의 발달을 위한 에너지를 공급하기 위해 녹말을 다시 당으로 바꾸기 때문에 당의 공급원이 된다.

그림 44-27에 순서대로 나타나 있듯이 압류 메커니즘에 따르면 체관은 당의 공급원으로부터 당의 수용부로 멀리 용액을 수송한다. ❶ 공급원 세포(예를 들어 광합성을 하는 잎의)에 의해 만들어진 당은 체관을 통해 능동수송된다. 이것은 체관부 내 체관액의 당 농도를 높인다. ❷ 물관 근처의 물이 삼투현상에 의해 당에 뒤이어 체관으로 이동한다. 단단한 세포벽이 체관세포의 팽창을 억제하기 때문에 체관으로 유입된 물이 내부의 압력을 증가시키게 된다. ❸ 수압이 체관을 통해 압력이 낮은 곳으로 용액을 흐르게 한다. ❹ 압력이 낮은 곳은 어떻게 만들어질까?

당 수용부의 세포(열매와 같은)는 활발하게 체관부 밖으로 당을 이동시킨다. 삼투현상에 의해 물이 뒤따라 이동하며 체관부에는 낮은 수압이 형성된다. 따라서 당을 포함하고 있는 체관액은 수압이 높은 공급원으로부터 수압이 낮은 수용부로 흐르게 된다.

압류 메커니즘은 왜 체관요소는 매우 작은 세포질임에도 완전한 원형질막을 가져야만 하는지를 설명한다. 물론 세포질의 결핍은 체관 내의 용액의 흐름에 대한 저항을 감소시킨다. 원형질막은 일반적으로 당에 불투과성(그래서 체관세포내부에 당이 유지)이지만 삼투현상에 의해 물은 투과되어 물관세포로 물의 침투가 가능하기 때문에, 세포가 본래 원형질막을 가질 경우에만 당의 축적과 체관세포로의 물 침투가 가능하다.

당의 수용부는 당 공급원의 위 또는 아래가 될 수도 있다. 예를

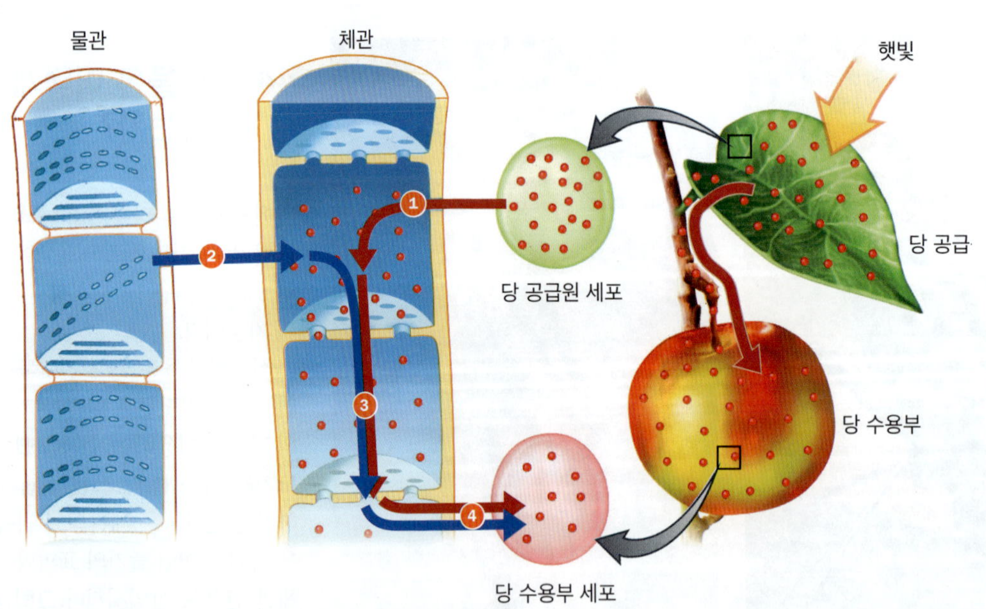


▲ 그림 44-27 **체관에서 당 수송에 관한 압류 메커니즘** 광합성을 하는 잎이 당의 공급원이고 반면 발달 중인 과일이 당의 수용부이다. 빨간색 화살표는 당의 이동을 나타낸다; 청색 화살표는 물의 이동을 나타낸다. 체관 내부의 청색 밝기의 차이는 수압을 나타내며, 공급원 쪽 관의 끝은 높고 같은 관의 수용부 쪽 끝은 낮다.

**비판적 사고** 성장기의 어느 단계에서 잎이 당의 수용부가 될까? 이에 대한 당의 공급원은 무엇이 될까?

들어 식물의 상단부 근처 광합성 잎은 정단분열조직 아래에 있지만 뿌리 위에 있을 것이다. 압류 메커니즘은 체관 용액이 당 공급원에서 당 수용부로 어떻게 아래위로 이동할 수 있는지에 대해 설명한다.

**CHECK YOUR LEARNING**

- 체관부에서 당 산물이 어떻게 움직이고 왜 항상 당의 공급원으로부터 수용부로 이동하는지를 설명할 수 있는가?

**CASE STUDY REVISITED**

## 버몬트의 가을

모든 가을의 색이 두드러지게 빨간색이라는 것은 매우 흥미롭다. 대부분의 나무들에서 여름 동안의 광합성에 노란색과 오렌지색 카로티노이드는 필수적인 역할을 하지만, 붉은색 안토시아닌은 가을 동안에만 합성되며 잎이 떨어지기 몇 주 동안에만 나타난다. 안토시아닌은 어떤 점에서 우수한가? 그들은 잎을 위해 햇빛을 차단하는 역할을 한다.

가을에 들어서서 기온은 내려갔지만 낮의 길이는 여전히 길고 햇볕은 강하기 때문에 광합성 경로는 덜 효율적이다. 잎은 더 이상 흡수한 빛 모두를 사용할 수 없다. 초과된 빛에너지는 엽록소를 손상시킬 수 있으며, 광합성을 더욱 감소시킨다. 안토시아닌은 자외선과 푸른색 빛을 막아주고 항산화 역할 및 자외선 또는 비효율적인 광합성에 의해 형성될 수 있는 유해한 요소들을 제거하는 역할을 한다. 따라서 빨간색 안토시아닌으로 구성된 잎은 안토시아닌을 가지지 않는 잎에 비해 강한 빛에 보다 더 잘 보호를 받으며, 광합성에 대해 보다 효율적이다. 몇몇 식물들은 햇빛을 주로 받는 식물의 바깥 부분에 붉은 잎이 우세한 반면 그늘이 지는 안쪽 잎은 오렌지색과 노란색을 띤다.

왜 곧 떨어지게 될 잎을 보호하기 위해 에너지를 소비할까? 식물이 손실을 감당할 수 없는 영양소, 특히 질소와 인을 되찾기 위함이다. 가을에 잎에 있는 복합 유기분자는 부서지며, 그 결과로 생긴 보다 작은 분자들은 줄기와 잎의 저장세포로 보내지고, 거기서 겨울 동안 저장된다. 광합성은 이들의 분해 작용과 수송을 위해 필요한 에너지를 제공한다. 안토시아닌을 합성할 수 없는 돌연변이 식물들은 정상적으로 안토시아닌을 합성할 수 있는 식물보다 강한 빛과 낮은 온도 조건에서 훨씬 적은 양의 질소를 회수하게 된다. 이와 같은 사실은 식물이 잎으로부터 질소를 회수할 때 안토시아닌이 도움이 된다는 것을 의미한다.

새롭게 합성된 붉은 색소

**생각해보기** 설탕단풍나무(sugar maples)는 메이플시럽의 주 공급원이고 화려하고 붉은 가을색을 연출하여 관광객을 이끄는 뉴잉글랜드주의 중요한 자산이다. 그러나 설탕단풍나무는 열에 민감하며, 기후변화 예측에 의하면 세기가 끝날 때 기온이 올라가게 되면 이러한 나무의 분포가 북쪽방향으로 또는 산의 높은 방향으로 이동될 수 있다. 이미 가을 단풍이 시작되는 시기가 주목되고 있으며 이러한 변화는 부분적으로 가을 온도에 기인된다. 뉴잉글랜드주의 미래 경제에 대해 지구온난화가 암시하는 것은 무엇일까?

# CHAPTER REVIEW

*비판적 사고와 생각해보기, 선택형문제, 빈칸채우기 질문에 대한 답은 이 책의 뒷부분에 있는 정답란에서 볼 수 있다.*

## 핵심개념의 요약

### 44.1 식물체는 어떻게 구성되어 있는가?

육상식물체는 뿌리와 줄기로 구성되어 있으며, 뿌리는 보통 땅 속에 있다. 그들의 기능은 식물체를 토양에 고착; 물과 미네랄을 흡수; 여분의 당과 녹말을 저장; 물, 미네랄, 당, 호르몬의 수송; 몇 가지 호르몬 생산; 그리고 양분을 공급해주는 토양 균류 및 미생물과 상호작용 등이다. 지상부는 일반적으로 땅 위에 위치하며 줄기, 새싹, 잎 그리고 계절에 따라 꽃과 과일로 구성된다. 지상부의 기능은 광합성, 미네랄의 수송, 생식, 그리고 호르몬 합성을 포함한다. 현화식물의 주요 두 그룹은 외떡잎식물과 쌍떡잎식물이다. 그들의 특징은 그림 44-2에서 볼 수 있다.

## 44.2 식물은 어떻게 생장하는가?

식물체는 분열조직세포와 분화된 세포로 구성된다. 분열조직세포는 미분화된 세포로 체세포 분열을 위한 능력을 가지고 있다. 분화된 세포는 분열조직세포의 분열에 의해 생기며 특별한 기능을 위해 특수화되고 일반적으로 분열하지 않는다. 대부분의 분열조직세포는 뿌리와 줄기의 끝인 정단분열조직과 뿌리, 줄기, 가지 내의 측부분열조직에 위치한다. 1기 성장(높이와 길이의 성장 그리고 부분적 분화)은 정단분열조직세포의 분열과 분화의 결과이다. 2기 성장(부피와 강도의 증가)은 측부분열조직세포의 분열과 분화의 결과이다.

## 44.3 식물의 분화된 조직과 세포 형태는 어떠한가?

식물체는 3가지 조직계로 구성된다: 표피조직계, 기본조직계, 관다발조직계(표 44-1 참조). 기본조직계는 유조직, 후막조직, 후각조직세포를 포함하는 다양한 세포 형태로 구성된다. 대부분은 광합성, 지지, 또는 저장과 관련이 있다. 기본조직은 1기 성장 동안 어린 식물의 대부분을 구성한다. 표피조직계는 식물체의 바깥 표면을 덮는다. 잎, 일차 뿌리, 줄기의 표피조직계의 표피는 일반적으로 단층의 세포로 되어 있다. 2기 성장 후의 표피조직은 주피로 불리며, 대부분의 코르크세포와 코르크 형성층을 합성하는 것들에 의해 구성된다. 관다발조직계는 뿌리에서 줄기로 물과 미네랄을 수송하는 물관과 식물체 전체로 물, 당 그리고 여러 유기물을 수송하는 체관으로 구성된다.

## 44.4 잎의 구조와 기능은 어떠한가?

잎은 엽병과 엽신으로 구성되어 있다. 엽병은 줄기나 가지에 엽신을 부착한다. 엽신은 방수 큐티클에 의해 덮인 바깥쪽 표피; 엽록체를 가지며 광합성을 수행하는 엽육세포, 잎으로부터 다른 곳으로 물, 미네랄과 광합성 산물을 나르는 물관과 체관을 갖는 유관속으로 구성된다. 표피는 기체와 물의 교환을 조절하는 기공이라고 불리는 조절 가능한 구멍이 뚫려있다. 잎은 영양분을 저장하거나 먹이를 잡거나 가시 또는 덩굴손을 형성하기 위해 특성화될 수 있다.

## 44.5 줄기의 구조와 기능은 어떠한가?

쌍떡잎식물의 줄기는 1기 성장으로 방수성 표피, 피질(광합성세포, 지지, 저장세포), 관다발조직(물관과 체관), 중심 속(영양소 저장 및 제공기관)으로 이루어져 있다(밖에서 안의 순서). 줄기의 각 절마다 곁눈이 위치하며, 호르몬의 조절로 인해 가지로 성장한다. 줄기의 2기 성장은 관다발 형성층과 코르크 형성층의 세포분열에 의해 일어난다. 관다발 형성층은 줄기의 직경을 증가시키는 2기 관다발과 2기 체관을 생산한다. 코르크 형성층은 줄기의 바깥을 덮는 방수성 코르크세포를 형성한다. 줄기는 영양분을 저장하거나 가시나 덩굴손을 형성하도록 특성화될 수 있다.

## 44.6 뿌리의 구조와 기능은 어떠한가?

뿌리의 1기 성장 결과 바깥쪽에 표피 그리고 안쪽에 물관과 체관의 관다발원통, 그리고 이들 사이에 피층을 형성한다. 뿌리 끝의 정단분열조직은 뿌리골무에 의해 보호된다. 뿌리의 표피세포는 토양으로부터 물과 미네랄을 흡수한다. 뿌리털은 표피세포에서 돌출된 것으로, 흡수를 위한 표면적을 증가시킨다. 대부분의 피층세포는 광합성으로부터 만들어진 여분의 당을 저장(보통 녹말의 형태로)한다. 피층의 가장 안쪽 층은 토양으로부터 관다발원통으로 물과 미네랄의 수송을 조절하는 내피이다. 관다발원통의 바깥층은 관다발원통에서 미네랄의 수송을 조절하고 측근을 생성하는 것을 돕는 내초이다. 뿌리의 2기 성장은 줄기의 2기 성장과 유사하다.

## 44.7 식물은 어떻게 영양소를 얻는가?

식물영양소는 표 44-2에 기술되어 있다. 물과 용해된 미네랄은(카스파리안 선에 의해) 내피세포의 원형질막을 통해 이동하기 이전까지는 세포벽을 통과하거나 표피세포와 피층세포의 공간을 통해서 확산될 수 있다. 이러한 막은 물과 선발된 영양소가 관다발원통으로 들어갈 수 있도록 한다.

대부분의 미네랄은 능동수송에 의해 토양으로부터 뿌리털로 흡수된다. 이러한 미네랄들은 원형질연락사를 통해 뿌리의 내피와 내초로 확산된다. 미네랄의 흡수는 토양수보다 세포내부에서 더 높은 농도를 야기하기 때문에 물은 고농도의 미네랄을 따라 표피의 원형질막, 피층 또는 내피세포를 가로질러 관다발원통으로 이동한다. 많은 식물들은 뿌리와 균류가 상호작용하여 토양으로부터 양분을 흡수하는 데 도움이 되는 균근이라 부르는 뿌리-균근 복합체를 만든다.

콩과식물들은 뿌리에 침투하는 질소고정 박테리아와 상호작용하면서 진화해왔다. 식물은 박테리아에 당을 제공하고, 박테리아는 대기 질소를 식물이 흡수할 수 있는 암모늄으로 전환시키는 데 당의 일부를 사용한다.

## 44.8 식물은 어떻게 물과 미네랄을 뿌리로부터 잎으로 운반하는가?

응집력-장력 메커니즘으로 물관의 기능을 설명한다. 물 분자는 수소결합에 의하여 다른 물 분자와 결합한다. 그 결과 응집력은 물관 내의 물을 마치 쇠사슬처럼 붙잡는다. 증산작용으로 물 분자가 잎으로부터 증발하는 동안 수소결합은 증발한 물 분자를 대체할 다른 물 분자를 물관을 통해 위로 끌어올린다. 미네랄은 물에 용해된 상태로 물관을 통해 위로 이동한다. 잎의 기공과 어린 표피는 물의 증발을 조절한다(증산작용). 기공의 열림은 구멍을 형성하는 공변세포의 모양과 체적에 의해 조절된다. 열린 기공은 더 빠른 증산작용을 허용한다. 대부분의 식물은 낮 동안 기공을 연다(광합성에 필요한 이산화탄소를 수용하는 것); 기공이 열리게 되는 자극은 빛과 공변세포의 낮은 이산화탄소 농도이다. 식물이 너무 많이 물을 잃는다면 앱시스산이 공변세포가 기공을 닫도록 유도한다.

## 44.9 식물은 어떻게 당을 수송하는가?

압류 메커니즘으로 체관에서의 당 수송을 설명할 수 있다. 당을 합성하는 부위에서(예로 잎) 당을 체관으로 내보낸다. 높은 당 농도는 삼투현상에 의해 물을 체관으로 끌어들여 체관의 증수압을 증가시킨다. 식물의 다른 부분(예를 들어 열매)에서는 체관에서 당의 농도를 감소시켜 삼투압을 통해 물을 공급받는다. 물과 용해된 당은 체관에서 수압이 높은 곳으로부터 낮은 곳으로 이동한다.

# 개념을 통한 이해

## 선택형 문제

**1.** 원뿌리계의 설명으로 맞는 것은?
a. 쌍떡잎식물의 특징이다.
b. 잎이 완전히 성장표피당원으로 역할한다.
c. 후막세포로 채워져 있다.
d. 흰 삼사도 원뿌리계이다.

**2.** 공변세포의 설명으로 맞는 것은?
a. 주로 잎의 위 표면에 있다.
b. 줄어들면서 기공을 연다.
c. 엽록소가 없다.
d. 앱시스산에 반응하여 기공을 닫는다.

**3.** 나무 껍질에 대한 설명으로 맞는 것은?
a. 표피조직의 한 형태이다.
b. 관다발 형성층을 포함한다.
c. 당을 합성하여 뿌리로 이동시킨다.
d. 주로 살아있는 코르크세포로 이루어져 있다.

**4.** 물에 용해되어 있는 미네랄에 대한 설명으로 맞는 것은?
a. 능동수송에 의해 뿌리표피세포로 들어간다.
b. 세포의 경로로 뿌리를 통해 관다발원통으로 들어간다.
c. 체관을 통해 잎까지 수송된다.
d. 확산을 통해 뿌리 피층세포에 들어간다.

**5.** 다음 중 증산에 대한 설명은?
a. 뿌리잎의 결과로 일어난다.
b. 물관부에서 일어난다.
c. 체관을 통해 잎까지 수송된다.
d. 확산을 통해 뿌리 피층세포에 들어간다.

**6.** 다음 중 2기 성장을 일으키는 조직은 무엇인가?
a. 정단분열조직
b. 관다발 형성층
c. 끝눈
d. 유세포

**7.** 카스파리안 선은 뿌리의 에 있다.
a. 내초
b. 표피
c. 내피
d. 물관

**8.** 다음 중 쌍떡잎 식물의 특징은 무엇인가?
a. 수염뿌리계의 특징
b. 꽃잎 부분이 3의 배수로 형성
c. 평행으로 나란히배열된 잎맥
d. 줄기에 원형으로 배열된 관다발

## 빈칸 채우기

**1.** 식물은 __________세포의 분열과 딸세포로의 분화를 통해 성장한다. 이러한 분열세포들은 두 부위에 위치한다: __________으로 불리는 줄기나 뿌리의 끝에, 그리고 __________으로 불리는 줄기와 뿌리를 따라 기둥 내부에. 어떤 것이 1차 성장을 책임지는가? __________ 어떤 것이 2차 성장을 책임지는가? __________

**2.** 식물체의 3가지 조직계는 __________, __________, __________이다. 식물체의 바깥 표면을 덮는 것은 무엇인가? __________ 식물체에서 물, 미네랄, 그리고 당을 수송하는 곳은 무엇인가? __________ 녹말을 저장하는 곳은 어디인가? __________

**3.** 물은 식물뿌리와 줄기 내부에 있는 __________의 속이 빈 관 속을 통해 위로 이동하며, 두 종류의 수송세포인 __________와 __________를 포함한다. 이러한 관 내부의 물 분자는 __________으로 불리는 힘에 의해 서로 연결된다. 이 힘은 __________으로 불리는 과정에 의해 잎에서 물이 증발함에 따라 물 분자의 사슬이 식물체 위로 끌어올려지도록 한다. 잎 표피의 __________는 잎으로부터 증발량을 조절한다.

**4.** __________는 당의 공급원으로부터 수용부까지 당이나 기타 유기 분자들을 수송한다. 이 조직에서 수송세포의 형태는 __________으로, 이는 __________이라고 불리는 인접 세포에 의해 지원을 받는다.

**5.** 어린 뿌리의 가장 끝은 __________의 세포에 의해 보호된다. 어린 뿌리의 표면적은 __________으로 불리는 표피세포로부터 돌출된 구조에 의해 증가되며, __________과정에 의해 토양수로부터 그들의 세포질로 미네랄을 흡수한다. 많은 어린 뿌리는 몇몇 미네랄의 흡수를 도와주는 균류와 상호공생 관계를 갖는다; 이러한 뿌리-균류 복합체는 __________으로 불린다.

## 복습문제

**1.** 뿌리, 줄기, 잎의 주요 기능은 무엇인가?
**2.** 육상식물에서 3가지 조직계의 위치와 기능을 설명하라.
**3.** 1기 성장과 2기 성장을 구별하고, 각각에 포함된 세포의 종류에 대해 설명하라.
**4.** 분열세포와 분화된 세포를 구별하라.
**5.** 1기 성장 후의 쌍떡잎식물의 내부구조를 그리고, 표피, 피층, 내피, 내초, 물관부와 체관부를 표시한 다음 각각의 기능을 설명하라. 관다발 내에는 어떠한 조직이 있는가?
**6.** 1기 성장 후의 쌍떡잎식물의 내부구조를 그리고, 표피, 피층, 수, 물관부, 체관부를 표시한 다음 각각의 기능을 설명하라. 2기 성장 후의 구조적 변화는 어떠한가?
**7.** 식물의 세포 유형과 운반물질을 포함한 물관과 체관을 설명하라.
**8.** 뿌리털을 형성하는 세포의 종류는 무엇인가? 뿌리털의 기능은 무엇인가?
**9.** 잎의 구조를 그려라. 어느 부위가 잎에 의한 물의 손실과 이산화탄소의 흡수를 조절하는가?
**10.** 기공의 열고 닫음의 일주기를 설명하라.
**11.** 어떻게 뿌리로부터 물과 미네랄이 흡수되는지 설명하라.
**12.** 물관에서 물과 미네랄이 어떻게 움직이는지 설명하라. 물관에서 물과 미네랄이 한쪽방향으로만 이동하는 이유는?
**13.** 당이 어떻게 체관에서 이동하는지 설명하고, 체관의 액체는 왜 식물의 위 아래로 이동하는지 설명하라.
**14.** 1기 성장 후 줄기의 표면 구조를 설명하라. 눈(buds)은 어디에 위치하고 있으며, 그들의 기능은 무엇인가?

## 개념의 적용

1. 분자 식물학자의 중요한 목적은 질소고정을 위해 유전자를 옥수수나 밀과 같은 농작물에 삽입하는 것이다. 그러한 유전자의 삽입이 왜 유용한가? 이러한 기술이 농장에서 실제로 어떠한 변화를 일으키겠는가?
2. 허리케인이 해안 저지대를 덮칠 때 소금물을 많이 남기게 된다. 많은 육상식물은 그 후 곧 죽는다. 식물은 왜 소금물에 죽는가?
3. 잔디(외떡잎식물)는 쌍떡잎식물이 가지 끝에 그들의 1기 분열조직을 형성하는 것보다 표면 가까이에 그들의 1기 분열조직을 형성한다. 이러한 특징이 어떻게 여름 동안 매주 잔디를 깎고 자라게 하는가? 당신이 만약 쌍자엽 잔디를 가지고 있고 그것을 깎으려 한다면 무슨 일이 벌어지겠는가?

아모포팔러스 타이타넘은 여러 면에서 숨을 막히게 하는 꽃이다! 꽃은 약 1m 정도로 시체 썩는 냄새를 발산한다.

# 45

# 식물의 생식과 발생

CASE STUDY

## 어떤 것은 뜨겁고 고약한 냄새나는 것을 좋아한다!

대부분의 꽃들은 예쁘고 섬세하고 향기로우며 아주 작다. 그리고 꽃들은 주변 환경과 비슷한 온도를 유지하지만 모든 꽃들이 그러한 것은 아니다. 수마트라가 원산지인 시체꽃, 아모포팔러스 타이타넘(*Amophophallus titanium*)을 주목하라(사람들은 좀처럼 그 꽃의 학명을 그대로 해석할 수 없겠지만 아마 이해할 수 있을 것이다.)

높이가 3미터 정도 되는 시체꽃은 생선이나 호박, 짐승의 썩는 듯한 냄새 때문에 이러한 일반적인 이름을 갖게 되었다. 시체꽃은 더욱이 뜨겁기까지 하며 36℃ 정도 되는 증기를 간헐적으로 뿜어낸다. 수마트라 숲 속에서 이 커다란 꽃은 공기 중으로 고약한 냄새를 뿜어 주변으로 퍼뜨리는 굴뚝같은 역할을 한다.

송장파리나 썩은 고기를 먹는 딱정벌레들은 이러한 냄새에 유혹되기도 한다. 그들은 짐승의 시체에 떼 지어 모여 그 속에 알을 낳는다. 그 알들이 깨어나면 애벌레들은 썩은 고기를 먹고 자라 다음 세대의 송장파리나 딱정벌레가 된다. 시체꽃이 시체 썩는 냄새를 방출할 때 이러한 썩은 고기를 먹어 치우는 곤충들을 끌어들이고 자연스럽게 청소부 역할을 하게 된다.

열기를 내거나, 혹은 고약한 냄새를 내거나, 아니면 둘 다 내는 꽃들이 있다. 이와 관련하여 죽은말아룸꽃은 코르시카(Corcica)와 지중해 북부의 다른 섬들에까지 냄새를 풍긴다. 고약한 냄새를 풍기는 시체백합은 시체꽃과 함께 수마트라 숲에서 자생하고 있다. 남아프리카의 다섯 개의 팔을 가진 불가사리 꽃은 지독한 냄새로 파리들을 유인한다 – 믿기지 않겠지만 몇몇 사람들은 집에서 이러한 화초들을 키운다고 한다! 필러덴드론꽃과 앉은부채꽃을 포함한 시체꽃의 여러 비슷한 무리들은 향기가 특별히 공격적이지 않은 열 생성 꽃을 맺는다(물론 앉은부채꽃이 만약 손상을 입게 되면 고약한 냄새를 낸다).

식물은 왜 뜨겁고 지독한 냄새를 낼까? 이러한 문제가 있음에도 식물은 왜 꽃을 생산할까? 그리고 썩은 동물을 좋아하는 파리와 딱정벌레를 꼬여냄으로써 식물들은 어떻게 이득을 취하는 것인가?

## 주요내용



## 45.1 식물은 어떻게 생식을 하는가?

많은 식물들은 무성생식 혹은 유성생식으로 번식이 가능하다. 무성생식의 경우 이미 생성된 모식물(parent plant)과 유전적으로 동일한 식물에서 유사분열을 하여 번식을 하게 된다. 예를 들어 사시나무와 같은 경우 뿌리에서 새로운 싹을 낸다. 블랙베리의 휘어지는 가지나 수평으로 기는 딸기의 줄기는 땅에 닿으면 뿌리를 내리고 새로운 개체로 성장하게 된다(그림 44-13b 참조). 튤립, 나팔수선화, 아마릴리스는 새롭고 작은 둥근 모양의 뿌리를 자라게 함으로써 번식한다.

생물학자들은 어떠한 요인 혹은 그 요인들의 조합이 유성생식의 진화를 유리하게 했다는 것에 동의하지 않는다. 그러나 유성생식의 이점은 중요한 것임에 틀림없다. 왜냐하면 앞서 언급된 식물들을 포함한 대부분의 진핵생물은 적어도 몇 번은 유성생식을 하기 때문이다.

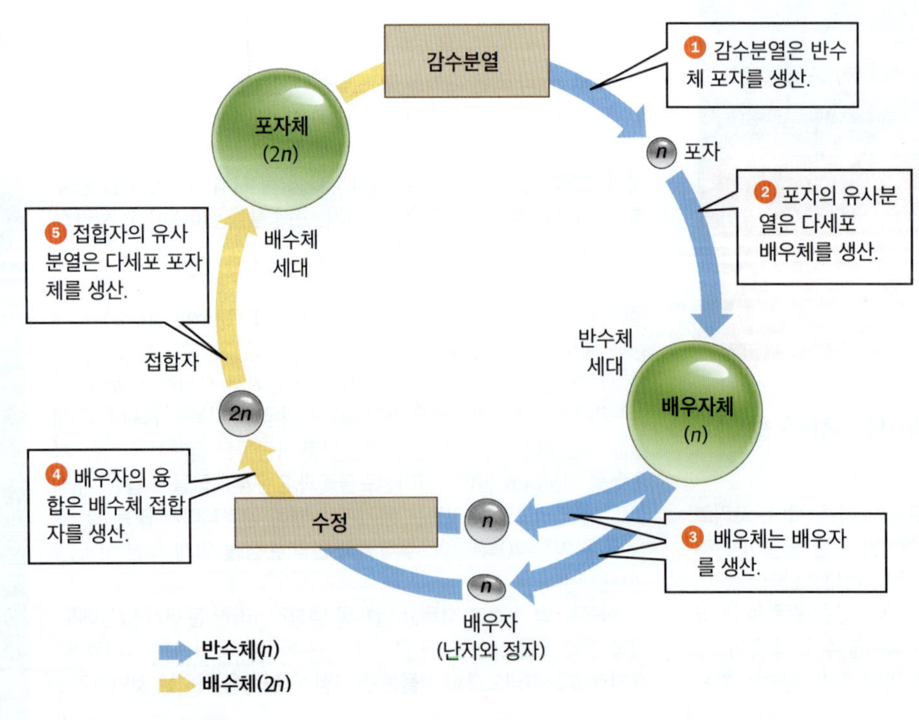


▲그림 45-1 세대교번

### 식물의 유성생활주기는 배수체와 반수체 단계가 번갈아가며 나타난다

식물의 유성생활주기(plant sexual life cycle)는 **세대교번(alternation of generations)**으로 나타난다. 왜냐하면 다세포생물의 배수체와 반수체의 교번이 번갈아가며 반복적으로 일어나기 때문이다(그림 45-1). 다세포생물의 배수체 단계에서부터 시작해 보자. 배수체 단계에서 감수분열을 거친 특정화된 생식세포는 감수분열을 하여 **포자(spores)**❶로 불리는 반수체 세포를 만들어 낸다. 이러한 이유로 배수체 단계를 **포자체(sporophyte)** 혹은 "포자를 맺는 식물"이라고 한다. 왜 이러한 세포들을 배우자가 아닌 포자라고 부를까? 배우자(정자와 난자)는 분열하지 않지만 만약 기회가 되면, 두 배우자는 배수체의 수정된 난자 혹은 **접합자(zygote)** 형태로 합쳐진다. 대조적으로 포자는 결코 배수체 세포를 형성하기 위해 합쳐지지 않는다. 대신 식물의 포자는 유사분열을 겪으면서 **배우체(gametophyte,** 배우자를 포함하는 식물)❷라 하는 다세포 반수체 단계를 만들어낸다. 배우체의 특정화된 생식세포는 반수체 배우자로 분화된다❸. 두 배우자들은 접합자를 형성한다❹. 유사분열에 의해 자라는 접합자는 다음 세대의 다세포 배수체 세대가 된다❺.

세대교번은 모든 식물의 유성생활주기임에도 불구하고 포자체와 배우체 단계의 상대적인 크기와 복잡성이 일생 기간 동안 여러 서로 다른 식물들 종에서 아주 다양하게 나타난다. 예를 들어 이끼류는 배우체가 생활주기를 지배하는 독립된 식물이다(22장 참조). 정자는 배우체 안에 담겨져 있는 난자와 수정한다. 그 결과 접합자는 포자체로 분화하고 이는 배우체의 표면에서 자라면서 영양분 섭취를 위해 배우체에 의존한다. 포자체는 결코 독립식물이 아니다.

양치류는 반수체와 배수체 단계가 자유롭게 일어나는 독립식물이다. 생활주기는 배수체의 포자체가 주도한다. 포자체의 생식세포는—습기가 많

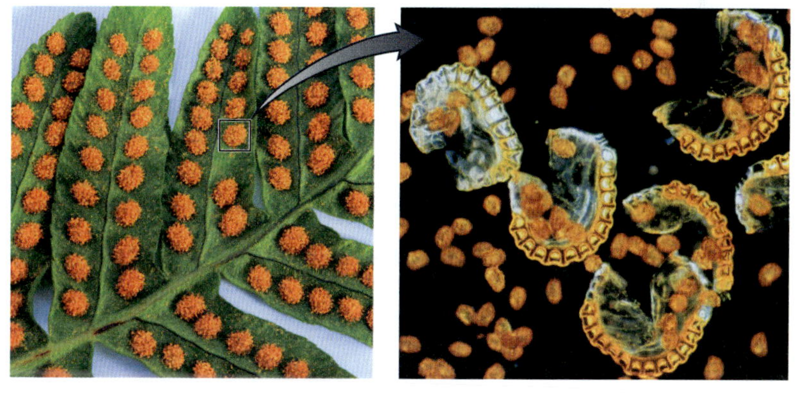

▲ **그림 45-2 양치류의 포자생산** 대부분의 양치류에서 포자체 단계의 잎 뒷면에 있는 생식세포 군집(왼편)은 캡슐을 깨뜨려서 포자를 생산하고(오른편) 바람에 의해 우선적으로 분산된다.

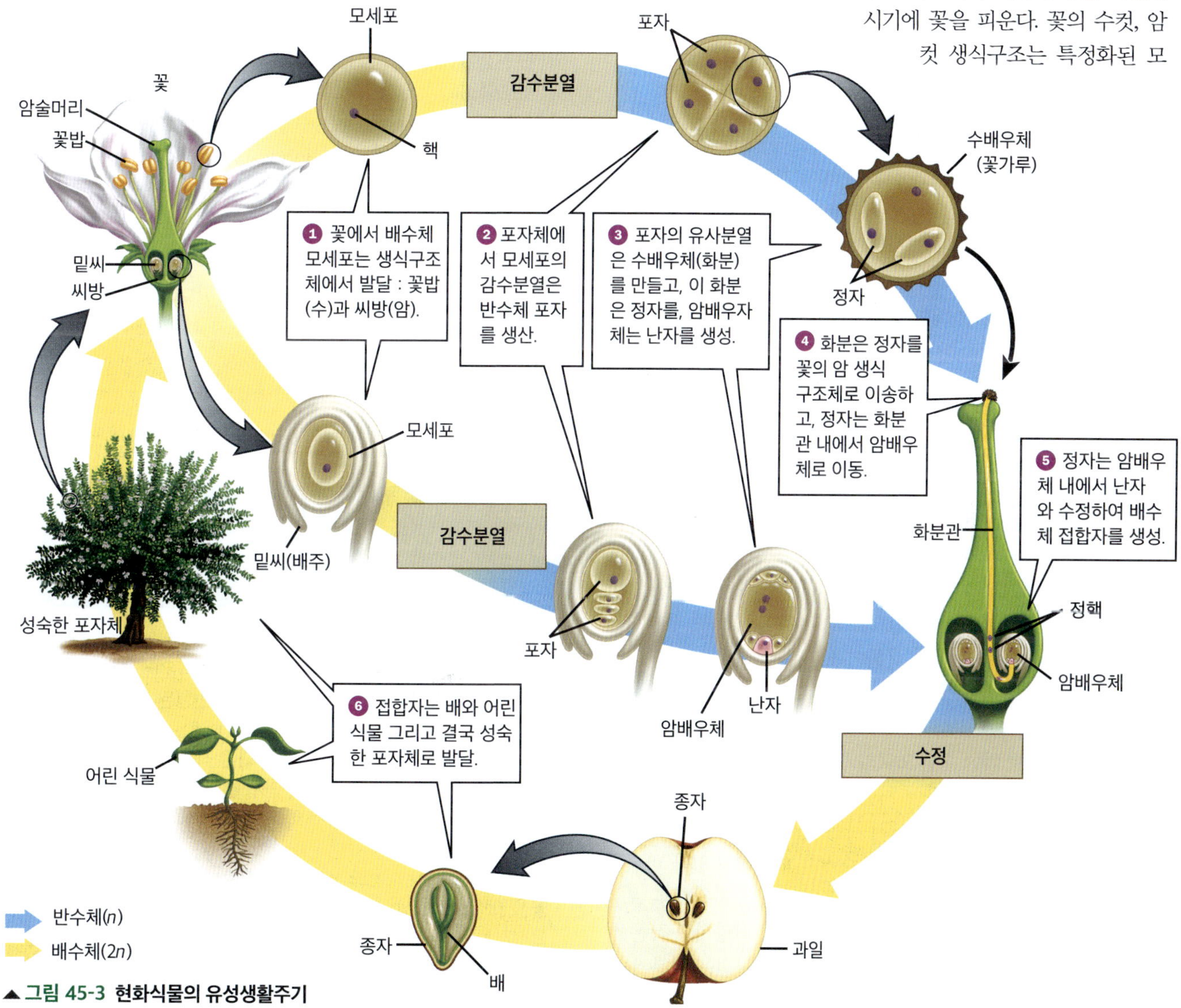

고 그늘진 나무에서 자라는 이끼류–감수분열을 겪으면서 잎 뒷면에 반수체 포자 집단을 만든다(**그림 45-2**). 포자가 축축한 흙에 안착되면 반수체 배우체로 발아한다. 세포는 배우체 안에서 암·수로 분리되어 정자와 난자로 분화한다. 정자는 암컷 생식기에서 난자와 수정하여 배수체 접합자를 만든다. 접합자의 세포분열은 미성숙한 포자체를 만들고, 이들은 배우체 위에서 자라기 시작하지만 곧 뿌리와 잎을 만들어낸다.

겉씨식물(침엽수류 식물)과 속씨식물(현화식물)은 배수체 포자체 단계가 대부분이며, 반수체 배우체는 결코 독립식물이 아니다.

현화식물(flowering plant)의 유성생활주기를 더 자세하게 살펴보자(**그림 45-3**). 다세포 포자체 단계는 정원, 과수원, 정글 그리고 들판에서 흔히 볼 수 있는 식물이다. 이들은 연중 적절한 시기에 꽃을 피운다. 꽃의 수컷, 암컷 생식구조는 특정화된 모

꽃
암술머리
꽃밥
밑씨
씨방
모세포
핵
감수분열
포자
수배우체 (꽃가루)
정자
① 꽃에서 배수체 모세포는 생식구조체에서 발달 : 꽃밥(수)과 씨방(암).
② 포자체에서 모세포의 감수분열은 반수체 포자를 생산.
③ 포자의 유사분열은 수배우체(화분)를 만들고, 이 화분은 정자를, 암배우자체는 난자를 생성.
④ 화분은 정자를 꽃의 암 생식 구조체로 이송하고, 정자는 화분관 내에서 암배우체로 이동.
⑤ 정자는 암배우체 내에서 난자와 수정하여 배수체 접합자를 생성.
모세포
밑씨(배주)
감수분열
포자
암배우체
난자
화분관
정핵
암배우체
수정
성숙한 포자체
⑥ 접합자는 배와 어린 식물 그리고 결국 성숙한 포자체로 발달.
어린 식물
종자
과일
종자
배
반수체($n$)
배수체($2n$)

▲ **그림 45-3 현화식물의 유성생활주기**

세포(*mother cell*, ➊)를 만들고 이는 감수분열을 통하여 반수체의 수컷과 암컷 포자를 생성한다➋. 포자는 유사분열을 통해 반수체의 수컷과 암컷 배우체를 형성한다➌. 암배우체는 꽃 상태로 유지되고 보통 7 개의 세포로 구성되며, 그 중 하나가 난자이다. 수배우체는 **화분립(pollen grain)**이며 다세포생물이지만 단지 3개뿐인 세포이고 그 중 둘은 정자이다. 화분립은 바람이나 동물에 의해 꽃의 암컷 생식구조로 이동한다➍. 꽃가루의 정자 중 하나는 난자와 수정해서 배수체 접합자를 생산한다➎. 접합체는 유사분열을 반복하여 배(embryo)를 만들고 결국 새로운 어른 포자체 식물이 된다➏.

### CHECK YOUR LEARNING

- 식물의 유성생식 생활주기를 기술할 수 있는가?
- 이끼류와 현화식물의 생활주기를 그리고 각 단계의 생식기능을 설명할 수 있는가?

## 45.2 꽃의 기능과 구조는 무엇인가?

속씨식물과 고대 겉씨식물은 종자를 가지고 있고, 그들의 정자는 화분립 내에 들어있다. 그러나 오직 속씨식물만이 꽃을 가지고 있다. 비록 이 두 식물이 종자와 화분립 내에 정자를 가지고 있다고 할지라도 겉씨식물의 화분은 한 식물에서 다른 식물로 바람에 의해서 운반된다. 대부분의 속씨식물의 꽃은 동물(특히 곤충, 새, 박쥐)을 유인하여 화분을 하나의 식물에서 또 다른 식물로 운반한다. 이러한 화분 이송에 대한 교환은 일반적으로 화분 매개자가 약간의 화분이나 한 모금의 꿀을 먹이로 얻는다. 현화식물과 수분매개자 간의 상호 이익 관계는 동물을 유인할 수 있도록 꽃들이 매우 다양한 색깔과 향으로의 진화가 이루어졌다.

모든 겉씨식물들이 그러듯이 화분 이송을 바람에 의존하는 것은 중요하지만 증식의 방법으로는 비교적 덜 효율적이다. 그 이유는 많은 화분립은 그들의 목표물에 도달하지 못하기 때문이다. 화분 이송을 동물에 의존하는 것은 운반 효율을 상당히 증가시킨다. 이러한 증진된 효율은 꽃의 진화적 기원과 속씨식물의 발생을 이해하게 하는데 편리함을 제공한다. 오늘날 동물에 의해 수분되는 속씨식물은 지구상에서 우성 식물이다.

바람에 의한 수분이 동물에 의한 수분보다 전반적으로 덜 효율적이지만 일부 속씨식물 종에서는 바람에 의한 수분으로 회귀하고 있다. 바람에 의한 수분으로의 진화적 회귀는 속씨식물 종이 너무 적은 동물 수분매개자에 처한 환경에서 신뢰할 만한 증식을 책임질 수 있겠는가라는 가정에서 나온 것이다. 오늘날 약 10% 정도의 속씨식물 종만이 바람에 의한 수분에 의존하고 있다. 바람에 의한 수분을 하는 속씨식물, 즉 참나무, 단풍나무, 자작나무, 포플라와 같은 낙엽성 나무와 쑥, 풀, 돼지풀과 같은 다양하고 작은 식물이 여기에 해당한다. 우리가 "Health Watch : 당신은 화분 알레르기가 있는가?"에서 살펴본 것처럼 사람들에게는 불행하게도 바람에 날린 화분이 알레르기 환자의 콧속으로 들어가고 만다.

### 꽃은 속씨식물의 생식구조이다

**꽃(flowers)**은 속씨식물의 생식구조로 배수체인 포자체에 의해 생성된다. 페츄니아, 장미, 백합과 같은 **완전화(complete flower)**는 변형된 잎인 4개 부분으로 구성된다. 즉, 꽃받침, 꽃잎, 수술 그리고 심피로 구성된다. **꽃받침(sepals)**은 꽃 아래에 위치한다. 장미, 딸기, 사과와 같은 쌍떡잎식물의 꽃받침은 보통 초록색의 잎사귀처럼 생겼다(**그림 45-4a**). 수선화, 튤립, 아마릴리스와 같은 외떡잎식물(**그림 45-4b**)은 전형적으로 꽃받침이 꽃잎과 비슷하다. 쌍떡잎식물과 외떡잎식물에서 꽃받침은 꽃의 나머지 세 구조가 발달하는 동안 그대로 유지되어 꽃봉오리를 둘러싸고 보호한다.

꽃받침 바로 위에는 **꽃잎(petal)**이 있고 이는 화사한 색과 향기를 발산하여 잠재적인 수분매개자들에게 자신의 위치를 알린다. 수컷의 생식구조인 **수술(stamens)**은 꽃잎 바로 위에 붙어있다. 각각의 수술은 보통 꽃가루를 만들어내고 꽃밥(anther)을 포함하고 있는 가느다란 **수술대(filament)**로 구성된다. 꽃의 중심 부위에는 **심피(carpel)**라고 하는 하나 혹은 그 이상의 암컷 생식구조가 있다(그림 45-4a 참조). 전형적으로 심피는 꽃병 모양이고, 가늘고 긴 **암술대(style)** 꼭대기엔 끈끈한 **암술머리(stigma)**가 있다. 암술대는 암술머리를 심피 아래의 씨방(ovary)과 연결한다. 씨방 안에는 하나 혹은 그 이상의 **배주(ovules)**가 들어 있다; 암배우체는 각각의 배주 안에서 생성된다. 수정 이후 각각의 배주는 **종자(seed)**가 되고, 이는 작은 배 식물로 구성되고 배를 위해 영양분을 저장한다. 씨방은 종자를 싸고 있는 열매로 발달한다.

**불완전화(Incomplete flowers)**는 꽃의 4개 부분(꽃받침, 꽃잎, 수술, 심피) 중 하나 이상이 결여된 것이다. 예를 들어 잔디꽃(그림 45-8 참조)은 꽃잎과 꽃받침 둘 다 없다. 만약 불완전화가 수술과 심피 또한 없다면 이를 **불완전꽃(imperfect flower)**이라 한다. 불

**CASE STUDY CONTINUED**

### 어떤 것은 뜨겁고 고약한 냄새나는 것을 좋아한다!

실제로 시체꽃은 오로지 수술과 심피로만 구성된 별개이면서 약간 불완전한 암수 꽃이다. 꽃은 크고, 다육질인 가운데 줄기의 바닥에 모여 있으며 적갈색 꽃병과 비슷한 거대한 변형된 잎으로 둘러싸여 있다. 이 놀라운 구조는 이틀만에 꽃을 피운다. 화분을 생산해내는 식물에서 암꽃은 수정하지 않고 대신 다른 식물을 수정하게 하는 방법을 어떻게 보장하는가? 암꽃이 먼저 열리고 수컷 꽃이 피는 시기에서는 시들어 버린다. 따라서 화분은 암꽃이 피는 다른 시체꽃 식물에만 옮겨진다.

미국 전역에 있는 약 35개의 식물원만이 십 년에 한 번 피는 시체꽃을 재배한다. 그래서 이들 식물은 사람들에 의해서 수분된디. 식물학자들은 이 드문 식물들 사이에서 꽃가루를 수집, 저장하고 인공수정 한다. 겉씨식물은 어디에서 어떻게 꽃가루를 생산하는가?

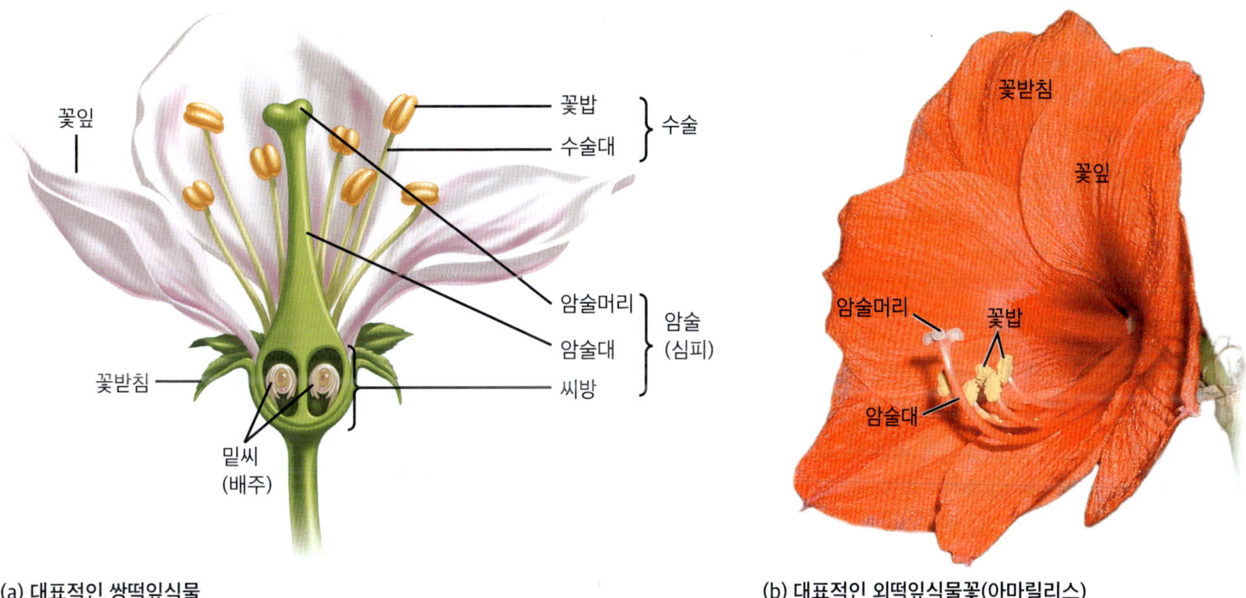


▲ **그림 45-4 완전화** **(a)** 완전화의 네 부분: 꽃받침, 꽃잎, 수술(수컷 생식구조체) 그리고 적어도 하나의 심피(암컷 생식구조체). 이 그림은 완전한 쌍떡잎식물의 꽃을 보여주고 있다. **(b)** 아마릴리스는 3 개의 꽃받침(실제로 꽃잎과 거의 동일), 3개의 꽃잎, 6개의 수술, 3개의 심피(단일 구조체로 융합되어짐)로 구성된 완전한 외떡잎식물이다. 꽃밥은 암술머리보다 아래에 있어 자가수분을 어렵게 한다.

## Health WATCH 당신은 화분 알레르기가 있는가?

바람에 의한 수분은 식물이 엄청난 양의 화분을 대기 중으로 방출할 때만 성공할 수 있다. 불행히도 알레르기로 괴로워하는 사람들은 이런 아주 미세한 수배우체를 들이마시기도 한다. 화분 겉 표면의 단백질은 눈 간지러움, 콧물, 기침과 재채기를 일으키는 등 각 개인의 민감한 면역시스템을 자극시킨다. 만약 당신이 이런 불행한 건초열(화분으로 말미암아 생기는 눈, 코, 목구멍의 열성)에 괴로워하는 사람이라면 당신의 면역시스템은 바이러스에 감염된 것처럼 동일한 증상을 일으키는 민감성에 해당된다.

사람들은 가끔 바람에 의해 운반되고 눈에 띄지 않는 특정한 형태의 화분에만 민감하다. 온도와 기후에 따라 봄에 알레르기가 나타나는 사람은 목본식물의 화분에 반응이 있을 것이고, 반면에 여름과 가을에 알레르기가 있는 사람은 목초나 돼지풀에 의해 야기된다(**그림 E45-1**, 왼편). 한 그루의 돼지풀은 일생 동안 10억 개의 화분립을 방출할 수 있다; 통계에 의하면 북미지역에서 돼지풀은 1년에 약 백만 톤의 꽃가루를 방출한다. 돼지풀 화분은 2마일 상공이나 바다 밖의 400마일 떨어진 곳에서도 수집이 되는 것으로 미루어 볼 때 이 화분을 피하기란 거의 불가능하다.

벌이나 다른 동물들에 의해 수분되는 식물들은 화분이 잘 달라붙고 적은 양만 생산되므로 알레르기의 원인이 거의 되지 않는다. 메역취에 속하는 식물의 경우, 돼지풀이 왕성할 시기에 두드러지게 노란색 꽃이 피어 알레르기의 주범으로 의심받지만 사실은 돼지풀에 의해 알레르기가 발생하는 것이다. 메역취 식물의 노란 꽃들은 벌이나 나비 같은 수분매개자를 유혹하고 많은 사람들이 편안하게 즐길 수 있게 해준다(**그림 E45-1**, 오른편).

▲ **그림 E45-1 돼지풀과 메역취** 바람에 의해서 수분되고 눈에 쉽게 띄지 않는 돼지풀꽃(왼편)은 알레르기를 유발시키는 주요 요인이고, 반면에 곤충에 의해 수분되고 밝은 색을 띤 메역취꽃(오른편)은 그렇지 않다.

**비판적 사고** 연구자들은 공기 중에 많은 양의 돼지풀 화분은 대기의 이산화탄소 양이 증가되고, 이로 인해 지구 온난화 결과를 초래하여 결국, 돼지풀에 의한 알레르기가 심각하게 될 것이라는 가설을 내놓았다. 이 가설의 기초를 이루는 추론을 설명하고, 가설을 시험하는데 도움이 될 수 있는 실험을 기술하라.

완전한 꽃을 피우는 식물은 암꽃과 수꽃을 분리하여 생산한다. 때때로 홀로 서식하는 불완전화의 예로 호박꽃(**그림 45-5**)이 있다. 다른 불완전화는 암꽃과 수꽃이 각각 분리된 채 존재하고 암컷식물이 열매를 생산한다. 그 예로 미국 호랑가시나무 암그루는 장식으로 쓸 수 있는 빨간 열매를 맺어서 종종 사람들이 장식하는데 사용하기도 한다(일부 수그루가 암그루를 수분시킬 수 있도록 가까이 있어야 함에도 불구하고).

▲ **그림 45-5 불완전한 암꽃과 수꽃** 호박꽃과 같은 덩굴식물은 분리된 암꽃(왼편)과 수꽃(오른편)을 갖고 있다. 암꽃의 아래쪽에 있는 씨방으로부터 작은 호박(실제로 열매)이 만들어지는 것을 주시하라.

**비판적 사고** 동일한 식물에 암수 꽃이 분리된 종에서 자연선택은 서로 다른 시간에 수컷과 암컷 꽃이 피고 있는 각 개체를 왜 선호하는가?

## 화분립은 수배우체이다

수배우체는 꽃의 꽃밥 내에서 생성된다(**그림 45-6**). 각각의 꽃밥은 화분낭이라 하는 4개의 방으로 구성된다. 각각의 화분낭 안에는 수백에서 수천 개의 배수체 **소포자 모세포(microspore mother cells)**가 형성된다①. 각각의 소포자 모세포는 4개의 반수체 **소포자(microspores)**를 생산하기 위해 감수분열(9장 참조)을 한다②. 이때 각각의 소포자는 2개의 세포로 구성된 미성숙한 수배우체이며, 이는 꽃가루의 가장 큰 부분을 차지하는 큰 **관세포(tube cell)**와 관세포의 세포질 내부에 존재하는 더 작은 **생식세포(generative cell)**로 이루어져 있다③. 생식세포의 유사분열은 2개의 반수체 정자세포를 만든다④. 성숙해짐에 따라 화분립은 거친

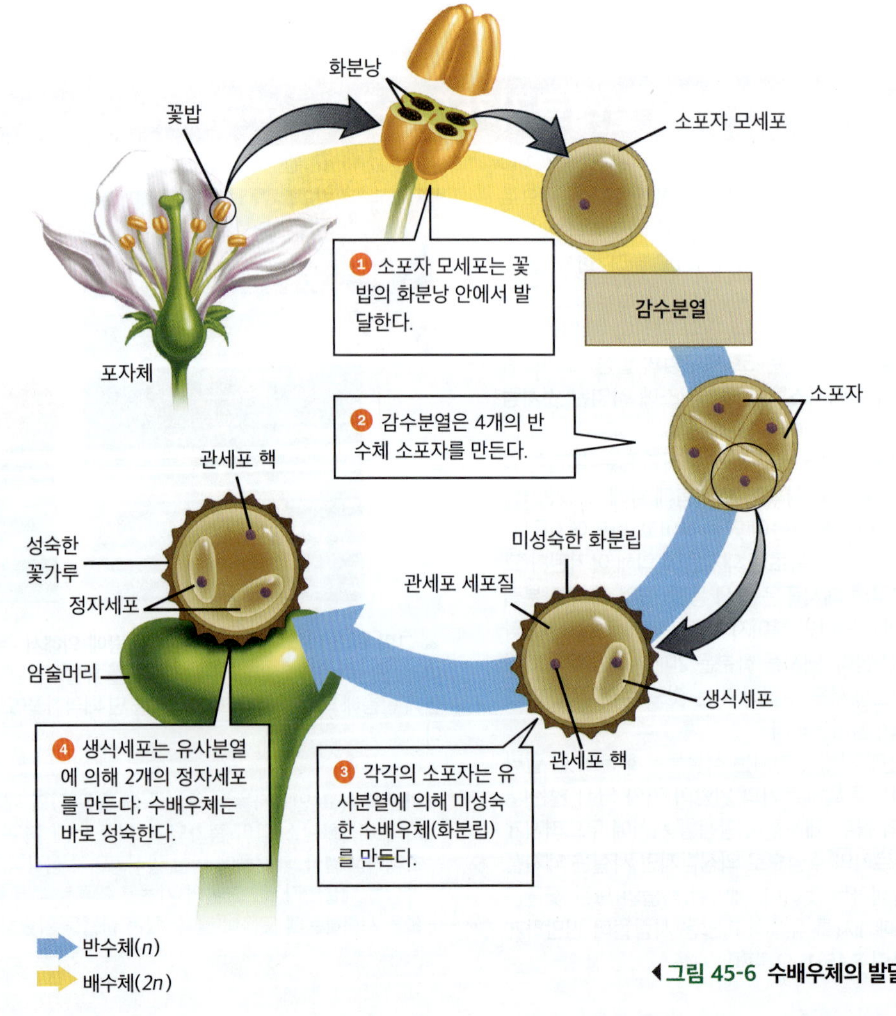


◀ **그림 45-6 수배우체의 발달**

▲ 그림 45-7 **화분립(꽃가루)** 많은 꽃가루의 단단한 외피는 종의 특성과 모양에 따라 정교하게 조각되어 있는 모습을 보여주고 있는 전자현미경 사진

▲ 그림 45-8 **바람에 의해 수분되는 꽃(풍매화)** 풀들의 꽃은 바람에 노출된 꽃밥(매달려 있는 노란색 물체)으로 인해 바람에 의해 수분된다.

방수막으로 둘러싸여지고 식물종의 특징일 수도 있는 들어간 부분과 돌출된 부분이 교차되어 정교한 규칙 모양을 띠기도 한다(**그림 45-7**). 겉면을 둘러싼 이 막은 암컷 심피까지 이동하는 동안 정자를 보호한다.

꽃가루가 성숙되면 화분낭은 쪼개져 열린다. 동물에 의해 수분되는 충매화는 수분매개자가 와서 문지르고 묻힐 때까지 화분을 꽃밥에 약하게 부착시킨다. 잔디(**그림 45-8**)나 참나무와 같이 바람을 이용하여 수분되는 풍매화는 꽃밥이 작게 튀어나와 종종 꽃이 눈에 띄지 않는다. 아주 약한 바람에도 화분이 운반된다.

## 암배우체는 배주 안에서 형성된다

심피의 씨방 안에서 세포덩어리는 배주로 분화한다(**그림 45-9**). 식물 종에 따라 심피는 적게는 하나 혹은 많게는 수십 개의 배주를 갖는다. 각각의 어린 배주는 하나의 배수체 **대포자 모세포(megaspore mother cell)**를 둘러싸는 **외피(integuments)**라는 다세포성 보호외피로 구성되어 있다❶. 대포자 모세포는 감수분열을 하여 4개의 반수체 **대포자(megaspore)**를 생성한다❷. 단 하나의 대포자만 살아남고 나머지 3개는 퇴화한다. 살아남은 대포자의 핵은 세 차례의 유사분열을 하여 8개의 반수체 핵들을 생성한다❸. 원형질막과 세포벽이 생겨나고 세포질은 7개(8개가 아닌)의 세포로 분열하여 암배우체가 된다❹. 각각의 끝부분에는 하나의 핵을 가진 3 개의 작은 세포 그리고 2개의 핵을 지닌 큰 중심세포가 된다. 난세포는 아래쪽 끝부분의 3개의 세포 중

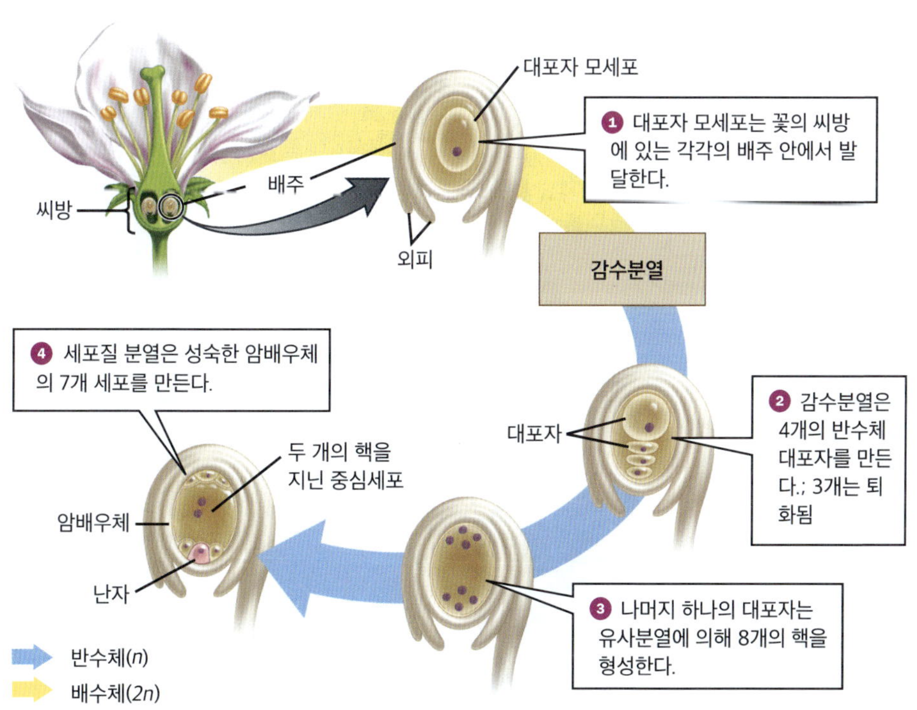


◀그림 45-9 **암배우체 발달**

배주의 외피 입구 가까이에 있는 한 세포에 위치한다.

## 꽃의 수분은 수정을 이끈다

수분은 수정을 위해 필수 과정이지만 동물에서 교미와 식물의 수정은 다른 일로 보이며, 실제로 서로 각각 다른 행위이다. **수분(pollination)**은 꽃가루가 같은 종의 암술머리에 안착이 되어야 일어난다(그림 45-10 ①). 화분립은 암술머리로부터 수분을 흡수하고 팽창하여 쪼개짐으로써 꽃가루 외피를 부풀린다. 꽃가루 알갱이의 대부분을 구성하는 관세포는 꽃가루 외피의 개구부를 통해 늘어나고, 암술대를 통해 구멍을 뚫고, 씨방 내의 배주에 다다를 수 있도록 정자를 내려 보내는 관을 만든다②.

화분관이 배주의 외피에 있는 개구부에 도달하고 암배우체로 들어갈 때 관의 끝부분이 파열되어 2개의 정자를 방출한다. 현화식물에서 특이한 과정은 두 정자가 암배우체 세포와 융합하는 **중복수정(double fertilization)**을 한다는 것이다③. 한 정자가 난자와 수정하여 배수체 접합체를 만들고 이는 배로 형성되어 마침내 새로이 성숙한 포자체가 된다. 두 번째 정자는 큰 중심세포로 들어가 이미 존재하고 있는 2개의 핵과 정자의 핵이 융합하여 3개의 염색체 세트를 가진 삼배체의 핵을 형성한다. 반복된 유사분열을 통하여 중심세포는 종자 안에서 양분의 저장조직으로서 삼배체인 **배젖(endosperm)**으로 발달한다. 암배우체의 다른 5개의 세포는 퇴화한다.

### CHECK YOUR LEARNING

- 완전한 꽃의 구조를 그리고 각 부분의 기능을 설명할 수 있는가?
- 현화식물의 수배우체와 암배우체의 발달 과정을 기술할 수 있는가?
- 수분과 중복수정의 과정을 설명할 수 있는가?

## 45.3 열매와 종자는 어떻게 생기는가?

중복수정 후 암배우체와 배주를 감싸고 있는 외피는 씨방에 둘러싸여진 종자로 발달한다. 꽃잎과 수술은 씨방이 성숙함에 따라 가늘어지고 떨어져 버린다.

## 열매는 씨방에서 발달한다

우리가 열매를 먹을 때는 잘 익은 씨방을 먹는 것이고 가끔은 꽃의 다른 부분까지 먹게 되는 경우도 있다(그림 45-11). 예를 들어 피망은 먹을 수 있는 부분이 씨방의 벽으로부터 생겨난 것이다. 각각의 종자는 씨방 안의 각각의 배주로부터 생성된다. 45.6 절을 배우게 될 때 열매는 항상 먹을 수 있는 게 아니라는 것을 알게 될 것이다. 어떤 것은 단단하고 매우 가볍고, 가시 투성이고, 뾰족하고, 끈적이며 심지어 터지는 것도 있다. 이런 다양한 모양, 색깔, 질감은 모두 같은 기능을 부여한다 : 이러한 기능들은 종자를 모식물로부터 멀리 분산시키는데 도움을 주고 많은 경우 동물의 이동성이라

▼ 그림 45-10 꽃의 수분과 수정

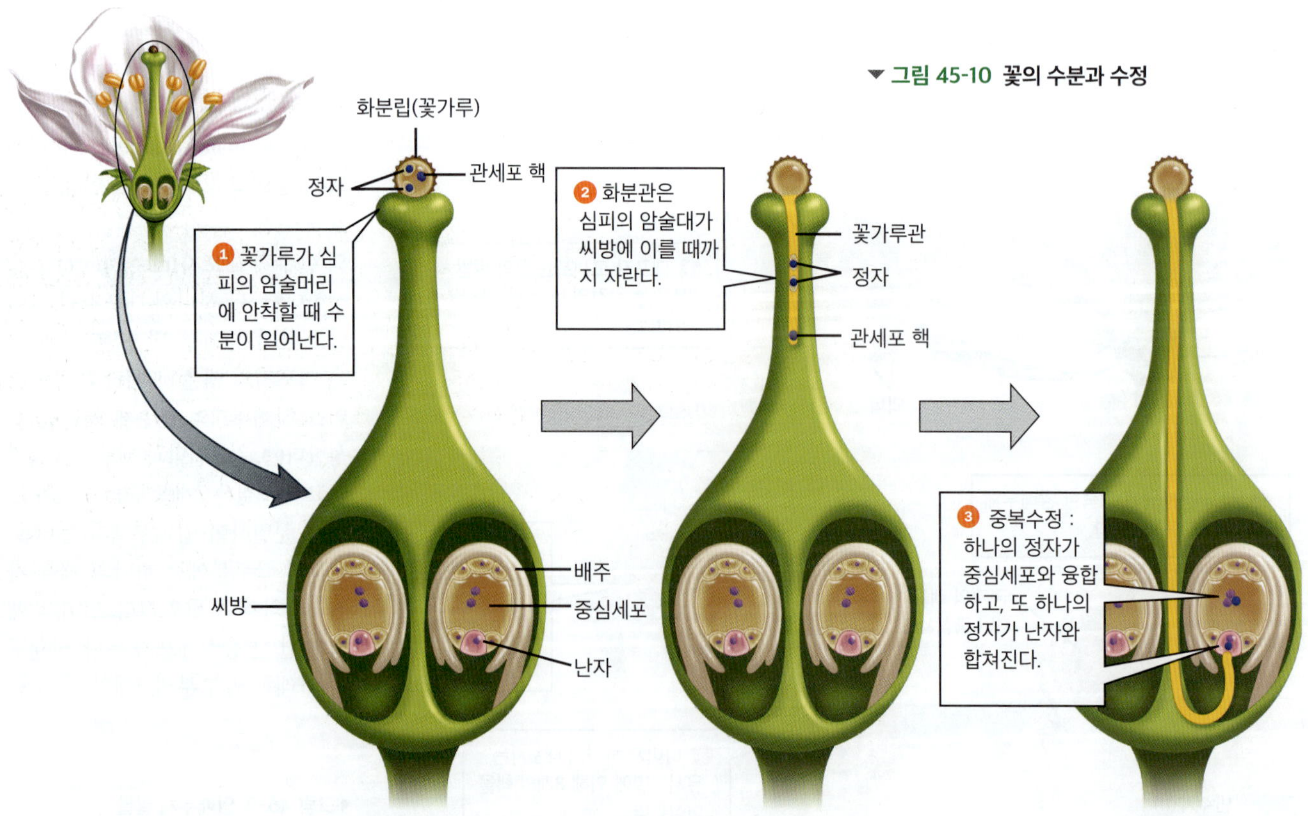

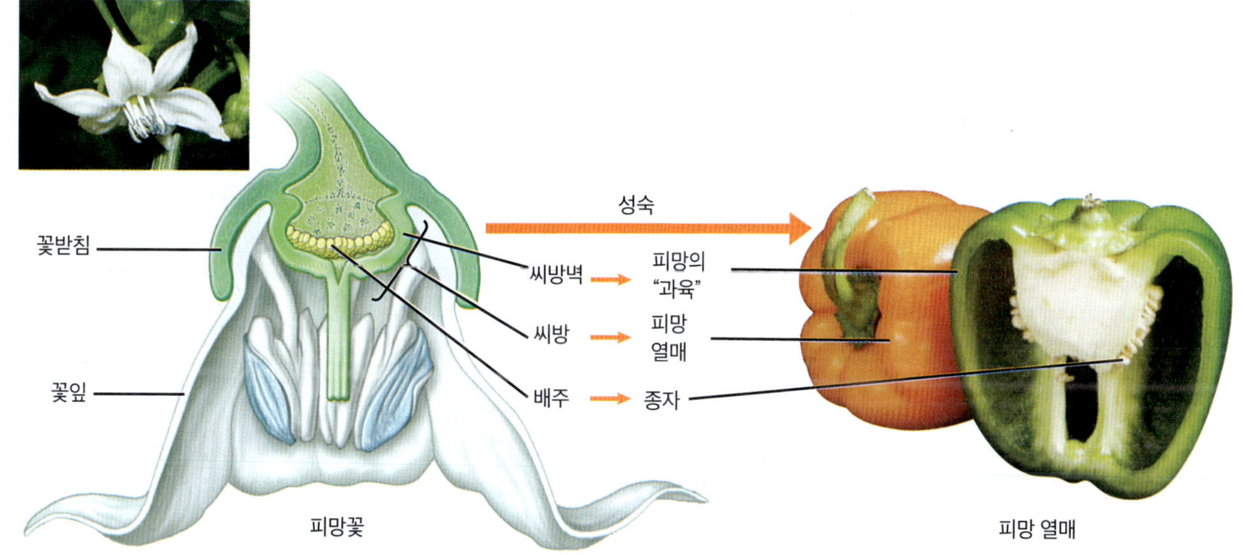


▲그림 45-11 **피망 열매와 종자의 발달** 열매와 종자는 꽃 일부로부터 발달한다. 씨방벽은 열매의 과육으로 성숙하고 많은 배주는 종자로 발달한다.

는 장점을 활용한다.

## 종자는 배주로부터 발달한다

배주가 종자로 변형되는 과정은 세 가지가 있다(그림 45-12a). 첫째, 배주의 외피는 두껍고 단단하여 종자를 둘러싸고 보호하는 **종피(seed coat)**가 된다. 둘째, 삼배체 중심세포가 빠르게 분열한다. 분열되어 나온 딸세포는 모식물로부터 영양분을 흡수하여 영양이 가득한 배젖을 형성한다. 셋째, 접합자는 배로 발달한다.

종자가 성숙하면 배는 싹과 뿌리로 분화되기 시작한다(그림 45-12b, c). 싹 부분은 장차 하나 또는 두 개의 잎을 갖는 짧은 줄기로 구성된다. 하나든 둘이든 이 잎을 **떡잎(cotyledons)** 혹은 자엽이라 하고, 이는 배젖에서 영양 분자를 흡수하여 배의 또 다른 부분으로 옮겨진다. 외떡잎식물의 종자는 그 이름이 말해주는 것처럼 하나의 떡잎을 가진다. 잔디, 벼, 옥수수, 밀과 같은 대부분의 외떡잎식물은 떡잎이 발달하는 과정 중에 약간의 배젖을 흡수하지만 대부분의 배젖은 싹 틔울 때까지 성숙한 종자에 남아있다. 밀가루는 완전히 배젖만으로 만들어지나 맥아는 배로 만들어진다. 외떡잎식물의 배는 한 쌍의 엽초로 봉해져 있다. 그중 하나는 자라나는 뿌리를 둘러싸고, 다른 하나는 자라나는 싹의 끝을 둘러싸고 있는 **자엽초(coleoptile)**이다.

쌍떡잎식물의 종자는 2개의 떡잎을 가진다. 완두콩, 콩, 땅콩, 호두와 같은 대부분의 쌍떡잎식물의 떡잎은 종자가 발달하는 동안

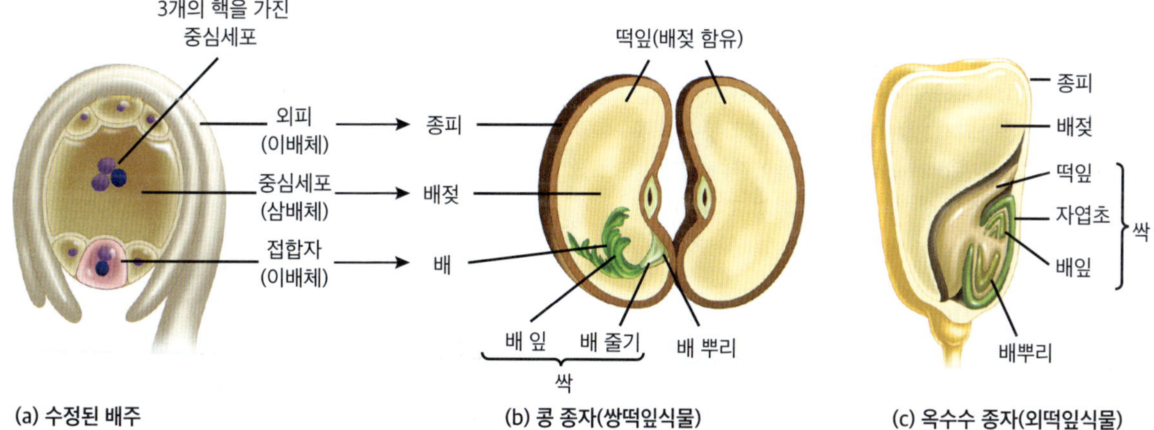


▲그림 45-12 **종자의 발달** **(a)** 배는 접합자로부터, 배젖은 삼배체 중심세포로부터 발달한다. 그리고 배주의 외피는 종피를 만든다. **(b)** 쌍떡잎식물 종자에서 2개의 떡잎은 발아하기 전에 대부분의 배젖을 흡수한다. **(c)** 외떡잎식물의 종자는 하나의 떡잎을 가지고 있고 발아할 때까지 대부분의 배젖을 유지한다.

**Have You Ever Wondered ...**

### 언제 과일을 채소로 간주하였을까?

식물학자에게 과일은 성숙되고, 종자를 포함한 속씨식물의 씨방, 그리고 가끔 꽃의 일부 다른 부분들을 포함하는 것을 말한다. 식물학자들은 채소를 성숙한 씨방을 제외한 먹을 수 있는 부분으로 정의하고 있으며, 꽃을 포함한 브로콜리, 잎을 가진 상추, 뿌리가 있는 당근을 채소로 간주하고 있다. 그러나 요리와 법률의 세계는 다르다. 식물학자들이 과일로 부르는 많은 음식들을 요리사나 요리책에서는 채소로 간주한다. 예를 들면 토마토, 호박, 오이, 파프리카, 고추, 가지 등이 여기에 해당된다. 1893년 미국 고등법원은 적어도 세금 관련 목적으로 토마토를 채소로 규정하였다. 왜냐하면 채소는 주 요리로 제공되고 과일은 후식으로 제공되기 때문이다. 하지만 미국 알칸소주는 두 가지를 다 수용하고 있다. 1987년 South Arkansas Vine Ripe Pink Tomato를 과일과 채소 둘 다 해당된다고 지정하였다!

대부분의 배젖을 흡수한다. 이렇게 성숙한 종자는 사실상 떡잎으로 채워진다. 만약 당신이 콩이나 땅콩의 얇은 종피를 벗기면 두 개의 조각으로 쉽게 나누어지는 것을 볼 수 있다. 떡잎 중 하나에 들러붙은 작고 하얀 핵심부는 배의 나머지 부분이다.

**CHECK YOUR LEARNING**

- 꽃의 각 부분이 어떻게 열매나 종자로 발달하는지 설명할 수 있는가?
- 외떡잎식물 종자와 쌍떡잎식물 종자의 차이점을 기술할 수 있는가?

## 45.4 종자는 어떻게 발아하고 성장하는가?

**발아(germination)**는 종종 '싹이 튼다'라고 말하는데, 종자 내부에서 배를 가진 식물이 자라날 때 일어난다. 이는 종자를 깨고 나와 어린 식물의 형태가 된다. 종자는 발아를 위해 영양분을 비롯해서 따뜻한 온도와 수분이 필요하지만 이상적인 조건이라 해도 금방 성숙한 종자는 즉시 발아되지 않는다. 대신 이제 막 성숙한 종자는 싹이 트지 않는 동안 **휴면(dormancy)**기에 들어간다. 휴면 종자는 일반적으로 춥거나 건조한 상태의 불리한 환경 조건에서 견딜 수 있다.

### 종자 휴면은 적절한 시기에 확실하게 발아가 되도록 도움을 준다

종자 휴면은 두 가지 문제를 해결한다. 첫째, 수분이 많은 열매 안에서 발아되는 것을 방지한다. 이는 열매를 먹고 사는 동물들에게 먹히거나 썩어 가는 과일에서 성장하는 곰팡이에 의해 싹이 공격당할 수 있기 때문이다. 그들이 생존할지라도 하나의 열매에서 여러 개의 어린 식물로의 발아는 고밀도로 서식하는 상태에서 영양분과 빛을 더 얻기 위해 서로 경쟁하며 자라게 될 것이다. 둘째, 발아하기에 적절한 환경 조건(따뜻한 온기, 습도)은 간혹 발아 후 생존하고 성숙하기 힘든 환경 조건에 처하기도 한다. 예를 들어 온대 기후에서 종자는 보통 늦은 여름에 만들어지고 가혹한 겨울을 겪는다. 대부분의 종자는 온화한 가을에 발아하지 않는다. 그 대신 가을과 겨울에 휴면을 거친다. 발아는 보통 이듬해 봄에 일어난다.

종자 휴면을 깨기 위한 필요조건은 그 식물이 처한 환경과 다양한 메커니즘이 정교하게 맞추어져 있다. 종자 휴면을 깨뜨리는 가장 보편적인 세 요구 조건은 건조, 추위에 노출, 종피의 파괴에 있다.

- ***건조(drying)*** 건조가 필요한 종자는 이를 소화시킬 수 없는 열매를 먹는 동물들에 의해 퍼뜨려진다. 동물들은 종자를 배설물과 함께 배설한다. 공기 중에 노출된 종자는 건조된다. 후에 온도와 습도가 적절해지면 발아한다.
- ***추위(cold)*** 많은 온대와 북극 식물의 종자는 적절한 온도와 습도 이후에 찾아오는 빙점 이하의 온도에 오랫동안 노출되지 않으면 발아하지 않는다. 추운 날씨는 다음 봄이 될 때까지 싹이 트는 것을 방지하는데 필요하다.
- ***종피의 파괴(seed coat distruption)*** 종피는 발아가 일어나기 전에 풍화되거나 동물의 소화관을 거치면서 일부분의 분해가 필요할 수도 있다. 어떤 껍질은 발아를 억제하는 화학물질을 가지고 있다. 예를 들어 사막에서는 식물의 생활주기를 완성하기 위한 충분한 수분이 없어도 식물이 수 년간 지낼 수 있다. 수많은 사막 식물의 종피는 발아를 막는 수용성 화학물질을 갖고 있으며 강우만이 싹을 틔울수 있도록 이 억제 물질을 씻어낼 수 있다.

일년 내내 무덥고 축축한 열대지역에서의 환경 조건은 발아에 적절하여서 종자 휴면은 훨씬 덜 일반화되어 있다.

### 발아하는 동안 뿌리가 먼저 나오고 그 뒤에 싹이 생긴다

발아하는 동안 배는 물을 흡수하면서 부풀어 오르고 종피를 터뜨린다. 보통 뿌리가 먼저 발생하고 빠르게 성장하여 토양으로부터 물과 무기질을 흡수한다(**그림 45-13**). 많은 물이 싹 부분으로 이동하고 싹의 세포는 길어져 빛이 있는 토양 밖으로 돌출한다.

발아에 필요한 영양분은 종자 배젖에 함유되어 있는 에너지 저장물질인 전분이나 지질(기름)에서 나온다. 쌍떡잎식물은 발아 전에 자엽이 미리 대부분의 배젖을 흡수하고 발아될 때 영양분을 배로 수송한다. 하지만 외떡잎식물의 종자는 대부분의 배젖을 발아 때까지 유지한다. 발아하는 동안 떡잎은 자라고 있는 종자의 배로 양분을 이동시키기 위해 배젖을 분해한다.

대부분의 종자는 땅에 묻히게 해서 배의 예민한 정단분열조직이 발아하는 동안 날카로운 토양 입자로부터 반드시 보호되어야 한다. 근단(뿌리의 말단)의 정단분열조직은 식물의 일생 동안 뿌리골무에 의해 보호된다. 그러나 싹은 발아하는 동안 짧은 시간

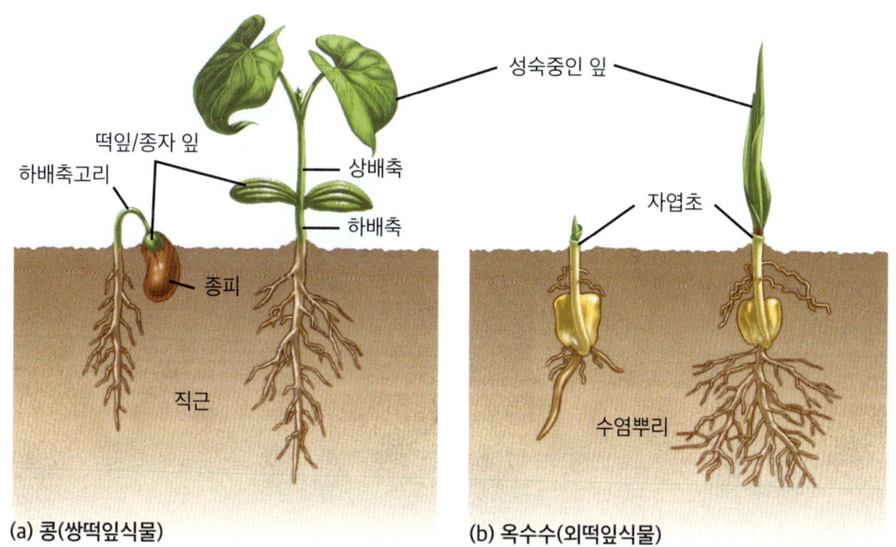


(a) 콩(쌍떡잎식물) (b) 옥수수(외떡잎식물)

**◀ 그림 45-13 종자의 발아** 우선 뿌리는 물과 무기물을 흡수하면서 빠르게 자란다. 이를 이용해서 싹은 흙을 뚫고 나온다. (a) 옆 그림의 콩에서 보여준 것 같이 몇몇 쌍떡잎식물에서 하배축이 굽어 먼저 토양을 미는 고리를 형성하여 아래로 향하는 싹 끝을 보호한다. 완두와 같은 다른 쌍떡잎식물에서 구부러짐은 상배축에서 만들어진다. (b) 옥수수와 같은 외떡잎식물의 싹 끝은 단단한 자엽초 안에서 보호된다.

만 땅에 묻혀 있어 정단분열조직의 일시적인 보호가 필요하다. 쌍떡잎식물은 새싹에 보호 고리를 형성한다. 만일 이 고리가 줄기에 붙어 있는 떡잎 위에 있으면 **상배축고리(epicotyl hook**, 'epi'는 그리스어로 '위'를 의미)라 부르고, 떡잎 아래에 있으면 **하배축고리 (hypocotyl hook**, 'hypo'는 그리스어로 '아래'를 의미)라 한다(그림 44-13a 참조). 이 갈고리 모양은 두꺼운 표피세포로 싸여져 있어 토양을 뚫고 올라올 수 있고 아래로 향한 정단분열조직과 여리고 새로운 잎을 위해 뚫고 나올 통로를 만들어 준다. 호박이나 콩과 같은 하배축 고리를 지닌 쌍떡잎식물에서 길어진 싹은 떡잎을 토양으로부터 바깥의 대기 중으로 내보낸다. 이렇게 떡잎은 전형적인 녹색이 되고 광합성(**그림 45-14**)을 하며 미리 저장된 영양분과 새롭게 합성된 당을 떡잎이 시들기 전에 싹으로 운반한다. 상배축을 지닌 쌍떡잎식물에서 떡잎이 지면 아래에 남아 있으며 배가 떡잎의 영양분을 흡수하면서 시들해진다. 모든 쌍떡잎식물에서 싹은 출현한 후에 곧게 자라게 되고 잎은 햇빛을 향하게 된다.

**▲ 그림 45-14 떡잎은 자라는 식물에게 영양분을 공급한다** 그림에서 나타난 것처럼 호박과 같은 쌍떡잎식물의 떡잎은 토양으로부터 나와서 커지고 광합성을 하게 된다. 주름진 잎은 후에 작아지고 떡잎은 결국 시들게 된다.

옥수수와 같은 외떡잎식물에서 자엽초는 손가락에 장갑을 끼우듯이 싹의 끝을 덮어 보호를 하고 싹 끝이 자라남으로써 토양입자를 밀어내게 만든다. 일단 대기 중으로 나오면 자엽초는 소멸되고 싹이 출현한다. 떡잎은 종자의 잔해가 있는 땅속에 머물고 배젖을 흡수하여 싹으로 운반한다.

### CHECK YOUR LEARNING

- 많은 종자가 발아하기 전에 왜 휴면기를 갖는지 설명할 수 있겠는가?
- 쌍떡잎식물과 외떡잎식물의 발아 과정을 기술할 수 있는가?

### CASE STUDY CONTINUED
## 어떤 것은 뜨겁고 고약한 냄새나는 것을 좋아한다!

뜨거운 꽃의 온기는 수분매개자를 끌어 들여 꽃 향기를 발산하는데 도움이 된다. 시체꽃 줄기는 우리 몸만큼 따뜻한 36.1℃에 이를 수 있다. 이 꽃들은 어떻게 뜨겁게 되는가? 아모포팔러스와 또 다른 열을 발생하는 꽃은 ATP 합성에서 세포호흡을 차단하는 진화된 메커니즘을 가지고 있다. 대부분의 세포에서 세포호흡은 ATP를 합성하기 위해 포도당에서 발생하는 에너지의 약 40%를 사용하고 나머지는 열로 방출한다(8장 참조). 반면에 뜨거운 꽃은 ATP를 거의 합성하지 못한다. 대신에 포도당의 거의 모든 에너지가 열로 방출되어 꽃이 따뜻해진다. 썩은 짐승 냄새 외에도 수분매개자로서의 동물을 끌어들일 수 있도록 진화된 꽃을 가진 또 다른 특징은 무엇인가?

## 45.5 식물과 수분매개자들은 어떻게 상호작용을 하는가?

식물과 수분매개자들은 함께 진화되어 왔다. 즉, 이들은 각각 상대방에게 자연적 선택에 의한 요원으로서 행동해 왔다. 충매화는 유용한 수분매개자를 유혹하면서 꽃은 수분시키지 않으면서 과즙이나 꽃가루만 먹어 치울 수도 있는 불청객을 꺼리도록 하는 특성을 가질 수 있도록 진화되어 왔다. 수분매개자는 적당한 영양분을 주는 꽃을 찾아내고 꽃가루와 꿀을 추출할 수 있는 구조와 감각 및 행동능력을 갖도록 진화되었다. 충매화는 잠재적인 수분매개자에게 제공하는 이익(실제 또는 인지)에 따라 먹이, 성, 육아 등 세 가지로 분류할 수 있다.

## 일부 꽃은 수분매개자에게 양분을 제공한다

많은 꽃들은 벌, 나방, 나비, 벌새 등 약탈하는 동물에게 양분을 제공한다. 심지어 박쥐나 여우원숭이 같은 몇몇 동물에게조차 영양분을 제공한다. 이는 이 장 뒷부분의 "Earth Watch: 수분매개자들, 종자전파자들, 생태계 땜장이(대체자)들"에서 자세히 살펴볼 수 있다. 영양분 측면에서 살펴보면 동물들은 무의식적으로 꽃가루를 꽃에서 꽃으로 옮기는 데 기여한다. 대부분의 날아다니는 수분매개자는 멀리로부터 와서 꽃에 앉는데 이는 주변의 온통 초록색 잎들과는 대조되는 색을 띠기 때문이다. 최고의 대조를 제공하는 색은 수분매개자에 따라 달라진다. 예를 들어 벌을 매개로 수분하는 꽃들은 보통 흰색, 파란색, 노란색 그리고 오렌지색으로서 빨간색은 포함되지 않는다. 그 이유는 벌은 뚜렷한 색으로서 빨간색을 인지하지 못하기 때문이다. 하지만 벌은 자외선을 볼 수 있다(**그림 45-15**). 그래서 벌에 의해 수분되는 많은 꽃들은 황소 눈과 흡사한 중앙의 점이나 중심에 그어진 선을 가지고서 자외선을 반사하는 표식을 갖고 있다. 대부분의 달콤한 향기 즉, 꽃향기는 벌과 같은 수분매개자를 유혹하기 위해 발산하는 것이기 때문에 우리는 벌들에게 감사해야 한다.

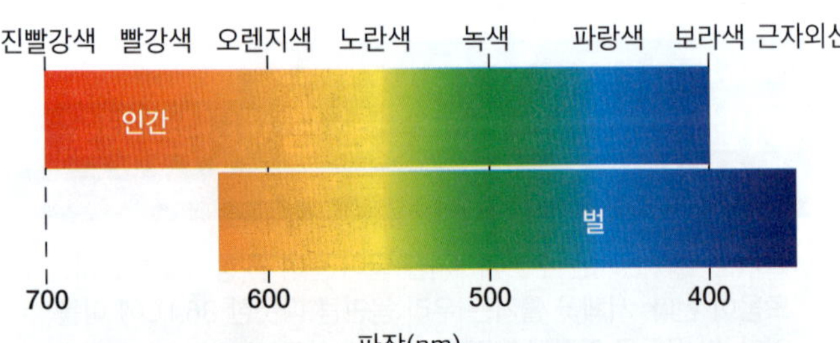


**(a) 사람과 벌의 색각 비교**

**(b) 사람과 벌에 있어서 꽃의 색깔 패턴**

▲ **그림 45-15 벌을 꿀로 안내하는 자외선 패턴** **(a)** 사람과 벌들의 색 시각 스펙트럼은 중복되어 있지만 동일하지는 않다. 사람(위)은 붉은색에 민감하나 벌(아래)은 인식하지 못한다. 벌은 사람 눈으로는 볼 수 없는 근자외선을 볼 수 있다. **(b)** 가시광선(왼편)과 자외선(오른편) 하에서 촬영된 많은 꽃들은 꽃의 꿀과 꽃가루가 함유된 중앙으로 벌을 이동시키는 패턴을 보여준다.

▲ **그림 45-16 수분하는 수분매개자** 벌이 골담초꽃에 화분이 가득 들어 있는 꽃가루를 흩트려서 등에 있는 털에 묻힌다.

벌에 의해 수분되는 꽃은 화분의 교환을 돕는 구조적인 형태를 가지고 있다. 예를 들면 골담초의 꽃잎으로 둘러싸인 틈새에 있는 꿀이다. 새롭게 피어난 꽃에서 꽃가루를 가득 실은 수술들은 이 틈새에 숨어있다. 벌이 어린 꽃으로 날아들 때 수술들이 출현하여 벌의 무게에 의해 꽃잎이 아래로 처지게 함으로써 꽃가루를 등에 묻히게 한다(**그림 45-16**). 늙은 꽃의 경우 심피의 배주가 길게 늘어져 틈새를 통해 끈끈한 암술머리를 밀어 낸다. 따라서 꽃가루로 범벅이 된 채로 벌이 꿀을 찾을 때 암술머리 위에 꽃가루를 남기게 된다.

나방이나 나비와 같은 수분매개자들에게 적응된 많은 꽃들은 곤충들의 긴 혀를 받아들이도록 꿀이 든 길다란 관을 지니고 있다. 밤에 활동하는 나방에 의해 수분되는 꽃은 밤에만 개화한다. 대부분이 밤에도 잘 보이도록 흰색을 띤다. 일부 꽃은 나방을 유혹할 수 있는 강한 사향 냄새를 방출한다. 박쥐에 의해 수분되는 꽃은 보통 흰색이고 밤에 핀다. 딱정벌레와 파리들은 대부분 음식쓰레기나 짐승의 썩은 고기로부터 영양분을 얻으므로 이들을 유혹하기 위해 이러한 곤충에 의해 수분되는 꽃들은 배설물 혹은 사체가 썩는 냄새를 풍기는 것도 있다. 이런 꽃들은 그들의 수분매개자들에게 영양분이 풍부할 것 같은 썩은 냄새만 제공할 뿐 다른 영양분을 주지 않도록 만들어져 있다.

벌새는 몇 안 되는 척추동물 수분매개자이다. 하지만 몇 종류의 포유류도 꽃을 수분시킨다. 왜냐하면 벌새는 아주 약한 후각기관을 가졌기 때문에 벌새에 의해 수분되는 꽃들은 향기를 내는 화합물을 거의 합성하지 않는다. 그러나 이들은 다른 꽃보다 더 많은 꿀을 만들어 내는데, 이는 벌새가 다른 곤충들보다 많은 에너지를 필요로 하고 이를 제공하는 꽃을 더 좋아하게 될 것이기 때문이다. 벌새에 의해 수분되는 꽃은 벌새의 부리에 알맞게 만들어져 있고 다른 벌레들의 접근을 막기 위해 깊은 관 형태를 가진다(**그림**

## Earth WATCH 수분매개자들, 종자분산자들, 생태계 땜장이(대체자)들

현화식물은 수분하고 종자를 퍼뜨리는 동물들과 상호 이해관계로 말미암아 대부분의 지구 생태계에서 우위를 차지한다. 만약 수분매개자들이나 종자분산자들이 감소하거나 사라진다면 생태계 전체가 위험에 처하게 될 수도 있다.

공연히 걱정하는 것처럼 들리는가? 아프리카 해안에서 떨어져 있는 마다가스카르섬에서 여우원숭이라 불리는 영장류는 주요한 수분매개자이면서 종자분산자로 진화되어 왔다. 이곳 마다가스카르섬이 원래 유일한 서식지인 여우원숭이는 가장 중요한 종자분산자이다. 그러나 마다가스카르섬의 인구가 빠르게 증가하여 이 섬 대부분의 산림이 없어지고 여우원숭이는 식용으로 전락하였다. 그 결과 현재 여우원숭이는 세계에서 가장 위협에 처해 있는 척추동물이며, 103종 중 94%가 멸종위기에 놓이게 됐다. 여우원숭이는 마다가스카르섬의 최소 40종에 이르는 나무들의 중요한 종자분산자이다. 이 여우원숭이가 종자를 그대로 삼키고 난 후 원래의 나무로부터 어느 정도 멀리 떨어진 곳에 종자를 배설한다. 여우원숭이의 소화 과정을 거치는 동안 종자는 싹이 트기 좋은 상태로 된다. 결정적으로 위기에 처해 있는 흑백목도리여우원숭이(**그림 E45-2a**)는 종자분산자로서뿐만 아니라 세계에서 가장 거대한 수분매개자이다. 마다가스카르섬이 원산지인 여인목(Travelers Palm, **그림 E45-2b**)은 이 여우원숭이에만 의존한다. 12m 정도의 큰 키를 가진 이 여인목은 크고, 거칠고, 가시가 있는 꽃을 피운다. 꽃가루를 빼내거나 꽃가루가 들어가기 위해서는 꽃이 찢어져야만 되는데 마다가스카르섬에 있는 흑백목도리여우원숭이만이 이러한 행위를 할 수 있는 힘과 기술을 지니고 있다. 식물의 맛있는 꿀을 찾으려면 주둥이 깊은 안쪽에 묻히거나, 또는 우연하게 코나 털에 꽃가루를 묻혀서 그들이 마주하는 다른 여인목에다 옮겨놓을 것이다.

▲ **그림 E45-3 열매 먹는 박쥐는 종자 분산에 중요하다**

수많은 다른 열대우림에서 원숭이와 과일을 먹는 박쥐들은 중요한 종자분산자이다(**그림 E45-3**). 원숭이와 박쥐의 소화관을 거치면 종자가 발아되는데 도움을 준다. 아프리카에서 서식하는 과일 먹는 박쥐는 개체수가 빠르게 감소하고 있다. 그 이유는 해충들에게 민감해서 죽는 것으로 추정된다. 멕시코의 열대우림에서 서식하는 거미원숭이와 짖는원숭이는 12종의 나무 종자를 분산시키며, 서식지의 파괴와 먹이로 인해 사라질 위험에 처해있다.

심지어 규모가 큰 농장들도 수분매개자의 소멸에 직면해 있다. 예를 들어 재배되고 있는 대부분의 과일, 견과류 그리고 많은 채소는 유럽에서 도입된 꿀벌에 의존하고 있다. 이는 매년 150억 달러로 추산되는 수분의 값어치에 해당된다. 2006년 이후로 군집붕괴의 부조화라 불리는 현상이 토종벌 군집을 황폐화시켰다. 가설 중 하나는 농약에 노출된 토종벌들이 약해져서 기생진드기뿐만 아니라 여러 종류의 바이러스에 감염되기 훨씬 쉬운 상태로 만들어진 것이다. 토종벌을 꿀벌로의 대체가 가능할까? 우리의 농업 체계에서 많은 변화 없이는 안 된다. 꿀벌 군집은 조심스럽게 다루어지고 있고 농작물의 수분을 위해서 상당히 먼 거리로부터 운반된다. 대부분의 토종벌은 이송 가능한 군집을 만들지 못하고 꿀벌보다 훨씬 더 느리게 번식한다. 꿀벌은 대부분의 토종벌 보다 훨씬 더 멀리 먹이를 구하러 다닐 수 있어서 거대하고 단일 작물만 재배하는 상업용 농장에 적합하다. 게다가 토종벌이 살아가는 다양한 산울타리, 자연 목초지. 산림의 가장자리가 거대한 상업용 경작지로 대체되어 왔다.

현화식물의 수분매개자와 종자분산자는 종종 서로를 연결하면서 복잡하게 상호 연결된 망을 형성한다. 생태학자 Aldo Leopold의 저서 「A Sand County Almanac」에서 "바퀴와 톱니에서 이가 잘 맞물리게끔 유지하기 위해서는 영리한 땜장이(대체자)가 제일 우선시 되는것이 예방책이다."라고 했다. 인간이 지구의 생태계를 이용하고자 할 때 우리는 반드시 생태계의 결정적인 톱니와 바퀴 관계를 놓치지 않도록 조심해야 한다.

(a) 흑백목도리여우원숭이

(b) 가시 있는 꽃을 가진 여인목

▲ **그림 E45-2 흑백목도리여우원숭이와 이 원숭이에 의존하는 나무**

**비판적 사고** 만일 수분매개자로서 꿀벌을 늘린다면 군집의 붕괴 때문에 이롭지 못할 것이다. 농부의 대안은 무엇이 있겠는가?

▲ **그림 45-17 벌새는 효과적인 수분매개자이다** 무궁화 꽃의 꽃밥은 벌새의 머리에 화분이 묻도록 위치해 있다.

**비판적 사고** 벌(이 꽃에서는 꿀에 도달하지 못함)을 낙담시키지 않으면서 벌새가 접근하도록 장려함으로써 무궁화가 얻는 이점은 무엇인가?

45-17). 게다가 이런 꽃들은 주로 빨간색인데, 이는 벌들에게 잘 보이지 않지만 벌새들을 끌어들이도록 되어 있다.

## 일부 꽃은 교배를 위한 미끼이다

소수의 식물, 특히 우리에게 잘 알려진 난초들은 수컷 말벌, 벌, 파리의 교미 습성을 이용한다. 이런 난초 꽃들은 암컷 말벌, 벌, 파리들의 모양(**그림 44-18**)과 냄새를 흉내낸다(난초는 암컷 곤충들이 수컷을 유인하는 물질과 유사한 것을 뿜어낸다). 수컷 곤충의 교미를 시도하기 위해 진짜가 아닌 모조의 암컷 위에 앉을 때 꽃가루 덩어리는 곤충에 달라붙는다. 호색적인 곤충이 교미를 다시 시도하려고 같은 종의 다른 난초 꽃에 앉을 때 꽃가루 덩어리가 옮겨지게 된다.

## 일부 꽃들은 수분매개자들에게 육아방을 제공한다

아마도 식물과 수분매개자들의 가장 정교한 관계는 곤충이 꽃을 수정시키고 꽃의 씨방에 그들의 알을 낳는 경우에 이뤄진다. 이러한 협정은 흰 유액을 분비하는 식물과 이를 먹고 사는 노린재, 무화과와 무화과살이 종벌, 유카꽃과 유카나방 사이에서 일어난다(**그림 45-19**). 예를 들어 암컷나방이 유카꽃을 찾아들 때 나방은 꽃가루를 모아 돌돌 말아서 단단한 공 모양으로 만든다. 암컷 나방은 꽃가루 공을 다른 유카꽃으로 옮기고 씨방벽을 뚫어 씨방 안에 알을 낳는다. 그런 다음 암컷 나방은 꽃의 암술머리에 공모양의 꽃가루를 묻힌다. 유카꽃을 수분시켜줌으로써 식물은 나방에게 자라는 종자를 애벌레 먹이로 제공한다. 애벌레가 먹는 부분은 종자

▲ **그림 45-18 생식적 기만은 수분을 촉진한다** 수컷 말벌이 교미를 하기 위해서 난초꽃 위에 앉아 있다. 교미의 결과는 말벌이 아닌 난초의 성공적인 수정이다.

▲ **그림 45-19 상호 이해 관계** 애리조나 모뉴먼트 계곡에 꽃이 피어 있는 유카. 유카나방(곤충)은 유카꽃 심피의 암술머리에 있는 화분에 위치해 있다.

의 극히 일부분이기 때문에 유카꽃은 성공적으로 번식할 수 있다. 유카꽃과 유카나방의 상호 적응은 너무 완벽해서 서로의 도움 없이는 서로의 번식이 불가능하다.

**CHECK YOUR LEARNING**

- 꽃과 그의 특별한 동물 수분매개자가 어떻게 수분을 용이하게 하는지를 기술할 수 있는가?

## 45.6 열매는 종자분산을 위해 어떻게 도움을 주는가?

식물에 있어서는 종자가 되도록이면 멀리 퍼져서 자손들끼리 영양분과 햇빛을 얻기 위해 경쟁하지 않도록 하는 것이 도움이 된다. 마침내 진화는 최소한 종자를 먼 서식지로 분산시키는 식물종에서 이루어지며, 비록 원래의 서식지가 적절하지 못할지라도 이들 종들은 계속 생존하여 서식지를 넓혀간다.

### 점착성이 있거나 먹을 수 있는 열매는 동물에 의해 퍼진다

우엉, 토끼풀, 강아지풀, 가막사리풀과 같은 점착성이 있는 열매의 갈퀴, 갈고리, 돌기, 점착성을 가진 털을 이용하여 동물의 털(혹은 인간의 옷)에 들러붙는다(**그림 45-20**). 모식물은 성숙한 열매를 느슨하게 붙들고 있다가 약한 털의 스침에도 열매가 떨어져 나온다. 이런 열매들은 동물이 털을 손질하거나 털 때 모피로부터 떨어져 나온다.

무임승차하는 열매와는 달리 먹을 수 있는 열매는 동물 종자전파자에게 이익을 주는 특징을 가진다. 식물의 열매에 영양가가 있는 당과 전분 그리고 향기를 저장하고 사람과 배고픈 동물을 유혹한다(**그림 45-21**).

복숭아, 자두, 아보카도와 같은 먹을 수 있는 과일은 동물이 먹을 수 없도록 크고 단단한 종자를 가지고 있다. 블랙베리, 라즈베리, 딸기, 토마토 등과 같은 과일은 작은 종자를 가져서 동물들이 삼킬 수 있고 결국, 이러한 종자들은 손상되지 않은 채 배설된다. 일부 종자들은 동물의 소화기관을 거치면서 발아가 될 수 있도록 종자가 긁히거나 부드러워진다. 모체로부터 종자를 이동시키는 것 외에 삼켜서 배설된 종자는 다른 면에서도 이득을 준다. 결국 비료로도 제공하게 되는 것이다! 동물이 과일과 종자를 먹는다는 것은 중요하다. 한 예로 한 포유류가 매운 고추를 먹으려 할 때 매운맛의 고통을 느껴본 동물이라면 그것을 먹는 데 꺼려할 것이다. 포유류가 매운 고추씨를 삼킨다면 그들의 소화기관은 종자를 파괴할 것이다. 반면 조류는 고추의 매운맛을 느끼지 못한다. 더 나아가 조류의 소화기관을 통과한 종자는 그냥 땅으로 떨어진 종자보다 세 배나 더 잘 발아한다. 다음에 당신이 종자가 있는 과일을 먹는다면 어떻게 그 종자가 자연에 퍼지게 되는지 생각해 보기 바란다.

▲ **그림 45-20 도꼬마리열매는 털 달린 동물에 엎어서 휘어진 가시를 이용하여 이동한다** 이 개나 개 주인은 모식물로부터 도꼬마리 열매를 멀리 이동시킬 것이다.

▲ **그림 45-21 잘 익은 열매의 색은 동물을 유인한다** 밝고 빨간색을 지닌 베리는 여름과 가을에 여새를 유혹한다. 성숙한 종자를 지닌 잘 익은 열매만이 달콤하고 밝은색을 띤다.

### 터지는 열매는 종자를 퍼뜨린다

소수의 식물은 터지는 열매를 자라게 해 그것의 종자를 모식물로부터 멀리 떨어지도록 방출한다(**그림 45-22a**). 나무에서 기생하는 난쟁이 겨우살이의 열매는 끈적거리는 종자를 6미터 이상 분산한다. 이러한 폭발적인 종자의 분산은 새로운 서식지가 이루어질

CASE STUDY CONTINUED

## 어떤 것은 뜨겁고 고약한 냄새나는 것을 좋아한다!

아모포팔러스 타이타넘 꽃은 약 500개의 알갱이가 뭉쳐진 올리브 크기이며, 겉은 밝은 오렌지색을 띤 열매로 거대 무소새(hornbill)라 불리는 우림에 사는 새들을 끌어들인다. 이 무소새는 열매를 먹고 그 안에 있는 종자를 분산시킨다. 이러한 독특한 식물과 종자를 분산시키는 무소새는 밀렵과 인도네시아 우림의 대규모 파괴에 의해 위협을 받고 있다. 열매가 종자를 분산 시키는데 이용되는 다른 방법은 무엇이 있겠는가?

때 종이 빠르게 퍼지는 것을 도와주며, 히말라야 발삼이 유럽과 북아메리카에 퍼지고 있는 것이다.

## 가벼운 열매는 바람에 의해 이동한다

민들레, 금관화, 느릅나무와 단풍나무는 바람을 탈 수 있도록 큰 표면을 가진 가벼운 열매를 만들어낸다. 민들레 솜털에 달려 있는 덥수룩한 다발들은 바람이 도와준다면 수 마일을 이동할 수 있는 하나의 작은 종자를 함유한 각각 분리된 열매이다. 대조적으로 단풍나무 열매의 하나밖에 없는 날개는 떨어질 때 프로펠러처럼 빙글빙글 돌게 해 불과 몇 야드 밖에 이동하지 못한다(**그림 45-22b**).

## 물에 뜨는 열매는 물을 통해 퍼진다

많은 열매에 있어서 물에 의한 이동이 분산을 위한 주요 방법은 아니지만 물 위에 잠시 동안 떠서 강이나 시냇물을 따라 이동할 수 있다. 하지만 코코넛 열매는 물에 가장 잘 뜨는 열매이다. 둥글고, 뜨기 쉬우며 방수 처리된 코코넛 열매는 모식물에서 떨어져 종종 모래 해변 주변에서 발견된다. 거기서 발아될 수도 있고 아니면 바다 위를 몇 주나 몇 달 떠다니다 다른 쪽 해변에 정착할 수도 있다(**그림 45-22c**). 그곳에서 발아되어 이전에는 존재하지 않았던 새로운 코코넛 군락을 형성하기도 한다.

### CHECK YOUR LEARNING

- 종자가 모식물에서 분산되는 것이 왜 유익한지 설명할 수 있는가?
- 어떻게 과일 구조가 종자 분산을 돕는지 그 방법을 설명할 수 있는가?

(a) 터지는 열매

(b) 바람에 의해 분산되는 열매

(c) 물에 의해 분산되는 열매

▲ **그림 45-22 바람과 물에 의한 종자의 분산** (a) 히말라야 발삼의 열매가 성숙함에 따라 열매 벽 내에 장력이 만들어진다. 성숙한 열매는 미세한 충격에 깨뜨려지고, 시간당 10마일 속도로 종자는 분산된다. (b) 단풍나무 열매는 나무로부터 떨어질 때 빙빙 돌면서 멀리갈 수 있도록 만들어진 헬리콥터의 글라이더와 흡사하다. (c) 싹이 트고 있는 코코넛은 긴 여정 끝에 곧바로 바다 해변에 정착할 것이다.

**비판적 사고** 많은 과일이 물에 뜰 수 있는데도 불구하고 물이 종자분산이라는 방법으로 왜 가장 우선시 되지 않을까?

CASE STUDY REVISITED

## 어떤 것은 뜨겁고 고약한 냄새나는 것을 좋아한다!

시체꽃, 불가사리꽃, 라플레시아꽃 그리고 죽은말아룸꽃은 썩은 고기를 좋아하는 풍뎅이와 파리들에 의해 수분된다. 화학적 분석에 의하면 이러한 종들은 썩은 시체와 같은 부패한 화학물질을 생산해낸다. 시체가 부패하는 것 역시 세균이 육신을 분해하는 대사 작용의 부산물로 뜨거워진다. 이러한 꽃에서의 열 생산은 아마도 시체에서와 같은 맥락이다. 연구자들은 파리들이 냄새는 동일하지만 따뜻한 꽃을 차가운 것보다 더 선호하는 것을 발견하였다.

시체꽃은 수분을 위한 교환에서 보상을 받지 못하는 것 같다. 이것은 따뜻한 꽃들에게 항상 적용되는 것은 아니다. 하지만 많은 종의 필로덴드론 식물은 열대우림 기후나 많은 집들에서 찾아볼 수 있는데 이들은 다소 쾌적한 향기를 내는 뜨거운 꽃(한 종당 45.5℃ 이상의 온도)을 생산한다. 어떤 종의 꽃들은 따뜻하고 편안한 장소를 딱정벌레들에게 제공하는데 딱정벌레들은 이른 저녁에 핀 이 꽃을 찾아 밤을 보내며 교미한다(**그림 45-23**). 딱정벌레들은 쌀쌀한 야외에서 교미할 때보다 필로덴드론 식물이 꽃을 피울 때 교미를 하면 절반의 에너지를 보존할 수 있다. 딱정벌레들은 꽃가루와 꽃의 다른 부분을 섭취하기도 한다. 따라서 필로덴드론 식물들은 수분을 도와주는 대신 딱정벌레들에게 현실적인 보상을 제공하는 것이다.

▶ **그림 45-23 뜨거운 곳** 딱정벌레들은 꽃잎처럼 변형된 잎으로 둘러 싸여져 있고 온기가 있는 필로덴드론 꽃 무리들로 모여든다.

**비판적 사고** 열을 생성하는 식물은 드물고 이들의 대부분은 진화적으로 오래된 식물군이다. 일부 식물학자들은 온기가 수분매개자인 딱정벌레를 유인하는 초기 적응 가설을 세웠다. 오늘날 대부분의 식물들은 온기가 있는 꽃을 가지고 있지 않고 한 모금의 꿀을 수분매개자에게 공급한다. 오늘날 패스트푸드(fast-food) 꽃들이 왜 훨씬 더 많이 진화했는지에 대해 설명하기 위해서 가설을 발전시켜 보자.

# CHAPTER REVIEW

*비판적 사고와 생각해보기, 선택형문제, 빈칸채우기 질문에 대한 답은 이 책의 뒷부분에 있는 정답란에서 볼 수 있다.*

## 핵심개념의 요약

### 45.1 식물은 어떻게 생식을 하는가?

식물의 유성생식 생활주기를 세대교번이라고 하며, 다세포의 이배체 포자체 세대와 반수체 배우체 세대의 두 과정 모두를 포함한다. 배수체인 포자체 형태에서의 감수분열은 반수체 포자를 생산하고, 포자는 반수체 배우체를 생산하기 위해 유사분열을 행한다. 배우체의 생식세포는 정자와 난자로 분화되고, 이배체인 접합체를 생산하기 위해 융합한다. 접합체의 유사분열은 또 다른 포자 세대를 제공한다. 이끼류에서 포자체는 우성 배우체로 발달하고 절대 독립적으로 살지 못한다. 양치류에서는 포자체가 우성 단계이고 배우체와 포자체는 모두 독립적인 식물이다. 겉씨식물과 속씨식물에서는 배우체가 매우 작고 우성단계이며, 배우체는 매우 작고 결코 독립적인 우성 포자체로 살지 못한다.

### 45.2 꽃의 기능과 구조는 무엇인가?

완전화는 꽃받침, 꽃잎, 수술(수컷 생식기관), 심피(암컷 생식기관), 네 부분으로 구성되어 있다. 꽃받침은 꽃봉우리의 바깥쪽을 감싼다. 대부분의 꽃잎은 밝은색을 띠며 수분매개자를 유혹한다. 수술은 꽃밥을 담을 수 있도록 수술대가 이를 지탱하고 후에 화분으로 발달한다. 심피는 씨방으로 구성되고 암배우체로 발달하며, 암술대는 수분되는 동안 화분이 붙어 있도록 끈적끈적한 암술머리를 갖는다.

현화식물의 수배우체는 화분립이다. 미성숙 화분립은 관세포와 나중에 2개의 정자세포를 만들기 위해 분열하게될 생식세포로 구성된다. 암배우체는 7개 세포에 둘러싸여 있는 8개의 핵을 생산하고 씨방의 배주 내에서 발달한다. 이 중 하나가 난자가 되고 나머지는 2개의 핵을 가진 커다란 중심세포가 된다.

꽃가루 알갱이가 암술에 도착하면 이것은 암술대를 통해 암배우체로 가는 화분관 세포를 신장시킨다. 2개의 정자세포는 암술대를 따라 내려가고, 결국 암배우체로 들어간다. 하나의 정자는 난자와 융합하여 이배체의 접합체를 형성한다. 다른 정자는 2개의 핵을 가진 중심세포와 융합하고 배젖을 만들어갈 수 있는 삼배체 세포를 형성해 나간다.

### 45.3 열매와 종자는 어떻게 생기는가?

열매의 기능은 종자를 분산시키는 것이다. 열매는 종종 꽃의 다른 부분과 함께 성숙해 가는 씨방이다. 종자는 배주로부터 발달된다. 배주의 외피는 종피를 형성한다. 종피의 내부에 있는 종자는 배와 다양하고 많은 양의 영양분을 저장하고 있는 배젖을 가지고 있다.

### 45.4 종자는 어떻게 발아하고 성장하는가?

종자발아는 따뜻함과 수분을 요구한다. 발아에 필요한 에너지는 배젖에 저장되어 있는 영양분으로부터 나온다. 이 영양분은 떡잎에 의해 배로 옮겨진다. 종자는 열매로 성숙된 후에 일정 시간을 휴면 상태로 남아있을 수도 있다. 휴면 상태를 깨고 발아하기 위해서는 일부 종자를 건조한 곳 내지는 차가운 곳에 노출시키거나 또는 종피의 파손이 필요하다. 발아하는 종자에서 뿌리가 제일 먼저 생겨나서 싹으로부터 운반되어온 영양분을 흡수한다. 쌍떡잎식물의 새싹은 연약한 싹의 끝 부분을 보호하기 위해 상배축 혹은 하배축에 고리를 만든다. 외떡잎식물의 싹은 발아하는 동안에 끝을 덮는 자엽초에 의해 보호된다.

### 45.5 식물과 수분매개자들은 어떻게 상호작용을 하는가?

식물과 동물 수분매개자는 서로 자연선택의 요원으로서 작용을 한다. 꽃들은 수분매개자로서의 동물을 향기, 꿀과 같은 먹거리, 그리고 접근하기 쉽고 눈에 잘 띄도록 색깔과 모양을 가지고 유인한다. 일부 꽃들은 짝짓기 하는 배우자와 흡사하게 만들거나 향기를 내는 먹거리를 가지고 수분매개자인 곤충을 속여 유인하기도 한다. 가령 유카 속의 식물과 유카나방처럼 일부 식물들과 그들의 수분매개자들은 완전히 서로 의존하는 관계이다.

### 45.6 열매는 종자분산을 위해 어떻게 도움을 주는가?

부착성이 있는 열매는 동물에 들러붙는다. 먹을 수 있는 열매는 종자에게 손상을 입히지 않으면서 동물의 소화관을 통과한다. 터뜨리기 쉬운 열매는 모식물로부터 종자를 분산한다. 무게가 가벼운 열매는 바람에 의해 운반되며, 떠다닐 수 있는 열매는 물에 의해 분산된다.

## 개념을 통한 이해

### 선택형 문제

1. 쌍떡잎식물의 종자가 싹이 틀 때
   a. 자엽초는 솟아나는 싹을 보호한다.
   b. 싹은 뿌리보다 더 빠르게 발달한다.
   c. 싹은 배젖으로부터 직접 영양분을 흡수한다.
   d. 뿌리골무는 뻗어 가는 뿌리를 보호한다.
2. 다음 중 틀린 것은?
   a. 화분립은 수배우체이다.
   b. 관세포의 핵은 중심세포와 합쳐진다.
   c. 소포자는 유사세포분열에 의해 화분을 만든다.
   d. 암 배우체는 2개의 정자세포를 만든다.
3. 속씨식물에서 암배우체는
   a. 독립된 식물이다.
   b. 10개의 세포를 갖는다.
   c. 대포자로부터 만들어진다.
   d. 배수체 난자세포를 포함한다.
4. 다음 중 옳은 것은?
   a. 나방의 매개로 수분되는 꽃은 보통 하얀색이다.
   b. 꽃은 항상 수분매개자들에게 이익을 준다.
   c. 딱정벌레에 의해 수분되는 꽃은 일반적으로 달콤한 향기를 낸다.
   d. 몇몇의 꽃들은 적외선 빛 하에서 벌들이 인지할 수 있는 문양을 가진 중심으로 끌어들인다.
5. 종자 휴면은
   a. 열대지역에서 흔히 볼 수 있다.
   b. 가끔 습기에 의해 유지된다.
   c. 종피의 부분적인 소화에 의해서 끝난다.
   d. 보통 가을 또는 겨울에 타파가 일어난다.

### 빈칸 채우기

1. 식물의 유성생식 생활주기는 __________이라고 불린다. 이배수체 세대는 __________라고 불린다. 생활주기 단계의 생식세포는 __________(세포분열 형식)을 통해서 포자를 생산한다. 포자는 반수체 세대를 만들어내기 위해 발아하는데 이것을 __________이라고 한다.
2. 꽃을 피우는 식물에서 수배우체는 __________이다. 이것은 꽃의 __________에서 형성된다. 수분은 꽃가루가 같은 종의 식물 꽃의 __________에 도착했을 때 발생한다. 화분립은 암술의 바닥에 있는 씨방에까지 심피의 __________ 통하는 화분관을 자라게 한다. 화분관은 배주에 있는 __________ 구멍을 통해 배주로 들어간다.
3. 현화식물의 중복수정은 하나의 정자세포가 배수체 세포를 형성하는 하나의 난자와 융합할 때 일어나며, 그리고 __________과 두번째 정자는 암배우체의 두 개의 핵을 가진 중심세포와 융합한다. 이 삼배체세포는 __________라 불리는 양분저장 조직을 만들기 위해서 유사분열을 할 것이다. 이 양분은 __________라 불리는 구조체에 의해 발달 중인 식물의 배로 이동한다.
4. 현화식물의 열매는 다른 꽃의 부위로부터 추가적으로 기부받은 것과 함께 꽃의 __________로부터 형성된다. 종자는 __________로부터 형성된다. 종피는 외부상피로부터 또는 이 구조의 __________로부터 발달한다.
5. __________은 씨앗의 배로부터 발생한다. 보통 __________(배 구조)가 맨 처음 출현한다. 외떡잎식물에서 싹은 __________라 불리는 초(껍질)에 의해서 보호받는다. 쌍떡잎식물에서 하배축 또는 상배축에 있는 __________은 정단의 분열조직을 보호하며 잎으로 발달한다.

### 복습문제

1. 일반적인 식물의 유성생활주기를 그려라. 반수체와 배수체의 단계는 어떤 것인가? 어떤 단계에서 배우자가 형성되는가?
2. 완전한 형태의 꽃을 그려라. 수컷과 암컷의 배우체는 어디에서 형성되는가?
3. 현화식물에서 암배우체의 발달을 서술하라. 어떻게 중복수정은 일어나는가?
4. 화분립은 무엇이며 어떻게 형성되는가?
5. 종자의 각 부분은 무엇이며, 어떻게 어린 식물의 발달에 기여하는가?
6. 당신은 바람, 딱정벌레, 벌 그리고 벌새에 의해 수분되는 꽃에서 그 특징들을 서술하라.
7. 배젖은 무엇인가? 암배우체에서 세포는 어떻게 이동하는가? 외떡잎식물과 쌍떡잎식물에서 배젖의 저장 부위를 비교하라.
8. 서로 다른 형태의 종자에서 어떻게 종자 휴면이 깨지는지에 대한 세 가지 메커니즘을 서술하라. 이러한 메커니즘은 어떻게 식물의 전형적인 환경과 관련이 있는가?
9. 종자가 발아하는 동안 외떡잎식물과 쌍떡잎식물은 어떻게 연약한 싹의 끝을 보호하는가?
10. 세 가지 형태의 열매와 이러한 형태의 열매의 구조가 무엇에 의해 종자를 분산시키는데 도움을 주는지 그 메커니즘을 설명하라.

## 개념의 적용

1. 친구로부터 받은 약간의 종자가 당신의 땅에서 자라고 있다. 파종했을 때 아무 일도 일어나지 않는다면 당신은 어떤 노력을 해야 이 종자가 발아하겠는가?
2. 찰스 다윈은 거의 30cm에 이르는 화분관의 기저에서 꿀을 생산하는 꽃을 설명하였다. 그는 여기에 접촉하기 위해서는 30cm의 긴 혀를 가진 나방이나 다른 종류의 동물이 있어야 한다고 했다. 이 말은 옳았고, 이 동물이 곧 나방이었다. 이는 특수한 꽃이 특별한 나방에 의해 수분된다는 것을 확실하게 의미하는 것이다. 이러한 특수성의 유불리는 무엇인가?

# 46

# 환경에 대한 식물의 반응

파리지옥이 닫히도록 해주는 미세한 털(화살표)에 위험하게도 부딪힐 정도로 가깝게 파리 한 마리가 파리지옥 위에 내려앉았다.

## 식충식물들

파리지옥이 대합조개 모양처럼 생긴 잎과 꽃향기를 갖고 주변에 접근하는 파리를 유혹하면서 늪지에서 아주 조용히 기다리고 있다. 파리가 식물 위에 내려앉자마자 잎이 갑자기 닫히고 가시 같은 잎의 끝을 맞물려 닫아 불운한 파리를 잡아먹는다. 일주일 정도의 기간 동안 효소가 파리의 몸을 소화시키고 단백질을 분해하여 질소를 함유하고 있는 분자들을 잎이 다 흡수한 다음 새로운 희생자를 잡아먹기 위해 다시 잎을 열게 된다. 왜 식물이 곤충을 잡아먹기 위해 그렇게 많은 에너지를 소모하는 것일까?

**CASE STUDY**

늪지에서 사는 식물은 특히 질소가 부족해진다. 우리 인간이나 파리가 ATP, 핵산과 여러 종류의 단백질을 합성하는 것과 같은 이유로 식물도 영양분을 필요로 한다. 그러나 산성을 띠고 있는 습지 토양 속에서는 식물이 사용할 수 있는 질소가 부족해지기 쉽다. 산성 조건에서는 식물이 뿌리를 통해 대기 중의 질소를 흡수하여 식물이 사용할 수 있는 암모니아($NH_3$) 형태로 전환시켜주는 질소고정세균이 잘 자라지 못한다. 질소가 부족한 늪지 상황은 식물들이 이 질소 영양소를 획득할 수 있는 효과적인 방법을 선택하게 만들었는데 바로 질소가 풍부하게 들어 있는 동물의 몸속 단백질을 먹고 소화시키는 방법이다. 그 결과로 한 여름에 늪지에서는 소규모의 모험이 많이 일어난다.

무엇 때문에 파리가 파리지옥의 크게 벌린 잎으로 빠져 들어갔는가? 과학자들은 식충식물에 의해 생성되는 3가지 종류의 유인물질들을 찾아내었다. 식물이 방출한 수십 종류의 휘발성 화학물질로 이루어진 꽃향기와 열매와 같은 냄새를 파리는 공기로부터 찾아낼 수 있다. 더구나 포획이 일어나는 잎의 안쪽에서는 태양의 자외선이 쪼여지면 파란색 형광을 방출하게 된다. 우리 인간은 볼 수 없다고 하더라도 이러한 파장의 빛은 곤충을 유인하게 된다. 마지막으로 파리지옥의 함정 가장자리를 둘러싸고 있는 작은 샘에서는 달콤한 과즙을 분비하게 된다. 이러한 죽음의 잎이 곤충에게는 꽃을 닮아 보이게 해준다.

식물은 신경이나 근육을 갖고 있지 않다. 식충식물들이 먹이를 찾아내고, 그들을 잡을 수 있도록 어떻게 그렇게 빠르게 움직이게 하는가? 식물이 온도, 중력, 빛, 수분 가용성 등의 환경 자극과 심지어는 포식자까지 인지하고 반응할 수 있는가? 식물의 놀랄만한 능력에 대해 더 공부하기 위해 읽어보자.

## 주요내용

**46.1** 주요한 식물호르몬에는 어떤 것들이 있는가?

**46.2** 호르몬은 식물의 생활주기를 어떻게 조절하는가?

**46.3** 어떻게 식물은 의사소통을 하며, 자신을 방어하고, 먹이를 잡아먹는가?

## 46.1 주요한 식물호르몬으로는 어떤 것들이 있는가?

**식물호르몬(plant hormones)**은 특정한 세포에서 분비되어 – 종종 물관 혹은 체관을 통해 – 식물체의 다른 곳으로 이동되는 화학물질이다. 여러 종류의 식물호르몬들이 식물의 생활주기의 모든 면에 영향을 주게 된다. 각각의 식물호르몬은 자극을 받은 식물세포의 유형, 식물생활주기의 특정 시기, 호르몬의 농도, 다른 호르몬의 존재와 농도, 식물의 종류 등에 따라 다양한 반응을 일으킬 수 있다. 이 장에서는 6가지 중요한 식물호르몬: 옥신(auxin), 지베렐린(gibberellin), 사이토키닌(cytokinin), 에틸렌(ethylene), 앱시스산(abscisic acid), 화성소(florigen)에 초점을 맞추고자 한다(**표 46-1**). 이들 중에서 에틸렌과 앱시스산은 여러 식물들 사이에서 화학적인 구조와 기능의 많은 부분이 모두 동일하지만 이중 어떤 것들은 유사한 형태이거나 심지어는 동일하지 않는 경우도 있다.

**옥신(auxin)**은 아주 다양한 효과를 나타낸다. 예를 들면 옥신은 발아하는 종자에서 서로 다른 표적세포에 따라 신장을 촉진하기도 하고 억제하기도 한다. 옥신은 측아가 발아하여 곁가지를 형성하는 것을 억제하지만, 뿌리에서는 측근의 형성을 촉진한다. 옥신은 새로 형성된 식물 부위에서 관다발 조직(물관과 체관)의 분화를 촉진한다. 성숙한 식물체에서 옥신은 열매 발달을 촉진하며, 열매와 잎이 미성숙한 상태에서 탈리되는 것을 막아준다. 옥신이 가장 많이 합성되는 장소는 줄기의 정단분열조직(생장이 일어나는 줄기의 끝)이며, 이곳으로부터 옥신이 식물체 전체로 이동된다. 옥신의 일부는 어린 잎에서도 합성되며, 또한 발달 중인 종자와 식물의 배아에서도 합성되어 발달과 발아에 영향을 주게 된다.

농부들이 작물 생장을 조절하는데 사용할 수 있는 여러 종류의 합성 옥신이 개발되었다. 2,4-D라는 합성옥신은 옥신과 다른 호르몬들과의 정상적인 균형을 파괴함으로써 쌍떡잎식물을 죽이는데 널리 사용된다. 또한 다른 합성옥신들은 꺾꽂이할 때 뿌리

**표 46-1 주요 식물호르몬과 이의 작용**

| 호르몬 | 주요 기능 | 주요 합성 장소 |
|---|---|---|
| 옥신 | 줄기의 길이 신장 촉진<br>측아 생장 억제(정단우성)<br>뿌리의 분지 촉진<br>줄기와 뿌리의 굴광성과 굴지성 조절<br>관다발 조직 발달 촉진<br>열매 발달 촉진<br>잎과 열매의 노화 지연 | 줄기의 정단분열조직 |
| 지베렐린 | 세포분열과 세포신장을 활성화하여 줄기신장 촉진<br>눈의 발아, 꽃, 열매발달, 종자 발아 등을 촉진 | 줄기의 정단분열조직<br>식물의 배아<br>어린 잎 |
| 사이토키닌 | 식물 전체의 세포분열 촉진<br>측아 발아 촉진<br>뿌리의 분지발생 억제<br>잎과 꽃의 노화 지연 | 뿌리의 정단분열조직 |
| 에틸렌 | 기계적 교란에 반응하여 줄기가 짧고, 굵게 자라도록 유도<br>일부 열매에서 후숙 촉진<br>잎에서의 노화 촉진<br>잎과 열매의 탈리 촉진 | 식물체 전체<br>특히 스트레스와 노화과정에서 |
| 앱시스산 | 기공 폐쇄 유도<br>수분부속에 대한 반응에서 줄기 신장을 억제하고 뿌리 생장 촉진<br>눈과 종자의 휴면 유지 | 식물체 전체 |
| 화성소 | 낮의 길이에 대한 반응으로 개화 촉진 | 성숙한 잎 |

형성을 촉진하고, 열매 발달을 촉진하며, 낙과를 억제하는데 상업적으로 사용한다. 옥신은 832쪽에서 "Doing Science: 식물이 빛을 향해서 어떻게 생장하는가를 발견"으로 설명한 것처럼 처음 인지된 식물호르몬이다.

**지베렐린(gibberellin)**은 세포분열과 세포신장을 증가시켜 줄기와 뿌리의 신장을 촉진한다. 지베렐린은 종자 발아, 열매 생성, 과일 발달을 촉진한다. 이 호르몬은 1930년대에 처음 분리된 *Gibberella fujikuroi*라는 곰팡이에서 이름이 유래되었다. 그 곰팡이는 벼에서 "바보같은 어린식물체"라는 병을 일으키는데 그 이유는 곰팡이가 지베렐린을 생성하게 되고 식물이 예외적으로 키가 크고 길게 자라게 하기 때문이다. 지베렐린을 첨가하면 극적인 현상이 나타날 수 있다 (**그림 46-1**). 지베렐린은 식물의 배아, 줄기의 정단분열조직, 어린 잎 등에서 생성된다.

▲ **그림 46-1 지베렐린은 생장을 촉진한다** 오른쪽에 있는 양배추는 5달 동안 지베렐린이 처리된 경우이며, 왼쪽에 있는 것은 대조군으로서 지베렐린이 처리되지 않은 것이다.

**사이토키닌(cytokinin)**은 식물 발달의 여러 측면에 관여한다. 사이토키닌은 세포분열을 촉진하므로 식물의 모든 조직의 생장에 필수적이다. 뿌리에서는 사이토키닌이 뿌리의 분지를 억제하지만, 줄기에서는 측아의 분열조직에서 세포분열을 자극함으로써 측지형성을 촉진한다. 사이토키닌은 영양분이 식물 잎으로 이동하도록 하여 엽록소 생성을 촉진하고 노화를 지연시킨다. 사이토키닌이 줄기에서 일부 생성되기는 하지만 주요 합성 부위는 뿌리의 정단분열조직이다. 사이토키닌을 상업적으로 사용하는 경우로 절화의 신선함을 유지시키기 위하여 살포하기도 한다.

**에틸렌(ethylene)**은 기체 형태의 독특한 식물호르몬이다. 넓은 범위의 환경 자극에 반응하는 과정에서 대부분의 식물조직에서 생성되어 방출되며, 표적세포에 다양한 효과를 나타낸다. 또한 에틸렌은 스트레스 호르몬으로 간주되는데 즉, 상처, 홍수, 가뭄, 극한 상태의 온도 등에 대한 반응 과정에서 적응하기 위한 변화를 촉진하기 위하여 합성되기 때문이다. 또한 에틸렌은 생활주기의 적절한 시기에 생성되어 잎, 꽃잎, 열매 등이 떨어지게 한다. 에틸렌은 일부 과일에서 후숙을 일으킬 수 있어 상업적으로도 중요하다.

**앱시스산(abscisic acid)**은 에틸렌처럼 식물이 불리한 환경 조건에서 견딜 수 있도록 해주는 스트레스 호르몬이다. 예를 들면 앱시스산은 물이 부족할 때 기공을 닫게 해준다(44장 참조). 또한 건조한 조건에서는 뿌리의 생장을 촉진하고, 줄기생장은 억제한다. 앱시스산은 종자가 발아하면 살 수 없을 때 휴면—생장이 정지되고 대사과정이 매우 느린 상태—을 유지하도록 도와준다. "앱시스산"이라는 이름은 에틸렌의 기능으로 잘 알려진 낙엽을 이 물질이 일으킨다는 잘못된 가설로부터 유래하였는데 식물체 몸 전체의 조직에서 생성된다.

**화성소(florigen)**는 환경 자극, 특히 빛에 반응하여 개화를 자극하는 장소인 잎에서 합성된다. 이 호르몬은 잎에서 꽃이 유도되는 장소인 정단분열조직으로 체관을 통해서 이동하는 단백질이다.

**CHECK YOUR LEARNING**

- 6가지 중요한 식물호르몬을 열거할 수 있는가?
- 각각이 식물호르몬이 합성되는 주요 장소를 알고 있으며, 가 호르몬의 주요 작용의 예를 설명할 수 있는가?

## 46.2 호르몬은 식물의 생활주기를 어떻게 조절하는가?

호르몬은 환경 자극에 대한 반응에서 유전자 발현을 변화시킴으로써 식물 생활주기의 거의 모든 부분을 조절한다. 다음 세션에서는 가장 잘 연구된 호르몬들이 식물의 생활주기에 미치는 영향에 대해 요약하고자 한다. 이미 읽어본 것처럼 같은 호르몬이라고 하더라도 호르몬이 작용하는 조직과 식물의 생활주기 중 시기에 따라 아주 다른 반응을 어떻게 나타내는지를 주의해서 보도록 하라.

## Doing Science 식물이 빛을 향해서 어떻게 생장하는가를 발견

가정용 화초를 기르고 있는 사람들은 누구나 식물이 창을 통하여 비치는 햇빛을 향해서 굽는다는 것을 잘 알고 있다. 어떻게 이런 현상이 일어나는지를 궁금하게 생각해본 적이 있는가? 찰스 다윈은 궁금하게 생각했다.

### 찰스와 프랜시스 다윈(Charles와 Francis Darwins)은 신호의 원인을 밝혔다

찰스 다윈은 영리하고 끝없는 호기심을 갖고 있었다. 1880년, 다윈과 그의 아들 프랜시스는 식물이 어떻게 빛을 향해 생장하는지를 연구하였다. 과학적인 방법을 담은 일련의 실험에서 연구자들은 초본식물의 자엽초(발아하여 돌출하는 단자엽식물의 줄기를 감싸고 있는 보호 껍질)를 적절하게 이용하여 일련의 실험을 진행하였다. 다윈은 여러 각도에서 식물에 빛을 비춰주고 나서 자엽초의 끝 바로 아래 부위에서 굽힘이 일어나 자엽초 끝이 빛이 비치는 쪽을 향한다는 것을 발견하였다. 자엽초의 끝을 불투명한 모자로 덮으면 자엽초는 굽어지지 않는다(**그림 E46-1a**). 반대로 투명한 모자를 씌우면 줄기가 굽게 된다. 이러한 굽힘 현상은 굴곡 부위(자엽초 끝 바로 아래)를 불투명한 띠로 덮어주어도 나타난다(**그림 E46-1b**). 비록 굴곡이 아래 부분에서 일어난다고 할지라도 자엽초의 끝이 빛의 방향을 인지한다고 다윈은 결론을 내렸다. 과학적인 탐구에서 이례적으로 일어나는 현상처럼, 다윈 부자의 결론은 새로운 가설로 만들어졌다: 즉 자엽초의 끝에서 빛의 방향에 관한 정보가 만들어져서 (다윈의 표현으로 보면) "효과가 한 부분에서 다른 부분으로 전달하는 물질"을 통해 굴곡 부위로 내려간다는 것을 제시한 것이다. 이 "물질"은 무엇인가?

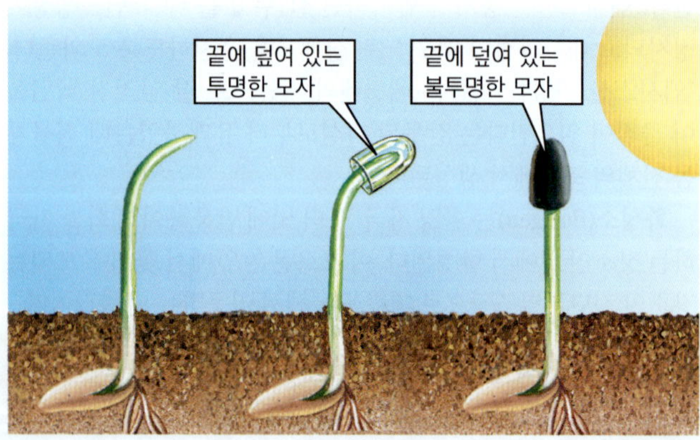


(a)

(b)

▲ **그림 E46-1 줄기 끝이 빛을 인지하고, 신호를 굴곡 부위로 보낸다.**

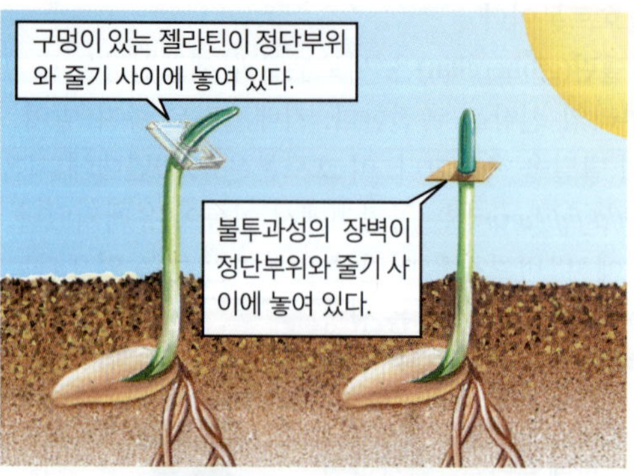


▲ **그림 E46-2 화학물질이 자엽초로부터 아래로 확산된다.**

### 피터 보이센-얀센(Peter Boysen-Jesen)은 신호가 화학물질이라는 것을 밝혔다

1913년에 덴마크의 보이센-얀센은 자엽초의 끝을 잘라서 제거하면 아래 줄기 부분은 신장하지도 않으며, 빛을 향해서 굽지도 않는다는 것을 발견하였다. 만약 줄기 끝을 잘라내었다가 다시 줄기에 붙인 후 암소에 두면 위를 향하여 곧게 자라게 된다. 빛을 비춰준 경우 정상적인 굴광성을 나타낸다. 얇은 젤리틴 판을 삽입하여 직접 접하는 것은 차단하였지만 물질이 만들어지는 줄기 끝과 아래부분 사이에서 확산은 진행되도록 하면 줄기 신장과 굽는 현상이 동일하게 일어났음을 관찰하였다. 대조적으로 불투과성의 장벽을 삽입해주면 이러한 반응은 일어나지 않았다(**그림 E46-2**). 보이센-얀센은 자엽초의 끝에서 생성되는 화학물질이 젤라틴을 통해 굴광성이 일어나는 부위로 전달되었다는 결론을 내렸다.

### 프리츠 벤트(Frits Went)는 이 화학물질을 분리하여 옥신이라고 명명하였다

1626년 네덜란드의 프리츠 벤트는 귀리의 줄기 끝에 한천을 올려놓고, 규명되지 않은 그 화학물질이 한천으로 이동하도록 하였다(**그림 E46-3**). 한천조각을 잘라서 자엽초의 잘린 줄기 위쪽에 붙여 놓고 암소에 두었다. 잘린 줄기의 위에 사각으로 한천조각을 올

▲ **그림 E46-3 화학물질이 한천에 축적된다.**

려놓으면 줄기가 위로 곧게 자란다: 잘린 줄기의 모든 세포가 동일량의 화학물질을 받아 동일한 속도로 신장하게 된다. 벤트가 잘린 줄기의 한면에만 한천조각을 올려놓은 경우 잘린 줄기는 한천 조직이 올려져 있는 면의 반대 방향으로 굽었다(**그림 E46-4**). 확산이 일어나는 화학물질이 신장을 자극한다는 가설을 증명한 벤트는 "증가하는" 이라는 뜻의 그리스어에서 유래한 "옥신"이라고 그 물질을 명명하였다.

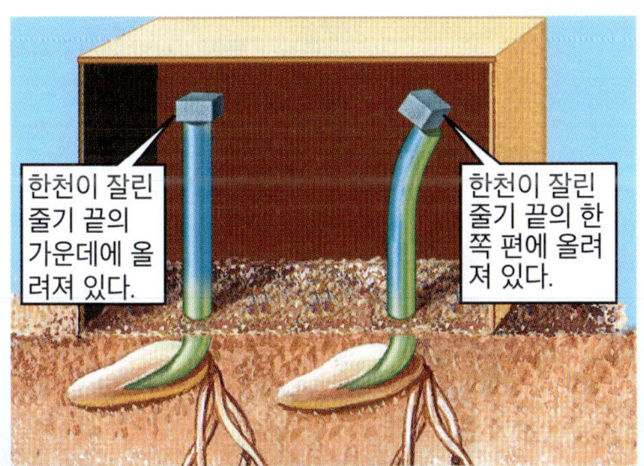


▲ **그림 E46-4 화학물질이 생장을 자극한다.**

**케네스 티만(Kenneth Thimman)은 옥신의 화학적 구조를 규명하였다** 1930년대 캘리포니아 공과대학(Caltech)의 케네스 티만이 옥신을 분리하여 화학적 구조를 밝혔다. 그와 다른 연구자들은 식물에서 생리학적 기능을 나타내는데 중요한 분자적 특징을 규명하였다. 이 지식은 1946년 제초제 2,4-D와 같은 합성옥신을 개발하는데 활용되었다. 옥신을 발견하고 특성을 연구하는 일은 두 대륙에서 거의 50년에 걸쳐 이루어졌다. 이는 과학자들 사이에서 투명한 의사소통이 중요하며, 새로운 과학적 발견이 어떻게 더 많은 질문을 야기하는지를 보여준 것이다. 오늘날 옥신에 대한 연구는 전세계에 걸쳐서 진행되고 있으며, 아직도 새로운 유형의 탐구내용이 지속적으로 제시되고 있다.

**비판적 사고** 자엽초 위에 덮는 뚜껑과 감싸개를 이용한 다윈 부자의 실험이 과학적인 연구방법(1장 참조)에 잘 맞은 것인지를 각각의 실험에 대해 관찰, 질문, 가설, 예측, 실험 그리고 결론의 측면에서 설명해 보라. 대조군은 무엇이며, 각 그룹에서 대조를 이룬 것은 무엇인가?

## 식물의 생활주기는 종자로부터 시작된다

종자의 발아 시기는 새로운 유식물체가 생존할 수 있도록 적당한 물과 적절한 온도에 처해 있는지를 확인하는 것이 중요하다. 두 종류의 호르몬이 종자 발아에 주요한 역할을 한다: 앱시스산과 지베렐린.

### 앱시스산은 종자의 휴면을 유지시킨다

종자의 휴면은 앱시스산에 의해 유지된다. 많은 종류의 온대성 식물의 종자들은 발아하기 위해서 일정 기간 동안의 저온 상태가 필요하다; 이것을 통해 종자들은 겨울이 끝날 때까지 발아하지 않는 것을 확인하게 해준다. 식물체가 긴 시간 동안의 저온 상태로 유지되면 종자 내의 앱시스산의 양이 감소하게 되고, 따뜻한 봄이 되면 식물이 발아할 수 있도록 준비하게 해준다.

사막에서는 어린 식물체가 생존하는데 물부족 현상이 가장 큰 위협이 되는 곳이므로 일부 종자는 종자 껍질에 고농도의 앱시스산을 함유하고 있다. 폭우가 앱시스산을 씻어 내고 난 후 식물이 발달하고 생활의 한살이를 끝낼 수 있을 정도로 수분이 충분할 때에만 발아를 하게 된다. 겨울비가 충분하게 내리면 몇 년 동안 휴면 상태로 있었던 사막의 종자들이 발아하게 되고, 짧은 기간 동안 북미 지역의 일부 사막이 야생화로 뒤덮이게 된다(**그림 46-2**). 이와는 대조적으로 어떤 식물은–특히 초원, 관목수풀지대, 어떤 숲에서는–발아가 일어나려면 산불이 필요하다. 835쪽 "Earth Watch: 연기가 나는 곳에서 발아가 일어난다"에서 설명하고자 한다.

▲ **그림 46-2 꽃이 피어 있는 사막** 비가 충분하게 내린 다음, 여기 아리조나주의 피카초 피크(Picacho Peak) 국립공원에서 보는 것처럼 많은 수의 일년생 사막식물들이 발아하고 빨리 자라면서 사막이 꽃으로 뒤덮였다.

### 지베렐린이 발아를 유도한다

앱시스산의 농도가 낮아지고, 지베렐린의 농도가 높아지면 발아가 일어난다. 지베렐린은 배아에 저장되어 있는 저장녹말을 분해하는 효소를 유도하는 유전자를 활성화시킨다. 이 효소들은 당을 생성하게 되는데 이는 에너지원과 생물 분자를 합성하는데 필요한 탄소 원자를, 생장하는 배아에게 제공하는데 사용된다.

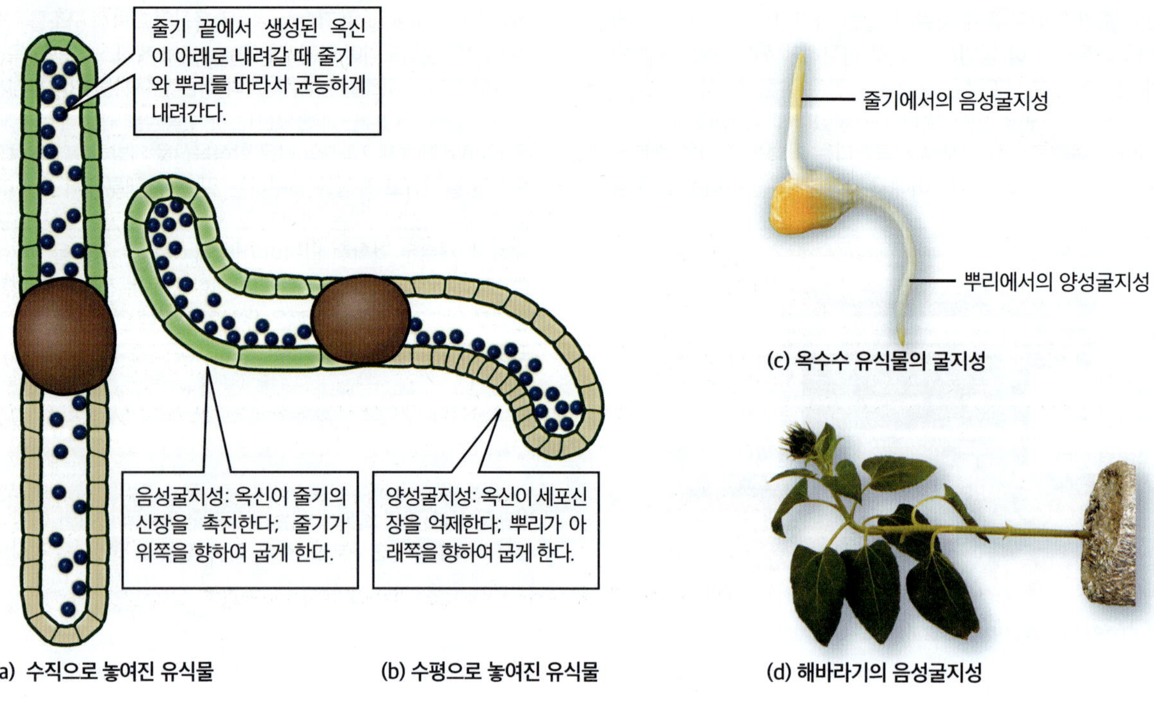


▲ **그림 46-3 옥신은 줄기와 뿌리에서 굴지성을 일으킨다.**

## 옥신은 싹이 트는 유식물의 방향을 조절한다

새롭게 자라는 배아는 씨껍질을 뚫고 밖으로 나오는데 유식물은 빛과 중력에 대해 반응하여 뿌리는 아래 방향으로 향하게 자라고 줄기는 위쪽 방향을 향하여 자란다. 이렇게 방향성을 갖는 운동을 **굴성(tropisms)**, 이는 특정한 환경 자극에 대해서 같은 방향으로 향하거나 반대 방향으로 향하는 운동을 말한다. 굴성은 세포분열의 속도에 영향을 주지 않고 세포신장을 증진시키거나 혹은 억제할 때 일어나는 현상이다. 옥신은 줄기와 뿌리에서 **굴지성(gravitropism**, 중력 방향에 대한 반응)과 **굴광성(phototropism**, 빛의 방향에 대한 반응)에 중요한 역할을 한다.

### 줄기와 뿌리는 중력에 대해 반대 방향으로 반응한다

옥신은 줄기의 정단부위에서 합성되어 줄기의 아래쪽을 거쳐 뿌리 쪽으로 이동한다. 유식물에서 줄기가 위를 향하고, 뿌리가 아래쪽을 향하고 있다면 옥신은 줄기나 뿌리의 측면에 축적되지 않고 각각 위쪽과 아래쪽으로 똑바로 신장하게 된다(**그림 46-3a**). 그러나 만약 유식물이 한쪽만을 향하게 된다면 옥신은 줄기와 뿌리 모두에서 아래쪽에 축적된다. 뿌리의 아랫부분에 있는 세포에서는 억제현상이 일어나면서 뿌리는 중력 방향으로 굽게 되는데 이러한 반응을 양성굴지성(*positive phototropism*)이라고 한다(**그림 46-3b, c**). 반대로 옥신이 줄기의 아래 부위에 축적되면 이 부위의 줄기세포는 빠르게 신장하여 줄기가 중력의 반대 방향으로 굽게 되는데 이러한 반응을 음성굴지성(*negative phototropism*)이라고 한다(**그림 46-3b, d**).

식물이 어떻게 중력을 인지하는가? 평형석(*statolith*)이라고 하는 녹말이 가득 채워진 특수화된 색소체가 굴지성에 관여한다. 평

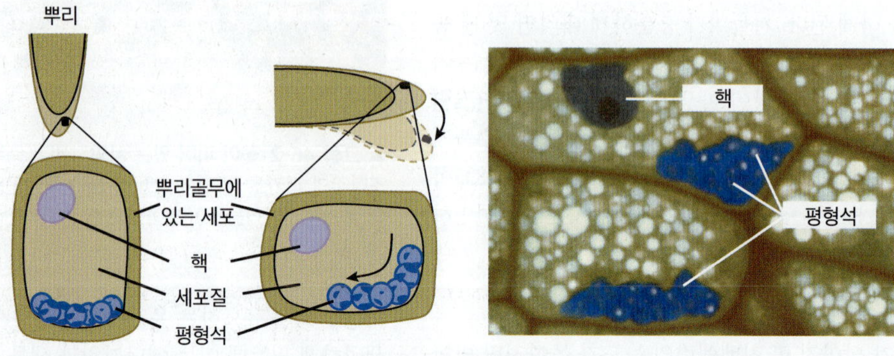


▲ **그림 46-4 평형석은 중력에 반응한다** 평형석은 뿌리골무 세포의 가장 아래쪽으로 떨어진다.

## Earth WATCH 연기가 나는 곳에서 발아가 일어난다

들불은 키가 큰 풀들이 자라는 대초원이나 해안가의 관목숲과 같은 생태계(30장 참조)를 유지시키고, 노화된 극상 상태 숲을 재생시키는 데 필수적이다. 인간의 개입이 없다면 번개에 의해 발생한 산불이 몇십 년마다 온대 숲을 불태워 자연적으로 청소를 하여 비교적 개방된 상태를 유지하여 서식지의 종다양성을 공급하게 된다. 그리니 사람들은 거의 20세기 내내 미국에서 산불이 나지 못하게 통제하였다. 그 결과로 많은 숲들이 공간, 물, 영양분, 빛 등에 대해 경쟁하면서 오늘날에는 덜 건강해진 나무들로 매우 조밀해졌다. 산불이 났을 때 숲은 비정상적일 만큼의 강한 강도로 타게 된다. 숲이 복구될 수 없을 정도로 황폐화되어 버린다. 인간의 산불 억제는 역효과를 초래했다.

육지식물들은 진화적 과정에서 불과 함께 진화해 왔다. 그 결과로 많은 식물들이 불이 발생한 다음 새롭게 얻게 되는 개방된 공간, 빛, 영양분에서 유리하도록 적응되어 졌다. 산불에 적응한 식물들의 많은 종들은 연기 속에 있는 화학물질에 의해 발아가 촉진되었다; 예를 들면 연기 속에 있는 이산화질소 기체는 여러 종류의 관목 종들의 발아를 유발하였다(**그림 E46-5**). 호주 연구자들은 연기에 반응하는 일부 식물종에서 섬유소를 태울 때 발생하여 발아를 촉발하는 화학물 그룹(호주 원주민어로 "연기"라는 뜻에서 유래한 "karrikins"라고 불리는)을 최근 발견하였다. 예를 들면, 불이 난 지역에서 빠르게 자리를 잡아가는 야생담배 식물체들은 연기에 짧게 노출된 이후(발아를 억제하는) 앱시스산의 수준이 극적으로 감소하고, 동시에(발아를 촉진하는) 지베렐린에 대한 민감도가 증가하였다. 연기에 들어 있는 화학물질에 대한 반응으로 일어난 식물 발아는 검게 탄 풍경을 빠르게 다시 녹색으로 덮게 해준다. 산불의 가치와 숲의 건강성을 유지하기 위해 반복되어 발생하는 산불의 중요성을 인정하게 되면서 숲 관리인들은 산불이 인명이나 재산을 위협하지 않는 경우 이제 숲에서 산불이 계속 타도록 놓아둔다.

▲ **그림 E46-5 까맣게 타버린 지역으로부터 떡갈나무 식물이 자라서 올라오고 있다.**

**생각해보기** 많은 장소에서 미국산림청은 국립공원과 국유림에서 축적된 잔해를 감소시키고, 침입종 식물을 죽이면서 산림을 더 황폐하게 만드는 사고로 일어나는 산불로부터 보호하기 위해 고의로 통제가능한 산불을 발생시키고 있다. 그러나 가끔 통제될 수 있을 것 같은 산불이 통제할 수 없을 정도로 번지면서 주민과 경관을 관람하기 위해 방문한 방문자에게 영향을 줄 수 있다. 어떻게 산림관리자들이 통제된 화재의 이익과 위험 사이에서 균형을 갖는 결정을 내릴 수 있을까? 통제된 산불에 대한 대안을 생각해보고 이 대안적 접근이 어떤 장점과 단점을 갖고 있는지 설명해보라.

형석은 줄기와 뿌리골무의 표피세포에 존재하는 것으로 알려져 있다. 평형석은 주변에 있는 세포질보다 치밀해서 세포의 가장 아래쪽에 위치하게 된다(**그림 46-4**). 옥신은 평형석이 가장 높은 밀도를 나타내는 세포 부위에 축적된다.

### 줄기와 뿌리는 빛에 대해서 서로 반대 방향으로 반응한다

옥신은 빛에 대하여 방향성이 존재하는 반응인 굴광성을 일으킨다. 뿌리와 줄기에 있는 광수용체 분자가 빛을 인지하여 빛이 비치는 방향과는 반대쪽에 옥신을 축적시킨다. 굴지성에서처럼 옥신은 줄기세포의 신장을 일으키지만 뿌리세포에서는 정상적인 신장을 억제한다. 한쪽 면에서 빛이 비치면 줄기는 빛이 비치는 방향으로 줄기를 굽어 자라지만(양성굴광성, *positive phototropism*), 뿌리는 빛의 반대 방향으로 굽어 자라게 된다(음성굴광성, *negative phototropism*). 만약 식물을 창틀에 놓으면 식물의 행동에서 양성굴광성을 볼 수 있다(**그림 46-5**). 뿌리에서의 음성굴광성은 그 효과가 양성굴지성에 의해 압도당하기 때문에 연구하기가 상당히 어

▲ **그림 46-5 무순이 양성굴광성을 나타낸다.**

**비판적 사고** 이들 유식물에서 지배적인 반응은 굴지성인가 혹은 굴광성인가?

렵다. 뿌리의 굴광성을 연구하기 위해 과학자들은 아주 낮은 중력을 갖는 우주왕복선에서 식물을 기르기도 한다.

## 생장하는 식물은 자라서 위쪽을 향한다

종자가 발아하면서 주변 토양을 밀치며 뿌리와 줄기가 뻗어 나오게 되는데 이 압력으로 에틸렌이 생성된다. 에틸렌은 뿌리와 줄기 모두에서 신장 속도를 늦추게 하여 더 두껍고, 더 강하며, 흙을 더 잘 뚫고 나올 수 있도록 해준다. 쌍자엽식물에서 에틸렌은 새로 싹이 튼 유식물이 후크를 형성하도록 하여 연약한 새 잎이 아래를 향하게 함으로써 후크의 굽어진 부분이 땅속을 뚫고 나올 수 있도록 하여 잎을 보호해준다(그림 45-13b 참조).

줄기와 뿌리의 정단분열조직은 빠르게 분열하여 새롭게 생성된 세포는 줄기와 뿌리 조직으로 분화한다. 정단분열조직에서 생성된 옥신은 아래의 줄기 쪽으로 이동하여 절간 부위에서 지베렐린 생성을 촉진한다. 지베렐린은 절간 부위에서 작용하여 세포분열과 세포신장을 통하여 식물체 신장을 일으켜 결국 식물체의 크기를 결정하게 된다. 밀이나 벼와 같은 식물에서 키가 작은 품종은 지베렐린을 더 적게 생성하거나 혹은 덜 민감하게 반응하도록 유도된 돌연변이를 갖고 있다. 바람과 비로부터 손상을 적게 받고 강해지도록 개량된 작물들의 선택적 육종은 이들 작물의 생산량을 크게 증가시켰다.

▲ **그림 46-7 측아의 싹트기에서 옥신과 사이토키닌의 역할** 옥신(파란색)과 사이토키닌(빨간색)은 측아가 싹이 트고, 곁뿌리가 발달하고 분지하는 것을 조절한다. 정단분열조직에서 생성된 옥신은 아래쪽으로 이동하고, 뿌리 끝에서 생성된 사이토키닌은 위쪽으로 이동한다.

**비판적 사고** 만약 식물의 정단분열조직을 제거하고, 그 절단된 표면에 옥신을 처리하면 측아가 어떻게 반응할 것으로 기대하는가? 그 이유는?

덩굴식물은 유연한 줄기를 갖고 있어 햇빛을 받기 위해 위로 향해 자라기 위해서는 주변의 물체에 의존하게 된다. 덩굴식물은 접촉에 반응하여 방향성 이동이나 생장 변화가 일어나는 **굴촉성(thigmotropism)**을 나타낸다. 굴촉성을 나타내는 식물들에서는 덩굴손(변형된 잎이나 줄기)이 지지구조물 주변을 감싸고 있다(**그림 46-6**). 사물과 접한 면에 있는 덩굴손의 줄기에서 세포신장이 억제될 때 휘감는 현상이 일어난다. 감촉에 반응하는 전기적 신호가 식물의 이러한 행동에 관여하는 것으로 알려져 있다.

▲ **그림 46-6 굴촉성** 물체와 접촉한 반대편의 줄기에 있는 세포가 물체와 접촉한 면에 있는 세포보다 더 빠르게 신장하여 줄기가 꼬이게 만든다.

## 옥신과 사이토키닌이 줄기와 뿌리의 분지를 조절한다

줄기가 자라면서 뿌리도 적절한 지탱력, 물, 영양분 등을 공급할 수 있도록 충분하게 생장하여 식물의 줄기와 뿌리의 크기가 균형을 이루어야 한다. 줄기의 정단분열조직에서 생성되는 옥신과 뿌리의 정단분열조직에서 생성되는 사이토키닌이 이러한 균형을 촉진한다(**그림 46-7**).

### 옥신은 줄기의 분지를 억제하지만 사이토키닌은 줄기의 분지를 촉진한다

줄기의 정단분열조직에서 생성되는 옥신은 줄기의 아래쪽으로 이동하여 발달 중에 있는 측아에서 새로운 줄기가 형성되는 것은 억세하는데 이 현상을 **정단우성(apical dorminance)**이라고 한다(**그림 46-8**, 왼쪽). 줄기 끝으로부터 멀어지면서 옥신의 농도가 점차 감소하게 되어 충분하게 낮아지면 측아가 분지를 형성하게 된다. 자라고 있는 줄기의 끝에서 순치기를 해주어 옥신을 생성하는 정

▲ 그림 46-8 **정단우성** 왼쪽에 있는 미역취는 한 개의 줄기를 갖고 있는데 정단 분열조직이 곁가지가 자라는 것을 억제하였다. 오른쪽에 있는 식물체는 정단분열조직이 제거되어 측아가 자라서 곁가지를 만들었다.

단분열조직을 제거하면 많은 측아가 분지를 형성하여 식물이 풍성하게 자라도록 해준다(**그림 46-8**, 오른쪽).

뿌리의 정단분열조직에서 생성된 사이토키닌은 줄기의 측아가 곁가지로 자라도록 촉진한다. 아래쪽의 측아가 더 많은 사이토키닌과 더 적은 양의 옥신을 받게 되면 정단분열조직 부근의 측아보다 더 많은 가지를 형성하게 된다.

### 뿌리의 분지는 옥신에 의해 촉진하고, 사이토키닌에 의해 억제된다

옥신은 줄기의 정단분열조직에서 생성되어 아래로 이동하여 뿌리의 내초세포가 분열하여 곁뿌리를 형성하도록 자극한다. 합성된 옥신 분말도 역시 이러한 효과를 갖고 있다; 정원사들은 줄기의 끝을 옥신 분말에 담금으로써 새 뿌리를 발달시킨다. 반대로 뿌리의 정단분열조직에서 생성된 사이토키닌은 뿌리의 분지를 억제한다. 뿌리 끝에 가까울수록 더 많은 양의 사이토키닌을 받고, 더 적은 양의 옥신을 받기 때문에 곁뿌리 생성이 억제된다. 줄기에 가까운 뿌리일수록 곁뿌리 생성이 촉진되고, 뿌리 끝에서는 억제된다. 뿌리의 분지는 더 많은 옥신을 받고, 더 적은 사이토키닌을 받는 부위인 줄기에 가까울수록 촉진된다.

## 식물은 개화 시기를 결정하는데 다른 신호를 이용한다

개화와 종자가 생성되는 시기는 환경에 따라서 정확하게 조율되어야만 한다. 온대기후에서 늦은 가을에 서리가 내려서 식물이 죽기 전에 종자가 성숙할 수 있도록 충분하게 일찍 개화해야 한다. 종에 따라서 그리고 얼마나 빠르게 종자가 발달하는 가에 따라서 봄부터 초가을까지의 성장 시기 중 어느 시기에 개화가 일어난다.

낮의 길이가 계절적 변화를 알려주는 정확하고 일관된 유일한 지표라고 하더라도, 어떤 식물들은 다른 신호에 의존하는 경우도 있다. 장미, 토마토, 오이, 옥수수 등 일부 식물은 온도와 물의 가용성 등과 같은 신호에 의존하게 되는데 이들 식물을 **중일식물(day-neutral plants)**라고 한다. 중일식물 일부는 발아 후 적절한 발달 단계에 도달하면 개화하게 된다. 온화한 기후에서 1년 이상 생장하는 중일식물은 한번 개화한 후 다음 개화 시기 사이에 겨울의 추운 온도를 필요로 하는 경우도 있다. 많은 열대 식물들은(예를 들면, 망고) 중일식물이다; 열대 기후는 연중 생식을 할 수 있으며, 낮의 길이도 거의 변화가 없기 때문이다.

온대지방에 사는 많은 식물들이 개화할 때 개화의 시작은 낮의 길이의 계절적 변화에 의해 유도된다. 연구자들은 이들 식물을 장일식물 혹은 단일식물로 분류하였으나 후속 실험에서 식물들은 실제로는 중단되지 않은 암기의 지속된 기간에 반응하는 것으로 밝혀졌다. 붓꽃, 상추, 시금치, 접시꽃 등을 포함하는 **장일식물(long-day plants**, 단야식물)은 식물 종에 따라 길이의 차이가 있

▲ 그림 46-9 중단되지 않은 암기의 길이가 개화에 미치는 영향

기는 하지만 중단되지 않은 암기가 어떤 특정 길이보다 짧아야 개화한다. 도꼬마리, 국화, 과꽃, 감자, 미역취 등의 **단일식물(short-day plants,** 장야식물)은 중단 되지 않은 암기가 종-특이적 임계 시기를 초과해야 개화한다(**그림 46-9**). 예를 들면 장일식물인 도꼬마리는 중단 되지 않은 암기가 8.5시간보다 더 길게 지속되어야 개화하지만, 장일식물인 시금치는 중단 되지 않은 암기가 10시간이나 그 이하로 유지되어야만 개화한다; 즉 두 식물 모두 9시간의 암기에서는 개화한다. 어떻게 이 식물들이 계속되는 암기의 기간을 감지하고, 낮의 길이에서의 계절적인 변화에 반응하는가?

### 광색소라는 피토크롬이 낮의 길이에 대한 반응을 조절한다

생물체는 빛의 특정 파장을 흡수하는 광색소(photopigment)라고 하는 분자를 사용하여 빛을 인지한다. 광색소가 빛에너지를 흡수하면 화학적 구조가 바뀌어 일련의 생화학적 반응이 시작되는데 이로써 생물체는 반응을 하게 된다. 동물의 눈에는 시각을 허용하는 광색소가 함유되어 있으며, 식물체의 몸에는 **피토크롬(phytochromes,** 말그대로 식물의 색깔)이라는 광색소를 함유하고 있어 빛과 어둠을 감지하여 식물이 적절하게 반응하도록 한다.

식물은 복잡한 생화학적 반응에 따라 변하는 내부에 있는 **생물시계(biological clock)**를 사용하여 암기의 길이를 측정한다. 만약 암기에 있는 식물이 어떤 특정 파장의 빛에 노출되었다면 피토크롬의 분자는 마치 스톱워치를 멈췄다가 다시 맞추는 것처럼 시계를 다시 조정(리셋)하게 된다. 그래서 만약 8시간의 암기가 4시간 후에 몇 분 동안 빛을 받아 중단되었다면 그 식물은 빛이 쪼여져서 간격이 벌어진 시간 다음부터 중단되지 않은 4시간에 대해서만 암기로 반응한다.

어떻게 이런 일이 일어날까? 피토크롬은 특정한 파장의 빛에 의해 서로 가역적 전환이 가능한 두가지 형태로 생성된다. $P_r$ 형태는 적색광(r은 약 660 nm의 파장)을 흡수하여 $P_{fr}$형태로 전환되며 $P_{fr}$($f_r$: 730 nm)은 근적색광을 흡수하여 $P_r$로 전환된다. $P_r$은 적색광을 흡수하기 전까지 비활성화되어 안정적인 형태를 유지한다. 피토크롬의 활성형인 $P_{fr}$은 개화와 같은 빛에 대한 반응들을 유도한다. 그러나 $P_{fr}$은 불안정하여 오랜 시간에 걸쳐 암기에 처하게 되면 자발적으로 $P_r$로 전환된다(**표 46-2**).

서로 다른 유형의 식물들은 다른 방법으로 $P_{fr}$에 반응한다. 예를 들면, $P_{fr}$은 장일식물에서는 개화를 촉진하고, 단일식물에서는 개화를 억제한다. 단일식물인 도꼬마리에 적색광 혹은 백색광(적색광 파장이 포함됨)을 1분 혹은 2분 동안 비추어 9시간 동안의 암기가 중단되어 $P_r$이 $P_{fr}$로 전환됨으로써 개화가 억제된다.

### 피토크롬은 식물의 많은 반응에 영향을 준다

빛은 식물에게는 생명인데 식물은 빛에너지를 흡수하여 화학에너지로 저장하는 광합성 과정을 이용하고 있으며, 그래서 빛에 반응하는 피토크롬이 여러 측면에서 식물의 발달에 많은 영향을 준다는 것은 놀랄만한 일이 아니다. 개화에 영향을 주는 것 외에도 피토크롬은 종자의 발아, 어두운 땅속에서 싹이 튼 식물에서 줄기의 신장, 새로 발달한 잎의 팽창, 엽록체의 발달, 그늘에 가려진 식물체가 햇빛에 노출되기 위한 줄기의 신장 등을 조절한다.

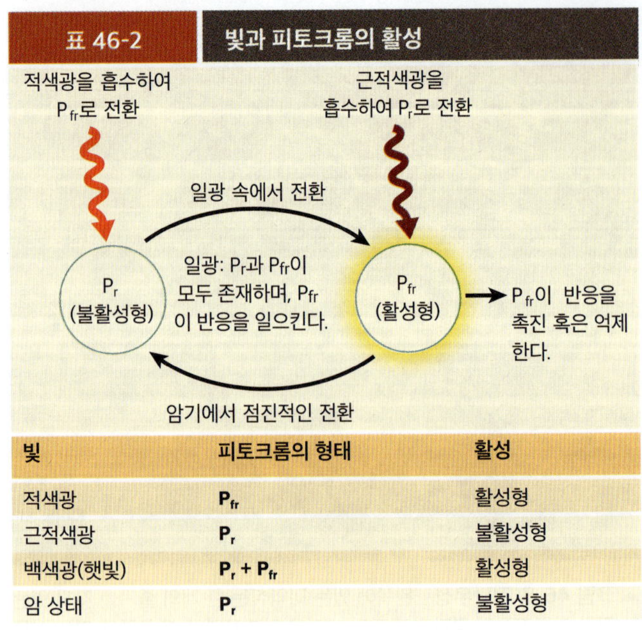


| 빛 | 피토크롬의 형태 | 활성 |
|---|---|---|
| 적색광 | $P_{fr}$ | 활성형 |
| 근적색광 | $P_r$ | 불활성형 |
| 백색광(햇빛) | $P_r + P_{fr}$ | 활성형 |
| 암 상태 | $P_r$ | 불활성형 |

### 화성소는 빛의 신호에 반응하여 개화를 자극한다

1930년대에 시작된 실험에서 식물생리학자들은 장일식물 혹은 단일식물의 단 한 개의 잎을 개화가 일어나기에 적절한 명기와 암기의 일정에 노출시킴으로써 심지어는 정단분열조직이 전혀 빛을 받지 않은 상태에서도 개화를 유도할 수 있다는 것을 발견하였다. 이러한 실험들은 미지의 물질이 잎에서 생성되어 정단분열조직으로 이동하여 개화를 촉진할 것이라는 가설을 증명해주었다. 이 가정의 개화호르몬은 "화성소"(라틴어로 "flor"은 "꽃"이라는 뜻이고, "gen"은 "만들다"는 뜻임) 라고 명명되었다. 그러나 화성소 분자는 2007년이 되어서 비로소 분리되었다. 연구자들은 FT라는 유전자를 밝혀냈는데 잎에서는 활성화되어 있지만 정단분열조직에서는 활성을 갖지 않았다. FT는 잎에서 생성되어 체관을 통해서 정단분열조직으로 이동하는 단백질을 암호화한다. 이러한 경로는 쌍자엽식물과 단자엽식물들을 포함한 여러 종류의 다른 식물체에서 확인되었으며, 최종적으로 FT단백질이 화성소인 것으로 확인되었다.

식물이 피로크롬을 사용하여 명기-암기 주기를 측정하고 이 주기에 반응하여 화성소를 생성하기 때문에 피토크롬이 화성소 합성을 유도하는 FT유전자의 발현을 조절한다는 분명한 증거를 제공해주었다. 과학자들은 이러한 조절이 일어나는 복잡한 메커니즘을 밝히는 연구를 진행하고 있다.

## 호르몬은 열매와 종자와 발달과 숙성을 조절한다

대부분의 종자는 과육을 형성한 상태에서 산포되기 때문에 종자의 성숙은 과육의 숙성과 밀접하게 연관되어 있다. 숙성은 옥신,

▲ **그림 46-10 식물호르몬의 상업적 이용** 왼쪽에 있는 포도는 지베렐린이 살포된 것으로 더 큰 포도 알갱이가 달린 성긴 포도송이가 되었다. 오른쪽의 것은 자연적으로 발달한 것으로서 조밀한 포도송이 형태로 포도 알갱이가 더 작다.

**비판적 사고** 농업생명공학자들은 에틸렌 생성이 차단되도록 유전적으로 변형된 토마토 식물체를 개발하였다. 그러한 식물은 토마토 생산자에게 왜 가치가 있는가?

지베렐린, 그리고(종종) 에틸렌에 의해 영향을 받는다. 종자를 분산시켜 주는 동물에게 잘 인지되도록 진화된 열매는 과육이 숙성되지 않았고 종자가 미성숙한 상태일 때에는 녹색을 띠고 단단하며 쓴맛이 난다(심지어 독성이 있기도 하다).

옥신은 씨방의 생장을 촉진하여 영양분을 저장하고 성숙한 열매로 발달하도록 한다. 합성 옥신을 열매에 살포하면 자연적인 조건에 있는 것보다 더 크고 더 단맛이 나며, 미성숙한 상태에서 열매가 떨어지는 현상이 억제된다. 열매 생장에 기여하는 지베렐린은 상업적인 목적으로 포도에 사용되는데 더 크고 더 성긴 형태의 포도송이가 형성된다(**그림 46-10**).

숙성에 대한 에틸렌의 효과는 열매의 종류에 따라 다르다. 딸기, 포도, 체리와 감귤류에서는 열매의 숙성에 에틸렌이 필요하지 않다. 그러나 바나나, 사과, 복숭아, 배, 아보카도, 토마토, 그

▲ **그림 46-11 잘 익은 열매는 동물 산포자에게 매력적이다** 사막거북이 잘 익고 맛이 좋은 선인장 열매에 매료되어 있다.

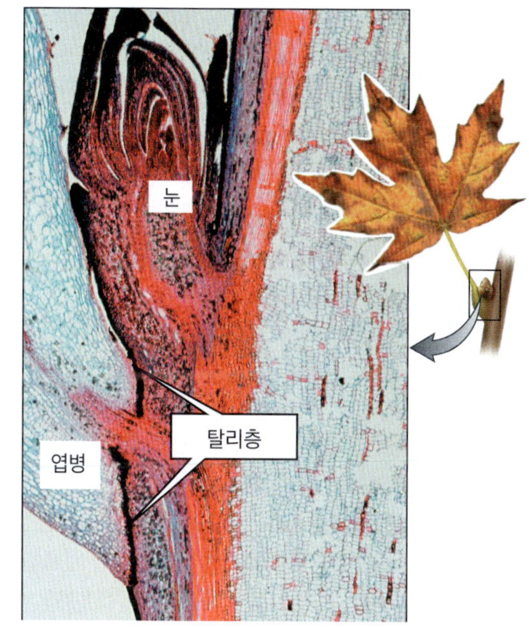


▲ **그림 46-12 탈리층** 단풍나무 잎의 아랫부분을 관찰한 광학현미경 사진은 어두운 색깔의 탈리층을 분명하게 보여주고 있다. 노화가 진행되고 있는 엽병 윗부분에 측아가 보인다.

리고 수박 등과 같은 과일에서는 에틸렌 생성의 급증이 수반되어야 한다.

에틸렌은 엽록소를 파괴시키는 효소의 생성을 촉진함으로써 기존에 함유되어 있었거나 혹은 새로 합성된 노란색, 오렌지색 혹은 빨간색 색소가 나타나게 한다. 에틸렌은 또한 전분을 설탕으로 전환하여 열매를 달게 만드는 효소와, 펙틴(세포벽의 구성 성분)을 분해하여 열매를 부드럽게 만드는 효소의 합성을 개시한다. 마치 열매들이 슈퍼마켓의 농산물 판매대에서 사람들에게 호소하는 것처럼 밝은색을 띠고, 달고 부드러운 열매는 동물들을 매료시킨다(**그림 46-11**).

숙성 과정에서 에틸렌의 역할을 발견한 것은 현대의 열매 시장에서는 혁명적인 일이다. 중앙아메리카에서 자란 바나나를 녹색이고 단단할 때 수확하여 북아메리카의 시장으로 보내어 그곳에서 에틸렌으로 후숙시킨다. 잘 익은 토마토보다는 수송에 유리한 녹색토마토를 에틸렌을 사용하여 창고에서 후숙시키게 된다. 그러나 우리는 잘 익은 열매를 구입한 후에 후숙이 중단됨으로써 과일을 저장할 때 바나나가 검게 되거나 혹은 토마토가 흐물거리지 않게 되기를 바란다. 바나나를 신선하게 유지해줄 수 있도록 과일에서 생성되어 방출된 에틸렌을 흡수할 수 있는 특별한 용기를 사용하는 것이 이제 가능해졌다.

에틸렌에 대한 반응에서 펙틴 분해는 과일을 부드럽게 할 뿐만 아니라, 줄기에 열매 자루가 붙어 있는 곳, 즉 **탈리층(abscission layer)**에서 세포의 층을 약화시켜 숙성된 열매가 식물에서 떨어지게 한다(**그림 46-12**). 과일을 떨어뜨린 후 모체 식물은 생식주기를 완료하게 된다. 그 이후 일년생 식물이 곧 죽게 되며, 온대기

후 지역의 다년생 식물은 다가오는 겨울을 대비하게 된다.

## 노화와 휴면은 식물이 겨울을 준비하도록 한다

가을에 낮의 길이가 짧아지고 온도가 낮아지면 식물이 겨울을 준비하도록 유전적으로 프로그램된 일련의 사건들인 **노화(senescence)**가 식물의 일부분(잎과 같은)에서 진행된다. 에틸렌 생성이 증가하고 옥신과 사이토키닌(노화를 지연시키는)의 생성이 감소한다. 노화가 일어나는 동안 잎에 있는 녹말과 엽록소는 보다 단순한 분자로 분해되어 겨울에 필요한 영양분으로 저장되기 위하여 줄기와 뿌리로 이동된다.

많은 호르몬들이 노화를 조절하지만 에틸렌이 특히 중요하다. 숙성하고 있는 열매처럼, 에틸렌은 엽록소의 분해를 촉진하고 줄기에 잎자루가 붙어 있는 부위의 탈리층을 약화시켜 잎을 떨어뜨리는 효소의 생성을 촉발한다(그림 46-12 참조). 에틸렌 생성을 매우 빠르게 증가시키는 환경적인 스트레스도 노화를 일으킬 수 있다. 식물이 미생물에 의해 감염되거나 혹은 극단적인 온도에 노출되거나 혹은 가뭄에 처했을 때에도 일어난다 – 가정용 화초에 물 주는 것을 잊었을 때 나타나는 현상처럼.

가을에는 새로 형성된 눈이 잎이나 가지로 발달되기보다는 오히려 아주 단단하게 감싸여져서 휴면을 하게 된다. 종자에서처럼 눈에서의 휴면은 앱시스산에 의해 유지된다. 식물의 물질대사가 늦어지고 긴 겨울잠 속으로 빠져들면서 다시 깨어나기 전까지 따뜻함, 수분, 낮의 길이가 길어지는 봄날을 기다린다.

▲ **그림 46-13 도움을 요청하는 화학물질의 울음**

### CHECK YOUR LEARNING

- 종자의 휴면, 종자 발아, 발달하기 시작한 뿌리와 줄기의 방향성 있는 생장에서 식물호르몬의 역할을 설명할 수 있는가?
- 굴촉성을 설명할 수 있는가?
- 왜 식물이 줄기와 뿌리의 생장에서 균형을 유지할 수 있는가?
- 식물들이 어떻게 빛과 어둠을 인지하고 반응하는가?
- 어떻게 호르몬이 종자와 열매의 성숙을 조절하고 과일의 후숙을 조절하는가?
- 호르몬은 어떻게 노화를 조절하는지 설명할 수 있는가?

### CASE STUDY CONTINUED
### 식충식물들

곤충이 주요한 식물포식자이기는 하지만 육식식물도 설탕 분비물과 밝은 색으로 곤충을 유혹하면서 식탁을 펴 놓고 있다. 파리지옥 잎의 안쪽 면에서 발견되는 붉은색과 같은 특징은 특정한 육식식물이 곤충에 대한 유인력을 훨씬 높여준다는 것을 과학자들이 알게 되었다. 끈끈이주걱은 붉은 털과 매력적인 향기를 이용하여 곤충을 유인한다. 파리지옥과 끈끈이주걱과 같이 곤충을 잡아 먹는 식물은 극소수이다. 대부분의 식물은 대신에 참고 서 있으면서 곤충에 의해 씹혀 먹히거나 혹은 병원균에 의한 침입을 당하는가? - 혹은 스스로 방어할 수 있는가?

## 46.3 어떻게 식물은 의사소통을 하며, 자신을 방어하고, 먹이를 잡아 먹는가?

현화식물은 1억년 훨씬 전부터 동물과 미생물들과 함께 진화해왔다. 그들의 수분매개자인 곤충과 소통한 것 외에도(45장 참조), 식물은 기생, 포식 혹은 제한된 영양분 등에 의해 부과되는 자연선택에 따라 놀랍게도 정교한 행동을 진화시켰다.

### 식물은 공격받을 때 곤충 "보디가드"를 부른다

배고픈 곤충이 식물을 갉아 먹을 때 많은 식물은 도움을 요청하는 울음으로 간주되는 휘발성 화학물질을 생성하여 공기 중으로 방출한다. 예를 들어, 거미 진드기의 공격을 받은 리마콩 식물은 거미 진드기를 먹는 육식 진드기를 끌어들이는 화학물질을 방출한다. 유충의 공격을 받은 옥수수 잎은 화학물질로 이루어진 경보 신호를 방출한다(**그림 46-13**). 옥수수가 만들어내는 경보 신호는 애벌레의 침샘에 들어 있는 볼리시틴(volicitin)이라는 화합물에 의해 유도된다; (우박 등과 같은) 다른 원인에 의한 손상에서는 이

반응이 유도되지 않는다. 경보 신호는 애벌레의 몸에 알을 낳는 기생하는 암컷 말벌을 끌어들인다. 알에서 깨어나면서 말벌 유충은 안에서부터 애벌래를 잡아먹고, 말벌 성체가 태어나는 고치를 만들게 된다.

박각시나방 애벌레의 공격을 받은 야생담배식물체는 공격 받은 시간에 따라 다른 화학물질을 방출하면서 반응한다. 낮에는 기생성 말벌이 활동하면서 박각시나방의 애벌레를 찾아다니므로 식물은 말벌을 유인하는 화학물질을 생성한다. 밤에는 박각시나방 성체가 활발하게 활동하는데 담배식물체는 나방이 알을 낳지 못하게 방해하는 화학물질을 방출한다.

## 공격 받은 식물은 자신을 방어한다

곤충의 공격을 받아서 생긴 잎의 손상은 많은 식물에서 신호분자를 생성하게 하는데 이것들은 식물체를 따라 이동하여 불쾌한 맛을 내거나 먹기 어렵게 만들거나 혹은 독성을 강하게 만드는 반응을 유도한다. 예를 들면 담배 잎이 손상을 받으면 니코틴(상업적으로 살충제로 사용되는 독성 성분)을 더 많이 생성한다. 애벌레의 공격을 받은 무 식물체는 쓴 맛이 나는 화학물질을 생성하고 잎에 가시털을 더 많이 자라게 한다. 이 손상된 식물의 종자는 강화된 쓴 맛과 가시가 있는 유식물을 생성하는데, 이는 손상을 받은 부모가 화학신호를 통해 종자 속의 특정 유전자를 활성화시켜 자손에서 방어 체계의 발달을 유도했음을 의미한다.

식물은 매우 효과적인 면역체계를 가지고 있다. 식물은 호르몬으로서 살리실산(아스피린)을 생성하며, 이의 많은 역할 중 하나는 식물이 자신을 방어하도록 돕는 것이다. 감염 미생물이 공격했을 때 이에 대한 반응 과정에서 살리실산 생성이 증가한다. 이렇게 증가한 살리실산은 원형질연락사(세포를 연결하는 채널)와 기공을 자극하여 닫도록 함으로써 병원균이 식물체 안으로 들어가 확산되는 것을 억제한다. 살리실산은 또한 식물이 현재의 감염과 미래의 감염에 저항하도록 도와주는 대사경로에 관여하는 단백질을 유도하는 유전자를 활성화시킨다.

**Have You Ever Wondered ...**

**아스피린이 발명되기 전에 사람들은 아픔을 치료하기 위해 무엇을 먹었는가?**

기원전 460년에 그리스에서 태어난 내과의 사인 히포크라테스는 두통, 통증, 열을 완화시켜 주었던 버드나무의 껍질과 잎으로 만든 가루에 대한 기록을 남겼다. 아메리카 원주민들도 독자적으로 진통 효과가 있는 버드나무 껍질의 효능을 발견하였는데 씹거나 혹은 차로 만들어 이용하였다. 1800년대 초 연구자들이 버드나무의 껍질로부터 활성이 있는 복합화합물인 살리실산을 – 아스피린(아세틸살리실산)을 발명하게 만듬 – 분리하였는데 처음으로 1899년에 바이엘사가 판매하였다. 식물호르몬인 살리실산은(신경 끝에서 통증을 인지하는 호르몬과 유사한 물질인) 프로스타글란딘의 합성에 관여하는 효소를 억제하는 기능을 나타냄으로써 인체에서 통증을 완화해준다. 오늘날, 이 분자는 – 초식동물의 공격으로부터 식물을 보호하기 위해서 "발명된"– 세계에서 가장 널리 사용되는 인간 의약품의 하나이다. 한 연구자가 관찰한 바에 따르면 "식물은 도망갈 수도 없고 소리를 낼 수도 없다. 그러나 식물은 훌륭한 화학자이다."

### 상처를 입은 식물은 주변 식물에게 경고 신호를 보낸다

공격을 받은 식물이 도움을 요청할 수 있다고 한다면 주변 식물들은 어떤 메시지를 받을 수 있을까? 건강한 식물들은 바이러스의 공격을 받은 같은 종의 주변 식물체들이 방출되는 화학물질을 감지한다는 증거들이 많이 축적되고 있다. 바이러스에 감염된 담배식물체는 많은 양의 살리실산을 생성하는데 이것이 면역반응을 증진시키는 것을 도와준다. 감염된 식물에서 생성된 살리실산의 일부는 휘발성이 강한 화학물질인 메틸살리실산(동록유)으로 전환된다. 감염된 식물체가 있는 지역에서 순환되는 공기에 노출된 건강한 식물체는 메틸살리실산을 흡수하여 면역방어반응을 유도하는 살리실산으로 전환시킨다. 식물들 사이에서 일어나는 이러한 소통은 종의 범위를 넘어서도 발생한다. 한 연구에 의하면 손상

(a) 잎이 건드려지기 전

(b) 잎이 건드려진 후

▲ **그림 46-14 접촉에 대한 빠른 반응** **(a)** 민감한 식물체(미모사)의 잎은 원줄기에 연결되어 중심 자루로부터 돋아나 있는 짧은 엽병을 갖고 있는 일련의 소엽으로 구성되어 있다.**(b)** 건드리면 소엽이 함께 닫히게 된다.

을 받은 산쑥에 노출된 야생담배 식물체는 노출되지 않은 담배 식물체보다 담배 박각시나방의 공격에 대해 더 강하고 더 빠르게 방어 반응을 나타낸다.

### 미모사는 건드리는 것에도 반응한다

*미모사*(**그림 46-14**)를 건드리면 엽병의 각 면을 따라 존재하는 소엽들이 즉각 접히면서 엽병이 아래를 향하게 된다. 이 반응이 왜 생겨났는지 아무도 모르지만 이런 빠른 운동은 잎을 먹는 곤충을 깜짝 놀라고 좌절하게 만든다. 이것은 각 소엽의 기저부와 줄기에 엽병이 붙어 있는 곳에 존재하는 특수화된 기동세포를 통하여 전달되는 전기적 신호에 의해서 유도된 것이다. 이 신호는 기동세포에서 칼륨 이온의 투과성을 높여줌으로써 정상적인 상태에서 고농도로 축적되어, 칼륨 이온이 기동세포 밖으로 빠르게 확산되어 나가게 한다. 삼투현상에 따라 물이 빠져 나가면서 기동세포가 빠르게 위축되고 소엽이 서로 끌어당기게 되어 엽병이 빠르게 밑으로 쳐지게 된다.

## 육식성 끈끈이주걱과 통발은 먹이에 대해 빠르게 반응한다

Case Study의 파리지옥이 서식하고 있는 질소가 부족한 늪지에서는 다른 식물들도 역시 곤충으로 먹이를 보충하도록 진화했다. 예를 들면, *끈끈이주걱*은 둥글게 말린 잎에 붙어 있는 털에서 방출되어 햇빛에서 맺힌 이슬방울을 닮은 달콤하면서 끈적거리는 물방울에서 이름이 유래했다. 잎이 곤충을 유인하면 곤충은 곧 끈적거리는 덩어리 밑에서 어찌할 수 없이 버둥거리게 된다(**그림 46-15**). 곤충이 벗어나기 위해 몸부림치면서 일으키는 진동은 털에서 전류를 만들고 이 전류는 털이 곤충 주변을 감도록 더욱 자극한다. 곤충의 투쟁은 *끈끈이주걱*이 겉 부분의 끈적끈적한 물체 속으로 소화효소 혼합물을 분비하도록 자극하고, 그 곳에서 곤충은 빠르게 파괴된다. *끈끈이주걱*의 잎은 방출된 질소 화합물을 흡수한다.

늪지의 표면 밑에서 통발은 수백 개의 물이 채워진 방들을 물속에 매달고 있다. 각각의 방은 아래 가장자리에 있는 강모로 닫혀져서 물이 새지 않는 함정으로 밀봉된다. 물벼룩(새우와 유연관계를 갖고 있으나 우리에게 거의 보이지 않음)이 통발에 부딪

▲ **그림 46-15 곤충 먹이를 잡은 끈끈이주걱** 끈끈이주걱의 잎은 달고 색깔이 있고 끈적거리는 털을 이용하여 풀잠자리 곤충을 유도하고 포획한다.

▲ **그림 46-16 통발이 작은 수생생물을 유혹한다.** 통발은 먹이를 잡는 주머니가 갖고 있다. 물벼룩(화살표)이 위험을 인지하지 못한 채 통발 중 하나에 접근하였다. 만약 물벼룩이 통발의 활동을 촉발하게 되면 내부로 빨려 들어가 소화된다.

히면 60분의 1초 이내에 방안으로 빨려 들어간다(**그림 46-16**). 어떻게? 통발에 배열된 세포가 통발의 물 밖의 연못으로 이온을 활동적으로 수송한다. 통발에서 나오는 이온 때문에 생긴 삼투압에 의해 물이 밖으로 나오게 되면서 내부 압력이 낮아진다. 낮아진 압력은 긴장 상태에서 통발의 벽이 안쪽으로 끌려 들어가서 함정을 만들게 한다. 작은 수생생물이 함정의 문을 둘러싼 강모에 부딪치면, 강모는 문을 안쪽으로 밀어 그 주위의 밀봉된 부위가 열린다. 순식간에 통발의 벽이 바깥쪽으로 튀어나오고 갑자기 통발의 부피가 팽창하고, 먹이가 안으로 빨려 들어간다. 방 안으로 분비되는 효소는 점차 생물체를 소화시켜, 통발이 흡수할 수 있는 영양분을 방출한다.

#### CHECK YOUR LEARNING

- 포식자의 공격을 받은 식물들이 어떻게 방어를 도와줄 수 있는 곤충을 유인하는지 설명할 수 있는가?
- 포식자와 기생체의 공격을 받은 식물이 어떻게 화학물질과 호르몬으로 자기 자신을 방어하는지 설명할 수 있는가?
- 상처를 입은 식물이 어떻게 다른 식물들과 소통하는지 설명할 수 있는가?
- 미모사, 끈끈이주걱, 통발 등이 왜 그리고 어떻게 빠른 움직임을 만들어 낼 수 있는지 설명할 수 있는가?

CASE STUDY REVISITED

## 식충식물들

파리지옥의 먹이 포획은 놀랄만한 과정이다. 첫 번째로 파리지옥은 잎에 침입해온 대상이 살아있는 것인지를 판단해야만 하는데 그 이유는 찌꺼기를 포획하기 위해 에너지를 낭비해서는 안되기 때문이다. 잎의 안쪽에 3개 내지 5개의 작은 융모(이 장의 첫 번째 그림 참조)가 곤충이 과즙을 찾으면서 움직이는 것을 감지한다. 곤충이 30초 내에 한번 이상 융모에 부딪힐 때에만 – 문자 그대로 "털 방아쇠"가 되는 반응을 유발하여 잎을 닫는다.

그러나 어떻게 파리를 포획할 수 있을 정도로 그렇게 빠르게 잎이 닫힐 수 있는가? 함정은 잎의 각각의 반이 내부 및 외부 세포층 사이의 용질의 구배를 유지해서 약간 볼록한 모양을 취할 때에만 열린 상태를 유지한다. 포획된 곤충에 의해서 유발된 작용포텐셜이 아쿠아포린(수분 통로)을 열어서 삼투압에 의해 내부에서 외부 층으로 빠르게 물이 이동하면서 잎이 곤충을 감싸는 오목한 모양으로 만들게 된다. 그러나 잎의 두 반쪽 사이에는 작은 간격이 남아 있다. 연구자들은 생각하기에 이 간격으로 아주 작은 곤충들이 도망갈 수 있다고 생각하지만, 소화시키는데 충분한 시간과 에너지를 투자할 가치가 있을 정도로 큰 곤충들은 도망가지 못한다(**그림 46-17**). 함정에 잡힌 먹이가 바둥거릴수록 잎이 더 단단하게 밀폐된다. 잎의 내부 표면에서 소화효소가 분비되고, 1주일이나 혹은 그 이상 지나면 이 임시 위장은 곤충을 소화시키고 식물은 방출된 영양소를 흡수하는 축제를 벌이게 된다.

▲ **그림 46-17 성공!**

찰스 다윈(Charles Darwin)은 1875년에 파리지옥을 "세계에서 가장 훌륭한 식물 중 하나"라고 묘사했으며 2005년 노스캐롤라이나주는 파리지옥을 육식식물로 공식적으로 지정했다. 불행하게도 이 식물은 희귀종으로서 노스캐롤라이나주와 사우스캐롤라이나주의 특정 습지에서만 야생으로 서식하고 있다. 보호지로 관리되고 있는 사유지에서 위장한 옷을 입은 밀렵꾼들이 불법적으로 채취하여 팔고 있다. 개발도 역시 이 무력한 육식식물들을 위협하고 있다; 원서식지의 약 70%가 이제 골프장, 주차장, 교외 확산 등과 같은 풍경으로 바뀌었다.

**비판적 사고** 미국에 있는 많은 습지가 인근에 있는 농장에서 흘러들어온 하수에 의해 위협받고 있는데 이 농업폐수 속에는 과다한 영양분을 포함하고 있거나 혹은 동물폐기물이 아주 많은 편이다. 질소가 부족한 습지에서는 육식성 식물들이 무성하게 자라게 되는데 그 이유는 질소가 함유되어 있는 먹이를 먹을 수 없는 종들은 육식성 식물과의 경쟁에서 이길 수 없기 때문이다. 왜 농업폐수가 인근 습지에 사는 육식성 식물에게 위협 요인이 되는지를 설명하라.

# CHAPTER REVIEW

*비판적 사고와 생각해보기, 선택형문제, 빈칸채우기 질문에 대한 답은 이 책의 뒷부분에 있는 정답란에서 볼 수 있다.*

## 핵심개념의 요약

### 46.1 주요한 식물호르몬에는 어떤 것들이 있는가?

식물들은 접촉, 중력, 습도, 및 낮의 길이 등을 포함한 환경적인 자극을 인지하고 반응할 수 있는 능력을 발달시켰다. 환경에서 일어나는 변화에 반응하여 분비된 식물호르몬은 식물의 생활주기의 모든 단계에 영향을 준다. 꽃이 피는 식물의 생활주기에서 중요한 6종류의 식물호르몬으로는 옥신, 지베렐린, 사이토키닌, 에틸렌, 앱시스산, 화성소가 있다(표 46-1 참조).

### 46.2 호르몬은 식물의 생활주기를 어떻게 조절하는가?

환경적 자극에 반응하여 분비되는 호르몬들은 식물의 생장과 발달을 조절한다. 종자에서의 휴면은 앱시스산에 의해 진행된다. 앱시스산의 수준이 낮아지면 지베벨린의 수준이 높아져서 발아가 유도된다. 종자가 생장하면서 옥신은 줄기에서의 양성굴광성과 음성굴지성을 촉진하며, 뿌리에서는 음성굴광성과 양성굴지성을 촉진한다. 평형석은 식물의 줄기와 뿌리골무 세포가 중력을 인지하도록 하여 중력의 방향에 따라 옥신을 축적하도록 영향을 주게 된다. 지베렐린은 줄기가 신장하도록 한다. 에틸렌은 식물이 토양 밖으로 나오면서 뿌리와 줄기의 신장은 느리게 하고 두꺼워 지도록 촉진한다.

줄기와 뿌리에서의 분지는 두 개의 시스템에 균형을 이루도록 옥신과 사이토키닌에 의해 조절된다. 옥신은 줄기의 정단분열조직에서 생성되어 줄기의 분지는 억제하면서 뿌리의 분지는 촉진한다. 사이토키닌은 뿌리의 정단분열조직에서 생성되어 뿌리의 분지는 억제하지만 줄기의 분지는 촉진한다.

식물은 광색소인 피토크롬을 이용하여 낮의 길이를 측정하는데 피토크롬은 빛의 특정한 파장에 반응하여 활성화된 형태($P_{fr}$)와 불활성화된 형태($P_r$)의 전환을 일으킨다. 활성화된 형태의 피토크롬은 장일, 단일 식물에서 개화, 종자 발아, 줄기 신장, 잎의 팽창, 엽록체 합성 등에 관여한다. 적절한 수준의 낮의 길이와 피토크롬의 조절에 반응하여 개화호르몬인 화성소가 식물 잎에서 생성되어 정단분열조직에 있는 화아로 이동하여 꽃을 유도한다.

종자와 열매의 생장과 발달은 옥신, 사이토키닌, 지베렐린의 영향을 받는다. 일부 열매에서는 에틸렌이 후숙을 유도한다. 노화가 진행되는 동안 탈리층을 약화시키는 에틸렌에 반응하여 열매와 잎이 떨어지게 된다. 앱시스산의 농도가 높아지면 눈이 휴면하게 된다.

### 46.3 어떻게 식물은 의사소통을 하며, 자신을 방어하고, 먹이를 잡아 먹는가?

곤충에 의해 공격을 받은 일부 식물들은 휘발성 화학물질을 방출하여 먹이를 찾는 다른 곤충을 유인하거나 혹은 식물에서 기생하는 포식자를 유인한다. 손상을 입은 식물은 내부 신호물질을 이용하여 그 자신의 방어력을 강화시키고 어떤 경우는 더 잘 방어하는 자손을 남기기도 한다. 상처가 나거나 혹은 감염된 식물로부터 방출된 화학물질은 이웃하고 있는 식물을 자극하여 방어력을 증진시킨다.

미모사의 잎은 잎에 있는 접촉 감지기가 전기적 신호를 발생시키면 이것에 의해 특수화된 세포가 빠르게 물을 방출하게 된다. 끈끈이주걱은 돌출해 있는 융모에 끈적한 물방울을 이용하여 곤충을 잡아서 분해시킨다. 물속에서 서식하는 통발은 주머니 내에 장력을 만든다. 장력은 주머니가 먹이에 의해 건드려지면 주머니를 팽창시켜 물과 먹이를 빨아들인다.

## 개념을 통한 이해

### 선택형 문제

**1.** 단일식물
  a. 중단되지 않은 빛이 비친 최대 지속 기간에 반응하여 개화한다.
  b. 중단되지 않은 암기의 최소한의 기간에 반응하여 개화한다.
  c. 열대 지방에서는 일반적인 현상일 것 같다.
  d. $P_{fr}$에 의해 개화가 촉진된다.

**2.** 다음 중 사실인 것은?
  a. 에틸렌은 탈리층을 형성하도록 촉진한다.
  b. 앱시스산은 탈리층을 형성하는 원인이다.
  c. 꽃을 신선한 상태로 유지하기 위해 에틸렌을 살포하는 경우가 종종 있다.
  d. 앱시스산은 종자 발아를 촉진합니다.

**3.** 굴성
  a. 주로 세포분열에 의해 일어난다.
  b. 통발이 물벼룩을 잡을 수 있게 한다.
  c. 항상 자극 쪽으로 굽도록 유도한다.
  d. 주로 불균등한 세포신장에 의해 야기된다.

**4.** 피토크롬
  a. 주로 자외선에 대하여 반응한다.
  b. 두 가지의 서로 다른 안정된 형태로 존재한다.
  c. 모든 개화 식물에 동일한 효과를 나타낸다.
  d. $P_{fr}$이라는 활성형태가 존재한다.

**5.** 다음 중 틀린 것은 어느 것인가?
  a. 굴촉성은 촉각에 대한 직접적인 반응이다.
  b. 정단분열조직에서 생성된 옥신은 줄기의 분지를 억제한다.
  c. 지베렐린은 줄기의 절간 신장을 촉진한다.
  d. 뿌리의 분지는 사이토키닌에 의해 촉진된다.

### 빈칸 채우기

1. 줄기의 정단분열조직에서 생성된 옥신은 곁가지가 돋아나는 것을 ________; 이 현상은 ________라고 한다. 뿌리에서는 옥신이 분지의 발달을 ________한다.
2. 호르몬 ________는 벼의 "바보같은 유식물"병을 연구했던 연구자들에 의해 발견되었다. 줄기가 신장하는 동안 이 호르몬은 세포의 ________와 세포의 ________을 촉진한다.
3. 호르몬 ________은 기체이다. 노화가 진행되는 동안 이 호르몬은 ________의 형성을 자극하는데 이것은 죽은 잎과 익은 열매가 떨어지도록 한다.
4. 사이토키닌이 생성되는 주요 장소는 ________이다. 사이토키닌은 곁뿌리가 돋아나는 것을 ________하며 곁 ________가 돋아나는 것은 ________한다.
5. 호르몬 ________은 수분이 부족할 때 기공을 닫게 한다. 이것은 환경적 조건이 불리한 기간에는 종자의 ________을 유지한다.

### 복습문제

**1.** 뿌리와 줄기에서 굴광성과 굴지성을 비교하라. 어떻게 두 개의 자극이 인지되는가? 어떻게 식물체의 각 부위에서 이것에 대해 다르게 반응하는가?

**2.** 정단우성이 무엇인가? 어떻게 옥신과 사이토키닌이 측아의 생장을 결정하는데 상호작용을 하는가?

**3.** 피토크롬이 무엇인가? 피토크롬의 두 가지 형태가 어떻게 식물의 생활주기를 조절하는 것에 관여하는가?

**4.** 어떤 호르몬이 열매의 발달을 유도하는가? 어떤 호르몬이 바나나의 숙성을 유도하는가?

**5.** 노화는 무엇인가? 가을에 잎의 노화를 수반하는 변화에 대하여 설명해보라. 어떤 호르몬이 낙엽을 유도하는가?

**6.** 지베렐린의 주요한 농업적 이용에는 어떤 것이 있는가? 에틸렌의 농업적 이용에는 무엇이 있는가?

**7.** 식물에서 일어나는 화학적 방어메커니즘의 한 가지 사례에 대하여 설명하라.

**8.** 미모사가 잎을 닫는 메커니즘을 설명해보라. 왜 이 행동이 진화되었는가?

## 개념의 적용

**1.** 프로젝트를 보고하는 한 학생이 종자들 중의 하나를 뒤집어 심었기 때문에 종자가 혼란을 일으켰으며 아래쪽 방향으로 생장하려고 했기 때문에 적절하게 생장하지 않았다고 말했다. 교사는 이 설명을 받아들여야 할까? 왜 그래야 할까? 혹은 왜 그렇게 하지 말아야 할까?

**2.** 적도 근처의 열대지방에는 장일식물, 단일식물, 중일식물 중 어떤 것이 우세할 것으로 생각하는가? 그 이유를 설명하라.

# 비판적 사고, 검토해보기, 선택형 문제, 빈칸 채우기 답

## Chapter 1

### Think Critically

**Figure 1-3** The bun is made from wheat, a photosynthetic organism that can capture sunlight directly. The meat came from a cow, which feeds on photosynthetic organisms and fuels its body with energy stored from photosynthesis.

**Figure 1-9** Of all the animals, plant-eaters have access to the largest amount of energy because they feed on plants, which capture the energy directly from sunlight. The huge size of some herbivores is also an adaptation for reaching leaves on tall trees.

**Figure 1-10** Research at the molecular level of organization would be best suited for understanding the mechanism of photosynthesis.

#### Doing Science: Controlled Experiments Provide Reliable Data

Other things (besides flies) that the gauze blocked from entering might have produced the maggots in the uncovered jar, or they could have come from eggs that were in some of the meat before it was placed in the open jar. An experiment to support the hypothesis that flies produce maggots would be to use Redi's experimental setup with meat in each of two gauze-covered jars, but place flies in one jar and not the other.

### Multiple Choice

**1.** b; **2.** c; **3.** a; **4.** d; **5.** b

### Fill-in-the-Blank

1. stimuli; energy, materials; complex, organized; evolve
2. atom; cell; tissues; population; community; ecosystem
3. scientific theory; hypothesis; scientific method
4. evolution; natural selection
5. deoxyribonucleic acid, DNA; genes

### Review Questions

1. Organisms acquire and use materials and energy; actively maintain organized complexity; perceive and respond to stimuli; grow; reproduce; and, collectively, have the capacity to evolve.
2. Living things must use energy continuously to maintain their organized complexity. The ultimate source of energy for life on Earth is sunlight.
3. Evolution is change over time as a result of descent with modification from a common ancestor. Evolution by natural selection is the inevitable outcome of: (1) differences among members of a population that arise as a result of mutations; (2) inheritance of these differences by offspring; and (3) increased survival and reproduction by individuals that inherit beneficial traits. As a result of this increased survival and reproduction, beneficial traits (and the genes that underlie them) become increasingly common in the population.
4. The domains are Archaea, Bacteria, and Eukarya.
5. Eukaryotic cells of the domain Eukarya are complex and contain a variety of organelles, many surrounded by membranes. They contain a nucleus that encloses the cell's DNA within a membrane. Prokaryotic cells are far simpler and generally much smaller than eukaryotic cells, and they lack organelles enclosed by membranes. The DNA of prokaryotic cells is not confined within a nucleus. The domains Bacteria and Archaea consist entirely of prokaryotic cells.
6. The principles are the following: first, that all events have natural causes; second, that our universe is, and always has been, governed by natural laws; and third, that scientific data exist independently of subjective value systems.
7. A hypothesis is a proposed explanation for a phenomenon, based on preliminary evidence. In contrast, a scientific theory is more like a natural law or a basic principle derived from the study of nature that has never been disproven by scientific inquiry. Scientists describe these fundamental principles as "theories" rather than "facts" because science must be conducted with an open mind; if compelling evidence arises that renders a scientific theory invalid, that theory must be modified or discarded.
8. Redi's controls were the same kind of meat and jar and the same length of time exposed to air at the same temperature and location. Andersson controlled for the season, weather, timing of the experiment, and general location of the observations (by performing the experiments simultaneously in the same area), as well as for handling the birds and modifying their tail feathers.
9. Scientific inquiry begins with an *observation* of a specific phenomenon, which leads to the *question* such as, "What caused this?" Then a *hypothesis*, which is a proposed explanation for the phenomenon, is formed based on existing evidence. The hypothesis leads to a *prediction*, which is the expected outcome of testing if the hypothesis is correct. The prediction is tested by carefully designed additional observations or carefully controlled manipulations called *experiments*. Experiments produce results that either support or refute the hypothesis, allowing the scientist to reach a *conclusion* about whether the hypothesis is valid or not.

## Chapter 2

### Think Critically

**Figure 2-1** The mass number of H is 1; the mass number of He is 4.

**Figure 2-2** Atoms with outer shells that are not full become stable by filling (or emptying) their outer shells.

**Figure 2-3** Heat from the fire excites electrons into higher energy levels. When the electrons spontaneously revert to their original stable level, they give off light as well as heat.

**Figure 2-9** No. The hydrophobic oil exerts no attraction for the ions in salt, so the salt would remain in solid crystals.

**Figure 2-10** The water drop would spread out on clean glass because of adhesion to the glass and cohesion among the water molecules. On an oil-covered slide, the droplet would ball up due to hydrophobic interactions.

**Figure 2-11** There is more empty space between the molecules in ice than between molecules of liquid water, so ice is less dense and floats.

#### Doing Science: Radioactive Revelations

Fluid-filled space occupies a far larger portion of the brain of the Alzheimer's patient, indicating a significant loss of neurons.

#### Health Watch: Free Radicals—Friends and Foes?

Eating dark chocolate by itself is unlikely to reverse high blood pressure. If Thomas added a 6-ounce chocolate bar (about 1,000 calories) to his regular daily diet, he could gain 50 pounds over 6 months, which would likely worsen his high blood pressure. Thomas should maintain a healthy weight, gradually increase his exercise, and eat lots of fruits and vegetables. In addition, it would be okay for him to add a far smaller amount of dark chocolate daily.

### Multiple Choice

**1.** d; **2.** a; **3.** d; **4.** b; **5.** d

### Fill-in-the-Blank

1. protons, neutrons; electrons, electron shells
2. ion; positive; ionic

3. isotopes; elements; radioactive
4. inert; reactive; share
5. polar; hydrogen; cohesion

## Review Questions

1. There are eight neutrons in oxygen, zero in hydrogen, and seven in nitrogen.
2. An atom is the smallest particle of an element that still retains the properties of that element. A molecule consists of two or more atoms chemically bonded together. Protons are positively charged subatomic particles found in the atomic nucleus. Neutrons are uncharged subatomic particles found in the atomic nucleus. Electrons are negatively charged subatomic particles found in electron shells around the atomic nucleus.
3. Covalent bonds involve the sharing of a pair of electrons between two atoms. Ions form when one or more electrons are transferred between atoms, and ionic bonds result from electrical charge attraction between ions.
4. Polar covalent bonds involve unequal sharing of electrons between two atoms. This produces slight opposite charges on different parts (poles) of the molecule, with one pole being slightly positive and the other slightly negative. Hydrogen bonds form as a result of the attraction between these small opposite charges on polar molecules. For example, water molecules form hydrogen bonds with one another between their slightly positive hydrogen poles and slightly negative oxygen poles.
5. Because water molecules are linked by hydrogen bonds, the molecules can move faster only if the hydrogen bonds are broken more often and more rapidly. Breaking hydrogen bonds uses up a considerable amount of heat energy, which is then not available to raise the water's temperature. This property of water is described as a high specific heat.
6. Because water is polar, the negative poles of water molecules are attracted to the sodium ions and the positive poles to the chloride ions of salt. This attraction to water breaks the ionic bonds that hold salt crystals together. As water molecules surround each ion in salt, the salt dissolves.
7. The pH scale is a range of values from 0 to 14 that defines the concentration of $H^+$ in a solution and thus how acidic or basic the solution is. The pH number is the negative log of the $H^+$ concentration. An acid is a substance that gives off $H^+$ in solution. A base is a substance that combines with $H^+$ in solution. Buffers are molecules that maintain a solution at a nearly constant pH by accepting or releasing $H^+$ in response to small changes in $H^+$ concentration. Buffers are important in organisms because biological molecules function only within a narrow pH range, and buffers help maintain body fluids within this range.

# Chapter 3

## Think Critically

**Figure 3-1** Hydrogen cyanide is a polar molecule, because the nitrogen atom exerts a much stronger pull on carbon's electrons than does the hydrogen atom.

**Figure 3-8** During hydrolysis of sucrose, water is split; a hydrogen from water is added to the oxygen from glucose (that formerly linked the two subunits), and the remaining OH from water is added to the carbon (that formerly bonded to oxygen) of the fructose subunit.

**Figure 3-14** Other amino acids with hydrophobic functional groups are glycine, alanine, valine, isoleucine, methionine, tryptophan, and proline.

**Figure 3-16** Heat energy can break hydrogen bonds and disrupt a protein's three-dimensional structure. This prevents the protein from carrying out its usual function(s).

**Figure 3-22** Triglycerides are broken apart by hydrolysis reactions.

**Figure 3-27** As lipids, steroids are soluble in the phospholipid-based cell membranes and can cross them to act inside the cell.

**Health Watch: Cholesterol, Trans Fats, and Your Heart**

The doctor should do the following:

- Do a blood test for high LDL cholesterol; this could cause partial artery blockage that would deprive the heart of adequate oxygen during exercise and cause chest pain.
- Recommend that the patient lose weight.
- Ask about the patient's exercise regimen (if any), and recommend that the patient try a variety of exercise classes to find one she enjoys.
- Ask if her diet includes a lot of saturated fat; if so, strongly recommend she switch to oil.
- Ask if she smokes, which contributes to heart disease; if so, encourage cessation.
- Suggest additional tests that are used to evaluate arterial health, and explain how obesity damages the heart (use reputable Web sites to research this information).

## Multiple Choice

**1.** d; **2.** c; **3.** a; **4.** d; **5.** a

## Fill-in-the-Blank

1. monomer, polymers; polysaccharides; hydrolysis; (any three) cellulose, starch, glycogen, chitin
2. hydrogen bond, hydrogen and disulfide bonds, hydrogen bond, peptide bond
3. dehydration, water; amino acids; primary; helix, pleated sheet; denatured
4. ribose sugar, base, phosphate; adenosine triphosphate (ATP); adenine, guanine, cytosine, thymine; deoxyribonucleic acid (DNA), ribonucleic acid (RNA); phosphate
5. oil, wax, fat, steroids, cholesterol, phospholipid

## Review Questions

1. "Organic" describes molecules with a carbon backbone that usually also contain hydrogen and oxygen.
2. Carbohydrates—glucose, sucrose, starch, glycogen, cellulose, chitin
   Lipids—oil, fat, waxes, cholesterol
   Proteins—keratin, silk, hemoglobin
   Nucleic acids—DNA, RNA
3. ATP serves as a short-term energy storage molecule; cyclic AMP is an intracellular messenger. The nucleotides adenine, guanine, cytosine and thymine are subunit monomers used in assembling the nucleic acids DNA and RNA.
4. Fats and oils both consist of a glycerol molecule with each of its carbons bonded to a fatty acid "tail." They differ in that oils have fewer hydrogen atoms bonded to the carbons in their fatty acid tails, causing double bonds between the carbons, which cause the tails to kink. This keeps the molecules from packing closely together, so oil remains liquid at room temperature. Fats are saturated with hydrogen atoms, their tails are straight, and they pack closely, so fat remains solid at room temperature.
5. Dehydration synthesis forms polymers by removing a water molecule from two monomers that then become bonded together. A hydroxyl group is removed from one monomer and a hydrogen atom from the other. For example, dehydration synthesis links glucose and fructose to form sucrose. Hydrolysis breaks polymers into monomer subunits by adding water to split the bonded monomers apart. For example, sucrose is hydrolyzed into glucose and fructose.
6. Proteins are produced by dehydration synthesis of amino acids to form polypeptides linked by peptide bonds. Primary structure is the sequence of amino acids; secondary structure involves bending the polypeptide into helices or pleated sheets, stabilized by hydrogen bonds between amino acids; tertiary structure is the folding of a polypeptide into a complex, three-dimensional structure involving hydrogen and sometimes disulfide bonds between amino acids in different parts of the molecule; and quaternary structure is the

association of more than one polypeptide into a closely packed arrangement, usually maintained by hydrogen bonds, disulfide bonds, and/or attractions between oppositely charged polar portions of amino acids.

7. Cellulose is found in plant cell walls. Chitin is found in the exoskeletons of animals and in many fungal cell walls. They are similar in that they are composed of glucose subunits; however, in chitin, a hydroxyl group in the glucose subunits is replaced by a nitrogen-containing functional group.

## Chapter 4

### Think Critically

**Figure 4-2** A light micrograph provides overall views of cellular structures in relationship to one another, and it also allows you to see a living cell in motion, without distortion from preservation techniques. In an SEM of an intact cell or organelle, you can observe its overall three-dimensional shape and surface structures. A TEM provides a more diagrammatic view of cells and organelles, with a clearer image of their internal organization.

**Figure 4-10** Condensation allows the chromosomes to become organized and separated from one another so that a complete copy of genetic information can be distributed to each of the daughter cells that results from cell division.

**Figure 4-18** The fundamentally similar composition of membranes allows them to merge with one another. This allows molecules in vesicles to be transferred from one membrane-enclosed structure (such as endoplasmic reticulum) to another (such as the Golgi apparatus). The material can be exported from the cell when the vesicle merges with the plasma membrane.

**Figure 4-19** If lysosomal enzymes were active at a pH found in the cytoplasm, the enzymes would break down the membranes of the endoplasmic reticulum, Golgi, and the vesicles exposed to the enzymes.

**Figure 4-21** Fluid would not move upward because the beating of the flagella would direct fluid straight out from the cell membranes. Mucus and trapped particles would accumulate in the trachea.

#### Earth Watch: Would You Like Fries with Your Cultured Cow Cells?

Scanning the graph reveals that China's per-person consumption reached half of the U.S. level sometime between 2003 and 2013. During that interval, China's consumption rose from about 105 pounds/year to about 135 pounds/year (increasing by about 3 pounds/year), and U.S. consumption fell from about 270 pounds/year to about 250 pounds/year (decreasing by about 2 pounds/year). Using these data to estimate each country's consumption in each year, we can determine that China reached half the level of consumption of the United States in 2011. Annual worldwide consumption of meat increased from about 235 billion pounds in 1973 (3.92 billion people × 60 pounds/person) to about 972 billion pounds in 2013 (7.2 billion people × 135 pounds/person). Annual worldwide consumption of meat increased from about 235 billion pounds in 1973 (3.92 billion people × 60 pounds/person) to about 972 billion pounds in 2013 (7.2 billion people × 135 pounds/person).

### Multiple Choice

**1.** a; **2.** b; **3.** b; **4.** d; **5.** b

### Fill-in-the-Blank

1. phospholipids, proteins; phospholipid, protein
2. microfilaments, intermediate filaments, microtubules; microtubules; microtubules; microfilaments; intermediate filaments
3. ribosomes, endoplasmic reticulum, nucleolus, Golgi apparatus, cell wall, messenger RNA
4. rough endoplasmic reticulum; vesicles, Golgi apparatus; carbohydrate; plasma membrane
5. mitochondria, chloroplasts, extracellular matrix, nucleoid, cilia, cytoplasm
6. mitochondria, chloroplasts; double, ATP, size
7. cell walls; nucleoid; plasmids; sex pili

### Review Questions

1. (1) Every organism is made up of one or more cells. (2) The smallest organisms are single cells, and cells are the functional units of multicellular organisms. (3) All cells arise from preexisting cells.
2. Animal and plant cells share the following cytoplasmic structures: cytoskeleton, endoplasmic reticulum, Golgi apparatus, vesicles, vacuoles, mitochondria, and ribosomes. Lysosomes and centrioles are absent or rare in plant cells. Chloroplasts and the central vacuole are absent or rare in animal cells.
3. Microfilaments: smallest, twisted double strands, important in muscle contraction and cell division; intermediate filaments: midsize, internal scaffolding, help maintain cell shape; microtubules: largest, guide chromosomes during cell division, major component of cilia and flagella, transport organelles through the cytosol
4. The nucleus houses the DNA in eukaryotic organisms. It is surrounded by the nuclear envelope, which consists of two membranes containing numerous pores that allow various molecules to pass between the nucleus and the cytoplasm. Chromatin consists of chromosomes in an uncondensed state. A chromosome is a DNA molecule with associated proteins. DNA carries genes whose nucleotide sequence codes for the production of proteins and RNA. The nucleolus, a dark-staining region of the nucleus, is the site of ribosome synthesis. It consists of rRNA, proteins, ribosomes in various stages of synthesis, and the portions of chromosomes carrying genes that code for rRNA.
5. Mitochondria extract energy from food molecules and store it in the bonds of ATP; chloroplasts are the sites of photosynthesis. Their double membranes could have originated from their original host cell (outer membrane) and its prokaryotic guest (inner membrane). The organelles also have their own DNA, their own ribosomes, the ability to make ATP, and a size similar to that of prokaryotic cells, all supporting the endosymbiont hypothesis.
6. Ribosomes are sites for protein synthesis. They are embedded in the outer nuclear membrane of the nuclear envelope and the rough endoplasmic reticulum. They are also found free in the cytoplasm or attached to strands of mRNA as polyribosomes. Ribosomes are found in both eukaryotic and prokaryotic cells, although prokaryotic ribosomes are smaller and have different RNA and proteins.
7. The endoplasmic reticulum forms membrane-enclosed channels in the cytoplasm. Smooth ER lacks ribosomes but contains enzymes. Some smooth ER enzymes synthesize steroid hormones; smooth ER in liver cells detoxifies drugs and metabolic wastes; smooth ER in muscle cells stores calcium ions. Rough ER is the major site of protein synthesis. Proteins synthesized by the ribosomes attached to the rough ER enter the channels of the endoplasmic reticulum, where they are chemically modified and folded and transported through the ER to pockets that pinch off as vesicles. Vesicles transport the proteins to the Golgi apparatus. The Golgi apparatus is a series of specialized flattened membranous sacs. The Golgi sorts, chemically alters, and packages proteins produced by the rough ER. These leave the Golgi in vesicles and are transported to other parts of the cell or to the plasma membrane for export.
8. Lysosomes are membrane-enclosed vesicles derived from the Golgi complex that contain digestive enzymes that are used to break down food particles and defective organelles.
9. Refer to Figure 4-8 for diagrams of cilia and flagella. Cilia (short and numerous) move in a way that resembles the oars of a rowboat. In multicellular organisms, cilia move fluid past a surface; in some protists they allow the cell to swim. Flagella (longer and fewer) propel sperm and some protists through fluid like a propeller on a motorboat.
10. Ribosomes, cell wall, flagella

## Chapter 5

### Think Critically

**Figure 5-6** The distilled water made the solution hypotonic to the blood cells, causing enough water to flow in to burst their fragile cell membranes.

**Figure 5-7** The rigid cell wall of plant cells counteracts the pressure exerted by water entering by osmosis, so although the cell would stiffen from internal water pressure, it would not burst.

**Figure 5-8** No. Actively transporting water across a membrane against its concentration gradient would waste energy because the water would simply diffuse by osmosis back through the membrane.

**Figure 5-12** Exocytosis uses cellular energy, whereas diffusion occurs passively. During exocytosis, materials are expelled without passing directly through the plasma membrane, allowing the cell to eliminate materials that are too large to pass through membranes.

#### Health Watch: Membrane Fluidity, Phospholipids, and Fumbling Fingers

It is adaptive to feel enhanced pain when parts of the body are in danger of being damaged by the cold, because this will stimulate urgent behavior to warm up the affected body region.

#### Doing Science: Discovering Aquaporins

The control eggs (without aquaporins) would have shrunk very slightly. Because they swelled slightly in distilled water, it is clear that they are somewhat permeable to water, and they would lose some water by osmosis in a hypertonic solution. The eggs with aquaporins inserted into their plasma membranes would have shrunk considerably and would be much smaller than the control eggs. Because water can flow either way through aquaporins, it would have flowed out into the hypertonic environment by osmosis.

#### Case Study Revisited: Vicious Venoms

Venom phospholipases are injected to injure and help immobilize the prey, whereas phospholipases in the digestive tract break down membrane phospholipids into nutrients that can be absorbed.

### Multiple Choice

**1.** c; **2.** b; **3.** b; **4.** c; **5.** a

### Fill-in-the-Blank

1. phospholipids; receptor, recognition, enzymes, attachment, transport
2. selectively permeable; diffusion; osmosis; aquaporins; active transport
3. channel, carrier; simple, lipids
4. simple diffusion, simple diffusion, facilitated diffusion, facilitated diffusion
5. exocytosis; yes; vesicles

### Review Questions

1. See Figure 5-1 for a diagram of the plasma membrane. The plasma membrane can be described as a fluid mosaic, referring to the fluidity of the phospholipid bilayer and the mosaic of different proteins it contains. The two types of molecules are phospholipids and proteins. The function of the phospholipid bilayer is to isolate the cell from its surroundings. The proteins of the membrane allow selective interactions with the environment.
2. The phospholipid molecules would form a droplet with all their tails in the center and their heads facing the water. This is because the heads are polar (hydrophilic) and attracted to polar water molecules, whereas the tails are hydrophobic and not attracted to water.
3. The five categories of proteins found in the plasma membrane are (1) enzymes, which promote chemical reactions without being changed themselves; (2) recognition proteins, which serve to identify the cell; (3) transport proteins, which are used to regulate the movement of water-soluble molecules or ions through the plasma membrane; (4) receptor proteins, which respond to molecules in the extracellular fluid, such as hormones; and (5) attachment proteins, which anchor the plasma membrane to the cytoskeleton inside, to the extracellular matrix outside, or to adjacent cells.
4. Diffusion is the net movement of molecules in a fluid from regions of high concentration to regions of low concentration. Osmosis is the diffusion of water though selectively permeable membranes. Plant leaves are supported by the turgor pressure produced when plant cell vacuoles take in water by osmosis. Turgor pressure "inflates" plant cells, supporting them.
5. The terms *hypotonic, hypertonic,* and *isotonic* describe relative concentrations of solutes when one solution is compared to another solution separated by a membrane that is selectively permeable to water. A hypotonic solution has a lower solute content, a hypertonic solution has a higher solute content, and an isotonic solution has the same solute content as the compared solution. Water will move by osmosis through the membrane from a hypotonic solution into a hypertonic solution. If an animal cell is placed into a solution hypotonic to the cell's cytoplasm, water will enter the cell by osmosis and may eventually cause the cell to burst. A hypertonic solution causes water to leave a cell and will cause an animal cell to shrivel. An isotonic solution results in no net loss or gain of water by a cell, because both the cytoplasm and the extracellular solution contain the same concentration of solutes.
6. Simple diffusion is the diffusion of water, dissolved gases, or lipid-soluble molecules through the phospholipid bilayer of a membrane. Facilitated diffusion is the diffusion of molecules through a membrane, assisted by membrane transport proteins. Active transport is the movement of small molecules and ions through membrane proteins, using cellular energy, usually in the form of ATP. Pinocytosis is the introduction of extracellular fluid into a cell by a small piece of the plasma membrane that dimples inward and pinches off, forming a vesicle. Receptor-mediated endocytosis moves specific molecules into a cell when the particular molecule binds to receptor proteins on the plasma membrane, and the membrane is pinched off, forming a sac that contains the imported molecule. Phagocytosis is the movement of large food particles or whole organisms into a cell by extensions of the plasma membrane called pseudopods that encircle an extracellular particle and form a vesicle. In exocytosis, vesicles fuse with the plasma membrane, expelling the contents outside the cell.
7. Aquaporin allows facilitated diffusion of water. Peter Agre and associates inserted an unknown membrane protein from red blood cells into frog eggs (which are not very permeable to water) and found that the frog eggs with the protein took up water rapidly and burst in hypotonic solutions, whereas those without the protein were unchanged.
8. Glucose will diffuse from compartment A into compartment B, and water will follow by osmosis. The result will be greater (but equal) concentrations of glucose in both compartments and the same amount of water in both compartments.

## Chapter 6

### Think Critically

**Figure 6-1** Yes, but this would be a boring roller coaster because each successive peak would need to be much lower than the previous one. When a car plunges down from a peak, potential energy is converted to kinetic energy, but some energy is lost as heat during the conversion. So as the car starts up the next peak, the amount of kinetic energy available to power the climb is lower than the amount of energy that was available at the top of the prior peak.

**Figure 6-4** Glucose breakdown is exergonic; photosynthesis is endergonic.

**Figure 6-7** Both parts of the coupled reaction occur with a loss of usable energy in the form of heat.

**Figure 6-8** No, only exergonic reactions can occur spontaneously after the activation energy is surmounted.

#### Health Watch: Lack of an Enzyme Leads to Lactose Intolerance

He would suspect lactose intolerance, which would be even more likely if the child's birth parents were of East Asian, West African, or Native American origin. If tests confirmed his suspicions, he might suggest that the child reduce lactose-containing foods to a level she can tolerate and that the parents try giving her special formulations of dairy products that have lactase added to them or lactase pills that can be taken prior to a meal.

#### Case Study Revisited: Energy Unleashed

The plot line of enzyme activity will start at zero at a temperature near water's freezing point (0°C), rise relatively gradually to a peak at or near body temperature (37°C), and then decline, falling sharply to zero at some temperature not too far past the peak (perhaps 50°). The temperature of peak activity is near body temperature because most human enzymes have evolved to function optimally under normal conditions in the body. At lower temperatures, enzyme and substrate molecules move more slowly and therefore less frequently collide with sufficient energy to react; the contact rate will increase steadily with increased temperature. At temperatures above the optimal temperature, the proportion of denatured enzyme molecules increases, and when temperature reaches a critically high point, the proportion of denatured molecules approaches 100% and activity quickly plummets to zero.

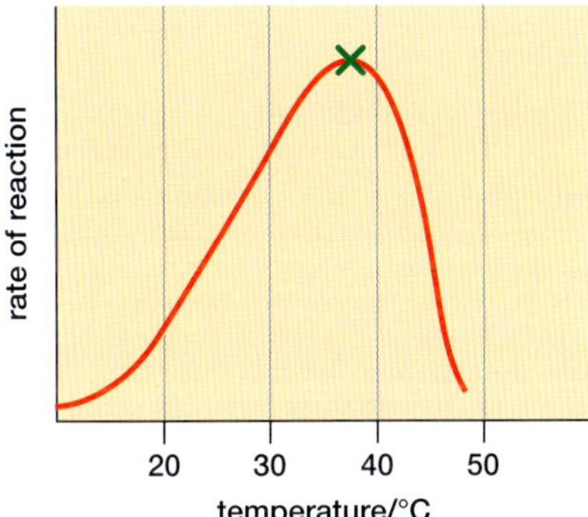


### Multiple Choice

**1.** b; **2.** a; **3.** d; **4.** b; **5.** a

### Fill-in-the-Blank

1. created, destroyed; kinetic, potential
2. less; entropy
3. exergonic; endergonic; exergonic; endergonic
4. adenosine triphosphate; adenosine diphosphate, phosphate; energy
5. proteins; catalysts, activation energy; active site
6. inhibiting; competitive

### Review Questions

1. Life does not violate the second law of thermodynamics because Earth is not a closed system but instead is receiving a constant influx of energy from the sun, which is captured by organisms and used to maintain their organized complexity. The sun releases heat and undergoes a continuous increase in entropy.
2. Potential energy is energy that is stored, for example, in chemical bonds, in the elastic energy of a stretched spring, or as gravitational energy stored in water behind a dam or a car at the top of a roller coaster. Kinetic energy is the energy of movement, including radiant energy (waves of light or X-rays), heat energy (the motion of molecules), and any motion of larger objects, such as the plummeting roller-coaster car or running marathoners. Kinetic energy can be converted to potential energy (gravitational, for example) by moving an object up a hill. Potential energy can be converted to kinetic energy, as when an object falls or when ATP is used to power muscle contraction. Heat is always released when energy is converted from one form to another.
3. Metabolism is the sum total of all chemical reactions in a cell. Reactions are coupled so that one reaction releases energy (exergonic) to drive another reaction (endergonic). Energy-carrier molecules, particularly ATP, transfer chemical energy from exergonic to endergonic reactions. In every conversion, some energy is lost as heat.
4. Activation energy is an initial input of energy required to start a chemical reaction. Catalysts reduce the amount of activation energy required to start a reaction, which results in the reaction proceeding at a much faster rate.
5. Glucose breakdown in cells occurs in the small, enzyme-catalyzed steps of a metabolic pathway. Energy is released in small increments, and some is stored in chemical bonds such as in ATP. Heat is released in small amounts. When set on fire, glucose releases large quantities of heat energy at a rapid rate, and none is captured in chemical bonds. If the glucose is burned completely, the end products of both the metabolic pathway and fire are the same: carbon dioxide and water. Activation energy in the metabolic pathway is supplied by body heat, which is adequate because enzymes greatly reduce the need for activation energy. The heat of the match flame overcomes the activation energy when sugar is burned.
6. In competitive inhibition, a substance that is not the enzyme's normal substrate binds to the active site of the enzyme, competing with the substrate for the active site. In noncompetitive inhibition, a molecule binds to a noncompetitive inhibitor site on the enzyme that is distinct from the active site. As a result, the enzyme's active site is distorted, making it less able to catalyze the reaction.
7. Enzymes are nearly always proteins with complex three-dimensional shapes that bind to specific substrates. Enzymes promote a single reaction involving one or two specific molecules. Enzyme activity is regulated in three ways: (1) A cell may regulate how much of an enzyme it contains by turning genes on or off; (2) a cell may synthesize an enzyme in an inactive form that is activated only when necessary; and (3) a cell can temporarily activate or inhibit enzymes through allosteric regulation.

## Chapter 7

### Think Critically

**Figure 7-5** **(a)** If only red light hit the leaf, much less light energy would be gathered from chlorophyll *b* and essentially none from the carotenoids, so photosynthesis and its resulting $O_2$ production would decline significantly. **(b)** No oxygen would be generated if only infrared light was present because there are no infrared-capturing pigments in chloroplasts. **(c)** Shining green light on the leaf would substantially reduce $O_2$ production because neither chlorophyll *a* nor *b* would absorb it. Most green light is reflected from the leaf.

**Figure 7-9** As shown in the figure, capturing $CO_2$ to convert RuBP to G3P does not consume ATP and NADPH, but converting G3P to RuBP does. During the day, the light reactions provide a continual supply of ATP and NADPH, so production of G3P and regeneration of RuBP both proceed continually, and both molecules are present at steady (and roughly equal) levels. But at night, the light reactions cannot continue, and ATP and NADPH are not produced. Thus, regeneration of RuBP stops, and the amount present in the leaf declines steadily. Production of G3P continues, however, and since it is not being converted to RuBP, the amount present increases steadily. So, measurements made in the middle of the night would find the level of RuBP to be lower than during the day and the level of G3P higher.

#### Earth Watch: Biofuels—Are Their Benefits Bogus?

The raw material for cellulosic ethanol can be things like corn stalks and grass clippings that are currently often treated as waste, so ethanol production would not necessarily require diverting food crops or converting natural habitats to new cropland, as current ethanol production does. Also, even if land were devoted to a crop (such as corn) specifically for ethanol, the entire plant (i.e., including stems and leaves) could be used instead of just the high-sugar parts (e.g., corn kernels), so less cropland per unit of ethanol would be required.

### Multiple Choice

**1.** a; **2.** b; **3.** a; **4.** b; **5.** d

## Fill-in-the-Blank

1. stomata, oxygen ($O_2$), carbon dioxide ($CO_2$); chloroplasts, mesophyll
2. red, blue, violet; green; carotenoids; photosystems, thylakoid
3. reaction center; primary electron acceptor molecule; electron transport chain; hydrogen ions ($H^+$); chemiosmosis
4. water ($H_2O$), carbon dioxide ($CO_2$); Calvin cycle; carbon fixation
5. ATP, NADPH, Calvin; RuBP (or ribulose bisphosphate); G3P (glyceraldehyde-3-phosphate), glucose

## Review Questions

1. Most forms of life would die soon after phosynthesis ceased. This is because maintaining life requires a constant expenditure of energy, and nearly all forms of life rely on solar energy trapped by photosynthesis.
2. The photosynthetic equation is $6\,CO_2 + 6\,H_2O + \text{light} \rightarrow C_6H_{12}O_6 + 6\,O_2$. Light energy drives the use of carbon dioxide and water to produce sugar and oxygen.
3. Refer to Figure 7-3 for a diagram of a typical leaf. The flattened shape allows maximum absorbance of light. Upper and lower leaf surfaces are protected by a layer of transparent cells of the epidermis, covered by the transparent, waxy, waterproof cuticle. A leaf obtains the $CO_2$ necessary for photosynthesis from the air, through adjustable pores in the epidermis called stomata. Inside the leaf, mesophyll cells contain most of the leaf's chloroplasts where photosynthesis occurs. Vascular bundles form veins that supply water and minerals to the cells and carry the sugars produced during photosynthesis to other parts of the plant.
4. Refer to Figures 7-3e and 7-8 for diagrams of a chloroplast. The thylakoid membranes create enclosed thylakoid spaces where $H^+$ is concentrated. The membranes contain precise arrays of photosystems, energy-transfer molecules (electron transport chains), and $H^+$ channels coupled to ATP-synthesizing enzymes. The membrane component molecules and the thylakoid spaces allow light capture and ATP synthesis by chemiosmosis. The stroma region inside the chloroplast but outside the thylakoids contains the enzymes that allow the reactions of the Calvin cycle to occur, producing the energy-storing sugar end products of photosynthesis.
5. Light strikes the light-harvesting complex of photosystem II, and the energy is absorbed by chlorophyll or carotenoids. The energy is funneled to the reaction center chlorophylls, where it is used to energize electrons that are captured by the primary electron acceptor molecule. The electrons then travel through an electron transport chain (ETC) within the thylakoid membranes. Here, the energy is released in small stages. Some of this energy is used to produce ATP indirectly by chemiosmosis. During chemiosmosis, energy (released from the light-energized electron as it moves through the ETC) is used to pump $H^+$ into the thylakoid space, creating an $H^+$ gradient. These ions flow out of the space into the stroma through a protein channel linked to an ATP-synthesizing enzyme (ATP synthase), which harnesses the energy of the hydrogen ion flow to generate ATP.
6. The reactions of the Calvin cycle occur in the stroma of the chloroplast, where overall, atmospheric $CO_2$ is fixed to produce the simple sugar G3P. This is accomplished using chemical energy in ATP and NADPH harnessed during the light reactions. The molecule RuBP is regenerated.

# Chapter 8

## Think Critically

**Figure 8-3** Glycolysis produces a net of two NADH and two ATP molecules.

**Figure 8-6** Without oxygen, electrons would be unable to continue entering the electron transport chain, and no further ATP would be produced.

**Figure 8-11** $NAD^+$ would become unavailable for further glycolysis or cellular respiration.

### Health Watch: How Can You Get Fat by Eating Sugar?

Hypothesis: Colin is eating many more carbohydrates than he did previously to stay satisfied. Questions: What is he eating instead of fat? Has he decreased his average daily caloric intake? Has he increased his exercise?

### Case Study Revisited: Did the Dinosaurs Die from Lack of Sunlight?

Jeremy does not need to worry about a child inheriting his disorder, because mitochondrial mutations are only inherited from the mother.

## Multiple Choice

**1.**d; **2.** a; **3.** b; **4.** d; **5.** b

## Fill-in-the-Blank

1. glycolysis, cellular respiration; cytosol, mitochondria; aerobic
2. anaerobic; glycolysis, two; fermentation, $NAD^+$
3. ethanol (alcohol), carbon dioxide; lactic acid; lactate fermentation
4. matrix, intermembrane space, concentration gradient; chemiosmosis; ATP synthase
5. Krebs; acetyl CoA; two; NADH, $FADH_2$

## Review Questions

1. Glucose breakdown in the presence of oxygen:
   $C_6H_{12}O_6 \rightarrow 6\,CO_2 + 6\,H_2O + \text{ATP (chemical energy)}$
   Photosynthesis: $6\,CO_2 + 6\,H_2O + \text{light energy} \rightarrow C_6H_{12}O_6 + 6\,O_2$
   Each equation is essentially the reverse of the other. Photosynthesis captures solar energy in molecules such as glucose, synthesized from $CO_2$ and $H_2O$. Aerobic glucose breakdown releases $CO_2$ and $H_2O$ from glucose. The energy of sunlight captured during photosynthesis is released during the breakdown of glucose and captured in ATP. Heat energy is lost in both these metabolic pathways.
2. See Figure 8-4. The inner mitochondrial membrane encloses the matrix, where enzymes for the Krebs cycle are localized. Embedded in this membrane are the electron transport chain molecules that allow transfer of high-energy electrons from the Krebs cycle and glycolysis and controlled energy release that is used to pump $H^+$ into the intermembrane space. This space encloses a high concentration of $H^+$. The inner membrane also contains $H^+$ channels linked to ATP synthase that capture energy in ATP as $H^+$ flows through the channels down its concentration gradient.
3. In *glycolysis*, a six-carbon glucose is split into two three-carbon pyruvate molecules, storing energy in ATP and the high-energy electron carrier NADH. Under aerobic conditions, *cellular respiration* breaks down the pyruvate, capturing its energy in ATP and the high-energy electron carriers NADH and $FADH_2$. *Chemiosmosis* generates ATP using energy from a hydrogen ion gradient, which in turn was created by the electron transport chain using energy released by NADH and $FADH_2$. Under anaerobic conditions, *fermentation* follows glycolysis and regenerates $NAD^+$ from NADH, which means $NAD^+$ is available to allow glycolysis to continue. *$NAD^+$* and *FAD* serve as electron acceptors, forming NADH and $FADH_2$. NADH carries high-energy electrons released during glycolysis, and both NADH and $FADH_2$ carry high-energy electrons from stage 1 of cellular respiration to the electron transport chain.
4. See Figure 8-3. During the energy investment stage, glucose is rearranged and activated (by adding one phosphate group and some of the energy from each of two ATPs), producing fructose bisphosphate. During the energy-harvesting stage, fructose bisphosphate is split into two G3P molecules, each retaining one phosphate. Each G3P is then converted to pyruvate, and energy is captured in two ATPs and two NADHs (one from each G3P). Glycolysis occurs in the cytosol.
5. Glycolysis produces two pyruvate molecules as end products. During stage 1 of cellular respiration, one carbon from pyruvate is released as $CO_2$ during the formation of acetyl CoA. Then during the Krebs cycle, acetyl CoA is broken down, releasing two more molecules of $CO_2$. Most of the energy captured during the Krebs cycle is in the high-energy electron carriers NADH and $FADH_2$.
6. The inner membrane of a mitochondrion has many copies of an electron transport chain (ETC), consisting of a series of electron transfer molecules. The high-energy electron carriers formed during glycolysis and the Krebs cycle deposit their electrons into the ETC.

As the electrons pass through the ETC, energy is released in stages and is used to pump hydrogen ions ($H^+$) across the inner membrane from the matrix to the intermembrane space. This creates an $H^+$ gradient. During the process of chemiosmosis, $H^+$ flows down its concentration gradient through the channel of the enzyme ATP synthase, which captures some of this energy to drive ATP synthesis.

7. Oxygen is necessary for cellular respiration because oxygen acts as the final electron acceptor for the electron transport chain (ETC). Without oxygen, the transfer of high-energy electrons through the ETC would stop, the hydrogen ion gradient would dissipate, and ATP formation would cease.
8. Chloroplasts and mitochondria are both large, membrane-enclosed organelles with additional inner membranes where important energy-related reactions occur. Both chloroplasts and mitochondria have ETCs embedded in their inner membranes; the ETC pumps $H^+$ into compartments formed by inner membranes (chloroplasts: interior of thylakoid; mitochondria: intermembrane compartment). Both chloroplasts and mitochondria use the $H^+$ gradient to generate ATP by chemiosmosis.

## Chapter 9

### Think Critically

**Figure 9-8** If the sister chromatids of one replicated chromosome failed to separate, then one daughter cell would not receive any copy of that chromosome, whereas the other daughter cell would receive both copies.

#### Health Watch: Cancer—Running the Stop Signs at Cell Cycle Checkpoints

For a malignant tumor, the pathology lab would report mutated oncogenes, either causing excessive production of growth factors or making the cells of the tumor more likely to divide when growth factors are present (such as mutations in cyclin genes), and mutated tumor suppressor genes (such as p53), rendering the cell likely to divide even if it has damaged DNA.

#### Case Study Revisited: Body, Heal Thyself

Mutations that disrupt control of the cell cycle can lead to cancer, so the discovery of mutations in cells descended from the introduced stem cells could indicate a risk that the treatment might cause cancer. Such a risk is not tolerable in a clinical trial.

### Multiple Choice

**1.** c; **2.** b; **3.** a; **4.** b; **5.** d

### Fill-in-the-Blank

1. DNA (deoxyribonucleic acid)
2. prokaryotic fission
3. mitotic, differentiation; Stem
4. growth factors; Checkpoints; oncogenes, tumor suppressor genes
5. prophase, metaphase, anaphase, telophase; cytokinesis, telophase
6. kinetochores; polar

### Review Questions

1. Refer to Figure 9-6 for a diagram of the eukaryotic cell cycle. The eukaryotic cell cycle consists of two major phases, interphase and cell division. During $G_1$ of interphase, the cell grows and may differentiate (possibly entering the $G_1$ stage for life). If the correct signals are received by the cell, it enters the S phase, in which the DNA of the chromosomes is replicated. The cell then enters the $G_2$ phase, where it may grow some more and prepares for cell division (usually mitotic cell division). During mitotic cell division, one copy of each chromosome and approximately half the cytoplasm are parceled out into each of the daughter cells that are produced from the parent cell.
2. *Mitosis* is division of the nucleus. *Cytokinesis* is division of the cytoplasm.
3. Refer to Figure 9-8 for a diagram of the stages of mitosis. During normal mitosis, the two sister chromatids of each replicated chromosome become attached to spindle microtubules leading to opposite poles of the cell. Therefore, during anaphase, when the chromatids separate and become independent chromosomes, one copy of each chromosome moves to each pole of the cell, forming two clusters of chromosomes, each containing one copy of all the chromosomes of the original parent cell.
4. A *centromere* is a specialized region of a chromosome to which the spindle fibers attach during cell division; the sister chromatids of a replicated chromosome are attached at the centromere. A *telomere* is a protective "cap" on the ends of chromosomes that is important for maintaining the integrity of the chromosome during replication. A *kinetochore* is a structure located at the centromere that becomes attached to spindle microtubules during mitosis. A *chromatid* is a DNA double helix formed by DNA replication; the replicated chromosome consists of two identical sister chromatids, attached to one another at the centromere. The *spindle* is an array of microtubules that moves the chromosomes (kinetochore microtubules) and pulls the poles apart (polar microtubules) during cell division.
5. Cytokinesis divides the cytoplasm into approximately equal halves at the end of cell division. In animal cells, the plasma membrane is pinched along the equator by a ring of microfilaments, separating the original cell into two daughter cells. In plant cells, new plasma membranes form along the equator by fusion of vesicles produced by the Golgi complex. The contents of the fused vesicles become the new cell wall between the two daughter cells.
6. The cell cycle is controlled by the interactions between many proteins, including cyclins, cyclin-dependent protein kinases (Cdks), growth factors, and a variety of other proteins whose activity is regulated by the integrity of DNA, successful completion of DNA replication, attachment of all of the chromosomes to the spindle, and correct positioning of chromosomes during metaphase. During a "normal" cell division, growth factors bind to receptors that start a chain of events resulting in the production of cyclins that bind to cyclin-dependent protein kinases. The kinases stimulate the cell to replicate its DNA and proceed through the cell cycle. The cell cycle must be regulated so that the body develops properly and repairs damaged or dying cells at the appropriate times and rates. When cells divide without regulation, they may form life-threatening cancers.
7. See Figure 9-4 for a diagram of the prokaryotic cell cycle, with a description of the major events.

## Chapter 10

### Think Critically

**Figure 10-5** Draw the chromosomes, and follow them through meiosis. If one pair of homologues failed to separate at anaphase I, one of the resulting daughter cells (and the gametes produced from it) would have both homologues, and the other daughter cell (and the gametes produced from it) would not have any copies of that homologue. Assuming that these defective gametes fused with normal gametes, then the offspring would have either three copies or only one copy of that homologue.

**Figure 10-6** Draw the chromosomes and follow them through meiosis, *including the chromosomes of each homologous pair that did not cross over at all*. Don't forget that the homologues are randomly separated during meiosis I. Therefore, some gametes would receive both of the incorrectly crossed-over chromosomes, but many would receive only one incorrectly crossed-over chromosome. When gametes were produced, some would contain a chromosome that was missing one of its own segments but contained a segment from another, nonhomologous chromosome. Assuming that these defective gametes fused with normal gametes, then the offspring would receive only one copy of some genes and three copies of other genes. For those genes that were removed from the incorrectly crossed-over chromosome, many offspring would receive those genes only from the other parent's gamete. For those genes that were added to the incorrectly crossed-over chromosome, many offspring would receive one copy of the genes added to the incorrect chromosome, a second copy of those same genes from a chromatid that never crossed over, and a third copy from the other parent's gamete.

**Case Study Revisited: Diversity Runs in the Family**

If skin cancer killed large numbers of pale-skinned people before they reproduced, it would select against pale skin. But skin cancer is mainly a disease of older, post-reproductive people, so it is not likely that it actually has selected against pale-skinned individuals (i.e., skin cancer does not have a big effect on reproductive success).

### Multiple Choice

**1.**b; **2.** d; **3.** a; **4.** a; **5.** b

### Fill-in-the-Blank

1. four; gametes *or* sperm and eggs
2. prophase, chiasmata; crossing over
3. anaphase, meiosis I; anaphase, meiosis II
4. shuffling of homologues, crossing over, union of gametes
5. Turner; do not, cannot; Klinefelter; XXY

### Review Questions

1. Refer to Figure 10-5 for a diagram of meiosis. Homologous chromosomes separate during anaphase I, forming haploid daughter cells.
2. During prophase I, proteins bind the maternal and paternal homologues together so that they align precisely along their entire length. Enzymes then cut through the DNA of the paired homologues and graft the cut ends together, often joining part of one of the chromatids of the maternal homologue to part of one of the chromatids of the paternal homologue, and vice versa. The binding proteins and enzymes then depart, leaving chiasmata where the maternal and paternal chromosomes have exchanged parts. In addition to being the sites of exchange of DNA, chiasmata also hold the chromosomes together as they attach to the spindle microtubules during meiosis I.
3. Similarities between mitosis and meiosis: Both require DNA replication prior to division, and both involve the same sequence of steps using many of the same cellular components. Differences between mitosis and meiosis: Mitosis results in the formation of two daughter cells with the same chromosome complement as the original parent cell; therefore, the daughter cells are genetically identical to each other and to the parent cell. Meiosis separates homologous chromosomes, resulting in four haploid daughter cells. Because of crossing over and the random assortment of the paternal and maternal homologues into the daughter cells, meiosis produces genetically variable cells.
4. Meiosis provides for genetic variability in two ways. First, crossing over mixes segments of homologous pairs, creating new combinations of genes. Second, homologous pairs align independently of other pairs in metaphase I, resulting in daughter cells that contain different combinations of chromosomes than in the parent cell. If we ignore crossing over, an animal with a haploid number of 2 can produce $2^2 = 4$ genetically different gametes; with a haploid number of 5, the animal can produce $2^5 = 32$ genetically different gametes.
5. *Nondisjunction* is an error in meiosis that causes some cells to have too few or too many copies of some chromosomes. Common syndromes resulting from nondisjunction include Turner syndrome, trisomy X, Klinefelter syndrome, Jacob syndrome, and trisomy 21 or Down syndrome. See the text for descriptions of these conditions.

## Chapter 11

### Think Critically

**Figure 11-8** Half of the gametes produced by a *Pp* plant will have the *P* allele, and half will have the *p* allele. All of the gametes produced by a *pp* plant will have the *p* allele. Therefore, half of the offspring of a $Pp \times pp$ cross will be *Pp* (purple) and half will be *pp* (white), whereas all of the offspring of a $PP \times pp$ cross will be *Pp* (purple). See Figure 11-9.

**Figure 11-11** A plant grown from a wrinkled, green seed has the genotype *ssyy*. A plant grown from a smooth, yellow seed could be *SSYY*, *SsYY*, *SSYy*, or *SsYy*. Set up four Punnett squares to see if the smooth yellow plant's genotype can be revealed by a test cross.

**Figure 11-12** Chromosomes, not individual genes, assort independently during meiosis. Therefore, if the genes for seed color and seed shape were on the same chromosome, they would tend to be inherited together and would not assort independently.

**Figure 11-13** A palomino has the genotype $C_1C_2$. The only way to ensure a palomino foal is to breed a cremello ($C_2C_2$) with a chestnut ($C_1C_1$).

**Figure 11-18** All daughters will inherit an $X_N$ (normal) allele from their $X_NY$ father, so no daughter will be color-deficient. All sons will inherit an $X_n$ (deficiency) allele from their $X_nX_n$ mother, so all sons will be color-deficient.

**Figure 11-21** One of Victoria and Albert's sons, Leopold, had hemophilia. To be male, Leopold must have inherited Albert's Y chromosome. The X chromosome, not the Y chromosome, bears the gene for blood clotting, so Leopold must have inherited the hemophilia allele from his mother, Victoria.

**Health Watch: The Genetics of Muscular Dystrophy**

If the woman is a carrier, she is heterozygous for the defective dystrophin allele. Statistically, half of her eggs will receive the defective allele. Therefore, if her next child is a son, he has a 50% chance of having muscular dystrophy. If her next child is a daughter, she will not be affected (the father almost certainly does not have the defective allele, so daughters will receive at least one normal allele from him). Assuming that both of her parents were phenotypically normal, the woman inherited the defective allele from her mother, who would be heterozygous for the defective allele. Therefore, her sisters each have a 50% chance of being a carrier.

### Multiple Choice

**1.**a; **2.** d; **3.** c; **4.** d; **5.** a

### Fill-in-the-Blank

1. genotype, phenotype; heterozygous
2. independently; as a group; linked
3. XY, XX; sperm
4. sex-linked
5. incomplete dominance; codominance; polygenic inheritance

### Review Questions

1. A *gene* is a segment of DNA coding for a specific protein. An *allele* is any of the alternative forms of the same gene. *Dominant* is a term that describes alleles that are expressed when a single copy is present. *Recessive* is a term that describes alleles that are masked in the presence of a dominant allele and are expressed only in the absence of a dominant allele (usually, when the organism has the recessive allele on both homologous chromosomes). *True-breeding* refers to organisms in which all the offspring produced by self-fertilization are genetically identical to the parent. *Homozygous* means having a pair of alleles that are the same for a particular gene. *Heterozygous* means having two different alleles for a particular gene. *Cross-fertilization* is the fertilization of an egg produced by one organism by a sperm produced by a different organism. *Self-fertilization* is fertilization of an egg by a sperm produced by the same organism.
2. Independent assortment occurs during meiosis I as pairs of homologous chromosomes are randomly separated during anaphase. Therefore, individual genes assort independently only if they are on different chromosomes. Genes on the same chromosome tend to be moved as a unit into the same daughter cell and tend to be inherited together. Crossing over may separate alleles of linked genes during meiosis.
3. *Polygenic inheritance* occurs when two or more genes influence a particular trait. These traits often involve genes that show incomplete dominance. The result is a gradient of different phenotypes depending on the numbers of particular alleles present. Let us assume that two parents both have "medium" skin color, because they are heterozygous at several gene loci that together

influence skin color. Because of independent assortment of alleles during meiosis, some of the gametes produced by these parents may, by chance, have all "pale" alleles of skin-color genes, while other gametes may have all "dark" alleles. If a "pale allele" sperm fertilizes a "pale allele" egg, the resulting offspring would have pale skin. If a "dark allele" sperm fertilizes a "dark allele" egg, the resulting offspring would have dark skin.

4. Sex linkage refers to genes that are found on one type of sex chromosome (for example, the X chromosome in mammals) but not on the other sex chromosome. In mammals, the X chromosome contains many more genes than the Y chromosome does, and most of the X chromosome genes do not have any corresponding gene on the Y chromosome. Therefore, males are most likely to exhibit recessive sex-linked traits, because they possess only one copy of the X chromosome and their Y chromosome cannot have dominant alleles of corresponding genes that might be able to mask recessive alleles present on the X chromosome. Females, on the other hand, might have a dominant allele of any given gene on one X chromosome, which would mask the expression of a recessive allele of that gene on the other X chromosome.

5. An organism's phenotype is its physical characteristics (for example, outward appearance, behaviors, or biochemical composition). An organism's genotype is the actual combination of alleles in the organism's genome. Knowing the phenotype of an organism does not always allow you to determine the genotype. For example, an organism with the dominant phenotype for a particular trait might be homozygous or heterozygous for the gene that controls that trait. Examining the offspring of a test cross (mating the phenotypically dominant individual with a homozygous recessive individual) allows the genotype of the phenotypically dominant individual to be determined.

6. The parental individuals showing the trait must be heterozygous. If they were homozygous, then all of their offspring would inherit a dominant allele and show the trait. However, only some of their offspring show the trait. Similarly, any given offspring must also be heterozygous, because they could be homozygous only by inheriting a dominant allele from both parents, which would mean that both of their parents would have to show the trait. However, in no case do both parents show the trait.

## Genetics Problems

1. **a.** A red bull ($R_1R_1$) is mated to a white cow ($R_2R_2$). The bull will produce all $R_1$ sperm; the cow will produce all $R_2$ eggs. All the offspring will be $R_1R_2$ and will have roan hair (codominance).

   **b.** A roan bull ($R_1R_2$) is mated to a white cow ($R_2R_2$). The bull produces half $R_1$ and half $R_2$ sperm; the cow produces $R_2$ eggs. Using the Punnett square method:

eggs

$R_2$

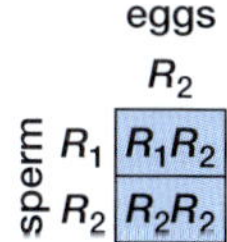


Using probabilities:

| Sperm | Egg | Offspring |
|---|---|---|
| $\frac{1}{2}R_1$ | $R_2$ | $\frac{1}{2}R_1R_2$ |
| $\frac{1}{2}R_2$ | $R_2$ | $\frac{1}{2}R_2R_2$ |

The predicted offspring will be $\frac{1}{2}R_1R_2$ (roan) and $\frac{1}{2}R_2R_2$ (white).

2. **a.** *TtGg* × *TtGg*. This is a "standard" cross for differences in two traits. Both parents produce *TG, Tg, tG,* and *tg* gametes. The expected proportions of offspring are $\frac{9}{16}$ tall, green; $\frac{3}{16}$ tall, yellow; $\frac{3}{16}$ short, green; $\frac{1}{16}$ short yellow.

   **b.** *TtGg* × *TTGG*. In this cross, the heterozygous parent produces *TG, Tg, tG,* and *tg* gametes. However, the homozygous dominant parent can produce only *TG* gametes. Therefore, all offspring will receive at least one *T* allele for tallness and one *G* allele for green pods, and thus all the offspring will be tall with green pods.

   **c.** *TtGg* × *Ttgg*. The second parent will produce two types of gametes, *Tg* and *tg*. Using a Punnett square:

eggs

| sperm | Tg | tg |
|---|---|---|
| TG | TTGg | TtGg |
| Tg | TTgg | Ttgg |
| tG | TtGg | ttGg |
| tg | Ttgg | ttgg |

The expected proportions of offspring are $\frac{3}{8}$ tall, green; $\frac{3}{8}$ tall, yellow; $\frac{1}{8}$ short, green; $\frac{1}{8}$ short, yellow.

3. If the genes are on separate chromosomes—that is, assort independently—then this would be a typical two-trait cross with expected offspring of all four types (about $\frac{9}{16}$ round, smooth; $\frac{3}{16}$ round, fuzzy; $\frac{3}{16}$ long, smooth; and $\frac{1}{16}$ long, fuzzy). However, only the parental combinations show up in the $F_2$ offspring, indicating that the genes are on the same chromosome.

4. The genes are on the same chromosome and are quite close together. On rare occasions, crossing over occurs between the two genes, producing recombination of the alleles.

5. **a.** *BBMM* (brown) × *BbMm* (brown). The first parent can produce only *BM* gametes, so all offspring will receive at least one dominant allele for each gene. Therefore, all offspring will have brown hair.

   **b.** *BbMm* (brown) × *BbMm* (brown). Both parents can produce four types of gametes: *BM, Bm, bM,* and *bm*. Filling in the Punnett square:

eggs

| sperm | BM | Bm | bM | bm |
|---|---|---|---|---|
| BM | BBMM | BBMm | BbMM | BbMm |
| Bm | BBMm | BBmm | BbMm | Bbmm |
| bM | BbMM | BbMm | bbMM | bbMm |
| bm | BbMm | Bbmm | bbMm | bbmm |

All *mm* offspring are unpigmented, so we get the expected proportions $\frac{9}{16}$ brown-haired, $\frac{3}{16}$ blond-haired, $\frac{4}{16}$ unpigmented.

   **c.** *BbMm* (brown) × *bbmm* (brown):

eggs

| sperm | bm |
|---|---|
| BM | Bb Mm |
| Bm | Bb mm |
| bM | bb Mm |
| bm | bb mm |

The expected proportions of offspring are $\frac{1}{4}$ brown-haired, $\frac{1}{4}$ blond-haired, $\frac{1}{2}$ unpigmented.

6. A man with normal color vision is *CY* (remember, the Y chromosome does not have the gene for color vision). His color-deficient wife is *cc*. Their expected offspring will be:

eggs

*c*

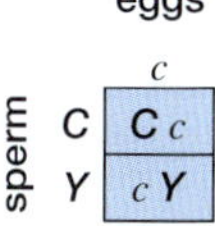


We therefore expect that all the daughters will have normal color vision and all the sons will be color-deficient.

7. The husband should win his case. All his daughters must receive one X chromosome, with the *C* allele, from him and therefore should have normal color vision. If his wife gives birth to a color-deficient daughter, her husband cannot be the father (unless there was a new mutation for color deficiency in his sperm line, which is very unlikely).

## Chapter 12

### Think Critically

**Figure 12-4** It takes more energy to break apart a C–G base pair because these bases are held together by three hydrogen bonds, compared with the two hydrogen bonds that bind A to T.

#### Doing Science: Discovering the Hereditary Molecule

The experiment would not have succeeded because eukaryotic (and prokaryotic) chromosomes contain both DNA and protein. The original experiment worked because the phage genetic material that entered the bacterial cells consisted of DNA only, and the phage coat that consisted of protein only remained outside the cell. If the phage had injected a chromosome containing both DNA and protein, both labeled protein and labeled DNA would have entered the bacterial cells, and it would have been impossible to determine which was the phage's genetic material.

#### Case Study Revisited: Muscles, Mutations, and Myostatin

Fast running is probably highly adaptive in an animal that hunts speedy prey, so heterozygotes would leave more offspring than homozygotes for either allele (normal or defective). Selection favoring heterozygotes would result in the defective allele being preserved in the population, though at a lower level than would be the case if homozygotes for the defective allele ran the fastest. (Note: Homozygotes for the defective allele are probably the strongest phenotype, so your answer might be somewhat different if you considered the relative benefits of being strong and being fast.)

### Multiple Choice

**1.** b; **2.** a; **3.** b; **4.** d; **5.** b

### Fill-in-the-Blank

1. nucleotides; sugar (deoxyribose), phosphate, base
2. phosphate, sugar; double helix
3. thymine, cytosine; complementary
4. semiconservative
5. DNA polymerases; free nucleotides
6. mutations; substitution mutation

### Review Questions

1. Bacteriophages infect bacteria by injecting their genetic material into a host bacterium, where the genetic material is used to make new phages. Phages consist of only DNA and protein. DNA contains phosphorus but not sulfur. Proteins contain sulfur but not phosphorus. Hershey and Chase labeled bacteriophages with either radioactive phosphorus (to label DNA) or radioactive sulfur (to label proteins). They found that radioactive phosphorus from labeled DNA enters bacteria from phages, but radioactive sulfur from labeled protein does not. After the protein coats have been shaken off, the infected bacteria still produce new phages, so the injected DNA must be the genetic material of phages.
2. Refer to Figure 12-1 for a diagram of a nucleotide. The four DNA nucleotides all have the same phosphate group and sugar (deoxyribose) but vary in the type of nitrogenous base they contain (adenine, guanine, thymine, or cytosine).
3. The DNA of a chromosome is composed of two strands of nucleotides wound around each other in a double helix. In each strand, the sugar of one nucleotide is covalently bonded to the phosphate of the next nucleotide in the strand, forming the backbones on each side of the double helix. The bases from each strand pair up in the middle of the helix and are held together by hydrogen bonds. Adenine and thymine are complementary; cytosine and guanine are complementary. Adenine is held to thymine by two hydrogen bonds, while cytosine is held to guanine by three hydrogen bonds.
4. Information is encoded in the sequence of the four bases (A, T, C, and G). Like letters in an alphabet, different sequences of bases spell out the information needed to synthesize different proteins.
5. General description: The two DNA strands of the double helix unwind and partially separate. DNA polymerase enzymes move along each strand, linking up free nucleotides into new DNA strands. The sequence of nucleotides in each newly formed strand is complementary to the sequence on the parent strand. As a result, two double helices are synthesized, each consisting of one parental DNA strand plus one newly synthesized complementary strand that is an exact copy of the other parental strand. This type of replication is called semiconservative replication.
6. Mutations arise because of mistakes during DNA replication and damage to DNA from radiation (such as ultraviolet light) or environmental chemicals. Types of mutations include (1) substitutions, in which a single nucleotide is changed; (2) insertions, in which one or more nucleotides are inserted into the DNA; (3) deletions, in which one or more nucleotides are removed from the DNA; (4) inversions, in which segments of DNA are removed from a chromosome, turned around and reinserted into the gap; and (5) translocations, in which a segment of DNA is moved from one chromosome to another.

## Chapter 13

### Think Critically

**Figure 13-4** Cells produce far larger amounts of some proteins than others. Obvious examples include cells that produce antibodies or protein hormones, which they secrete into the bloodstream in vast quantities, affecting functioning throughout the body. If a cell needs to produce more of certain proteins, it will probably synthesize more mRNA that will be translated into that protein.

**Figure 13-7** Grouped in codons, the original mRNA sequence visible here is AUG GGA GUU. Changing all G to U would produce the sequence AUU UUA UUU. Refer to the genetic code (Table 13-3). First, AUG encodes methionine, while AUU encodes isoleucine, so the first G → U change would substitute isoleucine for methionine in the protein. Second, GGA encode glycine, while UUA encodes leucine. Therefore, the second G → U change would substitute leucine for glycine. The final codon in the illustration, GUU, encodes valine, while UUU encodes phenylalanine. Overall, changing all G to U would change the peptide from met-gly-val to ile-leu-phe.

#### Health Watch: The Strange World of Epigenetics

Generally, methyl groups attached to DNA reduce transcription, and acetyl groups attached to histone proteins increase transcription. Therefore, you would expect that people with type 2 diabetes will probably have methylated DNA in the insulin gene and/or in its promoter. To increase insulin production, you could try to remove methyl groups on the insulin gene and/or its promoter or to add acetyl groups to histone proteins in the vicinity of the insulin gene.

#### Health Watch: Androgen Insensitivity Syndrome

To help explain the syndrome to the parents, you might designate the normal X chromosome $X_A$ and the mutated one $X_a$. The 16-year-old daughter who tested XY must have inherited the mutated androgen receptor gene ($X_a$) from her mother. The father cannot have androgen insensitivity; otherwise, he would be phenotypically female. The mother can bear children and therefore must be heterozygous for androgen insensitivity: $X_AX_a$. All the phenotypically male children ($X_AY$) in the family inherited the normal X allele from mom and Y from dad. The daughters, however, may be either $X_AX_A$, $X_AX_a$, or $X_aY$, with equal probability. In other words, any daughter has a 33% chance of being $X_aY$ and androgen insensitive. A Punnett square could be used to illustrate the probabilities.

### Multiple Choice

**1.** b; **2.** a; **3.** a; **4.** c; **5.** d

### Fill-in-the-Blank

1. transcription; translation; ribosome
2. messenger RNA, transfer RNA, ribosomal RNA; noncoding RNA
3. three; codon; anticodon
4. RNA polymerase; template; promoter; termination signal
5. start, stop; transfer RNA; peptide
6. substitution; Insertion; Deletion

### Review Questions

1. RNA is different from DNA in three respects: (1) RNA is usually single-stranded; (2) RNA has a different type of sugar in its backbone—ribose instead of deoxyribose; and (3) the base thymine in DNA is replaced by uracil in RNA.
2. There are three types of RNA used in protein synthesis: (1) messenger RNA (mRNA) carries a copy of genetic information (to make a protein) from the nucleus into the cytoplasm; (2) transfer RNA (tRNA) carries amino acids to the site of protein synthesis in the cytoplasm (the ribosome); (3) ribosomal RNA (rRNA) is a structural component of the ribosomes that "reads" the code of nucleotides of mRNA to synthesize an amino acid sequence using the amino acids carried by the tRNAs.
3. The *genetic code* is the set of three-base sequences (codons in messenger RNA) corresponding to the amino acids that will be incorporated into a protein. A *codon* is a specific three-base sequence in mRNA that specifies a particular amino acid, or the start or termination of protein synthesis. An *anticodon* is a triplet of tRNA nucleotides that is complementary to one of the mRNA codons. The relationship between bases in DNA, codons, and anticodons is based on complementary base pairing: mRNA codons are complementary to three-base sequences in DNA, and tRNA anticodons are complementary to mRNA codons.
4. All RNA is formed from a gene through a process called transcription. Transcription is carried out by an enzyme called RNA polymerase. RNA polymerase binds to the template strand of DNA at a site called the promoter, which is a short sequence of DNA nucleotides that precedes the nucleotide sequence of the gene itself. The RNA polymerase causes the DNA to unwind. The RNA polymerase then travels along a DNA strand (the template strand), synthesizing a complementary mRNA molecule using free RNA nucleotides present in the nucleus. RNA polymerase continues transcription until it reaches a termination sequence of DNA nucleotides at the end of the gene. At this point, the RNA molecule is released, and the RNA polymerase enzyme leaves the DNA.

   In eukaryotic cells, messenger RNA is synthesized as a long transcript from the template strand, including both the introns and exons of a gene. Nucleotides are added at the beginning and the end of the RNA transcript, forming a cap and a tail. Enzymes in the nucleus then cut apart the RNA at the junctions between introns and exons, discarding the introns and splicing together the exons. The resulting RNA strand is the final mRNA.
5. Refer to Figure 13-7 for a diagram of protein synthesis. In translation, a protein is synthesized when a ribosome attaches to and reads the codons of an mRNA molecule. A preinitiation complex composed of a small ribosomal subunit, a "start" (methionine) tRNA, and several proteins binds to an mRNA molecule. The complex scans the mRNA until it finds the start codon, AUG. The large ribosomal subunit then binds to the complex. The completed ribosome moves along the mRNA message one codon at a time, while complementary tRNA molecules carrying specific amino acids position themselves alongside one another according to the nucleotide sequence of the mRNA. Peptide bonds are formed between the amino acids as the polypeptide is synthesized. This process continues until the ribosome reaches a stop codon on the mRNA sequence that causes the ribosome to release the mRNA and the newly synthesized polypeptide.
6. In transcription, complementary base pairing is used to copy the nucleotide sequence of a gene in DNA into a sequence of mRNA nucleotides. In translation, complementary base pairing is used to match each mRNA codon of nucleotides to a complementary anticodon of a tRNA molecule carrying a specific amino acid.
7. Mechanisms of gene regulation include regulation of the rate of transcription, synthesis of different mRNAs by alternative splicing of the original RNA transcript, differences in the "lifetime" of different mRNA molecules, regulation of the rate of translation of mRNA into protein, requirement for protein modification before it becomes "active," and regulation of the rate of breakdown of proteins in the cell.
8. A *mutation* is a change in the nucleotide sequence of a DNA molecule. A substitution mutation that produces a codon that codes for the same amino acid will have no effect on the amino acid composition of the protein or on protein function. A substitution that changes a codon to one that codes for a chemically very similar amino acid (for example, still about the same size, hydrophilic) will probably not affect protein function very much. A substitution that changes a codon to one that codes for a chemically very different amino acid will probably interfere with protein function. A substitution that changes an amino-acid-coding codon for a stop codon will create a short protein that is likely to be completely nonfunctional.

## Chapter 14

### Think Critically

**Figure 14-8** Each person normally has two copies of each STR gene, one on each of a pair of homologous chromosomes. A person may be homozygous (two copies of the same allele) or heterozygous (one copy each of two alleles) for each STR. The bands on the gel represent individual alleles of an STR gene. Therefore, a single person can have one band (if homozygous) or two bands (if heterozygous). For a homozygote, the DNA from both (identical) alleles will end up in the same place on the gel, and that (single) band will have twice as much DNA as each of the two bands of DNA from a heterozygote. The more DNA, the brighter the band.

**Figure 14-9** The genetic material of bacteriophages is DNA. Each bacterial restriction enzyme cuts DNA at a specific nucleotide sequence. A given bacterium is likely to have evolved restriction enzymes that cut DNA at sequences found in bacteriophages but not in its own chromosome.

#### Earth Watch: What's Really in That Sushi?

Animals leave feces and hair (caught on thorns, for example) in their habitat. Barcoding hair (if the hair samples included bits of the follicles, which contain live cells with DNA) could reveal what species of animals are in the rain forest. Barcoding feces (which contain cells from both predators and their prey) could reveal what species of predators are in the forest and what species of prey they eat.

#### Health Watch: Prenatal Genetic Screening

If we have DNA samples from the mother and at least one potential father, we can produce DNA profiles similar to those used in forensics. The fetus must share an allele at each locus with the mother; the other fetal allele at each locus can be compared with the alleles of the potential father(s). DNA profiles can definitively rule out or confirm a potential father with a high degree of confidence.

### Multiple Choice

**1.** a; **2.** c; **3.** c; **4.** a; **5.** b

### Fill-in-the-Blank

1. Genetically modified organisms
2. Transformation; plasmids
3. PCR (polymerase chain reaction)
4. short tandem repeats (STRs); size (differently sized alleles are of different lengths, because they have different numbers of repeats); DNA profile
5. electrophoresis *or* gel electrophoresis; base pairing

## Review Questions

1. Two natural forms of genetic recombination include bacterial transformation and viral infection. Bacterial transformation is the acquisition of DNA by bacteria; this DNA is usually derived from other bacteria, possibly of different species, when those other bacteria die. Viral infection may transfer DNA from one organism (of the same or different species) to another; when viruses infect a host, daughter viruses acquire some of the host's DNA and then infect a second host. Both natural genetic recombination and recombinant DNA technology involve exchange of DNA between organisms, sometimes between species, but they are different in that natural recombination is relatively random and its usefulness is driven by natural selection, whereas recombinant DNA technology is deliberate and directed toward a specified use.
2. A plasmid is a small, circular DNA molecule found in the cytoplasm of bacteria. Living bacteria exchange plasmids, or bacteria may acquire plasmids when a bacterium dies and its cellular contents are released.
3. A restriction enzyme breaks a DNA molecule at specific short nucleotide sequences. Some restriction enzymes make a "staggered" cut across the DNA, leaving complementary single-stranded ends protruding from the cut DNA. Restriction enzymes can be used to insert human DNA into a plasmid by cutting both human DNA and the plasmid with the same restriction enzyme and then mixing them together. The single-stranded ends base-pair with one another, sometimes temporarily holding pieces of human DNA to pieces of plasmid DNA. After the cut ends of the DNA are joined together, some plasmids have a fragment of human DNA permanently spliced into them.
4. The polymerase chain reaction amplifies specific segments of DNA. Small pieces of DNA, called primers, are synthesized. One primer is complementary to the beginning of one DNA strand of the segment to be copied, and the other primer is complementary to the beginning of the other strand of the segment. The DNA sample, the primers, free nucleotides, and a special DNA polymerase that is active at very high temperatures are mixed together in a small test tube. The tube is heated to 90°C to separate the DNA strands, then cooled to 50°C to allow the primers and DNA polymerase to bind to the separated DNA strands. The tube is then heated to 72°C, allowing the DNA polymerase to copy the DNA. Repeated heating and cooling cycles copy the DNA, doubling the amount of copied DNA with each cycle.
5. CRISPR-Cas9 is a molecular tool for editing genomes. A CRISPR-Cas9 tool consists of a Cas9 enzyme molecule attached to RNA that includes a synthesized guide sequence complementary to a target DNA sequence. When the tool is introduced to a cell, the guide RNA finds its DNA match in the host genome, and the attached Cas9 enzyme cuts both strands of the DNA at that location. If a segment of DNA has been introduced to the cell along with the CRISPR-Cas9 tool, the cell's DNA repair mechanism will usually insert that segment at the site of the cut. Otherwise, the repair mechanism will attempt to reconnect the broken strands, but in so doing it will usually add a few random base pairs, thereby disabling the target gene.
6. A short tandem repeat (STR) is a short sequence of nucleotides in DNA (usually two to five nucleotides long), repeated many times side by side (tandem). Different people have the same sets of STRs, but differ in the number of repeats. By analyzing the numbers of repeats in a standard set of STRs, forensic scientists can identify any individual person's DNA with a probability of misidentification of less than one in a trillion.
7. Gel electrophoresis separates DNA pieces according to size. DNA samples are loaded at one end of the gel, and then an electric field is applied, negative at the end with the samples and positive at the other end, so that current moves through the gel. Because DNA is negatively charged, it moves through the gel toward the positive end. Smaller pieces of DNA move more rapidly than larger pieces, so gel electrophoresis separates the DNA pieces by size—the smaller the piece, the farther it moves through the gel in any given period of time.
8. Genetic engineering in agriculture usually consists of adding genes from other species to important crop plants or livestock. These added genes may produce crop plants that resist insects (for example, by expressing a protein from *Bacillus thuringiensis* that damages insects' digestive tracts), resist herbicides (so that herbicides kill weeds in the field without harming the crops), or resist disease. Other genetic manipulations may produce plants that are more nutritious or that produce medicinally useful proteins such as antibodies. In animals, added genes may increase the rate of growth, may cause the animal to produce more muscle (meat) and less fat, or cause the animal to produce novel useful substances such as spider silk or antibodies.
9. Genetic engineering in medicine may be used to diagnose and treat diseases. Restriction enzymes may be used to diagnose certain diseases, such as sickle-cell anemia, because certain restriction enzymes cut the normal allele but not the disease-causing mutant allele (or vice versa). DNA sequencing or binding of normal and mutant alleles to DNA probes may also be used to diagnose diseases such as cystic fibrosis. Many medical treatments, including insulin for diabetics, are made with recombinant DNA techniques. There are a few successful examples of using recombinant DNA technologies to cure inherited diseases. In severe combined immune deficiency, children are born with a defective allele that prevents the normal development of the immune system. After transfecting their bone marrow cells with disabled viruses containing the functional allele, some of these children develop normally functioning immune systems.
10. In amniocentesis, amniotic fluid is removed when the fetus is 15 weeks or older. This fluid contains some fetal cells, which are cultured and analyzed for particular genetic disorders, such as trisomy 21 (Down syndrome). The amniotic fluid may also contain molecules that indicate health problems with the fetus, such as spina bifida. In chorionic villus sampling, a few villi are removed from the chorion, a structure that is produced by the fetus and becomes part of the placenta. The cells of these villi are analyzed for genetic disorders. Chorionic villus sampling can be performed as early as the eighth week of pregnancy, and the sample contains far more fetal cells than can be obtained by amniocentesis. A disadvantage of chorionic villus sampling when compared with amniocentesis is that chorion cells are more likely to have chromosomal abnormalities, even in healthy fetuses. There is also a slightly higher risk of miscarriage or damage to the fetus. Finally, chorionic villus sampling does not obtain amniotic fluid, and so certain types of fetal defects cannot be detected. In maternal blood sampling, fetal DNA and cells are extracted from a sample of the mother's blood. The fetal cells may be karyotyped and the fetal DNA sequenced or otherwise analyzed to detect genetic disorders.

# Chapter 15

## Think Critically

**Figure 15-6** No. Mutations, the ultimate source of the variation on which natural selection acts, occur in all organisms, including those that reproduce asexually.

**Figure 15-7** No. Evolution can include changes in traits that are not revealed in morphology (the physical form of an organism), such as physiological systems and metabolic pathways. More generally, evolution in the sense of changes in a species' genetic makeup is inevitable; genetic evolution is not necessarily reflected in morphological change.

**Figure 15-10** Analogous. Peacock tails consist of feathers; dog tails do not (they consist of bone, muscle, and skin). If the two structures were homologous, they would both consist of bone, muscle, and skin or both consist of feathers.

### Doing Science: Charles Darwin and the Mockingbirds

The species of mockingbird that descended from the birds that originally colonized one of the islands arose as birds gradually dispersed, moving from island to island away from the site of the original colonization.

### Earth Watch: People Promote High-Speed Evolution

Natural selection favoring pesticide resistance is absent in the pesticide-free zones, so among the insects that live there, the frequency of alleles that confer resistance remains very low. If insects hatched in these areas later interbreed with resistant insects hatched in the pesticide-used zones, gene flow between the nonresistant and resistant subpopulations will result in a lower frequency of resistance alleles in the pesticide-used zones, thus slowing the evolution of resistance.

#### Case Study Revisited: What Good Are Wisdom Teeth and Ostrich Wings?

Natural selection does not favor "improvement" in any absolute sense; it favors traits that are advantageous under current conditions. Thus, loss of a tail over evolutionary time would be adaptive under circumstances in which the cost of producing a tail outweighs the benefits of having one (as would have been the case in humans after the origin of upright posture). In any case, the value of vestigial traits as evidence of evolution stems from their homology with functional traits in other species, not from their status as adaptations.

### Multiple Choice

**1.** c; **2.** d; **3.** c; **4.** c; **5.** b

### Fill-in-the-Blank

1. wing, arm; analogous, convergent; vestigial
2. common ancestor; amino acids, ATP
3. catastrophism; uniformitarianism; old
4. evolution; mutations, DNA
5. natural selection; artificial selection
6. many traits are inherited; Gregor Mendel

### Review Questions

1. Although natural selection determines an individual's likelihood of survival and reproduction, the changes in an individual during its lifetime do not constitute evolution. Evolution is a change in the genetic makeup of a population over time.
2. Catastrophism hypothesized that successive catastrophes produced the layers of rock, killing species and fossilizing them in the rock layers. Uniformitarianism hypothesized that ordinary natural processes that occurred repeatedly over long periods of time produced the layers of rock.
3. According to the hypothesis of inheritance of acquired characteristics, the bodies of living organisms can be modified through use or disuse of parts, and these modifications can be inherited by their offspring. This theory is invalid because characteristics such as these are not inherited.
4. Natural selection is the process that selects those individuals whose traits best adapt them to a particular environment. For example, faster barracudas obtain food more easily and therefore are more likely to survive and reproduce successfully than are slower barracudas.
5. Natural populations of all organisms have the potential to increase rapidly, because organisms can produce far more offspring than are required merely to replace the parents. Nevertheless, the sizes of most natural populations and the resources available to maintain them remain relatively constant over time; therefore, there is competition for survival and reproduction. In each generation, many individuals must die young, fail to reproduce, produce few offspring, or produce less-fit offspring that fail to survive and reproduce in their turn. Individual members of a population differ from one another in their ability to obtain resources, withstand environmental extremes, escape predators, and so on. On average, the most well adapted individuals in one generation will usually leave the most offspring. At least some of the variation in adaptive traits among individuals is due to genetic differences that may be passed on from parent to offspring. Over many generations, differential, or unequal, reproduction among individuals with different genetic makeup changes the overall genetic composition of the population.
6. Convergent evolution is evolution in unrelated organisms that leads to similar structures, given similar environmental demands. An example is the wings of flies and birds.
7. The presence in all organisms of DNA and other biological molecules is evidence of the shared ancestry of all living things.
8. Human activities alter the environment such that some traits that were previously disadvantageous become advantageous. Human-caused environmental change has favored evolution of pesticide resistance in insects, herbicide resistance in plants, antibiotic resistance in bacteria, and small adult size in fish.

## Chapter 16

### Think Critically

**Figure 16-3** The surviving colonies would be in different places on each treated plate, and there would be a different number of surviving colonies on each plate (because the antibiotic-caused mutations would arise unpredictably, depending on which bacteria happened to interact with the antibiotic such that mutations were caused). Another possibility is that all of the colonies would survive (if the antibiotic always caused mutations in every colony).

**Figure 16-4** For a locus with two alleles, one dominant and one recessive, there are two possible phenotypes. A mating between a heterozygote and a homozygote-recessive yields offspring with a 50:50 ratio of the two phenotypes.

| | ***B*** | ***b*** |
|---|---|---|
| *b* | *Bb* (black) | *bb* (brown) |
| *b* | *Bb* (black) | *bb* (brown) |

**Figure 16-5** With a higher initial frequency, the frequency of allele B starts out closer to the top of the *y*-axis, so the random fluctuations of genetic drift are more likely to take the frequency line to the top of the plot (fixation of the allele, frequency of 100%) and less likely to take it to the bottom of the plot (loss of the allele, frequency of zero). In Figure 16-5a (large population), the lines for different simulations would fluctuate around 0.7 instead of around 0.5, and one or a few lines might reach 1.0 before 100 generations. In Figure 16-5b (medium-sized population), the number of lines reaching 1.0 before 100 generations would likely be larger than the number of lines reaching zero, and it's possible that no lines would reach zero. In Figure 16-5c (very small population), all simulations would still reach either 1.0 or zero in a few generations. It's likely that more simulations would go to 1.0 than to zero; the odds of this happening would increase if the number of simulations were increased.

**Figure 16-6** Mutations inevitably and continually add variability to a population, and after the population becomes larger, the counteracting, diversity-reducing effects of drift decrease. The net result is an increase in genetic diversity.

**Figure 16-10** It would be greater for males. A female's reproductive success is limited by her maximum litter size, but a male's potential reproductive success is limited only by the number of available females. When, as in bighorn sheep, males battle for access to females, the most successful males can impregnate many females, while unsuccessful males may not fertilize any females at all. Thus, the difference between the most and least successful male can be very large. In contrast, even the most successful female can have only one litter of offspring per breeding season, which is not that many more offspring than a female who fails to reproduce.

**Figure 16-12** There is always a limit to directional selection. As a trait becomes more extreme, eventually the cost of increasing it further outweighs the benefits (for example, the cost of obtaining extra food may outweigh the benefit of larger size), or it may be physically impossible for the trait to become more extreme (for example, a limb's length may be limited by the maximum length that a bone can attain without breaking under its own weight).

#### Earth Watch: The Perils of Shrinking Gene Pools

One way to counter loss of genetic diversity due to genetic drift in small populations is to foster gene flow between populations. Because genetic drift is a random process, for many genes, different alleles will be lost (and therefore different alleles will be present) in different small populations. Thus, gene flow can introduce new alleles to an isolated population and increase its genetic diversity. Such gene flow is promoted by habitat corridors, which allow individuals, spores, or seeds to move between habitat patches.

### Health Watch: Cancer and Darwinian Medicine

If you sequenced the genotypes in the original and new tumors of the relapsed patients, mutations that were present in both the original and new tumors could be the cause of the drug resistance. It is likely that these mutations would not be present in the original tumor of the patient who did not suffer a relapse. Natural selection by the chemotherapy drugs would allow tumors that happened to initially contain a few cells with resistance mutations to persist, and it would eliminate tumors that contained no such cells.

### Case Study Revisited: Evolution of a Menace

Many species of bacteria and fungi that live in soil secrete antibiotic chemicals to help them compete for access to space and food. As a result of natural selection imposed by these poisons in their environment, some soil bacteria have evolved antibiotic resistance. Because the alleles that provide resistance may have negative side effects on the fitness of their possessors, they tend to be rare in environments that contain few antibiotic producers.

## Multiple Choice

**1.** c; **2.** b; **3.** b; **4.** d; **5.**c

## Fill-in-the-Blank

1. Hardy–Weinberg principle, equilibrium, allele; no
2. alleles; nucleotides; mutations; homozygous, heterozygous
3. genotype, phenotype; phenotype
4. genetic drift; small; founder effect, population bottleneck; founder effect
5. species; natural selection, coevolution; adaptations
6. reproduction; environment

## Review Questions

1. A gene pool is all of the genes that are present in a population. Allelic frequencies are determined by counting all of the different alleles for a trait in a population and determining their relative proportions.
2. An *equilibrium population* is one in which the allele frequencies and the distribution of genotypes remain constant in succeeding generations. This can occur only if (1) there are no mutations, (2) there is no gene flow between populations, (3) the population is very large, (4) all mating is random, and (5) there is no natural selection.
3. Random changes in allele frequencies occur in all populations, but the effects of such changes are greater in small populations. Genetic drift can cause evolution.
4. This would not prove that natural selection was occurring in the population because other factors could be influencing the changes in allele frequencies.
5. This experiment demonstrates that mutation occurs spontaneously and not in response to specific selective pressures.
6. Natural selection can affect a population through directional selection, stabilizing selection, and disruptive selection. Stabilizing selection is most likely to occur in stable environments, and directional selection is most likely to occur in rapidly changing environments.
7. Sexual selection favors traits that improve success at mating. Sexual selection often seems to work in opposition to other forms of natural selection, for example, by favoring traits that reduce survival.

# Chapter 17

## Think Critically

**Figure 17-1** The key question is whether the gray-furred and black-furred squirrels interbreed freely. Tests would involve careful observation of the squirrels in areas where both types occur to check for mixed mating and perhaps genetic comparisons to determine the degree of gene flow between the two types. If hybrid matings are observed, it would be important to determine if hybrid offspring are viable and fertile.

**Figure 17-8** Possibilities include continental drift; climate changes (especially glacial advances) that cause habitat fragmentation; formation of islands by volcanic activity or rising sea level; movements of organisms to existing islands (including "islands" of isolated habitats such as lakes, mountaintops, and deep-ocean vents); and formation of barriers to movement (e.g., new mountain ranges, deserts, rivers). These processes are indeed sufficiently common and widespread to account for a multitude of speciation events over the history of life.

**Figure 17-10** The key question is whether the two populations inhabiting the two species of trees (apple and hawthorn) interbreed. Tests might involve careful observation of flies under natural conditions, lab experiments in which captive flies of the two types are provided with opportunities to interbreed, or genetic comparisons to determine the degree of gene flow between the two types of flies.

**Figure 17-11** It is likely that the island species arose though allopatric speciation, following the movement of part of the mainland population to the island. (Isolation by dispersal; divergence likely due at least in part to a founder effect.)

**Figure 17-12** Small groups of organisms can colonize islands and become genetically isolated from the mainland population of their species. If such isolated island populations ultimately become separate species, the new species will (at least initially) be endemic to the island on which speciation occurred. Populations of species endemic to islands, especially small islands, are likely to be small. Species with small populations are at a higher risk of extinction.

**Figure 17-13** Natural selection cannot look forward and ensure that the only traits that evolve are those that ensure survival of the species as a whole. Instead, natural selection ensures only the preservation of traits that help individuals survive and reproduce more successfully than individuals lacking the trait. So if, in a particular species, highly specialized individuals survive and reproduce better than less-specialized individuals, the specialized phenotype will eventually dominate, even if it ultimately puts the species at greater risk of extinction.

### Doing Science: Seeking the Secrets of the Sea

The map reveals areas in which multiple species are concentrated for extended time periods. It would be helpful to protect these "hotspots."

### Case Study Revisited: Discovering Diversity

The negative effects of very small population size on species will act more quickly than any potential new speciation could occur. Very small populations are at high risk of extinction, in part due to the negative effects of inbreeding and loss of genetic diversity though genetic drift (see Chapter 16). Even if new species were to arise in isolated populations, these populations would be small and at risk of extinction.

## Multiple Choice

**1.** a; **2.** b; **3.** a; **4.** a; **5.** c

## Fill-in-the-Blank

1. populations, independently; reproductive isolation; asexually
2. behavioral isolation, hybrid inviability, temporal isolation, gametic incompatibility, mechanical incompatibility
3. genetically isolated, diverge; allopatric speciation; genetic drift, natural selection
4. adaptive radiation; habitat (or environment)
5. small, specialized; habitat destruction

## Review Questions

1. *Species* are all the populations of organisms that are capable of interbreeding under natural conditions and that are reproductively isolated from members of other populations. *Speciation* is the formation of new species through evolution. *Allopatric speciation* is speciation that occurs when two populations are geographically separated from each other. This may occur if the two isolated populations diverge genetically due to different selective pressures or genetic drift and are no longer able to interbreed. *Sympatric speciation* is speciation that occurs when two populations share the same

geographic area. Speciation may occur if environmental change results in two different habitats that lead to genetic divergence of organisms living in each, resulting in reproductive isolation.

2. If we use a strict reading of the biological species concept as our species definition, then naturally hybridizing populations are not technically separate species. But if hybridization is sufficiently rare that there is little gene flow between the two populations, most biologists would say that the two populations represent separate species.
3. Convincing data to support the conclusion that the two forms of fruit flies are separate species would be evidence that individuals of the two types do not mate under natural conditions or that matings between the two types do not produce viable offspring.
4. Apply colchicine to the developing flowers and pollinate them. Pollen and ovules should contain diploid sperm and eggs that will fuse in fertilization to produce a polyploid embryo.
5. Premating isolating mechanisms include geographic isolation (a physical barrier separates species), ecological isolation (species occupy different habitats), temporal isolation (species breed at different times), behavioral isolation (species have different mating behaviors), and mechanical incompatibility (physical differences prevent mating between species). Postmating isolating mechanisms include gametic incompatibility (sperm and eggs of different species cannot fuse), hybrid inviability (hybrid offspring do not survive), and hybrid infertility (hybrid offspring are sterile).

# Chapter 18

## Think Critically

**Figure 18-2** The presence of oxygen would prevent the accumulation of organic compounds by quickly oxidizing them or their precursors. All of the successful abiotic synthesis experiments used oxygen-free "atmospheres."

**Figure 18-5** The bacterial sequence would be most similar to that of the plant mitochondrion, because (as the descendant of the immediate ancestor of the mitochondrion) the bacterium shares with the mitochondrion a more recent common ancestor than it does with the chloroplast or the nucleus.

**Figure 18-8** Today's ferns, horsetails, and club mosses are small most likely because of competition with seed plants, which had not yet arisen during the period when ferns and club mosses reached large sizes. After seed plants arose, competition from them eventually eliminated other types of plants from many ecological niches, presumably including those niches that favored evolution of large size.

**Figure 18-9** No. The mudskipper merely demonstrates the plausibility of a hypothetical intermediate step in the proposed scenario for the origin of land-dwelling tetrapods. But the existence of a modern example similar in form to the hypothetical intermediate form does not provide information about the actual identity of that intermediate form.

**Figure 18-19** The African replacement hypothesis. These fossils are the oldest modern humans found so far, and their presence in Africa suggests that modern humans were present in Africa before they were present anywhere else, which, if true, would mean that they originated in Africa.

### Doing Science: Discovering the Age of a Fossil

The rock is 713 million years old. (A 1:1 ratio means that one-half of the original uranium-235 is left, so it has reached its half-life.)

## Multiple Choice

**1.** d; **2.** b; **3.** b; **4.** b; **5.** a

## Fill-in-the-Blank

1. anaerobic; photosynthesize; poisonous (toxic, harmful), aerobic, energy
2. RNA (ribonucleic acid), enzymes (catalysts), ribozymes
3. eukaryotic; endosymbiotic; DNA (deoxyribonucleic acid)
4. swimming, moist (wet); pollen
5. conifers; wind; flowers, insects; efficient
6. arthropods, exoskeletons, drying out
7. reptiles, eggs, skin, lungs

## Review Questions

1. Evidence for prebiotic evolution is that organic molecules can be synthesized and can polymerize spontaneously under prebiotic conditions, and membrane-like structures can form spontaneously under prebiotic conditions.
2. The origin of water-based photosynthesis introduced significant amounts of oxygen gas to the atmosphere for the first time, which set the stage for the evolution of aerobic metabolism and multicellularity.
3. The endosymbiont hypothesis states that cells acquired the precursors of mitochondria and chloroplasts by engulfing certain types of bacteria. These cells and the bacteria trapped inside them gradually entered into a symbiotic relationship. Mitochondria may have evolved from engulfed aerobic bacteria. Chloroplasts may have evolved from engulfed photosynthetic cyanobacteria.
4. In plants, multicellularity conferred the advantage of being larger, which made it more difficult for unicellular predators to swallow them. Additionally, multicellularity conferred the ability of anchorage on plants. In animals, multicellularity conferred the ability to consume larger prey and also provided for greater locomotion, allowing animals to efficiently escape their predators.
5. The advantages of terrestrial existence for the first plants included abundant light, nutrients, and few predators. Disadvantages included limited water, a need to support their body weight, and problems in reproduction without an aquatic environment for sperm to swim in. The advantages of terrestrial existence for the first land animals included an abundant food source in newly evolved land plants and few predators. Disadvantages included having to develop an ability to breathe, to support body weight, and to survive with limited water.
6. Amphibians evolved both lungs and legs, which better adapted them to a terrestrial environment. However, their skin needed to be kept moist, and they deposited their sperm in water. Reptiles evolved internal fertilization, waterproof eggs, and waterproof skin, which allowed them to distance themselves from dependency on bodies of water. Birds evolved feathers as a means of insulation, which allowed them to inhabit cooler environments. Mammals evolved body hair for the same reason.
7. Early primates had grasping hands, which allowed them to perform powerful and precise manipulations. Early primates also evolved binocular vision, which provided accurate depth perception for moving from tree to tree. A large brain facilitated hand–eye coordination as well as complex social interactions. Australopithecines evolved bipedalism, which freed their hands from the task of walking. Later brain expansion allowed them to fashion and manipulate tools.

# Chapter 19

## Think Critically

**Figure 19-3** The finding suggests that chromosome 2 arose from the fusion of two separate chromosomes, each of which contained a centromere. The two ancestral chromosomes must have been present in the common ancestor of chimpanzees and humans, and chimpanzees retained the separate chromosomes.

**Figure 19-5** Over their long evolutionary histories, both bacteria and archaea retained a single-celled, prokaryotic structure, the complexity of which is limited by a lack of organelles. This simple structure limits the variety of forms that such an organism can take and still survive. The limited array of possible options made the evolution of similar forms in the two domains likely.

## Multiple Choice

**1.** b; **2.** a; **3.** d; **4.** c; **5.** c

### Fill-in-the-Blank

1. taxonomy; systematics; clade
2. genus, species; Latin; capitalized, italic
3. domain, kingdom, phylum, class, order, family, genus, species; Archaea, Bacteria, Eukarya
4. anatomy, DNA sequence
5. reproduce asexually; phylogenetic species concept
6. 1.6 million, 8.7 million

### Review Questions

1. Linnaeus laid the groundwork for the modern classification system, using the resemblance of organisms to classify them into hierarchical categories. He developed binomial nomenclature, identifying each organism by a scientific name consisting of the genus and species. Darwin added to the significance of the taxonomic categories established by Linnaeus by indicating evolutionary relatedness.
2. DNA sequences; skeleton, muscle, and organ anatomy; and physiological systems.
3. Compare fossil skeletons (or ancient DNA if available) of cave bears to modern skeletons (or DNA) of grizzly bears and black bears.
4. There are many inconspicuous species living in areas that have not been investigated very thoroughly. Less-investigated areas, such as the Tropics, have high biodiversity. Less-investigated groups, such as fungi and bacteria, are very diverse.
5. Use of universal scientific names prevents the confusion of using regional or common names.
6. The biological species concept does not apply to asexually reproducing organisms, so systematists cannot designate species by testing for reproductive isolation.

## Chapter 20

### Think Critically

**Figure 20-4** Protective structures like endospores are most likely to evolve in environments in which protection is especially advantageous. Compared to other environments inhabited by bacteria, soils are especially vulnerable to drying out, which can be fatal to unprotected bacteria. Bacteria that could resist long dry periods would gain an evolutionary advantage.

**Figure 20-5** Enzymes from bacteria that live in hot environments are active at high temperatures (temperatures that usually denature enzymes in organisms from more temperate environments). This ability to function at high temperatures makes the enzymes useful in test tube reactions (such as the polymerase chain reaction) that are run at high temperatures.

**Figure 20-7** The main advantage is efficiency. In prokaryotic fission, every individual produces new individuals. In sexual reproduction, only some individuals (e.g., females) produce offspring. So the average individual of a species produces twice as many offspring by fission as it would by sexual reproduction.

**Figure 20-9** The concentration of nitrogen gas would increase, because the major process for removing atmospheric nitrogen would end, while the processes that add nitrogen gas to the atmosphere would continue.

**Figure 20-12** Viruses lack ribosomes and the rest of the "machinery" required to manufacture proteins.

**Figure 20-13** Viruses replicate by integrating their genetic material into the host cell's genome. Thus, if biotechnologists can insert foreign genetic material into a virus, the virus will naturally tend to transfer the foreign genes to the cells they infect.

#### Health Watch: Is Your Body's Ecosystem Healthy?

Given the increasing evidence that the composition of the microbiome is associated with the health of the digestive system, we might expect to find that the microbiomes of the healthy twins in the sample differ from those of the sick twins. Because a microbiome is an ecosystem, and healthier ecosystems typically have greater species diversity, the microbiomes of the healthy twins might well be more diverse than those of the sick twins. The researchers compared sets of twins to help rule out the possibility that the differences between the healthy and sick twins in a pair were due to genetic differences between them (identical twins are genetically identical).

### Multiple Choice

**1.** a; **2.** d; **3.** b; **4.** c; **5.** a

### Fill-in-the-Blank

1. Bacteria, cell walls, archaea
2. smaller; spherical, rod-shaped, corkscrew-shaped
3. flagella; biofilms; endospores
4. Anaerobic; Photosynthetic
5. prokaryotic fission, conjugation
6. nitrogen-fixing; cellulose
7. bacteria; meat, eggs, produce
8. DNA, RNA, protein; host; bacteriophage

### Review Questions

1. Bacteria acquire energy through photosynthesis or by the breakdown of organic or inorganic molecules. Bacteria acquire nutrients through the breakdown of organic or inorganic molecules and by nitrogen fixation.
2. Nitrogen-fixing bacteria inhabit the roots of legume plants and capture nitrogen gas, releasing ammonia, which is important in plant nutrition and ultimately our own nutrition. This process is critical to the nitrogen cycle.
3. Prokaryotes are found in extremely hot environments such as boiling hot springs and deep-sea hydrothermal vents; in extremely cold environments such as Antarctic ice; in extremely salty environments such as the Dead Sea; and in extremely acidic or alkaline waters. In and on humans, prokaryotes live in the mouth, nose, urogenital tract, digestive system, and most parts of the skin.
4. An endospore is a protective resting structure of many rod-shaped bacteria that allows them to survive extremely unfavorable conditions for long periods of time.
5. Conjugation is the transfer of genetic material from one prokaryote to another. In most cases, the transferred material consists of small, circular pieces of DNA known as plasmids.
6. Prokaryotic species can extract energy from many different types of molecules, including those that are environmental pollutants and that cannot be broken down by eukaryotes.
7. A virus consists of a nucleic acid molecule (DNA or RNA) surrounded by a protein coat. Viruses replicate inside host cells using the replication machinery of the host cell.
8. Helpful: Act as decomposers; bioremediation of toxic pollutants; act as beneficial gut residents; fix nitrogen for crops; help domestic animals digest cellulose. Harmful: Produce toxins; cause food to rot or spoil; cause diseases.
9. Bacterial cell walls contain peptidoglycan, archaeal cell walls do not; the structure of bacterial ribosomal RNA differs from that of archaeal ribosomal RNA; bacteria and archaea use different versions of the enzymes that synthesize RNA (RNA polymerases). Viruses are much smaller than prokaryotes; the genetic material of prokaryotes is always double-stranded DNA, virus genetic material may be single- or double-stranded DNA or single- or double-stranded RNA; viruses cannot replicate outside of a host cell, prokaryotes can replicate independently; prokaryotes have ribosomes, viruses do not.

## Chapter 21

### Think Critically

**Figure 21-1** Sex is the process that combines the genomes of two different individuals. In plants and animals, this mixing of genomes occurs only during reproduction. But in many protists (and prokaryotes), genome mixing may occur through conjugation and other processes that take place independently of reproduction (which in many cases occurs by mitotic cell division).

**Health Watch: Neglected Protist Infection**

Testing for Chagas disease would probably be most appropriate for women who have spent time in areas where triatomine bugs are present or whose parents have lived in such areas. Toxoplasmosis is not so clearly tied to a particular risk factor, so more widespread testing during pregnancy might be warranted. However, women with cats in their households may be at particular risk.

### Multiple Choice

**1.**c; **2.** b; **3.** d; **4.** a; **5.** d

### Fill-in-the-Blank

1. decomposers; parasites
2. algae; protozoa
3. secondary endosymbiosis; photosynthetic protist
4. apicomplexan (or alveolate); kinetoplastid
5. water mold (or oomycete or stramenopile); amoebozoan
6. dinoflagellates, diatoms; chlorophytes

### Review Questions

1. Prokaryotes lack most organelles, whereas protists, as single-celled eukaryotes, contain most membrane-bound organelles.
2. Secondary endosymbiosis is the evolutionary process by which previously nonphotosynthetic protist species acquired chloroplasts by engulfing and retaining photosynthetic protists.
3. Dinoflagellates are an important food source for larger organisms. Upon fast reproduction of dinoflagellates, a "red tide" may occur, causing the death of thousands of fish due to oxygen depletion.
4. Unicellular algae account for nearly 50% of the photosynthetic activity on Earth.
5. apicomplexans
6. red algae, brown algae (stramenopiles), and chlorophytes
7. rhizarians and amoebozoans

## Chapter 22

### Think Critically

**Figure 22-5** Bryophytes lack lignin (which provides stiffness and support) and xylem and phloem (conducting tissues that transport materials to distant parts of the body). Xylem, phloem, and stiff stems seem to be required to achieve heights greater than a few inches.

**Figure 22-7** All of the pictured structures are sporophytes. In ferns, horsetails, and club mosses, the gametophyte is small and inconspicuous.

**Figure 22-9** The most common adaptations are hard, protective shells and incorporation of toxic and/or distasteful chemicals.

**Figure 22-12** Angiosperms

| Type of Pollination | Advantages | Disadvantages |
|---|---|---|
| Wind | Not dependent on presence of animals; no investment in nectar or showy flowers; pollen can disperse over large distances | Larger investment in pollen because most fails to reach an egg; higher chance of failure to fertilize any egg |
| Animal | Each pollen grain has much greater chance of reaching suitable egg | Depends on presence of animals; must invest in nectar and showy flowers |

Both types of pollination persist in angiosperms because the cost–benefit balance, and therefore the most adaptive pollination system, differs depending on the ecological circumstances of a species.

**Health Watch: Green Lifesaver**

Although the initial study took advantage of the traditional healer's experience in devising effective methods of preparing and administering herbal remedies, the design of a follow-up study should probably include methods to standardize preparations and treatments so as to test the effects of different preparations and different dosages. It would also be a good idea to introduce control groups, double-blind testing procedures, and standardized methods for assessing patients' condition.

**Case Study Revisited: Queen of the Parasites**

Photosynthesis is a very useful adaptation, but it comes with costs, such as the energy expenditure required to access and acquire the nutrients needed to produce the molecules and structures used in photosynthesis. In environments in which the necessary nutrients are scarce or competition for them is especially intense, a nonphotosynthetic plant might gain an advantage, provided it evolved an alternative means of acquiring energy, such as by stealing it from other photosynthetic plants.

### Multiple Choice

**1.**; a; **2.** c; **3.** b; **4.** a; **5.** d

### Fill-in-the-Blank

1. green algae; nonvascular plants (bryophytes), vascular plants (tracheophytes); embryos, alternation of generations
2. cuticle, stomata, water; xylem and phloem, lignin; water, nutrients
3. swim to the egg; seeds, pollen; gymnosperms, angiosperms; attract pollinators; facilitate seed dispersal
4. hornworts, liverworts, mosses; club mosses, horsetails, ferns; angiosperms

### Review Questions

1. Plants produce alternating diploid and haploid generations. These two generations are called the sporophyte and gametophyte generations, respectively. The sporophyte plant produces haploid spores by meiosis, and the haploid plant produces haploid gametes by mitosis that fuse to form a diploid zygote, which begins the next sporophyte generation.
2. Male gametes evolved into pollen grains that allowed them to be carried on air currents; the evolution of seeds protected the developing embryo; the evolution of fruits improved seed dispersal; and the evolution of flowers improved the efficiency of pollination.
3. As evolution in the plant kingdom progressed, there was a shift from a small sporophyte that was dependent on a dominant gametophyte to a dominant sporophyte containing a small gametophyte generation within it.
4. Green plants probably arose from green algae, because the closest living relatives of plants are a type of green alga (the stoneworts) and because green algae use the same type of chlorophyll and accessory pigments as do land plants, have cell walls made of cellulose, and store food in starch. The ancestral green algae lived in fresh water, where they faced environmental challenges that resulted in adaptations that helped them cope with the challenges of dry land.
5. Structural adaptations to dry land included the development of roots or rootlike structures that anchor the plant and absorb water and nutrients from the soil (present in nonvascular plants, ferns, gymnosperms, angiosperms); conducting tissues that transport water and minerals up from the roots and move photosynthetic products from the leaves throughout the rest of the plant (present in ferns, gymnosperms, angiosperms); lignin-impregnated cell walls to support the plant body (present in ferns, gymnosperms, angiosperms); a waxy cuticle to limit evaporation of water (present in nonvascular plants, ferns, gymnosperms, angiosperms); and stomata to allow gas exchange and limit water loss when water is scarce (present in nonvascular plants, ferns, gymnosperms, angiosperms).
6. Success of angiosperms can be attributed to flowers, fruit, and broad leaves. Flowers attract pollinators, fruit assists in seed dispersal, and broad leaves allow for greater rates of photosynthesis.

7. Retaining green leaves throughout the year (evergreens) allows gymnosperms to continue photosynthesizing and grow slowly during times in which most other plants become dormant. Conifer needles are thin and covered with a thick cuticle that minimizes evaporation. Conifers produce an "antifreeze" in their sap that enables them to continue transporting nutrients in below-freezing temperatures.
8. Pollen grains are male gametophytes containing sperm. Pollen grains protect the sperm and produce a pollen tube that delivers the sperm to the ovule, bypassing the requirement of water for fertilization, thus allowing for colonization of dry land.
9. Seeds provide waterproof protection and nourishment for the developing embryos. Some seed coat modifications aid in seed dispersal. Plants that lack seeds produce spores.

# Chapter 23

## Think Critically

**Figure 23-1** Its filamentous shape helps the fungal body penetrate and extend into its food sources and also maximizes the ratio of surface area to interior volume (which maximizes the area available for absorbing nutrients). The extreme thinness of the filaments ensures that no cell is very far from the surface at which nutrients are absorbed.

**Figure 23-15** Compared to plants that lack mycorrhizae, plants that have them are much more effective at absorbing water and nutrients from the soil. Therefore, when early plants were first spreading over Earth's land, individuals whose roots were associated with fungi would have gained an advantage over those that lacked such associations.

**Figure 23-20** In nature, bacteria compete with fungi for access to food and living space. The antibiotic chemicals produced by fungi serve as a defense against competition from bacteria. New antibiotics are most likely to be found in environments in which fungi and bacteria coexist, such as soil. One might begin a search by testing extracts of various candidate fungi to see if they kill bacterial cultures of different types.

### Earth Watch: Killer in the Caves

The animal most likely to carry white-nose syndrome from cave to cave is people. Spelunkers (people who explore caves) can carry fungal spores between caves on their boots and equipment. So one way to slow the spread of the disease would be to ban people from exploring caves (and in fact such bans are currently active in many places).

## Multiple Choice

**1.** c; **2.** d; **3.** b; **4.** c; **5.**b

## Fill-in-the-Blank

1. reproduction; spores
2. mycelium, hyphae, septa; chitin
3. mitotic, one; meiotic, zygote, one
4. glomeromycetes; chytrids, rumen fungi, and blastoclades; basidiomycetes
5. Lichens; Mycorrhizae; endophytes
6. wood (cellulose and lignin); yeasts; athlete's foot, jock itch, vaginal infections, ringworm, histoplasmosis, valley fever (many possible answers)

## Review Questions

1. The structure of the fungal body is a mycelium, which is an interwoven mass of thread-like filaments one cell thick called hyphae. Fungal cells differ from plant cells in that fungal cells are not photosynthetic and fungal cell walls contain chitin. Fungal cells are different from animal cells in that fungal body cells are usually haploid and produce asexual spores.
2. Reproductive structures are represented by mushrooms, puffballs, and similar structures; they are elevated above the ground for spore dispersal.
3. Dutch elm disease and chestnut blight are caused by ascomycetes.
4. Fungi that attack crops include molds on fruit (Ascomycota) and smuts and rusts (Basidiomycota).
5. Many fungi reproduce asexually through spore production. Haploid hyphae produce haploid spores by mitotic cell division. The spores germinate to produce new haploid hyphae.
6. The major groups of fungi are Chytridiomycota (chytrids), Neocallimastigomycota (rumen fungi), Blastocladiomycota (blastoclades), Glomeromycota (glomeromycetes), Basidiomycota (basidiomycetes), and Ascomycota (ascomycetes). Refer to Table 23-1 for descriptions of the characteristics of each group and examples.
7. A mushroom basidiospore germinates and produces haploid hyphae of two different mating types. When the two types meet, cells fuse and form an underground mycelium. The hyphae grow outward in a circular pattern and periodically send up numerous mushrooms that appear in a ring-like pattern. The diameter is related to the age of the fungus because the mycelium continues to grow outward as the innermost hyphae die off.
8. Mycorrhizae are fungi associated with plant roots. The fungi absorb nutrients and water that are then passed on to the plant. The fungi derive photosynthetic products from the plant roots. Lichens consist of a combination of fungi and single-celled green algae or cyanobacteria. Excess sugar produced by the bacteria provides nutrition for the fungi; the fungal body provides moisture and protection for the photosynthetic algae or bacteria.

# Chapter 24

## Think Critically

**Figure 24-6** Sponges are "primitive" only in the sense that their lineage arose early in the evolutionary history of animals and their body plan is comparatively simple. But early origin and simplicity do not determine effectiveness, and the sponge body plan and way of life are clearly suitable for excellent survival and reproduction in many habitats.

**Figure 24-13** Parasitic tapeworms have no gut and absorb nutrients across their body surfaces. Their ribbon-like shape maximizes surface area for absorption and allows the worm body to extend through the greatest possible area of the host's body (to be in contact with as many nutrients as possible).

**Figure 24-14** Two openings allow one-way travel of food through the gut, which allows continuous feeding. One-way movement allows more efficient digestion than two-way movement; digestive waste from which all nutrients have been extracted can be excreted quickly without the need for reverse travel back along the gut, and food can be processed more quickly.

**Figure 24-15** Water travels easily through the moist epidermis of a leech. When a high concentration of salt is dissolved in the moisture on the outside of a leech's body, water moves rapidly out of the leech's body by osmosis, dehydrating and ultimately killing the animal.

**Figure 24-24** The mobility provided by flight may have allowed ancestral insects to more easily exploit new food sources, habitats, and geographic areas. This ability to disperse would have promoted formation of new species and increased population sizes.

### Earth Watch: When Reefs Get Too Warm

Sediments can negatively affect reef-building corals in two ways. (1) Suspended sediments make the water murky, so less light passes through, reducing the light available to fuel photosynthesis in corals' dinoflagellate symbionts. (2) Sediments can settle directly on the corals, forcing them to spend a lot of energy keeping their surfaces clean, or even burying them so completely that they suffocate.

### Doing Science: Searching for a Sea Monster

Widder hypothesized that a giant squid's preferred food is not jellyfish, but the small (compared to a giant squid) predators that eat jellyfish. The observation that a giant squid attacked an object near the imitation-jelly lure rather than the lure itself is consistent with the hypothesis's prediction that giant squids will attack animals near jellyfish, rather than jellyfish themselves.

## Multiple Choice

**1.** b; **2.** a; **3.** b; **4.** c; **5.** a

### Fill-in-the-Blank

1. consuming other organisms, sexually, cell walls
2. three, endoderm, mesoderm, ectoderm; two, mesoderm
3. cephalized; sensing the environment, ingesting food; cavity, mesoderm
4. protostome; deuterostome, echinoderms, chordates
5. invertebrates, vertebrates; invertebrates; sponges, single-celled organisms; cnidarians; annelids
6. bivalves, gastropods, cephalopods; arthropods; insects, arachnids, crustaceans
7. annelids, arthropods (chordates is also correct); closed circulatory; open circulatory, hemocoel
8. mollusks, cnidarians, echinoderms, arthropods

### Review Questions

1. Animals are eukaryotic, multicellular, and motile; obtain energy by consuming other organisms; reproduce sexually; and respond rapidly to stimuli. Their cells lack cell walls.
2. Refer to Table 24-1.
3. In bilateral symmetry only one plane through a central axis divides the animal into equal halves. This is an adaptation for active movement.

   In radial symmetry any plane through a central axis divides the animal into roughly equal halves. Having a body facing all directions at once is advantageous.

   Cephalization is the concentration of sensory organs and a brain in a defined head region. It is important for the evolution of complex behavior.

   In a closed circulatory system, blood remains confined to the heart and blood vessels. It allows for more efficient distribution of gases and nutrients throughout the body than does an open circulatory system.

   The coelom is the fluid-filled body cavity. This cavity freed the gut from the constraints imposed by direct attachment to the body wall and created a space in which new organ systems could develop.

   Segmentation is repeated similar body parts. It allows the body to increase in size with a minimum of new genetic information.
4. Gills are thin, external respiratory membranes used in aquatic arthropods (the crustaceans). Tracheae are a network of narrow, branching respiratory tubes found in insects and myriapods. Arachnid respiratory structures include both tracheae and lungs.
5. An exoskeleton protects against predators, allows for increased agility, and provides a watertight covering. However, an exoskeleton cannot expand as an animal grows, and in the process of molting, the animal becomes vulnerable until the new exoskeleton hardens.
6. **a.** two hinged shells—bivalves
   **b.** a radula—gastropods
   **c.** tentacles—cephalopods
   **d.** some sessile members—bivalves
   **e.** the best-developed brains—cephalopods
   **f.** numerous eyes—cephalopods
7. The water-vascular system functions in locomotion, respiration, and food capture.
8. Sea wasp (cnidarian); tapeworm (flatworm); fluke, e.g., *Schistosoma* (flatworm); bees and wasps (arthropods); hookworm (roundworm); *Trichinella* (roundworm)

## Chapter 25

### Think Critically

**Figure 25-8** A freshwater fish's body is immersed in a hypotonic solution, so water tends to continuously enter the body by osmosis. The physiological challenge is to get rid of all this excess water. For a saltwater fish, the challenge is reversed. The surrounding solution is hypertonic, so water tends to leave the body. The physiological challenge is to retain sufficient water.

**Figure 25-10** One advantage is that adults and juveniles occupy different habitats and therefore do not compete with one another for resources (the niche occupied by an individual over its lifetime is broadened).

**Figure 25-13** Flight is a very expensive trait (consumes a lot of energy, requires many special structures). In circumstances in which the benefits of flight are low, such as in habitats without predators, natural selection may favor individuals that forgo an investment in flight, and flightlessness can arise.

**Earth Watch: Frogs in Peril**

On the graph in the figure, the annual rate of decrease for endangered species appears to be about 12%. Assuming a decrease of 12% per year, the population after 10 years will be about 278. (Remember that each year's starting population differs from the starting population from the prior year.) A graph of population size extrapolated to 50 years shows that the population will shrink to nearly zero, assuming a constant rate of decrease (that is, exponential decrease).

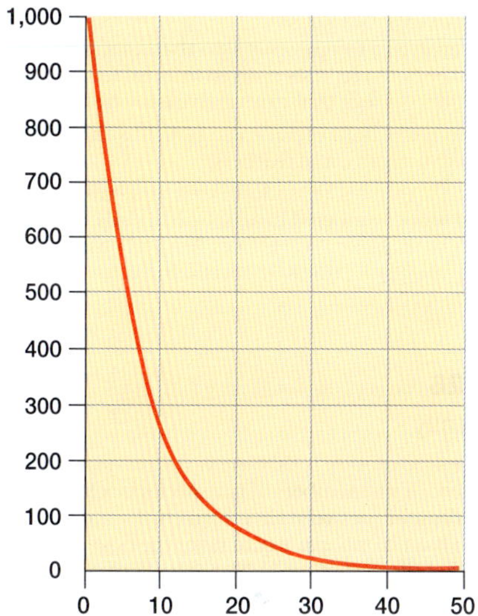


### Multiple Choice

**1.** c; **2.** b; **3.** d; **4.** c; **5.** b

### Fill-in-the-Blank

1. hollow, dorsal; anus, notochord
2. tunicates, lancelets, hagfishes; skull; hagfishes
3. lungfishes; cartilage; ray-finned fishes; jaws
4. mammals, amphibians, reptiles, amphibians
5. monotremes; salamanders; bats

### Review Questions

1. The vertebral column is a bony column that encloses the spinal cord; it provides protection and support that allows increased body size and faster locomotion. A jaw is a bone or cartilage structure that forms the opening to the mouth; jaws allow more efficient feeding and exploitation of a wide range of foods. Limbs are jointed appendages; they allow varied forms of locomotion. Modifications of limbs enabled vertebrates to colonize land. An amniotic egg is an egg in which the embryo is surrounded by protective membranes; an amniotic egg allows embryos to develop in moist conditions even on land. Feathers are modified scales found in birds; they are used for insulation and in flight. The placenta is a structure, found in mammals, that is derived from a combination of embryonic membrane and the lining of the uterus; the placenta allows the exchange of nutrients, gases, and wastes between an embryo and its mother.
2. **a.** A skeleton of cartilage is found in cartilaginous fishes and lampreys.

**b.** A two-chambered heart is found in ray-finned fishes, cartilaginous fishes, coelacanths, lungfishes, lampreys, and hagfishes.
**c.** An amniotic egg is found in reptiles and mammals.
**d.** Endothermy is found in birds and mammals.
**e.** A four-chambered heart is found in crocodilians, birds, and mammals.
**f.** A placenta is found in mammals (except monotremes).
**g.** Lungs supplemented by air sacs are found in birds.

**3.** Four distinguishing features of the chordates are (1) a dorsal, hollow nerve cord; (2) a notochord; (3) pharyngeal gill slits; and (4) a post-anal tail.

**4.** Amphibians are adapted to dry land in that they possess lungs; however, they require their skin to be kept moist because if their moist skin dries out, it becomes impermeable to oxygen, and the animal suffocates. Amphibians are tied to moist habitats by their breeding behavior, which requires water to keep eggs moist and allow sperm to swim to eggs.

**5.** Reptiles evolved a tough, scaly skin that resists water loss and protects the body; reptiles evolved internal fertilization and a shelled amniotic egg that can survive away from water.

**6.** Adaptations for flight include wings, lightweight bones, reduced reproductive organs, and feathers.

**7.** Like birds, mammals are endothermic and have high metabolic rates and four-chambered hearts. Unlike birds, mammals have evolved a remarkable diversity of form and possess mammary glands, and most retain their developing young in the uterus (placental mammals).

# Chapter 26

## Think Critically

**Figure 26-1** One possibility is that the variation necessary for selection has never arisen. (If no members of the species by chance gain the ability to discriminate between their own chicks and cuckoo chicks, then selection has no opportunity to favor the novel behavior.) Another possibility is that the cost of the behavior is relatively low. (If parasitism by cuckoos is rare, a parent that feeds any begging chick in its nest is, on average, much more likely to benefit than suffer.)

**Figure 26-24** If females do indeed gain any benefits from their mates, those benefits would necessarily be genetic (as the male provides no material benefits). Male fitness may vary, and to the extent that this fitness can be passed to offspring, females would benefit by choosing the most-fit males. If a male's fitness is reflected in his ability to build and decorate a bower, females would benefit by preferring to mate with males that build especially good bowers.

**Figure 26-25** Canines forage mainly by smell; mandrills are mostly visual foragers. Modes of sexual signaling are affected not only by the nature of the information to be encoded, but also by the sensory biases and sensitivities of the species involved. Communication systems may evolve to take advantage of traits that originally evolved for other functions.

## Multiple Choice

**1.** c; **2.** a; **3.** b; **4.** a; **5.** d

## Fill-in-the-Blank

**1.** genes, environment; stimulus; innate
**2.** energy, predators; practice, skills; adult; brains
**3.** habituation, repeated; imprinting; sensitive period
**4.** aggressive; displays, injuring (wounding, damaging); weapons (such as fangs, claws), larger
**5.** territoriality (territorial behavior); mate, raise young, feed, store food; male; same species
**6.** For pheromones, any of the following advantages are correct: long lasting, use little energy to produce, are species specific, don't attract predators, may convey messages over long distances. Any of the following disadvantages are correct: cannot convey changing information, convey fewer different types of information. For visual displays, any of the following advantages are correct: instantaneous, can change rapidly, many different messages can be sent, quiet. Any of the following disadvantages are correct: make animals conspicuous to predators, generally ineffective in darkness or dense vegetation, require that recipient be in visual range (close by).

## Review Questions

**1.** Play has survival value, as young animals gain experience in a variety of behaviors that they will use as adults in hunting, fleeing, or social interactions. (1) Play seems to lack any clear goal. (2) Play is abandoned in favor of escaping from danger, feeding, or courtship. (3) Young animals play more frequently than adults. (4) Play often involves movements borrowed from other behaviors. (5) Play uses considerable energy. (6) Play is potentially dangerous.

**2.** Animals communicate through the senses of sight, sound, smell, and touch. Female mandrills communicate sexual receptivity by a brightly colored swelling of their buttocks. Monkeys use different calls to warn others of different types of predators. Insects use pheromones that are sensed through smell as sex attractants. Primates use touch to establish social bonds. Visual communication is instantaneous and conveys a great amount of information, but it can be used only over relatively short distances and is ineffective in the dark. Auditory communication is also instantaneous and can also be conveyed in the dark and in dense forests where visual communication is difficult. Making sounds alerts predators to your presence, however, and consumes a lot of energy. Chemical communication can be conveyed over long distances and takes little energy to produce. However, an individual can produce only a limited number of different chemical messages, and chemical messages cannot be quickly changed. Touch is important in developing social bonds and is often required for sexual activity, but can only be used between animals that are very close together.

**3.** Territories are usually defended against members of the same species who compete most directly for the resources being protected.

**4.** Natural selection favors the evolution of symbolic displays or rituals for resolving conflicts. Aggressive displays allow competitors to assess each other and acknowledge a winner on the basis of size, strength, and motivation rather than on the wounds they inflict.

**5.** Advantages of group living include (1) increased ability to detect, repel, and confuse predators; (2) increased hunting efficiency or increased ability to spot localized food resources; (3) potential for division of labor; (4) conservation of energy; and (5) increased likelihood of finding mates. Disadvantages of group living include (1) increased competition within the group for limited resources; (2) increased risk of infection from contagious diseases; (3) increased risk that offspring will be killed by other members of the group; and (4) increased risk of being spotted by predators.

**6.** Behaviors that are present in newborns or that are widely shared among diverse cultures may be innate.

# Chapter 27

## Think Critically

**Figure 27-3** Many variables interact in complex ways to produce real population cycles. Weather, for example, affects the lemmings' food supply and thus their ability to survive and reproduce. Predation of lemmings is influenced by both the number of predators and the availability of other prey, which in turn is influenced by multiple environmental variables.

**Figure 27-10** Emigration relieves population pressure in an overpopulated area, spreading the migrating animals into new habitats that may have more resources. Human emigration within and between countries is often driven by the desire or need for more resources, although social factors—such as wars and religious or racial persecution—also fuel human emigration. (This subjective question can lead to discussion of the extent to which overpopulation may drive human emigration.)

**Figure 27-16** When fertility exceeds RLF, there are more children than parents. As the additional children mature and become parents themselves, this larger generation produces still more children, and so on, in a positive feedback cycle.

**Figure 27-17** U.S. population growth resembles the rapidly rising "exponential" phase of the S-curve. Stabilization will require some combination of reduction in immigration rates and birth rates. An increase in death rates is less likely, but cannot be ruled out entirely.

#### Earth Watch: Boom-and-Bust Cycles Can Be Bad News

Explosive population growth of non-toxic photosynthetic microorganisms can produce a population so large that respiration by its living members, and by the bacteria that decompose its dead members, uses up almost all of the oxygen in the water. Without oxygen, most nearby aquatic organisms cannot survive.

#### Case Study Revisited: The Return of the Elephant Seals

Ordinarily, if there is a sudden environmental change, such as the appearance of an infectious disease, some members of a population will, by chance, carry alleles that help them survive and thrive in the changed environment. But in a population with low genetic diversity, there are few alleles, and the chance that a newly favorable one will happen to be present is small. Thus, populations with low genetic diversity may not be able to adapt to changing conditions and are therefore at risk. The threat from new infectious diseases is especially concerning.

### Multiple Choice

**1.** b; **2.** c; **3.** a; **4.** d; **5.** c

### Fill-in-the-Blank

1. survivorship curves; early-loss; late-loss
2. exponential; no; J-curve; no
3. carrying capacity; logistic, S-
4. clumped; uniform
5. births, immigrants, deaths, emigrants; increases

### Review Questions

1. *Biotic potential* is the maximum rate of population growth, assuming ideal conditions allowing a maximum birth rate and a minimum death rate. Factors that influence biotic potential include the age at which the organism first reproduces, the frequency of reproduction, the average number of offspring produced each time the organism reproduces, the length of the organism's reproductive life span, and the death rate of individuals under ideal conditions. Natural selection may favor a high biotic potential because many species evolved under conditions where (because of environmental resistance) many offspring did not live to reproduce.
2. $G$ (population growth) = $r$ (growth rate) × $N$ (population size at the beginning of the time under consideration). This equation tells us that the change in population size depends on its rate of growth and its size. Because $N$ will increase during each calculated time increment, this causes $G$ to increase with each increment as well. If $r$ remains constant, this equation will produce exponential growth.
3. These conditions produce exponential growth (see Figs. 27-1 and 27-4), during which the population adds increasing numbers of individuals during each successive time increment.
4. *Environmental resistance* consists of limits on population growth that are set by the living and nonliving environment. Density-dependent forms of environmental resistance strengthen as the population density increases. Density-dependent forms include competition and consumer–prey interactions such as predation and parasitism. Predation is density dependent because the more prey there are, the more predator–prey encounters there will be. Additionally, predators tend to prey on organisms that are most abundant. Parasitism is density dependent because most parasites have limited mobility and spread more readily among hosts at higher population densities. Competition both within a species and between species for resources such as food, water, and living and breeding spaces is also density dependent. Density-independent forms of environmental resistance (weather, climate, fire, drought, hurricanes, floods, habitat destruction) reduce or limit population size regardless of population density.
5. Logistic growth refers to the growth of a population in a region with finite resources, such as food and space. As the population increases, it encounters increasingly significant density-dependent environmental resistance, causing its growth rate to slow and then stop. The population size ($N$) stabilizes around carrying capacity ($K$), producing an S-curve, as is illustrated in Figure 27-5.
6. Exceeding carrying capacity damages an ecosystem, reducing its ability to support a population. Population growth can be exponential until critical resources within the ecosystem are damaged or eliminated, and then population size declines. The decline may be temporary until the ecosystem recovers, or the damage may permanently reduce $K$. In extreme cases, the population might disappear entirely. Refer to Figure 27-7.
7. A concave survivorship curve is characteristic of $r$-selected species that produce large numbers of young and provide them with few resources and little or no parental care, producing high mortality among the young. Those few that survive to adulthood have a reasonable chance of living until old age. A convex survivorship curve is characteristic of $K$-selected species that have small numbers of offspring that are provided with resources and protection. Many of these young survive to fairly old age. Death rates are low among the young and increase rapidly in older age groups.
8. Since prehistoric times, people have circumvented environmental resistance using brainpower and dexterity. We increased our space because clothing and shelter allowed us to spread worldwide (now we can also live atop one another in skyscrapers). Food has been increased by better hunting and fishing tools and by agriculture. The impact of disease has been reduced by medical advances including vaccines and antibiotics. This cannot continue indefinitely because Earth's resources are finite, so at some point, even with continuing technological advances, a growing population would indeed hit an absolute carrying capacity limit.
9. Figure 27-15 shows the three age structures. Over time, children reach reproductive age and have their own families. If there are more children than current parents, there will be more women having babies in the future. If the numbers of parents and children are equal, the population will be stable, and if there are fewer children than parents, as those children reach reproductive age, there will be fewer women having babies.

## Chapter 28

### Think Critically

**Figure 28-6** Monarch caterpillars store toxic chemicals from the milkweeds they eat, so they would likely kill or at least sicken birds or other predators that might eat them. However, the caterpillar would still be dead. The bold stripes of monarch caterpillars probably evolved as a warning to predators, advertising that they are toxic. When a predator has eaten and been sickened by one monarch caterpillar, it would probably not want to eat another. The evolution of bright colors would make it easier for predators to learn to avoid monarch caterpillars. This would enhance survival of the monarchs.

**Figure 28-7** Many predators hunt by detecting odors, sounds, or even electric fields, in addition to, or instead of, detecting their prey visually.

**Figure 28-8** Ancestors of these organisms that happened to slightly resemble their surroundings would be a bit less likely to be eaten, so they would be slightly more likely to reproduce and leave offspring. Chance mutations that increased their camouflage would enhance their survival and reproduction even more, eventually resulting in the modern, superb camouflage.

**Figure 28-17** Fire has been a natural part of the forest environment for many thousands of years. Some forest plants might directly depend on fire for reproduction (for example, opening cones to release seeds) or might benefit from the loss of trees, which lets sunlight hit the ground and reduces competition for water and nutrients. Fire might maintain some forests in permanent, or recurring, subclimax stages.

**Figure 28-19** If reasonably deep soil remains after the disturbance, along with at least a few surviving plants to provide seeds, then succession may proceed. But if an ecosystem is severely degraded—for example, by overgrazing that almost completely eliminates native vegetation—then it would be difficult for succession to restore the original community. This is especially true on islands, which may be separated by many miles from sources of native seeds. If invasive species are introduced simultaneously with overgrazing, then the bare soil would provide an opening for seeds of invasive plants to sprout and possibly take over permanently.

### Health Watch: Parasitism, Coevolution, and Coexistence

Natural selection imposed by bednets might result in the evolution of mosquitoes that are active earlier in the day. Mosquitoes of a given species have some genetic variability, including variation in genes that influence their preferred time and place of feeding. For simplicity, let's assume that the bednets are 100% effective, so that people are never bitten while sleeping beneath the net. A mosquito that flew about, especially inside houses, earlier in the day would have the opportunity to feed on people before they went to bed beneath a net. These "early" mosquitoes would reproduce more often than the rest of the mosquito population, passing their genes for early feeding on to their offspring. Eventually, one would expect that early mosquitoes would dominate the population, rendering bednets ineffective.

### Case Study Revisited: The Fox's Tale

One hypothesis is that the sounds of dogs, which might attack or kill raccoons, made the islands' raccoons more fearful, reducing the amount of time they spent foraging for food on the shoreline. As a result, populations of their prey species in the intertidal zone increased. Community interactions were altered by changes in the raccoons' behavior.

## Multiple Choice

**1.** a; **2.** d; **3.** c; **4.** d; **5.** b

## Fill-in-the-Blank

1. natural selection; coevolution
2. carnivores, herbivores; camouflage
3. competitive exclusion
4. warning coloration, startle coloration, Batesian mimicry, aggressive mimicry
5. mutualism (or symbiotic mutualism), parasitism, predation, mutualism
6. succession; primary succession; secondary succession; climax; subclimax

## Review Questions

1. An *ecological community* consists of all the interacting populations within an ecosystem. Community interactions that form the basis of a community are interspecific competition, consumer–prey interactions, and mutualism. Competition is an interaction in which individuals of the same or different species attempt to use the same, limited resources. Both species are harmed. In consumer–prey interactions, one species (the consumer) feeds on another species (the prey). The consumer benefits, and its prey is harmed. Consumer–prey interactions include predation and parasitism. Predation is an interaction between species in which one organism eats another; generally, but not always, predators are free-living organisms that are less abundant than their prey. Parasitism is an interaction between species in which one organism lives in or on its host, feeding on the host; generally, parasites are smaller and more abundant than their hosts. Typically, a parasite harms the host but often does not immediately kill it. Mutualism is an interaction between species in which both benefit.
2. If the niches of different species completely overlap, one will become extinct unless the species evolve in ways that reduce niche overlap. This can occur by resource partitioning in which each species specializes on particular resources, reducing competition for the same resources.
3. There are many examples of consumer–prey coevolution, including (1) faster, stronger carnivores and faster, more alert prey; (2) distasteful or toxic prey and consumers able to detoxify the distasteful or toxic chemicals; (3) grasses with tough silica in their leaves and herbivores with longer, stronger teeth; and (4) immune responses to disease-causing bacteria and protective coatings on bacteria that disguise them from immune cells.
4. *Succession* is a process that occurs after an ecological disturbance. It consists of a somewhat predictable series of changes in the community inhabiting an ecosystem over time. Succession occurs as organisms alter their environment in ways that favor the establishment and survival of other species that eventually outcompete the original colonizers. A clear-cut forest would experience secondary succession because a previous ecosystem had already been established by primary succession. Tree seedlings, shrubs, grasses, and other plants as well as soil would remain to hasten the process toward a climax community.
5. Subclimax communities: a suburban lawn, tallgrass prairies. Climax communities: rain forests, deciduous forests, coniferous forests, tundra (see the text for more examples). Climax and subclimax communities differ in that climax communities are relatively stable, whereas subclimax communities usually take active maintenance or recurring natural events (such as fires) to prevent succession from continuing to the natural climax communities.
6. An invasive species is a species introduced into an ecosystem where it did not evolve. Invasive species may harm human health, the environment, or the economy of a region. They are destructive because they lack natural controls on their population growth, often having no effective local predators or competitors. Generally, invasive species reproduce rapidly, disperse widely, are tolerant of a wide range of environmental conditions, and (if animals) eat a variety of foods.
7. A keystone species is a species that plays a major role in determining community structure, out of proportion to its abundance in the community. It is often difficult to identify a keystone species, unless it is removed, resulting in community interactions that are significantly altered and dramatic changes in the relative abundance of other species.

# Chapter 29

## Think Critically

**Figure 29-2** On land, high productivity is supported by optimal temperatures for plant growth, a long growing season, and plenty of moisture, such as is found in rain forests. Lack of water limits desert productivity. Lack of nutrients limits the productivity of the open ocean, even in well-lit surface waters.

**Figure 29-8** Humanity's need to grow crops to feed our growing population has led to the fixing of nitrogen for fertilizer using industrial processes. Nitrogen oxides are also generated when fossil fuels are burned in power plants, vehicles, and factories, and when forests are burned. Consequences include the overfertilization of lakes and rivers and the creation of dead zones in coastal waters that receive excessive nutrient runoff from land. Another important consequence is acid deposition, in which nitrogen oxides formed by combustion produce nitric acid in the atmosphere; this acid is then deposited on land.

**Figure 29-14** Global temperatures would not begin to decline immediately. $CO_2$ stays in the atmosphere for years, providing a long lag time before its contribution to the greenhouse effect would decline significantly. Further, there are other greenhouse gases, such as methane, produced by human activities.

### Health Watch: Biological Magnification of Toxic Substances

Assuming that the different fish species live in water with similar mercury concentrations, there are two major factors that contribute to the amount of mercury in fish: (1) Their average trophic level: the lower the level, the less mercury. (2) Their age when they are eaten: on average, older fish have eaten more prey and have had more chance to accumulate mercury. For example, catfish tend to have low levels of mercury because they feed at a low trophic level (algae, aquatic plants, insects, and crayfish) and the ones sent to supermarkets and restaurants tend to be young (less than 2 years old). In contrast, albacore tuna tend to have high levels of mercury because they feed at a high trophic level (they are top predators) and are generally eaten when older (2 to 4 years old).

### Earth Watch: Monitoring Earth's Health

It isn't a trivial task to "eyeball" a trend line (scientists use computer programs). Further, not all trends are linear: the yearly increase in atmospheric $CO_2$ concentrations, for example, has been getting larger over time. Nevertheless, if you draw a straight line through the data for Arctic sea ice and, say, the last 25 years for $CO_2$ concentrations, you will find that the data predict the Arctic to become ice-free sometime in the 2050s, and $CO_2$ concentrations to have doubled by about 2070—both probably within your lifetime. Actually, if major changes in human activities do not occur, these effects may happen sooner. On the other hand, if people use more renewable energy and less fossil fuel energy, then $CO_2$ levels may eventually stabilize or even drop, slowing down or reversing the loss of ice.

### Multiple Choice

**1.** b; **2.** a; **3.** d; **4.** d; **5.** c

### Fill-in-the-Blank

1. sunlight, photosynthesis; nutrients, nutrient cycles
2. autotrophs, producers; net primary production
3. trophic levels; food chain; food webs
4. 10
5. heterotrophs, consumers; herbivores, primary consumers; carnivores, secondary consumers; detritivores, decomposers
6. nitrogen-fixing bacteria, denitrifying bacteria; ammonia, nitrate
7. atmosphere, oceans; $CO_2$ (carbon dioxide); limestone, fossil fuels

### Review Questions

1. Energy enters ecosystems from sunlight and flows through the trophic levels. As it is used and transferred from trophic level to trophic level, some energy is lost as heat and cannot be reused. Therefore, ecosystems require a continuous input of energy. In contrast, nutrients cycle as they are taken up from their abiotic reservoirs, passed through trophic levels, and moved back to their reservoirs, from which they can be reused.
2. A producer manufactures its own food through photosynthesis. Autotrophs occupy the first trophic level and are almost always photosynthetic organisms. Autotrophs are important because they capture energy and make it available to the rest of the organisms in the ecosystem.
3. *Net primary production* is the energy that photosynthetic organisms capture and store in a given area over a given period of time. A farm pond would have a higher productivity because it has far more nutrients from nearby fields and animal wastes than would an alpine lake. Also, there would be a longer, warmer growing season in the farm pond.
4. The first three trophic levels are (1) producers, (2) primary consumers or herbivores, and (3) secondary consumers or carnivores. Primary consumers are much more abundant than secondary consumers. Because herbivores acquire their energy from plants, and because only a fraction of the energy contained in the plants is available to the herbivores for use in building their own biomass, plants usually have a higher biomass than their consumers do. The 10% law states that the average energy transfer from one trophic level to the next is about 10% efficient (although ecosystems actually vary considerably in the efficiency of energy transfer from trophic level to trophic level).
5. A food chain describes a linear feeding relationship among organisms in an ecosystem, considering a single type of animal as a representative of its trophic level. A food web depicts with far greater accuracy the complex and interconnected feeding relationships within an ecosystem.
6. *Detritivores* are organisms that eat wastes and dead bodies. They include some insects and crustaceans, earthworms, centipedes, and vultures. *Decomposers* are fungi and bacteria that secrete enzymes outside their bodies, where they digest the wastes and dead bodies of other organisms. The decomposers absorb some of the resulting nutrients; the rest remain in the environment. Both groups are important to ecosystems because they release the nutrients trapped in dead bodies and wastes, allowing them to be reused by producers.
7. Carbon is found in its atmospheric reservoir as carbon dioxide ($CO_2$). $CO_2$ moves into producers during photosynthesis. The carbon passes from producers through consumers. At each stage, some carbon is returned to its reservoir during cellular respiration, and detritivores and decomposers return the rest during their cellular respiration. Humans, by burning forests and fossil fuels, are adding $CO_2$ to the atmosphere. $CO_2$ is a greenhouse gas that traps heat in Earth's atmosphere, causing warmer temperatures and climate change. Earth's future climate will be warmer, with greater weather extremes. These climate changes will probably have major impacts on the biosphere.
8. Nitrogen-fixing bacteria—in soil and water, as well as in the roots of legume plants—combine nitrogen gas in the atmosphere with hydrogen atoms to form ammonia ($NH_3$). Other bacteria can convert ammonia into nitrate. Plants take up ammonia or nitrate and use the nitrogen to form proteins, nucleic acids, and other biological molecules.
9. Phosphate dissolved from phosphate-rich rocks or from fertilizers enters plants, where its phosphorus becomes incorporated into biological molecules such as nucleic acids and phospholipids. These molecules pass through the trophic levels via consumption of plants by herbivores, and then of herbivores by carnivores. The phosphorus cycle differs from that of carbon and nitrogen because it lacks an atmospheric reservoir.

## Chapter 30

### Think Critically

**Figure 30-2** Earth's longest days of the year are in the Arctic during the northern summer and in the Antarctic during the northern winter (which is the southern summer). Arctic terns spend May through August in the far north, September and October migrating slowly southward, November through February in the far south, and March and April migrating back north to start the cycle again.

**Figure 30-8** Nutrients are abundant in tropical rain forests, but they are not stored in the soil. The optimal temperature and moisture of tropical climates allow plants to make such efficient use of nutrients that nearly all nutrients are stored in plant bodies, and to a lesser extent, in the bodies of the animals they support. These growing conditions support a vast array of plants, and these, in turn, provide a wealth of habitats and food sources for diverse animals.

**Figure 30-18** Tropical deciduous forests have a dry season in which the soil has little moisture. Temperate deciduous forests have freezing winter weather, in which soil moisture becomes frozen and unavailable to the trees. In both cases, dropping the leaves reduces the trees' water loss from evaporation at a time of year when the water cannot be replaced by absorbing water from the soil.

**Figure 30-27** Coastal ecosystems have an abundance of the two limiting factors for life in water: nutrients and light to support photosynthetic organisms. Both upwelling from ocean depths and runoff from the land can provide nutrients, depending on the location of the ecosystem. The shallow water in these areas allows adequate light to penetrate to support rooted plants and/or anchored algae, which in turn provide food and shelter for a wealth of marine life.

#### Earth Watch: Plugging the Ozone Hole

Ozone depletion would lead to higher UV radiation, which would reduce photosynthesis. Less photosynthesis means that less $CO_2$ would be removed from the atmosphere. More $CO_2$ remaining in the atmosphere would increase the greenhouse effect, leading to more global warming and other changes in climate. Increased $CO_2$ in the atmosphere would also cause more $CO_2$ to dissolve in the oceans, increasing ocean acidification.

### Multiple Choice

**1.** c; **2.** b; **3.** d; **4.** a; **5.** c

### Fill-in-the-Blank

1. seasons; ocean currents *or* the presence of the ocean; rain shadow
2. suitable temperatures, availability of liquid water; light, nutrients, suitable temperature
3. tropical rain forests; coral reefs
4. littoral zone; phytoplankton, zooplankton; limnetic zone, profundal zone; oligotrophic; eutrophic; wetlands
5. phytoplankton; hydrogen sulfide

### Review Questions

1. Direct rays of the sun warm Earth's surface at the equator, which warms the air and evaporates water. The warm air rises and cools. As

the air cools, water condenses and falls as rain. The resulting warm, moist climate provides the conditions necessary for the growth of rain forests. The remaining cooler, drier air flows north and south from the equator, where it sinks and is warmed by heat radiated from Earth. By the time it reaches Earth, it is both warm and dry, producing deserts at 30° north and south of the equator.

2. Ocean circulation patterns are called *gyres*. Gyres distribute heat from the equator to northern and southern coastal areas and return cold water from polar regions back down toward the equator. These effects are strongest in coastal regions.
3. In both cases, the average temperature gradually falls, which selects for cold-adapted plants and animals.
4. Nutrients are concentrated in the vegetation. Life is concentrated in the trees because light is blocked by the dense forest canopy of leaves, so relatively few plants—and thus few food sources—grow close to the ground.
5. Cacti have large, shallow root systems; spines that discourage predation; and thickened stems that store water. Some animals remain in shade or in burrows during the summer days, and some are able to derive water exclusively from the food they eat.
6. Desertification is the spread of deserts brought on by drought and misuse of the land in areas that typically receive little rain.
7. Conifers have waxy needles that reduce water loss, which is particularly important in winter when the soil is frozen and water is unavailable. They are evergreen, which allows them to immediately begin photosynthesis in spring, taking maximum advantage of the short growing season.
8. Rainfall is higher, temperatures are warmer, and the growing season is longer in deciduous biomes. In deciduous forests, trees shed their leaves when water is limited, whereas the evergreens in coniferous forests retain their leaves for the entire year. Retaining their leaves allows evergreen conifers to conserve the energy that deciduous trees must expend in growing new leaves each year.
9. Increasing precipitation with less frequent droughts as one goes east from Colorado to Ohio explains the differences among the three biomes.
10. Ocean diversity is highest in coastal waters, where light can penetrate to support producers. There is also a steady flow of nutrients from the land and, in some regions, upwelling from the seafloor.
11. The littoral zone is near the shore and supports the most diverse community because it has abundant light and nutrients. Littoral communities include rooted plants, plankton, algae, and vertebrates including fish, turtles, snakes, and frogs. The limnetic zone is the open water to a depth where there is sufficient light to support photosynthesis by algae and phytoplankton, which support a community of zooplankton and fish. The profundal zone lies below the limnetic zone, reaching to the bottom of large lakes. Light in this zone is insufficient to support photosynthesis, and life is therefore limited to decomposers and detritus feeders, including some worms and bacteria.
12. Oligotrophic lakes are low in nutrients and clear, due to low sediment levels and few phytoplankton. Eutrophic lakes are high in nutrients and support dense communities, and their waters are murky and greenish due to sediment and dense phytoplankton populations. Lakes progress toward a eutrophic state naturally as sediment from runoff carried by streams and rainwater accumulates over time. A human-created scenario involves the addition of nutrient-rich pollutants, such as sewage or fertilizers, and manure from farm runoff into waterways.
13. Stream sources are often in mountains, where water from rain and melting snow is cold, fast moving, well oxygenated, and low in nutrients. In the transition zone, tributaries join, the stream becomes larger, water warms, nutrient levels rise, and oxygen levels diminish somewhat. Within the floodplain, the river moves slowly, is even warmer, usually has a lower oxygen concentration, deposits considerable sediment, and takes a winding path to a lake or ocean.
14. The photic zone is the upper layer of ocean water, where light is strong enough to support photosynthesis. The aphotic zone lies below the photic zone. In the aphotic zone, light is too dim to support photosynthesis, and the only energy comes from the excrement and bodies of organisms that sink or swim down (or from hydrogen sulfide for vent communities). Photosynthetic organisms in the photic zone use nutrients dissolved in the water, those provided by runoff from land, or those brought up into the photic zone by upwelling. Photic zone consumers eat phytoplankton or other producers.

## Chapter 31

### Think Critically

**Figure 31-4** Because an island is inhabited only by species whose ancestors happened to find their way to the island, the number of species present is typically smaller than in mainland areas. One possible result is that predation and competition are less intense on islands, so many island species have not evolved strong defenses against predation or effective adaptations for competition. If this hypothesis is correct, island species may be unable to coexist with newly introduced predators or competitors.

**Figure 31-6** A small reserve will have small populations of many organisms, especially large, predatory animals. Small populations typically lose genetic diversity through genetic drift (see Chapter 16). As genetically diverse organisms migrate through corridors, they help to reduce genetic drift and maintain genetic diversity (by repopulating isolated small reserves, for example).

#### Earth Watch: Whales—The Biggest Keystones of All?

A good test would be to compare otherwise similar areas with differing numbers of whales. [Perhaps even better would be to assess an area (or several areas) at different times, before and after decimated whale populations recovered.] If the whale pump hypothesis is correct, then iron, nitrogen, and perhaps other nutrients in surface waters should be higher in areas or during times with larger populations of whales, which would in turn increase populations of phytoplankton and perhaps krill.

#### Doing Science: Detecting the Effects of Forest Fragmentation

Some longer-lived species, such as trees and large mammals, may be unable to successfully reproduce in forest fragments, but the individuals present before fragmentation may live for some years after fragmentation. Also, some species may still be able to reproduce in fragments, but less successfully than in intact habitat; their populations may persist until the declining growth rate causes them to fall below the minimum viable population size.

#### Earth Watch: Saving Sea Turtles

With a low turtle population, food supplies were probably abundant. Listing leatherbacks as endangered and enforcing other protection measures meant that they were much less likely to be killed in fishing nets. When turtle nesting beaches in Florida were protected, people no longer disturbed the nests and eggs were no longer collected. Abundant food, less predation by fishing, and protected nesting sites greatly increased turtle survival and reproduction, allowing exponential population growth (see Chapter 27). However, exponential growth cannot continue indefinitely. Density-dependent factors usually slow down population growth in long-lived species such as sea turtles. These factors might include increasing natural predation, for example, by gulls and raccoons learning that the beaches with large numbers of turtle nests are easy sources of food during turtle nesting season. As turtle populations increase, food supplies in the ocean might also become depleted.

#### Case Study Revisited: The Wolves of Yellowstone

Wolves harm coyotes, so the disappearance of wolves would be expected to result in increased coyote populations and the expansion of their range. (Coyotes are now found throughout the United States, including on farms and in cities.) Wolves prey on deer, so the loss of wolves would also be expected to increase white-tailed deer populations. (Deer populations have boomed in the eastern United States, assisted also by a decline in hunting by humans.)

### Multiple Choice

**1.** a; **2.** b; **3.** a; **4.** d; **5.** b

### Fill-in-the-Blank

1. genetic, species, ecosystem; genetic
2. ecosystem services; provisioning services, regulating services, cultural services, supporting services
3. habitat destruction, overexploitation, invasive species, pollution, global warming; habitat destruction
4. minimum viable population; habitat fragmentation; wildlife corridors
5. sustainable

### Review Questions

1. Genetic diversity is the variety and relative frequencies of different alleles in the gene pool of a species. Genetic diversity is crucial for a species to adapt to changing environments. Species diversity is the variety of different species that make up natural communities. The integrity and sometimes even the survival of a community depend on its species composition. Ecosystem diversity is the variety of combinations of communities and their nonliving environments. The nonliving environment is modified by the activities of its community. Diversity of species in the community is often required for sustaining ecosystem services.
2. *Provisioning services*: food, raw materials, energy, medicines. *Regulating services*: water purification, pollination, pest control, erosion and flood control, climate regulation, carbon storage. *Cultural services*: recreation, tourism, mental and physical health. *Supporting services*: photosynthesis, genetic resources, soil formation, nutrient cycling.
3. Threats to biodiversity include *habitat destruction*, such as cutting tropical rain forests; *overexploitation*, such as overfishing of sharks and Pacific bluefin tuna; *invasive species* such as Nile perch and tilapia, which threaten cichlids in Lake Victoria in Africa; *pollution*, such as with pesticides, heavy metals, and excessive nutrients; and *global climate change*, which results from excess production of greenhouse gases, particularly carbon dioxide, and may cause deserts to become hotter, species to move poleward to find favorable climates, insect pests to move poleward, bringing diseases with them, and damage to coral reefs from overly warm water and ocean acidification.
4. In Mexico, the projects enlist the aid and support of local people who ultimately determine the fate of the forests upon which the overwintering monarchs depend. The projects seek to provide a higher, more sustainable income for the residents by improving agriculture, managing the forests both for monarchs and for revenue, and attracting ecotourists, thereby demonstrating that monarch preservation and sustainable development are compatible goals. It remains to be seen whether projects to provide increased monarch summer habitat in the United States and Canada will succeed.

## Chapter 32

### Think Critically

**Figure 32-2** If the mammal's heat-sensing nerve endings became nonfunctional, the nervous system would not send a signal to the hypothalamus when the body reached the set-point temperature. Consequently, the hypothalamus would send continuous "turn on" signals to the body's heat-generating and heat-retention mechanisms, which would continue to increase body temperature indefinitely; this would end in death.

#### Health Watch: Can Some Fat Burn Calories?

2,4-DNP ingestion will affect mitochondria throughout the body, leading to increased metabolic rate and hyperthermia with its associated risks.

### Multiple Choice

**1.** a; **2.** c; **3.** d; **4.** a; **5.** a

### Fill-in-the-Blank

1. homeostasis; negative feedback
2. cells, tissues, organs, organ systems
3. connective; epithelial; connective; connective; epithelial; muscle; nerve; connective
4. exocrine; endocrine; hormones
5. cardiac; skeletal; cardiac and skeletal; cardiac and smooth; smooth; skeletal

### Review Questions

1. *Homeostasis* is the ability of an organism to maintain its internal environment within the narrow range of conditions necessary for optimal cell functioning in the face of a changing external environment. A change in the internal environment is often regulated by negative feedback, in which the change triggers a response that tends to counteract the change and to restore and maintain the original conditions. For example, the maintenance of body temperature in humans is regulated by negative feedback. The set-point temperature is established by neurons in the hypothalamus. Other neurons located around the body act as sensors for body temperature and transmit this information to the hypothalamus. When body temperature drops, the hypothalamus activates mechanisms such as shivering to raise the body temperature. When normal body temperature is restored, the hypothalamus switches off these mechanisms.
2. *Ectotherms* derive much of their body warmth from the environment, while endotherms derive much of their warmth from metabolic reactions. Ectotherms include most fish, amphibians, reptiles (except for birds), and invertebrates. *Endotherms* include mammals and birds. Generally, endotherms have a higher metabolic rate and maintain higher body temperatures at more constant levels. Cold- and warm-blooded are misleading terms because ectotherms may become very warm (such as the desert pupfish) and endotherms may become quite cool (for example, hummingbirds on very cool nights; hibernating mammals).
3. Positive feedback is a change that initiates a response that intensifies the original change. An example is during the process of childbirth. The early contractions of labor force the baby's head against the cervix, creating pressure that causes the cervix to dilate. Stretch-receptive neurons in the cervix respond to this expansion by signaling the hypothalamus, which responds by triggering the release of oxytocin, which causes further uterine contractions. Stronger contractions create more pressure on the cervix, which triggers the release of more oxytocin. This cycle of positive feedback is terminated by the birth of the baby. Another example of positive feedback is the let-down reflex, which releases milk during breastfeeding. Milk let-down is triggered by suckling, which causes nerves in the breast to stimulate the hypothalamus to release oxytocin, which stimulates milk let-down. Milk stimulates the baby to suckle more vigorously, releasing more oxytocin, until the baby becomes full. Positive feedback is rare because its effects could easily spiral out of control away from the set point.
4. As your body temperature begins to exceed its set point, blood is directed to the skin, radiating heat. Behavioral changes may be required to maintain normal body temperature. The sensation of being too hot may cause you to stop exercising, seek shade, or drink cool water.
5. Epithelial cells may be squamous (flattened), cuboidal (cube-shaped), or columnar (elongated like columns). Epithelial tissue is composed of cells in continuous sheets, underlain by a basement membrane of protein fibers. This tissue lines hollow organs, surrounds the body, and also forms glands.
6. The distinguishing property of connective tissue is that a large proportion of the tissue consists of a fluid matrix containing a high concentration of proteins, with connective tissue cells embedded in the matrix. Loose connective tissue connects, supports, surrounds, and cushions other tissue types and forms a flexible internal framework for organs. It includes adipose tissue (fat), which cushions, insulates, and provides energy reserves. Fibrous connective tissue contains collagen fibers densely packed in an orderly parallel arrangement. It includes tendons (which connect bones to muscles) and ligaments (which connect bones to bones). Specialized connective tissues include cartilage, bone, blood, and lymph. Cartilage covers the ends of bones at joints, provides the supporting framework for the respiratory passages, supports the

ears and nose, and forms the shock-absorbing pads between the vertebrae; bone forms the skeleton that protects and supports the body; blood carries dissolved oxygen and nutrients to cells and removes carbon dioxide and cellular wastes; lymph returns fluid that has leaked out of the capillaries back into the blood.

7. The skin, like any organ, contains several types of tissues. The epidermis is specialized epithelial tissue that is covered by a dry protective layer of dead cells packed with keratin protein that keeps the skin airtight and waterproof. Under the epidermis lies the dermis, a layer of loose connective tissue consisting of loosely packed cells permeated with arterioles that nourish both the epidermis and dermis. Temperature regulation through the skin is accomplished by neurons (nerve tissue) that control the degree of dilation of the arterioles. The dermis also contains glands derived from epithelial tissue, including the sweat glands and sebaceous glands. Smooth muscles (muscle tissue) are attached to the hair follicles and are used to erect the hairs to assist in heat retention. Smooth muscle also surrounds the arterioles and controls their diameter by contracting and relaxing. The hypodermis below the skin consists of connective tissue that pads the skin and insulates the body.
8. Human organ systems include the integumentary, respiratory, circulatory, lymphatic/immune, digestive, urinary, nervous, endocrine, skeletal, muscular, and reproductive systems. Their components and functions are summarized in Table 32-1.

# Chapter 33

## Think Critically

**Figure 33-1** Insect circulatory systems are not important in gas exchange; in insects this function is assumed by the tracheae.

**Figure 33-4** Because of an exercise-induced increase in muscle size, the hearts of well-conditioned athletes are larger than those of sedentary people, so more blood is pumped with each heartbeat. Since the body's resting demand for oxygen remains relatively unchanged, the demand can be met with fewer heartbeats per minute.

**Figure 33-8** Iron is a key component of hemoglobin, which is necessary for building red blood cells capable of transporting oxygen. Consumption of iron in the diet is necessary to replace iron that is excreted with body waste because red blood cells are continually broken down after they die, and the iron recycling in the body is not 100% efficient.

**Figure 33-10** The hormone erythropoietin stimulates production of additional red blood cells. These extra cells increase the blood's capacity to carry oxygen to muscles, thereby increasing the amount of time that the muscles can work without depleting their oxygen supply and becoming fatigued.

**Figure 33-15** No, because arteries carry oxygen-poor blood (blue) to the lungs, where capillary blood picks up oxygen, and veins carry oxygenated blood (red) away.

**Figure 33-20** From left to right

### Health Watch: Repairing Broken Hearts

Bill is likely to have had a stroke (brain attack) because obesity, hypertension, and lack of exercise are associated with atherosclerosis, which can cause clots to form in arteries. These clots can block blood flow to the heart or brain. Bill's symptoms suggest damage to one side of his brain, rather than a heart attack.

## Multiple Choice

**1.** b; **2.** a; **3.** a; **4.** c; **5.** a

## Fill-in-the-Blank

1. hemolymph, interstitial; hemocoel
2. right atrium, left ventricle, right atrium, right ventricle, left ventricle
3. sinoatrial node; cardiac muscle cells; atria; atrioventricular node; atrioventricular (AV) bundle; fibrillations
4. capillaries, arteries, veins, venules, arterioles, arteries
5. platelets; thrombin; fibrinogen, fibrin
6. platelets, leukocytes, erythrocytes, leukocytes, erythrocytes, leukocytes, erythrocytes
7. interstitial fluid; capillaries; fats; one-way valves; spleen

## Review Questions

1. All circulatory systems have a heart, blood or hemolymph, and blood vessels. *Functions of the vertebrate circulatory system:* Transports oxygen from the lungs or gills to the tissues and transports carbon dioxide from the tissues to the lungs or gills; distributes nutrients from the digestive system to all body cells; transports toxic substances to the liver for detoxification and delivers cellular wastes to the kidneys for excretion; distributes hormones from the glands and organs that produce them to the tissues upon which they act; helps to regulate body temperature by adjusting blood flow; helps to heal wounds and prevent bleeding by creating blood clots; protects the body from diseases by circulating white blood cells and antibodies.
2. Open circulatory systems are present in invertebrates, including all arthropods and most mollusks. Closed circulatory systems are present in all vertebrates and in a few invertebrates, including active mollusks (squid and octopuses) and earthworms. Open circulatory systems have one or more simple hearts, blood vessels, and a hemocoel where tissues and internal organs are bathed in hemolymph. A closed circulatory system confines the blood to the heart and to blood vessels, which carry blood to cells throughout the body.

   Animals with open circulatory systems expend less energy on circulation than do animals with closed systems. Open circulatory systems maintain relatively low blood pressures and are less efficient at supplying oxygen and nutrients to tissues than are closed systems. A closed circulatory system is better able to control and direct blood to specific tissues as needed.
3. The two-chambered hearts of fishes have a single atrium that empties into a single ventricle. Blood pumped from the ventricle passes first through the gills, where the blood picks up oxygen and releases carbon dioxide. The blood travels directly from the gills through the rest of the body, delivering oxygen to the tissues and picking up carbon dioxide. Blood from the body then returns to the single atrium. In amphibians and most reptiles, the heart has two atria and a single ventricle. Oxygen-poor blood from the body is delivered into the right atrium, while blood from the lungs enters the left atrium. Both atria empty into the single ventricle. Amphibian and reptile hearts have various structures that help ensure that most oxygen-poor blood remains in the right portion of the ventricle and is pumped into vessels that lead to the lungs, while most of the oxygenated blood remains in the left portion of the ventricle and is pumped to the rest of the body.
4. Cardiac muscle cells are small and branched. They communicate directly with one another through gap junctions in their adjacent membranes. These connecting pores allow electrical signals that cause contraction to pass freely and rapidly between heart cells, coordinating the contraction within each chamber.
5. Red blood cells are biconcave and lack a nucleus, they are red with hemoglobin, and they function to transport oxygen and a small amount of carbon dioxide. The five types of leukocytes—*neutrophils, eosinophils, basophils, lymphocytes*, and *monocytes*—are large, mobile, and able to ooze through openings. All help defend the body against disease. Platelets are cell fragments that bud off from megakaryocytes and aid in blood clotting.
6. The contraction of the heart is initiated by a pacemaker, the sinoatrial (SA) node, in the right atrium that produces spontaneous electrical signals at a regular rate. Signals from the SA node cause the atria to contract in synchrony. The impulse reaches a barrier of inexcitable tissue separating the atria from the ventricles, where it is channeled through the atrioventricular (AV) node, located in the floor of the right atrium. The impulse is delayed at the AV node, postponing the ventricular contraction for about 0.1 second after contraction of the atria. From the AV node, the signal is carried into the AV bundle and AV bundle branches and from there into Purkinje fibers at the base of both ventricles. The Purkinje fibers transmit the signal to cardiac muscle at the base of the ventricles, and it sweeps upward, causing the ventricles to contract from the bottom up.
7. Veins carry blood traveling to the heart. Vein walls are thinner and more expandable than the walls of arteries, and veins have

valves to maintain the direction of blood flow, whereas arteries do not. Both veins and arteries contain a layer of smooth muscle, but veins have less muscle than arteries do. Arteries are large blood vessels that carry blood away from the heart. Veins and arteries have the same three layers: outer connective tissue, middle smooth muscle, and inner endothelium. Capillaries are microscopic blood vessels where exchange of gases and nutrients occurs between the blood and body cells. Capillary walls consist of a single layer of endothelial cells.

8. Blood plasma is primarily water in which large proteins, salts, nutrients, and wastes are dissolved. Interstitial fluid is blood plasma that has leaked into the spaces surrounding the capillaries and tissues. It consists of water and dissolved nutrients, hormones, gases, wastes, and small proteins from the blood. Large plasma proteins are unable to leave the capillaries due to their size. Exchange of materials between capillary blood and nearby cells occurs through the interstitial fluid. Lymph is interstitial fluid after it has entered the lymphatic system through lymph capillaries, to be returned to the circulatory system.
9. The cardiac cycle is the alternating contraction and relaxation of the heart chambers. The two atria contract in synchrony, emptying their contents into the ventricles. A fraction of a second later, the two ventricles contract simultaneously, forcing blood into the arteries leaving the heart. Both chambers relax briefly before the cycle is repeated. The period of ventricular contraction is called systole. The rest of the cycle, including relaxation of all the chambers followed by contraction of the atria, is called diastole. When blood pressure is measured, the higher of the two readings is the systolic pressure, which is measured during ventricular contraction, and the lower reading is the diastolic pressure, measured between ventricular contractions.
10. The lymphatic system consists of lymph, lymph vessels, and lymphatic organs, which are the bone marrow, thymus, lymph nodes, and spleen. The lymphatic system (1) returns excess fluid and its dissolved proteins and other substances to the blood, (2) transports fats from the intestines to the blood, and (3) assists in defending the body against infectious disease.
11. The sympathetic nervous system stimulates smooth muscles in both vein and artery walls, increasing blood pressure. It also causes arterioles to constrict in specific regions, directing blood flow to places that need it most, depending on the situation.
12. The number of red blood cells is maintained at an adequate level through negative feedback involving the hormone erythropoietin. Erythropoietin is produced by the kidneys in response to oxygen deficiency. This hormone stimulates rapid production of new red blood cells by the bone marrow. When adequate oxygen levels are restored, erythropoietin production is inhibited, and the rate of red blood cell production returns to normal.
13. Both blood veins and lymphatic vessels have similar walls and one-way valves to prevent backflow. In both, fluid movement is promoted by nearby muscle contractions.

## Chapter 34

### Think Critically

**Figure 34-4** The insect tracheole system replaces the capillaries of a closed circulatory system by bringing air for gas exchange close to every cell in the body.

**Figure 34-5** The respiratory systems of amphibians are adapted to moist environments, so they are restricted to habitats that are reasonably moist. Most amphibian larvae develop in water, which limits them to regions where standing water is available.

**Figure 34-7** When oxygen binds hemoglobin, the protein changes color, becoming cherry-red. When oxygen leaves hemoglobin, it becomes maroon-red in color and appears bluish through the skin.

**Figure 34-9** In its relaxed state, the diaphragm muscle is expanded and domes upward, reducing the volume of the chest cavity. Contracting it causes it to become smaller and flatten downward, enlarging the chest cavity.

**Figure 34-11** It is important for hemoglobin to be able to bind the hydrogen ions released when bicarbonate is formed because if the hydrogen ions were released into the blood plasma, they would make it acidic (lower pH), which could lead to death.

**Health Watch: Smoking—A Life and Breath Decision**

The nurse should ask the parents if either of them smoke. He should advise them of the health effects of secondhand smoke on their daughter, whose coughs, colds, and likely asthma are made worse by smoke. If the mother smokes, he should strongly caution her and provide her with educational material about the dangers of smoking to her developing child.

### Multiple Choice

**1.** d; **2.** b; **3.** c; **4.** d; **5.** b

### Fill-in-the-Blank

1. sponges, sea jellies, flatworms; diffusion
2. spiracles; tracheae, circulatory systems
3. the pharynx; the epiglottis; trachea, bronchi, bronchioles, alveoli
4. capillaries; hemoglobin; bicarbonate; cellular respiration
5. alveoli; alveolus, capillary; two; surfactant
6. diaphragm, larger; passive, relax; respiratory center, medulla; carbon dioxide

### Review Questions

1. Fish gills have delicate membranes with a large surface area. They are often protected by a bony flap, the operculum. Fish create a continuous current over their gills by pumping water into their mouths and ejecting it out through the opercular opening. Just beneath their membranes, gills have a dense profusion of capillaries that pick up carbon dioxide and release oxygen. Within the gill, water and blood flow in opposite directions, maintaining a relatively constant concentration gradient, which can extract most of the oxygen from the water in a process called countercurrent exchange. Countercurrent exchange, which is extremely efficient, is important because water contains only a small percentage of the oxygen contained in air.
2. Frogs use gills during their aquatic larval (tadpole) stage because they must extract oxygen from water. They lose their gills and develop simple, saclike lungs as they metamorphose into their more terrestrial, air-breathing adult form.
3. Bird lungs are rigid and filled with tiny, perforated tubes called parabronchi that allow air to flow completely through the lungs. Parabronchi are surrounded by tissue containing microscopic air spaces surrounded by a dense capillary network that allows gas exchange. Birds have seven to nine inflatable air sacs that serve as reservoirs for air, some of which are posterior (behind) and some anterior to (in front of) the lungs. Anterior sacs temporarily store $O_2$-poor air from the lungs, while posterior sacs store fresh air and provide it to the lungs during exhalation. The organization of air sacs and lungs allows a one-way flow of fresh, oxygen-rich air through the lungs, from posterior to anterior, as the bird both inhales and exhales. This efficient process helps supply enough oxygen for the demands of flight.
4. Air enters through the nose or mouth; then passes through a chamber, the pharynx, which is shared with the digestive system; and then travels through the larynx. Inhaled air continues past the larynx into the trachea, which splits into two large branches called bronchi, one leading to each lung. Inside the lung, each bronchus branches repeatedly into smaller tubes called bronchioles. These finally lead to the microscopic alveoli, tiny air sacs where gas exchange occurs.
5. Some animal characteristics that make a specialized respiratory system unnecessary include (1) a size and body shape that allows for adequate gas exchange, as in small, elongated nematode worms and thin and flattened flatworms; (2) low energy demands in some cells of thicker-bodied animals, such as the jellyfish; (3) an environment close to the body cells, making possible gas exchange directly between the environment (water) and the body cells, as in sponges; (4) low energy demands, coupled with a large skin surface through which diffusion occurs, or a well-developed circulatory system, as in the earthworm.
6. Respiratory movements occur rhythmically and automatically. Nerve impulses that originate in the respiratory center, located in the medulla just above the spinal cord, cause the contraction of diaphragm and rib muscles that results in inhalation. The respiratory center receives input from several sources. One of the most important is from receptor neurons in the medulla that monitor the concentration of carbon

dioxide in the blood. The respiratory rate is regulated to keep this level relatively constant. If blood oxygen levels fall drastically, oxygen receptors in the aorta and carotid arteries stimulate the respiratory center to increase the breathing rate. These controls are adaptive because they cause the respiratory system to adjust its activity to meet the changing needs of the tissues of the body.

7. Inhalation is always an active process, accomplished by enlarging the chest cavity. The diaphragm muscles contract, drawing the diaphragm downward, and the rib muscles contract, lifting the ribs up and outward. When the chest cavity expands, the lungs expand with it, because there is no air between them and the inner wall of the chest. As the lungs expand, their increased volume draws air into the lungs. Exhalation occurs automatically when the muscles causing inhalation are relaxed. As the chest cavity decreases in size, air is forced out of the lungs.
8. During bulk flow, fluids or gases move in "bulk" through relatively large spaces, from areas of higher pressure to areas of lower pressure. In diffusion, molecules move individually from areas of higher concentration to areas of lower concentration. In respiration: (1) Air or water containing oxygen is moved across a respiratory surface by bulk flow, often facilitated by muscular breathing movements. (2) Oxygen and carbon dioxide are exchanged through the respiratory membranes by diffusion. Diffusion across the respiratory membranes moves oxygen from the alveolar air into the capillaries of the circulatory system and moves carbon dioxide from alveolar capillaries into the air within the alveoli. (3) Gases are transported between the respiratory system and the tissues by bulk flow of blood as it is pumped throughout the body by the heart. (4) Gases are exchanged between tissues and the circulatory system by diffusion. At the tissues, oxygen diffuses out of the capillaries and carbon dioxide diffuses into them. Diffusion is driven by concentration gradients.
9. Nearly all of the oxygen from the lungs that diffuses into the blood is carried by hemoglobin. Oxygen then diffuses into body cells from the blood. About 70% of the carbon dioxide released from cells into the blood reacts with water in the presence of the enzyme carbonic anhydrase to form bicarbonate ion ($HCO_3^-$), which is carried in the blood plasma and released into the lungs by diffusion. About 20% of the carbon dioxide is returned to the lungs bound to hemoglobin, and about 10% is dissolved directly in the plasma. Gas exchange supports cellular respiration, which uses oxygen and releases carbon dioxide while producing ATP.
10. Each lung contains about 1.5 million alveoli. The thin-walled alveoli provide an enormous surface area for diffusion. The alveoli are enmeshed in capillaries. Because both the alveolar walls and adjacent capillary walls are only one cell thick, the air is extremely close to the blood in the capillaries. The lung cells remain moist because they are enclosed by the body, and the inside of each alveolus is coated with a watery fluid. Gases must dissolve in this water before they can diffuse through the respiratory membranes.

# Chapter 35

## Think Critically

**Figure 35-6** The height of the vegetable bar would be halved.

**Figure 35-19** The required absorptive surface area would have to be provided by some other adaptations, such as a much longer small intestine and a correspondingly larger abdominal cavity to hold it. Or the food might need to spend a much longer time in the intestine, being sloshed back and forth to expose nutrients to the smooth absorptive surface.

### Doing Science: Identifying the Cause of Ulcers

Antacids relieve ulcers by counteracting the stomach acid that attacks the lining of the stomach and upper small intestine.

### Health Watch: Overcoming Obesity: A Complex Challenge

The patient should first attempt weight loss with a change in eating habits and knee-friendly exercise. Failing success with that approach, this patient might be a candidate for gastric bypass surgery, which would help both his diabetes and weight, some of which is abdominal fat.

## Multiple Choice

**1.** d; **2.** b; **3.** c; **4.** b; **5.**a

## Fill-in-the-Blank

1. energy, raw materials; vitamins; minerals; essential
2. intracellular; gastrovascular cavity; tubular; cellulose
3. amylase, starch; protein; pepsinogen, pepsin; small intestine
4. ingestion, mechanical digestion, chemical digestion, absorption, elimination
5. pharynx, digestive, respiratory; epiglottis, swallowing; peristalsis; sphincters
6. bile; liver, gallbladder; epithelial; lacteal, lymphatic
7. gastrin; ghrelin; leptin; secretin, cholecystokinin; gastrin, ghrelin; secretin, cholecystokinin

## Review Questions

1. There are six categories of nutrients: carbohydrates, lipids, proteins, minerals, vitamins, and water. Most energy is derived from carbohydrates (starches and sugars) and lipids (fats and oils). Most energy is stored in the body as fat, because it contains twice as much energy per gram as proteins or carbohydrates and because it does not attract extra water; thus, fat stores energy while adding the least weight. Minimizing weight helped our ancestors move quickly to catch prey and avoid predators.
2. Both birds and earthworms have gizzards. Gizzards use muscular contractions and small sharp stones (sand in an earthworm) to physically digest (grind up) food.
3. Vertebrates are classified as herbivores (such as horses, cows, deer, camels, and mice), which eat mainly plants; carnivores (such as cats, seals, wolves, and predatory birds), which mainly eat other animals; and omnivores (such as bears, raccoons, and humans), which eat both plants and other animals. Carnivores have the shortest intestines, because considerable protein digestion is accomplished in the stomach. Animal protein is not surrounded by cell walls and is easily accessed by the proteases in the small intestine, so it requires less time and muscular activity to digest.
4. The muscular walls of the stomach generate the churning action that is an important part of the digestive process. An expandable stomach enables us to consume large amounts of food when food is available. This capability is presumably a holdover from our earlier evolutionary history, when our food supply was not as predictable as it is for most of us today. The expanded stomach serves to store food until it can be processed by the rest of the digestive system.
5. Secretions of the stomach gastric glands are hydrochloric acid, pepsinogen, mucus, gastrin, and ghrelin. Hydrochloric acid provides the acidic environment needed to convert pepsinogen into pepsin. Pepsinogen is an inactive form of pepsin, a protease enzyme involved in the breakdown of proteins. Mucus is secreted to coat the stomach lining, providing a barrier to self-digestion. Gastrin is a hormone that increases stomach acid secretion and peristalsis. Ghrelin is a hormone that acts on the hypothalamus to trigger hunger.
6. Bile is produced in the liver, concentrated in the gallbladder, and released into the small intestine. Bile assists in the digestion of lipids by acting as a detergent to disperse fat particles into microscopic particles. Pancreatic juice is secreted by the pancreas into the small intestine to neutralize acidic chyme and to digest carbohydrates, lipids, and proteins.
7. Peristalsis, a sequential squeezing of circular muscles surrounding the digestive tract, pushes food through the digestive tract. Peristalsis begins in the esophagus and occurs throughout the digestive tract. In the stomach, muscular churning contractions assist in the breakdown of food particles, and peristalsis pushes chyme into the small intestine. Segmentation movements in the small intestine slosh the chyme back and forth, exposing the particles to digestive secretions and exposing the released nutrients to a large surface for absorption.
8. An essential nutrient is defined as one that is needed, but not synthesized, by the body. Dogs can synthesize ascorbic acid (which we call vitamin C), so it is not a vitamin for them, because vitamins are essential nutrients. Because humans can't synthesize ascorbic acid, it is a vitamin for us. Plants can synthesize all the amino acids that they need, but humans cannot and must obtain essential amino acids from plants or other animals.

9. The wall of the small intestine has numerous folds that increase its absorptive surface. Covering the folded wall are tiny, finger-like projections called villi, and individual villi bear a fringe of microscopic microvilli, both of which greatly enhance the absorptive surface area of the intestine. Finally, the small intestine is extremely long (about 10 feet), which greatly increases its total absorptive surface.
10. Chewing reduces the meat into small chunks. The acidity of the stomach converts pepsinogen (the inactive form of the protease pepsin) into pepsin, which begins protein digestion. Churning movements expose more surface area to the pepsin. In the stomach, proteins are digested into peptides that enter the small intestine. In the small intestine, the peptides in chyme are broken down into very short peptides and amino acids. This is accomplished first by proteases secreted by the pancreas into the duodenum and just prior to absorption by enzymes on the microvilli of intestinal epithelial cells. As the amino acids are liberated from the peptides, they are absorbed into the epithelial cells.
11. The large intestine absorbs water and salts from the chyme. Bacteria in the large intestine feed on nutrients remaining in the chyme, releasing some vitamins (notably vitamin K), which are absorbed by the large intestine. The large intestine forms feces from the water, mucus, indigestible fiber, some undigested nutrients, and bacteria and then propels the feces by peristaltic contractions into its final segment, the rectum. Distention of the rectum triggers the urge to defecate, eliminating the feces through the anus.
12. In the stomach, peptides from protein digestion trigger secretion of gastrin from the gastric glands. Gastrin is a hormone that increases stomach acid secretion and peristalsis to aid in protein digestion. As chyme containing peptides and fats enters the upper small intestine (duodenum), it triggers the release of secretin and cholecystokinin, which slows stomach peristalsis and acid secretion, hence controlling stomach acid production and slowing the movement of chyme into the small intestine. This allows more time for digestion and absorption to occur. Both secretin and cholecystokinin increase production and release of bile into the small intestine to disperse fats and pancreatic juice to neutralize the chyme and digest carbohydrates, fats, and proteins.

# Chapter 36

## Think Critically

**Figure 36-6** If you consumed excess water, a drop in blood osmolarity would occur and would be detected by receptors in the hypothalamus. The hypothalamus would signal the posterior pituitary, causing it to reduce its release of ADH. Less ADH would result in fewer aquaporins in the membranes of the distal tubule and collecting duct, making them almost impermeable to water. This would result in production of large amounts of watery urine until the normal blood osmolarity was restored.

**Figure 36-8** Freshwater fish are adapted to excrete large amounts of water. Placed in ocean water, a trout would likely lose too much water, become dehydrated, and die.

### Health Watch: When the Kidneys Collapse

In a patient with liver failure, the level of urea in the blood would decrease, because the liver is the site at which nitrogenous wastes are converted to urea.

## Multiple Choice

**1.** a; **2.** b; **3.** b; **4.** d; **5.** c

## Fill-in-the-Blank

1. ammonia, uric acid, uric acid, uric acid, urea
2. renal cortex, renal medulla, renal pelvis; ureter, bladder, urethra
3. glomerulus, glomerular capsule, proximal tubule, nephron loop, distal tubule
4. proximal tubule, collecting duct, nephron loop, renal medulla
5. urea, $H^+$ (hydrogen ions), NaCl (salt); water
6. homeostasis; renin, angiotensin; erythropoietin, red blood cells
7. hypothalamus, posterior pituitary, antidiuretic hormone (ADH); distal tubule, collecting duct, aquaporins, concentrated

## Review Questions

1. Urinary systems eliminate cellular wastes and toxic substances, using filtration to remove them from the blood and then tubular secretion to secrete remaining wastes into the nephron. Urinary systems also play a crucial role in homeostasis by regulating the chemical composition of the blood. This is accomplished by nonselective filtration, which removes most dissolved substances, followed by reabsorption of water, important nutrients, and the ions required to maintain homeostatic conditions in the blood.
2. Ammonia is released when cells break down amino acids. The ammonia diffuses into the bloodstream, which transports it to the liver. Here, the ammonia is converted into urea. Urea is transported in the blood to the kidney through the renal artery. In the kidney, the urea is filtered out through the glomerular capillaries into the nephrons. Urea travels through the nephron into the collecting duct. The urine flows through chambers in the renal pelvis and leaves the kidneys through the ureter, which carries it to the bladder. Urine containing urea exits the body through the urethra.
3. The *nephron loop* creates an osmotic gradient of salt (NaCl) within the renal medulla that reaches its highest concentration near the lower region of the loop. The *collecting duct* contributes urea to the high solute concentration in the renal medulla. The collecting duct carries urine from nephrons through this renal medulla solute concentration gradient. Depending on the permeability of the collecting duct to water, as urine flows through the collecting duct, it either becomes more concentrated or remains dilute. *Antidiuretic hormone (ADH)* is released continuously by the posterior pituitary and controls water permeability of the distal tubule and collecting duct. When receptors in the hypothalamus detect increased blood osmolarity (which signals the need to conserve water by producing concentrated urine), they trigger an increase in ADH release. ADH stimulates cells of the distal tubule and collecting duct to insert more aquaporins into their membranes, increasing their permeability to water and causing more water to leave the collecting duct as it passes through the renal medulla. When blood osmolarity falls, less ADH is released, and permeability of the distal tubule and collecting duct decreases, causing more dilute urine to be excreted.
4. The highly permeable capillaries of the glomerulus filter blood as it travels through them under pressure. Water and small dissolved molecules exit through the capillary walls, which retain proteins and blood cells. The filtered blood travels through peritubular capillaries, where it picks up water and nutrients that are removed from the renal tubule by reabsorption. The capillaries surrounding the tubule also contribute additional wastes from the blood, which enter the tubule during secretion.
5. *Filtration* is the process by which blood is forced through the glomerular capillaries, driving water and small dissolved molecules and ions (but not cells or proteins) into the glomerular capsule. *Reabsorption* occurs primarily in the proximal tubule but also in the distal tubule. During reabsorption, ions and nutrients (such as $Ca^{2+}$, $Na^+$, $Cl^-$, $HCO_3^-$, amino acids, and glucose) diffuse or are actively transported out of the tubule and into the peritubular capillaries. Water follows by osmosis. *Secretion*, which occurs primarily in the proximal tubule but also in the distal tubule, actively transports some drugs and excess $K^+$, $H^+$, and $NH_3$ into the tubule.
6. The kidneys regulate the water content of the blood by inserting aquaporins into distal tubule and collecting duct membranes in response to the release of ADH by the posterior pituitary. The kidneys regulate dissolved substances in the blood, maintaining appropriate levels of ions such as calcium, potassium, sodium, and chloride. The kidneys help regulate blood pH by controlling bicarbonate and hydrogen ion levels. In response to low blood pressure, kidneys release the hormone renin, which catalyzes formation of the hormone angiotensin. Angiotensin increases blood pressure by reabsorbing $Na^+$, which causes water to follow by osmosis and blood volume to increase; stimulates ADH release, which causes more water to be reabsorbed from the distal tubule and collecting duct; and causes the constriction of arterioles. By releasing erythropoietin, the kidneys stimulate red blood cell production and increase the blood's oxygen-carrying capacity if blood oxygen levels fall below normal.
7. The flatworm uses a simple urinary system of protonephridia consisting of two networks of tubules branching through the body. Flame cells circulate body fluid through the tubules. Excess water and some wastes

are excreted through numerous urinary pores. The insect urinary system consists of Malpighian tubules, which filter wastes and salts from the hemocoel and release them into the digestive tract, where some are reabsorbed and others are excreted as waste. Earthworms use nephridia, which somewhat resemble vertebrate nephrons and are found in each of the earthworm's segments. Interstitial fluid is drawn into a ciliated opening, the nephrostome, nutrients and water are reabsorbed, and wastes are excreted through nephridiopores.

These systems are similar because all of them regulate water content and remove wastes from body fluids. Interstitial fluid is filtered by the protonephridia of flatworms, the Malpighian tubules of insects, and the nephridia of earthworms. Although they differ in complexity, all three systems use tubules with selectively permeable walls to transport fluid and wastes, and all three help to maintain homeostasis.

8. Most freshwater fish experience a continuous influx of water and efflux of salt. They counteract this by excreting large amounts of dilute urine and actively transporting salt in through their gills. Saltwater fish experience a steady loss of water and influx of salt, which they counteract by excreting very little urine and actively pumping salt out through their gills.

# Chapter 37

## Think Critically

**Figure 37-4** If swelling occurs in the respiratory passages or lungs, the inflammatory response could cause suffocation.

**Figure 37-13** The same antibodies and bodily reactions that cause allergies also occur in response to some parasites, such as hookworms that invade the digestive tract. Strong allergic reactions, such as vomiting or diarrhea, can help to rid the body of these parasites.

### Doing Science: Discovering How to Prevent Infectious Diseases

The graph in Figure E37-2 shows the total number of measles cases that were reported to health authorities each year. The U.S. population increased over time, so there is a larger population base each year. To determine the infectivity of measles, it would be better to graph the number of cases per unit population (for example, per 100,000 people; compare the graph below with Fig. E37-2). Although the measles vaccine was licensed in 1963, it was not mandatory. It took a couple of years before childhood measles vaccination became nearly universal in the United States.

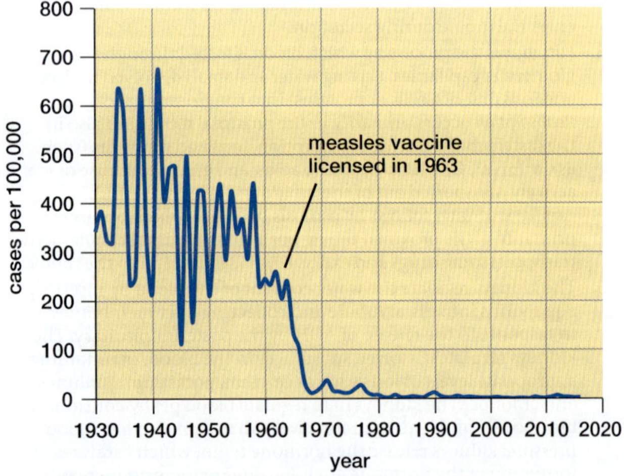


### Health Watch: Emerging Deadly Viruses

Flu viruses mutate frequently, producing somewhat different viruses each year. Recombination between human, pig, and bird viruses can cause additional changes. Therefore, this year's flu virus will not be exactly the same as last year's virus, so the immunity produced as a result of last year's infection will not provide full protection against this year's flu. The vaccines are changed each year in an attempt to provide immunity against the flu viruses that are thought most likely to be common that year.

## Multiple Choice

**1.** b; **2.** a; **3.** c; **4.** c; **5.** c

## Fill-in-the-Blank

1. skin, digestive, respiratory, urogenital
2. phagocytes, natural killer cells, inflammatory response, fever
3. antigens; antibodies, T cell receptors
4. light, heavy; variable, constant; variable
5. Humoral, plasma cells; Cell-mediated; Cytotoxic; Helper; memory
6. allergy; immune deficiency; autoimmune disease

## Review Questions

1. The body's three lines of defense against invading microbes are (1) nonspecific external barriers that keep microbes out of the body; (2) the innate immune response (nonspecific internal defenses) that combat many invading microbes without regard to their specific types; and (3) the adaptive immune response, which directs its assault against specific microbes.
2. Both natural killer cells and cytotoxic T cells secrete enzymes and pore-forming proteins onto target cells. The pore-forming proteins create large holes on the target cell's plasma membrane that allow entry of the enzymes, which destroy cellular components.
3. Humoral immunity is produced by antibodies in the blood. B cells that bind to an antigen divide rapidly, producing many more B cells; some of them become memory B cells and others become plasma cells. Plasma cells release antibodies into the blood or interstitial fluid. These antibodies specifically bind to antigens. Antibodies may cover up active sites on toxic molecules, or they may bind to microbes. Antibodies attached to microbes facilitate phagocytosis, or they may enhance binding by complement proteins, which may directly kill the microbe or further facilitate phagocytosis. Cell-mediated immunity is the primary defense against the body's own cells when they become cancerous or are infected with a virus. Cytotoxic T cells bind to antigens on the surface of the infected cell and release pore-forming proteins and enzymes that destroy the infected cell. Helper T cells stimulate both humoral and cell-mediated immunity. Helper T cells have receptors that bind to specific antigens displayed on the surfaces of dendritic cells or macrophages. The helper T cells then release cytokines that stimulate the activation and multiplication of B cells and cytotoxic T cells.
4. See Figure 37-6 for the structure of an antibody. The antigen binding site consists of the variable regions of the heavy and light chains of each arm of the antibody. Antibodies bind to specific antigens because the binding sites of the antibodies have specific sizes, shapes, and electrical charges that interact only with specific antigens.
5. Cancerous cells often lack surface proteins, such as MHC proteins, that are found on normal cells or have new, different proteins that are not usually found on normal cells. Natural killer cells and cytotoxic T cells recognize these protein differences and kill most cancerous cells.
6. Some of a cancer patient's immune cells, especially T cells, may be removed from the body, genetically engineered to produce receptors that bind to particular cancer cell antigens, and then reintroduced to the patient's body, where they attack cancer cells. Alternatively, patients may receive checkpoint-inhibitor drugs that block the action of proteins that inhibit the immune response, allowing a stronger immune attack on cancer cells.
7. Immature immune system cells that recognize and bind to antigens are destroyed. Because immature immune cells are almost certain to encounter "self antigens" during their development, any immature immune cells that bind self antigens will die, with the result that only immune cells that do not respond to "self" are retained and mature into functional B and T cells.
8. Memory cells are a subset of the offspring of activated B cells, cytotoxic T cells, and helper T cells, which survive for many years. Memory cells respond to the same antigens that the original parent B or T cells did, but there are far more memory cells, and each one responds much faster than the original B or T cell could. Therefore, during a second exposure to an antigen, they produce a rapid, large immune response, destroying the invaders so fast that usually there are no symptoms of disease.

9. Vaccination introduces weakened or dead microbes, or sometimes antigens that are normally found on specific microbes, into the body to stimulate the development of memory cells, conferring immunity against subsequent exposure to living, dangerous microbes.
10. The inflammatory response is generally a response to tissue damage, such as occurs in a wound in the skin. Chemicals released from damaged cells cause mast cells to release histamine and other chemicals, which increase blood flow, cause capillaries to become leaky, and thereby increase movement of fluid from the capillaries into the injured area. As a result, the injured tissues become warm, red, swollen, and painful. The inflammatory response has several functions: It attracts phagocytic cells to the area so they can engulf pathogens and debris, promotes blood clotting, and causes pain that stimulates protective behaviors.
11. An allergic reaction occurs when an allergen binds to antibodies on B cells, which proliferate and produce more antibodies. The antibodies bind to mast cells, which respond by producing histamines. The histamines trigger inflammation that results in allergy symptoms.
12. An autoimmune disease is an immune response against some of the body's own molecules and cells. Examples are some types of anemia and type 1 diabetes. An immune deficiency disease results from the inability to mount an effective immune response to infection. Examples include severe combined immune deficiency (SCID) and acquired immune deficiency syndrome (AIDS).
13. HIV viruses cause AIDS by infecting and destroying helper T cells. AIDS does not directly kill its victims, but as the helper T-cell population declines, the patient with AIDS becomes increasingly susceptible to other diseases, eventually dying of infection. AIDS is spread by direct contact with mucous membranes or broken skin or with body fluids such as semen, blood, vaginal secretions, and breast milk.

# Chapter 38

## Think Critically

**Figure 38-8** There are several possible hypotheses, including (1) a tumor in the anterior pituitary caused multiplication of the TSH-secreting cells; (2) a tumor in the hypothalamus caused multiplication of the cells that secrete TSH-releasing hormone; and (3) an iodine-deficient diet caused the thyroid to produce too little thyroxine so that the negative feedback system regulating TSH release was shut off.

**Figure 38-9** If the receptors could not bind glucagon, then target cells, such as those in the liver, would not be able to respond to glucagon. When blood glucose levels were too low, liver cells would not convert glycogen to glucose, so blood glucose levels would stay low.

### Earth Watch: Endocrine Deception

Fish and amphibians are immersed in water, so if endocrine disruptors are present in a stream or lake, these animals will be continually exposed to them. Amphibians, with thin, moist, permeable skin, would be expected to take up more disruptors from the water than fish, birds, or mammals would. Finally, because fish and amphibians are endothermic ("cold-blooded"), their body temperatures would usually be considerably lower than the temperatures of birds or mammals. Lower body temperatures usually mean slower metabolism, so fish and amphibians probably break down endocrine disruptors in their bodies more slowly than birds or mammals would.

### Health Watch: Performance-Enhancing Drugs—Fool's Gold?

Anabolic steroids can definitely cause increased muscle mass; although the evidence is weak, many people think that growth hormone can also increase muscle mass. In his preseason physical, Juan might show a decreased percentage of fat (if he has increased muscle mass, then the percent of fat would go down). If he has taken steroids, the exam might also show increased blood pressure, reduced natural testosterone, and possibly smaller testes and enlarged breast tissue. Increased levels of steroids and/or growth hormone in his urine or blood would be definitive proof of PED abuse.

### Case Study Revisited: Insulin Resistance

The initial blood glucose concentration will be higher in a patient with untreated diabetes than in a patient without diabetes, because the mechanisms for controlling blood glucose do not function effectively in diabetics (insufficient insulin and/or insufficient sensitivity to insulin). In a non-diabetic, blood glucose will initially rise after consumption of a sugary drink but will begin to decline after a short period as the excess glucose stimulates release of insulin. Within a few hours, glucose levels will return to the initial baseline. In a diabetic, the initial increase in glucose level will not be counteracted by the action of insulin, so the level will remain high, decreasing only slightly and slowly as body cells use some of the glucose for cellular respiration.

## Multiple Choice

**1.** c; **2.** d; **3.** a; **4.** b; **5.** a

## Fill-in-the-Blank

1. endocrine system; target cells, receptors
2. peptide, amino acid derived, steroid; Peptide hormones, amino acid derived hormones; second messengers; Steroid hormones; changes in gene transcription (or synthesis of messenger RNA)
3. hypothalamus; neurosecretory cells, oxytocin, antidiuretic hormone
4. adrenocorticotropic hormone, follicle-stimulating hormone, luteinizing hormone, growth hormone, prolactin, thyroid-stimulating hormone
5. insulin; diabetes mellitus; Glucagon, glycogen
6. testes, testosterone; ovaries, estrogen, progesterone
7. glucocorticoids, mineralocorticoids, testosterone; norepinephrine, epinephrine

## Review Questions

1. Most peptide and amino acid derived hormones bind to receptors on the plasma membrane of target cells. Hormone–receptor binding stimulates enzymes that synthesize second messenger molecules, such as cyclic AMP, inside the cell. The second messengers stimulate biochemical reactions, usually by stimulating the action of other enzymes. The cell's response may also include changes in gene transcription and protein synthesis.
2. Steroid hormones usually diffuse through the plasma membrane (of all cells) and attach to intracellular receptors that are present in the cytoplasm or nucleus of target cells. The hormone–receptor complex binds to specific regions of DNA, facilitating the binding of RNA polymerase to the promoters of specific genes, which stimulates transcription of those genes into messenger RNA. The mRNA is then translated into protein.
3. See Figure 38-4.
4. The hypothalamus contains clusters of specialized nerve cells, called neurosecretory cells. The pituitary is a pea-sized gland attached to the hypothalamus by a stalk. The pituitary gland consists of two distinct lobes called the posterior pituitary and the anterior pituitary. The hypothalamus controls release of hormones from both parts. The posterior pituitary secretes two neurosecretory hormones that are actually synthesized in the hypothalamus: antidiuretic hormone, which causes water to be reabsorbed from the urine and retained in the body, and oxytocin, which triggers milk secretion from the saclike milk glands into the nipples in nursing mothers.

   Releasing hormones and inhibiting hormones are synthesized in nerve cells in the hypothalamus, secreted into a capillary bed in the hypothalamus, and transported a short distance through blood vessels to a second capillary bed that surrounds the endocrine cells of the anterior pituitary. There, these hormones diffuse out of the capillaries and influence pituitary hormone secretion: Releasing hormones stimulate secretion from the anterior pituitary, and inhibiting hormones suppress secretion. The anterior pituitary produces six peptide hormones. Follicle-stimulating hormone and luteinizing hormone stimulate the production of sperm and testosterone in males and eggs and estrogen in females. Thyroid-stimulating hormone stimulates the thyroid gland to release its hormones. Adrenocorticotropic hormone causes release of hormones from the adrenal cortex. Prolactin stimulates the development of the mammary glands during pregnancy. Growth hormone regulates body growth and metabolism.

5. When blood glucose rises, insulin is released. Insulin causes many body cells to take up glucose and either metabolize it for energy or convert it to fat or glycogen for storage. When blood glucose levels drop, insulin release is inhibited and glucagon is released. Glucagon activates an enzyme in the liver that breaks down glycogen, releasing glucose into the blood. When glucose levels rise, glucagon release is inhibited. If blood glucose rises too far, insulin is released again.
6. The adrenal medulla is located in the center of each adrenal gland. It produces epinephrine and norepinephrine in response to stress or exercise. These hormones increase the heart and respiratory rates, cause blood glucose levels to rise, and direct blood flow away from the digestive tract and toward the brain and muscles. The outer layer of the adrenal gland forms the adrenal cortex, which secretes glucocorticoids that help control glucose metabolism, promote the use of fats for energy, and suppress the immune response and inflammation, and mineralocorticoids (such as aldosterone), which regulate the sodium content of the blood by stimulating the kidneys and sweat glands to retain sodium. The adrenal cortex also secretes small amounts of testosterone (in both sexes).

## Chapter 39

### Think Critically

**Figure 39-4** Based on the evidence, the toxin must act on the postsynaptic part of the synapse by blocking neurotransmitter receptors. If the toxin acted by blocking release of neurotransmitters from the presynaptic neuron, then adding neurotransmitter to the synapse would have generated a postsynaptic action potential. If the toxin acted by preventing sodium channels from opening, then it would not have been possible to stimulate an action potential in the presynaptic neuron.

**Figure 39-5** Sensitive areas have a higher density of touch-sensitive sensory neurons. This would allow two types of increased sensitivity: (1) the higher density of receptors would mean that touching any particular place on the sensitive skin area would be more likely to stimulate at least one touch receptor, and (2) a higher density of receptors would also mean that a touch of a particular force would stimulate a larger number of neurons. The touch thus would generate a larger number of action potentials in the sensitive area and would be perceived as a stronger stimulus.

**Figure 39-10** John probably has a severed spinal cord. Cutting the spinal cord cuts axons that travel to and from the brain, thereby preventing the sensation of pain from being relayed to the brain and preventing the brain from stimulating motor neurons that activate muscles voluntarily. However, the cut cord often does not disrupt the withdrawal reflex circuit, which requires only transmission within a small portion of the spinal cord.

#### Health Watch: Drugs, Neurotransmitters, and Addiction

Both addictive drugs and emotional love and friendship cause the release of dopamine in brain regions that promote feelings of happiness, euphoria, and rapport with other people. A drug that combats drug addiction by reducing or eliminating satisfying relationships with other people is doomed to fail in the marketplace.

### Multiple Choice

**1.** c; **2.** a; **3.** a; **4.** a; **5.** d

### Fill-in-the-Blank

1. neuron; dendrite; cell body; axon, synaptic terminal
2. negatively; threshold; positively
3. neurotransmitter; receptors; excitatory postsynaptic potential; inhibitory postsynaptic potential
4. somatic nervous system; autonomic nervous system, sympathetic, parasympathetic
5. cerebellum, pons, medulla; cerebellum
6. frontal, parietal, temporal, occipital; occipital; frontal

### Review Questions

1. Refer to Figure 39-4 for a diagram of a synapse. Signals are transmitted from one neuron to another by release of neurotransmitter molecules from the presynaptic neuron into the synaptic cleft between the two neurons. These neurotransmitters diffuse across the gap and bind to receptors on the postsynaptic neuron's dendrite. Activation of the receptors may cause a change in the resting potential of the postsynaptic neuron—either an excitatory (less negative than the resting potential) or inhibitory (more negative) postsynaptic potential.
2. The intensity of a stimulus is signaled by the frequency of action potentials in a single neuron and by the number of neurons firing in response to the same stimulus at the same time. The type of stimulus is determined by the area of the brain that is wired to the neurons that are firing: Action potentials conducted to specific areas of the brain are perceived as specific sensory types (e.g., action potentials in axons of the optic nerve travel to visual areas of the brain and are always perceived as light).
3. The four elements are the sensory neuron, interneuron, motor neuron, and effector (the muscle). The pain-withdrawal reflex involves one of each type of cell. A painful stimulus is received by a sensory neuron, which transmits the signal to an interneuron in the spinal cord, which signals the motor neuron to stimulate the muscle to contract, which causes withdrawal from the painful stimulus.
4. Refer to Figure 38-9 for a diagram of the spinal cord. The cell bodies of motor neurons and interneurons, the central axons and synaptic terminals of sensory neurons, and the axons and synaptic terminals of some neurons whose cell bodies are in the brain are all located in the spinal cord. Severing the spinal cord causes paralysis of the body below the cut because axons from the brain are cut and hence cannot stimulate spinal cord interneurons or motor neurons that are located below the cut.
5. The medulla controls several automatic functions, such as swallowing, breathing, heart rate, and blood pressure. The cerebellum coordinates body movements and is important in learning motor skills such as writing or typing. The reticular formation is an important relay center, which plays a role in sleep and wakefulness, emotion, and some movements and reflexes. The thalamus carries sensory information from most of the senses (but not olfaction) to the limbic system and the cerebrum. The amygdala produces sensations of pleasure, fear, and sexual arousal. The cerebral cortex processes sensory information, stores short-term and long-term memories, and directs voluntary movements.
6. The corpus callosum connects the two cerebral hemispheres. The left hemisphere almost always controls the right side of the body, and the right hemisphere controls the left side. In most (but not all) people, the left hemisphere is principally responsible for speech, reading, writing, language comprehension, and rote mathematical ability. The right side of the brain is usually responsible for musical skills, artistic ability, recognizing faces, spatial visualization, and the ability to recognize and express emotions.
7. Long-term memory is information that is retained permanently, probably caused by the formation of new, permanent synaptic connections between certain neurons or strengthening of weak connections. Working memory is short-term memory that appears to be electrical in nature or may involve temporary biochemical changes within neurons in a circuit.

## Chapter 40

### Think Critically

**Figure 40-5** The joints and muscles in your neck and the rest of your body have stretch and position receptors. If your body is tilted but you keep your head vertical, position receptors in your neck will be activated. Your brain will compare information from the vestibular apparatus in your head and position receptors in your neck and calculate the amount of body tilt.

**Figure 40-8** First, you should explain to the patient that the cornea actually does most of the focusing in the human eye. Then, you should explain that, for nearsightedness, laser surgery flattens the cornea (makes the cornea less convex), which causes the light rays to converge less before they reach the lens, so that the lens can now produce a sharp image on the retina. If the patient had been farsighted, the surgery would reshape the cornea so that it had a more rounded, convex shape that causes the light rays to converge more before they reach the lens.

**Figure 40-9** Two reasons: (1) the blind spots in your two eyes do not see the same place in your visual field, so one of the eyes always perceives objects that would be in the "hole" in the visual field of the other eye. (2) Your eyes constantly move around, so no part of the visual field is in the blind spot of either eye for very long. The brain "fills in" the missing visual information with what the eye saw just a fraction of a second before.

**Figure 40-10** Distance perception is useful for many behaviors, not just predation. Fruit-eating bats fly around during the daytime, and binocular vision is useful for avoiding obstacles such as branches. Monkeys often jump from branch to branch and need to know how far it is to the next branch.

#### Earth Watch: Say Again? Ocean Noise Pollution Interferes with Whale Communication

Many familiar terrestrial animals, particularly songbirds, communicate extensively by sound and live in noisy human environments. If the reproductive success of some of these animals is reduced by noise pollution, their predators might experience a lack of food, populations of their prey might increase, and populations of species with which they have mutualistic relationships might decline.

#### Case Study Revisited: Bionic Ears

In both the retina and cochlea, the receptor cells do not send axons to the brain. In the retina, axons of the ganglion cells make up the optic nerve and send information to visual centers in the brain. To provide vision for someone whose rods and cones have degenerated, a retinal implant system would need to have (1) an array of miniaturized light detectors, (2) a way of stimulating the ganglion cells in a pattern that replicates the detector array, and (3) possibly some sort of power supply and lenses to focus light, depending on the design. As of 2015, one retinal implant has been approved for clinical use; several others are under development. The designs of retinal implants still in the research stage are fascinating and well worth an Internet search.

### Multiple Choice

**1.** b; **2.** b; **3.** d; **4.** c; **5.** d

### Fill-in-the-Blank

1. receptor potential; frequency
2. pinna, eardrum (tympanic membrane); hammer (malleus), anvil (incus), stirrup (stapes); oval window; hair cells
3. cornea, aqueous humor, iris; lens, vitreous humor; cornea, lens
4. rods, cones; Rods; Cones, fovea
5. sweet, salty, sour, bitter, umami; olfaction *or* smell

### Review Questions

1. The intensity of a stimulus is signaled by the frequency of action potentials in axons leading from sensory receptors to the brain (and subsequently in neurons in the brain). The type of stimulus is determined by the area of the brain that is connected to the axons that are firing: Action potentials conducted to specific areas of the brain are perceived as specific sensory types (e.g., action potentials in axons of the optic nerve travel to visual areas of the brain and are always perceived as light).
2. The senses of taste and smell are provided by chemoreceptors in the tongue and nasal epithelium, respectively. Photoreceptors are the receptors for light. Mechanoreceptors are the receptors for touch and hearing.
3. We can distinguish hundreds of different flavors because (1) a given flavor may stimulate two or more different taste receptor types to different degrees (for example, sweet and sour), and (2) most foods give off odor molecules, which diffuse to the olfactory receptors and add an odor component to the basic taste. We perceive a great variety of odors because (1) we have about 400 types of odor receptor proteins embedded in the olfactory dendrites, each specialized to bind a particular type of odor molecule, and (2) complex odors stimulate two or more different types of odor receptors.
4. Sound waves enter the auditory canal and vibrate the tympanic membrane. These vibrations are transmitted through the three bones of the middle ear: the hammer, anvil, and stirrup. These bones transmit the vibrations to a smaller membrane called the oval window, which covers the opening to the cochlea, where sound vibrations travel through fluid. The fluid in the cochlea is compartmentalized by several membranes, including the basilar and tectorial membranes. The actual sound receptors, the hair cells, are attached to the basilar membrane; their hairs are attached to the tectorial membrane. Vibrations of the fluid in the cochlea move these membranes and cause the hairs to bend, setting up receptor potentials in the hair cells, which in turn release neurotransmitters onto neurons whose axons form the auditory nerve. Action potentials in the auditory nerve travel to the auditory centers in the brain.
5. The perception of the pitch (musical note) of sound occurs because different frequencies of sound vibrate the basilar membrane in different locations and thus stimulate hair cells preferentially in these locations. These hair cells in turn stimulate different axons in the auditory nerve, which connect with different auditory neurons in the brain. Sound intensity is perceived by the amplitude of vibrations of the tympanic membrane, the bones of the middle ear, the oval window, and the basilar membrane, which finally cause different amounts of bending of the hairs of the hair cells. Soft sounds cause small vibrations, which bend hairs slightly, producing small receptor potentials and a low frequency of action potentials in the auditory nerve axons. Loud sounds produce large vibrations, causing great bending of the cochlear hairs, producing larger receptor potentials and a high frequency of action potentials in the auditory nerve axons.
6. Refer to Figure 40-7 for a diagram of the human eye. The cornea is the transparent covering of the front of the eye that aids in bending incoming light for focusing on the retina. The iris is a muscular tissue that controls the size of the opening of the pupil, thereby regulating the amount of light entering the eye. The lens is composed of transparent proteins, and its flexible shape is responsible for bending light and for final fine focusing of light on the retina. The sclera is tough connective tissue surrounding the outer portion of the eye. The retina is a multilayered sheet of photoreceptors and neurons where light is converted into electrical impulses that are transmitted to the brain. The choroid is a darkly pigmented tissue located behind the retina, whose blood supply helps nourish the cells of the retina. Its dark pigment also absorbs stray light, whose reflection inside the eyeball would interfere with clear vision.
7. A circular muscle surrounding the lens changes its shape. To focus on a distant object, the lens is flattened. A relatively flat lens does not bend light much, which allows light from distant objects to be focused on the retina. Nearsightedness does not allow the focusing of distant objects, because the eyeball is too long or the cornea is too curved and so the light is focused in front of the retina. A concave lens is used to diverge light rays so that they can be properly focused on the retina.
8. Rods and cones are both photoreceptors located in the retina. Both use the same general molecules and mechanisms to absorb and respond to light, although their photopigments differ. In humans, rods are far more numerous than cones and dominate in the periphery of the retina. Rods have longer stacks of pigment-bearing membrane than cones do and are therefore more sensitive to light. Rods are responsible for vision in dim light, but rods cannot provide color vision. Cones are concentrated in the fovea and respond to different wavelengths of light, giving us color vision.
9. Pain receptors may be activated by high or low temperatures, excessive stretching, chemicals such as acids, chemicals released by damaged cells, and chemicals released during the inflammatory response. All of these stimuli result from, or may cause, damage to the body.

## Chapter 41

### Think Critically

**Figure 41-4** There is very little overlap between thick and thin filaments in a fully stretched muscle, so very little force can be generated to pull the filaments toward the center of the sarcomere.

**Figure 41-5** Fibers with the most mitochondria are slow twitch. Slow-twitch fibers rely primarily on cellular respiration, which requires oxygen that must be supplied continuously by capillary blood.

**Figure 41-8** Thick exoskeletons are heavy; their weight impedes movement on land, but water supports most of this weight.

**Figure 41-11** Compact bone is much heavier than spongy bone, so it would require much more energy for an animal to stand or move. Spongy bone is necessary to allow space for bone marrow where blood cells are formed.

#### Health Watch: Osteoporosis—When Bones Become Brittle

Low estrogen due to overtraining may have caused cessation of menstruation and also low bone density, similar to that experienced by postmenopausal women. She also may be suffering from an eating disorder brought on by an attempt to control her weight. This could result in inadequate calcium intake, further contributing to brittle bones. A leg X-ray is likely to show a fracture of the tibia.

### Multiple Choice

**1.** d; **2.** d; **3.** a; **4.** c; **5.** c

### Fill-in-the-Blank

1. hydrostatic skeleton, endoskeleton, exoskeleton; antagonistic
2. skeletal, cardiac; cardiac, smooth; cardiac, smooth
3. muscle fiber; myofibrils, sarcomeres, Z lines
4. actin, myosin; ATP
5. neuromuscular junctions; T tubules, sarcoplasmic reticulum
6. cartilage, bone, ligaments; collagen
7. hinge, ball-and-socket; flexor, extensor

### Review Questions

1. Refer to Figures 41-2 and 41-3. A contracted muscle fiber will exhibit shortened sarcomeres, and the filaments will overlap more.
2. Motor neurons send axons from the spinal cord to the muscles, where they form synapses called neuromuscular junctions on muscle fibers. The neurotransmitter acetylcholine released from the motor neuron binds receptors on the muscle fiber membrane, causing an action potential in the fiber. The action potential travels down the T tubules into the interior of the muscle. This AP causes the sarcoplasmic reticulum to release calcium ions into the myofibrils. The $Ca^{2+}$ binds to troponin proteins on the thin filament, altering their shape and causing them to pull other tropomyosin off the binding sites on the actin. This allows the myosin heads of the thick filaments to attach to the actin, initiating contraction. The sarcomeres shorten as thin and thick filaments slide past each other and the thick filaments draw closer to the Z disc. As soon as the action potential fades away, active transport proteins in the sarcoplasmic reticulum pump calcium back inside.
3. Contraction of muscles requires signals from the nervous system and occurs as described in the answer to Review Question 2 when calcium and ATP are available. There is no mechanism for the sliding filaments to actively slide "backward," but at rest the thick and thin filaments are detached from one another. This allows muscles to extend when they are stretched by other forces, such as the weight of a limb or contractions of opposing muscles.
4. See Figure 41-7. Hydrostatic skeletons support soft-bodied animals including worms, cnidarians, and many mollusks. A hydrostatic skeleton is basically a sac or tube filled with liquid and surrounded by both circular and longitudinal muscles. Contractions of the muscles force the fluid to change shape, which changes the shape of the body. Exoskeletons encase the bodies of arthropods. They are rigid, except at joints, where they are thin and flexible to allow for movement. Antagonistic muscles are attached inside around the joints, causing them to bend or straighten. Endoskeletons are internal and found in echinoderms and chordates. In vertebrates, to move the skeleton, antagonistic skeletal muscles are attached to bones and span joints. Contraction of these muscles extends or bends the joint.
5. Compact bone forms the outer shell of bone. It is dense and strong and provides an attachment site for muscle. Spongy bone is found in the interior of compact bone. It is lightweight, rich in blood vessels, and highly porous. Smooth muscle is not striped in appearance like skeletal or cardiac muscle. It surrounds the walls of the digestive tract and large blood vessels and produces slow, sustained, involuntary contractions. Striated (striped) skeletal muscle is responsible for voluntary movements. Skeletal muscle contractions range from quick twitches to powerful, sustained tension. Cartilage is primarily composed of collagen protein, with various other proteins or glycoproteins. It is somewhat flexible. Cartilage covers the ends of bone joints, supports flexible regions, and provides a framework for the respiratory system. Cartilage forms tough pads that act as shock absorbers on the knees and between vertebrae. Bone, the most rigid connective tissue, is composed of collagen fibers hardened by minerals with large amounts of calcium and phosphate.
6. Osteoblasts are bone-forming cells that gradually become osteocytes. Osteocytes may secrete substances that control the continuous remodeling of bone. Osteoclasts are bone-dissolving cells that dissolve cartilage early in development as bone replaces it, and they break down bone so it may be remodeled in response to changing stresses.
7. In hinge joints, one bone moves while the other remains fixed. A hinge joint is movable in only two dimensions. Pairs of muscles, called antagonistic muscles, lie in roughly the same plane as the joint. One end of each muscle, called the origin, is fixed to a relatively immovable bone on one side of the joint; the other end, the insertion, is attached to a mobile bone on the far side of the joint. When the flexor muscle contracts, it bends the joint. When the extensor muscle contracts, it straightens the joint.

## Chapter 42

### Think Critically

**Figure 42-3** Asexual reproduction produces offspring that are genetically identical to the mother aphid. This is an efficient way for her to maximize the number of her genes in the population, but provides no significant opportunity for any of her offspring to have new genotypes that might enhance survival or reproduction. Because the weather is favorable and food is so abundant in the spring and summer, natural selection is not very strong, so this is probably not a major difficulty. When autumn arrives, weather and food become more problematic. Sexual reproduction produces genetically variable offspring, some of which may be better adapted to the conditions and be favored by natural selection.

**Figure 42-6** Courtship rituals help ensure that animals mate with other individuals of their own species. Courtship rituals are reproductive isolating mechanisms that help prevent potentially disadvantageous hybrid mating. The courtship activities in some species stimulate ovulation.

#### Health Watch: Sexually Transmitted Diseases

**Couple A:** If they have frequent intercourse and are fairly sure that they do not want to have children, then sterilization of one of the partners would be foolproof and eventually (after recovering from surgery) a very convenient method. However, if the partners later separate, one or both may discover that they want to have children with a new partner. Sterilization can often be reversed, but the success rate is not 100%. If the partners are completely monogamous, then STDs may not be a concern, but even rare infidelity could expose them to STDs. **Couple B:** Sterilization is not a suitable method for people who want to have children eventually. The methods of IUD, birth control pills, patches, rings, injections, or implants would provide highly effective contraception and are usually readily reversible for later childbearing. These methods, however, do not provide protection against STDs, which they could be exposed to via infidelity. **Person C:** This woman would presumably be having intercourse with multiple men, who in turn may have had intercourse with other women. STD protection, therefore, is a priority. She should wear a vaginal condom or insist that her male partners wear male condoms. Condoms provide protection against pregnancy, but are not nearly as effective as an IUD or birth control pills, patches, rings, injections, or implants. Her best approach would be to combine condoms with one of these other, more effective methods of preventing pregnancy.

### Multiple Choice

**1.** b; **2.** d; **3.** b; **4.** d; **5.** b

### Fill-in-the-Blank

1. asexual; bud; fragmentation
2. testis; testosterone (or androgen); seminiferous tubules
3. nucleus, acrosome; mitochondria
4. epididymis, vas deferens, seminal vesicles, prostate gland, bulbourethral gland, urethra
5. ovary; estrogen, progesterone; secondary oocyte; polar body; oviduct (or uterine tube); uterus
6. corpus luteum; chorionic gonadotropin

### Review Questions

1. Asexual reproduction is more efficient because it does not require a mate, and there is no wasted production of eggs and sperm. Asexual reproduction produces offspring that are genetically identical to the parent, which may be an advantage if the parent is well adapted to an environment, but lack of genetic diversity is a serious disadvantage in changing environments. Many sponges, cnidarians, flatworms, brittle stars, and some fish and reptiles can reproduce asexually. Sexual reproduction allows for greater genetic diversity because it combines the genetic material of two organisms. Greater genetic diversity allows better survival and reproduction of some members of a species under a variety of environmental conditions. Disadvantages of sexual reproduction include finding and competing for a suitable mate and the fact that some of the genetically variable offspring may be less well adapted to their environment. Birds, mammals, most reptiles and amphibians, and many invertebrates, including many insects, mollusks, annelids, cnidarians, and many others reproduce sexually.
2. The egg is a large, nonmotile cell that includes nutrients required for the early development of the embryo. The mammalian egg is surrounded by a jelly-like barrier, the zona pellucida, and an outer layer of follicle cells, called the corona radiata, that form barriers between egg and sperm. A sperm is a very small, motile cell with virtually no stored nutrients. It possesses a flagellum to propel it toward the egg and mitochondria just ahead of the flagellum to provide energy for its movement. The head of the sperm consists almost entirely of the nucleus and the acrosome. The acrosome contains enzymes that can dissolve a path through the protective layers surrounding the egg.
3. The corpus luteum secretes estrogen and progesterone, which prevent the development of additional follicles after ovulation. The estrogen and progesterone also stimulate growth of the endometrial lining to prepare for embryo implantation. The corpus luteum disintegrates if fertilization does not occur; if fertilization does occur, the embryo secretes chorionic gonadotropin, which maintains the corpus luteum during early pregnancy. In this case, the corpus luteum continues to secrete estrogen and progesterone, maintaining the endometrium and sustaining the pregnancy.
4. Sperm travel from the seminiferous tubules to the epididymis and then to the vas deferens, where they are stored. During ejaculation, muscles around the epididymis, vas deferens, and urethra contract, squeezing sperm out of the epididymis and vas deferens, through the urethra, and out of the penis. The sperm are deposited into the vagina, enter the uterus via the opening in the cervix, travel through the uterus, and enter the uterine tube, where fertilization usually takes place.
5. The seminal vesicles secrete fluids containing fructose that nourishes the sperm and prostaglandins that cause uterine contractions to help transport sperm into the female reproductive tract. Alkaline pH of seminal fluid helps neutralize the acid environment of the vagina, providing conditions in which sperm can survive. The prostate gland secretes a nutrient-rich, alkaline fluid that includes enzymes that increase semen fluidity, allowing sperm to swim more freely. The bulbourethral glands secrete alkaline mucus that neutralizes any remaining urine in the urethra.
6. There are both permanent and temporary methods of contraception that preserve the ability to have intercourse while preventing pregnancy. Sterilization by vasectomy (in men) or tubal ligation (in women) provides permanent contraception, although either operation can often be reversed. Temporary methods include (1) preventing ovulation by administering synthetic versions of progesterone, often combined with estrogen, in birth control pills, patches, injections, implants, and cervical rings; (2) preventing sperm and egg from meeting in the female reproductive tract, including abstinence and barrier methods, such as IUDs, condoms, cervical caps, diaphragms, vaginal sponges, and spermicides; and (3) preventing implantation of an embryo in the uterus, which is a secondary action of IUDs. Failure rates tend to be lowest for birth control pills, patches, implants, cervical rings, and IUDs. Effective protection against STDs requires a method that prevents the penis from directly contacting the vagina. For details, see Table 42-3.

## Chapter 43

### Think Critically

**Figure 43-4** Twins would probably never occur because even the first cell division of cleavage would produce daughter cells with different developmental fates, with the result that each of the daughter cells would be able to give rise to some, but not all, of the structures of the human adult.

**Figure 43-6** *Ribs*: Homeobox genes are usually active in a head-to-tail sequence, such that gene *A* might be active in the head region, gene *B* would be active in the torso, gene *C* would be active in the pelvic region, and so on. Let's assume that gene *B* causes the production of ribs. In snakes, gene *B* might be active all the way from the end of the (very short) neck to the tail segments. *Lack of legs*: A specific homeobox gene would normally be responsible for triggering the production of the entire leg (or at least most of it). A severe mutation in this particular homeobox gene might prevent leg formation.

**Figure 43-7** The ovulated egg is surrounded by barriers (the zona pellucida and the corona radiata; see Chapter 42). However, it is the outer layer of the blastocyst that attaches to, and implants in, the uterus. Therefore, the blastocyst must emerge from these barriers before implantation.

**Figure 43-12** Because there is only a very small placenta for exchange of nutrients, wastes, and gases, the embryo is retained in the uterus for a much shorter time. Offspring are born in a much less developed state. Development continues outside the uterus (typically inside an external pouch).

#### Health Watch: The Placenta—Barrier or Open Door?

The embryo is genetically different from the mother. If the bloodstreams were truly combined into one, many blood cells from the embryo would enter the mother's circulation, prompting an immune response in her body. The mother's immune response would destroy the embryo.

#### Health Watch: The Promise of Stem Cells

Stem cells are capable of dividing indefinitely; typically, their daughter cells differentiate into specialized cells such as those that produce bones, tendons, or ligaments. Stem cell therapy is based on the premise that the cells would divide, and their daughter cells would differentiate appropriately, replacing those lost to injury. Successful stem cell therapies in horses and dogs provide a great deal of hope that similar successes might occur in humans, although there is generally little clinical evidence. The patient should be told that stem cell therapy is experimental and may not heal the injury. In addition, assuming that stem cell therapy repaired the injured joint, after healing it would be essential that stem cell division slow down or stop. If, however, the stem cells continue to divide rapidly, they might form a tumor (some people have developed tumors after stem cell therapy). Adult stem cells do not typically cause cancers in the tissues in which they normally reside, so they would seem to be least likely to cause cancer when injected into the appropriate site in a patient. Assuming that the proper molecular signals could be provided in cell culture, partially differentiating ESCs or iPSCs might minimize their cancer risk. Producing "next-generation" iPSCs by using protein messengers that alter gene transcription, rather than inserting genes into the recipient cells, might minimize the risk from iPSCs.

#### Case Study Revisited: Rerunning the Program of Development

If human tissue responses to injury are similar to those in mice, then blocking p21 activity might promote regeneration. On the other hand, because p21 suppresses division in cells with damaged DNA, blocking p21 activity might also promote cancer. Interestingly, knockout mice lacking p21 do not show increased rates of cancer, but in people, reduced levels of p21 promote the formation or increase the severity of some cancers, including cancers of the colon and breast.

### Multiple Choice

**1.** b; **2.** b; **3.** b; **4.** d; **5.** a; **6.** c; **7.** a; **8.** c

### Fill-in-the-Blank

1. zygote; cleavage, morula; blastula *or* blastocyst; ectoderm, mesoderm, endoderm
2. stem cells; inner cell mass
3. homeobox genes; transcription factors
4. prolactin; oxytocin

### Review Questions

1. In direct development, the newborn animal closely resembles a small, but sexually immature, adult. Usually, animals that undergo direct development either have eggs with large amounts of yolk or nourish the embryo inside the body of the mother before birth. In indirect development, an egg, usually containing relatively little yolk, hatches into a sexually immature feeding stage called a larva. The larva has a body structure that differs greatly from that of the adult. During metamorphosis, the larva undergoes a radical change in structure to become a sexually mature adult. All mammals and reptiles undergo direct development, as do some snails and fish. Examples of animals with indirect development include butterflies and moths, most frogs and toads, and many marine invertebrates such as corals and sea urchins.
2. See Table 43-2 for the structures and functions of the amnion, chorion, allantois, and yolk sac in reptiles and birds and in mammals. Similarities between reptiles and mammals: In both reptiles and mammals, the chorion is the site of gas exchange for the embryo; the amnion surrounds the embryo and encloses it in fluid; the allantois stores wastes; and the yolk sac absorbs nutrients for the embryo. Differences between reptiles and mammals: In reptiles, gas exchange across the chorion exchanges is between the embryo and the air, whereas in mammals the exchange is between the embryo and the mother. In mammals but not in reptiles, wastes and nutrients are exchanged across the chorion. In reptiles but not in mammals, the allantois acts as a respiratory surface. In reptiles but not in mammals, the yolk sac contains yolk (food). The allantois and yolk sac contribute to the umbilical cord in mammals but not in reptiles (which don't have an umbilical cord).
3. Gastrulation is the process whereby a hollow blastula is transformed into a three-layered embryo containing ectoderm, mesoderm, and endoderm. In amphibians, cells from the outside of the blastula migrate through a site called the blastopore to the inside of the blastula, forming the endoderm of the future digestive tract. The cells remaining on the outside of the blastula will form ectoderm. Further migration of cells to a location between the ectoderm and the endoderm forms the mesoderm.
4. See Table 43-1.
5. Induction is the process whereby chemical signals produced by certain cells influence the developmental fate of other, usually nearby, cells. These chemicals activate transcription of specific genes in the recipient cells, causing them to differentiate into specific cell types. The first demonstration of induction came from an experiment in which cells were transplanted to a frog blastula from the organizer region of a different frog blastula, which ultimately resulted in development of a double embryo.
6. Fertilization occurs in the uterine tube. The zygote then undergoes cleavage to become a morula, which then continues development into a blastocyst as it moves toward the uterus. The blastocyst implants in the endometrium of the uterus.
7. The blastocyst consists of an outer layer of cells that will become the chorion and an inner cell mass that will become the embryo and the other three extraembryonic membranes. During implantation, the outer layer attaches to, and then moves into, the endometrium of the uterus. As it develops into the chorion, the outer layer of cells sends chorionic villi into the endometrium, beginning the formation of the placenta. The inner cell mass splits into two cavities separated by a double layer of cells called the embryonic disk. The inner cavity (closest to the endometrium) is the amniotic cavity and is surrounded by the amnion. The outer cavity is the yolk sac. The two layers of the embryonic disk are continuous with the amnion and yolk sac, respectively. A slit forms in the layer on the "amnion side" of the disk. Cells migrate through this slit, forming mesoderm and endoderm. Some of the migrating cells form the allantois, which will become part of the umbilical cord.
8. The chorionic villi, containing a dense network of fetal capillaries, are bathed in pools of maternal blood in the endometrium. Many small molecules including oxygen, carbon dioxide, and urea diffuse across the membranes of the villi and capillaries. Nutrients are moved from mother to fetus either by diffusion or by active transport. The membranes act as barriers to the passage of many large molecules and most cells. However, lipid-soluble molecules easily cross the placenta. Some infectious microbes can also cross the placenta.
9. During pregnancy, estrogen, progesterone, and prolactin stimulate the mammary glands to grow, branch, and develop the capacity to secrete milk. Progesterone and estrogen, however, inhibit the actual secretion of milk. After birth, progesterone levels fall, and prolactin stimulates milk secretion.
10. Aging is the final stage of development, in which an animal declines in vigor, physical condition, and ability resist disease. Aging is caused by the accumulation of damage to biomolecules, especially DNA.

## Chapter 44

### Think Critically

**Figure 44-9** Harvest the onion at the end of the first growing season, when it has stored the maximum nutrients for use by the shoot during the second year. These nutrients would be used up by the end of the second season.

**Figure 44-11** In a climate that was truly uniformly warm and wet year-round, the vascular cambium would divide at the same rate year-round, and the daughter secondary xylem cells would grow the same way year-round. All of the secondary xylem cells would have the same size and cell wall thickness, so they would all be the same color. There would be no annual rings.

**Figure 44-25** $CO_2$ is required for photosynthesis. When stomata close, photosynthesis in the leaf slows and eventually stops because closed stomata prevent $CO_2$ in the air from entering the leaf and reaching the mesophyll cells where photosynthesis occurs. Closed stomata also greatly reduce transpiration from the leaf. Because transpiration provides the driving force for the upward movement of water in xylem, which in turn provides the major driving force for water entry into the roots, closing the stomata would slow down water entry into the roots.

**Figure 44-27** A developing leaf would be a sink for sugars to fuel its growth. Possible sources would be fully developed photosynthesizing leaves and sugars or starches stored in the stem and roots.

#### Earth Watch: Forests Water Their Own Trees

Fog can only supply a limited amount of water and only during the winter. Population growth in Bellavista could easily outstrip the water supply. Only strict limitations on population and water consumption will allow the town to thrive on fog. Climate change could also reduce the influx of fog.

### Multiple Choice

**1.** a; **2.** d; **3.** c; **4.** a; **5.** c; **6.** b; **7.** c; **8.** d

### Fill-in-the-Blank

1. meristem; apical meristem, lateral meristem; apical meristem; lateral meristem
2. ground, dermal, vascular; dermal; vascular; ground
3. xylem, tracheids, vessel elements; hydrogen bonds, transpiration; stomata *or* guard cells

4. Phloem; sieve-tube element, companion cells
5. root cap; root hairs *or* trichomes, active transport; mycorrhizae

## Review Questions

1. Root functions include anchorage, absorption and transport of water and minerals, synthesis and transport of some hormones, and storage of sugars. Stems support the leaves; transport water, minerals, and organic molecules such as sugars, amino acids, and hormones; and store sugars and starches. Some stems photosynthesize. Leaves function in photosynthesis, which captures energy, and in transpiration, which drives water and nutrient uptake from the roots.
2. The ground tissue system forms much of the internal substance of the plant body, functioning in photosynthesis, hormone secretion, support, and food storage. The dermal tissue system covers the plant body, protecting it and regulating the evaporation of water. Vascular tissues transport water and dissolved substances. See Table 44-1 for tissue system locations within the plant body.
3. Primary growth refers to root and shoot elongation and the production of specialized internal and external parts, produced by cell division of apical meristems at the tips of stems and roots. Secondary growth is produced by cell division of the lateral meristems, consisting of vascular cambium between the xylem and phloem, and the cork cambium inside the bark. Secondary growth results in an increase in the diameter and strength of stems, branches, and roots as the plant ages.
4. Meristem cells are unspecialized, are capable of cell division, and are responsible for growth of the plant. Differentiated cells have become specialized in structure and function and are not usually capable of cell division.
5. See Figure 44-15 for a diagram of a dicot root. The epidermal cells absorb water and minerals from the soil. Most of the cortex cells store starches and may also take up water and minerals. The endodermis of the cortex regulates water and mineral entry into the vascular cylinder and prevents mineral loss from the vascular cylinder. The vascular cylinder includes the outer pericycle, which produces root branches, and inner xylem and phloem. Xylem carries water and dissolved minerals from the root into the upper parts of the plant. Phloem transports sugar and other organic molecules from sources of sugars (locations that produce more sugar than they consume) to sinks of sugar (locations that consume more sugar than they produce).
6. See Figure 44-10 for a diagram of a dicot stem. The epidermis protects the stem and regulates water evaporation. The outer cortex cells may photosynthesize and store food and water. Cells of the pith store food and water. Xylem carries water and dissolved minerals from the root into the upper parts of the plant. Phloem transports sugar and some other organic molecules from sources of sugars (locations that produce more sugar than they consume) to sinks of sugar (locations that consume more sugar than they produce). During secondary growth, the vascular cambium, located between the primary xylem and primary phloem, produces secondary xylem to the inside of the stem and secondary phloem to the outside of the stem. This increases the thickness and strength of the stem. Some epidermal, cortex, or phloem cells develop into cork cambium, which produces tough cork cells that cover the outside of the stem.
7. Xylem consists of tracheids and larger vessel elements that both die at maturity, leaving behind rigid, porous, interconnected cell walls that conduct water with dissolved minerals up the plant from the roots. Phloem consists of living sieve tubes that lack most organelles and of companion cells that maintain the sieve tubes. Phloem sieve tubes conduct sugars, amino acids, and hormones throughout the plant body from sources of sugar to sinks of sugar.
8. Epidermal cells of a young root form root hairs, which are a type of trichome. Root hairs greatly increase the surface area of the young root and function to absorb minerals and water from the soil.
9. See Figure 44-8 for a diagram of the structure of a typical dicot leaf. A leaf usually has a large surface area, covered in transparent epidermal cells that produce a waterproof outer layer of cuticle. Stomata in the lower epidermis regulate the evaporation of water out of the leaf and the entry of $CO_2$ into the leaf. Most of the middle of the leaf consists of photosynthetic mesophyll cells. The veins of a leaf contain xylem and phloem, which are continuous with the xylem and phloem of the stem. Xylem transports water and minerals into the leaf. Phloem transports sugars dissolved in water out of the leaf.
10. Stomata generally open during daylight to allow $CO_2$ entry for photosynthesis and close at night to conserve water. Stomatal opening and closing are determined by light, $CO_2$ levels, and water availability. During the day, light and low $CO_2$ levels (because photosynthesis uses up $CO_2$) both trigger entry of $K^+$ into the guard cells. Water follows by osmosis, causing the guard cells to swell and the stomata to open. At night, darkness and increased $CO_2$ levels (when photosynthesis stops but cellular respiration, which produces $CO_2$, continues) cause $K^+$ to leave the guard cells, causing the stomata to close. Dehydration triggers synthesis of a hormone (abscisic acid) that reduces transport of $K^+$ into the guard cells, causing the stomata to close, thereby conserving water.
11. In the extracellular pathway, soil water, containing dissolved minerals, bathes the root and penetrates into the extracellular spaces of the root up to the Casparian strip, which blocks further inward movement through extracellular space. In the intracellular pathway, minerals are actively transported into the root hairs, epidermal cells, cortex cells, and endodermal cells of the outer part of a young root. Minerals move from cell to cell through plasmodesmata, going inward from root hairs through the epidermal cells, cortex cells, and endodermal cells, and into the pericycle cells. The minerals are transported out of the endodermal and pericycle cells into the extracellular spaces in the vascular cylinder and then diffuse into the tracheids and vessel elements of xylem through the porous pits in their cell walls. This mineral movement results in a higher concentration of minerals in the root cells, in the extracellular space of the vascular cylinder, and in the xylem cells of the vascular cylinder than in the soil water. Water therefore moves by osmosis across the plasma membranes of root hairs, epidermal cells, cortex cells, and endodermal cells into the cells and eventually into the xylem in the vascular cylinder.
12. Cohesion caused by hydrogen bonds among water molecules causes them to stick together, forming a "water chain" within the xylem. Tension is applied to the chain of water by transpiration, as solar energy causes water to evaporate through leaf stomata. This pulls the water molecules behind them up into the leaf. The tension is transmitted all the way down to the xylem of the roots. Because only shoots (in most plants, principally leaves) usually transpire, tension always pulls the water chain upward, from root to shoot.
13. Water pressure drives phloem fluid movement from regions of the plant that produce sugar (sources) to regions that absorb sugar (sinks). Source cells (such as photosynthesizing leaves) actively transport sugar into phloem sieve tubes, and water follows by osmosis, increasing the pressure within the sieve tubes near the source. Sugar is actively transported out of phloem sieve tubes and into sink cells; water follows by osmosis, creating a region of lower pressure near the sink. The phloem fluid is thus driven by differences in pressure from sugar-producing regions to sugar-absorbing regions. Different parts of the plant may be sources or sinks at different stages of plant growth or different times of year. For example, a newly developing leaf consumes sugar for growth (a sink), but a mature leaf produces sugar during photosynthesis (a source). Root cortex cells may be a sink in summer, when they are converting sugars to starches for storage, and a source in spring, when they convert the starches back to sugars, which need to be transported up to the developing leaves. Therefore, phloem may transport sugars up or down the plant, but always from source to sink.
14. During primary growth, the surface of a stem consists of nodes and internodes. A node is the location at which the petiole of a leaf is attached to the stem; an internode is the section of stem between nodes. A terminal bud is found at the top of the stem. It consists of an apical meristem surrounded by leaf primordia. The apical meristem of the terminal bud is responsible for growth in length and the development of the major tissues of the stem (primary growth). A lateral bud is often located in the angle between the petiole and the stem; a lateral bud may develop into a branch. A flower bud may be in the same position as a terminal or lateral bud, but develops into a flower rather than elongating the shoot or developing into a branch.

## Chapter 45

### Think Critically

**Figure 45-5** Separate bloom times reduce the chances of self-pollination and hence self-fertilization, which would result in inbreeding. Plants that do not inbreed produce a greater variety of offspring, adapted to a wider range of environments. Inbred individuals are more likely to have homozygous recessive alleles that are deleterious.

**Figure 45-17** A flower whose nectar is inaccessible to insects is more likely to have nectar available for a visiting hummingbird; it is thus more likely that hummingbirds will learn to repeatedly visit this type of flower, ensuring that the flowers will be pollinated and reproduce.

**Figure 45-22** Many plants do not live near flowing water, but nearly all can use wind or animals. Also, flowing water would always carry the seeds downhill and would not necessarily carry them to suitable habitats.

#### Earth Watch: Pollinators, Seed Dispersers, and Ecosystem Tinkering

There are hundreds of native pollinators, but they are far more difficult to raise than honeybees. Relying on native pollinators would require more natural habitat for the native pollinators to be set aside around farm fields. The fields would need to be smaller than today's large commercial fields so the bees could reach the center of the field. This approach to farming would also provide natural habitat for birds, which would help control pest insects, and create natural windbreaks, which would reduce soil erosion from wind.

#### Health Watch: Are You Allergic to Pollen?

The hypothesis supposes that production of ragweed pollen will increase if higher levels of $CO_2$ cause ragweed plants to photosynthesize at a higher rate and thereby grow faster and/or if higher temperatures increase the growth rate of ragweed plants or increase the length of the growing system. These changes would result in larger, more robust plants that produce more pollen. Elements of the hypothesis could be tested with experiments designed to determine how temperature and $CO_2$ concentration affect ragweed growth and pollen production (a variety of experimental designs could accomplish this).

#### Case Study Revisited: Some Like It Hot—and Stinky!

A reasonable hypothesis is that flowers that produce small amounts of nectar and no heat will attract pollinators that sip the nectar (acquiring pollen in the process) and quickly move to the next flower. This will guarantee a high rate of pollination. Pollinators are likely to spend a much longer time in heat-producing flowers (such as the philodendron and dead-horse arum), making pollination less efficient.

### Multiple Choice

**1.** d; **2.** b; **3.** c; **4.** a; **5.** c

### Fill-in-the-Blank

1. alternation of generations; sporophyte; meiotic cell division; gametophyte
2. pollen grain; anthers; stigma; style; integuments
3. zygote; endosperm; cotyledons
4. ovary; ovule; integuments
5. Germination; root; coleoptile; bend or hook

### Review Questions

1. Refer to Figure 45-1 for a generalized diagram of the plant life cycle. The sporophyte is the diploid stage, and the gametophyte is the haploid stage. Gametes are formed by mitotic cell division in the gametophyte stage. Spores are formed by meiotic cell division in the sporophyte stage.
2. Refer to Figure 45-4 for a diagram of a complete flower. Male gametophytes are formed in the anther, and female gametophytes are formed in the ovule within the ovary.
3. Refer to Figure 45-9. The female gametophyte develops through meiotic cell division of a megaspore mother cell. Three of four haploid megaspores degenerate; the nucleus of the remaining megaspore divides by mitosis to produce eight haploid nuclei. Cytokinesis then parcels these nuclei into a total of seven cells. One cell with one haploid nucleus is the egg. A large central cell contains two haploid nuclei. Double fertilization involves fertilization of the haploid egg by one sperm and the central cell by a second sperm, both from the same pollen grain. Both nuclei of the central cell fuse with a sperm nucleus, forming a triploid nucleus in this cell.
4. Refer to Figure 45-6. The pollen grain is the male gametophyte. It is formed by meiotic cell division of a microspore mother cell in an anther. The resulting four haploid microspores divide by mitotic cell division to produce the male gametophyte, consisting of a tube cell containing a generative cell within its cytoplasm. The generative cell divides to become two sperm cells. Meanwhile, the pollen grain develops a tough outer coat.
5. Seed parts include the seed coat, endosperm, and the embryo. The seed coat is a protective covering that, in some seeds, ensures dormancy until conditions are favorable for germination. The seed coat develops from the integuments of the ovule. Endosperm is a source of food for the developing embryo; it develops from the central cell. The embryo, which develops from the zygote, is a developing sporophyte, consisting of an embryonic root and shoot and one or two cotyledons.
6. Wind-pollinated flowers have anthers that hang outside of the flowers to allow the pollen to be carried away by a breeze. They usually do not have colorful petals or produce scents (which would serve to attract animal pollinators). Beetle-pollinated flowers often smell like dung or rotting flesh because beetles usually feed on animal material. Bee-pollinated flowers produce sweet scents, are colorful, and may have patterns that show in UV light, directing the bees to the center where nectar is stored. The flower shapes also often ensure that pollen is brushed against the insect. Hummingbird-pollinated flowers have deep, nectar-filled tubes and are often colored red (a color that bees do not perceive).
7. Refer to Figure 45-12. Endosperm is a food source contained in a seed. A sperm fuses with the central cell of a female gametophyte. The sperm nucleus and the two nuclei of the central cell fuse, making a triploid nucleus. Endosperm is generally most abundant in mature monocot seeds. In monocots, most endosperm is stored within the seed coat outside the embryo with very little stored in the cotyledon. In dicots, the endosperm is stored within the cotyledons.
8. Mechanisms of breaking dormancy include (1) drying, (2) cold, and (3) disruption of the seed coat. A requirement for drying prevents seed from germinating while it is still in the fruit. Requiring a cold period forces the seed to overwinter in a dormant state. Disruption of the seed coat, specifically, washing out chemicals that inhibit germination, is required in many desert plants. A requirement for hard rains to wash out inhibitory chemicals ensures that there will be enough soil moisture for the seed to germinate, grow, flower, and set seed in its turn.
9. Monocots protect the growing shoot tip with a tough sheath called the coleoptile that surrounds the shoot tip. Dicot shoots form a hook in their hypocotyl or epicotyl. The bend of the hook, encased in epidermal cells with tough cell walls, leads the way through the soil, clearing the way for the downward-pointing apical meristem with its delicate new leaves.
10. Most fleshy fruits entice animals to eat them. The undigested seeds are excreted unharmed, often in a distant location. Adhesive or pronged fruits attach to animals and are carried some distance before falling from the animal's fur or being removed during grooming or shedding. Lightweight fruits with wind-catching surfaces are carried by air currents. Explosive fruits shoot their seeds some distance from the parent plant. Water-dispersed fruits are buoyant and watertight and have substantial food stores, allowing them to take root on nutrient-poor sandy shores.

## Chapter 46

### Think Critically

**Figure 46-5** Phototropism would dominate in the shoot, which requires light to survive.

**Figure 46-7** The lateral buds would be inhibited, just as if the meristem were present to release auxin.

**Figure 46-10** With no ethylene present, tomato ripening—and the rotting that follows—would be delayed. Tomatoes would be resistant to bruising during shipping. Shipping and storing could be done at room temperature, saving energy and greatly reducing waste. They could be ripened just before marketing by exposing them to ethylene.

#### Doing Science: Discovering How Plants Grow Toward Light

The scientific method applies to the initial experiment as follows: *observation*: a region below the coleoptile tip bends toward light; *question*: What causes this region to bend?; *hypothesis*: the tip senses the light and causes bending of the region below it; *prediction*: if light is blocked from the tip, no bending will occur; *experiment*: block light by covering only the tip with an opaque cap; *conclusion*: blocking light from the tip prevents bending, supporting the hypothesis. There are two appropriate controls for this experiment: first, uncovered coleoptiles (to control for light hitting the coleoptile), and second, clear caps (to control for the physical presence of a cap). The scientific method applies to the next experiment as follows: *observation (from previous experiment)*: an opaque cap prevents bending toward light; *question*: does the bending region (as well as the tip) need to be exposed to light for bending to occur?; *hypothesis*: only the tip needs to be exposed for bending to occur; *prediction*: if light is blocked from the bending region, bending will still occur; *experiment*: block light by covering only the bending region with an opaque sleeve; *conclusion*: blocking light from the bending region allows bending, supporting the hypothesis. There are two appropriate controls for this experiment: first, uncovered coleoptiles (to control for light hitting the bending region), and second, clear sleeves (to control for the physical presence of a sleeve).

#### Case Study Revisited: Predatory Plants

If bogs become nitrogen-enriched from fertilizer runoff, a variety of other plants would thrive there as well. These plants would likely outcompete the carnivorous plants, which expend considerable energy capturing and digesting insects.

### Multiple Choice

**1.** b; **2.** a; **3.** d; **4.** d; **5.** d

### Fill-in-the-Blank

1. inhibits, apical dominance; stimulates
2. gibberellin; division, elongation
3. ethylene; abscission layer
4. root apical meristem; inhibits, stimulates, stems
5. abscisic acid; dormancy

### Review Questions

1. In both roots and shoots, light is sensed by photoreceptor molecules that cause auxin to accumulate on the side of the plant away from light. Auxin stimulates cell elongation in shoots but inhibits it in roots, causing opposite bending in response to light. In both shoots and roots, gravity is sensed by statoliths, which stimulate auxin accumulation on the downward side. The opposite effects of auxin on shoots and roots causes shoots to bend away from the force of gravity and roots to bend toward it.
2. Apical dominance is the process by which auxin production by the apical meristem reduces sprouting and growth of lateral buds, acting most strongly near the apical meristem where it is most concentrated. In contrast, root branches are stimulated by auxin as it is transported through the stem and down into the root. The effects of auxin are opposed by cytokinin, produced by the root apical meristem. As it travels upward through the root, cytokinin inhibits root branching, acting most strongly near the root apical meristem where it is most concentrated. The constantly changing ratios of auxin and cytokinin from the shoot tip to the root tip influence the shape of the maturing plant, as shown in Figure 46-7.
3. Phytochrome is a plant pigment that occurs in an active form ($P_{fr}$) and an inactive form ($P_r$). These change from one form to the other under the influence of light. $P_r$ absorbs red light, producing $P_{fr}$; $P_{fr}$ absorbs far-red light, producing $P_r$. In sunlight, both red and far-red wavelengths are present, and active $P_{fr}$ controls the plant response to light. In the dark, $P_{fr}$ breaks down spontaneously to $P_r$. Plants use this phytochrome system to detect night length. Responses mediated by phytochrome include flowering, seed germination, elongation of the emerging shoot, leaf expansion, the development of chloroplasts, and stem elongation that helps shaded plants reach the sunlight.
4. Fruit development is triggered by auxin and gibberellin. Banana ripening is stimulated by ethylene.
5. Senescence is a genetically programmed aging process during which starch and chlorophyll in leaves are broken down and their component molecules are stored in the stems and roots of the plant. The leaf abscission layer is also weakened, allowing the leaves to fall. Auxin and cytokinin levels decline, and ethylene levels increase. Ethylene stimulates leaf abscission.
6. Gibberellin is used to increase grape size and create larger, looser grape clusters. Ethylene is used to speed the ripening of fruit, such as bananas and tomatoes, after they are shipped to market.
7. In response to attack by caterpillars, corn plants release a mixture of volatile chemicals that attract a parasitic wasp, which then attacks the caterpillars. When spider mites attack lima bean plants, the beans release a chemical that attracts another type of mite that preys on the spider mite. Wild tobacco plants attacked by hawk moth larvae also release parasitic wasp-attracting chemicals. Tobacco plants infected with a plant virus produce large quantities of salicylic acid, which activates an immune response in the plants and helps them to fight off the viral attack. The plant also releases methyl salicylate ("wintergreen"), which is absorbed by nearby plants and enhances their immune defenses.
8. Sensitive plants transmit electrical signals that travel from the touched leaf to the petiole. The signal causes specialized "motor cells" (located at the base of each leaflet and in the petiole where it joins the stem) to increase their permeability to potassium ions. The ions flow out of the motor cells along their concentration gradients, causing water to follow by osmosis. As the cells shrink from water loss, both the leaflets and the petioles rapidly droop. The rapidly drooping leaf may startle an insect alighting on it to feed.

# 찾아보기

### ㅇ

### ㅈ

## ㅊ

## ㅍ



## ㅎ

**제12판**

# 생명과학 - 지구의 생명

1판 인쇄 2021년 2월 20일
1판 발행 2021년 2월 25일

지은이 G.Audesirk, T.Audesirk, B.E.Byers
엮은이 생명과학교재편찬회
펴낸이 홍정수
펴낸곳 탐구당

출판등록 1950. 11. 1 서울 제 03-00993호
140-011 서울특별시 용산구 한강대로62 나길 6
대표전화 (02)3785 - 2211 | 팩스 (02)3785 - 2272
E-mail : tamgudang@paran.com
http://www.tamgudang.co.kr

ISBN 978-89-6499-049-0
값 45,000 원